SCHLOMANN-OLDENBOURG

ILLUSTRIERTE ECHNISCHE WÖRTERBÜCHER

IN SECHS SPRACHEN

EUTSCH-ENGLISCH-FRANZÖSISCH-RUSSISCH-ITALIENISCH-SPANISCH

*

HERAUSGEGEBEN VON

ALFRED SCHLOMANN

*

BAND XIV

FASERROHSTOFFE

MIT 434 ABBILDUNGEN UND ZAHLREICHEN FORMELN

OLDENBOURG VERLAGS-A.G., MÜNCHEN

Vorwort.

Von den zunächst vorgesehenen drei Bänden über das Gebiet der »Faserstofftechnik« liegt jetzt der erste, die »Faserrohstoffe«, fertig vor. Die Bände »Spinnerei« und »Weberei« sollen in kurzer Aufeinanderfolge erscheinen; die »Wirkerei«, »Bleicherei«, »Färberei« und »Appretur« werden später folgen.

Bei der wörterbuchtechnischen Bearbeitung der »Faserstofftechnik« traten größere Schwierigkeiten auf als bei der Bearbeitung der anderen Fachgebiete. Abgesehen davon, daß eine außergewöhnliche Spezialisierung der Fachleute je nach den Rohstoffen, mit denen sie arbeiten, eine weit verzweigte Arbeitsteilung erforderlich machte, waren oft nicht zu überbrückende Meinungsverschiedenheiten festzustellen; auch war die Aufgabe der zeichnerischen Darstellung schwierig zu lösen.

Zwar wurde die Schriftleitung von einer großen Anzahl von industriellen Unternehmungen (siehe die Mitarbeiterliste) durch Übersendung von Drucksachen sowie durch Auskunfterteilung weitgehend unterstützt, aber die Faserstoffachleute und vor allen Dingen die Fachverbände waren zu einer Mitarbeit nur schwer zu bewegen. Ganz besonderer Dank gebührt deswegen den Herren Wilhelm Bauer, Direktor der Mechanischen Baumwollspinnerei und Weberei, Kempten (Allgäu), Heinrich Brüggemann, Professor an der Techn. Hochschule, München, H. Eigenbertz, Ingenieur, Rheydt, Geh. Reg.-Rat Dipl.-Ing. Hugo Glafey am Reichspatentamt, Berlin, Friedrich Kaul, Lehrer an der Webschule Wattwil (Schweiz), Professor Dr.-Ing. Otto Johannsen, Reutlingen, Sigmund Stefan v. Kaufmann, Nagybecskerek, Fabrikbesitzer Feodor F. Kolberg aus Moskau, z. Zt. Berlin, Benno Laskow, Ingenieur, München, Prof. Manuel Massó Llorens, Ingeniero Industrial, Barcelona, Kaufmann Nikolai Naef aus Moskau, z. Zt. Berlin, D. de Prat, Herausgeber d. »Avenir textile«, Draveil (Seine et Oise), Direktor Gustav Rohn †, Chemnitz, Prof. Ant. Sansone, Genua, Marco Sappia, Genua, Carl Seither, Inh. d. Librería Nacional y Extranjera, Barcelona, R. J. Slaby, Catedrático, Barcelona, Ober-Ingenieur Max Steinweg, Genua, russ. Dipl.-Ing. Nikolai Smirnoff aus St. Petersburg, z. Zt. Berlin, russ. Dipl.-Ing. Nikolai Stephanoff aus Moskau, z. Zt. Berlin, Geh. Reg.-Rat Dr. Süvern am Reichspatentamt, Berlin, W. Scott Taggart, Bolton (England), Julius Warjagin, Prag-Smichov, Dipl.-Ing. Andreas von Zenker aus Moskau, z. Zt. Berlin sowie dem »Verband Russischer Großkaufleute, Industrieller und Finanziers in Deutschland, E. V.«, Berlin und dem »Verband zum Wiederaufbau der Baumwoll-Textilindustrie in Zentral-Rußland, E. V.«, Berlin, ohne deren fachkundige tatkräftige Mitarbeit oder Raterteilung die Fachbände über die »Faserstofftechnik« nicht hätten erscheinen können.

Der Band »Faserrohstoffe«, der in jeder der sechs Sprachen in 6300 Wortstellen ungefähr 10000 Stichworte enthält, ist für den Technologen wie für den Textilfachmann gleich wichtig. Dem neuesten Stande der Technik ist Rechnung getragen worden.

Abweichend von den ersten 13 Bänden der »Illustrierten Technischen Wörterbücher« erscheint dieser 14. Band in vergrößertem Format und mit einem nach Sprachen getrennten alphabetischen Register. Das größere Format und die zweispaltige Druckanordnung wurden zur Vermeidung unhandlicher Bände wegen des stets wachsenden Inhaltes wie wegen der weiter unten geschilderten Verbindung der Wörterbücher mit Telegrammschlüsseln gewählt, während die von jetzt ab durchgeführte Trennung der Sprachen im alphabetischen Wörterverzeichnis auf Grund zahlreicher aus dem Benutzerkreis geäußerter Wünsche vorgenommen wurde.

Der vorliegende Band enthält einen Anhang. Bekanntlich sind für die einzelnen Faserrohstoffe je nach Art und Ursprungsland besondere, in andere Sprachen nicht eindeutig übertragbare Bezeichnungen gebräuchlich. Zwar fehlt es in den verschiedenen Ländern nicht an Versuchen, nationale Bezeichnungen im Wege der Übersetzung für die Klassifizierung der Rohstoffe einzuführen; diese Bestrebungen haben aber weder amtlich noch in Industrie und Handel Anklang gefunden. Zur Klärung der Frage, ob es zweckmäßig sei, den international gebräuchlichen handelsüblichen Bezeichnungen der Arten und Klassen der Rohstoffe auch die »übersetzten« der einzelnen Länder gegenüberzustellen, wandte ich mich an eine größere Anzahl von Fachverbänden und an die Baumwollbörse in Bremen. Von allen Seiten wurde dringend davor gewarnt, da die aus einem solchen Verfahren mögliche und wahrscheinliche Verwirrung unheilvolle Folgen zeitigen und einen großen Wirrwarr anrichten könnte. So entstand der Anhang, auf den auch mit Rücksicht auf den Gebrauch der einsprachigen Bezeichnungen für Codezwecke nicht verzichtet werden durfte.

Die Verdeutschungsarbeiten auf dem Gebiete der Faserstofftechnik stoßen durchgängig bei den Faserstofffachleuten und -unternehmungen auf den größten Widerstand. Ich habe, so gut es irgend ging, diesen Widerstand zu überwinden versucht und hoffe, daß nach dieser Richtung selbst weitgehenden Ansprüchen genügt wurde. Es darf aber trotz des Erreichten nicht verschwiegen werden, daß mehr hätte erreicht werden müssen. Die deutsche Faserstofftechnik befindet sich hinsichtlich ihrer Ausdruckweise in einer geradezu sklavischen Abhängigkeit besonders von England und Frankreich, die weder ihrer eigenen Leistung und Bedeutung noch den gegenwärtigen Zeiten entspricht. Hier kann niemals Abhilfe durch mich und die Schriftleitung allein, sondern in der Hauptsache nur durch wachsendes Selbstbewußtsein der deutschen Fachkreise erfolgen.

Über die »Illustrierten Technischen Wörterbücher« im allgemeinen ist an dieser Stelle zu erwähnen, daß einzelne Bände durch Hinzufügung der schwedischen, holländischen, rumänischen und serbischen Sprache in siebensprachiger Ausgabe erschienen sind. Über die Ausdehnung auf weitere Fremdsprachen (Tschechoslowakisch und Esperanto) schweben Verhandlungen.

Die Telefunken-Marconi-Code A.-G. hat eine Code-Tabelle bearbeitet und dem von ihr herausgegebenen Marconi-International Code angefügt, mit deren Hilfe es möglich ist, jeden in den Wörterbüchern enthaltenen technischen Ausdruck codemäßig zu telegraphieren. Diese erstmals praktisch durchgeführte sachliche Verbindung der Wörterbücher mit einem Code hat ihre Bedeutung für den industriellen und kaufmännischen nationalen und internationalen Verkehr nicht unerheblich erhöht.

Um mir und der Schriftleitung in sachlicher Hinsicht die tatkräftige Unterstützung und Förderung durch die deutsche Industrie, die wissenschaftliche Technik und die einschlägigen Fachgelehrten zu sichern, hat der »Ausschuß zur Förderung der Herausgabe der Illustrierten Technischen Wörterbücher« eine engere Fühlung mit dem »Deutschen Verband Technisch-Wissenschaftlicher Vereine« hergestellt bzw. sich diesem Verband angegliedert. Hierdurch genießt die Schriftleitung auch die Mitwirkung der »Technisch-Wissenschaftlichen Lehrmittelzentrale«.

Die »Illustrierten Technischen Wörterbücher« haben infolge der wirtschaftlichen Nöte, die das deutsche Vaterland durch den ihm aufgezwungenen Versailler Friedensvertrag bedrängen, schwere Zeiten durchzukämpfen gehabt. In diesem Kampfe hätten die »Illustrierten Technischen Wörterbücher« unterliegen müssen, wenn nicht der »Ausschuß zur Förderung der Herausgabe der Illustrierten Technischen Wörterbücher« und sein Vorsitzender, Herr Diplom-Ingenieur Patentanwalt C. Fehlert, Berlin, in opferwilligster Weise und in engem Zusammenarbeiten mit der Firma R. Oldenbourg, München-Berlin, das Wörterbuchunternehmen über die schwierigen Zeiten hinübergerettet hätten. Dem Ausschuß und der Firma R. Oldenbourg gebührt an dieser Stelle mein aufrichtigster Dank, in den Wissenschaft, Technik und Industrie vorbehaltlos einstimmen werden.

Um den »Illustrierten Technischen Wörterbüchern« ein volles wirtschaftliches Eigenleben zu ermöglichen, wurde am 17. 2. 23 unter hervorragender Mitwirkung der

Firma R. Oldenbourg in München und des Bankhauses S. Bleichröder, Berlin, die Oldenbourg Verlags-Aktien-Gesellschaft, München, gegründet. Die Überführung des Werkes in den neuen Verlag bedeutet indessen keine Abkehr von den bisher geübten verlegerischen Grundsätzen gegenüber meinem Werke, da der sachliche Einfluß der Firma R. Oldenbourg auch in der Oldenbourg Verlags-Aktien-Gesellschaft gesichert bleibt.

Die Schriftleitung beklagt mit mir in den seit Erscheinen des 13. Bandes verstorbenen Herren Geheimrat Fischer vom Reichspatentamt in Berlin, Exzellenz Wirkl. Geh. Rat Karl Fleck, München, und Dr.-Ing. e. h. O. Lasche, Berlin, den Verlust nicht nur stets hilfsbereiter Ausschußmitglieder, sondern auch ständiger Berater, deren Anregungen für den Aufbau und den Fortgang des Werkes höchst belangreich waren.

Die Schriftleitung der »Illustrierten Technischen Wörterbücher« wurde seit etwa einem Jahre wieder auf den Friedensstand und darüber hinaus gebracht; der augenblickliche Stand der ständigen Mitarbeiter beträgt 30. Es wurde eine weitgehende Arbeitsteilung durchgeführt, die sich besonders auch auf die sprachliche Abteilung erstreckt. Den hier tätigen Herren: Otto Holtzmann, Georg Flohn und Erich v. Beckerath danke ich aufrichtig für ihre Mitarbeit.

Zu meiner Freude kann ich feststellen, daß die Bedeutung der »Illustrierten Technischen Wörterbücher« im In- und Ausland immer mehr erkannt wird. Die stets von neuem mir zukommenden Anerkennungen darf ich um so lieber entgegennehmen, als ich mir bewußt bin, daß sie in der Hauptsache den weiten Kreisen gezollt werden, die mir durch ihre Mitarbeit und ihren Rat treue Gefolgschaft leisten. Die Anerkennungen verpflichten mich, für den Ausbau und die schnelle Vollendung des Werkes zu sorgen.

München, im August 1923.

Schlomann.

Verzeichnis der Mitarbeiter

1. Für die deutsche Sprache

Bauer, Wilhelm, Direktor der Mechan. Baumwollspinnerei und Weberei, Kempten (Allgäu).
Brüggemann, Heinrich, Professor an der Technischen Hochschule, München.
Feßmann, L., Direktor der Mechan. Baumwollspinnerei und Weberei Augsburg, †.
Glafey, Hugo, Geh. Reg.-Rat, Dipl.-Ing., Reichspatentamt Berlin.
Rohn, Gustav, Direktor, Chemnitz, †.
Süvern, Geh. Reg.-Rat, Dr., Reichspatentamt Berlin.

Allgemeine Elektrizitäts-Gesellschaft, Berlin.
H. Baer & Co., Textilmaschinenfabrik, Zürich.
Barber & Colman G. m. b. H., München
H. F. Baumann, Calw (Württemberg).
Berliner Jutespinnerei und Weberei, Stralau bei Berlin.
Bernhardt, Maschinenfabrik u. Eisengießerei, Leisnig i. Sa.
Louis Blumer, Chemische Fabrik, Zwickau i. Sa.
Bremer Baumwollbörse, Bremen.
Leop. Cassella & Co., G. m. b. H., Frankfurt a. Main.
Chemische Fabrik Griesheim-Elektron, Frankfurt a. M.
Chemnitzer Aktien-Spinnerei, Chemnitz.
Cox, Mc Euen & Co., Hamburg
Deutsche Faserstoffgesellschaft m. b. H., Fürstenberg i. Meckl.
Deutsche Kolonial-Ges., Abt. München, München.
Elsässische Maschinenbauges., Mülhausen.
Elsässisches Textil-Blatt, Gebweiler.
A. Engelmann & Co., Mechan. Seilfabrik, Hannover.
Erckens & Brix, Maschinenfabrik, Rheydt.
Friedr. Erdmann, Maschinenfabrik, Gera.
Farbenfabriken vorm. Friedr. Bayer & Co., Elberfeld.
Gas-Bügelofen-Gesellschaft m. b. H., Hamburg.
Fr. Gebauer, Maschinenfabrik, Berlin.
H. Gentsch, Maschinenfabrik, Glauchau i. Sa.
Ernst Geßner, Textil-Maschinenfabrik, Aue i. Erzgeb.
Gutehoffnungshütte, Aktienverein für Bergbau- und Hüttenbetrieb, Oberhausen i. Rheinland.
Gebr. Haaga G. m. b. H., Stuttgart.
Friedr. Haas G. m. b. H., Maschinenfabrik, Lennep.
Carl Hamel A.-G., Schönau b. Chemnitz.
Handelskammer, Augsburg.
Handelskammer, Chemnitz.
Hanfwerke Füssen-Immenstadt A.-G., Füssen.
Gebr. Harnisch, Gera-Reuß.
C. G. Haubold jr. G. m. b. H., Maschinenfabrik, Chemnitz.
Wilh. Ferdinand Heim, Maschinenfabrik, Offenbach a. Main.
L. Ph. Hemmer G. m. b. H., Maschinenfabrik, Aachen.
Severin Heusch, Aachen.
Robert Hibbert, Basel.
Hurling & Biedermann, Maschinenfabrik, Zittau.
Ferd. Emil Jagenberg, Maschinenfabrik, Düsseldorf.
Carl Jäger G. m. b. H., Anilinfarbenfabrik, Düsseldorf-Derendorf.
Moritz Jahr A.-G., Maschinenfabrik, Gera-Reuß.
G. Josephy's Erben, Maschinenfabrik und Eisengießerei, Bielitz.
Klein, Hundt & Co., Düsseldorf.
Joh. Kleinewefers Söhne, Krefeld.
Eugen Klotz, Maschinenfabrik Stuttgart.
Max Kohl, A.-G., Chemnitz.
Julius Köhler, Nähmaschinenfabrik, Limbach Sa.
Ulrich Kohllöffel, Maschinenfabrik, Reutlingen (Württemberg).
Kolonial-Wirtschaftliches-Komitee, Berlin.
Kolonie und Heimat, Verlagsges. m. b. H., Berlin.
H. Krantz, Maschinenfabrik, Aachen.
Karl Krause, Maschinenfabrik, Leipzig.
Friedr. Krupp A.-G., Grusonwerk, Magdeburg-Buckau.
Johannes Küchenmeister, Flachsbereitungsanstalt, Freiberg i. Sa.
Walter Kuhlen, Düsseldorf.
Leipziger Wollkämmerei, Leipzig.
Wilhelm Leos Nachfolger (Inh. Wilh. Finckh und Eugen Hettler), Stuttgart.
C. Oswald Liebscher, Maschinenfabrik, Chemnitz.
Martinot & Galland A.-G., Maschinenfabrik, Bitschweiler-Thann (Elsaß).
Maschinenfabrik Arbach, Reutlingen.
Maschinenfabrik Kappel A.-G., Chemnitz-Kappel.
Maschinenfabrik und Eisengießerei Chn. Mansfeld, Leipzig-Reudnitz.
Maschinenfabrik Oerlikon, Oerlikon b. Zürich.
Maschinenfabrik u. Eisengießerei Wilh. Quade G. m. b. H., Guben.
Maschinenfabrik Zell i. W., Zell i. W. (Baden).
Mechanische Bindfadenfabrik Schretzheim A.-G., Schretzheim (Bayern).
Mechanische Seilerwarenfabrik Bamberg A.-G., Bamberg.
Gebr. Meyer, Spulmaschinenfabrik, Barmen.
A. Monforts, Maschinenfabrik, München-Gladbach.
H. Mundlos & Co., Magdeburg.
Netzschkauer Maschinenfabrik, Franz Stark & Söhne, Netzschkau i. Sa.
Norddeutsche Netzwerke, G. m. b. H., Itzehoe.
U. Pornitz & Co., Maschinenfabrik, Chemnitz.
Preußische höhere Fachschule für Textilindustrie, Crefeld.
B. B. Regen, Zinnowitz i. P.
Reichspatentamt Berlin.
C. A. Roscher Söhne, Mittweida i. Sa.
Roßberger & Schröter, Chemnitz.
Sächs. Maschinenfabrik vorm. Richard Hartmann, Chemnitz
Sächs. Webstuhlfabrik (Louis Schönherr), Chemnitz.
Benno Schilde, Maschinenfabrik, Hersfeld.
Oscar Schimmel & Co., A.-G., Maschinenfabrik, Chemnitz.
H. Schirp, Maschinenfabrik, Vohwinkel.
W. Schlafhorst & Co., Maschinenfabrik, München-Gladbach.
Louis Schopper, Fabrik für wissenschaftliche und technische Apparate, Leipzig.
Herm. Schroers, Maschinenfabrik, Krefeld.
I. Schweiter, Maschinenfabrik, Horgen (Schweiz).
S. Schwenzke, Leipzig.
C. Georg Semper G. m. b. H., Strickmaschinenfabrik, Altona-Bahrenfeld.
C. Senssenbrenner G. m. b. H., Maschinenfabrik, Düsseldorf-Oberkassel.
Seydel & Co., Spinnereimaschinenfabrik, Bielefeld.
Seyfert & Donner, Strickmaschinenfabrik, Chemnitz.
Gebr. Stäubli, Maschinenfabrik, Horgen (Schweiz).

G. Stein, Maschinenfabrik, Berlin.
Dr. Paul Straumer, Danzig.
Gebr. Sucker, Maschinenfabrifabrik, Grünberg (Schlesien).
Gebr. Sulzer, Winterthur.
C. Terrot Söhne, Maschinenfabrik, Stuttgart-Cannstatt.
„Der Tropenpflanzer", Zeitschrift für tropische Landwirtschaft, Berlin.
Verein Schweizerischer Maschinen-Industrieller, Zürich
Curt R. Vincentz, Hannover
Vogtländische Maschinenfabrik, vorm. I. C. & H. Dietrich A.-G., Plauen i. Vogtl.
Theodor Wilckens G. m. b. H., Hamburg.
Carl Zeiß, Jena.

2. Für die englische Sprache

Eigenbertz, H., Ingenieur, Manchester, jetzt Rheydt.
Taggart, W. Scott, Bolton.

Arundel & Co. Stockport.
Baerlein & Sons, Manchester.
The Berlin Machine Works, Wis., U.S.A.
Wilson Brothers Bobbin Co. Ltd., Liverpool.
J. & T. Boyd Ltd., Shettleston Iron Works near Glasgow.
The Bradford Conditioning House, Bradford.
Bridgewater Works, Pendleton, Manchester.
The British Northrop Loom Co. Ltd., Blackburn.
Robert Broadbent & Son Ltd., Phoenix Iron Works, Stalybridge.
Thomas Broadbent & Sons Ltd., Central Iron Works, Huddersfield.
Brooks & Doxey Ltd., Manchester.
The George P. Clark Company, Windsor Locks, Conn., U.S.A.
T. Coulthard & Co. Ltd., Preston.
Curtis & Marble Machine Co., Worcester.
The Defiance Button Machine Company, New York.
Devoge & Co., Manchester.
Dobson & Barlow Ltd., Bolton
Dronsfield Brothers Ltd., Atlas-Works, Oldham.
Eastman Machine Company, Buffalo, N.Y., U. S. A.
The Easton & Burnham Machine Co., Pawtucket, R. I., U. S. A.
Farrel Foundry & Machine Co., Ansonia, Conn., U. S. A.
P. & C. Garnett Ltd., Engineers, Cleckheaton.
Greenwood & Batley Ltd., Albion-Works, Leeds.
The Gum Tragasol Supply Compy. Ltd., Hooton.
Hacking & Co. Ltd., Bury.
Robert Hall & Sons Ltd., Bury.
John T. Hardaker Ltd. Bradford.
Hartford Iron Works, Oldham.
L. M. Hartson Co., North Windham, Conn., U. S. A.
George Hattersley & Sons Ltd., Keighley.
International Winding Company, Boston.
E. Jagger & Co., Oldham.
Kitson Machine Shop, Lowell, Mass., U. S. A.
Lawsons, Leeds.
Levinstein Ltd., Blackley, Manchester.
Henry Livesey Ltd., Greenbank Iron-Works, Blackburn.
Lupton & Place Ltd., Queen Street Iron-Works, Burnley.
Mather & Platt Ltd., Park-Works, Manchester.
Merrow Machine Co., Hartford, Conn., U. S. A.
The National Machine Comp., Hartford, Conn., U. S.A.
Parks & Woolson Machine Co., Springfield Vermont.
Polle Engineering & Machine Co., Woodberry, Baltimore, M. D.
The Pulsometer Engineering Company Ltd., Reading.
Hans Renold Ltd., Manchester.
John Royle & Sons, Paterson, U. S. A.
Saco-Pettee Company, Newton Upper Falls, Mass., U. S. A.
Charles H. Schnitzler, Philadelphia.
Scott & Williams, Philadelphia.
Joseph Stubbs Ltd., Manchester.
Tolhurst MachineWorks, Troy, N. Y., U. S. A.
Tweedales & Smalley Ltd., Castleton/Manchester.
Whittaker, Hall & Co. Ltd., Engineers, Radcliffe (Lancashire).
Wildt & Co., Ltd., Leicester.
The Yaryan Company, New-York.

3. Für die französische Sprache

D. de Prat, Herausgeber d. »Avenir Textile«, Draveil (Seine et Oise).
Compagnie des Garnitures Métalliques Américaines, Lille.
Maurice Couvreur, Verviers.
Théodore Houben, Verviers.
Gustave de Keukelaere, Ruysbroeck.
I. O. Lindsay, Lille-Gare.
Neyret, Beylier, Ducrest & Cie., Grenoble.

4. Für die russische Sprache

Kolberg, Feodor F., Fabrikbesitzer, Berlin.
Warjagin, Julius, Prag-Smichov.
Zenker, Andreas v., Dipl.-Ing., Berlin.
Verband Russischer Großkaufleute, Industrieller und Finanziers in Deutschland E. V., Berlin.
Verband zum Wiederaufbau der Baumwoll-Textilindustrie in Zentral-Rußland, E. V., Berlin.
Dorboff & Nabholz, Moskau.

5. Für die italienische Sprache

Sansone, Ant., Professor, Genua.
Sappia, Marco, Genua.
Steinweg, Max, Oberingenieur, Genua.
Giovanni Hensemberger, Monza.
Gebr. Schwarzenbach, Seveso-San Martino bei Mailand.

6. Für die spanische Sprache

Laskow, Benno, Ingenieur, München.
Massó Llorens, Manuel, Prof., Ingeniero Industrial, Barcelona.
Seither, Carl, Inh. d. Libreria Nacional y Extranjera, Barcelona.
Slaby, R. J., Catedrático, Barcelona.

Inhaltsübersicht

A. Allgemeines

Seite

I. **Allgemeine Begriffe aus der Faserstofftechnik** 1
II. **Grundbegriffe der Faserverarbeitung** 8
1. Allgemeines 8
2. Rohstoffarten 8
3. Allgemeine Eigenschaften der Faser 9
4. Aufbau der Faser 15

III. **Pflanzenkunde** 17
IV. **Ackerbau** 20
V. **Tierkunde** 26
VI. **Gesteinskunde** 26
VII. **Allgemeine Ausdrücke für den Handel mit Rohstoffen** . . . 27
VIII. **Allgemeine Ausdrücke über den Versand der Rohstoffe** . . . 31

B. Natürliche pflanzliche Rohstoffe

I. **Samenfasern** 34
1. Die Baumwolle 34
a) Botanik und Kultur der Baumwollpflanze 34
b) Baumwollernte 38
c) Entkörnen der Baumwolle . . 38
d) Verpacken der Baumwolle . . 41
e) Physik und Chemie der Baumwollfaser 43
f) Konditionieren der Baumwolle 47
g) Baumwollhandel. 47
α) Handel und Verfrachtung . 47
β) Baumwollbörse 49
γ) Klasseneinteilung der Baumwolle nach Ursprung oder Herkunft 56
δ) Klasseneinteilung der Baumwolle nach ihren Eigenschaften 59
ε) Baumwollabfälle 61
2. Pflanzendunen 62
3. Die Pflanzenseiden 63
4. Sonstige Samenfasern 64

II. **Stengelfasern, Bastfasern** . . . 64
1. Der Flachs 64
a) Botanik und Kultur 64
b) Die Gewinnung der Flachsfaser 66
α) Ernte 66
β) Rösten oder Rotten des Flachses 67
γ) Brechen oder Knicken des Flachses 70
δ) Schwingen des Flachses . 71
ε) Hecheln des Flachses . . . 73
c) Physikalisches und Chemisches von der Flachsfaser 74
d) Flachshandel 75
α) Allgemeines 75
β) Einteilung des Flachses . . . 76
2. Der Hanf 77
a) Botanik und Kultur des Hanfes 77
b) Die Gewinnung der Hanffaser 78
α) Ernte des Hanfes 79
β) Rösten oder Rotten des Hanfes 81
γ) Schleißen des Hanfes . . 83
δ) Das Brechen des Hanfes . 83
ε) Schwingen des Hanfes . . 84
ζ) Das Boken des Hanfes . . 85
η) Das Schneiden oder Stoßen des Hanfes 86
θ) Das Hecheln des Hanfes . 87
c) Physikalisches und Chemisches von der Hanffaser 90
d) Der Hanfhandel 91
3. Die Jute (Pahthanf, Gunny, Kalkutta-Hanf) 92
a) Botanisches 92
b) Gewinnung der Jute 93
c) Physikalisches und chemisches Verhalten der Jutefaser . . . 95
d) Der Jutehandel 98
4. Die Nesselfasern 100
a) Die Brennesselfaser 100
b) Die Ramiefaser, Chinagras . . 100
5. Der Gambohanf, indischer Hanf 103
6. Sunn, bengalischer Hanf, Kalkuttahanf, Madrashanf, ostindischer Hanf 103
7. Tillandsiafaser, vegetabilisches Roßhaar, Louisianamoos 104
8. Weitere Stengelfasern 104

III. **Blattfasern** 105
1. Der Manilahanf, Abaca 105
a) Botanik und Kultur der Pflanze 106
b) Gewinnung der Faser 107
2. Sisal, Bahamahanf 108
a) Botanik und Kultur 109
b) Gewinnung der Faser 110
3. Die Sansevieriafaser 113
4. Die Aloefaser 113
5. Pitehanf 113
6. Die Magueyfaser 114
7. Die Bananenfaser oder Pisangfaser 114
8. Der Neuseelandflachs, die Phormiumfaser 114
9. Die Bromeliafasern 115
10. Die Torffaser 115
11. Die Kolbenschilffaser, Typha . . 116
12. Die Waldwolle 116
13. Die Pandanusfaser 116
14. Die Espartofaser 116
15. Die Piassavefasern 117
16. Weitere Blattfasern 117

IV. **Fruchtfasern** 117
V. **Sonstige pflanzliche Rohstoffe** . 119
1. Holzzellstoff 119
2. Das Stroh 119

Seite
3. Rindenbast 120
4. Das Holz 121
5. Das Rohr 121
6. Das Seegras 121

C. Natürliche tierische Rohstoffe

I. Die Wolle 122
1. Schafrassen 122
a) Allgemeines 122
b) Wilde Schafrassen 123
c) Zahmes Schaf, Hausschaf . . 124
2. Sonstige Wolle oder Haare tragende Tiere 126
3. Zoologie des Schafes 127
4. Schafzucht, Schafhaltung 128
a) Allgemeines 128
b) Wollschafzucht 131
c) Fleischschafzucht 132
5. Schafstall 133
6. Die Schafweide 134
7. Schafkrankheiten. 135
8. Vlies und Stapel 136
9. Gewinnung der Wolle 141
a) Schafschur 141
b) Das Enthaaren der Felle. . . 143
10. Das Reinigen der Wolle 145
a) Allgemeines 145
b) Das Waschen und Trocknen der Wolle 146
α) Allgemeines 146
β) Mechanische Wäsche . . . 146
γ) Rücken- oder Pelzwäsche 146
δ) Fabrikwäsche 147
ε) Chemische Wäsche 155
c) Pottaschegewinnung 157
d) Gewinnung des Wollfettes und seine Verwertung 158
e) Entkletten 160
α) Allgemeines 160
β) Chemisches Entkletten . . 160
γ) Mechanisches Entkletten . 163
11. Wollarten nach Tiergattungen und Ländern. 165
12. Wollarten nach Gewinnung, Eigenschaften und Verwendung . . . 167
13. Wollabfall 168
14. Kunstwolle 170
15. Wollsortierung 170
16. Die Lehre vom Bau des Wollhaares 173
17. Beschaffenheit und Eigenschaften der Wolle 175
18. Physikalisches vom Wollhaar . . 179
19. Chemisches vom Wollhaar . . . 181
20. Wollhandel 183

II. Die Haare 187

III. Die Seide 188
1. Allgemeines 188
2. Die Seidenspinner 189
a) Schmetterling 189
b) Seidenraupe 191
3. Die Raupeneier und ihre Gewinnung 193
4. Zucht der Seidenraupe 195
5. Das Füttern der Raupen 197
6. Die Nährpflanzen der Seidenraupen 199
a) Der Maulbeerbaum 199
b) Andere Nährpflanzen 203
7. Das Betten der Raupen 204
8. Häutung der Seidenraupe . . . 206
9. Krankheiten und Schmarotzer der Seidenraupe 206
10. Das Einspinnen der Raupe, Spinnen des Kokons 209
11. Verpuppung der Raupe 212
12. Kokonernte, Seidenernte 212
13. Abtöten der Puppe 213
14. Der Kokon 214
15. Die Gewinnung der Seide aus den Kokons 217
a) Vorbereitung der Kokons für das Haspeln. 217
b) Haspelwasser 218
c) Das Schlagen der Kokons . . 219
d) Haspeln des Kokons. 220
e) Ausbeute des Kokons an Faserstoff 224
f) Das Umhaspeln 224
16. Physikalisches und Chemisches von der Seide 225
17. Seidenhandel 229
18. Handelsseiden 230
a) Echte oder edle Seide, Maulbeerseide 230
b) Wilde Seide 231
c) Seidenabfall, Abfallseide . . . 232
19. Verschiedene Seiden 232
20. Das Entbasten oder Entschälen der Seide 233
21. Das Beschweren der Seide . . . 234
22. Das Konditionieren der Seide . 237
23. Titrieren oder Feinheitsbestimmung der Seide 238

IV. Die Sehnenfasern 239

V. Die Federn 239

VI. Der Schwamm 239

D. Natürliche mineralische Rohstoffe — Der Asbest

E. Künstliche Rohstoffe

I Kunstseide 242
1. Allgemeines 242
2. Ausgangsstoffe für die Herstellung der Kunstseide 243
3. Spinnlösung, Spinnmasse 244
4. Spinnverfahren und Spinnvorrichtungen 246
5. Nachbehandlung der Fäden . . 251
6. Arten der Kunstseide 254
a) Kollodiumseide, Nitroseide . . 254
α) Ausgangsstoffe 254
β) Herstellung der Nitrozellulose 255
γ) Herstellung der Kollodiumlösung 258
δ) Fadenbildung und Fertigstellung 258
ε) Denitrieren 265
ξ) Wiedergewinnung der flüchtigen Lösungsmittel . . . 266
b) Kupferoxydammoniakseide, Glanzstoffkunstseide 267
α) Allgemeines 267
β) Ausgangsstoffe und Herstellung der Kupferoxydammoniaklösung. 269
γ) Fadenbildung und Nachbehandlung 273
δ) Wiedergewinnung der Chemikalien 277
c) Viskoseseide 277
α) Allgemeines 277
β) Ausgangsstoffe und Herstellung der Viskose 278
γ) Fadenbildung. 280
d) Kunstseide aus Lösungen oder Quellungen von Zellstoff in Chlorzink, Schwefelsäure oder Ätzalkalien 282
e) Kunstseide aus Zelluloseazetat und anderen Zellulosefettsäureestern 283

Seite
f) Kunstseide aus anderen Stoffen 286
a) Allgemeines 286
b) Ausgangsstoffe und Fadenbildung 286
7. Eigenschaften der Kunstseiden 288
8. Prüfung der Kunstseiden und ihre Unterscheidung voneinander und von Naturseiden. 289
9. Untersuchungen für die Kunstseidenherstellung 291

II. **Künstliches Roßhaar (Monofil, Einfaden), künstliches Haar, künstliches Bastband (Hanfbast), künstliches Stroh** 293

III. **Kautschuk** 294

IV. **Metalldrähte** 297

Seite
V. **Glas** 298

VI. **Papier** 298

Anhang (Handelsbezeichnungen für die wichtigsten Rohstoffe 299

Alphabetisch geordnetes Wörterverzeichnis

Deutsch 312
Englisch 344
Französisch 373
Russisch 398
Italienisch 453
Spanisch 477

Zeichenerklärung.

(m), (м р) = masculinum
(f), (ж р) = femininum
(n), (с р) = neutrum
(v a) = verbum activum
(v n) = » neutrum
(v r) = » reflexivum
(A) bedeutet, daß der Ausdruck in den Vereinigten Staaten von Nordamerika gebraucht wird.

s. = siehe, see
s. a. = siehe auch, see also
v. = voir, vedi, ver
v. a. = voir aussi, vedi anche
v. t. = ver también
c. = смотри
c. т. = смотри тоже

A.

1 **Allgemeines** (n) — **Общій отдѣл** (м р)
General Terms — **Generalità** (f pl)
Généralités (f pl) — **Generalidades** (f pl)

I.

2 **Allgemeine Begriffe** (m pl) **aus der Faserstofftechnik**
General Terms of the Textile Technics
Notions (f pl) **générales de la technique textile**
Общеупотребительныя понятія о текстильном производствѣ
Nozioni (f pl) **generali della tecnica tessile**
Nociones (f pl) **generales de la técnica textil**

3	Baumwolle (f) cotton coton (m)	хлопок (м р), хлопчатая бумага (ж р) cotone (m) algodón (m)
4	Flachs (m) flax lin (m)	лён (ж р) lino (m) lino (m)
5	Hanf (m) hemp chanvre (m)	конопля (ж р) canapa (m) cáñamo (m)
6	Jute (f) jute jute (m)	джут (м р) juta (f), iuta (f) yute (m)
7	Nessel (f) nettle ortie (f)	крапива (ж р) ortica (f) ortiga (f)
8	Manilahanf (m) Manila hemp chanvre (m) de Manille	манильская пенька (ж р) canapa (m) di Manilla cáñamo (m) de Manila
9	Sisalhanf (m) sisal hemp chanvre (m) de Sisal	сизальская пенька (ж р) canapa (m) di Sisal cáñamo (m) Sisal
10	Kokos (m) coco coco (m)	кокосовый орѣх (м р) cocco (m) coco (m)
11	Wolle (f) wool laine (f)	шерсть (ж р) lana (f) lana (f)
12	Haare (npl) hairs poils (mpl)	волос (м р) peli (mpl) pelos (mpl)
13	Seide (f) silk soie (f)	шёлк (м р) seta (f) seda (f)
14	Asbest (m) asbestos amiante (m), asbeste (m)	асбест (м р) amianto (m), asbesto (m) amianto (m), asbesto (m)
15	Kunstseide (f) artificial silk soie (f) artificielle	искусственный шёлк (м р) seta (f) artificiale seda (f) artificial
16	Kautschuk (m) caoutchouc, India rubber caoutchouc (m)	каучук (м р), резина (ж р) caucciù (m) caucho (m)
17	Metalldraht (m) metal wire fil (m) métallique	металлическая проволока (ж р) filo (m) metallico hilo (m) de metal
18	Glas (n) glass verre (m)	стекло (с р) vetro (m) vidrio (m)
19	Spinngut (n) material to be spun matière (f) filable	ровница (ж р) materia (f) tessile *o* da filare materia (f) para hilar
20	Spinnverfahren (n) method of spinning méthode (f) de filature *ou* de filage	способ (м р) праденія, обработка (ж р) путем праденія metodo (m) di filatura método (n) de hilado
21	Spinnen (n), Verspinnen (n), Spinnerei (f) spinning filage (m), filature (f)	праденіе (с р), выпрядка (ж р) filatura (f) filatura (f), hilado (m)
22	spinnen (v a), verspinnen (v a) to spin (v a) filer (v a)	прясть, выпрядать filare (v a) hilar (v a)

1 Vorspinnen (n)
preparation [of the roving or slubbing]
préparation (f) de la mèche, filage (m) en gros
приготовленіе (ср) ровницы
filatura (f) preparatoria *o* in grosso
preparación (f) de la mecha

2 vorspinnen (va)
to prepare the roving
filer (va) en gros
приготовлять ровницу
filare (va) in via di preparazione *o* in grosso
preparar la mecha

3 Vorspinnmaschine (f), Vorspinner (m), Fleier (m), Spuler (m), Lunter (m)
fly[er] frame, speed frame, speeder (A)
machine (f) à filer en gros, banc (m) à broches
приготовительная машина (жр), банкаброш (мр)
filatoio (m) in grosso, banco (m) a fusi
mechera (f)

4 Spinnen (n), Fertigspinnen (n), Feinspinnen (n)
spinning (proper)
filage (m) [en fin]
пряденіе (ср)
filatura (f) definitiva *o* in fino
hilado (m) [en fino]

5 spinnen (va), fertigspinnen (va), feinspinnen (va)
to spin (proper)
filer (va) [en fin]
прясть, выпрядать
filare (va) in fino
hilar (va) [en fino]

6 Spinnmaschine (f), Feinspinnmaschine (f), Feinspinner (m)
spinning machine
métier (m) à filer
прядильная машина (жр)
filatoio (m) in fino
máquina (f) para hilar [en fino]

7 Spinner (m)
spinner
fileur (m)
прядильщик (мр)
filatore (m)
hilandero (m), hilador (m)

8 Spinnerei (f) (Fabrik)
spinning mill, spinning factory
filature (f)
прядильня (жр), прядильная фабрика (жр)
filatura (f), [filanda (f)]
hilandería (f), fábrica (f) de hilados

9 Gespinst (n), Faden (m), Garn (n)
thread, yarn
fil (m), filé (m)
продукт (мр) пряденія, нить (жр), пряжа (жр)
filo (m), filato (m)
hilo (m), hilado (m)

10 Zwirnen (n), [Zwirnerei (f)]
doubling, twisting
retordage (m)
крученіе (ср)
ritorcitura (f), ritorcimento (m)
retorcedura (f)

11 zwirnen (va)
to double (va), to twist (va)
retordre (va)
крутить
ritorcere (va)
retorcer (va)

12 Zwirn (m), gezwirntes Garn (n)
doubled yarn, twisted yarn
[fil (m)] retors (m)
крученая пряжа (жр)
filo (m) ritorto
[hilo (m)] torcido (m)

Zwirnerei (f), Zwirnfabrik (f)
doubling mill, twisting mill
retorderie (f)
крутильная фабрика (жр)
ritorcitura (f) 13
fábrica (f) de retorcer *o* de torcidos

Zwirner (m)
doubler, twister
retordeur (m)
крутильщик (мр)
ritorcitore (m) 14
retorcedor (m)

Seilerei (f), Seilerhandwerk (n), Herstellung (f) von Seilen (npl)
rope making
corderie (f), fabrication (f) des cordes
канатное производство (ср)
cordería (f), mestiere (m) di cordaio 15
cordelería (f), fábrica (f) de cuerdas

Seiler (m), Reepschläger (m)
rope maker
cordier (m)
канатчик (мр)
cordaio (m), cordaiolo (m), funaio (m), funai[u]olo (m) 16
cordelero (m)

Seilerbahn (f), Reeperbahn (f)
rope walk
couloir (m) de la corderie (f)
канато-тростильная дорожка (жр) *или* стажка (жр), канатный двор (мр) 17
cordería (f)
patio (m) de cordelero

Seilerei (f), Seilerwarenfabrik (f)
ropery, rope works
[atelier (m) de] corderie (f)
канатная фабрика (жр)
fabbrica (f) di corderie, cordificio (m) 18
cordelería (f)

Seilerwaren (fpl)
cordage
cordage (m)
канатныя издѣлія
cordame (m) 19
cordería (f)

Haspeln (n), Weifen (n)
reeling
dévidage (m)
размотка (жр), разматываніе (ср)
annaspamento (m), innaspamento (m) 20
aspado (m)

haspeln (va), weifen (va)
to reel (va)
dévider (va)
мотать, разматывать
annaspare (va), innaspare (va) 21
aspar (va), devanar (va)

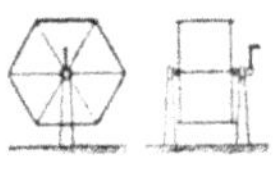

Haspel (m), Weife (f)
reel
dévidoir (m)
мотовило (ср), мотальная машина (жр) 22
aspo (m), naspo (m), arcolaio (m)
aspa (m), devanadera (f)

spulen (va) (Kette)
to wind (va) (warp)
bobiner (va) chaîne)
разматнать *или* перегонять (основу) 25
incannare (va) (ordito)
encanillar (va) (urdimbre)

spulen (va) (Schuß)
to spool (va) (weft)
canneter (va) (trame)
разматывать *или* перегонять (уток) 2
incannare (va) (trama)
encanillar (va) (trama)

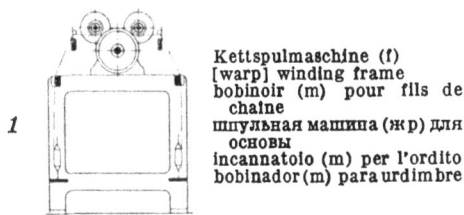

1 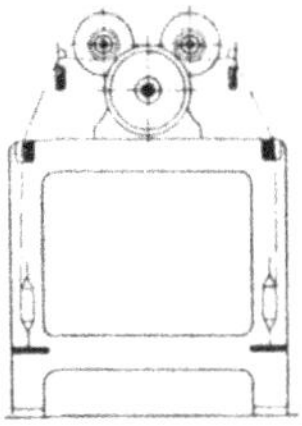

Kettspulmaschine (f)
[warp] winding frame
bobinoir (m) pour fils de chaîne
шпульная машина (жр) для основы
incannatoio (m) per l'ordito
bobinador (m) para urdimbre

---

2 Filzen (n)
felting
feutrage (m)
сбиванie (ср) войлока, валянie (ср) шерсти
feltratura (f)
enfieltrado (m), fieltraje (m)

---

3 filzen (va)
to felt (va)
feutrer (va)
сбивать войлок (мр), валять шерсть (жр)
feltrare (va)
fieltrar (va), enfieltrar (va)

---

4 Filz (m)
felt
feutre (m)
войлок (мр)
feltro (m)
fieltro (m)

---

5 Filzfabrik (f)
felt manufactory
fabrique (f) de feutre
войлочная фабрика (жр)
feltrificio (m)
fábrica (f) de fieltros

---

6 Flechten (n)
plaiting
tressage (m)
плетенie (ср)
intrecciamento (m)
acción (f) de trenzar

---

7 flechten (va)
to plait (va)
tresser (va)
плесть
intrecciare (va)
trenzar (va), hacer trenza

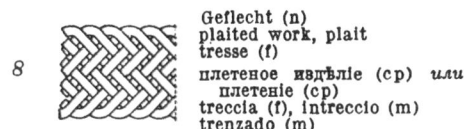

8 

Geflecht (n)
plaited work, plait
tresse (f)
плетеное издѣлie (ср) *или* плетенie (ср)
treccia (f), intreccio (m)
trenzado (m)

---

9 Klöppeln (n)
braiding
travail (m) au fuseau
плетенie (ср) кружев
lavoro (m) al tombolo
acción (f) de hacer blondas *o* encajes

---

10 klöppeln (va)
to braid (va)
travailler (va) au fuseau
плесть кружева
lavorar (va) al tombolo
hacer blondas *o* encajes

---

11 

a

Kette (f) (Webkette), Schweif (m), Zettel (m), Aufzug (m)
warp
chaîne (f)
основа (жр)
ordito (m), [catena (f), catenella (f)]
urdimbre (f)

---

b
Schuß (m), Eintrag (m), Einschlag (m)
weft, woof, filling (A)
trame (f) 12
уток (мр)
trama (f), ripieno (m)
trama (f)

Scheren (n) der Kette, Kettscheren (n)
warping
ourdissage (m)
сновка (жр), снованie (ср)
orditura (f) della caten[ell]a 13
urdido (m), urdidura (f)

---

scheren (va)
to warp (va)
ourdir (va)
сновать
ordire (va) 14
urdir (va)

Bäumen (n), Aufbäumen (n)
[warp] beaming
enroulage (m) de la chaîne
навиванie (ср) на навой (мр)
avvolgimento (m) sul subbio 15
acción (f) de hacer plegadores de urdimbre

---

bäumen (va), aufbäumen (va)
to beam (va)
enrouler la chaîne
навивать навой (мр)
avvolgere *o* montare sul subbio 16
hacer plegadores de urdimbre

---

schlichten (va)
to size (va)
encoller (va), parer (va)
шлихтовать
bozzimare (va) 17
encolar (va)

---

leimen (va)
to size (va)
encoller (va), parer (va)
проклеивать
incollare (va) 18
encolar (va)

Weberei (f), Weben (n)
weaving
tissage (m)
ткачество (ср)
tessitura (f) 19
tejedura (f), [textura (f)]

---

weben (va)
to weave (va)
tisser (va)
ткать
tessere (va) 20
tejer (va)

Webware (f), Gewebe (n)
woven material
tissu (m)
тканое издѣлie (ср), ткань (жр)
tessuto (m) 21
tejido (m)

Weberei (f), Webwarenfabrik (f)
weaving mill
tissage (m)
ткацкая фабрика (жр)
fabbrica (f) di tessuti 22
tejeduría (f), fábrica (f) de tejidos

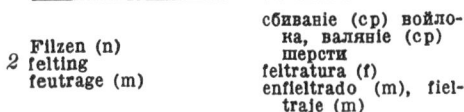

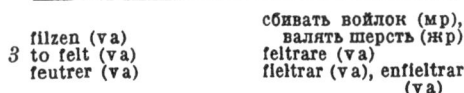

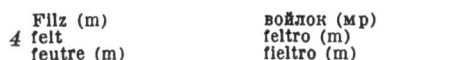

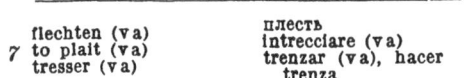

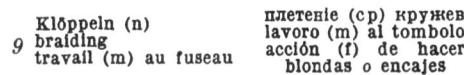

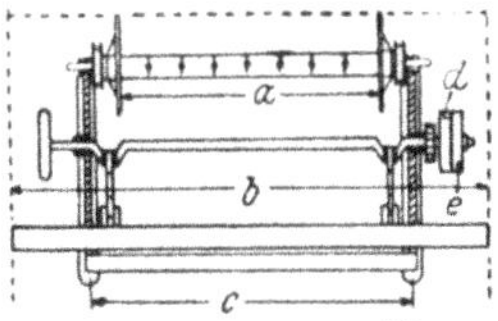

23

Webstuhl (m)
loom
métier (m) à tisser
ткацкій станок (мр)
telaio (m)
telar (m)

Weber (m)
weaver
tisserand (m), tisseur (m)
ткач (мр)
tessitore (m) 24
tejedor (m)

1	Wirkerei (f), Wirken (n) hosiery knitting bonneterie (f)	вязаніе (ср), трикотаж (мр) tessitura (f) a maglia fabricación (f) de géneros de punto
2	wirken (va) to knit hosiery bonneter (va)	вязать, вязать чулки tessere (va) a maglia fabricar géneros de punto
3	Wirkware (f), Gewirke (n) hosiery article (m) de bonneterie	чулочныя издѣлія, вязальное издѣліе (ср), трикотаж (мр) tessuto (m) a maglia género (m) de punto
4	Wirkerei (f), Wirkwarenfabrik (f) hosiery mill fabrique (f) de bonneterie	вязальная фабрика (жр) maglieria (f) fábrica (f) de géneros de punto
5	Wirker (m) hosiery knitter ouvrier (m) bonnetier	вязальщик (мр) tessitore (m) a maglia tejedor (m) de géneros de punto
6	Strickerei (f), Stricken (n) knitting tricotage (m)	вязаніе (ср) lavorazione (f) a maglia acción (f) de hacer medias *o* calcetas
7	stricken (va) to knit (va) tricoter (m)	вязать lavorare a maglia hacer medias *o* calcetas
8	Strickware (f), Gestrick (n) [hand] knitted hosiery article (m) tricoté	вязальное издѣліе (ср), трикотаж (мр) lavoro (m) a maglia (a mano) tejido (m) *o* género (m) de punto de medias
9	Strickerei (f), Strickwarenfabrik (f) knitting works atelier (m) de tricotage	вязальная *или* трикотажная фабрика (жр) opificio (m) di maglierie fábrica (f) de géneros de punto de medias
10	Stricker (m) knitter tricoteur (m), ouvrier (m) mailleur	вязальщик (мр), трикотажник (мр) calzettaio (m), lavorante (m) in maglie calcetero (m)
11	Netzen (n), Knüpfen (n), Knoten (n) netting fabrication (f) de filet	плетеніе (ср) сѣтей, вязаніе (ср) сѣтей, завязываніе (ср) узлом, вязка (жр) узлом fabbricazione (f) di reti *o* di reticelle *o* di reticolati acción (f) de hacer mallas *o* redes
12	netzen (va), knüpfen (va), knoten (va) to net (va) faire du filet	плесть сѣти, вязать сѣти, завязывать узлом, вязать узлом fare la rete, lavorare (va) a reticella hacer redes (fpl)

Netzware (f), Netz (n) netting, net work [article (m) en] filet (m)	сѣти, сѣть (жр) rete (f), reticolato (m), reticelle (fpl) red (f)	13
Borten- oder Besatzwirkerei (f), Posamentieren (n), Posamentiererei (f) trimming passementerie (f)	позументированіе (ср), позументное производство (ср) passamanteria (f) pasamanería (f)	14
Borten (fpl) oder Besatz (m) herstellen, posamentieren (va) to trim (va) faire de la passementerie	позументировать fare *o* fabbricare le passamanterie hacer pasamanería *o* pasamanos	15
Borten- oder Besatzwaren (fpl), Posamentierwaren (fpl), Posamente (npl) trimmings, trimming materials, small ware articles (mpl) de passementerie, passements (mpl)	позументныя издѣлія, позумент (мр) [lavori (mpl) di] passamanteria (f) pasamano (m), pasamanería (f)	16
Borten- oder Besatzwarenfabrik (f), Posamentenfabrik (f), Posamentierwarenfabrik (f) small ware manufactory, trimming factory fabrique (f) de passementerie	позументная фабрика (жр) канительная фабрика (жр) fabbrica (f) di passamanterie pasamanería (f), fábrica (f) de pasamanos	17
Borten- oder Besatzmacher (m), Posamentier[er] (m), Posamentenmacher (m) trimming manufacturer passementier (m)	позументщик (мр) passamanaio (m), nastraio (m) pasamanero (m)	18
Sticken (n) embroidering broderie (f)	вышиваніе (ср) ricamo (m) bordadura (f), bordado (m), acción (f) de bordar	19
sticken (va) to embroider (va) broder (va)	вышивать ricamare (va) bordar (va)	20
Stickerei (f), Stickware (f) embroidery, fancy work [article (m) de] broderie (f)	вышивальное издѣліе (ср), вышивка (жр) ricamo (m) bordado (m)	21
Stickerei [-Werkstätte] (f) embroidery works atelier (m) de broderie	вышивальная мастерская (жр) opificio (m) da ricami obrador (m) de bordados	22
Nähen (n), Näherei (f) sewing couture (f)	шитьё (ср) cucitura (f) costura (f), cosido (m)	23
nähen (va) to sew (va) coudre (va)	шить cucire (va) coser (va)	24

1	Waschen (n), Wäscherei (f) washing lavage (m)	мытьё (ср), промывка (жр), стирка (жр) lavatura (f) lavadura (f), lavado (m)
2	waschen (va) to wash (va) laver (va)	мыть, стирать lavare (va) lavar (va)
3	Wäscherei (f), Waschanstalt (f) wash house établissement (m) de lavage	мойка (жр), прачешная (жр), прачешное заведеніе (ср) lavanderia (f) lavadero (m)
4	Beuchen (n), Bäuchen (n) scouring dégraissage (m)	варка (жр), бученіе (ср) passaggio (m) al ranno desengrasado (m)
5	beuchen (va), bäuchen (va) to scour (va) dégraisser (va)	отваривать, бучить far passare (va) al ranno desengrasar (va)
6	Bleichen (n) bleaching blanchiment (m)	отбѣлка (жр), отбѣливаніе (ср) candeggio (m), sbianca (f), imbianchimento (m) blanqueo (m), [blanqueamiento (m), blanqueadura (f)]
7	bleichen (va) to bleach (va) blanchir (va)	отбѣливать, бѣлить candeggiare (va), sbiancare (va), imbiancare (va) blanquear (va)
8	Bleicherei(f), Bleiche(f) bleaching croft blanchisserie (f)	отбѣльная фабрика (жр), отбѣльная (жр) candeggiatura (f) blanquería (f)
9	Bleicher (m) bleacher blanchisseur (m)	отбѣльщик (мр) imbiancatore (m), curandaio (m) blanqueador (m)
10	Beizen (n) mordanting mordançage (m)	протравка (жр), вытравка (жр) passaggio (m) al mordente mordentado (m)
11	beizen (va) to mordant (va) mordancer (va)	травить, вытравливать passare (va) al mordente mordentar (va)
12	Färben (n), [Färberei (f)] dyeing teinture (f)	крашеніе (ср) tintura (f) tinte (m)
13	färben (va) to dye (va) teindre (va)	красить tingere (va) teñir (va), tinturar (va)

Färberei (f) dyery, dye house, dyeworks teinturerie (f)	красильня (жр), красильное заведеніе (ср) красильная фабрика (жр) tintoria (f) tinte (m), tintorería (f)	14
Färber (m) dyer teinturier (m)	красильщик (мр) tintore (m) tintorero (m)	15
Mercerisieren (n) mercerizing mercerisage (m), similisage (m)	мерсеризація (жр) mercerizzaggio (m), mercerizzazione (f) mercerizado (m), mercerización (f)	16
mercerisieren (va) to mercerize (va) merceriser (va), similiser (va)	мерсеризировать mercerizzare (va) mercerizar (va)	17
Ausrüsten (n), Ausrüstung (f), Zurichten (n), Zurichtung (f), Appretieren (n), Appretur (f) finishing apprêt (m), apprêtage (m), finissage (m)	апретированіе (ср), апретура (жр), отдѣлка (жр) apparecchiatura (f), apprestamento (m), finissaggio (m), finimento (m), appretto (m) apresto (m), acabado (m)	18
ausrüsten (va), zurichten (va), appretieren (va) to give a finish, to finish (va) apprêter (va), donner l'apprêt à ..., finir les tissus	апретировать, отдѣлывать apparecchiare (va) aprestar (va), acabar (va)	19
Ausrüstungsanstalt (f), Zurichteanstalt (f), Appretur (f), Appreturanstalt (f) finishing house usine (f) d'apprêts	апретурная *или* отдѣлочная фабрика (жр) laboratorio (m) *od* opificio (m) d'appretto fábrica (f) de aprestar	20
Ausrüster (m), Zurichter (m), Appreteur (m) finisher apprêteur (m)	отдѣлывальщик (мр), апретурщик (мр) apparecchiatore (m) aprestador (m)	21
Karbonisieren (n), Auskohlen (n) der Wolle carbonization carbonisage (m)	карбонизація (жр), обуглероживаніе (ср) carbonizzazione (f) carbonización (f)	22
karbonisieren (va), die Wolle auskohlen to carbonize (va) carboniser (va)	карбонизировать, обуглероживать carbonizzare (va) carbonizar (va)	23
Sengen (n) singeing, gassing flambage (m), grillage (m), gazage (m)	опаливаніе (ср) bruciatura (f) chamuscado (m), gaseado (m)	24

No.		
1	sengen (va) to singe (va), to gass (va) flamber (va), griller (va), gazer (va)	опаливать bruciare (va) chamuscar (va), gasear (va)
2	Walken (n) fulling, milling foulage (m)	валяніе (ср) follatura (f) abatanado (m)
3	walken (va) to full (va), to mill (va) fouler (m)	валять, мять follare (va) abatanar (va)
4	Rauhen (n) raising lainage (m), grattage (m)	ворсованіе (ср), надираніе (ср), начесываніе (ср) garzatura (f) percha (f)
5	rauhen (va) to raise (va) lainer (va), gratter (va)	ворсовать, надирать, начесывать garzare (va) perchar (va)
6	Bürsten (n) brushing brossage (m)	чистка (жр) щетками, отдѣлка (жр) щетками spazzolatura (f) [a]cepillado (m), [a]cepilladura (f)
7	bürsten (va) to brush (va) brosser (va)	отдѣлывать, очищать, чистить щетками spazzolare (va) [a]cepillar (va)
8	Klopfen (n) beating beetlage (m), battage (m)	колоченіе (ср), біеніе (ср) battitura (f) sacudida (f), sacudimiento (m), batido (m)
9	klopfen (va) to beat (va) beetler (va), battre (va)	колотить, бить battere (va) sacudir (va), batir (va)
10	Stärken (n) starching empesage (m)	крахмаленіе (ср) inamidatura (f), trattamento (m) all'amido almidonado (m)
11	stärken (va) to starch (va) empeser (va)	крахмалить inamidare (va), trattare all'amido almidonar (va)
12	Einsprengen (n) damping humectage (m)	брызганіе (ср), кропленіе (ср) spruzzatura (f) humectado (m), mojado (m)
13	einsprengen (va) to damp (va) humecter (va)	кропить, брызгать spruzzare (va) humectar (va), mojar (va)
14	Dämpfen (n) steaming vaporisage (m)	декатированіе (ср), запариваніе (ср), пропариваніе (ср) passaggio (m) al vapore vaporado (m), acción (f) de vaporar
15	dämpfen (va) to steam (va) vaporiser (va)	декатировать, запаривать, пропаривать passare (va) al vapore vaporar (va)
16	Kalandern (n), Glätten (n) calendering calandrage (m)	каландрованіе (ср), глаженіе (ср) calandratura (f) calandrado (m)
17	kalandern (va), glätten (va) to calender (va) calandrer (va)	каландровать, гладить calandrare (va) calandrar (va)
18	Mangeln (n) mangling cylindrage (m)	катаніе (ср) manganatura (f) calandrado (m) por el mangle
19	mangeln (va) to mangle (va) cylindrer (va)	катать manganare (va), dare il mangano calandrar (va) por el mangle
20	Pressen (n) pressing pressage (m)	прессованіе (ср) pressatura (f) prensadura (f)
21	pressen (va) to press (va) presser (va)	прессовать pressare (va) prensar (va)
22	Schleudern (n) squeezing out the water in a hydro-extractor essorage (m) [par hydro-extracteur]	центрофуженіе (ср), отжиманіе (ср) на центрофугѣ il centrifugare, passaggio (m) per l'idroestrattore escurrido (m) con hidro-extractor o con centrifuga
23	schleudern (va) to squeeze out the water in a hydro-extractor essorer (va)	центрофужить, отжимать на центрофугѣ centrifugare (va), passare (va) per l'idroestrattore escurrir (va) con hidroextractor o con centrifuga
24	Trocknen (n) drying séchage (m)	сушеніе (ср), сушка (жр) essiccazione (f) desecación (f), secamiento (m)

No.		
1	trocknen (va) to dry (va) sécher (va)	сушить essiccare (va) secar (va)
2	Spannen (n) tentering, stretching étendage (m), ramage (m), mise (f) en rames	ширеніе (ср), расправленіе (ср) [di]stendimento (m) estricado (m)
3	spannen (va) to tenter (va), to stretch (va) étendre (va), ramer (va), mettre (va) en rames	ширить, расправлять stendere (va) estricar (va)
4	Bedrucken (n) printing impression (f)	набиваніе (ср), печатаніе (ср) stampa (f) imprimido (m), estampado (m)
5	bedrucken (va) to print (va) imprimer (va)	набивать, печатать stampare (va) imprimir (va), estampar (va)
6	Falten (n) folding pliage (m)	дублированіе (ср), складываніе (ср), складка (жр) piegatura (f) plegado (m), plegadura (f)
7	falten (va) to fold (va) plier (va)	дублировать, складывать piegare (va) plegar (va)
8	Wickeln (n) rolling, batching enroulage (m)	навиваніе (ср), накатываніе (ср) arrotolamento (m) plegado (m) en pieza, arrollado (m)
9	wickeln (va) to roll (va), to batch (va) enrouler (va)	навивать, накатывать arrotolare (va) plegar (va) en pieza, arrollar (va), hacer rollos
10	Legen (n) plaiting down doublage (m) (du tissu)	складываніе (ср), укладываніе (ср) doblaggio (m) (del tessuto) pliegue (m)
11	legen (va) to plait (va) down doubler (va) (les tissus)	складывать, укладывать doblare (va) (il tessuto) formar pliegues
12	Faserstofftechnik (f), [Textiltechnik (f)] textile technics technique (f) textile	техника (жр) волокнистых веществ tecnica (f) tessile técnica (f) textil
13	Faserstoffgewerbe (n), [Textilindustrie (f)] textile industry industrie (f) textile	текстильная промышленность (жр) industria (f) tessile industria (f) textil
14	Fasergewinnung (f) extraction of fibres extraction (f) *ou* production (f) des fibres	производство (ср) волокна, полученіе (ср) волокна, извлеченіе (ср) волокна estrazione (f) delle fibre extracción (f) de las fibras
15	Faserertrag (m), Ertrag (m) *oder* Ausbeute (f) an Fasern yield of fibres rendement (m) en fibres	выход (мр) волокна rendimento (m) di fibre rendimiento (m) en fibras
16	Faserstoffunternehmen (n), [Textilunternehmen (n)] textile enterprise entreprise (f) textile	текстильное предпріятіе (ср) impresa (f) tessile empresa (f) textil
17	Faserstoffabrik (f), [Textilfabrik (f)] textile factory, textile mill usine (f) *ou* fabrique textile	текстильная фабрика (жр), (мануфактура (жр)) stabilimento (m) tessile fábrica (f) textil
18	Hersteller (m), Erzeuger (m), Fabrikant (m) manufacturer, producer fabricant (m), manufacturier (m), producteur (m)	производитель (мр), фабрикант (мр) fabbricante (m), produttore (m) fabricante (m)
19	Faserstoffachmann (m), [Textiltechniker (m)] textile engineer *or* technologist ingénieur (m) textile	текстильный техник (мр), техник (мр) по волокнистым веществам ingegnere (m) dell'industria tessile técnico (m) *o* ingeniero (m) textil
20	Rohstoff (m), [Rohmaterial (n)] raw material matière (f) première	сырой матеріал (мр), сырьё (ср) materia (f) prima *o* greggia primera materia (f) [sin acabar], materia prima *o* bruta, material (m) en rama
21	Halberzeugnis (n), [Halbfabrikat (n)] semi-manufactured article produit (m) mi-fini, article (m) en cours de fabrication	полуфабрикат (мр), полупродукт (мр) prodotto (m) mezzo preparato artículo (m) *o* género (m) semi-acabado *o* semi-elaborado *o* sin acabar
22	Fertigware (f), [Ganzfabrikat (n)] fully manufactured article produit (m) achevé, article (m) complètement fabriqué	отдѣланный товар (мр), готовый товар (мр) prodotto (m) finito artículo (m) *o* género (m) completamente acabado *o* elaborado
23	Verarbeitungsverfahren (n) manufacturing process procédé (m) de fabrication	способ (мр) производства, пріем (мр) обработки, способ (мр) обработки processo (m) di lavorazione procedimiento (m) de fabricación

II.

Nr.		
1	**Grundbegriffe (m pl) der Faserverarbeitung** **Fundamental Conceptions on the Textile Fibre** **Notions (f pl) fondamentales sur la technique des fibres textiles**	**Основныя понятія (с р) о волокнистых веществах** **Nozioni (f pl) tessili fondamentali** **Nociones (f pl) fundamentales sobre la fibra textil**
2	**1. Allgemeines (n pl)** **General** **Généralités (f pl)**	**Общій отдѣл (м р)** **Generalità (f pl)** **Generalidades (f pl)**
3	Faserrohstoff (m), verspinnbarer Rohstoff (m), [textiler Rohstoff (m)] textile raw material matière (f) première textile	волокно-сырец (м р) materia (f) prima tessile primera materia (f) *o* material (m) en rama textil
4	Rohstoffkunde (f), Technologie (f) der Rohstoffe technology of the raw materials technologie (f) des matières premières	технологія (ж р) волокнистаго сырца, технологія (ж р) сырых волокнистых веществ tecnologia (f) delle materie prime tecnologia (f) de las primeras materias
5	Faser (f), Gespinstfaser (f), Spinnfaser (f), [Textilfaser (f)] fibre, textile fibre fibre (f), fibre (f) textile	волокно (с р), прядильное волокно (с р) текстильное волокно (с р) fibra (f), fibra (f) tessile fibra (f), fibra (f) textil
6	Faserkunde (f), Technologie (f) der Fasern technology of fibres technologie (f) des fibres [textiles]	ученіе (с р) о волокнѣ, технологія (ж р) волокнистых веществ, технологія (ж р) волокна tecnologia (f) delle fibre tecnologia (f) de las fibras
7	Faserstoff (m), Spinnstoff (m) fibrous *or* spinning material matière (f) textile, produit (m) filable	волокнистое вещество (с р), волокнистыя образованія (ж р) materia (f) fibrosa o filabile materia (f) fibrosa, material (m) hilable
8	technische Faser (f) technical fibre fibre (f) technique	техническое волокно (с р) fibra (f) tecnica fibra (f) técnica
9	Faserbündel (n) bundle of fibres faisceau (m) de fibres	пучёк (м р) волокон fascio (m) di fibre haz (m) de fibras
10	faserartig of fibrous nature de nature filamenteuse	волокнистый filaccioso de carácter fibroso
11	**2. Rohstoffarten (f pl), Arten (f pl) der Rohstoffe** **Kinds of Raw Materials** **Espèces (f pl) de matières premières**	**Род (м р) сырья** **Specie (f pl) di materie prime** **Especies (f pl) de primeras materias**
12	natürliche Faser (f) natural fibre fibre (f) naturelle	натуральное *или* естественное волокно (с р) fibra (f) naturale fibra (f) natural
13	mineralischer Rohstoff (m) mineral raw material matière (f) première minérale	минеральный сырец (м р) materia (f) prima minerale primera materia (f) mineral
14	mineralische Spinnfaser (f) *oder* Faser (f) mineral fibre fibre (f) minérale	минеральное волокно (с р) fibra (f) minerale [filabile] fibra (f) textil minera
15	Pflanzenrohstoff (m), [vegetabilischer Rohstoff (m)] vegetable raw material matière (f) première végétale	растительный сырец (м р) materia (f) prima vegetale primera materia (f) vegetal
16	Pflanzenspinnfaser (f), Pflanzenfaser (f) vegetable fibre fibre (f) végétale	растительное прядильное *или* текстильное волокно (с р) fibra (f) vegetale fibra (f) vegetal
17	Samenfaser (f), Samenhaar (n) seed fibre, seed hair fibre (f) extraite de la graine, duvet (m) de la graine	сѣмянное волокно (с р) fibra (f) di semi, pelo (m) di semi fibra (f) o pelo (m) de la semilla
18	Pflanzenhaar (n) plant hair, vegetable hair duvet (m) végétal	растительный волосок (м р) pelo (m) vegetale pelo (m) vegetal
19	einzelliges Pflanzenhaar (m) single cell vegetable hair duvet (m) végétal unicellulaire	одноклѣточный растительный волосок (м р) pelo (m) vegetale unicellulare pelo (m) vegetal unicelular
20	Pflanzenseide (f) vegetable silk soie (f) végétale	растительный шёлк (м р) seta (f) vegetale seda (f) vegetal
21	Pflanzenwolle (f) vegetable wool laine (f) végétale	растительная шерсть (ж р) lana (f) vegetale lana (f) vegetal
22	Stengelfaser (f), Bastfaser (f) stem *or* stalk fibre, bast fibre fibre (f) du liber	волокно (с р) лубка, волокно (с р) лыка, стебельчатое волокно (с р) fibra (f) di libro *o* caulinaria fibra (f) del tallo
23	Blattfaser (f) leaf fibre fibre (f) extraite de la feuille	межлистовое волокно (с р) fibra (f) di foglia fibra (f) de la hoja
24	Fruchtfaser (f) fruit fibre fibre (f) extraite du fruit	плодовое *или* фруктовое волокно (с р) fibra (f) di frutto fibra (f) del fruto

1	tierischer [*oder* animalischer] Rohstoff (m) animal raw material matière (f) première animale	сырое вещество (ср) животнаго происхожденія materia (f) prima animale primera materia (f) animal
2	tierische Faser (f) animal fibre fibre (f) animale	волокно (мр) животнаго происхожденія fibra (f) animale fibra (f) animal
3	tierisches Haar (n) animal hair poil (m) des animaux	животный волос (мр) pelo (m) animale pelo (m) animal
4	tierische Wolle (f) animal wool laine (f) animale	животная шерсть (жр) шерсть (жр) животнаго происхожденія lana (f) animale lana (f) animal
5	Wollfaser (f), Wollhaar (n) wool fibre fibre (f) laineuse, brin (m) de laine	шерстяной волос (мр), шерстяное волокно (ср) fibra (f) di lana fibra (f) de lana
6	Seidenfaser (f) silk fibre fibre (f) de soie	шелковое волокно (ср) fibra (f) di seta fibra (f) de seda
7	künstliche Faser (f) artificial fibre fibre (f) artificielle	искусственное волокно (ср) fibra (f) artificiale fibra (f) artificial
8	Kunstseidenfaden (m) artificial silk filament fil (m) de soie artificielle,	нить (жр) искусственнаго шёлка filo (m) di seta artificiale filamento (m) de seda artificial
9	Glasfaden (m) glass fibre, glass thread fil (m) de verre, verre (m) filé	стеклянная нить (жр) filo (m) di vetro hilo (m) de vidrio
10	Metallfaden (m) metal filament fil (m) métallique	металлическая нить (жр) filo (m) metallico hilo (m) de metal
11	Kunstbaumwolle (f) artificial cotton coton (m) effiloché	искусственный хлопок (мр) cotone (m) artificiale algodón (m) artificial
12	Kunstwolle (f), Lumpenwolle (f), Shoddy (m) remanufactured wool, artificial wool, shoddy laine (f) [de] renaissance *ou* artificielle, shoddy (m)	искусственная шерсть (жр) lana (f) artificiale *o* meccanica *o* da stracci lana (f) artificial *o* regenerada
13	Lumpenseide (f), Seidenshoddy (m) fibre obtained from old silk fabrics fibre (f) extraite de vieux draps de soie	шелковый отброс (мр) шелковый угар (мр) fibra (f) ricavata di stracci di seta desfibrado (m) de seda, seda (f) regenerada

3. Allgemeine Eigenschaften der Faser
General qualities of the fibre
Qualités (f pl) générales de la fibre

Общія качества (ср) волокна
Qualità (f pl) generali della fibra
Calidades (f pl) generales de la fibra 14

spinnfähig, spinnbar fit for spinning filable, propre à la filature	пригодный для пряденія filabile hilable	15
Spinnfähigkeit (f) der Faser spinning capacity of the fibre aptitude (f) de la fibre à être filée	прядеспособность (жр) волокна, пригодность (жр) волокна для пряденія filabilità (f) della fibra capacidad (f) hilable de la fibra	16
zurichtefähig, appreturfähig capable to take a finish apte à l'apprêt	пригодный поддаваться апретированію idoneo all'appretto capaz al apresto	17
Zurichtefähigkeit (f) *oder* Appreturfähigkeit (f) der Faser capacity of the fibre to take a finish aptitude (f) de la fibre à l'apprêt	способность (жр) волокна поддаваться апретированію *или* отдѣлкѣ, пригодность (жр) волокна к отдѣлкѣ idoneità (f) della fibra all'appretto capacidad (f) de la fibra al apresto	18
Faserquerschnitt (m) [cross]section of fibre section (f) transversale *ou* coupe (f) en travers de la fibre	поперечное сѣченіе (ср) волокна sezione (f) [trasversale] della fibra sección (f) [transversal] de la fibra	19
runder Faserquerschnitt (m) circular [cross] section of fibre section (f) circulaire de la fibre	круглое поперечное сѣченіе (ср) волокна sezione (f) circolare della fibra sección (f) circular de la fibra	20
unregelmäßiger Faserquerschnitt (m) irregular [cross] section of fibre section (f) irrégulière de la fibre	неравномѣрное поперечное сѣченіе (ср) волокна sezione (f) irregolare della fibra sección (f) irregular de la fibra	21
eirunder *oder* eiförmiger [*oder* ovaler] Querschnitt (m) oval [cross] section section (f) ovale	продолговаго-круглое *или* овальное поперечное сѣченіе (ср) sezione (f) ovale sección (f) oval	22
dreieckiger Querschnitt (m) triangular [cross] section section (f) triangulaire	треугольное поперечное сѣчебіе (ср) sezione (f) triangolare sección (f) triangular	23
mehreckiger Querschnitt (m) polygonal [cross] section section (f) polygonale	многоугольное поперечное сѣченіе (ср) sezione (f) poligonale sección (f) poligonal	24

1	hohle Faser (f) hollow fibre fibre (f) creuse	пустотѣлое волокно (ср) fibra (f) vuota fibra (f) hueca
2	Faserlänge (f), Länge (f) der Faser length of fibre longueur (f) de la fibre	длина (жр) волокна lunghezza (f) della fibra longitud (f) de la fibra
3	lange Faser (f), Langfaser (f) long fibre fibre (f) longue	длинное волокно (ср), длинноволосое волокно (ср) fibra (f) lunga fibra (f) larga
4	langfaseriger Stoff (m) long fibred material matière (f) à fibres longues	длинноволокнистое вещество (ср) materiale (m) di fibra lunga materia (f) de fibra larga
5	kurze Faser (f), Kurzfaser (f) short fibre fibre (f) courte	короткое волокно (ср) fibra (f) corta fibra (f) corta
6	Kürze (f) der Faser shortness of the fibre le peu de longueur de la fibre	короткость (жр) волокна cortezza (f) della fibra cortedad (f) de la fibra
7	kurzfaseriger Stoff (m) short fibred material matière (f) à fibres courtes	коротковолокнистое вещество (ср) materiale (m) di fibra corta materia (f) de fibra corta
8	weiche Faser (f) soft fibre fibre (f) douce	мягкое волокно (ср) fibra (f) morbida *o* soffice fibra (f) blanda
9	Weichheit (f) der Faser softness of the fibre douceur (f) de la fibre	мягкость (жр) волокна morbidezza (f) della fibra blandura (f) de la fibra
10	geschmeidige *oder* schmiegsame *oder* biegsame Faser (f) supple *or* pliable *or* flexible fibre fibre (f) souple *ou* flexible	гибкое *или* упругое волокно (ср) fibra (f) flessuosa *o* flessibile fibra (f) flexible *o* suave
11	Geschmeidigkeit (f) *oder* Schmiegsamkeit (f) *oder* Biegsamkeit (f) der Faser suppleness *or* pliability *or* flexibility of the fibre souplesse (f) *ou* flexibilité (f) de la fibre	гибкость (жр) волокна flessuosità (f) *o* flessibilità (f) della fibra suavidad (f) *o* flexibilidad (f) de la fibra
12	hohe Geschmeidigkeit (f) great suppleness grande souplesse (f)	высокая гибкость (жр), эластичность (жр) grande flessuosità (f) mucha suavidad (f) *o* flexibilidad
13	zarte Faser (f) delicate *or* tender fibre fibre (f) délicate *ou* tendre	нѣжное волокно (ср) fibra (f) tenera fibra (f) sutil *o* tierna *o* floja
14	Zartheit (f) der Faser delicacy of the fibre délicatesse (f) de la fibre	нѣжность (жр) волокна tenerezza (f) della fibra sutileza (f) *o* flojedad (f) de la fibra
15	feine Faser (f) fine fibre fibre (f) fine	тонкое волокно (ср) fibra (f) fina fibra (f) fina
16	Feinheit (f) der Faser fineness of the fibre finesse (f) de la fibre	тонкость (жр) волокна finezza (f) della fibra finura (f) de la fibra
17	mittelfeine Faser (f) medium fine fibre fibre (f) de moyenne finesse	средней тонкости волокно (ср) fibra (f) mezzofina fibra (f) medianamente fina *o* entrefina
18	Feinheitsnummer (f) number *or* count representing the fineness numéro (m) de finesse	высота (жр) номера titolo (m) di finezza número (m) de la finura
19	harte Faser (f) hard fibre fibre (f) dure	жесткое волокно (ср), твердое волокно (ср) fibra (f) dura fibra (f) dura
20	Härte (f) der Faser hardness of the fibre dureté (f) de la fibre	жесткость (жр) волокна durezza (f) della fibra dureza (f) de la fibra
21	steife Faser (f) stiff fibre fibre (f) raide	негибкое волокно (ср) fibra (f) rigida fibra (f) tiesa *o* rigida
22	grobe Faser (f) coarse fibre fibre (f) grossière	грубое волокно (ср) fibra (f) grossa fibra (f) basta *o* gruesa
23	kernige *oder* kräftige Faser (f) strong fibre fibre (f) forte	крѣпкое волокно (ср) fibra (f) robusta fibra (f) fuerte
24	gedrehte Faser (f) twisted fibre fibre (f) tordue	крученое волокно (ср), завитое волокно (ср) fibra (f) torta fibra (f) retorcida

1	Drehung (f) der Faser twist of the fibre torsion (f) de la fibre	крученіе (ср) волокна, завитки (мр) волокна torsione (f) della fibra torsión (f) de la fibra
2	gekräuselte Faser (f) curly fibre fibre (f) crépu	курчавое волокно (ср), извилистое волокно (ср) fibra (f) increspata fibra (f) encrespada
3	Kräuselung (f) der Faser curliness of the fibre crépure (f) de la fibre	курчавость (жр) волокна, извилистость (жр) волокна increspatura (f) della fibra encrespadura (f) de la fibra
4	Rückkräuselung (f) der Faser curling back of the fibre crispation (f) en arrière de la fibre	возвратная курчавость (жр) *или* извилистость (жр) волокна increspatura (f) di ritorno della fibra contracción (f) de acortamiento de la fibra
5	wellige Faser (f) wavy fibre fibre (f) ondulée	волнистое волокно (ср) fibra (f) ondata fibra (f) ondulada
6	Welligkeit (f) der Faser waviness of the fibre caractère (m) ondulé *ou* condition (f) ondulée de la fibre	волнистость (жр) волокна ondulazione (f) della fibra ondulación (f) de la fibra
7	Glätte (f) der Faser smoothness of the fibre caractère (m) lisse de la fibre	гладкость (жр) волокна levigatezza (f) della fibra lisura (f) de la fibra
8	glatte Faser (f) smooth *or* even fibre fibre (f) lisse	гладкое волокно (ср) fibra (f) liscia fibra (f) lisa
9	glänzende *oder* glanzvolle Faser (f) lustrous fibre fibre (f) brillante	блестящее волокно (ср) fibra (f) lucida fibra (f) lustrosa
10	Glanz (m) der Faser lustre of the fibre brillant (m) de la fibre	блеск (мр) волокна lucido (m) *o* lucidezza (f) della fibra lustre (m) de la fibra
11	seidig glänzende *oder* seidenartig glänzende Faser (f) fibre showing silky lustre, bright silky fibre fibre (f) ayant un brillant soyeux	шелковисто-блестящее волокно (ср) fibra (f) lucida come seta fibra (f) de lustre sedoso
12	seidiger *oder* seidenähnlicher *oder* seidenartiger Glanz (m) silky lustre brillant (m) *ou* lustre (m) soyeux	шелкоподобный *или* шелковистый блеск (мр) lucido (m) come seta, lucidezza (f) pari alla seta lustre (m) sedoso
13	seidige Faser (f) silky fibre fibre (f) soyeuse	шелковистое волокно (ср) fibra (f) setosa *o* come seta fibra (f) sedosa
14	spiegelnder Glanz (m) reflecting lustre lustre (m) miroitant	зеркальный блеск (мр) lucido (m) rispecchiante *o* riverberante lustre (m) reflectante
15	silberähnlicher Glanz (m) silvery lustre lustre (m) argenté	серебристый блеск (мр) lucido (m) argenteo lustre (m) argénteo *o* argentino
16	glasartiger Glanz (m) glassy lustre lustre (m) de cristal	стекловидный блеск (мр) lucido (m) come vetro lustre (m) vidrioso *o* vitreo
17	fettglänzende Faser (m) fibre of greasy lustre fibre (f) d'un lustre gras	жироблестящее волокно (ср) fibra (f) con lucido untuoso fibra (f) con lustre grasiento
18	fettige Faser (f) greasy fibre fibre (f) grasse	жирное волокно (ср) fibra (f) untuosa *o* grassa fibra (f) grasienta
19	Fettigkeit (f) der Faser greasiness of the fibre caractère (m) gras de la fibre	жирность (жр) волокна untuosità (f) *o* grassezza (f) della fibra graseza (f) de la fibra
20	glanzlose Faser (f) dull looking fibre fibre (f) terne *ou* sans brillant	неблестящее *или* тусклое волокно (ср) fibra (f) senza lustro fibra (f) sin lustre, fibra mate
21	rauhe Faser (f) rough fibre fibre (f) rude	шереховатое *или* шершавое волокно (ср) fibra (f) ruvida fibra (f) áspera
22	Rauhigkeit (f) *oder* Rauheit (f) der Faser roughness of the fibre rudesse (f) de la fibre	шереховатость (жр) *или* шершавость (жр) волокна ruvidezza (f) della fibra aspereza (f) de la fibra
23	brüchige *oder* spröde Faser (f) fragile *or* brittle fibre fibre (f) fragile *ou* cassante	ломкое *или* хрупкое волокно (ср) fibra (f) friabile *o* frangibile fibra (f) quebradiza *o* frágil
24	Brüchigkeit (f) *oder* Sprödigkeit (f) der Faser fragility *or* brittleness of the fibre fragilité (f) de la fibre	ломкость (жр) *или* хрупкость (жр) волокна friabilità (f) *o* fragilità (f) *o* frangibilità (f) della fibra fragilidad (f) de la fibra

1	rissige Faser (f) fibre showing cracks fibre (f) fendillée	потрескавшееся волокно (ср), надорванное волокно (ср) fibra (f) screpolata fibra (f) agrietada
2	die Dehnung der Faser ermitteln to ascertain *or* to determine the elongation of the fibre vérifier *ou* déterminer l'allongement de la fibre	опредѣлить растяжимость (жр) волокна determinare l'allungamento della fibra averiguar *o* determinar el alargamiento de la fibra
3	Dehnbarkeit (f) der Faser stretching property of the fibre extensibilité (f) de la fibre	гибкость (жр) волокна, растяжимость (жр) волокна estensibilità (f) della fibra extensibilidad (f) de la fibra
4	Bruchdehnung (f) der Faser breaking elongation of the fibre, elongation of the fibre at rupture allongement (m) de rupture de la fibre	удлиненіе (ср) при разрывѣ волокна allungamento (m) alla rottura della fibra alargamiento (m) de rotura de la fibra
5	elastische Faser (f) elastic fibre fibre (f) élastique	эластичное *или* упругое волокно (ср) fibra (f) elastica fibra (f) elástica
6	Elastizität (f) der Faser elasticity of the fibre élasticité (f) de la fibre	упругость (жр) *или* эластичность (жр) волокна elasticità (f) della fibra elasticidad (f) de la fibra
7	Elastizitätsgrenze (f) der Faser elastic limit of the fibre limite (m) d'élasticité de la fibre	предѣл (мр) упругости волокна limite (m) d'elasticità della fibra limite (m) de elasticidad de la fibra
8	feste Faser (f) firm fibre fibre (f) résistante	крѣпкое волокно (ср) fibra (f) resistente fibra (f) resistente
9	Festigkeit (f) der Faser strength of the fibre résistance (f) *ou* force (f) de la fibre	крѣпость (жр) *или* прочность (жр) волокна resistenza (f) della fibra resistencia (f) de la fibra
10	Faser (f) von großer Festigkeit fibre of great strength fibre (f) de grande résistance	волокно (ср) большой крѣпости (прочности) fibra (f) di grande resistenza fibra (f) de gran resistencia
11	Zerreißfestigkeit (f), Zugfestigkeit (f) [ultimate] tensile strength [force (f) de] résistance (f) de rupture	сопротивленіе (ср) в момент (мр) разрыва (крѣпость), сопротивленіе (ср) разрыву resistenza (f) alla trazione resistencia (f) a la tracción
12	Reißlänge (f) der Faser breaking length of the fibre longueur (f) de rupture de la fibre	длина (жр) волокна при разрывѣ отъ собственнаго вѣса lunghezza (f) di strappamento della fibra longitud (f) de ruptura de la fibra
13	Festigkeitsprüfer (m) strength tester dynamomètre (m)	испытатель (мр) крѣпости dinamometro (m) dinamómetro (m)
14	zähe Faser (f) tough fibre fibre (f) tenace	жесткое волокно (ср) fibra (f) tenace fibra (f) tenaz
15	Zähigkeit (f) der Faser toughness *or* tenacity of the fibre ténacité (f) de la fibre	жесткость (жр) волокна tenacità (f) della fibra tenacidad (f) de la fibra
16	Arbeitsmodul (m) der Faser modulus of work of the fibre capacité (f) de travail de la fibre	модуль (мр) работы разрыва волокна modulo (m) di lavoro della fibra coeficiente (m) de trabajo de la fibra
17	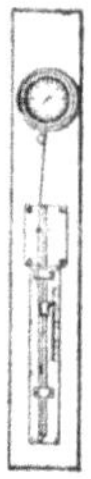	Seidenprüfer (m), Serimeter (n) serimeter sérimètre (m), dynamomètre (m) fil à fil динамомерт (мр), прибор (мр) измѣренія крѣпости нити serimetro (m) serímetro (m), dinamómetro (m) para la seda
18	Messung (f) mit dem Seidenprüfer, serimetrische Messung (f) serimeter test mesurage (m) *ou* mesure (f) sérimétrique *ou* au sérimètre	измѣреніе (ср) крѣпости нити динамометром misurazione (f) serimetrica medición (f) serimétrica
19	spezifisch leichte Faser (f) specifically light fibre fibre (f) de densité faible, fibre d'un poids spécifique petit	удѣльно-легкое волокно (ср) fibra (f) specificamente leggiera fibra (f) de peso especifico pequeño
20	spezifisch schwere Faser (f) specifically heavy fibre fibre (f) de densité élevée, fibre d'un poids spécifique grand	удѣльно-тяжелое волокно (ср) fibra (f) specificamente pesante fibra (f) de gran peso especifico
21	spezifisches Gewicht (n), Einheitsgewicht specific gravity of the fibre poids (m) spécifique de la fibre	удѣльный вѣс (мр) волокна peso (m) specifico della fibra peso (m) especifico de la fibra
22	äußerer Bau (m) der Faser, [äußere Faserstruktur (f)] external structure of the fibre structure (f) externe de la fibre	наружное строеніе (ср) волокна struttura (f) esterna della fibra estructura (f) externa de la fibra
23	gefügelose [oder strukturlose] Faser (f) structureless fibre fibre (f) sans structure [apparente]	безформенное волокно (ср) fibra (f) senza struttura [visibile] fibra (f) sin estructura [visible]
24	unregelmäßig dicke Faser (f) fibre of irregular thickness fibre (f) irrégulière comme grosseur	неравномѣрно толстое волокно (ср) fibra (f) di spessore irregolare fibra (f) de grueso irregular

No.	Deutsch / English / Français	Русский / Italiano / Español
1	Doppelbrechung (f) [*oder* Anisotropie (f)] der Faser double refraction *or* anisotropy of the fibre anisotropie (f) [*ou* double refraction] de la fibre	двойное преломленіе (ср) волокна, анизотропія (жр) duplice refrazione (f) *od* anisotropia (f) della fibra anisotropia (f) *o* refracción (f) múltiple de la fibra
2	Doppelbrechung (f), [*oder* Anisotropie (f)] der Pflanzenfasern double refraction of the vegetable fibres anisotropie (f) des fibres végétales	двойное преломленіе (ср) растительных волокон anisotropia (f) delle fibre vegetali anisotropia (f) de las fibras vegetales
3	doppelbrechend [anisotrop] anisotrope anisotrope	двупреломляющій, анизотропный anisotropo anisótropo
4	Polarisationsfarbe (f) der Fasern colour of the polarized light from the fibres teinte (f) de polarisation des fibres	поляризаціонный цвѣт (мр) волокон tinta (f) delle fibre alla polarizzazione color (m) de polarización de las fibras
5	Wärmeleitfähigkeit (f) der Faser heat conductivity of the fibre conductibilité (f) thermique de la fibre	теплопроводимость (жр) волокна conduttività (f) di calore della fibra conductibilidad (f) térmica de la fibra
6	Entflammbarkeit (f) der Faser inflammability of the fibre inflammabilité (f) de la fibre	воспламенность (жр) волокна infiammabilità (f) della fibra inflamabilidad (f) de la fibra
7	schwammige Faser (f) spongy fibre fibre (f) spongieuse	губчатое волокно (ср), ноздреватое волокно (ср) fibra (f) spugnosa fibra (f) esponjosa
8	Schwammigkeit (f) der Faser sponginess of the fibre spongiosité (f) de la fibre	губчатость (жр) *или* ноздреватость (жр) волокна spugnosità (f) della fibra esponjosidad (f) de la fibra
9	Feuchtigkeit (f) der Faser moisture *or* humidity of the fibre humidité (f) de la fibre	влажность (жр) волокна umidità (f) della fibra humedad (f) de la fibra
10	Feuchtigkeit (f) aufnehmen [*oder* absorbieren] to absorb moisture absorber l'humidité	поглощать *или* воспринимать влажность (жр) assorbire l'umidità absorber *o* coger humedad
11	die Faser nimmt Feuchtigkeit auf [*oder* ist hygroskopisch] the fibre absorbs moisture, the fibre is hygroscopic la fibre absorbe l'humidité, la fibre est hygroscopique	волокно (ср) воспринимает *или* поглощает влажность (жр) la fibra assorbe l'umidità, la fibra è igroscopica la fibra absorbe *o* coge humedad, la fibra es higroscópica
12	Saugfähigkeit (f) der Faser absorbing capacity of the fibre pouvoir (m) absorbant de la fibre	поглотительная *или* абсорбаціонная способность (жр) волокна capacità (f) della fibra all'assorbimento poder (m) absorbente de la fibra
13	Feuchtigkeitsschwankung (f) variation of humidity variation (f) d'humidité	колебаніе (ср) влажности variazione (f) d'umidità variación (f) de la humedad
14	Wasseraufnahmevermögen (n), Wasseraufnahmefähigkeit (f) water absorbing capacity capacité (f) d'absorption pour l'eau	способность (жр) воспріятія влажности, гигроскопичность (жр) capacità (f) d'assorbimento dell'acqua capacidad (f) de absorber agua
15	Wasseraufnahme (f), aufgenommene Wassermenge (f) amount of moisture absorbed quantité (f) d'eau absorbée	поглощенное количество (ср) воды quantità (f) d'acqua assorbita cantidad (f) del agua absorbida
16	Wasseraufnahme (f), Aufnehmen (n) von Wasser absorption of water absorption (f) d'eau	поглощеніе (ср) воды *или* влаги assorbimento (m) d'acqua absorción (f) de agua
17	wechselnder Wassergehalt (m) variable amount of moisture teneur (f) variable en eau	перемѣнное содержаніе (ср) влажности tenore (m) d'acqua variabile proporción (f) variable de humedad
18	mit Wasser gesättigte Faser (f) fibre saturated with moisture fibre (f) saturée d'humidité	насыщенное водою волокно (ср) *или* насыщенное влагою волокно (ср) fibra (f) satura d'umidità fibra (f) saturada de agua
19	Sättigung (f) der Faser mit Wasser saturation of the fibre with moisture saturation (f) de la fibre par l'humidité	насыщеніе (ср) волокна водою *или* влагою saturazione (f) della fibra con acqua saturación (f) de la fibra con agua
20	Normalfeuchtigkeit (f), zulässiger Feuchtigkeitsgehalt (m) *oder* Wassergehalt (m), Reprise (f) normal amount of moisture, amount of moisture allowed, regain [standard] humidité (f) normale, teneur (f) en humidité légale, reprise (f)	допустимое содержаніе (ср) влажности umidità (f) normale, tenore (m) d'acqua *o* di umidità ammissibile, ripresa (f) humedad (f) normal, cantidad (f) legal de humedad *ó* de agua, reprise (f)
21	unempfindlich gegen Feuchtigkeit insensible to moisture insensible à l'humidité	нечувствительное к влажности insensibile contro l'umidita insensible a la humedad
22	Wasserabgabe (f) der Faser elimination of water from the fibre élimination (f) de l'eau de la fibre	отдача (жр) влажности волокном eliminazione (f) d'acqua della fibra eliminación (f) del agua de la fibra
23	Verdunsten (n) des Wassers, Wasserverdunstung (f) evaporation of water évaporation (f) de l'eau	испареніе (ср) воды evaporazione (f) dell'acqua evaporación (f) del agua

1 Verdunstungszeit (f)
time necessary for evaporation
durée (f) d'évaporation
время (ср) испаренія
durata (f) della evaporazione
duración (f) de la evaporación

2 Konditionieren (n), Konditionierung (f), Untersuchung (f) auf Feuchtigkeitsgehalt
conditioning
conditionnement (m)
опредѣленіе (ср) влажности, испытаніе (ср) на влажность (жр), кондиціонированіе (ср)
condizionatura (f)
acondicionamiento (m)

3 der Faser das Wasser entziehen
to extract the water from the fibre
éliminer l'eau de la fibre
извлечь воду *или* влагу из волокна
estrarre l'acqua dalla fibra
extraer el agua de la fibra

4 Trocknen (n) der Faser im luftverdünnten Raum [*oder* Vakuum]
drying of the fibre in a vacuum
séchage (m) de la fibre dans le vide
сушка (жр) волокна в вакуумѣ, в разрѣженном воздухѣ
disseccamento (m) della fibra nel vuoto
secamiento (m) de la fibra en el vacío

5 das Trockengewicht der Faser im luftverdünnten Raum bestimmen
to ascertain the dry weight of the fibre in a vacuum
déterminer le poids de la fibre sèche au vide
опредѣлять в вакуум аппаратѣ вѣс (мр) волокна
determinare il peso della fibra secca nel vuoto
averignar el peso de la fibra seca en el vacío

6 wirkliches *oder* absolutes Trockengewicht (n)
absolute dry weight
poids (m) sec absolu
вѣс (мр) абсолютно сухого волокна
peso (m) secco assoluto
peso (m) absoluto de la fibra seca

7 Feuchtigkeitsgehalt (m), Wassergehalt (m), absolute Feuchtigkeit (f)
amount of moisture *or* of water, absolute humidity
teneur (f) en humidité *ou* en eau, humidité (f) absolue
содержаніе (ср) воды *или* влаги, абсолютная влажность (жр)
tenore (m) d'umidità *o* d'acqua, umidità (f) assoluta
cantidad (f) absoluta de humedad

8 Änderung (f) des Feuchtigkeitsgehalts der Luft
alteration of the amount of moisture in the air
variation (f) de l'humidité de l'air
колебаніе (ср) влажности воздуха
variazione (f) di umidità *od* idrovariabilità (f) dell'aria
variación (f) del estado higrométrico del aire

9 Feuchtigkeitsgrad (m) *oder* relative Feuchtigkeit (f) der Luft
relative humidity *or* degree of humidity of the air
humidité (f) relative *ou* degré (m) d'humidité de l'air
относительная влажность (жр) воздуха, степень (жр) насыщенія водяным паром
grado (m) di umidità *o* umidità (f) relativa dell'aria
grado (m) de humedad *o* humedad (f) relativa del aire

10 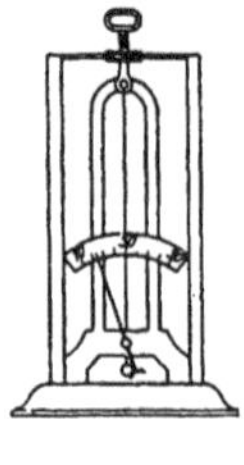
Haarfeuchtigkeitsmesser (m), Haarhygrometer (n)
hair hygrometer
hygromètre (m) à cheveu
волосяной гигрометр (мр)
igrometro (m) capillare *od* al pelo
higrómetro (m) de cabello

das Haarhygrometer einstellen [*oder* justieren]
to adjust the hair hygrometer
régler l'hygromètre à cheveu
устанавливать волосяной гигромерт (мр)
aggiustare l'igrometro al pelo
ajustar el higrómetro de cabello 11

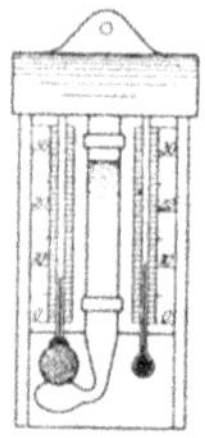
Feuchtigkeitsmesser (m), Psychrometer (n)
psychrometer, dry and wet bulb hygrometer
psychromètre (m)
психромерт (мр), прибор (мр) для опредѣленія влажности воздуха
psicrometro (m)
psicrómetro (m) 12

Farbe (f) der Faser, Faser[stoff]farbe (f), Faserfärbung (f)
colour of the fibre *or* of the fibrous material
couleur (f) de la fibre
цвѣт (мр) волокнистаго вещества, окраска (жр) *или* цвѣт (мр) волокна
colore (m) *o* colorazione (f) della fibra
color (m) de la fibra 13

natürliche Färbung (f) der Faser
natural colour of the fibre
couleur (f) naturelle de la fibre
натуральный цвѣт (мр) *или* окраска (жр) волокна
colore (m) naturale della fibra
color (m) natural de la fibra 14

Farbstoff (m) [*oder* Farbsubstanz (f)] der Faser
colouring matter in the fibre
matière (f) colorante de la fibre
красящее вещество (ср) волокна, пигмент (мр) волокна
materia (f) *o* sostanza (f) colorante della fibra
materia (f) colorante de la fibra 15

Grundton (m) der Faser
ground tint of the fibre
couleur (f) fondamentale de la fibre
основной цвѣт (мр) волокна
tinta (f) fondamentale della fibra
color (m) de fondo *o* fundamental de la fibra 16

weißliche Faser (f)
whitish fibre
fibre (f) blanchâtre
бѣловатое волокно (ср)
fibra (f) biancastra *o* bianchiccia
fibra (f) blanquecina 17

graue Faser (f)
gray fibre
fibre (f) grise
сѣрое волокно (ср)
fibra (f) grigia
fibra (f) gris 18

gelbliche Faser (f)
yellowish fibre
fibre (f) jaunâtre
желтоватое волокно (ср)
fibra (f) giallognola *o* giallastra
fibra (f) amarillenta 19

haltbare *oder* echte Farbe (f)
permanent *or* fast *or* lasting dye
colorant (m) solide *ou* durable
устойчивый *или* прочный цвѣт (мр)
materia (f) colorante *o* tinta (f) solida *od* inalterabile
colorante (m) sólido *o* permanente 20

Echtheit (f) *oder* Haltbarkeit (f) der Farbe
durability *or* fastness of the dye
solidité (f) du colorant
устойчивость (жр) окраски, прочность (жр) цвѣта
solidità (f) della tinta
solidez (f) del colorante 21

1 Blattgrün (n), [Chlorophyll (n)]
chlorophyll
chlorophylle (f)
хлорофил (мр)
clorofilla (f)
clorofila (f)

2 reine Faser (f)
pure fibre
fibre (f) pure
чистое волокно (ср)
fibra (f) pura
fibra (f) limpia *o* pura

3 unreine Faser (f)
impure fibre
fibre (f) impure
загрязненное волокно (ср)
fibra (f) impura
fibra (f) sucia

4 Reinheit (f) der Faser
purity of the fibre
pureté (f) de la fibre
чистота (жр) волокна
purezza (f) della fibra
limpieza (f) *o* pureza (f) de la fibra

5 Haarfaser (f)
hair fibre
fibre (f) de poil
волосообразное волокно (ср)
fibra (f) di pelo
fibra (f) de pelo

6 anhaftender Fremdkörper (m)
adhering foreign body
corps (m) étranger adhérent
приставшее постороннее тѣло (ср) *или* вещество (ср)
materia (f) estranea aderente
cuerpo (m) extraño adherente

7 Bleichfähigkeit (f) der Faser
bleaching capacity of the fibre
facilité (f) de blanchiment de la fibre
способность (жр) волокна отбѣливаться
candeggiabilità (f) della fibra
capacidad (f) de la fibra para el blanqueo

8 Färbefähigkeit (f), Aufnahmefähigkeit (f) *oder* Aufnahmevermögen (n) für Farbstoffe
absorbing power *or* receptivity for dyes
facilité (f) de teinture de la fibre
способность (жр) волокна окрашиваться
idoneità (f) all'assorbimento di sostanze coloranti
capacidad (f) de absorción para el tinte

9 hohe Färbekraft (f)
high dyeing capacity
grand pouvoir (m) colorant
большая красящая способность (жр)
alto potere (m) colorante
poder (m) colorante grande

10 geringe Färbekraft (f)
low dyeing capacity
faible pouvoir (m) colorant
малая красящая способность (жр)
basso potere (m) colorante
poder (m) colorante pequeño

4. Aufbau (m) **der Faser**
Структура (жр) **волокна**
11 **Structure of the fibre**
Struttura (f) della fibra
Structure (f) de la fibre
Estructura (f) de la fibra

12 Protoplasma (n)
protoplasm
protoplasma (m)
протоплазма (жр)
protoplasma (m)
protoplasma (m)

13 Lumen (n), Zellraum (m)
lumen, cell canal
canal (m) cellulaire, lumen (m)
полость (жр), внутренняя полость (жр) клѣтки
canale (m) cellulare
lumen (m), canal (m) *o* canalículo (m) celular, luz (f)

Zellstoff (m), [Zellulose (f)]
cellulose
cellulose (f)
целлулоза (жр), клѣтчатка (жр)
cellulosa (f)
celulosa (f) 14

Holzstoff (m), [Holzsubstanz (f), Lignin (n)]
lignin[e]
lignine (f), lignone (f), lignose (f)
древесина, древесная масса (жр), лигнин (мр)
lignina (f)
lignina (f) 15

Verholzung (f) der Faser
lignification of the fibre
lignification (f) de la fibre
одервененіе (ср) волокна
lignificazione (f) della fibra
lignificación (f) de la fibra 16

verholzte *oder* holzige Faser (f)
boony fibre
fibre (f) ligneuse
одервенѣвшее волокно (ср)
fibra (f) legnosa
fibra (f) leñosa 17

unverholzte Faser (f)
fibre free from lignin[e] *or* not lignified
fibre (f) sans lignine *ou* exempte de lignine
неодервенѣвшее волокно (ср)
fibra (f) non lignificata
fibra (f) no lignificada o sin lignina 18

Verholzungsgrad (m)
degree of lignification
degré (m) de lignification
степень (жр) одервененія
grado (m) di lignificazione
grado (m) de lignificación 19

Verholzungsreagentien (n pl)
reagents for lignification
réactifs (m pl) de lignification
реактивы (мр) для опредѣленія степени одервененія
reagenti (m pl) di lignificazione
reactivos (m pl) de lignificación 20

Horngebilde (n)
horny tissue
tissu (m) corné
роговидное образованіе (ср)
tessuto (m) corneo
tejido (m) córneo 21

Hornschicht (f), Rindenschicht (f), Faserschicht (f)
horny layer
couche (f) cornée
роговой слой (мр)
strato (m) corneo
capa (f) córnea 22

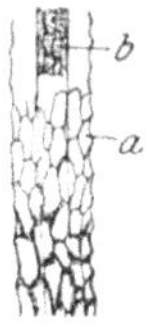

Kutikulazelle (f), Hornschuppe (f), Epidermisschuppe (f)
horny scale
écaille (f) cornée
роговая чешуя (жр), чешуйчатая эпидерма (жр)
scaglia (f) cornea
escama (f) córnea 23

a

Mark (n), Markzylinder (m), Markstrang (m)
pith, medullary cylinder *or* cord
moelle (m), cylindre (m) médullaire
сердцевина (жр) сердцевинный стержень (мр), сердцевинный фитиль (мр)
midollo (m), cilindro (m) *o* corda (f) midollare
médula (f), cilindro (m) medular 24

b

1 
a

Markinsel (f)
group of pith cells
groupe (m) de cellules moelleuses
клѣточный узел (мр)
nucleo (m) di cellule midollose
núcleo (m) de células medulares

2 Pflanzenwachs (n), [vegetabilisches Wachs (n)]
vegetable wax
cire (f) végétale
растительный воск (мр)
cera (f) vegetale
cera (f) vegetal

3 festes Pflanzenfett (n)
solid vegetable fat
graisse (f) végétale solide
твёрдый растительный жир (мр)
grasso (m) vegetale solido
sebo (m) vegetal

4 flüssiges Pflanzenfett (n), Pflanzenöl (n)
liquid vegetable fat, plant oil
graisse (f) végétale liquide, huile (f) végétale
жидкій растительный жир (мр)
grasso (m) vegetale liquido
grasa (f) liquida vegetal, aceite (m) vegetal

5 Bastzelle (f), Elementarfaser (f), Elementarzelle (f)
embryo fibre, bast cell
fibre (f) *ou* cellule (f) élémentaire
простѣйшее *или* элементарное волокно (ср) лубковая клѣтка (жр), простѣйшая клѣтка (жр)
cellula (f) del libro
célula (f) del líber (m), fibra (f) elemental

6 Pflanzenleim (m), Pflanzengummi (n)
vegetable gum, gummy matter
substance (f) gommeuse végétale
растительная камедь (жр) *или* клей (мр)
sostanza (f) gommosa vegetale
materia (f) gomosa vegetal

7 $C_{89}H_{31}N_6O_{17}$
Fibroin (n), Seidenfaserstoff (m)
fibroin
fibroïne (m)
фиброин (мр)
fibroina (f)
fibroina (f)

8 Serizin (n), Seidenbast (m), Seidenleim (m)
sericine, silk gum
séricine (f), grès (m)
серицин (мр), вещество (ср) шёлка, шёлковый клей (мр)
sericina (f)
sericina (f), goma (f) de la seda

9 organischer Stoff (m)
organic substance
substance (f) organique
органическое вещество (ср)
materia (f) organica
materia (f) orgánica

10 anorganischer Stoff (m)
inorganic substance
substance (f) inorganique
неорганическое вещество (ср)
sostanza (f) inorganica
substancia (f) *o* materia (f) inorgánica

11 mineralischer Bestandteil (m)
mineral ingredient *or* compound *or* constituent
constituant (m) minéral
минеральная составная часть (жр)
sostanza (f) *o* componente (m) minerale
componente (m) mineral

CaC_2O_4
oxalsaurer Kalk (m)
oxalate of lime
oxalate (m) de chaux
щавелевокислая известь (жр), щавелевокислый кальцій (мр) 12
ossalato (m) di calce
cal (f) oxálica

S
Schwefel (m)
sulphur
soufre (m)
сѣра (жр) 13
zolfo (m)
azufre (m)

P
Phosphor (m)
phosphorus
phosphore (m)
фосфор (мр) 14
fosforo (m)
fósforo (m)

K Cl
Chlorkalium (n), Kaliumchlorid (n), Kalium (n) chloratum
chloride of potassium
chlorure (m) de potassium
хлористый калій (мр) 15
cloruro (m) di potassio, cloruro potassico
cloruro (m) potásico

Ca
Kalzium (n)
calcium
calcium (m)
кальцій (мр) 16
calcio (m)
calcio (m)

Mg
Magnesium (n)
magnesium
magnésium (m)
магній (мр) 17
magnesio (m)
magnesio (m)

Fe
Eisen (n)
iron
fer (m)
желѣзо (ср) 18
ferro (m)
hierro (m)

formlose [*oder* amorphe] Faserasche (f)
amorphous fibre ash
cendre (f) de fibre amorphe
безформенная *или* аморфная зола (жр)
cenere (f) amorfa di fibra 19
ceniza (f) amorfa de fibra

die Faserasche enthält Kristalle
the fibre ash contains crystals
la cendre de la fibre contient des cristaux
зола (жр) содержит кристаллы
la cenere della fibra contiene dei cristalli 20
la ceniza de fibra contiene cristales

chemische Verschiedenheit (f) der Fasern
chemical diversity of fibres
différence (f) des fibres au point de vue chimique
химическая разновидность (жр) волокон
differenze (fpl) chimiche delle fibre 21
diferencia (f) química de la fibras

chemische Verwandtschaft (f) [*oder* Affinität (f)]
chemical affinity *or* relationship
affinité (f) chimique
химическое сродство (ср)
affinità (f) chimica 22
afinidad (f) química

1 chemische Verbindung (f)
chemical combination
combinaison (f) chimique
химическое соединение (ср)
combinazione (f) chimica
combinación (f) química, compuesto (m) químico

2 eine chemische Verbindung eingehen
to form a chemical combination
former une combinaison chimique, se combiner (va) chimiquement
образовать химическое соединеніе (ср)
formare una composizione chimica
formar un compuesto químico, componerse (vr) químicamente

3 Ausfällung (m), Fällung (f), Niederschlagen (n)
precipitation
précipitation (f)
осажденіе (ср)
precipitazione (f)
precipitación (f)

4 Fäll[ungs]mittel (n), Niederschlagmittel (n)
precipitant, precipitating agent
précipitant (m), agent (m) de précipitation
реактив (мр) для осажденія
agente (m) precipitante
precipitante (m), agente (m) de precipitación

5 Niederschlag (m)
precipitate
précipité (m)
осадок (мр)
precipitato (m)
precipitado (m)

6 Lehre (f), von den Lösungen, Lösungstheorie (f)
solution theory
théorie (f) de la dissolution
теорія (жр) растворов
teoria (f) delle soluzioni
teoría (f) de disolución

7 chemische Reaktion (f) der Faser
chemical reaction of the fibre
réaction (f) chimique de la fibre
химическая реакція (жр) волокна
reazione (f) chimica della fibra
reacción (f) química de la fibra

8 J
Jod (n)
iodine
iode (m)
iод (мр)
iodio (m)
yodo (m)

9 H Cl
Salzsäure (f), Chlorwasserstoffsäure (f)
hydrochloric *or* muriatic acid
acide (m) chlorhydrique *ou* muriatique
соляная кислота (жр)
acido (m) cloridrico *o* muriatico
ácido (m) clorhídrico *o* muriático

10 $C_6H_6O_3$, $C_6H_3(OH)_3$
Phloroglucin (n)
phloroglucine
phloroglucine (f)
флороглюцин (мр)
floroglusina (f)
floroglucina (ff)

$(C_6H_5NH_2)_3SO_4H_2$

11 schwefelsaures Anilin (n)
aniline sulphate
sulfate (m) d'aniline
сѣрнокислый анилин (мр)
solfato (m) di anilina
sulfato (m) de anilina

Cu $(NH)_2$ 4 NH_3

Kupferoxydammoniak (n)
ammoniacal copper oxide
oxyde (m) de cuivre ammoniacal
мѣднокислый аммоній (мр)
ossido (m) di rame ammoniacale
óxido (m) de cobre amoniacal, óxido cuproamoniacal 12

mikroskopische Untersuchung (f)
microscopic test
recherche (f) *ou* examen (m) au microscope
микроскопическое изслѣдованіе (ср)
esame (m) microscopico
ensayo (m) *o* examen (m) microscópico 13

die Faser mikroskopisch untersuchen
to examine *or* to study the fibre under the microscope
examiner la fibre au microscope
микроскопически изслѣдовать волокно (ср)
esaminare la fibra al microscopio
examinar la fibra microscópicamente *o* por el microscopio 14

die Faser mikrophotographisch darstellen
to represent the fibre microphotographically
représenter la fibre par la microphotographie
микрофотографировать, фотографировать волокно (ср) через микроскоп (мр)
riprodurre la fibra microfotograficamente
representar la fibra microfotográficamente 15

Mikroskop (n)
microscope
microscope (m)
микроскоп (мр)
microscopio (m)
microscopio (m) 16

Mikrophotogramm (n)
microphotograph
microphotogramme (m)
микрофотографическій снимок (мр)
microfotogramma (m)
microfotograma (m) 17

mikrophotographisch
microphotographic
microphotographique
микрофотографическій
microfotografico
microfotográfico 18

Okularmikrometer (n)
eye piece micrometer
micromètre (m) oculaire
окулярный микрометр (мр)
micrometro (m) oculare
micrómetro (m) ocular 19

scharf zeichnendes Mikroskop (n)
microscope with sharp definition
microscope (m) donnant une image nette
ясно показывающій микроскоп (мр)
microscopio (m) a riproduzione tersissima
microscopio (m) que dibuja exactamente *o* que da una imagen definida 20

III.

Pflanzenkunde (f), Botanik (f)
Botany
Botanique (f)
Ботаника (жр)
Botanica (f)
Botánica (f) 21

Pflanzenforscher (m), Botaniker (m)
botanist
botaniste (m)
ботаник (мр)
botanico (m)
botánico (m) 22

Pflanzenreich (n)
vegetable kingdom
règne (m) végétal
царство (ср) растеній
regno (m) vegetale
reino (m) vegetal 23

1	gezüchtete [*oder* kultivierte] Pflanze (f) cultivated plant plante (f) cultivée	культивированное растенiе (ср) pianta (f) coltivata planta (f) cultivada
2	wild wachsende Pflanze (f) uncultivated *or* wild plant plante (f) sauvage	дико растущее растенiе (ср) pianta (f) selvatica planta (f) silvestre
3	einheimische Pflanze (f) native plant plante (f) indigène	туземное *или* мѣстное растенiе (ср) pianta (f) indigena planta (f) indígena *o* del país
4	Tropenpflanze (f), tropische Pflanze (f) tropical plant plante (f) tropique	тропическое растенiе (ср) pianta (f) tropicale planta (f) tropical
5	subtropische Pflanze (f) subtropical plant plante (f) subtropicale	субтропическое растенiе (ср) pianta (f) subtropicale planta (f) subtropical
6	einjährige Pflanze (f) annual plant plante (f) annuelle	однолѣтнее растенiе (ср) pianta (f) annuale planta (f) anual
7	mehrjährige Pflanze (f), [perennierende Pflanze (f)] perennial plant plante (f) vivace *ou* polycarpienne *ou* pérennante	многолѣтнее растенiе (ср) pianta (f) perenne planta (f) perenne
8	Nutzpflanze (f) useful plant plante (f) utile *ou* industrielle	полезное растенiе (ср) pianta (f) utile planta (f) útil
9	Gemüsepflanze (f) vegetable plant plante (f) potagère	огородное растенiе (ср) pianta (f) leguminosa planta (f) hortaliza
10	Gartenpflanze (f), Zierpflanze (f) ornamental plant plante (f) de jardin *ou* décorative *ou* d'ornement	садовое растенiе (ср). декоративное растенiе (ср) pianta (f) ortolana *od* ornamentale planta (f) de jardín *o* de adorno
11	Faserpflanze (f), Gespinst[faser]pflanze (f) fibrous plant, textile plant plante (f) textile	волокнистое растенiе (ср) pianta (f) tessile planta (f) fibrosa *o* textil
12	Sommergewächs (n) summer plant plante (f) d'été	лѣтнее *или* яровое растенiе (ср) pianta (f) estiva planta (f) de verano
13	Wintergewächs (n) winter plant plante (f) d'hiver	озимое растенiе (ср) pianta (f) invernale planta (f) de invierno
14	Anatomie (f) der Pflanze plant anatomy anatomie (f) de la plante	анатомiя (жр) растенiя anatomia (f) della pianta anatomía (f) de la planta
15	Formenlehre (f) morphology morphologie (f)	ученiе (ср) о формах, морфологiя (жр) morfologia (f) morfología (f)
16	histologischer Bau (m) oder Gewebeaufbau (m) der Pflanze histologic structure of the plant structure (f) histologique de la plante	гистологическое строенiе (ср) растенiя struttura (f) istologica della pianta estructura (f) histológica de la planta
17	Gewebelehre (f), [Histologie (f)] histology histologie (f)	ученiе (ср) о тканях, гистологiя (жр) istologia (f) histología (f)
18	einsamenlappige *oder* monokotyle [-donische] Pflanze (f) monocotyledonous plant, monocotyledon plante (f) monocotylédone	однодольное *или* однолопастное растенiе (ср) pianta (f) monocotiledone planta (f) monocotiledón[ea]
19	zweisamenlappige *oder* dikotyle [-donische] Pflanze (f) dicotyledonous plant, dicotyledon plante (f) dicotylédone	двудольное *или* двулопастное растенiе (ср) pianta (f) dicotyledone planta (f) dicotiledón[ea]
20	Kraut (n), Krautpflanze (f), krautige Pflanze (f) herb, herbacious plant herbe (f), plante (f) herbacée	трава (жр), травянистое растенiе (ср) erba (f), pianta (f) erbacea hierba (f), [yerba (f)], planta (f) herbácea
21	strauchartige Pflanze (f) shrubby plant plante (f) arbustive	кустарниковое растенiе (ср) pianta (f) cespugliare arbusto (m)
22	Same (m), Samen (m) seed semence (f)	сѣмя (ср) seme (m) semilla (f), simiente (m)
23	Samenlappen (m), [Kotyledon (n)] seed leaf, cotyledon cotylédon (m)	сѣмянодоля (жр) cotiledone (m) cotiledón (m)
24	Wurzel (f) root racine (f)	корень (мр) radice (f) raíz (f)

1	Wurzelfasern (fpl), [Fibrillen (fpl)] fibrillæ fibrilles (fpl)	волоконца (мр) fibrille (fpl) fibrillas (fpl)	
2	Stengel (m) stalk tige (f)	стебель (мр) stelo (m), peduncolo (m) tallo (m)	
3	Baum (m) tree arbre (m)	дерево (ср) albero (m) árbol (m)	
4	der Baum treibt ins Holz the tree makes for wood l'arbre pousse du bois	дерево (ср) растет въ древесину l'albero mette legno el árbol da madera	
5	der Baum treibt in die Blätter the tree makes for leaves l'arbre (m) pousse des feuilles	дерево (ср) растет въ листву l'albero(m) mette foglie el árbol da hojas	
6	Stamm (m) stem tronc (m)	ствол (мр) tronco (m) tronco (m)	
7	hochstämmiger Baum (m) long stem tree arbre (m) à tronc élevé	высокоствольное дерево (ср) albero (m) di fusto alto árbol (m) de tronco alto	
8	mittelstämmiger Baum (m) medium stem tree arbre (m) à tronc moyen	среднествольное дерево (ср) albero (m) di fusto medio árbol (m) de tronco mediano	
9	kurzstämmiger *oder* niederstämmiger Baum (m) short stem tree arbre (m) à tronc court	коротконствольное *или* низкорослое дерево (ср) albero (m) di fusto corto árbol (m) de tronco bajo	
10	zwergige Baumgattung (f) dwarf species of tree espèce (f) naine d'arbre	карликовая порода (жр) деревьев nana-specie (f) di albero especie (f) enana de árboles	
11	blattreicher Baum (m) tree rich in leaves, very leafy tree arbre (m) feuillu *ou* riche en feuilles	многолиственное *или* густолиственное дерево (ср) albero (m) frondoso árbol (m) frondosò	
12	Laub (n), Baumlaub (n) foliage feuillage (m)	листва (жр), листья (мр) foglie (fpl), fogliame (m) follaje (m)	
	Ast (m) bough, branch branche (f), rameau (m)	сук (мр), вѣтвь (жр) ramo (m) rama (f), ramo (m)	13
	Blatt (n) leaf feuille (f)	лист (мр) foglia (f) hoja (f)	14
	saftiges Blatt (n) sappy *or* succulent leaf feuille (f) à sève exubérante	сочный лист (мр) foglia (f) sugosa hoja (f) jugosa	15
	saftarmes Blatt (n) leaf with little sap feuille (f) à faible sève	малосочный лист (мр) foglia (f) scarsa di sugo hoja (f) poco jugosa	16
	gelapptes Blatt (n) lobed *or* lobated leaf feuille (f) lobée	лопастной лист (мр) foglia (f) lobata hoja (f) lobulada	17
	Blattstiel (m) leaf stalk, petiole pétiole (m)	черешок (мр), стебелек (мр) picciuolo (m) *o* gambo (m) della foglia pezón (m), peciolo (m), pedúnculo (m)	18
	langgestieltes *oder* langstieliges Blatt (n) long-stalked leaf feuille (f) à pétiole long	длинночерешковый *или* длинностебельчатый лист (мр) foglia (f) dal gambo lungo hoja (f) de pezón largo	19
	kurzgestieltes *oder* kurzstieliges Blatt (n) short-stalked leaf feuille (f) à pétiole court	короткостебельчатый лист (мр) foglia (f) dal gambo corto hoja (f) de pezón corto	20
	behaartes Blatt (n) hairy leaf feuille (f) chargée de poils	косматый *или* волосатый лист (мр) foglia (f) pelosa hoja (f) vellosa *o* peluda	21
	kurzhaariges Blatt (n) short-haired leaf feuille (f) chargée de poils courts	коротковолосый лист (мр) foglia (f) con peli corti hoja (f) con vello corto	22

wechselständige Blätter (npl)
leaves arranged alternately
feuilles (fpl) alternes
поперемѣнно *или* ассиметрично расположенные листья
foglie (fpl) alternate
hojas (fpl) alternas 23

die Blätter (npl) stehen gegenständig
the leaves are arranged opposite to each other
les feuilles (fpl) sont opposées
листья (мр) расположены симетрично
le foglie stanno in ordine opposítivo
las hojas son opuestas 24

No.		
1	Blüte (f) blossom, flower fleur (f)	цвѣток (мр) цвѣт (мр) fiore (m) flor (f)
2	Blütenkelch (m) calyx calice (m)	цвѣточная чашечка (жр) calice (m) cáliz (m) [de la flor]
3	Frucht (f) fruit fruit (m)	плод (мр) frutto (m) fruto (m)
4	Fruchtkapsel (f) fruit capsule capsule (f) du fruit	сѣмянная коробочка (жр) follicolo (m) [del frutto] cápsula (f) del fruto
5	Fruchthaar (n) fruit hair duvet (m) qui recouvre le fruit	плодовый волосок (мр) pelo (m) *o* lanuggine (m) del frutto vello (m) *o* pelusa (f) del fruto
6	Bast (m) bast liber (m)	луб (мр), лубок (мр) libro (m) liber (m)
7	langzelliger Bast (m) long-celled bast liber (m) à longues cellules	длинно-клѣточный лубок (мр) libro (m) di cellule longitudinali liber (m) de células largas
8	kurzzelliger Bast (m) short-celled bast liber (m) à courtes cellules	коротко-клѣточный лубок (мр) libro (m) di cellule corte liber (m) de células cortas
9	Bastgehalt (m) bast contents teneur (f) en liber *ou* en filasse	количество (ср) лубка (напр. в волокнѣ) contenuto (m) di libro *o* di filaccia contenido (m) de liber
10	Bastband (n) bast ribbon ruban (m) du liber	лубковая лента (жр), лыко (ср) nastro (m) di libro cinta (f) de liber
11	Urzelle (f) original cell cellule (f) originale	первичная клѣтка (жр) cellula (f) primitiva *o* progenitiva célula (f) original
12	Zellendicke (f) thickness of the cell épaisseur (f) de la cellule	толщина (жр) клѣтки grossezza (f) della cellula espesor (m) de la célula
13	verdickte Zellwand (f) thickened cell wall paroi (f) épaissie de la cellule	утолщенная стѣнка (жр) клѣтки parete (f) inspessita della cellula pared (f) engrosada de la célula
14	Verdickung (f) der Zellwand thickening of the cell wall épaississement (m) de la paroi cellulaire	утолщеніе (ср) стѣнки клѣтки inspessamento (m) della parete cellulare engruesamiento (m) de la pared de la célula
15	mehrzellig multicellular à cellules multiples	многоклѣточный policellulare multicelular
16	Zellenbündel (n) bundle of cells faisceau (m) de cellules	пучёк (мр) клѣток fascio (m) di cellule haz (m) de células
17	Zellsaft (m) cell sap sève (f) de la cellule	клѣточный сок (мр) succo (m) delle cellule savia (f) celular

IV.

No.		
18	**Ackerbau (m)** **Agriculture** **Agriculture (f)**	**Агрономія (жр)** **Agricoltura (f)** **Agricultura (f)**
19	Bodenbearbeitung (f), [Bodenkultur (f)] cultivation of the soil culture (f) du sol	воздѣлываніе (ср) *или* культура (жр) почвы, обрабатываніе (ср) почвы coltivazione (f) del suolo cultivo (m) *o* labranza (f) del suelo
20	eine Landfläche bepflanzen *oder* bebauen [*oder* kultivieren] to lay out land for cultivation cultiver un terrain	воздѣлывать *или* культивировать поле (ср) coltivare un campo cultivar un terreno
21	Bodenart (f) kind of soil espèce (f) de sol	род (мр) почвы specie (f) di suolo clase (f) de suelo
22	humusreicher Boden (m) soil abounding in humus sol (m) *ou* terrain (m) abondant d'humus *ou* riche en humus	почва (жр) обильная перегноем, богатая гумусом suolo (m) *o* terreno (m) ricco di humus suelo (m) rico en mantillo *o* humus
23	lehmiger Boden (m), Lehmboden (m) loam soil sol (m) argileux	глинистая почва (жр) suolo (m) *o* terreno (m) argilloso suelo (m) limoso *o* arcilloso
24	kalkiger *oder* kalkreicher Boden (m) chalky *or* limy soil sol (m) calcaire	известковая почва (жр) suolo (m) calcare suelo (m) calizo *o* calcáreo *o* rico en cal

No.		
1	kieselhaltiger Boden (m) flinty soil sol (m) caillouteux	каменистая почва (жр) suolo (m) selcioso suelo (m) gravoso *o* pedregoso
2	Nährstoff (m) des Bodens nutricious substance of the soil substance (f) nutritive du sol	питательный состав (мр) почвы sostanza (f) nutritiva del suolo sustancia (f) fertilizante del suelo
3	feuchter Boden (m) damp soil sol (m) humide	сырая почва (жр) suolo (m) umido suelo (m) húmedo
4	entwässerter Boden (m) drained soil sol (m) drainé	сухая почва (жр), безводная почва (жр) suolo (m) fognato suelo (m) desaguado
5	gelockerter Boden (m) loosened *or* aerated soil sol (m) meuble	взрыхленная почва (жр) suolo (m) friabile suelo (m) aflojado *o* flojo
6	gedüngter Boden (m) manured *or* fertilized soil sol (m) engraissé, terre (f) amendée	удобренная *или* унавоженная почва (жр) suolo (m) concimato suelo (m) abonado
7	den Boden düngen to manure the soil engraisser le sol, amender la terre	унаваживать *или* удабривать почву concimare il suolo abonar el suelo
8	Düngen (n) *oder* Düngung (f) des Bodens manuring [of] the soil engraissement (m) du sol, amendement (m) de la terre	унавоживапіе (ср) *или* удабриваніе (ср) почвы concimazione (f) del suolo abonamiento (m) *o* estercolamiento (m) del suelo
9	Düngstoff (m), Dünger (m), Dung (m) manure engrais (m)	удобрительное вещество (ср), удобреніе (ср) concime (m), letame (m) abono (m), estiércol (m), fi[e]mo (m)
10	Jauche (f) liquid manure purin (m), jus (m) des fumiers, engrais (m) liquide	жидкій навоз (мр) broda (f) della concimaia agua (f) de estiércol
11	den Dung eindecken to cover the manure with earth couvrir l'engrais (m) de terre	прикрывать навоз (мр) землею ricoprire il concime di terra cubrir el abono con tierra
12	Mischdünger (m), Kompost (m) compost compost (m)	компост (мр) composto (m) compuesto (m)
13	Gründünger (m) green manure engrais (m) vert	зеленое удобрительное вещество (ср) sovescio (m) abono (m) verde
14	künstliche Düngung (f) artificial manuring engraissement (m) *ou* amendement (m) artificiel	искусственное удобреніе (ср) concimazione (f) artificiale abonamiento (m) artificial
15	künstlicher Dünger (m), Kunstdünger (m) artificial manure engrais (m) artificiel *ou* chimique	искусственные удобрители (мр), туки (мр) concime (m) artificiale *o* chimico abono (m) químico *o* artificial
16	Holzasche (f) wood ashes cendre (f) de bois	древесная зола (жр) cenere (f) di legno ceniza (f) de madera
17	die Felder (npl) berieseln to irrigate the fields irriguer les champs (mpl)	орошать поля (ср) irrigare i campi regar los campos
18	Rieselfelder (npl) sewaged fields champs (mpl) d'irrigation	поля (ср) орошенія campi (mpl) *o* prati (mpl) marcitoi campos (mpl) de fecalización *o* de regadío
19	Regenfall (m) rain fall chûte (f) de pluie	дождь (мр) piovuta (f), pioggia (f) lluvia (f)
20	Ertragfähigkeit (f) des Bodens productivity of the soil productivité (f) du sol	производительность (жр) *или* плодородность (жр) почвы produttività (f) del suolo productividad (f) del suelo
21	Raubbau (m) am Boden unmethodical *or* exhaustive working of the soil travail (m) d'épuisement du sol	хищная эксплоатація (жр) почвы coltivazione (f) esauriente *o* fino allo sfruttamento del suolo explotación (f) desconsiderada *o* esquilmado (m) del suelo
22	Brachfeld (n), brachliegendes Feld (n) fallow ground terre (f) en jachère, [terre (f) en] friche (f)	поле (ср) под паром, паровое поле (ср), пар (мр) campo (m) [in] maggese *o* incolto barbecho (m)
23	tierische Arbeit (f) animal labour travail (m) animal	работа (жр) скотом lavoro (m) animale trabajo (m) animal
24	Menschenarbeit (f) manual labour travail (m) humain *ou* manuel	человѣческій труд (мр) lavoro (m) umano *o* manuale trabajo (m) humano *o* de hombre *o* manual

1	Hackbau (m) hoe cultivation travail (m) à la houe	обработка (жр) земли матыкой coltivazione (f) a zappa labranza (f) de hazada
2	Pflugkultur (f) plough cultivation culture (f) à la charrue	обработка (жр) земли плугом coltivazione (f) all'aratro labranza (f) de arado
3	Furche (f), Bodenfurche (f) furrow [of the soil] sillon (m) [du sol]	борозда (жр) solco (m) del terreno surco (m) [en el suelo]
4	Pflügen (n), Umackern (n) des Bodens ploughing labourage (m)	паханіе (ср), ораніе (ср), перепахиваніе (ср) aratura (f) aradura (f)
5	pflügen (va), den Boden umackern to plough (va) labourer (va)	пахать, перепахивать arare (va) arar (va)
6	[um]gepflügter *oder* [um]geackerter Boden (m) ploughed soil sol (m) labouré	перелог (мр), вспаханное *или* перепаханное поле (ср) suolo (m) *o* terreno (m) arato suelo (m) arado, [tierra (f)] arada (f)
7	den Boden tief pflügen to plough the soil deeply labourer la terre profondément	глубоко вспахивать arare il terreno a profondità arar el suelo a fondo
8	gartenmäßige Bearbeitung (f) des Bodens horticultural method of preparing the soil préparation (f) du sol à la façon horticole	огородная обработка (жр) почвы, огородная культура (жр), грядковая культура (жр) preparazione (f) del terreno ad orto preparación (f) del suelo como en un jardín
9	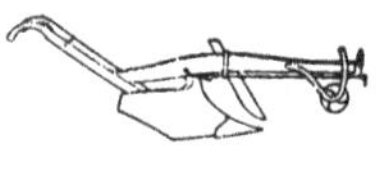	Pflug (m) plough charrue (f) плуг (мр) aratro (m) arado (m)
10	Dampfpflug (m) steam plough charrue (f) à vapeur	паровой плуг (мр) aratro (m) a vapore arado (m) de vapor
11	Anbaufolge (f), Fruchtfolge (f), Fruchtwechsel (m) rotation of crops assolement (m)	плодосмѣняемость (жр) avvicendamento (m) delle sementi rotación (f) de cosechas
12	Säsame (m), Saatsame (m), Saatgut (n), Saatfrucht (f) seed material, seed for sowing purposes graine (f) d'ensemencement, semence (f)	сѣмена (ср) для посѣва seme (m) sementabile semilla (f), grano (m) *o* fruto (m) de siembra, material (m) semillero
13	selbstgezogener Same (m) home grown seed graine (f) *ou* semence (f) de propre cru	сѣмена (ср) собственнаго производства seme (m) di produzione propria semilla (f) de producción propia
14	alter Same (m) old seed graine (f) vieille	старыя сѣмена (ср) seme (m) vecchio semilla (f) vieja
15	frischer *oder* neuer Same (m) fresh *or* new seed graine (f) fraîche	свѣжія *или* новыя сѣмена (ср) seme (m) nuovo semilla (f) fresca *ó* nueva
16	x jähriger Same (m) x years old seed graine (f) vieille de x ans	x-лѣтнія сѣмена (ср) seme (m) di x anni semilla (f) de x años
17	Samengattung (f) species of seed espèce (f) de graine	сорт (мр) сѣмян specie (f) di seme variedad (f) *o* clase (f) *o* especie (f) de semilla
18	Samenkreuzung (f) hybridization of the seed hybridation (f) de la graine	скрещиваніе (ср) сѣмян incrocio (m) del seme hibridación (f) de la semilla
19	Samenverschlechterung (f) deterioration of the seed détérioration (f) de la graine	вырожденіе (ср) сѣмян deterioramento (m) del seme desmejoramiento (m) *o* deterioro (m) *o* deterioración (f) de la semilla
20	den Samen reinigen to clean the seed nettoyer la semence	очищать сѣмена (ср) mondare il seme limpiar la semilla
21	keimfähiger Same (m) seed capable of germinating graine (f) à pouvoir germinatif	сѣмена (ср) способныя к произрастанію seme (m) germinativo semilla (f) capaz de germinar
22	Keimfähigkeit (f) *oder* Keimkraft (f) des Samens germinating power of the seed pouvoir (m) germinatif de la graine	всхожесть (жр), способность (жр) семени произрастать forza (f) *o* idoneità (f) germinativa del seme vigor (m) *o* poder (m) germinativo de la semilla
23	Samenaufwand (m) auf die Flächeneinheit seed required per unit-area semence (f) nécessaire pour l'unité de surface	плотность (жр) засѣва, степень (жр) засѣва seme (m) occorrente per l'unità di superficie cantidad (f) de semilla empleada por unidad de superficie
24	Säen (n), Aussäen (n), Aussaat (f), Saat (f) sowing ensemencement (m)	посѣв (мр), высѣв (мр) засѣваніе (ср) seminagione (f), semina (f) sembradura (f), siembra (f)

No.		
1	säen (va), aussäen (va) to sow (va) semer (va)	сѣять seminare (va) sembrar (va)
2	dicht säen (va) to sow (va) thickly semer (va) épais *ou* dru	густо сѣять seminare (va) fittamente sembrar (va) densamente *o* espesamente
3	dünn säen (va) to sow (va) thinly semer (va) clair	рѣдко сѣять seminare (va) radamente sembrar (va) espaciosamente
4	Saatzeit (f) sowing period temps (m) des semailles	время (ср) посѣва [stagione (f) della] sementa (f) periodo (m) de sembrar, época (f) de la siembra
5	Saatrinne (f), Saatfurche (f) seed furrow sillon (m) pour la graine	борозда (жр), сѣмянная канавка (жр) solco (m) per il seme surco (m) para la semilla
6	Saatloch (n) dibbeld drill, plant hole trou (m) de plantoir *ou* pour la semence	сѣмянная ямка (жр) buco (m) per il seme hoyo (m)
7	Stecher (m) dibble plantoir (m)	сѣмянное шило (ср) foraterra(m), gruccia (f) plantador (m)
8	die Samenkörner einlegen to place the seed grains placer les graines (f pl)	засыпать *или* заваливать сѣмена (ср) porre il seme colocar *o* depositar las semillas
9	Maschinensäen (n) machine sowing ensemencement (m) à la machine	машинный посѣв (мр) seminagione (f) fatta a macchina siembra (f) a máquina
10	mit der Maschine säen to sow by machine semer par la machine	засѣвать машиной seminare a macchina sembrar con máquina
11		Sämaschine (f) sowing machine semeuse (f) *ou* semoir (m) mécanique сѣялка (жр) [macchina (f)] seminatrice (f) máquina (f) de sembrar
12	Drillsaat (f), Säen (n) in Reihen drill sowing, sowing by rows ensemencement (m) en lignes	посѣв (мр) рядами seminagione (f) a striscie siembra (f) en hoyos *o* en amelgas *o* en surcos
13	Breitsaat (f), breitwürfiges Säen (n) broadcast sowing ensemencement (m) à la volée	посѣв (мр) в разброс seminagione (f) a gittata *o* a getto largo siembra (f) a puño
14	breitwürfig säen (va) to sow (va) broadcast ensemencer (va) à la volée	засѣвать в разбросъ seminare (va) a gittata sembrar (va) a puño
15	Beet (n) bed planche (f)	гряда (жр), грядка (жр) aiuola (f) bancal (m)
16	den Samen anwalzen to roll in the seed passer le rouleau sur la graine	укатывать посѣв (мр), вальцевать засѣянное поле cilindrare il seme allanar la tierra sembrada con rodillo
17	den Samen einharken *oder* einrechen to rake in the seed passer le râteau sur la graine	боронить посѣв (мр) rastrellare i solchi seminati rastrillar la tierra sembrada
18	Harke (f), Rechen (m) rake râteau (m)	грабли (жр) rastrello (m) rastro (m)
19	häufeln (va) to bank up (va) butter (va)	окучивать ammonticchiare (va), far mucchietti (m pl) aporcar (va), amontonar (va)
20	der Same keimt the seed germinates la graine germe	сѣмена (ср) всходят *или* прозябают il seme germoglia la semilla germina
21	aufgehende *oder* sprossende Saat (f) sprouting seed graine (f) qui commence à pousser	всходящія сѣмена, всходы, зеленя seme (m) che spunta semilla (f) que brota *o* que retoña
22	der Same sproßt the seed sprouts la graine pousse	сѣмена пускают ростки, сѣмя (ср) проростает il seme spunta la semilla brota *o* retoña
23	Samensproß (m) seed shoot jet (m) venu de semence	сѣмянной росток (мр) отпрыск (мр), побѣг (мр) germoglio (m) del seme brote (m) *o* retoño (m) de [la] semilla
24	Pflanzensproß (m) plant shoot jet (m) *ou* pousse (f) de la plante	растительный побѣг (мр), отпрыск (мр) germoglio (m) della planta brote (m) *o* retoño (m) de la planta

No.	Deutsch / English / Français	Русский / Italiano / Español
1	Keimblatt (n) seed leaf, cotyledon cotylédon (m)	зародышевый листок (мр), сѣмянодоля (жр) cotiledone (m) cotiledón (m)
2	Wurzel schlagen to strike *or* to cast roots prendre racine	пускать корни mettere radice arraigar (va), echar raíces
3	Pflanzen (fpl) stecken *oder* setzen to set plants planter (va) au plantoir	сажать растенiе (ср) piantare (va) colla gruccia plantar (va) con el plantador
4	Neuanpflanzung (f), Nachpflanzen (n), Stecken (n) von Ersatzpflanzen supplying of plants, setting of reserve plants repiquage (m), replantage (m)	насажденiе (ср), разведенiе (ср) засаживанiе (ср), разсадка (жр) ripiantagione (f) replantación (f)
5	dichter Stand (m) der Pflanzen dense growth of plants croissance (f) serrée *ou* drue des plantes	густая посадка (жр) растенiя folto (m) delle piante crecimiento (m) espeso de las plantas
6	Lebensdauer (f) der Pflanzen life [time] of plants durée (f) des plantes	продолжительность жизни растенiя durata (f) [della vita] delle piante [duración (f) de] vida (f) de las plantas
7	Wachstum (n) der Pflanzen growth of plants croissance (f) des plantes	рост (мр) растенiя sviluppo (m) delle piante crecimiento (m) *o* desarrollo (m) de las plantas
8	Wachszeit (f) der Pflanzen growing time of plants durée (f) de la croissance des plantes	время (ср) роста растенiя epoca (f) di sviluppo delle piante tiempo (m) de crecimiento *o* de desarrollo de las plantas
9	die Pflanze wächst the plant grows la plante croît	растенiе (ср) растет la pianta cresce la planta crece
10	Unkraut (n) crab-grasses weeds mauvaises herbes (fpl), ivraie (f)	сорная трава (жр), плевел (мр) erba (f) matta, malerba (f), erbaccia (f) zizaña (f)
11	Jäten (n) weeding sarclage (m)	полотьба (жр) sarchiatura (f) escardadura (f), escarda (f)
12	jäten (va) to weed (va) sarcler (va)	полоть sarchiare (va) escardar (va)
13	Blütezeit (f) flowering period floraison (f), fleuraison (f)	перiод (мр) *или* время (ср) цвѣтенiя stagione (f) della fioritura período (m) de florecer
14	Reife (f), Reifezustand (m), [Reifestadium (n)] [state of] maturity [état (m) de] maturité (f)	зрѣлость (жр), спѣлость (жр) [stato (m) di] maturità (f) sazón (f), [estado (m) de] madurez (f)
15	die Frucht wird reif *oder* reift the fruit ripens le fruit mûrit *ou* devient mûr	плод (мр) созрѣвает *или* поспѣвает il frutto matura *o* viene a maturare el fruto sazona *o* madura
16	Reifen (n) *oder* Reifwerden (n) der Frucht ripening of the fruit maturation (f) du fruit	созрѣванiе (ср) плода maturazione (f) del frutto maduración (f) del fruto
17	Fruchtreife (f) maturity of the fruit, fruit ripeness maturité (f) du fruit	спѣлость (жр) плода maturità (f) del frutto sazón (f) *o* madurez (f) del fruto
18	Samenreife (f) maturity of the seed, seed ripeness maturité (f) de la graine	спѣлость (жр) сѣмени maturità (f) del seme sazón (f) *o* madurez (f) de la semilla
19	Erntezeit (f) crop season [temps (m) de] récolte (f)	время (ср) жатвы, время (ср) уборки tempo (m) *o* stagione (f) della raccolta *o* della mietitura período (m) de la cosecha
20	ernten (va) to crop (va) récolter (va)	жать, собирать жатву raccogliere (va), mietere (va) cosechar (va), recolectar (va)
21	Ernte (f) crop, harvest récolte (f)	урожай (мр), жатва (жр) raccolto (m), mietitura (f) cosecha (f), recolección (f)
22	Gesamternte (f) total crop récolte (f) totale	полный урожай (мр) raccolto (m) totale cosecha (f) total
23	Ernteergebnis (n) crop result résultat (m) de la récolte	результат (мр) урожая risultato (m) del raccolto resultado (m) de la cosecha
24	dreschen (va) to thrash (va) battre (va) [en grange]	молотить trebbiare (va) trillar (va)

1 Dreschflegel (m)
thrashing flail
fléau (m)
цѣп (м р)
coreggiato (m), trebbia (m)
trillo (m)

---

2 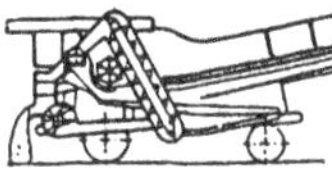
Dreschmaschine (f)
thrashing machine
batteuse (f)
молотилка (ж р)
trebbiatrice (f)
máquina (f) de trillar, trilladora (f)

---

3 Pflanzung (f), Anpflanzung (f), [Plantage (f)]
plantation
plantation (f)
посадка (ж р)
piantagione (f)
plantío (m), plantación (f)

---

4 Pflanzer (m)
planter
planteur (m)
плантатор (м р), земледѣлец (м р)
piantatore (m), colono (m)
plantador (m)

---

5 Pflanzungsgesellschaft (f)
plantation company
société (f) de plantation
сельскохозяйственная компанія (ж р) *или* общество (с р)
società (f) per le coltivazioni campestri
sociedad (f) *o* compañía (f) de plantación

---

6 Plantagenbau (m), Anbau (m) in Pflanzungen
cultivation in plantations
culture (f) en plantations
воздѣлываніе (с р) поля (плантаціонное хозяйство (с р)
coltivazione (f) in piantagioni
cultivo (m) en plantaciones

---

7 Plantagenspeicher (m), Pflanzungsspeicher (m), Erntespeicher (n)
plantation store
magasin (m) *ou* entrepôt (m) *ou* silo (m) pour la plantation
полевой амбар (м р), рига (ж р)
magazzino (f) di piantagione
almacén (m) *o* silo (m) en el plantío

---

8 Gestehungskosten (pl), Erzeugungskosten (pl), [Produktionskosten (pl)]
eost of production
frais (mpl) de production *ou* de revient
себѣстоимость (ж р), стоимость (ж р) производства
costo (m) della produzione
coste (m) de producción

---

9 Landpreis (m)
cost of land
prix (f) de la terre
цѣна (ж р) земельнаго участка
prezzo (m) del terreno
precio (m) de la tierra *o* del terreno

---

10 Grundeigentümer (m), Grundbesitzer (m)
land owner
propriétaire-foncier (m)
помѣщик (м р), землевладѣлец (м р)
proprietario (m) del fondo *o* della tenuta
propietario (m) de la tierra

---

11 Landpächter (m)
[tenant] farmer
fermier (m)
арендатор (м р)
fittaiuolo (m)
arrendatario (m) de tierra, colono (m)

---

das Land gegen einen Anteil am Ertrag verpachten
to lease the land against part of the crop
affermer la terre contre une partie de la récolte
давать в аренду земельный участок (м р) с уплатой доли урожая
affittare il terreno verso una percentuale del provento 12
arrendar la tierra a cuenta de una parte de la cosecha

---

das Land gegen ein festes Pachtgeld verpachten
to lease the land against a fixed rent
affirmer la terre contre un loyer déterminé
давать землю в аренду за деньги
affittare il terreno verso un fisso in contanti 13
arrendar la tierra por una renta fija

Arbeitstag (m)
working day
journée (f) de travail
рабочій день (м р)
giorno (m) lavorativo *o* di lavoro 14
jornada (f)

Tagelöhner (m)
[day] labourer
journalier (m)
поденщик (м р)
giornaliere (m), bracciante (m), manovale (m) 15
jornalero (m), peón (m), bracero (m)

Tagelohn (m)
day wages
salaire (m) journalier *ou* d'une journée
подённая плата (ж р)
mercede (f) giornaliera, paga (f) d'una giornata 16
jornal (m)

Wochenlohn (m)
weekly wages
salaire (m) d'une semaine
понедѣльная плата (ж р)
paga (f) settimanale 17
[paga (f)] semanal (m), salario (m) de la semana

Monatslohn (m)
monthly wages
salaire (m) du mois
помѣсячная плата (ж р)
paga (f) mensile 18
paga (f) *o* salario (m) mensual, mensualidad (f)

Arbeitermangel (m)
scarcity of labour
pénurie (f) de travailleurs
недостаток (м р) рабочих рук
scarsità (f) di operai *o* di braccianti, mancanza (f) di mano d'opera 19
escasez (f) *o* falta (f) de obreros *o* de la mano de obra

Versuchsfarm (f)
experimental farm, agricultural experiment station (A)
ferme (f) expérimentale, station (f) agricole expérimentale
опытная ферма (ж р), испытательная станція (ж р) 20
masseria (f) *o* fattoria (f) sperimentale
granja (f) experimental

Ackerbauschule (f)
school of agriculture
école (f) d'agriculture
земледѣльческая *или* агрономическая школа (ж р), сельскохозяйственная школа (ж р) 21
scuola (f) di agricoltura
escuela (f) de agricultura

1 Fortbildungsschule (f) continuation school école (f) de perfectionnement, cours (mpl) d'adultes — школа (жр) дальнѣйшаго образованія scuola (f) di perfezionamento escuela (f) de ampliación de estudios

2 Wanderlehrer (m) travelling instructor professeur (m) ambulant — раз'ѣздной преподаватель (мр) maestro (m) *o* professore (m) ambulante profesor (m) ambulante

V.

3 **Tierkunde (f), [Zoologie (f)]** **Zoology** **Zoologie (f)** — **Ученіе (ср) о животных, зоологія (жр)** **Zoologia (f)** **Zoología (f)**

4 Tierforscher (m), Zoologe (m) zoologist zoologiste (m) — зоолог (мр) zoologo (m) zoólogo (m)

5 Tierreich (n) animal kingdom règne (m) animal — царство (ср) животных regno (m) animale reino (m) animal

6 Wirbeltier (n) vertebrate [animal (m)] vertébré (m) — позвоночное животное (ср) animale (m) vertebrato vertebrado (m)

7 Säugetier (n) mammal mammifère (m) — млекопитающее животное (ср) mammifero (m) mamífero (m)

8 Wiederkäuer (m) ruminant animal (m) ruminant — жвачное животное (ср) ruminante (m) rumiante (m)

9 Haustier (n) domestic animal animal (m) domestique — домашнее животное (ср) animale (m) domestico animal (m) doméstico

10 wildes Tier (n) wild animal animal (m) sauvage — дикое животное (ср) animale (m) selvatico animal (m) salvaje

11 Nutztier (n) useful animal (m) animal (m) utile — полезное животное (ср) animale (m) utile animal (m) útil

12 Kerbtier (n), Insekt (n) insect insecte (m) — насѣкомое (ср) insetto (m) insecto (m)

Männchen (n), männliches Tier (n) male animal mâle (m) — самец (мр) animale (m) maschile macho (m) 13

Weibchen (n), weibliches Tier (n) female animal femelle (f) — самка (жр) animale (m) femminile hembra (f) 14

VI.

Mineralogie (f), Gesteinskunde (f) **Mineralogy** **Minéralogie (f)** — **Минералогія (жр)** **Mineralogia (f)** **Mineralogía (f)** 15

Mineralreich (n) mineral kingdom règne (m) minéral — царство (ср) минералов, царство (ср) ископаемых regno (m) minerale reino (m) mineral 16

Fels (m), Gestein (n) rock, stone rocher (m) — горная порода (жр), минерал (мр) roccia (f) roca (f) 17

Ader (f) vein, lode veine (f) — жилка (жр), прослойка (жр) vena (f), filone (m) vena (f), filón (m) 18

Band (n) (im Gestein) seam, band of rock couche (f) — слой (мр), жила (жр), пласт (мр) nastro (m), striscia (f) faja (f) 19

Muttergestein (n) gangue, matrix gangue (f) — материковая горная порода (жр) madre-pietra (f), madre-roccia (f) ganga (f), roca (f) madre 20

in Gestein eingebettet imbedded in rock en lit de pierres — внѣдренный в горную породу incastrato nella roccia incluído en la roca 21

Tagebau (m) open working exploitation (f) à ciel ouvert *ou* à jour — обработка (жр) карьером scavo (m) a giorno *o* a cielo aperto explotación (f) a cielo abierto 22

Grube (f) mine, pit mine (f) — шахта (жр), копь (жр), рудник (мр) mina (f), cava (f) mina (f) 23

sprengen (va) to blast (va) faire sauter (va) — взрывать, взорвать far saltare (va) hacer saltar (va) 24

1 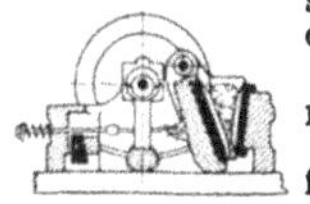
Steinbrecher (m)
stone crusher
concasseur (m), machine (f) à broyer les pierres
камнедробилка (жр), камнеломка (жр)
frantumatrice (f), frantoio (m)
quebrantador (m) [-a (f)] de piedras

2 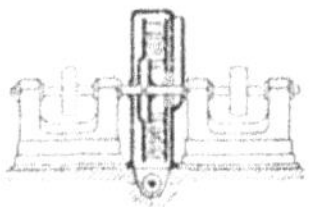
Schleudermühle (f)
centrifugal disintegrator *or* mill
broyeur (m) *ou* désagrégateur (m) centrifuge
дробильный барабан (мр), центробѣжный дезинтегратор (мр)
frombolatrice (f), disintegratore (m) centrifugo
trituradora (f) centrifuga, molino (m) centrifugo

VII.

3
Allgemeine Ausdrücke (m pl) für den Handel mit Rohstoffen
Общеупотребительныя выраженія в торговлѣ сырьем
General Terms Used in the Commerce of Raw Materials
Termini (m pl) tecnici-generici d'uso nel commercio delle materie prime
Termes (m pl) généraux employés dans le commerce des matières premières
Expresiones (f pl) generales en el comercio de las primeras materias

4
Handel (m)
trade
commerce (m)
торговля (жр)
commercio (m), traffico (m)
comercio (m)

5
Handelsplatz (m)
trade centre
centre (m) de commerce
рынок (мр), мѣсто (ср) торговли
piazza (f) o centro (m) commerciale
centro (m) comercial

6
Stapelplatz (m)
settled mart *or* market, emporium
lieu (m) d'entrepôt, échelle (f) de commerce
складочное мѣсто (ср)
scalo-merci (m), emporio (m)
emporio (m), escala (m) de comercio

7
Händler (m), Kaufmann (m)
tradesman, merchant
commerçant (m), marchand (m), négociant (m)
торговец (мр), купец (мр)
commerciante (m), mercante (m), negoziante (m)
comerciante (m), negociante (m)

Zwischenhandel (m)
intermediary *or* intermediate trade
commerce (m) [des] intermédiaire[s]
посредничество (ср)
commercio (m) a mezzo di intermediari
comercio (m) intermedio o de los intermediarios 8

Zwischenhändler (m)
middle-man, intermediary
intermédiaire (m)
посредник (мр), перекупщик (мр)
intermediario (m) 9
intermediario (m)

Handelsbeauftragter (m), [Agent (m)]
agent
agent (m) d'affaires
комиссіонер (мр), посредник (мр), агент (мр) 10
agente (m)
agente (m)

Makler (m), Mäkler (m)
broker
courtier (m)
маклер (мр)
sensale (m) 11
corredor (m)

Vermittler (m)
mediator
médiateur (m)
посредник (мр)
mediatore (m), mezzano (m) 12
medianero (m)

Börse (f)
Exchange
Bourse (f)
биржа (жр)
Borsa (f) 13
Bolsa (f)

Börsengeschäft (n)
exchange business
affaires (f pl) de Bourse
биржевая сдѣлка (жр)
affari (m pl) *od* operazioni (f pl) di Borsa 14
negocio (m) bursátil o de Bolsa

glattes [*oder* reguläres] Geschäft (n)
regular business
affaires (f pl) régulières
регулярная сдѣлка (жр) 15
affare (m) regolare
negocio (m) regular

effektives Geschäft (n)
actual business
affaires (f pl) effectives
дѣйствительная сдѣлка (жр)
affare (m) effettivo 16
negocio (m) efectivo

Bargeschäft (n), Kassegeschäft (n)
cash business
affaires (f pl) au comptant
сдѣлка (жр) за наличный разсчет
affare (m) per contanti 17
negocio (m) al contado

Lieferungsgeschäft (n), Zeitgeschäft (n), [Termingeschäft (n)]
business in futures, contract for future delivery, time bargain
affaires (f pl) [de livraison] à terme
сдѣлка (жр) на доставку, сдѣлка (жр) на срок
contratti (m pl) o affari (m pl) a termine 18
negocio (m) a plazo, operación (f) a término

Börsenhandel (m)
Exchange trade
commerce (m) fait à la Bourse
биржевая торговля (жр)
commercio (m) di Borsa 19
comercio (m) bursátil

Börsenmitglied (n), Börsenteilnehmer (m)
member of the Exchange
membre (f) de la Bourse
член (мр) биржи
socio (m) della Borsa 20
miembro (m) de la Bolsa, bolsista (m)

Börsenmitgliedschaft (f)
membership of an Exchange
qualité (f) de membre de la Bourse
участіе (ср) в биржевом обществѣ
qualità (f) di socio della Borsa 21
calidad (f) de miembro de la Bolsa

1 Börsenbehörde (f)
Exchange authority
administrateurs (m pl) de la Bourse
биржевое присутствіе (ср), биржевой комитет (мр)
autorità (f) della Borsa
autoridad (f) bursátil *o* de la Bolsa

2 Börsenzeitung (f), [Börsenorgan (n)]
Exchange gazette
gazette (f) de la Bourse
орган (мр) биржи, биржевыя вѣдомости (жр), биржевая газета (жр)
bollettino (m) della Borsa
boletín (m) *o* revista (f) bursátil

3 Börsenvorstand (m), Vorstand (m) [*oder* Präsident (m)] der Börse
director of the Exchange
directeur (m) de la Bourse
предсѣдатель (мр) биржи
direttore (m) *o* presidente (m) della Borsa
presidente (m) de la Bolsa

4 Börsenvorstand (m), Börsenvorstandschaft (f)
board of directors of the Exchange
conseil (m) des administrateurs de la Bourse
биржевой комитет (мр), старшины биржевого общества
presidenza (f) della Borsa
junta (f) *o* consejo (m) de la Bolsa

5 Börsenbestimmungen (f pl)
Exchange rules
règlement (m) de la Bourse
биржевыя постановленія (ср), биржевыя правила (ср)
regolamento (m) della Borsa *o* borsistico
reglamento (m) de la Bolsa

6 Börsenmakler (m)
broker admitted to the Exchange
courtier (m) admis à la Bourse
биржевой маклер (мр)
sensale (m) di Borsa
corredor (m) de Bolsa

7 beeidigen (v a), vereidigen (v a)
to swear (v a) [in]
faire prêter serment
присягать
fare giurare (v a)
hacer jurar (v a), prestar juramento

8 beeidigter [*oder* vereidigter] Makler (m)
sworn broker
courtier (m) juré *ou* assermenté
присяжный маклер (мр)
sensale (m) giurato
corredor (m) juramentado

9 Börsenplatz (m)
Exchange centre
place (f) de Bourse
биржевое мѣсто (ср)
piazza (f) di Borsa
centro (m) bursátil

10 Handelsware (f)
goods, commercial articles
articles (m pl) de commerce
товар (мр) на продажу
merce (f) commerciabile, articoli (m pl) di commercio
artículos (m pl) de comercio

11 marktfähige Ware (f)
marketable goods or articles
marchandise (f) négociable
ходовой товар (мр), товар (мр) пригодный для рынка
merce (f) mercantile
mercancía (f) negociable, artículos (m pl) negociables

Markt (m)
market
marché (m)
рынок (мр), базар (мр)
mercato (m)
mercado (m) 12

auf den Markt bringen (v a)
to market (v a), to put (v a) on the market
mettre (v a) au marché
выпускать на рынок (мр)
gettare (v a) *o* mettere (v a) sul mercato *o* sulla piazza
lanzar (v a) al mercado 13

Verkäufer (m)
seller
vendeur (m)
продавец (мр)
venditore (m)
vendedor (m) 14

Bemusterung (f)
sampling
échantillonnage (m)
пред'явленіе (ср) образцов
campionatura (f)
envío (m) de muestras *o* del muestrario 15

die Ware bemustern
to sample the goods
échantillonner la marchandise
показывать товар (мр) в образцах, давать образцы (мр)
campionare la merce
dar muestras de la mercancía 16

Ballen (m)
bale
balle (f)
кипа (жр)
balla (f)
bala (f) 17

Ballenzeichen (n), [Ballen-] Marke (f)
bale mark
marque (f) de balle
кипная марка (жр), марка (жр)
marca (f) di balla *o* del collo
marca (f) de [la] bala 18

Angebot (n), [Offerte (f)]
offer, bid
offre (f)
предложеніе (ср)
offerta (f)
oferta (f) 19

festes Angebot (n)
firm offer
offre (m) ferme
твердое предложеніе (ср)
offerta (f) ferma
oferta (f) fija *o* en firme 20

fest an Hand geben (v a)
to give (v a) on hand
mettre (v a) en main
давать на руки
lasciare (v a) a fermo
dar (v a) a la mano, poner (v a) en la mano 21

freibleibendes Angebot (n)
offer without liability, not binding offer
offre (f) sans engagement *ou* sauf vente
предложеніе (ср) без обязательства
offerta (f) senza impegno *o* salvo vendita
oferta (f) sin compromiso 22

Verkauf (m)
sale
vente (f)
продажа (жр), сбыт (мр)
vendita (f)
venta (f) 23

Verkaufswert (m)
selling value
valeur (f) de vente
продажная стоимость (жр)
valore (m) di vendita
valor (m) de venta 24

1	Kommission (f) commission commission (f)	комиссія (жр), комиссіонное вознагражденіе (ср) commissione (f) comisión (f)
2	Verkaufsvergütung (f), [Verkaufskommission (f)] seller's commission commission (f) de vente	комиссія (жр) по продажѣ, комиссіонное вознагражденіе (ср) за продажу commissione (f) di vendita comisión (f) de venta
3	Einkauf (m) purchase achat (m)	покупка (жр), закупка (жр) compra(f), acquisto(m) compra (f)
4	Einkäufer (m), Käufer (m) buyer, purchaser acheteur (m)	покупатель (мр), покупщик (мр), закупщик (мр) compratore (m), acquirente (m) comprador (m)
5	Einkaufsvergütung (f), [Einkaufskommission (f)] buying commission commission (f) d'achat	закупочная комиссія (жр), комиссіонное вознагражденіе (ср) за покупку provvisione (f) di compra comisión (f) de compra
6	einen Abschluß machen, einen Kauf abschließen to effect a sale *or* purchase passer un contrat	заключить сдѣлку stringere un contratto efectuar una venta *o* una compra
7	Kaufvertrag (m) sales contract contrat (m) d'achat *ou* de vente	договор (мр) о покупкѣ contratto (m) di compra contrato (m) de compraventa
8	Rohstoffpreis (m), [Rohmaterialpreis (m)] price of the raw material prix (m) de la matière première	цѣна (жр) сырца, сырья *или* сырых матерьялов prezzo (m) della materia prima precio (m) de la primera materia
9	Kassemarkt (m) cash market marché (m) au comptant	рынок (мр) сдѣлок за наличный разсчет mercato (m) per contanti mercado (m) al contado
10	Marktwert (m) market value cours (m) du marché	рыночная цѣна (жр) valore (m) del mercato valor (m) de mercado
11	billig cheap à bon marché	дешевый [a] buon mercato barato
12	teuer dear, expensive cher	дорогой caro caro
13	Unkosten (pl), [Spesen (pl)] expenses frais (m pl)	издержки (жр), (расходы) spese (f pl) gastos (m pl)
14	kleine Unkosten (pl) [*oder* Spesen (pl)] petty charges, petties menus frais (pl)	мелкія издержки (жр), (расходы) spese (f pl) minute, piccole spese (f pl) gastos (m pl) menores
15	Maklergebühren (f pl), [Brokerage (f)] brokerage courtage (m)	куртаж (мр), маклерскіе расходы [spese (f pl) di] senseria (f) corretaje (m)
16	Postgebühr (f), [Porto (n)] postage port (m)	почтовые расходы porto (m) porte (m), gastos (m pl) postales
17	Rechnung (f), [Faktur[a] (f)] invoice facture (f)	счет (мр), фактура (жр), накладная (мр) fattura (f) factura (f)
18	Rechnungswert (m), [Fakturenwert (m)] amount of invoice, amount as per invoice montant (m) de la facture	сумма (жр) счета importo (m) della fattura importe (m) de la factura
19	Tara (f), Gewicht (n) der Verpackung tare tare (f)	тара (жр), вѣс (мр) упаковки tara (f) tara (f)
20	Reingewicht (n), Feingewicht (n), [Nettogewicht (n)] net weight poids (m) net	вѣс (мр) нетто, чистый вѣс (мр) peso (m) netto peso (m) neto
21	Rohgewicht (n), [Bruttogewicht (n)] gross weight poids (m) brut	вѣс (мр) брутто peso (m) lordo *o* brutto peso (m) bruto
22	Durchschnittsgewicht (n) average weight poids (m) moyen	средній вѣс (жр) peso (m) medio peso (m) medio
23	Rechnungsgewicht (n), [Fakturengewicht (n)] invoice weight poids (m) de la facture	вѣс (мр) по фактурѣ peso (m) di fattura peso (m) facturado
24	Tag (m) der Ausstellung der Rechnung, [Fakturendatum (n)] date of invoice date (f) de la facture	число (ср) фактуры, день (мр) счета data (f) della fattura fecha (f) de la factura

No.	Deutsch / English / Français	Русский / Italiano / Español
1	eine Rechnung ausstellen, [fakturieren (va)] to invoice (va) facturer (va)	ставить в счет (мр) fatturare (va) facturar (va)
2	laut Rechnung [*oder* Faktur] according to invoice suivant la facture	согласно счета *или* фактуры secondo fattura según [la] factura
3	Zahlung (f) payment paiement (m)	платеж (мр) pagamento (m) pago (m)
4	Zahlungsbedingungen (fpl) terms (pl) of payment conditions (fpl) de paiement	условія (ср) платежа, кондиціи (жр) condizioni (fpl) di pagamento condiciones (fpl) de pago
5	sofortige Zahlung (f) [*oder* Kasse (f)] immediate payment, cash down paiement (m) immédiat *ou* au comptant	наличный разсчет (мр) pronta cassa (f), cassa a contanti pago (m) inmediato *o* al contado
6	gegen bar [*oder* Kasse] verkaufen (va) to sell (va) for cash vendre (va) au comptant	продавать за наличный разсчет (мр) vendere (va) a contanti *o* a pronta cassa vender (va) al contado
7	Skonto (m), Preisnachlaß (m) [bei Barzahlung] discount escompte (m)	скидка (жр), sconto (m) descuento (m)
8	ohne Abzug gegen bar, [netto Kasse] net cash paiement (m) net	наличный разсчет (мр) без скидки netto cassa, cassa senza sconto pago (m) neto
9	x Tage Ziel (n) terms x days payable dans x jours, à un terme de x jours, à x jours de crédit	срок (мр) „x“ дней pagamento (m) a x giorni plazo (m) de x días
10	Wechsel (m) bill [of Exchange], B/E lettre (f) de change	вексель (мр) cambiale (f), lettera (f) di cambio letra (f) de cambio
11	Tratte (f), gezogener Wechsel (m) draft traite (f)	тратта (жр), переводный *или* трасированный вексель (мр) tratta (f) giro (m)
12	Sichtwechsel (m), Sichttratte (f), Tratte (f) auf Sicht sight draft traite (f) avec paiement à vue (f)	тратта (жр) по пред'явленію tratta (f) a vista giro (m) a la vista
13	x Tage Sicht (f) x days sight à x jours de vue	„x“ дней по пред'явленіи x giorni di vista a x días vista
14	Verfall (m) der Tratte maturity of the draft échéance (f) de la traite	просрочка (жр) тратты scadenza (f) della tratta vencimiento (m) del giro
15	Verfalltag (m) due date jour (m) de l'échéance	день (мр) срока giorno (m) della scadenza día (m) del vencimiento
16	eigenes Akzept (n) drawer's own acceptance acceptation (f) du tireur	акцептація (жр) векселя векселедателем accettazione (f) propria aceptación (f) del librador
17	Bankwechsel (m), Bankakzept (n) banker's acceptance acceptation (f) de banque	акцептація (жр) векселя банком accettazione (f) bancaria aceptación (f) del banquero
18	Deckung (f) vornehmen to cover (va) couvrir (va)	покрыть себя (закупкой) coprire (va) cubrir (va)
19	x Vomhundert *oder* x Prozent Diskont (m) x per cent discount escompte (m) de x pour cent	учет (мр) из „x“ процентов x percento (m) di sconto descuento (m) de x por ciento
20	Bankrembours (m) banker's reimbursement remboursement (m) en banque	возмѣщеніе (ср) издержек банка, банковый рембурс (мр) rimborso (m) a mezzo banca reembolso (m) de banco
21	Ursprungsland (n), Erzeugungsland (n), [Produktionsland (n)] country of origin pays (m) d'origine	производящая страна (жр), страна (жр) происхожденія paese (m) di provenienza, luogo (m) d'origine país (m) productor
22	Ausfuhr (f), [Export (m)] export exportation (f)	вывозная торговля (жр), вывоз (мр), экспорт (мр) esportazione (f) exportación (f)
23	Exporteur (m), Ausfuhrhändler (m) exporter exportateur (m)	торговец (мр) по вывозу, экспортер (мр) esportatore (m) exportador (m)
24	Einfuhr (f), [Import (m)] import importation (f)	ввоз (мр), импорт (мр) importazione (f) importación (f)

1	Importeur (m), Einfuhrhändler (m) importer importateur (m)	торговец (мр) по ввозу, импортер (мр) importatore (m) importador (m)
2	Abladen (n), Abladung (f) unloading, discharging déchargement (m)	разгрузка (жр), выгрузка (жр) scaricamento (m) descarga (f)
3	Ablader (m) unloader déchargeur (m)	выгрузщик (мр) scaricatore (m) descargador (m)
4	Lagern (n), Einlagern (n), Speicherung (f) warehousing, storing [em]magasinage (m)	храненіе (ср) на складѣ magazzinaggio (m) almacenaje (m)
5	lagern (va), einlagern (va) to warehouse (va), to store (va) emmagasiner (va)	складывать в амбары (мр), хранить на складѣ, держать на складѣ immagazzinare (va), mettere (va) in deposito almacenar (va)
6	Lagerhaus (n), Speicher (m) warehouse, store magasin (m), entrepôt (m)	склад (мр), амбар (мр) magazzino (m) almacén (m)
7	Lagerbestand (m) stock [in warehouse] stock (m) en magasin	наличность (жр) склада stock (m) di merci a deposito existencia (f) *o* stocks (mpl) en el almacén
8	Lagergebühr (f) warehouse charges (pl) droit (m) d'emmagasinage	складочный сбор (мр) spese (fpl) di magazzinaggio derechos (mpl) de almacenaje

VIII.

9	**Allgemeine Ausdrücke** (m pl) **über den Versand der Rohstoffe** **General Terms on Forwarding Raw Materials** **Termes** (m pl) **généraux sur l'expédition des matières premières**	**Общеупотребительныя выраженія** (с р) **касательно отправки сырья** **Termini** (m pl) **generici della spedizione delle materie prime** **Términos** (m pl) **generales de la expedición de las primeras materias**
10	Versand (m), [Spedition (f)] despatch, forwarding expédition (f)	отправка (жр), экспедиція (жр) spedizione (f) expedición (f)
11	Verfrachter, [Spediteur (m)] forwarding *or* shipping agent expéditeur (m)	экспедитор (мр), отправитель (мр) spedizioniere (m) agente (m) de transportes
12	absenden (va), versenden (va), zum Versand bringen (va) to forward (va), to despatch (va) expédier (va)	отправить spedire (va) expedir (va)
13	Versandkosten (pl), [Versandspesen (pl)] transport expenses, carrying [and shipping] charges frais (mpl) de transport	экспедиціонные расходы (мр), расходы (мр) по отправкѣ spese (fpl) di trasporto gastos (mpl) de transporte
14	Verladen (n), Verladung (f) loading chargement (m), embarquement (m)	погрузка (жр) caricazione (f), caricamento (m), imbarco carga (f), embarque (m)
15	Verlademannschaft (f) loaders chargeurs (mpl)	грузчики (мр) squadra (f) di caricatori cuadrilla (f) de cargadores
16	Umladung (f) [unloading and] reloading, tran[s]shipment transbordement (m)	перегрузка (жр) trasbordo (m) transbordo (m)
17	Bahnversand (m) despatch by rail expédition (f) par fer	отправка (жр) по желѣзной дорогѣ spedizione (f) a mezzo ferrovia expedición (f) *o* transporte (m) por ferrocarril
18	Eisenbahn (f) railway chemin-de-fer (m)	желѣзная дорога (жр) ferrovia (f) ferrocarril (m)
19	Fracht (f), Frachtkosten (pl) [cost of] carriage port (m), prix (m) de transport	фрахт (мр), плата (жр) за провоз (мр) [spese (fpl) di] nolo (m), spese di trasporto flete (m), gastos (mpl) de transporte
20	Eisenbahnfracht (f), Eisenbahnfrachtkosten (pl) [railway] carriage prix (m) du transport par fer, voiture (f)	желѣзнодорожный фрахт (мр) spese (fpl) di trasporto per ferrovia gastos (mpl) de transporte por ferrocarril
21	Frachtsatz (m), [Frachttarif (m)] rate of carriage tarif (m) du transport	попудная плата (жр) за провоз, провозный тариф (мр) tariffa (m) *o* tassa (f) di nolo *o* di trasporto tarifa (f) de los gastos de transporte
22	Eisenbahnfrachtsatz (m), [Eisenbahnfrachttarif (m)] rate *or* tariff of [railway] carriage tarif (m) du transport par fer	желѣзнодорожный товарный тариф (мр) tariffa (m) di trasporto *o* ferroviario tarifa (f) de los gastos de transporte por ferrocarril

1	Rohstoffrachtsatz (m), [Rohstoff[fracht]-tarif (m)] tariff for raw material tarif (m) pour matières premières	тариф (мр) для сырья tariffa (f) per le materie prime tarifa (f) para primeras materias
2	Ausnahmefrachtsatz (m) [*oder* Ausnahmetarif (m)] für Rohstoffe special tariff for raw material tarif (m) spécial pour matières premières	спеціальный тариф (мр) для сырья tariffa (f) speciale per le materie prime tarifa (f) especial para primeras materias
3	frei Bahnwagen, [franko Waggon] free on rails franco [sur] wagon	франко вагон (мр), с погрузкой в вагон franco vagone franco sobre vagón
4	frei Kai, [franko Quai] free on quay franco au quai	франко набережная (жр) franco banchina franco sobre muelle
5	frachtfrei carriage paid, freight free, free of freight franco de port, exempt de frêt	с доставкой на мѣсто (ср), (франко мѣсто назначенія) franco di porto, franco di nolo libre de porte, libre de flete
6	zur Verschiffung bringen (va), verschiffen (va) to ship (va) embarquer (va)	погрузить на пароход (мр), отправить водным путем imbarcare (va), mettere (va) a bordo embarcar (va)
7	Verschiffung (f) shipping embarquement (m)	отправка (жр) водою, погрузка (жр) на пароход imbarco (m) embarque (m)
8	Verschiffungshafen (m) shipping port port (m) d'embarquement	порт (мр) отправленія, пристань (жр) отправленія porto (m) d'imbarco *o* di caricazione puerto (m) de embarque
9	Bestimmungshafen (m), Landungshafen (m) port of destination port (m) de destination	порт (мр) назначенія, пристань (жр) назначенія porto (m) di destinazione *o* di scarico puerto (m) de destino *o* de desembarque
10	Landungssteg (m) landing stage débarcadère (m)	пристань (жр) pontile (m) d'approdo desembarcadero (m)
11	Schiffahrt (f) navigation navigation (f)	навигація (жр), мореходство (ср), судоходство (ср), мореплаваніе (ср) navigazione (f) navegación (f)
12	Kanalschiff (n) canal boat bâteau (m) de canal	судно (ср) для канала barca (f) *o* chiatta (f) da canale buque (m) para canales
13	Flußschiff (n) river boat bâteau (m) de rivière	рѣчное судно (ср) navicello (m) da fiume buque (m) para rios
14	Seeschiff (n) sea-going ship navire (m)	морское судно (ср), морской пароход (мр), корабль (мр) nave (f) marittima *o* di alto mare buque (m) marítimo
15	Schiffsmakler (m) shipping broker courtier (m) maritime	судовой маклер (мр) sensale (m) marittimo corredor (m) marítimo
16	Schiffahrtsgesellschaft (f) shipping company compagnie (f) de navigation	судоходное общество (ср), общество (ср) пароходства compagnia (f) di navigazione compañía (f) naviera *o* de navegación
17	Dockgesellschaft (f) dock company compagnie (f) de magasins généraux	доковое общество (ср) compagnia (f) di magazzini generali compañía (f) de docks *o* de depósitos comerciales
18	Vertrag (m) *oder* Kontrakt (m) auf Verschiffung contract for shipment contrat (m) d'embarquement	контракт (мр) на перевозку водою contratto (m) d'imbarco contrato (m) de embarque
19	Seefrachtschein (m), Schiffsfrachtbrief (m), Konnossement (n) bill of lading, B/L connaissement (m)	судовой коносамент (мр) conoscimento (m), polizza (f) di carico conocimiento (m)
20	Schiffsfrachtbriefstempel (m), Konnossementstempel (m) bill of lading stamp timbre (m) du connaissement	печать (жр) коносамента, сбор (мр) с коносамента bollo (m) della polizza di carico *o* del conoscimento sello (m) del conocimiento
21	fob	frei an Bord [franko Bord] free on board, fob [rendu] franco à bord франко борт (мр) парохода, с погрузкой на пароход (жр) franco a bordo franco a bordo, f. o. b.
22	cif	frei [*oder* franko] Bord Landungshafen (m); Kosten (pl), Fracht (f), Versicherung (f) cost, insurance, freight; cif coût, assurance et frêt; cif; caf франко порт (мр) назначенія без выгрузки, (сиф), издержки, страхованіе (ср), фрахт (мр) costo, nolo ed assicurazione; cif coste, flete y seguro; c. i. f.
23	Fracht (f) zu Wasser, Wasserfracht (f) freight frêt (m)	водный фрахт (мр), провозная плата (жр) nolo (m) marittimo flete (m)

No.	German / English / French	Russian / Italian / Spanish
1	Dampferfracht (f) steamer freight frêt (m) du vapeur	пароходный фрахт (мр) nolo (m) di piroscafo flete (m) de vapor
2	Hafenbahnfracht (f) port railway carriage port (m) du chemin de fer au port	портовый желѣзнодорожный фрахт (мр) (плата (жр) за провоз по портовой желѣзной дорогѣ) spese (fpl) ferroviarie nel porto porte (m) por ferrocarril en el puerto
3	Leichtergebühr (f), Lichtergebühr (f) lighterage prix (m) du débarquement *ou* frais (mpl) de déchargement par allèges	плата (жр) за выгрузку на лихтера и доставку к пристани spese (fpl) d'alleggio *o* di chiatta gabarriaje (m), gastos (mpl) de lancha *o* de gabarra
4	Krangeld (n) crane dues, cranage droits (mpl) de grue	плата (жр) на пользованіе краном diritto (m) di gru derechos (mpl) *o* gastos (mpl) de grúa
5	Versicherung (f) der Ladung insurance of cargo assurance (f) de la cargaison	страховка (жр) судового груза assicurazione (f) del carico seguro (m) del cargamento
6	Versicherung (f) des mutmaßlichen [*oder* imaginären] Gewinnes insurance of the probable profit assurance (f) du bénéfice probable	страховка (жр) предполагаемой прибыли assicurazione (f) del beneficio presunto seguro (m) del beneficio probable
7	Kriegsversicherung (f), Versicherung (f) gegen Kriegsschaden war insurance assurance (f) contre les risques de guerre	военное страхованіе (ср), (страховка (жр) от убытков, причиненных войною) assicurazione (f) contro i rischi di guerra seguro (m) [en caso] de guerra
8	Seeversicherung (f) marine insurance, underwriting assurance (f) maritime	морская страховка (жр) (страховка (жр) от аваріи) assicurazione (f) marittima seguro (m) marítimo
9	Zoll (m) duty droits (mpl) de douane	таможенная пошлина (жр) dazio (m), diritto (m) di dogana derechos (mpl) de aduana
10	Eingangszoll (m), Einfuhrzoll (m) import duty droits (mpl) d'entrée, droits (mpl) d'importation	ввозная пошлина (жр) diritto (m) d'entrata derechos (mpl) de importación
11	Ausgangszoll (m), Ausfuhrzoll (m) export duty droits (mpl) de sortie, droits (mpl) d'exportation	вывозная пошлина (жр) diritto (m) d'uscita derechos (mpl) de exportación
12	Durchgangszoll (m), Durchfuhrzoll (m) transit duty droits (mpl) de transit	провозная пошлина (жр) dazio (m) di transito derechos (mpl) de tránsito
13	Zollkosten (pl), Zollspesen (pl) custom charges frais (mpl) de douane	таможенные сборы (жр) spese (fpl) di dogana gastos (mpl) de aduana
14	Zollfreiheit (f) freedom from duty exemption (f) de la douane	безпошлинный ввоз (мр) *или* вывоз (мр) esenzione (f) di dogana franquicia (f) de aduana, exención (f) de derechos de aduana
15	zollfreier Rohstoff (m) duty-free raw material matière (f) première exempte de droits de douane	безпошлинное сырье (ср) materia (f) prima esente di dogana primera materia (f) libre de derechos de aduana

B.

1
Natürliche pflanzliche Rohstoffe (m pl)
Естественное растительное сырье (c p)
Natural Vegetable Raw Materials
Materie (f pl) **prime vegetali naturali**
Matières (f pl) **brutes végétales naturelles**
Primeras materias (f pl) **naturales vegetales**

I.

2
Samenfasern (f pl)
Сѣмянныя волокна (c p)
Seed Fibres
Fibre (f pl) **di seme**
Fibres (f pl) **provenant de la graine**
Fibras (f pl) **de semilla**

1. Die Baumwolle

3
1. Die Baumwolle
Хлопок (м p)
Cotton
Il cotone
Le coton
El algodón

4
a) Botanik (f) und Kultur (f) der Baumwollpflanze
Ботаника (жp) и культура (жp) хлопчатника
Botany and Cultivation of Cotton Plant
Botanica (f) e coltivazione (f) della pianta cotoniera
Botanique (f) et culture (f) du cotonnier
Botánica (f) y cultivo (m) del algodón

5

Baumwollsprößling (m), Baumwollpflänzchen (n)
shoot of the cotton plant
[re]jet (m) de cotonnier
росток (мр) хлопчатника
germoglio (m) di cotone
brote (m) de algodón

6 Gossypium
Baumwollpflanze (f)
cotton plant
cotonnier (m)
хлопчатник (мр), хлопковое растеніе (ср)
pianta (f) cotoniera
algodón (m), algodonero (m)

7 Gossypium herbaceum
krautartige Baumwollpflanze (f)
herbaceous cotton plant
cotonnier (m) herbacé
травовидный хлопчатник (мр)
pianta (f) di cotone erbacea
algodonero (m) herbáceo

Baumwollstaude (f)
cotton shrub
cotonnier (m) arbuste
куст (мр) хлопчатника
arbusto (m) di cotone
arbusto (m) de algodón 8

Entspitzen (n) der Staude
срѣзываніе (ср) побѣгов
pinching the shoots of the shrub
spuntatura (f) dell'arbusto 9
pinçage (m) *ou* taillage (m) *ou* ébourgeonnement (m) de l'arbuste
decapitación (f) *o* podadura (f) del arbusto

strauchartige Baumwollpflanze (f)
bushy cotton plant
arbrisseau (m) de cotonnier
кустарниковый хлопчатник (мр) 10
pianta (f) cespugliare di cotone
mata (f) de algodón

Gossypium arboreum
baumartige Baumwollpflanze (f)
cotton tree
cotonnier (m) arborescent
древовидный хлопчатник (мр) 11
pianta (f) di cotone arborea
algodonero (m) arbóreo, árbol (m) algodonero

Lichten (n), Ausdünnen (n)
полотьба (жр), прорѣживаніе (ср)
thinning out, chopping
diradamento (m) 12
éclaircissage (m)
aclarado (m)

Baumwollblatt (n)
лист (мр) хлопчатника
leaf of cotton plant, cotton leaf
foglia (f) di cotone 13
feuille (f) du cotonnier
hoja (f) del algodonero

fünflappiges Blatt (n)
пятилопастной лист (мр)
five-lobed leaf
foglia (f) a cinque lobi 14
feuille (f) à cinq lobes
hoja (f) quinquelobulada

1 fingerförmig, gefingert
finger shaped
digité
лапчатый
digitiforme, dattiliforme, digitato
digitado

2 behaarter Blattstiel (m)
hairy leaf stalk
pétiole (m) pileux, queue (f) pileuse de la feuille
волосатый стебель (мр) или черешок (мр)
stelo (m) peloso della foglia
tallo (m) o pezón (m) o pedúnculo (m) velloso de la hoja

3 Knospe (f)
bud
bouton (m)
почка (жр)
bottone (m)
botón (m)

4 
Baumwollblüte (f)
flower of cotton plant
fleur (f) du cotonnier
цвѣток (мр) хлопчатника
fiore (m) del cotone
flor (f) de[l] algodón

5 becherförmige Blüte (f)
cup-shaped flower
fleur (f) à cupule
чашеобразный цвѣток (мр)
fiore (m) poculiforme o in forma di calice
flor (f) [en forma] de copa

6 großblätterige Blüte (f)
large petalled flower
fleur (f) à larges pétales
крупнолепестковый цвѣток (мр)
fiore (m) grandifogliato
flor (f) de pétalos grandes

7 langgestielt
long stemmed, long stalked
à longue tige
длинностебельчатый
di stelo lungo
de tallo largo, talludo

8 kurzgestielt
short stemmed, short stalked
à tige courte
короткостебельчатый
di stelo corto
de tallo corto

9 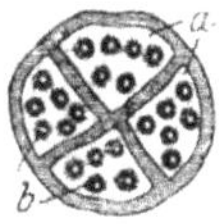

Baumwollsamenkapsel (f), Samenkapsel (f), Bollen (m) *oder* Fruchtbollen (m) der Baumwolle
cotton pod *or* boll, cotton seed case *or* capsule
gousse (f) *ou* péricarpe (m) *ou* cosse (f) *ou* capsule (f) de la graine de coton
сѣмянная *или* плодовая коробка (жр) хлопчатника
capsula (f) o bacca (f) del seme di cotone
cápsula (f) frutal o seminal del algodón

10 a
Zelle (f) *oder* Fach (n) der Samenkapsel
cell of the seed case
valve (f) de la capsule de la graine
отдѣленіе (ср) коробки хлопчатника
cellula (f) della capsula del seme
célula (f) de la cápsula seminal

11 b
Baumwollsame[n] (m), Baumwollsamenkorn (n)
[grain of] cotton seed
semence (f) de coton, graine (f) de coton
хлопковое сѣмя (ср)
[grana (f) del] seme (m) di cotone
[grano (m) de la] semilla (f) del algodón

Reife (f) der Frucht *oder* Kapsel
ripeness of the pod
maturité (f) de la capsule
спѣлость (жр) *или* зрѣлость (жр) плода
maturanza (f) della capsula
madurez (f) de la cápsula 12

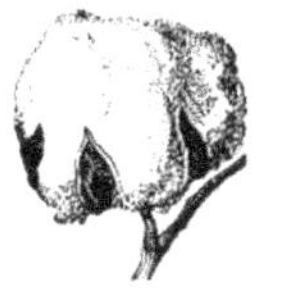
ausgereifte Baumwollfrucht (f)
mature cotton pod
capsule (f) de coton mûre
созрѣвшая коробка (жр) хлопчатника 13
capsula (f) di cotone di pieno sviluppo
cápsula (f) de algodón madura

überreife Baumwollfrucht (f)
over-ripe cotton pod
capsule (f) de coton trop mûre
переспѣлая *или* перезрѣвшая коробка (жр) хлопчатника
capsula (f) stramatura del cotone 14
cápsula (f) de algodón demasiado madura

Aufspringen (n) der Kapsel
bursting of the pod
déhiscence (f) de la capsule
раскрытіе (ср) коробки
deiscenza (f) della capsula 15
ruptura (f) o abertura (f) de la cápsula

Abfallen (n) der Kapseln
falling off of the pods
chûte (f) des capsules
опаденіе (ср) сѣмянных коробок
caduta (f) delle capsule 16
caída (f) de las cápsulas

unreife Baumwollfrucht (f)
unripe cotton pod
capsule (f) de coton non mûre
незрѣлый *или* неспѣлый плод (мр) хлопчатника
capsula (f) immatura del cotone 17
cápsula (f) de algodón sin madurar

Baumwollgebiet (n), Baumwollgürtel (m)
cotton district
région (f) à coton
область (жр) хлопчатника, округ (мр) хлопчатника, пояс (мр) (геогр.) хлопчатника
regione (f) cotoniera 18
zona (f) de cultivo del algodón, región (f) algodonera, districto (m) algodonero

Baumwolle pflanzendes Land (n)
cotton growing country
pays (m) de culture du coton
страна (жр) *или* государство (ср) имѣющее хлопководство (ср)
paese (m) di coltivazione del cotone 19
país (m) o comarcas (fpl) del cultivo de algodón

Baumwolle (f) anbauen *oder* anpflanzen
to grow cotton
cultiver le coton
разводить *или* воздѣлывать хлопок (мр) 20
coltivare il cotone
cultivar el algodón

Baumwollanbau (m), [Baumwollkultur (f)]
cultivation of cotton
culture (f) du coton
хлопководство (ср), воздѣлываніе (ср) *или* культура (жр) хлопка, выращиваніе (ср) хлопка 21
coltivazione (f) del cotone
cultivo (m) del algodón

Baumwollpflanzung (f), [Baumwollplantage (f)]
cotton plantation
plantation (f) de coton
хлопковая плантація (жр), хлопковое поле (ср)
piantagione (f) di cotone 22
plantación (f) de algodón

1 Anbau (m) in Pflanzungen, Plantagenbau (m)
cultivation in plantations
culture (f) en plantations
воздѣлываніе (ср) поля, (плантаціонное хозяйство (ср))
coltivazione (f) in piantagioni
cultivo (m) en plantaciones

2 Raubbau (m) treiben
to overwork *or* to exhaust the soil
épuiser le sol
хищническая эксплоатація (жр) почвы
sfruttare il suolo
explotar el suelo con desconsideración

3 Baumwollbauschule (f)
school of cotton planters
école (f) d'agriculture cotonnière
школа (жр) хлопководства
scuola (f) di coltivazione del cotone
escuela (f) de plantadores de algodón

4 mit Baumwolle bebaute Fläche (f)
area planted with cotton
terrain (m) planté de cotonniers
площадь (жр) (земля (жр)) засаженная хлопчатником
area (f) coltivata con cotone
área (f) plantada con algodón

5 Baumwollfeld (n)
cotton field
champ (m) de cotonniers
хлопковое поле (ср)
campo (m) di cotone *o* cotoniero
campo (m) de algodón

6 Acre (n)
acre
acre (m)
акр (мр)
acre (m)
acre (m)

7 einjährige Pflanze (f)
annual plant
plante (f) annuelle
однолѣтнее растеніе
pianta (f) annuale
planta (f) anual

8 mehrjährige [*od.* perennierende] Pflanze (f)
perennial plant
plante (f) pérennante
многолѣтнее растеніе (ср)
pianta (f) perenne
planta (f) perenne

9 Zweijahrsystem (n), Zweijahrwirtschaft (f)
two-year [rotation] system
assolement (m) bisannuel
двухлѣтняя система (жр), двухлѣтній сѣвооборот (мр)
sistema (m) biennale
sistema (m) de rotación bienal

10 Dreijahrsystem (n), Dreijahrwirtschaft (f)
three-year [rotation] system
assolement (m) trisannuel
трехлѣтняя система (жр), трехлѣтній сѣвооборот (мр)
sistema (m) triennale
sistema (m) de rotación trienal

11 Baumwollsamenmehl (n)
cotton seed flour
farine (f) [de graine] de coton
мука (жр) из сѣмян хлопчатника
farina (f) del seme di cotone
harina (f) de semilla de algodón

12 H_3PO_4
Phosphorsäure (f)
phosphoric acid
acide (m) phosphorique
фосфорная кислота (жр)
acido (m) fosforico
ácido (m) fosfórico

13 Kompostdüngung (f)
compost manuring
engraissement (m) au compost
компосное удобреніе (ср) *или* унавоживаніе (ср)
concimazione (f) a composto
abonado (m) a compuesto

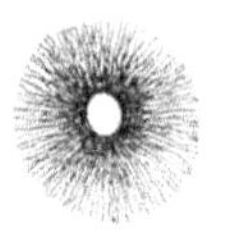
Baumwollsamenkorn (n)
grain of cotton seed
graine (f) de coton
хлопчатниковое зерно *или* орѣшек (мр) 14
grana (f) del seme di cotone
grano (m) de la semilla del algodón

Zelle (f) des Baumwollsamenkorns
cell of cotton seed grain
valve (f) de la graine de coton
клѣтка (жр) хлопчатниковаго зерна
cellula (f) del seme di cotone 15
célula (f) de la semilla de algodón

Grundflaum (m) des Samenkorns
downy covering of seed grain
duvet (m) de la graine
пух (мр) *или* волокно (ср) на зернѣ сѣмяни
lanugine (f) *o* peluria (f) della grana 16
borra (f) *o* pelusilla (f) de la semilla

haarartiger Fortsatz (m) der Zelle
fibrous growth from the cell, hairy appendage of the cell
excroissance (f) duveteuse de la cellule
волокнистый (волосообразный) прирост (мр) к клѣткѣ
prolungamento (m) filoso *o* protuberanza (f) pelosa della cellula 17
excrecencia (f) fibrosa de la célula

enthaarter Same (m)
seed freed from hairs
graine (f) privée de son duvet
очищенное от волокон сѣмя (ср) 18
seme (m) svestito di pelo
semilla (f) desprovista de su borra *o* pelada

schwarzes glattes Samenkorn (n)
smooth black grain of seed
graine (f) noire et douce
черное гладкое зерно (ср)
grana (f) di seme nera liscia 19
semilla (f) negra lisa

schwarzsamige Baumwolle (f)
black-seeded cotton
coton (m) à graines noires
черносѣмянный хлопок (мр)
cotone (m) a seme nero 20
algodón (m) de semilla negra

grünes Samenkorn (n)
green grain of seed
graine (f) verte
зеленое зерно (ср)
grana (f) di seme verde
semilla (f) *o* grano (m) verde 21

grünsamige Baumwolle (f)
green-seeded cotton
coton (m) à graines vertes
зеленосѣмянный хлопок (мр)
cotone (m) a seme verde 22
algodón (m) de semilla verde

schwarzgrünes Samenkorn (n)
dark green grain of seed
graine (f) vert obscur
черновеленое сѣмянное зерно (ср)
grana (f) di seme verde scuro 23
[grano (m) de] semilla (f) verde-oscura *o* verdinegra

abgelagerter Same (m)
conditioned *or* [well] seasoned seed
graine (f) bien conditionnée
лежалое *или* выдержанное на складах сѣмя (ср)
seme (m) stagionato *o* invecchiato 24
semilla (f) bien madurada

1 die Samenkörner (n pl) in lauwarmem Wasser aufquellen lassen
to swell the seed grains in tepid water
faire gonfler les graines (f pl) dans l'eau tiède
размачивать сѣмяна въ тепловатой водѣ
far rinvenire i semi nell'acqua tiepida
hacer hincharse los granos en agua templada

---

2 Gossypium barbadense
westindische *oder* barbadensische *oder* Seeinsel- *oder* Sea-Island-Baumwolle (f)
West Indian *or* Sea-Island cotton
coton (m) des Indes occidentales, coton Sea-Island
вестиндскій хлопчатник (мр)
cotone (m) Sea-Island *o* delle Indie occidentali *o* del Barbados
algodón (m) de las Indias Occidentales, algodón Sea-Island *o* marítimo

---

3 Gossypium hirsutum
zottige Baumwolle (f)
hairy cotton
coton (m) velu
косматый хлопчатник (мр)
cotone (m) velloso
algodón (m) velloso

---

4 Gossypium {peruvianum, acuminatum, brasiliense}
südamerikanische *oder* peruanische *oder* brasilianische Baumwolle (f)
South American *or* Peruvian *or* Brazilian cotton
coton (m) de l'Amérique du Sud *ou* du Pérou *ou* du Brésil
южноамериканскій *или* перуанскій *или* бразильянскій хлопчатник (мр)
cotone (m) dell'America del Sud *o* del Perù *o* del Brasile
algodón (m) de la América del Sur *o* del Brasil *o* del Perú

---

5 Kuba-Ranken-Baumwollpflanze (f)
vine cotton
coton (m) grimpant
лозообразный хлопчатник (мр) с острова Кубы
cotone (m) vitiforme dell'isola di Cuba
algodón (m) sarmentoso

---

6 entartete [*oder* degenerierte] Baumwolle (f)
deteriorated cotton
coton (m) dégénéré
выродившійся *или* переродившійся хлопчатник (мр)
cotone (m) degenerato
algodón (m) degenerado

---

7 Schädling (m)
noxious animal *or* plant
plante (f) *ou* insecte (m) nuisible
вредитель (мр)
insetto (m) nocivo, pianta (f) nociva
insecto (m) nocivo, planta (f) nociva

---

8 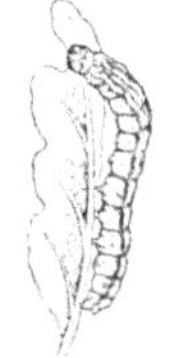
Cockhaffer (m)
cut-worm, cockhaffer
insecte (m) nuisible aux cotylédons
истребитель (мр) побѣгов
bruco (m) *o* nemico (m) del cotiledone
grillotalpa (m)

Heliothis armiger
Kapselwurm (m), Bollenwurm (m)
boll-worm of cotton
ver (m) des capsules
коробочный червь (мр) 9
verme (m) capsulare del cotone
gusano (m) de la cápsula del algodón

Aletia argillacea
Baumwollraupe (f), Caterpillar (m), Heerwurm (m)
cotton caterpillar, army worm
chenille (f) du coton 10
хлопчатниковая гусеница (жр)
verme (m) Sciara militaris
oruga (f) del algodón

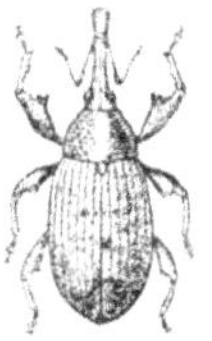
Kapselkäfer (m)
boll weevil
charançon (m) des capsules
коробочный жучок (мр) 11
coleottero (m) capsulare del cotone
gorgojo (m) de la cápsula del algodón

Ei (n)
egg
œuf (m)
яйцо (ср)
uovo (m) 12
huevo (m)

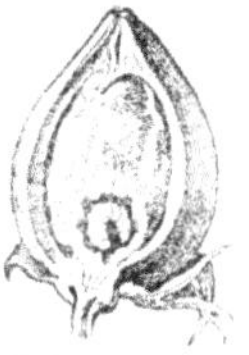
Larve (f) des Kapselkäfers
larva of boll weevill
larve (f) du charançon des capsules
личинка (жр) коробочнаго жучка 13
larva (f) del coleottero capsulare
larva (f) del gorgojo de la cápsula

Raupe (f)
caterpillar
chenille (f)
гусеница (жр)
bruco (m), bruciolo (m) 14
oruga (f), gusano (m)

Puppe (f)
chrysalis
chrysalide (f)
куколка (жр), личинка (жр) 15
crisalide (f)
crisálida (f)

Schmetterling (m)
butterfly
papillon (m)
бабочка (жр), мотылек (мр) 16
farfalla (f)
mariposa (f)

Verpuppung (f)
change into a chrysalis
transformation (f) en chrysalide
превращеніе (ср) в куколку
trasformazione (f) in crisalide
transformación (f) en crisálida, paso (m) a crisálida, crisalidación (f) 17

Baumwollaus (f)
cotton louse
pou (m) à coton
хлопчатниковая вошь (жр)
pidocchio (m) cotoniero 18
pulgón (m) del algodón

Baumwollwanze (f)
cotton bug
punaise (f) à coton
хлопчатниковый клоп (мр) 19
cimice (f) cotoniera
chinche (m) de algodón

No.	Deutsch / English / Français	Русский / Italiano / Español
1	roter Rost (m), roter Rostpilz (m) red rust [fungus] rouille (f) rouge	красная ржа (жр) ruggine (f) [rossa] tizón (m) *u* orín (m) rojo
2	brauner Rost (m), roter Rostpilz (m) brown rust [fungus] rouille (f) brune	коричневая ржа (жр) ruggine (f) brunastra tizón (m) moreno
3	Brand (m) blight, firing rouille (f)	изгара (жр), почернeнie коробки вызванное грибком. volpe (f), carbonchio (m) añublo (m)
4	Frühfrost (m) early frost, killing frost gelée (f) hâtive	утренники (мр), заморозки (мр) gelo (m) precoce helada (f) temprana
5	indischer Passatwind (m), Monsun (m) monsoon mousson (m)	индійскій пассатный вѣтер (мр) *или* пассат (мр) monsone (m) monzón (m)
6	**b) Baumwollernte** (f), **Ernte** (f) *oder* **Ernten** (n) **der Baumwolle** **Cotton Crop** **Récolte (f) du coton**	**Хлопковый урожай(мр), урожай (мр) хлопка, сбор (мр) хлопка** **Raccolta (m) del cotone** **Recolección (f) *o* cosecha (f) del algodón**
7	Welternte (f) crop of the world récolte (f) mondiale	міровой урожай (мр) raccolto (f) mondiale cosecha (f) mundial
8	Stand (m) der Ernte condition of the crop état (m) de la récolte	состоянie (ср) урожая stato (m) del raccolto estado (m) de la cosecha
9	volle Ernte bumper crop bonne récolte (f)	полный урожай (мр) raccolto (m) abbondante cosecha (f) buena *o* abondante
10	knappe Ernte (f) scanty *or* short *or* small crop récolte (f) faible	скудный урожай (мр) raccolto (m) scarso cosecha (f) escasa *o* corta
11	erste Ernte (f), Grundernte (f), erste Pflückung (f) ground crop, bottom crop, first pickings première récolte (f)	основной сбор (мр), первый сбор (мр) prima raccolta (m), raccolta (m) principale cosecha (f) inicial, primera cosecha
12	Mittelernte (f) middle crop, second pickings récolte (f) intermédiaire	средній урожай (мр) raccolta (m) intermedia cosecha (f) intermedia, segunda cosecha
13	Nachernte (f), Spitzenernte (f), oberste Ernte (f) top crop, third pickings arrière-récolte (f)	вторичный сбор (мр) raccolta (m) posteriore cosecha (f) final, última cosecha
14	Nachlese (f) late pickings arrière-moisson (f), glanage (m)	остаточный сбор (мр), послѣдній сбор (мр) spigolatura (f) espigadura (f)
15	Erträgnis (n) in Ballen auf die Flächeneinheit output in bales per unit of area production (f) *ou* débit (m) en balles par unité de superficie	выход (мр) в кипах на единицу площади посѣва produzione (f) in balle per unità di superficie rendimiento (m) *o* producción (f) en balas por unidad de superficie
16	Pflücker (m) picker cueilleur (m)	сборщик (мр) [rac]coglitore (m) recolectador (m), cosechero (m)
17	Pflücklohn (m) picker's wage salaire (m) du cueilleur	плата (жр) за сборку paga (f) del raccoglitore salario (m) *o* jornales (m pl) del cosechador
18	Pflückzeit (f) picking period cueillaison (f)	время (ср) сбора *или* снятія stagione (f) della raccolta periodo (m) de la cosecha *o* de la recolección
19	Baumwollpflückmaschine (f) mechanical cotton picker machine (f) à cueillir le coton, cueilleuse (f) mécanique à coton	машина (жр) для сбора хлопка macchina (f) raccoglitrice del cotone máquina (f) recogedora de algodón
20	Pflücken (n) *oder* Einsammeln (n) der Baumwolle picking *or* gathering the cotton cueillage (m) *ou* cueillette (f) du coton	сниманie (ср) *или* сбор (мр) хлопка coglitura (f) *o* raccoglitura (f) del cotone recolección (f) *o* recogida (f) del algodón
21	die Baumwolle pflükken *oder* einsammeln to pick *or* to gather the cotton cueillir le coton	снимать плоды, собирать хлопок (мр) cogliere *o* raccogliere il cotone coger *o* recolectar el algodón
22	**c) Entkörnen** (n) *oder* **Entkörnung** (f) [*oder* **Egrenieren** (n) *oder* **Egrenierung** (f)] **der Baumwolle** **Ginning of Cotton** **Égrenage (m) du coton**	**Очистка (жр) волокна от зерен, джинированіе (ср)** **Sgranatura (f) del cotone** **Despepitado (m) del algodón**

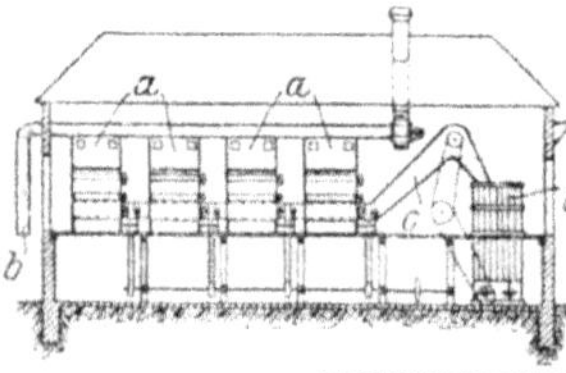

No.	Deutsch / English / Français	Русский / Italiano / Español
23	Entkörnungsanstalt (f), [Egrenierhaus (n), Ginnerei (f)] gin house, ginnery usine (f) d'égrenage	хлопкоочистительный завод (мр) opificio (m) *o* impianto (m) *o* stabilimento (m) delle sgranatrici instalación (f) de despepitado

1 a
in Reihen angeordnete Entkörnungsmaschinen (fpl)
gins arranged in rows *or* series
égreneuses (fpl) disposées en séries
хлопкочистительныя машины (жр) (джины) установленныя в ряд
sgranatrici (fpl) disposte in file
máquinas (fpl) de despepitar puestas en filas

2 b
Speiseleitung (f) für Samenbaumwolle
feed pipe for seed cotton
conduit (m) alimentaire pour coton en graine
труба (жр) для подводки сѣмени к машинѣ
tubazione (f) di alimentazione pel cotone in seme
tubería (f) de alimentación para algodón con la semilla

3 c
Abfuhrleitung (f) der entkörnten Baumwolle
delivery [pipe] of the ginned cotton
conduit (m) délivreur du coton égrené
отвод (мр) очищеннаго волокна
condotto (m) di scarico del cotone sgranato
tubería (f) de salida del algodón desgranado

4 d
Baumwoll[ballen]presse (f)
cotton baling press
presse (f) à coton
пресс (мр) для упаковки хлопка
pressa-cotone (m)
prensa (f) de embalar el algodón

5
Trocknen (n) der Baumwolle
drying of cotton
séchage (m) du coton
сушка (жр), хлопка
essiccazione (m) del cotone
secado (m) *o* secamiento (m) del algodón

6
die Baumwolle trocknen
to dry the cotton
sécher le coton
сушить хлопок (мр)
seccare il cotone
secar el algodón

7
Öffner (m) für Samenbaumwolle
seed cotton opener
ouvreuse (f) pour coton en graine
хлопкодробитель (мр), опенер (мр)
apritoio (m) per cotone in seme
abridora (f) del algodón con la semilla

8
Abscheiden (n) *oder* Losreißen (n) der Faser von dem Samenkorn
detaching the fibre from the seed
arrachage (m) de la fibre de la graine
отдѣление (ср) волокна от зерна (*или* орѣшка)
staccamento (m) della fibra dalla grana
separación (f) de la fibra de las semillas

9
entkörnen (va), die Fasern von den Samenkörnern ablösen
to gin (va), to detach the fibres from the seed
égrener (va), détacher les fibres des graines
отдѣлять волокна от зерна *или* орѣшка
sgranare (va), togliere le fibre dai semi
despepitar (va), separar las fibras de las semillas, desmotar (va)

10
die Faser ist leicht vom Korn löslich
the fibre is easily detached from the seed
la fibre se détache facilement de la graine
волокна легко отдѣляются от зерна *или* орѣшка
la fibra si toglie *o* si stacca facilmente dalla grana
la fibra se separa *o* se desgrega fácilmente de la semilla

11
die Faser ist schwer vom Korn löslich
the fibre is hardly detached from the seed
la fibre se détache difficilement de la graine
волокна трудно отдѣляются от зерна *или* орѣшка
la fibra si stacca difficilmente dalla grana
la fibra se separa difícilmente de la semilla

12
Samenbaumwolle (f), nicht entkörnte Baumwolle (f)
seed cotton
coton (m) en graine
неочищенный хлопок (мр), хлопок-сырец
cotone (m) in seme
algodón (m) con la semilla *o* sin despepitar

13
entkörnte [*oder* egrenierte] Baumwolle, Lint (m)
lint, ginned cotton
coton (m) égrené
очищенный хлопок (мр), хлопок (мр) свободный от зерна *или* орѣшка
cotone (m) sgranato
algodón (m) despepitado *o* sin pepita

14
Baumwollsamenabfälle (mpl), Streubaumwolle (f), Linters (mpl)
linters
linters (mpl), bascotons (mpl)
отбросы (мр), линтер (мр), волокнистый пух (мр)
cascami (mpl) del cotone in seme
linters (mpl)

15
von Hand entkörnte Baumwolle (f)
hand ginned cotton
coton (m) égrené à la main
хлопок (мр) очищенный ручным способом, хлопок (мр) ручной очистки
cotone (m) sgranato a mano
algodón (m) despepitado a mano

16
maschinenentkörnte Baumwolle (f)
machine ginned cotton
coton (m) égrené à la machine
хлопок (мр) машинной очистки
cotone (m) sgranato a macchina
algodón (m) despepitado a máquina

17

Handentkörnungsmaschine (f), einfacher Entkörner (m), indische Entsamungsmaschine (f), Churka (f)
Churka hand power gin
égreneuse (f) à main
ручной джин (мр) *или* очиститель (мр), простой джин (мр), остиндскій джин (мр), чурка (жр)
sgranatoio (m), sgranatrice (f) a mano
despepitadora (f) a mano

18
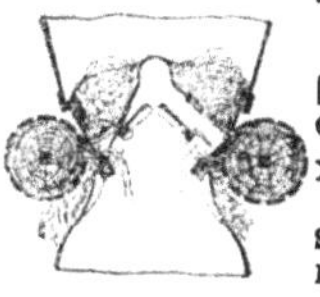
[Baumwoll-]Entkörnungsmaschine (f), Egreniermaschine (f)
[cotton] gin
égreneuse (f) [de coton]
хлопко-зерноотдѣлительная машина (жр), джин (мр)
sgranatrice (f) [di cottone]
máquina (f) de despepitar [el algodón], despepitadora (f)

Walzenentkörnungsmaschine (f)
1 roller gin
égreneuse (f) à cylindres
валовой джин (мр)
sgranatrice (f) a cilindri
despepitadora (f) de cilindros

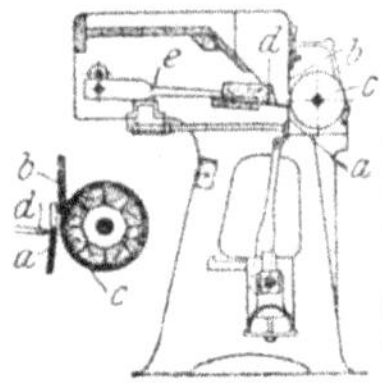

Messerentkörnungsmaschine (f), Plattenentkörnungsmaschine (f), Macarthysche Entkörnungsmaschine (f)
2 Macarthy gin
égreneuse (f) Macarthy
ножевой джин (мр), макарти-джин (мр)
sgranatrice (f) Macarthy
máquina (f) de despepitar Macarthy

---

schwingende Schiene (f), schwingendes Messer (n), Egrenierplatte (f), Schlagmesser (n)
beater blade *or* knife
couteau-batteur (m)
3 a качающаяся шина (жр), качающійся нож (мр), ракля (жр), ударный нож (мр)
lamina (f) *o* coltello (m) oscillante
cuchillo-batidor (m)

---

feststehende Schiene (f) *oder* Platte (f)
fixed knife, doctor knife
couteau (m) fixe
4 b закрѣпленная неподвижная шина (жр) *или* пластинка (жр)
lamina (f) fissa
cuchillo (m) fijo

Lederwalze (f) mit rauhen Nutenkanten
leather roller with rough grooves
rouleau (m) de cuir à rainures rugueuses
5 c кожанный рифленный вал (мр)
cilindro (m) di cuoio con scanalatura ruvida
cilindro (m) de cuero acanalado

Rost (m), Rechen (m)
[seed] grid, grate
grille (f)
6 d колосниковая рѣшетка (жр), грабли (жр)
griglia (f), rastrello (m)
rejilla (f), emparrillado (m)

Pleuel (m)
connecting rod
bielle (f)
7 e шатун (мр)
biella (f)
biela (f)

---

doppelter Entkörner (m), Doppelwalzenentkörnungsmaschine (f)
8 double [roller] gin
égreneuse (f) double
двойной джин (мр), двухвальный джин (мр)
sgranatrice (f) bicilindrica
desgranadora (f) doble

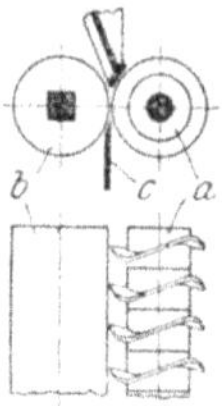

Messerwalzenentkörnungsmaschine (f)
knife roller gin
égreneuse (f) à cylindres aux couteaux hélicoïdaux
комбинированный джин (мр) (джин (мр) с валом, снабженным ножами) 9
sgranatrice (f) a cilindri a coltelli elicoidali
desgranadora (f) de cilindros con cuchillos helicoidales

Walze (f) mit schraubenförmigen Messerscheiben
roller with helical blades
cylindre (m) aux couteaux hélicoïdaux
a вал (мр) со спиральными ножами 10
cilindro (m) a coltelli *od* a lame elicoidali
cilindro (m) con cuchillos helicoidales

---

mit rauhem Leder bezogene Walze (f)
rough leather roller
cylindre (m) en buffle
b вал (мр) обтянутый надранной (шершавой) кожей 11
cilindro (m) rivestito con cuoio ruvido
cilindro (m) revestido de cuero áspero

---

einstellbares Messer (n)
adjustable doctor knife
couteau (m) réglable
c устанавливающійся нож (мр) 12
coltello (m) *o* lama (f) regolabile
cuchillo (m) reglable

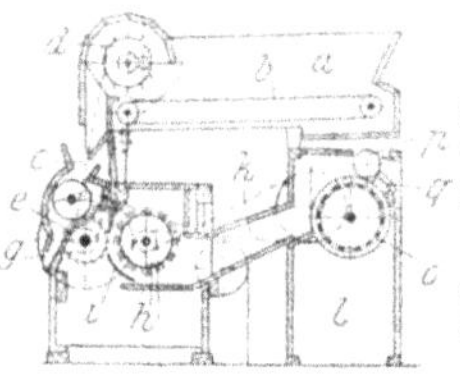

Sägeentkörnungsmaschine (f), Sägeegreniermaschine (f)
saw gin
égreneuse (f) à scies
пилообразный джин (мр), пиловой джин (мр) 13
sgranatrice (f) a seghe
desgranadora (f) de sierras

Schüttkasten (m), Schüttrumpf (m)
feed box
boîte (f) de chargement
a пріемник (мр), питательный ящик (мр) 14
tramoggia (f) *o* cassa (f) di caricamento
tolva (f) de entrada

Lattentisch (m)
feed lattice
tablier (m) d'alimentation
b безконечная питательная рѣшетка (жр), самотас (жр) 15
tavola (f) di alimentazione
mesa (f) de alimentación

Schü[t]ttrichter (m)
breast box
trémie (f) *ou* entonnoir (m) alimentaire
c загрузочная воронка (жр) 16
tramoggia (f) di alimentazione
tolva (f) *o* caja (f) de alimentación

1 d
Schlagtrommel (f)
beating roller, breast roller
tambour (m) de battage
барабан (мр) для била
tamburo (m) sbattitore
cilindro (m) batidor

2 e
Samenrost (m)
seed grid *or* grate
grille (f) à graines
рѣшетка (жр) для сѣмян
gratella (f) per il seme
rejilla (f) *o* emparrillado (m) para la semilla

3 g
Kreissägeblatt (n)
circular saw blade
lame (f) de scie circulaire
круглая пила (жр)
lama (f) da sega circolare
hoja (f) de sierra circular

4 h
[umlaufende] Bürstenwalze (f)
revolving brush [roller]
brosse (f) circulaire
вращающійся щеточный вал (мр)
spazzola (f) cilindrica girevole
cepillo (m) giratorio

5
Luftstrom (m)
air current
courant (m) d'air
струя (жр) воздуха
corrente (f) d'aria
corriente (f) de aire

6 i
Abschlußblech (n), Leitblech (n)
guide plate
tôle (f) de guide
направляющій лист (мр)
lamiera (f) di guida
chapa (f) directriz

7 k
Kanal (m)
passage
conduit (m), canal (m)
канал (мр)
canale (m)
canal (m), conducto (m)

8
Kammer (f)
chamber
chambre (f)
камера (жр)
camera (f)
cámara (f)

9
Kondensor (m)
condenser
condenseur (m)
конденсор (мр)
condensatore (m)
condensador (m)

10 o
Siebtrommel (f)
revolving cage
tambour (m) à crible métallique
грохота (жр), рѣшетчатый барабан (мр)
tamburo (m) crivellatore
tambor (m) cribado

11 p
Preßwalze (f)
press roller
cylindre (m) de pression
нажимной вал (мр), пресс-вал (мр)
cilindro (m) di pressione
cilindro (m) prensador *o* de presión

q 12
Abstreicher (m)
stripper
racloir (m)
скребок (мр)
rastiatore (m)
desprendedor (m)

13
Baumwollsamenöl (m), Niggeröl (n)
cotton seed oil
huile (f) de coton
хлопковое масло (ср)
olio (m) di cotone
aceite (m) de semilla[s] de algodón

14
Baumwollsamenöl-erzeugung (f)
cotton seed oil manufacture
fabrication (f) d'huile de coton
производство (ср) хлопковаго масла
fabbricazione (f) d'olio di cotone
fabricación (f) del aceite de semilla[s] de algodón

15
Baumwollsamenschälmaschine (f)
cotton seed peeling machine
broyeuse (f) à graine de coton
хлопко-сѣмяно-обдирочная машина (жр)
mondatrice (f) per semi di cotone
desgranadora (f) para semillas de algodón

16
Ölmühle (f)
oil mill
huilerie (f)
маслобойный завод (мр), маслобойня (жр)
oleificio (m)
molino (m) de aceite

17
den Samen zerquetschen
to crush the seed
broyer *ou* écraser les graines
раздавливать сѣмя (ср)
triturare il seme
triturar la semilla

18
Baumwollsamenölkuchen (m)
cotton seed cake
tourteau (m) de graine de coton
жмых (мр)
panello (m) di seme di cotone
torta (f) de semillas de algodón

19
d) Verpacken (n) *oder* **Packen (n) der Baumwolle**
Packing [of] the Cotton
Emballage (m) du coton
Упаковка (жр) хлопка
Imballaggio (m) del cotone
Embalado (m) del algodón

20
die Baumwolle verpacken
to pack the cotton
emballer le coton
упаковывать хлопок (мр)
imballare il cotone
embalar el algodón

21
Baumwollager (n)
cotton store
magasin (m) à coton
склад (мр) хлопка
magazzino (m) o deposito (m) di cotone
almacén (m) de algodón

22
Pressen (n) der Baumwolle
pressing [of] the cotton
pressage (m) du coton
прессовка (жр) хлопка
[com-]pressione (f) del cotone
prensado (m) del algodón

23
die Baumwolle (f) pressen
to press the cotton
presser le coton
прессовать хлопок (мр)
pressare il cottone
prensar el algodón

1 Baumwollpreßanlage (f)
cotton baling plant
installation (f) pour mise en balles du coton
хлопко-прессовочная (жр)
impianto (m) per pressare il cotone
instalación (f) de embalado del algodón

2 Ballenpresse (f) *oder* Baumwollpresse (f) für seemäßige Ballen
cotton sea-press, cotton baling press for conveyance by sea
presse (f) à coton pour le transport maritime, presse pour balles de mer
упаковочный пресс (мр) для хлопка, кипной пресс (мр), пресс для морской упаковки
pressa-cotone (m) per il confezionamento in balle a tenuta di mare
prensa (f) de embalar algodón para el transporte marítimo

3 Baumwollpresse (f) für Landballen
cotton press for country bales
presse (f) à coton pour expédition dans l'intérieur
упаковочный пресс (мр) для мѣстнаго транспорта
pressa-cotone (m) per trasporto terrestre
prensa (f) de embalar algodón para viaje por tierra

4 Kniehebelpresse (f)
toggle lever press
presse (f) à genouillère
пресс (мр) с колѣнным рычагом
pressa (f) a ginocchio
prensa (f) de palancas acodadas

5 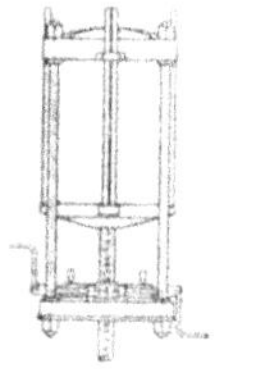
Schraubenspindelpresse (f) Spindelpresse (f)
screw press
presse (f) à vis
винтовой пресс (мр)
pressa (f) a vite
prensa (f) de tornillo *o* de husillo

6 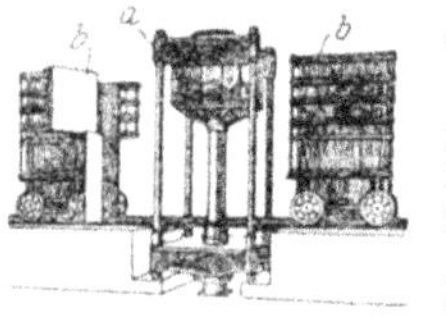

durch Wasserkraft betriebene [*oder* hydraulische] Presse (f)
hydraulic press
presse (f) hydraulique
гидравлическій пресс (мр)
pressa (f) idraulica
prensa (f) hidráulica

a

b fahrbarer Füllkasten (m)
portable press box
compartiment (m) d'alimentation sur rail
передвижной прессовальный ящик (мр)
cassone (m) di pressa trasportabile
caja (f) de prensar móvil

8 zerlegbarer Füllkasten (m)
press box that can be taken to pieces
compartiment (m) d'alimentation démontable
разборный прессовальный ящик (мр)
cassone (m) di pressa smontabile
caja (f) de prensa desmontable

9 Pumpwerk (n), Pumpenanlage (f)
pumping plant
installation (f) de pompe[s]
насосная станція (жр)
impianto (m) di pompe
instalación (f) de bombas

10 Preßzylinder (m)
press cylinder
cylindre (m) de pression
цилиндр (мр) пресса
cilindro (m) di pressione
cilindro (m) de presión

Preßkolben (m)
press piston, ram
piston (m) de pression
поршень (мр) пресса, пистон (мр)
stantuffo (m) premente 11
émbolo (m) de presión

Preßwasser (n)
pressure water
eau (f) sous pression
вода (жр) под давленіем
acqua (f) sotto pressione 12
agua (f) a presión

Akkumulator (m), Wasserspeicher (m), Druckspeicher (m), Aufspeicherer (m)
accumulator
accumulateur (m)
аккумулятор (мр)
accumulatore (m) 13
acumulador (m)

Drehbühne (f)
revolving platform
plaque (f) tournante
поворотная платформа (жр)
piattaforma (f) *o* palco (m) girevole 14
placa (f) *o* plataforma (f) giratoria

Füllschacht (m)
feed box
boîte (f) d'alimentation
загрузочная коробка (жр), (питательный ящик (мр)
tramoggia (f) di caricamento *o* di ripieno 15
caja (f) de alimentación

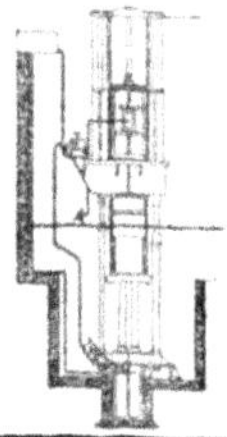
Dampfpresse (f)
steam press
presse (f) à vapeur 16
паровой пресс (мр)
pressa (f) a vapore
prensa (f) de vapor

Packtuch (n), Packleinwand (f), Rupfen (m), Rapper (m)
bagging, canvas, wrapper, gunny bag
toile (f) d'emballage *ou* d'enveloppe, entoilage (m)
упаковочная *или* оберточная дерюга (жр) *или* ткань (жр), равендук (мр), обертка (жр) 17
tela (f) d'imball[aggi]o, terzone (m)
tela (f) de embalaje, [h]arpillera (f)

Jutepacktuch (n)
jute bagging
entoilage (m) en jute, toile (f) de jute
джутовая дерюга (жр)
tela (f) juta d'imballaggio 18
tela (f) de yute

Eisenband (n), Eisenreifen (m)
iron tie *or* hoop
bande (f) en fer
желѣзный обруч (мр), желѣзная обвязка (жр)
cerchio (m) di ferro 19
aro (m) *o* cerco (m) de hierro

halb gepreßter Ballen (m)
semi-pressed bale
balle (f) demi-pressée
полупрессованная кипа (жр)
balla (f) mezzo pressata 20
bala (f) semiprensada

Vorpressung (f)
preparatory pressing
pressage (m) préparatoire
предварительная прессовка (жр)
pressata (f) iniziale 21
prensado (m) preliminar *o* preparatorio

Landballen (m)
country bale
balle (f) pour l'intérieur
гужевая кипа (жр)
balla (f) per trasporto terrestre 22
bala (f) para el transporte terrestre

Pflanzungsballen (m), Pflanzerballen (m)
planter's bale
balle (f) des planteurs
плантажная кипа (жр)
balla (f) della piantagione 23
bala (f) de plantador

1 fertig gepreßter Ballen (m)
[com]pressed bale
balle (f) pressée
окончательно спрессованная кипа (жр), запрессованная кипа (жр), готовая кипа (жр)
balla (f) pressata
bala (f) prensada

2 Nachpressen (n), Nachpressung (f)
finishing pressing
pressage (m) définitif
дополнительная прессовка (жр), допрессовка (жр)
pressata (f) finale *o* definitiva
prensado (m) final *o* definitivo

3 Ballenform (f)
shape of bale
forme (f) de la balle
форма (жр) кипы
formato (m) della balla
forma (f) de la bala

4 
rechteckiger *oder* eckiger Ballen
square bale
balle (f) carrée
прямоугольная кипа (жр)
balla (f) parallelepipeda
bala (f) cuadrangular

5 
Rundballen (m)
round bale
balle (f) ronde
круглая кипа (жр)
balla (f) [ro]tonda
bala (f) redonda

6 die Rundballen (m pl) abwickeln *oder* ablaufen lassen
to run off the round bales
dérouler les balles rondes
развертывать круглыя кипы
disfare *o* sfasciare le balle [ro]tonde
desarrollar *o* deshacer las balas redondas

7 Swenson-Ballen (m)
Swenson bale
balle (f) Swenson
кипа (жр) системы Свенсона
balla (f) Swenson
bala (f) Swenson

8 Lowry-Ballen (m)
Lowry bale
balle (f) Lowry
кипы системы Лори
balla (f) Lowry
bala (f) Lowry

9 Reagan-Ballen (m)
Reagan bale
balle (f) Reagan
кипы системы Риганъ
balla (f) Reagan
bala (f) Reagan

10 schadhafter [*oder* defekter] Ballen (m)
faulty *or* defective bale
balle (f) défectueuse
поврежденная *или* попорченная кипа (жр)
balla (f) sciupata *o* difettosa
bala (f) defectuosa

11 den Ballen flicken
to mend the bale
refaire *ou* rapiécer la balle
починять кипу
rammendare *o* rattoppare la balla
reparar *o* rehacer *o* enmendar la bala

12 Ballen (m) ohne Marke
no mark bale, unmarked bale
balle (f) non marquée *ou* sans marque
кипа (жр) без марки *или* клейма
balla (f) senza marca
bala (f) sin marca

13 Einpressen (n) der Ballen in den Verladeraum mittels Schraubenwinden
screwing the bales into the hold
pressage (m) des balles dans la cale au moyen de presses à vis
вдавливаніе (ср) кип в трюм винтовым прессом
stivaggio (m) delle balle a mezzo di martinetti a vite
prensadura (m) de las balas en la bodega por medio de prensas de tornillo

e) Physik (f) und Chemie (f) der Baumwollfaser
Физика (жр) и химія (жр) хлопчатобумажнаго волокна

14 **Physical and Chemical Properties of Cotton Fibre**
Propriétés (f pl) physiques et chimiques de la fibre de coton
Proprietà (f pl) fisiche e chimiche della fibra di cotone
Propiedades (f pl) fisico-quimicas de las fibras de algodón

15 
Baumwollfaser (f)
cotton fibre
fibre (f) de coton
хлопчатобумажное *или* хлопковое волокно (ср)
fibra (f) di cotone
fibra (f) de algodón

16 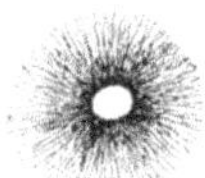
Samenfaser (f), Samenhaar (n)
seed fibre, seed hair
fibre (f) extraite de la graine, filament (m) extrait de la graine
сѣмянной волос (мр)
fibra (f) *o* pelo (m) di semi
fibra (f) *o* pelo (m) de la semilla

17 Farbe (f) der Faser, Faser[stoff]farbe (f), Faserfärbung (f)
colour of the fibre
couleur (f) de la fibre
цвѣт (мр) волокна, окраска (жр) волокна, цвѣт (мр) волокнистаго вещества
colore (m) *o* colorazione (f) della fibra
color (m) de la fibra

18 Farbstoff (m) [*oder* Farbsubstanz (f)] der Faser
colouring matter in the fibre
matière (f) colorante de la fibre
красящее вещество (ср) волокна
materia (f) *o* sostanza (f) colorante della fibra
materia (f) colorante de la fibra

19 weißlich
whitish
blanchâtre
бѣловатый
biancastro, bianchiccio
blanquecino

20 gelblich
yellowish
jaunâtre
жёлтоватый
giallastro
amarillento

21 grauweiß
grayish white
gris-blanc
сѣроватый
bianco-grigiastro
gris-claro

22 gelblichweiß
creamy
crème
кремовый
di colore crema
de color crema

23 braungelb
brownish yellow
jaune-brun
темно-желтый, буроватый
di color avana
amarillo-oscuro

24 braunrot
brownish red
rouge-brun
буро-красный
bruno-chiaro, rossobruno
rojo-oscuro

No.		
1	rostrot rusty red de couleur de rouille	ржавый, ржаво-красный rossiccio di ruggine rojo de herrumbre
2	mikroskopische Untersuchung (f) research with the microscope examen (m) au microscope	микроскопическое изслѣдованіе (ср) esame (m) microscopico examen (m) microscópico
3	Aufbau (m) [*oder* Struktur (f)] der Baumwollfaser structure of the cotton fibre structure (f) de la fibre de coton	строеніе (ср) хлопковаго волокна struttura (f) della fibra di cotone estructura (f) de la fibra de algodón
4	korkzieherartige *oder* schraubenförmige Windung (f) der Faser helical *or* corkscrew twist of the fibre torsion (f) en tire-bouchon de la fibre	скрученность (жр) волокна, спиральная завитость (жр) волокна torsione (f) elicoidale della fibra torsión (f) helicoidal de la fibra
5	Lichtdurchlässigkeit (f), [Transparenz (f)] transparency transparence (f)	прозрачность (жр), свѣтопроницаемость (жр) trasparenza (f) transparencia (f)
6	Oberhaut (f) der Faser, Kutikula (f) cuticula, outer covering of the fibre épiderme (m) *ou* cuticule (f) de la fibre	верхній покров (мр) волокна, кутикула (жр) cuticola (f) della fibra cutícula (f) de la fibra
7	Baumwollwachs (n) cotton wax cire (f) du coton	хлопковый воск (мр) cera (f) del cotone cera (f) del algodón
8	Fettstoff (m), [Fettsubstanz (f)] fatty substance substance (f) grasse	жировое вещество (ср), жир (мр) sostanza (f) *o* materia (f) grassa su[b]stancia (f) grasa
9	Fettgehalt (m) proportion *or* percentage of fat teneur (f) en graisse	содержаніе (ср) жира contenuto (m) di grasso, tenore (m) grasso contenido (m) en grasa, proporción (f) de grasa
10	länglichrunder [*oder* elliptischer] Querschnitt (m) elliptic cross section section (f) élliptique	эллиптическое поперечное сѣченіе (ср) sezione (f) elittica, taglio (m) elittico corte (m) transversal elíptico
11	nierenförmiger Querschnitt (m) kidney-shaped cross section section (f) réniforme	почкообразное поперечное сѣченіе (ср) sezione (f) *o* taglio (m) reniforme corte (m) transversal reniforme
12	kreisförmiger Querschnitt (m) circular cross section section (f) circulaire	круглое поперечное сѣченіе (ср) sezione (f) *o* taglio (m) circolare corte (m) transversal circular

		No.
dünne Zellwand (f) thin cell wall paroi (f) cellulaire mince	тонкая стѣнка (жр) клѣтки membrana (f) sottile della cellula pared (f) delgada de la célula	13
breites Lumen (n), breiter Zellkanal (m) broad lumen large canal (m) cellulaire *ou* lumen (m)	широкій просвѣт (мр) поперечнаго сѣченія канальца canale (m) largo cellolare luz (f) ancha, lumen (m) ancho	14
Portoplasma (n) protoplasm protroplasma (m)	протоплазма (жр) protoplasma (m) protoplasma (m)	15
chemische Zusammensetzung (f) der Baumwollfaser chemical composition of the cotton fibre composition (f) chimique de la fibre de coton	химическій состав (мр) хлопковаго волокна composizione (f) chimica della fibra di cotone composición (f) química de la fibra de algodón	16
unverholzte Faser (f) fibre free from lignin[e] *or* not lignified fibre (f) sans lignine	неодеревенѣвшее волокно (ср) fibra (f) non lignificata fibra (f) no lignificada *o* sin lignina	17
$C_6 H_{10} O_5$	Zellstoff (m), [Zellulose (f)] cellulose cellulose (f) целлулоза (жр) cellulosa (f) celulosa (f)	18
Baumwollzellstoff (m) cotton cellulose cellulose (f) de coton	хлопковая целлулоза (жр) cellulosa (f) di cotone celulosa (f) de algodón	19
C	Kohlenstoff (m) carbon carbon (m) углерод (мр) carbonio (m) carbono (m)	20
H	Wasserstoff (m) hydrogen hydrogène (f) водород (мр) idrogeno (m) hidrógeno (m)	21
O	Sauerstoff (m) oxygen oxygène (m) кислород (мр) ossigeno (m) oxígeno (m)	22
Beimengungen (fpl) admixtures additions (fpl)	примѣси (жр) aggiunte (fpl) añadiduras (fpl), agregaciones (fpl)	23
Eiweiß (n) albumen albumine (m)	бѣлок (мр), бѣлковое вещество (ср) albume (m), albumina (f) albúmina (f)	24

1 Pektin (n)
pectin[e]
pectine (f)
растительный желатин (мр), пектин (мр)
pectina (f)
pectina (f)

---

2 mineralischer Bestandteil (m)
mineral constituent *or* ingredient
constituant (m) minéral
минеральная составная часть (жр)
componente (m) minerale
componente (m) mineral

---

3 H_2O
Wasser (n)
water
eau (f)
вода (жр)
acqua (f)
agua (f)

---

4 Asche (f)
ash
cendre (f)
зола (жр), пепел (мр)
cenere (f)
ceniza (f)

---

5 K_2CO_3
Pottasche (f), kohlensaures Kali (n), Kaliumkarbonat (n)
potash, carbonate of potassium
carbonate (m) de potasse
углокислый калій (мр)
carbonato (m) di potassa *o* potassico, potassa (f)
carbonato (m) potásico *o* de potasa

---

6 $KClO_3$
chlorsaures Kali (n), Kaliumchlorat (n)
potassium chlorate
chlorate (m) de potasse
хлорно-кислый калій (мр)
clorato (m) di potassa
clorato (m) potásico *o* de potasa

---

7 K_2SO_4
schwefelsaures Kali (n), Kaliumsulfat (n)
sulphate of potassium
sulfate (m) de potasse
сѣрно-кислый калій (мр)
solfato (m) potassico *o* di potassa
sulfato (m) potásico *o* de potasa

---

8 Na_2CO_3
Soda (f), kohlensaures Natron (n), Natriumkarbonat (n)
soda, carbonate of sodium
soude (f), carbonate (m) neutre de sodium
сода (жр), углекислый натрій (мр)
soda (f), carbonato (m) di soda
sosa (f), carbonato (m) sódico *o* de sodio

---

9 $Mg_3(PO_4)_2$
phosphorsaure Magnesia (f), Magnesiumphosphat (n)
phosphate of magnesium
phosphate (m) de magnésie
фосфорнокислый магній (мр)
fosfato (m) magnesiaco
fosfato (m) magnésico *o* de magnesia

---

10 $MgCO_3$
kohlensaure Magnesia (f), Magnesiumkarbonat (n)
carbonate of magnesium
carbonate (m) de magnésie
углекислый магній (мр)
carbonato (m) magnesiaco
carbonato (m) magnésico *o* de magnesia

---

11 Fe_2O_3
Eisenoxyd (n)
oxide of iron
oxyde (m) ferrique
окись (жр) желѣза
ossido (m) di ferro
óxido (m) de hierro

---

12 Al_2O_3
Tonerde (f), Aluminiumoxyd (n)
alumina
alumine (f)
глина (жр), окись (жр) алуминія, глинозему
ossido (m) d'alluminio, allumina (f)
alúmina (f), óxido (m) de aluminio

---

13 N
Stickstoff (m)
nitrogen
azote (m)
азот (мр)
nitrogeno (m), azoto (m)
nitrógeno (m), ázoe (m)

---

14 $Cu(OH)_2 \cdot 4NH_3$
Kupferoxydammoniak (n)
ammoniacal copper oxide
oxyde (m) de cuivre ammoniacal, ammoniure (f) de cuivre
мѣднокислый аммоній (мр)
ossido (m) di rame ammoniacale, ammoniuro (m) di rame
óxido (m) cupro-amoniacal

---

15 Kupferoxydammoniakprobe (f)
ammoniacal copper oxide test
essai (m) à l'oxyde de cuivre ammoniacal
реакція (жр) *или* проба (жр) на мѣднокислом аммоніи
prova (f) all'ossido di rame ammoniacale
ensayo (m) al óxido cuproamoniacal

---

16 
Tonnenbild (n)
barrel-shaped swelling of the fibre
gonflement (m) de la fibre en chapelet
скручиваніе (ср)
rigonfiature (f pl)
hinchamiento (m) de la fibra en forma de cinturón

---

17 Chlor-Zink-Jod (n) und Jod-Glyzerin-Schwefelsäure (f) färben blau bis violett
chlorine-zinc-iodine and iodine-glycerol-sulfuric acid colour blue to violet
chlore-zinc-iode et iode-glycérine-acide sulfurique donnent une teinte bleu-violet
раствор (мр) хлорцинкіода окрашивает волокно (ср) в цвѣта от голубого до фіолетоваго
cloro-zinco-iodio e iodio-glicerina-acido solforico tingono dal blu fino al viola
cloro-cinc-yodo y yodo-glicerina-ácido sulfúrico dan una coloración de azul a violeta

---

18 Verbrennungsprobe (f)
burning test
essai (m) au feu
реакція (жр) на сжиганіе
prova (f) alla combustione
prueba (f) o ensayo (m) por combustión

---

19 Fasergemisch (n)
mixed fibres
mélange (m) de fibres
смѣсь (жр) волокон
mescolanza (f) *o* mischia di fibre
mezcla (f) de fibras

---

20 Unterscheidung (f) der Baumwollfaser von anderen Fasern
distinguishing the cotton fibre from other fibres
distinction (f) de la fibre de coton des autres fibres
распознованіе (ср) хлопковых волокон
distinzione (f) della fibra di cotone dalle altre fibre
distinción (f) de la fibra de algodón de otras fibras

1	Baumwollgehalt (m), Gehalt (m) an Baumwolle percentage of cotton teneur (f) en coton	содержаніе (ср) хлопка tenore (m) in cotone, contenuto (m) di cotone contenido (m) de algodón
2	Ölprobe (f) oil test essai (m) à l'huile	испытаніе (ср) масломъ, масляная реакція (жр) prova (f) all'olio ensayo (m) *o* prueba (f) al aceite
3	Selbstentzündbarkeit (f) der Baumwolle liability of the cotton to spontaneous combustion inflammabilité (f) spontanée du coton	самовозгораніе (ср) хлопка auto-infiammabilità (f) del cotone inflamabilidad (f) *o* ignición (f) espontánea del algodón
4	Veredlung (f) der Baumwollfaser improvement of the cotton fibre amélioration (f) de la fibre de coton	облагораживаніе (ср) *или* отдѣлка (жр) хлопковых волокон raffinatura (f) della fibra di cotone mejoramiento (m) de la fibra de algodón
5	Mercerisieren (n), Mercerisation (f), Mercerisierung (f) mercerizing mercerisage (m)	мерсеризація (жр) mercerizzazione (f) mercerización (f)
6	mercerisieren (va) to mercerize (va) merceriser (va)	мерсеризировать mercerizzare (va) mercerizar (va)
7	die Baumwolle in angereicherter [*oder* konzentrierter] Natronlauge behandeln to treat the cotton with concentrated caustic soda traiter le coton à la soude caustique concentrée	обрабатывать хлопок (мр) крѣпким раствором ѣдкаго натра trattare il cotone nella lisciva concentrata di soda caustica tratar el algodón con sosa cáustica concentrada
8	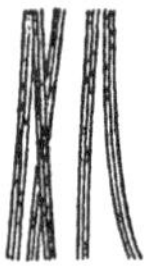	mercerisierte Baumwolle (f) mercerized cotton coton (m) mercerisé мерсеризированный хлопок (мр) cotone (m) mercerizzato algodón (m) mercerizado
9	Aufquellen (n) der Faser swelling of the fibre gonflement (m) de la fibre	разбуханіе (ср) волокон gonfiamento (m) *o* enfiagione (f) della fibra hinchazón (f) de la fibra
10	Verdickung (f) der Zellwände thickening of the cell walls épaississement (m) des parois des cellules	утолщеніе (ср) стѣнок клѣтки inspessamento (m) delle pareti cellulari engruesamiento (m) *o* espesamiento (m) de las paredes de las células
11	zusammenschrumpfen (vn) to shrink (vn) rétrécir (vn)	сокращаться, сморщиваться, сжиматься contrarsi (vr) contraerse (vr), encogerse (vr)
12	Längenschrumpfung (f) shrinkage in length rétrécissement (m) en longueur, contraction (f) longitudinale	усадка (жр) по длинѣ contrazione (f) longitudinale contracción (f) longitudinal
13	Runzeligwerden (n) der Faser wrinkling of the fibre ridement (m) de la fibre	волокно (ср) становится морщинистым raggrinzamento (m) della fibra arrugamiento (m) de la fibra
14	Seidenglanz (m), seidiger *oder* seidenartiger Glanz (m) silky lustre brillant (m) *ou* lustre (m) soyeux	шелковистый блеск (мр) lucido (m) setaceo, lucentezza (f) pari alla seta lustre (m) sedoso
15	$C_{12}H_{14}(NO_3)_6O_4$	Schießbaumwolle (f), Kollodiumwolle (f) Nitrozellulose (f), Pyroxylin (n), Zellulosehexanitrat (n) guncotton, nitrocellulose, hexanitrated cellulose coton-poudre (m), nitrocellulose (f) хлопчатобумажный порох (мр), нитро-целлулоза (жр), пироксилин (мр) nitrocellulosa (f), fulmicotone (m), pirossilina (f) algodón pólvora (m), nitrocelulosa (f)
16	HNO_3	angereicherte [*oder* konzentrierte] Salpetersäure (f) concentrated nitric acid acide (m) nitrique concentré крѣпкая *или* концентрированная азотная кислота (жр) acido (m) nitrico concentrato ácido (m) nítrico concentrato
17	Sprengkraft (f) [*oder* Explosivkraft (f)] der Schießbaumwolle explosive power of guncotton puissance (f) explosive du coton-poudre	взрывательная сила (жр) *или* баллистическое свойство (ср) пироксилина forza (f) esplosiva del fulmicotone poder (m) explosivo *o* potencia (f) explosiva del algodón pólvora
18	in Äther lösliche Schießbaumwolle (f) guncotton soluble in ether coton-poudre (m) soluble dans l'éther	пироксилин (мр) растворимый в эфирѣ fulmicotone (m) solubile nell'etere algodón-pólvora (m) soluble en el éter
19	Denitrieren (n), Entziehen (n) des Stickstoffes denitration, freeing from nitrogen [compounds] dénitrage (m)	удаленіе (ср) азота, денитрація (жр) separazione (f) *o* estrazione (f) del nitrogeno *o* dell'azoto desnitratación (f)
20	künstliche Seide (f) artificial silk soie (f) artificielle	искусственный шёлк (мр) seta (f) artificiale seda (f) artificial

1 **f) Konditionieren (n) der Baumwolle, Untersuchung (f) der Baumwolle auf Feuchtigkeit**
Conditioning of Cotton
Conditionnement (m) du coton
Кондиціонированіе (ср) хлопка (опредѣленіе (ср) влажности)
Condizionatura (f) del cotone
Acondicionamiento(m) del algodón

2 die Baumwolle konditionieren *oder* auf ihren Feuchtigkeitsgehalt untersuchen
to test the cotton for moisture, to condition the cotton
conditionner le coton
опредѣлять влажность (жр) хлопка, кондиціонировать
ricercare il tenore di umidità del cotone, condizionare il cotone
examinar la humedad del algodón, acondicionar el algodón

3 Konditionieranstalt (f)
testing chamber, conditioning house
[établissement (m) de] conditionnement (m), condition (f)
кондиціонный кабинет (мр) *или* камера (жр)
[locale (m) di] condizionatura (f)
instituto (m) de acondicionar *o* de acondicionamiento

4 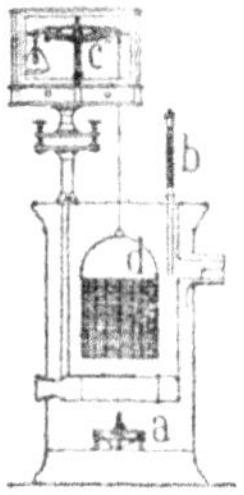

Konditioniervorrichtung (f), Feuchtigkeitsprüfer (m)
testing oven for moisture
dessiccateur (m), appareil (m) à conditionner
кондиціонный аппарат (мр), аппарат (мр) для опредѣленія влажности
apparecchio (m) di condizionatura
aparato (m) de acondicionar, estufa (f) de acondicionamiento

5 a
Spiritusbrenner (m)
spirit lamp
lampe (f) à alcool
спиртовая горѣлка (жр)
lampada (f) a spirito, fornello (m) ad alcool
lámpara (f) de alcohol

6 b
Quecksilberthermometer (n)
mercury thermometer
thermomètre (m) à mercure
ртутный термометр (мр)
termometro (m) a mercurio
termómetro (m) de mercurio

7 c
Präzisionswage (f), Feinwage (f)
precision balance
balance (f) de précision
чувствительные вѣсы (мр) аналитическіе вѣсы (мр),
bilancia (f) di precisione
balanza (f) de precisión

8 d
Drahtkorb (m)
wire basket
panier (m) en fil de fer
проволочная корзинка (жр) *или* сѣтка (жр)
cesta (f) di rete metallica
cesta (f) de alambre

9 absolutes *oder* wirkliches Trockengewicht (n)
absolute dry weight
poids (m) sec absolu
вѣс (мр) абсолютно сухого вещества
peso (m) secco assoluto
peso (m) absoluto de la fibra seca

zulässiger Feuchtigkeitsgehalt (m) *oder* Wassergehalt (m), Normalfeuchtigkeit (f), Reprise (f)
normal amount of moisture, amount of moisture allowed, regain [standard]
humidité (f) normale, teneur (f) en humidité légale, reprise (f)
допустимое содержаніе (ср) влажности
umidità (f) normale, tenore (m) d'acqua *o* di umidità ammissibile 10
humedad (f) normal, cantidad (f) legal de humedad *o* de agua, reprise (f)

g) Baumwollhandel (m)
Cotton Trade
Commerce (m) du coton
Торговля (жр) хлопком
Commercio (m) del cotone 11
Comercio (m) del algodón

α) Handel (m) und Verfrachtung (f)
Commerce and Shipping
Commerce (m) et transport (m)
Торговля (жр) и погрузка (жр)
Commercio (m) e spedizione (f) 12
Comercio (m) y transporte (m)

Handelsbaumwolle (f)
commercial cotton
coton (m) commercial
хлопок (мр) для торговли, для рынка, для продажи
cotone (m) mercantile *o* commerciabile 13
algodón (m) comercial

Baumwollmarkt (m)
cotton market
marché (m) du coton
хлопковый рынок (мр)
mercato (m) del cotone 14
mercado (m) de algodón

feuchte Baumwolle (f)
damp *or* wet cotton
coton (m) humide
влажный хлопок (мр), сырой хлопок (мр)
cotone (m) umido 15
algodón (m) húmedo

seebeschädigte *oder* wasserbeschädigte Baumwolle (f)
sea-damaged cotton
coton (m) avarié par l'eau de mer
попорченный аваріей *или* подмоченный хлопок (мр)
cotone (m) avariato dall'acqua di mare 16
algodón (m) averiado por el agua de mar

Seebeschädigung (f), Seeschaden (m)
sea damage
avarie (f) de mer
поврежденіе (ср) аваріей 17
avaria (f) marittima
avería (f) marítima

Landschaden (m), Landbeschädigung (f)
country damage
avarie (f) de terre
поврежденіе (ср) при перевозкѣ гужем
avaria (f) terrestre 18
avería (f) terrestre

Berechnung (f) des Klassenunterschiedes *oder* der Klassendifferenz
fixing [of] the difference in grade
détermination (f) de la différence du classement
разсчет (мр) разницы по классам
stima (f) *o* computo (m) della differenza di classe 19
determinación (f) de la diferencia de calidad *o* de clase

unter Aufrechnung des Mehrwertes liefern (va)
to deliver (va) and charge (va) for overvalue
livrer (va) avec [mise en compte de la] valeur supérieure
доставить с зачетом излишней стоимости
consegnare (va) a computo dell'eccedenza del valore 20
suministrar (va) facturando el aumento del valor

1	die Baumwolle bei Güteminderung *oder* Qualitätsabfall nach dem Marktwerte annehmen *oder* akzeptieren to accept the cotton falling off in quality according to market value accepter le coton en cas de non-conformtié de qualité suivant le cours du marché	принять хлопок (мр) при пониженіи в качествѣ согласно существующей рыночной цѣнѣ accettare il cotone ammancante di qualità alla quotazione del mercato aceptar el algodón inferior al contratado según el valor de mercado
2	die Baumwolle mit einer Strafvergütung annehmen *oder* akzeptieren to accept the cotton against payment of a penalty accepter le coton contre le paiement d'une indemnité *ou* amende	принять хлопок (мр) с условіем уплаты пени accettare il cotone con una multa aceptar el algodón contra pago de una multa
3	beanstandeter Ballen (m), kondemnierter Ballen (m) condemned bale balle (f) condamnée	забракованная *или* опротестованная кипа (жр) balla (f) protestata bala (f) rehusada *o* desechada
4	Beanstandung (f), Reklamation (f) claim réclamation (f)	рекламація (жр), претензія (жр) reclamo (m) reclamación (f)
5	Empfangsverweigerung (f), Abnahmeverweigerung (f) refusal of acceptance refus (m) d'accepter	отказ (мр) в пріемкѣ rifiuto (m) d'accettazione negación (f) de aceptación, aceptación (f) rehusada
6	den Kaufvertrag regeln *oder* berichtigen [*oder* regulieren] to adjust the buying contract rectifier *ou* régulariser le contrat d'achat	исправить *или* урегулировать торговый договор (мр) rettificare *o* regolarizzare il contratto di compra-vendita corrigir *o* enmendar *o* rectificar el contrato de compraventa
7	Tarierung (f), Festsetzung (f) der Tara checking the tare détermination (f) de la tare	тарированіе (ср), взвѣшиваніе (ср) *или* установленіе (ср) тары computo (m) della tara fijación (f) de la tara
8	Tarierungskosten (fpl) cost of checking the tare coût (m) de la détermination de la tare	расходы (мр) по опредѣленію тары, расходы (мр) по тарированію spese (fpl) per determinare la tara gastos (mpl) de la fijación de la tara
9	Gegenwiegung (f), Gewichtskontrolle (f) checking [of] the weight vérification (f) du poids	повѣрка (жр) вѣса, перевѣшиваніе (ср) verifica (f) del peso, ripesatura (f) verificación (f) del peso, repeso (m)
10	cf *x* Prozent, Kost-Fracht *x* vom Hundert cf *x* per cent cf *x* pour cent	cf *x* процентов cf *x* per cento cf *x* por ciento
11	Reifengewicht (n) weight of hoops poids (m) des bandes	вѣс (мр) обручей peso (m) dei cerchi peso (m) de los cercos
12	Rupfengewicht (n) weight of wrappers poids (m) des toiles d'emballage	вѣс (мр) дерюги *или* равендука peso (m) delle tele d'imballo peso (m) de la tela de embalaje
13	Flicken (m), Fleck (m) patch pièce (f)	починка (жр), наложеніе (ср) заплаты, штопаніе (ср) rattoppo (m), rappezzo (m) remiendo m)
14	Mehrgewicht (n) der Verpackung, Mehrtara (f), Übertara (f) excess of tare excédent (m) de tare	излишек (мр) тары eccedenza (f) tara exceso (m) de tara, sobretara (f)
15	falsche Packung (f) false packing emballage (m) trompeur	невѣрная упаковка (жр) imballo (m) sbagliato embalaje (m) falso
16	umgepackter Ballen (m) repacked bale, repack, rebale balle (f) réemballée	перепакованная кипа (жр) balla (f) rifatta bala (f) reembalada
17	handelsüblich [*oder* usancemäßig] gepackter Ballen (m) merchantable bale balle (f) marchande	кипа (жр) упакованная обычным *или* стандартным способом balla (f) mercantile bala (f) corriente *o* de ley
18	wirkliches Gewicht (n) der Verpackung, reine [*oder* reelle] Tara (f), Netto-Tara (f) actual tare tare (f) actuelle	дѣйствительная тара (жр) tara (f) reale tara (f) efectiva *o* real
19	Vorreise (f) zu Wasser inland transit by water [in the country of origin] transit (m) par voie d'eau dans le pays d'origine	водный транспорт (мр) внутри производящей страны, подвозка (жр) водным путем transito (m) per via d'acqua nel paese d'origine transporte (m) fluvial en el país de origen
20	Eisenbahnrisiko (n) railway risk risque (m) de chemin de fer	желѣзнодорожный риск (мр) rischio (m) ferroviario riesgo (m) en el ferrocarril
21	Kairisiko (m), Quairisiko (n) quay risk risque (m) de quai	портовый *или* набережный риск (мр) rischio (m) di banchina riesgo (m) en el muelle
22	Versand (m) [*oder* Transport (m)] der Baumwolle cotton transport *or* shipping transport (m) du coton	отправка (жр) *или* транспорт (мр) хлопка, экспедиція (жр) хлопка trasporto (m) *o* spedizione (f) del cotone transporte (m) del algodón
23	Verfrachter (m), Spediteur (m), Speditionsgeschäft (f) shipping agency *or* firm agence (f) *ou* maison (f) d'expéditions	экспедитор (мр) экспедиціонная фирма (жр) casa (f) di spedizioni, spedizioniere (m), casa (f) speditrice casa (f) *o* agencia (f) de transportes

1	Platzkosten (pl), Platzspesen (pl) local expenses frais (m pl) locaux	мѣстныя издержки spese (f pl) locali *o* di piazza gastos (m pl) locales
2	Vergleichsmuster (n), feststehendes Muster (n), [Standard (m)] standard [sample] échantillon-type (m), standard (m)	стандарт (мр), установленный образец; нормальный образец (мр) tipo (m) ufficiale, campione (m) di controllo, campione-tipo (m) muestra-tipo (m), standard (m)
3	Untersuchung (f) auf Beschädigung examination for damage examen (m) pour avarie	изслѣдованіе (ср) поврежденій *или* порчи verifica (f) per [presunta] avaria examen (m) [a causa] de avería
4	Gewichtsverlust (m) loss in weight perte (f) en poids	потеря (жр) в вѣсѣ calo (m) *o* [am]manco (m) di peso pérdida (f) de peso
5	Wägung (f), Wiegen (n), Abwiegen (n) weighing pesage (m)	взвѣшиваніе (ср), отвѣшиваніе (ср) pesa[tura] (f) pesada (f)
6	Lieferung (f), Ablieferung (f) delivery livraison (f)	сдача (жр) consegna (f) entrega (f)
7	Kaientlöschungskosten (pl) wharfage droits (m) de quai, quayage (m)	расходы по выгрузкѣ на набережную spese (f pl) di sbarco muellaje (m), derechos (m pl) de muelle
8	Wert (m) zahlbar am Tag des Einkaufes value date of buying contract valeur (f) date d'achat	цѣна (жр) в день закупки valore (m) alla data d'acquisto valor (m) fecha del contrato de compra
9	Baumwollhafen (m) cotton port port (m) à coton	хлопковый порт (мр) хлопковая гавань (жр) porto (m) cotoniero puerto (m) algodonero
10	Verschiffungshafen (m) shipping port port (m) d'embarquement	порт (мр) отправленія, гавань (жр) отправленія porto (m) d'imbarco *o* di caricazione puerto (m) de embarque
11	Durchkonnossement (n) through-bill of lading connaissement (m) direct	проходной коносамент (мр) polizza (f) diritta di carico conocimiento (m) directo
12	Hafenkonnossement (n) port bill of lading connaissement (m) de port	портовый коносамент (мр) polizza (f) di carico dal porto conocimiento (m) de puerto
13	Ordre-Konnossement (m) Exchange bill of lading connaissement (m) endossable	коносамент (мр) с передаточным бланком polizza (f) di carico indossabile conocimiento (m) a la orden
14	Verfrachtungsbedingung (f), Konnossementklausel (f) bill of lading clause clause (f) du connaissement	оговорный пункт (мр) коносамента, добавочное условіе (ср) коносамента clausula (f) della polizza di carico cláusula (f) del conocimiento
15	Eisenbahnagent (m) railway agent agent (m) de chemin de fer	желѣзнодорожный агент (мр) agente (m) ferroviario agente (m) de ferrocarril
16	Landungsgewicht (n) landing weight poids (m) de débarquement	вѣс (мр) при разгрузкѣ peso (m) di sbarco peso (m) al desembarque
17	die Baumwolle andienen to tender the cotton offrir le coton	предлагать хлопок (мр) offrire il cotone ofrecer el algodón
18	die Baumwolle in mehreren Andienungen anliefern to deliver the cotton in several lots livrer le coton en plusieurs lots	доставить хлопок (мр) нѣсколькими партіями consegnare il cotone in diverse partite entregar el algodón en varios lotes *o* por partidas

β) Baumwollbörse (f) — Хлопковая биржа (жр)

Cotton Exchange — Borsa (f) del cotone *o* cotoniera 19

Bourse (f) du coton — Bolsa (f) de algodón

20	Baumwollprobenzimmer (n) cotton association *or* sampling room bureau (m) d'échantillonnage du coton, chambre (f) des experts en coton	образцовая (жр) [т. е. помѣщеніе (ср) для образцов хлопка] sala (f) dei campionaggi *o* dei tipi ufficiali del cotone oficina (f) de muestras de algodón
21	Baumwollmakler (m) cotton broker courtier (m) en coton	хлопковый маклер (мр) sensale (m) dei cotoni corredor (m) de algodón
22	Klassierer (m), Abschätzer (m) classer classeur (m)	классификатор (мр) classificatore (m) clasificador (m)
23	beeidigter Klassierer (m) *oder* Abschätzer (m) sworn classer classeur (m) juré *ou* assermenté	присяжный классификатор (мр) classificatore (m) giurato clasificador (m) jura[menta]do
24	Küper (m) des Baumwollprobenzimmers keeper *or* custodian of the cotton association room gardien (m) de la chambre des experts en coton	завѣдующій (мр) помѣщеніем для испытанія хлопка campionarista (m) dei cotoni guarda (m) de la sala de expertos en algodón

1	die Vergleichsmuster (n pl) *oder* Grundmuster (n pl) [*oder* Standards (m pl)] aufmachen *oder* aufstellen to make up the standards constituer les types (m pl)	устанавливать стандарт (мр) [образцы] вырабатывать стандарт (мр) stabilire i tipi ufficiali determinar *o* fijar los tipos
2	Abschätzen (n) *oder* Klassieren (n) [*oder* Arbitrage (f)] der Baumwolle classing the cotton, arbitration classement (m) du coton, arbitrage (m)	классификація (жр) хлопка, оцѣнка (жр), арбитраж (мр) classificazione (f) *o* campionaggio (m) del cotone, arbitramento (m) clasificación (f) del algodón, arbitraje (m)
3	die Baumwolle abschätzen *oder* klassieren to class the cotton *or* to fix the grade of cotton classer le coton	классифицировать хлопок (мр) classificare il cotone clasificar el algodón
4	Umklassierung (f) re-classing reclassement (m)	переоцѣнка (жр), перевод (мр) в другой класс (мр) classificazione(f) nuova *o* rinnovata reclasificación (f), clasificación (f) corregida
5	die Baumwolle umklassieren to re-class the cotton reclasser le coton	переоцѣнить хлопок (мр), перевести хлопок (мр) в другой класс (мр) riclassificare il cotone corregir la clasificación del algodón
6	Grundmuster (n) für Zeitgeschäft [*oder* Termingeschäft] futures standard type (m) pour affaires à termes	основной образец (мр) *или* стандарт (мр) для сдѣлок на срок (мр) campione-tipo (m) per i contratti a termine tipo (m) para futuros *o* para operaciones a término
7	Seemuster (n) sample taken in the country of origin échantillon (m) pris avant pressage au pays d'origine	образцы (мр) отобранные в странѣ производства campione (m) preso nel paese d'origine muestra (f) extraída en el país productor
8	Muster (n pl) *oder* Proben (f pl) ziehen to take out samples prélever des échantillons (m pl), échantilloner (v a)	отбирать образцы *или* пробы estrarre campioni (m pl) sacar muestras (f pl)
9	Originalmuster (n) original sample échantillon (m) original	оригинальные образцы (мр) campione (m) originale muestra (f) original
10	eine Probe abschätzen to class a sample classer un échantillon	оцѣнка (жр) пробы arbitrare *o* stimare un campione apreciar una muestra
11	Zurechtmachen (n) der Probe, Dressen (n) dressing the sample préparation (f) de l'échantillon	подготовка (жр) пробы confezione (f) del campione preparación (f) de la muestra
12	zurechtgemachte Probe (f) dressed *or* prepared sample échantillon (m) préparé	подготовленная проба (жр), подготовленный образец (мр) campione (m) preparato muestra (f) preparada
13	die Probe mit Bleiverschluß versehen *oder* plombieren to seal the sample with lead plomber l'échantillon (m)	пломбировать пробу *или* образец (мр) piombare il campione precintar la muestra
14	die Probe versiegeln to seal the sample cacheter l'échantillon (m)	запечатывать пробу *или* образец (мр) sigillare *o* suggellare il campione sellar la muestra
15	Eigner (m) der Probe, Eigentümer (m) der Probe owner of the sample propriétaire (m) de l'échantillon	владѣлец (мр) проб *или* образцов proprietario (m) del campione propietario (m) de la muestra
16	Bescheinigung (f), [Zertifikat (n)] certificate certificat (m)	сертификат (мр), удостовѣреніе (ср) certificato (m) certificado (m)
17	Abschätzungsschein (m), [Klassierungsschein (m), Klassierungszertifikat (n)] certificate of grade certificat (m) de classement	классификаціонный документ (мр), сертификат (мр) *или* удостовѣреніе (ср) классификаціи certificato (m) di classifica[zione] certificado (m) de clasificación
18	die Abschätzung beantragen to appeal for arbitration demander l'arbitrage	требовать оцѣнки richiedere l'arbitramento pedir el arbitraje
19	Abschätzungsbestimmungen (f pl), Arbitragebestimmungen (f pl) arbitration rules règles (f pl) d'arbitrage	правила для оцѣнки *или* арбитража regolamento (m) della Camera arbitrale reglamento (m) del arbitraje
20	Streitfall (m) [case of] dispute [cas (m) de] contestation (f)	спорный случай (мр), судебное дѣло (ср) [caso (m) di] contestazione (f) caso (m) de desacuerdo
21	Partei (f) party partie (f)	тяжущаяся сторона (жр) parte (f) [litigante] parte (f)
22	Gegenpartei (f) opposing party partie (f) opposante	противная сторона (жр) [въ судѣ] parte (f) contraria *od* avversaria parte (f) contraria
23	Rechtsmittel (n) legal means moyen (m) légal	законное средство [по закону] mezzo (m) legale recurso (m) de derecho
24	den Rechtsweg beschreiten to take legal steps, to go to law suivre la voie légale	обращаться в суд (мр) adire alle vie legali seguir la vía legal

1	Unparteilichkeit (f) impartiality impartialité (f)	безпристрастіе (ср) imparzialità (f) imparcialidad (f)
2	schiedsgerichtliche Entscheidung (f) award *or* decision of the arbitration committee sentence (f) *ou* décision (f) du conseil des arbitres	рѣшеніе (ср) третейскаго суда *или* приговор (мр) трет. суда giudizio (m) arbitrale sentencia (f) *o* juicio (m) arbitral
3	schiedsgerichtliches Verfahren (n) arbitration process procédure (f) d'arbitrage *ou* arbitrale	арбитраціонное судопроизводство (ср), рѣшать спор (мр) путем третейскаго суда procedura (f) arbitrale procedimiento (m) arbitral
4	Antrag (m) auf schiedsgerichtliche Entscheidung appeal to the court of arbitrators appel (m) à la chambre arbitrale	заявленіе (ср) в третейскій суд (мр) proposta (f) di decisione arbitrale apelación (f) al tribunal arbitral
5	Zurückziehen (n) des Antrages withdrawal of the appeal retrait (m) de l'appel	взятіе (ср) заявленія обратно ritiro (m) della proposta renuncia (f) de la apelación
6	Schiedsrichter (m) arbitrator arbitre (m)	арбитр (мр), третейскій судья (мр) arbitro (m) árbitro (m)
7	Berufung (f) appeal appel (m)	аппеляція (жр) appello (m) apelación (f)
8	oberste Berufungsstelle (f) [*oder* Instanz (f)] highest court [of appeal] cour (f) d'appel en dernier ressort	высшая инстанція (жр) [для аппеляціи] ultima istanza (f) instancia (f) suprema
9	Berufungsschiedsgericht (n) appeal committee comité (m) d'appel	аппеляціонный третейскій суд (мр) camera (f) arbitrale d'appello *o* di ricorso junta (f) *o* consejo (m) de apelación
10	Berufungsschiedsrichter (m) appeal judge juge (m) d'appel	судья (мр) аппеляціоннаго третейскаго суда arbitro (m) d'appello *o* di ricorso árbitro (m) de apelación
11	Berufungsschiedsspruch (m), Entscheidung (f) des Berufungsschiedsgerichts judgement *or* award *or* decision of the appeal committee sentence (f) *ou* décision (f) du comité d'appel	рѣшеніе (ср) аппеляціоннаго третейскаго суда, приговор (мр) аппеляціоннаго третейскаго суда giudizio (m) della camera arbitrale di ricorso sentencia (f) de la junta de apelación
12	Stimmenmehrheit (f) majority of votes majorité (f) des voix	большинство (ср) голосов maggioranza (f) [di voti] mayoría (f) de votos
13	Obmann (m) umpire, referee tiers-arbitre (m)	предсѣдатель (мр) третейскаго суда, суперарбитр (мр) terzo arbitro (m), capo-arbitri (m) tercer-árbitro (m)
14	einen Obmann wählen to choose *or* to appoint an umpire choisir un tiers-arbitre	выбирать (мр) предсѣдателя третейскаго суда *или* суперарбитра eleggere un capo-arbitri elegir un tercer-árbitro
15	Sachverständiger (m), Gutachter (m), [Expert (m)] expert expert (m)	спеціалист (мр), эксперт (мр) perito (m) perito (m)
16	Begutachtung (f), Gutachten (n) opinion of an expert expertise (f), rapport (m) d'expert	экспертиза (жр) parere (m), perizia (f) dictamen (m)
17	begutachten (v a) to give an opinion on expertiser (v a)	производить экспертизу dare il suo parere, periziare (v a) emitir dictamen, dictaminar (v a)
18	Gebühr (f) fee droits (mpl)	законная плата (жр) tassa (f), diritto (m) derechos (m pl)
19	Strafgebühr (f) penalty, fine amende (f)	пеня (жр), денежный штраф (мр) multa (f), penale (f) multa (f)
20	Strafvergütung (f) compensation penalty amende (f) de compensation	штрафное вознагражденіе (ср) amenda (f) *o* emenda (f) di compensazione multa (f) de indemnización
21	die Annahme verweigern to reject *or* to refuse acceptance refuser l'acceptation	отказывать в пріемѣ rifiutare l'accettazione rechazar *o* rehusar la aceptación
22	Abweichung (f) in der Güte (f), Qualitätsabweichung (f) deviation of quality différence (f) de qualité	отклоненіе (ср) качества от условленнаго качества differenza (f) di qualità diferencia (f) en calidad
23	Abfall (m) in der Güte *oder* Qualität, Qualitätsabfall (m) falling off in quality baisse (f) de qualité *ou* dans la qualité	пониженіе (ср) в качествѣ [am]manco (m) *o* calo (m) di qualità inferioridad (f) *o* descenso (m) *o* baja (f) en calidad
24	der Posten *oder* die Partie fällt ab the lot is inferior [to the grade contracted for] la partie est d'une qualité inférieure	партія (жр) ниже условленнаго качества la partita sta sotto la classe stipulata la partida es de calidad más baja

No.	German / English / French	Russian / Italian / Spanish
1	der Stoff fällt um eine volle Klasse ab the material is a full grade below contract la qualité est d'un degré en dessous du contrat	товар (мр) понижается на цѣлый класс (мр) la merce sta di un grado sotto la classe stipulata la mercancía es inferior a la contratada en un grado
2	der Stoff fällt um eine halbe Klasse ab the material is half a grade below contract la qualité est d'un demi-degré en dessous du contrat	товар (мр) понижается на полкласса la merce sta di un mezzo grado sotto la classe stipulata la mercancía es inferior a la contratada en un medio grado
3	ein Teil der Lieferung darf bis zu einer halben Klasse geringer ausfallen part of the consignment may average half a grade below contract une partie de la livraison peut être un demi-degré au dessous du contrat	часть (жр) поставки может получиться в среднем на полкласса ниже una parte della merce può risultare inferiore di un mezzo grado nella classifica una parte de la entrega puede ser inferior hasta en [un] medio grado
4	besserer Ausfall (m) des anderen Teiles der Lieferung better grade of the remaining part of the consignment qualité (f) meilleure de l'autre partie de la livraison	лучшій выход (мр) другой части поставки qualità (f) migliore dell'altra parte della consegna calidad (f) mejor de la otra parte de la entrega
5	gleichmäßiger Ausfall (m) des ganzen Postens *oder* der ganzen Lieferung *oder* Partie even-running quality of the whole lot qualité (f) uniforme pour tout le lot	однородный выход (мр) цѣлой партіи qualità (f) uniforme dell'intera partita calidad (f) igual de todo el lote
6	vertragsmäßige [*oder* kontraktmäßige] Lieferung (f) delivery up to contract livraison (f) suivant contrat	доставка (жр) согласно контракта consegna (f) conforme al contratto entrega (f) según contrato
7	Vergütung (f) für Abweichung in der Güte *oder* für Qualitätsabweichung allowance owing to variation in quality compensation (f) pour différence de qualité	возмѣщеніе (ср) убытков за отступленіе в качествѣ bonifica (f) per qualità non corrispondente indemnización (f) por diferencias de calidad
8	Abschätzung (f) [*oder* Arbitrage (f)] auf Feuchtigkeit arbitration for excess of moisture arbitrage (m) pour excès d'humidité	опредѣленіе (ср) *или* оцѣнка (жр) влажности arbitraggio (m) rispetto all'eccesso d'umidità arbitraje (m) por exceso de humedad
9	Abrechnung (f) settlement règlement (m)	разсчет (мр) liquidazione (f), resoconto (m), rendiconto (m) liquidación (f)
10	Stickengewicht (n), tatsächliches Gewicht (n) actual weight poids (m) réel	дѣйствительный вѣс (мр) peso (m) reale peso (m) real
11	Abrechnungspreis (m) price of settlement prix (m) de règlement	цѣна (жр) по которой. производится разсчет (мр) prezzo (m) di liquidazione precio (m) de liquidación
12	Untergewicht (n), Fehlgewicht (n) underweight manque (f) de poids	недохват (мр) вѣса calo (m) *o* manco (m) di peso falta (f) de peso
13	Übergewicht (n), Mehrgewicht (n) overweight surpoids (m), excédent (m) de poids	избыток (мр) вѣса soprappeso (m), eccedenza (f) peso sobrepeso (m), exceso (m) de peso
14	Rechnungsgewicht (n), [Fakturengewicht (n)] invoice weight poids (m) de la facture	вѣс (мр) по счету *или* по фактурѣ peso (m) di fattura peso (m) facturado
15	Durchschnittsgewicht (n) average weight poids (m) moyen	средній вѣс (мр) peso (m) medio peso (m) medio
16	Abrechnungsgewicht (n) weight fixed for settlement poids (m) fixé pour le règlement	вѣс (мр) по которому производится разсчет (мр) peso (m) di liquidazione peso (m) fijado en la liquidación
17	Baumwollterminmarkt (m) cotton futures market marché (m) des affaires à terme en coton	рынок (мр) хлопковых сдѣлок на срок mercato (m) a termine del cotone mercado (m) a plazo *o* a término de algodón
18	Punktsteigerung (f), Punktaufschlag (m) marking up by points hausse (f) en points	повышеніе (ср) на пункты rialzo (m) di punti cotización (f) en alza por puntos
19	Punktabschlag (m) marking down by points baisse (f) en points	паденіе (ср) на пункты ribasso (m) di punti cotización (f) en baja por puntos
20	Marge (f), Spielraum (m) margin marge (f)	разница (жр) между цѣнами margine (m) margen (m)
21	Preisumrechnung (f) conversion of price conversion (f) du prix	установленіе (ср) *или* исчисленіе (ср) цѣны по валютѣ conversione (f) di prezzo conversión (f) de precio
22	Stand (m) der Währung, Parität (f) parity parité (f)	паритет (мр) parità (f) paridad (f)
23	Prämiengeschäft (n) premium business affaires (fpl) à prime	сдѣлка (жр) на уплату преміи affare (m) a premio negocio (m) de primas
24	spekulieren (vn) to speculate (vn) spéculer (vn)	спекулировать speculare (vn), far speculazioni (fpl) especular (vn)

No.	Deutsch / English / Français	Русский / Italiano / Español
1	Spekulation (f) speculation spéculation (f)	спекуляція (жр) speculazione (f) especulación (f)
2	Spekulationsgeschäft (n) speculation *or* speculative business affaires (f pl) de spéculation	спекулятивная сдѣлка (жр) affare (m) a speculazione negocio (m) de especulación
3	Börsenspekulationsgeschäft (n) Exchange speculation business affaires (f pl) de spéculation en Bourse	биржевая спекулятивная сдѣлка (жр) affare (m) *o* transazioni (f pl) di Borsa a speculazione negocio (m) de especulación en Bolsa
4	den Vertrag [*oder* Kontrakt] abwickeln to settle *or* to wind up the contract régler le contrat	выполнять контракт (мр) dar corso al contratto, sbrigare il contratto ejecutar el contrato
5	Abwicklung (f) des Geschäftes settlement of the deal règlement (m) *ou* arrangement (m) *ou* liquidation (f) de l'affaire	выполненіе (ср) сдѣлки disbrigo (m) dell'affare liquidación (f) del negocio
6	Abwicklungszeitpunkt (m), [Liquidationstermin (m)] settling day *or* date date (f) de règlement	срок (мр) окончанія контракта termine (m) di liquidazione plazo (m) *o* fecha (f) de la liquidación
7	Monatsabwicklung (f) monthly settlement règlement (m) mensuel	мѣсячное выполненіе (ср) liquidazione (f) mensile liquidación (f) mensual
8	Wochenabwicklung (f) weekly settlement règlement (m) par semaine	недѣльное выполненіе (ср) liquidazione (f) settimanale liquidación (f) semanal
9	Verrechnungsstelle (f) settling-up office lieu (m) de règlement, bureau (m) de liquidation	мѣсто (ср) платежа stanza (f) di compensazione *o* di liquidazione oficina (f) de liquidación
10	Verlängerung (f) des Vertrages [*oder* Kontraktes] extension of the contract prolongation (f) du contrat	продленіе (ср) контракта prolungazione (f) del contratto prórroga (f) *o* prolongación (f) del contrato
11	Erneuerung (f) des Vertrages [*oder* Kontraktes] renewal of the contract renouvellement (m) du contrat	возобновленіе (ср) контракта rinnovazione (f) del contratto renovación (f) del contrato
12	Kaufvertrag (m), Kaufabschluß (m), [Kontrakt (m)] contract contrat (m)	биржевой контракт (мр), биржевая сдѣлка contratto (m) contrato (m)
13	Börsenverpflichtung (f), Börsenengagement (n) Exchange engagement engagement (m) en Bourse	биржевой договор (мр), биржевое обязательство impegni (m pl) di Borsa contrato (m) en Bolsa
14	Kommissionshaus (n) commission house maison (f) de commission	комиссіонная фирма (жр), комиссіонное дѣло (ср) casa (f) commissionaria casa (f) de comisión
15	eine Geldsumme hinterlegen to deposit (va) on account déposer une somme	внести в депозит (мр) нѣкоторую сумму, депонировать нѣкоторую сумму depositare una somma depositar una cantidad a cuenta
16	Preisbemessung (f), Festsetzung (f) des Preises fixing [of] the price *or* quotation fixation (f) du prix	опредѣленіе (ср) *или* установленіе (ср) цѣны determinazione (f) del prezzo fijación (f) del precio
17	Durchschnittspreis (m) average price *or* quotation cours (m) moyen, cote (f) moyenne	средняя цѣна (жр) prezzo (m) medio precio (m) medio
18	über der Basis anbieten (va) [*oder* offerieren] (va) to tender (va) above standard offrir (va) au-dessus de la base	предлагать выше нормы offrire (va) oltre la base ofrecer (va) sobre la base
19	Grundpreis (m) basis price prix (m) de base	основная цѣна (жр) prezzo (m) base precio (m) de base
20	Geschäft (n) auf Abruf on call business affaires (f pl) sur ordres	сдѣлка (жр) на востребованіе affare (m) per consegna a richiamo negocio (m) sobre pedido
21	Baumwolle (f) auf Abruf call cotton coton (m) sur ordres	хлопок (мр) по востребованію cotone (m) per consegna a richiamo algodón (m) sobre pedido
22	Zeitpunkt (m) *oder* Tag (m) des Abrufs, [Abruf[ungs]termin (m)] date of call date (f) de demande	срок (мр) востребованія termine (m) di richiamo fecha (f) del pedido
23	Börsenbericht (m) Exchange report *or* list rapport (m) *ou* bulletin (m) de la Bourse	биржевой бюллетень (мр), биржевой отчет (мр), биржевая вѣдомость (жр) bollettino (m) di Borsa informe (m) *o* reporte (m) bursátil *o* de Bolsa
24	Börsenpreis (m), Börsennotierung (f) Exchange quotation *or* official prices cote (f) de Bourse	биржевая котировка (жр) quotazione (f) di Borsa cotización (f) de Bolsa

1	Eröffnungspreis (m) opening price prix (m) d'ouverture	цѣна (жр) при открытіи (биржи) prezzo (m) d'esordio precio (m) de apertura
2	Schlußpreis (m) closing price prix (m) de clôture	цѣна (жр) при закрытіи (биржи) prezzo (m) di chiusura precio (m) de cierre
3	ein Punkt Aufschlag (m) one point on hausse (f) d'un point	повышеніе (ср) на 1 пункт un punto di rialzo alza (f) de un punto
4	ein Punkt Abschlag (m) one point off baisse (f) d'un point	пониженіе (ср) на 1 пункт un punto di ribasso baja (f) de un punto
5	Preisschwankung (f) price fluctuation fluctuation (f) des prix	колебаніе (ср) цѣн fluttuazione (f) dei prezzi fluctuación (f) de los precios
6	die Preise (m pl) in die Höhe treiben to force up the prices, to boom the market, to raise the prices faire monter les prix (m pl)	форсировать (повышать, вздувать) цѣны, гнать цѣны вверх far rialzare i prezzi, spingere i prezzi hacer subir los precios
7	Preissteigerung (f), Anziehen (n) der Preise advance *or* rise in price hausse (f) dans les prix	повышеніе (ср) цѣн, движеніе цѣн вверх rialzo (m) *o* aumento (m) di prezzo alza (f) del precio
8	die Preise (m pl) ziehen an the prices are rising les prix (m pl) sont en hausse *ou* montent	цѣны повышаются *или* крѣпнут, цѣны идут вверх i prezzi salgono *o* sono al rialzo los precios están en alza
9	die Preise (m pl) [herunter]drücken to force down the prices faire baisser les prix	понижать цѣны far ribassare *o* spingere al ribasso i prezzi hacer bajar los precios
10	Preisrückgang (m), Nachgeben (n) der Preise fall in price baisse (f) dans les prix	паденіе (ср) цѣн, движеніе (ср) вниз ribasso (m) dei prezzi baja (f) de [los] precio[s]
11	die Preise (m pl) geben nach the prices decline les prix (m pl) sont en baisse	цѣны падают *или* слабѣют, понижаются i prezzi ribassano *o* calano los precios ceden *o* bajan
12	Haussier (m), Preistreiber (m) bull haussier (m)	повышатель (мр) rialzista (m) alcista (m)
13	Baissier (m), Preisdrücker (m) bear baissier (m)	понижатель (мр) ribassista (m) bajista (m)
14	à la hausse *oder* auf steigende Preise spekulieren (vn) to speculate (vn) for a rising market spéculer (vn) à la hausse	спекулировать *или* играть на повышеніи speculare (vn) sul rialzo especular (vn) *o* jugar (vn) al alza
15	Gegenmine (f) countermine contremine (f)	контр-мина (жр) contrammina (f) contramina (f)
16	Stimmung (f) *oder* Haltung (f) [*oder* Tendenz (f)] der Börse, Börsenstimmung (f) tone *or* state *or* tendency of the Exchange disposition (f) *ou* tendance (f) de la Bourse	настроеніе (ср) биржи stato (m) *o* disposizione (f) *o* tendenza della Borsa tendencia *o* nota (f) dominante *o* ambiente de la Bolsa
17	bullische Börsenstimmung (f), feste Haltung (f) der Börse bullish tone of the Exchange disposition (f) ferme de la Bourse	повышательное настроеніе (ср), крѣпкое настроеніе (ср) fermezza (f) *o* tendenza (f) al rialzo della Borsa firmeza (f) de la Bolsa
18	bearische Börsenstimmung (f), schwache Haltung (f) der Börse bearish tone of the Exchange disposition (f) faible de la Bourse	понижательное настроеніе (ср), подавленное *или* слабое настроеніе (ср) debolezza (f) *o* tendenza (f) al ribasso della Borsa flojedad (f) de la Bolsa
19	[wilde] Preistreiberei (f) boom hausse (f) factice des cours	дикая скачка (жр) цѣн, бум (мр), вздуваніе (ср) цѣн rialzo (m) *o* spinta (f) artificiale alza (f) facticia de la Bolsa
20	Ring (m) der Preistreiber, Corner (m) corner syndicat (m) des haussiers	сообщество (ср) вздувателей цѣн cartello (m) di speculatori, convenzione (f) di rialzisti corro (m)
21	Abschätzungsgebühr (f) cost of arbitration coût (m) de l'arbitrage	арбитражный сбор (мр) spese (f pl) d'arbitramento gastos (m pl) *o* costo (m) de arbitraje
22	Baumwolleinfuhr (f) cotton import importation (f) de coton	ввоз (мр) хлопка, импорт (мр) хлопка importazione (f) di cotone importación (f) de algodón
23	Baumwollausfuhr (f) cotton export exportation (f) de coton	вывоз (мр) хлопка, [экспорт] esportazione (f) di cotone exportación (f) de algodón
24	Baumwollaufkäufer (m) cotton buyer accapareur (m) [*ou* acheteur (m)] de coton	окупщики (перекупщики) хлопка incettatore (m) di cotone acaparador (m) *o* comprador (m) de algodón

1	Einfuhrgeschäft (m), [Importgeschäft (n)] import business affaires (fpl) d'importation	импортное дѣло (ср), сдѣлка (жр) по ввозу negozio (m) *od* affare (m) d'importazione negocio (m) de importación
2	Ausfuhrgeschäft (n), [Exportgeschäft (n)] export business affaires (fpl) d'exportation	экспортное дѣло (ср), сдѣлка (жр) по вывозу negozio (m) d'esportazione negocio (m) de exportación
3	Baumwollgroßhändler (m) [wholesale] cotton merchant négociant (m) en coton en gros	оптовые торговцы хлопком negoziante (m) all'ingrosso di cotone, grossista (m) in cotone comerciante (m) *o* negociante (m) de algodón al por mayor
4	Eindecken (n) mit Baumwolle, Baumwolleindeckung (f) cover in cotton couverture (f) en coton	покрытіе (ср) хлопком provvista (f) *o* approvvigionamento (m) di cotone cobertura (f) en algodón
5	sich mit Baumwolle eindecken to cover one's wants in cotton se couvrir en coton	покрыться хлопком coprirsi *o* approvvigionarsi di cotone cubrirse en algodón
6	sich in Baumwolle überdecken to overcover oneself with cotton se couvrir en excédent en coton	покрыться хлопком сверх требуемаго количества approvvigionarsi oltre limite di cotone cubrirse con exceso de algodón
7	sich in Baumwolle unterdecken to undercover oneself with cotton se couvrir insuffisamment en coton	покрыться хлопком ниже требуемаго количества approvvigionarsi insufficientemente di cotone cubrirse insuficientemente de algodón
8	Vertrag [*oder* Kontrakt (m)] auf Verschiffung contract for shipment contrat (m) d'embarquement	контракт (мр) на погрузку (на суда) contratto (m) d'imbarco contrato (m) de embarque
9	Vertrag [*oder* Kontrakt (m)] auf Ankunft contract to arrive contrat (m) à l'arrivée	контракт (мр) на прибытіе (ср) contratto (m) all'arrivo contrato (m) a la llegada
10	zeitweilig unterbrochener [*oder* suspendierter] Vertrag (m) [*oder* Kontrakt (m)] contract in suspense contrat (m) en suspens	текущій незаконченный контракт (мр), контракт в исполненіи contratto (m) in sospeso contrato (m) en suspenso
11	Platzbaumwolle (f), Platzware (f) spot cotton coton (m) sur place	партія (жр) хлопка на складах, складовой хлопок (мр) cotone (m) disponibile *o* pronto su piazza algodón (m) en plaza
12	schwimmende Baumwolle (f) cotton at sea *or* on board coton (m) à bord	хлопок (мр) в пути на судах cotone (m) flottante algodón (m) a bordo *o* embarcado
13	Verschiffungsware (f) futures for shipment marchandise (f) à l'embarquement	товар (мр) приготовленный к погрузкѣ на суда merce (f) all'imbarco mercancía (f) para embarque
14	Baumwolle (f) auf Lieferung, Lieferungsware (f) futures to arrive coton (m) *ou* marchandise (f) à terme	хлопок (мр) на доставку cotone (m) *o* merce (f) a consegna futuros (mpl) para llegar
15	Lieferung (f) auf Zeit delivery on specified dates livraison (f) à terme [fixe]	доставка (жр) на срок (к условленному сроку) consegna (f) a termine fisso entrega (f) en fechas determinadas *o* fijas
16	Verkaufsbedingungen (fpl) conditions of sale conditions (fpl) de vente	кондиціи (жр), условія (ср) продажи condizioni (fpl) di vendita condiciones (fpl) de venta
17	Vertrag (m) [*oder* Kontrakt (m)] nach Bremer Bestimmungen contract to Bremen rules contrat (m) aux conditions de Brême	контракт (мр) по Бременскому уставу contratto (m) secondo l'uso di Brema contrato (m) según reglamento de Bremen
18	Vertrag (m) [*oder* Kontrakt (m)] nach Liverpooler Bestimmungen contract to Liverpool rules contrat (m) aux conditions de Liverpool	контракт (мр) по Ливерпульскому уставу contratto (m) secondo l'uso di Liverpool contrato (m) según reglamento de Liverpool
19	auf Grundlage *oder* Basis einer Klasse kaufen (va) to buy (va) on the basis of a fixed grade acheter (va) sur la base d'une classe fixe	купить базируясь на каком либо классѣ comprare (va) sulla base d'un tipo determinato *o* stabilito comprar (va) a base de un tipo fijado
20	nach verbürgter *oder* garantierter Klasse kaufen (va) to buy (va) on guaranteed grade acheter (va) suivant la classe garantie	купить с гарантіей (опредѣленнаго) класса comprare (va) su tipo garantito comprar (va) según clase garantizada
21	Durchschnittsklasse (f) average grade classe (f) moyenne	средній класс (мр) classe (f) mezzana *o* media clase (f) media
22	gleichlaufende Klasse (f) even-running grade classe (f) uniforme	однородный класс (мр) classe (f) uniforme clase (f) uniforme
23	Originalmuster (n) original sample échantillon (m) d'origine	основной, подлинный, оригинальный образец (мр) campione (m) originale muestra (f) original

No.	Deutsch / English / Français	Русскій / Italiano / Español
1	nach Originalmuster kaufen (va) to buy (va) to original sample acheter (va) suivant l'échantillon d'origine	купить по условленному основному образцу comprare (va) su campione originale comprar (va) según muestra original
2	verbürgtes *oder* garantiertes Muster (n) guaranteed sample type (m) *ou* échantillon (m) garanti	гарантированный образец (мр), гарантированный тип (мр) campione (m) garantito muestra (f) garantizada
3	Gewähr (f) für Güte, Qualitätsgarantie (f) guarantee of quality garantie (f) de qualité	гарантія (жр) качества garanzia (f) della qualità garantía (f) de calidad
4	*x* vom Hundert frei von Haftpflicht, *x* % Franchise (f) franchise *x* per cent franchise (f) de *x* pour cent	*x* проц. франшизы *x* per cento di franchigia franquicia (f) de *x* por ciento
5	Gewichtsgewähr (f), Gewichtsgarantie (f) weight guarantee garantie (f) de poids	гарантія (жр) вѣса garanzia (f) di peso garantía (f) de peso
6	Franko-Waggon- *oder* Fow-Geschäft (n), Frei-Bahnwagen-Geschäft (n) contract for delivery free on rails, f. o. r. contract contrat (m) pour livraison franco wagon	сдѣлка (жр) франко-вагон contratto (m) per consegna franco vagone contrato (m) para entrega franco sobre vagón
7	Platzbestimmungen (fpl), [Platzkonditionen (fpl)] spot terms conditions (fpl) de [la] place	кондиціи на товар со склада condizioni (fpl) della piazza condiciones (fpl) de la plaza
8	*x* vom Hundert [*oder* *x* Prozent] Verpackungsgewicht (n) *oder* Tara (f) *x* per cent tare tare (f) de *x* pour cent	*x* проц. тары *x* per cento di tara (f) tara (f) de *x* por ciento
9	Abzug (m) der Reifen deduction of hoops déduction (f) des cercles *ou* bandes	скидка (жр) обручей difalco (m) dei cerchi deducción (f) de los cercos
10	wirkliches Verpackungsgewicht (n), reine Tara (f), reelle Tara (f), Netto-Tara (f) actual tare tare (f) nette *ou* réelle	чистая *или* дѣйствительная тара (жр) tara (f) reale tara (f) efectiva *o* real
11	Baumwollbedarf (m), Bedarf (m) an Baumwolle want of cotton besoins (m pl) de coton	потребность (жр) хлопка bisogno (m) di cotone necesidades (fpl) de algodón
12	Lage (f) des Baumwollmarktes state of the cotton market situation (f) du marché cotonnier	положеніе (ср) хлопковаго рынка condizione (f) del mercato cotoniero estado (m) del mercado de algodón
13	Monatsbericht (m) monthly report bulletin (m) *ou* rapport (m) mensuel	мѣсячный отчёт (мр), мѣсячная вѣдомость rapporto (m) mensile informe (m) mensual
14	Erntebericht (m) crop return *or* report rapport (m) sur la récolte	урожайная вѣдомость (жр), отчёт (мр) об урожаѣ rapporto (m) del raccolto informe (m) sobre la cosecha
15	Pflanzungsbeauftragter (m), spezieller Plantagenagent (m) (beim Ackerbauministerium der Vereinigten Staaten von Nordamerika) special field agent (of the U.S.A. Board of Agriculture) agent (m) spécial de plantation (du Ministère de l'Agriculture des États Unis de l'Amérique du Nord)	спеціальный агент (мр) по плантаціи (министерія земледѣлія в Соединенных Штатах Сѣверной Америки) agente (m) speciale della piantagione (del Ministerio d'Agricoltura degli Stati Uniti dell'America del Nord) agente (m) especial de plantación (en el Ministerio de Agricultura de los Estados Unidos de América del Norte)
16	staatlicher Beauftragter (m) [*oder* Agent (m)] für Statistik State statistical agent agent (m) officiel de la statistique	государственный (правительственный) статистик (мр) agente (m) statale o del governo per la statistica agente (m) del Estado para la estadística
17	γ) Klasseneinteilung (f) der Baumwolle nach Ursprung *oder* Herkunft Classification of Cotton according to its origin Classification (f) des cotons suivant leur origine	Классификація (жр) хлопка по мѣсту происхожденія Classifica (f) del cotone secondo il suo origine Clasificación (f) de los algodones según su procedencia
18	Ursprungsland (n) country of origin pays (m) d'origine	страна (жр) производства *или* происхожденія paese (m) d'origine país (m) productor
19	nordamerikanische Baumwolle (f) American cotton coton (m) d'Amérique du Nord	сѣвероамериканскій хлопок (мр) cotone (m) dell'America settentrionale algodón (m) norteamericano
20	Sea-Island [-Baumwolle (f)] Sea-Island [cotton] Sea-Island, coton (m) des îles et côtes	хлопок (мр) Си-эйленд (Sea-Island) [cotone (m) del] Sea-Island [algodón (m)] Sea-Island (m)
21	Florida-Sea-Island-[Baumwolle (f)] Florida Sea-Island [cotton] coton (m) Sea-Island de Floride	Флоридскій Си-эйленд хлопок (мр) [cotone (m)] Sea-Island di Florida algodón (m) Sea-Island de Flórida
22	peruanische Sea-Island-Baumwolle (f) Peruvian Sea-Island-cotton coton (m) Sea-Island du Pérou	Перуанскій Си-эйленд хлопок (мр) cotone (m) Perù-Sea-Island algodón (m) Sea-Island del Perú

1	Louisiana-Baumwolle (f), Orleans (f) Louisiana cotton, Orleans, Gulf coton (m) Louisiane, Orléans	Луизіанскій *или* Орлеанскій хлопок (мр) cotone (m) della Louisiana, Orleans algodón (m) de Louisiana *o* de Orleáns
2	lange Georgia (f) North-Georgia Géorgie longue soie	хлопок (мр) из штата Георгія Georgia a fibra lunga Georgia [de fibra] larga
3	Tennessee-Baumwolle (f) Tennessee cotton coton (m) du Tennessée	хлопок (мр) штата Тенесси cotone (m) del Tennessee algodón (m) de Tenessee
4	Oklahoma-Baumwolle (f) Oklahoma cotton coton (m) de Oklahoma	хлопок (мр) штата Оклахома cotone (m) di Oklahoma algodón (m) de Oklahoma
5	Mississippi-Baumwolle (f) Mississippi cotton coton (m) du Missisipi	Миссисипскій хлопок (мр) cotone (m) del Missisipi algodón (m) del Misisipi
6	Alabama-Baumwolle (f) Alabama cotton coton (m) d'Alabama	Алабамскій хлопок (мр) cotone (m) del Alabama algodón (m) de Alabama
7	Texas-Baumwolle (f) Texas cotton coton (m) du Texas	Техасскій хлопок (мр) cotone (m) del Texas algodón (m) de Texas
8	Upland-Baumwolle (f) Upland coton (m) Upland	Упландскій хлопок (мр) cotone (m) Upland algodón (m) Upland
9	Mobile-Baumwolle (f) Mobile cotton coton (m) Mobile	хлопок (мр) из Мобилэ cotone (m) di Mobile algodón (m) Móbile
10	Florida-Baumwolle (f) Florida cotton coton (m) de la Floride	Флоридскій хлопок (мр) cotone (m) della Florida algodón (m) de Flórida
11	südamerikanische Baumwolle (f) South American cotton coton (m) d'Amérique du Sud	Южно-американскій хлопок (мр) cotone (m) dell'America del Sud algodón (m) sudamericano
12	rauhe peruanische Baumwolle (f) Peruvian rough coton (m) dur du Pérou	грубый перуанскій хлопок (мр) cotone (m) ruvido del Perù algodón (m) áspero del Perú
13	weiche peruanische Baumwolle (f) Peruvian soft coton (m) soyeux du Pérou	нѣжный перуанскій хлопок (мр) cotone (m) tenero del Perù algodón (m) blando del Perú
14	brasilianische Baumwolle (f), Brasil-Baumwolle (f) Brazilian cotton coton (m) du Brésil	Бразиліанскій хлопок (мр) cotone (m) brasiliano algodón (m) del Brasil
15	Maranhãobaumwolle (f) Maranham cotton, tree cotton, Crioulo cotton coton (m) de Maranhão *ou* de Maranham	Маранхаоанскій хлопок (мр) (древесный хлопчатник (мр)) [cotone (m) di] Maranham (m) algodón (m) de Marañón
16	Ceara-Baumwolle (f) Ceara cotton coton (m) de Céara	Сіарскій хлопок (мр) cotone (m) Ceara algodón (m) de Ceara
17	Maceio (f) Maceio coton (m) de Maceio	Мацео [cotone (m)] Maceio (m) algodón (m) Maceio
18	Pernambuco-Baumwolle (f), Pernam (f) Pernam [cotton] coton (m) de Pernambouc	Пернамбукскій хлопок (мр) cotone (m) di Pernambuco algodón (m) de Pernam[buco]
19	Bahia-Baumwolle (f) Bahia cotton coton (m) de Bahia	Бахіанскій хлопок (мр) (многоствольный хлопчатник (мр)) cotone (m) di Bahia algodón (m) de Bahia
20	Para-Baumwolle (f) Para cotton coton (m) du Para	Пара-хлопок (мр) cotone (m) del Para algodón (m) de Pará
21	Paraiba-Baumwolle (f) Paraiba cotton coton (m) du Parahyba	Параиба-хлопок (мр) cotone (m) di Paraiba algodón (m) de Parahiba
22	Santos-Baumwolle (f) Santos cotton coton (m) de Santos	Сантосскій хлопок (мр) cotone (m) di Santos algodón (m) de Santos
23	Guiana-Baumwolle (f) Guiana cotton coton (m) de la Guyane	Гвіанскій хлопок (мр) (великобританской колоніи) cotone (m) della Guiana algodón (m) de Guyana
24	Surinam-Baumwolle (f) Surinam cotton coton (m) de Surinam	Суринамскій хлопок (мр) cotone (m) del Surinam algodón (m) de Surinam

1	westindische Baumwolle (f) West Indian cotton coton (m) des Indes occidentales	вестиндскій хлопок (мр) (с островов Куба, Порторико) cotone (m) delle Indie occidentali algodón (m) de las Indias Occidentales
2	ostindische Baumwolle (f) [East] Indian cotton coton (m) des Indes [orientales]	остиндскій хлопок (мр) cotone (m) delle Indie orientali algodón (m) de las Indias Orientales
3	Hinghunghaut-Baumwolle (f) Bani cotton coton (m) d'Hinghingat	остиндскій хлопок (мр) сорта Hinginhat cotone (m) di Hinghunghaut algodón (m) Hinghunghat
4	Tinnevelly-Baumwolle (f) Tinnevelly cotton coton (m) de Tinnevelly	остиндскій хлопок (мр) сорта Мадрас *или* Tinevelly cotone (m) di Tinnevelly algodón (m) de Tinnevelly
5	feine Western Madras-Baumwolle (f) fine Western Madras [cotton] coton (m) fin de Madras	тонкій западно-мадрасскій хлопок (мр) (ост-индскій) cotone (m) fino di Madrasso algodón (m) fino de Madrás
6	Coconnada-Baumwolle (f) Coconnada cotton coton (m) de Coconnadah	конконадскій хлопок (мр) cotone (m) di Coconnada algodón (m) Coconadah
7	Comilla- *oder* Assam-Baumwolle (f) Assam cotton coton (m) de l'Assam	остиндскій хлопок (мр) сорта Comilla *или* Assam cotone (m) dell'Assam algodón (m) de Assam
8	Kambodscha-Baumwolle (f) Cambodia cotton coton (m) du Cambodge	Камбоджіанскій хлопок (мр) cotone (m) di Cambogia algodón (m) de Cambodge
9	Surat-Baumwolle (f) Surat cotton coton (m) de Surate	Суратскій хлопок (мр) cotone (m) di Surate algodón (m) de Surat
10	Dho[l]lerah-Baumwolle (f) Dhollerah cotton coton (m) de Dholerah	остиндскій хлопок (мр) сорта Dhollerah cotone (m) di Dholerah algodón (m) de Dholerah
11	Broach-Baumwolle (f) Broach cotton coton (m) de Broach	остиндскій хлопок (мр) сорта Broach cotone (m) Broach algodón (m) Broach
12	Oomrawoottee-Baumwolle (f) Oomrawoottee cotton coton (m) d'Omra	остиндскій хлопок (мр) сорта Oomera cotone (m) Omra algodón (m) Oomrawoottee *o* Omra
13	Comptah-Baumwolle (f) Comptah cotton coton (m) de Comptah	остиндскій хлопок (мр) сорта Comptah cotone (m) di Comptah algodón (m) Comptah
14	Scinde-Baumwolle (f) Scinde cotton coton (m) de Scinde	остиндскій хлопок (мр) сорта Scinde cotone (m) di Scinde algodón (m) Scinde
15	Bengal-Baumwolle (f) Bengal cotton coton (m) du Bengale	бенгальскій хлопок (мр) cotone (m) di Bengala algodón (m) de Bengala
16	chinesische Baumwolle (f) Chinese cotton coton (m) de Chine	китайскій хлопок(мр) cotone (m) [della] C[h]ina algodón (m) de China
17	japanische Baumwolle (f) Japanese cotton coton (m) du Japon	японскій хлопок (мр) cotone (m) del Giappone *o* giapponese algodón (m) japonés *o* del Japón
18	russische Baumwolle (f) Russian cotton coton (m) de Russie	русскій хлопок (мр) cotone (m) russo algodón (m) ruso
19	levantinische Baumwolle (f) Levantine cotton coton (m) du Levant	левантійскій хлопок (мр) cotone (m) levantino algodón (m) de Levante *o* levantino
20	zyprische Baumwolle (f) Cyprus cotton coton (m) de Chypre	кипрскій хлопок (мр) cotone (m) cipriotto *o* di Cipro algodón (m) de Chipre
21	Smyrna-Baumwolle(f), smyrnische Baumwolle (f) Smyrna cotton coton (m) de Smyrne	смирнскій хлопок (мр) cotone (m) di Smirne algodón (m) de Esmirna
22	persische Baumwolle (f) Persian cotton coton (m) de Perse	персидскій хлопок (мр) cotone (m) di Persia *o* persiano algodón (m) de Persia *o* persa
23	afrikanische Baumwolle (f) African cotton coton (m) africain	африканскій хлопок (мр) cotone (m) africano algodón (m) africano
24	ägyptische Baumwolle (f), Mako (f) Egyptian cotton coton (m) d'Égypte, jumel (m)	египетскій хлопок (мр) cotone (m) egiziano, cotone Macò *o* Jumel algodón (m) de Egipto *o* egipcio, jumel (m)

No.	German / English / French	Russian / Italian / Spanish
1	Mitafifi (f) brown Egyptian cotton, Mitafifi coton (m) Mitafifi	египетскій хлопок (мр) сорта Mitafifi cotone (m) Mitafifi algodón (m) Mitafifi
2	Joanovich (f) Joanovich coton (m) Joanovich	египетскій хлопок (мр) сорта Joanowich cotone (m) Joanovich algodón (m) Joanovich
3	Sakellaridis (f) Sakellaridis coton (m) Sakellaridis	сорт (мр) хлопка Sakellaridis cotone (m) Sakellaridis algodón (m) Sakelaridis
4	Nubari-Baumwolle (f) Nubari cotton coton (m) Nubari	египетскій хлопок (мр) сорта Nubari cotone (m) Nubari algodón (m) Nubari
5	Abassi (f), weiße Mako (f) Abassi cotton, white Abassi coton (m) Abassi, Abassi blanc	египетскій хлопок (мр) сорта Abassi (бѣлый Мако) cotone (m) Abassi [bianco] algodón (m) Abassi
6	oberägyptische Baumwolle (f) Ashmouni, Upper Egyptian coton (m) de la Haute-Égypte	верхне-египетскій хлопок (мр) cotone (m) dell'Egitto superiore algodón (m) Ashmouni *o* del Alto Egipto
7	europäische Baumwolle (f) European cotton coton (m) d'Europe	европейскій хлопок (мр) cotone (m) europeo algodón (m) europeo
8	δ) **Klasseneinteilung (f) der Baumwolle nach ihren Eigenschaften** **Classification of Cotton according to its Properties** **Classification (f) des cotons d'après leurs qualités**	**Подраздѣленіе (ср) хлопка на классы по его качествам** **Classifica (f) del cotone secondo la qualità** **Clasificación (f) del algodón según sus propiedades**
9	Klasse (f) grade classe (f)	класс (мр) classe (f) clase (f)
10	Hauptklasse (f) standard grade classe (f) principale	основной *или* стандартный класс (мр) tipo-standard (m) tipo (m) standard
11	Vollgrad (m), voller *oder* ganzer Grad (m) full grade entier degré (m)	полный класс (мр) grado (m) intero grado (m) entero

German / English / French	Russian / Italian / Spanish	No.
halber Grad (m) half grade demi-degré (m)	пол класса mezzo grado (m) medio grado (m)	12
Viertel[s]grad (m) quarter grade quart degré (m)	четверть (жр) класса quarto (m) di grado cuarto (m) de grado	13
Sortenbezeichnung (f) classification classification (f)	классификація (жр) classifica (f) clasificación (f)	14
Stapelbezeichnung (f) indication of staple indication (f) de la soie	обозначеніе (ср) волокна indicazione (f) del tiglio indicación (f) de la fibra	15
gleichmäßiger Stapel (m) even [running] staple soie (f) égale	равномѣрное [однородное] волокно (ср) tiglio (m) regolare fibra (f) igual *o* regular	16
ungleichmäßiger Stapel (m) irregular staple soie (f) irrégulière	неравномѣрное [разнородное] волокно (ср) tiglio (m) irregolare fibra (f) irregular *o* desigual	17
guter Stapel (m) good staple bonne soie (f)	хорошее волокно (ср) tiglio (m) buono fibra (f) buena	18
besonders guter Stapel (m) very good staple très bonne soie (f)	особенно хорошее волокно (ср) tiglio (m) strabuono fibra (f) muy buena	19
kräftiger Stapel (m) strong staple soie (f) forte	крѣпкое волокно (ср) tiglio (m) forte fibra (f) fuerte	20
schwacher Stapel (m) weak staple soie (f) faible	слабое волокно (ср) tiglio (m) debole fibra (f) débil	21
seidiger Stapel (m) silky staple soie (f) douce	шёлковистое волокно (ср) tiglio (m) lucido fibra (f) sedosa	22
Farbenklasse (f) grade according to colour classe (f) suivant la couleur	класс (мр) по цвѣту classe (f) secondo il colore clase (f) según el color	23
gleichmäßig gute Farbe (f) fair *or* good colour couleur (f) bien régulière *ou* uniforme	равномѣрный хорошій цвѣт (мр), однородная окраска (жр) colore (m) buono uniforme buen color (m) uniforme	24

No.		
1	fleckig spotted, stained tacheté, taché, piqueté	пятнистый, ржавый macchiato, chiazzato manchado
2	gelblich, gelblichweiß tinged jaunâtre, blanc beurré	жёлтоватый bianco crema, giallastro amarillento, blanco-sucio
3	stark gelblich, rötlich high[ly] coloured jaune foncé, roussâtre	рѣзко [сильно] жёлтый, красноватый di colore forte giallognolo, rossiccio rojizo, muy colorado
4	Güte der Baumwolle quality of the cotton qualité (f) du coton	качество (ср) хлопка qualità (f) del cotone calidad (f) del algodón
5	die Baumwolle anfühlen *oder* angreifen to feel the cotton toucher le coton	испытаніе (ср) на ощупь esaminare il cotone per il tatto ensayar *o* examinar el algodón al tacto
6	die Baumwolle fühlt sich *oder* greift sich rauh an the cotton feels rough le coton a un toucher rugueux	на ощупь хлопок (мр) кажется жестким [шереховатым] il cotone si sente ruvido al tatto el algodón tiene tacto áspero
7	Griff (m) *oder* Angriff (m) der Baumwolle feel *or* handle of the cotton toucher (m) *ou* main (f) du coton	проба (жр) на ощупь, ощупываніе (ср) tatto (m) del cotone tacto (m) del algodón
8	weicher Griff (m) soft feel toucher (m) doux	на ощупь хлопок (мр) мягкій tatto (m) morbido tacto (m) suave
9	fester Griff (m) firm feel toucher (m) ferme	на ощупь хлопок (мр) крѣпкій tatto (m) fermo *o* sodo tacto (m) sólido
10	harter Griff (m) hard feel toucher (m) rude	на ощупь хлопок (мр) твердый tatto (m) duro tacto (m) duro
11	rauher Griff (m) rough feel toucher (m) rugueux	на ощупь хлопок (мр) жесткій tatto (m) ruvido tacto (m) áspero
12	werginger Griff (m) towy feel toucher (m) étoupeux	на ощупь хлопок (мр) зернистый tatto (m) stopposo *o* stoppone tacto (m) estoposo
13	kräftige Faser (f) strong fibre fibre (f) forte	крѣпкое волокно (ср) fibra (f) forte *o* resistente fibra (f) resistente
14	kraftlose Faser (f) weak fibre fibre (f) faible	слабое волокно (ср) fibra (f) debole *o* senza resistenza fibra (f) floja
15	Farbe (f) der Baumwolle colour of the coton couleur (f) du coton	цвѣт (мр) хлопка colore (m) del cotone color (m) del algodón
16	Glanz (m) der Baumwolle lustre of [the] cotton lustre (m) du coton	блеск (мр) хлопка lucentezza (f) del cotone brillo (m) *o* lustre (m) del algodón
17	Festigkeit (f) *oder* Kraft (f) der Faser strength of the fibre résistance (f) de la fibre à la rupture	прочность (жр) *или* крѣпость (жр) волокна resistenza (f) della fibra resistencia (f) de la fibra
18	sandige Baumwolle (f) sandy cotton coton (m) sableux	хлопок (мр) с песком cotone (m) sabbioso algodón (m) arenoso
19	staubige Baumwolle (f) dusty cotton coton (m) poussiéreux	пыльный хлопок (мр) cotone (m) polveroso algodón (m) polvoriento *o* polvoroso
20	laubige Baumwolle (f) leafy cotton coton (m) feuillu *ou* chargé de feuilles	хлопок (мр) засоренный листьями cotone (m) fogliuto algodón (m) cargado de hojas
21	die Baumwolle enthält [Samen-] Schalen the cotton contains husks *or* hulls le coton contient débris de graines	хлопок (мр) содержит орѣшек *или* скорлупу il cotone contiene scorze [di grana] el algodón contiene cáscaras [de semilla]
22	mit Finnen *oder* Nissen besetzte Faser (f), finnige *oder* nissige Faser (f) neppy fibre fibre (f) chargée de nœuds	волокна (ср) с паучками, вшивыя волокна fibra (f) gnoccoluta fibra (f) cargada de nudos
23	Knispel (m) rote bouton (m)	паучек (мр) bottone (m) botón (m)
24	Stapel (m) der Baumwolle staple of the cotton soie (f) du coton	волокно (ср) хлопка tiglio (m) *o* fibra (f) del cotone fibra (f) *o* hebra (f) del algodón

No.		
1	Stapellänge (f) length of staple longueur (f) de la soie	длина (жр) волокна lunghezza (f) del tiglio longitud (f) de fibra
2	langstapelige Baumwolle (f) long stapled cotton coton (m) longue soie	длинноволосый *или* длинноволокнистый хлопок (мр) cotone (m) di tiglio lungo algodón (m) de fibra larga
3	extra langstapelige Baumwolle (f) fancy stapled cotton coton (m) longue-soie extra	исключительно длинноволокнистый хлопок (мр) cotone (m) di tiglio lunghissimo algodón (m) de fibra muy larga
4	kurzstapelige Baumwolle (f) short stapled cotton coton (m) courte soie	коротковолосый *или* коротко-волокнистый хлопок (мр) cotone (m) di tiglio corto algodón (m) de fibra corta
5	gleichmäßiger Stapel (m) even [-running] *or* regular staple soie (f) uniforme	однородная прядь (жр) *или* однородныя волокна (ср) tiglio (m) regolare fibra (f) igual *o* regular
6	beschädigter Stapel (m) damaged staple soie (f) endommagée	поврежденныя волокна (ср), поврежденная прядь (жр) tiglio (m) avariato fibra (f) deteriorada *o* averiada
7	grober Stapel (m) coarse staple grosse soie (f)	грубыя волокна (ср), грубая прядь (жр) tiglio (m) grosso fibra (f) basta *o* baja *o* grosera
8	Sorte (f) der Baumwolle, Baumwollsorte (f) class of cotton sorte (f) de coton	сорт (мр) хлопка sorta (f) del cotone clase (f) del algodón
9	Rohbaumwolle (f) raw cotton coton (m) brut *ou* en bourre	хлопок (мр) сырец cotone (m) greggio algodón (m) en bruto *o* en crudo *o* en rama
10	die Baumwolle sichten *oder* sortieren to grade the cotton assortir le coton	сортировать хлопок (мр) classificare il cotone clasificar el algodón
11	Untersorte (f) subspecies sous-espèce (f)	низший сорт (мр) sottospecie (f) subgénero (m)
12	beste *oder* erstklassige Ware (f), Primaware (f) best quality sorte (f) meilleure	перво-сортный товар (мр), товар (мр) высшаго качества merce (f) primissima [mercancía (f) de la] mejor calidad (f)
13	Reinheit (f) der Baumwolle cleanliness of the cotton propreté (f) du coton	чистота (жр) хлопка nettezza (f) *o* purezza (f) del cotone pureza (f) *o* limpieza (f) del algodón
14	Unreinigkeit (f) impurity impureté (f)	сорность (жр), засоренность (жр) impurità (f) impureza (f)
15	verwehte Baumwolle (f), Sturmwolle (f) cotton blown from the plant by wind coton (m) arraché de la plante par le vent	обитый *или* сорванный вѣтром хлопок (мр) cotone (m) disperso per il vento algodón (m) arrancado por el viento
16	unreine Baumwolle (f) dirty cotton coton (m) sale	сорный хлопок (мр) cotone (m) impuro algodón (m) sucio
17	tote Baumwolle (f) dead cotton coton (m) mort	омертвѣвший хлопок (мр) cotone (m) morto algodón (m) muerto
18	nicht ausgereifte *oder* unreife Baumwolle (f) immature *or* unripe cotton coton (m) pas mûr	недозрѣвший хлопок (мр) cotone (m) immaturo algodón (m) sin madurar *o* inmaduro *o* verde
19	e) Baumwollabfälle (m pl) Cotton Waste Déchets (m pl) de coton	Хлопковый угар (мр), хлопковые отпадки, очесы, отбросы Cascami (m pl) di cotone Desperdicios (m pl) de algodón
20	Öffnerabfall (m) opener waste déchets (mpl) d'ouvreuse	угар (мр) от дробителя cascami (mpl) dell'apritoio desperdicios (mpl) del abridor
21	Schlägerabfall (m), Batteurabfall (m), Schlägerknöpfe (mpl), Flügelabfall (m) scutcher waste déchets (mpl) de batteur	угар (мр) трепальной cascami (mpl) del battitore desperdicios (mpl) de batidor
22	Schlägerflug (m), scutcher fly duvets (mpl) de batteur	вытрепки (мр) polvere (f) di battitore borrilla (f) de batidor
23	Saugerflug (m), [Ventilatorflug (m)] fanny, [fan dust] duvets (m) de ventilateur	подвальный пух (мр), вентиляторный пух (мр) polvere (f) di ventilatore borrilla (f) de ventilador
24	Krempelabfälle (mpl) card waste déchets (mpl) de carde	кардный очёс *или* угар (мр) cascami (mpl) di carda desperdicios (mpl) de carda

1 Vorreißerknöpfe (m pl)
taker-in droppings
boutons (m pl) de briseur
орѣшек (м р) из под пріемнаго валика
fiocchi (m pl) o ciuffetti (m pl) dell' introduttore
desperdicios (m pl) del tomador

2 Vorreißerflug (m)
taker-in fly
duvets (m pl) de briseur
пух (м р) из под пріемнаго валика
polvere (f) dell' introduttore
borrilla (f) de tomador

3 Krempelausstoß (m), Krempelausputz (m)
card strips
débourrures (f pl) de carde
очёсы
spazzatura (f) di carda
descargas (f pl) de carda

4 Deckelputz (m), Strips (m)
flat strips
débourrures (f pl) de chapeaux
очёсы со шляпок
cascami (m pl) cappelli, pulitura (f) cappelli
mermas (f pl) o descargas (f pl) de los chapones

5 Krempelflug (m)
card fly
duvets (m pl) de carde
пух (м р) из под барабана, кардный пух (м р)
polvere (f) di carda
borrilla (f) de la carda

6 Walzenputz (m)
stockings, roller waste
débourrures (f pl) des hérissons
очёсы с валиков
cascami (m pl) dei cilindri
descargas (f pl) de los cilindros cardadores

7 Vorgarnabfall (m), Luntenenden (n pl)
roving waste
gros bouts (m pl) [et bouts fins] de banc-à-broches
угар (м р) ровницы
cascami (m pl) di lucignolo
desperdicios (m pl) de mecha

8 Spinnfäden (m pl)
hard waste
déchets (m pl) durs de fils
прядильная путанка (ж р), прядильные концы
cascami (m pl) di filato
cabos (m pl) de hilado

9 Zwirnfäden (m pl)
hard doubled waste
bouts (m pl) de retors, bouts tors
прощипанная крученка (ж р), прощипанные концы крученой пряжи
cascami (m pl) di [filati] ritorti
cabos (m pl) duros de torcido

10 Webereifäden (m pl)
weaver's waste
déchets (m pl) [de fils] de tissage
ткацкая путанка (ж р)
cascami (m pl) di tessitura
cabos (m pl) duros de tejedura

11 Schlichtereifäden (m pl)
sizer's waste
déchets (m pl) d'encollage
шлихтовальная путанка (ж р)
fili (m pl) di imbozzimatura
cabos (m pl) duros de encolado

12 Spinnereikehricht (m)
spinner's sweepings
balayures (f pl) de filature
прядильная подметь (ж р)
scopature (f pl) di filatura
barreduras (f pl) de hilado

13 Webereikehricht (m)
weaver's sweepings
balayures (f pl) de tissage
ткацкая подметь (ж р)
scopature (m pl) di tessitura
barreduras (f pl) de tejedura

fettiger Abfall (m)
oily waste
déchets (m pl) gras
масленный угар (м р), масленные концы
avanzi (m pl) unti, cascami (m pl) oliati
desperdicios (m pl) engrasados 14

2. Pflanzendunen (f pl) — Vegetable Downs — Duvets (m pl) de plantes — Растительный пух (ж р) — Caluggini (m pl) vegetali — Borras (f pl) vegetales 15

Kapok (m) (Wollbaumwolle, Bombaxwolle, Ceibawolle
kapok
kapok (m)
капока (ж р) [волокно]
kapok (m)
capoc (m), miraguano (m) 16

Eriodendron anfractuosum
Kapokbaum (m)
kapok tree, silk cotton tree
kapokier (m), arbre (m) à kapok
капоковое дерево (с р)
albero (m) di kapok
capoquero (m), árbol (m) de capoc 17

der Kapokbaum steht voll im Blatt
the kapok tree is very leafy
le kapokier est tout en feuilles *ou* abonde en feuilles
капоковое дерево покрылось листвой
l'albero di kapok ha il fogliame serrato o fitto
el capoquero tiene mucho follaje 18

länglich runde Kapokfrucht (f)
oblong-ovate kapok fruit
fruit (m) du kapok de forme oblongue
продолговато-круглый плод (м р) капоки
frutto (m) oblungo del kapok
fruto (m) oblongo del capoquero 19

reife Kapokfrucht (f)
ripe kapok fruit
fruit (m) mûr du kapok
зрѣлый плод (м р) капоки
frutto (m) maturo del kapok
fruto (m) maduro del capoquero 20

a
Fruchtwolle (f)
fruit wool
duvet (m) du fruit
плодовое волокно (с р)
lanugine (f) del frutto
borra (f) o lana (f) del fruto 21

die Frucht entschalen
to remove the shell of the fruit
enlever la cosse du fruit
удалить скорлупу с плода
sgusciare il frutto
mondar el fruto 22

die reife Kapokfrucht öffnet sich
the ripe kapok fruit opens *or* bursts open
le fruit du kapokier, arrivé à maturité, s'ouvre
зрѣлый плод капоки раскрывается [трескается]
il frutto maturo dell'albero di kapok si apre
el fruto maduro del capoquero se abre 23

1 die Fruchtwolle bildet kugelige Klumpen
the fruit wool develops roundish clods
le duvet du fruit se forme en boules *ou* pelotes
плодовое волокно (ср) образует круглые комочки
la lanugine del frutto forma globuli
la borra del fruto forma pelotas redondas

2 in die Fruchtwolle eingebetteter Same (m)
seed embedded in the fruit wool
graine (f) renfermée dans le duvet
сѣмя (ср) уложенное в волокнѣ плода
seme (m) inserto nella lanugine
semilla (f) metida en la borra

3 glatte Samenoberfläche (f)
smooth surface of the seed
surface (f) lisse de la graine
гладкая поверхность (жр) сѣмени
superficie (f) liscia del seme
superficie (f) lisa de la semilla

4 den Kapok entkernen
to free the kapok from seeds
égrener le kapok
очистка (жр) капоки от сѣмени
sgranare il kapok
desgranar el capoc

5 den Kapok quirlen
to twirl the kapok
battre le kapok au moulinet
вертѣть мутовкой в кучѣ капока (жр)
frullare il kapok
batir el capoc con el molinillo

6 
Quirl (m)
twirling stick
bâton (m) à battre, moulinet (m)
мутовочка (жр)
frullo (m)
palo (m) para desgranar, molinillo (m)

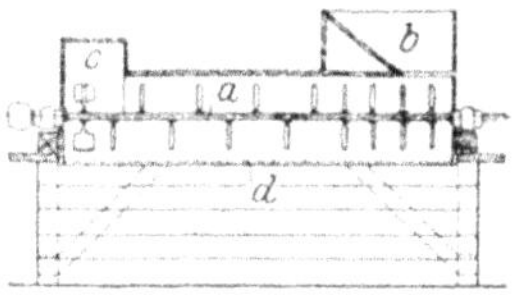

7 Kapokentkörnungsmaschine (f)
kapok twirling *or* ginning machine, kapok gin
machine (f) à égrener le kapok
капока очистительная машина (жр), очистительный волчек (мр)
macchina (f) sgranatrice per il kapok
máquina (f) desgranadora de capoc

8 a
Schlagflügelwelle (f), Welle (f) mit Schlagflügeln
beater shaft
arbre (m) à battants, volant (m)
ось (жр) волчка, вал (мр) с билами
albero (m) con alette sbattitrici
árbol (m) batidor

9 b
Einlaßkasten (m), Zufuhrkasten (m)
feed[ing] box
caisse (f) *ou* trémie (f) d'alimentation
питательный ящик (мр), пріемник (мр)
cassa (f) o tramoggia (f) d'alimentazione o di carico
tolva (f) o caja (f) de alimentación

c
Auswurfkasten (m), Abfuhrkasten (m)
delivery box
canal (m) de sortie *ou* de vidange 10
выкидной ящик (мр), отвадка (жр)
cassa (f) o scatola (f) di scarico
caja (f) de salida

d
Siebboden (m)
under-grid
grille (f) *ou* tamis (m) du fond 11
рѣшетчатое дно (ср)
fondo (m) a guisa di griglia
fondo (m) de rejilla

Kapokreinigung, Reinigen (n) des Kapoks
kapok cleaning
épuration (f) du kapok
очистка (жр) капоки
pulitura (f) del kapok 12
depuración (f) o limpieza (f) del capoc

die Kapokfaser trocknen
to dry the kapok fibre
faire sécher la fibre de kapok
сушить волокна капоки
seccare la fibra di kapok 13
secar la fibra de capoc

den Kapok pressen
to press the kapok
presser le kapok
прессовать капоку
pressare il kapok 14
prensar el capoc

gepreßter Kapok (m)
pressed kapok
kapok (m) pressé
прессованная капока (жр)
kapok (m) pressato 15
capoc (m) prensado

den Kapok als Füllmasse verwenden
to use the kapok as a filling material
employer le kapok comme rembourrage
примѣнять капоку как набивочный матеріал
adoperare il kapok per imbottitura 16
emplear el capoc como material de relleno

Kapoköl (n)
kapok seed oil
huile (f) de graine de kapok
капоковое масло (ср)
olio (m) di seme di kapok 17
aceite (m) de semilla de capoc

8. Die Pflanzenseiden (f pl) *oder* vegetabilischen Seiden (f pl)
Vegetable Silks
Soies (f pl) végétales
Растительный шёлк (мр)
Sete (f pl) vegetali 18
Sedas (f pl) vegetales

reinweiße Pflanzenseide (f)
pure white vegetable silk
soie (f) végétale d'un beau blanc
чисто-бѣлый растительный шёлк (мр)
seta (f) vegetale bianchissima 19
seda (f) vegetal blanca pura

rötlichgelbe Pflanzenseide (f)
reddish yellow vegetable silk
soie (f) végétale jaune rouge
красновато-желтый растительный шёлк (мр)
seta (f) vegetale di giallo rosastro 20
seda (f) vegetal rojo-amarillenta

Asklepiasseide (f), Asklepiaswolle (f)
Asclepias silk 21
soie (f) d'asclépiade
сѣмянной шёлк (мр) асклепіи
asclepiade (f)
seda (f) de asclepias

1 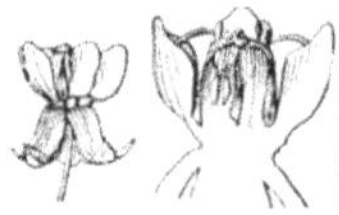
Blüte (f) der Asklepias
flower of Asclepias cornuti
fleur (f) d'asclépiade
цвѣток (мр) асклепіи
fiore (m) dell'asclepiade
flor (f) de asclepias

2 Asclepias syriaca
syrische Seidenpflanze (f)
Syrian silk plant
soie (f) végétale de Syrie
сирійское шёлковое растеніе
asclepiade (f) di Siria [(ср)
seda (f) vegetal de Siria

3 
Calotropisseide (f), Ak, Akon, Yercum, Mudar, Madar
Calotropis silk, Yercum fibre, Madar fibre
soie (f) du calotropis, laine (f) de bombardeira
шёлк (мр) калотропіи
seta (f) calotropis
seda (f) de calotropis, fibra (f) de Madar *o* de Yercum

4 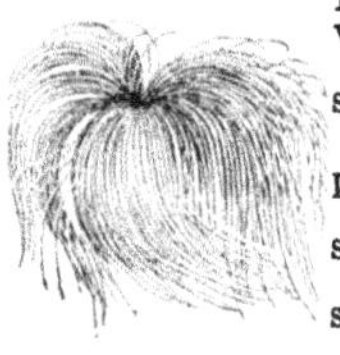
Beaumontiaseide (f)
vegetable silk of Beaumontia grandiflora
soie (f) de Beaumontia grandiflora
растительный шёлк (мр) бомонтіи
seta (f) Beaumontia grandiflora
seda (f) de Beaumontia grandiflora

5 
Strophantusseide (f)
strophantus silk
soie (f) du strophantus
шёлк (мр) растенія строфантус
seta (f) strofantus
seda (f) de strophantus

6
Marsdeniaseide (f)
Marsdenia silk
soie (f) de la marsdénie
растительный шёлк (мр) марсденія
seta (f) marsdenia
seda (f) vegetal marsdenia

7
Gomphocarpusseide (f)
vegetable silk of Gomphocarpus fructicosus
soie (f) végétale du Gomphocarpus fructicosus
растительный шёлк гомфокарпус
seta (f) di Gomphocarpus fructicosus
seda (f) vegetal de Gomphocarpus fructicosus

8
4. Sonstige Samenfasern (f pl)
Other Seed Fibres
Poils (m pl) **d'autres graines**
Прочія сѣмянныя волокна
Altre fibre (f pl) **di semi**
Otras fibras (f pl) **de semilla**

9
Weidenwolle (f)
willow wool
fibre (f) du saule
ивовое волокно (ср) [лыко]
lana (f) di salice
pelusilla (f) *o* borra (f) de sauce

10
Pappelwolle (f)
poplar wool
fibre (f) du peuplier
тополевое волокно(ср)
lana (f) di pioppo
borra (f) del álamo

11
Rohrkolbenwolle (f)
reed mace, typha wool
fibre (f) de massette *ou* de typha
тростниково-початочное волокно (ср)
lana (f) di tifa *o* di Enea
borra (f) de la anea *o* de la espadaña

II.

12
Stengelfasern (fpl), **Bastfasern** (f pl)
Stem *or* **Stalk Fibres, Bast Fibres**
Les fibres (f pl) **d'écorce**
Стебельковыя волокна, лубковыя волокна
Le fibre di stelo
Fibras (f pl) **de tallo**

13
1. Der Flachs (m)
Flax
Le lin
Лён (мр) **(в общемъ смыслѣ, как волокнистое сырьё)**
Il lino
El lino

14
a) Botanik (f) **und Kultur** (f)
Botany and Cultivation
Botanique (f) **et culture** (f)
Ботаника (ж р) **и культура** (ж р)
Botanica (f) **e coltura** (f)
Botánica (f) **y cultivo** (m)

15 
Lein (m), Flachspflanze (f), Leinpflanze (f), gemeiner Flachs (m)
flax plant, common flax
lin (m) [commun]
лён (мр) как растеніе, обыкновенный лён (мр)
[pianta (f) di] lino (m), linaia (f)
lino (m)

16
einjährige Pflanze (f)
annual plant
plante (f) annuelle
однолѣтнее растеніе (ср)
pianta (f) annua
planta (f) anual

17
Bastlein (m)
harl flax, bast flax
lin (m) caulescent
лубковый лён (мр)
lino (m) tessile
lino (m) caulescente

18
a
Pfahlwurzel (f)
tap root
racine (f) pivotante
основной *или* главный корень (мр)
fittone (m), radice (f) maestra
raíz (f) perpendicular *o* vertical, nabo (m)

1
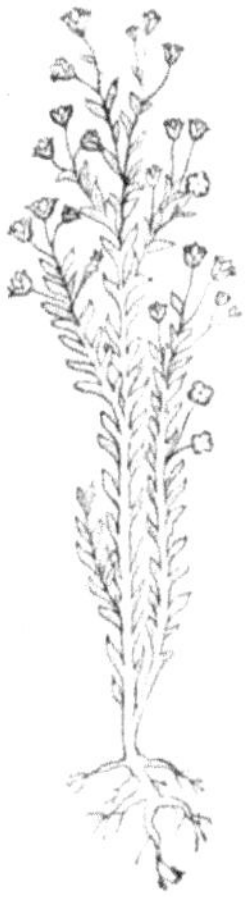
Sälein (m), Samenlein (m)
seed flax, flax grown for seed
lin (m) pour [les] semailles
посѣвный лён (мр)
lino (m) per seminazione
lino (m) para la producción de semilla

2 Pflanzenstengel (m)
stem *or* stalk of the plant
tige (f) de la plante
стебель (мр) растенія
stelo (m) *o* gambo (m) di pianta
tallo (m) de la planta

3 ästiger *oder* verästelter Stengel (m)
branchy stem
tige (f) rameuse
вѣтвистый *или* развѣтвленный стебель (мр)
stelo (m) ramoso
tallo (m) ramoso

4 Rinde (f)
bark
écorce (f)
кора (жр). лыко (ср)
corteccia (f), scorza (f)
corteza (f)

5 Bast (m)
bast, harl
liber (m), livret (m)
луб (мр), лубок (мр)
libro (m)
liber (m), capa (f) cortical filamentosa

6 Holz (n) *oder* holziger Kern (m) des Flachsstengels
boon *or* woody core of the flax stem
partie (f) ligneuse de la tige de lin
древесина (жр) *или* древесная сердцевина (жр) льнявово стебля
parte (f) legnosa del gambo del lino
substancia (f) leñosa del tallo de lino

7
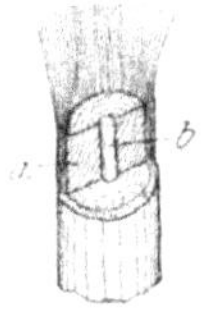
a
Splint (m)
sapwood, alburnum
aubier (m)
ваболонь (жр)
alburno (m)
albura (f)

8 b
Mark (n)
pith
moelle (f)
сердцевина (жр)
midollo (m)
médula (f)

9

lanzettförmiges Blatt (n)
lanceolate leaf
feuille (f) lancéoleé
ланцетовидный лист (мр)
foglia (f) lanceolata
hoja (f) lanceolada

(hellblaue) Blüte (f) des Flachses, Leinblüte (f)
(sky blue) flower of flax
fleur (f) (bleu-claire) du lin 10
(голубой) цвѣток (мр), цвѣток льна
fiore (m) (color celeste) del lino
flor (f) (azulada) del lino

Leinsame (m)
linseed, flax seed
graine (f) de lin
льняное сѣмя (ср)
seme (m) di lino
linaza (f), semilla (f) del lino, gárgola (f) 11

Linum vulgare
Linum sativum
Schließlein (m), Dreschlein (m), Rigaer Lein (m)
Riga flax
lin (m) de Riga
трепанный лён (мр), рижскій лён 12
lino (m) di Russia
lino (m) de Riga

Linum crepitans
Springlein (m), Klanglein (m)
rattle flax
lin (m) à capsules déhiscentes 13
обыкновенный лён (мр)
lino (m) d'Olanda
lino (m) crepitante

Linum us. regale
Königslein (m)
Royal flax
lin (m) royal 14
королевскій лён (мр)
lino (m) reale
lino (m) real

Linum americanum album
weiß blühender Lein (m), amerikanischer Lein (m)
white flowered flax, American flax
lin (m) [américain] à fleur blanche 15
бѣлоцвѣтущій лён (мр), американскій лён (мр)
lino (m) [americano] a fiore candido
lino (m) [americano] de flor blanca

Flachsfeld (n)
flax field *or* plot
champ (m) [semé] de lin, linière (f)
льняное поле (ср)
campo (m) di lino 16
campo (m) de lino, linar (m)

Flachsbau (m), Flachskultur (f)
flax cultivation
culture (f) du lin
культура (жр) льна, разведеніе льна
coltivazione (f) del lino 17
cultivo (m) del lino

Flachs bauen
to cultivate *or* to grow *or* to raise flax
cultiver le lin
воздѣлывать *или* разводить лён (мр)
coltivare il lino 18
cultivar el lino

Flachsbauer m)
flax grower
cultivateur (m) de lin
льновод (мр)
coltivatore (m) di lino 19
cultivador (m) de lino

Aussaat (f), Aussäen (n)
sowing
ensemencement (m), semailles (f pl)
посѣв (мр)
seminazione (f), sementa (f), semenza (f) 20
siembra (f)

den Samen vor der Aussaat dörren
to dry the seed before sowing
sécher le lin avant l'ensemencement
просушивать сѣмя перед посѣвом
[dis]seccare il seme prima della seminazione 21
secar la semilla antes de sembrarlo

Leinsamenklapper (f)
flax seed cleaning apparatus
épurateur (m) de graine de lin
вѣялка (жр) для льняных сѣмян
battigliuolo (m) per il seme di lino 22
aparato (m) limpiador de linaza

1 Drahtsieb (n)
wire sieve
tamis (m) en toile métallique
проволочное сито (ср)
crivello (m) di rete metallica
tamiz (m) de tela metálica, tamiz metálico

2 Frühlein (m)
early flax
lin (m) de printemps, lin hâtif
раннеяровой лён (мр) лён ранняго посѣва
lino (m) primaticcio
lino (m) de primavera

3 Mittellein (m)
May flax
lin (m) de mai
среднеяровой лён (мр), лён средняго посѣва
lino (m) di maggio
lino (m) de mayo

4 Spätlein (m)
late flax
lin (m) tardif
позднеяровой лён (мр), лён поздняго посѣва
lino (m) tardivo
lino (m) tardío

5 das Flachsfeld dicht bepflanzen
to sow the flax field thickly
planter le lin dru
засѣвать густо льняное поле (ср)
seminare il lino in file fitte
hacer la plantación del lino espesa

6 das Flachsfeld dünn bepflanzen
to sow the flax field sparsely
planter le lin large
засѣвать рѣдко льняное поле (ср)
seminare il lino in file sparse
hacer la plantación del lino clara

7 Leinenmüdigkeit (f) des Ackerbodens
exhaustion of the soil by flax plants
épuisement (m) *ou* fatigue (f) du sol par la culture du lin
истощенiе (ср) почвы льном
esaurimento (m) del suolo a coltivazione di lino
esquilmado (m) *o* agotamiento (m) de la tierra por el cultivo del lino

8 Flachsschädling (m)
flax parasite
parasite (m) du lin
вредитель (мр) льна
parassita (m) del lino
parásito (m) del lino

9 Erdfloh (m)
ground flea, flea beetle
altise (f)
травяная блоха (жр), огородный блошак (мр)
pulce (f) di terra
pulgón (m) de tierra

10 Plusia gamma
Gammaeulenraupe (f)
caterpillar of plusia gamma
chenille (f) du plusia gamma
гусеница plusia gamma
baco (m) plusia gamma
oruga (f) plusia gamma

11 Engerling (m)
grub of the cockchafer
ver (m) blanc, larve (f) du hanneton
личинка (жр) майскаго жука
larva (f) [dello scarafaggio]
larva (f) del melolonto, gusano (m) blanco

12 Conchylis epilinana
Flachsknotenwickler (m)
flax twister
vrille (f) du lin
чужеядное растенiе (ср) Conchylis epilinana
capreolo (m) del lino
torcedor (m) del lino

13 Cuscuta epilinum
Flachsseide (f)
flax dodder
cuscute (f)
повилица (жр)
cuscuta (f), linaiuola (f)
cuscuta (f)

Melampsora lini
Rostpilz (m)
rust fungus
fungus (m) de rouille
ржавый грибок (мр) 14
fungo (m) rugginoso
hongo (m) del tizón

Flachsbrand (m), Brand (m), Feuer (n)
firing
brûlure (f)
изгара (жр) льна
carbone (m) *o* carbonchio (m) del lino 15
añublo (m) del lino

den Flachs ländern
to grow the flax through brush wood
ramer le lin
выращивать лён (мр) через хворостину, забирать лён (мр) хворостинами (мр) 16
far crescere il lino attraverso di stipa
cultivar el lino en matorrales

geländerter Flachs (m) *oder* Lein (m)
flax grown through brush wood
lin (m) ramé
выращенный через хворостину лён (мр)
lino (m) coltivato sotto la stipa 17
lino (m) cultivado en matorrales

das Flachsfeld jäten
to weed the flax field
sarcler la linière
полоть льняное поле (ср)
sarchiare il campo di lino 18
escardar el linar

Gelbreife (f) des Flachses
yellow ripeness of the flax
maturité (f) jaunâtre du lin
желтая зрѣлость (жр) льна
maturità (f) parziale del lino 19
madurez (f) parcial del lino

Samenreife (f) *oder* Hartreife (f) des Flachses
full ripeness of the flax
pleine maturité (f) du lin
полная зрѣлость (жр) льна
maturità (f) totale del lino 20
madurez (f) *o* sazón (f) completa del lino

b) Die Gewinnung (f) der Flachsfaser
Extraction of the Flax Fibre
Obtention (f) de la filasse de lin
Добыванiе (ср) льняного волокна
Produzione (f) della fibra del lino 21
Extracción (f) *u* obtención (f) de la fibra de lino

α) Ernte (f)
Crop
Récolte (f)
Урожай (мр), жатва (жр)
Raccolto (m) 22
Cosecha (f)

den Flachs raufen *oder* ziehen *oder* abernten
to pull the flax
arracher le lin
лён (мр) дергать *или* вырывать
estirpare *o* sterpare il lino 23
cosechar el lino

den Flachs nach Länge, Stärke und Reife der Stengel sichten [*oder* sortieren]
to sort the flax according to length, strength, and ripeness of the stems
assortir le lin selon la longueur, la grosseur et la maturité des tiges
сортировать (отдѣлять) лён (мр) по длинѣ, толщинѣ и зрѣлости стеблей
cernere il lino secondo la lunghezza, la grossezza e la maturità degli steli 24
clasificar *o* separar el lino según la longitud, el espesor y la sazón de los tallos

1	Auslegetisch (m), Sortiertisch (m) sorting table table (f) de triage	сортировочный стол (мр) tavola (f) di cernitura mesa (f) de clasificación
2	den Flachs auf dem Felde ausbreiten to spread the flax in the field étendre le lin sur le sol	разстилать лён (мр) по полю *или* стлать лён (мр) spargere il lino sul campo esparcir *o* extender el lino en el campo
3	der Flachs ist lufttrocken the flax is air dry le lin est sec à l'air	воздушно-сухой лён (мр) il lino è secco all'aria el lino está secado al aire libre
4	den Flachs in Hocken *oder* Kapellen aufstellen to stook *or* to stack the flax faire des cahoutes de lin	складывать лён (мр) скирдами *или* крышами abbicare il lino in covoni atresnalar el lino
5		Flachshocke (f) flax stack cahoute (f) de lin льняная скирда (жр) covone (m) di lino tresnal (m) de lino
6	die Samenkapseln (fpl) abdreschen to remove the seed pods by thrashing séparer les capsules (fpl) en battant le lin au fléau	отмолотить маковки separare le capsule trebbiando il lino quitar las gárgolas *o* cápsulas por la trilla
7	Riffeln (n), Reffeln (n) rippling égrenage (m), égrugeage (m), drégeage (m)	мыканье (ср) sgranellatura (f) *o* scoccolatura (f) del lino desgargolamiento (m) *o* desgranado (m) del lino
8	den Flachs riffeln *oder* reffeln to ripple the flax [straw] égrener *ou* dréger *ou* egruger le lin	мыкать лён (мр) sgranellare *o* scoccolare il lino desgargolar *o* desgranar el lino
9	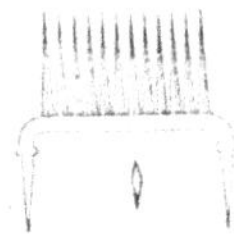	Riffelkamm (m), Reffelkamm (m), Raffel (f) rippling comb peigne (m) d'égrugeoir, drège (m) мыкальная гребенка (жр), мыканица (жр) pettine (m) per sgranellare *o* scoccolare peine (m) de desgargolar *o* de desgranar
10	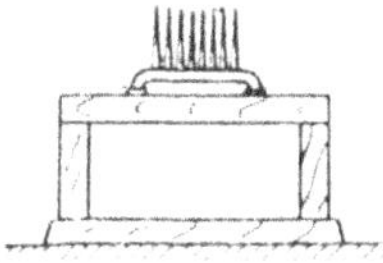	Riffelbank (f) rippling bench égrugeoir (m) мыкальница (жр), мыкальный стол (мр) (станок) banco (m) per sgranellare *o* scoccolare banco (m) de desgargolar *o* de desgranar
11	β) Rösten (n) *oder* Rotten (n) *oder* Röste (f) *oder* Rotte (f) des Flachses, Flachsröste (f), Flachsrotte (f) Retting the Flax Rouissage (m) *ou* roui (m) du lin	Мочка (жр) льна Macerazione (f) del lino Enriado (m) del lino
12	den [Roh-]Flachs rösten *oder* rotten to ret the flax [straw] rouir le lin [brut]	мочить лён (мр) macerare il lino [crudo] enriar *o* embalsar el lino [bruto]
13	den Pflanzenleim durch das Rösten zerstören to destroy the gummy matter by retting détruire la substance gommeuse par le rouissage	разрушение (ср) клеевины посредством мочки distruggere la sostanza gommosa a mezzo della macerazione destruir *o* disolver la materia gomosa por el enriado
14	Gärungsvorgang (m) fermentation, fermenting process procédé (m) de fermentation	процесс (мр) броженія processo (m) di fermentazione proceso (m) de fermentación
15	natürliche Röste (f) natural retting rouissage (m) naturel	естественная мочка (жр) macerazione (f) naturale enriado (m) natural
16	Wasserröste (f), Wasserrotte (f) water retting, steeping rouissage (m) à l'eau	водяная мочка (жр) macerazione (f) all'acqua enriamiento (m) *o* enriado (m) en agua
17	Kaltwasserröste (f), Kaltwasserrotte (f) cold water retting rouissage (m) à l'eau froide	мочка (жр) в холодной водѣ, холодная мочка (жр) macerazione (f) all'acqua fredda enriado (m) en agua fría
18	Röste (f) in stehendem Wasser, Grubenröste (f), Grubenrotte (f) pond retting rouissage (m) à l'eau stagnante *ou* croupissante *ou* au routoir	мочка (жр) в стоячей водѣ, прудовая мочка (жр) macerazione (f) all'acqua stagnante enriado (m) en agua estancada
19	Röste (f) in fließendem Wasser, weiße Röste (f) river retting rouissage (m) à l'eau courante	мочка (жр) в проточной водѣ, бѣлая мочка (жр) macerazione (f) all'acqua corrente enriado (m) en agua corriente
20	langsam fließendes Wasser (n) slowly running water eau (f) à courant modéré	медленно текущая вода (жр) acqua (f) a corsa lenta agua (f) que corre lentamente
21	schnell fließendes Wasser (n) quickly running water eau (f) à courant fort, eau courant vite	быстро текущая вода (жр) acqua (f) a corsa rapida agua (f) de fuerte corriente
22	weiches Wasser (n) soft water eau (f) douce	мягкая вода (жр) acqua (f) dolce agua (f) delgada
23	hartes Wasser (n) hard water eau (f) dure	жесткая вода (жр) acqua (f) dura agua (f) gorda

No.		
1	Gasentwicklung (f) development of gases développement (m) *ou* dégagement (m) des gaz	выдѣленіе *или* развитіе (ср) *или* образованіе (ср) газов sviluppo (m) di gas producción (f) de gases
2	Gasblase (f) gas bubble bulle (f) de gaz	газовый пузырь (мр) bolla (f) di gas burbuja (f) de gas
3	Röstkasten (m) retting box, retting crate ballon (m) [à rouir], caisse (f) à jour	мочильный чан (мр) gabbia (f) di macerazione, maceratoio (m) caja (f) para enriar
4	Röstgrube (f) retting hole *or* pond *or* dam rouissoir (m), routoir (m), rutoir (m)	яма (жр) для мочки, мочильная яма(жр) lago (m) *o* fossa (f) di macerazione, maceratoio (m) fosa (f) *o* balsa (f) para enriar
5	die Röstgrube mit Brettern auslegen to line the retting hole with boards revêtir de planches le routoir	выстлать мочильную яму досками rivestire la fossa di macerazione con assi di legno revestir con tablones la fosa para enriar
6	die Röstgrube ausmauern to line the retting hole with bricks maçonner le routoir	выложить мочильную яму камнем rivestire la fossa di macerazione di muratura revestir la fosa para enriar de mampostería
7	die Röstgrube mit Ton ausstampfen to ram the retting hole with clay damer d'argile le routoir	утрамбовать мочильную яму глиною rivestire con argilla la fossa di macerazione apisonar la fosa para enriar con arcilla
8	blaue Röste (f), Schlammröste (f), Schlammrotte (f) hole retting for blue flax rouissage (m) à bourbe	синяя мочка (жр), бельгійская, с подкидкою в яму ольховых сучьев, грязевая мочка macerazione (f) al fango enriado (m) en el limo
9	Luftröste (f), Luftrotte (f) open air retting rouissage (m) à plein air *ou* à l'air libre	воздушная мочка (жр) macerazione (f) all'aria libera enriado (m) al aire libre
10	Tauröste (f), Landröste (f), Rasenröste (f), Wiesenröste (f) dew retting, grassing rouissage (m) sur terre *ou* à la rosée, rorage (m)	росяная мочка (жр), луговая мочка (жр) полевая мочка (жр) macerazione (f) sul prato *o* per la rugiada enriado (m) sobre el suelo *o* al rocío
11	Grünröste (f), Grünrotte (f) green retting rouissage (m) au vert	зеленая мочка (жр) macerazione (f) al verde enriado (m) en verde
12	(abgemähte) Wiese (f) (mowed) meadow pré (m) (fauché)	(скошенный) луг (мр) prato (m) (falciato) prado (m) (segado)
13	Stoppelfeld (n) stubble field chaume (m)	пожниво (ср) secciaio (m), stoppia (f) rastrojera (f)
14	eisenhaltiger [Erd-] Boden (m) ferruginous soil sol (m) *ou* terrain (m) ferrugineux	желѣзистая почва (жр) terreno (m) ferruginoso tierra (f) ferruginosa
15	den Flachs wenden to turn the flax [re]tourner *ou* remuer le lin	перевертывать слань (жр) льна smuovere *o* rimuovere il lino dar una vuelta al lino, volver el lino
16	gemischte Röste (f) mixed retting rouissage (m) mixte	смѣшанная мочка macerazione (f) mista enriado (m) mixto
17	Vorröste (f), Vorrotte (f) preliminary retting rouissage (m) préparatoire	предварительная мочка (жр) macerazione (f) preliminare enriado (m) preliminar
18	Nachröste (f), Nachrotte (f) finishing retting, after-retting, [grassing] rouissage (m) définitif *ou* finisseur, curage (m)	окончательная мочка (жр) macerazione (f) posteriore segundo enriado (m)
19	Röstzeit (f), Röstdauer (f) duration of retting durée (f) du rouissage	продолжительность (жр) мочки durata (f) della macerazione duración (f) del enriado
20	Röstgrad (m) degree of retting degré (m) de rouissage	степень (жр) мочки grado (m) di macerazione grado (m) de enriamiento
21	Röstreife (f) retting ripeness rouissage (m) à point	зрѣлость *или* спѣлость (жр) мочки macerazione (f) compiuta enriado (m) completo
22	Überröste (f), Überrottung (f) over-retting rouissage (m) excessif, excès (m) de rouissage	передержка (жр) мочки macerazione (f) eccessiva enriado (m) excesivo
23	den Flachs überrösten *oder* überrotten to over-ret the flax rouir le lin à l'excès, trop rouir le lin	передержать лён (мр) в мочкѣ, перемочить troppo macerare il lino enriar demasiado el lino
24	überrösteter *oder* überrotteter *oder* verrösteter Flachs (m) over-retted flax lin (m) trop roui	перемоченный лён (мр) lino (m) troppo macerato lino (m) excesivamente enriado

1	Unterröste (f) under-retting rouissage (m) incomplet, manque (m) de rouissage	недомочка (жр), недодержать лён (мр) в мочкѣ macerazione (f) insufficiente *o* deficiente falta (f) de enriado	
2	Schneeröste (f), Schneerotte (f) snow retting rouissage (m) à la neige	снѣжная мочка (жр) macerazione (f) nella neve enriado (m) en la nieve	
3	künstliche Röste (f) artificial retting rouissage (m) artificiel	искусственная мочка (жр) macerazione (f) artificiale enriado (m) artificial	
4	Flachsröstanstalt (f), Flachsbereitungsanstalt (f) flax retting house établissement (m) de rouissage [du lin]	заведенiе (ср) для обработки льна, льномочильное заведенiе (ср) stabilimento (m) per la macerazione del lino instalación (f) para enriar el lino	
5	Warmwasserröste (f), Warmwasserrotte (f) amerikanische Röste (f), Schencksche Röste (f) warm water retting rouissage (m) à l'eau chaude	мочка (жр) в теплой водѣ, теплая мочка, американская мочка (жр) macerazione (f) all'acqua calda enriado (m) en agua caliente	
6	durch Dampf erwärmtes Wasser (n) steam heated water eau (f) chauffée à la vapeur	паром подогрѣтая вода (жр) acqua (f) riscaldata con vapore agua (f) recalentada por vapor	
7	Heißwasserröste (f), Heißwasserrotte (f) hot water retting rouissage (m) à l'eau très chaude	мочка (жр) в горячей водѣ, горячая мочка (жр) macerazione (f) all'acqua caldissima enriado (m) en agua muy caliente	
8	Wasserdampfröste (f), Dampfrotte (f) steam retting rouissage (m) à la vapeur [d'eau]	паровая мочка (жр), мочка (жр) водяным паром macerazione (f) al vapore [d'acqua] enriado (m) al vapor [de agua]	
9	Bottich (m) vat cuve (f)	чан (мр) tino (m) cuba (f)	
10	Schnellröste (f), Schnellrotte (f) quick retting rouissage (m) rapide	скорая мочка (жр) macerazione (f) rapida enriado (m) rápido	
11	Röste (f) mit verdünnter Schwefelsäure retting by dilute[d] *or* weak sulphuric acid rouissage (m) à l'acide sulfurique dilué *ou* faible	мочка (жр) разбавленной сѣрной кислотой macerazione (f) all'acido solforico diluito enriado (m) por el ácido sulfúrico diluído	
12	Sauerwasser (n) sour bath, acidulated water bain (m) acide *ou* acidulé	подкисленная вода (жр), кислая ванна (жр) acqua (f) acidulata agua (f) acidulada	
	Baursches Röstverfahren (n) Baur's retting method rouissage (m) système Baur	мочка (мр) по способу Баура macerazione (f) sistema Baur enriado (m) sistema Baur	13
	geschlossener verbleiter Kessel (m) closed lead lined vessel, lead lined boiler chaudière (f) plombée fermée, chaudière autoclave garnie de plomb	закрытый освинцованный котел (мр) (т. е. выложенный свинцом) caldaia (f) piombata chiusa caldera (f) emplomada cerrada	14
	Luftverdünnung (f) rarefaction of air raréfaction (f) de l'air	разрѣженiе (ср) воздуха rarefazione (f) dell'aria rarefacción (f) del aire	15
	Neutralisation (f) der Säure mit Soda neutralization of the acid with soda neutralisation (f) de l'acide par la soude	нейтрализацiя (жр) кислоты содой neutralizzazione (f) dell'acido con soda neutralización (f) del ácido por la sosa	16
	den Flachs spülen to rinse the flax rincer le lin	полоскат *или* промывать лён (мр) risciacquare il lino enjuagar el lino	17
	den Flachs trocknen to dry the flax sécher le lin	сушить лён (мр) seccare il lino secar el lino	18
	Doumersches Röstverfahren (n) Doumer's retting method rouissage (m) système Doumer	мочка (жр) льна по способу Думера macerazione (f) sistema Doumer enriado (m) sistema Doumer	19
	Fabrikröste (f) mill retting rouissage (m) industriel	фабричная мочка(жр) macerazione (f) industriale enriado (m) en fábrica, enriado industrial	20
	Waschvorgang (m), [Waschprozeß (m)] washing process procédé (m) de lavage	промывка (жр) processo (m) di lavaggio procedimiento (m) de lavar	21
	Quetschen (n) der Flachsstengel rolling the flax stems écrasement (m) des tiges de lin	отжатiе (ср), плющенiе (ср), раздавливанiе (ср) стеблей льна schiacciamento (m) dei gambi del lino laminado (m) de los tallos del lino	22
	(hölzernes) Walzwerk (n) (wooden) rolling machine machine (f) à écraser (en bois)	(деревянный) отжимной станок (мр) macchina (f) per schiacciare (in legno) máquina (f) de laminar (de madera)	23
	Trocknen (n) des Flachses drying of the flax séchage (m) du lin	сушка (жр) льна disseccamento (m) *o* essiccazione (f) del lino secamiento (m) *o* desecación (f) del lino	24

1 den Flachs in der Sonne trocknen *oder* dörren
to dry the flax in the sun
sécher le lin au soleil
сушить лён (мр) на солнцѣ
disseccare *o* asciugare il lino al sole
secar el lino al sol

---

2 Dörrgrube (f)
drying pit
fosse (f) à sécher
сушильная яма (жр)
fossa (f) essiccatrice
fosa (f) de secar

---

3 Dörrkammer (f)
drying chamber
chambre (f) de séchage
сушилка (жр), сушильня (жр), сушильная камера (жр)
essiccatoio (m), asciugatoio (m)
cámara (f) de desecación

---

4 Dörrofen (m)
drying stove
séchoir (m), étuve (f) à dessécher
сушильная печь (жр)
forno (m) essiccatore
estufa (f) de desecación

---

5 Backofen (m)
baking oven
four (m)
хлѣбопекарная печь (жр)
forno (m)
horno (m) de panadero

---

6 **γ) Brechen (n) *oder* Knicken (n) *oder* Brecheln (n) *oder* Braken (n) *oder* Raken des Flachses**
Breaking the Flax
Broyage (m) [*ou* macquage (m)] du lin
Мятьё *или* мятiе (ср) льна.
Gramolatura (f) *o* maciullatura (f) del lino
Agramado (m) del lino

7 den Flachs brechen *oder* knicken
to break the flax
broyer [*ou* macquer] le lin
мять лён (мр)
gramolare *o* maciullare il lino
agramar el lino

---

8 den holzigen Kern des Stengels in kleine Stückchen brechen
to break *or* to crush the boon of the stem into small pieces
broyer *ou* briser la partie ligneuse de la tige en petits morceaux
разбивать *или* измельчать древесину стебля
sminuzzare la parte legnosa del gambo
romper la parte leñosa del tallo en fragmentos

---

9 

Flachsbreche (f), Handbreche (f), Breche (f), Brechlade (f), Brake (f)
[flax] hand brake
broie (f) [*ou* macque (f)] à main
деревянная *или* желѣзная мялка (жр), ручной мяльный станок (мр), трепальный станок (мр)
gramola (f), maciulla (f)
agramadora (f) *o* agramadera (f) a mano

---

10 a
Deckel (m), Messer (n), Schlägel (m)
blade
mâchoire (f) [mobile], couteau (m), lame (f)
валёк (мр), колотушка (жр)
[battitoio (m) a] lama (f)
cuchilla (f)

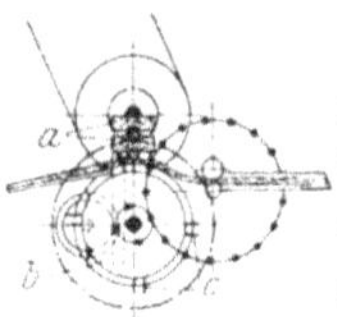

Kaselowskysche Brechmaschine (f)
Kaselowsky's brake
broyeuse (f) Kaselowsky
мяльная машина (жр) Казеловскаго 11
maciullatrice (f) *o* gramolatrice (f) sistema Kaselowsky
agramadora (f) sistema Kaselowsky

---

a
mit Messern versehener Deckel (m) *oder* Hackklotz (m)
breaking block
chapeau (m) à couteaux
колотушка (жр) *или* валёк (мр) снабженный(ая) ножами 12
ceppo (m) *o* coperchio (m) a coltelli
maza (f) con cuchillas

---

b
Messerwalze (f), Trommel (f) mit Messerpaaren
knife *or* blade roller
cylindre (m) à couteaux
ножевой вал (мр), барабанъ (мр) с парами ножей 13
cilindro (m) a coltelli
cilindro (m) con pares de cuchillas

---

c
Messerpaare (npl)
pairs of knifes *or* blades
paires (fpl) de couteaux 14
пара (жр) ножей
paia (fpl) di coltelli
pares (mpl) de cuchillas

Flachsriste (f), Riste (f), Handvoll (f)
strick of flax, handle *or* handfull of flax
poignée (f) de lin
пучёк (мр) мятаго льна, льняная прядь (жр)
manipolo (m) *o* manata (f) *o* fastello (m) di lino 15
manojo (m) de lino

Schäbe (f), [Ahne (f), Schewe (f), Achel (f), Agene (f)]
awn, chaff, shove, boon
chènevotte (f)
костра (жр), кострика (жр)
lisca (f) 16
agramiza (f)

---

den Flachs mit dem Bleuel *oder* Botthammer schlagen *oder* klopfen, den Flachs boken, poken, bleueln, blauen, botten, potten
to soften the flax (by beating)
piler le lin [au maillet]
мять *или* колотить лён (мр) вальком
battere il lino colla mazza 17
ablandar el lino batiendo, aplastar el lino

Tenne (f)
loft
aire (f)
ток (мр), гумно (ср)
aia (f) 18
era (f)

Botthammer (m), [Bleuel (m), Blauel (m), Boker (m)]
bruising mail
maillet (m) [flamand]
зубчатый деревянный валёк (мр), гребнище (ср) 19
mazza (f)
mazo (m)

1 Stampfwerk (n), Stampfmühle (f), Plauelmühle (f), Pockmühle (f), Bokmühle (f)
beetle, beating mill
moulin (m) à piler
толчейная мельница (жр), толчея (жр), колотилка (жр)
molino (m) a pilloni
molino (m) de pisones

---

2 Trog (m)
trough
auge (f)
корыто (ср)
truogolo (m)
artesa (f), tolva (f)

---

3 Stampfe (f)
faller
pilon (m)
толчея (жр), колотушка (жр)
pillone (m), pestone (m)
pisón (m)

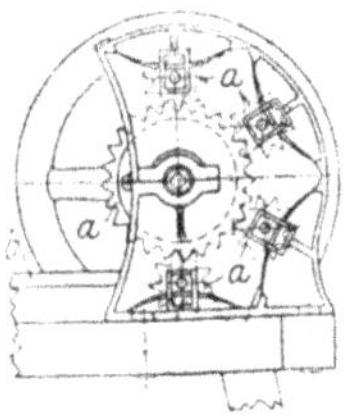

4 Rundlaufbrechmaschine (f), Knickmaschine (f) mit Rundlauf
circular breaking machine
broyeuse (f) [à mouvement] circulaire
циркулярная мялка (жр), льномяльная машина (жр)
gramolatrice (f) [con movimento] circolare
agramadora (f) circular

---

5 a
dreikantig geriffelte Walze (f)
roller with triangular flutes
cylindre (m) à cannelures triangulaires
вал (мр) с трехгранными рифлями
cilindro (m) a scanalature triangolari
cilindro (m) de ranuras *o* estrías triangulares

---

6 b
Einlegetisch (m)
feed table
table (f) d'alimentation *ou* alimentaire
питательный стол (мр)
tavola (f) di alimentazione
mesa (f) de alimentación

---

7 Göpel (m), Roßwerk (n), Pferdegöpel (m)
horse gear [drive]
manège (m) à cheval, baritel (m)
конный привод (мр), ворот (мр)
argano (m) [verticale] a cavallo
malacate (m)

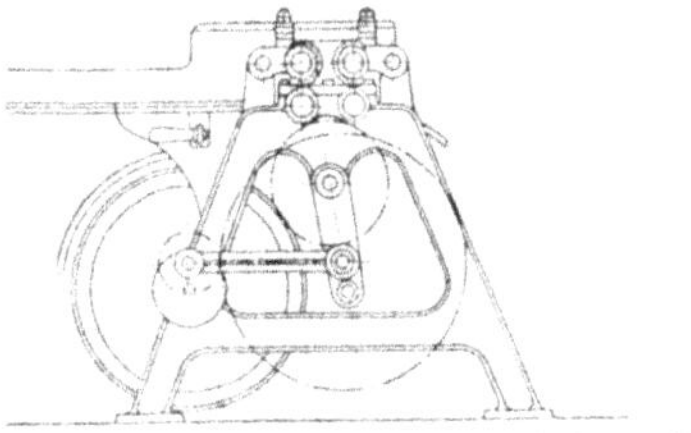

8 Guildsche Flachsbreche (f)
Guild's flax brake
broyeuse (f) système Guild
льномяльная машина (жр) Гильда
gramolatrice (f) sistema Guild
agramadora (f) sistema Guild

---

9 Riffelwalzenpaar (m)
pair of fluted rollers
paire (f) de cylindres cannelés
пара (жр) рифленых валов
coppia (f) di cilindri scanalati *o* striati
par (m) de cilindros acanalados

Pilgerschrittbewegung (f)
intermittent [return] feed motion
mouvement (m) dit „au pas de pèlerin"
движенiе (ср) толчками
movimento (m) detto „al passo di pellegrino" 10
movimiento (m) a paso de peregrino

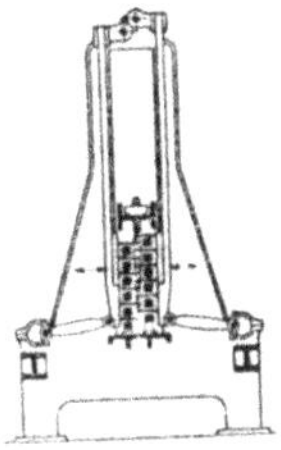

Schäbestechmaschine (f), Stechmaschine (f)
Cardon's flax breaking machine
teilleuse-piqueuse (f) système Cardon
машина (жр) для прокалыванiя *или* расщепленiя стеблей, шабровка (жр) 11
gramolatrice (f) sistema Cardon
agramadora (f) sistema Cardon

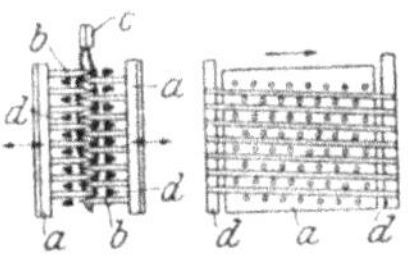

Stechplatte (f)
pinned plate
plaque (f) de piquage
игольчатая коробка (жр) 12
piastra (f) con spilli
placa (f) con agujas *o* púas

---

a

b
Nadel (f), Zinke (f)
pin
aiguille (f)
игла (жр), зубец (мр) 13
spillo (m)
aguja (f), púa (f)

---

c
Kluppe (f)
holder, clamp
mâchoire (f)
клещи, клупп (мр) 14
morsa (f)
mordaza (f)

---

d
feststehende Roste (mpl)
fixed grids
grilles (fpl) fixes
неподвижные колосники 15
griglie (fpl) fisse
rejillas (fpl) fijas, emparrillados (mpl) fijos

δ) Schwingen (n) *oder* Schwingeln (n) des Flachses
Трепанiе (ср) льна
Scutching *or* Swingling the Flax
Scotolatura (f) del lino 16
Teillage (m) *ou* écangage (m) *ou* espadage (m) du lin
Espad[ill]ado (m) del lino

---

den Flachs schwingen *oder* schwingeln
to scutch *or* to swingle the flax
teiller *ou* écanguer *ou* espader le lin
трепать лён (мр)
scotolare [*o* stigliare] il lino 17
espad[ill]ar el lino

Schwingerei (f), Flachsschwingerei (f)
[flax]scutching mill
atelier (m) de teillage
трепальный завод (мр)
opificio (m) di scotolatura 18
establecimiento (m) de espad[ill]ar

1 Vorschwingen (n) des Flachses
first scutching of the flax
premier teillage (m) du lin
подготовительное *или* предварительное трепанie (ср) льна
scotolatura (f) preliminare del lino
primer espad[ill]ado (m) del lino

---

2 Reinschwingen (n) des Flachses
finishing scutching of the flax
dernier teillage (m) *ou* teillage (f) en fin du lin
окончательное трепанie (ср) льна
scotolatura (f) finale del lino
espad[ill]ado (m) final del lino

3 Handschwingerei (f)
hand scutching
teillage (m) à la main
ручное трепанie (ср)
scotolatura (f) a mano
espad[ill]ado (m) a mano

4 Handschwinge (f)
hand scutching frame, swingle bench
écangueuse (f), teilleuse (f) à main
ручная трепалка (жр)
scotolatoio (m), scotola (f) a mano
banco (m) para espadar [a mano]

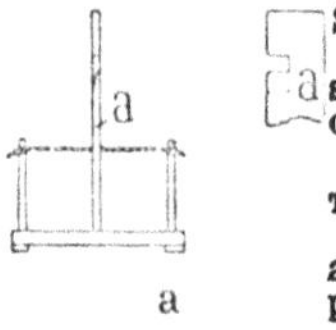

5 Schwingstock (m), Schwingbrett (n)
scutching board *or* stock
chevalet (m), planche (f) à écanguer, poisset (m)
трепальная плаха (жр) *или* доска (жр)
assicella (f) dello scotolatoio
plancha (f) de espadar

6 Schwinge (f), Schwingbeil (n), Schwingmesser (n)
swingling tool, scutch blade
écang (m), dague (f), espade (f)
трепало (ср), трепач (мр), било (ср)
[coltello (m) della] scotola (f)
espadilla (f), espadón (m)

---

7 Maschinenschwingerei (f)
mill scutching, machine scutching
teillage (m) mécanique
машинное трепанie (ср)
scotolatura (f) meccanica
espad[ill]ado (m) a máquina

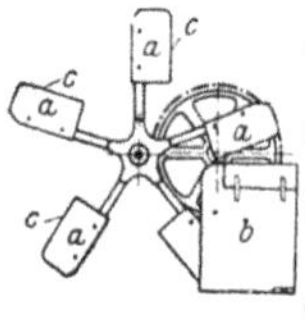

8 Schwingmaschine (f)
scutching machine, swingling machine
teilleuse (f), moulin (m) flamand
трепальный станок (мр), трепалка (жр)
scotola (f) meccanica, macchina (f) per scotolare, scotolatrice (f)
espadadora (f), espadón (m) mecánico

---

9 a
Schwingmesser (n)
scutch[ing] blade
lame (f), couteau (m), batte (f)
трепало (ср), трепач (мр) било (ср)
coltello (m)
cuchilla (f) [de espadar]

---

b
Schwingstock (m)
scutching board
chevalet (m)
трепальная доска (жр) 10
assicella (f) dello scotolatoio
plancha (f) de espadar

---

c
Schneide (f) des Messers, Messerschneide (f)
[cutting] edge of blade
tranchant (m) du couteau 11
лезвie (ср) ножа
taglio (m) *o* filo (m) del coltello
filo (m) de la cuchilla, corte (m) del espadón

Schwingstand (m)
scutching stand
poste (m) *ou* compartiment (m) de l'écangueur
мѣсто (ср) трепальщика
posto (m) *o* compartimento (m) dello scotolatore 12
puesto (m) donde se espada

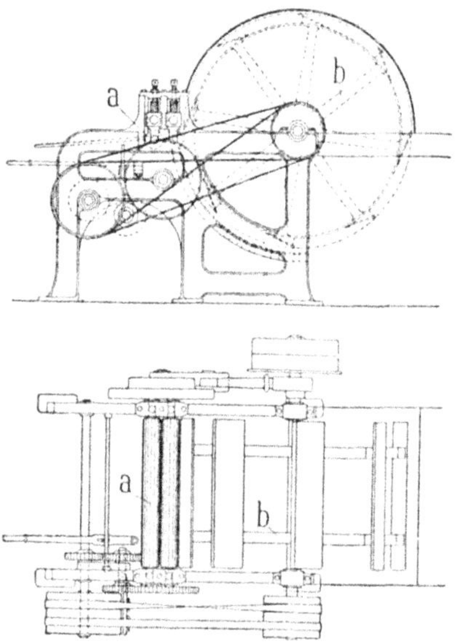

vereinigte Schwing- und Brechmaschine (f)
combined scutching and breaking machine
broyeuse-teilleuse (f) combinée
комбинированная мяльно-трепальная машина (жр) 13
macchina (f) combinata per gramolare e scotolare
máquina (f) agramadora-espadadora

---

a
Brechwalze (f)
breaking roller
rouleau-briseur (m), cylindre-broyeur (m)
мяльный вал (мр) 14
rullo (m) *o* cilindro (m) gramolatore
cilindro (m) agramador

1 b
Schwingtrommel (f)
scutching cylinder
tambour-teilleur (m)
трепальный волчек (мр), трепальный барабан (мр)
cilindro (m) scotolatore
cilindro (m) o tambor (m) espadador

2
Ribben (n) *oder* Risten (n) des Flachses
dressing the flax
raclage (m) du lin
обминанiе (ср) *или* раздѣлка (жр) льна
sfregamento (m) del lino
raspadura (f) del lino

3
den Flachs ribben *oder* risten
to dress the flax
racler le lin
обминать *или* раздѣлывать лён (мр)
sfregare il lino
raspar el lino

4
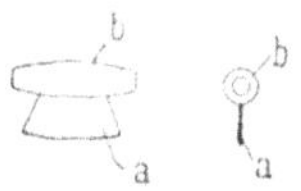

Ribb[e]messer (n)
flax-dresser's knife
racloir (m)
нож (мр) для раздѣлки льна
coltello (m) per sfregare
rasqueta (f)

5 a
Klinge (f) [aus Eisenblech]
[sheet iron] blade
lame (f) [en tôle]
лезвiе (ср) из листового желѣза
lama (f) [di latta bianca]
hoja (f) [de plancha o de chapa de hierro]

6
Ribbeleder (n), Ribbelappen (m)
dressing leather
cuir (m) de raclage
кожанная постилка (жр) для раздѣлки льна, подстилка (жр)
cuoio (m) per sfregare
cuero (m) de raspar

7
Ristebock (m)
dressing frame *or* board
chevalet (m) *ou* planche (f) à racler
станок (мр) *или* кобылка (жр) для расчески, раздѣлки льна
cavalletto (m) per sfregare
plancha (f) de raspar

8
den Flachs bürsten
to brush the flax
brosser le lin
прочесывать щёткой лён (мр)
spazzolare il lino
cepillar el lino

9
die Flachsstengel (m pl) kürzen
to cut the flax stems
couper les tiges (f pl) de lin
укорачивать стебли (мр) льна
tagliare i fusti o gambi del lino
[a]cortar los tallos del lino

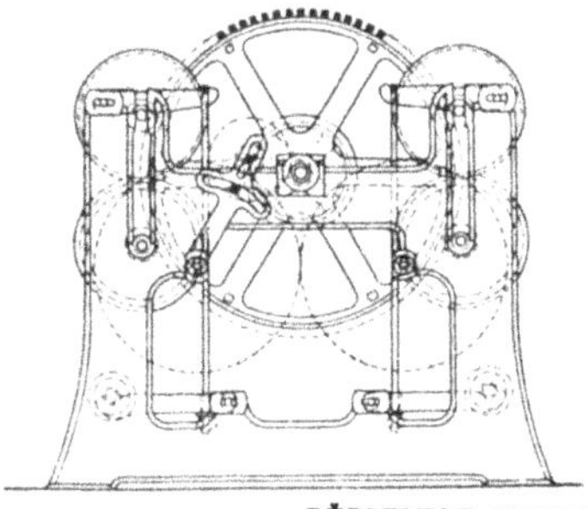

10
Flachsschneidmaschine (f)
flax cutter
machine (f) à couper le lin
рѣзальная машина (жр) для льна
macchina (f) per tagliare il lino
máquina (f) de cortar el lino

ε) Hecheln (n) des Flachses, [Flachs-] Hechelei (f)
Hackling *or* heckling [*or* combing] of the Flax
Sérançage (m) *ou* peignage (m) du lin
Проческа (жр) льна на геклях
Pettinatura (f) *o* scapecchiatura (f) del lino 11
Rastrillaje (m) *o* rastrillado (m) *o* peinado (m) del lino

den Flachs hecheln
to hackle [*or* to heckle *or* to comb] the flax
sérancer *ou* peigner le lin
чесать лён (мр) на геклях
pettinare *o* scapecchiare il lino 12
rastrillar *o* peinar el lino

Hechler (m)
hackler, flax comber
séranceur (m), peigneur (m), chanvrier (m)
чесальщик (мр) на геклях
pettinatore (m) da lino, scapecchiatore (m) 13
rastrillador (m), peinador (m)

Hechelei (f)
hackling room
salle (f) de peignage du lin, [atelier (m) de] sérançage (m)
чесальная (жр)
sala (f) o opificio (m) di pettinatura o di scapecchiatura 14
cuadra (f) de rastrillaje

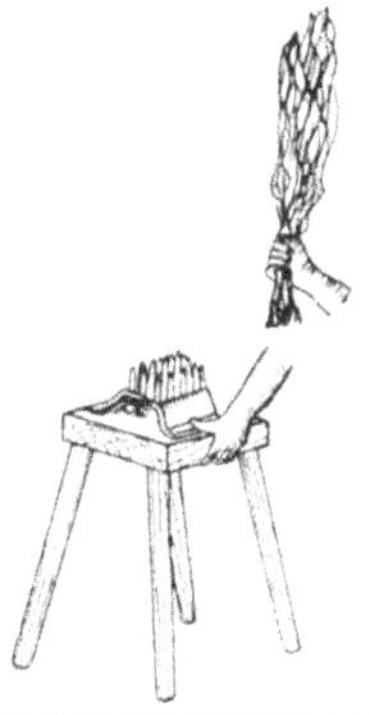

Hechel (f), Handhechel (f)
[hand] hackle, comb
séran (m) [à main], sérançoir (m), peigne-séran (m)
гекля (жр), чесалка (жр), ручная чесалка (жр) 15
pettine (m) da lino, scapecchiatoio (m) [a mano]
rastrillo (m) *o* peine (m) a mano

Hechelzahn (m)
hackle pin
aiguille (f) *ou* dent (f) du séran
гекельная игла (жр)
dente (f) *o* ago (m) del pettine da lino *o* dello scapecchiatoio 16
aguja (f) *o* púa (f) del rastrillo

den Flachs stufenweise hecheln
to hackle the flax gradually
peigner *ou* sérancer le lin graduellement
послѣдовательно (постепенно) расчесывать лён (мр)
pettinare *o* scapecchiare il lino gradualmente 17
rastrillar el lino gradualmente

grobe Hechel (f), weitständige Hechel (f), Abzughechel (f), Ruffer (m)
coarse hackle, long ruffer, rougher hackle
ébauchoir (m), gros peigne (m)
грубая гекля (жр)
pettine (m) rado *o* grosso [da lino], scapecchiatoio (m) di sgrosso 18
rastrillo (m) en grueso

Mittelhechel (f)
ten, middle hackle, medium coarse comb
peigne (m) *ou* séran (m) intermédiaire *ou* moyen
средняя гекля (жр)
pettine (m) mezzano [da lino] 19
rastrillo (m) intermedio

1 feine Hechel (f), Ausmachhechel (f)
switch, fine *or* finishing hackle
affinoir (m)
тонкая гекля (жр)
pettine (m) fitto *o* fino [da lino]
rastrillo (m) en fino

2 Feinhecheln (n)
hackling to a high degree of fineness
affinage (m) du lin
тонкая чёска (жр)
pettinatura (f) *o* scapecchiatura (f) a fino
rastrillado (m) en fino

3 Hechelstuhl (m)
hackling bench
banc (m) à séran
гекельный станок (мр), чесальный станок
banco (m) del pettine *o* dello scapecchiatoio
banco (m) de rastrillar

4 die Hede aus den Hechelstäben ausstoßen
to strip the tow out of the hackle bars
enlever les étoupes (fpl) des barrettes à peigne
очищать гекли от пакли (очёса)
togliere la stoppa dalle barrette da pettine
quitar la estopa de las agujas

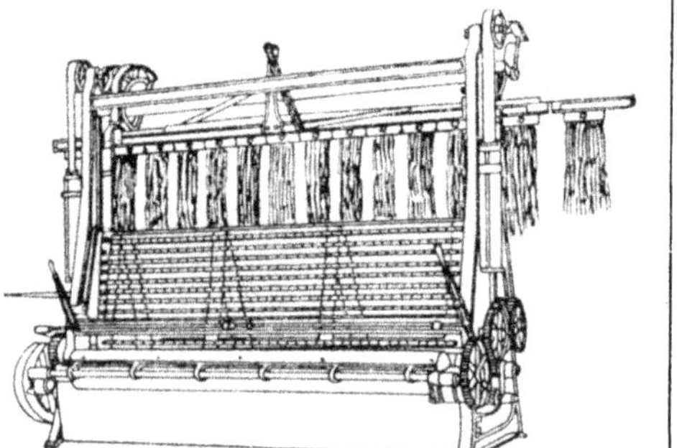

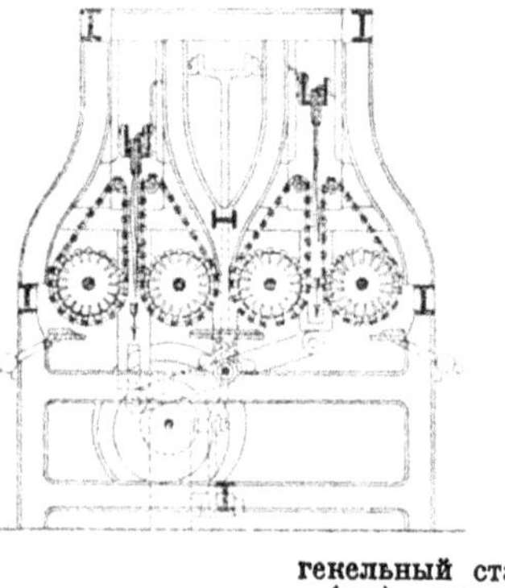

5 Flachshechelmaschine (f)
flax hackling machine
peigneuse (f) mécanique au lin, machine (f) à peigner le lin
гекельный станок (мр), гекельная машина
pettinatrice (f) da lino, scapecchiatrice (f), scapecchiatoio (m) a macchina
[maquina (f)] rastrilladora (f) *o* peinadora (f) de lino

c) Physikalisches (n) und Chemisches (n) von der Flachsfaser
Physical and Chemical Properties of the Flax Fibre
Propriétés (fpl) physiques et chimiques de la fibre de lin
физическія и химическія свойства льняного волокна
Proprietà (fpl) fisiche e chimiche del lino 6
Propiedades (fpl) físico-químicas del lino

seidenartig glänzende Faser (f)
fibre showing silky lustre, bright silky fibre
fibre (f) ayant un brillant soyeux
шёлковисто-блестящее волокно (ср)
fibra (f) lucida come seta 7
fibra (f) de lustre sedoso

weiche Faser (f)
soft fibre
fibre (f) douce
мягкое волокно (ср)
fibra (f) soffice 8
fibra (f) blanda *o* suave

glatte Faser (f)
smooth *or* even fibre
fibre (f) lisse
гладкое волокно (ср) 9
fibra (f) liscia
fibra (f) lisa

mürbe Faser (f)
brittle fibre
fibre (f) frêle
рыхлое *или* дряблое волокно (ср)
fibra (f) friabile 10
fibra (f) quebradiza *o* frágil

lichtblaue Farbe (f)
light-blue colour
couleur (f) légèrement bleutée
голубая окраска (жр) голубой цвѣт (мр) 11
colore (m) celeste
color (m) azulado

stahlgraue Farbe (f)
steel-gray colour
couleur (f) gris d'acier
стальной цвѣт (мр), стальная окраска (жр)
colore (m) grigio d'acciaio 12
color (m) gris de acero

grünliche Farbe (f)
greenish colour
couleur (f) verdâtre
зеленоватый цвѣт (мр)
colore (m) verdastro 13
color (m) verdoso

braungelbe Farbe (f)
yellowish brown colour
couleur (f) jaunâtre
желто-коричневый цвѣт (мр)
colore (m) brunogiallognolo 14
color (m) amarillo-pardo

dunkelbraun-graue Farbe (f)
darkbrown-gray colour
couleur (f) brun foncé gris
темно-коричневый, сѣро-бурый цвѣт (мр)
colore (m) brunotto-cenere 15
color (m) pardo-obscuro-gris

Bastzelle (f), Elementarzelle (f), Elementarfaser (f)
bast cell, embryo fibre
cellule (f) *ou* fibre (f) élémentaire
клѣтка (жр) лубка, элементарная *или* первичная клѣтка (жр)
cellula (f) del libro *o* elementare 16
célula (f) del liber, fibra (f) elemental

zylindrische Röhren (fpl)
cylindrical tubes
tubes (mpl) cylindriques
цилиндрическія трубки 17
tubi (mpl) cilindrici
tubos (mpl) cilíndricos

zarte Längsstreifung (f)
fine striations
stries (fpl) fines
слабая продольная полосатость (жр) 18
strie (fpl) fine
estriado (m) fino

1
Verschiebungen (fpl) in der Zellwand
dislocations in the cell wall
déplacements (mpl) dans la paroi cellulaire
сдвиги (мр) в клѣточных стѣнках
spostamenti (mpl) nella parete cellulare
dislocaciones (fpl) en la pared celular

2
knötchenartige Anschwellungen (fpl)
knotty swellings
gonflements (mpl) noueux
узловатые наросты клѣточных стѣнок (утолщенiя)
gonfiamenti (mpl) nodosi
hinchazones (fpl) en forma de nudos

3
scharfe Faserspitze (f)
fine fibre point
pointe (f) acérée de la fibre
островидный конец (мр) волокна
punta (f) aguzza della fibra
punta (f) aguda de la fibra

4
Spaltöffnungen (fpl) in der Oberhaut [*oder* Epidermis]
splits in the epidermis
fentes (fpl) dans l'épiderme
трещины в покровѣ, в наружней кожицѣ *или* в эпидермѣ
fenditure (fpl) nell'epiderme
grietas (fpl) en la epidermis

5
reiner Zellstoff (m)
pure cellulose
cellulose (f) pure
чистая целлулоза (жр)
cellulosa (f) pura
celulosa (f) pura

6
Zellulosereaktion (f)
cellulose reaction
réaction (f) de la cellulose
реакцiя (жр) целлулозы
reazione (f) della cellulosa
reacción (f) de la celulosa

7
die Faser quillt in Kupferoxydammoniak stark aber gleichmäßig auf
the fibre swells strongly but uniformly in ammoniacal copper oxide
la fibre gonfle dans l'oxyde de cuivre ammoniacal fortement mais uniformément
волокно (ср) сильно но равномѣрно разбухает в мѣдно-кислом аммiакѣ
la fibra si gonfia fortemente ma con uniformità nell'ossido di rame ammoniacale
la fibra se hincha mucho pero uniformemente en el óxido de cobre amoniacal

8
blaue Färbung (f) durch Jod-Schwefelsäure
blue colouring by iodine-sulphuric acid
coloration (f) bleue due au réactif iode-acide sulfurique
синее окрашиванiе (ср) при обработкѣ раствором iодо-сѣрной кислоты
colorazione (f) azzurra per l'acido solforico iodato
coloración (f) *o* tinte (m) azul por el ácido sulfúrico yodado

9
dunkelviolette Färbung (f) durch Chlor-Zink-Jod
dark violet colouring by chlorine-zinc-iodine
coloration (f) violet-foncé due au chlore-zinc-iode
темно-фiолетовое окрашиванiе (ср) при обработкѣ раствором хлорно-цинковаго iода
colorazione (f) violetta scura per il cloro-zinco-iodio
coloración (f) morado-obscura por el cloro-cinc-yodo

d) Flachshandel (m
Flax *or* Linen Trade
Commerce (m) du lin
Торговля (жр) льном
Commercio (m) del lino 10
Comercio (m) del lino

α) Allgemeines (n)
General
Généralités (fpl)
Общая часть (жр)
Generalità (fpl) 11
Generalidades (fpl)

Flachsfaser (f), Leinfaser (f)
flax fibre
fibre (f) de lin 12
льняное волокно (ср)
fibra (f) di lino
fibra (f) de lino

Flachsmarkt (m)
flax market
marché (m) de lin
рынок (мр) льна
mercato (m) del lino 13
mercado (m) de lino

Flachshändler (m)
flax dealer
marchand (m) de lin
торговец (мр) льном
negoziante (m) di lino, linaiuolo (m) 14
comerciante (m) de lino

Flachsbauer (m)
flax grower
cultivateur (m) de lin
льновод (мр)
coltivatore (m) di lino 15
cultivador (m) de lino

Handprobe (f), Muster (n)
[hand]sample
échantillon (m)
образчик (мр)
campione (m) 16
muestra (f)

Flachsbündel (n)
flax bundle
botte (f) *ou* faisceau (m) de lin
пучёк (мр) льна
fascio (m) *o* fastello (m) di lino 17
haz (m) de lino

Auslegen (n) [*oder* Sortieren (n)] des Flachses
sorting the flax
classement (m) *ou* triage (m) du lin
раскладыванiе (ср) *или* сортировка (жр) льна
classifica (f) *o* cernitura (f) del lino 18
clasificación (f) del lino

in Matten gewickelter Ballen (m)
bale tied up in mats
balle (f) entourée de nattes
кипа (жр) упакованная в рогожу
balla (f) avvolta in stuoie 19
bala (f) envuelta en esteras

mit Stricken umschnürter Ballen (m)
bale tied up with ropes
balle (f) liée avec des cordes
кипа (жр) перевязанная веревкой
balla (f) legata con corde *o* funi 20
bala (f) atada con cuerdas

den Flachs in Säcke verpacken
to pack the flax in bags
emballer le lin dans des sacs
упаковывать лён (мр) в мѣшки
imballare il lino in sacchi 21
embalar el lino en sacos

Sacklein (m)
flax packed in bags
lin (m) en sacs
лён (мр) в мѣшках
lino (m) [confezionato] in sacchi 22
lino (m) embalado en sacos

Tonnenlein (m)
flax packed in casks or barrels
lin (m) en tonneaux
лён (мр) в бочках
lino (m) in barili 23
lino (m) embalado en toneles *o* barriles

1 Flachsspeicher (m), [Flachsmagazin (n)]
flax store
magasin (m) *ou* entrepôt (m) de lin
склад (мр) льна, амбар (мр) для льна
magazzino (m) *o* deposito (m) di lino
almacén (m) de lino

2 den Flachs nach metrischem Gewicht kaufen
to buy the flax by metrical weight
acheter le lin au poids métrique
покупать лён (мр) по метрическим вѣсам
comprare il lino a peso metrico
comprar el lino por peso métrico

3 den Flachs nach Feldfläche kaufen
to buy the flax by the field's area
acheter le lin sur pied
покупать лён (мр) по площади поля (на корню)
comprare il lino per aree
comprar el lino por área de campo

4 5,8 kg
Sack (m)
sack
sack (m)
сак (мр)
sack (m)
sack (m)

5 $2^3/_4 - 3^3/_4$ kg
Steen (m)
steen
steen (m)
стен (мр)
steen (m)
steen (m)

6 $1^1/_2$ kg
Botte (f)
botte
botte (f)
боттэ (жр)
botte (f)
botte (f)

7 6,35 kg
Stone (m)
stone
stone (m)
стон (мр)
stone (m)
stone (m)

8 50 kg
$^1/_2$ dz
Zentner (m)
hundredweight, 50 kilograms
quintal (m), 50 kilos (mpl)
центнер (мр)
mezzo quintale (m), 50 chilogrammi (mpl)
quintal (m)

9 100 kg
$^1/_1$ dz
Doppelzentner (m), Meterzentner (m), metrischer Zentner (m)
quintal
quintal (m) métrique
доппель-центнер (мр), метрическій центнер
quintale (m) [metrico]
quintal (m) métrico

10 
Leinsame (m)
linseed, flax seed
graine (f) de lin
льняное сѣмя (ср)
seme (m) di lino
linaza (f), gárgola (f)

11 Leinöl (n)
linseed oil
huile (f) de lin
льняное масло (ср)
olio (m) di lino
aceite (m) de linaza

β) Einteilung (f) des Flachses

Classification of the Flax

Classement (m) du lin

Раздѣленіе (ср) *или* классификація (жр) льна

Classifica (f) del lino

Clasificación (f) del lino 12

Handelsflachs (m),
commercial flax
lin (m) commercial
торговый лён (мр), лён для торговли
lino (m) mercantile
lino (m) comercial 13

Stengelflachs (m), Roh- *oder* Grün- *oder* Strohflachs (m), Flachsstroh (n)
flax straw, rough flax
lin (m) en paille *ou* en tige
стебельчатый лён (мр), сырой лён (мр)
lino (m) greggio, paglia (f) di lino
paja (f) de lino 14

Rösteflachs (m), Rotteflachs (m), gerösteter Flachs (m)
retted flax
lin (m) roui *ou* de rouissage *ou* naisé
моченый *или* вымоченый лён (мр)
lino (m) macerato
lino (m) enriado 15

Wasserflachs (m)
water retted flax
lin (m) roui à l'eau
лён (мр) моченец
lino (m) macerato all'acqua
lino (m) enriado al agua 16

Rasenflachs (m)
dew retted flax
lin (m) roui au pré
лён (мр) сланец
lino (m) macerato sul prato
lino (m) enriado en el prado 17

chemisch gerösteter Flachs (m)
chemically retted flax
lin (m) roui chimiquement
химически отмоченный лён (мр)
lino (m) macerato chimicamente
lino (m) enriado químicamente 18

gebrochener Flachs (m)
broken flax
lin (m) broyé
мятый лён (мр)
lino (m) maciullato *o* gramolato
lino (m) agramado 19

geschwungener Flachs (m), Schwingflachs (m)
scutched flax
lin (m) teillé
лён (мр) в вязках *или* в пучках
lino (m) scotolato
lino (m) espad[ill]ado 20

Hechelflachs (m), Reinflachs (m)
hackled flax
lin (m) peigné
лён (мр) машинной чёски, очищенный лён
lino (m) scapecchiato *o* pettinato
lino (m) rastrillado *o* peinado 21

Flachswerg (n), Werg (n), Hede (f)
[flax] tow
étoupe (f) [de lin]
пакля (жр), очёс (мр), конопать (жр)
stoppa (f) [di lino]
estopa (f) [de lino] 22

Schwingwerg (m), Schwinghede (f), Zopfwerg (m), Abfallwerg (m)
swing tow
étoupe (f) d'espadage
кудель (жр), пакля (жр), очёсы (мр) конопать (жр), отбросы трепанія
stoppa (f) di scotolatura
estopa (f) de espadado 23

2. Der Hanf
1 **Hemp**
Le chanvre
Конопля (ж р)
La canapa, il canape
El cáñamo

a) Botanik (f) und Kultur (f) des Hanfes
2 **Botany and Cultivation of Hemp**
Botanique (f) et culture (f) du chanvre
Ботаника (ж р) и культура (ж р) конопли
Botanica (f) e coltivazione (f) della canapa
Botánica (f) y cultivo (m) del cáñamo

3 Cannabis sativa
Hanfpflanze (f), Cannabispflanze (f), gewöhnlicher Hanf (m), Cannabishanf (m)
hemp plant, common hemp
chanvre (m) commun
конопля (как растенiе), обыкновенная конопля
canapa (f) comune
cáñamo (m) común

4 Ölpflanze (f)
oil plant
plante (f) oléifère
масличное растенiе (ср)
pianta (f) oleifera
planta (f) oleaginosa

5 Stengelfaserpflanze (f)
stemmed plant
plante (f) à tige fibreuse
стебельчатое растенiе (ср)
pianta (f) caulescente
planta (f) de tallo

6 zweihäusige Pflanze (f)
diœcious plant
plante (f) dioïque
двудольное растенiе (ср)
pianta (f) dioica
planta (f) dioica

7

männliche Hanfpflanze (f), Sommerhanf (m), Hanfhahn (m), Staubhanf (m), tauber Hanf (m), Fimmel (m), Femel (m), Sünderhanf (m)
male hemp [plant]
chanvre (m) mâle
мужская конопля (жр), посконь (жр), замашка (жр), дерганец (мр)
canapa (f) maschia
cáñamo (m) masculino o macho

8 locker beblätterter männlicher Hanf (m)
loosely leafed male hemp
chanvre (m) mâle à feuilles peu serrées
рѣдколиственная мужская конопля (жр)
canapa (f) maschia a foglie scarse
cáñamo (m) macho de hojas sueltas

9

weibliche Hanfpflanze (f), Winterhanf (m), Bästling (m), Büsling (m), Samenhanf (m), Saathanf (m), Kopfhanf (m), grüner Hanf (m), Mäschel (m), Mastel (m)
female hemp [plant]
chanvre (m) femelle
женская конопля (жр), матёрка (жр)
canapa (f) femmina
cáñamo (m) femenino

10 buschiger weiblicher Hanf (m)
bushy female hemp
chanvre (m) femelle à feuilles serrées
густолиственная женская конопля (жр)
canapa (f) femmina a foglie fitte
cáñamo (m) hembra densifoliado

11 Hanfstaude (f)
hemp shrub
arbuste (m) de chanvre
куст (мр) конопли
arbusto (m) di canapa
arbusto (m) de cáñamo

12 Hanfwurzel (f)
hemp root
racine (f) du chanvre
корень (мр) конопли
radice (m) di canapa
raíz (m) de cáñamo

tiefgehende, spitz zulaufende Wurzel (f)
deep pointed root
racine (f) pivotante pointue
глубокiй остроконечный корень (мр)
radice (f) profonda terminante in punta 13
raíz (f) profunda y puntiaguda

ästiger *oder* verzweigter Hanfstengel (m)
many branched *or* ramified hemp stem
tige (f) de chanvre branchue *ou* rameuse
вѣтвистый стебель (мр) конопли
stelo (m) ramoso della canapa 14
tallo (m) ramoso de cáñamo

gefingertes Hanfblatt (n)
finger-shaped hemp leaf
feuille (f) digitée du chanvre 15
лапчатый лист (мр) конопли
foglia (f) digitata della canapa
hoja (f) digitada del cáñamo

a
gezahntes *oder* gesägtes Blatt (n)
dentate[d] leaf
feuille (f) dent[el]ée 16
зубчатый лист (мр)
foglia (f) denticolata
hoja (f) dentada

b
Blattstiel (m)
leaf stalk
pétiole (m)
стебель (мр) листа 17
peduncolo (m) della foglia
peciolo (m)

c
lanzettliches Blättchen (n)
lanceolate leaflet
feuillette (f) lancéolée
ланцетообразный листочек (мр) 18
fogliolina (f) lanceolata
hojita (f) lanceolada

männliche Hanfblüte (f)
male hemp flower
fleur (f) mâle du chanvre
мужской цвѣток (мр) конопли 19
fiore (m) maschio della canapa
flor (f) masculina del cáñamo

weibliche Hanfblüte (f)
female hemp flower
fleur (f) femelle du chanvre 20
женскiй цвѣток (мр) конопли
fiore (m) femmina della canapa
flor (f) femenina del cáñamo

die Blüten (fpl) stehen trauben- *oder* rispenartig zusammen
the flowers grow in panicles
les fleurs (fpl) sont disposées en grappes *ou* panicules 21
цвѣты растут гроздями *или* метелкой
i fiori sono disposti a grappoli
las flores forman racimos

nußförmige Hanffrucht (f)
hemp fruit of nut-like shape
fruit (f) de chanvre nuciforme
орѣшковидное сѣмя (ср) *или* плод (мр) конопли 22
frutto (m) di canapa noceiforme
fruto (m) del cáñamo en forma de nuez

No.		
1	vielsamige Kapsel (f) (des gelben Hanfes) many-seeded *or* polyspermal capsule (of golden hemp) capsule (f) polysperme (du chanvre jaune)	многосѣмянная коробка (жр) *или* маковка (жр) [жёлтой конопли] capsula (f) polisperma (della canapa gialla) cápsula (f) polisperma (del cáñamo amarillo)
2	Hanfbau (m), Kultur (f) der Hanfpflanze *oder* des Hanfes cultivation of hemp [plant] culture (f) du chanvre	воздѣлываніе (ср) *или* культура (жр) конопли coltivazione (f) della canapa cultivo (m) del cáñamo
3	Hanfbaugebiet (n) region suitable for hemp cultivation région (f) propre à la culture du chanvre	область (жр) воздѣлыванія *или* культуры конопли regione (f) della coltivazione della canapa región (f) de cultivo del cáñamo
4	Hanfgut (n) hemp farm ferme (f) à chanvre	имѣніе (ср) *или* хозяйство (ср) воздѣлывающее коноплю tenuta (f) *o* fattoria (f) coltivata a canapa granja (f) para el cultivo del cáñamo
5	Hanfland (n) hemp land, land cultivated for hemp raising terrain (m) qui convient au chanvre	земля (жр) под коноплю *или* под коноплей terreno (m) adatto alla coltivazione della canapa terreno (m) propio para el cultivo del cáñamo
6	Hanffeld (n) hemp field *or* plot chènevière (f), chanvrière (f)	конопляное поле (ср) campo (m) di canapa, canapaia (f) campo (m) de cáñamo, cañamar (m)
7	Hanfpflanzung (f) hemp plantation plantation (f) de chanvre	конопляная плантація (жр) piantagione (f) di canapa plantación (f) de cáñamo
8	Hanf bauen *oder* anpflanzen to cultivate *or* to grow *or* to raise hemp cultiver le chanvre	разводить *или* выращивать *или* воздѣлывать коноплю coltivare la canapa cultivar el cáñamo
9	Hanfbauer (m), Hanfpflanzer (m) hemp grower cultivateur (m) de chanvre	плантатор (мр) *или* земледѣлец (мр) занимающійся воздѣлываніем конопли coltivatore (m) di canapa cultivador (m) de cáñamo
10	Aussaat (f) des Hanfes sowing the hemp ensemencement (m) *ou* semailles (fpl) du chanvre	посѣв (мр) конопли, засѣв (мр) конопли seminagione (f) della canapa sembrado (m) *o* siembra (f) del cáñamo
11	den Hanf aussäen to sow the hemp semer le chanvre	сѣять коноплю seminare la canapa sembrar el cáñamo
12	Auswahl (f) des Saatgutes selection of the seed sélection (f) *ou* choix (f) de la semence	отбор (мр) *или* сортировка (жр) сѣмян scelta (f) della sementa *o* della semenza selección (f) de la simiente *o* de la semilla
13	das Saatgut auswählen to select the seed sélectionner la semence	отбирать сѣмяна scegliere la sementa elegir *o* escoger la semilla
14	Hanfsame (m), Hanfkorn (n) hemp seed chènevis (m)	конопляное сѣмя (ср), конопляное зерно (ср) seme (m) di canapa, canapuccia (f) cañamón (m)
15	der Hanfsame ist zur Aussaat reif the hemp seed is ripe for sowing le chènevis est mûr pour les semailles	конопляное сѣмя (ср) созрѣло для посѣва il seme di canapa è maturo per la seminagione el cañamón está [en sazón] para sembrarse
16	den Samen trocknen to dry the seed sécher la semence	сушить зерно (ср) [сѣмяна] [dis]seccare il seme secar la semilla
17	den Samen [ab]lagern lassen to season the seed laisser vieillir *ou* reposer la semence	ссыпать сѣмяна stagionare il seme reposar la semilla, dar sazón a la semilla
18	den Samen sieben to sieve the seed tamiser la semence	просѣивать сѣмяна vagliare *o* stacciare il seme tamizar la semilla
19	glänzender Hanfsame (m) bright hemp seed chènevis (m) luisant *ou* brillant	блестящее сѣмя конопли seme (m) lucido *o* brillante di canapa cañamón (m) brillante
20	graugrüner Hanfsame (m) greenish-gray hemp seed chènevis (m) gris verdâtre	сѣрозелёное конопляное сѣмя (ср) seme (m) di canapa grigio-verde cañamón (m) gris-verdoso
21	schwarzer Hanfsame (m) black hemp seed chènevis (m) noir	чёрное конопляное сѣмя (ср) seme (m) di canapa nero cañamón (m) negro
22	weißer Hanfsame (m) white hemp seed chènevis (m) blanc	бѣлое конопляное сѣмя (ср) seme (m) di canapa bianco cañamón (m) blanco
23	den unreifen Samen ausscheiden to eliminate the unripe seed éliminer le chènevis pas mûr	отдѣлять незрѣлое сѣмя (ср) separare *o* scartare il seme non maturato eliminar la semilla no madura
24	Schlagsaat (f) [des Hanfes] sterile [hemp] seed chènevis (m) stérile	безплодное сѣмя (ср) [конопли] seme (m) sterile [di canapa] cañamón (m) estéril

1	schwerer Same (m) heavy seed semence (f) lourde	тяжеловѣсное сѣмя (ср) seme (m) pesante semilla (f) pesada
2	leichter Same (m) light seed semence (f) légère	легковѣсное сѣмя (ср) seme (m) leggiero semilla (f) ligera
3	der Hanfsame schwimmt the hemp seed floats le chènevis surnage	коноплянное сѣмя (ср) плавает il seme di canapa galleggia el cañamón nada
4	der Same platzt auf the seed bursts *or* cracks la semence craque *ou* éclate	коноплянное сѣмя (ср) лопается, трескается, вскрывается il seme scoppia *o* schiatta la semilla estalla
5	reifer Hanfsame (m) ripe hemp seed chènevis (m) mûr	зрѣлое *или* спѣлое сѣмя (ср) конопли seme (m) maturo di canapa cañamón (m) maduro
6	der Same schmeckt ölig the seed has an oily taste la semence sent l'huile *ou* a un goût huileux	сѣмя (ср) на вкус маслянистое il seme ha sapore d'olio la semilla tiene sabor oleoso
7	der Same leidet durch Gärung the seed suffers through fermentation la semence perd en qualité par la fermentation	сѣмя (ср) портится от броженія il seme perde per fermentazione la semilla pierde por [la] fermentación
8	der Same gärt the seed ferments la semence fermente	сѣмя (ср) бродит il seme fermenta la semilla fermenta
9	den Samen in der Hand reiben to rub the seed in the hand frotter la semence dans la main	тереть сѣмяна в рукѣ stropicciare il seme nella mano frotar la semilla en la mano
10	keimfähiger *oder* keimkräftiger Hanfsame (m) hemp seed capable of germinating chènevis (m) germinatif	всхожее сѣмя (ср) seme (m) di canapa germinativo cañamón (m) germinativo
11	der Hanfsame keimt the hemp seed germinates le chènevis germe	сѣмя (ср) прозябает, пускает ростки il seme di canapa germoglia el cañamón germina
12	Hanfschädling (m) hemp parasite parasite (m) du chanvre	вредитель (мр) конопли parassita (m) della canapa parásito (m) del cáñamo
13	Orobanche ramosa	Hanftod (m), Hanfwürger (m) branchy broom-rape orobanche (f) rameuse грибок (мр) душитель конопли orobanche (f) orobanque (m)
14	die Schmarotzerpflanze durch Jäten ausrotten to weed out the parasitical plant sarcler la plante parasite	уничтожать чужеядное растеніе полотьбой sarchiare la pianta parassita escardar la planta parásita
15	Absterben (n) der Blätter dying [off] of the leaves dépérissement (m) des feuilles	отмираніе (ср) листьев inaridimento (m) delle foglie marchitamiento (m) de las hojas
16	die Blätter (npl) sterben ab the leaves die off les feuilles (fpl) dépérissent	листья отмирают le foglie (fpl) inaridiscono las hojas se marchitan
17	Vergilben (n) der Blattspitzen turning yellow of the leaf points jaunissement (m) des extrémités des feuilles	пожелтѣніе (ср) кончиков листьев ingiallimento (m) delle punte delle foglie amarillez (f) de las puntas de las hojas
18	die Blattspitze vergilbt *oder* wird gelb the leaf point turns yellow l'extrémité (f) de la feuille jaunit	кончик (мр) листа желтѣет la punta della foglia ingiallisce la punta de la hoja se pone amarilla
19	Reifen (n) des Bastes ripening of the bast maturation (f) du liber	созрѣваніе (ср) лубка maturazione (f) del libro maduración (f) del liber
20	der Bast wird reif the bast becomes ripe le liber mûrit *ou* devient mûr	лубок (мр) созрѣвает il libro diventa maturo el liber madura
21	**b) Die Gewinnung der Hanffaser** **Extraction of the Hemp Fibre** **Obtention (f) de la fibre de chanvre**	**Добываніе (ср) пеньки** **Estrazione (f) della fibra di canapa** **Extracción (f) de la fibra de cáñamo**
22	*a*) Ernte (f) des Hanfes, Hanfernte (f) Hemp Crop Récolte (f) du chanvre	Урожай (мр) конопли Raccolto (m) della canapa Cosecha (f) del cáñamo
23	den Hanf raufen *oder* zupfen *oder* ziehen *oder* femeln to pull [up] the hemp tirer *ou* arracher le chanvre [par poignées]	выдёргиваніе (ср) конопли [из земли] sterpare la canapa arrancar el cáñamo
24	den Hanf [mit der Sichel] schneiden to cut the hemp [with the sickle] couper le chanvre [avec la faucille]	жать, сжинать коноплю [серпом] falciare la canapa cortar el cáñamo con la hoz, segar el cáñamo

1 das Hanfstroh ausbreiten — to grass the hemp straw — étaler *ou* étendre la paille de chanvre — разостлать, растилать коноплю — stendere la paglia della canapa — esparcir la paja de cáñamo

2 die Hanfstengel (m pl) nach der Länge sichten [*oder* sortieren] — to sort the hemp stems according to length — trier *ou* assortir les tiges de chanvre selon leur longueur — отбирать *или* сортировать стебли конопли по длинѣ — assortire gli steli della canapa per la loro lunghezza — separar los tallos del cáñamo según su longitud

3 gesichteter *oder* sortierter Hanf (m) — sorted hemp — chanvre (m) assorti *ou* classé — сортированная конопля (жр) — canapa (f) assortita — cáñamo (m) separado

4 Sichtungsraum (m), Sortiererei (f) — sorting room — salle (f) de classement *ou* de triage — сортировочная (жр) — locale (m) d'assortimento — cuadra (f) de clasificación

5 den Hanf in Garben binden — to bind the hemp in sheaves — lier le chanvre en paquets *ou* bottes — вязать коноплю в снопы — accovonare la canapa — atar el cáñamo en haces *o* gavillas

6 feuchter *oder* nasser Stengel (m) — moist stem — tige (f) humide — сырой *или* влажный стебель (мр) — stelo (m) umido — tallo (m) húmedo

7 den Hanf trocknen — to dry the hemp — sécher le chanvre — сушить коноплю — [dis]seccare la canapa — secar el cáñamo

8 Trocknen (n) *oder* Austrocknen (n) der Stengel — drying of the stems — séchage (m) des tiges — сушка (жр) *или* высушка (жр) стеблей — disseccamento (m) degli steli — secamiento (m) de los tallos

9 trockener Stengel (m) — dry stem — tige (f) sèche — сухой *или* высушенный стебель (мр) — stelo (m) asciutto *o* secco — tallo (m) seco

10 der Stengel wird trokken *oder* trocknet aus — the stem becomes thoroughly dried — la tige sèche *ou* devient sèche à fond — стебель (мр) высыхает — lo stelo diventa secco *o* inaridisce — el tallo se seca por completo

11 der Stengel reift nach — the stem ripens after being gathered — la tige mûrit après cueillage — стебель (мр) дозрѣвает — lo stelo matura dopo esser sterpato — el tallo madura después de cortado

12 Riffeln (n) des Hanfes — rippling the hemp — égrenage (m) *ou* égrugeage (m) *ou* drégeage (m) du chanvre — мыканіе (ср) конопли — sgranellatura (f) *o* scoccolatura (f) della canapa — desgranado (m) del cáñamo

13 den Hanf riffeln — to ripple the hemp — égrener *ou* égruger *ou* dréger le chanvre — мыкать коноплю — sgranellare *o* scoccolare la canapa — desgranar el cáñamo

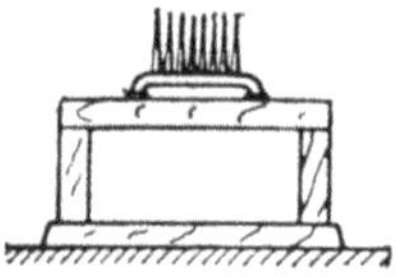

Riffelbank (f) — rippling bench — égrugeoir (m) — мыкальница (жр), мыкальный станок (мр) — banco (m) per sgranellare *o* scoccolare — banco (m) de desgranar 14

Riffelkamm (m) — rippling comb — drège (m), peigne (m) d'égrugeoir — мыкальная гребенка (жр) — pettine (m) per sgranellare *o* scoccolare — peine (m) de desgranar 15

den Hanfsamen durch Dreschen gewinnen — to obtain the hemp seed by threshing — obtenir le chènevis par battage en grange — отмолачивать конопляное сѣмя (ср) — ricavare il seme di canapa trebbiando — obtener el cañamón por la trilla 16

den Hanf dreschen — to thrash the hemp — battre le chanvre en grange — молотить коноплю — trebbiare la canapa — trillar el cañamo 17

Dreschen (n) des Hanfes — thrashing the hemp — battage (m) en grange du chanvre — молотьба (жр) конопли — trebbiatura (f) della canapa — trilla (f) del cáñamo 18

der Hanf wird gedroschen — the hemp is threshed — le chanvre est battu en grange — конопля (жр) молотится — la canapa viene trebbiata — el cáñamo se trilla 19

Pressen (n) der Hanfkörner — pressing the hemp seed [grains] — press[ur]age (m) des graines de chanvre — жомка (жр) *или* прессованіе (ср) конопляных сѣмян — pressatura (f) del seme della canapa — prensado (m) de los cañamones 20

die Hanfkörner (n pl) pressen — to press the hemp seed [grains] — press[ur]er les graines (f pl) de chanvre — жать, прессовать конопляное сѣмя (ср) — pressare il seme della canapa — prensar los cañamones 21

die Hanfkörner (n pl) stampfen — to stamp the hemp seed [grains] — piler les graines (f pl) de chanvre — толочь конопляное сѣмя (ср) — pestare il seme della canapa — apisonar los cañamones 22

Stampfen (n) der Hanfkörner — stamping the hemp seed [grains] — froissement (m) *ou* pil[onn]age (m) des graines de chanvre — толченіе (ср) конопляных сѣмян — pestatura (f) del seme di canapa — apisonamiento (m) de los cañamones 23

Ölgewinnung (f) — oil extraction — extraction (f) de l'huile — добываніе (ср) масла — estrazione (f) dell'olio — extracción (f) del aceite 24

1	Hanföl (n) hemp [seed] oil huile (f) de chanvre *ou* de chènevis	конопляное масло (ср) olio (m) di canapa aceite (m) de cañamones	
2	betäubender *oder* narkotischer Bestandteil (m) des Hanfes narcotic constituent of hemp composé (m) narcotique du chanvre	наркотическая составная часть (жр) конопли componente (m) narcotico della canapa componente (m) *o* elemento (m) narcótico del cáñamo	
3	β) Rösten (n) *oder* Rotten (n) des Hanfes, Hanfrotte (f), Hanfröste (f) Retting the Hemp Rouissage *ou* roui (m) du chanvre	Мочка (жр) конопли Macerazione (f) della canapa Enriamiento (m) del cáñamo	
4	den Hanf rösten *oder* rotten to ret the hemp rouir le chanvre	мочить коноплю macerare la canapa enriar el cáñamo	
5	den Hanf grün rösten to ret the green hemp rouir le chanvre en vert	мочить коноплю зеленой macerare la canapa allo stato verde enriar el cáñamo verde	
6	den Hanf getrocknet rösten to ret the dry hemp rouir le chanvre séché	мочить коноплю сухой macerare la canapa allo stato secco enriar el cáñamo secado	
7	Röstvorgang (m) retting process procédé (m) de rouissage	процесс (мр) мочки processo (m) di macerazione proceso (m) de enriamiento	
8	den Pflanzenleim durch Gärung zerstören to destroy the gummy matter by fermentation détruire la substance gommeuse par fermentation	разрушать клеевину *или* связующія вещества путем броженія *или* гніенія distruggere la materia gommosa per fermentazione destruir la materia gomosa por fermentación	
9	Gärungsvorgang (m) fermenting process procédé (m) de fermentation	процесс (мр) броженія, ферментаціи processo (m) di fermentazione proceso (m) de fermentación	
10	saure Gärung (f) acid fermentation fermentation (f) acide	кислая ферментація (жр), кислое броженіе (ср) fermentazione (f) acida fermentación (f) ácida	
11	alkalische Gärung (f) alkaline fermentation fermentation (f) alcaline	щёлочная ферментація (жр), щёлочное броженіе (ср) fermentazione (f) alcalina fermentación (f) alcalina	
	Kaltwasserröste (f) cold water retting rouissage (m) à l'eau froide	мочка (жр) в холодной водѣ macerazione (f) all'acqua fredda enriamiento (m) en agua fría	12
	die Hanfstengel (m pl) [auf]weichen to soak the hemp stems tremper les tiges (f pl) de chanvre	размягчать стебель (мр) конопли rammollire gli steli di canapa ablandar los tallos de cáñamo	13
	Aufweichen (n) der Hanfstengel soaking the hemp stems trempage (m) des tiges de chanvre	размягченіе (ср) стебля конопли rammollimento (m) degli steli di canapa ablandamiento (m) de los tallos de cáñamo	14
	Röstgrube (f) retting hole *or* pond routoir (m), fosse (f) de rouissage	яма (жр) мочки, мочильная яма (жр) fossa (f) di macerazione, maceratoio (m) fosa (f) *o* balsa para enriar	15
	steinerner Behälter (m), Steinbassin (n) stone basin *or* tank réservoir (m) *ou* bassin (m) *ou* routoir (m) en pierre	каменный бассейн (мр), яма (жр) выложенная камнем vasca (f) di pietra depósito (m) de piedra	16
	die Hanfbündel (n pl) untertauchen to immerse the hemp bundles immerger les faisceaux (m pl) *ou* bongeaux (m pl) de chanvre	погружать в воду связки *или* пучки конопли sommergere i fasci di canapa sumergir los haces de cáñamo	17
	die Hanfbündel (n pl) mit Steinen beschweren to weight the hemp bundles with stones charger de pierres les bongeaux de chanvre	нагружать камнями связки *или* пучки конопли caricare i fasci di canapa con pietre cargar los haces de cáñamo con piedras	18
	Röstwasser (n) retting water eau (f) de rouissage	мочильная вода (жр) acqua (f) di macerazione agua (f) de enriar	19
	Röstkraft (f) des Wassers retting properties of the water force (f) de rouissage *ou* propriétés (f pl) rouissantes de l'eau	мочильныя способности воды [эфективная сила замочки] forza (f) di macerazione dell'acqua propiedades (f pl) del agua para producir el efecto del enriamiento	20
	Regenwasser (n) rain water eau (f) de pluie	дождевая вода (жр) acqua (f) piovana agua (f) de lluvia	21
	weiches Wasser (n) soft water eau (f) douce	мягкая вода (жр) acqua (f) dolce agua (f) delgada	22
	hartes Wasser (n) hard water eau (f) dure	жесткая вода (жр) acqua (f) dura agua (f) gorda	23
	Kanalwasser (n) canal water eau (f) de canal	вода (жр) из канала acqua (f) di canale agua (f) de canal	24

1	Flußwasser (n) river water eau (f) de rivière	рѣчная вода (жр) acqua (f) di fiume agua (f) de río
2	Brunnenwasser (n) well water eau (f) de puits	колодезная вода (жр) acqua (f) di pozzo agua (f) de pozo
3	eisenhaltiges Wasser (n) ferruginous water eau (f) ferrugineuse	желѣзосодержащая [желѣзистая] вода (жр) acqua (f) ferruginosa agua (f) ferruginosa
4	die Faser färbt sich rostartig the fibre acquires a rusty colour la fibre prend une couleur de rouille	волокно (ср) принимает ржавый цвѣт la fibra assume aspetto rugginoso la fibra se tiñe en color de herrumbre
5	Röstwärme (f), Rösttemperatur (f) retting temperature température (f) de rouissage	температура (жр) замочки temperatura (f) di macerazione temperatura (f) de enriamiento
6	Tauröste (f) dew retting rouissage (m) à la rosée, rorage (m)	росяная мочка (жр) macerazione (f) per la rugiada enriado (m) al rocío
7	gemischte Röste (f) *oder* Rotte (f) mixed retting rouissage (m) mixte	смѣшанная мочка (жр) macerazione (f) mista enriado (m) mixto
8	Vorröste (f) preliminary retting rouissage (m) préparatoire	предварительная мочка (жр) macerazione (f) preliminare enriamiento (m) preliminar
9	Nachröste (f) finishing retting, after-retting rouissage (m) définitif *ou* final	дополнительная мочка (жр), отбѣлка (жр) macerazione (f) posteriore enriado (m) final
10	die Hanfstengel (mpl) nachrösten to submit the hemp stems to a finishing retting soumettre les tiges (fpl) de chanvre à un rouissage final	домачивать стебли конопли macerare gli steli di canapa una seconda volta someter los tallos de cáñamo al enriamiento final
11	Röstreife (f), vollkommene Röste (f) retting ripeness rouissage (f) à point	спѣлость (жр), зрѣлость (жр) мочки macerazione (f) compiuta enriado (m) completo
12	unvollkommene Röste (f) incomplete retting rouissage (m) incomplet	недостаточная мочка (жр) macerazione (f) incompleta enriamiento (m) incompleto
13	den Hanf überrösten *oder* überrotten to over-ret the hemp surrouir le chanvre	перемочивать коноплю andare oltre limite nella macerazione della canapa enriar con exceso el cáñamo
14	Überröste (f), Überrottung (f) over-retting surrouissement (m), rouissage (m) à l'excès	перемочка (жр) [чрезмѣрная мочка (жр)] macerazione (f) eccessiva enriado (m) excesivo
15	Röstzeit (f), Röstdauer (m) duration of retting durée (f) du rouissage	длительность (жр) *или* продолжительность мочки durata (f) della macerazione duración (f) del enriado
16	Mikrobenzüchtung (f) mit anorganischen Salzen microbe culture with anorganic salts culture (f) microbienne par des sels inorganiques	культура (жр) микроб посредством неорганических солей cultura (f) di microbi con sali inorganici cultivo (m) de microbios con sales inorgánicas
17	Mikrobenröste (f) bacteria retting rouissage (m) par le procédé bactériologique	бактеріальная *или* ферментаціонная замочка (жр) macerazione (f) a mezzo di microbi enriado (m) por microbios
18	Gärungsbakterien (fpl), Gärungskeimlinge (mpl) ferment bacteria microbes (mpl) de fermentation	бродильные микроорганизмы microbi (mpl) *o* baccilli (mpl) di fermentazione bacterias (fpl) de fermentación
19	den Hanfstengel biegen to bend the hemp stem courber la tige de chanvre	сгибать конопляный стебель (мр) piegare lo stelo di canapa curvar el tallo de cáñamo
20	die Hanffaser fault the hemp fibre rots la fibre de chanvre pourrit	конопляное волокно (ср) гніёт la fibra di canapa marcisce la fibra de cáñamo se pudre
21	Faulen (n) der Faser rotting of the fibre pourriture (f) de la fibre	гніеніе (ср) волокна putrefazione (f) della fibra putrefacción (f) de la fibra
22	den gerösteten Hanf waschen *oder* spülen to wash *or* to rinse the retted hemp laver *ou* rincer le chanvre roui	вымоченную коноплю промывать *или* прополаскивать risciacquare *o* lavare la canapa macerata lavar *o* enjuagar el cáñamo enriado
23	den Hanf langsam trocknen to dry the hemp slowly faire sécher lentement le chanvre	медленно сушить коноплю disseccare lentamente la canapa secar el cáñamo lentamente
24	den gerösteten Hanf an der Sonne trocknen to dry the retted hemp in the sun sécher le chanvre roui au soleil, hâler le chanvre roui	сушить на солнцѣ вымоченную коноплю disseccare *o* asciugare la canapa macerata al sole secar el cáñamo enriado al sol

1 Trockenhorde (f)
drying hurdle
claie (f) à sécher *ou* de séchage
плетень (мр) для сушки конопли, сушильный ящик (мр) с сѣтчатым дном
canniccio (m) *o* graticcio (m) [per disseccare]
cañizo (m) para secar

2 den Hanf im Backofen dörren
to dry the hemp in the kiln
dessécher le chanvre au four
сушить коноплю в печи [в сушильнѣ]
dissecare la canapa nel forno
secar el cáñamo en el horno de panadero

3 Dörrkammer (f)
drying chamber
hâloir (m), chambre (f) de séchage
сушильня (жр), сушилка (жр), [сушильная камера]
camera (f) essiccatrice, essiccatoio (m), asciugatoio (m)
cámara (f) de desecación, secadero (m)

4 Dörrgrube (f)
drying pit
fosse (f) à sécher *ou* à hâler
сушильная яма (жр)
fossa (f) essiccatrice
fosa (f) de secar

5 γ) Schleißen (n) des Hanfes
Stripping the Bast from the Hemp Stalks
Pelage (m) du chanvre
Добываніе (ср) лубка из стеблей конопли
Stigliatura (f) della canapa
Monda (f) del cáñamo

6 den Hanf schleißen
to strip the hemp
peler *ou* décortiquer le chanvre
добывать лубок (мр) из стеблей конопли
stigliare la canapa
mondar el cáñamo

7 die Hanffaser von dem gerotteten Stengel abschälen
to strip the hemp fibre from the rotted stalk
peler la fibre de chanvre de la tige rouie
сдирать конопляное волокно (ср) с моченаго стебля, облуплять моченую коноплю
stigliare *o* staccare la fibra di canapa dallo stelo macerato
quitar *o* mondar la fibra de cáñamo del tallo enriado

8 den Schleißhanf mit dem Holzschlägel klopfen
to beat *or* to knock the stripped hemp with a wooden mallet
mailler le chanvre pelé
бить колотушкою [колотить] облупляемую коноплю
battere la canapa stigliata colla mazza
machacar el cáñamo mondado con el mazo

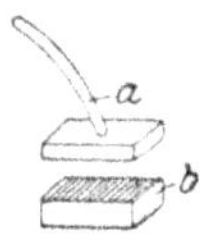

9 a
Holzschlägel (m), Botthammer (m)
wooden mallet, bruising mail
mail (m) *ou* maillet (m) [flamand]
деревянная колотушка (жр)
mazza (f)
mazo (m) de madera

10 b
Holzunterlage (f)
wooden block
bloc (m) *ou* fond (m) en bois, billot (m)
деревянная подкладка (жр) *или* подстилка (жр)
incudinetta (f) di legno
bloque (m) de madera

11 δ) Das Brechen des Hanfes
Breaking the Hemp
Broyage (m) *ou* macquage (m) *ou* maillage (m) du chanvre
Мятьё *или* мятіе (ср) конопли
Gramolatura (f) della canapa
Agramado (m) del cáñamo

12 den Hanfstengel brechen
to break *or* to crush the hemp stalk
broyer la tige du chanvre
мять стебель (мр)
gramolare *o* maciullare lo stelo della canapa
agramar el tallo del cáñamo

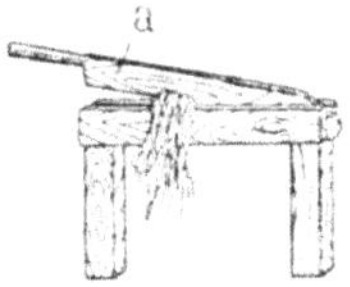

13 Handbreche (f), Brake (f)
hand brake
broie (f) [*ou* macque (f)] à main
ручная мялка (жр)
gramola (f), maciulla (f)
agramadora (f) a mano

14 a
Deckel (m), (hölzernes) Messer (n), Schlägel (m)
(wooden) blade
couteau (m) *ou* lame (f) (en bois)
валёк (мр), колотушка (жр)
lama (f) *o* coltello (m) (di legno)
cuchilla (f) *o* maza (f) (de madera)

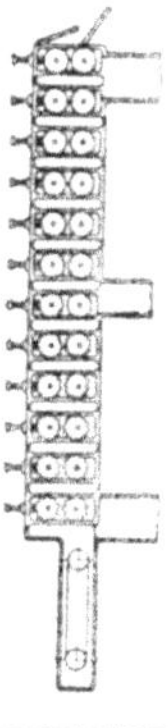

15 Walzenbrechmaschine (f)
roller breaking machine
broyeuse (f) à cylindres [multiples]
мяльная машина (жр) с валом
gramolatrice (f) a cilindri
agramadora (f) de cilindros

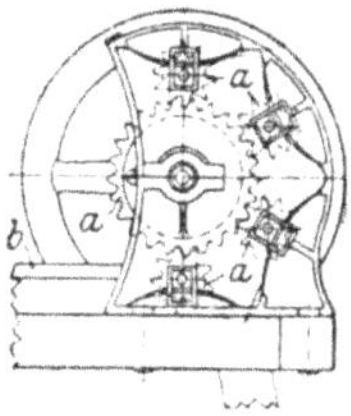

16 Rundlaufbrechmaschine (f), Knickmaschine (f) mit Rundlauf
circular breaking machine
broyeuse (f) [à mouvement] circulaire
циркулярная мялка (жр) *или* мяльная машина (жр)
gramolatrice (f) [con movimento] circolare
agramadora (f) circular

17 a
dreikantig geriffelte Walze (f)
roller with triangular flutes
cylindre (m) à cannelures triangulaires
трехгранно-рифленый вал (мр)
cilindro (m) a scanalature triangolari
cilindro (m) de ranuras *o* de estrías triangulares

1 b
Einlegetisch (m)
feed table
table (f) d'alimentation
питательный стол (мр)
tavola (f) di alimentazione
mesa (f) de alimentación

2
Walzenbrechmaschine (f) mit Vor- und Rückwärtsgang
roller breaking machine with to and fro motion
broyeuse (f) à cylindres avec mouvement de va-et-vient
мяльная машина (жр) с валами с обратным ходом
gramolatrice (f) a cilindri a movimento di va e vieni
agramadora (f) de cilindros con movimiento de vaivén

3
Walzenbrechmaschine (f) mit Querbewegung
roller breaking machine with transverse motion
broyeuse (f) à cylindres avec mouvement transversal
мяльная машина (жр) с валами с поперечным ходом
gramolatrice (f) a cilindri con movimento trasversale
agramadora (f) de cilindros con movimiento transversal

4
gerippte Walze (f)
fluted roller
cylindre (m) cannelé
рифленый вал (мр)
cilindro (m) scanalato
cilindro (m) estriado *o* acanalado

5
den gebrochenen Hanf [mit der Hand] schütteln
to shake the broken hemp by hand
secouer à la main le chanvre broyé
трясти рукой мятую коноплю
scuotere la canapa gramolata colla mano
sacudir a mano el cáñamo agramado

6
Schäbe (f), Achel (f)
awn, chaff
chènevotte (f)
костра (жр), кострика (жр)
lisca (f)
cañamiza (f)

7
e) Schwingen (n) des Hanfes
Scutching *or* Swingling of Hemp
Teillage (m) du chanvre
Трепание (ср) конопли
Scotolatura (f) della canapa
Espad[ill]ado (m) del cáñamo

8
den Hanf schwingen
to scutch *or* to swingle the hemp
teiller le chanvre
трепать коноплю
scotolare la canapa
espadar el cáñamo

9
den gebrochenen Hanf reinschwingen
to submit the broken hemp to a finishing scutching
teiller en fin le chanvre broyé
начисто протрепывать мятую коноплю
scotolare la canapa gramolata una seconda volta
someter el cáñamo agramado a un espadado final

10
Handschwingen (n), Handschwingerei (f)
hand scutching
teillage (f) à la main
ручное трепание (ср)
scotolatura (f) a mano
espad[ill]ado (m) a mano

11
den Hanf mit der Hand schwingen
to scutch the hemp by hand
teiller le chanvre à la main
трепать коноплю от руки
scotolare la canapa a mano
espadar el cáñamo a mano

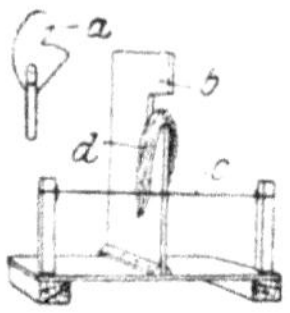

12
Handschwinge (f)
hand scutching frame, swingle bench
écangueuse (f) à main, bâti (m) pour le teillage [à main]
ручная трепалка (жр)
scotola (f) a mano
banco (m) para espadar a mano

---

13 a
Schwinge (f), Schwingbeil (n)
scutch[ing] blade, swingling tool
écang (m)
било (ср), трепало (ср)
coltello (m) della scotola
espadilla (f), espadón (m)

---

14 b
Schwingbrett (n), Schwingstock (m)
scutching board
planche (f) à écanguer, chevalet (m), poisset (m)
трепальная плаха (жр) *или* доска (жр)
assicella (f) dello scotolatoio
plancha (f) de espadar

---

15 c
gespannter Strick (m)
rope under tension
corde (f) tendue
натянутая веревка (жр)
corda (f) tesa
cuerda (f) tendida

---

16 d
Hanfriste (f)
strick of hemp
botte (f) *ou* poignée (f) *ou* riste (f) de chanvre
пучёк (мр) пеньки, прядь (жр) пеньки
manipolo (m) *o* manata (f) di canapa
manojo (m) de cáñamo

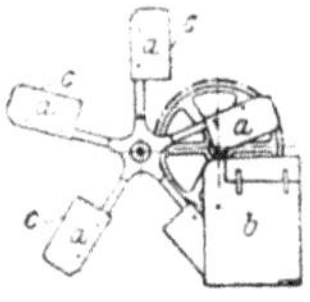

17
Schwingmaschine (f)
scutching machine
teilleuse (f)
трепальная машина (жр)
scotola (f) meccanica
espadadora (f), espadón (m) mecánico

---

18 a
Schwingmesser (n)
scutching blade
lame (f) *ou* couteau (m) à teiller
трепальное било (ср), трепальный нож
coltello (m) per scotolare
cuchilla (f)

---

19 b
Schwingstock (m)
scutching board
chevalet (m)
трепальная плаха (жр)
assicella (f) dello scotolatoio
plancha (f) de espadar

---

20 c
Schneide (f), Messerschneide (f)
[cutting] edge of blade
tranchant (m) du couteau
лезвіе (ср), клинок (мр), лезвіе (ср) ножа
taglio (m) del coltello
filo (m) de la cuchilla

1 Ribben (n) des Hanfes
dressing the hemp
raclage (m) du chanvre
раздѣлка (жр) пеньки
sfregamento (m) della canapa
raspadura (f) del cáñamo

2 den Hanf ribben
to dress the hemp
racler le chanvre
раздѣлывать коноплю
sfregare la canapa
raspar el cáñamo

3 Ribbelappen (m)
dressing leather
cuir (m) de raclage
подстилка (жр) для раздѣлки конопли
cuoio (m) per sfregare
cuero (m) de raspar

4 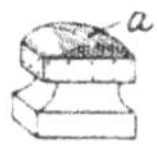

Ribbebock (m)
dressing frame *or* board
chevalet (m) *ou* planche (f) à racler
колодка (жр) для раздѣлки
assicella (f) per sfregare
plancha (f) de raspar

5 a
Lederkissen (n)
leather cushion
coussin (m) de cuir
кожанная подушка (жр)
cuscino (m) di cuoio
almohadilla (f) de cuero

6 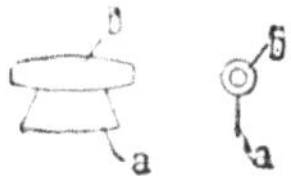

Ribbemesser (n)
[hemp] dresser's knife
racloir (m)
нож (мр) для раздѣлки
coltello (m) per sfregare
rasqueta (f)

7 a
Klinge
blade
lame (f)
клинок (мр)
lama (f)
hoja (f)

8 b
Griff (m), Holzgriff (m)
[wooden] handle
griffe (f), poignée (f) [en bois]
ручка (жр), деревянная ручка (жр)
manico (m) [di legno]
mango (m) [de madera]

9 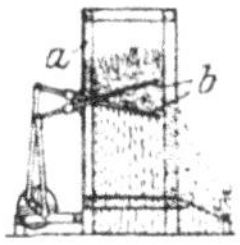

Hedeschüttelmaschine (f)
tow shaking machine
secoueuse (f) à étoupes
машина (жр) для выбиванія (вытряхиванія) пакли
macchina (f) per scuotere la stoppa
máquina (f) para sacudir la estopa

10 a
Lattenwand (f)
lattice wall
lattis (m)
рѣшетчатая стѣна (жр)
paratia (f) *o* cancello (m) di assicelle
tabique (m) de listones

11 b
Schlagstab (m)
beater arm
battoir (m), bras (m) de battage
било (ср)
battola (f)
batidor (m)

12 Auseinanderziehen (n) *oder* Auflockern (n) der Hede
pulling *or* disentangling the tow
étirage (m) *ou* démêlage (m) de l'étoupe
разрыхленіе (ср) *или* раздираніе (ср) пакли
distendimento (m) *o* scioglimento (m) della stoppa
esparcimiento (m) de la estopa

die Hede auseinanderziehen *oder* auflokkern
to pull *or* to disentangle the tow
étirer *ou* démêler l'étoupe
разрыхлять *или* раздирать паклю
distendere *o* sciogliere la stoppa 13
esparcir la estopa

die Hede umdrehen
to turn the tow
[re]tourner *ou* remuer l'étoupe
перекидывать *или* перевертывать паклю 14
rivolgere la stoppa
dar vuelta a la estopa

Umdrehen (n) der Hede
turning the tow
retournage (m) de l'étoupe
перекидываніе (ср) *или* перевертываніе (ср) пакли 15
rivolgimento (m) della stoppa
vuelta (f) de la estopa

c) Das Boken des Hanfes
Softening the Hemp [by Beating]
Pilage (m) du chanvre [au maillet], maillochage (m) du chanvre
Умягченіе (ср) пеньки колоченіем
Battitura (f) della canapa [colla mazza] 16
Ablandamiento (m) del cáñamo [batiendo]

den Hanf bo[c]ken *oder* stampfen
to soften the hemp [by beating]
piler le chanvre [au maillet], maillocher le chanvre
трамбовать *или* колотить коноплю
battere la canapa colla mazza 17
ablandar el cáñamo batiendo, aplastar el cáñamo

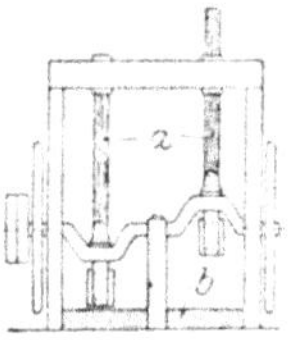

Bokmühle (f), Hanfstampfe (f), Stampfmühle (f), Hanfmange[l] (f)
beetle, hemp softener
moulin (m) à piler [le chanvre] 18
колотилка (жр), колотильная машина (жр)
molino (m) a pilloni
molino (m) de pisones

a
[hölzerner] Stampfer (m)
[wooden] faller
pilon (m) [en bois]
[деревянный] боёк (мр) 19
pillone (m) *o* pestone (m) [di legno]
pisón (m) [de madera]

b
Holzunterlage (f)
wooden block
bloc (m) *ou* fond (m) en bois, billot (m)
деревянная подстилка (жр) 20
incudinetta (f) di legno
bloque (m) de madera

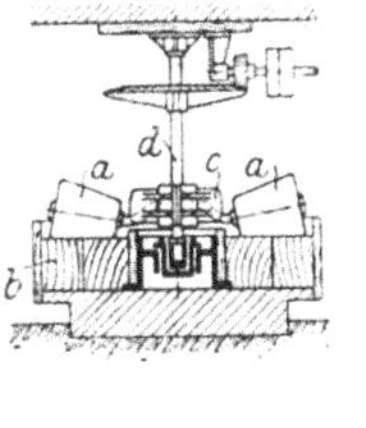

Hanfreibe (f), Reibmühle (f), Birnreibe (f)
hemp crushing mill, edge roller mill
broyeur (m) à meules, moulin (m) à cônes 21
терочная мельница (жр)
macinatoio (m), molino (m) a cilindri conici
máquina (f) para frotar [el cáñamo]

1 a
Reibekegel (m), Reibebirne (f), Läufer (m)
conical roller
rouleau (m) *ou* meule (f) conique
терочный конус (мр), бѣгун (мр)
cilindro (m) conico
rodillo (m) cónico

2 b
kreisförmiges Reibebett (n), Reibherd (m)
circular roller path
chemin (m) circulaire
круглая постель (жр)
piano (m) circolare
placa (f) *o* plataforma circular

3 c
zweiteiliger Mitnehmer (m)
double *or* two-part carrier [for the rollers]
conducteur-entraîneur (m) double
двухсуставный погоняльщик (мр)
dispositivo (m) di presa *o* d'innesto duplice
conductor (m) doble de los rodillos

4 d
stehende Welle (f)
vertical shaft
arbre (m) vertical
вертикальный вал (мр)
albero (m) verticale
árbol (m) vertical

5

zopfförmig zusammengedrehte Hanfriste (f)
twisted hemp strick
tresse (f) de chanvre
жгутообразная прядь (жр) пеньки
matassa (f) trecciforme o treccia (f) di canapa
manojo (m) torcido de cáñamo

6
die Hanfriste zopfförmig zusammendrehen
to twist the hemp strick
tordre la tresse de chanvre
скрутить прядь (жр) пеньки жгутом
trecciare la matassa di canapa
trenzar el manojo de cáñamo

7
die Hanfriste wenden
to turn the hemp strick
[re]tourner la tresse de chanvre
перекинуть (перевернуть) прядь (жр) пеньки
rivolgere la matassa di canapa
dar una vuelta al manojo de cáñamo

8
die Hanfriste wird warm
the hemp strick becomes warm
la tresse de chanvre devient chaude *ou* s'échauffe
прядь (жр) пеньки, нагрѣвается
la matassa di canapa si riscalda
el manojo de cáñamo se calienta

9
den geriebenen Hanf öffnen
to open the rubbed hemp
ouvrir le chanvre frotté
разрыхлить тертую пеньку
aprire la canapa stropicciata
abrir el cáñamo frotado

Quetschverfahren (n)
crushing process
procédé (m) d'écrasage
жомный процесс (мр), плющильный процесс (мр), разминаніе (ср)
procedimento (m) di acciaccamento
proceso (m) de machacar *o* de aplastar 10

den Stengel quetschen
to crush the stalk
écraser la tige
плющить *или* раздавливать *или* разминать стебель (мр)
acciaccare lo stelo
machacar *o* aplastar el tallo 11

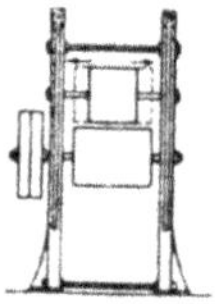
Walzenquetsche (f) mit Querbewegung
roller crusher with transverse motion
écraseur (m) à cylindres avec mouvement transversal
жом (мр), плющилка (жр) с валками с поперечным движеніем
cilindri (m pl) acciaccatori con movimento trasversale
máquina (f) de aplastar a rodillos con movimiento transversal 12

η) Das Schneiden *oder* Stoßen *oder* Zerreißen des Hanfes
Knifing the Hemp
Coupage (m) du chanvre
Толченіе (ср) *или* разрѣзаніе (ср) *или* раздираніе (ср) конопли
Tagliatura (f) della canapa
Cortado (m) del cáñamo 13

die Faserristen (f pl) schneiden *oder* stoßen *oder* zerreißen
to knife the hemp stricks
couper les poignées de chanvre
вязки конопли раздирать *или* расталкивать *или* разрѣзать
tagliare le manate di canapa
cortar los manojos de cáñamo 14

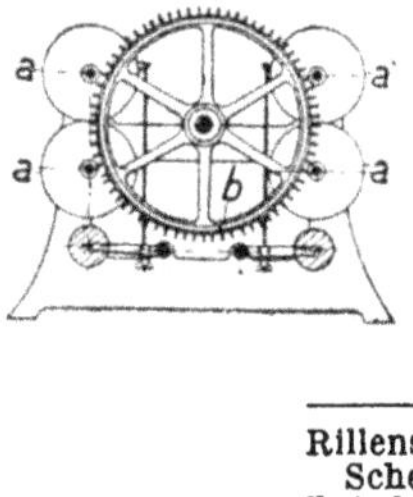

Hanfschneidmaschine (f), Hanfzerreißmaschine (f)
hemp knifing machine
coupeuse (f) à chanvre
рѣзалка (жр) конопли, рѣзальная машина
macchina (f) per tagliare la canapa
máquina (f) de cortar el cáñamo 15

a
Rillenscheibe (f), gerillte Scheibe (f)
fluted disk
disque (m) cannelé
желобчатый шкив (мр) *или* диск (мр)
disco (m) scanalato
disco (m) acanalado 16

b
Schneidscheibe (f)
knifing disc
disque (m) coupant *ou* à couper 17
ножовый диск (мр)
disco (m) tagliente
disco (m) cortante

9) Das Hecheln *oder* Aushecheln (n) des Hanfes
1 **Hackling of Hemp**
Peignage (m) *ou* sérançage (m) du chanvre
Чесанiе пеньки на гекляхъ
Scapecchiatura (f) *o* pettinatura (f) della canapa
Rastrillaje (m) *o* peinado (m) del cáñamo

---

den Hanf hecheln
2 to hackle the hemp
peigner *ou* sérancer le chanvre
чесать пеньку на гекляхъ
scapecchiare *o* pettinare la canapa
rastrillar *o* peinar el cáñamo

---

grobe Hechel (f), Abzughechel (f)
3 coarse hackle, keg
ébauchoir (m), peigne (m) dégrossisseur, peigne démêloir
грубыя гекли, обдирочныя гекли
scapecchiatoio (m) di sgrosso, pettine (m) rado
rastrillo (m) *o* peine (m) en grueso

---

feine Hechel (f), Ausmachhechel (f), Kernhechel (f)
4 fine hackle
affinoir (m), peigne (m) en fin *ou* à repasser
тонкiя гекли, отдѣлочныя гекли
pettine (m) fitto [di canapa], scapecchiatoio (m) fino
rastrillo (m) en fino

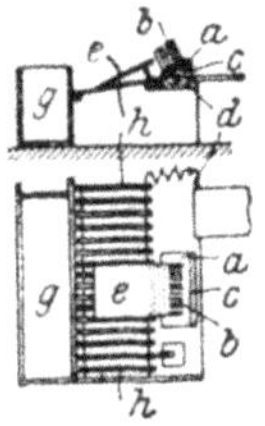

5 Handhechelei (f)
hand hackling
sérançage (m) *ou* peignage (m) à la main
ручное гребнечесанiе (ср)
scapecchiatura (f) *o* pettinatura (f) a mano
rastrillaje (m) *o* peinado (m) a mano

---

6 a
Hechel (f)
hackle
séran (m), sérançoir (m), peigne (m)
чесалка (жр), гребень (мр), гекля (жр)
scapecchiatoio (m)
rastrillo (m)

---

7 b
Hechelnadel (f), Hechelzahn (m)
hackle pin
dent (f) *ou* aiguille (f) de peigne
игла (жр) чесалки, гекельная игла (жр)
dente (f) del pettine
aguja (f) *o* púa (f) del rastrillo

---

8 Lehrennummer (f) der Hechelnadel
gauge of the hackle pin
numéro (m) [de finesse] de l'aiguille
калибр (мр) иглы
grado (m) di finezza del dente
calibre (m) de la aguja

---

9 Nadelfeinheit (f)
fineness of the pin
finesse (f) de l'aiguille
тонкость (жр) *или* тонина иглы
finezza (f) della dente
finura (f) de la aguja

---

c
keilförmige Holzunterlage (f)
wedge-shaped wood block
bloc (m) de bois en forme de coin
клинообразная деревянная подкладка 10
blocco (m) cuneiforme di legno
bloque (m) de madera en forma de cuña

---

d
Hechelbank (f), Hechelstuhl (m), Hechelstock (m)
hackling bench
banc (m) à séran, banc (m) de peignage
гребенная скамейка (жр), чесальный *или* гекельный станок (мр) 11
banco (m) del pettine *o* dello scapecchiatoio
banco (m) de rastrillar

---

e
Schutzbrett (n)
protection board
planche (f) de protection
предохранительная доска (жр) 12
assicella (f) di protezione
tabla (f) de protección

---

g
Wergkasten (m)
tow box
caisse (f) *ou* boîte (f) à étoupes
ящик (мр) для кострики (для очёсов) 13
cass[ett]a (f) a stoppa
caja (f) de estopas

---

h
Holzstabgitter (n)
wooden grating
grille (f) [en barres] de bois
деревянная рѣшётка (жр) 14
graticolato (m) di legno
rejilla (f) de madera

Hechler (m)
hackler
séranceur (m)
гекельщик (мр), чесальщик (мр)
scapecchiatore (m) 15
rastrillador (m)

Feinhechler (m)
fine hackler
séranceur-affineur (m)
чесальщик (мр) высоких номеров
scapecchiatore (m) in fino 16
rastrillador (m) en fino

Maschinenhechelei (f)
machine hackling
sérançage (m) *ou* peignage (m) mécanique
машинное гребне-чесанiе (ср)
scapecchiatura (f) a macchina 17
rastrillado (m) mecánico *o* a máquina

Hanfhechelmaschine (f)
hemp hackling machine
machine (f) à sérancer le chanvre, peigneuse (f) [mécanique] à chanvre
гребнечесальная машина (жр) для пеньки
scapecchiatrice (f) per la canapa 18
[máquina (f)] rastrilladora *o* peinadora (f) (f) de cáñamo

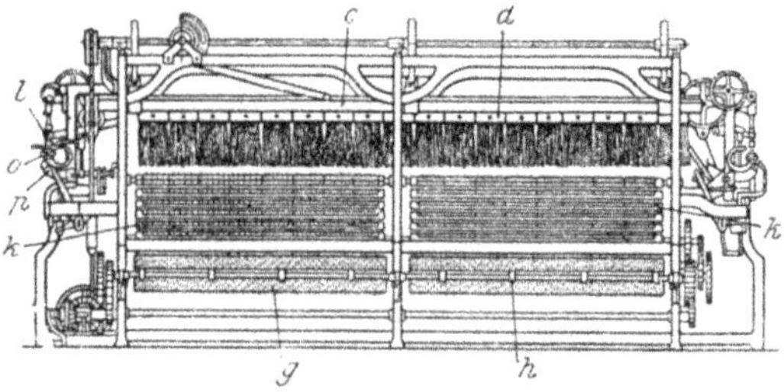

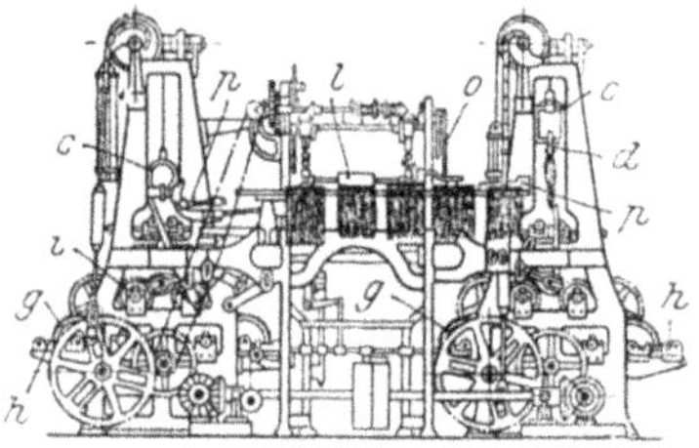

1 — Hechelmaschine (f) mit selbsttätiger Umspannung
hackling machine with automatic screwing apparatus *or* with automatic strick turning motion
peigneuse (f) mécanique avec appareil de voltée automatique
гекли *или* чесальная машина (жр) с автоматической перекидкой пряди
scapecchiatrice (f) con dispositivo automatico per l'inversione della matassa
rastrilladora (f) con inversión automática del manojo

2 — d
[Hechel-]Kluppe (f)
[hackle] clamp, holder
mâchoire (f) *ou* pince (f) *ou* presse (f) de peigneuse
клещи, зажим (мр), зажимная колодка
morsa (f), mascella (f)
mordaza (f), grapa (f)

3 — l
Deckelhebel (m)
top lever
levier (m) pour soulever la mâchoire supérieure
рычаг (мр) крышки
leva (f) per sollevare la morsa superiore
palanca (f) para levantar la mordaza superior

4 — o
Umspannerschleife (f)
change-over loop, reversing loop
glissoir (m) du dispositif pour faire la voltée
петля (жр) перекидочнаго приспособленія (прибора)
pattino (m) del dispositivo di inversione
guía (f) de inversión

5 — p
Kluppenwender (m), Wechselvorrichtung (f)
clamp changer
appareil (m) de voltée
перекидчик (мр) зажима (колодки)
invertitore (m)
mecanismo (m) de inversión

6 — k
Hechelleistenmantel (m)
hackle bar lattice
tablier (m) des barrettes
безконечная цѣпь (жр) гребней
tela (f) senza fine a barrette
tablero (m) de baretas

7 — i
Hechelmantelscheibe (f)
pulley of hackle bar lattice
poulie (f) du tablier
барабан (мр) для направленія движенія безконечной цѣпи гребенных планок
puleggia (f) della tela
polea (f) del tablero

8
die Hanfriste in die Hechelkluppe spannen
to clamp *or* to screw the hemp strick
serrer la poignée de chanvre
зажимать в клещи, в колодку прядь (жр) пеньки
fissare la matassa di canapa nella morsa
meter el manojo en la mordaza

9
die [Hanf-]Riste umspannen *oder* umwenden
to turn the strick in the clamps
faire la voltée, changer et resserrer la poignée de chanvre
перекинуть *или* перемѣстить в зажимѣ прядь (жр) пеньки (в гекляхь)
invertire la matassa di canapa
dar una vuelta al manojo de cáñamo

10
Kopfende (n) der Hanffaser
top end of hemp fibre
tête (f) de la fibre de chanvre
головной конец (мр), верхушка (жр) пеньки
estremità (f) di testa della fibra di canapa
extremo (m) superior de la fibra de cáñamo

11
Wurzelende (n) der Hanffaser
root end of hemp fibre
pied (m) *ou* queue (f) de la fibre de chanvre
корневой конец (мр)
estremità (f) di coda *o* alle radici della fibra di canapa
extremo (m) de raíz de la fibra de cáñamo

12
die [Hanf-]Riste aus der Kluppe nehmen
to take the strick out of the clamp
desserrer la poignée de chanvre
вынуть прядь (жр) пеньки из зажима
smontare la matassa di canapa
sacar el manojo de cáñamo de la mordaza

13
Kluppenunterteil (m)
bottom plate of clamp
mâchoire (f) inférieure
нижняя часть (жр) зажима, (колодки)
morsa (f) inferiore
mordaza (f) inferior

14
Kluppendeckel (m)
cover of clamp
mâchoire (f) supérieure
крышка (жр) зажима (колодки)
morsa (f) superiore
mordaza (f) superior

15
der Kluppendeckel hebt sich selbsttätig
the cover of clamp is lifted automatically
la mâchoire supérieure se lève automatiquement
крышка (жр) зажима поднимается автоматически
la morsa superiore si solleva automaticamente
la mordaza superior se levanta automáticamente

No.	Deutsch / English / Français	Русский / Italiano / Español
1	Kluppenkante (f) edge of the holder plate arête (f) de la mâchoire	край (мр) зажима (колодки) spigolo (m) della morsa borde (m) *o* arista (f) de la mordaza
2	Kluppenbahn (f) guide rail for the clamps rail (m) des mâchoires, coulisse (f)	ход (мр) зажима (колодки) guida (f) delle morse regla-guía (f) de las mordazas
3	Hechelleiste (f) hackle bar, hackle strip barrette (f) à peignes	гекельная планка (жр) с иглами (гребенки) barretta (f) da pettine *o* da denti barreta (f) de peines
4	Nadelbesetzung (f) der Hechelleiste pinning of the hackle strip population (f) de la barrette	набор (мр) *или* набивка (жр) планки иглами, насадка (жр) игл guarnizione (f) d'aghi della barretta densidad (f) de agujas en la barreta
5	die Hechelleiste mit Nadeln besetzen to pin *or* to needle the hackle bar garnir la barrette avec des aiguilles	набивать планки иглами guarnire *o* munire di denti la barretta guarnecer el tablero de agujas
6	Hechelfeld (n) hackling sheet, set of hackles série (f) de peignes	рабочая часть (жр) (поверхность) гекельной машины serie(f) di pettini, campo (m) di pettinatura superficie (f) de agujas trabajando
7	Bürstenwalze (f) brush roller tambour (m) à brosse	щёточный вал (мр) spazzola (f) a cilindro cilindro (m) cepillador
8	Wergabnehmewalze (f) tow doffer doffer (m) d'étoupes	снимающій очёсы вал cilindro (m) scaricatore della stoppa cilindro (m) descargador de estopa
9	Wergabstreicher (m) tow catcher, tow doffer comb peigne-détacheur (m) d'étoupes, peigne(m) du doffer d'étoupes	гребёнка (жр) снимающая с вальяна очёсы pettine (m) scaricatore di stoppa peine-descargador (m) de estopa
10	ausgehechelte Hanfriste (f) hackled hemp strick poignée (f) de chanvre peigné	прочесанная прядь (жр) пеньки matassa (f) di canapa pettinata *o* scapecchiata manojo (m) de cáñamo rastrillado
11	die Hanffaser [durch Feinhecheln] verfeinern to refine the hemp fibre [by hackling] affiner la fibre de chanvre par un peignage en fin	облагораживаніе (ср) волокна пеньки тонким гребнечесаніем affinare la fibra di canapa pettinandola a fino afinar la fibra de cáñamo por peinado
12	Feinhechelei (f), Feinhecheln (n) hackling of fine qualities repassage (m), peignage (m) en fin	гребнечесаніе (ср) на геклях высоких номеров, тонкій расчёс (мр) pettinatura (f) a fino peinado (m) en fino
13	feingehechelter Hanf (m) fine *or* superior hackled hemp chanvre (m) peigné fin, chanvre repassé	тонкопрочёсанная пенька (жр) canapa (f) pettinata a fino *o* ripassata cáñamo (m) peinado en fino
14	den Hanf nach Feinheit sichten *oder* sondern *oder* sortieren to sort the hemp according to fineness classer *ou* trier le chanvre d'après la finesse	сортировать пеньку по тонкости cernere *o* scegliere la canapa secondo [il grado del-]la finezza separar *o* escoger el cáñamo según su finura
15	den Hanf nach Weichheit sondern to sort the hemp according to softness classer le chanvre d'après la souplesse	сортировать пеньку по мягкости cernere la canapa secondo la morbidezza separar el cáñamo según la suavidad
16	den Hanf nach Farbe sondern to sort the hemp according to colour classer le chanvre d'après la couleur	сортировать пеньку по цвѣту волокна cernere *o* classificare la canapa secondo il colore separar el cáñamo según el color
17	Ausspitzen (m) des Hanfes hemp head and tail hackling, topping and tailing affinage (m) des deux bouts, épointage (m) du chanvre	прочёс (мр) концов пряди пеньки (бородки) pettinatura (f) delle estremità peinado (m) de los extremos
18	den Hanf ausspitzen to top and tail the hemp affiner les deux bouts, épointer le chanvre	прочесывать концы пряди пеньки; отдѣлывать концы волокон pettinare le estremità peinar los extremos
19	Reinabziehen (n) des Hanfes second head and tail hackling of hemp deuxième épointage (m) du chanvre	дополнительный прочёс (мр) пеньки seconda pettinatura (f) delle estremità repasado (m) de los extremos
20	den Hanf rein abziehen to give the hemp a second head and tail hackling donner au chanvre un deuxième épointage	начисто прочёсывать пеньку на геклях sottoporre le estremità ad una seconda pettinatura repasar los extremos
21	Ausmachen (n) *oder* Kernen (n) *oder* Auskernen (n) des Hanfes (auf der Feinhechel *oder* Kernhechel) finishing head and tail hackling (on the fine hackle) affinage(m) du chanvre	вычесываніе (ср) начисто пеньки pettinatura (f) finale delle estremità (col pettine fitto) repasado (m) final de los extremos (con el rastrillo en fino)
22	den Hanf kernen *oder* ausmachen *oder* auskernen to give the hemp a finishing head and tail hackling affiner le chanvre	начисто вычёсывать пеньку sottoporre le estremità ad una pettinatura finale volver a repasar los extremos

1 Einklären (n) der Kolben *oder* der Hede
hackling the tow of twice head and tail hackled hemp
peignage (m) de l'étoupe du chanvre épointé
расчёсываніе (ср) очёсов на геклях
pettinatura (f) della stoppa dalla canapa due volte scapecchiata nelle estremità
peinado (m) de la estopa de cáñamo repasado en las puntas

2 die Hanffasern (f pl) in parallele Lage bringen
to lay the hemp fibres in parallel order
paralléliser les fibres de chanvre
привести волокно в параллельное положеніе
parallelizzare le fibre della canapa
disponer las fibras de cáñamo paralelamente

3 das Werg bärteln
to hackle the tow of fine quality hemp
peigner l'étoupe du chanvre de qualité supérieure
превращать очёс (мр) в прочёсанную прядь (жр)
pettinare la stoppa della canapa di prima qualità
peinar la estopa de cáñamo de primer calidad

4 schäbenfreie Hanffaser (f)
hemp fibre free from chaff
fibre (f) de chanvre sans chènevotte
пенька (жр) несодержащая кострика
fibra (f) di canapa scevra di lische
fibra (f) de cáñamo limpia de cañamizas

5 **c) Physikalisches (n) und Chemisches (n) von der Hanffaser**
Physical and Chemical Properties of the Hemp Fibre
Propriétés (f pl) physiques et chimiques de la fibre de chanvre
Физическія и химическія свойства волокон пеньки
Proprietà (f pl) fisiche e chimiche della fibra di canapa
Propiedades (f pl) físico-químicas de la fibra de cáñamo

6 

Zellenbündel (n)
bundle of cells
faisceau (m) de cellules
пучёк (мр) клѣток
fascio (m) di cellule
haz (m) de células

7 a
Bastzelle (f)
bast cell
cellule (f) élémentaire
клѣтка (жр) лубка, элементарная *или* первичная клѣтка (жр)
cellula (f) del libro *o* elementare
célula (f) del líber

8 b
breiter Zellkanal (m)
broad lumen
large canal (m) cellulaire
широкій просвѣт (мр) поперечнаго сѣченія канальца
canale (m) largo cellulare
luz (f) ancha, lumen (m) ancho

9 zylindrische Bastzelle (f)
cylindrical bast cell
cellule (f) élémentaire cylindrique
цилиндрическая клѣтка (жр) лубка
cellula (f) cilindrica del libro
célula (f) cilíndrica del líber

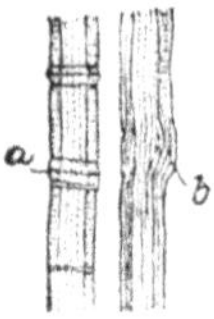

Wandung (f) der Bastzelle
wall of the bast cell
paroi (f) de la cellule élémentaire
стѣнки клѣтки лубка
parete (f) della cellula del libro
pared (f) de la célula del líber 10

a
Knoten (m) in der Zellwandung
node in the cell wall
nœud (f) dans la paroi cellulaire
узловое утолщеніе (ср) стѣнок клѣтки
nodello (m) nella parete cellulare
nudo (m) en la pared de la célula 11

b
Ausbauchung (f) der Zellwandung
swelling in the cell wall
gonflement (m) *ou* renflement (m) de la paroi cellulaire
выпучиваніе (ср) стѣнок клѣтки
gonfiamento (m) della parete cellulare
hinchamiento (m) de la pared de la célula 12

verholzte Hanffaser (f)
boony hemp fibre
fibre (f) ligneuse de chanvre
одеревенѣвшее *или* древесинное волокно (ср)
fibra (f) legnosa di canapa
fibra (f) de cáñamo leñosa 13

Holzteilchen (n), Ligninkörper (m)
boon, ligneous matter
matière (f) ligneuse
древесина (жр), лигнин (мр)
sostanza (f) legnosa
materia (f) leñosa, cañamiza (f) 14

holzfreie Hanffaser (f)
hemp fibre free from boon
fibre (f) de chanvre non ligneuse
свободное от древесины волокно (ср) пеньки
fibra (f) di canapa scevra di sostanza legnosa
fibra (f) de cáñamo libre de cañamiza 15

Zellenzwischensubstanz (f), Interzellularsubstanz (f)
intercellular substance
substance (f) intercellulaire
внутриклѣточное вещество (ср), (внутриклѣточная субстанція (жр))
sostanza (f) intercellulare
substancia (f) intercelular 16

anhaftende Fremdkörper (m pl)
adhering foreign matters *or* bodies
corps (m pl) étrangers adhérents
приставшія посторонія тѣла (ср)
materie (f pl) estranee aderenti
cuerpos (m pl) extraños adherentes 17

gelbe Umrandung (f) der Mittellamelle hervorgerufen durch Jod-Schwefelsäure
yellow ring round the centre layer produced by iodine-sulphuric acid
contour (m) jaune de la couche centrale produit par le réactif iode-acide sulfurique
желтое окаймленіе (ср) промежуточной стѣнки при обработкѣ раствором іодо-сѣрной кислоты
contorno (m) giallo della lamella centrale ottenuto per iodio-acido solforico
borde (m) amarillo de la capa central producido por la reacción de yodo-ácido sulfúrico 18

1	blaugrüne Färbung (f) der Faser durch Jod-Schwefelsäure bluish-green colour produced on the fibre by iodine-sulphuric acid coloration (f) bleu-vert produite sur la fibre par le réactif iode-acide sulfurique	сине-зеленая окраска (жр) волокна при обработкѣ раствором іодо-сѣрной кислоты colorazione (f) azzurro-verdognola ottenuta per iodio-acido solforico coloración (f) azul-verdosa de la fibra producida por la reacción de yodo-ácido sulfúrico
2	Aufquellen (n) und Auflösung (f) der Zellwand durch Kupferoxydammoniak swelling and dissolution of the cell wall by ammoniacal copper oxide gonflement (m) et dissolution (f) de la paroi cellulaire par l'ammoniure de cuivre	разбуханіе (ср) и раствореніе клѣтчатки в аммiачном растворѣ окиси мѣди gonfiamento (m) e dissoluzione (f) della parete cellulare per l'ossido di rame ammoniacale hinchamiento (m) y disolución (f) de la pared celular por la reacción de óxido de cobre amoniacal
3	**d) Der Hanfhandel** **Hemp Trade** **Commerce (m) du chanvre**	**Торговля (ж р) пенькою** **Commercio (m) *o* traffico (m) della canapa** **Comercio (m) del cáñamo**
4	Handelsbezeichnungen (fpl) für Hanf commercial terms (pl) for hemp désignations (fpl) commerciales pour le chanvre	торговыя названія пеньки denominazioni (fpl) d'uso commerciale per la canapa denotaciones (fpl) comerciales para el cañamo
5	Hanfstroh (n) hemp straw paille (f) de chanvre	коноплянная солома (жр) paglia (f) di canapa paja (f) de cáñamo
6	gerösteter Hanf (m) retted hemp chanvre (m) roui	пенька (жр) моченец canapa (f) macerata cáñamo (m) enriado
7	Fasergehalt (m) des Hanfstengels quantity of fibre in the hemp stem quantité (f) de filasse *ou* de fibres dans la tige de chanvre	содержаніе (ср) *или* количество (ср) волокнистаго вещества в стеблѣ конопли contenuto (m) di filaccia (f) dello stelo di canapa contenido (m) de fibras en el tallo de cáñamo
8	Schleißhanf (m), abgeschälter Hanf (m), Pellhanf (m), Riesenschlichthanf (m) stripped hemp chanvre (m) pelé	ободранная, облупленная пенька (жр) canapa (f) stigliata cáñamo (m) mondado
9	gebrochener Hanf (m), Basthanf (m) broken hemp chanvre (m) broyé	мятая пенька (жр) canapa (f) gramolata cáñamo (m) agramado
10	Rohhanf (m), roher Hanf (m) raw hemp chanvre (m) cru *ou* brut	сырец (мр) пеньки canapa (f) greggia cáñamo (m) en bruto
11	gebokter *oder* gestampfter Hanf (m) beetled hemp chanvre (m) pilé	дробленая *или* колоченая пенька (жр) canapa (f) battuta cáñamo (m) batido
12	Schwinghanf (m), Schwunghanf (m) scutched hemp chanvre (m) teillé	трепанная пенька (жр) canapa (f) scotolata cáñamo (m) espadado
13	Strähnhanf (m) broken and scutched hemp chanvre (m) broyé et teillé	мятая и трепанная пенька (жр) canapa (f) gramolata e scotolata cáñamo (m) agramado y espadado
14	geschnittener Hanf (m) cut *or* knifed hemp chanvre (m) coupé	пенька (жр), разработанная на ножах canapa (f) tagliata cáñamo (m) cortado
15	gehechelter Hanf (m), Reinhanf (m), Hechelhanf (m) hackled hemp chanvre (m) peigné	прочесанная пенька (жр), чистая *или* гекельная пенька canapa (f) scapecchiata *o* pettinata cáñamo (m) rastrillado *o* peinado
16	handgehechelter Hanf (m) hand hackled hemp chanvre (m) sérancé [à la main]	пенька (жр) ручного чесанія (прочеса) пенька (жр) прочесанная в ручную canapa (f) scapecchiata *o* pettinata a mano cáñamo (m) rastrillado a mano
17	maschinengehechelter Hanf (m) machine hackled hemp chanvre (m) peigné mécaniquement	пенька (жр) машиннаго прочеса canapa (f) scapecchiata *o* pettinata a macchina cáñamo (m) rastrillado mecánicamente
18	Spinnhanf (m) clean hemp, hemp ready for spinning chanvre (m) nettoyé	пенька (жр) для тонкаго праденія canapa (f) [pronta] per essere filata cáñamo (m) aparejado para el hilado
19	Schusterhanf (m) hemp used for shoemaker's thread chanvre (m) pour fil de cordonnerie	сапожная пенька (жр) (дратвенная) canapa (f) per spaghi da calzature cáñamo (m) para zapatería
20	Seilerhanf (m) hemp for rope making chanvre (m) de cordier *ou* pour fil de corderie	канатная пенька (жр) canapa (f) da cordaio *o* da funaio cáñamo (m) para fabricar cuerdas
21	Königsberger Hanf (m), deutscher Hanf (m) Königsberg hemp chanvre (m) de Königsberg	Кенигсбергская пенька (жр) (восточно-прусская, нѣмецкая) canapa (f) di Prussia *o* di Königsberg cáñamo (m) alemán *o* de Königsberg
22	russischer Hanf (m), St. Petersburger Hanf (m) St. Petersburg hemp chanvre (m) de Pétrograde	Русская пенька (жр), Петербургская пенька canapa (f) di Russia *o* di Pietrogrado cáñamo (m) ruso *o* de Petersburgo
23	Ausschußhanf (m), Abfallhanf (m) injured *or* spoiled *or* outshot hemp chanvre (m) de rebut	отбросная пенька (жр) canapa (f) di scarto cáñamo (m) averiado

No.		
1	polnischer Hanf (m) Polish hemp chanvre (m) polonais	польская пенька (жр) canapa (f) polacca cáñamo (m) polonés
2	galizischer Hanf (m) Galician hemp chanvre (m) de Galicie	галицiйская пенька (жр) canapa (f) della Galizia cáñamo (m) de Galicia de la Europa del Este
3	italienischer Hanf (m), Bologneser Hanf (m) Italian hemp chanvre (m) italien	итальянская, болонская пенька (жр) canapa (f) italiana *o* di Bologna cáñamo (m) italiano o de Bolonia
4	Hanfabfall (m) hemp waste déchets (mpl) de chanvre	отброс (мр), очесы пеньки cascami (mpl) di canapa desperdicios (mpl) de cáñamo
5	Weichfaserhanf (m) soft fibred hemp chanvre (m) à fibre *ou* à filasse douce	мягковолокнистая пенька (жр) canapa (f) di fibra morbida *o* tenue cáñamo (m) de fibras suaves
6	Hanfwerg (n), Hechelwerg (n), Hanfhede (f), Hechelhede (f), Tors (m), Kodille (f), Kolbe (f) hemphard, hemp tow, codilla étoupe (f) de chanvre	пеньковая пакля (жр), гекельная пакля (жр), пеньковый очёс (мр), гекельный очёс (мр), кодилла (жр) stoppa (f) *o* capecchio (m) di canapa estopa (f) de cáñamo
7	Hedefaser (f) tow *or* codilla fibre fibre (f) d'étoupe	волокно (ср) пакли fibra (f) di stoppa fibra (f) de estopa
8	Brechhede (f) brake waste, tow from broken hemp étoupe (f) de broyage	мяльная пакля (жр) (отброс послѣ мятiя) stoppa (f) di maciulla estopa (f) de agramado, agramiza (f)
9	Schwinghede (f) swingle waste, tow from scutched hemp étoupe (f) de teillage	трепальная пакля (жр) (отброс послѣ трепанiя stoppa (f) di scotola estopa (f) de espadado
10	Kernwerg (n) tow *or* waste from fine hackled hemp étoupe (f) de l'affinoir	пакля (жр) от мыканiя льна, (отброс послѣ мыканiя) stoppa (f) di canapa dal pettine fitto estopa (f) del repasado final
11	Bärtelwerg (n) waste from hackled tow déchets (mpl) provenant du peignage de l'étoupe	кудель (жр), очищенный очёс (мр) cascami (mpl) della stoppa scapecchiata desperdicios (mpl) de la estopa rastrillada

12 Hanfballen (m)
hemp bale
balle (f) de chanvre
кипа (жр) *или* вязка пеньки
balla (m) o fardo (m) di canapa
bala (f) de cáñamo

8. Die Jute (Pahthanf, Dschut, Juthanf, Gunny, Gunni, Kalkuttahanf) — Джут (мр) (джутовая пенька)

Jute (Gunny, Paathemp, Indian grass) — La juta 13

Le jute — El yute

No.		
14	**a) Botanisches (n)** **Botany** **Botanique (f)**	**Ботаника (жр)** **Botanica (f)** **Botánica (f)**

Corchorus

15 Jutepflanze (f)
jute plant
jute (m)
джутовое растенiе
pianta (f) della juta
[planta (f) de] yute (m)

No.		
16	Lindengewächs (n), Tiliacee (f) tiliacea tiliacée (f)	липовидное растенiе (ср) (Тилiацеа) pianta (f) dei tigliacei tiliácea (f)
17	wildwachsende Jutepflanze (f) wild jute plant jute (m) sauvage	дикорастущее джутовое растенiе (ср) pianta (f) selvatica della juta yute (m) silvestre

Corchorus capsularis

18 kapselfrüchtige Jute (f)
seed podded jute
jute (m) à fruit capsulaire
джут (мр) с капсюльным (коробчатым) плодом
juta (f) a frutto capsulare
yute (m) de fruto capsular

No.		
19	weiße Jutespielart (f) white variety of jute variété (f) de jute blanc	бѣлая разновидность (жр) джута varietà (f) bianca della juta variedad (f) blanca de yute
20	rote Jutespielart (f) red variety of jute variété (f) de jute rouge	красная разновидность (жр) джута varietà (f) rossa della juta variedad (f) roja de yute
21	roter Jutestengel (m) red stalk of jute tige (f) rouge du jute	красный стебель (мр) джута stelo (m) rosso della juta tallo (m) encarnado del yute

1 grüner Jutestengel (m)
green stalk of jute
tige (f) verte du jute
зеленый стебель (мр) джута
stelo (m) verde della juta
tallo (m) verde del yute

2 
gesägtes Jutepflanzenblatt (n)
leaf of the jute plant with dentate margin
feuille (f) du jute dentée
пиловидный лист (мр) джута
foglia (f) della juta ad orlo segato *o* dentellato
hoja (f) dentada del yute

3 eilanzettliches Blatt (n)
ovo-lanceolate leaf
feuille (f) ovo-lancéolée
ланцето-яйцевидный лист (мр)
foglia (f) [di forma] ovo-lanceolata
hoja (f) ovo-lanceolada

4 grünes Juteblatt (n)
green jute leaf
feuille (f) verte du jute
зеленый лист (мр) джута
foglia (f) verde della juta
hoja (f) verde del yute

5 rote Juteblattrippe (f)
red vein of jute leaf
nervure (f) rouge de la feuille de jute
красная жилка (жр) джутоваго листа
costola (f) rossa *o* nervo (m) rosso della foglia di juta
nervio (m) encarnado de la hoja de yute

6 
gelbe Blüte (f) der Jute
yellow flower of jute [plant]
fleur (f) jaune du jute
желтый цвѣток (мр) джутоваго растенія
fiore (m) giallo della juta
flor (f) amarilla del yute

7 
Fruchtkapsel (f) *oder* Samenkapsel (f) der Jutepflanze
seed pod *or* capsule of jute plant
capsule (f) fructifère du jute
плодовая коробочка (жр) джутоваго растенія
capsula (f) del frutto della juta
cápsula (f) frutal del yute

8 kugelige Frucht (f)
globular seed pod
fruit (m) globulaire
шарообразный плод (мр)
frutto (m) globulare
fruto (m) esférico *o* globular

9 zylindrische Frucht (f)
cylindrical seed pod
fruit (m) cylindrique
цилиндрообразный плод (мр)
frutto (m) cilindrico
fruto (m) cilíndrico

10 schotenförmige Kapsel (f)
legume-like capsule
capsule (f) en forme de cosse *ou* de gousse
стручковидная коробочка (жр)
capsula (f) di forma baccellare
cápsula (f) en forma de vaina

11 Jutesame (m), Jutepflanzensame (m)
jute seed
semence (f) de jute
джутовое сѣмя (ср), сѣмя джутоваго растенія
seme (m) della juta
semilla (f) del yute

b) Gewinnung (f) der Jute
Extraction of the Jute Fibre
Obtention *ou* Extraction (f) de la fibre de jute
Добываніе (ср) джута
Estrazione (f) della fibra di juta 12
Extracción (f) de la fibra de yute

Jutefaser (f), Corchorusfaser (f)
jute fibre, Corchorus fibre
fibre (f) de jute
джутовое волокно (ср)
fibra (f) di juta 13
fibra (f) de yute

die Jutestengel (mpl) vor der Fruchtreife ernten
to crop the jute stems before the fruit ripens
récolter les tiges (fpl) de jute avant maturité du fruit
жать стебель джута (мр) до созрѣванія плода
raccogliere gli steli della juta prima della maturazione del frutto 14
recolectar los tallos del yute antes de la madurez del fruto

Reife (f) der Jutepflanze
ripe condition of the jute plant
[stade (m) de] maturité (f) du jute
зрѣлость джутоваго растенія
maturità (f) della pianta di juta 15
[estado (m) de] madurez (f) del yute

Ausraufen (n) der Jutepflanze
pulling of the jute plant
arrachage (m) du jute
выдергиваніе (ср) джутоваго растенія
sterpatura (f) della pianta di juta 16
arranque (m) del yute

die Jutepflanze ausraufen
to pull the jute plant
arracher le jute
выдергивать джутовое растеніе
sterpare la pianta di juta 17
arrancar el yute

die Jutepflanze schneiden
to cut the jute plant
couper le jute
срѣзать джутовое растеніе
tagliare la pianta di juta 18
cortar *o* segar el yute

Schneiden (n) der Stengel
cutting the stems
coupage (m) des tiges
срѣзываніе (ср) стеблей
taglio (m) degli steli 19
corte (m) *o* segada (f) de los tallos

Sichel (f)
sickle
faucille (f)
серп (мр)
falce (f) 20
hoz (f)

die Nebenzweige (mpl) beseitigen
to remove the side branches
élaguer (f) la plante
срѣзывать боковыя (побочныя) вѣтви 21
togliere i ramoscelli
quitar las ramitas

Abstreifen (n) der Blätter von den Stengeln
stripping the leaves from the stems
effeuillage (m) des tiges
ощипываніе *или* обрываніе листьев со стебля
sfrondamento (m) degli steli 22
deshojamiento (m) de los tallos

die Jutepflanzen (fpl) bündeln
to bind the jute plants in bundles
mettre en gerbes *ou* gerber le jute
вязать в пучки стебли джута
affastellare le piante di juta 23
hacer gavillas de yute

die gebündelten Jutepflanzen (fpl) [im Felde] stehen lassen
to leave the bundled jute plants in the field
laisser le jute engerbé sur le sol
оставлять связанный в пучки джут (мр) на полѣ
lasciare sul campo le piante di juta affastellate 24
dejar las gavillas de yute en el campo

1	Rösten (n), Rotten (n) retting rouissage (m)	моченіе (ср), мочка (жр) macerazione (f) enriado (m)
2	rösten (va), rotten (va) to ret (va), rouir (va)	мочить, замачивать macerare (va) enriar (va)
3	Röstvorgang (m), Röstprozeß (m) retting process procédé (m) de rouissage	процесс (мр) моченія (мочки) processo (m) di macerazione proceso (m) de enriamiento
4	den Pflanzenleim durch einen Fäulnisvorgang zersetzen *oder* lösen to dissolve the gummy matter by a fermenting process dissoudre la substance gommeuse par la fermentation	разрушить *или* растворить клеевину (связывающія вещества) посредством процесса гніенія dissolvere la sostanza gommosa per la fermentazione disolver la materia gomosa por fermentación
5	Lösen (n) des Pflanzenleimes dissolution of the gummy matter dissolution (f) de la substance gommeuse	растворение (ср) клеевины (связывающаго вещества) dissoluzione (f) della sostanza gommosa disolución (f) de la materia gomosa
6	Zerfall (m) der Bastbündel decomposition of the bast [fibre] bundles désagrégation (f) de la filasse	распаденіе (ср) лубяных пучков decomposizione (f) della filaccia desagregación (f) de los haces de fibras
7	die Bastbündel zerfallen the bast bundles disintegrate *or* decompose la filasse se désagrège	разрушать лубяные пучки, вызывать распаденіе лубяных пучков la filaccia si decompone los haces de fibras se desagregan
8	Wasserröste (f), Wasserrotte (f) water retting, steeping rouissage (m) à l'eau	водяная мочка (жр) macerazione (f) all'acqua enriamiento (m) en agua
9	Kaltwasserröste (f), Kaltwasserrotte (f) cold water retting rouissage (m) à l'eau froide	холодная мочка (жр), мочка в холодной водѣ macerazione (f) all'acqua fredda enriamiento (m) en agua fría
10	die Jutepflanzenstengel (mpl) der Wasserrotte unterwerfen *oder* in Wasser rösten to steep the jute stems [in water] rouir les tiges (fpl) de jute à l'eau	подвергнуть мочкѣ стебли джута, замачивать джутовые стебли в водѣ macerare gli steli della pianta di juta all'acqua enriar los tallos de yute en el agua
11	stehendes Wasser (n) still *or* stagnant water eau (f) stagnante	стоячая вода (жр) acqua (f) stagnante agua (f) estancada
12	fließendes Wasser (n) running water eau (f) courante	проточная вода (жр) acqua (f) corrente agua (f) corriente
13	die Stengel (mpl) bündelweise in Wasser legen to steep the stems [in water] by bundles placer les tiges dans l'eau en faisceaux	класть в воду стебли (мр) пучками *или* вязанками sommergere nell'acqua gli steli affastellati sumergir en el agua las gavillas de los tallos
14	Dauer (f) der Röste, Röstdauer (f) duration of retting durée (f) du rouissage	продолжительность (жр) мочки durata (f) della macerazione duración (f) del enriado
15	die Jute ist überröstet *oder* überrottet the jute is over-steeped *or* over-retted le jute est roui à l'excès	джут (мр) перемочен la juta è sovramacerata el yute es excesivamente enriado
16	den Röstvorgang *oder* Verrottungsvorgang verzögern to retard the retting process retarder le procédé de rouissage	задержать процесс (мр) перемочки ritardare il processo di macerazione retardar el proceso de enriamiento
17	die Jute mit Sulfaten tränken [*oder* imprägnieren] to impregnate the jute with sulphates imprégner le jute de sulfates	пропитывать джут сульфатом (сѣрнокислою солью) impregnare la juta con solfati impregnar el yute con sulfatos
18	Tränken (n) [*oder* Imprägnieren (n)] der Faser mit Sulfaten impregnation of the fibre with sulphates imprégnation (f) de la fibre de sulfates	пропитываніе (ср) волокна сульфатом impregnazione (f) della fibra con solfati impregnación (f) de la fibra con sulfatos
19	Abscheidung (f) des Faserstoffes vom Stengel separation of the fibrous material from the stem séparation (f) de la filasse de la tige	выдѣленіе (ср) волокна из стебля separazione (f) della fibra tessile dallo stelo separación (f) de la hilaza del tallo
20	Abscheidung (f) der Faser von Hand separation of the fibre by hand séparation (f) de la fibre à main	выдѣленіе (ср) волокна из стебля ручным способом separazione (f) a mano della fibra separación (f) a mano de la hilaza
21	Knicken (n) der Jutestengel über dem Knie breaking the jute stems over the knee broyage (m) des tiges de jute sur le genou	ломаніе (ср) стеблей джута на колѣнѣ (колѣном) gramolatura (f) degli steli di juta sul ginocchio agramado (m) de los tallos de yute en la rodilla
22	Abziehen (n) der Bastschicht vom Stengelholz stripping off the bast layer from the woody core of the stem pelage (m) de la couche de filasse de la partie ligneuse de la tige	сдираніе (ср) лубяного слоя со стебля separazione (f) dello strato di filaccia dal legno dello stelo separación (f) de la capa fibrosa de la parte leñosa del tallo

1 die Bastschicht vom Stengelholz abziehen
to strip off the bast layer from the woody core of the stem
peler la couche de filasse de la partie ligneuse de la tige, défibrer la tige
сдирать лубок (мр) со стебля
separare *o* togliere lo strato di filaccia dal legno dello stelo
separar la capa fibrosa de la parte leñosa del tallo

2 die Bastschicht abschälen
to peel off the bast layer
peler la couche de filasse
облуплять лубяной слой (мр) *или* лубок (мр)
scortecciare lo strato di filaccia
mondar la capa fibrosa

3 Waschen (n) der vom Holz getrennten Faser
washing the fibre freed from the woody tissue
lavage (m) de la fibre séparée *ou* dépouillée des parties ligneuses
промывка (жр) снятаго лубка
lavatura (f) della fibra separata dal legno
lavado (m) de la fibra libre de la parte leñosa

4 Aufhängen (n) der Fasern zum Trocknen
suspending the fibres to dry
suspension (f) des fibres pour séchage
развѣшиванiе (ср) волокон для просушки
sospensione (f) *o* stendimento (m) delle fibre per asciugarle
suspensión (f) de las fibras para secarlas

5 die Fasern (f pl) an der Luft trocknen
to dry the fibres in the open air
sécher la filasse en plein air
просушивать на воздухѣ волокна
asciugare all'aria la filaccia
secar las fibras al aire

6 Auskämmen (n) der getrockneten Jutefaser
combing out the dried jute fibre
peignage (m) de la fibre de jute sechée
вычесыванiе (ср) высушенаго лубка джута
pettinatura (f) della fibra di juta disseccata
peinado (m) de la fibra seca de yute

7 **c) Physikalisches und chemisches Verhalten der Jutefaser**
Physical and Chemical Behaviour of the Jute Fibre
Propriétés (f pl) physiques et chimiques du jute
Физическiя и химическiя свойства джутоваго волокна
Proprietà (f pl) fisiche e chimiche della fibra di juta
Propiedades (f pl) físico-químicas de la fibra de yute

8 silbergraue Färbung (f) der Jutefaser
silver-gray tint of the jute [fibre]
couleur (f) gris-argenté de la fibre de jute
серебристо-сѣрая окраска (жр) волокон джута
colore (m) bigio-argenteo della fibra di juta
color (m) gris-plateado de la fibra de yute

9 gelbliche Färbung (f) der Jutefaser
yellowish tint of the jute [fibre]
couleur (f) jaunâtre de la fibre de jute
желтоватая окраска (жр) волокон джута
colore (m) giallastro della fibra di juta
color (m) amarillento de la fibra de yute

weißliche Färbung (f) der Jutefaser
whitish tint of the jute [fibre]
couleur (f) blanchâtre de la fibre de jute
бѣловатая окраска (жр) волокон джута
colore (m) biancastro della fibra di juta 10
color (m) blanquecino de la fibra de yute

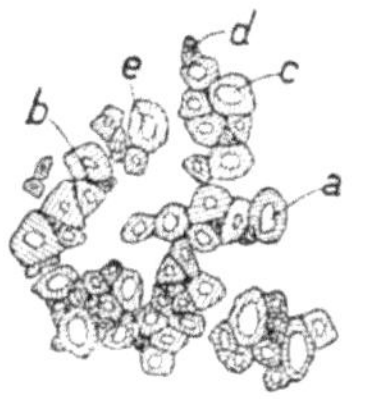

Querschnitt (m) der Jutefaser
cross section of the jute fibre
coupe (f) transversale de la fibre de jute
поперечное сѣченiе (ср) волокна джута 11
sezione (f) della fibra di juta
corte (m) transversal de la fibra de yute

a, c, e
Zellkanal (m), Lumen (n)
cell canal, lumen
canal (m) cellulaire
клѣточный канал (мр), поперечный просвѣт (мр) клѣтки 12
canale (m) cellulare
luz (f)

b
Zellenzwischenraum (m), Interzellularraum (m)
intercellular space
espace (m) intercellulaire
внутреклѣточное *или* внутреннее пространство (ср) клѣтки 13
spazio (m) intercellulare
espacio (m) intercelular

Zellwand (f)
cell wall
paroi (f) cellulaire
стѣнки (жр) клѣтки 14
parete (f) cellulare, membrana (f) della cellula
membrana (f) de la célula

d
prismatische Einzelzelle (f)
prismatic elementary cell
cellule (f) élementaire prismatique
призматическая клѣтка (жр) 15
cellula (f) elementare di forma prismatica
célula (f) prismática elemental

Jutebastzelle (f), Bastzelle (f) *oder* Elementarzelle (f) der Jutefaser
elementary cell of the jute fibre
cellule (f) élémentaire de la fibre de jute
клѣтка (жр) джутоваго лубка, элементарная клѣтка (жр) джутоваго волокна 16
cellula (f) elementare della fibra di juta
célula (f) elemental de la fibra de yute

abgerundeter Querschnitt der Zelle (m)
rounded section of the cell
coupe (f) *ou* section (f) arrondie de la cellule
круглое поперечное сѣченiе (ср) клѣтки
sezione (f) arrotondata della cellula 17
sección (f) redondeada de la célula

vielseitiger Querschnitt (m) der Zelle
polygonal [cross] section of the cell
section (f) polygonale de la cellule
многогранное поперечное сѣченiе (ср) клѣтки
sezione (f) poligonale della cellula 18
corte (m) poligonal de la célula

1
Vereng[er]ung (f) des Zellenhohlraumes [*oder* Lumens]
contraction of the cell canal
contraction (f) *ou* étrécissement (m) du canal cellulaire
суженіе (ср) внутреклѣточнаго пространства
contrazione (f) del canale cellulare
contracción (f) de la luz

2
dickwandige Zelle (f)
thick-walled cell
cellule (f) à paroi épaisse
толстостѣнная клѣтка (жр)
cellula (f) a membrana spessa
célula (f) de pared gruesa

3
dünnwandige Zelle (f)
thin-walled cell
cellule (f) à paroi mince
тонкостѣнная клѣтка (жр)
cellula (f) a membrana sottile
célula (f) de pared delgada

4
zusammengewachsene Zellwandung (f)
coalescent cell wall
paroi (f) cellulaire agglutinée *ou* concrétionnée
сросшіяся стѣнки (жр) клѣтки
membrana (f) cellulare agglutinata
pared (f) celular aglutinada

5
ungleichmäßige Verdickung (f) der Zellwand
unequal thickness of the cell wall
épaisseur (f) inégale de la paroi cellulaire
неравномѣрное утолщеніе (ср) стѣнки клѣтки
spessore (m) ineguale della membrana cellulare
espesor (m) desigual de la pared celular

6
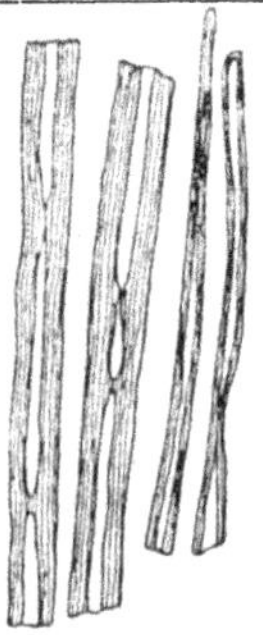

unregelmäßig verdickte Bastzelle (f)
irregularly thickened bast cell
cellule (f) élémentaire d'épaisseur irrégulière
неравномѣрно утолщенная клѣтка (жр) лубка
cellula (f) elementare di spessore irregolare
célula (f) elemental de espesor irregular

7
verholzte Jutefaser (f)
boony jute fibre
fibre (f) de jute ligneuse
одеревенѣлое волокно (ср) джута
fibra (f) legnosa di juta
fibra (f) de yute leñosa

8
Festigkeitsverminderung (f) der Jutefaser durch Lagern
reduction in [the] strength of the jute fibre through storing
réduction (f) de la force de la fibre de jute par magasinage
уменьшеніе (ср) крѣпости джутоваго волокна от лежанія (на складѣ)
riduzione (f) della resistenza della fibra di juta immagazzinata
diminución (f) de la resistencia de la fibra de yute almacenada

9
die Jutefaser wird brüchig
the jute fibre becomes brittle
la fibre de jute s'effrite
джутовое волокно (ср) становится ломким
la fibra di juta diventa friabile
la fibra de yute se vuelve quebradiza

10
die Jutefaser wird morsch
the jute fibre becomes rotten
la fibre de jute pourrit
джутовое волокно (ср) становится дряблым
la fibra di juta marcisce
la fibra de yute se vuelve podrida

11
chemische Zusammensetzung (f) der Jutefaser
chemical composition of the jute fibre
composition (f) chimique de la fibre de jute
химическій состав (мр) джутоваго волокна
composizione (f) chimica della fibra di juta
composición (f) química de la fibra de yute

12
Bestandteile (mpl) der Jutefaser
constituents of the jute fibre
composants (mpl) de la fibre de jute
составныя части джутоваго волокна
componenti (mpl) della fibra di juta
componentes (mpl) de la fibra de yute

13
tanninartige Verbindung (f)
tannic combination
combinaison (f) tannique
таннииновое *или* таннинообразное соединеніе (ср)
combinazione (f) tannica
combinación (f) tánica

14
Fett (n)
fat
graisse (f)
жир (мр)
grasso (m), materia (f) grassa
grasa (f)

15
Wachs (n)
wax
cire (f)
воск (мр)
cera (f)
cera (f)

16
$C_{19}\,H_{18}\,O_8$
Lignin (n)
lignin[e]
lignine (f)
лигнин (мр)
lignina (f)
lignina (f)

17
in Wasser lösliche Salze (npl)
salts soluble in water
sels (mpl) solubles dans l'eau
растворимыя в водѣ соли
sali (mpl) solubili nell'acqua
sales (fpl) solubles en el agua

18
kristallfreie Juteasche (f)
jute ash free from crystals
cendre (f) de jute exempte de cristaux
джутовая зола (жр) несодержащая кристаллов
cenere (f) di juta scevra di cristalli
ceniza (f) de yute libre de cristales

19
Aschenmenge (f)
quantity of ash
quantité (f) de cendre
количество (ср) золы
quantità (f) di cenere
cantidad (f) de cenizas

20
Aschengehalt (m) der Jutefaser
ash contents *or* percentage of ash of the jute fibre
teneur (f) en cendres de la fibre de jute
содержаніе (ср) золы в джутовом волокнѣ
tenore (m) *o* contenuto (m) in cenere della fibra di juta
contenido (m) *o* tanto (m) por ciento en cenizas de la fibra de yute

21
die Jutefaser bei Luftabschluß erhitzen
to heat the jute fibre away from the air
chauffer la fibre de jute dans le vide
нагрѣваніе (ср) джута без доступа воздуха
riscaldare la fibra di juta alla chiusura ermetica
calentar la fibra de yute en cierre hermético

22
Bräunung (f) der Jutefaser
brown colouring of the jute fibre
coloration (f) brune de la fibre de jute
побурѣніе (ср) джута
abbrunimento (m) della fibra di juta
coloración (f) parda de la fibra de yute

1	die Jutefaser abkochen to boil the jute fibre bouillir *ou* cuire la fibre de jute	отваривать (бучить) волокна джута cuocere *o* far bollire la fibra di juta cocer la fibra de yute
2	Abkochen (n) der Jutefaser in alkalischer Lösung boiling the jute fibre in an alkaline solution cuisson (f) de la fibre de jute dans une solution alcaline	отвариванiе (ср) джутовых волоком в щелочном растворѣ (бученiе) decozione (f) *o* ebollizione (f) della fibra di juta in una soluzione alcalina cocimiento (m) *o* cocción (f) de la fibra de yute en solución alcalina
3	alkalische Wirkung *oder* Reaktion (f) alkaline reaction réaction (f) alcaline	щелочная реакцiя (жр) reazione (f) alcalina reacción (f) alcalina
4	die Jutefaser in Seifenlösung waschen to wash the jute fibre in a soap solution laver la fibre de jute dans l'eau de savon	промывать волокна джута в мыльном растворѣ lavare la fibra di juta nell'acqua saponata *o* in una soluzione di sapone lavar la fibra de yute en agua jabonosa o en solución de jabón
5	die Jutefaser mit Natriumhydrosulfit behandeln to treat the jute fibre with hydrosulphite of sodium traiter la fibre de jute à l'hydrosulfite de soude	обработывать волокна джута посредством сѣрноватисто-кислаго натра (гидросульфатом натра) trattare la fibra di juta al sodio idrosolfitico tratar la fibra de yute por el hidrosulfito de sosa
6	die Jutefaser mit kaustischer Soda auskochen to boil the jute fibre with caustic soda faire bouillir la fibre de jute avec de la soude caustique	выварить джутовое волокно в растворѣ каустической соды, (ѣдкаго натра) cuocere la fibra di juta con soda caustica cocer la fibra de yute con sosa cáustica
7	die Jutefaser mit Wasserglaslösung waschen to wash the jute fibre in a solution of water glass laver la fibre de jute dans une solution de verre soluble	промывать джутовое волокно (ср) раствором растворимаго стекла lavare la fibra di juta con una soluzione di vetro solubile lavar la fibra de yute en una solución de vidrio soluble
8	Quellung (f) der Jutefaser in Kalilauge swelling of the jute fibre in caustic potash lye gonflement (m) de la fibre de jute dans une solution de potasse caustique	разбуханiе (ср) волокна джута в растворѣ ѣдкаго кали gonfiamento (m) della fibra di juta in una soluzione di potassa caustica hinchamiento (m) de la fibra de yute en una solución de potasa cáustica
9	Grünblaufärbung (f) der Jutefaser durch Kupferoxydammoniak greenish blue colouring of the jute fibre produced by ammoniacal copper oxide coloration (f) bleu-verdâtre de la fibre de jute par l'ammoniure de cuivre	зелено-синяя окраска (жр) джутоваго волокна при обработкѣ в аммiачном растворѣ окиси мѣди colorazione (f) azzurro-verdognola della fibra di juta coll'ossido di rame ammoniacale coloración (f) azul-verdosa de la fibra de yute por el óxido de cobre amoniacal
10	Gelbbraunfärbung (f) durch Chlorzinkjod yellowish brown colouring by chlorine-zinc-iodine coloration (f) brun-jaunâtre par le réactif chlore-zinc-iode	желто-коричневая окраска (жр) при обработкѣ раствором хлор-цинк-iода colorazione (f) bruno-giallognola col cloro-zinco-iodio coloración (f) pardo-amarilla por el cloro-cinc-yodo
11	Braunfärbung (f) oder Bräunung (f) in alkalischer Flüssigkeit brown colouring produced by an alcaline solution coloration (f) brune dans une solution alcaline	побурѣнiе (ср) в щелочной жидкости (в щелочном растворѣ colorazione (f) al bruno in una soluzione alcalina coloración (f) parda por una solución alcalina
12	Rotfärbung (f) durch Phloroglucin und Salzsäure red colouring produced by phloroglucin and hydrochloric acid coloration (f) rouge par la phloroglucine et l'acide chlorhydrique	красная окраска (жр) при обработкѣ флороглюцином в соляной кислотѣ colorazione (f) al rosso mediante la phloroglucina e l'acido muriatico *o* cloridrico coloración (f) roja producida por la floroglucina y el ácido clorhídrico
13	braungelbe Färbung (f) durch Jodlösung brownish yellow colouring by an iodine solution coloration (f) jaune-brunâtre par une solution iodée	корично-желтая окраска (жр) при обработкѣ раствором iода colorazione (f) al bruno-giallognolo colla soluzione dell'iodio coloración (f) pardo-amarillenta por una solución yodada
14	kirschrote Färbung (f) durch Anthrachinon cherry-red colouring by means of anthraquinone coloration (f) rouge cerise par l'anthraquinone	вишнево-красная окраска (жр) при обработкѣ антрахиноном colorazione (f) al rosso-ciliegia con antrachinone coloración (f) rojo-cereza por la antraquinona
15	Gelbfärbung (f) durch Anilinsulfat yellow colouring by sulphate of aniline coloration (f) jaune par le sulfate d'aniline	желтая окраска (жр) при обработкѣ сѣрно кислым анилином colorazione (f) gialla con solfato di anilina coloración (f) amarilla por el sulfato de anilina

1 rotbraune Färbung (f) durch Silbernitrat
reddish brown colouring by silver nitrate
coloration (f) brun-rougeâtre par le nitrate d'argent
красно-бурая окраска (жр) при обработкѣ растворомъ азотно-кислаго серебра, (ляписа)
colorazione (f) al rosso-bruno *o* al marrone con nitrato d'argento
coloración (f) pardo-rojiza por el nitrato de plata

2 schwarzbraune Färbung (f) durch ammoniakalische Silberlösung
dark brown colouring by an ammoniacal silver solution
coloration (f) brun-foncé par une solution ammoniacale d'argent
чернобурая окраска (жр) при обработкѣ амміачным раствором серебра
colorazione (f) al nero-bruno *o* al morello con soluzione ammoniacale d'argento
coloración (f) pardo-obscura por una solución amoniacal de plata

3 Dunkelfärbung (f) der Jutefaser durch Licht und Luft
deepening in colour of the jute fibre by light and air
coloration (f) foncée de la fibre de jute par l'action de la lumière et de l'air
темная окраска (жр) джутоваго волокна от дѣйствія свѣта и воздуха
colorazione (f) scura della fibra di juta all'azione della luce e dell'aria
coloración (f) obscura de la fibra de yute por la acción de la luz y del aire

4 die Jutefaser färbt sich durch Sauerstoffaufnahme dunkel
the jute fibre deepens in colour by absorbing oxygen
la fibre de jute fonce par l'absorption de l'oxygène
джутовое волокно (ср) окрашивается в темный цвѣт (мр) при принятіи кислорода
la fibra di juta prende tinta scura per assorbimento di ossigeno
la fibra de yute adquiere un color más obscuro por la absorción de oxígeno

5 die Jutefaser in Barreswillscher Lösung kochen
to boil the jute fibre in Barreswill's solution
faire cuire la fibre de jute dans une solution de Barreswill
проваривать джутовое волокно (ср) в барешвильском растворѣ
cuocere la fibra di juta in una soluzione di Barreswill
cocer la fibra de yute en solución de Barreswill

6 die Jutefaser teilweise auflösen
to dissolve the jute fibre partially
désintégrer *ou* dissoudre en partie la fibre de jute
частично растворить волокно (ср) джута
dissolvere parzialmente la fibra di juta
disolver en parte la fibra de yute

7 Säureempfindlichkeit (f)
sensitiveness to acids
sensibilité (f) aux acides
чувствительность (жр) к кислотам
sensibilità (f) all'azione degli acidi
sensibilidad (f) para los ácidos

8 säureempfindliche Faser (f)
fibre sensitive to acids
fibre (f) sensible aux acides
чувствительное к кислотам волокно
fibra (f) sensibile agli acidi
fibra (f) sensible a los ácidos

Cu_2O
Kupferoxydul (n)
red oxide of copper, cuprous oxide
oxyde (m) cuivreux 9
закись (жр) мѣди
protossido (m) di rame
óxido (m) cuproso

Quecksilberchloridlösung (f)
solution of mercuric chloride
solution (f) de chlorure mercurique
раствор (мр) сулемы (двухлористой ртути)
soluzione (f) di cloruro mercurico 10
solución (f) de cloruro mercúrico

Eisenchloridlösung (f)
solution of ferric chloride
solution (f) de chlorure ferrique
раствор (мр) хлорнаго желѣза
soluzione (f) di cloruro di ferro 11
solución (f) de cloruro férrico

Reduktionsmittel (n) zur Verhinderung der Faserbräunung
reducing agent to prevent the fibre colouring brown
agent (m) réducteur empêchant le brunissement de la fibre
возстановитель (мр) для предотвращенія побурѣнія волокна
agente (m) di riduzione per impedire la colorazione della fibra al bruno 12
agente (m) de reducción para impedir la coloración parda de la fibra

Zinnoxydulnatron (n)
stannous oxide of sodium
oxyde (m) stanneux de soude
оловяннистокислый натр (мр)
protossido (m) di stagno di sodio 13
óxido (m) estañoso de sosa

$C_6H_6O_3 + H_2O$
Phloroglucinlösung (f)
solution of phloroglucin
solution (f) de phloroglucine 14
раствор (мр) флороглюцина
soluzione (f) di phloroglucina
solución (f) de floroglucina

verdünnte Salpetersäure (f)
dilute *or* weak nitric acid
acide (m) nitrique dilué *ou* étendu
разбавленная азотная кислота (жр)
acido (m) nitrico diluito 15
ácido (m) nítrico diluido

gesättigte *oder* konzentrierte wässerige Chromsäure (f)
concentrated aqueous solution of chromic acid
solution (f) aqueuse concentrée d'acide chromique
концентрированный водный раствор (мр) хромовой кислоты
soluzione (f) acquosa concentrata di acido cromico 16
solución (f) acuosa concentrada de ácido crómico

$HNO_3 + 3\ HCl$
Königswasser (n)
aqua regia, nitro-hydrochloric *or* nitromuriatic acid
eau (f) régale
царская водка (жр) 17
acqua (f) regia
agua (f) regia, ácido (m) nitro-muriático

d) Der Jutehandel
Jute Trade
Commerce (m) du jute
Торговля (ж р) джутом
Commercio (m) della juta 18
Comercio (m) de yute

Rohjute (f)
raw jute
jute (m) cru
джутовое сырьё (ср)
juta (f) cruda *o* greggia 19
yute (m) en rama

1	ungesichtete *oder* unsortierte Jute (f) non-graded *or* non-sorted jute jute (m) non assorti *ou* non classé	непросмотрѣнный *или* несортированный джут (мр) juta (f) alla rinfusa *o* non cernita yute (m) no clasificado
2	lose Jute (f) loose *or* unpacked jute jute (m) non emballé	неупакованный джут (мр) jute (f) non imballata yute (m) sin embalar
3	Jute (f) alter Ernte old crop jute jute (m) vieille récolte	джут (мр) стараго урожая juta (f) di raccolta anteriore *o* vecchia yute (m) de cosecha anterior
4	Jute (f) frischer Ernte new [seasons] crop jute jute (m) [de] récolte nouvelle	джут (мр) новаго *или* свѣжаго урожая juta (f) fresca della stagione yute (m) de la nueva cosecha
5	Sichten (n) *oder* Sortieren (n) der Jute sorting the jute triage (m) *ou* classement (m) du jute	сортированіе (ср) *или* сортировка (жр) джута cernit[ur]a (f) della juta clasificación (f) del yute
6	gesichtete *oder* sortierte Jute (f) sorted jute jute (m) classé *ou* trié *ou* assorti	сортированный *или* отобранный джут (мр) juta (f) assortita *o* classificata yute (m) clasificado
7	feinfaserige Jute (f) fine fibred jute jute (m) à fibres fines	тонковолокнистый джут (мр) juta (f) di fibra fina yute (f) de fibra fina
8	minderwertige Jute (f) inferior jute, rejections jute (m) [de qualité] inférieur[e]	низкосортный джут (мр), джут низкаго качества juta (f) di qualità inferiore yute (m) inferior
9	harte Wurzelenden (npl) hard root ends, cuttings extrémités (fpl) de queue dures	твердые концы корня estremità (fpl) di coda dure extremos (mpl) de raíz duros
10	Juteriste (f), Jutefaserbündel (n) strick of jute riste (f) de jute, poignée (f) [de filasse] de jute	джутовый жгут (мр), джутовая вязка (жр) matassa (f) di juta manojo (m) de yute
11	Zusammenschlagen (n) der Juteristen folding the jute stricks pliage (m) des poignées [de filasse] de jute	складываніе (ср) (напр. пополам) джутовых жгутов piegatura (f) delle matasse di juta doblamiento (m) *o* plegado (m) de los manojos de yute
12	die Juteristen (fpl) in Ballen pressen to press the jute stricks into bales presser en balles les poignées (fpl) [de filasse] de jute	упаковать *или* прессовать джутовых вязок *или* жгутов в кипы pressare le matasse di juta in balle prensar en balas los manojos de yute
13	Umschnürung (f) der Ballen ropes *or* ties of the bales cordes (fpl) d'emballage des balles	обвязка (жр) кип funi (fpl) d'imballaggio delle balle cuerdas (fpl) de las balas
14	die Ballen (mpl) mit Stricken verschnüren to bind the bales with ropes lier les balles (fpl) avec des cordes	обвязывать кипы веревками (бичевой) legare le balle con funi atar los fardos *o* las balas con cuerdas
15	naß verpackte Jute (f) wet packed jute jute (m) emballé à l'état humide	джут (мр) упакованный сырым (во влажном состояніи) juta (f) imballata allo stato umido yute (m) embalado [en estado] húmedo
16	die Jute naß verpacken to pack the jute [in a] wet [state] emballer le jute à l'état humide	упаковывать джут влажным *или* сырым imballare la juta allo stato umido embalar el yute [en estado] húmedo
17	Jutemarke (f), Jutesorte (f), Jutequalität (f) quality of jute qualité (f) de jute	марка (жр) джута qualità (f) di juta clase (f) del yute
18	Marke (f), Markenlappen (m) mark, marking tab marque (f)	ярлык (мр) marca (f) marca (f)
19	Wochenbericht (m) weekly report rapport (m) hebdomadaire	недѣльная вѣдомость (жр) *или* еженедѣльный отчет (мр) о положеніи bollettino (m) *o* rapporto (m) settimanale informe (m) *o* reporte (m) semanal
20	[Dundee-]Notierung (f) [Dundee] quotation cote (f) [de Dundee]	котировка (жр) биржи [в Дунди] quotazione (f) [di Dundee] cotización (f) [de Dundee]
21	[Dundee-]Abladung (f) [Dundee] delivery livraison (f) [Dundee]	выгрузка (жр) [в Дунди] consegna (f) *o* sbarco (m) [a Dundee] entrega (f) [en Dundee]
22	Stapelplatz (m) für Rohjute staple for raw jute [lieu (m) d'] entrepôt (m) pour jute cru	складочное мѣсто (ср) для джутоваго сырья emporio (m) di juta greggia emporio (f) *o* mercado (m) central del yute en rama

4. Die Nesselfasern (f pl)
Крапивныя волокна
1 **Nettle Fibres**
Les fibres (f pl) d'ortie
Le fibre di ortica
Las fibras de ortiga

a) Die Brennesselfaser
Волокна жгучей крапивы (жгучки)
2 **Stinging Nettle Fibre**
Fibre (f) d'ortie brûlante
Fibra (f) di ortica
Fibra (f) de ortiga urticante

3 Nesselpflanze (f), Urticee (f)
nettel plant, urticea
plante (f) d'ortie, urticée (f)
крапивное растенiе (ср)
pianta (f) di ortica, urticea (f)
urticácea (f)

4 Urtica dioica
große Brennessel (f)
common *or* great stinging nettle
grande ortie (f), ortie dioïque
большая жгучая крапива (жр)
ortica (f) dioica
ortiga (f) dioica

5 Brennhaar (n) des Blattes
hollow stinging hair of the leaf
poil (m) urticant creux de la feuille
жгучiй волосок (мр) листа
pelo (m) pungente vuoto della foglia
pelo (m) urticante hueco de la hoja

6 CH_2O_2
Ameisensäure (f)
formic acid
acide (m) formique
муравьиная кислота (мр)
acido (m) formico
ácido (m) fórmico

7 die Ameisensäure verhindert den Röstvorgang
the formic acid prevents retting
l'acide (m) formique empêche le rouissage
муравьиная кислота (жр) препятствует мочкѣ
l'acido (m) formico impedisce la macerazione
el ácido fórmico impide el proceso de enriamiento

8 den Brennesselstengel entholzen
to remove the woody matter from the stinging nettle stem
éliminer la partie ligneuse de la tige d'ortie urticante
освобождать стебель (мр) жигучки от древесины
eliminare la parte legnosa dallo stelo di ortica
extraer la parte leñosa del tallo de la ortiga

9 Seidenglanz (m) der Faser
silky lustre of the fibre
brillant (m) *ou* lustre (m) soyeux de la fibre
шелковистый блеск (мр) волокон
lustre (m) setaceo della fibra
lustre (m) sedoso de la fibra

b) Die Ramie [faser], das Chinagras
Волокно (s p) „рами" или боэмерiи (китайской крапивы)
10 **Ramie *or* Ramee Fibre, China Grass**
Fibre (f) de ramie, china-grass (m)
Fibra (f) di ramia, ramiè (m), rea (f), china-grass (f)
Fibra de ramio, China grass

11 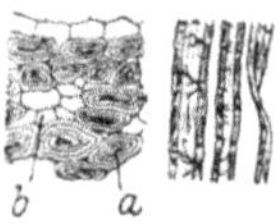

bandartige Faser (f)
ribbon-like fibre
fibre (f) en forme de ruban
лентообразное волокно (ср)
fibra (f) nastreiforme
fibra (f) en forma de cinta

a
Zellkanal (m), Lumen (n)
lumen
canal (m) cellulaire
клѣточный каналец (мр)
canale (m) cellulare
luz (f) 12

b
Bastbindegewebe (n), Bastparenchym (n)
bast parenchyme
parenchyme (m) cortical *ou* du liber
лубо-соединительная ткань (жр)
parenchimo (m) del libro
parenquima (f) cortical 13

Ramiepflanze (f), Ramehpflanze (f)
ramie, ramee
ramie (f), ortie (f) de Chine, chanvre (m) de l'Himalaya
растенiе (ср) „рами", китайская конопля (жр)
[pianta (f) della] ramia (f), mà (m)
ramio (m) 14

nesselartige Pflanze (f)
nettel-like plant
plante (f) ressemblant à l'ortie
крапивовидное растенiе (ср)
pianta (f) della specie di ortica
planta (f) similar a la ortiga 15

Boehmeria nivea
weiße Ramie (f), chinesische Nessel (f), Schneenessel (f)
white ramie, Chinese nettle
ramie (f) blanche, ortie (f) de Chine
бѣлое „рами", китайская крапива (жр), снѣжная крапива (жр)
ramia (f) bianca, ortica (f) chinese
ramio (m) blanco, ortiga (f) de la China 16

a
Blütenknäuel (m)
ball of flowers
buisson (m) de fleurs
цвѣточный пучёк (мр)
cespuglio (m) di fiori
racimo (m) de flores 17

Boehmeria tenacissima
grüne Ramie (f), indische Nessel (f), Rhea (f)
green ramie, Indian nettle, Rhea
ramie (f) verte, ortie (f) des Indes
зеленое „рами", индiйская крапива (жр) (Rhea)
ramia (f) verde, ortica (f) indiana
ramio (m) verde, ortiga (f) de las Indias, Rhea (f) 18

Braunfärbung (f) des Stengels
brown colouring of the stem
coloration (f) brune de la tige
побурѣнiе (ср) (коричневая окраска) стебля
colorazione (f) bruna dello stelo
coloración (f) parda del tallo 19

der Stengel färbt sich braun
the stem acquires a brown tint
la tige prend une teinte brune *ou* se brunit
стебель (мр) окрашивается в коричневый цвѣт
lo stelo prende tinta bruna
el tallo adquiere una coloración parda 20

1	der Blattstiel wird spröde the leaf stalk becomes brittle la tige de la feuille devient cassante	листовый черенок (мр) становится хрупким, ломким il peduncolo diventa friabile el peciolo de la hoja se vuelve quebradizo
2	spröder Blattstiel (m) brittle leaf stalk *or* petiole pétiole (m) cassant	хрупкій черенок (мр) листа peduncolo (m) friabile peciolo (m) quebradizo
3	die Blätter (npl) abstreifen to strip off the leaves dépouiller les feuilles (fpl)	обрывать *или* обдирать листья (мр) togliere le foglie quitar las hojas, deshojar (va)
4	Entbastung (f) des Ramiestengels stripping the bast from the ramie stem enlèvement (m) de la filasse de la tige de ramie	сдираніе (ср) лубка со стебля рами eliminazione (f) della filaccia dallo stelo di ramia separación (f) de la hilaza del tallo de ramio
5	den Ramiestengel entbasten to strip the bast from the ramie stem enlever la filasse de la tige de ramie	сдирать лубок (мр) со стебля рами eliminare *o* togliere la filaccia dallo stelo di ramia separar la hilaza del tallo de ramio
6	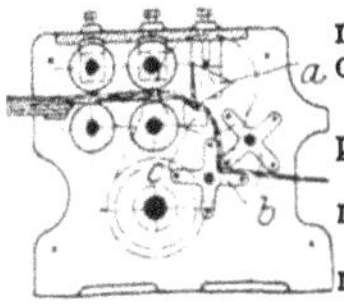	Ramieentholzer (m), Ramiestengelbrechmaschine (f) ramie decorticator décortiqueuse (f) mécanique à ramie рами очистительная машина (жр) [мялка] macchina (f) scotolatrice per la ramia máquina (f) descortezadora de ramio
7	a	dreieckiger Grobstößer (m) triangular breaker bar barre (f) briseuse triangulaire трехгранный толкач (мр) pestatore (m) triangolare barra (f) rompedora triangular
8	b	Schläger (m) beater batteur (m), volant (m) било (ср); трепало (ср) battitore (m) batidor (m)
9	c	Brechtisch (m) breaker plate table (f) de la barre briseuse мяльный стол (мр) tavola (f) del pestatore placa (f) de la barra rompedora
10	entholzte Ramiefaser (f) ramie fibre freed from woody matter fibre (f) de ramie exempte de la partie ligneuse	волокно (ср) рами очищенное (отдѣленное) от древесины fibra (f) di ramia scevra di legno fibra (f) de ramio libre de la materia leñosa
11	den Pflanzenstengel schälen *oder* abschälen to peel the plant stem écorcer *ou* peler la tige de la plante	облуплять, очищать растительный стебель (мр) scortecciare lo stelo della pianta descortezar el tallo de la planta
12	Riemen (mpl) *oder* Strippen (mpl) vom Stengel abschälen to peel strips from the stem détacher des lanières (fpl) de la tige	сдирать со стебля полосы ленты togliere le striscie dallo stelo pelar cintas (fpl) del tallo
13	geschälter Stengel (m) stripped stem tige (f) écorcée *ou* pelée	облупленный *или* ободранный стебель (мр) stelo (m) scorzato *o* scortecciato tallo (m) descortezado
14	ungeschälter Stengel (m) unstripped stem tige (f) non écorcée	необлупленный *или* неободранный стебель (мр) stelo (m) non scortecciato tallo (m) sin descortezar
15	frischer Stengel (m) fresh stem tige (f) fraîche	свѣжій стебель (мр) stelo (m) fresco tallo (m) fresco *o* verde
16	getrockneter Stengel (m) dried stem tige (f) séchée	сушеный *или* высушеный стебель (мр) stelo (m) disseccato *o* asciugato tallo (m) secado
17	die Rinde vom Stengel abschaben to scrape off the bark from the stem gratter *ou* racler l'écorce de la tige	соскоблить (соскрести) кору со стебля raschiare la scorza dallo stelo raspar la corteza del tallo
18	die Ramiefaser durch Kälte[wirkung] vom Stengel ablösen to freeze the ramie fibre from the stem détacher la fibre de ramie par une action frigorifique	отдѣлять волокна рами от стебля посредством холода staccare la fibra di ramia dagli steli per il freddo separar la fibra de ramio del tallo por congelación
19	gefrorene Ramiefaser (f) frozen ramie fibre fibre (f) de ramie [congelée]	замороженное волокно (ср) рами fibra (f) gelata di ramia fibra (f) de ramio helada *o* congelada
20	Gefrieren (n) *oder* Frieren (n) der Faser freezing of the fibre congélation (f) de la fibre	вымораживаніе (ср) волокна congelazione (f) della fibra congelación (f) de la fibra
21	Auftauen (n) der Faser thawing the fibre décongélation (f) de la fibre	оттаиваніе (ср) волокна scongelazione (f) della fibra descongelación (f) de la fibra
22	die gefrorene Faser auftauen to thaw the frozen fibre décongeler la fibre gelée	оттаивать замороженное волокно scongelare la fibra gelata descongelar la fibra congelada
23	die Ramiefaser rösten to ret the ramie fibre rouir la fibre de ramie	мочить волокна рами macerare la fibra di ramia enriar la fibra de ramio
24	die Ramiefaser vor dem Rösten trocknen to dry the ramie fibre before retting sécher la fibre de ramie avant rouissage	сушить, просушивать волокно рами перед моченіем disseccare la fibra di ramia prima della macerazione secar la fibra de ramio antes de enriarla

1 getrocknete Ramiefaser (f)
dried ramie fibre
fibre (f) de ramie séchée
сушеное или просушеное волокно (ср) рами
fibra (f) di ramia disseccata
fibra (f) de ramio secada

2 den Stengel in Wasser einweichen
to soften the stem by soaking in water
tremper la tige à l'eau
размягчать или размачивать стебель в водѣ
immorbidire o rammollire lo stelo nell'acqua
ablandar el tallo en agua

3 die Faserbündel (npl) kochen
to boil the fibre bundles
faire bouillir les faisceaux (mpl) de fibres
отваривать вязки волокон
cuocere i fastelli di fibre
cocer los haces de fibras

4 schädlicher Einfluß (m) der Ameisensäure auf den Röstvorgang
noxious influence of the formic acid on the retting process
influence (f) nuisible de l'acide formique sur le rouissage
вредное влiянiе (ср) муравьиной кислоты на процесс мочки
azione (f) nociva dell'acido formico nel processo di macerazione
influencia (f) nociva del ácido fórmico en el proceso de enriamiento

5 durch das Röstbad wird die Ameisensäure ausgezogen
the formic acid is extracted by the steeping water
l'acide (m) formique est éliminé par le bain de rouissage
посредством мочки удаляется муравьиная кислота (жр)
l'acido (m) formico viene estratto col bagno di macerazione
el ácido fórmico se extrae por el agua de enriar

6 das Röstwasser alkalisch machen
to render the steeping water alkaline
rendre alcaline l'eau de trempage
дѣлать щелочною мочильную воду
rendere alcalina l'acqua di macerazione
hacer alcalina el agua de enriar

7 dem Röstwasser Alkalien zusetzen
to add alkalis to the steeping water
ajouter *ou* joindre des alcalis à l'eau de trempage
примѣшивать или прибавлять щелок в мочильную воду
aggiungere degli alcali all'acqua di macerazione
añadir álcalis al agua de enriar

8 K_2CO_3
Pottasche (f), kohlensaures Kali (n), Kaliumkarbonat (n)
carbonate of potassium, potash
carbonate (m) de potasse
поташ (мр)
carbonato (m) di potassa
carbonato (m) potásico *o* de potasa

9 Na_2CO_3
Soda (f), kohlensaures Natron (n), Natriumkarbonat (n)
soda, carbonate of sodium
soude, carbonate (m) neutre de sodium
сода (жр)
soda (f), carbonato (m) di soda
sosa (f), carbonato (m) sódico *o* de sodio

Soda- und Pottaschelösung (f)
solution of carbonate of potassium and soda
solution (f) de carbonate de potasse et de carbonate de soude
содовый и поташный раствор (мр)
soluzione (f) di carbonato di potassa e di soda 10
solución (f) de carbonato potásico y de sosa

Kalkzusatz (m)
addition of lime
addition (f) de chaux
примѣсь (жр) извести
aggiunta (f) *o* addizione (f) di calce 11
adición (f) de cal

die Wirkung der ameisensauren Salze aufheben, die ameisensauren Salze neutralisieren
to neutralize the formic acid salts
neutraliser les sels (mpl) d'acide formique
нейтрализировать муравьино-кислую соль (жр)
neutralizzare i sali d'acido formico 12
neutralizar las sales de ácido fórmico

Gärungsvorgang (m)
process of fermentation, fermenting process
procédé (m) de fermentation
процесс (мр) броженiя или ферментацiи
processo (m) di fermentazione 13
proceso (m) de fermentación

den Pflanzenleim aus der Faser entfernen
to remove the gummy matter from the fibre
éliminer la matière gommeuse de la fibre
удалить растительный клей (мр) из волокна рами
eliminare la sostanza gommosa dalla fibra 14
extraer la materia gomosa de la fibra

Pektose (f) in leicht lösliches Pektin verwandeln
to change the pectose into easily soluble pectin
transformer la pectose en pectine facilement soluble
превращать пектозу в растворимый пектин
trasformare la pectosia in pectina facilmente solubile 15
transformar la pectosa en pectina fácilmente soluble

Ausbeute (f) an gereinigter Faser
yield of cleaned fibres
rendement (m) en fibres propres
выход (мр) очищеннаго волокна
rendimento (m) di fibra pura *o* ripulita 16
rendimiento (m) en fibras limpi[ad]as

Fasergehalt (m) des Stengels
proportion *or* quantity of fibre in the stem
teneur (f) en filasse de la tige
количество полезнаго волокна в стеблѣ
contenuto (m) di fibra dello stelo 17
contenido (m) de fibras en el tallo

den Bast des Stengels in seine faserigen Bestandteile zerlegen
to decompose the bast of the stem into its fibrous components
décomposer la filasse de la tige en ses composants
раздѣлать лубок (мр) стебля на волокнистыя составныя части
scomporre il libro dello stelo nelle sue componenti fibrose 18
descomponer la hilaza del tallo en sus componentes

die Faserbündel (npl) mit der Hand spalten
to split the fibrous bundles by hand
fendre à la main les faisceaux (mpl) de fibres
расщеплять пучек (мр) лубка рукой или ручным способом
fendere a mano i fastelli di fibre 19
hendir a mano los haces de fibras

spinnbare Ramiefaser (f), [cotonisierte Ramie (f)]
1 ramie fibre fit for spinning
fibre (f) de ramie filable
волокно (ср) рами пригодное для пряденія (котонизированное рами)
fibra (f) filabile di ramia
fibra (f) de ramio hilable

---

2 
Ramiebastzelle (f)
ramie bast cell
cellule (f) élémentaire de la ramie
клѣтка (жр) лубка рами
cellula (f) di libro della ramia
célula (f) elemental del ramio

Entfernen (n) des Pflanzenleims aus den Faserbündeln, Degummieren (n) der Faserbündel
3 degumming the fibre bundles
dégommage (m) des faisceaux de fibres
дегуммированіе (ср) пучка лубка
sgommamento (m) dei fastelli di fibre
des[en]gomado (m) de los haces de fibras

5. Der Gambohanf *oder* Bombayhanf, indischer Hanf (m), **Bastard-Jute** (f)
Пенька (жр) **гамбо** ***или*** **бомбейская, остиндская пенька, бастард джут** (мр)
4 **Ambaree Fibre**
Canapa (f) di Bombay *o* indiana
Chanvre Gambo *ou* indien *ou* de Madras *ou* de Bombay, Ambaree(m), **Dekanee** (m)
Cáñamo (m) **de Gombo *o* de Bombay *o* Ambari**

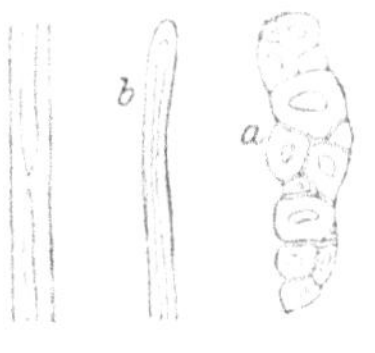

5 a
verdickte Bastfaser (f)
thickened bast fibre
fibre (f) corticale épaissie
утолщенное лубковое волокно (ср)
fibra (f) inspessita del libro
fibra (f) cortical gruesa

---

6 b
stumpfes Faserende (n)
blunt end of fibre
extrémité (f) épointée de la fibre
тупой конец (мр) волокна
estremità (f) ottusa della fibra
extremo (m) romo de la fibra

6. Sun[n] (m), **bengalischer Hanf** (m), **Kalkuttahanf** (m), **Madrashanf** (m), **Conkaneehanf** (m), **ostindischer Hanf** (m), **Ghoze Sun** (m), **brauner Hanf** (m)
Сунн (мр), **бенгальская пенька** (жр) (**калькутская пенька; мадрасская пенька; остиндская пенька**)
Sunn *or* Bengal Hemp, Calcutta *or* Brown *or* East Indian Hemp, Conkanee Hemp
Canapa (f) bruna di Bengala 7
Sunn (m), **chanvre** (m) **du Bengale**
Sunn (m), **cáñamo** (m) **de Bengala**

Crotalaria juncea

---

seidig glänzende Faser (f)
fibre of silky lustre
fibre (m) de lustre soyeux
шелковисто-блестящее волокно (ср)
fibra (f) lucida come seta 8
fibra (f) de lustre sedoso

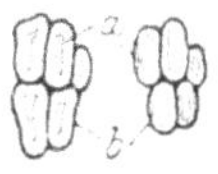

Sun[n]faser (f)
Sunn fibre
fibre (f) de chanvre du Bengale, fibre sunn 9
волокно (ср) сунна
fibra (f) sunn
fibra (f) de sunn

---

a
[zarte] Innenhaut (f) der Faser
[delicate] inner membrane of fibre
membrane (f) interne [fine] de la fibre
[нѣжная] внутренняя кожица (жр) волокна 10
endodermide (f) [fina] della fibra
membrana (f) interna [fina] de la fibra

---

b
[dicke] Außenhaut (f)
[thick] outer membrane
membrane (f) extérieure [épaisse]
[толстая] наружная кожица (жр) 11
epidermide (f) [spessa]
membrana (f) externa [gruesa]

---

platte, streifenartige Faser (f)
flattened fibre
fibre (f) aplatie
полосовидное (лентовидное) волокно (ср) 12
fibra (f) piatta
fibra (f) aplastada

7. Tillandsiafaser (f), vegetabilisches Roßhaar (n), Baumhaar (n), Louisianamoos (n) (Faser von Tillandsia usneoides)

Волокно (ср) тилландзія, растительный конскій волос (мр); древесный волос (мр); луизіанскій мох (мр)

1 **Vegetable [Horse] Hair, American *or* New Orleans *or* Spanish Moss, Long Beard (A), Old Man's Beard (A)**

Fibra (f) tillandsia, crine (m) vegetale

Crin (m) végétal, fibre (f) de la tillandsie usnéoïde

Tillandsia (f), crin (m) vegetal, barba (f) larga *o* de viejo, musgo (m) de Luisiana *o* de New Orleans *o* americano, barba (f) de palo (Venezuela), igan (m) (Argentina)

2 gegliederte und verzweigte Faser (f)
articulate and branched fibre
fibre (f) articulée et branchée

суставчатое и развѣтвленное волокно (ср)
fibra (f) articolata a diramazione
fibra (f) articulada y ramificada

---

3 roßhaarähnliche Faser (f)
horsehair-like fibre
fibre (f) ressemblant au crin de cheval

волокно (ср) имѣющее вид конскаго волоса
fibra (f) somigliante al crine di cavallo
fibra (f) semejante a crin de caballo

---

4 ungeschälte Faser (f)
unpeeled fibre
fibre (f) non pelée *ou* non écorcée

необлупленное волокно (ср)
fibra (f) non scortecciata
fibra (f) no descortezada

---

5 geschälte Faser (f)
peeled fibre
fibre (f) écorcée

облупленное волокно (ср)
fibra (f) scortecciata
fibra (f) descortezada

---

6 braunschwarze Faser (f)
dark brown fibre
fibre (f) noirâtre

буро-черное волокно (ср)
fibra (f) color morello o bruno scuro
fibra (f) pardo-obscura

---

7 schwarze Faser (f)
black fibre
fibre (f) noire

черное волокно (ср)
fibra (f) colore nero
fibra (f) negra

---

8. Weitere Stengelfasern (f pl)

Other Stem Fibres

Autres fibres (f pl) d'écorce

Прочія стеблевыя волокна

Altre [specie di] fibre (f pl) di stelo 8

Otras fibras (f pl) de tallo

Chochofaser (f), Chayotefaser (f)
choco *or* chayotes fibre
fibre (f) de la chayote

волокно (ср) „коко" (хохо); волокно (ср) кайота 9
fibra (f) della chayota
fibra (f) de la chayota

Schlinggewächs (n)
climber, creeper, creeping plant
plante (f) grimpante

вьющееся растеніе (ср) 10
pianta (f) rampicante
planta (f) trepadora o enredadera

Broussonetia papyrifera

japanischer Maulbeerbaum (m), Papiermaulbeerbaum (m)
Japanese *or* paper mulberry tree
broussonnétie (f) *ou* mûrier (m) à papier 11
японское шелковичное [тутовое] дерево (ср)
gelso (m) giapponese
moral (m) papirífero

Papiermaulbeerbaumfaser (f), Tapafaser (f), Kodzufaser (f)
kodzu fibre, fibre of the paper mulberry tree, tapa fibre
fibre (f) du mûrier à papier

волокно (ср) шелковичнаго дерева (тутоваго); волокно (ср) „тапа"; волокно „Кодзу" 12
fibra (f) del gelso giapponese
fibra (f) del moral papirífero

Spartium junceum

Binsenpfriemen (m), spanischer Ginster (m), wohlriechender Pfriemen (m)
Spanish broom
genêt (m) d'Espagne
испанскій дрок (мр), боброник (мр); душистый дрок (мр) 13
ginestra (f) di Spagna
retama (f) de olor

Pfriemenfaser (f)
fibre of Spanish broom
fibre (f) du genêt d'Espagne

волокно (ср) дрока
fibra (f) della ginestra di Spagna 14
fibra (f) de la retama de olor

Spartium scoparium, Cytisus scoparius

Besenginster (m), Besenkraut (n), Besenpfriemen (m), Pfriemenstrauch (m)
common broom
genêt (m) commun *ou* à balais 15
вѣничиковый дрок (мр), метелька (жр), вѣнечник (мр)
citiso (m)
retama (f) de escobas

1 Ginsterfaser (f), Ginsterhanf (m)
fibre of common broom
fibre (f) du genêt à balai
дроковое волокно (ср); дроковая пенька (жр)
fibra (f) del citiso
fibra (f) de la retama de escobas

2 Strohfaser (f), Stranfa (f)
straw fibre
fibre (f) de paille
соломенное волокно (ср)
fibra (f) di paglia
fibra (f) de paja

3 Weidenbast (m)
bast of willow
liber (m) de saule
ивовое лыко (ср)
libro (m) di salcio
liber (m) de sauce

4 Sida retusa
Sidapflanze (f)
sida plant
sida (m)
растенiе (ср) сида
pianta (f) di sida
planta (f) de sida

5 Sidafaser (f), Queenslandhanf (m)
sida fibre, Queensland hemp
fibre (f) du sida
фибра (жр) сида; квинлэндская пенька (жр)
fibra (f) di sida retusa
fibra (f) de sida

6 Cordiafaser (f), Narawalifaser (f)
Cordia fibre, Narawali fibre
fibre (f) de la cordia
волокна „кордiя", „наравали"
fibra (f) di cordia
fibra (f) de cordia

7 
zugespitzte Cordiabastzelle (f)
pointed cell of cordia fiber
cellule (f) effilée de la fibre de cordia
заостренная лубяная клѣтка (жр) „кордiя"
cellula (f) appuntita della fibra di cordia
célula (f) puntiaguda de la fibra de cordia

8 Faser (f) von großer Festigkeit
fibre of great strength
fibre (f) de grande résistance
волокно (ср) большой крѣпости
fibra (f) di grande resistenza
fibra (f) de gran resistencia

9 Bauhiniafaser (f) (Faser von Bauhinia racemosa)
Bauhinia fibre
fibre (f) de la bauhinie
волокно (ср) „баугинiя"
fibra (f) di bauhinia racemosa
fibra (f) de bauhinia

10 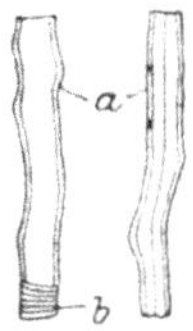

Zelle (f) der Bauhiniafaser
cell of the Bauhinia fibre
cellule (f) de la fibre de bauhinie
клѣтка (жр) волокна баугинiи
cellula (f) della fibra di bauhinia
célula (f) de la fibra de bauhinia

11 a
lichtbrechende Außenschicht (f)
refractive cuticle
cuticule (f) réfringente
свѣтопреломляющiй наружный слой (мр)
strato (m) esterno rifrattore
cutícula (f) refringente

12 b
schraubenartig gewundene *oder* spiralige Streifen (fpl)
spiral striations
stries (fpl) en spirales
спиральныя полосы *или* ленты
striscie (fpl) a spirale
estrías (fpl) en espiral

Urenafaser (f) (Faser von Urena sinuata)
Urena fibre, Caesar weed (A)
fibre (f) de l'urène
волокно (ср) урены
fibra (f) di urena sinuata 13
fibra (f) de urena

Thespesiafaser (f) (Faser von Thespesia Lampas)
Thespesia fibre
fibre (f) du thespesia
волокно (ср) теспезiи
fibra (f) di thespesia 14
fibra (f) de thespesia

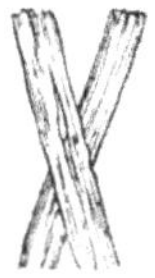
Abelmoschusfaser (f), Raibhendafaser (f) (Faser von Abelmoschus tetraphyllus)
Abelmosk fibre
fibre (f) de l'abelmosch 15
волокно (ср) абельмоска
fibra (f) di abelmoschus tetraphyllus
fibra (f) de abelmoschus

Yaquillafaser (f) (Faser von Puzolzia occidentalis)
Yaquilla fibre
fibre (f) du Yaquilla
волокно (ср) якиллы
fibra (f) di puzolzia occidentalis 16
fibra (f) de yaquilla

Calamusfaser (f) (Faser von Calamus rudentum)
Calamus fibre, rattan fibre
fibre (f) du rotang
волокно (ср) каламуса
fibra (f) di calamus rudentum 17
fibra (f) de cálamo

Kauriegras (n) (Faser von Astelia trinervia und A. Solandri)
kauri grass
fibre (f) des astéliées
трава (жр) „каури"
fibra (f) delle astelie 18
fibra (f) de kauri

Curcumafaser (f) (Faser von Curcuma longa)
Curcuma fibre, Indian saffron *or* Tumeric fibre
fibre (f) du curcuma
волокно (ср) куркумы
fibra (f) della curcuma longa 19
fibra (f) de curcuma

III.

Blattfasern (f pl)
Leaf Fibres
Fibres (fpl) **extraites des feuilles**
Лиственныя волокна
Fibre (f pl) **di foglia** 20
Fibras (f pl) **de hoja**

1. Der Manilahanf, Menado-, Cebu-, Siam-Hanf, Abaka
Manila Hemp, Abaca, Menado *or* Cebu *or* Siam Hemp, White Rope
Le chanvre de Manille *ou* de abaca *ou* de bananier textile
Манильская пенька (ж р)
Canapa (f) **di Manilla** 21
Cáñamo (m) **de Manila, abacá** (m)

1 **a) Botanik (f) und Kultur (f) der Pflanze**
Botany and Cultivation of the Plant
Botanique (f) et culture (f) de la plante
Ботаника (жр) и культура (жр) растенія
Botanica (f) e coltura (f) della planta
Botánica (f) y cultivo (m) de la planta

2 
Musa textilis
Manilahanfpflanze (f), Abakapflanze (f)
abaca plant
abaca (m)
манильская конопля (жр), абака (жр) [растеніе]
abaca (f)
abacá (m)

3 Wurzelstock (m), [Rhizom (n)]
root stock, rhizome
rhizome (m)
корневище (ср), корневой стержень (мр), главный корень (мр), ризома (жр)
rizoma (m)
rizoma (m)

4 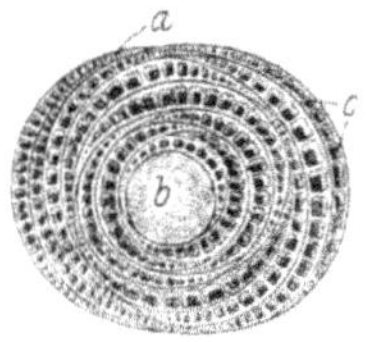

Scheinstamm (m), falscher Stamm (m)
seeming *or* apparent stem
tronc (m) apparent
ложный ствол (мр)
tronco (m) apparente
tronco (m) aparente

5 a Blattscheide (f), [Blattvaginal (n)]
leaf sheath
gaine (f) de la feuille
листовое влагалище (ср)
guaina (f)
vaina (f) de la hoja

6 b Blütenstandachse (f)
axis of the flower
axe (f) de la fleur
осевой цвѣточный стержень (мр)
asse (m) del fiore
eje (m) de la flor[1]

7 c [luftführender]Zellenzwischenraum (m) *oder* Interzellularraum (m)
intercellular space [containing air]
espace (m) intercellulaire [contenant de l'air]
воздухопроходящее межклѣточное пространство (ср)
spazio (m) intercellulare [contenente aria]
espacio (m) intercelular [que contiene aire]

8 Welken (n) des Blattes
withering of the leaf
dessiccation (f) de la feuille
увяданіе (ср), засыханіе (ср) *или* отмираніе (ср) листа
appassitura (f) della foglia
marchitamiento (m) *o* ajamiento (m) de la hoja

9 das Blatt wird welk *oder* verwelkt *oder* welkt
the leaf withers
la feuille se fane *ou* se dessèche
лист (мр) увядает, отмирает *или* засыхает
la foglia appassisce
la hoja se marchita *o* se aja

Manilahanfblüte (f)
abaca flower
fleur (f) de l'abaca
цвѣт (мр) манильской конопли
fiore (m) dell'abaca
flor (f) del abacá 10

veilchenblau *oder* violett gefärbte Blütenblätter (npl)
violet coloured petals
pétales (mpl) de couleur violette
цвѣточные лепестки фіолетовой окраски
petali (mpl) di tinta violetta
pétalos (mpl) de color morado 11

Fruchtkolben (m)
fruit spadix
spadice (m) du fruit
плодовый початок (мр)
spadice (m) del frutto
espádice (m) del fruto 12

Anbau (m) des Manilahanfes, Manilahanfkultur (f)
cultivation of Manila hemp
culture (f) du chanvre de Manille
культура (жр) манильской конопли
coltura (f) della canapa di Manilla
cultivo (m) del cáñamo de Manila 13

Fortpflanzung (f) durch Samen
propagation by seed
propagation (f) par graines
размноженіе (ср) посредством сѣмян
riproduzione (f) mediante semi
propagación (f) por semilla 14

Saatbeet (n), Samen[keim]beet (n)
seed bed
planche (f) [*ou* couche (f)] de graines
сѣмянная грядка (жр)
aiuola (f) di germinazione
bancal (m) donde germina la semilla 15

Fortpflanzung (f) durch Wurzelschößlinge
propagation by root suckers
propagation (f) par drageons
размноженіе (ср) *или* разведеніе (ср) посредством отростков корня
riproduzione (f) mediante rimessiticci
propagación (f) por esquejes 16

Fortpflanzung (f) durch Wurzelstöcke
propagation by root stocks
propagation (f) par rhizomes
разведеніе (ср) *или* размноженіе (ср) посредством корневища
riproduzione (f) per rizomi
propagación (f) por rizomas 17

Zerlegen (n) der Wurzelstöcke
dividing the root stocks
division (f) des rhizomes
раздѣленіе (ср) корневища
sezionamento (m) *o* divisione (f) dei rizomi
división (f) de los rizomas 18

Hauptkultur (f)
main cultivation
culture (f) principale
главная культура (жр)
coltura (f) principale
cultivo (m) principal 19

Zwischenkultur (f), Nebenkultur (f)
secondary cultivation
culture (f) secondaire
побочная культура (жр)
coltura (f) secondaria
cultivo (m) secundario 20

b) Gewinnung (f) der Faser
1 **Extraction of the Fibre**
Obtention (f) de la fibre
Добываніе (ср) волокон
Estrazione (f) della fibra
Extracción (f) de la fibra

---

hanfähnliche *oder* hanfartige Faser (f)
2 hemp-like fibre
fibre (f) ressemblant au chanvre
коноплянoвидное волокно (ср), волокно (ср) похожее на коноплю
fibra (f) simile alla canapa
fibra (f) semejante al cáñamo

---

schnittreifer Abakastamm (m)
abaca stem ripe for cutting
3 tronc (m) d'abaca bon à couper *ou* mûr pour le coupage
стволъ (мр) абака готовый для жатвы (поспѣвшій, созрѣвшій)
tronco (m) di abaca maturo al taglio
tronco (m) de abacá maduro para cortar

---

den Stamm abhauen
4 to cut down the stem
couper le tronc
срубать стволъ (мр)
tagliare il tronco
cortar el tronco

---

schräger Schnitt (m)
5 oblique cut
coupe (f) en biseau
косой срѣзъ (мр)
taglio (m) obliquo
corte (m) oblicuo

Hackmesser (n), Bolo (m)
6 cutting knife, bolo
hâcheron (m)
косарь (мр)
trinciante (m)
machete (m)

Fasergewinnung (f) von Hand
7 extraction of fibres by hand
extraction (f) des fibres à la main
ручной способъ (мр) полученія волокна
estrazione (f) a mano delle fibre
extracción (f) de las fibras a mano

---

die Blattscheide in Streifen zerlegen
to cut the leaf sheath into strips
8 couper la gaine de la feuille en lanières *ou* bandes
разрѣзать на ленты *или* полосы *или* поясы листовое влагалище (ср)
tagliare la guaina in striscie
cortar la vaina de la hoja en tiras

Zerlegen (n) der Blattscheiden in Streifen
9 cutting the leaf sheaths into strips
coupage (m) des gaines en lanières
разрѣзка (жр) на ленты *или* полосы *или* поясы листового влагалища
tagliatura (f) delle guaine in striscie
cortadura (f) de las vainas en tiras

Blattstreifen (m), Strippen (m), Tuxi (m)
10 strip of leaf
lanière (f) de la feuille
листовая лента (жр) *или* полоса (жр)
striscia (f) della foglia
tira (f) de la hoja

---

die Blattstreifen (mpl) klopfen
11 to beat the leaf strips
battre les lanières (fpl) de la feuille
отбивать (колотить) листовыя ленты (жр)
battere le striscie della foglia
batir las tiras de la hoja

Weichmachen (n) der Fasern durch Klopfen
12 softening the fibres by beating
assouplissement (m) *ou* ramollissement (m) des fibres par le battage
размягченіе (ср) волокон посредствомъ колоченія
immorbidimento (m) delle fibre battendole
ablandamiento (m) de las fibras por el batimiento

Klopfkeule (f), hölzerner Hammer (m)
wooden mallet
maillet (m) *ou* massue (f) en bois
колотушка (жр)
mazzuola (f) *o* mazzotta (f) di legno 13
maza (f) de madera

---

die Blattstreifen (mpl) waschen
to wash the leaf strips
laver les lanières (fpl)
промывать листовыя ленты (жр) 14
lavare le striscie
lavar las tiras

die Blattstreifen (mpl) mit der Hand zwischen halbstumpfen Eisen (Messern) hindurchziehen
to draw the leaf strips by hand between blunt iron blades
tirer les lanières (fpl) à la main entre des couteaux émoussés 15
протаскивать в ручную листовыя ленты (жр) между полутупыми ножами
estrarre a mano le striscie attraverso coltelli smussati
tirar a mano las tiras entre cuchillos embotados

Obermesser (n)
top blade
couteau (m) supérieur
верхній ножъ (мр)
coltello (m) superiore 16
cuchillo (m) superior

Untermesser (n)
lower blade
couteau (m) inférieur
нижній ножъ (мр)
coltello (m) inferiore 17
cuchillo (m) inferior

---

glattes Messer (n)
plain knife
couteau (m) lisse
гладкій ножъ (мр)
coltello (m) piano *o* liscio 18
cuchillo (m) liso

---

gezahntes Messer (n)
toothed knife
couteau (m) à dents
зубчатый *или* зазубренный ножъ (мр) 19
coltello (m) dentato
cuchillo (m) dentado

Entfernen (n) des Blattfleisches
freeing the leaf sheaths from the pulp
élimination (f) de la pulpe des feuilles
удаленіе (ср) листовой мякоти
eliminazione (f) della polpa dalle foglie 20
eliminación (f) de la pulpa de las hojas

---

freiliegende Blattfaser (f)
free lying leaf fibre
fibre (f) de la feuille mise à nu
открытолежащее листовое волокно (ср)
fibra (f) della foglia messa a nudo 21
fibra (f) de la hoja desnuda

Trocknen (n) der Fasern durch Aufhängen
drying the fibres by suspending them
séchage (m) des fibres par suspension
высушиваніе (ср) *или* сушка (жр) волокон посредствомъ развѣшиванія
disseccamento (m) delle fibre per sospensione 22
secamiento (m) de las fibras suspendiéndolas

Trockenscheuer (f)
drying barn
grange (f) à sécher
сушильный навѣсъ (мр)
capannone (m) d'essiccamento 23
secadero (m)

Entfaserung (f) durch Maschinen, mechanische Fasergewinnung (f)
mechanical extraction of fibres
extraction (f) mécanique des fibres, défibrage (m) mécanique
механическій способъ (мр) добыванія волокон
estrazione (f) meccanica delle fibre, sfibratura (f) meccanica 24
extracción (f) mecánica des las fibras

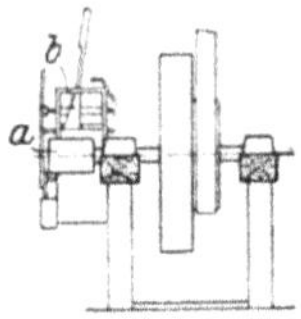

1 Entfaserungsmaschine (f) *oder* Raspador (m) Bauart *oder* System Crumb, Crumbscher Raspador
Crumb's fibre extracting *or* stripping machine
défibreuse (f) *ou* racleuse (f) système Crumb
волокно-отдѣлительная машина (жр) системы Крумб
rastiatore (m) o macchina (f) raschiatrice (f) sistema Crumb
raspador (m) sistema Crumb

---

2 a
Messertrommel (f)
knife drum
tambour (m) à couteaux
ножевой барабан (мр) [барабан с раклями]
tamburo (m) a coltelli
tambor (m) de cuchillos

---

3 b
Abstreifmesser (n), Strippmesser (n)
stripping *or* scraping knife
couteau (m) racleur
скобельный нож (мр), ракля (жр)
coltello (m) rastiatore
cuchillo (m) raspador

4 Entfaserungsmaschine (f) Bauart *oder* System Clarke
Clarke's decorticating machine *or* fibre extracting machine
défibreuse (f) système Clarke
волокно-отдѣлительная машина (жр) системы Кларка
macchina (f) raschiatrice sistema Clarke
raspador (m) sistema Clarke

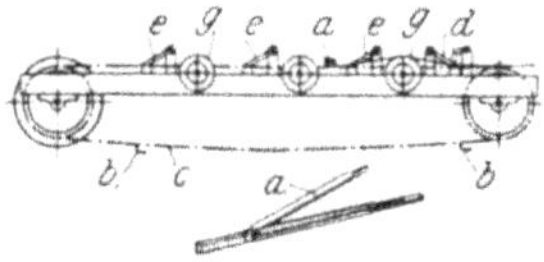

5 Entfaserungsmaschine (f) Bauart *oder* System Mc Lane
Mc Lane's fibre extracting machine
défibreuse (f) système Mc Lane
волокно-отдѣлительная машина (жр) системы Мак-Лана
macchina (f) raschiatrice sistema Mc Lane
raspador (m) sistema Mc Lane

---

6 a
Klemmvorrichtung (f) *oder* Greifer (m) *oder* Greifvorrichtung (f) [für die Blattscheiden]
gripping mechanism *or* nipping apparatus for the leaf sheaths
mécanisme (m) de serrage *ou* griffes (fpl) pour les gaines
зажимной прибор (мр) *или* захватки (жр) для листовых влагалищ
meccanismo (m) di fissaggio per le guaine
pinzas (fpl) para las vainas

---

b 7
Mitnehmer (m) für die Blattscheidenklemmen
catch for nippers
toc (m) d'entraînement pour les griffes
подводчик (мр) к зажимному прибору
tappo (m) di presa per il meccanismo di fissaggio
tope (m) conductor para las pinzas

---

c 8
Förderketten (fpl) für die Blattscheidenklemme
conveyor chains for nippers
chaînes (fpl) transporteuses des griffes
питательныя цѣпи (жр) для зажимного прибора
catene (fpl) di trasporto per il meccanismo di fissaggio
cadenas (fpl) transportadoras de las pinzas

---

d 9
erstes Messer (m)
first knife
premier couteau (m)
первый нож (мр)
primo coltello (m)
primer cuchillo (m)

---

e 10
zweites Messer (n)
second knife
deuxième couteau (m)
второй нож (мр)
secondo coltello (m)
segundo cuchillo (m)

11
festsitzendes Bürstenpaar (n)
pair of fixed brushes
paire (f) de brosses fixes
неподвижная (закрѣпленная) пара (жр) щеток
paio (m) di spazzole fisse
par (m) de cepillos fijos

12
den Manilahanf mit Sisalhanf verfälschen
to adulterate Manilla hemp with Sisal hemp
falsifier le chanvre de Manille avec le chanvre de Sisal
подмѣшивать сизальскую пеньку в манильскую (фальсифицировать)
falsificare la canapa di Manilla colla canapa sisalana
falsificar el cáñamo de Manila con él de Sisal

13
2. Sisal (m), Sisalfaser (f), Sisalhanf (m), Yukatansisal (m), Bahamahanf (m)
Sisal Hemp [Fibre], [Bahama Hemp]
Chanvre (m) de Sisal
Сизаль (жр), сизальская пенька (жр), сизальское волокно (ср)
Canapa (f) sisalana
Cáñamo (m) de Sisal

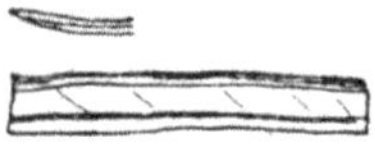

a) Botanik (f) und Kultur (f)
1 **Botany and Cultivation**
Botanique (f) et culture (f)
Ботаника (ж р) и культура (ж р)
Botanica (f) e coltura (f)
Botánica (f) y cultivo (m)

2

Agave rigida

Sisalagave (f)
sisal agave, American aloe
agave (m) d'Amérique
сизаль-агава (ж р)
agave (m) Sisal
agave (f) Sisal

3 a
markreicher Blütenschaft (m)
flower stem rich in pith
hampe (f) de la fleur riche en moelle
мясистый цвѣточный стебель (м р) [богатый мязгой]
stelo (m) del fiore ricco di midollo
bohordo (m) de las flores rico en médula

4
falscher Sisalhanf (m)
false sisal hemp
faux chanvre (m) de Sisal
ложно-сизальская пенька (ж р)
falsa canapa (f) sisalana
falso cáñamo (m) de Sisal

5
Heckenpflanze (f)
hedge plant
plante (f) de haie
плетневыя *или* изгородныя растенія (с р) (живая изгородь (ж р))
pianta (f) da siepe
planta (f) de seto

6
die Pflanze treibt Wurzelschößlinge
the plant sends out root suckers
la plante jette *ou* envoie des drageons
растенie (с р) пускает корневые отростки
la pianta getta dei rimessiticci
la planta hace brotar esquejes

7

Sisalagave (f) mit Wurzelschößling
sisal agave with root sucker
agave (m) d'Amérique avec drageon
сизаль-агава (ж р) с корневым отростком
agave (m) Sisal con rimessiticcio
agave (m) Sisal con esqueje

8
dornig gezahntes Agavenblatt (n)
spinose agave leaf
feuille (f) d'agave épineuse
шиповидно-зубчатый лист (м р) агавы
foglia (f) di agave spinosa
hoja (f) de agave espinosa

9
Randdornen (m pl)
edge spines
épines (f pl) à bord
боковые шипы (м р)
spine (f pl) d'orlo
espinas (f pl) en el margen

10
Enddorn (m), Dorn (m) der Blattspitze
terminal spine
épine (f) terminale
концевой шип (м р)
spina (f) terminale
espina (f) en la punta

11
faserhaltiges, fleischiges Blatt (n)
fibrous fleshy leaf
feuille (f) fibreuse et pulpeuse
волокнистый и мясистый лист (м р)
foglia (f) fibrosa e polposa
hoja (f) fibrosa y polposa

12

ausgekehltes Blatt (n)
grooved leaf
feuille (f) creusée en gouttière
лодочкообразный лист (м р)
foglia (f) a scanalatura
hoja (f) acanalada

13
hellgrünes Blatt (n)
bright green leaf
feuille (f) vert-clair
свѣтло-зеленый лист (м р)
foglia (f) gialla chiara
hoja (f) verde-clara

14
blaugrünes Blatt (n)
greenish blue leaf
feuille (f) bleu-verdâtre
сине-зеленый лист (м р)
foglia (f) turchina verde
hoja (f) verde-azulada

15
graugrünes Blatt (n)
grayish green leaf
feuille (f) vert-grisâtre
сѣро-зеленый лист (м р)
foglia (f) verde grigia
hoja (f) verde-grisácea

16
dunkelgrünes Blatt (n)
dark green leaf
feuille (f) vert-foncé
темно-зеленый лист (м р)
foglia (f) verde cupo
hoja (f) verde-obscura

17
purpurbraune Blattspitze (f)
brownish purple point of leaf
pointe (f) de la feuille pourpre-brunâtre
пурпурно-коричневая верхушка (ж р) листа
punta (f) della foglia color purpureo brunastro
punta (f) de la hoja pardo-purpúrea

18
silbergraue Blattspitze (f)
silver-gray point of leaf
pointe (f) de la feuille gris d'argent
серебристо-сѣрая верхушка (ж р) листа
punta (f) della foglia color grigio argenteo
punta (f) de la hoja gris de plata

19
ätzender Agavensaft (m)
caustic sap of the agave
sève (f) caustique de l'agave
ѣдкій сок (м р) агавы
succo (m) caustico o corrosivo dell'agave
savia (f) cáustica del agave

20
den Blütenschaft kappen
to cut the flower stem
couper la hampe
срѣзать *или* сбивать цвѣточный стебелек (м р)
tagliare lo stelo del fiore
cortar el bohordo

21

aufrecht stehende Kapselfrucht (f)
capsule fruit standing upright
fruit (m) capsulaire debout
прямо *или* вертикально стоящій коробчатый плод (м р)
frutto (m) capsulare diritto
fruto (m) capsular dispuesto hacia arriba

22
Brutknospe (f), Brutzwiebel (f), Bulbille (f)
bulbel, bulbil
bulbille (f)
зубок (м р)
bulbo (m)
bulbillo (m)

23
Steppengewächs (n)
steppe plant
plante (f) de steppe
степное растенie (с р)
pianta (f) di steppa o di landa
planta (f) de estepa

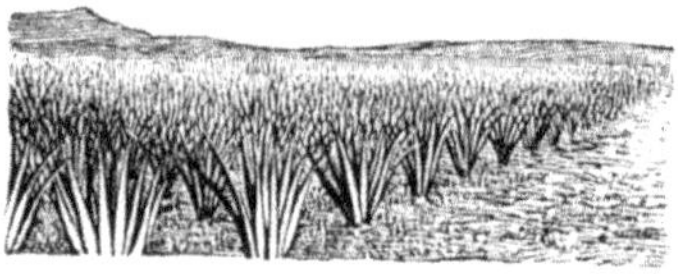

1
die Sisalagave in Pflanzungen [*oder* plantagenmäßig] anbauen
to grow the sisal agave in plantations
cultiver l'agave d'Amérique en plantations
разводить (выращивать) сизаль-агаву на плантацiяхъ
coltivare l'agave Sisal in piantagioni
cultivar el agave Sisal en plantaciones

2
Sisalkulturperiode (f)
cultivation period of the sisal agave
période (f) de culture de l'agave d'Amérique
перiодъ (мр) выращиванiя сизали
periodo (m) di coltivazione dell'agave Sisal
periodo (m) de cultivo del agave Sisal

3
mehrjährige Brache (f) des Feldes
fallowing of the field for several years
jachère (f) du champ pendant plusieurs années
многолѣтнее пребыванiе (ср) поля подъ паромъ
maggesatura (f) del campo per diversi anni
barbechera (f) del campo durante varios años

4
Sisalpflanzer (m)
sisal planter
planteur (f) de Sisal
плантаторъ (мр) сизали
piantatore (m) di Sisal
plantador (m) de Sisal

5
die Sisalagave durch Wurzelschößlinge fortpflanzen
to propagate the sisal agave by root suckers
propager *ou* reproduire l'agave d'Amérique par des drageons *ou* jets de racine
размножать сизаль-агаву отростками корня
riprodurre l'agave Sisal mediante rimessiticci
reproducir *o* propagar el agave Sisal por esquejes

6
die Pflanzen (fpl) aus Bulbillen (fpl) in Saatbeeten heranziehen
to raise the plants in seed beds from bulbils
cultiver les plantes (fpl) par des bulbilles dans des planches
выращивать разсаду въ грядкахъ изъ зубковъ
coltivare le piante in aiuole mediante bulbi
cultivar las plantas mediante bulbillos en bancales

7
b) Gewinnung (f) der Faser
Extraction of the Fibre
Obtention (f) de la Fibre
Добыванiе (ср) волокна
Estrazione (f) della fibra
Extracción (f) de la fibra

8
Schnittreife (f) des Agavenblattes
cutting ripeness of the agave leaf
maturité (f) de coupage de la feuille d'agave
зрѣлость (жр) *или* спѣлость (жр) листьевъ агавы для жатвы
maturità (f) della foglia dell'agave per il taglio
madurez (f) para el corte de la hoja del agave

9
das Blatt ist schnittreif
the leaf is ripe for cutting
la feuille est bonne à couper
листъ (мр) готовъ (созрѣлъ) для жатвы
la foglia è matura al taglio
la hoja está madura para ser cortada

10
Blätterernte (f)
leaf crop
récolte (f) des feuilles, cueillette (f) de la feuille
урожай (мр) *или* сборъ (мр) листьевъ
raccolta (f) delle foglie
cosecha (f) *o* recolección (f) de las hojas

11
Blätterertrag (m)
leaf yield
rendement (m) en feuilles
величина (жр) урожая листьевъ (выходъ листьевъ)
rendimento (m) in foglie
rendimiento (m) en hojas

12
die Randdornen (mpl) und Blattspitzendornen (mpl) abschneiden
to remove the edge spines and terminal spines of the leaves
enlever les épines à bord et terminales des feuilles
обрѣзать шипы на верхушкахъ и краяхъ листьевъ
togliere le spine d'orlo e terminali delle foglie
quitar las espinas en el margen y en la punta de las hojas

13
die geschnittenen Blätter (fpl) sichten *oder* sortieren
to sort the cut leaves
assortir *ou* classer les feuilles (fpl) coupées
сортировать срѣзанные листья
cernere le foglie tagliate
clasificar las hojas cortadas

14
die Blätter (npl) bündeln
to bundle the leaves
mettre les feuilles en faisceaux, lier les feuilles en paquets
вязать листья въ пучки
mettere in fasci le foglie, affastellare le foglie
atar en haces las hojas cortadas

15

Blätterbündel (n)
leaf bundle, bundle of leaves
faisceau (m) *ou* paquet (m) de feuilles
пучёкъ (мр) листьевъ
fascio (m) *o* fastello (m) di foglie
haz (m) de hojas

16
Entfaserungsvorgang (m)
fibre extracting process
procédé (m) *ou* opération (f) de défibrage
процессъ (мр) полученiя (извлеченiя) волокна
processo (m) di sfilacciamento o di sfibratura
procedimiento (m) de la extracción de las fibras

17
das Blattfleisch abstreifen, die Fasern (fpl) vom Blattfleisch befreien, die Fasern bloßlegen *oder* freilegen
to free the fibres from the leaf pulp
débarrasser les fibres (fpl) de la pulpe des feuilles, dégager les fibres
волокна листьевъ очищать отъ мякоти; волокна листьевъ оголять
mettere a nudo *o* spolpare le fibre (fpl)
separar *o* rascar la pulpa de las hojas

18
Abstreifen (n) des Blattfleisches
stripping off the leaf pulp, pulping the leaves
enlèvement (m) de la pulpe des feuilles
отдѣленiе (ср) мякоти съ листьевъ
spoliatura (f) della polpa fogliacea
separación (f) de la pulpa de las hojas

19
Entfaserungsanlage (f)
fibre extracting plant
installation (f) de défibrage
фабрика (жр) для добыванiя волокна
impianto (m) per la sfibratura
instalación (f) per la extracción de las fibras

1
Handentfaserung (f), Abscheidung (f) der Faser von Hand
extraction of fibres by hand
défibrage (m) à la main
извлеченіе (ср) *или* добываніе (ср) волокна ручным способом
estrazione (f) a mano della fibra, sfibratura (f) a mano
extracción (f) de las fibras a mano

2
Abscheidung (f) der Faser mit der Maschine, Maschinenentfaserung (f), maschinelle *oder* mechanische Entfaserung (f)
extraction of fibres by machinery, mechanical extraction of fibres
défibrage (m) mécanique
машинный *или* механическій способ (мр) извлеченія *или* добыванія волокна
sfilacciamento (m) a macchina, sfibratura (f) meccanica
extracción (f) de las fibras por máquina

3
die Blätter (npl) quetschen
to crush the leaves
écraser les feuilles (fpl)
мять листья
ammaccare *o* acciaccare *o* schiacciare le foglie
aplastar *o* machacar las hojas

4
Quetschwalzwerk (n) für Blätter
crushing roller mill for leaves
moulin (m) à cylindre-écraseur pour feuilles
вальцовая мялка (жр) для листьев
mulinello (m) a cilindro per schiacciare
cilindro (m) aplastador para las hojas

5

einfache Entfaserungsmaschine (f), einfacher Raspador (m)
single rasping machine
défibreuse (f) simple
простой *или* ординарный скобельный станок (мр)
macchina (f) raschiatrice semplice
raspador (m) sencillo

6

Doppel-Entfaserungsmaschine (f), Doppelraspador (m)
double rasping machine
défibreuse (f) double
двойной скобельный станок (мр)
macchina (f) raschiatrice duplice
raspador (m) doble

7
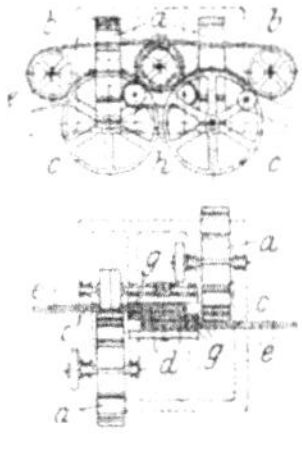
Boekensche Fasergewinnungsmaschine (f) *oder* Entfaserungsmaschine (f)
Boeken's fibre extracting machine
défibreuse (f) Boeken
волокноочистительная машина (жр) системы Бекен
macchina (f) raschiatrice Boeken
raspador (m) Boeken

8 a
Entfaserungstrommel (f)
stripping drum
tambour (m) défibreur
волокно-отдѣлительный барабан (мр)
tamburo (m) raschiatore
tambor (m) raspador

die Entfaserungstrommeln (fpl) sind gegeneinander versetzt
the stripping drums are offset
les tambours (mpl) défibreurs sont désaxés entre eux
волокно-отдѣлительные барабаны расположены один против другого 9
i tamburi raschiatori sono spostati l'uno rispetto all'altro
los centros de tambores raspadores no están en el mismo eje

die Blätter (npl) werden der Trommel selbsttätig zugeführt
the leaves are automatically fed to the drum
les feuilles (fpl) sont amenées *ou* avancées au tambour automatiquement 10
листья подводятся к очистительным барабанам автоматичпо
le foglie sono trasportate automaticamente al tamburo
las hojas son conducidas automáticamente al tambor

b
Förderseilpaar (n), Doppelseil (n)
double conveyor rope
câble (m) de transport double 11
пара (жр) ведущих канатов, двойной канат (мр)
doppia fune (f) di trasporto
cable (m) de transporte doble

Seilführung (f)
rope guiding
guidage (m) du câble
направленіе (ср) *или* веденіе (ср) каната 12
guida (f) della fune
guía (f) del cable

c
Förderscheibe (f)
rope pulley
poulie (f) à câble
ведущій блок (мр) *или* шкив (мр) 13
puleggia (f) per fune
polea (f) para [el] cable

d
Leitscheibe (f) [des Förderseils]
guide pulley
poulie (f) de guidage, poulie-guide (m)
направляющій блок (мр) *или* шкив (мр) [ведущаго каната] 14
puleggia (f) di guida
polea-guía (f)

e
Spannscheibe (f) [des Förderseils]
tightening pulley, tension pulley, stretching pulley
poulie (f) de tension 15
натяжной блок (мр) ведущаго каната
puleggia (f) tenditrice
polea (f) de tensión

1
Überleiten (n) zur anderen Bearbeitungsstelle
transference to the next working point
transport (m) à l'autre point de travail
передача (жр) к другому мѣсту обработки
trasferimento (m) all'altro punto di lavorazione
transporte (m) al otro punto de trabajo

2 g
Überleitungstrieb (m)
transferring mechanism
pignon (m) de commande
передаточный привод (мр)
meccanismo (m) di trasferimento
mecanismo (m) transportador

3 h
Überleitseil (n)
transferring rope
câble (m) de transport
передаточный канат (мр)
fune (f) di trasferimento
cable (m) de transporte

4
Klemmstelle (f)
nipping point
point (m) de pinçage
мѣсто (ср) зажима
punto (m) di fissaggio
punto (m) de enganche

5
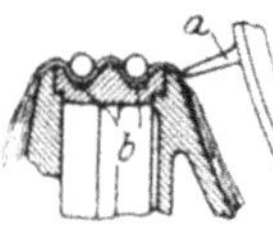

Bearbeitungsstelle (f), Arbeitsstelle (f)
working point
point (m) de travail
мѣсто (ср) обработки
punto (m) di lavorazione
punto (m) de trabajo

6 a
Entfaserungsmesser (n), Trommelschiene (f)
scraping *or* stripping blade
couteau (m) racleur
волокно-отдѣляющій нож (мр), барабанный нож (мр), барабанная шина, ракля (жр)
coltello (m) rastiatore, lama (f) rastiatrice
cuchillo (m) raspador

7 b
Rille (f) der Förderscheibe
groove in the rope pulley
rainure (f) *ou* gorge (f) dans la poulie à cable
канавка (жр) ведущаго блока
scanalatura (f) della puleggia per fune
ranura (f) de la polea para cable

8
Klemmwirkung (f)
nipper action
action (f) de pinçage
дѣйствіе (ср) зажима
azione (f) della presa
efecto (m) de enganche

9
die Klemmwirkung aufheben
to release the nipper action
suspendre *ou* supprimer l'action de pinçage
прекращать дѣйствіе (ср) зажима
sospendere l'azione della presa
parar el efecto de enganche

10
Festklemmen (n) der Blätter
nipping of the leaves
pinçage (m) des feuilles
зажиманіе (ср) листьев
presa (f) delle foglie
retención (f) de las hojas

11
die Faser waschen
to wash the fibre
laver la fibre
промывать волокна
lavare la fibra
lavar la fibra

12

Trockengestell (n)
drying stand
bâti (m) de séchage, tréteau (m) à secher
сушильныя вѣшала (ср)
cavalletto (m) essiccatore
secadero (m)

13
die Fasern (fpl) trocknen
to dry the fibres
faire sécher les fibres (fpl)
сушить волокна
seccare le fibre
secar las fibras

14
die Fasern (fpl) bleichen
to bleach the fibres
blanchir les fibres (fpl)
отдѣлывать, бѣлить волокна
sbiancare le fibre
blanquear las fibras

15
die Fasern (fpl) reinigen
to clean the fibres
nettoyer les fibres (fpl)
очищать волокна
[ri]pulire le fibre
limpiar las fibras

16
die Fasern (fpl) glätten *oder* strählen
to straighten *or* to smooth the fibres
lisser les fibres (fpl)
проглаживать волокна
lisciare le fibre
alisar las fibras

17
Glattstrählen (n) des Hanfes
straightening the hemp
lissage (m) du chanvre
проглаживаніе (ср) пеньки
lisciatura (f) della canapa
alisado (m) del cáñamo

18
die Fasern (fpl) bürsten
to brush the fibres
brosser les fibres (fpl)
отдѣлывать волокна щеткой
spazzolare le fibre
cepillar las fibras

19
Faserbürstmaschine (f)
fibre brushing machine
machine (f) à brosser les fibres
щеточная машина (жр) для отдѣлки волокон
[macchina (f)] spazzolatrice delle fibre
máquina (f) cepilladora para las fibras

20
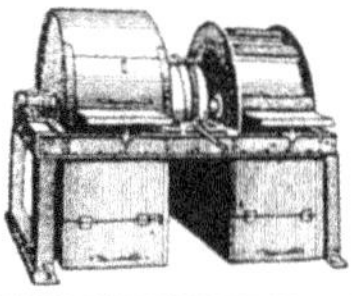
doppelte Bürstmaschine (f)
double brushing machine
machine (f) double à brosser les fibres
двойная щеточно-отдѣлочная машина (жр)
[macchina (f)] spazzolatrice (f) duplice
máquina (f) cepilladora doble

21
Fasertrag (m), Faserausbeute (f)
yield of fibres
rendement (m) en fibres
выход (мр) волокна
rendimento (m) di fibre
rendimiento (m) en fibras

22
Faserverlust (m)
loss of fibres
perte (f) de fibres
потеря (жр) волокна, угар (мр)
perdita (f) di fibre
pérdida (f) en fibras

23
Blätterabfall (m)
leaf waste
déchets (mpl) de feuilles
угар (мр), отбросы листьев
cascame (m) delle foglie
desecho (m) de las hojas

24
den Hanf in Ballen pressen
to press the hemp into bales
presser le chanvre en balles
прессовать пеньку в кипы
pressare in balle la canapa
prensar el cáñamo en balas

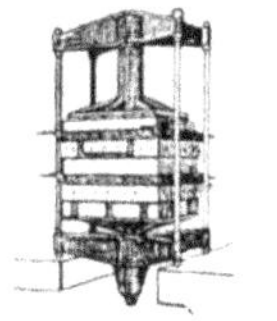

1 Druckwasserballenpresse (f) *oder* hydraulische Ballenpresse (f) mit fest eingebautem Preßkasten
hydraulic bale press with fixed press box
presse-balles (f) hydraulique avec boîte de presse fixe
гидравлическій кипной пресс (мр) с неподвижным ящиком
pressa-balle (f) idraulica con cassa fissa di pressione
prensa (f) hidráulica para balas con caja de prensar

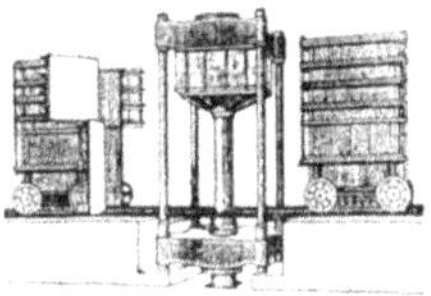

2 Ballenpresse (f) mit fahrbarem Preßkasten
bale press with portable press box
presse-balle (f) avec boîte de presse mobile
кипной пресс (мр) с подвижным ящиком
pressa-balle (f) con cassa mobile di pressione
prensa (f) de embalar con caja de prensar móvil

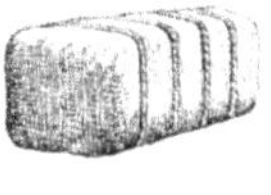

3 in Packtuch eingenähter Ballen (m)
bale sewed up in bagging
balle (f) cousue avec de la toile d'emballage
кипа (жр) зашитая в дерюгу
balla (f) cuscita in tela d'imballaggio
bala (f) de arpillera cosida

3. Die Sansevier[i]afaser — **Волокно (ср) „сансевіера"**
4 **Sansivieria Fibre, Bowstring Hemp** — **La fibra della sanseviera**
La fibre de la sansevière — **La fibra de la sanseviera**

5 Sansevier[i]apflanze (f)
Sanvieria plant
plante (f) sansevière
растеніе (ср) „сансевіера"
pianta (f) sanseviera
planta (f) sanseviera

6 a
Sansevier[i]ablatt (n)
Sansevieria leaf
feuille (f) de la sansevière
лист (мр) сансевіеры
foglia (f) della [pianta] sanseviera
hoja (f) de la sanseviera

7 afrikanischer Sansevier[i]ahanf (m) *oder* Bowstringhanf (m) (Faser von Sansevieria guineensis)
African bowstring hemp
fibre (f) de la sanseviera guineensis
африканская пенька (мр) из сансевіеры
fibra (f) della sanseviera guineensis
fibra (f) de la sanseviera guineensis

indischer Bogenhanf (m) (Faser von Sansevieria zeylanica)
Indian bowstring hemp
fibre (f) de la sanseviera zeylanica
волокно (ср) цейлонской сансевіеры
fibra (f) della sanseviera zeylanica 8
fibra (f) de la sanseviera zeylanica

Faser (f) von Sansevieria Kirkii
Pangane hemp
fibre (f) de la sanseviera Kirkii
волокно (ср) „сансевіера Киркій", пан-ганская пенька (жр) 9
fibra (f) della sanseviera Kirkii
fibra (f) de la sanseviera Kirkii

Faser (f) von Sansevieria longiflora
Florida bowstring hemp
fibre (f) de la sanseviera longiflora
волокно (ср) „сансевіера лонгифлора"; флоридская пенька (жр) 10
fibra (f) della sanseviera longiflora
fibra (f) de la sanseviera longiflora

4. Die Aloëfaser — **Волокно (ср) алоэ**
Aloe Fibre — **Fibra (f) di aloe** 11
Fibre (f) d'aloès — **Fibra (f) de áloe**

Aloe perfoliata
Aloëpflanze (f)
aloe plant
aloès (m)
настоящее, подлинное растеніе (ср) алоэ 12
[pianta (f) di] aloe (m)
[planta (f) de] áloe (m)

Aloëart (f)
aloe type
genre (m) d'aloès
вид (мр) алоэ; растеніе (ср) типа алоэ 13
specie (f) di aloe
tipo (m) de áloe

5. Pitehanf (m), **(Pite, Pita, Pitaflachs), Pitefaser** (f) **(Faser von Agave mexicana und Agave americana)**
Pita Hemp, Pita [Fibre], Henequen
Pite (f)
Волокно (ср) мексиканской агавы, волокно американской агавы, пенька (жр) „Пита" 14
Fibra (f) dell'agave americana
Fibra (f) de la pita

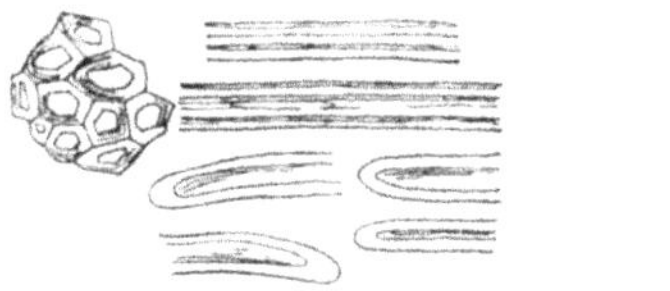

Pitepflanze (f)
pita plant
pite (f)
растеніе (ср) „Пита" 15
pita (f)
pita (f)

die Blätter nach einer Kaltwasserröste entfasern
to de-fibre the leaves after a cold water retting
défibrer les feuilles (f pl) après un rouissage à l'eau froide
извлекать волокна из листьев послѣ мочки в холодной водѣ, (послѣ холодной мочки)
sfibrare *o* sfilacciare le foglie dopo una macerazione all'acqua fredda 16
desfibrar las hojas después de enriado en agua fría

1
6. Die Magueyfaser (Faser von Agave cantula)
Maguey Fibre
Fibre (f) du maguey
Волокно (ср) „магвей“ (из Agave cantula)
Fibra (f) dell'agave cantula
Fibra (f) del maguey

2
dickes, fleischiges Blatt (n)
thick fleshy leaf
feuille (f) épaisse et charnue
толстый мясистый лист (мр)
foglia (f) grossa polposa
hoja (f) gruesa y carnosa

3
Pflanzweite (f)
space between plants
espacement (m) des plantes
разстояніе (ср) между посадками
distanza (f) fra le piante
espacio (m) entre las plantas

4
trockene Jahreszeit (f), Trockenzeit (f)
dry season [of the year]
saison (f) sèche
сухое время (ср) года, сухой сезон (мр)
stagione (f) asciutta *o* secca
temporada (f) seca del año

5
die Blätter (npl) in Salzwasser legen
to steep the leaves in salt water
plonger les feuilles (f pl) dans l'eau salée
класть листья в соленую воду
immergere le foglie nell'acqua salata
poner *o* sumergir las hojas en agua salada

6
Rösten (n) der Blätter
retting the leaves
rouissage (m) des feuilles
моченіе (ср), мочка (жр) листьев
macerazione (f) delle foglie
enriamiento (m) de las hojas

7
Zerquetschen (n) der Blätter
squeezing *or* crushing the leaves
broyage (m) *ou* écrasement (m) des feuilles
раздавливаніе (ср), плющеніе листьев
schiacciamento (m) delle foglie
aplastamiento (m) de las hojas

8
Maceration (f) der Blätter durch Aufsaugen von Wasser
maceration of the leaves by absorption of water
macération (f) des feuilles par l'absorption d'eau
гніеніе (ср) листьев от всасыванія *или* впитыванія воды
macerazione (f) delle foglie mediante assorbimento d'acqua
maceración (f) de las hojas por absorción de agua

9
das Blattfleisch *oder* die Pulpa läßt sich leicht von der Faser trennen
the pulp is easily separated from the fibre
la pulpe se sépare facilement de la fibre
мякоть (жр) легко поддается отдѣленію от волокна
la polpa si separa facilmente dalla fibra
la pulpa se separa fácilmente de la fibra

10
undehnbare Faser (f) von großer Festigkeit
inductile *or* inextensible fibre of great strength
fibre (f) inextensible de grande solidité
нерастяжимое (неэластичное) волокно (ср) большой крѣпости
fibra (f) non estensibile di grande resistenza
fibra (f) no extensible de gran resistencia

7. Die Bananenfaser *oder* Pisangfaser (Faser von Musa paradisiaca)
Banana Fibre
Fibre (f) du bananier
Банановое волокно (ср); волокно (ср) пизанги
Fibra (f) del banano 11
Fibra (f) del bananero

Musa paradisiaca

Pisang (m), Banane (f), Mehlbanane (f), Pferdebanane (f)
banana
bananier (m) du paradis, figuier (m) d'Adam
банан (мр), мучной банан (мр), пизанга (жр), конскій банан (мр) 12
banano (m)
bananero (m), plátano (m)

a
reifer Fruchtstand (m)
ripe fruit
fruit (m) mûr
зрѣлый [спѣлый] плод (мр) 13
frutto (m) maturo
fruto (m) maduro

b
Blattscheide (f)
leaf sheath
gaine (f) de la feuille
влагалище (ср) листа
guaina (f) della foglia 14
vaina (f) de la hoja

Musa sapientum
Obstbanane (f), echte Banane (f)
genuine *or* edible banana
bananier (m) des sages
фруктовый банан (мр), настоящій банан (мр) 15
banano (m) vero
bananero (m) genuino

8. Der Neuseelandflachs, die Phormiumfaser
New Zealand Flax *or* Hemp, Fibre of Phormium tenax
Fibre (f) du lin de la Nouvelle Zélande, fibre du phormion tenace
Новозеландскій лён (мр), волокно (ср) формiума
Fibra (f) [del lino] della Nuova Zelanda, fibra (f) del phormium tenax 16
Fibra (f) del lino de Nueva Zelandia

Phormium tenax

neuseeländische Flachslilie (f)
New Zealand flax lily
lin (m) de la Nouvelle Zélande
новозеландская льняная лилія (жр) 17
lino (m) della Nuova Zelanda
lino (m) de Nueva Zelandia

1 buntblättrige Zierpflanze (f)
ornamental plant with coloured leaves
plante (f) d'ornement aux feuilles colorées
декоративное пестролистное растенie (ср)
pianta (f) ornamentale a foglie variopinte
planta (m) de adorno con hojas de colores

2 
schwertförmiges Blatt (n)
sword shaped leaf
feuille (f) en forme d'épée
мечевидный лист (мр)
foglia (f) ensiforme
hoja (f) en forma de espada

3 lederartiges Blatt (n)
leathery leaf
feuille (f) comme du cuir
кожистый лист (мр)
foglia (f) coriacea
hoja (f) coriácea

4 das Blatt spaltet sich an der Spitze
the leaf splits at the apex
la feuille se fend à la pointe
лист (мр) расщепляется в верхушкѣ (кончикѣ)
la foglia si fende alla punta
la hoja se parte en la punta

5 gespaltenes Blatt (n)
split leaf
feuille (f) fendue
расщепленный лист (мр)
foglia (f) bifida
hoja (f) partida

6 
büschelförmige Blüte (f)
bunchy flower
fleur (f) en touffe *ou* en aigrette
кистевидный цвѣток (мр)
fiore (m) fasciolato *o* cespitoso
flor (f) en forma de copo

7 die Blüten (f pl) stehen büschelförmig *oder* in Büscheln
the flowers grow in bunches
les fleurs (f pl) croissent en touffes *ou* en aigrettes
цвѣтки располагаются кистевидно *или* кистями (гроздями)
i fiori crescono fasciolati
las flores salen en forma de copo

9. Die Bromeliafasern (f pl)

8 **Bromelia Fibres**

Les fibres des broméliacées

Волокна (ср) бромелій

Le fibre delle bromelie

Las fibras de las bromeliáceas

9 Ananas sativus, Bromelia Ananas
Ananaspflanze (f)
pineapple plant
ananas (m)
растенie (ср) ананас
pianta (f) di ananas
anana (f)

10 Blattfaser (f) der Ananaspflanze, Ananasfaser (f), Piñafaser (f)
pineapple leaf fibre
fibre (f) de l'ananas
ананасовое волокно (ср), волокно (ср) листа ананаса
fibra (f) della foglia di ananas
fibra (f) de las hojas de anana

11 Seidengras (n) (Faser von Bromelia Karatas)
silk grass
fibre (f) du bromélia karatas
шелковистая трава (жр), волокно (ср) Bromelia Karatas
fibra (f) della bromelia karatas
fibra (f) de bromelia karatas

10. Die Torffaser

Peat Fibre

Fibre (f) de la tourbe

Торфяное волокно (ср)

Fibra (f) di torba 12

Fibra (f) de la turba

Eriophorum vaginatum

Wollgras (n)
wool grass
ériophoron (m)
пухонес (мр), болотный пух (мр), пушная трава (жр) 13
erioforo (m)
erióforo (m)

Wollgrastorf (m)
wool grass peat
tourbe (f) de l'ériophoron
травяной торф (мр)
torba (f) dell'erioforo 14
turba (f) de erióforo

Wollgrasblatt (n)
wool grass leaf
feuille (f) de l'ériophoron
лист (мр) пушной травки
foglia (f) dell'erioforo 15
hoja (f) de erióforo

Vertorfung (f)
change *or* conversion into peat
transformation (f) en tourbe
превращенie (ср) в торф, оторфянѣнie (ср)
trasformazione (f) in torba 16
transformación (f) en turba

vertorfen (v n)
to turn (v n) into peat
se transformer (v r) en tourbe
превратиться в торф, оторфянѣть
trasformarsi (v r) in torba 17
volverse (v r) turba

Torfmoor (n)
peat bog *or* moor
tourbière (f)
торфяное болото (ср)
torbiera (f) 18
turbera (f)

Fasertorf (m)
fibrous peat
tourbe (f) fibreuse
волокнистый торф (мр)
torba (f) fibrosa 19
turba (f) fibrosa

Torfwatte (f)
peat wadding
ouate (f) de tourbe
торфяная вата (жр)
ovatta (f) di torba 20
guata (f) de turba

Aufsaugungsfähigkeit (f) [*oder* Absorptionsfähigkeit (f)] des Torfes
absorbing capacity of peat
capacité (f) d'absorption de la tourbe
всасывающая *или* поглотительная *или* абсорпцiонная способность (жр) торфа 21
capacità (f) d'assorbimento della torba
capacidad (f) absorbente de la turba

die Torffaser saugt Feuchtigkeit auf [*oder* absorbiert Feuchtigkeit]
the peat fibre absorbs moisture
la fibre de tourbe absorbe l'humidité
торфяное волокно (ср) всасывает воду *или* поглащает *или* абсорбирует влагу
la fibra di torba assorbe umidità 22
la fibra de turba absorbe humedad

11. Die Kolbenschilffaser, Typha (f) — Початочно-тростниковое волокно (с р)

1 **Typha Fibre** — **Lana (f) di Enea, fibra (f) di tifa**

Fibre (f) du typha *ou* de la massette — **Fibra (f) de la espadaña *o* de la anea**

2 schwach verholzte Faser (f)
slightly lignified fibre
fibre (f) légèrement lignifiée
слабо-одеревенѣвшее волокно (ср)
fibra (f) leggermente lignificata
fibra (f) poco lignificada

3 Rohrkolben (m)
spadix of typha
spadice (m) du typha
тростниковый початок (мр)
spadice (m) della tifa
mazorca (f) *o* espádice (m) de la espadaña

4 Typha latifolia
breitblättriges[r] Kolbenschilf (n u. m)
broad leaved typha *or* reedmace, cat's tail
massette (f) à larges feuilles
широколистный тростник (мр)
tifa (f) a larghe foglie
espadaña (f) de hojas anchas

5 Typha angustifolia
schmalblättriges[r] Kolbenschilf (n u. m)
narrow leaved typha *or* reedmace
massette (f) à feuilles étroites
узколистный тростник (мр)
tifa (f) a foglie strette
espadaña (f) de hojas estrechas

12. Die Waldwolle — Лѣсная шерсть (ж р)

6 **Pine Wool** — **Lana (f) delle conifere**

Laine (f) de bois (provenant du pin maritime) — **Lana (f) de pino *o* silvestre**

7 Fichtennadel (f)
needle of the spruce
aiguille (f) de l'épicéa élevé *ou* du sapin du Nord
еловая игла (жр) (хвоя)
ago (m) dell'abete rosso
hoja (f) del abeto rojo

8 Tannennadel (f)
needle of the fir
aiguille (f) du sapin blanc, aiguille d'avet
пихтовая игла (жр) (хвоя)
ago (m) dell'abete bianco
hoja (f) del abeto común

9 Föhrennadel (f), Kiefernnadel (f)
needle of the [Scotch] pine
aiguille (f) du pin silvestre *ou* du sapin rouge
сосновая игла (жр)
ago (m) del pinastro
hoja (f) del pino silvestre

10 Zerfaserung (f) der Baumnadeln
de-fibring of the needles
défibrage (m) des aiguilles
расщепленіе (ср) волокон хвойных игл
sfilacciamento (m) degli aghi
desfibrado (m) de las pinochas

11 die Nadeln (fpl) zerfasern
to de-fibre the needles
défibrer les aiguilles (fpl)
расщеплять иглы на волокна
sfilacciare gli aghi
desfibrar las pinochas

12 die Waldwolle mit Schafwolle vermischen
to mix the pinewool with sheepwool
mélanger la laine de bois avec la laine naturelle
смѣшивать растительную лѣсную шерсть (жр) с овечьей шерстью
mescolare la lana delle conifere colla lana di pecora
mezclar la lana de pino con la lana natural

13. Die Pandanusfaser — Волокно (с р) пандануса

13 **Pandanus Fibre** — **Fibra (f) di Pandano**

Fibre (f) de la Pandanus — **Fibra (f) de Pándano**

14 langes, schwertförmiges Blatt (n)
long sword-like leaf
longue feuille (f) à glaive *ou* en forme d'épée
длинный мечевидный лист (мр)
foglia (f) lunga ensiforme
hoja (f) larga en forma de espada

15 mit Dornen besetztes Blatt (n)
spiny leaf
feuille (f) épineuse
лист (мр) усаженный шипами *или* колючками
foglia (f) spinosa
hoja (f) espinosa

14. Die Espartofaser — Волокно (с р) травы „эспарто“

16 **Esparto Fibre** — **Fibra (f) di spartea, sparto (m)**

Fibre (f) du sparte — **Fibra (f) de esparto**

17 Macrochloa tenacissima, Stipa tenacissima
Espartogras (n)
esparto grass, African grass
sparte (m), spart (m), alfa (m)
трава (жр) „эспарто“
spartea (f)
esparto (m), atocha (f)

18 zähes Blatt (n)
tough leaf
feuille (f) tenace
жесткій *или* крѣпкій лист (мр)
foglia (f) tenace
hoja (f) tenaz

19 Espartostroh (n)
esparto straw
paille (f) de sparte
солома (жр) (листья) „эспарто“
paglia (f) di spartea
paja (f) de esparto

20 wildwachsendes Gras (n)
wild growing grass
herbe (f) sauvage
дикорастущая трава (жр)
erba (f) selvatica
hierba (f) silvestre

21 die Fasern (fpl) durch Zerreißen der Blätter gewinnen
to extract the fibres by tearing the leaves
extraire les fibres (fpl) par déchirement des feuilles
получать волокна(ср) посредством разрыванія *или* раздиранія листьев
estrarre le fibre per lacerazione delle foglie
extraer las fibras desgarrando las hojas

1	**15. Die Piassavefasern** (f pl) **The Piassava Fibres** **Les fibres** (f pl) **de la piazzava**	**Волокна** (с р) **піасавы** **Le fibre della palma piazzava** **Las fibras de la palmera piasava**
2	brasilianische *oder* südamerikanische Piassave (f), Paragras (n), Parafaser (f), Bahiafaser (f), Monkeygras (n) Brazilian *or* South American piassava, Para grass, Monkey grass piazzava (f) brésilienne	бразильянская *или* южноамериканская „пальма-піасава“ (жр), трава (жр) „пара“, волокно (ср) травы „пара“, волокно (ср) „багія“, обезьянья трава (жр) fibra (f) della palma piazzava brasiliana fibra (f) de la palmera piasava brasileña
3	fischbeinartige Faser (f) fishbone-like fibre fibre (f) ressemblant à la baleine	волокно (ср) типа китоваго уса fibra (f) simile ad osso di balena fibra (f) semejante a la ballena
4	zähe Blattscheidenfaser (f) tough leaf sheath fibre fibre (f) tenace de la gaine de feuille	жесткое (крѣпкое) волокно (ср) листовых влагалищ fibra (f) tenace della guaina della foglia fibra (f) tenaz de vaina de hoja
5	afrikanische Piassave (f), Baßfaser (f), Raphiafaser (f) African piassava, raffia [fibre (f) du palmier] raphia (m)	африканская піасава (жр) fibra (f) della palma raphia fibra (f) de la palmera rafia
6	zimtbraune Farbe (f) der Piassavefaser cinnamon tint of the piassava fibre teinte (f) cannelle de la fibre de la piazzava	волокно (ср) піасавы цвѣта корицы tinta (f) della fibra piazzava in rosso-cannella coloración (f) canela de la fibra de piasava
7	schokoladenbraune Farbe (f) chocolate tint teinte (f) chocolat	шоколадно-коричневый цвѣт (мр) tinta (f) in cioccolato coloración (f) chocolate
8	strohgelbe Farbe (f) strawcoloured tint teinte (f) paille	соломенно-желтый цвѣт (мр) tinta (f) in giallo-paglierino coloración (f) paja
9	tiefschwarze Farbe (f) jet-black tint teinte (f) noir-foncé	чернильно-черный цвѣт (мр) tinta (f) in nero-cupo coloración (f) negro-obscura
10	Borassus-Piassave (f), Faser (f) der Palmyrapalme fibre of the palmyra palm fibre (f) du borasse éventail	волокно (ср) пальмы „пальмира“ Borassus-Piassave fibra (f) di borassus flabelliformis fibra (f) de borassus flabelliformis
11	Caryota-Piassave[faser] (f), Kito[o]lfaser (f), Kitulfaser (f) (Faser der Caryota urens) fibre of caryota urens kitool (m), fibre (f) du caryote brûlant	волокно (ср) пальмы „китуль“, Caryota-Piassave fibra (f) di caryota urens fibra (f) de caryota urens
12	Dictyosperma-Piassave (f), Madagaskar-Piassave (f) Madagascan piassava fibre (f) de dictyosperma fibrosum	мадагаскарская піасава (жр) fibra (f) di dictyosperma fibrosum fibra (f) de dictyosperma fibrosum
13	**16. Weitere Blattfasern** (f pl) **Other Leaf Fibres** **Autres fibres** (f pl) **extraites des feuilles**	**Прочія (остальныя) волокна** (с р) **добываемыя из листьев** **Altre fibre** (f pl) **di foglie** **Otras fibras** (f pl) **de hoja**
14	Mauritiushanf (m), (Faser von Fourcroya gigantea) Mauritius hemp chanvre (m) de l'île Maurice	пенька (жр) с острова Маврикія fibra (f) della fourcroya gigantea fibra (f) del cáñamo de Mauricio
15	Ixtlefaser (f), Istlefaser (f), Tampicohanf (m) (Faser von Agave heteracantha) Istle fibre, Tampico hemp [crin (m)] tampico (m)	тампиковая пенька (жр), волокно (ср) „истля“ canapa (m) Tampico o Ixtle cáñamo (m) de Tampico
16	Tuccumfaser (f) fibre of astrocargena vulgare fibre (f) de l'astrocargena vulgare	волокно (ср) из листьев Astrocargena vulgare fibra (f) di astrocargena vulgare fibra (f) de astrocargena vulgare
17	Yuccafaser (f) Yucca fibre, fibre of yucca filamentosa fibre (f) du Yucca	волокно (ср) растенія юкка fibra (f) di Yucca fibra (f) de Yuca

IV.

18	**Fruchtfasern** (f pl) **Fruit Fibres** (pl) **Fibres** (f pl) **extraites des fruits**	**Плодовыя волокна** (с р) **Fibre** (f pl) **estratte dai frutti** **Fibras** (f) **de fruto**
19	Kokosfaser (f), Kokosnußfaser (f), Coir (m), Kokosbast (m) coir [fibre], coco-nut hair fibre (f) de coco, coir (m), kair (m)	кокосовое волокно (ср) fibra (f) di cocco fibra (f) de coco

1 

Kokospalme (f)
coco-nut palm
cocotier (m)
кокосовая пальма (жр)
[albero (m) di] cocco (m)
coco (m), cocotero (m)

Cocos nucifera

---

2 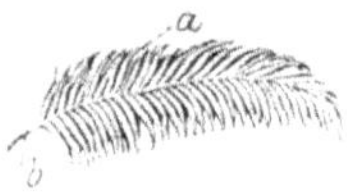

gefiedertes Blatt (n)
feathered leaf
feuille (f) pennée
перистый лист (мр)
foglia (f) pennuta
hoja (f) plumosa *o* emplumada

---

3 a

Blattfieder (f)
leaf feather
foliole (f), plume (f) de la feuille
листовое перо (ср)
pennolina (f) della foglia
hojuela (f)

---

4 b

Blattspindel (f)
leaf stalk, petiole
pétiole (m)
черешок (мр), стебелек (мр) листа
peziolo (m)
peciolo (m)

5

die Blattfiedern (fpl) miteinander verflechten
to interlace the leaf feathers with each other
tresser *ou* entrelacer les plumes de feuille les unes avec les autres
переплетать листовыя перья
intrecciare le pennoline delle foglie le une colle altre
trenzar las hojuelas unas con otras

---

6 

Blütenkolben[zweig] (m)
spadix
spadice (m)
цвѣточный початок (мр)
spadice (m)
espádice (m)

---

7 

Anordnung (f) der Früchte, Fruchtstand (m)
arrangement of fruits
disposition (f) des fruits
расположенiе (ср) плодов
disposizione (f) dei frutti
disposición (f) de los frutos

8

Steinfrucht (f)
stone fruit, drupe
drupe (m)
косточковый плод (мр) (костянка)
frutto (m) a nocciolo
drupa (f)

9

einsamige Frucht (f)
single seed fruit
fruit (m) monosperme
односѣмянный плод (мр), однодольный плод (мр)
frutto (m) monospermo
fruto (m) monospermo

10

eiförmige Frucht (f)
egg-shaped fruit
fruit (m) oviforme
яйцевидный плод (мр)
frutto (m) oviforme
fruto (m) oviforme

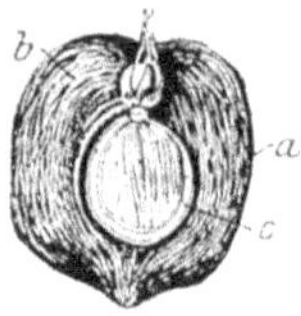

Kokosnuß (f), Kokosfrucht (f)
coco-nut
[noix (f) de] coco (m)
кокосовый орѣх (мр)
[noce (f) di] cocco (m)
coco (m) 11

---

a

äußere Fruchthülle (f), Exokarp (n), Epikarp (n)
husk *or* outer shell of fruit, epicarp
épicarpe (m)
наружная оболочка (жр) плода, шелуха (жр) 12
epicarpo (m) [del frutto]
epicarpio (m)

Wachsüberzug (m) der äußeren Fruchthülle
waxy covering to the outer shell
enveloppe (f) cireuse de l'épicarpe
восковой покров (мр) *или* налет (мр) *или* слой (мр) наружной оболочки 13
rivestimento (m) di cera dell'epicarpo
capa (f) de cera sobre el epicarpio

---

b

[faserige] Mittelschicht (f) der Frucht, Mesokarp (n)
[fibrous] middle layer of fruit, mesocarp
mésocarpe (m) [fibreux] 14
[волокнистый] промежуточный слой (мр) плода
mesocarpo (m) [fibroso]
mesocarpio (m) [fibroso]

---

c

Steinschicht (f), steinhartes Endokarp (n)
stone-hard inner layer of the shell, stone-hard endocarp
endocarpe (m) dur comme la pierre 15
косточковый слой (мр)
endocarpo (f) duro come la pietra
endocarpio (m) duro como piedra

geschlossenes Keimloch (n)
closed micropyle
micropyle (m) fermé
закрытое отверстiе (ср) зародыша 16
micropilo (m) chiuso
micrópilo (m) cerrado

a

---

unreife Kokosnuß (f)
unripe coco-nut
[noix (f) de] coco (m) non mûr[e]
незрѣлый кокосовый орѣх (мр)
cocco (m) immaturo 17
coco (m) no maduro *o* verde

---

die reifen Nüsse (fpl) spalten
to split open the ripe nuts
fendre les noix mûres
вскрывать *или* колоть зрѣлые орѣхи
fendere *o* spaccare le noci mature 18
rajar las nueces maduras

---

die Kokosnußschalen in [Meer-]Wasser legen
to steep the coco-nut shells in [sea] water
tremper dans l'eau [de mer] les coques de la noix de coco
класть в [морскую] воду скорлупу кокосовых орѣхов
immergere in acqua [marina] i gusci del cocco 19
sumergir en agua [de mar] las cáscaras de coco

1	Fruchtfleisch (n) der Kokosnuß fruit pulp of the coconut sarcocarpe (m) du coco	мясоплод кокосоваго орѣха polpa (f) del frutto di cocco pulpa (f) del fruto de coco
2	das Fruchtfleisch fault *oder* verwest *oder* geht in Fäulnis über the fruit pulp putrefies la pulpe de fruit pourrit	мясоплод (мр) гніет *или* загниваеть la polpa del frutto marcisce la pulpa del fruto se pudre
3	die gerösteten Kokosfasern mit Keulen klopfen to beat the steeped coir [fibres] with [wooden] clubs battre le coir roui avec des maillets en bois	колотить моченыя кокосовыя волокна колотушками battere le fibre macerate del cocco con mazzuole di legno batir las fibras enriadas del coco con mazos de madera
4	rotbraune Kokosfaser (f) reddish brown coir [fibre] coir (m) brun rougeâtre	красно-бурое кокосовое волокно (ср) fibra (f) di cocco bruno-rossastra fibra (f) de coco pardorojiza
5	Kokosmarkt (m) market for coir [fibre] marché (m) de la fibre de coco	кокосовый рынок (мр) mercato (m) della fibra di cocco mercado (m) de la fibra de coco

V.

6	**Sonstige pflanzliche Rohstoffe** (m pl) **Other Vegetable Raw Materials** **Autres matières** (f pl) **premières végétales**	**Прочія растительныя сырыя вещества; прочее растительное сырье** (с р) **Altre materie** (f pl) **prime vegetali** **Otras materias** (f pl) **primas vegetales**

1. Holzzellstoff (m), Holzzellulose (f)

7	**1. Holzzellstoff** (m), **Holzzellulose** (f) **wood cellulose** **cellulose** (f) **du bois**	**Древесина** (ж р), **древесная целлюлоза** (ж р) **cellulosa (f) di legno** **celulosa (f) de madera**
8	Faserstoff (m), Fasermasse (f), [faserige Substanz (f)] fibrous material matière (f) fibreuse *ou* filamenteuse, filasse (f)	волокнистое вещество (ср) sostanza (f) fibrosa *o* filamentosa, filaccia (f) su[b]stancia (f) fibrosa
9	Zellenelemente (n pl) cell elements éléments (m pl) de la cellule	элементы клѣтки elementi (m pl) della cellula elementos (m pl) celulares
10	Natronzellstoff (m) Sulfatzellstoff (m) sodium cellulose cellulose (f) sodique	натронная целлулоза (жр) cellulosa (f) alla soda celulosa (f) sódica
11	Sulfitzellstoff (m) sulphite cellulose cellulose (f) sulfitée	сульфитная целлулоза (жр) cellulosa (f) al bisolfito celulosa (f) sulfitada
12	Nadelholzzellstoff (m) cellulose from coniferous trees cellulose (f) du bois conifère	хвойная клѣтчатка (жр) cellulosa (f) di legno di conifere celulosa (f) de madera de coníferas
13	Laubholzzellstoff (m) cellulose from deciduous trees, leaf wood cellulose cellulose (f) d'arbres à feuilles [caduques]	клѣтчатка (жр) лиственнаго дерева cellulosa (f) d'alberi frondosi celulosa (f) de madera de árboles frondosos
14	gebleichter Zellstoff (m) bleached cellulose cellulose (f) blanchie	отбѣленная клѣтчатка (жр) cellulosa (f) imbiancata celulosa (f) blanqueada
15	gemahlener Zellstoff (m) ground cellulose cellulose (f) moulue	молотая *или* размолотая клѣтчатка (жр) cellulosa (f) macinata celulosa (f) molida

2. Das Stroh

16	**2. Das Stroh** **The Straw** **La paille**	**Солома** (ж р) **La paglia** **La paja**
17	Gerstenstroh (n) barley straw paille (f) d'orge	ячменная солома (жр) paglia (f) d'orzo paja (f) de cebada
18	Haferstroh (n) oat straw paille (f) d'avoine	овсяная солома (жр) paglia (f) d'avena paja (f) de avena
19	Maisstroh (n) maize straw paille (f) de maïs	маисовая *или* кукурузная солома (жр) paglia (f) di mais *o* di granturco *o* di formentone paja (f) de maiz
20	italienisches Marzolanostroh (n) Italian Marzolano straw paille (f) italienne Marzolano	итальянская солома (жр) „марцолано" paglia (f) Marzolano paja (f) italiana Marzolano
21	Reisstroh (n) rice straw paille (f) de riz	рисовая солома (жр) paglia (f) di riso paja (f) de arroz
22	Roggenstroh (n) rye straw paille (f) de seigle	ржаная солома (жр) paglia (f) segalina *o* di segale paja (f) de centeno
23	Weizenstroh (n) wheat straw paille (f) de froment	пшеничная солома (жр) paglia (f) di frumento paja (f) de trigo
24	dünner Strohhalm (m) thin straw blade brin (m) de paille *ou* fétu (m) mince	тонкая соломина (жр) filo (m) *o* festuca (f) *o* fuscello (m) di paglia tenue *o* minuto brizna (f) delgada de paja

No.	German / English / French	Russian / Italian / Spanish
1	biegsamer Strohhalm (m) flexible straw blade brin (m) de paille flexible	гибкій соломенный стебель (мр), гибкая соломина (жр) fuscello (m) di paglia flessibile brizna (f) flexible de paja
2	das Stroh vor der völligen Fruchtreife ernten to harvest the straw before full seed ripeness récolter la paille avant la maturité complète du grain	жать солому до полнаго созрѣванія плода raccogliere la paglia prima della maturazione completa del grano cosechar la paja antes de la madurez completa del grano
3	das Stroh in Halmen verarbeiten to manufacture the straw in blades travailler la paille en brin	перерабатывать солому в натуральном видѣ lavorare la paglia in festuche utilizar las briznas de paja
4	das Stroh naturfarben verarbeiten to manufacture the straw in [its] natural colour travailler la paille en couleur naturelle	перерабатывать солому в естественной окраскѣ lavorare la paglia al suo colore naturale utilizar la paja en su color natural
5	das Stroh bleichen to bleach the straw blanchir la paille	отбѣливать, бѣлить солому sbiancare la paglia blanquear la paja
6	das Stroh färben to dye the straw teindre la paille	красить, окрашивать солому tingere la paglia teñir la paja
7	aus dem Stroh fadenähnliche Gebilde (npl) erzeugen to produce thread-like strips from straw produire avec la paille des corps filiformes	вырабатывать из соломы нитеобразные матеріалы ricavare filacci dalla paglia fabricar con la paja tiras filiformes
8	das Stroh spalten to split the straw fendre la paille	расщеплять солому fendere *o* spaccare la paglia partir *o* hender *o* rajar la paja
9	Strohspalter (m) straw splitter fendoir (m) à paille	расщеплитель (мр), нож (мр) для расщепленія соломы spaccherello (m) per la paglia partidor (m) de paja
10	Strohstreifen (m) strip of straw bande (f) de paille	соломенная лента (жр) *или* полоска (ж р) filacci (mpl) di paglia tira (f) de paja
11	gespaltenes Stroh (n) split straw paille (f) fendue	расщепленная солома (жр) paglia (f) fesa *o* spaccata paja (f) partida
12	den Strohhalm in der Längsrichtung aufschlitzen *oder* spalten to slit the straw blade longitudinally fendre le brin de paille en long	разрѣзать соломину вдоль fendere il fuscello di paglia pel lungo partir la brizna de paja longitudinalmente
13	den aufgeschlitzten Strohhalm flach pressen to flatten the slit straw blade aplatir le brin de paille fendu	расправлять продольно-разрѣзанную соломину appiattire il fuscello di paglia feso aplanar la brizna partida de paja [prensándola]
14	den flach gepreßten Strohhalm mittels Kamm in Streifen zerlegen to dissect the flattened straw blade into strips by combing séparer *ou* diviser par le peigne le brin de paille aplati	расправленную соломину разрѣзать полосками гребнем dividere in filacci il fuscello di paglia appiattito [pettinandolo] dividir *o* deshacer por el peinado la brizna de paja aplanada
15	den Strohhalm oberhalb der Knoten durchschneiden to cut off the straw blade above the nodes couper le brin de paille au-dessus des nœuds	перерѣзать соломину выше угла *или* колѣна tagliare il fuscello di paglia al disopra dei nodi cortar la brizna de paja encima de los nudos
16	[Stroh-]Halmstück (n) piece of [straw] blade fragment (m) de brin [de paille]	кусок (мр) стебля, отрѣзок (мр) стебля frammento (m) di fuscello [di paglia] pedazo (m) de brizna [de paja]
17	Strohfaser (f), Strohbastfaser (f) straw [bast] fibre fibre (f) de paille	соломенное волокно (ср), соломенное лубочное волокно (ср) fibra (f) di paglia fibra (f) de paja
18	die Strohfaser aus dem Strohhalm gewinnen to extract the straw fibre from the [straw] blade extraire la fibre de paille du brin	добываніе (ср) соломеннаго волокна из соломы ricavare *o* estrarre la fibra di paglia dal fuscello extraer de la brizna la fibra de paja
19	**3. Rindenbast** **The Tree Bark Bast** **Filasse (f) *ou* liber (m) d'écorce [d'arbre]**	**Лубок (мр), лыко (ср), мочало (ср)** **Libro (m) di corteccia** **Líber (m) de la corteza de árboles**
20	Lindenbast (m) lime tree *or* linden bast liber (m) de tilleul	липовое мочало (ср) *или* лубок (мр) *или* лыко (ср) libro (m) di tiglio liber (m) de tilo
21	Ulmenbast (m) elm bast liber (m) d'orme	ильмовое мочало (ср) *или* лыко (ср) libro (m) d'olmo liber (m) de olmo
22	Weidenbast (m) willow bast liber (m) de saule	ивовое *или* ветловое лыко (ср) libro (m) di salcio liber (m) de sauce

No.		
1	**4. Das Holz** **Wood** **Le bois**	**Дерево** (ср) **Il legno** **La madera, el leño**
2	weiches Holz (n) soft wood bois (m) tendre	мягкое дерево (ср) legno (m) dolce *o* tenero madera (f) blanda
3	geradfaseriges Holz (n) straight grained wood bois (m) à fibres droites	прямослойное дерево (ср) legno (m) a fibra diritta madera (f) de fibras rectas
4	Weidenholz (n) willow [wood] bois (m) de saule	ивовое, ветловое дерево (ср) (как матерьял) legno (m) di salcio *o* di salice madera (f) de sauce
5	Pappelholz (n) poplar [wood] bois (m) de peuplier	тополевое дерево (ср) (как матерьял) legno (m) di pioppo madera (f) de álamo *o* de chopo
6	Lindenholz (n) lime tree wood bois (m) de tilleul	липовое дерево (ср) (как матерьял) legno (m) di tiglio madera (f) de tilo
7	Holzspan (m) wood chip copeau (m) de bois	древесная лучина (жр), дрань (жр), щепа (жр) truciolo (m) *o* scheggia (f) di legno viruta (f) de madera
8	Holzwolle (f) wood wool laine (f) *ou* paille (f) de bois	древесная шерсть (жр) lana (f) di legno lana (f) de madera
9	die Holzstreifen (mpl) aus dem frischen Holz ausschneiden to cut the shavings out of the fresh wood enlever [en coupant] les copeaux du bois vert	из свѣжаго дерева нарѣзать *или* нащепать древесныя полоски togliere *o* eliminare tagliando le schegge dal legno verde cortar las tiras del leño fresco, hacer virutas de madera verde
10	Schlichthobel (m) smooth[ing] plane varlope (f)	рубанок (мр), скобель (мр), струг (мр), строгало (ср), шлихтик (мр) barlotta (f) garlopa (f)
11	Schneidmodel (m) cutting gauge trusquin (m) à lame	модуль (мр) рѣзца truschino (m) gramil (m)
12	**5. Das Rohr** **Reed, Cane** **Le roseau, la canne**	**Тростник** (мр), **камыш** (мр) **La canna** **La caña**
13		Bambusrohr (n) bamboo [cane] bambou (m) бамбуковый тростник (мр) bambù (m) caña (f) de bambú

		No.
Calamus rotang	spanisches Rohr (n) Spanish cane jonc (m) des Indes испанскій камыш (мр) canna (f) d'India caña (f) *o* junco (m) de Indias	14
 Phragmites communis	Schilfrohr (n), Schilf (n), Teichrohr (n), Ried (n) reed, sedge grass roseau (m) commun тростник (мр), камышник (мр) canna (f) palustre *o* di padule caña (f)	15
a	Halm (m) blade brin (m), tuyau (m) стебель (мр) fuscello (m), festuca (f) brizna (f)	16
b	Halmknoten (m) node of blade nœud (m) de tuyau *ou* du brin стеблевое колѣно (ср) *или* узел (мр) nodo (m) del fuscello nudo (m) de la brizna	17
holzartiger Schilfrohrhalm (m) woody reed blade tuyau (m) *ou* chaume (m) ligneux de roseau	деревовидный стебель (мр) камыша *или* тростника fuscello (m) legnoso della canna palustre brizna (f) leñosa de la caña	18
das Rohr in Streifen spalten to split the cane into strips fendre le roseau en bandes *ou* lanières	расщеплять на полоски тростник (мр) fendere la canna in striscie partir la caña en tiras	19
6. Das Seegras **Sea Wrack** **Zostère (f) marine**	**Морская трава** (жр) **Zostera** (f) **Zostera** (f)	20
Zostera marina		
Fucus vesiculosus	Seetang (m) sea weed goëmon (m) морская водоросль (жр) *или* трава (жр) fuco (m) fuco, (m) sargazo (m)	21

C.

Natürliche tierische Rohstoffe (m pl) — Естественныя животныя сырыя вещества (сырьё)

1 Natural Animal Raw Materials — Materie (f pl) prime animali naturali

Matières (f pl) brutes animales naturelles — Materias (f pl) primas naturales del reino animal

I.

Die Wolle — **Шерсть (ж р)**

2 **Wool** — **La lana**

La laine — **La lana**

1. Schafrassen (f pl), Schafarten (f pl), Schafschläge (m pl) — Породы овец, разновидности овец

3 **Breeds of sheep** — **Specie (f pl) *o* razze (f pl) di pecora**

Espèces (m pl) de moutons, races (f pl) ovines — **Razas (f pf) ovejunas *o* de la oveja**

a) Allgemeines (n) — Общее (c p)

4 **General** — **Generalità (f pl)**

Généralités (f pl) — **Generalidades (f pl)**

Nr.		
5	Wolltier (n), Pelztier (n), Textiltier (n) wool-bearing animal bête (f) à laine	руноносное (шерстоносное) животное (ср), животное (ср) дающее шерсть animale (m) lanifero, bestia (f) lanifera ganado (m) lanar
6	einheimisches Schaf (n) native *or* indigenous sheep mouton (m) indigène	туземная овца (жр), мѣстная овца (жр) pecora (f) indigena oveja (f) indigena
7	Wanderschaf (n) migratory sheep mouton (m) migrateur	кочевая овца (жр) pecora (f) migratrice oveja (f) migratoria *o* trashumante
8	Stammart (f) original stock souche (f) *ou* type (m) d'origine	племенная порода (жр) specie (f) *o* tipo (m) originale tipo (m) *o* raza (f) original
9	Stammvater (m) original progenitor *or* male stock bélier (m) d'origine	племенной производитель (мр) progenitore (m) morueco (m) original, carnero (m) padre original
10	Stammutter (f) original female stock brebis (f) d'origine	племенная матка (жр), родоначальница (жр) progenitrice (f) oveja (f) madre original
11	Rasseneinteilung (f) der Wollschafe classification of the breeds of wool sheep classification (f) des races des moutons à laine	подраздѣленіе (ср) овец на племена *или* породы classificazione (f) delle razze delle pecore lanifere clasificación (f) de las razas de ovejas laníferas
12	reine *oder* edle Rasse (f), Edelrasse (f) pure breed race (f) pure	благородная порода (жр) razza (f) pura raza (f) pura
13	Hauptrasse (f) principal breed race (f) principale *ou* dominante	главная порода (жр) razza (f) principale raza (f) principal
14	Merinorasse (f) merino breed race (f) mérinos	мериносовая порода (жр) razza (f) merina raza (f) merina
15	Kreuzung (f), Kreuzen (n) crossing croisement (m), métissage (m)	скрещиваніе (ср) incrociamento (m) cruzamiento (m)
16	Kreuzung[srasse] (f), Mischrasse (f), Crossbredrasse (f) crossed breed race (f) croisée	помѣсь (жр), мѣшанная порода (жр), смѣшанная порода razza (f) incrociata *o* d'incrocio raza (f) cruzada
17	kurzschwänzige Rasse (f) short tailed breed race (f) à queue courte	короткохвостая порода (жр) razza (f) dalla *o* colla coda corta raza (f) de cola corta
18	langschwänzige Rasse (f) long tailed breed race (f) à queue longue	длинно-хвостая порода (жр) razza (f) dalla coda lunga raza (f) de cola larga
19	weißköpfige Rasse (f) whitefaced breed race (f) à tête blanche	бѣлоголовая порода (жр) razza (f) dalla testa bianca raza (f) de cabeza blanca

1 schwarzköpfige Rasse (f)
blackfaced breed
race (f) à tête noire

черноголовая порода (жр)
razza (f) dalla testa nera
raza (f) de cabeza negra

2 Elektoralrasse (f)
Saxon merino breed
race (f) mérinos-saxonne

саксонскій меринос (мр)
razza (f) elettorale ed escuriale
raza (f) merina-sajona

3 Negrettirasse (f)
Negretti merino breed
race (f) mérinos Negretti

меринос (мр) „негретти"
razza (f) [merina] Negretti *o* infanta
raza (f) merina Negretti *o* del Infantado

4 Rambouilletrasse (f)
Rambouillet *or* French merino breed
race (f) [de] Rambouillet

французскій меринос (мр)
razza (f) Rambouillet
raza (f) Rambouillet

5 kurzwollige Landrasse (f)
[ordinary] short woolled country breed
race (f) [ordinaire] du pays à laine courte

коротко-шерстная сельская порода (жр)
razza (f) [comune] del paese di pelo corto
raza (f) [ordinaria] del país de lana corta

6 langwollige Landrasse (f)
[ordinary] long woolled country breed
race (f) [ordinaire] du pays à laine longue

длинно-шерстная сельская порода (жр)
razza (f) [comune] del paese di pelo lungo
raza (f) [ordinaria] del país de lana larga

7 Kammwollrasse (f)
combing wool breed
race (f) de laine à peigne

порода (жр) дающая камвольную шерсть
razza (f) di lana da pettine
raza (f) de lana de peine

8 Merino-Kammwollrasse (f)
merino combing wool breed
race (f) mérinos de laine à peigne

меринос (мр) дающій камвольную шерсть
razza (f) merina di lana a pettine
raza (f) merina de lana de peine

9 Streichwollrasse (f)
short wool breed
race (f) à laine courte

порода (жр) дающая ворсовальную *или* чесанную шерсть
razza (f) di lana corta
raza (f) de lana corta

10 **b) Wilde Schafrassen (f pl)**
Wild Breeds of Sheep
Races (f pl) de moutons sauvages

Дикія породы овец
Razze (f pl) di pecore selvatiche
Razas (pl) salvajes *o* silvestres de oveja

11 Wildschaf (n)
wild sheep
mouton (m) sauvage

дикая овца (жр)
pecora (f) selvatica
oveja (f) silvestre *o* salvaje

Ovis ammon

Argali (m)
argali
argali (m)
аргали (мр) 12
argali (m)
argali (m)

Ovis musimon

Mufflon (m)
mouf[f]lon
mouflon (m)
муфлон (мр), (дикій баран) 13
muffione (m)
musmón (m)

Ovis tragelaphus

wildes Mähnenschaf (n)
wild maned sheep
mouton (m) sauvage à crinière *ou* à collet
дикая гривоносная овца (жр) 14
pecora (f) selvatica colla criniera
oveja (f) salvaje de crines

sichelförmig gebogenes Horn (n)
crescent shaped horn
corne (f) en forme de faucille

серповидный рог (мр) 15
corno (m) falciforme
cuerno (m) en forma de hoz

Ovis Burrhel

Himalayaschaf (n), Burrhelschaf (n)
blue wild sheep of the Himalaya, burrhel, Barwall sheep
mouton (m) Burrhel *ou* de l'Himalaya 16
гималайская овца (жр)
pecora (f) dell'Imalaia
oveja (f) de Himalaya *o* Burrhel

Ovis arkar

wildes Steppenschaf (n)
wild sheep of the steppes
mouton (m) sauvage des steppes
дикая степная овца (жр) 17
pecora (f) selvatica delle steppe
oveja (f) salvaje de las estepas

c) **Zahmes Schaf** (n), **Hausschaf** (n)
1 **Domestic Sheep**
Mouton (m) **domestique**
Ручная *или* **домашняя овца** (жр)
Pecora (f) **domestica**
Oveja (f) **doméstica** *o* **común**
Ovis aries

2 Ovis brachyura
kurzschwänziges Schaf (n)
short tailed sheep
mouton (m) à queue courte
короткохвостая овца (жр)
pecora (f) dalla coda corta
oveja (f) de cola corta

3 behaarter Schwanz (m)
haired tail
queue (f) laineuse
волосистый хвост (мр)
coda (f) lanosa
cola (f) pelosa

gehörntes kurzschwänziges Schaf (n)
4 horned short-tailed sheep
mouton (m) à cornes à queue courte
рогатая короткохвостая овца (жр)
pecora (f) cornuta dalla coda corta
oveja (f) cornuda de cola corta

skandinavisches Schaf (m)
5 Skandinavian sheep
mouton (m) de Scandinavie
скандинавская овца (жр)
pecora (f) scandinava
oveja (f) escandinava

Färöer-Schaf (n)
6 Faroe sheep
mouton (m) des îles Féroe
фарерская овца (жр)
pecora (f) delle [isole] Feroe
oveja (f) de las islas Feroe

Shetlandschaf (n), flunderschwänziges Schaf (n)
7 Shetland sheep
mouton (m) de Shetland
шетландская овца (жр), овца (жр) с плоским хвостом
pecora (f) dello Shetland
oveja (f) de Shetland

8 
deutsches Heideschaf (n), Heidschnucke (f)
German heath sheep
mouton (m) des landes de Lüneburg
германская степная овца (жр) (люнебургская)
pecora (f) di landa di Lüneburg
oveja (f) de brezal de Lüneburg

Geestschaf (n)
North German geest sheep
9 mouton (m) du geest (terrains élevés de l'Allemagne du Nord)
порода (жр) овцы живущей на песчаных равнинах (сѣверной Германіи)
pecora (f) del geest (terreni elevati della Germania settentrionale)
oveja (f) del Geest (terrenos elevados de la Alemania del Norte)

10 Ovis steatopyga
Fettsteißschaf (n), fettsteißiges Schaf (n)
fat rumped sheep
mouton (m) aux fesses grasses
курдючная овца (жр)
pecora (f) steatopigia
oveja (f) de nalgas gruesas

ungehörntes kurzschwänziges Schaf (n)
unhorned short tailed sheep
mouton (m) à queue courte sans cornes
безрогая короткохвостая овца (жр)
pecora (f) senza corna dalla coda corta 11
oveja (f) de cola corta sin cuernos

norddeutsches Niederungsschaf *oder* Marschschaf (n)
North German marsh sheep
mouton (m) de la Marsch (terrains bas de l'Allemagne du Nord)
овца (жр), живущая в наносных землях сѣверной Германіи
pecora (f) della Marsch (terreni bassi della Germania settentrionale) 12
oveja (f) de la Marsch (terrenos bajos de la Alemania del Norte)

friesisches Schaf (n)
Frisian sheep
mouton (m) de la Frise
фрисландская овца (жр) 13
pecora (f) di Frisia
oveja (f) frisona

holländisches Marschschaf (n)
Dutch marsh sheep
mouton (m) des marais de Hollande
голландская овца (жр) живущая в наносных землях Голландіи 14
pecora (f) olandese
oveja (f) de Holanda

flandrisches *oder* flämisches Schaf (n)
Flemish sheep
mouton (m) flamand *ou* des Flandres
фламандская овца (жр)
pecora (f) di Fiandra *o* fiamminga 15
oveja (f) flamenca

Schaf (n) der Picardie
sheep of Picardy
mouton (m) picard *ou* de [la] Picardie 16
пикардійская овца (жр)
pecora (f) della Piccardia
oveja (f) picarda

chinesisches *oder* Ongti-Schaf (n)
Chinese sheep
mouton (m) chinois *ou* de Chine
китайская овца (жр), овца „онгти"
pecora (f) c[h]inese 17
oveja (f) china

Ovis pachycerca
Stummelschwanzschaf (n)
stump tailed sheep
mouton (m) à queue rudimentaire
овца (жр) с коротким тупым хвостом 18
pecora (f) al troncone della coda *o* dalla coda rudimentale
oveja (f) de cola rudimental

Ovis dolichura
langschwänziges Schaf (n)
long tailed sheep
mouton (m) à queue longue 19
длиннохвостая овца (жр)
pecora (f) dalla coda lunga
oveja (f) de cola larga

Ovis platyura

1 Fettschwanzschaf (n), breitschwänziges Schaf (n)
broad tailed *or* fat tailed sheep
mouton (m) à large *ou* à grasse queue
широкохвостая *или* курдючная овца (жр)
pecora (f) dalla coda adiposa
oveja (f) de cola gruesa

---

2 bewollter Schwanz (m), Wollschwanz (m)
woolly tail
queue (f) laineuse
покрытый шерстью хвост (мр), волосистый хвост (мр)
coda (f) lanosa
cola (f) lanosa *o* lanuda

---

3 Fettmasse (f) des Schwanzes
fat of the tail
graisse (f) de la queue
жировая масса (жр) хвоста, жировой покров (мр) хвоста
grasso (m) della coda
grasa (f) de la cola

---

4 Ovis platyura macrocerca syriaca
syrisches Schaf (n), Fettschwanzschaf (n) mit langem Schwanz
Syrian sheep, fait tailed sheep with long tail
mouton (m) de Syrie à queue longue et grasse
сирійская овца (жр), курдючная длинно-хвостая овца (жр)
pecora (f) di Siria dalla coda lunga e grassa
oveja (f) siriaca de cola grasa y larga

---

5 Ovis leptura
schmalschwänziges Schaf (n)
narrow tailed sheep
mouton (m) à queue fine
узкохвостая овца (жр)
pecora (f) dalla coda stretta
oveja (f) de cola fina

---

6 Mischwollschaf (n)
mixed wool sheep
mouton (m) à laine mixte
овца (жр) дающая разнородную шерсть
pecora (f) dalla lana mista
oveja (f) de lana mezclada

---

7 

Ovis aries dolichura strepsiceros

Zackelschaf (n)
Cretan sheep
mouton (m) de Crète
критская овца (жр)
pecora (f) cretese
oveja (f) de Creta

Ovis aries dolichura catotis
Hängeohrschaf (n)
drooping eared sheep
mouton (f) aux oreilles tombantes
вислоухая овца (жр) 8
pecora (f) ad orecchie pendenti
oveja (f) de orejas colgantes

Ovis montana
Bergschaf (n), Gebirgsschaf (n)
mountain sheep
mouton (m) de montagne
горная овца (жр) 9
pecora (f) di altura *o* di collina
oveja (f) de montaña

Tzigaia-Schaf (n)
Tzigaia sheep
mouton (m) Tsigaia [de Hongrie]
венгерская овца (жр) „цигайя“
pecora (f) Tzigaia [ungarica] 10
oveja (f) Tzigaia de Hungria

sanftwolliges Wales-schaf (n)
soft-woolled Welsh sheep
mouton (m) du pays de Galles à laine douce 11
нѣжнорунная уэльская овца (жр)
pecora (f) del Gallese di lana morbida
oveja (f) de lana fina de Gales

Landschaf (n)
[ordinary] country sheep, native country sheep
mouton (m) [ordinaire] du pays
сельская овца (жр)
pecora (f) [comune] del paese 12
oveja (f) [ordinaria] del país

[[bayrisches] Zaupelschaf (n)
Bavarian country sheep
mouton (m) bavarois du pays
[баварская] мелкопородистая овца (жр)
pecora (f) bavarese del paese 13
oveja (f) bávara del país

Schaf (n) mit reinem Stichelhaar
sheep with bristle hair only
mouton (m) à poils courts et raides exclusivement
овца (жр) с прямым волосом
pecora (f) di pelo corto e duro esclusivamente 14
oveja (f) de pelo corto y duro exclusivamente

Schaf (n) mit reinem Grannenhaar
sheep with long coarse hair only
mouton (m) à poils jarrés exclusivement
овца (жр) с грубым, жестким волосом, (с щетинообразным волосом)
pecora (f) di pelo lungo e liscio esclusivamente 15
oveja (f) de lana bronca exclusivamente

Schaf (n) mit reinem Wollhaar
sheep covered with proper wool only
mouton (m) à poil laineux exclusivement
овца (жр) с чистым шерстяным волосом
pecora (f) di lana propria 16
oveja (f) de lana propia

Schaf (n) mit schlichter markfreier Wolle
sheep producing smooth non-medullary wool fibre
mouton (m) à laine lisse et sans moelle
овца (жр) с гладким, чистым волосом [т. е. волосяной канал забит)
pecora (f) di pelo liscio smidollato 17
oveja (f) de pelo liso sin medula

1 schlichtwolliges Schaf (n)
smooth-woolled sheep
mouton (m) à laine lisse
гладкошерстная овца (жр)
pecora (f) di lana liscia
oveja (f) de lana lisa

2 Cheviotschaf (n)
Cheviot sheep
mouton (m) cheviot
шевіотовая овца (жр)
pecora (f) cheviot
oveja (f) cheviot

---

3 Schaf (n) mit gekräuseltem Wollhaar
sheep with curly wool
mouton (f) à laine crépue
овца (жр) с курчавою шерстью
pecora (f) di lana increspata o riccioluta
oveja (f) de lana encrespada

4

Merinoschaf (n), Merino (n)
merino sheep
mouton (m) mérinos
меринос (мр), мериносовая овца (жр)
pecora (f) merina
oveja (f) merina

---

5 a
schneckenförmiges *oder* spiralförmiges Horn (n)
spiral-shaped horn
corne (f) en [forme de] spirale
спиралевидный рог (мр), завитой рог
corno (m) a spirale
cuerno (m) de forma espiral

---

6 kurzbeiniges Schaf (n)
short-legged sheep
mouton (m) aux jambes courtes
коротконогая овца (жр)
pecora (f) dalle gambe corte
oveja (f) de piernas cortas

7 Elektoralschaf (n)
Saxon merino sheep
mouton (m) mérinos-saxon
саксонская овца (жр)
pecora (f) elettorale ed escuriale
oveja (f) merina-sajona

2. Sonstige Wolle *oder* Haare tragende Tiere

Other Wool *or* Hair Producing Animals

Autres animaux (m pl) à laine *ou* à poil

Прочія животныя дающія шерсть (жр) *или* волос (мр)

Altri animali (m pl) laniferi *o* pelosi 8

Otros animales (mpl) laníferos *o* peludos

Camelus dromedarius

Dromedar (n), einhöckeriges Kamel (m)
dromedary
dromadaire (m)
одногорбый верблюд (мр), дромадер (мр) 9
dromedario (m)
dromedario (m)

Camelus bactrianus

Trampeltier (n), zweihöckriges Kamel (n)
Bactrian camel
chameau (m) à deux bosses
двугорбый верблюд (мр) 10
cammello (m) battreano
camello (m) [con dos jibas]

Auchenia lama

Lama (n), Kamelschaf (n), Schafkamel (n)
llama, camel sheep
lama (m) 11
лама (жр)
lama (m)
llama (m)

Vikunja (n)
vicugna
vigogne (f)
викунья (жр) (порода ламы) 12
vigogna (f)
vicuña (f)

Guanako (n)
guanaco
guanaco (m)
гуанако (мр) (порода ламы)
guanaco (m) 13
guanaco (m)

Auchenia paco

Pako (m), Alpaco (m), Pakotier (n)
alpaca
alpaca (m), alpaga (m) 14
коза (жр) „альпака“
alpaca (f)
alpaca (f)

1 Capra
Ziege (f)
goat
chèvre (f)
коза (жр)
capra (f)
cabra (f)

2 Capra hircus
Hausziege (f)
domesticated goat
chèvre (f) domestique
домашняя коза (жр)
capra (f) domestica
cabra (f) doméstica

3

Capra hircus angorensis
Angoraziege (f), Kämelziege (f), Mohärziege (f)
Angora goat
chèvre (f) d'Angora
ангорская коза (жр)
capra (f) d'Angora
cabra (f) de Angora

4

Kaschmirziege (f), Tibetziege
Cashmere goat, Tibetan goat
chèvre (f) de Cachemire *ou* de Thibet
кашемирская *или* тибетская коза (жр)
capra (f) di Cascemir o del Tibet
cabra (f) del Tibet *o* de Cachemira

5
3. Zoologie (f) des Schafes
Zoology of Sheep
Zoologie (f) du mouton
Зоологія (жр) овцы
Zoologia (f) della pecora
Zoología (f) de la oveja

6 Cavicornia
Horntiere (npl), Hohlhörner (npl)
cavicorns, horned animals
cavicornes (mpl)
рогатыя животныя (ср), полорогія животныя
cavicorni (mpl), animali (mpl) cornuti
cavicornios (mpl), animales (mpl) cornudos

7
gehörntes Schaf (n)
horned sheep
mouton (m) à cornes
рогатая овца (жр)
pecora (f) cornuta
oveja (f) cornuda

8
ungehörntes *oder* hornloses Schaf (m)
unhorned *or* hornless sheep
mouton (m) sans cornes
безрогая овца (жр)
pecora (f) senza corna
oveja (f) sin cuernos

9
Paarzeher (m), paarzehiges Huftier (n)
clovenhoofed *or* bisulcate animal
bisulque (m)
двукопытное животное (ср)
fissipede (m)
animal (m) bisulco *o* de pezuña partida

10 Artiodactylon ruminans
wiederkäuender Paarzeher (m)
ruminant clovenhoofed animal
bisulque (m) ruminant
жвачное двукопытное животное (ср)
fissipede (m) ruminante
animal (m) bisulco rumiante

11
Pflanzenfresser (m)
herbivore
herbivore (m)
травоядное животное (ср)
erbivoro (m)
herbívoro (m)

12

Knochengerüst (n) *oder* Skelett (n) des Schafes
carcass *or* skeleton of sheep
charpente (f) osseuse *ou* squelette (m) du mouton
костяной остов (мр), костяк (мр) *или* скелет (мр) овцы
scheletro (m) o sistema (m) delle ossa della pecora
armazón (f) ósea *o* esqueleto (m) de la oveja

13
a
Schädel (m)
cranium
crâne (m)
череп (мр)
cranio (m)
cráneo (m)

14
b
Halswirbel (m)
cervical vertebra
vertèbre (f) cervical *ou* du cou
шейный позвонок (мр)
vertebra (f) cervicale
vértebra (f) cervical o de la cerviz

15
c
Schwanzwirbel (m)
tail vertebra
vertèbre (f) de la queue
хвостный позвонок (мр)
vertebra (f) di coda
vértebra (f) de la cola

16
Bau (m) *oder* Aufbau (m) des Knochengerüstes
structure of the skeleton
structure (f) du squelette
строеніе (ср) костяного остова *или* скелета
struttura (f) dello scheletro
estructura (f) del esqueleto

17
starkknochiges Körpergerüst (n)
strong carcass *or* skeleton
squelette (m) osseux
крѣпко-костный остов (мр)
scheletro (m) ossuto
esqueleto (m) fuerte o sólido

18
schmächtiger Körperbau (m)
small shape and size of the body
taille (f) effilée
слабое тѣлосложеніе (ср)
struttura (f) esile del corpo
talla (f) flaca

19
schmalrückiges Schaf (n)
narrow backed sheep
mouton (m) au dos effilé *ou* grêle
узко-спинная овца (жр)
pecora (f) alla groppa affilaticcia
oveja (f) de lomo estrecho

20
breitrückiges Schaf (n)
broad backed sheep
mouton (m) au dos large, mouton râblé
широко-спинная овца (жр)
pecora (f) schienuta
oveja (f) de lomo ancho

21
Rückenlinie (f), Rückgratslinie (f)
line of the vertebræ
ligne (f) d'épine dorsale *ou* de colonne vertébrale
линія (жр) хребта
linea (f) della spina dorsale
línea (f) de la columna vertebral *o* de la espina dorsal

No.	Deutsch / English / Français	Русский / Italiano / Español
1	**4. Schafzucht (f), Züchtung (f)** ***oder*** **Aufzucht (f) des Schafes, Schafhaltung (f)** **Sheep Rearing** ***or*** **Breeding** **Élevage (m) du mouton**	**Разведеніе (ср) овец** **Allevamento (m) della pecora** **Cría (f) de la oveja**
2	**a) Allgemeines** **General Terms** **Généralités (f pl)**	**Общее (ср)** **Generalità (f pl)** **Generalidades (f pl)**
3	das Schaf züchten to breed *or* to rear the sheep élever le mouton	разводить овец allevare la pecora criar la oveja
4	Fortpflanzung (f) propagation propagation (f), reproduction (f)	размноженіе (ср), распложеніе (ср) propagazione (f) propagación (f), multiplicación (f)
5	Zuchtschäferei (f) sheep breeding farm ferme (f) pour l'élevage des moutons	овцеводство (ср) fattoria (f) per l'allevamento delle pecore granja (f) para la cría de ovejas
6	Züchter (m), [Schafzüchter (m)] [sheep] breeder éleveur (m) [de moutons]	овцевод (мр) allevatore (m) [di pecore] ganadero (m) [de ovejas]
7	Züchtungsverfahren (n), Züchtungssystem (n) system of breeding système (m) d'élevage	система (жр) овцеводства sistema (m) di allevamento sistema (f) de cría
8	Züchtungsgrundsatz (m) breeding principle principe (m) d'élevage	основа овцеводства principio (m) di allevamento principio (m) o reglas (f pl) para la cría
9	Züchtungskunde (f) theory of breeding théorie (f) d'élevage	ученіе (ср) об овцеводствѣ teoria (f) dell'allevamento teoría (f) de la cría
10	Züchtungskonstanz (f) constancy of breed constance (f) d'élevage, continuité (f) dans l'élevage	постоянство (ср) вида (типа) continuità (f) dell'allevamento constancia (f) en la cría
11	Zuchtwahl (f) [artificial] selection sélection (f) [artificielle]	подбор (мр), отбор (мр) selezione (f) artificiale selección (f) [artificial]
12	natürliche Zuchtwahl (f) natural selection sélection (f) naturelle	естественный подбор (мр) *или* отбор selezione (f) naturale selección (f) natural
13	Zuchtwert (m) breeding value valeur (f) d'élevage	достоинство (ср) *или* цѣнность (жр) породы valore (m) allevativo valor (m) para la cría
14	zuchttauglich fit for breeding propre à l'élevage	годный для племеннаго разведенія atto all'allevamento apto para la cría
15	Zuchtbezirk (m) breeding district district (m) d'élevage	область (жр) разведенія regione (f) di allevamento región (f) de la cría
16	Zuchtbock (m), Zuchtwidder (m) breeding ram bélier (m) reproducteur	производитель (мр), племенной *или* заводскій *или* породистый баран (мр) montone (m) da razza morueco (m), carnero (m) padre *o* de simiente
17	Inzucht (f), Reinzucht (f) pure breeding, propagating the same breed propagation (f) d'une même race	случка (жр) одинаковой породы, чистое разведеніе (ср) propagazione (f) fra la stessa razza propagación (f) de una misma raza
18	Vollblutschaf (n), reinblütiges Schaf (n) pure bred sheep, thorough-bred sheep mouton (m) pur sang	чистокровная овца (жр) pecora (f) puro sangue oveja (f) de pura sangre
19	Reinblütigkeit (f) pureness of the strain pureté (f) du sang	чистокровность (жр) purezza (f) del sangue pureza (f) de la sangre
20	Veredlung (f) der Wolle improving the [quality of] wool amélioration (f) de la laine	облагораживаніе (ср) шерсти miglioramento (m) o raffinamento (m) della lana mejora (f) de la lana
21	Kreuzung (f) der Schafrassen crossing the sheep breeds croisement (m) des races ovines	скрещиваніе (ср) племенных овец incrociamento (m) delle razze di pecora cruzamiento (m) de las razas de ovejas
22	eine Kreuzung vornehmen, kreuzen (va) to cross (va), to effect a cross *or* a crossing croiser (va), effectuer un croisement	скрещивать, производить скрещиваніе incrociare (va), far un incrociamento cruzar (va)
23	Kreuzungsverfahren (n) method of crossing méthode (f) de croisement	способы, методы скрещиванія metodo (m) d'incrociamento método (m) de cruzar
24	Kreuzungsschaf (n), Halbzucht (f), Halbblut[schaf] (n), Mestize (f) cross-bred [sheep], half bred [sheep], mestizo [mouton (m) de] demi-sang (m), métis (m), métisse (f)	полукровная овца (жр), полукровка (жр) pecora (f) di razza mista, mesticcio (m) oveja (f) cruzada o de media sangre, mestizo (m)

No.	Deutsch / English / Français	Русский / Italiano / Español
1	Kreuzungsergebnis (n), Kreuzungsprodukt (n) product of crossing produit (m) du croisement	продукт (мр) скрещиванія prodotto (m) d'incrociamento producto (m) del cruzamiento
2	Vererbung (f) inheritance hérédité (f), transmission (f) héréditaire	переход (мр) в род (в потомство), унаслѣдованіе (ср) trasmissione (f) ereditaria transmisión (f) por herencia
3	Paarung (f) mating, pairing accouplement (m)	спариваніе (ср), случка (жр) accoppiamento (m), appaiamento (m) acoplamiento (m)
4	gleichrassige *oder* homogene Paarung (f), Hochzucht (f) homogeneous mating accouplement (m) homogène	однородное спариваніе (ср), высокая разводка (жр) accoppiamento (m) omogeneo acoplamiento (m) homogéneo
5	ungleichrassige *oder* heterogene Paarung (f) heterogeneous mating accouplement (m) hétérogène	разнородное спариваніе (ср) accoppiamento (m) eterogeneo acoplamiento (m) heterogéneo
6	Paarungszeit (f) pairing season période (f) d'accouplement	время (ср) спариванія periodo (m) *o* stagione (f) d'accoppiamento periodo (m) *o* tiempo (m) de acoplamiento
7	Zuchtbuch (n), Paarungsregister (n) stud book, register of mating registre (m) des accouplements	регистрація (жр) покрытія маток, заводская книга (жр) registro (m) *o* matricola (f) degli accoppiamenti registro (m) de acoplamientos
8	trächtiges *oder* tragendes Schaf (n) sheep with *or* in lamb, sheep during gestation brebis (f) portante *ou* prégnante *ou* pleine, brebis qui porte	суягная овца (жр) pecora (f) pregna *o* gravida oveja (f) preñada
9	Trächtigkeit (f) gestation gestation (f)	беременность (жр), отяжеленіе (ср) pregnanza (f), pregnezza (f), gravidezza (f) gestación (f), preñez (f)
10	Lammung (f) lambing agnelage (m), agnèlement (m)	ягненіе (ср) agnellatura (f) parto (m) de la oveja
11	Zwillingslämmer (npl) twin lambs agneaux (mpl) jumeaux	двойня (жр) ягнят agnelli (mpl) gemelli corderos (mpl) gemelos
12	Bonitur (f) *oder* Bewertung (f) des Lammes estimating the lamb estimation (f) de l'agneau	оцѣнка (жр) качеств ягнёнка stima (f) dell'agnello determinación (f) [de las calidades] del cordero
13	das Lamm bonitieren *oder* bewerten to fix the character of the lamb, to estimate the lamb déterminer les qualités (fpl) de l'agneau	оцѣнивать качества ягнёнка stimare l'agnello determinar las calidades del cordero
14	Boniturregister (n), Bewertungsliste (f) register *or* records of desirable qualities registre (m) des qualités désirables *ou* recherchées	регистрація (жр) оцѣнки registro (m) delle qualità desirabili registro (m) de las calidades requeridas
15	untaugliche Schafe (npl) ausmerzen to eliminate *or* to cull unsuitable sheep éliminer les moutons (mpl) impropres	отбирать, браковать непригодных овец eliminare *o* scartare pecore inadatte *o* non atte desechar ovejas (fpl) inútiles
16	Merzen (fpl), Merzschafe (npl), Brackschafe (npl) culls, culled sheep moutons (mpl) impropres pour l'élevage, moutons à retrancher	браковка (жр), отбор (мр) pecore (fpl) scarte ovejas (fpl) desechadas como inútiles para la cría
17	Wollmerzen (fpl) culled sheep unsuitable for wool production moutons (mpl) impropres pour la production de la laine	браковка (жр) овец по качеству шерсти pecore (fpl) scarte inadatte alla produzione di lana ovejas (fpl) inútiles para la producción de lana
18	Altersmerzen (fpl) culled sheep unsuitable for their age moutons (mpl) éliminés à cause de l'âge	браковка (жр) овец по возрасту pecore (fpl) scarte per età avanzata ovejas (fpl) desechadas a causa de su edad
19	Merzmutter (f) culled ewe brebis (f) retranchée	забракованная овца (жр) pecora (f) matricina scarta oveja (f) madre desechada
20	Merzhammel (m) culled wether bélier (m) châtré retranché, agneau (m) castré éliminé	забракованный баран (мр) castrato (m) scarto carnero (m) llano desechado
21	Figurenmerzen (fpl) sheep culled for their body structure moutons (mpl) retranchés pour cause de la structure du corps	браковка (жр) по строенію тѣла pecore (fpl) scarte per la loro struttura del corpo ovejas (fpl) desechadas por su mala conformación
22	Stammbaum (m) pedigree register arbre (m) généalogique	родословная (жр) albero (m) genealogico árbol (m) genealógico
23	Abstammung (f) des Schafes descent of the sheep origine (f) du mouton	происхожденіе (ср) овцы discendenza (f) della pecora origen (m) de la oveja
24	Vatertier (n), Bock (m), Widder (m), Stähr (m), Stöhr (m) ram bélier (m)	самец (мр), отец (мр), баран (мр) pecoro (m) carnero (m) padre, morueco (m)

1	Mutterschaf (n), Schibbe (f), Zibbe (f) ewe brebis (f)	самка (жр), матка (жр), овца (жр) pecora (f) matricina oveja (f) madre *o* de vientre
2	Zuchtschaf (n) breeding sheep mouton (m) reproducteur	породистая овца (жр) овца отобранная на племя pecora (f) da razza oveja (f) de raza
3	Schöps (m), Hammel (m), Kappe (m) castrated lamb, wether mouton (m), agneau (m) châtré *ou* castré	кладеный баран (мр), валух (мр), крутенец (мр) agnello (m) castrato carnero (m) llano, castrado (m) siendo cordero
4	Schnürer (m) castrated ram bélier (m) châtré *ou* castré	кастрированный, оскопленный *или* выложенный баран (мр) montone (m) castrato carnero (m) llano, castrado (m) siendo ya morueco
5	Leithammel (m) bell wether clocheman (m), clocqueman (m), sonnailler (m)	передовой баран (мр) guidaiuolo (m) [carnero (m)] manso (m)
6	Lamm (n), Bocklamm (n) [male] lamb agneau (m)	козлёнок (мр), козлик (мр) agnello (m) cordero (m) [macho]
7	Lamm (n), Mutterlamm (n), Aulamm (n), Zibbenlamm (n) [ewe] lamb agnelle (f)	ягнёнок (мр), барашек (мр), ярица (жр) agnella (f) cordera (f)
8	das [Bock-]Lamm verhammeln *oder* kastrieren to castrate *or* to geld the [male] lamb châtrer l'agneau	кастрировать (козлёнка) ягненка, оскопить, охолостить castrare l'agnello capar *o* castrar el cordero
9	Hammeln (n), Kastrieren (n) castrating, gelding castration (f)	охолощенiе (ср), оскопленiе (ср), кастрированiе (ср) castrazione (f) capadura (f), castración (f)
10	Jährlingsbock (m) tup bélier (m) d'un an	однолѣток (мр) (козел) баран (мр) montone (m) d'un anno cordero (m) de un año, borrego (m)
11	Vollblutbock (m) thorough-bred ram bélier (m) pur sang	чистокровный баран (мр) montone (m) puro sangue morueco (m) de pura sangre
12	Jährlingsschaf (n) hog brebis (m) d'un an	однолѣтняя овца (жр) pecora (f) d'un anno cordera (f) de un año, borrega (f)
13	Frühreife (f) des Schafes early maturity *or* prematurity of the sheep maturité (f) precoce du mouton	ранняя зрѣлость (жр) овцы prematurità (f) della pecora madurez (f) prematura de la oveja
14	Zeitbock (m), Zutreter (m) ram two years old bélier (m) de deux ans	баран (мр) не готовый для случки montone (m) di due anni morueco (m) de dos años
15	Zeitschaf (n) ewe two years old doublière (f), brebis (f) âgée de deux ans	овца (жр) не готовая для случки pecora (f) di due anni oveja (f) de dos años
16	Schafbestand (m) [live] stock of sheep nombre (m) [de têtes] de moutons	наличность (жр) наличiе (ср) овец numero (m) *o* stato (m) delle pecore efectivo (m) de ovejas
17	das Schaf eingewöhnen *oder* akklimatisieren to acclimatize the sheep acclimater le mouton	акклиматизировать овцу acclima[ta]re la pecora aclimatar la oveja
18	Lebensweise (f) des Schafes habits of the sheep manière (f) de vivre du mouton	характер (мр) жизни овцы regime (m) *o* abitudine (f) di vita della pecora manera (f) *o* modo (m) de vivir de la oveja
19	Klima (n) climate climat (m)	климат (мр) clima (m) clima (m)
20	Nahrung (f) food nourriture (f)	пища (жр), питанiе (ср), корм (мр) alimento alimento (m)
21	Abhärtung (f) des Schafes hardening of the sheep endurcissement (m) du mouton	закалка (жр) *или* укрѣпленiе (ср) овцы avvezzamento (m) della pecora endurecimiento (m) de la oveja
22	abgehärtetes Schaf (n) hardened sheep mouton (m) endurci	закаленная овца (жр) pecora (f) avvezza oveja (f) endurecida
23	das Schaf abhärten to harden the sheep endurcir le mouton	укрѣпить *или* закалить овцу avvezzare la pecora endurecer la oveja
24	Alter (n) des Schafes age of the sheep âge (m) du mouton	возраст (мр) овцы età (f) della pecora edad (f) de la oveja

1 körperliche Beschaffenheit (f) des Schafes
condition of the sheep
condition (f) du mouton
состоянiе (ср) овцы
stato (m) fisico della pecora
condición (f) de la oveja

2 Fruchtbarkeit (f) der Schafrasse
fertility of the sheep breed
fertilité (f) de l'espèce du mouton
плодовитость (жр) овечьей породы
fecondità (f) della razza *o* della specie di pecora
fertilidad (f) de la raza ovejuna

3 fruchtbare Schafrasse (f)
fertile breed of sheep
race (f) ovine fertile
плодовитая *или* плодливая овечья порода (жр)
specie (f) *o* razza (f) di pecora feconda
raza (f) fértil de la oveja

4 unfruchtbare Schafrasse (f)
sterile breed of sheep
race (f) ovine stérile
неплодовитая *или* неплодливая овечья порода (жр)
razza (f) di pecora sterile
raza (f) estéril de la oveja

5 Rassetier (n)
thorough-bred animal
animal (m) *ou* bête (f) de race
племенное животное (ср), животное (ср) чистой породы
animale (m) di razza
animal (m) de raza [pura]

6 das Schaf verpflanzen
to transplant the sheep
transplanter le mouton
переводка (жр) *или* переселенiе (ср) овцы
trasferire la pecora
trasplantar la oveja

7 Zuchtvieh (n)
cattle for breeding purposes
bétails (mpl) *ou* animaux (mpl) de reproduction
племенной *или* заводскiй скот (мр)
bestiame (m) atto alla propagazione
animal (m) de casta

b) Wollschafzucht (f)
Овцеводство (ср) для добыванiя шерсти

8 **Farming *or* Breeding of Sheep for Wool**
Allevamento (m) della pecora lanifera *o* per ricavarne la lana
Élevage (m) du mouton à laine
Cría (f) de la oveja lanífera *o* para producción de la lana

9 die Wollschafzucht *oder* Wollschäferei betreiben
to carry on sheep farming for wool growing
élever [dans des fermes] le mouton à laine
заниматься *или* промышлять овцеводством для добыванiя шерсти
allevare pecore lanifere
criar ovejas para la producción de la lana

10 Wollschäferei (f)
sheep farm for wool
ferme (f) pour l'élevage des moutons à laine
шерсто-овцеводное хозяйство (ср)
fattoria (f) per l'allevamento delle pecore lanifere
granja (f) de ovejas para producir lana

11 Wollkleid (n), Wolldecke (f), Wollwuchs (m)
wool covering
couverture (f) de laine
шерстяной покров (мр)
copertura (f) di lana
cubierta (f) de lana

12 Haarkleid (n), Haardecke (f), Haarwuchs (m), Haarpelz (m)
hair covering, coat of hair
couverture (f) de poils
волосяной покров (мр)
copertura (f) *o* rivestimento (m) di peli
cubierta (f) de pelos

13 Haarschaf (n)
short-haired sheep
mouton (m) à poils courts
коротковолосая овца (жр)
pecora (f) di corto pelo
oveja (f) de pelo corto

14 Reichwolligkeit (f)
heaviness of fleece
abondance (f) de laine, richesse (f) en laine
густо-шерстность (жр)
abbondanza (f) *o* profusione (f) di lana
abundancia (f) de lana

15 reichwolliges *oder* vollwolliges Schaf (n)
heavily fleeced sheep
mouton (m) riche en laine *ou* à toison lourde
густо-шерстная овца (жр)
pecora (f) lanosissima
oveja (f) rica en lana

16 dünnwolliges *oder* armwolliges Schaf (n)
sheep with thin wool
mouton (m) à laine clairsemée
бѣдная шерстью овца (жр), скудношерстная овца (жр)
pecora (f) scarsamente lanosa *o* di pelo rado
oveja (f) de lana escasa

17 Wollarmut (f)
poorness in wool
pauvreté (f) en laine
малошерстность (жр) скудношерстность (жр)
povertà (f) di lana
pobreza (f) en lana

18 ziegenähnliches Schaf (n)
goat-like sheep
mouton (m) caprin
козоподобная овца (жр)
pecora (f) caprina
oveja (f) cabría

19 schwächliches Mutterschaf (n)
feeble ewe
brebis (f) faible
немощная овца-матка (жр)
pecora (f) matrecina debole
oveja (f) madre débil *o* endeble

20 Verteilung (f) der Wolle auf dem Schafkörper
distribution of the wool on the body of the sheep
distribution (f) de la laine sur le corps du mouton
распредѣленiе (ср) шерсти на корпусѣ овцы
distribuzione (f) della lana sul corpo della pecora
distribución (f) de la lana sobre el cuerpo de la oveja

21 a
Vorderkopf (m), Vorderhaupt (n)
forehead, front of head
front (m), sinciput (m)
передняя [лобовая] часть (жр) головы
sincipite (m)
frente (f), coronilla (f), sincipucio (m)

22 b
Hinterkopf (m)
scrag, back of head
occiput (m)
задняя [затылочная] часть (жр) головы
occipite (m)
occipucio (m)

1 c
oberer Hals (m)
neck
colleret (m)
верхняя часть (жр) шеи
parte (f) superiore *o* alta del collo
pescuezo (m), cuello (m) superior

2 d
unterer Hals (m), Kehle (f)
throat
gorge (f), cou (m) inférieur
нижняя часть (жр) шеи
gola (f), parte (f) inferiore *o* bassa del collo
garganta (f), cuello (m) inferior

3 e
Widerrist (m)
withers
garrot (m)
зашеек (мр)
garrese (m)
cruz (f)

4
Rücken (m)
back
dos (m)
хребет (мр)
dorso (m), dosso (m)
dorso (m)

5 h
Schwanzwurzel (f)
britch, breech, root of the tail
naissance (f) de la queue
основанiе (ср) хвоста
radice (f) della coda
rabadilla (f)

6 i
Keule (f)
thigh, hind leg
haut (m) de la cuisse
бедро (ср)
coscia (f)
pernil (m)

7 k
Flanke (f)
flank, side
flanc (m)
бок (мр)
fianco (m)
costado (m)

8 l
Schulterblatt (n), Blatt (n)
shoulder
épaule (f)
лопатка (жр), плечевая лопатка (жр)
spalla (f)
espalda (f)

9 o
Wolfsbiß (m)
hock
jarret (m)
нижняя часть (жр) ляжки
gar[r]etto (m)
jarrete (m), corva (f), corvejón (m)

10 p
innerer Schenkel (m)
inner thigh
cuisse (f) intérieure
внутренняя ляжка (жр)
femore (m) interiore
muslo (m) interior

11 q
Unterfuß (m), Unterschenkel (m)
leg
jambe (f)
нога (жр)
femore (f) inferiore, gamba (f)
pierna (f)

r 12
Brust (f)
breast
poitrine (f)
грудь (жр), грудина (жр)
petto (m)
pecho (m)

s 13
Kreuz (n)
loin
croupe
крестец (мр)
schiena (f)
grupa (f), anca (f)

t 14
Bauch (m)
belly
ventre (m)
живот (мр), брюхо (ср)
ventre (m)
vientre (m)

u 15
Oberschenkel (m)
upper leg
cuisse (f)
верхняя часть (жр) ляжки
femore (m)
muslo (m) superior

16
Hautfalte (f)
frill
ride (f) *ou* pli (m) [de la peau]
кожанная складка (жр), морщина (жр)
piega (f) cutanea
arruga (f)

17
äußerster Rand (m) der Hautfalte, Gräte (f)
outside edge of the frill
arête (f) extérieure du pli de la peau
наружный край (мр) складки
orlo (m) estremo della piega cutanea
saliente (m) de la arruga

18
faltenreiche Haut (f)
skin full of frills
peau (f) chargée de plis *ou* de rides
морщинистая кожа (жр), кожа (жр) в складках
pelle (f) ricca di pieghe
piel (f) muy arrugada

19
c) Fleischschafzucht (f), Fleischschäferei (f)
Sheep Farming *or* Breeding for Mutton
Élevage (m) des moutons pour la production de la viande
Мясное овцеводство (ср)
Allevamento (m) di pecore per ricavarne la carne
Cría (f) de las ovejas para la producción de la carne

20
Fleischschäferei (f)
sheep farm for mutton
ferme (f) pour l'élevage des moutons à viande
мясо-овцеводное хозяйство (ср) (экономiя)
fattoria (f) per l'allevamento delle pecore da macello
granja (f) de ovejas para producir carne

21
Fleischschaf (n)
mutton sheep
mouton (m) à viande ou de boucherie
мясная овца (жр)
pecora (f) da macello
oveja (f) carnosa, carnero (m)

22
Mastschaf (n)
sheep for fattening
mouton (m) d'engrais
откормленная овца (жр)
pecora (f) da ingrassare
oveja (f) *o* carnero (m) a cebar

23
Mastfähigkeit (f) des Schafes
fattening capacity of the sheep
capacité (f) d'engraissement du mouton
способность (жр) овцы тучнѣть
capacità (f) della pecora ad ingrassarsi
capacidad (f) de la oveja de cebarse

1 Fleischentwicklung (f) des Schafes
development of meat on the sheep
développement (m) de la viande sur le mouton
мясообразованіе (ср) в овцѣ
sviluppo (m) della carne nella pecora
desarrollo (m) de carnes de la oveja

2 Fettentwicklung (f) des Schafes
development of fat on the sheep
développement (m) de la graisse sur le mouton
жирообразованіе (ср) в овцѣ
sviluppo (m) del grasso nella pecora
desarrollo (m) de grasas de la oveja

3 Schlachtung (f)
killing
abat[t]age (m)
убой (мр)
macellazione (f)
matanza (f)

4 Milchschaf (n), Melkschaf (n)
milk sheep
brebis (f) à lait
дойная *или* молочная овца (жр)
pecora (f) da latte
oveja (f) de leche

5. Schafstall (m) — Овчарня, овечій хлѣв (мр)

5 **Sheep House *or* Cote** — **Ovile (m), stalla (f) di pecore**

Bergerie (f), bercail (m) — **Establo (m) de ovejas**

6 Stalluft (f)
stable air
air (m) dans la bergerie
воздух (мр) в хлѣву, воздух (мр) скотнаго двора
aria (f) nell'ovile
aire (m) en el establo

7 Stallwärme (f), Stalltemperatur (f)
temperature of the sheep house *or* stable
température (f) dans la bergerie
температура (жр) в хлѣву
temperatura (f) nell'ovile
temperatura (f) en el establo

8 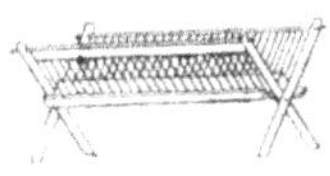
Raufe (f), Futterraufe (f)
feeding rack
râtelier (m), doublière (f)
кормушка (жр), ясли (жр)
rastrelliera (f)
rastel (m)

9 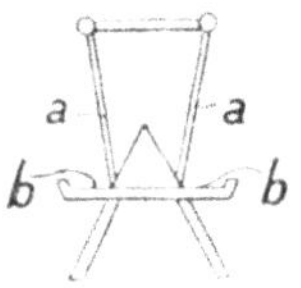

Raufe (f) mit auswärtsstehenden Sprossen
feeding rack with slanting bars
râtelier (m) à roulons saillants
кормушка (жр) с наружней рѣшеткой
rastrelliera (f) con aste divergenti
rastel (m) con barandillas inclinadas hacia a fuera

10 a
Sprosse (f)
bar
roulon (m), barre (f)
рѣшетина (жр)
asta (f)
barandilla (f)

11 b
Krippe (f)
trough, manger
crèche (f), mangeoire (m)
корытце (ср)
greppia (f), mangiatoia (f)
pesebre (m), comedero (m)

12 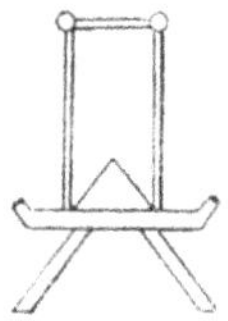
Raufe (f) mit senkrechten Sprossen
feeding rack with vertical bars
râtelier (m) à roulons verticaux
кормушка (жр) с вертикальной обрѣшеткой
rastrelliera (f) con aste verticali
rastel (m) con barandillas derechas

13 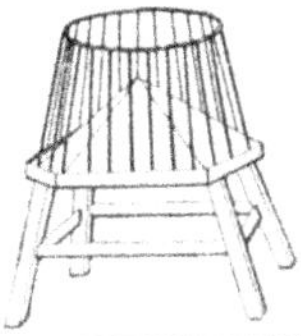
Rundraufe (f)
circular rack
râtelier (m) circulaire
круглыя ясли (жр)
rastrelliera (f) circolare
rastel (m) circular

14 Ernährungsweise (f) des Schafes
feeding method of the sheep
méthode (f) d'alimentation du mouton
способ (мр) питанія овцы
regime (m) alimentare della pecora
régimen (m) de alimentación de la oveja

15 Weidefütterung (f)
feeding on pasturage
affourragement (m) à la pâture
кормленіе (ср) на выгонѣ *или* на пастбищѣ, подножный корм (мр)
alimentazione (f) sul pascolo
alimentación (f) en pastos

16 Stallfütterung (f)
stall feeding
affourragement (m) à l'écurie
кормленіе (ср) в хлѣву
alimentazione (f) nella stalla
alimentación (f) en cuadras

17 Trockenfütterung (f)
dry feeding
affourragement (m) au sec
сухое кормленіе (ср), (кормленіе сухим кормом)
alimentazione (f) con foraggi asciutti
alimentación (f) con forraje seco

18 Grünfutter (n)
green fodder
fourrage (m) vert
кормленіе (ср) зеленью, травяной корм
foraggio (m) o mangime (m) fresco
forraje (m) verde

19 Heu (n)
hay
foin (m)
сѣно (ср)
fieno (m)
heno (m)

20 Winterfutter (n)
winter food
fourrage (m) d'hiver
зимній корм (мр)
mangime (m) invernale
forraje (m) para el invierno

21 Nährstoff (m), Nahrungsstoff (m)
nutricious substance
substance (f) nutritive
питательное вещество (ср)
sostanza (f) nutritiva o alimentizia
materia (f) alimenticia

22 mineralischer Nährstoff (m)
mineral nutricious substance
substance (f) nutritive minérale
минеральное питательное вещество (ср)
sostanza (f) nutritiva minerale
materia (f) alimenticia mineral

23 anorganischer Nährstoff (m)
inorganic nutricious substance
substance (f) nutritive inorganique
неорганическое питательное вещество (ср)
sostanza (f) nutritiva inorganica
materia (f) alimenticia inorgánica

1	organischer Nährstoff (m) organic nutricious substance substance (f) nutritive organique	органическое питательное вещество sostanza (n) nutritiva organica materia (f) alimenticia orgánica
2	stickstoffhaltigerNährstoff (m) nitrogenous nutricious substance substance (f) nutritive azotée	азотсодержащее питательное вещество (ср) sostanza (f) nutritiva azotata materia (f) alimenticia nitrogenado *o* que contiene nitrógeno *o* ázoe
3	stickstoffloser oder stickstoffreier Nährstoff (m) non-nitrogenous nutricious substance substance (f) nutritive non azotée	безазотистое *или* лишенное азота питательное вещество (ср) sostanza (f) nutritiva non azotata materia (f) alimenticia sin nitrógeno *o* ázoe
4	Tränken (n) der Schafe watering the sheep abreuvement (m) des moutons	поеніе (ср) овец abbeveramento (m) delle pecore abrevamiento (m) de las ovejas
5	Schaftränke (f) watering place for sheep abreuvoir (m) des moutons	овечій водопой (мр) abbeveratoio (m) per le pecore abrevadero (m) de ovejas
6	die Schafe (npl) tränken to water the sheep abreuver les moutons (mpl)	поить овец abbeverare le pecore abrevar las ovejas
7	Tränktrog (m) watering trough, drinking tank abreuvoir (m), auge (f) d'abreuvage	водопойное корыто (ср) abbeveratoio (m), truogolo (m) da abbeverare pilón (m) del abrevadero
8	**6. Die Schafweide, das Weiden *oder* der Weidegang der Schafe** **Pasturage of Sheep** **Pâture (f) *ou* pâturage (m) des moutons**	**Овечій выгон (мр), овечье пастбище (ср)** **Pascolamento (m) *o* pascimento (m) delle pecore** **Pasto (m) *o* apacentamiento (m) de las ovejas**
9	Weideplatz (m) pasture, pasture land pâturage (m), pâtis (m)	выгон (мр) pascolo (m) pasto (m)
10	Sommerweide (f) summer pasture *or* pasture ground *or* land pâturage (m) d'été	лѣтнее пастбище (ср) pascolo (m) d'estate pasto (m) de verano
11	Winterweide (f), Winterweidquartier (n) winter pasture land pâturage (m) d'hiver	зимнее пастбище (ср), зимовик (мр); загон (мр) pascolo (m) invernale pasto (m) de invierno
12	Weidefläche (f) area of the pasture aire (f) du pâturage	пастбищный участок (мр) area (f) del pascolo área (f) del pasto
13	die Schafherde auf die Weide treiben to drive the flock of sheep to pasture mener paître le troupeau de moutons	выгонять в поле овечье стадо (ср) menare il branco di pecore al pascolo llevar a pacer el rebaño de ovejas
14	die Schafe (npl) weiden [*oder* hüten] to pasture the sheep faire paître les moutons (mpl)	пасти *или* сторожить овец pascere *o* pasturare le pecore pastorear *o* apacentar las ovejas
15	Hüten (n) der Schafe watching the sheep garde (f) des moutons	содержаніе (ср) на подножном корму, выпаска (жр) custodimento (m) delle pecore pastoreo (m) de las ovejas
16	Schafhirt (m), Schäfer (m), Hirt (m) shepherd berger (m)	овчар (мр), овечій пастух (мр), пастух (мр) pecoraio (m), pastore (m) pastor (m) de ovejas
17	Schäferhund (m) sheep dog chien (m) de berger, mâtin (m)	овчарка (жр) cane (m) da pecorai [perro (m)] mastín (m), mastín (m) de pastor
18	die Schafe (npl) werden gehütet the sheep are watched les moutons (mpl) sont gardés	овцы пасутся le pecore sono sotto guardia las ovejas son pastoreadas
19	die Schafe (npl) weiden *oder* sind auf der Weide the sheep pasture *or* graze *or* are in the pasture les moutons (mpl) paissent *ou* pâturent *ou* broutent	овцы находятся на пастбищѣ le pecore pascono *o* pascolano las ovejas (fpl) pastan
20	Schafhorde (f), Schafhürde (f), Pferch(m), Hürdenschlag (m) [sheep] fold, [sheep] pen parc (m) [à moutons]	загородка (жр), загон (мр), загородь (жр), плетень (мр), овчарня (жр) стойбище (ср) stabbio (m) o agghiaccio (m) [per le pecore] aprisco (m), majada (f)
21	Fettweide (f), fette Weide (f) rich pasture land gras pâturage (m)	тучное пастбище (ср) pasciona (f) [tierra (f) de] pasto (m) abundante
22	natürliche Weide (f), permanente Weide (f) natural *or* permanent pasture [land] pâturage (m) naturel *ou* permanent	естественное пастбище (ср), естественный луг (мр), постоянное пастбище (ср) pascolo (m) perenne [tierra (f) de] pasto (m) natural *o* permanente
23	künstliche Weide (f) cultivated pasture [land] pâturage (m) artificiel	культивированное пастбище (ср) pascolo (m) coltivato *o* artificiale pasto (m) artificial
24	Ackerweide (f), Brachweide (f) fallow pasture [pâturage (m) en] friche (f), jachère (f)	паровое поле (ср), пастбище на пару maggese (m) pasto (m) de barbecho

1	Stoppelweide (f), Stoppelfeld (n) stubble pasture chaume (m)	пастбище (ср) на жнивѣ, пажить (жр) secciaio (m), stoppia (f) pasto (m) de rastrojo
2	betaute Weide (f) dewed pasture pâturage (m) à rosée	покрытое росою пастбище (ср) pascolo (m) rugiadoso pasto (m) mojado por el rocío
3	Morgentau (m) morning dew rosée (f) du matin	утренняя роса (жр) rugiada (f) mattutina rocío *o* relente (m) de la mañana
4	Abendtau (m) evening dew rosée (f) du soir	вечерняя роса (жр) rugiada (f) della sera rocío *o* relente (m) de la noche
5	staubfreie Weide (f) dust-free pasture pâturage (m) non poussiéreux	незанесенное пылью пастбище (ср) pascolo (m) scevro da polvere pasto (m) sin polvo *o* limpio de polvo
6	saure Weide (f) sour pasture [land] pâturage (m) sur	тощее пастбище (ср) pascolo (m) agro pasto (m) ácido
7	hochgelegene Weide (f) high pasture [land] terre (f) à haut pâturage	возвышенное пастбище (ср) pascolo (m) alto pasto (m) de tierras altas
8	Gebirgsweide (f) mountain pasture pâturage (m) de montagne	горное пастбище (ср) pascolo (m) di montagna pasto (m) en la montaña
9	Weidepflanze (f) pasture plant plante (m) de pâturage	луговое растенiе (ср), пасока (жр) pianta (f) da pascolo planta (f) para pasto
10	Futterkraut (n), Futterpflanze (f) fodder plant *or* herb plante (f) fourragère	кормовая трава (жр), кормовое растенiе (ср) pianta (f) *o* erba (f) da foraggio planta (f) forrajera
11	Nährwert (m) der Pflanzen nutritive value of the plants valeur (f) nutritive des plantes	питательность (жр) *или* питательныя достоинства трав valore (m) nutritivo delle erbe *o* piante valor (m) nutritivo de las plantas
12	Gras (n) grass herbe (f)	трава (жр) erba (f) hierba (f), yerba (f)
13	Gebüsch (n) bushes buissons (mpl), broussailles (fpl)	куст (мр) cespuglio (m) maleza (f)

Strohfutter (n) straw fodder fourrage (m) de paille	соломенный корм (мр) foraggio (m) di paglia forraje (m) de paja	14
Niederung (f) low [lying] land terrain (m) bas	долина (жр), дол (мр), низина (жр) terreno (m) basso tierra (f) baja	15
Ebene (f) plain plaine (f)	равнина (жр) pianura (f) meseta (f), llanura (m)	16
Hochgebirge (n) high mountains haute montagne (f)	высокiя горы montagna (f) alta alta montaña (f)	17
Witterungseinfluß (m), klimatischer Einfluß (m) climatic influence influence (f) du climat	влiянiе (ср) климата influenza (f) del clima influencia (f) del clima	18
7. Schafkrankheiten (f pl) **Diseases of Sheep** **Maladies (f pl) des moutons**	**Болѣзни овец** **Malattie (f pl) delle pecore** **Enfermedades (f pl) de las ovejas**	19
das Schaf erkrankt the sheep becomes sick le mouton tombe malade	овца (жр) заболѣвает la pecora s'ammala *o* cade malata la oveja enferma	20
das Schaf geht ein the sheep dies le mouton meurt *ou* succombe	овца (жр) падает la pecora muore *o* crepa la oveja muere	21
[Schaf-]Räude (f) sheep scab rogne (f), gale (f)	струп (мр) rogna (f) roña (f)	22
Karfunkelkrankheit (f) der Schafe anthrax charbon (m) symptomatique, anthrax (m) malin	карбункул (мр), сибирская язва (жр) carbonchio (m) maligno carbunclo (m) de las ovejas	23
Traberkrankheit (f), Wetzkrankheit (f), Gnubberkrankheit (f) louping ill maladie (f) tremblante	болѣзнь (жр) спинного мозга, топотанiе (ср) spinite (f) modorra (f)	24

1	Pocken (fpl) [sheep] pox variole (f) *ou* petite vérole (f) [du mouton]	овечья оспа (жр) vaiuolo (m) veruelas (fpl)
2	Lämmerimpfung (f) vaccination of lambs vaccination (f) des agneaux	прививка (жр) ягнят vaccinazione (f) degli agnelli vacunación (f) de los corderos
3	Klauenseuche (f) black leg disease, mouth and foot disease piétin (m), muguet (m)	ящур (мр) afta (f) epizootica glosopeda (f)
4	Aufblähen (n), Trommelsucht (f) tympanites tympanite (f)	пученіе (ср) timpanite (f) timpanitis (f)
5	Drehkrankheit (f) gid, sturdy, turnsick tournis (m)	вертячка (жр), веретенница (жр) capo-giro (m), vertigine (f) zangarriana (f), vértigo (m)
6	Wollefresser (m) wool eating sheep mouton (m) mangeant la laine	шерстоѣд (мр) pecora (f) che divora la lana oveja (f) comiéndose su propia lana
7	**8. Vlies und Stapel** **Fleece and Staple** **Toison (f) et mèche (f)**	**Руно (ср) и волокно (ср) (послѣднее в собирательном, массовом смыслѣ)** **Vello (m) e fiocco (m)** **Vellón (m) y mechón (m) *o* mecha (f)**
8	Wollfeld (n) surface of the fleece surface (f) de la toison	поверхность (жр) кожи покрытая руном superficie (f) del vello superficie (f) del vellón
9	äußere Stapelform (f) appearance of the staple aspect (m) extérieur de la mèche	внѣшняя форма (жр) волокна, очертаніе (ср) волокна apparenza (f) del fiocco aspecto (m) o forma (f) exterior del mechón
10	Beschaffenheit (f) der Wolle, Wollcharakter (m) character of the wool caractère (m) de la laine	характер (мр) шерсти carattere (m) della lana carácter (m) de la lana
11	die Wollhaare (npl) stehen bündelförmig the wool fibres stand in bunches les brins (mpl) de laine se forment en faisceaux	шерстяной волос (мр) торчит клоками *или* пучками le fibre della lana stanno in ciocche las fibras (fpl) de [la] lana forman mechones
12	die Wollhaare (npl) schmiegen sich aneinander the wool fibres cling together les brins (mpl) de laine s'accrochent *ou* se replient l'un sur l'autre	волосы (мр) льнутся один к другому i peli della lana s'attaccano l'uno all'altro *o* s'appiccicano insieme las fibras de lana se entrelazan
13	Hautnaht (f) space between the hair bundles espace (m) entre les faisceaux des brins de laine	пробор (мр) на кожѣ spazio (m) tra le ciocche della lana espacio (m) entre los mechones
14	Hautdichtigkeit (f), Dichtwolligkeit (f) density of the wool densité (f) de la laine	густота (жр) шерсти densità (f) della lana densidad (f) de la lana
15	die Wolle steht dicht [auf der Haut] the wool stands densely on the skin la laine se tient lourde sur la peau	шерсть (жр) растет густо на кожѣ la lana sta serrata sulla pelle la lana cubre densamente la piel
16	dichthaarig densely covered with hairs à poils serrés	густоволосый coperto di peli fitti tupidamente peludo
17	dünner Haarstand (m) thin fibrous growth poils (mpl) poussant espacés	рѣдкое расположеніе (ср) волос peli (mpl) radi pelos (mpl) ralos
18	dichter Haarstand (m) close fibrous growth poils (mpl) poussant serrés	густое расположеніе (ср) волос peli (mpl) fitti pelos (mpl) espesos
19	Ausgeglichenheit (f) des Vlieses uniformity of the fleece uniformité (f) de la toison	однородность (жр), равномѣрность (жр), ровность (жр) руна uniformità (f) del vello uniformidad (f) del vellón
20	feinkörnige Vliesoberfläche (f) fine grained surface of the fleece surface (f) de la toison à grenure fine	мелкозернистая поверхность (жр) руна superficie (f) finamente granulata del vello superficie (f) finamente granulada del vellón
21	Aufbau (m) des Vlieses structure of the fleece structure (f) de la toison	структура (жр) *или* строеніе (ср) руна struttura (f) del vello estructura (f) del vellón
22	Stapel (m), Wollstapel (m), Haarbüschel (m) staple mèche (f)	волокно (ср), пучек (мр) волос fiocco (m), mèche (f) mechón (m), mecha (f)
23	Stapelbau (m), Aufbau (m) *oder* Textur (f) des Stapels structure of the staple structure (f) de la mèche	строеніе (ср) волокна struttura (f) del fiocco estructura (f) del mechón
24	Länge (f) des Stapels, Stapellänge (f) length of staple, length of stretched fibre longueur (f) *ou* soie (f) des brins de laine	длина (жр) волокна lunghezza (f) della fibra [tesa] longitud (f) de la fibra

1	Tiefe (f) *oder* Höhe (f) des Stapels depth of staple, length of unstretched fibre longueur (f) de la mèche	глубина *или* высота (жр) руна lunghezza (f) del fiocco longitud (f) del mechón
2	langer Stapel (m) long staple mèche (f) longue	длинное волокно (ср) (волос) fibra (f) lunga fibra (f) larga
3	langstapelige *oder* lang gestapelte Wolle (f) long-stapled wool laine (f) longue soie	длинноволосая *или* длинноволокнистая шерсть (жр) lana (f) di fibra lunga lana (f) de fibra larga
4	kurzer Stapel (m) short staple mèche (f) courte	короткій волос (мр), короткое волокно (ср) fibra (f) corta fibra (f) corta
5	kurzstapelige *oder* kurz gestapelte Wolle (f) short-stapled wool laine (f) courte soie	коротковолосая *или* коротковолокнистая шерсть (жр) lana (f) di fibra corta lana (f) de fibra corta
6	Zug (m) *oder* Verzug (m) *oder* Streckung (f) des Stapels, Stapelzug (m) stretch of staple [coëfficient d']allongement (m) de la mèche	вытяжка (жр) волос *или* волокна [coefficiente di] allungamento (m) della fibra [coeficiente de] alargamiento (m) de la fibra
7	gedrängter *oder* starker Zug (m) des Stapels *oder* Stapelzug (m) long stretch of staple allongement (m) fort de la mèche	значительная вытяжка (жр) волокна allungamento (m) forte della fibra alargamiento (m) fuerte de la fibra
8	schwacher Zug (m) des Stapels *oder* Stapelzug (m) short stretch of staple allongement (m) faible de la mèche	слабая вытяжка (жр) волокна poco allungamento (m) della fibra alargamiento (m) pequeño de la fibra
9	guter Stapelzug (m) good stretch of staple bon allongement (m) de la mèche	хорошая вытяжка (жр) волокна buon allungamento (m) della fibra buen alargamiento (m) de la fibra
10	Gleichförmigkeit (f) der Stapel uniformity of the staples uniformité (f) des mèches	равномѣрность (жр) волокон uniformità (f) dei fiocchi uniformidad (f) de los mechones
11	leicht lösbarer Stapel (m) loose staple mèche (f) lâche	легко раз'единяемое волокно (ср) fiocco (m) facilmente separabile *o* disgregabile mechón (m) fácilmente separable
12	lose gewachsene Wolle (f) loosely grown wool laine (f) poussée lâche	раздѣльно выросшій волос (мр) lana (f) sciolta lana (f) suelta *o* floja
13	fest zusammenhängender Stapel (m) staple binding well [together] mèche (f) bien agglomérée	крѣпко свалявшаяся шерсть (жр), перепутанный волос (мр) fiocco (m) di peli ben congiunti mechón (m) de buen plegado
14	klarer Stapel (m) clear staple, clearly defined staple mèche (f) prononcée	ровное чистое руно (ср), руно (ср) качество котораго легко установить fiocco (m) minuto mechón (m) claro
15	unklarer *oder* trüber *oder* verworrener Stapel (m) irregular staple mèche (f) enchevêtrée	неровное, нечистое руно (ср), руно (ср) качество котораго трудно установить fiocco (m) confuso *o* alla rinfusa mechón (m) irregular
16	schlecht gestapelte Wolle (f) badly stapled wool laine (f) à mèches irrégulières	плохо выросшее руно (ср) lana (f) di fiocco mal cresciuto lana (f) con mechón malo
17	gewöhnlicher *oder* normaler Stapel (m) normal staple mèche (f) normale	нормальное руно (ср) fiocco (m) normale mechón (m) normal
18	ungewöhnlicher *oder* anormaler Stapel (m) abnormal staple mèche (f) anormale	руно (ср) отступающее от нормы fiocco (m) anormale mechón (m) anormal

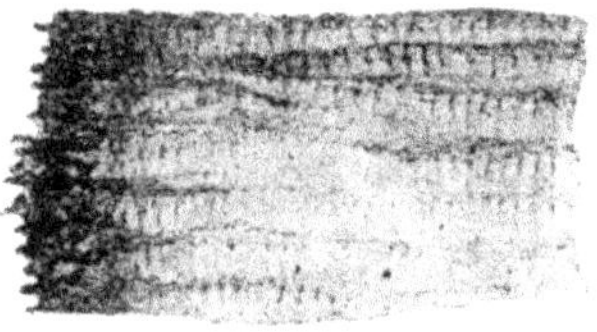

19	gewässerter Stapel (m) highly curled staple mèche (f) vrillée	волнистое руно (ср) fiocco (m) molto arricciato *o* increspato mechón (m) muy rizado
20	offener *oder* flattriger *oder* lockerer Stapel (m) open *or* scanty staple mèche (f) ouverte	раскрытое руно (ср) fiocco (m) aperto mechón (m) abierto
21	voller *oder* gut geschlossener *oder* dicht gewachsener Stapel (m) fairly dense staple mèche (f) poussée dense	плотно закрытое руно (ср) fiocco (m) fitto *o* serrato mechón (m) espeso *o* tupido
22	Stapelspitze (f) point *or* tip *or* top of staple pointe (f) de la mèche	остріе (ср) *или* кончик (мр) волокна punta (f) del fiocco punta (f) del mechón
23	breiter Stapelkopf (m) broad tip of staple large tête (f) de la mèche	широкая головка (жр) волоса punta (f) larga del fiocco punta (f) ancha del mechón
24	gleichteilige Stapelung (f) staples of uniform surface mèches (fpl) de surface uniforme	однородное, равномѣрное строеніе (ср) руна; (равномѣрно расположенный волос) fiocchi (m) di superficie uniforme mechones (mpl) con superficie uniforme

1 ungleichteilige Stapelung (f)
staples of unequal surface
mèches (fpl) de surface inégale
неоднородное, неравномѣрное строеніе (ср) руна; (неравномѣрно-расположенный волос)
fiocchi (mpl) di superficie disuniforme
mechones (mpl) con superficies desiguales

2 gleichständige Stapelung (f)
staples of uniform depth
mèches (fpl) de la même longueur
равномѣрная глубина (жр) руна
fiocchi (mpl) di lunghezza uniforme
mechones (f) de longitud uniforme

3 Gleichständigkeit (f) der Stapel
uniform depth of staples
longueur (f) uniforme des mèches
равномѣрность (жр) глубины руна
lunghezza (f) uniforme dei fiocchi
longitud (f) uniforme de los mechones

4 die Stapel (mpl) sind gleichständig
the staples are uniform in depth
les mèches (fpl) ont la même longueur
руно (ср) равномѣрной глубины
i fiocchi sono uniformi nella lunghezza
los mechones (mpl) tienen la misma longitud

5 ungleichständige Stapelung (f)
staples of irregular depth
mèches (fpl) de longueur inégale
неравномѣрная глубина (жр) руна
fiocchi (mpl) di lunghezza ineguale
mechones (mpl) de longitud desigual

6 die Wolle hat guten Fluß *oder* verzieht sich leicht
the wool draws easily
la laine s'étire facilement
шерстяныя волокна легко выдергиваются, (из руна)
la lana si distende bene
la lana se estira fácilmente

7 die Wolle hat schweren Fluß *oder* verzieht sich schwer
the wool does not draw easily
la laine s'étire difficilement
шерстяныя волокна выдергиваются с трудом (из руна)
la lana si distende difficilmente
la lana no se estira fácilmente

8 Hautende (n) des Stapels
skin end of the staple
base (f) de la mèche
основаніе (ср) волоса
estremità (f) cutanea del fiocco
raiz (f) del mechón

9 Freiständigkeit (f) der Stapel
individual stand of the staples
pousse (f) isolée des mèches
раздѣльное расположеніе (ср) волос
disposizione (f) isolata dei fiocchi
condiciones (fpl) individuales del mechón

10 freiteiliges Vlies (n)
fleece with staples standing out individually
toison (f) à mèches isolées
руно (ср) с раздѣльно расположенным волосом
vello (m) con fiocchi isolati
vellón (m) con mechones formados individualmente

11 schwerteiliges Vlies (n)
fleece of entangled staples
toison (f) à mèches réfractaires *ou* rebelles
трудно растаскиваемое *или* распутываемое руно (ср)
vello (m) con fiocchi coerenti
vellón (m) de mechones enredados

Umriß (m) *oder* Kontur (f) des Stapels
contour of the staple
contour (m) de la mèche
внѣшняя форма (жр) волокна
contorno (m) del fiocco 12
contorno (m) del mechón

Wollbestand (m) im Stapel
density *or* population of the staple
densité (f) *ou* population (f) de la mèche
выход (мр) шерсти из руна
quantità (f) di lana [contenuta] nel fiocco 13
densidad (f) del mechón

Kräuselung (f) *oder* Wellung (f) der Wollhaare im Stapel
crimping *or* curling of the wool fibres in the staple
ondulation (f) des brins dans la mèche
извилистость (жр) *или* волнистость (жр) *или* курчавость (жр) *или* завивка (жр) волос руна 14
arricciamento (m) *o* increspatura (f) dei peli nel fiocco
ondulación (f) de las fibras en el mechón

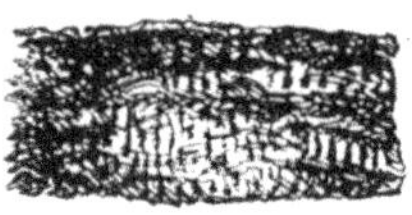

glatter Stapel (m)
smooth staple
mèche (f) lisse
гладкое волокно (ср) (руно), (ровная мелкая рябь) 15
fiocco (m) liscio
mechón (m) liso

schlichter Stapel (m)
plain staple
mèche (f) unie
плоское волокно (ср) (руно), (отсутствіе ряби)
fiocco (m) piano 16
mechón (m) unido

gedehntbogiger *oder* gedehnter Stapel (m)
drawn-out wavy staple
mèche (f) à brins légèrement frisés
длинноволокнистое руно (ср) 17
fiocco (m) a peli poco ondulati
mechón (m) ligeramente rizado

aufrechtstehender Stapel (m)
upright staple
mèche (f) droite *ou* debout
торчащее волокно (ср)
fiocco (m) diritto 18
mechón (m) que se sostiene derecho

senkrechter Haarwuchs (m)
vertical growth of the wool fibres
croissance (f) verticale des brins
вертикальный рост (мр) волос (прямо вверх)
cresciuta (f) verticale dei peli 19
crecimiento (m) vertical de los pelos

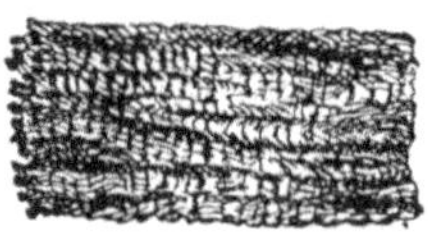

zylindrischer Stapel (m)
cylindrical staple
mèche (f) cylindrique
цилиндрическій волос (мр) 20
fiocco (m) cilindrico
mechón (m) cilindrico

1 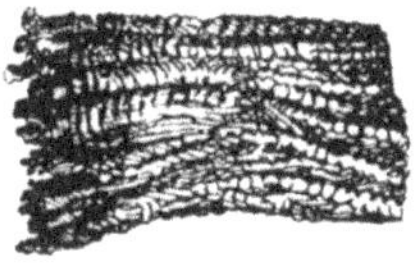

markierter *oder* hochklarer Stapel (m)
well marked staple
mèche (f) bien caractérisée
ясно выраженная волна (жр) волокна
fiocco (m) ben caratterizzato
mechón (m) bien definido

2 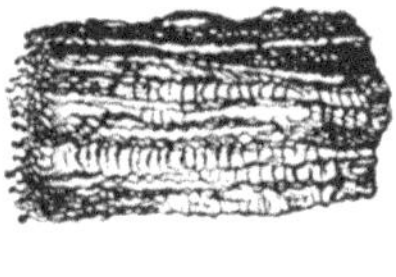

stark *oder* scharf markierter Stapel (m)
clearly marked staple
mèche (f) clairement caractérisée
рѣзко выраженная волна (жр) волокна
fiocco (m) distintamente caratterizzato
mechón (m) claramente definido

3 einstieliger Stapel (m)
very loose staple
mèche (f) très lâche
рѣдко растущій волос (мр)
fiocco (m) sciolto
mechón (m) flojo

4 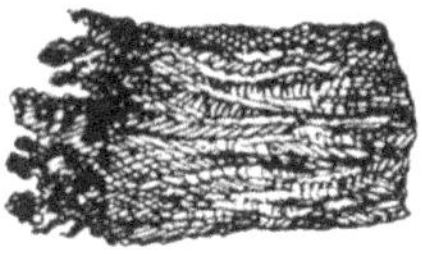

überbildeter Stapel (m)
staple with pointed-waved fibres
mèche (f) aux brins à ondulations exagérées
волос (мр) с рѣзко выступающей на поверхность волнистостью
fiocco (m) con peli ondulati all'eccesso
mechón (m) con pelos de ondulaciones exageradas

5 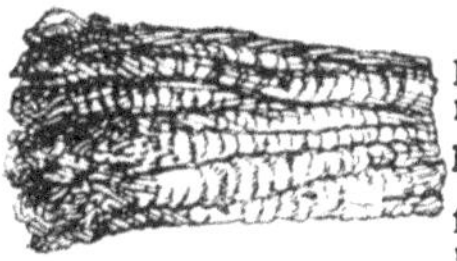

keulenförmiger *oder* hohler *oder* leerer Stapel (m)
hollow staple
mèche (f) creuse
рыхлая масса (жр) руна
fiocco (m) vuoto
mechón (m) hueco

6 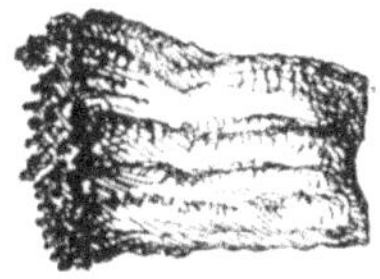

kreppartiger Stapel (m)
crape-like staple
mèche (f) crêpée
руно (ср) из равномѣрно и густо расположеннаго волоса
fiocco (m) cresposo
mechón (m) crespo

7 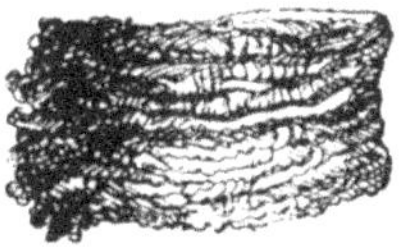

zwirniger Stapel (m)
thread-like staple
mèche (f) aux brins tordus
скрученный *или* строщенный волос (мр)
fiocco (m) torto
mechón (m) enredado

8 bodige Wolle (f)
wool sticking together near the skin
laine (f) feutrée près de la peau
накожная шерсть (жр), шерсть (жр) слипшаяся у основанія волос
lana (f) feltrata presso della pelle
lana (f) enfieltrada [o pegada] a la piel

gipfelmürbe Wolle (f)
wool harsh and brittle at the tips
laine (f) friable à l'extrémité des brins
дряблый в верхушках волос (мр)
lana (f) dura e friabile alle punte 9
lana (f) áspera y quebradiza en sus extremos

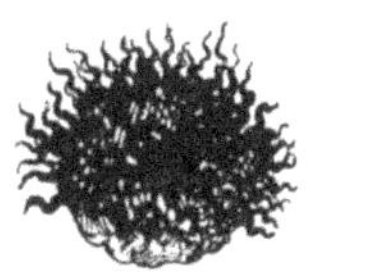

spießiger Stapel (m)
pointed tip staple
mèche (f) hérissée
игольчатый волос (мр), (заостренныя космы) 10
fiocco (f) ad estremità appuntite
mechón (m) con cabos puntiagudos

schräger *oder* liegender Stapel (m)
slanting *or* lying staple
mèche (f) oblique *ou* inclinée
косой *или* лежащій волос (мр)
fiocco (m) inclinato *o* in isbieco 11
mechón (m) inclinado

Brettstapel (m)
boardy staple
mèche (f) à surface agglutinée et dure
плоское руно (ср) 12
fiocco (m) a superficie feltrata e dura
mechón (m) con superficie aglutinada

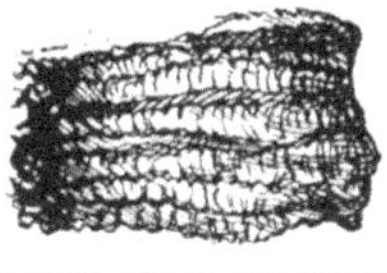

gefädelter *oder* gesträngter Stapel (m)
very clear staple
mèche (f) très claire
ясно видный волос (мр) 13
fiocco (m) minutissimo
mechón (m) muy claro

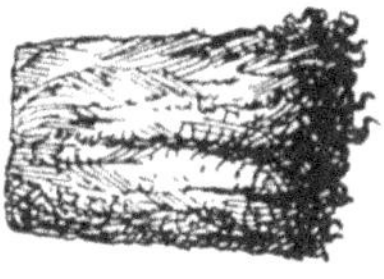

verschleierter Stapel (m)
veiled staple
mèche (f) voilée
вуалевидный волос (мр) 14
fiocco (m) velato
mechón (m) velado

knötriger Stapel (m)
knotty staple
mèche (f) noueuse
узловатый волос (мр) 15
fiocco (m) nodoso
mechón (m) nudoso

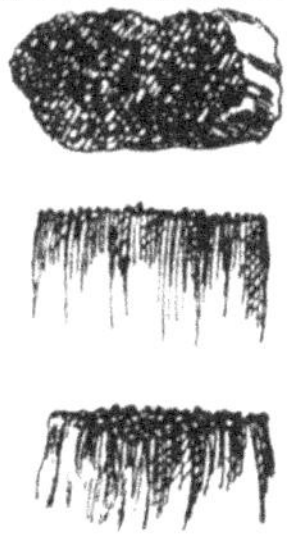

edler *oder* kleingebauter *oder* perlender Stapel (m), Perlenstapel (m)
pearly staple
mèche (f) perlée 16
бисерный волос (мр) (мелко узловатый)
fiocco (m) perlato
mechón (m) perlado

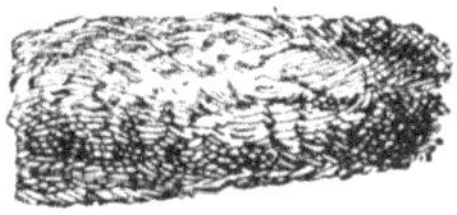

werglger *oder* hediger Stapel (m)
tow-like staple
mèche (f) étoupeuse 17
кудельный волос (мр)
fiocco (m) stopposo
mechón (m) estoposo

1 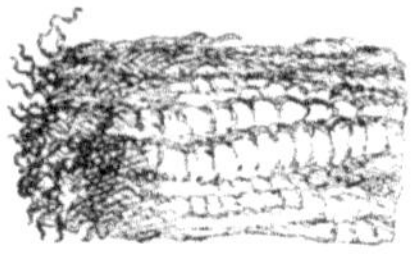
flachsartigerStapel(m)
flaxy staple
mèche (f) ressemblant à la filasse du lin
льновидный волос
fiocco (m) simile alla filaccia di lino
mechón (m) semejante a la hilaza del lino

---

2 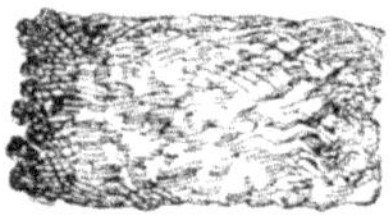
filziger *oder* verfilzter Stapel (m)
felty *or* matted staple
mèche (f) feutrée
свалянный волос (мр)
fiocco (m) feltrato
mechón (m) afieltrado

---

3 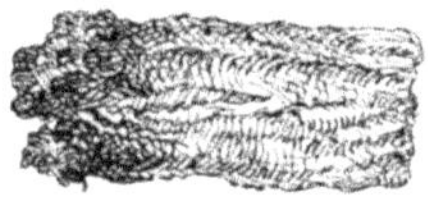
baumwoll[en]artiger Stapel (m)
cottony staple
mèche (f) cotonneuse
хлопковидный волос (мр)
fiocco (m) cotonaceo
mechón (m) algodonoso

---

4 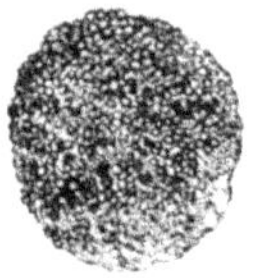
kleinknispiger Stapel (m), Nadelstapel (m)
pin-head staple
mèche (f) à pointes en forme de tête d'épingle
мелко-бисерный волос (мр), игловидный волос (мр)
fiocco (m) a foggia cappocchia di spilli
mechón (m) con puntas de aguja

---

5 stumpfer *oder* abgestumpfter Stapel (m)
blunt staple
mèche (f) sans pointes
тупой волос (мр)
fiocco (m) tondo *o* senza punte
mechón (m) despuntado

---

6 Rapskornstapel (m), Rapsstapel (m)
rape seed staple
mèche (f) en graine de colza
рапсовидный волос (мр)
fiocco (m) a foggia seme di colza
mechón (m) de grano de colza

---

7 
Blumenkohlstapel (m)
cauliflower staple
mèche (f) en choux-fleur
руно (ср) на подобіе цвѣтной капусты
fiocco (m) a foggia di cavolfiore
mechón (m) en forma de coliflor

---

8 flachgewölbter Stapel (m)
smooth arched *or* flat curved staple
mèche (f) bombée unie
полого-волнистый волос (мр)
fiocco (m) poco rilevato
mechón (m) combado

---

9 
pechspitziger Stapel (m)
staple with sticky tips
mèche (f) à pointes collantes
струпьевидный волос (мр)
fiocco (m) sporco *o* a punte collate
mechón (m) pegado

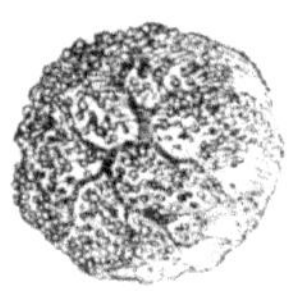
Quaderstapel (m), [Panzerstapel (m)]
[hard] square tipped staple
mèche (f) [dure] à pointes carrées
глыбовидное *или* комовидное руно (ср) 10
fiocco (m) [duro] a punte quadriformi
mechón (m) de puntas cuadrangulares

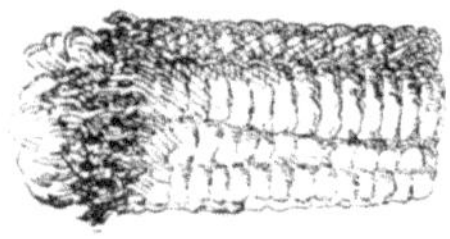
übersponnener Stapel (m)
over-spun staple
mèche (f) surfilée, mèche avec des faux poils protecteurs
верхнослойный волос (мр) 11
fiocco (m) intrecciato e con fili morti sporgenti
mechón (m) con falsos pelos sobrepuestos

Überwuchs (m)
over-growth
surpoussée (f), faux poils (m pl) protecteurs surpoussés
переросший волос (мр)
fili (m pl) morti sporgenti [fuori] 12
falsos pelos (m pl) sobrepuestos

abgerundeter Stapel (m)
rounded staple
mèche (f) à pointes rondes
округлое руно (ср) 13
fiocco (m) arrotondato
mechón (m) de puntas redondas

---

gedrückter Stapel (m)
flattened staple
mèche (f) aplatie
приплющенное руно (ср)
fiocco (m) piatto 14
mechón (m) aplastado

---

hängender *oder* gekrümmter Stapel (m)
hanging staple
mèche (f) tombante
отвислое руно (ср)
fiocco (m) incurvato 15
mechón (m) doblado

---

geknickter Stapel (m)
bent staple with sharp corners
mèche (f) coudée
круто загнутое руно (ср)
fiocco (m) [ri]piegato 16
mechón (m) acodado

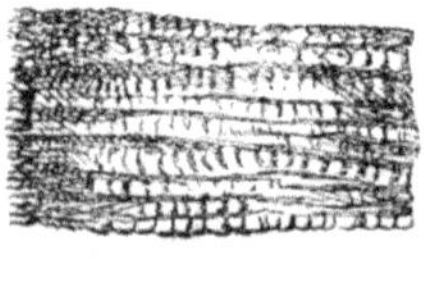
kurzgespitzter Stapel (m)
short pointed staple
mèche (f) à pointes courtes
коротко-заостренное руно (ср) 17
fiocco (m) di punte corte
mechón (m) de puntas cortas

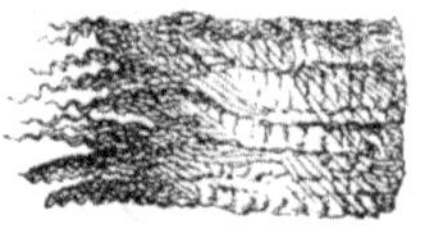
spitzer Stapel (m)
pointed staple, tipped staple
mèche (f) à pointes [effilées]
остроконечное руно (ср) 18
fiocco (m) puntato *o* a punte
mechón (m) de puntas largas

No.		
1	Verwitterung (f) der Haargipfel weathering of the wool fibre tips décomposition (f) des extrémités des poils due aux agents atmosphériques	вывѣтриванiе (ср) концов волос disgregazione (f) delle punte dei peli dall'azione atmosferica descomposición (f) de las puntas de los pelos por los agentes atmosféricos
2	die Haargipfel (mpl) verwittern the hair tips are weathering les extrémités (fpl) des poils se décomposent par les agents atmosphériques	концы волос вывѣтриваются le punte dei peli si scompongono dall'azione atmosferica las puntas de los pelos se descomponen por los agentes atmosféricos
3	Bindehaar (n), Binder (m) binding hair, fibre binder poil (m) protecteur, poil de liage	сцѣпляющiй волос (мр) pelo (m) legante, binder (m) pelo (m) de protección
4	wagerechte *oder* horizontale Wachstumrichtung (f) der Binder horizontal growth of binders croissance (f) horizontale des poils protecteurs	горизонтальный рост (мр) сцѣпляющих волос crescita (f) orizzontale dei peli leganti crecimiento (m) horizontal de los pelos de protección
5	querlaufender Binder (m) traversing binder poil (m) protecteur traversant	поперечно-растущiй сцѣпляющiй волос (мр) pelo (m) legante trasversale pelo (m) de protección transversal
6	schräg verlaufender Binder (m) diagonal binder poil (m) protecteur diagonal	косо-идущiй сцѣпляющiй волос (мр) pelo (m) legante di sbieco pelo (m) de protección diagonal
7	Oberhaar (n), Überläufer (m), falscher Binder (m) false binder faux poil (m) protecteur	поверхностный волос (мр), мертвый волос (мр), ложный сцѣпляющiй волос (мр) filo (m) morto falso pelo (m) de protección
8	gut gewachsene Wolle (f) well grown wool laine (f) de bonne croissance	добротная, здоровая шерсть (жр) lana (f) ben sviluppata lana (f) de buen desarrollo
9	luftig gewachsene Wolle (f) open grown wool laine (f) de croissance bien ouverte	рыхлая, рѣдкорастущая шерсть (жр) lana (f) con peli leganti scarsi lana (f) de crecimiento abierto
10	Scheitelbildung (f) *oder* Scheitelung (f) des Vlieses parting of the fleece formation (f) de raies dans la toison	пробиранiе (ср) руна spartizione (f) del vello partición (f) del vellón
11	sich scheitelndes Vlies (n) fleece showing partings toison (f) montrant des raies	руно (ср) с ясным пробором vello (m) con divise vellón (m) presentando rayas
12	das Vlies scheitelt sich the fleece parts la toison montre des raies	руно (ср) пробирается il vello si spartisce el vellón se deshace presentando rayas
13	Klüftung (f) des Vlieses auf dem Rücken broken parting of the fleece on the back formation (f) de raies dans plusieurs directions	проборы (мр) на хребтѣ по разным направленiям spartizione (f) del vello in diversi direzioni, radiazione (f) del vello formación (f) de rayas truncadas en el vellón

9. Gewinnung (f) der Wolle — Добыванiе (ср) шерсти

Production of Wool — Produzione (f) della lana 14

Obtention (f) de la laine — Obtención (f) de la lana

No.		
15	a) **Scheren (n) *oder* Schur (f) *oder* Abschur (f) des Schafes, Schafschur (f), Wollschur (f)** **Shearing *or* Clipping of the Sheep** **Tonte (f) *ou* tondaison (f) du mouton**	**Стрижка (жр) или остриганiе (ср) овец** **Tosatura (f) della pecora** **Esquileo (m) de la oveja**
16	das Schaf scheren to shear the sheep tondre le mouton	стричь овцу tosare la pecora esquilar a la oveja
17	die gewaschene Wolle abscheren to shear the washed wool tondre la laine lavée	стричь мытую шерсть (жр) tosare la lana lavata esquilar la lana lavada
18	Schwarzschur (f), Schweißschur (f) shearing [the wool] in the dirt *or* in the grease tonte (f) de la laine sale *ou* en suint	черная стрижка (жр), потовая стрижка (жр) (стрижка немытых овец) tosatura (f) al naturale o col sudiciume esquileo (m) de la lana suarda

19 Schafschere (f), Wollschere (f), Handschere (f)
sheep shears
forces (fpl)
ножницы (жр) для стрижки овец
forbici (fpl) per le pecore
tijeras (fpl) de esquilar

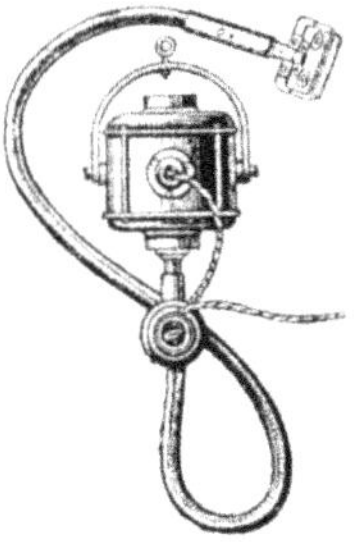

20 Schafschermaschine (f)
sheep shearing machine
machine (f) à tondre les moutons
машинка (жр) для стрижки овец
macchina (f) tosatrice per le pecore
máquina (f) de esquilar para ovejas

1	Scherenschleifer (m) shear grinder rémouleur (m)	точильщик (мр) ножниц arrotino (m) afilador (m)
2	Scherer (m) shearer tondeur (m)	рабочій стригущій овец (стригальщик) tosatore (m) esquilador (m)
3	Schererin (f) female shearer tondeuse (f)	работница (жр) стригущая овец, (стригальщица) tosatrice (f) esquiladora (f)
4	Zuträger (m) rouse-about, shearer's labourer manœuvre (m) du tondeur	подносчик (мр) addetto (m) *o* aiuto (m) del tosatore gañán (f) que lleva las ovejas al esquilador
5	Schurhaus (n) shearing shed abris (m) pour la tonte	навѣс (мр) *или* помѣщеніе (ср) для стрижки arella (f) del tosatore cuadra (f) de esquileo
6	Scherdiele (f) shearer's loft aire (f) pour la tonte	доска (жр) для стрижки aia (f) per la tosatura era (f) para esquilar
7	das Schaf im Stehen scheren to shear the standing sheep tondre le mouton étant débout	стричь овцу в стоячем положеніи tosare la pecora in piedi esquilar a la oveja de pie
8	die Beine des Schafes zusammenbinden to bind the legs of the sheep together lier les jambes (fpl) du mouton	связывать *или* опутывать ноги овцы legare le gambe della pecora atar las piernas de la oveja
9	glattes Abscheren (n) close clipping tonte (f) à poil ras	стрижка (жр) наголо rapata (f) esquileo (m) raso
10	das Vlies an der Haut glatt abscheren to clip the fleece close to the skin tondre *ou* couper la toison jusqu'à la peau	стричь руно наголо tagliare al raso *o* rapare il vello cortar el vellón al ras
11	das Vlies beim Scheren im Zusammenhang erhalten to hold the fleece together in shearing maintenir la toison pendant la tonte	не разбивать руно при стрижкѣ mantenere il vello intero nel tosare sostener el vellón durante el esquileo
12	das Schaf beim Scheren schneiden to cut the sheep in shearing couper le mouton pendant la tonte	обрѣзать *или* уколоть *или* ранить овцу при стрижкѣ ferire di taglio la pecora nel tosare cortar la oveja al esquilarla
13	beschädigtes Fell (n) damaged [*or* cut] skin *or* pelt peau (m) lésee *ou* blessée	поврежденная шкура (жр) pelle (f) danneggiata piel (f) cortada
14	unbeschädigtes Fell (n) undamaged skin peau (f) intacte *ou* non abîmée	неповрежденная шкура (жр) pelle (f) illesa piel (f) intacta
15	das Fell beschädigen to damage the skin abîmer la peau	повредить шкуру danneggiare la pelle estropear la piel
16	einmaliges Scheren (n), einmalige Schur (f), Einschur (f) single clip[ping] tonte (f) unique *ou* faite une fois par an	однократная стрижка (жр), однострижка (жр) tosatura (f) fatta una volta l'anno esquileo (m) único *o* anual
17	zweimaliges Scheren (n), zweimalige Schur (f), Zweischur (f) double clip[ping] tonte (f) faite deux foix par an	двукратная стрижка (жр), двойная стрижка (жр), двустрижка (жр) tosatura (f) fatta due volte l'anno esquileo (m) hecho dos veces por año
18	Schurertrag (m) wool clip, output of shearing rendement (m) de la tonte	выход (мр) шерсти при стрижкѣ rendimento (m) della tosatura rendimiento (m) del esquileo
19	Ertragfähigkeit (f) einer Schafart *oder* Schafrasse an Wolle productivity of a sheep breed productivité (f) d'une race de mouton	выход (мр) с данной породы овец produttività (f) d'una razza di pecore productividad (f) de una raza de ovejas
20	Wollertrag (m) des Schafes yield of wool from the sheep rendement (m) en laine du mouton	выход (мр) шерсти с овцы rendimento (m) in lana della pecora rendimiento (m) de lana de la oveja
21	Wollmenge (f) quantity of wool quantité (f) de laine	количество (ср) шерсти quantità (f) di lana cantidad (f) de lana
22	Vliesgewicht (n), Schurgewicht (n) weight of fleece poids (f) de la toison	вѣс (мр) руна, вѣс (мр) стрижки peso (m) del vello peso (m) del vellón
23	schweres Vlies (n) heavy fleece toison (f) lourde	тяжелое руно (ср) vello (m) pesante vellón (m) pesado
24	die Wolle vliesweise zusammenlegen to put the wool together by fleeces rassembler la laine par toisons	складывать шерсть (жр) порунно riunire la lana vello per vello reunir *o* juntar la lana en vellones

No.	German / English / French	Russian / Italian / Spanish
1	mehrere Vliese (npl) zusammenpacken to pack several fleeces together mettre plusieurs toisons (fpl) dans un [seul] paquet	упаковывать вмѣстѣ нѣсколько рун [af]faggottare parecchi velli poner varios vellones juntos
2	das Vlies zusammenrollen to roll up the fleece rouler la toison	скатывать руно arrotolare il vello arrollar el vellón
3	das Vlies in ein Bund zusammenbinden to bind the fleece together into a bundle lier la toison dans un [seul] paquet	увязывать руно в одну вязку arrotolare o legare il vello in un fagotto hacer un solo paquete del vellón
4	Wollpack (m) bundled fleece toison (m) en paquet	бунт (мр) шерсти vello (m) in rotolo vellón (m) empaquetado
5	die geschorene Wolle schwitzt aus the shorn wool sweats la laine tondue transpire	стриженная шерсть (жр) выдѣляет пот la lana tosata trasuda la lana esquilada transpira
6	Schwitzen (n) *oder* Ausschwitzen (n) der geschorenen Wolle sweating of the shorn wool transpiration (f) *ou* suée (f) de la laine tondue	выдѣленіе (ср) пота стриженной шерстью trasudazione (f) della lana tosata transpiración (f) de la lana esquilada
	b) Das Enthaaren der Felle	**Удаленіе (ср) волоса с кожи (со шкуры)**
7	**Unhairing the skin**	**Pelamento (m) *o* spelamento (m) delle pelli**
	Délainage (m) des peaux	**Depilación (f) de las pieles**
8	Schafpelz (n), Schaffell (n) pelt [of sheep] peau (f) du mouton	овчина (жр), овечій мѣх (мр), овечья шкура (жр) pelle (f) di pecora colla lana piel (f) de oveja
9	Lammfell (n) lamb skin peau (f) d'agneau	мѣх (мр) *или* шкурка (жр) ягнёнка pelle (f) d'agnello piel (m) de cordero, zamarro (m)
10	abledern (va), enthäuten (va), das Fell abziehen to skin (va), to strip the skin écorcher la peau	свѣжевать, сдирать *или* снимать шкуру *или* кожу sc[u]oiare (va) desollar (va), despelejar (va)
11	Abledern (n), Abziehen (n) des Felles skinning écorchage (m) de la peau	сдираніе (ср) кожи, свѣжеваніе (ср) sc[u]oiatura (f) desolladura (f)
12	Abscheren (n) *oder* Abbringen (n) des Felles shearing the skin *or* fleece tonte (f) de la peau *ou* de la toison	стрижка (жр) шкуры tosatura (f) della pelle *o* del vello esquilamiento (m) de la piel
13	das Schaffell enthaaren to unhair the sheep skin délainer *ou* dépiler la peau du mouton	очистить от волоса овечью шкуру [s]pelare la pelle di pecora depilar *o* pelar la piel de oveja
14	Lockerung (f) des Haares loosening of the hair relâchement (m) du poil	ослабленіе (ср) волос rilassamento (m) del pelo aflojamiento (m) del pelo
15	Zerstörung (f) der Haarzwiebeln destruction of the hair bulbs destruction (f) des bulbes pileux	разрушеніе (ср) волосяной луковицы distruzione (f) dei bulbi capillari destrucción (f) de los bulbos del pelo
16	die Haarzwiebel zerstören to destroy the hair bulb détruire le bulbe pileux	разрушить волосяную луковицу distruggere il bulbo capillare destruir el bulbo del pelo
17	unteres Haarende (n) bottom end of the hair extrémité (f) inférieure du poil	нижній конец (мр) волоса estremità (f) inferiore del pelo extremidad (f) inferior del pelo
18	Gerber (m) tanner tanneur (m)	кожевник (мр), дубильщик (мр) conciatore (m), conciapelli (m) curtidor (m)
19	Gerberwolle (f) fellmongered wool laine (f) pelade, laine avalie	шерсть (жр) с кожевеннаго завода lana (f) di concia lana (f) de piel, peladiza (f)
20	das Schaffell erweichen *oder* aufweichen to soften the sheep skin ramollir la peau du mouton	вымачивать овечью шкуру rammorbidare la pelle pecorina reblandecer *o* remojar la piel de oveja
21	Aufweichen (n) *oder* Erweichen (n) der Felle in Gruben softening the skins in pits rammollissement (m) des peaux en fosses	вымачиваніе (ср) шкур в ямах rammollimento (m) delle pelle alla fossa reblandecimiento (m) de las pieles en noques
22	die Felle (npl) vorsichtig abspülen to rinse the skins carefully rincer les peaux (fpl) avec soin	осторожно полоскать шкуры risciacquare le pelli con cura limpiar las pieles lavando con cuidado
23	die Wolle verfilzt auf dem Fell the wool felts on the skin la laine se feutre sur la peau	шерсть (жр) сваливается на шкурѣ la lana si feltra sulla pelle la lana se afieltra sobre la piel
24	das Fell wird minderwertig the skin becomes inferior la peau devient inférieure	кожа (жр) становится малоцѣнною la pelle diventa di qualità inferiore la piel disminuye en calidad

1 minderwertiges Fell (n)
inferior skin
peau (f) inférieure
малоцѣнная кожа (жр) *или* шкура (жр), шкура (жр) плохого качества
pelle (f) di qualità inferiore
piel (f) de calidad inferior

2 Fleischseite (f) des Felles
flesh side of the skin
côté (m) chair de la peau
мездровая сторона (жр) кожи
lato (m) carnoso della pelle
carnaza (f) de la piel

3 Kalkbehandlung (f) des Felles
liming the skin *or* pelt
travail (m) de la peau à la chaux
обработка (жр) кожи известью
trattamento (m) della pelle alla calce
tratamiento (m) de la piel con cal

4 die Fleischseite mit Grünkalk bestreichen
to paste the flesh side with green lime *or* gas lime
enduire le côté chair de chaux du gaz
осыпать меадровую сторону известью
impastare il lato carnoso con calce di gas
engrudar la carnaza con cal de gas

5 Abgiften (n) der Wolle, Enthaaren (n) mit Arsenkalk
loosening the wool by arsenic [treatment]
délainage (m) par traitement à l'arsenic
вытравливаніе (ср) шерсти посредством мышьяковистой извести
pelamento (m) o trattamento (m) della lana coll'arsenico
depilación (f) con arsénico

6 die Wolle abgiften
to loosen the wool by arsenic
délainer à l'arsenic
вытравить шерсть (жр)
pelare coll'arsenico, arsenicare la lana
depilar la piel con arsénico

7 giftiges Präparat (n), giftige Zubereitung (f)
poisonous preparation
préparation (f) vénéneuse
ядовитый препарат (мр), вытравной состав (мр)
preparato (m) velenoso
preparado (m) venenoso

8 Arsenik (n)
arsenic
arsenic (m)
мышьяк (мр)
arsenico (m)
arsénico (m)

9 abgegiftete Wolle (f)
wool loosened by arsenic
laine (f) enlevée par l'arsenic
вытравленная шерсть (жр)
lana (f) arsenicata
lana (f) eliminada con arsénico

10 die Wolle abrupfen
to pluck *or* to pull the wool
arracher la laine
выщипывать *или* оскубывать шерсть (жр)
strappare la lana
arrancar la lana

11 Enthaaren (n) durch Gärung, Schwitzen (n), Abschwitzen (n), Abdämpfen (n)
removal of wool from the skin by sweating
délainage (m) par un procédé de fermentation, échauffe (f)
удаленіе (ср) волоса посредством броженія, выпотѣванія, отпариванія
pelamento (m) per fermentazione
depilación (f) de la piel por fermentación

12 Abbeizen (n) der Wolle
removing the wool by corrosion
délainage (m) par un procédé corrosif
протравленіе (ср) шерсти
pelamento (m) per azione corrosiva
depilación (f) de la piel por procedimiento corrosivo

13 die Wolle abbeizen
to remove the wool by corrosion
délainer par un procédé corrosif
протравлять шерсть (жр)
pelare la pelle con corrosivi
depilar la piel por procedimiento corrosivo

14 die Wolle abmachen *oder* abstoßen *oder* abschaben *oder* schaben
to scrape off the wool
[d]ébourrer *ou* racler la peau
скоблить *или* соскабливать шерсть (жр)
raschiare la lana
rascar *o* raspar la lana

15 Abmachen (n) *oder* Abstoßen (n) *oder* Abschaben (n) *oder* Schaben (n) der Wolle
scraping off the wool
[d]ébourrage (m) de la laine
скобленіе (ср) *или* соскабливаніе (ср) *или* сострачиваніе (ср) шерсти (с кожи)
raschiatura (f) della lana
raspadura (f) de la lana

16 Schabebock (m)
scraping block
chevalet (m) à ébourrer
скребной *или* скобельный козел (мр) (чурбан на ножках)
cavalletto (m) da conciatore
caballete (m)

17 Schabemesser (n)
scraping knife, knife for unhairing
couteau (m) à ébourrer *ou* à délainer
скобель (мр), скоблильный нож (мр)
raschino (m), coltello (m) da raschiare
raspador (m), rascador (m)

18 die Wolle absengen *oder* abbrennen
to singe the wool
griller la laine
опаливать шерсть (жр)
abbruciacchiare la lana
chamuscar la lana

19 elektrisches Wollabschabemesser (n)
electric de-woolling knife *or* knife for unhairing
couteau (m) pour le délainage électrique
электрическій опаливатель (мр)
raschiatoio (m) elettrico
cuchillo (m) eléctrico de raspar

20 a
Platindraht (m)
platinum wire
fil (m) de platine
платиновая проволка (жр)
filo (m) di platino
alambre (m) de platino

21 Schafhaut (f)
hide of the sheep
cuir (m) [*ou* peau (f) délainée] du mouton
овечья кожа (жр)
pelle (f) pecorina *o* di pecora
cuero (m) de oveja

22 Fellverkauf (m)
sale of skins
vente (f) des peaux
продажа (жр) шкур *или* кож
vendita (f) delle pelli
venta (f) de las pieles

1	Fellhändler (m) fellmonger pelletier (m)	торговец (мр) шкурами *или* кожею mercante (m) di pelli comerciante (m) en pieles
2	**10. Das Reinigen der Wolle** **Scouring *or* Cleaning the Wool** **Nettoyage (m) de la laine**	**Очистка (жр) шерсти** **Pulitura (f) della lana** **Limpieza (f) de la lana**
3	**a) Allgemeines (n)** **General** **Généralités (f pl)**	**Общее (ср)** **Generalità (f pl)** **Generalidades (f pl)**
4	die Wolle ist unrein the wool contains impurities la laine contient des impuretés	шерсть (жр) грязна la lana è sudicia la lana está sucia
5	unreine *oder* verunreinigte Wolle (f) dirty wool laine (f) sale	нечистая *или* загрязненная шерсть (жр), замаранная шерсть (жр) lana (f) sporca lana (f) sucia
6	Unreinigkeiten (f pl) der Wolle impurities of the wool impuretés (f pl) de la laine	нечистоты (жр) шерсти impurità (f pl) nella lana impurezas (f pl) en la lana
7	Reinigungsverfahren (n) method of cleaning méthode (m) de nettoyage *ou* d'épuration	способ (мр) *или* метод (мр) очистки metodo (m) di pulitura método (m) de [la] limpieza
8	Schafschweiß (m), Fettschweiß (m), Wollschweiß (n) yolk, suint suint (m)	овечій пот (мр), жировой пот (мр), шерстяной пот (мр) sudiciume (m), grasso (m) suarda (f), churre (m)
9	Schweißgehalt (m) der Wolle proportion of yolk in the wool teneur (f) de la laine en suint	содержаніе (ср) (количество) пота в шерсти contenuto (m) di sudiciume nella lana contenido (m) de churre en la lana
10	milder *oder* leichtflüssiger *oder* öliger Schweiß (m) fluid *or* oily yolk suint (m) doux *ou* très liquide *ou* huileux	мягкій *или* жидковатый *или* маслянистый пот (мр) sudiciume (m) leggiero o oleoso churre (m) aceitoso
11	schwerer *oder* talgiger *oder* schwerflüssiger Schweiß (m) solid *or* heavy *or* tallow-like *or* semi-fluid yolk suint (m) semi-liquide *ou* suiffeux	тяжелый, сальный *или* густой пот (мр) sudiciume (m) pesante churre (m) sebáceo *o* grasiento
12	grüner Wachsschweiß (m) *oder* wachsartiger Schweiß (m) green waxy yolk suint (m) cireux vert	зеленый восковой *или* воскообразный пот (мр) sudiciume verde ceroso churre (m) verde ceroso

harziger *oder* harzartiger Schweiß (m) resin-like yolk suint (m) résineux	смоляной *или* смолообразный пот (мр) sudiciume (m) resinaceo churre (m) resinoso	13
Rostschweiß (m), rostfarbener Schweiß (m) reddish yolk suint (m) rougeâtre	ржавый пот (мр), пот (мр) цвѣта ржавчины sudiciume (m) di colore ruggine churre (m) rojizo	14
zäher Schweiß (m), Stechschweiß (m) tough yolk suint (m) tenace	тягучій, вязкій, клейкій пот (мр) sudiciume (m) viscido churre (m) duro	15
Wollschweißbestandteile (m pl) constituents of yolk composants (m pl) du suint	составныя части шерстяного пота componenti (m pl) del sudiciume componentes (m pl) del churre	16
K_2CO_3	Pottasche (f), kohlensaures Kali (n), Kaliumkarbonat (n) carbonate of potassium, potash carbonate (m) de potasse углекислый калій (мр), поташ (мр) carbonato (m) di potassa carbonato (m) potásico o de potasa	17
K_2SO_4	schwefelsaures Kali (n), Kaliumsulfat (n) sulphate of potassium sulfate (m) de potasse сѣрнокислый калій (мр), сѣрнокаліевая соль (жр) solfato (m) di potassa sulfato (m) potásico	18
KCl	Chlorkalium (n), Kaliumchlorid (n) chloride of potassium chlorure (m) de potassium хлористый калій (мр) cloruro (m) potassico cloruro (m) potásico	19
[rohe] Schweißwolle (f), Schmutzwolle (f) greasy wool laine (f) en suint, laine grasse *ou* surge	(грязная) потная шерсть (жр) lana (f) sudicia lana (f) sucia	20
Fettgehalt (m) der Rohwolle proportion *or* percentage of grease in the raw wool teneur (f) en suint de la laine crue	содержаніе (ср) жира в шерсти сырцѣ contenuto (m) di grasso della lana greggia contenido (m) de grasa de la lana en bruto	21
fettschwere Schweißwolle (f), Fettwolle (f) very greasy wool laine (f) en suint riche en graisse	шерсть (жр) сильно загрязненная жирным потом, жирная шерсть (жр) lana (f) ricca di grasso lana (f) rica en grasa	22
Wollfett (n), Naturfett (n) *oder* natürliches Fett (n) der Wolle natural grease in the wool matière (f) grasse naturelle de la laine, graisse (f) de laine	шерстяной жир (мр), естественный жир (мр) шерсти grasso (m) naturale della lana grasa (f) natural de la lana, grasa de lana, grasa lanera	23

No.	Deutsch / English / Français	Русский / Italiano / Español
1	freier Fettgehalt (m) der Wolle percentage of free grease in the wool pourcentage (m) de matière grasse libre de la laine	содержаніе (ср) свободнаго жира в шерсти percentuale (m) di materia grassa nella lana percentaje (m) de grasa libre en la lana
2	flüssiger Zustand (m) *oder* Flüssigkeit (f) des Wollfettes (n) fluidity of grease état (m) liquide de la graisse de laine	текучесть (жр) шерстяного жира fluidità (f) del grasso estado (m) liquido de la grasa de lana
3	das Wollfett erstarrt the wool grease solidifies la graisse de laine se solidifie	шерстяной жир (мр) застывает il grasso si solidifica la grasa (f) se solidifica
4	Erstarren (n) des Wollfettes solidifying of the wool grease solidification (f) de la graisse de laine	застываніе (ср) шерстяного жира solidificazione (f) del grasso solidificación (f) de la grasa
5	erstarrtes Wollfett (n) solidified grease graisse (f) de laine solidifiée	застывшій шерстяной жир (мр) grasso (m) solidificato grasa (f) solidificada
6	das Wollfett erweichen to soften the grease ramollir la graisse de laine	размягчать шерстяной жир (мр) ammollire il grasso ablandar la grasa
7	[künstliches] Einfetten (n) des Schafes [artificial] greasing of the sheep graissage (m) [artificiel] du mouton	искусственное втираніе (ср) жира овцѣ ungimento (m) [artificiale] della pecora engrase (m) [artificial] de la oveja
8	Kletten (fpl), Pflanzenreste (mpl), pflanzliche Beimengungen (fpl) burs, vegetable admixtures glouterons (mpl), bardanes (fpl), grat[e]rons (mpl), chardons (mpl), débris (mpl) végétaux	репей (мр), колючки, (застрявшія в шерсти травянистыя частицы) bardane (fpl), lappole (fpl), sostanze (fpl) *o* impurità (fpl) vegetali motas (fpl), pajas (fpl), bardanas (fpl), lampazos (mpl), residuos (mpl) vegetales
9	die Wolle ist mit Kletten durchsetzt the wool is laden with bur[r]s la laine est chargée de chardons	шерсть (жр) засорена репейником la lana è carica di sostanze vegetali la lana está cargada de pajas
10	klettenhaltige Wolle (f) burry wool laine (f) chardonneuse	шерсть (жр) содержащая репей lana (f) contenente sostanze vegetali lana (f) cargada de pajas *o* motas
11	**b) Das Waschen und Trocknen der Wolle** **Wool Washing and Drying** **Lavage (m) et séchage (m) de la laine**	**Промывка (жр) и сушка (жр) шерсти** **Lavatura (f) e asciugamento (m) della lana** **Lavaje (m) y desecación (f) de la lana**
12	α) Allgemeines (n) General Généralités (fpl)	Общее (ср) Generalità (fpl) Generalidades (fpl)
13	die Wolle waschen to wash the wool laver la laine	мыть *или* промывать шерсть lavare la lana lavar la lana
14	den Wollschmutz durch Waschen entfernen to remove the dirt in the wool by washing enlever les impuretés (fpl) *ou* saletés (fpl) de la laine par le lavage	удалять грязь промывкою, отмывать грязь от шерсти togliere *o* eliminare le impurità dalla lana lavandola quitar las suciedades de la lana mediante el lavaje
15	Wollwäscherei (f), Wollwaschanlage (f) wool washing plant usine (f) de lavage pour laine	шерстомойка (жр) lavatoio (m) *o* lavanderia (f) di lana lavadero (m) de lanas
16	Wollwäscherei (f), Wollwäsche (f), Waschen (n) der Wolle wool washing lavage (m) des laines	мытьё (ср) шерсти, промывка (жр) шерсти lavatura (f) *o* lavaggio (m) della lana lavado (m) *o* lavadura (f) de las lanas, lavaje (m)
17	Wollwäscher (m) wool washer laveur (m) de laine	шерстомойщик (мр) (рабочій на шерстомойкѣ) lavatore (m) di lana lavador (m) de lana
18	Wollentschweißung (f), Entschweißen (n) *oder* Entfetten (n) der Wolle de-greasing *or* scouring the wool dessuintage (m) *ou* désuintage (m) *ou* dégraissage (m) de la laine	удаленіе (ср) пота из шерсти, мытье (ср) шерсти sgrassamento (m) della lana desengrase (m) de la lana
19	die Wolle entschweißen *oder* entfetten to de-grease *or* to scour the wool dessuinter *ou* désuinter *ou* dégraisser la laine	удалить пот (мр) из шерсти sgrassare la lana desengrasar la lana
20	β) Mechanische Wäsche (f) Mechanical Washing Lavage (m) mécanique	Механическая мойка (жр) Lavatura (f) meccanica Lavamiento (m) mecánico, lavaje (m) mecánico
21	β_1) Rücken- *oder* Pelzwäsche (f), Vorwäsche (f), Naturwäsche (f) Washing on the back of the sheep, washing the sheep before shearing Lavage (m) à dos *ou* sur pied *ou* avant tonte	Мытьё (ср) шерсти на овцѣ, предварительная промывка (жр) Lavatura (f) prima della tosatura *o* addosso all'animale Lavaje (m) antes del esquileo *o* en pie
22	Schwemmwäsche (f) river washing lavage (m) en rivière *ou* dans l'eau courante	мытьё (ср) в рѣкѣ guazzamento (m) lavaje (m) al rio
23	Sturzwäsche (f) washing by douche lavage (m) à douches	мытьё (ср) обливаніем водою docciatura (f) lavaje (m) por duchas

1 Spritzwäsche (f)
washing by [water from a] hose pipe
lavage (m) à l'eau forcée *ou* à tuyau flexible
мытьё (ср) водою из рукава
lavatura (f) mediante tubo flessibile
lavaje (m) a la manguera

2 Waschteich (m)
washing pond
étang (m) à lavage
пруд (мр) для мытья овец *или* шерсти, моечный пруд (мр)
stagno (m)
balsa (f) de lavaje

3 Waschplatz (m)
washing place
laverie (f)
моечный двор (мр), мѣсто (ср) для мытья шерсти
lavatoio (m)
sitio (m) de lavaje

β_1) Fabrikwäsche (f)
Фабричная мойка (жр) *или* мытьё (ср)

4 Mill Scouring
Lavatura (f) in officina

Lavaje (m) en la fábrica
Lavage (m) à l'usine

5 Lohnwäscherei (f)
commission scouring mill
usine (f) de lavage à façon *ou* mercenaire
шерсто-мойка (жр) для давальческаго товара
lavanderia (f) mercenaria
lavadero (m) mercenario

6 Lohn[woll]wäscherei (f), Waschen der Wolle gegen Lohn
scouring on commission
lavage (m) mercenaire
мытьё (ср) шерсти от давальцев за плату
lavatura (f) mercenaria
lavaje (m) mercenario

7 Waschverfahren (n)
washing *or* scouring method
méthode (f) de lavage
процесс (мр) *или* способ (мр) мытья
metodo (m) *o* sistema (m) di lavatura
método (m) de lavaje

8 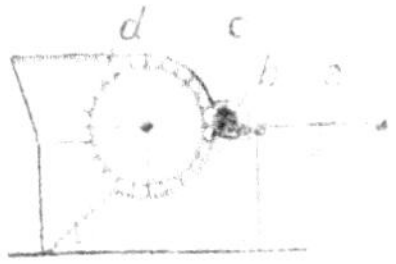

Öffner (m) *oder* Reißwolf (m) für Schweißwolle
opener for greasy wool
ouvreuse (f) pour laine en suint
разрыхлитель (мр) *или* щипательный волчек (мр) для грязной шерсти; опенер (мр)
apritoio (m) per lana sudicia
abridor *o* abridora (f) de lana sucia

9 a
Lattentisch (m)
feed lattice
tablier (m) d'alimentation
питательная рѣшетка (жр), рѣшетчатый стол (мр)
tavola (f) di alimentazione
tablero (m) de alimentación

10 b
Stachelwalze (f)
spiked roller
hérisson (m)
игольчатый вал (мр)
cilindro (m) con spine *o* denti
cilindro (m) con púas

11 c
Trommel (f), Tambour (m)
cylinder, drum
tambour (m), cylindre (m)
барабан (мр)
tamburo (m), cilindro (m)
tambor (m), cilindro (m)

d
Zahnstift (m)
pin, tooth
dent (f), pointe (f)
игла (жр), зуб (мр)
spina (f), dente (f)
púa (f) 12

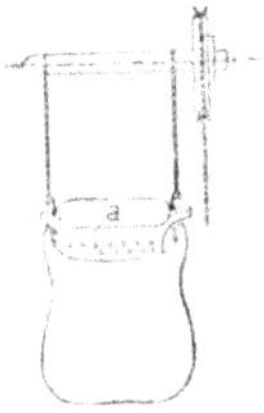

Entschweißvorrichtung (m)
washing *or* scouring apparatus
appareil (m) de dessuintage *ou* de dégraissage 13
аппарат (мр) для обезжириванія
dispositivo (m) di sgrassamento
aparato (m) de desengrasar

a
siebartig durchlöcherter Kupferkessel (m)
perforated copper pan
cuve (f) en cuivre perforée
ситообразный [дырчатый] перфорированный котел (мр) 14
vasca (f) di rame a staccio *o* perforata
cargador (m) perforado de cobre

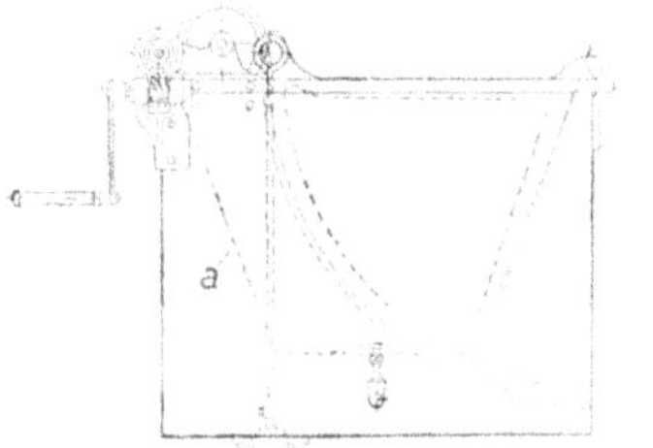

Entschweißvorrichtung (f)
washing *or* scouring apparatus
appareil (m) de dessuintage *ou* de dégraissage 15
промывной аппарат (мр) для обезжириванія
dispositivo (m) di sgrassamento
aparato (m) de desengrasar

a
mit Löchern *oder* Öffnungen versehener *oder* perforierter Entschweißkorb (m)
perforated hopper *or* pan
cuve (f) perforée
дырчатый короб (мр), ситообразная корзина (жр) 16
vasca (f) di rame a staccio
cargador (m) perforado

die Wolle mit Stöcken durcharbeiten
to stir the wool with sticks
brasser la laine avec des bâtons *ou* baguettes
обрабатывать шерсть ударами палок
rimenare la lana con batacchi 17
revolver la lana con bastones

Schweißbad (n)
scouring *or* de-greasing bath
bain (m) de dessuintage
ванна (жр) для обезжириванія [жидкость для обезжириванія]
bagno (m) di sgrassamento 18
baño (m) de desengrasar

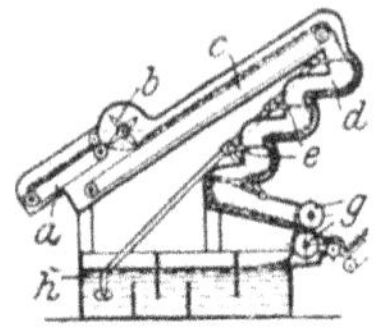

1 Wollwaschmaschine (f)
wool washing machine
laveuse (f) à laine, machine (f) à laver la laine
шерсто-мойная машина (жр)
lavatrice (f) a macchina per la lana
máquina (m) para lavar la lana

2 a Speisetisch (m), oberer Speiseriemen (m)
feed[ing] belt
courroie (f) d'alimentation
питательный стол (мр), верхній питатель (мр)
cinghia (f) di alimentazione
correa (f) de alimentación superior

3 b Auflockerungswalze (f)
loosening beater
volant (m)
взрыхлительный вал (мр), шерстобит (мр)
cilindro (m) battitore
cilindro (m) aligerador

4 c Zuführungsriemen (m), unterer Speiseriemen (m)
conveyor belt
courroie (f) transporteuse
подводящій ремень (мр), нижній ленточный транспортер (мр)
cinghia (f) di trasporto
correa (f) de alimentación inferior

5 d schlangenförmiger Reinigungskanal (m)
serpentine-shaped cleaning canal
canal (m) de nettoyage en forme de serpentin
змѣевидный промывной канал (мр)
canale (m) di purificazione in forma di serpentina
canal (m) de limpieza en forma de serpentina

6 e Strahldüse (f)
water jet nozzle
tuyère (f) à jet d'eau
водоструйный аппарат (мр) [наконечник] эжектор (мр), распылитель (мр)
ugello (m) di spruzzamento o a getto d'acqua
tobera (f) de chorro

7 g Wringwalze (f), Quetschwalze (f), Druckwalze (f)
squeezing roller, squeezer, press roller
rouleau (m) *ou* cylindre (m) exprimeur, squeezer (m)
зажимной, выжимной *или* отжимной вал (мр)
cilindro (m) spremitore
cilindro (m) prensador

8 h Wasserbehälter (m) mit Filtervorrichtung
tank with filtering apparatus
cuve (f) *ou* bassin (m) avec filtre
водяной бассейн (мр) с отстойником
serbatoio (m) o bacino (m) [d'acqua con apparecchio] di chiarificazione o filtrante
depósito (m) de agua con clarificador

die mitgerissenen Wollteilchen (npl) setzen sich ab
the wool particles carried away by the water current are settling
les particules (fpl) de laine entraînées par l'eau se déposent
увлеченныя частицы шерсти осаждаются
le particelle di lana portate via dall'acqua si depongono
las partículas de lana arrastradas se decantan 9

Fertigwaschen (n) der entschweißten Wolle
final washing of the scoured wool
lavage (m) final de la laine dessuintée
окончательная промывка (жр) обезжиренной шерсти
lavatura (f) finale della lana sgrassata 10
lavaje (m) final de la lana desengrasada

Spülen (n) *oder* Auswaschen (n) der Wolle
rinsing the wool
rinçage (m) de la laine
полосканіе (ср) *или* окончательная промывка (жр) шерсти
risciacquamento (m) della lana 11
enjuagadura (f) de la lana

die Wolle spülen *oder* auswaschen
to rinse the wool
rincer la laine
полоскать, выполаскивать мытую шерсть 12
risciacquare la lana
enjuagar la lana

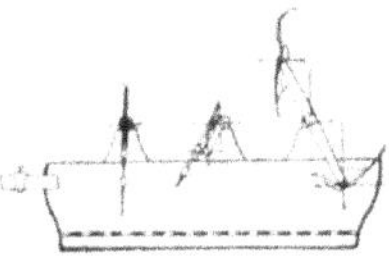

Wollspülmaschine (f)
wool rinsing machine
rinceuse (f) pour laine, machine (f) à rincer la laine
машина (жр) для полосканія [прополаскиванія] шерсти 13
macchina (f) risciacquatrice per la lana
máquina (f) de enjuagar la lana

Petsche (f), Rechen (m) Spülrechen (m)
[washing] rake
râteau (m), fourche (f)
полоскательныя грабли *или* вилы 14
rastrello (m)
rastrillo (m) de lavar

die Wolle mit Handrechen bearbeiten
to turn the wool with hand rakes
brasser la laine avec des râteaux
перекидка (жр) шерсти ручными граблями
rastrellare la lana, smuovere la lana col rastrello 15
batir la lana a mano con rastrillos

die Wolle einweichen
to steep the wool
tremper la laine
замачивать шерсть, мочить шерсть
bagnare o inconcare la lana 16
macerar la lana

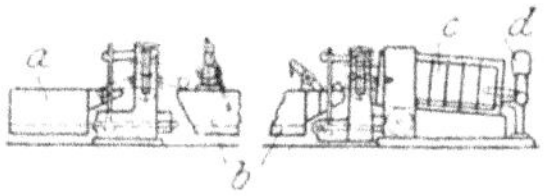

a Einweichbottich (m)
steeping bowl
cuve (f) de trempage
мочильный чан (мр), [корыто] 17
inconcatoio (m)
cuba (f) de maceración

b Waschbottich (m), Auswaschbottich (m), Spülbottich (m) Bad (n)
rinsing vat, wash bowl
cuve (f) de lavage et de rinçage 18
полоскательный чан (мр), промывной чан
tinozza (f), risciacquatoio (m)
cuba (f) de lavar

1 Bäderreihe (f), Bädergruppe (f), Bäderbatterie (f)
series of washing tanks *or* vats
batterie (f) de cuves
баттарея (жр) промывных чанов
fila (f) *o* serie (f) di tinozze
cubas (fpl) de lavar en serie

2 die Wolle trocknen
to dry the wool
[faire] sécher la laine
сушить шерсть (жр)
asciugare la lana
secar la lana

3 Trocknen (n) der Wolle
wool drying
séchage (f) de la laine
сушка (жр) *или* сушенiе (ср) шерсти
asciugamento (m) della lana
desecación (f) de la lana

4 c
Trockentrommel (f)
drying cylinder
tambour (m) sécheur, cylindre (m) de séchage
сушильный барабан (мр)
cilindro (m) essiccatore
cilindro (m) secador

5 Einölen (n) der Wolle
oiling the wool
ensimage (m) de la laine
промасливанiе (ср) шерсти
ungimento (m) d'olio *o* inoliamento (m) della lana
engrase (m) de la lana

6 d
Einölvorrichtung (f)
oiling device
ensimeuse (f)
прибор (мр) *или* аппарат (мр) для промасливанiя
dispositivo (m) oliatore
dispositivo (m) de engrase

7 Waschzug (m), Leviathan (m)
leviathan washer
léviathan (m)
непрерывно-промывной аппарат (мр), „левiафан"
leviathan (m)
leviatán (m)

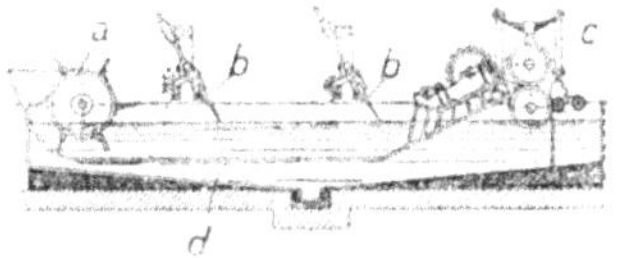

8 a
Eintauchwalze (f)
immersing roller
rouleau (m) d'immersion, plongeur (m)
загрузочный вал (мр)
cilindro (m) d'immersione
cilindro (m) de inmersión

9 b
Gabel (f), Spülgabel (f)
rake
fourche (f)
вилы, грабля (жр), полоскательныя вилы
rastrello (m)
horquilla (f) para agitar la lana

10 c
Quetschwalze (f), Druckwalze (f), Wringwalze (f)
squeezing roller, press roller
cylindre (m) exprimeur, presse (f)
отжимной вал (мр)
cilindro (m) spremitore
cilindro (m) prensador

d
Siebboden (m)
perforated *or* false bottom
faux-fond (m), double fond (m) perforé 11
рѣшетчатое дно (ср)
fondo (m) perforato
fondo (m) perforado

die Wolle mit warmem Wasser behandeln
to treat the wool with warm water
traiter la laine à l'eau chaude
шерсть (жр) обрабатывать горячей водой
trattare la lana all'acqua calda 12
tratar la lana con agua caliente

unlösliche Verunreinigungen (fpl) der Wolle
insoluble impurities of the wool
impuretés (fpl) insolubles de la laine
нерастворимыя примѣси шерсти
impurità (fpl) insolubili della lana 13
impurezas (fpl) insolubles de la lana

Schlamm (m)
slime, sludge
boue (f)
ил (мр), грязь (жр), шлам (мр)
fango (m) 14
fango (m), cieno (m)

Sand (m)
sand
sable (m)
песок (мр)
sabbia (f) 15
arena (f)

Fetteilchen (npl)
fat particles
particules (fpl) de graisse
жировыя частички
particelle (fpl) grasse
partículas (fpl) de grasa 16

Waschverlust (m), Gewichtsverlust (m) durch Waschen
loss of weight by washing
perte (f) de poids au lavage
потеря (жр) вѣса от промывки
perdita (f) in peso per la lavatura 17
pérdida (f) de peso en el lavaje

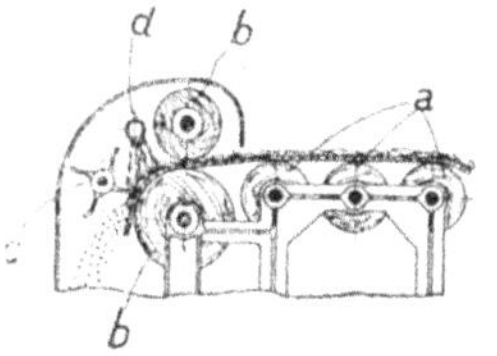

Spül- *oder* Waschmaschine (f) für Schafpelze, Säbelmaschine (f)
washing machine for sheep skins
machine (f) à laver et à rincer les toisons 18
полоскательно-моечная машина (жр) для овчин или овечьих шкур
risciacquatoio (m) *o* lav (m) meccanico per pelatoio corine li pe-
máquina (f) para lavar vellones

a
Auflagewalze (f)
feed roller
cylindre (m) alimentaire
питательный валик (мр) 19
cilindro (m) d'alimentazione
cilindro (m) alimentador

b
Einzugwalze (f)
drawing-in *or* taking-in roller
rouleau (m) entraîneur *ou* d'introduction 20
прiемный вал (мр)
cilindro (m) d'introduzione
rodillo (m) de arrastre

1 c
Schlagwalze (f)
beater roller
rouleau (m) batteur, volant (m)
волчёк (мр)
cilindro (m) battitore
cilindro (m) batidor

---

2 d
Spritzrohr (n)
water jet pipe
tuyau (m) à jet d'eau
брызгалка (жр)
tubo (m) a getto d'acqua
tubo (m) de chorro de agua

3
den Schmutz abspülen
to rinse away the dirt
enlever les saletés (f pl) par rinçage
смывать грязь
rimuovere le impurità risciacquando
quitar la suciedad por el enjuague

4
die [gereinigten] Felle auf Stangen aufhängen
to hang up the [cleaned] skins on poles
suspendre les peaux (f pl) [nettoyées] sur des claies
развѣшивать на жердях очищенныя овчины
sospendere le pelli [ripulite] sulle pertiche
colgar en las perchas los vellones [limpios]

5
Trockenkammer (f)
drying chamber
chambre (f) de séchage, séchoir (m)
сушилка (жр), сушильная камера (жр)
camera (f) d'essiccamento
cámara (f) de desecación

6
Waschlauge (f), Flotte (f)
washing liquor, washing bath
liquide (m) laveur, lessive (f)
промывной щелок (мр) [ванна]
lisciva (f), acqua (f) di lavatura
lejía (f) o líquido (m) de lavaje

7
die Waschlauge ansetzen
to prepare the washing liquor
préparer la lessive
приготовленіе (ср) промывного щелока
preparare la lisciva
preparar el líquido de lavaje

8
die Waschlauge anwärmen
to warm the washing liquor
chauffer la lessive
подогрѣть щелок
riscaldare la lisciva
calentar el líquido de lavaje

9
Wärmegrad (m) *oder* Temperatur (f) der Waschlauge
temperature of the washing liquor
température (f) de la lessive
температура (жр) щелока [щелочнаго раствора]
temperatura (f) della lisciva
temperatura (f) del líquido de lavaje

10
Waschmittel (n)
washing substance *or* medium, detergent
agent (m) de lavage
промывныя средства
detergente (m)
substancia (f) de lavaje

11
harnsaures Ammoniak (n)
urate of ammonia
urate (m) ammoniacal
мочекислый аммiак (мр)
urato (m) ammoniacale
urato (m) amoniacal

12
$(NH_4)_2CO_3$
kohlensaures Ammoniak (n), Ammoniumkarbonat (n)
carbonate of ammonia
carbonate (m) d'ammoniaque
углекислый аммiак (мр)
carbonato (m) ammonico
carbonato (m) amónico

13
Ammoniaksoda (f)
ammonia-soda
soude (f) ammoniacale
аммiачная сода (жр)
soda (f) ammoniacale
sosa (f) amoniacal

14
Ammoniakverbindung (f)
compound of ammonia
composé (m) ammoniacal
аммiачное соединенie (ср)
combinazione (f) ammoniacale
compuesto (m) amoniacal

15
kalkhaltiges Bad (n)
calcareous bath
bain (m) calcaire
известково-молочная ванна (жр)
bagno (m) calcareo
baño (m) calcáreo

16
Kalkseifenniederschlag (m)
precipitate of lime soap
précipité (m) de savon de chaux
осадок (мр) известковаго мыла
precipitato (m) di sapone di calce
precipitado (m) de jabón de cal

17
Seifenlauge (f)
soap solution
solution (f) *ou* lessive (f) *ou* eau (f) de savon
мыльный щёлок (мр)
acqua (f) saponata, soluzione (f) di sapone
lejía (f) de jabón

18
Sodalauge (f)
soda lye
lessive (f) de soude
содовый щёлок (мр)
lisciva (f) di soda
lejía (f) de sosa

19
verfaulter *oder* gefaulter Urin (m)
stale urine
urine (f) pourrie
гнилая *или* загнившая моча (жр)
urina (f) [im]putridita
orina (f) podrida

20
Urinwäsche (f)
urine wash
lavage (m) à l'urine
промывка (жр) мочей
lavatura (f) all'orina *od* all'urina
lavaje (m) con orina

21
Ammoniumseife (f)
ammonia soap
savon (m) ammoniacal
аммiачное мыло (ср)
sapone (m) d'ammonio
jabón (m) de amonio

22
NH_3
freies Ammoniak (n)
free ammonia
ammoniaque (f) libre
свободный аммiак (мр)
ammoniaca (f) libera
amoníaco (f) libre

23
das Wollfett verseifen
to saponify the yolk *or* wool grease
saponifier la graisse de laine
омыливать шерстяной жир (мр)
saponificare il grasso della lana
saponificar el churre

24
die Verseifung des Wollfettes durch Zusatz von Seife einleiten
to facilitate the saponification of the wool grease by an addition of soap
faciliter la saponification de la graisse de laine par une addition de savon
начать омыленie (ср) шерстяного жира посредством примѣси мыла
facilitare la saponificazione del grasso della lana per l'aggiunta di sapone
iniciar la saponificación del churre por una adición de jabón

1 **Saponaria officinalis**
gemeines Seifenkraut (n)
soapwort
saponaire (f)
обыкновенная мыльная трава (жр)
saponaria (f)
jabonera (f) común, saponaria (f)

2
Seifenwurzel (f)
root of soapwort
racine (f) de la saponaire
мыльный корень (мр)
radice (f) della saponaria
raíz (f) de la jabonera

3 $C_{32}H_{54}O_{18}$
Saponin (n)
saponin
saponine (f)
сапонин (мр)
saponina (f)
saponina (f)

4
Ölsüß (n), Glyzerin (n)
glycerine
glycérine (f)
глицерин (мр)
glicerina (f)
glicerina (f)

5
Fettsäure (f)
fatty acid
acide (m) sébacique, acide gras
жирная кислота (жр)
acido (m) sebaceo
ácido (m) sebácico

6
das Fett durch Heißdampf zersetzen
to decompose the fat by heated steam
décomposer la graisse par la vapeur chauffée
разложить *или* расщепить жир на составныя части посредством перегрѣтаго пара
decomporre il grasso per vapore riscaldato
descomponer la grasa con el vapor recalentado

7
Verranzen (n) *oder* Ranzigwerden (n) des Fettschweißes
turning rancid of the yolk
rancissement (m) du suint
прогорклость (жр) жирового пота
inrancidimento (m) del sudiciume
enranciadura (f) de la grasa

8
ranziges Fett (n)
rancid fat
graisse (f) rance
прогоркшій жир (мр)
grasso (m) rancido
grasa (f) rancia *o* ranciosa

9
Verseifung (f)
saponification
saponification (f)
омыленіе (ср)
saponificazione (f)
saponificación (f)

10
Seife (f)
soap
savon (m)
мыло (ср)
sapone (m)
jabón (m)

11
Kali[um]seife (f), Schmierseife (f)
potash soap, soft soap
savon (m) de potasse, savon mou *ou* vert
каліевое мыло (ср), зеленое [жидкое] мыло (ср)
sapone (m) molle *o* di potassa
jabón (m) blando

12
Natriumseife (f)
soda soap, hard soap
savon (m) dur *ou* de soude
натріевое мыло (ср)
sapone (m) di soda
jabón (m) de sosa

13
in Wasser löslich, wasserlöslich
soluble in water
soluble dans l'eau
растворимый в водѣ
solubile nell'acqua
soluble en el agua

14
das Fett unmittelbar [*oder* direkt] verseifen
to saponify the fat by the direct method
saponifier la graisse directement
непосредственно омыливать жир
saponificare il grasso direttamente
saponificar la grasa directamente

15 **KOH**
Ätzkali (n)
hydrate of potash, caustic potash
potasse (f) caustique, hydrate (m) de potassium
ѣдкое кали (ср)
potassa (f) caustica, idrato (m) di potassio
potasa (f) cáustica, hidrato (m) potásico

16 **NaOH**
Ätznatron (n), Seifenstein (m)
caustic soda
soude (f) caustique
ѣдкій натр (мр), мыльный камень (мр)
soda (f) caustica
sosa (f) cáustica, hidrato (m) de sosa

17 **$NaOH + H_2O$**
Natronlauge (f)
soda lye, caustic soda solution
solution (f) de soude caustique, lessive (f) de soude
раствор (мр) ѣдкаго натра
soluzione (f) di soda caustica
solución (f) *o* lejía (f) [de sosa] cáustica

18
Gemisch (n) aus Lauge und Fett
mixture of lye and fat
mélange (m) de lessive et de graisse
смѣсь (жр) щёлока и жира
miscela (f) di lisciva e di grasso
mezcla (f) de lejía y grasa

19
angereicherte *oder* verstärkte *oder* konzentrierte Lauge (f)
concentrated lye
lessive (f) concentrée
сгущенный щёлок, концентрированный щёлок
lisciva (f) concentrata
lejía (f) concentrada

20
Anreicherung (f) *oder* Verstärkung (f) *oder* Konzentration (f) der Lauge
concentration of the lye
concentration (f) de la lessive
сгущеніе (ср) щёлока, концентрація (жр) щёлока
concentrazione (f) della lisciva
concentración (f) de la lejía

21
die Lauge mit Wasser verdünnen
to weaken *or* to dilute the lye by addition of water
étendre *ou* diluer la lessive avec de l'eau
разбавить щёлок (мр) водою
rarefare *o* diluire la lisciva coll'acqua
diluir la lejía con agua

22
das Gemisch kochen
to boil the mixture
faire cuire le mélange
кипятить смѣсь (жр)
[far] bollire la miscela
cocer la mezcla

23
es bildet sich eine milchige Flüssigkeit *oder* undurchsichtige Emulsion (f)
a cloudy emulsion is formed
une émulsion opaque se forme
образуется непрозрачная эмульсія (жр)
si forma una emulsione opaca
una emulsión opaca se forma

24 **Na_2CO_3**
Soda (f), kohlensaures Natron (n), Natriumkarbonat (n)
soda, carbonate of sodium
soude (f), carbonate (m) neutre de sodium
сода (жр), углекислый натр (мр), угленатровая соль (жр)
soda (f), carbonato (m) di soda
sosa (f), carbonato (m) sódico *o* de sodio

1 $KOH + H_2O$
Kalilauge (f)
potash lye, caustic potash solution
solution (f) de potasse caustique, lessive (f) de potasse
калийный щёлок (мр)
soluzione (f) di potassa caustica, lisciva (f) di potassa
solución *o* lejía (f) de potasa cáustica

2 Verseifungsvorgang (m), Verseifungsprozeß (m)
saponification process
procédé (m) de saponification
процесс (мр) омыленія
processo (m) di saponificazione
proceso (m) de saponificación

3 Seifenbildung (f)
formation of soap
formation (f) du savon
образованіе (ср) мыла
formazione (f) di sapone
formación (f) de jabón

4 milchige Flüssigkeit (f), Emulsion (f)
emulsion
émulsion (f)
эмульсія (жр), смѣсь (жр)
emulsione (f)
emulsión (f)

5 Stearinerzeugung (f), Stearinfabrikation (f)
stearine manufacture
fabrication (f) *ou* production (f) de la stéarine
производство (ср) стеарина
fabbricazione (f) della stearina
fabricación (f) de la estearina

6 $C_{16}H_{32}O_2$
Palmitinsäure (f)
palmitic acid
acide (m) palmitique
пальмитиновая кислота (жр)
acido (m) palmitico
ácido (m) palmítico

7 $C_{18}H_{36}O_2$
Stearinsäure (f)
stearic acid
acide (m) stéarique
стеариновая кислота (жр)
acido (m) stearico
ácido (m) esteárico

8 $C_{18}H_{34}O_2$
Ölsäure (f)
fatty acid
acide (m) oléique
масляная кислота (жр)
acido (m) oleico
ácido (m) oléico

9 Kokosfett (n), Kokos[nuß]öl (n), Kokostalg (m)
coco-nut oil
beurre (m) *ou* huile (f) de coco
кокосовый жир (мр)
olio (m) *o* grasso (m) di cocco
aceite (m) de coco

10 die Seife enthält freies unzersetztes Fett
the soap contains free indecomposed fat
le savon contient de la graisse libre et non-décomposée
мыло (ср) содержит свободный неразложившійся жир
il sapone contiene grasso non combinato e non scomposto
el jabón contiene grasa libre sin descomponer

11 die Seife enthält freies, unzersetztes Alkali
the soap contains free indecomposed alkali
le savon contient de l'alcali libre et non-décomposé
мыло (ср) содержит свободную неразложившуюся щёлочь
il sapone contiene alcali non combinato e non scomposto
el jabón contiene álcali libre sin descomponer

Fettgehalt (m) der Seife
fat contents of the soap
teneur (f) en graisse du savon
содержаніе (ср) жира в мылѣ
contenuto (m) di grasso del sapone 12
contenido (m) en grasa del jabón

Wertbestimmung (f) der Soda und Pottasche
valuation of the soda and potash
taxation (f) de la soude et de la potasse
оцѣнка (жр) качества соды и поташа
valutazione (f) della soda e della potassa 13
valuación (f) de la sosa y de la potasa

Seifenleim (m)
soap glue
colle (f) de savon, savon (m) gluant
мыльная камедь (жр), мыльный желатин (мр)
secrezione (f) saponifera 14
pasta (f) de jabón

die Seife aus dem Seifenleim abscheiden
to separate the soap from the glue
séparer le savon de la colle
выдѣлить мыло изъ мыльнаго желатина
separare il sapone dalla secrezione saponifera 15
separar el jabón de la pasta

die Seife wasserfrei machen
to free the soap from water
débarrasser le savon de l'eau
обезвоживать мыло
sottrarre l'acqua dal sapone 16
separar el agua del jabón

Kernseife (f)
grain *or* curd soap
savon (m) blanc ordinaire
ядровое мыло (ср)
sapone (m) anidro 17
jabón (m) de piedra *o* duro

Senkwage (f), Aräometer (n)
hydrometer, densimeter, areometer
aréomètre (m)
арэометр (мр)
areometro (m) 18
areómetro (m), densímetro (m)

Kalkseife (f)
lime soap
savon (m) de chaux
известковое мыло (ср)
sapone (m) di calce 19
jabón (m) de cal

Seifenersatz (m), Seifensurrogat (n)
soap substitute
succédané (m) *ou* substitution (f) de savon
суррогат (мр) мыла
surrogato (m) di sapone 20
su[b]stituto (m) de jabón

schäumende Lösung (f)
frothy solution
solution (f) écumeuse
пѣнистый раствор (мр)
soluzione (f) spumante 21
solución (f) espumosa

schäumende Abkochung (f)
frothy decoction
décoction (f) écumeuse
пѣнистый отвар (мр)
decozione (f) schiumosa 22
decocción (f) espumosa

den Stapel der Wolle beim Waschen schonen
to save *or* to preserve the staple of the wool in washing
ménager *ou* conserver *ou* entretenir la mèche de la laine au lavage
щадить волокно (ср) шерсти [волос] при промывкѣ
preservare il fiocco della lana nella lavatura 23
conservar el mechón de la lana en el lavaje

Erhaltung (f) des Stapels beim Waschen
preservation of the staple in washing
conservation (f) *ou* entretien (m) de la mèche au lavage
сохраненіе (ср) прядей при мытьѣ
preservazione (f) del fiocco nella lavatura 24
conservación (f) del mechón en el lavaje

1 Verwirrung (f) *oder* Verschlingung (f) der Wollhaare
entangling *or* interlacing of the wool fibres
emmélage (m) des brins de la laine
перепутываніе (ср) *или* переплетеніе (ср) волос шерсти
aggrovigliamento (m) dei peli della lana
enlazamiento (m) de las fibras de lana

2 Knotenbildung (f)
formation of knots
formation (f) de nœuds
образованіе (ср) узлов *или* клубков
formazione (f) di nodi
formación (f) de nudos

3 den Stapel beim Spülen erhalten
to preserve the staple during rinsing
maintenir *ou* préserver la mèche pendant le rinçage
сохраненіе (ср) пря-дей при полосканіи
preservare il fiocco nel risciacquamento
conservar el mechón durante el enjuague

4 den Stapel vernichten
to destroy *or* to entangle the staple
détruire la mèche
уничтожить *или* распустить прядь (жр)
distruggere il fiocco
destruir el mechón

5 die Wolle von der anhängenden Waschlauge befreien
to clear *or* to free the wool from the adhering washing liquor
débarrasser la laine de la lessive adhérente
освободить шерсть от приставшаго мыльнаго щёлока
detergere la lana dalla lisciva aderente
librar la lana de la lejía adherente

6
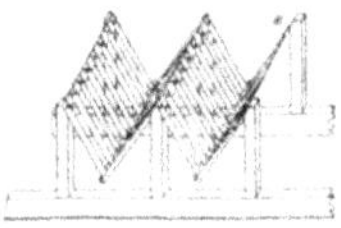
Hürde (f) zum Abtropfen entfetteter Wolle
rack for draining the degreased wool
râtelier (m) pour le dégouttage de la laine dégraissé
рѣшетчатыя вѣшала для сушки обезжиренной шерсти
rastrelliera (f) di sgocciolamento della lana sgrassata
bastidor para escurrir la lana desengrasada

7 Ausquetschen (n) der Wolle
squeezing out the wool
pressage (m) de la laine
отжиманіе (ср) *или* выжиманіе (ср) шерсти
spremitura (f) della lana
prensadura (f) de la lana

8 die Wolle ausquetschen
to squeeze the water out of the wool
presser la laine, éliminer l'eau de la laine en la pressant
отжать *или* выжать шерсть
spremere la lana
prensar la lana

9 die Wolle ausschleudern
to eliminate the water from the wool in a hydro-extractor
turbiner *ou* essorer la laine
центрофужить шерсть, отжимать шерсть на центрофугѣ
centrifugare la lana
turbinar la lana, expulsar el agua de la lana

10 Ausschleudern (n) der Wolle
elimating the water from the wool in a hydro-extractor
turbinage (m) *ou* essorage (m) de la laine
центрофуженіе (ср) шерсти, отжиманіе (ср) шерсти на центрофугѣ
essiccazione (f) meccanica della lana con idroestrattore
turbinaje (m) de la lana, expulsión (f) del agua de la lana mediante hidroextractor

Schleuder (f), [Zentrifuge (f)]
hydro-extractor
essoreuse (f), centrifuge (f)
центрофуга (жр)
idroestrattore (m)
centrifuga (f) [secadora], hidro-extractor (m) 11

Öffnen (n) *oder* Auflockern (n) feuchter Wolle
opening of damp wool
ouvraison (f) de la laine humide
разбиваніе (ср) *или* разрыхленіе (ср) влажной шерсти
apritura (f) della lana umida
abrimiento (m) de la lana húmeda 12

die Wolle mit der Hand öffnen
to open the wool by hand
ouvrir la laine à la main
расщипывать, разрыхлять *или* раздѣлывать шерсть руками
aprire la lana a mano
abrir la lana a mano 13

die Wolle schlagen
to beat the wool
battre la laine
колотить *или* отбивать шерсть
battere la lana
batir la lana 14

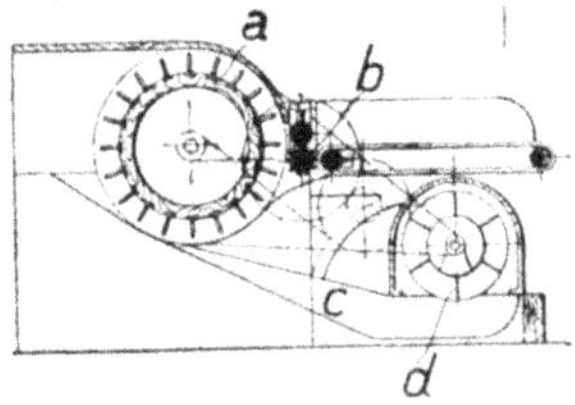

[Woll-] Öffner (m), Öffner (m) für Wolle
[wool] opener
ouvreuse (f) à laine
шерсто-разрыхлительный волчёк (мр), шерсто-битная машина (жр), шерстобой (мр)
apritoio (m) per la lana
abridor (m) de lana 15

a
mit Schlagstiften versehene Trommel (f)
spiked cylinder
tambour (m) à pointes
барабан (мр) усаженный кулачками *или* шипами, кулачный барабан (мр)
tamburo (m) con battoline
cilindro (m) con batidores 16

b
Speisewalze (f)
feed roller
cylindre (m) alimentaire
питательный валик (мр)
cilindro (m) di alimentazione
cilindro (m) de alimentación 17

c
Luftkanal (m)
air flue, air passage
canal (m) d'air
воздушный *или* вентиляціонный канал (мр)
canale (m) d'aria
conducto (m) de aire 18

d
Lüfter (m), [Ventilator (m)]
fan
ventilateur (m)
вентилятор (мр)
ventilatore
ventilador (m) 19

Trocknen (n) der Wolle
drying of the wool
séchage (f) de la laine
сушка (жр) шерсти
asciugamento (m) della lana
desecación (f) de la lana 20

1 die Wolle trocknen
to dry the wool
sécher la laine
сушить шерсть (жр)
asciugare la lana
secar la lana

2 Trockenverfahren (n)
drying method
méthode (f) de séchage
способ (мр) сушки
metodo (m) di asciugamento
método (m) de secar

3 natürliche Verdunstung (f)
natural evaporation
évaporation (f) naturelle
естественное испареніе (ср)
evaporazione (f) naturale
evaporación (f) natural

4 Verdunsten (n) des Wassers, Wasserverdunstung (f)
evaporation of water
évaporation (f) de l'eau
испареніе (ср) воды
evaporazione (f) dell'acqua
evaporación (f) del agua

5 Luftfeuchtigkeit (f)
humidity of the air
humidité (f) de l'air
влажность (жр) воздуха
umidità (f) dell'aria
humedad (f) del aire

6 Sättigungszustand (m) der Luft
state of saturation of the air
état (m) de saturation de l'air
состояніе (ср) насыщенія воздуха [влагою]
stato (m) di saturazione dell'aria
estado (m) de saturación del aire

7 mit Feuchtigkeit gesättigte Luft (f)
air saturated with moisture
air (m) saturé d'humidité
воздух (мр) насыщенный влагою
aria (f) satura d'umidità
aire (m) saturado de humedad

8 Trockenvorrichtung (f)
drying apparatus
appareil (m) de séchage, séchoir (m)
сушильное устройство (ср), сушилка (жр)
apparecchio (m) essiccatore, dispositivo (m) di asciugamento
aparato (m) de secar

9 die geöffnete *oder* gelockerte Wolle auf Horden bringen
to put the opened wool on racks
mettre la laine ouverte sur des claies
раскладывать разрыхленную шерсть (жр) на рѣшетины [хорды]
disporre la lana aperta sui graticci
poner la lana abierta sobre bastidores

10 künstliche Trocknung (f)
artificial drying
séchage (m) artificiel
искусственная сушка (жр)
asciugamento (m) artificiale
desecación (f) artificial

11 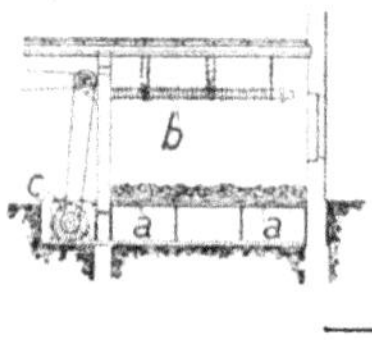

Trockenkammer (f), Trockenraum (m)
drying chamber
chambre (f) de séchage
сушилка (жр), сушильная камера (жр)
camera (f) *o* locale (m) di asciugamento
secadero (m)

12 a
Wollauflegeboden (m) aus Drahtgeflecht
wire netting for wool
treillis (m) métallique pour la laine
под (мр) для шерсти из проволочной сѣтки
traliccio (m) metallico per la lana
red (f) de tela metálica para colocar la lana

b
Heizrippenrohr (n)
ribbed heating pipe
radiateur (m) à ailettes
ребристая труба (жр) отопленія 13
radiatore (m) ad alette
radiador (m) de aletas

c
Sauger (m), Exhaustor (m)
exhaustor
exhausteur (m), aspirateur (m)
отсасыватель (мр), эксгаустер (мр) 14
esaustore (m), aspiratore (m)
exhaustor (m)

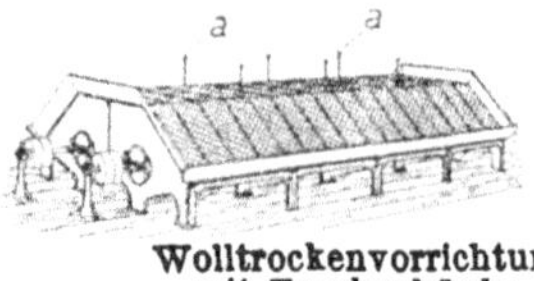

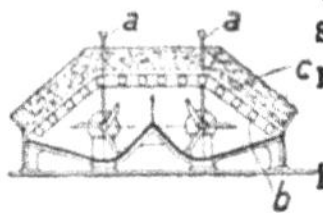

Wolltrockenvorrichtung (f) mit Trockenhürde
wool drying plant with rack
séchoir (m) à claies pour laine
шерсто-сушилка (жр), устройство (ср) *или* аппарат (мр) для сушки шерсти 15
impianto (m) di asciugamento della lana con graticcio
instalación para [de]secar la lana con bastidor

a
Schmierrohr (n) für die Lüfter
oil *or* oiling pipe for the fans
tuyau (m) de graissage pour les ventilateurs
смазочная труба (жр) для вентиляторов 16
tubo (m) di lubrificazione per i ventilatori
tubo (m) de engrase para los ventiladores

b
Heizrohr (n)
heating pipe
radiateur (m)
нагрѣвательная труба (жр), труба (жр) отопленія 17
radiatore (m)
radiador (m)

c
Kammerdach (n)
chamber top
toit (m) de la chambre
крыша (жр) камеры 18
soffitto (m) della camera
techo (m) de la cámara

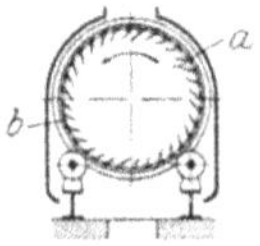

Wolltrockenvorrichtung (f) mit sich drehender Trommel
wool drying apparatus with revolving cylinder
séchoir (m) à laine à tambour tournant
шерсто-сушилка (жр) с вращающимся барабаном 19
dispositivo (m) di asciugamento a tamburo girevole
aparato (m) para secar la lana con tambor giratorio

a
Trockentrommel (f)
drying cylinder
tambour (m) sécheur
сушильный барабан (мр) 20
tamburo (m) essiccatore
cilindro (m) secador

1 b
verzinktes Eisendrahtgewebe
galvanized wire netting [(n)
treillis (m) de fil galvanisé
оцинкованная желѣзо-проволочная ткань (жр), оцинкованная проволочная сѣтка (жр)
rete (f) o reticolato (m) o traliccio (m) di filo di ferro zincato
tela (f) metálica galvanizada

2
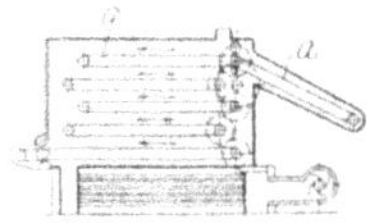
Wolltrockenvorrichtung (f) mit versetzt übereinander liegenden Fördertüchern
wool drying apparatus with staggered or offset travelling lattices
séchoir (m) à laine à tabliers superposés et désaxés
шерсто-сушилка (жр) с лежащими один над другим передаточными безконечными полотнами
apparecchio (m) essiccatore per la lana con nastri trasportatori sovrapposti e spostati
secadero (m) para la lana con tableros al tresbolillo

3 a
endlose, wandernde Horde (f)
endless travelling lattice or conveyor
tablier (m) sans fin
безконечная передвижная рѣшетка (жр)
nastro (m) trasportatore senza fine
transportador (m) sin fin

4
Kastentrockenvorrichtung (f) für Wolle
box drying apparatus for wool
séchoir (m) à boite pour laine
ящечный аппарат (мр) для сушенія шерсти, ящечная шерсто-сушилка (жр)
dispositivo (m) di asciugamento a cassa per la lana
secadero (m) de caja para lana

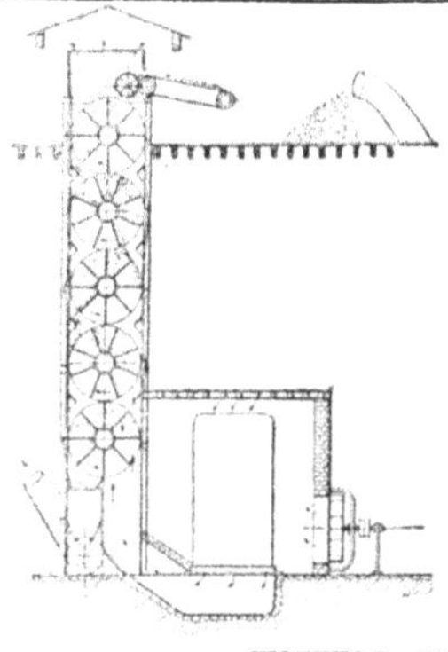

5
Schachttrockner (m) für Wolle
wool drying apparatus with drums arranged above each other
séchoir (m) à laine à tambours superposés
шахтная шерсто-сушилка (жр)
apparecchio (m) essiccatore per la lana con tamburi sovrapposti
secadero (m) para lana con tambores sobrepuestos

die feuchte Wolle vermittels eines Gebläses befördern
to transport the moist wool by means of a blower
transporter la laine humide au moyen d'une soufflerie
перемѣщать влажную шерсть посредством дутья [воздушной струей]
trasportare la lana umida a mezzo d'un soffiante 6
transportar la lana húmeda por medio de un soplador

die getrocknete Wolle einfetten
to oil the dried wool
ensimer la laine séchée
промаслить просушенную шерсть (жр)
ungere o inoliare la lana disseccata 7
lubricar la lana secada

Einölmaschine (f)
oiling machine
ensimeuse (f)
аппарат (мр) для промасливанія
apparecchio (m) oliatore, macchina (f) oliatrice 8
aparato (m) lubricador

die getrocknete Wolle abkühlen
to cool the dried wool
refroidir la laine séchée
охлаждать просушенную шерсть
raffreddare la lana asciugata 9
enfriar la lana secada

γ) Chemische Wäsche (f)
Chemical Washing
Lavage (m) chimique
Химическая промывка (жр)
Lavatura (f) chimica 10
Lavajè (m) químico

Wollentfettung (f) oder Entfetten (n) der Wolle mittels flüchtiger Lösungsmittel
de-greasing the wool by volatile solvents
dégraissage (m) de la laine par des dissolvants volatils
обезжириваніе (ср) шерсти посредством летучих растворителей
sgrassatura (f) della lana con dissolventi volatili 11
desengrase (m) de la lana por disolventes volátiles

die Wolle entfetten
to de-grease the wool
dégraisser la laine
обезжиривать шерсть
sgrassare o digrassare la lana 12
desengrasar la lana

Fettentziehung (f), Fettextrahierung (f), Fettextraktion (f)
extraction of fat
extraction (f) de la graisse
извлеченіе (ср) жира, экстрагированіе (ср) жира
estrazione (f) del grasso 13
extracción (f) de la grasa

das Fett entziehen oder extrahieren
to extract the fat
extraire la graisse
извлекать жир
estrarre il grasso 14
extraer la grasa

Entfettungsverfahren (n), Fettextraktionsverfahren (n)
method of fat extraction
méthode (f) de dégraissage
способ (мр) обезжириванія, способ (мр) извлеченія жира
metodo (m) di sgrassatura 15
método (m) de extraer la grasa

trockene Wollentfettung (f)
dry process of de-greasing the wool
dégraissage (m) au sec de la laine
сухой способ (мр) обезжириванія
sgrassatura (f) della lana a secco 16
desengrase (m) en seco de la lana

fettlösend
fat dissolving
dissolvant la graisse
жирорастворяющій
dissolvente il grasso 17
disolvente la grasa

1 Lösungsvermögen (n) für Fett
fat dissolving capacity
pouvoir (m) dissolvant pour la graisse
способность (жр) растворять жир
capacità (f) dissolvente per il grasso
capacidad (f) disolvente de la grasa

2 Lösung (f)
solution
solution (f)
раствор (мр)
soluzione (f)
solución (f)

3 Entfettungsmittel (n), Fettextraktionsmittel (n)
fat extraction agent
agent (m) de dégraissage
средство (ср) для обезжириванія
agente (m) di sgrassatura
agente (m) desengrasador

4 flüchtiges Lösungsmittel (n)
volatile solvent
dissolvant (m) volatil
летучій растворитель (мр)
dissolvente (m) volatile
disolvente (m) volátil

5 Fettlösungsmittel (n)
fat dissolving agent
dissolvant (m) de la graisse
жирорастворяющее средство (ср)
dissolvente (m) del grasso
disolvente (m) de la grasa

6 $(C_2H_5)_2O$
Äther (m)
ether
éther (m)
эфир (мр)
etere (m)
éter (m)

7 C_2H_5OH
Alkohol (m)
alcohol
alcool (m)
алкоголь (мр)
alcool (m)
alcohol (m)

8 $C_5H_{11}OH$
Amylalkohol (m)
amyl alcohol
alcool (m) amylique
амиловый алкоголь (мр)
amilalcool (m)
alcohol (m) amílico

9 CH_2O
Formaldehyd (n)
formaldehyde
formaldéhyde (f), aldéhyde (f) formique
формальдегид (мр)
formaldeide (m)
formaldehido (m), aldehido (m) fórmico

10 Formaldehydlösung (f)
formaldehyde solution
solution (f) de formaldehyde
раствор (мр) формальдегида
soluzione (f) di formaldeide
solución (f) de formaldehido

11 Benzin (n)
petrol
essence (f), benzine (f)
бензин (мр)
benzina (f)
bencina (f)

12 CS_2
Schwefelkohlenstoff (m)
carbon bisulphide
sulfure (m) de carbone
сѣроуглерод (мр)
solfuro (m) di carbonio
sulfuro (m) de carbono

13 CCl_4
Tetrachlorkohlenstoff (m)
tetrachloride of carbon
tétrachlorure (m) de carbone
четырех-хлористый углерод (мр)
tetracloruro (m) di carbonio
tetracloruro (m) de carbono

brennbar
combustible
combustible
горючій
combustibile
combustible 14

sprengfähig, explosiv
explosive
explosif
взрывчатый
esplosivo
explosivo 15

Naphtha (n)
naphtha
naphte (m)
нефть (жр)
nafta (f)
nafta (f) 16

Fettbestimmung (f)
determination of fat
détermination (f) de la graisse
опредѣленіе (ср) жира
determinazione (f) del grasso
determinación (f) de la grasa 17

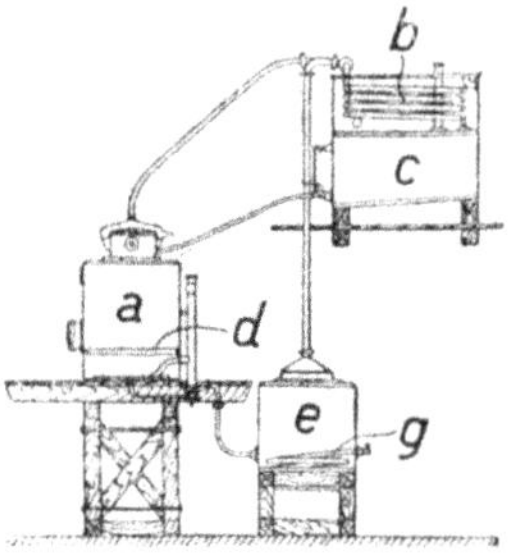

Entfettungsvorrichtung (f), Fettextraktionsvorrichtung (m)
fat extraction apparatus
appareil (m) de dégraissage
аппарат (мр) для удаленія жира, жиро-экстрактор (мр) 18
dispositivo (m) di sgrassatura
aparato (m) para la extracción de grasa

a
Extraktor (m)
extractor
extracteur (m)
экстрактор (мр) 19
estrattore (m)
extractor (m)

b
Kühler (m)
cooler
refroidisseur (m)
холодильник (мр) 20
refrigeratore (m), raffreddatore (m)
refrigerador (m)

c
Benzinbehälter (m), Benzinreservoir (n)
petrol tank
réservoir (m) d'essence
бак (мр) *или* резервуар (мр) для бензина 21
recipiente (m) di benzina
depósito (m) de bencina

d
Zwischenboden (m)
false bottom
faux-fond (m)
промежуточное дно (ср) 22
fondo (m) intermedio
fondo (m) intermedio, doble fondo (m)

e
Destillator (m)
still, boiler, distilling apparatus
appareil (m) de distillation
кипятильник (мр), дестиллятор (мр) 23
apparato (m) di distillazione
destilador (m)

1 g
Dampfschlange (f)
steam coil
serpentin (m) de vapeur
паровой змѣевик (мр)
serpentino (m) di vapore
serpentín (m) de vapor

2
entölter Rückstand (m)
oil-free residue
résidu (m) déshuilé
обезжиренный остаток (мр)
residuo (m) disoliato *o* depurato dall'olio
residuo (m) desaceitado

3
Extraktionsdauer (f)
time required for extraction
durée (f) d'extraction
продолжительность (жр) экстракціи [извлеченія]
durata (f) d'estrazione
duración (f) de extracción

4
entfettete Wolle (f)
scoured wool, degreased wool
laine (f) dégraissée *ou* dessuintée
обезжиренная шерсть (жр)
lana (f) sgrassata
lana (f) desengrasada

5
fettreine Wolle (f)
wool free from grease
laine (f) exempte de graisse *ou* sans graisse
свободная от жира шерсть (жр), шерсть (жр) несодержащая жира
lana (f) senza grasso *o* scevra di grasso
lana (f) libre de grasa

6
c) Pottaschegewinnung (f), [Pottaschefabrikation (f)]
Recovery of Potash
Récupération (f) du carbonate de potasse
Добываніе (ср) поташа, производство (ср) поташа
Estrazione (f) del carbonato potassico
Fabricación (f) *o* extracción (f) del carbonato potásico

7
Schweißasche (f), Wollschweiß[pott]asche (f), rohe Pottasche (f)
raw potash
carbonate (m) de potasse impure
потовый поташ (мр)
carbonato (m) di potassa greggio *o* non raffinato
carbonato (m) potásico crudo

8
die Pottasche aus der Wolle auslaugen
to extract the potash from the wool
lessiver *ou* extraire le carbonate de potasse de la laine
выщелачивать поташ из шерсти
estrarrer il carbonato potassico dalla lana
extraer el carbonato potásico de la lana

9
die Wolle kalt auslaugen
to lixiviate the wool in a cold bath
lessiver la laine à froid
шерсть выщелачивать холодным способом
liscivare la lana al freddo
tratar la lana en [un] baño frio

10
die Wolle warm auslaugen
to lixiviate the wool in a warm *or* hot bath
lessiver la laine à chaud
шерсть выщелачивать горячим способом
liscivare la lana a caldo
tratar la lana en baño caliente

11
die Auslaugeflüssigkeit reichert sich mit Pottasche an
the lixiviating bath enriches itself by potash
le bain de lessivage s'enrichit de potasse
щелочная вода обагащивается поташем
il bagno di lisciva si arricchisce di potassa
el baño de lejivación se hace más rico en potasa

12
Pottaschelösung (f)
potash solution
solution (f) de [carbonate de] potasse
раствор (мр) поташа
soluzione (f) [di carbonato] di potassa
solución (f) [de carbonato] de potasa

13
reines kohlensaures Kali (n)
pure carbonate of potassium
carbonate (m) de potasse pur
чистое углекислое кали (ср)
carbonato (m) potassico puro
carbonato (m) potásico puro

14
Reinigen (n) *oder* Läutern (n) *oder* Raffinieren (n) der Schweißasche
refining the raw potash
raffinage (m) de la potasse impure
рафинированіе (ср) потной золы [поташа]
raffinazione (f) della potassa greggia
refinación (f) del carbonato potásico crudo

15
die Schweißasche (f) läutern *oder* raffinieren
to refine the raw potash
raffiner la potasse impure
рафинировать [очищать] потную золу
raffinare la potassa greggia
refinar el carbonato potásico crudo

16
Kalzinierofen (m)
calcining oven
four (m) de calcination
печь (жр) для кальцинированія
forno (m) di calcinazione
horno (m) de calcinación

17
Eindampfen (n) der Lauge
concentrating the wool washing suds by vaporization
concentration (f) de la lessive par vaporisation
выпариваніе (ср) щёлока
concentrazione (f) della lisciva per vaporizzazione
concentración (f) de la lejía por vaporización

18
die Lauge eindampfen
to concentrate the wool washing suds by vaporization
concentrer la lessive par vaporisation
выпарить щёлок (мр)
concentrare la lisciva per vaporizzazione
concentrar la lejía por vaporización

19
Wollschweißsalz (n)
suint salt
sel (m) de suint
соль (жр) шерстяного пота
sale (m) di sudiciume di lana
sal (m) de churre

20
Nebenerzeugnis (n) der Pottaschegewinnung
by-product of potash recovery
sous-produit (m) de l'extraction du carbonate de potasse
побочный продукт (мр) поташнаго производства
prodotto (m) secondario dell'estrazione del carbonato potassico
producto (m) secundario obtenido en la extracción del carbonato de potasa

d) Gewinnung (f) *oder* Wiedergewinnung (f) des Wollfettes und seine Verwertung
Добываніе (ср) или регенерація (жр) шерстяного жира и его примѣненіе

1 **The Recovery of the Wool Grease and its Use**
Ricupero (m) dei grassi della lana e la loro utilizzazione
Récupération (f) des graisses de la laine et leur utilisation
Recuperación (f) de las grasas de lana y sus aplicaciones

2 Wollwäscherei-abwasser (n)
waste water from wool washing plant
eau (f) de rebut venant des usines de lavage de la laine
сточная вода (жр) из шерстомойки
acqua (f) di spurgo dei lavatoi di lana
aguas sucias (fpl) procedentes de las instalaciones de lavaje de lanas

---

3 das Wollwaschwasser verarbeiten
to treat the wool washing water
traiter *ou* exploiter les eaux de lavage de la laine
обработка (жр) промывных вод от шерстомойки
trattare o utilizzare le acque di lavaggio della lana
tratar las aguas de lavaje de las lanas

---

4 [milchige] Wollfett-lösung (f), Wollfett-emulsion (f)
wool grease emulsion, wool milk
émulsion (f) de graisse de laine
эмульсія (жр) жиров шерсти
emulsione (f) del grasso della lana
emulsión (f) de grasa de lana

---

5 das Fett aus dem Woll-waschwasser gewinnen
to recover the fat from the wool washing water
récupérer la graisse des eaux de lavage de la laine
добываніе (ср) жира из промывных вод из шерстомойки
ricuperare il grasso dalle acque di lavaggio della lana
recuperar la grasa de las aguas de lavaje de las lanas

---

6 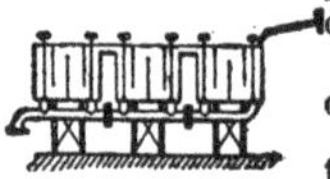

Klärkufe (f) mit Scheidewänden
settling tank with partitions
cuve (f) de clarification avec des cloisons
отстойный чан (мр) с перегородками
tinozza (f) di chiarificazione a pareti intermedie
depósito (m) de clarificación con tabiques divisorios

---

7 Fällungsverfahren (n)
precipitation method
méthode (f) de précipitation
способ (мр) *или* метод (мр) осажденія
metodo (m) di precipitazione, sistema (m) precipitante
método (m) de precipitación

---

8 das Fett durch Kalk-brei fällen *oder* ausfällen
to precipitate the fat by lime paste
précipiter la graisse par de la chaux en bouillie
осаждать жир посредством известковаго тѣста
precipitare il grasso mediante calce intrisa
precipitar la grasa con cal en pasta

---

9 Suinter (m)
suinter, wool grease precipitate
suintine (f), précipité (m) de graisse de laine
осадок (мр) [полученный из промывных вод посредством извести]
precipitato (m) di grasso di lana
precipitado (m) de grasa de lana

---

10 den Suinter schlämmen
to wash the suinter
laver la suintine
взмутить осадок
lavare il precipitato di grasso di lana
lavar el precipitado de grasa de lana

---

11 Schlämmen (n) des Suinters
washing the suinter
lavage (m) de la suintine
отмучиваніе (ср) осадка
lavatura (f) del precipitato di grasso di lana
lavado (m) del precipitado de grasa de lana

---

12 Suintergas (n)
suint[er] gas
gaz (m) de suint[ine]
газ (мр) выдѣляемый осадком
gas (m) proveniente dal precipitato di grasso di lana
gas (m) proveniente del precipitado de grasa de lana

---

13 das Wollfett zu Leuchtgas verarbeiten
to work up the wool grease for lighting gas
travailler le suint pour du gaz d'éclairage
переработать шерстяной жир в свѣтильный газ
lavorare il grasso della lana per estrarne gas illuminante
tratar el precipitado de grasa de lana para obtener gas del alumbrado

---

14 das fetthaltige Seifenwasser zersetzen
to decompose the fatty soap suds
décomposer les eaux de savon chargées de graisse
разлагать жиросодержащую мыльную воду
scomporre l'acqua saponata contenente grasso
descomponer el agua de jabón cargada de grasa

---

15 Zersetzungsbottich (m)
settling tank
cuve (f) de précipitation
чан (мр) для процесса разложенія
tinozza (f) di precipitazione
cuba (f) de descomposición

---

16 SO_2

schweflige Säure (f), Schwefeldioxyd (n)
sulphur dioxide, sulphurous acid
acide (m) *ou* anhydride (m) sulfureux
сѣрнистая кислота (жр), сѣрнистый газ (мр)
acido (m) solforoso, anidride (f) solforosa
anhidrido (m) *o* ácido (m) sulfuroso

---

17 den Fettstoff (m) *oder* die Fettsubstanz (f) abscheiden
to separate the fatty matter
séparer la matière grasse *ou* graisseuse
отдѣлять *или* выдѣлять жировое вещество (ср)
separare la materia grassa
separar la materia grasienta

---

18 den abgeschiedenen Fettstoff filtern
to filter the separated fatty matter
filtrer la matière grasse séparée
фильтровать *или* процѣживать выдѣленное жировое вещество (ср)
filtrare la materia grassa separata
filtrar la materia grasienta separada

---

19 den Fettstoff auspressen
to squeeze out the fatty matter
exprimer la matière grasse
выжимать жировое вещество (ср)
spremere la materia grassa
exprimir la materia grasienta

1 das Fett läutern *oder* raffinieren
to refine the fat
raffiner la graisse
очищать *или* рафинировать *или* освѣтлять жир
raffinare il grasso
refinar la grasa

2 das Fett bleichen
to bleach the fat
blanchir la graisse
отбѣливать жир
sbiancare il grasso
blanquear la grasa

3 Bleichflüssigkeit (f)
bleaching liquor
liqueur (m) de blanchiment
бѣлильная жидкость (жр)
liquido (m) da sbianca
liquido (m) de blanqueo

4 $K_2Cr_2O_7$
Kaliumbichromat (n), doppeltchromsaures Kali (n)
potassium bichromate
bichromate (m) de potassium
двухромокислое кали (ср), красная хромовая соль (жр), двухромокалiевая соль (жр), хромпик (мр)
bicromato (m) potassico
bicromato (m) de potasa

5 K_2CrO_4
Kaliumchromat (n), chromsaures Kali[um] (n)
chromate of potassium
chromate (m) de potassium
хромокалiевая соль (жр), хромокислое кали (ср), желтая хромовая соль (жр)
cromato (m) di potassio
cromato (m) potásico

6 $Na_2Cr_2O_7$
Natriumbichromat (n)
bichromate of soda, sodium bichromate
bichromate (m) de soude *ou* de sodium
двухромокислый натр (мр)
bicromato (m) di sodio
bicromato (m) de sosa

7 Lanolinerzeugung (f), [Lanolinfabrikation (f)]
lanoline manufacture
fabrication (f) de la lanoline
ланолиновое производство (ср)
fabbricazione (f) della lanolina
fabricación (f) de lanolina

8 Rohlanolin (n)
crude lanoline
lanoline (f) brute
сырой ланолин (мр)
lanolina (f) cruda *o* greggia
lanolina (f) en bruto

9 Lanolin (n), neutrales Wollfett (n)
lanoline
lanoline (f)
ланолин (мр)
lanolina (f)
lanolina (f)

10 wasserhaltiges Lanolin (n)
hydrated lanoline
lanoline (f) contenant de l'eau
водосодержащiй ланолин (мр)
lanolina (f) contenente acqua
lanoline (f) que contiene aqua

11 wasserfrei
free from water, anhydrous
anhydre
безводный
scevro d'acqua, anidro
anhidro

12 geruchloses Wollfett (n)
odourless wool grease
graisse (f) de [la] laine sans odeur *ou* inodore
шерстяной жир (мр) без запаха
grasso (m) di lana inodoro
grasa (f) de lana inodora

13 Schmelzpunkt (m) des Wollfettes
melting point of wool grease
point (m) de fusion de la graisse de laine
температура (жр) плавленiя шерстяного жира
punto (m) di fusione del grasso di lana
punto (m) de fusión de la grasa de lana

14 $C_{27}H_{45}OH$
Gallenfett (n), Cholesterin (n)
cholesterine
cholestérine
холестерин (мр), желчный жир (мр)
colesterina (f)
colesterina (f)

15 Isocholesterin (n)
isocholesterine
isocholestérine (f)
изохолестерин (мр)
isocolesterina (f)
isocolesterina (f)

16 Verseifung (f) des Wollfettes
saponification of the wool grease
saponification (f) de la graisse de laine
омыленiе (ср) шерстяного жира
saponificazione (f) del grasso di lana
saponificación (f) de la grasa de lana

17 Verseifbarkeit (f) des Wollfettes
saponifying property of the wool grease
propriété (f) saponifiante de la graisse de laine
омыляемость (жр) шерстяного жира
proprietà (f) saponificante del grasso di lana
propiedad (f) saponificable de la grasa de lana

18 verseifbares Wollfett (n)
saponifiable wool grease
graisse (f) de laine saponifiable
омыляемый шерстяной жир (мр) [способный к омыленiю]
grasso (m) di lana saponificabile
grasa (f) de lana saponificable

19 verseiftes Wollfett (n)
saponified wool grease
graisse (f) de laine saponifiée
омыленный шерстяной жир (мр)
grasso (m) di lana saponificato
grasa (f) de lana saponificada

20 Verseifungsmittel (n)
saponifying medium
moyen (m) de saponification
средство (ср) для омыленiя
agente (m) saponificante
medio (m) de saponificación

21 Wollfettpräparat (n), Zubereitung (f) aus Wollfett
wool grease preparation
préparation (f) de graisse de laine
препарат (мр) из шерстяного жира
preparato (m) di grasso di lana
preparado (m) de la grasa de lana

22 Salbe (f)
salve, ointment
onguent (m)
мазь (жр)
unguento (m)
ungüento (m)

23 salbenartig
salve-like
onctueux
мазеобразный
uso unguento
ungüentario

24 Salbengrundlage (f)
salve foundation, base for ointments
base (f) pour onguents
основа (жр) мази
base (f) di unguento
base (f) de ungüentos

Nr.	Deutsch / English / Français	Русский / Italiano / Español
1	Lanolinsalbe (f), Lanolinpomade (f) lanoline pomade pommade (f) de lanoline	ланолиновая помада (жр) pomata (f) di lanolina pomada (f) de lanolina
2	Lanolincreme (f) lanoline cream crème (f) de lanoline	ланолиновый кремь (мр) crema (f) di lanolina crema (f) de lanolina
3	Lanolinmilch (f) lanoline milk émulsion (f) de lanoline	ланолиновое молоко (ср) latte (f) di lanolina emulsión (f) de lanolina
4	Lederwichse (f) leather polish cirage (m) à cuir	кожанная вакса (жр), мазь (жр) для кожи cera (f) *o* lustro (m) pel cuoio betún (m)
5	Cholesterinwachs (n) cholesterine wax cire (f) de cholestérine	холестериновая вакса (жр) cera (f) di colesterina cera (f) de colesterina
6	Schmiermittel (n), Schmiermaterial (n) lubricant lubrifiant (m)	смазочный матеріал (мр), смазочное средство (ср), мазь lubrificante (m) lubricante (m)
7	Huffett (n) fat for hooves *or* neat's feet graisse (f) pour les sabots de chevaux etc.	копытная мазь (жр) grasso (m) per le unghie dei cavalli ecc. grasa (f) para los cascos de los caballos
8	Lederfett (n) leather oil, dubbing graisse (f) à cuir	мазь (жр) для кожи grasso (m) per le cuoia grasa (f) para cuero
9	Wollöl (n) wool oil huile (f) de laine	шерстяное масло (ср) olio (m) di lana aceite (m) de lana
10	Wollwachs (n) wool wax cire (f) de laine	шерстяной воск (мр) cera (f) di lana cera (f) de lana
11	das Wollfett destillieren to distil the wool grease distiller la graisse de laine	дестиллировать [перегонять] шерстяной жир distillare il grasso di lana destilar la grasa de lana
12	destilliertes Wollfett (n) distilled wool grease graisse (f) de laine distillée	дестиллированный *или* перегнанный шерстяной жир (мр) grasso (m) di lana distillato grasa (f) de lana destilada
13	Wollfettsäure (f) wool grease acid acide (m) de lanoline	шерстяно-жирная кислота (жр) acido (m) di grasso di lana ácido (m) lanolínico
14	Dünger (m manure engrais (m)	удобрение (ср) concime (m), ingrasso (m) abono (m)
	e) Entkletten (n)	**Удаленіе (ср) репья**
15	**Bur[r] Extracting Burring, Deburring**	**Scardonamento (m)**
	Échardonnage (m), égratteronnage (m), églouteronnage (m), épaillage (m)	**Desmotado (m)**
	α) Allgemeines (n)	Общее (ср)
16	General	Generalità (f pl)
	Généralités (f pl)	Generalidades (f pl)
17	die Wolle entkletten to [de-]burr the wool échardonner *ou* égratteronner *ou* églouteronner la laine	шерсть очищать от репья [от травяных засореній] scardonare *o* slappolare la lana desmotar la lana
18	Kletten (f pl) bur[r]s glouterons (m pl), débris (m pl) végétaux	репей (мр) bardane (f pl), lappole (f pl), impurità (f pl) vegetali motas (f pl), pajas (f pl)
	β) Chemisches Entkletten (n)	Химическая очистка (жр) от репья
19	Bur[r] Extracting by Chemical Means	Scardonamento (m) chimico
	Échardonnage (m) chimique	Desmotado (m) químico
20	die Kletten (f pl) chemisch vernichten to destroy the burs chemically détruire *ou* débarrasser les chardons chimiquement	уничтожать репей химическим путем distruggere chimicamente le impurità vegetali destruir las pajas químicamente
21	auskohlen (v a), karbonisieren (v a) to carbonize (v a) carboniser (v a)	карбонизировать, обуглероживать carbonizzare (v a), carbonisare (v a) carbonizar (v a)
22	Auskohlen (n) *oder* Karbonisation (f) *oder* Karbonisieren (n) der Wolle carbonization of the wool carbonisation (f) de la laine	карбонизація (жр) шерсти carbonizzazione (f) o carbonisazione (f) della lana carbonización (f) de la lana
23	Auskohlen *oder* Karbonisieren (n) von Schmutzwolle carbonization of greasy wool carbonisation (f) de la laine en suint	карбонизація (жр) грязной шерсти carbonizzazione (f) della lana sucida carbonización (f) de la lana sucia
24	die gewaschene Wolle auskohlen *oder* karbonisieren to carbonize the scoured wool carboniser la laine lavée	карбонизировать мытую шерсть carbonizzare la lana lavata carbonizar la lana lavada

1 den Pflanzenstoff mürbe machen
to render the vegetable matter friable *or* brittle
ramollir la matière végétale
сдѣлать дряблым [ослабить] растительное вещество (ср)
immorbidire la materia vegetale
volver la materia vegetal quebradiza

2 Zerstörung (f) der Pflanzenfaser
destruction of the vegetable fibre
destruction (f) de la fibre végétale
разрушеніе (ср) растительнаго волокна
distruzione (f) della fibra vegetale
destrucción (f) de la fibra vegetal

3 Verkohlen (n) der pflanzlichen Beimengungen
carbonization of the vegetable admixtures
carbonisation (f) des matières végétales
обугливаніе (ср) растительных примѣсей
carbonizzazione (f) delle impurità vegetali
carbonización (f) de las materias vegetales

4 die Pflanzenteile (m pl) verkohlen
the vegetable admixtures become carbonized
les végétaux (m pl) se carbonisent
растительныя составныя части обугляются
le sostanze vegetali si carbonizzano
las motas se carbonizan

5 $C_{12}H_{22}O_{11}$
Hydrozellulose (f)
hydrocellulose
hydrocellulose (f)
гидроцеллулоза (жр)
idrocellulosa (f)
hidrocelulosa (f)

6 Auskohlungsverfahren (n), Karbonisationsverfahren (n)
carbonization process
procédé (m) de carbonisation
процесс (мр) карбонизаціи
processo (m) di carbonizzazione
procedimiento (m) de carbonización

7 Auskohlbad (n), Karbonisierbad (n)
carbonizing bath
bain (m) de carbonisation
ванна (жр) для карбонизаціи
bagno (m) a carbonizzazione
baño (m) de carbonización

8 Säurebad (n), Einsäuerungsbad (n)
acid bath
bain (m) [d'] acide
кислая ванна (жр), окислительная ванна (жр)
bagno (m) acido
baño (m) [de] ácido

9 Mineralsäure (f)
mineral acid
acide (m) minéral
минеральная кислота (жр)
acido (m) minerale
ácido (m) mineral

10 verdünntes Schwefelsäurebad (n)
dilute sulphuric acid bath
bain (m) d'acide sulfurique dilué *ou* délayé
ванна (жр) из разбавленной сѣрной кислоты
bagno (m) d'acido solforico diluito
baño (m) de ácido sulfúrico diluido

11 die Stärke des Säurebades durch einen Vorversuch ermitteln
to ascertain the strength of the acid bath by a preliminary test
déterminer la concentration du bain acide par un essai préliminaire
предварительно опредѣлять крѣпость кислой ванны
determinare *o* verificare il grado di concentrazione del bagno acido per mezzo di prova preliminare
determinar la concentración del baño ácido por un ensayo preliminar

12 die Wolle mit Schwefelsäure [durch]tränken
to impregnate the wool by sulphuric acid
imprégner la laine par l'acide sulfurique
пропитывать шерсть в ваннѣ из раствора сѣрной кислоты
impregnare la lana d'acido solforico
empapar *o* impregnar la lana con ácido sulfúrico

13 
Lattenkorb (m)
lattice skip
panier (m) à lattes en bois
рѣшетчатый короб (мр)
gabbia (f) in legno
jaula (f) de listones

14 die Säure ausquetschen
to squeeze out the acid
exprimer l'acide [à la presse]
выжимать *или* удалять кислоту
spremere l'acido
exprimir el ácido

15 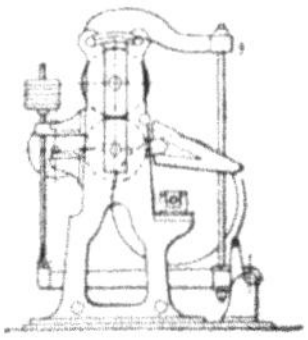
Quetschmaschine (f)
squeezer
appareil (m) exprimeur, presse (f)
отжимная машина (жр), отжимка (жр)
spremitoio (m)
máquina (f) de exprimir *o* de escurrir

16 ausgequetschte Wolle (f)
squeezed wool
laine (f) exprimée
отжатая шерсть (жр)
lana (f) spremuta
lana (f) exprimida *o* escurrida

17 die Säure abschleudern
to remove *or* to eliminate the acid in a hydro-extractor
éliminer *ou* débarrasser l'acide dans un hydro-extracteur
отцентрофужить кислоту, удалять кислоту на центрофугѣ
rimuovere l'acido colla centrifuga
eliminar el ácido en una centrifuga

18 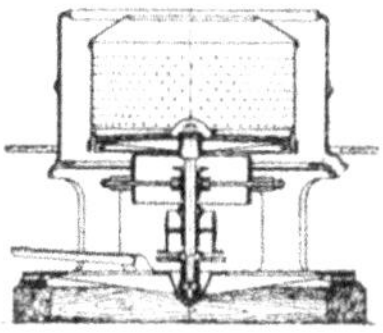
Schleuder (f), [Zentrifuge (f)]
hydro-extractor
centrifuge (f), hydro-extracteur (m), essoreuse (f)
центрофуга (жр)
centrifuga (f), idroestrattore (m)
centrifuga (f), hidro-extractor (m)

19 umlaufender *oder* rotierender Schleuderkorb (m)
revolving basket
bassine (f) rotative
вращающаяся *или* центрофужная корзина (жр)
cilindro (m) rotativo
cilindro (m) rotativo

20 $NaHSO_4$
saures schwefelsaures Natron (n), Natriumbisulfat (n)
sodium bisulphate
sulfate (m) acide de sodium *ou* de soude
кислый сѣрно-кислый натр (мр), бисульфат (мр) натра
bisolfato (m) di sodio
sulfato (m) ácido de sodio

1 Na_2SO_4
Glaubersalz (n), schwefelsaures Natron (n), Natriumsulfat (n)
sodium sulphate
sulfate (m) de soude
сѣрнонатровая соль (жр), сѣрнокислый натрій (мр), глауберова соль (жр)
solfato (m) di sodio
sulfato (m) sódico o de sodio

2 $MgCl_2$
Magnesiumchlorid (n), Chlormagnesium (n)
chloride of magnesium
chlorure (m) de magnésium
хлористый магній (мр)
cloruro (m) di magnesio
cloruro (m) magnésico o de magnesio

3 magnesiahaltig
containing magnesia
contenant de la magnésie
содержащій магнезію
contenente magnesia
que contiene magnesia

4 Al_2Cl_6
Chloraluminium (n), Aluminiumchlorid (n)
aluminium chloride, chloride of aluminium
chlorure (m) d'aluminium
хлористый алуминій (мр)
cloruro (m) d'alluminio
cloruro (m) de aluminio

5 Zersetzung (f) des Chloraluminiums
decomposition of the chloride of aluminium
décomposition (f) du chlorure d'aluminium
разложеніе (ср) хлористаго алуминія
decomposizione (f) del cloruro d'alluminio
descomposición (f) del cloruro de aluminio

6 das Chloraluminium eindampfen
to concentrate the chloride of aluminium by vaporization
concentrer le chlorure d'aluminium par vaporisation
выпаривать растворъ хлористаго алуминія
concentrare il cloruro d'alluminio per vaporizzazione
concentrar el cloruro de aluminio por vaporización

7 Karbonisieranstalt (f)
carbonizing works
atelier (m) de carbonisation
карбонизаціонный заводъ (мр), заводъ (мр) для карбонизаціи шерсти
officina (f) della carbonizzazione
fábrica (f) de carbonizar

8 Heizraum (m), Heizkammer (f)
heated room or chamber
chambre (f) de chauffage
нагрѣвательная камера (жр)
camera (f) di riscaldamento
cámara (f) caliente

9 Heizanlage (f)
heating plant
installation (f) de chauffage
отопительное устройство (ср)
impianto (m) di riscaldamento
instalación (f) de calefacción

10 Auskohlungsofen (m), Karbonisierofen (m), Karbonisationsofen (m)
carbonizing stove
four (m) de carbonisation
печь (жр), карбонизаціонная печь (жр)
forno (m) di carbonizzazione
horno (m) de carbonización

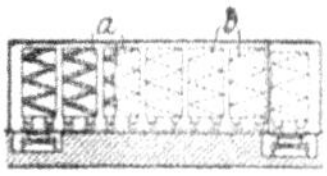

Auskohlungsofen (m) *oder* Karbonisationsofen (m) mit Wagen
carbonizing stove with carriage
four (m) de carbonization à chariot 11
карбонизаціонная печь (жр) с вагонетками
forno (m) di carbonizzazione con carrello
horno (m) de carbonización de carro

a
Hürdenwagen (m)
hurdle carriage
chariot (m) à claie
рѣшетчатая телѣжка (жр) *или* вагонетка (жр) 12
carrello (m) a graticcio
carro (m) de zarzo

b
Hürde (f) aus Drahtgeflecht
hurdle with wire netting
claie (f) en fil de fer
сѣтка (жр) *или* рѣшетка (жр) из проволочной ткани 13
graticcio (m) di filo di ferro
zarzo (m) de alambre de hierro

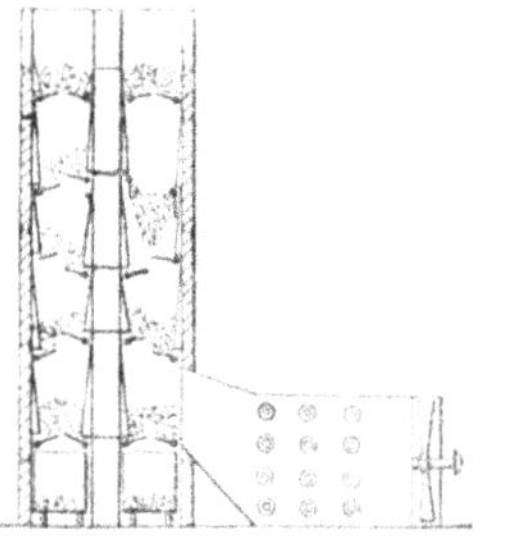

turmförmiger Auskohlungsofen (m) *oder* Karbonisationsofen (m)
tower-formed carbonizing stove
four (m) de carbonisation en forme de tour
башенная карбонизаціонная печь (жр)
forno (m) di carbonizzazione torreiforme 14
horno (m) de carbonización en forma de torre

Auskohler (m), Karboniseur (m)
carbonizer
carboniseur (m)
рабочій (мр) при карбонизаціи
[operaio (m)] carbonizzatore (m) 15
carbonizador (m)

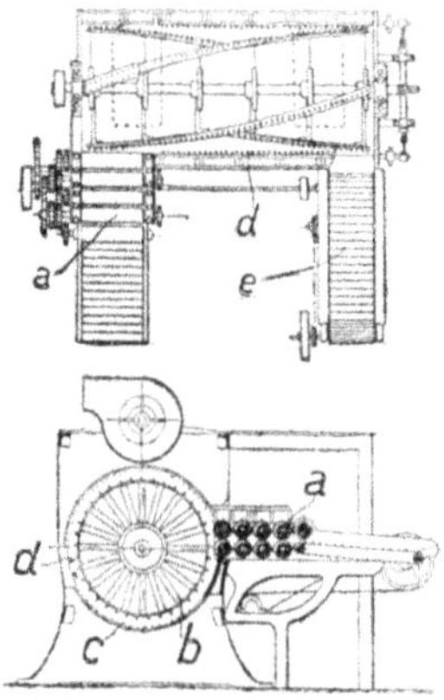

Zerreibwolf (m), Karbonisierwolf (m)
carbonizing machine
loup-broyeur (m)
дробильный волчёк (мр) при карбонизаціи 16
macchina (f) sminuzzatrice o battitore (m) ad alette
abridor (m) pulverizador

1 a
Hartgußriffelwalze (f)
chilled fluted roller
cylindre (m) cannelé en fonte durcie
рифленый вал (мр) из зеркальнаго, бѣлаго чугуна
cilindro (m) scanalato di ghisa temperata
cilindro (m) estriado de fundición dura

2 b
Flügeltrommel (f)
beater cylinder
tambour-batteur (m)
кулачный барабан (мр)
cilindro (m) battitore [ad alette]
tamburo (m) de aletas

3
die Wolle offenhalten
to keep the wool in an open condition
conserver la laine à l'état ouvert
держать шерсть (жр) открытою *или* раскрытою
mantenere aperta la lana
conservar la lana afofada

4 c
Umhüllungsrost (m) aus Drahtgeflecht
wire grids arranged round the cylinder
crible (m) métallique autour du tambour
проволочная сѣтка (жр) *или* рѣшетка (жр) вокруг барабана
rete (f) metallica concentrica al cilindro
emparrillado (m) de tela metálica alrededor del cilindro

5 d
verstellbare Rechen (mpl), Changierrechen (mpl)
adjustable cross bars
barreaux (mpl) ajustables
перекидныя грабли (жр)
barre (fpl) regolabili
barrotes (mpl) ajustables

6 e
Ausgangstisch (m)
delivery table
table (f) sans fin de sortie
отводящая *или* выходная рѣшетка (жр)
tavola (f) di scarico
mesa (f) de salida

7
schwingende [*oder* oszillierende] Tischbewegung (f)
oscillating table movement
mouvement (m) oscillant de la table
сотрясательное *или* качательное *или* прерывистое движенie (ср) питательной рѣшетки
movimento (m) oscillante della tavola
movimiento (m) oscilatorio de la mesa

8
die Kletten (fpl) zermalmen
to crush the burs
broyer les chardons (mpl)
размельчать, раздроблять, размалывать репей (мр)
schiacciare le lappole
pulverizar las motas

9
zerriebene Kletten (fpl)
pulverized burs
chardons (mpl) pulvérisés
растертый репей (мр)
lappole (fpl) polverizzate
motas (fpl) pulverizadas

10
den Klettenstaub absaugen
to draw off the bur dust
aspirer les poussières (fpl) des chardons
отсасывать растительную (репейную) пыль (жр)
aspirare la polvere delle lappole
aspirar el polvo de las motas

11
saure Wirkung (f) *oder* Reaktion (f) des Bades
acid reaction of the bath
réaction (f) acide du bain
кислая реакцiя (жр) ванны
reazione (f) acida del bagno
reacción (f) ácida del baño

12
die ausgekohlte *oder* karbonisierte Wolle entsäuern
to remove the acid from the carbonized wool
désacidifier la laine carbonisée
удалять кислоту из карбонизированной шерсти
rimuovere l'acido dalla lana carbonizzata
desacidular la lana carbonizada

13
Entsäuerung (f) *oder* Entsäuern (n) der Wolle
freeing the wool from acid
désacidification (f) de la laine
удаленie (ср) кислоты из шерсти
eliminazione (f) dell'acido dalla lana
desacidificación (f) de la lana

14
überschüssige Säure (f)
excess of acid
acide (m) en excès
избыточная кислота (жр)
acido (m) eccedente *o* in eccesso
ácido (m) excesivo

15
die Säure durch Sodalösung entfernen
to eliminate the acid by means of soda solution
éliminer l'acide par une solution de soude
раскислять посредством раствора соды
eliminare l'acido per una soluzione di soda
eliminar el ácido por una solución de sosa

16
Säurerückstand (m)
acid residue
résidu (m) d'acide
кислотный остаток (мр), остаток (мр) кислоты
residuo (m) d'acido
residuo (m) de ácido

17
Sodabad (n)
soda bath
bain (m) de soude
содовая ванна (жр)
bagno (m) di soda
baño (m) de sosa

18
Leblanc'sche *oder* Sulfat-Soda (f)
Leblanc soda
soude (f) Leblanc *ou* sulfatée
сода (жр) Леблана, сульфатная сода (жр)
soda (f) Leblanc
sosa (f) de Leblanc

19
Lackmuspapier (n)
litmus paper
papier (m) de tournesol
лакмусовая бумага (жр)
carta (f) di tornasole
papel (f) de tornasol

γ) Mechanisches Entkletten (n)
Mechanical Bur Extracting, Bur Crushing *or* Picking
Échardonnage (m) *ou* épaillage (m) mécanique
Механическiй способ (мр) удаленiя репья
Scardonamento (m) meccanico
Desmotado (m) mecánico
20

21
die Kletten auf mechanischem Wege ausscheiden
to extract the burs mechanically
éliminer les chardons mécaniquement
удалить репей механическим путем
eliminare le lappole meccanicamente
quitar las motas *o* pajas mecánicamente

22
Trennen (n) der Kletten von der Faser
separating the burs from the fibre
séparation (f) des chardons de la fibre
отдѣленie (ср) репья от волокна
eliminazione (f) delle lappole dalla fibra
separación de las motas de la fibra

1 Entkletten (n) von Hand
extracting the burs by hand
échardonnage (m) à la main
удаленie (cp) репья ручным способом *или* в ручную
scardonamento (m) a mano
desmotado (m) a mano

2 die Kletten (fpl) herauslesen, die Kletten (fpl) durch Auslesen entfernen
to pick the burs
éplucher les glouterons (mpl)
отбирать *или* удалять репей путем отбора
cernere le lappole
quitar las pajas por selección

3 die Wolle auflockern
to open the wool
ouvrir *ou* desserrer la laine
разрыхлять шерсть
aprire la lana
afofar la lana

4 die Wolle (f) reinigen
to clean the wool
purifier la laine
очищать шерсть (жр)
pulire la lana
purificar la lana

5
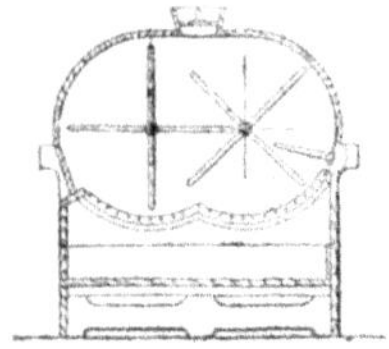

Klopfwolf (m)
shaker
loup-batteur (m)
ударный, пылеотдѣлительный волчёк (мр)
lupo-battitore (m)
[abridor (m)] batidor (m)

6 Wolfen (n) der Wolle
willowing the wool
battage (m) *ou* louvetage (m) de la laine
разбиванie (cp) *или* разрыхленie (cp) шерсти на волчкѣ
battitura (f) della lana con lupi
baqueteo (m) de la lana

7 die Wolle wolfen
to willow the wool
battre *ou* louveter la laine
разбивать *или* разрыхлять шерсть на волчкѣ
battere la lana con lupi
baquetear la lana

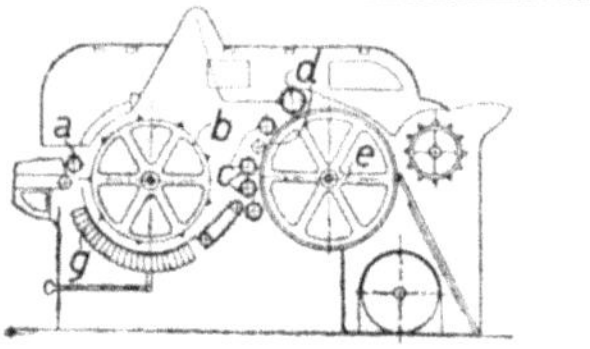

8 Klettenwolf (m)
mechanical bur crusher
loup-échardonneur (m)
репейный очистительный волчек (мр), (машина для очистки шерсти от репья)
macchina (f) per scardonare
desmotadora (f)

9 a
Stachelwalze (f)
spiked roller
hérisson
игольчатый вал (мр)
cilindro (m) con spine
cilindro (m) dentado

10 b
Trommel (f), Tambour (m)
cylinder
tambour (m)
барабан (мр), тамбур (мр)
cilindro (m)
tambor (m)

c
Bürst[en]walze (f)
brush roller, circular brush
brosse (f) circulaire
щеточный вал (мр) 11
spazzola (f) circolare
cilindro (m) cepillador

e
Kammwalze (f), Peigneur (m)
fine burring cylinder
peigneur (m)
гребенной вал (мр), гребенной барабан (мр), пеньёр (мр) 12
cilindro (m) pettinatore
cilindro (m) peinador

d
Schlagwalze (f), Zahnwalze (f), [Batteur (m)]
beater [cylinder]
[cylindre (m)] batteur (m)
кулачный вал (мр), батёр (мр), било (мр), зубчатый вал (мр) 13
[cilindro (m)] battitore (m)
[cilindro (m)] batidor (m)

g
verstellbarer Rost (m)
adjustable grid
grille (f) réglable
переставляющаяся колосниковая рѣшетка (жр) 14
griglia (f) regolabile
emparrillado (m) ajustable

Stahlspitze (f)
steel pin
pointe (f) en acier
стальное острie (cp)
punta (f) in acciaio 15
púa (f) de acero

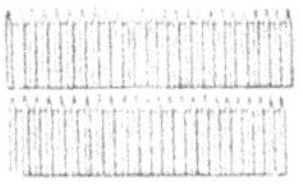

Klettenwolfkamm (m)
comb of the bur crusher
peigne (m) à chardons
гребенка (жр) репейнаго очистительнаго волчка 16
pettine (m) per scardonare [le lappole]
peine (m) desmotador

die Kletten (fpl) bloßlegen
to lay the burs open
mettre à découvert les chardons (mpl)
отбивать *или* отдѣлять репей
mettere allo scoperto le lappole 17
poner las pajas al descubierto

die Kletten (fpl) herausschlagen
to knock the burs out
expulser les chardons (mpl) par le battage
репей выбивать, выколачивать
eliminare le lappole battendole 18
quitar las pajas por el batido

trapezförmige Fuge (f)
trapeziform groove
rainure (f) trapéziforme
U-образная *или* трапецовидная выемка (жр) *или* канавка (жр) 19
scanalatura (f) trapezio
ranura (f) trapecial

die Wolle auf die Kammwalze aufstreichen
to lay the wool on the combing cylinder
poser *ou* placer la laine sur le peigneur
растилать *или* настилать *или* заполнить шерстью гребенной барабан
spargere la lana sul cilindro pettinatore 20
colocar la lana sobre el cilindro peinador

die Kletten (fpl) zerstören *oder* zerstückeln *oder* zerdrücken
to crush *or* to break up the burs
broyer *ou* morceler les chardons (mpl)
разрушать (раздроблять, размельчать, раздавливать) репей 21
distruggere *o* sminuzzare le lappole
romper las pajas

1 Entkletten (n) der Wolle während des Krempelns
extracting the burs from the woolduring carding
échardonnage (m) de la laine pendant le cardage
очистка (жр) шерсти от репья при прочесываніи
scardonamento (m) della lana durante la cardatura
desmotado (m) de la lana al cardarla

2 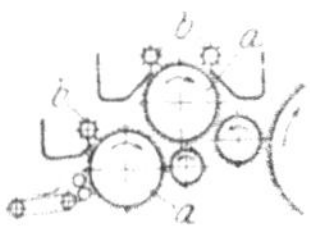

Entklettungsvorrichtung (f)
[de-]burring motion
appareil-échardonneur (m)
приспособленіе (ср) для отдѣленія репья
apparecchio (m) scardonatore
aparato (m) desmotador, quita-pajas (m)

3 a
Entklettungswalze (f), Klettenwalze (f)
[de-]burring roller
tambour-échardonneur (m)
репье-удалительный вал (мр)
cilindro (m) scardonatore
cilindro (m) desmotador

4 b
Klettenschläger (m), Schlägerwalze (f)
bur beater
batteur (m) à chardons, [cylindre (m)] échardonneur (m)
кулачный *или* бительный вал (мр) для отбиванія репья
[cilindro (m)] battitore (m)
[cilindro (m)] batidor (m)

5 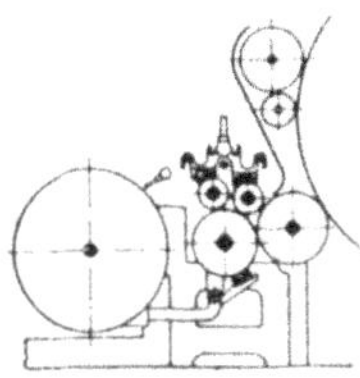
Klettenzerstörungsvorrichtung
apparatus for breaking up the burs
appareil (m) à détruire les chardons
дробитель (мр) репья
apparecchio (m) per distruggere le lappole
aparato (m) para triturar las pajas

6 **11. Wollarten** (f pl) **nach Tiergattungen und Ländern**

Kinds of Wool according to Countries and Types of Animals

Sortes (f pl) **de laines d'après les races des animaux et les pays**

Сорта шерсти по породѣ животных и по странам происхожденія

Specie (f pl) **di lane secondo le razze di animali e paesi relativi**

Clases (f pl) **de la lana según tipos de los animales y regiones**

7 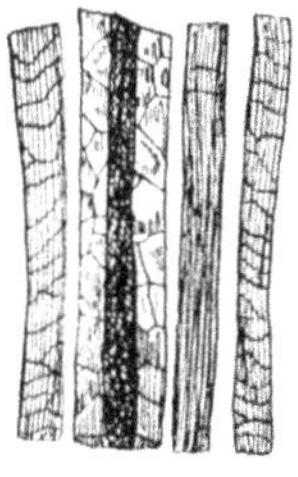
Schafwolle (f)
sheep wool
laine (f) de mouton
овечья шерсть (жр)
lana (f) pecorina *o* di pecora
lana (f) de oveja

Merinowolle (f)
merino wool
laine (f) mérinos
мериносовая шерсть (жр)
lana (f) merina
lana (f) merina 8

feine Merinowolle (f)
fine merino
mérinos (m) fin
тонкая мериносовая шерсть (жр)
lana (f) merina fina
lana (f) merina fina 9

hochfeine Merinowolle (f), Imperialwolle (f)
extra fine merino
mérinos (m) extra fin
высоко-тонкая мериносовая шерсть (жр) „Имперіал"
lana (f) merina finissima
lana (f) merina extrafina 10

Landschafwolle (f), Landwolle (f)
country wool, native country sheep wool
laine (f) provenant du mouton du pays
шерсть (жр) деревенской овцы, деревенская шерсть (жр)
lana (f) comune
lana (f) de oveja del país 11

Heidschnuckenwolle(f)
German heath sheep wool
laine (f) du mouton des landes de Lüneburg
шерсть (жр) германской степной овцы (люнебургской)
lana (f) pecorina di landa di Lüneburg
lana (f) de oveja [de brezal] de Lüneburg 12

Kreuzungswolle (f), Kreuzzuchtwolle (f), Crossbredwolle (f)
cross-bred wool
laine (f) croisée
шерсть (жр) от смѣшанной овцы
lana (f) incrociata
lana (f) cruzada 13

Mestiz[en]wolle (f)
mestizo wool
laine (f) métis
метисовая шерсть (жр)
lana (f) meticcia
lana (f) mestiza 14

Negrettiwolle (f)
Negretti wool
laine (f) Negretti
мериносовая шерсть (жр) „негретти"
lana (f) Negretti
lana (f) Negretti 15

Elektoralwolle (f)
Saxon merino wool
laine (f) mérinos saxonne
шерсть (жр) „электораль"
lana (f) elettorale ed escuriale
lana (f) merina-sajona 16

Rambouilletwolle (f)
Rambouillet wool
laine (f) de Rambouillet
шерсть (жр) французкаго мериноса „Рамбулье"
lana (f) di Rambouillet
lana (f) de Rambouillet 17

Inlandswolle (f), inländische Wolle (f)
home grown wool
laine (f) indigène
мѣстная туземная шерсть (жр)
lana (f) indigena *o* nostrana
lana (f) indígena 18

Auslandswolle (f)
foreign wool
laine (f) étrangère
иноземная, иностранная шерсть (жр)
lana (f) straniera
lana (f) del extranjero 19

überseeische Wolle (f)
over-sea wool
laine (f) d'outre mer
заморская шерсть (жр)
lana (f) d'oltremare
lana (f) de ultramar 20

Kolonialwolle (f)
colonial wool
laine (f) des colonies
колоніальная шерсть (жр)
lana (f) coloniale
lana (f) de las colonias 21

Farmerwolle (f)
farmer's wool
laine (f) de cultivateurs
фермерская шерсть (жр)
lana (f) colona
lana (f) de cultivadores 22

Eingeborenen- [*oder* Natives-]Wolle (f)
native wool
laine (f) native
туземная шерсть (жр)
lana (f) degli indigeni
lana (f) de indígenos 23

1	Bauernwolle (f) peasant's wool laine (f) paysanne	крестьянская шерсть (жр) lana (f) contadina lana (f) de labriego
2	Rittergutswolle (f) wool from [manorial] estates laine (f) domaniale	шерсть (жр) из помѣщичьих экономій (имѣній) lana (f) demaniale lana (f) domanial
3	posensche Wolle (f) Posen wool laine (f) de Posnanie	познанская шерсть (жр) lana (f) di Posnania lana (f) de Posnania
4	sächsische Wolle (f) Saxon wool laine (f) de Saxe	саксонская шерсть (жр) lana (f) di Sassonia lana (f) sajona
5	ungarische Wolle (f) Hungarian wool laine (f) de Hongrie	венгерская шерсть (жр) lana (f) di Ungheria lana (f) húngara o de Hungría
6	Mittelmeerwolle (f) Mediterranean wool laine (f) de la Méditerranée	шерсть (жр) с побережій Средиземнаго моря lana (f) mediterranea lana (f) mediterránea
7	weiße Aleppokammwolle (f) white Aleppo combing laine (f) à peigne blanche d'Alep	бѣлая шерсть (жр) „алеппо" lana (f) bianca da pettine di Aleppo lana (f) blanca de peine de Alepo
8	Astrachanwolle (f) Astrachan wool laine (f) d'Astra[k]han	астраханская шерсть (жр) lana (f) di Astracan lana (f) de Astracán
9	Bagdadwolle (f) Bagdad wool laine (f) de Bagdad	багдадская шерсть (жр) lana (f) di Bagdad lana (f) de Bagdad
10	Donskojwolle (f) Donskoi wool laine (f) Donskoi	донская шерсть (жр) lana (f) Donskoi lana (f) de Donskoi
11	Downwolle (f) wool from western Russia laine (f) de la Russie occidentale	западно-русская шерсть (жр) lana (f) della Russia occidentale lana (f) de la Rusia occidental
12	Smyrnakammwolle (f) Smyrna combing laine (f) à peigne de Symrne	смирнская шерсть (жр) lana (f) da pettine di Smirne lana (f) de peine de Esmirna
13	amerikanische Wolle (f) American wool laine (f) de l'Amérique	американская шерсть (жр) lana (f) dell'America lana (f) americana
14	La Plata-Wolle (f) River Plate wool laine (f) du Rio de la Plata	шерсть (жр) из ла Платы lana (f) del Plata lana (f) de la Plata
15	Buenos-Aires-Wolle (f) Buenos-Ayres wool laine (f) de Buenos-Ayres	шерсть (жр) из Буэнос-Айроса lana (f) di Buenos-Aires lana (f) de Buenos-Aires
16	Peruwolle (f), peru[vi]anische Wolle (f) Peruvian wool laine (f) du Pérou	перувіанская шерсть (жр) lana (f) del Perù lana (f) del Perú
17	afrikanische Wolle (f) African wool laine (f) de l'Afrique	африканская шерсть (жр) lana (f) africana lana (f) africana
18	[Merino-]Kapwolle (f) Cape [Merino] wool laine (f) [mérinos] du Cap	капландская мериносовая шерсть (жр) lana (f) [merina] del Capo lana (f) [merina] del Cabo
19	Natalwolle (f) Natal wool laine (f) du Natal	шерсть (жр) из Наталя lana (f) del Natal lana (f) de Natal
20	australische Wolle (f) Australian wool laine (f) de l'Australie	австралійская шерсть (жр) lana (f) di Australia lana (f) de Australia
21	Adelaidewolle (f) Adelaide wool laine (f) d'Adélaide	шерсть (жр) порта Аделаиды lana (f) di Adelaide lana (f) de Adelaide
22	Port-Philip-Wolle (f) Port Philip wool laine (f) Port Philip	шерсть (жр) из порта Филиппа lana (f) di Port Philip lana (f) de Puerto Felipe
23	Sidneymerinowolle (f) Sydney Merino laine (f) mérinos de Sidney	сиднейская мериносовая шерсть (жр) lana (f) merina di Sidney lana (f) merina de Sidney
24	Neuseelandwolle (f) New-Zealand wool laine (f) de la Nouvelle Zélande	новозеландская шерсть (жр) lana (f) della Nuova Zelanda lana (f) de Nueva Zelandia

1	Tasmaniawolle (f) Tasmanian wool laine (f) de la Tasmanie	шерсть (ж р) изъ Тасманіи lana (f) di Tasmania lana (f) de Tasmania
2	**12. Wollarten (f pl) nach Gewinnung, Eigenschaften und Verwendung** **Kinds of Wool according to its Production, Properties and Use** **Sortes (f pl) de laines suivant la production, les propriétés et l'emploi**	**Сорта шерсти по добыванію, свойству и примѣненію** **Specie (f pl) di lane secondo la produzione, le caratteristiche e l'impiego** **Clases (f pl) de lana según su producción, sus c[u]alidades y su empleo**
3	Lagerwolle (f) store wool laine (f) de dépôt, laine emmagasinée	складочная шерсть (ж р) (хранимая на складахъ) lana (f) immagazzinata lana (f) de almacén
4	Lammwolle (f) lamb's wool laine (f) d'agneau, laine agneline	ягнячья шерсть (ж р); поярок (м р) lana (f) d'agnello lana (f) primera de cordero, lana añina
5	Jährlingswolle (f) yearling's wool, hog wool laine (f) d'agneau d'un an	шерсть (ж р) однолѣтка lana (f) d'agnello d'un anno lana (f) borrega
6	Mutterwolle (f) ewe's wool laine (f) de brebis	шерсть (ж р) самки lana (f) di pecora matricina lana (f) de oveja madre
7	Bockwolle (f) ram's wool laine (f) de bélier	шерсть (ж р) самца, баранья шерсть (ж р) lana (f) di pecoro lana (f) de carnero padre
8	Hammelwolle (f) wether's wool laine (f) de mouton (mâle châtré)	валуховая шерсть (ж р) (кладенаго барана) lana (f) di montone lana (f) de carnero
9	Schurwolle (f), Scherwolle (f) shorn *or* sheared wool [laine (f) de la] tonte (f)	стриженная шерсть (ж р) lana (f) tosata, tosatura (f) lana (f) esquilada
10	Einschurwolle (f), einschürige Wolle (f), [Einschur (f)] single clip wool laine (f) du mouton tondu une fois par an	шерсть (ж р) однократной стрижки lana (f) di pecora tosata una volta l'anno lana (f) de esquileo único *o* de oveja cortada una vez
11	Zweischurwolle (f), zweischürige Wolle (f), [Zweischur (f)] double clip wool laine (f) du mouton tondu deux fois par an	шерсть (ж р) двукратной стрижки lana (f) di pecora tosata due volte l'anno lana (f) de oveja recortada
12	Winterwolle (f), Maiwolle (f) winter wool, spring wool laine (f) de printemps	зимняя шерсть (ж р), майская шерсть (ж р) (яровая шерсть (ж р)) lana (f) d'inverno, lana maggenga lana (f) de primavera
13	Sommerwolle (f) summer wool laine (f) d'été	лѣтняя шерсть (ж р) lana (f) d'estate lana (f) de verano
14	frisch geschorene Wolle (f) freshly sheared wool laine (f) de tonte fraîche	свѣжестриженная шерсть (ж р) lana (f) recentemente tosata lana (f) recién esquilada
15	Herdenschur (f), ganze Schur (f) clip of the flock tonte (f) (laine tondue) d'un troupeau	шерсть (ж р) всего стада lana (f) tosata d'una gregge lana (f) de esquilar el rebaño
16	Gerberwolle (f), Hautwolle (f), Blutwolle (f), Schlachtwolle (f), Raufwolle (f) fellmongered wool, skin *or* pelt *or* plucked wool laine (f) pelade, laine avalie	убойная шерсть (ж р), шкурная шерсть (ж р) lana (f) di calcina lana (f) de piel *o* de curtidor
17	Sterblingswolle (f), Sterblinge (m pl) dead wool, morling, fallen *or* diseased wool laine (f) morte, moraine (f)	шерсть (ж р) с палаго животнаго lana (f) morticina lana (f) muerta *o* mortecina
18	Vlieswolle (f) fleece wool laine (f) de toison	рунная шерсть (ж р) lana (f) di vello lana (f) de vellón
19	Kammvlieswolle (f) fleece wool suitable for combing laine (f) de toison à peigne	камвольная рунная шерсть (ж р) lana (f) di vello da pettine lana (f) de peine de vellón
20	fehlerfreie Vlieswolle (f) faultless fleece wool laine (f) de toison sans défauts	безукоризненная *или* безпорочная рунная шерсть (ж р) lana (f) di vello senza difetti lana (f) de vellón sin defectos
21	fehlerhafte Vlieswolle (f) faulty fleece wool laine (f) de toison fautive	рунная шерсть (ж р) с пороками *или* недостатками lana (f) di vello difettosa lana (f) de vellón defectuosa
22	ungewaschene Wolle (f), Schweißwolle (f), Schmutzwolle (f), Greaswolle (f) greasy wool laine (f) en suint, [laine (f)] surge (f)	немытая, потная, грязная, жирная шерсть (ж р) lana (f) sudicia *o* sucida lana (f) sucia
23	fettschwere Schweißwolle (f), Fettwolle (f), beladene Wolle (f) sappy wool, very greasy wool laine (f) en suint riche en graisse	сильно засаленная шерсть (ж р) lana (f) ricca di grasso lana (f) rica en grasa

No.	German / English / French	Russian / Italian / Spanish
1	Rückenwäsche[wolle] (f), Fleecewolle (f) fleece washed wool laine (f) à dos	шерсть (жр) промытая на хребтѣ lana (f) lavata addosso all'animale lana (f) lavada en pie
2	entschweißte Wolle (f), gewaschene Wolle (f) scoured wool laine (f) lavée	промытая шерсть (жр), шерсть (жр) отмытая от пота lana (f) lavata lana (f) lavada
3	Samenwolle (f) burry wool laine (f) pailleuse	сѣмяно-репейная шерсть (жр) lana (f) lappolata lana (f) cargada de pajas
4	Sandwolle (f) gritty wool laine (f) sableuse	шерсть (жр) загрязненная песком lana (f) sabbiosa lana (f) arenosa
5	Seidenwolle (f) silky wool laine (f) soyeuse	шёлкообразная шерсть (жр) lana (f) setacea lana (f) sedosa
6	Wolle (f) von guter Farbe wool of a good colour laine (f) d'une bonne couleur	шерсть (жр) хорошаго цвѣта (окраски) lana (f) di buon colore lana (f) de buen color
7	Glanzwolle (f) lustre *or* brilliant wool laine (f) [dite] brillante	лоснящая, блестящая шерсть (жр) lana (f) brillante *o* lucida lana (f) brillante
8	Snow-white-Wolle (f) snow-white wool laine (f) nivéenne du Cap	бѣлоснѣжная шерсть (жр) lana (f) nivea del Capo lana (f) blanca del Cabo
9	Ausschußwolle (f) cast *or* outshot wool laine (f) de rebut	бракованная шерсть (жр) lana (f) scarta lana (f) de desecho
10	Spinnerwolle (f) spinning wool, wool fit for spinning laine (f) filable	прядильная шерсть (жр) lana (f) filabile lana (f) para hilar
11	Kette (f), Kettwolle (f) warp quality laine (f) [pour faire de la] chaîne	основа (жр), (шерсть пригодная для основы) lana (f) per la catena lana (f) de urdimbre
12	Schuß (m), Schußwolle (f) weft quality laine (f) [pour faire de la] trame	уток (мр), (шерсть пригодная для утка) lana (f) per la trama lana (f) de trama
13	Streich[garn]wolle (f), Krempelwolle (f), Kratzwolle (f), Tuchwolle (f) carding wool, clothing wool laine (f) à carde	ворсовальная, суконная, угарная, чесанная, начесная шерсть (жр) lana (f) da carda lana (f) de carda
14	Buckskinwolle (f), Stoffwolle (f) medium carding wool laine (f) moyenne à carde	букскиновая *или* штофная шерсть (жр) (шерсть средняго расчеса) lana (f) media da carda lana (f) de carda para paños ordinarios
15	Flanellwolle (f) flannel wool laine (f) à flanelle	фланелевая шерсть (жр) lana (f) da flanella lana (f) para franela
16	Kammwolle (f), Kammgarnwolle (f) combing wool laine (f) à peigne	камвольная шерсть (жр), шерсть (жр) гребеннаго расчеса (проческа) lana (f) da pettine lana (f) de peine, estambre (f)
17	Lustrekammwolle (f) lustre combing wool laine (f) à peigne luisante	люстриновая шерсть (жр) (англiйская, гребнечесанная шерсть) lana (f) lucente da pettine lana (f) de peine brillante
18	feine Kammwolle (f) fine combing wool laine (f) à peigne fine	тонкая камвольная шерсть (жр) lana (f) fina da pettine estambre (m) fino
19	mittlere Kammwolle (f) medium combing wool laine (f) à peigne moyenne	средняя камвольная шерсть (жр) lana (f) media da pettine estambre (m) semi-fino
20	Kammzug (m), [gekämmter] Zug (m), Herzwolle (f) top, combed material trait (m) de laine [peignée], peigné (m) cœur (m)	выход (жр) гребеннаго проческа lana (f) pettinata, tops peinado (m), lana (f) peinada
21	Cheviotwolle (f) Cheviot wool laine (f) de cheviot	шевiотовая шерсть (жр) lana (f) di cheviot lana (f) cheviot
22	Teppichwolle (f), Carpetwolle (f) carpet wool laine (f) à tapis	ковровая шерсть (жр) lana (f) per tappeti lana (f) para tapices
23	**13. Wollabfall** (m) **Wool Waste** **Déchets** (m pl) **de laine**	**Угар** (мр) **или отброс** (мр) **или очёс** (мр) **шерсти** **Cascami** (m pl) **di lana** **Desperdicios** (m pl) **de lana**
24	Rohwollkehricht (m) raw wool sweepings balayures (f pl) [de] laine brute	(амбарная) подметь (жр) шерсти сырца scopature (f pl) di lana greggia barreduras (f pl) de lana en rama

No.	German / English / French	Russian / Italian / Spanish
1	Sortierkehricht (m) sorter's sweepings balayures (fpl) de triage *ou* de détrichage	сортированная подметь (жр) (амбарная) scopature (f) dalla classifica barreduras (fpl) de [la cuadra de] clasificación
2	Schweißlocken (fpl) yolk locks abats (mpl) en suint	клочья загрязненные потом fiocchi (mpl) unti botones (mpl) *o* fris (m) de lana sucia
3	Wäschereiabfall (m) washing waste déchets (mpl) de lavage	моечный угар (мр), угар (мр) при промывкѣ cascami (mpl) di lavatura desperdicios (mpl) de lavaje
4	Waschlocken (fpl), gewaschene Locken (fpl) washed locks abats (mpl) lavés	мытые клочки fiocchi (mpl) lavati fris (m) lavado
5	Kämmereiabfall (m) combing room waste déchets (mpl) de peignage	гребнечесальный угар (мр) cascami (mpl) di pettinatura desperdicios (mpl) de peinado
6	Kämmling (m), [Blousse (f)] noil, comber waste blousse (f), [freinte (f)]	очёс (мр) scarto (m) di pettinatura, blousse (f) puncha (f), borra (f) de peinadora
7	doppelt gekämmter Kämmling (m) double combed noil blousse (f) de deuxième peignage	двойной очёс (мр) scarto (m) di seconda pettinatura puncha (f) de repeinado
8	Kämmereiausputz (m) comber strippings débourrures (fpl) de peigneur	гребенные очёски (гребнечесальной) nettatura (f) di pettinatura descarga (f) de peinadora
9	Kammflug (m) comber fly duvet (m) de peignage	гребенной пух (мр) pulviscolo (m) di pettinatura polvo (m) de peinadora
10	Kämmereikehricht (m) combing room sweepings balayures (fpl) de peignage	подметь (жр) из гребнечесальной scopature (fpl) di pettinatura barreduras (fpl) de peinado
11	Krempelabfall (m) card waste déchets (mpl) de carde	кардочесальный угар (мр) cascami (mpl) di carda desperdicios (mpl) de carda
12	Krempelausputz (m) card strips débourrures (fpl) de carde	кардный очёс (мр) (кардочесанія) nettatura (f) di carda descarga (f) de carda
13	Krempelflug (m) card fly duvet (m) de carde	кардный пух (мр) pulviscolo (m) di carda borra (f) de carda
14	Walzenflug (m) roller fly duvet (m) de hérisson	валечный пух (мр) pulviscolo (m) dei cilindri borra (f) de cilindros
15	Walzenausputz (m) stockings, roller waste débourrures (fpl) de hérisson	валечный угар (мр) cascami (mpl) dei cilindri desperdicios (mpl) de cilindros
16	Trommelausputz (m) cylinder waste débourrures (fpl) de tambour	барабанный угар (мр) cascami (mpl) dei tamburi desperdicios (mpl) de tambor
17	Vorspinnabfall (m) slubbing waste déchets (mpl) de préparation	ровничный угар (мр) cascami (mpl) della filatura preparatoria desperdicios (mpl) de preparación
18	Spinnereiabfall (m) spinning [room] waste déchets (mpl) de filature	прядильный угар (мр) cascami (mpl) di filatura desperdicios (mpl) de filatura
19	Spinnereiflug (m), Spinnflug (m) spinning room fly duvet (m) de filature	прядильный пух (мр) pulviscolo (m) di filatura polvo (m) de filatura
20	Spinnkehricht (m) spinning room sweepings balayures (fpl) de filature	прядильная подметь (жр), подметь (жр) из прядильной scopature (fpl) di filatura barreduras (fpl) de filatura
21	Fadenenden (npl) waste ends, thrum[b]s bouts (mpl) de fil	концы шерстяной пряжи filetti (mpl) cabos (mpl) de hilos
22	gasierte Fäden (mpl) gassed ends bouts (mpl) de fils gazés	опаленная нить (жр) filetti (mpl) gasati hilos (mpl) chamuscados
23	Zwirnfäden (mpl) twisted yarn waste bouts (mpl) de [fils] retors	концы крученой пряжи capi (mpl) di fili ritorti cabos (mpl) de hilos retorcidos
24	Schmutzfäden (mpl) dirty ends fils (mpl) sales	грязные концы fili (mpl) sudici *o* sporchi hilos (mpl) sucios

1 Webereiabfall (m)
weaver's waste
déchets (mpl) de tissage
ткацкій угар (мр), угар (мр) из ткацкой
cascami (mpl) di tessitura
desperdicios (mpl) de tejedura

---

2 Webstuhlflug (m)
loom waste
duvet (m) de métier à tisser
станочный пух (мр), пух (мр) с ткацких станков
pulviscolo(m) del telaio
polvo (m) de telar

---

3 Webereikehricht (m)
weaver's sweepings
balayures (fpl) de tissage
подметь (жр) из ткацкой
scopature (fpl) di tessitura
barreduras (fpl) de tejedura

---

4 Walkflocken (fpl)
milling flocks
déchets (mpl) de foulage
валяльный пух (мр), хлопья
cascami (mpl) di follatura
desperdicios (mpl) de abatanado

---

5 Rauhflocken (fpl)
raising waste
déchets (mpl) de lainage
ворсовальные хлопья (мр)
cascami (mpl) di garzatura
desperdicios (mpl) de cardadura del paño

---

6 Scherflocken (fpl)
cropping waste
déchets (mpl) de tondeuse
стригальный пух (мр)
cascami (mpl) della tosatura
desperdicios (mpl) de tundidura

---

7 Schlichtfäden (mpl)
sizer's waste
fils (mpl) collés, déchets (mpl) d'encollage
концы из шлихтовальной
fili (mpl) di [im]bozzimatura
cabos (mpl) de encolado

---

8 fettiger Abfall (m)
oily waste
déchets (mpl) gras
промасленный угар (мр), масленные концы
cascami (mpl) oliati
desperdicios (mpl) engrasados

---

9 **14. Kunstwolle (f)**
Re-manufactured Wool, Artificial Wool
Laine (f) [de] renaissance *ou* artificielle
Аппаратная шерсть (жр)
Lana (f) artificiale *o* meccanica, lana (f) da stracci
Lana (f) artificial *o* regenerada

---

10 Alpaka-Extrakt (m)
extract wool
alpaca (m)
альпака (жр), экстракт (мр)
alpaca (m)
alpaca (f)

Mungo (m)
mungo
mungo (m)
мунго (ср)
mungo (m)
mungo (m) 11

Shoddy (m)
shoddy
shoddy (m)
шодди (мр)
shoddy (m)
shoddy (m) 12

---

gewalkte Wolle (f)
milled wool
laine (f) foulée
валяная шерсть (жр)
lana (f) follata
lana (f) [a]batanada *o* enfurtida 13

---

ungewalkte Wolle (f)
unmilled wool
laine (f) non foulée
неваляная шерсть (жр)
lana (f) non follata
lana (f) no abatanada *o* no enfurtida 14

---

15. Sichten (n) *oder* Sondern (n) *oder* Sortieren (n) der Wolle, Wollsortierung (f)
Wool Sorting
Triage (m) *ou* détrichage (m) de la laine
Сортировка (жр) шерсти
Cernita (f) della lana 15
Clasificación (f) *o* selección (f) de la lana

---

die Wolle sichten *oder* sondern *oder* sortieren
to sort the wool
trier *ou* détricher la laine
сортировать шерсть; рассортировывать
cernere la lana 16
clasificar *o* seleccionar la lana

Sortieranstalt (f)
sorting house
établissement (m) de triage
сортировочная (жр)
stabilimento (m) di cernita 17
establecimiento (m) de clasificación

Sortierraum (m)
sorting room
salle (f) de triage
сортировочная камера (жр)
sala (f) di cernita 18
sala (f) de clasificación

Sortiertisch (m)
sorting table, sorter's screen *or* hurdle
table (f) de triage, claie (f)
стол (мр) для сортировки
tavola (f) di cernita 19
mesa (f) de clasificación

Wollsortierer (m)
wool sorter
trieur (m) de laine
сортировальщик (мр), сортировщик (мр)
scartatore (m) di lane 20
seleccionador (m) *o* clasificador (m) *o* sortejador (m) de lana

---

Wollsortiererkrankheit (f)
wool sorters' disease
maladie (f) des trieurs de laine
профессиональная болѣзнь (жр) сортировщика
malattia (f) dei scartatori di lana 21
enfermedad (f) de los clasificadores de lana

---

die Bunde (npl) anwärmen
to warm the rolled *or* bundled fleeces
chauffer légèrement les toisons (fpl) enroulées *ou* en paquet
подогрѣть свертки руна
riscaldare i velli in rotolo 22
calentar lijeramente los vellones arrollados

1 die durchwärmten Bunde (npl) aufrollen
to unroll the warmed fleeces
dérouler *ou* déplier les toisons (fpl) chauffées
подогрѣтые свертки развернуть *или* расплостать
svolgere i velli riscaldati
desenrollar los vellones calientes

2 Vlies (n), Wollvlies (n), abgeschorene Wolldecke (f) des Schafes
fleece
toison (f)
руно (ср)
vello (m)
vellón (m)

3 Aufschütteln (n) des Vlieses
shaking the fleece
secouement (m) de la toison
встряхиванie (ср) руна
scuotimento (m) del vello
sacudidura (f) del vellón

4 das Vlies aufschütteln
to shake the fleece
secouer la toison
встряхивать руно
scuotere il vello
sacudir el vellón

5 das Vlies klopfen
to beat the fleece
battre la toison
колотить *или* выколачивать руно
battere il vello
batir el vellón

6 Säubern (n) des Vlieses
cleaning of the fleece
nettoyage (m) de la toison
уборка (жр) *или* подчистка (жр) руна
pulitura (f) del vello
limpieza (f) del vellón

7 das Vlies säubern
to clean the fleece
nettoyer la toison
подчищать *или* убирать руно
pulire il vello
limpiar el vellón

8 das Vlies ausspannen
to spread the fleece
étendre *ou* déployer la toison
растянуть *или* расправить руно
stendere *o* spiegare il vello
extender el vellón

9 netzartiges Gefüge (n) des Vlieses
net-like structure of the fleece
structure (f) réticulaire de la toison
сѣтеобразное строенie (ср) руна
struttura (f) retiforme del vello
estructura (f) reticular del vellón

10 das ausgespannte Vlies erscheint hautförmig
the spread fleece looks like a skin
la toison étendue ressemble à une peau
расправленное руно (ср) имѣет вид шкуры
il vello steso ha aspetto di pelle
el vellón extendido parece una piel

11 das Vlies abschätzen *oder* bonitieren
to determine the quality of the fleece
apprécier la qualité de la toison
опредѣлять качество (ср) руна
determinare la qualità del vello, qualificare il vello
determinar *o* apreciar la calidad del vellón

12 Abschätzung *oder* Bonitur (f) *oder* Bonitierung (f) der Wolle
determination of the quality of the wool
appréciation (f) de la qualité de la laine
таксировка (жр) *или* оцѣнка (жр) шерсти
stima (f) *o* valutazione (f) della lana
determinación (f) de la calidad de la lana

13 Güte (f) *oder* Bonität (f) des Vlieses
quality of the fleece
qualité (f) de la toison
качество (ср) *или* добротность (жр) руна
qualità (f) del vello
calidad (f) del vellon

14 Vlieswert (m)
value of the fleece
valeur (f) de la toison
цѣнность (жр) *или* достоинство (ср) руна
valore (m) del vello
valor (m) del vellón

15 Kopfende (n) *oder* Kopfteil (m) des Vlieses
head end of the fleece
tête (f) de la toison
головной край (мр) руна
testa (f) del vello
cabeza (f) del vellón

16 Schwanzende (n) *oder* Schwanzteil (m) des Vlieses
tail end of the fleece, cow tail
queue (f) de la toison
хвостовой край (мр) руна
coda (f) del vello
cola (f) del vellón

17 Schulterblatt (n), Blatt (n)
shoulder
épaule (f)
лопатка (жр)
spalla (f)
espalda (f)

18 Lendenteil (m), Hose (f), Flanke (f)
flank
flanc (m)
бок (мр), боковина (жр)
fianco (m)
costado (m), flanco (m)

19 Halsseite (f)
side of neck
longée (f) du cou
шейная часть (жр)
lato (m) del collo
lado (m) del cuello

20 Keule (f)
haunch
haut (m) de cuisses
зад (мр)
coscia (f)
pernil (m), muslo (m)

21 Rückenstück (n)
back
dos (m)
хребтина (жр), спина (жр)
dorso (m)
dorso (m)

22 Bruststück (n)
breast
poitrine (f)
грудь (жр)
petto (m)
pecho (m)

23 Oberhals (m)
neck
colleret (m)
зашеек (мр)
parte (f) superiore del collo
parte (f) superior del cuello, pescuezo (m)

24 Bauchstück
belly
ventre (m)
брюшной край (мр), брюшная часть (жр), подбрюшина (жр)
ventre (m)
vientre (m)

No.		
1	Locken (fpl), Lockenwolle (f) locks abats (mpl)	клочья (мр) fiocchi (mpl), lana (f) in fiocchi botones (mpl) de lana
2	Kopfwolle (f) head locks laine (f) de tête	головная шерсть (жр) lana (f) di testa lana (f) de la cabeza
3	Stirnwolle (f) wool from the forehead laine (f) du front, tétard (m)	челочная шерсть (жр) lana (f) di fronte lana (f) de la frente
4	Schwanzwolle (f) tail locks, britch laine (f) de queue	хвостовая шерсть (жр) lana (f) di coda lana (f) de la cola
5	Beinlinge (mpl), Beinstücke (npl), Fußwolle (f), Fußlocken (fpl) foot locks, feet pattelettes (fpl)	ножная шерсть (жр) lana (f) delle zampe botones (mpl) de las patas
6	zerrissenes Vlies (n) torn *or* broken fleece toison (f) déchirée	разорванное *или* разодранное руно (ср) vello (m) stracciato vellón (m) roto
7	Stücke (npl), Stückenwolle (f), Brocken (mpl) pieces, shorts morceaux (mpl)	обрывки *или* куски шерсти pezzi (mpl), lana (f) spezzettata trozos (mpl) de vellón
8	aussortierte Vliese (npl) cased fleeces toisons (fpl) triées	отсортированныя (отобранныя) руна (ср) velli (mpl) scelti vellones (mpl) escogidos
9	Pechstücke (npl) tar bits parties (fpl) chargées de poix	смолистые клочья (мр) pezzetti (mpl) incatramati piezas (fpl) cargadas de alquitrán
10	Kotspitzen (fpl), Brandspitzen (fpl) dung bits, stained wool parties (fpl) tâchées par l'urine, crottins (mpl)	шерсть (жр) окрашенная мочей lana (f) colorata dalle orine, lana gialla piezas (fpl) manchadas por la orina
11	Wollsorte (f), Wollart (f), Wollgattung (f), Wollklasse (f) class of wool classe (f) *ou* sorte (f) de la laine	сорт (мр) *или* порода (жр) *или* характер (мр) *или* класс (мр) шерсти sorta (f) *o* specie (f) di lana clase (f) de la lana
12	Güte (f) [*oder* Qualität (f)] der Wolle quality of wool qualité (f) de la laine	качество (ср) шерсти qualità (f) della lana calidad (f) de la lana
13	hochedle Wolle (f) superior wool laine (f) prime	высоко-сортная шерсть (жр), тончайшая шерсть (жр) благородная шерсть lana (f) extra lana (f) superior
14	geringe Wolle (f) inferior wool laine (f) médiocre	низкосортная шерсть (жр) lana (f) ordinaria lana (f) ordinaria
15	Mischwolle (f) mixed wool laine (f) mélangee	мѣшанная шерсть (жр) lana (f) mista lana (f) mezclada
16	Obersorte (f) der Wolle superior class of wool classe (f) supérieure de laine	наивысшій сорт (мр) шерсти qualità (f) superiore della lana clase (f) superior de la lana
17	Untersorte (f) der Wolle lower class of wool classe (f) inférieure de laine	низшій сорт (мр) шерсти qualità (f) inferiore della lana clase (f) inferior de la lana
18	Mittelwolle (f), Mittelsorte (f) der Wolle middle class of wool classe (f) moyenne de laine	межеумочная шерсть (жр), средній сорт (мр) шерсти qualità (f) media della lana clase (f) media de la lana
19	Wollfarbe (f), Farbe (f) der Wolle colour *or* tint of the wool couleur (f) *ou* teinte (f) de la laine	окраска (жр) *или* цвѣт (мр) шерсти colore (m) della lana color (m) de la lana
20	Farbenzusammenstellung (f) combination of colours combinaison (f) de couleurs	подбор (мр) цвѣтов шерсти combinazione (f) di colori combinación (f) de colores
21	Wollkorb (m) wool skep panier (m) à laine	короб (мр) *или* корзина (жр) для шерсти cesta (f) per lana cesto (m) de lana
22	Weidenkorb (m) wicker basket panier (m) d'osier	ивовая корзина (жр) cesta (f) di salcio cesto (m) de mimbre
23	die Wolle einsacken *oder* in Säcke verpacken to pack the wool in bags, to fill the wool into bags emballer la laine dans des sacs, ensacher la laine, mettre la laine en sac	упаковывать шерсть в мѣшки insaccare *o* mettere in sacco la lana ensacar la lana

1 **16. Die Lehre vom Bau des Wollhaares**
Histology of Wool Fibre
Histologie (f) de la fibre *ou* du brin de laine
Гистологія (жр) шерстяного волокна
Istologia (f) della fibra di lana
Histología (f) de la fibra de lana

2 Wollbildung (f)
formation of wool
formation (f) de la laine
образованіе (ср) шерсти
formazione (f) della lana
formación (f) de la lana

3 Haarbildung (f)
formation of hair
formation (f) du poil
образованіе (ср) волоса
formazione (f) del pelo
formación (f) del pelo

4 Wollwuchs (m), Wachsen (n) der Wolle
growth of wool
croissance (f) de la laine
рост (мр) волос, произростаніе (ср) шерстяных волос
crescenza (f) della lana
crecimiento (m) de la lana

5 die Wolle wächst
the wool grows
la laine croît
шерсть (жр) растет
la lana cresce
la lana crece

6 gleichmäßiger Haarwuchs (m)
even *or* regular growth of hair
croissance (f) régulière *ou* accroissement (m) uniforme des poils
равномѣрный рост (мр) волоса
crescita (f) regolare *o* uniforme dei peli
crecimiento (m) uniforme de los pelos

7 haarartiges Gebilde (n)
hair-like structure
structure (f) capillaire
волосообразное образованіе (ср)
tessuto (m) capillare
estructura (f) capilar

8 Haarkeim (m)
germ *or* sprout of hair
germe (m) du poil
зачаток (мр) волоса
germe (m) capillare
germen (m) capilar

9 Entwicklung (f) des Wollhaares
development of the wool fibre
développement (m) du brin de laine
развитіе (ср) шерстяного волоса *или* волоса шерсти
sviluppo (m) del pelo di lana
desarrollo (m) de la fibra de lana

10 das Wollhaar entwickelt sich
the wool fibre develops
le brin de laine se développe
шерстяной волос (мр) развивается
il pelo di lana si sviluppa
la fibra de lana se desarrolla

11 Ernährung (f) des Wollhaares
nourishment of the wool fibre
nourriture (f) du brin de laine
питаніе (ср) шерстяного волоса
nutrizione (f) del pelo di lana
alimentación (f) *o* nutrición (f) de la fibra de lana

12 die Ernährung des Wollhaares wird gestört *oder* unterbrochen
the nourishment of the wool fibre is interrupted
la nourriture du brin de laine est interrompue
питаніе (ср) шерстяного волоса нарушается *или* прерывается
la nutrizione del pelo di lana è interrotta
la nutrición de la fibra de lana se interrumpe

Haarwechsel (m)
change of hair
changement (m) de poil
волосяной обмѣн (мр)
cambiamento (m) del pelo 13
cambio (m) de los pelos

Verkümmerung (f) des Wollhaares
stunting of the wool fibre
rabougrissement (m) du brin de laine
задержка (жр) в развитіи волос
atrofia (f) del pelo di lana 14
degeneración (f) de la fibra de lana

das Wollhaar verkümmert
the wool fibre becomes stunted
le brin de laine se rabougrit *ou* s'étiole
волос (мр) задерживается в развитіи
il pelo di lana si atrofizza 15
la fibra de lana se degenera

das Wollhaar stirbt ab
the wool fibre dies
le brin de lain dépérit
шерстяной волос (мр) отмирает
il pelo di lana deperisce 16
la fibra de lana muere

abgestorbene Haare (npl) ausstoßen
to shed dead wool fibres
rejeter *ou* faire tomber des poils dépéris
выдѣлять омертвѣвшіе волосы
rigettare i peli deperiti 17
eliminar los pelos muertos

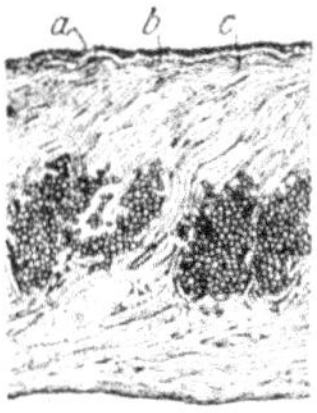

Haut (f)
skin
peau (f)
кожа (жр) 18
pelle (f)
piel (f)

Oberhaut (f), Epidermis (f)
epidermis, cuticle
épiderme (m)
наружный покров (мр), эпидерма (жр) 19
epidermide (f), cuticola (f)
epidermis (f), cutícula (f)

a
Hornschicht (f) der Oberhaut
horny layer of the cuticle
couche (f) cornée de l'épiderme
роговой слой (мр) наружнаго покрова 20
strato (m) corneo dell'epidermide
capa (f) córnea de la cutícula

b
Schleimschicht (f) der Oberhaut
mucous *or* Malpighian layer of the cuticle
couche (f) muqueuse *ou* de Malpighi de l'épiderme 21
слизистая оболочка (жр) наружнаго покрова
strato (m) mucoso dell'epidermide
capa (f) mucosa de la cutícula

c
Lederhaut (f), Unterhaut (f), Fetthaut (f)
dermis, cutis, corium
derme (m)
подкожная ткань (жр), жировой покров (мр), меадра (жр) 22
derma (f), dermide (f), corio (m)
dermis (f), membrana (f) adiposa

1 organische Gebilde (n pl) in der Haut
organic tissues in the skin
tissus (m pl) organiques dans la peau
органическія образованія (ср) в кожѣ
tessuti (m pl) organici nella pelle
tejidos (m pl) orgánicos en la piel

---

2 Haar (n), Wollhaar (n)
wool fibre
brin (m) de laine
волос (мр), шерстяной волос (мр)
pelo (m) di lana
fibra (f) de lana

---

3 anatomischer Bau (m) des Haares
anatomical structure of the hair
structure (f) anatomique du brin
анатомическое строеніе (ср) волоса
struttura (f) anatomica del pelo
estructura (f) anatómica del pelo

---

4 folliculus pili
Haarbalg (m), Haarsäckchen (n)
follicle of the hair, hair sac
follicule (m) du poil
жировая железа (жр), волосяной мѣшечек (мр), волосяная сумочка (жр)
follicolo (m) del pelo
folículo (m) del pelo

---

5 Haarpapille (f), Haarwärzchen (n)
papilla of the hair
papille (f) du poil
волосяной сосок (мр)
papilla (f) del pelo
papila (f) del pelo

---

6 bulbus
Haarzwiebel (f), Haarkopf (m), Haarknopf (m)
hair bulb
bulbe (m) pileux
луковица (жр) *или* головка (жр) волоса
bulbo (m) del pelo
bulbo (m) capilar *o* del pelo

---

7 die Haarzwiebeln (f pl) liegen in Nestern zusammen
the hair bulbs lie together in clusters
les bulbes (m pl) pileux se présentent en glomérules
луковицы (жр) волос лежат в гнѣздах пучками
i bulbi del pelo si presentano uniti in gruppi
los bulbos capilares se hallan en grupos

---

8 radix
Haarwurzel (f)
hair root
racine (f) du poil
корень (мр) волоса
radice (f) del pelo
raíz (f) del pelo

---

9 vagina pili
Wurzelscheide (f)
root sheath
gaine (f) de la racine
корневое влагалище (ср)
guaina (f) della radice
vaina (f) de la raíz

---

10 Oberhäutchen (n) der Wurzelscheide
outer coat of root sheath
pellicule (f) extérieure de la gaine de la racine
верхній покров (мр) корневого влагалища
pellicola (f) esterna della guaina della radice
peliculilla (f) exterior de la vaina de la raíz

---

11 innere Wurzelscheide (f)
inner root sheath
gaine (f) intérieure de la racine
внутреннее корневое влагалище (ср)
guaina (f) interna della radice
vaina (f) interna de la raíz

---

12 äußere Wurzelscheide (f)
outer root sheath
gaine (f) extérieure de la racine
наружное корневое влагалище (ср)
guaina (f) esterna della radice
vaina (f) externa de la raíz

---

13 glandula sebacea
Talgdrüse (f), Fettbalg (m)
sebaceous gland
glande (f) sébacée
сальная железа (жр) [жировая]
glandula (f) sebacea
glándula (f) sebácea

---

14 Fettzelle (f)
adipose *or* fat cell
cellule (f) adipeuse
жировая клѣтка (жр)
cellula (f) adiposa
célula (f) adiposa

---

15 Fett (n) absondern
to excrete fat
excréter de la graisse
выдѣлять жир (мр)
escrezionare grasso
excretar grasa

---

16 Fettabsonderung (f)
excretion of fat
excrétion (f) de graisse
выдѣленіе (ср) жира
escrezione (f) di grasso
excreción (f) de grasa

---

17 Drüsengang (m)
duct of the gland
conduit (m) de la glande
проход (мр) *или* канал (мр) железы
condotto (m) della glandola
conducto (m) de la glándula

---

18 Aussonderung (f) *oder* Exkret (n) der Talgdrüse, Talgdrüsenexkret (n)
excretion of the sebaceous gland
excrétion (f) de la glande sébacée
выдѣленіе (ср) сальной железы
escrezione (f) della glandola sebacea
excreción (f) de la glándula sebácea

---

19 Schweißdrüse (f)
sweat *or* sudoriparous gland
glande (f) sudoripare
потовая железа (жр)
glandula (f) sudorifera
glándula (f) sudorífica

---

20 [Schweiß-] Pore (f)
[sudoriparous] pore
pore (f) [sudoripare]
потовая пора (жр)
poro (m) [sudorifero]
conducto (m) [sudorífico]

---

21 scapus
Haarschaft (m)
body *or* shaft of the hair
tige (f) du poil
ствол (мр) *или* стебель (мр) волоса
corpo (m) del pelo
cuerpo (m) del pelo

---

22 cuticula pili
Haaroberhäutchen (n)
cuticle of the hair
cuticule (f) du poil
эпидерма (жр) волоса
cuticola (f) del pelo
cutícula (f) del pelo

---

23 Rindenschicht (f), Hornschicht (f)
cortical layer
couche (f) corticale
роговой [корочный] слой (мр)
strato (m) corticale
capa (f) cortical

No.	German / English / French	Russian / Italian / Spanish
1	Rindenzelle (f) cortical cell cellule (f) corticale	роговая *или* корочная клѣтка (жр) cellula (f) corticale célula (f) cortical
2	Markstrang (m) medullary cord cylindre (m) *ou* rayon (m) médullaire	мозговой стержень (мр) corda (f) *o* raggio (m) midollare cilindro (m) medular
3	Markzelle (f) medullary cell cellule (f) médullaire	мозговая клѣтка (жр) cellula (f) midollare célula (f) medular
4	**17. Beschaffenheit (f) und Eigenschaften (f pl) der Wolle** **Nature and Qualities of Wool** **Nature (f) et qualités (f pl) de la laine**	**Природа (ж р) шерсти и ея свойства** **Natura (f) e qualità (f pl) della lana** **Naturaleza (f) y propiedades (f pl) de la lana**
5	Flaum (m), Flaumhaar (n) downy hair duvet (m), poil (m) follet	пух (мр), пушной волос (мр) lanugine (f) pelusa (f)
6	Grannenhaar (n) long coarse hair jarre (f), brin (m) rigide et gros	жесткій щетинный волос (мр) pelo (m) lungo, ruvido e liscio pelo (m) largo y bronco
7	Stichelhaar (n) short bristly hair, stitchel brin (m) court et raide	короткій, колючій, острый волос (мр) pelo (m) corto, lucido e duro pelo (m) corto y duro
8	verspinnbare Wollfaser (f) wool fibre fit for spinning fibre (f) de laine filable	шерстяной волос (мр) способный к пряденію fibra (f) di lana filabile fibra (f) de lana hilable
9	Spinnbarkeit (f) der Wollfaser spinning quality of the wool fibre filabilité (f) de la fibre de laine	прядильная способность (жр) шерстяного волоса filabilità (f) della fibra di lana capacidad (f) de la fibra de lana al hilado
10	Wollgeruch (m) smell *or* odour of wool odeur (f) de la laine	запах (мр) шерсти odore (m) della lana olor (m) de la lana
11	eingefütterte Wolle (f) wool charged with fodder laine (f) chargée de fourrage	шерсть (жр) засоренная кормом lana (f) caricata di foraggio lana (f) cargada de forraje
12	Futterhals (m) burry neck gorge (f) chargée de fourrage	шейная шерсть (жр) загрязненная кормом collo (m) caricato di foraggio cuello (m) cargado de forraje
13	gut gepflegte Wolle (f) well conditioned wool laine (f) bien soignée	шерсть (жр) хорошаго ухода lana (f) ben curata lana (f) bien cuidada
14	äußeres Gefüge (n) *oder* Textur (f) der Wollfaser texture of the wool fibre texture (f) du brin de laine	наружное строеніе (ср) шерстяного волокна struttura (f) esteriore della fibra di lana textura (f) de la fibra de lana
15	Lammspitze (f) des Haares tip of lamb's wool pointe (f) de laine d'agneau	конец (мр) [верхушка] дѣвственнаго волоса [нетронутаго стрижкой] punta (f) del pelo d'agnello punta (f) del pelo de cordero
16	Gesundheit (f) der Wollfaser soundness of the wool fibre santé (f) de la fibre de laine	здоровье (ср) шерстяного волокна stato (m) sano della fibra di lana solidez (f) *o* vigor (m) de la fibra de lana
17	die Wolle ist gesund the wool is sound *or* healthy la laine est saine	шерсть (жр) здорова la lana è sana la lana es sana
18	Krimpkraft (f) *oder* Krümpkraft (f) *oder* Krumpkraft (f) *oder* Kräuselungselastizität *oder* Elastizität (f) der Zusammenschnirrung der Wolle cockling power of wool [élasticité (f) de] crispation (f) de la laine	сила (жр) сокращаемости шерсти capacità (f) di increspatura della lana facilidad (f) del encrespado de la lana
19	walkfähige Wolle (f) wool suitable for milling laine (f) foulable *ou* à foulon	шерсть (жр) способная сваливаться lana (f) adatta alla follatura lana (f) capaz de ser abatanada
20	elastische Wollfaser (f) elastic wool fibre brin (m) de laine élastique	эластичное, упругое, волокно (ср) шерсти fibra (f) di lana elastica fibra (f) de lana elástica
21	unelastisches Haar (n) inelastic hair poil (m) non élastique	неэластичный, жесткій волос (мр) pelo (m) non elastico pelo (m) sin elasticidad
22	spröde *oder* brüchige Wolle (f) brittle *or* harsh wool laine (f) cassante	дряблая *или* хрупкая шерсть (жр) lana (f) fragile lana (f) quebradiza
23	Tragfähigkeit (f) *oder* Festigkeit (f) der Wolle [breaking] strength of wool fibre résistance (f) de la laine [à la rupture]	крѣпость (жр) *или* прочность (жр) шерсти [сопротивленіе на разрыв] resistenza (f) della lana [alla rottura] resistencia (f) de la lana
24	nervige *oder* kräftige *oder* kernige Wolle (f) strong wool fibre laine (f) résistante *ou* nerveuse	крѣпкая, ядреная *или* жилистая шерсть (жр) lana (f) nerboruta *o* robusta *o* forte lana (f) nervosa

1 die Wolle hat Nerv
the wool is strong
la laine a du nerf
шерсть (жр) имѣет жилистость
la lana ha del nervo
la lana tiene nervio

---

2 Metall (n) der Wolle
ring of stretched wool fibre
sonorité (f) de la laine
звук (жр) *или* звонкость (жр) натянутой шерсти
suono (m) metallico della lana
sonido (f) de la fibra de lana tendida

---

3 Musik (f) der Wolle, Singen (n) der Wolle (f)
rustling of the wool
son (m) de la laine
хруст (мр) шерсти
suono (m) della lana
música (f) de la lana

---

4 Treue (f) des Wollhaares
evenness of the wool fibre
égalité (f) *ou* qualité (f) uniforme (f) du brin de laine
ровность (жр) *или* ровнота (жр) шерстяного волоса
uniformità (f) della fibra di lana
igualdad (f) de la fibra de lana

---

5 das Wollhaar ist treu
the wool fibre is even
le brin de laine est de qualité uniforme
шерстяной волос (мр) ровен
la fibra di lana è uniforme
la fibra de lana es igual

---

6 Untreue (f) des Wollhaares
unevenness of the wool fibre
inégalité (f) dans les qualités du brin de laine
неровность (жр) шерстяного волоса
disuniformità (f) della fibra di lana
desigualdad (f) de la fibra de lana

---

7 das Wollhaar ist untreu
the wool fibre is uneven
la fibre de laine n'est pas uniforme de qualités
шерстяной волос (мр) неровен
la fibra di lana è disuniforme
la fibra de lana es desigual

---

8 wellenförmiges *oder* welliges Haar (n)
wavy wool fibre
poil (m) ondulé
волнистый *или* волнообразный волос (мр)
pelo (m) ondulato
pelo (m) ondulado

---

9 wellentreues Haar (n)
evenly waved wool fibre
poil (m) à ondulations régulières
ровность (жр) волны волоса
pelo (m) ad ondulazioni regolari
pelo (m) de ondulaciones regulares

---

10 wellenuntreues Haar (n)
irregularly waved wool fibre
poil (m) à ondulations irrégulières
неровность (жр) волны волоса
pelo (m) ad ondulazioni irregolari
pelo (m) de ondulaciones irregulares

---

11 
unterbrochen wellentreues Haar (n)
wool fibre evenly waved at intervals
poil (m) à ondulations régulières intermittentes
волос (мр) с перемежающейся ровной волной
pelo (m) ad ondulazioni regolari ma con intermittenze
pelo (m) de ondulaciones desiguales

unten wellenuntreues Haar (n)
wool fibre irregularly waved at the root
poil (m) ondulé irrégulièrement à la racine
волос (мр) с неравномѣрной волной внизу 12
pelo (m) ondulato irregolarmente alla radice
pelo (m) de ondulaciones irregulares en la raiz

---

oben wellenuntreues Haar
wool fibre irregulary waved at the tip
poil (m) ondulé irrégulièrement à la pointe
волос (мр) с неравномѣрной волной вверху
pelo (m) ondulato irregolarmente all'apice 13
pelo (m) de ondulaciones irregulares en la punta

gezerrtes Haar (n)
wool fibre with distorted waves
poil (m) à ondulations tordues
волос (мр) с неправильной *или* неравномѣрной волной 14
pelo (m) ad ondulazioni ritorte o confuse
pelo (m) confusamente ondulado

---

sanft gewellte Wolle (f)
slightly waved wool
laine (f) légèrement ondulée
мягко *или* плавно волнистая шерсть (жр)
lana (f) leggermente o poco ondulata 15
lana (f) ligeramente ondulada

normalbogige Wollkräuselung (f)
normal curliness of the wool
ondulation (f) normale de la laine
нормальный изгиб (мр) завитка шерсти 16
arricciamento (m) normale della lana
rizado (m) normal de la lana

---

gekräuselte Wolle (f)
crimpy *or* curly wool
laine (f) ondulée
курчавая шерсть (жр) 17
lana (f) arricciata
lana (f) rizada

---

entschieden gekräuselte Wolle (f)
very *or* decidedly curly wool
laine (f) fortement ondulée
сильно *или* явно курчавая шерсть (жр)
lana (f) di arricciamento deciso 18
lana (f) muy rizada

---

wenig *oder* flach gekräuselte Wolle
slightly curled wool
laine (f) peu ondulée
слабо курчавая шерсть (жр)
lana (f) poco arricciata 19
lana (f) poco rizada

Länge (f) des gekräuselten Haares
length of the crimped wool fibre
longueur (f) du poil ondulé
длина (жр) курчаваго *или* завитого волоса
lunghezza (f) del pelo arricciato 20
longitud (f) del pelo rizado

Länge (f) des ausgestreckten Wollhaares
length of the stretched wool fibre
longueur (f) de la fibre de laine tendue
длина (жр) распрямленнаго волоса шерсти
lunghezza (f) della fibra di lana tesa 21
longitud (f) de la fibra de lana estirada

Kräuselungsbogen (m) des Haares
crimping arc of the wool fibre
arc (m) d' ondulation du poil
дуга (жр) *или* изгиб (мр) завитка волоса
arco (m) di arricciamento del pelo 22
arco (m) de rizado de la fibra de lana

1 

hochbogige Kräuselung (f), hohe Beugung (f)
high curved crimps
ondulation (f) très prononcée
крутая [сильная] курчавость (жр), [высокій изгиб завитка]
arricciamento (m) molto pronunciato
rizado (m) muy pronunciado

2 

flachbogige Kräuselung (f)
slightly curved crimps
ondulation (f) peu prononcée
пологая курчавость (жр)
arricciamento (m) poco pronunciato
rizado (m) poco pronunciado

3 

schlichte Kräuselung (f)
faint crimps
ondulation (f) très faible
слабая курчавость (жр)
arricciamento (m) debole *o* appena percettibile
rizado (m) débil

4 

gedehntbogige *oder* gedehnte Kräuselung (f)
slight crimps
ondulation (f) faible *ou* allongée
растянутая курчавость (жр) [удлиненно пологій изгиб]
arricciamento (m) assai allungato
rizado (m) insignificante

5 

gedrängtbogige Kräuselung (f)
crowded crimps
ondulation (f) à arcs rapprochés
сжато-крутая курчавость (жр)
arricciamento (m) ad archi ravvicinati
rizado (m) de ondas muy apretadas entre si

6 

überbogige *oder* gemaschte Kräuselung (f)
meshy crimps
ondulation (f) à arcs larges
петлевидная курчавость (жр)
arricciamento (m) ad archi dilatati
rizado (m) reticular de malla

7
regelmäßige Kräuselung (f)
even-running crimps
ondulation (f) régulière
равномѣрная курчавость (жр)
arricciamento (m) regolare
rizado (m) regular

8
glattes Wollhaar (n)
smooth wool fibre
fibre (f) de laine lisse
гладкій шерстяной волос (мр)
fibra (f) di lana liscia
fibra (f) de lana lisa

9
Griff (m) *oder* Anfühlen (n) der Wolle
feel of the wool
toucher (m) de la laine
проба (жр) шерсти на ощупь
tatto (m) della lana
tacto (m) de la lana

10
die Wolle hat vollen Griff
the wool has a full *or* lofty feel
la laine a un toucher plein
шерсть (жр) полная на ощупь
la lana è resistente al tatto
la lana presenta un tacto completo

11
die Wolle hat hohlen *oder* leeren Griff
the wool has a dead feel
la laine a un toucher mort *ou* creux
шерсть (жр) тощая на ощупь
la lana cede al tatto
la lana presenta un tacto muerto

12
die Wolle hat quellenden Griff, die Wolle quillt
the wool has a springy feel
la laine a un toucher élastique
шерсть (жр) упругая на ощупь
la lana si presenta elastica al tatto
la lana presenta un tacto elástico

13
seidenartiger Griff (m) der Wolle
silky feel of the wool
toucher (m) soyeux de la laine
шёлковистость (жр) шерсти на ощупь
tatto (m) setaceo della lana
tacto (m) sedoso de la lana

14
Schnitt (m) des Vlieses
cut of the fleece
coupe (f) de la toison
срѣз (мр) руна
taglio (m) del vello
corte (m) del vellón

15
Wollfaserlänge (f)
length of the wool fibre
longueur (f) de la fibre de laine
длина (жр) шерстяного волокна
lunghezza (f) della fibra di lana
longitud (f) de la fibra de lana

16
mittlere Haarlänge (f)
medium length of wool fibre
longueur (f) moyenne du brin
средняя длина (жр) волоса
lunghezza (f) media del pelo
longitud (f) media del pelo

17
gute Natur (f) der Wolle
good character of the wool
bon caractère (m) de la laine
доброкачественность (жр) шерсти
natura (f) buona della lana
naturaleza (f) buena de la lana

18
die Wolle ist von schlechter Natur
the wool lacks character
la laine est de mauvais caractère
шерсть (жр) недоброкачествена
la lana è di cattiva natura
la lana es de naturaleza mala

19
geringwertige Wolle (f)
low quality wool
laine (f) médiocre
низкосортная шерсть (жр)
lana (f) mediocre
lana (f) mediocre

20
offene Wolle (f)
open wool
laine (f) ouverte *ou* claire
неспутанная шерсть (жр)
lana (f) aperta
lana (f) abierta

21
grobe *oder* dickhaarige Wolle (f)
coarse wool
laine (f) grossière
грубая, толстоволосая шерсть (жр)
lana (f) grossolana
lana (f) grosera

22
schlaffes Wollhaar (n)
flaccid wool fibre
fibre (f) *ou* brin (m) de laine flasque
отвислый шерстяной волос (мр)
fibra (f) floscia della lana
fibra (f) de lana flácida

23
mürbes Haar (n)
brittle hair
poil (m) frêle
дряблый волос (мр)
pelo (m) friabile
pelo (m) quebradizo

24
gipfelmürbes Haar (n)
hair brittle at the tip
poil (m) frêle à sa pointe
волос (мр) с дряблой верхушкой
pelo (m) friabile all'apice
pelo (m) quebradizo en su punta

1 schlichte Wolle (f), Haarwolle (f)
smooth wool, hairy wool
laine (f) lisse
прямая *или* волосистая шерсть (жр)
lana (f) liscia
lana (f) lisa

---

2 feinhaarige Wolle (f)
wool of fine fibre
laine (f) à fibres fines
тонкорунная шерсть (жр)
lana (f) di fibre fine
lana (f) de fibras finas

---

3 Feinheit (f) *oder* Feinheitsgrad (m) des Wollhaares
fineness of the wool fibre
finesse (f) de la fibre de laine
тонкость (жр) *или* степень (жр) тонины волоса шерсти
finezza (f) della fibra di lana
finura (f) de la fibra de lana

---

4 Weichheit (f) der Wollfaser
softness of the wool fibre
douceur (f) de la fibre de laine
мягкость (жр) шерстяного волокна
morbidezza (f) della fibra di lana
suavidad (f) de la fibra de lana

---

5 weiche Wolle (f)
soft wool
laine (f) douce
мягкая шерсть (жр)
lana (f) morbida
lana (f) suave

---

6 rauhe *oder* harte *oder* barsche Wolle (f)
harsh *or* brashy wool
laine (f) rude *ou* dure
суровая, твердая *или* жесткая шерсть (жр)
lana (f) dura
lana (f) áspera *o* dura

---

7 leichte Wolle (f)
light wool
laine (f) légère
легкая шерсть (жр)
lana (f) leggera
lana (f) ligera

---

8 moorige Wolle (f)
wool loaden with bog earth
laine (f) chargée de terre tourbeuse
черно-грязная шерсть (жр)
lana (f) caricata di terra torbosa
lana (f) cargada de tierra turbosa

---

9 klebrige Wolle (f)
pitchy wool
laine (f) tenace
липкая, клейкая шерсть (жр)
lana (f) attaccaticcia
lana (f) viscosa

---

10 klettige Wolle (f)
burry wool
laine (f) chardonneuse *ou* pailleuse
репейная шерсть (жр)
lana (f) carica di sostanze vegetali
lana (f) cargada de pajas

---

11 klettenfreie Wolle (f)
wool free from burs
laine (f) sans chardons
безрепейная шерсть (жр)
lana (f) scevra di materie vegetali
lana (f) sin pajas *o* motas

---

12 zottige Wolle (f)
shaggy wool
laine (f) velue
косматая, лохматая шерсть (жр)
lana (f) vellosa
lana (f) velluda

---

13 filzige *oder* strickige Wolle (f)
matted *or* stringy wool
laine (f) touffue *ou* feutrée
свалянная, сволоченная шерсть (жр), сбитая шерсть (жр)
lana (f) intrecciata
lana (f) cerrada

---

unverfilzte Wolle (f)
unmatted wool
laine (f) non feutrée
несвалянная *или* неспутанная шерсть (жр) 14
lana (f) non intrecciata
lana (f) no cerrada

---

glanzreiche *oder* hellglänzende Wolle (f)
[high] lustre wool
laine (f) brillante
лоснящаяся, блестящая, глянцевидная шерсть (жр) 15
lana (f) brillante
lana (f) brillante

---

seidige Wolle (f)
silky wool
laine (f) soyeuse
шелковистая шерсть (жр) 16
lana (f) setacea
lana (f) sedosa

---

mattes Ansehen (n) des Wollhaares
dull appearance of the wool fibre
aspect (m) terne de la fibre de laine
матовый *или* тусклый вид (мр) шерстяного волоса
aspetto (m) senza lustro della fibra di lana 17
aparencia (f) floja de la fibra de lana

Wollfehler (m), Fehler (m) der Wolle
fault in wool
défaut (m) de la laine
недостаток (мр) *или* порок (мр) шерсти 18
difetto (m) della lana
defecto (m) de la lana

---

die Wolle wächst ab
the fleece falls off in pieces
la toison tombe en morceaux
шерсть (жр) полает *или* выпадает клочьями 19
il vello cade in pezzi
el vellón se desmenuza

Auftreibung (f) des Wollhaares
hypertrophy of the wool fibre
hypertrophie (f) de la fibre de laine
опуханіе (ср) *или* перерожденіе (ср) *или* гипертрофія (жр) шерстяного волоса 20
ipertrofia (f) della fibra di lana
hipertrofia (f) de la fibra de lana

Hungerfeinheit (f) der Wolle
atrophy of the wool
atrophie (f) de la laine
атрофія (жр) *или* отощеніе (ср) *или* омертвѣніе (ср) шерсти 21
atrofia (f) della lana
atrofia (f) de la lana

Hungerwolle (f), hungrige Wolle (f)
hunger wool
laine (f) maigre *ou* atrophique
тощая, голодная шерсть (жр) 22
lana (f) atrofica
lana (f) atrófica

---

kranke Wolle (f)
diseased wool
laine (f) malade
больная шерсть (жр)
lana (f) malata 23
lana (f) enferma

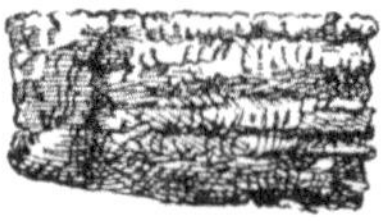

abgesetzte Wolle (f)
broken *or* marked wool
laine (f) inégale *ou* maladive
перерывистая шерсть (жр) 24
шерсть (жр) со слабинами
lana (f) a risalto
lana (f) raquitica

1 mastige Wolle (f)
faulty wool due to overfeeding of sheep
laine (f) défectueuse par excès de nourriture du mouton
тучная шерсть (жр)
lana (f) difettosa causa soverchia nutrizione della pecora
lana (f) defectuosa por exceso de nutrición de la oveja

2 fehlerhafte Veränderung (f) der Wolle
faulty variation in the wool
variation (f) défectueuse de la laine
ухудшеніе (ср) *или* порча (жр) шерсти, (измѣненіе качества в худшую сторону)
cambiamento (m) difettoso nella lana
alteración (f) defectuosa de la lana

3 18. Physikalisches (n) vom Wollhaar — Physical Features of Wool Fibre — Propriétés (f pl) physiques de la fibre de laine — Физическія свойства шерсти — Proprietà (f pl) fisiche della fibra di lana — Propiedades (f pl) físicas de la fibra de lana

4 Wollprüfung (f)
wool testing
examen (m) *ou* essai (m) de la laine
испытаніе (ср) шерсти
prova (f) o collaudo (m) della lana
ensayo (m) *o* examen (m) *o* prueba (f) de la lana

5 die Wolle prüfen
to examine the wool
examiner la laine
испытывать шерсть
esaminare la lana
ensayar *o* probar la lana

6 Güte (f) der Wolle
quality of the wool
qualité (f) de la laine
качество (ср) *или* добротность (жр) шерсти
qualità (f) della lana
calidad (f) de la lana

7 Wollprobe (f), Wollmuster (n)
wool sample
échantillon (f) de [la] laine
проба (жр) *или* образец (мр) шерсти
campione (m) di lana
muestra (f) de lana

8 Farbe *oder* Färbung (f) der Wolle
colour *or* tint of the wool
couleur (f) de la laine
цвѣт (мр) *или* окраска (жр) шерсти
colore (m) della lana
color (m) de la lana

9 natürliche Färbung (f)
natural tint *or* colour
couleur (f) naturelle
естественная окраска (жр)
colore (m) *o* tinta (f) naturale
color (m) natural

10 dunkle Färbung (f)
dark tint
couleur (f) foncée
темная окраска (жр)
tinta (f) scura
color (m) oscuro

11 helle Färbung (f)
light tint
couleur (f) claire
свѣтлая окраска (жр)
tinta (f) chiara
color (m) claro

12 mißfarbig
discoloured
de mauvaise couleur
нечистаго цвѣта
lurido, lordo
descolorido

13 Farbstoff (m), Farbpigment (n)
pigment, dye stuff, colouring matter
pigment (m), substance (f) *ou* matière (f) colorante
красящее вещество (ср), красильный пигмент (мр)
materia (f) *o* sostanza (f) colorante
pigmento (m), materia (f) colorante

Glanz (m) der Wolle
lustre of the wool
lustre (m) de la laine
блеск (мр) *или* гланец (мр) *или* люстр (мр) шерсти
lustro (m) della lana
lustre (m) de la lana 14

matter Silberglanz (m), Edelglanz (m)
dull silvery lustre
lustre (m) mat argentin
матово серебристый блеск (мр), благородный блеск (мр)
lustro (m) smorto argenteo
lustre (m) mate argénteo 15

Seidenglanz (m)
silky lustre
lustre (m) soyeux
шёлковистый блеск (мр)
lustro (m) setaceo
lustre (m) sedoso 16

Glasglanz (m), glasiger Glanz (m)
glassy lustre
lustre (m) vitreux
стекловидный *или* стеклянный блеск (мр)
lustro (m) vetroso
lustre (m) vidrioso 17

Fettglanz (m)
fatty lustre
lustre (m) graisseux
жирный блеск (мр)
lustro (m) grasso
lustre (m) grasiento 18

Glätte (f) des Wollhaares
smoothness of the wool fibre
lisse (m) du brin de laine
гладкость (жр) шерстяного волоса
liscezza (f) della fibra di lana
tersura (f) de la fibra de lana 19

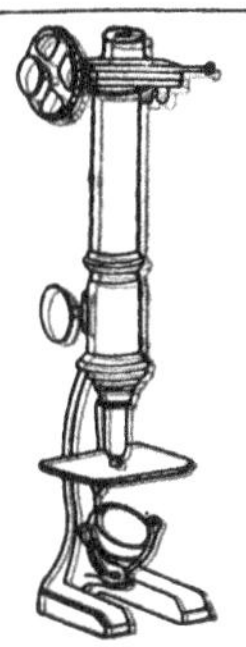

Wollstärkemesser (m), Eriometer (n)
eriometer
ériomètre (m) 20
эріометр (мр)
eriometro (m)
eriómetro (m)

Gleichförmigkeit (f)
uniformity
uniformité (f)
равномѣрность (жр)
uniformità (f)
uniformidad (f) 21

Biegsamkeit (f)
flexibility
flexibilité (f), souplesse (f)
гибкость (жр), сгибаемость (жр)
flessibilità (f), pieghevolezza (f)
flexibilidad (f) 22

Haarwelle (f)
wave of the wool fibre
ondulation (f) du brin
волна (жр) волоса
onda (f) del pelo
ondulación (f) del pelo 23

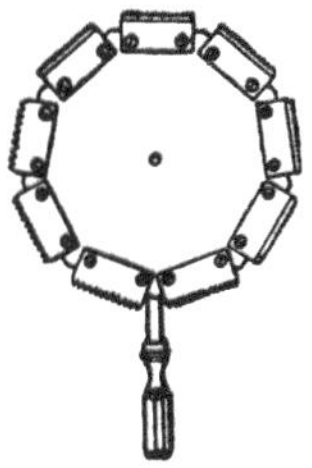

Kräuselungsmesser (m)
crimp gauge, curl gauge
appareil (m) à mesurer les ondulations
измѣритель (мр) курчавости 24
misuratore (m) delle ondulazioni
aparato (m) para medir los rizos

1
die Haarkräuselung messen
to measure the crimps of the wool fibre
mesurer l'ondulation du brin
измѣрять курчавость волоса
misurare l'ondulazione del pelo
medir la ondulación del pelo

2
schlichtes Wollhaar (n)
straight wool fibre
brin (m) de laine lisse
прямой шерстяной волос (мр)
pelo (m) liscio della lana
fibra (f) de lana lisa

3
zylindrische Form (f) des Wollhaares
cylindrical shape of the wool fibre
forme (f) cylindrique du brin de laine
цилиндрическая форма (жр) шерстяного волоса
forma (f) cilindrica del pelo di lana
forma (f) cilíndrica de la fibra de lana

4
Dehnbarkeit (f) des Wollhaares
stretching property of the wool fibre
extensibilité (f) du brin de laine
растяжимость (жр) шерстяного волоса
estensibilità (f) della fibra di lana
extensibilidad (f) de la fibra de lana

5
Elastizität (f) des Wollhaares
elasticity of the wool fibre
élasticité (f) du brin de laine
эластичность (жр) *или* упругость (жр) шерстяного волоса
elasticità (f) della fibra di lana
elasticidad (f) de la fibra de lana

6
Zusammenschnirrung (f) *oder* Zusammenschnirren (n) des Wollhaares
cockling up of the wool fibre
crispation (f) du brin de laine
закручиваемость (жр) волоса шерсти
increspatura (f) *o* elasticità (f) di ritiro della fibra di lana
encrespado (m) de la fibra de lana

7
die Wolle schnirrt zusammen
the wool cockles up
la laine se crispe
шерсть (жр) закручивается *или* скручивается
la lana s'increspa
la lana se encrespa

8
Wollfaser (f), Wollhaar (n)
wool fibre
brin (m) *ou* filament (m) *ou* fibre (f) de laine
шерстяное волокно (ср)
fibra (f) *o* pelo (m) di lana
fibra (f) *o* hebra (f) *o* pelo (m) de lana

9
Einzelhaar (n)
individual wool fibre
brin (m) individuel
единичный *или* отдѣльный волос (мр)
pelo (m) singolo
pelo (m) aislado

10
Normalhaar (n)
standard wool fibre
brin (m) type, brin standard
образцовый, типичный (стандартный) волос (мр)
pelo (m) tipo, pelo modello
pelo-tipo (m)

11
Wollvergleicher (m), Erioskop (n)
erioscope
érioscope (m)
эріоскоп (мр), прибор (мр) для сличенія шерсти
erioscopio (m)
erioscopo (m)

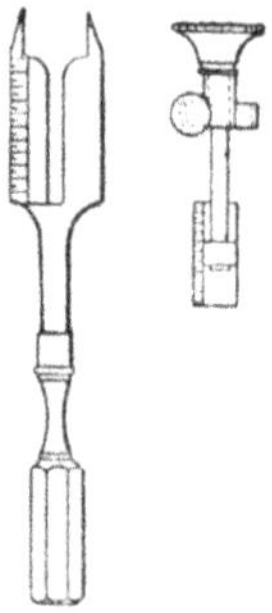

Mentzels [Woll-] Dichtigkeitsmesser (m)
Mentzel's density template
densimètre (m) système Mentzel
измѣритель (мр) густоты шерсти [системы Менцеля] 12
densimetro (m) sistema Mentzel
densímetro (m) sistema Mentzel

---

mikroskopische Faseruntersuchung (f)
microscopic examination of the fibre
examen (m) *ou* essai (m) microscopique de la fibre
микроскопическое изслѣдованіе (ср) волокна
esame (m) *o* prova (f) al microscopio della fibra 13
examen (m) microscópico de la fibra

mikroskopisches Bild (n) eines Wollhaares
microscopic view of a wool fibre
vue (f) du brin de laine au microscope
микроскопическій снимок (мр) шерстяного волоса 14
aspetto (m) microscopico della fibra di lana
vista (f) microscópica de una fibra de lana

Bau (m) [*oder* Struktur (f)] des Wollhaares
structure of the wool fibre
structure (f) du brin de laine
строеніе (ср) *или* структура (жр) шерстяного волоса
struttura (f) del pelo di lana 15
estructura (f) de la fibra de lana

[Woll-]Hornstoff (m), [Woll-]Keratin (n)
[wool] keratine
kératine (f)
роговое вещество (ср), кератин (мр) 16
keratina (f)
queratina (f)

Haaroberfläche (f)
surface of the wool fibre
surface (f) du poil
наружная поверхность (жр) волоса
superficie (f) del pelo 17
superficie (f) del pelo

Haar (n) mit hornigem Überzug
wool fibre with horny covering *or* integument
poil (m) d'un tégument corné
волос (мр) с роговой оболочкой
pelo (m) con tegamento corneo 18
pelo (m) con tegumento córneo

Haarschuppe (f)
hair scale
écaille (f) du poil
волосяная чешуя (жр) 19
scaglia (f) del pelo
escama (f) del pelo

---

schildförmige Schuppe (f)
scutiform scale
écaille (f) scutiforme
щитовидная чешуя (жр) 20
scaglia (f) scutiforme
escama (f) escutiforme

1 mit Schuppen bedeckte Haaroberfläche (f)
surface of the wool fibre covered with scales
surface (f) du poil couverte d'écailles
поверхность (жп) волоса покрытая чешуей
superficie (f) del pelo ricoperta di scaglie
superficie (f) del pelo cubierta de escamas

2 das Wollhaar zeigt *x* Schuppen (fpl) auf die Längeneinheit
the wool fibre has *x* scales per unit of length
le brin de laine contient *x* écailles par unité de longueur
на единицу длины шерстяного волоса приходится „x" чешуек
il pelo di lana contiene *x* scaglie per unità di lunghezza
la fibra de lana tiene *x* escamas por unidad de longitud

3 gezahnte Schuppe (f)
toothed scale
écaille (f) dentée
зубчатая чешуя (жр)
scaglia (f) dentellata
escama (f) dentada

4 stumpfe Schuppe (f)
blunt *or* smooth-edged scale
écaille (f) à bord lisse
тупая чешуя (жр)
scaglia (f) ad orlo liscio
escama (f) de borde liso

5 
Schuppenrichtung (f)
direction of scales
direction (f) des écailles
направленіе (ср) чешуи
direzione (f) delle scaglie
dirección (f) de las escamas

6 Schuppenzahl (f)
number of scales
nombre (f) des écailles
число (ср) *или* количество (ср) чешуек
numero (m) delle scaglie
número (m) de escamas

7 lange, zugespitzte Zellen (fpl)
long pointed cells
cellules (fpl) longues et pointues
длинныя заостренныя клѣтки
cellule (fpl) lunghe e appuntite
células (fpl) largas y agudas

8 Markstrang (m)
medullary cord
cylindre (m) médullaire
мозговой стержень (мр), (жилка)
corda (f) midollare
cilindro (m) *o* cordón (m) medular

9 markhaltiges Haar (n)
hair containing medullary substance
poil (m) contenant de la substance médullaire
мозгосодержащій волос (мр)
pelo (m) contenente sostanza midollare
pelo (m) conteniendo sustancia medular

10 Eigengewicht (n) *oder* spezifisches Gewicht (n) der Wolle
specific weight of wool
poids (m) spécifique de la laine
удѣльный вѣс (мр) шерсти
peso (m) specifico della lana
peso (m) específico de la lana

11 lufttrockene Wolle (f)
air-dry wool
laine (f) sèche à l'air
воздушно-сухая шерсть (жр)
lana (f) secca all'aria
lana (f) secada al aire

12 Wägung (f) der Wolle in Baumöl
weighing the wool in olive oil
pesage (m) de la laine dans l'huile d'olive
взвѣшиваніе (ср) шерсти в деревянном маслѣ
pesatura (f) della lana nell'olio d'oliva
pesado (m) de la lana en el aceite de oliva

Haardicke (f)
thickness of wool fibre
grosseur (f) du poil
толщина (жр) волоса
spessore (m) del pelo
espesor (m) del pelo 13

Haardurchmesser (m)
diameter of wool fibre
diamètre (m) du poil
діаметр (мр) волоса
diametro (m) del pelo
diámetro (m) del pelo 14

Wollhaarquerschnitt (m)
cross section of wool fibre
section (f) transversale du brin de laine
поперечное сѣченіе (ср) шерстяного волоса
sezione (f) trasversale della fibra di lana
sección (f) transversal *o* corte (m) de la fibra de lana 15

19. Chemisches (n) vom Wollhaar

Chemical Properties of Wool Fibre

Propriétés (fpl) chimiques du brin de laine

Химическія свойства шерстяного волоса

Proprietà (f pl) chimiche della fibra di lana 16

Propiedades (f pl) químicas de la fibra de lana

Horngewebe (n), Horngebilde, Keratingewebe (n)
keratine, horny tissue
tissu (m) corné, kératine (f)
роговая ткань (жр), роговое образованіе (ср), кератин (мр)
tessuto (m) corneo, keratina (f)
tejido (m) córneo, queratina (f) 17

Eiweißkörper (m), Proteinkörper (m), Proteinsubstanz (f)
protein
protéine (f)
протеиновое тѣло (ср), протеиновое вещество (ср)
proteina (f)
proteina (f) 18

Schwefelgehalt (m) der Wolle
sulphur contents of the wool
teneur (f) en soufre de la laine
количество (ср) сѣры в шерсти
tenore (m) in zolfo della lana
contenido (m) de azufre en la lana 19

die Wollfaser enthält Schwefel
the wool fibre contains sulphur
la fibre de laine contient du soufre
шерстяное волокно (ср) содержит сѣру
la fibra di lana contiene zolfo
la fibra de lana contiene azufre 20

Aschengehalt (m) der Wolle
ash contents of the wool
teneur (f) en cendres de la laine
количество (ср) золы в шерсти
tenore (m) in cenere della lana
contenido (m) de cenizas en la lana 21

unlöslicher Teil (m) der Wollasche
insoluble part of the wool ashes
partie (f) insoluble de la cendre de laine
нерастворимая составная часть (жр) золы шерсти
parte (f) insolubile delle ceneri di lana
parte (f) insoluble de la ceniza de lana 22

Löslichkeit (f) der Wolle
solubility of the wool
solubilité (f) de la laine
растворимость (жр) шерсти
solubilità (f) della lana
solubilidad (f) de la lana 23

1 Lösen (n) *oder* Auflösen (n) *oder* Lösung (f) der Wolle durch kochendes Wasser
dissolving the wool in boiling water
dissolution (f) *ou* désintégration (f) de la laine dans l'eau bouillante
растворенiе (ср) вещества шерсти посредством кипяченой воды
[di]scioglimento (m) della lana in acqua bollente
disolución (f) de la lana en agua que hierve

2 den Hornstoff *oder* das Keratin in alkalischer Flüssigkeit auflösen
to dissolve the keratine in an alkaline solution
dissoudre la kératine dans une solution alcaline
растворять роговое вещество (ср) *или* кератин (мр) в щелочной жидкости
sciogliere la keratina in una soluzione alcalina
disolver la queratina en una solución alcalina

3 die tierische Faser geht in Lösung über
the animal fibre dissolves
la fibre animale se dissout
животное волокно (ср) переходит в раствор
la fibra animale si dissolve
la fibra animal se disuelve

4 die Wollfaser alkalisch behandeln
to treat the wool fibre with an alkali
traiter la fibre de laine par un alcali
обрабатывать волокно (ср) шерсти щёлоками
trattare la fibra di lana con un alcali
tratar la fibra de lana con un álcali

5 ätzende *oder* kaustische Alkalien (n pl)
caustic alkali[e]s
alcalis (m pl) caustiques
ѣдкiе *или* каустическiе щёлоки
alcali (m pl) caustici
álcalis (m pl) cáusticos

6 verdünnte Kalilauge (f)
weak potash lye
solution (f) diluée de potasse caustique
разбавленный раствор (мр) ѣдкаго кали *или* калiевой щёлочи
soluzione (f) diluita di potassa caustica
solución (f) diluída de potasa cáustica

7 die Wollfaser gegen Alkalien unempfindlich machen
to render the wool fibre insensible to alkalies
rendre la fibre de laine insensible aux alcalis
сдѣлать волокно (ср) шерсти нечувствительным к растворам щелочей
rendere la fibra di lana insensibile agli alcali
hacer insensible la lana a álcalis

8 $HCOH$
Formaldehyd (n)
formaldehyde
formaldéhyde (f), aldéhyde (f) formique
формальдегид (мр)
formaldeide (m)
aldehido (m) fórmico

9 Ammoniakentwicklung (f)
evolution (f) *or* development *or* formation of ammonia
développement (m) d'ammoniaque
образованiе (ср) амміака
sviluppo (m) di ammoniaca
desarrollo (m) de amoníaco

10 Stickstoffgehalt (m) der Wolle
nitrogen contents of wool
teneur (f) en azote de la laine
содержанiе (ср) азота в шерсти
tenore (m) in azoto della lana
contenido (m) en nitrógeno *o* ázoe de la lana

$Cu(OH)_2 4 NH_3$
Kupferoxydammoniak (n)
ammoniacal copper oxide
oxyde (m) de cuivre ammonical
амміачный раствор (мр) окиси мѣди 11
ossido (m) di rame ammoniacale
óxido (m) cupro-amoniacal

$Ba(OH)_2$
Barytwasser (n)
baryta water
eau (f) de baryte
раствор (мр) ѣдкаго барія, баритовая вода (жр) 12
acqua (f) di barite
agua (f) de barita

Zersetzung (f) der Wolle
decomposition of the wool
décomposition (f) de la laine
разложенiе (ср) шерсти на составныя части
decomposizione (f) della lana 13
descomposición (f) de la lana

die Wolle wird zersetzt *oder* zersetzt sich
the wool is decomposed
la laine se décompose
шерсть (жр) разлагается на составныя части 14
la lana si decompone
la lana se descompone

Widerstandsfähigkeit (f) der Wolle gegen Säuren
resistance of wool to acids
résistance (f) de la laine aux acides
сопротивленiе (ср) шерсти кислотам
resistenza (f) della lana agli acidi 15
resistencia (f) de la lana a los ácidos

Säureunempfindlichkeit (f) der Wolle
insensibility of wool to [certain] acids
insensibilité (f) de la laine aux acides
нечувствительность (жр) шерсти к кислотам
insensibilità (f) della lana agli acidi 16
insensibilidad (f) de la lana a los ácidos

verdünnte Säure (f)
dilute acid
acide (m) dilué
разведенная *или* разбавленная кислота (жр) 17
acido (m) diluito
ácido (m) diluído

HCl
Salzsäure (f), Chlorwasserstoffsäure (f)
hydrochloric *or* muriatic acid
acide (m) chlorhydrique *ou* muriatique
соляная кислота (жр), хлористоводородная кислота (жр) 18
acido (m) cloridrico *o* muriatico
ácido (m) clorhidrico *o* muriático

hochgrädige *oder* konzentrierte Salzsäure (f)
concentrated hydrochloric acid
acide (m) chlorhydrique concentré
концентрированная соляная кислота (жр), крѣпкая соляная кислота (жр)
acido (m) cloridrico concentrato 19
ácido (m) clorhidrico concentrado

H_2SO_4
Schwefelsäure (f)
sulphuric acid
acide (m) sulfurique 20
сѣрная кислота (жр)
acido (m) solforico
ácido (m) sulfúrico

1 hochgrädige *oder* konzentrierte Schwefelsäure (f)
concentrated sulphuric acid
acide (m) sulfurique concentré
концентрированная *или*, крѣпкая сѣрная кислота (жр)
acido (m) solforico concentrato
ácido (m) sulfúrico concentrado

2 die Wolle quillt auf
the wool swells up
la laine se gonfle
шерсть (жр) набухает *или* размачивается
la lana si gonfia
la lana se hincha

3 HNO_3
hochgrädige oder konzentrierte Salpetersäure (f)
concentrated nitric acid
acide (m) azotique ou nitrique concentré
крѣпкая *или* концентрированная (дымящаяся) азотная кислота (мр)
acido (m) nitrico concentrato
ácido (m) nítrico concentrado

4 Gelbfärbung (f) der Wolle
yellow colouring of the wool
jaunissement (m) de la laine
желтая окраска (жр) шерсти
ingiallimento (m) della lana
coloración (f) amarillenta de la lana

5 $C_2H_4O_2$
Essigsäure (f)
acetic acid
acide (m) acétique
уксусная кислота (жр)
acido (m) acetico
ácido (m) acético

6 hochgrädige *oder* konzentrierte Essigsäure (f)
concentrated acetic acid
acide (m) acétique concentré
концентрированная уксусная кислота (жр)
acido (m) acetico concentrato
ácido (m) acético concentrado

7 Eisessig (m)
glacial acetic acid
vinaigre (m) glacial, acide (m) acétique cristallisable
крѣпкая уксусная кислота (жр)
acido (m) acetico glaciale
ácido (m) acético glacial

8 schwach saure Wirkung (f) [*oder* Reaktion (f)]
weak acid reaction
réaction (f) acide faible
слабокислая реакція (жр)
reazione (f) acida debole
reacción (f) ácida débil

9 Gasaufsaugung (f) *oder* Gasabsorption (f) durch Wolle
gas absorption through wool
absorption (f) de gaz par la laine
поглощеніе (ср) *или* абсорбація (жр) газа шерстью
assorbimento (m) di gas per la lana
absorción (f) de gas por la lana

20. Wollhandel (m) — Торговля (жр) шерстью

10 Wool Trade — Commercio (m) della lana

Commerce (m) de la laine — Comercio (m) en lana

11 Wollerzeugung (f), Wollproduktion (f)
production of wool
production (f) de la laine
производство (ср) шерсти, добываніе (ср) шерсти
produzione (f) della lana
producción (f) de la lana

12 Erzeugungsgebiet (n), Produktionsgebiet (n)
region of production
région (f) de production
область (жр) производства
regione (f) di produzione
región (f) de producción

13 die Wolle in Säcke verpacken
to pack the wool in sacks *or* bags
mettre la laine en sac
упаковывать шерсть (жр) в мѣшки
insaccare la lana
ensacar la lana

14 Wollsack (m)
sack *or* bag for wool
sac (m) pour laine
мѣшок (мр) шерсти, шерстяной мѣшок (мр)
sacco (m) per la lana
saco (m) para lana

15 die Vliese (npl) durch Druckwasser *oder* hydraulisch zusammenpressen
to press the fleeces hydraulically
presser les toisons (fpl) hydrauliquement
прессовать руно гидравлическим способом
pressare i velli idraulicamente
prensar los vellones hidráulicamente

16 die zusammengepreßten Vliesballen (mpl) durch Eisenreifen zusammenhalten
to bind the pressed bales of fleece wool by iron hoops
relier les balles (fpl) de laine pressées par des bandes en fer
стягивать желѣзными обручами спресованныя кипы шерсти
rilegare le balle di lana pressate con cerchi di ferro
atar las balas prensadas de lana con cercos de hierro

17 Rohwollhandel (m)
raw wool trade
commerce (m) de la laine crue *ou* brute
торговля (жр) сырою шерстью, шерстью сырцом
commercio (m) della lana greggia
comercio (m) en lana cruda

18 Kammzughandel (m)
top trade
commerce (m) de peignés
торговля (жр) камвольною шерстью
commercio (m) della lana pettinata
comercio (m) en lana peinada

19 Wollhandelsplatz (m), Wollmarkt (m)
wool market, wool trade centre
marché (m) aux laines
шерстяной рынок (мр), рынок (мр) шерсти
mercato (m) della lana
mercado (m) para lana

20 Wollstapelplatz (m), Wollplatz (m)
wool centre
centre (m) lainier
складочный пункт шерсти
centro (m) laniero
emporio (m) *o* centro (m) lanero

21 Wollstapler (m), [Woll-]Staplerfirma (f)
wool stapler
[négociant (m)] entrepositaire (m) en laines
оптовый торговец (мр) шерстью, скупщик (мр) шерсти, оптовая фирма (жр)
grossista (m) con deposito di lana
almacenista (f) de lanas

22 Wollausfuhr (f), [Wollexport (m)]
wool export
exportation (f) de la laine
вывоз (мр) *или* экспорт шерсти (мр)
esportazione (f) della lana
exportación (f) de lana

23 Wolleinfuhr (f), [Wollimport (m)]
wool import
importation (f) de la laine
ввоз (мр) *или* импорт (мр) шерсти
importazione (f) della lana
importación (f) de lana

No.	Deutsch / English / Français	Русский / Italiano / Español
1	Wollexporteur (m), Wollausführer (m) wool exporter exportateur (m) de laine	экспортер (мр) шерсти, торговец (мр) вывозной шерстью esportatore (m) di lana exportador (m) de lana
2	Wollimporteur (m), Wolleinführer (m) wool importer importateur (m) de laine	импортер (мр) шерсти, торговец (мр) привозной шерстью importatore (m) di lana importador (m) de lana
3	Wollhandelshaus (n), Wollfirma (f) wool shipping house maison (f) de commerce en laine	фирма (жр) *или* торговый дом (мр) торгующій шерстью, (шерстяное дѣло) casa (f) di commercio per le lane casa (f) de comercio en lana
4	Wollhändler (m) wool dealer commerçant (m) *ou* négociant (m) en laine	торговец (мр) шерстью commerciante (m) *o* negoziante (m) in lana, lanaiuolo (m) comerciante (m) *o* negociante (m) en lana, lanero (m)
5	Wolleinkauf (m) purchase of wool achat (m) de laine	закупка (жр) шерсти acquisto (m) di lana compra (f) de lana
6	Wolleinkäufer (m) wool buyer acheteur (m) de laine	закупщик (мр) шерсти compratore (m) di lane comprador (m) de lana
7	Wollinteressent (m) person interested in wool personne (f) intéressée aux laines	интересующійся шерстью, покупатель (мр) на шерсть persona (f) interessata alle lane interesado (m) en lana
8	Wolle (f) für feste Rechnung übernehmen to buy *or* to take the wool for good acheter la laine à compte fixe	купить шерсть по твердой цѣнѣ comprare *o* acquistare la lana per conto fisso *o* assoluto comprar la lana en cuenta fija
9	Wolle (f) in Konsignation erhalten to receive wool in consignment recevoir la laine en consignation	получить шерсть на консигнацію ricevere lana in consegna recibir la lana en consignación
10	Wollverbrauch (m) wool consumption consommation (f) de laine	потребленіе (ср) *или* расход (мр) шерсти consumo (m) di lana consumo (m) de lana
11	Bedarfsdeckung (f) covering the requirements, supply of wants couverture (f) des besoins	покрытіе (ср) потребности *или* спроса coprimento (m) dei bisogni cubrimiento (m) de las necesidades
12	den Bedarf an Wolle decken to cover the wool requirements, to supply the wants in wool couvrir les besoins en laine	покрыть потребность *или* спрос coprire i bisogni di lane cubrir las necesidades en lana
13	Wollvorrat (m) wool stock existences (fpl) en laine, provisions (fpl) de laine	запас (мр) шерсти esistenza (f) *o* provvista (f) di lana existencia (f) *o* stock (m) de lana
14	Woll[e]lagerraum (m) wool store magasin (m) *ou* dépôt (m) de laine	склад (мр) под шерсть, складочное помѣщеніе (ср), амбар (мр) для шерсти deposito (m) *o* magazzino (m) di lana almacén (m) de lana
15	Lagerpfandschein (m), lombardfähiger Lagerschein (m), Warrant (m) store [*or* dock] warrant warrant (m) [avec avance d'argent]	складочное удостовѣреніе пригодное для залога,варрант (мр) certificato (m) *o* polizza (f) impegnabile di deposito, warrant certificado (m) de depósito [con derecho de anticipo], warrant
16	den Lagerschein bevorschussen to advance on the store warrant faire une avance sur le warrant	дать ссуду под товарное (складочное) свидѣтельство fare un anticipo sul warrant dar un anticipo sobre el warrant
17	Gewichtschein (m), Gewichtsnote (f) weight note note (f) de poids	отвѣс (мр) nota (f) di peso talón (m) de peso
18	Wagemeister (m) weighman peseur (m)	чиновник (мр) при вѣсах, вѣсовщик (мр) pesatore (m) pesador (m)
19	Lager[haus]verwalter (m) warehouse keeper chef-magasinier (m)	инспектор (мр) надзиратель (мр) складов, кладовщик(мр) magazziniere (m) inspector (m) de almacén, almacenista (m)
20	Woll[e]ballen (m) wool bale balle (f) de laine	шерстяная кипа (жр), кипа (жр) шерсти balla (f) di lana bala (f) de lana
21	Ballenzeichen (n), Marke (f), Signum (n) bale mark marque (f) de balle	кипная марка (жр), сигнатура (жр), номер (мр), литер (мр) marca (f) di balla *o* del collo marca (f) de [la] bala
22	Wollmuster (n) wool sample échantillon (m) de laine	образец (мр) шерсти campione (m) di lana muestra (f) de lana
23	Musterziehen (n) drawing samples prélèvement (m) des échantillons, échantillonnage (m)	взятіе (ср) образцов estrazione (f) di campioni sacamiento (m) de muestras
24	Kauf (m) purchase achat (m)	покупка (жр) acquisto(m), compra(f) compra (f)

No.	Deutsch / English / Français	Русский / Italiano / Español
1	freihändiger Verkauf (m) sale by private contract vente (f) de gré à gré	свободная продажа (жр) vendita (f) di mano libera venta (f) espontánea o por acuerdo privado
2	Wolle (f) kommissionsweise verkaufen to sell wool on commission vendre la laine à la commission	продавать шерсть на комиссіонных началах vendere la lana per commissione vender la lana en comisión
3	Kommissionsgebühr (f) commission commission (f)	плата (жр) за комиссію, комиссія (жр), куртаж (мр) commissione (f) comisión (f)
4	Rückenwäsche (f) fleece washed laine (f) [lavée] à dos	мытьё (ср) шерсти на хребтѣ (живой овцы) lana (f) lavata al dorso lana (f) lavada en pie
5	gewaschene Wolle (f) scoured wool laine (f) lavée	мытая шерсть (жр) lana (f) lavata lana (f) lavada
6	fabrikgewaschene Wolle (f) mill scoured wool laine (f) lavée à l'usine	шерсть (жр) фабричной мойки lana (f) lavata industrialmente lana (f) lavada en la fábrica
7	Handelswolle (f) commercial wool laine (f) du commerce	торговая шерсть (жр) lana (f) commerciale lana (f) comercial
8	Wollbörse (f) wool Exchange Bourse (f) de laine	шерстяная биржа (жр) Borsa (f) delle lane Bolsa (f) de lana
9	Börsenmakler (m) broker admitted to the Exchange courtier (m) de Bourse *ou* admis à la Bourse	биржевой маклер (мр) sensale (m) di Borsa corredor (m) de Bolsa
10	vereidigter *oder* beeidigter Makler (m) sworn broker courtier (m) assermenté *ou* juré	присяжный маклер (мр) sensale (m) giurato corredor (m) jura[menta]do
11	Wollmakler (m) wool broker courtier (m) en laine	шерстяной маклер (мр) sensale (m) in lane corredor (m) en lana
12	Verkaufsmakler (m) selling broker courtier (m) de vente	запродажный маклер (мр), маклер (мр) по продажѣ sensale (m) di vendita corredor (m) de venta
13	Einkaufsmakler (m) buying broker courtier (m) d'achat	закупочный маклер (мр), маклер (мр) по закупкѣ sensale (m) per le compre corredor (m) de compra
14	Kommissionshaus (n) commission house maison (f) de commission	комиссіонный торговый дом (мр), торговый дом (мр) работающій на комиссіонных началах casa (f) commissionaria casa (f) de comisión
15	Zeitgeschäft (n), [Termingeschäft (n)] business in futures affaires (fpl) à terme	сдѣлка (жр) на срок affari (fpl) a termine negocio (m) a plazo, operación (f) a término
16	Zeithandel (m) *oder* Fristhandel (m) [*oder* Terminhandel (m)] in Wolle trade in wool futures commerce (m) à terme en laine	торговля (жр) шерстью на срок commercio (m) della lana a termine comercio (m) de lana a plazo
17	Kammzugzeithandel (m), [Kammzugterminhandel (m)] futures trade in wool tops commerce (m) à terme en peignés	торговля (жр) гребенной шерстью на срок commercio (m) a termine per lana pettinata comercio (m) a plazo en lana peinada
18	Börsenschluß (m) close of the Exchange clôture (f) de la Bourse	конец (мр) биржи, закрытіе (ср) биржи chiusura (f) della Borsa cierre (m) de la Bolsa
19	Geschäftsabwicklung (f), Abwickelung (f) des Geschäfts settlement of the business liquidation (f) de l'affaire	процесс (мр) выполненія контракта, завершеніе (ср) дѣла liquidazione *o* disbrigo (m) dell'affare liquidación (f) del trato *o* del negocio
20	Wollwochenbericht (m) weekly wool report bulletin (m) *ou* rapport (m) hebdomadaire de la laine	недѣльная вѣдомость (жр) по торговлѣ шерстью; биржевой отчет (мр) за недѣлю bollettino (m) settimanale della lana informe (m) semanal sobre lanas
21	Wollversteigerung (f), [Wollauktion (f)] wool auction vente (f) de laine aux enchères *ou* à l'encan	аукціон (мр) по продажѣ шерсти vendita (f) di lana all'incanto *o* all'asta almoneda (f) *o* venta (f) pública de lana
22	die Wolle versteigern [*oder* auf Auktionen verkaufen] to sell the wool by auctions vendre la laine à l'encan	продавать шерсть с аукціона *или* на аукціонѣ vendere la lana all'asta vender la lana en almoneda
23	Versteigerungsliste (f), [Auktionskatalog (m)] catalogue of sales [by auction] catalogue (m) des lots en vente aux enchères	список (мр) товаров выставленных на аукціон, каталог (мр) catalogo (m) delle vendite all'asta catálogo (m) sobre ventas en almoneda
24	Eröffnung (f) der Versteigerung [*oder* Auktion] opening of auction *or* of the bidding ouverture (f) de la vente aux enchères	открытіе (ср) аукціона apertura (f) della vendita all'asta apertura (f) de la venta pública

1	Versteigerungsleiter (m), [Auktionsleiter (m), Auktionator (m)] auctioneer commissaire-priseur (m)	оцѣнщик (мр), аукціонатор (мр), (аукціонист); завѣдующій аукціоном commissario (m) d'incanto director (m) de la venta pública
2	Los (n), [Partie (f)] lot lot (m), partie (f)	партія (жр) partita (f), lotto (m) lote (m)
3	gewöhnliches Los (n) ordinary bulk lot lot (m) ordinaire	обыкновенная партія (жр) lotto (m) ordinario lote (m) corriente
4	Sonderlos (n), Sonderposten (m), [Sonderpartie (f)] star lot lot (m) spécial	особенная партія (жр), спеціальная *или* выдающаяся партія (жр) lotto (m) speciale lote (m) especial
5	Meistbietender (m), Höchstbietender (m) highest bidder le plus offrant	предлогающій наивысшую цѣну il maggiore offerente el mejor postor
6	Verkaufsvertrag (m), [Verkaufskontrakt (m)] sales contract contrat (m) de vente	запродажный контракт (мр), договор (мр) по продажѣ contratto (m) di vendita contrato (m) de compraventa
7	Börsenpreis (m), Notierung (f) quotation cote (f)	котировка (жр) цѣн quotazione (f) anotación (f) de los precios
8	Marktverhältnisse (n pl), Marktlage (f) condition of the market situation (f) du marché	кон'юнктура (жр) (положеніе) рынка, настроеніе (ср) рынка situazione (f) *o* stato (m) del mercato situación (f) del mercado
9	Preis (m) auf Grundlage letzter Versteigerung [*oder* auf Basis letzter Auktion] price based on last auction prix (m) sur base des dernières enchères	цѣна (жр) на основаніи послѣдняго аукціона prezzo (m) sulla base dell'ultima asta precio (m) basado en la última almoneda
10	Stimmung (f) *oder* Tendenz (f) des Marktes tone of the market tendance (f) du marché	настроеніе (ср) рынка tendenza (f) del mercato tendencia (f) del mercado
11	Schlußpreise (m pl) closing prices prix (m pl) de clôture	заключительныя цѣны (жр) prezzi (m pl) di chiusura precios (m pl) de cierre
12	befriedigendes Wollgeschäft (n) satisfactory wool business affaires (f pl) en laine satisfaisantes	удовлетворительная сдѣлка (жр) на шерсть affari (f pl) soddisfacenti in lane negocio (m) satisfactorio en lana
13	lebhafte Kauftätigkeit (f) active buying demande (f) active	оживленіе (ср) *или* активность (жр) рынка, оживленное покупательное настроеніе (ср) domanda (f) *o* richiesta (f) attiva viva demanda (f)
14	Bedarfskäufe (m pl) purchases to cover requirements achats (m pl) de besoin	закупки для покрытія потребности acquisti (m pl) per il bisogno compras (f pl) de aprovisionamiento
15	erhöhte Nachfrage (f) increased demand demande (f) plus vive	повышенный спрос (мр) domanda (f) *o* richiesta (f) più viva demanda (f) aumentada
16	Umsatz (m) turn-over, sales effected transactions (f pl)	торговый оборот (мр) smercio (m) total (m) de transacciones
17	Umfang (m) der Platzvorräte extent of supply on the spot étendue (f) *ou* importance (f) des stocks sur place	размѣр (мр) мѣстных запасов stock (m) disponibile sopra piazza extensión (f) de las existencias en plaza
18	Lagerbestand (m) stock [in warehouse] stock (m) en magasin	наличность (жр) склада stock (m) [di merci] a deposito existencia (f) *o* stock (m) en el almacén
19	die Bestellung erfolgt nach Gütemustern [*oder* Qualitätstypen] the order is placed on the basis of quality standards l'ordre (m) est placé sur la base des qualités-types	порученіе (ср) *или* заказ (мр) дѣлается на основаніи качественных образцов (типов) *или* стандартов l'ordine (m) si effettua sulla base dei tipi di qualità los pedidos se hacen por tipos de calidad
20	Gattungsmuster (n), Sortenmuster (n), Typenmuster (n) standard sample échantillon-type (m)	стандартный образец (мр); типичный образец (мр) campione-tipo (m) muestra (f) tipo
21	Abschätzen (n) [*oder* Taxieren (n)] der Wolle judging the quality of the wool taxation (f) de la laine	опредѣленіе (ср) качества *или* таксировка (жр) (оцѣнка) шерсти stima (f) o valutazione (f) della lana tasación (f) de la lana
22	die Wolle abschätzen [*oder* taxieren] to judge the wool taxer la laine	оцѣнивать шерсть, опредѣлять качество шерсти (таксировать) stimare la lana tasar la lana
23	die Wolle mit bloßem Auge abschätzen to judge the quality of the wool by the eye taxer la laine à l'œil	оцѣнивать шерсть на глаз stimare la lana ad occhio nudo tasar la lana a ojo
24	Wollwert (m) value of the wool valeur (f) de la laine	достоинство (ср) *или* качество (ср) *или* добротность (жр) шерсти valore (m) della lana valor (m) de la lana

No.		
1	die Vliese (npl) nach der Güte einteilen [oder klassieren] to class the fleeces classer les toisons (f pl)	классифицировать руна; сортировать руна по классам classificare i velli clasificar los vellones
2	Einteilen (n) der Wolle nach der Güte, [Klassieren (n) der Wolle nach der Güte] class[ify]ing of the wool classement (m) de la laine	классификація (жр) шерсти classifica (f) della lana clasificación (f) de la lana
3	die Wolle nach Gattungen einteilen [oder klassieren] to class[ify] the wool classer la laine	классифицировать шерсть classificare la lana clasificar la lana
4	Wollsachverständiger (m), Wollkenner (m), [Wollexpert (m)] wool expert expert (m) en laines	знаток (мр) шерсти; спеціалист (мр) *или* эксперт (мр) по шерсти perito (m) in lane experto (m) *o* perito (m) *o* competente (m) en lana
5	die Wolle nach dem Feinheitsgrad benennen to designate the wool according to fineness désigner la laine par le degré de finesse	обозначать шерсть по степени ея тонкости denominare la lana a seconda del grado di finezza denominar la lana por su grado de finura
6	Handelsgewicht (n) der Wolle commercial weight of the wool poids (m) marchand de la laine	торговый вѣс (мр) шерсти, (вѣс абсолютно сухой шерсти, вѣс нормальнаго процента влаги) peso (m) mercantile della lana peso (m) comercial de la lana
7	Fasergehalt (m) der Schweißwolle, [Rendement (m)] percentage of fibre in the greasy wool rendement (m), pourcentage (m) de fibres dans la laine en suint	содержаніе (ср) волокна в немытой шерсти percentuale (m) di fibre nella lana sudicia tanto (m) por ciento de fibra de la lana en bruto
8	reine Wollfaser (f) pure wool fibre fibre (f) de laine pure	чистое волокно (ср) шерсти fibra (f) di lana pura fibra (f) de lana pura
9	Konditionieranstalt (f) conditioning house conditionnement (m), condition (f)	кондиціонный кабинет (мр) condizionatura (f) instituto (m) de acondicionamiento
10	Konditionierschein (m) conditioning certificate bulletin (m) de conditionnement	кондиціонное удостовѣреніе (ср) certificato (m) di condizionatura certificado (m) de acondicionamiento
11	Verbrennungsprobe (f) burning test essai (m) au feu	реакція (жр) на сжиганіе prova (f) alla combustione prueba (f) *o* ensayo (m) por combustión

II.

No.		
12	**Die Haare** (n pl) **Hairs** **Les poils** (m pl)	**Волос** (мр) (в собирательном смыслѣ) **I peli** **Los pelos**
13	weiches Haar (n) soft hair poil (m) doux	мягкій волос (мр) pelo (m) morbido *o* soffice pelo (m) blando *o* suave
14	hartes Haar (n) hard hair poil (m) dur	твердый, жесткій волос (мр) pelo (m) ruvido pelo (m) duro
15	steifes Haar (n) stiff hair poil (m) raide	негибкій волос (мр) pelo (m) rigido pelo (m) tieso
16	feines Haar (n) fine hair poil (m) fin	тонкій волос (мр) pelo (m) fino pelo (m) fino
17	grobes Haar (n) coarse hair poil (m) gros	грубый волос (мр) pelo (m) grosso pelo (m) grueso
18	Menschenhaar (n) human hair cheveu (m)	человѣческій волос (мр) capello (m), pelo (m) d'uomo pelo (m) humano
19	Pferdehaar (n), Roßhaar (n) horse hair crin (m) de cheval	конскій волос (мр) (лошадиный волос (мр)) crine (m) [di cavallo] crin (m) [de caballo]
20	Kuhhaar (n) cow hair poil (m) de vache	коровій волос (мр) pelo (m) di vacca pelo (m) de vaca
21	Kälberhaar (n) calf hair poil (m) de veau	телячій волос (мр) pelo (m) di vitello pelo (m) de ternero
22	Ziegenhaar (n), Ziegenwolle (f) goat's hair poil (m) de chèvre	козій волос (мр), козья шерсть (жр) pelo (m) di capra pelo (m) de cabra
23	Angora[ziegen]haar (n), Angorawolle (f), Mohärwolle (f) mohair poil (m) de chèvre d'Angora, mohair (m)	волос (мр) ангорской козы, ангорская шерсть (жр), могаирская шерсть (жр) pelo (m) di capra d'Angora, mohair (m) pelo (m) de cabra de Angora
24	Kaschmirwolle (f), Tibetwolle (f) Cashmere hair poil (m) de chèvre de Cachemire	кашемирская, тибетская шерсть (жр) pelo (m) di capra del Cascemir pelo (m) de cabra de Cachemira

1 Kamelhaar (n), Kamelwolle (f)
camel hair
poil (m) de chameau
верблюжій волос (мр), верблюжья шерсть (жр)
pelo (m) di cammello
pelo (m) de camello

2 das Haar vom Tier abkämmen
to comb the hair from the animal
ôter le poil à l'animal avec le peigne
вычёсывать шерсть (жр) с животнаго
togliere il pelo all'animale pettinandolo
sacar el pelo al animal con el peine

3 Pakohaar (n), Pakowolle (f), Alpakawolle (f), Alpacowolle (f)
alpaca hair
poil (m) d'alpaca
шерсть (жр) альпака
pelo (m) d'alpaca
pelo (m) de alpaca

4 Vikunjawolle (f), Vigogne (f)
vicuna wool
[laine (f) de] vigogne (f)
вигоневая шерсть (жр), (вигонь (жр))
[lana (f) di] vigogna (f)
[lana (f) de] vicuña (f)

5 Guanakowolle (f)
guanaco hair
poil (m) du guanaco
шерсть (жр) гуанако
pelo (m) di guanaco
pelo (m) de guanaco

6 Lamawolle (f)
llama hair
poil (m) de lama
шерсть (жр) ламы
pelo (m) di lama
pelo (m) de llama

7 Rehhaar (n)
deer hair
poil (m) de chevreuil
шерсть (жр) козули *или* серны *или* дикой козы
pelo (m) di capriolo
pelo (m) de corzo

8 Renntierhaar (n)
reindeer hair
poil (m) de renne
оленья шерсть (жр)
pelo (m) di renna
pelo (m) de reno

9 Hundehaar (n)
dog hair
poil (m) de chien
собачья шерсть (жр)
pelo (m) di cane
pelo (m) de perro

10 Katzenhaar (n)
cat's hair
poil (m) de chat
кошачья шерсть (жр)
pelo (m) di gatto
pelo (m) de gato

11 Kaninchenhaar (n)
rabbit hair
poil (m) de lapin
кроликовая шерсть (жр)
pelo (m) di coniglio
pelo (m) de conejo

12 Hasenhaar (n)
hare's hair
poil (m) de lièvre
заячья шерсть (жр)
pelo (m) di lepre
pelo (m) de liebre

13 Chinchillahaar (n)
chinchilla hair
poil (m) de chinchilla
шеншилевая шерсть (жр) (волос (мр) шеншиллы)
pelo (m) di chinchilla
pelo (m) de chinchilla

14 Biberhaar (n)
beaver hair
poil (m) de castor
бобровый волос (мр)
pelo (m) di castoro
pelo (m) de castor

Bisamhaar (n)
musk hair
poil (m) de musc
шерсть (жр) мускусовая *или* бизамовая *или* кабаргиновая 15
pelo (m) di muschio
pelo (m) de almizclero

III.

Die Seide — Шёлк (мр)
Silk — La seta 16
La soie — La seda

1. Allgemeines (n) — Общее (ср)
General — Generalità (f pl) 17
Généralités (f pl) — Generalidades (f pl)

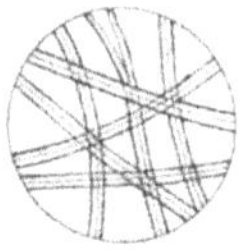

Seidenfaden (m), Seidenfaser (f)
silk fibre
fibre (f) *ou* fil (m) de soie
шелковая нить (жр), шелковинка (жр), шелковое волокно (ср) 18
filo (m) *o* fibra (f) di seta
fibra (f) *o* hilo (m) *o* hebra (f) de seda

Kokonfaser (f)
cocoon fibre
fibre (f) *ou* fil (m) de cocon
коконовое волокно (ср) 19
fibra (f) di bozzolo
fibra (f) de capullo

Naturseide (f), natürliche Seide (f)
natural silk
soie (f) naturelle
(натуральный) естественный шёлк (мр) 20
seta (f) naturale *o* vera
seda (f) natural

echte *oder* edle Seide (f)
cultivated silk, silk from the Bombyx mori
grande soie (f), soie du mûrier
благородный *или* культивированный шёлк (мр)
seta (f) coltivata *o* dal Bombyx mori 21
seda (f) de morera

wilde Seide (f)
wild silk
soie (f) sauvage
дикій шёлк (мр)
seta (f) selvatica 22
seda (f) silvestre

Gewinnung (f) der Seide, Seidengewinnung (f)
silk production
production (f) de la soie
добываніе (ср) шёлка
produzione (f) della seta 23
producción (f) de la seda

die Seide gewinnen
to produce silk
produire la soie
получать *или* добывать *или* производить шёлк (мр) 24
produrre la seta
producir la seda

1 Seidenbau (m), Seidenzucht (f), Seidenkultur (f)
sericulture, silk culture
sériciculture (f)
шелководство (ср), культура (жр) шёлка
sericultura (f), bachicultura (f)
sericicultura (f), cultura (f) de la seda

2 Entwicklung (f) des Seidenbaus
development of silk production *or* of sericulture
développement (m) de la sériciculture
развитіе (ср) шелководства
sviluppo (m) della sericultura
desarrollo (m) de la sericicultura

3 Seidenbau (m) treiben, Seide (f) bauen
to grow silk
cultiver la soie
заниматься шелководством
coltivare la seta
cultivar seda

4 Seidenbau treibendes Land (n)
silk producing country
pays (m) producteur de la soie
страна (жр) производящая шёлк, страна (жр) занимающаяся шелководством
paese (m) serifero
país (m) productor de seda

5 Seidenzüchter (m), Seidenbauer (m)
silk producer
sériciculteur (m)
шелковод (мр), производитель (мр) шёлка
sericultore (m), bachicultore (m)
productor (m) de seda, sericicultor (m)

6 **2. Die Seidenspinner** (m pl)
Silk Moths *or* Spinners
Papillons (m pl) **séricigènes**
Шелкопряды (мр)
Farfalle (f pl) **da bachi da seta**
Bómbices (m pl) **sedíferos**

7 **a) Schmetterling** (m),
Butterfly
Papillon (m)
Бабочка (жр)
Farfalla (f)
Mariposa (f)

8 seidespinnendes Insekt (n)
silk spinning insect
insecte (m) séricigène
шелкопрядильное насѣкомое (ср)
insetto (m) sericiparo
insecto (m) hilador de seda *o* serígeno

9 Schmetterlingsgattung (f)
species of butterfly
genre (m) de papillons
порода (жр) (вид) бабочек
specie (f) di farfalle
especie (f) de mariposas

10 Schmetterlingsfamilie (f)
family of butterflies
famille (f) de papillons
семейство (ср) бабочек
famiglia (f) di farfalle
familia (f) de mariposas

11 Lepidoptera nocturna
Nachtschmetterling (m)
night butterfly
papillon (m) nocturne, phalène (f)
ночная *или* сумеречная бабочка (жр)
farfalla (f) notturna, falena (f)
mariposa (f) nocturna, falena (f)

Schmetterlingsmännchen (n), männlicher Schmetterling (m)
male butterfly
papillon (m) mâle
бабочка самец (мр), мужская бабочка (жр)
farfalla (f) maschia
mariposa (f) macho 12

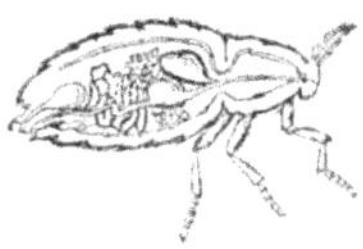

Schmetterlingsweibchen (n), weiblicher Schmetterling (m)
female butterfly
papillon (m) femelle
бабочка-самка (жр), женская бабочка (жр)
farfalla (f) femmina
mariposa (f) hembra 13

wilder Seidenspinner (m), wilder Seidenschmetterling (m)
wild silk spinner *or* silk moth
papillon (m) séricigène sauvage
дикій шелкопряд (мр), дикая шелковая бабочка (жр)
farfalla (f) da baco da seta
bómbice (m) sedífero silvestre 14

halbwilder Seidenspinner (m)
semi-wild silk spinner
papillon (m) de ver à soie demi-sauvage
полудикій шелкопряд (мр)
farfalla (f) da baco da seta semi-selvaggio
bómbice (m) sedífero semisilvestre 15

Gelbspinner (m)
yellow [cocoon] spinner
ver (m) à cocon jaune
шелковичный червь (мр) дающій жёлтые коконы; жёлтый шелкопряд (мр)
baco (m) da bozzolo giallo
gusano (m) de capullo amarillo 16

Grünspinner (m)
green [cocoon] spinner
ver (m) à cocon vert
шелковичный червь (мр) дающій зеленые коконы; зеленый шелкопряд (мр)
baco (m) da bozzolo verde
gusano (m) de capullo verde 17

Weißspinner (m)
white [cocoon] spinner
ver (m) à cocon blanc
шелковичный червь (мр) дающій бѣлые коконы; бѣлый шелкопряд (мр)
baco (m) da bozzolo bianco
gusano (m) de capullo blanco 18

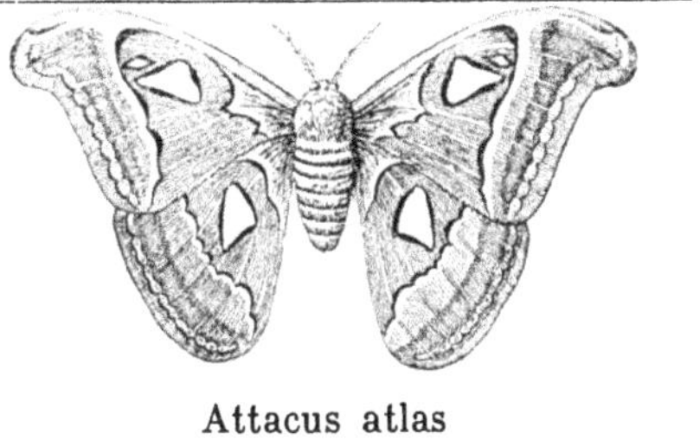

Attacus atlas

Atlasspinner (m)
atlas moth
papillon (m) atlas
атласник (мр)
farfalla atlas
falena (f) atlas 19

1 Attacus cynthia
Aylanthusspinner (m)
ailantus moth
papillon (m) de l'ailante
айлантскій шелкопряд (мр)
farfalla (m) dell'ailanto
falena (f) de ailanto

2 Antheraea Pernyi
chinesischer Eichenspinner (m)
Chinese oak silk moth
papillon (m) Antheraea Pernyi
китайскій дубовый шелкопряд (мр)
farfalla (f) Antheraea Pernyi
falena (f) Antheraea Pernyi

3 Antheraea Roylei
indischer Eichenspinner (m)
Indian oak silk moth
papillon (m) Antheraea Roylei
индійскій дубовый шелкопряд (мр)
farfalla (f) Antheraea Roylei
falena (f) Antheraea Roylei

4 Bombyx mori
Maulbeerspinner (m)
mulberry silk moth
papillon (m) du ver à soie du mûrier
тутовый шелкопряд (мр)
farfalla (f) *o* bombice (m) del gelso
falena (f) del gusano de la morera

Antheraea assama

5
Moonga- *oder* Mooga- *oder* Muga-Spinner (m)
Mooga silk moth
papillon (m) Antheraea assama
шелкопряд (мр) муга *или* мунга
farfalla (f) Antheraea assama
falena (f) Antheraea assama

6 Caligula japonica
japanischer Nußspinner (m)
Japanese nut spinner
papillon (m) du noisetier japonais
японскій орѣховый шелкопряд (мр)
farfalla (f) Caligula japonica
falena (f) Caligula japonica

Attacus ricini

7
Eriaspinner (m), Rizinusspinner (m)
Eria silk moth
papillon (m) Attacus ricini
касторовый шелкопряд (мр)
farfalla (f) Attacus ricini
falena (f) Attacus ricini

Antheraea mylitta

indischer Tussahspinner (m) *oder* Tusserspinner (m)
tusser *or* tussur moth
papillon (m) tussah
остиндскій шелкопряд (мр) „тусса"
farfalla (f) tussah
falena (f) de tussah 8

Antheraea Yamamay

Yamamayspinner (m)
Japanese oak silk moth
papillon (m) [japonais] yama-maï
японскій шелкопряд (мр) „ямамай“ 9
farfalla (f) yama-maï
falena (f) de yama-maï

Paarung (f) der Schmetterlinge
pairing of butterflies
accouplement (m) des papillons
спариваніе (ср) бабочек *или* мотыльков
accoppi[ament]o (m) delle farfalle 10
acoplamiento (m) de las mariposas

die Schmetterlinge (mpl) paaren sich
the butterflies pair
les papillons (m pl) s'accouplent
бабочки (жр) спариваются
le farfalle si accoppiano 11
las mariposas se acoplan

der Schmetterling legt Eier
the butterfly lays eggs
le papillon pond des œufs
бабочка (жр) несет яйца
la farfalla depone le uova 12
la mariposa pone huevos

eierlegender Schmetterling (m)
egg laying butterfly
papillon (m) pondant des œufs
яйценосная бабочка (жр) 13
farfalla (f) che depone le uova
mariposa (f) poniendo huevos

Legen (n) der Eier
laying of the eggs
pondaison (f) *ou* ponte (f) des œufs
несеніе (ср) яиц
deposizione (f) delle uova 14
postura (f) de los huevos

der Schmetterling schiebt die Kokonfäden auseinander
the butterfly pushes aside the cocoon filaments
le papillon écarte les fils de cocon
бабочка (жр) расправляет обмотку кокона
la farfalla apre i fili del bozzolo 15
la mariposa parte los filamentos del capullo

Speichelsaft (m) des Schmetterlings
saliva of the butterfly
salive (f) du papillon
слюнное выдѣленіе (ср) бабочки
saliva (f) della farfalla 16
saliva (f) de la mariposa

1 Ausschlüpfen (n) des Schmetterlings aus dem Kokon
emerging of the butterfly from the cocoon
sortie (f) du papillon du cocon
выползание (ср) *или* вылущение (ср) *или* вылупление (ср) бабочки из кокона
uscita (f) della farfalla dal bozzolo
salida (f) de la mariposa del capullo

---

2 der Schmetterling schlüpft aus *oder* streift die Puppenhülle ab
the butterfly emerges from the cocoon *or* casts the pupa case
le papillon sort du cocon
бабочка (жр) выползает *или* вылущивается из кокона; бабочка (жр) сбрасывает коконовую оболочку
la farfalla esce dal bozzolo
la mariposa sale del capullo

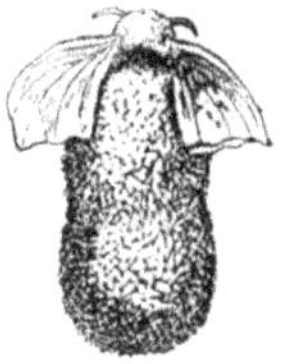

3 ausschlüpfender Schmetterling (m)
butterfly emerging from the cocoon
papillon (m) sortant du cocon
выползающая бабочка (жр)
farfalla (f) uscente dal bozzolo
mariposa (f) saliendo del capullo

4 **b) Seidenraupe (f), Seidenwurm (m)**
Silk Worm
Ver (m) à soie
Шелковичный червь (м р); шелковичная гусеница (ж р)
Baco (m) da seta, bigatto (m), filugello (m)
Gusano (m) de seda

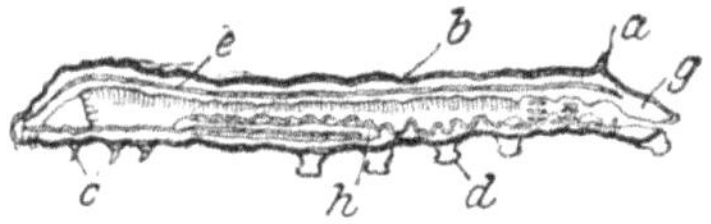

5 a
Sporn (m), Horn (n)
horn
épine (f)
рог (мр), шпора (жр)
spina (f)
cornezuelo (m)

---

6 b
Leibesring (m), Körperring (m)
body ring
anneau (m) du corps
кольцо (ср)
anello (m) del corpo
anillo (m) del cuerpo

---

7 c
Vorderfuß (m)
forefoot
patte (f) de devant
передняя нога (жр)
piede (m) anteriore
pata (f) delantera

---

8 d
Hinterfuß (m)
abdominal leg
patte (f) de derrière
задняя нога (жр)
piede (m) posteriore
pata (f) trasera

---

9 e
Blutgefäß (n), Rückengefäß (n)
blood vessel, main artery
vaisseau (m) dorsal
кровеносный сосуд (мр), спинной сосуд (мр)
vaso (m) dorsale
vaso (m) sanguíneo *o* dorsal

---

g
Darmkanal (m)
intestinal canal
canal (m) intestinal
кишечный проход (мр) *или* канал (мр) 10
canale (m) intestinale
conducto (m) intestinal

---

h
Seidendrüse (f)
silk gland
glande (f) séricigène
шелковичная железа (жр); железа (жр) вырабатывающая шёлк 11
glandula (f) sericigena
glándula (f) serígena

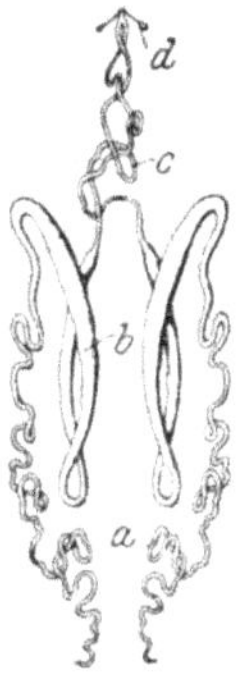

Aufbau (m) des Drüsengewebes, histologischer Bau (m) der Drüse (f)
histologic structure of the gland
structure (f) histologique de la glande 12
гистологическое строение (ср) железы
struttura (f) istologica della glandula
estructura (f) histológica de la glándula

---

a
sekretierender Teil (m) der Drüse
[fibroin] producing part of gland
partie (f) sécrétrice de la glande
часть (жр) железы вырабатывающая секрет (слюну) 13
parte (f) secretrice della glandula
parte (f) secretoria de la glándula

---

b
Sammeldrüse (f)
fibroin reservoir
partie (f) accumulatrice de la glande
собирающая камера (жр) железы 14
sacco (m) accumulatore della glandula
parte (f) acumuladora de la glándula

---

c
exkretierender Teil (m) der Drüse
[fibroin] excreting part of gland
partie (f) excrétrice de la glande
часть (жр) железы выдѣляющая секрет 15
parte (f) escretrice della glandula
parte (f) excretoria de la glándula

---

d
Filippi-Drüsen (fpl)
Filippi glands
glandes (fpl) Filippi
филиппова железа (жр) 16
glandule (fpl) Filippi
glándulas (fpl) de Filippi

1 Drüsenzelle (f)
cell of gland
cellule (f) de la glande
клѣтка (жр) железы
cellula (f) della glandula
célula (f) de la glándula

2 Drüsenwandung (f)
wall of gland
paroi (f) de la glande
стѣнка (жр) железы
parete (f) della glandula
pared (f) de la glándula

3 cuticula interna
innere Haut (f) *oder* Membran [(f)
inner membrane
membrane (f) intérieure
внутренняя кожица (жр) *или* мембрана (жр)
membrana (f) interna
membrana (f) interior

4 mittlere Haut (f) *oder* Membran (f)
middle membrane
membrane (f) médiane
средняя кожица (жр) *или* мембрана (жр)
membrana (f) medi[an]a
membrana (f) media

5 tunica propria
äußere Haut (f) *oder* Membran (f) der Drüsenwandung
outer membrane of gland wall
membrane (f) extérieure de la paroi de [la] glande
наружная кожица (жр) *или* оболочка (жр) стѣнки железы
membrana (f) esterna della parete glandulare
membrana (f) exterior de la pared glandular

6 zellenartiger Aufbau (m) der Haut *oder* der Membran
cellular structure of the membrane
structure (f) cellulaire de la membrane
клѣточное строенiе (ср) кожицы *или* оболочки *или* мембраны
struttura (f) cellulare della membrana
estructura (f) celular de la membrana

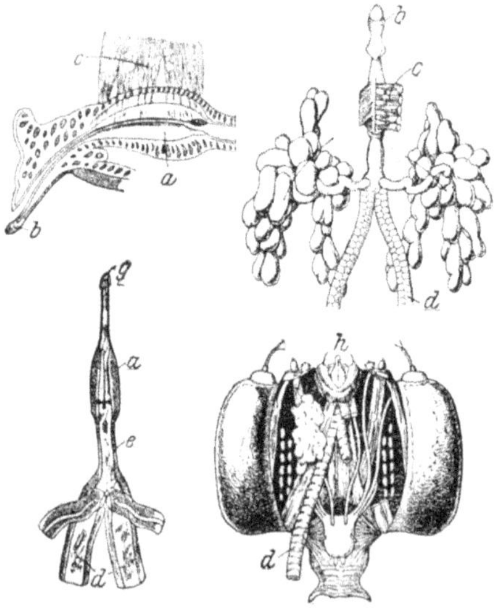

7 Spinnwerkzeug (n) der Seidenraupe
spinneret of the silk worm
appareil (m) fileur du ver à soie
прядильный приборъ (мр) *или* аппаратъ (мр) шелкопряда
apparato (m) filatore del baco da seta
aparato (m) hilador del gusano de seda

a
Spinnwarze (f)
spinning nipple
mamelon (m) filant
прядильный сосокъ (мр) *или* отростокъ (мр) 8
porro (m) sericigeno
pezón (m) hilador

b
Spinnrüssel (m)
spinning nozzle
trompe (f)
прядильный хоботокъ (мр) 9
proboscide (f)
trompa (f) hiladora

c
oberer Spinnmuskel (m)
upper spinning muscle
muscle (m) filant supérieur
(верхній) прядильный мускулъ (мр) (мышца) 10
muscolo (m) filatore superiore
músculo (m) hilador superior

d
Exkretionskanal (m)
excreting duct
conduit (m) excréteur
выдѣляющій каналъ (мр) 11
canale (m) escretorio
conducto (m) excretorio

e
gemeinsamer Ausflußkanal (m)
combined outlet [duct]
conduit (m) de sortie combiné
общій выдѣляющій каналъ (мр) 12
canale (m) comune d'uscita
conducto (m) excretorio central

g
Spinnöffnung (f), Exkretionsstelle (f) des Seidenfadens
orifice for silk filament
orifice (m) de sortie du fil, filière (f)
прядильное отверстіе (ср); выводное отверстіе (ср) шелковинки 13
orificio (m) d'uscita del filo, filiera (f)
orificio (m) de excreción del hilo de seda

h
Unterlippe (f)
lower lip
lèvre (f) inférieure
нижняя губа (жр) 14
labbro (m) inferiore
labio (m) inferior

Rassenreinheit (f) der Seidenraupe
purity of the stock *or* breed of the silk worm
pureté (f) de race du ver à soie
чистота (жр) породы шелкопряда
purezza (f) della specie del baco da seta 15
pureza (f) de raza del gusano de seda

seidenerzeugende *oder* seidenspinnende Raupe (f)
silk spinning caterpillar, silk worm
chenille (f) *ou* larve (f) séricigène, ver (m) à soie
шелкопрядный червь (мр); шелкопрядная гусеница (жр)
baco (m) sericigeno o da seta 16
gusano (m) serigeno o de seda

mehlweiße *oder* milchweiße Raupe (f)
milk-white caterpillar
ver (m) blanc de lait
мучнистый *или* молочный червь (мр)
baco (m) bianco qual latte 17
gusano (m) de color lácteo

perlgraue Raupe (f)
pearly-gray caterpillar
ver (m) gris-de-perle
жемчужно-сѣрый червь (мр)
baco (m) grigio-perla 18
gusano (m) gris perla

1 schwarzgraue Raupe (f)
dark-gray caterpillar
ver (m) gris-foncé
черно-сѣрый червь (мр)
baco (m) grigio-cupo
gusano (m) gris o[b]scuro

2 wilde Maulbeerraupe (f)
wild mulberry caterpillar
ver (m) à soie sauvage du mûrier
дикій тутовый шелковичный червь (мр)
baco (m) selvatico del gelso
gusano (m) silvestre de la morera

3 
Yamamayraupe (f)
caterpillar of the yama-mai *or* Japanese oak silk moth
ver (m) à soie yama-maï
шелковичный червь (мр) „ямамай“
baco (m) yama-maï
gusano (m) de yama-maï

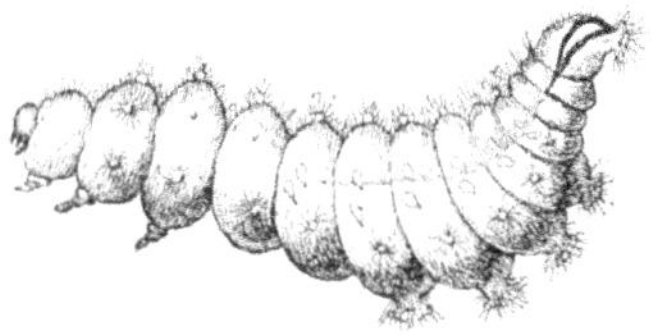

4 Tussahraupe (f)
caterpillar of tussur moth, tussur worm
ver (m) à soie tussah
шелковичный червь (мр) „тусса“
baco (m) tussah
gusano (m) de tussah

5 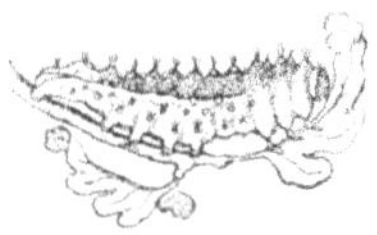
chinesische Eichenspinnerraupe (f)
Chinese oak moth caterpillar
ver (m) du Antheraea Pernyi
китайскій дубовый шелковичный червь (мр)
baco (m) della Antheraea Pernyi
gusano (m) de la Antheraea Pernyi

6 
Aylanthusspinnerraupe (f)
caterpillar of the ailantus moth
ver (m) de l'ailante
айлантовскій шелковичный червь (мр)
baco (m) dell'ailanto
gusano (m) del ailanto

7 Einzelspinner (m)
individual spinner
ver (m) individuel
одиночный шелкопряд (мр)
baco (m) isolato
gusano (m) individual

8 Familienspinner (m), Gesellschaftsspinner (m)
nesting *or* family spinner
ver (m) de famille
семейный *или* общинный шелкопряд (мр)
baco (m) di famiglia
gusano (m) sociable

8. Die Raupeneier und ihre Gewinnung — Яички (ср) шелкопряда и их добываніе (ср)

The Moth Eggs and their Production — Le uova del baco e loro produzione 9

Les graines (f pl) des vers à soie et leur production — Los huevos de los gusanos y su producción

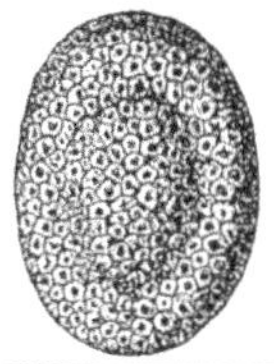
Raupenei (n), Seidensame (m)
moth egg, silk seed *or* grain
œuf (m) *ou* graine (f) du ver à soie
яичко (ср) шелкопряда; шелковичное сѣмя с(р) 10
uovo (m) *o* ovicino (m) del baco da seta
huevo (m) *o* grano (m) *o* simiente (f) del gusano de seda

länglichrundes Ei (n)
oval egg
graine (f) ovale
продолговато-круглое *или* овальное яичко (ср) 11
uovo (m) ovale
huevo (m) oval

linsenförmiges Ei (n)
lens-shaped egg
graine (f) lenticulaire
чечевицеобразное яйцо (ср) 12
uovo (m) lenticolare
huevo (m) lenticular

frisch gelegtes Ei (m)
fresh laid egg
graine (f) fraîchement pondue
свѣже-снесенное яйцо (ср)
uovo (m) deposto di fresco 13
huevo (m) recién puesto

gesunder Same (m)
healthy seed
graines (f pl) saines
здоровое сѣмя (ср) 14
uova (f pl) sane
huevos (m pl) sanos

kranker *oder* krankhafter Same (m)
diseased seed
graines (f pl) malades *ou* malsaines
больное *или* болѣзненное сѣмя (ср) *или* зерно (ср) 15
uova (f pl) malate
huevos (m pl) enfermos *o* malsanos

Ausscheiden (n) kranker Eier
elimination of diseased eggs
élimination (f) des graines malades
выдѣленіе (ср) больных яиц
eliminazione (f) delle uova malate 16
eliminación (f) o separación (f) de huevos enfermos

Eierzüchter (m)
egg *or* seed raiser, grain rearer
éleveur (m) de graines, greneur (m), graineur (m)
сѣмяновод (мр); яйцевод (мр) (занимающійся разводкой яиц)
allevatore (m) delle uova 17
cultivador (m) de huevos

Eierzüchtung (f), [Grainierung (f)]
seed raising, grain rearing
élève (f) *ou* élevage (m) des graines, grainage (m)
культура (жр) *или* производство (ср) яиц
allevamento (m) delle uova 18
cultivo (m) de granos *o* huevos

fabrikmäßige Zucht (f)
industrial seed raising
élève (f) industrielle
заводская культура (жр)
allevamento (m) industriale 19
cultivo (m) industrial

1 Samenei (n) der fabrikmäßigen Zucht, [Industrialgrain (m)]
industrial grain
graine (f) industrielle
сѣмянное яйцо (ср) заводской культуры
seme (m) industriale
grano (m) industrial

2 Eierzuchtanstalt (f), [Grainierungsanstalt (f)]
egg rearing establishment
graineterie (f)
завод (мр) для культуры яиц
stabilimento (m) pe l'allevamento delle uova
criadero (m) de huevos

3 Zellenzucht (f), Ausbrüten (n) der Eier in Zellen, [Zellengrainierung (f)]
cell rearing
élevage (m) en cellules
ячейная культура (жр)
allevamento (m) in cellule
cultivo (m) celular de huevos

4 
Zuchtzelle (f), Samenkarte (f), Grainierzelle (f), Samenkarton (m), Seidenkarton (m)
rearing cell, seed box
carton (m) *ou* cellule (f) à graines
ячейка (жр) для культуры
cellula (f) per le uova, cartone (m) da seme di seta
célula (f) de cultivo

5 a
totes Zuchtweibchen (n)
dead female moth (kept for breeding)
femelle (f) pour l'élevage morte
мертвая (уснувшая) бабочка-матка (жр)
femmina (f) di allevamento morta
hembra (f) de cría muerta

6 Papierzelle (f), Papierkarte (f)
paper cell *or* box
cellule (f) en papier, carton (m)
бумажная ячейка (жр) *или* камера (жр)
cellula (f) di carta, cartone (m)
célula (f) de papel

7 die Eier (npl) in Tüllzellen sammeln
to collect the eggs in tulle cells
recueillir les graines (fpl) dans des cellules en tulle
собирать яйца (ср) в тюлевых ячейках *или* камерах
raccogliere le uova entro cellule di tulle
recoger los huevos en células de tul

8 PasteurschesZellenverfahren (n), Pasteursche Zellenmethode (f)
Pasteur's cell method
méthode (f) pasteurienne de conservation des graines
ячеечный метод (мр) Пастера
sistema (m) di cellule Pasteur
método (m) de Pasteur para conservar los huevos

9 Zelle (f) *oder* Karte (f) [*oder* Karton (m)] aus Maulbeerbaumrinde
box made of the bark of the mulberry tree
carton (m) d'écorce de mûrier
картон (мр) из коры тутоваго дерева
cartone (m) di scorza di gelso
cartón (f) de corteza de morera

10 verseuchte [*oder* infizierte] Samenkarte (f)
infected box
carton (m) infecté
зараженный *или* инфецированный шелковичный картон (мр)
cartone (m) infetto
cartón (m) infectado

11 die verseuchte Samenkarte vernichten
to destroy the infected box
détruire le carton infecté
уничтожать зараженный картон (мр)
distruggere il cartone infetto
destruir el cartón infectado

die Samenkarte abstempeln
to stamp the box
timbrer le carton
клеймить шелковичный картон (мр)
timbrare il cartone 12
timbrar el cartón

abgestempelte Samenkarte (f)
stamped box
carton (m) timbré
клейменый шелковичный картон (мр)
cartone (m) timbrato 13
cartón (m) timbrado

Papiersack (m)
paper bag
sac (m) de papier
бумажный мѣшок (мр) 14
sacco (m) di carta
saco (m) de papel

das Schmetterlingsweibchen an die Zelle anheften
to pin the female moth to the paper cell *or* box
épingler la femelle de papillon au carton
прикрѣплять бабочку-самку к ячейкѣ
fissare *o* spillare la femmina della farfalla al cartone 15
fijar la hembra de mariposa sobre la célula

die Eier (npl) waschen *oder* in ein Wasserbad legen
to wash the eggs
laver *ou* baigner les graines (fpl)
мыть *или* обмывать яйцо (ср)
lavare *o* bagnare le uova 16
lavar los huevos

die Eier (npl) trocknen
to dry the eggs
sécher les graines (fpl)
высушивать яйцо (ср) 17
seccare le uova
secar los huevos

Überwintern (n) der Eier
wintering of the eggs
hivernage (m) des graines
перезимовка (жр) яйца
svernamento (m) delle uova 18
invernación (f) de los huevos

künstliche Überwinterung (f)
artificial wintering
hivernage (m) artificiel
искусственная перезимовка (жр)
svernamento (m) artificiale 19
invernación (f) artificial

die Eier (npl) überwintern lassen
to winter the eggs
faire hiverner les graines (fpl)
оставить яйцо (ср) на зиму
svernare le uova 20
invernar los huevos

die Eier (npl) überwintern
the eggs winter
les graines (fpl) hivernent
яйца (ср) перезимовывают
le uova svernano 21
los huevos inviernan

die Eier (npl) in Eiskammern aufbewahren
to keep the eggs in cooling chambers
conserver les graines (fpl) dans des chambres froides
сохранять яйца (ср) в холодильникѣ
conservare le uova nelle camere refrigeranti 22
conservar los huevos en cámaras frigoríficas

Zuchtei (n), Brutei (n)
egg for breeding purpose
graine (f) destinée à la reproduction, œuf (m) pour le grainage
яйцо (ср) для разводки, разводное яйцо (ср)
uovo (m) per l'incubazione 23
huevo (m) para la cría

Samenposten (m), Samenpartie (f)
lot of eggs *or* of seed
lot (m) de graines
партія (жр) сѣмян *или* яиц
partita (f) di semi 24
partida (f) de granos

1 Samenwahl (f), Auswahl (f) der Bruteier
selection of eggs suitable for breeding [purpose]
sélection (f) *ou* choix (m) de la graine
выбор (мр) сѣмян *или* яиц для приплода
scelta (f) *o* selezione (f) delle uova
selección (f) de huevos para la cría

2 die Bruteier (npl) auswählen
to select the eggs suitable for breeding [purpose]
choisir les œufs (mpl) pour le grainage
выбирать приплодныя яйца (ср)³
scegliere le uova per la cova
seleccionar los huevos para la cría

3 Seidensamenausfuhr (f)
export of silk seed
exportation (f) des graines
вывоз (мр) *или* экспорт (мр) шелковичных яиц
esportazione (f) delle uova
exportación (f) de huevos

4 Einfuhr (f) von Eiern
import of eggs
importation (f) des graines
ввоз (мр) *или* импорт (мр) яиц
importazione (f) delle uova
importación (f) de huevos

5 **4. Zucht (f) *oder* Aufzucht (f) der Seidenraupe**
Silk Worm Rearing *or* Breeding *or* Farming
Magnanage (m), éducation (f) *ou* élève (f) du ver à soie
Культура (жр) шелковичнаго червя или гусеницы
Allevamento (m) *o* educazione (f) del baco da seta
Cría (f) del gusano de seda

6 die Raupe züchten
to breed *or* to rear the silk worm
élever le ver à soie
разводить (культивировать) шелковичнаго червя
allevare il baco [da seta]
criar el gusano

7 eine Raupenzucht anlegen
to start a silk worm farm
établir une magnanerie
устроить (оборудовать) заведеніе (ср) для культуры *или* разводки шелковичнаго червя
impiantare un setificio (bachicoltura)
establecer un criadero de gusanos

8 Seidenraupenzüchterei (f), Raupenzüchterei (f), Raupenzuchtanstalt (f), Seidenraupenzuchtanlage (f), Rauperei (f), Aufzüchterei (f)
silk worm [breeding] farm, magnanerie
magnanerie (f)
заведеніе (ср) для культуры *или* разводки шелковичнаго червя
setificio (m), stabilimento (m) di bachicoltura
criadero (m) de gusanos de seda.

9 Zuchtverfahren (n)
breeding *or* rearing method
méthode (f) d'élevage
способ (мр) культуры *или* разведенія
metodo (m) *o* sistema (m) di allevamento
método (m) de cultivo *o* de cría

Schnellzuchtverfahren (n)
intensive system of breeding *or* rearing
métode (f) d'élevage rapide *ou* d'éducation hâtive
интенсивная система (жр) культуры *или* разведенія
sistema (m) di allevamento rapido
método (m) de cría rápida 10

Zuchtdauer (f)
period of breeding
durée (f) de l'élevage
продолжительность (жр) разведенія (культуры)
durata (f) dell'allevamento
duración (f) de la cría 11

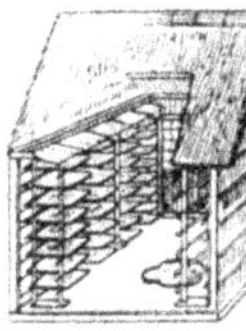

Raupenhaus (n), Raupereihaus (n), Zuchthütte (f), Brutanstalt (f)
rearing *or* hatching house, silkworm house
magnanerie (f)
шатёр (мр) *или* хижина (жр) *или* камера (жр) для шелковичных червей
bigattiera (f)
gusanera (f) 12

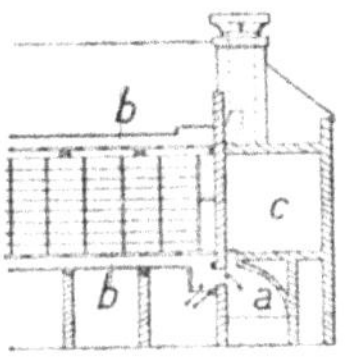

Aufzüchterei (f) (System Darcet)
hatching house (Darcet's system)
magnanerie (f) système Darcet
заведеніе (ср) для разводки по системѣ Дарсе
bigattiera (f) sistema Darcet
gusanera (f) sistema Darcet 13

a — Heizofen (m)
oven
poêle (m), four (m), calorifère (m)
отопительное приспособленіе (ср)
forno (m) di riscaldo
estufa (f) de calefacción 14

b — Luftkanal (m)
air passage *or* duct
conduit (m) d'air
воздушный канал (мр)
condotto (m) d'aria
conducto (m) de aire 15

c — Brutraum (m), Brutzimmer (n)
hatching chamber
chambre (f) chauffée
камера (жр) для выводки *или* разведенія
camera (f) di incubazione
cámara (f) de incubación 16

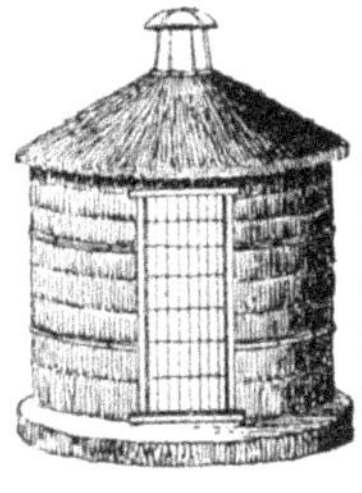

Zuchthütte (f) aus Stroh
straw-made rearing house
magnanerie (f) en chaume
соломенный шатёр (мр)
bigattiera (f) di paglia
gusanera (f) de paja 17

1	Zuchtgerät (n) rearing implements ustensiles (mpl) pour l'élève	приборы (мр) для разведенія *или* разводки (оборудованіе (ср) заведенія для культуры) attrezzi (mpl) *o* utensili (mpl) per l'allevamento utensilios (mpl) para el cultivo
2	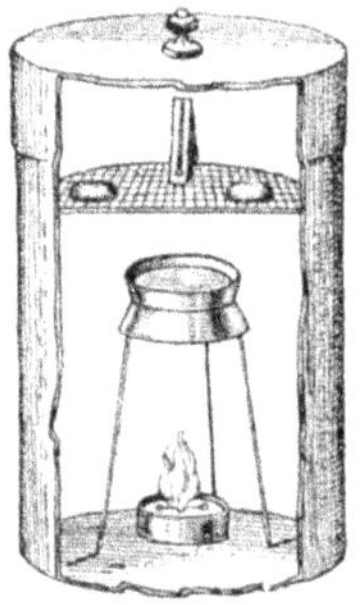	Brutvorrichtung (f), [Ausbrütapparat (m)] incubator, hatching appartus castelet (m), appareil (m) d'éclosion, couveuse (f) инкубатор (мр), аппарат (мр) для разводки *или* разведенія apparato (m) d'incubazione, stufa (f) da covare aparato (m) de incubación
3	Raupeneier (npl) fressender Schmarotzer egg eating parasite parasite (m) se nourrissant de graines	паразит (мр) (чужеядное насѣкомое) поѣдающій яйца шелковичных червей parassita (m) che si pasce di uova parásito (m) ovívoro
4	das Raupenei vor dem Ausbrüten in kochsalzhaltiges Wasser tauchen to dip the egg in salt water before hatching plonger la graine dans l'eau salée avant la couvaison	погружать яйцо (ср) шелковичнаго червя перед выводкой в раствор поваренной соли immergere l'uovo nell'acqua salata prima della covatura sumergir el huevo en agua salada antes de la incubación
5	Bebrüten (n) *oder* Ausbrüten (n) [der Raupeneier] in Zellen hatching the eggs in cells incubation (f) *ou* couvaison (f) des graines en cellules	выведеніе (ср) *или* разведеніе (ср) *или* выводка (жр) (яиц шелковичнаго червя) в ячейках covatura (f) delle uova nelle cellule incubación (f) de los huevos en células
6	die Raupeneier (npl) ausbrüten *oder* bebrüten to hatch the eggs faire éclore *ou* couver les graines (fpl)	выводить шелковичных червей из яичек covare le uova incubar los huevos
7	Raupenbrut (f) caterpillar brood couvée (f) *ou* fourmilière (f) de vers	выводка (жр) шелковичнаго червя covata (f) di bachi empolladura (f) de gusanos
8	Brutzeit (f) hatching *or* incubation period époque (f) de la couvaison	сезон (мр) инкубаціи *или* разводки; время (ср) *или* період (мр) разводки epoca (f) *o* stagione (f) della covatura período (m) *o* época (f) de la incubación
9	Brutdauer (f) length of the incubation period durée (f) de la couvaison	продолжительность (жр) сезона разводки; продолжительность (жр) разводки durata (f) della covatura duración (f) de la incubación
10	die Raupeneier (npl) bürsten to brush the eggs brosser les graines (fpl)	яичко (ср) шелкопряда очищать щеткою spazzolare le uova cepillar los huevos
11	die Raupeneier (npl) mit steifer Bürste bearbeiten to treat the eggs with a stiff brush traiter les graines (fpl) avec une brosse dure	обрабатывать яичко (ср) шелкопряда жесткой щеткою trattare le uova con una spazzola dura pasar los huevos con cepillo rígido
12	Auskriechen (n) der Raupe [aus dem Ei] emerging of the larva *or* caterpillar éclosion (f) du ver	вылупливаніе (ср) шелковичнаго червя из яичка uscita (f) del baco salida (f) del gusano
13	die Raupe kriecht aus the caterpillar emerges *or* creeps out le ver éclôt	шелковичный червь (мр) выползает *или* вылупливается il baco esce [dal uovo] el gusano sale
14	ausgekrochene *oder* ausgebrütete Raupe (f) emerged caterpillar ver (m) éclos	вылупливающійся шелковичный червь (мр) baco (m) uscito gusano (m) salido
15	Entwicklung (f) der Raupe development of the caterpillar développement (m) du ver	развитіе (ср) шелковичнаго червя sviluppo (m) del baco desarrollo (m) del gusano
16	die Raupe entwickelt sich schnell the caterpillar grows *or* develops quickly le ver se développe rapidement	шелковичный червь (мр) развивается скоро il baco si sviluppa presto el gusano se desarrolla rápidamente
17	die Raupengruppen (fpl) voneinander getrennt halten to keep the groups of caterpillars apart from each other conserver les groupes (mpl) de vers séparés l'un de l'autre	держать группы шелковичных червей отдѣльно друг от друга tenere i gruppi di bachi separati gli uni dagli altri guardar los grupos de gusanos separados entre si
18	die Raupen in Gruppen züchten *oder* aufziehen to breed the caterpillars in groups élever les vers (mpl) en groupes	культивировать *или* разводить шелковичные черви (мр) группами allevare i bachi per gruppi criar los gusanos en grupos
19	Wachstum (m) der Raupe growth of the worm croissance (f) du ver	рост (мр) шелковичнаго червя crescimento (m) del baco crecimiento (m) del gusano
20	ausgewachsene Seidenraupe (f) full grown silk worm ver (m) à soie mûr	выросшій шелковичный червь (мр) baco (m) da seta maturo gusano (m) desarrollado

1	Aufzuchtraum (m) rearing room atelier (m) d'élevage	помѣщеніе (ср) для выращиванія *или* разведенія *или* разводки locale (m) di allevamento gusanera (f)
2	Lüftung (f) [Ventilation (f)] ventilation ventilation (f), aération (f)	вентиляція (жр) ventilazione (f) ventilación (f)
3	den Aufzuchtraum lüften to ventilate the rearing room ventiler *ou* aérer l'atelier d'élevage	вентилировать помѣщеніе (ср) разводки ventilare il locale di allevamento ventilar la gusanera
4		Kohlenbecken (n) aus Ton fire pan of clay poêle (f) *ou* brasero (m) en faïence глиняная жаровня (жр) для угля braciere (m) di argilla brasero (m) de arcilla
5	Beheizung *oder* (f) Heizung (f) durch Kohlenbecken heating by [portable] coal pans chauffage (m) à braseros	отопленіе (ср) угольными жаровнями riscaldamento (m) con bracieri calefacción (f) con braseros
6	Lebensdauer (f) der Raupe life of the caterpillar durée (f) [de la vie] du ver	продолжительность (жр) жизни шелковичнаго червя durata (f) della vita del baco duración (f) de la vida del gusano
7	haarlose Raupe (f) hairless caterpillar ver (m) exempt de poils	безволосый шелковичный червь (мр) baco (m) scevro di peli gusano (m) sin pelos
8	behaarte Raupe (f) haired caterpillar ver (m) pileux *ou* velu	покрытый волосами *или* волосатый шелковичный червь(мр) baco (m) peloso gusano (m) velloso
9	gesellige Raupenart (f) gregarious species *or* breed *or* strain of caterpillars espèce (f) de ver sociable	общежительная порода (жр) шелковичных червей specie (f) di baco sociabile especie (f) de gusano sociable
10	Ertragfähigkeit (f) einer Raupenrasse productiveness of a species of caterpillars productivité (f) d'une espèce de vers	производительность (жр) данной породы шелкопряда produttività (f) di una specie di bachi productividad (f) de una raza de gusanos
11	lebenskräftige Raupenrasse (f) virile species of caterpillars espèce (f) robuste de vers	живучая порода (жр) шелкопряда specie (f) robusta o vigorosa di bachi raza (f) vivaz de gusanos
12	einheimische Raupenrasse (f) native species of caterpillars espèce (f) indigène de vers	туземная порода (жр) шелкопряда specie (f) indigena di bachi raza (f) indígena de gusanos
13	Raupenrassen (fpl) kreuzen to cross caterpillar breeds croiser des espèces (fpl) de vers	скрещивать разныя породы (жр) шелкопряда incrociare specie (fpl) di bachi cruzar razas (fpl) de gusanos
14	Rassenkreuzung (f) crossing of breeds croisement (m) des espèces	скрещиваніе (ср) пород incrocio (m) delle specie cruzamiento (m) de razas
15	gekreuzte Raupenrasse (f) crossed caterpillar breed espèce (f) de ver croisée	скрещенная *или* смѣшанная порода (жр) шелкопряда specie (f) di baco incrociata raza (f) de gusano cruzada
16	Rassenbeeinflussung(f) durch das Klima influence of climate on the breed influence (f) du climat à l'espèce	вліяніе (ср) климата на породу influenza (f) del clima sulla specie influencia (f) del clima en las razas
17	Rassenzüchtung (f) durch die Nährpflanzen breeding of strains by fodder plants élevage (f) des espèces par les plantes alimentaires	культивированіе (ср) породы посредством кормовых растеній allevamento (m) delle specie per le piante alimentari cría (f) de razas por medio de plantas alimentales
18	Anpassungsfähigkeit (f) der Raupe adaptability of the caterpillar adaptibilité (f) *ou* pouvoir(m) accommodateur du ver	приспосабливаемость (жр) (акклиматизація) шелкопряда adattabilità (f) del baco adaptibilidad (f) del gusano
19	einerntige Spielart (f) *oder* Abart (f) [*oder* Varietät(f)] univoltine variety variété (f) univolt[a]ine	однооборотная порода (жр); одноурожайная разновидность (жр) varietà (f) univoltina variedad (f) unípara
20	mehrerntige Spielart(f) *oder* Abart (f) [*oder* Varietät] multivoltine variety variété (f) bivolt[a]ine	многооборотная порода (жр) varietà (f) bivoltina variedad (f) multípara
21	**5. Das Füttern der Raupen, Raupenfütterung (f)** **Feeding the Caterpillars** **Alimentation (f) des vers**	**Кормленіе (ср) шелковичных червей** **Alimentazione (f) dei bachi** **Cebadura (f) de los gusanos**
22	die Raupe füttern to feed the caterpillar alimenter le ver	кормить шелковичнаго червя alimentare il baco cebar el gusano
23	Freßlust (f) der Raupe gluttony of the worm voracité (f) *ou* frèze (f) du ver	прожорливость (жр) шелковичнаго червя voracità (f) del baco voracidad (f) del gusano

1 gefräßige Raupe (f)
gluttonous *or* voracious caterpillar
ver (m) vorace
прожорливый шелковичный червь (мр)
baco (m) vorace
gusano (m) voraz

2 Raupenfutter (n)
caterpillar food
fourrage (m) des vers
корм (мр) шелковичнаго червя
foraggio (m) del baco
cebo (m) *o* forraje (m) de los gusanos

3 Maulbeerlaub (n)
foliage of the mulberry tree
feuillage (m) du mûrier
листва (жр) тутоваго дерева
fogliame (m) del gelso
follaje (m) *o* hojas (fpl) de la morera

4 frisches Maulbeerblatt (n)
fresh leaf of the mulberry tree
feuille (f) fraîche du mûrier
свѣжій тутовый лист (мр)
foglia (f) fresca del gelso
hoja (f) fresca de la morera

5 gesundes Maulbeerblatt (n)
healthy mulberry leaf
feuille (f) saine du mûrier
здоровый тутовый лист (мр)
foglia (f) sana del gelso
hoja (f) sana de la morera

6 Stickstoffgehalt (m) des Maulbeerblattes
contents of nitrogen in the mulberry leaf
teneur (f) en azote de la feuille du mûrier
содержаніе (ср) азота в тутовом листѣ
tenore (m) in azoto della foglia di gelso
contenido (m) de nitrógeno en la hoja de la morera

7 H_3PO_4
Phosphorsäure (f)
phosphoric acid
acide (m) phosphorique
фосфорная кислота (жр)
acido (m) fosforico
ácido (m) fosfórico

8 MgO
Magnesia (f)
magnesia
magnésie (f)
магнезія (жр)
magnesia (f)
magnesia (f)

9 SiO_2
Kieselsäure (f)
silicic acid
acide (m) silicique
кремневая кислота (жр), кремнезем (мр)
acido (m) silicico
ácido (m) silicico

10 Kalk (m)
lime
chaux (f)
известь (жр)
calce (f)
cal (f)

11 das Futter abwiegen
to weigh off the fodder
peser le fourrage
взвѣшивать корм (мр) (листья)
pesare il foraggio
pesar el cebo

12 das Laub mit dem Sieb streuen
to scatter the leaves by a sieve
joncher *ou* répandre les feuilles (fpl) au tamis
разсыпать листья (мр) рѣшетом
spargere le foglie collo staccio
esparcir las hojas con tamiz

13 Laubsieb (n)
sieve for leaves
crible (m) *ou* tamis (m) aux feuilles
рѣшето (ср) для листьев
staccio (m) per le foglie
tamiz (m) para hojas

14 feuchtes Futter (n)
damp food
fourrage (m) humide
влажный корм (мр)
foraggio (m) umido
cebo (m) húmedo

trocknes Futter (n)
dry food
fourrage (m) sec
сухой корм (мр)
foraggio (m) secco *o* asciutto 15
cebo (m) seco

das Laub trocknen
to dry the leaves
sécher les feuilles (fpl)
сушить листву
seccare le foglie 16
secar las hojas

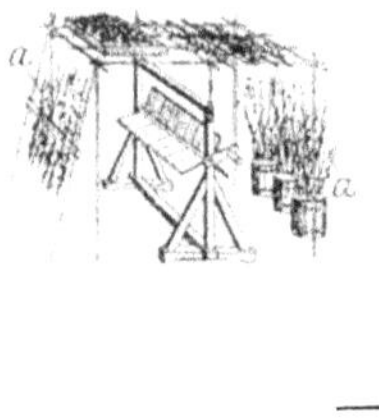

Windflügel (m) *oder* Windmühle (f) für Laubtrocknung
fan for drying the leaves
ventilateur (m) pour séchage des feuilles
вѣтрянка (жр) *или* вѣтренная мельница (жр) *или* вентилятор (мр) для просушки листвы 17
ventilatore (m) per seccare le foglie
ventilador (m) para secar las hojas

a
Maulbeerruten (fpl), Maulbeerzweige (mpl)
twigs of the mulberry tree
branches (fpl) du mûrier 18
тутовый прут (мр), тутовая вѣтвь (жр)
rami (mpl) del gelso
ramas (fpl) de la morera

Futterschneidmaschine (f)
food cutting machine
machine (f) à hacher le fourrage, coupe-feuilles (m)
машина (жр) для рѣзки корма
macchina (f) per tritare il foraggio 19
máquina (f) cortahojas

Laubschneidmesser (n)
knife for cutting up the leaves
couteau (m) à couper les feuilles
листорѣзаный нож (мр) 20
coltello (m) per tagliare le foglie
cuchillo (m) para cortar las hojas

Blattschnitzel (npl)
leaf clippings
petites tranches (fpl) des feuilles
обрѣзки (мр) листьев
frantumi (mpl) *o* frammenti (mpl) di foglie 21
recortes (mpl) de las hojas

die Blattschnitzel (npl) über die Hürde verteilen
to distribute the leaf bits *or* clippings over the hurdle
distribuer *ou* répandre les tranches (fpl) des feuilles sur la claie
разложить на рѣшеткѣ рѣзанный лист (мр) *или* обрѣзки листьев
distribuire i frammenti delle foglie sul canniccio 22
distribuir los recortes de las hojas sobre el cañizo

die geschnittenen Blätter (npl) sieben
to sieve the leaf clippings
cribler *ou* tamiser les tranches (fpl) des feuilles
просѣивать листовую рѣзку
stacciare i frammenti delle foglie 23
tamizar los recortes de las hojas

das Laub frisch erhalten
to keep the leaves fresh
conserver les feuilles (fpl) fraîches
содержать листву в свѣжем видѣ
conservare le foglie fresche 24
conservar las hojas en estado fresco

1 Blätterlager (n) der Raupe
leaf bed of the worm
lit (m) *ou* litière (f) de feuilles du ver
листовая подстилка (жр) *или* ложе (ср) *или* постель (жр) для шелкопряда
letto (m) *o* lettiera (f) di foglie del baco
lecho (m) de hojas del gusano

---

2 das Blätterlager vor Feuchtigkeit schützen
to protect the leaf bed from moisture
protéger le lit de feuilles contre l'humidité
листовую подстилку защищать от сырости
proteggere *o* preservare il letto di foglie dall'umidità
proteger el lecho de hojas contra la humedad

3 **6. Die Nährpflanzen (f pl) der Seidenraupen**
The Food Plants of the Silk Worms
Les plantes (f pl) alimentaires des vers à soie
Кормовыя растенія (ср) шелковичных червей
Le piante alimentari dei bachi da seta
Las Plantas alimentales para los gusanos de seda

4 **a) Der Maulbeerbaum**
The Mulberry Tree
Le mûrier
Тутовое дерево (ср)
Il gelso, il moro
La morera, el moral

5 Baumgattung (f)
species of tree
espèce (f) d'arbre
порода (жр) дерева
specie (f) *o* sorta (f) d'albero
especie (f) de árbol

---

6 Morus alba
weißer Maulbeerbaum (m)
white mulberry tree
mûrier (m) blanc
бѣлое тутовое дерево (ср); бѣлый тут (мр)
gelso (m) bianco
morera (f) blanca

---

7 Morus rosea
Maulbeerbaum (m) mit rosenrotem Blattstiel
mulberry tree with pink leaf stalk
mûrier (m) au pétiole rosée
тутовое дерево (ср) с розовокрасным черешком листа
gelso (m) col peziolo rosato
morera (f) de pedúnculo rosado

---

8 Morus elata
hoher Maulbeerbaum (m)
tall mulberry tree
mûrier (m) haut
высокое тутовое дерево (ср)
gelso (m) alto
morera (f) alta

---

9 Morus romana vel ovalifolia
römischer Maulbeerbaum (m)
Roman mulberry tree
mûrier (m) romain
римскій тут (мр)
gelso (m) romano
morera (f) romana

Morus macrophylla vel latifolia 10
großblättriger Maulbeerbaum (m)
large leaved mulberry tree
mûrier (m) grandifolié
крупнолистное тутовое дерево (ср)
gelso (m) a grandi foglie
morera (f) grandifolia

Morus pumila 11
Zwergmaulbeerbaum (m)
dwarf mulberry tree
mûrier (m) nain
карликовое тутовое дерево
gelso (m) nano
morera (f) enana

Morus multicaulis 12
vielstengliger Maulbeerbaum (m)
many stemmed mulberry tree
mûrier (m) multicaule
многостебельное тутовое дерево (ср)
gelso (m) multistelo
morera (f) multicaule

Morus nervosa 13
geripptblättriger Maulbeerbaum (m)
ribbed leaved mulberry tree
mûrier (m) aux feuilles à nervures
жилколистный (рубчатолистный) тут (мр)
gelso (m) a foglie con nervature
morera (f) de hojas nerviosas

Morus nigra 14
schwarzer Maulbeerbaum (m)
black mulberry tree
mûrier (m) noir
чёрное тутовое дерево (ср); чёрный тут (мр)
gelso (m) nero
morera (f) negra

Spielart (f) [des schwarzen Maulbeerbaumes] 15
variety [of the black mulberry tree]
variété (f) [du mûrier noir]
разновидность (жр) (чернаго тутоваго дерева)
varietà (f) [del gelso nero]
variedad (f) [de la morera negra]

Morus laciniata 16
geschlitztblättriger Maulbeerbaum (m)
laciniate leaved mulberry tree
mûrier (m) aux feuilles laciniées
разрѣзнолистный тут (мр)
gelso (m) a foglie tagliuzzate
morera (f) con hojas laciniadas

Morus rubra 17
roter Maulbeerbaum (m)
red mulberry tree
mûrier (m) rouge
красное тутовое дерево (ср)
gelso (m) rosso
morera (f) roja

Morus tatarica 18
tartarischer Maulbeerbaum (m)
Tartar mulberry tree
mûrier (m) ta[r]tare
татарское (кавказское) тутовое дерево (ср)
gelso (m) tartaro
morera (f) tártara

Morus indica 19
indischer Maulbeerbaum (m)
Indian mulberry tree
mûrier (m) des Indes
остиндское тутовое дерево
gelso (m) indiano
morera (f) india

1 **Morus constantinopolitana vel byzantica**
türkischer Maulbeerbaum (m)
Turkish mulberry tree
mûrier (m) turc
турецкое тутовое дерево (ср)
gelso (m) turco
morera (f) turca

2 **Morus scabra vel canadensis**
scharfblättriger Maulbeerbaum (m)
mulberry tree with scabrous leaves
mûrier (m) aux feuilles pointues
остролистное тутовое дерево
gelso (m) a foglie appuntite
morera (f) de hojas lanceoladas

3 **Morus latifolia rubra**
breitblättriger Maulbeerbaum (m)
broad leaved mulberry tree
mûrier (m) latifolié
широколистное тутовое дерево (ср)
gelso (m) a foglie larghe
morera (f) latifolia

4 **Morus constantinopolitana Lam.**
chinesischer Maulbeerbaum (m)
Chinese mulberry tree
mûrier (m) chinois
китайское тутовое дерево (ср)
gelso (m) c[h]inese
morera (f) china

5 der Baum wird buschig
the tree becomes bushy
l'arbre (m) devient touffu
дерево (ср) становится кустистым
l'albero (m) diventa frondoso
el árbol se pobla de hojas

6 Maulbeerstrauch (m)
mulberry bush
mûrier (m) en buisson
тутовый куст (мр)
gelso (m) a cespuglio
morera (f) en arbusto

7 Maulbeerhecke (f)
mulberry hedge
haie (f) de mûriers
живая изгородь (жр) (шпалера) из тутовых кустов
gelso (m) in siepe
seto (m) de moreras

8 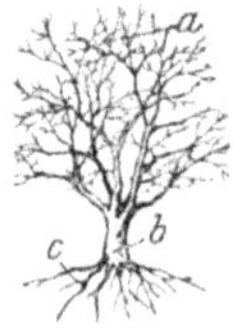

wilder Maulbeerbaum (m)
wild mulberry tree
mûrier (m) sauvage
дикорастущее тутовое дерево (ср)
gelso (m) selvatico
morera (f) silvestre

9 a
Baumkrone (f)
crown of the tree
sommet (m) de l'arbre
крона (жр) дерева
corona (f) dell'albero
copa (f) del árbol

10 b
Baumstamm (m)
trunc of the tree
tronc (m) de l'arbre
ствол (мр) дерева
tronco (m) dell'albero
tronco (m) del árbol

11 c
Baumwurzel (f)
root of the tree
racine (f) de l'arbre
корень (мр) дерева
radice (f) dell'albero
raíz (f) del árbol

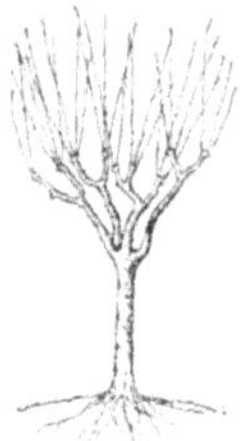
gezüchteter [*oder* kultivierter] Maulbeerbaum (m)
cultivated mulberry tree
mûrier (m) cultivé
культивированное *или* взращенное тутовое дерево (ср)
gelso (m) coltivato
morera (f) cultivada 12

Maulbeerbaumzucht (f), [Maulbeerbaumkultur (f)]
mulberry tree cultivation
culture (f) du mûrier
выращиваніе (ср) *или* взращиваніе (ср) *или* культура (жр) тутоваго дерева
cultura (f) del gelso
cultivo (m) de la morera 13

Baumschule (f), Pflanzschule (f)
tree nursery
pépinière (f)
питомник (мр), школа (жр) древесных насажденій
vivaio (m) di alberi
vivero (m) 14

Baumzüchter (m)
nursery man
[jardinier (m)] pépiniériste (m)
древовод (мр), дендролог (мр), (завѣдующій (мр) питомником)
coltivatore (m) di alberi
arboricultor (m) 15

Maulbeerpflanzung (f), [Maulbeerplantage (f)]
mulberry plantation
plantation (f) de mûriers
питомник (мр) тутоваго дерева, тутовая плантація (жр)
piantagione (f) di gelsi, gelseto (m)
moreral (m) 16

Anbau (m) *oder* Anpflanzung (f) des Maulbeerbaumes
planting of the mulberry tree
plantation (f) *ou* plantage (m) du mûrier
разводка (жр) тутоваго дерева
piantagione (f) del gelso
plantación (f) de la morera 17

den Maulbeerbaum anpflanzen
to plant the mulberry tree
planter le mûrier
разводить *или* выращивать *или* рассаживать тутовое дерево (ср)
piantare il gelso
plantar la morera 18

Maulbeerwald (m)
mulberry tree forest
forêt (m) de mûriers
тутовый лѣс (мр)
boscaglia (f) di gelsi
bosque (m) de moreras 19

Maulbeergarten (m)
mulberry tree garden
verger (m) *ou* jardin (m) de mûriers
тутовый сад (мр)
giardino (m) di gelsi
huerta (f) de moreras 20

Gedeihen (n) des Maulbeerbaumes
thriving of the mulberry tree
développement (m) du mûrier
успѣшный рост (мр) *или* развитіе (ср) тутоваго дерева
sviluppo (m) del gelso
desarrollo (m) *o* crecimiento (m) de la morera 21

der Maulbeerbaum gedeiht
the mulberry tree thrives
le mûrier se développe bien
тутовое дерево (ср) успѣшно развивается *или* растет
il gelso si sviluppa
la morera se desarrolla 22

Fortpflanzung (f) des Maulbeerbaumes
propagation of the mulberry tree
multiplication (f) du mûrier
размноженіе (ср) (рассадка) тутоваго дерева
propagazione (f) *o* riproduzione (f) del gelso
propagación (f) de la morera 23

1 den Baum durch Setzlinge *oder* Stecklinge *oder* Steckreiser fortpflanzen
to propagate the tree by cuttings
multiplier l'arbre par des boutures
размножать деревья (ср) посредствомъ сажанцевъ
riprodurre *o* propagare l'albero mediante barbatelle
propagar el árbol por estacas

2 Fortpflanzung (f) durch Ableger *oder* Absenker *oder* Senkreiser
propagation (f) by layers
marcottage (m), multiplication (f) par des marcottes
размноженіе (ср) *или* разсадка (жр) путемъ отводки
propagazione (f) *o* riproduzione (f) mediante margotte
propagación (f) por acodos *o* mugrones

3 die Schößlinge (mpl) reihenweise pflanzen
to plant the shoots in rows
planter les rejetons (mpl) *ou* les pousses (fpl) en rangs *ou* en files
сажать ростки (мр) рядами
piantare i rampolli *o* germogli in file
plantar los retoños en liños

4 das Senkreis schlägt Wurzeln
the layer strikes roots
la marcotte prend racines
отводокъ (мр) пускаетъ корешки
la margotta mette radici
el acodo hecha *o* cría raíces

5 bewurzelter Absenker (m)
rooted layer
marcotte (f) racinée
пустившій корни отводокъ (мр)
margotta (f) con radice
acodo (m) con raíces

6 den Baum durch Samen fortpflanzen
to propagate the tree by seed
multiplier l'arbre (m) par graines
размножать деревья (ср) посредствомъ сѣмянъ
propagare l'albero (m) con dei semi
propagar el árbol por semilla

7 
Maulbeere (f), Maulbeerfrucht(f), Maulbeersame(m)
mulberry
mûre (f)
тутовая ягода (жр); плодъ (мр) тутоваго дерева (шелковица)
gelsa (f), mora (f)
mora (f)

8 die Maulbeeren (fpl) zur Aussaat lesen *oder* sammeln
to collect the mulberries for sowing
cueillir les mûres (fpl) pour l'ensemencement
отбирать тутовыя ягоды для посѣва
[rac]cogliere le gelse per la seminazione
recolectar las moras para la siembra

9 den Maulbeerbaum durch Schnittreiser fortpflanzen
to propagate the mulberry tree by grafts *or* scions
multiplier le mûrier par des greffes
размножать тутовыя деревья посредствомъ посадки черенковъ
propagare il gelso per innesti
propagar la morera por injertos

10 Veredlung (f) durch Pfropfung
improvement by grafting
amélioration (f) *ou* bonification (f) par la greffe
облагораживаніе (ср) *или* окулировка (жр) посредствомъ прививки
ingentilimento (m) per l'innestamento
mejoramiento (m) por injertado

das Schnittreis aufpfropfen *oder* anpfropfen
to graft the scion
enter (va), greffer une ente sur . . .
привить *или* прищепить черенокъ (мр)
innestare (va)
injertar (va) 11

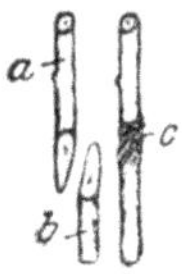

Pfropfen (n) der Reiser
grafting the sprigs
greffe (f), greffage (m)
всаживаніе (ср) клинка *или* прищепа *или* черенка; колировка (жр) 12
innestamento (m)
injertado (m)

a Pfropfreis (n), Edelreis (n)
graft, scion
scion (m), greffon (m)
черенокъ (мр), прививокъ (мр), прищепъ (мр) 13
innesto (m)
injerto (m)

b Grundreis (n), Unterlagsreis (n), Pfropfunterlage (f), Veredlungsunterlage (f)
stock
sujet (m), sauvageon (m) 14
дичёкъ (мр)
pollone (m) selvatico
lecho (m) de injerto

c Pfropfverband (m)
grafting band
lien (m) de greffe
повязка (жр), обвязка (жр), 15
бинтъ (мр), (мѣста прививки)
ligatura (f) dell'innesto
venda (f) del injerto

Pfropfverfahren (n), Pfropfart (f)
method of grafting
méthode (f) de greffe
способъ (мр) прививки *или* окулированія 16
metodo (m) d'innesto
método (m) de injertar

schräg zugeschnittenes Wurzelreis (n)
obliquely cut root graft
greffon (m) de racine bisauté
косо срѣзанный корневой отростокъ (мр) 17
innesto (m) di radice tagliato di sbieco
injerto (m) de raíz biselado

den Maulbeerbaum beschneiden
to lop the mulberry tree
tailler *ou* émonder le mûrier
подрѣзать *или* подстригать тутовое дерево (ср)
potare *o* tagliare *o* rimondare il gelso 18
podar la morera

die Schnittstelle verholzt
the cut lignifies
la coupe *ou* la plaie se lignifie
мѣсто (ср) срѣза деревенѣетъ
il taglio si lignifica 19
el corte se lignifica

der Maulbeerbaum erstickt im Saft
the mulberry tree is choked with sap
le mûrier regorge de sève
тутовое дерево (ср) погибаетъ отъ избытка сока
il gelso rigurgita di succo 20
la morera se ahoga en su jugo

Wurzelfaser (f)
root fibre
fibrille (f) de la racine
корневыя развѣтвленія (ср) (росовыя)
fibrilla (f) della radice 21
fibrilla (f) de la raíz

Baumrinde (f)
bark of the tree
écorce (f) de l'arbre
древесная кора (жр)
corteccia (f) *o* scorza (f) dell'albero 22
corteza (f) del árbol

1 Blattform (f)
shape of leaf
forme (f) de la feuille
форма (жр) листа
forma (f) della foglia
forma (f) de la hoja

2 ungeteiltes Blatt (n)
undivided leaf
feuille (f) non divisée *ou* entière
цѣльный лист (мр)
foglia (f) non divisa
hoja (f) indivisa

3 
gezahntes *oder* zackiges Blatt (n)
dentate leaf
feuille (f) dentée
зубчатый *или* пилообразный лист (мр)
foglia (f) dentata
hoja (f) dentada

4 rundes Blatt (n)
orbicular leaf
feuille (f) ronde
круглый лист (мр)
foglia (f) tonda
hoja (f) redonda

5 

herzförmiges Blatt (n)
cordate *or* heart-shaped leaf
feuille (f) cordiforme
сердцевидный лист (мр)
foglia (f) cordiforme
hoja (f) acorazonada

6 a
Blattrippe (f)
leaf vein
nervure (f) de la feuille
листовый нерв (мр), листовое ребрышко (ср)
costola (f) della foglia
nervio (m) de la hoja

7 

gelapptes Blatt (n)
lobed leaf
feuille (f) lobée
лопастный лист (мр)
foglia (f) lobata
hoja (f) lobada *o* lobulada

8 a
Blattstiel (m)
petiole, leaf stalk
pétiole (m)
листовый стебель (мр), черешок (мр)
peziolo (m)
pezón (m)

9 Blätterernte (f), Laublese (f)
crop of leaves
récolte (f) *ou* cueillette (f) des feuilles
урожай (мр) *или* сбор (мр) листвы
raccolta (f) delle foglie
cosecha (f) de [las] hojas

10 den Baum entlauben
to strip the tree of its foliage
effeuiller l'arbre
снимать листья (мр) с дерева
sfrondare l'albero
deshojar el árbol

11 Entlaubung (f)
stripping of leaves
effeuillage (m)
снятіе (ср) листа
sfrondatura (f)
deshojadura (f)

12 Treibrute (f), Trieb (m)
young shoot *or* sprout
pousse (f)
побѣг (мр), отпрыск (мр), росток (мр)
gettata (f), messa (f)
renuevo (m), vástago (m)

das Maulbeerblatt abstreifen
to strip off the mulberry leaf
effeuiller la branche du mûrier
сдирать тутовые листья (мр)
brucare la foglia di gelso
quitar la hoja *o* deshojar la rama de la morera 13

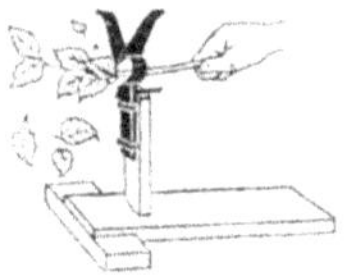
Blattabstreifer (m)
leaf stripper
arracheur (m) de feuilles
сдирочный станок (мр); станок (мр) для сдиранія листьев
sfrondatoio (m)
deshojador (m) 14

Laubertrag (m)
leaf yield
rendement (m) en feuilles
выход (мр) листвы; количество (ср) снятой листвы
rendimento (m) di foglie
rendimiento (m) de follaje 15

zartes Laub (n)
tender foliage
feuillage (m) tendre
нѣжная листва (жр)
fogliame (m) tenero
hojas (fpl) tiernas 16

weibliche Maulbeerblüte (f)
female mulberry flower
fleur (f) femelle du mûrier
женскій тутовый цвѣток (мр)
fiore (m) femmina del gelso
flor (f) femenina de la morera 17

männliche Maulbeerblüte (f)
male mulberry flower
fleur (m) mâle du mûrier
мужской тутовый цвѣток (мр)
fiore (m) maschio del gelso
flor (f) masculina de la morera 18

Krankheiten (fpl) des Maulbeerbaumes
diseases of the mulberry tree
maladies (fpl) du mûrier
болѣзни (жр) тутоваго дерева
morbi (mpl) *o* malattie (fpl) del gelso
enfermedades (fpl) de la morera 19

kranker Maulbeerbaum (m)
diseased mulberry tree
mûrier (m) malade
больное тутовое дерево (ср)
gelso (m) [am]malato
morera (f) enferma 20

Schädling (m)
noxious animal *or* plant
plante (f) *ou* insecte (m) nuisible
вредитель (мр)
insetto (m) nocivo, pianta (f) nociva
animal (m) dañino, planta (f) dañina 21

Tierschmarotzer (m), tierischer Schmarotzer (m), [Tierparasit (m)]
parasitical animal
insecte (m) parasite
животный паразит (мр)
insetto (m) *o* animale (m) parassita
animal (m) parásito 22

Blattlaus (f)
plant louse, aphis
aphide (m)
травяная вошь (жр), лиственная вошь (жр), тля (жр)
afidio (m)
pulgón (m) 23

Schildlaus (f)
coccus
coccidé (m)
червец (мр)
cocco (m)
coccidula (f) 24

1
Pflanzenschmarotzer (m), [Pflanzenparasit (m)]
parasitical plant
plante (f) parasite
растительный паразит (мр)
pianta (f) parassita
planta (f) parásita

---

2 **Phytospora mori**
Blattrost (m)
leaf rust
rouille (f) des feuilles
листовая ржа (жр)
ruggine (f) delle foglie
moho (m) del follaje

3
Wurzelpilz (m), [Wurzelparasit (m)]
root fungus *or* parasite
parasite (m) des racines
корневой гриб (мр) *или* паразит (мр)
parassita (m) delle radici
parásito (m) de las raíces

4
Wurzelfäule (f)
root decay *or* rot
pourriture (f) des racines, pourridié (m)
корневая гниль (жр) (гнiенie (ср))
putrefazione (f) delle radici
putrefacción (f) de la raíz

5
faule Wurzel (f)
decayed root
racine (f) pourrie
гнилой корень (мр)
radice (f) putrefatta
raíz (f) podrida

6
Wurzelerkrankung (f)
disease of the root
maladie (f) de la racine
заболѣванie (ср) корня
malattia (f) della radice
enfermedad (f) de la raíz

---

b) Andere Nährpflanzen (f pl)
7 **Other Food Plants**
Autres plantes (f pl) alimentaires
Другiя кормовыя растенiя (ср)
Altre piante (f pl) alimentari
Otras plantas (f pl) alimentales

---

8 **Aylanthus glandulosa**
Aylanthusbaum (m)
ailantus
ailante (m)
дерево (ср) айланта, (небесное дерево)
ailanto (m), albero (m) di paradiso
ailanto (m), árbol (m) del cielo

---

9 **Ricinus communis**
Rizinusbaum (m)
castor oil plant
ricin (m)
касторовое дерево (ср)
ricino (m)
árbol (m) de ricino

10
Zimtbaum (m)
cinnamon tree
cinnamone (m), cannelier (m)
коричное дерево (ср)
cinnamomo (m), albero (m) della cannella
canelo (m)

11
Zimtblatt (n)
cinnamon leaf
feuille (f) de cinnamone
лист (мр) коричнаго дерева
foglia (f) del cinnamomo
hoja (f) de canelo

Pinus abies 12
Fichte (f)
common spruce
sapin (m) du Nord
сосна (жр)
abete (m) rosso
abeto (m) rojo

Fraxinus excelsior 13
Esche (f)
ash [tree]
frêne (m)
ясень (мр)
frassino (m)
fresno (m)

Cupressus sempervirens 14
Zypresse (f)
cypress
cyprès (m)
кипарис (мр)
cipresso (m)
ciprés (m)

Quercus ilex 15
immergrüne [Stech-]Eiche (f)
holly oak, holm oak, ilex
chêne (m) vert, yeuse (f)
остролист (мр), падуб (мр); вѣчнозеленый дуб (мр)
leccio (m), elce (m)
encina (f) verde

---

japanische Eiche (f) 16
Japanese oak
chêne (m) du Japon
японскiй дуб (мр)
quercia (f) giapponese
encina (f) japonesa

Eichenlaub (n) 17
oak foliage
feuillage (m) du chêne
дубовая листва (жр)
fogliame (m) di quercia
hojas (f) de encina

Mimose (f) 18
mimosa
mimosa (f), mimeuse (f)
мимоза (жр)
mimosa (f)
mimosa (f)

Tamarbaum (m) 19
tamarisk
tamaris (m), tamarin (m)
тамариновое дерево (ср)
tamarisco (m)
tamarisco (m), taray (m)

Salix 20
Weide (f)
willow
saule (m)
ветла (жр), ива (жр)
salice (m), salcio (m)
sauce (m)

Trauerweide (f) 21
weeping willow
saule (m) pleureur
плакучая ива (жр)
salice (m) piangente
sauce (m) llorón *o* de Babilonia

---

indischer Feigenbaum (m) 22
Indian fig tree
figuier (m) des Indes
остиндское фиговое дерево (ср), смоковница (жр)
fico (m) d'India
higuera (m) india

Kampferbaum (m) 23
camphor tree
camphrier (m)
камфорное дерево (ср)
lauro-canfora (m)
alcanforero (m)

Milchbaum (m) 24
milk tree
piratinère (m) utile, arbre (m) à la vache
молочное дерево (ср)
brosimum (m), albero (m) del latte
palo (m) de vaca

1 Mangobaum (m)
mango tree
manguier (m)
дерево (ср) манго
mangostano (m)
mango (m)

---

2 Sambucus nigra
Holunder (m), schwarzer Flieder (m)
elder tree
sureau (m) noir
бузина (жр)
sambuco (m), zambuco (m)
saúco (m) negro

---

3 Ersatz (m) für Maulbeerblätter
substitute for mulberry leaves
succédané (m) *ou* substitution (f) des feuilles du mûrier
суррогат (мр) тутовых листьев
surrogato (m) *o* sostituente (m) per le foglie del gelso
su[b]stituto (m) de las hojas de la morera

---

4 Scorzonera hispanica
Schwarzwurzel (f)
viper's grass, scorzonera
scorsonère (f)
сладкий корень (мр)
scorzonera (f)
escorzonera (f)

---

5 Salatblatt (n)
salad *or* lettuce leaf
feuille (f) de salade
лист (мр) салата
foglia (f) di lattuga
hoja (f) de la lechuga

---

6 Brennesselblatt (n)
leaf of the stinging nettle
feuille (f) d'ortie
лист (мр) крапивы (жгучки)
foglia (f) d'ortica
hoja (f) de la ortiga

---

7 Rosenblatt (n)
rose leaf
feuille (f) de la rose
лист (мр) розы
foglia (f) di rosa
hoja (f) de la rosa

---

8 Weißdornblatt (n)
common hawthorn leaf
feuille (f) de l'aubépine
лист (мр) боярышника
foglia (f) di biancospino
hoja (f) de espino

---

9 wilder Ölbaum (m)
wild olive tree
olivier (m) sauvage *ou* bâtard
дикорастущее оливковое дерево (ср); масличное дерево
oleastro (m), olivo (m) selvatico
acebuche (m)

---

10 Broussonetia papyrifera
Papiermaulbeerbaum (m), Papierbaum (m)
paper mulberry tree
broussonnétie (f) à papier, mûrier (m) à papier
бумажная шелковица (жр)
gelso (m) giapponese
moral (m) papirifero

11

7. Das Betten der Raupen

Housing the Caterpillars

Répartition (f) des vers sur les claies

Разстилка (жр) шелковичных червей

Preparazione del letto per i bachi

Preparación (f) del lecho de los gusanos

---

12 Raupenbett (n), Raupenlager (n)
litter for caterpillars
litière (f)
подстилка (жр) *или* ложе (ср) *или* постель (жр) для шелковичных червей
lettiera (f) per i bachi
lecho (m) de los gusanos

Raupenhürde (f), Zuchthürde (f), Aufzuchthürde (f)
silk worm box
claie (f) [des vers à soie]
плетенка (жр) для шелковичных червей; разводочная плетенка (жр)
canniccio (m) *o* graticcio (m) per i bachi
cañizo (m) [para los gusanos] 13

---

die Raupen (fpl) auf die Hürde betten
to place the caterpillars in the box
placer les vers (mpl) sur la claie
раскладывать *или* класть шелковичных червей на плетенку
mettere i bachi sul canniccio
colocar los gusanos sobre el cañizo 14

---

runde Raupenhürde (f) aus Strohseil, Strohteller (m), Rundbett (n)
round straw plaited box
claie (f) ronde de tortis de paille
круглая соломенная плетенка (жр)
canniccio (m) tondo di paglia
tabla (f) redonda de paja 15

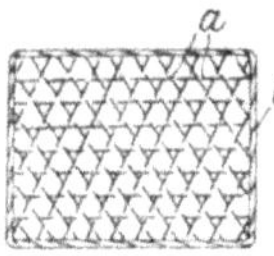

vierecktige Bambushürde (f)
square bamboo box
claie (f) rectangulaire en bambou
четырехугольная бамбуковая плетенка (жр)
canniccio (m) quadro di bambù
cañizo (m) cuadrado de bambú 16

---

a
Bambusstäbchen (n)
bamboo stick
baguette (f) de bambou
бамбуковый пруток (мр)
canna (f) di bambù
varilla (f) de bambú 17

---

die Bambusstäbchen (npl) gitterförmig verschränken
to interlace the bamboo sticks in the form of a trellis
entrecroiser *ou* entrelacer les baguettes (fpl) de bambou en forme de treillis
переплетать в рѣшетку бамбуковые прутки
intrecciare le canne di bambù a guisa di traliccio
entrelazar las varillas de bambú en forma de rejilla 18

---

b
Rahmen (m)
frame
cadre (m)
рама (жр)
cornice (f)
marco (m), bastidor (m) 19

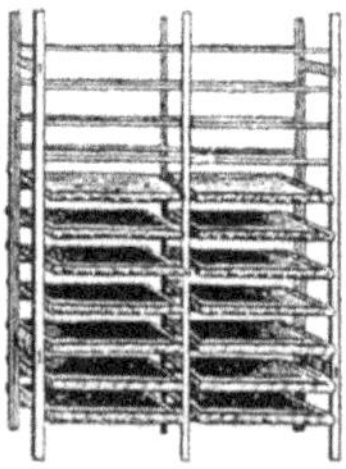

Hürdengestell (n)
shelve *or* stand *or* support for the boxes
châssis (m) à claies
стойка (жр) *или* станок (мр) (этажерка) для плетенок
castello (m) [a palchi]
soporte (m) de cañizos 20

Bockgestell (n) mit Hürde
trestle with box
chevalet (m) avec [la] claie
подставы (мр) *или* козлы (мр) с плетенкой
cavalletto (m) con canniccio
caballete (m) con cañizo 21

1 die Hürde auf ein Bockgestell legen
to place the box on a trestle
mettre la claie sur un chevalet
класть плетенку на козлы
mettere il canniccio sul cavalletto
colocar el cañizo sobre el caballete

---

2 Strohmatte (f)
straw mat
natte (f) de paille
соломенная рогожа (жр) *или* цыновка (жр); соломенный коврик (мр)
st[u]oia (f)
estera (f) [de paja]

---

3 die Strohmatte reinigen
to clean the straw mat
nettoyer la natte de paille
чистить соломенную цыновку
pulire la stuoia
limpiar la estera

---

4 die Strohmatte trocknen
to dry the straw mat
sécher la natte de paille
сушить соломенную цыновку
seccare la stuoia
secar la estera

---

5 die Strohmatte von der Sonne bestrahlen lassen
to expose the straw mat to the sun
exposer la natte de paille au soleil
выставлять соломенную цыновку на солнце
esporre la stuoia al sole
poner la estera al sol

---

6 Fußbodenmatte (f)
floor mat *or* covering
natte (f) de plancher
половая цыновка (жр)
stuoia (m) da pavimento
alfombra (f)

---

7 das Raupenlager trokken halten
to keep the litter dry
conserver la litière sèche
гусеничную постель (жр) содержать сухо *или* в сухости
mantenere la lettiera asciutta
mantener el lecho en estado seco

---

8 das Raupenbett mit Spreu abtrocknen
to dry the litter with chaff
faire sécher la litière avec de la bal[l]e *ou* avec des paillettes
вытирать мякиною на сухо (осушать) постель шелковичных червей
seccare la lettiera con pula *o* pagliuzze
secar el lecho con tamo

---

9 Reisspreu (f), Reiskaff (m)
rice chaff
paillettes (fpl) de riz
рисовая мякина (жр), рисовый плевел (мр)
pagliuzze (fpl) di riso
cáscaras (fpl) *o* paja (f) de arroz

---

10 Spreuschicht (f)
layer of chaff
couche (f) de paillettes
слой (мр) мякины
strato (m) di pagliuzze
capa (f) de paja *o* de tamo

---

11 Torfstreu (f)
layer of peat dust
couche (f) de poussière de tourbe
торфяная присыпка (жр) *или* пудра (жр)
strato (m) di polvere di torba
capa (f) de serrín de turba

---

12 die Raupenhürde mit Torfpulver bestreuen
to spread a layer of peat dust in the silk worm box
répandre une couche de poussière de tourbe sur la claie
посыпать плетенку для шелковичных червей торфяным порошком *или* пудрой
spargere uno strato di polvere di torba sul canniccio
esparcir serrín de turba sobre el cañizo

Umbetten (n), Umbettung (f), Wechseln (n) der Betten
changing the boxes
changement (m) des claies, délitage (m) des vers
перемѣна (жр) *или* смѣна (жр) подстилки *или* постели
cambi[ament]o (m) dei cannicci 13
cambio (m) de cañizos, deslech[amient]o (m)

---

die Raupen (fpl) umbetten
to change the silk worm boxes
déliter les vers (mpl)
перемѣнить подстилку *или* постель шелковичных червей 14
cambiare la lettiera ai bachi
deslechar los gusanos

Umbettungszeit (f)
box changing time
temps (m) de délitage
время (ср) перемѣны постелей
tempo (m) utile pel cambio dei cannicci 15
periodo (m) de deslecho

---

die Raupe mit der Hand abheben
to lift the silk worm by hand
enlever le ver à soie à la main
снимать шелковичные черви (мр) руками
togliere a mano il baco 16
levantar el gusano con la mano

---

die Raupe mittels Bambusstäbchen abheben
to lift the silk worm by bamboo sticks
enlever le ver à soie par des baguettes de bambou
снимать шелковичный червь (мр) бамбуковой палочкой
togliere il baco con canne di bambù 17
levantar el gusano con varillas de bambú

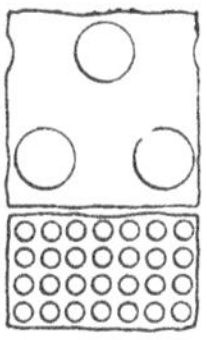

Aushebeunterlage (f) für Seidenraupen
paper for lifting out the silk worms
carton (m) d'enlèvement des vers à soie 18
с'емная подстилка (жр) для шелковичных червей
cartone (m) per togliere i bachi
cartón (m) para levantar los gusanos

---

gelochtes Papier (n)
perforated paper
carton (m) perforé
продырявленная бумага (жр), перфорированная бумага 19
cartone (m) bucato
cartón (m) perforado

---

die Raupen (fpl) mittels Netz abheben
to lift the silk worms in a net
enlever les vers (mpl) par un filet
снимать шелковичных червей сѣткой
togliere i bachi con una rete 20
levantar los gusanos con una red

Hanfgarnnetz (n)
hemp yarn net
filet (m) en fil de chanvre
пеньковая сѣть (жр)
rete (f) di filo di canapa 21
red (f) de hilo de cáñamo

Raupenmist (m)
dejecta of silk worm
excréments (mpl) des vers
гусеничный помет (мр)
escrementi (mpl) del baco 22
frezas (fpl) *o* excrementos (mpl) del gusano

1	**8. Häutung** (f) ***oder* Häuten** (n) **der Seidenraupe** **Moulting *or* Change of Skin of the Silk Worm** **Mue** (f) ***ou* changement** (m) **de peau du ver à soie**	**Сбрасываніе** (ср) **или скидываніе** (ср) **кожи шелковичными червями; линяніе** (ср) **Muta** (f) ***o* cambiamento** (m) **della pelle del baco da seta** **Muda** (f) **de la piel del gusano de seda**
2	Häutungsdauer (f) duration of moulting durée (f) de la mue	продолжительность (жр) линянія durata (f) della muta duración (f) de la muda [de la piel]
3	das Fettgewebe schwillt an the fatty tissue swells le tissu adipeux se gonfle	жировая ткань (жр) припухает *или* набухает il tessuto adiposo si gonfia el tejido adiposo se hincha
4	schwellendes Fettgewebe (n) swelling fatty tissue tissu (m) adipeux gonflant	набухающая *или* пухнущая жировая ткань (жр) tessuto (m) adiposo gonfio tejido (m) adiposo hinchado
5	die Raupe häutet sich the silk worm moults *or* sheds its skin le ver mue *ou* change de peau	гусеница (жр) линяет il baco muta *o* cambia la pelle el gusano muda la piel
6	*x*-malige Häutung (f) *x* times of moulting mue (f) répétée *x* fois	*x*-кратное линяніе (ср) muta (f) rinnovatasi *x* volte muda (f) repetida *x* veces
7	Schlafzeit (f) [*oder* Schlafperiode (f)] der Raupe sleeping period of the silk worm période (f) de sommeil du ver	період (мр) спячки шелкопряда periodo (m) letargico *o* del sonno del baco período (m) de dormir *o* del sueño del gusano
8	die Raupe schläft the silk worm sleeps le ver dort	гусеница (жр) спит il baco dorme el gusano duerme
9	Altersstufe (f) der Raupe age *or* stage of growth of the silk worm âge (m) du ver	степень (жр) возраста шелковичнаго червя età (f) del baco [etapa (f) de la] edad (f) del gusano
10	Spätlingsraupe (f), Nachzügler (m) late silk worm ver (m) tardif	поздній *или* отсталый *или* запоздалый шелковичный червь (жр) baco (m) tardivo gusano (m) tardío *o* rezagado

9. Krankheiten (f pl) **und Schmarotzer** (m pl) **der Seidenraupe** **Diseases and Parasites of the Silk Worm** **Maladies** (f pl) **et parasites** (m pl) **du ver à soie**	**Болѣзни** (жр) **и вредители** (мр) **шелкопряда** **Malattie** (f pl) **e parassiti** (m pl) **del baco da seta** **Enfermedades** (f pl) **y parásitos** (m pl) **del gusano de seda**	11
die Raupe erkrankt the worm becomes diseased le ver tombe malade	шелковичный червь (мр) заболѣвает il baco cade ammalato el gusano enferma	12
Raupenseuche (f), seuchenartige [*oder* epidemische] Krankheit der Raupen epidemic disease of the worms épidémie (f) *ou* épizootie (f) des vers	повальная *или* эпидемичная болѣзнь (жр) (мор) шелковичнаго червя epidemia (f) *o* epizootia (f) dei bachi epidemia (f) *o* epizootia (f) de los gusanos	13
Ansteckung (f), Krankheitsübertragung (f), [Infektion (f)] infection, contagion infection (f), contagion (f)	зараженіе (ср) infezione (f), contagio (m) infección (f), contagio (m), contaminación (f)	14
angesteckte *oder* verseuchte [*oder* infizierte] Raupe (f) infected worm ver (m) infecté	зараженная гусеница (жр) baco (m) infetto gusano infectado *o* contagiado	15
die kranken Raupen (f pl) von den gesunden absondern to separate the diseased worms from the healthy ones séparer les vers (m pl) malades des vers sains	отдѣлять *или* изолировать больных шелковичных червей от здоровых separare *o* isolare i bachi malati dai sani separar los gusanos enfermos de los sanos	16
Krankheitserscheinung (f), [Krankheitssymptom (n)] sympton of disease symptôme (m) de [la] maladie	проявленіе (ср) болѣзни (признаки *или* симптомы болѣзни) sintomo (m) di malattia síntoma (f) de [la] enfermedad	17
Krankheitserreger (m) bacteria *or* microbe producing disease bacille (f) pathogène	возбудитель (мр) болѣзни morbifero (m), bacillo (m) patogenico bacteria (f) patógena, microbio (m) patógeno	18
Krankheitskeim (m) germ of disease germe (m) de maladie	зачаток (мр) болѣзни germe (m) patogenico *o* di malattia germen (m) de [la] enfermedad	19
ansteckende Krankheit (f) contagious disease maladie (f) contagieuse	заразная болѣзнь (жр) malattia (f) contagiosa *o* infettiva enfermedad (f) contagiosa	20

1 die Krankheit durch Ansteckung übertragen
to transmit the disease by contagion
contagionner (va), transmettre la maladie par la contagion
заражать болѣзнью
contaminare, trasmettere *o* comunicare la malattia per contagio
contagiar (va)

2 die Raupe vor Ansteckung schützen
to protect the worm from contagion
protéger le ver contre la contagion
защитить *или* предохранить шелковичнаго червя от зараженія *или* заразы *или* инфекціи
proteggere il baco dal contagio
proteger el gusano de contagio

3 erbliche Krankheit (f)
hereditary disease
maladie (f) héréditaire
наслѣдственная болѣзнь (жр)
malattia (f) ereditaria
enfermedad (f) hereditaria

4 Schmarotzerkrankheit (f)
parasitic disease
maladie (f) parasitaire
паразитная болѣзнь (жр)
malattia (f) parassitaria
enfermedad (f) parasítica

5 Schmarotzer (m), [Parasit (m)]
parasite
parasite (m)
паразит (мр)
parassita (m)
parásito (m)

6 
Ujifliege (f),
uji fly
mouche (f) uji
муха (жр) уйи
mosca (f) uji
[mosca (f)] Udgi (m)

7 Fliegenart (f), Fliegengattung (f)
species of fly
espèce (f) de mouche
порода (жр) *или* разновидность (жр) мухи
specie (f) di mosca
especie (f) de mosca

8 Fliegenei (n)
egg of fly
œuf (m) de mouche
яичко (ср) мухи
uovo (m) di mosca
huevo (m) de mosca

9 Fliegenlarve (f)
larva of fly
larve (f) de mouche
личинка (жр) мухи
larva (f) di mosca
larva (f) de mosca

10 Schlupfwespe (f)
ribbon wasp
ichneumon (m)
муха-великан (мр), муха-наѣздник (мр), тохин (мр)
icneumone (m)
icneumón (m)

11 Pilzwucherung (f)
fungus growth
excroissance (f) fongueuse
грибной нарост (мр)
escrecenza (f) fungosa
excre[s]cencia (f) hongosa

12 Schimmelpilz (m)
white mould *or* fungus
botrytis (m) bassiana
плѣсневой грибок (мр)
botrytis (m) bassiana
moho (m) blanco

sporae
Sporen (fpl) *oder* Keime (mpl) des Pilzes
spores of the mould *or* fungus
spores (fpl) du champignon
споры (жр), грибные зародыши (мр) (плѣсень)
spore (fpl) del fungo
esporos (mpl) del moho 13

Sporenbildung (f)
formation of spores
formation (f) de spores
образованіе (ср) спор
formazione (f) di spore
formación (f) de esporos 14

der Pilz treibt Sporen
the mould *or* fungus develops spores
le champignon pousse des spores
гриб (мр) дает *или* образует споры
il fungo mette delle spore
el hongo desarrolla esporos 15

Kalksucht (f)
lime disease, calcino, muscardine
muscardine (f)
известковая болѣзнь (жр)
calcino (m)
muscardina (f) 16

kalksüchtige Raupe (f)
[silk] worm ill with *or* seized with lime disease
ver (m) [à soie] atteint de la muscardine
шелковичный червь (мр) зараженный известковой болѣзнью
baco (m) [da seta] affetto dal calcino
gusano (m) [de seda] atacado de muscardina 17

die Raupe wird schlaff
the worm grows weak
le ver devient lâche
шелковичный червь (мр) становится вялым
il baco diventa floscio
el gusano resulta flojo 18

Wassersucht (f)
dropsy
hydropisie (f)
водяная болѣзнь (жр) водянка (жр)
idropisia (f)
hidropesía (f) 19

wassersüchtige Raupe (f)
dropsical silk worm
ver (m) hydropique
шелковичный червь (мр) пораженный водянкой
baco (m) idropico
gusano (m) hidrópico 20

Schwindsucht (f)
consumption
phtisie (f)
чахотка (жр)
ftisia (f), etisia (f), tisi (f)
tisis (f). atrofia (f) 21

schwindsüchtige Raupe (f)
consumptive silk worm
ver (m) phtisique
шелковичный червь (мр) пораженный чахоткой
baco (m) tisico
gusano (m) tísico 22

Durchfall (m)
diarrhœa
diarrhée (f)
понос (мр)
diarrea (f)
diarrea (f) 23

Fettsucht (f), Gelbsucht (f), Weißsucht (f)
obesity
gras (m), grasserie (f)
ожиреніе (ср), желтуха (жр)
lipomatosi (f)
grasa (f), amarillo (m) 24

1 fettsüchtige *oder* gelbsüchtige *oder* weißsüchtige Raupe (f), Glanzraupe (f)
obese silk worm
luisette (f), ver (m) atteint du gras
шелковичный червь (мр) страдающій ожиреніем
baco (m) obeso
gusano (m) obeso *o* amarillo

2 der Raupenleib schwillt an
the body of the worm swells *or* grows bloated
le corps du ver se gonfle
тѣло (ср) шелковичнаго червя распухает *или* раздувается
il corpo del baco si gonfia
el cuerpo del gusano se hincha

3 Raupenblut (n)
blood of [the] worm
sang (m) du ver
кровь (жр) шелковичнаго червя
sangue (m) del baco
sangre (f) del gusano

4 Trübung (f) des Blutes
turpidity of the blood
aspect (m) trouble du sang
помутнѣніе (ср) крови
aspetto (m) torbido del sangue
turbiedad (f) de la sangre

5 das Blut wird milchig
the blood grows milky
le sang devient laiteux *ou* lacté
кровь (жр) становится молочно-видною
il sangue diventa latteo
la sangre se pone láctea

6 das Blut quillt aus der Haut
the blood oozes from the skin
le sang jaillit *ou* coule de la peau
кровь (жр) выступает из под кожи
il sangue esce *o* sgorga dalla pelle
la sangre sale de la piel

7 Raupenhaut (f)
skin of the silk worm
peau (f) du ver
кожа (жр) шелковичнаго червя
pelle (f) del baco
piel (f) del gusano

8 der Raupenleib geht in eine breiartige Flüssigkeit über
the body of the worm dissolves into a pulpy liquid
le corps du ver se transforme en bouillie
тѣло (ср) шелковичнаго червя переходит в студенистую массу
il corpo del baco si trasforma in un liquido pastoso
el cuerpo del gusano se transforma en un liquido pulposo

9 das Fettgewebe zerfällt
the fatty tissue decays
le tissu adipeux se décompose
жировая ткань (жр) распадается *или* разлагается
il tessuto adiposo si decompone
el tejido adiposo se descompone

10 Fleckkrankheit (f), Körperchenkrankheit (f), Pébrine [-krankheit] (f)
spotted disease, pebrine
pébrine (f)
пятнистая болѣзнь (жр), пораженіе (ср) паразитами, пебриновая болѣзнь (жр)
pebrina (f)
pebrina (f)

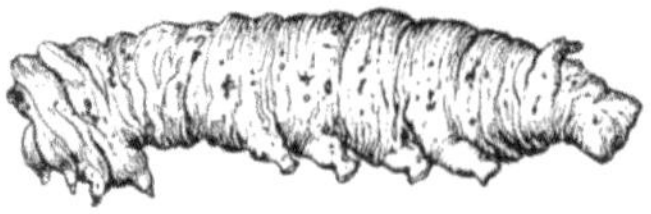

11 mit Fleckkrankheit behaftete Raupe (f), fleckkranke Raupe
silk worm infected with spotted disease
ver (m) pébriné
шелковичный червь (мр) пораженный пятнистою болѣзнью
baco (m) pebrinoso
gusano (m) atacado de pebrina

Pébrinekörperchen (n)
pebrine corpuscle
corpuscule (m) de la pébrine
пебриновое тѣльце (ср), (пебриновый микроб (мр))
corpuscolo (m) della pebrina 12
corpúsculo (m) de pebrina

alkalischer Magensaft (m)
alkaline gastric juice
suc (m) gastrique alcalin
щелочный желудочный сок (мр)
succo (m) gastrico alcalino 13
lic[u]or (m) gástrico alcalino

Schlafsucht (f)
sleeping sickness
flacherie (f)
спячка (жр), сонная болѣзнь (жр)
letargo (m) 14
somnolencia (f)

vibrionenartige Mikrokokken (fpl)
vibrionine micrococci
microcoques (mpl) vibrionides
вибріонные микрококки (мр)
micrococchi (mpl) simili ai vibrioni 15
micrococos (mpl) vibrionides

schlafsüchtige Raupe (f)
silk worm ill with *or* seized with sleeping sickness
mort-flat (m)
сонливый шелковичный червь (мр) 16
baco (m) letargico
gusano (m) atacado de somnolencia

Raupenleiche (f)
dead body of the silk worm
cadavre (m) du ver
труп (жр), шелковичнаго червя
cadavere (m) del baco 17
cadáver (m) del gusano

den Zuchtraum entkeimen *oder* entseuchen *oder* von Ansteckungsstoff reinigen [*oder* desinfizieren]
to disinfect the rearing room
désinfecter la magnanerie
обеззаразить *или* очистить *или* дезинфецировать питомник (мр) шелковичных червей 18
disinfettare il locale di allevamento
desinfectar el criadero

Entkeimung (f), Entseuchung (f), Reinigung (f) von Ansteckungsstoffen, [Desinfektion (f)]
disinfection
désinfection (f)
обеззараживаніе (ср), уничтоженіе болѣзненных зародышей, дезинфекція (жр) 19
disinfezione (f)
desinfección (f)

S
Schwefel (m)
sulphur
soufre (m)
сѣра (жр) 20
zolfo (m)
azufre (m)

Cl
Chlor (n)
chlorine
chlore (m)
хлор (мр) 21
cloro (m)
cloro (m)

$Ca(OH)_2 + H_2O$
Kalkmilch (f)
milk of lime
lait (m) de chaux
известковое молоко (ср) 22
latte (f) di calce
lechada (f) de cal

1 Durchräucherung (f) der Zuchträume
fumigation of the rearing rooms
fumigation (f) de la magnanerie
окуриваніе (ср) питомников
suffumicazione (f) dei locali di allevamento
fumigación (f) de los criaderos

2 den Zuchtraum durchräuchern
to fumigate the rearing room
fumiger la magnanerie
окурить питомник (мр)
suffumicare il locale di allevamento
fumigar el criadero

3 **10. Das Einspinnen der Raupe, Spinnen (n) des Kokons**
Spinning-in of the Silk Worm, Cocoon Spinning
Coconnage (m) du ver, filage (m) du cocon
Впрядываніе (ср) шелковичныхъ червей въ куколку, пряденіе (ср) кокона
Il abbozzolarsi *o* imbozzolarsi del baco
El hilado del capullo

4 Spinnreife (f) der Raupe
maturation of the silk worm for spinning
époque (f) quand le ver est prêt à filer
прядильная зрѣлость (жр) шелковичныхъ червей
maturità (f) del baco ad abbozzolarsi
época (f) de hilado del capullo

5 spinnreife Raupe (f)
silk worm ready to spin
ver (m) à soie prêt à filer
шелковичный червь (мр) созрѣвшій для коконизаціи
baco (m) maturo ad abbozzolarsi
gusano (m) listo para hilar

6 die Raupe spinnt [sich ein], die Raupe spinnt den Kokon
the silk worm spins
le ver file [le cocon]
шелковичный червь (мр) окутывается (обвивается) *или* выпрядает кокон (мр)
il baco fila [il bozzolo]
el gusano hila [el capullo]

7 mehrere Raupen (fpl) spinnen sich gemeinschaftlich ein
several silk worms are spinning a single cocoon
plusieurs vers (mpl) filent un seul cocon
группы (жр) шелковичных червей окутываются совмѣстно
parecchi bachi si uniscono in un bozzolo
varios gusanos (mpl) hilan juntos

8 
spinnende Seidenraupe (f)
spinning silk worm
ver (m) à soie fileur *ou* filant son cocon
прядущій шелковичный червь (мр)
baco (m) da seta che fila il suo bozzolo
gusano (m) de seda hilando su capullo

9 Kokonbildung (f), Bildung (f) des Kokons
formation of the cocoon
formation (f) du cocon
образованіе (ср) кокона, коконизація (жр)
formazione (f) del bozzolo
formación (f) del capullo

Erzeugung (f) des Kokonfadens
production of the cocoon filament
production (f) du fil de cocon
производство (ср) коконовой нити
produzione (f) del filo di bozzolo
producción (f) del hilo de capullo 10

die Seidendrüse entleert sich
the silk gland empties itself
la glande séricigène s'évacue
шелковичная железа (жр) опоражнивается
la glandula sericigena si vuota
la glándula serígena se vacía 11

Entleerung (f) der Seidendrüsen
evacuation of the silk glands
évacuation (f) des glandes séricigènes
опорожненіе (ср) шелковичных желез
evacuazione (f) delle glandule sericigene
evacuación (f) de las glándulas serígena 12

Absonderungserzeugnis (n) der Raupe
excretory matter of the worm
produit (m) d'excrétion du ver
продукт (мр) выдѣленія шелковичнаго червя
prodotto (m) di escrezione del baco
producto (m) de secreción del gusano 13

die Seidenraupe sondert eine Flüssigkeit ab
the silk worm excretes a fluid
le ver à soie excrète un liquide
шелковичный червь (мр) выдѣляет жидкость
il baco da seta fa una escrezione liquida
el gusano segrega un liquido 14

gefügelose Ausscheidung (f), strukturloses Exkret (n)
structureless excretion
excrétion (f) sans structure
безформенное выдѣленіе (ср)
escrezione (f) senza struttura
secreción (f) sin estructura 15

harnsaures Kali (n)
urate of potassium
urate (m) de potassium
мочекислое кали (ср)
urato (m) di potassio
urato (m) potásico 16

K_2CO_3
Pottasche (f), kohlensaures Kali (n), Kaliumkarbonat (n)
carbonate of potassium, potash
carbonate (m) de potasse 17
поташ (мр)
carbonato (m) di potassa
carbonato (m) potásico

Filippische Flüssigkeit (f)
Filippi fluid
liquide (m) de Filippi
филиппова жидкость (жр)
liquido (m) di Filippi
liquido (m) de Filippi 18

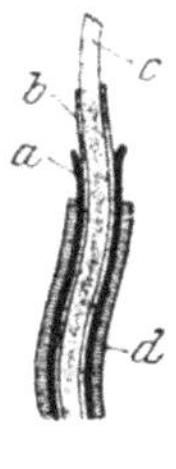

a

Mucoidin (n), Mucoidinschleim (m)
mucoidin[e]
mucoidine (f)
мукоидин (мр) 19
mucoidina (f)
mucoidina (f)

1 b $C_{15}H_{25}N_5O_8$

Serizin (n), Seidenleim (m), Seidenbast (m)
sericin[e], silk gum
séricine (f), grès (m), gomme (f)
серицин (мр), лубок (мр) шелковинки, шелковая камедь (жр), (шелковый воск)
sericina (f)
sericina (f), goma (f) *o* barniz (m) de la seda

---

2 c $C_{15}H_{23}N_5O_6$

Fibroin (n), Seidenflüssigkeit (f), Seiden[faden]masse (f), [Seidensubstanz (f)]
fibroin[e] [matter *or* substance], silk fluid *or* substance
fibroïne (m), matière (f) soyeuse
фиброин (мр), масса (жр) шелковой нити
fibroina (f)
fibroina (f)

---

3 zähflüssige Masse (f)
viscous substance
substance (f) visqueuse
тягучее *или* вязкое вещество (ср)
sostanza (f) viscosa
su[b]stancia (f) viscosa

---

4 d

Wandung (f) des Absonderungskanals
wall of excreting duct
paroi (f) du conduit excréteur
наружный покров (мр) выдѣляющаго канала
parete (f) del canale escretorio
pared (f) del conducto secretorio

---

5 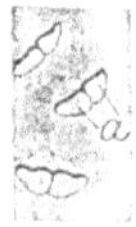

a

Fibroinfaden (m), Fibroinfädchen (n)
fibroin filament
filament (m) de fibroïne
фиброиновая нить (жр) *или* шелковинка (жр)
filamento (m) di fibroina
filamento (m) de fibroina

---

6 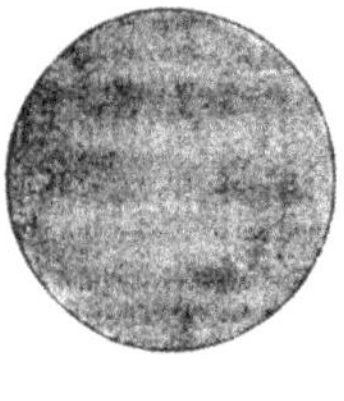

Fibroin (n) des Maulbeerspinners
fibroin of the mulberry silk worm
fibroïne (f) du ver à soie du mûrier
фиброин (мр) тутоваго шелкопряда
fibroina (f) del baco da seta del gelso
fibroina (f) del gusano de seda de la morera

---

7 

Fibroin (n) des wilden Seidenspinners
fibroin of the wild silk worm
fibroïne (f) du ver à soie sauvage
фиброин (мр) дикаго шелкопряда
fibroina (f) del baco da seta selvatico
fibroina (f) del gusana de seda silvestre

---

8 tierisches Protein (n)
animal protein
protéine (f) animale
животное протеиновое вещество (ср), животный бѣлок (мр)
proteina (f) animale
proteina (f) animal

Blutfarbstoff (m)
colouring matter of the blood
matière (f) colorante du sang
красящее вещество (ср) крови
materia (f) colorante del sangue 9
materia (f) colorante de la sangre

Erhärtungsfähigkeit (f) des Fibroins
coagulating property *or* capacity of fibroin
propriété (f) de la fibroïne de se coaguler
затвердѣваемость (жр) фиброина
proprietà (f) alla coagulazione della fibroina 10
facultad (f) de la fibroina de coagularse

---

das Fibroin gerinnt [*oder* koaguliert]
the fibroin coagulates
la fibroïne se coagule
фиброин (мр) коагулируется *или* свертывается 11
la fibroina si coagula
la fibroina se coagula

---

das flüssige Fibroin erstarrt
the fluid fibroin solidifies
la fibroïne liquide se solidifie *ou* se durcit
жидкій фиброин (мр) затвердѣвает
la fibroina liquida si solidifica 12
la fibroina liquida se solidifica

---

natürlicher Farbstoff (m) [*oder* Pigment (n)] des Serizins
natural colouring matter of the sericin
matière (f) colorante naturelle *ou* pigment (m) de la séricine
естественное красящее вещество (ср) *или* пигмент (мр) серицина
materia (f) colorante naturale *o* pigmento (m) della sericina 13
materia (f) colorante natural *o* pigmento (m) de la sericina

---

Verteilung (f) des Serizins auf der Seidenfaser
distribution of the sericin on the silk filament
distribution (f) de la séricine sur la fibre de soie
распредѣленіе (ср) серицина (на поверхности шелковаго волокна)
distribuzione (f) della sericina sulla fibra di seta 14
distribución (f) de la sericina sobre la fibra de seda

---

halbflüssiges Serizin (n)
semi-liquid sericin
séricine (f) à demi liquide
полужидкій серицин (мр)
sericina (f) semi-liquida 15
sericina (f) semi-liquida

Erstarrung (f) des Serizins
solidification of the sericin
solidification (f) de la séricine
затвердѣваніе (ср) серицина
solidificazione (f) della sericina 16
solidificación (f) de la sericina

Basthülle (f), Bastschicht (f), Leimschicht (f), Serizinschicht (f)
sericin coating *or* surface
enveloppe (f) de séricine
слой (мр) серицина *или* шелковой камеди
involucro (m) *o* inviluppo (m) di sericina 17
envoltura (f) de sericina

Basthülle (f) von gleichartigem Gefüge, [homogene Basthülle (f)]
sericin coating of homogeneous structure
enveloppe (f) de séricine de structure homogène
слой (мр) серицина однороднаго строенія
involucro (m) di sericina di struttura omogenea 18
envoltura (f) de sericina de estructura homogénea

---

sprödes Serizin (n)
brittle sericin
séricine (f) cassante
хрупкій серицин (мр)
sericina (f) friabile 19
sericina (f) quebradiza

1 klebrige Flüssigkeit (f)
sticky liquid
liquide (m) gluant
клейкая жидкость (жр)
liquido (m) attaccaticcio
liquido (m) glutinoso

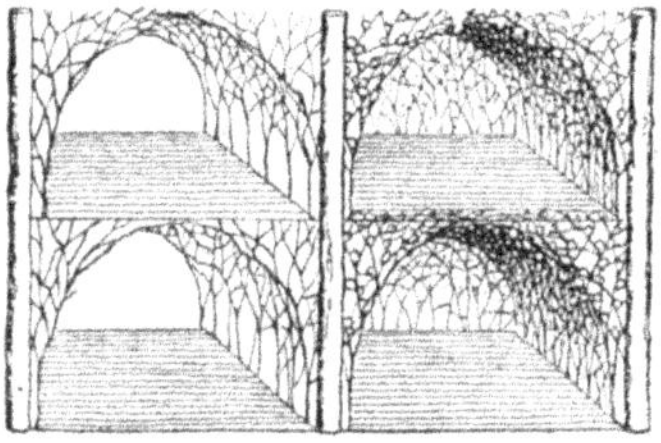

2 Spinnhütte (f)
spinning hut *or* compartment
cabane (f) *ou* bureau (m) à filer, coconnière (f), boisement (m)
прядильный шатёр (мр) *или* камера (жр)
bosco (m)
cabaña (f) *o* andana (f) de hilado

3 Hürde (f) mit Reisstrohspinnhütten
box with rice straw spinning huts
claie (f) à cabanes en paille de riz
плетенка (жр) *или* рѣшетка (жр) с прядильными гнѣздамы из рисовой соломи
canniccio (m) con bosco di paglia di riso
cañizo (m) con andanas de paja de arroz

4 die Raupe scheidet Flockfäden aus
the silk worm ejects flossy filaments
le ver jette la bourre
шелковичный червь (мр) выдѣляет хлопьевидныя нити (пучковидныя, узловатыя)
il baco rigetta fili bavosi *o* bava
el gusano segrega la borra

5 äußere Fadenschicht (f) des Kokons
outer layer of cocoon filament
couche (f) extérieure du fil de cocon
наружный ниточный слой (мр) кокона
strato (m) filoso esterno del bozzolo
capa (f) exterior del hilo de capullo

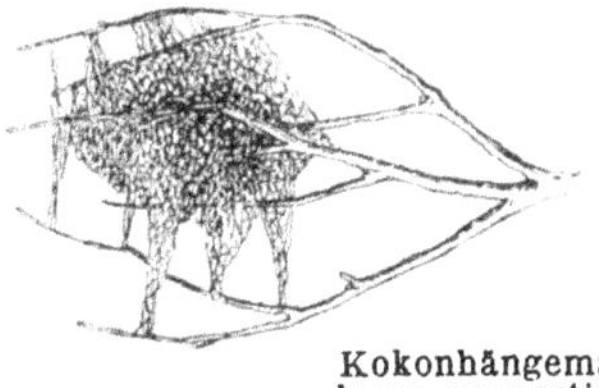

6 Kokonhängematte (f)
loose supporting threads of the cocoon
échafaudage (m) supportant le cocon, canevas (m)
коконовая висячая сѣтка (жр), гамак (мр)
armatura (f) del bozzolo
red (f) de hilos que sostiene el capullo

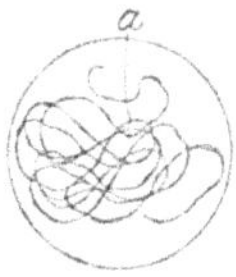

Fadenbündel (n) des Kokons 7
bundle of filaments in the cocoon
paquet (m) de fils de cocon
нитяный моток (мр), пучёк (кокона)
fascio (m) di fili del bozzolo
haz (m) de hilos del capullo

a

8-förmige Windung (f) des Seidenfadens 8
winding of the filament in the form of a figure 8
courbure (f) du fil de cocon en forme de 8
завиток (мр) шелковой нити восьмёркой (петлеобразный)
sinuosità (f) del filo del bozzolo a foggia di 8
sinuosidad (f) del hilo de capullo en forma de 8

in großen Fadenwindungen spinnen (va) 9
to spin (va) in large loops
filer (va) en larges enroulements *ou* courbures
прясть большими завитками
filare (va) in grandi avvolgimenti
hilar en amplias sinuosidades

zickzackförmig abgelegter Kokonfaden (m) 10
cocoon filament laid zig-zag shape
fil (m) de cocon enroulé en zig-zag
зигзагообразно отложенная нить (жр) кокона
filo (m) del bozzolo a zig-zag
hilo (m) de capullo arrollado en zig-zag

locker spinnen (va) 11
to spin (va) loosely
filer (va) légèrement
прясть рыхло
filare (va) leggermente
hilar (va) flojamente

gleichmäßig spinnen (va) 12
to spin (va) uniformly
filer (va) uniformément
прясть равномѣрно
filare (va) uniformemente
hilar uniformemente

den Spinnvorgang unterbrechen 13
to interrupt the spinning process
interrompre le procédé de filage
прерывать пряденіе (ср)
interrompere il processo della filatura
interrumpir el proceso de hilado

die Raupe unterbricht den Spinnvorgang 14
the silk worm interrupts the spinning process
le ver interrompt le [procédé de] filage
шелковичный червь (мр) прерывает пряденіе
il baco interrompe il processo della filatura
el gusano interrumpe el hilado

die Seidenfäden (mpl) unentwirrbar verkreuzen 15
to entangle the silk filaments
croiser *ou* enchevêtrer les fils (mpl) de soie inextricablement
шелковыя нити (жр) спутывать в перекрест
incrociare i fili di seta in modo inestricabile
enmarañar *o* enredar los hilos de seda

Fadenschicht (f), Fadenlage (f) 16
layer of filament
couche (f) de fils
слой (мр) нитей
strato (m) di fili
capa (f) de hilos

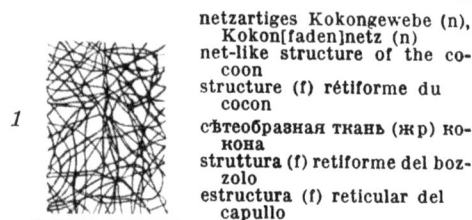

1 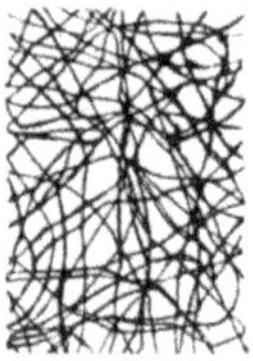

netzartiges Kokongewebe (n), Kokon[faden]netz (n)
net-like structure of the cocoon
structure (f) rétiforme du cocon
сѣтеобразная ткань (жр) кокона
struttura (f) retiforme del bozzolo
estructura (f) reticular del capullo

2 einen Doppelkokon *oder* doppelten Kokon (m) spinnen
to spin a twin cocoon
filer un doupion *ou* duppion *ou* cocon double
выпрядать двойной (сдвоенный) кокон (мр)
filare un doppione
hilar un capullo ocal, ocalear (va)

11. Einpuppung (f) oder Verpuppung (f) der Raupe
3 Pupation of the Silk Worm
Métamorphose (f) ou transformation (f) du ver en chrysalide
Превращеніе (ср) шелковичнаго червя в куколку
Incrisalidazione (f) del baco
Metamorfosis (f) en crisálida

4 die Seidenraupe verpuppt sich *oder* puppt sich ein
the silk worm changes into a chrysalis *or* pupa
le ver à soie se métamorphose en chrysalide *ou* se chrysalide
шелковичный червь (мр) превращается в куколку
il baco da seta si trasforma in crisalide
el gusana de seda se transforma en crisálida

5 Puppenzustand (m)
chrysalis *or* pupa state
état (m) de chrysalide
кукольное состоянie (ср)
stato (m) di crisalide
estado (m) de crisálida

6 die Raupe schrumpft zusammen
the silk worm shrivels up
le ver se rétrécit
шелковичный червь (мр) съёживается, сокращается
il baco si raggrinza
el gusano se encoge

7 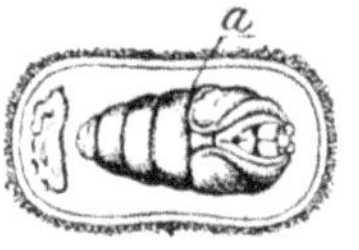

a

Puppe (f)
pupa, chrysalis
chrysalide (f)
куколка (жр)
crisalide (f)
crisálida (f)

8 die Puppe atmet
the pupa breathes
la chrysalide respire
куколка (жр) дышет
la crisalide respira
la crisálida respira

9 Überwintern (n) der Puppe
wintering *or* hibernation of the pupa
hivernage (m) de la chrysalide
перезимовка (жр) куколки
svernamento (m) della crisalide
invernaje (m) de la crisálida

10 die Puppe überwintert
the pupa winters
la chrysalide passe l'hiver
куколка (жр) перезимовывает
la crisalide sverna
la crisálida invierna *o* pasa el invierno

Puppenhülle (f)
pupa case
enveloppe (f) de chrysalide
оболочка (жр) куколки
inviluppo (m) di crisalide
envoltura (f) *o* envolvente (f) de la crisálida 11

Puppenbett (n)
pupa bed, inner lining of the cocoon
lit (m) de la chrysalide
постель (жр) *или* ложе (ср) куколки
letto (m) della crisalide
lecho (m) de la crisálida 12

12. Kokonernte (f), Seidenernte (f)
Cocoon Crop, Silk Crop
Récolte (f) des cocons
Сбор (мр) коконов или шёлка
Raccolta (f) dei bozzoli 13
Cosecha (f) de los capullos

Seidenkokons (mpl) ernten
to crop silk cocoons
récolter des cocons (mpl) de soie
собирать шелковые коконы
raccogliere i bozzoli da seta
cosechar capullos de seda 14

Kattunsack (m)
calico bag
sac (m) en toile de coton
холщевой *или* миткалевый мѣшок (мр)
sacco (m) di tela bambagina *o* di cotone
saco (m) de cotón 15

Kokonkorb (m) mit Hohlzylinder
cocoon basket with inserted hollow cylinder
panier (m) à clair-voie pour cocons
коконовая корзина (жр) *или* короб (мр) с полым цилиндром 16
paniere (m) per i bozzoli con cilindro interno
cesta (f) para los capullos con cilindro insertado

lufttrockener Kokon (m)
air-dry cocoon
cocon (m) sec à l'air
высохшій на воздухѣ кокон (мр), воздушно-сухой кокон (мр)
bozzolo (m) secco all'aria 17
capullo (m) seco al aire

Auslesen (n) der Kokons
selection of the cocoons
triage (m) des cocons
отбиранie (ср) *или* сортировка (жр) коконов
cernita (f) dei bozzoli 18
selección (f) de los capullos

die Kokons (mpl) zur Aufzucht auslesen *oder* sortieren
to select the cocoons for breeding
trier les cocons (mpl) pour l'élevage
отобрать *или* отсортировать коконы (мр) для развода
cernere *o* scegliere i bozzoli per l'allevamento 19
seleccionar los capullos para la cría

Aufzuchtkokon (m)
breeding cocoon
cocon (m) pour l'élevage
разводочный кокон (мр)
bozzolo (m) per l'allevamento 20
capullo (m) para la cría

1 Untersuchung (f) der Kokons
examination of the cocoons
examen (m) des cocons
изслѣдованіе (ср) *или* испытаніе (ср) кокона
esame (m) dei bozzoli
examen (m) de los capullos

2 die Kokons (mpl) untersuchen
to examine the cocoons
examiner les cocons (mpl)
изслѣдовать *или* испытывать коконы (мр)
esaminare i bozzoli
examinar los capullos

3 13. Töten (n) oder Abtöten (n) der Puppe — Killing the Pupa — Étouffage (m) de la chrysalide — Убиванiе (ср) или умерщвленiе(ср) куколки — Soffocazione (f) della crisalide — Destrucción (f) o ahogamiento (m) de la crisálida

4 die Puppe töten *oder* abtöten
to kill *or* to stifle the pupa
étouffer la chrysalide
куколку убить *или* умертвить
soffocare la crisalide
destruir o ahogar la crisálida

5 Dörren (n) der Kokons
drying the cocoons
séchage (m) des cocons
засушиванiе (ср) *или* сушка (жр) коконов
seccagione (f) dei bozzoli
desecación (f) de los capullos

6 die Kokons (mpl) dörren
to dry the cocoons
[faire] sécher les cocons (m pl)
засушивать коконы
seccare i bozzoli
secar los capullos

7 Dörrverfahren (n)
drying method
méthode (f) de séchage
способ (мр) засушиванiя
metodo (m) di seccagione
método (m) de desecación

8 den Kokon durch Sonnenhitze dörren
to dry the cocoon in the sun
sécher le cocon au soleil
засушивать кокон (мр) на солнцѣ
seccare il bozzolo al sole
secar el capullo al sol

9 die Kokons (mpl) der Sonnenbestrahlung aussetzen
to expose the cocoons to solar radiation
exposer les cocons (mpl) au rayonnement solaire
выставить коконы (мр) на солнцѣ
esporre i bozzoli ai raggi solari
exponer los capullos a la acción de los rayos solares

10 den Kokon durch trokkene Hitze dörren
to dry the cocoon by dry heat
sécher le cocon à la chaleur sèche
засушивать кокон (мр) сухим нагрѣванiем
seccare il bozzolo al caldo secco
secar el capullo por medio de calor seco

11 Dörren (n) mittels heißer Luft
drying by hot air
séchage (m) à l'air chaud
просушиванiе (ср) посредством горячаго воздуха
seccagione (f) all'aria calda
desecación (f) por aire caliente

12 den Kokon durch trockenen Dampf dörren
to dry the cocoon by dry steam
sécher le cocon à la vapeur sèche
кокон (мр) засушивать сухим паром
seccare il bozzolo al vapore secco
secar el capullo por vapor [seco]

13 die Puppe durch erstickende Gase töten
to kill the pupa by suffocating gases
tuer la chrysalide par des gaz suffocants
умерщвлять куколку посредством удушливаго газа
uccidere la crisalide con gas asfissianti
destruir la crisálida por gases asfixiantes

14 Ersticken (n) der Puppe
suffocating the pupa
étouffage (m) *ou* suffocation (f) *ou* asphixie (f) de la chrysalide
удушенiе(ср) куколки
soffocazione (f) della crisalide
asfixiado (m) *o* sofocación (f) *o* ahogue (m) de la crisálida

15 die Puppe ersticken
to suffocate the pupa
étouffer *ou* asphyxier *ou* suffoquer la chrysalide
куколку удушить
soffocare la crisalide
asfixiar *o* ahogar *o* sofocar la crisálida

16 NH_3
Ammoniakgas (n)
ammonia [gas]
[gaz (m)] ammoniaque (f)
амміачный газ (мр)
[gas (m) di] ammoniaca (f)
[gas (m) de] amoniaco (m)

17 H_2S
Schwefelwasserstoff (m)
sulphuretted hydrogen
hydrogène (m) sulfuré, acide (m) sulfhydrique
сѣрнистый водород (мр), сѣроводород (мр)
idrogeno (m) solforato
hidrógeno (m) sulfurado

18 SO_2
schweflige Säure (f), Schwefeldioxyd (n)
[anhydrous] sulphurous acid, sulphur dioxide
acide (m) *ou* anhydride (m) sulfureux
сѣрнистый ангидрид (мр)
acido (m) solforoso, anidride (f) solforosa
ácido (m) *o* anhidrido (m) sulfuroso

19 den Kokon schwefeln
to treat the cocoon with sulphur fumes
soufrer le cocon
куколку окуривать сѣрою
dare lo zolfo al bozzolo
azufrar el capullo

20 Dörrhitzegrad (m), Dörrtemperatur (f)
drying temperature
température (f) de séchage
температура (жр) засушиванiя
temperatura (f) di seccagione
temperatura (m) de desecación

21 die Dörrhitze regeln [*oder* regulieren]
to regulate the drying temperature
régler la température de séchage
регулировать теплоту засушиванiя
regolare la temperatura di seccagione
reglar *o* graduar la temperatura de desecación

22 
tragbarer [*oder* transportabler] Dörrofen (m)
portable drying oven
étouffoir-séchoir (m) mobile
передвижная (переносная) сушилка(жр)
seccatoio (m) *o* stufa (f) trasportabile
estufa (f) de desecación transportable

1 gedörrter *oder* gebakkener Kokon (m)
dried *or* baked cocoon
cocon (m) séché par chaleur du four
засушенный кокон (мр)
bozzolo (m) seccato *o* cotto
capullo (m) desecado

2 14. Der Kokon, das Seidengehäuse
The Cocoon
Le cocon
Кокон (мр)
Il bozzolo
El capullo

3 Spinnkokon (m), abhaspelbarer Kokon (m)
cocoon good for reeling
cocon (m) dévidable
кокон (мр) годный для пряденія
bozzolo (m) annaspabile *o* filabile
capullo (m) devanable

4 Kokonart (f)
species *or* type of cocoon
espèce (f) *ou* sorte (f) de cocon
вид (мр) *или* порода (жр) кокона
specie (f) di bozzolo
clase (f) *o* especie (f) de capullo

5 rassenreiner Seidenkokon (m)
cocoon from pure bred stock
cocon (m) de race pure
чисто-породистый шелковый кокон (мр)
bozzolo (m) di razza pura
capullo (m) [del gusano] de raza pura

6 der Kokon ist rassenrein
the cocoon is of pure bred stock
le cocon est de race pure
кокон (мр) чистой породы
il bozzolo è di razza pura
el capullo es de raza pura

7 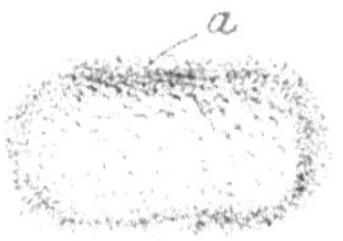

Maulbeerkokon (m)
mulberry cocoon
cocon (m) du ver à soie du mûrier
тутовый кокон (мр)
bozzolo (m) del baco di gelso
capullo (m) del gusano de morera

8 a
Flockseide (f), äußeres Fadengewirr (n), äußerer Flaum (m) des Kokons, Auswurfseide (f)
flock silk
bourre (f), bourrette (f), soie (f) folle, frison (m), araignée (f), bave (f)
хлопьевидный шёлк (мр), наружная путанка (жр), наружный пух (мр)
strusa (f)
seda (f) azache

9 

[harter] Tussahkokon (m)
[hard] tusser cocoon
cocon (m) [dure] tussah
(твердый) кокон (мр) „тусса“
bozzolo (m) [duro] tussah
capullo (m) [duro] tussah

Anhängsel (n)
appendage
appendice (m)
подвѣска (жр) кокона
appendice (m) 10
apéndice (m)

bengalische Kokonart (f)
Bengal type of cocoon
sorte (f) de cocon du Bengale
бенгальская разновидность (жр) кокона 11
specie (f) di bozzolo del Bengala
especie (f) bengalí del capullo

Eriakokon (m)
Eria cocoon
cocon (m) Eria 12
кокон (мр) „эріа“
bozzolo (m) Eria
capullo (m) Eria

Fagarakokon (m)
atlas moth cocoon
cocon (m) Attacus
кокон (мр) „фагара“ 13
bozzolo (m) Attacus
capullo (m) Attacus

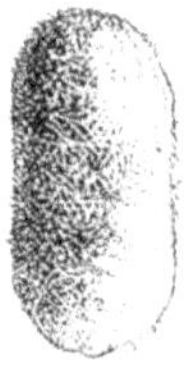

japanische Kokonart (f)
Japanese type of cocoon
type (m) de cocon japonais
японская разновидность (жр) кокона 14
specie (f) di bozzolo giapponese
especie (f) o tipo (m) japonés del capullo

Mugakokon (m)
Muga cocoon
cocon (m) Muga 15
кокон (мр) „муга“
bozzolo (m) Muga
capullo (m) Muga

Frühlingskokon (m)
spring cocoon
cocon (m) de printemps
весенній кокон (мр)
bozzolo (m) primaverile 16
capullo (m) de primavera

Herbstkokon (m)
autumn cocoon
cocon (m) d'automne
осенній кокон (мр)
bozzolo (m) autunnale 17
capullo (m) de otoño

1 weißer Kokon (m)
white cocoon
cocon (m) blanc
бѣлый кокон (мр)
bozzolo (m) bianco
capullo (m) blanco

2 gelber Kokon (m)
yellow cocoon
cocon (m) jaune
желтый кокон (мр)
bozzolo (m) giallo
capullo (m) amarillo

3 goldgelber Kokon (m)
golden yellow cocoon
cocon (m) jaune doré
золотисто-желтый кокон (мр)
bozzolo (m) giallo oro
capullo (m) dorado

4 graufarbiger Kokon (m)
gray [coloured] cocoon
cocon (m) gris
сѣрый кокон (мр)
bozzolo (m) grigio
capullo (m) gris

5 grüner Kokon (m)
green cocoon
cocon (m) céladon
зелёный кокон (мр)
bozzolo (m) verde
capullo (m) verde

6 blaßgrüner Kokon (m)
pale green cocoon
cocon (m) vert pâle
блѣднозелёный кокон
bozzolo (m) verde pallido
capullo (m) de un verde pálido

7 fahlfarbiger Kokon (m)
fallow coloured cocoon
cocon (m) fauve
поблеклый кокон (мр)
bozzolo (m) falbo
capullo (m) descolorido

8 atlasartiger Kokon (m)
satin-like cocoon
soufflon (m), cocon (m) satiné
атласный кокон (мр)
bozzolo (m) satinato
capullo (m) satinado

9 metallisch schimmernder Kokon (m)
cocoon of metallic lustre
cocon (m) d'éclat métallique
кокон (мр) с металлическим блеском
bozzolo (m) con riflesso metallico
capullo (m) con lustre metálico

10 Perlmutterglanz (m) des Kokons
mother-of-pearl lustre of the cocoon
éclat (m) nacré du cocon
перламутровый блеск (мр) кокона
aspetto (m) della madre-perla del bozzolo
lustre (m) nacarino del capullo

11 Gefüge (n) [*oder* Struktur (f)] des Kokons
structure of the cocoon
structure (f) du cocon
строеніе (ср) *или* структура (жр) кокона
struttura (f) del bozzolo
estructura (f) del capullo

12 Kokonform (f)
cocoon shape
forme (f) du cocon
форма (жр) кокона
forma (f) del bozzolo
forma (f) del capullo

13 Einzelspinnerkokon (m)
cocoon of individual spinner
cocon (m) simple
кокон (мр) одиночнаго шелкопряда
bozzolo (m) singolo
capullo (m) simple

14 kugelrunder Kokon (m)
globular cocoon
cocon (m) globulaire
шарообразный (круглый) кокон (мр)
bozzolo (m) sferico
capullo (m) globular

15 spitzer Kokon (m)
pointed cocoon
cocon (m) pointu
остроконечный кокон
bozzolo (m) a punta acuta
capullo (m) puntiagudo

eiförmiger *oder* eirunder *oder* ovaler Kokon (m)
egg-shaped *or* oval cocoon
cocon (m) oval
яйцевидный кокон (мр) 16
bozzolo (m) ovale
capullo (m) oval

weiblicher Kokon (m)
female cocoon
cocon (m) femelle
женскій кокон (мр)
bozzolo (m) femmina 17
capullo (m) femenino

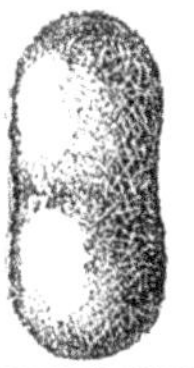

zusammengeschnürter *oder* eingeschnürter *oder* nierenförmiger Kokon (m)
kidney-shaped cocoon
cocon (m) réniforme *ou* étranglé
перепоясанный *или* почковидный кокон (мр) 18
bozzolo (m) reniforme, cinturato (m)
capullo (m) reniforme

männlicher Kokon (m)
male cocoon
cocon (m) mâle
мужской кокон (мр)
bozzolo (m) maschio 19
capullo (m) masculino

Doppelkokon (m), Doublon (m)
twin cocoon
cocon (m) double, doupion (m), duppion (m)
двойной кокон (мр), дублон (мр)
doppio[ne] (m) 20
capullo (m) ocal

Familienspinnerkokon (m), Familienspinnernest (n)
cocoon of family *or* nesting spinner
cocon (m) du ver de famille
кокон (мр) семейнаго окутыванія; групповой кокон (мр)
bozzolo (m) del baco di famiglia 21
capullo (m) de gusanos sociables

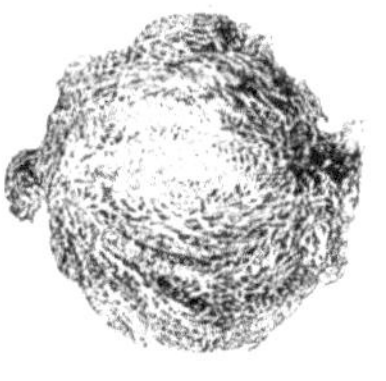

kugelförmiges Familienspinnernest (n)
globular cocoon of nesting spinner
cocon (m) globulaire du ver de famille
шарообразное гнѣздо (ср) семейных шелкопрядов 22
bozzolo (m) sferico del baco di famiglia
capullo (m) globular de gusanos sociables

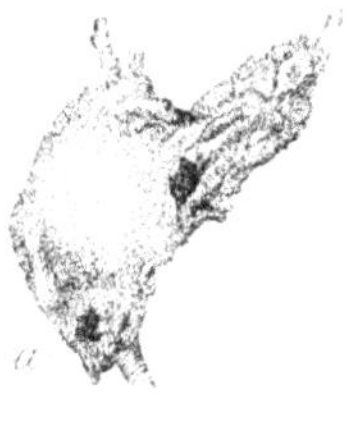

sackförmiges Familienspinnernest (n)
bag-shaped cocoon of nesting spinner
cocon (m) du ver de famille en forme de sac
мѣшкообразное гнѣздо (ср) семейных шелкопрядов 23
bozzolo (m) a sacco del baco di famiglia
capullo (m) en forma de saco de gusanos sociables

a

Schlupfloch (n), Eingangskanal (m)
entrance to the cocoon
trou (m) d'ouverture du cocon
лаз (мр); входное отверстіе (ср) 24
foro (m) d'apertura del bozzolo
orificio (m) del capullo

1 ununterbrochen gesponnener Kokon (m)
continuously spun cocoon
cocon (m) filé sans interruption *ou* sans arrêt
непрерывно выпряденный кокон (мр)
bozzolo (m) filato senza interruzione
capullo (m) hilado sin interrupción

2 unterbrochen gesponnener Kokon (m)
intermittently spun cocoon
cocon (m) filé avec interruption *ou* avec arrêt
с перерывами выпряденный кокон (мр)
bozzolo (m) filato con interruzione
capullo (m) hilado con interrupción

3 regelmäßig gesponnener Kokon (m)
regularly spun cocoon
cocon (m) filé régulièrement
равномѣрно выпряденный кокон (мр)
bozzolo (m) filato regolarmente
capullo (m) hilado con regularidad

4 unregelmäßig gesponnener Kokon (m)
irregularly spun cocoon
cocon (m) filé irrégulièrement
неравномѣрно выпряденный кокон (мр)
bozzolo (m) filato irregolarmente
capullo (m) hilado sin regularidad

5 dichter Kokon (m)
dense cocoon
cocon (m) lourd *ou* à tissure serrée
плотный кокон (мр)
bozzolo (m) a tessuto fitto *o* serrato
capullo (m) tupido

6 fester Kokon (m)
firm *or* solid cocoon
cocon (m) solide
прочный кокон (мр)
bozzolo (m) solido
capullo (m) sólido

7 lederharter Kokon (m)
leathery cocoon
cocon (m) coriacé
кожеобразный кокон
bozzolo (m) duro come il cuoio
capullo (m) que parece de cuero

8 lockerer *oder* locker gebauter Kokon (m)
loosely built cocoon
cocalon (m), cocon (m) à tissure lâche *ou* peu serrée
рыхлый *или* слабаго строенія кокон (мр)
bozzolo (m) di tessuto lasco
capullo (m) flojo

9 
netzartig gesponnener Kokon (m)
net-like *or* meshy cocoon
cocon (m) filé en forme de réticule
сѣтчатый кокон (мр)
bozzolo (m) filato a foggia di reticella
capullo (m) hilado en forma de red

10 großmaschiger Kokon (m)
large meshed cocoon
cocon (m) à mailles grandes
крупнопетельный кокон (мр)
bozzolo (m) a maglie grandi
capullo (m) de mallas anchas

11 durchsichtiger Kokon (m)
transparent cocoon
cocon (m) transparent, soufflon (m)
прозрачный кокон (мр)
bozzolo (m) trasparente
capullo (m) transparente

12 elastischer Kokon (m)
elastic cocoon
cocon (m) élastique
упругій *или* эластичный кокон (мр)
bozzolo (m) elastico
capullo (m) elástico

13 feinkörniger Kokon(m)
fine grained cocoon
cocon (m) à grain fin
мелкозернистый кокон (мр)
bozzolo (m) a grana fina
capullo (m) de grano fino

wasserdichter Kokon (m)
waterproof cocoon
cocon (m) à l'épreuve de l'eau
водонепроницаемый *или* непромокаемый кокон (мр)
bozzolo (m) impermeabile o a tenuta d'acqua
capullo (m) impermeable 14

wasserundichter Kokon (m)
permeable cocoon
cocon (m) perméable à l'eau
водопроницаемый *или* промокаемый кокон (мр)
bozzolo (m) permeabile all'acqua
capullo (m) permeable 15

dickwandiger Kokon (m)
thick-walled cocoon
cocon (m) à coque *ou* à paroi épaisse
толстостѣнный кокон (мр)
bozzolo (m) a pareti spesse
capullo (m) de pared gruesa 16

Kokon (m) mit Doppelumhüllung
cocoon with a double shell
cocon (m) à double coque
двустѣнный кокон (мр) (с двойной оболочкой)
bozzolo (m) a doppio inviluppo
capullo (m) de envoltura doble 17

Hüllenkokon (m), umhüllter Kokon (m)
covered cocoon
cocon (m) enchemisé
кокон (мр) с покровом *или* в оболочкѣ
bozzolo(m)incamiciato
capullo (m) encamisado 18

mit Blättern umwickelter Kokon (m)
leaf covered cocoon
cocon (m) entouré de feuilles
кокон (мр) обернутый листьями
bozzolo (m) avviluppato di foglie
capullo (m) envuelto en hojas 19

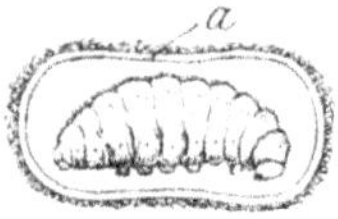

eingesponnene Maulbeerraupe (f)
mulberry silk worm in the cocoon *or* spun in
ver (m) à soie du mûrier coconné
впряденный в куколку тутовый шелковичный червь (мр)
baco (m) da seta del gelso abbozzolato
gusano (m) de morera encapullado 20

a
Kokonschale (f), Kokonhülle (f)
cocoon shell
coque (f) du cocon
коконовая оболочка (жр) *или* скорлупа (жр)
inviluppo (m) del bozzolo
envoltura (f) del capullo 21

Fasergehalt (m) des Kokons
amount of fibre in the cocoon
teneur (f) en fibre du cocon
количество (ср) волокна в коконѣ
tenore (m) in fibra del bozzolo
contenido (m) de fibras en el capullo 22

1 seidenreicher Kokon (m)
cocoon rich in silk
cocon (m) riche en soie
богатый шелком кокон (мр)
bozzolo (m) ricco di seta
capullo (m) rico en seda

2 seidenarmer Kokon (m)
cocoon poor in silk
cocon (m) pauvre en soie
бѣдный шелком кокон (мр)
bozzolo (m) povero di seta
capullo (m) pobre en seda

3 Feinheit (f) des Kokonfadens *oder* des Seidenfadens
fineness of the silk fibre
finesse (f) du fil de cocon
тонина (жр) коконовой нити *или* шелковинки
finezza (f) della fibra del bozzolo
finura (f) del hilo de capullo

4 Kokon (m) mit feinfaseriger *oder* feinfädiger Seide
cocoon with fine silk filament *or* with fine fibred silk
cocon (m) à brins fins *ou* à fils déliés
кокон (мр) тонковолокнистый *или* с тонкою шелковиной
bozzolo (m) di fibra fina
capullo (m) de hilo fino *o* de fibra fina

5 Bastgehalt (m) des Kokons
contents of sericin in the cocoon
teneur (f) en séricine du cocon
содержаніе (ср) *или* количество (ср) серицина в коконѣ
tenore (m) in sericina del bozzolo
contenido (m) de sericina del capullo

6 der Kokon ist stark basthaltig
the cocoon contains a large proportion of sericin
le cocon renferme une forte proportion de séricine
кокон (мр) богатый серицином
il bozzole offre una forte proporzione di sericina
el capullo contiene gran proporción de sericina

7 Gummigehalt (m) des Kokons
contents of gum[my matter] in the cocoon
teneur (f) du cocon en matière gommeuse
количество (ср) камеди в коконѣ
tenore (m) in sostanza gommosa del bozzolo
contenido (m) de materia gomosa en el capullo

8 innerste [pergamentartige] Kokonhaut (f) *oder* Kokonschicht
[parchment-like] inner coating of the cocoon
enveloppe (f) interne [parcheminée] du cocon
внутренняя (пергаментовидная) кожица (жр) кокона, коконовый слой (мр)
inviluppo (m) interno [pergamenato] del bozzolo
revestimiento (m) interior [apergaminado] *o* camisa (f) del capullo

9 offener Kokon (m)
open cocoon
cocon (m) ouvert
раскрытый кокон (мр)
bozzolo (m) aperto
capullo (m) abierto

10 fleckiger *oder* befleckter Kokon (m)
spotted cocoon
cocon (m) taché, mauvaise chaquette (f)
пятнистый кокон (мр)
bozzolo (m) macchiato
capullo (m) manchado

11 rostiger Kokon (m)
rust-stained cocoon
cocon (m) atteint par la rouille
ржавый кокон (мр)
bozzolo (m) rugginoso
capullo (m) enmohecido

12 Sterblingskokon (m)
cocoon containing dead pupa
chique (f), cocon (m) fondu, bonne chaquette (f)
омертвѣлый кокон (мр)
bozzolo (m) morto
capullo (m) con crisálida muerta

13 wurmstichiger *oder* angestochener Kokon (m)
worm eaten *or* pricked cocoon
cocon (m) vermoulu *ou* piqué *ou* perforé
источенный *или* тронутый червем кокон (мр)
bozzolo (m) verminoso
capullo (m) apolillado

14 angefressener Kokon (m)
gnawed cocoon
cocon (m) attaqué
из'ѣденный кокон (мр)
bozzolo (m) bucato
capullo (m) picado

15 schimmliger Kokon (m)
mouldy cocoon
cocon (m) moisi
заплѣсневѣлый кокон (мр)
bozzolo (m) ammuffato
capullo (m) mohoso

16 angefaulter Kokon (m)
cocoon showing signs of rotting
cocon (m) gâté
подгнившій кокон (мр)
bozzolo (m) marcioso
capullo (m) que empieza a pudrirse

17 verkalkter Kokon (m)
cocoon of silk worm seized with lime disease
cocon (m) plâtré *ou* calciné
окаменѣвшій (от извести) кокон (мр)
bozzolo (m) calcinato
capullo (m) calcinado

18 seidefressendes Insekt (n)
silk eating insect
insecte (m) qui mange la soie
шелкоѣд (мр); насѣкомое (ср) поѣдающее шёлк
insetto (m) che mangia la seta
insecto (m) que come la seda

19 15. Die Gewinnung der Seide aus den Kokons
Extraction of Silk from the Cocoons
Extraction (f) de la soie des cocons
Полученіе (ср) или добываніе (ср) шёлка из коконов
Estrazione (f) della seta dai bozzoli
Extracción (f) de la seda de los capullos

20 a) Vorbereitung (f) der Kokons für das Haspeln
Preparing the Cocoons for Reeling
Préparation (f) des cocons pour le dévidage
Приготовленіе (ср) коконов для разматыванія
Preparazione (f) dei bozzoli per l'[ann]aspatura
Preparación (f) de los capullos para devanarlos

21 den Kokon für das Haspeln vorbereiten
to prepare the cocoon for reeling
préparer le cocon pour le dévidage
приготовить кокон (мр) для разматыванія
preparare il bozzolo per l'aspatura
preparar el capullo para devanarlo

22 Einweichen (n) *oder* Aufweichen (n) *oder* Erweichen (n) des Kokons
steeping *or* soaking the cocoon
trempage (m) *ou* immersion (f) du cocon
размачиваніе (ср) *или* размягченіе (ср) кокона
bagnatura (f) del bozzolo
bañado (m) para reblandecer el capullo

1 den Seidenbast aufweichen *oder* erweichen
to soften the sericin
[r]amollir la séricine
размягчать серицин (мр)
rammollire la sericina
reblandecer la sericina

---

2 Auflösung (f) des Seidenleims
dissolution of the sericin
dissolution (f) de la séricine
растворенiе (ср) серицина
dissoluzione (f) della sericina
disolución (f) de la sericina

---

3 gummiartige Verkittung (f) der Kokonfäden
agglutination of the cocoon filaments
agglutination (f) des fils *ou* des brins de cocon
клеевидное соединенiе (ср) коконовых нитей
agglutinamento (m) dei fili del bozzolo
aglutinación (f) de los hilos de capullo

---

4 gummiartiger Überzug (m) der Kokonfaser
gum-like covering of the cocoon filament
enveloppe (f) gommeuse du brin de cocon
клеевидный покров (мр) коконовых волокон
inviluppo (m) gommoso del filo del bozzolo
envolvente (f) gomosa de los hilos de capullo

---

5 kaltes Wasserbad (n)
cold water bath
bain (m) d'eau froide
холодная ванна (жр)
bagno (m) d'acqua fredda
baño (m) de agua fría

---

6 heißes Wasserbad (n)
hot water bath
bain (m) d'eau chaude
горячая ванна (жр)
bagno (m) d'acqua calda
baño (m) de agua caliente

---

7 Eichenrindenabkochung (f)
decoction of oak bark
décoction (f) de tan
отвар (мр) дубовой коры
decozione (f) di scorza di quercia
cocimiento (m) de corteza de encina

---

8 Sodalösung (f)
soda solution
solution (f) de soude
раствор (мр) соды
soluzione (f) di soda
solución (f) de sosa

---

9 Bad (n) von Salpeter und Aschenlauge
bath of a solution of saltpetre and wood ashes
bain (m) d'une solution de salpêtre et de cendres de bois
ванна (жр) из раствора селитры и поташа
bagno (m) di una soluzione di salnitro e ceneraccio
baño (m) de una solución de salitre y ceniza [de madera]

---

10 die Kokons kochen
to boil the cocoons
faire bouillir *ou* ébouillanter les cocons
варить коконы (мр)
far bollire i bozzoli
hervir los capullos

---

11 die Kokonhülle durch kochendes Wasser erweichen *oder* aufweichen
to soften the cocoon shell in boiling water
[r]amollir la coque du cocon dans l'eau bouillante
размягчать кипятком коконовую оболочку
rammollire l'inviluppo del bozzolo nell'acqua bollente
reblandecer la envoltura del capullo en agua hirviente

---

12 den Seidenleim durch kochendes Wasser auflösen
to dissolve the sericin in boiling water
dissoudre la séricine dans l'eau bouillante
растворять в кипяткѣ серицин (мр)
dissolvere la sericina nell'acqua bollente
disolver la sericina en agua hirviente

---

die Kokons (mpl) auf freiem Feuer kochen
to boil the cocoons over an open *or* free fire
faire bouillir les cocons (mpl) à feu nu
вываривать коконы (мр) на голом огнѣ
far bollire i bozzoli a fuoco aperto 13
hervir los capullos a lumbre abierta

---

die Kokons (mpl) in Eisessig abkochen
to boil the cocoons in glacial acetic acid
faire bouillir les cocons (mpl) dans le vinaigre glacial
вываривать коконы (мр) в крѣпкой уксусной кислотѣ
far bollire i bozzoli nell'acido acetico glaciale 14
hervir los capullos en ácido acético concentrado

Kochpfanne (f)
boiling pan
bassine (f)
кипятильный противень (мр)
bacinella (f) 15
cazuela (f)

Kochvorrichtung (f), [Kochapparat (m)]
boiling apparatus
appareil (m) à bouillir
кипятильник (мр), кипятильный аппарат (мр)
apparato (m) per la bollitura 16
aparato (m) de hervir, hornillo (m)

Sieblöffel (m)
sieve spoon
louche (f) à trous
ситовая ложка (жр) 17
cucchiaio (m) a staccio
cuchara-tamiz (m)

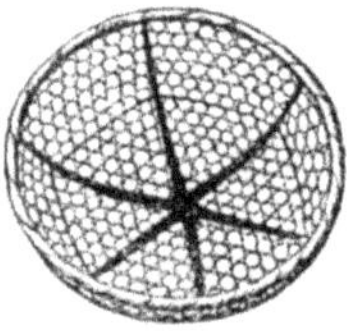

Kokonsieb (n)
cocoon sieve
crible (m) pour cocons
коконовое рѣшето (ср) 18
crivello (m) pei bozzoli
tamiz (m) para capullos

Aufschließen (n) des Kokons
opening of the cocoon
ouvraison (f) du cocon
вскрыванiе (ср) *или* вскрытiе (ср) кокона
apertura (f) del bozzolo 19
abertura (f) del capullo

---

den Kokon aufschließen
to open the cocoon
ouvrir le cocon
кокон (мр) вскрыть
aprire il bozzolo 20
abrir el capullo

---

b) Haspelwasser (n)
Reeling Water
Eau (f) de dévidage *ou* **de la bassine**
Вода (жр) для размотки
Acqua (f) di [ann-]aspatura *o* **trattura** 21
Agua (f) para devanar

---

kalkfreies Wasser (n)
lime-free water
eau (f) exempte de chaux
вода (жр) лишённая извести
acqua (f) scevra di calce 22
agua (f) libre de cal *o* sin cal

---

alkalisches Wasser (n)
alkaline water
eau (f) alcaline
щёлочная вода (жр)
acqua (f) alcalina 23
agua (f) alcalina

1 sauere Wirkung (f) [*oder* Reaktion (f)] des Haspelwassers
acid reaction of the reeling water
réaction (f) acide de l'eau de dévidage
кислая реакція (жр) воды для размотки
reazione (f) acida dell'acqua di aspatura
reacción (f) ácida del agua para devanar

---

2 Puppensäure (f)
pupæ acid
acide (m) [provenant] de [la] chrysalide
кукольная кислота (жр)
acido (m)di crisalide
ácido (m) de la crisálida

---

3 Puppenfett (n)
pupæ fat
graisse (f) de [la] chrysalide
кукольный жир (мр)
grasso (m) di crisalide
grasa (f) de la crisálida

---

4 das Haspelwasser ist mit Puppenfett durchsetzt
the reeling water contains pupæ fat
l'eau (f) de dévidage contient de la graisse de chrysalide
вода (жр) для размотки загрязнена жиром куколки
l'acqua (f) di aspatura contiene grasso di crisalide
el agua para devanar contiene grasa de la crisálida

---

5 Buchweizenasche (f)
buck wheat ashes
cendre (f) de sarrasin
гречишная зола (жр)
cenere (f) di fagopiro o grano saraceno
ceniza (f) de alforfón

---

6 hartes Wasser (n)
hard water
eau (f) dure
жесткая вода (жр)
acqua (f) dura
agua (f) gorda

---

7 Härtegrad (m) des Haspelwassers
degree of hardness of the reeling water
degré (f) hydrotimétrique *ou* de dureté de l'eau de dévidage
степень (жр) жесткости воды для размотки
grado (m) di durezza dell'acqua di aspatura
grado (m) hidrotimétrico del agua para devanar

---

8 destilliertes Wasser (n)
distilled water
eau (f) distillée
дистиллированная вода (жр)
acqua (f) distillata
agua (f) destilada

---

9 das Lösungsvermögen des Haspelwassers vermindern
to reduce the solvent property of the reeling water
réduire les propriétés (fpl) dissolvantes de l'eau de dévidage
ослабить растворительную способность (жр) воды для размотки
ridurre le proprietà dissolventi dell'acqua di aspatura
disminuir las propiedades disolventes del agua para devanar

---

10 der Kokon schwimmt im Haspelwasser
the cocoon floats in the reeling water
le cocon flotte dans l'eau de dévidage
кокон (мр) плавает в водѣ для размотки
il bozzolo galleggia sull'acqua di aspatura
el capullo flota en el agua para devanar

---

11 schwimmender Kokon (m)
floating cocoon
cocon (m) flottant
плавающій кокон (мр)
bozzolo (m) galleggiante
capullo (m) flotante

---

c) Das Schlagen der Kokons
Agitating the Cocoons
Battage (m) *ou* battue (f) des cocons
Взбиваніе (ср) коконов
Battitura (f) dei bozzoli 12
Batido (m) de los capullos

Kokonschlagen (n) mit der Hand
agitating the cocoons by hand
battue (f) *ou* purge (f) des cocons à la main
взбиваніе (ср) коконов ручным способом
battitura (f) a mano dei bozzoli 13
batido (m) a mano de los capullos

Schlagbesen (m), Reisigbesen (m)
beating *or* agitating besom
escoubette (f) 14
бительная метла (жр)
bruschettino (m), spazzoletta (f)
escobilla-batidora (f)

die Kokons (mpl) mit dem Reisigbesen schlagen
to agitate the cocoons with a besom
battre *ou* purger les cocons (mpl) au balai de bruyère *ou* à l'escoubette
взбивать коконы метелкой *или* прутками 15
[s]battere o strofinare i bozzoli col bruschettino o colla spazzoletta
batir los capullos con la escobilla

---

das Kokonfadenende suchen
to search for the end of the cocoon filament
chercher le maître brin du cocon
отыскивать конец (мр) нити кокона
cercare il filo maestro o il capobava del bozzolo 16
buscar el cabo del hilo de capullo

---

das Kokonfadenende auffischen
to pick up the end of the cocoon filament
saisir le maître brin du cocon
выловить конец (мр) коконовой нити
prendere il filo maestro del bozzolo 17
coger el cabo del hilo de capullo

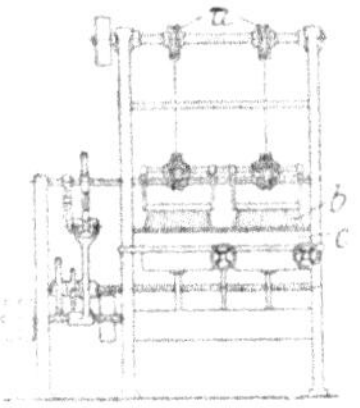

mechanischer Kokonschläger (m)
mechanical cocoon agitator
batteuse (f) mécanique pour cocons
механическая бительная машина (жр) 18
sbattitrice (f) meccanica pei bozzoli
batidor (m) mecánico para capullos

---

a
exzentrische Rollenscheibe (f)
eccentric pulley
poulie (f) excentrique
эксцентриковый каток (мр) 19
puleggia (f) eccentrica
polea (f) excéntrica

---

b
Schlagbürste (f)
agitating brush
brosse (f) de battage
бительная щётка (жр) 20
spazzola (f) battitrice
cepillo-batidor (m)

1 C
Pfanne (f)
basin
bassine (f)
противень (мр)
bacinella (f)
depósito (m) de batir

2
das Kokonfadenende hängt sich an die Bürste an
the end of the cocoon filament adheres to the brush
le maître brin s'attache à la brosse
конец (мр) коконовой нити пристает к щёткѣ
il filo maestro del bozzolo si appiccica alla spazzola
el cabo del hilo de capullo se adhiere al cepillo

3
das Kokonfadenende von der Bürste abstreifen
to pick off the end of the cocoon filament from the brush
ôter le maître brin de la brosse
стаскивать *или* снимать конец (мр) нити со щётки
togliere dalla spazzola il filo maestro del bozzolo
quitar del cepillo el cabo del hilo de capullo

4
Entflockungsvorrichtung (f)
apparatus for removing the floss from the cocoons
déblaiseuse (f)
приспособленіе (ср) для удаленія коконоваго покрова
apparecchio (m) per togliere dal bozzolo la bavella
aparato (m) desborrador

5
d) Haspeln (n), Abhaspeln (n) *oder* Verhaspeln (n) des Kokons
Cocoon Reeling
Dévidage (m) du cocon, tirage (m) de la soie [du cocon]
Мотка (жр) или размотка (жр) или перегонка (жр) кокона; коконовая размотка (жр)
Trattura (f) *o* aspatura (f) della seta
Devanado (m) del capullo

6
Haspelvorgang (m), [Haspelprozeß (m)]
reeling process
procédé (m) de dévidage *ou* de tirage
процесс (мр) размотки
processo (m) di trattura
procedimiento (m) de devanar

7
haspeln (va), den Kokon abhaspeln *oder* verhaspeln
to reel the cocoon
dévider le cocon, tirer la soie [du cocon]
сматывать *или* разматывать *или* перегонять кокон (мр)
tirare la seta, annaspare *o* innaspare *o* [n]aspare il bozzolo
devanar el capullo

8
fehlerfreies Haspeln (n)
faultless reeling
dévidage (m) parfait
разматываніе (ср) без брака
trattura (f) perfetta *o* senza difetti
devanado (m) perfecto

9
der Kokonfaden läuft ab *oder* wickelt sich ab
the cocoon filament unwinds *or* runs off
le brin de cocon se dévide *ou* se dépelotonne
коконовая нить (жр) сматывается *или* перегоняется
il filo del bozzolo si svolge
el hilo de capullo se desenrolla

10
Haspelverfahren (n)
reeling method
méthode (m) de dévidage
способ (мр) размотки
metodo (m) di trattura
método (m) de devanar

11
die lebenden *oder* ungedörrten Kokons (mpl) abhaspeln
to reel from the undried *or* raw cocoons
tirer les cocons (mpl) verts
разматывать живой кокон (мр)
trarre la seta dai bozzoli freschi
devanar los capullos frescos

12
die Kokons (mpl) in gedörrtem Zustand abhaspeln
to reel from the dried cocoons
tirer les cocons (mpl) séchés
разматывать шелковые коконы (мр) в засушенном состояніи
trarre la seta dai bozzoli allo stato secco
devanar los capullos secos

13
trockenes Abhaspeln (n) der Kokons
reeling the cocoons in the dry way
tirage (m) à sec des cocons
сухая размотка (жр) коконов
trattura (f) dai bozzoli a secco
devanado (m) de los capullos en seco *o* por vía seca

14
den Kokon trocken abhaspeln
to reel the cocoon in the dry way
tirer le cocon à sec
размотать кокон (мр) в сухом состояніи
trarre la seta dal bozzolo a secco
devanar el capullo en seco

15
nasses Abhaspeln (n) des Kokons
reeling the cocoon by wet process
tirage (m) du cocon à l'eau
мокрая размотка (жр) кокона
trattura (f) dal bozzolo ad umido
devanado (m) del capullo por vía húmeda

16
den Kokon naß abhaspeln
to reel the cocoon by wet process
tirer le cocon à l'eau
разматывать кокон (мр) в мокром состояніи
trarre la seta dal bozzolo ad umido
devanar el capullo por vía húmeda

17
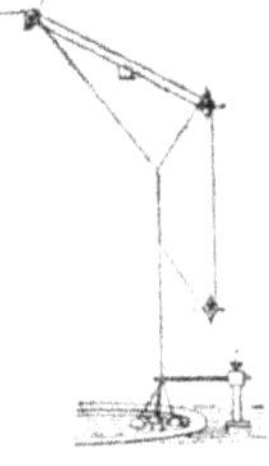
italienisches Haspeln (n), italienisches Haspelverfahren (n)
Italian [method of] reeling
tirage (m) *ou* croisement (m) à l'italienne
итальянская размотка (жр)
trattura (f) all'italiana
método (m) italiano de devanar

18
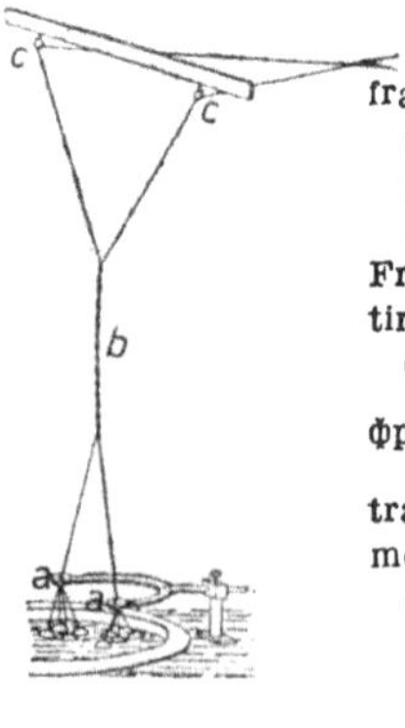

französisches Haspeln (n), französisches Haspelverfahren (n), Chambonmethode (f)
French [method of] reeling
tirage (m) *ou* croisement (m) à la française
французская размотка (жр)
trattura (f) alla francese
método (m) francés de devanar

1 a
Spinner (m), Fadenleiter (m)
filament guide
filière (f), guide-fil (m)
нитевод (мр)
guida-filo (m)
guía-hilos (m)

---

2 b
Kreuzungsstelle (f), Kreuzung (f)
crossing [point]
point (m) de croisement
мѣсто (ср) перекрещиваній; перекрещиваніе
punto (m) d'incrocio
punto (m) de cruce

---

3 c
Glasauge (n)
glass eyelet
œillet (m) en verre
стеклянный глазок (мр)
occhiello (m) di vetro
ojete (m) de cristal

4
die Seidenfäden (mpl) gesondert auf den Haspel bringen
to place the silk filaments separately on the reel
placer les brins (mpl) de soie séparément sur le guindre
сырой шёлк (мр) *или* шелковинки наматывать на мотовило раздѣльно (в одну нить)
mettere i fili di seta separatamente sull'aspo
colocar las hebras de seda separadamente en la devanadera

5
Haspeln (n) zu zwei Fäden
double end reeling
filage (m) à deux bouts
размотка (жр) в двѣ нити
aspatura (f) a due fili
devanado (m) a dos hilos

6
mehrere Kokonfäden (mpl) zu einem Faden vereinigen
to unite the ends from several cocoons
réunir plusieurs brins (mpl) de cocon
нѣсколько коконовых нитей соединять в одну
riunire o attorcigliare parecchi fili del bozzolo
reunir varios hilos de capullo

7
Fadenbündel (n)
fibre bundle
faisceau (m) *ou* paquet (m) de fils
пучёк (мр) *или* прядь (жр) нитей
fascio (m) di fili
haz (m) de hilos

8
die Seidenfäden (mpl) vor dem Haspeln zusammendrehen
to twist the silk filaments before reeling
tordre les fils (mpl) de soie avant le dévidage
скручивать коконовыя нити (жр) перед размоткой
torcere i fili di seta prima dell'aspatura
torcer los hilos de seda antes del devanado

9
falsche Drehung erteilen
to give a false twist
donner de la fausse torsion
производить ложное кручение (ср)
dare una falsa torsione
hacer una torsión falsa

Seidenhasplerei (f),
filature, reeling establishment
dévidage (m), filature (f) de soie
шелкомотальня (жр)
filanda (f) di seta
hilandería (f) de seda 10

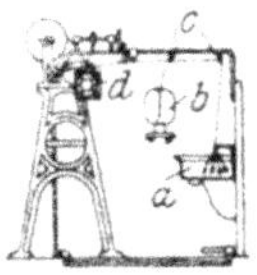

Haspelbank (f), Haspelvorrichtung (f)
reeling apparatus *or* machine
machine (f) à tirer la soie, tour (m)
мотальное приспособленіе (ср) (мотальный станок) 11
мотовило (ср)
[ann]aspatoio (m)
aparato (m) de devanado

---

a
Haspelbecken (n)
reeling basin, reeler's trough
bassine (f)
мотальный таз (мр) 12
bacinella (f) di trattura
depósito (m) de devanado

---

b
schwarzes Schaubrett (n)
black [coated] sight board
tableau (m) noir 13
черная фоновая доска (жр)
lavagna (f) nera
cuadro (m) negro

---

c
Glasauge (n)
glass eyelet
œillet (m) en verre 14
стеклянный глазок (мр)
occhiello (m) di vetro
ojete (m) de cristal

---

d
Haspel (m), Seidenhaspel (m), Kokonhaspel (m), Haspeltrommel (f)
reel, silk *or* cocoon reel
dévidoir (m), asp[l]e (m), guindre (m)
мотовило (ср), мотовильце (ср), (крыльчатый баран), коконовое мотовило (ср) 15
aspo (m), naspo (m), guindolo (m)
devanadera (f), azarja (f)

Hasplerin (f)
cocoon reeler
dévideuse (f)
мотальщица (жр)
filatrice (f), aspatrice (f), trattora (f) 16
devanadora (f)

Aufseherin (f) der Haspelbänke
reeling overlooker
surveillante (f) de dévidage
надзирательница (жр) *или* смотрительница (жр) *или* мастерица (жр) мотальной 17
sorvegliante (f) all'annaspatoio, maestra (f)
celadora (f) del devanado

Haspelraum (m)
reeling room
salle (f) de tirage
мотальный зал (мр)
locale (m) per la trattura 18
sala (f) de devanado

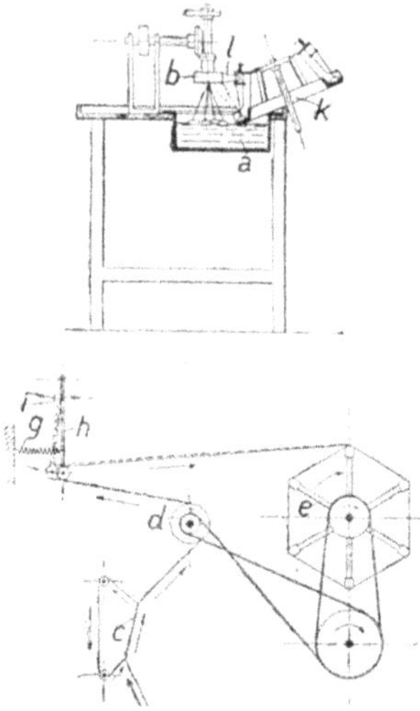

selbsttätige [*oder* automatische] Haspelvorrichtung (f)
automatic reeling apparatus
tour (m) automatique
самодѣйствующее (автоматическое) мотальное приспособленіе (ср)
annaspatoio (m) automatico
aparato (m) de devanado automático

---

2 a
Haspelwasser (n)
reeling water
eau (f) de bassine *ou* de dévidage
мотальная вода (жр)
acqua (f) per la trattura
agua (f) de devanado

---

3 b
Fadenführer (m), Fadenleiter (m)
[thread] guide
guide-fil (m), barbin (m)
направитель (мр) нити
guida-filo (m), barbina (f)
guía-hilos (m)

4
Anlegen (n) der Fäden
piecing the filaments
jet (m) des brins
присучиваніе (ср) (присучка) нити
attaccaggio (m) dei fili
colocación (f) de los hilos

5
den Faden anlegen
to piece the filament
jeter le brin
присучивать нить (жр)
attaccare il filo
colocar el hilo

---

6 c
Kreuzung (f) der Fäden (m pl)
crossing the filaments
croisement (m) des brins
перекрещиваніе (ср) *или* скрещиваніе (ср) нитей
incrocio (m) dei fili
cruzado (m) de los hilos

---

d
Reibwalze (f),[Friktionsrolle (f)]
friction roller
rouleau (m) de friction
тормазной *или* натяжной валик (мр) 7
rullo (m) a frizione
rodillo (m) de fricción

---

e
Haspel (m)
reel
dévidoir (m), guindre (m), asple (m) 8
мотовило (ср), (баран)
aspo (m), naspo (m)
aspa (f), devanadera (f)

---

g
Kontrollfeder (f)
control spring
ressort (m) contrôleur
остановочная, (контрольная) пружина (жр) 9
molla (f) di controllo
resorte (m) regulador

---

h
Schalthebel (m), [Kontrollhebel (m)]
control lever
levier (m) contrôleur
замыкательный *или* включательный *или* контрольный рычаг (мр) 10
leva (f) di controllo
palanca (f) reguladora

---

i
elektrischer Kontakt (m)
electric contact
contact (m) eléctrique
электрическій контакт (мр) 11
contatto (m) elettrico
contacto (m) eléctrico

---

k
Kokonhalter (m)
cocoon holder
porte-cocons (m)
коконовая рамка (жр); коконовый барабанчик (мр) 12
porta-bozzoli (m)
porta-capullos (m)

---

l
Kokonfadengreifer (m)
piecer
jette-bouts (m), attache-bave (m)
присучальщик (мр) коконов 13
attacca-bave (m)
engarza-hilos (m)

Fadenspannung (f)
thread tension
tension (f) du fil
натяженіе (ср) нити
tensione (f) del filo 14
tensión (f) del hilo

Fadenwiderstand (m)
resistance of the thread
résistance (f) du fil
сопротивленіе (ср) нити
resistenza (f) del filo 15
resistencia (f) del hilo

---

die Dicke des Fadens regeln
to regulate the thickness of the thread
régler le diamètre du fil
регулировать толщину нити
regolarizzare lo spessore del filo 16
regularizar el diámetro del hilo

Regelung (f) der Fadendicke
regulating the thickness of the thread
réglage (m) du diamètre du fil
регулированіе (ср) толщины нити
regolazione (f) dello spessore del filo 17
regularización (f) del diámetro del hilo

1 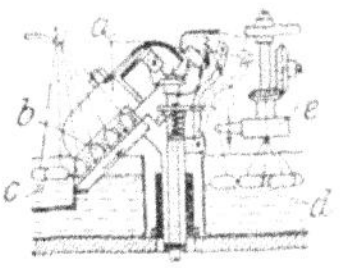

selbsttätige [*oder* automatische] Kokonzuführung (f)
automatic cocoon feed
alimentation (f) automatique de cocons
самодѣйствующая (автоматическая) подводка (жр) кокона
alimentazione (f) automatica di bozzoli
alimentación (f) automática de capullos

2 a
[Kokon-]Fadenführer (m)
thread guide, guide for [cocoon] filament
guide-fil (m)
подводчик (мр) коконовых нитей
guida-filo (m)
guía-hilos (m)

3 b
Kokonhalterzelle (f)
cocoon holder cell
cellule (f) du porte-cocons
направитель (мр) коконов (державка)
cellula (f) del porta-bozzoli
célula (f) del porta-capullos

4 c
Füllbecken (n), Füllbehälter (m), [Füllbassin (n)]
feed tank, cocoon basin
bassine (f) de chargement
питательный резервуар (мр)
bacinella (f) di carica
depósito (m) de carga

5 d
Haspelbecken (n)
reeling basin, reeler's tray
bassine (f)
мотальный таз (мр)
bacinella (f)
depósito (m) de devanado

6 e
Greifer (m) des Fadenleiters, Fadenanleger (m)
piecer
jette-bouts (m)
присучальщик (мр) нитей
attacca-bave (m)
engarza-hilos (m)

7
die Fadenstärke überprüfen [*oder* kontrollieren]
to test the thickness of the thread
contrôler la grosseur du fil
провѣрять *или* контролировать толщину нити
controllare lo spessore del filo
examinar el grueso del hilo

8
die Fadenenden (npl) verknüpfen
to tie the ends [of the filaments]
nouer les [bouts (mpl) des] fils
концы (мр) нитей соединять *или* скрѣплять *или* ссучивать
annodare i fili
anudar los [cabos de los] hilos

9
selbsttätiger [*oder* automatischer] Fadenknüpfer (m)
automatic knotter
noueur (m) automatique
самодѣйствующій *или* автоматическій соединитель (мр) концов; автоматическій присучальщик (мр)
annodatoio (m) automatico
anudador (m) automático

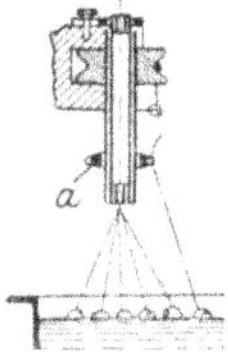

Fadenanleger (m)
piecer
jette-bouts (m) 10
присучальщик (мр)
attacca-bave (m)
engarza-hilos (m)

a
gekerbte linsenförmige Scheibe (f)
lens-shaped notched disc
disque (f) en forme de lentille avec entaille 11
рубчатый чечевицеобразный диск (мр)
disco (m) lentiforme con incisione
disco (m) lenticular con entalladura

die Seidenfäden (mpl) kreuzen
to cross the silk threads
croiser les fils (mpl) de soie
перекрещивать шелковинки 12
incrociare i fili di seta
cruzar los hilos de seda

Kreuzlegung (f) der Seidenfäden
crossing the silk threads
croisement (m) des fils (mpl) de soie
перекрест (мр) шелковинок
incrocio (m) dei fili di seta 13
cruzamiento (m) de los hilos de seda

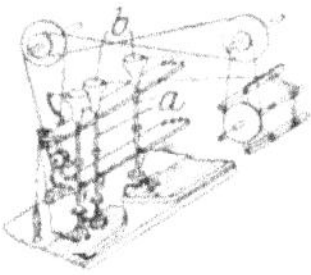

Kreuzungsvorrichtung nach Martin (f)
Martin's crossing apparatus
appareil-croiseur (m) système Martin
приспособленіе (ср) для перекрещиванія коконовых нитей системы Мартина 14
apparecchio (m) incrociatore sistema Martin
aparato (m) cruzador sistema Martin

a
umlaufende *oder* sich drehende [*oder* rotierende] Metallröhre (f)
revolving metal tube
tube (m) métallique tournant 15
вращающаяся металлическая трубка (жр)
tubo (m) metallico girevole
tubo (m) metálico giratorio

b
Holztrichter (m)
wooden funnel
entonnoir (m) en bois 16
деревянная воронка (жр)
imbuto (m) di legno
tolva (f) de madera

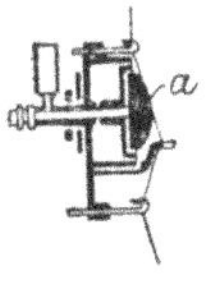

Kreuzungsvorrichtung (f) nach Bergier
Bergier's crossing apparatus
appareil-croiseur (m) système Bergier
перекрестное приспособленіе (ср) системы Бержье 17
apparecchio (m) incrociatore sistema Bergier
aparato (m) cruzador sistema Bergier

1 a
Drehkörper (m), Drehscheibe (f)
revolving disc
disque (m) tournant
вращающійся диск (м р), вращающаяся подушка (ж р)
disco (m) girevole
disco (m) rotativo

2
knotiger Seidenfaden (m)
knotty silk thread
fil (m) de soie noueux *ou* chargé de bouchons
узловатая шелковая нить (ж р)
filo (m) di seta nodoso
hilo (m) de seda nudoso

3
Knoten (m), Knotenstelle (f)
knot
bouchon (m), nœud (m)
узел (м р)
nodo (m)
nudo (m)

4
Knotenbildung (f), Schleifenbildung (f)
formation of knots
vrilles (f pl), enchevêtrement (m), formation (f) de bouchons
образование (ср) узла
formazione (f) di nodi
formación (f) de nudos

5
Knotenreißer (m)
knot preventer
coupe nœuds (m), brise-nœuds (m), purge-nœuds (m)
удалитель (м р) узлов
taglia-nodi (m)
corta-nudos (m)

6
der Kokonfaden reißt ab
the silk filament breaks
le brin de cocon casse *ou* se rompt
коконовая нить (ж р) обрывается
il filo di bozzolo si spezza *o* si rompe
el hilo de capullo se rompe *o* se quiebra

7
die Seidenfäden (m pl) auf dem Haspel unter spitzem Winkel aufeinanderlegen
to superpose the silk threads on the reel under a sharp angle
superposer les fils (m pl) de soie sur le guindre sous un angle aigu
накладываніе (ср) на мотовилѣ шелковых нитей острым углом
sovrapporre i fili di seta sull'aspo ad angolo acuto
colocar los hilos de seda en la devanadera en ángulo agudo

---

e) Ausbeute (f) des Kokons [an Faserstoff]
8 **Yield of the Cocoon**
Rendement (m) en soie du cocon
Выход (м р) шёлка из кокона
Rendimento (m) di seta del bozzolo
Rendimiento (m) del capullo

9
Erhöhung (f) der Ausbeute
increase of yield
augmentation (f) du rendement
повышеніе (ср) выхода
aumento (m) del rendimento
aumento (m) del rendimiento

10
abgehaspelte Seide (f)
reeled silk
soie (f) dévidée
размотанный шёлк (м р)
seta (f) annaspata
seda (f) devanada

11
Rohseide (f), Bastseide (f), Grège (f)
raw silk
soie (f) grège
шёлк-сырец (м р)
seta (f) greggia
seda (f) cruda *o* en rama

---

gleichmäßige Rohseide (f) 12
uniform raw silk
soie (f) grège uniforme
равномѣрный *или* однородный сырец (м р)
seta (f) greggia uniforme
seda (f) cruda uniforme

Rohseidenfaden (m), Grègefaden (m) 13
raw silk thread
fil (m) de soie grège
нить (ж р) шёлка-сырца; шёлк (м р) „греж"
filo (m) di seta greggia
hilo (m) de seda cruda

---

gedrehter Seidenfaden (m) 14
twisted silk thread
fil (m) de grège mouliné
крученая нить (ж р) шёлка-сырца
filo (m) di seta ritorto
hilo (m) de seda retorcido

Rohseidenfaden (m) mit Anhängsel 15
raw silk thread with loose ends
mort-volant (m)
нить (ж р) шёлка-сырца с волосовидными придатками
filo (m) di seta greggia ad estremità morte *o* perdute
hilo (m) de seda cruda con cabos sueltos

Rohseidenfaden (m) mit Flaum 16
raw silk thread with floss *or* fluff
fil (m) de soie grège avec duvet
нить (ж р) шёлка-сырца с пушком
filo (m) di seta greggia con fiocco
hilo (m) de seda cruda con pelusa

Rohseidenfaden (m) mit Knoten 17
raw silk thread with knots
fil (m) de soie grège avec des bouchons
нить (ж р) шёлка-сырца с узлами
filo (m) di seta greggia con nodi
hilo (m) de seda cruda con nudos

Rohseidenfaden (m) mit Spirale 18
raw silk thread with loose spiral end
fil (m) de soie grège avec vrille
нить (ж р) шёлка-сырца со спиральными волосовидными придатками
filo (m) di seta greggia con spira
hilo (m) de seda cruda con espiral

---

flaumiger Doppelfaden (m) 19
flossy double end
fil (m) double duveteux, mariage (m)
пушистая двойная нить (ж р)
filo (m) doppio fioccoso
hilo (m) doble y peloso

---

f) Das Umhaspeln 20
Double Reeling, Re-reeling
Redévidage (m)
Перемотка (м р)
Rinnaspamento (m)
Redevanado (m)

---

die Rohseide umhaspeln 21
to re-reel the raw silk
redévider la soie grège
перематывать шёлк-сырец (м р)
rinnaspare la seta greggia
redevanar la seda cruda

1	umgehaspelte Rohseide (f) double reeled *or* re-reeled raw silk redévidée (f)	перемотанный шёлк (м р) seta (f) greggia rinnaspata seda (f) cruda redevanada
2	Ablaufhaspel (m) running-off reel guindre (m) à déroulage	перегонное мотовило (ср) aspo (m) di scarico devanadera (f) para desenrollar

3 16. Physikalisches und Chemisches von der Seide — Physical and Chemical Properties of Silk — Propriétés (fpl) physiques et chimiques de la soie — Физическія и химическія свойства (ср) шёлка — Proprietà (fpl) fisiche e chimiche della seta — Propiedades físico-químicas de la seda

4	mikroskopische Untersuchung (f) der Seide microscopic[al] examination of silk examen (m) de la soie au microscope	микроскопическое изслѣдованіе (ср) шёлка esame (m) della seta al microscopio examen (m) microscópico de la seda
5	die Seide mikroskopisch untersuchen to examine the silk under the microscope examiner la soie au microscope	микроскопически изслѣдовать шёлк (м р) esaminare la seta al microscopio examinar la seda microscópicamente
6	Kokonfaden (m) cocoon filament brin (m) de cocon	коконовая нить (ж р) filo (m) del bozzolo hilo (m) de capullo
7	Doppelfaden (m), doppelter Faden (m) double filament fil (m) double	двойная нить (ж р) filo (m) doppio hilo (m) doble
8	flachzylindrischer Kokonfaden (m) plain *or* flat cylindrical cocoon filament brin (m) de cocon cylindrique aplati	плоско-цилиндрическая нить (ж р) filo (m) del bozzolo cilindrico appiattito hilo (m) cilindrico y aplanado de capullo
9	Seidenfaden (m) mit eirundem Querschnitt, [ovaler Seidenfaden (m)] oval silk filament fil (m) de soie oval	нить (ж р) продолговато круглаго *или* овальнаго сѣченія filo (m) di seta ovale hilo (m) de seda oval
10	dreieckiger Seidenfaden (m) triangular silk filament fil (m) de soie triangulaire	нить (ж р) трехугольнаго сѣченія filo (m) di seta triangolare hilo (m) de seda triangular
11	mehreckiger Seidenfaden (m) polygonal silk filament fil (m) de soie polygonal	нить (ж р) многограннаго сѣченія filo (m) di seta poligonale hilo (m) de seda poligonal
12	bandartige Faser der wilden Seide, flachfädige wilde Seide (f) ribbon-like *or* flat wild silk fibre fibre (f) *ou* brin (m) de la soie sauvage en forme de ruban	лентовидная сплющенность (ж р) дикаго шёлка fibra (f) a foggia di nastro della seta selvatica hilo (m) aplanado de la seda silvestre
13	schraubenförmige Windung (f) des wilden Seidenfadens screw-like convolution of the wild silk filament torsion (f) en vis du fil de soie sauvage	винтообразная извилистость (ж р) нити дикаго шёлка torsione (f) elicoidale del filo di seta selvatica torsión (f) en forma de tirabuzón del hilo de seda silvestre
14	schwache Oberflächenstreifung (f) der echten Seide faint surface striation of cultivated silk striation (f) faible superficielle de la soie du mûrier	слабая штриховка (ж р) поверхности (культурнаго) шёлка debole striatura (f) superficiale della seta coltivata débil estriación (f) de la superficie de la seda de morera
15	scharfe Längsstreifung (f) der wilden Seide marked longitudinal striation of wild silk striation (f) longitudinale prononcée de la soie sauvage	рѣзкая продольная штриховка (ж р) дикаго шёлка striatura (f) marcata longitudinale della seta selvatica estriación (f) pronunciada y longitudinal de la seda silvestre
16	Grundstoffe (m pl) [*od.* Elemente (n pl)] des Seidenfadens (n) elements composing the silk filament éléments (m pl) du fil de soie	составныя части (ж р) шелковой нити elementi (m pl) *o* componenti (m pl) del filo di seta elementos (m pl) del hilo de seda
17	Fäserchen (n) *oder* Fibrille (f) *oder* Fibrelle (f) der wilden Seide fibrilla of wild silk fibrille (f) de la soie sauvage	волоконце (ср) *или* фибрилла (ж р) *или* отдѣльныя шелковинки дикаго шёлка fibrilla (f) della seta selvatica fibrita (f) *o* hebrita (f) de la seda silvestre
18	aus Fäserchen (n pl) *oder* Fibrillen (f pl) zusammengesetzter Faden filament built up of fibrillæ brin (m) composé de fibrilles	нить (ж р) составленная из фибрил (отдѣльных шелковинок) filo (m) composto di fibrille hebra (f) compuesta de fibritas
19	harter Bast (m) hard sericin séricine (f) dure	твердый серицин (м р) sericina (f) dura sericina (f) dura
20	spröder Bast (m) brittle sericin séricine (f) cassante	ломкій *или* хрупкій серицин (м р) sericina (f) friabile sericina (f) quebradiza
21	körnige Leimschicht (f) granular layer of sericin couche (f) granuleuse de séricine	зернистый слой (м р) серицина strato (m) granuloso di sericina capa (f) granulosa de sericina
22	grobe Basthülle (f) coarse sericin coating enveloppe (f) grossière de séricine	грубый серицин (м р) inviluppo (m) grossolano di sericina envoltura (f) áspera de sericina
23	die Basthülle zeigt Risse *oder* Sprünge the sericin coating shows cracks l'enveloppe (f) de séricine présente des craquelures	серицин (м р) имѣет надрывы *или* трещины l'inviluppo (m) di sericina presenta crepature la envoltura de sericina presenta grietas

1 wulstartige Verdikkung (f) des Bastes
knot-like thickening of the sericin
gonflement (m) de la séricine
(бугристое) утолщеніе (ср) серицина
gonfiamento (m) della sericina
hinchazón (f) de la sericina

2 Beschaffenheit (f) der Seide
condition of the silk
condition (f) de la soie
качество (ср) *или* свойство (ср) шёлка
natura (f) della seta
naturaleza (f) de la seda

3 Seidenfaden (m) von gleichartigem Gefüge, homogener Seidenfaden (m)
homogeneous silk fibre
fibre (f) de soie homogène
однородная шелковая нить (жр); нить (жр) гомогеннаго строенія
fibra (f) di seta omogenea
fibra (f) de seda homogénea

4 gefügeloser [*oder* strukturloser] Seidenfaden (m)
structureless silk fibre
fibre (f) de soie sans structure
безформенная нить (жр)
fibra (f) di seta senza struttura
fibra (f) de seda sin estructura

5 gleichförmiger *oder* regelmäßiger Seidenfaden (m)
uniform silk fibre
fibre (f) de soie uniforme
равномѣрная нить (жр)
fibra (f) di seta uniforme
fibra (f) de seda uniforme

6 ungleichmäßige Dicke (f) des Kokonfadens
irregular thickness of the cocoon filament
grosseur (f) irrégulière du brin de cocon
неравномѣрная толщина (жр) коконовой нити
spessore (m) irregolare del filo del bozzolo
espesor (m) irregular de la hebra de capullo

7 nerviger Seidenfaden (m)
compact elastic silk fibre
fibre (f) de soie nerveuse
эластичная и крѣпкая шелковая нить (жр)
fibra (f) di seta nervosa
fibra (f) de seda compacta

8 der Seidenfaden ist durchsichtig
the silk fibre is transparent
la fibre de soie est transparente
шелковая нить (жр) прозрачна
la fibra di seta è trasparente
la fibra de seda es transparente

9 flockenfreier Seidenfaden (m)
[smooth] silk fibre free from floss
fibre (f) de soie sans duvets
гладкая шелковая нить (жр) без пушинок
fibra (f) di seta scevra di fiocchi
fibra (f) de seda sin copos

10 flockiger Seidenfaden (m)
fuzzy *or* flossy silk fibre
fibre (f) de soie duveteuse
пушистая шелковая нить (жр)
fibra (f) di seta fioccosa
fibra (f) de seda coposa

11 Griff (m) der Seide
feel of silk
toucher (m) de la soie
шелковистость (жр); ощущеніе (ср) шелковистости
tatto (m) della seta
tacto (m) de la seda

die Seide hat Griff
the silk has feel
la soie a du toucher
матеріал (мр) имѣет ощущеніе шёлка (шелковистость)
la seta è buona al tatto
la seda tiene tacto 12

griffige Seide (f)
silk of good feel
soie (f) ayant du toucher
шёлк (мр) с хорошо осязаемой шелковистостью
seta (f) buona al tatto
seda (f) de buen tacto 13

harter Griff (m)
hard feel
toucher (m) rude
шёлк (мр) с жесткой шелковистостью
tatto (m) ruvido
tacto (m) áspero 14

Krachen (n) *oder* Knirschen (n) der Seide, Seidenschrei (m)
scroop of silk
cri (m) *ou* craquement (m) de la soie
хруст (мр) *или* треск (мр) шёлка
fruscio (m) della seta, cri (m) serico
crujido (m) de la seda 15

krachender *oder* knirschender Griff (m)
scrooping feel
toucher (m) craquant
хрустящее ощущеніе (ср)
tatto (m) al fruscio
tacto (m) crujiente 16

[daunenartig] weicher Griff (m)
soft [downy] feel
toucher (m) doux
мягкое ощущеніе (ср) (мягкая шелковистость)
tatto (m) dolce *o* morbido
tacto (m) suave 17

elastisch fester Griff (m)
compact elastic feel
toucher (m) dur et élastique
эластичное и твердое ощущеніе (ср)
tatto (m) duro ed elastico
tacto (m) duro y elástico 18

schwellender Griff (m)
elastic feel
toucher (m) moelleux
ощущеніе (ср) пухловатости
tatto (m) elastico
tacto (m) elástico 19

trockener Griff (m)
dry feel
toucher (m) sec
суховатое ощущеніе (ср)
tatto (m) secco
tacto (m) seco 20

baumwollartiger Griff (m)
cottony feel
toucher (m) cotonneux
ощущеніе (ср) осязанія хлопка
tatto (m) cotonaceo
tacto (m) algodonoso 21

Glanz (m) der Seide
lustre of silk
lustre (m) *ou* éclat (m) *ou* brillant (m) de la soie
блеск (мр) *или* глянец (мр) *или* лоск (мр) шёлка
lustro (m) *o* lucido (m) della seta
lustre (m) *o* brillo (m) de la seda 22

matte *oder* mattglänzende Seide (f)
silk of dull lustre
soie (f) terne
матовый *или* полуматовый шёлк (мр)
seta (f) appannata
seda (f) de lustre mate 23

hellfarbige Seide (f)
light coloured silk
soie (f) claire
свѣтлый шёлк (мр)
seta (f) chiara
seda (f) de coloración clara 24

1	rosafarbene Seide (f) pink silk soie (f) rose	розовый шёлк (мр) seta (f) rosea seda (f) rosa
2	mißfarbige Seide (f) discoloured silk soie (f) de mauvaise couleur	шёлк (мр) неопредѣленнаго цвѣта seta (f) di colore cattivo seda (f) descolorida o de mal color
3	Flimmern (n) der wilden Seide scintillation of wild silk scintillement (m) de la soie sauvage	отблеск (мр) дикаго шёлка scintillio (m) della seta selvatica centelleo (m) de la seda silvestre
4	die wilde Seide flimmert the wild silk scintillates la soie sauvage scintille	дикій шёлк (мр) отсвѣчивает *или* дает отблеск la seta selvatica scintilla la seda silvestre centellea
5	dunkle Naturfarbe (f) der wilden Seide dark natural colour of wild silk teinte (f) foncée naturelle de la soie sauvage	естественная темная окраска (жр) дикаго шёлка tinta (f) scura naturale della seta selvatica coloración (f) natural obscura de la seda silvestre
6	physikalische Unterscheidungsmerkmale (npl) der Seide physical characteristics of silk propriétés (fpl) physiques distinctives de la soie	физическія особенности (жр) *или* отличительные признаки (мр) шёлка caratteristiche (fpl) fisiche della seta características (fpl) físicas de la seda
7	Rißstelle (f) der Seidenfaser fracture of silk fibre cassure (f) *ou* rupture (f) de la fibre de soie	мѣсто (ср) разрыва шёлка rottura (f) della fibra di seta quebradura (f) de la fibra de seda
8	scharf abgebrochene Rißstelle (f) der echten Seide sharp fracture of cultivated silk cassure (f) nette de la soie du mûrier	рѣзкій излом (мр) (мѣста разрыва) настоящаго шёлка rottura (f) netta della seta coltivata quebradura (f) neta de la seda de morera
9	gezackte, unregelmäßige *oder* zerfaserte Rißstelle (f) der wilden Seide irregular fracture of wild silk cassure (f) irrégulière de la soie sauvage	зазубренный неравномѣрный разрыв (мр) дикаго шёлка rottura (f) irregolare della seta selvatica quebradura (f) irregular de la seda silvestre
10	[scharf hervortretende] abgeplattete Stellen (fpl) im wilden Seidenfaden [well defined] flattened places in the wild silk filament endroits (mpl) aplatis [bien nets] dans la fibre de soie sauvage	сплющенныя (рѣзко выступающія) мѣста нитей дикаго шёлка punti (mpl) appiattiti [ben distinti] nella fibra della seta selvatica lugares (mpl) aplanados [bien definidos] en la fibra de seda silvestre
11	Abstrahlungsvermögen (n) der Seide reflecting power of silk pouvoir (m) réflecteur de la soie	свѣто-отражательная способность (жр) шёлка capacità (f) riflettente della seta capacidad (f) de reflexión de la seda
12	Lichtaufsaugung [*oder* Lichtabsorption (f)] der Seide absorption of light by silk absorption (f) de la lumière par la soie	свѣто-поглотительная (абсорбаціонная) способность (жр) шёлка assorbimento (m) della luce per la seta absorción (f) de la luz por la seda
13	Lichtbrechungsvermögen (n) der Seide refractive power of silk puissance (f) réfractive *ou* pouvoir (m) réfringent *ou* réfringence (f) de la soie	лучепреломляющая способность (жр) шёлка potere (m) di rifrazione della seta poder (m) de refracción de la seda
14	Polariskop (n) polariscope polariscope (m)	полярископ (мр) polariscopio (m) polariscopio (m)
15	Polarisationsfarbe (f) colour of polarized light couleur (f) de la lumière polarisée	поляризаціонный цвѣт (мр) colore (m) della luce polarizzata color (m) de la luz polarizada
16	mit polarisiertem Licht arbeiten to work with polarized light travailler à la lumière polarisée	работать поляризованным свѣтом lavorare alla luce polarizzata trabajar con luz polarizada
17	kennzeichnende [*oder* charakteristische] Farbenreaktionen (fpl) characteristic colour reactions réactions (fpl) chromatiques caractéristiques	характерная цвѣтная реакція (жр) reazioni (fpl) cromatiche caratteristiche reacciones (fpl) típicas relativas al color
18	optisches Drehungsvermögen (n) der Seide optical rotatory property of silk pouvoir (m) rotatoire de la soie à la lumière	оптическая вращательная способность (жр) шёлка capacità (f) rotativa ottica della seta poder (m) rotatorio óptico de la seda
19	Polarisieren (n) der Seide polarizing power of silk [pouvoir (m) de] polarisation (f) de la soie	поляризація (жр) шёлка polarizzazione (f) della seta polarización (f) de la seda
20	Polarisationsebene (f) plane of polarization plan (m) de polarisation	плоскость (жр) поляризаціи piano (m) di polarizzazione plano (m) de polarización
21	Ablenkungswinkel (m) angle of deviation angle (m) de déviation	угол (мр) отклоненія angolo (m) di deviazione ángulo (m) de desviación
22	optisches Verhalten (n) der Seide optical behaviour of silk tendances (fpl) optiques de la soie	оптическія свойства (ср) шёлка tendenze (fpl) ottiche della seta tendencias (f) ópticas de la seda
23	Wärmeleitungsvermögen (n) der Seide heat conductivity *or* heat conducting property of silk conductibilité (f) thermique de la soie	теплопроводная способность (жр) шёлка conduttività (f) termica della seta conductividad (f) térmica de la seda

No.	Deutsch / English / Français	Русский / Italiano / Español
1	die Seide durch Reiben elektrisch machen to electrify the silk by rubbing électriser la soie par frottement	наэлектризовать шёлк (мр) тренiем elettrizzare la seta per stropicciamento electrizar la seda por frotamiento
2	Elektrisierbarkeit (f) der Seide capacity of silk of being electrified aptitude (f) d'électrisation de la soie	способность (жр) шёлка электризоваться elettrizzabilità (f) della seta capacidad (f) de la seda de electrizarse
3	elektrische Leitfähigkeit (f) der Seide electrical conductivity of silk conductibilité (f) électrique de la soie	электро-проводимость (жр) шёлка conduttività (f) elettrica della seta conductividad (f) eléctrica de la seda
4	Luftgehalt (m) der Seide percentage *or* amount of air in the silk teneur (f) en air de la soie	содержанiе (ср) воздуха в шёлкѣ tenore (m) d'aria della seta contenido (m) de aire en la seda
5	Gasaufsaugung (f) *oder* Gasabsorption (f) der Seide gas absorption of silk absorption (f) de gaz par la soie	газопоглотительная способность (жр) шёлка assorbimento (m) di gas della seta absorción (f) de gases por la seda
6	chemische Zusammensetzung (f) der Seide chemical composition of silk composition (f) chimique de la soie	химическiй состав (мр) шёлка composizione (f) chimica della seta composición (f) química de la seda
7	Fibroingehalt (m) der Rohseide amount of fibroin in raw silk teneur (f) de la soie grège en fibroine	количество (ср) фиброина в сыром шёлкѣ tenore (m) in fibroina della seta greggia contenido (m) de fibroina en la seda cruda
8	Bastgehalt (m) *oder* Serizingehalt (m) der Rohseide amount of sericin in raw silk teneur (f) de la soie grège en séricine	количество (ср) серицина в сыром шёлкѣ tenore (m) in sericina della seta greggia contenido (m) de sericina en la seda cruda
9	schwerlöslicher Gummistoff (m) gummy matter difficult to dissolve matière (f) gommeuse difficile à dissoudre	тугорастворимая камедь (жр) materia (f) gommosa difficile a sciogliersi materia (f) gomosa difícil a disolver
10	Wachsgehalt (m) der Rohseide wax contents of raw silk teneur (f) en cire de la soie grège	количество (ср) воска в сыром шёлкѣ tenore (m) in cera della seta greggia contenido (m) de cera en la seda cruda
11	Fettgehalt (m) der Rohseide amount of fat in raw silk teneur (f) en graisse de la soie grège	количество (ср) жира в сыром шёлкѣ tenore (m) in grasso della seta greggia contenido (m) de grasa en la seda cruda
12	Salzgehalt (m) der Rohseide salt contents of raw silk teneur (f) en sel de la soie grège	количество (ср) *или* содержанiе (ср) соли в сыром шёлкѣ tenore (m) in sale della seta greggia contenido (m) de sal en la seda cruda
13	Färbung (f) *oder* Farbe (f) des Seidenleims colour of sericin couleur (f) de la séricine	окраска (жр) *или* цвѣт (мр) серицина colore (m) *o* tinta (f) della sericina color (m) de la sericina
14	den Farbstoff aus der Basthülle ausziehen [*oder* extrahieren] to extract the colouring matter from the sericin extraire la matière colorante de la séricine	удалить *или* извлечь красящее вещество (ср) серицина estrarre la materia colorante dalla sericina extraer la materia colorante de la sericina
15	Veraschung (f) der Seide reduction of the silk to ashes incinération (f) de la soie	испепленiе (ср) *или* превращенiе (ср) шёлка в золу incenerimento (m) della seta incineración (f) de la seda
16	Aschengehalt (m) der Seide ash contents of silk teneur (f) en cendre de la soie	количество (ср) золы в шёлкѣ tenore (m) in cenere della seta contenido (m) de cenizas en la seda
17	Widerstandsfähigkeit (f) der Seide gegen Säuren resistance of silk to acids résistance (f) de la soie aux acides	кислотоупорная способность (жр) (кислотоупорность) шёлка resistenza (f) della seta agli acidi resistencia (f) de la seda a los ácidos
18	die Seide mit Säure behandeln to treat the silk with acids traiter la soie avec des acides	обрабатывать шёлк (мр) кислотой trattare la seta agli acidi tratar la seda con ácidos
19	HNO_3	Salpetersäure (f) nitric acid acide (m) azotique *ou* nitrique азотная кислота (жр) acido (m) nitrico *o* azotico ácido (m) nítrico
20	SO_2	schweflige Säure (f) sulphur dioxide, sulphurous acid acide (m) *ou* anhydride (m) sulfureux сѣрнистая кислота (жр) acido (m) solforoso, anidride (f) solforosa anhidrido (m) sulfuroso
21	CrO_3	Chromsäure (f) chromic acid acide (m) chromique хромовая кислота (жр) acido (m) cromico ácido (m) crómico
22	As_2O_3	Arsensäure (f) arsenic acid acide (m) arsénique мышьяковая кислота (жр) acido (m) arsenico ácido (m) arsénico
23	$ClOH$	unterchlorige Säure (f) hypochlorous acid acide (m) hypochloreux хлорноватистая кислота (жр) acido (m) ipocloroso ácido (m) hipocloroso

1 $C_2H_4O_2$
Essigsäure (f)
acetic acid
acide (m) acétique
уксусная кислота (жр)
acido (m) acetico
ácido (m) acético

---

2 organische Säure (f)
organic acid
acide (m) organique
органическая кислота (жр)
acido (m) organico
ácido (m) orgánico

---

3 Formveränderung (f) *oder* morphologische Veränderung (f) der Seide
morphological change of silk
changement (m) morphologique de la soie
морфологическое измѣненіе (ср) шёлка
cambiamento (m) morfologico della seta
cambio (m) morfológico de la seda

---

4 Bau (m) [*oder* Struktur (f)] der Seidenfaser
structure of silk fibre
structure (f) de la fibre de soie
морфологическое строеніе (ср) шёлка
struttura (f) della fibra di seta
estructura (f) de la fibra de seda

---

5 Empfindlichkeit (f) der Seide gegen Alkalien
sensibility of silk to alkalies
sensibilité (f) de la soie aux alcalis
чувствительность (жр) шёлка к щёлочам
sensibilità (f) della seta agli alcali
sensibilidad (f) de la seda a álcalis

---

6 Löslichkeit (f) der Seide in Alkalien
solubility of silk in alkalies
solubilité (f) de la soie dans des alcalis
растворимость (жр) шёлка в щёлочах
solubilità (f) della seta negli alcali
solubilidad (f) de la seda en álcalis

---

7 die Seide in Alkalien lösen
to dissolve the silk in alkalies
dissoudre la soie dans des alcalis
растворять шёлк (мр) в щёлочах
sciogliere la seta negli alcali
disolver la seda en álcalis

---

8 Aufquellen (n) der Seide
swelling out of silk
gonflement (m) de la soie
разбуханіе (ср) шёлка
gonfiamento (m) della seta
hinchamiento (m) de la seda

---

9 die Seide quillt auf
the silk swells out
la soie gonfle
шёлк (мр) разбухает *или* набухает
la seta si gonfia
se seda se hincha

10

17. Seidenhandel (m), Seidenverkehr (m)

Silk Trade

Commerce (m) de la soie

Торговля (жр) шёлком

Commercio (m) della seta

Comercio (m) de seda

---

11 Raupeneierhandel (m)
silk seed trade
commerce (m) des graines des vers à soie
торговля (жр) яйцами шелкопряда
commercio (m) dei semi di bachi da seta
comercio (m) de semillas de seda

---

12 Kokonhandel (m)
cocoon trade
commerce (m) des cocons
торговля (жр) коконами
commercio (m) dei bozzoli
comercio (m) de capullos

Ernteertrag (m)
yield of the crop
rendement (m) de la récolte
величина (жр) урожая *или* сбора
rendimento (m) del raccolto 13
rendimiento (m) de la cosecha

Kokonmarkt (m)
cocoon market
marché (m) aux cocons
коконовый рынок (мр)
mercato (m) di bozzoli 14
mercado (m) de capullos

---

einen Kokonmarkt abhalten
to hold a cocoon market
tenir un marché aux cocons
устроить коконовый рынок (мр) (коконовую ярмарку)
tenere un mercato di bozzoli 15
tener un mercado de capullos

Handelsgewicht (n) der Seidenkokons
commercial weight of the cocoons
poids (m) marchand des cocons
торговый вѣс (мр) шелковых коконов
peso (m) mercantile dei bozzoli 16
peso (m) comercial de los capullos

Kokonpreis (m)
price of cocoons
prix (m) des cocons
цѣна (жр) коконов
prezzo (m) dei bozzoli 17
precio (m) de los capullos

Kokonausfuhr (f)
cocoon export
exportation (f) de[s] cocons
вывоз (мр) *или* экспорт (мр) коконов
esportazione (f) dei bozzoli 18
exportación (f) de capullos

Kokoneinfuhr (f)
cocoon import
importation (f) de[s] cocons
ввоз (мр) *или* импорт (мр) коконов
importazione (f) dei bozzoli 19
importación (f) de capullos

Rohseidenerzeugung (f)
production of raw silk
production (f) en soie grège
производство (ср) шёлка-сырца
produzione (f) di seta greggia 20
producción (f) de seda cruda

Seidenerzeugungsgebiet (n)
silk growing district
région (f) de culture de la soie
область (жр) производства шёлка, (область шелководства)
regione (f) di sericultura 21
región (f) o comarca (f) de la producción sérica

Seidenversorgung (f)
supply with silk
approvisionnement (m) de soie
снабженіе (ср) шёлком
approvigionamento (m) di sete 22
abastecimiento (m) de seda

Rohseidenverbrauch (m)
consumption of raw silk
consommation (f) de soie grège
потребленіе (ср) шёлка-сырца
consumo (m) di seta greggia 23
consumo (m) de seda cruda

Seidenbedarf (m)
want of silk
besoins (m pl) de soie
потребность (жр) шёлка
bisogno (m) di seta 24
necesidades (f pl) de seda

1	Seidenvorrat (m) silk stock stock (m) *ou* provision (f) de soie	запас (м р) шёлка provvista (f) di seta existencia (f) de seda
2	Stapelplatz (m) für Rohseide settled mart for raw silk lieu (m) d'entrepôt pour la soie grège	складочное мѣсто (с р) шёлка-сырца scalo (m) o piazza (f) di provvista di seta greggia emporio (m) de seda cruda
3	Seidenmarkt (m) silk market marché (m) des soies	шелковый рынок (м р) mercato (m) della seta mercado (m) de seda
4	Seidenbörse (f) silk Exchange Bourse (f) aux soies	шелковая биржа (ж р) Borsa (f) delle sete Bolsa (f) de sedas
5	Rohseidengeschäft (n) raw silk business affaires (f pl) en soie grège	торговля (ж р) шёлком-сырцом affari (m pl) in seta greggia negocio (m) en seda cruda
6	Rohseidenpreis (m) price of raw silk prix (m) de la soie crue	цѣна (ж р) шёлка-сырца prezzo (m) della seta greggia precio (m) de la seda cruda
7	Handelswert (m) der Rohseide commercial value of raw silk valeur (f) commerciale de la soie grège	рыночная цѣнность (ж р) шёлка-сырца (цѣнность с коммерческой точки зрѣнія) valore (m) commerciale della seta greggia valor (m) comercial de la seda cruda
8	Handelsbezeichnung (f) *oder* Marktbezeichnung (f) *oder* Handelsmarke (f) für Rohseide trade name for raw silk désignation (f) commerciale de la soie grège	рыночныя обозначенія (с р) сортов шёлка-сырца voce (f) commerciale per la seta greggia denominación (f) comercial de la seda cruda
9	Seidenart (f) kind of silk espèce (f) de soie	сорт (м р) шёлка specie (f) di seta clase (f) de seda
10	Seidenhändler (m) silk merchant marchand (m) de soie	торговец (м р) шёлком mercante (m) o negoziante (m) di seta, setaiuolo (m) comerciante (m) en seda
11	Seidenumsatz (m) silk turn-over *or* transactions transactions (f pl) en soie	(торговый) оборот (м р) шёлком smercio (m) di seta transacciones (f pl) en seda
12	Rohseidenballen (m) raw silk bale balle (f) de soie grège	кипа (ж р) шёлка-сырца balla (f) di seta greggia bala (f) de seda cruda
13	Seidenzoll (m), Zoll (m) auf Seide [customs *or*] duty on silk droits (m pl) de douane sur la soie	таможенная пошлина (ж р) на шёлк diritti (m pl) doganali sulla seta derechos (m pl) de aduana sobre seda

18. Handelsseiden (f pl) / Commercial Silks / Soies (f pl) commerciales — Торговые сорта (м р) шёлка / Sete (f pl) mercantili / Sedas (f pl) comerciales 14

a) Echte ***oder*** **edle Seide (f), Maulbeerseide (f)** **Cultivated Silk** **Soie (f) du mûrier**	**Настоящій или благородный шёлк (м р)** **Seta (f) coltivata** **Seda (m) de morera**	15
natürliche Seide (f), Naturseide (f) natural silk soie (f) naturelle	естественный (натуральный) шёлк (м р) seta (f) naturale seda (f) natural	16
asiatische Rohseide (f) Asiatic raw silk soie (f) grège de l'Asie	азіатскій шёлк-сырец (м р) seta (f) greggia dell'Asia seda (f) cruda asiática	17
	chinesische Rohseide (f), Chinaseide (f) Chinese raw silk soie (f) grège de la Chine китайскій шёлк-сырец (м р) seta (f) greggia della C[h]ina seda (f) cruda de la China	18
japanische Rohseide (f) Japanese raw silk soie (f) grège du Japon	японскій шёлк-сырец (м р) seta (f) greggia del Giappone seda (f) cruda del Japón	19
	japanische Strahnform (f) der Rohseide Japanese hank *or* knot of raw silk écheveau (m) à la japonaise de soie grège японскій способ (м р) намотки шёлка-сырца matassa (f) giapponese della seta greggia madeja (f) japonesa de la seda cruda	20
Japan-Filature (f) filature silk of Japan „filature" (f) du Japon	японскій шёлк (м р) размотанный по европейскому способу „filature" (f) giapponese „filatura" (f) japonesa	21
Japan-Redévidée (f) re-reeled silk of Japan [soie (f)] redévidée (f) du Japon	японскій шёлк (м р) перемотанный для экспорта seta (f) giapponese rinnaspata seda (f) redevanada japonesa	22
koreanische Rohseide (f) Corean raw silk soie (f) grège de la Corée	корейскій шёлк-сырец (м р) seta (f) greggia della Corea seda (f) cruda de Corea	23

1

indische *oder* bengalische Rohseide (f)
Indian *or* Bengal raw silk
soie (f) grège des Indes *ou* du Bengale
остиндскій *или* бенгальскій шёлк-сырец (мр)
seta (f) greggia delle Indie *o* della Bengala
seda (f) cruda de las Indias *o* de la Bengala

2
persische Rohseide (f)
Persian raw silk
soie (f) grège de la Perse
персидскій шёлк-сырец (мр)
seta (f) greggia della Persia
seda (f) cruda de la Persia

3
levantinische Rohseide (f)
Levant raw silk
soie (f) grège du Levant
левантскій шёлк-сырец (мр)
seta (f) greggia del Levante
seda (f) cruda del Levante

4
kleinasiatische Rohseide (f)
Asia Minor raw silk
soie (f) grège de l'Asie Mineure
малоазіатскій шёлк-сырец (мр)
seta (f) greggia dell'Asia Minore
seda (f) cruda del Asia Menor

5
syrische Rohseide (f)
Syrian raw silk
soie (f) grège de la Syrie
сирійскій шёлк-сырец (мр)
seta (f) greggia della Siria
seda (f) cruda de la Siria

6

europäische Rohseide (f)
European raw silk
soie (f) grège de l'Europe
европейскій шёлк-сырец (мр)
seta (f) greggia europea
seda (f) cruda europea

7
griechische Rohseide (f)
Grecian raw silk
soie (f) grège de la Grèce
греческій шёлк-сырец (мр)
seta (f) greggia della Grecia
seda (f) cruda griega

8
italienische Rohseide (f)
Italian raw silk
soie (f) grège de l'Italie
итальянскій шёлк-сырец (мр)
seta (f) greggia italiana
seda (f) cruda italiana

9
französische Rohseide (f)
French raw silk
soie (f) grège française
французскій шёлк-сырец (мр)
seta (f) greggia francese
seda (f) cruda francesa

10
spanische Rohseide (f)
Spanish raw silk
soie (f) grège de l'Espagne
испанскій шёлк-сырец (мр)
seta (f) greggia spagnuola
seda (f) cruda española

11
schweizerische Rohseide (f)
Swiss raw silk
soie (f) grège de la Suisse
швейцарскій шёлк-сырец (мр)
seta (f) greggia della Svizzera
seda (f) cruda suiza

12
ungarische Rohseide (f)
Hungarian raw silk
soie (f) grège de l'Hongrie
венгерскій шёлк-сырец (мр)
seta (f) greggia dell'Ungheria
seda (f) cruda húngara

13
Pelseide (f)
single
poil (m)
низкосортный шёлк (мр) ссученый из 8—10 коконов
pelo (m) di seta
pelo (m)

14
feinfädige *oder* feine Rohseide (f)
fine raw silk
soie (f) grège à brin fin
тонкій *или* тонкопрядный шёлк-сырец (мр)
seta (f) greggia di filo fino
seda (f) cruda sutil *o* de hebra fina

15
starkfädige *oder* grobe Rohseide (f)
coarse raw silk
soie (f) grège à brin grossier
толстый *или* толстопрядный шёлк-сырец (мр)
seta (f) greggia di filo grossolano
seda (f) cruda áspera *o* basta

16
Cuiteseide (f)
boiled [-off] silk
soie (f) cuite
отваренный шёлк (мр) освобожденный от серицина
seta (f) cotta
seda (f) cocida

17
Ecrüseide (f), Crüseide (f)
unscoured silk, raw silk, crude silk
soie (f) crue, soie (f) écrue
отмоченный шёлк (мр) с частичным удаленіем серицина
seta (f) cruda
seda (f) cruda

18
Seidensträhn (m)
silk skein *or* hank *or* knot
écheveau (m) de soie
моток (мр) шёлка
matassa (f) di seta
madeja (f) de seda

19
kurzsträhnige Rohseide (f)
short skeined raw silk
soie (f) grège en petits écheveaux
коротко-моточный шёлк-сырец (мр)
seta (f) greggia in piccole matasse
seda (f) cruda en madejas cortas

20
langsträhnige Rohseide (f)
long skeined raw silk
soie (f) grège en grands écheveaux
длинно-моточный шёлк-сырец (мр)
seta (f) greggia in grandi matasse
seda (f) cruda en madejas largas

21
b) Wilde Seide (f)
Wild Silk
Soie (f) **sauvage**
Дикій шёлк (мр)
Seta (f) **selvatica**
Seda (f) **silvestre**

22
wilde Maulbeerseide (f)
wild mulberry silk
soie (f) du mûrier sauvage
дикій тутовый шёлк (мр)
seta (f) del gelso selvatico
seda (f) de morera silvestre

23
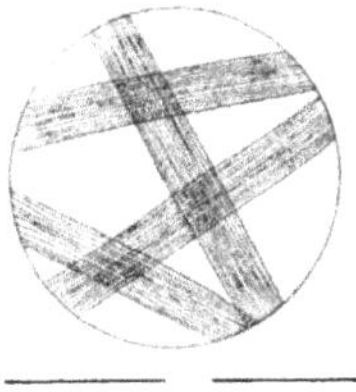
chinesische Eichenseide (f) *oder* Tussah (f)
Chinese oak silk *or* tussah *or* tussur silk
soie (f) tussah de la Chine
китайскій дубовый шёлк (мр) *или* „Тусса"
seta (f) chinese tussah *o* tusseh
seda (f) tussah de la China

24

indische Tussah[seide] (f), Tasarseide (f), Tusserseide (f)
Indian tussur silk
soie (f) tussah des Indes
остиндскій шёлк (мр) Тусса; шёлк (мр) „тавар"
seta (f) tussah delle Indie
seda (f) tussah de las Indias

1 

Fagaraseide (f)
Fagara silk
soie (f) Fagara
шёлк (мр) „фагара“
seta (f) Fagara
seda (f) de Fagara

2 

Eriaseide (f)
Eria silk
soie (f) Eria
касторовый шёлк (мр)
seta (f) Eria
seda (f) Eria

3 

Mugaseide (f), Moongaseide (f), Moogaseide (f)
Muga silk
soie (f) Muga
шёлк (мр) „муга“
seta (f) Muga
seda (f) Muga

4 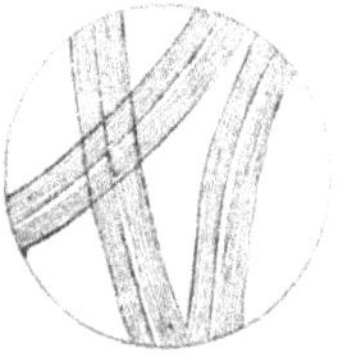

Yamamayseide (f)
Yama-mal silk
soie (f) du yama-maï
ямамайскій шёлк (мр)
seta (f) del yama-mal
seda (f) de yama-mal

5 Aylanthusseide (f)
Ailantus silk
soie (f) de l'ailanthe
шёлк (мр) „айлантус“
seta (f) dell'ailanto
seda (f) del ailanto

6 indische Mezankoorienseide (f)
Indian Mezankooria silk
soie (f) indienne du Mezankoora
остиндскій шёлк (мр) „мезанкорій“
seta (f) indiana del Mezankoora
seda (f) india de Mezankoora

7 Rondontiaseide (f)
Rondontia silk
soie (f) du Rondontia
шёлк (мр) „рондонтія“
seta (f) del Rondontia
seda (f) de Rondontia

8 Anapheseide (f)
Anaphe silk
soie (f) de l'anaphe
шёлк (мр) „анафа“
seta (f) dell'anaphe
seda (f) de anaphe

c) Seidenabfall (m), Abfallseide (f)
Шелковый угар (мр) (отброс)

9 **Silk Waste**
Cascami (m pl) o bassi prodotti (m pl) di seta

Déchets (m pl) de soie, filoselle (f), schappe (f)
Desperdicios (m pl) de seda

10 Wattseide (f)
floss silk
première bourre (f), bourreuse (f), blaise (m)
путанка (жр) кокона
spelaia (f), borra (f), peluria (f)
borra (f) de seda, adúcar (m)

Flockseide (f), Frisons, Strusa, Strusi
flock silk, curley
bourre (f), frison (m)
внѣшній не сматывающійся слой (мр) кокона 11
strusa (f)
seda (f) azache

Kokonschalen (f pl)
husks
bassinat (m), bassinet (m), pelettes (f pl), telettes (f pl)
сердцевина (жр) *или* внутренній не сматывающійся слой (мр) кокона 12
galettamino (m), ricotti (m pl)
cadarzo (m), camisa (f)

Strazza (f)
broken silk
estrasse (f), strasse (f), cardasse (f)
угар (мр) при пряденіи 13
strazza (f), straccia (f)
hilaza (f)

Galetta (f)
spoiled cocoon, galetta
galette (f)
порченный кокон (мр) 14
galettame (m)
filadiz (f)

ungekämmte Abfallseide (f)
uncombed silk waste
déchets (m) de soie *ou* schappe (f) non peignée
нечесанный шёлковый угар (мр)
cascami (m pl) di seta non pettinata 15
desperdicios (m pl) de seda sin peinar

gekämmte Abfallseide (f)
combed silk waste
déchets (m pl) de soie *ou* schappe (f) peignée
прочесанный шёлковый угар (мр)
cascami (m pl) di seta pettinata 16
desperdicios (m pl) de seda peinada

19. Verschiedene Seiden (f pl)
Различные сорта (мр) **шёлка**

Miscellaneous Silks
Miscellanea (f) di sete 17

Différentes espèces (f pl) de soie
Diversas especies (f pl) de seda

Seeseide (f), Muschelseide (f), Byssusseide (f)
sea silk, Byssus silk
byssus (m), soie (f) de mer, soie (f) marine
морской *или* раковинный шёлк (мр)
bisso (m) 18
biso (m), seda (f) marina

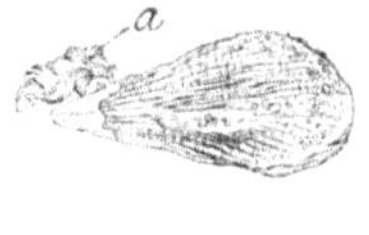

Steckmuschel (f)
bearded mussel, pinna
pinne (f) marine
раковина (жр) морское перо (ср) 19
pinna (f) marina
ostrapena (f)

a

Faserbart (m) [der Steckmuschel], Muschelbart (m)
mussel beard [of pinna]
barbe (f) de la pinne 20
раковинная бородка (жр)
barba (f) della pinna
barba (f) de la ostrapena

Spinnenseide (f)
spider silk
soie (f) d'araignée
паучій шёлк (мр) 21
seta (f) di ragno
seda (f) de arañas

1
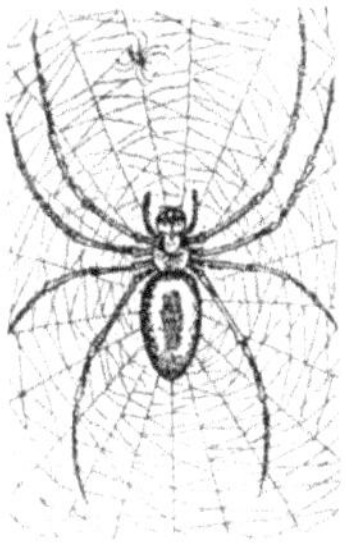
Seidenspinne (f) von Madagaskar
Madagascar silk spider
araignée (f) du Madagascar
мадагаскарскій паукшелкопряд (мр)
ragno (m) del Madagascar
araña (f) de seda de Madagascar

2
20. Das Entbasten *oder* Entschälen der Seide
Scouring of Silk
Décr[e]usage (m) de la soie
Освобожденіе (ср) шёлка от серицина
Digrezzamento (m) o purgagione (f) della seta
Descrudecimiento (m) de la seda

3
die Seide entbasten *oder* entschälen
to scour the silk
décr[e]user la soie
освободить шёлк (мр) от серицина; облупить шёлк (мр)
digrezzare o purgare la seta
descrudecer la seda

4
Entbastungsverfahren (n)
scouring method
méthode (f) de décreusage
способ (мр) удаленія серицина
metodo (m) di digrezzamento
método (m) de descrudecimiento

5
Entbastungskufe (f)
scouring vessel *or* tub
cuve (f) à décreuser
куфа (жр) *или* чан (мр) для удаленія серицина
vasca (f) di digrezzamento
vasija (f) de descrudecimiento

6
Entbastungsmittel (n)
scouring medium *or* agent
moyen (m) *ou* agent (m) de décreusage
средство (ср) для удаленія серицина
sostanza (f) *o* medio (m) per digrezzare la seta
materia (f) *o* medio (m) para descrudecer

7
flüssige Seife (f)
liquid soap
savon (m) liquide
жидкое мыло (ср)
sapone (m) liquido
jabón (m) líquido

8
Seifenschaum (m)
[soap] lather
mousse (f) *ou* écume (f) de savon
мыльная пѣна (жр)
schiuma (f) di sapone
espuma (f) de jabón

9
Pflanzenfettseife (f)
vegetable fat soap
savon (m) d'huile végétale
мыло (ср) из растительнаго жира
sapone (m) all'olio vegetale
jabón (m) de grasiento vegetal

10
tierische Seife (f)
animal soap
savon (m) animal
мыло (ср) из жиров животнаго происхожденія
sapone (m) animale
jabón (m) animal

11
Erdnußölseife (f)
groundnut oil *or* Arachis oil soap
savon (m) d'huile d'arachide *ou* de pistache de terre
мыло (ср) из масла земляного орѣха
sapone (m) all'olio d'arachide
jabón (m) de aceite de cacahuete

12
Kokosnußölseife (f)
coconut-oil soap
savon (m) d'huile de coco
мыло (ср) из кокосоваго масла (кокосовое мыло)
sapone (m) all'olio di cocco
jabón (m) de aceite de coco

13
Marseillerseife (f)
Marseilles' soap
savon (m) de Marseille
марсельское мыло (ср)
sapone (m) di Marsiglia
jabón (m) de Marsella

14
Oleinseife (f)
olein soap
savon (m) d'oléine
олеиновое мыло (ср)
sapone (m) all'oleina
jabón (m) de oleína

15
Palmölseife (f)
palm oil soap
savon (m) d'huile de palme
пальмовое мыло (ср)
sapone (m) all'olio di palma
jabón (m) de aceite de palma

16
Rizinusölseife (f)
castor oil soap
savon (m) d'huile de ricin
касторовое мыло (ср)
sapone (m) all'olio di ricino
jabón (m) de aceite de ricino

17
Talgseife (f)
tallow soap
savon (m) de suif
мыло (ср) из сала
sapone (m) di sego
jabón (m) de sebo

18
neutrale *oder* nicht angreifende Seife (f)
neutral soap
savon (m) neutre
нейтральное мыло (ср)
sapone (m) neutro
jabón (m) neutral

19
$Na_2B_4O_7 + 10\,H_2O$
Borax (m)
borax
borax (m), borate (m) hydraté de soude
бура (жр); борнокислый натр (мр); борнокислая сода (жр)
borace (m)
bórax (m)

20
H_3PO_4
Phosphorsäure (f)
phosphoric acid
acide (m) phosphorique
фосфорная кислота (жр)
acido (m) fosforico
ácido (m) fosfórico

21
$Na_2O_4SiO_2$
Wasserglas (n)
soluble glass, silicate of potassium, water glass
verre (m) soluble, silicate (m) de potasse
растворимое жидкое стекло (ср)
vetro (m) solubile, silicato (m) di potassa *o* di soda
vidrio (m) soluble

22
entbastete Seide (f)
scoured silk
soie (f) décreusée
облупленный шёлк (мр) (освобожденный от серицина)
seta (f) digrezzata
seda (f) descrudecida

23
Bastseife (f)
exhausted degumming bath
bain (m) à dégommer usé
использованная ванна (жр) для удаленія серицина
bagno (m) di sgommatura consumato
baño (m) para desengomar usado

1	proteinhaltig containing protein contenant de la protéine	глутиносодержащій; протеиносодержащій contenente proteina que contiene proteina
2	die Seide abziehen *oder* degummieren to degum the silk dégommer la soie	лишить шёлк (мр) камеди sgommare la seta desengomar la seda
3	Abziehbad (n), Degummierbad (n) degumming bath bain (m) à dégommer	ванна (жр) для удаленія камеди bagno (m) di sgommatura baño (m) para desengomar
4	abgezogene *oder* degummierte Seide (f) degummed silk soie (f) dégommée	шёлк (мр) лишенный камеди; дегуммированный шёлк (мр) seta (f) sgommata seda (f) desengomada
5	die abgezogene *oder* degummierte Seide strecken to stretch the degummed silk étirer la soie dégommée	растягивать дегуммированную шёлковую нить (жр) stendere la seta sgommata estender la seda desengomada
6	die Seide abkochen *oder* weißkochen to boil [off] the silk faire bouillir la soie	отварить шёлк (мр) cuocere la seta cocer la seda
7	Abkochbad (n) boiling-off bath bain (m) de cuisson	отварная ванна (жр) bagno (m) di cottura baño (m) de cocción
8	abgekochte Seide (f) boiled-off silk, soft soie (f) cuite	отваренный шёлк (мр) seta (f) cotta seda (f) cocida
9	die Seide in Seifenlösung kochen to boil the silk in a soap solution faire bouillir la soie dans une solution de savon	вываривать *или* выхаживать шёлковое волокно (ср) в мыльномъ растворѣ cuocere la seta in una soluzione di sapone cocer la seda en una solución jabonosa
10	Halbkochen (n), Assouplieren (n), Souplieren (n) partial boiling assouplissage (m), souple (m), demi-cuite (f)	частичное отваривание (ср) mezza-bollitura (f), mezza-cottura (f) cocción (f) parcial
11	halbgekochte *oder* assouplierte *oder* souplierte Seide (f), [Souple (f)] half boiled silk, souple [soie (f)] mi-cuite (f), soie (f) souple	полуотваренный шёлк (мр) mezzo-cotto (m), seta (f) semi-cotta seda (f) semi-cocida
12	die Seide halb kochen *oder* assouplieren *oder* souplieren to partially boil the silk assouplir la soie	полуотварить шёлк (мр) cuocere a metà la seta cocer parcialmente la seda
13	Rohgewicht (n) der Seide gross weight of silk poids (m) brut de la soie	сырой вѣс (мр) шёлка (вѣс брутто) peso (m) lordo della seta peso (m) bruto de la seda
14	Verlust (m) an Seidenleim (m), Entschälverlust (m) loss of gum in scouring perte (f) en séricine [due au décreusage]	потеря (жр) в серицинѣ при вывариваніи perdita (f) in sericina pérdida (f) por descrudecimiento
15	Gewichtsverlust (m) der Seide loss in weight of the silk perte (f) de poids de la soie	вѣсовая потеря (жр) шёлка perdita (f) di peso della seta pérdida (f) en peso de la seda
16	**21. Das Beschweren der Seide** **Weighting of Silk** **Charge (f) de la soie**	**Отяжеленіе (ср) шёлка** **Carica (f) della seta** **Carga (f) de la seda**
17	die Seide beschweren to weight the silk charger la soie	отяжелить шёлк (мр) caricare la seta cargar la seda
18	die Seide zu „pari" beschweren to weight the silk equal to the amount of weight lost by scouring charger la soie jusqu'à l'équivalent du poids perdu par le décreusage	отяжелить шёлк (мр) до его первоначальнаго вѣса caricare la seta fino a compensare la perdita di peso cargar la seda hasta el equivalente de la pérdida en peso
19	Beschwerung (f) über „pari" weighting above the amount of weight lost by scouring charge (f) de la soie au-delà du montant de sa perte de poids au décreusage	отяжеленіе (ср) свыше первоначальнаго вѣса carica (f) della seta oltre il limite della perdita di peso carga (f) de la seda por encima de la pérdida en peso
20	beschwerte Seide (f) weighted silk soie (f) chargée	отяжеленный шёлк (мр) seta (f) caricata seda (f) cargada
21	mineralische Beschwerung (f) mineral weighting charge (m) minérale	отяжеленіе (ср) минеральными примѣсями carica (f) minerale carga (f) mineral
22	Aufnahme (f) [*oder* Absorption (f)] von Metallsalzen durch die Seide absorption of metallic salts by the silk absorption (f) de sels métalliques par la soie	поглощеніе (ср) *или* абсорбація (жр) шелком металлических солей assorbimento (m) di sali metallici nella seta absorción (f) de sales metálicas por la seda
23	pflanzliche [*oder* vegetabilische] Beschwerung (f) vegetable weighting charge (f) végétale	растительное отяжеленіе (ср) carica (f) vegetale carga (f) vegetal
24	gemischte Beschwerung (f) mixed weighting charge (f) mixte	смѣшанное отяжеленіе (ср) carica (f) mista carga (f) mixta

1	Beschwerungsmittel (n) weighting matter moyen (m) de charge, matière (f) à charger *ou* chargeante	средство (ср) *или* матеріал (мр) для отяжеленія mezzo (m) *o* sostanza (f) per caricare *o* di carica medio (m) de carga
2	Beschwerungsverfahren (n) weighting method méthode (f) de charger	способ (мр) отяжеленія metodo (m) di caricare método (m) de cargar
3	Metall[salz]beschwerung (f) weighting with metallic salts charge (f) aux sels métalliques	отяжеленіе (ср) металлическими солями carica (f) con sali metallici carga (f) por sales metálicas
4	Metallsalzlösung (f) solution of metallic salts solution (f) de sels métalliques	раствор (мр) металлических солей soluzione (f) di sali metallici solución (f) de sales metálicas
5	Gerbstoff (m), Gerbsäure (f), Tannin (n) tannin, tannic acid tan[n]in (m), acide (m) tannique *ou* digallique	дубильное вещество (ср); таннин (мр) tannino (m), acido (m) tannico tanino (m), ácido (m) tánico
6	Gerbstoffbad (n) tannic acid bath bain (m) d'acide tannique	ванна (жр) из дубильнаго вещества; дубильная ванна (жр) bagno (m) di acido tannico baño (m) de tanino
7	Gerbsäurebeschwerung (f) weighting with tannin charge (f) au tan[n]in, engallage (m)	отяжеленіе (ср) дубильной кислотой carica (f) di tannino carga (f) por el tanino
8	Galläpfelabkochung (f) gall nut decoction coction (f) de noix de galle	отвар (мр) чернильнаго орѣшка decozione (f) di noci di galla cocción (f) de nueces de agallas
9	künstlich gereinigte Gerbsäure (f) artificially refined tannic acid acide (m) tannique purifié chimiquement	искусственно очищенная дубильная кислота (жр) acido (m) tannico purificato chimicamente ácido (m) tánico refinado artificialmente
10	den Gerbstoff durch Leimlösung fällen to precipitate the tannic acid by a gelatine solution précipiter l'acide tannique par une solution de gélatine	осадить дубильное вещество (ср) раствором камеди precipitare l'acido tannico per una soluzione di gelatina precipitar el ácido tánico por una solución de gelatina
11	heiße Gerbstofflösung (f) hot solution of tannic acid solution (f) chaude d'acide tannique	горячій раствор (мр) дубильнаго вещества soluzione (f) calda di acido tannico solución (f) caliente de tanino
12	die Gerbstofflösung erkaltet the tannic acid solution becomes cold la solution d'acide tannique [se] refroidit	раствор (мр) дубильных веществ остывает la soluzione di acido tannico si raffredda la solución de tanino [se] enfría
13	die Faserporen (fpl) erweitern sich the pores of the fibre dilate les pores (mpl) de la fibre s'élargissent	поры (жр) волокон расширяются i pori della fibra si dilatano los poros de la fibra se dilatan
14	die Poren (fpl) der Seidenfaser nehmen Gerbstoff auf the pores of the silk fibre absorb tannic acid les pores (mpl) de la fibre de soie absorbent de l'acide tannique	поры (жр) шёлковых волокон впитывают дубильное вещество i pori della fibra di seta assorbono dell'acido tannico los poros (mpl) de la fibra de seda absorben tanino
15	der Gerbstoff zieht die Poren zusammen the tannic acid contracts the pores l'acide (m) tannique rétrécit les pores	дубильное вещество (ср) стягивает поры l'acido (m) tannico ristringe i pori el tanino astringe los poros
16	Zusammenziehen (n) der Poren contraction of the pores rétrécissement (m) des pores	стягиваніе (ср) пор ristringimento (m) dei pori astricción (f) de los poros
17	Schmackauszug (m), Sumachauszug (m), [Sumachextrakt (m)] sumac[h] extract extrait (m) de sumac	экстракт (мр) из листьев растенія сумаха estratto (m) di sommacco extracto (m) de zumaque
18	Schmackbad (n), Sumachbad (n) sumac[h] bath bain (m) de sumac	ванна (жр) из экстракта сумахи bagno (m) di sommacco baño (m) de zumaque
19	Zuckerbeschwerung (f) weighting with sugar charge (f) au sucre	отяжеленіе (ср) сахаром carica (f) di zucchero carga (f) con azúcar
20	Zuckerlösung (f) sugar solution solution (f) de sucre	раствор (мр) сахара soluzione (f) di zucchero solución (f) de azúcar
21	Rohrzuckerbad (n) cane sugar bath bain (m) de sucre de canne	ванна (жр) из раствора тростниковаго сахара bagno (m) di zucchero di canna baño (m) de azúcar de caña
22	Traubenzuckerbad (n) grape sugar *or* glucose bath bain (m) de sucre de raisin *ou* de glucose	ванна (жр) из раствора винограднаго сахара bagno (m) di zucchero d'uva *o* di glucosio baño (m) de glucosa
23	gezuckerte Seide (f) sugared silk soie (f) chargée de sucre	отяжеленный сахаром шёлк (мр), (осахаренный шёлк) seta (f) carica di zucchero seda (f) azucarada
24	Kastanienauszug (m) chestnut extract extrait (m) de châtaigne	экстракт (мр) из каштановых орѣхов estratto (m) di castagna extracto (m) de castañas

1 die Seide pinken *oder* mit Ammoniumzinnchlorid beschweren
to weight the silk with ammonium stannic chloride *or* pink-salt
charger la soie de chlorure d'étain ammoniacal
отяжелить шёлк (мр) амміачно-хлорным оловом
caricare la seta di cloruro di stagno ammoniacale
cargar la seda con cloruro de estaño amoniacal

---

2 Pinken (n) der Seide, Beschwerung (f) der Seide mit Ammoniumzinnchlorid
weighting the silk with pink-salt
charge (f) de la soie au chlorure d'étain ammoniacal
отяжеленіе (ср) амміачно-хлорным оловом
carica (f) della seta di cloruro di stagno ammoniacale
carga (f) de la seda con cloruro de estaño amoniacal

---

3 gepinkte Seide (f), mit Ammoniumzinnchlorid beschwerte Seide (f)
pinked silk
soie (f) chlorurée
амміачно-хлорным оловом отяжеленный шёлк (мр)
seta (f) carica di cloruro di stagno ammoniacale
seda (f) cargada con cloruro de estaño amoniacal

---

4 $(NH_4)_2SnCl_6$
Pinksalz (n), Ammoniumzinnchlorid (n)
ammonium stannic chloride, pink salt
chlorure (m) d'étain ammoniacal
амміачно-хлорное олово (ср)
cloruro (m) di stagno ammoniacale
cloruro (m) de estaño amoniacal

---

5 Pinksalzbad (n), Ammoniumzinnchloridbad (n)
pink salt bath
bain (m) de chlorure d'étain ammoniacal
ванна (жр) из соли амміачно-хлористаго олова
bagno (m) di cloruro di stagno ammoniacale
baño (m) de cloruro de estaño amoniacal

---

6 Zinnoxydsalz (n)
stannic salt
sel (m) stannique
оловянно-кислая соль (жр)
sale (m) d'ossido di stagno
sal (m) de óxido de estaño

---

7 Zinnoxydulsalz (n)
stannous salt
sel (m) stanneux
оловянисто-кислая соль (жр)
sale (m) stannoso
sal (m) de protóxido de estaño

---

8 $SnCl_4 + 5H_2O$
wasserhaltiges Zinnchlorid (n)
hydrated stannic chloride
chlorure (m) d'étain contenant de l'eau
водосодержащее хлорное олово (ср)
cloruro (m) di stagno contenente acqua
cloruro (m) de estaño que contiene agua

---

9 [ätzendes] Zinnchloridbad (n) *oder* Chlorzinnbad (n)
[corrosive] stannic chloride bath
bain (m) de chlorure d'étain [corrosif]
ванна (жр) из (ѣдкаго) хлорнаго олова
bagno (m) di cloruro di stagno [corrosivo]
baño (m) [corrosivo] de cloruro de estaño

---

10 Sodaseifenbad (n)
soap and soda bath
bain (m) de savon et de soude
мыльно-содовая ванна (жр)
bagno (m) di sapone e di soda
baño (m) de jabón y de sosa

Na_2HPO_4
phosphorsaures Natron (n), Natriumphosphat (n)
phosphate of sodium
phosphate (m) de soude
фосфорно-кислый натр(мр); фосфорно-натріевая соль (жр) 11
fosfato (m) di sodio
fosfato (m) sódico

Phosphatbad (n)
phosphate bath
bain (m) de phosphate
фосфорная ванна (жр)
bagno (m) di fosfato 12
baño (m) de fosfato

Zinnphosphatbeschwerung (f)
weighting with tin phosphate
charge (f) au phosphate d'étain
отяжеленіе (ср) фосфорно-оловянными солями
carica (f) di fosfato di stagno 13
carga (f) con fosfato de estaño

Eisenbeschwerung (f)
weighting with iron
charge (f) au fer
отяжеленіе (ср) желѣзом (солями желѣза) 14
carica (f) di ferro
carga (f) con hierro

Bleisalzbeschwerung (f)
weighting with lead salts
charge (f) aux sels de plomb
отяжеленіе (ср) солями свинца
carica (f) di sali di piombo 15
carga (f) con sales de plomo

---

der Seidenfaden wird morsch
the silk fibre becomes brittle
le fil de soie devient cassant
шелковина (жр) становится хрупкой
il filo di seta diventa friabile 16
la fibra de seda se pudre

---

die Seide entschweren
to eliminate the loading matter from the silk
éliminer les matières chargeantes de la soie
освободить шёлк (мр) от отяжеленія
eliminare dalla seta la sostanza di carica 17
descargar la seda

Entschweren (n) der Seide
elimination of the weighting matter from the silk
élimination (f) des matières chargeantes de la soie
освобожденіе (ср) шёлка от отяжеленія
eliminazione (f) della sostanza di carica dalla seta 18
descarga (f) de la seda

Nachweis (m) der Beschwerung
detection of weighting
décèlement (m) de la charge
обнаруживаніе (ср) отяжеленія
prova (f) della carica 19
comprobación (f) de la carga

---

die Beschwerung nachweisen *oder* feststellen
to detect weighting
déceler la charge
обнаружить отяжеленіе (ср)
comprovare la carica 20
comprobar la carga

Selbstentzündung (f) beschwerter Seide
spontaneous ignition of weighted silk
combustion (f) spontanée de la soie chargée
самовозгораніе (ср) отяжеленнаго шёлка
auto-infiammazione (f) della seta caricata 21
combustión (f) espontánea de la seda cargada

1 **22. Das Konditionieren *oder* Bestimmen des Trockengewichts der Seide**
Conditioning *or* Testing of Silk
Conditionnement (m) de la soie
Кондиціонированіе (ср) или опредѣленіе (ср) влажности шёлка
Condizionatura (f) della seta
Acondicionamiento (m) de la seda

2 das Trockengewicht der Seide bestimmen, die Seide konditionieren
to test the moisture in silk, to condition silk
déterminer la quantité d'eau dans la soie, conditionner la soie
кондиціонировать шёлк (мр); опредѣлить влажность (жр) шёлка
condizionare la seta, stabilire il grado di umidità della seta
acondicionar la seda, determinar la humedad de la seda

3 Konditionieranstalt (f), Anstalt (f) zur Bestimmung des Trokkengewichts
testing *or* conditioning house
condition (f), conditionnement (m)
лабораторія (жр) для опредѣленія влажности
locale (m) di condizionatura (f)
instituto (m) de acondicionar *o* de acondicionamiento

4 Konditionierverfahren (n), Verfahren (n) zur Bestimmung des Trockengewichts
method of testing for moisture, conditioning method
méthode (f) de conditionnement
способ (мр) опредѣленія влажности *или* кондиціонированія
metodo (m) di condizionatura
método (m) del acondicionamiento

5 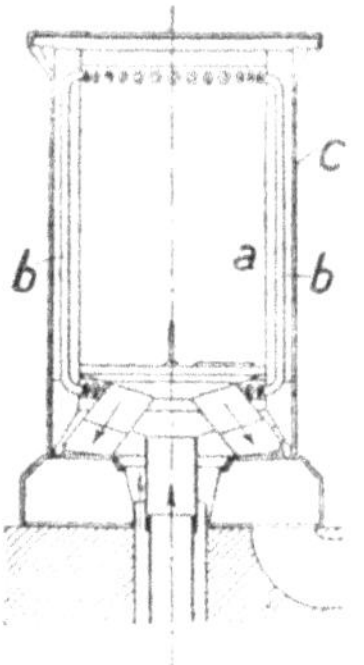

Konditioniervorrichtung (f), Vorrichtung (f) zur Bestimmung des Trockengewichts
testing oven for moisture
étuve (f) de conditionnement, dessiccateur (m)
аппарат (мр) для испытанія влажности шёлка; кондиціонный аппарат (мр)
apparecchio (m) di condizionatura
aparato (m) de acondicionar, estufa (f) de acondicionamiento

6 a
Trockenraum (m)
drying chamber
chambre (f) de séchage
сушильня (жр), сушилка (жр), сушильная камера (жр)
camera (f) d'essiccazione
secadero (m), cámara (f) de secamiento

7 b
Heizrohr (n), Heizröhre (f)
heating pipe
tuyau (m) de chauffage
труба (жр) для нагрѣванія; нагрѣвательная труба (жр)
tubo (m) di riscald[ament]o
tubo (m) de calefacción

heißer Luftstrom (m)
current of hot air
courant (m) d'air chaud 8
струя (жр) горячаго воздуха
corrente (f) d'aria calda
corriente (f) de aire caliente

kühler Luftstrom (m)
current of cold air
courant (m) d'air froid
струя (жр) холоднаго воздуха 9
corrente (f) d'aria fredda
corriente (f) de aire frío

c
Mantel (m) des Trockners
casing
enveloppe (f)
кожух (мр) 10
involucro (m)
caja (f)

die Konditioniervorrichtung mit Gas heizen
to heat the testing oven by gas
chauffer le dessiccateur avec du gaz
нагрѣвать газом кондиціонный аппарат (мр)
riscaldare a gas l'apparecchio di condizionatura 11
calentar el aparato de acondicionar por gas

Gasheizung (f)
gas heating, heating by gas
chauffage (m) au gaz
газовое отопленіе (ср) *или* нагрѣваніе (ср)
riscaldamento (m) a gas 12
calefacción (f) por gas

die Wärme *oder* Temperatur regeln
to regulate the temperature
régler la température
регулировать температуру
regolare la temperatura 13
regular la temperatura

selbsttätig [*oder* automatisch] wirkender Wärmeregler (m) [*oder* Thermoregulator (m)]
self-acting *or* automatic thermostat *or* heat regulator
thermostat (m) automatique
самодѣйствующій *или* автоматическій регулятор (мр) температуры; терморегулятор (мр) 14
termostato (m) automatico
termostato (m) automático

die Seide vortrocknen
to submit the silk to a preparatory drying
soumettre la soie à un séchage préparatoire
предварительно подсушить шёлк (мр)
seccare la seta anticipatamente 15
secar previamente la seda

Vortrocknen (n) der Seide
preparatory drying of the silk
séchage (m) préparatoire de la soie
предварительная сушка (жр) шёлка
essiccazione (f) preparatoria della seta 16
secamiento (m) preparatorio *o* previo de la seda

die Seide trocknen
to dry the silk
sécher la soie
сушить шёлк (мр)
seccare la seta 17
secar la seda

Trocknen (n) der Seide
drying of the silk
séchage (m) *ou* dessiccation (f) de la soie
сушка (жр) шёлка
essiccazione (f) della seta 18
desecación (f) de la seda

Konditionierverlust (m)
loss of moisture, conditioning loss
perte (f) d'humidité au conditionnement
потеря (жр) влажности
perdita (f) di umidità alla condizionatura 19
pérdida (f) de humedad por el acondicionamiento

1 Toleranzzahl (f), Toleranzgewicht (n), zulässiges Mehrgewicht (n)
permissible surplus weight
taux (m) de la reprise, tolérance (f)
допустимый избыток (мр) вѣса
eccedenza (f) di peso tollerabile, peso (m) di tolleranza
exceso (m) legal de peso

2 Handelsgewicht (n), konditioniertes Gewicht (n)
commercial weight
poids (m) marchand
коммерческій *или* торговый *или* кондиціонированный вѣс (мр)
peso (m) mercantile
peso (m) comercial

23. Titrieren (n) *oder* Titerfeststellung (f) *oder* Feinheitsbestimmung (f) der Seide

3 **Numbering of Silk**
Titrage (m) *ou* numérotage (m) de la soie
Титрованіе (ср) шёлка; опредѣленіе (ср) толщины (тонины) шёлковой нити
Titolazione (f) della seta
Numeración (f) *o* clasificación (f) de la seda

4 den Titer *oder* Feinheitsgrad der Seide feststellen, die Seide titrieren
to number silk, to find the titre *or* counts of silk
déterminer le titre *ou* le numéro (m) de la soie, titrer la soie
опредѣлять толщину (тонину) шёлка
determinare il titolo della seta
numerar *o* clasificar la seda

5 Seidentiter (m), Titer (m) der Seide, Feinheitsgrad (m) *oder* Fadennummer (f) der Seide
silk count *or* titre *or* number
titre (m) *ou* numéro (m) de la soie
номер (мр) шёлковой нити; степень (жр) тонкости *или* толщина (жр) шёлка
titolo (m) della seta
número (m) *o* título (m) de clasificación de la seda

6 Titrierverfahren (n), Verfahren (n) zur Bestimmung des Feinheitsgrades
method of numbering silk
méthode (f) de titrage
опредѣленіе (ср) (способ опредѣленія) толщины (тонины) нити
metodo (m) per determinare il titolo
método (m) de numeración

7 konditionierter Titer (m), Feinheitsgrad (m), Nummer (f) der konditionierten Seide
number *or* count of silk after conditioning
titre (m) de la soie conditionnée
номер (мр) кондиціонированнаго шёлка
titolo (m) della seta condizionata
número (m) de la seda acondicionada

8 entschälter Titer (m), Feinheitsgrad (m) der entschälten Seide
number *or* count of silk after degumming
titre (m) de la soie dégommée
номер (мр) дегуммированнаго шёлка (послѣ дегуммированія *или* удаленія камеди)
titolo (m) della seta sgommata
número (m) de la seda desgomada

Titrierhaspel (f), Haspel (m) für die Feinheitsbestimmung
measuring reel
dévidoir (m) de titrage
барабанчик (мр) *или* барабан (мр) для намотки шёлка при опредѣленіи номера
aspo (m) per classificare
devanadera (f) para la numeración 9

Probesträhne (mpl) ziehen
to draw test hanks
retirer des écheveaux (mpl) de preuve
брать пробные мотки (мр)
ricavare le matasse di prova
sacar madejas (fpl) de prueba 10

den Probesträhn haspeln
to reel the test hank
dévider l'écheveau de preuve
размотать *или* смотать *или* намотать пробный моток (мр)
annaspare la matassa di prova
devanar la madeja de prueba 11

Haspelzettel (m)
testing ticket
fiche (f) de preuve
ярлык (мр) пробнаго мотка
etichetta (f) pei campioni
cédula (f) de registro 12

den Originalsträhn nachmessen
to measure the original hank
mesurer l'écheveau original
перемѣрить подлинную пасму путем перемота
misurare la matassa originale
medir *o* mesurar la madeja original 13

Wägung (f) des Strähns
weighing the hank
pesage (m) de l'écheveau
взвѣшиваніе (ср) мотка (пасмы)
pesatura (f) della matassa
pesado (m) de la madeja 14

die Strähne (mpl) wiegen [*oder* wägen]
to weigh the hanks
peser les écheveaux (mpl)
взвѣшивать моток (мр) (пасму)
pesare le matasse
pesar las madejas 15

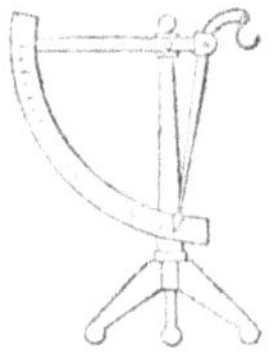

Titrierwage (f), Nummerwage (f), Wage (f) zur Feinheitsbestimmung
testing balance
romaine (f) pour fil
вѣсы (мр) для опредѣленія номера, [квадрон]
romana (f) di prova, bilancia (f) a quadrante
romana (f) de registro 16

selbsttätige [*oder* automatische] Titrierwage (f)
automatic testing balance
romaine (f) automatique
автоматическіе номерные вѣсы (мр)
romana (f) automatica
romana (f) automática 17

= 1,2744 g
Denier (m)
denier
denier (m)
деньер (мр)
denier (m)
denier (m) 18

die Strähne (mpl) in Deniers wiegen
to weigh the hanks in deniers
peser les écheveaux (mpl) en deniers
взвѣшиваніе (ср) проб шёлка в деньерах
pesare le matasse in deniers
pesar las madejas en deniers 19

1	Durchschnittstiter (m), Durchschnittsnummer (f) average number numéro (m) *ou* titre (m) moyen	средній номер (м р) titolo (m) medio número (m) medio
2	feiner Titer (m), feine Nummer (f) fine number titre (m) fin	тонкій номер (м р) titolo (m) fino número fino
3	grober Titer (m), grobe Nummer (f) coarse number titre (m) gros	толстый номер (м р) titolo (m) grossolano número (m) grueso
4	= 0,0531 g	Grän (n) grain grain (m) гран (м р) grano (m) grano (m)
5	Dezimaltiter (m), internationaler Titer (m) decimal *or* international number *or* count titre (m) décimal *ou* international	десятичная *или* международная скала (ж р) номеров titolo (m) decimale o internazionale número (m) decimal o internacional

IV.

6	**Die Sehnenfasern** (f pl) **Fibres of Tendons *or* Sinews** **Fibres** (f pl) **tendineuses**	**Жильныя волокна** (с р) **Fibre** (f pl) **dei tendini** **Fibras** (f pl) **de tendones**
7	die Sehnen (f pl) von Fleisch und Fett reinigen to clean the sinews of flesh and fat enlever les tendons (m pl) de la partie charnue et grasse	очищать жилы (ж р) от мяса и жира spogliare i tendini dalla carne e dal grasso limpiar los tendones de carnes y grasas
8	gerben (v a) to tan (v a) tanner (v a)	дубить conciare (v a) curtir (v a)
9	die Sehnen (f pl) trocknen to dry the sinews sécher les tendons (m pl)	сушить *или* высушивать жилы (ж р) seccare i tendini secar los tendones
10	die Sehnen (f pl) durch Pressen auflösen to loosen the sinews by pressing dissocier les tendons (m pl) par pressage	разрыхлить жилы (ж р) прессованіем disgregare i tendini pressandoli disociar los tendones a presión
11	die Sehnen (f pl) durch Schlagen auflösen to loosen the sinews by beating dissocier les tendons (m pl) par battage	разрыхлить жилы (ж р) битьём disgregare i tendini battendoli disociar los tendones a golpes

V.

Die Federn (f pl) **Feathers** **Les plumes** (f pl)	**Перо** (с р) (**в собирательном смыслѣ**) **Le penne e piume** **Las plumas**	12
Flaumfeder (f) down [feather] plume (f) à duvet	пуховое перо (с р) piuma (f), penna (f) matta plumón (m)	13
Kielfeder (f) quill feather plume (f) à tige	перо (с р) из крыльев penna (f) a cannello pluma (f) con cañón	14
Federfahne (f) feather beard barbe (f) de plume	бородка (ж р) barba (f) della penna barba (f) de la pluma	15
Federkiel (m), Kiel (m) quill tige (f) de la plume	ствол (м р) пера cannello (m) della penna cañón (m)	16
die Federfahnen (f pl) von den Kielen trennen to remove the feather beard from the quills enlever la barbe des plumes	отдѣлять бородку от ствола spogliare la barba dai cannelli desbarbar las plumas	17

VI.

Der Schwamm (m) **The Sponge** **L'éponge** (f)	**Губка** (ж р) **La spugna** **La esponja**	18
mit Muscheln durchsetzter Schwamm (m) sponge interspersed with mussels éponge (f) chargée de coquilles	губка (ж р) заполненная ракушками spugna (f) carica di conchiglie esponja (f) cargada de conchas	19
in Sodalösung gekochter Schwamm (m) sponge boiled in a soda solution éponge (f) cuite dans une solution de soude	губка (ж р) проваренная в растворѣ соды spugna (f) cotta in una soluzione di soda esponja (f) hervida en una solución de sosa	20
durch Säure mürbe gemachter Schwamm (m) sponge made brittle by the action of acids éponge (f) attendrie par l'action des acides	губка (ж р) разрыхленная раствором кислоты spugna (f) ammorbidita dall'azione degli acidi esponja (f) suavizada por la acción de ácidos	21
in Stücke zerrissener Schwamm (m) sponge torn into shreds éponge (f) arrachée en morceaux	разорванная на куски губка (ж р) spugna (f) strappata a pezzi esponja (f) despedazada	22
zu Flaum zerriebener Schwamm (m) sponge shredded into a downy condition éponge (f) réduite en duvets	губка (ж р) истертая в пух spugna (f) ridotta in fiocchi esponja (f) hecha plumón	23

D.

1

Natürliche mineralische Rohstoffe (mpl)
Natural Mineral Raw Materials
Matières (fpl) premières minérales naturelles
Естественное минеральное сырьё (ср)
Materie (fpl) prime minerali naturali
Materias (fpl) primas minerales naturales

2 $Mg_3 Ca Si_4 O_{12}$
Asbest (m), Amiant (m), Bergflachs (m), Bergfleisch (n), Bergleder (n), Bergkork (m), Bergpapier (n), Byssolith (m)
asbestos, amianthus, mountain flax, mountain cork, mountain leather
amiante (m), asbeste (f), papier (m) *ou* liège (m) *ou* cuir (m) fossile, cuir *ou* carton (m) de montagne
асбест (мр), аміат (мр), горный лён (мр), биссолит (мр)
amianto (m), asbesto (m)
amianto (m), asbesto (m), corcho (m) *o* cuero (m) fósil

3
Vorkommen (n) des Asbests
presence of asbestos
présence (f) de l'asbeste *ou* de l'amiante
залежи (жр) *или* мѣстонахожденіе (ср) асбеста
presenza (f) dell'amianto
presencia (f) de amianto

4
Hornblendeasbest (m)
hornblende asbestos
asbeste (f) hornblende
асбест (мр) в роговой обманкѣ
amianto (m) anfibolo
asbesto (m) hornablenda

5
Serpentinasbest (m)
serpentine asbestos
asbeste (f) serpentine
серпентиновый асбест (мр)
amianto-serpentino (m)
asbesto (m) serpentina

6
Asbestfaser (f)
asbestos fibre
filament (m) d'amiante
асбестовое волокно (ср)
fibra (f) d'amianto
fibra (f) de amianto

7
Asbestfaserbündel (n)
asbestos fibre bundle
faisceau (m) de filaments d'amiante
пучёк (мр) асбестоваго волокна
fastello (m) di fibre d'amianto
haz (m) de fibras de amianto

8
Asbestschicht (f)
asbestos stratum
couche (f) d'amiante
слой (мр) асбеста
strato (m) d'amianto
capa (f) de amianto

9
Asbestader (f)
vein of asbestos
veine (f) d'amiante
жила (жр) асбеста
vena (f) *o* filone (m) d'amianto
vena (f) de amianto

10
Gewinnung (f) des Asbests
extraction of asbestos
extraction (f) de l'amiante
добываніе (ср) асбеста
estrazione (f) dell'amianto
extracción (f) del amianto

Asbestgrube (f)
asbestos quarry
carrière (f) d'amiante
асбестовая копь (жр)
cava (f) d'amianto
cantera (f) de amianto
11

Asbestlager (n)
asbestos bed
lit (m) d'amiante
асбестовая залежь (жр)
giacimento (m) *o* letto (m) d'amianto
yacimiento (m) de amianto
12

---

das Asbestgestein sprengen
to blast the asbestos rock
faire sauter la roche d'amiante
взрывать асбестовыя горныя породы (жр)
far saltare la roccia d'amianto
hacer volar la roca de amianto
13

---

den Asbest durch Sprengen gewinnen
to obtain the asbestos by blasting operations
extraire l'amiante par la poudre
добывать асбест (мр) взрываніем
estrarre l'amianto mediante le mine
obtener el amianto por voladura
14

Asbestaufbereitung (f)
dressing the asbestos
préparation (f) de l'amiante
заготовка (жр) (отдѣленіе) асбеста
preparazione (f) dell'amianto
preparación (f) del amianto
15

Rohasbest (m)
raw asbestos
amiante (m) cru
асбест (мр) сырец
amianto (m) greggio
amianto (m) crudo *o* en bruto
16

Reinigung (f) des Rohasbestes
cleaning the raw asbestos
nettoyage (m) de l'amiante cru
очистка (жр) асбеста сырца
purificazione (f) dell'amianto greggio
refinación (f) del amianto crudo
17

---

den Rohasbest reinigen
to clean the raw asbestos
nettoyer l'amiante cru
очищать сырой асбест (мр)
purificare l'amianto greggio
refinar el amianto crudo
18

---

gereinigter Asbest (m)
cleaned asbestos
amiante (m) nettoyé
очищенный асбест (мр)
amianto (m) purificato
amianto (m) refinado *o* purificado
19

1 den Asbest zerkleinern
to crush *or* grind up the asbestos
concasser *ou* broyer l'amiante
размельчать асбест (мр)
frantumare l'amianto
triturar el amianto

2 den Asbest sieben
to sieve the asbestos
tamiser l'amiante
просѣивать асбест (мр)
stacciare *o* crivellare l'amianto
tamizar el amianto

3 gesiebter Asbest (m)
sieved asbestos
amiante (m) tamisé
отсѣянный асбест (мр)
amianto (m) stacciato *o* crivellato
amianto (m) tamizado

4 gemahlener Asbest (m)
ground asbestos
amiante (m) moulu
молотый *или* размолотый асбест (мр)
amianto (m) macinato
amianto (m) molido

5 den zerkleinerten Asbest waschen
to wash the crushed asbestos
laver l'amiante concassé
промывать измельченный асбест (мр)
lavare l'amianto frantumato
lavar el amianto triturado *o* desmenuzado

6 den Rohasbest in kochendem Wasser weich machen *oder* einweichen
to soften the raw asbestos in boiling water
ramollir l'amiante cru dans l'eau bouillante
размягчать асбест-сырец (мр) в кипяткѣ
rammollire l'amianto greggio nell'acqua bollente
ablandar *o* suavizar el amianto crudo en agua que hierve

7 den geweichten Asbest trocknen
to dry the softened asbestos
sécher l'amiante ramolli
сушить размягчённый асбест (мр)
seccare *o* asciugare l'amianto rammollito
secar el amianto ablandado *o* suavizado

8 Eigenschaften (fpl) des Asbests
qualities of asbestos
qualités (fpl) de l'amiante
свойства (ср) асбеста
qualità (fpl) *o* caratteristiche (fpl) dell'amianto
propiedades (fpl) del amianto

9 langfaseriger Asbest (m)
long fibred asbestos
amiante (m) longue soie
длинноволокнистый асбест (мр)
amianto (m) a lunga fibra
amianto (m) de fibra larga

10 kurzfaseriger Asbest (m), Asbestolith (m)
short fibred asbestos
amiante (m) courte soie
коротковолокнистый асбест (мр)
amianto (m) di fibra corta
amianto (m) de fibra corta

11 feinfaseriger Asbest (m)
fine fibred asbestos
amiante (m) de filaments fins
тонковолокнистый асбест (мр)
amianto (m) di fibra fina
amianto (m) de fibra fina

12 durchscheinender *oder* durchsichtiger [*oder* transparenter] Asbest (m)
transparent asbestos
amiante (m) transparent
просвѣчивающій *или* прозрачный асбест (мр)
amianto (m) trasparente
amianto (m) transparente *o* diáfano

13 undurchsichtiger Asbest (m)
opaque asbestos
amiante (m) opaque
непрозрачный асбест (мр)
amianto (m) opaco
amianto (m) opaco

14 $H_4 Mg_3 Si_2 O_9$
schillernder Asbest (m), Chrysotil (m)
chrysotile
chrysotile (m)
переливчатый асбест (мр); хризотил (мр)
chrisotile (m)
crisótilo (m)

15 schneeweiße Asbestfaser (f)
snow-white asbestos fibre
filament (m) d'amiante blanc de neige
бѣлоснѣжное волокно (ср) асбеста
fibra (f) d'amianto bianconeve
fibra (f) de amianto de blancura nívea

16 grünliche Asbestfaser (f)
greenish asbestos fibre
filament (m) d'amiante verdâtre
зеленоватое волокно (ср) асбеста
fibra (f) d'amianto verdastra
fibra (f) de amianto verdosa

17 bräunliche Asbestfaser (f)
brownish asbestos fibre
filament (m) d'amiante brunâtre
коричневатое волокно (ср) асбеста
fibra (f) d'amianto brunastra
fibra (f) de amianto pardusca

18 blaue Asbestfaser (f)
blue asbestos fibre
filament (m) d'amiante bleu
синее волокно (ср) асбеста
fibra (f) d'amianto azzurra
fibra (f) de amianto azul

19 Farbe (f) des Asbestes
colour of asbestos
couleur (f) de l'amiante
цвѣт (мр) асбеста
colore (m) dell'amianto
color (m) del amianto *o* del asbesto

20 schlechte Wärmeleit[ungs]fähigkeit (f)
poor *or* bad heat conductivity
conductibilité (f) thermique mauvaise
плохая теплопроводимость (жр)
cattiva conduttività (f) termica
mala conductibilidad (f) de calor

21 Unverbrennbarkeit (f) des Asbestes
incombustibleness of asbestos
incombustibilité (f) de l'amiante
тугосгораемость (жр) асбеста
incombustibilità (f) dell'amianto
incombustibilidad (f) del asbesto *o* amianto

22 feuerbeständiger *oder* feuerfester Asbest (m)
fire-proof *or* refractory asbestos
amiante (m) réfractaire *ou* à l'épreuve du feu
огнеупорный *или* огнестойкій асбест (мр)
amianto (m) refrattario
amianto refractario

23 säurebeständiger Asbest (m)
acid-proof asbestos
amiante (m) à l'épreuve des acides
кислотоупорный асбест (мр)
amianto (m) a prova d'acidi
amianto (m) resistente a los ácidos

24 Widerstandsfähigkeit (f) gegen Säure
resistance to acids
résistance (f) aux acides
стойкость (жр) против кислот
resistenza (f) agli acidi
resistencia (f) a los ácidos

E.

1

Künstliche Rohstoffe (m pl)
Artificial Raw Materials
Matières (f pl) premières artificielles
Искусственныя сырыя вещества (с р); искусственное сырьё (с р)
Materie (f pl) prime artificiali
Materias (f pl) primas artificiales

I.

2

Kunstseide (f), künstliche Seide (f)
Artificial Silk
Soie (f) artificielle
Искусственный шёлк (м р)
Seta (f) artificiale
Seda (f) artificial

3

1. Allgemeines (n)
General
Généralités (f pl)
Общее
Generalità (f pl)
Generalidades (f pl)

No.	Deutsch / English / Français	Русский / Italiano / Español
4	Naturerzeugnis (n), [Naturprodukt (n)] natural product produit (m) naturel	естественный *или* природный продукт (м р) prodotto (m) naturale producto (m) natural
5	künstliches Erzeugnis (n), Kunsterzeugnis (n), [Kunstprodukt (n)] artificial product produit (m) artificiel	искусственный продукт (м р) prodotto (m) artificiale producto (m) artificial
6	kunstseidenes Erzeugnis (n) [*oder* Produkt] artificial silk product produit (m) de soie artificielle	продукт (м р) из искусственнаго шёлка prodotto (m) di seta artificiale producto (m) de seda artificial
7	Kunstseidenfaden (m) artificial silk filament fil (m) de soie artificielle	нить (ж р) искусственнаго шёлка filo (m) di seta artificiale filamento (m) de seda artificial
8	Zellstoffseide (f), [Zelluloseseide (f)] cellulose silk soie (f) à la cellulose	шёлк (м р) из клѣтчатки; целлулозный шёлк (м р) seta (f) di cellulosa seda (f) de celulosa
9	Nitrozelluloseseide (f), Nitroseide (f), Nitratseide (f), Kollodiumseide (f) nitro-cellulose *or* Chardonnet silk, collodion silk soie (f) à la nitro-cellulose *ou* de Chardonnet *ou* au pyroxyle *ou* au collodion	нитро-целлулозный шёлк (м р); нитрошёлк (м р) seta (f) di nitrocellulosa *o* di pirossilo *o* di collodio seda (f) de nitrocelulosa *o* de colodión
10	Kupferoxydammoniakseide (f), Kupferseide (f), Glanzstoffseide (f), Glanzstoff (m) cuprammonium silk, cuprate silk soie (f) au cuivre *ou* à l'oxyde de cuivre ammoniacal	шёлк (м р) из клѣтчатки растворенной в амміачном растворѣ окиси мѣди; глянцевидное вещество (с р) seta (f) all' ossido di rame ammoniacale, seta parigina seda (f) al cobre *o* al óxido cupro-amoniacal
11	Viskoseseide (f) viscose silk [soie (f)] viscose (f)	вискозный шёлк (м р) seta (f) a base di viscosio seda (f) viscose
12	Azetatseide (f) acetate silk soie (f) à l'acétate	уксусно-кислый шёлк (м р) seta (f) all'acetato seda (f) al acetato
13	Kunstseide (f) aus tierischem Leim [*oder* Gelatine], Eiweißkörpern, Pflanzengallerten und Knochenleim artificial silk from gelatine, albuminous substances, vegetable jellies and ossein soie (f) artificielle à la gélatine, aux subtances albumineuses, aux gelées végétales et à l'osséine	искусственный шёлк (м р) из желатина, из бѣлка, из растительнаго клея, из оссеина seta (f) artificiale di gelatina, sostanze albuminose, materie vegetabili gelatinose e osseina seda (f) artificial de gelatina, sustancias albuminosas, gelatinas vegetales y oseina
14	gleichartige [*oder* homogene] Beschaffenheit (f) des Fadens homogeneous nature of the filament nature (f) homogène du fil	однородность (ж р) *или* гомогенность (ж р) нити natura (f) omogenea del filo naturaleza (f) homogénea del filamento

1 feiner *oder* dünner Einzelfaden (m)
fine *or* thin single filament
fil (m) simple et fin
тонкая единичная (одинарная) нить (жр)
filo (m) semplice e fino
hebra (f) simple fina

2 Kunstseidefabrik (f)
artificial silk mill
fabrique (f) de soie artificielle
фабрика (жр) искусственнаго шёлка
fabbrica (f) di seta artificiale
fábrica (f) de seda artificial

2. Ausgangsstoffe (mpl) *oder* Grundstoffe (mpl) für die Herstellung der Kunstseide

Исходные или основные матеріалы (мр) для изготовленія искусственнаго шёлка

3

Primary Materials for the Production of Artificial Silk

Materie (fpl) prime della seta artificiale

Matières (fpl) premières pour la soie artificielle

Materias (fpl) primas para la seda artificial

4 [fadenziehende] Spinnlösung (f), Spinnflüssigkeit (f), Spinnmasse (f)
spinning fluid, spinning solution
solution (f) à filer
пряжная жидкость (жр) *или* масса (жр); пряжный раствор (мр)
soluzione (f) *o* materia (f) per filare
solución (f) hilable o para hilar

5 Gehalt (m) der Spinnlösung an festem Stoff
contents of the spinning solution in solid matter
teneur (f) en matière solide de la solution à filer
количество (ср) твердых веществ в пряжном растворѣ
tenore (m) in materia solida della soluzione per filare
contenido (m) de la solución para hilar en materia sólida

6 $C_6H_{10}O_5$, $C_{24}H_{40}O_{20}$
Zellstoff (m), [Zellulose (f)]
cellulose
cellulose (f)
клѣтчатка (жр), целлулоза (жр)
cellulosa (f)
celulosa (f)

7 Zellstoffgehalt (m) der Lösung
proportion of cellulose *or* cellulose contents of the solution
teneur (f) en cellulose de la solution
содержаніе (ср) клѣтчатки в растворѣ
tenore (m) in cellulosa della soluzione
contenido (m) en celulosa de la solución

8 Zellstofflösung (f)
solution of cellulose
solution (f) de cellulose
раствор (мр) клѣтчатки *или* целлулозы
soluzione (f) di cellulosa
solución (f) de celulosa

9 Löslichkeit (f) des Zellstoffes
solubility of the cellulose
solubilité (f) de la cellulose
растворимость (жр) клѣтчатки *или* целлулозы
solubilità (f) della cellulosa
solubilidad (f) de la celulosa

löslicher Zellstoff (m)
soluble cellulose
cellulose (f) soluble
растворимая клѣтчатка (жр) *или* целлулоза (жр) 10
cellulosa (f) solubile
celulosa (f) soluble

den Zellstoff in die lösliche Form *oder* in Lösung überführen
to convey the cellulose in its soluble condition
amener la cellulose à un état soluble, solubiliser la cellulose
перевести *или* превратить клѣтчатку в растворимое состояніе (ср) 11
ridurre la cellulosa ad uno stato solubile
solubilizar *o* hacer soluble la celulosa

Zellstoffverbindung (f)
cellulose compound
composé (m) de cellulose
соединение (ср) клѣтчатки *или* целлулозы
composto (m) di cellulosa 12
composición (f) de celulosa

Zellstoffmolekel (n)
molecule of cellulose
molécule (f) de la cellulose
молекула (жр) клѣтчатки *или* целлулозы
molecola (f) della cellulosa 13
molécula (f) de celulosa

Reduktion (f) des Zellstoffes
reduction of the cellulose
réduction (f) de la cellulose
возстановительность (жр) клѣтчатки
riduzione (f) della cellulosa 14
reducción (f) de la celulosa

Aufspaltung (f) des Zellstoffes durch Säuren
decomposition of the cellulose by acids
décomposition (f) de la cellulose par des acides
расщепленіе (ср) клѣтчатки кислотами
decomposizione (f) della cellulosa mediante acidi 15
descomposición (f) de la celulosa por los ácidos

Aufspaltung (f) des Zellstoffes durch Alkalien
decomposition of the cellulose by alkalies
décomposition (f) de la cellulose par des alcalis
расщепленіе (ср) клѣтчатки щёлочами
decomposizione (f) della cellulosa mediante alcali 16
descomposición (f) de la celulosa por los álcalis

Aufspaltung (f) des Zellstoffes durch oxydierende Stoffe
decomposition of the cellulose by oxidizing agents
décomposition (f) de la cellulose par des agents d'oxydation
расщепленіе (ср) клѣтчатки посредством окислительных веществ
decomposizione (f) della cellulosa mediante reagenti ossidanti 17
descomposición (f) de la celulosa por los agentes oxidantes

den Zellstoff aufschließen
to decompose the cellulose
décomposer *ou* désagréger la cellulose
расщеплить молекулу клѣтчатки
decomporre la cellulosa 18
descomponer *o* disgregar la celulosa

seideglänzender Zellstoff (m)
cellulose of silky lustre
cellulose (f) de lustre soyeux
шелковистая клѣтчатка (жр) *или* целлулоза (жр)
cellulosa (f) di lucido setaceo 19
celulosa (f) de lustre sedoso

No.		
1	Zellstoffarten (fpl) varieties of cellulose variétés (fpl) de cellulose	сорта (мр) *или* виды (мр) клѣтчатки *или* целлулозы varietà (fpl) di cellulosa variedades (fpl) de celulosa
2	reiner Zellstoff (m) pure cellulose cellulose (f) pure	чистая клѣтчатка (жр) *или* целлулоза (жр) cellulosa (f) pura celulosa (f) pura
3	Baumwolle (f) cotton coton (m)	хлопок (мр), хлопчатая бумага (жр) cotone (m) algodón (m)
4	gebleichte Baumwolle (f) bleached cotton coton (m) blanchi	отбѣленный хлопок (мр) cotone (m) sbiancato algodón (f) blanqueado
5	[wechselnder] Bleichgrad (m) der Baumwolle [variable] degree of bleach of the cotton degré (m) [variable] de blanchiment du coton	(перемѣнная) степень (жр) отбѣлки хлопка grado (m) [variabile] di sbianca del cotone grado (m) [variable] de blanqueo del algodón
6	Fettstoff (m) [*oder* Fettsubstanz (f)] der Faser fatty matter in the fibre matière (f) grasse de la fibre	жировое вещество (ср) волокна materia (f) grassa della fibra materia (f) grasa de la fibra
7	Wachsgehalt (m) der Faser wax contents in the fibre teneur (f) en cire de la fibre	количество (ср) воска в волокнѣ tenore (m) in cera della fibra contenido (m) de cera en la fibra
8	stickstoffhaltiger Körper (m) nitrogenous body corps (m) azoté	азотосодержащее вещество (ср) corpo (m) azotato cuerpo (m) azoado
9	Baumwollzellstoff (m) cotton cellulose cellulose (f) de coton	клѣтчатка (жр) хлопка; хлопчато-бумажная целлулоза cellulosa (f) di cotone celulosa (f) de algodón
10	Zellstoffgehalt (m) der Baumwolle amount of cellulose in cotton teneur (f) en cellulose du coton	содержаніе (ср) клѣтчатки в хлопчатобумажном волокнѣ tenore (m) in cellulosa del cotone contenido (m) de celulosa del algodón
11	natürliche Oxyzellulose (f) natural oxycellulose oxycellulose (f) naturelle	естественная оксицеллулоза (жр) ossicellulosa (f) naturale celulosa (f) natural oxidada
12	verholztes Gewebe (n) lignified tissue tissu (m) lignifié	одеревенѣлая ткань (жр) tessuto (m) lignificato tejido (m) lignificado
13	Holzzellstoff (m) wood cellulose cellulose (f) du bois	древесная клѣтчатка (жр) cellulosa (f) di legno celulosa (f) de madera
14	Nadelholz (n) mit Bisulfitlösung kochen to boil pine wood in a bisulphite solution faire bouillir le bois conifère dans une solution de bisulfite	вываривать хвойное дерево (ср) в растворѣ бисульфита cuocere il legno conifero in una soluzione di bisolfito hervir la madera de coníferas en una solución de bisulfito
15	den Holzgummi lösen to dissolve the vegetable gum dissoudre la gomme végétale	растворить древесную камедь (жр) sciogliere la gomma vegetale disolver la goma de la madera
16	den Zellstoff in Pappenform bringen to form the cellulose into paste-board amener la cellulose en forme de carton	превратить клѣтчатку *или* целлулозу в картон (мр) dare alla cellulosa la forma del cartone dar a la celulosa la forma de cartón
17	**3. Spinnlösung (f), Spinnmasse (f)** **Spinning Solution** **Solution (f) à filer**	**Пряжный раствор (мр)** **Soluzione (f) per filare** **Solución (f) para hilar**
18	Ausziehbarkeit (f) der Spinnlösung ductility of the spinning solution ductilité (f) de la solution à filer	способность (жр) пряжнаго раствора вытекать duttilità (f) della soluzione per filare ductilidad (f) de la solución para hilar
19	fadenziehende *oder* zähflüssige Spinnlösung (f) viscous spinning solution solution (f) à filer visqueuse	вязкій пряжный раствор (мр) soluzione (f) viscosa per filare solución (f) viscosa para hilar
20	Zähflüssigkeit (f) [*oder* Viskosität (f)] der [Spinn-]Lösung viscosity of the [spinning] solution viscosité (f) de la solution [à filer]	тягучесть (жр) *или* вязкость (жр) раствора viscosità (f) della soluzione [per filare] viscosidad (f) de la solución [para hilar]
21	gleichmäßige Zähflüssigkeit (f) der Spinnlösungen even viscosity of the spinning solutions viscosité (f) uniforme des solutions à filer	равномѣрная вязкость (жр) пряжнаго раствора viscosità (f) uniforme delle soluzioni per filare viscosidad (f) uniforme de las soluciones para hilar
22	innere Reibung (f) der Lösung fluid friction of the solution frottement (m) intérieur de la solution	внутреннее треніе (ср) раствора frizione (f) interna della soluzione frotamiento (m) interno de la solución
23	Anreicherung (f) [*oder* Konzentration (f)] der Lösung concentration of the solution concentration (f) de la solution	сгущеніе (ср) пряжнаго раствора concentrazione (f) della soluzione concentración (f) de la solución

1	konzentrierte Lösung (f) concentrated solution solution (f) concentrée	сгущенный (концентрированный) раствор (мр) soluzione (f) concentrata solución (f) concentrada
2	Fließbarkeit (f) der Lösung fluidity of the solution fluidité (f) de la solution	текучесть (жр) раствора fluidità (f) della soluzione fluidez (f) de la solución
3	Abscheidung (f) *oder* Fällen (n) *oder* Ausfällen des gelösten Stoffes precipitation of the dissolved matter précipitation (f) de la matière dissoute	выдѣленіе (ср) растворенных веществ precipitazione (f) della materia sciolta precipitación (f) de la materia disuelta
4	den gelösten Stoff abscheiden *oder* ausscheiden *oder* fällen to precipitate the dissolved matter précipiter la matière dissoute	выдѣлить *или* осадить растворенное вещество (ср) precipitare la materia sciolta precipitar la materia disuelta
5	kolloide Form (f) des abgeschiedenen Stoffes *oder* der Ausscheidung *oder* des Präzipitats colloidal form of the precipitate forme (f) colloidale du précipité	коллоидальный вид (мр) выдѣленнаго *или* осажденнаго вещества forma (f) colloidale del precipitato estructura (f) coloidal de la materia separada
6	Gerinnen (n) der Lösung coagulation of the solution coagulation (f) de la solution	застываніе (ср) раствора coagulazione (f) della soluzione coagulación (f) de la solución
7	die Lösung gerinnt the solution coagulates la solution se coagule	пряжная масса (жр) студенѣет la soluzione si coagula la solución se coagula
8	der Fadenmasse das Lösungsmittel entziehen to extract the solvent from the spinning solution extraire le dissolvant de la solution à filer	извлечь растворитель (мр) из пряжной массы estrarre il dissolvente dalla soluzione per filare extraer el [medio] disolvente de la solución para hilar
9	Zersetzung (f) der löslichen Verbindung decomposition of the soluble compound décomposition (f) de la combinaison soluble	разложеніе (ср) растворимаго соединенія decomposizione (f) della combinazione solubile descomposición (f) de la combinación soluble
10	die Lösung zersetzt sich the solution decomposes la solution se décompose	раствор (мр) разлагается la soluzione si scompone *o* si decompone la solución se descompone
11	Verunreinigungen (fpl) der Lösung impurities in the solution impuretés (fpl) de la solution	загрязненіе (ср) раствора impurità (fpl) della soluzione impurezas (fpl) de la solución

die Lösung [durchseihen *oder* filtern [*oder* filtrieren] to filter the solution filtrer la solution	раствор (мр) процѣдить *или* фильтровать filtrare la soluzione filtrar la solución	12

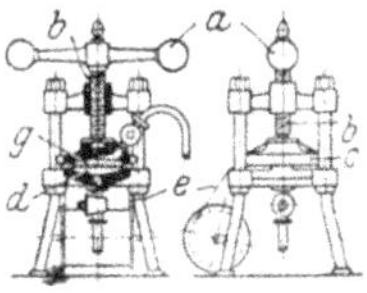

Filterpresse (f)
filter press
filtre-presse (m)
фильтр-пресс (мр)
pressa (f) a filtro
filtro-prensa (m) 13

a	Schwinghebel (m), Schwungarm (m), Balancier (m) beam balancier (m) балансир (мр) bilanciere (m) balancín (m)	14
b	Schraubenspindel (f) screw spindle vis (f) de vérin винтовой стержень (мр), винт (мр) asta (f) filettata vástago (m) roscado, husillo (m)	15
c	Preßkopf (m) press head tête (f) de presse головка (жр) пресса [нажимная плита] placca (f) di pressione cabeza (f) de prensa	16
d	Filterkammer (f) filter chamber chambre (f) de filtration фильтраціонная камера (жр) camera (f) di filtrazione cámara (f) de filtración	17
e	Filterstoff (m), Filtertuch (n), Filtergewebe (n), [Filtriermaterial (n)] filter cloth, filtering material toile (f) à filtrer, toile filtrante фильтровалная ткань (жр); ткань (жр) для фильтрованія tela (f) *o* panno (m) *o* tessuto (m) filtrante *o* da filtro tela (f) *o* paño (m) filtrante	18
	auswechselbares Filtertuch (n) interchangeable *or* renewable filter cloth toile (f) à filtrer interchangeable с'ёмная фильтровальная ткань (жр) tela (f) filtrante ricambiabile tela (f) filtrante [inter-] cambiable	19
	baumwollenes Filtertuch (n) cotton filter cloth toile (f) à filtrer en coton хлопчатобумажная фильтровальная ткань (жр) tela (f) filtrante di cotone tela (f) de algodón para filtrar	20
g	Sieb (n) sieve tamis (m) сѣтка (жр), сито (ср) staccio (m) criba (f), tamiz (m)	21

No.	Deutsch / English / Français	Русский / Italiano / Español
1	Seidengaze (f) silk gauze gaze (f) en soie	шёлковый газ (мр) garza (f) di seta gaza (f) de seda
2	Filterwatte (f) filter wadding ouate (f) à filtrer	фильтровальная вата (жр) ovatta (f) per filtrare *o* da filtro guata (f) filtrante *o* para filtrar
3	Blasenbildung (f) in der Spinnflüssigkeit formation of bubbles in the spinning solution formation (f) de bulles [d'air] dans la solution à filer	образованіе (ср) газовых пузырей в пряжной жидкости formazione (f) di bolle d'aria nella soluzione per filare formación (f) de burbujas en la solución para hilar
4	die Lösung enthält Luftbläschen the solution contains bubbles la solution contient des bulles [d'air]	раствор (мр) содержит воздушные пузыри la soluzione contiene bolle d'aria la solución contiene burbujas de aire
5	Entlüften (n) *oder* Entlüftung (f) der Lösung elimination of air from the solution élimination (f) de l'air de la solution	удаленіе (ср) воздуха из раствора eliminazione (f) dell'aria dalla soluzione eliminación (f) del aire de la solución
6	die Lösung entlüften to de-aerate the solution, to exhaust the air from the solution, to deprive the solution of air désaérer la solution, éliminer l'air de la solution	удалить воздух (мр) из раствора eliminare l'aria dalla soluzione, disaereare la soluzione desairear la solución, eliminar el aire de la solución
7	Reife (f) der Lösung ripeness of the solution mâturité (f) de la solution	зрѣлость (жр) раствора maturità (f) della soluzione madurez (f) de la solución
8	die Spinnlösung reift the spinning solution ripens la solution à filer mûrit	пряжный раствор (мр) созрѣвает la soluzione per filare matura la solución para hilar madura
9	die Molekel (n pl) [*oder* Moleküle (n pl)] der Lösung verdichten sich *oder* kondensieren sich the molecules of the solution condense les molécules (f pl) de la solution se condensent	молекулы (жр) пряжнаго раствора сгущаются *или* конденсируются le molecole della soluzione si condensano las moléculas de la solución se condensan
10	die Lösung wird dünnflüssig the solution becomes very fluid la solution devient très liquide	пряжный раствор (мр) становится жидким *или* разжижается la soluzione diventa molto liquida la solución se torna muy flúida
11	die Lösung wird zum Spinnen untauglich the solution becomes unfit for spinning la solution devient impropre au filage	раствор (мр) становится непригодным для пряденія la soluzione diventa disadatta alla filatura la solución se torna inútil para el hilado

12 4. Spinnverfahren (n pl) und Spinnvorrichtungen (f pl) — Spinning Processes and Spinning Apparatus — Procédés (m pl) et appareils (m pl) de filage — Способы (мр) пряденія и приспособленія (ср) для пряденія — Processi (m pl) ed apparecchi (m pl) di filatura — Procedimientos (m pl) y aparatos (m pl) de hilado *o* para hilar

No.	Deutsch / English / Français	Русский / Italiano / Español
13	Trockenspinnverfahren (n) dry spinning process [procédé (m) de] filage (m) à sec	способ (мр) сухого пряденія processo (m) di filatura a secco procedimiento (m) de hilado en seco
14	Naßspinnverfahren (n) wet spinning process [procédé (m) de] filage (m) à l'eau *ou* humide	способ (мр) мокраго пряденія processo (m) di filatura ad umido procedimiento (m) de hilado en húmedo
15	künstlicher Spinnvorgang (m) artificial spinning process procédé (m) de filage artificiel	искусственный процесс (мр) пряденія processo (m) di filatura artificiale procedimiento (m) de hilado artificial
16	Kontraktion (f) der Fadenmasse contraction of the spinning solution contraction (f) de la solution à filer	стягиваніе (ср) (сжатіе, сокращеніе) *или* сжимаемость (жр) *или* сокращаемость (жр) нитяной массы contrazione (f) della soluzione per filare contracción (f) de la solución para hilar
17	die Molekel (n pl) der Lösung in einer bestimmten Lage festhalten to fix the molecules of the solution in a definite position fixer les molécules (f pl) de la solution dans une position définie	удерживать молекулу раствора в опредѣленном состояніи fissare le molecole della soluzione in una data posizione fijar las moléculas de la solución en una posición definada
18	spinnfertige Lösung (f) solution ready for spinning solution (f) prête au filage	готовый для пряденія раствор (мр) soluzione (f) pronta per la filatura solución (f) lista para el hilado
19	chemische Beschaffenheit der Lösung chemical condition of the solution condition (f) chimique de la solution	химическое свойство (ср) пряжнаго раствора qualità (f pl) chimiche della soluzione condición (f) química de la solución
20	die Lösung verspinnen to spin the solution filer la solution	выпрясть *или* выпрядать раствор (мр) filare la soluzione hilar la solución
21	die Lösung tritt durch Düsen aus the solution flows out through nozzles la solution sort *ou* s'échappe par des filières *ou* tubes capillaires	пряжный раствор (мр) выступает из щели *или* мундштука la soluzione esce dalle filiere la solución pasa por las toberas

1 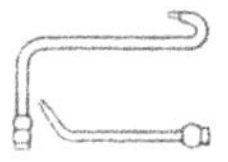
Düsenform (f)
form *or* shape of nozzle
forme (f) de la filière
форма (жр) мундштука
forma (f) della filiera
forma (f) de la tobera

2
gläserne Spinndüse (f), [,,Seidenraupe"]
glass nozzle, spinneret
filière (f) en verre, ,,ver (m) à soie"
стеклянный мундштук (мр) (,,шелкопряд")
filiera (f) di vetro
tobera (f) de cristal

---

3 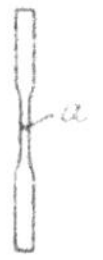
ausgezogene Glasröhre (f)
drawn out glass tube, capillary tube
tube (m) de verre étiré en capillaire
тянутая стеклянная трубка (жр)
tubo (m) di vetro stirato
tubo (m) de cristal estirado

---

4 a
Einschnürung (f) der Glasröhre
contraction of the glass tube
contraction (f) du tube en verre
утоненіе (ср) *или* перетяжка (жр) стекляной трубки
contrazione (f) del tubo di vetro
contracción (f) del tubo de cristal

5
enge Düse (f)
narrow nozzle
filière (f) étroite
узкій мундштук (мр)
filiera (f) stretta
tobera (f) estrecha

6
weite Düse (f)
wide nozzle
filière (f) large
широкій мундштук (мр)
filiera (f) larga
tobera (f) ancha

7
Einzeldüse (f)
single nozzle
filière (f) unique
одинарный мундштук (мр)
singola filiera (f)
tobera (f) suelta

8
Düsenöffnung (f)
nozzle opening
orifice (m) *ou* ouverture (f) de la filière
отверстіе (ср) мундштука
orificio (m) o apertura (f) o foro (m) della filiera
orificio (m) de la tobera

9
kreisförmige Düsenöffnung (f)
circular nozzle opening
ouverture (f) circulaire de la filière
круглое отверстіе (ср) мундштука
orificio (m) circolare della filiera
orificio (m) circular de la tobera

10
kantige Düsenöffnung (f)
bevelled nozzle opening
ouverture (f) de filière chanfreinée
многогранное отверстіе (ср) мундштука
orificio (m) angolare della filiera
orificio (m) esquinado de la tobera

11
wellige Düsenöffnung (f)
wavy nozzle opening
ouverture (f) de filière ondulée
волнистое отверстіе (ср) мундштука
orificio (m) ondulato della filiera
orificio (m) ondulado de la tobera

12
schlitzförmige Düsenöffnung (f)
slit-like nozzle opening
ouverture (f) de filière en forme de fente
щелевидное отверстіе (ср) мундштука
orificio (f) della filiera in forma di fessura
orificio (m) de la tobera en forma de hendidura

---

13 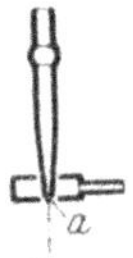
a
Ringdüse (f), ringförmige Düse (f)
ring nozzle
filière (f) annulaire
кольцевой *или* кольцеобразный мундштук (мр)
filiera (f) anulare
tobera (f) anular

14
Brause (f), mehrfädige Düse (f), Spinnbrause (f)
spraying nozzle, multiple nozzle
filière (f) multiple
ситочный *или* многострунный мундштук (мр)
filiera (f) multipla
tobera (f) múltiple

---

15 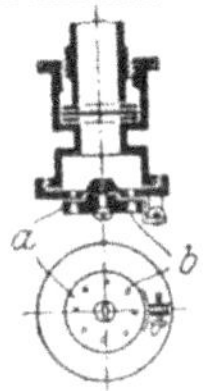
Brause (f) mit verstellbaren Löchern
nozzle with adjustable apertures *or* holes *or* openings
filière (f) à orifices réglables
мундштук (мр) с перестановочными [дифференціальными] отверстіями [с діафрагмой]
filiera (f) a fori regolabili
tobera (f) con orificios reglables

---

16 a
verstellbare Platte (f)
adjustable plate
plaque (f) réglable
затворный диск (мр), затвор (мр)
placca (f) regolabile
placa (f) reglable

---

17 b
Durchlaßöffnung (f)
opening passage
orifice (m) de passage
пропускное отверстіе (ср)
orificio (m) di passaggio
orificio (m) de paso

18
die Durchlaßöffnung durch Drehung der Platte verkleinern
to make the opening passage smaller by revolving the plate
diminuer l'orifice de passage en faisant tourner la plaque
уменьшать *или* сокращать пропускное отверстіе (ср) поворотом диска
ridurre l'orificio di passaggio facendo girare la placca
reducir el orificio haciendo girar la placa

19
Verstopfung (f) der Löcher
choking of the holes
bouchage (m) des trous
засореніе (ср) *или* застопориваніе (ср) отверстій
otturazione (f) dei fori
obstrucción (f) de los agujeros

20
die Düse verstopft sich
the nozzle becomes clogged *or* blocked *or* choked
la filière se bouche
мундштук (мр) засоряется *или* застопоривается
la filiera si ottura
la tobera se obstruye

21
eine verstopfte Düse durch den elektrischen Funken reinigen
to clean a choked nozzle by the electric spark
nettoyer une filière bouchée par l'étincelle électrique
прочистить засорившійся мундштук (мр) электрическими искрами, (выжиганіе)
pulire colla scintilla elettrica una filiera otturatasi
limpiar una tobera obstruída mediante la chispa eléctrica

1
die Platindüse durch Ausglühen reinigen
to clean the platinum nozzle by annealing
nettoyer la filière en platine par le passage au feu
очищать платиновый мундштук (мр) обжиганіем
pulire la filiera di platino facendola ricuocere
limpiar la tobera de platino al fuego

2

kegelförmige [*oder* konische] Düse (f)
conical nozzle
filière (f) conique
коническій *или* конусообразный мундштук (мр)
filiera (f) conica
tobera (f) cónica

3 a
elastische Spitze (f)
elastic end
pointe (f) élastique
упругій конец (мр)
punta (f) elastica
punta (f) elástica

4 b
Düsenmündung (f)
nozzle mouth
orifice (f) de la filière
устье (ср) мундштука
orificio (m) della filiera
orificio (m) de la tobera

5
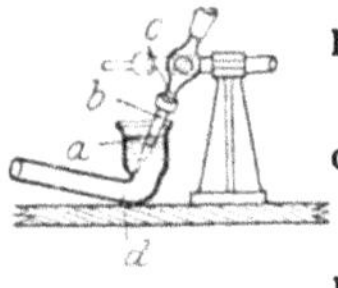

die Glasdüse entleert sich unter der Oberfläche der Erstarrungsflüssigkeit
the glass nozzle discharges *or* empties itself below the surface of the coagulating liquid
la filière en verre se vide endessous de la surface du liquide coagulateur
стеклянный мундштук (мр) опоражнивается ниже уровня закрѣпительной жидкости
la filiera di vetro si vuota sotto la superficie del liquido coagulatore
la tobera de cristal se vacía bajo la superficie del líquido coagulador

6 a
Oberfläche (f) *oder* Spiegel (m) [*oder* Niveau (m)] der Erstarrungsflüssigkeit
level of the coagulating liquid
niveau (m) du liquide coagulateur
поверхность (жр) [уровень] закрѣпительной жидкости, [жидкости для отвердѣнія нити]
superficie (f) *o* livello (m) del liquido coagulatore
nivel (m) del líquido coagulador

7 b
Glasdüse (f)
glass nozzle
filière (f) en verre
стеклянный мундштук (мр)
filiera (f) di vetro
tobera (f) de cristal

8 c
Mundstückhalter (m), Düsenhalter (m)
nozzle holder
support (m) de la filière
держатель (мр) мундштука
porta-filiera (m)
soporte (m) de la tobera

d
gebogene Trichterröhre (f)
bent funnel tube
tube (m) courbé en forme d'entonnoir
изогнутая трубка (жр) воронки
tubo (m) piegato a forma d'imbuto
tubo (m) curvado en forma de embudo
9

Spinnleitung (f)
conduit for the spinning solution
conduite (f) de la solution à filer
направляющая трубка (жр) для пряжнаго раствора
condotto (m) della soluzione per filare
conducto (m) de la solución para hilar
10

die Lösung unter Druck auspressen
to force out the solution under pressure
forcer la solution par pression
раствор (мр) выжимать давленіем
forzare la soluzione sotto pressione
hacer salir la solución mediante presión
11

Spinndruck (m)
spinning pressure, pressure on the spinning solution
pression (f) de filage *ou* sur la solution à filer
давленіе (ср) при пряденіи
pressione (f) di filatura *o* sulla soluzione per filare
presión (f) de hilado *o* sobre la solución para hilar
12

den Spinndruck einstellen *oder* regeln
to regulate the spinning pressure
régler la pression de filage
устанавливать *или* регулировать давленіе (ср) при пряденіи
regolare la pressione di filatura
regular la presión de hilado
13

ungleichmäßiges Ausfließen (n) der Lösung
irregular discharge *or* flow of the solution
sortie (f) irrégulière *ou* écoulement (m) irrégulier de la solution
неравномѣрное истеченіе (ср) раствора
scolo (m) irregolare della soluzione
salida (f) irregular de la solución
14

Auspreßgeschwindigkeit (f)
speed of discharge
vitesse (f) d'écoulement
скорость (жр) истеченія под давленіем
velocità (f) di scolo
velocidad (f) de salida
15

die Lösung tritt in Fadenform aus der Düse
the solution emerges from the nozzle as a filament
la solution sort *ou* échappe de la filière sous forme de fil
раствор (мр) выступает из мундштука в формѣ нити
la soluzione esce dalla filiera in forma di filo
la solución sale de la tobera en forma de hilo
16

die Fäden (mpl) kleben zusammen
the filaments adhere together
les fils (mpl) adhèrent entre eux
нити склеиваются
i fili aderiscono gli uni agli altri
los hilos se adhieren entre sí
17

Fällflüssigkeit (f), Fällbad (n)
precipitant
liquide (m) précipitant
закрѣпительная жидкость (жр)
liquido (m) *o* bagno (m) precipitante
líquido (m) precipitante
18

Streckspinnverfahren (n)
process of spinning by stretching [the filament]
procédé (m) de filage par étirage
способ (мр) пряденія растягиваніем
processo (m) di filatura per stiramento
procedimiento (m) de hilado por el estiramiento
19

1 den aus der Düse tretenden Faden strecken
to stretch the filament emerging from the nozzle
étirer le fil qui sort de la filière
растягивать выступающую из мундштука нить (жр)
stirare *o* tirare il filo che esce dalla filiera
estirar el hilo que sale de la tobera

---

2 Streckdauer (f)
time the filament is stretched
durée (f) de l'étirage
продолжительность (жр) вытяжки *или* растягиванія
durata (f) dello stiramento
duración (f) del estiramiento

---

3 der Faden geht durch ein Fällbad
the filament passes through a precipitant
le fil passe dans un liquide précipitant
нить (жр) проходит через закрѣпительную ванну *или* среду
il filo passa in un liquido precipitante
el hilo pasa a un liquido precipitante

---

4 mild *oder* langsam wirkendes Fällbad (n)
slowly acting precipitant
liquide (m) précipitant faiblement actif
слабо-дѣйствующая закрѣпительная ванна (жр)
liquido (m) precipitante debolmente attivo
liquido (m) precipitante ligeramente activo

---

5 stark wirkendes Fällbad (n)
strongly active precipitant
liquide (m) précipitant très actif
сильно дѣйствующая закрѣпительная ванна (жр)
liquido (m) precipitante attivissimo
liquido (m) precipitante muy activo

---

6 den ausgezogenen Faden fixieren *oder* erhärten
to fix the stretched filament
fixer le fil étiré
укрѣплять вытянутую нить (жр)
fissare il filo stirato
fijar el hilo estirado

---

7 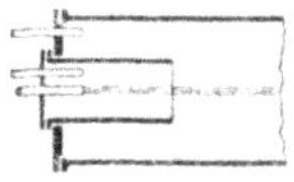
Dreapersche Spinnvorrichtung (f)
Dreaper's spinning apparatus
appareil (m) de filage Dreaper
прядильное приспособленіе (ср) [аппарат] системы Дрэпера
apparecchio (m) di filatura sistema Dreaper
aparato (m) hilador Dreaper

---

8 den Faden im langsam wirkenden Fällbad strecken
to stretch the filament in a slowly acting precipitant
étirer le fil dans un liquide précipitant faible
растягивать нить (жр) в слабодѣйствующей закрѣпительной ваннѣ
stirare il filo in un liquido precipitante debole
estirar el hilo en un liquido precipitante débil

---

9 den Faden auf dem Haspel strecken
to stretch the filament on the reel
étirer le fil sur le dévidoir
растягивать нить (жр) на мотовилѣ
stirare il filo sull'aspo
estirar el hilo en la devanadera

---

10 Fixierung (f) *oder* Erhärtung (f) des Fadens
fixing the filament
fixage (m) du fil
укрѣпленіе (ср) нити
fissamento (m) *o* fissaggio (m) del filo
fijación (f) del hilo

---

11 langsamer Fadenabzug (m)
slow movement of the filament
mouvement (m) lent *ou* sortie (f) lente du fil
медленное движеніе (ср) нити
movimento (m) lento del filo
movimiento (m) lento del hilo

---

12 Fadengeschwindigkeit (f)
[travelling] speed of the filament
vitesse (f) du fil
скорость (жр) движенія нити
velocità (f) del filo
velocidad (f) del hilo

---

13 Gerinnen (n) [*oder* Koagulation (f)] des Fadens
coagulation of the filament
coagulation (f) du fil
сгущеніе (ср) *или* ссѣданіе (ср) нити
coagulazione (f) del filo
coagulación (f) del hilo

---

14 der Faden gerinnt [*oder* koaguliert]
the filament coagulates
le fil se coagule
нить (жр) сгущается
il filo si coagula
el hilo se coagula

---

15 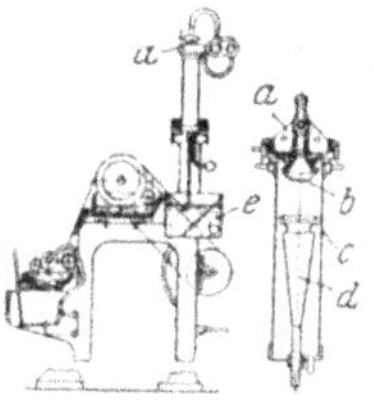

Spinnvorrichtung (f) mit Brause
spinning apparatus with spraying nozzle
appareil (m) de filage à filières multiples
прядилный аппарат (мр) с ситочным [многострунным] мундштуком
apparecchio (m) di filatura a filiere multiple
aparato (m) hilador de toberas múltiples

---

16 a
Düsenkopf (m), Brausenkopf (m)
nozzle head
tête (f) de la filière
ситочная головка (жр), головка (жр) многострунного мундштука
testa (f) della filiera
cabeza (f) de la tobera

---

17 b
Spinnbrause (f)
spinning sprayer, spraying nozzle
filière (f) multiple
прядильная ситка (жр); прядильный многострунный мундштук (мр)
filiera (f) multipla
tobera (f) múltiple

---

18 c
Fällzylinder (m)
cylinder with precipitant
cylindre (m) au liquide précipitant
закрѣпительный цилиндр (мр)
cilindro (m) con liquido precipitante
cilindro (m) con el liquido precipitante

---

19 d
Glastrichter (m)
glass funnel
entonnoir (m) en verre
стекляная воронка (жр)
imbuto (m) di vetro
embudo (m) de cristal

1 e
Auffangbehälter (m) für die Fällflüssigkeit
container for [surplus of] the precipitant
récepteur (m) *ou* bassin (m) collecteur du liquide précipitant
сосуд (мр) для закрѣпительной жидкости
bacino (m) collettore pel liquido precipitante
[recipiente (m)] colector (m) del liquido precipitante

2
das Faserbündel sinkt durch den Glastrichter
the filaments pass through the glass funnel
les fils (m pl) passent par l'entonnoir en verre
пучёк (мр) волокон спускается через стеклянную воронку
i fili passano per l'imbuto di vetro
los hilos pasan por el embudo de cristal

3
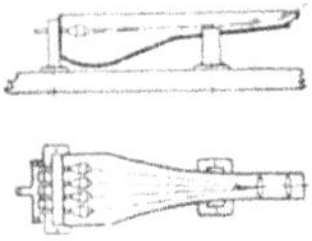
wagerechte [*oder* horizontale] Fadenführung (f)
horizontal path of the filaments
guidage (m) horizontal des fils
горизонтальное направленіе (ср) нитей
guida (f) orizzontale dei fili
conducción (f) horizontal de los hilos

4
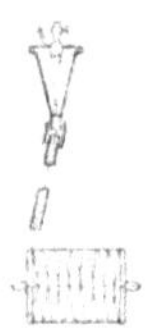
Fadenbildung (f) in freihängender Flüssigkeitssäule
formation of the filament in a freely suspended liquid cylinder
formation (f) du fil dans un cylindre à liquide suspendu librement
образованіе (ср) нити в свободносвѣшивающейся струѣ жидкости
formazione (f) del filo in un cilindro liquido a sospensione libera
formación (f) del hilo en un cilindro liquido en libre suspensión

---

5
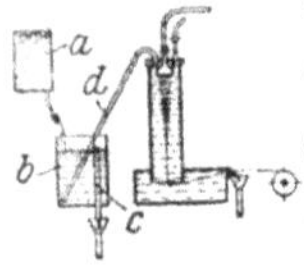

Spinnvorrichtung (f) mit veränderlichem Druck
spinning apparatus with variable pressure
appareil (m) de filage à pression variable
прядильный аппарат (мр) с перемѣнным давленіем
apparecchio (m) di filatura a pressione variabile
aparato (m) hilador con presión variable

---

6 a
Sammelbehälter (m)
receiver
réservoir (m) collecteur
рессивер (мр); сборный сосуд (мр)
serbatoio (m) collettore
recipiente (m) colector

---

7 b
Hilfsbehälter (m)
auxiliary container
réservoir (m) auxiliaire
вспомогательный сосуд (мр)
serbatoio (m) ausiliare
recipiente (m) auxiliar

---

c 8
Überfallrohr (n)
overflow pipe
tuyau (m) de trop-plein
отводная *или* сливная трубка (жр)
tubo (m) di troppo pieno
tubo (m) de rebosamiento

---

d 9
Heberleitung (f)
siphon piping
conduite (f) à siphon
сифонная *или* напорная трубка (жр)
condotto (m) a sifone
tubo (m) en sifón

10
Zwirnen (n) der Fäden
twisting of the filaments
retordage (m) des fils
скручиваніе (ср) нитей
ritorcitura (f) dei fili
torcido (m) de los hilos

11
Zwirnverfahren (n)
method of twisting
méthode (m) de retordage
способ (мр) крученія
metodo (m) di ritorcitura
método (m) de torcido

12
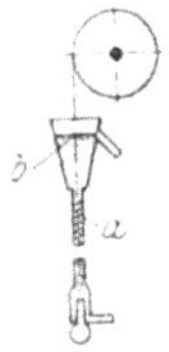

Zwirnvorrichtung (f) für die erhärteten Seidenfäden
twisting apparatus for the solidified silk filaments
appareil (m) de retordage pour les fils de soie solidifiés
крутильное приспособленіе (ср) для отвердѣвших шёлковых нитей
apparecchio (m) di ritorcitura pei fili di seta solidificati
aparato (m) de torcido para los hilos solidificados

---

a 13
Rohr (n) mit schraubengangförmiger Innenwand
tube with internal [screw] thread
tube (m) à filetage intérieur
трубка (жр) с внутренней винтовой стѣнкой
tubo (m) con filettatura interna
tubo (m) con rosca interior

---

b 14
Erstarrungsflüssigkeit (f), [Koagulierungsflüssigkeit (f)]
coagulating liquid
liquide (m) de coagulation
коагулирующая жидкость (жр)
liquido (m) di coagulazione
liquido (m) coagulador

15
gezwirnter Faden (m)
twisted thread
fil (m) retordu
кручёная нить (жр)
filo (m) ritorto
hilo (m) retorcido

16
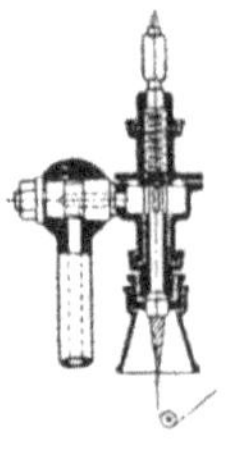
die Fäden (m pl) mit drehbarer Düse zwirnen
to twist the filaments by a revolving nozzle
retordre les fils (m pl) avec une filière tournante
скручивать нити посредством вращающейся воронки (вращающагося мундштука]
ritorcere i fili con filiera girevole
retorcer los hilos con una tobera giratoria

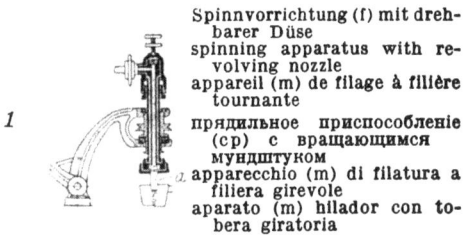

1
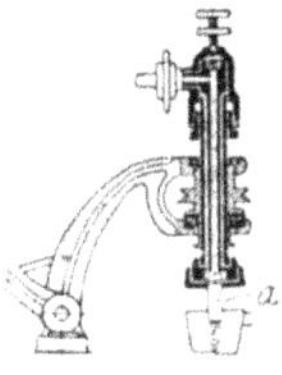

Spinnvorrichtung (f) mit drehbarer Düse
spinning apparatus with revolving nozzle
appareil (m) de filage à filière tournante
прядильное приспособленіе (ср) с вращающимся мундштуком
apparecchio (m) di filatura a filiera girevole
aparato (m) hilador con tobera giratoria

2 a
drehbares Mundstück, (n) drehbare Düse (f)
revolving nozzle
filière (f) tournante
вращающійся мундштук (мр) вращающаяся воронка (жр)
filiera (f) girevole
tobera (f) giratoria

3
durch Reibung des Fadens im Fällbad erzeugte Strömung (f)
current produced in the fixing bath by friction of the filament
courant (m) produit dans le liquide précipitant par frottement du fil
вызванное треніем нити движеніе (ср) жидкости в осадочной ваннѣ
corrente (f) prodotta nel liquido precipitante mediante attrito del filo
corriente (f) producida en el liquido precipitante por el frotamiento del hilo

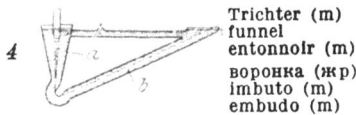

4
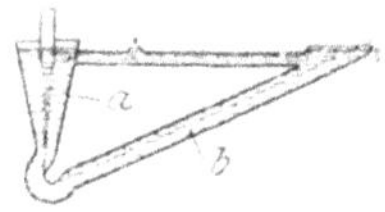

Trichter (m)
funnel
entonnoir (m)
воронка (жр)
imbuto (m)
embudo (m)

a

5 b
Auffangröhre (f)
receiving tube
tube (m) récepteur
пріемная трубка (жр)
tubo (m) ricettore
tubo (m) receptor

6
der Faden reißt *oder* bricht
the filament breaks
le fil se rompt
нить (жр) рвется
il filo si rompe
el hilo se rompe

7
Fadenbruch (m)
rupture *or* breakage of filament
rupture (f) du fil
разрыв (мр) нити
rottura (f) del filo
rotura (f) del hilo

8
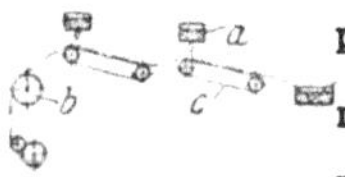

Fadenerzeugung (f) in einem Zug
production of filament in a single passage
production (f) du fil par un seul passage
производство (ср) нити в один пропуск
produzione (f) del filo in un singolo passaggio
producción (f) del hilo en un solo paso

den Faden [mit verdünnter Säure] spülen
to rinse the filament [in weak acid]
rincer le fil [dans un acide faible *ou* dilué *ou* étendu]
прополаскивать нить (жр) (разбавленной кислотой) 9
[ri]sciacquare il filo [in un acido diluito *o* debole]
enjuagar el hilo [en un ácido débil]

a
Säurebehälter (m)
acid container
réservoir (m) à acide
сосуд (мр) с кислотой; кислотный сосуд (мр) 10
recipiente (m) dell'acido
depósito (m) de ácido

die ablaufende Säure auffangen
to collect the draining acid
recueillir l'acide d'écoulement 11
собирать стекающую кислоту
raccogliere l'acido di rifiuto
recolectar el ácido de salida

b
Trockentrommel (f), Trockenzylinder (m)
drying cylinder
cylindre (m) sécheur 12
сушильный цилиндр (мр)
cilindro (m) essiccatore
cilindro (m) secador

c
[säurefestes] Förderband (n) [*oder* Transportband (n)]
[acid proof] travelling band
tablier (m) transporteur résistant aux acides
[кислотоупорная] лента (жр) транспортера 13
nastro (m) trasportatore resistente agli acidi
tablero (m) transportador resistente a los ácidos

laugefest
lye proof
résistant aux lessives
щелочноупорный
resistente alle liscive 14
resistente a las lejias

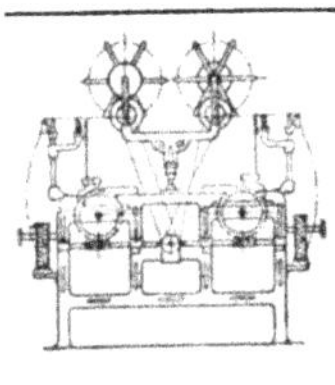

Spulmaschine (f)
winding machine *or* frame
bobinoir (m)
машина (жр) для навиванія шпуль, [катушек], шпульная машина (жр) 15
spolatrice (f)
bobinador (m)

5. Nachbehandlung (f) der Fäden

Finishing Processes for the Filaments

Procédés (mpl) de finissage des fils

Окончательная обработка (жр) нитей

Rifinitura (f) dei fili 16

Procedimientos (m) de acabado de los hilos

den Faden trocknen
to dry the filament
sécher le fil
высушивать *или* сушить нить (жр) 17
seccare il filo
secar el hilo

1 Trocknen (n) des Fadens vor dem Aufspulen
drying the filament before spooling
séchage (m) du fil avant bobinage
сушить нить (жр) перед наматываніем на катушку
asciugamento (m) del filo prima di incannare
secado (m) del hilo antes del bobinado

---

2 den Faden auf heißen Walzen trocknen
to dry the filament over heated rollers
faire sécher le fil sur des rouleaux rechauffés
сушить нить (жр) на горячих валах
asciugare il filo sopra cilindri riscaldati
hacer secar el hilo sobre rodillos recalentados

---

3 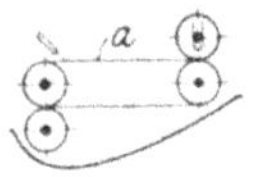

Trockenvorrichtung (f)
drying apparatus
appareil (m) de séchage
сушильный аппарат (мр)
apparecchio (m) essiccatore, essiccatoio (m)
aparato (m) secador

---

4 a
durchlässiges [*oder* poröses] Tuch (n)
porous cloth
étoffe (f) poreuse
проницаемое для жидкостей *или* пропускное сукно (ср)
stoffa (f) permeabile *o* porosa
tela (f) porosa

---

5 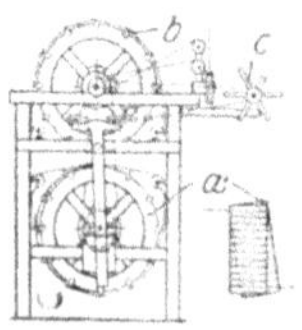

Trockenvorrichtung (f) mit Trockenhaspel
drying apparatus with drying reel
appareil (m) de séchage à guindre-sécheur
сушильный аппарат (мр) с сушильным барабаном
essiccatoio (m) con aspo essiccatore
aparato (m) secador con devanadera secadora

---

6 a
schiefgestellter Haspel (m)
inclined reel
guindre (m) incliné
косоустановленное мотовило (ср)
aspo (m) inclinato
devanadera (f) inclinada

---

7 den Haspel schräg stellen
to incline the reel
incliner le guindre
косоустановить мотовило (ср)
inclinare l'aspo
inclinar la devanadera

---

8 b
zugeschärfte Auflageleiste (f)
bevelled lath
latte (f) taillée en biseau
заостренная рейка (жр) мотовила
listello (m) tagliato a smusso
listón (m) tallado a bisel

---

9 c
haspelartig gebaute Spule (f)
reel-like bobbin
bobine (f) en forme de guindre
катушка (жр) для крестовой мотки; крестовая шпуля (жр)
bobina (f) a forma di naspo
bobina (f) en forma de devanadera

Aufwickelspule (f), Aufrollspule (f)
winding-on bobbin
bobine (f) d'enroulement
катушка (жр) для намота; мотальная катушка (жр) 10
bobina (f) d'avvolgimento
bobina (f) de enrollamiento

längsgewellte Spule (f)
longitudinally wavy bobbin
bobine (f) à cannelures longitudinales
продольнорифленая катушка (жр) 11
bobina (f) a scanalature longitudinali
bobina (f) con ranuras longitudinales

---

säurebeständige Metalleinfassung der Glasspule
acid proof metal shield of glass bobbin
garniture (f) métallique résistant aux acides de la bobine en verre
кислотоупорная металлическая оболочка (жр) стеклянной катушки
guarnizione (f) metallica resistente agli acidi della bobina di vetro 12
guarnición (f) metálica resistente a los ácidos de la bobina de cristal

---

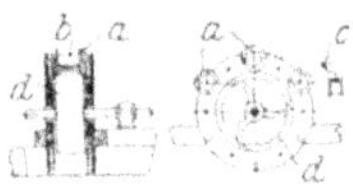

Spulenauswechselvorrichtung (f)
bobbin changing apparatus
dispositif (m) de changement des bobines
приспособленіе (ср) для смѣны катушек 13
dispositivo (m) pel ricambio delle bobine
dispositivo (m) de cambio de bobinas

---

a
Spule (f)
bobbin, spool
bobine (f), bobineau (m)
катушка (жр) 14
bobina (f)
bobina (f)

---

b
Spulenstab (m)
bobbin cylinder
fût (m) de la bobine
стержень (мр) катушки 15
fusto (m) della bobina
cuerpo (m) *o* fuste (m) de la bobina

---

den Spulenstab mit Kollodium überziehen
to cover the bobbin cylinder with collodion
recouvrir le fût de la bobine de collodion
покрыть стержень (мр) катушки коллодіем 16
rivestire *o* ricoprire il fusto della bobina col collodio
recubrir de colodión el cuerpo de la bobina

Zelluloidüberzug (m), Zellhornüberzug (m)
celluloid covering *or* coating
couche (f) de celluloid
целлулоидное покрытіе (ср) 17
strato (m) di celluloide
capa (f) *o* cubierta (f) de celuloide

1 c
Fadenführer (m)
thread guide
guide-fil (m)
нитевод (мр), [нитеводитель]
guida-filo (m)
guía-hilos (m)

---

2 d
Antriebtrommel (f)
driving drum
tambour-moteur (m)
приводный *или* вращающій барабан (мр)
tamburo (m) di comando
tambor (m) de impulsión

3
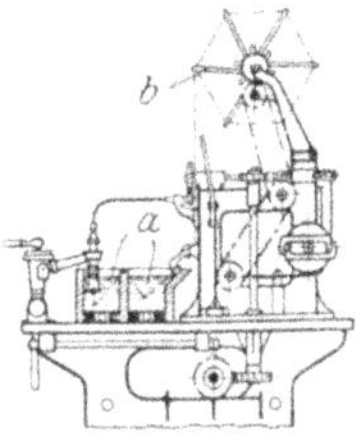

Spinn- und Aufwindevorrichtung (f)
spinning and winding apparatus
appareil (m) de filage et de dévidage
прядильный и мотовильный аппарат (мр)
apparecchio (m) per filare e annaspare
aparato (m) para hilar y bobinar

---

4 a
Fixierbad (n), Erhärtungsbad (n)
fixing bath
bain (m) de fixage
закрѣпляющая ванна (жр), [закрѣпительная *или* фиксирующая ванна]
bagno (m) di fissaggio
baño (m) de fijación

---

5 b
Winde (f), Haspel (m)
reel
guindre (m)
мотовило (ср), баранчик (мр)
aspo (m)
aspa (f)

6
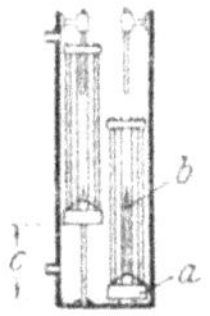

Spinntopf (m)
spinning can
pot (m) de filature
прядильный таз (мр)
recipiente (m) di filatura
recipiente (m) de hilado

---

7 a
kegelförmiger Boden (m)
conical bottom
fond (m) conique
коническое дно (ср), [конусообразное]
fondo (m) conico, base (f) conica
fondo (m) cónico

---

8 b
spitzer Kern (m)
pointed projection
cheville (f) pointue
остроконечный сердечник (мр)
caviglia (f) in punta
huso (m) puntiagudo

---

9 c
den Spinntopf senken
to lower the spinning can
abaisser le pot de filature
опустить прядильный таз (мр)
abbassare il recipiente di filatura
bajar el recipiente de hilado

---

den Faden waschen
to wash the filament
laver le fil
промывать нить (жр) 10
lavare il filo
lavar el hilo

---

die Chemikalien (fpl) *oder* chemischen Stoffe (mpl) aus der Seide auswaschen
to wash out the chemicals from the silk
éliminer par lavage les composants chimiques de la soie
отмыть нить (жр) от химических реактивов
eliminare dalla seta i componenti chimici mediante la lavatura 11
eliminar de la seda los componentes químicos mediante el lavado

---

Waschflüssigkeit (f)
washing liquor
liquide (m) de lavage
промывная вода (жр) *или* жидкость (жр) 12
liquido (m) di lavaggio
líquido (m) de lavado

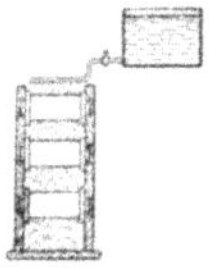
Berieselung (f) der Spulen
spraying *or* irrigating the bobbins
arrosage (m) des bobines 13
обрызгиваніе (ср) катушек
annaffiamento (m) delle bobine
riego (m) de las bobinas

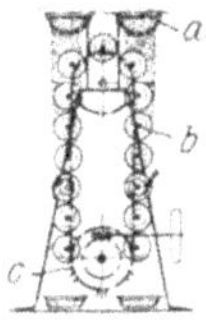

Waschmaschine (f) mit sich fortbewegenden und sich drehenden Spulen
washing machine with travelling and revolving bobbins
laveuse (f) de bobines à mouvement tournant et de déplacement
промывная машина (жр) с поступательным движеніем вращающихся катушек 14
lavatrice (f) con bobine a movimento girevole e di spostamento
lavadora (f) de bobinas de movimiento giratorio y de desplazamiento

---

a
siebförmig gelochter Trog (m)
perforated trough
cuvette (f) perforée
ситообразное дырчатое корыто (ср) 15
vasca (f) perforata
cubeta (f) perforada

---

b
Spulenspindel (f)
spindle of bobbin
broche (f) de bobine
катушечное *или* шпульное веретено (ср), шпиндель (мр) 16
fuso (m) della bobina
varilla (f) de la bobina

---

c
endlose Tragkette (f) für die Spulen
endless chain carrying the bobbins
chaîne (f) sans fin pour le transport des bobines
безконечная под'ёмная цѣпь (жр) для катушек 17
catena (f) senza fine pel trasporto delle bobine
cadena (f) sin fin para el transporte de las bobinas

---

die Fäden (mpl) auslaugen
to lixiviate the filaments
lessiver les fils (mpl)
выщелачивать нити (жр) 18
liscivare i fili
extraer la lejía de los hilos

1 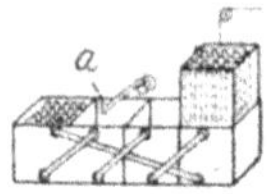

Auslaugen (n) der Fäden auf den Spulen
lixiviation of the filaments whilst on the bobbins
lessivage (m) des fils sur bobines
выщелачиванie (ср) нитей на катушках
liscivatura (f) dei fili sulle bobine
extracción (f) de la lejía de los hilos en las bobinas

---

2 a

Auslaugebehälter (m)
lixiviating tank
cuve (f) à lessiver
чан (мр) для выщелачиванія
bacino (m) *o* vasca (f) per la liscivatura
recipiente (m) de lejivación

---

3 die Festigkeit der Kunstseide erhöhen, die Kunstseide sthenosieren
to increase the strength of artificial silk, to sthenosize artificial silk
sthénoser la soie artificielle
увеличивать крѣпость (жр) искусственнаго шёлка, стенозировать шёлк (мр)
sthenosizzare la seta artificiale
estenosar la seda artificial

---

4 Erhöhung (f) der Festigkeit *oder* Sthenose (f) *oder* Sthenosierung (f) der Kunstseide
sthenosizing the artificial silk
sthénosage (m) de la soie artificielle
стенозированie (ср) шёлка
sthenosizzazione (f) della seta artificiale
estenosaje (m) de la seda artificial

---

5 Sthenoseseide (f)
sthenosized silk
soie (f) sthenosée
стенозированный шёлк (мр)
seta (f) sthenosizzata
seda (f) estenosada

---

6 CH_2O

Formaldehyd (m)
formaldehyde
formaldéhyde (f), aldéhyde (f) formique
формальдегид (мр)
formaldeide (m)
formaldehido (m)

---

7 den Kunstseidenfaden tränken
to impregnate the artificial silk filament
imprégner le fil de soie artificielle
насыщать *или* пропитывать нить (жр) искусственнаго шёлка
impregnare il filo di seta artificiale
impregnar el hilo de seda artificial

---

8 Azetonlösung (f) von Formaldehyd
solution of formaldéhyde in acetone
solution (f) de formaldéhyde dans l'acétone
ацетоновый раствор (мр) формальдегида
soluzione (f) di formaldeide nell'acetone
solución (f) de formaldehido en la acetona

---

9 der Spinnmasse Kautschuklösung zusetzen
to add a solution of caoutchouc to the spinning solution
ajouter une solution de caoutchouc à la solution à filer
прибавить к пряжной массѣ раствор (мр) каучука
aggiungere una soluzione di caucciù alla soluzione per filare
agregar *o* añadir una solución de caucho a la solución para hilar

---

den Kautschuk schwefeln [*oder* vulkanisieren]
to vulcanize the caoutchouc
vulcaniser le caoutchouc
вулканизировать каучук (мр)
vulcanizzare il caucciù 10
vulcanizar el caucho

S_2Cl_2

Schwefelchlorür (n)
sulphorous chloride
chlorure (m) sulfureux
хлористая *или* полухлористая сѣра (жр) 11
cloruro (m) solforoso
cloruro (m) sulfuroso

---

6. Arten (fpl) der Kunstseide
Сорта (мр) искусственнаго шёлка
Varieties of Artificial Silk
Varie specie (fpl) di sete artificiali 12
Sortes (fpl) de soie artificielle
Clases (fpl) de seda artificial

a) Kunstseide (f) aus Kollodium, Kollodiumseide (f), Nitroseide (f) Nitrozelluloseseide (f), Nitratseide (f)
Искусственный шёлк (мр) из коллодія, нитрошёлк (мр)
Artificial Silk from Collodion, Nitro-Cellulose Silk
Seta (f) artificiale di collodio, seta di nitro-cellulosa 13
Soie (f) artificielle de collodion, soie de Chardonnet [dérivant de la nitrocellulose]
Seda (f) artificial de colodión *o* de nitro-celulosa

α) Ausgangsstoffe (mpl)
Исходное основное вещество (ср), исходный матеріал (мр) 14
Primary Materials
Materie (fpl) prime
Matières (fpl) premières
Materias (fpl) primas

---

rohe Baumwolle (f)
raw cotton
coton (m) brut
хлопок-сырец (мр)
cotone (m) greggio 15
algodón (m) en rama

Baumwollabfall (m)
cotton waste
déchets (mpl) de coton
хлопковый угар (мр) *или* отброс (мр)
cascami (mpl) di cotone 16
desperdicios (mpl) de algodón

---

gekrempelte *oder* kardierte Baumwolle (f)
carded cotton
coton (m) cardé
чесанный *или* кардочесанный хлопок (мр)
cotone (m) cardato 17
algodón (m) cardado

---

farbstoffhaltiger Zellstoff (m)
cellulose containing a colouring matter
cellulose (f) contenant de la matière colorante
клѣтчатка (жр) содержащая красящее вещество *или* пигмент
cellulosa (f) contenente materia colorante 18
celulosa (f) conteniendo materia colorante

Baumwollsamenschale (f), Baumwollsamenhülse (f)
cotton seed husk
écorce (f) de la graine de coton
скорлупа (жр) хлопковаго сѣмяни
scorza (f) del grano di cotone 19
cascarilla (f) de los granos del algodón

1	Ginsterfaser (f) broom fibre fibre (f) de genêt	волокно (ср) дрока fibra (f) di ginestra fibra (f) de ginestra
2	Zellstoff (m) aus Maisstengeln cellulose of the maize stem cellulose (f) de la tige de maïs	клѣтчатка (жр) из стеблей маиса, (кукурузы) cellulosa (f) dello stelo del granturco celulosa (f) de los tallos del maiz
3	Holzstoff (m), Holzschliff (m) wood paste *or* pulp pâte (f) de bois	древесина (жр) pasta (f) di legno pulpa (f) de madera
4	Filterpapierschnitzel (npl) filter paper shreds rognures (fpl) de papier-filtre	обрѣзки (мр) фильтровальной бумаги ritagli (mpl) *o* trucioli (mpl) di carta da filtro recortes (mpl) de papel de filtro

β) Herstellung (f) der Nitrozellulose

5	**β) Herstellung (f) der Nitrozellulose** **Making of Nitro-Cellulose** **Fabrication (f) de la nitrocellulose**	**Производство (ср) нитроцеллулозы *или* нитроклѣтчатки** **Fabbricazione (f) della nitrocellulosa** **Fabricación (f) de la nitrocelulosa**
6	den Zellstoff in eine nitrierte Verbindung überführen to transform the cellulose into a nitrated combination transformer la cellulose en une combinaison nitrée	клѣтчатку *или* целлулозу перевести в нитро-соединенie (ср), (нитровать целлулозу) trasformare la cellulosa in una combinazione nitrica transformar la celulosa en una combinación nitrada
7	Umwandlung (f) des Zellstoffes in Nitrozellulose transformation of cellulose to nitrated cellulose transformation (f) de la cellulose en nitrocellulose	превращенie (ср) клѣтчатки *или* целлулозы в нитроклѣтчатку *или* нитро-целлулозу trasformazione (f) della cellulosa in nitrocellulosa transformación (f) de la celulosa en celulosa nitrada

$$C_{12}H_{14}(NO_3)_6O_4$$

8	Schieß[baum]wolle (f), Pyroxylin (n), Nitrozellulose (f), Zellulosenitrat (n), nitrierte Zellulose (f), Salpetersäureester (m) des Zellstoffes guncotton, nitrocellulose, hexanitrated cellulose fulmicoton (m), coton-poudre (m), nitrocellulose (f)	бездымный порох (мр), пироксилин (мр), нитро-целлулоза (жр), азотнокислое соединенie (ср) целлулозы, нитрированная целлулоза (жр), азотнокислый эфир (мр) целлулозы fulmicotone (m), nitrocellulosa (f), pirossilina (f) algodón-pólvora (m), nitrocelulosa (f)
9	Vorbehandlung (f) *oder* Vorbereiten (n) des Zellstoffes preliminary treatment of the cellulose traitement (m) préparatoire de la cellulose	подготовка (жр) клѣтчатки *или* целлулозы trattamento (m) preparatorio della cellulosa tratamiento (m) preparatorio *o* preparación (f) de la celulosa
10	den Faserstoff mit Oxydationsmitteln behandeln to treat the fibrous material with oxidizing agents traiter la matière fibreuse par des corps oxydants	обрабатывать волокнистое вещество (ср) посредством окислителей trattare la materia fibrosa con reagenti ossidanti tratar la materia fibrosa por medios oxidantes
11	Ozon (n) ozone ozone (m)	озон (мр) ozono (m) ozono (m)
12	ozonisierte Luft (f) ozonized air air (m) ozonisé	озонированный воздух (мр) aria (f) ozonizzata aire (m) ozonizado
13	$NaOH + H_2O$	Natronlauge (f) caustic soda solution solution (f) de soude caustique ѣдкій натр (мр), натровая щёлочь (жр) soluzione (f) di soda caustica solución (f) de sosa cáustica
14	Harzseife (f) resinous soap savon (m) résineux	смоляное мыло (ср) sapone (m) resinoso jabón (m) resinoso
15	krustenbildender *oder* inkrustierender Bestandteil (m) des Zellstoffes incrusting ingredient of the cellulose corps (m) incrustant de la cellulose	твердыя примѣси (жр) в клѣтчаткѣ (инкрустацiи) corpo (m) incrostante della cellulosa parte (f) incrustante en la celulosa
16	den Zellstoff entfetten to remove the fatty matter from the cellulose dégraisser la cellulose	обезжирить клѣтчатку sgrassare la cellulosa desengrasar la celulosa
17	entfetteter Zellstoff (m) cellulose freed from fat cellulose (f) dégraissée	обезжиренная клѣтчатка (жр) cellulosa (f) sgrassata celulosa (f) desengrasada
18	trockene Baumwolle (f) dry cotton coton (m) sec	сухой хлопок (мр) cotone (m) secco algodón (m) seco
19	der Zellstoff zersetzt sich in der Hitze the cellulose decomposes with heat la cellulose se décompose par la chaleur	клѣтчатка (жр) разлагается при высокой температурѣ la cellulosa si scompone all'azione del calore la celulosa se descompone por el calor
20	Nitrier[ungs]vorgang (m) nitrating process procédé (m) de nitration *ou* de nitrification	процесс (мр) нитрацiи *или* нитрованiя processo (m) di nitrizzazione procedimiento (m) de nitratación
21	Esterbildung (f) ester formation formation (f) d'éthers composés	образованie (ср) кислотнаго эфира formazione (f) di eteri composti formación (f) de éteres compuestos
22	Nitrierdauer (f) duration of nitrating process durée (f) de la nitration	продолжительность (жр) нитрованiя durata (f) della nitrizzazione duración (f) de la nitratación

1 Nitriertemperatur (f)
nitrating temperature
température (f) de la nitration
температура (жр) нитрированія
temperatura (f) della nitrizzazione
temperatura (f) de la nitratación

2 Nitrierungsgrad (m), Nitrierungsstufe (f)
degree of nitration
degré (m) de nitration
степень (жр) нитрированія
grado (m) di nitrizzazione
grado (m) de nitratación

3 den Nitrierungsgrad ermitteln
to ascertain the degree of nitration
déterminer le degré de nitration
установить степень (жр) нитрированія
determinare il grado di nitrizzazione
determinar o averiguar el grado de nitratación

4 niedrige Nitrierung (f)
low nitration
nitration (f) faible
слабое нитрированіе (ср)
nitrizzazione (f) debole
nitratación (f) débil

5 hoch nitrierter Zellstoff (m)
highly nitrated cellulose
cellulose (f) fortement nitrée
сильно нитрированная клѣтчатка (жр)
cellulosa (f) fortemente nitrizzata
celulosa (f) fuertemente nitrada

6 Nitriersäure (f)
nitrating acid
acide (m) nitrant
нитрующая кислота (жр)
acido (m) nitrizzante
ácido (m) nitrante

7 Wassergehalt (m) der Nitriersäure
amount of water in the nitrating acid
quantité (f) d'eau dans l'acide nitrant
содержаніе (ср) воды в нитрующей кислотѣ
tenore (m) d'acqua nell'acido nitrizzante
contenido (m) de agua en el ácido nitrante

8 Nitriergemisch (n)
nitrating mixture
mélange (m) nitrant
нитрующая смѣсь (жр)
mistura (f) o miscela (f) nitrizzante
mezcla (f) nitrante

9 
Nitriertopf (m)
nitrating vessel
bassin (m) de nitration
нитровальный горшок (мр), горшок (мр) для нитрованія
vaso (m) per la nitrizzazione
recipiente (m) de nitratación

10 Porzellantopf (m)
porcelain vessel
bassin (m) en porcelaine
фарфоровый горшок (мр)
vaso (m) di porcellana
recipiente (m) de porcelana

11 Tontopf (m)
earthenware vessel
bassin (m) en terre cuite
глиняный горшок (мр)
vaso (m) di terra cotta
vasija (f) de tierra cocida

12 die Nitrozellulose entsäuern
to eliminate the acid from the nitrated cellulose
éliminer l'acide de la nitrocellulose
обезкислить нитроцеллулозу
eliminare l'acido dalla nitrocellulosa
eliminar el ácido de la celulosa nitrada

13 die Nitriersäure abschleudern
to eliminate the nitrating acid by a hydroextractor
éliminer l'acide nitrant par essoreuse
отцентрофужить нитровальную кислоту
eliminare l'acido nitrizzante mediante idroestrattore
eliminar el ácido nitrante por un hidroextractor, turbinar el ácido nitrante

14 Säureschleuder (f), Nitrierschleuder (f)
acid centrifugal machine *or* hydro-extractor
essoreuse (f) *ou* hydroextracteur (m) à acide
кислоотдѣлительная центрофуга (жр), центрофуга (жр) для нитрированія
idroestrattore (m) per l'acido
extractor (m) centrífugo de ácido

15 säurefreie Nitrozellulose (f)
acid-free nitrocellulose
nitrocellulose (f) sans acide
обезкисленная *или* отмытая от кислоты нитро-целлулоза (жр)
nitrocellulosa (f) scevra di acido
nitrocelulosa (f) exenta de ácido

16 die Nitrozellulose dämpfen
to steam the nitrocellulose
passer à la vapeur la nitrocellulose
пропаривать нитроцеллулозу
passare al vapore la nitrocellulosa
tratar con vapor la nitrocelulosa

17 [gesundheits]schädliche Gase (n pl)
noxious gases
gaz (m pl) nuisibles *ou* malsains
вдорово-вредительный газ (мр)
gas (m pl) nocivi
gases (m pl) nocivos

18 Säuredämpfe (m pl)
acid vapours
vapeurs (f pl) acides
пары (мр) кислоты, кислотные пары (мр)
vapori (m pl) acidi
vapores (m pl) ácidos

19 Sauger (m) aus Ton, Tonexhaustor (m)
earthenware exhauster
exhausteur (m) *ou* extracteur (m) *ou* aspirateur (m) en terre-cuite
глиняный эксгаустер (мр)
esaustore (m) *o* aspiratore (m) *o* estrattore (m) di terra cotta
extractor (m) de tierra cocida

20 Wiedergewinnung (f) der Nitriersäure
recovery of the nitrating acid
récupération (f) de l'acide nitrant
обратное полученіе (ср) *или* регенерація (жр) нитровальной кислоты
ricupero (m) dell'acido nitrizzante
recuperación (f) del ácido nitrante

21 salpetersäurefreie Schwefelsäure (f)
sulphuric acid free from nitric acid
acide (m) sulfurique exempt d'acide nitrique
сѣрная кислота (жр) свободная от азотной кислоты
acido (m) solforico scevro d'acido nitrico
ácido (m) sulfúrico exento de ácido nítrico

22 Abfallsäure (f)
recovered acid
acide (m) récupéré
обратно-полученная кислота (жр)
acido (m) ricuperato
ácido (m) recuperado

23 die Nitrozellulose auswaschen
to wash the nitrated cellulose
laver *ou* rincer *ou* guéer la nitrocellulose
промыть нитро-целлулозу
lavare la nitrocellulosa
lavar la nitrocelulosa

24 wasserhaltige Nitrozellulose (f)
hydrated nitrocellulose
nitrocellulose (f) contenant de l'eau
водосодержащая нитро-целлулоза (жр)
nitrocellulosa (f) contenente acqua
nitrocelulosa (f) que contiene agua

1 der Nitrozellulose das Wasser entziehen
to eliminate *or* to extract the water from the nitrocellulose
éliminer *ou* extraire l'eau de la nitrocellulose
удалить *или* извлечь воду из нитро-целлулозы
estrarre l'acqua dalla nitrocellulosa
extraer el agua de la nitrocelulosa

2 die Nitrozellulose zerkleinern
to disintegrate the nitrocellulose
désagréger la nitrocellulose
измельчать нитроцеллулозу
sminuzzare la nitrocellulosa
triturar la nitrocelulosa

3 die Nitrozellulose erhitzen
to heat the nitrocellulose
chauffer la nitrocellulose
нагрѣвать нитро-целлулозу
[ri]scaldare la nitrocellulosa
calentar la nitrocelulosa

4 Zersetzung (f) der Nitrozellulose
decomposition of the nitrocellulose
décomposition (f) de la nitrocellulose
разложеніе (ср) нитро-целлулозы
decomposizione (f) della nitrocellulosa
descomposición (f) de la nitrocelulosa

5 chemisch beständige Nitrozellulose (f)
chemically stable nitrocellulose
nitrocellulose (f) chimiquement stable
химически постоянная нитро-целлулоза (жр)
nitrocellulosa (f) chimicamente stabile
nitrocelulosa (f) químicamente estable

6 Beständigkeit (f) [*oder* Stabilität (f)] der Nitrozellulose
stability of the nitrocellulose
stabilité (f) de la nitrocellulose
постоянство (ср) нитро-целлулозы
stabilità (f) della nitrocellulosa
estabilidad (f) de la nitrocelulosa

7 trockene Nitrozellulose (f)
dry nitrocellulose
nitrocellulose (f) sèche
сухая нитро-целлулоза (жр)
nitrocellulosa (f) secca
nitrocelulosa (f) seca

8 Wassergehalt (m) der Nitrozellulose
water contents of nitrocellulose
teneur (f) en eau de la nitrocellulose
содержаніе (ср) (количество) воды в нитроцеллулозѣ
tenore (m) d'acqua della nitrocellulosa
contenido (m) de agua en la nitrocelulosa

9 die Nitrozellulose säurefeucht verwenden
to use the nitrocellulose moisted with acid
employer la nitrocellulose chargée d'acide
примѣнять нитро-целлулозу смоченной кислотой
impiegare la nitrocellulosa carica d'acido
emplear la nitrocelulosa cargada de ácido

10 Pyroxylinhydrat (n)
pyroxyline hydrate
hydrate (m) de pyroxyline
гидрат (мр) пироксилина
idrato (m) di pirossilina
idrato (m) de piroxilina

11 Kollodiumwolle (f), Kollodiumfasermasse (f), Colloxylin (n)
collodion [wool]
collodion (m) en laine *ou* en bourre
коллодійная шерсть (жр)
lana (f) al collodio
algodon-pólvora (m) soluble, colodión (m) en lana

12 säurehaltige Kollodiumwolle (f)
acid holding collodion wool
collodion (m) en laine renfermant de l'acide
коллодійная шерсть (жр) с содержаніем кислоты
lana (f) al collodio contenente acido
colodión (m) en lana conteniendo ácido

13 die Kollodiumwolle auswaschen
to wash the collodion wool
laver le collodion en laine
промывать коллодійную шерсть (жр)
lavare *o* risciacquare la lana al collodio
lavar el colodión en lana

14 die Kollodiumwolle mit heißem Wasser waschen
to wash the collodion wool with hot water
laver le collodion en laine à l'eau chaude
коллодійную шерсть (жр) промывать горячею водою
lavare la lana al collodio con acqua calda
lavar el colodión en lana en agua caliente

15 saure Wirkung (f) [*oder* Reaktion (f)] des Waschwassers
acid reaction of the washing water
réaction (f) acide de l'eau de lavage
кислая реакція (жр) промывной воды
reazione (f) acida dell'acqua di lavaggio
reacción (f) ácida del agua de lavado

16 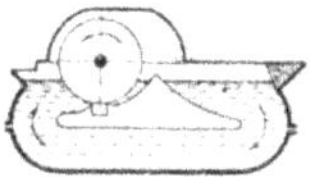
Mahlholländer (m) für Kollodiumwolle
rag engine for collodion wool
pile (f) à moudre le collodion en laine
голландер (мр) для размалыванія коллодійной шерсти
cilindro (m) olandese *o* pila (f) per la lana al collodio
pila (f) holandesa *o* molino (m) de cilindro para el colodión en lana

17 Haltbarmachen (n) [*oder* Stabilisierung (f)] der Kollodiumwolle
stabilization of the collodion wool
stabilisation (f) du collodion en laine
стабилизація (жр) *или* процесс (мр) укрѣпленія коллодійной шерсти
stabilizzazione (f) della lana al collodio
estabilización (f) del colodión en lana

18 die Kollodiumwolle auf Löslichkeit untersuchen
to test the collodion wool for its solubility
essayer la solubilité du collodion en laine
изслѣдовать коллодійную шерсть (жр) на растворимость
esaminare la solubilità della lana al collodio
examinar el colodión en lana para determinar su solubilidad

19 die Kollodiumwolle auf Stickstoffgehalt untersuchen
to test the collodion wool for its contents of nitrogen
essayer le collodion en laine concernant sa teneur en azote
изслѣдовать коллодійную шерсть (жр) на содержаніе азота
esaminare il tenore di azoto della lana al collodio
examinar el colodión en lana para determinar su contenido de ázoe

20 Bestimmung (f) des Stickstoffgehaltes
determination of the nitrogen contents
détermination (f) de la teneur en azote
опредѣленіе (др) содержанія азота
determinazione (f) del tenore in azoto
determinación (f) del contenido de ázoe

21 die Nitrozellulose mit Eisenchlorür kochen
to boil the nitrocellulose with ferrous chloride
faire bouillir la nitrocellulose avec du chlorure ferreux
кипятить нитро-целлулозу в растворѣ хлористаго желѣза
far bollire la nitrocellulosa con cloruro ferroso
hervir la nitrocelulosa con cloruro ferroso

22 Nitrometer (n), Stickstoffgehaltmesser (m)
nitrometer
nitromètre (m)
нитрометр (мр)
nitrometro (m)
nitrómetro (m)

1 Cochiusscher Zähigkeitsmesser (m), Cochiussches Viscosimeter (n)
Cochius' viscosimeter
viscosimètre (m) de Cochius
вискозиметр (мр) системы Кохіус
viscosimetro (m) di Cochius
viscosimetro (m) de Cochius

2 wässerige Glyzerinlösung (f)
aqueous glycerine solution
solution (f) aqueuse de glycérine
водный раствор (мр) глицерина
soluzione (f) acquosa di glicerina
solución (f) acuosa de glicerina

3 Jodzinkstärkepapier (n)
zinc-iodide starch paper
papier (m) d'amidon à iodure de zinc
бумага (жр) пропитанная крахмальным раствором іодцинка
carta (f) all'amido ed ioduro di zinco
papel (m) almidón-cinc-yodo

4 Äther (m)
ether
éther (m)
эфир (мр)
etere (m)
éter (m)

5 ätherische Lösung (f)
ethereal solution
solution (f) éthérée
эфирный раствор (мр)
soluzione (f) eterea
solución (f) etérea

6 C_2H_5OH
Weingeist (m), [Alkohol (m)]
alcohol
alcool (m)
алкоголь (мр), спирт (мр)
alcool (m)
alcohol (m)

7 Mischung (f) aus Äther und Weingeist, Äther-Alkoholmischung (f)
mixture of alcohol and ether
mélange (m) d'alcool et d'éther
эфирно-спиртовая смѣсь (жр)
miscela (f) di alcool ed etere
mezcla (f) de alcohol y éter

8 CH_4O
Holzgeist (m), [Methylalkohol (m)]
wood spirit, methyl alcohol
esprit (m) de bois, alcool (m) méthylique
метиловый алкоголь (мр) *или* спирт (мр), древесный спирт (мр)
spirito (m) di legno, alcool (m) metilico
espíritu (m) de madera, alcohol (m) metilico

9 *γ)* Herstellung (f) der Kollodiumlösung
Preparation of the Collodion Solution
Préparation (f) de la solution de collodion
Приготовленіе (ср) раствора коллодія
Preparazione (f) della soluzione di collodio
Preparación (f) de la solución de colodión

10 Kollodium (n)
collodion
collodion (m)
коллодій (мр), коллодіум (мр)
collodio[ne] (m)
colodión (m)

11 Zähflüssigkeit (f) [*oder* Viscosität (f)] des Kollodiums
viscosity of the collodion
viscosité (f) du collodion
густота (жр) *или* вязкость (жр) коллодія
viscosità (f) del collodio
viscosidad (f) del colodión

12 Konzentration (f) des Kollodiums
concentration of the collodion
concentration (f) du collodion
концентрація (жр) коллодія
concentrazione (f) del collodio
concentración (f) del colodión

13 dünnflüssiges Kollodium (n)
thinly liquid collodion
collodion (m) très fluide *ou* mobile
жидкій коллодій (мр)
collodio (m) fluidissimo
colodión (m) muy flúido

14 Vakuumdestillation (f) des Lösungsmittels
distillation of the solvent under a vacuum
distillation (f) du dissolvant dans le vide
вакуум-дестилляція (жр) растворителя
distillazione (f) nel vacuo del dissolvente
destilación (f) al vacío del disolvente

15 die Spinnlösung im Vakuum *oder* luftverdünnten Raum destillieren
to distil the spinning solution under a vacuum
distiller dans le vide la solution à filer
пряжный раствор (мр) дестиллировать в вакуум-аппаратѣ
distillare nel vacuo la soluzione per filare
destilar al vacío la solución para hilar

16 stark angereicherte [*oder* hochkonzentrierte] Spinnlösung (f)
highly concentrated spinning solution
solution (f) à filer très concentrée
крѣпкій *или* концентрированный пряжный раствор (мр)
soluzione (f) per filare fortemente concentrata
solución (f) para hilar muy concentrada

17 fadenziehende *oder* zähflüssige Lösung (f)
viscous solution
solution (f) visqueuse
густой раствор (мр), раствор (мр) вытягивающійся в нить
soluzione (f) viscosa *o* vischiosa
solución (f) viscosa

18 Sulfofettsäure (f)
sulfo-sebacic acid
acide (m) sulfo-sébacique
сульфо-жирная кислота (жр)
acido (m) sulfo-sebaceo
ácido (m) sulfo-sebáceo

19 Oxyfettsäure (f)
oxy-sebacic acid
acide (m) oxy-sébacique
окси-жирная кислота (жр)
acido (m) ossi-sebaceo
ácido (m) oxi-sebáceo

20 *δ)* Fadenbildung (f) und Fertigstellung (f)
Formation of Filament and Finishing
Formation (f) du fil et finissage (m)
Образованіе (ср) и изготовленіе (ср) нити
Formazione (f) del filo e rifinitura (f)
Formación (f) del hilo y acabado (m)

21 Chardonnetsches Spinnverfahren (n)
Chardonnet's spinning method
méthode (f) de filage système Chardonnet
способ (мр) пряденія по системѣ Шардоннэ
metodo (m) di filatura sistema Chardonnet
método (m) de hilado sistema Chardonnet

22 $FeCl_2$
Eisenchlorür (n)
ferrous chloride
chlorure (m) ferreux
хлористое желѣзо (ср)
cloruro (m) ferroso
cloruro (m) ferroso

1 alkoholische Eisenchlorürlösung (f) · alcoholic ferrous chloride solution · solution (f) alcoolique de chlorure ferreux · спиртовый раствор (мр) хлористаго желѣза · soluzione (f) alcoolica di cloruro ferroso · solución (f) alcohólica de cloruro ferroso

2 $SnCl_2$ — Zinnchlorür (n) · stannous chloride · chlorure (m) stanneux · хлористое олово (ср) · cloruro (m) stannoso · cloruro (m) estañoso

3 Zinnchlorürlösung (f) · stannous chloride solution · solution (f) de chlorure stanneux · раствор (мр) хлористаго олова · soluzione (f) di cloruro stannoso · solución (f) de cloruro estañoso

4 $CrCl_2$ — Chromchlorür (n) · chromous chloride · chlorure (m) chromeux · хлористый хром (мр) · cloruro (m) cromoso · cloruro (m) cromoso

5 $MnCl_2$ — Manganchlorür (n) · manganous chloride · chlorure (m) manganeux · хлористый марганец (мр) · cloruro (m) manganoso · cloruro (m) manganoso

6 organische Base (f) · organic base · base (f) organique · органическое основание (ср) · base (f) organica · base (f) orgánica

7 oxydierbare Base (f) · oxid[iz]able base · base (f) oxydable · основаніе (ср) способное окисляться · base (f) ossidabile · base (f) oxidable

8 $C_{20}H_{24}N_2O_2$ — Chinin (n) · quinine · quinine (f) · хинин (мр) · chinino (m) · quinina (f)

9 C_6H_7N — Anilin (n) · aniline · aniline (f) · анилин (мр) · anilina (f) · anilina (f)

10 $C_{20}H_{21}N_3O$ — Rosanilin (n) · rosaniline · rosaniline (f) · розанилин (мр) · rosanilina (f) · rosanilina (f)

11 starke *oder* hochprozentige Kollodiumlösung (f) · high percentage collodion solution · solution (f) de collodion à haute teneur · высокопроцентный раствор (мр) коллодія · soluzione (f) di collodio ad alto tenore · solución (f) de colodión a gran percentaje

12 alkoholische Lösung (f) von Ammoniumchlorid · alcoholic solution of ammonium chloride · solution (f) alcoolique de chlorure d'ammonium · спиртовой раствор (мр) хлористаго аммонія (нашатыря) · soluzione (f) alcoolica di cloruro d'ammonio · solución (f) alcohólica de cloruro de amonio

$CaCl_2$ — Kalziumchlorid (n), Chlorkalzium (n) · calcium chloride · chlorure (m) de calcium · хлористый кальцій (мр) · cloruro (m) di calcio · cloruro (m) de calcio 13

$MgCl_2$ — Magnesiumchlorid (n), Chlormagnesium (n) · magnesium chloride, chloride of magnesium · chlorure (m) de magnésium · хлористый магній (мр) · cloruro (m) di magnesio · cloruro (m) de magnesio 14

$AlCl_3$ — Aluminiumchlorid (n), Chloraluminium (n) · aluminium chloride · chlorure (m) d'aluminium · хлористый алуминий (мр) · cloruro (m) di aluminio · cloruro (m) de aluminio 15

$ZnCl_2$ — Zinkchlorid (n), Chlorzink (n) · zinc chloride · chlorure (m) de zinc · хлористый цинк (мр) · cloruro (m) di zinco · cloruro (m) de cinc 16

Natriumlaktat (n) · sodium lactate · lactate (m) de sodium · молочнокислый натр (мр) · lattato (m) di sodio · lactato (m) de sodio 17

$KC_2H_3O_2$ — essigsaures Kali (n), Kaliumazetat (n) · potassium acetate · acétate (m) de potassium · уксуснокислый калій (мр) · acetato (m) di potassio · acetato (m) de potasio 18

dem Weingeist Lösungsvermögen für Kollodiumwolle erteilen · to make the alcohol a solvent for collodion wool · donner à l'alcool le pouvoir dissolvant pour le collodion en laine · сообщить *или* придать спирту растворительную способность (жр) для коллодійной шерсти · dare all'alcool la capacità dissolvente per la lana al collodio · dar al alcohol el poder disolvente para el colodión en lana 19

die Kollodiumwolle mit Chlorkalziumlösung tränken [*oder* imprägnieren] · to impregnate the collodion wool with a chloride of calcium solution · imprégner le collodion en laine d'une solution de chlorure de calcium · коллодійную шерсть (жр) пропитать *или* импрегнировать раствором хлористаго кальція · impregnare la lana al collodio di una soluzione di cloruro di calcio · impregnar el colodión en lana con una solución de cloruro de calcio 20

die Baumwolle mit Sulfooxysäure behandeln · to treat the cotton with a sulfo-oxy-acid · traiter le coton par un acide sulfo-oxyde · обрабатывать хлопок (мр) сульфокислотами · trattare il cotone con un acido sulfo-ossido · tratar el algodón por un ácido sulfo-óxido 21

sulfonierte Fettsäure (f), Sulfofettsäure (f) · sulfo-sebacic acid · acide (m) sulfo-sébacique · сульфожирная кислота (жр) · acido (m) sulfo-sebaceo · ácido (m) sulfo-sebáceo 22

1 dem Lösungsmittel [für Nitrozellulose] ein Aldehyd zusetzen
to add an aldehyde to the solvent [for nitrated cellulose]
ajouter un aldéhyde au dissolvant [pour la nitrocellulose]
прибавить альдегид (мр) к растворителю (для нитро-целлуловы)
aggiungere un'aldeide al dissolvente [per la nitrocellulosa]
agregar o añadir un aldehido al disolvente para la nitrocelulosa

---

2 CH_3COH
Azetaldehyd (n)
acetic aldehyde
aldéhyde (f) acétique
ацетальдегид (мр)
aldeide (f) acetica
aldehido (m) acético

---

3 $C_6H_{12}O_3$
Paraldehyd (n)
paraldehyde
paraldéhyde (m)
паральдегид (мр)
paraldeide (f)
paraldehido (m)

---

4 C_7H_6O
Benzaldehyd (n)
benzaldehyde, benzoic aldehyde
benzaldéhyde (m)
бензальдегид (мр)
benzaldeide (f)
benzaldehido (m)

---

5 vergällter Weingeist (m), [denaturierter Alkohol (m)]
denaturated alcohol
alcool (m) dénaturé
денатурированный спирт (мр) *или* алкоголь (мр)
alcool (m) denaturato
alcohol (m) desnaturalizado

---

6 der Kollodiumlösung Säure zusetzen
to add an acid to the collodion solution
ajouter de l'acide à la solution de collodion
прибавлять кислоту к раствору коллодія
aggiungere acido alla soluzione di collodio
agregar ácido a la solución de colodión

---

7 der Nitrozellulose Öl zusetzen
to add oil to the nitrocellulose
ajouter de l'huile à la nitrocellulose
прибавлять масло (ср) к нитро-целлулозѣ
aggiungere olio alla nitrocellulosa
agregar aceite a la nitrocelulosa

---

8 Ölzusatz (m)
addition of oil
addition (f) d'huile
прибавленіе (ср) *или* примѣсь (жр) масла
aggiunta (f) o addizione (f) d'olio
adición (f) de aceite

---

9 vulkanisiertes Öl (n)
vulcanized oil
huile (f) vulcanisée
вулканизированое масло (ср)
olio (m) vulcanizzato
aceite (m) vulcanizado

---

10 an der Luft trocknendes Öl (n)
oil drying in the air
huile (f) séchant à l'air
высыхающее на воздухѣ масло (ср)
olio (m) essiccante all'aria
aceite (m) secante al aire

---

11 Baumwollsamenöl (n)
cotton seed oil
huile (f) [de graine] de coton
хлопковое масло (ср) (масло хлопковых сѣмян)
olio (m) di cotone
aceite (m) de semilla de algodón

Mohnöl (n)
poppy seed oil
huile (f) d'œillette
маковое масло (ср)
olio (m) di papavero
aceite (m) de semilla de adormidera 12

Hanföl (n)
hemp [seed] oil
huile (f) de chènevis
конопляное масло (ср)
olio (m) di canapa
aceite (m) de cáñamo 13

Nußöl (n)
nut oil
huile (f) de noix
орѣховое масло (ср)
olio (m) di noce
aceite (m) de nueces 14

Dotteröl (n)
cameline seed oil
huile (f) de caméline
масло (ср) камелины
olio (f) di camelina
aceite (m) de camelina 15

Rizinusöl (n)
castor oil
huile (f) de ricin
касторовое масло (ср)
olio (m) di ricino
aceite (m) de ricino 16

Rottannenöl (m)
red pine oil
huile (f) de sapin rouge
масло (ср) красной ели
olio (m) di pino rosso
aceite (m) de pino rojo 17

---

gepulverter Kopal (m)
powdered copal
copal (m) pulvérisé
порошкообразный копал (мр)
copale (m) polverizzato
copal (m) pulverizado 18

---

dem Kollodium Kopallack zusetzen
to add copal varnish to the collodion
ajouter de la laque de copal au collodion
прибавить к коллодію копаловый лак (мр)
aggiungere lacca copale al collodio
agregar o añadir laca de copal al colodión 19

Leinöl (n)
linseed oil
huile (f) de lin
льняное масло (ср)
olio (m) di lino
aceite (m) de lino 20

$Cu(OH)_2 4 NH_3$
Kupferoxydammoniak (n)
ammoniacal copper oxide
oxyde (m) de cuivre ammoniacal
аммiачный раствор (мр) окиси мѣди
ossido (m) di rame ammoniacale, ammoniuro (m) di rame
óxido (m) cupro-amoniacal 21

$Cu SO_4$
schwefelsaures Kupfer (n), Kupfervitriol (n)
copper sulphate
sulfate (m) de cuivre
мѣдный купорос (мр)
solfato (m) di rame
sulfato (m) de cobre 22

$NH_3 + aq$
Ammoniakwasser (n)
ammonia water
eau (f) ammonicale
аммiачная вода (жр)
acqua (f) ammoniacale
agua (f) amoniacal 23

CH_4O, CH_3OH
Holzgeist (m), Methylalkohol (m)
wood spirit, methyl alcohol
esprit (m) de bois, alcool (m) méthylique
древесный *или* метиловый спирт (мр)
spirito (m) di legno, alcool (m) metilico
espiritu (m) de madera, alcohol (m) metilico 24

1 $NaC_2H_3O_2$

essigsaures Natron (n), Natriumazetat (n)
sodium acetate
acétate (m) de sodium
уксуснокислый натр (мр)
acetato (m) di sodio
acetato (m) de sodio

2

wasserhaltiger Weingeist (m)
alcohol containing water
alcool (m) contenant de l'eau
водный (водосодержащій) винный спирт (мр)
alcool (m) contenente acqua
alcohol(m)que contiene agua

3

das Öl verharzt
the oil turns to resin *or* resinifies
l'huile (f) se convertit en résine *ou* se résinifie
масло (ср) обращается в смолу *или* осмоляется
l'olio (m) diventa resinoso *o* si resinifica
el aceite se resinifica

4

Nitroseide (f) aus Eisessigkollodium
nitro silk from acetate of collodion
soie (f) à la nitro-cellulose de l'acétate de collodion
нитрошёлк (мр) из раствора коллодія в крѣпкой уксусной кислотѣ
seta (f) di nitrocellulosa dall'acetato di collodio
seda (f) de nitrocelulosa de colodión acético glacial

5

Spinnkollodium (n)
collodion for spinning purposes
collodion (m) filable
пряжный коллодій (мр)
collodio (m) filabile
colodión (m) hilable

6

Guttapercha (f) in Schwefelkohlenstoff auflösen
to dissolve the guttapercha in carbon bisulphide
dissoudre la guttapercha dans du sulfure de carbone
растворить резину *или* гутаперху в сѣрнистом углеродѣ
dissolvere la guttaperca nel solfuro di carbonio
disolver la gutapercha en el sulfuro de carbono

7

Fischleim (m) in Eisessig auflösen
to dissolve fish glue *or* isinglass in glacial acetic acid
dissoudre de la colle de poisson dans du vinaigre glacial
рыбій клей (мр) растворить в крѣпком уксусѣ
dissolvere colla di pesce nell'acido acetico glaciale
disolver cola de pescado en el vinagre glacial

8

tierischer Leim (m), Gelatine (f)
gelatine
gélatine (f)
желатин (мр)
gelatina (f)
gelatina (f)

9

der Seidenfaden durchläuft ein Natronbad
the silk filament passes through a soda bath
le fil de soie traverse un bain de soude
шёлковая нить (жр) проходит через натровую ванну
il filo di seta passa in un bagno di soda
el hilo de seda pasa a un baño de sosa

10

Albuminbad (n)
albumin bath
bain (m) d'albumine
альбуминовая ванна (жр)
bagno (m) d'albumina
baño (m) de albúmina

11

Quecksilberchloridbad (n)
bath of mercuric chloride
bain (m) de chlorure mercurique
хлористо-ртутная ванна (жр)
bagno (m) di cloruro mercurico
baño (m) de cloruro de mercurio

12

kohlensäureerfüllter Raum (m), Kohlensäureatmosphäre (f)
atmosphere of carbonic acid
atmosphère (f) chargée d'acide carbonique
среда (жр) насыщенная углекислотой, воздух (мр) богатый углекислотой
atmosfera (f) carica d'acido carbonico
atmósfera (f) cargada de ácido carbónico

13

Aluminiumsulfatbad (n)
aluminium sulphate bath
bain (m) de sulfate d'alumine
ванна (жр) из сѣрнокислаго алуминія
bagno (m) di solfato d'alluminio
baño (m) de sulfato de aluminio

---

14 $Al_2(OH)_6$

Tonerdehydratniederschlag (m), Niederschlag (m) von Aluminiumoxydhydrat *oder* Aluminiumhydroxyd
precipitate of alumina hydroxide
précipité (m) d'hydroxyde d'alumine
осадок (мр) гидрата глинозёма
precipitato (m) d'idrossido di alluminio
precipitado (m) de hidróxido de aluminio

---

15 $NaHSO_3 + aq$

Natriumbisulfitbad (n)
bisulphite of sodium bath
solution (f) de bisulfite de soude
ванна (жр) из кислаго сѣрнистокислаго натра
soluzione (f) di bisolfito di sodio
solución (f) de bisulfito de sosa

16

Erstarrungsbad (n) *oder* Koagulierungsbad (n) aus Karbolsäurelösung
coagulating bath of carbolic acid
bain (m) de coagulation à l'acide carbolique
коагулирующая ванна (жр) из карболовой кислоты
bagno (m) di coagulazione ad acido carbolico
baño (m) de coagulación de ácido fénico

---

17 $C_6H_5 \cdot OH + aq$

Karbolsäurebad (n)
carbolic acid bath
bain (m) d'acide carbolique
ванна (жр) из карболовой кислоты
bagno (m) d'acido carbolico
baño (m) de ácido fénico

18

Nitroseide (f) aus Azetonkollodium
nitro silk from acetone collodion
soie (f) à la nitrocellulose de collodion d'acétone
нитрошёлк (мр) из ацетоноваго раствора коллодія
seta (f) di nitrocellulosa di collodio di acetone
seda (f) de nitrocelulosa de colodión-acetona

---

19 $C_3H_6O + aq$

Azetonlösung (f)
acetone solution
solution (f) d'acétone
ацетоновый раствор (мр)
soluzione (f) di acetone
solución (f) de acetona

---

20 $NaNO_2 + aq$

Natriumnitritlösung (f)
nitrite of sodium solution
solution (f) de nitrite de soude
азотистокислый натр (мр)
soluzione (f) di nitrite di sodio
solución (f) de nitrito de sosa

1 Azeton (n) mit Kaliumpermanganat behandeln
to treat acetone with permanganate of potassium
traiter l'acétone avec du permanganate de potassium
обрабатывать ацетон (мр) марганцовокислым кали
trattare l'acetone col permanganato di potassio
tratar la acetona con permanganato de potasa

---

2 das Azeton über Ätzkalk destillieren
to distil acetone over quicklime
distiller l'acétone à la chaux vive
перегонять ацетон (мр) над ѣдкой известью
distillare l'acetone alla calce viva
destilar la acetona sobre cal viva

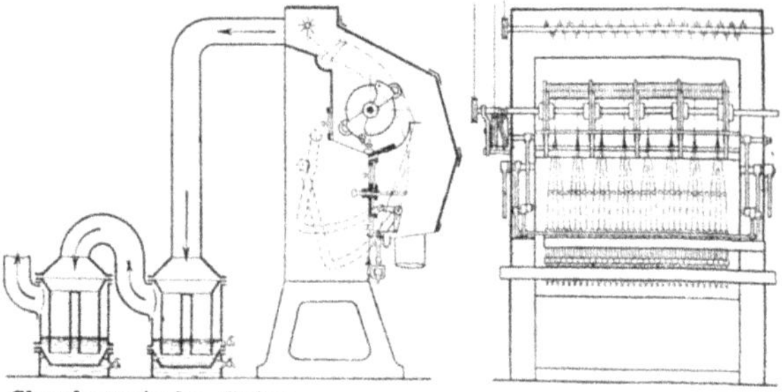

Chardonnetsche Spinnmaschine (f)
Chardonnet's spinning apparatus
métier (m) à filer de Chardonnet
прядильный аппарат (мр) системы Шардоннэ
filatoio (m) del Chardonnet 11
aparato (m) para hilar de Chardonnet

---

3 ammoniakhaltige Luft (f), Ammoniakgasatmosphäre (f)
atmosphere of ammonia gas
atmosphère (f) de gaz ammoniaque
среда (жр) наполненная амміачным газом
atmosfera (f) di gas d'ammoniaca
atmósfera (m) de gas de amoniaco

---

4 SO_2
[gasförmige] schweflige Säure (f), Schwefeldioxyd (n)
[gaseous] sulphur dioxide *or* sulphurous acid
acide (m) *ou* anhydride (m) sulfureux [gazeux]
сѣрнистый ангидрид (мр)
acido (m) solforoso [gasoso], anidride (f) solforosa [gasosa]
anhidrido (m) sulfuroso [gasoso]

---

5 Essigesterlösung (f), Essigätherlösung (f)
solution of acetic ether *or* of ethyl acetate
solution (f) d'éther acétique *ou* d'acétate d'éthyle
раствор (мр) уксуснаго эфира
soluzione (f) di etere acetico
solución (f) de éter acético

---

6 in Weingeist gelöstes Metallsalz (n)
metallic salt dissolved in alcohol
sel (m) métallique dissous dans l'alcool
растворенная в спиртѣ металлическая соль (жр)
sale (m) metallico sciolto nell'alcool
sal (f) metálica disuelta en el alcohol

---

7 alkoholische Salzlösung (f)
alcoholic salt solution
solution (f) d'un sel dans l'alcool
спиртный раствор (мр) соли
soluzione (f) di un sale nell'alcool
solución (f) de una sal en el alcohol

---

8 Hydrolyse (f) des Zellstoffes
hydrolysis of the cellulose
hydrolyse (f) de la cellulose
гидролиз (мр) клѣтчатки *или* целлулозы
idrolise (f) della cellulosa
hidrolisis (f) de la celulosa

---

9 Spinnpaste (f)
spinning paste
pâte (f) à filer
пряжная паста (жр)
pasta (f) per filare
pasta (f) para hilar

---

10 die Spinnpaste kneten
to knead the spinning paste
malaxer la pâte à filer
мѣсить пряжную пасту *или* пряжное тѣсто
maneggiare la pasta per filare
amasar la pasta para hilar

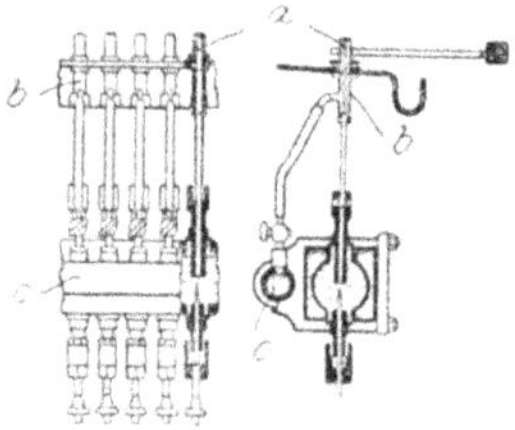

Chardonnetsche Spinnvorrichtung (f)
Chardonnet's spinning organ
organe (m) à filer système Chardonnet
прядильный прибор (мр) системы Шардоннэ 12
organo (m) filatore del Chardonnet
órgano (m) para hilar de Chardonnet

---

a
Haarröhrchen (n), [Kapillarrohr (n)]
capillary tube
tube (m) capillaire
капилярная [волосяная] трубка (жр) 13
tubo (m) capillare
tubo (m) capilar

---

b
wasserführende Hülse (f)
water conducting tube
tube (m) d'amenée d'eau
трубка (жр) подводящая воду 14
tubo (m) conduttore d'acqua
tubo (m) de entrada de agua

---

c
Wasserleitungsrohr (n)
water pipe
conduite (f) d'eau
водопроводная трубка (жр) 15
condotta (f) d'acqua
conducto (m) de agua

---

den Kollodiumfaden mittels Zange abnehmen
to take up the collodion filament with tongs
saisir le fil de collodion avec des pinces
снимать коллодійную нить (жр) щипцами
prendere il filo di collodio colle pinzette 16
coger el hilo de colodión con unas pinzas

Zange (f)
tongs
pinces (fpl)
щипцы (мр) 17
pinz[ett]e (fpl)
pinzas (fpl)

---

a
Blattfeder (f)
plate spring
ressort (m) à lame
плоская пружина (жр) 18
molla (f) a foglia
resorte (m) de placa

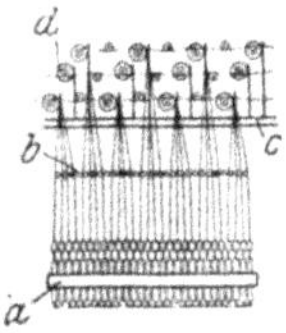

1 den Seidenfaden auf Spulen aufwickeln
to wind the silk filament on bobbins
enrouler le fil de soie sur des bobines, bobiner le fil de soie
наматывать шёлковую нить (жр) на катушки *или* шпули
avvolgere il filo di seta sulle bobine, bobinare il filo di seta
enrollar el hilo de seda sobre bobinas, bobinar el hilo de seda

2 a
Zuführungsrohr (n) [für die Spinnlösung]
conducting pipe [for the spinning solution]
tuyau (m) d'amenée [pour la solution à filer]
подводящая трубка (жр) [для пряжнаго раствора]
tubo (m) d'ammissione [per la soluzione da filare]
tubo (m) de entrada [de la solución para hilar]

3 b
Führungskamm (m)
guide comb
peigne (m) guide
направляющая гребёнка (жр)
pettine (m) guida
peine-guia (m)

4 c
Führung (f) [aus Kupferdraht]
guide [of copper wire]
guide (m) [en fil de cuivre]
направитель (мр) [из мѣдной проволоки]
guida (f) [di filo di rame]
guia (f) [en hilo de cobre]

d
Spule (f)
bobbin
bobine (f)
катушка (жр), шпуля (жр)
bobina (f)
bobina (f)

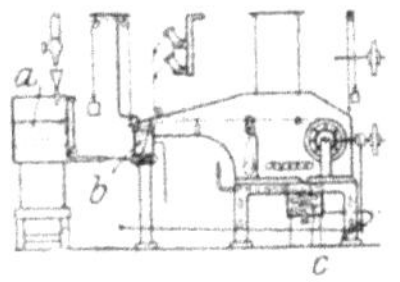

6 Lehnersche Spinnvorrichtung (f)
Lehner's spinning apparatus
métier (m) à filer de Lehner
прядильный аппарат (мр) системы Ленера
filatoio (m) di Lehner
aparato (m) para hilar de Lehner

7 a
Spinnlösung (f)
spinning solution
solution (f) à filer
пряжный раствор (мр)
soluzione (f) per filare
solución (f) para hilar

8 b
Ölbehälter (m)
oil container
récipient (m) d'huile
сосуд (мр) *или* резервуар (мр) для масла
recipiente (m) d'olio
recipiente (m) de aceite

9 c
Kühlschlange (f)
cooling coil
serpentin (m) de refroidissement
холодильный змѣевик (мр)
serpentino (m) refrigerante
serpentin (m) refrigerante

die Kollodiumwolle löst sich
the collodion wool dissolves
le collodion en laine se dissout
коллодійная шерсть (волокно) растворяется
la lana al collodio si dissolve 10
el colodión en lana se disuelve

Abklären (n) [*oder* Dekantieren (n)] einer Flüssigkeit
decantation of a liquid
décantation (f) *ou* décantage (m) d'un liquide
сливаніе (ср) отстоявшейся жидкости с осадка, декантированіе (ср)
decantazione (f) d'un liquido 11
decantación (f) de un liquido

Explosionsfähigkeit (f) des Kollodiums
explosive property of the collodion
facilité (f) d'explosion du collodion
взрывчатая способность (жр) коллодія
capacità (f) esplosiva del collodio 12
facilidad (f) explosiva del colodión

wasserhaltige Kollodiumlösung (f)
collodion solution containing water
solution (f) de collodion contenant de l'eau
водосодержащій раствор (мр) коллодія
soluzione (f) di collodio contenente acqua 13
solución (f) de colodión conteniendo agua

explosiver Stoff (m)
explosive substance
substance (f) *ou* matière (f) explosive
взрывчатое вещество (ср)
sostanza (f) *o* materia (f) esplosiva 14
materia (f) explosiva

Feuergefährlichkeit (f) *oder* leichte Entflammbarkeit (f) *oder* Entzündbarkeit (f) der Kollodiumseide
inflammability *or* liability to fire of collodion silk
inflammabilité (f) de la soie de collodion
огнеопасность (жр) *или* воспламеняемость (жр) шёлка из коллодія
infiammabilità (f) della seta al collodio 15
inflamabilidad (f) de la seda de colodión

explosiver Schießwollfaden (m) *oder* Pyroxylinfaden (m)
explosive pyroxyline *or* guncotton fibre
fil (m) de pyroxyline explosif
взрывчатая пироксилиновая нить (жр), (запальный жгут)
filo (m) esplosivo di pirossilina 16
hilo (m) de algodón-pólvora explosivo

die Ätherdämpfe (m pl) abführen
to remove the ether fumes
emmener les vapeurs d'éther
отводить пары эфира
eliminare i vapori di etere 17
eliminar los vapores de éter

leichtflüssiges Kollodium (n)
very fluid collodion
collodion (m) très liquide *ou* mobile
жидкій коллодій (мр)
collodio (m) fluidissimo 18
colodión (m) muy flúido

$C_2H_6SO_4$
Ätherschwefelsäure (f), Äthylschwefelsäure (f)
ethylic sulphuric acid
acide (m) éthylsulfurique *ou* sulfovinique
эфирно-сѣрная кислота (жр), сѣрно-кислый этил (мр) 19
acido (m) etilsolforico *o* sulfovinico
ácido (m) etilsulfúrico *o* sulfovínico

1 $C_2H_5NO_2$
Salpeteräther (m), Äthylnitrit (n)
nitrite of ethyl
nitrite (m) d'éthyle
азотнокислый эфир (мр), азотнокислый этил (мр)
nitrite (f) di etile
nitrito (m) de etilo

2 Erstarrungsflüssigkeit (f), Koagulierungsflüssigkeit (f)
coagulating liquid
liquide (m) de coagulation
твердѣющая жидкость (жр)
liquido (m) di coagulazione
liquido (m) coagulador

3 Terpentinöl (n)
[oil of] turpentine
huile (f) de thérébentine
терпентиновое масло (ср), скипидар (мр)
olio (m) di trementina
aceite (m) de trementina

4 Wacholderöl (n)
juniper oil
huile (f) de genièvre
можжевеловое масло (ср)
olio (m) di ginepro
aceite (m) de enebro

5 Petroleum (n)
petroleum
pétrole (m)
керосин (мр)
petrolio (m)
petróleo (m)

6 Benzin (n)
petrol, gasoline (A)
essence (f), benzine (f)
бензин (мр)
benzina (f)
bencina (f)

7 C_6H_6
Benzol (n)
benzole, benzene
benzol (m)
бензол (мр)
benzolo (m)
benzol (m)

8 flüssiger Kohlenwasserstoff (m)
liquid hydrocarbon
carbure (m) d'hydrogène *ou* hydrocarbure (m) liquide
жидкій углеводород (мр)
idrocarburo (m) liquido
hidrocarburo (m) liquido

9 $CHCl_3$
Chloroform (n)
chloroform
chloroforme (m)
хлороформ (мр)
cloroformio (m)
cloroformo (m)

10 $Na_2SiO_3 + aq$
Wasserglaslösung (f)
water glass solution
solution (f) de silicate de potasse
раствор (мр) жидкаго стекла
soluzione (f) di silicato di potassio
solución (f) de vidrio soluble

11 die Schwefelsäure neutralisieren *oder* unwirksam machen
to neutralize the sulphuric acid
neutraliser l'acide sulfurique
нейтрализировать сѣрную кислоту
neutralizzare l'acido solforico
neutralizar el ácido sulfúrico

12 das Lösungsmittel durch Destillation *oder* Eindampfen wiedergewinnen
to recover the solvent by distillation
récupérer le dissolvant par distillation
регенерировать (получить обратно) растворитель (мр) отгонкой
ricuperare il dissolvente per mezzo della distillazione
recuperar el disolvente por destilación

13 Kautschuklösung (f)
rubber solution
solution (f) de caoutchouc
раствор (мр) каучука
soluzione (f) di caucciù
solución (f) de caucho

fällende Kraft (f) des Methylalkohols
precipitant power of methyl alcohol
pouvoir (m) précipitant de l'alcool méthylique
осадочная способность (жр) древеснаго спирта
capacità (f) precipitante dell'alcool metilico 14
poder (m) precipitante del alcohol metilico

die Spinnflüssigkeit durch Haarröhrchen [*oder* Kapillarröhrchen] pressen
to force the spinning solution through capillary tubes
forcer la solution à filer à travers des tubes capillaires
выдавливать пряжную жидкость (жр) через волосяныя (капилярныя) трубки
pressare la soluzione per filare attraverso tubi capillari 15
hacer salir la solución para hilar através de tubos capilares

den Seidenfaden durch die Spinndüse saugen
to suck the silk filament through the spinneret
aspirer le fil de soie par la filière
высасывать шёлковую нить (жр) через прядильное отверстіе
aspirare il filo di seta per la filiera 16
aspirar el hilo de seda por la tobera

Leichtflüssigkeit (f) des Lösungsmittels
fluidity *or* thin liquid condition of the solvent
fluidité (f) du dissolvant
текучесть (жр) растворителя
fluidità (f) del dissolvente 17
fluidez (f) del disolvente

die Zähflüssigkeit (f) [*oder* Viskosität] nimmt ab *oder* verringert sich
the viscosity decreases
la viscosité diminue
тягучесть (жр) *или* вязкость (жр) убывает *или* уменьшается 18
la viscosità diminuisce
la viscosidad disminuye

Filterwatte (f)
filter wadding
ouate (f) à filtrer
фильтровальная вата (жр)
ovatta (f) per filtrare 19
guata (f) filtrante

Filtergaze (f)
filter gauze
gaze (f) à filtrer
фильтровочная газовая матерія (жр) *или* ткань (жр) 20
garza (f) per filtrare
gaza (f) filtrante

verstopfter *oder* verunreinigter Filterstoff (m)
choked filtering material
matière (f) filtrante saturée
загрязненный (засоренный) фильтрующій матеріал (мр)
materia (f) filtrante otturata 21
materia (f) filtrante obturada

die gefilterte Spinnlösung lagern
to season the filtered spinning solution
laisser reposer la solution à filer filtrée
положить на склад (мр) фильтрованный пряжный раствор (мр)
stagionare la soluzione per filare filtrata 22
hacer reposar la solución para hilar filtrada

den Seidenfaden durch Waschen alkoholfrei machen
to remove the alcohol from the silk filament by rinsing
enlever l'alcool du fil de soie par lavage
промывать шёлковую нить (жр) до полнаго удаленія алкоголя
eliminare l'alcool dal filo di seta mediante lavaggio 23
eliminar el alcohol del hilo de seda por el lavado

1
dem Waschwasser Salze (n pl) zusetzen
to add salts to the washing water
ajouter des sels (m pl) à l'eau de lavage
прибавить соль (жр) к промывной водѣ
aggiungere sali (m pl) all'acqua di lavaggio
agregar sales (f pl) al agua de lavado

2
den Seidenfaden tränken [*oder* imprägnieren]
to impregnate the silk filament
imprégner le fil de soie
шелковую нить (жр) пропитывать *или* импрегнировать
impregnare il filo di seta
impregnar el hilo de seda

3
anorganisches Salz (n)
inorganic salt
sel (m) inorganique
неорганическая соль (жр)
sale (m) inorganico
sal (f) inorgánica

4 $NaNO_2$
salpetrigsaures Natron (n), Natriumnitrit (n)
sodium nitrite
nitrite (m) de sodium
азотистокислый натр (мр)
nitrite (f) di sodio
nitrito (m) de sodio

5 $(NH_4)_2HPO_4$
phosphorsaures Ammoniak (n) Ammoniumphosphat (n)
ammonium phosphate
phosphate (m) d'ammonium
фосфорнокислый аммоній (мр)
fosfato (m) di ammonio
fosfato (m) de amonio

6 NH_4HCO_3
doppeltkohlensaures Ammoniak (n), Ammoniumbikarbonat (n)
ammonium bicarbonate
bicarbonate (m) d'ammonium
двууглекислый аммоній (мр)
bicarbonato (m) di ammonio
bicarbonato (m) de amonio

7 Na_2WO_4
wolframsaures Natrium (n), Natriumwolframat (n)
tungstate of sodium
tungstate (m) de soude
вольфрамовокислый натрій (мр)
tungstato (m) sodico
tungstato (m) de sodio

8
ε) Denitrieren (n), Salpetersäureentziehung (f)
Denitrating
Dénitration (f)
Денитрированіе (ср) нити
Denitrizzazione (f)
Denitración (f)

9
den Faden denitrieren, dem Faden die Salpetersäure entziehen
to denitrate the filament
dénitrer le fil
денитрировать нить (жр)
denitrizzare il filo
denitrar el hilo

10
Abspaltung (f) der Salpetersäure
separation of nitric acid
séparation (f) de l'acide nitrique
выдѣленіе (ср) азотной кислоты
separazione (f) dell'acido nitrico
separación (f) del ácido nítrico

11
teilweise [*oder* partielle Denitrierung (f)
partial denitration
dénitration (f) partielle
частичное денитрированіе (ср)
denitrizzazione (f) parziale
denitración (f) parcial

12
ungleichmäßige Denitrierung (f)
unequal denitration
dénitration (f) inégale
неравномѣрное денитрированіе (ср)
denitrizzazione (f) disuguale
denitración (f) desigual

13
saure Denitrierung (f)
acid denitration
dénitration (f) acide
кислотное денитрированіе (ср)
denitrizzazione (f) acida
denitración (f) ácida

14
das Denitrierbad wiedergewinnen *oder* regenerieren
to regenerate the denitrating bath
régénérer le bain dénitrant
регенерировать денитрированную ванну
rigenerare il bagno di denitrizzazione
regenerar el baño denitrante

15
wiedergewonnenes *oder* regeneriertes Zellulosehydrat (n)
regenerated cellulose hydrate
hydrate (m) de cellulose régénéré
регенерированный гидрат (мр) клѣтчатки
idrato (m) di cellulosa rigenerato
hidrato (m) de celulosa regenerado

16
den Faden auf der Spule denitrieren
to denitrate the filament on the bobbin
dénitrer le fil sur bobine
денитрировать нить (жр) на катушках
denitrizzare il filo sulla bobina
denitrar el hilo sobre la bobina

17
den Faden im Strang denitrieren
to denitrate the filament when skeined
dénitrer le fil en écheveau
денитрировать нить (жр) в моткѣ *или* жгутѣ
denitrizzare il filo nella matassa
denitrar el hilo en madeja

18
Denitriermittel (n)
denitrating agent
actif (m) dénitrant
вещество (ср) (средство) для денитрированія
sostanza (f) denitrizzante
medio (m) denitrante

19
Ammoniaksalz (n), Ammonsalz (n)
ammonia salt
sel (m) ammoniac
амміачная соль (жр)
sale (m) ammoniaco
sal (f) amoníaca

20 NH_4HS
Schwefelammonium (n), Ammoniumsulfhydrat (n), Ammoniumhydrosulfid (n)
sulphhydrate of ammonium
sulfhydrate (m) d'ammonium
сѣрнистый аммоній (мр), аммоніум (мр) гидросульфид
sulfidrato (m) di ammonio
sulfhidrato (m) de amonio

21
Alkalität (f) des Schwefelammoniums
alkalinity of sulphhydrate of ammonium
alcalinité (f) du sulfhydrate d'ammonium
щёлочность (жр) сѣрнистаго аммонія
alcalinità (f) del sulfidrato di ammonio
alcalinidad (f) del sulfhidrato de amonio

22
Erdalkalien (n pl)
alkaline earths
terres (f pl) alcalines
земельныя щёлочи (жр)
terre (f pl) alcaline
tierras (f pl) alcalinas

23 CH_3CO_2H
Essigsäure (f)
acetic acid
acide (m) acétique
уксусная кислота (жр)
acido (m) acetico
ácido (m) acético

1 Kuprolösung (f)
cuprous solution
solution (f) cuivreuse
раствор (мр) мѣдной закиси
soluzione (f) cuprosa
solución (f) cuprosa

2 das Kuprisalz in [*oder* zu] Kuprosalz reduzieren
to reduce the cupric salt to cuprous salt
réduire le sel cuivrique au sel cuivreux
редуцировать окись (жр) мѣди в закись (жр), (возстановить)
ridurre il sale ramico in sale ramoso
reducir la sal cúprica a sal cuprosa

3 [neutrales] Magnesiumsalz (n)
[neutral] magnesium salt
sel (m) magnésique [neutre]
(нейтральная) магнезіальная соль (жр)
sale (m) magnesiaco [neutro]
sal (f) magnésica [neutra]

4 $Mg(S \cdot H)_2$
Magnesiumsulfhydrat (n)
sulphhydrate of magnesium
sulfhydrate (m) de magnésium
сульфгидрат (мр) магнія
sulfidrato (m) di magnesio
sulfhidrato (m) de magnesio

5 Magnesiaabscheidung (f)
separation of magnesia
séparation (f) de la magnésie
выдѣленіе (ср) магнезіи
separazione (f) della magnesia
separación (f) de la magnesia

6 das Magnesiumoxyd in Lösung halten
to retain the magnesium oxide dissolved
retenir l'oxyde de magnésium en dissolution
держать окись (жр) магнія в растворѣ
ritenere l'ossido di magnesio in dissoluzione
retener el óxido de magnesio en disolución

7 $NaOH + H_2O$
Natronlauge (f)
caustic soda solution
solution (f) de soude caustique
ѣдкій натр (мр), натровая щёлочь (жр)
soluzione (f) di soda caustica
solución (f) de sosa cáustica

8 $NaSH$
Natriumsulfhydrat (n), Natriumhydrosulfid (n)
sulphhydrate of sodium
sulfhydrate (m) de sodium
сульфгидрат (мр) натра
sulfidrato (m) di sodio
sulfhidrato (m) de sodio

9 $Na_2S + aq$
Natriumsulfidlösung (f)
soda sulphide solution
solution (f) de sulfure de sodium
раствор (мр) сѣрнистаго натра
soluzione (f) di solfuro di sodio
solución (f) de sulfuro de sosa

10 Alkalinitrit (n)
alkaline nitrite
nitrite (m) alcalin
азотистокислая щёлочь (жр)
nitrite (f) alcalina
nitrito (m) alcalino

11 Schwefelalkalien (n pl)
sulphur alkali[e]s
sulfures (m pl) alcalins
сѣрнистая щёлочь (жр)
solfuri (m) alcalini
sulfuros (m) alcalinos

12 Schwefelabscheidung (f)
separation of sulphur
élimination (f) du soufre
выдѣленіе (ср) сѣры
eliminazione (f) dello zolfo
eliminación (f) del azufre

den Schwefel abscheiden
to separate *or* to remove the sulphur
éliminer le soufre
выдѣлять сѣру
eliminare lo zolfo
eliminar el azufre 13

den Schwefel in Lösung halten
to retain the sulphur dissolved
retenir le soufre en dissolution
держать сѣру в растворѣ
ritenere lo zolfo in dissoluzione
retener el azufre en disolución 14

Schwefelverbindung (f)
sulphur combination
combinaison (f) sulfurée
сѣрнистое соединеніе (ср), соединеніе (ср) сѣры
combinazione (f) solforata
combinación (f) sulfurada 15

Sulfid (n), Schwefelmetall (n)
sulphide
sulfure (m)
сульфид (мр), сѣрнистый металл (мр)
solfuro (m)
sulfuro (m) 16

Polysulfid (n)
polysulphide
polysulfure (m)
полисульфид (мр) (многосѣрнистый)
polisolfuro (m)
polisulfuro (m) 17

CaS
Einfach-Schwefelkalzium (n), Kalziumsulfid (n), Kalziummonosulfür (n)
sulphide of calcium
[mono]sulfure (m) de calcium
сѣрнистый кальцій (мр)
monosolfuro (m) di calcio
monosulfuro (m) de calcio 18

Sulfhydrat (n)
sulphhydrate
sulfhydrate (m)
сульфгидрат (мр)
solfidrato (m)
sulfhidrato (m) 19

$Ca(SH_2)$
Kalziumsulfhydrat (n)
calcium sulfhydrate
sulfhydrate (m) de calcium
кальцій-сульфгидрат (мр)
solfidrato (m) di calcio
sulfhidrato (m) de calcio 20

Sulfokarbonat (n)
sulpho-carbonate
sulfocarbonate (m)
сульфо-углекислая соль (жр)
solfocarbonato (m)
sulfocarbonato (m) 21

angesäuertes Wasser (n)
acidified water
eau (f) acidulée
подкисленная вода (жр)
acqua (f) acidulata
agua (f) acidulada 22

Wiedergewinnung (f) der flüchtigen Lösungsmittel
Recovery of the Volatile Solvents
Récupération (f) des solvants volatils
Регенерація (жр) *или* обратное полученіе (ср) летучих растворителей
Ricupero (m) dei dissolventi volatili
Recuperación (f) de los disolventes volátiles 23

die verbrauchte Waschflüssigkeit reinigen *oder* läutern [*oder* rektifizieren]
to rectify the exhausted washing liquid
rectifier le liquide de lavage épuisé
ректифицировать *или* перегонять отработанную промывную жидкость (жр)
rettificare il bagno di lavaggo esaurito
rectificar el liquido de lavado agotado 24

1
die Ätherdämpfe (m pl) durch Aufsaugung *oder* Absorption wiedergewinnen
to recover the ether vapours by absorption
récupérer les vapeurs (f pl) d'éther par absorption
регенерировать пары эфира путем их поглощенія (абсорпціи)
ricuperare i vapori di etere mediante assorbimento
recuperar los vapores de éter por absorción

2
den Äthylalkohol durch Amylalkohol aufsaugen [*oder* absorbieren]
to absorb the ethyl alcohol by amyl alcohol
absorber l'alcool éthylique par l'alcool amylique
поглотить винный спирт (мр) амиловым спиртом
assorbire l'alcool etilico mediante alcool amilico
absorber el alcohol etílico por el alcohol amílico

3
den Amylalkohol zerstäuben
to spray the amyl alcohol
pulvériser l'alcool amylique
распылить амиловый спирт (мр)
spruzzare l'alcool amilico
pulverizar el alcohol amílico

4
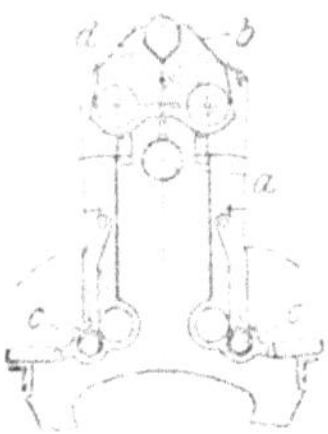

Vorrichtung (f) zur gesonderten Wiedergewinnung der Lösungsmittel
apparatus for separate recovery of solvents
appareil (m) de récupération séparée des dissolvants
аппарат (мр) для отдѣльной регенераціи, [обратнаго полученія] растворителей
apparecchio (m) di ricupero separato dei dissolventi
aparato (m) para la recuperación de los disolventes por separado

---

5 a
Saugrohr (n)
suction pipe
tuyau (m) d'aspiration
всасывающая труба (жр)
tubo (m) aspirante
tubo (m) de aspiración

---

6 b
helmartiges Gehäuse (f)
helmet-shaped casing
dôme (m)
шлемообразная крышка (жр) *или* колпак (мр)
cassa (f) a forma di casco
estuche (m) en forma de casco

---

7 c
Kollodiumleitung (f)
collodion passage
conduite (f) du collodion
трубопровод (мр) для коллодія
condotta (f) del collodio
conducto (m) de colodión

---

d
Spule (f)
bobbin
bobine (f)
катушка (жр), шпуля (жр) 8
bobina (f)
bobina (f)

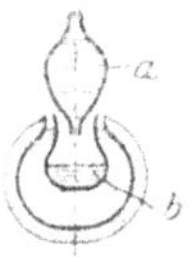

Verflüssigungsvorrichtung (f) für mit Gas gemischte Dämpfe
liquefier for vapours mixed with gas
appareil (m) de liquéfaction pour des vapeurs mêlées avec du gas
аппарат (мр) для превращенія в жидкость паров смѣшанных с газом 9
apparecchio (m) di liquefazione *o* apparato (m) liquefattore dei vapori mescolati al gas
aparato (m) de licuefacción para los vapores mezclados con el gas

---

a
Kühlkörper (m)
cooler
refroidisseur (m)
холодильник (мр), охладитель (мр) 10
refrigerante (m), refrigeratore (m)
cuerpo (m) refrigerante

---

b
Fangrinne (f), Sammelrinne (f)
collecting ledge
rigole (f) collectrice
сборный желоб (мр) 11
scolatoio (m) collettore
canal (m) colector

---

b) Kunstseide (f) aus Kupferoxydammoniakzellulose-lösungen, Kupfer-[oxydammoniak]-seide (f), Glanzstoff-[kunst]seide (f)
Cuprammonium Silk
Soie (f) artificielle à l'oxyde de cuivre ammoniacal
Искусственный шёлк (мр) из раствора целлулозы в аммiачной окиси мѣди
Seta (f) artificiale all'ossido di rame ammoniacale 12
Seda (f) artificial al óxido cupro-amoniacal

α) Allgemeines (n)
General
Généralités (f pl)
Общее
Generalità (f pl) 13
Generalidades (f pl)

Kupferoxydammoniakzelluloseverfahren (n)
cuprammonium silk process
procédé (m) à la cellulose d'oxyde de cuivre ammoniacal
способ (мр) полученія шёлка из целлулозы растворенной в аммiачном растворѣ окиси мѣди
processo (m) alla cellulosa di ossido di rame ammoniacale 14
procedimiento (m) a la celulosa de óxido de cobre amoniacal

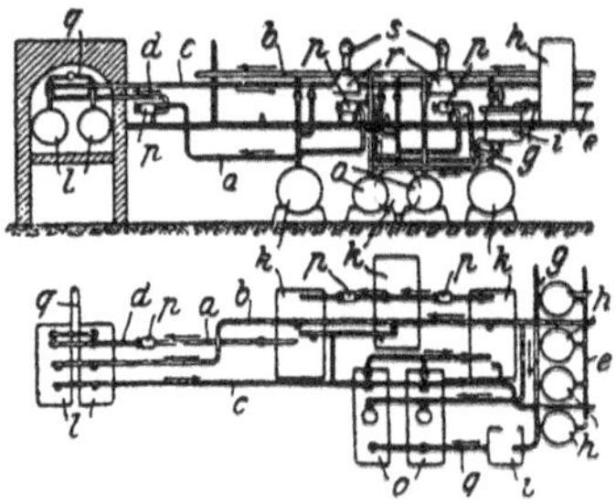

1 Anlage (f) zur Herstellung von Kupferoxyammoniakseide
installation for the production of cuprammonium silk
installation (f) pour la fabrication de la soie à l'oxyde de cuivre ammoniacal
оборудованіе (ср) для производства мѣднокисло-аммiачнаго шёлка
impianto (m) per la fabbricazione della seta all'ossido di rame ammoniacale
instalación (f) para la fabricación de la seda al óxido de cobre amoniacal

---

2 a Austritt[s]leitung (f) für die Lösung
outlet for the solution
sortie (f) de la solution
спускная труба (жр) для раствора
condotta (f) di scarico della soluzione
conducto (m) de salida de la solución

---

3 b Eintritt[s]leitung (f) für die Preßluft
compressed air inlet
entrée (f) de l'air comprimé
впускная труба (жр) для сжатаго воздуха
condotta (f) di ammissione dell'aria compressa
conducto (m) de entrada del aire comprimido

---

4 c Austritt[s]leitung (f) für die Preßluft
compressed air outlet
sortie (f) de l'air comprimé
выходная труба (жр) для сжатаго воздуха
condotta (f) di scarico dell'aria compressa
conducto (m) de salida del aire comprimido

---

5 d Eintritt[s]leitung (f) für die Lösung
inlet for the solution
entrée (f) de la solution
впускная труба (жр) для раствора
condotta (f) di ammissione della soluzione
conducto (m) de entrada de la solución

---

e Ammoniakzuführrohr (n)
inlet [pipe] for the ammonia
entrée (f) de l'ammoniaque
труба (жр) подводящая аммiак 6
condotta (f) di ammissione dell'ammoniaca
tubo (m) de alimentación del amoniaco

---

g Zuführleitung (f) für Kupferoxydammoniak
inlet for the cuprammonium
entrée (f) de l'oxyde de cuivre ammoniacal
труба (жр) подводящая аммiачный раствор окиси мѣди 7
condotta (f) d'ammissione dell'ossido di rame ammoniacale
conducto (m) de entrada del óxido de cobre amoniacal

---

h Zylinder (m) zur Auflösung des Kupferoxyds
cylinder for the dissolution of copper oxide
cylindre (m) pour la dissolution de l'oxyde de cuivre
цилиндр (мр) для растворенія мѣдной окиси 8
cilindro (m) per sciogliere l'ossido di rame
cilindro (m) para la disolución del óxido de cobre

---

i Behälter (m) mit Gradteilung, Maßbehälter (m)
graduated vessel
réservoir gradué (m)
сосуд (мр) с дѣленіями, измѣрительный сосуд (мр) 9
recipiente (m) graduato
depósito (m) graduado

---

k Lösungsbehälter (m)
solution container
réservoir (m) de la solution
сосуд (мр) с раствором 10
recipiente (m) per la soluzione
depósito (m) de la solución

---

l Druckbehälter (m)
pressure cylinder
réservoir (m) monte-jus
нагнетательный сосуд (мр) 11
serbatoio (m) a pressione
depósito (m) de presión

---

o Mischer (m)
mixer
malaxeur (m)
смѣситель (мр) 12
mescolatore (m)
mezclador (m)

---

p Filterpresse (f)
filter press
filtre-presse (m)
фильтр-пресс (мр), аппарат (мр) фильтрующій под давленіем 13
pressa (f) a filtro
filtro-prensa (m)

Ringleitung (f) für die Lösung
circular passage for the solution
conduite (f) circulaire de la solution
1 q соединительная изогнутая трубка (жр) для раствора
condotta (f) circolare per la soluzione
conducto (m) circular de la solución

Holzhaube (f)
wooden hood
cheminée (f) en bois
2 r деревянный колпак (мр)
camino (m) in legno
chimenea (f) o campana (f) de madera

Lüfter (m)
fan
ventilateur (m)
3 s вентилятор (мр), аэратор (мр)
ventilatore (m)
ventilador (m)

β) Ausgangsstoffe (mpl) und Herstellung (f) der Kupferoxydammoniakzellulose-lösung
Исходные матеріалы и производство (ср) целлулозы в растворѣ мѣдно-кислаго амміака
4 **Primary Materials and Process in Preparing Cuprammonium Cellulose Solution**
Materie (f) prime e fabbricazione (f) della soluzione di cellulosa all'ossido di rame ammoniacale
Matières (fpl) premières et préparation (f) de la solution de cellulose à l'oxyde de cuivre ammoniacal
Materias (fpl) primas y preparación (f) de la solución de celulosa al óxido de cobre amoniacal

trockener Zellstoff (m)
5 dried *or* dry cellulose
cellulose (f) sèche
сухая клѣтчатка (жр) *или* целлулоза (жр)
cellulosa (f) secca
celulosa (f) seca

überoxydierter Zellstoff (m)
6 over-oxidized cellulose
cellulose (f) suroxydée
переокисленная целлулоза
cellulosa (f) superossidata
celulosa (f) sobreoxidada

langfaseriger Spinnereiabfall (m)
7 long-fibred spinning [room] waste
déchets (m) de filature à longs brins
длинноволокнистый угар (мр) пряденія
cascami (mpl) di filatura a fibra lunga
desperdicios (mpl) de hilado de hebras largas

feinfaseriger Spinnereiabfall (m)
8 fine fibred spinning [room] waste
déchets (mpl) de filature à brins fins
тонковолокнистый угар (мр) пряденія
cascami (mpl) di filatura a fibra fina
desperdicios (mpl) de hilado de hebras finas

die getrocknete Baumwolle zerreißen
9 to open the dried cotton
ouvrir le coton séché
раздирать *или* разрыхлять высушенный хлопок (мр)
aprire il cotone disseccato
abrir el algodón desecado

verfilzte Baumwollfasern (fpl)
cotton lumps
coton (m) en mottes
свалявшіяся хлопчатобумажныя волокна (ср)
cotone (m) in bioccoli 10
algodón (m) en pedazos

mercerisierter Zellstoff (m)
mercerized cellulose
cellulose (f) mercérisée
мерсеризированная клѣтчатка (жр) *или* целлулоза (жр)
cellulosa (f) mercerizzata 11
celulosa (f) mercerizada

Zellulosehydrat (n), Hydrozellulose (f)
cellulose hydrate
hydrocellulose (f)
гидрат (мр) целлулозы
idrocellulosa (f) 12
hidrato (m) de celulosa, celulosa (f) hidratada

$C_6 H_8 Na_2 O_5$
Dinatriumzellulose (f)
disodic cellulose
cellulose (f) disodique
двунатровая целлулоза (жр) 13
cellulosa (f) disodica
celulosa (f) disódica

Dinatriumhydrozellulose (f), Dinatriumzellulosehydrat (n)
disodic hydrocellulose
hydrocellulose (f) disodique
двунатровая гидроцеллулоза (жр)
idrocellulosa (f) disodica 14
hidrocelulosa (f) disódica

Vorbehandlung (f) des Zellstoffs mit Natronlauge
preliminary treatment of the cellulose with soda lye
traitement (m) préalable de la cellulose par la lessive de soude
предварительная обработка (жр) целлулозы раствором натровой щёлочи
trattamento (m) preliminare della cellulosa mediante soluzione di soda caustica 15
tratamiento (m) preparatorio de la celulosa con una solución de sosa cáustica

die Baumwolle hydratisieren
to hydrate the cotton
hydrater le coton
разварить хлопок (мр) в водѣ 16
idratare il cotone
hidratar el algodón

Gebauerscher Sektionsbleichkessel (m)
Gebauer's sectional bleaching boiler
cuve (f) de blanchiment système Gebauer
секціональный отбѣльный котёл (мр) системы Гебауэр
caldaia (f) per sbiancare sistema Gebauer 17
cuba (f) de blanqueo de Gebauer

die gekochte Baumwolle waschen
to wash the boiled cotton
laver le coton bouilli
промывать отваренный хлопок (мр)
lavare il cotone bollito 18
lavar el algodón hervido

Entwässern (n) der Baumwolle mittels Schleuder
treatment of the cotton in the hydro-extractor
essorage (m) du coton dans l'hydro-extracteur
отжатіе (ср) хлопка на центрофугѣ
centrifugazione (f) del cotone bagnato 19
tratamiento (m) del algodón por el hidroextractor

Hypochloritlösung (f)
hypochlorite solution
solution (f) d'hypochlorite
раствор (мр) гипохлорита
soluzione (f) d'ipoclorito 20
solución (f) de hipoclorito

1 angereicherte [*oder* konzentrierte] Alkalilauge (f)
strong *or* concentrated alkali solution
solution (f) alcaline concentrée
сгущенный *или* концентрированный раствор (мр) щёлочей
soluzione (f) alcalina concentrata
solución (f) alcalina concentrada

---

2 verdünnte Alkalilösung (f)
weak *or* dilute[d] alkali solution
solution (f) alcaline étendue *ou* diluée
слабый *или* разбавленный раствор (мр) щёлочи
soluzione (f) alcalina diluita
solución (f) alcalina diluída

---

3 metallisches Kupfer (n)
metallic copper
cuivre-métal (m)
металлическая мѣдь (жр)
rame (m) metallico
cobre (m) metálico

---

4 reines Kupfer (n)
pure copper
cuivre (m) pur
чистая мѣдь (жр)
rame (m) puro
cobre (m) puro

---

5 Zementkupfer (n)
cement copper
cuivre (m) de cémentation
цементовая мѣдь (жр)
rame (m) cementato
cobre (m) de cementación

---

6 das Kupfer in Stücke zerschneiden
to cut the copper in pieces
découper le cuivre en morceaux
нарѣзать мѣдь (жр) кусками *или* на куски
tagliare il rame in pezzi
desmenuzar el cobre

---

7 das Kupfer auflösen
to dissolve the copper
dissoudre le cuivre
растворять мѣдь (жр)
dissolvere il rame
disolver el cobre

---

8 Oxydation (f) des Kupfers
oxidization of the copper
oxydation (f) du cuivre
окисленіе (ср) мѣди
ossidazione (f) del rame
oxidación (f) del cobre

---

9 das Kupfer oxydiert
the copper oxidizes
le cuivre s'oxyde
мѣдь (жр) окисляется
il rame si ossida
el cobre se oxida

---

10 Hydratisierung (f) des Kupfers
hydration of the copper
hydratation (f) du cuivre
гидратизація (жр) мѣди
idratazione (f) del rame
hidratación (f) del cobre

---

11 metallisches Kupfer (n) hydratisieren
to hydrate the metallic copper
hydrater le cuivre métallique
превратить металлическую мѣдь (жр) в гидратную форму
idratare il rame metallico
hidratar el cobre metálico

---

12 freies *oder* ungelöstes Kupferhydrat (n)
free *or* undissolved copper hydrate
hydrate (m) de cuivre libre *ou* non dissous
свободный *или* нерастворенный гидрат (мр) мѣди
idrato (m) di rame libero *o* non diluito
hidrato (m) de cobre libre

---

13 $Cu\ SO_4$
gepulvertes Kupfersulfat (n)
powdered copper sulphate
sulfate (m) de cuivre pulvérisé
порошкообразная соль (жр) мѣднаго купороса
solfato (m) di rame polverizzato
sulfato (m) de cobre en polvo

$Cu\ SO_4$
kristallisiertes Kupfersulfat (n)
crystallized copper sulphate
sulfate (m) de cuivre cristallisé
кристаллическая соль (жр) мѣднаго купороса 14
solfato (m) di rame cristallizzato
sulfato (m) de cobre cristalizado

$Cu\ SO_4 + aq$
Kupfersulfatlösung (f)
copper sulphate solution
solution (f) de sulfate de cuivre
раствор (мр) мѣднаго купороса 15
soluzione (f) di solfato di rame
solución (f) de sulfato de cobre

---

basisches Kupfersalz (n)
basic copper salt
sel (m) de cuivre basique
основная соль (жр) мѣди
sale (m) di rame basico 16
sal (f) de cobre básica

---

basisch schwefelsaures Kupfer (n), basisches Kupfersulfat (n)
basic copper sulphate
sulfate (m) de cuivre basique
основная соль (жр) мѣднаго купороса
solfato (m) di rame basico 17
sulfato (m) de cobre básico

---

blaues Kupfersalz (n)
blue copper salt
sel (m) de cuivre bleu
синяя мѣдная соль (жр)
sale (m) di rame azzurro 18
sal (f) de cobre azul

$Cu\ (OH)_2$
Kupferhydroxyd (n), Kupferoxydhydrat (n)
copper hydroxide
hydroxyde (m) de cuivre
водная окись (жр) мѣди, гидрат (мр) мѣдной окиси 19
idrossido (m) di rame
hidróxido (m) de cobre

$Cu\ OH$
Kupferhydroxydul (n), Kupferoxydulhydrat (n)
hydroprotoxide of copper
hydroxydule (m) de cuivre 20
гидрат (мр) закиси мѣди
idroprotossido (m) di rame
hidroprotóxido (m) de cobre

$Cu_2\ O$
rotes Kupferoxydul (n)
red protoxide of copper
oxyde (m) cuivreux rouge, protoxyde (m) de cuivre rouge 21
красная закись (жр) мѣди
protossido (m) di rame rosso
protóxido (m) de cobre rojo

---

gesättigte Lösung (f)
saturated solution
solution (f) saturée
насыщенный раствор (мр)
soluzione (f) satura 22
solución (f) saturada

$Cu\ CO_3$
Kupferkarbonat (n)
copper carbonate
carbonate (m) de cuivre
углекислая мѣдь (жр) 23
carbonato (m) di rame
carbonato (m) de cobre

Kupferoxydammoniakverbindung (f), Kupraminbase (f)
ammoniacal copper oxide compound
composé (m) d'oxyde de cuivre ammoniacal
соединеніе (ср) аммиака с мѣдной окиси
composto (m) di ossido di rame ammoniacale 24
compuesto (m) de óxido de cobre amoniacal

1 Kupferoxydhydratsalz (n)
hydroxide of copper salt
sel (m) d'hydroxyde de cuivre
соль (жр) гидрата мѣдной окиси
sale (m) d'idrossido di rame
sal (f) de hidróxido de cobre

2 kolloide Kupferammoniakverbindung (f)
colloidal cuprammonium combination *or* compound
composé (m) colloïdal de cuivre ammoniacal
коллоидальное соединенiе (ср) мѣди с амміаком
composto (m) colloidale di ammoniuro di rame
compuesto (m) coloidal de cobre amoniacal

3 Metallammoniakverbindung (f)
metallic ammoniacal compound
composé (m) métallique ammoniacal
металло-амміачное соединенiе (ср)
composto (m) metallico ammoniacale
compuesto (m) metálico amoniacal

4 $SO_4Cu(NH_3)_4$
Kupfertetraminsulfat (n)
copper tetramine sulphate
sulfate (m) tétramine de cuivre
купро-тетрамин-сульфат (мр)
solfato (m) cupro-tetramminico
sulfato (m) de tétramina de cobre

5 Na_2SO_4
schwefelsaures Natrium (n), Natriumsulfat (n)
sodium sulphate
sulfate (m) de soude
сѣрнокислый натр (мр), сѣрно-натрiевая соль (жр)
solfato (m) di sodio
sulfato (m) sódico

6 Kupferoxydammoniaklösung (f)
solution of ammoniacal copper oxide
solution (f) d'oxyde de cuivre ammoniacal
амміачный раствор (мр) окиси мѣди
soluzione (f) di ossido di rame ammoniacale
solución (f) de óxido de cobre amoniacal

7 das Kupfer mit Ammoniakflüssigkeit übergießen
to pour over the copper an ammonia solution
verser une solution ammoniacale sur le cuivre
облить мѣдь (жр) раствором амміака
versare sul rame una soluzione ammoniacale
verter la solución amoniacal sobre el cobre

8 das Kupferhydroxyd in Ammoniak lösen
to dissolve the copper hydroxide in ammonia
faire dissoudre l'hydroxyde de cuivre dans l'ammonique
гидрат (мр) окиси мѣди растворить в амміакѣ
sciogliere l'idrossido di rame in ammoniaca
disolver el hidróxido de cobre en amoniaco

9 Schweizersche Lösung (f)
Schweizer's reagent
liqueur (f) de Schweizer
реактив (мр) *или* раствор (мр) Швейцера
soluzione (f) Schweizer
solución (f) de Schweizer

10 das Kupferoxyd in einem Alkylamin lösen
to dissolve the copper oxide in an alkalamine
faire dissoudre l'oxyde de cuivre dans une alcalamine
растворить окись (жр) мѣди в алкиламинѣ
sciogliere l'ossido di rame in un' alcalamina
disolver el oxido de cobre en una alcalamina

kolloides Kupferoxydammoniak (n)
colloidal ammoniacal copper oxide
oxyde (m) colloïdal de cuivre ammonical
коллоидальный раствор (мр) окиси мѣди в амміакѣ
ossido (m) colloidale di rame ammoniacale 11
óxido (m) coloidal de cobre amoniacal

alkalische Kupferlösung (f)
alkaline copper solution
solution (f) alcaline de cuivre
щёлочный раствор (мр) мѣди
soluzione (f) alcalina di rame 12
solución (f) alcalina de cobre

Natronkupferlösung (f)
soda and copper solution
solution (f) de cuivre et de soude
натровый раствор (мр) мѣди
soluzione (f) di rame e di soda 13
solución (f) de cobre y de sosa

der Kupferoxydammoniaklösung organische Stoffe zusetzen
to add organic substances to the cuprammonium solution
ajouter des substances (f pl) organiques à la solution de cuivre ammoniacal
прибавлять к раствору амміачно-мѣдной окиси органическiя вещества
aggiungere sostanze (f pl) organiche alla soluzione di rame ammoniacale 14
agregar *o* añadir su[b]stancias orgánicas a la solución de óxido de cobre amoniacal

mehratomiger Weingeist (m) [*oder* Alkohol (m)]
polyatomic alcohol
alcool (m) polyatomique
многоатомный спирт (мр)
alcool (m) poliatomico 15
alcohol (m) poliatómico

$C_3H_8O_3$
Ölsüß (n), Glyzerin (n)
glycerine
glycérine (f)
глицерин (мр) 16
glicerina (f)
glicerina (f)

$C_6H_{14}O_6$
Mannit (n), Mannazucker (m)
mannite
mannite (f) 17
маннит (мр), манный сахар (мр)
mannite (f)
manita (f)

$C_6H_{12}O_6$
Traubenzucker (m), Kartoffelzucker (m)
grape sugar, glucose
sucre (m) de raisin, glucose (m) 18
виноградный сахар (мр)
zucchero (m) d'uva, glucosio (m)
azúcar (m) de uvas, glucosa (f)

$C_{12}H_{22}O_{11}$
Milchzucker (m), Laktose (f)
milk sugar, lactose
sucre (m) de lait, lactose (f), lactine (f) 19
молочный сахар (мр), лактоза (жр)
zucchero (m) di latte, lattosio (m)
azúcar (m) de leche, lactina (f), lactosa (f)

$C_{12}H_{22}O_{11}$
Rohrzucker (m)
cane sugar
sucre (m) de canne 20
тростниковый сахар (мр)
zucchero (m) di canna
azúcar (m) de caña

Kohlehydrat (n)
carbon hydrate
hydrate (m) de carbone
углеводы (мр)
idrato (m) di carbonio 21
hidrato (m) de carbono

1 $C_6H_{10}O_5$
Stärke (f)
starch
amidon (m)
крахмал (м р)
amido (m)
almidón (m)

2 $C_6H_{10}O_5$
Dextrin (n)
dextrine
dextrine (f)
декстрин (м р)
destrina (f)
dextrina (f)

3
Kupfergehalt (m) der Kupferoxydammoniaklösung
copper contents of cuprammonium solution
teneur (f) en cuivre de la solution d'oxyde de cuivre ammoniacal
содержанiе (ср) мѣди в аммiачном растворѣ окиси мѣди
tenore (m) in rame della soluzione di ossido di rame ammoniacale
contenido (m) de cobre en la solución de óxido de cobre amoniacal

4
die Stärke der Kupferlösung nachprüfen [*oder* kontrollieren]
to control the strength *or* concentration of copper solution
contrôler la concentration de la solution de cuivre
контролировать *или* повѣрять крѣпость (жр) мѣднаго раствора
controllare il grado di concentrazione della soluzione di rame
comprobar la concentración de la solución de cobre

5
kupferreiche Lösung (f)
solution rich in copper
solution (f) riche en cuivre
богатый мѣдью раствор (мр)
soluzione (f) ricca di rame
solución (f) rica en cobre

6 $Ni(NH_3)_4(OH)_2$
Nickeloxydulammoniak (n)
ammoniacal nickel protoxide
protoxyde (m) de nickel ammoniacal
аммiачный раствор (мр) закиси никкеля
protossido (m) di nichel ammoniacale
protóxido (m) amoniacal de níquel

7
Nickelammoniumverbindung (f)
nickel ammonium compound
combinaison (f) de nickel et d'ammonium
аммонiе-никкелевое соединенiе (ср)
combinazione (f) di nichel e di ammonio
combinación (f) de níquel y de amonio

8 $Ni(OH)_2$
Nickeloxydulhydrat (n), Nickelhydroxydul (n)
hydroprotoxide of nickel
hydroxydule (m) *ou* hydroprotoxyde (m) de nickel
гидрат (мр) закиси никкеля
idroprotossido (m) di nichel
hidroprotóxido (m) de níquel

9
Mischkessel (m)
mixing vessel
malaxeur (m)
котёл (мр) для смѣшиванiя
mescolatore (m)
recipiente (m) mezclador

10 NH_3
Ätzammoniak (n)
[caustic] ammonia
ammoniaque (f) [caustique]
ѣдкiй аммiак (мр)
ammoniaca (f) [caustica]
amoníaco (m) [cáustico]

11
angereicherte [*oder* konzentrierte] Ammoniakflüssigkeit (f)
concentrated ammonia water
eau (f) ammoniacale concentrée
сгущенный раствор (мр) аммiака
acqua (f) ammoniacale concentrata
agua (f) amoniacal concentrada

12
Ammoniakgas (n), gasförmiges Ammoniak (n)
ammonia gas
gaz (m) ammoniac
аммiачный газ (мр)
gas (m) ammoniacale
gas (m) amoníaco

13
Sauerstoffgas (n)
oxygen gas
gaz (m) oxygène
кислородный газ (мр)
gas (m) ossigeno
gas (m) de oxígeno

14 NH_4NO_2
salpetrigsaures Ammoniak (n), Ammoniumnitrit (n)
ammonium nitrite
azotite (m) *ou* nitrite (m) d'ammonium
азотистокислый аммонiй (мр)
nitrite (f) di ammonio
nitrito (m) de amonio

15 $Cu(NO_2)_2$
salpetrigsaures Kupfer (n), Kupfernitrit (n)
copper nitrite
azotite (n) de cuivre
азотистокислая мѣдь (жр)
nitrite (f) di rame
nitrito (m) de cobre

16 $NaOH$
Ätznatron (n), Natronhydrat (n), Natriumhydroxyd (n)
sodium hydrate, caustic soda
soude (f) caustique
ѣдкiй натр (мр), гидрат (мр) натра
soda (f) caustica
sosa (f) cáustica

17
Natronlauge (f), Natriumhydroxydlösung (f), Natronhydratlösung (f)
sodium hydrate solution
solution (f) de soude caustique
раствор (мр) ѣдкаго натра, натровый щёлок (мр)
soluzione (f) di soda caustica
solución (f) de sosa cáustica

18
wasserfreie Soda (f)
anhydrous soda
soude (f) anhydre
безводная сода (жр)
soda (f) anidrica
sosa (f) anhidra

19 $C_3H_6O_3$
Milchsäure (f)
lactic acid
acide (m) lactique
молочная кислота (жр)
acido (m) lattico
ácido (m) láctico

20 HNO_2
salpetrige Säure (f)
nitrous acid
acide (m) nitreux *ou* azoteux
азотистая кислота (жр)
acido (m) nitroso
ácido (m) nitroso

21
Kupferhydroxydzellulose (f)
copper hydroxide cellulose
cellulose (f) à l'hydroxyde de cuivre
мѣдногидратная целлулоза (жр)
cellulosa (f) all'idrossido di rame
celulosa (f) al hidróxido de cobre

22
Kupferalkalizellulose (f)
copper alkali cellulose
cellulose (f) alcali-cuivre
мѣднощёлочная целлулоза (жр)
cellulosa (f) ad alcali-rame
celulosa (f) al cobre alcalino

No.	Deutsch / English / Français	Русский / Italiano / Español
1	Kupfernatronzellulose (f) copper sodium cellulose cellulose (f) au cuivre-soude	мѣднонатровая целлулоза (жр) cellulosa (f) al rame-sodio celulosa (f) al cobre sódico
2	Kupferzellulose (f) copper cellulose cellulose (f) au cuivre	мѣдная целлулоза (жр) cellulosa (f) al rame celulosa (f) de cobre
3	kupferfreies Zellulosehydrat (n) cellulose hydrate free from copper hydrate (m) de cellulose exempt de cuivre	гидрат (мр) целлулозы свободный от мѣди idrato (m) di cellulosa scevro di rame hidrato (m) de celulosa libre de cobre
4	Zellulose-Kupfergemisch (n) mixture of cellulose and copper mélange (m) de cellulose et de cuivre	целлулозно-мѣдная смѣсь (жр) miscuglio (m) di cellulosa e di rame mezcla (f) de celulosa y de cobre
5	Kupfersalz (n) des Zellstoffes copper salt of the cellulose sel (m) de cuivre de la cellulose	мѣдная соль (жр) целлулозы sale (m) di rame della cellulosa sal (f) de cobre de la celulosa
6	ammoniakalische Kupferoxydzelluloselösung (f), kupferoxydammoniakalische Zelluloselösung (f) ammoniacal copper oxide cellulose solution solution (f) de cellulose à l'oxyde de cuivre ammoniacal	раствор (мр) амміачно-мѣдно-кислой целлулозы soluzione (f) di cellulosa all'ossido di rame ammoniacale solución (f) de celulosa al óxido de cobre amoniacal
7	die Kupferoxydammoniakzelluloselösung mit Kohlehydrat versetzen to add carbon hydrate to the ammoniacal copper oxide cellulose solution additionner de l'hydrate de carbone à la solution de cellulose à l'oxyde de cuivre ammoniacal	раствор (мр) амміачно-мѣдно-кислой целлулозы разбавить углеводами aggiungere l'idrato di carbonio alla soluzione di cellulosa all'ossido di rame ammoniacale añadir *o* agregar el hidrato de carbono a la solución de celulosa al óxido de cobre amoniacal
8	Kupferhydratammoniakzelluloselösung (f) ammoniacal copper hydrate cellulose solution solution (f) de cellulose à l'hydrate de cuivre ammoniacal	раствор (мр) целлулозы соединенія амміака с гидратом мѣдной окиси soluzione (f) di cellulosa all'idrato di rame ammoniacale solución (f) de celulosa al hidrato de cobre amoniacal
9	ammoniakarme Zelluloselösung (f) cellulose solution poor in ammonia solution (f) de cellulose pauvre en ammoniaque	раствор (мр) клѣтчатки бѣдный содержанiем амміака soluzione (f) di cellulosa povera di ammoniaca solución (f) de celulosa pobre en amoníaco
10	Ammoniakdämpfe (m pl) ammonia vapours vapeurs (f pl) d'ammoniaque	пары (мр) амміака vapori (m) d'ammoniaca vapores (m pl) de amoníaco
11	haltbare Kupferoxydammoniaklösung (f) stable ammoniacal copper oxide solution solution (f) stable d'oxyde de cuivre ammoniacal	стойкій раствор (мр) амміачно-мѣдной окиси soluzione (f) stabile di ossido di rame ammoniacale solución (f) estable de óxido de cobre amoniacal
12	wärmeempfindliche Lösung (f) solution sensitive to heat solution (f) sensible à la chaleur	теплочувствительный раствор (мр) soluzione (f) sensibile al calore solución (f) sensible al calor
13	Kühlung (f) der Lösung cooling of the solution refroidissement (m) de la solution	охлажденіе (ср) раствора raffreddamento (m) della soluzione refrigeración (f) de la solución
14	die Lösung kühl halten *oder* aufbewahren to keep the solution cool maintenir fraîche *ou* tenir au frais la solution	сохранять в холодном состояніи раствор (мр) tenere in fresco la soluzione mantener al fresco la solución
15	**γ) Fadenbildung (f) und Nachbehandlung (f)** **Production of Filament and Subsequent Treatment** **Formation (f) du fil et traitement (m) ultérieur**	**Образованіе (ср) нити и ея обработка (жр)** **Formazione (f) del filo e suo trattamento (m) successivo** **Formación (f) del hilo y tratamiento ulterior**
16	Koagulierungsfähigkeit (f) des Fällbades coagulating property of the precipitant capacité (f) de se coaguler du précipitant	коагулирующая способность (жр) закрѣпительной ванны capacità (f) di coagulamento del [liquido] precipitante propiedad (f) coaguladora del [líquido] precipitante
17	schleimige Spinnlösung (f) slimy spinning solution solution (f) à filer visqueuse	слизистый пряжный раствор (мр) soluzione (f) per filare viscosa solución (f) para hilar viscosa
18	Tropfenbildung (f) formation of drops formation (f) de gouttes	образованіе (ср) капель formazione (f) di goccie formación (f) de gotas
19	es bilden sich Tropfen (m pl) drops are formed des gouttes (f pl) se forment	образуются капли si formano goccie (f pl) gotas (f pl) se forman
20	$C_{18}H_{33}O_3Na$	rizinusölsaures Natrium (n) ricinoleic sodium ricinate (m) de sodium касторовокислый натрій (мр) ricinolato (m) di sodio ricinato (m) de sodio
21	die Zähflüssigkeit der Lösung erhöhen to increase the viscosity of the solution augmenter la viscosité de la solution	повысить вязкость (жр) раствора aumentare la viscosità della soluzione aumentar la viscosidad de la solución

1
gekühlter Spinnkessel (m)
cooled container *or* vessel for the spinning solution
réservoir (m) *ou* récipient (m) refroidi de la solution à filer
охлажденный прядильный котёл (мр)
recipiente (m) raffreddato per la soluzione da filare
recipiente (m) refrigerado para la solución para hilar

2
den Kessel entleeren
to empty the vessel
vider le réservoir
опорожнить котёл (мр)
scaricare il recipiente
vaciar el recipiente

3
alkalisches Fällmittel (n)
alkaline precipitant
précipitant (m) alcalin
щёлочное осадочное средство (ср)
precipitante (m) alcalino
[agente (m)] precipitante (m) alcalino

4
ätzalkalische Fällflüssigkeit (f)
caustic alkaline precipitant
précipitant (m) alcalin caustique
осадочная жидкость (жр) из ѣдкой щёлочи
precipitante (m) alcalino caustico
[liquido] (m) precipitante (m) a base de un álcali cáustico

5
verdünnte Alkalilauge (f)
weak alkaline lye
lessive (f) alcaline diluée
разведенный (разбавленный) щёлок (мр)
lisciva (f) alcalina diluita
lejía (f) alcalina débil

6
angereicherte [*oder* konzentrierte] Alkalilauge (f)
strong *or* concentrated alkaline lye
lessive (f) alcaline concentrée
концентрированная щёлочь (жр)
lisciva (f) alcalina concentrata
lejía (f) alcalina concentrada

7
NH_4SO_3
saures schwefligsaures Ammoniak (n), Ammonbisulfit (n)
ammonium bisulphite
bisulfite (m) d'ammonium
кислый сѣрнисто-кислый аммоній (мр)
bisolfito (m) d'ammonio
bisulfito (m) de amonio

8
$NaHSO_3$
saures schwefligsaures Natron (n), Natriumbisulfit (n)
sodium bisulphite
bisulfite (m) de soude
кислый сѣрнисто-кислый натрій (мр)
bisolfito (m) di sodio
bisulfito (m) de sosa

9
das Ammoniak [durch Bisulfite] unwirksam machen *oder* neutralisieren
to neutralize the ammonia [by bisulphites]
neutraliser l'ammoniaque (f) [par des bisulfites]
нейтрализировать аммiак (мр) кислой сѣрнисто-кислой солью
neutralizzare l'ammoniaca (f) [mediante bisolfiti]
neutralizar el amoníaco [por los bisulfitos]

10
Alkalibisulfatlösung (f)
alkaline bisulphate solution
solution (f) de bisulfate alcalin
раствор (мр) сѣрнисто-кислой щёлочи
soluzione (f) di bisolfato alcalino
solución (f) de bisulfato alcalino

11
$NaCl + aq$
Kochsalzlösung (f), Chlornatriumlösung (f)
brine, [common] salt solution, chloride of sodium solution
eau (f) salée, solution (f) de sel de cuisine *ou* de chlorure de sodium
раствор (мр) хлористаго натрія *или* поваренной соли
acqua (f) salina, soluzione (f) di cloruro di sodio
solución (f) de cloruro de sodio

12
ammoniakbindendes Salz (n)
ammonium binding salt
sel (m) se combinant à l'ammoniaque
связующая аммiак соль (жр)
sale (m) combinantesi coll'ammoniaca
sal (f) que combina el amoníaco

13
wässerige Ammoniumsalzlösung (f)
aqueous ammonium salt solution
solution (f) aqueuse de sel d'ammonium
водный раствор (мр) аммiачной соли
soluzione (f) acquosa di sale di ammonio
solución (f) acuosa de sal amoníaco

14
indifferente *oder* nicht angreifende Salzlösung (f)
indifferent salt solution
solution (f) neutre de sel
индифферентный раствор (мр) соли
soluzione (f) neutra di sale
solución (f) neutra de sal

15
Magnesiumsalz (n)
magnesium salt
sel (m) de magnésium
магнезiальная соль (жр)
sale (m) di magnesio
sal (f) de magnesio

16
$MgSO_4$
schwefelsaure Magnesia (f), Magnesiumsulfat (n)
magnesium sulphate
sulfate (m) de magnésium
сѣрно-кислый магній (мр)
solfato (m) di magnesio
sulfato (m) de magnesio

17
Magnesiumsulfatbad (n)
magnesium sulphate bath
bain (m) de sulfate de magnésium
ванна (жр) из сѣрно-кислаго магнія
bagno (m) di solfato di magnesio
baño (m) de sulfato de magnesio

18
$Mg(OH)_2$
Magnesiumhydroxyd (n)
magnesium hydroxide
hydroxyde (m) de magnésium
гидрат (мр) окиси магнія
idrossido (m) di magnesio
hidróxido (m) de magnesio

19
$Al_2(OH)_6$
Tonerdehydrat (n), Aluminiumoxydhydrat (n), Aluminiumhydroxyd (n)
aluminium hydroxide
hydroxyde (m) d'aluminium
гидрат (мр) глинозёма, водная окись (жр) алуминия
idrossido (m) di alluminio
hidróxido (m) de aluminio

20
Aluminiumsalz (n)
aluminium salt
sel (m) d'aluminium
алуминиевая соль (жр)
sale (m) di alluminio
sal (f) de aluminio

21
$Al_2(SO_4)_3$
schwefelsaure Tonerde (f), Aluminiumsulfat (n)
aluminium sulphate
sulfate (m) d'aluminium
сѣрно-кислый алуминій (мр) *или* глинозём (мр)
solfato (m) di alluminio
sulfato (m) de aluminio

1 Aluminiumsulfatbad (n)
aluminium sulphate bath
bain (m) de sulfate d'aluminium
ванна (жр) из сѣрнокислаго глинозёма
bagno (m) di solfato di alluminio
baño (m) de sulfato de aluminio

---

2 Seihen (n) *oder* Filtern (n) durch Asbestfilz
filtration *or* filt[e]ring through asbestos felt
filtration (f) par un filtre en amiante
фильтрація (жр) через асбестовую вату *или* ткань
filtrazione (f) mediante un filtro di amianto
filtración (f) por un filtro de amianto

---

3 *x*-maschiges Metalltuch (n)
metallic sieve with *x* meshes per unit of area
toile (f) métallique à *x* mailles par unité de surface
x-петельная металлическая ткань (жр)
tela (f) metallica a *x* maglie per unità di superficie
tela (f) metálica con *x* mallas por unidad de superficie

---

4 die Ammoniakdämpfe (m pl) aus der Filterpresse absaugen
to draw off the ammonia vapours from the filter press
enlever par aspiration les vapeurs (f pl) ammoniacales du filtre-presse
отсасывать аммiачные пары из фильтра, (пресс-фильтра)
aspirare i vapori ammoniacali dalla pressa a filtro
aspirar del filtroprensa los vapores amoniacales

---

5 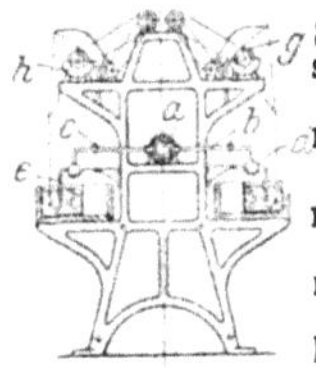

Spinnstuhl (m) für Kunstseide
spinning machine for artificial silk
métier (m) á filer pour la soie artificielle
прядильный станок (мр) для искусственнаго шёлка
macchina (f) a filare la seta artificiale
hiladora (f) para seda artificial

---

6 a
Speiseleitung (f)
feeder, feed pipe
tuyau (m) d'alimentation
питательный трубопровод (мр)
tubo (m) di alimentazione
tubo (m) de alimentación

---

7 b
Kautschukrohr (n)
caoutchouc tube
tuyau (m) en caoutchouc
каучуковая *или* резиновая трубка (жр)
tubo (m) di caucciù
tubo (m) de caucho

---

8 c
Glashahn (m)
glass tap
robinet (m) en verre
стеклянный кран (мр)
robinetto (m) di vetro
grifo (m) de cristal

---

9 d
Verteiler (m), Kamm (m)
divider
diviseur (m)
распредѣлитель (мр)
divisore (m)
divisor (m)

---

10 e
Spinndüse (f)
spinning nozzle, spinneret
filière (f)
прядильный мундштук (мр)
filiera (f)
tobera (f)

---

g
gläserne Spule (f)
glass bobbin
bobine (f) en verre
стеклянная катушка (жр) *или* шпулька (жр) 11
bobina (f) di vetro
bobina (f) de cristal

---

h
halbzylindrisches Bleibecken (n)
semi-cylindrical lead basin
auge (f) sémi-cylindrique en plomb
свинцовый корытообразный желоб (мр) 12
vasca (f) semi-cilindrica di piombo
bacineta (f) de plomo semicilíndrica

---

die verstopfte Düse auswechseln
to replace *or* to interchange the clogged *or* choked nozzle
remplacer la filière bouchée
смѣнить засоренный *или* застопоренный мундштук (мр)
sostituire la filiera ostruita 13
reemplazar la tobera obturada

---

die Düse mittels Druckluft reinigen
to clean the nozzle by compressed air
nettoyer la filière à l'air comprimé
прочистить мундштук (мр) сжатым воздухом (давленіем воздуха) 14
[ri]pulire la filiera all'aria compressa
limpiar la tobera por el aire comprimido

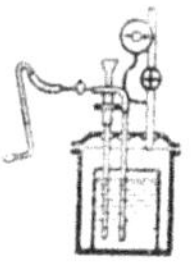
Reinigungsvorrichtung (f) für die Haarröhrchen
cleaning apparatus for the capillary tubes
appareil (m) pour le nettoyage des capillaires 15
приспособленіе (ср) для прочистки волосяных трубок
apparecchio (m) per la pulitura dei capillari
aparato (m) para la limpieza de tubos capilares

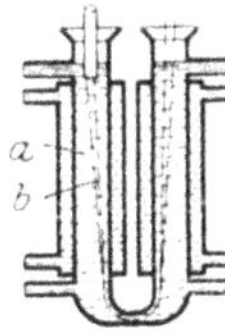

Thielesche Spinnvorrichtung (f)
Thiele's spinning apparatus
appareil (m) de filage de Thiele
прядильный аппарат (мр) системы Тиле 16
apparecchio (m) di filatura sistema Thiele
aparato (m) hilador de Thiele

---

a
langsam wirkende Fällflüssigkeit (f)
slow[ly] acting precipitant
précipitant (m) à effet lent
медленно дѣйствующая закрѣпляющая жидкость (жр) 17
precipitante (m) lento
[liquido (m)] precipitante (m) [de efecto] lento

---

b
durch Eigengewicht gestreckter Faden (m)
filament drawn out *or* stretched by its own weight
fil (m) étiré par son propre poids
нить (жр) растянутая собственным вѣсом 18
filo (m) stirato pel suo proprio peso
filamento (m) *o* hilo (m) estirado por su propio peso

1 den gestreckten Faden aufwickeln
to wind on the drawn out filament
bobiner le fil étiré
наматывать растянутую нить (жр)
bobinare il filo stirato
bobinar el hilo estirado

2 den Faden in verdünnter Alkalilauge strecken
to draw out the filament in dilute alkaline lye
étirer le fil dans une solution diluée alcaline
вытягивать *или* растягивать нить (жр) в разбавленном щёлокѣ
stirare il filo in una soluzione alcalina diluita
estirar el hilo en una solución alcalina diluída

3 den Faden [ab]säuern
to acidulate the filament
aciduler *ou* acidifier le fil
окислить нить (жр)
acidulare il filo
acidular el hilo

4 den kupferhaltigen Faden durch ein Bad von Magnesiumsulfat ziehen
to pass the cupriferous filament through a magnesium sulphate bath
faire passer le fil contenant du cuivre dans un bain de sulfate de magnésium
нить (жр) содержащую мѣдь протаскивать через ванну из сѣрнокислаго магнія
passare il filo caricato di rame in un bagno di solfato di magnesio
pasar el hilo que contiene cobre por un baño de sulfato de magnesio

5 den kupferhaltigen Faden durch ein Bad von Aluminiumsulfat ziehen
to pass the cupriferous filament through an aluminium sulphate bath
faire passer le fil contenant du cuivre dans un bain de sulfate d'aluminium
нить (жр) содержащую мѣдь протаскивать через ванну из сѣрнокислаго алуминія *или* глинозёма
passare il filo caricato di rame in un bagno di solfato d'alluminio
pasar el hilo que contiene cobre por un baño de sulfato de aluminio

6 Fadenzieherei (f)
spinning room
filature (f), atelier (m) de la fabrication du fil
тянульный *или* прядильный отдѣл (мр)
trafilatura (f)
hilandería (f)

7 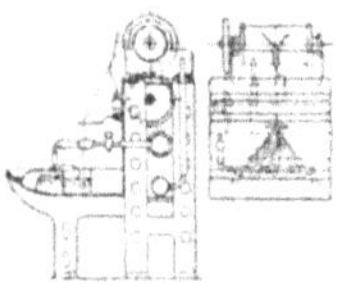
Spinnstuhl (m) für Kunstseide
spinning machine for artificial silk
métier (m) à filer pour la soie artificielle
прядильный аппарат (мр) для искусственнаго шёлка
macchina (f) a filare la seta artificiale
hiladora (f) para seda artificial

8 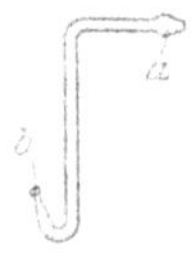
Haarröhrchen (n) [*oder* Kapillarrohr (n)] aus Glas
glass capillary tube
tube (m) capillaire en verre
волосяная *или* капиллярная стеклянная трубочка (жр)
tubo (m) capillare di vetro
tubo (m) capilar de cristal

a
Ausbauchung (f)
bulb
soufflure (f)
пузырь (мр), расширеніе (ср), выпуклость (жр) 9
bolla (f)
bola (f)

b
Düsenmund (m)
nozzle end of tube
orifice (m) de sortie, bec (m)
конец (мр) *или* носик (мр) мундштука 10
orificio (m) [della filiera]
boquilla (f) de la tobera

Glashütte (f)
glass works
verrerie (f)
стеклянный завод (мр)
vetreria (f) 11
cristalería (f)

Glasbläser (m)
glass blower
souffleur (m) de verre
стеклодув (мр)
soffiatore (m) del vetro 12
soplador (m) de vidrio

die Haarröhre ausziehen
to draw out the capillary tube
étirer le capillaire
вытягивать волосяную *или* капиллярную трубку
stirare il [tubo] capillare 13
estirar el tubo capilar

die Öffnung *oder* Mündung des Haarröhrchens mit dem Mikroskop untersuchen
to examine the aperture of the nozzle under the microscope
examiner l'ouverture du capillaire au microscope
микроскопически изслѣдовать отверстіе (ср) волосяной трубки
esaminare al microscopio l'apertura del capillare 14
examinar al microscopio la abertura del tubo capilar

den Faden mit Natronlauge nachbehandeln
to treat the filament subsequently with soda lye
traiter le fil postérieurement à la lessive de soude
обрабатывать нить (жр) раствором натровой щёлочи
trattare il filo ulteriormente con soluzione di soda caustica 15
tratar posteriormente el hilo por la sosa cáustica

Entkupferung (f) des Fadens
elimination of copper from the filament
élimination (f) du cuivre du fil
освобожденіе (ср) нити от мѣди
eliminazione (f) del rame dal filo 16
eliminación (f) del cobre del hilo

den getrockneten Faden entkupfern
to free the dried filament from copper
éliminer le cuivre du fil séché
освободить от мѣди высушенную нить (жр)
eliminare il rame dal filo disseccato 17
eliminar el cobre del hilo desecado

kupferarmer Faden (m)
filament poor in copper
fil (m) pauvre en cuivre
бѣдная мѣдью нить (жр)
filo (m) povero di rame 18
hilo (m) pobre en cobre

malachitgrüner Faden (m)
malachite greenish filament
fil (m) vert-malachite
малахито-зелёная нить (жр)
filo (m) verde-malachite 19
hilo (m) verde-malaquita

1
dem Faden das [chemisch gebundene] Wasser entziehen
to eliminate the [chemically combined] water from the filament
enlever l'eau [combinée chimiquement] du fil
удалить из нити (химически соединенную) воду
eliminare l'acqua [chimicamente combinata] dal filo
eliminar el agua [químicamente combinada] del hilo

2
das Fällbad reichert sich mit Kupfer an
the precipitant enriches itself with copper
le précipitant s'enrichit en cuivre
закрѣпительная (высаживающая) ванна (жр) обогощается мѣдью
il precipitante s'arricchisce di rame
el [baño] precipitante se enriquece de cobre

3
Anreicherung (f) des Fällbades mit Kupfer
enrichment of the precipitant with copper
enrichissement (m) du précipitant par le cuivre
обогощенiе (ср) высаживающей ванны мѣдью
arricchimento (m) *o* concentrazione (f) del precipitante di rame
enriquecimiento (m) del [baño] precipitante con cobre

4
die Seide mit ammoniakalischer Seifenlösung behandeln
to treat the silk with ammoniacal soap solution
traiter la soie par une solution de savon ammoniacale
обрабатывать шёлк (мр) аммiачно-мыльным раствором
trattare la seta con una soluzione di sapone ammoniacale
tratar la seda por una solución de jabón amoniacal

5
die Seide abspulen
to unwind the silk [from the bobbin]
dévider la soie [de la bobine]
шёлк (мр) разматывать *или* перегонять со шпуль *или* катушек
dipanare la seta [dalla bobina]
devanar la seda

6
die Seide auf der Glasspule trocknen
to dry the silk on the glass bobbin
faire sécher la soie sur la bobine en verre
сушить шелк (мр) на стекляной катушкѣ
fare seccare la seta sulla bobina
secar la seda sobre la bobina de cristal

7
wasserfester Faden (m)
waterproof filament
fil (m) imperméable
водоупорная нить (жр)
filo (m) impermeabile
hilo (m) impermeable

8
Wasserfestigkeit (f) des Fadens
impermeability of filament
imperméabilité (f) du fil
водоупорность (жр) нити
impermeabilità (f) del filo
impermeabilidad (f) del hilo

9
δ) **Wiedergewinnung (f) der Chemikalien**
Recovery of [Waste] Chemicals
Récupération (f) des agents chimiques
Регенерацiя (жр) химических реактивов
Ricupero (m) dei componenti chimici
Recuperación (f) de los componentes químicos

10
die Säure entkupfern
to eliminate *or* to remove the copper from the acid
enlever le cuivre de l'acide
извлечь мѣдь (жр) из кислоты
eliminare il rame dall'acido
quitar el cobre del ácido

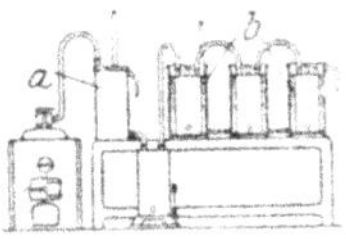

Vorrichtung (f) zum Ausziehen des Ammoniaks
apparatus for extracting ammonia
appareil (m) pour extraire l'ammoniaque
аппарат (мр) для извлеченiя аммiака 11
apparecchio (m) per estrarre l'ammoniaca
aparato (m) para extraer el amoníaco

a
Kondensator (m), Verflüssiger (m)
condenser
condenseur (m)
конденсатор (мр), разбавитель (мр), разжижитель (мр) 12
condensatore (m)
condensador (m)

b
Kühlgefäß (n) *oder* Kühlbecken (n) mit Aufsaugefläche
cooling vessel with absorbing surface
vase (m) rafraîchisseur avec surface d'absorption
охладитель (мр) *или* охладительный чан (мр) с поглощающей поверхностью 13
bacino (m) refrigerante a superficie di assorbimento
vasija (f) refrigerante con superficie de absorción

das Ammoniakgas aus dem Wasser wiedergewinnen
to recover the ammonia gas from the water
récupérer le gaz ammoniac de l'eau
получать обратно амміачный газ (мр) из воднаго раствора
ricuperare dall'acqua il gas ammoniaco 14
recuperar el gas amoníaco del agua

c) Kunstseide aus Viskose, Viskoseseide (f)
Viscose Silk
Soie (f) viscose
Искусственный шёлк (мр) из вискозы
Seta (f) a base di viscosio 15
Seda (f) viscose

α) **Allgemeines (n)**
General Terms
Généralités (f pl)
Общее
Generalità (f pl) 16
Generalidades (f pl)

Viskoseverfahren (n)
viscose process
procédé (m) à la viscose
вискозный способ (мр)
processo (m) al viscosio 17
procedimiento (m) de viscose

Viskose (f)
viscose
viscose (f)
вискоза (жр)
viscosio (m) 18
viscose (f)

Viskoselösung (f), Spinnviscose (f)
viscose solution
solution (f) de viscose
раствор (мр) вискозы
soluzione (f) di viscosio 19
solución (f) de viscose

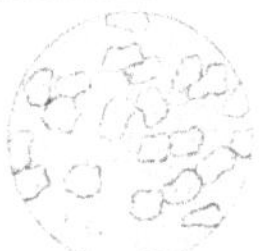

Viskosefaden (m)
viscose filament
fil (m) de viscose
вискозная нить (жр) 20
filo (m) di viscosio
hilo)m) de viscose

1 β) Ausgangsstoffe (mpl) und Herstellung (f) der Viskose
Исходныя вещества и производство (ср) вискозы
Primary Materials and Manufacture of viscose
Materie (fpl) prime e fabbricazione (f) del viscosio
Matières (fpl) premières et fabrication (f) de la viscose
Materias (fpl) primas y fabricación (f) de la viscose

2 Sulfitzellulose (f)
sulphite cellulose
cellulose (f) sulfitée
сульфитная клѣтчатка (жр) *или* целлулоза (жр)
cellulosa (f) al bisolfito
celulosa (f) sulfitada

3 Natronzellulose (f)
sodium cellulose
cellulose (f) sodique
натронная клѣтчатка (жр) *или* целлулова (жр)
cellulosa (f) alla soda
celulosa (f) sódica

4 Alkalizellulose (f)
alkaline cellulose
cellulose (f) alcaline
щѣлочная клѣтчатка (жр) *или* целлулоза (жр)
cellulosa (f) alcalina
celulosa (f) alcalina

5 den Zellstoff in Alkalizellstoff überführen
to convert the cellulose into alkaline cellulose
amener la cellulose dans une cellulose alcaline
перевести клѣтчатку в щѣлочную клѣтчатку
convertire la cellulosa in cellulosa alcalina
transformar la celulosa en una celulosa alcalina

6 den Zellstoff zu Viskose verarbeiten
to work up the cellulose into viscose
transformer la cellulose en viscose
перерабатывать клѣтчатку *или* целлулозу в вискову
trasformare la cellulosa in viscosio
transformar la celulosa en viscose

7 den Zellstoff mit verdünnter Säure behandeln
to treat the cellulose with weak acid
traiter la cellulose dans un acide étendu
обрабатывать клѣтчатку *или* целлулозу разбавленной кислотой
trattare la cellulosa in un acido diluito
tratar la celulosa por un ácido débil

8 $NaHSO_3$
saures schwefligsaures Natron (n), Natriumbisulfit (n)
sodium bisulphite
bisulfite (m) de soude
кислый сѣрнистокислый натр (мр)
bisolfito (m) di sodio
bisulfito (m) de sosa

9 $Na_2S_2O_3$
Thiosulfat (n)
thiosulphate
thiosulfate (m)
сѣрноватисто-натріевая соль (жр)
tiosolfato (m)
tiosulfato (m)

10 CS_2
Schwefelkohlenstoff (m)
carbon bisulphide
sulfure (f) de carbone
сѣрнистый углерод (мр)
solfuro (m) di carbonio
sulfuro (m) de carbono

11 wasserheller Schwefelkohlenstoff (m)
colourless carbon bisulphide
sulfure (m) de carbone incolore
водянисто свѣтлый сѣрнистый углерод (мр)
solfuro (m) di carbonio incoloro
sulfuro (m) de carbono incoloro

H_2S
Schwefelwasserstoff (m)
sulphuretted hydrogen
hydrogène (m) sulfuré, acide (m) sulfhydrique
сѣроводород (мр)
idrogeno (m) solforato
hidrógeno (m) sulfurado 12

den Schwefelkohlenstoff abdampfen
to evaporate the carbon bisulphide
faire évaporer le sulfure de carbone
испарять сѣрнистый углерод (мр)
far evaporare il solfuro di carbonio
evaporar el sulfuro de carbono 13

C_6H_6
Benzol (n)
benzole, benzene
benzol (m)
бензол (мр)
benzolo (m)
benzol (m) 14

Natriumschwefelverbindung (f)
sodium sulphur compound
composé (m) de sulfure de sodium
сѣрнонатріевое соединеніе (ср)
composto (m) di solfuro di sodio
compuesto (m) de sulfuro de sodio 15

$NaOH$
Ätznatron (n), Natriumhydroxyd (n), Natronhydrat (n)
sodium hydrate
soude (f) caustique
ѣдкій натр (мр), гидрат (мр) окиси натра
soda (f) caustica
sosa (f) cáustica 16

angereicherte [*oder* konzentrierte] Natronlauge (f)
concentrated soda lye
lessive (f) de soude caustique concentrée
концентрированная натровая щѣлочь (жр)
lisciva (f) di soda caustica concentrata
lejía (f) *o* solución (f) de sosa cáustica concentrada 17

alkoholische Natronlauge (f)
alcoholic soda lye
lessive (f) de soude alcoolique
спиртовой раствор (мр) натровой щѣлочи
lisciva (f) di soda alcoolica
solución (f) alcohólica de sosa cáustica 18

den Zellstoff mit wässeriger Alkalilauge behandeln
to treat the cellulose in an aqueous alkaline lye
traiter la cellulose dans une lessive alcaline aqueuse
обрабатывать клѣтчатку водяным раствором ѣдкой щѣлочи
trattare la cellulosa in una lisciva alcalina acquosa
tratar la celulosa por una solución acuosa alcalina 19

alkalisches Nebenerzeugnis (n)
alkaline by-product
sous-produit (m) alcalin
щѣлочный побочный продукт (мр)
sottoprodotto (m) *o* prodotto (m) secondario alcalino
producto (m) secundario alcalino 20

Zellulosethiokarbonat (n), Viskoid (n), [Roh-]Zellulosexanthogenat (n)
thiocarbonate of cellulose, cellulose xanth[ogen]ate
thiocarbonate (m) *ou* xanthate (m) de cellulose, viscoïde (m)
сѣрнисто-углекислая целлулова (жр), целлулозный эфир (мр) ксантогеновой кислоты, вискоид (мр)
tiocarbonato (m) *o* xantogenato (m) di cellulosa
tiocarbonato (m) de celulosa 21

1	wasserlösliches Derivat (n) des Zellstoffes derivative of the cellulose soluble in water dérivé (m) de la cellulose soluble à l'eau	водорастворимый дериват (мр) *или* производное (ср) целлулозы derivato (m) della cellulosa solubile nell'acqua derivado (m) de la celulosa soluble en el agua
2	Alkalizellulosexanthogenat (n) alkali cellulose xanthogenate xanthate (m) alcalin de cellulose	щёлочно-целлулозный эфир (мр) ксантогеновой кислоты xantogenato (m) di alcali-cellulosa xantogenato (m) alcalino de celulosa
3	xanthogensaures Natrium (n) xanthate of sodium xanthate (m) de soude	ксантогенокислый натр (мр) xantogenato (m) di sodio xantogenato (m) de sodio
4	Zelluloseester (m) der Dithiokarbonsäure cellulose ester of the dithiocarbonic acid éther (m) de cellulose de l'acide dithiocarbonique	целлулозный эфир (мр) дитiокарбонной кислоты etere (m) di cellulosa dell'acido ditiocarbonico éter (m) de celulosa del ácido ditiocarbónico
5	Natriumsalz (n) sodium salt sel (m) de soude	натровая соль (жр) sale (m) di soda sal (f) de sosa
6	wasserlösliches Natriumsalz (n) sodium salt soluble in water sel (m) de soude soluble à l'eau	растворимая в водѣ натровая соль (жр) sale (m) sodico solubile nell'acqua sal (f) de sosa soluble en el agua
7	gallertartiges Natriumsalz (n) gelatinous sodium salt sel (m) de soude gélatineux	студенистая натровая соль (жр) sale (m) sodico gelatinoso sal (f) de sosa gelatinosa
8	saures Natriumsalz (n) der Zellulosexanthogensäure acid sodium salt of the cellulose xanthic *or* xanthogenic acid sel (m) de soude acide de l'acide xanthogénique de cellulose	кислая натровая соль (жр) целлулозо-ксантогеновой кислоты sale (m) sodico acido dell'acido xantogenico di cellulosa sal (f) de sosa ácida del xantogenato de celulosa
9	das Zellulosexanthogenat in Alkalilauge lösen to dissolve the cellulose xanthogenate in alkaline lye dissoudre le xanthate de cellulose dans une lessive alcaline	растворять в ѣдкой щелочи целлулозный эфир (мр) ксантогеновой кислоты sciogliere lo xantogenato di cellulosa in una lisciva alcalina disolver el xantogenato de celulosa en una lejia alcalina
10	Schwefelammoniumverbindung (f) sulphhydrate of ammonium compound composé (m) de sulfhydrate d'ammonium	сѣрноаммiачное соединенiе (ср) composto (m) di solfidrato di ammonio compuesto (m) de azufre y de amonio
11	freies Alkali (n) der Viskoselösung free alkali of the viscose solution alcali (m) libre de la solution de viscose	свободная щёлочь (жр) раствора вискозы alcali (m) libero della soluzione di viscosio álcali (m) libre de la solución de viscose
12	Rohviskose (f), rohe Viskose (f) raw viscose viscose (f) brute	сырая вискоза (жр) (сырец) viscosio (m) greggio viscose (f) en bruto
13	das Zellulosexanthogenat aus der Rohviskose ausfällen to precipitate the xanthogenate of cellulose from the raw viscose précipiter le xanthate de cellulose de la viscose brute	высаживать *или* осаждать ксантогеновую целлулозу из раствора сырой вискозы precipitare lo xantogenato di cellulosa dal viscosio greggio precipitar el xantogenato de celulosa de la viscose en bruto
14	verunreinigte Rohviskose (f) impure raw viscose viscose (f) brute impure	загрязненная сырая вискоза (жр) viscosio (m) greggio impuro viscose (f) en bruto impura
15	schwefelhaltige Verunreinigung (f) der Viskose sulphurous impurity of the viscose impureté (f) sulfureuse de la viscose	сѣру содержащее загрязненiе (ср) (примѣсь) вискозы impurità (f) zolforosa del viscosio impureza (f) sulfurosa de la viscose
16	reife Viskose (f) aged viscose, ripe viscose viscose (f) mûre	зрѣлая вискоза (жр) viscosio (m) maturo viscose (f) madura
17	Reifezustand (m) der Viskose ripeness *or* ripened condition of the viscose mâturité (f) de la viscose	зрѣлое состоянiе (ср) вискозы maturità (f) del viscosio [estado (m) de] madurez (f) de la viscose
18	Nachreifen (n) der gereinigten Viskoselösung subsequent ripening of the purified viscose solution maturation (f) à point de la solution de viscose purifiée	дозрѣванiе (ср) очищеннаго раствора вискозы maturazione (f) complementare della soluzione di viscosio purificata maduración (f) a su punto de la viscose purificada
19	die Viskoselösung reift nach the viscose solution ripens subsequently la solution de viscose mûrit à point	раствор (мр) вискозы дозрѣвает la soluzione di viscosio matura poi la solución de viscose madura a su punto
20	Reifegrad (m) der Rohviskose degree of ripeness of the raw viscose degré (m) de maturité de la viscose brute	степень (жр) зрѣлости вискозы grado (m) di maturità del viscosio greggio grado (m) de madurez de la viscose en bruto
21	Alkalität (f) der Viskose alkalinity of the viscose alcalinité (f) de la viscose	щёлочность (жр) вискозы alcalinità (f) del viscosio alcalinidad (f) de la viscose

No.		
1	die Viskoselösung erwärmen to warm the viscose solution chauffer la solution de viscose	подогрѣвать раствор (мр) вискозы riscaldare la soluzione di viscosio calentar la solución de viscose
2	die Viskose dialysieren to dialyse the viscose dialyser la viscose	діализировать вискозу dialisare il viscosio dializar la viscose
3	Dialyse (f) dialysis dialyse (f)	діализ (мр), раздѣленіе (ср) dialisi (f) diálisis (f)
4	hornartiger Körper (m) hornlike body substance (f) cornée	роговое тѣло (ср) sostanza (f) cornea substancia (f) córnea
5	die Gallerte schrumpft ein *oder* schrumpft zusammen the gelatine *or* gelatinous mass shrinks la gélatine se contracte	студень (мр) садится *или* сокращается la gelatina si raggrinzisce la gelatina se encoge
6	Schrumpfung (f) der Gallerte shrinkage of the gelatine contraction (f) de la gélatine	усадка (жр) *или* сокращеніе (ср) студня raggrinzamento (m) della gelatina encogemiento (m) de la gelatina
7	wasserhaltige Gallerte (f) von Zellulosehydrat aqueous gelatine from cellulose hydrate gélatine (f) aqueuse de l'hydrate de cellulose	водосодержащій студень (мр) из гидрата целлулозы gelatina (f) acquosa dell'idrato di cellulosa gelatina (f) acuosa del hidrato de celulosa
8	die Gallerte trocknet ein the gelatine dries up la gélatine se sèche	студень (мр) усыхает la gelatina si dissecca la gelatina se seca
9	die Viskose gerinnt the viscose coagulates la viscose se coagule	вискоза (жр) студенѣет il viscosio si coagula la viscose se coagula
10	schleimige Zellstofflösung (f) slimy cellulose solution solution (f) de cellulose mucilagineuse	слизистый раствор (мр) клѣтчатки *или* целлулозы soluzione (f) di cellulosa mucosa solución (f) de celulosa mucilaginosa
11	wiederaufbereiteter Zellstoff (m), [regenerierte Zellulose (f)] regenerated cellulose cellulose (f) régénérée	возстановленная целлулоза (жр) cellulosa (f) rigenerata celulosa (f) regenerada
12	die Viskoselösung wird zersetzt the viscose solution decomposes la solution de viscose se décompose	раствор (мр) вискозы разлагается la soluzione di viscosio si decompone la solución de viscose se descompone
13	die Viskose entlüften to free the viscose from air [bubbles] enlever les bulles (f pl) d'air de la viscose	удалить воздух (мр) из вискозы eliminare le bolle d'aria dal viscosio eliminar las burbujas de aire de la viscose
14	Entlüftung (f) der Viskose elimination of air from the viscose élimination (f) des bulles d'air de la viscose	удаленіе (ср) воздуха из вискозы eliminazione (f) delle bolle d'aria dal viscosio eliminación (f) de las burbujas de aire de la viscose
15	*γ)* Fadenbildung (f) Formation of the Filament Formation (f) du fil	Нитеобразованіе (ср), образованіе (ср) *или* полученіе (ср) нити Formazione (f) del filo Formación (f) del hilo
16	die Viskose verspinnen to spin the viscose filer la viscose	выпрядать *или* спрядать вискозу filare il viscosio hilar la viscose
17	den Viskosefaden in eine warme Ammoniaksalzlösung hineinspinnen to spin the viscose filament into a warm ammonia salt solution filer *ou* forcer *ou* faire écouler le fil de viscose dans une solution chaude de sel ammoniac	выпрядать вискозную нить (жр) в тёплом растворѣ аммiачной соли filare *o* pressare il filo di viscosio in una soluzione calda di sale ammoniaco hilar el filamento de viscose en una solución caliente de sal amoníaco
18	die Viskose mit Chlorammoniumlösung fällen to precipitate the viscose with ammonium chloride solution précipiter la viscose dans une solution de chlorure d'ammonium	осаждать вискозу раствором хлористаго аммонія precipitare il viscosio mediante una soluzione di cloruro d'ammonio precipitar la viscose en una solución de cloruro de amonio
19	die Viskoselösung durch Ammoniumsulfat zum Gerinnen bringen to coagulate the viscose solution by ammonium sulphate faire coaguler la solution de viscose par le sulfate d'ammonium	превратить раствор (мр) вискозы в студенистую массу посредством сѣрнокислаго аммонія far coagulare la soluzione di viscosio mediante il solfato di ammonio hacer coagular la solución de viscose por una solución de sulfato de amonio
20	den Viskosefaden mit Säure ausfällen to precipitate the viscose filament with an acid précipiter le fil de viscose par un acide	высаживать *или* осаждать вискозную нить (жр) кислотою precipitare il filo di viscosio con un acido precipitar el hilo de viscose por un ácido
21	Säurespinnverfahren (n) acid spinning process procédé (m) de filage avec un acide	способ (мр) кислотнаго пряденія processo (m) di filatura con un acido procedimiento (m) de hilado con un ácido
22	die Viskose mit Säure verspinnen to spin the viscose with an acid filer la viscose avec un acide	выпрядать вискозу с помощью кислоты filare il viscosio con un acido hilar la viscose con un ácido
23	Säurefällbad (n) für Viskosefäden precipitating acid bath for viscose filaments bain (m) acide de précipitation pour fils de viscose	кислая осадочная ванна (жр) для вискозных нитей bagno (m) acido precipitante per fili di viscosio baño (m) ácido de precipitación para hilos de viscose

1 klebriger Viskosefaden (m)
adhesive viscose filament
fil (m) de viscose gluant
липкая вискозная нить (жр)
filo (m) attaccaticcio di viscosio
hilo (m) de viscose pegajoso

---

2 den Viskosefaden mit Metallsalzlösung behandeln
to treat the viscose filament with metallic salt solution
traiter le fil de viscose par une solution de sel métallique
обрабатывать вискозную нить (жр) раствором металлической соли
trattare il filo di viscosio con una soluzione di sale metallico
tratar el hilo de viscose por una solución de sal metálica

---

3 gesättigte Salzlösung (f), Kochsalzlauge (f)
saturated salt solution, common salt lye
solution (f) de sel *ou* eau (f) salée saturée
насыщенный раствор (мр) соли
soluzione (f) di sale satura
solución (f) de sal saturada

---

4 nicht angreifende *oder* neutrale Alkalisalzlösung (f)
neutral alkali salt solution
solution (f) neutre de sel alcalin
нейтральный раствор (мр) щёлочной соли
soluzione (f) neutra di sale alcalino
solución (f) neutra de sal alcalina

---

5 Ammoniaksalzbad (n), Ammonsalzlösung (f)
ammonia salt solution
bain (m) de sel ammoniac
ванна (жр) из амміачной соли
bagno (m) di sale ammoniacale
baño (m) de sal amoníaco

---

6 $(NH_4)_2SO_4$
schwefelsaures Ammoniak (n), Ammoniumsulfat (n)
ammonium sulphate
sulfate (m) d'ammonium
сѣрнокислый аммоній (мр)
solfato (m) d'ammonio
sulfato (m) de amonio

---

7 $Al_2(OK)_6$
Kaliumaluminat (n)
potassium aluminate
aluminate (m) de potassium
калійноалуминіевая соль (жр), алуминат (мр) калія
alluminato (m) di potassio
aluminato (m) de potasa

---

8 $Al_2(NaO)_6$
Tonerdenatron (n), Natriumaluminat (n)
sodium aluminate
aluminate (m) de sodium
натровый глинозём (мр), натроалуминіевая соль (жр)
alluminato (m) di sodio
aluminato (m) de sodio

---

9 Schwermetallsalz (n)
heavy metallic salt
sel (m) métallique lourd
соль (жр) тяжёлаго металла
sale (m) metallico pesante
sal (f) metálica pesada

---

10 $FeSO_4$
Eisenvitriol (n), Eisenoxydulsulfat (n), Ferrosulfat (n), schwefelsaures Eisenoxydul (n)
green vitriol, ferrous sulphate
sulfate (m) ferreux
желѣзный купорос (мр), сѣрнокислая закись (жр) желѣза
solfato (m) ferroso
sulfato (m) ferroso

---

lösliches Zinksalz (n)
soluble zinc salt
sel (m) soluble de zinc
растворимая соль (жр) цинка
sale (m) solubile di zinco 11
sal (f) soluble de cinc

Manganoxydulsalz (n)
manganous oxide salt
sel (m) de protoxyde de manganèse
соль (жр) марганцовистой кислоты
sale (m) di protossido di manganese 12
sal (f) de protóxido de manganeso

Ferrosulfatlösung (f)
ferrous sulphate solution
solution (f) de sulfate ferreux
раствор (мр) сѣрнокислой закиси желѣза
soluzione (f) di solfato ferroso 13
solución (f) de sulfato ferroso

FeS
[unlösliches] Eisensulfid (m)
[insoluble] sulphide of iron
sulfure (m) de fer [insoluble]
[нерастворимое] сѣрнистое желѣзо (ср) 14
solfuro (m) di ferro [insolubile]
sulfuro (m) de hierro [insoluble]

Metallsulfidniederschlag (m)
precipitate of metallic sulphide
précipité (m) de sulfure métallique
осадок (мр) сѣрнистых металлов
precipitato (m) di solfuro metallico 15
precipitado (m) de sulfuro metálico

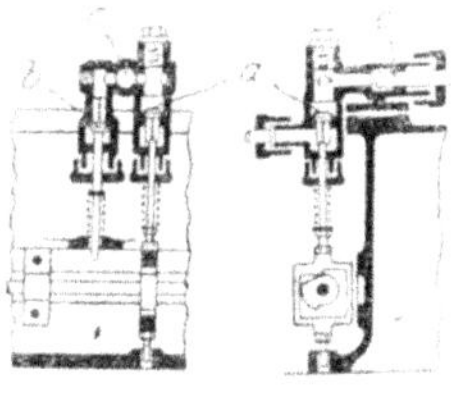

Pumpe (f) für Viskoselösungen, Viskosepumpe (f)
viscose pump
pompe (f) à viscose 16
вискозный насос (мр)
pompa (f) di viscosio
bomba (f) para la viscose

---

a
Ansaugventil (n)
suction valve
soupape (f) d'aspiration
всасывающій вентиль (мр) *или* клапан (мр) 17
valvola (f) di aspirazione
válvula (f) de aspiración

---

b
Auslaßventil (n)
outlet valve
soupape (f) de sortie
спускной *или* выпускной вентиль (мр) 18
valvola (f) di scarico
válvula (f) de salida

---

c
Saugkolben (m)
suction piston
piston (m) aspirant
всасывающій поршень (мр) 19
stantuffo (m) aspirante
émbolo (m) de aspiración

1 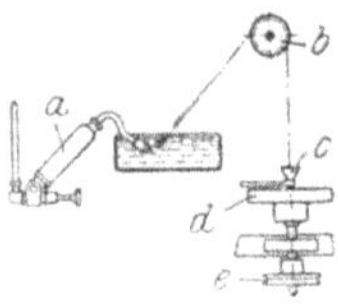

Tophamsche Vorrichtung (f) zum Verspinnen von Viskose
Topham's apparatus for spinning the viscose
appareil (m) de Topham pour le filage de la viscose
аппарат (мр) для пряденія вискозы системы Тофама
apparecchio (m) Topham per la filatura del viscosio
aparato (m) de Topham para el hilado de la viscose

2 a
Filtergehäuse (n)
filter casing
boîte (f) de filtration
фильтраціонная камера (жр)
cassa (f) di filtrazione
caja (f) de filtración

3 b
Rolle (f)
pulley, sheave
poulie (f)
ролик (мр), блок (мр)
puleggia (f)
polea (f)

4 c
Trichter (m)
funnel
entonnoir (m)
воронка (жр)
imbuto (m)
embudo (m)

5 d
umlaufender [*oder* rotierender] Spinntopf (m)
revolving spinning can
pot (m) tournant de filature
вращающійся прядильный таз (мр)
recipiente (m) girevole di filatura
recipiente (m) giratorio de hilado

6 e
Treibrolle (f)
driving pulley
poulie (f) de commande
рабочій ролик (мр), ведущій блок (мр)
puleggia (f) di comando
polea (f) motriz

7
den Spinntopf ausrücken
to disengage *or* to uncouple the spinning can
débrayer le pot à filer
выключить прядильный таз (мр)
disinnestare *o* disinserire il recipiente di filatura
desembragar el recipiente de hilado

8
den Spinntopf auswechseln
to change *or* to replace the spinning can
changer le pot à filer
смѣнить прядильный таз (мр)
cambiare il recipiente di filatura
cambiar el recipiente de hilado

9
die Seide aufspulen
to wind on the silk, to spool the silk
enrouler *ou* bobiner la soie
намотать шёлк (мр) на катушку
bobinare la seta
bobinar la seda

10
die aufgespulte Seide waschen
to wash the spooled silk
laver la soie bobinée *ou* enroulée
мыть намотанный на катушку шёлк (мр)
lavare la seta bobinata
lavar la seda bobinada

11
[heiße] Sodalösung (f)
[hot] soda solution
solution (f) [chaude] de soude
[горячій] содовый раствор (мр)
soluzione (f) [calda] di soda
solución (f) [caliente] de sosa

12
Bleichbad (n)
bleaching liquor
liqueur (f) de blanchiment
отбѣльная *или* бѣлильная ванна (жр)
bagno (m) per sbiancare
baño (m) de blanqueo

13
die Seide unter Spannung trocknen
to dry the silk under tension
faire sécher la soie sous tension
просушивать шёлк (мр) в натянутом состояніи
far seccare la seta sotto tensione
hacer secar la seda bajo tensión

14
d) Kunstseide (f) aus Lösungen *oder* Quellungen von Zellstoff in Chlorzink, Schwefelsäure *oder* Ätzalkalien
Artificial Silk from Various Solutions such as of Cellulose in Zinc Chloride, in Sulphuric Acid *or* in Caustic Alkalis
Soie (f) artificielle de diverses solutions p.e.: solution de cellulose dans le chlorure de zinc, dans l'acide sulfurique *ou* dans des alcalis caustiques
Искусственныя шёлковыя волокна (ср) из разных растворов клѣтчатки: в хлористом цинкѣ, в сѣрной кислотѣ или щёлочах
Seta (f) artificiale di soluzioni diverse p. es.: soluzioni di cellulosa nel cloruro di zinco, nell'acido solforico *o* negli alcali caustici
Seda (f) artificial de diversas soluciones p.e.: solución de celulosa en el cloruro de cinc, en el ácido sulfúrico *o* en los álcalis cáusticos

15
Chlorzinkzelluloselösung (f)
solution of zinc chloride cellulose
solution (f) cellulosique de chlorure de zinc
хлористоцинковый раствор (мр) целлюлозы
soluzione (f) di cellulosa in cloruro di zinco
solución (f) de celulosa de cloruro de cinc

16
den Zellstoff in Säure lösen
to dissolve the cellulose in an acid
dissoudre la cellulose dans un acide
растворить клѣтчатку *или* целлулозу в кислотѣ
dissolvere la cellulosa in un acido
disolver la celulosa en un ácido

17
Sulfozellulose (f)
sulfocellulose
sulfocellulose (f)
сѣрнистая клѣтчатка (жр), сульфо-целлулоза (жр)
sulfocellulosa (f)
sulfocelulosa (f)

18
Lösung (f) von Zellstoff in Alkalien
dissolution of cellulose in alkalis
dissolution (f) de cellulose dans des alcalis
раствор (мр) клѣтчатки в щёлочах
dissoluzione (f) di cellulosa negli alcali
disolución (f) de celulosa en álcalis

19
$KOH + aq$
Ätzkalilösung (f)
solution of caustic potash
solution (f) de potasse caustique
раствор (мр) ѣдкаго кали
soluzione (f) di potassa caustica
solución (f) de potasa cáustica

1 $NaOH + aq$

Ätznatronlösung (f)
solution of caustic soda
solution (f) de soude caustique
раствор (мр) ѣдкаго натра
soluzione (f) di soda caustica
solución (f) de sosa cáustica

2

Alkalizellulosehydratlösung (f)
alkaline cellulose hydrate solution
solution (f) d'hydrate de cellulose à l'alcali
раствор (мр) щёлочной гидро-целлулозы
soluzione (f) d'idrato di cellulosa all'alcali
solución (f) de hidrato de celulosa en un álcali

3

e) Kunstseide (f) aus Zelluloseazetat und anderen Zellulosefettsäureestern
Artificial Silk from Cellulose Acetate and other Cellulose Fatty Acid Esters
Soies (fpl) artificielles à l'acétate de cellulose et à d'autres éthers acides gras de cellulose
Искусственный шёлк (мр) из уксуснокислой клѣтчатки и других жирнокислых эфиров целлулозы
Sete (fpl) artificiali all'acetato di cellulosa ed altri eteri acidi grassi di cellulosa
Seda (f) artificial al acetato de celulosa y de otros éteres ácidos sebácicos de celulosa

---

4

Azetatseide (f)
acetate silk
soie (f) à l'acétate
уксуснокислый шёлк (мр)
seta (f) all'acetato
seda (f) al acetato

$C_6H_7O_2(OCOCH_3)_3$

5

Zelluloseazetat (n), Azetylzellulose (f)
cellulose acetate, acetyl cellulose
acétate (m) de cellulose, acétyle (m) de cellulose
уксуснокислая клѣтчатка (жр) *или* целлулова
acetato (m) di cellulosa, acetilcellulosa (f)
acetato (m) de celulosa

6

aliphatischer Zelluloseester (m)
aliphatic cellulose ester
éther (m) de cellulose aliphatique
целлулозный эфир (мр) жирной *или* алифатической кислоты
etere (m) alifatico della cellulosa
éter (f) de celulosa alifático

7

wasserlöslicher Fettsäureester (m) hydrolysierter Zellulose
fatty acid ester of hydrolized cellulose, soluble in water
éther (m) acide gras d'une cellulose hydrolisée, soluble dans l'eau
растворимый в водѣ эфир (мр) жирной кислоты гидролизированной целлулозы
etere (m) acido grasso di una cellulosa idrolizzata, solubile in acqua
éter (m) ácido sebácico de una celulosa hidrolizada, soluble en el agua

---

8

ameisensaure Zelluloseazetatlösung (f)
formic acid cellulose acetate solution
solution (f) d'acétate de cellulose dans l'acide formique
муравьинокислый раствор (мр) уксуснокислой клѣтчатки
soluzione (f) di acetato di cellulosa in acido formico
solución (f) de acetato de celulosa en el ácido fórmico

9

Ester (m) der Essigsäure
ester of acetic acid
éther (m) d'acide acétique
эфир (мр) уксусной кислоты
etere (m) dell'acido acetico
éter (m) de ácido acético

10

Monoazetat (n)
monoacetate
monoacétate (m)
моноацетат (мр), одноосновная соль (жр) уксусной кислоты
monoacetato (m)
monoacetato (m)

11

Diazetat (n)
diacetate
diacétate (m)
діацетат (мр), двуосновная соль (жр) уксусной кислоты
diacetato (m)
diacetato (m)

12

Triazetat (n)
triacetate
triacétate (m)
тріацетат (мр), трехосновная соль (жр) уксусной кислоты
triacetato (m)
triacetato (m)

13

Zellulosetriazetat (n)
cellulose triacetate
triacétate (m) de cellulose
тріацетатная клѣтчатка (жр), соединеніе (ср) трехосновной соли уксусной кислоты с клѣтчаткой
triacetato (m) di cellulosa
triacetato (m) de celulosa

14

chloroformlösliches Zelluloseazetat (n)
cellulose acetate soluble in chloroform
acétate (m) de cellulose soluble dans le chloroforme
уксуснокислая клѣтчатка (жр) растворимая в хлороформѣ
acetato (m) di cellulosa solubile nel cloroformio
acetato (m) de celulosa soluble en el cloroformo

15

Azetylierungsgemisch (n)
acetylizing mixture
mélange (m) acétylant
смѣсь (жр) для ацетилированія
miscuglio (m) di acetilazione
mezcla (f) acetilizante

16

Azetylierungsmittel (n)
acetylizing medium *or* agent
agent (m) *ou* actif (m) acétylant
ацетилирующее вещество (ср)
agente (m) di acetilazione
agente (m) acetilizante

17

den Zellstoff azetylieren
to acetylize the cellulose
acétyler la cellulose
ацетилировать клѣтчатку
acetilare la cellulosa
acetilizar la celulosa

18

Azetylierung (f) des Zellstoffes
acetylizing the cellulose
acétylation (f) de la cellulose
ацетилированіе (ср) клѣтчатки
acetilazione (f) della cellulosa
acetilización (f) de la celulosa

19

unvollständige Azetylierung (f)
imperfect acetylization
acétylation (f) imparfaite
неполное ацетилированіе (ср)
acetilazione (f) incompleta
acetilización (f) imperfecta

20

die Baumwolle mit Essigsäureanhydrid kochen
to boil the cotton with acetic anhydride
faire bouillir le coton avec de l'anhydride acétique
кипятить хлопок (мр) в ангидридѣ уксусной кислоты
far bollire il cotone all'anidride acetica
hervir el algodón con el anhidrido acético

1 $C_4H_6O_3$
Essigsäureanhydrid (n)
acetic anhydride
anhydride (m) acétique
ангидрид (мр) уксусной кислоты
anidride (f) acetica
anhidrido (m) acético

2 CH_3COCl
Azetylchlorid (n)
acetyl chloride
chlorure (f) d'acétyle
хлористый ацетил (мр)
cloruro (m) di acetile
cloruro (m) de acetilo

3
schwefelsäurehaltiger Eisessig (m)
glacial acetic acid containing sulphuric acid
vinaigre (m) glacial contenant de l'acide sulfurique
уксусная кислота (жр) содержащая сѣрную кислоту
acido (m) acetico glaciale contenente acido solforico
vinagre (m) glacial que contiene ácido sulfúrico

4
Hydrozelluloseazetat (n), Azetylhydrozellulose (f)
hydro-cellulose acetate
acétate (m) d'hydrocellulose
уксуснокислая гидроцеллулоза (жр)
acetato (m) d'idrocellulosa
acetato (m) de hidrocelulosa

5
Lösung (f) von essigsaurer Magnesia, Magnesiumazetatlösung (f)
magnesium acetate solution
solution (f) d'acétate de magnésium
раствор (мр) уксуснокислаго магнія
soluzione (f) di acetato di magnesio
solución (f) de acetato de magnesio

6 $Zn(C_2H_3O_2)_2$
essigsaures Zink (n), Zinkazetat (n)
zinc acetate
acétate (m) de zinc
уксуснокислый цинк (мр)
acetato (m) di zinco
acetato (m) de cinc

7 $Na(C_2H_3O_2)_2$
essigsaures Natron (n), Natriumazetat (n)
sodium acetate
acétate (m) de sodium
уксуснокислый натр (мр)
acetato (m) di sodio
acetato (m) de sodio

8 $CH_3CO_2C_2H_5$
Essigäther (m), Essigsäureäther (m), Essigsäureäthylester (m), Essigester (m)
acetic ether *or* ester
éther (m) acétique
уксусный эфир (мр), эфир (мр) уксусной кислоты, уксусно-этиловый эфир (мр)
etere (m) acetico
éter (m) acético

9 $CHCl_3$
Chloroform (n)
chloroform
chloroforme (m)
хлороформ (мр)
cloroformio (m)
cloroformo (m)

10 $C_6H_5NO_2$
Nitrobenzol (n)
nitrobenzole, mirbane oil *or* essence
nitrobenzine (f), nitrobenzène (m), essence (f) de mirbane
нитробензол (мр)
nitrobenzolo (m)
nitrobenzol (m)

$SO_2OH\,CH_2CO_2H$

Sulfoessigsäure (f)
sulphoacetic acid
acide (m) acétosulfureux
сѣрноуксусная кислота (жр)
acido (m) solfo-acetico
ácido (m) acético sulfuroso 11

$(HN_4)_2S_2O_7$
überschwefelsaures Ammoniak (n), Ammoniumpersulfat (n)
ammonium persulphate
persulfate (m) d'ammonium
двусѣрнокислый аммоній (мр) 12
persolfato (m) d'ammonio
persulfato (m) de amonio

CH_2ClCH_2OH
Äthylenchlorhydrin (n)
ethylene chlorhydrin
chlorhydrine (f) d'éthylène
этилен-хлор-гидрин (мр) 13
etilen-cloridrina (f)
clorhidrina (f) de etileno

Buchenholzteerkreosot (n)
beech tar creosote
créosote (f) du goudron de hêtre
креозот (мр) из буковаго дегтя
creosoto (m) di catrame di faggio 14
creosota (f) de alquitrán de haya

$C_3H_6OCl_2$
Dichlorhydrin (n)
dichlorhydrin
dichlorhydrine (f)
дихлоргидрин (мр) 15
dicloridrina (f)
diclorhidrina (f)

$C_2H_2Cl_4$
Tetrachloräthan (n), Azetylentetrachlorid (n)
acetylene tetrachloride
tétrachlorure (m) d'acétylene
тетрахлорэтан (мр), четыреххлористый этан (мр) 16
tetracloruro (m) di acetilene
tetracloruro (m) de acetileno

$C_7H_8O_2$
Guajakol (n)
guaiacol
gaiacol (m), gayacol (m)
гваякол (мр) 17
guaiacol (m)
guayacol (m)

$C_8H_8O_3$
Methylsalizylat (n)
methyl salicylate
salicylate (m) de méthyle
салициловокислый метил (мр) 18
salicilato (m) di metile
salicilato (m) de metilo

CH_3NO_2
Nitromethan (n)
nitromethane
nitrométhane (m)
нитрометан (мр) 19
nitrometano (m)
nitrometano (m)

Azetylnitrozellulose (f), azetylierte Nitrozellulose (f)
acetylated nitrocellulose
nitrocellulose (f) acétylée
уксуснокислая нитроцеллулоза (жр)
nitrocellulosa (f) acetilata 20
nitrocelulosa (f) acetilada

Nitroderivat (n) des Zellstoffes
nitroderivate of the cellulose
dérivé (m) nitré de la cellulose
нитропроизводное (ср) целлулозы *или* клѣтчатки
nitroderivato (m) della cellulosa 21
derivado (m) nitrico de la celulosa

1 das Azetat fällen
to precipitate the acetate
précipiter l'acétate (m)
осадить уксуснокислую соль (жр), (ацетат)
precipitare l'acetato (m)
precipitar el acetato

---

2 Formylzellulose (f), Zelluloseformiat (n)
formylcellulose
formiate (m) de cellulose
муравьинокислая целлулоза (жр)
formiato (m) di cellulosa
formiato (m) de celulosa

---

3 Ester (m) der Ameisensäure
ester of formic acid
éther (m) de l'acide formique
эфир (мр) муравьиной кислоты
etere (m) dell'acido formico
éter (m) del ácido fórmico

---

4 H CO OH
Ameisensäure (f)
formic acid
acide (m) formique
муравьиная кислота (жр)
acido (m) formico
ácido (m) fórmico

---

5 angereicherte [*oder* konzentrierte] Ameisensäure (f)
concentrated formic acid
acide (m) formique concentré
крѣпкая *или* концентрированная муравьиная кислота (жр)
acido (m) formico concentrato
ácido (m) fórmico concentrado

---

6 Salz (n) der Ameisensäure, Formiat (n)
formiate, formate
formiate (m)
соль (жр) муравьиной кислоты
formiato (m)
formiato (m)

---

7 $C_6 H_{10} O_3$
Propionsäureanhydrid (n)
anhydride of propionic acid
anhydride (m) d'acide propionique
ангидрид (мр) пропіоновой кислоты
anidride (f) propionica
anhidrido (m) de ácido propiónico

---

8 Ester (m) der Propionsäure
ester of propionic acid
éther (m) de l'acide propionique
эфир (мр) пропіоновой кислоты
etere (m) propionico
éter (m) del ácido propiónico

---

9 Ester (m) der Buttersäure
ester of butyric acid
éther (m) de l'acide butyrique
эфир (мр) масляной кислоты
etere (m) butirrico
éter (m) del ácido butírico

---

10 $C_8 H_{14} O_3$
Buttersäureanhydrid (n)
butyric acid anhydride
anhydride (m) de l'acide butyrique
ангидрид (мр) масляной кислоты
anidride (f) butirrica
anhidrido (m) de ácido butírico

---

11 Ester (m) der Palmitinsäure
ester of palmitic acid
éther (m) de l'acide palmitique
эфир (мр) пальмитиновой кислоты
etere (m) palmitico
éter (m) del ácido palmítico

$Mg (C_{16} H_{31} O_2)_2$
Magnesiumpalmitat (n)
magnesium palmitate
palmitate (m) de magnésium
пальмитиново-кислая магнезія (жр) 12
palmitato (m) di magnesio
palmitato (m) de magnesio

$C_{16} H_{31} OCl$
Palmitylchlorid (n)
palmityle chloride
chlorure (m) de palmityle 13
пальмитил-хлорид (мр)
acido (m) cloro-palmitico
cloruro (m) de palmitilo

Ester (m) der Phenylessigsäure
ester of phenyl acetic acid
éther (m) de l'acide phénylacétique
эфир (мр) фенилоуксусной кислоты
etere (m) dell'acido fenilacetico 14
éter (m) del ácido fenilacético

$C_8 H_7 O Cl$
Phenylessigsäurechlorid (n)
chloride of phenyl acetic acid
chlorure (m) de l'acide phénylacétique
фенило-уксусный хлорид (мр) 15
cloruro (m) dell'acido fenilacetico
cloruro (m) del ácido fenilacético

Ester (m) der Benzoesäure
ester of benzoic acid
éther (m) de l'acide benzoïque
эфир (мр) бензойной кислоты
etere (m) dell'acido benzoico 16
éter (m) del ácido benzoico

$C_6 H_5 CO Cl$
Benzoylchlorid (n), Benzoesäurechlorid (n)
chloride of benzoic acid
chlorure (m) de l'acide benzoïque 17
хлорид (мр) бензойной кислоты
cloruro (m) dell'acido benzoico
cloruro (m) del ácido benzoico

$C_7 H_8 SO_3$
Toluolsulfosäure (f)
toluene sulpho-acid
acide (m) sulfo-toluénique
толуол-сульфо-кислота (жр) 18
acido (m) toluolsolforico
ácido (m) toluolsulfúrico

$C_6 H_4 CH_3 SO_2 Cl$
Toluolsulfochlorid (n)
toluene sulpho-chloride
chlorure (m) sulfo-toluénique
толуол-сульфо-кислый хлорид (мр)
cloruro (m) d'acido toluolsolforico 19
cloruro (m) toluolsulfúrico

Essigsalpetersäureester (m)
ester of acetic nitric acid, acetyl nitric ester
éther (m) de l'acide acétonitrique
эфир (мр) уксусноазотной кислоты
etere (m) nitrico dell'acido acetico 20
éter (m) acetonítrico

---

strohiger Griff (m) der Azetatseide
strawlike feel of the acetate silk
toucher (m) de paille de la soie à l'acétate
соломенное осязаніе (ср) *или* ощущеніе (ср) уксуснокислаго шёлка
tatto (m) paglioso della seta all'acetato 21
tacto (m) pajoso de la seda al acetato

1 **f) Kunstseide (f) aus anderen Stoffen**
Artificial Silk from other Materials
Soie (f) artificielle provenant d'autres matières
Искусственныя нити из других веществ
Seta (f) artificiale ricavata d'altre materie
Seda (f) artificial de otras materias

2 *α)* Allgemeines (n)
General Terms
Généralités (f pl)
Общее
Generalità (f pl)
Generalidades (f pl)

3 $K_2Cr_2O_7$
doppeltchromsaures Kali (n), Kaliumbichromat (n)
potassium bichromate
bichromate (m) de potasse
двухромокислый калий (м р), хромпик (м р)
bicromato (m) potassico
bicromato (m) de potasa

4 $K_2SO_4 + Al_2(SO_4)_3$
Alaun (m)
alum
alun (m) [potassique]
квасцы (м р)
allume (m)
alumbre (m)

5 $K_2SO_4 + Cr_2(SO_4)_3$
Chromalaun (n)
chrome alum
alun (m) de chrome
хромовые квасцы (м р)
allume (m) di cromo
alumbre (m) de cromo

6 $C_{14}H_{10}O_9$
Gerbsäure (f), Gerbstoff (m), Tannin (n)
tannin, tannic acid
tan[n]in (m), acide (m) tannique *ou* digallique
таннин (м р)
tannino (m), acido (m) tannico
tanino (m), ácido (m) tánico

7 $C_7H_6O_5$
Gallussäure (f), Trioxybenzoesäure (f)
gallic acid
acide (m) gallique
галловая кислота (ж р)
acido (m) gallico
ácido (m) gálico

8 H_2CrO_4
Chromsäure (f)
chromic acid
acide (m) chromique
хромовая кислота (ж р)
acido (m) cromico
ácido (m) crómico

9 H_4WO_5
Wolframsäure (f)
tungstic acid
acide (m) tungstique
вольфрамовая кислота (ж р)
acido (m) tungstico
ácido (m) túngstico

10 *β)* Ausgangsstoffe (m pl) und Fadenbildung (f)
Primary Materials and Formation of Filament
Matières (f pl) premières et formation du fil
Исходные матерiалы (м р) и образованie (с р) нити
Materie (f pl) prime e formazione (f) del filo
Materias (f pl) primas y formación (f) del hilo

11 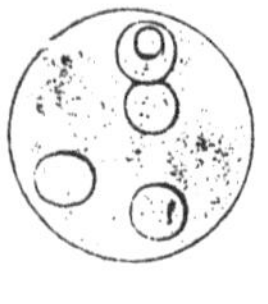
Gelatine[kunst]seide (f), Vandu[a]raseide (f)
gelatine silk
soie (f) de gélatine
желатиновый [искусственный] шёлк (м р)
seta (f) alla gelatina
seda (f) [artificial] de gelatina

12 tierischer Leim (m), Gelatine (f)
gelatine
gélatine (f)
желатин (м р), животный клей (м р)
gelatina (f)
gelatina (f)

13 Hausenblase (f), Fischleim (m)
fish glue, isinglass
colle (f) de poisson
бѣлужiй (рыбiй) клей (м р)
colla (f) di pesce
cola (f) de pescado

14 Handelsgelatine (f)
commercial gelatine
gélatine (f) commerciale
торговый желатин (м р)
gelatina (f) mercantile
gelatina (f) comercial

15 Gelatinelösung (f)
gelatine solution
solution (f) de gélatine
раствор (м р) желатина
soluzione (f) di gelatina
solución (f) de gelatina

16 Löslichkeit (f) des Leimstoffes in Wasser
solubility of the gluey substance in water
solubilité (f) de la matière gélatineuse dans l'eau
растворимость (ж р) клееваго вещества в водѣ
solubilità (f) nell'acqua della sostanza gelatinosa
solubilidad (f) de la materia gelatinosa en el agua

17 die Gelatine wasserunlöslich machen
to make the gelatine insoluble in water
rendre la gélatine insoluble dans l'eau
сдѣлать желатин (м р) нерастворимым в водѣ
rendere la gelatina insolubile nell'acqua
hacer la gelatina insoluble en el agua

18 Eindampfen (n) der Lösung
concentrating the solution by vaporization
concentration (f) de la solution par vaporisation
выпариванiе (с р) раствора
concentrazione (f) della soluzione per vaporizzazione
concentración (f) de la solución por vaporización

19 die Gelatine zu Fäden ausziehen
to draw out the gelatine to filaments
étirer la gélatine en fils
растягивать *или* вытягивать желатин (м р) в нить
trafilare la gelatina
estirar la gelatina en hilos

20 unlöslicher Gelatinefaden (m)
insoluble gelatine filament
fil (m) de gélatine insoluble
нерастворимая желатиновая нить (ж р)
filo (m) di gelatina insolubile
hilo (m) de gelatina insoluble

21 Kunstfäden (m pl) aus Eiweißkörpern
artificial fibres from albuminous substances
fils (m pl) artificiels des substances albumineuses
искусственныя волокна (с р) из бѣлковых веществ
fili (m pl) artificiali di sostanze albuminose
hilos (m pl) artificiales de materias albuminosas

22 Albuminfaden (m)
albumin filament
fil (m) d'albumine
альбуминовая нить (ж р)
filo (m) di albumina
hilo (m) de albúmina

23 Eieralbumin
egg albumen
albumine (f) du blanc d'œuf
альбумин (м р) из бѣлков
albumina (f) del bianco dell'uovo
albúmina (f) de clara de huevo

No.	German / English / French	Russian / Italian / Spanish
1	Kunstfäden (m pl) aus Kasein, Kaseinseide (f) artificial filaments from casein, casein silk fils (m pl) artificiels de la caséine, soie (f) de caséine	искусственныя волокна (ср) из казеина, казеиновый шёлк (мр) fili (m pl) artificiali della caseina, seta (f) di caseina hilos (m pl) artificiales de caseina, seda (f) de caseina
2	Handelskasein (n) commercial casein caséine (f) commerciale	торговый казеин (мр) caseina (f) mercantile caseina (f) comercial
3	Kaseinlösung (f) casein solution solution (f) de caséine	раствор (мр) казеина soluzione (f) di caseina solución (f) de caseina
4	das Kasein aus der Magermilch ausfällen to precipitate the casein from the skimmed milk précipiter la caséine du lait écrémé	высадить казеин (мр) из снятого молока precipitare la caseina dal latte scremato o spannato precipitar la caseina de la leche desnatada
5	die Magermilch mit Säure versetzen to add an acid to the skimmed milk additionner le lait écrémé d'un acide	подкислить снятое молоко (ср), разбавить снятое молоко (ср) кислотою aggiungere un acido al latte scremato agregar un ácido a la leche desnatada
6	schwammige Kaseinmasse (f) spongy casein caséine (f) spongieuse	губчатая казеиновая масса (жр) caseina (f) spugnosa caseina (f) esponjosa
7	das Kasein mittels alkalischer Flüssigkeit lösen to dissolve the casein by an alkaline liquor dissoudre la caséine par une liqueur alcaline	растворить казеин (мр) в щёлочной жидкости dissolvere la caseina mediante un liquido alcalino disolver la caseina mediante un liquido alcalino
8	alkalische Azeton-Kaseinlösung (f) alkaline acetone casein solution solution (f) alcaline de caséine-acétone	щёлочный ацетоновый раствор (мр) казеина soluzione (f) alcalina di caseina all'acetone solución (f) alcalina aceto-caseina
9	der Kaseinlösung Zellstoff zusetzen to add cellulose to the casein solution ajouter la cellulose à la solution de caséine	примѣшать к раствору казеина клѣтчатку *или* целлулозу aggiungere la cellulosa alla soluzione di caseina agregar la celulosa a la solución caseina
10	wässerig-alkoholische Kaseinlösung (f) aqueous alcoholic casein solution solution (f) alcoolique aqueuse de caséine	водно-спиртный раствор (мр) казеина soluzione (f) alcoolica acquosa di caseina solución (f) alcohólica acuosa de caseina
11	die Lösung in ein Fällbad auspressen to force the solution into a precipitating bath forcer la solution dans un liquide précipitant	выжиманіе (ср) раствора в осадочную ванну forzare la soluzione in un bagno precipitante hacer salir la solución en un baño precipitante
12	Behandeln (n) der Fäden mit Formaldehyd treating the filaments with formaldehyde traitement (m) des fils par le formaldéhyde	обработка (жр) нитей посредством формальдегида trattamento (m) dei fili mediante formaldeide tratamiento (m) de los hilos por el formaldehido
13	Kunstfäden (m pl) aus Fibroin artificial filaments from fibroin fils (m pl) artificiels de fibroïne	искусственныя волокна (ср) из фиброина fili (m pl) artificiali di fibroina hilos (m pl) artificiales de fibroina
14	Naturseidenabfall (m) waste from natural silk déchets (m pl) de soie naturelle	угар (мр) *или* отброс (мр) натуральнаго шёлка cascami (m pl) di seta naturale desperdicios (m pl) de seda natural
15	den Seidenabfall degummieren to degum the silk waste dégommer les déchets (m pl) de soie	дегуммировать шёлковый угар (мр) sgommare i cascami di seta desengomar los desperdicios de seda
16	Na OH Ätznatron (n) caustic soda soude (m) caustique	ѣдкій натр (мр) soda (f) caustica sosa (f) cáustica
17	Nickelsulfatlösung (f) nickel sulphate solution solution (f) de sulfate de nickel	раствор (мр) сѣрнокислаго никкеля soluzione (f) di solfato di nichel solución (f) de sulfato de niquel
18	stufenweises Ausziehen (n) der Fäden drawing out in stages the filaments étirage (m) des fils par progression	постепенная вытяжка (жр) нитей trafilatura (f) graduale estiramiento (m) progresivo de los hilos
19	Kunstfäden (m pl) aus gallertartigen Pflanzenstoffen artificial filaments from vegetable jellies fils (m pl) artificiels des gelées végétales	искусственныя волокна (ср) из растительных веществ fili (m pl) artificiali di materie vegetali gelatinose hilos (m pl) artificiales de gelatinas vegetales
20	zellstoffartiger *oder* zellstoffähnlicher Körper (m) cellulose-like substance substance (f) cellulosique	клѣтчатовидное *или* целлулозоподобное вещество (ср) sostanza (f) cellulosica substancia (f) celulósica
21	Pflanzenschleim (m) mucilage mucilage (m)	растительная слизь (жр) mucilaggine (f) mucilago (m)
22	Pflanzengallerte (f) vegetable jelly, plant gelatine gelée (f) végétale	растительный студень (мр) *или* галлерта (жр) gelatina (f) vegetale gelatina (f) vegetal
23	Ossein (n), Knochenleim (m) ossein osséine (f)	искусственныя вóлокна (ср) из раствора костяного клея *или* оссеина osseina oseina (f)

1	Kunstfäden (m pl) aus Osseinlösung artificial filaments from ossein solution fils (m pl) artificiels de la solution d'osséine	костяной клей (м р), оссеин (м р) fili (m pl) artificiali della soluzione di osseina hilos (m pl) artificiales de la solución de oseina
2	**7. Eigenschaften (f pl) der Kunstseiden** **[Characteristic] Properties of Artificial Silks** **Propriétés (f pl) des soies artificielles**	**Свойства (ср) искусственнаго шёлка** **Proprietà (f pl)** *o* **caratteristiche (f pl) delle sete artificiali** **Propiedades (f pl) de las sedas artificiales**
3	Griff (m) der Kunstseide feel of artificial silk toucher (m) de la soie artificielle	осязаніе (ср) искусственнаго шёлка tatto (m) della seta artificiale tacto (m) de la seda artificial
4	seidenähnlicher Glanz (m) silky lustre lustre (m) soyeux	шелковидный блеск (м р) lustro (m) setaceo lustre (m) sedoso
5	ruhiger, silberiger Glanz (m) smooth silvery lustre lustre (m) tranquille et argenté	спокойный серебристый блеск (м р) lucido (m) dolce ed argenteo lustre (m) lijero y argénteo
6	glitzernder *oder* flimmernder *oder* unruhiger Glanz (m) glittering lustre brillant (m) *ou* éclat (m) scintillant *ou* étincelant	искристый *или* сверкающій *или* неспокойный блеск (м р) lucido (m) scintillante lustre (m) brillante
7	Glasglanz (m), glasartiger Glanz (m) glassy lustre lustre (m) vitreux	стекловидный блеск (м р) lucido (m) vetroso lustre (m) vidrioso
8	matter Glanz (m) dim *or* dull lustre lustre (m) terne *ou* mat	матовый блеск (м р) lucido (m) smorto lustre (m) mate *o* apagado
9	milchig trüber Glanz (m) dull milky lustre lustre (m) mat et laiteux	молочно-мутный *или* тусклый блеск (м р) lucido (m) latteo e torbido lustre (m) mate y lechoso
10	glanzlos, ohne Glanz without lustre sans brillant, terne	неблестящій, без блеска senza lustro sin lustre
11	glasartige Durchsichtigkeit (f) glassy transparency transparence (f) vitreuse	стекловидная прозрачность (ж р) trasparenza (f) vetrosa transparencia (f) vidriosa
12	Undurchsichtigkeit (f) opaqueness opacité (f)	непрозрачность (ж р) opacità (f) opacidad (f)
13	Wasserempfindlichkeit (f) sensitiveness to water sensibilité (f) à l'eau	водочувствительность (ж р) sensibilità (f) all'acqua sensibilidad (f) al agua
14	Wasseraufnahmefähigkeit (f) water absorbing capacity, hygroscopicity, hygroscopic property propriété (f) hygroscopique	гигроскопичность (ж р), способность (ж р) поглощать воду proprietà (f) igroscopica propiedad (f) higroscópica
15	Wasseraufnahme (f), Wasseranziehung (f) absorption of water absorption (f) de l'eau	втягиваніе (ср) *или* поглощеніе (ср) воды assorbimento (m) dell'acqua absorción (f) del agua
16	Wassergehalt (m) amount of water teneur (f) en eau	содержаніе (ср) воды tenore (m) d'acqua contenido (m) de agua
17	gallertartiges Aufquellen (n) gelatinous swelling up gonflement (m) gélatineux	желатиноподобное *или* студенистое разбуханіе gonfiamento (m) gelatinoso hinchamiento (m) gelatinoso
18	Geschmeidigkeit (f) suppleness, flexibility souplesse (f)	нѣжность (ж р), мягкость (ж р) flessibilità (f) flexibilidad (f)
19	Zähigkeit (f) toughness, tenacity tenacité (f)	вязкость (ж р), тягучесть (ж р) tenacità (f) tenacidad (f)
20	Dehnbarkeit (f) ductility ductilité (f)	растяжимость (ж р) duttilità (f) ductilidad (f)
21	Festigkeit (f) strength résistance (f)	крѣпость (ж р) resistenza (f) resistencia (f)
22	Naßfestigkeit (f) der Kunstseide strength of artificial silk when wet résistance (f) de la soie artificielle mouillée	крѣпость (ж р) влажнаго искусственнаго шёлка resistenza (f) della seta artificiale umida resistencia (f) de la seda artificial húmeda
23	Trockenfestigkeit (f) der Kunstseide strength of artificial silk when dry résistance (f) de la soie artificielle à l'état sec	крѣпость (ж р) сухого искусственнаго шёлка resistenza (f) della seta artificiale allo stato secco resistencia (f) de la seda artificial en seco
24	Brennbarkeit (f) combustibility combustibilité (f)	горючесть (ж р) combustibilità (f) combustibilidad (f)

1
8. Prüfung (f) der Kunstseiden zur Unterscheidung (f) voneinander und von Naturseiden
Test and analysis to distinguish the artificial silks from each other and from natural silks
Essai (m) et analyse (f) pour différencier les soies artificielles entre elles et avec les soies naturelles
Испытаніе (ср) искусственнаго шелка и различіе разных сортов между собою и между ними и натуральным шёлком
Prove (f pl) e distinzione (f) delle sete artificiali fra di loro e rispetto alle sete naturali
Ensayo (m) de las sedas artificiales y distinción de ellas entre si y de las sedas naturales

2
die Kunstseide chemisch prüfen
to test artificial silk by chemical means
essayer chimiquement la soie artificielle
химически испытывать искусственный шёлк (мр)
analizzare chimicamente la seta artificiale
examinar químicamente la seda artificial

3
Verhalten (n) der Kunstseide gegen chemische Reagentien
[re]action *or* effect of chemical reagents on artificial silk
effets (m pl) des réactifs chimiques sur la soie artificielle
отношеніе (ср) искусственнаго шёлка к химическим реагентам
effetti (m pl) dei reagenti chimici sulla seta artificiale
efectos (m pl) de los reactivos químicos sobre la seda artificial

4
Salpetersäurereagens (n)
reagent on nitric acid
réactif (m) sur l'acide nitrique
реагенты (мр) *или* реактивы (мр) азотной кислоты
reagente (m) sull'acido nitrico
reactivo (m) sobre el ácido nítrico

5
$C_{12}H_{11}N$
Diphenylamin (n)
diphenylamine
diphénylamine (f)
дифениламин (мр)
difenilammina (f)
difenilamina (f)

6
Chlorzinkjod (n)
chlorine-zinc-iodine
chlore-zinc-iode (m)
раствор (мр) хлорцинкіода, іоднохлористый цинк (мр)
cloro-zinco-iodio (m)
cloro-cinc-yodo (m)

7
halbgesättigte Chromsäure (f)
semi-saturated chromic acid
acide (m) chromique à demi saturé
полунасыщенный раствор (мр) хромовой кислоты
acido (m) cromico semi-saturo
ácido (m) crómico semi-saturado

8
$C_2H_4O_2$
Eisessig (m)
glacial acetic acid
vinaigre (m) glacial
крѣпкій уксус (мр)
acido (m) acetico glaciale
vinagre (m) glacial

9
$KOH + H_2O$
Kalilauge (f)
potash lye
lessive (f) de potasse
ѣдкое кали (мр)
lisciva (f) di potassa
lejía (f) de potasa

10
wässerige Kongorotlösung (f)
aqueous Congo red solution
solution (f) aqueuse de rouge Congo
водный раствор (мр) конгорота
soluzione (f) acquosa di rosso del Congo
solución (f) acuosa del rojo de Congo

11
alkalische Kupferglyzerinlösung (f)
alkaline copper glycerine solution
solution (f) alcaline de cuivre-glycérine
щёлочный раствор (мр) мѣдноглицериноваго соединенія
soluzione (f) alcalina di rame-glicerina
solución (f) alcalina de cobre glicerinado

12
Lackmuspapier (n)
litmus paper
papier (m) de tournesol
лакмусовая бумага (жр)
carta (f) di tornasole
papel (m) [de] tornasol

13
$C_{10}H_7OH + aq$
Naphthollösung (f)
naphthol solution
solution (f) de naphthol
водный раствор (мр) нафтола
soluzione (f) di naftolo
solución (f) de naftol

14
$Ni(NH_3)_4(OH)_2 + aq$
Nickeloxydammoniaklösung (f)
nickel oxide ammonia solution
solution (f) ammoniacale d'oxyde de nickel
раствор (мр) амміачнокислаго никкеля
soluzione (f) ammoniacale d'ossido di nichel
solución (f) amoniacal de óxido de níquel

15
wässerige Jodkaliumlösung (f)
aqueous potassium iodide solution
solution (f) aqueuse de iodure de potassium
водный раствор (мр) іодистаго кали
soluzione (f) acquosa di ioduro di potassio
solución (f) acuosa de yoduro potásico

16
Papierjod (n)
paper iodine, aqueous solution of iodine and potassium iodide
solution (f) aqueuse de iode et de iodure de potassium
іод-іодно-калієвый раствор (мр) для испытанія бумаги
soluzione (f) acquosa di iodio e di ioduro di potassio
solución (f) acuosa de yodo y yoduro potásico

17
Papierschwefelsäure (f)
dilute sulphuric acid for paper analysis
acide (m) sulfurique dilué pour l'analyse du papier
разбавленная сѣрная кислота (жр) для анализа бумаги
acido (m) solforico diluito per l'analisi della carta
ácido (m) sulfúrico diluído para análisis de papel

18
Paraffin (n)
paraffin
paraffine (f)
парафин (мр)
paraffina (f)
parafina (f)

19
Schwefelsäure (f) mit Ölsäurezusatz
sulphuric acid with oleic acid addition
acide (m) sulfurique avec l'addition d'acide oléique
сѣрная кислота (жр) с примѣсью масляной *или* олеиновой кислоты
acido (m) solforico con aggiunto di acido oleico
ácido (m) sulfúrico con adición de ácido oleico

1	Wirkung (f) [*oder* Reaktion (f)] der Verbrennungsgase auf Lackmuspapier reaction of the combustion gases on litmus paper réaction (f) des gaz de combustion sur le [papier de] tournesol	реакція (жр) газов от сжиганія на лакмусовую бумагу reazione (f) dei gas di combustione sulla carta di tornasole reacción (f) de los gases de combustión sobre el papel tornasol
2	sau[e]re Wirkung (f) [*oder* Reaktion (f)] acid reaction réaction (f) acide	кислая реакція (жр) reazione (f) acida reacción (f) ácida
3	alkalische Wirkung (f) [*oder* Reaktion (f)] alkaline reaction réaction (f) alcaline	щёлочная реакція (жр) reazione (f) alcalina reacción (f) alcalina
4	Asche (f) der Kunstseide ash of artificial silk cendre (f) de la soie artificielle	зола (жр) искусственнаго шёлка cenere (f) della seta artificiale cenizas (f pl) de la seda artificial
5	Aschenmenge (f) quantity of ash quantité (f) de cendre	количество (ср) золы quantità (f) di cenere cantidad (f) de cenizas
6	die Kunstseide verbrennt schnell the artificial silk burns rapidly la soie artificielle brûle vite	искусственный шёлк (мр) сгорает быстро la seta artificiale brucia rapidamente la seda artificial arde rápidamente
7	langsame Verbrennung (f) slow combustion combustion (f) lente	медленное сгораніе (ср) combustione (f) lenta combustión (f) lenta
8	Verbrennung (f) ohne Rückstand combustion without a residue combustion (f) sans résidu	сгораніе (ср) без остатка combustione (f) senza residuo combustión (f) sin residuo
9	die Kunstseide optisch untersuchen to optically test the artificial silk examiner la soie artificielle au point de vue de l'optique	оптически изслѣдовать искусственный шёлк (мр) esaminare la seta artificiale otticamente hacer examen óptico de la seda artificial
10	Untersuchung (f) auf das Verhalten zum Licht, optische Untersuchung (f) optical examination examen (m) à la lumière	оптическое изслѣдованіе (ср) esame (m) ottico examen (m) óptico
11	die Seide in polarisiertem Licht prüfen to test the silk under polarized light examiner la soie à la lumière polarisée	изслѣдовать шёлк (мр) при помощи поляризованнаго свѣта esaminare la seta alla luce polarizzata examinar la seda a la luz polarizada
12	Doppelbrechung (f), [Anisotropie (f)] double refraction réfraction (f) double	двойное преломленіе (ср) rifrazione (f) doppia refracción (f) doble
13	polarisationsmikroskopisches Untersuchungsverfahren (n) testing method with the polarizing microscope méthode (m) d'essai au microscope polarisant	способ (мр) микроскопическаго изслѣдованія поляризованным свѣтом metodo (m) di esame al microscopio polarizzante método (m) de examen al microscopio polarizador
14	Polarisationsmikroskop (n) polarizing microscope microscope (m) polarisant	поляризаціонный микроскоп (мр) microscopio (m) polarizzante microscopio (m) polarizador
15	Polarisationsfarbe (f) colour of polarized light couleur (f) de la lumière polarisée	цвѣт (мр) поляризаціи colore (m) della luce polarizzata color (m) de la polarización
16	Farbenwandlung (f), Dichroismus (m) dichroism dichroïsme (m)	перемѣнчивость (жр) цвѣта лучей, дихроизм (мр) (двуцвѣтность) dicroismo (m) dicroismo (m)
17	die künstliche Seide zeigt Farbenwandlung the artificial silk shows dichroism la soie artificielle présente du dichroïsme	искусственный шёлк (мр) обнаруживает дихроизм la seta artificiale mostra dicroismo la seda artificial presenta dicroismo
18	Lichtbrechungsvermögen (n) refractive power puissance (f) réfractive	способность (жр) лучепреломленія potere (m) di rifrazione poder (m) de refracción
19	Lichtbrechung (f) refraction réfraction (f)	лучепреломляемость (жр) rifrazione (f) refracción (f)
20	polarisiertes Licht (n) polarized light lumière (f) polarisée	поляризованный свѣт (мр) luce (f) polarizzata luz (f) polarizada
21	Ultramikroskopie (f) ultramicroscopy ultramicroscopie (f)	ультра-микроскопія (жр) ultramicroscopia (f) ultramicroscopia (f)
22	ultramikroskopische Untersuchung (f) ultramicroscopic test examen (m) à l'ultramicroscope	ультра-микроскопическое изслѣдованіе (ср) esame (m) all'ultramicroscopio examen (m) al ultramicroscopio
23	Ultramikroskop (n) ultramicroscope ultramicroscope (m)	ультра-микроскоп (мр) ultramicroscopio (m) ultramicroscopio (m)
24	Ultrastruktur (f) der Kunstseide ultra-structure of artificial silk ultrastructure (f) de la soie artificielle	(ультра)-структура (жр) [строеніе] искусственнаго шёлка ultrastruttura (f) della seta artificiale ultraestructura (f) de la seda artificial

No.	German / English / French	Russian / Italian / Spanish
1	ultramikroskopisches Verhalten (n) der Kunstseide ultramicroscopical behaviour of artificial silk aspect (m) de la soie artificielle à l'ultramicroscope	показаніе (ср) искусственнаго шёлка при ультра-микроскопическом изслѣдованіи aspetto (m) della seta artificiale all'ultramicroscopio aspecto (m) de la seda artificial al examen ultramicroscópico
2	die Verunreinigungen (fpl) der Kunstseide ultramikroskopisch nachweisen to detect impurities in artificial silk by use of the ultramicroscope constater les impuretés (fpl) de la soie artificielle à l'ultramicroscope	обнаруживать загрязненія искусственнаго шёлка ультра-микроскопическим изслѣдованіем comprovare le impurità della seta artificiale mediante l'ultramicroscopio comprobar las impurezas de la seda artificial al ultramicroscopio
3	**9. Untersuchungen (fpl) für die Kunstseidenherstellung** **Examinations on the Production of Artificial Silk** **Examens (mpl) concernant la fabrication de la soie artificielle**	**Излѣдованіе (ср) при производствѣ искусственнаго шёлка** **Verifiche (fpl) per la fabbricazione della seta artificiale** **Pruebas (fpl) para la fabricación de la seda artificial**
4	alkalische Kupferlösung (f) alkaline copper solution solution (f) alcaline de cuivre	щёлочный раствор (мр) мѣдной соли soluzione (f) alcalina di rame solución (f) alcalina de cobre
5	$KNaC_4H_4O_6$	Natronweinstein (m), Seignettesalz (n), Kaliumnatriumtartrat (m) Rochelle salt sel (m) de Seignette Сегнетовая соль (жр), виннокаменный натр (мр), кремортартар (мр) sale (m) di Seignette tartrato (m) sódico-potásico
6	$CuSO_4 + aq$	Kupfersulfatlösung (f) copper sulphate solution solution (f) de sulfate de cuivre раствор (мр) сѣрнокислой мѣди soluzione (f) di solfato di rame solución (f) de sulfato de cobre
7	die Kupferlösung abfiltern to filter the copper solution filtrer la solution de cuivre	фильтровать раствор (мр) мѣдной соли filtrare la soluzione di rame filtrar la solución de cobre
8	den Zellstoff auswaschen to wash the cellulose laver la cellulose	промывать клѣтчатку *или* целлулозу lavare la cellulosa lavar la celulosa
9	das Waschwasser mit Ferrozyankaliumlösung prüfen to test the washing water with a solution of ferrocyanide of potassium faire l'essai de l'eau de lavage avec une solution de ferrocyanure de potassium	испытать промывную воду посредством раствора желѣзосинеродистаго калія verificare o esaminare l'acqua di lavaggio con una soluzione di ferrocianuro di potassio examinar el agua de lavado mediante una solución de ferrocianuro de potasio
10	Goochtiegel (m) Gooch crucible creuset (m) Gooch	фильтр-тигель (мр) системы Гоох crogiolo (m) Gooch crisol (m) de Gooch
11	Asbestfilter (m) asbestos filter filtre (m) d'amiante	асбестовый фильтр (мр) filtro (m) di amianto filtro (m) de amianto
12	Lösung (f) des Kupferoxyduls durch Salpetersäure dissolution of the cuprous oxide by nitric acid dissolution (f) de l'oxyde cuivreux dans l'acide nitrique	раствореніе (ср) мѣдной закиси в азотной кислотѣ dissoluzione (f) del protossido di rame nell'acido nitrico disolución (f) del óxido cuproso en el ácido nítrico
13	das Kupfer aus der Lösung fällen to precipitate the copper from the solution précipiter le cuivre de la solution	высадить *или* осадить мѣдь (жр) из раствора precipitare il rame della soluzione precipitar el cobre de la solución
14	Fällen (n) *oder* Ausfällen (n) durch Elektrolyse precipitation by electrolysis précipitation (f) par électrolyse	осажденіе (ср) посредством электролиза precipitazione (f) mediante l'elettrolisi precipitación (f) por electrolisis
15	Rühranode (f) moving anode anode (f) mobile	анод-мѣшалка (жр), подвижной анод (мр) anodo (m) agitatore anodo (m) móvil
16	Trockengewicht (n) des Zellstoffes dry weight of the cellulose poids (m) sec de la cellulose	вѣс (мр) сухой клѣтчатки *или* целлулозы peso (m) secco della cellulosa peso (m) en seco de la celulosa
17	Zellulosehydrat (n), Hydrozellulose (f) cellulose hydrate hydrocellulose (f)	гидрат (мр) целлулозы, гидро-целлулоза (жр) idrocellulosa (f) hidrocelulosa (f)
18	hydratisierter Zellstoff (m) hydrated cellulose cellulose (f) hydratée	гидратизированная клѣтчатка (жр) cellulosa (f) idratata cellulosa (f) hidratada
19	Alkalizellulose (f) alkaline cellulose cellulose (f) alcaline	щёлочная целлулоза (жр) cellulosa (f) alcalina celulosa (f) alcalina
20	mercerisierte Baumwolle (f) mercerized cotton coton (m) mercerisé	мерсеризированный хлопок (мр) cotone (m) mercerizzato algodón (m) mercerizado

1
Kupferalkalizellulose-verbindung (f)
copper alkali cellulose compound
composé (m) de cellulose alcali-cuivre
целлулозо-щёлочно-мѣдное соединеніе (ср)
composto (m) di cellulosa alcali-rame
compuesto (m) de celulosa al cobre alcalino

2
aschenfreier Zellstoff (m)
ash free cellulose
cellulose (f) exempte de cendre
беззольная клѣтчатка (жр) *или* целлулоза (жр)
cellulosa (f) scevra di cenere
celulosa (f) libre de cenizas

3
den Zellstoff aus einer Lösung wiedergewinnen [*oder* regenerieren]
to regenerate the cellulose from a solution
régénérer la cellulose d'une solution
регенерировать клѣтчатку *или* целлулозу из раствора
rigenerare la cellulosa da una soluzione
regenerar la celulosa de una solución

4
wiedergewonnener Zellstoff (m), [regenerierte Zellulose (f)]
regenerated cellulose
cellulose (f) régénérée
регенерированная *или* полученная обратно клѣтчатка (жр) *или* целлулова (жр)
cellulosa (f) rigenerata
celulosa (f) regenerada

5
$ZnCl_2$
Zinkchlorid (n)
zinc chloride
chlorure (m) de zinc
хлористый цинк (мр)
cloruro (m) di zinco
cloruro (m) de cinc

6
HCl
angereicherte [*oder* konzentrierte] Salzsäure (f)
concentrated hydrochloric acid
acide (m) chlorhydrique concentré
крѣпкая *или* концентрированная соляная кислота (жр) [хлористый водород]
acido (m) cloridrico concentrato
ácido (m) clorhídrico concentrado

7
ammoniakalische Kupferoxydlösung (f)
ammoniacal copper oxide solution
solution (f) d'oxyde de cuivre ammoniacal
амміачный раствор (мр) мѣдной окиси
soluzione (f) di ossido di rame ammoniacale
solución (f) de óxido de cobre amoniacal

8
alkalische Sulfozyanverbindung (f)
alkaline sulpho-cyanate compound
composé (m) alcalin sulfo-cyanuré
щёлочное сульфоціанистое соединеніе (ср)
composto (m) alcalino solfo-cianuro
compuesto (m) alcalino sulfo-cianurado

9
sirupartige Lösung (f)
syrup-like solution
solution (f) sirupeuse
сиропообразный раствор (мр)
soluzione (f) s[c]iroposa
solución (f) almibarada

10
kollodiumähnliche Lösung (f)
collodion-like solution
solution (f) semblable au collodion
коллодіовидный раствор (мр)
soluzione (f) collodiosa
solución (f) semejante al colodión

Ester (m)
ester
éther (m) composé, ester (m)
эфир (мр)
etere (m) composto
éter (m) compuesto
11

Kupferzahl (f)
copper coefficient
coefficient (m) de cuivre
коэфиціент (мр) мѣди
coefficiente (m) di rame
coeficiente (m) de cobre
12

Fehlingsche Lösung (f)
Fehling's solution
liqueur (f) cupro-potassique *ou* de Fehling
раствор (мр) Фелинга
soluzione (f) di Fehling
solución (f) de Fehling
13

Cu_2O
Kupferoxydul (n)
cuprous oxide
oxyde (m) cuivreux
закись (жр) мѣди
protossido (m) di rame
óxido (m) cuproso
14

Kupferoxydulniederschlag (m)
precipitate of cuprous oxide
précipité (m) d'oxyde cuivreux
осадок (мр) закиси мѣди
precipitato (m) di protossido di rame
precipitado (m) de óxido cuproso
15

lufttrockener Zellstoff (m)
air-dry cellulose
cellulose (f) sèche à l'air
воздушно-сухая клѣтчатка (жр) *или* целлулоза (жр)
cellulosa (f) secca all'aria
celulosa (f) seca al aire
16

den Zellstoff zerkleinern
to crush *or* to break up the cellulose
désintégrer la cellulose
измельчить *или* раздробить клѣтчатку *или* целлулозу
triturare la cellulosa
triturar *o* desmenuzar la celulosa
17

Reduktionsgefäß (n), Verdampfungsgefäß (n)
reducing bulb
vase (m) réducteur
сосуд (мр) для возстановленія
recipiente (m) di riduzione
vasija (f) de reducción
18

Reduktionskolben (m), Verdampfungskolben (m)
reducing retort *or* alembic
alambic (m) de réduction
колба (жр) *или* реторта (жр) для возстановленія
lambicco (m) di riduzione
alambique (m) de reducción
19

Stehkolben (m)
flask with flat bottom
ballon (m) fond plat
стоячая колба (жр)
boccia (f) a fondo piatto
recipiente (m) de fondo plano
20

doppelt durchbohrter Stopfen (m)
double bored stopper
bouchon (m) à double trou
пробка (жр) с двумя отверстіями
tappo (m) a due fori
tapón (m) de orificio doble
21

Rührer (m)
agitator
agitateur (m)
мѣшалка (жр)
agitatore (m)
agitador (m)
22

Rückflußkühler (m)
return flow cooler
réfrigérant (m) à liquide de retour
обратный холодильник (мр)
refrigerante (m) di ritorno
refrigerante (m) de retroceso
23

II.

1 **Künstliches Roßhaar** (n), **künstliches Haar** (n), **künstliches Bastband** (n) **(Hanfbast), künstliches Stroh** (n)

Artificial [Horse] Hair, Artificial Hemp Bast, Artificial Straw

Crin (m) **et poil** (m) **artificiel, ruban** (m) [*ou* **filasse (f)] artificiel[le], lame (f)** *ou* **paille** (f) **artificielle**

Искусственный конскій волос (м р), **искусственный волос** (м р), **искусственный лубок** (м р) **(пеньковая лента), искусственная соломина** (ж р)

Crine (m) **e pelo** (m) **artificiale, filaccia** (f) **[di canapa] artificiale, paglia** (f) **artificiale**

Crin (m) **y pelo** (m) **artificial, cinta** (f) **artificial, paja** (f) **artificial**

---

2 mit Kollodium überzogener Textilfaden (m)
textile thread coated with collodion
fil (m) textile enduit de collodion
текстильная нить (ж р) покрытая коллодіем
filo (m) tessile ricoperto di collodio
hilo (m) textil recubierto de colodión

---

3 mit Zellstoff überzogener Metallfaden (m)
metal wire coated with cellulose
fil (m) métallique à couche de cellulose
металлическая нить (ж р) покрытая коллоидальным раствором целлулозы
filo (m) metallico ricoperto di cellulosa
hilo (m) de metal recubierto de colodión

---

4 durchsichtiges künstliches Roßhaar (n) aus Glanzstoff
transparent artificial horse hair from cuprate silk
crin (m) artificiel transparent provenant de la soie au cuivre
прозрачный искусственный конскій волос (м р) из глянцевиднаго вещества
crine (m) artificiale trasparente proveniente dalla seta all'ossido di rame ammoniacale
crin (m) artificial transparente de seda al óxido de cobre amoniacal

---

5 plastischer Faden (m) aus Natronzellulose
plastic filament from sodium cellulose
fil (m) plastique de cellulose sodique
пластичная нить (ж р) из натронной клѣтчатки
filo (m) plastico di cellulosa sodica
hilo (m) plástico de celulosa sódica

---

6 künstliches Roßhaar (m) aus Viskose
artificial horse hair from viscose
crin (m) artificiel provenant de la viscose
искусственный конскій волос (м р) из вискозы
crine (m) artificiale del viscosio
crin (m) artificial de viscose

---

mit Viskoselösung überzogener Textilfaden (m)
textile thread coated with viscose solution
fil (m) textile enduit d'une solution de viscose
текстильная нить (ж р) покрытая раствором вискозы
filo (m) tessile ricoperto di una soluzione di viscosio 7
hilo (m) textil recubierto de una solución de viscose

---

künstliches Roßhaar (n) aus Abfällen von gezwirnten Kunstfäden
artificial horse hair from waste doubled artificial filaments
crin (m) artificiel provenant de déchets de fils artificiels retors
искусственный конскій волос (м р) из угаров крученных искусственных нитей
crine (m) artificiale da cascami di fili artificiali ritorti 8
crin (m) artificial de residuos de hilos artificiales torcidos

---

Faden (m) mit metallglänzendem Überzug
filament with coating of metallic lustre
fil (m) avec enduit de brillant métallique
нить (ж р) с металлически блестящим покровом
filo (m) ricoperto d'uno strato di lustro metallico 9
hilo (m) con una capa de lustre metálico

---

mit Nitrozellulose als Bindemittel versehenes Metallpulver (n)
metallic powder supplied with nitrocellulose as a binding matter
poudre (f) métallique combinée à la nitrocellulose comme liant
металлическій порошок (м р) с примѣсью нитро-целлулозы как связующаго средства
polvere (f) metallica combinata alla nitrocellulosa come ligamento 10
polvo (m) metálico mezclado con nitrocelulosa como agente glutinante

---

durch Spiralschnitt eines Walzenüberzuges aus Kollodium und Leim gewonnener Faden (m)
filament obtained by spirally cutting a cilinder coating of collodion and glue
fil (m) obtenu en coupant en spirale la couche d'un cilindre formée de collodion et de gélatine
нить (ж р) снятая в видѣ спиральной стружки с валика, покрытаго коллодіем и камедью
filo (m) ottenuto tagliando a spirale lo strato di collodio e di gelatina d'un cilindro 11
hilo (m) obtenido cortando en espiral la capa de un cilindro recubierto de colodión y gelatina

---

vierkantiger Faden (m)
square filament
fil (m) de section carrée
четырехгранная нить (жр)
filo (m) di sezione quadra 12
hilo (m) de sección cuadrada

Abglänzen (n) des Erzeugnisses
removing the lustre from the fabric
enlèvement (m) du brillant du produit
удаленіе (ср) глянца волокна
eliminazione (f) del lustro dal prodotto 13
eliminación (m) del lustre del producto

---

amorpher *oder* formloser Schwefel (m)
amorphous sulphur
soufre (m) amorphe
аморфная сѣра (жр)
zolfo (m) amorfo 14
azufre (m) amorfo

1 $BaSO_4$
Schwerspat (m), Bariumsulfat (n), schwefelsaurer Baryt (n)
sulphate of barium
sulfate (m) de baryte, barytine (f)
тяжелый шпат (мр), сѣрнокислый барій (мр)
solfato (m) di bario, barite (m)
sulfato (m) de bario, baritina (f)

2 ZnO
Zinkweiß (n), Zinkoxyd (n)
zinc-white, oxide of zinc
blanc (m) *ou* oxyde (m) de zinc
окись (жр) цинка, цинковыя бѣлила (ср)
bianco (m) *od* ossido (m) di zinco
blanco (m) *u* óxido (m) de cinc

3 Kreide (f)
chalk
craie (f)
мѣл (мр)
creta (f)
creta (f)

4 Abscheiden (n) des Deckmittels durch chemische Behandlung
removing the covering medium by chemical treatment
élimination (f) de la matière couvrante par un traitement chimique
удаленіе (ср) застилающаго апрета химическим способом
eliminazione (f) della materia di copertura mediante trattamento chimico
eliminación (f) del apresto por un tratamiento químico

5 entglänztes künstliches Haar (n)
dulled artificial hair
poil (m) artificiel terne
искусственный волос (мр) лишенный блеска
pelo (m) artificiale appannato
pelo (m) artificial deslustrado

6 nicht trocknendes Öl (n)
non drying oil
huile (f) non siccative
невысыхающее масло (ср)
olio (m) che non si essicca
aceite (m) que no seca

7 geschmeidig machendes Pulver (n)
powder to produce suppleness
poudre (f) assouplissante
порошок (мр) придающій мягкость
polvere (f) ammorbiditrice
polvo (m) que produce flexibilidad

8 aus glanzreichen Fäden zusammengeklebtes Band (n)
band consisting of lustrous filaments glued together
ruban (m) en fils brillants agglutinés ensemble
лента (жр) склеенная из блестящих нитей
nastro (m) formato di fili lucidi agglutinati insieme
cinta (f) formada de hilos brillantes aglutinados entre si

III.

9
Kautschuk (m), Federharz (n), Gummi (n) elasticum
Caoutchouc, India Rubber, Gum Elastic
Caoutchouc (m), gomme (f) élastique
Каучук (мр), резина (жр), гуммиластик (мр)
Caucciù (m), gomma (f) elastica, caoutchouc (m)
Caucho (m), goma (f) elástica

10 Parakautschuk (m)
Para rubber
caoutchouc (m) de Para
паракаучук (мр)
caucciù (m) di Para
caucho (m) de Pará

11 Ceara- *oder* Pernambucokautschuk (m)
Ceara *or* Pernambuco rubber
caoutchouc (m) de Ceara
цеаровый *или* пернамбуковый каучук (мр)
caucciù (m) di Ceara *o* di Pernambuco
caucho (m) de Ceara *o* de Pernambuco

12 Bahia- *oder* Mangabeiragummi (m)
Bahia *or* Mangabeira rubber
caoutchouc (m) de Bahia
багійскій *или* мангабейрейскій каучук (мр)
caucciù (m) di Bahia
caucho (m) de Bahia

13 Negerköpfe (m pl)
negro head rubber
caoutchouc (m) tête de nègre
каучук (мр) под названіем „голова негра“
caucciù (m) testa di negro
caucho (m) cabeza de negro

14 Wurzelkautschuk (m)
root rubber
caoutchouc (m) de racine
корневой каучук (мр)
caucciù (m) di radice
caucho (m) de raíces

15 Handelskautschuk (m), Rohkautschuk (m)
commercial *or* raw rubber
caoutchouc (m) commercial *ou* brut
торговый каучук (мр), сырой каучук (мр)
caucciù (m) mercantile *o* greggio
caucho (m) comercial *o* en bruto

16 geschwefelter [*oder* vulkanisierter] Kautschuk (m)
vulcanized rubber
caoutchouc (m) vulcanisé
вулканизированный *или* соединенный с сѣрою каучук (мр)
caucciù (m) vulcanizzato
caucho (m) vulcanizado

Siphonia elastica, Hevea guianensis

17 Federharzbaum (m), Kautschukbaum (m)
common caoutchouc *or* rubber tree
caoutchoutier (m) commun
каучуковое дерево (ср)
albero (m) del caucciù comune
árbol (m) de caucho común

1 Hevea brasiliensis, Siphonia
brasilianischer Kautschukbaum (m), Heveabaum (m)
Para India rubber plant
caoutchoutier (m) du Brésil
бразильское каучуковое дерево (ср)
albero (m) del caucciù brasiliano
árbol (m) de caucho brasileño

2 
Ficus elastica
Kautschukfeigenbaum (m), indischer Kautschukbaum (m), Gummibaum (m)
East India rubber tree
caoutchoutier (m) des Indes orientales
остиндское каучуковое дерево (ср)
albero (m) del caucciù delle Indie orientali
árbol (m) de caucho de las Indias orientales

3 Kautschukliane (f)
caoutchouc liane
liane (f) à caoutchouc
каучуковая ліана (жр)
liana (f) di caucciù
liana (f) de caucho

4 [den Baum] anzapfen
to make incisions [in the bark], to tap (va)
faire des incisions (f pl)
надрѣзывать [дерево (ср)]
far incisioni (f pl), incidere l'albero
hacer incisiones (f pl)

5 Zapfmesser (n)
tapping knife
couteau (m) à incision
ножъ (мр) для надрѣзыванія
coltello (m) per fare il taglio
cuchillo (m) de incisión

6 fischgrätenartiger Einschnitt (m)
herringbone incision
incision (f) en arête de poisson
надрѣзъ (мр) въ видѣ рыбнаго хребта
incisione (f) a spina di pesce
incisión (f) en espina de pescado

7 Kautschukmilch (f), Kautschuk[milch]saft (m)
rubber latex *or* milk
lait (m) *ou* latex (m) du caoutchoutier
каучуковое молоко (ср) *или* сокъ (мр)
latte (m) o succo (m) di caucciù
leche (f) o jugo (m) de caucho

8 Aufbereiten (n) des Saftes
preparation of the latex
préparation (f) du latex
обработка (жр) молочнаго сока
preparazione (f) del succo
preparación (f) del jugo

9 Räuchern (n)
smoking
fumage (m)
окуриваніе (ср)
affumicamento (m)
ahumado (m)

10 Kautschukkugeln (f pl), Kautschukpollen (f pl)
rubber balls
boules (f pl) de caoutchouc
каучуковые шарики (мр) *или* комья (мр)
palle (f pl) o balle (f pl) di caucciù
bolas (f pl) de caucho

11 den Kautschuksaft zum Gerinnen bringen
to coagulate the latex
coaguler le latex
загустить каучуковый сокъ (мр)
coagulare il succo di caucciù
coagular el jugo de caucho

12 flockige Kautschukmasse (f)
flocculent *or* flaky rubber mass
masse (f) de caoutchouc floconneuse
хлопьевидная каучуковая масса (жр)
massa (f) fioccosa di caucciù
masa (f) de caucho coposa

Holzquetschwalzen (f pl)
wooden calenders *or* squeezing rollers
cylindres (m pl) de laminage en bois
деревянные отжимные валы (мр)
cilindri (m) di legno per schiacciare 13
cilindros (m pl) prensadores en madera

Kautschukkuchen (m), [Biskuit (m)]
rubber sheet *or* cake
pain (m) de caoutchouc
каучуковая лепёшка (жр) 14
panello (m) di caucciù
turto (m) de caucho

Zerschneiden (n) des Kautschuks
cutting up the rubber
découpage (m) du caoutchouc
разрѣзываніе (ср) каучука
taglio (m) del caucciù 15
cortadura (f) del caucho

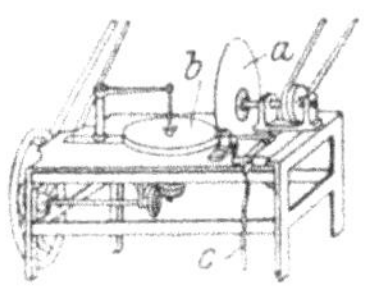

Kautschukschneidmaschine (f)
rubber cutting machine
machine (f) à découper le caoutchouc
рѣзальная машина (жр) для каучука 16
macchina (f) per tagliare il caucciù
máquina (f) cortadora para el caucho

a
Kreismesser (n)
circular knife
lame (f) circulaire 17
дисковый рѣзецъ (мр)
lama (f) o coltello (m) circolare
cuchillo (m) circular

b
gepreßte Kautschukmasse (f)
compressed rubber
caoutchouc (m) comprimé
прессованная каучуковая масса (жр) 18
caucciù (m) pressato
caucho (m) comprimido

den Kautschuk durch einen Spiralschnitt in Bandform bringen
to cut the rubber into a band by a spiral cut
découper le caoutchouc en bande par une coupe en spirale 19
спирально разрѣзывать каучукъ (мр) на ленты
tagliare il caucciù in striscie recidendolo a spirale
cortar en cinta el caucho mediante un corte en espiral

c
Kautschukstreifen (m), Kautschukband (n)
rubber strip *or* band
bande (f) de caoutchouc 20
каучуковая лента (жр)
striscia (f) di caucciù
tira (f) o cinta (f) de caucho

den Kautschuk (m) kneten
to knead the rubber
malaxer le caoutchouc
мѣсить каучукъ (мр)
maneggiare il caucciù 21
amasar el caucho

den Kautschuk in einen bildsamen Teig verwandeln
to transform the rubber into a plastic mass
transformer le caoutchouc en une pâte plastique
превратить каучукъ (мр) въ пластичное тѣсто
trasformare il caucciù in una pasta plastica 22
transformar el caucho en una pasta plástica

1	den Kautschuk schwefeln [*oder* vulkanisieren] to vulcanize the rubber vulcaniser le caoutchouc	вулканизировать каучук (м р) vulcanizzare il caucciù vulcanizar el caucho
2	dem Kautschuk[teig] Schwefelblume zusetzen to add flowers of sulphur *or* sublimated sulphur to the rubber ajouter de la fleur de soufre au caoutchouc	примѣшивать сѣрный цвѣт (м р) к каучуковому aggiungere fiori di zolfo al caucciù agregar flor de azufre al caucho
3	den Kautschuk pressen to press the rubber presser le caoutchouc	прессовать каучук (м р) pressare il caucciù prensar el caucho
4	den Kautschukteig durch eine gelochte Metallplatte pressen to force the rubber through a perforated metal plate forcer le caoutchouc à travers une plaque métallique perforée	каучуковое тѣсто (с р) выжимать через дырчатую металлическую плиту pressare il caucciù attraverso una placca metallica perforata prensar el caucho através de una placa metálica perforada
5	runde Fäden (m pl) aus Kautschukteig pressen to press round threads from the rubber mass presser des fils ronds de la pâte de caoutchouc	выпрессовывать из каучуковаго тѣста нити круглаго сѣченія pressare i fili tondi della pasta di caucciù prensar hilos redondos de la pasta de caucho
6	das Kautschukband in Fäden zerschneiden to cut the rubber band into threads couper la bande de caoutchouc en fils	разрѣзывать каучуковую ленту на нити tagliare la striscia di caucciù in fili cortar en hilos la cinta de caucho
7	Talkpulver (n) talc powder poudre (f) de talc	порошок (м р) талька, тальковая пудра (ж р) polvere (f) di talco polvo (m) de talco
8	das frisch geschnittene Kautschukband mit Talkpulver bestreuen to coat the freshly cut rubber band with talc powder recouvrir la bande de caoutchouc fraîchement découpée de poudre de talc	свѣжонарѣзанную ленту каучуковую посыпать порошком талька ricoprire *o* spalmare la striscia di caucciù tagliata di fresco con polvere di talco recubrir con polvo de talco la cinta de caucho recién cortada
9	Kalkpulver (n) chalk powder poudre (f) de chaux	известковый порошок (м р) *или* пудра (ж р) polvere (f) di calce polvo (m) de cal
10	den Kautschuk auswalzen to roll the rubber laminer le caoutchouc	прокатывать каучук (м р) laminare il caucciù laminar el caucho
11	den ausgewalzten Kautschuk in Fäden zerschneiden to cut the rolled rubber sheets into threads découper en fils le caoutchouc laminé	прокатанный каучук (м р) разрѣзывать на нити tagliare in fili il caucciù laminato cortar en hilos el caucho laminado
12	Kautschukfaden (m) rubber thread fil (m) de caoutchouc	каучуковая нить (ж р) filo (m) di caucciù hilo (m) de caucho
13	viereckiger Kautschukfaden (m) square rubber thread fil (m) carré de caoutchouc	четырехгранная каучуковая нить (ж р) filo (m) quadro di caucciù hilo (m) cuadrado de caucho
14	den Kautschukfaden aus einem Block schneiden to cut the rubber thread from a block couper le fil de caoutchouc d'un bloc	нарѣзать нить (ж р) из глыбы каучука tagliare il filo di caucciù da un blocco cortar de un bloque el hilo de caucho
15	runder Kautschukfaden (m) round rubber thread fil (m) rond de caoutchouc	круглая каучуковая нить (ж р) filo (m) tondo di caucciù hilo (m) redondo de caucho
16	geschwefelter [*oder* vulkanisierter] Kautschukfaden (m) vulcanized rubber thread fil (m) de caoutchouc vulcanisé	вулканизированная каучуковая нить (ж р) filo (m) di caucciù vulcanizzato hilo (m) de caucho vulcanizado
17	den Kautschukfaden strecken to stretch the rubber thread étirer *ou* laminer le fil de caoutchouc	растягивать каучуковую нить (ж р) stirare il filo di caucciù estirar el hilo de caucho
18	den Kautschukfaden mit Baumwolle überspinnen to cover the rubber thread with cotton guiper *ou* entourer de coton le fil de caoutchouc	обматывать каучуковую нить (ж р) хлопком avvolgere *o* rivestire di cotone il filo di caucciù envolver *o* revestir de algodón el hilo de caucho
19	den Kautschukfaden mit Seide überspinnen to cover the rubber thread with silk guiper *ou* entourer de soie le fil de caoutchouc	обматывать каучуковую нить (ж р) шёлком avvolgere *o* rivestire di seta il filo di caucciù envolver *o* revestir de seda el hilo de caucho

IV.

No.	German / English / French	Russian / Italian / Spanish
1	**Metalldrähte (mpl)** *oder* **Metallfäden (mpl) und Metallgespinste (mpl)** **Metal Wires and Metal Covered Yarns** **Fils (mpl) métalliques et fils (mpl) recouverts de métal**	**Металлическія проволоки (жр) или нити (жр) и металлическія пряди (ж р)** **Fili (mpl) metallici e fili ricoperti di metallo** **Hilos (mpl) de metal é hilos cubiertos de metal**
2	Golddraht (m) gold wire fil (m) d'or	золотая проволока (жр) filo (m) d'oro hilo (m) de oro
3	echter Golddraht (m) genuine gold wire fil (m) d'or fin	проволока (жр) из настоящаго золота filo (m) d'oro puro hilo (m) de oro legítimo
4	legierter Golddraht (m) alloyed gold wire fil (m) d'alliage d'or	проволока (жр) из золотого сплава filo (m) di una lega d'oro hilo (m) de una alcación de oro
5	Draht (m) mit Goldüberzug, goldplattierter Draht (m) gold covered *or* plated wire fil (m) plaqué or	проволока (жр) покрытая золотом filo (m) placcato d'oro hilo (m) con baño de oro
6	Silberdraht (m) mit Goldplattierung silver wire covered with gold fil (m) d'argent plaqué or	серебряная проволока (жр) покрытая золотом filo (m) d'argento placcato d'oro hilo (m) de plata con baño de oro
7	Vergoldung (f) des Silberdrahtes gilding the silver wire dorure (f) du fil d'argent	золоченіе (ср) серебряной проволоки doratura (f) del filo d'argento dorado (m) del hilo de plata
8	Grad (m) der Vergoldung degree of gilding titre (f) de la dorure	степень (жр) золоченія titolo (m) *o* grado (m) di doratura grado (m) del dorado
9	Silberdraht (m) silver wire fil (m) d'argent	серебряная проволока (жр) filo (m) d'argento hilo (m) de plata
10	echter Silberdraht (m) genuine silver wire fil (m) d'argent fin	проволока (жр) из настоящаго серебра filo (m) d'argento puro hilo (m) de plata legítima
11	legierter Silberdraht (m) alloyed silver wire fil (m) d'alliage d'argent	проволока (жр) из серебрянаго сплава filo (m) di una lega d'argento hilo (m) de aleación de plata
12	Draht (m) mit Silberüberzug, [silberplattierter Draht (m)] silver covered wire fil (m) plaqué argent	проволока (жр) покрытая серебром filo (m) placcato d'argento hilo (m) plateado *o* bañado en plata
13	Silbergehalt (m) des Metallfadens silver contents of the metal wire teneur (f) en argent du fil métallique	содержаніе (ср) серебра в металлической нити tenore (m) d'argento del filo metallico contenido (m) de plata del hilo metálico
14	unechter Silberdraht (m) imitation silver wire fil (m) d'argent imitation	проволока (жр) из поддѣльнаго серебра filo (m) d'argento imitazione hilo (m) de plata imitación
15	halbechter Draht (m) partial imitation wire fil (m) métallique mi-imitation	получистая проволока (жр) filo (m) metallico mezza-imitazione hilo (m) metálico semi-imitación
16	Platindraht (m) platinum wire fil (m) de platine	платиновая проволока (жр) filo (m) di platino hilo (m) de platino
17	Nickeldraht (m) nickel wire fil (m) de nickel	никкелевая проволока (жр) filo (m) di nichelio hilo (m) de níquel
18	Aluminiumdraht (m) aluminium wire fil (m) d'aluminium	алуминіевая проволока (жр) filo (m) di alluminio hilo (m) de aluminio
19	Kupferdraht (m) copper wire fil (m) de cuivre	мѣдная проволока (жр) filo (m) di rame hilo (m) de cobre
20	Messingdraht (m) brass wire fil (m) de laiton	латунная проволока (жр) filo (m) di ottone hilo (m) de latón
21	Eisendraht (m) iron wire fil (m) de fer	желѣзная проволока (жр) filo (m) di ferro hilo (m) de hierro
22	Zementdraht (m), Simili (n) cement wire, imitation gold wire simili-or (m), or (m) faux	цементированная проволока (жр), канитель (жр) filo (m) di similoro, oro (m) falso hilo (m) simil-oro, oro (m) falso
23	Altgold (n) old gold or (m) ancien	старое золото (ср) oro (m) antico oro (m) viejo
24	Neugold (n) new gold or (m) neuf	новое золото (ср) oro (m) nuovo oro (m) nuevo

No.		
1	Feinheit (f) des Drahtes fineness of wire finesse (f) du fil	тонкость (жр) *или* тонина (жр) проволоки finezza (f) del filo finura (f) del hilo
2	Runddraht (m), runder Metallfaden (m) round wire fil (m) métallique rond	круглая проволока (жр), круглая металлическая нить (жр) filo (m) metallico tondo hilo (m) metálico redondo
3	Flachdraht (m), platter *oder* bandförmiger Metallfaden (m), Plätte (f), Lahn (m) tinsel, flat[ted]wire lame (f), fil (m) métallique aplati	плоская проволока (жр), плющенная *или* лентовидная металлическая нить (жр), бить (мр) lama (f), filo (m) metallico piatto hilo (m) metálico plano, bricho (m)
4	Schraubendraht (m), Kan[n]tille (f), Bouillons (m pl) bullion, purl cannetille (f), bouillon (m)	винтовая *или* закрученная проволока (жр), канитель (жр), канитель (жр) завитая трубочкой cannutiglia (f) cañutillo (m), briscado (m)
5	Grundfaden (m) des Metallgespinstes core of metal covered yarn âme (f) du fil recouvert de métal	основная нить (жр) *или* основа (жр) металлической пряди anima (f) del filo ricoperto di metallo alma (f) del hilo recubierto de metal
6	mit Metallüberzug versehenes [*oder* metallisiertes] Garn (n) metallized yarn fil (m) métallisé	пряжа (жр) покрытая металлом, металлизированная пряжа (жр) filo (m) metallizzato hilo (m) metalizado

V.

No.		
7	**Glas** (n) **Glass** **Verre** (m)	**Стекло** (ср) **Vetro** (m) **Vidrio** (m)
8	Glasfaden (m), Glasgespinst (n) glass fibre *or* filament fil (m) en verre, verre (m) filé	стеклянная нить (жр), стеклянная пряжа (жр) filo (m) di vetro, vetro (m) trafilato hilo (m) de vidrio
9	Glasseide (f), seidenartiges Glasgespinst (n) glass silk soie (f) de verre	стеклянный шёлк (мр), шелковидная стеклянная пряжа (жр) seta (f) di vetro seda (f) de vidrio
10	Glaswolle (f) glass wool coton (m) de verre	стеклянная шерсть (жр) lana (f) di vetro lana (f) de vidrio
11	Glaswatte (f) glass wadding ouate (f) de verre	стеклянная вата (жр) ovatta (f) di vetro guata (f) de vidrio
12	Glasspinnerei (f) glass spinning filature (f) du verre	стеклянное прядение (ср) filatura (m) del vetro filatura (f) del vidrio

VI.

No.		
13	**Papier** (n) **Paper** **Papier** (m)	**Бумага** (жр) **Carta** (f) **Papel** (m)
14	ungebleichter Zellstoff (m) unbleached cellulose cellulose (f) non blanchie	небѣленная клѣтчатка (жр) cellulosa (f) non imbiancata celulosa (f) no blanqueada
15	Natronzellstoff (m) Sulfatzellstoff (m) sodium cellulose cellulose (f) sodique	натронная целлулоза (жр) cellulosa (f) alla soda celulosa (f) sódica
16	Sulfitzellstoff (m) sulphite cellulose cellulose (f) sulfitée	сульфитная целлулоза (жр) cellulosa (f) al bisolfito celulosa (f) sulfitada
17	Spinnpapier (n) spinning paper papier (m) filable	годная для прядения бумага (жр) carta (f) filabile papel (m) hilable *o* hiladizo
18	Sulfat[zellstoff]papier (n) sodium cellulose paper papier (m) de cellulose sodique	бумага (жр) из сѣрнокислой клѣтчатки carta (f) di cellulosa alla soda papel (m) de celulosa sódica
19	Sulfit[zellstoff]papier (n) sulphite cellulose paper papier (m) de cellulose sulfitée	бумага (жр) из сѣрнистокислой клѣтчатки carta (f) di cellulosa al bisolfito papel (m) de celulosa sulfitada

Anhang / Приложеніе (cp)
1 Appendix / Appendice (f)
Appendice (m) / Apéndice (m)

2 **Handelsbezeichnungen** (f pl) **für die wichtigsten Rohstoffe** / **Рыночныя обозначенія важнѣйшихъ сырыхъ веществъ**
Commercial Terms for the Most Important Raw Materials / **Voci** (f pl) **commerciali per le materie prime più importanti**
Désignations (f pl) **commerciales des matières premières les plus importantes** / **Denominaciones** (f pl) **comerciales de las mas importantes primeras materias**

3 **Baumwolle (f)** / **Хлопокъ (м p)**
Cotton / **Cotone (m)**
Coton (m) / **Algodón (m)**

4 **Nordamerikanische Baumwolle (f)** / **Сѣверо американскій хлопокъ (м p)**
American Cotton / **Cotone (m) dell' America settentrionale**
Coton (m) d'Amérique du Nord / **Algodón (m) norteamericano**

5 fair
6 barely fair
7 fully middling fair
8 strict middling fair
9 middling fair
10 barely middling fair
11 fully good middling
12 strict good middling
13 good middling
14 barely good middling
15 fully middling
16 strict middling
17 middling
18 barely middling

fully low middling 1
strict low middling 2
low middling 3
barely low middling 4
fully good ordinary 5
strict good ordinary 6
good ordinary 7
barely good ordinary 8
fully ordinary 9
strict ordinary 10
ordinary 11
fully low ordinary 12
low ordinary 13
inferior 14
bonne marchandise 15
bon ordinaire 16
ordinaire 17
très ordinaire 18
bas 19
très bas 20
inférieur 21

Ostindische Baumwolle (f) / **Остиндскій хлопокъ (м p)**
Indian Cotton / **Cotone (m) delle Indie orientali** 22
Coton (m) des Indes / **Algodón (m) de las Indias orientales**

superfine 23
fine 24

1 fully good

2 good

3 fully good fair

4 good fair

5 Ägyptische Baumwolle (f) — Египетскій хлопок (м р)
Egyptian Cotton — Cotone (m) egiziano
Coton (m) d'Égypte — Algodón (m) egipcio

6 extrafine

7 fine

8 good

9 fully good fair

10 good fair

11 fair

12 Brasilianische Baumwolle (f) — Бразиліанскій хлопок (м р)
Brazilian Cotton — Cotone (m) brasiliano
Coton (m) du Brésil — Algodón (m) del Brasil

13 good fair

14 fair

15 middling fair

16 Russische Baumwolle (f) — Русскій хлопок (м р)
Russian Cotton — Cotone (m) russo
Coton (m) de Russie — Algodón (m) ruso

I. Американских сѣмян.

17 I-й сорт отборный

18 I-й сорт нормальный

19 I-й сорт сорноватый

20 I-й сорт сорный

21 Минус отборный

22 Минус нормальный

23 Минус сорноватый

Межеумок отборный 1

Межеумок нормальный 2

Межеумок сорноватый 3

2-й сорт отборный 4

2-й сорт нормалный 5

2-й сорт сорноватый 6

3-й сорт отборный 7

3-й сорт нормальный 8

3-й сорт сорноватый 9

II. Мѣстных сѣмян.

Бѣлый отборный 10

Бѣлый нормальный 11

Бѣлый сорноватый 12

Желтоватый нормальный 13

Желтоватый сорноватый 14

Желтый нормальный 15

Желтый сорноватый 16

Flachs (m) — Лен (м р)
Flax — Lino (m)
Lin (m) — Lino (m) 17

Russischer Slanetz (m) — Русскій сланец (м р)
Russian Dew Retted Flax — Lino (m) russo macerato sul prato
Lin (m) de Russie roui à terre — Lino (m) ruso enriado en el prado 18

Hoch Fabritschny (H F) 19

Fabritschny (F) 20

Otborny (O) 21

erste Sorte (I) 22

zweite Sorte (II) 23

1 dritte Sorte (III)

2 vierte Sorte (IV)

3 **Estnischer Flachs** (m) — **эстонскій лен** (м р)
Esthonian Flax — **Lino** (m) **estonico**
Lin (m) **d'Esthonie** — **Lino** (m) **estoniano**

4 geschnitten (G)

5 Risten (R)

6 Hoffs Dreiband (HD)

7 Dreiband (D)

8 O D

9 L O D

10 **Russischer geweichter Flachs** (m) — **Русскій лен** (м р) **моченец**
Russian Water Retted Flax — **Lino** (m) **russo macerato all'acqua**
Lin (m) **de Russie roui à l'eau** — **Lino** (m) **ruso enriado al agua**

11 geschnitten (G)

12 Risten (R)

13 Zins (Z K)

14 Superior (S P K)

15 Puik (P K)

16 Kron (K)

17 Wrack (W)

18 Dreiband (D)

19 Dreiband Wrack (D W)

20 **Rigaer Hoffsflachs** (m), **Grünkopf** (m) — ?
Riga Hoffsflax — **Lino** (m) **di Hoffs di Riga**
Lin (m) **de Hoffs de Riga** — **Lino** (m) **de Hoffs de Riga**

21 geschnitten (× G ×)

22 Risten (× R ×)

23 Kreuz Hoffs Dreiband (× HD ×)

24 Superior Fein Puik Hoffs Dreiband (S F P HD)

Fein Puik Hoffs Dreiband (F P HD) 1

Puik Hoffs Dreiband (P HD) 2

Hoffs Dreiband (HD) 3

Dreiband (D) 4

Сланцовые льны. 5

Велигодскій лен для пряжи No. 50—60 6

Югскій лен для пряжи No. 40—50 7

Костромской лен для пряжи No. 30—40 8

Казанскій лен для пряжи No. 30—40 9

Ярославскій лен для пряжи No. 30—40 10

Ржевскій леп для пряжи No. 30—40 11

Смоленскій лен для пряжи No. 26—34 12

Вяземскій лен для пряжи Nr. 24—32 13

Гжатскій лен для пряжи No. 22—28 14

Волоколамскій лен для пряжи No. 20—26 15

Сибирскіе льны для пряжи 30—60. 16

Моченцовые льны. 17

Витебскій лен 18

Лифляндскій лен 19

Минскій лен 20

Юрьевскій лен 21

Рижскій лен 22

1 **Hanf** | **Конопля (ж р)**
Hemp | **Canapa (f)**
Chanvre (m) | **Cáñamo (m)**

2 **Oberitalienischer Hanf** (m) | **Верхне-итальянская пенька (ж р)**
Upper Italian Hemp | **Canapa (f) della Italia settentrionale**
Chanvre (m) de la haute Italie | **Cáñamo (m) de la Alta Italia**

3 gargiolo (G)

4 primo cordaggio extra (PCE)

5 primo cordaggio (P C)

6 primo basso (P B)

7 secondo basso (S B)

8 terzo basso (T B)

9 quarto basso (Q B)

10 canapa macchiata (C M)

11 canapone

12 strappatura di magazzino (S M)

13 stoppa prima/seconda, stoppa I/II (S P S)

14 stoppa terza (S T)

15 spuntito, pettinato a mano

16 pettinato a macchina

17 stoppa a mano

18 stoppa a macchina

19 **Neapler Hanf** (m) | **Неаполитанская пенька (ж р)**
Neapolitan Hemp | **Canapa (f) del Napolitano**
Chanvre (m) napolitain | **Cáñamo (m) napolitano**

20 spago chiaro

21 extrissimo chiaro

22 extra chiaro

23 paesano chiaro

24 marcianise

bassetti 1

spago scolorato 2

extrissimo scolorato 3

extra scolorato 4

Jute (f) | **Джут (м р)** 5
Jute | **Juta (f)**
Jute (m) | **Yute (m)**

rote Marke I 6

rote Marke II 7

Specials I 8

Specials II 9

erste Marke I 10

erste Marke II 11

Dacca-Marke I 12

Dacca-Marke II 13

Blitz-Marke I 14

Blitz-Marke II 15

Mangoe-Marke I 16

Mangoe-Marke II 17

Herz-Marke I 18

Herz-Marke II 19

Tossa-Marke I 20

Tossa-Marke II 21

Tossa-Marke III 22

Daisee-Marke I 23

Daisee-Marke II 24

	307	308	
1	Daisee-Marke III	Grade DM	1
2	Cuttings	Grade S 1	2
3	Rejections	Grade S 2	3
4	Stricke	Grade S 3	4
5	**Manilahanf** (m) **Manila Hemp** **Chanvre** (m) **de Manille** **Манильская пенька** (ж р) **Canapa** (f) **di Manilla** **Cáñamo** (m) **de Manila**	**Wolle** (f) **Wool** **Laine** (f) **Шерсть** (ж р) **Lana** (f) **Lana** (f)	5
6	Grade A	super superelecta	6
7	Grade B	superelecta	7
8	Grade C	electa	8
9	Grade D 25 % over Good Current	prima I	9
10	Grade D Good Current	prima II	10
11	Grade E 75 % over Current	secunda	11
12	Grade E 62 ½ % over Current	tertia	12
13	Grade E Midway	quarta	13
14	Grade F 37 ½ % over Current	quinta	14
15	Grade F 25 % over Current	Leisten	15
16	Grade G Soft Seconds	3 a	16
17	Grade H Soft Reds	3 a/2 a	17
18	Grade I 12 ½ % over Current	2 a/3 a	18
19	Grade I Current	2 a	19
20	Grade J Superior Seconds	2 a/a	20
21	Grade K	a/2 a	21
22	Grade L	a	22
23	Grade M	a/b	23
24	Grade DL	b/a	24

	309	310	
1	b	abb	1
2	b/c	picklock	2
3	c/b	prime	3
4	c	choice	4
5	c/d	super	5
6	d/c	10's quality	6
7	d	9's quality	7
8	d/e	8's quality	8
9	e/d	7's C quality (Carder)	9
10	e	7's P quality (Preparer)	10
11	fine	6's quality	11
12	blue	5's quality	12
13	neat	pick	13
14	brown	super	14
15	britch	selected	15
16	cowtail	ordinary	16
17	downrights	weft	17
18	seconds	warp	18

INDEX

Deutsch . . . . S. 312
English . . . . p. 344
Français . . . . p. 373
Русскій . . . . стр. 398
Italiano . . . . p. 453
Español . . . . p. 477

Deutsch · German · Allemand · Нѣмецкій · Tesdesco · Aleman

A.

Abaka 105.21
-pflanze 106.2
-stamm, schnittreifer . 107.3
Abart, einerntige . . . 197.19
-, mehrerntige 197.20
Abassi-Baumwolle . . . 59.5
Abbeizen der Wolle . . 144.12
abbeizen, die Wolle . . 144.13
abbrennen, die Wolle . 144.18
Abbringen des Felles . 143.12
abdampfen, den Schwefelkohlenstoff 278.13
Abdämpfen 144.11
abdreschen, die Samenkapseln. 67.6
Abelmoschusfaser . . . 105.15
Abendtau. 135.4
aberaten, den Flachs . 66.23
Abfall in der Güte . . 51.23
-, fettiger . . . 62.14, 170.8
-, Kämmerei- 169.5
-, Krempel- 169.11
-, Naturseiden- 287.14
-, Spinnerei- 169.18
-, Vorspinn- 169.17
-, Wäscherei- 169.3
-, Weberei- 170.1
-hanf 91.23
-säure 256.22
-seide 232.9
-seide, gekämmte . . . 232.16
-seide, ungekämmte . . 232.15
-werg 76.23
Abfälle von gezwirnten Kunstfäden 293.8
-, Baumwoll- 61.19
Abfallen der Kapseln . 35.16
abfallen (Posten) . . . 51.24
-, um eine (halbe) volle Klasse 52.1.2
abfiltern, die Kupferlösung 291.7
Abfuhr-kasten. 63.10
-leitung 89.3
abführen, die Ätherdämpfe 263.17
Abgabe, Wasser- . . . 13.22
abgegiftete Wolle . . . 144.9
Abgiften der Wolle . . 144.5
abgiften, die Wolle . . 144.6
abgehärtetes Schaf . . 130.22
abgehaspelte Seide . . 224.10
abgekochte Seide . . . 234.8
abgelagerter Same. . . 36.24
abgemähte Wiese . . . 68.12
abgeplattete Stellen im wilden Seidenfaden . 227.10
abgerundeter Querschnitt 95.17
- Stapel 140.13
abgeschälter Hanf . . 91.8
abgeschiedener Fettstoff 158.18
- Stoff. 245.5
abgeschorene Wolldecke 171.2
abgesetzte Wolle . . . 178.24
abgestempelte Samenkarte. 194.13
abgestorbene Haare . . 173.17
abgestumpfter Stapel . 140.5
abgezogene Seide . . . 234.4
Abglänzen des Erzeugnisses 293.13
abhärten, das Schaf. . 130.23
Abhärtung des Schafes 130.21
abhalten, einen Kokonmarkt 229.15
abhaspelbarer Kokon . 214.3
Abhaspeln des Kokons. 220.5
-, nasses 220.15
-, trockenes 220.13
abhaspeln, den Kokon 220.7
-, den Kokon naß . . 220.16
-, den Kokon trocken . 220.14
-, die Kokons in gedörrtem Zustand 220.12
-, die lebenden Kokons 220.11
abhauen, den Stamm . 107.4
abheben, die Raupe mittels Bambusstäbchen 205.17
-, die Raupe mit der Hand 205.16
-, die Raupen mittels Netz 205.20
abkämmen, das Haar vom Tier 188.2
Abklären einer Flüssigkeit 263.11
Abkochbad 234.7
Abkochen in alkalischer Lösung 97.2
abkochen, die Jutefaser 97.1
-, die Kokons inEisessig 218.14
-, die Seide 234.6
Abkochung, Eichenrinden- 218.7
-, Galläpfel- 235.8
-, schäumende 152.22
abkühlen, die getrocknete Wolle 155.9
Abladen 31.2
Ablader 31.3
Abladung 31.2
-, Dundee- 99.21
ablagern lassen 78.17
ablaufen (Kokonfaden). 220.9
- lassen, die Rundballen 43.6
ablaufende Säure . . . 251.11
Ablaufhaspel 225.2
Abledern 143.11
abledern 143.10
Ableger 201.2
Ablenkungswinkel . . . 227.21
ablösen, von den Samenkörnern 39.9
-, vom Stengel 101.18
Ablieferung. 49.6
Abmachen der Wolle . 144.15
abmachen, die Wolle . 144.14
Abnahmeverweigerung . 48.5
abnehmen (Zähflüssigkeit) 264.18
-, mittels Zange . . . 262.16
Abrechnung. 52.9
Abrechnungs-gewicht. . 52.16
-preis 52.11
abreißen(Kokonfaden) . 224.6
Abruf 50.20
-termin 53.22
abrupfen, die Wolle . . 144.10
absäuren, den Faden . 246.3
absaugen, die Ammoniakdämpfe aus der Filterpresse 275.4
-, den Klettenstaub. . 163.10
Abschabemesser, elektrisches Woll- 144.19
Abschaben der Wolle . 144.15
abschaben, die Rinde vom Stengel 101.17
-, die Wolle 144.14
abschälen, die Bastschicht 95.2
-, die Hanffaser von dem gerotteten Stengel. . 83.7
-, den Pflanzenstengel. 101.11
-, Riemen vom Stengel 101.12
Abschätzen der Baumwolle 50.2
- der Wolle 186.21
abschätzen, mit bloßem Auge 186.23
-, die Baumwolle . . . 50.3
-, eine Probe 50.10
abschätzen, das Vlies . 171.11
-, die Wolle 186.22
Abschätzer 49.22
-, beeidigter 49.23
Abschätzung 50.18
- auf Feuchtigkeit . . 52.8
- der Wolle 171.12
Abschätzungs-bestimmungen 50.19
-gebühr 54.21
-schein. 50.17
Abscheiden des Deckmittels durch chem. Behandlung 294.4
- der Faser von dem Samenkorn 39.8
abscheiden, den Fettstoff 158.17
-, den Schwefel. . . . 266.13
-, die Seife aus dem Seifenleim 152.15
-, den gelösten Stoff . 245.4
Abscheidung der Faser von Hand . . 94.20, 111.1
- der Faser mit der Maschine 111.2
- des Faserstoffes vom Stengel 94.19
- des gelösten Stoffes . 245.3
-, Magnesia- 266.5
-, Schwefel- 266.12
Abscheren des Felles . 143.12
-, glattes. 142.9
abscheren, das Vlies an der Haut glatt . . . 142.10
-, die gewaschene Wolle 141.17
Abschlag, ein Punkt . . 54.4
abschleudern, die Nitriersäure. 256.13
-, die Säure 161.17
abschließen, einen Kauf 29.6
Abschluß, Luft- . . . 96.21
-, einen - machen . . 29.6
-blech 41.6
abschneiden, die Randdornen 110.12
Abschur des Schafes. . 141.15
Abschwitzen 144.11
absenden 31.12
absengen, die Wolle . . 144.18
Absenker 201.2
-, bewurzelter 201.5
absetzen, sich 148.9
absolut-e Feuchtigkeit . 14.7
-es Trockengewicht 14.6, 47.9
absondern, Fett . . . 174.15
-, eine Flüssigkeit . . 209.14
-, die kranken Raupen von den gesunden. . 206.16
Absonderung, Fett- . . 174.16
Absonderungs-erzeugnis der Raupe 209.13
-kanal 210.4
absorbieren, den Äthylalkohol durch Amylalkohol 267.2
-, Feuchtigkeit . 13.10, 115.22
Absorption 267.1
- vonMetallsalzen durch die Seide 234.22
Absorptionsfähigkeit des Torfes 115.21
Abspaltung der Salpetersäure. 265.10
abspulen, die Seide . . 277.5
abspülen, die Felle vorsichtig 143.22
-, den Schmutz . . . 150.3
Abstammung des Schafes 129.23
abstempeln, die Samenkarte 194.12
Absterben der Blätter . 79.15
absterben (Blätter) . . 79.16
absterben (Wollhaar). . 173.16
Abstoßen der Wolle . . 144.15
abstoßen, die Wolle . . 144.14
Abstrahlungsvermögen der Seide 277.12
Abstreicher 41.11
-, Werg- 89.9
Abstreifen der Blätter von den Stengeln . . 93.22
- des Blattfleisches . . 110.18
abstreifen, die Blätter . 101.3
-, das Blattfleisch. . . 110.17
-, das Kokonfadenende von der Bürste . . . 220.3
-, das Maulbeerblatt . 202.13
-, die Puppenhülle . . 191.2
Abstreifer, Blatt- . . . 202.14
Abstreifmesser 108.3
Abtöten der Puppe . . 213.3
abtöten, die Puppe . . 213.4
abtrocknen, das Raupenlager mit Spreu. . . 205.3
Abtropfen 153.6
abwachsen (Wolle) . . 178.19
Abwasser, Wollwäscherei- 158.2
Abweichung in der Güte 51.22
abwickeln, die Rundballen 43.6
-, den Vertrag 53.4
-, sich (Kokonfaden) . 220.9
Abwicklung des Geschäftes . . . 53.5, 185.19
-, Monats- 53.7
-, Wochen- 53.8
Abwicklungszeitpunkt . 53.6
Abwiegen 49.5
abwiegen, das Futter . 198.11
Abziehbad 234.3
Abziehen der Bastschicht vom Stengelholz . . 94.22
- des Felles 143.11
abziehen, die Bastschicht vom Stengelholz . . 95.1
-, das Fell 143.10
-, den Hanf rein- . . . 89.20
-, die Seide 234.2
Abzug der Reifen . . . 56.9
-, ohne - gegen bar . . 30.8
-hechel 73.18, 87.3
Achel 70.16, 84.6
Acker-bau 20.18
-bauschule 25.21
-boden 66.7
-weide 134.24
Acre 36.6
Adelaidewolle 166.21
Ader 26.18
Affinität, chemische . . 16.22
afrikanisch-e Piassave . 117.5
-e Wolle 166.17
-er Sansevierlahanf . . 113.7
Agave americana . . . 113.14
- cantula 114.1
- heteracantha 117.15
- mexicana 113.14
- rigida 109.2
Agaven-blatt, dornig-gezahntes 109.8
-saft, ätzender 109.19
Agene 70.16
Agent 27.10
-, Eisenbahn- 49.15
-, staatlicher - für Statistik. 56.16
ägyptische Baumwolle . 301.5
Ahne. 70.16
Ak. 64.3
akklimatisieren, das Schaf 130.17
Akkumulator 42.13
Akon 64.3
Akzept, Bank- 30.17

Akzept, eigenes 30.16
akzeptieren, bei Qualitätsabfall nach dem Marktwert 48.1
–, mit einer Strafvergütung 48.2
Alabama-Baumwolle . . 57.6
Alaun 286.4
Albumin-bad 261.10
–faden 286.22
Aldehyd 260.1
Aleppokammwolle, weiße 166.7
aliphatischer Zelluloseester 283.6
Alkali, freies 279.11
–, freies unzersetztes . 152.11
Alkalibisulfatlösung . . 279.10
Alkalien 102.7, 229.5
–, ätzende 182.5
–, kaustische 182.5
Alkalilauge 279.9
–, angereicherte . 270.1, 274.6
–, konzentrierte 274.6
–, verdünnte . . 274.5, 276.2
–, wässerige 278.19
Alkalilösung, verdünnte 270.2
Alkalinitrit 266.10
Alkalisalzlösung, neutrale 281.4
alkalisch behandeln (Wollfaser) 182.4
– machen 102.6
–e Azeton-Kaseinlösung 287.8
–e Flüssigkeit 97.11, 182.2, 287.7
–e Gärung 81.11
–e Kupferglyzerinlösung 289.11
–e Kupferlösung 271.12, 291.4
–e Lösung 97.2
–e Reaktion 290.3
–e Sulfozyanverbindung 292.8
–e Wirkung. . . . 97.3, 290.3
–er Magensaft. 208.13
–es Fällmittel. 274.3
–es Nebenerzeugnis . . 278.20
–es Wasser 218.23
Alkalität des Schwefelammoniums. 265.21
– der Viskose 279.21
Alkalizellstoff 278.5
Alkalizellulose . 278.4, 291.19
–hydratlösung 283.2
–xanthogenat 279.2
Alkohol 155.7, 258.6
–, mehratomiger . . . 271.5
–, denaturierter 260.5
alkoholfrei machen . . 264.23
alkoholische Eisenchlorürlösung 259.1
– Lösung von Ammoniumchlorid 259.12
– Natronlauge 278.18
– Salzlösung 262.7
Alkylamin 271.10
Alpaco 126.14
–wolle 188.3
Alpaka-Extrakt 170.10
–wolle 188.3
Alter des Schafes . . . 180.24
Alters-merzen 129.18
–stufe der Raupe . . . 206.9
Altgold 297.23
Aluminium-chlorid 162.4, 259.15
–draht 297.18
–hydroxyd . . . 261.14, 274.19
–oxyd 45.12
–oxydhydrat 274.19
–salz 274.20
–sulfat 274.21, 276.5
–sulfatbad . . . 261.13, 275.1
Aloe perfoliata 113.12
–art 113.13
–faser 113.11
–pflanze 113.12
ameisensaure Salze . . 102.12
– Zelluloseazetatlösung. 283.8
Ameisensäure . . 100.6, 285.4
–, angereicherte 285.5
amerikanisch-e Röste . 69.5
–e Wolle 166.13
–er Lein 65.15
Amiant. 240.2
Ammonbisulfit 274.7
Ammoniak, doppeltkohlensaures 265.6
–, freies 150.22
–, gasförmiges 272.12
–, harnsaures 150.11
–, kohlensaures 150.12
–, phosphorsaures . . . 265.5
–, salpetrigsaures . . . 272.14
Ammoniak, saures schwefligsaures. . . 274.7
–, schwefelsaures . . . 281.6
–, überschwefelsaures . 284.12
–dämpfe 273.10, 275.4
–entwicklung 182.9
–flüssigkeit 271.7
–flüssigkeit, angereicherte 272.11
–flüssigkeit, konzentrierte 272.11
–gas . . . 213.16, 272.12, 277.14
–gasatmosphäre 262.3
–salz 265.19
–salzbad 281.5
–salzlösung, warme . . 280.17
–soda 150.13
–verbindung 150.14
–wasser 260.23
–zuführrohr 268.6
ammoniak-arme Zelluloselösung 273.9
–bindendes Salz. . . . 274.12
–haltige Luft 262.3
ammoniakalische Kupferoxydlösung 292.7
– Kupferoxydzelluloselösung 273.6
– Seifenlösung 277.4
– Silberlösung 98.2
Ammonium-bikarbonat. 265.6
–hydrosulfid 265.20
–karbonat 150.12
–nitrit 272.14
–persulfat 284.12
–phosphat 265.5
–salzlösung, wässerige . 274.13
–seife 150.21
–sulfat 280.19, 281.6
–sulfhydrat 265.20
–zinnchlorid 236.4
–zinnchloridbad 236.5
Ammon-salz 265.19
–salzlösung 281.5
amorpher Schwefel . . 293.14
Amylalkohol . . 156.8, 267.2
Anapheseide 232.8
Ananas sativus 115.9
–faser 115.10
–pflanze 115.9
Anatomie der Pflanze . 18.14
anatomischer Bau des Haares 174.3
Anbau des Manilahanfes 106.13
– des Maulbeerbaumes . 200.17
– in Pflanzungen 25.6, 36.1
–folge 22.11
anbauen, Baumwolle. . 35.20
–, in Pflanzungen . . . 110.1
–, plantagenmäßig . . 110.1
anbieten, über der Basis 53.18
Änderung des Feuchtigkeitsgehaltes der Luft 14.8
andienen, die Baumwolle 49.17
Adiennung 49.18
aneinanderschmiegen, sich 136.1
Anfühlen der Wolle . . 177.9
anfühlen, die Baumwolle 60.5
–, sich rauh 60.6
Angebot 28.19
–, festes 28.20
–, freibleibendes . . . 28.22
angefaulter Kokon . . 217.16
angefressener Kokon . 217.14
angereichert s. a. konzentriert
angereicherte Alkalilauge. 270.1, 274.6
– Ameisensäure 285.5
– Ammoniakflüssigkeit. 272.11
– Lauge 151.19
– Natronlauge 278.17
– Salpetersäure 46.16
– Salzsäure 292.6
angesäuertes Wasser . 266.22
angesteckte Raupe . . 206.15
angestochener Kokon . 217.13
Angora-haar 187.23
–wolle 187.23
–ziege 127.3
–ziegenhaar 187.23
angreifen, die Baumwolle 60.5
–, sich rauh 60.6
angreifend, nicht –e Salzlösung 274.14
Angriff der Baumwolle. 60.7
anhängen, sich an die Bürste 220.2
anhängende Waschlauge 153.5
Anhängsel (Kokon) . . 214.10
– (Seidenfaden) 224.15
anhaftender Fremdkörper 15.6, 90.17
anheften (Schmetterling) 194.15
Anilin 259.9
–, schwefelsaures . . . 17.11
–sulfat 97.15
animalischer Rohstoff . 9.1
anisotrop 13.3
Anisotropie 200.12
– der Faser. 13.1
– der Pflanzenfasern. . 13.2
Anlage zur Herstellung von Kupferoxydammoniakseide 268.1
–, Entfaserungs- . . . 110.19
–, Wollwasch- 146.15
Anlegen der Fäden . . 222.4
anlegen, den Faden . . 222.5
–, eine Raupenzucht . 195.7
anliefern, in mehreren Andienungen 49.18
Annahme verweigern 51.21
annehmen, bei Güteminderung nach dem Marktwerte 48.1
–, mit einer Strafvergütung 48.2
Anordnung der Früchte 118.7
anorganisch-e Salze . . 82.16
–er Nährstoff 133.23
–er Stoff 16.10
–es Salz 265.3
anormaler Stapel . . . 137.18
Anpassungsfähigkeit der Raupe 197.18
anpflanzen, Baumwolle 35.20
–, Hanf 78.8
–, den Maulbeerbaum . 200.18
Anpflanzung 25.3
– des Maulbeerbaumes. 200.17
anpfropfen, das Schnittreis 201.11
anreichern, sich mit Kupfer 277.2
–, sich mit Pottasche . 157.11
Anreicherung des Fällbades mit Kupfer. . 277.3
– der Lauge 151.20
– der Lösung. 244.23
Ansaugeventil 281.17
anschwellen (Fettgewebe) 206.3
– (Raupenleib) 208.2
Anschwellungen, knötchenartige 75.2
Ansehen, mattes . . . 178.17
ansetzen, die Waschlauge 150.7
Anstalt zur Bestimmung des Trockengewichts. 237.3
–, Karbonisier- 162.7
–, Konditionier- 187.9
–, Sortier- 170.17
ansteckende Krankheit. 206.20
Ansteckung 206.14
–sstoff 208.18
Antheraea assama . . . 190.5
– mylitta 190.8
– Pernyi 190.2
– Roylei 190.3
– Yamamay 190.9
Antrachinon 97.14
Antrag auf schiedsgerichtliche Entscheidung . 51.4
Antriebtrommel 253.2
anwärmen, die Bunde . 170.22
–, die Waschlauge . . 150.8
anwalzen, den Samen . 23.16
anzapfen, den Baum . 295.4
Anziehen der Preise . . 54.7
anziehen (Preis) . . . 54.8
Anziehung, Wasser- . . 288.15
Appretieren 5.18
appretieren 5.19
Appreteur 5.21
Appretur 5.18.20
–anstalt 5.20
–fähigkeit der Faser . 9.18
appreturfähig 9.17
Aräometer 152.18
Arbeit, Menschen- . . 21.24
–, tierische 21.23
arbeiten, mit polarisiertem Licht 227.16
Arbeitermangel 25.19
Arbeits-modul der Faser 12.16
–stelle 112.5
–tag 25.14
Arbitrage der Baumwolle 50.2
– auf Feuchtigkeit . . 52.8
–bestimmungen 50.19
Argali 123.12
armwolliges Schaf . . . 131.16
Arsenik 144.8
Arsenkalk 144.5
Arsensäure. 228.22
Art, Boden- 20.21
–, Fliegen- 207.7
–, Kokon- 214.4
–, Propf- 201.16
–, Schaf- 122.3
–, Seiden- 230.4
Arten der Kunstseide . 254.12
– der Rohstoffe . . . 8.11
Artiodactylon ruminans 127.10
Asbest 1.14, 240.2
–, durchscheinender . . 241.12
–, durchsichtiger . . . 241.12
–, feinfaseriger 241.11
–, feuerbeständiger . . 241.22
–, feuerfester 241.22
–, gereinigter 240.19
–, gesiebter 241.3
–, gemahlener 241.4
–, geweichter 2241.7
–, kurzfaseriger 241.10
–, langfaseriger 241.9
–, Roh- 240.16
–, säurebeständiger . . 241.23
–, schillernder. 241.14
–, transparenter 241.12
–, undurchsichtiger . . 241.13
–ader 240.9
–aufbereitung 241.18
–faser 240.6
–faser, blaue 240.18
–faser, bräunliche . . . 241.17
–faser, grünliche . . . 241.16
–faser, schneeweiße . . 241.15
–faserbündel 240.7
–filter 291.11
–filz 275.2
–gestein 240.13
–grube 240.11
–lager 240.12
–schicht 240.8
–, zerkleinerter 241.5
Asbestolith 241.10
Asche 45.4
– der Kunstseide . . . 290.4
aschenfreier Zellstoff . 292.2
Aschen-gehalt 96.20
–gehalt der Seide . . . 228.16
–gehalt der Wolle . . . 181.21
–lauge 218.9
–menge. 96.19, 290.5
Asclepias syriaca . . . 64.2
asiatische Rohseide . . 230.17
Asklepias-seide 63.21
–wolle 63.21
Assam-Baumwolle . . . 58.7
Assouplieren 234.10
assouplieren, die Seide. 234.12
assouplierte Seide . . . 234.11
Ast 19.13
Astelia Solandri 105.18
– trinervia 105.18
ästiger Hanfstengel . . 77.14
– Stengel 65.8
Atsrachanwolle 166.8
Äther 156.6, 258.4
Äther-Alkoholmischung. 258.7
–dämpfe 263.17
–schwefelsäure 263.19
ätherische Lösung . . . 258.5
Äthyl-alkohol 267.2
–enchlorhydrin 284.13
–nitrit 264.1
–schwefelsäure 263.19
atlasartiger Kokon . . 215.8
Atlasschimmer 189.19
atmen (Puppe) 212.8
Atmosphäre, Ammoniakgas 262.8
–, Kohlenstoff- 261.12
Attacus atlas 189.19
– cynthia. 190.1
– ricini 190.7
Ätzalkalien 282.14
ätzalkalische Fällflüssigkeit 274.4
Ätzammoniak 272.10
ätzend-e Alkalien . . . 182.5
–er Agavensaft 109.19
–es Zinnchloridbad . . 236.9
Ätzkali 151.15
–lösung. 282.19
Ätzkalk 262.2
Ätznatron 151.16, 272.16, 278.16, 287.16
–lösung. 283.1
Auchenia lama 126.11
– paco 126.14
Aufbau der Baumwollfaser 44.3
– des Drüsengewebes . 191.12

Aufbau der Faser . . . 15.11
– des Knochengerüstes. 127.16
– des Stapels 136.23
– des Vlieses 136.21
–, zellenartiger 192.6
Aufbäumen. 3.15
aufbäumen 3.16
Aufbereiten des Saftes (Kautschuk) 295.8
Aufbereitung, Asbest- . 240.15
aufbewahren, in Eiskammern 194.22
–, die Lösung kühl . . 273.14
Aufblähen 136.4
aufeinanderlegen, die Kokonfäden auf dem Haspel unter spitzem Winkel 224.7
auffangen, die ablaufende Säure 251.11
Auffang-behälter für die Fällflüssigkeit . . . 250.1
–röhre 251.5
auffischen, das Kokonfadenende 219.17
aufgehende Saat . . . 23.21
aufgenommene Wassermenge 13.15
aufgeschlitzter Strohhalm. 120.13
aufgespulte Seide . . . 282.10
Aufhängen 107.22
– der Fasern zum Trocknen 95.4
aufhängen, die Felle auf Stangen 150.4
aufheben, die Klemmwirkung 112.9
–, die Wirkung 102.12
Aufkäufer, Baumwoll- . 54.24
Auflage-leiste, zugeschärfte 252.8
–walze 149.19
Auflockern der Hede . 85.12
– feuchter Wolle . . . 153.12
auflockern, die Hede . 85.13
–, die Wolle 164.3
Auflockerungswalze . . 148.3
Auflösen der Wolle . . 182.1
auflösen, Fischleim in Eisessig 261.7
–, Guttapercha in Schwefelkohlenstoff 261.6
–, den Hornstoff in alkalischer Flüssigkeit . . 182.2
–, das Kupfer 270.7
–, die Sehnen . . . 239.10.11
–, den Seidenleim durch kochendes Wasser . . 218.12
–, teilweise 98.6
Auflösung des Seidenleims 218.2
– der Zellwand 91.2
aufmachen, die Vergleichsmuster 50.1
Aufnahme von Metallsalzen durch die Seide 234.22
–fähigkeit für Farbstoffe 15.8
–vermögen für Farbstoffe 15.8
Aufnehmen von Wasser 13.16
aufnehmen, Feuchtigkeit 13.10.11
–, Gerbstoff 235.14
aufpfropfen, das Schnittreis 201.11
aufplatzen (Same) . . 79.4
Aufquellen der Faser . 46.9
– der Seide 229.8
– der Zellwand 91.2
–, gallertartiges 288.17
aufquellen (Faser) . . . 75.7
– (Same) 37.1
– (Seide) 229.9
– (Wolle) 183.2
Aufrechnung des Mehrwertes 47.20
aufrechtstehend-e Kapselfrucht 109.21
–er Stapel 138.18
aufrollen, die durchwärmten Bunde . . . 171.1
Aufrollspule. 252.10
Aufsaugefläche 277.13
Aufsaugen von Wasser. 114.8
aufsaugen, den Äthylalkohol durch Amylalkohol 267.2
–, Feuchtigkeit 115.22
Aufsaugung. 267.1
–, Gas- 183.9
Aufsaugungsfähigkeit des Torfes 115.21
Aufschlag, ein Punkt . 54.3
–, Punkt- 52.18
Aufschließen des Kokons 218.19
aufschließen, den Kokon 218.20
–, den Zellstoff 243.18
aufschlitzen, den Strohhalm in der Längsrichtung 120.12
Aufschütteln des Vlieses 171.3
aufschütteln, das Vlies 171.4
Aufseherin der Haspelbänke 221.17
Aufspaltung durch Alkalien 243.16
– durch oxydierende Stoffe 243.17
– durch Säuren 243.15
Aufspeicherer 42.13
Aufspringen der Kapsel 35.15
Aufspulen 252.1
aufspulen, die Seide . . 282.10
aufstellen, in Hocken . 67.4
–, in Kapellen 67.4
–, die Vergleichsmuster 50.1
aufstreichen, die Wolle auf die Kammwalze . 164.20
Auftauen der Faser . . 101.21
auftauen, die gefrorene Faser 101.22
Auftreibung des Wollhaares 178.20
Aufwand, Samen- . . . 22.23
Aufweichen der Felle in Gruben. 143.21
– der Hanfstengel . . 81.14
– des Kokons 217.22
aufweichen, die Hanfstengel 81.13
–, die Kokonhülle . . . 218.11
–, das Schaffell 143.20
–, den Seidenbast . . . 218.1
aufwickeln, den gestreckten Faden 276.1
–, den Seidenfaden auf Spulen 263.1
Aufwickelspule 252.10
Aufwindevorrichtung, Spinn- und 253.3
aufziehen, die Raupen in Gruppen 196.18
Aufzucht 212.19
– des Schafes. 128.1
– der Seidenraupe . . 195.5
–hürde 204.13
–kokon. 212.20
–raum 197.1
Aufzüchterei 195.8
–, System Darcet . . . 195.13
Aufzug 3.11
Auge, mit bloßem – abschätzen 186.22
Auktion 185.22
–, Woll- 185.21
Auktionator 186.1
Auktionskatalog 185.23
Aulamm 130.7
Ausbauchung 276.9
– der Zellwandung . . 90.12
Ausbeute an Fasern 7.15, 112.21
– an gereinigter Faser 102.16
– an Faserstoff 224.8
ausbreiten, den Flachs auf dem Felde . . . 67.9
–, das Hanfstroh . . . 80.1
Ausbrütapparat 196.2
Ausbrüten 196.4
– in Zellen . . . 194.3, 196.5
ausbrüten, die Raupeneier 196.6
Ausdünnen 34.12
auseinanderschieben, die Kokonfäden 190.15
Auseinanderziehen der Hede 85.12
auseinanderziehen, die Hede. 85.13
Ausfall, besserer – des anderen Teiles der Lieferung 52.4
–, gleichmäßiger – des ganzen Postens . . . 52.4
ausfallen, bis zu einer halben Klasse geringer 52.3
Ausfällen durch Elektrolyse 291.14
– des gelösten Stoffes . 245.3
ausfällen, das Fett durch Kalkbrei 158.8
ausfällen, das Kasein aus der Magermilch 287.4
–, den Viskosefaden mit Säure 280.20
–, das Zellulosexanthogenat aus der Rohviskose 279.13
Ausfällung 17.3
Ausfließen, ungleichmäßiges 248.14
Ausflußkanal, gemeinsamer 192.12
Ausfuhr 30.22
–, Baumwoll- 54.23
–, Kokon- 229.18
–, Seidensamen- 195.3
–, Woll- 183.22
–geschäft. 55.2
–händler 30.23
–zoll 33.11
Ausführer, Woll- . . . 184.1
Ausgangs-stoffe 243.3
–tisch 163.6
–zoll 33.11
ausgebrütete Raupe . . 196.14
Ausgeglichenheit des Vlieses 136.19
ausgehechelte Hanfriste 89.10
ausgekehltes Blatt . . 109.12
ausgekohlte Wolle . . 163.12
ausgekrochene Raupe . 196.14
ausgequetschte Wolle . 161.16
ausgereifte Baumwolle, nicht 61.18
– Baumwollfrucht . . . 35.13
ausgespanntes Vlies . . 171.10
ausgewachsene Seidenraupe 196.20
ausgewalzter Kautschuk 296.11
ausgezogen-e Glasröhre. 247.3
–er Faden 249.6
Ausglühen 248.1
Aushebeunterlage für Seidenraupen 205.18
Aushecheln des Hanfes 87.1
Auskämmen der getrockneten Jutefaser . . . 95.6
Auskernen des Hanfes auf der Feinhechel . 89.21
auskernen, den Hanf . 89.22
auskochen, mit kaustischer Soda 97.6
Auskohlbad 161.7
Auskohlen von Schmutzwolle 160.23
– der Wolle . . 5.22, 160.22
auskohlen 160.21
–, die Wolle 5.23
–, die gewaschene Wolle 160.24
Auskohler 162.15
Auskohlungsofen . . . 162.10
– mit Wagen 162.11
–, turmförmiger . . . 162.14
Auskohlungsverfahren . 161.6
Auskriechen der Raupe 196.12
auskriechen (Raupe) . 196.13
Auslandswolle 165.19
Auslaßventil 281.18
Auslauge-behälter . . . 254.2
–flüssigkeit 157.11
Auslaugen der Fäden auf den Spulen 254.1
auslaugen, die Fäden . 253.18
–, die Pottasche aus der Wolle 157.8
–, die Wolle kalt . . . 157.9
–, die Wolle warm . . 157.10
Auslegen des Flachses . 75.18
auslegen, mit Brettern . 68.5
Auslegetisch 67.1
Auslesen der Kokons . 212.18
–, durch – entfernen . 164.2
auslesen, die Kokons zur Aufzucht 212.19
Ausmachhechel . . 74.1, 87.4
Ausmachen des Hanfes auf der Kernhechel . 89.21
ausmachen, den Hanf . 89.22
ausmauern, die Röstgrube 68.6
ausmerzen, untaugliche Schafe 129.15
Ausnahme-frachtsatz für Rohstoffe 32.2
–tarif für Rohstoffe . . 32.2
Aussonderung der Talgdrüse 174.18
aussortierte Vliese . 172.8
auspressen, unter Druck 248.11
, in ein Fällbad . . . 287.11
–, den Fettstoff 158.19
Auspreßgeschwindigkeit 248.15
Ausputz, Kämmerei- . . 169.8
–, Krempel- 62.3, 169.12
–, Trommel- 169.16
–, Walzen- 169.15
Ausquetschen der Wolle 153.7
ausquetschen, die Säure 161.14
–, die Wolle 153.8
Ausraufen (Pflanze) . . 93.16
ausraufen (Pflanze) . . 93.17
ausrotten durch Jäten . 79.14
ausrücken, den Spinntopf 282.7
Ausrüsten 5.18
ausrüsten. 5.19
Ausrüster 5.21
Ausrüstung 5.18
Ausrüstungsanstalt . . 5.20
Aussaat . .22.24, 65.20, 201.8
– des Hanfes 78.10
Aussäen 22.24, 65.20
aussäen 23.1
–, den Hanf 78.11
Ausscheiden kranker Eier 193.16
auscheiden, Flockfäden. 211.4
–, die Kletten auf mechanischem Wege . . 163.21
–, den unreifen Samen. 78.23
–, den gelösten Stoff . 245.4
Ausscheidung 245.5
–, gefügelose 209.15
Ausschleudern der Wolle 153.10
ausschleudern, die Wolle 153.9
Ausschlüpfen des Schmetterlings aus dem Kokon 191.1
ausschlüpfen (Schmetterling) 191.2
ausschlüpfender Schmetterling 191.3
ausschneiden, die Holzstreifen aus dem frischen Holz 121.9
Ausschuß-hanf 91.23
–wolle 168.9
Ausschwitzen der geschorenen Wolle 143.6
ausschwitzen (Wolle) . 143.5
aussetzen, der Sonnenbestrahlung 213.9
ausspannen, das Vlies . 171.8
Ausspitzen des Hanfes . 89.17
ausspitzen, den Hanf . 89.18
Außen-haut, dicke . . 103.11
–schicht, lichtbrechende 105.11
äußere Haut der Drüsenwandung 192.5
ausstampfen, mit Ton . 68.7
ausstellen, eine Rechnung 30.1
Ausstellung, Tag der – der Rechnung. . . . 29.24
Ausstoß, Krempel- . . 62.3
ausstoßen, abgestorbene Haare 173.17
–, die Hede aus den Hechelstäben 74.4
australische Wolle . . 166.20
austreten, aus der Düse 246.21, 248.16
Austrittleitung 268.2.4
Austrocknen der Stengel 80.8
austrocknen (Stengel) . 80.10
Auswahl der Bruteier . 195.1
– des Saatgutes. . . . 78.12
auswählen, die Bruteier 195.2
–, das Saatgut 78.13
auswalzen, den Kautschuk 296.10
auswärtsstehende Sprossen 133.9
Auswaschbottich . . . 148.18
Auswaschen der Wolle. 148.11
auswaschen, die Chemikalien aus der Seide. 253.11
–, die Kollodiumwolle . 257.13
–, die Nitrozellulose . . 256.23
–, die Wolle 148.12
–, den Zellstoff 291.8
auswechselbares Filtertuch 245.19
auswechseln, die verstopfte Düse 275.13
–, den Spinntopf . . . 282.8
Auswechselvorrichtung, Spulen- 252.13
Auswurf-kasten 63.10
–seide 214.8
Ausziehbarkeit der Spinnlösung 244.18
Ausziehen des Ammoniaks. 277.11
– der Fäden 287.18
ausziehen, den Farbstoff aus der Basthülle . . 228.14

ausziehen, die Gelatine zu Fäden 286.19
–, die Haarröhre . . . 276.13
–, durch das Röstbad die Ameisensäure . . 102.5
Auszug, Kastanien- . . 235.24
–, Schmack- 235.17
automatisch wirkender Thermoregulator . . 237.14
– wirkender Wärmeregler 237.14
–e Haspelvorrichtung . 222.1
–e Kokonzuführung . . 223.1
–e Titrierwage 238.17
–er Fadenknüpfer . . . 223.9
Aylanthus-baum . . . 203.8
–glandulosa 203.8
–seide 232.5
–spinner 190.1
–spinnerraupe 193.6
Azetaldehyd 260.2
Azetatseide . . . 242.12, 283.4
Azeton 262.1.2
–-Kaseinlösung, alkalische 287.8
–kollodium 261.18
–lösung. 261.19
–lösung von Formaldehyd 254.8
Azetylchlorid 284.2
Azetylentetrachlorid . . 284.16
Azetyl-hydrozellulose . 284.4
–nitrozellulose 284.20
–zellulose 283.5
azetylieren, den Zellstoff 283.17
azetylierte Nitrozellulose 284.20
Azetylierung des Zellstoffes 283.18
–, unvollständige . . . 283.19
–sgemisch 283.15
–smittel 283.16

B.

Backofen 70.5
Bad 148.18
– von Salpeter und Aschenlauge 218.9
–, kalkhaltiges 150.15
Bäder-batterie 149.1
–gruppe 149.1
–reihe 149.1
Bagdadwolle 166.9
Bahamahanf 108.13
Bahia-baumwolle . . . 57.19
–faser 117.2
–gummi 294.12
Bahn-versand 31.16
–wagen, frei 32.3
Baissier 54.13
Bakterien, Gärungs- . . 82.18
Balancier 245.14
Ballen 28.17
– ohne Marke. 43.12
–, beanstandeter . . . 48.3
–, defekter 43.10
–, eckiger 43.4
–, in Packtuch eingenähter. 113.3
–, fertig gepreßter . . 43.1
–, halb gepreßter . . . 42.10
–, in Matten gewickelter 75.19
–, handelsüblich gepackter 48.17
–, kondemnierter . . . 48.3
–, rechteckiger 43.4
–, Rund- 43.5
–, schadhafter 43.10
–, seemäßiger 42.2
–, umgepackter 48.16
–, mit Stricken umschnürter 75.20
–form 43.8
–marke 28.18
–presse s. a. Baumwollpresse
–presse mit fahrbarem Preßkasten 113.2
–presse, hydraulische – mit fest eingebautem Preßkasten 113.1
–presse für seemäßige Ballen 42.2
–zeichen 28.18, 184.21
Bambus-hürde, viereckige 204.16
–rohr 121.13
–stäbchen 204.17
Banane. 114.12
–, echte 114.15
Bananenfaser 114.11

Band (im Gestein) . . 26.19
–, aus glanzreichen Fäden zusammengeklebtes . 294.8
–form, in – bringen . . 295.19
band-artige Faser 100.11, 225.12
–förmiger Metallfaden . 298.3
Bank-akzept 30.17
–rembours 30.20
–wechsel 30.17
bar, gegen – verkaufen 30.6
barbadensische Baumwolle 37.2
Bargeschäft 27.17
Bariumsulfat 294.1
Barreswillsche Lösung . 98.5
barsche Wolle. 178.6
bärteln, das Werg. . . 90.3
Bärtelwerg 92.11
Baryt, schwefelsaurer . 294.1
–wasser 182.12
Base, organische . . . 259.6
–, oxydierbare 259.7
Basis, auf – letzter Auktion 186.9
–, auf – einer Klasse . 55.19
–, über der – anbieten. 53.18
basisch schwefelsaures Kupfer 270.17
–es Kupfersalz 270.16
–es Kupfersulfat . . . 270.17
Baßfaser 117.5
Bassin, Stein- 81.16
Bast 20.6, 65.5
–, harter 225.19
–, kurzzelliger. 20.8
–, langzelliger. 20.7
–, spröder 225.10
Bastard-Jute 103.4
Bast-band 20.10
–band, künstliches. . . 293.1
–bindegewebe 100.13
–faser 8.22
–faser, verdickte . . . 103.5
–gehalt 20.9
–gehalt des Kokons . 217.5
–gehalt der Rohseide . 228.8
–hanf 91.9
–hülle 210.17
–hülle von gleichartigem Gefüge 210.18
–hülle, grobe 225.22
–hülle, homogene . . . 210.18
–lein 64.17
–parenchym 100.13
–schicht 210.17
–seide 224.11
–seife 233.23
–zelle . . . 16.5, 74.16, 90.7
–zelle der Jutefaser. . 95.16
–zelle, zylindrische . . 90.9
basthaltig (Kokon) . . 217.6
Bästling 77.9
Batterie, Bäder- . . . 149.1
Batteur 164.13
–abfall 61.21
–flug 61.22
Bau der Faser, äußerer 12.22
– des Knochengerüstes. 127.16
– der Seidenfaser . . . 229.4
– des Wollhaares . . . 180.15
–, anatomischer. . . . 174.3
–, histologischer 18.16, 191.12
Bauch 132.14
Bäuchen 5.4
bäuchen 5.5
Bauchstück 171.24
bauen, Flachs 65.18
–, Hanf 78.8
–, Seide 189.3
Bauernwolle 166.1
Bauhiniafaser 105.9
Baum 19.3
–, den – anzapfen. . . 295.4
–, blattreicher 19.11
–, der – steht voll im Blatt. 62.18
–, hochstämmiger . . . 19.7
–, kurzstämmiger . . . 19.9
–, mittelstämmiger . . 19.7
baumartige Baumwollpflanze 34.11
Bäumen 3.15
bäumen 3.16
Baum-gattung 199.5
–gattung, zwergige . . 19.10
–haar 104.1
–krone 200.9
–laub 19.12
–nadeln 116.10
–öl. 181.12
–rinde 201.22

Baum-schule 200.14
–stamm 200.10
Baumwolle 1.3, 34.3, 244.3, 299.3
– auf Abruf 53.21
– auf Lieferung. . . . 55.14
– pflanzendes Land . . 35.19
–, ägyptische 301.5
–, brasilianische . . . 301.12
–, degenerierte 37.6
–, egrenierte 39.13
–, entartete 37.6
–, entkörnte 39.13
–, extra langstapelige . 61.3
–, feuchte 47.15
–, gebleichte 244.4
–, gekrempelte 254.17
–, getrocknete 269.9
–, grünsamige 36.22
–, handentkörnte . . . 39.15
–, kardierte 254.17
–, kurzstapelige . . . 61.4
–, langstapelige . . . 61.2
–, laubige 60.20
–, maschinenentkörnte. 39.16
–, mercerisierte . 46.8, 291.20
–, nicht entkörnte . . 39.12
–, nicht ausgereifte . . 61.18
–, nordamerikanische . 299.4
–, ostindische. 300.22
–, rohe. 61.9, 254.15
–, russische 301.16
–, sandige 60.18
–, schwarzsamige . . . 36.20
–, schwimmende . . . 55.12
–, seebeschädigte . . . 47.16
–, staubige 60.19
–, tote 61.17
–, trockene 255.18
–, unreife. 61.18
–, unreine 61.16
–, verwehte 61.15
–, zottige 37.3
Baumwoll-abfall 254.1
–abfälle 61.19
–anbau. 35.21
–aufkäufer 54.23
–ausfuhr 54.23
–bauschule 36.3
–bedarf. 56.11
–blatt 34.13
–blüte 35.4
–börse 49.19
–eindeckung 55.4
–einfuhr 54.22
–entkörnungsmaschine . 39.18
–ernte 38.6
–faser 43.15
–fasern, verfilzte . . . 269.10
–feld 36.5
–frucht, ausgereifte . . 35.18
–frucht, überreife . . . 35.14
–frucht, unreife . . . 35.17
–gebiet 35.18
–gehalt 46.1
–großhändler 55.3
–gürtel. 35.18
–hafen 49.9
–handel 47.11
–kultur 35.21
–lager 41.21
–laus. 37.18
–makler 49.21
–markt. 47.14
–pflanze 34.6
–pflanzung 35.22
–pflückmaschine 38.19
–plantage. 35.22
–preßanlagen 42.1
–presse (s. a. Ballenpresse) 39.4
–presse für Landballen. 42.3
–presse für seemäßige Ballen 42.2
–probenzimmer 49.20
–raupe 37.10
–same 35.11
–samenabfälle 39.14
–samenhülse 254.19
–samenkapsel 35.9
–samenkorn. . . . 35.11, 36.14
–samenmehl 36.11
–samenöl 41.13, 260.11
–samenölerzeugung . . 41.14
–samenölkuchen . . . 41.18
–samenschale 254.19
–samenschälmaschine . 41.15
–sorte 61.8
–sprößling 34.5
–staude 34.8
–terminmarkt 52.17
–wachs 44.7

Baumwoll-wanze. . . . 37.19
–zellstoff 44.19, 244.9
baumwollartiger Griff . 226.21
– Stapel 140.3
baumwollenes Filtertuch 245.20
Baum-wurzel 200.11
–züchter 200.15
Baursches Röstverfahren 69.13
bayrisches Zaupelschaf . 125.13
beanstandeter Ballen . 48.3
Beanstandung 48.4
beantragen, die Abschätzung 50.18
bearbeiten, mit steifer Bürste 196.11
–, mit Handrechen . . 148.15
Bearbeitung, Boden- . . 20.19
–, gartenmäßige 22.8
Bearbeitungsstelle . . . 112.1.5
bearische Börsenstimmung 45.18
Beauftragter, Pflanzungs- 56.15
–, staatlicher – für Statistik. 56.16
Beaumontiaseide 64.4
bebauen, eine Landfläche 20.20
beblättert, locker . . . 77.8
Bebrüten in Zellen . . 196.5
bebrüten, die Raupeneier 196.6
becherförmige Blüte . . 35.5
Becken, Blei- 275.12
Bedarf an Baumwoll . . 56.11
– an Wolle 184.12
–, Seiden- 229.24
Bedarfs-deckung. . . . 184.11
–käufe 186.14
Bedingungen, Verkaufs- 55.16
–, Zahlungs- 30.4
Bedrucken 7.4
bedrucken 7.5
beeidigen. 28.7
beeidigter Klassierer . 49.23
– Makler 28.8, 185.10
Beeinflussung durch das Klima 197.16
Beet 23.15
befleckter Kokon . . . 217.10
befördern, die feuchte Wolle vermittels eines Gebläses 155.6
befreien, die Fasern vom Blattfleisch 110.17
–, die Wolle von der anhängenden Waschlauge 153.5
befriedigendes Wollgeschäft 186.12
Begriffe, allgemeine – aus der Faserstofftechnik 1.2
begutachten 51.17
Begutachtung 51.16
behaart-e Raupe . . . 197.8
–er Blattstiel 35.2
–er Schwanz 124.3
–es Blatt 19.21
behaftet, mit Fleckkrankheit 208.11
Behälter mit Gradteilung 268.9
–, steinerner 81.16
Behandeln der Fäden mit Formaldehyd . . 287.12
behandeln, mit wässeriger Alkalilauge . . . 278.19
–, alkalisch. 182.4
–, mit Kaliumpermanganat 262.1
–, mit Metallsalzlösung 281.2
–, mit Natriumhydrosulfit 97.5
–, in angereicherter Natronlauge 46.7
–, mit Oxydationsmitteln 2551.0
–, mit Säure 228.18
–, mit verdünnter Säure 278.7
–, mit ammoniakalischer Seifenlösung 277.4
–, mit Sulfooxysäure . 259.21
–, mit warmem Wasser 149.12
Behandlung, chemische 294.4
–, Kalk- 144.3
Beheizung durch Kohlenbecken 197.5
Beimengungen 44.23
–, pflanzliche 146.8
Bein-linge 172.5
–stücke. 172.5
Beizen 5.10
beizen 5.11
beladene Wolle 167.23
Bemessung, Preis- . . 53.16
bemustern, die Ware . 28.16

Bemusterung 28.15
benennen, die Wolle nach dem Feinheitsgrad 187.5
Bengal-Baumwolle 58.15
bengalisch-e Kokonart 214.11
–e Rohseide 231.1
–er Hanf 103.7
Benzaldehyd 260.4
Benzin 156.11, 264.6
–behälter 156.21
Benzoe-säure 285.16
–säurechlorid 285.17
Benzol 264.7, 278.14
Benzoylchlorid 285.17
bepflanzen, dicht 66.5
–, dünn 66.6
–, eine Landfläche 20.20
Berechnung des Klassenunterschiedes 47.19
Berg-flachs 240.2
–fleisch 240.2
–kork 240.2
–leder 240.2
–papier 240.2
–schaf 125.9
Bergiersche Kreuzungsvorrichtung 223.17
Bericht, Börsen- 53.23
–, Ernte- 56.14
–, Monats- 56.13
–, Wochen- 99.19
berichtigen, den Kaufvertrag 48.6
berieseln, die Felder 21.17
Berieselung der Spulen 253.13
Berufung 51.7
Berufungs-schiedsgericht 51.9
–schiedsrichter 51.10
–schiedsspruch 51.11
–stelle, oberste 51.8
Besatz herstellen 4.15
–macher 4.18
–waren 4.16
–warenfabrik 4.17
–wirkerei 4.14
beschädigen, das Fell 142.15
beschädigt, wasser- 47.16
–er Stapel 61.6
–es Fell 142.13
Beschädigung 49.3
Beschaffenheit der Seide 226.2
– der Wolle 136.10, 175.4
–, chemische 246.19
–, gleichartige 242.14
–, homogene 242.14
–, körperliche 131.1
Bescheinigung 50.16
beschneiden, den Maulbeerbaum 201.18
beschreiten, den Rechtsweg 50.24
Beschweren der Seide 234.16
beschweren, mit Ammoniumzinnchlorid 236.1
–, zu „pari" 234.18
–, die Seide 234.17
–, mit Steinen 81.18
beschwerte Seide 234.20
Beschwerung über „pari" 234.19
– der Seide mit Ammoniumzinnchlorid 236.2
–, gemischte 234.24
–, mineralische 234.21
–, pflanzliche 234.23
–, vegetabilische 234.23
Beschwerungs-mittel 235.1
–verfahren 235.2
beseitigen, die Nebenzweige 93.21
Besen-ginster 104.15
–kraut 104.15
–pfriemen 104.15
besetzen, die Hechelleiste mit Nadeln 89.6
besetzt, mit Dornen 116.15
Besetzung, Nadel- 89.5
Besitzer, Grund- 25.14
Bestand, Lager- 31.7, 186.18
–, Schaf- 130.16
beständig, chemisch 257.5
Beständigkeit der Nitrozellulose 257.6
Bestandteil, betäubender 81.2
–, inkrustierender 255.15
–, krustenbildender 255.15
–, mineralischer 16.11, 45.2
–e der Jutefaser 96.12
–e, faserige 102.18
beste Ware 61.12
Bestellung nach Gütemustern 186.19
bestimmen, das Trockengewicht der Faser 14.5
–, das Trockengewicht der Seide 237.2
Bestimmen des Trockengewichts der Seide 237.1
Bestimmung des Stickstoffgehaltes 257.20
–en, Abschätzungs- 50.19
–en, Börsen- 28.5
–en, Bremer- 55.17
–en, Platz- 56.7
Bestimmungshafen 32.9
bestrahlen (Sonne) 205.5
Bestrahlung (Sonne) 213.9
bestreichen, mit Grünkalk 144.4
bestreuen, mit Talkpulver 296.8
–, mit Torfpulver 205.12
betäubender Bestandteil 81.2
betaute Weide 135.2
betreiben, die Wollschafzucht 131.9
Bett, Raupen- 204.12
Betten der Raupen 204.11
betten (Raupe) 204.14
Beuchen 5.4
beuchen 5.5
Beugung, hohe 177.1
bevorschussen, den Lagerschein 184.16
bewerten, das Lamm 129.13
Bewertung des Lammes 129.12
Bewertungsliste 129.14
bewollter Schwanz 125.2
bewurzelter Absenker 201.5
Bezeichnung, Handels- 230.8
Blitz-Marke I 306.14
Blitz-Marke II 306.15
Buchenholzteerkreosot 284.14
Buchweizenasche 219.5
Buckskinwolle 168.14
Buenos-Aires-Wolle 166.15
Bulbille 109.22
bulbus 174.6
bullische Börsenstimmung 54.17
Bund 143.3, 171.22
–e, durchwärmte 171.1
Bündel, Blätter- 110.15
–, Faser- 8.9
–, Flachs- 75.17
–, Zellen- 20.16, 90.6
bündel-förmig stehen (Haar) 136.11
–weise in Wasser legen 94.13
bündeln, die Blätter 119.14
–, die Jutepflanzen 93.23
buntblättrige Zierpflanze 115.1
Burrhelschaf 123.16
Bürste, steife 196.11
Bürsten 6.6
–paar, festsitzendes 108.11
–walze 89.7, 164.11
–walze, umlaufende 41.4
bürsten 6.7
–, die Fasern 112.18
–, den Flachs 73.8
–, die Raupeneier 196.10
Bürstmaschine, doppelte 112.20
büschelförmig stehen (Blüten) 115.7
–e Blüte 115.6
Büscheln, in – stehen 115.7
buschig-er weiblicher Hanf 77.10
–werden (Baum) 200.5
Büsling 77.9
Buttersäure 285.9
–anhydrid 285.10
Biberhaar 188.14
biegen, den Hanfstengel 82.19
biegsam-e Faser 10.10
–er Strohhalm 120.1
Biegsamkeit 179.22
– der Faser 10.11
Bild, mikroskopisches 180.14
bilden, kugelige Klumpen 63.1
–, sich 151.23, 273.19
bildsamer Teig 295.22
Bildung des Kokons 209.9
billig 29.11
Bindegewebe, Bast- 100.13
Binde-haar 141.3
–mittel 293.10
binden, in Garben 80.5
Binder 141.3
–, falscher 141.7
–, querlaufender 141.5
–, schräg verlaufender 141.6
Binsenpfriemen 104.13
Birnreibe 85.21
Bisamhaar 188.15
Biskuit (Kautschuk) 295.14
Bisulfit 274.9
–lösung 244.14
Blasenbildung in der Spinnflüssigkeit 246.8
blaßgrüner Kokon 215.6
Blatt (Pflanze) 19.14
– (Schulter) 132.8, 171.17
–, ausgekehltes 109.12
–, behaartes 19.21
–, blaugrünes 109.14
–, dickes fleischiges 114.2
–, mit Dornen besetztes 116.15
–, dunkelgrünes 109.16
–, eilanzettliches 93.3
–, faserhaltiges 109.11
–, fleischiges 109.11
–, fünflappiges 34.14
–, gefiedertes 118.2
–, gelapptes 19.7, 202.7
–, gesägtes 77.16, 93.2
–, gespaltenes 115.5
–, gezahntes 77.16, 202.3
–, graugrünes 109.15
–, hellgrünes 109.13
–, herzförmiges 202.5
–, kurzgestieltes 19.20
–, kurzhaariges 19.22
–, langes schwertförmiges 116.14
–, langgestieltes 19.19
–, lanzettförmiges 65.9
–, lederartiges 115.3
–, rundes 202.4
–, saftarmes 19.16
–, saftiges 19.15
–, schwertförmiges 115.2
–, ungeteiltes 202.2
–, voll im – stehen 62.17
–, das – welkt 106.9
–, zackiges 202.3
–, zähes 116.18
–abstreifer 202.14
–faser 8.23, 115.10
–feder 262.18
–fieder 118.3
–fleisch 107.20, 114.9
–form 202.1
–grün 15.1
–laus 202.23
–rippe 93.5, 202.6
–rost 203.2
–scheide 106.5, 114.14
–scheidenfaser, zähe 117.4
–schnitzel 198.21.22
–spindel 118.4
–spitze, purpurbraune 109.17.18
–spitzendorn 110.12
–stiel 17.17, 19.18, 202.8
–, behaarter 35.2
–, rosenroter 199.7
–, spröder 101.2
–streifen 107.10
–vaginal 106.5
Blättchen, lanzettliches 77.18
Blätter, die – abstreifen 101.3
–, geschnittene 198.23
–, die – stehen gegenständig 19.24
–, in die – treiben 19.5
–, mit –n umwickelt 216.19
–, wechselständige 19.23
–abfall 112.23
–bündel 110.15
–ernte 110.10, 202.9
–ertrag 110.11
–lager der Raupe 199.1
blattreicher Baum 19.11
Blauel 70.19
blau-e Asbestfaser 241.18
–e Röste 68.8
–es Kupfersalz 270.18
–grünes Blatt 109.14
Bleibecken, halbzylindrisches 275.12
Bleich-bad 282.12
–fähigkeit der Faser 15.7
–flüssigkeit 159.3
–grad der Baumwolle 244.5
Bleiche 5.8
Bleichen 5.6
bleichen 5.7
–, die Fasern 112.14
–, das Fett 159.2
–, das Stroh 120.5
Bleicher 5.9
Bleicherei 5.8
Blei-salzbeschwerung 236.15
–verschluß 50.13
Bleuel 70.19
bleueln, den Flachs 70.17
Block, aus einem – schneiden 296.14
bloßlegen, die Fasern 110.17
–, die Kletten 164.17
Blouse 169.6
Blumenkohlstapel 140.7
Blüte 20.1
– der Asklepias 64.1
– des Flachses 65.10
–, becherförmige 35.5
–, büschelförmige 115.6
–, gelbe 93.6
–, großblätterige 35.6
–zeit 24.13
Blüten, die – stehen in Büscheln 115.7
–, die – stehen traubenartig 77.21
–blätter, veilchenblau gefärbte 106.11
–kelch 20.2
–knäuel 100.17
–kolben 118.6
–schaft 109.20
–schaft, markreicher 109.3
–standachse 106.6
Blut-farbstoff 210.9
–gefäß 191.9
–wolle 167.16
Bock (Schaf) 129.24
–gestell mit Hürde 204.21
–lamm 130.6
–wolle 167.7
bocken, den Hanf 85.17
Boden, eisenhaltiger 68.14
–, entwässerter 21.4
–, feuchter 21.3
–, gedüngter 21.6
–, gelockerter 21.5
–, humusreicher 20.22
–, kalkiger 20.24
–, kalkreicher 20.24
–, kegelförmiger 253.7
–, kieselhaltiger 21.1
–, lehmiger 20.23
–, umgepflügter 22.6
–art 20.21
–bearbeitung 20.19
–furche 22.3
–kultur 20.19
bodige Wolle 139.9
Boehmeria nivea 100.16
Boekensche Fasergewinnungsmaschine 111.7
Bogenhanf, indischer 113.8
Boken des Hanfes 85.16
boken, den Flachs 70.17
–, den Hanf 85.17
Boker 70.19
Bokmühle 71.1, 85.18
Bollen der Baumwolle 35.9
–wurm 37.9
Bolo 107.6
Bologneser Hanf 92.3
Bombaxwolle 62.16
Bombayhanf 103.4
Bombyx mori 190.4
Bonität des Vlieses 171.13
bonitieren, das Lamm 129.13
–, das Vlies 171.11
Bonitierung der Wolle 171.12
Bonitur des Lammes 129.12
– der Wolle 171.12
–register 129.14
Borassus-Piassave 117.10
Borax 233.19
Bord, frei an 32.21
–, frei – Landungshafen 32.23
Börse 27.12
Börsen-behörde 28.1
–bericht 53.23
–bestimmungen 28.5
–engagement 53.13
–geschäft 27.14
–handel 27.19
–makler 28.6, 185.9
–mitglied 27.20
–mitgliedschaft 27.21
–notierung 53.24
–organ 28.2
–platz 28.9
–preis 53.24, 186.7
–schluß 185.18
–spekulationsgeschäft 53.3
–stimmung 54.16
–stimmung, bearische 54.18
–stimmung, bullische 54.17
–teilnehmer 27.20
–verpflichtung 53.13
–vorstand 28.3.4

Börsen-vorstandschaft . 28.4
-zeitung 28.2
Borten herstellen . . . 4.15
-macher 4.18
-waren 4.16
-warenfabrik 4.17
-wirkerei 4.14
Botanik 17.21
Botaniker 17.22
Botanisches 92.14
Botte 76.6
botten, den Flachs . . 70.17
Botthammer . . . 70.19, 83.9
Bottich 69.9
Bouillons 298.4
Bowstringhanf, afrikanischer 113.7
Brach-feld 21.22
-weide 134.24
Brache, mehrjährige . . 110.3
Brackschafe 129.16
Brake 70.9, 83.13
Braken des Flachses . 70.6
Brand 38.3, 66.15
-spitzen 172.10
brasilianisch-e Baumwolle 37.4, 301.12
-e Piassave 117.2
-er Kautschukbaum . . 295.1
braun, sich - färben . . 100.20
-er Hanf 103.7
-er Rost 38.2
-gelb 43.23
-gelbe Farbe 74.14
-gelbe Färbung 97.13
-rot 43.24
-schwarze Faser 104.6
Braunfärbung in alkalischer Flüssigkeit . . 97.11
- des Stengels 100.19
bräunliche Asbestfaser . 241.17
Bräunung alkalischer Flüssigkeit 97.11
- der Jutefaser 96.22
Brause (Düse) 247.14
- mit verstellbaren Löchern 247.15
Brausenkopf 249.16
Breche 70.9
Brecheln des Flachses . 70.6
Brechen des Flachses . 70.6
- des Hanfes 83.11
brechen (Faden) 251.6
-, den Flachs 70.7
-, den Hanfstengel . . 83.12
-, in kleine Stückchen 70.8
Brech-hede 92.8
-lade 70.9
-maschine, Kaselowskysche 70.11
-maschine, Ramiestengel- 101.6
-maschine, Rundlauf- 71.4, 83.16
-maschine, Walzen- . . 83.15
-tisch 101.9
-walze 72.14
breiartige Flüssigkeit . 208.8
breit-blättrigerMaulbeerbaum 200.3
-blättriges Kolbenschilf 116.4
-er Stapelkopf 137.23
-er Zellkanal 90.8
-rückiges Schaf 127.20
-saat 23.13
-schwänziges Schaf . 125.1
-würfiges Säen 23.13
brennbar 156.14
Brennbarkeit 288.24
Brenner, Spiritus- . . . 47.5
Brennessel, große . . . 100.4
-blatt 204.6
-faser 100.2
-stengel 100.8
Brennhaar des Blattes . 100.5
Bretter, mit -n auslegen 68.5
Brettstapel 139.12
bringen, in Bandform . 295.19
-, zum Gerinnen . . . 295.11
-, auf Horden 154.9
-, in Pappenform . . . 244.16
-, in parallele Lage . . 90.2
-, zur Verschiffung . . 32.6
Briseurflug 62.2
Broachbaumwolle . . . 58.11
Brocken 172.7
Brokerage 29.15
Bromelia Ananas . . . 115.9
- Karatas 115.11
-fasern 115.8
Broussonetia papyrifera 204.10
Bruchdehnung der Faser 12.4
brüchig werden 96.9
brüchige Faser 11.23
- Wolle 175.22
Brüchigkeit der Faser . 11.24
Brunnenwasser 82.2
Brust 132.12
-stück 171.22
Brut-anstalt 195.12
-dauer 196.9
-ei 194.23
-knospe 109.22
-raum 195.16
-vorrichtung 196.2
-zeit 196.8
-zimmer 195.16
-zwiebel 109.22
Bruttogewicht 29.21
Byssolith 240.2
Byssusseide 232.18

C.

Calamus-faser 105.17
- rotang 121.14
- rudentum 105.17
Caligula iaponica . . . 190.6
Calotropisseide 64.3
Camelus bactrianus . . 126.10
- dromedarius 126.9
Cannabis-hanf 77.3
-pflanze 77.3
- sativa 77.3
Capra 127.1
- hircus 127.2
- hircus angorensis . . 127.3
Carpetwolle 168.22
Caryota-Piassave . . . 117.11
Caterpillar 37.10
Cavicornia 127.6
Cayota urens 117.11
Ceara-Baumwolle . . . 57.16
-kautschuk 294.11
Cebuhanf 105.21
cf x Prozent 48.10
Ceibawolle 62.16
Chambonmethode . . . 220.18
Changierrechen 163.5
Charakter, Woll- . . . 136.10
charakteristische Farbenreaktionen 227.17
Chardonnet-sche Spinnmaschine 262.11
-sche Spinnvorrichtung 262.12
-sches Spinnverfahren . 258.21
Chayotefaser 104.9
Chemie der Baumwollfaser 43.14
Chemikalien . . 253.11, 277.9
chemisch beständige Nitrozellulose 257.5
- gebunden-es Wasser . 277.1
- gerösteter Flachs . . 76.18
- prüfen 289.2
- vernichten, die Kletten 160.20
-e Affinität 16.22
-e Behandlung 294.4
-e Beschaffenheit der Lösung 246.19
-e Reagentien 289.3
-e Reaktion 17.7
-e Stoffe 253.11
-e Verbindung 17.1
-e Verschiedenheit der Fasern 16.21
-e Verwandtschaft . . 16.22
-e Wäsche 155.10
-e Zusammensetzung . 44.16, 96.11, 228.6
-es Entkletten 160.19
Chemisches von der Flachsfaser 74.6
- von der Hanffaser . . 90.5
- von der Seide . . . 225.3
- vom Wollhaar . . . 181.16
Cheviot-schaf 126.2
-wolle 168.21
China-gras 100.10
-seide 230.18
chinesisch-e Baumwolle 58.16
-e Eichenseide 231.23
-e Eichenspinnerraupe . 193.5
-e Nessel 100.16
-e Rohseide 230.18
-e Tussah 231.23
-er Eichenspinner . . . 190.2
-er Maulbeerbaum . . . 200.4
-es Schaf 124.17
Chinchillahaar 188.13
Chinin 259.8
Chlor 208.21
Chlor-aluminium 162.4, 259.15
-ammoniumlösung . . . 280.18
-kalium 16.15, 145.19
-kalzium 259.13
-magnesium . . 162.2, 259.14
-natriumlösung 274.11
-wasserstoffsäure 17.9, 182.18
-zink 259.16, 282.14
--Zink-Jod . 75.9, 97.10, 289.6
--Zink-Jod färben blau bis violett 45.17
-zinkzelluloselösung . . 282.15
-zinnbad 236.9
chlorsaures Kali . . . 45.6
Chloroform . . . 264.9, 284.9
chloroformlösliches Zelluloseazetat 283.14
Chlorophyll 15.1
Chochofaser 104.9
Cholesterin 159.14
-wachs 160.5
Chrom-alaun 286.5
-chlorür 259.4
-säure 228.21, 286.8
-säure, gesättigte wässerige 98.16
-säure, halbgesättigte . 289.7
-säure, konzentrierte wässerige 98.16
chromsaures Kalium . . 159.5
Chrysotil 241.14
Churka 39.17
cif 32.22
ClarkescheEntfaserungsmaschine 108.4
Cochiussches Viscosimeter 258.1
Cockhaffer 37.8
Coconnada-Baumwolle . 58.6
Cocos nucifera 118.1
Coir 117.19
Colloxylin 257.11
Comilla-Baumwolle . . . 58.7
Comptah-Baumwolle . . 58.13
Conchylis epilinana . . 66.12
Conkaneehanf 103.7
Corchorus capsularis . 92.15
-faser 93.13
Cordia-bastzelle, zugespitzte 105.7
-faser 105.6
Corner 54.20
cotonisierte Ramiefaser 103.1
Creme, Lanolin- 160.2
Crossbred-rasse 122.16
-wolle 165.13
Crotalaria juncea . . . 103.7
Crüseide 231.17
Crumbscher Raspador . 108.1
Cuiteseide 231.16
Cupressus sempervirens 203.14
Curcumafaser 105.19
Cuscuta epilinum . . . 66.13
cuticula interna 192.3
- pili 174.22

D.

Dacca-Marke I 306.12
- II 306.13
Daisee-Marke I 306.23
- II 306.24
- III 307.1
Dampf, trockener . . . 213.12
-schlange 157.1
Dämpfe, mit Gas gemischte 267.9
Dämpfen 6.14
dämpfen 6.15
-, die Nitrozellulose . . 256.16
Dampferfracht 33.1
Dampf-pflug 22.10
-presse 42.16
-rotte 69.8
Darmkanal 191.10
darstellen, mikrophotographisch 17.15
Datum, Fakturen- . . . 29.24
Dauer der Röste . . . 94.14
daunenartig weicher Griff 226.17
Deckel 70.10, 83.14
-, mit Messern versehener 70.12
-hebel 88.3
-putz 62.4
decken, den Bedarf an Wolle 184.12
Deckmittel 294.4
Deckung vornehmen . . 30.18
defekter Ballen 43.10
Degummierbad 234.3
Degummieren der Faserbündel 103.3
degummieren, die Seide 234.2
-, den Seidenabfall . . 287.15
degenerierte Baumwolle 37.6
degummierte Seide . . 234.4
Dehnbarkeit 288.20
- der Faser 12.3
- des Wollhaares . . . 180.4
Dehnung 13.2
Dekantieren einer Flüssigkeit 263.11
denaturierter Alkohol . 260.5
Denier 238.18
Denitrieren . . . 46.19, 265.8
denitrieren 265.9.16.17
Denitriermittel 265.18
Denitrierung, saure . . 265.13
-, teilweise 265.11
-, ungleichmäßige . . . 265.12
Derivat, wasserlösliches 279.1
Desinfektion 208.19
desinfizieren, den Zuchtraum 208.18
Destillation, Vakuum- . 258.14
Destillator 156.23
destillieren, das Azeton über Ätzkalk . . . 262.2
-, im luftverdünnten Raum 258.15
-, im Vakuum 258.15
-, das Wollfett 160.11
destilliertes Wasser . . 219.8
- Wollfett 160.12
deutsch-er Hanf 91.21
-es Heideschaf 124.8
Dextrin 272.2
Dezimaltiter 239.5
Dholerah-Baumwolle . . 58.10
Dialyse 280.3
dialysieren, die Viskose 280.2
Diazetat 283.11
Dichlorhydrin 284.15
Dichroismus 290.16
dicht gewachsener Stapel 137.21
- säen 23.2
- stehen (Wolle) . . . 136.15
-er Haarstand 136.18
-er Kokon 216.5
-er Stand der Pflanzen 24.5
-haarig 136.16
Dichtigkeitsmesser, Mentzels 180.12
Dichtwolligkeit 136.14
Dicke des Fadens . . . 222.16
-, ungleichmäßige . . . 226.6
-e, Zellen- 20.12
dick-e Außenhaut . . . 21.24
-e Faser, unregelmäßig . 103.11
-es fleischiges Blatt . . 114.2
dickhaarige Wolle . . . 177.21
dickwandig-e Zelle . . . 96.2
-er Kokon 216.16
Dictyosperma-Piassave . 117.12
Diele, Scher- 142.0
dikotyle Pflanze 18.19
Dinatrium-hydrozellulose 269.14
-zellulose 269.13
-zellulosehydrat 269.14
Diphenylamin 289.5
Diskont, x Prozent . . 30.19
Dithiokarbonsäure . . . 279.4
Dockgesellschaft . . . 32.17
Donskojwolle 166.10
Doppel-brechung 290.12
-brechung der Faser . . 13.1.2
-entkernungsmaschine . 111.6
-faden 225.7
-faden, flaumiger . . . 224.19
-kokon 212.2, 215.2
-seil 111.11
-umhüllung 216.17
-walzenentkörnungsmaschine 40.8
-zentner 76.9
doppelt-brechend . . . 13.3
-chromsaures Kali 159.4, 286.3
- durchbohrter Stopfen 292.21
- gekämmter Kämmling 169.7
- kohlensaures Ammoniak 265.6
Dörren der Kokons . . 213.5
- mittels heißer Luft . 213.11
dörren, im Backofen . . 83.2
-, in der Sonne 70.1
-, durch Sonnenhitze . 213.8
-, durch trockenen Dampf 213.12
-, durch trockene Hitze 213.10
-, die Kokons 213.6

dörren, den Samen vor der Aussaat 65.21
Dörr-grube 70.2, 83.4
-hitzegrad 213.20
-kammer. 70.3, 83.3
-ofen 70.4
-ofen, tragbarer 213.22
-ofen, transportabler . 213.22
-temperatur 213.20
-verfahren 213.7
Dorn der Blattspitze. . 109.10
dornig gezahntes Agavenblatt 109.8
Dotteröl 260.15
Doublon 215.20
Doumersches Röstverfahren 69.19
Downwolle 166.11
Draht mit Goldüberzug 297.5
- mit Silberüberzug . . 297.12
-, halbechter 297.15
-, silberplattierter . . . 297.12
-geflecht 154.12, 162.13, 163.4
-korb 47.8
-sieb. 66.1
Dreapersche Spinnvorrichtung 249.7
drehbar-e Düse 251.2
-es Mundstück 251.2
Dreh-bühne. 42.14
-körper 224.1
-krankheit 136.5
-scheibe, weiche. . . . 224.1
drehend, sich -e Metallröhre 223.15
-, sich -e Spule . . . 253.14
Drehung der Faser . . 11.1
- der Platte 247.18
-, falsche - erteilen . . 221.9
Drehungsvermögen, optisches. 227.18
Dreiband (estnisch) . . 303.7
- (geweicht) 303.18
- Wrack 303.19
dreieckiger Grobstößer. 101.7
- Querschnitt 9.23
- Seidenfaden. 225.10
Dreijahr-system 36.10
-wirtschaft 36.10
dreikantig geriffelte Walze 71.5
Dreschen 80.16
- des Hanfes 80.18
dreschen 24.24
-, den Hanf 80.17
Dresch-flegel 25.1
-lein. 65.12
-maschine 25.2
Dressen 50.11
Drillsaat 23.12
Dromedar 126.9
Druck, unter-auspressen 248.11
-, veränderlicher . . . 250.5
-behälter 268.11
-luft 275.14
-speicher 42.13
-walze 148.7, 149.10
-wasser 183.15
-wasserballenpresse mit fest eingebautem Preßkasten. 113.1
drücken, die Preise . . 54.9
Drüse 191.12
Drüsen-gang 174.17
-gewebe 191.12
-wandung 192.1.5
-zelle 192.1
Dschut 92.13
Dung 21.9
-, den - eindecken . . 21.11
Düngen des Bodens . . 21.8
düngen, den Boden . . 21.7
Dünger 21.9, 160.14
-, künstlicher 21.15
Düngstoff 21.9
Düngung, künstliche . 21.14
dunkel-e Färbung . . . 179.10
-e Naturfarbe der wilden Seide 227.5
-braun-graue Farbe . . 74.15
-grünes Blatt 109.16
Dunkelfärbung der Jutefaser durch Licht und Luft 98.3
dünn säen 23.3
-er Einzelfaden 243.1
-er Haarstand 136.17
-er Strohhalm 119.24
-flüssig werden 246.10
flüssiges Kollodium . . 258.13
-wandige Zelle 96.3
dünnwolliges Schaf . . 131.16
Durch-fall 207.23
-fuhrzoll 33.12
-gangszoll 33.12
-konossement 49.11
-laßöffnung 247.17
-lässigkeit, Licht- . . . 44.5
durch-arbeiten, mit Stöcken 147.17
-laufen, ein Natronbad (Seidenfaden). . . . 261.9
Durch-messer, Haar- . . 181.14
-räucherung der Zuchträume 209.1
-schnittsgewicht 29.22, 52.15
-schnittsklasse 55.21
-schnittsnummer . . . 239.1
-schnittspreis 53.17
-schnittstiter 239.1
-sichtigkeit, glasartige . 288.11
durch-arbeiten, die Wolle mit Stöcken 147.17
-bohrterStopfen, doppelt 292.21
-lässiges Tuch 252.4
-laufen, ein Natronbad 261.9
-löcherter Kupferkessel 147.14
-räuchern, den Zuchtraum 209.2
-scheinender Asbest . . 241.12
-schneiden, den Strohhalm oberhalb der Knoten 120.15
-seihen, die Lösung . . 245.12
-setzt, mit Kletten . . 146.9
-setzt, mit Muscheln . 239.19
-setzt, mit Puppenfett. 219.4
-sichtiger Asbest . . . 241.12
-sichtiger Kokon . . . 216.11
-sichtiges künstliches Roßhaar. 293.4
-tränken, die Wolle mit Schwefelsäure . . . 161.12
-wärmte Bunde . . . 171.1
Düse, drehbare 251.2
-, enge 247.5
-, kegelförmige 248.2
-, mehrfädige 247.14
-, ringförmige. 247.13
-, verstopfte . . 247.21, 275.13
-, weite 247.6
Düsen-form 247.1
-halter 248.8
-kopf 249.16
-mund 276.10
-mündung 248.4
-öffnung 247.8
-öffnung, kantige . . . 247.10
-öffnung, kreisförmige . 247.9
-öffnung, schlitzförmige 247.12
-öffnung, wellige . . . 247.11

E.

Ebene 135.16
echt-e Banane 114.15
-e Farbe 14.20
-e Seide 188.21 230.15
-er Golddraht 297.8
-er Silberdraht 297.10
Echtheit der Farbe . . 14.21
eckiger Ballen 43.4
Ecrüseide 231.17
Edelglanz. 179.15
Edelrasse 122.12
Edelreis 201.13
edler Stapel 139.16
edle Rasse 122.12
- Seide 188.21, 230.15
effektives Geschäft . . 27.16
Egrenieren der Baumwolle 38.22
Egrenier-haus 38.23
-maschine 39.18
-maschine, Säge- . . . 40.13
-platte 40.3
egrenierte Baumwolle . 39.13
Egrenierung der Baumwolle 38.22
Ei 37.12
-, frisch gelegtes . . . 193.13
-, länglichrundes . . . 193.11
-, linsenförmiges . . . 193.12
Eiche, japanische . . . 203.16
Eichen-laub 203.17
-rindenabkochung . . . 218.7
-spinner chinesischer . 190.2
-spinner, indischer . . 190.3
-spinnerraupe, chinesische 193.5
-seide, chinesische. . . 231.23
Eier legen 190.12
-albumin 286.23
-zuchtanstalt 194.2
-züchter 197.17
-züchtung 193.18
eierlegender Schmetterling 190.13
eiförmig-e Frucht . . . 118.10
-er Kokon 215.16
-er Querschnitt 9.22
eigenes Akzept 30.16
Eigengewicht der Wolle 181.10
Eigenschaft 9.14, 59.8, 175.4, 241.8, 288.21
Eigentümer der Probe . 50.15
Eigner der Probe . . . 50.15
eilanzettliches Blatt . . 93.3
Eindampfen . . 157.17, 286.18
eindampfen . . . 157.18, 162.6
eindecken, den Dung . 21.11
-, sich - mit 55.5
Eindeckung, Baumwoll- 55.4
einerntige Spielart. . . 197.19
Einfach-Schwefelkalzium 266.18
einfacher Raspador . . 111.5
Einfetten des Schafes . 146.7
einfetten, die getrocknete Wolle 155.7
Einfluß, klimatischer . 135.18
-, schädlicher 102.4
Einfuhr 30.24
- von Eiern 195.4
-geschäft 55.1
-händler 31.1
-zoll 33.10
Einführer, Woll- . . . 184.2
Eingangs-kanal 215.24
-zoll 33.10
eingebaut, fest -er Preßkasten 113.1
eingebettet, in die Fruchtwolle 63.2
-, in Gestein 26.21
Eingeborenen-Wolle . . 165.23
eingefütterte Wolle . . 175.11
eingehen (Schaf). . . . 135.21
-, eine chemische Verbindung 17.2
eingenäht, in Packtuch 113.8
eingeschnürter Kokon . 215.18
eingesponneneMaulbeerraupe 216.20
eingewöhnen, das Schaf 130.17
einharken, den Samen . 23.17
einheimisch-e Pflanze . 18.3
-e Raupenrasse 197.12
-es Schaf. 122.6
Einheitsgewicht 12.21
einhöckeriges Kamel . . 126.9
einjährige Pflanze 18.6, 36.7, 64.16
Einkauf 29.3
Einkaufs-kommission . 29.5
-makler 185.13
-vergütung 29.5
Einkäufer 29.4
Einklären der Kolben (Hede) 90.1
Einlagern 31.4
einlagern 31.5
Einlaßkasten 63.9
einlegen, die Samenkörner 23.8
Einlegetisch. . . . 71.6, 84.1
einleiten, die Verseifung 150.24
einmaliges Scheren . . 142.16
Einölen der Wolle . . 149.5
Einöl-maschine 155.8
-vorrichtung 149.6
Einpressen der Ballen in den Verladeraum . . 43.13
einpuppen, sich (Raupe) 212.4
Einpuppung der Raupe 212.3
einrechen, den Samen . 23.17
einsacken, die Wolle. . 172.23
Einsäuerungsbad . . . 161.8
einsamenlappige Pflanze 18.18
einsamige Frucht . . . 118.9
Einsammeln der Baumwolle 38.20
einsammeln, die Baumwolle 38.21
Einschlag 3.12
Einschnitt, fischgrätenartiger 295.6
Einschnürung der Glasröhre 247.4
einschrumpfen (Gallerte) 280.5
Einschur . . . 142.16, 167.10
-wolle 167.10
einschürige Wolle . . . 167.10
Einspinnen der Raupe . 29.30
einspinnen, sich 209.6
-, sich gemeinschaftlich 209.7
Einsprengen 6.12
einsprengen 6.13
einstellbares Messer . . 40.12
einstellen, das Haarhygrometer 14.11
-, den Spinndruck . . 248.13
einstieliger Stapel . . . 139.3
Eintauchwalze 149.8
Einteilen der Wolle nach der Güte 187.2
einteilen, nach Gattungen 187.3
-, nach der Güte . . . 187.1
Einteilung des Flachses 76.12
Eintrag 3.12
Eintrittleitung für die Lösung 268.5
- für die Preßluft. . . 268.3
eintrocknen (Gallerte) . 280.8
Einweichbottich . . . 148.17
Einweichen des Kokons 217.22
einweichen, in Wasser . 102.2
-, in kochendem Wasser 241.6
-, die Wolle 148.16
Einzel-düse 247.7
-faden, dünner 243.1
-faden, feiner 243.1
-haar 180.9
-spinner 193.7
-spinnerkokon 215.13
-zelle, prismatische . . 95.15
einzelliges Pflanzenhaar 8.19
Einzugwalze 149.20
eirund-er Kokon . . . 215.16
-er Querschnitt . . 9.22, 225.9
Eisen 16.18
-, halbstumpfes 107.15
Eisenbahn 31.18
-agent 49.15
-fracht 31.20
-frachtkosten 31.20
-frachtsatz 31.22
-frachttarif 31.22
-risiko 48.20
Eisen-band 42.19
-beschwerung 236.14
-blech 73.5
-chloridlösung. 98.11
-chlorür 258.22
-chlorürlösung, alkoholische 259.1
-draht 297.21
-drahtgewebe, verzinktes 155.1
-oxyd 45.11
-oxydul, schwefelsaures 281.10
-oxydulsulfat 281.10
-reifen 42.19
-sulfat, unlösliches . . 281.4
-vitriol. 281.10
eisenhaltig-er Boden. . 68.14
-es Wasser 82.3
Eisessig 183.7, 289.8
-, schwefelsäurehaltiger 284.3
-kollodium 261.4
Eiskammer 194.22
Eiweiß 44.24
-körper 181.18
elastisch fester Griff. . 226.18
-e Faser 12.5
-e Spitze 248.3
-e Wollfaser 175.20
-er Kokon 216.12
Elastizität der Faser . 12.6
- des Wollhaares . . . 180.5
- der Zusammenschnirrung der Wolle . . . 175.18
Elastizitätsgrenze der Faser 12.7
electa (Streichwolle) . . 308.8
Elektoral-rasse 123.2
-schaf 126.7
-wolle 165.16
elektrisch machen, durch Reiben 228.1
-e Leitfähigkeit 228.3
-er Funke 247.21
-er Kontakt 222.11
-es Wollabschabemesser 144.19
Elektrisierbarkeit der Seide 228.2
Elektrolyse 291.14
Elementar-faser . . 16.5, 74.16
-zelle . . . 16.5, 74.16, 95.16
Elemente des Seidenfadens 225.16
elliptischer Querschnitt 44.10
Empfangsverweigerung . 48.5
Empfindlichkeit gegen Alkalien 229.5

Emulsion 152.4
-, undurchsichtige . . . 151.23
Enddorn 109.10
Ende, Faser- . . 103.6, 169.21
endlose wandernde Horde 155.3
- Tragkette für die Spulen 253.17
Endokarp, steinhartes 118.15
Engagement, Börsen- . 53.13
enge Düse 247.5
Engerling 66.11
entartete Baumwolle . . 37.6
Entbasten der Seide . . 233.2
entbasten, den Ramiestengel 101.5
-, die Seide 233.3
entbastete Seide . . . 233.22
Entbastung des Ramiestengels 101.4
Entbastungs-kufe . . . 233.5
-mittel 233.6
-verfahren 233.4
entfasern, die Blätter . 113.16
Entfaserung von Hand 111.1
- durch Maschinen . . 107.24
-, maschinelle 111.2
-, mechanische 111.2
Entfaserungs-anlage . . 110.19
-maschine Boeken . . 111.7
-maschine Clarke . . . 108.4
-maschine Crumb . . . 108.1
-maschine Mc Lane . . 108.5
-maschine, einfache . . 111.5
-messer 112.6
-trommel 111.8.6
-vorgang 110.16
Entfernen des Blattfleisches 107.20
- des Pflanzenleims . . 103.8
entfernen, die Kletten . 164.2
-, den Pflanzenleim . . 102.14
-, die Säure 163.15
-, den Wollschmutz durch Waschen . . . 146.14
Entfetten der Wolle . 146.18
entfetten, die Wolle 146.19, 155.12
-, den Zellstoff 255.16
entfettet-e Wolle . . . 157.4
-er Zellstoff 255.17
Entfettung der Wolle . 155.11
Entfettungs-mittel . . 156.3
-verfahren 155.15
-vorrichtung 156.18
Entflammbarkeit der Faser 13.6
-, leichte 263.15
Entflockungsvorrichtung 220.4
entglänztes künstliches Haar 294.5
Enthaaren mit Arsenkalk 144.5
- der Felle 143.7
- durch Gärung 144.11
enthaaren, das Schaffell 143.13
enthaarter Same . . . 36.18
enthalten (Fett) 152.10
- (Luftbläschen) . . . 246.4
- (Schwefel) 181.20
enthäuten 143.10
entholzen, den Brennesselstengel 100.8
Entholzer, Ramie- . . 101.6
entholzte Ramiefaser . 101.10
entkeimen, den Zuchtraum 208.18
Entkeimung 208.19
entkernen, den Kapok . 63.4
Entkletten 160.15
- von Hand 164.1
- während des Krempelns 165.1
-, chemisches 160.19
-, mechanisches 163.20
Entklettungs-vorrichtung 165.2
-walze 165.3
entkletten, die Wolle . 160.17
Entkörnen der Baumwolle 38.22
entkörnen 39.9
Entkörner, doppelter . 40.8
-, einfacher 39.17
entkörnt-e Baumwolle . 39.13
-, von Hand 39.15
-, maschinen- 39.16
-, nicht 39.12
Entkörnung der Baumwolle 38.22
Entkörnungsanstalt . 38.23
Entkörnungsmaschine, Baumwoll- 39.18
Entkörnungsmaschine, Doppelwalzen- . . . 40.7
-, Hand- 39.18
-, Kapok- 63.7
-, Macarthysche 40.2
-, Messer- 40.2
-, Messerwalzen- . . . 40.9
-, Platten- 40.2
-, Säge- 40.13
-, Walzen- 40.1
-n, in Reihen angeordnete 39.1
entkupfern, den Faden 276.17
-, die Säure 277.10
Entkupferung des Fadens 276.16
entlauben, den Baum . 202.10
Entlaubung 202.11
entleeren, den Kessel . 274.2
-, sich 209.11, 248.5
Entleerung der Seidendrüsen 209.12
Entlöschungskosten, Kai- 49.7
Entlüften der Lösung . 246.5
entlüften, die Lösung . 246.6
-, die Viskose 280.13
Entlüftung der Viskose 280.14
entölter Rückstand . . 157.2
Entsamungsmaschine, indische 39.17
Entsäuern der Wolle . 163.13
entsäuern, die Nitrozellulose 256.12
-, die Wolle 163.12
Entsäuerung der Wolle 163.13
entschalen, die Frucht . 62.22
Entschälen der Seide . 233.2
entschälen, die Seide . 233.3
entschälter Titer . . . 238.8
Entschälverlust 234.14
Entscheidung des Berufungsschiedsgerichts 51.11
-, schiedsgerichtliche . 51.2
entschieden gekräuselte Wolle 176.18
Entschweißen der Wolle 146.18
entschweißen, die Wolle 146.19
entschweißte Wolle . . 168.2
Entschweiß-korb, perforierter 147.16
-vorrichtung 147.13.15
Entschweren der Seide 236.18
entschweren, die Seide . 236.17
entseuchen, den Zuchtraum 208.18
Entseuchung 208.19
Entspitzen der Staude . 34.9
Entwässern der Baumwolle mittels Schleuder 269.19
entwässerter Boden . . 21.4
entwickeln, sich . . . 173.10
-, sich schnell 196.16
Entwicklung der Raupe 196.15
- des Seidenbaus . . . 180.2
- des Wollhaares . . . 173.9
-, Ammoniak- 182.9
-, Gas- 68.1
Entziehen des Stickstoffes 46.19
entziehen, das Fett . . 155.14
-, das Lösungsmittel . . 245.8
-, die Salpetersäure . . 265.9
-, das Wasser . 14.3, 257.1, 277.1
Entziehung, Fett- . . . 155.13
-, Salpetersäure- . . . 265.8
Entzündbarkeit, leichte 263.15
epidemische Krankheit . 206.13
Epidermis 173.19
-schuppe 15.23
Epikarp 118.12
erbliche Krankheit . . 207.3
Erd-alkalien 265.22
-boden, eisenhaltiger . 68.14
-floh 66.9
-nußölseife 233.11
erfolgen (Bestellung) . . 186.19
Ergebnis, Ernte- . . . 24.23
-, Kreuzungs- 129.1
erhalten, in Konsignation 184.9
-, den Stapel 153.3
Erhaltung des Stapels . 152.24
erhärten, den ausgezogenen Faden 249.6
erhärteter Seidenfaden . 250.12
Erhärtung des Fadens . 249.10
Erhärtungs-bad 253.4
-fähigkeit 210.10
erhitzen, bei Luftabschluß 96.21
-, die Nitrozellulose . . 257.3
erhöhen, die Festigkeit . 254.3
-, die Zähflüssigkeit . . 273.21
erhöhte Nachfrage . . 186.15
Erhöhung der Ausbeute 224.9
- der Festigkeit . . . 254.4
Eria-kokon 214.12
-seide 232.2
-spinner 190.7
Eriodendron anfractuosum 62.17
Eriometer 179.20
Eriophorum vaginatum 115.13
Erioskop 180.11
erkalten (Lösung) . . . 235.12
erkranken . . . 135.20, 206.12
Erkrankung, Wurzel- . 203.6
ermitteln, die Dehnung 12.2
-, den Nitrierungsgrad . 256.3
-, die Stärke des Säurebades 161.11
Ernährung des Wollhaares 173.11
Ernährungsweise des Schafes 133.14
Erneuerung des Vertrages 53.11
Ernte 24.21, 66.22
- der Baumwolle . . 38.9
- des Hanfes 79.22
-, erste 38.11
-, Gesamt- 24.22
-, Jute alter 99.3
-, Jute frischer 99.4
-, knappe 38.10
-, oberste 38.13
-, volle 38.9
-bericht 56.14
-ergebnis 24.23
-ertrag 229.13
-speicher 25.7
-zeit 24.19
Ernten der Baumwolle 38.6
ernten 24.20, 212.14
-, vor der Fruchtreife . 93.14, 120.2
Eröffnung der Auktion 185.24
- der Versteigerung . . 185.24
Eröffnungspreis 54.1
Erreger, Krankheits- . 206.18
Ersatz für Maulbeerblätter 204.3
-pflanze 24.4
Erscheinung, Krankheits- 206.17
Erstarren des Wollfettes 146.4
erstarren (Fibroin) 146.3, 210.12
erstarrtes Wollfett . . 146.5
Erstarrung des Serizins 210.16
Erstarrungs-bad aus Karbolsäurelösung . 261.16
-flüssigkeit . . . 250.14, 264.2
Ersticken der Puppe . . 213.14
ersticken, die Puppe . . 213.15
- (im Saft) 201.20
erstickende Gase . . . 213.13
erstklassige Ware . . . 61.12
erteilen, falsche Drehung 221.9
-, Lösungsvermögen . . 259.19
Ertrag (Ernte) . 25.12, 229.13
- an Fasern 7.15
Ertragfähigkeit des Bodens 21.20
- einer Raupenrasse . 197.10
- einer Schafart an Wolle 142.19
Erträgnis in Ballen . . 38.15
erwärmen, die Viskoselösung 280.1
Erweichen der Felle in Gruben 143.21
- des Kokons 217.22
erweichen, die Kokonhülle 218.11
-, das Schaffell 143.20
-, den Seidenbast . . . 218.1
-, das Wollfett 146.6
erweitern, sich (Faserporen) 235.13
erzeugen, fadenähnliche Gebilde 120.7
Erzeuger 7.18
Erzeugnis 293.13
-, kunstseidenes . . . 242.6
-, künstliches 242.5
-, Natur- 242.4
Erzeugung des Kokonfadens 209.10
Erzeugungs-gebiet . . . 183.12
-kosten 25.8
-land 30.21
Esche 203.13
Esparto-faser 116.16
-gras 116.17
-stroh 116.19
Essigäther 284.8
Essigätherlösung . . . 262.5
Essigester 284.8
-lösung 262.5
Essigsalpetersäureester . 285.20
Essigsäure 183.5, 229.1, 265.23
-, hochgrädige 183.6
-, konzentrierte 183.6
-anhydrid 284.1
-äther 284.8
-äthyläther 284.8
essigsauer-e Magnesia . 284.5
-es Kali 259.18
-es Natron . . . 261.1, 284.7
-es Zink 284.6
Ester 292.11
- der Ameisensäure . . 285.3
- der Benzoesäure . . . 285.16
- der Buttersäure . . . 285.9
- der Essigsäure . . . 283.9
- der Palmitinsäure . . 285.11
- der Phenylessigsäure . 285.14
- der Propionsäure . . 285.8
-bildung 255.21
estnischer Flachs . . . 303.3
- Flachs OD 303.8
- Flachs LOD 303.9
- Flachs, geschnitten . 303.4
- Flachs, Risten . . . 303.5
europäische Baumwolle . 59.7
- Rohseide 231.6
Exhaustor 154.14
Exkret der Talgdrüse . 174.18
-, strukturloses 209.15
exkretierender Teil der Drüse 191.15
Exkretions-kanal . . . 192.11
-stelle des Seidenfadens 192.13
Exokarp 118.12
Expert 51.15
Explosionsfähigkeit des Kollodiums 263.12
Explosivkraft 46.17
explosiv 156.15
-er Schießwollfaden . . 263.16
-er Stoff 263.14
Export 30.22
-geschäft 55.2
Exporteur 30.23
-, Woll- 184.1
extra langstapelige Baumwolle 61.3
extrahieren, den Farbstoff 228.14
-, das Fett 155.14
Extrahierung, Fett- . . 155.13
Extrakt, Sumach- . . . 235.17
Extraktions-dauer . . . 157.3
-verfahren, Fett- . . . 155.15
Extraktor 156.19
exzentrische Rollenscheibe 219.19

F.

Fabrik, Kunstseide- . . 243.2
Fabrikant 7.18
Fabrikat, Ganz- . . . 7.22
-, Halb- 7.21
Fabrikation, Lanolin- . 159.7
-, Pottasche- 157.6
-, Stearin- 152.5
Fabrik-röste 69.10
-wäsche 147.4
fabrik-gewaschene Wolle 185.6
-mäßige Zucht 193.19
Fabritschny 302.20
Fach der Samenkapsel . 35.10
Fachmann, Faserstoff- . 7.19
Fädchen, Fibroin- . . . 210.5
Faden 2.9
- mit metallglänzendem Überzug 293.9
-, ausgezogener 249.6
-, doppelter 225.7
-, der - geht durch ein Fällbad 249.3
-, aus Fäserchen zusammengesetzter 225.18
-, durch Eigengewicht gestreckter 275.18
-, getrockneter 276.17
-, gezwirnter 250.15
-, glanzreicher 294.8
-, kupferarmer 276.18
-, kupferhaltiger . . . 276.4
-, malachitgrüner . . . 276.19
-, plastischer 293.5

Faden, durch Spiralschnitt eines Walzenüberzuges aus Kollodium und Leim gewonnener . 293.11
–, vierkantiger 293.12
–, wasserfester 277.7
Fäden, zu – ausziehen . 286.19
–, gasierte 169.22
–, in – zerschneiden . 296.6
Faden-abzug, langsamer 249.11
–anleger 223.6.10
–bildung 280.15
–bildung in freihängender Flüssigkeitssäule 250.4
–bruch 251.7
–bündel 221.7
–bündel des Kokons . . 211.7
–dicke 222.17
–enden 169.21
–erzeugung in einem Zug 251.8
–form, in – austreten . 248.16
–führer . . . 222.8, 223.2, 253.1
–führung, wagerechte . 250.3
–geschwindigkeit . . . 249.12
–gewirr, äußeres 214.8
–knüpfer, automatischer 223.9
–knüpfer, selbsttätiger . 223.9
–lage 211.16
–leiter 221.1, 222.3
–nummer der Seide . . 238.5
–schicht 211.16
–schicht, äußere . . . 211.5
–spannung 222.14
–stärke 223.7
–struktur, äußere . . . 12.22
–widerstand 222.15
–windung 211.9
–zieherei 276.6
fadenähnliches Gebilde . 120.7
fadenziehende Lösung . 258.17
– Spinnlösung . 243.4, 244.19
Fagara-kokon 214.13
–seide 232.1
Fähigkeit, Aufnahme- . 15.8
–, Bleich- 15.7
–, Färbe- 15.8
–, Wasseraufnahme- . . 13.14
fahlfarbiger Kokon . . 215.7
fahrbarer Füllkasten . . 42.7
– Preßkasten 113.2
Faktur 29.17
–, laut 30.2
Fakturen-datum 29.24
–gewicht 29.23, 52.14
–wert 29.18
fakturieren 30.1
Fällbad 248.18
–, durch ein – gehen . 249.3
–, mild wirkendes . . . 249.4
–, stark wirkendes . . 249.5
Fällen durch Elektrolyse 291.14
– des gelösten Stoffes . 245.3
fällen, das Fett 158.8
–, das Azetat 285.1
–, den Gerbstoff durch Leimlösung 235.10
–, das Kupfer aus der Lösung 291.13
–, den gelösten Stoff . 245.4
–, die Viskose mit Chlorammoniumlösung . . 280.18
fällende Kraft des Methylalkohols 264.14
Fällflüssigkeit 248.18
–, ätzalkalische 274.4
–, langsam wirkende . 275.17
Fällmittel 17.4
–, alkalisches 274.3
Fällung 17.3
Fällungs-mittel 17.4
–verfahren 158.7
Fällzylinder 249.18
falsche Drehung erteilen 221.9
– Packung 48.15
falscher Binder 141.7
– Sisalhanf 109.4
Falten 7.6
falten 7.7
faltenreiche Haut . . . 132.18
Familie, Schmetterlings- 189.10
Familienspinner 193.8
–kokon 215.21
–nest 215.21
–nest, kugelförmiges . . 215.22
–nest, sackförmiges . . 215.23
Fangrinne 267.11
Farbe des Asbestes . . 241.19
– der Baumwolle . . . 60.15
– der Faser . . . 14.13, 43.17
– des Seidenleims . . . 228.13
– der Wolle . . 172.19, 179.8
Farbe, braungelbe . . . 74.14
–, dunkelbraun-graue . 74.15
–, echte 14.20
–, gleichmäßig gute . . 59.24
–, grünliche 74.13
–, haltbare 14.20
–, lichtblaue 74.11
–, schokoladenbraune . 117.7
–, stahlgraue 74.12
–, strohgelbe 117.8
–, tiefschwarze 117.9
–, zimtbraune 117.6
Färbefähigkeit 15.8
Färbekraft, geringe . . 15.10
–, hohe 15.9
Färben 5.12
färben 5.13, 45.17
–, das Stroh 120.6
–, sich braun 100.20
–, sich dunkel 98.4
–, sich rostartig 82.4
Farben-klasse 59.23
–reaktionen, kennzeichnende 227.17
–wandlung 290.16
–zusammenstellung . . 172.20
Färber 5.15
Färberei 5.12.14
Farbpigment 179.13
Farbstoff 179.13
– der Faser 14.15, 43.18
–, natürlicher 210.13
farbstoffhaltiger Zellstoff 254.18
Farbsubstanz der Faser 14.15, 43.18
Färbung des Seidenleims 228.13
– der Wolle 179.8
–, blaue 75.8
–, blaugrüne 91.1
–, Braun- . . . 97.11, 100.19
–, braungelbe 97.13
–, Dunkel- 98.3
–, dunkelviolette . . . 75.9
–, dunkle 179.10
–, Gelb- 97.15
–, Gelbbraun- 97.10
–, gelbliche 95.9
–, Grünblau- 97.9
–, helle 179.11
–, Kirschrot- 97.14
–, Rot- 97.12
–, rotbraune 98.1
–, schwarzbraune . . . 98.2
–, silbergraue 95.8
–, weißliche 95.10
Farm, Versuchs- 25.20
Farmerwolle 165.22
Färöer-Schaf 124.6
Faser 8.5
– von großer Festigkeit 12.10, 105.8
– der Palmyrapalme . . 117.10
–, bandartige . . 100.11, 225.12
–, biegsame 10.10
–, braunschwarze . . . 104.6
–, brüchige 11.23
–, elastische 12.5
–, feine 10.15
–, feste 12.8
–, fettglänzende 11.17
–, fettige 11.18
–, finnige 60.22
–, fischbeinartige . . . 117.3
–, gedrehte 10.24
–, gefrorene 101.22
–, gefügelose 12.23
–, gegliederte und verzweigte 104.2
–, gelbliche 14.19
–, gekräuselte 11.2
–, gereinigte 102.16
–, mit Wasser gesättigte 13.18
–, geschälte 104.4
–, geschmeidige 10.10
–, glänzende 11.9
–, glanzlose 11.20
–, glanzvolle 11.9
–, glatte 11.8, 74.9
–, graue 14.18
–, grobe 10.22
–, hanfartige 107.2
–, harte 10.19
–, hohle 10.1
–, holzfreie Hanf- . . . 90.15
–, holzige 15.17
–, kernige 10.23
–, kräftige 10.23, 60.13
–, kraftlose 60.14
–, künstliche 9.7
–, kurze 10.5
–, lange 10.3
Faser, mineralische . . 8.14
–, mittelfeine 10.17
–, mürbe 74.10
–, natürliche 8.12
–, nissige 60.22
–, platte streifenartige 103.12
–, rauhe 11.21
–, reine 15.2
–, rissige 12.1
–, roßhaarähnliche . . . 104.3
–, säureempfindliche . 98.8
–, schmiegsame 10.10
–, schwach verholzte . 116.2
–, schwammige 13.7
–, schwarze 104.7
–, seidenartig glänzende 74.7
–, seidige 11.13
–, seidig glänzende 11.11, 103.8
–, spezifisch leichte . . 12.19
–, spezifisch schwere . . 12.20
–, spröde 11.23
–, steife 10.21
–, strukturlose 12.33
–, technische 8.8
–, tierische 9.2, 182.3
–, undehnbare 114.10
–, ungeschälte 104.4
–, unregelmäßig dicke . 12.24
–, unreine 15.3
–, unverholzte . . 15.18, 44.17
–, verholzte 15.17
–, weiche 10.8, 74.8
–, weißliche 14.17
–, wellige 11.5
–, zähe 12.14
–, zarte 10.13
Faser-asche, formlose . 16.19
–asche, die –enthält Kristalle 16.20
–ausbeute 112.21
–bart der Steckmuschel 232.20
–bräunung 98.12
–bündel 8.9, 102.3, 103.3, 250.2
–bürstmaschine 112.19
–ende, stumpfes 103.6
–ertrag 7.15, 112.21
–farbe 14.13, 43.17
–färbung 14.13, 43.17
–gehalt 91.7, 102.17, 187.7, 216.22
–gemisch 45.19
–gewinnung 7.14
–gewinnung von Hand . 107.7
–gewinnung, mechanische 107.24
–gewinnungsmaschine, Boekensche 111.7
–kunde 8.6
–länge 10.2
–masse 119.8
–pflanze 18.11
–pore 235.13
–querschnitt 9.19
–querschnitt, runder . . 9.20
–querschnitt, unregelmäßiger 9.21
–riste 86.14
–rohstoff 8.3
–schicht 15.22
–spitze, scharfe 75.3
–stoff 8.7, 119.8
–stoffabrik 7.17
–stoffachmann 7.19
–stoffarbe 14.13
–stoffgewerbe 7.13
–stofftechnik . . . 1.2, 7.12
–stoffunternehmen . . . 7.16
–torf 115.19
–untersuchung, mikroskopische 180.13
–verarbeitung 8.1
–verlust 112.22
faser-artig 8.10
–haltiges Blatt 109.11
faserige Bestandteile . . 102.18
– Mittelschicht 118.14
– Substanz 119.8
Fäserchen der wilden Seide 225.17
faule Wurzel 203.5
Faulen der Faser . . . 82.21
faulen 82.20, 119.2
Fäulnis, in – übergehen 119.2
–vorgang 94.4
Feder 239.12
–fahne 239.15
–harz 294.9
–harzbaum 294.17
–kiel 239.16
Fehler der Wolle . . . 178.18
fehlerfrei-e Vlieswolle . 167.20
–es Haspeln 220.8
fehlerhafte Veränderung der Wolle 179.2
– Vlieswolle 167.21
Fehlgewicht 52.12
Fehlingsche Lösung . . 292.13
Feigenbaum, indischer . 203.22
fein-e Faser 10.15
–e Hechel 74.1, 87.4
–e Kammwolle 168.18
–e Nummer 239.2
–e Rohseide 231.14
–er Einzelfaden 243.1
–er Titer 239.2
–es Haar 187.16
–fädige Rohseide . . . 231.14
–fädige Seide 217.4
–faserige Jute 99.7
–faserige Seide 217.4
–faseriger Asbest . . . 241.11
–faseriger Spinnereiabfall 269.8
–gehechelter Hanf . . . 89.13
–haarige Wolle 178.2
–körnige Vliesoberfläche 136.20
–körniger Kokon . . . 216.13
Fein-gewicht 29.20
–hechel 89.21
–hechelei 89.12
–hecheln 74.2, 89.12
–hechler 87.16
Feinheit des Drahtes . . 298.1
– der Faser 10.16
– des Kokonfadens . . 217.3
– des Wollhaares . . . 178.3
–, nach – sortieren . . 89.14
Feinheitsbestimmung der Seide 238.3
Feinheitsgrad der entschälten Seide . . . 238.8
– der konditionierten Seide 238.7
– der Seide 238.5
– des Wollhaares . . . 178.3
–, den – feststellen . . 238.4
Feinheitsnummer . . . 10.18
Fein Pulk Hoffs Dreiband 304.1
Feinspinnen 2.4
feinspinnen 2.5
Feinspinner 2.6
Feinspinnmaschine . . . 2.6
Feinwage 47.7
Feld 21.17, 110.3
–, brachliegendes . . . 21.22
–, die Pflanzen im –e stehen lassen . . . 93.24
–fläche 76.3
Fell, das – abziehen . . 143.10
–, beschädigtes 142.13
–, minderwertiges 143.14, 144.1
–, unbeschädigtes . . . 142.14
–händler 145.1
–verkauf 144.22
Fels 26.17
Femel 77.7
femeln, den Hanf . . . 79.23
Ferrosulfat 281.10
–lösung 281.13
Ferrozyankaliumlösung . 291.9
Fertig-spinner 2.4
–stellung 258.20
–ware 7.22
–waschen der entschweißten Wolle 148.10
fertigspinnen 2.5
fest-e Faser 12.8
–e Rechnung 184.8
–er Kokon 216.6
–er Stoff 243.5
–es Pflanzenfett 16.3
festhalten, die Molekel in einer bestimmten Lage 246.17
Festigkeit 288.21
– der Faser 12.9, 60.17
– der Wolle 175.23
–, große 105.3, 114.10
Festigkeits-prüfer . . . 12.13
–verminderung durch Lagern 96.8
Festklemmen der Blätter 112.10
Festsetzung des Preises 53.16
– der Tara 48.7
festsitzendes Bürstenpaar 108.11
feststehend-e Roste . . 71.15
–e Schienen 40.4
–es Muster 49.2
feststellen, die Beschwerung 236.20
–, den Titer der Seide . 238.4
Fett 96.14
–, freies unverseiftes . . 152.10
–, ranziges 151.8

Fett-absonderung . . . 174.16
-balg 174.13
-bestimmung 156.17
-entwicklung des Schafes 133.2
-entziehung 155.13
-extraktion 155.13
-extraktionsmittel . . . 156.3
-extraktionsvorrichtung 156.18
-gehalt 44.9
-gehalt der Rohseide . 228.11
-gehalt der Rohwolle . 145.21
-gehalt der Seife . . . 152.12
-gehalt, freier 146.1
-gewebe, schwellendes . 206.4
-glanz 179.18
-haut 173.22
-lösungsmittel 156.5
-masse des Schwanzes . 125.3
-säure 151.5
-säure, sulfonierte . . 259.22
-säureester, wasserlöslicher 283.7
-schwanzschaf 125.1
-schwanzschaf mit langem Schwanz . . . 125.4
-schweiß 145.8
-steißschaf 124.10
-stoff 44.8
-stoff der Faser . . . 244.6
-stoff, abgeschiedener . 158.18
-substanz 44.8
-substanz der Faser . . 244.6
-sucht 207.24
-teilchen 149.16
-weide 134.21
-wolle 145.22, 167.23
-zelle 174.14
fett-glänzende Faser . . 11.17
-haltiges Seifenwasser . 158.14
-lösend 155.17
-reine Wolle 157.5
-schwere Schweißwolle 145.22, 167.23
-steißiges Schaf . . . 124.10
-süchtige Raupe . . . 208.1
fettig-e Faser 11.18
-er Abfall . . . 62.14, 170.8
Fettigkeit der Faser . . 11.19
feucht-e Baumwolle . . 47.15
-e Wolle 153.12
-er Boden 21.3
-er Stengel 80.6
-es Futter 198.14
Feuchtigkeit aufnehmen13.10.11
- der Faser 13.9
-, absolute 14.7
-, relative 14.9
Feuchtigkeits-gehalt . . 14.7
-gehalt, zulässiger 13.20, 47.10
-grad der Luft 14.9
-messer 14.10.12
-prüfer 47.4
-schwankung 13.13
Feuer (Flachs) 66.15
-, auf freiem - kochen 218.13
-gefährlichkeit der Kollodiumseide 263.15
feuer-beständiger Asbest 241.22
-fester Asbest 241.22
Fibrelle 225.17
Fibrille 19.1, 225.17
Fibroin 16.7, 210.2
- des Maulbeerspinners 210.6
- des wilden Seidenspinners 210.7
-, flüssiges 210.12
-fädchen 210.5
-faden 210.5
-gehalt der Rohseide . 228.7
Fichte 203.12
Fichtennadel 116.7
Ficus elastica 295.2
Fieder, Blatt- 118.3
Figurenmerzen 129.21
Filippi-Drüsen 191.16
-sche Flüssigkeit . . . 209.18
Filter-gaze 264.20
-gehäuse 282.2
-gewebe 245.18
-kammer 245.17
-papierschnitzel 255.4
-presse 245.13, 268.13
-stoff 245.18
-stoff, verstopfter . . . 264.21
-tuch 245.18
-tuch, auswechselbares . 245.19
-tuch, baumwollenes . . 245.20
-vorrichtung 148.8
-watte 246.2, 264.19
Filtern durch Asbestfilz 275.2
filtern, den abgeschiedenen Fettstoff 158.18
-, die Lösung 245.12
filtrieren, die Lösung . 245.12
Filtriermaterial 245.18
Filz 3.4
-fabrik 3.5
Filzen 3.2
filzen 3.3
filzig-e Wolle 178.13
-er Stapel 140.2
Fimmel 77.7
fingerförmig 35.1
Finne 60.22
finnige Faser 60.22
fisch-beinartige Faser . 117.3
-grätenartiger Einschnitt 295.6
Fischleim 286.13
Fixierbad 253.4
fixieren, den ausgezogenen Faden 249.6
Fixierung des Fadens . 249.10
Flachdraht 298.3
Fläche, mit Baumwolle bebaute 36.4
Flächeneinheit . . 22.23, 138.15
flach-bogige Kräuselung 177.2
-fädige wilde Seide . . 225.12
-gekräuselte Wolle . . 176.19
-gewölbter Stapel . . . 140.8
- pressen 120.13
-zylindrischer Kokonfaden 225.8
Flachs (s. a. Lein) 1.4, 64.13, 302.17
-, chemisch gerösteter . 76.18
-, gebrochener 76.19
-, estnischer 303.3
-, geländerter 66.17
-, gemeiner 64.15
-, gerösteter 76.15
-, geschwungener . . . 76.20
-, lufttrockener 67.3
-, russischer geweichter 303.10
-, überrösteter 68.24
-bau 65.17
-bauer 65.19, 75.15
-bereitungsanstalt . . . 69.4
-brand 66.15
-breche 70.9
-breche, Guildsche . . 71.8
-bündel 75.17
-faser 75.12
-feld 65.16
-handel 75.10
-händler 75.14
-hechelei 73.11
-hechelmaschine . . . 74.5
-hocke 67.5
-knotenwickler 66.12
-kultur 65.17
-lilie, neuseeländische . 114.17
-magazin 76.1
-markt 75.13
-pflanze 64.15
-riste 70.15
-röste 67.11
-röstanstalt 69.4
-rotte 67.11
-schädling 66.3
-schneidemaschine . . . 73.10
-schwingerei 71.18
-seide 66.13
-speicher 76.1
-stengel 65.6
-stroh 76.14
-werg 76.22
flachsartiger Stapel . . 140.1
flämisches Schaf . . . 124.15
flandrisches Schaf . . 124.15
Flanellwolle 168.15
Flanke 132.7, 171.18
flattriger Stapel 137.20
Flaum (Haar) 175.5
- (Seidenfaden) 224.16
- des Kokons 214.8
-, zu - zerrieben . . . 239.23
-feder 239.13
-haar 175.5
flaumiger Doppelfaden . 224.19
Flechten 3.6
flechten 3.7
Fleck 48.13
fleckig 60.1
-er Kokon 217.10
fleckkranke Raupe . . 208.11
Fleckkrankheit 208.10
Fleecewolle 168.1
Fleier 2.3
Fleisch 239.7
-, Blatt- 107.20
Fleisch, Frucht- 119.1
-entwicklung des Schafes 133.1
-seite des Felles . . . 144.2
-schaf 132.21
-schäferei 132.19.20
-schafzucht 132.19
fleischiges Blatt . 109.11, 114.2
Flicken 48.13
flicken, den Ballen . . 43.11
Flieder, schwarzer . . 204.2
Fliege (Uji) 207.6
Fliegen-art 207.7
-ei 207.8
-gattung 207.7
Fließbarkeit der Lösung 245.2
fließendes Wasser . . . 94.12
Flimmern der wilden Seide 227.3
flimmern 227.4
flimmernder Glanz . . 288.6
Flock-fäden ausscheiden 211.4
-seide 214.8, 232.11
flockenfreier Seidenfaden 226.9
Flocken, Rauh- 170.5
-, Scher- 170.6
-, Walk- 170.4
flockig-e Kautschukmasse 295.12
-er Seidenfaden 226.10
Florida-Baumwolle . . 57.10
-Sea-Island 56.21
Flotte 150.6
flüchtiges Lösungsmittel 156.4
Flug, Batteur- 61.22
-, Kamm- 169.9
-, Krempel- 169.13
-, Sauger- 61.23
-, Schläger- 61.22
-, Spinnerei- 169.19
-, Walzen- 169.14
-, Webstuhl- 170.2
Flügel-abfall 61.21
-trommel 163.2
flunderschwänziges Schaf 124.7
Fluß, guten - haben . 138.6
-, schweren - haben . . 138.7
flüssig-e Seife 233.7
-er Kohlenwasserstoff . 264.8
-er Zustand des Wollfettes 146.2
-es Fibroin 210.12
-es Pflanzenfett 16.4
Flüssigkeit des Wollfettes 146.2
-, alkalische 97.11, 182.2, 287.7
-, breiartige 208.8
-, klebrige 211.1
-, milchige 152.4
Flüssigkeitssäule, freihängende 250.4
Fluß-wasser 82.1
-schiff 32.13
fob 32.21
Föhrennadel 116.9
folliculus pili 174.4
Förder-band 251.13
-ketten für die Blattscheidenklemme . . 108.8
-scheibe 111.13
-seilpaar 111.11
-tuch 155.2
Form-veränderung der Seide 229.3
-, Ballen- 43.3
-, Blatt- 202.1
-, Düsen- 247.1
-, Kokon- 215.12
-, kolloide 245.5
-, zylindrische 180.3
Formaldehyd 156.9, 182.8, 254.6
-lösung 156.10
Formenlehre 18.15
Formiat 285.6
formlos-e Faserasche . 16.19
-er Schwefel 293.14
Formylzellulose 285.2
fortbewegend, sich -e Spule 253.14
Fortbildungsschule . . 26.1
fortpflanzen, durch Samen 201.6
-, durch Schnittreiser . 201.9
-, durch Setzlinge . . . 201.1
-, durch Stecklinge . . 201.1
-, durch Steckreiser . . 201.1
-, durch Wurzelschößlinge 110.5
Fortpflanzung 128.4
- des Maulbeerbaumes . 200.23
- durch Ableger . . . 201.2
- durch Absenker . . . 201.2
Fortpflanzung durch Samen 106.14
- durch Senkreiser . . 201.3
- durch Wurzelschößlinge 106.16
- durch Wurzelstöcke . 106.17
Fortsatz, haarartiger . . 36.17
Fourcroya gigantea . . 117.14
Fow-Geschäft 56.6
Fracht 31.19
- zu Wasser 32.23
-kosten 31.19
-satz 31.21
-satz, Ausnahme- . . . 32.2
-satz, Eisenbahn- . . . 31.22
-satz, Rohstoff- . . . 32.1
-tarif 31.21
frachtfrei 32.5
Franchise 56.4
franko Bord 32.21
- Bord Landungshafen . 32.22
- Quai 32.4
- Waggon 32.3
Franko-Waggon-Geschäft 56.6
französisch-e Rohseide . 231.9
-es Haspeln 220.18
Fraxinus excelsior . . 203.13
frei Bahnwagen 32.3
- Bord 32.21
- Bord Landungshafen . 32.22
- Kai 32.4
-bleibendes Angebot . . 28.22
-es Alkali der Viskoselösung 279.11
-es Ammoniak 150.22
-es Feuer 218.13
-es Kupferhydrat . . . 270.12
-händiger Verkauf . . . 185.1
-hängende Flüssigkeitssäule 250.4
-legen, die Fasern . . 110.17
-liegende Blattfaser . . 107.21
-teiliges Vlies 138.10
Frei-Bahnwagen-Geschäft 56.6
Freiständigkeit der Stapel 138.9
Fremdkörper, anhaftende 15.6, 90.17
Freßlust der Raupe . . 197.23
Frieren der Faser . . . 101.20
friesisches Schaf 124.13
Friktionsrolle 222.7
frisch-er Stengel 101.15
-es Holz 121.9
-es Maulbeerblatt . . . 198.4
- erhalten, das Laub . 198.24
- gelegtes Ei 193.13
- geschnittenes Kautschukband 296.8
- geschorene Wolle . . 167.14
Frisons 232.11
Fristhandel in Wolle . 185.16
Frost, Früh- 38.4
Frucht 20.3
-, eiförmige 118.10
-, einsamige 118.9
-, kugelige 93.8
-, reife 62.21
-, zylindrische 93.9
Frucht-bollen der Baumwolle 35.9
-faser 8.24, 117.18
-fleisch der Kokosnuß . 119.1
-folge 22.11
-haar 20.5
-hülle, äußere 118.12
-kapsel 20.4, 93.7
-kolben 106.12
-reife 24.17
-reife, völlige 120.2
-stand 118.7
-stand, reifer 114.13
-wechsel 22.11
-wolle 62.23, 63.1
fruchtbare Schafrasse . 131.3
Fruchtbarkeit der Schafrasse 131.2
Früh-frost 38.4
-lein 66.2
-lingskokon 214.16
-reife des Schafes . . . 130.13
Fucus vesiculosus . . . 121.21
Fuge, trapezförmige . . 164.19
Führung aus Kupferdraht 263.4
Führungskamm 263.3
Füll-bassin 223.4
-becken 223.4
-behälter 223.4
-kasten, fahrbarer . . . 42.7
-kasten, zerlegbarer . . 42.8
-masse, als - verwenden 63.16

Füllschacht 42.15
Funke, elektrischer . . 247.21
fünflappiges Blatt. . . 34.14
Furche. 22.3
Fuß-bodenmatte. . . . 205.6
-locken. 172.5
-wolle 172.5
Futter 198.11
-hals 175.12
-kraut 135.10
-pflanze 135.10
-raufe 133.8
-schneidmaschine . . . 198.19
Füttern der Raupen. . 197.21
füttern (Raupe) . . . 197.22
Fütterung, Stall- . . . 133.16
-, Trocken-. 133.17
-, Weide- 133.15

G.

Gabel 149.9
Galetta. 232.14
galizischer Hanf . . . 92.2
Galläpfelabkochung . . 235.8
Gallenfett 159.14
gallertartig-e Pflanzenstoffe 287.19
-es Aufquellen 288.17
-es Natriumsalz. . . . 279.7
Gallerte, wasserhaltige . 280.7
Gallussäure. 286.7
Gambohanf 103.4
Gammaeulenraupe. . . 66.10
Ganzfabrikat 7.22
Garantie, Gewichts- . . 56.5
-, Qualitäts- 56.3
garantiert-e Klasse . . 55.20
-es Muster 56.2
Garbe 80.5
Gären (Same) 79.8
Gärung. 79.7
-, alkalische 81.11
-, saure 81.10
Gärungs-bakterien . . 82.18
-vorgang . 67.14, 81.9, 102.13
Garn 2.9
-, gezwirntes 2.12
-, metallisiertes 298.6
-, mit Metallüberzug versehenes 298.6
Gartenpflanze 18.10
gartenmäßige Bearbeitung. 22.8
Gas-absorption der Seide 228.5
-aufsaugung durch Wolle 183.9
-blase 68.2
-entwicklung 68.1
-heizung 237.12
Gase, erstickende . . 213.13
-, schädliche 256.17
gasförmig-e schweflige Säure 262.4
-es Ammoniak 272.12
gasierte Fäden 169.22
Gattung, nach -en einteilen 187.3
Gattungsmuster 186.20
Gaze, Filter- 264.20
-, Seiden- 246.1
geackerter Boden . . . 22.6
gebackener Kokon. . . 214.1
Gebauerscher Sektionsbleichkessel 269.17
Gebiet, Baumwoll- . . 35.18
-, Erzeugungs- 183.12
-, Hanfbau- 78.3
-, Produktions- 183.12
-, Seidenerzeugungs-. . 229.21
Gebilde, fadenähnliche. 120.7
-, haarartiges 173.7
-, organisches 174.1
Gebirgs-schaf 125.9
-weide 135.8
Gebläse 155.6
gebleicht-e Baumwolle . 244.4
-er Zellstoff 119.14
gebokter Hanf 91.11
gebogen, sichelförmig . 123.15
-e Trichterröhre. . . . 248.9
gebrochen-er Flachs . . 76.19
-er Hanf. 91.9
Gebühr. 51.18
gebündelte Jutepflanze. 93.24
Gebüsch 135.13
gedehnt-bogige Kräuselung. 177.4
-bogiger Stapel 138.17
-e Kräuselung 177.4
Gedeihen des Maulbeerbaumes 200.21
gedeihen(Maulbeerbaum)200.22
gedörrter Kokon . . . 214.1
gedrängt-bogige Kräuselung 177.5
-er Stapelzug. 137.7
gedreht-e Faser 10.24
-er Seidenfaden . . . 224.14
gedrückter Stapel . . . 140.14
gedüngter Boden . . . 21.6
Geestschaf 124.9
gefädelter Stapel . . . 139.13
Gefäß, Verdampfungs-. 292.18
gefaulter Urin 150.19
gefiedertes Blatt . . . 118.2
gefilterte Spinnlösung . 264.22
gefingert (Blatt). . 35.1, 77.15
Geflecht 3.8
gefräßige Raupe. . . . 198.1
Gefrieren der Faser . . 101.20
gefrorene Ramiefaser . 101.19
Gefüge des Kokons . . 215.11
-, äußeres 175.14
-, netzartiges 171.9
gefügelos-e Ausscheidung 209.15
-e Faser 12.23
-er Seidenfaden 226.4
Gegen-mine 54.15
-partei 50.22
-wiegung. 48.9
gegeneinander versetzt. 111.9
gegenständig stehen (Blätter) 19.24
gegliederte Faser . . . 104.2
Gehalt an Baumwolle . 46.1
- der Spinnlösung an festem Stoff 243.5
Gehäuse, helmartiges . 267.6
gehechelter Hanf . . . 91.15
gehen, durch ein Fällbad (Faden) 249.3
gehörntes kurzschwänziges Schaf 124.4
- Schaf 127.7
gekämmt-e Abfallseide . 232.16
-er Zug 168.20
gekerbte linsenförmige Scheibe 223.11
geknickter Stapel . . . 140.16
gekocht, in Sodalösung 239.20
gekräuselt . . . 11.2, 176.17
-, entschieden 176.18
-, flach 176.19
-, wenig 176.19
gekrempelte Baumwolle 254.17
gekreuzte Raupenrasse. 197.15
gekrümmter Stapel . . 140.15
gekühlter Spinnkessel . 274.1
geländerter Flachs . . 66.17
gelapptes Blatt . 19.17, 202.7
Gelatine 261.8, 286.12
-faden, unlöslicher . . 286.20
-kunstseide. 286.11
-lösung. 286.15
Gelb-braunfärbung durch Chlorzinkjod 97.10
-färbung durch Anilinsulfat 97.15
-färbung der Wolle . . 183.4
-reife des Flachses . . 66.19
-spinner 189.16
-sucht 207.24
gelb-er Kokon 215.2
-süchtige Raupe . . . 208.1
-werden 79.18
gelblich 43.20, 60.2
-e Färbung. 95.9
-e Faser 14.19
-weiß 43.22, 60.2
-, stark 60.3
Geldsumme 53.15
gelocht-e Metallplatte . 296.4
-es Papier 205.19
gelocht, siebförmig . . 253.15
gelockerter Boden. . . 21.5
gelöst-er Stoff 245.4
-, in Weingeist 262.6
gemahlen-er Asbest . . 241.4
-er Zellstoff 119.15
gemaschte Kräuselung . 177.6
gemeinschaftlich, sich - einspinnen 209.7
Gemisch 151.22
- aus Lauge und Fett . 151.18
gemischt-e Beschwerung 234.24
-e Röste 68.16, 82.7
-, mit Gas 267.9
Gemüsepflanze 18.9
Georgia, lange 57.2
gepflegt, gut -e Wolle. 175.13
gepflügter Boden . . . 22.6
gepinkte Seide 236.3
gepreßt-e Kautschukmasse 295.18
-er Ballen, fertig . . . 43.1
-er Ballen, halb. . . . 42.20
-er Kapok 63.15
-er Strohhalm 120.14
gepulvert-er Kopal . . 260.18
-es Kupfersulfat . . . 270.13
geradfaseriges Holz . . 121.3
Gerät, Zucht- 196.1
gerben 239.8
Gerber 143.18
-wolle 143.19, 167.16
Gerbsäure . . . 235.5, 286.6
-, künstlich gereinigte . 235.9
-beschwerung 235.7
Gerbstoff . . . 235.5, 286.6
-, der - zieht die Poren zusammen 235.15
-bad. 235.6
-lösung, heiße 235.11
gereinigt, künstlich . . 235.9
-e Faser 102.16
-e Viskoselösung . . . 279.18
-er Asbest 240.19
geriebener Hanf. . . . 86.9
geriffelt, dreikantig . . 71.5
gerillte Scheibe 86.16
gering-e Wolle 172.14
-wertige Wolle 177.19
Gerinnen des Fadens . 249.13
- der Lösung 245.6
-, zum - bringen 280.19, 295.11
gerinnen (Faden) . . . 249.14
- (Fibroin) 210.11
- (Lösung) 245.7
- (Viskose) 280.9
gerippt-e Walze. . . . 84.4
-blättriger Maulbeerbaum 199.13
geröstet, chemisch. . . 76.18
-er Flachs 76.15
-er Hanf. 82.22, 91.6
gerotteter Stengel . . . 83.7
Gerstenstroh 119.17
geruchloses Wollfett . . 159.12
Geruch, Woll- 175.10
gesägtes Blatt . . 77.16, 93.2
Gesamternte 24.22
gesättigt, mit Feuchtigkeit 154.7
-, mit Wasser 13.18
-e Chromsäure 98.16
-e Lösung 270.22
-e Salzlösung. 281.3
Geschäft 53.5
- auf Abruf 53.20
-, befriedigendes . . . 186.12
-, effektives 27.16
-, glattes 27.15
-, reguläres 27.15
Geschäftsabwicklung . . 185.19
geschält-e Faser. . . . 104.5
-er Stengel. 101.13
geschlitztblättriger Maulbeerbaum 199.16
geschlossen-er Stapel, gut 137.21
-es Keimloch 118.16
Geschmeidigkeit. . . . 288.18
- der Faser. 10.11
-, hohe 10.12
geschmeidig machendes Pulver. 294.7
-e Faser 10.10
geschnitten-e Blätter . 110.13, 198.23
-er Hanf. 91.14
geschwefelt-er Kautschuk 294.16
-er Kautschukfaden . . 296.16
Geschwindigkeit, Auspreß- 248.15
-, Faden- 249.12
geschwungener Flachs . 76.20
gesellige Raupenart . . 197.9
Gesellschaft, Dock- . . 32.17
-, Pflanzungs- 25.5
-, Schiffahrts- 32.16
Gesellschaftsspinner . . 193.8
gesichtet-e Jute 99.5
-er Hanf. 80.3
gesiebter Asbest 241.3
gespalten-es Blatt . . . 115.5
-es Stroh. 120.11
gespannter Strick . . . 84.15
Gespinst 2.9
-faser 8.5
-faserpflanze 18.11
-e, Metall- 297.1
gestampfter Hanf . . . 91.11
gestapelt, kurz- 137.5
-, lang- 137.3
Gestehungskosten . . . 25.8
Gestein. 26.17
Gesteinskunde 26.15
Gestell, Trocken- . . . 112.12
gestielt, kurz- 35.8
-, lang- 35.7
gesträngter Stapel . . . 139.13
gestreckter Faden . . . 275.18
Gestrick 4.8
gesund, die Wolle ist . 175.17
-e Raupe. 206.16
-er Same 193.14
-es Maulbeerblatt . . . 198.5
-heitsschädliche Gase . 256.17
Gesundheit der Wollfaser 175.16
getrennt halten, voneinander 196.17
getrocknet-e Baumwolle 269.9
-e Ramiefaser 102.1
-er Faden 276.17
-er Stengel. 101.16
gewachsen, lose 137.12
Gewähr für Güte . . . 56.3
gewalkte Wolle 170.13
gewaschen-e Locken . . 169.4
-e Wolle . 160.24, 168.2, 185.5
gewässerter Stapel. . . 137.19
Gewebe 3.21
-, verholztes 244.12
-, verzinktes Eisendraht- 155.1
Gewebe-aufbau der Pflanze 18.16
-lehre 18.17
geweichter Asbest . . . 241.7
Gewicht der Verpackung 29.19
-, konditioniertes . . . 238.2
-, metrisches 76.2
-, spezifisches . 12.21, 181.10
-, tatsächliches 52.10
-, wirkliches 48.18
Gewichts-garantie . . . 56.5
-gewähr 56.5
-kontrolle 48.9
-note 184.17
-schein. 184.17
-verlust 49.4
-verlust der Seide . . 234.15
-verlust durch Waschen 149.17
gewickelt, in Matten. . 75.19
Gewinn, imaginärer . . 33.6
-, mutmaßlicher 33.6
gewinnen, den Asbest durch Sprengen . . 240.14
-, die Fasern durch Zerreißen der Blätter . 116.21
-, das Fett aus dem Wollwaschwasser . . 158.5
-, den Hanfsamen durch Dreschen. 80.16
-, die Seide 188.24
-, die Strohfaser aus dem Strohhalm 120.18
Gewinnung 167.2
- des Asbests. 240.10
- der Faser. . . 107.1, 110.7
- der Flachsfaser . . . 66.21
- der Hanffaser 79.21
- der Jute 93.12
- der Raupeneier . . . 193.9
- der Seide 188.23
- der Seide aus den Kokons 217.19
- der Wolle 141.14
- des Wollfettes . . . 158.1
Gewirke 4.3
gewöhnlich-er Hanf . . 77.3
-er Stapel 137.17
-es Los 186.3
gewonnen, durch Spiralschnitt (Faden). . . 293.11
gezackte Rißstelle der wilden Seide 227.9
gezahnt-e Schuppe . . 181.3
-es Blatt . . . 77.16, 202.3
-es Messer 107.19
gezerrtes Haar 176.14
gezogener Wechsel. . . 30.11
gezüchtet-e Pflanze . . 18.1
-er Maulbeerbaum. . . 200.12
gezuckerte Seide . . . 235.23
gezwirnt-e Kunstfäden. 293.8
-er Faden 250.15
-es Garn 2.12
Ghoze Sun 103.7
giftiges Präparat . . . 144.7
Ginnerei 38.23
Ginster, spanischer . . 104.13
-faser 105.1, 255.1
-hanf 105.1

gipfelmürb-e Wolle . . 139.9
-es Haar 177.24
gitterförmig verschränken 204.8
Gitter, Holzstab- . . . 87.14
glandula sebacea . . . 174.13
Glanz der Baumwolle . 60.16
- der Faser 11.10
- der Seide 226.22
- der Wolle 179.14
-, flimmernder 288.6
-, glasartiger . 11.16, 288.7
-, glasiger 179.17
-, glitzernder 288.6
-, matter 288.8
-, milchigtrüber . . . 288.9
-, ohne 288.10
-, ruhiger 288.5
-, seidenähnlicher . . . 288.4
-, seidiger . . . 11.12, 46.14
-, silberähnlicher . . . 11.15
-, silbriger 288.5
-, spiegelnder 11.14
-, unruhiger 288.6
-raupe 268.1
-stoff 242.10
-stoffkunstseide 267.12
-stoffseide . . 242.10, 267.12
-wolle 168.7
glänzend-e Faser . . . 11.9
-er Hanfsame 78.19
glanzlos 288.10
-e Faser 11.20
glanzreich-e Wolle . . . 178.15
glanzvolle Faser . . . 11.9
Glas 1.18, 298.7
-auge 221.3.14
-bläser 276.12
-düse 248.5.7
-faden 9.9, 298.8
-gespinst 298.8
-gespinst, seidenartiges 298.9
-glanz 179.17, 288.7
-hahn 275.8
-hütte 276.11
-röhre, ausgezogene . . 247.3
-spinnerei 298.12
-spule 277.6
-trichter 249.19
-watte 298.11
-wolle 298.10
glasartig-e Durchsichtigkeit 288.11
-er Glanz . . . 161.11, 288.7
gläsern-e Spinndüse . . 247.2
-e Spule 275.11
glasiger Glanz 179.11
glatt abscheren, das Vlies an der Haut 142.10
-e Faser 11.8, 74.9
-er Stapel 138.15
-es Abscheren 142.9
-es Geschäft 27.15
-es Messer 107.18
-es Wollhaar 177.8
Glätte der Faser . . . 11.7
- des Wollhaares . . . 179.19
Glätten 6.16
glätten 6.17, 112.16
Glattstrählen des Hanfes 112.17
Glaubersalz 162.1
gleichartig-e Beschaffenheit des Fadens . . 242.14
-es Gefüge 210.18
gleichförmig-er Seidenfaden 226.5
Gleichförmigkeit . . . 179.21
- der Stapel 137.10
gleichlaufende Klasse . 55.22
gleichmäßig aufquellen . 75.7
- spinnen 211.12
-e Zähflüssigkeit der Spinnlösungen . . . 244.21
-e Rohseide 224.12
-er Haarwuchs 173.6
-er Stapel 61.5
gleichrassige Paarung . 129.4
gleichständige Stapelung 138.2
Gleichständigkeit der Stapel 138.3
gleichteilige Stapelung . 137.24
glitzernder Glanz . . . 288.6
Glyzerin 151.4, 271.16
-lösung, wässerige . . 258.2
Gnubberkrankheit . . . 135.24
Gold-draht 297.2
-draht, echter 297.3
-draht, legierter . . . 297.4
-plattierung 297.9
-überzug 297.5.6
gold-gelber Kokon . . . 215.3
-plattierter Draht . . . 297.5
Gomphocarpusseide . . 64.7
Goochtiegel 291.10
Göpel 71.7
Grad der Vergoldung . 297.8
-, ganzer 59.11
-, halber 59.12
-, voller 59.11
-teilung 268.9
Grainierzelle 194.4
Grainierung 193.18
Grainierungsanstalt . . 194.2
Grän 239.4
Grannenhaar . . 125.15, 175.6
Gras 135.12
-, wildwachsendes . . 116.20
Gräte 132.17
grau-e Faser 14.18
-farbiger Kokon . . . 215.4
-grünes Blatt 109.15
-grüner Hanfsame . . 78.20
-weiß 43.21
Greaswolle 167.22
Grège 224.11
-faden 224.13
Greifer für die Blattscheiden 108.6
- des Fadenleiters . . 223.6
griechische Rohseide . . 231.7
Griff 85.8
- der Baumwolle . . . 60.7
- der Kunstseide . . . 288.3
- der Seide 226.11
- der Wolle 177.9
-, baumwollartiger . . 226.21
-, elastisch fester . . . 226.18
-, fester 60.9
-, harter 60.10, 226.14
-, hohler 177.11
-, knirschender . . . 226.16
-, krachender 226.16
-, leerer 177.11
-, quellender 177.12
-, rauher 60.11
-, schwellender . . . 226.19
-, seidenartiger . . . 177.13
-, strohiger 285.21
-, trockener 226.20
-, voller 177.10
-, weicher 60.8, 226.17
-, wergiger 60.12
griffige Seide 226.13
grob-e Basthülle . . . 225.22
-e Faser 10.22
-e Hechel 73.18, 87.3
-e Nummer 239.3
-e Rohseide 231.15
-e Wolle 177.21
-er Stapel 61.7
-er Titer 239.3
-es Haar 187.17
Grobstösser, dreieckiger 101.7
großblätterig-e Blüte . 35.6
-er Maulbeerbaum . . . 199.10
Großhändler, Baumwoll- . 55.3
großmaschiger Kokon . 216.10
Grube 26.23
Grubenröste 67.18
Grund-begriffe der Faserverarbeitung 8.1
-besitzer 25.10
-eigentümer 25.10
-ernte 38.11
-faden des Metallgespinstes 298.5
-flaum des Samenkorns 36.16
-lage, auf - einer Klasse 55.19
-lage, auf - letzter Versteigerung 186.9
-muster 50.1
-muster für Zeitgeschäft 50.6
-preis 53.19
-reis 201.14
-satz, Züchtungs- . . . 128.8
-stoffe des Seidenfadens 225.16
-stoffe für Kunstseide . 243.3
-ton der Faser 14.16
Grün-blaufärbung der Jutefaser durch Kupferoxydammoniak . . 97.9
-dünger 21.13
-flachs 76.14
-futter 133.18
-kalk 144.4
-kopf 303.20
-röste 68.11
-spinner 189.17
grün-e Ramie 100.18
-er Hanf 77.9
-er Kokon 215.5
-er Wachsschweiß . . . 145.12
-liche Asbestfaser . . . 241.16
grün-liche Farbe . . . 74.13
-samige Baumwolle . . 36.22
Gruppe, Bäder- 149.1
-, in -n züchten . . . 196.18
Guajakol 284.17
Guanako 126.13
-wolle 188.5
Guiana-Baumwolle . . 57.23
Guildsche Flachsbreche 71.8
Gummi-baum 295.2
- elasticum 294.9
-gehalt des Kokons . . 217.7
-stoff, schwerlöslicher . 228.9
gummiartige Verkittung der Kokonfäden . . 218.3
Gunni 92.13
Gunny 92.13
gut gewachsene Wolle . 141.8
-er Stapelzug 138.9
Gutachten 51.16
Gutachter 51.15
Güte der Baumwolle . 60.4
- der Wolle . . 172.12, 179.6
- des Vlieses 171.13
-, nach der - einteilen 187.2
-minderung 48.1
-muster 186.19
Guttapercha 261.6

H.

Haar (s. a. Wollhaar) 1.12, 174.2, 187.12
mit hornigem Überzug 180.18
-, entglänztes künstliches 294.5
-, feines 187.16
-, gezerrtes 176.14
-, gipfelmürbes 177.24
-, grobes 187.17
-, hartes 187.14
-, künstliches 293.1
-, markhaltiges 181.9
-, mürbes 177.23
-, steifes 187.15
-, tierisches 9.3
-, unelastisches . . . 175.21
-, oben wellenuntreues . 176.13
-, unten wellenuntreues 176.12
-, unterbrochen wellentreues 176.11
-, weiches 187.13
-, wellenförmiges . . . 176.8
-, wellentreues 176.9
-, wellenuntreues . . . 176.10
-, welliges 176.8
-balg 174.4
-bildung 173.3
-büschel 136.22
-decke 131.12
-dicke 181.13
-durchmesser 181.14
-ende, unteres 143.17
-faser 15.5
-feuchtigkeitsmesser . . 14.10
-gipfel 141.2
-hygrometer 14.10
-keim 173.8
-kleid 131.12
-knopf 174.6
-kopf 174.6
-kräuselung 180.1
-länge, mittlere . . . 177.16
-oberfläche 180.17
-oberfläche, mit Schuppen bedeckte 181.1
-oberhäutchen 174.22
-papille 174.5
-pelz 131.12
-röhrchen 262.13
-röhrchen aus Glas . . 276.8
-säckchen 174.4
-schaf 131.13
-schaft 174.21
-schuppe 180.19
-stand, dichter 136.18
-stand, dünner 136.16
-wärzchen 174.5
-wechsel 173.13
-welle 179.23
-wolle 178.1
-wuchs 131.12
-wuchs, gleichmäßiger . 173.6
-wuchs, senkrechter . . 138.19
-wurzel 174.8
-zwiebel . . . 143.15, 174.6.7
haarartig-er Fortsatz der Zelle 36.17
-es Gebilde 173.7
haarlose Raupe 197.7
Hack-bau 22.1
-klotz, mit Messern versehener 70.12
-messer 107.6
Hafen-bahnfracht . . . 33.2
-konnossement 49.12
Haferstroh 119.18
Haftpflicht 56.4
Hahn, Glas- 275.8
halb kochen, die Seide . 234.12
-echter Draht 297.15
-flüssiges Serizin . . . 210.15
-gekochte Seide . . . 234.11
-gesättigte Chromsäure 289.4
-stumpfes Eisen 107.15
-wilder Seidenspinner . 189.15
-zylindrisches Bleibecken 275.12
Halb-blut 128.24
-blutschaf 128.24
-erzeugnis 7.21
-fabrikat 7.21
-kochen 234.10
-zucht 128.24
Halm 121.16
-knoten 121.17
-stück 120.16
-, Stroh- s. Strohhalm
Hals, oberer 132.1
-, unterer 132.2
-seite 171.19
-wirbel 127.14
haltbare Farbe 14.20
- Kupferoxydammoniaklösung 273.11
Haltbarkeit der Farbe . 14.21
Haltbarmachen der Kollodiumwolle 257.17
halten, in Lösung . . 266.6.14
Haltung der Börse . . 54.16
-, feste 54.17
-, schwache 54.18
Hammel 130.3
-wolle 167.8
Hammeln 130.9
Hammer, hölzerner . . 107.13
Hand, mit der - abheben 205.16
-, an - geben 28.21
-, Fasergewinnung von 107.7
-, mit der - spalten . . 102.19
-breche 70.9, 83.13
-entfaserung 111.1
-entkörnungsmaschine . 39.17
-hechel 73.15
-hechelei 87.5
-probe 75.16
-rechen 148.15
-schere 141.19
-schwinge 72.4, 84.12
-schwingen 84.10
-schwingerei . . . 72.3, 84.10
-voll 70.15
handgehechelter Hanf . 91.16
Handel 27.4, 47.12
- mit Rohstoffen . . . 27.3
Handels-baumwolle . . 47.13
-beauftragter 27.10
-bezeichnungen 91.4, 230.8, 299.2
-flachs 76.13
-gelatine 286.14
-gewicht 238.2
-gewicht der Seidenkokons 229.16
-gewicht der Wolle . . 187.6
-haus, Woll- 184.3
-kasein 287.2
-kautschuk 294.15
-marke für Rohseide . 230.8
-platz 27.5
-seiden 230.14
-ware 28.10
-wert der Rohseide . . 230.7
-wolle 185.7
handelsüblich gepackter Ballen 48.17
Händler 27.7
-, Seiden- 230.10
-, Woll- 184.4
Hanf 1.5, 77.1, 305.1
-, abgeschälter 91.8
-, bengalischer 103.7
-, Bologneser 92.3
-, brauner 103.7
-, buschiger weiblicher . 77.10
-, deutscher 91.21
-, feingehechelter . . . 89.13
-, galizischer 92.2
-, gebokter 91.11
-, gebrochener 91.9
-, gehechelter 91.15
-, gelber 78.1

Hanf, geriebener . . . 86.9
–, gerösteter 91.6
–, geschnittener. . . . 91.14
–, gesichteter 80.3
–, gestampfter 91.11
–, gewöhnlicher 77.3
–, grüner 77.9
–, handgehechelter . . 91.16
–, indischer. 103.4
–, italienischer 92.3
–, Königsberger. . . . 91.21
–, locker beblätteter männlicher 77.8
–, Manila- s. Manilahanf
–, maschinengehechelter 91.17
–, Neapler 305.19
–, oberitalienischer . . 305.2
–, ostindischer 103.7
–, St. Petersburger . . 91.22
–, polnischer 92.1
–, roher 91.10
–, russischer 91.22
–, Sisal- s. Sisalhanf . . 1.9
–, tauber 77.7
–abfall 92.4
–ballen 92.12
–bast 293.1
–bau 78.2
–bauer 78.9
–baugebiet 78.3
–blatt, gefingertes. . . 77.15
–blüte, männliche . . . 77.19
–blüte, weibliche . . . 77.20
–ernte 79.22
–faser, schäbenfreie . . 90.4
–feld 78.6
–frucht, nußförmige . . 77.22
–garnnetz. 205.21
–gut 78.4
–hahn 77.7
–handel 91.3
–hechelmaschine . . . 87.18
–hede 92.6
–korn 78.14
–land 78.5
–mange 85.18
–öl 81.1, 260.13
–pflanze 77.3
–pflanze, männliche . . 77.7
–pflanze, weibliche . . 77.9
–pflanzer 78.9
–pflanzung 78.7
–reibe 85.21
–riste 84.16
–riste, zopfförmig zusammmengedrehte . . 86.5
–röste 81.3
–rotte 81.3
–same 78.14
–same, glänzender . . 78.19
–same, graugrüner . . 78.20
–same, keimfähiger . . 79.10
–same, reifer 79.5
–same, schwarzer . . . 78.21
–same, weißer. . . . 78.22
–schädling 79.12
–schneidmaschine . . . 86.15
–stampfe 85.18
–staude 77.11
–stengel, ästiger 77.14
–stroh 91.5
–tod 79.13
–werg 92.6
–wickel 86.5
–würger 79.13
–wurzel 77.12
–zerreißmaschine . . . 86.15
hanfähnliche Faser . . 104.2
hartige Faser 107.2
–ängender Stapel . . . 140.15
Hängeohrschaf 125.8
Harke 23.18
harnsaures Ammoniak . 150.11
– Kali 209.16
hart-e Faser 10.19
–e Wolle 178.6
–er Bast 225.19
–er Griff 226.14
–er Tussahkokon . . . 214.9
–es Haar. 187.14
–es Wasser 67.23, 81.23, 219.6
Hart-gußriffelwalze . . 163.1
–reife des Flachses . . 66.20
Härte der Faser . . . 10.20
–grad des Haspelwassers 219.7
harziger Schweiß . . . 145.13
Harzseife. 255.14
Hasenhaar 188.12
Haspel 2.22, 221.15, 222.8, 253.5
– für die Feinheitsbestimmung 238.9
Haspel, Ablauf- 225.2
–, auf den – bringen . 221.4
–, die Kokonfäden auf dem – aufeinanderlegen 224.7
–, schiefgestellter . . . 252.6
–bank 221.11
–becken 221.12, 223.5
–prozeß 220.6
–raum 221.18
–trommel 221.15
–verfahren 221.1
–verfahren,französisches 220.18
–verfahren, italienisches 220.17
–vorgang 220.6
–vorrichtung 221.11
–vorrichtung, selbsttätige 222.1
–wasser . 218.21, 222.2, 238.12
haspelartig gebaute Spule 252.9
Haspeln 2.20
– zu zwei Fäden . . . 221.5
– des Kokons 220.5
–, fehlerfreies 220.8
–, französisches 220.18
–, italienisches 220.17
haspeln. 2.21, 220.7
–, den Probesträhn . . 238.11
Hasplerin 221.16
häufeln 23.19
Haupt-klasse 59.10
–kultur 106.19
–rasse 122.13
Hausenblase 286.13
Hausschaf 124.1
hausse, à la – spekulieren 54.14
Haussier 54.12
Haus-tier 26.9
–ziege 127.2
Haut. 173.18
–, äußere 192.5
–, faltenreiche 132.18
–, innere 192.3
–, mittlere 192.4
–dichtigkeit 136.14
–ende des Stapels . . . 138.8
–falte 132.16
–naht 136.13
–wolle 167.16
Häuten der Seidenraupe 206.1
häuten, sich 206.5
hautförmig 171.10
Häutung, x-malige . . 206.6
Häutungsdauer 206.2
heben, sich selbsttätig . 88.15
Heberleitung 250.9
Hechel 73.15, 87.6
–, feine 74.1, 87.4
–, grobe 73.18, 87.3
–, Mittel- 73.19
–, weitständige 73.18
–bank 87.11
–feld 89.6
–flachs 76.21
–hanf 91.15
–hede 92.6
–kluppe 88.2
–leiste 89.3
–leistenmantel. 88.6
–mantelscheibe 88.7
–maschine für Flachs . 74.5
–maschine für Hanf . . 87.18
–maschine mit selbsttätiger Umspannung 88.1
–nadel 87.7
–stab 74.4
–stuhl 74.3, 87.11
–stock 87.11
–werg 92.6
–zahn 73.16, 87.7
Hechelei 73.14
–, Maschinen- 87.17
Hecheln des Flachses . 73.11
– des Hanfes 87.1
hecheln, den Flachs . . 73.12
–, den Flachs stufenweise 73.17
–, den Hanf 87.2
Hechler 73.13, 87.15
Heckenpflanze 109.5
Hede. 76.22
–faser 92.7
–schüttelmaschine . . . 85.9
hediger Stapel 139.17
Heideschaf, deutsches . 124.8
Heid-schnucke 124.8
–schnuckenwolle . . . 165.12
heiß-e Gerbstofflösung . 235.11
–e Luft 213.11
–e Sodalösung 282.11
–e Walze 252.2
–er Luftstrom. 237.8
heißes Wasser. 257.14
–Wasserbad. 218.6
Heiß-dampf 151.6
–wasserröste 69.7
Heiz-anlage 162.9
–kammer 162.8
–ofen 195.14
–raum 162.8
–rippenrohr 154.13
–rohr 154.17, 237.7
–röhre 237.7
heizen, mit Gas 237.11
Heizung durch Kohlenbecken. 197.5
hell-e Färbung 179.11
–blaue Blüte des Flachses 65.10
–farbige Seide 226.24
–glänzende Wolle . . . 178.15
–grünes Blatt 109.13
helmartiges Gehäuse. . 267.6
heranziehen, die Pflanzen aus Bulbillen in Saatbeeten 110.6
herauslesen, die Kletten 164.2
–schlagen, die Kletten . 164.18
Herbstkokon 214.17
Herdenschur 167.15
Herkunft. 56.17
Hersteller. 7.18
Herstellung der Kollodiumlösung. 258.9
– der Nitrozellulose . . 255.5
– von Seilen 2.15
herunterdrücken, die Preise 54.9
herzförmiges Blatt. . . 202.5
Herz-Marke I 306.18
–-Marke II 306.19
–wolle 168.20
heterogene Paarung . . 129.5
Heu 133.19
Hevea-baum 295.1
– brasiliensis 295.1
– guianensis 294.17
Hilfsbehälter 250.7
Himalayaschaf 123.16
hindurchziehen,die Blattstreifen zwischen halbstumpfen Eisen. . . 107.15
hineinspinnen, den Viskosefaden in eine warme Ammoniaksalzlösung 280.17
Hinghunghaut-Baumwolle 58.8
Hinter-fuß 191.8
–kopf 131.22
hinterlegen, eine Geldsumme 53.15
Hirt 134.16
Histologie 18.3
histologischer Bau 18.16, 191.12
Hitze, trockene 213.10
Hoch Fabritschny . . . 302.19
hoch-bogige Kräuselung 177.1
–edle Wolle 172.13
–feine Merinowolle. . . 165.10
–gelegene Weide . . . 135.7
–grädige Essigsäure . . 183.6
–grädige Salpetersäure . 183.3
–grädige Salzsäure. . . 182.19
–grädige Schwefelsäure. 183.1
–klarer Stapel 139.1
–konzentrierte Spinnlösung 258.16
–nitrierter Zellstoff . . 256.5
–prozentige Kollodiumlösung 259.11
–stämmiger Baum. . . 19.7
Hoch-gebirge 135.17
–zucht 129.4
Höchstbietender 186.5
Hocke 67.4
Hoffs Dreiband . 303.6, 304.8
Hoffsflachs (geschnitten) 303.21
– (Risten) 303.22
–, Rigaer. 303.20
Höhe des Stapels . . . 137.1
hohe Geschmeidigkeit . 10.12
hoher Maulbeerbaum . 199.8
hohl-e Faser 10.1
–er Griff 177.11
–er Stapel 139.5
Hohlhörner 127.6
Holländer, Mahl- – für Kollodiumwolle . . 257.16
holländisches Marschschaf 124.14
Holunder 204.2
Holz. 121.1
Holz des Flachsstengels 65.6
–, frisches 121.9
–, geradfaseriges . . . 121.3
–, ins – treiben 19.4
–, weiches 121.2
–asche 21.16
–geist 258.8, 260.24
–griff 85.8
–gummi 244.15
–haube 269.2
–quetschwalzen 295.13
–schlägel 83.9
–schliff 255.3
–span 121.7
–stabgitter 87.14
–stoff 15.15, 255.3
–streifen 121.9
–substanz. 15.15
–teilchen 90.14
–trichter 223.16
–unterlage 83.10, 85.20
–unterlage, keilförmige. 87.10
–wolle 121.8
–zellstoff 119.7, 244.13
–zellulose 119.7
holz-artiger Schilfrohrhalm 121.18
–freie Hanffaser. . . . 90.15
–ige Faser 15.17
–iger Kern 65.6
hölzerner Hammer . . 107.13
–es Walzwerk. 69.23
homogen-e Basthülle. . 210.18
–e Beschaffenheit des Fadens 242.14
–e Paarung 129.4
–er Seidenfaden . . . 226.3
Horde, auf –n bringen. 154.9
–, endlose wandernde . 155.3
–, Trocken- 83.1
horizontale Fadenführung. 250.3
Horn. 191.5
–, schneckenförmiges . 126.5
–, sichelförmig gebogenes 123.15
–blendeasbest 240.4
–gebilde 15.21, 181.17
–gewebe 181.17
–schicht 15.22, 174.23
–schicht der Oberhaut 173.20
–schuppe 15.23
–stoff 180.16
–tier 127.6
horn-artiger Körper . 280.4
–loses Schaf 127.8
–iger Überzug. . . . 180.18
Hose 171.18
Huf-fett 160.7
–tier, paarzehiges . . 127.9
Hüllenkokon 216.18
Hülse, Baumwollsamen. 254.19
–, wasserführende . . 262.14
humusreicher Boden . 20.22
Hundehaar 188.9
Hunger-feinheit der Wolle 178.21
–wolle 178.22
hungrige Wolle 178.22
Hürde zum Abtropfen entfetteter Wolle . . 153.6
– aus Drahtgeflecht . . 162.13
– mit Reisstrohspinnhütten 211.3
–, die – auf ein Bockgestell legen 205.1
Hürden-gestell 204.20
–schlag 134.20
–wagen 162.12
Hüten der Schafe . . . 134.15
hüten, die Schafe . . . 134.14
hydratisieren, die Baumwolle 269.16
–, metallisches Kupfer . 270.11
hydratisierter Zellstoff 291.18
Hydratisierung des Kupfers 270.10
hydraulisch zusammenpressen (Vliese) . . 183.15
–e Ballenpresse mit fest eingebautem Preßkasten 113.1
–e Presse. 42.6
Hydrolyse des Zellstoffes 262.8
hydrolisiert-e Zellulose . 283.7
Hydrozellulose . 161.5, 261.12, 291.17
–azetat. 284.4
Hygrometer, Haar- . . 14.10
hygroskopisch 13.11
Hypochloritlösung . . . 269.20

I.

Imperialwolle 165.10
Impfung, Lämmer- . . 136.2
immergrüne Stecheiche 203.15
Import 30.24
-geschäft 55.1
Importeur 31.1
-, Woll- 184.2
Imprägnieren der Faser mit Sulfaten 94.18
imprägnieren, die Jute mit Sulfaten 94.17
-, die Kollodiumwolle mit Chlorkalziumlösung 259.20
-, den Seidenfaden . . . 265.2
indifferente Salzlösung . 274.14
indische Entsamungsmaschine 39.17
- Mezankoorienseide . 232.6
- Nessel 100.18
- Rohseide 231.1
- Tussah 231.24
indischer Bogenhanf . . 113.8
- Eichenspinner 190.3
- Feigenbaum 203.22
- Hanf 103.4
- Kautschukbaum . . 295.2
- Maulbeerbaum . . . 199.19
- Tussahspinner . . . 190.8
Industrialgrain 194.1
Infektion 206.14
infizierte Raupe 206.15
- Samenkarte 194.11
inkrustierender Bestandteil des Zellstoffes . 255.15
Inlandswolle 165.18
.Innenhaut, zarte . . . 103.10
Innenwand, schraubengangförmige 250.13
innere Haut 192.3
- Reibung der Lösung . 844.22
Insekt 26.12
-, seidefressendes . . . 217.18
-, seidespinnendes . . 189.8
Instanz, oberste 51.8
Interessent, Woll- . . . 184.7
internationaler Titer . 239.5
Interzellurlar-raum 95.13, 106.7
-substanz 90.16
Inzucht 128.17
Isocholesterin 159.15
Istlefaser 117.15
italienisch-e Rohseide . 231.8
-er Hanf 92.3
-es Haspeln 220.17
-es Marzolanostroh . . 119.20
Ixtlefaser 117.15

J.

Jahreszeit, trockene . . 114.4
jährig, x-er Same . . 22.16
Jährlings-bock 130.10
-schaf 130.12
-wolle 167.5
Japan-Filature 230.21
--Redévidée 230.22
japanische Baumwolle . 58.17
- Eiche 203.16
- Kokonart 214.14
- Rohseide 230.19
- Strahnform der Rohseide 230.20
japanischer Maulbeerbaum 104.11
- Nußspinner 190.6
Jäten 24.11
jäten 24.12
-, das Fachsfeld . . . 66.18
Jauche 21.10
Joanovich-Baumwolle . 59.2
Jod 17.8
--Glyzerin-Schwefelsäure färben blau bis violett 45.17
-kaliumlösung, wässerige 289.15
-lösung 97.13
--Schwefelsäure . 75.8, 90.18
-zinkstärkepapier . . . 258.3
justieren, das Haarhygrometer 14.11
Jute 1.6, 92.13, 3065
- alter Ernte 99.3
- frischer Ernte . . . 99.4
- (erste Marke I) . . . 306.10
Jute (erste Marke II) . 306.11
- (rote Marke I) . . . 306.6
- (rote Marke II) . . . 306.7
- (Specials I) 306.8
- (Specials II) 306.9
- (Stricke) 307.4
-, feinfaserige 99.7
-, gesichtete 99.6
-, kapselfrüchtige . . . 92.18
-, lose 99.2
-, minderwertige . . . 99.8
-, naß verpackte . . . 99.15
-, Roh- 98.19
-, sortierte 99.6
-, ungesichtete 99.1
-, unsortierte 99.1
Jute-bastzelle 95.16
-blatt, grünes 93.4
-faser 93.13
-faser, verholzte . . . 96.7
-faserbündel 99.10
-handel 98.18
-marke 99.17
-packtuch 42.18
-pflanze 92.15
-pflanze, wildwachsende 92.17
-qualität 99.17
-riste 99.10
-same 93.11
-sorte 99.17
-spielart, rote 92.20
-stengel, grüner . . . 93.1
-stengel, roter 92.21
Juthanf 92.13

K.

Kai, frei 32.4
-entlöschungskosten . . 49.7
-risiko 48.21
Kalandern 6.16
kalandern 6.17
Kälberhaar 187.21
Kali, chlorsaures . . . 45.6
-, chromsaures 159.5
-, doppelt-chromsaures . 159.4, 286.3
-, essigsaures 259.18
-, harnsaures 209.16
-, kohlensaures 45.5, 102.8, 145.17, 209.17
-, reines kohlensaures . 157.13
-, schwefelsaures . 45.7, 145.18
-lauge 152.1, 289.9
-lauge, verdünnte . . . 182.6
-seife 151.11
Kalium-aluminat . . . 281.7
-azetat 259.18
-bichromat . . . 159.4, 286.3
-chromat 159.5
-chlorat 45.6
-chlorid 16.15, 145.19
-karbonat 45.5, 102.8, 145.17, 209.17
-natriumtartrat 291.5
-permanganat 262.1
-sulfat 45.7, 147.18
Kalk 198.10
-, oxalsaurer 16.12
-behandlung des Felles 144.3
-brei 158.8
-milch 208.22
-pulver 296.8
-seife 152.19
-seifenniederschlag . . 150.16
-sucht 207.16
-zusatz 102.11
kalk-freies Wasser . . . 218.22
-haltiges Bad 150.15
-iger Boden 20.24
-reicher Boden 20.24
-süchtige Raupe 207.17
Kalkuttahanf . . 92.13, 103.7
kaltes Wasserbad . . . 218.5
Kältewirkung 101.18
Kaltwasser-röste 67.17, 81.12, 94.9
-rotte 94.9
Kalzinierofen 157.16
Kalzium 16.16
-chlorid 259.13
-monosulfür 266.18
-sulfhydrat 266.20
-sulfid 266.18
Kambodscha Baumwolle 58.8
Kamel, einhöckeriges . 126.9
-, zweihöckeriges . . . 126.10
-haar 188.1
-schaf 126.11
Kamel-wolle 188.1
-ziege 127.3
Kamm 120.14 275.9
-flug 169.9
-garnwolle 168.16
-vlieswolle 167.19
-walze 164.12
-wolle 168.16
-wolle, mittlere 168.19
-wolle, feine 168.18
-wollklassen . 308.16—309.10
-wollrasse 123.7
-zug 168.20
-zughandel 183.18
-zugzeithandel 185.17
Kammer 41.8
-, Dörr- 70.3
-, Trocken- . . . 150.5, 154.11
-dach 154.18
Kämmerei-abfall . . . 169.5
-ausputz 169.8
-kehricht 169.10
Kämmling 169.6
-, doppelt gekämmter . 169.7
Kampferbaum 203.23
Kanal 41.7
-schiff 32.12
-wasser 81.24
Kaninchenhaar 188.11
kantige Düsenöffnung . 247.10
Kantille 298.4
Kapelle 67.4
Kapillarrohr 262.13
- aus Glas 276.8
Kapok 62.16
-, gepreßter 63.15
-baum 62.17
-entkörnungsmaschine . 63.7
-faser 63.13
-frucht, länglich runde 62.19
-frucht, reife 62.20
-öl 63.17
Kappe 130.8
kappen, den Blütenschaft 109.20
Kapsel 35.12
-, Baumwollsamen- . . 35.9
-, schotenförmige . . . 93.10
-, vielsamige 78.1
-frucht, aufrecht stehende 109.21
-käfer 37.11
-wurm 37.9
kapselfrüchtige Jute . 92.18
Kapwolle, Merino- . . 166.18
Karbolsäurebad 261.17
Karbonisation der Wolle 160.22
Karbonisations-ofen mit Wagen 162.11
-ofen, turmförmiger . . 162.14
-verfahren 161.2
Karboniseur 162.15
Karbonisier-anstalt . . 162.7
-bad 161.7
-ofen 162.10
-wolf 162.16
Karbonisieren 5.22
- der Wolle 160.22
- von Schmutzwolle . 160.23
karbonisieren . . 5.23, 160.21
-, die gewaschene Wolle 160.24
karbonisierte Wolle . . 163.12
kardierte Baumwolle . . 254.17
Karfunkelkrankheit . . 135.23
Karte aus Maulbeerbaumrinde 194.9
Kartoffelzucker 271.18
Karton aus Maulbeerbaumrinde 194.9
Kaschmir-wolle 187.24
-ziege 127.4
Kasein 284.1
-lösung 287.3
-lösung, wässerig-alkoholische 287.10
-masse, schwammige . 287.6
-seide 287.1
Kaselowskysche Brechmaschine 70.11
Kasse, netto 30.8
-, sofortige 30.5
-, gegen - verkaufen . 30.6
-geschäft 27.17
-markt 29.9
Kastanienauszug . . . 235.24
Kasten, Röst- 68.3
Kastentrockenvorrichtung für Wolle . . 155.4
Kastrieren 130.9
kastrieren, das Lamm . 130.8
Katalog, Auktions- . . 185.23
Kattunsack 212.15
Katzenhaar 188.10
Kauf 184.24
-, einen - abschließen . 29.6
-abschluß 53.12
-mann 27.7
-tätigkeit, lebhafte . . 186.13
-vertrag 29.7, 53.12
kaufen, den Flachs nach Feldfläche 76.3
-, den Flachs nach metrischem Gewicht . 76.2
-, auf Grundlage einer Klasse 55.19
-, nach verbürgter Klasse 55.20
-, nach Originalmuster 56.1
Käufer 29.4
Kauriegras 105.18
kaustische Alkalien . . 182.5
- Soda 97.6
Kautschuk 1.16, 294.9
-, ausgewalzter 296.11
-, geschwefelter . . . 294.16
-, vulkanisierter 294.16
-band 295.20
-band, frisch geschnittenes 296.8
-baum 294.17
-baum, brasilianischer . 295.1
-baum, indischer . . . 295.2
-faden 296.12
-faden, geschwefelter . 296.16
-faden, runder 296.15
-faden, viereckiger . . 296.13
-feigenbaum 295.2
-kuchen 295.14
-kugeln 295.10
-liane 295.3
-lösung 264.13
-masse, flockige 295.12
-masse, gepreßte . . . 295.18
-milch 295.7
-pollen 295.10
-rohr 275.7
-saft 295.7
-schneidmaschine . . . 295.16
-streifen 295.20
kegelförmig-e Düse . . 248.2
-er Boden 253.7
Kehle 132.2
Kehricht, Kämmerei- . 169.10
-, Rohwoll- 168.24
-, Sortier- 169.1
-, Spinn- 169.20
-, Spinnerei- 62.12
-, Weberei- . . . 62.13, 170.3
keilförmige Holzunterlage 87.10
Keim, Krankheits- . . 206.19
-blatt 24.1
-fähigkeit des Samens . 22.22
-kraft des Samens . . 22.22
-linge, Gärungs- . . . 82.18
-loch, geschlossenes . . 118.16
Keime des Pilzes . . . 207.13
keimen (Same) . 23.20, 79.11
keim-fähiger Same . . 22.21
-kräftiger Hanfsame . . 79.10
Kelch, Blüten- 20.2
Kenner, Woll- 187.4
kennzeichnende Farbenreaktionen 227.17
Keratin 180.16
-gewebe 181.17
Kerbtier 26.12
Kern, holziger . . 65.6, 70.8
-, spitzer 253.8
-hechel 87.4, 89.21
-seife 152.17
-werg 92.10
Kernen des Hanfes auf der Feinhechel . . . 89.21
kernen, den Hanf . . . 89.22
kernige Faser 10.23
- Wolle 175.24
Kessel s. a. Spinnkessel
-, geschlossener, verbleiter 69.14
Kette 3.11, 168.11
Kett-scheren 3.13
-spulmaschine 3.1
-wolle 168.11
Keule (Schenkel) 132.6, 171.20
-, Klopf- 107.13
-, mit -n klopfen . . . 119.3
keulenförmiger Stapel . 139.5
Kieselsäure 198.9
Kiefernadel 116.9
Kiel (Feder) 239.16
Kielfeder 239.14
kieselhaltiger Boden . . 21.1

kirschrote Färbung . . 97.14
Kirschrotfärbung durch Antrachinon 97.14
Kissen, Leder- 85.5
Kitolfaser 117.11
Klanglein 65.13
Klapper, Leinsamen- . 65.22
klarer Stapel 137.14
Klärkufe mit Scheidewänden 185.6
Klasse 59.9
–, nach garantierter – kaufen 55.20
–, gleichlaufende . . . 55.22
–, um eine halbe (volle) – abfallen 52.1.2
Klassen-differenz . . . 47.19
–einteilung nach Eigenschaften 59.8
–einteilung nach Herkunft 56.17
–unterschied 47.19
Klassieren der Baumwolle 50.2
– der Wolle nach der Güte 187.2
klassieren, die Baumwolle 50.3
–, nach Gattungen . . . 187.3
–, nach der Güte . . . 187.1
Klassierer 49.22
–, beeidigter 49.23
Klassierungsschein . . . 50.17
Klauenseuche 136.3
Klausel, Konnossement- 49.14
klebrig-e Flüssigkeit . . 211.1
–e Wolle 178.9
–er Viskosefaden . . . 281.1
klein-asiatische Rohseide 231.4
–e Unkosten 29.14
–gebauter Stapel . . . 139.16
–knispiger Stapel . . . 140.4
Klemme, Blattscheiden- 108.7
Klemm-stelle 112.4
–vorrichtung für die Blattscheiden . . . 108.6
–wirkung 112.8
Kletten 146.8, 160.18
–, mit – durchsetzt . . 146.9
–, zerriebene 163.9
–schläger 165.4
–staub 163.10
–walze 165.3
–wolf 164.8
–wolfkamm 164.16
–zerstörungsvorrichtung 165.5
kletten-freie Wolle . . 178.11
–haltige Wolle. 146.10
klettige Wolle 178.10
Klima 130.19, 197.16
klimatischer Einfluß . 135.18
Klinge 85.7
– aus Eisenblech . . . 73.5
Klopfen 6.8, 107.12
klopfen 6.9
–, die Blattstreifen . . 107.11
–, mit dem Botthammer 70.17
–, mit dem Holzschlägel 83.8
–, mit Keulen 119.3
–, das Vlies 171.5
Klopf-keule 107.13
–wolf 164.5
Klöppeln 3.9
klöppeln 3.10
Klüftung des Vlieses auf dem Rücken 141.13
Klumpen, kugelige . . 63.1
Kluppe 71.14, 88.2
–, aus der – nehmen . 88.12
Kluppen-bahn. 89.2
–deckel 88.14
–kante 89.1
–unterteil 88.13
–wender 88.5
knappe Ernte 38.10
Knäuel, Blüten-. . . . 100.17
kneten, den Kautschuk 295.21
–, die Spinnpaste . . . 262.10
Knicken des Flachses . 70.6
– der Jutestengel über dem Knie 94.21
knicken, den Flachs . . 70.7
Knickmaschine mit Rundlauf 71.4
Knie, über dem – knicken 94.21
–hebelpresse 42.4
Knirschen der Seide . . 226.15
knirschender Griff . . . 226.16
Knispel 60.23
Knochengerüst des Schafes 127.12
Knochenleim 287.23
Knospe. 35.3
knötchenartige Anschwellungen 75.2
Knoten (knüpfen) . . . 4.11
– (Knotenstelle) . . . 224.3.17
– des Strohhalms . . . 120.15
– in der Zellwandung . 90.11
–bildung 153.2, 224.4
–stelle 224.3
–reißer 224.5
knoten 4.12
knotiger Seidenfaden . 224.2
knötriger Stapel. . . . 139.15
Knüpfen 4.11
knüpfen 4.12
Koagulation des Fadens 249.13
koagulieren . . . 210.11, 249.14
Koagulierungs-bad aus Karbolsäurelösung . 261.16
–fähigkeit des Fällbades 273.16
–flüssigkeit . . . 250.14, 264.2
Koch-apparat. 218.16
–pfanne 218.15
–salzlauge 281.3
–vorrichtung 218.16
kochen, die Baumwolle mit Essigsäureanhydrid 283.20
–, die Faserbündel . . 102.3
–, das Gemisch 151.22
–, die Jutefaser in Barreswillscher Lösung . 98.5
–, die Kokons 218.10
–, die Kokons auf freiem Feuer 218.13
–, Nadelholz mit Bisulfitlösung. 244.14
–, die Nitrozellulose mit Eisenchlorür 257.21
–, die Seide in Seifenlösung 234.9
kochendes Wasser . . . 182.1, 218.11.12
kochsalzhaltiges Wasser 196.4
Kodille. 92.6
Kodzufaser 104.12
Kohlehydrat . . 271.21, 273.7
Kohlen-becken aus Ton 197.4
–säureatmosphäre . . . 261.12
–stoff 44.20
–wasserstoff, flüssiger . 264.8
kohlensauer-e Magnesia 45.10
–es Ammoniak 150.12
–es Kali 45.5, 102.8, 145.17, 209.17
–es Kali, reines 157.13
–es Natron 45.8, 102.9, 151.24
kohlensäureerfüllter Raum 261.12
Kokon (s. a. Seidenkokon 214.2
– mit Doppelumhüllung 216.17
– mit feinfaseriger Seide 217.4
–, abhaspelbarer . . . 214.3
–, angefaulter 217.16
–, angefressener 217.14
–, angestochener . . . 217.13
–, atlasartiger 215.8
–, befleckter 217.10
–, blaßgrüner 215.6
–, mit Blättern umwickelter 216.19
–, dichter 216.5
–, dickwandigor 216.16
–, doppelter 212.2
–, durchsichtiger . . . 216.11
–, eiförmiger 215.16
–, eingeschnürter . . . 215.18
–, eirunder 215.16
–, elastischer 216.12
–, fahlfarbiger 215.7
–, feinkörniger 216.13
–, fester 216.6
–, fleckiger 217.10
–, gebackener 214.1
–, gedörrter. 214.1
–, gelber 215.2
–, goldgelber 215.3
–, graufarbiger 215.4
–, großmaschiger . . . 216.10
–, grüner 215.5
–, kugelrunder 215.14
–, lebender 220.11
–, lederharter 216.7
–, lockerer 216.8
–, locker gebauter. . . 216.8
–, lufttrockener 212.17
–, männlicher 215.19
–, metallisch schimmernder 215.9
Kokon, netzartig gesponnener. 216.9
–, nierenförmiger . . . 215.18
–, offener. 217.9
–, ovaler 215.16
–, rassenreiner 214.6
–, regelmäßig gesponnener 216.3
–, rostiger 217.11
–, schimmliger 217.15
–, schwimmender . . . 219.11
–, der – schwimmt im Haspelwasser . . . 219.10
–, seidenarmer 217.2
–, seidenreicher 217.1
–, spitzer. 215.15
–, umhüllter 216.18
–, ungedörrter 220.11
–, unregelmäßig gesponnener 216.4
–, unterbrochen gesponnener 216.2
–, ununterbrochen gesponnener 216.1
–, verkalkter 217.17
–, wasserdichter. . . . 216.14
–, wasserundichter. . . 216.15
–, weiblicher 215.17
–, weißer 215.1
–, wurmstichiger . . . 217.13
–, zusammengeschnürter 215.18
–art 214.4
–art, bengalische . . . 214.11
–art, japanische. . . . 214.14
–ausfuhr 229.18
–bildung 209.9
–einfuhr 219.19
–ernte 212.13
–faden (s. a. Seidenfaden) 255.6
–fäden, die – auseinanderschieben 190.15
–faden, flachzylindrischer 225.8
–faden, der – läuft ab. 220.9
–faden, zickzackförmig abgelegter 211.10
–fadenende . . . 219.16, 220.2
–fadenführer 223.2
–fadengreifer 222.13
–fadennetz 212.1
–faser 188.19
–form 215.12
–gewebe, netzartiges . . 212.1
–halter. 222.12
–halterzelle 223.3
–handel 229.12
–hängematte 211.6
–haspel 221.15
–haut, innerste 217.8
–hülle 216.21
–korb mit Hohlzylinder 212.16
–markt. 229.14
–netz 212.1
–preis 229.17
–schale. 216.21, 232.12
–schicht, innerste . . . 217.8
–schlagen mit der Hand 219.13
–schläger, mechanischer 219.18
–sieb. 218.18
–zuführung, automatische 223.1
Kokos 1.10
–bast 117.19
–faser 117.19
–faser, rotbraune . . . 119.4
–fett 152.9
–frucht. 118.11
–markt. 119.5
–nuß. 118.11
–nuß, unreife 118.17
–nußfaser 117.19
–nußöl 152.9
–nußölseife 233.12
–nußschale 118.19
–öl. 152.9
–palme 118.1
–talg. 152.9
Kolbe 90.1, 92.6
Kolben, Blüten- 118.6
–, Reduktions- 292.19
–, Verdampfungs- . . . 292.19
–schilf, breitblättriges . 116.4
–schilf, schmalblättriges 116.5
–schilffaser 116.1
kolloid-e Form des Präzipitats 245.5
–e Kupferammoniakverbindung 271.2
–es Kupferoxydammoniak 271.11
Kollodium 258.10
–, dünnflüssiges 258.13
–, leichtflüssiges . . . 263.18
Kollodium-fasermasse . 257.11
–leitung 267.7
–lösung, hochprozentige 259.11
–lösung, starke 259.11
–lösung, wasserhaltige . 263.13
–seide 242.9, 254.13
–wolle . . 46.15, 165.21, 257.10
–wolle, die – löst sich . 263.10
–wolle, säurehaltige . . 257.12
kollodiumähnliche Lösung 292.10
Kommission 29.1
–, Einkaufs- 29.5
–, Verkaufs- 29.2
Kommissions-gebühr . 185.3
–haus 53.14, 185.14
kommissionsweise verkaufen 185,2
Kompost 21.12
–düngung. 36.13
kondemnierter Ballen . 48.3
Kondensator 277.12
kondensieren, sich . . . 246.9
Kondensor 41 9
Konditionen, Platz- . . 56.7
Konditionier-anstalt . . 47.3, 187.9, 237.3
–schein. 187.10
–verfahren 237.4
–verlust 237.19
–vorrichtung . . 47.4, 237.5
Konditionieren 14.2
– der Baumwolle . . . 47.1
– der Seide 237.1
konditionieren, die Baumwolle 47.2
–, die Seide 237.2
konditioniert-er Titer . 238.7
–es Gewicht 238.2
Konditionierung. . . . 14.2.
Kongorotlösung, wässerige 289.10
Königsberger Hanf . . 91.21
Königs-lein 65.14
–wasser 98.17
konische Düse 248.2
Konnossement 32.19
–klausel 49.14
–stempel 32.20
Konsignation, in – erhalten 184.9
Konstanz, Züchtungs- . 128.10
Kontakt, elektrischer . 222.11
Kontrakt 53.12
– auf Ankunft 55.9
– nach Bremer Bestimmungen 55.17
– nach Liverpooler Bestimmungen 55.18
– auf Verschiffung 32.18, 55.8
–, den – abwickeln . . 53.4
–, Verkaufs- 186.6
kontraktmäßige Lieferung. 52.6
Kontraktion der Fadenmasse 246.16
Kontrolle, Gewichts-. . 48.9
Kontroll-feder 222.9
–hebel 222.10
kontrollieren, die Fadenstärke 223.7
–, die Stärke der Kupferlösung 272.4
Kontur des Stapels . . 138.12
Konzentration des Kollodiums 258.12
– der Lauge 151.20
– der Lösung 244.23
konzentriert s. a. angereichert
–e Alkalilauge. . 270.1, 274.6
– Ameisensäure 285.5
– Ammoniakflüssigkeit. 272.11
– Chromsäure. 98.16
– Essigsäure 183.6
– Lauge 151.19
– Lösung. 245.1
– Natronlauge 278.17
– Salpetersäure . 46.16, 183.3
– Salzsäure . . 182.19, 292.6
– Schwefelsäure 183.1
Kopal, gepulverter . . 260.18
–lack. 260.19
Kopf-ende der Hanffaser 88.10
–ende des Vlieses . . . 171.15
–hanf 77.9
–teil des Vlieses . . . 171.15
–wolle 172.2
Korb, Draht- 47.8
–, Weiden- 172.22
koreanische Rohseide . 230.23

korkzieherartige Windung der Faser . . 44.4
körnig-e Leimschicht . 225.21
–, fein- 136.20
Körper, hornartiger . . 280.4
–, stickstoffhaltiger . . 244.8
–, zellstoffähnlicher . . 287.20
–, zellstoffartiger . . 287.20
–bau, schmächtiger . . 127.18
–chenkrankheit 208.10
–gerüst, starkknochiges 127.17
–ring 191.6
körperliche Beschaffenheit 131.1
Kost-Fracht x vom Hundert 48.10
Kosten, Fracht, Versicherung 32.22
–, Fracht- 31.19
–, Gestehungs- 25.8
–, Kalentlöschungs- . . 49.7
–, Platz- 49.1
–, Tarierungs- 48.8
–, Versand- 31.13
Kotspitzen 172.10
Kotyledon 18.23
Krachen der Seide . . 226.15
krachender Griff . . . 226.16
Kraft der Faser . . . 60.17
kräftig-e Faser . 10.23, 60.13
–e Wolle 175.24
kraftlose Faser 60.14
Krangeld 33.4
krank-e Raupe 206.16
–e Wolle 178.23
–er Maulbeerbaum . . . 202.20
–er Same 193.15
–hafter Same 193.15
Krankheit, ansteckende 206.20
–, epidemische 206.13
–, erbliche 207.3
–, seuchenartige 206.13
–, Schmarotzer- 207.4
–, Wollsortierer- . . . 170.21
–en des Maulbeerbaumes 202.19
–en der Seidenraupe . 206.11
Krankheits-erreger . . 206.18
–erscheinung 206.17
–keim 206.19
–symptom 206.17
–übertragung 206.14
Kräuselung s. a. Wollkräuselung
– der Faser 11.3
– der Wollhaare im Stapel 138.14
–, flachbogige 177.2
–, gedehntbogige . . . 177.4
–, gedehnte 177.4
–, gedrängtbogige . . . 177.5
–, gemaschte 177.6
–, hochbogige 177.1
–, regelmäßige 177.7
–, schlichte 177.3
–, überbogige 177.6
Kräuselungs-bogen des Haares 176.22
–elastizität der Wolle . 175.18
–messer 179.24
Kraut 18.20
–pflanze 18.20
krautartige Baumwollpflanze 34.7
Kratzwolle 163.13
Kreide 294.3
Kreis-messer 295.17
–sägeblatt 41.3
kreisförmig-e Düsenöffnung 247.9
–er Querschnitt 44.12
Krempel-abfall . 61.24, 169.11
–ausputz 62.3, 169.12
–ausstoß 62.3
–flug 62.5, 169.13
–wolle 168.13
Kreosot, Buchenholzteer- 284.14
kreppartiger Stapel . . 139.6
Kreuz 132.13
– Hoffs Dreiband . . . 303.23
–legung der Seidenfäden 223.13
Kreuzen 122.15
kreuzen (Fäden) 223.12
– (Rassen) . . . 128.22, 197.13
Kreuzung (Fäden) . . . 222.6
– (Rassen) . . 122.15.16, 128.21
– (Samen) 22.18
– (Stelle) 221.2
Kreuzungs-ergebnis . . 129.1
–produkt 129.1
–rasse 122.16
–schaf 123.24
Kreuzungs-stelle 221.1
–verfahren 128.23
–vorrichtung nach Bergler 223.17
–vorrichtung nach Martin 223.14
–wolle 165.13
Kreuzzuchtwolle 165.13
Kriegsversicherung . . 33.7
Krimpkraft der Wolle . 175.18
Krippe 133.11
Kristalle 16.20
kristallfreie Juteasche . 96.18
kristallisiertes Kupfersulfat 270.14
Kron 360.16
Krone, Baum- 200.9
Krümpkraft der Wolle . 175.18
krustenbildender Bestandteil des Zellstoffes . 255.15
Kuba-Ranken-Baumwollpflanze 37.5
Kuchen (Kautschuk) . 295.14
Kufe, Entbastungs- . . 233.5
Kugel, Kautschuk- . . 295.10
kugel-förmiges Familienspinnernest 215.22
–ige Frucht 93.8
–ige Klumpen 63.1
–runder Kokon 215.14
Kuhhaar 187.20
kühl-er Luftstrom . . . 237.9
–halten, die Lösung . . 273.14
Kühl-becken mit Aufsaugefläche 277.13
–gefäß mit Aufsaugefläche 277.13
–körper 267.10
–schlange 263.9
Kühler 156.20
Kühlung der Lösung . 273.13
kultivieren, eine Landfläche 20.20
kultiviert-e Pflanze . . 18.1
–er Maulbeerbaum . . . 20[illegible].12
Kultur 64.14
–periode, Sisal- 110.2
Kunst-baumwolle . . . 9.11
–dünger 21.15
–erzeugnis 242.5
Kunstfäden aus Eiweißkörpern 286.21
– aus Fibroin 287.13
– aus gallertartigen Pflanzenstoffen . . . 287.19
– aus Kasein 287.1
– aus Osseinlösung . . . 288.1
–, gezwirnte 293.8
Kunstprodukt 242.5
künstlich gereinigte Gerbsäure 235.9
–e Düngung 21.14
–e Faser 9.7
–e Rohstoffe 242.1
–e Röste 69.3
–e Seide s. Kunstseide
–e Trocknung 154.10
–e Überwinterung . . . 194.19
–e Weide 134.23
–er Spinnvorgang . . . 246.15
–es Bastband 293.1
–es Erzeugnis 242.5
–es Einfetten des Schafes 146.7
–es Haar 293.1
–es Haar, entglänztes . 294.5
–es Roßhaar 293.1
–es Roßhaar aus Abfällen von gezwirnten Kunstfäden 293.8
–es Roßhaar aus Viskose 293.6
–es Stroh 293.1
Kunstseide . 1.15, 46.20, 242.2
– aus Eiweißkörpern . . 242.13
– aus Gelatine . 242.13, 236.11
– aus Knochenleim . . . 242.13
– aus Kollodium 254.13
– aus Kupferoxydammoniakzelluloselösungen 267.12
– aus Lösungen von Zellstoff in Ätzalkalien . 282.14
– aus Lösungen von Zellstoff in Chlorzink . . 282.14
– aus Pflanzengallerten 242.13
– aus Quellungen von Zellstoff in Schwefelsäure 282.14
– aus tierischem Leim . 242.13
– aus Viskose 277.15
– aus Zelluloseazetat . . 283.3
– aus Zellulosefettsäureestern 283.3
Kunstseidefabrik . . . 243.2
Kunstseidenfaden . 9.8, 242.7
kunstseiden-es Erzeugnis 242.6
–es Produkt 242.6
Kunstwolle 9.12, 170.9
Küper des Baumwollprobenzimmers . . . 49.24
Kupfer 277.2
–, basisch schwefelsaures 270.17
–, metallisches . . . 270.3.11
–, reines 270.4
–, salpetrigsaures . . . 272.15
–, schwefelsaures . . . 260.22
Kupfer-alkalizellulose . 272.22
–alkalizelluloseverbindung 292.1
–draht 297.19
–gehalt der Kupferoxydammoniaklösung . . 272.3
–glyzerinlösung, alkalische 289.11
–hydrat, freies 270.12
–hydrat, ungelöstes . . 270.12
–hydratammoniakzelluloselösung 273.8
–hydroxyd 270.19
–hydroxydul 270.20
–hydroxydzellulose . . 272.21
–karbonat 270.23
–kessel, siebartig durchlöcherter 147.14
–lösung, alkalische 271.12, 291.4
–natronzellulose 273.1
–nitrit 272.15
–oxyd 268.8
Kupferoxydammoniak . 17.12, 45.14, 260.21, 182.11
–, kolloides 271.11
–lösung 271.6
–lösung, haltbare . . . 273.11
–probe 45.15
–seide . 242.10, 267.12, 268.1
–verbindung 270.24
–zelluloselösung 269.4
–zelluloseverfahren . . . 267.14
Kupferoxyd-hydrat . . 270.19
–hydratsalz 271.1
–lösung, ammoniakalische 292.7
–zelluloselösung, ammoniakalische 273.6
Kupferoxydul . . 98.9, 292.14
–, rotes 270.21
–hydrat 270.20
–niederschlag 292.15
Kupfersalz des Zellstoffes 273.5
–, basisches 270.18
–, blaues 270.18
Kupferseide . . . 242.10, 267.12
Kupfersulfat, basisches . 270.17
–, gepulvertes 270.13
–, kristallisiertes . . . 270.14
–lösung 270.15, 291.6
Kupfer-tetraminsulfat . 271.4
–vitriol 260.22
–zahl 292.12
–zellulose 273.2
kupfer-armer Faden . . 276.18
–freies Zellulosehydrat . 273.8
–haltiger Faden 276.4
–oxydammoniakalische Zelluloselösung . . . 273.6
–reiche Lösung 272.5
Kupraminbase 270.24
Kuprisalz 266.2
Kupro-lösung 266.1
–salz 266.2
kurzbeiniges Schaf . . 126.6
Kürze der Faser . . . 10.6
kürzen, die Flachsstengel 73.9
kurzer Stapel 137.4
Kurzfaser 10.5
kurz-faserig . . . 10.7, 241.10
–gespitzter Stapel . . . 140.17
–gestielt 19.20, 35.8
–haariges Blatt 19.22
–schwänzig . . . 122.17, 124.2
–stämmiger Baum . . . 19.9
–stapelig 61.4, 137.5
–stieliges Blatt 19.20
–strähnige Rohseide . . 231.19
–wollige Landrasse . . 123.5
–zelliger Bast 20.8
Kutikula 44.6
–zelle 15.23

L.

Lackmuspapier . 163.19, 289.12
Ladung 33.5
Lage des Baumwollmarktes 56.12
–, in einer bestimmten – festhalten 246.17
–, in parallele – bringen 90.2
Lager, Baumwoll- . . . 41.21
–, Blätter- 199.1
–, Raupen- 204.12
–bestand 31.7, 186.18
–gebühr 31.8
–haus 31.6
–hausverwalter 184.19
–pfandschein 184.15
–raum, Woll- 184.14
–schein, lombardfähiger 184.15
–wolle 167.3
Lagern 31.4
lagern (einlagern) . . . 31.5
– lassen 68.17, 284.22
Lahn 298.3
Laktat, Natrium- . . . 259.17
Laktose 271.19
Lama 126.11
–wolle 188.6
Lamm 130.6.7
–fell 143.9
–spitze des Haares . . 175.15
–ung 129.10
–wolle 167.4
Lämmerimpfung 136.2
Land, Baumwolle pflanzendes 35.19
–, Seidenbau treibendes 189.4
–ballen 42.22
–beschädigung 47.18
–fläche 20.20
–pächter 25.11
–preis 25.9
–rasse, kurzwollige . . . 123.5
–rasse, langwollige . . 123.6
–röste 68.10
–schaden 47.18
–schaf 125.12
–schafwolle 165.11
–wolle 165.11
Landungs-gewicht . . . 49.16
–hafen 32.9
–hafen, frei Bord . . . 32.22
–steg 32.10
ländern, den Flachs . . 66.16
Länge der Faser . . . 10.2
– des gekräuselten Haares 176.20
– des Stapels 136.24
– der Stengel 66.24
– des ausgestreckten Wollhaares 176.21
–, nach der – sichten . 80.2
lang-e Georgia-Baumwolle 57.2
–er Stapel 137.2
–faserig . . 10.4, 241.9, 269.7
–gestielt 19.19, 35.7
–schwänzig . . . 122.18, 124.19
–stapelig 61.2, 137.3
–stieliges Blatt 19.19
–strähnige Rohseide . . 231.20
–wollige Landrasse . . 123.6
–zelliger Bast 20.7
Langfaser 10.3
Längen-einheit 181.2
–schrumpfung 46.12
länglichrund 44.10, 62.19, 193.11
langsam trocknen . . . 82.23
– wirkend . . . 249.4, 275.17
–er Fadenabzug 249.11
–e Verbrennung 290.7
Längs-richtung, in der . 120.12
–streifung, scharfe . . 225.15
–streifung, zarte 74.18
längsgewellte Spule . . 252.11
Lanolin 159.9
–, Roh- 159.8
–, wasserhaltiges . . . 159.10
–creme 160.2
–erzeugung 159.7
–milch 160.3
–pomade 160.1
–salbe 160.1
lanzettförmig . . . 65.9, 77.18
La Plata-Wolle 166.14
Lappen, Ribbe- 85.3
Larve des Kapselkäfers 37.13
Latten-korb 161.13
–tisch 40.15, 147.9
–wand 85.10
Laub 19.12
–, zartes 202.16
–ertrag 202.15
–holzzellstoff 119.13
–lese 202.9

Laub-schneidmesser 198.20
-sieb 198.13
-trocknung 198.17
laubige Baumwolle 60.20
Läufer 86.1
Lauge, angereicherte 151.19
- konzentrierte 151.19
laugefest 251.14
Läutern der Schweißasche 157.14
läutern, das Fett 159.1
-, die Schweißasche 157.15
-, die verbrauchte Waschflüssigkeit 266.24
lauwarmes Wasser 37.1
lebender Kokon 220.11
Lebens-dauer 24.6, 197.6
-weise des Schafes 130.18
lebenskräftige Raupenrasse 197.11
lebhafte Kauftätigkeit 186.13
Leblancsche Soda 163.18
Leder, rauhes 40.11
-fett 160.8
-haut 173.22
-kissen 85.5
-walze mit rauhen Nutenkanten 40.5
-wichse 160.4
leder-artiges Blatt 115.3
-harter Kokon 216.7
leerer Griff 177.11
- Stapel 139.5
Legen (Eier) 190.14
- (Stoffe) 7.10
legen, die Blätter in Salzwasser 114.5
- (Eier) 190.12
-, die Eier in ein Wasserbad 194.16
-, die Hürde auf ein Bockgestell 205.1
-, die Kokosnußschalen in Wasser 118.10
-, die Stengel bündelweise in Wasser 94.13
- (Stoffe) 7.11
legierter Golddraht 297.4
- Silberdraht 297.11
Lehmboden 20.23
Lehnersche Spinnvorrichtung 263.6
Lehre vom Bau des Wollhaares 173.1
- von den Lösungen 17.6
Lehrennummer der Hechelnadel 87.8
Leibesring 191.6
Leiche, Raupen- 208.17
leicht-e Wolle -178.7
-er Same 79.2
Leichtergebühr 33.8
leichtflüssig 145.10, 263.18
Leichtflüssigkeit des Lösungsmittels 264.17
leiden, durch Gärung 79.7
Leim, Pflanzen- 16.6
-, tierischer 261.8, 286.12
-lösung 235.10
-schicht 210.17
-schicht, körnige 225.21
-stoff 286.16
leimen 3.18
Lein (s. a. Flachs) 64.15
-, amerikanischer 65.15
-, Rigaer 65.12
-, weiß blühender 65.15
-blüte 65.10
-faser 75.12
-öl 76.11, 260.20
-pflanze 64.15
-same 65.11, 76.10
-samenklapper 65.22
Leinwand, Pack- 42.17
Leinenmüdigkeit des Ackerbodens 66.7
Leisten (Streichwolle) 308.15
Leit-blech 41.6
-fähigkeit 13.5, 228.8
-hammel 130.5
-scheibe des Förderseils 111.14
Leiter, Versteigerungs- 186.1
Lendenteil 171.18
Lepidoptera nocturna 189.10
lesen, zur Aussaat 201.8
Leuchtgas 158.13
levantinische Rohseide 231.3
Leviathan 149.7
Licht 98.3
-, polarisiertes 290.20
-absorption der Seide 227.12
Licht-aufsaugung der Seide 227.12
-brechung 290.19
-brechungsvermögen 227.13, 290.18
-durchlässigkeit 44.5
licht-blaue Farbe 74.11
-brechende Außenschicht 105.11
Lichten 34.12
Lichtergebühr 33.3
liefern, unter Aufrechnung des Mehrwertes 47.20
Lieferung 49.6
- auf Zeit 55.15
-, vertragsmäßige 52.6
Lieferungs-geschäft 27.18
-ware 55.14
liegender Stapel 139.11
Lignin 15.15, 96.16
-körper 90.14
Linden-bast 120.20
-gewächs 92.16
-holz 121.6
linsenförmig-e Scheibe, gekerbte 223.11
-es Ei 193.12
Linters 39.14
Linum americanum album 65.15
- crepitans 65.13
- sativum 65.12
- us. regale 65.14
- vulgare 65.12
Liquidationstermin 53.6
Liste, Versteigerungs- 185.23
Locken 172.1
-, Fuß- 172.5
-, gewaschene 169.4
-, Schweiß- 169.2
Lockenwolle 172.1
locker beblättert 77.8
- gebauter Kokon 216.8
- spinnen 211.11
-er Kokon 216.8
-er Stapel 137.20
Lockerung des Haares 143.14
Lohn 147.6
-, Monats- 25.18
-, Tage- 25.16
-, Wochen- 25.17
-wäscherei 147.5.6
lombardfähiger Lagerschein 184.15
Los 186.2
-, gewöhnliches 186.3
lösbar, leicht -er Stapel 137.11
lose Jute 99.2
Lösen des Pflanzenleimes 94.5
- der Wolle durch kochendes Wasser 182.1
lösen, den Holzgummi 244.15
-, das Kasein mittels alkalischer Flüssigkeit 287.7
-, das Kupferhydroxyd in Ammoniak 271.8
-, das Kupferoxyd in einem Alkylamin 271.10
-, den Pflanzenleim 94.4
-, die Seide in Alkalien 229.7
-, den Zellstoff in Säure 282.16
-, das Zellulosexanthogenat in Alkalilauge 279.9
-, sich (Kollodiumwolle) 263.10
löslich in Äther 46.18
-, leicht vom Korn 39.10
-, schwer vom Korn 39.11
-, in Wasser 96.17, 151.13
-e Verbindung 245.9
-er Zellstoff 243.10
-es Zinksalz 281.11
Löslichkeit des Leimstoffes in Wasser 286.16
- der Seide in Alkalien 229.6
- der Wolle 181.23
- des Zellstoffes 243.9
Losreißen der Faser von dem Samenkorn 39.8
Lösung 156.2
- des Kupferoxyduls durch Salpetersäure 291.12
- von essigsaurer Magnesia 284.5
- der Wolle 182.1
- von Zellstoff in Alkalien 282.18
-, alkalische 97.2
-, ätherische 258.5
-, Barreswillsche 98.5
-, die - wird dünnflüssig 246.10
Lösung, die - tritt durch Düsen aus 246.21
-, fadenziehende 258.17
-, Fehlingsche 292.13
-, gesättigte 270.22
-, in - halten 266.6.14
-, kollodiumähnliche 292.10
-, konzentrierte 245.1
-, kupferreiche 272.5
-, schäumende 152.21
-, Schweizersche 271.9
-, sirupartige 292.9
-, Soda- und Pottasche- 102.10
-, spinnfertige 246.18
-, in - überführen 243.11
-, in - übergehen 182.3
-, wärmeempfindliche 273.12
-, zähflüssige 258.17
-, die - zersetzt sich 245.10
Lösungen von Zellstoff in Schwefelsäure 282.14
Lösungs-behälter 268.10
-mittel 245.8, 260.1
-mittel, flüchtiges 156.4
-theorie 17.6
-vermögen erteilen 259.19
-vermögen für Fett 156.1
-vermögen, das - vermindern 219.9
Louisiana-Baumwolle 57.1
-moos 104.1
Lowry-Ballen 43.8
Luft 14.8, 98.3
-, ammoniakhaltige 262.3
-, mit Feuchtigkeit gesättigte 154.7
-, heiße 213.11
-, ozonisierte 255.12
-abschluß 96.21
-bläschen 246.4
-feuchtigkeit 154.5
-gehalt der Seide 228.4
-kanal 153.18, 195.15
-röste 68.9
-strom 41.5
-strom, heißer 237.8
-strom, kühler 237.9
-verdünnung 69.15
lüften, den Aufzuchtraum 197.3
Lüfter 153.19, 269.3
luftführender Zellenzwischenraum 106.7
luftig gewachsene Wolle 141.9
lufttrocken 67.3
-e Wolle 181.11
-er Kokon 212.17
-er Zellstoff 292.16
luftverdünnter Raum 14.4, 258.15
Lüftung 197.2
Lumen 15.13, 95.12, 100.12
-, breites 44.14
Lumpen-seide 9.13
-wolle 9.12
Luntenenden 62.7
Lunter 2.3
Lustrekammwolle 168.17

M.

Macarthysche Entkörnungsmaschine 40.2
Maceio 57.17
Maceration der Blätter durch Aufsaugen von Wasser 114.8
Macrochloa tenacissima 116.17
Madagaskar-Piassave 117.11
Madar 64.3
Madrashanf 103.7
Magazin, Flachs- 76.1
Magensaft, alkalischer 208.13
Magermilch 287.4
Magnesia 198.8
-, essigsaure 284.5
-, kohlensaure 45.10
-, phosphorsauere 45.9
-, schwefelsaure 274.16
-abscheidung 266.5
magnesiahaltig 162.3
Magnesium 16.17
-azetatlösung 284.5
-chlorid 162.2, 259.14
-hydroxyd 274.18
-karbonat 45.10
-oxyd 266.6
-palmitat 285.12
-phosphat 45.9
-salz 266.3, 274.15
Magnesium-sulfat 274.16
-sulfatbad 274.17
-sulfhydrat 266.4
Magueyfaser 114.1
Mahlholländer für Kollodiumwolle 257.16
Mähnenschaf, wildes 123.14
Mais-stengel 255.2
-stroh 119.19
Maiwolle 167.12
Makler 27.11
-, beeidigter 28.8
-, vereidigter 185.10
-gebühren 29.15
Mako-Baumwolle 58.24
-, weiße 59.5
malachitgrüner Faden 276.19
Mangabeiragummi 294.12
Mangan-chlorür 259.5
-oxydulsalz 281.12
Mange, Hanf- 85.18
Mangel, Arbeiter- 25.19
Mangeln 6.18
mangeln 6.19
Mangobaum 204.1
Mangoe-Marke I 306.16
-Marke II 306.17
Manilahanf 1.8, 105.21, 307.5
-blüte 106.10
-kultur 106.13
-pflanze 106.2
Mannazucker 271.17
Männchen 26.13
-, Schmetterlings- 189.12
Mannit 271.17
männlich-e Hanfblüte 77.19
-e Hanfpflanze 77.7
-e Maulbeerblüte 202.18
-er Kokon 215.19
-er Schmetterling 189.12
Mantel des Trockners 237.10
Maranhao-Baumwolle 57.15
Marge 52.20
Mark 15.24, 65.8
-insel 16.1
-strang 15.24, 175.2, 181.8
-zelle 175.3
-zylinder 15.24
mark-freie Wolle 125.17
-haltiges Haar 181.9
-reicher Blütenschaft 109.3
Marke 99.13, 184.21
Markenlappen 99.18
markierter Stapel 139.1
Markt 28.12
-, auf den - bringen 28.13
-, Flachs- 75.13
-, Seiden- 230.3
Markt-bezeichnung für Rohseide 230.8
-lage 186.8
-verhältnisse 186.8
-wert 29.10
marktfähige Ware 28.11
Marschschaf, holländisches 124.14
-, norddeutsches 124.12
Marsdeniaseide 64.6
Marseillerseife 233.13
Martinsche Kreuzungsvorrichtung 223.14
Marzolanostroh, italienisches 119.20
Mäschel 77.9
maschig, x- 275.8
maschinelle Entfaserung 111.2
Maschinen-entfaserung 111.2
-hechelei 87.17
-säen 23.9
-schwingerei 72.7
maschinen-entkörnte Baumwolle 39.16
-gehechelter Hanf 91.17
Masse, zähflüssige 210.3
Maßbehälter 268.9
Mastel 77.9
Mast-fähigkeit des Schafes 132.23
-schaf 132.22
mastige Wolle 179.1
Matte 75.19
-, Fußboden- 205.6
-, Stroh- 205.2
matt-e Seide 226.23
-er Glanz 288.8
-er Silberglanz 179.15
-es Ansehen des Wollhaares 178.17
mattglänzende Seide 226.23
Maulbeerbaum 199.4

Maulbeerbaum mit rosenrotem Blattstiel . . 199.7
–, breitblättriger . . . 200.3
–, chinesischer 200.4
–, gerippt blättriger . . 199.13
–, geschlitztblättriger . 199.16
–, gezüchteter. 200.12
–, großblättriger . . . 199.10
–, hoher 199.8
–, indischer 199.19
–, japanischer 164.11
–, kranker 202.20
–, römischer 199.9
–, roter 199.17
–, scharfblättriger . . . 200.2
–, schwarzer 199.14
–, tartarischer 199.18
–, türkischer 200.1
–, vielstengliger 199.12
–, weißer 199.6
–, wilder 200.8
–kultur 200.18
–rinde 194.9
–zucht 200.13
Maulbeer-blatt, frisches 198.4
–blatt, gesundes . . . 198.5
–blüte, männliche . . . 202.18
–blüte, weibliche . . . 202.17
–frucht 201.4
–garten. 200.20
–hecke 200.7
–kokon. 214.7
–laub 198.8
–pflanzung 200.16
–plantage 200.16
–raupe, eingesponnene . 216.20
–raupe, wilde 193.2
–rute. 198.18
–same 201.7
–seide 230.15
–seide, wilde 231.22
–spinner 190.4
–strauch 200.6
–wald 200.19
–zweig 198.18
Maulbeere 201.7
Mauritiushanf 117.14
Mc Lane, Entfaserungsmaschine. 108.5
mechanisch, auf –em Wege 163.21
–e Entfaserung 111.2
–e Fasergewinnung . . 107.24
–e Wäsche 146.20
–er Kokonschläger. . . 219.18
–es Entkletten 163.20
Meerwasser 118.19
Mehlbanane. 114.12
mehlweiße Raupe . . . 192.17
Mehrgewicht 52.13
– der Verpackung . . . 48.14
–, zulässiges 238.1
Mehrheit, Stimmen- . . 51.12
Mehrtara 48.14
Mehrwert 47.20
mehr-atomiger Weingeist. 271.15
–eckig 9.24, 225.11
–erntige Spielart . . . 197.20
–fädige Düse 247.14
–jährig . . 18.7, 36.8, 110.3
–zellig 20.15
Meistbietender 186.5
Melampsora lini . . . 66.14
Melkschaf 133.4
Membran, innere . . . 192.3
–, mittlere 192.4
Menadohanf 105.21
Menge, Aschen- 96.19
–, Woll- 142.21
Menschen-arbeit . . . 21.24
–haar 187.18
Mentzels Dichtigkeitsmesser. 180.12
Mercerisation 46.5
Mercerisieren . . . 5.16, 46.5
mercerisieren . . . 5.17, 46.6
mercerisiert-e Baumwolle 46.8, 291.20
–er Zellstoff 269.11
Mercerisierung 46.5
Merino 126.4
–kammwollrasse 123.8
–kapwolle 166.18
–rasse 122.14
–schaf 126.4
Merinowolle 165.8
–, feine 165.9
–, hochfeine 165.10
Merzen 129.16.17.18.21
Merz-hammel 129.20
Merz-mutter 129.19
–schafe. 129.16
Mesokarp. 118.14
messen, die Haarkräuselung. 180.1
Messer 70.10
–, einstellbares 40.12
–, erstes 108.9
–, gezahntes 107.19
–, glattes. 107.18
–, halb stumpfes . . . 107.15
–, hölzernes. 83.14
–, Ober- 107.16
–, schwingendes 40.3
–, Unter- 107.17
–, zweites 108.10
–entkörnungsmaschine . 40.2
–paar 70.14
–scheiben, schraubenförmige 40.10
–schneide. . . . 72.11, 84.20
–trommel. 108.2
–walze 70.23
–walzenentkörnungsmaschine 40.9
Messingdraht 297.20
Messung mit dem Seidenprüfer 12.18
–, serimetrische 12.18
Mestize 128.24
Mestizenwolle 165.14
Metall der Wolle . . . 176.2
–ammoniakverbindung . 271.3
–draht 1.17, 297.1
–einfassung, säurebeständige 252.12
Metallfaden . . . 9.10, 297.1
–, bandförmiger . . . 298.3
–, glatter. 298.3
–, runder. 298.2
–, mit Zellstoff überzogener 293.3
Metall-gespinst 297.1
–platte, gelochte . . . 296.4
–pulver, mit Nitrozellulose als Bindemittel versehenes 293.10
–röhre, rotierende . . . 223.15
–salz, in Weingeist gelöstes 262.6
–salzbeschwerung . . . 235.3
–salzlösung 235.4
–sulfidniederschlag . . 281.15
–tuch, x-maschiges . . 275.3
–überzug, mit – versehen 298.6
metallglänzender Überzug 293.9
metallisch schimmernder Kokon 215.9
–es Kupfer 270.3
metallisiertes Garn . . 298.6
Meterzentner 76.9
Methode, Zellen- . . . 194.8
Methyl-alkohol . 258.8, 260.24
–-salizylat 284.18
metrisches Gewicht . . 76.2
Mezankoorienseide, indische 232.6
Mikroben-röste 82.17
–züchtung mit anorganischen Salzen 82.16
Mikrokokken, vibrionenartige 208.15
Mikrometer, Okular- . . 17.19
Mikrophotogramm . . 17.17
mikrophotographisch darstellen 17.15
Mikroskop 17.16
–, scharf zeichnendes 17.20
–, mit dem – untersuchen. 276.14
mikroskopisch untersuchen. 17.14, 225.5
–e Untersuchung 17.13, 44.2, 180.13, 225.4
–es Bild 180.14
Milch-baum 203.24
–säure 272.19
–schaf 133.4
–zucker 271.19
milchweiße Raupe . . . 192.17
milchig werden (Blut) . 108.5
–e Flüssigkeit . . 151.23, 152.4
–e Wollfettlösung . . . 158.4
– trüber Glanz 288.9
mild wirkendes Fällbad 249.4
–er Schweiß 145.10
Mimose. 203.18
minderwertig werden . 143.24
–e Jute 99.8
–es Fell 144.1
mineralisch-e Beschwerung. 234.21
–e Spinnfaser 8.14
–er Bestandteil . . 16.11, 45.2
–er Nährstoff 133.22
–er Rohstoff 8.13, 240.1
Mineralogie 26.15
Mineral-reich 26.16
–säure 161.9
Mischer 268.12
Misch-dünger 21.12
–kessel 272.9
–rasse 122.16
–wolle 172.15
–wollschaf 125.6
Mischung aus Äther und Weingeist 258.7
Mississippi-Baumwolle . 57.5
mißfarbig . . . 179.12, 227.3
Mist, Raupen- 205.22
Mitafifi 59.1
mitgerissene Wollteilchen. 148.9
Mitglied, Börsen- . . . 27.20
–schaft, Börsen- . . . 27.21
Mitnehmer für die Blattscheidenklemme . . 108.7
–, zweiteiliger. 86.3
Mittel, Beschwerungs- . 235.1
–, Entbastungs- 233.6
–, Entfettungs- 156.3
–, Reduktions- 98.12
–, Verseifungs- 159.20
–ernte 38.12
–hechel 73.19
–lamelle 90.18
–lein 66.3
–meerwolle 166.6
–schicht der Frucht . . 118.14
–sorte der Wolle . . . 172.18
mittelfeine Faser . . . 10.17
mittelstämmiger Baum. 19.8
mittlere Haarlänge . . 174.16
– Haut. 192.14
– Kammwolle 168.19
Mobile-Baumwolle . . . 57.9
Mohärwolle 187.23
–ziege 127.3
Mohnöl 260.12
Molekel 246.2
Molekül 246.9
Monats-abwicklung . . 53.7
–bericht 56.13
–lohn 25.18
Monkeygras 117.2
Monoazetat 283.10
monokotyle Pflanze . . 1.18
Monsun 38.5
Mooga-seide. 232.3
–spinner 190.5
Moor, Torf- 115.18
moorige Wolle. 178.8
Morgentau 185.3
morphologische Veränderung. 229.8
morsch werden . 96.10, 236.16
Morus alba 199.6
– byzantica 200.1
– canadensis 200.2
– constantinopolitana . 200.1
– constantinopolitana Lam. 200.4
– elata 199.8
– indica 199.19
– laciniata 199.16
– latifolia 199.10
– latifolia rubra . . . 200.3
– macrophylla 199.10
– multicaulis 199.12
– nervosa 199.13
– nigra 199.14
– ovalifolia 199.9
– pumila 199.11
– romana. 199.9
– rosea 199.7
– rubra 199.17
–scabra 200.2
– tatarica 199.18
Mucoidin 209.19
–schleim 209.19
Mudar 64.3
Mufflon 123.13
Muga-kokon 214.15
–seide 232.3
–spinner 190.5
Mundstück, drehbares . 251.2
–halter 248.8
Mündung des Haarröhrchens 276.14
Mungo. 170.11
mürb-e Faser 74.10
mürb-e machen . 161.1, 239.21
–es Haar. 177.23
Musa paradisiaca . . 114.11.12
– sapientum. 114.15
Muschel 239.19
–bart 232.20
–seide 232.18
Musik der Wolle . . . 176.3
Muster. 75.16
–, feststehendes. . . . 49.2
–, verbürgtes 56.2
–ziehen 50.8, 184.23
Mutter-gestein 26.20
–lamm 130.7
–schaf 130.1
–schaf, schwächliches . 131.19
–wolle 167.6

N.

nachbehandeln, den Faden mit Natronlauge 276.15
Nachbehandlung 251.16, 273.15
Nachernte 38.13
Nachfrage, erhöhte . . 186.15
Nachgeben der Preise 54.10
nachgeben (Preis) . . . 54.11
Nachlese 38.14
nachmessen, den Originalsträhn 238.13
Nachpflanzen 24.4
Nachpressen 43.2
Nachpressung 43.2
nachprüfen, die Stärke der Kupferlösung . 272.4
Nachreifen der gereinigten Viskoselösung . 279.18
nachreifen . . . 80.11, 279.19
Nachröste 68.18, 82.9
nachrösten, die Hanfstengel. 82.10
Nachtschmetterling . . 189.11
Nachweis der Beschwerung. 236.19
nachweisen, die Beschwerung. 236.20
–, die Verunreinigungen ultramikroskopisch . 291.2
Nachzügler 206.10
Nadel 71.13
–besetzung der Hechelleiste 89.4
–feinheit 87.9
–holz. 244.14
–holzzellstoff 119.12
–stapel 140.4
Nadeln, die – zerfasern 116.11
Nähen 4.23
nähen 4.24
Näherei 4.23
Nährpflanze . . 199.3, 203.7
Nährstoff. 133.21
– des Bodens 21.2
–, anorganischer. . . . 133.23
–, mineralischer . . . 133.22
–, organischer 134.1
–, stickstoffhaltiger . . 134.2
–, stickstoffloser. . . . 134.3
Nährwert der Pflanzen 135.11
Nahrung 130.20
Nahrungsstoff 133.21
Naphtha 156.16
Naphthollösung 289.13
Narawalifaser 105.6
narkotischer Bestandteil 81.2
nasser Stengel 80.6
nasses Abhaspeln des Kokons 220.15
naß verpacken 99.16
– verpackte Jute . . . 99.15
Naß-festigkeit der Kunstseide 288.22
–spinnverfahren 246.14
Natalwolle 166.19
Nativeswolle 165.23
Natrium, rizinusölsaures 273.20
–, schwefelsaures . . . 271.5
–, wolframsaures . . . 265.7
–, xanthogensaures . . 279.3
–aluminat 281.8
–azetat. 261.1, 284.7
–bichromat 159.6
–bisulfat 161.20
–bisulfit 274.8, 278.8
–bisulfitbad 261.15
–hydrosulfid 266.8
–hydrosulfit. 97.5
–hydroxyd . . 272.16, 278.16
–hydroxydlösung . . . 272.17

Natrium-karbonat 45.8, 102.9, 151.24
-laktat 259.17
-nitrit 265.4
-nitritlösung 261.20
-phosphat 236.11
-salz 279.5
-salz, gallertartiges . . 279.7
-salz, saures 279.8
-salz, wasserlösliches. . 279.6
-schwefelverbindung . 278.15
-seife 151.12
-sulfat 162.1, 271.5
-sulfhydrat 266.8
-sulfidlösung 266.9
-wolframat 265.7
Natron, essigsaures 261.1, 284.7
-, kohlensaures . . 45.8, 102.9, 151.24
-, phosphorsaures . . . 236.11
-, salpetrigsaures . . . 265.4
-, saures schwefelsaures 161.20
-, saures schwefligsaures 274.8, 278.8
-, schwefelsaures . . . 162.1
-bad 261.9
-hydrat . . . 272.16, 278.16
-hydratlösung 272.17
-kupferlösung 271.13
-lauge 151.17, 255.13, 266.7, 272.17
-lauge, angereicherte . 278.17
-lauge, konzentrierte . 278.17
-weinstein 291.5
-zellstoff . . . 119.10, 298.15
-zellulose 278.3
Natur, gute – der Wolle 177.17
-, von schlechter . . . 177.18
-erzeugnis 242.4
-farbe, dunkle 227.5
-fett der Wolle 145.23
-produkt 242.4
-seide 188.20, 230.16
-seidenabfall 287.14
-wäsche 146.21
naturfarben 120.4
natürliche Färbung 14.41, 179.9
– Faser 8.12
– mineralische Rohstoffe 240.1
– Oxyzellulose 244.11
– Röste 67.15
– Seide . . . 188.20, 230.16
– tierische Rohstoffe . 122.1
– Verdunstung 154.3
– Weide 134.22
– Zuchtwahl 128.12
natürlicher Farbstoff . 210.13
Neapler Hanf 305.19
Neben-erzeugnis der Pottaschegewinnung 157.20
-erzeugnis, alkalisches . 278.20
-kultur 106.20
-zweig 93.21
Negerköpfe 294.13
Negretti-rasse 123.3
-wolle 165.15
nehmen, die Riste aus der Kluppe 88.12
Nerv (Wolle) 176.1
nervig-e Wolle 175.24
-er Seidenfaden 226.7
Nessel 1.7
-, chinesische 100.16
-, indische 100.18
-faser 100.1
-pflanze 100.3
nesselartige Pflanze . . 100.15
Nest, in -ern zusammenliegen 174.7
Netto-gewicht 29.20
–-Tara 48.18, 50.10
netto Kasse 30.8
Netz 4.13
-ware 4.13
netzartig gesponnener Kokon 216.9
-es Gefüge des Vlieses 171.9
-es Kokongewebe . . . 212.1
Netzen 4.11
netzen 4.12
Neu-anpflanzung . . . 24.4
-gold 297.24
Neuseeland-flachs . . . 114.16
-wolle 166.24
neuseeländische Flachslilie 114.16
neutral-e Alkalisalzlösung 281.4
-e Seife 233.18
-es Magnesiumsalz . . . 266.3
-es Wollfett 159.9
Neutralisation der Säure mit Soda 69.16
neutralisieren, das Ammoniak durch Bisulfite 274.9
-, die ameisensauren Salze 102.12
-, die Schwefelsäure . . 264.11
Nickel-ammoniumverbindung 272.7
-draht 297.17
-hydroxydul 272.8
-oxydammoniaklösung . 289.14
-oxydulammoniak . . 272.6
-oxydulhydrat 272.8
-sulfatlösung 287.17
Niederschlag 17.5
– von Aluminiumoxydhydrat 261.14
-mittel 17.4
Niederschlagen 17.3
niederstämmiger Baum 19.9
Niederung 135.15
Niederungsschaf, norddeutsches 124.12
niedrige Nitrierung . . 256.4
nierenförmig . . 44.11, 215.18
Niggeröl 41.13
Nisse 60.22
nissige Faser 60.22
Nitratseide . . . 242.9, 254.13
Nitrier-dauer 255.22
-gemisch 256.8
-säure 256.6
-schleuder 256.14
-temperatur 256.1
-topf 256.9
-vorgang 255.20
nitrierte Zellulose . . . 255.8
Nitrierung, niedrige . . 256.4
Nitrierungs-grad 256.2
-stufe 256.2
-vorgang 255.20
Nitro-benzol 284.10
-derivat des Zellstoffes 284.21
-meter 257.22
-methan 284.19
Nitroseide . . . 242.9, 254.13
– aus Azetonkollodium. 261.18
– aus Eisessigkollodium 261.4
Nitrozellulose . . 46.15, 255.8
-, azetylierte 284.20
-, chemisch beständige 257.5
-, säurefreie 256.15
-, trockene 257.7
-, wasserhaltige . . . 256.24
-seide 242.9, 254.13
Niveau der Erstarrungsflüssigkeit 248.6
nord-amerikanische Baumwolle . 56.19, 299.4
-deutsches Niederungsschaf 124.12
normal-bogige Wollkräuselung 176.16
-er Stapel 137.17
Normal-feuchtigkeit 13.20, 47.10
-haar 180.10
Notierung 186.7
-, Börsen- 53.24
-, Dundee- 99.20
Nubari-Baumwolle . . 59.4
Nummer der konditionierten Seide 238.7
-, feine 239.2
-, grobe 239.3
-wage 238.16
Nuß, reife 118.18
-öl 260.14
-spinner, japanischer . 190.6
nußförmig 77.22
Nutenkanten, rauhe . . 40.5
Nutz-pflanze 18.8
-tier 26.11

O.

oberägyptische Baumwolle 59.6
Oberfläche der Erstarrungsflüssigkeit . . 248.6
Oberflächenstreifung, schwache 225.14
Ober-haar 141.7
-hals 171.23
-haut 173.19
-haut der Faser 44.6
-häutchen der Wurzelscheide 174.10
Ober-messer 107.16
-schenkel 132.15
-sorte der Wolle . . . 172.16
oberitalienischer Hanf . 305.2
Obmann 51.13
Obstbanane 114.15
Ofen, Back- 70.5
-, Dörr- 70.4
offen-e Wolle 177.20
-er Kokon 217.9
-er Nagel 137.20
offenhalten, die Wolle . 163.3
offerieren, über der Basis 53.18
Offerte 28.19
Öffnen feuchter Wolle . 135.12
öffnen, den geriebenen Hanf 86.9
-, die Wolle mit der Hand 153.13
-, sich (Frucht) . . . 62.21
Öffner für Samenbaumwolle 39.7
– für Schweißwolle . . 147.8
– für Wolle 153.15
-abfall 61.20
Öffnung des Haarröhrchens 276.14
Oklahoma-Baumwolle . 57.4
Okularmikrometer . . 17.19
Öl, an der Luft trocknendes 260.10
-, nicht trocknendes . 294.6
-, das – verharzt . . . 261.3
-, vulkanisiertes 260.9
-baum, wilder 204.9
-behälter 263.8
-gewinnung 80.24
-kuchen, Baumwollsamen- 41.18
-mühle 41.16
-pflanze 77.4
-probe 46.2
-säure 152.8
-säurezusatz 289.19
-süß 151.4, 271.16
-zusatz 260.8
ölig schmecken 79.6
-er Schweiß 145.10
Oleinseife 233.14
Ongti-Schaf 124.17
Oomrawoottee-Baumwolle 58.12
optisch untersuchen . . 290.9
-e Untersuchung . . . 290.10
-es Drehungsvermögen der Seide 227.18
-es Verhalten der Seide 227.22
Ordre-Konnossement . 49.13
organisch-e Base . . . 259.6
-e Gebilde in der Haut 174.1
-e Säure 229.2
-er Nährstoff 134.1
-er Stoff 16.9, 271.14
Original-muster . . 50.9, 55.23
-strähn 238.13
Orleans 57.1
Orobanche ramosa . . . 79.13
Ossein 287.23
-lösung 288.1
ostindisch-e Baumwolle 58.2, 300.22
-er Hanf 103.7
oszillierende Tischbewegung 163.7
Otborny 302.21
ovaler Kokon 215.16
– Querschnitt 9.22
– Seidenfaden 225.9
Ovis ammon 123.12
– aries 124.1
– aries dolichura catotis 125.8
– aries dolichura strepsiceros 125.7
– arkar 123.17
– brachyura 124.2
– Burrhel 123.16
– dolichura 124.19
– leptura 125.5
– montana 125.9
– musimon 123.13
– pachycerca 124.18
– platyura 125.1
– platyura macrocerca syriaca 125.4
– steatopyga 124.10
– tragelaphus 123.14
oxalsaurer Kalk 16.12
Oxydation des Kupfers 270.8
Oxydationsmittel . . . 255.10
oxydierbare Base . . . 259.7
oxydieren (Kupfer) . . 270.9
oxydierende Stoffe . . 243.17
Oxyfettsäure 258.19
Oxyzellulose, natürliche 244.11
Ozon 255.11
ozonisierte Luft . . . 255.12

P.

paaren, sich 190.11
Paarung 129.3
– der Schmetterlinge . 190.10
-, gleichrassige 129.4
-, heterogene 129.5
-, homogene 129.4
-, ungleichrassige . . . 129.5
Paarungs-register . . . 129.7
-zeit 129.6
Paarzeher 127.9
-, wiederkäuender . . 127.10
Pächter, Land- 25.11
Pachtgeld, festes . . . 25.13
Packen der Baumwolle 41.19
packen, mehrere Vliese zusammen- 143.1
Pack-leinwand 42.17
-tuch 42.17
Packung, falsche . . . 48.15
Pahthanf 92.13
Pako 126.14
-haar 188.6
-tier 126.14
-wolle 188.3
Palmitinsäure . 152.6, 285.11
Palmitylchlorid 285.13
Palmölseife 233.15
Palmyrapalme 117.10
Pandanusfaser 116.13
Panzerstapel 140.10
Papier 298.13
-, gelochtes 205.19
-, Spinn- 298.17
-, Sulfatzellstoff- . . . 298.18
-, Sulfitzellstoff- . . . 298.19
-baum 204.10
-jod 289.16
-karte 194.6
-maulbeerbaum 104.11, 204.10
-maulbeerbaumfaser . . 104.12
-sack 194.14
-schnitzel, Filter- . . . 255.4
-schwefelsäure 289.17
-zelle 194.6
Pappel-holz 121.5
-wolle 64.10
Pappenform, in – bringen 244.16
Para-Baumwolle . . . 57.20
-faser 117.2
Paraffin 289.18
Paragras 117.2
Paraiba-Baumwolle . . 57.21
Parakautschuk 294.10
Paraldehyd 260.3
parallele Lage 90.2
Parasit 207.5
-, Pflanzen- 203.1
-, Tier- 202.22
Parenchym, Bast- . . . 100.13
pari, Beschwerung über 234.19
-, zu – bsechweren . . 234.18
Parität 52.22
Partei 50.21
Partie 186.2
-, die – fällt ab . . . 51.24
-, Samen- 194.24
-, Sonder- 186.4
partielle Denitrierung . 265.11
Passatwind, indischer . 38.5
Paste, Spinn- 262.10
Pasteursches Zellenverfahren 194.8
Pébrine-körperchen . . 208.12
-krankheit 208.10
pechspitziger Stapel . . 140.9
Pechstücke 172.9
Peigneur 164.12
Pektin 45.1
Pektose 102.15
Pellhanf 91.8
Pelseide 231.13
Pelz-tier 122.5
-wäsche 146.21
perennierende Pflanze . 18.7, 36.8
perforierter Entschweißkorb 147.16
pergamentartig 217.8
Perlenstapel 139.16
perlgraue Raupe . . . 192.18

Perlmutterglanz des Kokons 215.10
permanente Weide . . . 134.22
Pernambuco-Baumwolle 57.18
-kautschuk 294.11
persische Baumwolle . 58.22
- Rohseide 231.2
peruanische Baumwolle 37.4
- Baumwolle, rauhe . 57.12
- Sea-Island-Baumwolle 56.22
Peruwolle 166.16
Petersburger Hanf . . . 91.22
Petroleum 264.5
Petsche 148.14
Pfahlwurzel 64.18
Pfandschein, Lager- . . 184.15
Pfanne 220.1
Pferch 134.20
Pferde-banane 114.12
-göpel 71.7
-haar 187.19
Pflänzchen, Baumwoll- . 34.5
Pflanze, dikotyle . . . 18.19
-, einheimische 18.3
-, einjährige 18.6, 36.7, 64.16
-, einsamenlappige . . 18.18
-, krautige 18.20
-, kultivierte 18.1
-, mehrjährige 36.8
-, monokotyle 18.18
-, nesselartige 100.15
-, perennierende . . 18.7, 36.8
-, strauchartige 18.21
-, subtropische 18.5
-, tropische 18.4
-, wild wachsende . . . 18.2
-, zweihäusige 77.6
-, zweisamenlappige . . 18.19
Pflanzen setzen 24.3
- stecken 24.3
-dunen 62.15
-faser 8.16
-fett, festes 16.3
-fett, flüssiges 16.4
-fettseife 233.9
-forscher 17.22
-fresser 127.11
-gallerte 287.22
-gummi 16.6
-haar 8.18
-haar, einzelliges . . . 8.19
-kunde 17.21
-leim 16.6
-öl 16.4
-parasit 203.1
-reich 17.23
-reste 146.8
-rohstoff 8.15
-same, Jute- 93.11
-schleim 287.21
-schmarotzer 203.1
-seide 8.20, 63.18
-seide, reinweiße . . . 63.19
-seide, rötlichgelbe . . 63.20
-spinnfaser 8.16
-sproß 23.24
-stengel 65.2
-stoff 161.1
-stoffe, gallertartige . . 287.19
-teile 161.4
-wachs 16.2
-wolle 8.21
pflanzen, reihenweise . 201.3
Pflanzer 25.4
-ballen 42.23
pflanzliche Beimengungen 146.8
- Beschwerung 234.23
Pflanz-schule 200.14
-weite 114.3
Pflanzung 25.3
-, Baumwoll- 35.22
Pflanzungs-ballen . . . 42.23
-beauftragter 56.15
-gesellschaft 25.5
-speicher 25.7
Pflücken der Baumwolle 38.20
pflücken, die Baumwolle 38.21
Pflücker 38.16
Pflück-lohn 38.17
-maschine, Baumwoll- . 38.19
-zeit 38.18
Pflückung, erste 38.11
Pflug 22.9
-kultur 22.2
Pflügen 22.4
pflügen 22.5
-, tief 22.7
Pfriemen, wohlriechender 104.13
-faser 104.14
-strauch 104.15
Pfropfen der Reiser . . 201.12
Pfropf-art 201.16
-reis 201.13
-unterlage 201.14
-verband 201.15
-verfahren 201.16
Pfropfung 201.10
Phenylessigsäure . . . 285.14
-chlorid 285.15
Phloroglucin . . . 17.10, 97.12
-lösung 98.14
Phormium-faser 114.16
- tenax 114.17
Phosphatbad 236.12
Phosphor 16.14
-säure . . 36.12, 198.7, 233.20
phosphorsauer-e Magnesia 45.9
-es Ammoniak 265.5
-es Natron 236.11
Phragmites communis . 121.15
Physik der Baumwollfaser 43.14
physikalische Unterscheidungsmerkmale der Seide 227.6
Physikalisches von der Flachsfaser 74.6
Phytospora mori . . . 203.2
Piassava, afrikanische . 117.5
-, brasilianische . . . 117.2
-, südamerikanische . . 117.2
Picardie, Schaf der . . 124.16
Pigment des Serizins . 210.18
Pilgerschrittbewegung . 71.10
Pilzwucherung 207.11
Piñafaser 115.10
Pinken der Seide . . . 236.2
pinken, die Seide . . . 236.1
Pinksalz 236.4
-bad 236.5
Pinus abies 203.12
Pisang 114.12
-faser 114.11
Pitaflachs 113.14
Pite-faser 113.14
-hanf 113.14
-pflanze 113.15
Plantage 25.3
-, Baumwoll- 35.22
Plantagen-agent, spezieller 56.15
-bau 25.6, 36.1
-speicher 25.7
plantagenmäßig anbauen 110.1
plastischer Faden aus Natronzellulose . . . 293.5
Platin-draht . . 144.20, 297.16
-düse 248.1
platt-e streifenartige Faser 103.12
-er Metallfaden 298.3
Plätte (Draht) 298.3
Platte, feststehende . . 40.4
-, verstellbare 247.16
Plattenentkörnungsmaschine 40.2
plattiert, gold- 297.5
-, silber- 297.12
Plattierung, Gold- . . . 297.6
Platz-baumwolle 55.11
-bestimmungen 56.7
-konditionen 56.7
-kosten 49.1
-spesen 49.1
-vorräte 186.17
-ware 55.11
Plauelmühle 71.1
Pleuel 40.7
plombieren, die Probe . 50.13
Plusia gamma 66.10
Pocken 136.1
Pockmühle 71.1
poken, den Flachs . . . 70.17
Polarisations-ebene . . . 227.20
-farbe 227.15, 290.15
-farbe der Fasern . . . 13.4
-mikroskop 290.14
polarisationsmikroskopisches Untersuchungsverfahren 290.13
Polarisieren der Seide . 227.19
polarisiertes Licht . . . 290.20
Polariskop 227.14
Pollen, Kautschuk- . . . 295.10
polnischer Hanf 92.1
Polysulfid 266.17
Pomade, Lanolin- . . . 160.1
Pore, Schweiß- 174.20
poröses Tuch 252.4
Port-Philip-Wolle . . . 166.22
Porto 29.16
Porzellantopf 256.10
Posamente 4.16
Posamenten-fabrik . . . 4.17
-macher 4.18
Posamentier 4.18
-er 4.18
-erei 4.14
-waren 4.16
-warenfabrik 4.17
Posamentieren 4.14
posamentieren 4.15
posensche Wolle 166.3
Posten, der - fällt ab . 51.24
Postgebühr 29.16
Pottasche 45.5, 102.8, 145.17, 209.17
-, rohe 157.7
-gewinnung 157.6
-lösung 157.12
potten, den Flachs . . 70.17
Prämiengeschäft 52.23
Präparat, giftiges . . . 144.7
Präsident der Börse . . 28.3
Präzipitat 245.5
Präzisionswage 47.7
Preis auf Grundlage letzter Versteigerung . . 186.9
-, Börsen- 53.24
-, Durchschnitts- . . . 53.17
-, Eröffnungs- 54.1
-, Kokon- 229.17
-, Land- 25.9
-, Rohseiden- 230.6
-, Rohstoff- 29.8
-, Schluß- 54.2
-bemessung 53.16
-drücker 54.18
-nachlaß 30.7
-rückgang 54.10
-schwankung 54.5
-steigerung 54.7
-treiber 54.12
-treiber, Ring der . . . 54.20
-treiberei, wilde 54.19
-umrechnung 52.21
Preise, die - drücken . 54.9
-, die - geben nach . . 54.11
-, die - ziehen an . . . 54.8
Presse s. a. Ballenpresse und Baumwollpresse
-, Dampf- 42.16
-, hydraulische 42.6
Pressen 6.20
- der Baumwolle . . . 41.22
- der Hanfkörner . . . 80.20
pressen 6.21
-, die Baumwolle . . . 41.23
-, runde Fäden aus Kautschukteig 296.5
-, den Hanf in Ballen . 112.24
-, die Hanfkörner . . . 80.21
-, die Juteristen in Ballen 99.12
-, den Kapok 63.14
-, den Kautschuk 296.3
-, den Kautschukteig durch eine gelochte Metallplatte 296.4
-, die Spinnflüssigkeit durch Haarröhrchen 264.15
-, den aufgeschlitzten Strohhalm flach . . 120.13
Preß-anlage (Baumwolle) 42.1
-kasten, fahrfarer . . . 113.2
-kasten, fest eingebauter 113.1
-kolben 42.11
-kopf 245.16
-luft 268.3
-walze 41.11
-wasser 42.12
-zylinder 42.10
prima I (Streichwolle) . 308.9
- II (Streichwolle) . . 308.10
Primaware 61.12
prismatische Einzelzelle 95.15
Probe 50.10
-, Kupferoxydammoniak- 45.15
-, Öl- 46.2
-, Verbrennungs- 45.18, 187.11
-, Woll- 179.7
-, zurechtgemachte . . 50.12
-strähne ziehen 238.10
Proben ziehen 50.8
-zimmer, Baumwoll- . . 49.20
Produkt, Kreuzungs- . . 129.1
-, Kunst- 242.5
-, kunstseidenes 242.6
-, Natur- 242.4
Produktion, Woll- . . . 183.11
Produktions-gebiet . . . 183.12
-kosten 25.8
-land 30.21
Propionsäure 285.8
-anhydrid 285.7
Protein, tierisches . . . 210.8
-körper 181.18
-substanz 181.18
proteinhaltig 234.1
Protoplasma . . . 15.12, 44.15
Prozent, x - Diskont . 30.19
Prozeß, Haspel- . . . 220.6
prüfen, chemisch . . . 289.2
-, mit Ferrocyankaliumlösung 291.9
-, in polarisiertem Licht 290.11
-, die Wolle 179.5
Prüfer, Festigkeits- . . 12.13
-, Seiden- 12.17
Prüfung der Kunstseide 289.1
-, Woll- 179.4
Psychrometer 14.12
Puik 303.15
- Hoffs Dreiband . . . 304.2
Pulpa, die - läßt sich leicht von der Faser trennen 114.9
Pulver, geschmeidig machendes 294.7
Pumpe für Viskoselösungen 281.16
Pumpenanlage 42.9
Pumpwerk 42.9
Punkt, ein - Abschlag . 54.4
-, ein - Aufschlag . . 54.3
-abschlag 52.19
-aufschlag 52.18
-steigerung 52.18
Puppe 37.15, 212.7
Puppen-bett 212.12
-fett 219.3
-hülle 191.2, 212.11
-säure 219.2
-zustand 212.5
purpurbraune Blattspitze 109.17
Puzolzia occidentalis, Faser von 105.16
Pyroxylin 46.15, 255.8
-faden, explosiver . . . 263.16
-hydrat 257.10

Q.

Quaderstapel 140.10
Quai, franko 32.4
-risiko 48.21
Qualität der Wolle . . 172.12
Qualitäts-abfall . . 48.1, 51.23
-abweichung . . . 51.22, 52.7
-garantie 56.3
-type 186.19
quarta (Streichwolle) . 308.13
Quecksilber-chloridbad 261.11
-chloridlösung 98.10
-thermometer 47.6
quellen (Blut) 208.6
- (Wolle) 177.12
quellender Griff . . . 177.12
Quellung der Jutefaser in Kalilauge 97.8
-en von Zellstoff in Ätzalkalien 282.14
-en von Zellstoff in Chlorzink 282.14
Quercus ilex 203.15
Querbewegung . . 84.3, 86.12
querlaufender Binder . 141.5
Querschnitt der Jutefaser 95.11
-, abgerundeter 95.17
-, dreieckiger 9.23
-, eirunder 9.22, 225.9
-, elliptischer 44.10
-, kreisförmiger 44.12
-, länglich runder . . . 44.10
-, mehreckiger 9.24
-, nierenförmiger . . . 44.11
-, ovaler 9.22
-, vielseitiger 95.18
Queenslandhanf 105.5
Quetschen der Flachsstengel 69.22
quetschen, die Blätter . 111.3
-, den Stengel 86.11
Quetsch-maschine . . . 161.15
-verfahren 86.10
-walze 148.7, 149.10
-walzwerk für Blätter . 111.4
quinta (Streichwolle) . 308.14
Quirl 63.6
quirlen, den Kapok . . 63.5

R.

Raffel 67.9
Raffinieren der Schweißasche 157.14
raffinieren, das Fett 159.1
–, die Schweißasche 157.15
Rahmen 204.19
Raibhendafaser 105.15
Raken des Flachses 70.6
Rambouillet-rasse 123.4
–wolle 165.17
Ramehpflanze 100.14
Ramie 100.10
–, grüne 100.18
–, weiße 100.16
–bastzelle 103.2
–entholzer 101.6
–faser 100.10
–faser, entholzte 101.10
–faser, gefrorene 101.19
–faser, spinnbare 103.1
–pflanze 100.14
–stengelbrechmaschine 101.6
Randdornen 109.9, 110.12
ranziges Fett 151.8
Ranzigwerden des Fettschweißes 151.7
Raphiafaser 117.5
Rapper 42.17
Rapskornstapel 140.6
Rasen-flachs 76.17
–röste 68.10
Raspador, Bauart Crumb 108.1
–, Doppel- 111.6
–, einfacher 111.5
Rasse s. a. Raupenrasse und Schafrasse
–, edle 122.12
–, kurzschwänzige 122.17
–, langschwänzige 122.18
–, reine 122.12
–, schwarzköpfige 123.1
–, weißköpfige 122.19
–tier 131.5
Rassen-beeinflussung durch das Klima 197.16
–einteilung der Wollschafe 122.11
–kreuzung 197.44
–reinheit der Seidenraupe 192.15
–züchtung durch die Nährpflanzen 197.17
rassenreiner Seidenkokon 214.5
Raubbau am Boden 21.21
– treiben 36.2
Räuchern 295.9
Räude 135.22
Raufe 133.8
– mit auswärts stehenden Sprossen 133.9
– mit senkrechten Sprossen 133.12
–, Rund- 133.13
Raufwolle 167.16
raufen, den Flachs 66.23
–, den Hanf 79.23
rauhe peruanische Baumwolle 57.12
– Faser 11.21
– Wolle 178.6
Rauheit der Faser 11.22
Rauhen 6.4
rauhen 0.5
Rauhflocken 170.5
Rauhigkeit der Faser 11.22
Raum, kohlensäureerfüllter 261.12
–, luftverdünnter 14.4, 258.15
–, Trocken- 154.11
Raupe (s. a. Maulbeerraupe u. Seidenraupe) 37.14
–, angesteckte 206.15
–, ausgebrütete 196.14
–, ausgekrochene 196.14
–, behaarte 197.8
–, fettsüchtige 208.1
–, fleckkranke 208.11
–, gefräßige 197.1
–, gelbsüchtige 208.1
–, gesunde 206.16
–, haarlose 197.7
–, infizierte 206.15
–, kalksüchtige 207.17
–, kranke 206.16
–, mehlweiße 192.17
–, milchweiße 192.17
–, perlgraue 192.18
–, schlafsüchtige 208.16
–, schwarzgraue 193.1
Raupe, schwindsüchtige 207.22
–, seidenerzeugende 192.16
–, spinnreife 209.5
–, verseuchte 206.15
–, wassersüchtige 207.20
–, weißsüchtige 208.1
Raupen-art, gesellige 197.9
–bett 204.12
–blut 208.8
–brut 196.7
–ei 193.10
–eier fressender Schmarotzer 196.8
–eierhandel 229.11
–futter 198.2
–fütterung 197.21
–gruppe 196.17
–haut 208.7
–haus 195.12
–hürde 204.13
–hürde aus Strohseil 204.15
–lager 204.12
–leiche 208.17
–mist 205.22
–rasse, einheimische 197.12
–rasse, gekreuzte 197.15
–rasse, lebenskräftige 197.11
–seuche 206.13
–zucht, eine – anlegen 195.7
–zuchtanlage 195.8
–zuchtanstalt 195.8
–züchterei 195.8
Rauperei 195.8
–haus 195.12
Reagens, Salpetersäure- 289.4
Reagentien, chemische 289.3
–, Verholzungs- 15.20
Reagan-Ballen 43.9
Reaktion der Verbrennungsgase auf Lackmuspapier 290.1
–, alkalische 290.3
–, chemische 17.7
–, saure 163.11, 219.1, 257.15, 290.2
–, schwach saure 183.8
–, Zellulose- 75.6
Rechen 23.18, 40.6, 148.14
–, verstellbarer 163.5
Rechnung 29.17
–, eine – ausstellen 30.1
–, für feste 184.8
–, laut 30.2
–, Tag der Ausstellung der 29.24
Rechnungs-gewicht 29.23, 52.14
–wert 29.18
Rechts-mittel 50.23
–weg, den – beschreiten 50.24
reelle Tara 48.18, 56.10
Reeperbahn 2.17
Reepschläger 2.16
Reduktion des Zellstoffes 243.14
Reduktions-gefäß 292.18
–kolben 292.19
–mittel zur Verhinderung der Faserbräunung 98.12
reduzieren, das Kuprisalz in Kuprosalz 266.2
Reffelkamm 67.9
Reffeln 67.7
reffeln, den Flachs 67.8
regelmäßig gesponnener Kokon 216.3
–e Kräuselung 177.7
–er Seidenfaden 226.5
regeln, die Dicke des Fadens 222.16
–, die Dörrhitze 213.21
–, den Kaufvertrag 48.6
–, den Spinndruck 248.13
–, die Temperatur 237.13
–, die Wärme 237.13
Regelung der Fadendicke 222.17
regenerieren, das Denitrierbad 265.14
–, den Zellstoff aus einer Lösung 292.3
regeneriert-e Zellulose 280.11, 292.4
–es Zellulosehydrat 265.15
Regen-fall 21.18
–wasser 81.21
regulieren s. regeln
Rehhaar 188.7
Reibe-bett, kreisförmiges 86.2
–birne 86.1
–herd 86.2
–kegel 86.1
–mühle 85.21
–walze 222.7
Reiben, durch – elektrisch machen 228.1
reiben, den Samen in der Hand 79.9
Reibung des Fadens 251.3
–, innere 244.22
reichwolliges Schaf 131.15
Reichwolligkeit 131.14
reif zur Aussaat 78.15
–e Viskose 279.16
–er Fruchtstand 114.13
–er Hanfsame 79.5
– werden 24.15
Reife 24.14
– der Frucht 24.17, 35.12
– der Jutepflanze 93.15
– der Kapsel 35.12
– der Lösung 246.7
– der Stengel 66.24
–grad der Rohviskose 279.20
–stadium 24.14
–zustand 24.14, 279.17
Reifen des Bastes 79.19
– der Frucht 24.16
–gewicht 48.11
–, Eisen- 42.19
reifen (Bast) 79.20
– (Frucht) 24.15
– (Spinnlösung) 246.8
Reifwerden der Frucht 24.16
Reihe, Bäder- 149.1
Reihen, in – angeordnet 39.1
reihenweise pflanzen 201.3
rein-e Faser 15.2
–e Rasse 122.12
–e Tara 48.18
–e Wollfaser 187.8
–er Zellstoff 244.2
–es Kupfer 270.4
rein-abziehen, den Hanf 89.20
–blütiges Schaf 128.18
–schwingen, den gebrochenen Hanf 84.9
–weiße Pflanzenseide 63.19
Rein-abziehen des Hanfes 89.19
–blütigkeit 128.19
–flachs 76.21
–gewicht 29.20
–hanf 91.15
–schwingen des Flachses 72.2
–zucht 128.17
Reinheit der Baumwolle 61.13
– der Faser 15.4
Reinigen des Kapoks 63.12
– der Schweißasche 157.14
– der Wolle 145.2
reinigen, die Düse mittels Druckluft 275.14
–, eine verstopfte Düse durch den elektrischen Funken 247.21
–, die Fasern 112.15
–, die Platindüse durch Ausglühen 248.1
–, den Rohasbest 240.18
–, den Samen 22.20
–, die Sehnen von Fleisch und Fett 239.7
–, die Strohmatte 205.3
–, die verbrauchte Waschflüssigkeit 266.24
–, die Wolle 164.4
–, den Zuchtraum von Ansteckungsstoff 208.18
Reinigung von Ansteckungsstoffen 208.19
– des Rohasbestes 240.17
Reinigungs-kanal, schlangenförmiger 148.5
–verfahren 145.7
–vorrichtung für die Haarröhrchen 275.15
Reisigbesen 219.14
Reis-kaff 205.9
–spreu 205.9
–stroh 119.21
–strohspinnhütte 211.3
Reiß-länge der Faser 12.12
–wolf für Schweißwolle 147.8
reißen (Faden) 251.6
Reklamation 48.4
rektifizieren, die verbrauchte Waschflüssigkeit 266.24
relative Feuchtigkeit der Luft 14.9
Rembours, Bank- 30.20
Rendement 187.7
Renntierhaar 188.8
Reprise 13.20, 47.10
Reservoir, Benzin- 156.21
Reste, Pflanzen- 146.8
Rhea 100.18
Rhizom 106.3
Ribbebock 85.4
–lappen 73.6, 85.3
–leder 73.6
–messer 73.4, 85.6
Ribben des Flachses 73.2
– des Hanfes 85.1
ribben, den Flachs 73.3
–, den Hanf 85.2
Richtung, Schuppen- 181.5
Ricinus communis 203.9
Ried 121.15
Riemen vom Stengel abschälen 101.12
Rieselfelder 21.18
Riesenschlichthanf 91.8
Riffel-bank 67.10, 80.14
–kamm 67.9, 80.15
–walze, Hartguß- 163.1
–walzenpaar 71.9
Riffeln 67.7
– des Hanfes 80.12
riffeln, den Flachs 67.8
–, den Hanf 80.13
Rigaer Hoffsflachs 303.20
– Lein 65.12
Rille der Förderscheibe 112.7
Rillenscheibe 86.16
Rinde 65.4
Rinden-bast 120.19
–schicht 15.22, 174.23
–zelle 175.1
Ring der Preistreiber 54.20
–düse 247.13
–leitung für die Lösung 269.1
ringförmige Düse 247.13
Rinne, Saat- 23.5
–, Sammel- 267.11
Rippe, Blatt- 202.6
Rippenrohr, Heiz- 154.13
Risiko, Eisenbahn- 48.20
–, Quai- 48.21
rispenartig zusammenstehen 77.21
Risse zeigen 225.23
rissige Faser 12.1
Rißstelle der Seidenfaser 227.7
–, gezackte 227.9
–, scharf abgebrochene 227.8
–, unregelmäßige 227.9
–, zerfaserte 227.9
Riste 70.15
–bock 73.7
Risten des Flachses 73.2
risten, den Flachs 73.3
Rittergutswolle 166.2
Rizinus-baum 203.9
–öl 260.16
–ölseife 233.16
–spinner 190.7
rizinusölsaures Natrium 273.20
Roggenstroh 119.22
rohe Baumwolle 254.15
– Pottasche 157.7
Roh-asbest 240.10
–baumwolle 61.9
–flachs 76.14
–gewicht 29.21
–gewicht der Seide 234.13
–hanf 91.10
–jute 98.19
–kautschuk 294.15
–lanolin 159.8
–material 7.20
–materialpreis 29.8
Rohseide 224.11
–, asiatische 230.17
–, bengalische 231.1
–, chinesische 230.18
–, europäische 231.6
–, feine 231.14
–, feinfädige 231.14
–, französische 231.9
–, gleichmäßige 224.12
–, griechische 231.7
–, grobe 231.15
–, indische 231.1
–, italienische 231.8
–, japanische 230.19
–, kleinasiatische 231.4
–, koreanische 230.23
–, kurzsträhnige 231.19
–, langsträhnige 231.20
–, levantinische 231.3
–, persische 231.2
–, schweizerische 231.11
–, spanische 231.10
–, starkfädige 231.15
–, syrische 231.5

Rohseide, umgehaspelte 225.1
–, ungarische 231.12
Rohseiden-ballen . . . 230.12
–erzeugung 229.20
Rohseidenfaden 224.18
– mit Anhängsel . . . 224.15
– mit Flaum 224.16
– mit Knoten. 224.17
– mit Spirale 224.18
Rohseiden-geschäft . . 230.5
–preis 230.6
–verbrauch 229.23
Rohstoff 7.20
–, animalischer 9.1
–, mineralischer 8.13
–, Pflanzen- 8.15
–, textiler 8.3
–, tierischer. 9.1
–, verspinnbarer. . . . 8.3
–, zollfreier 33.15
–arten 8.11
–frachtsatz 32.1
–kunde. 8.4
–preis 29.8
–tarif 32.1
Rohstoffe, künstliche . 242.1
–, natürliche mineralische 240.1
–, natürliche pflanzliche 34.1
–, natürliche tierische . 122.1
Rohviskose 279.12
–, verunreinigte 279.14
Rohwoll-handel 183.17
–kehricht 168.24
Rohzellulosexanthogenat 278.21
Rohr 121.12
– mit schraubengangförmiger Innenwand . 250.13
–, spanisches 121.14
–kolben 116.8
–kolbenwolle 64.11
–zucker 271.20
–zuckerbad 235.21
Röhre, ausgezogene Glas- 247.3
–n, zylindrische 74.17
Rolle. 282.3
Rollenscheibe, exzentrische. 219.19
römischer Maulbeerbaum 199.9
Rondontiaseide 232.7
rosafarbene Seide . . . 227.1
Rosanilin 259.10
Rosenblatt 204.7
rosenroter Blattstiel . . 199.7
Roßhaar 187.19
–, durchsichtiges künstliches – aus Glanzstoff 293.4
–, künstliches 293.1
–, künstliches – aus Abfällen von gezwirnten Kunstfäden 293.8
–, künstliches – aus Viskose. 293.6
–, vegetabilisches . . . 104.1
roßhaarähnliche Faser . 104.3
Roßwerk 71.7
Rost 40.6
–, brauner 38.2
–, roter 38.1
–, feststehender 71.15
–, verstellbarer 164.14
Rostpilz 66.14
–, brauner 38.2
–, roter 38.1
Rostschweiß 145.14
rost-artig 82.4
–farbener Schweiß . . 145.14
–rot 44.1
Röst-anstalt, Flachs- . 69.4
–bad 102.5
–dauer . . . 68.19, 82.15, 94.14
–grad 68.20
–grube 68.4, 81.15
–kasten 68.3
–kraft des Wassers . . 81.20
–prozeß 94.3
–reife 68.21, 82.11
–temperatur 82.5
–verfahren, Baursches . 69.13
–verfahren, Doumersches 69.19
–vorgang 81.7, 94.3
–wärme 82.5
–wasser 81.19
–zeit 68.19, 82.15
Röste s. a. Rotte
– mit verdünnter Schwefelsäure 69.11
– in fließendem Wasser 67.19
– in stehendem Wasser 67.18
– des Flachses 67.11
–, amerikanische . . . 69.5
Röste, blaue 68.8
–, Fabrik- 69.20
–, gemischte . . . 68.16, 82.7
–, Gruben- 67.18
–, Grün- 68.11
–, Heißwasser- 69.7
–, Kaltwasser- 67.17
–, künstliche 69.3
–, Land- 68.10
–, Luft- 68.9
–, Mikroben- 82.17
–, natürliche 67.15
–, Rasen-. 68.10
–, Schenksche. 69.5
–, Schlamm- 68.8
–, Schnee- 69.2
–, Schnell- 69.10
–, Tau- 68.10, 82.6
–, unvollkommene. . . . 82.12
–, vollkommene 82.11
–, Warmwasser-. . . . 69.5
–, Wasser- 67.16
–, Wasserdampf. . . . 69.8
–, weiße 67.19
–, Wiesen- 68.10
–flachs 76.15
Rösten 94.1
– der Blätter 114.6
– des Flachses 67.11
– des Hanfes 81.3
rösten (s. a. rotten) . . 94.2
–, den Flachs. 67.12
–, den Hanf 81.4
–, den Hanf getrocknet 81.6
–, den Hanf grün . . . 81.5
–, die Jutepflanzenstengel in Wasser 94.10
–, die Ramiefaser . . . 101.23
rostiger Kokon 217.11
rot-er Maulbeerbaum . 199.17
–er Rost 38.1
–es Kupferoxydul . . . 270.21
–braune Kokosfaser . . 119.4
Rotfärbung durch Phloroglucin und Salzsäure 97.12
rotierend-e Metallröhre 223.15
–er Schleuderkorb . . 161.19
–er Spinntopf. 282.5
rötlich 60.4
–gelbe Pflanzenseide. . 63.20
Rottannenöl 260.17
Rotte s. a. Röste
– des Flachses 67.11
–flachs 76.15
Rotten (s. a. Rösten). . 94.1
– des Flachses 67.11
– des Hanfes 81.3
rotten (s. a. rösten) . . 94.2
–, den Flachs. 67.12
–, den Hanf 81.4
Rücken 132.4
–gefäß 191.9
–linie 127.21
–stück 171.21
–wäsche . 146.21, 168.1, 185.4
Rückflußkühler 292.23
Rückgang, Preis- . . . 54.10
Rückgratlinie 127.21
Rückkräuselung der Faser 11.4
Rückstand 290.8
–, entölter 157.2
Rückwärtsgang, Vor- und 84.2
Ruffer 73.18
Rühranode 291.15
Rührer 292.22
ruhiger Glanz. 288.5
rund-er Faserquerschnitt 9.20
–er Kautschukfaden . . 296.15
–er Metallfaden 298.2
–es Blatt 202.4
Rund-ballen 43.5
–bett. 204.15
–draht 298.2
–laufbrechmaschine 71.4, 83.16
–raufe 133.13
Runzeligwerden der Faser 46.13
Rupfen 42.17
–gewicht 48.12
russisch-e Baumwolle . 58.18, 301.16
–er geweichter Flachs . 303.10
–er geweichter Flachs, geschnitten 303.11
–er geweichter Flachs, Risten 303.12
–er geweichter Flachs, superior 303.14
–er Hanf. 91.22
–er Slanetz 302.18
Ruten, Maulbeer- . . . 198.18

S.

Saat 22.24
–, aufgehende. 23.21
–, sprossende 23.21
–beet 106.15
–frucht. 22.12
–furche 23.5
–gut 22.12
–hanf 77.9
–loch. 23.6
–rinne 23.5
–same 22.12
–zeit 23.4
Säbelmaschine 149.18
sächsische Wolle . . . 166.4
Sachverständiger 51.15, 187.4
Sack 75.21
–, (Gewicht) 76.4
–lein 75.22
Säcke, in – verpacken. 183.13
sackförmiges Familienspinnernest 215.23
Säen 22.24
– in Reihen 23.12
–, breitwürfiges 23.14
–, Maschinen- 23.9
säen 23.1
–, breitwürfig 23.14
–, dicht 23.2
–, dünn 23.3
–, mit der Maschine . 23.10
Saft, im – ersticken . . 201.20
–, Kautschuk- 295.4
–, Zell- 20.17
saftarmes Blatt 19.16
saftiges Blatt 19.15
Säge-blatt, Kreis- . . . 41.3
–entkörnungsmaschine . 40.13
Sakellaridis 59.3
Salatblatt 204.5
Salbe 159.22
–, Lanolin- 160.1
Salbengrundlage . . . 159.24
salbenartig 159.23
Sälein 65.1
Salix 203.20
Salpeter 218.9
–äther 264.1
Salpetersäure 228.19
–, angereicherte . . . 46.16
–, hochgrädige 183.8
–, konzentrierte 46.16, 183.8
–, verdünnte 98.15
–entziehung 265.8
–ester des Zellstoffes . 255.8
–reagens 289.4
salpetersäurefreie Schwefelsäure 256.21
salpetrige Säure. . . . 272.20
salpetrigsaures Ammoniak. 272.14
– Kupfer 272.15
– Natron 265.4
Salz der Ameisensäure 285.6
–, ammoniakbildendes . 274.12
–, anorganisches. . . . 265.9
–gehalt der Rohseide . 228.12
Salzlösung, alkoholische 262.7
–, gesättigte 281.3
–, indifferente. 274.14
Salzsäure 19.9, 182.18
–, angereicherte . . . 292.6
–, hochgrädige 182.19
–, konzentrierte 182.19, 292.6
Salzwasser 114.5
Salze, ameisensaure . . 102.22
–, anorganische 82.16
–, in Wasser lösliche . 96.17
Sämaschine 23.11
Sambucus nigra. . . . 204.2
Same 18.22
–, abgelagerter 36.24
–, alter. 22.14
–, enthaarter 36.18
–, frischer 22.15
–, in die Fruchtwolle eingebetter 63.2
–, gesunder 193.14
–, keimfähiger 22.21
–, kranker 193.15
–, leichter 79.2
–, neuer 22.15
–, schwerer 79.1
–, selbstgezogener . . . 22.13
–, unreifer 78.23
–, x-jähriger 22.16
Samen-aufwand auf die Flächeneinheit . . . 22.23
–baumwolle 39.12
*Samen-beet 106.15
–ei der fabrikmäßigen Zucht 194.1
–faser . . . 8.17, 34.2, 43.16
–gattung 22.17
–haar 8.17, 43.16
–hanf 77.9
–kapsel 35.9, 93.7
–karte 194.4
–karte, abgestempelte . 194.13
–karte, infizierte . . . 194.10
–karte, verseuchte. . . 194.10
–karton 194.4
–keimbeet 106.15
–korn, grünes 36.21
–korn, schwarzes glattes 36.19
–korn, schwarzgrünes . 36.23
–kreuzung 22.18
–lappen 18.23
–lein 65.1
–oberfläche, glatte . . 63.3
–partie 194.24
–posten 194.24
–reife 24.18, 66.20
–rost. 41.2
–schale 60.21
–sproß 23.23
–verschlechterung . . 22.19
–wahl 195.1
–wolle 168.3
sammeln, die Eier in Tüllzellen 194.7
–, die Maulbeeren zur Aussaat 201.8
Sammel-behälter . . . 250.6
–drüse 191.14
–rinne 267.11
Sand 149.15
–wolle 168.4
sandige Baumwolle . . 60.18
sanft gewellte Wolle . . 176.15
–wolliges Walesschaf . 125.11
Sansevieria-blatt . . . 113.6
–faser 113.4
–hanf, afrikanischer . . 113.7
– guineensis 113.7
– kirkii 113.9
– longiflora 113.10
–pflanze 113.5
– zeylanica 113.8
Santos-Baumwolle . . 57.22
Saponaria officinalis . 151.1
Saponin 151.8
Säsame. 22.12
Sättigung der Faser mit Wasser 13.19
Sättigungszustand der Luft 154.6
Satz, Fracht- 31.21
Säubern des Vlieses . 171.6
säubern, das Vlies . . 171.7
Sauerstoff 44.22
–aufnahme 98.4
–gas 272.13
Sauerwasser 69.12
saure Denitrierung . . 265.18
– Gärung. 81.10
– Reaktion 219.1, 257.15, 290.2
– Weide 135.6
– Wirkung 163.11, 219.1, 257.15, 290.2
saures schwefelsaures Natron 161.20
– schwefligsaures Ammoniak 274.7
– schwefligsaures Natron 274.8, 278.8
Säugetier 26.7
Saug-fähigkeit der Faser 13.12
–kolben 281.19
–rohr 267.5
saugen, den Seidenfaden durch die Spinndüse 264.16
Sauger 154.14
– aus Ton 256.19
–flug. 61.23
Säure, ablaufende . . . 251.11
–, gasförmige schweflige 262.4
–, Mineral- 161.9
–, organische 229.2
–, salpetrige 272.20
–, schweflige . . 158.16, 213.18
–, überschüssige. . . . 163.14
–, unterchlorige 228.23
–, verdünnte . . 182.17, 251.9
–bad 161.8
–behälter 251.10
–dämpfe 256.18
–empfindlichkeit. . . . 98.7
–fällbad für Viskosefäden 280.23

Säure-rückstand 163.10
-schleuder 256.14
-spinnverfahren 280.21
-unempfindlichkeit der Wolle 182.16
säure-beständige Metalleinfassung der Glasspule 252.12
-beständiger Asbest . . 241.23
-empfindliche Faser . . 98.8
-festes Förderband . . 251.13
-feuchte Nitrozellulose 257.9
-freie Nitrozellulose . . 256.15
-haltige Kollodiumwolle 257.12
scapus 174.21
Schäbe 70.16, 84.6
-stechmaschine 71.11
Schabe-bock 144.16
-messer 144.17
Schaben der Wolle . . 144.15
schaben, die Wolle . . 144.14
schäbenfreie Hanffaser 90.4
Schachttrockner für Wolle 155.5
Schädel 127.13
Schaden, Land- 47.18
-, See- 47.17
schadhafter Ballen . . 43.10
schädlich-e Gase . . . 256.17
-er Einfluß der Ameisensäure auf den Röstvorgang 102.4
Schädling 37.7, 66.8, 79.12, 202.21
Schaf der Picardie . . 124.16
- mit reinem Grannenhaar 125.15
- mit reinem Stichelhaar 125.14
- mit gekräuseltem Wollhaar 126.8
- mit reinem Wollhaar 125.16
- mit schlichter markfreier Wolle 125.17
-, abgehärtetes 130.22
-, breitrückiges 127.20
-, breitschwänziges . . 125.1
-, chinesisches 124.17
-, deutsches Heide- . . 124.8
-, dünnwolliges 131.16
-, einheimisches 122.6
-, Fettschwanz- 125.1.4
-, fettsteißiges 124.10
-, flunderschwänziges . 124.7
-, flämisches 124.15
-, flandrisches 124.15
-, friesisches 124.13
-, gehörntes 127.7
-, gehörntes kurzschwänziges 124.4
-, holländisches Marsch- 124.14
-, Jährlings- 130.12
-, kurzbeiniges 126.6
-, kurzschwänziges . . 124.2
-, langschwänziges . . 124.19
-, Mischwoll- 125.6
-, norddeutsches Marsch- 124.12
-, norddeutsches Niederungs- 124.12
-, reichwolliges 131.15
-, reinblütiges 128.18
-, sanftwolliges Wales- 125.11
-, schlichtwolliges . . . 126.1
-, schmalrückiges . . . 127.19
-, schmalschwänziges . 125.5
-, schwächliches Mutter- 131.19
-, skandinavisches . . 124.5
-, Stummelschwanz- . . 124.18
-, syrisches 125.4
-, trächtiges 129.8
-, tragendes 129.8
-, ungehörntes 127.8
-, ungehörntes kurzschwänziges 124.11
-, Wild- 123.11
-, wildes Mähnen- . . 123.14
-, wildes Steppen- . . 123.17
-, zahmes 124.1
-, ziegenähnliches . . . 131.18
-art 122.3
-bestand 130.16
-fell 143.8
-haltung 128.1
-haut 144.21
-herde 134.13
-hirt 134.16
-horde 134.20
-hürde 134.20
-kamel 126.11
-körper 131.20
-krankheiten 135.19
-pelz 143.8
-rasse 122.3, 123.10
Schaf-rasse, fruchtbare . 131.3
-rasse, unfruchtbare . 131.4
-räude 135.22
-schere 141.19
-schermaschine 141.20
-schlag 122.3
-schur 141.15
-schweiß 145.8
-stall 133.5
-tränke 134.5
-weide 134.8
-wolle 165.7
-zucht 128.1
-züchter 128.6
Schäfer 134.16
-hund 134.17
Schale (Same) 60.21
Schälmaschine, Baumwollsamen- 41.15
schälen, den Pflanzenstengel 101.11
Schalthebel 222.10
scharf abgebrochene Rißstelle der echten Seide 227.8
-blättriger Maulbeerbaum 200.2
- hervortretende abgeplattete Stellen im wilden Seidenfaden . 227.10
- markierter Stapel . . 139.2
- zeichnendes Mikroskop 17.20
-e Längsstreifung der wilden Seide 225.15
Schaubrett, schwarzes . 221.13
schäumende Lösung . . 152.21
Scheibe, gekerbte linsenförmige 223.11
-, gerillte 86.16
Scheide, Blatt- 106.5
-wand 158.6
Schein, Konditionier- . 187.10
Scheinstamm 106.4
Scheitelbildung des Vlieses 141.10
scheiteln, sich (Vlies) 141.11.12
Scheitelung des Vlieses 141.10
Schenksche Röste . . . 69.5
Schenkel, innerer . . . 132.10
Scher-diele 142.6
-flocke 170.6
-maschine, Schaf- . . 141.20
-wolle 167.9
Schere, Schaf- 141.9
Scheren der Kette . . 3.13
- des Schafes 141.15
-, einmaliges 142.16
-, zweimaliges 142.17
-schleifer 142.1
scheren 3.14
-, das Schaf 141.16
-, das Schaf im Stehen 142.7
Scherer 142.2
Schererin 142.3
Scheuer, Trocken- . . 107.23
Schewe 70.16
Schibbe 130.1
Schicht, Asbest- 240.8
-, Horn- 15.22
Schieds-gericht, Berufungs- 51.9
-richter 51.6.10
-spruch, Berufungs- . . 51.11
schiedsgerichtlich-e Entscheidung 51.2
-es Verfahren 51.3
schiefgestellter Haspel . 252.6
Schiene, feststehende . 40.4
-, schwingende 40.3
Schieß-baumwolle 46.15.18, 255.8
-wolle 255.8
-wollfaden, explosiver . 263.16
Schiffahrt 32.11
-sgesellschaft 32.16
Schiffsfrachtbrief . . . 32.19
-stempel 32.20
Schiffsmakler 32.15
schildförmige Schuppe . 180.20
Schildlaus 202.24
Schilf 121.15
-rohr 121.15
-rohrhalm, holzartiger . 121.18
schillernder Asbest . . 241.14
Schimmelpilz 207.12
schimmliger Kokon . . 217.15
Schlachtung 133.3
Schlachtwolle 167.16
schlafen (Raupe) . . . 206.8
schlaff-es Wollhaar . . 177.22
-werden (Raupe) . . . 207.18
Schlaf-periode der Raupe 206.7
-sucht 208.14
Schlafzeit der Raupe . 206.7
schlafsüchtige Raupe . 208.16
Schlagen der Kokons . 219.12
schlagen, den Flachs mit dem Bleuel 70.17
-, die Kokons mit dem Reisigbesen 219.15
-, die Wolle 153.14
Schlag-besen 219.14
-bürste 219.20
-flügelwelle 63.8
-messer 40.3
-saat 78.24
-stab 85.11
-stift 153.16
-trommel 41.1
-walze 150.1, 164.18
Schläge, Schaf- 122.3
Schlägel 70.10, 83.9.14
Schläger 101.8
-abfall 61.21
-flug 61.22
-knöpfe 61.21
-walze 165.4
Schlamm 149.14
-röste 68.8
Schlämmen des Suinters 158.11
schlämmen, den Suinter 158.10
schlangenförmiger Reinigungskanal 148.5
schlecht gestapelte Wolle 137.16
-e Wärmeleitungsfähigkeit 241.20
Schleifenbildung . . . 224.4
Schleifer, Scheren- . . . 142.1
schleimige Spinnlösung . 273.17
- Zellstofflösung . . . 280.10
Schleimschicht der Oberhaut 173.21
Schleißen des Hanfes . 83.5
schleißen, den Hanf . . 83.6
Schleißhanf 91.8
Schleuder . . . 153.11, 161.18
-korb, umlaufender . . 161.19
-mühle 27.2
Schleudern 6.22
schleudern 6.23
Schlicht-fäden 170.7
-hobel 121.10
schlicht-e Kräuselung . 177.3
-e Wolle 125.17, 178.1
-er Stapel 138.16
-es Wollhaar 180.2
-wolliges Schaf 126.1
schlichten 3.17
Schlichtereifäden . . . 62.11
Schlinggewächs 104.10
Schließlein 65.12
schlitzförmige Düsenöffnung 247.12
Schlupf-loch 215.24
-wespe 207.10
Schluß, Börsen- . . . 185.18
-preise 54.6, 186.11
schmächtiger Körperbau 127.18
Schmack-auszug . . . 235.17
-bad 235.18
schmal-blättriges Kolbenschilf 116.5
-rückiges Schaf 127.19
-schwänziges Schaf . . 125.5
Schmarotzer 207.5
-, Pflanzen- 203.1
-, Raupeneier fressender 196.3
-, tierischer 202.22
-krankheit 207.4
-pflanze 79.14
schmecken, ölig 79.6
Schmelzpunkt des Wollfettes 159.13
Schmetterling . 37.16, 189.7
-, ausschlüpfender . . 191.3
-, eierlegender 190.13
-, männlicher 189.12
-, weiblicher 189.13
-sfamilie 189.10
-sgattung 189.9
-smännchen 189.12
-sweibchen 189.13
schmiegen, sich aneinander 136.12
schmiegsame Faser . . 10.10
Schmiegsamkeit der Faser 10.11
Schmier-material . . . 160.6
-mittel 160.6
-rohr für die Lüfter . 154.16
-seife 151.11
Schmutz 150.3
-fäden 169.24
-wolle 145.20, 160.23, 167.22
schneckenförmiges Horn 126.5
Schnee-nessel 100.16
-röste 69.2
schneeweiße Asbestfaser 241.15
Schneide 84.20
- des Messers 72.11
Schneiden des Hanfes . 86.13
- der Stengel 93.19
schneiden, die Faserristen 86.14
-, den Hanf mit der Sichel 79.24
-, die Jutepflanze . . . 93.18
-, den Kautschukfaden aus einem Block . . 296.14
-, das Schaf beim Scheren 142.12
Schneidmaschine, Flachs- 73.10
-, Futter- 198.19
-, Hanf- 86.15
-, Kautschuk- 295.16
Schneid-model 121.11
-scheibe 86.17
Schnell-röste 69.10
-zuchtverfahren . . . 195.10
schnell verbrennen . . 290.6
Schnitt des Vlieses . . 177.14
-, schräger 107.5
-reife des Agavenblattes 110.8
-reis 201.9
-stelle 201.19
schnittreif 107.3, 110.9
Schnucke, Heid- 124.8
Schnürer 130.4
Schoddy 9.12.13, 170.12
schokoladenbraune Farbe 117.7
schonen, den Stapel der Wolle beim Waschen 152.23
Schöps 130.3
Schößling 201.3
schotenförmige Kapsel . 93.10
schräg-er Schnitt . . . 107.5
-er Stapel 139.11
- stellen, den Haspel . 252.7
- verlaufender Binder . 141.6
- zugeschnittenes Wurzelreis 201.17
schrauben-artig gewundene Streifen . . . 105.12
-förmige Windung der Faser 44.4
-förmige Windung des wilden Seidenfadens . 225.13
-gangförmige Innenwand 250.13
Schrauben-draht . . . 298.4
-spindel 245.15
-spindelpresse 42.5
-winde 43.13
Schrei, Seiden- 226.15
schrumpfen, zusammen- 46.11
Schrumpfung der Gallerte 280.6
-, Längen- 46.12
Schule, Ackerbau- . . . 25.21
-, Baumwollbau- . . . 36.3
Schulterblatt . . 132.8, 171.17
Schuppe, mit -n bedeckt 181.1
-, gezähnte 181.3
-, schildförmige . . . 180.20
-, stumpfe 181.4
Schuppen-richtung . . . 181.5
-zahl 181.6
Schur des Schafes . . 141.15
-, einmalige 142.16
-, ganze 167.15
-, zweimalige 142.17
-ertrag 142.18
-gewicht 142.22
-haus 142.5
-wolle 167.9
Schuß 3.12, 168.12
-wolle 168.12
Schusterhanf 91.19
Schüttelmaschine, Hede- 85.9
schütteln, den gebrochenen Hanf 84.5
Schütt-kasten 40.14
-rumpf 40.14
-trichter 40.16
Schutzbrett 87.12
schützen, vor Ansteckung 207.2
-, vor Feuchtigkeit . . 199.2
schwach saure Reaktion 183.8
- verholzte Faser . . . 116.2
-e Oberflächenstreifung der echten Seide . . 225.14
-er Stapelzug 137.8

schwächliches Mutterschaf 131.19
Schwamm 239.18
–, zu Flaum zerriebener 239.23
–, mit Muscheln durchsetzter 239.19
–, durch Säuren mürbegemachter 239.21
–, in Sodalösung gekochter 239.20
–, in Stücke zerrissener 239.22
schwammige Faser . . 13.7
– Kaseinmasse 287.6
Schwammigkeit der Faser 13.8
Schwankung, Feuchtigkeits- 13.13
–, Preis- 54.5
Schwanz, behaarter . . 124.8
–, bewollter. 125.2
–ende des Vlieses . . . 171.16
–teil des Vlieses . . . 171.16
–wirbel 127.15
–wolle 172.4
–wurzel 132.5
schwarz-e Faser . . . 104.7
–er Flieder 203.2
–er Hanfsame 78.21
–er Maulbeerbaum. . . 199.14
–braune Färbung . . . 98.2
–graue Raupe 193.1
–grünes Samenkorn . . 36.23
–köpfige Rasse 123.1
–samige Baumwolle . . 36.20
Schwarz-schur 141.18
–wurzel 204.4
Schwefel 16.13, 208.20
–, amorpher 293.14
–, formloser 293.14
–abscheidung 266.12
–alkalien 266.11
–ammonium 265.20
–ammoniumverbindung 279.10
–blume 296.2
–chlorür 254.11
–dioxyd . 158.16, 213.18, 262.4
–gehalt der Wolle . . . 181.19
–kohlenstoff 156.12, 278.10.11
–metall 266.16
Schwefelsäure 182.20
– mit Ölsäurezusatz . . 289.19
–, hochgrädige 183.1
–, konzentrierte 183.1
–, salpeterfreie 256.21
–bad, verdünntes . . . 161.10
Schwefel-verbindung . . 266.15
–wasserstoff. . . 213.17, 278.12
schwefelhaltige Verunreinigung 279.15
schwefeln, den Kautschuk 254.10, 296.1
–, den Kokon. 213.19
schwefelsauer-e Magnesia 274.16
–e Tonerde 274.21
–er Baryt 294.1
–es Ammoniak 281.6
–es Anilin 17.11
–es Eisenoxydul . . . 281.10
–es Kali 45.7, 145.18
–es Kupfer 260.22
–es Natrium 271.5
–es Natron 162.1
schwefelsäurehaltiger Eisessig 284.3
schweflige Säure 158.16, 213.18, 228.20, 262.4
Schweif 3.11
Schweiß, harziger . . . 145.13
–, leichtflüssiger. . . . 145.10
–, milder 145.10
–, öliger 145.10
–, rostfarbener 145.14
–, schwerer 145.11
–, schwerflüssiger . . . 145.11
–, talgiger 145.11
–, zäher 145.15
–asche 157.7
–bad 147.18
–drüse 174.19
–gehalt der Wolle . . . 145.9
–locken. 169.2
–pore 174.20
–schur 141.18
–wolle 145.20, 167.22
–wolle, fettschwere 145.22, 167.23
schweizerische Rohseide 231.11
Schweizersche Lösung . 271.9
schwellend-er Griff . . 226.19
–es Fettgewebe 206.4
Schwemmwäsche . . . 146.22
schwer-er Same 79.1
schwer-er Schweiß . . 145.11
–es Vlies 142.23
–flüssiger Schweiß . . . 145.11
–löslicher Gummistoff . 228.9
–teiliges Vlies 138.11
schwertförmiges Blatt . 115.24, 116.19
Schwer-metallsalz . . . 281.1
–spat 294.3
schwimmen (Hanfsame) 79.,
– (Kokon) 219.10
schwimmend-e Baumwolle 55.12
–er Kokon 219.11
Schwindsucht 207.21
schwindsüchtige Raupe 207.22
Schwing-beil . . . 72.6, 84.13
–brett 72.5, 84.14
–flachs 76.20
–hanf 91.12
–hebel 245.14
–hede 76.23, 92.9
–maschine 72.8, 84.17
– und Brechmaschine, vereinigte 72.13
–messer 72.6.9, 84.18
–stand 72.12
–stock 72.5.10, 84.14.19
–trommel 73.1
–werg 76.23
Schwinge 72.6, 84.13
Schwingeln des Flachses 71.16
schwingeln, den Flachs 71.17
Schwingen des Flachses 71.16
– des Hanfes 84.7
schwingen, den Flachs. 71.17
–, den Hanf 84.8
–, den Hanf mit der Hand 84.11
schwingende Schiene. . 40.8
– Tischbewegung . . . 163.7
Schwingerei 71.18
–, Hand- 72.8
–, Maschinen- 72.7
Schwitzen 144.11
– der geschorenen Wolle 143.6
Schwung-arm 245.14
–hanf 91.12
Scinde-Baumwolle . . . 58.14
Scorzonera hispanica . 204.4
Sea-Jsland-Baumwolle . 37.2, 56.20
secunda (Streichwolle) . 308.11
See-beschädigung . . . 47.17
–frachtschein 32.19
–gras. 121.20
–insel-Baumwolle . . . 37.2
–muster 50.7
–schaden 47.17
–schiff 32.14
–seide 232.18
–tang 121.21
–versicherung 33.8
seebeschädigte Baumwolle 47.16
seemäßiger Ballen . . . 42.2
Sehne 239.7
Sehnenfaser 239.6
Seide 1.13, 188.16
– bauen 189.3
–, abgehaspelte 224.10
–, abgekochte. 234.8
–, abgezogene. 234.4
–, assouplierte 234.11
–, aufgespulte 282.10
–, beschwerte 234.20
–, mit Ammoniumzinnchlorid beschwerte . 236.3
–, chinesische Eichen- . 231.23
–, degummierte 234.4
–, echte 188.21, 230.15
–, edle 188.21, 230.15
–, entbastete 233.22
–, feinfädige 217.4
–, feinfaserige 217.4
–, flachfädige wilde . . 225.12
–, gepinkte 236.3
–, gezuckerte 235.23
–, griffige 226.13
–, halbgekochte 234.11
–, hellfarbige 226.24
–, Kunst- s. Kunstseide
–, künstliche s. Kunstseide
–, Lumpen- 9.13
–, matte 226.33
–, mißfarbige 227.2
–, natürliche . . 188.20, 230.16
–, rosafarbene. 227.1
–, souplierte 234.11
–, vegetabilische . . . 63.18
Seide, wilde . . 188.22, 231.21
–, wilde Maulbeer- . . 231.22
seide-fressendes Insekt . 217.18
–glänzender Zellstoff. . 243.19
–spinnendes Insekt . . 189.8
Seiden-abfall 232.9
–art 230.9
–bast (s. a. Serizin) 16.8, 210.1
Seidenbau 189.1
– treiben 189.2
– treibendes Land . . 189.4
–er 189.5
Seiden-bedarf 229.24
–börse 230.4
–drüse 191.11, 209.11
–erzeugungsgebiet . . . 229.21
–ernte 212.13
Seidenfaden (s. a. Kokonfaden) 188.18
– von gleichartigem Gefüge 226.3
– mit eirundem Querschnitt. 225.9
–, dreieckiger 225.10
–, durchsichtiger 226.8
–, erhärteter 250.12
–, flockenfreier 226.9
–, flockiger 226.10
–, gefügeloser 226.4
–, gleichförmiger . . . 226.5
–, gedrehter 224.14
–, knotiger 224.2
–, mehreckiger 225.11
–, morscher 236.16
–, nerviger 226.7
–, regelmäßiger 226.5
–, ovaler 225.9
–masse 210.2
Seidenfaser 9.6, 188.18
–stoff 16.7
Seiden-flüssigkeit (s. a. Fibroin) 210.2
–gaze 246.1
–gehäuse 214.2
–gewinnung 188.23
–glanz 46.14, 179.16
–glanz der Faser . . . 100.9
–gras. 115.11
–handel 229.10
–händler 230.10
–haspel 221.15
–haspelei 221.10
–karton 194.4
–kokon (s. a. Kokon) . 214.5
–kultur 189.1
–leim (s. a. Serizin) 16.8, 210.1
–markt. 230.3
–masse (s. a. Fibroin) . 210.2
–pflanze, syrische . . . 64.2
–prüfer 12.17
Seidenraupe (Spinndüse) 247.2
– (s. a. Raupe) 191.4
–, ausgewachsene . . . 196.20
–, spinnende 209.8
–nzüchterei 195.8
–nzuchtanlage 195.8
Seiden-same 193.10
–samenausfuhr 195.3
–schmetterling, wilder . 189.14
–schrei 226.15
–shoddy 9.14
–spinne von Madagaskar 233.1
–spinner 189.6
–spinner, halbwilder . . 189.15
–spinner, wilder . . . 189.14
–strähn 231.18
–substanz (s. a. Fibroin) 210.3
–titer 238.5
–umsatz 230.11
–vorrat 230.1
–verkehr 229.10
–versorgung. 229.22
–wolle 168.5
–wurm 191.4
–zoll 230.13
–zucht 189.1
–züchter 189.5
seiden-ähnlicher Glanz . 288.4
–armer Kokon 217.2
seidenartig glänzende Faser 74.7
–er Glanz 46.14
–er Griff der Wolle . . 177.13
–es Glasgespinst. . . . 298.9
seiden-erzeugende Raupe 192.16
–reicher Kokon 217.1
–schimmernde Raupe . 192.16
seidig glänzende Faser 11.11, 103.8
–e Faser 11.13
–e Wolle 178.16
seidig-er Glanz . . 11.12,46.14
–er Stapel 59.22
Seife 151.10
–, die – enthält freies unzersetztes Fett . . 152.10
–, die – enthält freies unzersetztes Alkali . 152.11
–, flüssige 233.7
–, neutrale 233.18
–, nicht angreifende . . 233.18
–, tierische 233.10
Seifen-bildung. 152.3
–ersatz 152.20
–kraut, gemeines . . . 151.1
–lauge 150.17
–leim 152.14
–lösung. . . . 97.4, 234.9, 277.4
–schaum 233.8
–stein 151.16
–surrogat 152.20
–wasser, fetthaltiges . . 158.14
–wurzel 151.2
Seignettesalz 291.5
Seihen durch Asbestfilz 275.2
seihen, die Lösung . . 245.12
Seilführung 111.12
Seiler 2.16
–bahn 2.17
–ei 2.15.18
–handwerk 2.15
–hanf 91.20
–waren 2.19
–warenfabrik 2.18
sekretierender Teil der Drüse 191.13
Sektionsbleichkessel, Gebauerscher. . . . 269.17
Selbst-entzündung beschwerter Seide. . . 236.21
–entzündbarkeit der Baumwolle 46.3
selbstgezogener Same . 22.13
selbsttätig wirkender Wärmeregler 237.14
– zuführen 111.10
–e Haspelvorrichtung. . 222.1
–e Kokonzuführung . . 223.1
–e Titrierwage 238.17
–er Fadenknüpfer . . . 223.9
Sengen 5.24
sengen 6.1
Senk-reis 201.2.4
–wage 152.18
senken, den Spinntopf . 253.9
senkrechter Haarwuchs 138.19
Serimeter 12.17
serimetrische Messung . 12.18
Serizin 16.8, 210.1
–, halbflüssiges 210.15
–, sprödes 210.19
Serizin-gehalt der Rohseide 228.8
–schicht 210.17
Serpentinasbest 240.5
setzen, Pflanzen . . . 24.3
Setzling 201.1
seuchenartige Krankheit 206.13
Shetlandschaf 124.7
Shoddy 9.12.13, 170.12
Siam-Hanf 105.29
Sichel 93.20
sichelförmig gebogenes Horn 123.15
Sicht, x Tage 30.13
–tratte 30.12
–wechsel 30.12
Sichten der Jute . . . 99.5
– der Wolle 170.15
sichten, die Baumwolle 61.10
–, die geschnittenen Blätter 110.13
–, nach Feinheit . . . 89.14
–, nach Länge der Stengel 66.24, 80.2
–, nach Reife der Stengel 66.24
–, nach Stärke der Stengel 66.24
–, die Wolle 170.16
Sichtungsraum 80.4
Sida-faser 105.5
–pflanze 105.4
– retusa 105.4
Sidneymerinowolle . . 166.23
Sieb 245.21
–boden 63.11, 149.11
–löffel 218.17
–trommel. 41.10
sieb-artig durchlöcherter Kupferkessel . . . 147.14
–förmig gelochter Trog 253.15
sieben, den Asbest . . 241.2

sieben, die geschnittenen Blätter 198.23
–, den Samen. 78.18
Signum 184.21
Silberdraht 297.9
– mit Goldplattierung . 297.6
– mit Goldüberzug . . 297.6
–, echter 297.10
–, legierter 297.11
–, unechter 297.14
Silber-gehalt des Metallfadens 297.13
–glanz, matter 179.15
–lösung, ammoniakalische 97.2
–nitrat 98.1
–überzug 297.12
silber-ähnlicher Glanz . 11.15
–graue Blattspitze . . . 109.18
–graue Färbung . . . 95.8
–plattierter Draht . . . 297.12
silbriger Glanz 288.5
Simili 297.22
Singen der Wolle . . . 176.3
sinken, durch den Glastrichter (Faserbündel) 250.2
Siphonia brasiliensis. . 295.1
– elastica. 294.17
sirupartige Lösung . . 292.9
Sisal 108.13
–agave 109.2
–agave mit Wurzelschößling 109.7
–faser 108.13
–hanf 1.9, 108.13
–hanf, falscher 109.4
–pflanzer 110.4
skandinavisches Schaf . 124.5
Skelett des Schafes . . 127.12
Skonto 30.7
Slanetz erste Sorte . . 302.22
– zweite Sorte 302.23
– dritte Sorte. 303.1
– vierte Sorte 303.2
–, russischer 302.18
Smyrna-Baumwolle . . 58.21
–kammwolle 166.12
Snow-white-Wolle . . . 168.8
Soda . . . 45.8, 102.9, 151.24
–, kaustische 97.6
–, Leblancsche 163.18
–, Sulfat- 163.18
–, wasserfreie 272.18
–bad 163.17
–lauge 150.18
–lösung. 218.8
–lösung, heiße 282.11
–seifenbad 236.10
sofortige Zahlung . . . 30.5
Sommer-gewächs . . . 18.12
–hanf 77.7
–weide 134.10
–wolle 167.13
Sonder-los 186.4
–partie 186.4
–posten 186.4
Sondern der Wolle . . 170.15
sondern, nach Farbe. . . 89.16
–, nach Feinheit . . . 89.14
–, nach Weichheit . . 89.15
–, die Wolle 170.16
Sonne, von der – bestrahlen lassen . . . 205.5
–, an der – trocknen . 82.24
Sonnen-bestrahlung, der – aussetzen 213.9
–hitze, durch – dörren . 213.8
Sorte der Baumwolle . 61.8
Sorten-bezeichnung . . 59.14
–muster 186.20
Sortier-anstalt 170.17
–erei 80.4
–kehricht 169.1
–raum 170.18
–tisch 67.1, 170.19
Sortieren s. Auslesen oder Sichten oder Sondern
sortieren s. auslesen oder sichten oder sondern
Sortierer, Woll- 170.20
sortiert-e Jute 99.6
–er Hanf. 80.3
Souple 234.11
Souplieren 234.10
souplieren, die Seide. . 234.12
souplierte Seide 234.11
spalten, die Faserbündel mit der Hand . . . 102.19
–, die reifen Nüsse . . 118.18
–, das Rohr in Streifen 121.19
spalten, das Stroh. . . . 120.8
–, den Strohhalm in der Längsrichtung . . . 120.12
–, sich an der Spitze . 115.4
Spätlein 66.4
Spätlingsraupe 206.10
Spaltöffnungen in der Oberhaut 75.4
Span, Holz- 121.7
spanisch-e Rohseide . . 231.10
–er Ginster 104.18
–es Rohr 121.14
Spannen 7.2
spannen (Tuch) 7.3
–, die Hanfriste in die Hechelkluppe . . . 88.8
Spannscheibe des Förderseils 111.15
Spannung, Faden- . . 222.14
–, unter – trocknen . . 282.13
Spediteur 31.11, 48.23
Spedition. 31.10
–sgeschäft 48.23
Speichelsaft des Schmetterlings 190.16
Speicher 31.6
–ung 31.4
Speise-leitung . . 39.2, 275.6
–riemen, oberer 148.2
–riemen, unterer . . . 148.4
–tisch 148.2
–walze 153.17
Spekulation 53.1
–sgeschäft 53.2
spekulieren 52.24
–, à la hausse 54.14
–, auf steigende Preise 54.14
Spesen 29.13
–, kleine 29.14
–, Platz- 49.1
–, Versand- 31.13
spezifisch leichte Faser. 12.19
– schwere Faser. . . . 12.20
–es Gewicht . . 12.21, 181.10
Spiegel der Erstarrungsflüssigkeit 248.6
spiegelnder Glanz . . . 11.14
Spielart des schwarzen Maulbeerbaumes . . 199.15
–, einerntige 197.19
–, mehrerntige 197.20
–, weiße Jute- 92.19
Spielraum 52.20
spießiger Stapel . . . 139.10
Spindel, Blatt- 118.4
–presse 42.5
Spinn- und Aufwindevorrichtung 253.8
–barkeit der Wollfaser. 175.9
–brause 249.17, 247.17
–druck 248.12
–düse 275.10
–düse, gläserne 247.2
–fäden 62.8
–fähigkeit der Faser . 9.16
–faser (s. a. Faser) . . 8.5
–flug 169.19
–flüssigkeit 243.4
–gut 1.19
–hanf 91.18
–hütte 211.2
–kehricht 169.20
–kessel, gekühlter . . . 274.1
–kokon 214.3
–kollodium 261.5
–leitung 248.10
Spinnlösung 243.4, 244.17, 263.7
–, fadenziehende . . . 244.19
–, die – reift 246.8
–, schleimige 273.17
–, stark angereicherte . 258.16
–, zähflüssige 244.19
Spinnmaschine 2.6
–, Chardonnetsche . . . 262.11
Spinn-masse . . 243.4, 244.17
–muskel, oberer 192.10
–öffnung 192.13
–papier 298.17
–paste 262.9
–reife der Raupe . . . 209.4
–rüssel 192.9
–stoff 8.7
–stuhl f. Kunstseide 276.4, 277.5
–topf. 253.6
–topf, umlaufender . . 282.5
–verfahren 1.20
–verfahren, Chardonnetsches 258.21
–vorgang, künstlicher . 246.15
Spinnvorrichtung . . . 246.12
– mit Brause 249.15
Spinnvorrichtung mit veränderlichem Druck 250.5
– mit drehbarer Düse . 251.1
–, Chardonnetsche . . . 262.12
–, Dreapersche 249.4
–, Lehnersche 263.6
–, Thielesche 275.16
Spinn-warze 192.8
–werkzeug der Seidenraupe 192.7
Spinnen 1.21, 3.4
– des Kokons 209.3
–seide 232.21
spinnbar 9.15, 103.1
spinnen 1.22, 2.5
–, einen Doppelkokon . 212.2
–, in großen Fadenwindungen 211.9
–, gleichmäßig 211.12
–, locker 211.11
–, den Kokon. 209.6
spinnende Seidenraupe . 209.8
Spinner (Arbeiter). . . 2.7
– (Fadenleiter) 221.1
Spinnerei 1.29, 2.8
–abfall 169.18
–abfall, feinfaseriger . . 269.8
–abfall, langfaseriger . 269.7
–flug 169.19
–kehricht 62.12
Spinnerwolle 168.10
spinn-fähig 9.15
–fertige Lösung 246.18
–reife Raupe 209.5
Spirale (Seidenfaden) . 224.18
Spiralschnitt . . 293.11, 295.19
spiralförmiges Horn . . 126.5
spiralige Streifen . . . 105.12
Spiritusbrenner 47.5
spitz zulaufende Wurzel 77.13
–er Kokon 215.15
–er Kern 253.8
–er Stapel 140.18
–er Winkel 224.7
Spitze, Blatt- 109.10
–, elastische (Düse) . . 248.3
–nernte. 38.13
Splint 65.7
Sporen des Pilzes . . . 207.13
–bildung 207.14
– treiben 207.15
Sporn 191.5
sprengen 26.14
–, das Asbestgestein. . 240.13
Sprengen, durch – gewinnen 240.14
sprengfähig 156.15
Sprengkraft 46.17
Spreu 205.8
–schicht 205.10
Springlein 65.13
Spritz-rohr 150.2
–wäsche 147.1
spröd-e Faser 11.23
–e werden 101.1
–e Wolle 175.23
–er Bast 225.20
–er Blattstiel 101.2
–es Serizin 210.19
Sprödigkeit der Faser . 11.24
Sproß, Pflanzen- . . . 23.24
–, Samen- 23.23
Sprosse. 133.10
sprossen 23.22
sprossende Saat . . . 23.21
Sprößling, Baumwoll- . 34.5
Sprünge zeigen 225.23
Spül-bottich 148.18
–gabel 149.9
Spule . . 252.14, 263.5, 267.8
–, sich drehende 253.14
–, sich fortbewegende . 253.14
–, gläserne 275.11
–, haspelartig gebaute . 252.9
–, längsgewellte 252.11
spulen (Kette) 2.23
– (Schuß) 2.24
Spulen, auf – aufwickeln 263.1
–auswechselvorrichtung 252.13
–spindel 253.16
–stab 252.15
Spülen 153.3
– der Wolle 148.11
spülen, den Faden mit verdünnter Säure . 251.9
–, den Flachs. 69.17
–, den gerösteten Hanf 82.22
–, die Wolle 148.12
Spuler 2.3
Spulmaschine 251.15
–, Kett- 3.1
Spülmaschine für Schafpelze 149.18
–, Woll- 148.13
Spülrechen 148.14
Stäbchen, Bambus- . . 204.17
Stabilisierung der Kollodiumwolle 257.17
Stabilität der Nitrozellulose 257.6
Stachelwalze . . 147.10, 164.9
Stadium, Reife- 24.14
stahlgraue Farbe . . . 74.12
Stahlspitze 164.15
Stähr 129.24
Stall-fütterung 133.16
–luft 133.6
–temperatur 133.7
–wärme 133.7
Stamm 19.6
–, falscher 106.4
–art 122.8
–baum 129.22
–mutter 122.10
–vater 122.9
Stampfe 71.3
Stampfen der Hanfkörner 80.23
stampfen, den Hanf . . 85.17
–, die Hanfkörner . . 80.22
Stampfer, hölzerner . . 85.19
Stampf-mühle . . . 71.1, 85.18
–werk 71.1
Stand der Ernte . . . 38.8
– der Währung 52.22
–, dichter Haar- . . . 136.18
–, dichter – der Pflanzen 24.5
–, dünner Haar- . . . 136.17
–, Schwing- 72.13
Standard 49.2
Stange 150.4
Stapel 136.22
– der Baumwolle . . . 60.24
–, abgerundeter 140.13
–, abgestumpfter . . . 140.5
–, aufrechtstehender . . 138.18
–, baumwollartiger . . 140.3
–, beschädigter 61.6
–, besonders guter. . . 59.19
–, dicht gewachsener . 137.21
–, edler 139.16
–, einstieliger 139.3
–, fest zusammenhängender 137.13
–, filziger 140.2
–, flachgewölbter . . . 140.8
–, flachsartiger 140.1
–, flattriger 137.20
–, gedehnter 138.17
–, gedrückter 140.14
–, gefädelter 139.13
–, geknickter 140.16
–, gekrümmter 140.15
–, gesträngter 139.17
–, gewässerter 137.19
–, gewöhnlicher 137.17
–, glatter 138.15
–, gleichmäßiger. . 59.16, 61.5
–, die – sind gleichständig 138.4
–, grober 61.7
–, guter 59.18
–, gut geschlossener . . 137.21
–, hängender 140.15
–, hediger 139.17
–, hochklarer 139.1
–, hohler 139.5
–, keulenförmiger . . . 139.5
–, klarer 137.14
–, kleingebauter . . . 139.16
–, kleinknispiger . . . 140.4
–, knötriger. 139.15
–, kräftiger 59.20
–, kreppartiger 139.6
–, kurzer 137.4
–, kurzgespitzter . . . 140.17
–, langer 137.2
–, leerer 139.5
–, leicht lösbarer . . . 137.11
–, liegender 139.11
–, lockerer 137.20
–, markierter 139.1
–, offener 137.20
–, pechspitziger 140.9
–, perlender 139.16
–, schlichter 138.16
–, schräger 139.11
–, schwacher 59.21
–, seidiger 59.22
–, spießiger 139.10
–, spitzer 140.18
–, stark markierter . . 139.2
–, stumpfer 140.5

Stapel, trüber 137.15
-, überbildeter 139.4
-, übersponnener 140.11
-, ungewöhnlicher 137.18
-, ungleichmäßiger 59.17
-, unklarer 137.15
-, verschleierter 139.14
-, verworrener 137.16
-, voller 137.21
-, wergiger 139.17
-, zwirniger 139.7
-, zylindrischer 138.20
Stapel-bau 136.23
-bezeichnung 59.15
-form, äußere 136.9
-kopf, breiter 137.23
-länge 61.1, 136.24
Stapelplatz 27.6
- für Rohjute 99.22
- für Rohseide 230.2
-, Woll- 183.20
Stapelspitze 137.22
Stapelzug 137.6
-, gedrängter 137.7
-, guter 137.9
-, schwacher 137.8
-, starker 137.7
Stapelung, gleichständige 138.2
-, gleichteilige 137.24
-, ungleichständige 138.5
-, ungleichteilige 138.1
Staplerfirma 183.21
stark angereicherte Spinnlösung 258.16
- aufquellen 75.7
-e Kollodiumlösung 259.11
-er Stapelzug 137.7
-fädige Rohseide 231.15
-knochiges Körpergerüst 127.17
- wirkendes Fällbad 249.5
Stärke 272.1
- des Säurebades 161.11
- der Stengel 66.24
Stärken 6.10
stärken 6.11
Statistik 56.16
staubfreie Wolle 135.5
staubige Baumwolle 60.19
Staubhanf 77.7
Staude 34.9
Stearin-erzeugung 152.5
-fabrikation 152.5
-säure 152.7
Stech-eiche, immergrüne 203.15
-er 23.7
-maschine 71.11
-platte 71.12
-schweiß 145.15
Stecken von Ersatzpflanzen 24.4
stecken, Pflanzen 24.3
Steck-ling 201.1
-muschel 232.19
-reis 201.1
Steen 76.5
Stehkolben 292.20
stehen, bündelförmig (Wollhaare) 136.11
-, dicht (Wolle) 136.15
- lassen, die gebündelten Jutepflanzen im Felde 93.24
stehend-e Welle 86.4
-es Wasser 94.11
steif-e Bürste 196.11
-e Faser 10.21
-es Haar 187.15
Steigerung, Preis- 54.7
-, Punkt- 52.18
Stein-bassin 81.16
-brecher 27.1
-frucht 118.8
-hanf 91.18
-schicht 118.15
steinerner Behälter 81.16
steinhartes Endokarp 118.15
Stellen, abgeplattete 277.10
Stempel, Konnossements- 32.20
-, Schiffsfrachtbrief- 32.20
Stengel 19.2
-, ästiger 65.3
-, feuchter 80.6
-, frischer 101.15
-, geschälter 101.13
-, getrockneter 101.16
-, nasser 80.6
-, trockener 80.9
-, ungeschälter 101.14
-, verästelter 65.3
-faser 8.22, 64.12
Stengel-flachs 76.14
-holz 94.22
-pflanze 77.5
Steppen-gewächs 109.23
-schaf, wildes 123.17
Sterblinge 167.17
Sterblings-kokon 217.12
-wolle 167.17
Sthenose der Kunstseide 254.4
-seide 254.5
sthenosieren, die Kunstseide 254.3
Sthenosierung der Kunstseide 254.4
Stichelhaar 175.7
Sticken 4.19
-gewicht 52.10
sticken 4.20
Stickerei 4.21.22
-werkstätte 4.22
Stickstoff 45.13
-gehalt 182.10, 198.6
-gehaltmesser 257.22
stickstoffreier Nährstoff 134.3
stickstoffhaltiger Körper 244.8
- Nährstoff 134.2
stickstoffloser Nährstoff 134.3
Stickware 4.21
Stiel, Blatt- 19.18
Stimmenmehrheit 51.12
Stimmung der Böre 54.16
- des Marktes 186.10
Stipa tenacissima 116.17
Stirnwolle 172.3
Stöcke, mit -n durcharbeiten 147.17
Stoff, abgeschiedener 245.5
-, anorganischer 16.10
-, explosiver 263.14
-, fester 243.5
-, gelöster 245.4
-, kurzfaseriger 10.7
-, langfaseriger 10.4
-, organischer 16.9
-wolle 168.14
Stoffe, chemische 253.11
-, organische 271.14
-, oxydierende 243.17
Stöhr 129.24
Stone 76.7
Stopfen, doppelt durchbohrter 292.21
Stoppel-feld 68.13, 135.1
-weide 135.1
stören, die Ernährung des Wollhaares 173.12
Stoßen des Hanfes 86.13
stoßen, die Faserristen 86.14
Stößer, Grob- 101.7
Straf-gebühr 51.19
-vergütung 51.20
Strahldüse 148.6
strählen, die Fasern 112.16
Strahnform, japanische 230.20
Strähnhanf 91.13
Stranfa 105.2
Strang (Garn) 265.17
- (Mark) 15.24
strauchartige Baumwollpflanze 34.10
- Pflanze 18.21
Strazza 232.13
Streckdauer 249.2
strecken, die abgezogene Seide 234.5
-, den Faden in verdünnter Alkalilauge 276.2
-, den aus der Düse tretenden Faden 249.1
-, den Faden im langsam wirkenden Fällbad 249.8
-, den Faden auf dem Haspel 249.9
-, den Kautschukfaden 296.17
Streckspinnverfahren 248.19
Streckung des Stapels 137.6
Streich-wolle 168.13
-wollklassen 308.6-15
-wollrasse 123.9
Streifen, Blatt- 107.10
-, Kautschuk- 295.20
-, schraubenartig gewundene 105.12
-, in - spalten 121.19
-, in - zerlegen 107.8
Streifung, zarte Längs- 74.18
Streitfall 50.20
Streu-baumwolle 39.14
-, Torf- 205.11
streuen, das Laub mit dem Sieb 198.12
Strick 75.20
-, gespannter 84.15
-, die Ballen mit -en verschnüren 99.14
stricken 4.7
Strick-en 4.6
-er 4.10
-erei 4.6.9
-ware 4.8
-warenfabrik 4.9
strickige Wolle 178.13
Strippen 107.10
- vom Stengel abschälen 101.12
Strippmesser 102.3
Strips 62.4
Stroh 119.16
-, gespaltenes 120.11
-, künstliches 293.1
-bastfaser 120.17
-faser 105.2, 120.17
-flachs 76.14
-futter 135.14
Strohhalm, aufgeschlitzter 120.13
-, biegsamer 120.1
-, dünner 119.24
-, gepreßter 120.14
-stück 120.16
Stroh-matte 205.2
-seil 204.15
-spalter 120.9
-streifen 120.10
-teller 204.15
strohgelbe Farbe 117.8
strohiger Griff der Azetatseide 285.21
Strömung, durch Reibung des Fadens im Fällbad erzeugte 251.3
Strophantusseide 64.5
Struktur der Baumwollfaser 44.3
- des Kokons 215.11
- der Seidenfaser 229.4
- des Wollhaares 180.15
strukturlos-e Faser 12.23
-er Seidenfaden 226.4
-es Exkret 209.15
Strusa 232.11
Stücke (Stückenwolle) 172.7
-, in - zerschneiden 270.6
Stückchen, in kleine - brechen 70.8
Stufe, Nitrierungs- 256.2
stufenweis-e hecheln 73.17
-es Ausziehen der Fäden 287.18
Stummelschwanzschaf 124.18
stumpf-e Schuppe 181.4
-er Stapel 140.5
-es Faserende 103.6
Sturmwolle 61.15
Sturzwäsche 146.23
Substanz, faserige 119.8
subtropische Pflanze 18.5
suchen, das Kokonfadenende 219.16
südamerikanische Baumwolle 37.4, 57.11
- Piassave 117.2
Suinter 158.9
-gas 158.12
Sulfat 94.17
-papier 298.18
-soda 163.18
-zellstoff 119.10, 298.15
-zellstoffpapier 298.18
Sulfhydrat 266.19
Sulfid 266.16
Sulfit-papier 298.19
-zellstoff 119.11, 298.16
-zellulose 278.2
-zellstoffpapier 298.19
Sulfo-essigsäure 284.11
-fettsäure 258.18, 259.22
-karbonat 266.21
-oxysäure 259.21
-zellulose 282.17
-zyanverbindung, alkalische 292.8
sulfonierte Fettsäure 259.22
Sumach-auszug 235.17
-bad 235.18
-extrakt 235.17
Sünderhanf 77.7
Sunn 103.7
-faser 103.9
superelecta (Streichwolle) 308.7
super superelecta (Streichwolle) 308.6
Superior Fein Pulk Hoffs-Dreiband 303.24
Surat-Baumwolle 58.9
Surinam-Baumwolle 57.24
Surrogat, Seifen- 152.20
suspendierter Vertrag 55.10
Swenson-Ballen 43.7
Symptom, Krankheits- 206.17
syrisch-e Rohseide 231.5
-es Schaf 125.4
System, Züchtungs- 128.7

T.

Tag des Abrufs 53.22
- des Einkaufes 49.3
-, Verfall- 30.15
Tage-bau 26.22
-lohn 25.16
-löhner 25.15
Talg-drüse 174.13
-drüsenexkret 174.18
-seife 233.17
talgiger Schweiß 145.11
Talkpulver 296.7
Tamarbaum 203.19
Tambour 147.11, 164.10
Tampicohanf 117.15
Tannennadel 116.3
Tannin 235.5, 286.6
tanninartige Verbindung 96.13
Tapafaser 104.12
Tara 29.19
-, reelle 56.10
-, reine 48.18, 56.10
-, x v. H. 56.8
Tarierung 48.7
-skosten 48.3
Tarif, Ausnahme- 32.2
-, Fracht- 31.21
-, Rohstoff- 32.1
tartarischer Maulbeerbaum 199.18
Tasarseide 231.24
Tasmaniawolle 167.1
Tau, Abend- 135.4
-, Morgen- 135.3
-röste 68.10, 82.6
tauber Hanf 77.7
tauchen, in kochsalzhaltiges Wasser 196.4
tauglich, zucht- 128.14
Taxieren der Wolle 186.21
taxieren, die Wolle 186.22
Techniker, Textil- 7.19
technische Faser 8.8
Technologie der Fasern 8.6
- der Rohstoffe 8.4
Teichrohr 121.15
Teig, bildsamer 295.22
Teil, exkretierender - der Drüse 191.15
-, sekretierender - der Drüse 191.13
-, unlöslicher - der Wollasche 181.22
teilweise auflösen 98.6
- Denitrierung 265.11
Temperatur der Waschlauge 150.9
-, die - regeln 237.13
Tendenz des Marktes 186.10
- der Börse 54.16
Tenne 70.18
Tennessee-Baumwolle 57.3
Teppichwolle 168.22
Termin, Liquidations- 53.6
-geschäft 27.18
-handel in Wolle 185.16
-markt, Baumwoll- 52.17
Terpentinöl 264.3
tertia (Streichwolle) 308.12
Tetrachlor-äthan 284.16
-kohlenstoff 156.13
teuer 29.12
Texas-Baumwolle 57.7
Textil-fabrik 7.17
-faden, mit Kollodium überzogener 293.2
-faden, mit Viskoselösung überzogener 293.7
-faser 8.5
-industrie 7.13
-technik 7.12
-techniker 7.19
-tier 122.5
-unternehmen 7.16
textiler Rohstoff 8.3
Textur des Stapels 136.23

Textur der Wollfaser 175.14
Theorie, Lösungs- 17.6
Thermometer, Quecksilber- 47.6
Thermoregulator, automatisch wirkender 237.14
Thespesia-faser 105.14
– Lampas 105.14
Thielesche Spinnvorrichtung 275.16
Thiosulfat 278.9
Tibet-wolle 187.24
–ziege 127.4
Tiefe des Stapels 137.1
tief-gehende Wurzel 77.13
– pflügen 22.7
–schwarze Farbe 117.9
Tier, männliches 26.13
–, weibliches 26.14
–, wildes 26.10
–, Wolle tragendes 126.8
–forscher 26.4
–gattung 165.6
–kunde 26.3
–parasit 202.22
–reich 26.5
–schmarotzer 202.22
tierisch-e Arbeit 21.23
–e Faser 9.2
–e Seife 233.10
–e Wolle 9.4
–er Leim 261.8, 286.12
–er Rohstoff 9.1, 122.1
–es Haar 9.3
–es Protein 210.8
Tiliacee 92.16
Tillandsia-faser 104.1
– usneoides 104.1
Tinnevelly-Baumwolle 58.4
Tischbewegung, schwingende 163.7
Titer der Seide 238.5
–, entschälter 238.8
–, feiner 239.2
–, grober 239.3
–, internationaler 239.5
–, konditionierter 238.7
–feststellung der Seide 238.3
Titrieren der Seide 238.3
titrieren, die Seide 238.4
Titrier-haspel 238.9
–verfahren 238.9
–wage 238.16
–wage, selbsttätige 238.17
Toleranz-gewicht 238.1
–zahl 238.1
Ton 68.7
–exhaustor 256.19
–topf 256.11
Tonerde 45.12
–, schwefelsaure 274.21
–hydrat 274.19
–hydratniederschlag 261.14
–natron 281.8
Tonnen-bild 45.16
–lein 75.23
Tophamsche Vorrichtung zum Verspinnen von Viskose 282.1
Torf-faser 115.12
–moor 115.18
–pulver 205.12
–streu 205.11
–watte 115.20
Tors 92.6
Tossa-Marke I 306.20
–-Marke II 306.21
–-Marke III 306.22
tot-e Baumwolle 61.17
–es Zuchtweibchen 194.5
Töten der Puppe 213.3
töten, die Puppe 213.4
–, die Puppe durch erstickende Gase 213.13
Traberkrankheit 135.24
trächtiges Schaf 129.8
Trächtigkeit 129.9
tragbarer Dörrofen 213.22
tragendes Schaf 129.8
Tragfähigkeit der Wolle 175.23
Tragkette, endlose 253.17
Trampeltier 126.10
Tränktrog 134.7
Tränken der Faser mit Sulfaten 94.18
– der Schafe 134.4
tränken, die Jute mit Sulfaten 94.17
–, die Kollodiumwolle mit Chlorkalziumlösung 259.20
tränken, den Kunstseidenfaden 254.7
–, die Schafe 134.6
–, den Seidenfaden 265.2
–, die Wolle mit Schwefelsäure 161.12
transparenter Asbest 241.12
Transparenz 44.5
Transport der Baumwolle 48.22
–band 251.13
transportabler Dörrofen 213.22
trapezförmige Fuge 164.19
Tratte 30.11
– auf Sicht 30.12
traubenartig zusammenstehen 77.21
Traubenzucker 271.18
–bad 235.22
Trauerweide 203.21
Treib-rolle 282.6
–rute 202.12
treiben, in die Blätter 19.5
–, ins Holz 19.4
–, die Preise in die Höhe 54.6
–, die Schafherde auf die Weide 134.13
–, Seidenbau 189.3
–, Sporen 207.15
–, Wurzelschößlinge 109.6
Trennen der Kletten von der Faser 163.22
trennen, die Federfahnen von den Kielen 239.17
–, sich leicht von der Faser – lassen 114.9
treu (Wollhaar) 176.5
Treue des Wollhaares 176.4
Triazetat 283.12
Trichter 251.4, 282.4
–röhre, gebogene 248.9
Trieb 202.12
Trioxybenzoesäure 286.7
trocken-e Baumwolle 255.18
–e Hitze 213.10
–e Nitrozellulose 257.7
–e Wollentfettung 155.16
–er Dampf 213.12
–er Griff 226.20
–er Stengel 80.9
–er Zellstoff 269.5
–es Abhaspeln der Kokons 220.13
–es Futter 198.15
– halten, das Raupenlager 205.7
– werden 80.10
Trocken-festigkeit der Kunstseide 288.23
–fütterung 133.17
–gestell 112.12
–gewicht des Zellstoffes 291.16
–gewicht, absolutes 14.6, 47.9
–gewicht, wirkliches 14.6, 47.9
–haspel 252.6
–horde 83.1
–hürde 154.15
–kammer 150.5, 154.11
–raum 154.11, 237.6
–scheuer 107.23
–spinnverfahren 246.13
–trommel 149.4, 154.20, 251.12
–verfahren 154.2
–vorrichtung 154.8, 252.3
–vorrichtung mit Trokkenhaspel 252.5
–vorrichtung, Woll- 155.2.4
–zeit 114.4
–zylinder 251.12
Trocknen 6.24
– der Baumwolle 39.5
– des Fadens vor dem Aufspulen 252.1
– der Faser durch Aufhängen 107.22
– der Faser im luftverdünnten Raum 14.4
– des Flachses 69.24
– der Seide 237.18
– der Stengel 80.8
– der Wolle 146.11, 149.3, 153.20
trocknen 7.1
–, den geweichten Asbest 241.7
–, die Baumwolle 39.6
–, die Eier 194.17
–, den Faden 251.17
–, den Faden auf heißen Walzen 252.2
–, die Fasern 112.13
–, den Flachs 69.18
–, den Hanf 80.7
–, die Kapokfaser 63.13
trocknen, langsam 82.23
–, das Laub 198.16
–, an der Luft 95.5
–, die Ramiefaser vor dem Rösten 101.24
–, den Samen 78.16
–, die Sehnen 239.9
–, die Seide 237.17
–, die Seide auf der Glasspule 277.6
–, die Seide unter Spannung 282.13
–, an der Sonne 70.1, 82.24
–, die Strohmatte 205.4
–, die Wolle 149.2, 154.1
trocknend, an der Luft 260.10
–, nicht 294.6
Trockner, Schacht- (Wolle) 155.5
Trocknung, künstliche 154.10
Trog 71.2
–, siebförmig gelochter 253.15
Trommel 147.11, 164.10
– mit Messerpaaren 70.13
– mit Schlagstiften 153.16
–, sich drehende 154.19
–ausputz 169.16
–schiene 112.6
–sucht 136.4
Tropfen, es bilden sich 273.19
–bildung 273.18
Tropenpflanze 18.4
trüber Stapel 137.15
Trübung des Blutes 208.4
Tuccumfaser 117.16
Tuch, durchlässiges 252.4
–wolle 168.13
Tüllzelle 194.7
Tuluol-sulfochlorid 285.19
–sulfosäure 285.18
tunica propria 192.5
türkischer Maulbeerbaum 200.1
turmförmiger Auskohlungsofen 162.14
Tussah, chinesische 231.23
–, indische 231.24
–kokon 214.9
–raupe 193.4
–spinner, indischer 190.8
Tusser-seide 231.24
–spinner, indischer 190.8
Tuxi 107.10
Typenmuster 186.20
Typha 116.1
– augustifolia 116.5
– latifolia 116.4
Tzigaia-Schaf 125.10

U.

überbildeter Stapel 139.4
überbogige Kräuselung 177.6
überdecken, sich – in 55.6
Überfallrohr 250.8
überführen, den Zellstoff in Alkalizellstoff 278.5
–, den Zellstoff in die lösliche Form 243.11
–, den Zellstoff in eine nitrierte Verbindung 255.6
übergehen, in eine breiartige Flüssigkeit 208.8
–, in Fäulnis 119.2
–, in Lösung 182.3
Übergewicht 52.13
übergießen, das Kupfer mit Ammoniakflüssigkeit 271.7
Überläufer 141.7
Überleitseil 112.3
Überleiten zur anderen Bearbeitungsstelle 112.1
Überleitungstrieb 112.2
übernehmen, für feste Rechnung 184.8
überoxydierter Zellstoff 269.6
überprüfen, die Fadenstärke 223.7
überreife Baumwollfrucht 35.14
Überröste 68.22, 82.14
überrösten, den Flachs 68.23
–, den Hanf 82.13
überröstet 94.15
–er Flachs 68.24
überrotten, den Flachs 68.23
–, den Hanf 82.13
überrottet 94.15
–er Flachs 68.24
Überrottung 68.22, 82.14
überschüssige Säure 163.14
überschwefelsaures Ammoniak 284.12
überseeische Wolle 165.20
überspinnen, mit Baumwolle 296.18
–, mit Seide 296.19
übersponnener Stapel 140.11
Übertara 48.14
übertragen, die Krankheit durch Ansteckung 207.1
Übertragung, Krankheits- 206.14
überwintern (Eier) 194.21
– (Puppe) 212.10
– lassen 194.20
Überwintern der Eier 194.18
– der Puppe 212.9
Überwinterung, künstliche 194.19
Überwuchs 140.12
überziehen, den Spulenstab mit Kollodium 252.16
überzogen, mit Kollodium 293.2
–, mit Viskoselösung 293.7
–, mit Zellstoff 293.3
Überzug, gummiartiger 218.4
–, Gold- 297.6
–, horniger 180.18
–, Metall- 298.6
–, metallglänzender 293.9
–, Silber- 297.12
–, Wachs- 118.13
–, Walzen- 293.11
–, Zelluloid- 252.17
Ujifliege 207.6
Ulmenbast 120.21
Ultramikroskop 290.23
Ultramikroskopie 290.21
ultramikroskopisch-e Untersuchung 290.22
–es Verhalten 291.1
Ultrastruktur der Kunstseide 290.24
Umackern des Bodens 22.4
umackern, den Boden 22.5
Umbetten 205.13
umbetten, die Raupen 205.14
Umbettung 205.13
–szeit 205.15
Umdrehen der Hede 85.15
umdrehen, die Hede 85.14
Umfang der Platzvorräte 186.17
umgeackerter Boden 22.6
umgehaspelte Rohseide 225.1
umgepackter Ballen 48.16
umgepflügter Boden 22.6
Umhaspeln 224.20
umhaspeln, die Rohseide 224.21
umhüllter Kokon 216.18
Umhüllungsrost aus Drahtgeflecht 163.4
umklassieren, die Baumwolle 50.5
Umklassierung 50.4
Umladung 31.16
umlaufend-e Metallröhre 223.15
–er Schleuderkorb 161.19
–er Spinntopf 282.5
Umrandung, gelbe – der Mittellamelle 90.18
Umrechnung, Preis- 52.21
Umriß des Stapels 138.12
Umsatz 186.16
–, Seiden- 230.11
umschnürt, mit Stricken 75.20
Umschnürung der Ballen 99.13
umspannen, die Riste 88.9
Umspannerschleife 88.4
Umspannung, selbsttätige 88.1
Umwandlung des Zellstoffes in Nitrozellulose 255.7
umwenden, die Riste 88.9
umwickelt, mit Blättern 216.19
unwirksam machen, die Schwefelsäure 264.11
unbeschädigtes Fell 142.14
undehnbare Faser 114.10
undurchsichtig-e Emulsion 151.23
–er Asbest 241.13
Undurchsichtigkeit 288.12
unechter Silberdraht 297.14
unelastisches Haar 175.21
unempfindlich gegen Feuchtigkeit 13.21
– machen gegen 182.7
unentwirrbar verkreuzen 211.15
unfruchtbare Schafrasse 131.4

ungarische Rohseide 231.12
- Wolle 166.5
ungebleichter Zellstoff 298.14
ungedörrter Kokon 220.11
ungehörntes kurzschwänziges Schaf 124.11
- Schaf 127.8
ungekämmte Abfallseide 232.15
ungelöstes Kupferhydrat 270.12
ungeschält-e Faser 104.4
-er Stengel 101.14
ungesichtete Jute 98.1
ungeteiltes Blatt 202.2
ungewalkte Wolle 170.14
ungewaschene Wolle 167.22
ungewöhnlicher Stapel 137.18
ungleichmäßig-e Denitrierung 265.12
-e Dicke des Kokonfadens 226.6
-es Ausfließen der Lösung 248.14
ungleichrassige Paarung 129.5
ungleichständige Stapelung 138.5
ungleichteilige Stapelung 138.1
unklarer Stapel 137.15
Unkosten 29.13
Unkraut 24.10
unlöslich-e Verunreinigungen 149.13
-er Gelatinefaden 286.20
-er Teil der Wollasche 181.22
-es Eisensulfid 281.14
Unparteilichkeit 51.1
unregelmäßig dicke Faser 12.24
- gesponnener Kokon 216.4
-e Rißstelle der wilden Seide 227.9
-er Faserquerschnitt 9.21
unreif-e Baumwolle 61.18
-e Baumwollfrucht 35.17
-e Kokosnuß 118.17
-er Same 78.23
unreine Baumwolle 61.16
- Faser 15.3
- Wolle 145.5
Unreinigkeit 61.14
-en der Wolle 145.6
unruhiger Glanz 288.6
unsortierte Jute 99.1
untauglich zum Spinnen 246.11
-e Schafe ausmerzen 129.15
unterbrechen, die Ernährung des Wollhaares 173.12
-, den Spinnvorgang 211.13.14
unterbrochen gesponnener Kokon 216.2
unterchlorige Säure 228.23
unterdecken, sich - in 55.4
Unterfuß 132.11
Untergewicht 52.12
Unterhaut 173.22
Unterlage, Holz- 83.10, 85.20, 87.10
Unterlagsreis 201.14
Unterlippe 192.14
Untermesser 107.17
Unternehmen, Faserstoff- 7.16
Unterröste 69.1
Unterscheidung der Baumwollfaser von andern Fasern 45.20
- der Kunstseiden von einander 289.1
- der Kunstseiden von Naturseiden 289.1
-smerkmale, physikalische 227.6
Unterschenkel 132.11
Untersorte 61.11
- der Wolle 172.17
untersuchen, auf Feuchtigkeitsgehalt 47.2
-, die Hanfbündel 81.17
-, die Kokons 213.2
-, auf Löslichkeit 257.18
-, mikroskopisch 17.14, 225.5
-, mit dem Mikroskop 276.14
-, optisch 290.9
-, auf Stickstoffgehalt 257.19
Untersuchung auf Beschädigung 49.3
- auf Feuchtigkeit 47.1
- auf Feuchtigkeitsgehalt 14.2
- der Kokons 213.1
- für die Kunstseidenherstellung 291.3
-, mikroskopische 17.13, 44.2, 180.13, 225.4
Untersuchung, optische 290.10
-, ultramikroskopische 290.22
-sverfahren, polarisationsmikroskopisches 290.13
unterwerfen, die Stengel der Wasserrotte 94.10
Unterteil, Kluppen- 88.13
untreu (Wollhaar) 176.7
Untreue des Wollhaares 176.6
ununterbrochen gesponnener Kokon 216.1
Unverbrennbarkeit des Asbestes 241.21
unverfilzte Wolle 178.14
unverholzte Faser 15.18, 44.17
unvollständige Azetylierung 283.19
unwirksam machen, das Ammoniak durch Bisulfite 174.9
unzersetzt-es Alkali 152.11
-es Fett 152.10
Upland-Baumwolle 57.8
Urena-faser 105.13
- sinuata 105.13
Urin, verfaulter 150.19
-wäsche 150.20
Ursprung 56.17
-sland 30.21, 56.18
Urtica dioica 100.4
Urticee 100.3
Urzelle 20.11
usancemäßig gepackter Ballen 48.17

V.

vagina pili 174.6
Vaginal, Blatt- 106.5
Vakuum 14.4, 258.15
-destillation des Lösungsmittels 258.14
Vanduaraseide 286.11
Varietät, einerntige 197.19
-, mehrerntige 197.20
Vatertier 129.24
vegetabilisch-e Beschwerung 234.23
-e Seide 63.18
-er Rohstoff 8.15
-es Roßhaar 104.1
-es Wachs 16.2
veilchenblau gefärbte Blütenblätter 106.11
Ventil, Ansaug- 281.17
-, Auslaß- 281.18
Ventilation 197.2
Ventilator 153.19
-flug 61.23
veränderlicher Druck 250.5
Veränderung, fehlerhafte 179.2
-, morphologische 229.3
verarbeiten, das Stroh in Halmen 120.3
-, das Stroh naturfarben 120.4
-, das Wollfett zu Leuchtgas 158.13
-, das Wollwaschwasser 158.3
-, den Zellstoff zu Viskose 278.6
Verarbeitung, Faser- 8.1
-sverfahren 7.23
Veraschung der Seide 228.15
verästelter Stengel 65.3
Verbindung, chemische 17.1
-, eine chemische - eingehen 17.2
-, lösliche 245.9
-, Natriumschwefel- 278.15
-, nitrierte 255.6
-, tanninartige 96.18
-, Schwefelammonium- 279.10
verbleiter Kessel 69.14
Verbrauch, Rohseiden- 229.23
-, Woll- 184.10
verbrauchte Waschflüssigkeit 266.24
verbrennen, schnell 290.6
Verbrennung ohne Rückstand 290.8
-, langsame 290.7
-sgase 290.1
-sprobe 45.18, 187.11
Verdampfungs-gefäß 292.18
-kolben 292.19
verdichten, sich 246.9
verdickte Bastfaser 103.5
- Bastzelle, unregelmäßig 96.6
- Zellwand 20.13
Verdickung der Zellwand 20.14, 46.10
-, ungleichmäßige 96.5
-, wulstartige 226.1
verdünnen, die Lauge mit Wasser 151.21
verdünnte Alkalilauge 274.5
- Alkalilösung 270.2
- Kalilauge 182.6
- Salpetersäure 98.15
- Säure 182.17
Verdünnung, Luft- 69.15
Verdunsten des Wassers 13.23, 154.4
Verdunstung, natürliche 154.3
-szeit 14.1
Veredlung der Faser 46.4
- durch Pfropfung 291.10
- der Wolle 128.20
-sunterlage 201.14
vereidigen 28.7
vereidigter Makler 28.8, 185.10
vereinigen, mehrere Kokonfäden zu einem Faden 221.6
vereinigte Schwing- und Brechmaschine 72.13
Verengung des Lumens 96.1
Vererbung 129.2
Verfahren zur Bestimmung des Feinheitsgrades 238.6
- zur Bestimmung des Trockengewichts 237.4
-, schiedsgerichtliches 51.3
Verfall der Tratte 30.14
-tag 30.15
verfälschen, den Manilahanf mit Sisalhanf 108.12
verfaulter Urin 150.19
verfeinern, die Hanffaser durch Feinhecheln 89.11
verfilzen (Wolle) 143.23
verfilzt-e Baumwollfaser 269.10
-er Stapel 140.2
verflechten, die Blattfiedern miteinander 118.5
Verflüssiger 277.12
Verflüssigungsvorrichtung für mit Gas gemischte Dämpfe 267.9
Verfrachter 31.11
Verfrachtung 47.12
-sbedingung 49.14
vergällter Weingeist 260.5
vergilben 79.18
Vergilben der Blattspitzen 79.17
Vergleichsmuster 49.3
Vergoldung des Silberdrahtes 297.7
Vergütung für Qualitätsabweichung 52.7
Verhalten gegen chemische Reagentien 289.3
-, chemisches 95.7
-, optisches 227.22
-, physikalisches 95.7
-, ultramikroskopisches 291.1
Verhältnisse, Markt- 186.8
verhammeln, das Lamm 130.8
verharzen (Öl) 261.3
Verhaspeln des Kokons 220.5
verhaspeln, den Kokon 220.7
verhindern, den Röstvorgang 100.7
Verhinderung der Faserbräunung 98.12
verholzen (Schnittstelle) 201.19
verholzt, schwach 116.2
-e Faser 15.17, 90.13, 96.7
-es Gewebe 244.12
Verholzung der Faser 15.16
-sgrad 15.19
-sreagentien 15.20
verkalkter Kokon 217.17
Verkauf 28.23
-, freihändiger 185.1
verkaufen, auf Auktionen 185.22
-, gegen bar 30.6
-, kommissionsweise 185.2
Verkäufer 28.14
Verkaufs-bedingungen 55.16
-kommission 29.2
-kontrakt 186.6
-makler 185.12
-vergütung 29.2
-vertrag 186.6
-wert 28.24
Verkittung, gummiartige 218.3
verkleinern, die Durchlaßöffnung durch Drehung der Platte 247.18
verknüpfen, die Fadenenden 223.8
Verkohlen der pflanzlichen Beimengungen 161.3
verkohlen, die Pflanzenteile 161.4
verkreuzen, die Seidenfäden unentwirrbar 211.15
verkümmern (Wollhaar) 173.15
Verkümmerung des Wollhaares 173.14
Verlade-mannschaft 31.15
-raum 43.13
Verladen 31.14
Verladung 31.14
Verlängerung des Vertrages 53.10
Verlust an Seidenleim 234.14
-, Gewichts- 49.4, 149.17
-, Konditionier- 237.19
vermindern, das Lösungsvermögen 219.9
Verminderung, Festigkeits- 96.8
vermischen, die Waldwolle mit Schafwolle 116.12
Vermögen, Aufnahme- 15.1
Vermittler 27.12
vernichten, die Kletten chemisch 160.20
-, die verseuchte Samenkarte 194.11
-, den Stapel 153.4
verpachten, das Land gegen einen Anteil am Ertrag 25.12
-, das Land gegen ein festes Pachtgeld 25.13
Verpacken der Baumwolle 41.19
verpacken, die Baumwolle 41.20
-, naß 99.16
-, in Säcke 75.21, 172.23, 183.13
Verpackungsgewicht, wirkliches 56.10
-, x % 56.8
verpflanzen, das Schaf 131.6
Verpflichtung, Börsen- 53.13
verpuppen, sich (Raupe) 212.4
Verpuppung 37.17
- der Raupe 212.3
Verranzen des Fettschweißes 151.7
Verrechnungsstelle 53.9
verringern, sich 264.18
verrösteter Flachs 68.24
Verrottungsvorgang 94.16
Verschiebungen in der Zellwand 75.1
Verschiedenheit, chemische 16.21
verschiffen 32.6
Verschiffung 32.7
-shafen 32.8, 49.10
-sware 55.13
Verschlechterung, Samen- 22.19
verschleierter Stapel 139.14
Verschlingung der Wollhaare 153.1
verschnüren, die Ballen mit Stricken 99.14
verschränken, die Bambusstäbchen gitterförmig 204.18
Versand 31.10
- der Baumwolle 48.22
- der Rohstoffe 31.10
-, Bahn- 31.16
-, zum - bringen 31.12
-kosten 31.13
-spesen 31.13
verseifbares Wollfett 159.18
Verseifbarkeit des Wollfettes 159.17
verseifen, das Fett 150.23, 151.14
verseiftes Wollfett 159.19
Verseifung 151.9
- des Wollfettes 159.16
-smittel 159.20
-svorgang 152.2
versenden 31.12
versetzen, die Kupferoxydammoniakzelluloselösung mit Kohlehydrat 273.7
-, die Magermilch mit Säure 287.5

versetzt, gegeneinander 111.9
– übereinander liegend 155.2
verseuchte Raupe 206.15
– Samenkarte 194.10
Versicherung des mutmaßlichen Gewinnes 33.6
– gegen Kriegsschaden 33.7
– der Ladung 33.5
versiegeln, die Probe 50.14
Versorgung, Seiden- 229.22
Versuchsform 25.20
verspinnbar-e Wollfaser 175.8
–er Rohstoff 8.3
Verspinnen 1.21
verspinnen 1.22
–, die Lösung 246.20
–, die Viskose 280.16.22
verstärkte Lauge 151.19
Verstärkung der Lauge 151.20
versteigern, die Wolle 185.22
Versteigerung 185.24
–, Woll- 185.21
–sleiter 186.1
–sliste 185.23
verstellbar-e Platte 247.16
–er Rechen 163.5
–er Rost 164.14
verstopfen, sich 247.20
verstopft-e Düse 247.21, 275.13
–er Filterstoff 264.21
Verstopfung der Löcher 247.19
verteilen, die Blattschnitzel über die Hürde 198.22
Verteiler 275.9
Verteilung der Wolle auf dem Schafkörper 131.20
– des Serizins auf der Seidenfaser 210.14
vertorfen 115.17
Vertorfung 115.16
Vertrag auf Ankunft 55.9
– nach Bremer Bestimmungen 55.17
– nach Liverpooler Bestimmungen 55.18
– auf Verschiffung 32.18, 55.8
–, den – abwickeln 53.4
–, suspendierter 55.10
–, zeitweilig unterbrochener 55.10
vertragsmäßige Lieferung 52.6
verunreinigt-e Rohviskose 279.14
–e Wolle 145.5
–er Filterstoff 264.21
Verunreinigung, schwefelhaltige 279.15
–en 291.2
–en der Lösung 245.11
–en, unlösliche 149.13
Verwalter, Lager- 184.19
verwandeln, den Kautschuk in einen bildsamen Teig 295.22
–, Pektose in leicht lösliches Pektin 102.15
Verwandtschaft, chemische 16.22
verwehte Baumwolle 61.15
verweigern, die Annahme 51.21
Verweigerung, Abnahme- 48.5
verwelken 106.9
verwenden, den Kapok als Füllmasse 63.16
–, die Nitrozellulose säurefeucht 257.9
Verwendung 167.2
Verwertung des Wollfettes 158.1
verwesen 119.2
Verwirrung der Wollhaare 153.1
verwittern (Haargipfel) 141.2
Verwitterung der Haargipfel 141.1
verworrener Stapel 137.15
verziehen, sich leicht 138.6
–, sich schwer 138.7
verzinktes Eisendrahtgewebe 155.1
verzögern, den Röstvorgang 94.16
Verzug des Stapels 137.6
verzweigt-e Faser 104.2
–er Hanfstengel 77.14
vibrionenartige Mikrokokken 208.15
vielsamige Kapsel 78.1
vielseitiger Querschnitt der Zelle 95.18
vielstengliger Maulbeerbaum 199.12
viereckig-e Bambushürde 204.16
–er Kautschukfaden 296.13
vierkantiger Faden 293.12
Viertelsgrad 59.13
Vigogne 188.4
Vikunja 126.12
–wolle 188.4
violett gefärbt 106.11
Viskoid 278.21
Viskose 277.18
–, reife 279.16
–, rohe 279.12
–faden 277.20
–faden, klebriger 281.1
–lösung 277.19
–lösung, gereinigte 279.18
–pumpe 281.16
–seide 242.11, 277.15
–verfahren 277.17
Viskosimeter, Cochiussches 258.1
Viskosität des Kollodiums 258.11
– der Spinnlösung 244.20
Vitriol, Kupfer- 260.22
Vlies 171.2
–, ausgespanntes 171.10
–, freiteiliges 138.10
–, sich scheitelndes 141.11.12
–, schweres 142.23
–, schwerteiliges 138.11
–, zerrissenes 172.6
–, das – beim Scheren im Zusammenhang erhalten 142.11
–ballen, zusammengepreßte 183.16
–gewicht 142.22
–oberfläche, feinkörnige 136.20
–wert 171.14
Vlieswolle 167.18
–, fehlerfreie 167.20
–, fehlerhafte 167.21
Vliese, aussortierte 172.8
vliesweise zusammenlegen 142.23
Vollblut-bock 130.11
–schaf 128.18
Vollgrad 59.11
voll-e Ernte 38.9
–er Griff 177.10
–er Stapel 137.21
völlige Fruchtreife 120.2
vollwolliges Schaf 131.15
Vomhundert, x – Diskont 30.19
Vorbehandlung des Zellstoffes 255.9, 269.15
vorbereiten, den Kokon für das Haspeln 217.21
Vorbereiten des Zellstoffes 255.9
Vorbereitung der Kokons für das Haspeln 217.20
Vorder-fuß 191.7
–kopf 131.21
–haupt 131.21
Vorgang, Gärungs- 67.14, 102.13
–, Haspel- 220.6
–, Röst- 81.7
Vorgarnabfall 62.7
Vorkommen des Asbests 240.8
vornehmen, eine Kreuzung 128.20
Vorpressung 42.21
Vorrat, Seiden- 230.1
–, Woll- 184.13
Vorräte, Platz- 186.17
Vorreise zu Wasser 48.19
Vorreißer-knöpfe 62.1
–flug 62.2
Vorrichtung zum Ausziehen des Ammoniaks 277.11
– zur Bestimmung des Trockengewichts 237.5
– zur gesonderten Wiedergewinnung der Lösungsmittel 267.4
–, Einöl- 149.6
–, Entklettungs- 165.2
–, Entschweiß- 147.13
–, Trocken- 154.8
Vorröste 68.17, 82.8
Vorschwingen des Flachses 72.1
vorsichtig abspülen, die Felle 143.22
Vorspinn-abfall 169.17
–maschine 2.3
Vorspinnen 2.1
vorspinnen 2.2
Vorspinner 2.3
Vorstand der Börse 28.3
–schaft, Börsen- 28.4
Vortrocknen der Seide 237.16
vortrocknen, die Seide 237.15
Vorversuch 161.11
Vor- und Rückwärtsgang 84.2
Vorwäsche 146.21
vulkanisieren, den Kautschuk 254.10, 296.1
vulkanisiert-er Kautschuk 294.16
–er Kautschukfaden 296.16
–es Öl 260.9

W.

Wacholderöl 264.4
Wachs 96.15
Wachs, vegetabilisches 16.2
–gehalt 244.7, 228.10
–schweiß, grüner 145.12
–überzug der äußeren Fruchthülle 118.13
Wachsen der Wolle 173.4
wachsen 24.9, 173.5
Wachstum der Pflanzen 24.7
– der Raupe 196.19
–richtung, wagerechte 141.4
Wachszeit der Pflanzen 24.8
Wage zur Feinheitsbestimmung 238.16
–meister 184.18
wägen, die Strähne 238.15
wagerechte Fadenführung 250.3
Waggon, franko 32.3
Wägung 49.5
– des Strähns 238.14
– der Wolle in Baumöl 181.12
wählen, einen Obmann 51.14
Währung 52.22
Wald, Maulbeer- 200.19
–wolle 116.6
Walesschaf, sanftwolliges 115.11
Walken 6.2
walken 6.3
walkfähige Wolle 175.19
Walkflocken 170.4
Walze mit schraubenförmigen Messerscheiben 40.10
–, dreikantig geriffelte 71.5, 83.17
–, gerippte 84.4
–, heiße 252.2
–, mit rauhem Leder bezogene 40.11
Walzenausputz 169.15
Walzenbrechmaschine 83.15
– mit Querbewegung 84.3
– mit Vor- und Rückwärtsgang 84.2
Walzen-entkörnungsmaschine 40.1
–flug 169.14
–quetsche mit Querbewegung 86.12
–putz 62.6
–überzug aus Kollodium und Leim 293.11
Walzwerk, hölzernes 69.23
Wander-lehrer 26.2
–schaf 122.7
Wandlung, Farben- 290.16
Wandung des Absonderungskanals 210.4
– der Bastzelle 90.10
Ware, beste 61.12
–, erstklassige 61.12
–, marktfähige 28.11
warm werden 86.8
warme Ammoniaksalzlösung 280.17
wärmeempfindliche Lösung 273.12
Wärme, Röst- 82.5
–grad s. a. Temperatur
–grad der Waschlauge 150.9
–leitfähigkeit der Faser 13.5
–leitfähigkeit, schlechte 241.20
–leitungsvermögen der Seide 277.23
–regler, selbsttätig wirkender 237.14
Warmwasserröste 69.5
Warrant 184.15
Wasch-anlage, Woll- 146.15
–anstalt 5.3
–bottich 148.18
Wasch-flüssigkeit 253.12, 266.24
–lauge 150.6
–locken 169.4
Waschmaschine mit sich fortbewegenden und sich drehenden Spulen 253.14
– für Schafpelze 149.18
–, Woll- 148.1
Wasch-mittel 150.10
–platz 147.3
–prozeß 69.21
–teich 147.2
–verfahren 147.7
–verlust 149.17
–vorgang 69.21
–wasser 291.9
–zug 149.7
Wäsche, chemische 155.10
–, mechanische 146.20
Waschen 5.1
– der vom Holz getrennten Faser 95.3
– der Wolle 146.11.16
– der Wolle gegen Lohn 147.6
waschen 5.2
–, den zerkleinerten Asbest 241.5
–, die gekochte Baumwolle 269.18
–, die Blattstreifen 107.14
–, die Eier 194.16
–, den Faden 253.10
–, die Faser 112.11
–, den gerösteten Hanf 82.22
–, die aufgespulte Seide 282.10
–, in Seifenlösung 97.4
–, mit heißem Wasser 257.14
–, mit Wasserglaslösung 97.7
–, die Wolle 146.13
Wäscher, Woll- 146.17
Wäscherei 5.1.3
–abfall 169.3
Wasser 45.3
–, alkalisches 218.23
–, angesäuertes 266.22
–, chemisch gebundenes 277.1
–, durch Dampf erwärmtes 69.6
–, destilliertes 219.6
–, eisenhaltiges 82.3
–, fließendes 94.12
–, hartes 67.23, 81.23, 219.6
–, heißes 257.14
–, kalkfreies 218.22
–, kochendes 182.1, 218.11.12
–, kochsalzhaltiges 196.4
–, langsam fließendes 67.20
–, lauwarmes 37.1
–, schnell fließendes 67.21
–, stehendes 94.11
–, weiches 67.22, 81.22
Wasser-abgabe der Faser 13.22
–anziehung 288.15
Wasseraufnahme 13.15.16, 288.15
–fähigkeit 288.14
–vermögen 13.14
Wasserbad, heißes 218.6
–, kaltes 218.5
Wasser-behälter mit Filtervorrichtung 148.8
–dampfröste 69.8
–empfindlichkeit 288.13
–festigkeit des Fadens 277.8
–flachs 76.16
–fracht 32.23
Wassergehalt 14.7, 288.16
–, der Nitriersäure 256.7
– der Nitrozellulose 257.8
–, wechselnder 13.17
–, zulässiger 13.20, 47.10
Wasserglas 233.21
–lösung 264.10
Wasser-leitungsrohr 262.15
–menge, aufgenommene 13.15
–röste 67.16, 94.8
–rotte 67.16, 94.8
–speicher 42.18
–stoff 44.21
–sucht 207.19
–verdunstung 13.23, 154.4
wasser-beschädigte Baumwolle 47.16
–dichter Kokon 216.14
–fester Faden 277.7
–frei 159.11
–frei machen, die Seife 152.16
– freie Soda 272.18
–führende Hülse 262.14

wasserhaltig-e Gallerte von Zellulosehydrat . 280.7
-e Kollodiumlösung . . 263.13
-e Nitrozellulose . . . 256.24
-er Weingeist. 261.2
-es Lamolin 159.10
-es Zinnchlorid 236.8
wasserhaltiger Schwefelkohlenstoff 278.11
wässerig-alkoholische Kaseinlösung . . . 287.10
-e Alkalilauge 278.19
-e Ammoniumsalzlösung 274.13
-e Chromsäure 98.16
-e Glyzerinlösung . . . 258.2
-e Jodkaliumlösung . . 289.15
-e Kongorotlösung . . 289.10
wasserlöslich 151.13
-er Fettsäureester hydrolysierter Zellulose 283.7
-es Natriumsalz 279.6
-es Derivat des Zellstoffes 279.1
wasser-süchtige Raupe . 270.20
-undichter Kokon . . 216.15
-unlöslich machen . . . 286.17
Watte, Filter- . . 246.2, 264.19
- Glas- 298.11
-, Torf- 115.20
Wattseide 232.10
Weben 3.19
weben 3.20
Weber 3.24
Webstuhl 3.23
-flug 170.2
Webware 3.21
-nfabrik 3.22
Weberei 3.19.22
-abfall 170.1
-fäden 62.10
-kehricht . . . 62.13, 170.3
Wechsel 30.10
-, gezogener 30.11
-, Haar- 173.13
-, Sicht- 30.12
-vorrichtung 88.5
Wechseln der Betten . 205.13
wechselnd-er Bleichgrad der Baumwolle . . . 244.5
-er Wassergehalt . . . 13.17
wechselständige Blätter 19.23
Weibchen 26.14
weiblich-e Hanfblüte . . 77.20
-er Kokon 215.17
-er Schmetterling . . . 189.13
weich-e Faser . . . 10.8, 74.8
-e peruanische Baumwolle 57.13
-e Wolle 178.5
-er Griff 226.17
-es Haar 187.13
-es Holz 121.2
-es Wasser . . . 67.22, 81.22
weichen, die Hanfstengel 81.13
Weichfaserhanf 92.5
Weichheit der Faser . . 10.9
- der Wollfaser 178.4
Weichmachen der Fasern durch Klopfen 107.12
weich machen, den Rohasbest in kochendem Wasser 241.6
Weide (salix) 203.20
-, betaute 135.2
-, fette 134.21
-, hochgelegene 135.7
-, künstliche 134.23
-, natürliche 134.22
-, saure 135.6
-, auf der - sein . . . 134.19
-, staubfreie 135.5
-, auf die - treiben . . 134.13
-fläche 134.12
-fütterung 133.15
-gang der Schafe . . . 134.8
-pflanze 135.9
-platz 134.9
Weiden der Schafe . . 134.8
-bast 105.3, 120.22
-holz 121.4
-korb 172.22
-wolle 64.9
weiden, die Schafe . 134.14.19
Weife 2.22
Weifen 2.20
weifen 2.21
Weingeist 258.6
-, mehratomiger . . . 271.15
-, vergällter 260.5
-, wasserhaltiger . . . 261.2
weiß blühender Lein . 65.15
weiß-e Mako 59.5
-e Ramie 100.16
-e Röste 67.19
-er Hanfsame 78.22
-er Kokon 215.1
-er Maulbeerbaum . . . 199.6
-lich 43.19
-kochen, die Seide . . 234.6
-köpfige Rasse 122.19
-süchtige Raupe . . . 208.1
Weiß-dornblatt 204.8
-spinner 189.18
-sucht 207.24
weit-e Düse 247.6
-ständige Hechel . . . 73.18
Weite, Pflanz- 114.3
Weizenstroh 119.23
Welken des Blattes . . 106.8
welken 106.9
welk werden 106.9
Welle mit Schlagflügeln 63.8
-, stehende 86.4
wellen-förmiges Haar . 176.8
-treues Haar . . . 176.9.11
-untreues Haar . . 176.10.12.13
wellig-e Düsenöffnung . 247.11
-e Faser 11.5
-es Haar 176.8
Welligkeit der Faser . 11.6
Wellung der Wollhaare im Stapel 138.14
Welternte 38.7
wenden, den Flachs . . 68.15
-, die Hanfriste . . . 86.7
Wender, Kluppen- . . . 88.5
wenig gekräuselte Wolle 176.19
Werg 76.22
-abnehmewalze 89.8
-abstreicher 89.9
-kasten 87.13
werginger Griff 60.12
- Stapel 139.17
Wert zahlbar am Tag des Einkaufs 49.8
-bestimmung der Soda und Pottasche . . . 152.13
Western Madras-Baumwolle, feine 58.5
westindische Baumwolle 37.2, 58.1
Wetzkrankheit 135.24
Wichse, Leder- 160.4
Wickel, Hanf- 86.5
Wickeln 7.8
wickeln 7.9
Widder 129.24
Widerrist 132.3
Widerstand, Faden- . . 222.15
-sfähigkeit gegen Säuren 182.15 228.17, 241.24
wiederaufbereiteter Zellstoff 280.11
wiedergewinnen, das Ammoniakgas aus dem Wasser 277.14
-, die Ätherdämpfe durch Aufsaugung . 267.1
-, das Denitrierbad . . 265.14
-, das Lösungsmittel durch Destillation . 264.12
-, den Zellstoff aus einer Lösung 292.3
Wiedergewinnung der Chemikalien 277.9
- der flüchtigen Lösungsmittel 266.23
- der Nitriersäure . . 256.20
- des Wollfettes . . . 158.1
wiedergewonnen-er Zellstoff 292.4
-es Zellulosehydrat . . 265.15
wiederkäuender Paarzeher 127.10
Wiederkäuer 26.8
Wiegen 49.5
wiegen, die Strähne . 238.15.19
Wiese, abgemähte . . 68.12
-nröste 68.10
wild-e Seide . . 188.22, 231.21
-er Ölbaum 204.9
-es Mähnenschaf . . . 123.14
- wachsende Pflanze . 18.2
Wildschaf 123.11
Winde 253.5
Wind-flügel für Laubtrocknung 198.17
-mühle für Laubtrocknung 198.17
Windung, achtförmige . 211.8
-, korkzieherartige . . 44.4
-, schraubenförmige . . 225.13
Winkel, unter spitzem . . 224.7
Winter-futter 133.20
-gewächs 18.13
-hanf 77.9
-weide 134.11
-weidquartier 134.11
-wolle 167.12
Wirbeltier 26.6
Wirken 4.1
wirken 4.2
wirkend, langsam . . . 275.17
Wirker 4.5
Wirkerei 4.1.4
wirkliches Trockengewicht 14.6, 47.9
Wirkung der Verbrennungsgase auf Lackmuspapier 290.1
-, alkalische . . . 97.3, 290.3
-, die - aufheben . . . 102.12
-, saure 163.11, 219.1, 257.15, 290.2
-, schwach saure . . . 183.8
Wirkware 4.3
-nfabrik 4.4
Witterungseinfluß . . . 135.18
Wochen-abwicklung . . 53.8
-bericht 99.19, 185.20
-lohn 25.17
wohlriechender Pfriemen 104.13
Wolfen der Wolle . . . 164.6
wolfen, die Wolle . . . 164.7
Wolframsäure 286.9
wolframsaures Natrium . 265.7
Wolfsbiß 132.9
Wolle . . . 1.11, 122.2, 308.5
- tragendes Tier . . . 126.8
-, abgegiftete 144.9
-, abgesetzte 178.24
-, afrikanische 166.17
-, amerikanische 166.13
-, ausgekohlte 163.12
-, ausgequetschte . . . 161.16
-, Auslands- 165.19
-, australische 166.20
-, beladene 167.23
-, barsche 178.6
-, bodige 139.9
-, brüchige 175.22
-, die - steht dicht . 136.15
-, dickhaarige 177.21
-, eingefütterte 175.11
-, einschürige 167.10
-, entfettete 157.4
-, entschweißte 168.2
-, fabrikgewaschene . . 185.6
-, feinhaarige 178.2
-, fettreine 157.5
-, feuchte 153.12
-, filzige 178.13
-, die - hat guten Fluß 138.6
-, die - hat schweren Fluß 138.7
-, gekräuselte 176.17
-, entschieden gekräuselte 176.18
-, flach gekräuselte . . 176.18
-, wenig gekräuselte . . 176.19
-, geringe 172.14
-, geringwertige 177.19
-, frisch geschorene . . 167.14
-, die - ist gesund . . 175.17
-, gewalkte 170.13
-, gewaschene . . 168.2, 185.5
-, gipfelmürbe 139.9
-, glanzreiche 178.15
-, die - hat hohlen Griff 177.11
-, die - hat quellenden Griff 177.12
-, die - hat vollen Griff 177.10
-, grobe 177.21
-, von guter Farbe . . 168.6
-, gut gepflegte . . . 175.13
-, gut gewachsene . . . 141.8
-, harte 178.6
-, hellglänzende 178.15
-, hochedle 172.13
-, hungrige 178.22
-, inländische 165.18
-, karbonisierte 163.12
-, kernige 175.24
-, klebrige 178.9
-, klettenfreie 178.11
-, die - ist mit Kletten durchsetzt 146.9
-, klettenhaltige 146.10
-, klettige 178.10
-, kranke 178.23
-, kräftige 175.24
-, kurzstapelige 157.5
-, langstapelige 137.1
Wolle, leichte 178.7
-, lose gewachsene . . 137.12
-, luftig gewachsene . 141.9
-, lufttrockene 181.11
-, mastige 179.1
-, moorige 178.8
-, die - hat Nerv . . . 176.1
-, nervige 175.24
-, offene 177.20
-, peruanische 166.16
-, posensche 166.3
-, die - quillt 177.12
-, rauhe 178.6
-, sächsische 166.4
-, sanft gewellte . . . 176.15
-, schlecht gestapelte . 137.16
-, die - ist von schlechter Natur 177.18
-, schlechte 178.1
-, Schmutz- 145.20
-, die - schnürrt zusammen 180.7
-, Schweiß- 145.20
-, die geschorene - schwitzt aus 143.5
-, seidige 178.16
-, spröde 175.22
-, strickige 178.13
-, tierische 9.4
-, überseeische 165.20
-, ungarische 166.5
-, ungewalkte 170.14
-, ungewaschene 167.22
-, unreine 145.4.5
-, unverfilzte 178.14
-, die - verfilzt auf dem Fell 143.23
-, die - wächst ab . . 178.19
-, walkfähige 175.19
-, weiche 178.5
-, zweischürige 167.11
-, zottige 178.12
Woll-abfall 168.23
-abschabemesser, elektrisches 144.19
-armut 131.17
-art . . . 165.6, 167.2, 172.11
-asche 181.22
-auflegeboden aus Drahtgeflecht 154.12
-auktion 185.21
-ausfuhr 183.22
-ausführer 184.1
-ballen 184.20
-baumwolle 62.16
-bestand im Stapel . . 138.13
-bildung 178.2
-börse 185.8
-charakter 136.10
-decke 131.11
-decke, abgeschorene . 171.2
-dichtigkeitsmesser, Mentzels 180.12
-einfuhr 183.23
-einführer 184.2
-einkauf 184.5
-einkäufer 184.6
-entfettung mittels flüchtiger Lösungsmittel . 155.11
-entfettung, trockene . 155.16
-entschweißung 146.18
-ertrag des Schafes . . 142.20
-erzeugung 183.11
-expert 187.4
-export 183.22
-exporteur 184.1
-farbe 172.19
Wollfaser 9.5, 180.8
-, elastische 175.20
-, reine 187.8
-, die - enthält Schwefel 181.20
-, verspinnbare 175.8
-länge 177.15
Woll-fehler 178.18
-feld 136.8
Wollfett 145.23, 150.24
-, destilliertes 160.12
-, erstarrtes 146.3.5
-, geruchloses 159.12
-, neutrales 159.9
-, verseifbares 159.18
-, verseiftes 159.19
-emulsion 158.4
-lösung, milchige . . . 158.4
-präparat 159.21
-säure 160.13
Woll-firma 184.3
-fresser 136.6
-gattung 172.11
-geruch 175.10
-geschäft, befriedigendes 186.12

Wollgras 115.13
-blatt 115.15
-torf 115.14
Wollhaar (s. a. Haar) 9.5, 125.16, 174.2, 180.8
-, glattes 177.8
-, gekräuseltes 126.3
-, schlaffes 177.22
-, schlichtes 180.2
-, das - ist treu . . . 176.5
-, das - ist untreu . . 176.7
-, das - zeigt x Schuppen auf die Längeneinheit 181.2
-querschnitt 181.15
-e, die - schmiegen sich aneinander 136.12
-e, die - stehen bündelförmig 136.11
Wollhandel 183.10
-shaus 184.3
-splatz 183.19
Woll-händler 184.4
-hornstoff 180.16
-import 183.23
-importeur 184.2
-interessent 184.7
-kenner 187.4
-keratin 180.16
-klasse 172.11
-kleid 131.11
-korb 172.21
-kräuselung (s. a. Kräuselung) 176.16
-lagerraum 184.14
-makler 185.11
-markt 183.19
-waschmaschine . . . 148.1
-menge 142.21
-merzen 129.17
-muster 179.7, 184.22
-pack 143.4
-platz 183.20
-probe 179.7
-produktion 183.11
-prüfung 179.4
-öffner 153.15
-öl 160.9
-sachverständiger . . . 187.4
-sack 183.14
-schaf 122.11
-schäferei 131.10
-schafzucht 131.8
-schere 141.19
-schmutz 146.14
-schur 141.15
-schwanz 125.2
Wollschweiß 145.8
-bestandteile 145.16
-pottasche 157.7
-salz 157.19
Woll-sorte 172.11
-sortierer 170.20
-sortiererkrankheit . . 170.21
-sortierung 170.15
-spülmaschine 148.13
-stapel 136.22
-stapelplatz 183.20
-stapler 183.21
-stärkemesser 179.20
Wollteilchen, die mitgerissenen - setzen sich ab 148.9
-tier 122.5
Wolltrockenvorrichtung mit versetzt übereinander liegenden Fördertüchern 155.2
- mit Trockenhürde . . 154.15
- mit sich drehender Trommel 154.19
Woll-verbrauch 184.10
-vergleicher 180.11
-versteigerung 185.21
-vlies 171.2
-vorrat 184.13
-wachs 160.10
-waschanlage 146.15
Wollwäsche 146.16
-r 146.17
-rei 146.15.16
-reiabwasser 158.2
Woll-waschwasser . . . 158.3
-wert 186.24
-wochenbericht 185.20
-wuchs 131.11, 173.4
Wrack 303.17
Wringwalze . . 148.7, 149.10
Wucherung, Pilz- 207.11
wulstartige Verdickung des Bastes 226.1
wurmstichiger Kokon . 217.13
Wurzel 18.24
- schlagen 24.2, 261.4
-, faule 203.5
-, tiefgehende spitz zulaufende 77.13
-ende 88.11, 99.9
-erkrankung 203.6
-faser 19.1, 201.21
-fäule 203.4
-kautschuk 294.14
-parasit 203.3
-pilz 203.3
-reis, schräg zugeschnittenes 201.17
-scheide 174.9.11.12
-schößling 106.16, 109.6, 110.5
-stock 106.3.17

X.

xanthogensaures Natrium 279.3
x-maschiges Metalltuch 275.3
x Schuppen auf die Längeneinheit (Wollhaar) 181.2
x Tage Ziel 30.9

Y.

Yamamay-seide . 193.3, 232.4
-spinner 190.9
Yaquillafaser 105.16
Yercum 64.3
Yuccafaser 117.17
Yukatansisal 108.13

Z.

Zackelschaf 125.7
zackiges Blatt 202.3
zäh-e Faser 12.14
-er Schweiß 145.15
-es Blatt 116.18
zähflüssige Lösung . . 244.19, 258.17
Zähflüssigkeit des Kollodiums 258.11
- der Lösung 244.20
-, gleichmäßige 244.21
Zähigkeit . . . 12.15, 288.19
-smesser, Cochiusscher 258.1
Zahl, Schuppen- . . . 181.6
Zahlung 30.3
-, sofortige 30.5
-sbedingungen 30.4
zahmes Schaf 124.1
Zahn, Hechel- 73.16
-stift 147.12
-walze 164.13
Zange 262.17
Zapfmesser 295.5
zart-e Faser 10.13
-es Laub 202.16
Zartheit der Faser . . 10.14
Zaupelschaf 125.13
Zeichen, Ballen- 28.18, 134.21
zeigen, Farbenwandlung 290.17
Zeit, Ernte- 24.19
-, Paarungs- 129.6
-, Saat- 23.4
-bock 130.14
-geschäft . . . 27.18, 185.15
-handel in Wolle . . . 185.16
-punkt des Abrufs . . 53.22
-schaf 130.15
Zelle der Bauhiniafaser 105.10
- des Baumwollsamenkorns 36.15
- aus Maulbeerbaumrinde 194.9
- der Samenkapsel . . 35.10
-, dickwandige 96.2
-, dünnwandige . . . 96.3
-, lange zugespitzte . . 181.7
zellenartiger Aufbau der Haut 192.6
Zellen-bündel . . . 20.16, 90.6
-dicke 20.12
-elemente 119.9
-grainierung 194.3
-hohlraum 96.1
-verfahren, Pasteursches 194.8
-zwischenraum 95.13
-zwischenraum, luftführender 106.7
Zellen-zwischensubstanz 90.16
-zucht 194.3
Zell-hornüberzug . . . 252.17
-kanal 95.12, 100.12
-kanal, breiter . . 44.14, 90.8
-raum 15.13
-saft 20.17
Zellstoff (s. a. Zellulose) 15.14, 44.18, 243.6
- aus Maisstengeln . . 255.2
-, aschenfreier 292.2
-, entfetteter 255.17
-, farbstoffhaltiger . . 254.18
-, gebleichter 119.14
-, gemahlener 119.15
-, hoch nitrierter . . . 256.5
-, hydratisierter . . . 291.18
-, löslicher 243.10
-, lufttrockener 292.16
-, mercerisierter . . . 269.11
-, reiner 75.5, 244.2
-, seideglänzender . . 243.19
-, trockener 269.5
-, überoxydierter . . . 269.6
-, ungebleichter . . . 298.14
-, wiederaufbereiteter 289.11
-, wiedergewonnener . 292.4
-art 244.1
-gehalt 243.7, 244.10
-lösung 243.8
-lösung, schleimige . . 280.10
-molekel 243.13
-seide 242.8
-verbindung 243.12
zellstoff-ähnlicher Körper 287.20
-artiger Körper 287.20
Zellwand 95.14
-, dünne 44.13
-, verdickte 20.13
-ung, zusammengewachsene 96.4
Zelluloidüberzug . . . 252.17
Zellulose (s. a. Zellstoff) 15.14, 44.18, 243.6
-, hydrolysierte 283.7
-, nitrierte 255.8
-, regenerierte . 280.11, 292.4
-azetat 283.5.14
-azetatlösung, ameisensaure 283.8
-ester der Dithiokarbonsäure 279.4
-ester, aliphatischer . . 283.6
-fettsäureester 283.3
-hexanitrat 46.15
-hydrat . . . 269.12, 291.17
-hydrat, kupferfreies . 273.3
-hydrat, regeneriertes . 265.15
-Kupfergemisch . . . 273.4
-lösung, ammoniakarme 273.9
-lösung, kupferoxydammoniakalische . . . 273.6
-nitrat 255.8
-reaktion 75.6
-seide 242.8
-thiokarbonat 278.21
-triazetat 283.13
-xanthogenat 279.9
-xanthogensäure . . . 279.8
Zement-draht 297.22
-kupfer 270.5
Zentner 76.8
Zentrifuge . . 153.11, 161.18
zerdrücken, die Kletten 164.21
Zerfall der Bastbündel . 94.6
zerfallen (Bastbündel) . 94.7
- (Fettgewebe) 208.9
zerfasern, die Nadeln . 116.11
zerfaserte Rißstelle . . 227.9
Zerfaserung der Baumnadeln 116.10
zerkleinern, den Asbest 241.1
-, die Nitrozellulose . . 257.2
-, den Zellstoff 292.17
zerkleinerter Asbest . . 241.5
zerlegbarer Füllkasten . 42.8
Zerlegen der Blattscheiden in Streifen . . 107.9
- der Wurzelstöcke . . 106.18
zerlegen, den Bast in seine faserigen Bestandteile 102.18
-, in Streifen . 107.8, 120.14
zermalmen, die Kletten 163.8
Zerquetschen der Blätter 114.7
zerquetschen, den Samen 41.17
Zerreibwolf 162.16
zerrieben-e Kletten . . 163.9
-, zu Flaum 239.33
Zerreißen des Hanfes . 86.13
zerreißen, die getrocknete Baumwolle . . . 269.0
-, die Faserristen . . . 86.14
Zerreiß-festigkeit . . . 12.11
-maschine, Hanf- . . . 86.15
zerrissen-es Vlies . . . 172.6
-, in Stücke 239.22
Zerschneiden des Kautschuks 295.15
zerschneiden den ausgewalzten Kautschuk in Fäden 296.11
-, das Kautschukband in Fäden 296.6
-, das Kupfer in Stücke 270.6
zersetzen, das Fett durch Heißdampf 151.6
-, den Pflanzenleim . . 94.4
-, das Seifenwasser . . 158.14
-, die Viskoselösung . . 280.12
-, sich 182.14, 245.10
-, sich in der Hitze . 255.19
Zersetzung des Chloraluminiums 162.5
- der Nitrozellulose . . 257.4
- der löslichen Verbindung 245.9
- der Wolle 182.13
-sbottich 158.15
zerstäuben, den Amylalkohol 267.3
zerstören, die Haarzwiebel 143.16
-, die Kletten 164.21
-, den Pflanzenleim 67.13, 81.8
Zerstörung der Haarzwiebeln 143.15
- der Pflanzenfaser . . 161.2
-svorrichtung, Kletten- 165.5
zerstückeln, die Kletten 164.21
Zertifikat 50.16
Zettel 3.11
Zibbe 130.1
-nlamm 130.7
zickzackförmig abgelegter Kokonfaden . . 211.10
Ziege 127.1
-nhaar 187.22
-nwolle 187.22
ziegenähnliches Schaf . 131.18
Ziehen, Muster- 184.23
ziehen, den Faden durch ein Bad 276.4.5
-, den Flachs 66.23
-, den Hanf 79.23
-, Muster 50.8
-, Probesträhne . . . 238.10
Ziel, x Tage 30.9
Zierpflanze . . . 18.10, 115.1
Zimt-baum 203.10
-blatt 203.11
zimtbraune Farbe . . . 117.6
Zink, essigsaures . . . 284.6
-azetat 284.6
-chlorid 259.16, 292.5
-oxyd 294.2
-salz, lösliches 281.11
-weiß 294.2
Zinke 71.13
Zinnchlorid 259.2
-, wasserhaltiges . . . 236.8
-bad 236.6
-lösung 259.3
Zinnoxydsalz 236.6
Zinnoxydul-natron . . . 98.13
-salz 236.7
Zinnphosphatbeschwerung 236.13
Zins 303.13
Zoll 33.9
Zoll auf Seide 230.13
-freiheit 33.14
-kosten 33.13
-spesen 33.13
zollfreier Rohstoff . . 33.15
Zoologe 26.4
Zoologie 26.3, 127.5
zopfförmig zusammendrehen 86.5.6
Zopfwerg 76.23
Zostera marina 121.20
zottige Baumwolle . . . 87.3
- Wolle 178.12
Zubereitung aus Wollfett 159.21
-, giftige 144.7
Zucht der Seidenraupe 195.5
-, fabrikmäßige 193.19
-anstalt, Raupen- . . . 195.8
-bezirk 128.15
-bock 128.16

Zucht-buch 129.7
-dauer 195.11
-ei 194.23
-gerät 196.1
-hürde 204.13
-hütte 195.12.17
-raum, Auf- 197.1
-schaf 130.2
-schäferei 128.5
-verfahren 195.9
-vieh 131.7
-wahl 128.11
-wahl, natürliche . . . 128.12
-weibchen, totes . . . 194.5
-wert 128.13
-widder 128.16
-zelle 194.4
zuchttauglich 128.14
züchten, die Raupe . . 195.6, 196.18
-, das Schaf 128.3
Züchter 128.6
Züchtung des Schafes . 128.1
-, Eier- 193.18
-, Mikroben- 82.16
-sgrundsatz 128.8
-skonstanz 128.10
-skunde 128.9
-ssystem 128.7
-sverfahren 128.7
Zucker-beschwerung . . 235.19
-lösung 235.20
zuführen, die Blätter der Trommel selbsttätig . 111.10
Zufuhr-kasten 63.9
-leitung für Kupferammoniak 268.7
Zuführungs-riemen . . . 148.4
-rohr für die Spinnlösung 263.2
Zug 168.20
- des Stapels s. Stapelzug . . . .
-, gekämmter 168.20
-, in einem 251.8
zugeschärfte Auflageleiste 252.8
zugeschnitten, schräg . 201.17
zugespitzte Zelle 105.7, 181.7
Zugfestigkeit 12.11
zulässig-er Feuchtigkeitsgehalt 13.20, 47.10
-er Wassergehalt . . . 13.20
-es Mehrgewicht . . . 238.1
zupfen, den Hanf . . . 79.23
zurechtgemachte Probe 50.12
Zurechtmachen der Probe 50.11
Zurichte-anstalt 5.20
-fähigkeit der Faser . 9.18
zurichtefähig 9.17
Zurichten 5.18
zurichten 5.19
Zurichter 5.21
Zurichtung 5.18
Zurückziehen des Antrages 51.5
zusammen-binden, die Beine des Schafes . 142.8
-binden, das Vlies in ein Bund 143.3
-drehen, die Hanfriste zopfförmig 86.6
-drehen, die Seidenfäden vor dem Haspeln . 221.8
-gedreht, zopfförmig . 86.5
-geklebt 294.8
-gepreßte Vliesballen . . 183.16
-geschnürter Kokon . . 215.18
-gewachsene Zellwandung 96.4
zusammen-halten, durch Eisenreifen 183.16
-hängend 137.13
-kleben 248.17
-legen, die Wolle vliesweise 142.24
-liegen, in Nestern (Haarzwiebeln) . . . 174.7
-packen, mehrere Vliese 143.1
-pressen, die Vliese durch Druckwasser 183.15
-rollen, das Vlies . . . 143.2
-schnirren (Wolle) . . 180.7
-schrumpfen 46.11, 212.6, 280.5
Zusammen-hang, beim Scheren im - erhalten 142.11
-schlagen der Juteristen 99.11
-schnirren des Wollhaares 180.6
-setzung, chemische 44.16, 96.11, 228.6
-stellung, Farben- . . 172.20
-ziehen der Poren . . . 235.16
Zusatz von Seife . . 150.24
zusetzen, ein Aldehyd . 260.1
-, Alkalien 102.7
-, Kautschuklösung . . 254.9
-, Kopallack 260.19
-, Öl 260.7
-, organische Stoffe . . 271.14
-, Salze 265.1
-, Säure 260.6
-, Schwefelblume . . . 296.2
-, Zellstoff 287.9
Zustand, flüssiger . . . 146.2
-, in gedörrtem . . . 220.12
-, Puppen- 212.5
-, Reife- 24.14
Zuträger 142.4
Zutreter 130.14
Zweig, Maulbeer- . . . 198.18
zwei-häusige Pflanze . 77.6
-höckeriges Kamel . . 126.10
-maliges Scheren . . . 142.17
-samenlappige Pflanze . 18.19
-schürige Wolle 167.11
-teiliger Mitnehmer . . 86.3
Zwei-jahrsystem . . . 36.9
-jahrwirtschaft 36.9
-schur 142.17, 167.11
-schurwolle 167.11
zwergige Baumgattung 19.10
Zwergmaulbeerbaum . 199.11
Zwillingslämmer . . . 129.11
Zwirn 2.12
-fabrik 2.13
-fäden 62.9, 169.23
-verfahren 250.11
-vorrichtung für die erhärteten Seidenfäden 250.12
Zwirnen 2.10
- der Fäden 250.10
zwirnen 2.11
-, die Fäden mit drehbarer Düse 250.16
Zwirner 2.14
-ei 2.10.13
zwirniger Stapel 139.7
Zwischen-boden 156.22
-handel 27.8
-händler 27.9
-kultur 106.20
Zylinder zur Auflösung des Kupferoxyds . . 268.8
-, Mark- 15.24
zylindrisch-e Bastzelle . 90.0
-er Stapel 138.20
Zypresse 203.14
zyprische Baumwolle . 58.29

Englisch · English · Anglais · Английский · Inglese · Inglés

A.

Abaca 105.21
— flower 106.10
— plant 106.2
— stem ripe for cutting 107.3
Abassi cotton 59.5
abb (wool) 310.1
abdominal leg 191.8
Abelmosk fibre 105.15
absolute dry weight 14.6, 47.9
— humidity 14.7
absorb, to — the ethyl-alcohol by amyl-alcohol 267.2
—, to — moisture 13.10.11, 115.22
—, to — tannic acid 235.14
absorbing capacity of the fibre 13.12
— capacity of peat 115.21
— capacity, water 13.14
— power for dyes 15.8
— surface 277.13
absorption of light 227.12
— of metallic salts 234.22
— of water 13.16, 288.15
—, gas 183.9, 228.5
accept, to — the cotton falling off in quality according to market value 48.1
—, to — the cotton against payment of a penalty 48.2
acceptance, banker's 30.17
—, drawer's own 30.16
—, refusal of 48.5
acclimatize, to — the sheep 130.17
accumulator 42.13
acetate of collodion 261.4
— silk 242.12, 283.4
acetic acid 183.5, 229.1, 265.23
— acid, concentrated 183.6
— acid, glacial 183.4, 218.14
— anhydride 284.1
— ester 284.8
— ether 284.8
— nitric acid 285.20
acetone casein solution, alkaline 287.8
— collodion 261.18
— solution 261.19
acetyl cellulose 283.5
— chloride 284.2
— nitric ester 285.20
acetylated nitrocellulose 284.20
acetylene tetrachloride 284.16
acetylization, imperfect 283.19
acetylize, to — the cellulose 283.17
acetylizing agent 283.16
— the cellulose 283.18
— medium 283.16
— mixture 283.15
acid bath 161.8
— centrifugal machine 256.14
— container 251.10
— denitration 265.13
— fermentation 81.10
—free nitrocellulose 256.15
— holding collodion wool 257.12
— hydro-extractor 256.14
—proof asbestos 241.23
—proof metal shield of glass bobbin 252.12
—proof travelling band 251.13
— reaction 163.11, 219.1, 257.15, 290.2
— residue 163.16
— sodium salt of the cellulose xanthic acid 279.8
acid spinning process 280.21
— vapours 256.18
—, dilute 182.17
—, organic 229.2
—, recovered 256.22
—, weak 251.9, 278.7
—, wool grease 160.13
acidified water 266.22
acidulate, to — the filament 276.3
acidulated water 69.12
acquire, to — a brown tint 100.20
—, to — a rusty colour 82.4
acre 36.6
acting, slow 275.17
—, slowly 249.4
action of chemical reagents 289.3
—, nipper 112.8
active buying 186.13
—, strongly 249.5
actual tare 48.18, 56.10
— weight 52.10
adaptability of the caterpillar 197.18
add, to — an acid 287.5
—, to — alkalis 102.7
—, to — carbon hydrate 273.7
—, to — cellulose 287.9
—, to — flowers of sulphur 296.2
—, to — organic substances 271.14
—, to — salts 265.1
—, to — a solution of caoutchouc 254.9
addition of lime 102.11
Adelaide wool 166.21
adhere, to 220.2
—, to — together 248.17
adhering foreign body 15.6
— foreign matters 90.17
adhesive viscose filament 281.1
adipose cell 174.14
adjust, to — the buying contract 48.6
—, to — the hair hygrometer 14.11
adjustable grid 164.14
admixtures 44.23
—, vegetable 146.8, 161.3.4
adulterate, to — Manila hemp with Sisal hemp 108.12
advance in price 54.7
—, to — on the store warrant 184.16
aerated soil 21.5
affinity, chemical 16.22
African bowstring hemp 113.7
— cotton 58.23
— grass 116.17
— piassava 117.5
— wool 166.17
afterretting 68.18, 82.9
agave leaf, spinose 109.8
— rigida 109.8
age of the sheep 130.24
— of the silk worm 206.9
aged viscose 279.16
agency, shipping 48.23
agent 27.10
—, acetylizing 283.16
—, denitrating 265.18
—, fat dissolving 156.5
—, fat extraction 156.3
—, forwarding 31.11
—, precipitating 17.4
—, railway 49.15
—, reducing 98.12
—, scouring 233.6
—, shipping 31.11
—, special field 56.15
agent, State statistical 56.16
—, oxidizing 243.17
agglutination of the cocoon filaments 218.3
agitate, to — the cocoons with a besom 219.15
agitating besom 219.14
— brush 219.20
— the cocoons 219.12
— the cocoons by hand 219.13
agitator 292.22
—, mechanical cocoon 219.18
agricultural experiment station 25.20
agriculture 20.18
ailantus 203.8
— moth 190.1
— silk 232.5
air current 41.5
— duct 195.15
— flue 153.18
— passage 153.18, 195.15
— saturated with moisture 154.7
—, away from the 96.21
—, compressed 275.14
—, hot 213.11
—, in the open 95.5
—, ozonized 255.12
—, stable 133.6
air-dry 67.3
— cellulose 292.16
— cocoon 212.17
— wool 181.11
Alabama cotton 57.6
albumen 44.24
albumin bath 261.10
— filament 286.22
albuminous substances 242.13
alburnum 65.7
alcohol 156.7, 258.6
— containing water 261.2
—, methyl 258.8, 260.24
—, polyatomic 271.15
alcoholic soda lye 278.18
alembic, reducing 292.19
Aleppo combing, white 166.7
Aletia argillacea 37.10
aliphatic cellulose ester 283.6
alkalamine 271.10
alkali cellulose xanthogenate 279.2
— solution, strong 270.1
— solution, weak 270.2
—, free 279.11
—, indecomposed 152.11
—es, caustic 182.5
—es, sulphur 266.11
alkaline by-product 278.20
— cellulose 278.4, 291.19
— earths 265.22
— lye, aqueous 278.19
— lye, concentrated 274.6
— lye, dilute 276.2
— lye, strong 274.6
— lye, weak 274.5
— nitrite 266.10
— solution 97.2, 182.2
alkalinity of sulphhydrate of ammonium 265.21
— of the viscose 279.21
allowance owing to variation in quality 52.7
alloyed gold wire 297.4
— silver wire 297.11
aloe perfoliata 113.12
— fibre 113.11
— plant 113.12
— type 113.13
alpaca 126.14
— hair 188.3
alteration of the amount of moisture in the air 14.8
alum 286.4
alumina 45.12
— hydroxide 261.14
aluminate, potassium 281.7
—, sodium 281.8
aluminium chloride 162.4, 259.15
— hydroxide 274.19
— salt 274.20
— sulphate 274.21
— sulphate bath 261.13, 275.1
— wire 297.18
Ambaree fibre 103.4
American aloe 109.2
— cotton 56.19, 299.4
— flax 65.15
— moss 104.1
— wool 166.13
amianthus (s. a. asbestos) 240.2
ammonia 213.16, 272.10
— gas 213.16, 272.12
— salt 265.19
— salt solution 281.5
— soap 150.21
— soda 150.13
— solution 271.7
— vapours 273.10
— water, concentrated 272.11
—, free 150.22
—, poor in 273.9
ammoniacal copper hydrate cellulose solution 273.8
— copper oxide 17.12, 45.14, 182.11
— copper oxide, colloidal 271.11
— copper oxide cellulose solution 273.6
— copper oxide compound 270.24
— copper oxide solution 292.7
— copper oxide solution, stable 273.11
— copper oxide test 45.15
— nickel protoxide 272.6
— silver solution 98.2
ammonium bicarbonate 265.6
— binding salt 274.12
— bisulphite 274.7
— chloride 259.12
— chloride solution 280.18
— nitrite 272.14
— persulphate 284.12
— phosphate 265.5
— salt solution, aqueous 274.13
— stannic chloride 236.4
— sulphate 281.6
amorphous fibre ash 16.19
amount of air 228.4
— of cellulose 244.10
— of fat 228.11
— of fibre 216.22
— of fibroin 228.7
— of invoice 29.18
— of moisture 14.7
— of moisture absorbed 13.15
— of moisture allowed 13.20, 47.10
— of moisture, variable 13.17
— of sericin 228.8
— of water 41.7, 256.7, 288.16
amyl alcohol 156.8
Ananas sativus 115.9
Anaphe silk 232.8
anatomical structure of the hair 174.3
anatomy, plant 18.14
angle of deviation 227.21
—, under a sharp 224.7
Angora goat 127.3
anhydride of propionic acid 285.7
anhydrous 159.11
— soda 272.18
— sulphurous acid 213.18

aniline 259.9
– sulphate 17.11
animal fibre 9.2
– kingdom 26.5
– labour 21.23
–, clovenhoofed 127.9
–, domestic 26.9
–, female 26.14
–, horned 127.6
–, male 26.13
–, noxious 37.7, 202.21
–, parasitical 202.22
–, thorough-bred 131.5
–, useful 26.11
–, wild 26.10
–, wool-bearing 122.5
anisotrope 13.3
anisotropy of the fibre 13.1
annealing 248.1
annual plant 18.6, 36.7, 64.16
anode, moving 291.15
anorganic salt 82.16
Antheraea assama 190.5
– mylitta 190.8
– Pernyi 190.2
– Roylei 190.3
– Yamamay 190.9
anthraquinone 97.14
anthrax 135.23
aperture of the nozzle 276.14
–, adjustable 247.15
apex of the leaf 115.4
aphis 202.23
apparatus for breaking up the burs 165.5
– for extracting ammonia 277.11
– for removing the floss from the cocoons 220.4
apparent stem 106.4
appeal 51.7
– committee 51.9
– judge 51.10
–, to – the court of arbitrators 51.4
–, to – for arbitration 50.18
appearance of the staple 136.9
–, dull 178.17
appendage 214.10
–, hairy 36.17
appoint, to – an umpire 51.14
aqua regia 98.17
aqueous glycerine solution 258.2
Arachis oil soap 233.11
arbitration 50.2
– committee 51.2
– for excess of moisture 52.8
– process 51.8
– rules 50.19
arbitrator 51.6
area of the pasture 134.12
– planted with cotton 36.4
–, by the field's 76.3
areometer 152.18
argali 123.12
army worm 37.10
arrangement of fruits 118.7
arsenic 144.8
– acid 228.22
artery, main 191.9
article, fully manufactured 7.22
–, semi-manufactured 7.21
–s, commercial 28.10
–s, marketable 28.11
articulate and branched fibre 104.2
artificial cotton 9.11
– drying 154.10
– fibre 9.7
– fibres from albuminous substances 286.21
– filaments from casein 287.1
– filaments from fibroin 287.13
– filaments from ossein solution 288.1
– filaments from vegetable jellies 287.19
– greasing 146.7
– hair, dulled 294.5
– hemp bast 293.1
– horse hair 293.1
– horse hair from cuprate silk, transparent 293.4
– horse hair from viscose 293.6
– horse hair from waste doubled artificial filaments 293.8
artificial manure 21.15
– manuring 21.14
– product 242.5
– raw materials 242.1
– retting 69.3
– selection 128.11
– silk 1.15, 46.20, 242.2
– silk from albuminous substances 242.13
– silk from cellulose acetate 283.3
– silk from cellulose fatty acid esters 283.3
– silk from collodion 254.13
– silk from gelatine 242.13
– silk from ossein 242.13
– silk from solution of cellulose in caustic alkalies 282.14
– silk from solution of cellulose in sulphuric acid 282.14
– silk from solution of cellulose in zinc chloride 282.14
– silk from vegetable jellies 242.13
– silk filament 9.8, 242.7
– silk mill 243.2
– silk product 242.6
– spinning process 246.15
– straw 293.1
– wintering 194.19
– wool 9.12, 170.9
artificially refined tannic acid 235.9
Artiodactylon ruminans 127.10
asbestos 1.14, 240.2
– bed 240.12
– felt 275.2
– fibre 240.6
– fibre bundle 240.7
– fibre, blue 241.18
– fibre, brownish 241.17
– fibre, greenish 241.16
– fibre, snowwhite 241.15
– filter 291.11
– quarry 240.11
– rock 240.13
– stratum 240.8
–, acid-proof 241.23
–, cleaned 240.19
–, fine fibred 241.11
–, fire-proof 241.22
–, ground 241.4
–, long fibred 241.9
–, opaque 241.13
–, raw 240.16
–, refractory 241.22
–, short fibred 241.10
–, sieved 241.3
–, transparent 241.12
ascertain, to – the strength of the acid bath 161.11
–, to – the dry weight 14.5
–, to – the elongation of the fibre 12.2
–, to – the degree of nitration 256.3
axis of the flower 106.6
Asclepias cornuti 64.1
– silk 63.21
– syriaca 64.2
ash 45.4, 294.4
– contents 96.20, 181.21, 228.16
– free cellulose 292.2
– tree 203.13
Ashmouni (cotton) 59.6
Asia Minor raw silk 231.4
Asiatic raw silk 230.17
Assam cotton 58.7
Astrachan wool 166.8
Astrocargena vulgare 117.16
atlas moth 189.19
– moth cocoon 214.13
atmosphere of ammonia gas 262.3
– of carbonic acid 261.12
atrophy of the wool 178.21
Attacus atlas 189.19
– cynthia 190.1
– ricini 190.7
Auchenia lama 126.11
– paco 126.14
auction, to sell by 185.22
auctioneer 186.1
Australian wool 166.20
automatic knotter 223.9
– thermostat 237.14
autumn cocoon 214.17
auxiliary container 250.7
average grade 55.21
– number 239.1
– price 53.17
– weight 29.22, 52.15
–, to – half a grade below contract 52.3
award of the appeal committee 51.11
– of the arbitration committee 51.2
awn 70.16, 84.6
Aylanthus glandulosa 203.8

B.

back 132.4, 171.21
– of head 131.22
bacteria producing disease 206.18
– retting 82.17
Bactrian camel 126.10
badly stapled wool 137.16
bag 75.21, 172.23
– for wool 183.14
–shaped cocoon of nesting spinner 215.23
Bagdad wool 166.9
bagging 42.17.18
Bahama hemp 108.13
Bahia cotton 57.19
– rubber 294.12
baked cocoon 214.1
baking oven 70.5
balance, precision 47.7
–, testing 238.16
bale 28.17
– mark 28.18, 184.21
– press with portable press box 113.2
– press, hydraulic 113.1
– tied up in mats 75.19
–, condemned 48.3
–, defective 43.10
–, faulty 43.10
–, marchantable 48.17
–, no-mark 43.12
–, pressed 43.1
–, raw silk 230.12
–, repacked 48.16
–, round 43.5
–, semi-pressed 42.20
–, square 43.4
–, unmarked 43.12
–, wool 184.20
baling press, cotton 39.4
ball of flowers 100.17
–, rubber 295.10
bamboo box, square 204.16
– cane 121.13
– stick 204.17
banana 114.11
– fibre 114.10
band consisting of lustrous filaments glued together 294.8
– of rock 26.19
–, grafting 201.15
–, rubber 295.20
Bani cotton 58.3
bank up, to 23.19
banker's acceptance 30.17
– reimbursement 30.20
bar (of rack) 133.9.10.12
barely fair 299.6
– good middling 299.14
– good ordinary 300.8
– low middling 300.4
– middling 299.18
– middling fair 299.10
bargain, time 27.18
barium 294.1
bark 65.4
– of the tree 201.22
barley straw 119.17
barn, drying 107.23
barrel 75.23
–-shaped swelling of the fibre 45.16
Barreswill's solution 98.5
Barwall sheep 123.16
baryta water 182.12
base for ointments 159.24
–, organic 259.6
–, oxidable 259.7
basic copper salt 270.16
– copper sulphate 270.17
basin 220.1
–, reeling 221.12, 223.5
basis price 53.19
–, on the – of 55.19
basket, cocoon 212.16
–, revolving 161.19
–, wicker 172.22
–, wire 47.8
bast 20.6.7.8, 65.5, 120.19
– bundle 94.7
– cell 16.5, 74.16, 90.7.9, 96.6, 103.3
– contents 20.9
– fibre 8.22, 103.5
– flax 64.17
– layer 94.22, 95.1.2
– parenchyme 100.13
– ribbon 20.10
– of willow 105.8
batch, to 7.9
batching 7.8
bath of mercuric chloride 261.11
– of a solution of saltpetre and wood ashes 218.9
–, acid 161.8
–, calcareous 150.15
–, cold water 218.5
–, hot water 218.6
–, soap and soda 236.10
–, sour 69.12
Bauhinia fibre 105.9
Baur's retting method 69.13
Bavarian country sheep 125.13
beam 245.14
–, to 3.16
beaming 3.15
bear 54.18
bearish tone of the Exchange 54.18
beard, feather 239.15
–ed mussel 232.19
beat, to 6.9
–, to – the fleece 171.5
–, to – the leaf strips 107.11
–, to – the steeped coir 119.3
–, to – the stripped hemp 83.8
–, to – the wool 153.14
beater 101.8, 164.13
– arm 85.11
– blade 40.3
– cylinder 163.2, 164.13
– roller 150.1
– shaft 63.8
beating 6.8
– besom 219.14
– mill 71.1
– roller 41.1
Beaumontia grandiflora 64.4
beaver hair 188.14
bed 23.15
–, asbestos 240.12
–, pupa 212.12
–, seed 106.15
beech tar creosote 284.14
beetle 71.1, 85.18
–d hemp 91.11
behaviour, chemical 95.7
–, optical 227.22
–, physical 95.7
–, ultramicroscopical 291.1
bell wether 130.5
belly 132.14, 171.24
belt, conveyor 148.4
–, feed 148.2
bench, hackling 74.3, 87.11
–, rippling 67.10, 80.14
–, swingle 72.4
bend, to – the hemp stem 82.19
Bengal cotton 58.15
– hemp 103.7
– raw silk 231.1
– type of cocoon 214.11
bent funnel tube 248.9
henzene 264.7, 278.14
benzoic acid 285.16.17
benzole 264.7, 278.14
Bergier's crossing apparatus 223.17
besom, beating 219.14
best quality 61.12
better grade of the remaining part of the consignment 52.4
bevelled lath 252.8
– nozzle opening 247.10
bicarbonate, ammonium 265.6
bichromate of soda 159.6
bid 28.19
bidder, highest 186.5
bidding 185.24

bill of Exchange . . . 30.10
— of lading . 32.19, 49.12.13
— of lading clause . . 49.14
— of lading stamp . . 32.20
bind, to — the bales with ropes (hoops) 99.14, 183.16
—, to — in bundles 93.23, 143.3
—, to — in sheaves . . 80.5
—, to — the legs of the sheep together . . . 142.8
binder, diagonal . . . 141.6
—, false 141.7
—, fibre 141.3
—, traversing 141.5
binding hair 141.3
— matter. 293.10
bisulcate animal. . . . 127.9
bisulphate solution, alkaline 274.10
—, sodium 161.20
bisulphide of carbon . 261.6
—, carbon . . 156.12, 278.10
bisulphite. 274.9
— of sodium bath. . . 261.15
— solution 244.14
—, ammonium 274.7
—sodium 274.8, 278.8
bit, leaf 192.22
—s, dung 172.10
—s, tar. 172.9
black-faced breed . . . 123.1
— leg disease 136.8
— mulberry tree . . . 199.14
—-seeded cotton. . . . 36.20
blade . . 70.10, 85.7, 121.16
— roller 70.13
—, beater 40.3
—, blunt iron 107.15
—, circular saw 41.8
—, lower 107.17
—, scutch. 72.6
—, scutching 72.9
—, sheet iron 73.5
—, straw . . . 119.24, 120.1.14
—, top 107.16
—, wooden 83.14
—s, helical 40.10
blast, to 26.24, 240.13
blasting operations . . 240.14
bleach, to 5.7
—, to — the fat . . . 159.2
—, to — the fibres . . 112.14
—, to — the straw . . 120.5
bleached cellulose . . . 119.14
— cotton 244.4
bleacher 5.9
bleaching 5.6
— boiler, Gebauer's sectional. 269.17
— capacity of the fibre 15.7
— croft. 58
— liquor 159.3, 282.12
blight 38.3
bloated, to grow (worm) 208.2
block (rubber) 296.14
—, breaking. 70.12
—, scraping 144.16
—, wooden . . . 83.10, 85.20
blocked, to become . . 247.20
blood vessel 191.9
— of worm 208.3
blossom 20.1
blower 155.6
—, glass 276.12
blue (wool) 309.12
blue colouring by iodine-sulphuric acid . . . 75.8
— copper salt. 270.18
— wild sheep of the Himalaya 123.16
bluish-green colour produced on the fibre by iodine-sulphuric acid. 91.1
blunt end of fibre . . 103.6
— iron blade 107.15
— scale. 181.4
board of directors of the Exchange 28.4
—, dressing 73.7
—, protection 87.12
—, scutching 72.5.10
—s, to line with. . . . 68.5
bobbin . . 252.14, 263.5, 267.8
— changing apparatus . 252.13
— cylinder 252.15
—, glass 275.11
—, longitudinally wavy. 252.11
—, reel-like 252.9
—, winding-on 252.10
body of the hair . . . 174.21
body of the (silk) worm 208.8
— ring 191.6
—, hornlike 280.4
—, nitrogenous 244.8
Boehmeria nivea . . . 100.16
— tenacissima 100.18
Boeken's fibre extracting machine . . . 111.7
bog earth, loaden with 178.8
—, peat 115.18
boil, to — with acetic anhydride 283.20
—, to — in a bisulfite solution 244.14
—, to — the cocoons . 218.10
—, to — with ferrous chloride 257.21
—, to — the fibre bundles 102.3
—, to — over an open fire 218.13
—, to — in glacial acetic acid. 218.14
—, to — the jute fibre 97.1
—, to — the jute fibre in Barreswill's solution 98.5
—, to — the jute fibre with caustic soda . 97.6
—, to — the mixture . 151.21
—, to — the silk . . . 234.6
—, to partially — the silk 234.12
—, to — the silk in a soap solution 234.9
boiled cotton 269.18
— silk 231.16
—-off silk 234.8
boiler 156.23
—, lead lined 69.14
boiling in an alkaline solution 97.2
— apparatus 218.16
—-off bath 234.7
— pan 218.15
— water 182.1
—, partial 234.10
boll, cotton 35.9
— weevil 37.11
— worm of cotton . . . 37.9
bolo 107.6
Bombyx mori 190.4
boom 54.19
—, to — the market . . 54.6
boon 70.16, 90.14
— of the stem . . 65.6, 70.8
boony fibre. 15.14, 90.13, 96.7
borax 233.19
botanist 17.22
botany 17.21, 64.14, 92.14, 109.1
— of cotton plant . . 34.4
— of hemp 77.2
— of the plant 106.1
botte. 76.6
bottom crop 38.11
— end of the hair. . . 143.17
— plate of clamp . . . 88.13
—, conical 253.7
—, false 149.11, 156.22
—, perforated 149.11
bough 19.13
bowl, steeping 148.17
—, wash 148.18
bowstring hemp 113.4
box changing time . . 205.15
— drying apparatus for wool 155.4
— made of the bark of the mulberry tree . 194.9
— with rice straw spinning huts 211.3
—, breast 40.16
—, delivery 63.10
—, feed. . . 40.14, 42.15, 63.9
—, infected 194.10
—, paper 194.6
—, press 42.7.8, 113.1.2
—, retting 68.3
—, round straw plaited 204.15
—, seed 194.4
—, silk worm 204.13
—, square bamboo. . . 204.16
—, stamped 194.13
—, tow 87.13
braid, to 3.10
braiding 3.9
brake waste 92.8
—, Guild's flax 71.8
—, hand 70.9, 83.13
—, Kaselowsky's . . . 70.11
branch 19.13
branched fibre 104.2
branchy stem 65.3
brashy wool 178.6
brass wire 297.20
Brazilian cotton . 57.14, 301.12
— piassava 117.2
break, to (filament) 224.6, 251.6
—, to — into small pieces 70.8
—, to — up the burs . 164.21
—, to — up the cellulose 292.17
—, to — the flax . . . 70.7
—, to — the hemp stalk 83.12
breakage of filament . 251.7
breaker bar, triangular 101.7
— plate 101.9
breaking block 70.12
— the flax 70.6
— the hemp 83.11
— over the knee . . . 94.21
— up the burs, apparatus for 165.5
— elongation of the fibre 12.4
— length of the fibre . 12.12
— machine, circular 71.4, 83.16
— machine, roller . . . 83.15
— roller 72.14
— strength of wool fibre 175.23
breast 132.12, 171.22
— box 40.16
— roller 41.1
breathe, to (pupa). . . 212.8
breech 132.5
breed of sheep 122.3
— of sheep, fertile. . . 131.3
— of sheep, sterile . . 131.4
— of the silk worm . . 192.15
—, blackfaced 123.1
—, combing wool . . . 123.7
—, crossed 122.16
—, crossed caterpillar . 197.15
—, long tailed. 122.18
—, merino . . 122.14, 123.2.3.4
—, principal 122.13
—, pure 122.12
—, short tailed 122.17
—, short wool 123.9
—, whitefaced 122.19
—, to — the caterpillars in groups 196.18
—, to — the sheep . . 128.3
—, to — the silk worm 195.6
breeder 128.6
breeding cocoon 212.20
— district 128.15
— method 195.9
— principle 128.8
— ram 128.10
— sheep 130.2
— of sheep for wool . 131.8
— of strains by fodder plants 197.17
— value 128.13
—, pure 128.17
—, sheep 128.1
—, silk worm 195.5
brick 68.6
bright green leaf . . . 109.13
— hemp seed 78.19
— silky fibre 11.11
brilliant wool 168.7
brine 274.11
britch . . 132.5, 172.4, 300.15
brittle fibre . . . 11.23, 74.10
— hair 177.23.24
— sericin 210.19, 225.20
— wool 175.22
—, to become 96.9, 101.1, 236.16
—, made 239.21
—, to render 161.1
brittleness of the fibre 11.24
Broach cotton 58.11
broad backed 127.20
—cast sowing 23.13
— leaved 116.4, 200.3
— lumen 44.14
— tailed sheep 125.1
broken flax 76.19
— fleece 172.6
— hemp 91.9
— parting of the fleece on the back 141.13
— and scutched hemp . 91.13
— silk 232.13
— wool 178.24
broker 27.11
— admitted to the Exchange . . . 28.6, 185.9
—, buying 185.13
—, cotton. 49.21
—, selling 185.12
—, shipping 32.15
—, sworn 28.8, 185.10
—, wool 185.11
brokerage. 29.15
Bromelia ananas . . . 115.9
— fibres 115.8
brood, caterpillar . . . 196.7
broom fibre. 255.1
—-rape, branchy . . . 79.13
—, common. 104.15
—, Spanish 104.13
Broussonetia papyrifera 104.11, 204.10
brown (wool) 309.14
— colouring of the jute fibre 96.22
— colouring produced by an alcaline solution 97.11
— colouring of the stem 100.19
— Egyptian cotton . . 59.1
— hemp 103.7
— rust fungus 38.2
— tint 100.20
brownish asbestos fibre 241.17
— purple point of leaf. 109.17
— red 43.24
— yellow 43.23
— yellow colouring by an iodine solution . . . 97.13
bruising mail . . . 70.19, 83.9
brush 108.11
— roller 89.7, 164.11
—, agitating 219.20
—, circular 164.11
—, stiff 196.11
—, revolving 41.4
—, to 6.7
—, to — the eggs . . . 196.10
—, to — the fibres. . . 112.18
—, to — the flax . . . 73.8
brushing 6.6
— machine, double . . 112.20
— machine, fibre . . . 112.19
bubble 246.4
—, gas 68.2
buck wheat ashes . . . 219.5
bud 35.3
Buenos-Ayres wool . . 166.15
bug, cotton 37.19
bulb 276.9
— hygrometer, dry and wet 14.12
—, hair 174.6
—, reducing 292.18
bulbel 109.22
bulbil 109.22
bulbus 174.6
bulk lot, ordinary . . 186.3
bull 54.12
bullion 298.4
bullish tone of the Exchange 54.17
bumper crop 38.9
bunch 115.7
—es, to stand in . . . 136.11
bunchy flower 115.6
bundle of cells . . 20.16, 90.6
— of fibres 8.9
— of filaments in the cocoon 211.7
— of leaves. 110.15
—, fibre 240.7, 221.7
—, flax. 75.17
—, hemp 81.17
—, to — the leaves . . 110.14
bundled fleece 143.4
bur beater 165.4
— crusher, mechanical . 164.8
— extracting 160.15
— extracting by chemical means 160.19
— extracting, mechanical 163.20
— picking 163.20
burs 146.8, 160.18
—, free from 178.11
—, laden with. 146.9
—, pulverized 163.9
burn, to — rapidly . . 290.6
burning test . . 45.18, 187.11
burr, to — the wool. . 160.17
burrhel 123.16
burring 160.15
burring apparatus . . . 165.2
— cylinder, fine . . . 164.12
— motion. 165.2
— roller 165.3
burry neck 175.12
— wool. 146.10, 168.3, 178.10
burst, to (seed) 79.4
— open, to (fruit) . . . 62.23
bursting of the pod . . 35.15
bush, mulberry 200.6
—es 135.13
bushy cotton plant . . 34.16

bushy female hemp . . 77.10
—, to become 200.5
business in futures 27.18, 185.15
—, actual 27.16
—, cash 27.17
—, Exchange 27.14
—, Exchange speculation 53.3
—, on-call 53.20
—, premium 52.23
—, raw silk 230.5
—, regular 27.15
—, satisfactory wool . . 186.12
—, speculation 53.2
butterfly 37.16, 189.4
— emerging from the cocoon 191.3
—, egg laying 190.13
—, female 189.13
—, male 189.12
butyric acid 285.9
— acid anhydride . . . 285.10
buy, to — on the basis of a fixed grade . . . 55.19
—, to — the flax by the fields area 76.3
—, to — for good . . . 184.8
—, to — on guaranteed grade 55.20
—, to — by metrical weight 76.2
—, to — to original sample 56.1
buyer 29.4
—, cotton. 54.24
—, wool 184.6
buying broker 185.13
— commission 29.5
— contract 48.6, 49.8
—, active 186.13
by-product of potash recovery 157.20
—, alkaline 278.20
Byssus silk 232.18

C.

Caesar weed 105.13
cage, revolving 41.10
cake, cotton seed . . . 41.18
—, rubber 295.14
Calamus fibre. 105.17
— rotang 121.14
calcareous bath 150.15
calcining oven 157.16
calcino 207.16
calcium 16.16
— chloride 259.13
— sulfhydrate. 266.10
Calcutta hemp 103.7
calender, wooden . . . 295.13
—, to. 6.17
calendering 6.16
calf hair 187.21
calico bag 212.15
Caligula japonica . . . 190.6
call cotton 53.21
Calotropis silk 64.3
calyx 20.2
Cambodia cotton . . . 58.8
camel hair 188.1
— sheep 126.11
—, Bactrian. 126.10
Camelus bactrianus . . 126.10
— dromedarius 126.9
camphor tree 203.23
can, spinning 253.6
canal boat 32.12
— water 81.24
—, cell 15.13, 95.12
—, intestinal 191.10
cane 121.12
— sugar 271.20
— sugar bath 235.21
—, Spanish 121.14
Cannabis sativa 77.3
canvas 42.17
caoutchouc 1.16, 294.9
— liane. 295.3
— tree, common . . . 294.17
— tube. 275.7
capable of germinating 79.10
capacity of the fibre to take a finish. . . . 9.18
— of silk of being electrified 228.2
—, coagulating . . . 210.10
—, fat dissolving . . . 156.1
—, fattening 132.23
—, water absorbing . . 288.14
Cape Merino wool . . 166.18
capillary tube. 247.5, 262.13, 275.15, 276.8
Capra 127.1
— hircus 127.2
— hircus angorensis . . 127.3
capsule fruit standing upright 109.21
—, fruit 20.4
—, legume-like 93.10
—, many-seeded . . . 78.1
—, seed 93.7
carbolic acid bath . . . 261.17
carbon 44.20
— bisulphide 156.12, 278.10.11
— hydrate 271.21
carbonate of ammonia . 150.12
— of magnesium . . . 45.10
— of potassium 45.5.17, 102.8, 157.13, 209.17
— of sodium 45.8, 102.9, 151.24
—, copper 270.23
carbonic acid 261.12
carbonization 5.22
— of greasy wool . . . 160.23
— process 161.6
— of the vegetable admixture 161.3
— of the wool 160.22
carbonize, to . . . 5.23, 160.21.24
carbonized, to become . 161.4
carbonizer 162.15
carbonizing bath . . . 161.7
— machine 162.16
— stove 162.10
— stove with carriage . 162.11
— stove, towerformed . 162.14
— works 162.7
carcass of sheep. . . . 127.12
—, strong 127.17
card fly 62.5, 169.13
— strips 62.3, 169.12
— waste 61.42, 169.11
carded cotton. 254.17
carding wool 168.13
— wool, medium . . . 168.14
Cardon's flax breaking machine 71.11
cargo 33.5
carpet wool 168.22
carriage 31.19
— paid 32.5
—, hurdle. 162.12
—, port railway 33.2
carrier, double 86.3
carry, to — on sheep farming for wool growing 131.9
carrying charges . . . 31.13
Caryota urens. 117.11
case of dispute 50.20
—, pupa 212.11
cased fleeces 172.8
casein 287.1
— silk 287.1
— solution 287.3
— solution, aqueous alcoholic 287.10
—, commercial 287.2
—, spongy 287.6
cash business 27.17
— down 30.5
— market 29.9
—, net 30.8
—, to sell for 30.6
Cashmere goat 127.4
— hair 187.24
casing 237.10
—, filter 282.2
—, helmet-shaped . . . 267.6
cash 75.23
cast wool 168.9
—, to — the pupa case 191.2
—, to — roots. 24.2
castor oil plant 203.9
— oil soap 233.16
castrate, to — the lamb 130.8
castrated lamb 130.3
— ram 130.4
castrating 130.9
cat's hair 188.10
— tail 116.4
catalogue of sales by auction 185.23
catch for nippers . . . 108.7
catcher, tow 89.9
caterpillar s. a. worm . 37.14
— of the ailantus moth 193.6
— breed, crossed . . . 197.15
— brood 196.7
— food 198.2
— of plusia gamma . . 66.10
caterpillar of tussur moth. 193.4
— of the yama-mai . . 193.3
— of the Japanese oak silk moth 193.3
—, Chinese oak moth . 193.5
—, cotton. 37.10
—, dark-grey 193.1
—, emerged 196.14
—, gluttonous 198.1
—, haired 197.8
—, hairless 197.7
—, milk-white 192.17
—, pearly-gray 192.18
—, silk spinning 192.16
—, voracious 198.1
cattle for breeding purposes 131.7
caustic alkaline precipitant 274.4
— alkalis 182.5
— ammonia 272.10
— potash 151.15
— potash lye 97.8
— potash solution . . . 152.1
— sap of the agave . . 109.19
— soda 151.16, 272.16, 287.16
— soda, concentrated . 46.7
— soda solution 151.17, 255.13, 266.7
cavicorn 127.6
Ceara cotton 57.16
— rubber 294.11
Cebu hemp. 105.21
cell of the Bauhinia fibre 105.10
— of cotton seed grain 36.15
— of gland 192.1
— of the seed case . . 35.10
— canal 15.13, 95.12
— elements 119.9
— method, Pasteur's. . 194.8
— rearing. 194.3
— sap 20.17
— wall 95.14
— wall, coalescent . . . 96.4
— wall, thickened . . . 20.13
— wall, thin 44.13
—, adipose 174.14
—, bast 16.5, 74.16, 90.7.9, 96.6, 103.2
—, cocoon holder . . . 223.3
—, cortical 175.1
—, elementary 95.16
—, fat 174.14
—, long pointed . . . 181.7
—, medullary 175.3
—, original 20.11
—, prismatic elementary 95.15
—, rearing 194.4
—, thick-walled 96.2
cellular structure . . . 192.6
celluloid covering . . . 252.17
cellulose 15.14, 44.18, 243.6
— containing a colouring matter 254.18
— from coniferous trees 119.12
— from deciduous trees 119.13
— freed from fat . . . 255.17
— of the maize stem . 256.2
— of silky lustre . . . 243.19
— acetate 283.5.14
— acetate solution, formic acid. 283.8
— compound 243.12
— contents of the solution 243.7
— ester of the dithiocarbonic acid . . . 279.4
— ester, aliphatic . . . 283.6
— fatty acid ester . . . 283.8
— hydrate . . . 269.12, 291.17
— hydrate free from copper 273.3
— hydrate solution, alkaline 283.2
— hydrate, regenerated 265.15
— reaction 75.6
— silk 242.8
— solution poor in ammonia. 273.9
— solution, ammoniacal copper hydrate. . . 273.8
— solution, ammoniacal copper oxide . . . 273.6
— solution, slimy . . . 280.10
— triacetate 283.13
— xanthate 278.21
— xanthic acid 279.8
— xanthogenate . . . 278.21
— xanthogenic acid . . 279.8
—, air-dry 292.16
cellulose, bleached. . . 119.14
—, disodic 269.13
—, dried 269.5
—, dry 269.5
—, ground 119.15
—, hexanitrated . 46.15, 255.8
—, highly nitrated . . 256.5
—, hydrated 291.18
—, mercerized 269.11
—, over-oxidized . . . 269.6
—, pure 75.5, 244.2
—, regenerated . 280.11, 292.4
—, soluble 243.10
—, unbleached 298.14
—-like substance . . . 287.20
cement copper 270.5
— wire 297.22
cent, x per — discount 30.19
centre layer 90.18
—, Exchange 28.9
—, trade 27.5
—, wool 183.20
centrifugal disintegrator 27.2
— machine, acid . . . 256.14
certificate 50.16
— of grade 50.17
—, conditioning 187.10
cervical vertebra . . . 127.14
cf x per cent. 48.10
chaff 70.16, 84.6
chain, endless 253.17
chalk 294.8
— powder 296.9
chalky soil 20.24
chamber 41.8
— top 154.18
—, cooling 194.22
—, drying 70.3, 150.5, 154.11, 237.6
—, hatching. 195.16
—, heated 162.8
—, testing 47.3
change into a chrysalis 37.17
— of hair. 173.13
— into peat 115.16
— of skin of the silk worm 206.1
—, morphological . . . 229.3
—, to — into a chrysalis 212.4
—, to — the pectose into easily soluble pectine 102.15
—, to — the silk worm boxes 205.14
—, to — the spinning can 282.8
—-over loop 88.4
changing apparatus (bobbin) 252.13
— the boxes 205.13
character of the wool . 136.10,
characteristic colour reactions 227.17
— properties 288.2
—s, physical 227.6
Chardonnet silk 242.9
—'s spinning apparatus 262.11
—'s spinning method . 258.21
—'s spinning organ . . 262.12
charge, to — for overvalue 47.20
charged with fodder . 175.11
charges, petty 29.14
—, shipping. 31.13
—, warehouse 31.8
chayotes fibre. 104.9
cheap 29.11
checking the tare . . . 48.7
— the weight 48.9
chemical affinity . . . 16.22
— behaviour 95.7
— combination 17.1
— composition . 44.16, 96.11, 228.6
— condition. 246.19
— diversity of fibres. . 16.21
— properties 43.14, 74.6, 90.5, 181.16, 225.3
— reaction 17.7
— reagent 289.8
— relationship 16.22
— treatment 294.4
— washing 155.10
—s 253.11
—s, recovery of 277.9
chemically combined water 277.1
— retted flax 76.18
— stable nitrocellulose . 257.5
cherry red colouring by means of anthraquinone 97.14
chestnut extract . . . 235.24
Cheviot sheep 126.2
— wool 168.21

chilled fluted roller . . 163.1
China grass. 100.10
chinchilla hair 188.13
Chinese oak silk moth. 190.2
– cotton 58.16
– mulberry tree . . . 200.4
– nettle 100.16
– oak moth caterpillar 193.5
– oak silk 231.23
– raw silk 230.18
– sheep 124.17
chip, wood 121.7
chlorate, potassium . . 45.6
chlorhydrin, ethylene . 284.13
chloride of aluminium . 162.4, 259.15
– of ammonium . . . 259.12
– of benzoic acid . . . 285.17
– of calcium 259.13
– of calcium solution . 259.20
– of magnesium 162.2, 259.14
– of phenyl acetic acid 285.15
– of potassium . 16.15, 145.19
– of sodium solution . 274.11
– of zinc. 259.16
–, acetyle 284.2
–, ammonium stannic . 236.4
–, chromous 259.4
–, ferric 98.11
–, ferrous 258.22
–, manganous 259.5
–, mercuric. . . 98.10, 261.11
–, palmityle 285.13
–, stannous 259.2
–, sulphorous. 254.11
–, zinc 292.5
chlorine 208.21
—-zinc-iodine 45.17, 75.9, 97.10, 289.6
chloroform . . . 264.9, 284.9
chlorophyll 15.1
choco fibre 104.9
chocolate tint. 117.7
choice (wool) 310.4
choke, to – with sap . 201.20
choked filtering material 264.21
– nozzle 275.13
–, to become 247.20
choking of the holes. . 247.19
cholesterine 159.14
– wax 160.5
choose, to – an umpire 51.14
chopping 34.12
chromate of potassium. 159.5
chrome alum 286.5
chromic acid . . 228.21, 286.3
– acid, semi-saturated 289.7
chromous chloride . . 259.4
chrysalis 37.15, 212.7
– state 212.5
–, to change into a. . 212.4
chrysotile 241.14
Churka hand power gin 39.17
cif. 32.22
cinnamon leaf. 203.11
– tint 117.6
– tree 203.10
circular breaking machine 71.4, 83.16
– brush 164.11
– cross section . . 9.20, 44.12
– knife 295.17
– nozzle opening . . . 247.9
– passage 269.1
– rack 133.18
– roller path 86.2
– saw blade 41.3
claim 48.4
clamp 71.14, 88.2
– changer 88.5
–, to – the hemp strick 88.8
Clarke's decorticating machine 108.4
class of cotton 61.8
– of wool 172.11
– of wool, lower . . . 172.17
– of wool, middle. . . 172.18
– of wool, superior . . 172.16
–, to 50.3.10, 187.1.3
classer 49.22
–, sworn 49.23
classification 59.14
– of the breeds of wool sheep 122.11
– of cotton according to its origin 56.17
– of cotton according to its properties . . . 59.8
– of the flax 76.12
classify, to – the wool 187.3
classifying of the wool 187.2
classing the cotton . . 50.2
– the wool 187.2
clay 68.7
–, of 197.4
clean hemp 91.18
–, to – the raw asbestos 240.18
–, to – the fibres. . . 112.15
–, to – the fleece . . 171.7
–, to – the nozzle by compressed air . . 275.14
–, to – the nozzle by annealing 248.1
–, to – the nozzle by the electric spark . . . 247.21
–, to – the seed . . . 22.20
–, to – the sinews of flesh and fat . . . 239.7
–, to – the straw mat 205.3
–, to – the wool . . . 164.4
cleaned asbestos. . . . 240.19
cleaning the raw asbestos 240.17
– of the fleece 171.6
– the wool 145.2
– apparatus for the capillary tubes. . . . 275.15
– apparatus, flax seed 65.22
– canal, serpentine-shaped 148.5
cleanliness of the cotton 61.13
clear, to – the wool from the adhering washing liquor 153.5
climate 130.19
climatic influence . . . 135.18
climber 104.10
cling, to – together. . 136.12
clip of the flock . . . 167.15
–, double 142.17
–, single 142.16
–, wool 142.18
–, to – the fleece close to the skin 142.10
clipping of the sheep . 141.15
–, close 142.9
–, double 142.17
–, single 142.16
–s, leaf 198.21
clods, roundish 63.1
clogged nozzle 275.13
–, to become 247.20
close clipping 142.9
– of the Exchange . . 185.18
– fibrous growth . . . 136.16
closed lead lined vessel 69.14
– micropyle 118.16
closing price . . . 54.2, 186.11
cloth, porous 252.4
clothing wool 168.13
cloudy emulsion 151.23
clovenhoofed animal 127.9.10
club 119.3
clusters, to lie together in 174.7
coagulate, to (fibroin) 210.11, 245.7
–, to (filament). . . . 249.14
–, to (viscose) 280.9
–, to – by ammonium sulphate. 280.19
–, to – the latex. . . 295.11
coagulating bath of carbolic acid 261.16
– liquid 250.14, 264.2
– property . . . 210.10, 273.16
coagulation of the filament. 249.13
– of the solution . . . 245.6
coal pan 197.5
coalescent cell wall . . 96.4
coarse fibre 10.22
– hackle. 73.18, 87.3
– hair 187.17
– number 239.3
– raw silk 231.15
– sericin coating . . . 225.22
– wool 177.21
coat of hair 131.12
–, outer 174.10
–, to – the rubber band 296.8
coated with. 293.2.3.7
coating of metallic lustre 293.9
–, celluloid 252.17
–, inner 217.8
–, sericin. 210 17
coccus 202.24
Cochius' viscosimeter . 258.1
cockhaffer 37.8
cockle up, to 180.7
cockling up of the wool fibre 180.6
– power of wool . . . 175.18
Coconnada cotton . . . 58.6
coco 1.10
coconut 118.11
– oil. 152.9
– oil soap 233.12
– palm 118.1
cocoon 214.2
– with a double shell . 216.17
– of silk worm seized with lime disease. . 217.17
– of metallic lustre . . 215.9
– containing dead pupa 217.12
– good for reeling . . 214.8
– showing signs of rotting 217.16
– with fine fibred silk. 217.4
– with fine silk filament 217.4
– poor in silk 217.2
– rich in silk 217.1
– of individual spinner 215.13
– of nesting spinner . 215.21
– from pure bred stock 214.5
– agitator, mechanical. 219.18
– basin 223.4
– basket with inserted hollow cylinder . . 212.16
– crop 212.13
– export 229.18
– of family spinner . . 215.21
– feed, automatic . . 223.1
– fibre 188.19
– filament 225.6
– filament laid zig-zag shape 211.10
– filament, flat cylindrical 225.8
– filament, plain cylindrical 225.8
– holder 222.12
– holder cell 223.3
– import 229.19
– market 229.14
– reel 221.15
– reeler 221.16
– reeling 220.5
– shell. 216.21
– sieve 218.18
– spinning 209.3
– trade 229.12
–, air-dry 212.17
–, baked 214.1
–, breeding 212.20
–, continuously spun . 216.1
–, covered 216.18
–, dense 216.5
–, dried 214.1
–, egg-shaped. 215.16
–, elastic 216.12
–, fallow coloured. . . 215.7
–, female 215.17
–, fine grained 216.13
–, firm 216.6
–, floating 219.11
–, globular 215.14
–, gnawed 217.14
–, golden yellow . . . 215.3
–, green 215.5
–, grey 215.4
–, intermittently spun. 216.2
–, irregularly spun . . 216.4
–, kidney-shaped . . . 215.18
–, large meshed . . . 216.10
–, leaf covered 216.19
–, leathery 216.7
–, loosely built 216.8
–, male 215.19
–, meshy. 216.9
–, mouldy 217.15
–, mulberry 214.7
–, net-like 216.9
–, open 217.9
–, oval 215.16
–, pale green 215.6
–, permeable 216.15
–, pointed 215.15
–, pricked 217.13
–, raw 220.11
–, regularly spun . . . 216.3
–, rust-stained 217.11
–, satin-like 215.8
–, solid 216.6
–, spoiled 232.14
–, spotted 217.10
–, thick-walled 216.16
–, transparent 216.11
–, twin 215.20
–, undried 220.11
–, waterproof 216.14
–, white 215.1
–, worm eaten 217.13
–, yellow. 215.2
Cocos nucifera 118.1
codilla 92.6
– fibre 92.7
coil, cooling 263.9
–, steam 157.1
coir 117.19
cold water bath . . . 218.5
– water retting . 67.17, 81.12, 94.9
–, to become 235.12
collect, to – the draining acid. 251.11
–, to – the eggs in tulle cells 194.7
–, to – the mulberries for sowing 201.3
collecting ledge 267.11
collodion 257.11, 258.10
– for spinning purposes 261.5
– passage 267.7
– silk 242.9
– solution containing water 263.13
– wool 257.11
– wool, acid holding . 257.12
–, thinly liquid . . . 258.13
–, very fluid 263.18
—-like solution 292.10
colloidal ammoniacal copper oxide . . . 271.11
– cuprammonium combination 271.2
– form of the precipitate 245.5
colonial wool 165.21
colour of asbestos . . . 241.19
– of the cotton . . . 60.15
– of the fibre . . 14.13, 43.17
– of the fibrous material 14.13
– of polarized light . 227.15, 290.15
– of the polarized light from the fibres . . 13.4
– of sericin 228.13
– of the wool . 172.19, 179.8
– reactions, characteristic 227.17
–, bluish-green 91.1
–, dark natural. . . . 227.5
–, darkbrown-gray . . 74.15
–, fair 59.24
–, good 59.24
–, greenish 74.13
–, light-blue 74.11
–, natural . . . 14.14, 179.9
–, rusty 82.4
–, steel-grey 74.12
–, yellowish brown . . 74.14
–, to – blue to violet 45.17
coloured, high 60.3
colouring matter . 14.15, 43.18, 179.13, 210.9
– matter, containing a 254.18
– matter, natural . . 210.13
–, blue 75.8
–, brown . . . 97.11, 100.19
–, brownish yellow . . 97.13
–, cherry red. 97.14
–, dark brown 98.2
–, dark violet 75.9
–, greenish blue . . . 97.9
–, reddish brown . . . 98.1
–, yellow. . . . 97.15, 183.4
–, yellowish brown . . 97.10
colourless carbon bisulphide 278.11
comb 73.15
– of the bur crusher . 164.16
–, guide 263.3
–, medium coarse. . . 73.19
–, rippling 67.9, 80.15
–, tow doffer. 89.9
–, to – the flax . . . 73.12
–, to – the hair from the animal 188.2
combed material . . . 168.20
– silk waste 232.16
comber fly 169.9
– strippings 169.8
– waste 169.6
–, flax. 73.13
combination of colours. 172.20
–, chemical. 17.1
–, colloidal cuprammonium 271.2
–, to form a chemical 17.2
–, nitrated 255.6
–, sulphur 266.15
–, tannic 96.13
combined outlet duct . 192.12
– scutching and breaking machine 72.13
–, chemically. 277.1

combing of the flax 73.11
— out the dried jute fibre 95.6
— room sweepings 169.10
— room waste 169.5
— wool 168.16
— wool, fine 168.18
— wool, lustre 168.17
— wool, medium 168.19
— wool breed 123.7
combustible 156.14
combustibility 288.24
combustion gases 290.1
— without a residue 290.8
—, slow 290.7
—, spontaneous 46.3
commerce 47.12
— of raw materials 27.3
commercial articles 28.10
— casein 287.2
— cotton 47.13
— flax 76.13
— gelatine 286.14
— rubber 294.15
— silks 230.14
— terms for hemp 91.4
— terms for raw materials 299.2
— value of raw silk 230.7
— weight 187.6, 229.16, 238.2
— wool 185.7
commission 29.1
— house 53.14, 185.14
— scouring mill 147.5
—, buying 29.5
—, on 185.3
—, seller's 29.2
committee, appeal 51.9
—, arbitration 51.2
common broom 104.15
— caoutchouc tree 294.17
— flax 64.15
— hawthorn leaf 204.8
— hemp 77.3
— salt lye 281.3
— salt solution 274.11
— spruce 203.12
— stinging nettle 100.4
compact elastic feel 226.18
— elastic silk fibre 226.7
company, dock 32.17
—, plantation 25.5
—, shipping 32.16
compartment, spinning 211.2
compensation penalty 51.20
components, fibrous 102.18
composition, chemical 44.16, 96.11, 228.6
compost 21.12
compost manuring 36.13
compound of ammonia 150.14
—, ammoniacal copper oxide 270.24
—, cellulose 243.12
—, colloidal cuprammonium 271.2
—, copper alkali cellulose 292.1
—, mineral 16.11
—, nickel ammonium 272.7
—, sodium sulphur 278.15
—, soluble 245.9
—, nitrogen 46.19
compressed air 275.14
— air inlet 268.3
— air outlet 268.4
— bale 43.1
— rubber 295.18
Comptah cotton 58.13
concentrate, to — by vaporization 157.18, 162.6
concentrated lye 151.19
— solution 245.1
—, highly 258.16
concentrating by vaporization 157.17, 286.18
concentration 272.4
— of the collodion 258.12
— of the lye 151.20
— of the solution 244.23
conceptions, fundamental — on the textile fibre 8.1
Conchylis epilinana 66.12
condemned bale 48.3
condense, to (molecules) 246.9
condenser 41.9, 277.12
condition of the crop 38.8
— of the market 186.8
— of the sheep 131.1
— of the silk 226.2
—, chemical 246.19
condition, ripened 279.17
—, thin liquid 264.17
—, to — the cotton 47.2
—, to — silk 237.2
—s of sale 55.16
conditioned seed 36.24
conditioning 14.2
— of cotton 47.1
— of silk 237.1
— certificate 187.10
— house 47.3, 187.9, 237.3
— loss 237.19
— method 237.4
conducting pipe 263.2
— property, heat 227.23
conductivity, bad heat 241.20
—, electrical 228.3
—, heat 13.5, 227.23
—, poor heat 241.20
conduit for the spinning solution 243.10
Congo red solution, aqueous 289.10
conical bottom 253.7
— nozzle 248.2
— roller 86.1
coniferous trees 119.12
Conkanee hemp 103.7
connecting rod 40.7
consignment 184.9
—, part of the 52.3
—, remaining part of the 52.4
constancy of the breed 128.10
constituent, mineral 16.11, 45.2
—, narcotic 81.2
—s of the jute fibre 96.12
—s of yolk 145.16
consumption 207.21
— of raw silk 229.23
—, wool 184.10
consumptive silk worm 207.22
contagion 206.14
contagious disease 206.20
contain, to — free indecomposed alkali 152.11
—, to — bubbles 246.4
—, to — crystals 16.20
—, to — free indecomposed fat 152.10
—, to — husks 60.21
—, to — impurities 145.4
—, to — pupae fat 219.4
—, to — sulphur 181.20
container for surplus of the precipitant 250.1
—, acid 251.10
—, auxiliary 250.7
—, cooled 274.1
—, oil 263.8
—, solution 268.10
containing magnesia 162.8
— protein 234.1
— sulphuric acid 284.3
— water 261.2
contents of gum 217 7
— of nitrogen 198.6
— of sericin 217.5
— of the solution in solid matter 243.5
—, ash 181.21, 228.16
—, bast 20.9
—, fat 152.12
—, nitrogen 182.10
—, salt 228.12
—, sulphur 181.19
—, water 257.8
—, wax 228.10, 244.7
continuation school 26.1
continuously spun cocoon 216.1
contour of the staple 138.12
contract 53.12
— to arrive 55.9
— to Bremen rules 55.17
— for delivery free on rails 56.6
— for future delivery 27.18
— to Liverpool rules 55.18
— for shipment 32.18, 55.8
— in suspense 55.10
—, buying 49.8
—, full grade below 52.1
—, half a grade below 52.2
—, private 185.1
—, sales 29.7, 186.6
—, up to 52.6
—, to — the pores 235.15
contraction of the cell canal 96.1
— of the glass tube 247.4
— of the pores 235.10
contraction of the spinning solution 246.16
control lever 222.10
— spring 222.9
—, to — the strength of copper solution 272.4
conversion into peat 115.16
— of price 52.21
convert, to — the cellulose into alkaline cellulose 278.5
convey, to — the cellulose in its soluble condition 243.11
conveyor belt 148.4
— chains for nippers 108.8
— rope, double 111.11
—, endless 155.3
convolution, screw-like 225.13
cool, to keep 273.14
—, to — the dried wool 155.9
cooled container 274.1
cooler 156.10, 267.10
—, return flow 292.23
cooling of the solution 273.13
— chamber 194.22
— coil 263.9
— vessel with absorbing surface 277.13
copper alkali cellulose 272.22
— alkali cellulose compound 292.1
— carbonate 270.23
— cellulose 273.2
— coefficient 292.12
— contents of cuprammonium solution 272.3
— glycerine solution, alkaline 289.11
— hydrate, free 270.12
— hydrate, undissolved 270.12
— hydroxide 270.19
— hydroxide cellulose 272.21
— nitrite 272.13
— oxide, ammoniacal 17.12, 182.11
— pan, perforated 147.14
— salt of the cellulose 273.5
— salt, basic 270.16
— salt, blue 270.18
— sodium cellulose 273.1
— solution, alkaline 271.12, 291.4
— sulphate solution 270.15, 291.6
— sulphate, basic 270.17
— sulphate, crystallized 270.14
— sulphate, powdered 270.13
— tetramine sulphate 271.4
— wire 297.19
—, cement 270.5
—, free from 273.3
—, metallic 270.8
—, pure 270.4
—, rich in 272.5
Corchorus 92.15
— capsularis 92.18
— fibre 93.13
cord, medullary 15.24, 175.2, 181.8
cordage 2.19
cordate leaf 202.5
Cordia fibre 105.6
core of metal covered yarn 298.5
—, woody 65.6, 94.22
Corean raw silk 230.23
corium 173.22
corkscrew twist of the fibre 44.4
corner 54.20
corpuscle, pebrine 208.12
corrosion, to remove by 144.13
corrosive stannic chloride bath 236.9
cortical cell 175.1
— layer 174.23
cost of arbitration 54.21
— of carriage 31.19
— of checking the tare 48.8
— of land 25.9
— of production 25.8
—, insurance, freight 32.22
cote, sheep 133.5
cotton 1.3, 34.3, 244.3, 299.3
— blown from the plant by wind 61.15
— on board 55.12
— at sea 55.12
— association room 49.20
— baling plant 42.1
cotton baling press 39.4
— baling press for conveyance by sea 42.2
— boll 35.9
— broker 49.21
— bug 37.19
— buyer 54.24
— caterpillar 37.16
— cellulose 44.19, 244.9
— crop 38.6
— district 35.18
— Exchange 49.19
— export 54.23
— fibre 43.15
— field 36.5
— filter cloth 245.20
— futures market 52.17
— gin 39.18
— growing country 35.19
— import 54.22
— leaf 34.13
— louse 37.18
— lumps 269.10
— market 47.14
— merchant 55.3
— picker, mechanical 38.19
— plant 34.6
— plantation 35.22
— pod 35.9
— pod, mature 35.13
— pod, over-ripe 35.14
— pod, unripe 35.17
— port 49.9
— press for country bales 42.3
— sampling room 49.20
— sea-press 42.2
— seed 35.11
— seed cake 41.18
— seed capsule 35.9
— seed case 35.9
— seed flour 36.11
— seed husk 254.19
— seed oil 41.13
— seed oil manufacture 41.14
— seed peeling machine 41.15
— shipping 48.22
— shrub 34.8
— store 41.21
— trade 47.11
— transport 48.22
— tree 34.11
— waste 61.19, 254.16
— wax 44.7
—, American 299.4
—, artificial 9.11
—, black-seeded 36.20
—, bleached 244.4
—, boiled 269.18
—, Brazilian 37.4, 301.12
—, call 53.21
—, carded 254.17
—, commercial 47.13
—, damp 47.15
—, dead 61.17
—, deteriorated 37.6
—, dirty 61.16
—, dry 255.18
—, dusty 60.19
—, Egyptian 301.5
—, fancy stapled 61.3
—, ginned 39.13
—, green-seeded 36.22
—, hairy 37.3
—, hand ginned 39.15
—, immature 61.18
—, Indian 300.22
—, leafy 60.20
—, long stapled 61.2
—, machine ginned 39.16
—, mercerized 46.8, 291.20
—, Peruvian 37.4
—, raw 61.9, 254.15
—, Russian 301.16
—, sandy 60.18
—, sea-damaged 47.16
—, Sea-Island 37.2
—, short stapled 61.4
—, South American 37.4
—, spot 55.11
—, unripe 61.18
—, vine 37.5
—, West Indian 37.2
—, wet 47.15
cottony feel 226.21
cotyledon 18.23, 24.1
count representing the fineness 10.18
— of silk after conditioning 238.7
— of silk after degumming 238.8

count, decimal 239.5
—, international . . . 239.5
—, silk 238.5
countermine 54.15
country bale 42.22
— breed, long woolled . 123.6
— breed, short woolled 123.5
— damage 47.18
— of origin 30.21, 56.18
— sheep, Bavarian . . 125.13
— sheep, ordinary . . 125.12
— sheep wool, native . 165.11
— wool 165.11
—, cotton growing . . 35.19
—, silk producing . . . 189.4
court of appeal, highest 51.8
— of arbitrators . . . 51.4
cover of clamp 88.14
— in cotton 55.4
—, to 30.18
—, to — with collodion 252.16
—, to — with earth . . 21.11
—, to — the wool requirements 184.12
—, to — with cotton. . 296.18
—, to — with silk . . . 296.19
—, to — one's wants in cotton. 55.5
covered cocoon 216.18
— with scales 181.1
—, densely 136.16
covering medium . . . 294.4
— the requirements . . 184.11
—, celluloid 252.17
—, downy 36.16
—, gum-like. 218.4
—, hair 131.12
—, horny 180.18
—, outer 44.6
—, waxy 118.13
—, wool 131.11
cow hair 187.20
cowtail 171.16, 309.16
crab-grasses 24.10
crack 12.1, 225.23
—, to (seed) 79.4
cranage 33.4
crane dues 33.4
cranium 127.13
crate, retting 68.3
cream, lanoline 160.2
creamy 43.22
creep out, to (caterpillar) 196.18
creeper 104.10
creeping plant 104.10
creosote, beech tar . . 284.14
crescent-shaped horn . 123.15
Cretan sheep 125.7
crimp gauge 179.24
crimping arc of the wool fibre 176.22
— of the wool fibres in staple 138.14
crimps, crowded. . . . 177.5
—, even-running . . . 177.7
—, faint 177.3
—, high curved 177.1
—, meshy. 177.6
—, slight 177.4
—, slightly curved. . . 177.2
crimpy wool 176.17
Crioulo cotton 57.15
crop 24.21, 66.22
— of leaves. 202.9
— result 24.23
— return 56.14
— season 24.19
— of the world 38.7
—, bottom 38.11
—, bumper 38.9
—, cocoon 212.13
—, cotton. 38.6
—, ground 38.11
—, hemp 79.22
—, middle 38.12
—, part of the 25.12
—, scanty 38.10
—, short 38.10
—, silk 212.14
—, small 38.10
—, top 38.13
—, total 24.22
—, to 24.20, 212.14
—, to — before the fruit ripens 93.14
cropping waste 170.6
cross bar, adjustable . 163.5
— section of fibre 9.19, 95.11, 181.15
— section, circular 9.20, 44.12
— section, elliptic . . . 44.10
cross section, irregular. 9.21
— section, kidney-shaped 44.11
— section, oval 9.22
— section, polygonal 9.24, 95.18
— section, triangular . 9.23
—, to 128.22
—, to — caterpillar breeds 197.13
—, to — the silk threads 223.12
—-bred 128.24
—-bred wool 165.13
crossed breed 122.16
— caterpillar breed . . 197.15
crossing 122.15, 221.2
— of breeds 197.14
— the filaments . . . 222.6
— the sheep breeds . . 128.21
— the silk threads . . 223.13
— apparatus, Bergier's . 223.14
— apparatus, Martin's . 223.14
— point 221.2
Crotalaria juncea . . . 103.8
crowded crimps 177.5
crown of the tree . . . 200.9
crucible, Gooch 291.10
crude lanoline. 159.8
— silk 231.17
Crumb's fibre extracting machine 108.1
crush, to — the asbestos 241.1
—, to — the boon of the stem 70.8
— to — the burs 163.8, 164.21
—, to — the cellulose . 292.17
—, to — the hemp stalk 83.12
—, to — the leaves . . 111.3
—, to — the seed . . . 41.17
—, to — the stalk . . 86.11
crusher, mechanical bur 164.8
—, stone 27.1
crushing the leaves . . 114.7
— mill, hemp 85.21
— process 86.10
— roller mill for leaves 111.4
crystal 16.20, 96.18
crystallized copper sulphate 270.14
cull, to — unsuitable sheep 129.15
culled ewe 129.19
— sheep 129.16
— sheep unsuitable for their age 129.18
— sheep unsuitable for wool production . . 129.17
— wether. 129.20
culls 129.16
cultivate, to — flax . . 65.18
—, to — hemp 78.8
cultivated mulberry tree 200.12
— pasture 134.23
— plant 18.1
— silk 188.21, 230.15
cultivation . . . 64.14, 109.1
— of cotton . . . 34.4, 35.21
— of hemp 77.2, 78.2
— of Manila hemp . . 106.13
— of the plant 106.1
— in plantations . 25.6, 36.1
— of the soil 20.19
— period 110.2
—, flax. 65.17
—, hoe 22.1
—, to lay out land for. 20.20
—, main 106.19
—, mulberry tree . . . 200.13
—, plough 22.2
—, secondary 106.20
culture, silk 189.1
cuprammonium combination, colloidal . . 271.2
— silk 242.10, 267.12
— silk process 267.14
— solution . . . 271.14, 272.3
cuprate silk. 242.10
Cupressus sempervirens 203.14
cupric salt 266.2
cupriferous filament . 276.4.5
cuprous oxide . 98.9, 292.14
— salt 266.2
— solution 266.1
cup-shaped flower . . . 35.5
Curcuma fibre 105.19
curd soap 152.17
curl gauge 179.24
curley 232.11
curliness of the fibre . 11.3
—, normal 176.16
curling back of the fibre 11.4
— of the wool fibres in the staple 138.14
curly fibre 11.2
curly wool 176.17
current of cold air . . 237.9
— of hot air 237.8
— produced in the fixing bath 251.3
—, air 41.5
Cuscuta epilinum . . . 66.13
custodian of the cotton association room . . 49.24
custom charges 33.13
—s on silk 230.13
cut 201.19
— of the fleece 177.14
— hemp 91.14
— pelt 142.13
—, oblique 107.5
—, spiral 295.19
—, to — the copper in pieces 270.6
—, to — the flax stems 73.9
—, to — the flower stem 109.20
—, to — the jute plant 93.18
—, to — the leaf sheath into strips 107.8
—, to — the rubber into a band by a spiral cut 295.19
—, to — the rubber into threads 296.6.11
—, to — the rubber thread from a block . . . 296.14
—, to — the shavings out of the fresh wood . 121.9
—, to — the sheep in shearing 142.12
—, to — with the sickle 79.24
—, to — down the stem 107.4
—, to — off the straw blade above the nodes 120.15
cuticle 173.19
— of the hair. 174.22
—, refractive 105.11
cuticula 44.6
— interna 192.3
— pili 174.22
cutis. 173.22
cutter, flax 73.10
cutting the leaf sheaths into strips 107.9
— up the rubber . . . 295.15
— the stems 93.19
— edge of blade . 72.11, 84.20
— gauge 121.11
— knife 107.6
— machine, food . . . 198.19
— machine, rubber . . 295.16
— ripeness 110.8
—, ripe for 110.9
—, spirally 293.11
—s . . . 99.9, 201.1, 307.2
cut-worm 37.8
cylinder 147.11, 164.10
— coating of collodion and glue 293.11
— for the dissolution of copper oxide . . . 268.8
— with precipitant . . 249.18
— waste 169.16
—, beater 163.2
—, drying 149.4, 154.20, 251.12
—, fine burring 164.12
—, hollow 212.16
—, medullary 15.24
—, press 42.10
—, revolving 154.19
—, scutching 73.1
—, spiked. 153.16
cylindrical bast cell . . 90.9
— seed pod. 93.9
— shape 180.3
— tubes 74.17
cypress. 203.14
Cyprus cotton 58.20
Cytisus scoparius . . . 104.15

D.

dam, retting 68.4
damage 49.3
—, country 47.18
—, sea 47.17
—, to — the skin . . . 142.15
damaged skin. 142.13
— staple 61.6
damp cotton 47.15
— food 198.14
— soil 21.3
— wool 153.12
—, to 6.13
damping 6.12
Darcet's hatching house 195.13
dark brown colouring by an ammoniacal silver solution 98.2
— brown fibre 104.6
— brown-gray colour . 74.15
— gray caterpillar . . 193.1
— green grain of seed 36.23
— green leaf 109.16
— natural colour . . . 227.5
— tint 179.10
— violet colouring by chlorine-zinc-iodine . 75.9
date of buying contract 49.8
— of call 53.22
— of invoice 29.24
—, due 30.15
—, settling 53.6
—s, on specified. . . . 55.15
day labourer 25.15
— wages 25.16
—, settling 53.6
dead body of the silk worm 208.17
— cotton 61.17
— feel of the wool . . 177.11
— wool 167.17
de-aerate, to — the solution 246.6
deal 53.5
dealer, flax 75.14
—, wool 184.4
dear 29.12
deburr, to — the wool 160.17
deburring 160.15
— motion. 165.2
— roller 165.3
decantation of a liquid 263.11
decay, to. 208.9
—, root. 203.4
decayed root 203.5
decidedly curly wool . 176.18
deciduous trees 119.13
decimal number. . . . 239.5
decision of the appeal committee 51.11
— of the arbitration committee 51.2
decline, to (price) . . . 54.11
decoction of oak bark . 218.7
—, frothy 152.22
—, gall nut 235.8
decompose, to . . 94.7, 182.14, 245.10, 280.12
—, to — the bast into its fibrous components . 102.18
—, to — the cellulose . 243.18
—, to — the fat by heated steam 151.6
—, to — the fatty soap suds 158.14
—, to — with heat . . 255.19
decomposition by acids 243.15
— by alkalies 243.16
— of the bast bundles . 94.6
— of the chloride of aluminium 162.5
— of the nitrocellulose 257.4
— by oxidizing agents 243.17
— of the soluble compound 245.9
— of the wool 182.13
decorticating machine, Clarke's 108.4
decorticator, ramie . . 101.6
decrease, to. 264.18
deduction of hoops . . 56.9
deep pointed root . . . 77.13
deepen, to — in colour 98.4
deepening in colour of the jute fibre by light and air 98.3
deer hair 188.7
defective bale. 43.10
de-fibre, to — the leaves after a cold water retting 113.16
—, to — the needles . . 116.11
de-fibring of the needles 116.10
definite position . . . 246.17
definition, with sharp . 17.20
de-grease, to — the wool 155.12, 146.19
—, to — the wool . . . 155.12
degreased wool 157.4
de-greasing the wool. 146.18, 155.11
— bath 147.18
degree of bleach . . . 244.5
— of gilding 297.8
— of hardness 219.7

degree of humidity of the air 14.9
— of lignification . . . 15.19
— of nitration 256.2
— of retting 68.20
— of ripeness 279.20
degum, to — the silk . 234.2
—, to — the silk waste 287.15
degummed silk 234.4
degumming the fibre bundles 103.3
— bath 234.3
— bath, exhausted . . 233.23
dejecta of silk worm . 205.22
delicacy of the fibre . 10.14
delicate fibre 10.13
— inner membrane of fibre 103.10
deliver, to — and charge for overvalue . . . 47.20
—, to — in several lots 49.18
delivery 49.6, 99.21
— on specified dates. . 55.15
— up to contract . . . 52.6
— box 63.10
— pipe of the ginned cotton. 39.3
— table 163.6
demand, increased . . 186.15
denier 238.18
denitrate, to — the filament 265.9.16.17
denitrating 265.8
— agent 265.18
— bath 265.14
denitration 46.19
—, acid. 265.13
—, partial 265.11
—, unequal 265.12
dense cocoon 216.5
densely covered with hairs 136.16
densimeter 152.18
density of the staple . 138.13
— of the wool 136.14
— template, Mentzel's . 180.12
dentate leaf . . 77.16, 202.3
— margin. 93.2
deposit, to — on account 53.15
deprive,to — the solution of air 246.6
depth of staple 137.1
— of staples, uniform . 138.3
derivative of the cellulose 279.1
dermis 173.22
descent of the sheep . 129.23
designate, to — the wool according to fineness 187.5
despatch 31.10
— by rail. 31.17
—, to 31.12
destroy, to — the burs chemically 160.20
—, to — the gummy matter 67.13, 81.8
—, to — the hair bulb 143.16
—, to — the infected box 194.11
—, to — the staple . . 153.4
destruction of the hair bulbs 143.15
— of the vegetable fibre 161.2
detach, to — the fibres from the seed . . . 39.9
detaching the fibre from the seed 39.8
detect, to — impurities by use of the ultramicroscope. 291.2
—, to — weighting . . 236.20
detection of weighting . 236.19
detergent 150.10
deteriorated cotton . . 37.6
deterioration of the seed 22.19
determination of fat. . 156.17
— of the nitrogen contents. 257.20
— of the quality of the wool 171.12
determine, to — the elongation of the fibre 12.2
—, to — the quality of the fleece 171.11
develop, to 173.10
—, to — quickly. . . . 196.16
—, to — roundish clods 63.1
—, to — spores 207.15
development of ammonia 182.9
— of the caterpillar . . 196.15
development of fat on the sheep 133.2
— of gases 68.1
— of meat on the sheep 133.1
— of silk production . 189.2
— of the wool fibre . . 173.9
deviation of quality . . 51.22
—, angle of 227.21
device, oiling 149.6
dew retted flax 76.17
— retting. 68.10, 82.6
—, evening 135.4
—, morning 135.3
dewed pasture 135.2
de-wooling knife, electric 144.19
dextrine 272.2
Dhollerah cotton . . . 58.10
diacetate 283.11
diagonal binder 141.6
dialyse, to — the viscose 280.2
dialysis 280.3
diameter of wool fibre 181.14
diarrhœa 207.23
dibble 23.7
dibbled drill 23.6
dichlorhydrin 284.15
dichroism 290.16
dicotyledon 18.19
dicotyledonous plant. . 18.19
die, to (sheep) 135.21
—, to (wool fibre) . . 173.16
—, to — off (leaves) . . 79.16
difference in grade . . 47.19
difficult to dissolve . . 228.9
dilate, to (pores) . . . 235.13
dilute acid 182.17
—, to — the lye by addition of water . . 151.21
dim lustre 288.8
diœcious plant 77.6
dioxide, sulphur 158.16, 228.20, 262.4
dip, to — the egg in salt water 196.4
diphenylamine 289.5
direction of scales . . 181.5
director of the Exchange 28.3
dirt 146.14
dirty cotton 61.16
— ends. 169.24
— wool 145.5
disc, lens-shaped notched 223.11
—, revolving 224.1
discharge, irregular. . . 248.14
—, to — oneself (glass nozzle) 248.5
discharging 31.2
discoloured 179.12
— silk 227.2
discount 30.7
—, x per cent. 30.19
disease of the root . . 203.6
—, black leg 136.3
—, contagious 206.20
—, epidemic 206.13
—, hereditary 207.3
—, mouth and foot . . 136.3
—, parasitic 207.4
—, wool sorter's. . . . 170.21
— of the mulberry tree 202.19
—s of sheep 135.19
—s of the silk worm . . 206.11
diseased mulberry tree. 202.20
— seed 193.15
— wool . . . 167.17, 178.23
—, to become 206.12
disengage, to — the spinning can 282.7
disentangle, to — the tow 85.13
disentangling the tow . 85.12
disinfect, to — the rearing room 208.18
disinfection 208.19
disintegrate, to . . 94.7, 257.2
disintegrator, centrifugal 27.2
disk, fluted 86.16
dislocations in the cell wall. 75.1
disodic cellulose . . . 269.13
— hydrocellulose . . . 269.14
dispute 50.20
dissect, to — into strips 120.14
dissolution of cellulose in alkalis. 282.18
— of the cuprous oxide by nitric acid . . . 291.12
— of the gummy matter 94.5
— of the sericin . . . 218.2
dissolve, to 182.3, 208.8, 263.10
—, to — in an acid . . 282.16
—, to — in an alkalamine 271.10
—, to — in alkalies . . 229.7
—, to — by an alkaline liquor 287.7
—, to — in alkaline lye 279.9
—, to — in an alkaline solution 182.2
—, to — in ammonia . 271.8
—, to — in boiling water 218.12
—, to — in carbon bisulphide 261.6
—, to — the copper . . 270.7
—, to — by a fermenting process 94.4
—, to — in glacial acetic acid. 261.7
—, to — partially. . . 98.6
—, to — the vegetable gum 244.15
dissolved in alcohol . . 262.6
— matter. 245.3
—, to retain 266.6.14
dissolving the wool in boiling water . . . 182.1
— capacity, fat 156.1
—, fat 155.17
distil, to — acetone over quicklime 262.2
—, to — the spinning solution under a vacuum 258.15
—, to — the wool grease 160.11
distillation 264.12
— under a vacuum . . 258.14
distilled water 219.8
— wool grease 160.12
distilling apparatus . . 156.23
distinguishing the cotton fibre from other fibres. 45.20
distribute, to — the leaf bits over the hurdle 198.22
distribution of the sericin on the silk filament 210.14
— of the wool on the body of the sheep . 131.20
district, breeding . . . 128.15
—, cotton. 35.18
—, silk growing 229.21
dithiocarbonic acid . . 279.4
diversity, chemical . . 16.21
divider 275.9
dividing the root stocks 106.18
dock company 32.17
— warrant 184.15
doctor knife 40.4
— knife, adjustable . . 40.12
doffer comb, tow . . . 89.9
—, tow 89.8
dog hair 188.9
—, sheep 137.17
domestic animal. . . . 26.9
— sheep 124.1
domesticated goat . . 127.2
Donskoi wool 166.10
double bored stopper . 292.21
— brushing machine . 112.20
— carrier 86.3
— clip 142.17
— clip wool. 167.11
— combed noil 169.7
— end reeling 221.5
— end, flossy 224.19
— filament 225.7
— rasping machine . . 111.6
— reeled raw silk . . . 225.1
— reeling 224.20
— refraction . . 13.1.2, 290.12
— roller gin 40.8
—, to 2.11
doubled garn 2.12
doubler. 2.14
doubling 2.10
— mill 2.13
douche, washing by . . 146.23
Doumer's retting method 69.19
down feather 239.13
—s, vegetable 62.15
downrights 309.17
downy covering of seed grain 36.16
— hair 175.5
draft. 30.11.12
drained soil 21.4
draining the degreased wool 153.6
— acid 251.11
draw, to — easily (wool) 138.6
draw, to — not easily (wool) 138.7
—, to — the leaf strips by hand between blunt iron blades . 107.15
—, to — test hanks . . 238.10
—, to — off the ammonia vapours 275.4
—, to — off the bur dust 163.10
—, to — out the capillary tube 276.13
—, to — out the filament 276.2
—, to — out the gelatine to filaments 286.19
drawers' own acceptance 30.16
drawing out in stages the filaments 287.18
— samples 184.23
—in roller 149.20
drawn out glass tube . 247.3
— out by its own weight 275.18
Dreaper's spinning apparatus 249.7
dress, to — the flax . . 73.3
—, to — the hemp . . 85.2
dressed sample 50.12
dressing the asbestos . 240.15
— the flax 73.2
— the hemp 85.1
— the sample 50.11
— board 73.7, 85.4
— frame 73.7, 85.4
— leather 73.6, 85.2
dried cellulose 269.5
— cocoon. 214.1
—, thoroughly. 80.10
drill sowing 23.12
—, dibbled 23.6
drinking tank. 134.7
drive, to — the flock to pasture 134.13
driving drum 253.2
— pulley 282.6
dromedary 126.9
drooping eared sheep . 125.8
droppings, taker-in . . 62.1
drops are formed . . . 273.19
dropsical silk worm . . 207.20
dropsy 207.19
drum 147.11
—, knife 108.2
drupe 118.8
dry cellulose 269.5
— feel 226.20
— process of degreasing the wool 155.16
— season of the year . 114.4
— spinning process . . 246.13
— steam 213.12
— weight 291.16
— weight, absolute 14.6, 47.9
—, to 7.1
—, to — the softened asbestos 241.7
—, to — with chaff . . 205.8
—, to — the cocoons . 213.6
—, to — by dry heat . 213.10
—, to — by dry steam 213.12
—, to — the eggs . . . 194.117
—, to — the fibres . . 112.13
—, to — the fibres in the open air 95.5
—, to — the filament 251.17, 252.2
—, to — the flax . 69.18, 70.1
—, to — on the glass bobbin 277.6
—, to — the hemp . . 80.7
—, to — the kapok fibre 63.13
—, to — in the kiln . . 83.2
—, to — the leaves . . 198.16
—, to — over heated rollers 252.2
—, to — before retting . 101.24
—, to — the seed 65.21, 78.16
—, to — the silk 237.17, 277.6, 282.13
—, to — the sinews . . 239.9
—, to — slowly. . . . 82.23
—, to — before sowing 65.21
—, to — the straw mat 205.4
— ,to — in the sun 70.1, 82.24, 213.8
—, to — under tension 282.13
—, to — up 280.8
—, to — the wool 149.2, 154.1
drying 6.24
— the cocoons 213.5
— of cotton 39.5

drying the fibres by suspending them . 107.22
— the filament before spooling 252.1
— of the flax 69.24
— by hot air 213.11
— of the silk 237.18
— of the stems 80.8
— in a vacuum 14.4
— of the wool 153.20
— apparatus . . 154.8, 252.3
— apparatus with drying reel 252.5
— apparatus, box . . . 155.4
— apparatus, wool . 154.19, 155.2.5
— barn 107.23
— chamber 70.3, 83.3, 150.5, 154.11, 237.6
— cylinder 149.4, 154.20, 251.12
— hurdle 83.1
— method . . . 154.2, 213.7
— oven, portable . . . 213.22
— pit 70.2, 83.4
— plant, wool 154.15
— reel 252.5
— stand 112.12
— stove 70.4
— temperature 213.20
—, artificial 154.10
—, non 294.6
—, preparatory 237.15
—, wool 146.11, 149.3
dubbing 160.8
duct of the gland . . 174.17
—, air 195.15
—, excreting 192.11
ductility . . . 244.18, 288.20
due date 30.15
dues, crane 33.4
dull appearance . . . 178.17
— looking fibre 11.20
— lustre . . . 179.15, 288.8.9
dulled artificial hair . 294.5
dung bits 172.10
durability of the dye . 14.21
duration of moulting . 206.2
— of nitrating process . 255.22
— of retting 68.19, 82.15, 94.14
dust, fan 61.23
—-free pasture 135.5
dusty cotton 60.19
Dutch marsh sheep . . 124.14
duty 33.9
— on silk 230.13
—-free raw material . . 33.15
dwarf mulberry tree . . 199.11
— species of tree . . . 19.10
dye house 5.14
— stuff 179.13
—, permanent 14.20
—, to 5.13, 120.6
dyeing 5.12
— capacity, high . . . 15.9
— capacity, low 15.10
dyer 5.15
dyery 5.14
dyeworks 5.14
dying of the leaves . . 79.15

E.

early flax 66.2
— frost 38.4
— maturity of the sheep 130.13
earth 21.11
—s, alkaline 265.22
earthenware exhauster . 256.19
— vessel 256.11
easily soluble 102.15
East India rubber tree 295.2
— Indian hemp 103.7
eccentric pulley 219.19
edge of blade . 72.11, 84.20
— of the holder plate . 89.1
— roller mill 85.21
— spines 109.9
—, outside — of the frill 132.17
edible banana 114.14
effect of chemical reagents 289.3
—, to — a cross . . . 128.22
—, to — a purchase . . 29.6
egg (s. a. seed) 37.12
— albumen 286.23
— for breeding purpose 194.23
— eating parasite . . . 196.3
— of fly 207.8
— laying butterfly . . . 190.13
egg shaped . . 118.10, 215.16
— suitable for breeding 195.1.2
— raiser 193.17
— rearing establishment 194.2
—, fresh laid 193.13
—, lens-shaped 193.12
—, oval 193.11
Egyptian cotton 58.24, 301.5
— cotton, brown . . . 59.1
eject, to — flossy filaments 211.4
elastic cocoon 216.12
— end 248.3
— feel 226.19
— fibre 12.5, 175.22
— limit 12.7
elasticity of the fibre . 12.6, 180.5
elder tree 204.2
electric contact 222.11
— de-woolling knife . . 144.19
— spark 247.21
electrical conductivity . 228.3
electrify, to — the silk by rubbing 228.1
electrolysis 291.14
elementary cell of the jute fibre 95.16
elements composing the silk filament . . . 225.16
—, cell 119.9
eliminate, to — the acid 163.15, 256.12
—, to — the acid in a hydro-extractor 161.17, 256.13
—, to — the copper from the acid 277.10
—, to — the loading matter from the silk 236.17
—, to — the unripe seed 78.23
—, to — unsuitable sheep 129.15
—, to — the water from... 153.9.10, 257.1, 277.1
elimination of air 246.5, 280.14
— of copper 276.16
— of diseased eggs . . 193.16
— of water 13.22
— of the weighting matter 236.18
elliptic cross section . 44.10
elm bast 120.21
elongation of the fibre . 12.2
— of the fibre at rupture 12.4
embedded, in 63.2
embroider, to 4.20
embroidering 4.19
embroidery 4.21
— works 4.22
embryo fibre . . . 16.5, 74.18
emerge, to (caterpillar) 196.13
—, to (butterfly) 191.2
—, to — from the nozzle as a filament . . . 248.16
emerged caterpillar . . 196.14
emerging of the butterfly 191.1
— of the larva 196.12
emporium 27.6
empty, to — oneself (glass nozzle) . . . 248.5
—, to — oneself (silk gland) 209.11
—, to — the vessel . . 274.8
emulsion 152.4
—, cloudy 151.23
—, wool grease 158.4
end, blunt 103.6
—, bottom (hair) . . . 143.17
—, elastic 248.3
—, head 171.15
—, tail 171.16
ends, dirty 169.24
—, gassed 169.22
—, waste 169.21
endless chain carrying the bobbins 253.17
— conveyor 155.3
— travelling lattice . . 155.3
endocarp, stonehard . . 118.15
engagement, Exchange 53.13
engineer, textile 7.19
enrich, to — oneself with copper 277.2
—, to — oneself by potash 157.11
enrichment with copper 277.3
entangle, to — the silk filaments 211.15
—, to — the staple . . 153.4
entangling of the wool fibres 153.1
enterprise, textile . . . 7.16
entrance to the cocoon 215.24
epicarp 118.12
epidemic disease of the worms 206.13
epidermis 173.19
Eria cocoon 214.12
— silk 232.2
— silk moth 190.7
Eriodendron anfractuosum 62.17
eriometer 179.20
Eriophorum vaginatum 115.13
erioscope 180.11
esparto fibre 116.16
— grass 116.17
— straw 116.19
essence, mirbane . . . 284.10
establishment, egg rearing 194.2
ester 292.11
— formation 255.21
— of acetic acid . . . 283.9
— of acetic nitric acid . 285.20
— of benzoic acid . . . 285.16
— of butyric acid . . 285.9
— of formic acid . . . 285.3
— of palmitic acid . . 285.11
— of phenyl acetic acid 285.14
— of propionic acid . . 285.8
—, acetic 284.8
—, acetyl nitric 285.20
—, cellulose 279.4
Esthonian flax 303.3
estimate, to — the lamb 129.13
estimating the lamb . 129.12
ether 156.6, 258.4
— fumes 263.17
—, acetic 284.8
ethereal solution . . . 258.5
ethyl acetate 262.5
— alcohol 267.2
ethylene chlorhydrin . 284.13
ethylic sulphuric acid 263.19
European cotton . . . 59.7
— raw silk 231.6
evacuation of the silk glands 209.12
evaporate, to — the carbon bisulphide . . 278.18
evaporation of water 13.23, 154.4
—, natural 154.3
even fibre 11.8, 74.9
— growth of hair . . . 173.6
— running crimps . . . 177.7
—-running grade . . . 55.22
—-running quality . . 52.5
— viscosity 244.21
— wool fibre 176.5
evening dew 135.4
evenly waved wool fibre 176.9
evenness of the wool fibre 176.4
evolution of ammonia . 182.9
ewe 130.1
— lamb 130.7
— two years old . . . 130.15
—, culled 129.19
—, feeble 131.19
—'s wool 167.6
examination of the cocoons 213.1
— for damage 49.3
—, microscopic (al) 180.13, 225.4
—, optical 290.10
—s on the production of artificial silk 291.3
examine, to — the cocoons 213.2
—, to — under the microscope 17.14, 225.5, 276.14
—, to — the wool . . . 179.5
excess of acid 163.14
— of tare 48.14
Exchange 27.13
— authority 28.1
— bill of lading . . . 49.13
— business 27.14
— centre 28.9
— engagement 53.13
— gazette 28.2
— official prices . . . 53.24
— quotation 53.24
— report 53.23
— rules 28.5
— speculation business . 53.3
— trade 27.19
—, cotton 49.19
—, silk 230.4
Exchange, wool . . . 185.8
excrete, to — fat . . . 174.15
—, to — a fluid 209.14
excreting duct 192.11
— part of gland 191.15
excretion of fat . . . 174.16
— of the sebaceous gland 174.18
—, structureless 209.15
excretory matter of the worm 209.13
exhaust, to — the air from 246.6
—, to — the soil . . . 36.2
exhausted degumming bath 233.23
— washing liquid . . . 266.24
exhauster, earthenware 256.19
exhaustion of the soil by flax plants 66.7
exhaustive working of the soil 21.21
exhaustor 154.14
expenses 29.13
—, local 49.1
—, transport 81.13
expensive 29.12
experiment station, agricultural 25.20
—al farm 25.20
expert 51.15
—, wool 187.4
explosive . . 156.15, 263.14.16
— power 46.17
— property 263.12
export 30.22
— business 55.2
— duty 33.11
— of silk seed 195.3
—, cocoon 229.18
—, cotton 54.23
—, wool 183.22
exporter 30.23
—, wool 184.1
expose, to — to solar radiation 213.9
—, to — to the sun . . 205.5
extension of the contract 53.10
extent of supply on the spot 186.17
external structure of the fibre 12.22
extra fine merino . . . 165.10
extract wool 170.10
—, chestnut 235.24
—, sumac 235.17
—, to — the burs mechanically 163.21
—, to — the colouring matter 228.14
—, to — the fat . . . 155.14
—, to — the fibres by tearing the leaves . . 116.21
—, to — the formic acid 102.5
—, to — the potash . 157.8
—, to — the solvent . . 245.8
—, to — the straw fibre 120.18
—, to — the water 14.3, 157.1
extracting ammonia, apparatus for 106.4, 277.11
— the burs by hand . 164.1
— the burs from the wool during carding . . 165.1
—, bur 160.15
extraction of asbestos . 240.10
— of fat 155.13
— of the fibre 7.14, 107.1, 110.7
— of fibres by hand 107.7, 111.1
— of fibres by machinery 111.2
— of the flax fibre . . 66.21
— of the hemp fibre . 79.21
— of the jute fibre . . 93.12
— of silk from the cocoons 217.19
—, mechanical 107.24
—, oil 80.24
—, time required for . . 157.3
extractor 156.19
extrafine 301.6
eye piece micrometer . 17.19
—, by the 186.24
eyelet, glass 221.3.14

F.

fabric 293.13
facilitate, to — the saponification 150.24
factory, spinning . . . 2.8

factory, trimming 4.17
Fagara silk 232.1
faint crimps 177.3
— surface striation 225.14
fair (cotton) 299.5, 301.11.14
— colour 59.24
fall in price 54.10
—, to — off in pieces (wool) 178.19
fallen wool 167.17
faller 71.3, 85.19
falling off of the pods 35.16
— off in quality 48.1, 51.23
fallow coloured cocoon 215.7
— ground 21.22
— pasture 134.24
fallowing of the field for several years 110.3
false binder 141.7
— bottom 149.11, 156.22
— packing 48.15
— sisal hemp 109.4
family of butterflies 189.10
— spinner 193.8
fan 153.19, 269.3
— for drying the leaves 198.17
— dust 61.23
fancy stapled cotton 61.3
— work 4.21
fanny 61.23
farm, experimental 25.20
—, hemp 78.4
—, sheep breeding 128.5
—, sheep — for wool 131.10
—, silkworm 195.8
farmer 25.11
—'s wool 165.22
farming of sheep for wool 131.8
—, silk worm 195.5
Faroe sheep 124.6
fast dye 14.20
fastness of the dye 14.21
fat 96.14
— for hooves 160.7
— for neat's feet 160.7
— of the tail 125.3
— cell 174.14
— contents of the soap 152.12
— dissolving 155.17
— dissolving agent 156.5
— dissolving capacity 156.1
— extraction 155.15
— extraction agent 156.3
— extraction apparatus 156.18
— particles 149.16
— rumped sheep 124.10
— tailed sheep 125.1
— tailed sheep with long tail 125.4
—, indecomposed 152.10
—, liquid vegetable 16.4
—, rancid 151.8
—, solid vegetable 16.3
fattening capacity of the sheep 132.23
fatty acid 151.5, 152.8
— acid ester of hydrolized cellulose 283.7
— lustre 179.18
— matter 158.17, 244.6
— substance 44.8
— tissue 206.3.4
fault in wool 178.18
faultless fleece wool 167.20
— reeling 220.8
faulty bale 43.10
— fleece wool 167.21
— variation in the wool 179.2
— wool due to overfeeding of sheep 179.1
feather 239.12
— beard 239.15
—, leaf 118.3
—, quill 239.14
feathered leaf 118.2
fee 51.18
feeble ewe 131.19
feed box 40.14, 42.15, 63.9
— lattice 40.15, 147.9
— motion, intermittent 71.10
— pipe 275.6
— pipe for seed cotton 39.2
— roller 149.19, 153.17
— table 71.6, 84.1
— tank 223.4
—, to — the caterpillar 197.22
—, to — the leaves automatically to the drum 111.10
feeder 275.6
feeding belt 148.2
— the caterpillars 197.21
feeding method of the sheep 133.14
— on pasturage 133.15
— rack 133.8
— rack with slanting bars 133.9
— rack with vertical bars 133.12
—, dry 133.17
—, stall 133.16
feel of artificial silk 288.8
— of the cotton 60.7
— of silk 226.11.12
— of the wool 177.9
—, compact elastic 226.18
—, cottony 226.21
—, dead 177.11
—, dry 226.20
—, elastic 226.19
—, firm 60.9
—, full 177.10
—, hard 60.10, 226.14
—, lofty 177.10
—, rough 60.11
—, scrooping 226.16
—, silky 177.13
—, soft 60.8, 226.17
—, springy 177.12
—, strawlike 285.21
—, towy 60.12
—, to — the cotton 60.5
—, to — rough 60.6
feet 172.5
Fehling's solution 292.13
fellmonger 145.1
fellmongered wool 143.19, 167.16
felt 3.4
— manufactory 3.5
—, asbestos 275.2
—, to 3.3
—, to — on the skin (wool) 143.23
felting 3.2
female animal 26.14
— butterfly 189.13
— cocoon 215.17
— hemp flower 77.20
— hemp plant 77.9
— moth, dead 194.5
— mulberry flower 202.17
— shearer 142.3
— stock, original 122.10
ferment bacteria 82.18
—, to (seed) 79.8
fermentation 67.14
—, acid 81.10
—, alkaline 81.11
fermenting process 67.14, 81.9, 102.13
ferrocyanide of potassium 291.9
ferrous chloride 258.22
— chloride solution, alcoholic 259.1
— sulphate 281.10
— sulphate solution 281.13
ferruginous soil 68.14
— water 82.3
fertile breed of sheep 131.3
fertility of the sheep breed 131.2
fertilized soil 21.6
fibre 8.5
— absorbing moisture 13.11
— of astrocargena vulgare 117.16
— of caryota urens 117.11
— of common broom 105.1
— easily detached from the seed 39.10
— not easily detached from the seed 39.11
— free from lignin 15.18, 44.17
— of greasy lustre 11.17
— of great strength 12.10, 105.8
— of irregular thickness 12.24
— obtained from old silk fabrics 9.13
— of the palmyra palm 117.10
— of the paper mulberry tree 104.12
— of phormium tenax 114.15
— saturated with moisture 13.18
— sensitive to acids 98.8
— showing cracks 12.1
— showing silky lustre 11.11, 74.7
— of silky lustre 103.8
— of sinews 239.6
— of Spanish broom 104.14
— of tendons 239.6
— of Yucca filamentosa 117.17
— ash, amorphous 16.19
— binder 141.3
— brushing machine 112.19
fibre bundle 221.7
— bundle, asbestos 240.7
— extracting machine, Boeken's 111.7
— extracting machine, Clarke's 108.4
— extracting machine, Crumb's 108.1
— extracting machine, Mc Lane's 108.5
— extracting plant 110.19
— extracting process 110.16
— point, fine 75.3
—, animal 9.2
—, artificial 9.7
—, asbestos s. asbestos fibre
—, bast 8.22
—, black 104.7
—, boony 15.17
—, bright silky 11.11, 74.7
—, brittle 11.23, 74.10
—, coarse 10.22
—, cocoon 188.19
—, cotton 43.15
—, curly 11.2
—, dark brown 104.6
—, delicate 10.13
—, dull looking 11.20
—, elastic 12.5
—, embryo 16.5
—, even 11.8, 74.9
—, fine 10.15
—, firm 12.8
—, fishbone-like 117.3
—, flattened 103.12
—, flax 75.12
—, flexible 10.10
—, fragile 11.23
—, fruit 8.24
—, glass 9.9
—, greasy 11.18
—, grey 14.18
—, hard 10.19
—, hemp-like 107.2
—, hollow 10.1
—, horsehair-like 104.3
—, hygroscopic 13.11
—, impure 15.3
—, leaf 8.23
—, long 10.3
—, lustrous 11.9
—, medium fine 10.17
—, mineral 8.14
—, mixed 45.19
—, natural 8.12
—, neppy 60.22
—, peeled 104.5
—, pliable 10.10
—, pure 15.2
—, ribbon-like 100.11
—, root 201.21
—, rough 11.21
—, seed 8.17, 43.16
—, short 10.5
—, silk s. silk fibre
—, silky 11.13
—, smooth 11.8, 74.9
—, soft 10.8, 74.8
—, specifically heavy 12.20
—, specifically light 12.19
—, spongy 13.7
—, stalk 8.22, 64.12
—, stem 8.22, 64.12
—, stiff 10.21
—, strong 10.23, 60.13
—, structureless 12.23
—, supple 10.10
—, technical 8.8
—, tender 10.13
—, tough 12.14
—, twisted 10.24
—, unpeeled 104.4
—, vegetable 8.16
—, wavy 11.5
—, weak 60.14
—, whitish 14.17
—, wool s. wool fibre
—, yellowish 14.19
fibrilla of wild silk 225.17
fibrillæ 19.1
fibroin 16.7, 210.2
— filament 210.5
— of the mulberry silk worm 210.6
— reservoir 191.14
— of the wild silk worm 210.7
—, fluid 210.12
fibrous components 102.18
— fleshy leaf 109.11
— growth 136.17.18
fibrous material 8.7, 119.8
— peat 115.19
— plant 18.11
—, of — nature 8.10
Ficus elastica 295.2
field 21.17
—, stubble 68.13
—, to leave in the 93.24
—s, sewaged 21.18
fig tree, Indian 203.22
filament built up of fibrillae 225.18
— with coating of metallic lustre 293.4
— drawn out by its own weight 275.18
— emerging from the nozzle 249.1
— obtained by spirally cutting a cylinder coating of collodion and glue 293.11
— poor in copper 276.18
— guide 221.1
—, artificial silk 242.7
—, cocoon 190.15
—, cupriferous 276.4.5
—, double 225.7
—, fine silk 217.4
—, fine single 243.1
—, flossy 211.4
—, malachite greenish 276.19
—, metal 9.10
—, silk s. silk filament
—, square 293.12
—, thin single 243.1
—, waterproof 277.7
filature 221.10
— silk of Japan 230.21
Filippi fluid 209.18
— gland 191.16
fill, to — the wool into bags 172.23
filling 3.12
— material 63.16
filter casing 282.2
— chamber 245.17
— cloth 245.18.19
— gauze 264.20
— paper shreds 255.4
— press 245.13, 268.13
— wadding 246.2, 264.19
—, to 158.18, 245.12, 291.7
filtering apparatus 148.8
— material 245.18
— material, choked 264.21
filtration through asbestos felt 275.2
final washing of the scoured wool 148.10
find, to — the titre of silk 238.4
fine (cotton, wool) 300.24, 301.7, 309.11
— (penalty) 51.19
— burring cylinder 164.12
— combing wool 168.18
— fibre 10.15
— fibre point 75.3
— fibred 99.7, 217.4, 241.11, 269.8
— grained 136.20, 216.13
— hackle 74.1, 87.4
— hackled hemp 89.13
— hackler 87.16
— hair 187.16
— merino 165.9
— number 239.2
— raw silk 231.14
— silk filament 217.4
— single filament 243.1
— striations 74.18
— Western Madras cotton 58.5
fineness of the fibre 10.16, 178.3, 217.3
— of the pin 87.9
— of wire 298.1
finger shaped 35.1, 77.15
finish, to 5.19
—, capable to take a 9.17
—, to give a 5.19
finisher 5.21
finishing 5.18
— hackle 74.1
— head and tail hackling 89.21
— house 5.20
— pressing 43.2
— processes for the filaments 251.16
— retting 68.18, 82.9
— scutching 72.2, 84.9
fir 116.8

fire, over an open 218.13
— pan of clay 197.4
—-proof asbestos 241.22
firing 38.3, 66.15
firm cocoon 216.6
— fibre 12.8
—, shipping 48.23
first knife 108.9
— pickings 38.11
— scutching of the flax 72.1
fish glue 286.13
fishbone-like fibre 117.3
fit for breeding 128.14
— for spinning 9.15
five-lobed leaf 34.14
fix, to — the character of the lamb 129.13
—, to — the grade of cotton 50.3
—, to — the molecules in a definite position 246.17
—, to — the stretched filament 249.6
fixed grade 55.19
— grids 71.15
— knife 40.4
— press box 113.1
fixing the difference in grade 47.19
— the filament 249.10
— of the price 53.16
— bath 253.4
flaccid wool fibre 177.22
flaky rubber mass 295.12
flank 132.7, 171.18
flannel wool 168.15
flask with flat bottom 292.20
flat cylindrical cocoon filament 225.8
— strips 62.4
— wild silk fibre 225.12
— wire 298.3
flatten, to — the slit straw blade 120.13
flattened fibre 103.12
— places in the wild silk filament 227.10
— straw blade 120.14
flax 1.4, 64.13, 302.17
— grown through brush wood 66.17
— grown for seed 65.1
— packed in bags 75.22
— packed in casks 75.23
— brake, Guild's 71.8
— breaking machine, Cardon's 71.11
— bundle 75.17
— comber 73.13
— cultivation 65.17
— cutter 73.10
— dealer 75.14
— dodder 66.13
— dresser's knife 73.4
— fibre 75.12
— field 65.16
— grower 65.19, 75.15
— hackling machine 74.5
— hand brake 70.9
— market 75.13
— parasite 66.8
— plant 64.15
— plot 65.16
— retting house 69.4
— scutching mill 71.18
— seed 65.11, 76.10
— seed cleaning apparatus 65.22
— stack 67.5
— store 76.1
— straw 76.14
— tow 76.22
— trade 75.10
— twister 66.12
—, air dry 67.3
—, American 65.15
—, broken 76.19
—, chemically retted 76.18
—, commercial 76.13
—, common 64.15
—, dew retted 76.17
—, dew retted Russian 302.18
—, early 66.2
—, Esthonian 303.3
—, hackled 76.21
—, late 66.4
—, May 66.3
—, over-retted 68.24
—, rattle 65.13
—, retted 76.15
—, Riga 65.12
flax, rough 76.14
—, Royal 65.14
—, Russian water retted 303.10
—, scutched 76.20
—, water retted 76.16
—, white flowered 65.15
flea beetle 66.9
fleece 136.7, 171.2
— of entangled staples 138.11
— showing partings 141.11.12
— with staples standing out individually 138.10
— washed 185.4
— washed wool 168.1
— wool 167.18
— wool suitable for combing 167.19
— wool, faultless 167.20
—, broken 172.6
—, bundled 143.4
—, cased 172.8
—, heavy 142.23
—, rolled 170.22
—, spread 171.10
—, torn 172.6
—, warmed 171.1
Flemish sheep 124.15
flesh 239.7
— side of the skin 144.2
fleshy leaf, fibrous 109.11
flexibility 179.22, 288.18
— of the fibre 10.11
flexible fibre 10.10
— straw blade 120.1
flinty soil 21.1
float, to 79.3, 219.10
floating cocoon 219.11
flocculent rubber mass 295.12
flock of sheep 134.13
— silk 214.8, 232.11
—s, milling 170.4
floor covering 205.6
— mat 205.6
Florida bowstring hemp 113.10
— cotton 57.10
— Sea-Island 56.21
floss 224.16
— silk 232.10
flossy double end 224.19
— filaments 211.4
— silk fibre 226.10
flour, cotton seed 36.11
flow, irregular 248.14
—, to — out through nozzles 246.21
flower 20.1
— of Asclepias cornuti 64.1
— of cotton plant 35.4
— of flax 65.10
— stem rich in pith 109.3
—s of sulphur 296.2
—, bunchy 115.6
—, male mulberry 202.18
—, yellow 93.6
flowering period 24.13
fluctuation, price 54.5
flue, air 153.18
fluff 224.16
fluid fibroin 210.12
— friction of the solution 244.22
— yolk 145.10
—, spinning 243.4
—, very 246.10, 263.18
fluidity of grease 146.2
— of the solution 245.2
— of the solvent 264.17
fluted disk 86.16
— roller 84.4
— roller, chilled 163.1
flutes, with triangular 71.5, 83.17
fly frame 2.3
—, card 62.5, 169.13
—, comber 169.9
—, roller 169.14
—, scutcher 61.22
—, spinning room 169.19
—, taker-in 62.2
—, uji 207.6
flyer frame 2.3
fob 32.21
fodder 198.11
— herb 135.10
— plant 135.10
—, charged with 175.11
—, green 133.18
—, straw 135.14
fold 134.20
—, to 7.7
folding 7.6
— the jute stricks 99.11
foliage 19.12, 198.3, 203.17
—, tender 202.16
follicle of the hair 174.4
food 130.20
— cutting machine 198.19
— plant 199.3, 203.7
—, damp 198.14
—, dry 198.15
foot locks 172.5
f. o. r. 56.6
force, to — down the prices 54.9
—, to — the solution into a bath 287.11
—, to — out under pressure 248.11
—, to — through capillary tubes 264.15
—, to — through a perforated metal plate 296.4
—, to — up the prices 54.6
fore-foot 191.7
—head 131.21
foreign body, adhering 15.6
— matters, adhering 90.17
— wool 165.19
forest, mulberry tree 200.19
form of nozzle 247.1
—, colloidal 245.5
—, to 151.23, 273.19
—, to — the cellulose into paste-board 244.16
—, to — a chemical combination 17.2
formaldehyde 156.9, 182.8, 254.6
— solution 156.10
formate 285.6
formation of ammonia 182.9
— of bubbles 246.3
— of the cocoon 209.9
— of drops 273.18
— of the filament 250.4, 258.20, 280.15, 286.10
— of hair 173.3
— of knots 153.21, 224.4
— of soap 152.3
— of spores 207.14
— of wool 173.2
—, ester 255.21
formiate 285.6
formic acid 100.6, 285.4
— acid, concentrated 285.5
— acid cellulose acetate solution 283.8
— acid salt 102.12
formylcellulose 285.2
forward, to 31.12
forwarding 31.10
— agent 31.11
— raw materials 31.9
foundation, salve 159.24
fracture of silk fibre 227.7
—, irregular 227.9
—, sharp 227.8
fragile fibre 11.13
fragility of the fibre 11.24
frame 204.19
—, dressing 73.7
franchise x per cent. 56.4
Fraxinus excelsior 203.13
free alkali of the viscose solution 279.11
— ammonia 150.22
— on board 32.21
— from copper 273.3
— copper hydrate 270.12
— of freight 32.5
— lying leaf fibre 107.21
— on quay 32.4
— on rails 32.3
— on rails contract 56.6
— from water 159.11
—, to — from air 280.13
—, to — from copper 276.17
—, to — the fibres from the leaf pulp 110.17
—, to — the kapok from seeds 63.4
—, to — the soap from water 152.16
—, to — the wool from the adhering washing liquor 153.5
freed from fat 255.17
— from hairs 36.18
freedom from duty 33.14
freeing from acid 163.13
— the leaf sheath from the pulp 107.20
— from nitrogen 46.19
freely suspended liquid cylinder 250.4
freeze, to — the ramie fibre from the stem 101.18
freezing of the fibre 101.20
freight 32.23
— free 32.5
French merino breed 123.4
— raw silk 231.9
— reeling 220.18
fresh laid egg 193.13
— leaf of the mulberry tree 198.4
— stem 101.15
—, to keep the leaves 198.24
freshly sheared wool 167.14
friable, to render 161.1
friction of the filament 251.3
— roller 222.7
—, fluid — of the solution 244.22
frill 132.16
Frisian sheep 124.13
front of head 131.21
frost, early 38.4
—, killing 38.4
frothy decoction 152.22
— solution 152.21
frozen ramie fibre 101.19
fruit 20.8
— capsule 20.4
— fibre 8.24, 117.18
— hair 20.5
— pulp of the coconut 119.1
— spadix 106.12
— wool 62.21
—, egg-shaped 118.10
—, ripe 114.12
—, single seed 118.9
Fucus vesiculosus 121.21
full feel of the wool 177.10
— grade 59.11
— grown silk worm 196.20
— ripeness of the flax 66.20
—, to 6.3
fulling 6.2
fully good 301.1
— good fair 301.3.9
— good middling 299.11
— good ordinary 300.5
— low middling 300.1
— low ordinary 300.12
— manufactured article 7.22
— middling 299.15
— middling fair 299.7
— ordinary 300.9
fumes, ether 263.17
—, sulphur 213.19
fumigate, to — the rearing room 209.2
fumigation of the rearing rooms 209.1
fungus growth 207.11
—, root 203.8
—, white 207.12
funnel 251.4, 282.4
— tube, bent 248.9
—, glass 249.19
—, wooden 223.16
furrow of the soil 22.8
futures to arrive 55.14
— for shipment 55.13
— standard 50.6
— trade in wool tops 185.17
fussy silk fibre 226.10

G.

galetta 232.14
Galician hemp 92.2
gall nut decoction 235.8
gallic acid 286.7
galvanized wire netting 155.1
gangue 26.20
garden, mulberry tree 200.20
gas absorption 183.9, 228.5
— bubble 68.2
— heating 237.12
— lime 144.4
—, noxious 256.17
—, suffocating 213.16
gaseous sulphur dioxide 262.4
gasoline 264.6
gass, to 6.1
gassed ends 169.22
gassing 5.24
gastric juice, alkaline 208.13
gather, to — the cotton 38.21
gathering the cotton 38.20
gauge of the hackle pin 87.8

gauge, crimp 179.24
—, curl 179.24
—, cutting 121.11
gauze, filter 264.20
—, silk 246.1
Gebauer's sectional bleaching boiler 269.17
geest sheep, North German 124.9
gelatine 261.8, 286.12
— filament, insoluble 286.20
— silk 286.11
— solution 286.15
—, aqueous 280.7
—, commercial 286.14
gelatinous mass 280.5
— sodium salt 279.7
— swelling up 288.17
geld, to — the lamb 130.8
gelding 130.9
genuine banana 114.14
— gold wire 297.3
— silver wire 297.10
germ of disease 206.19
— of hair 173.8
German heath sheep 124.8
— heath sheep wool 165.12
germinate, to 23.20, 79.11
germinating power of the seed 22.22
—, capable of 79.10, 22.21
gestation 129.9
gid 136.5
gilding the silver wire 297.7
gin 39.18
— house 38.23
—, Churka hand power 39.17
—, double 40.8
—, kapok 63.7
—, knife roller 40.9
—, Macarthy 40.2
—, roller 40.1
—, saw 40.13
—, to 39.9
—s arranged in rows 39.1
ginned cotton 39.13
ginnery 38.23
ginning of cotton 38.22
— machine, kapok 63.7
give, to — a false twist 221.9
— ,to — the hemp a head and tail hackling 89.20.22
—, to — an opinion on 51.17
glacial acetic acid 183.7, 289.8
— acetic acid containing sulphuric acid 284.8
gland, Filippi 191.16
—, sebaceous 174.13
—, silk 191.11
—, sudoriparous 174.19
—, sweat 174.19
glass 1.18, 298.7
— blower 276.12
— bobbin 275.11
— capillary tube 276.8
— eyelet 221.3.14
— fibre 9.9, 298.8
— filament 298.8
— funnel 249.19
— nozzle 247.2, 248.7
— silk 298.9
— spinning 298.12
— tap 275.8
— thread 9.9
— tube, drawn out 247.3
— wadding 298.11
— wool 298.10
— works 276.11
glassy lustre 11.16, 179.17, 288.7
— transparency 288.11
glittering lustre 288.6
globular cocoon 215.14.22
— seed pod 93.8
glucose 271.18
— bath 235.22
glue, fish 286.13
—, soap 152.14
gluey substance 286.16
gluttonous caterpillar 198.1
gluttony of the worm 197.23
glycerine 151.4, 271.16
— solution, aqueous 258.2
gnawed cocoon 217.14
goat 127.1
—, Angora 127.3
—, Cashmere 127.4
—, domesticated 127.2
—, Tibetan 127.4
—-like sheep 131.16
—'s hair 187.22
gold covered wire 297.5
— plated wire 297.5
— wire, alloyed 297.2.4
— wire, genuine 297.3
— wire, imitation 297.22
—, new 297.24
—, old 297.23
golden hemp 78.1
— yellow cocoon 215.3
Gomphocarpus fructicosus 64.7
Gooch crucible 291.10
good (cotton) 301.2.8
— character of the wool 177.17
— colour 59.24
— fair 301.4.10.13
— middling 299.13
— ordinary 300.7
—s 28.10
—s, marketable 28.11
Gossypium 34.6
— acuminatum 37.4
— arboreum 34.11
— barbadense 37.2
— brasiliense 37.4
— herbaceum 34.7
— hirsutum 37.3
— peruvianum 37.4
grade 59.9
— according to colour 59.23
— of cotton 50.3
—, average 55.21
—, better 52.4
—, even-running 55.22
—, fixed 55.19
—, full 59.11
—, full — below contract 52.1
—, on guaranteed 55.20
—, half 59.12
—, half a — below contract 52.2
—, quarter 59.13
—, standard 59.10
—, to — the cotton 61.10
—s of Manila hemp 307.6, 308.4
gradually, to hackle 73.17
graduated vessel 268.9
graft 201.13
—, to — the scion 201.11
grafting 201.10
— band 201.15
— the sprigs 201.12
grain (s. a. seed) 239.4
— of cotton seed 35.11, 36.14
— of seed, dark green 36.23
— of seed, green 36.21
— of seed, smooth black 36.19
— rearer 193.17
— rearing 193.18
— soap 152.17
—, industrial 194.1
—, silk 193.10
granular layer of sericin 225.21
grape sugar 271.18
— sugar bath 235.22
grass 135.12
—, wild growing 116.20
—, to — the hemp straw 80.1
grassing 68.10.18
grate 40.6
grating, wooden 87.14
gravity, specific 12.21
gray cocoon 215.4
— fibre 14.18
grayish green leaf 109.15
— white 43.21
graze, to (sheep) 134.19
grease, natural — in the wool 145.23
—, solidified 146.5
—, wool s. wool grease
greasiness of the fibre 11.19
greasing of the sheep 146.7
greasy fibre 11.18
— lustre, of 11.17
— wool 145.20, 167.22.23
great stinging nettle 100.4
Grecian raw silk 231.7
green cocoon 215.5
— cocoon spinner 189.17
— lime 144.4
— manure 21.13
—-seeded cotton 36.22
— retting 68.11
— vitriol 281.10
— waxy yolk 145.12
greenish asbestos fibre 241.16
— blue colouring of the jute fibre 97.9
— blue leaf 109.14
— colour 74.13
greenish-gray hemp seed 78.20
gregarious species of caterpillars 197.9
grey s. gray
grid 40.6
—, adjustable 164.14
—, fixed 71.16
grind, to — up the asbestos 241.1
grinder, shear 142.1
gripping mechanism for the leaf sheaths 108.6
gritty wool 168.4
groove in the rope pulley 112.7
—, rough 40.5
—, trapeziform 164.19
grooved leaf 109.12
gross weight 29.21
— weight of silk 234.13
ground asbestos 241.4
— cellulose 119.15
— crop 38.11
— flea 66.9
— tint of the fibre 14.16
—, fallow 21.22
groundnut oil soap 233.11
group of caterpillars 196.17
— of pith cells 16.1
grow, to 24.9, 173.5
—, to — in bunches 115.7
—, to — cotton 35.20
—, to — flax 65.18
—, to — the flax through brush wood 66.16
—, to — hemp 78.8
—, to — in panicles 77.21
—, to — in plantations 110.1
—, to — quickly 196.16
—, to — silk 189.3
grower, flax 65.19, 75.15
—, hemp 78.9
growing time of plants 24.8
growth of plants 24.7
— of wool 173.4
— of the worm 196.19
—, dense — of plants 24.5
—, even — of hair 173.8
—, fibrous 136.17.18
—, horizontal — of binders 141.4
—, regular — of hair 173.6
—, vertical — of the wool fibres 138.19
grub of the cockchafer 66.11
guaiacol 284.17
guanaco 126.13
— hair 188.5
guarantee of quality 56.3
guaranteed grade, on 55.20
— sample 56.2
Guiana cotton 57.23
guide for cocoon filament 223.2
— of copper wire 263.4
— comb 263.3
— plate 41.6
— pulley 111.14
— rail for the clamps 89.2
—, filament 221.1
guiding, rope 111.12
Guild's flax brake 71.8
Gulf (cotton) 57.1
gum elastic 294.9
—, silk 16.8
—, vegetable 16.6
—-like covering of the cocoon filament 218.4
gummy matter 16.6
— matter difficult to dissolve 228.9
guncotton 46.15, 255.8
— soluble in ether 46.18
— fibre, explosive 263.16
gunny 92.13
— bag 42.17

H.

habits of the sheep 130.18
hackle 73.15, 87.6
— bar 89.3.6
— clamp 88.2
— pin 73.16, 87.7
— strip 89.3
—, coarse 73.18, 87.3
—, fine 74.1, 87.4
—, finishing 74.1
—, middle 73.19
—, rougher 73.18
hackle, to — the flax 73.12.17
—, to — the hemp 87.2
—, to — the tow of fine quality hemp 90.3
hackled flax 76.21
— hemp 91.15
— hemp strick 89.10
— hemp, fine 89.13
— hemp, hand 91.16
— hemp, machine 91.17
hackler 73.13, 87.15.16
hackling of fine qualities 89.12
— of the flax 73.11
— of hemp 87.1
— to a high degree of fineness 74.2
— the tow of twice head and tail hackled hemp 90.1
— bench 74.3
— machine with automatic screwing apparatus 88.1
— machine, flax 74.5
— machine, hemp 87.18
— room 73.14
— sheet 89.6
—, hand 87.5
—, machine 87.17
hair 1.12, 187.12
— brittle at the tip 177.24
— containing medullary substance 181.9
— bulb 174.6.7
— covering 131.12
— fibre 15.5
— hygrometer 14.10
— producing animal 126.8
— root 174.8
— sac 174.4
— scale 180.19
—, animal 9.3
—, artificial s. artificial horse hair
—, brittle 177.23
—, coarse 187.17
—, downy 175.5
—, fine 187.16
—, hard 187.14
—, human 187.18
— inelastic 175.21
—, long coarse 175.6
—, short bristly 175.7
—, soft 187.13
—, stiff 187.15
—, vegetable 8.18
haired caterpillar 197.8
— tail 124.3
hairless caterpillar 197.7
hair-like structure 173.7
hairy 19.21, 35.2
— appendage of the cell 36.17
— cotton 37.3
— wool 178.1
half boiled silk 234.11
— bred 128.24
— grade 59.12
hank, Japanese 230.20
—, silk 231.18
hand brake 70.9, 83.13
— ginned cotton 39.15
— hackle 73.15
— hackled hemp 91.16
— hackling 87.5
— knitted hosiery 4.8
— rake 148.15
— sample 75.16
— scutching 72.3, 84.10
— scutching frame 72.4, 84.12
—, to give on 28.21
handfull of flax 70.15
handle 85.8
— of the cotton 60.7
— of flax 70.15
hang, to — up the cleaned skins on poles 150.4
hard doubled waste 62.9
— feel 226.14
— root ends 99.9
— soap 151.12
— waste 62.8
— water 67.23, 81.23, 219.6
harden, to — the sheep 130.23
hardened sheep 130.22
hardening of the sheep 130.21
hardness of the fibre 10.20
harl 65.5
— flax 64.17
hare's hair 188.12
harsh wool 175.22, 178.6
harvest 24.21
—, to 120.2

hatch, to — the eggs . 196.6
hatching apparatus . . 196.2
— chamber 195.16
— the eggs in cells . . 196.5
— house 195.12.13
— period 196.8
haunch 171.20
hawthorn leaf 204.8
hay 133.19
head end of the fleece 171.15
— locks 172.2
— and tail hackling finishing 89.21
— and tail hackling, hemp 89.17
— and tail hackling of hemp, second . . . 89.19
healthy mulberry leaf 198.5
— seed 193.14
— wool 175.17
heart-shaped leaf . . . 202.5
heat conductivity 13.5, 227.23
— conductivity, bad (poor) 241.20
— regulator, selfacting . 237.14
—, dry 213.10
—, to — the jute fibre away from the air 96.21
—, to — the nitrocellulose 257.3
—, to — the testing oven by gas 237.11
heated roller 252.1
— room 162.8
— steam 151.6
heath sheep, German . 124.8
heating by coal pans . 197.5
— by gas 237.12
— pipe . . . 154.13.17, 237.7
— plant 162.9
heavily fleeced sheep . 131.14
heaviness of fleece . . 131.14
heavy fleece 142.23
— metallic salt 281.9
— seed 79.1
— yolk 145.11
heckle s. hackle . . . .
heckling s. hackling
hedge plant 109.5
helical blades 40.10
— twist of the fibre . 44.4
Heliothis armiger . . . 37.9
helmet-shaped casing . 267.6
hemp 1.5, 77.1, 305.1
— for rope making . . 91.20
— used for shoemaker's thread 91.19
— ready for spinning . 91.18
— bale 92.12
— bast, artificial . . . 293.1
— bundles 81.17
— crop 79.22
— crushing mill 85.21
— dressers's knife . . . 85.6
— farm 78.4
— fibre free from chaff (boon) 90.4.15
— fibre, boony 90.13
— field 78.6
— flower, male (female) 77.19.20
— fruit of nut-like shape 77.22
— grower 78.9
— hackling machine . . 87.18
— hard 92.6
— head and tail hackling 89.18
— knifing machine . . 86.15
— land 78.5
— leaf, finger-shaped . 77.15
— oil 81.1
— parasite 79.12
— plant 77.3
— plantation 78.7
— plot 78.6
— root 77.12
— seed 78.14
— seed capable of germinating 79.10
— seed oil 81.1
— seed, black 78.21
— seed, bright 78.19
— seed, greenish-gray . 78.20
— seed, ripe 79.5
— seed, sterile 78.24
— seed, white 78.22
— shrub 77.11
— softener 85.18
— stem, many branched 77.14
— straw 91.5
— strick, hackled . . . 89.10
— strick, twisted . . . 86.5
hemp tow 92.6
— trade 91.3
— waste 92.4
— yarn net 205.21
—, beetled 91.11
—, broken 91.9
—, bushy female . . . 77.10
—, clean 91.18
—, common 77.3
—, cut 91.14
—, female 77.9
—, fine hackled 89.13
—, golden 78.1
—, hackled 91.15
—, hand hackled . . . 91.16
—, injured 91.23
—, knifed 91.14
—, loosely leafed male 77.8
—, machine hackled . . 91.17
—, male 77.7
—, Manila 1.8, 307.5
—, Neapolitan 305.19
—, outshot 91.23
—, rubbed 86.4
—, raw 91.10
—, retted 91.6
—, scutched 91.12
—, Sisal 1.9
—, soft fibred 92.5
—, sorted 80.3
—, spoiled 91.23
—, stripped 91.8
—, Upper Italian . . . 305.2
—-like fibre 107.2
henequen 113.14
herb 18.20
herbaceous cotton plant 34.7
herbivore 127.11
hereditary disease . . . 207.3
herringbone incision . . 295.6
heterogeneous mating . 129.5
Hevea brasiliensis . . . 295.1
— guianensis 294.17
hexanitrated cellulose . 46.15, 255.8
hibernation of the pupa 212.9
hide of the sheep . . . 144.21
high coloured 60.3
— curved crimps . . . 177.1
— dyeing capacity . . . 15.9
— lustre wool 178.15
— mountains 135.17
— pasture 135.7
— percentage collodion solution 259.11
highest bidder 186.5
— court of appeal . . . 51.8
highly concentrated spinning solution . . . 258.16
— nitrated cellulose . . 256.5
hind leg 132.6
histologic structure of the plant 18.16
— structure of the gland 191.12
histology 18.17, 173.1
hock 132.9
hoe cultivation 22.1
Hoffsflax, Riga 303.20
hog 130.12
— wool 167.5
hold 43.13
—, to — a cocoon market 229.15
—, to — the fleece together in shearing . 142.11
holder 71.14, 88.2
—, nozzle 248.8
hole retting for blue flax 68.8
—, adjustable 247.15
hollow cylinder 212.16
— fibre 10.1
— stinging hair of the leaf 100.5
holly oak 203.15
holm oak 203.15
home grown wool . . . 165.18
homogeneous mating . 129.4
— nature 242.14
— silk fibre 226.3
— structure, of 210.18
hood, wooden 269.2
hoop 48.11
—, iron 42.19
hopper, perforated . . . 147.16
horizontal path of the filaments 250.3
horn 191.5
—, crescent shaped . . 123.15
—, spiral-shaped . . . 126.5
hornblende asbestos . . 240.4
horned animal 127.6
— sheep 124.4, 127.7
hornless sheep 127.8
hornlike body 280.4
— layer 15.22, 173.20
— scale 15.23
— tissue 15.21, 181.17
horse gear drive . . . 71.7
— hair 187.19
— hair, artificial s. artificial horse hair
— hair-like fibre 104.3
horticultural method of preparing the soil . 22.8
hose pipe, washing by 147.1
hosiery 4.3
—, hand knitted . . . 4.8
—, to knit 4.2
— knitter 4.5
— knitting 4.1
— mill 4.4
hot air 213.11
— soda solution . . . 282.11
— solution of tannic acid 235.11
— water bath 218.6
— water retting . . . 69.7
house, commission . . . 53.14
—, conditioning . . 47.3, 187.9
—, sheep 133.5
—, silkworm 195.12
—, sorting 170.17
housing the caterpillars 204.11
hull (seed) 60.21
human hair 187.18
humidity 13.9, 154.5
—, absolute 14.7
—, relative — of the air 14.9
humus, abounding in . 20.22
hundredweight 76.8
Hungarian raw silk . . 231.12
— wool 166.5
hunger wool 178.22
hurdle carriage 162.12
— with wire netting . 162.13
—, sorter's 170.19
husk (seed) . . 60.21, 254.19
— of fruit 118.12
—s (silk waste) 232.12
hut, spinning 211.2
hybridization of the seed 22.18
hydrate of potash . . 151.15
—, carbon 271.21
—, cellulose . . 269.12, 291.17
—, pyroxyline 257.10
—, regenerated cellulose 265.15
—, sodium . . 272.16, 278.16
—, undissolved copper . 270.12
—, to 269.16, 270.11
hydrated cellulose . . 291.18
— lanoline 159.10
— nitrocellulose 256.24
— stannic chloride . . . 236.8
hydration of the copper 270.10
hydraulic bale press with fixed press box . . 113.1
— press 42.6
hydraulically, to press 183.15
hydrocarbon, liquid . . 264.8
hydrocellulose . . 161.5, 284.4
—, disodic 269.14
hydrochloric acid 17.9, 182.18
— acid, concentrated 182.19, 292.6
hydro-extractor 153.11, 161.18
—, acid 256.14
hydrogen 44.21
—, sulphuretted 213.17, 278.12
hydrolized cellulose . . 283.7
hydrolysis of the cellulose 262.8
hydrometer 152.18
hydroprotoxide of copper 270.20
— of nickel 272.8
hydrosulphite of sodium 97.5
hydroxide of copper salt 271.1
—, alumina 261.14
—, aluminium 274.19
—, copper 270.19
—, magnesium 274.18
hygrometer, dry and wet bulb 14.12
—, hair 14.10
hygroscopic 13.11
— property 288.14
hygroscopicity 288.14
hypertrophy of the wool fibre 178.20
hypochlorite solution . 269.20
hypochlorous acid . . 228.23

I.

ignition, spontaneous . 236.25
ilex 203.15
ill with lime disease . . 207.17
— with sleeping sickness 208.16
imbedded in rock . . . 26.21
imitation gold wire . . 297.22
— silver wire 297.14
— wire, partial 297.15
immature cotton . . . 61.18
immerse, to — the hemp bundles 81.17
immersing roller 149.8
impartiality 51.1
imperfect acetylization . 283.19
impermeability of filament 277.8
implements, rearing . . 196.1
import 30.24
— business 55.1
— duty 33.10
— of eggs 195.4
importer 31.1
—, wool 184.2
impregnate, to — with a chloride of calcium solution 259.20
—, to — the silk filament 254.7, 265.2
—, to — with sulphates 94.17
—, to — by sulphuric acid 161.12
impregnation with sulphates 94.18
improvement of the cotton fibre 46.4
— by grafting 201.10
improving the quality of wool 128.20
impure fibre 15.3
— raw viscose 279.14
impurities in the solution 245.11
— of the wool 145.6
—, insoluble 149.13
impurity 61.14
—, sulphurous 279.15
incision, herringbone . . 295.6
—s, to make — in the bark 295.4
incline, to — the reel . 252.7
inclined reel 252.6
incombustibleness of asbestos 241.21
incomplete retting . . . 82.12
increase of yield . . . 244.9
—, to — the strength of artificial silk 254.3
—, to — the viscosity . 273.21
increased demand . . . 186.15
incrusting ingredient of the cellulose 255.15
incubation period . . . 196.8
incubator 196.2
indecomposed 152.10.11
India rubber . . . 1.16, 294.9
Indian bowstring hemp 113.8
— cotton 58.2, 300.22
— fig tree 203.22
— grass 92.13
— Mezankoora silk . . 232.6
— mulberry tree . . . 199.19
— nettle 100.18
— oak silk moth . . . 190.3
— raw silk 231.1
— saffron fibre 105.19
— tussur silk 231.24
indication of staple . . 59.15
indifferent salt solution 274.14
indigenous sheep . . . 122.6
individual spinner . . . 193.7
— stand of the staples . 138.9
— wool fibre 180.9
inductile fibre of great strength 114.10
industrial grain 194.1
— seed raising 193.19
industry, textile . . . 7.13
inelastic hair 175.20
inextensible fibre of great strength 114.10
infected box 194.10
— with spotted disease 208.11
— worm 206.15
infection 206.14
inferior (cotton) . . . 300.14
— to the grade contracted for 51.24
— jute 99.8
— skin 144.1
— wool 172.14

inferior, to become . . 143.24
inflammability . . 13.6, 263.15
influence of climate on the breed 197.16
—, climatic 135.18
—, noxious 102.4
ingredient, incrusting . 255.15
—, mineral 16.11, 45.2
inheritance 129.2
injured hemp 91.23
inland transit by water 48.19
inlet for the ammonia . 268.6
— for the cuprammonium 268.7
— for the solution . . . 268.5
—, compressed air . . 268.8
inner lining of the cocoon 212.12
— membrane 192.3
— root sheath 174.11
— thigh 132.10
inorganic nutricious substance 133.23
— salt 265.3
— substance 16.10
insect 26.12
—, silk eating 217.18
—, silk spinning 189.8
insensibility to acids . . 182.16
insensible to alkalies . . 182.7
— to moisture 13.21
insoluble sulphide of iron 281.14
— in water, to make the gelatine 286.17
installation for the production of cuprammonium silk 268.1
insurance of cargo . . . 33.5
— of the probable profit 33.6
—, marine 33.8
—, war 33.7
integument, horny . . . 180.18
intensive system of breeding 195.10
intercellular space 95.13, 106.7
— substance 90.16
interchange, to — the choked nozzle . . . 275.13
interchangeable filter cloth 245.19
interlace, to — the bamboo sticks 204.18
—, to — the leaf feathers with each other . . 118.5
interlacing of the wool fibres 153.1
intermediary 27.9
— trade 27.8
intermittent return feed motion 71.10
intermittently spun cocoon 216.2
internal thread 250.13
international number . 239.5
interrupt, to — the spinning process 211.13
interrupted nourishment of the wool fibre . 173.12
interspersed with mussels 239.19
intestinal canal 191.10
invoice 29.17
— weight 29.23, 52.14
—, according to 30.1.2
iodine 17.8
—-glycerol-sulfuric acid colour blue to violet 45.17
— solution 97.13
—-sulphuric acid . 90.18, 75.8
iron 16.18
— blade, blunt 107.15
— hoop 42.19
— tie 42.19
— wire 297.21
irregular cross section of fibre 9.21
— discharge of the solution 248.14
— fracture of wild silk 227.9
— thickness 226.6
irregularly spun cocoon 216.4
— thickened bast cell . 96.6
— waved wool fibre . . 176.10
irrigate, to — the fields 21.17
irrigating the bobbins 253.13
isinglass 286.13
isocholesterine 159.15
Istle fibre 117.15
Italian hemp 92.3
— Marzolano straw . . 119.20
— raw silk 231.8
— reeling 220.17

J.

Japanese cotton . . . 58.17
— hank of raw silk . . 230.20
— mulberry tree . . . 104.11
— nut spinner 190.6
— oak 203.16
— oak silk moth . . . 190.9
— raw silk 230.19
— type of cocoon . . . 214.14
jellies, vegetable 242.13, 287.19.22
jet-black tint 117.9
Joanovich 59.2
judge, appeal 51.10
—, to — by the eye . . 186.23
—, to — the wool . . . 186.22
judgement of the appeal committee 51.11
judging the quality of the wool 186.21
juice, alkaline gastric . 208.13
juniper oil 264.4
jute 1.6, 92.13, 306.5
— ash free from crystals 96.18
— bagging 42.18
— fibre 93.13
— fibre, boony 96.7
— leaf, green 93.4
— plant 92.15
— plant, wild 92.17
— seed 93.11
— trade 98.18
—, fine fibred 99.7
—, inferior 99.8
—, loose 99.2
—, new crop 99.4
—, non-graded 99.1
—, non-sorted 99.1
—, old crop 99.3
—, raw 98.19
—, seed podded 92.18
—, sorted 99.6
—, unpacked 99.2
—, wet packed 99.15

K.

kapok 62.16
— cleaning 63.12
— fruit, oblong-ovate . 62.18
— fruit, ripe 62.20
— gin 63.7
— seed oil 63.17
— tree 62.17
— twirling machine . . 63.7
—, pressed 63.15
Kaselowsky's brake . . 70.11
kauri grass 105.18
keep, to — apart from each other 196.17
—, to — dry 205.7
—, to — cool 273.14
—, to — in cooling chambers 194.22
—, to — the fresh . . . 198.24
—, to — the wool in an open condition . . . 163.3
keeper of the cotton association room 49.24
—, warehouse 184.19
keg 87.3
keratine 180.16, 181.17
kidney-shaped cocoon . 215.18
— cross section 44.11
kill, to — the pupa . 213.4.13
killing 133.3
— frost 38.4
— the pupa 213.3
kiln 83.2
kilograms, 50 . . . . . 76.8
kind o silk 230.9
— of soil 20.21
—s of raw materials . . 8.11
—s of wool . . . 165.6, 167.2
knead, to — the rubber 295.21
—, to — the spinning paste 262.10
knife for cutting up the leaves 198.20
— drum 108.2
— roller 70.13
— roller gin 40.9
— for unhairing . . . 144.17
— for unhairing, electric 144.19
—, beater 40.3
—, circular 295.17
—, cutting 107.6
—, doctor 40.4
knife, first 108.9
—, fixed 40.4
—, flax-dresser's 73.4
—, hemp dresser's . . . 85.6
—, plain 107.18
—, scraping 144.17
—, second 108.10
—, stripping 108.3
—, tapping 295.5
—, toothed 104.19
—, to — the hemp stricks 86.14
knifed hemp 91.14
knifing the hemp . . . 86.13
— disc 86.17
— machine, hemp . . . 86.15
knit, to 4.7
—, to — hosiery 4.2
knitter 4.10
knitting 4.6
— works 4.9
knock, to — the burs out 164.18
—, to — with a wooden mallet 83.8
knot 224.3
— preventer 224.5
—, silk 230.20, 231.18
knot-like thickening of the sericin 226.1
knotter, automatic . . 223.9
knotty silk thread . . . 224.2
— swellings 75.2
kodzu fibre 104.12
Königsberg hemp . . . 91.21

L.

labour, animal 21.23
—, manual 21.24
labourer 25.15
laciniate leaved mulberry tree 199.16
lack, to — character . . 177.18
lactate of sodium . . . 259.17
lactic acid 272.19
lactose 271.19
laden with burs 146.9
lamb skin 143.9
—, castrated 130.3
—, male 130.6
—'s wool 167.4
—s, twin 129.11
lambing 129.10
lamp, spirit 47.5
lanceolate leaf . . . 65.9, 77.18
land cultivated for hemp raising 78.5
— owner 25.10
—, low 135.15
landing stage 32.10
— weight 49.16
lanoline 159.9
— cream 160.2
— manufacture 159.7
— milk 160.3
— pomade 160.1
—, crude 159.8
—, hydrated 159.10
large meshed cocoon . 216.10
— petalled flower . . . 35.6
—-leaved mulberry tree 199.10
larva 196.12
— of boll weevil 37.13
— of fly 207.9
lasting dye 14.20
late flax 66.4
— pickings 38.14
— silk worm 206.10
latex, rubber 295.7
lath, bevelled 252.8
lather 233.8
lattice skip 161.13
— wall 85.10
—, endless travelling . 155.3
—, feed 40.15, 147.9
—, hackle bar 88.6
—s, offset travelling . . 155.2
law, to go to 50.24
lay, to — the burs open 164.17
—, to — eggs 190.12
—, to — the fibres in parallel order 90.2
—, to — the wool on the combing cylinder . . 164.20
— out, to — land for cultivation 20.20
layer 201.2
— of chaff 205.10
— of filament 211.16
— of peat dust 205.11
layer, cortical 174.23
—, horny 15.22, 173.20
—, Malpighian 173.21
—, mucous — of the cuticle 173.21
—, rooted 201.5
laying of the eggs . . 190.14
lead basin, semi-cylindrical 275.12
— lined boiler 69.14
— salt 236.15
—, to seal with 50.13
leaf 19.14
— of cotton plant . . . 34.13
— of the jute plant with dentate margin . . 93.2
— with little sap . . . 19.16
— of the stinging nettle 204.8
— bed of the worm . . 199.1
— bit 198.22
— bundle 110.15
— clippings 198.21
— covered cocoon . . . 216.19
— crop 110.10
— feather 118.3
— fibre 8.23, 105.20
— fibre, free lying . . . 107.21
— point 79.18
— pulp 110.17
— rust 203.2
— sheath 106.5, 114.13
— sheath fibre, tough . 117.4
— stalk 19.18, 77.17, 118.4, 202.8
— stalk, brittle 101.2
— stalk, hairy 35.2
— stripper 202.14
— vein 202.6
— waste 112.23
— wood cellulose . . . 119.13
— yield 110.11, 202.15
—, bright green 109.13
—, cordate 202.5
—, dark green 109.16
—, dentate(d) . . 77.16, 202.3
—, feathered 118.2
—, five-lobed 34.14
—, fresh 198.4
—, grayish green . . . 109.15
—, green jute 93.4
—, greenish blue . . . 109.14
—, grooved 109.12
—, healthy mulberry . . 198.5
—, heart-shaped . . . 202.5
—, hairy 19.21
—, leathery 115.3
—, lobated 19.17
—, lobed 19.17, 202.7
—, long sword-like . . . 116.14
—, long-stalked 19.19
—, orbicular 202.4
—, ovo-lanceolate . . . 93.3
—, sappy 19.15
—, short-haired 19.22
—, short-stalked 19.20
—, spiny 116.15
—, split 115.5
—, succulent 19.15
—, sword shaped . . . 115.2
—, thick fleshy 114.2
—, tough 116.18
—, undivided 202.2
leaves arranged alternately 19.23
— arranged opposite to each other 19.24
—, to make for 19.5
—, rich in 19.11
—, with coloured . . . 115.1
leaflet, lanceolate . . . 77.18
leafy cotton 60.20
—, very 19.11, 62.13
lease, to — the land against a fixed rent 25.13
—, to — the land against part of the crop . . 25.12
leather cushion 85.5
— oil 160.8
— polish 160.4
— roller with rough grooves 40.5
— roller, rough 40.11
leathery cocoon 216.7
— leaf 115.3
leave, to — the bundled jute plants in the field 93.24
Leblanc soda 163.18
ledge, collecting . . . 267.11
leg 132.11
—, abdominal 191.8
—, hind 132.6

leg, upper 132.15
legal means 50.23
— steps 50.24
legume-like capsule . . 93.10
Lehner's spinning apparatus 263.6
length of the crimped wool fibre 176.20
— of fibre 10.2
— of the incubation period 196.9
— of staple . . 61.1, 136.24
— of the stem 66.24
— of stretched fibre . . 136.24
— of the stretched wool fibre 176.21
— of unstretched fibre . 137.1
— of the wool fibre . . 177.15
—, medium — of the wool fibre 177.16
lens-shaped . . . 193.12, 223.11
Lepidoptera nocturna . 189.11
lettuce leaf 204.5
Levant raw silk . . . 231.3
leviathan washer . . . 149.7
Levantine cotton . . . 58.19
level of the coagulating liquid 248.6
liability of the cotton to spontaneous combustion 46.3
— to fire of collodion silk 263.15
liane, caoutchouc . . . 295.3
lie, to — together in clusters 174.7
life of the caterpillar . 197.6
— time of plants . . . 24.6
lift, to — automatically 88.14
—, to — the silk worm 205.16.17.20
light-blue colour . . . 74.11
— coloured silk 226.24
— seed 79.2
— tint 179.11
— wool 178.7
—, polarized 290.20
lighterage. 33.3
lighting gas 158.13
ligneous matter 90.14
lignification of the fibre 15.16
lignified fibre, slightly . 116.2
— tissue 244.12
—, not 15.18, 44.17
lignify, to (cut) 201.19
lignin 15.15, 96.16
—, free from 15.18
lime 198.10
— disease 207.16.17
—-free water 218.22
— paste 158.8
— soap. 152.19
— tree bast 120.20
— tree wood 121.6
—, green 144.4
liming the skin 144.3
limy soil 20.24
linden bast 120.20
line of the vertebrae . . 127.21
—, to — with boards . . 68.5
—, to — with bricks . . 68.6
linen trade 76.10
lining, inner — of the cocoon 212.12
linseed 65.11, 76.10
— oil. 76.11
lint 39.13
linters 39.14
Linum americanum album 65.15
— crepitans. 65.13
— us. regale 65.14
— vulgare 65.12
lip, lower 192.14
liquefier for vapours mixed with gas . . . 267.9
liquid cylinder, freely suspended 250.4
— hydrocarbon 264.8
— manure 21.10
— soap. 233.7
—, coagulating . 250.14, 264.2
—, sticky 211.1
liquor, bleaching 159.3, 282.12
—, washing 150.6
list, Exchange 53.23
litmus paper . . 163.19, 289.12
litter for caterpillars. . 204.12, 205.7.8
live stock of sheep . . 130.16
lixiviate, to — the filaments 253.18
—, to — the wool . . 157.9.10
lixiviating bath 157.11
— tank 254.2
lixiviation of the filaments whilst on the bobbins 254.1
llama 126.11
— hair 188.6
loaden with bog earth . 178.8
loaders. 31.15
loading. 31.14
loam soil 20.23
lob(at)ed leaf . . 19.17, 202.7
local expenses. 49.1
locks. 172.1
—, foot 172.5
—, head 172.2
—, tail 172.4
—, washed 169.4
—, yolk 169.2
lode 26.18
loft 70.18
—, shearer's. 142.6
lofty feel of the wool . 177.10
loin 132.13
long beard 104.1
— celled 20.7
— fibre 10.3
— fibred . . 10.4, 241.9, 269.7
— pointed cell 181.7
— ruffer 73.18
— skeined raw silk . . 231.20
— stalked 35.7
— stapled 61.2, 137.3
— stem tree 19.7
— stemmed 35.7
— tailed 122.18, 124.19
— woolled country breed 123.6
longitudinally wavy bobbin 252.11
—, to slit 120.12
look, to — like a skin . 171.10
loom 3.23
— waste 170.2
loop, change-over . . . 88.4
—s, in large 211.9
loose ends 224.15
— jute 99.2
— spiral end 224.18
— supporting threads of the cocoon 211.6
loosely built 216.8
— grown 137.12
— leafed 77.8
—, to spin 211.11
loosen, to — the sinews 239.10.11
—, to — the wool by arsenic 144.6
loosened soil 21.5
loosening beater . . . 148.3
— of the hair. 143.14
— the wool by arsenic treatment 144.5
lop, to — the mulberry tree. 201.18
loss of fibres 112.22
— of gum in scouring . 234.14
— of moisture 237.19
— in weight . . 49.4, 234.15
— of weight by washing 149.17
lot. 186.1
— of eggs 194.24
— inferior to the grade contracted for . . . 51.24
— of seed 194.24
—, ordinary bulk . . . 186.3
—, star. 186.4
Louisiana cotton . . . 57.1
louping ill 135.24
louse, cotton 37.18
—, plant 202.23
low dyeing capacity . . 15.10
— land 135.15
— middling 300.3
— nitration 256.4
— ordinary 300.13
— quality wool 177.19
lower blade. 107.17
— class of wool 172.17
— lip 192.14
—, to — the spinning can 253.9
Lowry bale 43.8
lubricant 160.6
lumen . . 15.13, 95.12, 100.12
—, broad 44.14, 90.8
lumps, cotton 269.10
lustre, dim 288.8
—, dull. 288.8
—, dull milky. 288.9
—, dull silvery 179.15
—, fatty 179.18
—, glassy. 11.16, 179.17, 288.7
lustre, glittering . . . 288.6
—, greasy. 11.17
—, mother-of-pearl. . . 215.10
—, reflecting 11.14
—, silky 11.12, 46.14, 100.9, 179.16, 288.4
—, silvery 11.15
—, without 288.10
— of the cotton . . . 60.16
— of the fibre 11.10
— of silk 226.22
— of the wool 179.14
— combing wool . . . 168.17
— wool 168.7, 178.15
lustrous fibre 11.9
— filaments glued together 294.8
lye proof. 251.14
—, concentrated . . . 151.19
—, weak 182.6, 274.5

M.

Macarthy gin 40.2
mace, reed 64.11
Maceio (cotton) 57.17
maceration of the leaves by absorption of water 114.8
machine ginned cotton. 39.16
— hackled hemp . . . 91.17
— hackling 87.17
— scutching 72.7
— sowing 23.9
Macrochloa tenacissima 116.17
Madagascan piassava . 117.12
— silk spider 233.1
Madar fibre. 64.3
magnanerie 195.8
magnesia 198.8
—, containing 162.3
magnesium 16.17
— acetate solution. . . 284.5
— chloride 259.14
— hydroxide 274.18
— oxide 266.6
— palmitate 285.12
— salt 266.3, 274.15
— sulphate 274.16.17
maguey fibre 114.1
mail, bruising . . . 70.19, 83.9
main artery 191.9
— cultivation 106.19
maize stem 255.2
— straw 119.19
majority of votes . . . 51.12
make, to — for leaves . 19.5
—, to — for wood . . . 19.4
—, to — up the standards 50.1
making of nitro-cellulose 255.5
malachite greenish filament 276.19
male animal 26.13
— cocoon. 215.19
— hemp plant 77.7
— lamb 130.6
— stock, original . . . 122.9
mallet, wooden . . 83.9, 107.13
Malpighian layer . . . 173.21
mammal 26.7
maned sheep, wild . . 123.14
Mangabeira rubber . . 294.12
manganous chloride . . 259.5
— oxide salt 281.12
manger 133.11
mangle, to 6.19
mangling 6.18
mango tree 204.1
Manila hemp 1.8, 105.21, 307.5
— hemp grades . 307.6, 308.4
mannite 271.17
manual labour 21.24
manufactory, felt . . . 3.5
—, small ware 4.17
manufacture of viscose. 278.1
—, cotton seed oil. . . 41.14
—, lanoline 159.7
—, stearine 152.5
—, to — the straw . . 120.3.4
manufacturer 7.18
—, trimming 4.18
manufacturing process . 7.23
manure. 21.9, 160.14
—, artificial. 21.15
—, green 21.13
—, liquid 21.10
—, to — the soil . . . 21.7
manured soil 21.6
manuring of the soil . 21.8
manuring, artificial . . 21.14
—, compost 36.13
many branched hemp stem 77.14
—-seeded capsule . . . 78.1
— stemmed mulberry tree. 199.12
Maranham cotton . . . 57.15
margin 52.20
—, dentate 93.2
marine insurance . . . 33.8
mark. 99.18
—, bale. 28.18, 184.21
marked longitudinal striation of wild silk. . 225.15
— wool 178.24
market 28.12
— for colr 119.5
— value 29.10
—, cash 29.9
—, cocoon 229.14
—, cotton. 47.14
—, cotton futures . . . 52.17
—, flax. 75.13
—, settled 27.6
—, silk 230.3
—, wool 183.19
—, to 28.13
marketable goods . . . 28.11
marking down by points 52.19
— tab 99.18
— up by points . . . 52.18
Marsdenia silk 64.6
Marseille soap. 233.13
marsh sheep, Dutch . . 124.14
— sheep, North German 124.12
mart, settled . . . 27.6, 230.2
Martin's crossing apparatus 223.14
Marzolano straw, Italian 119.20
mass, gelatinous. . . . 280.5
—, plastic 295.22
mat 75.19
—, straw 205.2
material to be spun . . 1.19
—, combed 168.20
—, fibrous 8.7, 119.8
—, long fibred 10.4
—, raw s. raw material
—, short fibred 10.7
—, spinning. 8.7
—, woven. 3.21
—s, primary . . . 243.3, 254.14
mating 129.3
—, hetesogeneous . . . 129.5
—, homogeneous. . . . 129.4
matrix 26.20
matted wool 178.13
matter, colouring . . . 179.13
—, excretory 209.13
—, fatty 158.17, 244.6
—, ligneous 90.14
—, weighting 235.1
maturation of the silk worm for spinning . 209.4
mature cotton pod . . 35.13
maturity 24.14
— of the draft 30.14
— of the fruit 24.17
— of the seed. 24.18
—, early — of the sheep 130.13
Mauritius hemp 117.14
May flax. 66.3
Mc Lane's fibre extracting machine 108.5
meadow, mowed 68.12
means, legal 50.23
measure, to — the crimps 180.1
—, to — the original hank 238.13
measuring reel 238.9
mechanical bur crusher 164.8
— cocoon agitator. . . 219.18
— cotton picker. . . . 38.19
— extracting 163.20
— extraction of fibres. 107.24, 111.2
— washing 146.20
mediator 27.12
Mediterranean wool . . 166.6
medium carding wool . 168.14
— coarse comb 73.19
— combing wool . . . 168.19
— fine fibre 10.17
— length of the wool fibre 177.16
— stem tree 19.8
—, acetylizing. 283.16
—, covering. 294.4
—, saponifying 159.20
—, scouring 233.6
—, washing 150.10

medullary cell 175.8
– cord . 15.24, 175.2, 181.8
– cylinder 15.24
– substance 181.9
Melampsora lini . . . 66.14
melting point of wool grease 159.18
member of the Exchange 27.80
membership of an Exchange 27.21
membrane, inner 103.10, 192.3
–, middle 192.4
–, outer 103.11, 192.5
Menado hemp 105.21
mend, to – the bale . 43.11
Mentzel's density templateplate 180.12
mercerize, to . . . 5.17, 46.6
mercerized cellulose . . 269.11
– cotton 46.8, 291.20
mercerizing 5.15, 46.5
merchant 27.7
–, cotton 55.3
–, silk 230.10
merchantable bale . . . 48.17
mercurio chloride 98.10, 261.11
mercury thermometer . 47.6
merino breed 122.14
– breed, French . . . 123.4
– breed, Negretti . . . 123.3
– breed, Rambouillet . 123.4
– breed, Saxon . . . 123.2
– combing wool breed 123.8
– sheep 126.4
– wool 165.8
– wool, Saxon 165.16
–, extra fine 165.10
–, fine 165.9
meshes, x – per unit of area 275.8
meshy cocoon 216.9
– crimps 177.6
mesocarp 118.14
mestizo 128.24
– wool 165.14
metal covered yarns . 297.1
– filament 9.10
– plate, perforated . . 294.4
– shield, acid proof . 252.12
– tube, revolving . . . 223.15
– wire 1.17, 297.1
– wire coated with cellulose 293.3
metallic ammoniacal compound 271.3
– copper 270.3
– lustre 215.9, 293.9
– powder supplied with nitrocellulose as a binding matter . . . 293.10
– salt dissolved in alcohol 262.6
– salt solution 281.2
– sieve with x meshes per unit of area 275.3
– sulphide 281.15
metallized yarn . . . 298.6
method of cleaning . . 145.7
– of crossing 128.23
– of fat extraction . . 155.15
– of grafting 201.16
– of numbering silk . 238.6
– of spinning 1.20
– of testing for moisture 237.4
– of twisting 250.11
–, breeding 195.9
–, drying . . . 154.2, 213.7
–, feeding – of the sheep 133.14
–, precipitation . . . 158.7
–, rearing 195.9
–, scouring 233.4
–, washing 147.7
–, weighting 235.2
methyl alcohol . 258.8, 260.24
– salicylate 284.18
metrical weight 76.2
microbe culture with anorganic salts . . . 82.16
– producing disease . 206.18
micrococci, vibrionine 208.15
micrometer, eye piece . 17.19
microphotograph . . . 17.17
microphotographic . . . 17.18
microphotographically, to represent 17.15
micropyle, closed . . . 118.16
microscope 17.16
– with sharp definition 17.20
–, to examine under the 17.14
276.14
–, polarizing 290.14
microscopic examination 180.13, 225.4
– test 17.13
– view 180.14
middle class of wool . 172.18
– crop 88.12
– hackle 73.19
– layer of fruit 118.14
– membrane 192.4
–-man 27.9
middling 299.17
– fair 299.9, 301.15
migratory sheep . . . 122.7
milk of lime 208.22
– sheep 133.4
– sugar 271.19
– tree 203.24
–-white caterpillar . . 192.17
–, skimmed 287.4.5
milky, to grow 208.5
mill retting 69.20
– scoured wool 185.6
– scouring 147.4
– scutching 72.7
–, to 6.3
milled wool 170.13
milling 6.2
– flocks 170.4
–, suitable for 175.19
mimosa 203.18
mine 26.23
mineral acid 161.9
– constituent 45.2
– fibre 8.14
– ingredient 16.11
– kingdom 26.16
– nutricious substance . 133.22
– raw material 8.13
– weighting 234.21
mineralogy 26.15
mirbane essence 284.10
– oil 284.10
Mississippi cotton . . . 57.5
Mitafifi (cotton) . . . 59.1
mitromuriatic acid . . 98.17
mix, to – the pine wool with sheep wool . . 116.12
mixed fibres 45.19
– retting 68.16, 82.7
– weighting 234.24
– wool 172.10
– wool sheep 125.6
mixer 268.12
mixing vessel 272.9
mixture of alcohol and ether 258.7
– of cellulose and copper 273.4
– of lye and fat . . . 151.18
–, acetylizing 283.15
–, nitrating 256.8
Mobile cotton 57.9
modulus of work of the fibre 12.16
mohair 187.23
moist stem 80.6
– wool 155.6
moisture 13.9, 154.7
–, to absorb 13.10
molecule of cellulose . 243.13
Monkey grass 117.2
monoacetate 283.10
monocotyledon 18.18
monocotyledonous plant 18.18
monsoon 38.5
monthly report 56.13
– settlement 53.7
mooga silk moth . . . 190.5
moor, peat 115.18
mordant, to 5.11
mordanting 5.10
morling 167.17
morning dew 135.3
morphological change of silk 229.3
morphology 18.15
Morus alba 199.6
– byzantica 200.1
– canadensis 200.2
– constantinopolitana 200.1.4
– elata 199.8
– indica 199.19
– laciniata 199.16
– latifolia rubra . . 200.3.10
– macrophylla 199.10
– multicaulis 199.12
– nervosa 199.13
– nigra 199.14
– ovalifolia 199.9
– pumila 199.11
– romana 199.9
– rosea 199.7
Morus rubra 199.17
– scabra 200.2
– tatarica 199.18
moth egg s. a. silk seed or grain 193.10
–, silk s. silk moth
mother-of-pearl lustre . 215.10
motion, to-and-fro . . 84.2
–, transverse . . . 84.3, 86.12
moufflon 123.13
mould, white 207.12
mouldy cocoon 217.15
moult, to 206.5
moulting of the silk worm 206.1
mountain cork 240.2
– flax 240.2
– leather 240.2
– pasture 135.8
– sheep 125.9
–s, high 135.17
mouth, nozzle 248.4
movement, oscillating table 163.7
–, slow – of the filament 249.11
moving anode 291.15
mowed meadow 68.12
mucilage 287.21
mucoidin 209.19
mucous layer of the cuticle 173.21
Muga cocoon 214.15
– silk 232.3
mulberry 201.7
– bush 200.6
– caterpillar, wild . . 193.2
– cocoon 214.7
– flower, female . . . 202.17
– hedge 200.7
– leaf, healthy 198.5
– plantation 200.16
– silk moth 190.4
– tree 199.4
– tree with pink leaf stalk 199.7
– tree with scabrous leaves 200.2
– tree garden 200.20
– tree forest 200.19
– tree, black 199.14
– tree, broad leaved . 200.3
– tree, Chinese 200.4
– tree, cultivated . . 200.12
– tree, diseased . . . 202.20
– tree, dwarf 199.11
– tree, Indian 199.19
– tree, laciniate leaved 199.16
– tree, large-leaved . . 199.10
– tree, many stemmed 199.12
– tree, paper 204.10
– tree, red 199.17
– tree, ribbed leaved . 199.13
– tree, Roman 199.9
– tree, tall 199.8
– tree, Tartar 199.18
– tree, Turkish 200.1
– tree, white 199.6
– tree, wild 200.8
multicellular 20.15
multiple nozzle 247.14
multivoltine variety . . 197.20
mungo 170.11
muriatic acid . . 17.9, 182.18
Musa paradisiaca . . . 114.11
– sapientum 114.14
muscardine 207.16
muscle, spinning . . . 192.10
musk hair 188.15
mussel 239.19
– beard of pinna . . . 232.20
–, bearded 232.19
mutton sheep 132.21

N.

naphtha 156.16
naphthol solution . . . 289.13
Narawali fibre 105.6
narcotic constituent of hemp 81.2
narrow backed sheep . 127.19
– leaved typha . . . 116.5
– nozzle 247.5
– tailed sheep 125.5
Natal wool 166.19
native country sheep . 125.12
– country sheep wool . 165.11
– plant 18.3
– sheep 122.6
native species of caterpillars 197.12
– wool 165.23
natural animal raw materials 122.1
– colour 14.14, 120.4
– colouring matter . . 210.13
– evaporation 154.3
– fibre 8.12
– grease in the wool . 145.23
– oxycellulose 244.11
– pasture land 134.22
– product 242.4
– retting 67.15
– selection 128.12
– silk 188.20, 230.16
– tint 179.9
nature of wool 175.4
–, homogeneous 242.14
navigation 32.11
Neapolitan hemp . . . 305.19
neat (wool) 309.13
neck 132.1
–, burry 175.12
needle of the fir . . . 116.8
– of the pine 116.9
– of the spruce . . . 116.7
–, to – the hackle bar 89.5
Negretti merino breed . 123.3
– wool 165.15
negro head rubber . . 294.13
neppy fibre 60.22
nesting spinner 193.8
net cash 30.8
–-like cocoon 216.9
–-like structure . 171.9, 212.1
– weight 29.20
– work 4.13
–, hemp yarn 205.21
–, to 4.12
netting 4.11.13
–, galvanized wire . . 155.1
–, wire 154.12
nettle 1.7
– fibres 100.1
– plant 100.3
–-like plant 100.15
–, Chinese 100.16
–, stinging s. stinging nettle . . . . . .
neutral alkali salt solution 281.4
– magnesium salt . . . 266.3
– soap 233.18
neutralization of the acid with soda 69.16
neutralize, to – the ammonia 102.12, 264.11, 274.9
new crop jute 99.4
– gold 297.24
New Orleans moss . . 104.1
– Zealand flax 114.15
– Zealand flax lily . . 114.16
–-Zealand wool . . . 166.24
nickel ammonium compound 272.7
– oxide ammonia solution 289.14
– protoxide, ammoniacal 272.6
– sulphate solution . . 287.17
– wire 297.17
night butterfly 189.11
nipper 108.7
– action 112.8
nipping apparatus for the leaf sheaths . . 108.6
– of the leaves . . . 112.10
– point 112.4
nipple, spinning . . . 192.8
nitrate, silver 98.1
nitrated combination . 255.1
–, highly 256.5
nitrating acid 256.6
– mixture 256.8
– process 255.26
– temperature 256.1
– vessel 256.9
nitration, low 256.4
nitric acid 228.19
– acid, concentrated . 46.16, 183.3
– acid, dilute 98.5
– acid, free from . . . 256.21
nitrite of ethyl 264.1
– of sodium solution . 261.20
–, alkaline 266.10
–, ammonium 272.14
–, copper 272.15
– sodium 265.4

nitro silk from acetate of collodion 261.4
— silk from acetone collodion 261.18
nitrobenzole 284.10
nitrocellulose . . 46.15, 255.8
— silk 242.9, 254.13
—, acetylated 284.20
—, acid-free 256.15
—, chemically stable . . 257.5
—, dry 257.7
—, hydrated 256.24
nitroderivate of the cellulose 284.21
nitrogen 45.13
— contents of wool . . 182.10
nitrogenous body . . . 244.8
— nutricious substance. 134.2
nitro-hydrochloric acid 98.17
nitrometer 257.22
nitromethane 284.19
nitrous acid 272.20
node 120.15
— of blade 121.17
— in the cell wall . . 90.11
noil 169.6
—, double combed . . 169.7
no-mark bale 43.12
non-graded jute . . . 99.1
non-medullary wool fibre 125.17
non-nitrogenous nutricious substance . . 134.3
non-sorted jute . . . 99.1
normal amount of moisture 13.20, 47.10
— curliness of the wool 176.16
North Georgia (cotton) 57.2
— German geest sheep 124.9
— German marsh sheep 124.12
nourishment of the wool fibre 173.11
noxious animal . 37.7, 202.21
— gases 257.17
— influence 102.4
— plant 37.7, 202.21
nozzle with adjustable apertures 247.15
— end of tube 276.10
— head 249.16
— holder 248.8
— mouth 248.4
— opening 247.8
— opening, bevelled . . 247.10
— opening, circular . . 247.9
— opening, slit-like . . 247.12
— opening, wavy . . . 247.11
—, conical 248.2
—, glass 247.2
—, multiple 247.14
—, narrow 247.5
—, revolving 251.2
—, single 247.7
—, spinning . . . 192.9, 275.10
—, water jet 148.6
—, wide 247.6
Nubari cotton 59.4
number representing the fineness 10.18
— of scales 181.6
— of silk 238.7.8
—, average 239.1
—, coarse 239.3
—, decimal 239.5
—, fine 239.2
—, international . . . 239.5
—, silk 238.4.5
numbering of silk . . . 238.3
nursery man 200.15
—, tree 200.14
nut-like shape 77.22
— spinner, Japanese . . 190.6
nut, ripe 118.18
nutricious substance . 21.2, 133.21
— substance, inorganic. 133.23
— substance, mineral . 133.22
— substance, nitrogenous 134.2
— substance, non-nitrogenous 134.3
— substance, organic . 134.1
nutritive value of the plants 135.11

O.

oak bark 218.7
— foliage 203.17
— silk, Chinese 231.23
oak, holly 203.15
oat straw 119.18
obese silk worm 208.1
obesity 207.24
oblique cut 107.5
obliquely cut root graft 201.17
oblong-ovate kapok fruit 62.19
obtain, to — the asbestos by blasting operations 240.14
—, to — the hemp seed by threshing 80.16
odour of wool 175.10
odourless wool grease . 159.12
offer 28.19
— without liability . . 28.22
—, firm 28.20
—, not binding 28.22
—, settling-up 53.9
official prices, Exchange 53.24
offset stripping drums . 111.9
— travelling lattices . . 155.2
oil container 263.8
— extraction 80.24
—free residue 157.2
— mill 41.16
— pipe for the fans . . 154.16
— plant 77.4
— test 46.2
—, non drying 294.6
—, to — the dried wool 155.7
oiling device 149.6
— the wool 149.5
— machine 155.8
— pipe for the fans . . 154.16
oily taste 79.6
— waste 62.14, 170.8
— yolk 145.10
ointment 159.22
Oklahoma cotton . . . 57.4
old crop jute 99.3
— gold 297.23
— man's beard 104.1
oleic acid addition . . 289.19
olein soap 233.14
olive oil 181.12
— tree, wild 204.9
on-call business 53.20
Oomrawoottee cotton . 58.12
ooze, to 208.6
opaque asbestos 241.13
opaqueness 288.12
open air retting 68.9
— cocoon 217.9
— condition, to keep in an 163.5
— grown wool 141.9
— wool 177.20
— working 26.22
—, to (fruit) 62.23
—, to — the cocoon . . 218.20
—, to — the dried cotton 269.9
—, to — the rubbed hemp 86.9
—, to — the wool . . . 164.3
—, to — the wool by hand 153.13
opener (wool) 153.15
— for greasy wool . . 147.8
— for seed cotton . . 39.7
— waste 61.20
opening of auction . . 185.24
— of the bidding . . . 185.24
— of the cocoon . . . 218.19
— of damp wool . . . 153.12
— passage 247.17
— price 54.1
—, adjustable 247.15
—, nozzle 247.8
opinion of an expert . 51.16
—, to give an — on . . 51.17
opposing party 50.22
optical behaviour . . . 227.22
— examination 290.10
— rotatory property . 227.18
optically, to test . . . 290.9
orbicular leaf 202.4
order placed on the basis of quality standards 186.19
—, parallel 90.2
ordinary . . . 300.11, 310.16
— bulk lot 186.3
— country sheep . . . 125.12
organic acid 229.2
— base 259.6
— nutricious substance. 134.1
— substance 16.9
— tissues in the skin . 174.1
orifice for silk filament . 192.13
original cell 20.11
— hank 238.13
original progenitor . . 122.9
— sample 50.9, 55.23
— stock 122.8.10
Orleans (cotton) . . . 57.1
ornamental plant 18.10, 115.1
Orobanche ramosa. . . 79.13
oscillating table movement 163.7
ossein 287.23
— solution 288.1
outer coat of root sheath 174.10
— covering of the fibre 44.6
— layer of cocoon filament 211.5
— membrane of gland wall 192.5
— root sheath 174.12
— shell of fruit 118.12
outlet for the solution 268.2
— valve 281.18
—, combined 192.12
—, compressed air . . 268.4
output in bales per unit of area 38.15
— of shearing 142.18
outshot hemp 91.23
— wool 168.9
oval cross section . . . 9.22
oven 195.14
—, baking 70.5
—, calcining 157.16
—, portable drying . . 213.22
—, testing — for moisture 47.4, 237.5
over-cover, to — oneself with cotton 55.6
—flow pipe 250.8
— growth 140.12
—looker, reeling . . . 221.17
—-oxidized cellulose . . 269.6
—-ret, to 68.23, 82.13
—-retted 68.24, 94.15
—-retting 68.22
—-ripe cotton pod . . 35.14
—-sea wool 165.20
—-steeped 94.15
—value 47.20
—weight 52.13
—work, to — the soil 36.2
Ovis ammon 123.12
— aries 124.1
— aries dolichura catotis 125.8
— aries dolichura strepsiceros 125.7
— arkar 123.17
— brachyura 124.2
— Burrhel 123.16
— dolichura 124.19
— leptura 125.5
— montana 125.9
— musimon 123.13
— pachycerca 124.18
— platyura 125.1
— platyura macrocerca syriaca 125.4
— steatopyga 124.10
— tragelaphus 123.14
ovo-lanceolate leaf . . . 93.3
own weight 275.18
owner of the sample . 50.15
—, land 25.10
oxalate of lime 16.12
oxide of iron 45.11
— of zinc 294.2
—, ammoniacal copper s. ammoniacal c. o.
—, cuprous 292.14
oxidizable base 259.7
oxidization of the copper 270.8
oxidize, to (copper) . . 270.9
oxidizing agent . 243.17, 255.1
oxycellulose, natural . . 244.11
oxygen 44.22
— gas 272.13
oxy-sebacic acid 258.19
ozone 255.11
ozonized air 255.12

P.

paathemp 92.13
pack, to — in bags 75.21, 172.23, 183.13
—, to — the cotton . . 41.20
—, to — several fleeces together 143.1
—, to — the jute wet . 99.16
packing of the cotton . 41.19
—, false 48.15
pair of blades 70.14
— of fixed brushes . . 108.11
— of knifes 70.14
— of fluted rollers . . . 71.9
—, to 190.11
pairing 129.3
— of butterflies 190.10
— season 129.6
pale green cocoon . . 215.6
palm oil soap 233.15
palmitate, magnesium . 285.12
palmitic acid 152.6
palmityle chloride . . 285.13
palmyra palm 117.10
pan, boiling 218.15
—, coal 197.5
—, fire 197.4
—, perforated 147.16
—, perforated copper . 147.14
pandanus fibre 116.13
Pangane hemp 113.9
panicles, to grow in . 77.21
paper 298.13
— bag 194.14
— box 194.6
— cell 194.6
— iodine 289.16
— mulberry tree 104.11, 204.10
— for lifting out the silk worms 205.18
—, litmus 163.19
—, perforated 205.19
—, sodium cellulose . 298.18
—, sulphite cellulose . 298.19
papilla of the hair . . 174.5
Para cotton 57.20
— India rubber plant . 295.1
— grass 117.2
— rubber 294.10
paraffin 289.18
Paraiba cotton 57.21
parallel order 90.2
parasite 207.5
— of the silk worm . . 206.11
—, egg eating 196.3
—, flax 66.8
—, hemp 79.12
—, root 203.3
parasitic disease . . . 207.4
parasitical animal . . . 202.22
— plant 203.1
parchment-like inner coating of the cocoon 217.8
parenchyme, bast . . . 100.13
parity 52.22
part, to (fleece) . . . 141.12
—, excreting — of gland 191.15
—, insoluble 181.22
—, producing — of gland 191.13
—, remaining 52.4
partial boiling 234.18
— denitration 265.11
— imitation wire . . . 297.15
partially, to — boil . . 234.12
—, to dissolve 98.6
particles, fat 149.16
—, wool 148.9
parting of the fleece. . 141.10
—, broken (fleece) . . 141.13
— s, showing 141.11
partition 158.6
party 50.21
—, opposing 50.22
pass, to — the filament through a bath . . 276.4.5
—, to — through the glass funnel 250.2
—, to — through a precipitant 249.3
—, to — through a soda bath 261.9
passage 41.7
—, air 153.18, 195.15
—, circular 269.1
—, collodion 267.7
—, in a single 251.8
paste, to — the flesh side with green lime . . 144.4
—, lime 158.8
—, spinning 262.9
—, wood 255.3
—-board, to form into a 244.16
Pasteur's cell method . 194.8
pasturage of sheep . . 134.8
pasture 134.9
— ground, summer . . 134.10
— land 134.9
— land, rich 134.21
— land, winter 134.11

pasture plant 135.9
—, cultivated 134.23
—, dewed 135.2
—, dust-free 135.5
—, fallow 134.24
— high 135.7
—, mountain 135.8
—, natural 134.22
—, permanent 134.22
—, sour 135.6
—, stubble 135.1
—, to be in the 134.14.19
—, to 134.19
patch 48.13
path, horizontal — of the filaments 250.3
payment 30.3
— of a penalty 48.2
—, immediate 30.5
pearly-gray caterpillar 192.18
peasant's wool 166.1
peat bog 115.18
— dust 205.11
— fibre 115.12
— moor 115.18
— wadding 115.20
—, fibrous 115.19
pebrine 208.10
— corpuscle 208.12
pectin 45.1
—, easily soluble 102.15
pectose 102.15
pedigree register 129.22
peel, to — off the bast layer 95.2
—, to — the plant stem 101.11
—, to — strips from the stem 101.12
peeled fibre 104.5
peeling machine, cotton seed 41.15
pelt of sheep 143.8
— wool 167.16
—, cut 142.13
pen, sheep 134.20
penalty 51.19
—, compensation 51.20
percentage of air in the silk 228.4
— of ash 96.20
— of cotton 46.1
— of fat 44.9
— of fibre 187.7
— of grease 145.21, 146.1
—, high — collodion solution 259.11
perennial plant 18.7, 36.8
perforated bottom 149.11
— paper 205.19
period of breeding 195.11
—, cultivation 110.2
—, hatching 196.8
—, picking 38.18
—, sleeping 206.7
—, sowing 23.4
permanent dye 14.20
— pasture land 134.22
permanganate of potassium 262.1
permeable cocoon 216.15
permissible surplus weight 238.1
Pernam (cotton) 57.18
Pernambuco rubber 294.11
Persian cotton 58.22
— raw silk 231.2
person interested in wool 184.7
persulphate, ammonium 284.12
Peruvian rough (cotton) 57.12
— Sea-Island (cotton) 56.22
— soft (cotton) 57.13
— wool 166.16
petals, violet coloured 106.11
petiole 19.18, 118.4, 202.8
—, brittle 101.2
petrol 156.11, 264.6
— tank 156.21
petroleum 264.5
petties 29.14
phenyl acetic acid 285.14.15
phloroglucine 17.10
Phormium tenax 114.16
phosphate bath 236.12
— of magnesium 45.9
— of sodium 236.11
—, ammonium 265.5
phosphoric acid 36.12, 198.7, 233.20
phosphorus 16.14
Phragmites communis 121.15
physical behaviour of the jute fibre 95.7
physical characteristics 227.6
— features 179.3
— properties 43.13, 74.6, 90.5, 225.3
Phytospora mori 203.2
piassava fibres 117.1
Picardy, sheep of 124.16
pick (wool) 310.13
—, to — the burs 164.2
—, to — the cotton 38.21
—, to — off the end of the cocoon filament from the brush 220.3
—, to — up the end of the cocoon filament 219.17
picker 38.16
—'s wage 38.17
—, mechanical cotton 38.19
picking the cotton 38.20
— period 38.18
—, bur 163.20
pickings, first 38.11
—, late 38.14
—, second 38.12
—, third 38.13
picklock 310.2
piece of straw blade 120.16
—, to — the filament 222.5
pieces 172.7
—, that can be taken to 42.8
piecer 222.13, 223.6.10
piecing the filaments 222.4
pigment 179.13
pin 71.13, 147.12
—, hackle 73.16, 87.7
—, steel 164.15
—, to — the hackle bar 89.5
—, to — the female moth to the paper cell 194.15
pinching the shoots of the shrub 34.9
pine 116.9
— wool 116.6
— wood 244.14
pineapple leaf fibre 115.10
— plant 115.9
pink leaf stalk 199.7
— salt 236.4
— salt bath 236.5
— silk 227.1
pinked silk 236.3
pinna 233.19
pinned plate 71.12
pinning of the hackle strip 89.4
Pinus abies 203.12
pipe, conducting 263.2
—, feed 39.2
—, heating 154.13.17, 237.7
—, oil 154.16
—, water jet 150.2
piping, siphon 250.9
piston, press 42.11
pit 26.23
—, drying 70.2, 83.4
pita fibre 113.14
— hemp 113.14
— plant 113.15
pitchy wool 178.9
pith 15.24, 65.8
— cell 16.1
—, rich in 109.3
place, to — the box on a trestle 205.1
—, to — the caterpillars in the box 204.14
—, to — the filaments separately on the reel 221.4
—, to — the order on the basis of quality standards 186.19
—, washing 147.3
—s, flattened 227.10
plain 135.16
— cylindrical cocoon filament 225.8
— knife 107.18
plait 3.7.8
—, to — down 7.11
plaited work 3.8
plaiting 3.6
— down 7.10
plane of polarization 227.20
—, smooth 121.10
plant gelatine 287.22
— hair 8.18
— hole 23.6
— louse 202.23
— oil 16.4
— shoot 23.24
—, annual 18.6, 36.7, 64.16
plant, cotton baling 42.1
—, cultivated 18.1
—, dicotyledonous 18.19
—, diœcious 77.6
—, fibrous 18.11
—, fodder 135.10
—, heating 162.9
—, herbacious 18.20
—, monocotyledonous 18.18
—, native 18.3
—, nettle-like 100.15
—, noxious 37.7, 202.21
—, ornamental 18.10
—, parasitical 79.14, 203.1
—, perennial 18.7, 36.8
—, pumping 42.9
—, shrubby 18.21
—, stemmed 77.5
—, subtropical 18.5
—, summer 18.12
—, tropical 18.4
—, uncultivated 18.2
—, useful 18.8
—, vegetable 18.9
—, wool drying 154.15
—, wool washing 146.15
—s, to set 24.3
—s, supplying of 24.4
—, to — the mulberry tree 200.18
—, to — the shoots in rows 201.3
plantation 25.3
— company 25.5
— store 25.7
—, cotton 35.22
—, hemp 78.7
—, mulberry 200.16
planted with cotton 36.4
planter 25.4
—'s bale 42.23
planting of the mulberry tree 200.17
plastic filament from sodium cellulose 293.5
— mass 295.22
plate spring 262.18
—, adjustable 247.16
—, pinned 71.12
platform, revolving 42.14
platinum nozzle 248.1
— wire 144.20, 297.16
pliability of the fibre 10.11
pliable fibre 10.10
plot, flax 65.16
—, hemp 78.6
plough 22.9
— cultivation 22.2
—, steam 22.10
—, to 22.5
—, to — deeply 22.7
ploughed soil 22.6
ploughing 22.4
pluck, to — the wool 144.10
plucked wool 167.10
Plusia gamma 66.10
pod, cotton 35.9
—, seed 93.7
point of leaf, brownisch purple 109.17
— of leaf, silver-gray 109.18
— of staple 137.22
—, fine fibre 75.3
—, melting 159.13
—, one — on (off) 54.3.4
—, working 112.5
pointed cell of cordia fibre 105.7
— cocoon 215.15
— projection 253.8
poisonous preparation 144.7
polariscope 227.14
polarization, plane of 227.20
polarized light 290.20
— light, to test under 290.11
— light, to work with 227.16
polarizing microscope 290.14
— power 227.19
pole 150.4
Polish hemp 92.1
polish, leather 160.4
polyatomic alcohol 271.15
polygonal cross section 9.24, 95.1
— silk filament 225.11
polyspermal capsule 78.1
polysulphide 266.17
pomade, lanoline 160.1
pond retting 67.18
—, retting 68.4, 81.15
—, washing 147.2
poor in ammonia 273.5
— in copper 276.19
— in silk 217.8
poorness in wool 131.12
poplar wool 64.17
— wood 121.0
population of the staple 138.13
porcelain vessel 256.10
pore 174.20
porous cloth 252.4
port bill of lading 49.12
— of destination 32.9
— railway carriage 33.2
—, cotton 49.9
—, shipping 32.8, 49.10
Port Philip wool 166.22
portable drying oven 213.22
— press box 42.7
pox 136.1
Posen wool 166.3
postage 29.16
potash 45.5, 102.8, 145.17, 209.17
— lye 152.1, 289.9
— lye, caustic 97.8
— lye, weak 182.6
— soap 151.11
— solution 157.12
— solution, caustic 152.1
—, caustic 151.15
—, raw 157 7
potassium acetate 259.18
— aluminate 281.7
— bichromate 159.4, 286.3
— chlorate 45.6
— iodide solution, aqueous 289.15
pour, to — over the copper an ammonia solution 271.7
powder to produce suppleness 294.7
—, chalk 296.9
—, metallic 293.10
—, talc 296.7
powdered copper sulphate 270.13
power, explosive 46.17
—, refractive 290.18
precipitant 17.4, 248 18
— power of methylated spirit 264.14
—, alkaline 274.3
—, caustic alkaline 274.4
—, slowly acting 249.4, 275.17
—, strongly active 249.5
precipitate 17.5
— of alumina hydroxide 261.14
— of cuprous oxide 292.15
— of lime soap 150.16
— of metallic sulphide 281.15
—, wool grease 158.9
—, to — the acetate 285.1
—, to — with an acid 280.20
—, to — with ammonium chloride solution 280.18
—, to — the casein from the skimmed milk 287.4
—, to — the copper from the solution 291.13
—, to — the dissolved matter 245.4
—, to — the fat by lime paste 158.8
—, to — the tannic acid 235.10
—, to — the xanthogenate of cellulose from the raw viscose 279.13
precipitating acid bath for viscose filaments 280.23
precipitation 17.3
— of the dissolved matter 245.3
— by electrolysis 291.14
— method 158.7
precision balance 47.7
preliminary retting 68.17, 82.8
— test 161.11
— treatment 255.9, 269.15
prematurity of the sheep 130.13
premium business 52.23
preparation of the collodion solution 258.9
— of the latex 295.8
— of the roving 2.1
—, poisonous 144.7
—, wool grease 159.21
preparatory drying of the silk 237.16
— pressing 42.21
prepare, to — the cocoon for reeling 217.21
—, to — the roving 2.2

prepare, to — the washing liquor 150.7
prepared sample 50.12
preparing the cocoons for reeling 217.20
presence of asbestos 240.3
preservation of the staple in washing 152.24
preserve, to — the staple during rinsing 153.3
—, to — the staple in washing 152.23
press box 113.1.2
— box that can be taken to pieces 42.8
— box, portable 42.7
— cylinder 42.10
— head 245.16
— piston 42.11
— roller 41.11, 148.7, 149.10
—, cotton baling 39.4, 42.2
—, filter 245.13
—, hydraulic 42.6
—, screw 42.5
—, steam 42.16
—, toggle lever 42.4
—, to 6.21
—, to — into bales 99.12, 112.24
—, to — the cotton 41.23
—, to — the hemp seed 80.21
—, to — hydraulically 183.15
—, to — the kapok 63.14
—, to — round threads from the rubber mass 296.5
—, to — the rubber 296.3
pressed bale 43.1
— kapok 63.15
pressing 6.20
— of the cotton 41.22
— the hemp seed 80.20
—, finishing 43.2
—, preparatory 42.21
pressure on the spinning solution 248.12
— cylinder 268.11
— water 42.12
prevent, to — retting 100.7
price 53.16
— based on last auction 186.9
— of cocoons 229.17
— of the raw material 29.8
— of raw silk 230.6
— of settlement 52.11
— fluctuation 54.5
—, average 53.17
—, basis 53.19
—, closing 54.2, 186.11
—, opening 54.1
—s, Exchange official 53.24
—s, rising 54.8
pricked cocoon 217.13
primary materials 243.3, 254.14
prime (wool) 310.8
principal breed 122.13
principle, breeding 123.8
print, to 7.5
printing 7.4
prismatic elementary cell 95.15
private contract 185.1
probable profit 33.6
process of fermentation 102.13
— of spinning by stretching 248.19
—, arbitration 51.3
—, carbonization 161.6
—, dry — of degreasing the wool 155.16
—, dry spinning 246.13
—, fermenting 67.14, 81.9
—, manufacturing 7.23
—, nitrating 255.20
—, reeling 220.6
—, retting 81.7
—, saponification 152.2
—, spinning 246.12
—, wet spinning 246.14
—, washing 69.21
produce, to — silk 188.24
—, to — thread-like strips from straw 120.7
producer 7.18
—, silk 189.5
producing part of gland 191.13
product of crossing 129.1
—, artificial 242.5
—, natural 242.4
production of artificial silk 243.3
— of the cocoon filament 209.10
— of filament 273.15
production of filament in a single passage 251.8
— of raw silk 229.20
— of wool 141.14, 183.11
—, silk 188.23
productiveness of a species of caterpillars 197.10
productivity of a sheep breed 142.19
— of the soil 21.20
profit, probable 33.6
progenitor, original 122.9
projection, pointed 253.8
propagate, to — by cuttings 201.1
—, to — by grafts 201.9
—, to — by root suckers 110.5
—, to — by scions 201.9
—, to — by seed 201.6
propagating the same breed 128.17
propagation 128.4
— by layers 201.2
— of the mulberry tree 200.23
— by root stocks 106.17
— by root suckers 106.16
— by seed 106.14
proper wool 125.16
properties, chemical 181.16
—, physical 43.14
—, retting 81.20
property, coagulating 210.10, 273.16
—, explosive 263.12
—, heat conducting 227.23
—, saponifying 159.17
—, stretching 180.4
proportion of cellulose 243.7
— of fat 44.9
— of fibre 102.17
— of grease 145.21
— of yolk 145.9
—, large — of sericin 217.6
propionic acid 285.8
protect, to — from contagion 207.2
—, to — from moisture 199.2
protection board 87.12
protein 181.18
—, animal 210.8
—, containing 234.1
protoplasm 15.12, 44.15
protoxide, ammoniacal nickel 272.6
—, red — of copper 270.21
psychrometer 14.12
pull, to — up the hemp 79.23
—, to — the flax 66.23
—, to — the jute plant 93.17
—, to — the tow 85.13
—, to — the wool 144.10
pulling of the jute plant 93.16
— the tow 85.12
pulley 282.3
— of hackle bar lattice 88.7
—, driving 282.6
—, eccentric 219.19
—, rope 111.13
pulp 107.20
— easily separated from the fibre 114.9
—, wood 255.3
pulping the leaves 110.18
pulpy liquid 208.8
pulverized burs 163.9
pump, viscose 281.16
pumping plant 42.9
pupa 212.7
— bed 212.12
— case 212.11
— state 212.5
—, to change into a 212.4
pupæ acid 219.2
— fat 219.3
pupation of the silk worm 212.3
purchase 29.3, 184.24
— of wool 184.5
—, to effect a 29.6
—s to cover requirements 186.14
purchaser 29.4
pure bred sheep 128.18
— breed 122.12
— breeding 128.17
— cellulose 75.5, 244.2
— fibre 15.2, 187.8
— white vegetable silk 63.19
pureness of the strain 128.19
purified viscose solution 279.18
purity of the breed 192.15
— of the fibre 15.4
— of the stock 192.15
purl 298.4
push, to — aside the cocoon filaments 190.15
put, to — the opened wool on racks 154.9
—, to — the wool together by fleeces 142.24
putrefy, to (fruit pulp) 119.2
pyroxyline fibre, explosive 263.16
pyroxyline hydrate 257.10

Q.

quantity of ash 96.19, 290.5
— of fibre in the stem 91.7, 102.17
— of wool 142.21
qualities of asbestos 241.8
— of wool 175.4
—, general 9.14
quality of the cotton 60.4
— of the fleece 171.13
— of jute 99.17
— of the wool 172.12, 179.6
— standard 186.19
—, 5's (wool) 310.12
—, 6's (wool) 310.11
—, 7's C (Carder) 310.9
—, 7's P (Preparer) 310.10
—, 8's (wool) 310.8
—, 9's (wool) 310.7
—, 10's (wool) 310.6
—, best 61.12
—, even-running 52.5
—, spinning 175.9
quarry, asbestos 240.11
quarter grade 59.13
quay risk 48.21
Queensland hemp 105.5
Quercus ilex 203.15
quick retting 69.10
quicklime 262.2
quickly running water 67.21
quill 239.16
— feather 239.14
quinine 259.8
quintal 76.9
quotation 99.20, 186.7
—, average 53.17
—, Exchange 53.24

R.

rabbit hair 188.11
rack for draining the degreased wool 153.6
—, circular 133.13
—, feeding 133.8
—s, to put the wool on 154.9
radiation, solar 213.9
radix 174.8
raffia 117.5
rag engine for collodion wool 257.16
railway 31.18
— agent 49.15
— carriage 31.20
— risk 48.20
rain fall 21.19
— water 81.21
raise, to 6.5
—, to — flax 65.18
—, to — hemp 78.8
—, to — the plants in seed beds from bulbils 110.6
—, to — the prices 54.6
raiser, egg 193.17
—, seed 193.17
raising 6.4
— waste 170.5
—, seed 193.18
rake 23.18, 148.14, 149.9
—, hand 148.15
—, to — in the seed 23.17
ram 42.11, 129.24
— two years old 130.14
—, breeding 128.16
—, castrated 130.4
—, thorough-bred 130.11
—'s wool 167.7
—, to — with clay 68.7
Rambouillet merino breed 123.4
— wool 165.17
ramee s. ramie
ramie 100.14
ramie bast cell 103.2
— decorticator 101.4
— fibre 100.10
— fibre fit for spinning 103.1
— fibre freed from woody matter 101.10
— fibre, dried 102.1
— fibre, frozen 101.19
—, green 100.18
—, white 100.16
ramified hemp stem 77.14
rancid fat 151.8
—, turning 151.7
rapidly, to burn 290.6
rarefaction of air 69.15
rasping machine, double 111.6
— machine, single 111.5
rate of carriage 31.21
— of railway carriage 31.22
rattan fibre 105.17
rattle flax 65.13
raw asbestos 240.16
— cocoon 220.11
— cotton 61.9, 254.15
— hemp 91.10
— jute 98.19
— material 7.20
— material, animal 9.1
— material, artificial 242.1
— material, duty-free 33.16
— material, mineral 8.13
— material, textile 8.2
— material, vegetable 8.15
— potash 157.7
— rubber 294.15
— silk 224.11, 231.17
— silk bale 230.12
— silk business 230.5
— silk thread 224.13
— silk thread with floss 224.16
— silk thread with fluff 224.16
— silk thread with knots 224.17
— silk thread with loose ends 224.15
— silk thread with loose spiral end 224.18
— silk, Asia Minor 231.4
— silk, Asiatic 230.17
— silk, Bengal 231.1
— silk, Chinese 230.18
— silk, coarse 231.15
— silk, Corean 230.23
— silk, double reeled 225.1
— silk, European 231.6
— silk, fine 231.14
— silk, French 231.9
— silk, Grecian 231.7
— silk, Hungarian 231.12
— silk, Indian 231.1
— silk, Italian 231.8
— silk, Japanese 230.19
— silk, Levant 231.3
— silk, long skeined 231.20
— silk, Persian 231.2
— silk, re-reeled 225.1
— silk, short skeined 231.19
— silk, Spanish 231.10
— silk, Swiss 231.11
— silk, Syrian 231.5
— silk, uniform 224.12
— viscose 279.12
— viscose, impure 279.14
— wool trade 183.17
— wool sweepings 168.24
reaction of chemical reagents 289.3
— of the combustion gases 290.1
—, acid 163.11, 219.1, 257.15, 290.2
—, alkaline 97.3, 290.3
—, cellulose 75.6
—, chemical 17.7
—, weak acid 183.8
—s, characteristic colour 227.17
ready to spin 209.5
— for spinning 246.18
Reagan bale 43.9
reagent on nitric acid 289.4
—, chemical 289.3
—, Schweizer's 271.9
—s for lignification 15.20
rear, to — the sheep 128.3
—, to — the silk worm 195.6
rearer, grain 193.17
rearing cell 194.4
— house 195.12
— house, straw-made 195.17
— implements 196.1

rearing method 195.9
– room 197.1
–, cell 194.3
–, grain 193.18
–, sheep 128.1
–, silk worm 195.5
rebale 48.16
receive, to – in consignment 184.9
receiver 250.6
receiving tube 251.5
receptivity for dyes 15.8
re-class, to – the cotton 50.5
re-classing 50.4
records of desirable qualities 129.14
recover, to – by absorption 267.1
–, to – by distillation 264.12
–, to – from 158.5, 277.14
recovered acid 256.22
recovery of chemicals 277.9
– of the nitrating acid 256.20
– of potash 157.6
– of solvents, separate 267.4
– of the volatile solvents 266.23
– of the wool grease 158.1
rectify, to – the exhausted washing liquid 266.24
red colouring produced by phloroglucin and hydrochloric acid 97.12
– mulberry tree 199.17
– oxide of copper 98.9
– protoxide of copper 270.21
– rust fungus 38.1
reddish brown coir 119.4
– brown colouring by silver nitrate 98.1
– yellow vegetable silk 63.20
– yolk 145.14
reduce, to – the cupric salt to cuprous salt 266.2
–, to – the solvent property 219.9
reducing agent 98.12
– alembic 292.19
– bulb 292.18
– retort 292.19
reduction to ashes 228.15
– of the cellulose 243.14
– in strength 96.8
reed 121.12.15
– blade, woody 121.18
– mace 64.11, 116.4.5
reel 2.22, 221.15, 222.8, 253.5
–, inclined 252.6
–, measuring 238.9
–, running-off 225.2
–, to 2.21
–, to – the cocoon 220.7
–, to – from the dried cocoons 220.12
–, to – in the dry way 220.14
–, to – from the undried cocoons 220.11
–, to – by wet process 220.16
reeled silk 224.10
reeler, cocoon 221.16
–'s tray 223.5
–'s trough 221.12
reeling 2.20
– the cocoons in the dry way 220.13
– the cocoon by wet process 220.15
– apparatus 221.11
– apparatus, automatic 222.1
– basin 221.12, 223.5
– establishment 221.10
– machine 221.11
– method 220.10
– overlooker 221.17
– room 221.18
– process 220.6
– water 218.21, 219.4, 222.2
–, cocoon 220.5
–, double end 221.5
–, faultless 220.8
–, French method of 220.18
–, Italian method of 220.17
reel-like bobbin 252.9
referee 51.13
refine, to – the fat 159.1
–, to – the hemp fibre by hackling 89.11
–, to – the raw potash 157.15
refining the raw potash 157.14
reflecting lustre 11.14
– power of silk 227.11
refraction 290.19
refraction, double 13.1, 290.12
refractive cuticle 105.11
– power 227.13, 290.18
refractory asbestos 241.22
refusal of acceptance 48.5
refuse, to – acceptance 51.21
regain standard 13.20, 47.10
regenerate, to – the cellulose from 292.3
–, to – the denitrating bath 265.14
regenerated cellulose 280.11, 292.4
– cellulose hydrate 265.15
region of production 183.12
– suitable for hemp cultivation 78.3
register of desirable qualities 129.14
– of mating 129.7
–, pedigree 129.22
regular growth of hair 173.6
regularly spun cocoon 216.3
regulate, to – the drying temperature 213.21
–, to – the spinning pressure 248.13
–, to – the temperature 237.13
–, to – the thickness of the thread 222.16
regulating the thickness of the thread 222.17
reimbursement, banker's 30.20
reindeer hair 188.8
reject, to – acceptance 51.21
rejections 99.8, 307.3
relationship, chemical 16.22
relative humidity of the air 14.9
release, to – the nipper action 112.9
reloading 31.16
re-manufactured wool 9.12, 170.9
removal of wool from the skin by sweating 144.11
remove, to – the acid from 163.12
–, to – the acid in a hydro-extractor 161.17
–, to – the alcohol by rinsing 264.23
–, to – the copper from the acid 277.10
–, to – the dirt by washing 146.14
–, to – the edge spines and terminal spines of the leaves 110.12
–, to – the ether fumes 263.17
–, to – the fatty matter from the cellulose 255.16
–, to – the feather beard from the quills 239.17
–, to – the gummy matter from the fibre 102.14
–, to – the seed pods by threshing 67.6
–, to – the shell of the fruit 62.22
–, to – the side branches 93.21
–, to – the sulphur 266.13
–, to – the woody matter from the stinging nettle stem 100.8
–, to – the wool by corrosion 144.13
removing the covering medium by chemical treatment 294.4
– the floss from the cocoons, apparatus for 220.4
– the lustre from the fabric 293.13
– the wool by corrosion 144.12
render, to – insensible to alkalies 182.7
–, to – the steeping water alkaline 102.6
–, to – the vegetable matter friable 161.1
renewable filter cloth 245.19
renewal of the contract 53.11
rent, fixed 25.13
repack 48.16
repacked bale 48.16
replace, to – the choked nozzle 275.13
–, to – the spinning can 282.8
report, crop 56.14
report, Exchange 53.23
–, monthly 56.18
–, weekly 99.19
–, weekly wool 185.20
represent, to – microphotographically 17.15
requirements, wool 184.12
re-reel, to – the raw silk 224.21
re-reeled raw silk 225.1
– silk of Japan 230.22
rereeling 224.20
research with the microscope 44.2
reserve plants, setting of 24.4
reservoir, fibroin 191.14
residue 290.8
–, acid 163.16
–, oil-free 157.2
resinify, to 261.3
resin-like yolk 145.13
resinous soap 255.14
resistance to acids 182.15, 228.17, 241.24
– of the thread 222.15
result, crop 24.23
ret, to 94.2
–, to – the flax 67.12
–, to – the hemp 81.4.5.6
–, to – the ramie fibre 101.23
retain, to – the magnesium oxide dissolved 266.6
–, to – the sulphur dissolved 266.14
retard, to – the retting process 94.16
retort, reducing 292.19
retted flax 76.15
– hemp 91.6
retting 94.1
– by diluted sulphuric acid 69.11
– the flax 67.11
– the hemp 81.3
– the leaves 114.6
– box 68.3
– crate 68.3
– dam 68.4
– hole 68.4, 81.15
– house, flax 69.4
– method, Baur's 69.13
– method, Doumer's 69.19
– pond 68.4, 81.15
– process 81.7, 94.3
– properties of the water 81.20
– ripeness 68.21, 82.11
– temperature 82.5
– water 81.19
–, artificial 69.3
–, cold water 67.17, 81.12, 94.9
–, dew 68.10
–, finishing 68.18, 82.9
–, green 68.11
–, hot water 69.7
–, incomplete 82.12
–, mill 69.20
–, mixed 68.16, 82.7
–, natural 67.15
–, open air 68.9
–, pond 67.18
–, preliminary 68.17, 82.8
–, quick 69.10
–, river 67.19
–, snow 69.2
–, steam 69.8
–, warm water 69.5
–, water 67.16
return flow cooler 292.23
–, crop 56.14
reversing loop 88.4
revolving the plate 247.18
– basket 161.19
– bobbins 253.14
– brush roller 41.4
– cage 41.10
– cylinder 154.19
– disc 224.1
– metal tube 223.15
– nozzle 251.2
– platform 42.14
– spinning can 282.5
Rhea 100.18
rhizome 106.3
ribbed heating pipe 154.13
– leaved mulberry tree 199.13
ribbon-like fibre 100.11, 225.12
ribbon wasp 207.10
rice chaff 205.9
– straw 119.21
rich in copper 272.5
– in silk 217.1
ricinoleic sodium 273.20
Ricinus communis 203.9
Riga flax 65.12
– Hoffsflax 303.20
ring of stretched wool fibre 176.2
– nozzle 247.13
–, body 191.6
rinse, to – away the dirt 150.3
–, to – the filament 251.9
–, to – the flax 69.17
–, to – the retted hemp 82.22
–, to – the skins carefully 143.22
–, to – the wool 148.12
rinsing the wool 148.11
– machine, wool 148.13
– vat 148.18
–, to remove by 264.23
ripe condition 93.15
– for cutting 107.3, 110.9
– for sowing 78.15
– fruit 62.20, 114.12
– hemp seed 79.5
– nut 118.18
– viscose 279.16
–, to become 79.20
ripen, to 24.15, 93.14, 246.18
–, to – after being gathered 80.11
–, to – subsequently 279.19
ripened condition of the viscose 279.17
ripeness of the pod 35.12
– of the solution 246.7
– of the stem 66.24
– of the viscose 279.17
–, cutting 110.8
–, fruit 24.17
–, full 66.20
–, retting 68.21, 82.11
–, seed 24.18
–, yellow 66.19
ripening of the bast 79.19
– of the fruit 24.16
–, subsequent 279.18
ripple, to – the flax 67.8
–, to – the hemp 80.13
rippling 67.7
– the hemp 80.12
– bench 67.10, 80.14
– comb 67.9, 80.15
rise in price 54.7
–, to (price) 54.8
risk, quay 48.21
–, railway 48.20
river boat 32.13
– retting 67.19
– washing 146.22
– water 82.1
River Plate wool 166.14
Rochelle salt 291.5
rock 26.17
roll, to 7.9
–, to – up the fleece 143.2
–, to – the rubber 296.10
–, to – in the seed 23.16
rolled fleece 170.22
roller with helical blades 40.10
– with triangular flutes 71.5, 83.17
– breaking machine 83.2.3.15
– crusher with transverse motion 86.12
– gin 40.1
– fly 169.14
– mill, crushing 111.4
– mill, edge 85.21
– path, circular 86.2
– waste 62.6, 169.15
–, beater 150.1
–, beating 41.1
–, blade 70.13
–, breaking 72.14
–, breast 41.1
–, brush 164.11
–, burring 165.3
–, chilled fluted 163.1
–, conical 86.1
–, drawing-in 149.20
–, feed 149.19, 153.17
–, fluted 84.4
–, heated 252.2
–, immersing 149.8
–, knife 70.13
–, leather 40.5
–, press 41.11, 148.7, 149.10
–, rough leather 40.11
–, spiked 147.10, 164.9
–, squeezing 148.7, 149.16
–, taking-in 149.20
rolling 7.8

rolling the flax stems . 69.22
— machine, wooden . 69.23
Roman mulberry tree . 199.9
Rondontia silk . 232.7
room, cotton association 49.20
—, cotton sampling . . 49.20
—, hackling . 73.14
—, heated . 162.8
—, rearing . 197.1
—, sorting . . 80.4, 170.18
—, spinning . 276.6
root . 18.24
— of soapwort . 151.2
— of the tail . 132.5
— of the tree . 200.11
— decay . 203.4
— end of hemp fibre . 88.11
— ends, hard . 99.9
— fibre . 201.21
— fungus . 203.8
— graft, obliquely cut . 201.17
— parasite . 203.3
— rubber . 294.14
— sheath . 174.9.11.12
— stock . 106.3
— sucker . 106.16
—, decayed . 203.5
—, deep pointed . 77.13
—, hair . 174.8
—, hemp . 77.12
—, tap . 64.18
—s, to strike . 24.2, 201.4
rooted layer . 201.5
rope . 75.20
— under tension . 84.15
— guiding . 111.12
— maker . 2.16
— making . 2.15
— pulley . 111.13
— walk . 2.17
— works . 2.18
—s of the bales . 99.13
ropery . 2.18
rosaniline . 259.10
rose leaf . 204.7
rot, root . 203.4
—, to . 82.20
rotation of crops . 22.11
— system, three-year . 36.10
— system, two-year . 36.9
rotatory property, optical . 227.18
rote . 60.23
rotted stalk . 83.7
rotten, to become . 96.10
rotting of the fibre . 82.21
—, showing signs of . 217.16
rough fibre . 11.21
— flax . 76.14
— groove . 40.5
rougher hackle . 73.18
roughness of the fibre . 11.22
round bale . 43.5
— rubber thread . 296.15
— straw plaited box . 204.15
— wire . 298.2
rounded section of the cell . 95.17
roundish clods . 63.1
rouse-about . 142.4
roving waste . 62.7
—, preparation of the . 2.1
—, to prepare the . 2.2
rows, arranged in . 39.1
—, to plant in . 201.3
Royal flax . 65.14
rub, to — the seed in the hand . 79.9
rubbed hemp . 86.9
rubber balls . 295.10
— band . 295.20
— cake . 295.14
— cutting machine . 295.16
— latex . 295.7
— mass, flocculent . 295.12
— milk . 295.7
— plant, Para India . 295.1
— sheet . 295.14
— solution . 264.13
— strip . 295.20
— thread . 296.12
— thread, round . 296.15
— thread, square . 296.13
— thread, vulcanized . 296.16
— tree, common . 294.17
— tree, East India . 295.2
—, compressed . 295.18
—, India . 1.16
rubbing . 228.1
ruffer, long . 73.18
rules, arbitration . 50.19
rules, to Bremen . 55.17
—, Exchange . 28.5
ruminant . 26.8
— clovenhoofed animal 127.10
run off, to . 43.6, 220.9
running-off reel . 225.2
— water . 94.12
rupture of filament . 251.7
Russian cotton . 58.18, 301.16
— dew retted flax . 302.18
— water retted flax . 303.10
rust fungus . 66.14
—-stained cocoon . 217.11
—, brown . 38.1
—, leaf . 203.2
—, red . 38.1
rustling of the wool . 176.3
rusty colour . 82.4
— red . 44.1
rye straw . 119.22

S.

sack . 76.4
— for wool . 183.14
Sakellaridis (cotton) . 59.3
salad leaf . 204.5
sale . 28.23
— by private contract . 185.1
— of skins . 144.22
—, to effect a . 29.6
—s contract . 29.7, 186.6
—s effected . 186.16
saliva of the butterfly 190.16
Salix . 203.20
salt contents . 228.12
— solution . 274.11
— solution, alcoholic . 262.7
— solution, ammonia . 281.5
— solution, indifferent . 274.14
— solution, neutral alkali . 281.4
— solution, saturated . 281.3
— water . 114.5, 196.4
—, aluminium . 274.20
—, ammonium binding 274.12
—, anorganic . 82.16
—, heavy metallic . 281.9
—, inorganic . 265.3
—, magnesium . 274.15
—, manganous oxide . 281.12
—, pink . 236.4
—, sodium . 279.5
—, stannic . 236.6
—, stannous . 236.7
—, suint . 157.19
—s soluble in water . 96.17
saltpetre . 218.9
salve . 159.22
— foundation . 159.24
—-like . 159.23
Sambucus nigra . 204.2
sample . 75.16
— taken in the country of origin . 50.7
—, dressed . 50.12
—, guaranteed . 56.2
—, original . 50.9, 55.23
—, prepared . 50.12
—, to — the goods . 28.16
sampling . 28.15
sand . 149.15
sandy cotton . 60.18
Sansivieria fibre . 113.4
— leaf . 113.6
— plant . 113.5
Santos cotton . 57.22
sap . 201.20
—, caustic . 109.19
—, with little . 19.16
Saponaria officinalis . 151.1
saponifiable wool grease 159.18
saponification . 151.9
— of the wool grease 159.16
— process . 152.2
saponified wool grease 159.19
saponify, to — the fat by the direct method . 151.14
—, to — the yolk . 150.23
saponifying medium . 159.20
— property of the wool grease . 159.17
saponin . 151.3
sappy . 19.15
— wool . 167.23
sapwood . 65.7
satin-like cocoon . 215.8
satisfactory wool business . 186.12
saturated with moisture 13.18, 154.7
— salt solution . 281.3
— solution . 270.22
saturation of the fibre with moisture . 13.19
save, to — the staple . 152.23
saw blade, circular . 41.3
— gin . 40.13
Saxon merino breed . 123.2
— merino sheep . 126.7
— merino wool . 165.16
— wool . 166.4
scab, sheep . 135.22
scabrous leaves, with . 200.2
scale, blunt . 181.4
—, horny . 15.23
—, scutiform . 180.20
—, smooth-edged . 181.4
—, toothed . 181.3
—s, covered with . 181.2
scanty crop . 38.10
scapus . 174.21
scarcity of labour . 25.19
scatter, to — the leaves by a sieve . 198.12
school of agriculture . 25.21
— of cotton planters . 36.3
—, continuation . 26.1
Schweizer's reagent . 271.9
Scinde cotton . 58.14
scintillate, to . 227.4
scintillation of wild silk 227.3
scion . 201.13
scorzonera . 204.4
Scotch pine . 116.9
scour, to . 5.5
—, to — the silk . 233.3
—, to — the wool . 146.19
scoured silk . 233.22
— wool 157.4, 168.2, 185.5
scouring . 5.4
— on commission . 147.6
— of silk . 233.2
— the wool . 145.2, 146.18
— agent . 233.6
— apparatus . 147.13.15
— bath . 147.18
— medium . 233.6
— method . 147.7, 233.4
— mill, commission . 147.5
— tub . 233.5
— vessel . 233.5
—, mill . 147.4
scrag . 131.22
scrape, to — off the bark from the stem . 101.17
—, to — off the wool . 144.14
scaping off the wool . 144.15
— blade . 112.6
— block . 144.16
— knife . 108.3, 144.17
screen, sorter's . 170.19
screw press . 42.5
— spindle . 245.16
—, to — the hemp strick 88.8
screwing the bales into the hold . 43.13
— apparatus, automatic 88.1
screw-like convolution . 225.13
scroop of silk . 226.15
scrooping feel . 226.16
scutch blade . 72.6, 84.13
—, to — the flax . 71.17
—, to — the hemp . 84.8.11
scutched flax . 76.20
— hemp . 91.12
scutcher fly . 61.22
— waste . 61.21
scutching the flax . 71.16
— of hemp . 84.7
— blade . 72.9, 84.18
— board . 72.5.10, 84.14.19
— cylinder . 73.1
— frame, hand . 72.4
— machine . 72.8, 84.17
— and breaking machine, combined . 72.13
— mill . 71.18
— stand . 72.12
— stock . 72.5
—, finishing . 72.2
—, first . 72.1
—, hand . 72.3, 84.19
—, mill . 72.7
scutiform scale . 180.20
sea damage . 47.17
—-damaged cotton . 47.16
—-going ship . 32.14
— press, cotton . 42.2
— silk . 232.18
sea water . 118.19
— weed . 121.21
— wrack . 121.20
Sea-Island (cotton) 37.2, 56.20
seal, to — the sample 50.13.14
seam . 26.19
search, to — for the end of the cocoon filament . 219.16
season, crop . 24.19
—, dry . 114.4
—, pairing . 129.6
—, to — the seed . 78.17
—, to — the spinning solution . 264.22
seasoned seed . 36.24
sebaceous gland . 174.13
second head and tail hackling of hemp . 89.19
— knife . 108.10
— pickings . 88.12
—s (wool) . 309.18
secondary cultivation . 106.20
section, cross s. cross section
—, rounded . 95.17
sedge grass . 121.16
seed (s. a. grain and egg) 18.22
— capable af germinating . 22.21
— embedded in the fruit wool . 63.2
— freed from hairs . 36.18
— required per unit-area . 22.23
— for sowing purposes 22.12
— bed . 106.15
— box . 194.4
— capsule . 35.9, 93.7
— case, cotton . 35.9
— cotton . 39.12
— cotton opener . 39.7
— fibre . 8.17, 34.2, 43.16
— flax . 65.1
— furrow . 23.5
— grains, to place the . 23.8
— grid . 40.6, 41.2
— hair . 8.17, 43.16
— leaf . 18.23, 24.1
— pood . 67.6, 93.7
— pod, cylindrical . 93.9
— pod, globular . 93.8
— podded jute . 92.18
— raiser . 193.17
— raising . 193.18.19
— ripeness . 120.2
— shoot . 23.23
—, conditioned . 36.24
—, diseased . 193.15
—, flax . 65.11, 76.10
—, fresh . 22.15
—, healthy . 193.14
—, heavy . 79.1
—, hemp . 78.14
—, home grown . 22.13
—, jute . 93.11
—, light . 79.2
—, new . 22.15
—, old . 22.14
—, silk . 193.10
—, sprouting . 23.21
—, sterile . 78.24
—, unripe . 78.23
—, well seasoned . 36.24
—, x years old . 22.16
seeming stem . 106.4
seized with lime disease 207.17
— with sleeping sickness 208.16
select, to — the cocoons for breeding . 212.19
—, to — the eggs suitable for breeding . 195.2
—, to — the seed . 78.13
selected (wool) . 310.15
selection of the cocoons 212.18
— of eggs suitable for breeding . 195.1
— of the seed . 78.12
—, artificial . 128.11
—, natural . 128.12
self-acting thermostat . 237.14
sell, to — by auctions . 185.22
—, to — for cash . 30.6
—, to — on commission 185.2
seller . 28.14
—'s commission . 29.2
selling broker . 185.12
— value . 28.24
semi-cylindrical lead basin . 275.12
—-fluid yolk . 145.11

semi-liquid sericin . . . 210.15
—-manufactured article 7.21
—-pressed bale 42.20
—-saturated chromic acid 289.7
—-wild silk spinner . 189.15
send, to — out root suckers 109.6
sensibility of silk to alkalies 229.5
sensitive to acids . . . 98.8
— to heat 273.12
sensitiveness to acids . 98.7
— to water 288.13
separate recovery of solvents 267.4
—, to — the diseased worms from the healthy ones 206.16
—, to — the fatty matter 158.17
—, to — the pulp easily from the fibre . . 114.9
—, to — the soap from the glue 152.15
—, to — the sulphur . 266.13
separating the burs from the fibre 163.22
separation of the fibre by hand 94.20
— of the fibrous material from the stem . . . 94.19
— of magnesia 266.5
— of nitric acid 265.10
— of sulphur 266.12
sericin 16.8, 210.1
— coating 210.17
— coating of homogeneous structure . . 210.18
— coating, coarse . . . 225.22
— surface 210.17
—, brittle . . 210.19, 225.20
—, hard 225.19
—, semi-liquid 210.15
sericulture 189.1
series of washing tanks 149.1
—, arranged in 39.1
serimeter 12.17
— test 12.18
serpentine asbestos . . 240.5
—-shaped cleaning canal 148.5
set of hackles 89.6
—, to — plants 24.3
setting of reserve plants 24.4
settle, to 148.9
—, to — the contract . 53.4
settled mart 27.6
— mart for raw silk . 230.2
settlement 52.9
— of the business . . . 185.19
— of the deal 53.5
—, monthly 53.7
—, weekly 53.8
settling day 53.6
— tank 158.15
— tank with partitions 158.6
—-up office 53.9
sew, to 4.24
sewaged fields 21.18
sewed up in bagging . 113.8
sewing 4.23
shaft of the hair . . . 174.21
—, beater 63.8
—, vertical 86.4
shaggy wool 178.12
shake, to — the broken hemp by hand . . . 84.5
—, to — the fleece . . . 171.4
shaker 164.5
shaking the fleece . . 171.3
— machine, tow . . . 85.9
shape of bale 43.3
— and size of the body, small 117.18
— of leaf 202.1
— of nozzle 247.1
—, cylindrical 180.3
sharp fracture of cultivated silk 227.3
shavings 121.9
shear, to — the sheep . 141.16
—, to — the standing sheep 142.7
—, to — the washed wool 141.17
— grinder 142.1
—s, sheep 141.19
shared wool 167.9
shearer 142.2
—, female 142.3
—'s labourer 142.4
—'s loft 142.0
shearing the fleece . . 143.12
— in the grease . . . 141.18
shearing of the sheep . 141.15
— the skin 143.12
— the wool in the dirt 141.18
— machine, sheep . . . 141.20
— shed 142.5
sheath, leaf 106.5
—, root 174.9
sheave 282.3
shed, shearing 142.5
—, to — dead wool fibres 173.17
—, to — the skin . . . 206.5
sheep with bristle hair only 125.14
— covered with proper wool only 125.16
— culled for their body structure 129.21
— with curly wool . . 126.3
— during gestation . . 129.8
— for fattening 132.22
— in lamb 129.8
— with long coarse hair only 125.15
— of Picardy 124.16
— producing smooth non-medullary wool fibre 125.17
— with thin wool . . . 131.16
— breed 131.2
— breeder 128.6
— breeding 128.1
— breeding for mutton 132.19
— breeding farm . . . 128.5
— cote 133.5
— dog 134.17
— farm for mutton . . 132.20
— farm for wool . . . 131.10
— farming for mutton 132.19
— farming for wool growing 131.9
— fold 134.20
— house 133.5
— pen 134.20
— pox 136.1
— rearing 128.1
— scab 135.22
— shearing machine . . 141.20
— shears 141.19
— wool 165.7
— wool, German heath 165.12
— wool, native country 165.11
—, blue wild — of the Himalaya 123.16
—, breeding 130.2
—, broad backed . . . 127.20
—, broad tailed 125.1
—, culled 129.16
—, domestic 124.1
—, drooping eared . . . 125.8
—, fat rumped 124.10
—, fat tailed 125.1
—, goat-like 131.18
—, hardened 130.22
—, heavily fleeced . . . 131.15
—, horned 127.7
—, horned short tailed . 214.4
—, hornless 127.8
—, indigenous 122.6
—, long tailed 124.19
—, migratory 122.7
—, milk 133.4
—, mixed wool 125.6
—, mountain 125.9
—, mutton 132.21
—, narrow backed . . . 127.19
—, narrow tailed . . . 125.5
—, native 122.6
—, native country . . . 125.12
—, pure bred 128.18
—, short-haired 131.13
—, short-legged 126.6
—, short-tailed 124.2
—, Skandinavian . . . 124.5
—, smooth-woolled . . 126.1
—, stump tailed 124.18
—, unhorned 127.8
—, unhorned short tailed 124.11
—, unsuitable 129.15
—, wild 123.11
—, wild maned 123.14
—, wild — of the steppes 123.17
—, wool eating 136.6
sheet iron blade 73.5
—, rubber 295.14
shell of the fruit . . . 62.22
—, cocoon 216.21
shelve for the boxes . 204.20
shepherd 134.16
Shetland sheep 124.7
ship, sea-going 32.14
—, to 32.6
shipment 55.8
shipping 32.7, 47.12
— agency 48.23
— agent 31.11
— broker 32.15
— charges 31.13
— company 32.16
— house, wool 184.3
— port 32.8, 49.10
—, cotton 48.22
shoddy 9.12, 170.12
shoot 201.3.4
— of the cotton plant . 34.5
—, young 202.12
shorn wool . . . 143.5, 167.9
short celled 20.8
— crop 38.10
— fibre 10.5
— fibred 10.7, 241.10
— haired 19.22, 131.13
— legged 126.6
— skeined 231.19
— stalked 19.20, 35.8
— stapled 61.4, 137.5
— stem(med) . . . 19.9, 35.8
— tailed 122.17, 124.2
— wool(led) 123.5.9
shortness of the fibre . 10.6
shorts 172.7
shoulder 132.8, 171.17
shove 70.16
show, to — cracks . . . 225.23
—, to — dichroism . . 290.17
shredded into a downy condition 239.23
shreds, filter paper . . 255.4
—, torn into 239.22
shrink, to . . . 46.11, 280.5
shrinkage of the gelatine 280.6
— in length 46.12
shrivel up, to (silk worm) 212.6
shrub, cotton 34.8
—, hemp 77.11
shrubby plant 18.21
Siam hemp 105.21
sick, to become (sheep) 135.20
sickle 93.20
sida fibre 105.5
— plant 105.4
side 132.7
— of neck 171.19
— branches 93.21
—, flesh (skin) 144.2
sieve 245.21
— for leaves 198.13
— spoon 218.17
—, cocoon 218.18
—, metallic 275.3
—, wire 66.1
—, to — the asbestos . 241.2
—, to — the leaf clippings 198.23
—, to — the seed . . . 78.18
sieved asbestos 241.3
sight, x days 30.13
— board, black 221.13
— draft 30.12
silicate of potassium . 233.21
silicic acid 198.9
silk 1.13, 188.16
— from the Bombyx mori 188.21
— of dull lustre 226.23
— of good feel 226.13
— cotton tree 62.17
— count 238.5
— crop 212.13
— culture 189.1
— eating insect 217.18
— Exchange 230.4
— fibre 9.6, 188.18
— fibre free from floss . 226.9
— fibre, compact elastic 226.7
— fibre, flossy 226.10
— fibre, fuzzy 226.10
— fibre, homogeneous . 226.3
— fibre, structureless . 226.4
— fibre, transparent . . 226.8
— fibre, uniform . . . 226.5
— filament, artificial . . 9.8
— filament, oval . . . 225.9
— filament, polygonal . 225.11
— filament, triangular . 225.10
— fluid 210.2
— gauze 246.1
— gland (s. a. gland) . 191.11
— grain 193.10
— grass 115.11
— growing district . . . 229.21
— gum 16.8, 210.1
— hank 231.18
— knot 231.18
silk market 230.3
— merchant 230.10
— moth 189.6
— moth, Chinese oak . 190.2
— moth, Eria 190.7
— moth, Indian oak . . 190.3
— moth, Japanese oak 190.9
— moth, Mooga . . . 190.5
— moth, mulberry . . 190.4
— moth, wild 189.14
— number 238.5
— plant, Syrian 64.2
— producer 189.5
— producing country . 189.4
— production 188.23
— reel 221.15
— seed 193.10
— seed trade 229.11
— skein 231.18
— spider, Madagascar . 233.1
— spinner (moth) . . . 189.6
— spinner, semi-wild . . 189.15
— spinner, wild 189.14
— spinning caterpillar . 192.16
— spinning insect . . . 189.8
— stock 230.1
— substance 210.2
— thread, knotty . . . 224.2
— thread, twisted . . . 224.14
— titre 238.5
— trade 229.10
— transactions 230.11
— turnover 230.11
— waste 232.9
— waste, combed . . . 232.16
— waste, uncombed . . 232.15
—, artificial s. artificial silk
—, boiled 231.16
—, boiled-off 234.8
—, broken 232.13
—, commercial 230.14
—, crude 231.17
—, cultivated . 188.21, 230.15
—, degummed 234.4
—, discoloured 227.2
—, Eria 232.2
—, Fagara 232.1
—, fine fibred 217.4
—, half boiled 234.11
—, light coloured . . . 226.24
—, natural . . 188.20, 230.16
—, pink 227.1
—, pinked 236.3
—, raw s. raw silk
—, reeled 224.10
—, re-reeled 230.22
—, scoured 233.22
—, spider 232.21
—, sthenosized 254.5
—, sugared 235.23
—, unscoured 231.17
—, vegetable 8.20, 62.13, 64.4.7
—, weighted 234.20
—, wild s. a. wild silk. 188.22
silkworm (s. a. worm) 191.4, 192.16, 209.7, 211.4
— ready to spin . . . 209.5
— spun in 216.20
— box 204.13
— farm 195.8
— farming 195.5
— house 195.12
— rearing 195.5
—, consumptive 207.22
—, dropsical 207.20
—, full grown 196.20
—, late 206.10
—, obese 208.1
—, spinning 209.8
silky feel of the wool . 177.13
— fibre 11.13
— lustre 11.12, 46.14, 100.9, 179.16, 288.4
— wool 168.5, 178.16
silver contents of the metal wire 297.13
— covered wire 297.12
—-gray 95.8, 109.18
— lustre 11.15, 288.5
— nitrate 98.1
— solution, ammoniacal 98.2
— wire 297.9
— wire covered with gold 297.6
— wire, alloyed 297.11
— wire, genuine 297.10
— wire, imitation . . . 297.14
sinews, fibres of 239.6
singe, to 6.1
—, to — the wool . . . 144.18

singeing 5.24
single (silk) 231.13
— cell vegetable hair . 8.19
— clip 142.16
— clip wool. 167.10
— nozzle 247.7
— rasping machine . . 111.5
— seed fruit 118.9
siphon piping 250.9
Siphonia brasiliensis . 295.1
— elastica 294.17
sisal agave 109.2
— agave with root sucker. 109.7
— hemp, false 109.4
— planter 110.4
— hemp 1.9, 108.13
size, small shape and — of the body 127.18
—, to 8.17.18
sizer's waste . . 62.11, 170.7
Skandinavian sheep . . 124.5
skein, silk 231.18
skeined filament . . . 265.17
skeleton of sheep . . . 127.12
skeleton, strong . . . 127.17
skep, wool 172.21
skimmed milk . . . 287.4.5
skin 173.18
— end of the staple . 138.8
— full of frills 182.18
— of the silk worm . . 208.7
— wool 167.10
—, damaged 142.13
—, inferior 144.1
—, undamaged 142.14
—, to look like a . . . 171.10
—, to 143.10
skinning 143.11
skip, lattice. 161.13
skyblue flower of flax . 65.10
slanting bars 133.9
sleep, to 206.8
sleeping period of the worm 206.7
— sickness 208.14.16
slight crimps 177.4
slightly curled wool . . 176.19
— curved crimps . . . 177.2
— lignified fibre . . . 116.2
— waved wool 176.15
slime 149.14
slimy cellulose solution. 280.10
— spinning solution . . 273.17
slit-like nozzle opening. 247.12
—, to — the straw blade longitudinally . . . 120.12
slow acting precipitant. 275.17
— combustion 290.7
— movement of the filament 249.11
slowly acting precipitant 249.4
— running water . . . 67.20
—, to dry 82.23
slubbing waste 169.17
—, preparation of the . 2.1
sludge 149.14
small ware 4.16
— ware manufactory . . 4.17
smaller, to make the opening passage . . 247.18
smell of wool. 175.10
smoking 295.9
smooth black grain of seed 36.19
—-edged scale 181.4
— fibre 11.8, 74.9
— silk fibre free from floss 226.9
— silvery lustre 288.5
— surface of the seed . 63.3
— wool 178.1
— wool fibre 177.8
—-woolled sheep . . . 126.1
—, to — the fibres . . 112.16
smoothing plane . . . 121.10
smoothness of the fibre 11.7, 179.19
Smyrna combing . . . 166.12
— cotton 58.21
snow retting 69.2
—-white 108.8, 241.15
soak, to — the hemp stems 81.13
soaking the cocoon . . 217.22
— the hemp stems . . 81.14
—, to soften by . . . 102.2
soap 151.10
— glue 152.14
— lather 233.8
— and soda bath . . . 236.10
soap solution 150.17
— substitute 152.20
— suds 158.14
—, ammonia 150.21
—, animal 233.10
—, Arachis oil 233.11
—, castor oil 233.16
—, coconut-oil. 233.12
—, curd 152.17
—, grain 152.17
—, groundnut oil . . . 233.11
—, hard 151.12
—, lime 152.19
—, liquid 233.7
—, Marseille 233.13
—, neutral 233.18
—, olein 233.14
—, palm oil 233.15
—, potash 151.11
—, resinous 255.14
—, soda 151.12
—, soft 151.11
—, tallow 233.17
—, vegetable fat . . . 233.9
soapwort 151.1
soda. . . . 45.8, 102.9, 151.24
— and copper solution. 271.13
— bath 163.17
— lye 150.18, 151.17, 278.17.18
— soap. 151.12
— solution . . . 218.8, 282.11
— solution, caustic . . 151.17
— sulphide solution . . 266.9
—, anhydrous. 272.18
—, caustic s. caustic s. 151.16, 272.16, 287.16
—, Leblanc. 163.18
sodium acetate . 261.1, 284.7
— aluminate 281.8
— bichromate 159.6
— bisulphate 161.20
— bisulphite . . 274.8, 278.8
— cellulose 119.10, 278.3, 298.15
— cellulose paper . . . 298.18
— hydrate . . . 272.16, 278.16
— hydrate solution . . 272.17
— lactate 259.17
— nitrite 265.4
— salt 279.5
— salt soluble in water 279.6
— salt, acid 279.8
— salt, gelatinous . . . 279.7
— sulphate . . . 162.1, 271.5
— sulphur compound . 278.15
—, ricinoleic 273.22
soft (silk). 234.8
— downy feel 226.17
— fibre 10.8, 74.8
— fibred hemp 92.5
— hair 187.13
— soap. 151.11
— water 67.22, 81.22
— wood 121.2
— wool 178.5
soften, to — in boiling water 218.11, 241.6
—, to — by beating 70.17, 85.17
—, to — the grease . . . 146.6
—, to — the sericin . . 218.1
—, to — the sheep skin 143.20
—, to — by soaking in water 102.2
softener, hemp 85.19
softening by beating. . 85.16, 107.12
— in pits. 143.21
softness of the fibre 10.9, 178.4
soft-woolled Welsh sheep 125.11
soil 20.19
— abounding in humus 20.22
—, aerated 21.5
—, chalky 20.24
—, damp 21.3
—, drained 21.4
—, ferruginous 68.14
—, fertilized 21.6
—, flinty 21.1
—, limy 20.24
—, loam 20.23
—, loosened 21.5
—, manured 21.6
—, ploughed 22.6
—, to exhaust the. . . 36.2
—, to overwork the . . 36.2
solar radiation 213.9
solid cocoon 216.6
— matter. 243.5
— yolk 145.11
solidification of the sericin 210.16
solidified grease 146.5
— silk filaments . . . 250.12
solidify, to . . . 146.3, 210.12
solidifying of the wool grease. 146.4
solubility of the cellulose 243.9
— in alkalies 229.6
— in water 286.16
— of the wool 181.23
soluble in ether. . . . 46.18
— in water 151.13
— cellulose 243.10
— compound 245.9
— condition. 243.11
solution 156.2
— ready for spinning . 246.18
— rich in copper . . . 272.5
— sensitive to heat . . 273.12
— of acetic ether . . . 262.5
— of ammoniacal copper oxide 271.6
— of carbonate of potassium and soda . . 102.10
— of caustic potash . . 282.19
— of caustic soda . . . 283.1
— of cellulose. 243.8
— of ferric chloride . . 98.11
— of formaldehyde in acetone 254.8
— of mercury chloride 98.10
— of metallic salts . . 235.4
— of phloroglucin . . . 98.14
— of water glass . . . 97.7
— of zinc chloride cellulose 282.15
— container. 268.10
— theory. 17.8
—, alkaline 97.2
—, Barrewill's. 98.5
—, concentrated . . . 245.1
—, ethereal 258.5
— ferrous sulphate . . 281.18
—, frothy 152.21
—, iodine 97.13
—, magnesium acetate . 284.5
—, nickel sulphate . . 287.17
—, potash 157.12
—, saturated 270.22
—, soap 150.17
—, spinning s. spinning solution
—, viscous 258.17
solvent 245.8
— property 219.9
—, to make the alcohol a — for 259.10
—, volatile 156.4
sort, to — according to colour. 89.16
—, to — according to fineness 89.14
—, to — according to length 66.24, 80.2
—, to — according to softness 89.15
—, to — the cut leaves 110.13
—, to — the wool . . . 170.16
sorted hemp 80.3
— jute 99.6
sorter, wool. 170.20
—'s hurdle 170.19
—'s screen 170.19
—'s sweepings. 169.1
sorting the flax 75.18
— the jute 99.5
— house 170.17
— room 80.4, 170.18
— table 67.1, 170.19
—, wool 170.15, 175.17
soundness of the wool fibre 175.16
souple (silk) 234.11
sour bath 69.12
— pasture 135.6
South American cotton 57.11
— American piassava . 117.2
sow, to. 23.1
—, to — broadcast . . 23.14
—, to — the hemp . . 78.11
—, to — by machine. . 23.10
—, to — sparsely . . . 66.6
—, to — thickly . . 23.2, 66.5
—, to — thinly 23.3
sowing 22.24, 65.20
— the hemp 78.10
— by rows 23.12
— machine 23.11
— period 23.4
— purposes 22.12
—, before. 65.21
—, broadcast 23.13
sowing, machine . . . 23.9
space between the hair bundles 136.13
— between plants . . . 114.3
—, intercellular 95.12.13, 106.7
spadix 106.12, 118.6
— of typha 116.3
Spanish broom 104.13
— cane. 121.14
— moss 104.1
— raw silk 231.10
spark, electric. 247.21
sparsely, to sow. . . . 66.6
Spartium junceum . . 104.13
— scoparium 104.15
special field agent. . . 56.15
species of butterfly . . 189.9
— of caterpillars, gregarious 197.9
— of caterpillars, native 197.12
— of cocoon 214.4
— of fly 207.7
— of seed 22.17
— of tree 199.5
— of tree, dwarf . . . 19.10
specific gravity of the fibre 12.21
— weight of wool . . . 181.10
specifically heavy fibre 12.20
— light fibre 12.19
specified dates, on . . 55.16
speculate, to 52.24
—, to — for a rising market 54.14
speculation 53.1
speculative business . . 53.2
speed of discharge. . . 248.15
— of the filament . . . 249.12
— frame 2.3
speeder 2.3
spider silk 232.21
spiked cylinder 153.16
— roller 147.10, 164.9
spin, ready to 209.5
—, to 1.22, 2.5, 209.6
—, to — a single cocoon 209.7
—, to — a twin cocoon 212.2
—, to — in large loops. 211.9
—, to — loosely 211.11
—, to — the solution . 246.20
—, to — uniformly . . 211.12
—, to — the viscose 280.16.17.22
spindle of bobbin . . . 253.16
spine, edge 109.9
—, terminal. 109.10
spinner. 2.7
—, family. 193.8
—, green 189.17
—, individual 193.7
—, nesting 193.8
—, silk (moth) 189.6
—, white 189.18
—, yellow. 189.16
—'s sweepings. 62.12
spinneret 247.2, 275.10
— of the silk worm . . 192.7
spinning 1.21, 2.4
— apparatus 246.12
— apparatus with revolving nozzle 251.1
— apparatus with spraying nozzle 249.15
— apparatus with variable pressure 250.5
— apparatus, Chardonnet's 262.11
— apparatus, Draper's 249.7
— apparatus, Lehner's . 263.6
— apparatus, Thiele's . 275.16
— can 253.6
— can, revolving . . . 282.5
— capacity of the fibre 9.16
— compartment 211.2
— factory 2.8
— fluid 243.4
— hut 211.2
— machine 2.6
— machine for artificial silk 275.5, 276.7
— material 8.7
— method, Chardonnet's 258.21
— mill 2.8
— muscle. 192.10
— nipple 192.8
— nozzle 192.9, 275.10
— organ, Chardonnet's. 262.12
— paper 298.17
— paste 262.9
— pressure 248.12
— process . . . 211.13.14, 246.12
— process, acid 280.21

spinning process, artificial 246.15
— quality of the wool fibre 175.9
— room 276.6
— room fly 169.19
— room sweepings 169.20
— room waste 169.18
— silk worm 209.8
— solution (s. a. solution) 243.4, 244.17, 263.7
— solution, slimy 273.17
— solution, viscous 244.19
— sprayer 249.17
— waste, fine fibred 269.8
— waste, long fibred 269.7
— and winding apparatus 253.3
— wool 168.10
—, cocoon 209.3
—, fit for 103.1
—-in of the silk worm 209.3
spinose agave leaf 109.8
spiny leaf 116.15
spiral cut 295.19
—-shaped horn 126.5
— striations 105.12
spirit lamp 47.5
split leaf 115.5
— straw 120.11
—, to — at the apex (leaf) 115.4
—, to — the cane into strips 121.19
—, to — the fibrous bundles by hand 102.19
—, to — open the ripe nuts 118.18
—, to — the straw 120.8
—s in the epidermis 75.4
splitter, straw 120.9
spoiled cocoon 232.14
— hemp 91.23
sponge 239.18
— boiled in a soda solution 239.20
— made brittle by the action of acids 239.21
— interspersed with mussels 239.19
— shredded into a downy condition 239.23
— torn into shreds 239.22
sponginess of the fibre 13.8
spongy casein 287.6
— fibre 13.7
spontaneous combustion 46.8
— ignition of weighted silk 236.21
spool 252.14
—, to 2.24, 282.9
spooled silk 282.10
spooling 252.1
spoon, sieve 218.17
spores of the fungus 207.13
— of the mould 207.13
spot cotton 55.11
— terms 56.7
spotted 60.1
— cocoon 217.10
— disease 208.10
— disease, infected with 208.11
spray, to — the amyl-alcohol 267.3
spraying the bobbins 253.13
— nozzle 247.14, 249.17
spread fleece 171.10
—, to — the flax in the field 67.2
—, to — the fleece 171.8
—, to — a layer of peat dust 205.12
sprig 201.12
spring cocoon 214.16
— wool 167.12
—, plate 262.18
springy feel of the wool 177.12
sprout of hair 173.8
—, young 202.12
—, to 23.22
sprouting seed 23.21
spruce 116.7
—, common 203.12
spun-in silk worm 216.19
square bale 43.4
— bamboo box 204.16
— filament 293.12
— rubber thread 296.13
squeeze, to — out 6.23, 153.8, 158.19, 161.14
squeezed wool 161.16
squeezer 148.7, 161.15
squeezing the leaves 114.7
— out the water in a hydro-extractor 6.22
— out the wool 153.7
— roller 148.7, 149.10
— rollers, wooden 295.13
stable air 133.6
— ammoniacal copper oxide solution 273.11
—, chemically 257.5
stability of the nitro-cellulose 257.6
stabilization of the collodion wool 257.17
stack, flax 67.5
—, to — the flax 67.4
stage of growth of the silk worm 206.9
—, landing 32.10
—s, in 287.18
staggered travelling lattices 155.2
stagnant water 94.11
stained 60.1
— wool 172.10
stale urine 150.19
stalk 19.2
— of the plant 65.2
— fibre 8.22 64.12
—, green 93.1
—, leaf 19.18, 77.17, 202.8
—, red 92.21
stall feeding 133.16
stamp, bill-of-lading 32.20
—, to — the box 194.12
—, to — the hemp seed 80.22
stamped box 194.13
stamping the hemp seed 80.23
stand for the boxes 204.20
—, to — in bunches 136.11
—, drying 112.12
—, individual (staples) 138.9
—, scutching 72.12
—, to — densely on the skin 136.15
standard grade 59.10
— sample 49.2, 186.20
— wool fibre 180.10
—, above 53.18
—, futures 50.6
—, regain 13.20
standing upright 109.21
stannic chloride bath 236.9
— chloride, hydrated 236.8
— salt 236.6
stannous chloride 259.2
— chloride solution 259.3
— oxide of sodium 98.13
— salt 236.7
staple 136.7.22
— binding well together 137.13
— of the cotton 60.24
— with pointed-waved fibres 139.4
— for raw jute 99.22
— with sticky tips 140.9
—, abnormal 137.18
—, bent — with sharp corners 140.16
—, blunt 140.5
—, boardy 139.12
—, cauliflower 140.7
—, clear 137.14
—, clearly defined 137.14
—, clearly marked 139.2
—, coarse 61.7
—, cottony 140.3
—, crape-like 139.6
—, cylindrical 138.20
—, damaged 61.6
—, drawn-out wavy 138.17
—, even running 59.16, 61.5
—, fairly dense 137.21
—, felty 140.2
—, flat curved 140.8
—, flattened 140.14
—, flaxy 140.1
—, good 59.18
—, hanging 140.15
—, highly curled 137.19
—, hollow 139.5
—, irregular 59.17, 137.15
—, knotty 139.15
—, long 137.2
—, loose 137.11
—, lying 139.11
—, matted 140.2
—, normal 137.17
—, open 137.20
—, over-spun 140.11
—, pearly 139.16
staple, pin-head 140.4
—, plain 138.16
—, pointed 140.18
—, pointed tip 139.10
—, rape seed 140.6
—, regular 61.5
—, rounded 140.13
—, scanty 137.20
—, short 137.4
—, short pointed 140.17
—, silky 59.22
—, slanting 139.11
—, smooth 138.15
—, smooth arched 140.8
—, square tipped 140.10
—, strong 59.20
—, thread-like 139.7
—, tipped 140.18
—, tow-like 139.17
—, upright 138.18
—, veiled 139.14
—, very clear 139.13
—, very good 59.19
—, very loose 139.3
—, weak 59.21
—, well marked 139.1
staples of irregular depth 138.5
— of unequal surface 138.1
— of uniform depth 138.2.4
— of uniform surface 137.24
stapled, badly 137.16
stapler, wool 183.21
star lot 186.4
starch 272.1
— paper, zinc-iodide 258.3
—, to 6.11
starching 6.10
start, to — a silk worm farm 195.7
State statistical agent 56.16
state of the cotton market 56.12
— of the Exchange 54.16
— of maturity 24.14
— of saturation of the air 154.6
—, chrysalis 212.5
—, pupa 212.5
steam coil 157.1
— heated water 69.6
— plough 22.10
— press 42.16
— retting 69.8
—, dry 213.12
—, heated 151.6
—, to 6.15
—, to — the nitrocellulose 256.16
steamer freight 33.1
steaming 6.14
stearic acid 152.7
stearine manufacture 152.5
steel pin 164.15
—-gray colour 74.12
steen 76.5
steep, to — the coco-nut shells in sea water 118.19
—, to — the jute stems 94.10
—, to — the leaves in salt water 114.5
—, to — the stems by bundles 94.13
—, to — the wool 148.16
steeping 67.16, 94.8
— the cocoon 217.22
— bowl 148.17
— water 102.5
stem 19.6
— of the plant 65.2
— fibre 8.22, 64.12
—, apparent 106.4
—, branchy 65.3
—, dried 101.16
—, dry 80.9
—, fresh 101.15
—, moist 80.6
—, stripped 101.13
—, unstripped 101.14
stemmed plant 77.5
steppe plant 109.23
steps, legal 50.24
sterile breed of sheep 131.4
— seed 78.24
sthenosize, to — artificial silk 254.3
sthenosized silk 254.5
sthenosizing the artificial silk 254.4
stick 147.17
—, bamboo 204.17
—, twirling 63.6
sticky liquid 211.1
stiff brush 196.11
— fibre 10.21
stiff hair 187.15
stifle, to — the pupa 213.4
still 156.23
— water 94.11
stinging hair, hollow 100.5
— nettle, common 100.4
— nettle, great 100.4
— nettle fibre 100.2
Stipa tenacissima 116.17
stir, to — the wool with sticks 147.17
stitchel 175.7
stock (grafting) 201.14
— of sheep 130.16
— of the silk worm 192.15
— in warehouse 31.7, 186.18
—, original 122.8
—, pure bred 214.5.6
—, root 106.17
—, scutching 72.5
—, silk 230.1
—, wool 184.13
stockings 62.6, 169.15
stone 26.17, 76.7
— basin 81.16
— crusher 27.1
— fruit 118.8
—-hard inner layer of the shell 118.15
— tank 81.16
stook, to — the flax 67.4
stopper, double bored 292.21
store 31.6
— warrant 184.15
— wool 167.3
—, cotton 41.21
—, flax 76.1
—, plantation 25.7
—, wool 184.14
—, to 31.5
storing 31.4
stove, carbonizing 162.10.11
—, drying 70.4
St. Petersburg hemp 91.22
straight grained wood 121.3
— wool fibre 180.2
straighten, to — the fibres 112.16
straightening the hemp 112.17
stratum, asbestos 240.8
straw 119.16
— bast fibre 120.17
— blade, flattened 120.14
— blade, flexible 120.1
— blade, thin 119.24
— coloured tint 117.8
— fibre 105.2, 120.17
— fodder 135.14
— like feel of the acetate silk 285.21
—-made rearing house 195.17
— mat 205.2
— plaited box, round 204.15
— splitter 120.9
—, artificial 293.1
—, hemp 91.5
—, split 120.11
strength 288.21
— of artificial silk 288.22.23
— of the fibre 12.9, 60.17
— of the stem 66.24
— of wool fibre 175.23
— tester 12.13
—, of great 114.10
stretch of staple 137.6
— of staple, good 137.9
— of staple, long 137.7
— of staple, short 137.8
—, to 7.3
—, to — the degummed silk 234.5
—, to — the filament 249.1.8.9, 275.18
—, to — the rubber thread 296.17
stretched by its own weight 275.18
stretching 7.2
— property 12.3, 180.4
— pulley 111.15
striation, faint surface 225.14
—, marked longitudinal 225.15
—, fine 74.18
—, spiral 105.12
strick of flax 70.15
— of hemp 84.16
— of jute 99.10
— turning motion, automatic 88.1
strict good middling 299.12
— good ordinary 300.6
— low middling 300.3

strict middling 299.16
— middling fair 299.8
— ordinary 300.10
strike, to — roots . 24.2, 201.4
stringy wool 178.13
strip 101.12
— of leaf 107.10
— of straw 120.10
—, rubber 295.20
—, to — the bast . . . 101.5
—, to — the hemp . . 83.6.7
—, to — the skin . . . 143.10
—, to — the tow out of the hackle bars . . 74.4
—, to — the tree of its foliage 202.10
—, to — off the bast layer 95.1
—, to — off the leaves . 101.3, 202.13
strips, card . . . 62.3, 169.12
—, flat 62.4
—, thread-like 120.7
stripped hemp 91.8
— stem. 101.13
stripper 41.12
—, leaf. 202.14
stripping the bast from 83.5, 94.22, 101.4
— of leaves. 202.11
— the leaves from the stems 93.22
— off the leaf pulp . . 110.18
— blade 112.6
— drum 111.8
— knife 108.3
— machine, Crumb's fibre 108.1
—s, comber 169.8
strong alkali solution . 270.1
— carcass. 127.17
— fibre . . 10.23, 60.13, 175.24
— wool 176.1
strongly active precipitant 249.5
strophantus silk 64.5
structure of the cocoon 215.11
— of the fibre . . 15.11, 44.3 180.15, 229.4
— of the fleece 136.21
— of the skeleton . . . 127.16
— of the staple 136.23
—, anatomical. 174.3
—, cellular 192.6
—, external 12.22
—, hair-like 173.7
—, histologic . . 18.16, 191.12
—, homogeneous. . . . 210.18
—, net-like 171.9
structureless excretion . 209.15
— fibre 12.23, 226.4
stubble field 68.13
— pasture 135.1
stud book 129.7
study, to — under the microscope. 17.14
stump tailed sheep . . 124.18
stunted wool fibre. . . 173.15
stunting of the wool fibre 173.14
sturdy 136 5
sublimated sulphur . . 296.2
submit, to — the hemp to a finishing retting 82.10
—, to — hemp to a finishing scutching . . . 84.9
—, to — the silk to a preparatory drying . 237.15
subsequent ripening of the purified viscose solution 279.13
— treatment 273.15
subsequently, to treat . 276.15
subspecies 61.11
substance, cellulose-like 287.20
—, explosive 263.14
—, fatty 44.8
—, gluey 286.16
—, inorganic nutricious 133.23
—, intercellular 90.16
—, medullary 181.9
—, mineral nutricious . 133.22
—, nutricious 21.2, 133.21.22.23, 134.1.2.3
—, organic 16.9
—, viscous 210.3
—, washing 150.10
—s, albuminous 242.13, 286.21
substitute for mulberry leaves 204.3
—, soap 152.20
subtropical plant . . . 18.5
succulent 19.15
suck, to — the silk filament through the spinneret 264.16
sucker, root 106.16
suction pipe 267.5
— piston 281.19
— valve 281.17
sudoriparous gland . . 174.19
— pore 174.20
suds, soap 158.14
—, wool washing . . . 157.17
suffer, to — through fermentation 79.7
suffocate, to — the pupa 213.15
suffocating gases . . . 213.13
— the pupa. 213.14
sugar solution. 235.20
sugared silk 235.23
suint 145.8
— gas 158.12
— salt 157.19
suinter 158.9
— gas 158.12
suitable for milling . . 175.19
sulfo-cellulose 232.17
—-oxyacid 259.21
—-sebacic acid . 258.18, 259.22
sulphate 94.17.18
— of aniline 97.15
— of barium 294.1
— of potassium . 45.7, 145.18
— bath, aluminium . . 275.1
— bath, magnesium . . 274.17
—, aluminium. 274.21
—, ammonium 281.6
—, aniline 17.11
—, coppertetramine . . 271.4
—, ferrous 281.10
—, magnesium 274.16
—, powdered copper. . 270.13
—, sodium . . . 162.1, 271.5
sulphhydrate 266.19
— of ammonium 265.20
— of ammonium compound 279.10
— of magnesium . . . 266.4
— of sodium 266.8
sulphide 266.16
— of calcium 266.18
— cellulose 119.11, 278.2, 298.16
— cellulose paper . . . 298.19
— of iron. 281.14
—, metallic 281.15
sulpho-acetic acid . . . 284.11
—-acid, toluene 285.18
—-carbonate. 266.21
—-chloride, toluene . . 285.19
—-cyanate compound, alkaline 292.8
sulphur. 16.13, 208.20
— alkalis 266.11
— combination 266.15
— contents of the wool 181.19
— dioxide 158.16, 213.18, 228.20, 262.4
— fumes 213.19
—, amorphous. 293.14
sulphuretted hydrogen 213.17, 278.12
sulphuric acid. 182.20
— acid free from nitric acid. 256.21
— acid with oleic acid addition 289.19
— acid, concentrated . 183.1
— acid, dilute — for paper analysis 289.17
— acid, diluted 69.11
— acid, ethylic 263.19
— acid, weak 69.11
— acid bath, dilute . . 161.10
sulphurous acid 158.16, 213.18, 228.20, 262.4
— chloride 254.11
— impurity of the viscose. 279.15
sumac bath 235.18
— extract 235.17
summer pasture. . . . 134.10
— plant 18.12
— wool 167.13
sun, to dry in the . . 82.24
Sunn fibre 103.9
— hemp 103.7
super 310.5.14
— fine 300.23
superior class of wool . 172.16
— hackled hemp . . . 89.13
— wool 172.13
superpose, to — the silk threads on the reel 224.7
supple fibre. 10.10
suppleness 288.18
— of the fibre 10.11
—, great 10.12
—, to produce 294.7
supply with silk . . . 229.22
— on the spot 186.17
— of wants 184.11
—, to — the wants in wool 184.12
supplying of plants . . 24.4
support for the boxes . 204.20
Surat cotton 58.9
surface of the fleece. . 136.8
— of the wool fibre . . 180.17, 181.1
—, absorbing 277.13
—, fine grained 136.20
—, sericin. 210.17
—, smooth 63.3
Surinam cotton 57.24
surplus weight, permissible 238.1
suspending the fibres to dry 95.4
suspense, in 55.10
swear, to 28.7
sweat gland 174.19
—, to 143.5
sweating of the shorn wool 143.6
sweepings, combing room 169.10
—, raw wool 168.24
—, sorter's 169.1
—, spinner's 62.12
—, spinning room . . . 169.20
—, weaver's . . 62.13, 170.3
swell, to (fatty tissue) . 206.3
—, to — the seed grains in tepid water . . . 37.1
—, to — strongly but uniformly 75.7
—, to (worm) 208.2
—, to — out 229.9
—, to — up 183.2
swelling in the cell wall 90.12
— and dissolution of the cell wall by ammoniacal copper oxide 91.2
— of the fibre . . 46.9, 97.3
— fatty tissue 206.4
— out of silk. 229.8
— up, gelatinous . . . 288.17
—, barrel-shaped . . . 45.16
—s, knotty 75.2
Swenson bale 43.7
swing tow 76.23
swingle bench . . 72.4, 84.12
— waste 92.9
—, to — the flax . . . 71.17
—, to — the hemp. . . 84.8
swingling the flax . . . 71.16
— of hemp 84.7
— machine 72.8
— tool 72.6, 84.13
Swiss raw silk 231.11
switch 74.1
sword-shaped leaf . . . 115.2
—-like leaf, long . . . 116.14
sworn broker . . 28.8, 185.10
— classer 49.23
Sydney Merino 166.23
sympton of disease . . 200.17
Syrian raw silk 231.5
— sheep 125.4
— silk plant 64.2
syrup-like solution. . . 292.9
system of breeding . . 128.7
— of breeding, intensive 195.10

T.

table, delivery 163.6
—, feed. 71.6
—, sorting . . . 67.1, 170.19
tail end of the fleece. . 171.16
— locks 172.4
— vertebra 127.15
—, haired. 124.3
—, woolly 125.2
take, to — for good. . 184.8
—, to — legal steps . . 50.24
—, to — out samples . 50.8
—, to — the strick out of the clamp 88.12
—, to — up with tongs 262.16
taker- in droppings . . 62.1
— -in fly 62.2
— -in roller 149.20
talc powder. 296.7
tall mulberry tree . . 199.8
tallow-like yolk . . . 145.11
— soap 233.17
tamarisk 203.19
Tampico hemp 117.15
tan, to 239.8
tank with filtering apparatus 148.8
—, lixiviating 254.2
—, petrol 156.21
—, settling . . . . . 158.6.15.
—, stone 81.16
—, washing 149.1
tanner 143.18
tannic acid . . . 235.5, 286.6
— acid bath 235.6
— acid, artificially refined 235.9
— combination 96.13
tannin 235.5, 286.6
tap root 64.18
—, glass 275.8
—, to (tree). 295.4
tapa fibre 104.12
tapping knife 295.5
tar bits 172.9
tare 29.19
—, actual 48.18, 56.10
—, x per cent 56.8
tariff of railway carriage 31.22
— for raw material . . 32.1.2
Tartar mulberry tree . 199.18
Tasmanian wool. . . . 167.1
taste, oily 79.6
tearing the leaves . . . 116.21
technical fibre 8.8
technics, textile 7.12
technologist, textile . . 7.19
technology of fibres . . 8.6
— of the raw materials. 8.4
temperature 237.13
— of the sheep house 133.7
— of the washing liquor 150.9
—, drying 213.20
—, retting 82.5
template, Mentzel's density 180.12
ten 73.19
tenacity 288.19
— of the fibre 12.15
tenant farmer 25.11
tendency of the Exchange 54.16
tender fibre. 10.13
— foliage 202.16
—, to — the cotton. . . 49.17
—, to — above standard 53.18
tendons, fibres of . . . 239.6
Tennessee cotton . . . 57.3
tensile strength, ultimate 12.11
tension pulley. 111.15
—, thread 222.14
—, under 84.15, 282.13
tenter, to. 7.3
tentering 7.2
tepid water 37.1
term, commercial . . . 91.4
terminal spine 109.10
terms x days 30.9
— of payment 30.4
—, spot 56.7
test hanks 238.19
—, ammoniacal copper oxide 45.15
—, burning . . . 45.18, 187.11
—, microscopic 17.13
—, oil 46.2
—, preliminary 161.11
—, serimeter 12.18
—, ultramicroscopic . . 290.22
—, to — by chemical means. 289.2
—, to — for contents of nitrogen 257.19
—, to — for moisture . 47.2
—, to — the moisture in silk 237.2
—, to optically. 890.9
—, to — under polarized light 290.11
—, to — for solubility 257.18
—, to — the thickness of the thread 223.7
—, to — the washing water 291.9
tester, strength 12.18
testing of silk. 237.1
— balance 238.16
— balance, automatic . 238.17
— chamber 47.3
— house 237.3

testing method with the polarizing microscope 290.13
– oven for moisture 47.4, 237.5
– ticket 238.12
–, wool 179.4
tetrachloride of carbon 156.13
–, acetylene 284.16
Texas cotton 57.7
textile engineer 7.19
– enterprise 7.16
– factory 7.17
– fibre 8.5
– industry 7.13
– mill 7.17
– plant 18.11
– raw material 8.3
– technics 7.12
– technologist 7.19
– thread coated with collodion 293.2
– thread coated with viscose solution 293.7
texture of the wool fibre 175.14
thaw, to – the frozen fibre 101.22
thawing the fibre 101.21
theory of breeding 128.9
–, solution 17.6
thermometer, mercury 47.6
thermostat, self-acting 237.14
Thespesia fibre 105.14
thick fleshy leaf 114.2
– outer membrane 103.11
thickened bast fibre 103.5
– cell wall 20.18
–, irregularly 96.6
thickening of the cell wall 20.14 46.10
–, knot-like 226.1
thickly, to sow 66.5
thickness 12.24
– of the cell 20.12
– of wool fibre 181.13
–, irregular 226.6
–, unequal 96.5
thick-walled cell 96.2
–walled cocoon 216.16
Thiele's spinning apparatus 275.16
thigh 132.8
–, inner 132.10
thin cell wall 44.13
– fibrous growth 136.17
– liquid condition 264.17
– single filament 243.1
– straw blade 119.24
thinly liquid collodion 258.13
thinning out 34.12
thiocarbonate of cellulose 278.21
thiosulphate 278.9
third pickings 38.13
thorough-bred animal 131.5
—bred ram 130.11
—bred sheep 128.18
thoroughly dried 80.10
thrash, to 24.24, 80.17
thrashing the hemp 80.18
– flail 25.1
– machine 25.2
–, to remove by 67.6
thread 2.9
– guide 222.3, 223.2, 253.1
—like strips 120.7
– tension 222.14
–, glass 9.9
–, internal 250.13
–, raw silk 224.13
–, rubber 296.12
–, silk 224.2.14
–, textile 293.2
–, twisted 250.15
–s, loose supporting – of the cocoon 211.6
three-year rotation system 36.10
thresh s. thrash
throat 132.2
through-bill of lading 49.11
thrive, to 200.22
thriving of the mulberry 200.21
thrum(b)s 169.21
Tibetan goat 127.4
ticket, testing 238.12
tie, iron 42.19
–, to – the ends of the filaments 223.8
tied up in mats 75.19
– up with ropes 75.20
ties of the bales 99.13
tightening pulley 111.15
tiliacea 92.16
time bargain 27.18
– the filament is stretched 249.2
– necessary for evaporation 14.1
– required for extraction 157.3
–, box changing 205.15
tin phosphate 236.13
tinged 60.2
Tinnevelly cotton 58.4
tinsel 298.3
tint of the wool 172.19, 179.8
–, brown 100.20
–, chocolate 117.7
–, cinnamon 117.6
–, dark 179.10
–, ground 14.16
–, jet-black 117.9
–, light 179.11
–, natural 179.9
–, silver-gray 95.8
–, strawcoloured 117.8
–, whitish 95.10
–, yellowish 95.9
tip of lamb's wool 175.15
– of staple 137.22
– of staple, broad 137.23
tissue, fatty 206.3
–, horny 15.21 181.17
–, lignified 244 12
–, organic 174.1
–, woody 95.3
titre, silk 238.5
to-and-fro motion 84.2
toggle lever press 42.4
toluene sulpho-acid 285.18
– sulpho-chloride 285.19
tone of the Exchange 54.16
– of the market 186.10
–, bearish 54.18
–, bullish 54.17
tongs 262.17
tool, swingling 72.6
tooth 147.12
toothed knife 107.19
– scale 181.3
top 168.20
– of staple 137.22
– blade 107.16
– crop 38.13
– end of hemp fibre 88.10
– lever 88.3
– trade 183.18
–, chamber 154.18
–, to – and tail the hemp 89.18
Topham's apparatus for spinning the viscose 282.1
topping and tailing 89.17
torn fleece 172.6
– into shreds 239.22
tough fibre 12.14
– leaf 116.18
– leaf sheath fibre 117.4
– yolk 145.15
toughness 288.19
– of the fibre 12.16
tow 76.22
– from broken hemp 92.8
– from fine hackled hemp 92.10
– from scutched hemp 92.9
– box 87.13
– catcher 89.9
– doffer 89.8
– doffer comb 89.9
– fibre 92.7
– shaking machine 85.9
tower-formed carbonizing stove 162.14
trade 27.4
– in wool futures 185.16
– centre 27.5
– centre, wool 183.19
– name for raw silk 230.8
–, cocoon 229.12
–, cotton 47.11
–, Exchange 27.19
–, flax 75.10
–, futures 185.17
–, hemp 91.3
–, intermediary 27.8
–, linen 75.10
–, raw wool 183.17
–, silk 229.10
–, silk seed 229.11
–, top 183.18
–, wool 183.10
tradesman 27.7
transactions, silk 230.11
transference to the next working point 112.1
transferring mechanism 112.2
– rope 112.3
transform, to – into a nitrated combination 255.6
–, to – into a plastic mass 295.22
transformation of cellulose to nitrated cellulose 255.7
transit duty 33.12
–, inland 48.19
transmit, to – the disease by contagion 207.1
transparency 44.5
–, glassy 288.11
transparent asbestos 241.12
– cocoon 216.11
– silk fibre 226.8
transplant, to – the sheep 131.6
transport expenses 31.13
–, cotton 48.22
–, to – by means of a blower 155.6
transshipment 31.16
transverse motion 84.3, 86.12
trapeziform groove 164.19
travelling band 251.13
– bobbins 253.14
– instructor 26.2
– lattice 155.2.3
– speed of the filament 249.12
traversing binder 141.5
tray, reeler's 223.5
treat, to – with weak acid 277.4, 278.7
–, to – with acids 228.18
–, to – with an alkali 182.4
–, to – in an aqueous alkaline lye 278.19
–, to – with concentrated caustic soda 46.7
–, to – with hydrosulphite of sodium 97.5
–, to – with metallic salt solution 281.2
–, to – with oxidizing agents 255.10
–, to – with permanganate of potassium 262.1
–, to – subsequently with soda lye 276.15
–, to – with a sulfo-oxy-acid 259.21
–, to – with sulphur fumes 213.19
–, to – with stiff brush 196.11
–, to – with warm water 149.12
–, to – the wool washing water 158.3
treating with formaldehyde 287.12
treatment of the cotton in the hydro-extractor 269.19
–, preliminary 255.9, 269.15
–, subsequent 273.15
tree 19.3
– rich in leaves 19.11
– bark bast 120.19
– cotton 57.15
– nursery 200.14
–, bushy 200.5
–, long stem 19.7
–, medium stem 19.8
–, mulberry s. mulberry tree 199.4
–, short stem 19.9
trellis, in the form of a 204.18
trestle 205.1
– with box 204.21
triacetate 283.12
–, cellulose 283.13
triangular breaker bar 101.7
– cross section 9.23
– flutes 71.5, 83.17
– silk filament 225.10
trim, to 4.15
trimming 4.14
– factory 4.17
– manufacturer 4.18
– materials 4.16
–s 4.16
tropical plant 18 4
trough 71.2, 133.11
–, perforated 253.15
–, reeler's 221.12
–, watering 134.7
trunc of the tree 200.10
tub, scouring 233.5
tube with internal screw thread 250.13
–, caoutchouc 275.7
–, capillary 247.3, 262.13
–, cylindrical 74.17
–, receiving 251.5
–, revolving metal 223.15
–, water conducting 262.14
tulle cell 194.7
Tumeric fibre 105.19
tungstate of sodium 265.7
tungstic acid 286.9
tunica propria 192.5
tup 130.10
Turkish mulberry tree 200.1
turn, to – the flax 68.15
–, to – the hemp strick 86.7
–, to – the strick in the clamps 88.9
–, to – the tow 85.14
–, to – the wool with hand rakes 148.15
–, to – into peat 115.17
–, to – to resin 261.3
–, to – yellow 79.18
turning rancid of the yolk 151.7
– the tow 85.15
– yellow of the leaf points 79.17
turn-over 186.16
–, silk 230.11
turnsick 136.5
turpentine 264.3
turpidity of the blood 208.4
tussah silk, Chinese 231.23
tusser cocoon, hard 214.9
– moth 190.8
tussur silk, Indian 231.24
– worm 193.4
twig of the mulberry tree 198.18
twin cocoon 215.20
– lambs 129.11
twirl, to – the kapok 63.5
twirling machine, kapok 63.7
– stick 63.6
twist of the fibre 11.1
–, corkscrew 44.4
–, to give a false 221.9
–, helical 44.4
–, to 2.11
–, to – the filaments by a revolving nozzle 250.16
–, to – the hemp strick 86.6
–, to – the silk filaments before reeling 221.8
twisted fibre 10.24
– hemp strick 86.5
– thread 224.14, 250.15
– yarn 2.12
– yarn waste 169.23
twister 2.11
twisting 2.10
– of the filaments 250.10
– apparatus for the solidified silk filaments 250.12
– mill 2.13
two-part carrier 86.3
—year rotation system 36.9
tympanites 136.4
type of cocoon 214.4
–s of animals 165.6
typha angustifolia 116.5
– fibre 116.1
– latifolia 116.4
– wool 64.11
–, broad leaved 116.4
–, narrow leaved 116.5
Tzigaia sheep 125.10

U.

uji fly 207.6
ultimate tensile strength 12.11
ultramicroscope 290.23
ultramicroscopic behaviour of artificial silk 291.1
– test 290.22
ultramicroscopy 290.21
ultra-structure of artificial silk 290.24
umpire 51.13
unbleached cellulose 298.14
uncombed silk waste 232.15
uncouple, to – the spinning can 282.7

uncultivated plant . . . 18.2
undamaged skin 142.14
under-cover, to — oneself with cotton . . 55.7
—-grid 63.11
—-retting 69.1
—-weight 52.12
—-writing 33.8
undissolved copper hydrate 270.12
undivided leaf 202.2
undried cocoon 220.11
unequal denitration . . 265.12
— thickness of the cell wall 96.5
uneven wool fibre . . 176.7
unevenness of the wool fibre 176.6
unfit for spinning . . . 246.11
unhair, to 143.13
unhairing the skin . . 143.7
unhorned sheep . 124.11, 127.8
uniform depth of staples 138.3
— raw silk 224.12
— silk fibre 226.5
uniformity 179.21
— of the fleece 136.19
— of the staples . . . 137.10
uniformly, to spin . . 211.12
unit of area, per 22.23, 38.15
— of length, per . . . 181.2
unite, to — the ends from several cocoons . . 221.6
univoltine variety . . . 197.19
unloader 31.3
unloading 31.2
— and reloading . . . 31.16
unmarked bale 43.12
unmatted wool 178.14
unmilled wool 170.14
unpacked jute 99.2
unpeeled fibre 104.4
unripe coco-nut 118.17
— cotton 61.18
— cotton pod 35.17
— seed 78.23
unroll, to — the warmed fleeces 171.1
unscoured silk 231.17
unstripped stem . . . 101.14
unsuitable sheep . . . 129.15
unwind, to — the cocoon filament 220.9
—, to — the silk . . . 277.5
Upland (cotton) 57.8
Upper Egyptian (cotton) 59.6
— Italian hemp . . . 305.2
upper leg 132.15
upright, standing . . . 109.21
urate of ammonia . . 150.11
— of potassium 209.16
Urena fibre 105.13
urine wash 150.20
—, stale 150.19
Urtica dioica 100.4
urticea 100.3
use 158.1
—, to — the kapok as a filling material . . 63.16
—, to — the nitrocellulose moisted with acid . 257.9
useful animal 26.11

V.

vaccination of lambs . 136.2
vacuum 14.4
—, to distil under a . 258.15
vagina pili 174.9
valuation of the soda and potash 152.13
value date of buying contract 49.8
— of the fleece 171.14
— of the wool 186.24
—, breeding 128.13
—, commercial 230.7
—, market 48.1
—, nutritive 135.11
vapours mixed with gas 267.9
—, acid 256.18
—, ammonia 273.10
variable amount of moisture 13.17
— degree of bleach . . 244.5
— pressure 250.5
varieties of artificial silk 254.12
— of cellulose 244.1
variation of humidity . 13.13
variation in quality . . 52.7
—, faulty 179.2
variety 199.15
—, multivoltine 197.20
—, red 92.20
—, univoltine 197.19
—, white 92.19
vat 69.9
—, rinsing 148.13
—, washing 149.1
vegetable, admixtures . 146.8, 161.3.4
— downs 62.15
— fat, liquid 16.4
— fat, solid 16.3
— fat soap 233.9
— fibre 8.16
— gum 16.6
— hair 8.18, 104.1
— hair, single cell . . 8.19
— horse hair 104.1
— jellies . . 242.18, 287.19.22
— kingdom 17.23
— plant 18.9
— raw material 8.15
— silk . . . 8.20, 62.18, 64.4.7
— silk, pure white . . 63.19
— silk, reddish yellow . 63.20
— wax 16.2
— weighting 234.23
— wool 8.21
vein 26.18
— of asbestos 240.9
—, leaf 202.6
—, red 93.5
ventilate, to — the rearing room 197.3
ventilation 197.2
vertebra, cervical . . . 127.14
—, tail 127.15
vertebrate 26.6
vertical bars 133.12
— growth of the wool fibres 138.19
— shaft 86.4
very curly wool 176.13
— greasy wool . 145.22, 167.23
vessel, blood 191.9
—, closed lead lined . . 69.14
—, cooled 274.1
—, earthenware 256.11
—, graduated 268.9
—, nitrating 256.9
—, porcelain 256.10
—, scouring 233.5
vibrionine micrococci . 208.15
vicugna 126.12
vicuna wool 188.4
view, microscopic . . 180.14
vine cotton 37.5
violet coloured petals . 106.11
viper's grass 204.4
virile species of caterpillars 197.11
viscose 277.13
— filament 277.20
— filament, adhesive . 281.1
— process 277.17
— pump 281.16
— silk 242.11, 277.15
— solution 277.19
— solution, purified . . 279.18
—, aged 279.16
—, raw 279.12
—, ripe 279.16
viscosimeter, Oochius' . 258.1
viscosity of the collodion 258.11
— of the solution . . . 244.20
—, even 244.21
viscous solution . . . 258.17
— spinning solution . . 244.19
— substance 210.3
vitriol, green 281.10
volatile solvent 156.4
voracious caterpillar . 198.1
vote 51.12
vulcanize, to — the caoutchouc 254.10
—, to — the rubber . . 296.1
vulcanized rubber . . . 294.16
— rubber thread . . . 296.16

W.

wadding, filter . 246.2, 264.19
—, peat 115.20
wage, picker's 38.17
—s, monthly 25.18
—s, weekly 25.17
wall of the bast cell . . 90.10
— of excreting duct . . 210.4
— of gland 192.2
—, cell s. cell wall
want of cotton 56.11
— of silk 229.24
—s in wool 184.12
war insurance 33.7
warehouse 31.6
— charges 31.8
— keeper 184.19
—, to 31.5
warehousing 31.4
warm ammonia salt solution 280.17
— water retting . . . 69.5
—, to become 86.8
—, to — the bundled fleeces 170.22
—, to — the viscose . . 280.1
—, to — the washing liquor 150.8
warmed fleece 171.1
warrant, dock 184.15
—, store 184.15
warp 3.11, 310.18
— beaming 3.15
— quality 168.11
— winding frame . . . 3.1
—, to 3.14
warping 3.13
wash bowl 148.18
— house 5.3
—, urine 150.20
—, to 5.2
—, to — the boiled cotton 269.18
—, to — the cellulose . 256.23, 291.8
—, to — the collodion wool 257.13.14
—, to — the crushed asbestos 241.5
—, to — the eggs . . . 194.16
—, to — the fibre 97.4.7, 112.11
—, to — the filament . 253.10
—, to — the retted hemp 86.22
—, to — the leaf strips 107.14
—, to — the spooled silk 282.10
—, to — the suinter . . 158.10
—, to — the wool . . . 146.13
—, to — out the chemicals 253.11
washed locks 169.4
washer, leviathan . . . 149.7
—, wool 146.17
washing 5.1
— on the back of the sheep 146.21
— by douche 146.23
— the fibre freed from the woody tissue . . 95.3
— by hose pipe 147.1
— the sheep before shearing 146.21
— the suinter 158.11
— apparatus 147.13.15
— bath 150.6
— liquor 150.6, 253.12
— liquor, adhering . . 153.5
— machine for sheep skins 149.18
— machine with travelling and revolving bobbins 253.14
— machine, wool . . . 143.1
— medium 150.10
— method 147.7
— place 147.3
— plant, wool 146.15
— pond 147.2
— process 69.21
— rake 148.14
— substance 150.10
— tank 149.1
— vat 149.1
— waste 169.3
— water 257.15
—, chemical 155.10
—, final 148.10
—, mechanical 146.20
—, river 146.22
—, wool 146.11.16
wasp, ribbon 207.10
waste from hackled hemp 92.10.11
— from natural silk . . 287.14
— ends 169.21
— water from wool washing plant 158.2
—, brake 92.8
—, card 61.24, 169.11
waste, comber 169.6
—, combing room . . . 169.5
—, cotton 61.19
—, cropping 170.6
—, cylinder 169.16
—, hard 62.8
—, hard doubled . . . 62.9
—, hemp 92.4
—, loom 170.2
—, oily 62.14, 170.8
—, opener 61.20
—, raising 170.5
—, roller 62.6, 169.15
—, roving 62.7
—, scutcher 61.21
—, silk 232.9
—, sizer's 62.11, 170.7
—, slubbing 169.17
—, spinning 169.18
—, swingle 92.9
—, twisted yarn . . . 169.23
—, washing 169.3
—, weaver's . . 62.10, 170.1
—, wool 168.23
watch, to — the sheep . 134.18
watching the sheep . . 134.15
water 45.8
— absorbing capacity . 13.15, 288.14
— conducting tube . . 262.14
— contents of nitrocellulose 257.8
— glass 233.21
— glass solution . . . 264.10
— jet nozzle 148.6
— jet pipe 150.2
— pipe 262.15
— retted flax 76.16
— retting 67.16, 94.8
—, acidified 266.22
—, acidulated 69.12
—, alkaline 218.23
—, baryta 182.12
—, boiling 182.1
—, containing . 251.2, 263.13
—, distilled 219.8
—, ferruginous 82.3
—, hard . 67.23, 81.23, 219.6
—, lime-free 218.22
—, pressure 42.12
—, quickly running . . 67.21
—, reeling 218.21
—, retting 81.19
—, running 94.12
—, slowly running . . . 67.20
—, soft 67.22, 81.22
—, stagnant 94.12
—, steam heated . . . 69.6
—, steeping 102.5.6.7
—, still 94.11
—, tepid 37.1
—, waste 158.2
—, wool washing . . . 158.3
—, to — the sheep . . 134.6
watering the sheep . . 134.4
— place for sheep . . 134.5
— trough 134.7
waterproof cocoon . . . 216.14
— filament 277.7
wave of the wool fibre 179.23
waviness of the fibre . 11.6
wavy fibre 11.5
— nozzle opening . . . 247.11
— wool fibre 176.8
wax 96.15
— contents . . . 244.7, 228.10
—, cholesterine 160.5
—, cotton 44.7
—, vegetable 16.2
—, wool 160.10
waxy covering to the outer shell 118.13
weak acid 69.11, 98.15, 251.9, 278.7
— acid reaction 183.8
— fibre 60.14
— lye 182.6, 274.5
— solution 270.2
—, to grow 207.18
weaken, to — the lye by addition of water . 151.21
weather, to (hair tips) 141.2
weathering of the wool fibre tips 141.1
weave, to 3.20
weaver 3.24
—'s sweepings . 62.13, 170.3
—'s waste . . . 62.10, 170.1
weaving 3.19
— mill 3.22
wedge-shaped 87.10

weed, to . 24.12, 66.18, 79.14
weeding 24.11
weeds 24.10
weekly report . . 99.19, 185.20
– settlement 53.8
weeping willow 203.21
weevil, boll 37.11
weft 3.12, 310.17
– quality 168.12
weigh, to – the hanks 238.15.19
–, to – off the fodder 198.11
weighing 49.5
– the hank 238.14
– the wool in olive oil 181.12
weighman 184.18
weight fixed for settlement 52.16
– of fleece 142.22
– of hoops 48.11
– of wrappers 48.12
– guarantee 56.5
– note 184.17
–, actual 52.10
–, average . . . 29.22, 52.15
–, commercial 187.6, 229.16, 238.2
–, dry s. dry w. . . . 291.16
–, gross 29.21, 234.13
–, invoice . . . 29.23, 52.14
–, landing 49.16
–, metrical 76.2
–, net 29.20
–, own. 275.18
–, permissible surplus . 238.1
–, specific 181.10
–, to – the hemp bundles with stones . . 81.18
–, to – the silk 234.17.18, 236.1
weighted silk 234.20
weighting above the amount of weight lost by scouring 234.19
– with iron 236.14
– with lead salt . . . 236.15
– with metallic salts . 235.3
– of silk 234.16
– the silk with pink-salt 236.2
– with sugar 235.19
– with tannin 235.7
– with tin phosphate . 236.13
– matter 235.1
– method 235.2
–, mineral 234.21
–, mixed 234.24
–, vegetable 234.23
well conditioned wool . 175.13
– grown wool 141.8
– water 82.2
Welsh sheep, soft-woolled 125.11
West Indian cotton . . 58.1
Western Madras, fine (cotton) 58.5
wet cotton 47.15
– packed jute 99.15
– spinning process . . 246.14
wether 130.3
–, bell 130.5
–, culled 129.20
–'s wool 167.8
wharfage 49.7
wheat straw 119.23
white Abassi 59.5
– Aleppo combing . . 166.7
– cocoon 215.1
– cocoon spinner . . . 189.18
– faced breed 122.19
– flowered flax . . . 65.15
– fungus 207.12
– hemp seed 78.22
– mould 207.12
– mulberry tree . . . 199.6
– ramie 100.16
– rope 105.21
– variety of jute . . . 92.19
whitish . . 14.17, 43.19, 95.10
whole lot 52.5
wholesale cotton merchant 55.3
wicker basket 172.22
wide nozzle 247.6
wild animal 26.10
– breeds of sheep . . 123.10
– growing grass . . . 116.20
– jute plant 92.17
– mulberry caterpillar . 193.2
– mulberry silk . . . 231.22
– mulberry tree . . . 200.8
– olive tree 204.9
– plant 18.2
– sheep 123.11.17
– silk 188.22, 231.21
wild silk fibre, flat . . 225.12
– silk moth 189.14
willow 203.20
– bast 120.22
– wood 121.4
– wool 64.9
–, weeping 203.21
–, to – the wool . . . 164.7
willowing the wool . . 164.6
wind, to – (warp) . . 2.23
–, to – on bobbins . . 263.1
–, to – on the drawn-out filament . . . 276.1
–, to – on the silk . . 282.9
–, to – up the contract 53.4
winding of the filament in the form of a figure 8 . . . . . . 211.8
– frame 251.15
– frame, warp 3.1
– machine 251.15
– on bobbin 252.10
winter food 133.19
– pasture land 134.11
– plant 18.13
– wool 167.12
–, to . . . 194.20.21, 212.10
wintering of the eggs . 194.18
– of the pupa 212.9
–, artificial 194.19
wire basket 47.8
– grids arranged round the cylinder 163.4
– netting for wool . . 154.12
– netting, galvanized . 155.1
– sieve 66.1
–, aluminium 297.18
–, brass 297.20
–, cement 297.22
–, copper 297.19
–, flatted 298.3
–, gold 297.2
–, gold covered 297.5
–, gold plated 297.5
–, imitation gold . . . 297.22
–, iron 297.21
–, metal . . . 1.17, 293.3, 297.1
–, nickel 297.17
–, partial imitation . . 297.15
–, platinum . 144.20, 297.16
–, round 298.2
–, silver 297.9
withdrawal of the appeal 51.5
wither, to 106.9
withering of the leaf . 106.8
withers 132.3
wood 121.1
– ashes 21.16
– block, wedges-haped . 87.10
– cellulose . . . 119.7, 244.13
– chip 121.7
– paste 255.3
– pulp 255.3
– spirit 258.8
– wool 121.8
–, soft 121.2
–, straight grained . . 121.3
–, to make for 19.4
wooden blade 83.14
– block 83.10, 85.20
– calenders 295.13
– club 119.3
– funnel 223.16
– grating 87.14
– handle 85.8
– hood 269.2
– mallet 83.9, 107.13
woody core . . . 65.6, 94.22
– reed blade 121.13
– tissue 95.3
woof 3.12
wool 1.11, 122.2, 308.5
– loaden with bog earth 178.8
– free from burs . . . 178.11
– of a good colour . . 169.6
– of fine fibre 178.2
– charged with fodder 175.11
– from the forehead . 172.3
– free from grease . . 157.5
– loosened by arsenic . 144.9
– from manorial estates 166.2
– suitable for milling . 175.19
– from western Russia 166.11
– fit for spinning . . 168.10
– sticking together near the skin 139.8
– harsh and brittle at the tips 139.9
– auction 185.21
– bale 184.20
– bearing animal . . . 122.5
wool broker 185.11
– buyer 184.6
– centre 183.20
– lacking character . . 177.18
– clip 142.18
– consumption 184.10
– covering 131.11
– dealer 184.4
– drawing easily . . . 138.6
– drawing not easily . 138.7
– drying . . . 146.11, 149.3
– drying apparatus with drums arranged above each other . . 155.5
– drying apparatus with revolving cylinder . 154.19
– drying apparatus with staggered travelling lattices . . . 155.2
– drying plant with rack 154.15
– eating sheep 136.6
– Exchange 185.8
– expert 187.4
– export 183.22
– exporter 184.1
– fibre . . 9.5, 174.2, 180.8
– fibre with distorted waves 176.14
– fibre evenly waved at intervales . . . 176.11
– fibre fit for spinning 175.8
– fibre with horny covering 180.18
– fibre irregularly waved at the root . . 176.12
– fibre irregularly waved at the tip . . 176.13
– fibre, elastic 175.20
– fibre, even 176.5
– fibre, evenly waved . 176.9
– fibre, flaccid 177.22
– fibre, individual . . 180.9
– fibre, irregularly waved 176.10
– fibre, pure 187.8
– fibre, smooth 177.8
– fibre, standard . . . 180.10
– fibre, straight . . . 180.2
– fibre, strong 175.24
– fibre, uneven 176.7
– fibre, wavy 176.8
– grass 115.13
– grass leaf 115.15
– grass peat 115.14
– grease 150.24
– grease, distilled . . 160.12
– grease, odourless . . 159.12
– grease, saponifiable . 159.18
– grease acid 160.13
– grease emulsion . . . 158.4
– grease precipitate . 158.9
– grease preparation . 159.21
– import 183.23
– importer 184.2
– keratine 180.16
– market 183.19
– milk 158.4
– oil 160.9
– opener 153.15
– particles 148.9
– producing animal . . 126.8
– report, weekly . . . 185.20
– rinsing machine . . . 148.13
– sample . . . 179.7, 184.22
– sheep 122.11
– shipping house . . . 184.3
– skep 172.21
– sorter 170.20
– sorter's disease . . . 170.21
– sorting 170.15
– stapler 183.21
– stock 184.13
– store 184.14
– testing 179.4
– trade 183.10
– trade centre 183.19
– washer 146.17
– washing 146.11.16
– washing machine . . 148.1
– washing plant . . . 146.15
– washing water . . . 158.3
– waste 168.23
– wax 160.10
–, air-dry 181.11
–, animal 9.4
–, artificial . . . 9.12, 170.9
–, badly stapled . . . 137.16
–, brashy 178.6
–, brilliant 168.7
wool, brittle 175.23
–, broken 178.24
–, laden with burs . . 146.9
–, burry 146.10, 168.3, 178.10
–, carding 168.13
–, cast 168.9
–, coarse 177.21
–, colonial 165.21
–, combing s. combing wool
–, commercial 185.7
–, country 165.11
–, crimpy 176.17
–, cross-bred 165.13
–, slightly curled . . . 176.19
–, curly 176.17
–, decidedly curly . . 176.18
–, very curly 176.18
–, damp 153.12
–, dead 167.17
–, degreased 157.4
–, dirty 145.5
–, diseased . 167.17, 178.23
–, double clip 167.11
–, ewe's 167.6
–, fallen 167.17
–, farmer's 165.22
–, fellmongered 143.19, 167.16
–, fleece s. fleece wool
–, fleece washed . . . 168.1
–, foreign 165.19
–, freshly sheared . . 167.14
–, fruit 62.21
–, greasy . . . 145.20, 167.22
–, very greasy . 145.22, 167.23
–, gritty 168.4
–, hairy 178.1
–, harsh 175.22, 178.6
–, healthy 175.17
–, hog 167.5
–, home grown 165.18
–, inferior 172.14
–, lamb's 167.4
–, light 178.7
–, long-stapled 137.3
–, loosely grown . . . 137.12
–, low quality 177.19
–, lustre 168.7, 178.15
–, marked 178.24
–, matted 178.13
–, mestizo 165.14
–, mill scoured 185.6
–, milled 170.13
–, mixed 172.15
–, moist 155.6
–, native 165.23
–, open 177.20
–, open grown 141.9
–, outshot 168.9
–, over-sea 165.20
–, peasant's 166.1
–, pelt 167.16
–, pitchy 178.9
–, plucked 167.16
–, poplar 64.10
–, ram's 167.7
–, remanufactured 9.12, 170.9
–, sappy 167.23
–, scoured 157.4, 168.2, 185.5
–, shaggy 178.12
–, sheep 165.7.11.12
–, shorn 167.9
–, short-stapled 137.5
–, silky 168.5, 178.16
–, single clip 167.10
–, skin 167.16
–, smooth 178.1
–, snow-white 168.8
–, soft 178.5
–, sound 175.17
–, spring 167.12
–, squeezed 161.16
–, stained 172.10
–, store 167.3
–, stringy 178.13
–, strong 176.1
–, summer 167.13
–, superior 172.13
–, typha 64.11
–, unmatted 178.14
–, unmilled 170.14
–, vegetable 8.21
–, slightly waved . . . 176.15
–, well conditioned . . 175.13
–, well grown 141.8
–, wethers' 167.8
–, willow 64.9
–, winter 167.12
–, yearling's 167.5
woolly tail 125.2

work, to — with polarized light 227.16
—, to — up the cellulose into viscose 278.6
—, to — up the wool grease for lighting gas 158.13
working day 25.14
— point 112.5
—, unmethodical — of the soil 21.21
works, carbonizing . . 162.7
—, glass 276.11
worm s. a. caterpillar and silk worm
— eaten cocoon 217.13
—, infected 206.15
woven material . . . 3.21
wrapper 42.17, 48.12
wirinkling of the fibre . 46.13

X.

x meshes per unit of area 275.3
x scales per unit of length 181.2
x times of moulting. . 206.6
xanthate of sodium . . 279.3
—, cellulose 278.21
xanthic acid, cellulose . 279.8
xanthogenate, alkali cellulose 279.2
—, cellulose 278.21
xanthogenic acid, cellulose 279.8

Y.

Yama-maï silk 232.4
Yaquilla fibre 105.16
yarn 2.9
—, doubled 2.12
—, metallized 298.6
—, twisted 2.12
—s, metal covered . . . 297.1
yearling's wool 167.5
years, for several . . . 110.3
yellow cocoon 215.2
— cocoon spinner . . . 189.16
— colouring . . 97.15, 183.4
— ring round the centre layer produced by iodine-sulphuric acid 90.18
— ripeness of the flax 66.19
—, to turn 79.18
yellowish 34.20
— brown colour . . . 74.14
— brown colouring by chlorine-zinc-iodine . 97.10
— fibre 14.19
— tint of the jute . . 95.9
Yercum fibre 64.3
yield of cleaned fibres . 102.16
— of the cocoon . . . 224.8
— of the crop 229.13
— of fibres . . . 7.15, 112.21
— of wool from the sheep 142.20
—, leaf 202.15
yolk 145.8
— locks 169.2
—, fluid 145.10
—, green waxy 145.12
—, heavy 145.11
yolk, oily 145.10
—, reddish 145.14
—, resin-like 145.13
—, semi-fluid 145.11
—, solid 145.11
—, tallow-like 145.11
—, tough 145.15
young shoot 202.12
Yucca fibre 117.17

Z.

zig-zag shape, laid . . 211.16
zinc acetate 284.6
— chloride . . . 259.16, 292.5
— chloride cellulose . . 282.15
—-iodide starch paper . 258.8
— salt, soluble 281.11
—-white 294.2
zoologist 26.4
zoology. 26.3
— of sheep 127.5
Zostera marina 121.21

Französisch · French · Français · Французскій · Francese · Francés

A.

abaca 106.2
abaisser le pot de filature 253.9
Abassi blanc 59.5
abats 172.1
– lavés 169.4
– en suint 169.2
abattage 133.3
abelmosch, fibre de l' . 105.15
abîmer la peau . . . 142.15
abondance de laine . . 131.14
abonder en feuilles . . 62.18
abreuvement des moutons 134.4
abreuver les moutons . 134.6
abreuvoir 134.7
– des moutons 134.5
abris pour la tonte . . 142.5
absolu, poids sec . . . 47.9
absorbant, pouvoir . . 13.12
absorber de l'acide tannique (fibres de soie) 235.14
– l'alcool éthylique par l'alcool amylique . 267.2
– l'humidité . 13.10.11, 115.22
absorption de l'eau . . 13.16, 288.15
– de gaz. . . . 183.9, 228.5
– de la lumière . . . 227.12
– de l'oxygène 98.4
– de sels métalliques . 234.22
–, capacité d'– pour l'eau 13.14
accapareur de coton . 54.24
acceptation de banque . 30.17
– du tireur. 30.16
–, refuser l' 51.21
accepter le coton en cas de nonconformité de qualité suivant le cours du marché . 48.1
– le coton contre le paiement d'une indemnité. 48.2
acclimater le mouton . 130.17
accouplement 129.3
– hétérogène 129.5
– homogène 129.4
– des papillons 190.10
accoupler, s' 190.11
accrocher, s' 136.12
accroissement uniforme des poils 173.6
accumulateur 42.13
accumulatrice, partie – de la glande . . . 191.14
acéré, pointe –e. . . . 75.3
acétate de cellulose . 283.5.8
– de cellulose soluble dans le chloroforme 283.14
– de collodion 261.4
– d'hydrocellulose . . 284.4
– de magnésium . . . 284.5
– de potassium . . . 259.18
– de sodium . . 261.1, 284.7
– de zinc 284.6
acétique, aldéhyde. . . 260.2
acétone. 254.8, 261.19
acétylant, actif 283.16
acétylation de la cellulose 283.18
– imparfaite 283.19
acétyle de cellulose . . 283.5
acétyler la cellulose . . 283.17
achat 29.3, 184.24
– de laine 184.5
–s de besoin 186.14
acheter sur la base fixe 55.19
– suivant la classe garantie 55.20
– suivant l'échantillon d'origine. 56.1
acheter la laine à compte fixe 184.8
– le lin sur pied . . . 76.3
– le lin au poids métrique 76.2
acheteur 29.4
– de coton 54.24
– de laine 184.6
acide acétique 183.5, 229.1, 265.23
– acétique concentré . 183.6
– acétique cristallisable 183.7
– acétonitrique . . . 285.20
– acétosulfureux . . . 284.11
– arsénique 228.22
– azoteux 272.20
– azotique 228.19
– azotique concentré . 183.3
– benzoïque 285.16
– butyrique 285.9
– carbolique 261.16
– chlorhydrique. 17.9, 182.18
– chlorhydrique concentré 182.19, 292.6
– chromique . . 228.21, 286.8
– chromique à demi saturé. 289.7
– de chrysalide . . . 219.2
– digallique . . 235.5, 286.6
– dilué 182.17
– dithiocarbonique . . 279.4
– étendu 251.9, 278.7
– éthylsulfurique . . . 263.19
– faible 251.9
– formique . . 100.6, 285.4
– formique concentré . 285.5
– gallique 286.7
– gras 151.5
– hypochloreux . . . 228.23
– lactique 272.19
– de lanoline 160.13
– nitrant. 256.6
– nitreux 272.20
– nitrique 228.19, 256.21, 289.4, 291.12
– nitrique concentré . 46.16, 183.3
– nitrique dilué. . . . 98.15
– minéral 161.9
– muriatique 182.18
– oléique. . . . 152.8, 289.19
– organique 229.2
– oxy-sébacique . . . 258.10
– palmitique . . 152.6, 285.11
– phosphorique 36.12, 198.7, 233.20
– propionique 285.7
– récupéré 256.22
– sébacique 151.5
– silicique 198.9
– stéarique. 152.7
– sulfhydrique .213.17, 278.12
– sulfureux. 158.16, 213.18 .
– sulfureux gazeux . . 262.4
– sulfurique 182.20
– sulfurique exempt d'acide nitrique . . 256.21
– sulfurique avec l'addition d'acide oléique 289.19
– sulfurique concentré 183.1
– sulfurique dilué pour l'analyse du papier 289.17
– sulfo-vinique 263.19
– sulfo-oxyde 259.21
– sulfo-sébacique 258.18, 259.22
– sulfo-toluénique . . . 285.18
– tannique . . 235.5, 286.6
– tannique purifié chimiquement 235.9
– tungstique 286.9
– xanthogénique de cellulose 279.8
–, à l'épreuve des – s 241.23
–, renfermant de l' . . 257.12
acide, résistant aux – s 252.12
acidifier le fil 276.3
acidulé, eau –e 266.22
aciduler le fil 276.3
acre 36.6
actif acétylant 283.18
– dénitrant. 265.16
–, faiblement 249.4
–, très 249.5
action de l'air 98.3
– frigorifique 101.18
– de la lumière. . . . 98.3
– de pinçage 112.8
actuel, tare –e 48.18
adaptibilité du ver . . 197.18
addition 44.23
– d'acide oléique . . . 289.19
– de chaux 102.11
– d'huile. 260.8
– de savon 150.24
additionner de l'hydrate de carbone 273.7
– le lait écrémé d'un acide 287.5
adhérent, corps étrangers –s 90.17
adhérer (fils) 248.17
adipeux, cellule –se . . 174.14
–, tissu 206.4
administrateurs de la Bourse 28.1
aération 197.2
aérer l'atelier d'élevage 197.3
affaires à prime. . . . 52.23
– de Bourse 27.14
– au comptant 27.17
– effectives. 27.16
– d'exportation . . . 55.3
– d'importation . . . 55.1
– en laine satisfaisantes 186.12
– de livraison à terme 27.18
– sur ordres 53.20
– régulières 27.15
– en soie grège 230.5
– de spéculation . . . 53.2
– de spéculation en Bourse 53.3
– à terme 185.15
affermer la terre contre un loyer déterminé . 25.13
– la terre contre une partie de la récolte 25.12
affinage des deux bouts 89.17
– du chanvre 89.21
– du lin 74.2
affiner le chanvre . . . 89.22
– les deux bouts . . . 89.18
– la fibre de chanvre par un peignage en fin 89.11
affinité chimique . . . 16.22
affinoir. 74.1, 87.4
affourragement à l'écurie 133.16
– à la pâture 133.15
– au sec 133.17
agave d'Amérique . . 109.2
– d'Amérique avec drageon 109.7
– rigida 109.3
âge du mouton 130.24
– du ver 206.9
agence d'expéditions . . 48.23
agent acétylant 283.16
– d'affaires 27.10
– de chemin de fer . . 49.15
– de décreusage . . . 233.6
– de dégraissage . . . 156.3
– de lavage 150.9
– officiel de la statistique 56.16
– de précipitation. . . 17.4
– réducteur empêchant le brunissement de la fibre 98.12
agent spécial de plantation 56.15
–s chimiques 277.9
–s d'oxydation 243.17
agglutination 218.3
agglutiné ensemble . . 294.8
agglutiné, paroi cellulaire –e 96.4
agitateur 292.22
agneau 130.6
– castré 130.3
– castré éliminé . . . 129.20
– châtré 130.3
–x jumeaux 129.11
agnelage 129.10
agnèlement 129.10
agnelin, laine –e . . . 167.4
agnelle 130.7
agriculture 20.18
aigrette 115.6.7
aiguille 71.18
– d'avet 116.8
– de l'épicéa élevé . . 116.7
– de peigne 87.7
– du pin silvestre . . 116.9
– du sapin blanc . . . 116.8
– du sapin du Nord . 116.7
– du sapin rouge . . . 116.9
– du séran 73.16
ailante 203.8
–, papillon de l' . . . 190.1
– ,ver de l'. 193.6
air dans la bergerie . . 133.6
– comprimé . . 268.3, 275.14
– ozonisé 255.12
– saturé d'humidité . 154.7
–, par l'action de l' . . 98.3
aire 70.18
– du pâturage 134.12
– pour la tonte. . . . 142.6
ajouter de l'acide . . . 260.6
– des alcalis 102.7
– un aldéhyde 260.1
– de la fleur de soufre 296.2
– de l'huile 260.7
– de la laque de copal 260.19
– des sels 265.1
– une solution de caoutchouc 254.9
– des substances organiques. 271.14
ajustable 163.5
alambic de réduction . 292.19
albumine 44.24
– du blanc d'oeuf . . 286.23
albumineux, substance – se. 242.13
alcalamine 271.10
alcali caustique 182.5
– libre et non décomposé 152.11
– libre de la solution de viscose 279.11
–, traiter par un . . . 182.4
alcalin, précipitant . . 274.3
–, rendre – l'eau de trempage 102.6
alcalinité du sulfhydrate d'ammonium . . . 265.21
– de la viscose 279.21
alcool 156.7, 258.6
– amylique . . 156.8, 267.2
– dénaturé 260.5
– contenant de l'eau . 261.2
– éthylique. 267.2
– méthylique 258.8, 260.24, 264.14
– polyatomique. . . . 271.15
alcolique, solution. . . 259.1
aldéhyde acétique . . . 260.2
– formique 156.9, 182.8, 254.6
Aletia argillacea . . . 37.10
alfa 116.17

alimentation automatique de cocons 223.1
— des vers 197.21
alimenter le ver 197.22
aliphatique, éther de cellulose 283.6
allèges, frais de déchargement par 33.3
alliage d'argent, fil d' 297.11
— d'or, fil d' 297.4
allongement de la mèche 137.6
—, bon — de la mèche 137.9
— faible de la mèche 137.8
— fort de la mèche 137.7
— de la fibre 12.2
— de rupture de la fibre 12.4
Aloe perfoliata 113.12
aloès 113.12
alpaca 126.14, 170.10
—, poil d'— 188.3
alpaga 126.14
alterne, feuilles —s 19.23
altise 66.9
aluminate de potassium 281.7
— de sodium 281.8
alumine 45.12
alun de chrome 286.5
— potassique 285.4
Ambaree 103.4
âme du fil recouvert de métal 298.5
amélioration de la fibre du coton 46.4
— par la greffe 201.10
— de la laine 128.20
amende 48.2, 51.19
— de compensation 51.20
amendé, terre —e 21.6
amendement artificiel 21.14
— de la terre 21.8
amender la terre 21.7
amener la cellulose en forme de carton 244.16
— la cellulose dans une cellulose alcaline 278.5
— la cellulose à un état soluble 243.11
— les feuilles automatiquement au tambour 111.10
amiante 1.14, 240.2
— concassé 241.5
— courte soie 241.10
— cru 240.16
— à l'épreuve des acides 241.23
— à l'epreuve du feu 241.22
— de filaments fins 241.11
— longue soie 241.9
— moulu 241.4
— nettoyé 240.19
— opaque 241.13
— ramolli 241.7
— réfractaire 241.22
— tamisé 241.3
— transparent 241.12
amidon 272.1
ammoniacal 150.14
ammoniaque 213.16
— caustique 272.10
—libre 150.22
ammoniure de cuivre 45.14, 91.2, 97.9
amollir la coque du cocon 218.11
— la séricine 218.1
amorphe 293.14
analyse pour différencier les soies 280.1
ananas 115.9
— sativus 115.9
—, fibre de l'— 115.10
anatomie de la plante 18.14
anatomique, structure — du brin 174.3
angle de déviation 227.21
anhydre 159.1
anhydride acétique 284.1
— de l'acide butyrique 285.10
— d'acide propionique 285.7
— sulfureux 158.16, 213.18, 228.20
— sulfureux gazeux 262.4
aniline 259.9
animal domestique 26.9
— à poil 126.8
— à laine 126.8
— de race 131.5
— ruminant 26.8
— sauvage 26.10
— utile 26.11
— vertébré 26.6
—, fibre —e 9.2
animaux de reproduction 131.7
anisotrope 13.3
anisotropie de la fibre 13.1
— des fibres végétales 13.2
anneau du corps 191.6
anuel, plante — le 18.6, 36.7, 64.16
anode mobile 291.15
Antheraea assama 190.5
— Pernyi 190.2
— Pernyi 193.5
— Roylei 190.3
— Yamamay 190.9
anthraquinone 97.14
anthrax malin 135.23
aphide 202.23
aplati, fibre —e 103.12
aplatir le brin de paille fendu 120.13
appareil v. a. dispositif
— à bouillir 218.16
— à conditionner 47.4
—-croiseur système Bergier 223.17
—-croiseur système Martin 223.14
— de dégraissage 147.13,14, 156.18
— de dessuintage 147.13,14
— à détruire les chardons 165.5
— de distillation 156.23
—-échardonneur 165.2
— d'éclosion 196.2
— exprimeur 161.15
— pour extraire l'ammoniaque 277.11
— de filage 246.12
— de filage à pression variable 250.5
— de filage et de dévidage 253.3
— de filage Dreaper 249.7
— de filage à filière tournante 251.1
— de filage à filières multiples 249.15
— de filage de Thiele 275.16
— fileur du ver à soie 192.7
— de liquéfaction pour des vapeurs mêlées avec du gas 267.9
— à mesurer les ondulations 179.24
— pour le nettoyage des capillaires 275.15
— de récupération séparée des dissolvants 267.4
— de retordage pour les fils de soie solidifiés 250.12
— de séchage 154.8, 252.3
— de séchage à guindre-sécheur 252.5
— de Topham pour le filage de la viscose 282.1
— de voltée 88.5
appel 51.7
— à la chambre arbitrale 51.4
appendice 214.10
appréciation de la qualité de la laine 171.12
apprécier la qualité de la toison 171.11
apprêt 5.18
—, apte à l' 9.17
—, aptitude à l' 9.18
—, donner l'— à 5.19
—s, usine d' 5.20
apprêtage 5.18
apprêter 5.19
apprêteur 5.21
approvisionnement de soie 229.22
apte à l'apprêt 9.17
aptitude d'électrisation de la soie 228.2
— de la fibre à l'apprêt 9.18
— de la fibre à être filée 9.16
aqueux, solution —se 98.16
araignée 214.8
araignée du Madagascar 233.1
arbitrage 50.2
— pour excès d'humidité 52.8
arbitral, procédure —e 51.3
arbitre 51.6
arbre 19.3
— à battants 63.8
— généalogique 129.22
— à feuilles caduques 119.13
— feuillu 19.11
— à kapok 62.17
arbre riche en feuilles 19.11
— à tronc court 19.9
— à tronc élevé 19.7
— à tronc moyen 19.8
— à la vache 203.24
— vertical 86.4
—, l'— pousse du bois 19.4
—, l'— pousse des feuilles 19.5
arbrisseau de cotonnier 34.10
arbuste de chanvre 77.11
arbustif, plante —ve 18.21
arc d'ondulation du poil 176.22
aréomètre 152.18
arête extérieure du pli de la peau 132.17
— de la mâchoire 89.1
argali 123.12
argenté, lustre 11.15
argentin, lustre mat 179.15
argile, damer d' 68.7
argileux, sol 20.23
arrachage de la fibre de la graine 39.8
— du jute 93.16
arracher la laine 144.10
— le chanvre par poignées 79.23
— le jute 93.16
— le lin 66.23
arracheur de feuilles 202.14
arrangement de l'affaire 53.5
arrière-moisson 38.14
arrière-récolte 38.13
arrondi, coupe —e 95.17
arrosage des bobines 253.13
arsenic 144.8
—, traitement à l'— 144.5
article de bonneterie 4.3
— de broderie 4.21
— complètement fabriqué 7.22
— en cours de fabrication 7.21
— en filet 4.13
— tricoté 4.8
— de commerce 28.10
—s de passementerie 4.16
articulé, fibre —e 104.2
artificiel, fibre —le 9.7
Artiodactylon ruminans 127.10
asbeste 1.14, 240.2
— hornblende 240.4
— serpentine 240.5
asclepiade 63.21, 64.1
Asclepias syriaca 64.2
aspe 221.15
aspect extérieur de la mèche 136.9
— à l'ultramicroscope 291.1
— terne 178.17
— trouble du sang 208.4
asphyxie de la chrysalide 213.14
aspirateur 154.14
— en terre cuite 256.19
aspiration, enlever les vapeurs ammoniacales par 275.4
aspirer par la filière 264.16
— les poussières 163.10
asple 221.15, 222.8
assermenté, courtier 28.8
assolement 22.11
— bisannuel 36.9
— trisannuel 36.10
assorti, jute non 99.1
assortir le coton 61.10
— les feuilles coupées 110.13
— selon la longueur 66.24
— les tiges de chanvre 80.2
assouplir la soie 234.12
assouplissage 234.10
assouplissant, poudre—s 294.7
assouplissement des fibres par le battage 107.12
assurance du bénéfice probable 33.6
— de la cargaison 33.5
— maritime 33.8
— contre les risques de guerre 33.7
astéliées, fibres des 105.18
astrocargena vulgare, fibre de l' 117.16
atelier v. a. fabrique, usine et établissement
— de broderie 4.22
— de carbonisation 162.7
— de corderie 2.18
— d'élevage 197.1
— de la fabrication du fil 276.6
atelier de sérançage 73.14
— de teillage 71.18
— de tricotage 4.9
atlas, papillon 189.19
atmosphère chargée d'acide carbonique 261.12
— de gaz d'ammoniaque 262.3
atrophie de la laine 178.21
atrophique, laine 178.22
attache-bave 222.13
attacher, s'— à la brosse 220.2
Attacus atla 189.19
— cynthia 190.1
— ricini 190.7
attendri par l'action des acides 239.21
aubépine 204.8
aubier 65.7
Auchenia lama 126.11
— paco 126.14
auge 71.2
— d'abreuvage 134.7
— sémi-cylindrique en plomb 275.12
augmentation du rendement 224.9
augmenter la viscosité 273.21
autoclave, chaudière 69.14
avance, faire une — sur le warrant 184.16
avancer les feuilles automatiquement au tambour 111.10
avarie 49.3
— de mer 47.17
— de terre 47.18
avarié par l'eau de mer 47.16
avet 116.8
avoine 119.18
axe de la fleur 106.6
Aylanthus glandulosa 203.8
azote 45.18
azoté 134.2, 244.8
—, non 134.3
azotite d'ammonium 272.14
— de cuivre 272.15

B.

bacille pathogène 206.18
bactériologique, procédé 82.17
baguette 147.17
— de bambou 204.17
baigner les graines 194.16
bain v. a. solution, lessive, liquide, liqueur
bain acide 69.12, 161.8
— acide de précipitation pour fils de viscose 280.23
— d'acide carbolique 261.17
— d'acide sulfurique dilué 161.10
— d'acide tannique 235.6
— acidulé 69.12
— d'albumine 261.10
— calcaire 150.15
— de carbonisation 161.7
— de chlorure d'étain ammoniacal 236.5
— de chlorure d'étain corrosif 236.9
— de chlorure mercurique 261.11
— de coagulation à l'acide carbolique 261.16
— de cuisson 234.7
— à dégommer 234.3
— à dégommer usé 233.23
— dénitrant 265.14
— de dessuintage 147.18
— d'eau chaude 218.6
— d'eau froide 218.5
— de fixage 253.4
— de glucose 235.22
— de lessivage 157.11
— de phosphate 236.12
— de rouissage 102.5
— de savon et de soude 236.10
— de sel ammoniac 281.5
— d'une solution de salpètre et de cendres de bois 218.9
— de soude 163.17, 261.9
— de sucre de canne 235.21
— de sucre de raisin 235.22
— de sulfate d'aluminium 261.13, 275.1

bain de sulfate de magnésium 274.17
– de sumac 235.18
baisse en points . . . 52.19
– d'un point 54.4
– dans les prix . . . 54.10
– de qualité 51.23
–, les prix sont en. . . 54.11
baisser, faire – les prix. 54.9
baissier 54.13
balai de bruyère . . . 219.15
balance de précision . 47.7
balancier 245.14
balayures de détrichage. 169.1
– de filature . . 62.12, 169.20
– de laine brute . . . 168.24
– de peignage . . . 169.10
– de tissage . . 62.13, 170.3
– de triage 169.1
balle 28.17
– carrée 43.4
– de chanvre 92.12
– condamnée 48.3
– défectueuse 43.10
– demi-pressée 42.20
– entourée de nattes 75 19
– pour l'intérieur . . . 42.22
– de laine 184.20
– de laine pressée . . 183.16
– liée avec des cordes . 75.20
– Lowry 43.8
– marchande 48.17
– sans marque 43.12
– non marquée 43.12
– de mer 42.2
– des planteurs 42.23
– pressée. 43.1
– Reagan 43.9
– réemballée 48.16
– ronde 43.5
– de soie grège . . . 230.12
– Swenson 43.7
– cousue avec de la toile d'emballage 113.3
baleine, ressemblant à la 117.3
ballon fond plat . . . 292.20
– à rouir 68.3
bambou 121.13
bananier du paradis . . 114.12
– des sages 114.15
–, fibre du 114.11
banc à broches 2.3
– de peignage 87.11
– à séran 74.3, 87.11
bande 107.8, 121.19
– de caoutchouc . . . 295.20
– en fer 42.19, 183.16
– de paille 120.10
barbe de la pinne . . . 232.20
– de plume 239.15
barbin 222.3
bardanes 146.8
baritel 71.7
barre. 133.10
– briseuse triangulaire 101.7
– de bois 87.14
barreaux ajustables . . 163.5
Barreswill, solution de. 98.5
barrette à peignes 74.4, 89.3
baryte 182.12
barytine 294.1
bas (sorte de coton) . 300.19
–, très (sorte de coton) 300.20
–cotons 39.14
base de la mèche . . . 138.8
– pour onguents . . . 159.24
– organique 259.6
– oxydable. 259.7
bassin collecteur du liquide précipitant . . 250.1
– avec filtre 148.8
– de nitration 256.9
– en pierre 81.16
– en porcelaine . . . 256.10
– en terre cuite . . . 256.11
bassinat 232.12
bassine 218.15, 220.1, 221.12, 223.5
– de chargement . . . 223.4
– rotative 161.19
bassinet 232.12
bâteau de canal . . . 32.12
– de rivière 32.13
bâti de séchage . . . 112.12
– pour le teillage à main 84.12
bâton 147.17
– à battre 63.6
battage 6.8
– des cocons 219.12
– en grange du chanvre 80.18
– de la laine 164.6
battage, expulser par le 164.18
battant. 63.8
batte. 72.9
batterie de cuves . . . 149.1
batteur 101.8, 164.13
– à chardons 165.4
batteuse 25.2
– mécanique pour cocons 219.18
battoir 85.11
battre 6.9
– le coir roui avec des maillets en bois . . 119.3
– les cocons au balai de bruyère 219.15
– en grange . . . 24.24, 80.17
– le kapok au moulinet 63.5
– la laine . . . 153.14, 164.7
– les lanières de la feuille 107.11
– le lin au fléau . . . 67.6
– au moulinet 63.5
– la toison 171.5
battue des cocons . . . 219.12
– des cocons à la main 219.13
bauhinie, fibre de la. 105.9
Baur, rouissage système 69.13
Beaumontia grandiflora 64.4
bec 276.9
beetlage 6.8
beetler 6.9
bélier 129.24
– d'un an 130.10
– de deux ans 130.14
– castré 130.4
– châtré 130.4
– châtré retranché . . 129.20
– d'origine 122.9
– pur sang. 130.11
– reproducteur 128.16
bénéfice probable . . . 33.6
benzaldéhyde 260.4
benzine. 156.11, 264.6
benzol 264.7, 278.14
bercail 133.5
berger 134.16
bergerie 133.5
besoins de soie 229.24
– de coton 56.11
bétails de reproduction 131.7
bête à laine 122.5
– de race 131.5
beurre de coco 152.9
bicarbonate d'ammonium 265.6
bichromate de potasse. 286.3
– de potassium . . . 159.4
– de sodium 159.6
– de soude. 159.6
bielle. 40.7
billot. 83.10, 85.20
bisannuel, assolement . 36.9
bisauté 201.17
biseau, coupe en . . . 107.5
–, taillé en 252.8
bisulfite 244.14
– d'ammonium 274.7
– de soude. . . 274.8, 278.8
bisulque 127.9
– ruminant. 127.10
bivoltain, variété –e . 197.20
blaise 232.10
blanc beurré 60.2
– de zinc 294.2
blanchâtre 43.19
blanchi. 244.4
blanchiment 5.6
blanchir 5.7
– les fibres 112.14
– la graisse 159.2
– la paille 120.5
blanchisserie 5.8
blanchisseur 5.9
bleu-verdâtre 109.14
bleu-vert 91.1
bleuté, légèrement . . . 74.11
bloc 296.14
– en bois 83.10, 85.20
– de bois en forme de coin. 87.10
blousse 169.6
– de deuxième peignage 169.7
bobinage 252.1
bobine . 252.14, 263.5, 267.8
– à cannelures longitudinales 252.11
– d'enroulement . . . 252.10
– en forme de guindre 252.9
– en verre 275.11
–s à mouvement tournant et de déplacement 253.14
bobineau 252.14
bobiner 2.23
bobiner le fil étiré. . . 276.1
– le fil de soie 263.1
– la soie 282.9
bobinoir 251.15
– pour fils de chaîne . 3.1
Boehmeria nivea . . . 100.16
– tenacissima 100.18
Boeken, défibreuse . . 111.7
bois 121.1
– conifère . . . 119.12, 244.14
– à fibres droites . . . 121.3
– de peuplier 121.5
– de saule 121.4
– tendre 121.2
– de tilleul 121.6
– vert 121.9
boisement 211.2
boîte d'alimentation . . 42.15
– de chargement . . . 40.14
– à étoupes 87.13
– de filtration 282.2
– de presse fixe . . . 113.1
– de presse mobile . . 113.2
bombardeira, laine de . 64.3
Bombyx mori 190.4
bon à couper . . 107.3, 110.9
– marché, à 29.11
– ordinaire 300.16
bongeau de chanvre . . 81.17
bonification par la greffe 201.9
bonne marchandise . . 300.15
– soie 59.18
bonneter 4.2
bonneterie 4.1
–, article de 4.3
–, fabrique de 4.4
bonnetier, ouvrier . . . 4.5
borasse éventail, fibre du 117.10
borate hydraté de soude 233.19
borax 233.19
botanique 17.21, 92.14
botaniste 17.22
botrytis bassiana . . . 207.12
botte. 76.6
– de chanvre. 84.16
– de lin 75.17
bouchage des trous . . 247.19
bouché, filière –e . . . 275.13
boucher, se 247.20
bouchon 224.3
– à double trou . . . 292.21
boue 149.14
bouillie, se transformer en 208.8
bouillir la fibre de jute 97.1
–, faire – le bois conifère 244.14
–, faire – les cocons 218.10.13.14
–, faire – le coton . . 283.20
–, faire – les faisceaux de fibre 102.3
–, faire – la fibre de jute 97.6
–, faire – la nitrocellulose 257.21
–, faire – la soie . . 234.6.9
bouillon 298.4
boule 63.1
–s de caoutchouc . . . 295.10
bourre 214.8, 232.11
–, première. 232.10
bourrette 214.8
bourreux 232.10
Bourse 27.13
– du coton 49.19
– de laine 185.8
– aux soies 230.4
bouton 35.3, 60.23
– de briseur 62.1
– de volant 61.21
bouts de fil. 169.21
– de fils gazés. . . . 169.22
– de fils retors 169.23
– fins de banc-à-broches 62.7
– de retors 62.9
– tors 62.9
–, gros – de banc-à-broches 62.7
bouture 201.1
– du mûrier 198.18
branche 19.13
branché, fibre –e . . . 104.2
branchu, tige –e . . . 77.14
bras de battage 85.11
brasero. 197.5
– en faïence 197.4
brasser la laine avec des baguettes 147.17
brebis 130.1
– agée de deux ans. . 130.15
– d'un an 130.12
– faible 131.19
– à lait 133.4
brebis d'origine. . . . 122.10
– pleine 129.8
– portante 129.8
– prégnante 129.8
– retranchée 129.19
brillant de la fibre . . 11.10
– scintillant 288.6
– de la soie 226.22
– soyeux . 11.11, 46.14, 74.7, 109.9
–, fibre –e. 11.9
–, laine –e. 178.15
–, sans 11.21, 288.10
brin (v. a. fibre) . . . 121.16
– de cocon. 225.6
– de cocon cylindrique aplati 225.8
– composé de fibrilles. 225.18
– court et raide . . . 175.7
– fin, à 231.14
– grossier, à 231.15
– individuel 180.9
– de laine 9.5, 136.11, 174.2, 180.8
– de laine élastique . 175.20
– de laine flasque . . 177.22
– de laine lisse 180.2
– de laine de qualité uniforme 176.5
– de paille 119.24, 120.1.12.15
– rigide et gros. . . . 175.6
– de soie 221.4
– de la soie sauvage en forme de ruban . . 225.12
– standard 180.10
– type. 180.10
–s, à longs 269.7
brise-nœuds 224.5
briser en petits morceaux 70.8
broche de bobine . . . 253.16
broder 4.20
broderie 4.19.21
–, atelier de 4.22
broie à main . . . 70.9, 83.13
Bromelia Ananas . . . 115.9
broméliakaratas, fibre du 115.11
broméliacées, fibres des 115.8
brossage 6.6
brosse de battage . . . 219.20
– circulaire . . 41.4, 164.11
– dure, traiter avec une 196.11
brosser 6.7
– les fibres 112.18
– les graines 196.10
– le lin 73.8
broussailles 135.13
broussonnétie à papier 104.11, 204.10
brouter 134.19
broyage du chanvre . . 83.11
– des feuilles 114.7
– du lin. 70.6
– des tiges sur le genou 94.21
broyer l'amiante . . . 241.1
– les chardons . 124.21, 163.8
– les graines 41.17
– le lin 70.7
– en petits morceaux . 70.8
– la tige du chanvre . 83.12
broyeur 27.2
– à meules. 85.21
broyeuse à cylindres avec mouvement transversal 84.3
– à cylindres avec mouvement de va-et-vient 84.2
– à cylindres multiples 83.15
– à graine de coton. . 41.15
– Kaselowsky 70.11
– à mouvement circulaire 71.4, 83.16
– système Guild . . . 71.8
—teilleuse combinée . . 72.13
brûler 290.6
brûlure 66.15
brun-foncé 98.2
—-foncé gris 74.15
—-jaunâtre 97.10
—-rougeâtre. 98.1
brunir, se 100.20
brunissement de la fibre 98.12
buffle, en. 40.11
buisson de fleurs . . . 100.17
–s 135.13
bulbe pileux 174.6.7
bulbille 109.22
bulbus 174.6
bulle d'air 246.4

bulles d'air, enlever les
— de la viscose 280.13
— de gaz 68.2
bulletin de la Bourse 53.23
— de conditionnement 187.10
— hebdomadaire 185.20
— mensuel 56.13
bureau d'échantillonnage
du coton 49.20
— à filer 211.2
— de liquidation 53.9
Burrhel, mouton 123.16
butter 23.19
byssus 232.18

C.

cabane à filer 211.2
câble de transport 112.3
— de transport double 111.11
cacheter l'échantillon 50.14
cadavre du ver 208.17
cadre 204.19
caf 32.22
cahoute de lin 67.4.5
caillouteux, sol 21.1
caisse d'alimentation 63.9
— à étoupes 87.18
— à jour 68.4
calandrage 6.16
calandrer 6.17
Calamus rotang 121.14
calcaire, sol 20.24
calcium 16.16
calice 20.2
Caligula japonica 190.6
calorifère 195.14
calotropis, soie du 64.3
camelus bactrianus 126.10
— dromedarius 126.9
camphrier 203.23
canal 41.7
— d'air 153.18
— cellulaire 15.13, 95.12, 100.12
— cellulaire, large 44.14, 90.8
— intestinal 191.10
— de nettoyage 148.5
— de sortie 63.10
— de vidange 63.10
canevas 211.6
Cannabis sativa 77.3
canne 121.12
cannelé, cylindre 84.4
cannelier 203.10
cannelle, teinte 117.6
cannelures longitudinales, à 252.11
— triangulaires, à 71.5
canneter 2.24
cannetille 298.4
caoutchouc 1.16, 254.10, 294.9
— de Bahia 294.12
— brut 294.15
— de Ceara 294.11
— commercial 294.15
— comprimé 295.18
— laminé 296.11
— de Para 294.10
— de racine 294.14
— tête de nègre 294.13
— vulcanisé 294.16
caoutchoutier du Brésil 295.1
— commun 294.17
— des Indes orientales 295.2
capacité d'absorption 13.14, 115.21
— de coaguler 273.16
— d'engraissement 132.23
— de travail 12.16
capillaire 275.15
—, structure 173.7
Capra 127.1
— hircus 127.2
— hircus angorensis 127.3
capsule de coton 35.13.14.17
— en forme de cosse 93.10
— en forme de gousse 93.10
— fructifère 93.7
— du fruit 20.4
— polysperme 78.1
capsulaire, à fruit 92.18
caractère gras 11.19
— de la laine 136.10, 177.17.18
— lisse 11.7
— ondulé 11.6
carbon 44.20
carbonate d'ammoniaque 150.12
— de cuivre 270.23
— de magnésie 45.10
carbonate neutre de sodium 102.9, 151.24
— de potasse 45.5, 102.8, 145.17, 209.17
— de potasse impure 157.7
— de potasse pur 157.13
— de sodium 45.8
— de soude 102.10
carbonisage 5.22
carbonisation 160.22, 161.3
carboniser 5.23, 160.21.24
—, se (végétaux) 161.4
carboniseur 162.15
carbure d'hydrogène liquide 264.8
cardage 165.1
cardasse 232.13
cardé (coton) 254.17
cargaison 33.5
carrière d'amiante 240.11
carton 194.6
— d'écorce de mûrier 194.9
— d'enlèvement des vers à soie 205.18
— à graines 194.4
— infecté 194.10
— perforé 205.19
— timbré 194.13
— de montagne 240.2
caryote brûlant, fibre du 117.11
cas de contestation 50.20
caséine-acétone 287.8
— commerciale 287.2
— spongieuse 287.6
cassant, devenir 236.16
—, fibre —e 11.23
—, laine —e 175.22
casser (brin de cocon) 224.6
cassure de la fibre de soie 227.7
— irrégulière 227.9
— nette 227.8
castelet 196.2
castor, poil de 188.14
castration 130.9
catalogue des lots en vente aux enchères 185.23
caulescent, lin 64.17
caustique, alcalis —s 182.5
cavicornes 127.6
céladon 215.5
cellulaire, canal 95.12
cellule adipeuse 174.44
— de la capsule 35.10
— corticale 175.1
— effilée 105.7
— élémentaire 16.5, 90.7, 95.16, 103.2
— élémentaire cylindrique 90.9
— élémentaire d'épaisseur irrégulière 96.6
— élémentaire prismatique 95.15
— de la fibre 105.10
— de la glande 192.1
— à graines 194.4
— médullaire 175.3
— originale 20.11
— en papier 194.6
— à paroi épaisse 96.2
— à paroi mince 96.3
— du porte-cocons 223.3
— en tulle 194.7
—s multiples, à 20.15
—s longues et pointues 181.7
celluloïd 252.17
cellulose 15.4, 44.18, 243.6
— alcalicuivre 272.22, 278.4, 291.19
— d'arbres à feuilles caduques 119.18
— blanchie 119.14
— non blanchie 298.14
— du bois 119.7, 244.13
— du bois conifère 119.12
— exempte de cendre 292.2
— de coton 44.19, 244.19
— au cuivre 273.2
— au cuivre-soude 273.1
— dégraissée 255.17
— disodique 269.13
— hydratée 291.18
— à l'hydroxyde de cuivre 272.21
— de lustre soyeux 243.19
— fortement nitrée 256.5
— contenant de la matière colorante 254.18
— mercérisée 269.11
— moulue 119.15
— à l'oxyde de cuivre ammoniacal 267.14, 273.6
cellulose pure 75.5, 244.2
— régénérée 280.11, 292.4
— sèche 269.5
— sèche à l'air 292.16
— sodique 119.10, 278.3, 298.15
— soluble 243.10
— sulfitée 119.11, 278.2, 298.10
— suroxydée 269.6
— de la tige de maïs 255.2
cellulosique, substance 287.20
cendre 45.4
— de bois 21.16
— de fibre 16.20
— de fibre amorphe 16.19
— de jute exempte de cristaux 96.18
— de laine 181.22
— de sarrasin 219.5
— de la soie artificielle 290.4
—, exempt de 292.2
centre de commerce 27.5
— lainier 183.20
centrifuge 153.11, 161.18
cercle 56.9
certificat 50.16
— de classement 50.17
cervical, vertèbre —e 127.14
cf x pour cent 48.10
chaîne 3.11, 168.11
— sans fin pour le transport des bobines 253.17
—s transporteuses des griffes 108.8
chaleur sèche 213.10
chambre 41.8
— de chauffage 162.8
— chauffée 195.16
— des experts en coton 49.20
— de filtration 245.17
— froide 194.23
— de séchage 70.3, 83.3, 150.5, 154.11, 237.6
chameau à deux bosses 126.10
champ de cotonniers 36.5
— semé de lin 65.16
—s d'irrigation 21.18
champignon 207.13
changement des claies 205.13
— morphologique 229.3
— de peau du ver à soie 206.1
— de poil 173.13
—, dispositif de — des bobines 252.13
changer de peau 206.5
— le pot à filer 282.8
— et resserrer la poignée de chanvre 88.9
chanvre 1.5, 77.1, 305.1
— de abaca 105.21
— assorti 86.3
— de bananier textile 105.21
— du Bengale 103.7
— de Bombay 103.4
— broyé 91.9, 84.5
— broyé et teillé 91.13
— brut 91.10
— classé 80.3
— commun 77.3
— de cordier 91.20
— coupé 91.14
— cru 91.10
— empointé 90.1
— femelle 77.9
— femelle à feuilles serrées 77.10
— à fibre douce 92.5
— pour fil de cordonnerie 91.19
— à filasse douce 92.5
— frotté 86.9
— de Galicie 92.2
— Gambo 103.4
— de la Haute Italie 305.2
— de l'Himalaya 100.14
— indien 103.4
— italien 92.3
— de Königsberg 91.21
— de Madras 103.4
— mâle 77.7
— mâle à feuilles peu serrées 77.8
— de Manille 1.8, 105.21, 307.5
— de l'île Maurice 117.14
— napolitain 305.19
— nettoyé 91.18
— peigné 91.15
— peigné fin 89.13
— peigné mécaniquement 91.17
— pelé 91.8
— de Pétrograde 91.22
— pilé 91.11
— polonais 92.1
chanvre de rebut 91.23
— repassé 89.13
— roui 91.6
— sérancé à la main 91.16
— de Sisal 1.9
—, faux — de Sisal 109.4
— teillé 91.12
chanvrier 73.13
chanvrière 78.6
chapeau à couteaux 70.12
chapelet, gonflement en 45.16
chaquette, bonne 217.12
—, mauvaise 217.10
charançon des capsules 37.11
charbon symptomatique 135.23
Chardonnet, méthode de filage système 258.21
—, métier à filer de 262.11
—, soie de 242.9, 254.13
chardonneux, laine —se 178.10
chardons 146.8
— pulvérisés 163.9
—, mettre à découvert les 164.17
—, appareil à détruire les 165.5
charge au fer 236.14
— minérale 234.21
— mixte 234.24
— au phosphate d'étain 236.13
— aux sels métalliques 235.3
— aux sels de plomb 236.15
— de la soie 234.16
— de la soie au chlorure d'étain ammoniacal 236.2
— de la soie au-delà du montant de sa perte de poids au décreusage 234.19
— au sucre 235.19
— au tannin 235.7
— végétale 234.23
chargé d'acide 257.9
— de boutons 60.22
chargement 31.14
charger de pierres les bongeaux de chanvre 81.18
— la soie 234.17
— la soie de chlorure d'étain ammoniacal 236.1
— la soie jusqu'à l'équivalent du poids perdu par le décreusage 234.18
chargeurs 31.15
chariot à claie 162.12
charnu, feuille —e 114.2
charpente osseuse du mouton 127.12
charrue 22.9
— à vapeur 22.10
—, culture à la 22.2
châssis à claies 204.20
chat, poil de 188.10
châtaigne, extrait de 235.24
châtrer l'agneau 130.8
chaudière autoclave garnie de plomb 69.14
— plombée fermée 69.14
chauffage à braseros 197.5
— au gaz 237.12
chauffer avec du gaz 237.11
— dans le vide 96.21
— légèrement 170.22
— la lessive 150.8
— la nitrocellulose 257.3
— la solution de viscose 280.1
chaume 68.13, 135.1, 195.17
— ligneux de roseau 121.18
chaux 102.11, 198.10
— en bouillie 158.8
— du gaz 144.4
— vive 262.2
—, travail à la 144.3
chayote, fibre de la 104.9
chef-magasinier 184.19
chêne du Japon 203.16
— vert 203.15
chènevis 78.14
— blanc 78.22
— brillant 78.19
— germinatif 79.10
— gris verdâtre 78.20
— luisant 78.19
— mûr 79.5
— mûr pour les semailles 78.15
— pas mûr 78.23
— noir 78.21
— stérile 78.24
chènevotte 70.16, 84.6
—, sans 90.4
chènevrière 78.6
chenille 37.14

chenille à coton . . . 37.10
– du plusia gamma . . 66.10
– séricigène 192.16
chemin circulaire . . . 86.2
chemin-de-fer 31.18
cheminée en bois . . . 269.2
cher 29.12
chercher le maître brin 219.16
chevalet 72.5, 72.10, 84.15, 84.19
– avec la claie 204.21
– à ébourrer 144.16
– à racler 73.7, 85.4
cheveu 187.18
cheville pointue 253.8
cheviot, laine de . . 168.21
–, mouton 126.2
chèvre 127.1
– d'Angora 127.3
– de Cachemire . . 127.4
– domestique 127.2
– de Thibet 127.4
chevreuil, poil de . . . 188.7
chien de berger 134.17
–, poil de 188.9
chimique, réaction . . 17.7
chimiquement stable . 257.5
china-grass 100.10
chinchilla, piol de . . . 185.13
chique 217.12
chlorate de potasse . . 45.6
chlore 208.21,
chlore-zinc-iode 45.17, 75.9
97.11, 289.6
chlorhydrine d'éthylène 284.13
chlore-zinc-iode et iode-glycérine-acide sulfurique donnent une teinte bleu-violet . 45.17
chlorhydrique, acide 17.9, 97.12
chloroforme . . . 264.9, 284.9
chlorophylle 15.1
chlorure d'acétyle . . 284.2
– de l'acide benzoïque 285.17
– de l'acide phénylacétique 285.15
– d'aluminium 162.4.5, 259.15
– d'ammonium 259.12
– de calcium 259.13
– chromeux 259.4
– d'étain contenant de l'eau 236.8
– d'étain ammoniacal 236.1.2.4
– ferreux . . . 257.21, 258.22
– ferrique 98.11
– de magnésium 162.2, 259.14
– manganeux 259.5
– mercurique 261.11
– de palmityle 285.13
– de potassium . 16.5, 145.19
– stanneux 259.2
– sulfo-toluénique . . . 285.19
– sulfureux 254.11
– de zinc . . . 259.16, 292.5
chocolat, teinte 117.7
choisir les œufs pour le grainage 195.2
– un tiers-arbitre . . . 51.14
choix de la graine . . . 195.1
– de la semence 78.12
cholestérine 159.14
chromate de potassium 159.5
chromeux, chlorure . . 259.4
chromique, acide . . . 98.16
chrysalide . . . 37.15, 212.7
–, état de 212.5
–, transformation en . 37.17
chrysalider, se (ver à soie) 212.4
chrysotile 241.14
chûte des capsules . . 35.16
– de pluie 21.19
cif 32.22
cinnamone 203.10
cirage à cuir 160.4
circulaire, section . . . 44.12
cire 96.15
– de cholestérine . . . 160.5
– du coton 44.7
– de laine 160.10
– végétale 16.2
cireux, enveloppe –se . 118.13
claie 150.4, 154.9, 170.19, 198.22
204.11, 205.12
– à cabanes en paille de riz 211.3
– en fil de fer 162.13
– rectangulaire en bambou 204.16
– ronde de tortis de paille 204.15
– de séchage 83.2
– à sécher 83.1
claie des vers à soie . . 204.13
–, mettre la laine ouverte sur des –s 154.9
clair, couleur –e . . 179.11
clair-voie, panier à . 212.16
Clarke, défibreuse système 108.4
clarification, cuve de . 158.6
classe 59.9
– suivant la couleur . 59.23
– inférieure 172.17
– de la laine 172.11
– moyenne . . 55.21, 172.18
– principale 59.10
– supérieure 172.16
– uniforme 55.22
classé, non 99.1
classement du coton . . 50.2
– du jute 99.5
– de la laine 187.2
– du lin 75.18, 76.12
–, salle de 80.4
classer le coton 50.3
– d'après la couleur . 89.16
– d'après la souplesse . 89.15
– un échantillon . . 50.10
– les feuilles coupées 110.14
– d'après la finesse . . 89.13
– la laine 187.3
– d'après la souplesse . 89.13
– les toisons 187.5
classeur 49.21
– assermenté 49.22
– juré 49.23
classification 59.13
– suivant l'origine . . 56.14
– d'après la qualité . 59.7
– des races 122.18
clause du connaissement 49.11
climat 130.19, 197.14
clocheman 130.6
clocqueman 130.5
cloison 158.5
clôture de la Bourse . . 185.16
coagulation . . . 245.6, 249.18
coaguler le latex . . . 295.11
–, faire – la solution . 280.19
–, capacité de se . . . 273.16
–, se (fibroïne) 210.11
–, se (fil) 249.14
–, se (solution) 345.7
–, se (viscose) 280.9
cocalon 216.8
coccidé 202.24
Cochius, viscosimètre de 258.1
coco 1.10, 118.11
– non mûr 118.17
Cocos nucifera 118.1
cocon 209.3, 214.2
– Attacus 214.13
– attaqué 217.14
– d'automne 214.17
– blanc 215.1
– à brins fins 217.4
– calciné 217.17
– céladon 215.5
– à coque épaisse . . . 216.10
– coriacé 216.7
– dévidable 214.3
– double . . . 212.2, 215.20
– à double coque . . . 216.17
– dure tussah 214.9
– d'éclat métallique . . 215.9
– élastique 216.12
– pour l'élevage . . . 212.20
– enchemisé 216.18
– entouré de feuilles . 216.19
– à l'épreuve de l'eau 216.14
– Eria 214.12
– étranglé 215.18
– fauve 215.7
– femelle 215.17
– filé avec arrêt . . . 216.2
– filé sans arrêt . . . 216.1
– filé en forme de réticule 216.9
– filé avec interruption 216.2
– filé sans interruption 216.1
– filé irrégulièrement . 216.4
– filé régulièrement . . 216.3
– à fils déliés 217.4
– flottant 219.11
– fondu 217.12
– gâté 217.16
– globulaire 215.14.22
– à grain fin 216.13
– gris 215.4
– jaune 215.2
– jaune doré 215.3
– lourd 216.5
– à mailles grandes . . 216.10
cocon mâle 215.19
– moisi 217.15
– Muga 214.15
– ouvert 217.9
– oval 215.16
– à paroi épaisse . . . 216.16
– perforé 217.13
– perméable à l'eau . 216.15
– piqué 217.13
– plâtré 217.17
– pointu 215.15
– de printemps . . . 214.16
– de race pure . . . 214.5.6
– réniforme 215.18
– atteint par la rouille 217.11
– satiné 215.8
– sec à l'air 212.17
– séché 220.12
– séché par chaleur du four 214.1
– simple 215.13
– d'une forte proportion de séricine 217.6
– pauvre en soie . . . 217.2
– riche en soie 217.1
– solide 216.6
– taché 217.10
– à tissure lâche . . . 216.8
– à tissure peu serrée . 216.8
– à tissure serrée . . . 216.5
– transparent 216.11
– du ver de famille . . 215.21
– du ver de famille en forme de sac . . . 215.23
– du ver à soie du mûrier 214.7
– vermoulu 217.13
– vert 220.11
– vert pâle 215.6
–, filer un seul . . . 209.7
coconnage du ver . . . 209.3
coconné, ver 216.20
coconnière 211.2
cocotier 118.1
coction de noix de galle 235.8
coefficient d'allongement de la mèche 137.6
– de cuivre 292.12
cœur 168.20
coir 117.19
– brun rougeâtre . . . 119.4
– roui 119.3
colle 152.15
– de poisson . . 261.7, 286.13
– de savon 152.14
collé, fils –s 170.7
colleret 182.1, 171.23
collet 123.14
collodion 258.10
– d'acétone 261.18
– filable 261.5
– très fluide 258.13
– en laine 257.11
– en laine renfermant de l'acide 257.12
– très liquide 263.18
– très mobile . 258.13, 263.18
–, semblable au . . . 292.10
colloïdal 245.5
colonie 165.21
colonne vertébrale, ligne de 127.21
coloration v. a. couleur et teinte
coloration bleu-verdâtre 97.9
– bleu-vert 91.1
– bleue 75.8
– brun-foncé 98.2
– brun-jaunâtre 97.10
– brun-rougeâtre . . . 98.1
– brune . 96.22, 97.11, 100.19
– foncée 98.3
– jaune 97.15
– jaune-brunâtre 97.13
– rouge 97.12
– rouge-cerise 97.14
– violet-foncé 75.9
colorant durable . . . 14.20
– solide 14.20
–, matière –e 43.18
–, substance –e 179.13
combinaison chimique . 17.1.2
– de couleurs 172.20
– de nickel et d'ammonium 272.7
– nitrée 255.6
– soluble 245.9
– sulfurée 266.15
– tannique 96.13
combiner, se – chimiquement 17.2
combustibilité 288.24
combustible 156.14
combustion lente . . . 290.7
– sans résidu 290.8
– spontanée de la soie chargée 236.21
comité d'appel 51.9
commerçant 27.7
– en laine 184.4
commerce 27.4, 47.12
– fait à la Bourse . . . 27.19
– du chanvre 91.3
– des cocons 229.12
– du coton 47.11
– des graines des vers à soie 229.11
– des intermédiaires . . 27.8
– du jute 98.18
– de la laine 183.10.17
– du lin 75.10
– des matières premières 27.3
– de peignés 183.18
– de la soie 229.10
– à terme en laine . . 185.16
– à terme en peignés . 185.17
commercial, coton . . 47.13
commissaire-priseur . . 186.1
commission 29.1, 185.3
– d'achat 29.5
– de vente 29.2
compagnie de magasins généraux 32.17
– de navigation . . . 32.16
compartiment d'alimentation démontable . 42.8
– d'alimentation sur rail 42.7
– de l'écangueur . . . 72.12
compensation pour différence de qualité . . 52.7
composants 102.18
– chimiques 253.11
– de la fibre de jute . 96.12
– du suint 145.16
composé alcalin sulfocyanuré 292.8
– ammoniacal 150.14
– de cellulose 243.12
– de cellulose alcalicuivre 292.1
– colloïdal de cuivre ammoniacal 271.2
– métallique ammoniacal 271.3
– narcotique 81.2
– d'oxyde de cuivre ammoniacal 270.24
– de sulfhydrate d'ammonium 279.10
– de sulfure de sodium 278.15
composition chimique . 44.16,
96.11, 228.6
compost 21.12
compte fixe, à 184.8
concasser l'amiante . . 241.1
concasseur 27.1
concentration du collodion 258.12
– de la lessive 151.20
– par vaporisation . 157.17,
286.18
– de la solution 244.23, 272.4
– de la solution par vaporisation 286.18
concentré, très 258.16
concentrer par vaporisation 157.18, 162.6
Conchylis epilinana . . 66.12
concrétionné, paroi cellulaire –e 96.4
condamné, balle –e . . 48.3
condenser, se 246.9
condenseur . . . 41.9, 277.12
condition . 47.3, 187.9, 237.3
– chimique 246.19
– du mouton 131.1
– ondulée 11.6
– de la soie 226.2
–s de paiement . . . 30.4
–s de la place 56.7
–s de vente 55.16
conditionnement . .14.2, 187.9,
237.3
– du coton 47.1
– de la soie 237.1
–, bulletin de 187.10
–, établissement de . . 47.3
conditionner le coton . 47.2
– la soie 237.2
–, appareil à 47.4
conducteur-entraîneur double 86.3
conductibilité électrique de la soie 228.3

conductibilité thermique 13.5, 227.23
– thermique mauvaise 241.20
conduit 41.7
– d'air 195.15
– alimentaire 39.2
– délivreur 39.3
– excréteur 192.11, 210.4
– de la glande 174.17
– de la solution à filer 248.10
– de sortie combiné 192.12
conduite circulaire de la solution 269.1
– du collodion 267.7
– d'eau 262.15
– à siphon 250.9
Congo, rouge 289.10
congélation de la fibre 101.20
congelé, fibre –e 101.19
connaissement 32.19
– direct 49.11
– endossable 49.13
– de port 49.12
conservation des graines 194.8
– de la mèche au lavage 152.24
conserver les feuilles fraîches 198.24
– les graines dans des chambres froides 194.22
– les groupes de vers séparés l'un de l'autre 196.17
– la laine à l'état ouvert 163.3
– la litière sèche 205.7
– la mèche de laine au lavage 152.23
conseil des administrateurs de la Bourse 28.4
consignation, en 184.9
constance d'élevage 128.10
constater à l'ultramicroscope 291.2
constituant minéral 16.11, 45.2
constituer les types 50.1
consommation de laine 184.10
– de soie grège 229.23
contact électrique 222.11
contagieux 206.20
contagion 206.14
–, transmettre la maladie par la 207.1
contagionner 207.1
contenant de la magnésie 162.3
– de la protéine 234.1
contenir des bulles d'air 246.4
– des impuretés 145.4
– du soufre 181.20
contestation, cas de 50.20
continuité dans l'élevage 128.10
contour extérieur de la mèche 138.12
– jaune de la couche centrale 90.18
contracter, se 280.5
contraction du canal cellulaire 96.1
– de la gélatine 280.6
– longitudinale 46.12
– de la solution à filer 246.16
– du tube en verre 247.4
contrat 53.12
– d'achat 29.7
– à l'arrivée 55.9
– aux conditions de Brême 55.17
– aux conditions de Liverpool 55.18
– d'embarquement 32.18, 55.8
– pour livraison franco wagon 56.6
– en suspens 55.10
– de vente 29.7, 186.6
–, un demi-degré au dessous du 52.3
–, passer un 29.6
–, suivant 52.6
contremine 54.15
contrôler la concentration 272.4
– la grosseur 223.7
convertir, se – en résine 261.3
conversion du prix 52.21
copal pulvérisé 260.18
copeau de bois 121.7.9
coque du cocon 216.21
– de la noix de coco 118.19
coquilles, chargée de 239.19
Corchorus 92.15
– capsularis 92.18
cordage 2.19
corde tendue 84.15
– d'emballage des balles 99.13
cordier 2.16
corderie 2.15, 2.18
cordia, fibre de la 105.6
cordiforme 202.5
coriacé, cocon 216.7
corne en forme de faucille 123.15
– en forme de spirale 126.5
corné, couche –e 173.20
corps azoté 244.8
– étrangers adhérents 90.17, 15.6
– filiforme 120.7
– incrustant de la cellulose 255.15
– du mouton 131.20
– oxydant 255.10
corpuscule de la pébrine 208.12
corrosif 236.9
cortical, couche –e 174.23
cosse du fruit 62.22
– de la graine de coton 35.9
–, en forme de 93.10
cote 186.7
– de Bourse 53.24
– de Dundee 99.20
– moyenne 53.17
côté chair de la peau 144.2
coton 1.3, 34.3, 244.3, 299.3
– Abassi blanc 59.5
– africain 58.23
– d'Alabama 57.6
– d'Amérique du Nord 56.19, 299.4
– d'Amérique du Sud 57.11
– arraché de la plante par le vent 61.15
– avarié par l'eau de mer 47.16
– de l'Assam 58.7
– de Bahia 57.19
– du Bengale 58.15
– blanchi 244.4
– bouilli 269.18
– en bourre 61.9
– à bord 55.12
– du Brésil 57.14, 301.12
– de Broach 58.11
– brut 61.9, 254.15
– du Cambodge 58.8
– cardé 254.17
– de Céara 57.16
– de Chine 58.16
– chargé de feuilles 60.20
– de Chypre 58.20
– de Coconnadah 58.6
– commercial 47.13
– de Comptah 58.13
– courte soie 61.4
– dégénéré 37.6
– de Dholerah 58.10
– effiloché 9.11
– égrené 39.13
– égrené à la machine 39.16
– égrené à la main 39.15
– d'Egypte 58.24, 301.5
– d'Europe 59.7
– feuillu 60.20
– fin de Madras 58.5
– de Floride 57.10
– Géorgie long 57.2
– Géorgie longue soie 57.2
– en graine 39.12
– à graines noires 36.20
– à graines vertes 36.22
– de la Guyane 57.23
– de la Haute-Egypte 59.6
– d'Hinghingat 58.3
– humide 47.15
– des îles et côtes 56.20
– des Indes 300.22
– des Indes occidentales 37.2, 58.1
– des Indes orientales 58.2
– du Japon 58.17
– Joanovich 59.2
– du Levant 58.19
– longue soie 61.2
– longue-soie extra 61.3
– Louisiane 57.1
– de Maceio 57.17
– de Maranham 57.15
– mercerisé 46.8, 291.20
– du Mississipi 57.5
– Mitafifi 59.1
– Mobile 57.9
– mort 61.17
– en mottes 269.10
coton pas mûr 61.18
– Nubari 59.4
– de Oklahoma 57.4
– sur ordres 53.21
– Orléans 57.1
– de Omra 58.12
– du Para 57.20
– du Parahyba 57.21
– de Pernambouc 57.18
– du Pérou 57.12
– de Perse 58.22
– sur place 55.11
–-poudre 46.15, 255.8
– poudre soluble dans l'éther 46.18
– poussiéreux 60.19
– de Russie 58.18, 301.16
– sableux 60.18
– Sakellaridis 59.3
– sale 61.16
– de Santos 57.22
– de Scinde 58.14
– Sea-Island 37.2, 56.20
– Sea-Island de Floride 56.21
– Sea-Island de Pérou 56.22
– sec 255.18
– séché 269.9
– de Smyrne 58.21
– soyeux du Pérou 57.13
– de Surate 58.9
– de Surinam 57.24
– du Tennessée 57.3
– à terme 54.14
– du Texas 57.7
– de Tinnevelly 58.4
– Upland 57.8
– velu 37.3
– de verre 298.10
– vineux 37.5
cotonneux, toucher 226.21
cotonnier 34.6
– arborescent 34.11
– arbuste 34.8
– herbacé 34.7
cotylédon 18.23, 24.1
cou inférieur 132.2
couche 26.19
– d'amiante 240.8
– de celluloïd 252.17
– centrale 90.18
– cornée 15.22, 173.20
– corticale 174.23
– extérieure 211.5
– de filasse 94.22
– de fils 211.16
– de graines 106.15
– granuleuse de séricine 225.21
– de Malpighi 173.21
– muqueuse 173.21
– de paillettes 205.10
– de poussière de tourbe 205.11
coudre 4.24
couler de la peau (sang) 208.6
couleur v. a. coloration et teinte
couleur de l'amiante 234.19
– blanchâtre 95.10
– légèrement bleutée 74.11
– brun foncé gris 74.15
– claire 179.11
– du coton 60.15
– de la fibre 14.13, 43.17
– foncée 179.10
– fondamentale 14.16
– gris d'acier 74.12
– gris-argenté 95.8
– jaunâtre 74.14, 95.9
– de la laine 172.19, 179.8
– de la lumière polarisée 227.15, 290.15
– naturelle 120.4, 179.9
– bien régulière 59.24
– de rouille 44.1, 82.4
– de la séricine 228.13
– bien uniforme 59.24
– verdâtre 74.13
–, d'une bonne 168.6
–, classer d'après la 89.16
–, de mauvaise 179.12
coulisse 89.2
couloir de la corderie 2.17
coupage du chanvre 86.13
– des gaines en lanières 107.9
– des tiges 93.19
coupe arrondie de la cellule 95.17
– en biseau 107.5
– en spirale 295.19
– de la toison 177.14
– transversale 95.11
coupe en travers 9.19
coupe-feuilles 198.19
–-nœuds 224.5
– en bandes 107.8
couper la bande de caoutchouc en fils 296.6
– le brin de paille au-dessus des noeuds 120.15
– avec la faucille 79.24
– le fil de caoutchouc d'un bloc 296.14
– en lanières 107.8
– la hampe 109.20
– le jute 93.18
– le lin, machine à 73.10
– le mouton pendant la tonte 142.12
– les poignées de chanvre 86.14
– en spirale 293.11
– les tiges de lin 73.9
– la toison jusqu' à la peau 142.10
– le tronc 107.4
–, bon à 107.3, 110.9
coupeuse à chanvre 86.15
cour d'appel en dernier ressort 51.8
courant d'air 41.5
– d'air chaud 237.8
– d'air froid 237.9
– produit dans le liquide précipitant 251.3
–, eau –e 94.12
courber la tige de chanvre 82.19
courbure du fil de cocon en forme de 8 211.8
courroie d'alimentation 148.2
– transporteuse 148.4
cours d'adultes 26.1
– du marché 29.10, 48.1
– moyen 53.17
court, à laine –e 123.5
–e soie 61.4, 137.5
courtage 29.15
courtier 27.11
– d'achat 185.13
– admis à la Bourse 28.9, 185.6
– assermenté 28.8, 185.10
– de Bourse 185.9
– en coton 49.21
– juré 28.8, 185.10
– en laine 185.11
– maritime 32.15
– de vente 185.12
coussin de cuir 85.5
cousu 113.3
coût de l'arbitrage 54.21
– de la détermination de la tare 48.8
–, assurance et frêt 32.22
couteau 70.10, 72.9
– en bois 83.14
– à couper les feuilles 198.20
– pour le délainage électrique 144.19
– à délainer 144.17
– à dents 107.19
– à ébourrer 144.17
– émoussé 107.15
– fixe 40.4
– hélicoïdal 40.9
– à incision 295.5
– inférieur 107.17
– lisse 107.18
– racleur 108.3, 112.6
– réglable 40.12
– supérieur 107.16
– à teiller 84.18
–-batteur 40.3
–, deuxième 108.10
–, premier 108.9
couture 4.23
couvaison des graines en cellules 196.5
couvée de vers 196.7
couver, faire – les graines 196.6
couverture des besoins 184.11
– en coton 55.4
– de laine 131.11
– de poils 131.12
couveuse 196.2
couvrir 30.18
– les besoins en laine 184.12
– l'engrais de terre 21.11
–, se – en coton 55.5
–, se – en excédent 55.6
–, se – insuffisamment 55.7
craie 294.3
crâne 127.13

craquelure 225.23
craquement de la soie 226.15
craquer (sémence) 79.4
crèche 133.11
crédit, à x jours de 30.9
crème 43.22
– de lanoline 160.2
créosote du goudron de hêtre 284.14
crépu, fibre –e 11.2
crépure de la fibre 11.3
creusé en gouttiére 109.12
creuset Gooch 291.10
creux, fibre –se 10.1
cri de la soie 226.15
crible pour cocons 218.18
– aux feuilles 198.13
– métallique autour du tambour 163.4
cribler les tranches des feuilles 198.23
crin artificiel 293.1
– artificiel provenant de déchets de fils artificiels retors 293.8
– artificiel provenant de la viscoce 293.6
– artificiel transparent provenant de la soie au cuivre 293.4
– de cheval 187.19
– de cheval, ressemblant au 104.3
– tampico 117.15
– végétal 104.1
crinière 123.14
crispation de la laine 175.18, 180.6
– en arrière 11.4
crisper, se 180.7
cristal 96.18
croisé, laine –e 165.13
croisement 122.15, 129.1
– des brins 222.6
– des espèces 197.14
– des fils de soie 223.13
– à la française 220.18
– à l'italienne 220.17
– des races ovines 128.21
croiser 128.22
– des espèces de vers 197.13
– les fils de soie 223.12
– les fils de soie inextricablement 211.15
croissance drue des plantes 24.5
– horizontale des poils protecteurs 141.4
– de la laine 173.4
– des plantes 24.7
– réguliére des poils 173.6
– serrée des plantes 24.5
– du ver 196.19
– verticale des brins 138.19
croître (laine) 173.5
– (plante) 24.9
– en touffes 115.7
crottins 172.10
croupe 132.13
croupissant, eau –e 67.18
cru, jute 98.19
cru, semence de propre 22.13
Crumb, défibreuse (racleuse) système 108.1
cueillage du coton 38.20
–, mûrir après 80.11
cueillaison 38.18
cueillette du coton 38.20
– de la feuille 110.10, 202.9
cueilleur 38.16
cueilleuse mécanique à coton 38.19
cueillir le coton 38.21
– les mûres pour l'ensemencement 201.8
cuir fossile 240.2
– de montagne 240.2
– du mouton 144.21
– de raclage 73.6, 85.3
–, comme du 115.3
cuire la fibre de jute 97.1, 98.5
–, faire – le mélange 151.22
cuisse 132.15
– intérieure 132.10
cuisson de la fibre 97.2
cuivre de cémentation 270.5
–-glycérine 289.11
–-métal 270.3
– pur 270.4
cuivre, coefficient de 292.12
cuivreux, oxyde 98.9
cultivateur de chanvre 78.9
– de lin 65.19, 75.15
cultivé, plante –e 18.1
cultiver le chanvre 78.8
– le coton 35.20
– le lin 65.18
– les plantes par des bulbilles dans les planches 110.6
– en plantations 110.1
– la soie 189.3
– un terrain 20.20
culture du chanvre 72.2
– du chanvre de Manille 106.13
– à la charrue 22.2
– du coton 35.21
– du lin 65.17
– microbienne par des sels inorganiques 82.16
– du mûrier 200.13
– en plantations 25.6, 36.1
– principale 106.19
– secondaire 106.20
– du sol 20.19
Cupressus sempervirens 203.14
cupro-potassique, liqueur 292.13
cupule, fleur à 35.5
curage 68.18
curcuma, fibre du 105.19
cuscute 66.13
cuticula interna 192.3
– pili 174.22
cuticule de la fibre 44.6
– du poil 174.22
– réfringente 105.11
cuve (v. a. réservoir et récipient) 69.8
– de blanchiment système Gebauer 269.17
– de clarification avec des cloisons 158.6
– à décreuser 233.5
– de lavage et de rinçage 148.18
– à lessiver 254.2
– avec filtre 148.8
– perforée 147.10
– perforée en cuivre 147.14
– de précipitation 158.15
– de rinçage 148.18
– de trempage 148.17
cuvette perforée 253.15
cylindrage 6.18
cylindre (v. a. rouleau) 147.11
– alimentaire 149.19, 153.17
– batteur 164.13
–-broyeur 72.14
– en buffle 40.11
– cannelé 71.9, 84.4
– cannelé en fonte durcie 163.1
– à cannelures triangulaires 71.5, 83.17
– à couteaux 70.13
– aux couteaux hélicoïdaux 40.10
– pour la dissolution de l'oxyde de cuivre 268.8
– échardonneur 165.4
– exprimeur 148.7, 149.10
– de laminage en bois 295.13
– au liquide précipitant 249.18
– médullaire 15.24, 175.2, 181.8
– de pression 41.11, 42.10
– de séchage 149.4
– sécheur 251.12
cylindrer 6.19
cylindrique, forme 180.3
cyprès 203.14
Cytisus scoparius 104.15

D.

dague 72.6
damer d'argile le routoir 68.7
Darcet, magnanerie du système 195.13
date de demande 53.22
– de la facture 29.24
– de règlement 53.6
débarcadère 32.10
débarquement 49.16
débarrasser l'acide dans un hydro-extracteur 161.17
– les chardons chimiquement 160.20
débarrasser les fibres de la pulpe des feuilles 110.17
– la laine de la lessive adhérente 153.5
– le savon de l'eau 152.16
débit en balles par unité de superficie 38.15
déblaiseuse 220.4
débourrage de la laine 144.15
débourrer la peau 144.14
débourures de carde 62.3 169.12
– de chapeaux 62.4
– de hérisson 169.15, 62.6
– de peigneur 169.8
– de tambour 169.16
debout, fruit capsulaire 109.21
débrayer le pot à filer 282.7
débris de graines 60.21
– végétaux 146.8, 160.18
décantage d'un liquide 263.11
décantation d'un liquide 263.11
décèlement de la charge 236.19
déceler la charge 236.20
déchargement 31.2
déchargeur 31.3
déchets de carde 61.24, 169.11
– de chanvre 92.4
– de coton 61.19, 254.16
– durs de fil 62.8
– d'encollage 62.11, 170.7
– de feuilles 112.23
– de filature 169.18
– de filature à long brins 269.7
– de fils artificiels retors 293.8
– de fils de tissage 62.10
– de foulage 170.4
– gras 64.14, 170.8
– de lainage 170.5
– de laine 168.23
– de lavage 169.3
– d'ouvreuse 61.20
– de peignage 169.5
– de préparation 169.17
– provenant du peignage de l'étoupe 92.11
– de soie 232.9
– de soie naturelle 287.14
– de soie peignée 232.16
– de soie non peignée 232.15
– de tissage 170.1
– de tondeuse 170.6
déchiré, toison –e 172.6
déchirement des feuilles 116.21
décision du comité d'appel 51.11
– du conseil des arbitres 51.2
décoction écumeuse 152.22
– de tan 218 7
décongélation de la fibre 101.21
décongeler la fibre gelée 101.22
décomposé, non- 152.10
décomposer la cellulose 243.18
– en ses composants 102.18
– les eaux de savon 158.14
– par la vapeur chauffée 151.6
–, se 182.14, 208.9, 245.10, 280.12
–, se – par les agents atmosphériques 141.2
–, se – par la chaleur 155.19
décomposition par des acides 243.15
– due aux agents atmosphériques 141.1
– par des agents d'oxydation 243.17
– par des alcalis 243.16
– du chlorure d'aluminium 162.5
– de la combinaison soluble 245.9
– de la laine 182.13
– de la nitrocellulose 257.4
décoratif, plante –ve 18.10
décortiquer le chanvre 83.6
décortiqueuse mécanique à ramie 101.6
découpage du caoutchouc 295.15
découpé, fraîchement 296.8
découper le caoutchouc en bande 295.19
– en morceaux 270.6
– en fils 296.11
–, machine à 295.16
découvert, mettre à 164.17
décreusage de la soie 233.2
décreuser la soie 233.3
décrusage de la soie 233.2
décruser la soie 233.3
déduction des bandes (cercles) 56.9
défaut de la laine 178.18
–s, sans 167.20
défectueux, variation –se 179.2
défibrage des aiguilles 116.10
– à la main 111.1
– mécanique 107.24, 111.2
–, installation de 110.19
défibrer les aiguilles 116.11
– les feuilles 113.16
– la tige 95.1
défibreuse Boeken 111.7
– double 111.6
– simple 111.5
– système Clarke 108.4
– système Crumb 108.1
– système Mc Lane 108.5
dégagement des gaz 68.1
dégager les fibres 110.17
dégenéré, coton 37.6
dégommage des faisceaux de fibres 103.3
dégommer les déchets de soie 287.15
– la soie 234.2
dégouttage 153.6
dégraissage 5.4
– par des dissolvants volatils 155.11
– de la laine 146.18
– au sec 155.16
–, appareil de 147.13.14, 156.18
–, méthode de 155.15
dégraissé 255.17
dégraisser 5.5
– la cellulose 255.16
– la laine 146.19, 155.12
degré de dureté 219.7
– de finesse 187.5
– d'humidité 14.9
– hydrotimétrique 219.7
– de lignification 15.19
– de maturité 279.20
– de nitration 256.2
– de rouissage 68.20
– variable de blanchiment 244.5
–, demi 59.12
–, entier 59.11
–, quart 59.13
dégrossisseur, peigne 87.3
déhiscence de la capsule 35.15
déhiscent 65.13
Dekanee 103.4
délainage électrique 144.19
– des peaux 143.7
– par un procédé corrosif 144.12
– par un procédé de fermentation 144.11
– par traitement à l'arsenic 144.5
délainer à l'arsenic 144.6
– la peau 143.13
– par un procédé corrosif 144.13
délayé, bain 161.10
délicatesse de la fibre 10.14
délié, fil 217.4
délitage, temps de 205.15
– des vers 205.13
déliter les vers 205.14
demande active 186 13
– plus vive 186.15
demander l'arbitrage 50.18
démêlage de l'étoupe 85.12
démêler l'étoupe 85.13
démêloir, peigne 87.3
demi-cuite 234.10
–-degré 59.12
–-degré au dessous du contrat 52.2.3
–-liquide 210.15
–-saturé 289.7
–-pressé 42.20
–-sang 128.24
–-sauvage 189.15
démontable 42.8
dénaturé, alcool 260.5
denier 238.18
dénitrage 46.19
dénitrant, actif 265.18
dénitration 265.[illegible]
– acide 265.13
– inégale 265.12
– partielle 265.11
dénitrer le fil 265.9.16.17
densimètre système Mentzel 180.12

densité de la laine 136.14
— de la mèche 138.13
dent 147.12
— de peigne 87.7
— du séran 73.16
denté 181.3, 202.3
dentelé 77.16
dépelotonner, se (brin de cocon) 220.9
dépérir (brin de laine) 173.16
— (feuilles) 79.16
dépérissement des feuilles 79.15
dépiler la peau 143.13
déplacements dans la paroi cellulaire 75.1
déplier les toisons chauffées 171.1
déployer la toison 171.8
déposer une somme 53.15
—, se 148.9
dépôt de laine 184.14
dépouiller les feuilles 101.3
dérivé de la cellulose 284.21, 279.1
derme 173.22
déroulage, guindre à 225.2
dérouler les balles rondes 43.6
— les toisons chauffées. 171.1
désacidification de la laine 163.13
désacidifier la laine carbonisée 163.12
désaérer la solution 246.6
désagrégateur centrifuge 27.2
désagrégation de la filasse 94.6
désagréger la cellulose 243.18
— la nitrocellulose -257.2
—, se (filasse) 94.7
désaxé 111.9, 155.2
déshuilé 157.2
désignation commerciale de la soie grège 230.8
—s commerciales pour le chanvre 91.4
—commerciales des matières premières 299.2
désigner la laine par le degré de finesse 187.5
désinfecter la magnanerie 208.18
désinfection 208.19
désintégration de la laine dans l'eau bouillante 182.1
désintégrer la cellulose 292.17
— en partie 98.6
dessécher v. a. sécher
— au four 83.2
—, se (feuille) 106.9
desserrer la laine 164.3
— la poignée de chanvre 88.12
dessiccateur 47.4, 237.5
dessiccation (v. a. séchage) 106.8, 237.18
dessuintage de la laine 146.18
—, appareil de 147.13.14
dessuinter la laine 146.19
destruction des bulbes pileux 143.15
— de la fibre végétale 161.2
désuintage de la laine 146.18
désuinter la laine 146.19
détacher par une action frigorifique 101.18
— les fibres des graines 39.9
— des lanières de la tige 101.12
—, se — difficilement 39.11
—, se — facilement 39.10
détérioration de la graine 22.16
détermination de la différence du classement 47.19
— de la graisse 156.17
— de la tare 48.7
— de la teneur en azote 257.20
déterminer l'allongement de la fibre 12.2
— la concentration du bain 161.11
— le degré de nitration 256.3
— le numéro de la soie 238.4
— le poids de la fibre sèche au vide 14.5
— les qualités de l'agneau 129.13
— la quantité d'eau dans la soie 237.2
— le titre de la soie 238.4
détrichage de la laine 170.15
détricher la laine 170.16
détruire le bulbe pileux 143.16
— le carton infecté 194.11
détruire les chardons chimiquement 160.20
— par fermentation 81.8
— la mèche 153.4
— par le rouissage 67.13
—, appareil à — les chardons 165.5
développement d'ammoniaque 182.9
— du brin de laine 173.9
— des gaz 68.1
— de la graisse sur le mouton 133.2
— du mûrier 200.21
— de la sériciculture 189.2
— du ver 196.15
— de la viande sur le mouton 133.1
développer, se 173.10
—, se — bien 200.22
—, se — rapidement 196.16
devenir cassant 101.1, 236.16
— lâche (ver) 207.18
— touffu (arbre) 200.5
déviation, angle de 227.21
dévidable, cocon 214.3
dévidage 2.20
— du cocon 220.5
— parfait 220.8
dévider 2.21
— le cocon 220.7
— l'écheveau de preuve 238.11
— la soie de la bobine 277.5
—, se 220.9
dévideuse 221.16
dévidoir 2.22, 221.15, 2228
— de titrage 238.9
dextrine 272.2
diacétate 283.11
dialyse 280.3
dialyser la viscose 280.2
diamètre du fil 222.16
— du poil 181.14
diarrhée 207.23
dichlorhydrine 284.15
dichroïsme 290.16.17
dicotylédone 18.19
Dictyosperma fibrosum, fibre de 117.12
différence de qualité 51.22
— au point de vue chimique 16.21
différencier les soies artificielles 289.1
difficile à dissoudre 228.9
digité 35.1, 77.15
dilué, acide 161.10, 182.17, 274.5
—, solution —e 183.6
diluer avec de l'eau 151.21
diminuer 264.18
diminuer l'orifice de passage 247.18
dioïque 77.6, 100.4
diphénylamine 289.5
directeur de la Bourse 28.3
direction des écailles 181.5
disodique, cellulose 269.13
disposé en panicules 77.21
dispositif v. a. appareil et machine
— de changement des bobines 252.13
disposition de la Bourse 54.16.17.18
— des fruits 118.17
disque cannelé 86.16
— coupant 86.17
— en forme de lentille avec entaille 223.11
— tourant 224.1
dissocier les tendons par pressage (battage) 239.10.11
dissolution 17.6
— de cellulose dans des alcalis 282.18
— de la laine dans l'eau bouillante 182.1
— de l'oxyde cuivreux dans l'acide nitrique 291.12
— de la paroi cellulaire 91.2
— de la séricine 218.2
— de la substance gommeuse 94.5
—, retenir en 266.6
dissolvant 245.8
— la graisse 155.17
— de la graisse 156.5
— volatil 156.4
—, pouvoir 259.19
dissoudre la caséine par une liqueur alcaline 287.7
dissoudre la cellulose dans un acide 282.10
— de la colle de poisson dans du vinaigre glacial 261.7
— le cuivre 270.7
— la gomme végétale 244.15
— la guttapercha dans du sulfure de carbone 261.6
— la kératine dans une solution alcaline 182.2
— en partie la fibre de jute 98.6
— la séricine dans l'eau bouillante 218.12
— la soie dans des alcalis 229.7
— la substance gommeuse par la fermentation 94.4
— le xanthate de cellulose dans une lessive alcaline 279.9
—, faire — l'hydroxyde de cuivre 271.8
—, faire — l'oxyde de cuivre 271.10
—, se 182.3, 263.10
distillation du dissolvant dans le vide 258.14
—, appareil de 156.23
distiller à la chaux vive 262.2
— la graisse de laine 160.11
— dans le vide 258.15
distinctif 227.6
distinction de la fibre de coton des autres fibres 45.20
distribuer les tranches des feuilles sur la claie 198.22
distribution de la laine sur le corps du mouton 131.20
— de la séricine sur la fibre de soie 210.14
district d'élevage 128.15
diviser le brin de paille 120.14
division des rhizomes 106.18
diviseur 275.9
doffer d'étoupes 89.8
dôme 267.8
domestique, animal 26.9
donner de la fausse torsion 221.9
dormir (ver) 206.8
dorure du fil d'argent 297 7
dos 132.4, 171.21
— effilé, au 127.19
— grêle, au 127.19
— large, au 127.20
douane 33.9.13.14
doublage (du tissu) 7.10
double fond perforé 149.11
doubler (les tissus) 7.11
doublière 130.15, 133.8
douceur de la fibre 10.9, 178.4
douche 146.23
Doumer, rouissage système 69.19
doupion 212.2, 215.20
doux, fibre — ce 10.8
—, poil 187.13
—, laine — ce 178.5
drageon 106.16, 109.6.7
drainé, sol 21.4
Dreaper, appareil de filage 249.7
drège 67.9, 80.14
drègeage 67.7, 80.12
dréger 67.8, 80.13
droit d'emmagasinage 31.8
—s 51.18
—s de douane 33.9, 230.13
—s d'entrée 33.10
—s d'exportation 33.11
—s de grue 33.4
—s d'importation 33.10
—s de quai 49.7
—s de sortie 33.11
—s de transit 33.12
dromadaire 126.9
dru, planter 66.5
drupe 118.8
ductilité 244.18, 288.20
duppion 212.2, 215.20
dur comme la pierre 118.15
—, laine —e 178.6
—, poil 187.14
durcir, se 210.12
durée de la couvaison 196.9
— de la croissance des plantes 24.8
— de l'élevage 195.11
— de l'étirage 249.2
durée d'évaporation 14.1
— d'extraction 157.3
— de la mue 206.2
— de la nitration 255.22
— des plantes 24.6
— du rouissage 68.19, 82.15, 94.14
— de la vie du ver 197.6
dureté de la fibre 10.20
duvet 175.6, 224.16
— de carde 169.13
— de filature 169.19
— du fruit 62.21
— de la graine 8.17, 36.16
— de hérisson 169.14
— de métier à tisser 170.2
— de peignage 169.9
— qui recouvre le fruit 20.5
— végétal 8.18
— végétal unicellulaire 8.19
—s de batteur 61.22
— de briseur 62.2
— de carde 62.5
— de plantes 62.15
— de ventilateur 61.23
—, réduit en 239.23
—, sans 226.9
duveteux, fibre de soie —se 226.10
dynamomètre 12.13
— fil à fil 12.17

E.

eau 45.3
— acidulée 266.22
— alcaline 218.23
— ammoniacale 260.23
— ammoniacale concentrée 272.11
— de baryte 182.12
— de bassine 218.21, 222.2
— bouillante 182.1
— de canal 81.24
— chaude 257.14
— chauffée à la vapeur 69.6
— exempte de chaux 218.22
— combinée chimiquement 277.1
— à courant fort 67.21
— à courant modéré 67.20
— courant vite 67.21
— courante 94.12
— croupissante 67.18
— de dévidage 218.21, 222.2
— distillée 219.8
— douce 67.22, 81.22
— dure 67.23, 81.23, 219.6
— ferrugineuse 82.3
— de lavage 265.1, 291.9
— de mer 118.19
— de pluie 81.21
— sous pression 42.12
— de puits 82.2
— de rebut venant des usines de lavage de la laine 158.2
— régale 98.17
— de rivière 82.1
— de rouissage 81.19
— salée 114.5, 274.11
— salée saturée 281.3
— de savon 97.4, 150.17
— stagnante 67.18, 94.11
— de trempage 102.6
ébauchoir 73.18, 87.3
ébouillanter les cocons 218.10
ébourgeonnement de l'arbuste 34.9
ébourrage de la laine 144.15
ébourrer la peau 144.14
écaille 181.1.2
— à bord lisse 181.4
— cornée 15.23
— dentée 181.3
— du poil 180.19
— scutiforme 180.20
écang 2.6, 84.13
écangage du lin 71.16
écanguer le lin 71.18
—, planche à 84.14
écangueuse 72.4
— à main 84.12
échafaudage supportant le cocon 211.6
échantillon 75.16
— garanti 56.2
— de laine 179.7, 184.22
— original 50.9
— d'origine 55.23

échantillon préparé . . 50.12
– pris avant pressage au pays d'origine . . . 50.7
–type 49.2, 186.20
échantilloner 50.8
échantillonner la marchandise 28.16
échantillonnage 28.15, 184.23
échapper, s'– de la filière sous forme de fil. . 248.16
– s'– par des tubes capillaires 246.21
échardonnage 160.15
– chimique 160.19
– de la laine pendant le cardage 165.1
– à la main 164.1
– mécanique 163.20
échardonner la laine . 160.17
échardonneur, appareil . 165.2
échauffe 144.11
échauffer, s' 86.8
échéance de la traite . 30.14
échelle de commerce. . 27.6
écheveau à la japonaise de soie grège 230.20
– original 238.13
– de soie 231.18
–x de preuve 238.9
–x, en grands . . . 231.20
–x, en petits 231.19
éclaircissage. 34.12
éclat étincelant 288.6
– métallique 215.9
– nacré du cocon. . . 215.10
– de la soie 226.22
éclater (sémence) . . . 79.4
éclore (ver) 196.13
–, faire – les graines. 196.6
éclos, ver. 196.14
éclosion du ver 196.12
–, appareil d'– 196.2
école d'agriculture cotonnière . . . 25.21 33.3
– de perfectionnement 26.1
écorce 65.4
– de l'arbre 201.22
– de la graine de coton 254.19
– de mûrier 194.9
écorcé 101.13, 104.5
–, non 101.14
écorcer la tige de la plante 101.11
écorchage de la peau . 143.11
écorcher la peau . . . 143.10
écoulement irrégulier de la solution 248.14
écouler, faire – le fil de viscose dans 280.17
écrasage, procédé d' . . 86.10
écrasement des feuilles. 114.7
– des tiges de lin . . 69.22
écraser les feuilles . . 111.3
– les graines 41.17
– la tige 86.11
–, machine à – en bois 69.23
écraseur à cylindres avec mouvement transversal 86.12
écume de savon. . . . 233.8
écumeux 152.21
écurie 133.16
éducation hâtive . . . 195.10
– du ver à soie . . . 195.5
effets des réactifs chimiques 289.3
effeuillage 202.11
– des tiges 93.22
effeuiller l'arbre . . . 202.10
– la branche du mûrier 202.13
effilé, cellule –e. . . . 105.7
–, taille –e 127.18
effriter, s'– (fibre de jute) 96.9
égalité du brin de laine 176.4
églouteronnage 160.15
égloutronner la laine . 160.17
égratteronnage 160.15
égratteronner la laine . 160.17
égrenage 67.7
– du chanvre. 80.12
– du coton. 38.22
égrené, coton 39.13
égrener le chanvre . . 80.13
– les fibres des graines 39.9
– le kapok 63.4
– le lin 67.8
–, machine à – le kapok 63.7
égreneuse de coton . . 39.18
– à cylindres 40.1
– à cylindres aux couteaux hélicoïdaux . 40.9
égreneuse double . . . 40.8
– Macarthy 40.2
– à main 39.17
– à scies 40.13
–s disposées en séries . 39.1
égrugeage. 67.7
– du chanvre. 80.12
égrugeoir . . . 67.10, 80.14
égruger le chanvre . . 80.13
– le lin 67.8
élaguer la plante . . . 93.21
élargir, s'– (pores) . . 235.13
élasticité du brin de laine 180.5
– de crispation de la laine 175.13
– de la fibre 12.6
élastique, fibre 12.5
électrisation, aptitude d' 228.2
électriser la soie par frottement 228.1
électrolyse 291.14
élémentaire, cellule . . 95.16
éléments de la cellule . 119.9
– du fil de soie . . . 225.16
élevage en cellules . . 194.3
– des espèces par les plantes alimentaires 197.17
– des graines 193.18
– du mouton . 128.1, 131.8
– des moutons pour la production de la viande 132.19
– rapide 195.10
–, atelier d' 197.1
–, méthode d' 195.9
–, propre à l' 128.14
élève industrielle . . . 193.19
– des graines 193.18
– du ver à soie . . . 195.5
élever dans des fermes le mouton à laine . . 131.9
– le mouton 128.3
– le ver à soie 195.6
– les vers en groupes 196.18
éleveur de graines . . 193.17
– de moutons 128.6
élimination v. a. séparation
– de l'air 246.5
– des bulles d'air . . 280.14
– du cuivre 276.16
– de l'eau 13.22
– des graines malades 193.16
– de la matière couvrante. 294.4
– des matières chargeantes de la soie . 236.18
– de la pulpe 107.20
– du soufre 266.12
éliminer v. a. séparer
– l'acide 101.17, 163.15, 256.12
– l'acide formique par le bain de rouissage 102.5
– l'acide nitrant par essoreuse centrifuge. 256.13
– l'air de la solution 246.7
– les chardons mécaniquement 163.21
– le chènevis pas mûr 78.23
– le cuivre du fil séché 276.17
– l'eau de la fibre 14.3, 153.8, 257.1
– par lavage les composants chimiques . . 253.11
– la matière gommeuse de la fibre. 102.14
– les moutons impropres 129.15
– la partie ligneuse . . 100.3
– de la soie les matières chargeantes 236.17
– le soufre 266.13
éliptique, section . . . 44.10
emballage du coton. . . 41.19
– trompeur 48.15
emballé, non 99.2
emballer le coton . . . 41.20
– le jute à l'état humide 99.16
– dans des sacs 75.21, 172.23
embarquement 31.14, 32.7
embarquer 32.6
emmagasinage 31.4
emmagasiné 167.3
emmagasiner 31.5
emmêlage des brins de la laine 153.1
emmener les vapeurs d'éther 263.17
émonder le mûrier . . 201.18
émoussé, couteau . . . 107.15
empêcher le rouissage . 100.7
empesage 6.10
empeser 6.11
employer le kapok comme rembourrage 63.16
– la nitrocellulose chargée d'acide 257.9
empointage, donner au chanvre un deuxième 89.20
émulsion 152.4
– de graisse de laine . 158.4
– de lanoline 160.3
– opaque 151.23
encan, vente à l' . . . 185.21
enchères, vendre aux . 185.21
enchevêtré 136.15
enchevêtrement 224.4
enchevêtrer les fils de soie inextricablement 211.15
encollage, déchets d'. 62.11, 170.7
encoller. 3.17.18
endocarpe dur comme la pierre 118.15
endossable, connaissement 49.13
endroits aplatis bien nets dans la fibre de soie sauvage 227.10
enduire le côté chair de chaux du gaz . . . 144.4
enduit de brillant métallique 293.9
endurci, mouton . . . 130.22
endurcir le mouton . . 130.23
endurcissement du mouton 130.21
engagement en Bourse. 53.13
engallage 235.7
engerbé, jute 93.24
engrais 21.9, 160.14
– artificiel 21.15
– chimique 21.15
– liquide 21.10
– vert 21.13
engraissé, sol 21.6
engraissement artificiel. 21.14
– au compost 36.13
– du sol 21.8
engraisser le sol . . . 21.7
enlèvement du brillant. 293.13
– de la filasse 101.4
– de la pulpe 110.18
enlever l'alcool par lavage 264.23
– par aspiration . . . 275.4
– par lavage 146.14
– par rinçage 150.8
– la barbe des plumes 239.17
– les bulles d'air . . . 280.13
– la cosse du fruit . . 62.22
– en coupant les copaux 121.9
– le cuivre de l'acide. 277.10
– l'eau combinée chimiquement 277.1
– les épines 110.12
– les étoupes 74.4
– la filasse 101.5
– les impuretés par le lavage. 146.14
– les saletés par rinçage 150.3
– les tendons 239.7
– les vapeurs par aspiration 275.4
– le ver à soie . . 205.16,17.20
enrichir, s' . . . 157.11, 277.2
enrichissement du précipitant par le cuivre 277.3
enroulage 7.8
– de la chaîne 3.15
enroulé en zig-zag . . 211.10
enroulement 211.9
enrouler 7.9
– sur des bobines . . . 263.1
– la chaîne. 3.16
– la soie 282.9
ensacher la laine . . . 172.23
ensemencement 22.24, 65.20, 201.8
– du chanvre. 78.10
– en lignes 23.12
– à la machine 23.9
– à la volée 22.13
ensemencer à la volée . 23.14
ensimage de la laine. . 149.5
ensimer la laine séchée 155.7
ensimeuse . . . 149.6, 155.8
entaille 223.11
ente, greffer une . . . 201.11
enter 201.11
entier degré 59.11
entoilage 42.17
entoilage en jute . . . 42.18
entonnoir . . . 251.4, 282.4
– alimentaire 40.16
– en bois 223.16
– en verre . . . 249.19, 250.2
–, en forme d' 248.9
entourer de coton . . . 296.18
– de soie 296.19
entraîné, particules – es 148.9
entraîneur, rouleau . . 149.20
entrecroiser les baguettes de bambou 204.18
entrée de l'air comprimé 268.3
– de l'ammoniaque . . 268.6
– de l'oxyde de cuivre ammoniacal 268.7
– de la solution . . . 268.5
entrelacer. 204.18
– les plumes de feuilles 118.5
entrepositaire en laines 183.21
entrepôt 31.6
– de lin 76.1
– pour la plantation . 25.7
entreprise textile . . . 7.16
entretenir la mèche de laine au lavage. . . 152.23
entretien de la mèche au lavage. 152.24
enveloppe 237.10
– de chrysalide . . . 212.11
– cireuse de l'épicarpe. 118.13
– gommeuse du brin de cocon 218.4
– interne parcheminée du cocon 217.8
– de séricine 210.17.18, 225.22.23
envoyer des drageons . 109.6
épaillage 160.15
– mécanique 163.20
épais, feuille –se . . . 114.2
épaisseur de la cellule 20.12
– inégale de la paroi cellulaire 96.5
– irrégulière, d'. . . . 96.6
épaissi, fibre –e. . . . 103.5
épaississement 20.14, 46.10
épaule 132.8, 171.17
épée, en forme d' . . . 116.14
épicarpe 118.12.13
épicéa élevé 116.7
épidémie des vers . . . 206.13
épiderme 75.4, 173.19
– de la fibre 44.6
épine. 191.5
– à bord. . . . 108.9, 110.12
– terminale . . 109.10, 110.12
épineux, feuille –se . . 109.8
épingler la femelle de papillon au carton . 194.15
épizootie des vers . . . 206.13
éplucher les glouterons 164.2
épointage du chanvre 89.17.19
épointé, extrémité –e . 103.6
épointer le chanvre . . 89.18
éponge 239.18
– arrachée en morceaux 239.22
– attendrie par l'action des acides 239.21
– chargée de coquilles. 239.19
– cuite dans une solution de soude 239.20
– réduite en duvets . 239.23
époque de la couvaison 196.8
– quand le ver est prêt à filer. 209.4
épreuve, à l'– des acides 241.23
–, à l'– de l'eau . . . 216.14
–, à l'– du feu. . . . 241.22
épuisé, liquide 266.24
épuisement du sol par la culture du lin . . . 66.7
épuiser le sol 36.2
épurateur de graine de lin 65.22
épuration du kapok . . 63.12
Eriodendron anfractuosum 62.17
ériomètre 179.20
ériophoron 115.13.15
érioscope 180.11
escompte 30.7
– de x pour cent . . 30.19
escoubette 219.14
espace entre les faisceaux des brins de laine . 136.13
– intercellulaire 95.13, 106.7
espacé, poils poussant –s 136.17
espacement des plantes 114.3
espadage du lin . . . 71.16
espade 72.6

espader le lin 71.17
espèce d'arbre . . . 199.5
— de cocon 214.4
— de graine 22.17
— indigène de vers . . 197.12
— de mouche 207.7
— naine d'arbre . . . 19.10
— robuste de vers. . . 197.11
— de soie . . . 230.9, 232.17
— de sol 20.21
— de ver croisé . . . 197.15
— de ver sociable . . 197.9
—s de materières premières. 8.11
— de moutons 122.3
— de soie, différentes . 232.17
esprit de bois. . 258.8, 260.24
essai pour différencier les soies artificielles . . 289.1
— au feu . . . 45.18, 187.11
— à l'huile 46.2
— de la laine. 179.4
— microscopique de la fibre 180.13
— à l'oxyde de cuivre ammoniacal 45.15
— préliminaire 161.11
essayer chimiquement la soie artificielle . . . 289.2
— le collodion en laine 257.19
— la solubilité du collodion en laine . . . 257.18
essence 156.11, 264.6
— de mirbane. 284.10
essorage . 6.22, 153.10, 269.19
essorer 6.23, 153.9
essoreuse 153.11, 161.18
— à acide 256.14
estimation de l'agneau . 129.12
estrasse 232.13
établir une magnanerie 195.7
établissement v. a. fabrique, atelier et usine
— de conditionnement . 47.3
— de lavage 5.3
— de rouissage du lin . 69.4
— de triage 170.17
étaler la paille du chanvre 80.1
étang à lavage 147.2
état de chrysalide . . 212.5
— humide 99.15
— liquide de la graisse de laine 146.2
— de maturité 24.14
— ouvert, conserver à l' 163.3
— de la récolte 38.8
— de saturation de l'air 154.6
— soluble 243.11
étendage 7.2
étendre 7.3
—, avec de l'eau . . . 151.21
— la paille du chanvre 80.1
— sur le sol 67.2
— la toison 171.8
étendue des stocks sur place 186.17
éther . . 46.18, 156.6, 258.4
— acétique 284.8
— acide gras de cellulose 283.3
— acide gras d'une cellulose hydrolisée soluble dans l'eau . . 283.7
— d'acide acétique . . . 283.9
— de l'acide acétonitrique 285.20
— de l'acide benzoïque 285.16
— de l'acide butyrique 285.9
— de l'acide formique . 285.3
— de l'acide palmitique 285.11
— de l'acide phenylacétique 285.14
— de l'acide propionique 285.8
— de cellulose de l'acide dithiocarbonique . . . 279.4
— de cellulose aliphatique 283.6
— composé 292.11
éthéré, solution —e. . . 258.5
étincelle électrique. . . 247.21
étioler, s'— (brin de laine) 173.15
étirage de l'étoupe. . . 85.12
— des fil par progression 287.18
étiré par son propre poids 275.18
étirer le capillaire . . 276.13
— l'étoupe 85.13
— le fil de caoutchouc. 296.17
— le fil sur le dévidoir 249.9
— le fil dans un liquide précipitant faible. 249.8
— le fil dans une solution diluée alcaline . . . 276.2
étirer le fil qui sort de la filière 249.1
— la gélatine en fils. . 286.19
— la soie dégommée. . 234.5
étoffe poreuse 252.4
étouffage de la chrysalide 213.3.14
étouffer la chrysalide 213.4.15
étouffoir-séchoir mobile 213.22
étoupe de l'affinoir . . 92.10
— de broyage. 92.8
— de chanvre. 92.6
— d'espadage 76.23
— de lin 76.22
— de teillage 92.9
étoupeux 60.12
étrécissement du canal cellulaire. 96.1
étuve de conditionnement 237.5
— à dessécher. 70.4
évacuer, s' 209.11
évacuation des glandes séricigènes 209.12
évaporation de l'eau 13.23, 154.4
— naturelle 154.3
évaporer, faire — le sulfure de carbone . . 278.13
examen pour avarie . . 49.3
— des cocons 213.1
— de la laine. 179.4
— à lumière 290.10
— au microscope . 17.13, 44.2, 225.4
— microscopique . . . 180.13
— à l'ultramicroscope . 290.22
examiner les cocons . . 213.2
— la laine 179.5
— à la lumière polarisée 290.11
— au microscope 17.14, 225.5, 276.14
— au point de vue de l'optique 290.9
excédent de poids . . 52.13
— de tare 48.14
excès de rouissage . . 68.22
—, en 163.14
excréments des vers . . 205.22
excréter de la graisse . 174.15
— un liquide 209.14
excréteur 191.15, 192.11
excrétion de la glande sébacée 174.18
— de graisse 174.16
— sans structure . . . 209.15
excroissance duveteuse. 36.17
— fongueuse 207.11
exempt de cendre . . . 292.2
— de frêt. 32.5
— de poils 197.7
— de la partie ligneuse 101.10
exemption de la douane 33.14
exhausteur 154.14
— en terre-cuite. . . . 256.19
existences en laine . . 184.13
expédier 31.12
expéditeur 31.11
expédition 31.10
— par fer 31.17
— des matières premières 31.9
expérimental, ferme —e 25.20
expert 51.15
— en laines 187.4
expertise 51.16
expertiser. 51.17
exploitation à ciel ouvert 26.22
— à jour 26.22
exploiter les eaux de lavage 158.3
explosif 156.15
—, substance —ve . . . 263.14
—, puissance —ve . . . 46.17
explosion, facilité d' . . 263.12
exportateur 30.23
— de laine 184.1
exportation 30.22
— des cocons 229.18
— de coton 54.23
— des graines 195.3
— de la laine 183.22
exposer au rayonnement solaire. 213.9
— au soleil 205.5
exprimer l'acide à la presse 161.14
— la matière grasse . . 158.19
exprimeur, appareil- . . 161.15
—, rouleau 148.7
expulser par le battage 164.18
extensibilité du brin de laine 180.4
— de la fibre 12.3
extracteur 156.19
— en terre-cuite . . . 256.19
extraction de l'amiante 240.10
— du carbonate de potasse 157.20
— des fibres . . . 7.14, 93.14
— de l'huile 80.24
— de la graisse 155.13
— à la main 107.7
— mécanique des fibres 107.24
— de la soie des cocons 217.19
extraire l'amiante par la poudre 240.14
— l'ammoniaque, appareil pour 277.11
— le carbonate de potasse de la laine . . 157.8
— le dissolvant de la solution à filer. . . . 245.8
— l'eau de la nitrocellulose 257.1
— la fibre de paille du brin. 120.18
— les fibres par déchirement des feuilles . . 116.21
— la graisse 155.14
— la matière colorante de la séricine . . . 228.14
extrait de châtaigne . . 235.24
— de sumac 235.17
extrémité épointée de la fibre 103.6
— inférieure du poil . . 143.17
—s des feuilles 79.17
— des poils 141.2
— de queue dures . . . 99.9

F.

fabricant 7.18
fabrication des cordes 2.15
— de filet 4.11
— d'huile de coton . . 41.14
— de la lanoline . . . 159.7
— de la nitrocellulose . 255.5
— de la soie artificielle 291.3
— de la stéarine . . . 152.5
— de la viscose 278.1
—, procédé de 7.23
fabrique v. a. atelier, établissement et usine
— de bonneterie. . . . 4.4
— de feutre. 3.5
— de passementerie . . 4.17
— de soie artificielle. . 243.2
— textile 7.17
facilité de blanchiment 15.7
— d'explosion 263.12
— de teinture. 15.8
faciliter la saponification 150.14
facture 29.17
—, suivant la 30.2
facturer 30.1
factice, hausse 54.19
faible, brebis 131.19
faiblement actif 249.4
faïence 197.4
faisceau de cellules 20.16, 90.6
— de chanvre. 81.17
— de feuilles 110.15
— de fibres 8.9
— de filaments d'amiante 240.7
— de fils 221.7
— de lin 75.17
—, en 94.13, 110.14, 136.11
falsifier 108.12
famille de papillons . . 188.10
faner, se 106.9
farine de graine de coton 36.11
fatigue du sol par la culture du lin 66.7
fauché, pré 68.12
faucille 79.24, 93.20
—, en forme de 123.15
fausse torsion 221.9
faux chanvre de Sisal . 109.4
—-fond 149.11, 156.22
— poil protecteur . . . 141.7
— poils protecteurs surpoussés 140.12
Fehling, liqueur de . . 292.13
femelle 26.14
— pour l'élevage morte 194.5
fendillé, fibre —e . . . 12.1
fendoir à paille 120.9
fendre en bandes . . . 121.19
— en lanières 121.19
— en long 120.12
— à la main 102.19
fendre les noix mûres . 118.18
— la paille 120.8
—, se 115.4
fendu, feuille —e . . . 115.5
fente, en forme de . . 247.12
—s dans l'épiderme . . 75.4
fer 16.18
ferme à chanvre . . . 78.4
— pour l'élevage des moutons 128.5, 131.10, 132.20
— expérimentale . . . 25.20
—, offre 28.26
fermentation acide . . 81.10
— alcaline 81.11
—, procédé de . . 67.14, 81.9
fermenter (semence) . . 79.8
fermier 25.11
ferrique, oxide 45.11
ferrocyanure de potassium 291.9
ferrugineux, eau —se . 82.3
fertile, race ovine . . . 131.3
fertilité de l'espèce du mouton 131.2
fétu mince 119.24
feu, à l'épreuve du . . 241.22
—, à — nu 218.13
feuillage . 19.12, 198.3, 203.17
— tendre 202.16
feuille 19.14
— de l'aubépine . . . 204.8
— bleu-verdâtre 109.14
— chargée de poils 19.21.22
— de cinnamone . . . 203.11
— à cinq lobes 34.14
— cordiforme 202.5
— du cotonnier . . . 34.13
— coupée. 110.13
— à courte pétiole . . . 19.20
— creusée en gouttière. 109.12
— comme du cuir . . . 115.3
— dent(el)ée 77.16, 93.2, 202.3
— digitée 77.15
— entière 202.2
— épaisse et charnue . 114.2
— en forme d'épée . . . 115.2
— épineuse . . . 109.8, 116.15
— de l'ériophore . . . 115.15
— fendue 115.5
— fibreuse et pulpeuse. 109.11
— fraîche 193.4
— à glaive 116.14
— lancéolée 65.9
— lobée 19.17, 202.7
— à longue pétiole . . 19.19
— non-divisée 202.2
— d'ortie 204.6
— ovo-lancéolée 93.3
— pennée 118.2
— ronde 202.4
— de la rose 204.7
— saine 198.5
— de salade 204.5
— à sève exubérante . 19.15
— à faible sève 19.16
— tenace 116.18
— vert-clair 109.13
— vert-grisâtre 109.15
— vert-foncé 109.16
— verte 93.4
—s alternes 19.23
—s lacinées, aux . . . 199.10
—s à nervures, aux . . 199.13
—s opposées 19.24
—s pointues, aux . . . 200.2
—s serrées, à 77.10
—s, tout en 62.18
feuillette lancéolée . . 77.18
feuillu, arbre 19.11
—, coton 60.20
feutrage 3.2
feutre 3.4
feutrer 3.3
—, se 143.23
fibre (v. a. brin et filament) 8.5
— de l'abelmosch . . . 105.15
— animale 9.2, 182.3
— aplatie 103.12
— articulée et branchée 104.2
— artificielle 9.7
— des astéliées 105.18
— de l'astrocargena vulgare 117.16
— de la bauhinie . . . 105.9
— blanchâtre 14.17
— du borasse éventail . 117.10
— sans brillant 11.20
— ayant un brillant soyeux 11.11, 74.7
— brillante 11.9

fibre du bromélia karatas 115.11
– du caryote brûlant . 117.11
– cassante 11.23
– de chanvre. 89.11
– de chanvre du Bengale 103.9
– de chanvre sans chènevotte 90.4
– de chanvre non ligneuse 90.15
– chargée de nœuds. 60.22
– de la chayote . . . 104.9
– de coco 117.19
– de cocon. 188.19
– de la cordia . . . 105.6
– corticale épaissie . . 103.5
– de coton 43.15
– courte 10.5
– crépue 11.2
– creuse 10.1
– du curcuma 105.19
– délicate 10.13
– de densité élevée . . 12.20
– de densité faible . . 12.19
– de Dictyosperma fibrosum. 117.12
– douce 10.8, 74.8
– extraite de vieux draps de soie . . . 9.13
– dure. 10.19
– d'écorce 64.12
– écorcée 104.5
– non écorcée 104.4
– élastique 12.5
– élémentaire . . 16.5, 74.16
– d'étoupe 92.7
– faible 60.14
– fendillée 12.1
– extraite de la feuille 8.23, 105.20
– de la feuille mise à nu 107.21
– fine 10.15
– flexible 10.10
– forte. . . 10.23, 60.13
– fragile 11.23
– frêle 74.10
– extraite du fruit 8.24, 117.18
– gelée 101.22
– de genêt 255.1
– du genêt à balai . 105.1
– du genêt d'Espagne 104.14
– grasse 11.18
– extraite de la graine 8.17, 43.16
– provenant de la graine 34.2
– grise 14.18
– grossière 10.22
– hygroscopique . . . 13.11
– impure. 15.3
– inextensible de grande solidité 114.10
– irrégulière comme grosseur 12.24
– jaunâtre 14.19
– de jute 93.12
– de jute ligneuse. . 96.7
– de jute séchée . . . 95.6
– de laine 180.8
– de laine filable . . 175.8
– de laine flasque . 177.22
– de laine lisse . . . 177.8
– de laine pure . . . 187.8
– de laine tendue . 176.21
– laineuse 9.5
– du liber 8.22
– ligneuse . . 15.17, 90.13
– légèrement lignifiée 116.2
– sans lignine . . 15.18, 44.17
– de lin 75.12
– lisse 11.8, 74.9
– longue 10.3
– d'un lustre gras . 11.17
– de lustre soyeux . 103.8
– de massette 64.11
– minérale 8.14
– de moyenne finesse 10.17
– du mûrier à papier . 104.12
– naturelle 8.12
– noirâtre 104.6
– noire 104.7
– ondulée 11.5
– d'ortie 100.1
– d'ortie brûlante . . 100.2
– de paille . . . 105.2, 120.17
– du palmier raphia . 117.5
– de la Pandanus. . . 116.13
– non pelée 104.4
– du peuplier . . . 64.10
– du phormion tenace 114.16
– de piazzava . . . 117.1
fibre d'un poids spécifique grand 12.20
– d'un poids spécifique petit 12.19
– de poil 15.5
– pure. 15.2
– raide 10.21
– de ramie. 100.10
– de ramie congelée. 101.19
– de ramie exempte de la partie ligneuse. . 101.10
– de ramie filable . . 103.1
– de ramie séchée . . 102.1
– du raphia 117.5
– ressemblant à la baleine 117.3
– ressemblant au chanvre 107.2
– resemblant au crin de cheval. 104.3
– de grande résistance 12.10, 105.8
– résistante 12.8
– du rotang 105.17
– en forme de ruban . 100.11
– rude. 11.21
– de sanseviera guineensis 113.7
– de sanseviera Kirkii. 113.9
– de sanseviera longiflora 113.10
– de sanseviera zeylanica 113.8
– saturée d'humidité . 13.18
– du saule 64.9
– sensible aux acides . 98.8
– du sida 105.5
– de soie 9.6, 188.18
– de soie duveteuse. . 226.10
– de soie sans duvets . 226.3
– de soie homogène. . 226.3
– de soie nerveuse . . 226.7
– de la soie sauvage en forme de ruban . . 225.12
– de soie sans structure 226.4
– de soie transparente 226.8
– de soie uniforme . . 226.5
– souple 10.10
– soyeuse 11.13
– du sparte 116.16
– spongieuse 13.7
– sans structure apparente 12.23
– sunn. 103.9
– technique 8.8
– tenace 12.14, 117.4
– tendineuse 239.6
– tendre 10.13
– terne 11.20
– textile 8.5
– du Thespesia 105.14
– de la tillandsie usnéoïde. 104.1
– tordue 10.24
– de la tourbe . . . 115.12
– de typha. . . 64.11, 116.1
– de l'urène 105.13
– végétale . . . 8.16, 161.2
– du Yaquilla 105.16
– du Yucca 117.17
–s des broméliacées . 115.8
–s, à – droites . . . 121.3
fibreux, feuille –se . 109.11
fibrille de la racine . 201.21
–s 19.1
fibroïne 16.7, 210.2
– du ver à soie du mûrier 210.6
– du ver à soie sauvage 210.7
fiche de preuve 238.12
Ficus elastica 295.2
figuier d'Adam 114.12
– des Indes 203.22
fil 2.9
– d'albumine 286.22
– d'alliage d'argent . . 297.11
– d'un alliage d'or . . 297.4
– d'aluminium 297.18
– d'argent 297.9
– d'argent fin 297.10
– d'argent imitation . 297.14
– d'argent plaqué or . 297.6
– de caoutchouc . . 296.12
– de caoutchouc vulcanisé. 296.10
– carré de caoutchouc 296.13
– rond de caoutchouc . 296.15
– de cocon. . . . 188.19, 209.10
– de cocon enroulé en zig-zag 211.10
– de collodion 262.16
– de cuivre 297.19
– contenant du cuivre 276.4.5
fil pauvre en cuivre. . 276.18
– délié 217.4
– double 225.7
– double duveteux . . 224.19
– avec enduit de brillant métallique 293.9
– étiré. 249.6
– étiré par son propre poids 275.18
– de fer 162.13, 297.21
– galvanisé 155.1
– gazé 169.22
– de gélatine insoluble 286.20
– de grège mouliné . . 224.14
– imperméable. . . . 277.7
– de laiton 297.20
– métallique . . . 1.17, 9.10
– métallique aplati . . 298.3
– métallique à couche de cellulose 293.3
– métallique mi-imitation 297.15
– métallique rond. . . 298.2
– métallisé 298.6
– mouliné 224.14
– de nickel. 297.17
– noueux 224.2
– obtenu en coupant en spirale la couche d'un cylindre formée de collodion et de gélatine 293.11
– d'or 297.2
– d'or fin 297.3
– plaqué argent . . . 297.12
– plaqué or 297.5
– plastique de cellulose sodique 293.5
– de platine . . 144.20, 297.16
– de pyroxyline explosif 263.16
– retordu 250.15
– retors 2.12, 169.23
– rond 296.5.15
– séché 276.17
– de section carrée . . 293.12
– simple et fin 243.1
– de soie . . . 188.18, 221.8
– de soie artificielle 9.8, 242.7, 254.2
– de soie chargé de bouchons 224.2
– de soie grège . . . 224.13
– de soie grège avec des bouchons 224.17
– de soie grège avec duvet 224.16
– de soie grège avec vrille 224.18
– de soie noueux . . 224.2
– de soie oval 225.9
– de soie polygonal . 225.11
– de soie sauvage. . 225.13
– de soie solidifié . . . 250.12
– de soie triangulaire 225.10
– textile enduit de collodion 293.2
– textile enduit d'une solution de viscose . 293.7
– en verre 9.9, 298.8
– vert-malachite . . . 276.19
– de viscose 277.20
– de viscose gluant . . 281.1
–, sous forme de . . . 248.16
fils artificiels de la caséine 287.1
– artificiels de fibroïne 287.13
– artificiels des gelées végétales 287.19
– artificiels retors . . 293.8
– artificiels de la solution d'osséine . . . 288.1
– artificiels des substances albumineuses 286.21
– de cocon. 218.3
– collés 170.7
– déliés, à 217.4
– métalliques. 297.1
– recouverts de métal . 297.1
– sales 169.24
filabilité de la fibre de laine 175.9
filable 9.15, 103.1
filage (v. a. filature) 1.21, 2.4
– du cocon. 209.3
– à deux bouts . . . 221.5
– en gros 2.1
–, appareil de – Dreaper 249.7
–, appareil de – de Thiele 275.16
–, impropre au 246.11
–, procédé de – avec un acide 280.21
filage, procédé de – par étirage 248.19
– à l'eau, procédé de . 246.14
– humide, procédé de. 246.14
– à sec, procédé de . 246.13
– de la viscose, appareil de Topham pour le 282.1
filament v. a. brin et fibre
– d'amiante 240.6
– d'amiante blanc de neige 241.15
– d'amiante bleu . . . 241.18
– d'amiante brunâtre . 241.17
– d'amiante verdâtre . 241.16
– de fibroïne 210.5
– extrait de la graine. 43.16
– de laine 180.8
filamenteux, de nature –se 8.10
filasse 119.8
– artificielle 293.1
– d'écorce d'arbre . . 120.19
– de lin 66.21
filature (v. a. filage) 1.21, 2.8, 169.20, 276.6
– du Japon 230.21
– de soie 221.10
– du verre 298.12
–, propre à la 9.15
file, planter en –s . . 201.3
filé 2.9
filer 1.22, 2.5
filer le cocon 209.6
filer un seul cocon . . 209.7
– un doupion 212.2
– en gros 2.2
– le fil de viscose. . . 280.17
– en larges enroulements 211.9
– légèrement 211.11
– la solution 246.20
– uniformément . . . 211.12
– la viscose 280.16
– la viscose avec un acide 280.22
filet 4.13, 205.20
– en fil de chanvre . . 205.21
–, faire du 4.12
filetage intérieur, à . . 250.13
fileur. 2.7
–, appareil – du ver à soie 192.7
filière 192.13, 221.1, 246.21, 264.16, 275.10
– annulaire. 247.13
– bouchée . 275.13, 247.21
– conique 248.2
– étroite 247.5
– large 247.6
– multiple . . . 247.14, 249.17
– à orifices réglables . 247.15
– en platine 248.1
– tournante . . 250.16, 251.2
– unique 247.7
– en verre . . . 247.2, 248.5.7
Filippi, glandes . . . 191.16
–, liquide de 209.18
filoselle 232.9
filtration par un filtre en amiante 275.2
filtre 148.8
– d'amiante . . 275.2, 297.11
–-presse 245.13, 268.13
filtrer la matière grasse séparée 158.18
– la solution 245.12
– la solution de cuivre 291.7
fin, à fibres –es . . . 178.2
–, poil 187.16
finesse de l'aiguille . . 87.9
– de la fibre 10.16
– de la fibre de laine. 178.3
– du fil 298.1
– du fil de cocon. . . 217.3
–, classer d'après la . 89.14
–, de moyenne 10.17
finir les tissus 5.19
finissage 5.18
–, procédé de – des fils 251.16
fixage du fil 249.10
–, bain de 253.4
fixation du prix. . . . 53.16
fixer le fil étiré 249.6
– les molécules de la solution dans une position définie 246.17
flacherie 208.14
flambage 5.24
flamber 6.1
flanc 132.7, 171.18
flasque, fibre de laine . 177.22
fléau 25.1, 67.6

fleur 20.1
— de l'abaca 106.10
— en aigrette 115.6
— d'asclépiade 64.1
— bleu-claire du lin 65.10
— du cotonnier 35.4
— à cupule 35.5
— femelle 77.20, 202.17
— jaune du jute 93.6
— à larges pétales 35.6
— mâle 77.19, 202.18
— de soufre 296.2
— en touffe 115.6
—s disposées en grappes 77.21
—s disposées en panicules 77.21
fleuraison 24.13
flexibilité 10.11, 179.22
flexible 120.1
floconneux 295.12
floraison 24.13
flotter dans l'eau de dévidage 219.10
fluctuation des prix 54.5
fluidité du dissolvant 264.17
— de la solution 245.2
foin 133.19
foliole 118.3
follicule du poil 174.4
foncé, couleur —e 179.10
foncer par l'absorption de l'oxygène 98.4
fond en bois 83.10, 85.20
— conique 253.7
—, double — perforé 149.11
fongueux, excroissance —se 207.11
fonte durcie 163.1
force de la fibre 12.9
— de résistance de rupture 12.11
— de rouissage de l'eau 81.20
—s 141.19
forcer le caoutchouc à travers une plaque métallique perforée 296.4
— le fil de viscose dans une solution chaude de sel ammoniac 280.17
— la solution à filer à travers des tubes capillaires 264.15
— la solution dans un liquide précipitant 287.11
— la solution par pression 248.11
forêt de mûriers 200.19
formaldéhyde 156.9, 182.8, 254.6
formation de bouchons 224.4
— de bulles d'air 246.3
— du cocon 209.9
— d'éthers composés 255.21
— du fil 258.20, 273.15, 280.15
— du fil dans un cylindre à liquide suspendu librement 250.4
— de gouttes 273.18
— de la laine 173.2
— de nœuds 153.2
— du poil 173.3
— de raies 141.10.13
— du savon 152.3
— de spores 207.14
forme de la balle 43.3
— colloïdale 245.5
— cylindrique 180.3
— de la feuille 202.1
— de la filière 247.1
—, en— de carton 244.16
—, sous — de fil 248.16
former une combinaison chimique 17.2
—, se — en boules 63.1
—, se — en faisceaux 136.11
—, se (gouttes) 273.19
formiate 285.6
— de cellulose 285.2
formique, acide 100.6
fort, fibre —e 10.23
fosse 143.24
— à hâler 83.1
— de rouissage 81.15
— à sécher 70.2, 83.4
foulage 6.2, 170.4
foulé 170.13
fouler 6.3
four 70.5, 195.14
— de calcination 157.16
— de carbonisation 162.10.11.14
fourche 148.14, 149.9
fourmilière de vers 196.7
fourrage d'hiver 133.20
— humide 198.14
— de paille 135.14
— sec 198.15
— des vers 198.2
— vert 138.18
fourrager, plante —ère 135.10
fragile, fibre 11.23
fragilité de la fibre 11.24
fragment de brin de paille 120.16
fraîchement découpé 296.8
— pondu 193.13
frais 29.13
— de déchargement par allèges 33.3
— de douane 33.13
— locaux 49.1
— de production 25.8
— de revient 25.8
— de transport 31.13
—, menus 29.14
—, tenir au — la solution 273.14
franchise de x % 56.4
franco à bord 32.21
— de port 32.5
— au quai 32.4
— wagon 32.3, 56.6
Fraxinus excelsior 203.13
freinte 196.6
frêle, poil 177.23
frêne 203.13
frêt 32.33
— de vapeur 33.1
frèze du ver 197.23
friche 21.22, 134.24
frigorifique, action 101.18
frison 214.8, 232.11
froment, paille de 119.23
front 131.21
frottement du fil 251.3
— intérieur de la solution 244.22
frotter la semence dans la main 79.9
fructifère, capsule 93.7
fruit 20.3
— capsulaire debout 109.21
— de chanvre nuciforme 77.22
— cylindrique 93.9
— globulaire 93.8
— du kapok de forme oblongue 62.19
— monosperme 118.9
— mûr 62.20, 114.13
— oviforme 118.10
Fucus vesiculosus 121.21
fulmicoton 255.8
fumage 295.9
fumigation de la magnanerie 209.1
fumiger la magnanerie 209.2
fungus de rouille 66.14
fuseau, travailler au 3.10
fusion, point de 159.13
fût de la bobine 252.15

G.

gaïacol 284.17
gaine de la feuille 106.5, 107.8, 114.14
— de la racine 174.9.11.12
gale 135.22
galette 232.14
Gambo, chanvre 103.4
gangue 26.20
garantie de poids 56.5
— de qualité 56.3
garde des moutons 134.15
garder les moutons 134.18
gardien de la chambre des experts en coton 49.24
garnir la barrette avec des aiguilles 89.5
garniture métallique de la bobine en verre 252.12
garrot 132.3
gastrique, suc — alcalin 208.13
gayacol 284.17
gaz 237.11
— ammoniac 213.16, 262.3, 272.12, 277.14
— de combustion 290.1
— d'éclairage 158.13
— malsains 256.17
— nuisibles 256.17
— oxygène 272.13
— suffocants 213.13
— de suintine 158.12
gazage 5.24
gazé 169.22
gaze à filtrer 264.20
— en soie 246.1
gazer 6.1
gazette de la Bourse 28.2
gélatine 261.3, 286.12
— aqueuse de l'hydrate de cellulose 280.7
— commerciale 286.14
gélatineux, gonflement 288.17
gelée hâtive 38.4
— végétale 287.22
généalogique, arbre 129.22
genêt à balais 104.15
— commun 104.15
— d'Espagne 104.13
genou, broyage sur le 94.21
genouillère, presse à 42.4
genre d'aloès 113.13
— de papillons 189.9
Géorgie longue soie 57.2
gerbe, mettre en —s 93.23
gerber le jute 93.23
germe de maladie 206.19
— du poil 173.8
germer 23.20, 79.11
germinatif, chènevis 79.10
—, pouvoir 22.21
gestation 129.9
glanage 38.14
glande sébacée 174.13
— séricigène 191.11
— sudoripare 174.19
—s Filippi 191.16
glissoir du dispositif pour faire la voltée 88.4
globulaire, fruit 93.8
glomérule 174.7
glouterons 146.8, 160.18
gluant 152.14, 211.1, 281.1
glucose 271.18
glycérine 151.4, 271.16
goémon 121.21
gomme 210.1
— élastique 294.9
— végétale 244.15
gommeux, matière —se 94.5, 102.14
gomphocarpus fructicosus, soie végétale du 64.7
gonflement de la fibre 46.9
— de la fibre en chapelet 45.16
— de la fibre de jute dans une solution de potasse caustique 97.8
— gélatineux 288.17
— de la paroi cellulaire 90.12, 91.2
— de la séricine 226.1
— de la soie 229.8
—s noueux 75.2
gonfler 75.7, 229.9
—, faire — les graines dans l'eau tiède 37.1
—, se (corps du ver) 208.2
—, se (laine) 183.2
—, se (tissu adipeux) 206.3
gorge 132.2
— chargée de fourrage 175.12
— dans la poulie à câble 112.7
Gossypium 34.6
— acuminatum 37.4
— arboreum 34.11
— barbadense 37.2
— brasiliense 37.4
— herbaceum 34.7
— hirsutum 37.3
— peruvianum 37.4
gousse de la graine de coton 35.9
—, en forme de 93.10
goût huileux 79.6
goutte 273.19
gouttière, creusée en 109.12
gradué, réservoir 268.9
grain 239.4
grainage 193.18
graine bien conditionnée 36.24
— de coton 35.11, 36.14
— d'ensemencement 22.12
— destinée à la reproduction 194.23
— fraîche 22.15
— fraîchement pondue 193.13
— industrielle 194.1
— lenticulaire 193.12
— de lin 65.11.22, 76.10
— malade 193.16
— noire et douce 36.19
— ovale 193.11
— à pouvoir germinatif 22.21
graine privée de son duvet 36.18
— de propre cru 22.13
— qui commence à pousser 23.21
— renfermée dans le duvet 63.2
— du ver à soie 193.10
— verte 36.21
— vert obscur 36.23
— vieille 22.14
— vieille de x ans 22.16
—s de chanvre 80.20
—s malades 193.15
—s malsaines 193.15
—s saines 193.14
graineterie 194.2
graineur 193.17
graissage artificiel du mouton 146.7
graisse 96.14
— de la chrysalide 219.3
— à cuir 160.8
— de laine 145.23
— de laine distillée 160.12
— de laine sans odeur 159.12
— de laine saponifiable 159.18
— de laine saponifiée 159.19
— de laine solidifiée 146.5
— libre 152.10
— pour les sabots de chevaux etc. 160.7
— de la queue 125.3
— rance 151.8
— végétale liquide 16.4
— végétale solide 16.3
graisseux, lustre 179.18
—, matière —se 158.17
grande soie 188.21
grandifolié 199.10
grange à sécher 107.23
—, battre en 24.24
grappe, disposé en —s 77.21
gras (grasserie) 207.24
— pâturage 134.21
—, fibre —se 11.18
grasserie 207.24
graterons 146.8
gratrons 146.8
grattage 6.4
gratter 6.5
— l'écorce de la tige 101.17
gré à gré, vente de 185.1
greffage 201.12
greffe 201.12.15.16
greffer une ente sur 201.11
greffon 201.13
— de racine bisauté 201.17
greneur 193.17
grenure fine, à 136.20
grès 16.8, 210.1
griffe 85.8
—, mécanisme de —s pour les gaines 108.6
grillage 5.24
grille 40.6
— en barres de bois 87.14
— du fond 63.11
— à graines 41.2
— réglable 164.14
—s fixes 71.15
griller 6.1
— la laine 144.18
grimpant, plante —e 104.10
gris, fibre —e 14.18
— d'acier 74.12
—-argenté 95.8
— d'argent 109.18
—-blanc 43.21
—-foncé 193.1
—-de-perle 192.18
gros bouts de banc-à-broches 62.7
—, poil 187.17
—se soie 61.7
grosseur du fil 223.7
— irrégulière 226.6
— du poil 181.13
— des tiges 66.24
grossier, fibre —ère 10.22
—, laine —ère 177.21
groupe de cellules moelleuses 16.1
—s de vers 196.17
guanaco 126.13
guéer la nitrocellulose 256.23
guidage du câble 111.12
— horizontal des fils 250.3
guide-fil 221.1, 222.1, 223.2, 253.1
guide en fil de cuivre 263.4

Guild, lbroyeuse système 71.8
guindre 221.15, 222.8, 253.5
— à déroulage 225.2
— incliné 252.6
—-sécheur 252.5
guiper le fil de caoutchouc 296.18.19
guttapercha 261.6

H.

hâcher, machine à — le fourrage 198.19
hâcheron 107.6
haie de mûriers 200.7
hâler le chanvre roui 82.24
hâloir 83.3
hampe de la fleur riche en moelle 109.3
hanneton 66.11
hâtif, gelée —ve 38.4
—, méthode d'éducation —ve 195.10
hausse factice des cours 54.19
— dans les prix 54.7
— en points 52.18
— d'un point 54.3
—, les prix sont en 54.8
haussier 54.12
haut de cuisses 171.20
— de la cuisse 132.6
haute montagne 135.17
hebdomadaire, rapport 99.19
hélicoïdal, couteaux —aux 40.10
Heliothis armiger 37.9
herbacé, plante —e 18.20
herbe 18.20, 135 12
— sauvage 116.20
—s, mauvaises 24.10
herbivore 127.11
héréditaire, maladie 207.3
— transmission 129.2
hérédité 129.2
hérisson 147.10, 164.9
Hevea brasiliensis 295.1
— guianensis 294 17
histologie 18.17, 173.1
histologique, structure 18.16, 191.12
hiver, passer l' 212.10
hivernage artificiel 194.19
— de la chrysalide 212.9
— des graines 194.18
hiverner 194.20.21
hornblende, asbeste 240.4
horticole, à la façon 22.8
houe, travail à la 22.1
huile de caméline 260.15
— de chanvre 81.1
— de chènevis 81.1, 260.13
— de coco 152.9
— de coton 41.13, 260.11
— de genièvre 264.4
— de graine de coton 260.11
— de graine de kapok 63.17
— de laine 160.9
— de lin 76.11, 260.20
— de noix 260.14
— d'oeillette 260.12
— d'olive 181.12
— de ricin 260.16
— de sapin rouge 260.17
— séchant à l'air 260.10
— non-siccative 294.6
— de thérébentine 264.3
— végétale 16.4, 233.9
— vulcanisée 260.9
—, essai à l' 46.2
—, sentir l' 79.6
huilerie 41.16
huileux 79.6, 145.10
humectage 6.12
humecter 6.13
humide 21.3, 47.15
—, à l'état 99.15
—, procédé de filage 246.14
humidité absolue 14.7
— de l'air 154.5
— de la fibre 13.9
— normale 13.20, 47.10
— relative de l'air 14.9
humus, abondant d' 20.22
—, riche en 20.22
hybridation de la graine 22.18
hydrate de carbone 271.21
— de cellulose exempt de cuivre 273.3
— de cellulose régénéré 265.15
— de cuivre libre 270.12
hydrate de cuivre non dissous 270.12
— de potassium 151.15
— de pyroxyline 257.10
hydraté, cellulose —e 291.18
hydrater le coton 269.16
— le cuivre métallique 270.11
hydration du cuivre 270.10
hydrauliquement, presser 183.15
hydrocarbure liquide 264.8
hydrocellulose 161.5, 269.12, 291.17
— disodique 269.14
hydro-extracteur 161.18, 269.19
— à acide 256.14
hydrogène 44.21
— sulfuré 213.17, 278.12
hydrolyse de la cellulose 262.8
hydropique 207.20
hydropisie 207.19
hydroprotoxyde de nickel 272.8
hydrosulfite de soude 97.5
hydrotimétrique, degré 219.7
hydroxyde d'alumine 261.14
— d'aluminium 274.19
— de cuivre 270.19
— de magnésium 274.18
hydroxydule de cuivre 270.20
— de nickel 272.8
hygromètre à cheveu 14.10
hygroscopique 13.11, 288.14
hypertrophie de la fibre de laine 178.20
hypochlorite 269.20

I.

ichneumon 207.10
imitation, fil d'argent 297.14
immerger les faisceaux de chanvre 81.17
immersion du cocon 217.22
impartialité 51.1
imperméabilité du fil 277.8
imperméable, fil 277 7
importance des stocks sur place 186.17
importation 30.24
— des cocons 229.19
— de coton 54.22
— des graines 195.4
— de la laine 183.23
importateur 31.1
— de laine 184.2
imprégnation de la fibre de sulfates 94.18
imprégner le collodion en laine 259.20
— le fil de soie 265.2
— le fil de soie artificielle 254.7
— le jute de sulfates 94.17
— la laine 161.12
impression 7.4
imprimer 7.5
impropre au filage 246.11
impureté 61.14, 145.6, 245.11
— insoluble 149.13
— sulfureuse 279.15
incinération de la soie 228.16
incision en arête de poisson 295.6
—, faire des —s 295.4
incliner le guindre 252.7
incolore 278.11
incombustibilité de l'amiante 241.21
incrustant, corps 255.15
incubation des graines en cellules 196.5
indemnité 48.2
indication de la soie 59.15
indigène, plante 18.3
industrie textile 7.13
inégalité dans les qualités du brin de laine 176.6
inextensible, fibre 114.10
inextricablement, croiser 211.15
infecté 194.10, 206.15
infection 206.14
inférieur (sorte de coton) 300.21
—, peau —e 143.24, 144.1
inflammabilité de la fibre 13.6
— de la soie de collodion 263.15
— spontanée du coton 46.3
influence du climat 135.18
— du climat à l'espèce 197.16
— nuisible de l'acide formique sur le rouissage 102.4
ingénieur textile 7.19
inodore 159.12
inorganique, substance 16.10
insecte 26.12
— qui mange la soie 217.18
— nuisible 37.7, 202.21
— nuisible aux cotylédons 37.7
— parasite 202.22
— séricigène 189.8
insensibilité de la laine aux acides 182.16
insensible à l'humidité 13.21
—, rendre — aux alcalis 182.7
insoluble, partie 181.22
—, rendre 286.17
installation pour mise en balles du coton 42.1
— de chauffage 162.9
— de défibrage 110.19
— pour la fabrication de la soie à l'oxyde de cuivre ammoniacal 268.1
— de pompes 42.9
intacte, peau 142.14
intercellulaire, espace 95.13
—, substance 90.16
interchangeable 245.19
intermédiaire 27.9
interrompre la nourriture du brin de laine 173.12
— le procédé de filage 211.13
intestinal, canal 191.10
iode 17.8
iode-acide sulfurique 90.18
iode-glycérine-acide sulfurique 45.17
iodé, solution —e 97.13
iodure de potassium 289.15
irrigation 21.18
irriguer les champs 21.17
isocholestérine 159.15
ivraie 24 10

J.

jachère 134.24
— du champ pendant plusieurs années 110.3
jaillir de la peau (sang) 208.6
jambe 132.11
jardin de mûriers 200.20
jardinier pépiniériste 200.15
jarre 175.6
jarret 132.9
jaunâtre 43.20, 60.2
jaune 97.15
—-brun 43.23
—-brunâtre 97.13
—-doré 215.3
—-foncé 60.8
—-rouge 63.20
jaunir 79.18
jaunissement des extrémités des feuilles 79.17
— de la laine 183.4
jet des brins 222.4
— de cotonnier 34.5
— de la plante 23.24
— venu de semence 23.23
—s de racine 110.5
jeter la bourre 211.4
— le brin 222.5
— des drageons 109.6
jette-bouts 222.13, 223.6.10
joindre des alcalis à l'eau de trempage 102.7
jonc des Indes 121.14
joncher les feuilles au tamis 198.12
jour de l'échéance 30.15
journalier 25.15
journée de travail 25.14
juge d'appel 51.10
jumeau, agneau 129.11
jumel 58.24
juré, courtier 28.8
jus des fumiers 21.10
jute 1.6, 92.13, 306.5
— assorti 99.6
— non assorti 99.1
— blanc 92.19
— classé 99.6
— cru 98.19
— emballé à l'état humide 99.15
— non emballé 99.2
— engerbé 93.24
— à fibres fines 99.7
jute à fruit capsulaire 92.18
— de qualité inférieure 99.8
— de récolte nouvelle 99.4
— rouge 92.20
— sauvage 92.17
— trié 99.6
— vieille récolte 99.3

K.

kaïr 117.19
kapok 62.16
— pressé 63.15
kapokier 62.17
Kaselowsky, broyeuse 70.11
kératine 180.16, 181.17
kilo, 50 —s 76.8
kitool 117.11

L.

labourage 22.4
labouré, sol 22.6
labourer 22.5
— la terre profondément 22.7
lâche, devenir 207.18
lacinié, aux feuilles —es 199.14
lactate de sodium 259.17
lacté, devenir 208.5
lactine 271.19
lactose 271.19
lainage 6.4
laine 1.11, 122.2, 308.5
— d'Adélaïde 166.21
— de l'Afrique 166.17
— d'agneau 167.4
— d'agneau d'un an 167.5
— agneline 167.4
— de l'Amérique 166.13
— artificielle 9.12, 170.9, 293.1
— d'Astrakhan 166.8
— atrophique 178.22
— de l'Australie 166.20
— avalie 143.19, 167.16
— de Bagdad 166.9
— de bélier 167.7
— de bois 121.8
— de bois provenant du pin maritime 116.6
— de bombardeira 64.3
— de brebis 167.6
— brillante 178.15
— brute 183.17
— de Buenos Ayres 166.15
— carbonisée 163.12
— à carde 168.13
— cassante 175.22
— chaîne 168.11
— chardonneuse 146.10, 178.10
— sans chardons 178.11
— de cheviot 168.21
— claire 177.20
— clairsemée, à 131.16
— des colonies 165.21
— du commerce 185.7
— d'une bonne couleur 168.6
— courte soie 137.5
— courte, à 123.5
— crépue, à 126.3
— croisée 165.13
— de bonne croissance 141.8
— de croissance bien ouverte 141.9
— crue 183.17
— de cultivateurs 165.22
— défectueuse par excès de nourriture du mouton 179.1
— degraissée 157.4
— de dépôt 167.3
— dessuintée 157.4
— dite brillante 168.7
— domaniale 166.2
— Donskoi 166.10
— à dos 168,1, 185.4
— douce 178.5
— douce, à 125.11
— dure 178.6
— emmagasinée 167.3
— enlevée par l'arsenic 144.9
— d'été 167.13
— étrangère 165.19
— exprimée 161.16
— pour faire de la chaîne 168.11
— pour faire de la trame 168.12
— feutrée 178.13
— non feutrée 178.14

laine feutrée près de la peau 139.8
— à fibres fines . . . 178.2
— filable 168.10
— à flanelle 168.15
— fortement ondulée 176.18
— foulable 175.19
— foulée 170.13
— non foulée 170.14
— à foulon 175.19
— chargée de fourrage 175.11
— friable à l'extrémité des brins 139.9
— du front 172.3
— exempte de graisse . 157.5
— sans graisse 157.5
— grasse 145.20
— grossière 177.21
— de Hongrie 166.5
— humide 153.12
— indigène 165.18
— inégale 178.24
— lavée 168.2, 185.5
— lavée à l'usine . . . 185.6
— légère 178.7
— lisse 178.1
— lisse, à . . 125.17, 126.1
— longue, à 123.6
— longue soie 137.3
— maigre 178.22
— malade 178.23
— maladive 178.24
— à mèches irrégulières 137.16
— médiocre 172.14, 177.19
— de la Méditerranée . 166.6
— mélangée 172.15
— d'outre-mer 165.20
— mérinos (v. a. mérinos) 165.8
— mérinos du Cap . . 166.18
— mérinos saxonne . 165.16
— mérinos de Sidney . 166.23
— métis 165.14
— mixte 125.6
— morte 167.17
— de mouton . . 165.7, 167.8
— du mouton des landes de Lüneburg . . . 165.12
— du mouton tondu une fois par an 167.10
— moyenne à carde . . 168.14
— du Natal 166.19
— native 165.23
— naturelle 116.12
— Negretti 165.15
— nerveuse 175.24
— nivéenne du Cap . . 168.8
— de la Nouvelle Zélande 166.24
— ondulée 176.17
— légèrement ondulée . 176.15
— peu ondulée 176.19
— ouverte 177.20
— pailleuse . . . 168.3, 178.10
— paysanne 166.1
— à peigne 168.16
— à peigne blanche d'Alep 166.7
— à peigne fine . . . 168.18
— à peigne luisante . . 168.17
— à peigne moyenne . 168.19
— à peigne de Smyrne 166.12
— pelade . . . 143.19, 167.16
— du Pérou 166.16
— Port Philip 166.22
— de Posnanie 166.3
— poussée lâche . . . 137.12
— primo 172.13
— de printemps . . . 167.12
— provenant du mouton du pays 165.11
— de queue 172.4
— de Rambouillet . . 165.17
— de rebut 168.9
— renaissance . . . 9.12, 170.9
— résistante 175.24
— riche en suint . . . 167.23
— du Rio de la Plata . 166.14
— rude 178.6
— de la Russie occidentale 166.11
— sableuse 168.4
— sale 145.5
— de Saxe 166.4
— sèche à l'air . . . 181.11
— bien soignée 175.13
— soyeuse . . . 168.5, 178.16
— en suint . . 145.20, 167.22
— en suint riche en graisse 145.22
— surge . . . 145.20, 167.22
— à tapis 168.22
— de la Tasmanie. . . 167.1

laine tenace 178.9
— chargée de terre tourbeuse 178.8
— de tête 172.2
— de toison 167.18
— de toison sans défauts 167.20
— de toison fautive . . 167.21
— de toison à peigne . 167.19
— tondue 143.5
— de la tonte. 167.9
— de tonte fraîche . . 167.14
— touffue 178.13
— trame 168.12
— végétale 8.21
— velue 178.12
— de vigogne 188.4
—, la— est chargée de chardons 146.9
—, la— contient des impuretés 145.4
—, la — se tient lourde sur la peau 136.15
—, la — a du nerf . . 176.1
—, la — est saine . . . 175.17
—, la — est sèche à l'air 181.11
—, la — s'étire difficilement 138.7
—, la — s'étire facilement 138.6
—, la — a un toucher creux 177.11
—, la — a un toucher élastique 177.12
—, la — a un toucher mort 177.11
—, la — a un toucher plein 177.10
lainer 6.5
laineux, fibre —se . . 9.5
—, queue —se. . 124.3, 125.2
lait du caoutchoutier . 295.7
— de chaux 208.22
— écrémé 287.4
laiteux, devenir 208.5
lama 126.11
lame 70.10, 72.9, 85.7, 298.3
— en bois 83.14
— circulaire 295.17
— de scie circulaire . . 41.3
— à teiller 84.18
— en tôle 73.5
laminer le caoutchouc . 296.10
— le fil de caoutchouc 296.17
lampe à alcool 47.5
lancéolé, feuille —e . . 65.9
lanière 107.8, 121.19
— de la feuille 107.10
lanoline 159.9
— brute 159.8
— contenant de l'eau . 159.10
lapin, poil de 188.11
laque de copal 260.19
large, planter le lin . . 66.6
larve du charançon des capsules 37.13
— du hanneton 66.11
— de mouche 207.9
— séricigène 192.16
latex du caoutchoutier 295.7
latifolié. 200.3
latte taillée en biseau . . 252.8
lattis 85.10
lavage 5.1
— chimique 155.10
— à dos 146.21
— à douches 146.23
— dans l'eau courante . 146.22
— à l'eau forcée . . . 147.1
— à façon 147.5
— de la fibre séparée des parties ligneuses . . 95.3
— final de la laine dessuintée 148.10
— de la laine . . . 146.11.16
— mécanique 146.20
— mercenaire 147.6
— sur pied 146.21
— en rivière 146.22
— de la suintine . . . 158.11
— avant tonte 146.21
— à tuyau flexible . . 147.1
— à l'urine 150.20
— à l'usine 147.4
—, établissement de . . 5.3
—, méthode de 147.7
—, procédé de 69.21
—, usine de — à façon 147.5
—, usine de — pour laine 146.15
laver 5.2
— l'amiante concassé . 241.5
— la cellulose 291.8
— le chanvre roui . . 82.22

laver le collodion en laine 257.13
— le collodion en laine à l'eau chaude . . . 257.14
— le coton bouilli . . 269.18
— la fibre 112.11
— la fibre de jute dans l'eau de savon . . 97.4
— la fibre de jute dans une solution de verre soluble 97.7
— le fil 253.10
— les graines 194.16
— la laine 146.13
— les lanières 107.14
— la nitrocellulose . . 256.23
— la soie bobinée . . . 282.10
— la soie enroulée . . 282.10
— la suintine 158.10
—, machine à — la laine 148.1
laverie 147.3
laveur de laine 146.17
laveuse de bobines à mouvement tournant et de déplacement . 253.11
— à laine. 148.4
Leblanc, soude 163.18
léger, laine —ère . . . 178.7
Lehner, métier à filer de 263.6
lenticulaire 193.12
lentille, en forme de . 223.11
Lepidoptera nocturna . 189.11
lessivage des fils sur bobines 254.1
lessive (v. a. bain et solution) 150.6
— adhérente 153.5
— alcaline 279.9
— alcaline aqueuse . . 278.19
— alcaline concentrée . 274.6
— alcaline diluée . . . 274.5
— concentrée 151.19
— de potasse . . 152.1, 289.9
— de savon 150.17
— de soude . . 150.18, 151.17
— de soude alcoolique . 278.18
— de soude caustique concentrée 278.17
lessiver le carbonate de potasse de la laine . 157.8
— les fils 253.18
— la laine à chaud . . 157.10
— la laine à froid . . 157.9
lettre de change . . . 30.10
lever, se — automatiquement. 88.15
léviathan 149.7
levier contrôleur . . . 222.10
— pour soulever la mâchoire supérieure . 88.3
lèvre inférieure 192.14
liane à caoutchouc . . 295.8
liant 293.10
liber 20.6, 65.5
— à courtes cellules . . 20.8
— à longues cellules . 20.7
— d'écorce d'arbre . . 120.19
— d'orme 120.21
— de saule . . . 105.3, 120.22
— de tilleul 120.20
liège fossile 240.2
lien de greffe 201.15
lier les balles avec des cordes . . . 75.20, 99.14
— en paquets . 80.5, 110.14
— les jambes du mouton 142.8
— la toison dans un seul paquet 143.3
lieu d'entrepôt 27.6
— d'entrepôt pour jute cru 99.22
— d'entrepôt pour la soie grège 230.2
— de règlement 53.9
lièvre, poil de. 188.12
ligne de colonne vertébrale 127.21
— d'épine dorsale . . . 127.21
ligneux 90.13.14, 65.6
lignification de la fibre 15.16
lignifié, légèrement . . 116.2
lignifier, se (coupe) . 201.19
lignine 15.15, 96.16
—, exempt de 15.18
—, sans 44.17
lignone 15.15
lignose 15.15
limite d'élasticité de la fibre 12.7
lin 1.4, 64.13, 303.20

lin américain à fleur blanche 65.15
— broyé 76.19
— brut 67.12
— à capsules déhiscentes 65.13
— caulescent 64.17
— commercial 76.13
— commun 64.15
— d'Esthonie 303.3
— hâtif. 66.2
— de Hoffs de Riga . . 303.20
— de mai 66.3
— naisé 76.15
— de la Nouvelle Zélande 114.17
— en paille 76.14
— peigné 76.21
— de printemps . . . 66.2
— ramé 66.17
— de Riga 65.12
— roui 76.15
— roui à l'eau 76.16
— roui chimiquement 76.18
— roui au pré 76.17
— trop roui. 68.24
— de rouissage 76.15
— royal 65.14
— de Russie roui à l'eau 303.10
— de Russie roui à terre 302.18
— en sacs 75.22
— pour semailles . . . 65.1
— tardif 66.4
— teillé 76.20
— en tige 76.14
— en tonneaux 75.23
linière 65.16
linters 39.14
Linum americanum album 65.15
— crepitans 65.13
— sativum 65.12
— usitatissimum regale 65.14
— vulgare 65.12
liquéfaction, appareil de — pour des vapeurs mêlées avec du gaz 267.9
liqueur v. a. liquide, bain, solution, lessive . .
— alcaline 287.7
— de blanchiment 159.3, 282.12
— cupro-potassique . . 292.13
— de Fehling 292.13
— de Schweizer 271.9
liquidation de l'affaire 53.5, 185.10
liquide v. a. liqueur, bain, solution, lessive. . . . . . .
liquide coagulateur . . 248.5
— de coagulation 250.14, 264.2
— de Filippi 209.18
— gluant 211.1
— de lavage 253.12
— de lavage épuisé . . 266.24
— laveur 150.6
— précipitant 248.18
— précipitant très actif 249.5
— précipitant faible . . 249.8
— précipitant faiblement actif 249.4
—, à demi 210.15
—, très . . . 246.10, 258.13
lissage du chanvre . . 112.17
lisse 11.7.8, 107.18, 177.8, 178.1, 180.2
— du brin de laine . . 179.19
lisser les fibres 112.16
lit d'amiante 240.12
— de la chrysalide . . 212.12
— de feuilles du ver . 199.1
— de pierres, en . . . 26.21
litière 204.12
— de feuilles du ver . 199.1
Liverpool, contrat aux conditions de . . . 55.18
livraison 49.6
— suivant contrat . . 52.6
— Dundee 99.21
— à terme fixe 55.15
livrer le coton en plusieurs lots 49.18
— avec mise en compte de la valeur supérieure 47.20
livret 65.5
lobe, à cinq —s 34.14
lobé, feuille —e . 19.17, 202.7
longée du cou 171.10
longue soie extra, coton 61.3
— soie, coton 61.2
— soie, laine 137.3

longueur des brins de laine 136.24
– de la fibre 10.2, 176.21, 177.15
– de la fibre, le peu de 10.6
– de la mèche 137.1
– moyenne du brin . . 177.16
– du poil ondulé . . . 176.20
– de rupture de la fibre 12.12
– de la soie 61.1
– uniforme des mèches 138.3
lot 186.2
– de graines 194.24
– ordinaire 186.3
– spécial 186.4
louche à trous 218.17
loup-broyeur 162.16
–-échardonneur . . . 164.8
lourd, la laine se tient –e sur la peau 136.15
–, toison –e 142.23
louvetage de la laine . 164.6
louveter la laine . . . 164.7
lubrifiant 160.6
luisette 208.1
lumen 15.13
–, large 44.14
lumière polarisée . . . 290.20
–, par l'action de la . 98.3
–, examen à la . . . 290.10
lustre argenté . 11.15, 288.5
– du coton 60.16
– de cristal 11.16
– graisseux 179.18
– gras 11.17
– de la laine 179.14
– laiteux 288.9
– mat 288.8
– mat argentin 179.15
– mat et laiteux . . . 288.9
– miroitant 11.14
– de la soie 226.22
– soyeux 11.12, 46.14, 100.9 179.16, 288.4
– terne 288.8
– tranquille et argenté 288.5
– vitreux . . . 179.17, 288.7

M.

Macarthy, égreneuse . 40.2
macération des feuilles par l'absorption d'eau 114.8
machine v. a. appareil et dispositif
– à brosser les fibres . 112.19
– double à brosser les fibres 112.20
– à broyer les pierres 27.1
– à couper le lin . . 73.10
– à cueillir le coton . 38.19
– à découper le caoutchouc 295.16
– à écraser en bois . . 69.23
– à égrener le kapok . 63.7
– à filer en gros . . . 2.3
– à hacher le fourrage 198.18
– à laver la laine . . 148.1
– à laver et à rincer les toisons 149.18
– à peigner le lin . . 74.5
– à rincer la laine . . 148.13
– à sérancer le chanvre 87.18
– à tirer la soie . . . 221.11
– à tondre les moutons 141.20
mâchoire 71.14
– inférieure 88.13
– mobile 70.10
– de peigneuse 88.2
– supérieure 88.14
maçonner le routoir . . 68.6
macquage du chanvre . 83.11
– du lin 70.6
macque à main . . 70.9, 83.13
macquer le lin 70.7
Macrochloa tenacissima 116.17
magasin 31.6
– à coton 41.21
– de laine 184.14
– de lin 76.1
– pour la plantation . 25.7
magasinage 31.4
magnanage 195.5
magnanerie 195.8.12
– en chaume 195.17
– système Darcet . . . 195.13
magnésie 198.8
magnésium 16.17
maguey, fibre du . . . 114.1
mail flamand 83.9
maillage du chanvre . . 83.11
maille, à x – s 275.3
mailler le chanvre pelé 83.8
maillet en bois 107.13
maillet flamand . 70.19, 83.9
mailleur, ouvrier- . . . 4.10
maillochage du chanvre 85.16
maillocher le chanvre . 85.17
main du coton 60.7
main, mettre en 28.21
maintenir fraîche la solution 273.14
– la mèche pendant le rinçage 153.3
maïs, paille de 119.19
maison de commerce en laine 184.3
– de commission 53.14, 185.14
– d'expéditions 48.23
maître brin du cocon . 219.16
majorité des voix . . 51.12
malade, laine 178.23
–, tomber . . 135.20, 206.12
maladie contagieuse . . 206.20
– héréditaire 207.3
– parasitaire 207.4
– de la racine 203.6
– tremblante 135.24
– des trieurs de laine . 170.21
–s des moutons . . . 135.19
– du mûrier 202.19
– du ver à soie 206.11
malaxer la caoutchouc . 295.21
– la pâte à filer . . . 262.10
malaxeur 268.12, 272.9
mâle 26.13, 77.7.19, 189.12 . .
Malpighi, couche de – de l'épiderme . . . 173.21
malsain, graines –es . 193.15
mamelon filant 192.8
mammifère 26.7
manège à cheval . . . 71.7
manganeux, chlorure . 259.5
mangeoire 133.11
manguier 204.1
manière de vivre du mouton 130.18
mannite 271.17
manœuvre du tondeur . 142.4
manque de poids . . . 52.12
– de rouissage 69.1
manufacturier 7.18
marchand 27.7
– de lin 75.14
– de soie 230.10
–, balle –e 48.17
marchandise à l'embarquement 55.13
– négociable 28.11
– à terme 55.14
marché 28.12
– des affaires à terme en coton 52.17
– aux cocons 229.14
– au comptant 29.9
– du coton 47.14
– cotonnier 56.12
– de la fibre de coco . 119.5
– aux laines 183.19
– de lin 75.13
– des soies 230.3
–, mettre au 28.13
marcottage 201.2
marcotte racinée . . . 201.5
marge 52.20
mariage 224.19
maritime, assurance . . 33.8
marque 99.18
– de balle . . . 28.18, 184.21
marsdénie, soie de la . 64.6
Marzolano, paille italienne 119.20
masse de caoutchouc floconneuse 295.12
massette à feuilles étroites 116.5
– à larges feuilles . . 116.4
–, fibre de . . . 64.11, 116.1
massue en bois 107.13
mat, lustre – argentin . 179.14
matière v. a. substance
– chargeante 235.1
– à charger 235.1
– colorante 179.13
– colorante de la fibre 14.15, 43.18
– colorante du sang . 210.9
– colorante naturelle de la séricine 210.13
– couvrante 294.4
– dissoute 245.4
matière explosive . . . 263.14
– à fibres courtes . . 10.7
– à fibres longues . . 10.4
– fibreuse 119.8
– filable 1.19
– filamenteuse 119.8
– filtrante saturée . . 264.21
– gélatineuse 286.16
– gommeuse 102.14
– gommeuse difficile à dissoudre 228.9
– graisseuse 158.17
– grasse 158.17
– grasse de la fibre . 244.6
– grasse libre 146.1
– grasse naturelle de la laine 145.23
– ligneuse 90.14
– première . . . 7.20, 254.14
– première animale . . 9.1
– première exempte de droits de douane . . 33.15
– première minérale . . 8.13
– première textile . . 8.3
– première végétale . . 8.15
– solide 243.5
– soyeuse 210.2
– textile 8.7
– végétale 161.1
–s brutes animales naturelles 122.1
– brutes végétales naturelles 34.1
– premières artificielles 242.1
– premières minérales naturelles 240.1
– premières pour la soie artificielle 243.3
mâtin 134.17
maturation du fruit . 24.16
– du liber 79.19
– à point 279.18
maturité de la capsule 35.12
– complète 120.2
– de coupage 110.8
– du fruit 24.17
– de la graine 24.18
– jaunâtre 66.19
– précoce 130.13
– de la solution . . . 246.7
– de la viscose 279.17
–, pleine 66.20
mauvaises herbes . . . 24.10
Mc Lane, défibreuse système 108.5
mécanisme de griffes pour les gaines 108.6
– de serrage pour les gaines 108.6
mèche 136.22
– bien agglomérée . . 137.13
– anormale 137.18
– aplatie 140.14
– bombée unie 140.8
– à brins légèrement frisés 138.17
– aux brins à ondulations exagérées . . . 139.4
– aux brins tordus . . 139.7
– bien caractérisée . . 139.1
– clairement caractérisée 139.2
– en choux-fleur . . . 140.7
– très claire 139.13
– cotonneuse 140.3
– coudée 140.16
– courte 137.4
– crêpée 139.6
– creuse 139.5
– cylindrique 138.20
– débout 138.18
– droite 138.18
– dure à pointes carrées 140.10
– enchevêtrée 137.15
– étoupeuse 139.17
– feutrée 140.2
– ressemblant à la filasse du lin 140.1
– en graine de colza . 140.6
– hérissée 139.10
– inclinée 139.11
– lâche 137.11
– très lâche 139.3
– de la laine 152.23
– lisse 138.15
– longue 137.2
– normale 137.17
– noueuse 139.15
– oblique 139.11
– ouverte 137.20
– perlée 139.16
mèche avec des faux poils protecteurs . . 140.11
– sans pointes 140.5
– à pointes collantes 140.9
– à pointes courtes . . 140.17
– à pointes effilées . . 140.18
– à pointes en forme de tête d'épingle . . . 140.4
– à pointes rondes . . 140.13
– poussée dense . . . 137.21
– prononcée 137.14
– à surface agglutinée et dure 139.12
– surfilée 140.11
– tombante 140.15
– unie 138.16
– voilée 139.14
– vrillée 137.19
–s de longueur inégale 138.5
–s de la même longueur 138.2.4
–s de surface inégale . 138.1
–s de surface uniforme 137.24
médiateur 27.12
médiocre, laine 172.14, 177.19
médullaire, cylindre . . 175.2, 181.8
Melampsora lini . . . 66.14
mélange acétylant . . 283.15
– d'alcool et d'éther . 258.7
– de cellulose et de cuivre 273.4
– de fibres 45.19
– de lessive et de graisse 151.18
– nitrant 256.8
mélanger la laine de bois avec la laine naturelle 116.12
membrane extérieure . 192.5
– extérieure épaissé . . 103.10
– intérieure 192.3
– interne fine 103.10
– médiane 192.4
membre de la Bourse . 27.20
ménager la mèche de laine au lavage 152.23
Mentzel, densimètre système 180.12
menus frais 29.14
mercenaire, lavage . . . 147.6
mercerisage 5.16, 46.5
mercérisé 269.11, 291.20
merceriser 5.17, 46.6
mércure, thérmomètre à 47.6
mérinos extra fin . . . 165.10
– fin 165.9
–saxon, mouton . . . 126.7
–saxonne, race 123.2
mésocarpe fibreux . . 118.14
mesurage sérimétrique . 12.18
mesure au sérimètre . 12.18
mesurer l'écheveau original 238.13
– l'ondulation du brin 180.1
– les ondulations du brin, appareil à 179.24
métallisé, fil . . . 9.10, 298.6
métamorphose du ver en chrysalide 212.3
métamorphoser, se – en chrysalide 212.4
méthode v. a. système et procédé
– d'alimentation du mouton 133.14
– de charger 235.2
– de conditionnement . 237.4
– de croisement . . . 128.23
– de décreusage . . . 233.4
– de dégraissage . . . 155.15
– de dévidage 220.10
– d'élevage 195.9
– d'élevage rapide . . 195.10
– d'épuration 145.7
– d'essai au microscope polarisant 290.13
– de filage 1.20
– de filage système Chardonnet 258.21
– de filature 1.20
– de greffe 201.16
– de nettoyage 145.7
– pasteurienne de conservation des graines 194.8
– de précipitation . . . 158.7
– de retordage 250.11
– de séchage . . . 154.2, 213.7
– de titrage 238.6
méthylique, alcool 258.8, 260.24
métier à filer 2.6
– à filer de Chardonnet 262.11
– à filer de Lehner . . 263.6

métier à filer pour la soie artificielle . . 275.5, 276.7
— à tisser 3.23
métis 128.24
métissage 122.15
métisse 128.24
mettre la claie sur un chevalet 205.1
— à découvert les chardons 164.17
— en faisceaux 110.14
— la laine ouverte sur des claies 154.9
— en main 28.21
— à nu 107.21
— sous presse le kapok . 63.14
— en rames. 7.3
— en sac (laine). . . . 172.23
— plusieurs toisons dans un seul paquet. . . 143.1
meuble, sol 21.5
meule conique 86.2
microbes de fermentation 82.18
microbien, culture — ne 82.16
microcoques vibrionides 208.15
micromètre oculaire . . 17.19
microphotogramme . . 17.17
microphotographie, représenter par la . . 17.15
microphotographique. . 17.18
micropyle fermé. . . . 118.16
microscope 17.16
— donnant une image nette 17.20
— polarisant 290.14
—, examen au 225.4
—, examiner au 17.14, 225.5
—, recherche au . . . 44.2
—, vue au 180.14
microscopique, essai . . 180.13
mi-cuit, soie —e . . . 234.11
mi-imitation, fil métallique. 297.15
mimeuse 203.18
mimosa 203.18
mine 26.23
minéral, fibre —e . . . 8.14
minéralogie 26.15
mirbane, essence de . . 284.10
miroitant, lustre . . . 11.14
mise en balles du coton, installation pour . . 42.1
— en compte de la valeur supérieure 47.20
— en rames. 7.2
mobile (liquide) 258.13
moelle 15.24, 65.8
—, riche en 109.8
—, sans 125.17
moelleux, toucher . . . 226.19
mohair 187.23
moisi. 217.15
molécule de la cellulose 243.13
mondial, récolte —e . . 38.7
monoacétate 283.10
monocotylédone, plante 18.18
monosperme, fruit . . 118.9
monosulfure de calcium 266.18
montagne, haute . . . 135.17
montant de la facture 29.18
monte-jus, réservoir. . 268.11
monter (prix) 54.8
—, faire — les prix . . 54.6
montrer des raies (toison) 141.12
moraine 167.17
morceaux. 172.7
—, arraché en 239.22
—, tomber en 178.19
morceler les chardons . 164.21
mordançage. 5.10
mordancer 5.11
morphologie 18.15
mort-flat 208.16
—volant 224.15
Morus alba 199.6
— byzantica 200.1
— canadensis 200.2
— constantinopolitana 200.1
— constantinopolitana Lam. 200.4
— elata 199.8
— indica 199.19
— laciniata 199.16
— latifolia 199.10
— latifolia rubra . . . 200.3
— macrophylla 199.10
— multicaulis 199.12
— nervosa 199.13
— nigra 199.14
— ovalifolia. 199.9
— pumila. 199.11
— romana 199.9
Morus rosea 199.7
— rubra 199.17
— scabra 200.2
— tatarica 199.18
mottes, coton en . . . 269.10
mouche uji 207.6
mouflon 123.13
moulin à cônes 85.21
— à cylindre-écraseur pour feuilles 111.4
— flamand 72.8
— à piler 71.1, 85.18
mouliné, fil de grège . 224.14
moulinet 63.6
—, battre au 63.5
mourir 135.21
mousse de savon . . . 233.8
mousson 38.5
mouton 130.3
— bavarois du pays . . 125.13
— de boucherie 132.21
— Burrhel 123.16
— caprin 131.18
— cheviot 126.2
— de Chine 124.17
— chinois. 124.17
— à cornes 127.7
— à cornes à queue courte. 124.4
— sans cornes. 127.8
— de Crête 125.7
— de demi-sang 128.24
— domestique 124.1
— au dos effilé 127.19
— au dos large 127.20
— endurci 130.22
— d'engrais 132.22
— aux fesses grasses. . 124.10
— flamand 124.15
— des Flandres 124.15
— de la Frise 124.13
— du geest 124.9
— de l'Himalaya . . . 123.16
— des îles Féroe . . . 124.6
— indigène 122.6
— aux jambes courtes . 126.6
— à laine. . . 122.11, 131.8
— à laine clairsemée . 131.16
— à lainecrépue . . . 126.3
— à laine lisse 126.1
— à laine lisse et sans moelle. 125.17
— à laine mixte. . . . 125.6
— des landes de Lüneburg 124.8
— mangeant la laine . 136.6
— des marais de Hollande 124.14
— de la Marsch 124.12
— mérinos 126.14
— mérinos-saxon . . . 126.7
— migrateur 122.7
— de montagne 125.9
— ordinaire du pays. . 125.12
— aux oreilles tombantes 125.8
— du pays 165.11
— du pays de Galles à laine douce 125.11
— picard 124.16
— à poil laineux exclusivement 125.16
— à poils courts . . . 131.13
— à poils courts et raides exclusivement . . . 125.14
— à poils jarrés exclusivement 125.15
— pur sang 128.18
— à queue courte . . . 124.2
— à queue courte sans cornes. 124.11
— à queue fine 125.5
— à grasse queue . . . 125.1
— à queue longue . . . 124.19
— à large queue . . . 125.1
— à queue rudimentaire 124.18
— râblé 127.20
— reproducteur 130.2
— riche en laine . . . 131.15
— sauvage 123.11
— sauvage à collet . . 123.14
— sauvage à crinière . 123.14
— sauvage des steppes. 123.17
— de Scandinavie . . . 124.5
— de Shetland 124.7
— de Syrie à queue longue et grasse 125.4
— à toison lourde . . . 131.15
— tondu une fois par an 167.10
— Tsigaia de Hongrie . 125.10
— à viande 132.21
moutons éliminés à cause de l'âge . . . 129.18
— impropres 129.15
— impropres pour l'élevage 129.16
— impropres pour la production de la laine 129.17
— à retrancher . . . 129.16
— retranchés pour cause de la structure du corps 129.21
—, les — sont gardés . 134.18
—, les — pâturent . . . 134.19
mouvement dit „au pas de pèlerin" . . . 71.10
— lent du fil 249.11
— oscillant de la table 163.7
— transversal . . . 84.3, 86.12
— de va-et-vient . . . 84.2
moyen de charge . . 235.1
— de décreusage . . . 233.6
— légal. 50.23
— de saponification . . 159.20
—, poids 29.22
mucilage 287.21
mucilagineux, solution — se 280.10
mucoïdine 209.19
mue de peau 206.1
— répétée x fois . . . 206.6
muer de peau (ver) . . 206.5
muguet. 136.3
multicaule, mûrier. . . 199.12
multiplication par des marcottes 201.2
— du mûrier 200.23
multiplier l'arbre par des boutures. 201.1
— l'arbre par graines. . 201.6
— le mûrier par des greffes 201.9
mungo 170.11
muqueux, couche — se 173.21
mûr pour le coupage . 107.3
— pour les semailles . 78.15
—, capsule —e 35.13
—, devenir 24.15
—, fruit 114.13
mûre. 201.7
muriatique, acide . . 17.9
mûrier 199.4
— blanc 199.6
— en buisson 200.6
— chinois. 200.4
— cultivé 200.12
— aux feuilles laciniées 199.16
— aux feuilles à nervures 199.13
— aux feuilles pointues 200.2
— grandifolié 199.10
— haut. 199.8
— des Indes 199.19
— latifolié 200.3
— malade 202.20
— multicaule 199.12
— nain 199.11
— noir 199.14
— à papier . . . 104.11, 204.10
— au pétiole rosée . . 199.7
— romain. 199.9
— rouge 199.17
— sauvage 200.8
— tartare 199.18
— turc 200.1
mûrir . . . 24.15, 79.20, 246.8
— à point 279.19
— après cueillage . . . 80.11
Musa paradisiaca . . . 114.12
— sapientum 114.15
musc, poil de 188.15
muscardine 207.16.17
muscle filant supérieur 192.10

N.

nacré, éclat 215.10
—, mûrier 199.11
naisé, lin 76.15
naissance de la queue . 132.5
naphte 156.16
naphtol 289.13
narcotique, composé . . 81.2
natif 165.23
natte de paille 205.2
— de plancher 205.6
—, entouré de —s . . . 75.19
nature homogène du fil 242.14
navigation 32.11
navire 32.14
négociable, marchandise 28.11
négociant 27.7
— en coton en gros . . 55.3
— entrepositaire en laines 183.21
— en laine 184.4
Negretti, race mérinos . 123.3
nerf, avoir du (laine) . 176.1
nerveux, fibre —se . . 226.7
nervure de la feuille 93.5, 202.6
net, poids 29.20
nettoyage de l'amiante cru 240.17
— de la laine 145.2
— de la toison 171.6
—, appareil pour le — des capillaires 275.15
nettoyer l'amiante cru 240.18
— les fibres. 112.15
— la filière à l'air comprimé 275.14
— une filière bouchée par l'étincelle électrique 247.21
— la filière en platine par le passage au feu . 248.1
— la natte de paille . 205.5
— la semence 22.20
— la toison 171.7
neutralisation de l'acide par la soude . . . 69.16
neutraliser l'acide sulfurique 264.11
— l'ammoniaque par des bisulfites 274.9
— les sels d'acide formique 102.12
neutre, solution 281.4
nitrant, acide 256.6
nitrate d'argent 98.1
nitration faible 256.4
—, procédé de. 255.20
nitré dérivé 284.21
—, fortement 256.5
nitrification, procédé de 255.20
nitrique, acide — étendu 98.15
nitrite alcalin 266.10
— d'ammonium 272.14
— d'éthyle 264.1
— de sodium 265.4
nitrobenzène 284.10
nitrobenzine 284.10
nitrocellulose 46.15, 255.8
— acétylée 284.20
— sans acide 256.15
— chimiquement stable 257.5
— contenant de l'eau . 256.24
— sèche 257.7
nitrométhane 284.19
nitromètre 257.22
niveau du liquide coagulateur 248.6
nœud 224.3
— du brin 121.17
— dans la paroi cellulaire 90.11
— de tuyau. 121.17
—s 60.22
noir, fibre —e 104.7
noirâtre, fibre. 104.6
noir-foncé 117.9
noix de coco 118.11
— de coco non mûre. . 118.17
— de galle 235.8
nombre des écailles . . 181.6
— de têtes de moutons 130.16
nonconformité de qualité 48.1
note de poids 184.17
nouer les bouts des fils 223.8
noueur automatique . . 223.9
noueux, fil de soie . . 224.2
nourriture 130.20
— du brin de laine. . 173.11
nu, mettre à 107.21
nuciforme, fruit 77.22
nuisible, insecte . . . 37.7
numéro de finesse . . 10.18
— de finesse de l'aiguille 87.8
— moyen 239.1
— de la soie 238.5
numérotage de la soie. 238.3
nutritif, substance —e 212, 133.21

O.

obtenir le chènevis par battage en grange . 80.16
obtention de la fibre 107.1, 110.7
— de la fibre de chanvre 79.21

obtention de la fibre de jute 93.12
– de la filasse de lin . . 66.21
– de la laine 141.14
occiput 131.22
odeur de la laine . . . 175.10
–, sans 159.12
œil, taxer à l' 186.23
œillet en verre . 221.3, 221.14
œuf 37.12
– pour le grainage . . 194.23
– de mouche 207.8
– du ver à soie . . . 193.10
offrant, le plus 186.5
offre 28.19
– sans engagement . . 28.22
– ferme 28.20
– sauf vente 28.22
offrir au-dessus de la base 53.18
– le coton 49.17
oléifère, plante 77.4
olivier bâtard 204.9
– sauvage 204.9
onctueux 159.23
ondulation allongée . . 177.4
ondulation à arcs larges 177.6
– à arcs rapprochés . 177.5
– du brin 179.23
– des brins dans la mèche 138.14
– faible 177.4
– très faible 177.3
– normale de la laine . 176.16
– peu prononcée . . . 177.2
– très prononcée . . . 177.1
– régulière 177.7
–s tordues, à 176.14
ondulé irrégulièrement . 176.18
onguent 159.22
opacité 288.12
opaque 151.23
opposant, partie –e . . 50.22
or ancien 297.23
– faux 297.22
– neuf 297.24
ordinaire (sorte de coton) 300.17
–, très (sorte de coton) 300.17
ordre, placer l' 186.19
organe à filer système Chardonnet 262.12
organique . . . 16.9, 174.1
orge, paille d' 119.17
origine du mouton . . 129.23
orifice de la filière 247.8, 248.4
– de passage 247.17
– réglable 247.15
– de sortie 276.9
– de sortie du fil . . 192.13
Orléans (coton) 57.1
orme, liber d' 120.21
orobanche rameuse . . 79.13
ortie 1.7
– brûlante 100.2
– de Chine 100.14.16
– dioïque 100.4
– des Indes 100.18
–, fibre d' 100.1
–, grande 100.4
oscillant, mouvement . 163.7
osier, panier d' 172.22
osséine 242.13, 287.23
ôter le maître-brin de la brosse 220.3
– le poil à l'animal avec le peigne 188.2
ouate à filtrer . 246.2, 264.19
– de tourbe 115.20
– de verre 298.11
ourdir 3.14
ourdissage 3.13
outre-mer, laine d' . . 165.20
ouvert, laine –e . . . 177.20
ouverture de la filière 247.8
– circulaire de la filière 247.9
– de filière chanfreinée . 247.10
– de filière en forme de fente 247.12
– de filière ondulée . 247.11
– de la vente aux enchères 185.24
ouvraison du cocon . . 218.19
– de la laine humide . . 153.12
ouvreuse pour coton en graine 39.7
– à laine 153.15
– pour laine en suint . 147.8
ouvrier-bonnetier . . . 4.5
– mailleur 4.10
ouvrir le chanvre frotté 86.9
– le cocon 218.20
– le coton séché . . . 269.9
ouvrir la laine . . . 164.3
– la laine à la main 153.13
–, s' (fruit) 62.23
oval, graine –e 193.11
oviforme, fruit 118.10
ovine, race 122.3
Ovis ammon 123.12
– aries dolichura catotis 125.8
– aries dolichura strepsiceros 125.7
– arkar 123.17
– brachyura 124.2
– Burrhel 123.16
– dolichura 124.19
– leptura 125.5
– montana 125.9
– musimon 123.13
– pachycerca 124.18
– platyura 125.1
– platyura macrocerca syriaca 125.4
– steatopyga 124.10
– tragelaphus 123.14
ovo-lancéolé, feuille –e 93.3
oxalate de chaux . . . 16.12
oxycellulose naturelle . 244.11
oxydant, corps 255.10
oxydation du cuivre . 270.8
oxyde de cuivre . . . 268.8
– de cuivre ammoniacal 17.12, 45.14, 182.11, 260.21
– colloïdal de cuivre ammoniacal 271.11
– cuivreux 98.9, 291.12, 292.14
– cuivreux rouge . . . 270.21
– ferrique 45.11
– de magnésium . . . 266.6
– de nickel 289.14
– stanneux de soude . 98.13
– de zinc 294.2
oxyder, s' (cuivre) . . . 270.9
oxygène 44.22
ozone 255.11
ozonisé, air 255.12

P.

paiement 30.3
– au comptant 30.5
– immédiat 30.5
– net 30.8
paille 119.16
– artificielle 293.1
– d'avoine 119.18
– de bois 121.8
– de chanvre 91.5
– fendue 120.11
– de froment 119.23
– italienne Marzolano . 119.20
– de maïs 119.19
– d'orge 119.17
– de riz 119.21
– de seigle 119.22
– de sparte 116.19
–, produire avec la – des corps filiformes 120.7
–, teinte 117.8
–, travailler la – en brin 120.3
–, travailler la – en couleur naturelle . . . 120.4
paillettes de riz 205.9
pailleux, laine –se . . 178.10
pain de caoutchouc . . 295.14
paire de brosses fixes . 108.11
– de couteaux 70.14
– de cylindres cannelés 71.9
paître (moutons) . . . 134.19
–, faire 134.14
–, mener 134.13
palmier raphia, fibre du 117.5
palmitate de magnésium 285.12
Pandanus, fibre de la . 116.13
panicule, disposé en –s 77.21
panier à claire-voie pour cocons 212.16
– en fil de fer 47.8
– à laine 172.21
– à lattes en bois . . 161.13
– d'osier 172.22
papier 298.13
– d'amidon à iodure de zinc 258.3
– de cellulose sodique 298.18
– de cellulose sulfitée . 298.19
– filable 298.17
– filtre 255.4
– fossile 240.2
– de tournesol 163.19, 289.12
papille du poil 174.5
papillon 37.16, 189.7
– de l'ailante 190.1
– Antheraea assama . 190.5
– Antheraea Pernyi . 190.2
– Antheraea Roylei . . 190.3
– atlas 189.19
– Attacus ricini . . . 190.7
– femelle 189.13
– japonais yama-maï . 190.9
– mâle 189.12
– nocturne 189.11
– du noisetier japonais 190.6
– séricigène 189.6
– séricigène sauvage . 189.14
– sortant du cocon . . 191.3
– tussah 190.8
– de ver à soie demi-sauvage 189.15
– du ver à soie du mûrier 190.4
–, le – écarte les fils de cocon 190.15
–, le – pond des œufs 190.12
paquet de feuilles . . . 110.15
– de fils 221.7
– de fils de cocon . . 211.7
–, lier en –s . . 80.5, 110.14
paraffine 289.18
paraldéhyde 260.3
paralléliser les fibres de chanvre 90.2
parasitaire, maladie . . 207.4
parasite 206.11, 207.5
– du chanvre 79.12
– du lin 66.8
– se nourissant de graines 196.3
– des racines 203.3
– du ver à soie . . . 206.11
–, insecte 202.22
–, plante 79.14, 203.1
parc à moutons . . . 134.20
parcheminé, enveloppe –e 217.8
parenchyme cortical . . 100.13
– du liber 100.13
parer 3.17, 3.18
parité 52.22
paroi cellulaire 75.1, 90.11, 95.14
– cellulaire agglutinée . 96.4
– cellulaire mince . . . 44.13
– de la cellule élémentaire 90.10
– du conduit excréteur 210.4
– épaisse 96.2
– épaissie de la cellule 20.13
– de la glande 192.2
– mince 96.3
particules de graisse . 149.16
– de laine 148.9
partie 50.21, 186.2
– accumulatrice de la glande 191.14
– excrétrice de la glande 191.15
– insoluble de la cendre de laine 181.22
– ligneuse de la tige de lin 65.6, 70.8
– opposante 50.22
– sécrétrice de la glande 191.13
–, une – de la livraison peut être un demi-degré au dessous du contrat 52.3
–, la – est d'une qualité inférieure . . . 51.24
–s chargées de poix . . 172.9
–s tâchées par l'urine . 172.10
pas de pèlerin, mouvement dit au 71.10
passementerie 4.14
–, fabrique de 4.17
–, faire de la 4.15
passementier 4.18
passements 4.16
passage au feu 248.1
passer un contrat . . . 29.6
– par l'entonnoir en verre (fil) 250.2
– le fil dans un bain 276.4.5
– l'hiver 212.10
– dans un liquide précipitant (fil) 249.3
– le râteau sur la graine 23.17
– le rouleau sur la graine 23.16
– à la vapeur 256.16
pasteurien, méthode – ne de conservation des graines 194.8
pâte de bois 255.3
– de caoutchouc . . . 296.5
– à filer 262.9
– plastique 295.22
pathogène, bacille . . . 206.18
pâtis 134.9
patte de derrière . . . 191.8
– de devant 191.7
pattelettes 172.5
pâturage 134.9
– artificiel 134.23
– d'été 134.10
– en friche 134.24
– d'hiver 134.11
– de montagne 135.8
– des moutons 134.8
– naturel 134.22
– non poussiéreux . . 135.5
– permanent 134.22
– à rosée 135.2
– sur 135.6
–, gras 134.21
– des moutons 134.6
pâturer (moutons) . . . 134.19
pauvre en ammoniaque 273.9
pauvreté en laine . . . 131.17
payable dans x jours . 30.9
pays de culture du coton 35.19
– d'origine 30.21, 56.18
– producteur de la soie 189.4
peau 171.10, 173.19
– non abîmée 142.14
– d'agneau 143.9
– blessée 142.13
– délainée du mouton 144.21
– inférieure 144.1
– intacte 142.14
– lesée 142.13
– du mouton 143.8
– chargée de plis . . . 132.18
– du ver 208.7
–, ressembler à une . 171.10
pébrine 208.10
pébriné, ver 208.11
pectine 45.1, 102.15
pectose 102.15
peignage du chanvre . 87.1
– de l'étoupe du chanvre époînté 90.1
– de la fibre de jute séchée 95.6
– en fin 89.12
– du lin 73.11
– à la main 87.5
– mécanique 87.17
peigne 87.6
– à chardons 164.16
– dégrossisseur 87.3
– démêloir 87.3
– détacheur d'étoupes . 89.9
– du doffer d'étoupes . 89.9
– d'égrugeoir . . . 67.9, 80.15
– en fin 87.4
– guide 263.3
– intermédiaire 73.19
– moyen 73.19
– à repasser 87.4
– séran 73.15
–, gros 73.18
–, ôter avec le – les poils à l'animal 188.0
peigné 168.25
–, non 232.12
peigner le chanvre . . 87.2
– l'étoupe du chanvre . 90.3
– le lin 73.12
– le lin graduellement . 73.17
–, machine à – le lin 74.5
peigneur 73.13, 164.12
peigneuse mécanique avec appareil de voltage automatique 88.1
– mécanique à chanvre 87.18
– mécanique au lin . . 74.5
pelage du chanvre . . . 83.5
– de la couche de filasse 94.22
pelé, tige – e 101.13
peler le chanvre 83.6
– la couche de filasse . . 95.1.2
– la fibre de chanvre . 83.7
– la tige de la plante 101.11
pelettes 232.12
pelletier 145.1
pellicule extérieure de la gaine de la racine . 174.10
pelote 63.1
penné, feuille –e . . . 118.2
pénurie de travailleurs 25.19
pépinière 200.14
pépiniériste 200.15
perdre en qualité . . . 79.7
pérennant, plante –e . 18.7, 36.8
péricarpe de la graine de coton 35.9

période d'accouplement 129.6
– de culture 110.2
– de sommeil du ver 206.7
permanganate de potassium 262.1
perméable à l'eau 216.15
personne intéressée aux laines 184.7
persulfate d'ammonium 284.12
perte de fibres 112.22
– d'humidité au conditionnement 237.19
– en poids 49.4
– de poids au lavage 149.17
– de poids de la soie 234.15
– en séricine due au décreusage 234.14
pesage 49.5
– de l'écheveau 238.14
– de la laine dans l'huile d'olive 181.12
peser les écheveaux 238.15
– les écheveaux en deniers 238.19
– le fourrage 198.11
peseur 184.18
pétales de couleur violette 106.11
pétiole 19.18.19, 77.17, 118.4, 202.8
– cassant 101.2
– pileux 35.2
petite vérole du mouton 136.1
pétrole 264.5
peuplier, bois de 121.5
–, fibre du 64.10
phalène 189.11
phloroglucine 17.10
phormion tenace, fibre du 114.16
Phormium tenax 114.17
phosphate d'ammonium 265.5
– de magnésie 45.9
– de soude 236.11
phosphore 16.14
phosphorique, acide 36.12, 198.7
Phragmites communis 121.15
phtisie 207.21
phtisique 207.22
Phytospora mori 203.2
piazzava brésilienne 117.2
–, fibre de 117.1
pièce 48.13
pied de la fibre de chanvre 88.11
–, acheter le lin sur 76.3
piétin 136.3
pigment 179.13
– de la séricine 210.13
pignon de commande 112.2
pilage du chanvre au maillet 85.16
– des graines de chanvre 80.23
pile à moudre le collodion en laine 257.16
piler les graines de chanvre 80.22
– au maillet 70.17, 85.17
pileux, ver 197.8
pilon 71.3
– en bois 85.19
pilonnage des graines de chanvre 80.23
pin sylvestre 116.9
pinçage de l'arbuste 34.9
– des feuilles 112.10
–, action de 112.8
pince de peigneuse 88.2
–s 262.17
pinne marine 232.19
Pinus abies 203.12
piqueté 60.1
piratinère utile 203.24
piston aspirant 281.19
– de pression 42.11
pite 113.14.15
place de Bourse 28.9
placer les graines 23.8
– la laine sur le peigneur 164.20
– les tiges dans l'eau en faisceaux 94.13
– les vers sur la claie 204.13
plaie 201.19
plaine 135.16
plan de polarisation 227.20
planche 23.15, 110.6
– à écanguer 72.5, 84.14
– de graines 106.15
– de protection 87.12
– à racler 73.7, 85.4
plantage du mûrier 200.17
plantation 25.3, 110.1
plantation de chanvre 78.7
– de coton 35.22
– de mûriers 200.16.17
plante alimentaire 197.17, 199.3, 203.7
– annuelle 18.6, 36.7, 64.16
– arbustive 18.21
– cultivée 18.1
– décorative 18.10
– dicotylédone 18.19
– dioïque 77.6
– d'été 18.12
– fourragère 135.10
– grimpante 104.10
– de haie 109.5
– herbacée 18.20
– d'hiver 18.13
– indigène 18.3
– industrielle 18.8
– de jardin 18.10
– monocotylédone 18.18
– nuisible 37.7, 202.21
– oléifère 77.4
– d'ornement 18.10
– d'ornement aux feuilles colorées 115.1
– d'ortie 100.3
– ressemblant à l'ortie 100.15
– parasite 79.14, 203.1
– de pâturage 135.9
– pérennante 18.7, 36.8
– polycarpienne 18.7
– potagère 18.9
– sauvage 18.2
– de steppe 109.23
– subtropicale 18.5
– textile 18.11
– à tige fibreuse 77.5
– tropique 18.4
– utile 18.8
– vivace 18.7
planter le lin dru 66.5
– le lin large 66.6
– le mûrier 200.18
– au plantoir 24.3
– les pousses en files 201.3
– les rejetons en rangs 201.3
planteur 25.4
– de Sisal 110.4
plantoir 23.7, 24.3
plaque métallique perforée 296.4
– de piquage 71.12
– réglable 247.16
– tournante 42.14
platine, fil de 144.20
plein, brebis –e 129.8
–e maturité du lin 66.20
pli de la peau 132.16
pliage 7.6
– des poignées de filasse de jute 99.11
plier 7.7
plomber l'échantillon 50.13
plonger dans l'eau salée 114.5, 196.4
plongeur 149.8
plume 239.12
plume à duvet 239.13
– de la feuille 118.3.5
– à tige 239.14
Plusia gamma 66.10
poids des bandes 48.11
– brut 29.21, 234.13
– de débarquement 49.16
– de la facture 29.23, 52.14
– fixé pour le règlement 52.16
– marchand 187.6, 229.16, 238.2
– métrique 76.2
– moyen 29.22, 52.15
– net 29.20
– réel 52.10
– sec absolu 14.6, 47.9
– sec de la cellulose 291.16
– spécifique 12.21, 181.10
– de la toison 142.22
– des toiles d'emballage 48.12
–, étiré par son propre 275.18
poêle 195.14
– en faïence 197.4
poignée en bois 85.8
– de chanvre 84.16, 86.14
– de chanvre peigné 89.10
– de lin 70.15
– de filasse de jute 99.10
poil 1.12
– (soie) 231.13
– d'alpaca 188.3
– des animaux 9.3
– artificiel 293.1
– artificiel terne 294.5
poil de castor 188.14
– de chameau 188.1
– de chat 188.10
– de chèvre 187.22
– de chèvre d'Angora 187.23
– de chèvre de Cachemire 187.24
– de chevreuil 188.7
– de chien 188.9
– de chinchilla 188.13
– doux 187.13
– dur 187.14
– non élastique 175.21
– fin 187.16
– follet 175.5
– frêle 177.23
– frêle à sa pointe 177.24
– gros 187.17
– du guanaco 188.5
– de lama 188.6
– de lapin 188.11
– de liage 141.3
– de lièvre 188.12
– contenant de la substance médullaire 181.9
– de musc 188.15
– à ondulations irrégulières 176.10
– à ondulations régulières 176.9
– à ondulations régulières intermittentes 176.11
– à ondulations tordues 176.14
– ondulé 176.8
– ondulé irrégulièrement à la pointe 176.13
– ondulé irrégulièrement à la racine 176.12
– protecteur 141.8
– protecteur diagonal 141.6
– protecteur, faux 141.7
– raide 187.15
– de renne 188.8
– d'un tégument corné 180.18
– urticant creux de la feuille 100.5
– de vache 187.20
– de veau 187.21
–s courts et raides exclusivement 125.14
–s dépéris 173.17
–s jarrés exclusivement 125.15
–s laineux exclusivement 125.16
–s poussant espacés 136.17
–s poussant serrés 136.18
–s serrés, à 136.16
point de croisement 221.2
– de fusion 159.13
– de pinçage 112.4
– de travail 112.1.5
pointe 147.12
– acérée de la fibre 75.3
– en acier 164.15
– élastique 248.3
– de la feuille gris d'argent 109.18
– de la feuille pourprebrunâtre 109.17
– de laine d'agneau 175.15
– de la mèche 137.22
pointu 77.13, 253.8
poisset 72.5, 84.14
poitrine 132.12, 171.22
polarisation de la soie 227.19
polariscope 227.14
polarisé, lumière –e 227.16, 290.20
polyatomique, alcool 271.15
polycarpien, plante –ne 18.7
polygonal, section –e 9.24, 95.18
polysperme, capsule 78.1
polysulfure 266.17
pommade de lanoline 160.1
pompe à viscose 281.16
–s, installation de 42.9
pondaison des œufs 190.14
pondre des œufs 190.12.13
pondu, graine fraîchement –e 193.13
ponte des œufs 190.14
population de la barrette 89.4
– de la mèche 138.13
pore 235.13.14
– sudoripare 174.20
poreux 252.4
port 29.16, 31.19
– du chemin de fer au port 33.2
– à coton 49.9
– de destination 32.9
– d'embarquement 32.8, 49.10
portant, brebis –e 129.8
porte-cocons 222.12
poser la laine sur le peigneur 164.20
poste de l'écangueur 72.12
pot de filature 253.6
– à filer 282.7
– tournant de filature 282.5
potager, plante –ère 18.9
potasse caustique 151.15
– impure 157.15
pou à coton 37.18
poudre assouplissante 294.7
– de chaux 296.9
– métallique combinée à la nitrocellulose comme liant 293.10
– de talc 296.7
poulie 282.3
– à câble 111.13
– de commande 282.6
– excentrique 219.19
– guide 111.14
– du tablier 88.7
– de tension 111.15
pourcentage de fibres dans la laine en suint 187.7
– de matière grasse libre de la laine 146.1
pourpre-brunâtre 109.17
pourri 203.5
pourridié 203.4
pourrir 82.20, 96.10, 119.2
pourriture de la fibre 82.21
– des racines 203.4
pousse 201.3, 202.12
– isolée des mèches 138.9
– de la plante 23.24
pousser (graine) 23.22
– des spores 207.15
–, commencer à 23.21
poussière de tourbe 205.11
– des chardons 163.10
poussiéreux 60.19
–, non 135.5
pouvoir v. a. propriété et puissance
– absorbant 13.12
– accommodateur 197.18
– colorant 15.9.10
– dissolvant 259.19
– dissolvant pour la graisse 156.1
– germinatif 22.22
– de polarisation 227.19
– précipitant 264.14
– réflecteur 227.11
– réfringent 227.13
– rotatoire à la lumière 227.18
pré fauché 68.12
précipitant 17.4, 273.16
– alcalin 274.3
– alcalin caustique 274.4
– à effet lent 275.17
précipitation 17.3
– par électrolyse 291.14
– de la matière dissoute 245.3
–, méthode de 158.7
précipité 17.5, 245.5
– de graisse de laine 158.9
– d'hydroxyde d'alumine 261.14
– d'oxyde cuivreux 292.15
– de savon de chaux 150.16
– de sulfure métallique 281.15
précipiter l'acétate 285.1
– l'acide tannique 235.10
– la caséine du lait écrémé 287.4
– le cuivre de la solution 291.13
– le fil de viscose 280.20
– la graisse 158.8
– la matière dissoute 245.4
– la viscose 280.18
– le xanthate de cellulose de la viscose brute 279.13
précision, balance de 47.7
prégnant, brebis –e 129.8
prélèvement des échantillons 184.23
prélever des échantillons 50.8
première bourre 232.10
prendre une couleur de rouille 82.4
– une teinte brune 100.20
– racine 24.2, 201.4
préparation de l'amiante 240.15
– des cocons pour le dévidage 217.20
– de l'échantillon 50.11
– de graisse de laine 159.21
– du latex 295.8
– de la mèche 2.1

préparation du sol à la façon horticole . . . 22.8
de la solution de cellulose à l'oxyde de cuivre ammoniacal . 269.4
— de la solution de collodion 258.9
— vénéneuse 144.7
préparé, échantillon . . 50.12
préparer le cocon pour le dévidage 217.21
— la lessive 150.7
présence de l'asbeste . 240.3
présenter, se — en glomérules 174.7
— du dichroïsme . . . 290.17
préserver la mèche pendant le rinçage . . 153.3
pressage 6.20
— des balles dans la cale au moyen de presses à vis 43.13
— du coton 41.22
— définitif 43.2
— des graines de chanvre 80.20
— de la laine 153.7
— préparatoire 42.21
presse 161.15
— pour balles de mer . 42.2
— à coton 39.4
— à coton pour expédition dans l'intérieur . . 42.3
— à coton pour le transport maritime . . . 42.2
— à genouillère 42.4
— hydraulique 42.6
— de peigneuse . . . 88.2
— à vapeur 42.16
— à vis 42.5, 43.13
—, mettre sous 63.14
presse-balles avec boîte de presse mobile . . . 113.2
—-balles hydraulique avec boîte de presse fixe 113.1
presser 6.21
— en balles . . . 99.12, 112.24
— le caoutchouc . . . 296.3
— le coton 41.23
— des fils ronds de la pâte de caoutchouc. 296.5
— les graines de chanvre 80.21
— hydrauliquement . . 183.15
— la laine 153.8
pression de filage . . . 248.12
— variable 250.5
—, forcer par 248.11
pressurage 80.20
pressurer 80.21
prêt au filage 246.18
— à filer 209.5
prêter serment, faire . . 28.7
principe d'élevage . . . 128.8
prismatique 95.15
prix 54.6.8.9.10
— de base 53.19
— sur base des dernières enchères 186.9
— de clôture . . 54.2, 186.11
— des cocons 229.17
— du débarquement par allèges 33.3
— de la matière première 29.8
— d'ouverture 54.1
— de règlement 52.11
— de la soie crue . . . 230.6
— de la terre 25.9
— de transport . . . 31.19.20
procédé v. a. méthode et système
— bactériologique . . 82.17
— de carbonisation . 161.6
— à la cellulose d'oxyde de cuivre ammoniacal 267.14
— corrosif 144.12
— de défibrage . . . 110.16
— de dévidage . . . 220.6
— d'écrasage 86.10
— de fabrication . . . 7.23
— de fermentation 67.14, 81.9, 102.13
— de filage . . 211.13, 246.12
— de filage avec un acide 280.21
— de filage artificiel . . 246.15
— de filage à l'eau . . 246.14
— de filage par étirage 248.19
— de filage à sec . . . 246.13
— de finissage des fils . 251.16
— de lavage 69.21
— de nitration 255.20
— de nitrification . . . 255.20
procédé de rouissage 81.7, 94.3
— de saponification . . 152.2
— de tirage 220.6
— à la viscose 277.17
procédure arbitrale . . 51.3
producteur 7.18
production en balles par unité de superficie . 38.15
— des fibres 7.14
— du fil de cocon . . . 209.10
— du fil par un seul passage 251.8
— de la laine 183.11
— de la soie 188.23
— en soie grège 229.20
productivité d'une espèce de vers 197.10
— d'une race de mouton 142.19
— du sol 21.20
produire avec la paille des corps filiformes 120.7
— la soie . . . 188.24, 189.3
produit achevé 7.22
— artificiel 242.5
— du croisement . . . 129.1
— d'excrétion du ver . 209.13
— filable 8.7
— mi-fini 7.21
— naturel 242.4
— de soie artificielle . . 242.6
prolongation du contrat 53.10
professeur ambulant . . 26.2
propagation 128.4
— par drageons 106.16
— par graines 106.14
— d'une même race . . 128.17
— par rhizomes 106.17
propager par des drageons 110.5
proportion, forte — de séricine 217.6
propre à l'élevage . . . 128.14
— à la filature 9.15
propreté du coton . . . 61.13
propriétaire de l'échantillon 50.15
—-foncier 25.10
propriété v. a. pouvoir et puissance
— de se coaguler . . . 210.10
— dissolvante 219.9
— hygroscopique . . . 288.14
— saponifiante 159.17
propriétés 288.2
— chimiques (chanvre) . 90.5
— chimiques (coton) . . 43.14
— chimiques (jute) . . 95.7
— chimiques (laine) . . 181.16
— chimiques (lin) . . . 74.6
— chimiques (soie) . . 225.3
— physiques (chanvre) . 90.5
— physiques (coton) . . 43.14
— physiques (jute) . . 95.7
— physiques (laine) . . 179.3
— physiques (lin) . . . 74.6
— physiques (soie) . . . 225.3
— physiques distinctives (soie) 227.6
— rouissantes de l'eau . 81.20
provision de soie . . . 230.1
—s de laine 184.13
protéger contre la contagion 207.2
— contre l'humidité . . 199.2
protéine 181.18
— animale 210.8
protoplasma . . . 15.12, 44.15
protoxyde de cuivre rouge 270.21
— de nickel ammoniacal 272.6
pyroxyline, hydrate de 257.10
psychromètre 14.12
puissance v. a. pouvoir et propriété
— exploisive 46.17
— réfractive . . 227.13, 290.18
pulpe 114.9
— des feuilles . 107.20, 110.17
— de fruit 119.2
pulpeux, feuille —se . . 109.11
pulvérisé 163.9
pulvériser l'alcool amylique 267.3
punaise à coton 37.19
pur sang, bélier 130.12
pureté de la fibre . . . 15.4
— de race 192.15
— du sang 128.19
purge des cocons à la main 219.13
—-nœuds 224.5
purger les cocons au balai de bruyère . . . 219.15
purifier la laine 164.4
purin 21.10
pyroxyle, soie au . . . 242.9
pyroxyline, fil de — explosif 263.16

Q.

quai, droits de 49.7
qualité du coton . . . 60.4
— inférieure, être d'une 51.24
— de jute 99.17
— de la laine . 172.12, 179.6
— meilleure de l'autre partie de la livraison 52.4
— de membre de la Bourse 27.21
— de la toison 171.13
— uniforme du brin de laine 176.4
— uniforme pour tout le lot 52.5
—, la — est d'un demi-degré en dessous du contrat 52.2
—, la — est d'un degré en dessous du contrat . 52.1
—, nonconformité de . . 48.1
—, perdre en 79.7
—, uniforme de 176.7
—s de l'agneau 129.13
—s de l'amiante 241.8
—s générales de la fibre 9.14
—s-types 186.19
quantité de cendre 96.19, 290.5
— d'eau absorbée . . . 13.15
— d'eau dans l'acide nitrant 256.7
— de fibres 91.7
— de filasse 91.7
— de laine 142.21
quart degré 59.13
quayage 49.7
Quercus ilex 203.15
queue laineuse . 124.3, 125.2
— pileuse de la feuille . 35.2
— de la toison 171.16
quinine 259.8
quintal 76.8
— métrique 76.9

R.

râblé, mouton 127.20
rabougrir, se 173.15
rabougrissement du brin de laine 173.14
race croisée 122.16
— dominante 122.13
— à laine courte . . . 123.9
— de laine à peigne . . 123.7
— mérinos 122.14
— mérinos de laine à peigne 123.8
— mérinos Negretti . . 123.3
— mérinos-saxonne . . . 123.2
— ordinaire du pays . . 123.5.6
— ovine fertile 131.3
— ovine stérile 131.4
— principale 122.13
— pure 122.12, 214.6
— à queue courte . . . 122.17
— à queue longue . . . 122.18
— de Rambouillet . . . 123.4
— à tête blanche . . . 122.19
— à tête noire 123.1
— des animaux 165.6
—s de moutons sauvages 123.10
— ovines 122.3
racine 18.24
— de l'arbre 200.11
— du chanvre 77.12
— pivotante 64.18
— pivotante pointue . . 77.13
— du poil 174.8
— pourrie 203.5
— de la saponaire . . . 151.2
—, prendre 24.2, 201.4
raciné, marcotte —e . . 201.5
raclage du chanvre . . 85.1
— du lin 73.2
racler le chanvre . . . 85.2
— l'écorce de la tige . 101.17
— le lin 73.3
— la peau 144.14
racleur, couteau . 108.3, 112.6
racleuse système Crumb 108.1
racloir . . . 41.12, 73.4, 85.6
radiateur 154.17
— à ailettes 154.13
raffinage de la potasse impure 157.14
raffiner la graisse . . 159.1
— la potasse impure . 157.15
rafraîchisseur, vase . . 277.13
raide, fibre 10.21
—, poil 187.15
raie 141.10.12.13
rail des mâchoires . . . 89.2
rainure dans la poulie à câble 112.7
— rugueuse 40.5
— trapéziforme 164.19
ramage 7.2
Rambouillet, race de . 123.4
ramé, lin 66.17
rameau 19.13
ramer 7.3
— le lin 66.16
rameux, tige —se . . . 77.14
ramie 100.14
— blanche 100.16
— verte 100.18
—, fibre de 100.10
ramollir l'amiante cru 241.6
— la coque du cocon . 218.11
— la graisse de laine . 146.6
— la matière végétale . 161.1
— la peau du mouton . 143.20
— la séricine 218.1
ramollissement des fibres par le battage . . . 107.12
— des peaux en fosses . 143.21
rance, graisse 151.8
rancissement du suint . 151.7
rang, planter en —s . . 201.3
raphia, fibre du palmier 117.5
rapiécer la balle 43.11
rapport de la Bourse . 53.23
— d'expert 51.16
— hebdomadaire . . . 99.19
— hebdomadaire de la laine 185.20
— mensuel 56.13
— sur la récolte . . . 56.14
raréfaction de l'air . . 69.15
rassembler la laine par toisons 142.24
râteau 23.18, 148.14
—, passer le — sur la graine 23.17
—x, brasser la laine avec des 148.15
râtelier 133.8
— circulaire 133.13
— pour le dégouttage de la laine dégraissée . 153.6
— à roulons saillants . 133.9
— à roulons verticaux . 133.12
rayon médullaire . . . 175.2
rayonnement solaire . . 213.9
réactif sur l'acide nitrique 289.4
— chimique 289.3
— iode-acide sulfurique 75.8, 90.18
—s de lignification . . . 15.20
réaction acide 290.2
— acide faible 183.8
— acide du bain . . . 163.11
— acide de l'eau de dévidage 219.1
— acide de l'eau de lavage 257.15
— alcaline 97.3, 290.3
— de la cellulose . . . 75.6
— chimique de la fibre 17.7
— des gaz de combustion sur le papier de tournesol 290.1
—s chromatiques caractéristiques 227.17
rebut . . 91.23, 158.2, 168.9
récepteur collecteur du liquide précipitant . 250.1
recherche au microscope 17.13
récipient v. a. cuve et réservoir . . . . .
— d'huile 263.8
— refroidi de la solution à filer 274.2
réclamation 48.4
reclassement 50.4
reclasser le coton . . . 50.5
récolte 24.21, 66.22
— du chanvre 79.22
— des cocons 212.19
— du coton 38.3

récolte faible 38.10
— des feuilles . 110.10, 202.9
— intermédiaire 38.12
— mondiale 38.7
— totale 24.22
—, bonne 38.9
—, nouvelle 99.4
—, vieille 99.3
—, première 38.11
récolter 24.20
— des cocons de soie . 212.14
— la paille avant la maturité complète du grain 120.2
— les tiges de jute avant maturité du fruit . 93.14
recouvrir la bande de caoutchouc fraîchement découpée de poudre de talc . . 296.8
— le fût de la bobine de collodion 252.16
rectifier le contrat d'achat 48.6
— le liquide de lavage épuisé 266.24
recueillir l'acide d'écoulement 251.11
— les graines dans des cellules en tulle . . 194.7
récupération de l'acide nitrant 256.20
— des agents chimiques 277.9
— du carbonate de potasse 157.6
— des graisses de la laine 158.1
— des dissolvants volatils. 266.23
—, appareil de — séparée des dissolvants . . . 267.4
récupérer le dissolvant par distillation . . 264.12
— le gaz ammoniac de l'eau 277.14
— la graisse des eaux de lavage de la laine . 158.5
— les vapeurs d'éther par absorption . . 267.1
redévidage 224.20
redévidée 225.1
— du Japon 230.22
redévider la soie grège 224.21
réduction de la cellulose 243.14
— de la force de la fibre par magasinage . . . 96.8
réduire les propriétés dissolvantes de l'eau de dévidage 219.9
— le sel cuivrique au sel cuivreux 266.2
réduit en duvets . . . 239.23
réemballé, balle —e . . 48.16
refaire la balle 43.11
réflecteur, pouvoir . . 227.11
réfractaire 241.22
réfractif, puissance —ve 227.13, 290.18
réfraction 290.19
— double . . . 13.1, 290.12
réfrigérant à liquide de retour 292.23
réfringence de la soie . 227.13
réfringent, cuticule —e 105.11
—, pouvoir 227.13
refroidir la laine séchée 155.9
—, se 235.12
refroidissement de la solution 273.13
refroidisseur . 156.20, 267.10
refus d'accepter . . . 48.5
refuser l'acceptation . . 51.21
régénéré, cellulose —e 280.11, 292.4
régénérer le bain dénitrant 265.14
— la cellulose d'une solution 292.3
région à coton 35.18
— de culture de la soie 229.21
— de production . . . 183.12
— propre à la culture du chanvre 78.3
registre des accouplements 129.7
— des qualités désirables 129.14
— des qualités recherchées 129.14
réglable . . . 164.14, 247.16
réglage du diamètre du fil 222.17
règlement 52.9.11
règlement de l'affaire . 53.5
— de la Bourse 28.5
— mensuel 53.7
— par semaine 53.8
régler le contrat . . . 53.4
— le diamètre du fil . . 222.16
— l'hygromètre à cheveu 14.11
— la pression de filage . 248.13
— la température . . . 237.13
—, la température de séchage 213.21
règles d'arbitrage . . . 50.19
règne animal 26.5
— minéral 26.16
— végétal 17.23
regorger de sève (mûrier) 201.20
régulariser le contrat d'achat 48.6
rejet de cotonnier . . . 34.5
rejeter des poils dépéris 173.17
rejeton 201.3
relâchement du poil . . 143.14
relier par des bandes en fer 183.16
rembourrage 63.16
remboursement en banque 30.20
rémouleur 142.1
remplacer la filière bouchée 275.13
remuer l'étoupe 85.14
— le lin 68.15
rendement 187.7
— en feuilles . 110.10, 202.15
— en fibres . . 7.15, 112.21
— en fibres propres . . 102.16
— en laine du mouton . 142.20
— de la récolte 229.13
— en soie du cocon . . 224.8
— de la tonte 142.18
rendre alcaline l'eau de trempage 102.6
— insoluble dans l'eau 286.17
rendu franco à bord . 32.21
renfermer, une forte proportion de séricine (cocon) 217.6
renfermant de l'acide . 257.12
renflement de la paroi cellulaire 90.12
réniforme, section . . . 44.11
renouvellement du contrat 53.11
renne, poil de 188.8
répandre une couche de poussière de tourbe sur la claie 205.12
— les feuilles au tamis 198.12
— les peaux sur des claies 150.4
— les tranches des feuilles sur la claie . . 198.22
répartition des vers sur les claies 204.11
repassage 89.12
repiquage 24.4
replantage 24.4
replier, se (brins de laine) 136.12
reposer, laisser — la semence 78.17
—, laisser — la solution à filer filtrée 264.22
représenter par la microphotographie . . . 17.15
reprise 13.20, 47.10
reproduction 128.4
reproduire par des drageons 110.5
réservoir v. a. cuve et récipient . . . .
— à acide 251.10
— auxiliaire 250.7
— collecteur 250.6
— d'essence 156.21
— gradué 268.9
— monte-jus 268.11
— en pierre 81.16
— refroidi de la solution à filer 274.1
— de la solution . . . 268.10
résidu d'acide 163.16
— déshuilé 157.2
—, sans 290.8
résine, se convertir en . 261.3
résineux . . . 145.13, 255.14
résinifier, se (huile) . 261.3
résistance 288.21
— aux acides 182.15, 228.17, 241.24
— de la fibre 12.9
— du fil 222.15
résistance à la rupture 60.17, 175.23
— de rupture 12.11
— de la soie artificielle à l'état sec 288.23
— de la soie artificielle mouillée 288.22
résistant aux acides . 251.13, 252.12
— aux lessives 251.14
—, fibre —e 12.8
—, laine —e 175.24
respirer (chrysalide) . . 212.8
ressemblant au chanvre 107.2
ressembler à une peau (toison) 171.10
resserrer, changer et — la poignée de chanvre 88.9
ressort contrôleur . . . 222.9
— à lame 262.18
résultat de la récolte . 24.23
retarder le procédé de rouissage 94.16
retenir en dissolution 266.6.14
réticulaire, structure —e 171.9
rétiforme, structure . . 212.1
retirer des écheveaux de preuve 238.10
retordage 2.10
— des fils 250.10
—, appareil de 250.12
retorderie 2.13
retordeur 2.14
retordre 2.11
— les fils avec une filière tournante . . 250.16
retordu, fil 250.15
retors, fil 2.12
retournage de l'étoupe 85.15
retourner l'étoupe . . . 85.14
— le lin 68.15
— la tresse de chanvre 86.7
retrait de l'appel . . . 51.5
rétrécir 46.11
— les pores 235.15
rétrécir, se (ver) . . . 212.6
rétrécissement en longueur 46.12
— des pores 235.16
réunir plusieurs brins de cocon 221.6
revêtir de planches le routoir 68.5
rhizome 106.3.18
riche en graisse 145.23
— en humus 167.23
richesse en laine . . . 131.14
ricin 203.9
ricinate de sodium . . 273.20
Ricinus communis . . . 203.9
ride de la peau 132.16
ridement de la fibre . . 46.13
rigole collectrice . . . 267.11
rinçage 153.3
— de la laine 148.11
—, enlever par 150.3
rincer le chanvre roui . 82.22
— le fil dans un acide faible 251.9
— la laine 148.12
— le lin 69.17
— la nitrocellulose . . 256.23
— les peaux avec soin 143.22
rinceuse pour laine . . 148.12
risque de chemin de fer 48.20
— de quai 48.21
riste de chanvre 84.16
— de jute 99.10
riz, paille de 119.21
—, paillettes de 205.9
robuste, espèce — de ver 197.11
robinet en verre . . . 275.8
roche d'amiante 240.13
rocher 26.17
rogne 135.22
rognures de papier-filtre 255.4
romaine automatique . 238.17
— pour fil 238.16
rompre, se . . . 224.6, 251.6
rorage 68.10, 82.6
rosaniline 259.10
roseau 121.22
— commun 121.15
rosée du matin 135.3
— du soir 135.4
—, pâturage à 135.2
—, rouissage à la . . . 82.6
rotang, fibre du . . . 105.17
rotatif, bassine — ve . 161.19
rouge-brun 43.24
—-cerise 97.14
rougeâtre 145.14
roui du chanvre 81.3
— à l'excès 94.15
— du lin 67.11
rouille 38.3
— brune 38.2
— des feuilles 203.2
— rouge 38.1
—, atteint par la . . . 217.11
—, de couleur de . . . 44.1
rouir 94.2
— à l'eau 94.10
— le chanvre 81.4
— le chanvre séché . . 81.6
— le chanvre en vert . 81.5
— à l'excès . . 68.23, 94.15
— le lin brut 67.12
— la fibre de ramie . . 101.23
—, trop — le lin . . . 68.23
rouissage 94.1
— à l'acide sulphurique dilué 69.11
— à l'acide sulphurique faible 69.11
— à l'air libre 68.9
— artificiel 69.3
— par le procédé bactériologique 82.17
— à bourbe 68.8
— du chanvre 81.3
— définitif . . . 68.18, 82.9
— à l'eau 67.16, 94.8
— à l'eau chaude . . . 69.5
— à l'eau très chaude . 69.7
— à l'eau courante . . 67.19
— à l'eau croupissante 67.18
— à l'eau froide 67.17, 81.12, 94.9
— à l'eau stagnante . . 67.18
— à l'excès 82.14
— excessif 68.22
— des feuilles 114.6
— final 82.9
— finisseur 68.18
— incomplet . . . 69.1, 82.12
— industriel 69.20
— du lin 67.11
— mixte 68.16, 82.7
— naturel 67.15
— à la neige 69.2
— à plein air 68.9
— à point . . . 68.21, 82.11
— préparatoire . . 68.17, 82.8
— rapide 69.10
— à la rosée . . . 68.10, 82.6
— au routoir 67.18
— système Baur . . . 69.13
— système Doumer . . 69.19
— sur terre 68.10
— à la vapeur d'eau . 69.8
— au vert 68.11
—, établissement de . . 69.4
—, fosse de 81.15
—, procédé de 81.7
—, manque de 69.1
rouissoir 68.4
rouleau v. a. cylindre
— batteur 150.1
— briseur 72.14
— conique 86.1
— de cuir à rainures rugueuses 40.5
— entraîneur 149.20
— exprimeur 148.7
— de friction 222.7
— d'immersion 149.8
— d'introduction . . . 149.20
— rechauffé 252.2
—, passer le — sur la graine 23.16
rouler la toison 143.2
roulon 133.10
— saillant 123.9
— vertical 133.12
roussâtre 60.3
routoir 68.4, 81.15
— en pierre 81.16
ruban artificiel 293.1
— en fils brillants agglutinés ensemble . . . 294.8
— du liber 20.10
—, en forme de 100.11, 225.12
rude, fibre 11.21
—, laine 178.6
rudesse de la fibre . . 11.22
rugueux, toucher . . . 60.11
ruminant, animal . . . 26.8
—, bisulque 127.10
rupture de la fibre de soie 227 7

rupture du fil 251.7
—, résistance à la . . . 60.17, 175.23
rutoir 68.4

S.

sable 149.15
sableux, coton 60.18
sac pour laine 183.14
— de papier 194.14
— en toile de coton . . 212.15
—, mettre en . 172.23, 183.13
sack 76.4
sain, laine —e 175.17
saisir le fil avec des pinces 262.16
— le maître brin du cocon 219.17
saison sèche 114.4
salade, feuille de . . . 204.5
salaire du cueilleur . . 38.17
— journalier 25.16
— du mois 25.18
— d'une semaine . . . 25.17
sale, fils —s. 169.24
saletés 146.14, 150.3
salicylate de méthyle . 284.18
salive du papillon . . 190.16
Salix 203.20
salle de classement . . 80.4
— de peignage du lin . 73.14
— de tirage 221.18
— de triage . . 80.4, 170.18
salpêtre, solution de . 218.9
Sambucus nigra 204.2
sang du ver 208.3
sang lacté 208.5
—, pur 128.18
sanseviera guineensis . 113.7
— Kirkii 113.9
— longiflora 113.10
— zeylanica 113.8
sansevière 113.4.5.6
santé de la fibre de laine 175.16
sapin blanc 116.8
— du Nord 203.12
— rouge 116.9
saponaire 151.1
saponifiable 159.18
saponifiant, propriété—e 159.17
saponification . . . 151.9.16
saponifié 159.19
saponifier la graisse . . 150.23, 151.14
saponine 151.3
sarclage 24.11
sarcler 24.12
— la linière 66.18
— la plante parasite . . 79.14
sarcocarpe du coco . . 119.1
sarrasin, cendre de . . 219.5
satisfaisant, affaires en laines —es 186.12
saturation de la fibre par l'humidité . . . 13.19
—, état de 154.6
saule 203.20
— pleureur 203.21
—, fibre du 64.9
sauter, faire . . 26.24, 240.13
sauvageon 201.14
savon . . . 151.10, 152.10.11
— ammoniacal 150.21
— animal 233.10
— blanc ordinaire . . . 152.17
— de chaux 152.19
— dur 151.12
— gluant 152.14
— d'huile d'arachide . . 233.11
— d'huile de coco . . . 233.12
— d'huile de palme . . 233.15
— d'huile de pistache de terre 233.11
— d'huile de ricin . . 233.16
— d'huile végétale . . 233.9
— liquide 233.7
— de Marseille 233.13
— mou 151.11
— neutre 233.18
— d'oléine 233.14
— de potasse 151.11
— résineux 255.14
— de soude 151.12
— de suif 233.17
— vert 151.11
scapus 174.21
schappe 232.9
— peignée 232.16
schappe non peignée . 232.15
Schweizer, liqueur de . 271.9
scintillement de la soie sauvage 227.3
scintiller 227.4
scion 201.13
scorsonère 204.4
scutiforme, écaille . . . 180.20
Sea-Island 56.20
sébacé, glande —e . . 174.13
sébacique, acide 151.5
sec à l'air 67.3, 181.11, 212.17, 292.16
— à fond, devenir . . . 80.10
—, procédé de filage à . 246.13
séchage (v. a. dessiccation) 6.24
— à l'air chaud . . . 213.11
— artificiel 154.10
— des cocons 213.5
— du coton 39.5
— du fil avant bobinage 252.1
— de la laine 146.11, 149.3, 153.20
— du lin 69.24
— préparatoire de la soie 237.15.16
— de la soie 237.18
— par suspension . . . 107.22
— des tiges 80.8
— dans le vide 14.4
—, appareil de 252.3
—, suspension pour . . 95.4
séchant à l'air 260.10
sécher (v. a. dessécher) . 7.1, 80.10
— l'amiante ramolli . . 241.7
— avant l'ensemencement 65.21
— avant rouissage . . . 101.24
— à la chaleur sèche . 213.10
— le chanvre 80.7
— le coton 39.6
— les feuilles 198.16
— le fil 251.17
— les graines 194.17
— la laine 154.1
— le lin 69.18
— le lin au soleil . . . 70.1
— la natte de paille . . 205.4
— en plein air 95.5
— la semence 78.16
— la soie 237.17
— au soleil 70.1, 82.24, 213.8
— les tendons 239.9
— à la vapeur sèche . . 213.12
—, faire 63.13, 112.13, 149.2, 213.6
—, faire — le fil sur des rouleaux rechauffés . 252.2
—, faire — lentement . 82.23
—, faire — la litière avec de la balle 205.8
—, faire — la soie sur la bobine en verre . . 277.6
—, faire — sous tension 282.11.13
—, se 280.8
sécheur, tambour . . . 149.4
séchoir 70.4, 150.5, 154.8
— à boîte pour laine . 155.4
— à claies pour laine . 154.15
— à laine à tabliers superposés et désaxés. 155.2
— à laine à tambour tournant 154.19
— à laine à tambours superposés 155.5
secouement de la toison 171.3
secouer à la main le chanvre broyé . . . 84.5
— la toison 171.4
secoueuse à étoupes . . 85.9
sécréteur, partie — rice de la glande . . . 191.13
section arrondie de la cellule 95.17
— carrée, fil de 293.12
— circulaire . . . 9.20, 44.12
— éliptique 44.10
— irrégulière 9.21
— ovale 9.22
— polygonale . . . 9.24, 95.18
— réniforme 44.11
— transversale . . 9.19, 181.15
— triangulaire 9.23
seigle, paille de 119.22
sel 265.1
— ammoniac 265.19
— d'aluminium 274.20
sel d'ammonium . . . 274.13
— se combinant à l'ammoniaque 274.12
— de cuivre basique . . 270.16
— de cuivre bleu . . . 270.18
— de cuivre de la cellulose 273.5
— cuivreux 266.2
— cuivrique 266.2
— d'hydroxyde de cuivre 271.1
— inorganique 265.3
— magnésique neutre . 266.3
— de magnésium . . . 274.15
— métallique . . 234.22, 281.2
— métallique dissous dans l'alcool . . . 262.6
— métallique lourd . . 281.9
— de plomb 236.15
— de protoxyde de manganèse 281.12
— de Seignette 291.5
— soluble dans l'eau . 96.17
— soluble de zinc . . . 281.11
— de soude 279.5
— de soude acide de l'acide de xanthogénique de cellulose 279.8
— de soude gélatineuse 279.7
— de soude soluble à l'eau 279.6
— stanneux 236.7
— stannique 236.6
— de suint 157.19
— de zinc 281.11
sélection artificielle . . 128.11
— de la graine 195.1
— naturelle 128.12
— de la semence . . . 78.12
sélectionner la semence 78.13
semailles 65.20
— du chanvre 78.10
semblable au collodion 292.10
semence 18.22, 22.12
— de coton 35.11
— de jute 93.11
— légère 79.2
— lourde 79.1
— nécessaire pour l'unité de surface 22.23
— de propre cru . . . 22.13
semer 23.1
— le chanvre 78.11
— clair 23.3
— dru 23.2
— par la machine . . . 23.10
semeuse mécanique . . 23.11
sémi-cylindrique 275.12
—liquide 145.11
semoire mécanique . . 23.11
sensibilité aux acides . 98.7
— aux alcalis 229.5
— à l'eau 288.13
sensible à la chaleur . . 273.12
sentence du comité d'appel 51.11
— du conseil des arbitres 51.2
sentir l'huile (semence) . 79.6
séparation v. a. élimination
— de l'acide nitrique . 265.10
— des chardons de la fibre 163.22
— de la fibre à main . . 94.20
— de la filasse de la tige 94.19
— de la magnésie . . . 266.5
séparer v. a. éliminer
— les capsules en battant le lin au fléau . . . 67.6
— la matière grasse . . 158.17
— par le peignage le brin de paille aplati . . 120.14
— le savon de la colle . 152.15
— les vers malades des vers sains 206.16
—, se — facilement de la fibre (pulpe) . . . 114.9
séran 87.6
— intermédiaire 73.19
— à main 73.15
— moyen 73.19
sérançage 73.14
— du chanvre 87.1
— du lin 73.11
— à la main 87.5
— mécanique 87.17
sérancé à la main . . . 91.16
sérancer le chanvre . . 87.2
— le lin 73.12
— le lin graduellement . 73.17
—, machine à 87.18
séranceur 73.13, 87.15
—affineur 87.16
sérançoir 73.15, 87.6
séricigène 189.6.8
séricine 16.8, 210.1
— cassante . . . 210.19, 225.20
— à demi liquide . . . 210.15
— dure 225.19
série de peignes . . . 89.6
sérimètre 12.17
serment, faire prêter . . 28.7
serpentin de refroidissement 263.9
— de vapeur 157.1
—, en forme de 148.5
serrage, mécanisme de — pour les gaines . . . 108.6
serré, à poils —s . . . 136.16
serrer la poignée de chanvre 88.8
sève caustique de l'agave 109.19
— de la cellule 20.17
—, à — exubérante . . 19.15
—, à faible 19.15
shoddy 9.12, 170.12
siccatif, huile non — ve 294.6
sida 105.4
silicate de potasse 233.21, 264.10
silicique, acide 198.9
sillon pour la graine . . 23.5
— du sol 22.3
silo pour la plantation 25.7
simili-or 297.22
similisage 5.17
similiser 5.17
sinciput 131.21
siphon, conduite à . . 250.9
Siphonia brasiliensis . . 295.1
— elastica 294.14
sirupeux, solution — se 292.9
Sisal, chanvre de . 1.9, 108.13
—, faux chanvre de . . 109.4
situation du marché . . 186.8
— du marché cotonnier 56.12
sociable, espèce de ver . 197.9
société de plantation . 25.5
sodique, cellulose . . . 119.10
soie (v. a. soie artificielle) 1.13, 188.16
— à l'acétate . . 242.12, 283.4
— de l'ailanthe 232.5
— de l'anaphe 232.8
— d'araignée 232.21
— artificielle (v. a. soie) 1.15, 46.20, 242.2
— artificielle à l'acétate de cellulose 283.3
— artificielle de collodion 254.13
— artificielle à la gélatine 242.13
— artificielle aux gelées végétales 242.13
— artificielle à l'osséine 242.13
— artificielle à l'oxyde de cuivre ammoniacal . 267.12
— artificielle aux substances albumineuses 242.13
— artificielle, de . . . 242.6
— d'asclépiade 63.21
— de Beaumontia grandiflora 64.4
— des brins de laine . 136.24
— du calotropis 64.3
— de caséine 287.1
— à la cellulose . . . 242.8
— de Chardonnet . . . 242.9
— de Chardonnet dérivant de la nitrocellulose 254.13
— chargée 234.20
— chargée de sucre . . 235.23
— chlorurée 236.3
— claire 226.24
— au collodion . 242.9, 263.15
— commerciale 230.14
— du coton 60.24
— crue 231.17
— cuite 231.16, 234.8
— au cuivre 293.4
— au cuivre ammoniacal 242.10
— décreusée 233.22
— dégommée 234.4
— dévidée 224.10
— douce 59.22
— écrue 231.17
— égale 59.16
— endommagée 61.6
— Eria 232.2
— faible 59.21
— Fagara 232.1
— folle 214.8
— forte 59.20
— de gélatine 286.11
— grège 224.11

soie grège de l'Asie . . 230.17
— grège de l'Asie Mineure 231.4
— grège du Bengale . . 231.1
— grège à brin fin . . 231.14
— grège à brin grossier . 231.15
— grège de la Chine . 230.18
— grège de la Corée. . 230.23
— grège de l'Espagne . 231.10
— grège de l'Europe. . 231.6
— grège française . . . 231.9
— grège en grands écheveaux 231.20
— grège de la Grèce . . 231.7
— grège de l'Hongrie . . 231.12
— grège des Indes. . . 231.1
— grège de l'Italie . . . 231.8
— grège du Japon . . 230.19
— grège du Levant . . 231.3
— grège de la Perse . 231.2
— grège en petits écheveaux 231.19
— grège de la Suisse. . 231.11
— grège de la Syrie . . 231.5
— grège uniforme . . . 224.12
— indienne du Mezankoora 232.6
— irrégulière 59.17
— marine. 232.18
— de la marsdénie . . . 64.6
— de mauvaise couleur. 227.2
— de mer 232.18
— mi-cuite 234.11
— Muga 232.3
— du mûrier . . 188.21, 230.15
— du mûrier sauvage . 231.22
— naturelle . . . 188.20, 230.16
— à la nitro-cellulose . 242.9
— à la nitro-cellulose de l'acétate de collodion 261.4
— à la nitrocellulose de collodion d'acétone . 261.18
— à l'oxyde de cuivre ammonical. 242.10
— à l'oxyde de cuivre ammonical, installation pour la fabrication de la 268.1
— au pyroxyle 242.9
— redévidée du Japon. 230.22
— du Rondontia . . . 232.7
— rose 227.1
— sauvage . . . 188.22, 231.21
— souple 234.11
— sthenosée 254.5
— du strophantus . . . 64.5
— terne 226.23
— ayant du toucher . 226.13
— tussah de la Chine. . 231.23
— tussah des Indes . 231.24
— uniforme 61.5
— végetale 8.20, 63.18
— végétale d'un beau blanc 63.19
— végétale du gomphocarpus fructicosus . 64.7
— végétale jaune rouge 63.20
— végétale de Syrie . . 64.2
— de verre 298.9
— viscose. . . . 242.11, 277.15
— du yama-maï . . . 232.4
—, bonne 59.18
—, très bonne. 59.19
—, courte. 137.5
—, grande 188.21
—, grosse 61.7
—, longue 137.3
soin, avec 143.22
sol argileux 20.23
— caillouteux 21.1
— calcaire 20.24
— drainé 21.4
— engraissé 21.6
— ferrugineux. 68.14
— humide 21.3
— labouré 22.6
— meuble 21.5
— riche en humus. . . 20.22
soleil, exposer au . . . 205.5
—, sécher au . . 82.24, 213.8
solidification de la graisse de laine 146.4
— de la séricine. . . . 210.16
solidifié, suint. 146.5
solidifier, se . . 146.3, 210.12
solidité du colorant . . 14.21
—, grande 114.10
solubiliser la cellulose . 243.11
solubilité dans des alcalis 229.6
— de la cellulose . . . 243.9
— dans l'eau 286.16
solubilité de la laine . 181.23
soluble dans l'eau . . . 96.17, 151.13, 279.1
— dans l'éther 46.18
solution (v. a. bain, lessive, liquide, liqueur, solution à filer) . . . 156.2
— d'acétate de cellulose dans l'acide formique 283.8
— d'acétate d'éthyle . 262.5
— d'acétate de magnésium 284.5
— d'acétone 261.19
— alcaline . . .97.2.11, 182.2
— alcaline de caséine-acétone 287.8
— alcaline concentrée . 270.1
— alcaline de cuivre . 271.12, 291.4
— alcaline de cuivre-glycérine 289.11
— alcaline diluée . . . 270.2
— alcaline étendue . . 270.2
— alcoolique aqueuse de caséine 287.10
— alcoolique de chlorure d'ammonium. . . . 259.12
— alcoolique de chlorure ferreux 259.1
— ammoniacale d'argent 98.2
— ammoniacale d'oxyde de nickel 289.14
— aqueuse de sel d'ammonium 274.13
— aqueuse concentrée d'acide chromique . 98.16
— aqueuse de glycérine 258.2
— aqueuse de iode et de iodure de potassium 289.16
— aqueuse de iodure de potassium 289.15
— aqueuse de rouge Congo 289.10
— aqueuse de sel d'ammonium 274.13
— de Barreswill . . . 98.5
— de bisulfate alcalin . 274.10
— de bisulfite 244.14
— de bisulfite de soude 261.15
— de caoutchouc 254.9, 264.13
— de carbonate de potasse. 157.12
— de carbonate des potasse et de carbonate de soude 102.10
— de caséine 287.3.9
— de cellulose 243.8
— de cellulose dans l'acide sulfurique . . . 282.14
— de cellulose dans les alcalis caustiques . 282.14
— de cellulose pauvre en ammoniaque 273.9
— de cellulose dans le chlaure de zinc . . 282.14
— de cellulose à l'hydrate de cuivre ammoniacal 273.8
— de cellulose mucilagineuse 280.10
— de cellulose à l'oxyde de cuivre ammoniacale 273.6
— cellulosique de chlorure de zinc 282.15
— chaude d'acide tannique 235.11
— chaude de sel ammoniac. 280.17
— chaude de soude . . 282.11
— de chlorure d'ammonium 280.18
— de chlorure de calcium 259.20
— de chlorure ferrique. 98.11
— de chlorure mercurique 98.10
— de chlorure de sodium 274.11
— de chlorure stanneux 259.3
— de collodion 260.6
— semblable au collodion 292.10
— de collodion contenant de l'eau 263.13
— de collodion à haute teneur. 259.11
— concentrée 245.1
— de cuivre ammoniacal 271.14
— de cuivre et de soude 271.13
— cuivreuse. 266.1
— diluée de potasse caustique 182.6
— écumeuse 152.21
solution d'éther acétique 262.5
— éthérée 258.5
— de ferrocyanure de potassium 291.9
— à filer (v..a. solution) 243.4, 244.17, 263.7
— à filer très concentrée 258.16
— à filer filtrée 264.22
— à filer visqueuse . . 244.19, 273.17
— prête au filage . . . 246.18
— de formaldéhyde . . 156.10
— de formaldéhyde dans l'acétone 254.8
— de gélatine 235.10, 286.15
— d'hydrate de cellulose à l'alcali 283.2
— d'hypochlorite. . . . 269.20
— iodée 97.13
— de naphthol 289.13
— neutre de sel . . . 274.14
— neutre de sel alcalin . 281.4
— de nitrite de soude . 261.20
— d'osséine. 288.1
— d'oxyde de cuivre ammoniacal 271.6, 273.11, 292.7
— de phloroglucine . . 98.14
— de potasse caustique 152.1
— prête au filage . . . 246.18
— riche en cuivre . . . 272.5
— saturée . . . 270.22, 281.3
— de savon. . . 150.17, 234.9
— de savon ammoniacale 277.4
— d'un sel dans l'alcool 262.7
— de sel de cuisine . . 274.11
— de sel métallique . . 235.4, 281.2
— de sel saturée . . . 281.3
— sensible à la chaleur 273.12
— de silicate de potasse 264.10
— sirupeuse. 292.9
— de soude 218.8
— de soude caustique 151.17, 255.13, 266.7, 272.17, 283.1
— stable d'oxyde de cuivre ammoniacal 273.11
— de sucre 235.20
— de sulfate de cuivre 270.15, 291.6
— de sulfate ferreux . 281.13
— de sulfate de nickel 287.17
— de sulfure de sodium 266.9
— de verre soluble . . 97.7
— de viscose 277.19, 279.11, 293.7
— de viscose purifiée . 279.18
— visqueuse 258.17
—, la — contient des bulles d'air 246.4
—, la — devient impropre au filage . . 246.11
—, la — devient très liquide 246.10
—, la — sort de la filière sous forme de fil. . 248.16
—, la — sort par des filières 246.21
sommeil, période de . . 206.7
sommet de l'arbre. . . 200.9
son de la laine 176.3
sonnailler 130.5
sonorité de la laine . . 176.2
sorte de cocon . . . 214.4.11
— de coton 61.8
— de la laine 165.6, 167.2, 172.11
— meilleure 61.12
—s de soie artificielle . 254.12
sortie de l'air comprimé 268.4
— irrégulière de la solution 248.14
— lente du fil 249.11
— du papillon du cocon 191.1
— de la solution. . . . 268.2
—, droits de 33.11
sortir du cocon (papillon) 191.2
— par des filières (solution) 246.21
— sous forme de fil (solution) 248.16
souche d'origine . . . 122.8
soude . . . 45.8, 102.9, 151.24
— ammoniacale 150.13
— anhydre 272.18
— caustique 151.16, 272.16, 278.16, 287.16
— caustique concentrée. 46.7
— Leblanc 163.18
— sulfatée 163.18
soufflerie 155.6
souffleur de verre . . . 276.12
soufflon 215.8, 216.11
soufflure 276.9
soufre 16.13, 208.20
— amorphe 293.14
soufrer le cocon . . . 213.19
soumettre à un séchage préparatoire 237.15
— à un rouissage final. 82.10
soupape d'aspiration . 281.17
— de sortie 281.18
souple 234.10
—, fibre 10.10
souplesse 179.22, 288.18
— de la fibre 10.11
—, classer d'après la. . 89.15
—, grande 10.12
sous-espèce 61.11
—produit alcalin. . . . 278.20
—produit de l'extraction du carbonate de potasse. 157.20
soyeux, brillant 11.12
—, fibre — se 11.13
spadice 118.6
— du fruit 106.12
— du typha 116.3
spart(e) 116.17
—, fibre du 116.16
Spartium junceum . . 104.13
— scoparium 104.15
spéculation 53.1
spéculer 52.24
— à la hausse 54.14
spongieux 13.7, 287.6
spongiosité de la fibre 13.8
spore. 207.13.14
squeezer 148.7
squelette du mouton . . 127.12
— osseux 127.17
stabilisation du collodion en laine 257.17
stabilité de la nitrocellulose 257.6
stable, chimiquement. . 257.5
—, solution 273.11
stade de maturité du jute 93.15
stagnant, eau —e . . . 94.11
standard 49.2
—, brin 180.10
stanneux, oxyde — de soude 98.13
station agricole expérimentale 25.20
stéarine 152.5
steen 76.5
steppe, mouton sauvage des —s 123.17
—, plante de 109.23
stérile, race ovine . . . 131.4
sthénosage de la soie artificielle 254.4
sthénosé, soie —e . . . 254.5
sthénoser la soie artificielle 254.3
Stipa tenacissima . . . 116.17
stock en magasin 31.7, 186.18
— de soie 230.1
stone. 76.7
strasse 232.13
striation faible superficielle de la soie du mûrier 225.14
— longitudinale prononcée de la soie sauvage 225.15
stries fines 74.18
— en spirales 105.12
strophantus, soie du. . 64.5
structure anatomique . 174.3
— du brin de laine . . 180.15
— capillaire. 173.7
— cellulaire 192.6
— du cocon. 215.11
— de la fibre . . . 15.11, 44.3
— externe 12.22
— de la fibre de soie . 229.4
— histologique . 18.16, 191.12
— homogène 210.18
— de la mèche 136.23
— réticulaire 171.9
— rétiforme 212.1
— du squelette 127.16
— de la toison 136.21
—, sans 209.15, 226.4
substance v. a. matière
— albumineuse . 242.13, 286.21
— cellulosique 287.20
— colorante 179.13
— cornée 280.4

substance explosive . . 263.14
— gommeuse . . . 67.13, 94.4
— gommeuse végétale . 16.6
— grasse 44.8
— inorganique 16.10
— intercellulaire 90.16
— médullaire 181.9
— nutritive 133.21
— nutritive azotée. . . 134.2
— nutritive non-azotée. 134.3
— nutritive inorganique 133.23
— nutritive minérale. . 133.22
— nutritive organique . 134.1
— nutritive du sol . . 21.2
— organique . . 16.9, 271.14
— visqueuse 210.8
substitution des feuilles du mûrier 204.3
— de savon 152.20
subtropical, plante —e . 18.5
succédané des feuilles du mûrier 204.3
— de savon 152.20
succomber (mouton) . 135.21
suc gastrique alcalin . 208.13
sucre de canne 271.20
— de lait 271.19
— de raisin 271.18
sudoripare . . . . 174.19.20 .
suée de la laine tondue 143.6
suffocant, gaz 213.13
suffocation de la chrysalide 213.14
suffoquer la chrysalide . . 213.15
suiffeux, suint 145.11
suint 145.8
— cireux vert 145.12
— doux 145.10
— huileux 145.10
— très liquide 145.10
— résineux 145.13
— rougeâtre 145.14
— semi-liquide 145.11
— suiffeux 145.11
— tenace 145.15
suintine 158.9
suivre la voie légale. . 50.24
sujet 201.14
sulfate 94.17
— acide de sodium . . 161.20
— d'alumine 261.13
— d'aluminium 274.21
— d'ammonium 281.6
— d'aniline . . . 17.11, 97.15
— de baryte 294.1
— de cuivre 260.22
— de cuivre basique . . 270.17
— de cuivre cristallisé . 270.14
— de cuivre pulvérisé . 270.13
— ferreux 281.10.13
— de magnésium . . . 274.16
— de nickel 287.17
— de potasse . . 45.7, 145.18
— de soude . . . 162.1, 271.5
— tétramine de cuivre . 271.4
sulfaté, soude 163.18
sulfhydrate 266.19
— d'ammonium 265.20
— de calcium 266.20
— de magnésium . . . 266.4
— de sodium 266.8
sulfité, cellulose —e . . 119.11
sulfocarbonate 266.21
sulfocellulose 282.17
sulfo-cyanuré, composé alcalin 292.8
sulfure 266.16
— alcalin 266.11
— de calcium 266.18
— de carbone 156.12, 278.10
— de carbone incolore . 278.11
— de fer insoluble . . 281.13
— de sodium 266.9
sumac, extrait de . . . 235.17
sunn 103.7.9
superposer les fils de soie sur le guindre sous un angle aigu . . . 224.7
support de la filière . 248.8
supprimer l'action de pinçage 112.9
sureau noir 204.2
surface d'absorption . . 277.13
— du liquide coagulateur 248.5
— lisse de la graine . . 63.8
— du poil 180.17
— du poil couverte d'écailles 181.1
— de la toison . . . 136.8.20
surge 167.22
surnager (chènevis) . . 79.8
suroxydé, cellulose —e . 269.6
surpoids 52.13
surpoussée 140.12
surrouir le chanvre . . 82.18
surrouissement 82.14
surveillante de dévidage 221.17
suspendre l'action de pinçage 112.9
— les peaux nettoyées sur des claies . . . 150.4
suspension des fibres 95.4, 107.22
symptôme de la maladie 206.17
syndicat des haussiers . 54.20
système v. a. méthode et procédé
— d'élevage 128.7

T.

table alimentaire . . . 71.6
— d'alimentation . 71.6, 84.1
— de la barre briseuse . 101.9
— sans fin de sortie . 163.6
— de triage. . . 67.1, 170.19
tableau noir 221.13
tablier d'alimentation . 40.15, 147.9
— des barrettes 88.6
— sans fin 155.3
— transporteur résistant aux acides 251.13
—s superposés et désaxés 155.2
taché 60.1
tacheté 60.1
taillage de l'arbuste . . 34.9
taille effilée 127.18
taillé en biseau 252.8
tailler le mûrier 201.18
talc, poudre de 296.7
tamarin 203.19
tamaris 203.19
tambour 147.11, 164.10
— de battage 41.1
— batteur 163.2
— à brosse 89.7
— à couteaux 108.2
— à crible métallique . 41.10
— défibreur 111.8.9
— échardonneur 165.3
— moteur 253.2
— à pointes 153.16
— sécheur . . . 149.4, 154.20
— teilleur 73.1
— tournant 154.19
tamis 245.21
— aux feuilles 198.13
— du fond 63.11
— en toile métallique . 66.1
tamiser l'amiante . . . 241.2
— la semence 78.16
— les tranches des feuilles 198.23
tampico, crin 117.15
tan, décoction de . . . 218.7
tanin 235.5, 286.6
tanner 239.8
tanneur 143.18
tannin 235.5, 286.6
tannique, combinaison . 96.13
tapis, laine à 168.22
tare 29.19
— actuelle 48.18
— de x pour cent . . . 56.8
— nette 56.10
— réelle 56.10
tarif pour matières premières 32.1
— spécial pour matières premières 32.2
— du transport 31.21
— du transport par fer 31.22
taux de la reprise . . . 238.1
taxation de la laine . . 186.21
— de la soude et de la potasse 152.13
taxer la laine 186.22
— la laine à l'œil . . . 186.23
technique des fibres textiles 8.1
— textile 7.12
—, fibre 8.8
technologie des fibres textiles 8.6
— des matières premières 8.4
tégument corné 180.18
teillage du chanvre . . 84.7
— en fin du lin 72.2
— du lin 71.16
— du lin, dernier . . . 72.2
teillage du lin, premier 72.1
— à la main . . . 72.3, 84.10
— mécanique 72.7
teiller le chanvre . . . 84.8
— le chanvre à la main 84.11
— en fin le chanvre broyé 84.9
— le lin 71.17
teilleuse 72.8, 84.17
— à main 72.4
—-piqueuse système Cardon 71.11
teindre 5.13
— la paille 120.6
teinte brune 100.20
— cannelle 117.6
— chocolat 117.7
— foncée naturelle. . . 227.5
— de la laine 172.19
— noir-foncé 117.9
— paille 117.8
— de polarisation des fibres 13.4
teinture 5.12
—, facilité de 15.8
teinturerie 5.14
teinturier 5.15
telettes 232.12
température dans la bergerie 133.7
— de la lessive 150.9
— de la nitration . . . 256.1
— de séchage 213.20
temps de délitage . . . 205.15
— de récolte 24.19
— des semailles 23.4
tenace, fibre 12.14
ténacité 12.15, 288.19
tendance de la Bourse . 54.17
— du marché 186.10
— optiques de la soie . 227.22
tendon 239.7
tendre, fibre 10.13
teneur en air de la soie 228.4
— en argent du fil métallique 297.13
— en azote 257.20, 198.6, 182.10
— en cellulose . 243.7, 244.10
— en cendre 96.20, 181.21, 228.16
— en cire . . . 228.10, 244.7
— en coton 46.1
— en cuivre 272.3
— en eau 14.7, 257.8, 288.16
— en fibre 216.22
— en fibroïne 228.7
— en filasse . . . 20.9, 102.17
— en graisse 44.9, 152.12, 228.11
— en humidité 14.7
— en humidité légale 13.20, 47.10
— de la laine en suint 145.9
— en liber 20.9
— en matière gommeuse 217.7
— en matière solide. . 243.5
— en sel 228.12
— en séricine . . 217.5, 228.8
— en soufre 181.19
— en suint 145.9.21
— variable en eau . . 13.17
tenir au frais la solution 273.14
— un marché aux cocons 229.15
tension du fil 222.14
terme de x jours, à un 30.9
—s généraux employés dans le commerce des matières premières 27.3
—s généraux sur l'expédition des matières premières 31.9
terne 288.10
—, aspect 178.17
—, fibre 11.20
terrain 20.20
— bas 135.15
— qui convient au chanvre 78.5
— planté de cotonniers 36.4
— ferrugineux 68.14
— abondant d'humus . 20.22
terre amendée 21.6
— en friche 21.22
— à haut pâturage . . 135.7
— en jachère 21.22
—s alcalines. 265.22
têtard 172.3
tête blanche, à 122.19
— de la fibre de chanvre 88.10
— de la filière 249.16
— noire, à 123.1
— de presse 245.16
— de la toison 171.15
—, large — de la mèche 137.23
tétrachlorure d'acétylène 284.16
tétrachlorure de carbone 156.13
textile, industrie . . . 7.12
texture du brin de laine 175.14
théorie de la dissolution 17.6
— d'élevage 128.9
thérébentine, huile de . 264.3
thermomètre à mercure 47.6
thermostat automatique 237.14
Thespesia, fibre du . . 105.14
Thiele, appareil de filage 275.16
thiocarbonate de cellulose 278.21
thiosulfate 278.9
tiers-arbitre 51.13
tige 19.2
— de chanvre . . . 80.2, 82.10
— de chanvre branchue 77.14
— de chanvre rameuse. 77.14
— écorcée 101.13
— non-écorcée. 101.14
— fraîche 101.15
— humide 80.6
— de maïs 255.2
— pelée 101.13
— de la plante 65.2
— de la plume 239.16
— du poil 174.21
— rameuse 65.3
— de la ramie 101.5
— rouge 92.21
— sèche 80.9
— séchée 101.16
— verte 93.1
—, à — courte 35.8
—, à longue 35.7
tiliacée 92.16
tillandsie usnéoïde, fibre de la 104.1
tilleul, bois de 121.6
—, liber de 120.20
timbre du connaissement 32.20
timbrer le carton . . . 194.12
tirage du cocon à l'eau 220.15
— à la française . . . 220.18
— à l'italienne 220.17
— à sec des cocons . . 220.13
— de la soie du cocon 220.5
tirer le chanvre par poignées 79.23
— le cocon à l'eau . . 220.16
— le cocon à sec . . . 220.14
— les cocons séchés . . 220.13
— les cocons verts . . 220.11
— les lanières à la main entre deux couteaux émoussés 107.15
— la soie du cocon . . 220.7
tissage 3.19.22
tisser 3.20
tisserand 3.24
tisseur 3.24
tissu 3.21
— adipeux 208.9
— adipeux gonflant . . 206.4
— corné 15.21, 181.17
— lignifié 244.12
— organique dans la peau 174.1
titrage de la soie . . . 238.3
titre décimal 239.5
— de la dorure 297.8
— fin 239.2
— gros 239.3
— international 239.5
— moyen 239.1
— de la soie 238.5
— de la soie conditionnée 238.7
— de la soie dégommée 238.8
titrer la soie 238.4
toc d'entraînement pour les griffes 108.7
toile d'emballage 42.17, 113.3
— d'enveloppe 42.17
— filtrante 245.18
— à filtrer 245.18
— à filtrer en coton . . 245.20
— à filtrer interchangeable 245.19
— de jute 42.18
— métallique 66.1
— métallique à x mailles par unité de surface 275.3
toison 171.2
— chauffée 171.1
— déchirée 172.6
— enroulée 170.22
— étendue 171.10
— lourde 131.15, 142.23
— à mèches isolées . . . 138.10
— à mèches rebelles . . 138.11
— à mèches réfractaires 138.11
— montrant des raies . 141.11

toison en paquet . . . 143.4
—s en paquet 170.22
—s triées 172.8
toit de la chambre . . 154.18
tôle de guide 41.6
tolérance 238.1
tomber malade . 135.20, 206.12
— en morceaux (toison) 178.19
—, faire — des poils dépéris 173.17
tondaison du mouton . 141.15
tondeur 142.2
tondeuse 142.3
tondre la laine lavée . 141.17
— le mouton 141.16
— le mouton étant debout 142.7
— la toison jusqu'à la peau 142.10
—, machine à — les moutons 141.20
tondu 167.10
tonte. 167.9
— faite deux fois par an 142.17
— faite une fois par an 142.16
— fraîche 167.14
— de la laine sale . . . 141.18
— du mouton 141.15
— de la peau 143.12
— à poil ras 142.9
— de la toison 143.12
— d'un troupeau . . . 167.15
— unique 142.16
Topham, appareil de — pour le filage de la viscose 282.1
tordre les fils de soie avant le dévidage . 221.8
— la tresse de chanvre 86.6
tordu, fibre —e 10.24
torsion de la fibre . . . 11.1
— en tire-bouchon de la fibre 44.4
— en vis du fil de soie sauvage 225.13
—, fausse 221.9
tortis de paille 204.15
toucher le coton . . . 60.5
— du coton 60.7
— cotonneux 226.21
— craquant 226.16
— creux 177.11
— doux 60.8, 226.17
— dur et élastique . . 226.18
— élastique 177.12
— étoupeux 60.12
— ferme 60.9
— de la laine 177.9
— moelleux 226.19
— mort 177.11
— de paille de la soie à l'acétate 285.21
— plein 177.10
— rude 60.10, 226.14
— rugueux 60.6.11
— sec 226.20
— de la soie 226.11
— de la soie artificielle 288.3
— soyeux de la laine . 177.13
touffe 115.6.7
touffu, devenir 200.5
—, laine —e 178.13
tour 221.11
— automatique 222.1
tourbe de l'ériophoron . 115.14
— fibreuse 115.19
—, fibre de la. 115.12
tourbière 115.18
tournant, plaque —e . 42.14
tourner l'étoupe . . . 85.14
— le lin 68.15
— la tresse de chanvre 86.7
tournesol, papier de . . 163.19 289.12, 290.1
tournis 136.5
tourteau de graine de coton 41.18
trait de laine peignée . 168.20
traite 30.11
— avec paiement à vue 30.12
traitement à l'arsenic . 144.5
— chimique 294.4
— des fils par le formaldéhyde 287.12
— ultérieur du fil de soie artificielle 273.15
— préalable de la cellulose par la lessive de soude 269.15
traitement préparatoire de la cellulose . . . 255.9
traiter l'acétone avec du permanganate de potassium 262.1
— avec des acides . . . 228.18
— la cellulose dans un acide étendu 278.7
— la cellulose dans une lessive alcaline aqueuse 278.19
— le coton par un acide sulfo-oxyde 259.21
— le coton à la soude caustique concentrée . 46.7
— les eaux de lavage de la laine 158.3
— la fibre de laine par un alcali 182.4
— le fil postérieurement à la lessive de soude 276.15
— le fil de viscose par une solution de sel métallique 281.2
— les graines avec une brosse dure 196.11
— la laine à l'eau chaude 149.12
— la matière fibreuse par des corps oxydants . 255.10
— la soie avec des acides 228.18
— la soie par une solution de savon ammoniacale 277.4
trame 3.12
tranchant du couteau 72.11 84.20
tranches, petites — des feuilles 198.21
transactions 186.16
— en soie 230.11
transbordement 31.16
transformation de la cellulose en nitrocellulose 255.7
— en chrysalide 37.17, 212.3
— en tourbe 115.16
transformer le caoutchouc en une pâte plastique 295.22
— la cellulose en une combinaison nitrée . 255.6
— la cellulose en viscose 278.6
— la pectose en pectine facilement soluble . 102.15
—, se — en bouillie . . 208.8
—, se — en tourbe . . 115.17
transit par voie d'eau dans le pays d'origine 48.19
—, droits de 33.12
transmettre la maladie par la contagion . . 207.1
transmission héréditaire 129.2
transparence 44.5
— vitreuse 288.11
transpiration de la laine tondue 143.6
transpirer 143.5
transplanter le mouton 131.6
transport 47.12
— à l'autre point de travail 112.1
— du coton 48.22
— maritime 42.2
—, frais de 31.13
transporter la laine humide au moyen d'une soufflerie 155.6
transporteur, chaînes —ses des griffes 108.8
transveral, coupe —e . 95.11
trapéziforme 164.19
travail animal 21.23
— d'épuisement du sol 21.21
— au fuseau 3.9
— à la houe 22.1
— humain 21.24
— manuel 21.24
— de la peau à la chaux 144.3
travailler à la lumière polarisée 227.16
— la paille en brin . . 120.3
— la paille en couleur naturelle 120.4
— le suint pour du gaz d'éclairage 158.13
traverser un bain de soude (fil de soie) 261.9
treillis de fil galvanisé . 155.1
— métallique pour la laine 154.12
—, en forme de 204.18
trémie alimentaire . . . 40.16
trémie d'alimentation . 63.9
trempage du cocon . . 217.22
— des tiges de chanvre 81.14
tremper dans l'eau de mer les coques de la noix de coco. . . . 118.19
— la laine 148.16
— la tige à l'eau . . . 102.2
— les tiges de chanvre . 81.13
température de rouissage 82.5
très bas (sorte de coton) 300.20
— ordinaire (sorte de coton) 300.18
tressage 3.6
tresse 3.8
— de chanvre 86.5.8
tresser 3.7
— les plumes de feuille les unes avec les autres 118.5
tréteau à sécher 112.12
triacétate 283.12
— de cellulose 283.13
triage des cocons . . . 212.18
— du jute 99.5
— de la laine 170.15
— du lin 75.18
—, établissement de . . 170.17
—, salle de . . . 80.4, 170.18
—, table de . . . 67.1, 170.19
triangulaire, section . . 9.23
tricotage 4.6
—, atelier de 4.9
tricoté, article 4.8
tricoter 4.7
tricoteur 4.10
trier d'après la finesse 89.14
— les cocons pour l'élevage 212.19
— la laine 170.16
— selon la longueur . . 80.2
trieur de laine 170.20
trisannuel, assolement . 36.10
trompe 192.9
tronc 19.6
— d'abaca bon à couper 107.3
— apparent 106.4
— de l'arbre 200.10
— court 19.9
— élevé 19.7
— moyen 19.8
tropique, plante 18.4
trop-plein, tuyau de . . 250.8
trou d'ouverture du cocon 215.24
— de plantoir 23.6
— pour la semence . . 23.6
troupeau de moutons . 114.13
trusquin à lame . . . 121.11
tube v. a. tuyau
— d'amenée d'eau . . 262.14
— capillaire 262.13
— capillaire en verre . 276.8
— courbé en forme d'entonnoir 248.9
— à filetage intérieur . 250.18
— métallique tournant . 223.15
— récepteur 251.5
— de verre étiré en capillaire 247.3
—s cylindriques 74.17
tuer la chrysalide par des gaz suffocants . 213.13
tulle, cellule en 194.7
tungstate de soude . . 265.7
tunica propria 192.5
turbinage de la laine . 153.10
turbiner la laine . . . 153.9
tussah, papillon 190.8
—, ver à soie 193.4
tuyau (v. a. tube) . . . 121.16
— d'alimentation . . . 275.6
— d'amenée pour la solution à filer. . . . 263.2
— d'aspiration 267.5
— en caoutchouc . . . 275.7
— de chauffage 237.7
— flexible, lavage à . . 147.1
— de graissage pour les ventilateurs 154.16
— ligneux de roseau . . 121.18
— de trop-plein 250.8
— à jet d'eau 150.2
tuyère à jet d'eau . . . 148.6
tympanite 136.4
type pour affaires à termes 56.6
— de cocon japonais . 214.14
— garanti 56.2
— d'origine 122.3
Typha angustifolia . . 116.5
— latifolia 116.4
typha, fibre du . 64.11, 116.1

U.

uji (mouche) 207.6
ultramicroscope 290.23
ultramicroscopie 290.21
ultrastructure de la soie artificielle 290.24
unicellulaire, duvet végétal 8.19
uniformité 179.21
— des mèches 137.10
— de la toison 136.19
unité de longueur . . . 181.2
— de superficie 38.15
— de surface . . 22.23, 275.3
univoltain, variété —e . 197.19
urate ammoniacal . . . 150.11
— de potassium . . . 209.16
urène, fibre de l' . . . 105.13
urine pourrie 150.19
Urtica dioica 100.4
urticée 100.3
usine v. a. fabrique, atelier et établissement
usine d'apprêts 5.20
— d'égrenage 38.23
— de lavage à façon . . 147.5
— de lavage pour laine 146.15, 158.2
— textile 7.17
ustensiles pour l'élève . 196.1
utile, animal 26.11
—, plante 18.8
utilisation des graisses de la laine 158.1

V.

va-et-vient, mouvement de 84.2
vaccination des agneaux 136.2
vache, poil de 187.20
vagina pili 174.9
vaisseau dorsal 19.19
valeur commerciale de la soie grège 230.7
— date d'achat 49.8
— d'élevage 128.13
— de la laine 186.24
— nutritive des plantes 135.11
— supérieure, livrer avec 47.20
— de la toison 171.14
— de vente 28.24
valve de la graine de coton 35.10, 36.15
vapeur chauffée 151.6
— d'éther 263.17
— sèche 213.12
—, passer à la 256.16
—s acides 256.18
—s d'ammoniaque . . 273.10, 275.4
—s d'éther 267.1
vaporisage 6.14
vaporisation . . 157.17, 286.18
vaporiser 6.15
variation défectueuse de la laine 179.2
— d'humidité 13.13
— de l'humidité de l'air 14.8
variété bivoltaine . . . 197.20
— de jute blanc 92.19
— de jute rouge 92.20
— du mûrier noir . . . 199.15
— univoltaine 197.19
—s de cellulose 244.1
variole du mouton . . 136.1
varlope 121.10
vase rafraîchisseur avec surface d'absorption 277.13
— réducteur 292.18
veau, poil de 187.21
végétal, fibre —e . . . 8.16
végétaux 161.4
veine 26.18
— d'amiante 240.9
velu, coton 37.3
—, laine —e 178.12
—, ver 197.8
vénéneux, préparation —se 144.7
vendeur 28.14

vendre à la commission 185.2
– au comptant 30.6
– à l'encan. 185.22
vente 28.23
– de gré à gré 185.1
– aux enchères 185.21
– des peaux 144.22
ventilateur . . . 153.19, 269.3
– pour séchage des feuilles 198.17
ventilation 197.2
ventiler l'atelier d'élevage 197.3
ventre 132.14, 171.24
ver de l'ailante 193.6
– du Antheraea Pernyi 193.5
– atteint du gras . . . 208.1
– blanc 66.11
– blanc de lait 192.17
– des capsules 37.9
– à cocon blanc . . . 189.18
– à cocon jaune . . . 189.16
– à cocon vert 189.17
– éclos. 196.14
– de famille 193.8
– gris-de-perle 192.18
– gris-foncé 193.1
– hydropique 207.20
– individuel 193.7
– infecté 206.15
– pébriné 208.11
– exempt de poils . . 197.7
– phtisiqué 207.22
– pileux 197.8
ver à soie 191.4, 192.16, 247.2
– à soie atteint de la muscardine 207.17
– à soie filant son cocon 209.8
– à soie fileur . . . 209.8
– à soie mûr 196.20
ver à soie du mûrier coconné 216.20
– à soie prêt à filer . 209.5
– à soie sauvage du mûrier 193.2
– à soie tussah . . . 193.4
– à soie yama-maï . . 193.3
– tardif 206.10
– velu 197.8
– vorace 198.1
verdâtre 74.13
verger de mûriers . . . 200.20
vérification du poids . 48.9
vérifier l'allongement de la fibre 12.2
vermoulu, cocon . . . 217.13
vérole, petite – du mouton 136.1
verre 1.18, 298.7
– filé 9.9, 298.8
– soluble 233.21
verrerie 276.11
verser une solution ammoniacale sur le cuivre 271.7
vert-clair 109.13
—-foncé 109.16
—-grisâtre 109.15
—-malachite 276.19
—-obscur 36.23
—-pâle 215.6
—, engrais 21.13
vertèbre cervicale . . . 127.14
– du cou 127.14
– de la queue 127.15
vertébré, animal . . . 26.6
vibrionide, microcoques —s 208.15
vide, dans le 14.4, 96.21, 258.15
vider le réservoir . . . 274.2
—, se 248.5
vieillir, laisser – la semence 78.17
vigogne 126.12
vinaigre glacial . 183.7, 289.8
– glacial contenant de l'acide sulfurique . 284.3
vineux, coton 37.5
violet, couleur —te . . 106.11
vis de vérin 245.15
viscoïde 278.21
viscose 242.11, 277.18
– brute 279.12
– brute impure . . . 279.14
– mûre 279.16
viscosimètre de Cochius 258.1
viscosité du collodion . 258.11
– de la solution à filer 244.20.21
visqueux, substance —se 210.3
vitesse d'écoulement . 248.15
– du fil 249.12
vitreux, lustre 179.17
vivace, plante. 18.7
vivre, manière de – du mouton 130.13
voie légale, suivre la . 50.24
voiture 31.20
volant 63.8, 101.8, 148.3, 150.1
volatil, dissolvant . . . 156.4
voltée, appareil de . . 88.5
—, faire la 88.9
vorace 198.1
voracité du ver 197.23
vrille 224.18
– du lin 66.12
—s 224.4
vue du brin de laine au microscope. . . 180.14
vue, à x jours de . . . 30.13
vulcanisé, huile —e . . 260.9
vulcaniser le caoutchouc 254.10, 296.1

W.

wagon, franco. 56.6
warrant avec avance d'argent 184.15

X.

xanthate alcalin de cellulose 279.2
– de cellulose 278.21
– de cellulose de la viscose brute 279.13
– de soude 279.3

Y.

yama-maï, papillon . . 190.9
—, ver à soie 193.3
Yaquilla, fibre du. . . 105.16
yeuse 203.15
Yucca, fibre du . . . 117.17

Z.

zoologie 26.3
– du mouton 127.5
zoologiste 26.4
zostère marine 120.20

Russisch · Russian · Russe · Русскій · Russo · Ruso

A.

абака 106.2
абельмоск 105.15
абсолютная влажность 14.7
абсолютно сухое вещество 47.9
абсорбаціонная способность 13.12
абсорбація газа шерстью 183.9
– шелком металлических солей 234.22
абсорбировать, торфяное волокно абсорбирует влагу 115.22
абсорпціонная способность 115.21
абсорпція 267.1
аваріей попорченный 47.15
аварія 47.17
австралійская шерсть 166.20
автоматическій 222.1
агава, американская 113.14
–, мексиканская 113.14
–, сизаль- 109.2
агент 27.10
–, желѣзнодорожный 49.15
–, спеціальный, по плантаціи, министеріи земледѣлія в Соединенных Штатах Сѣверной Америки 56.15
агрономическая школа 25.21
агрономія 20.18
азіатскій шелк-сырец 230.17
азот 45.13
азота лишенное питательное вещество 134.3
азотистая кислота 272.20
азотистокислая мѣдь 272.15
– щелочь 266.10
–лый аммоній 272.14
– натр 261.20, 265.4
азотная кислота 228.19
– –, дымящаяся 183.3
– –, концентрированная 46.16, 183.3
– –, крѣпкая 46.16, 183.3
– –, разбавленная 98.15
азотнокислое серебро 98.1
– соединеніе целлулозы 255.8
–лый этил 264.1
– эфир 264.1
– эфир целлулозы 255.8
азотосодержащее вещество 244.8
– питательное вещество 134.2
айлантовскій шелковичный червь 193.6
айлантскій шелкопряд 190.1
айлантус, дерево 203.8
–, шелк 232.5
аккумулятор 42.13
аклиматизація шелкопряда 197.18
аклиматизировать овцу 130.17
акр 36.6
аксептація векселя банком 30.17
– векселя векселедателем 30.16
активность рынка 186.13
Алабамскій хлопок 57.6
алеппо, бѣлая шерсть 166.7
алифатическая кислота 283.6
алкиламин 271.10
алкоголь (с. т. спирт) 156.7 258.6
–, амиловый 156.8
–, денатурированный 260.5
–, метиловый 258.8
алоэ 113.12
алуминат калія 281.7
алуминіевая проволока 297.18
– соль 274.20
–вый, калійно- 281.7
–, натро- 281.8
алуминій, сѣрнокислый 274.21
–, хлористый 162.4, 259.15
алуминія, окись 45.12
альбумин из бѣлков 286.23
альбуминовая ванна 261.10
– нить 286.22
альдегид 260.1
альпака 170.10
–, коза 126.14
амбар 31.6
– для льна 76.1
– для шерсти 184.14
–, полевой 25.7
амбарная подметь 168.24
американская агава 113.14
– мочка 69.5
– пальма-піасава 117.2
– шерсть 116.13
–скій лен 65.15
амиловый алкоголь 156.8
– спирт 267.2
амміак, мочекислый 150.11
–, мѣдно-кислый 75.7
–, свободный 150.22
–, углекислый 150.13
амміак, ѣдкій 272.10
аміат 240.2
амміачная вода 260.23
– окись мѣди 267.12
– сода 150.13
– соль 265.19
–ное мыло 150.21
– соединеніе 150.14
–ный газ 213.16, 272.12
– раствор закиси никкеля 272.6
– раствор мѣдной окиси 292.7
– раствор окиси мѣди 182.11, 260.21, 271.6
– раствор серебра 98.2
–ные пары 275.4
амміачно-кислый никкель 289.14
амміачно-мыльный 277.4
амміачно-хлорное олово 236.4
аммоніе-никкелевое соединеніе 272.7
аммоній, азотистокислый 272.14
–, двусѣрнокислый 284.12
–, двууглекислый 265.6
–, кислый сѣрнистокислый 274.7
–, мѣднокислый 17.12, 45.14
–, сѣрнистый 265.20
–, сѣрнокислый 281.6
–, фосфорнокислый 265.5
–, хлористый 259.12
аммоніум гидросульфид 265.20
аморфная зола 16.19
– сѣра 293.14
анализа бумаги 289.17
аналитическіе вѣсы 47.7
ананас 115.9
ананасовое волокно 115.10
анатомическое строеніе волоса 174.8
анатомія растенія 18.14
анафа, шелк 232.8
ангидрид масляной кислоты 285.10
– пропіоновой кислоты 285.7
– уксусной кислоты 284.1
–, сѣрнистый 213.18, 262.4
англійская гребнечесанная шерсть 168.17
ангорская коза 127.3
– шерсть 187.23
анизотропія 13.1
анизотропный 13.3
анилин 259.9
–, сѣрнокислый 17.11
анод, подвижной 291.15
анод-мѣшалка 291.15
антрахинон 97.14
аппарат (с. т. прибор, приспособленіе, машина)
аппарат для извлеченія амміака 277.11
– для испытанія влажности шелка 237.5
– для обезжириванія 147.13
– для обезжириванія, промывной 147.15
– для опредѣленія влажности 47.4
– для отдѣльнаго обратнаго полученія растворителей 267.4
– для отдѣльной регенераціи растворителей 267.4
– для превращенія в жидкость паров смѣшанные с газом 267.9
– для промасливанія 149.6 155.8
– для пряденія вискозы системы Тофама 282.1
– для разведенія 196.2
– для разводки 196.2
– для сушки шерсти 154.15
– для удаленія жира 156.18
–, водоструйный 148.6
–, кипятильный 218.16
–, кондиціонный 47.4, 237.5
–, непрерывно-промывной 149.7
–, прядильный (с. прядильный а.) 249.7
–, прядильный и мотовильный 253.3
–, прядильный, шелкопряда 192.7
–, сушильный 252.3
–, фильтрующій под давленіем 268.13
–, ящечный, для сушенія шерсти 155.4
аппаратная шерсть 170.9
аппеляціонный третейскій суд 51.9
аппеляція 51.7
апрет, застилающій 294.4
апретированіе 5.18
апретировать 5.19
апретура 5.18
апретурная фабрика 5.20
апретурщик 5.21
арбитр 51.6
арбитраж 50.2
арбитражный сбор 54.21
арбитраціонное судопроизводство 51.3
аргали 123.12

арендатор 25.11
арэометр 152.18
асбест 1.14, 240.2
— в роговой обманкѣ 240.4
— сырец 240.16
—, длинноволокнистый 241.9
—, измельченный 241.5
—, кислотоупорный 241.23
—, коротковолокнистый 241.10
—, молотый 241.4
—, непрозрачный 241.13
—, огнестойкій 241.22
—, огнеупорный 241.22
—, отсѣянный 241.3
—, очищенный 240.19
—, переливчатый 241.14
—, прозрачный 241.12
—, просвѣчивающій 241.12
—, размолотый 241.4
—, серпентиновый 240.5
—, тонковолокнистый 241.11
асбестовая залежь 240.12
— копь 240.11
—вое волокно 240.6
асклепія 63.21
ассиметрично 19.23
астраханская шерсть 166.8
атласник 189.19
атласный 215.8
атрофія шерсти 178.21
аукціон по продажѣ шерсти 185.21
—, послѣдній 186.9
аукціонатор 186.1
аукціонист 186.1
африканская пенька из сансевіеры 113.7
— піасава 117.5
— шерсть 166.17
—скій хлопок 58.23
ацетальдегид 260.2
ацетил, хлористый 284.2
ацетилированіе клѣтчатки 283.18
—, неполное 283.19
ацетилировать клѣтчатку 283.17
ацетилирующее вещество 283.16
ацетон 262.1
ацетоновый раствор 261.19
— раствор казеина, щелочный 287.8
— раствор коллодія 261.18
— раствор формальдегида 254.8
аэратор 269.3

Б.

бабочка 37.16, 189.7
— матка, мертвая 194.5
— самец 189.12
— самка 189.13
—, выползающая 191.3
—, женская 189.13
—, мужская 189.12
—, ночная 189.11
—, сумеречная 189.11
—, шелковая 189.14
—, яйценосная 190.13
баварская мелкопородистая овца 125.13
багдадская шерсть 166.9
багійскій каучук 294.12
багія, волокно 117.2
базар 28.12
базируясь на классѣ 55.19
базтард джут 103.4
бак для бензина, (с. т. резервуар) 156.21
бактеріальная замочка 82.17
балансир 245.14
баллистическое свойство пироксилина 46.17
бамбуковая палочка 205.17
— плетенка 204.16
—вый пруток 204.17
— тростник 121.13
банан 114.12
—, конскій 114.12
—, мучной 114.12
—, настоящій 114.15
—, фруктовый 114.15
банановое волокно 114.11
банк 30.17
банкаброш 2.8
банковый рембурс 30.20
барабан 147.11, 164.10
— для била 41.1
— для намотки шелка при опредѣленіи номера 238.9
— для направленія движенія безконечной цѣпи гребенных планок 88.7
— с парами ножей 70.18
— с раклями 108.2
—, волокно-отдѣлительный 111.8
—, вращающій 253.2
—, вращающійся 154.19
—, гребенной 164.12
—, дробильный 27.2
—, кулачный 153.16, 163.2
—, ножевой 108.2
—, очистительный 111.10
—, приводный 253.2
—, рѣшетчатый 41.10
—, сушильный 149.4, 154.20
—, трепальный 73.1
—, усаженный кулачками 153.16
—, усаженный шипами 153.16
барабанная шина 112.6
— ный нож 112.6
— угар 169.16
барабанчик для намотки шелка при опредѣленіи номера 238.9
—, коконовый 222.12
баран 129.24, 222.8
—, выложенный 130.4
—, дикій 123.13
—, забракованный 129.20
—, не готовый для случки 130.14
—, заводскій 128.16
—, кастрированный 130.4
—, кладеный 130.3
—, крыльчатый 221.15
—, оскопленный 130.4
—, передовой 130.5
—, племенной 128.16
—, породистый 128.16
—, чистокровный 130.11
баранчик 253.5
баранья шерсть 167.7
барашек 130.7
барешвильскій раствор 98.5
баритовая вода 182.12
барій, сѣрнокислый 294.1
—, ѣдкій 182.12
бассейн, каменный 81.16
— с отстойником 148.8
батер 164.13
баттарея промывных чанов 149.1
баугинія 105.9
Баур, мочка по способу 69.13
Бахіанскій хлопок 57.19
башенная карбонизаціонная печь 162.14
бедро 132.6
без блеска 288.10
безазотистый 134.3
безводный 159.11
безволосый 197.7
бездымный порох 255.8
беззольный 292.2
безконечный 253.17
безплодное сѣмя 78.24
безпорочный 167.20
безпошлинный 33.14
безпристрастіе 51.1
безрепейная шерсть 178.11
бегрогая овца 127.8
безукоризненный 16.20
безформенная зола 16.19
—ное волокно 12.23
— выдѣленіе 209.15
Бекен, волокноочистительная машина системы 111.7
бельгійская мочка 68.8
бенгальская пенька 103.7
— разновидность кокона 214.11
—скій хлопок 58.15
— шелк-сырец 231.1
бензальдегид 260.4
бензин 156.11, 264.6
бензойная кислота 285.16
бензол 264.7, 278.14
беременность 129.9
Бержье, перекрестное приспособленіе системы 223.17
бизамовая шерсть 188.15
било 72.6, 72.9, 84.13, 85.11, 101.8, 164.13
—, трепальное 84.18
бинт 201.15
биржа 27.13
—, хлопковая 49.19
—, шелковая 230.4
—, шерстяная 185.8
биржевая вѣдомость 53.23
— газета 28.2
— котировка 53.24
— сдѣлка 27.14, 53.12
— спекулятивная сдѣлка 53.3
— торговля 27.19
—вое мѣсто 28.9
— общество 27.21
— обязательство 53.13
— присутствіе 28.1
—вой бюллетень 53.23
— договор 53.13
— комитет 28.1, 28.4
— контракт 53.12
— маклер 28.6, 185.9
— отчет 53.23
—выя вѣдомости 28.2
— постановленія 28.5
— правила 28.5
бисерный волос 139.16
биссолит 240.2
бисульфат натра 161.20
бисульфит 244.14
бительная машина, механическая 219.18
— метла 219.14
— щетка 219.20
—ный вал для отбиванія репья 165.4
бить 6.9
— колотушкой облупляемую коноплю 83.8
битье 239.11
бичева 99.14
біеніе 6.8
благородный 230.15
бланк, передаточный 49.13
блеск волокна 11.10
— волокон, шелковистый 100.9
— кокона, перламутровый 215.10
— хлопка 60.16
— шелка 226.22
— шерсти 179.14
—, благородный 179.15
—, жирный 179.18
—, зеркальный 11.14
—, искристый 288.6
—, матово-серебристый 179.15
—, матовый 288.8
—, металлическій 215.9
—, молочно-мутный 288.9
—, неспокойный 288.6
—, сверкающій 288.6
—, серебристый 11.15
—, спокойный серебристый 288.5
—, стекловидный 11.16, 288.7
—, стеклянный 179.17
—, тусклый 288.9
—, шелковидный 288.4
—, шелковистый 11.12, 46.14, 179.16
—, шелкоподобный 11.12
блестящій 294.8
—, шелковисто- 74.7
блок 282.3
—, ведущій 111.13, 282.6
—, направляющій 111.14
—, натяжной, ведущаго каната 111.15
блоха, травяная 66.9
блошак, огородный 66.9
блѣднозеленый 215.6
бобровик 104.13
бобровый волос 188.14
богатый 272.5
боек, деревянный 85.19
бок 132.7, 171.18
боковина 171.18
боковой 109.9
болонская пенька 92.3
болотный пух 115.13
болото, торфяное 115.18
больной 202.20
большинство голосов 51.12
большой 12.10
болѣзненный 193.15
болѣзни овец 135.19
— тутоваго дерева 202.19
— шелкопряда 206.11
болѣзнь сортировщика, профессіональная 170.21
— спинного мозга 135.24
—, водяная 207.19
—, заразная 206.10

болѣзнь, известковая 207.16
—, наслѣдственная 207.8
—, паразитная . . 207.4
—, пебриновая . . 208.10
—, повальная, шелковичнаго червя 206.13
—, пятнистая . . 208.10
—, сонная 208.14
—, эпидемичная, шелковичнаго червя 206.13
бомбейская пенька 103.4
бомонтія. растительный шелк 64.4
борнокислая сода 233.19
—лый натр . . . 233.19
бородка 239.15
—, раковинная . . 232.20
борозда 22.3, 23.5
боронить посѣв . 23.17
борт 32.21
ботаник 17.22
ботаника 17.21
— конопли . . . 77.2
— растенія 106.1
— хлопчатника . 34.4
боттэ 76.6
бочка 75.23
боэмерія 100.10
боярышник . . . 204.8
бразильское каучуковое дерево 295.1
бразильянская пальма-піасава 117.2
—скій хлопок . . 57.14
— хлопчатник . . 37.4
брак 220.8
бракованный . . 168.9
браковать негодных овец . 129.15
браковка 129.16
— овец по возрасту 129.18
— овец по качеству шерсти. . 129.17
— по строенію тѣла 129.21
брать пробные мотки. 238.10
Бременскій устав 55.17
бродильные микроорганизмы . . 82.18
бродить, сѣмя бродит 79.8
броженіе. 67.17
—, щелочное . . . 81.11
бромелія 115.8
брутто 29.21
брызгалка . . . 150.2
брызганіе 6.12
брызгать. 6.13
брюхо 132.14
брюшная часть. . 171.24
брюшной край . . 171.24
бугристый 226.1
бузина 204.2
буковый деготь . 284.14
букскиновая шерсть 168.14
бум 54.19
бумага 298.13
— годная для пряденія 298.17
— из сѣрнистокислой клѣтчатки 298.19
— из сѣрнокислой клѣтчатки . . 298.18
—, лакмусовая 163.19, 289.12
—, перфорированная 205.19
—, продырявленная 205.19
бумага, пропитанная крахмальным раствором іодцинка. . . . 258.3
—, фильтровальная 255.4
бумажный 194.14
бунт шерсти . . . 143.4
бура 233.19
буроватый 43.23
буро-красный . . 43.24
буро-черный . . . 104.6
бурый, сѣро- . . . 74.15
бученіе 5.4
— джутовых волокон 97.2
бучить. 5.5
— волокна джута 97.1
Буэнос-Айрос . . 166.15
быстро 290.6
бѣгун 86.1
бѣдный 276.18
бѣлая мочка . . 67,19
бѣлое рами . . . 100.16
бѣлый 189.18
— нормальный . . 302.11
— отборный . . 302.10
— сорноватый . . 302.12
бѣлила, цинковыя 294.2
бѣлильный. . . . 282.12
бѣлить 5.7
— волокна 112.14
— солому 120.5
бѣлковое вещество 44.24
бѣловатый 43.19
бѣлоголовая порода 122.19
бѣлок 44.24
—, животный . . 210.8
бѣлоснѣжный . . 241.15
бѣлоцвѣтущій . . 65.15
бѣлужій клей . . 286.13
бюллетень, биржевой 53.23

В.

вагон 32.3
—, франко- . . . 56.6
вагонетка, рѣшетчатая 162.12
вакса, кожанная . 160.4
—, холестериновая 160.5
вакуум 14.4
вакуум—аппарат . 258.15
вакуум-дестилляція растворителя 258,14
вал с билами . . 63.8
— из зеркальнаго бѣлаго чугуна, рифленый . . . 163.1
— со спиральными ножами . . . 40.10
— с трехгранными рифлями . . . 71.5
—, бительный, для отбиванія репья 165.4
—, вертикальный . 86.4
—, взрыхлительный 148.3
—, вращающійся щеточный . . . 41.4
—, выжимной . . 148.7
—, гребенной . . 164.12
—, загрузочный . 149.8
—, зажимной . . 148.7
—, зубчатый . . . 164.13
—, игольчатый 147.10, 164.9
—, кожанный рифленый 40.5
—, кулачный . . . 164.13
вал, кулачный, для отбиванія репья 165.4
—, мяльный . . . 72.14
—, нажимной . . 41.11
—, ножевой . . . 70.13
—, обтянутый надранной кожей 40.11
—, обтянутый шершавой кожей . 40.11
—, отжимной 148.7, 149.10
—, пріемный . . . 149.20
—, репье-удалительный . . . 165.3
—, рифленый (с. рифленый в.) . 84.4
—, снимающій очесы 89.8
—, трехгранно-рифленый 83.17
—, щеточный . 89,7, 164.11
валек 70.10, 83.14
—, зубчатый деревянный 70.19
—, снабженный ножами 70.12
валечный пух . . 169.14
— угар 169.15
валик 62.6
—, натяжной . . 222.7
—, питательный . 149.19, 153.17
—, пріемный . . . 62.1
—, тормазной. . . 222.7
валовой джин . . 40.1
валух 130.3
валуховая шерсть 167.8
валы, деревянные отжимные . . 295.13
вальцевать засѣянное поле . . . 23.16
вальцовая мялка для листьев . 111.4
вальян 89.9
валюта 52.21
валяльные хлопья 170.4
—ный пух 170.4
валяная шерсть . 170.13
валяніе 6.2
— шерсти 3.2
валять. 6.3
— шерсть 3.3
ванна из амміачной соли 281.5
— из дубильнаго вещества . . . 235.6
— для карбонизаціи 161.7
— из кислаго сѣрнистокислаго натра 261.15
— для обезжириванія 147.18
— из разбавленной сѣрной кислоты 161.10
— из раствора винограднаго сахара 235.22
— из раствора селитры и поташа 218.9
— из раствора сѣрной кислоты . 161.12
— из раствора тростниковаго сахара 235.21
— из соли амміачно-хлорнаго олова 236.5
— из сѣрнокислаго алуминія . . . 261.13
— из сѣрно-кислаго глинозема . 275.1
— из сѣрно-кислаго магнія . . . 274.17
— из ѣдкаго хлорнаго олова . . 236.9
ванна из экстракта сумахи 235.18
— для удаленія камеди 234.3
—, альбуминовая . 261.10
—, бѣлильная . . 282.12
—, высаживающая 277.2
—, горячая . . . 218.6
—, дубильная . . 235.6
—, закрѣпительная (с. закрѣпительная в.) . . 253.4
—, закрѣпляющая 253.4
—, известково-молочная 150.15
—, использованная, для удаленія серицина . 233.23
—, кислая . . 69.12, 161.8
—, коагулирующая, из карболовой кислоты . . . 261.16
—, мыльно-содовая 236.10
—, натровая . . . 261.9
—, окислительная 161.8
—, осадочная, кислая для вискозных нитей . . 280.23
—, отбѣльная . . 282.12
—, отварная . . . 234.7
—, промывная . 150.6
—, содовая . . . 163.17
—, фиксирующая 253.4
—, фосфорная . . 236.12
—, хлористо-ртутная 261.11
—, холодная . . . 218.5
варить коконы . 218.10
варка 5.4
варрант 184.15
вата, асбестовая . 275.2
—, стеклянная . . 298.11
—, торфяная . . 115.20
—, фильтровальная . . . 246.2, 264.19
ввоз (с. т. импорт) 30.24
— коконов 229.19
— хлопка 54.22
— шерсти 183.23
— яиц 195.4
—, безпошлинный. 33.14
ввозная пошлина. 33.10
вдавливаніе кип в трюм винтовым прессом . . . 43.13
веденіе каната . . 111.12
ведущій блок 111.13, 282.6
— канат 111.11
— шкив 111.13
векселедатель . . 30.16
вексель 30.16
—, переводный . . 30.11
—, трасированный 30.11
велигодскій лен . 304.6
великан, муха- . 207.10
величина сбора . 229.13
— урожая 229.13
— урожая листьев 110.11
венгерская овца цигайя 125.10
— шерсть 166.5
—скій шелк-сырец. 231.12
вентилировать помѣщеніе разводки 197.3
вентиль, всасывающій 281.17
—, выпускной . . 281.18
—, спускной . . . 281.18
вентилятор. 153.19, 269.3
— для просушки листвы 198.17
вентиляторный пух. 61.23

вентиляціонный канал 153.18
вентиляція 197.2
верблюд, двугорбый 126.10
—, одногорбый 126.9
верблюжій волос 188.1
верблюжья шерсть 188.1
веревка,натянутая 84.15
веретенница 136.5
веретено, катушечное 253.16
—, шпульное 253.16
вертикально стоящій 109.21
вертикальная обрѣшетка 133.12
—ный вал 86.4
— рост волос 138.19
вертѣть мутовкой в кучѣ капока 63.5
вертячка 136.5
верхне-египетскій хлопок 59.6
верхнеитальянская пенька 305.2
верхній 192.10
верхнослойный волос 140.11
верхушка дѣвственнаго волоса 175.15
— листа, пурпурно-коричневая 109.17
— листа, серебристо-сѣрая 109.18
— пеньки 88.10
—, дряблая 177.24
весенній кокон 214.16
вестиндскій хлопок 58.1
— хлопчатник 37.2
ветла 203.20
ветловое дерево 121.4
— лыко 120.22
вечерняя роса 135.4
вещества, растительныя сырыя 119.6
вещество для денитрированія 265.1
— шелка 16.8
—, азотосодержащее 244.8
—, ацетилирующее 283.16
—, бѣлковое 44.24
—, взрывчатое 263.14
—, внутриклѣточное 90.16
—, волокнистое 119.8
—, вязкое 210.3
—, глянцевидное 242.10
—, длинноволокнистое 10.4
—, дубильное 235.5
—, жировое (с. жировое в.) 44.8
—, исходное основное (с. исходное) 254.14
—, клеевое 286.16
—, клѣтчатовидное 287.20
—, коротковолокнистое 10.7
—, красящее (с. красящее в.) 43.18, 179.13
—, неорганическое 16.10
—, органическое 16.9
—, питательное (с. питательное в.) 133.21
—, постороннее 15.6
—, протеиновое 181.18
—, протеиновое, животное 210.8
—, растворенное 245.3
—, роговое 180.16
—, связующее 81.8
вещество, сырое, животнаго происхожденія 9.1
—, тягучее 210.3
—, удобрительное, (с. т. удобреніе) 21.9
—, целлулозоподобное 287.20
взбиваніе коконов 219.12
— коконов ручным способом 219.13
взбивать коконы метелкой 219.15
— коконы прутками 219.15
взвѣшиваніе 49.5
— мотка 238.14
— пасмы 238.14
— проб шелка в деньерах 238.19
— тары 48.7
— шерсти в деревянном маслѣ 181.12
взвѣшивать корм 198.11
— листья 198.11
— моток 238.15
— пасму 238.15
вздуваніе цѣн 54.19
вздуватель 54.20
вздувать цѣны 54.6
взмутить осадок 158.10
взорвать 26.24
взращенное тутовое дерево 200.12
взращиваніе тутоваго дерева 200.13
взрывательная сила пироксилина 46.17
взрывать 26.24
— асбестовыя горныя породы 240.13
взрывчатая способность 263.12
—тое вещество 263.14
—тый 156.15
взрыхленная почва 21.5
взрыхлительный вал 148.3
взятіе заявленія обратно 51.5
— образцов 184.23
вибріонные микрококки 208.15
вигоневая шерсть 188.4
вигонь 188.4
вид алоэ 113.13
— кокона 214.4
— конскаго волоса 104.3
— шерстяного волоса, матовый 178.17
— шерстяного волоса, тусклый 178.17
—, коллоидальный 245.5
—, натуральный 120.3
—, свѣжій 198.24
видный ясно волос 139.13
виды клѣтчатки 244.1
викунья 126.12
вилы 149.9
—, полоскательныя 148.14, 149.9
виннокаменный натр 291.5
винный спирт, водный 261.2
— спирт, водосодержащій 261.2
виноградный сахар 271.18
винт 245.15
винтовой 298.4
— пресс 42.5
— стержень 245.15
винтообразный 225.13
вискоза 277.18
—, зрѣлая 279.16
вискоза, сырая 279.12
—, сырая, загрязненная 279.14
вискоза-сырец 279.12
вискозиметр системы Кохіус 258.1
вискозная нить 277.20
— нить, липкая 281.1
—ный способ 277.17
— шелк 242.11
вислоухая овца 125.8
висячая сѣтка, коконовая 211.6
витебскій лен 304.18
вишнево-красная окраска 97.14
включательный рычаг 222.10
включить прядильный таз 282.7
вкус, сѣмя маслянистое на 79.6
влага 13.16
влагалище листа 114.14
—, корневое 174.9
—, корневое, внутреннее 174.11
—. корневое, наружное 174.12
—, листовое 106.5
владѣлец образцов 50.15
— проб 50.15
влажность 13.10
— воздуха 154.5
— воздуха, относительная 14.9
— волокна 13.9
—, абсолютная 14.7
влажный 198.14
вліяніе климата 135.18
— климата на породу 197.16
— муравьиной кислоты на процесс мочки, вредное 102.4
внести в депозит нѣкоторую сумму 53.15
внутренній 217.8
—нее пространство 95.13
внутриклѣточная субстанція 90.16
—ное вещество 90.16
— пространство 95.13
внѣдренный в горную породу 26.21
внѣшній 136.9
вода 45.3
— под давленіем 42.12
— из канала 81.24
— для размотки 218.21
— для размотки загрязнена жиром куколки 219.4
—, амміачная 260.23
—, баритовая 182.12
—, горячая 149.12
—, дестилированная 219.8
—, дождевая 81.21
—, желѣзистая 82.3
—, желѣзосодержащая 82.3
—, жесткая 67.23, 81.23, 219.6
—, колодезная 82,2
—, лишенная извести 218.22
—, морская 118.19
—, мотальная 222.2
—, мочильная 81.19
—, мягкая 67.22, 81.22
вода, подкисленная 69.12, 266.22
—, подогрѣтая паром 69.6
—, промывная 253.12
—, проточная 94.12
—, рѣчная 82.1
—, соленая 114.5
—, сточная, из шерстомойки 158.2
—, стоячая 94.11
—, текущая быстро 67.21
—, текущая медленно 67.20
—, теплая 69.5
—, холодная 67.17
—, щелочная 218.23
водка, царская 98.17
водная окись алюминія 274.19
— — мѣди 270.19
—ный путь 32.6
— раствор (с. раствор) 258.2
— транспорт 48.19
— фрахт 32.23
водно-спиртный раствор 287.10
водонепроницаемый 216.14
водопой, овечій 134.5
водопойное корыто 134.7
водопроводный 262.15
водопроницаемый 216.15
водорастворимый 279.1
водород 44.21
—, сѣрнистый 213.17
водородный, хлористо- 182.18
водоросль, морская 121.21
водосодержащій 256.24
водоструйный аппарат 148.6
водоупорность нити 277.8
водоупорный 277.7
водочувствительность 288.13
воды, промывныя 158.3
водяная болѣзнь 207.19
— мочка 67.16, 94.8
—ной бассейн с отстойником 148.8
— пар 14.9
водянисто свѣтлый 278.11
водянка 207.19
военное страхованіе 33.7
возбудитель болѣзни 206.1
возвратная извилистость 11.4
— курчавость 11.4
возвышенное пастбище 135.7
воздух богатый углекислотой 261.12
— скотнаго двора 133.6
— в хлѣву 133.6
—, горячій 213.11
—, насыщенный влагою 154.7
—, озонированный 255.12
—, сжатый 268.3
воздухопроходящій 106.7
воздушная мочка 68.9
— струя 155.6
воздушно-сухой 212.17
воздушный канал 153.18, 195.15
— пузырь 246.4

воздѣлываніе конопли (с. т. культура) 78.2
– поля . . . 25.6 36.1
– почвы 20.19
– хлопка 35.21
воздѣлывать коноплю 78.8
– лен 65.18
– поле 20.20
– хлопок 35.20
воздѣлывающее коноплю имѣніе 78.4
– коноплю хозяйство 78.4
возмѣщеніе издержек банка . . 30.20
– убытков за отступленіе в качествѣ 52.7
вознагражденіе, комиссіонное (с. коммиссіонное в.) 29.1
–, штрафное . . . 51.20
возобновленіе контракта . . . 53.11
возраст овцы . . 130.24
возстановитель для предотвращенія побурѣнія волокна. 98.12
возстановитель – ность клѣтчатки 243.14
возстановить . . 266.2
возстановленный . 280.11
войлок 3.4
войлочная фабрика 3.5
волнообразный . 176.8
волнистый 176.8
волнистость волос руна 138.14
– волокна 11.6
волна волокна, ясно выраженная 139.1
– волокна, рѣзко выраженная . 139.2
– волоса 179.23
–, ровная, перемежающаяся . . 176.11
–, неравномѣрная 176.12
—, неправильная 176.14
волокнистое вещество 8.7, 119.8
– растеніе 18.11
–стый 8.10
–стыя образованія 8.7
волокна бромелій 115.8
– жгучей крапивы 100.2
– жигучки. . . . 100.2
– пальмы китуль 117.11
– с паучками . . 60.22
– піасавы . . . 117.1
–, вшивыя . . . 60.22
–, грубыя 61.7
–, добываемыя из листьев 117.13
–, жильныя . . . 239.6
–, искусственныя (с. искусственныя в.) 286.21
–, искусственныя шелковыя (с. искусственныя ш.) 282.14
–, корневыя . . . 16.7
–, крапивныя . . 100.1
–, лиственныя . . 105.20
–, лубковыя . . . 64.12
–, однородныя . . 61.5
–, плодовыя . . . 117.18
–, поврежденныя 61.6
–, стебельковыя . 64.12
волокна, стеблевыя 104.8
–, сѣмянныя . . 34.2
–, хлопчатобумажныя свалявшіяся 269.10
волокно (с. т. волос, руно). 8.5, 136.7, 136.22
– абельмоска . . 105.15
– алоэ 113.11
– американской агавы 113.14
– асбеста, бѣлоснѣжное . . . 241.15
– асбеста, зеленоватое 241.16
– асбеста, коричневатое 241.17
– асбеста, синее . 241.18
– багія 117.2
– баугинія. . . . 105.9
– большой крѣпости . . 12.10, 105.8
– большой крѣпости, нерастяжимое 114.10
– большой прочности 12.10
– Bromelia Karatas 115.11
– боэмеріи . . . 100.10
– дрока . . 104.14, 255.1
– животнаго происхожденія . . 9.2
– на зернѣ сѣмяни 36.16
– истля 117.15
– кайота 104.9
– каламуса . . . 105.17
– китайской крапивы 100.10
– Кодзу 104.12
– коко 104.9
– кордія. 105.6
– куркумы . . . 105.19
– листа ананаса . 115.10
– листовых влагалищ, жесткое . 117.4
– листовых влагалищ, крѣпкое . 117.4
– из листьев astrocargena vulgare 117.16
– лубка 8.22
– лыка 8.22
– магвей 114.1
– мексиканской агавы 113.14
– наравали . . . 105.6
– пакли 92.7
– пальмы пальмира 117.10
– пандануса . . . 116.13
– пеньки, свободное от древесины 90.15
– пизанги 114.11
– піасавы цвѣта корицы 117.6
– рами 100.10
– рами, замороженное 101.19
– рами отдѣленное от древесины . 101.10
– рами, очищенное 101.10
– рами, пригодное для пряденія . 103.1
– рами, просушеное 102.1
– рами, сушеное . 102.1
– растенія юкка . 117.17
– сансевіера . . . 113.4
– сансевіеры Киркій 113.9
– сансевіеры лонгифлора . . . 113.10
– средней тонкости 10.17
волокно сунна . . 103.9
– тапа 104.12
– теспезіи 105.14
– тилландзія. . . 104.1
– типа китоваго уса 117.3
– травы пара . . 117.2
– травы эспарто . 116.16
– тутоваго дерева 104.12
– урены 105.13
– формiума . . . 114.16
– хлопка 60.24
– хохо 104.9
– цейлонской сансевіеры 113.8
– шелковичнаго дерева 104.12
– шерсти, упругое 175.20
– шерсти, чистое 187.8
– шерсти, эластичное 175.20
– якиллы 105.16
–, ананасовое . . . 115.10
–, асбестовое . . 240.6
–, банановое . . 114.11
–, безформенное . 12.23
–, блестящее . . 11.9
–, буро-черное . . 104.6
–, бѣловатое . . 14.17
–, волнистое . . 11.5
–, волосообразное 15.5
–, гибкое 10.10
–, гладкое . 11.8, 74.9, 138.15
–, грубое 10.22
–, губчатое . . . 13.7
– джута, одеревенѣлое . . . 96.7
–, джутовое . . . 93.13
–, длинноволосое 10.8
–, длинное . . 10.3, 137.2
–, древесинное . . 90.13
–, дроковое . . . 105.1
–, дряблое . . . 74.10
–, естественное. . 8.12
–, желтоватое . . 14.19
–, жесткое . 10.19, 12.14
–, животное . . . 182.3
–, жирное 11.18
–, жироблестящее 11.17
–, завитое 10.24
–, загрязненное . 15.3
–, ивовое 64.9
–, извилистое . . 11.2
–, имѣющее вид конскаго волоса 104.3
–, искусственное . 9.7
–, коконовое . . 188.19
–, кокосовое . . 117.19
–, кокосовое, красно-бурое . . . 119.4
–, конопляновидное 107.2
–, короткое . 10,5, 137.4
–, крученое . . . 10.24
–, крѣпкое 10.23, 12.8, 59.20, 60.13
–, курчавое . . . 11.2
–, лентовидное . 103.12
–, лентообразное 100.11
–, листовое, открытолежащее. 107.21
–, ломкое 11.23
–, лубковое, утолщенное 103.5
–, льняное. . . . 75.12
–, межлистовое . 8.23
–, минеральное . 8.14
–, мягкое . . 10.8, 74.8
–, надорванное. . 12.1
–, насыщенное влагою 13.18
–, насыщенное водою 13.18
волокно, натуральное. 8.12
–, неблестящее . 11.20
–, негибкое . . . 10.21
–, необлупленное 104.4
–, неодеревенѣвшее . . . 15.18, 44.17
–, неравномѣрно толстое 12.24
–, неравномѣрное 59.17
–, ноздреватое . . 13.7
–, нѣжное 10.13
–, облупленное . 104.5
–, одеревенѣвшее . 15.17, 90.13
–, однородное . . 59.16
–, особенно хорошее. 59.19
–, очищенное . . 102.16
–, плодовое . 8.24, 62.21
–, плоское . . . 138.16
–, полезное . . . 102.17
–, полосовидное . 103.12
–, потрескавшееся 12.1
–, похожее на коноплю 107.2
–, початочно-тростниковое . . . 116.1
–, простѣйшее . . 16.5
–, прядильное . . 8.5
–, пустотѣлое . . 10.1
–, равномѣрное . 59.16
–, раз'единяемое легко 137.11
–, разнородное . 59.17
–, растительное прядильное . . 8.16
–, растительное текстильное . . 8.16
–, рыхлое 74.10
–, сизальское . . 108.13
–, слабо-одеревенѣвшее. 116.2
–, слабое . . 59.21, 60.14
–, соломенное 105.2, 120.17
–, соломенное лубочное 120.17
–, стебельчатое . 8.22
–, суставчатое и развѣтвленное 104.2
–, сѣмянное . . . 8.17
–, сѣрое 14.18
–, твердое 10.19
–, текстильное . . 8.5
–, техническое . . 8.8
–, тонкое 10.15
–, тополевое . . . 64.10
–, торфяное . . . 115.12
–, торчащее . . . 138.18
–, тростниково-початочное . . . 64.11
–, тусклое . . . 11.20
–, удѣльно-легкое 12.19
–, удѣльно-тяжелое 12.20
–, упругое . . 10.10, 12.5
–, фруктовое. . . 8.24
–, хлопковое. . . 43.15
–, хлопчатобумажное. . . . 43.15
–, хорошее . . . 59.18
–, хрупкое . . . 11.23
–, черное 104.7
–, чистое 15.2
–, чувствительное к кислотам . . 98.8
–, шелковисто-блестящее 11.11, 74.7, 103.8
–, шелковистое 11,13. 59.22
–, шелковое . 9,6. 188.18
–, шереховатое. . . 11.21
–, шерстяное . 9.5, 180.8

волокно, шершавое 11.21
—, эластичное 12.5
—, элементарное 16.5
волокно-отдѣлительная машина (с. машина в.) 108.1
—ный барабан 111.8
волокно-отдѣляющій нож 112.6
волокно-очистительная машина системы Бекен 111.7
волокно-сырец 8.3
волоколамскій лен 304.15
волоконца 19.1
волоконце дикаго шелка 225.17
волос (с. т. волокно, руно) 1.12, 174.2, 187.12
— ангорской козы 187.23
— с дряблой верхушкой 177.24
— с неправильной волной 176.14
— с неравномѣрной волной 176.14
— с неравномѣрной волной вверху 176.13
— с неравномѣрной волной внизу 176.12
— с перемежающейся ровной волной 176.11
— на подобіе цвѣтной капусты 140.7
— с роговой оболочкой 180.18
— с рѣзко выступающей на поверхность волнистостью 139.4
— шеншиллы 188.13
—, бисерный 139.16
—, бобровый 188.14
—, верблюжій 188.1
—, верхнослойный 140.11
—, волнистый 176.8
—, воднообразный 176.8
—, вуалевидный 139.14
—, гладкій 177.8
—, гладкій чистый 125.17
—, грубый 187.17
—, длинный 137.2
—, древесный 104.1
—, дряблый 177.23
—, дряблый в верхушках 139.9
—, дѣвственный 175.15
—, единичный 180.9
—, жесткій 175.21, 187.14
—, жесткій щетинный 175.6
—, животный 9.3
—, завитой 176.20
—, игловидный 140.4
—, игольчатый 139.10
—, искусственный 293.1
—, искусственный, лишенный блеска 294.5
—, козій 187.22
—, колючій 175.7
—, конскій (с. конскій в.) 187.19
—, коровій 187.20
—, короткій 137.4
—, короткій острый 175.7
—, косой 139.11
—, куделрный 139.17
—, лежащій 139.11
—, лошадиный 187.19
—, льновидный 140.1
—, мелко-бисерный
волос, мелко-бисерный 140.4
—, мертвый 141.7
—, мозгосодержащій 181.9
—, мягкій 187.13
—, негибкій 187.15
—, нетронутый стрижкой 175.16
—, неэластичный 175.21
—, образцовый 180.10
—, омертвѣвшій 173.17
—, отвислый 177.22
—, отдѣльный 180.9
—, перепутанный 137.13
—, переросшій 140.12
—, поверхностный 141.7
—, пологоволнистый 140.8
—, прямой 180.2
—, пушной 175.5
—, раздѣльно выросшій 137.12
—, рапсовидный 140.6
—, расположенный неравномѣрно 138.1
—, расположенный равномѣрно 137.24
—, распрямленный 176.21
—, растущій рѣдко 139.3
—, свалянный 140.2
—, скрученный 139.7
—, стандартный 180.10
—, строщенный 139.7
—, струпьевидный 140.9
—, сцѣпляющій (с. сцѣпляющій в.) 141.3
—, сцѣпляющій, ложно 141.7
—, сѣмянной 43.16
—, твердый 187.14
—, телячій 187.21
—, типичный 180.10
—, тонкій 187.16
—, тупой 140.5
—, узловатый 139.15
—, узловатый мелко 139.16
—, хлопковидный 140.3
—, цилиндрическій 138.20
—, человѣческій 187.18
—, чистый шерстяной 125.16
—, шерстяной (с. шерстяной в.) 9.5, 174.2
—, щетинообразный 125.15
—, ясно видный 139.13
волосы, спиральные 105.12
волосатый 19.21
волосистая шерсть 178.1
волосистый хвост 124.3, 125.2
волосовидный 224.15
волосок листа, жгучій 100.5
—, плодовый 20.5
—, растительный 8.18
—, растительный одноклѣточный 8.19
волосообразное образованіе 173.7
—ный прирост 36.17
волосяная луковица 143.15
— сумочка 174.4
— трубка 262.13
— чешуя 180.19
—ной гигрометр 14.10
— мѣшечек 174.4
— обмѣн 173.18
— покров 131.12
— сосок 174.5
волчек 61.21, 150.1
—, дробильный, при карбонизаціи 162.16
—, капока очистительный 63.7
—, пылеотдѣлительный 164.5
—, репейный очистительный 164.8
—, трепальный 73.1
—, ударный 164.5
—, шерсто-разрыхлительный 153.15
—, щипательный, для грязной шерсти 147.8
вольфрамовая кислота 286.9
вольфрамовокислый натрій 265.7
воронка 251.4, 282.4
—, вращающаяся 251.2
—, деревянная 223.16
—, загрузочная 40.16
—, стеклянная 249.19
ворот 71.7
ворсовальная шерсть 168.13
—ные хлопья 170.5
ворсованіе 6.4
ворсовать 6.5
воск 96.15
—, растительный 16.2
—, хлопковый 44.7
—, шелковый 210.1
—, шерстяной 160.10
восковой 145.13
— покров 118.13
воскообразный 145.12
воспламенность волокна 13.6
воспламеняемость шелка из коллодія 263.15
воспринимать влажность 13.10
—, волокно воспринимает влажность 13.11
воспріятіе влажности 13.14
восточно-прусская пенька 91.21
востребованіе 53.20
восьмеркой 211.8
вошь, лиственная 202.23
—, травяная 202.23
—, хлопчатниковая 37.18
впитываніе воды 114.8
впитывать, поры шелковых волокон впитывают дубильное вещество 235.14
впряденный в куколку 216.20
впрядываніе шелковичных червей в куколку 209.3
впускная труба 268.3
вращательная способность шелка, оптическая 227.18
вращающій барабан 253.2
вращающійся 41.4
вредители шелкопряда 206.11
вредитель 37.7, 202.21
— конопли 79.12
— льна 66.8
вредительный, здорово- 256.17
вредное вліяніе 102.4
время года, сухое 114.4
— жатвы 24.19
— испаренія 14.1
— перемѣны постелей 205.15
— посѣва 23.4
— разводки 196.8
— роста растенія 24.8
— сбора 38.18
— снятія 38.18
— спариванія 129.6
— уборки 24.19
— цвѣтенія 24.13
всаживаніе клинка 201.12
— прищепа 201.12
— черенка 201.12
всасываніе воды 114.8
всасывать, торфяное волокно всасывает воду 115.22
всасывающая способность торфа 115.21
— труба 267.5
вскрываніе кокона 218.19
вскрывать зрѣлые орѣхи 118.18
вскрываться, конопляное сѣмя вскрывается 79.4
вскрытіе кокона 218.19
вскрыть кокон 218.20
вспаханное поле 22.6
вспахивать глубоко 22.7
вспомогательный 250.7
встряхиваніе руна 171.3
встряхивать руно 171.4
всходить, сѣмена всходят 23.20
всходы 23.21
всходящія сѣмена 23.21
всхожее сѣмя 79.10
всхожесть 22.22
втираніе жира овцѣ, искусственное 146.7
вторичный сбор 38.13
второй нож 108.10
втягиваніе воды 288.15
вуалевидный волос 139.14
вулканизированное масло 260.9
вулканизировать каучук 254.10, 296.1
входное отверстіе 215.24
вшивыя волокна 60.22
выбиваніе пакли 85.9
выбивать репей 164.18
выбирать предсѣдателя третейскаго суда 51.14
— приплодныя яйца 195.2
— суперарбитра 51.14
выбор сѣмян для приплода 195.1
— яиц для приплода 195.1
вываривать коконы в крѣпкой уксусной кислотѣ 218.14
— коконы на голом огнѣ 218.13
— хвойное дерево в растворѣ бисульфита 244.14
— шелковое волокно в мыльном растворѣ 234.9
выварить джутовое волокно в растворѣ каустической соды 97.6

ыварить джутовое волокно в растворѣ ѣдкаго натра. 97.6
выведеніе яиц шелковичнаго червя в ячейках. . . 196.5
выводить шелковичных червей из яичек . . . 196.6
выводка 195.16
– шелковичнаго червя 196.7
– в ячейках . . . 196.5
выводное отверстіе шелковинки . 192.13
вывоз 30.22
– коконов 229.18
– хлопка 54.23
– шелковичных яиц. 195.8
– шерсти 183.22
–, безпошлинный. 33.14
вывозная пошлина 33.11
– торговля . . . 30.22
– шерсть 184.1
вывѣтриваніе концов волос . . 141.1
вывѣтриваться, концы волос вывѣтриваются 141.2
выгон 134.9
–, овечій 134.8
выгонять в поле овечье стадо . 134.13
выгрузка 31.2
– в Дунди. . . . 99.21
выгрузщик. . . . 31.8
выдавливать пряжную жидкость через волосяную трубку . 264.15
– пряжную жидкость через капиллярныя трубки 264.15
выдающаяся партія 186.4
выдергиваніе джутоваго растенія 93.16
– конопли из земли 79.23
выдергивать джутовое растеніе . 93.17
выдергиваться, шерстяныя волокна выдергиваются с трудом из руна. . . . 138.7
–, шерстяныя волокна легко выдергиваются из руна 138.6
выдержанное на складах сѣмя . 36.24
выдѣленіе азотной кислоты . . . 265.10
– безформенное . 209.15
– больных яиц . 193.16
– волокна из стебля 94.19
– волокна из стебля ручным способом 94.20
– газов 68.1
– жира 174.16
– магнезіи . . . 266.5
– пота стриженной шерстью . . . 143.6
– растворенных веществ . . . 245.8
– сальной железы 174.18
– сѣры 266.12
выдѣленіе, слюнное, бабочки . 190.16
выдѣленный . . . 245.5
выдѣлить мыло из мыльнаго желатина 152.15
– растворенное вещество 245.4
выдѣляемый осадком газ . . . 158.12
выдѣлять жир . . 174.15
– жировое вещество 158.17
– омертвѣвшіе волосы 173.17
– сѣру 266.13
–, стриженная шерсть выдѣляет пот . . . 143.5
–, шелковичный червь выдѣляет жидкость . . . 209.14
–, шелковичный червь выдѣляет хлопьевидныя нити . . . 211.4
выдѣляющая секрет 191.15
–щій канал . . . 192.11
– канал, общій . 192.12
выемка, трапецовидная 164.19
–, U-образная . . 164.19
выжать шерсть. . 153.8
выжиганіе мундштука 247.21
выжиманіе раствора в осадочную ванну. 287.11
– шерсти 153.7
выжимать жировое вещество . . . 158.19
– каучуковое тѣсто через дырчатую металлическую плиту . 296.4
– кислоту 161.14
– раствор давленіем 248.11
выжимной вал . . 148.7
вызывать распаденіе лубяных пучков 94.7
выкидной ящик . 63.10
выколачивать репей 164.18
– руно 171.5
выловить конец коконовой нити . 219.17
выложенная камнем яма . . . 81.16
–ный баран . . . 130.4
выложить мочильную яму камнем 68.6
вылупленіе бабочки из кокона . 191.1
вылупливаніе шелковичнаго червя из яичка . 196,12
вылупливаться, шелковичный червь вылупливается 196.13
вылупливающійся шелковичный червь 196.14
вылущеніе бабочки из кокона. . . 191.1
вылущиваться, бабочка вылущивается из кокона 191.2
вымачиваніе шкур в ямах 143.21
вымачивать овечью шкуру 143.20
вымораживаніе волокна. . . . 101.20
вымоченный . . . 76.15
вынуть прядь пеньки из зажима 88.12
выпадать, шерсть выпадает клочьями . . . 178.19
выпариваніе раствора 286.18
– щелока 157.17
выпаривать раствор хлористаго алуминія . . . 162.6
выпарить щелок . 157.18
выпаска 134.15
выполаскивать мытую шерсть . . 148.12
выползаніе бабочки из кокона . 191.1
выползать, бабочка выползает из кокона 191.2
– ,шелковичный червь выползает 196.13
выползающая бабочка 191.3
выполненіе контракта 185.19
– сдѣлки 53.5
–, мѣсячное . . . 53.7
–, недѣльное. . . 53.8
выполнять контракт 53.4
выпотѣваніе . . . 144.11
выпрессовывать из каучуковаго тѣста нити круглаго сѣченія . 296.5
выпрядать . . . 1.22, 2.5
– вискозную нить в теплом растворѣ амміачной соли 280.17
– вискозу 280.16
– вискозу с помощью кислоты 280.22
– двойной кокон . 212.2
– раствор 246.20
– сдвоенный кокон 212.2
–, шелковичный червь выпрядает кокон. . 209.6
выпряденный непрерывно . . . 261.1
– неравномѣрно . 216.4
– равномѣрно . . 216.3
– с перерывами . 216.2
выпрядка 1.21
выпрясть раствор 246.20
выпуклость . . . 276.9
выпускать на рынок 28.13
выпучиваніе стѣнок клѣтки . . 90.12
вырабатывать из соломы нитеобразные матеріалы 120.7
– стандарт. . . . 50.1
вырабатывающая секрет 191.18
– шелк железа . 191.11
выраженія, общеупотребительныя, в торговлѣ сырьем 27.3
выраженія, общеупотребительныя, касательно отправки сырья 31.9
выращенный через хворостину лен 66.17
выращиваніе . . . 197.1
– хлопка 35.21
– тутоваго дерева 200.19
выращивать коноплю 78.8
– лен через хворостину . . . 66.16
– разсаду в грядках из зубков 110.6
– сизаль-агаву на плантаціях . . 110.1
– тутовое дерево. 200.18
выродившійся хлопчатник 37.6
вырожденіе сѣмян 22.19
выросшее плохо руно 137.16
–шій раздѣльно волос 137.12
– шелковичный червь 196.20
вырывать лен . . 66.23
высадить казеин из снятаго молока 287.4
– мѣдь из раствора 291.13
высаживать вискозную нить кислотою. 280.20
– ксантогеновую целлулозу из раствора сырой вискозы. . . . 279.13
высаживающій . . 277.2
высасывать шелковую нить через прядильное отверстіе . . . 264.16
высокая гибкость 10.12
– разводка . . . 129.4
высокій 87.16
высокопроцентный 259.11
высоко-сортный . 172.13
высоко-тонкій . . 165.10
высокоствольное дерево 19.7
высота номера . . 10.18
– руна 137.1
высохшій на воздухѣ 212.17
выставить коконы на солнцѣ . . 213.9
выставленные . . 185.23
выставлять соломенную цыновку на солнце. 205.5
выстлать мочильную яму досками 68.5
выступать, кровь выступает из под кожи . . . 208.6
–, пряжный раствор выступает из мундштука . 246.21
–, пряжный раствор выступает из щели . . . 246.21
–, раствор выступает из мунштука в формѣ нити 248.16
выступающій . . 249.1
высушеный . . . 95.6
высушиваніе волокон посредством развѣшиванія 107.22

высушивать жилы 239.9
– нить 251.17
– яйцо 194.17
высушка стеблей, (с. сушка) 80.8
высшаго качества, товар 61.12
высшая инстанція 51.8
высыхать, стебель высыхает 80.10
высыхающій 260.10
высѣв 22.24
вытекать, способность 244.18
вытирать мякиною на сухо постель шелковичных червей 205.8
вытравить шерсть 144.6
вытравка 5.10
вытравленная шерсть 144.9
вытравливаніе шерсти посредством мышьяковистой извести 144.5
вытравливать 5.11
вытравной состав 144.7
вытрепки 61.22
вытряхиваніе пакли 85.9
вытягивать волосяную трубку 276.13
– желатин в нить 286.19
– капиллярную трубку 276.13
– нить в разбавленном щелокѣ 276.2
вытягивающійся в нить 258.17
вытяжка волокна 137.6
– волокна, значительная 137.7
– волокна, слабая 137.8
– волокна, хорошая 137.9
– волос 137.6
– нитей, постепенная 287.18
вытянутый 249.6
выхаживать шелковое волокно в мыльном растворѣ 234.9
выход волокна 7.15, 112.21
– гребеннаго прочеса 168.20
– в кипах на единицу площади посѣва 38.15
– листвы 202.15
– листьев 110.11
– очищеннаго волокна 102.16
– с данной породы овец 142.19
– шелка из кокона 224.8
– шерсти из руна 139.13
– шерсти при стрижки 142.18
– шерсти с овцы 142.20
–, лучшій, другой части поставки 52.4
–, однородный, цѣлой партіи 52.5
выходная рѣшетка 163.6
– труба 268.4
вычесываніе высушеннаго лубка джута 95.6
– начисто пеньки 89.21
вычесывать начисто пеньку 89.22
вычесывать шерсть с животнаго 188.2
вышивальная мастерская 4.22
–ное издѣліе 4.21
вышиваніе 4.19
вышивать 4.20
вышивка 4.21
выщелачиваніе нитей на катушках 254.1
выщелачивать нити 253.18
– поташ из шерсти 157.8
– шерсть горячим способом 157.10
– шерсть холодным способом 157.9
выщипывать шерсть 144.10
вьющееся растеніе 104.10
вѣдомость, биржевая 53.23
–, мѣсячная 56.13
–, недѣльная 99.19
– по торговлѣ шерстью, недѣльная 185.20
–, урожайная 56.14
вѣнечник 104.15
вѣнчиковый дрок 104.15
вѣс абсолютно сухого вещества 47.9
– абсолютно сухого волокна 14.6
– абсолютно сухой шерсти 187.6
– брутто 29.21
– брутто шелка 234.13
– дерюги 48.12
– нетто 29.20
– нормальнаго процента влаги 187.6
– обручей 48.11
– по которому производится разсчет 52.16
– при разгрузкѣ 49.16
– равендука 48.12
– руна 142.22
– стрижки 142.22
– сухой клѣтчатки 291.16
– по счету 52.14
– упаковки 29.19
– по фактурѣ 29.23, 52.14
–, дѣйствительный 52.10
–, коммерческій 238.2
–, кондиціонированный 238.2
–, первоначальный 234.18
–, собственный 275.18
–, средній 29.22, 52.15
–, сырой, шелка 234.13
–, торговый (с. торговый в.) 238.2
–, удѣльный (с. удѣльный в.) 181.10
–, чистый 29.20
вѣсовая потеря шелка 234.15
вѣсовщик 184.18
вѣсы, аналитическіе 47.7
– для опредѣленія номера 238.16
–, метрическіе 76.2
–, номерные, автоматическіе 238.17
–, чувствительные 47.7
вѣтви, боковыя 93.21
–, побочныя 93.21
вѣтвистый стебель 65.3, 77.14
вѣтвь 19.13
–, тутовая 198.18
вѣтер, индійскій пассатный 38.5
вѣтренная мельница для просушки листвы 198.17
вѣтром сорванный хлопок 61.15
вѣтрянка для просушки листвы 198.17
вѣчнозеленый дуб 203.15
вѣшала для сушки обезжиренной шерсти, рѣшетчатая 153.6
–, сушильная 112.12
вѣялка для льняных сѣмян 65.22
вязальная фабрика 4.4, 4.9
–ное издѣліе 4.3, 4.8
вязальщик 4.5, 4.10
вязаніе 4.1, 4.6
– сѣтей 4.11
вязать 4.2, 4.7
– в пучки стебли джута 93.23
– коноплю в снопы 80.5
– листья в пучки 110.14
– сѣти 4.12
– узлом 4.12
– чулки 4.2
вяземскій лен 304.13
вязка 76.20
– конопли 86.14
– пеньки 92.12
– узлом 4.11
–, джутовая 99.10
вязкій 145.15
вязкое вещество 210.3
вязкость 288.19
– коллодія 258.11
– пряжнаго раствора, равномѣрная 244.21
– раствора 244.20
вялый 207.18

Г.

гавань отправленія 49.10
–, хлопковая 49.9
газ, амміачный 213.16, 272.12
–, выдѣляемый осадком 158.12
, здорово-вредительный 256.17
–, кислородный 272.13
–, свѣтильный 158.13
–, сѣрнистый 158.16
–, удушливый 213.13
–, шелковый 246.1
газета, биржевая 28.2
газовая матерія 264.20
–вое нагрѣваніе 237.12
– отопленіе 237.12
–вый пузырь 68.2
газопоглотительный 228.5
галиційская пенька 92.2
галлерта, растительная 287.22
галловая кислота 286.7
гамак, коконовый 211.6
гамбо, пенька 103.4
гарантированный образец 56.2
– тип 56.2
гарантія 55.20
– вѣса 56.5
гарантія качества 56.3
гваякол 284.17
Гвіанскій хлопок 57.23
Гебауэр, секціональный отбѣльный котел системы 269.17
гекельная игла 73.16, 87.7
– машина 74.5
– пакля 92.6
– пенька 91.15
– планка с иглами 89.3
–ный очес 92.6
– станок 74.3, 74.5, 87.11
гекельщик 87.15
гекли с автоматической перекидкой пряди 88.1
–, грубыя 87.3
–, обдирочныя 87.3
–, отдѣлочныя 87.4
–, тонкія 87.4
гекля 73.15, 87.6
–, грубая 73.18
–, средняя 73.19
–, тонкая 74.1
Германія, сѣверная 124.9
германская степная овца 124.8
гжатскій лен 304.14
гибкій 120.1
гибкость 179.22
– волокна 10.11, 12.3
–, высокая 10.12
гигрометр, волосяной 14.10
гигроскопичность 13.14, 288.14
гидравлическій пресс 42.6
– способ 183.15
гидрат глинозема 274.19
– закиси мѣди 270.20
– закиси никкеля 272.8
– клѣтчатки, регенерированный 265.15
– мѣди, нерастворенный 270.12
– мѣди, свободный 270.12
– мѣдной окиси 270.19
– натра 272.16
– окиси магнія 274.18
– окиси натра 278.16
– пироксилина 257.10
– целлюлозы 269.12, 291.17
– целлюлозы свободный от мѣди 273.3
гидратизація мѣди 270.10
гидратизированная клѣтчатка 291.18
гидратная форма 270.11
гидрин, этиленхлор- 284.13
гидролиз клѣтчатки 262.8
гидролизированная целлюлоза 283.7
гидросульфат натра 97.5
гидросульфид, аммоніум 265.20
гидроцеллюлоза 161.5, 291.17
–, двунатровая 269.14
–, уксуснокислая 284.4
–, щелочная 283.2
Гильда, льномяльная машина 71.8
гималайская овца 123.16
гипертрофія шерстяного волоса 178.2

гипохлорит 269.20
гистологическое строеніе 18.16
гистологія 18.17
— шерстяного волокна 173.1
главный 122.13
— корень 64.18
гладить 6.17
гладкій 107.18
гладкость волокна 11.7
— шерстяного волоса 179.19
гладкошерстная овца 126.1
глаженіе 6.16
глаз 186.23
глазок, стекляный 221.3, 221.14
гланец шерсти 179.14
гланцевидное вещество 242.10
глауберова соль 162.1
глина 45.12
глинистая почва 20.23
глинозем 45.12
—, натровый 281.8
—, сѣрно-кислый 274.21
глиняный 256.11
глицерин 151.4, 271.16
глубина руна 137.1
— руна, неравномѣрная 138.5
— руна, равномѣрная 138.2
глубокій 77.13
глутиносодержащій 234.1
глыба каучука 296.14
глыбовидное руно 140.10
глянец 293.13
— шелка 226.22
глянцевидная шерсть 178.15
гнать цѣны вверх 54.6
гнилая моча 150.19
гнилой 203.5
гниль, корневая 203.4
гнить, коноплянное волокно гніет 82.20
—, мясоплод гніет 119.2
гніеніе 81.8
— волокна 82.21
—, корневое 203.4
— листьев от впитыванія воды 114.8
— листьев от всасыванія воды 114.8
гнѣздо 174.7
— семейных шелкопрядов, мѣшкообразное 215.23
— семейных шелкопрядов, шарообразное 215.22
—, прядильное 211.3
годный для племенного разведенія 128.14
— для пряденія 214.3
голландер для размалыванія коллодійной шерсти 257.16
Голландія 124.14
голландская овца 124.14
голова 131.21
— негра, каучук 294.13
головка волокна, широкая 137.23
— волоса 174.6
— многоструннаго мундштука 249.16
— пресса 245.16
головка, ситочная 249.16
головная шерсть 172.2
—ной конец пеньки 88.10
— край руна 171.15
голодная шерсть 178.22
голос 51.12
голубой 74.11
голый огонь 218.13
гомогенное строеніе 226.3
гомогенность нити 242.14
гомфокарпус, растительный шелк 64.7
Гоох, фильтр-тигель системы 291.10
горизонтальный 250.3
горная овца 125.9
— порода 26.17
— порода, материковая 26.20
—ный лен 240.2
горшок для нитрованія 256.9
—, глиняный 256.11
—, нитровальный 256.9
—, фарфоровый 256.10
горы, высокія 135.17
горѣлка, спиртовая 47.5
горючесть 288.24
горючій 156.14
горячая мочка 69.7
—чій 157.10
— воздух 213.11
государственный статистик 56.16
государство имѣющее хлопководство 35.19
готов для жатвы, лист 110.9
готовый 7.22
грабли 23.18, 40.6
—, перекидныя 163.5
—, полоскательныя 148.14
—, ручныя 148.15
грабля 149.9
гран 239.4
гребенка, мыкальная 67.9, 80.15
—, направляющая 263.3
— репейнаго очистительнаго волчка 164.16
— снимающая с вальяна очесы 89.9
гребенная скамейка 87.11
—ной барабан 164.12
— вал 164.12
— пух 169.9
—ные очески 169.8
—ный прочес 168.16
— расчес 168.16
—ныя планки 88.7
гребень 87.6
гребнечесальная машина для пеньки 87.18
—ный угар 169.5
гребнечесаніе, машинное 87.17
— на геклях высоких номеров 89.12
—, ручное 87.5
—, тонкое 89.11
гребнечесанная шерсть 168.17
гребнище 70.19
греж, шелк 224.13
греческій шелк-сырец 231.7
гречишная зола 219.5
гриб, корневой 203.3
грибной нарост 207.11
—ные зародыши 207.13
грибок душитель конопли 79.13
—, плѣсневой 207.12
—, ржавый 66.14
гривоносная овца 123.14
грозди 77.21
грохота 41.10
грубый 225.22
грудина 132.12
грудь 132.12, 171.22
грузчики 31.15
группа 196.17
групповой кокон 215.21
гряда 23.15
грядка 23.15
—, сѣмянная 106.15
грядковая культура 22.8
грязевая мочка 68.8
грязна, шерсть 154.4
грязная, черно- 178.8
грязный 145.20
грязь 146.14, 149.14
гуанако 126.13
—, шерсть 188.5
губа, нижняя 192.14
губка 239.18
—, заполненная ракушками 239.19
—, истертая в пух 239.23
—, проваренная в растворѣ соды 239.20
—, разорванная на куски 239.22
—, разрыхленная раствором кислоты 239.21
губчатый 287.6
губчатость волокна 13.8
гужевая кипа 42.22
гужем, перевозка 47.18
гуммиластик 294.9
гумно 70.18
гумус 20.22
гусеница (с.т.червь) 37.14
— „plusia gamma“ 66.10
—, хлопчатиковая 37.10
—, зараженная 206.15
—, шелковичная 191.4
—, шелкопрядная 192.16
гусеничная постель 205.7
—ный помет 205.22
густо засѣивать 66.5
— расти 136.15
густо-шерстная овца 131.15
густо-шерстность 131.14
густоволосый 136.16
густой 145.11
густолиственный 77.10
густота коллодія 258.11
— шерсти 136.14
гутаперха 261.6

Д.

давальческій товар 147.5
давать в аренду земельный участок с уплатой доли урожая 25.12
— землю в аренду за деньги 25.13
— образцы 28.16
— на руки 28.21
—, гриб дает споры 207.15
—, дикій шелк дает отблеск 227.4
давленіе 42.12
— при пряденіи 248.12
дальнѣйшее образованіе 26.1
данная порода 142.19
Дарсе, заведеніе для разводки по системѣ 195.13
дать ссуду под товарное свидѣтельство 184.16
дающій 123.8
движеніе жидкости в осадочной ваннѣ, вызванное треніем нити 251.3
— нити, медленное 249.11
— питательной рѣшетки, качательное 163.7
— питательной рѣшетки, прерывистое 163.7
— питательной рѣшетки, сотрясательное 163.7
— толчками 71.10
— цѣн вверх 54.7
— цѣн вниз 54.10
—, поперечное 86.12
—, поступательное 253.14
двойное преломленіе 290.12
— преломленіе волокна 13.1
— преломленіе растительных волокон 13.2
двойной 212.2
двойня ягнят 129.11
двор, скотный 133.6
—, моечный 147.3
двугорбый верблюд 126.10
двудольное растеніе 18.19, 77.6
двукопытное животное 127.9
двукратная стрижка 142.17
двулопастное растеніе 18.19
двунатровая гидроцеллулоза 269.14
— целлулоза 269.13
двуосновная соль 283.11
двупреломляющій 13.3
двустрижка 142.17
двустѣнный 216.17
двусѣрнокислый аммоній 284.12
двууглекислый аммоній 265.6
двухвальный джин 40.8
двухлористая ртуть 98.10
двухлѣтній сѣвооборот 36.9
—няя система 36.9
двухромокаліевая соль 159.4
двухромокислое кали 159.4
—лый калій 286.3
— натр 159.6
двухсуставный погоняльщик 86.3
двуцвѣтность 290.16
деготь, буковый 284.14
дегуммированіе пучка лубка 103.3
дегуммированный шелк 234.4
дегуммировать шелковый угар 287.15

дезинтегратор, центробѣжный 27.2
дезинфекцировать питомник шелковичных червей 208.18
дезинфекція 208.19
декантированіе 263.11
декатированіе 6.14
декатировать 6.15
декоративное растеніе 18.10
декстрин 272.2
денатурированный алькоголь 260.5
– спирт 260.5
дендролог 200.15
денежный штраф 51.19
денитрація 46.19
денитрированіе, кислотное 265.13
–, неравномѣрное 265.12
– нити 265.8
–, частичное 265.11
денитрированный 265.14
денитрировать нить 265.9
– нить в жгутѣ 265.17
– нить на катушках 265.16
– нить в моткѣ 265.17
день закупки 49.8
– срока 30.15
– счета 29.24
–, рабочій 25.14
деньер 238.18
депозит 53.15
депонировать нѣкоторую сумму 53.15
дерганец 77.7
дергать лен 66.23
деревенская шерсть 165.11
деревенѣть, мѣсто срѣза деревенѣет 201.19
дерево 19.3, 121.1
– айланта 203.8
– манго 204.1
–, ветловое 121.4
–, высокоствольное 19.7
–, густолиственное 19.11
–, ивовое 121.4
–, камфорное 203.23
–, касторовое 203.9
–, каучуковое (с. каучуковое д.) 294.17
–, коричное 203.10
–, короткоствольное 19.9
–, липовое 121.6
–, лиственное 119.13
–, масличное 204.9
–, многолиственное 19.11
–, молочное 203.24
–, мягкое 121.2
–, небесное 203.8
–, низкорослое 19.9
–, оливковое 204.9
–, прямослойное 121.3
–, свѣжее 121.9
–, среднествольное 19.8
–, тамариновое 203.19
–, тополевое 121.5
–, тутовое (с. тутовое д.) 199.4
–, фиговое, остиндское 203.22
–, шелковичное, японское 104.11
деревянное масло 181.12
деревянный 85.19
державка коконов 223.3
держатель мундштука 248.8
держать группы шелковичных червей отдѣльно друг от друга 196.17
– на складѣ 31.5
– окись магнія в растворѣ 266.6
– сѣру в растворѣ 266.14
– шерсть открытою 163.3
– шерсть раскрытою 163.3
дериват целлулозы, водорастворимый 179.1
дерюга, джутовая 42.18
–, оберточная 42.17
–, упаковочная 42.17
дестиллированная вода 219.8
–ный шерстяной жир 160.12
дестиллировать пряжный раствор в вакуум-аппаратѣ 258.15
– шерстяной жир 160.11
дестиллятор 156.23
дестилляція, вакуум- 258.14
десятичная скала номеров 239.5
дешевый 29.11
джинированіе 38.22
джин 39.18
– с валом снабженным ножами 40.9
–, валовой 40.1
–, двойной 40.8
–, двухвальный 40.8
–, комбинированный 40.9
–, макарти- 40.2
–, ножевой 40.2
–, остиндскій 39.17
–, пиловой 40.13
–, пилообразный 40.13
–, простой 39.17
–, ручной 39.17
джины установленныя в ряд 39.1
джут 1.6, 92.13, 306.5
– с капсюльным плодом 92.18
– с коробчатый плодом 92.18
– низкаго качества 99.8
– новаго урожая 99.4
– перемочен 94.15
– свѣжаго урожая 99.4
– стараго урожая 99.3
–, бастард 103.4
–, непросмотрѣнный 99.1
–, несортированный 99.1
–, неупакованный 99.2
–, низкосортный 99.8
–, отобранный 99.6
–, сортированный 99.6
–, тонковолокнистый 99.7
–, упакованный во влажном состояніи 99.15
– упакованный сырым 99.15
джутовая вязка 99.10
– дерюга 42.18
– зола 96.18
– пенька 92.13
джутовое волокно 93.13
– растеніе 92.15
– растеніе, дикорастущее 92.17
– сырье 98.19
– сѣмя 93.11
–вый жгут 99.10
– лист 93.5
дикая коза 188.7
– овца 123.11
– шелковая бабочка 189.14
дикій 193.2
– баран 123.13
– шелк 188.22, 231.21
– шелкопряд 189.14
дикое животное 26.10
дикорастущій 204.9
диктіокарбонная кислота 279.4
динамометр 12.17
диск, вращающійся 224.1
–, затворный 247.16
–, желобчатый 86.16
–, ножовый 86.17
–, рубчатый чечевицеобразный 223.11
дисковый рѣзец 295.17
дифениламин 289.5
дифференціальный 247.15
дихлоргидрин 284.15
дихроизм 290.16
дичек 201.14
діализ 280.3
діализировать вискозу 280.2
діаметр волоса 181.14
діафрагма 247.15
діацетат 283.11
длина волокна 10.2, 61.1, 136.24
– волокна при разрывѣ от собственнаго вѣса 12.12
– волоса, средняя 177.16
– завитого волоса 176.20
– курчаваго волоса 176.20
– распрямленнаго волоса шерсти 176.21
– стеблей 66.24
– шерстяного волокна 177.15
длинноволокнистый 61.2
длинноволосый 61.2
длинно-клѣточный 20.7
длинно-моточный 231.20
длинностебельчатый 35.7
длиннохвостый 124.19
длинночерешковый 19.19
длинно-шерстный 123.6
длинный 137.2
длительность мочки 82.15
двей по пред'явленіи 30.13
дно, коническое 253.7
–, конусообразное 253.7
–, промежуточное 156.22
–, рѣшетчатое 63.11, 149.1
–, сѣтчатое 83.1
добавочное условіе 49.14
доброкачественность шерсти 177.17
добротная шерсть 141.8
добротность руна 171.13
– шерсти 179.6, 186.24
добываемый 117.13
добываніе асбеста 240.10
– волокна 110.7
– волокна ручным способом 111.1
добываніе волокон 107.1
– волокон, механическій способ 107.24
– джута 93.12
– жира из промывных вод из шерстомойки 158.5
– лубка из стеблей 83.5
– льняного волокна 66.21
– масла 80.24
– пеньки 79.21
– поташа 157.6
– соломеннаго волокна из соломы 120.18
– шелка 188.23
– шелка из коконов 217.19
– шерсти 141.14, 183.11
– шерстяного жира 158.1
– яичек шелкопряда 193.9
добывать асбест взрываніем 240.14
– лубок из стеблей конопли 83.6
– шелк 188.24
договор, биржевой 53.13
– о покупкѣ 29.7
– по продажѣ 186.6
–, торговый 48.6
дождевая вода 81.21
дождь 21.19
дозрѣваніе очищеннаго раствора вискозы 279.18
дозрѣвать, раствор вискозы дозрѣвает 279.19
–, стебель дозрѣвает 80.11
дойная овца 133.4
доковое общество 32.17
документ, классификаціонный 50.17
дол 135.15
долина 135.15
дом, торговый (с. торговый д.) 184.3
домачивать стебли конопли 82.10
домашнее животное 26.9
донская шерсть 166.10
дополнительный 89.19
доппель-центнер 76.9
допрессовка 43.2
допустимый 238.1
дорогой 29.12
дорожка, канатотростильная 2.17
доска для стрижки 142.6
–, предохранительная 87.12
–, трепальная 72.5, 72.10, 84.14
–, черная фоновая 221.13
доставить с зачетом излишней стоимости 47.20
– хлопок нѣсколькими партіями 49.18
доставка к пристани 33.3
– на срок 55.15
– к условленному сроку 55.15
– согласно контракта 52.6
–, с доставкой на мѣсто 32.5
достоинства трав, питательныя 135.11

достоинство породы 128.13
— руна 171.14
— шерсти 186.24
доступ воздуха. . 96.21
дрань 121.7
дратвенная пенька 91.19
древесина 15.15, 90.14, 119.7, 255.8
— льняного стебля 65.6
древесинный . . . 90.13
древесная зола. . 21.16
— камедь 244.15
— клѣтчатка . . . 244.13
— лучина 121.7
— масса 15.15
— целлулоза . . . 119.7
— шерсть 121.8
—ный 201.22
— волос 104.1
— спирт . . 258,8, 260.24
— хлопчатник . . 57.15
древовидный . . . 34.11
древовод 200.15
дробильный барабан 27.2
— волчек при карбонизаціи . . . 162.16
дробитель репья . 165.5
дробленая пенька. 91.11
дрок 255.1
—, вѣнчиковый . 104.15
—, душистый . . 104.13
—, испанскій . . . 104.13
дроковая пенька . 105.1
дроковое волокно 105.1
дромадер 126.9
Дрэпера, прядильный аппарат системы 249.7
дряблый 177.23
дуб, вѣчнозеленый 203.15
—, японскій . . . 203.16
дубильшик. . . . 143.18
дубильная ванна 235.6
— кислота, искусственно очищенная 235.9
—ное вещество . . 235.5
дубить. 239.8
дублон 215.20
дубовая листва . 203.17
—вый шелк . . . 231.23
— шелкопряд . . 190.8
дублированіе . . 7.6
дублировать . . . 7.7
дуга завитка волоса 176.22
Думер, мочка льна по способу . . 69.19
Дунди, выгрузка в 99.21
—, котировка биржи в 99.20
дутье 155.6
душистый дрок . 104.13
душитель конопли, грибок 79.13
дымящаяся азотная кислота . 183.3
дырчатый 253.15
дышать, куколка дышет 212.8
дѣвственный волос 175.15
дѣйствительная сдѣлка 27.16
—, тара . . . 48.18, 56.10
—ный вѣс 52.10
дѣйствіе воздуха. 98.3
— зажима 112.8
— свѣта 98.8
дѣйствующій, сильно 249.5
— слабо- 249.4
дѣлать щелочною мочильную воду 102.6
дѣлаться, заказ дѣлается на основаніи качественных образцов 186.19
—, заказ дѣлается на основаніи качественных типов 186.19
—, порученіе дѣлается на основаніи качественных образцов . 186.19
—, порученіе дѣлается на основаніи качественных стандартов 186.19
дѣленіе 268.9
дѣло, импортное . 55.1
—, комиссіонное . 53.14
—, судебное . . . 50.20
—, шерстяное . . 184.3
—, экспортное . . 55.2

Е.

европейскій . . . 230.21
египетскій хлопок, (с. хлопок) 58.24, 301.5
единица площади 38.15
единичная нить, тонкая 243.1
единичный волос 180.9
еловая игла . . . 116.7
ель, красная . . 260.17
естественное животное сырье . . 122.1
— растительное сырье 34.1
—ный 210.13
— шелк 188.20

Ж.

жаровня для угля, глиняная . . . 197.4
—, угольная . . . 197.5
жатва . . . 24.21, 66.22
жать 24.20
— коноплю серпом 79.24
— конопляное сѣмя 80.21
— солому до полнаго созрѣванія плода 120.2
— стебель джута до созрѣванія плода 93.14
жвачное животное 26.8
жгут 86.6
—, джутовый . . 99.10
—, запальный . . 263.16
жгутообразный . 86.5
жгучая крапива, большая . . . 100.4
жгучій волосок листа 100.5
желатин . .261.8, 286.12
—, мыльный . . . 152.14
—, растительный . 45.1
—, торговый . . . 286.14
желатиновая нить 286.20
—вый искусственный шелк . . 286.11
желатиноподобный 288.17
железа вырабатывающая шелк . 191.11
—, жировая 174.4, 174.13
—, потовая . . . 174.19
железа, сальная . 174.13
—, филиппова . 191.16
—, шелковичная . 191.11
желтая хромовая соль 159.5
—тый нормальный 302.15
— сорноватый . . 302.16
—, золотисто- . . 215.3
—, рѣзко. 60.3
—, сильно 60.3
желтоватый . 43.20, 60.2
— нормальный . . 302.13
— сорноватый . . 302.14
желто-коричневый 74.14
желтуха 207.24
желтѣть, кончик листа желтѣет. 79.18
желоб сборный . 267.11
—, свицовый корытообразный . . 275.12
желобчатый диск. 86.16
— шкив 86.16
желудочный сок, щелочный . . 208.13
желчный жир . 159.14
желѣза, окись . . 45.11
желѣзистая вода . 82.3
— почва 68.14
желѣзнодорожный агент 49.15
— риск 48.20
— товарный тариф 31.22
— фрахт 31.20
желѣзный 42.19
— купорос 281.10
желѣзо 16.18
—, листовое . . . 73.5
—, сѣрнистое, нерастворимое . 281.14
—, хлористое . . 258.22
—, хлорное. . . . 98.11
желѣзосодержащій 82.3
—проволочная ткань 155.1
—синеродистый калій 291.9
жемчужно-сѣрый 192.18
женскій 202.17
жерди 150.4
жесткій 187.14
— на ощупь . . . 60.11
жесткость волокна 10.20, 12.15
живая изгородь . 109.5
— изгородь из туТовых кустов . 200.7
живой 220.11
живот 132.14
животнаго происхожденія, волокно 9.2
— происхожденія, сырое вещество 9.1
животное чистой породы 131.5
—, дающее шерсть 122.5
—, двукопытное . 127.9
—, двукопытное, жвачное . . . 127.10
—, дикое 26.10
—, домашнее . . . 26.9
—, жвачное . . . 26.8
—, млекопитающее 26.7
—, палое 167.17
—, племенное. . . 131.5
—, позвоночное . 26.6
—, полезное . . 26.11
—, руноносное . . 122.5
—, травоядное . . 127.11
—, шерстоносное . 122.5
животныя дающія волос 126.8
— дающія шерсть. 126.8
—, полорогія . . . 127.6
животныя, рогатыя 127.6
животная шерсть. 9.4
—ное волокно . . 182.3
— протеиновое вещество 210.8
— сырье, естественное 122.1
—ный бѣлок . . . 210.8
— волос 9.3
— клей 286.12
— паразит 202.22
живучая порода . 197.11
жидкій 210.12
— навоз 21.10
—кое мыло . 151.11, 233.7
— стекло, растворимое. 233.21
жидковатый пот . 145.10
жидкость для обезжириванія . . 147.18
— для отвердѣнія нити 248.6
—, бѣлильная . . 159.3
—, закрѣпительная 248.18
—, закрѣпляющая, медленно дѣйствующая . . 275.17
—, клейкая . . . 211.1
—, коагулирующая 259.14
—, осадочная . . 274.4
—, отстоявшаяся . 263.11
—, промывная . . 253.12
—, пряжная . . . 243.4
—, твердѣющая . 264.2
—, филиппова . . 209.18
—, щелочная . . . 97.11
жизнь 197.6
— растенія . . . 24.6
жила 26.19
— асбеста 240.9
жилистая шерсть. 175.24
жилистость . . . 176.1
жилка 26.18
— джутоваго листа, красная. . . . 93.5
—, мозговая . . . 181.9
жилколистный тут 199.13
жильныя волокна 239.6
жир 44.8, 96.14
— шерсти, естественный . . . 145.23
—, желчный . . . 159.14
—, кокосовый . . 152.9
—, кукольный] . . 219.3
—, неразложившійся 152.10
—, прогоркшій . . 151.8
—, растительный, жидкій 16.4
—, растительный, твердый. . . . 16.3
—, свободный . . 152.10
—, шерстяной (с. шерстяной жир) 145.23
жирность волокна 11.19
жирная кислота . 151.5
жирный 11.18
жиро-экстрактор . 156.18
жироблестящій . 11.17
жировая железа . 174.4, 174.13
— клѣтка 174.14
— масса хвоста. . 125.3
— ткань, набухающая 206.4
— ткань, пухнущая 206.4
—вое вещество . . 44.8
— вещество волокна 244.6
— вещество, выдѣленное 158.19

жировой покров 173.22
– покров хвоста 125.3
– пот 145.8
–вые частички 149.16
жирообразованіе в овцѣ 133.2
жирорастворяющій 155.17
жмых 41.18
жниво 135.1
жом с валками с поперечным движеніем 86.12
жомка конопляных сѣмян 80.20
жомный процесс 86.10
жук, майскій 66.11
жучок, коробочный 37.11

З.

забирать лен хворостинами 66.16
заболонь 65.7
заболѣваніе корня 203.6
заболѣвать, овца заболѣвает 135.20
–, шелковичный червь заболѣвает 206.12
забракованный 129.20
заваливать сѣмена 23.8
заведеніе (с. т. завод)
– для культуры шелковичнаго червя 195.8
– для обработки льна 69.4
– для разводки по системѣ Дарсе 195.13
– для разводки шелковичнаго червя 195.8
–, красильное 5.14
–, льномочильное 69.4
–, прачешное 5.3
завершеніе дѣла 185.19
завивка волос руна 138.14
завитой 126.5
завитки волокна 11.1
завиток шелковой нити восьмеркой 211.8
– шелковой нити, петлеобразный 211.8
– шерсти 176.16
завитость волокна спиральная 44.4
завод (с. т. заведеніе)
– для карбонизаціи шерсти 162.7
– для культуры яиц 194.2
–, карбонизаціонный 162.7
–, кожевенный 143.19
–, маслобойный 41.16
–, стекляный 276.11
–, трепальный 71.18
–, хлопкоочистительный 38.23
заводская книга 129.7
– культура 193.19
–скій баран 128.16
– скот 131.7
завѣдующій аукціоном 186.1
– питомником 200.15
– помѣщеніем для испытанія хлопка 49.24
завязываніе узлом 4.11
завязывать узлом 4.12
загнивать, мясоплод загнивает 119.2
загнившая моча 150.19
загнутое круто руно 140.16
загон 134.11, 134.20
загородка 134.20
загородь 134.20
заготовка асбеста 240.15
загрузочная воронка 40.16
– коробка 42.15
–ный вал 149.8
загрязнен 219.4
загрязненіе вискозы, сѣру содержащее 279.15
– раствора 245.11
загрязненный 15.3
загустить каучуковый сок 295.11
зад 171.20
задержать процесс перемочки 94.16
задерживаться, волос задерживается в развитии 173.15
задержка в развитіи волос 173.14
задній 191.8
зажим 88.2
зажиманіе листьев 112.10
зажимать в клещи прядь пеньки 88.8
– в колодку прядь пеньки 88.8
зажимная колодка 88.2
–ной вал 148.7
– прибор для листовых влагалищ 108.6
зазубренный 107.19
заказ 186.19
закаленная овца 130.22
закалить овцу 130.23
закалка овцы 130.21
закись желѣза, сѣрнокислая 281.10
– мѣди 98.9, 292.14
– мѣди, красная 270.21
– никкеля 272.6
–, мѣдная 266.1
заключительныя цѣны 186.11
заключить сдѣлку 29.6
законная плата 51.18
–ное средство 50.23
закрученный 298.4
закручиваемость волоса шерсти 180.6
закручиваться, шерсть закручивается 180.7
закрытіе биржи 185.18
закрытый 69.14
закрѣпительная ванна 253.4
– ванна, сильно дѣйствующая 249.5
– ванна, слабо-дѣйствующая 249.4
– жидкость 248.18
–ный цилиндр 249.18
закрѣпленный 40.4
закрѣпляющая ванна 253.4
– жидкость, медленно дѣйствующая 275.17
закупка 29.3
закупка для покрытія потребности 186.14
– шерсти 184.5
закупочная комиссія 29.5
–ный маклер 185.13
закупщик 29.4
– шерсти 184.6
зал, мотальный 221.18
залежи асбеста 240.3
залежь, асбестовая 240.12
залог 184.15
замаранная шерсть 145.5
замачивать (с. т. мочить) 94.2
– джутовые стебли в водѣ 94.10
– шерсть 148.16
замашка 77.7
замороженный 101.19
заморозки 38.4
заморская шерсть 165.20
замочка, бактеріальная (с. т. мочка) 82.17
–, ферментаціонная 82.17
замыкательный рычаг 222.10
заниматься овцеводством для добыванія шерсти 131.9
– шелководством 189.3
занимающійся 78.9
заостренный 252.8
–, коротко- 140.17
западно-мадрасскій хлопок 58.5
западно-русская шерсть 166.11
запальный жгут 263.16
запариваніе 6.14
запаривать 6.15
запас шелка 230.1
– шерсти 184.13
запасы, мѣстные 186.17
запах 159.12
– шерсти 175.10
запечатывать образец 50.14
– пробу 50.14
заплата 48.13
заплѣсневѣлый 217.15
запоздалый 206.10
заполнить шерстью гребенной барабан 164.20
запрессованная кипа 43.1
запродажный контракт 186.6
– маклер 185.12
заражать болѣзнью 207.1
зараженіе 206.14
зараженный 206.15
зараза 207.2
заразная болѣзнь 206.20
зародыш 118.16
зародышевый листок 24.1
зародыши, грибные 207.13
засаженная площадь 36.4
– земля 36.4
засаживаніе 24.4
засаленный 167.23
засорена репейником, шерсть 146.9
засореніе отверстій 247.19
–, травяное 160.17
засоренность 61.14
засоренный 60.20
засорившійся 247.21
засоряться, мундштук засоряется 247.20
застилающій апрет 294.4
застопориваніе отверстій 247.19
застопориваться, мундштук застопоривается 247.20
застываніе раствора 245.6
– шерстяного жира 146.4
застывать, шерстяной жир застывает 146.3
застывшій 146.5
засушенное состояніе 220.12
засушенный 214.1
засушиваніе коконов 213.5
засушивать кокон на солнцѣ 213.8
– кокон сухим нагрѣваніем 213.10
– кокон сухим паром 213.12
– коконы 213.6
засыпать сѣмена 23.8
засыханіе листа 106.8
засыхать, лист засыхает 106.9
засѣв конопли 78.10
засѣвать в разброс 23.14
– машиной 23.10
засѣиваніе 22.24
засѣивать густо льняное поле 66.5
– рѣдко льняное поле 66.6
засѣянное поле 23.16
затвердѣваемость фиброина 210.10
затвердѣваніе серицина 210.16
затвердѣвать, жидкій фиброин затвердѣвает 210.12
затвор 247.10
затворный диск 247.16
затылочная часть головы 131.22
захватки для листовых влагалищ 108.6
зачаток болѣзни 206.19
– волоса 173.8
зачет 47.20
зашеек 132.3, 171.23
зашитая в дерюгу кипа 113.3
защитить шелковичнаго червя от зараженія 207.2
– шелковичнаго червя от заразы 207.2
– шелковичнаго червя от инфекціи 207.2
защищать листовую подстилку от сырости 199.2
заявленіе в третейскій суд 51.4
заячья шерсть 188.12
звонкость натянутой шерсти 176.2
звук натянутой шерсти 176.2
здорова, шерсть 175.17
здоровый 206.16
здоровье шерстяного волоса 175.16
зеленая мочка 68.11

зеленое мыло . . 151.11
зеленый 93.4
—, малахито- . . 276.19
зеленоватый . . . 74.13
зелено-синяя окраска . . . 97.9
зеленосѣмянный хлопок . . . 36.22
зелень 133.18
зеленя 23.21
земельный участок 25.9
—ныя щелочи . . 265.22
землевладѣлец . . 25.10
земледѣлец . . . 25.4
— занимающійся воздѣлываніем конопли . . . 78.9
земледѣльческая школа 25.21
земли, наносныя . 124.12
земля, засаженная хлопчатником . 36.4
— под коноплей . 78.5
— под коноплю . 78.5
земляной орѣх . 233.11
зеркальный блеск. 11.14
— бѣлый чугун . 163.1
зернистый 225.21
— на ощупь . . . 60.12
зерно (с. т. сѣмя) .
—, больное. . . . 193.15
—, болѣзненное. . 193.15
—, зеленое 36.21
—, конопляное . . 78.14
—, сѣмянное черноземеное . . . 36.23
—, хлопчатниковое 36.14
—, черное гладкое 36.19
зерноотдѣлительная машина, хлопко . . . 39.18
зигзагообразно . 211.10
зима 194.20
зимній 133.20
зимовик 134.11
змѣевидный . . . 148.5
змѣевик, паровой. 157.1
—, холодильный . 263.9
знаток шерсти . . 187.4
значительная вытяжка 137.7
зола 45.4
— искусственнаго шелка 290.4
— аморфная . . . 16.19
—, безформенная . 16.19
—, гречишная . . 219.5
—, джутовая, несодержащая кристаллов . . . 96.18
—, древесная . . 21.16
золотисто-желтый 215.3
золото, настоящее. 297.3
—, новое 297.24
—, старое . . . 207.23
золотой 297.2
— сплав 297.4
золоченіе серебряной проволоки 297.7
зоолог 26.4
зоологія 26.3
— овцы 127.5
зрѣлость (с. т. спѣлость). 24.14
— джутоваго растенія 93.15
— листьев агавы для жатвы . . 110.8
— льна, желтая . 66.19
— льна, полная . 66.20
— мочки . . 68.21, 82.11
— овцы, ранняя . 130.13
— плода 35.12
— раствора . . . 246.7
зрѣлость стеблей. 66.24
—, прядильная, шелковичных червей . . . 209.4
зрѣлый 114.13
зуб 147.12
зубец 71.13
зубок 109.12
зубчатый . . . 202.3
— вал 164.13
— деревянный валек 70.19

И.

ива 203.20
—, плакучая . . . 203.21
ивовая корзина . 172.22
—вое волокно . . 64.9
— дерево. 121.4
— лыко . 64.9, 105.3, 120.22
игла 71.13, 147.12
— чесалки 87.7
—, гекельная 73.16, 87.7
—, еловая 116.7
—, пихтовая . . . 116.8
—, сосновая . . . 116.9
иглы, хвойныя . 116.10
игловидный . . . 140.4
игольчатая коробка 71.12
—тый вал . 147.10, 164.9
— волос 139.10
играть на повышеніе 54.14
идти, цѣны идут вверх 54.8
избыток вѣса . . 52.13
— вѣса, допустимый 238.1
— сока 201.20
избыточная кислота 163.14
извести лишенный 218.22
известково-молочная ванна . . 150.15
известковая болѣзнь . . . 207.16
— почва 20.24
— пудра 296.9
—вое молоко . . 208.22
— мыло 152.19
— тѣсто 158.8
—вый порошок . . 296.9
известь 198.10
—, мышьяковистая 144.5
—, щавелевокислая 16.12
—, ѣдкая 262.2
извилистое волокно 11.2
извилистость волокна (с. т. курчавость). . . . 11.3
— волокна, возвратная . . . 11.4
— волос руна . . 139.14
—, винтообразная, нити дикаго шелка 225.13
извлекать волокна из листьев послѣ мочки в холодной водѣ . . . 113.16
— волокна из листьев послѣ холодной мочки 113.16
— жир 155.14
извлеченіе волокна 7.14
— волокна ручным способом . . . 111.1
— жира 155.13
извлечь влагу из волокна. . . . 14.3
— воду из волокна 14.3
ичвлечь воду из нитроцеллулозы 257.1
— красящее вещество серицина . 228.14
— мѣдь из кислоты 277.10
— растворитель из пряжной массы 245.8
изгара 38.3
— льна 66.15
изгиб завитка волоса (с. т. волна) 176.22
— завитка, высокій 177.1
— завитка шерсти, нормальный . 176.16
—, удлиненно пологій 177.4
изгородныя растенія 109.5
изгородь, живая, из тутовых кустов 200.7
изготовленіе . . . 243.3
— нити 258.20
издержки (с. т. расходы) 29.13
—, мелкія 29.14
—, мѣстныя . . . 49.1
— страхованія . . 32.22
издѣліе, вышивальное 4.21
—, вязальное . . 4.3, 4.8
—, плетеное . . . 3.8
—, ткацкое . . . 3.21
издѣлія, канатныя 2.19
—, позументныя . 4.16
—, чулочныя . . . 4.3
излишек тары . . 48.14
излишняя стоимость 47.20
излом, рѣзкій, мѣста разрыва настоящаго шелка 227.8
измельчать древесину стебля . 70.8
— нитро-целлулозу 257.2
измельчить клѣтчатку 292.17
измельченный . . 241.5
измѣненіе качества в худшую сторону 179.2
—, морфологическое, шелка . 229.3
измѣреніе крѣпости нити динамометром . . . 12.18
измѣритель густоты шерсти системы Менцеля . 180.12
— курчавости . . 179.24
измѣрительный сосуд 268.9
измѣрять курчавость волоса . 180.1
изогнутый 248.9
изолировать больных шелковичных червей от здоровых . . . 206.16
изохолестерин . . 159.15
изслѣдованіе волокна, микроскопическое . 180.13
— кокона 213.1
— поврежденій . . 49.3
— порчи 49.3
— при производствѣ искусственнаго шелка . . 291.3
—, микроскопическое . . . 17.13, 44.2
—, микроскопическое, шелка . 225.4
—, оптическое . . 290.10
изслѣдованіе ультра-микроскопическое 290.22
изслѣдовать коконы 213.2
— коллодійную шерсть на растворимость . . 257.18
— коллодійную шерсть на содержаніе азота. 257.19
— микроскопически волокно. . . . 17.14
— микроскопически отверстіе волосяной трубки 276.14
— микроскопически шелк . . . 225.5
— оптически искусственный шелк 290.9
— шелк при помощи поляризованнаго свѣта. 290.11
из'ѣденный кокон 217.11
ил 149.14
ильмовое лыко . 120.21
— мочало 120.21
Имперіал, шерсть . 165.10
импорт (с. т. ввоз) 30.24
— коконов 229.19
— хлопка 54.22
— шерсти 183.23
— яиц 195.4
импортер 31.1
— шерсти 184.2
импортное дѣло . 55.1
импрегнировать коллодійную шерсть раствором хлористаго кальція . . . 259.20
— шелковую нить 265.2
имѣніе воздѣлывающее коноплю 78.4
имѣть вид, расправленное руно имѣет вид шкуры 171.10
—, матеріал имѣет ощущеніе шелка 226.12
—, шерсть имѣет жилистость . . 176.1
индифферентный . 274.14
индійская крапива 100.18
—скій дубовый шелкопряд 190.3
— пассат 38.5
инкрустаціи в клѣтчаткѣ . . 255.15
инкубатор 196.2
инкубація 196.8
иноземная шерсть 165.19
иностранная шерсть 165.19
инспектор складов 184.19
инстанція для апелляціи, высшая 51.8
интенсивная система 195.10
интересующійся шерстью . . . 184.7
инфекція 207.2
инфецированный шелковичный картон . . . 194.10
исключительно . 61.3
ископаемое . . . 26.16
искра, электрическая 247.21
искристый 288.6
искусственно . . 235.9
искусственная шерсть 9.12

искусственное волокно 9.7
–ный 154.10
– волос 293.1
– волос лишенный блеска 294.5
– продукт 242.5
– хлопок 9.11
– шелк . 4.15, 46.20, 242.2
– –, желатиновый 286.11
– – из бѣлка . . 242.13
– – из вискозы . 277.15
– – из желатина . 242.13
– – из жирнокислых эфиров целлулозы 283.3
– – из коллодія . 254.13
– – из оссеина . . 242.13
– – из раствора целлулозы в амміачной окиси мѣди 267.12
– – из растительнаго клея . . 242.13
– – из уксуснокислой клѣтчатки 283.3
–ныя волокна из бѣлковых веществ 286.21
– – из казеина . 287.1
– – из раствора костяного клея 287.23
– – из раствора оссеина 287.23
– – из растительных веществ . 287.19
– – из фиброина . 287.13
– нити 286.1
– шелковыя волокна из разных растворов клѣтчатки 282.14
– шелковыя волокна из раствора клѣтчатки в сѣрной кислотѣ . 282.14
– шелковыя волокна из раствора клѣтчатки в хлористом цинкѣ . 282.14
– шелковыя волокна из раствора клѣтчатки в щелочах 282.14
испанскій дрок . 104.18
– камыш 121.14
– шелк-сырец . . 231.10
испареніе воды . 13.23, 154.4
–, естественное . . 143.3
испарять сѣрнистый углерод . 278.13
испепленіе шелка 228.15
исполненіе . . . 55.10
использованная ванна для удаленія серицина 233.23
исправить торговый договор . 48.6
испытаніе влажности 237.5
– на влажность . 14.2
– искусственнаго шелка 289.1
– кокона 213.1
– маслом 46.2
– на ощупь . . . 60.5
– шерсти 179.4
испытатель крѣпости 12.13
испытательная станція 25.20
испытать промывную воду посредством раствора желѣзо-синеродистаго калія 291.9
испытывать коконы 213.2
– химически искусственный шелк 289.2
– шерсть 179.5
истертый в пух . 239.23
истеченіе раствора, неравномѣрное 218.14
истля, волокно . 117.15
источенный червем 217.13
истощеніе почвы льном 66.7
истребитель побѣгов 37.8
исходное основное вещество . . . 254.14
–ные матеріалы . 243.3
– матеріалы нити . 286.10
– матеріалы целлулозы в растворѣ мѣдно-кислаго амміака . 269.4
–ный матеріал . 254.14
–ныя вещества вискозы 278.1
исчисленіе цѣны по валютѣ 52.21
итальянская размотка 220.17
–скій 231.8

I.

іод 17.8
–, хлорно-цинковый 75.9
іод–іодно-каліевый раствор для испытанія бумаги 289.16
іодистое кали . 289.15
іоднохлористый цинк 289.6
іодо-сѣрная кислота 90.18
іод-цинк 258.3

К.

кабаргиновая шерсть 188.15
кабинет, кондиціонный . 47.3, 187.9
кавказское тутовое дерево . . 199.18
казанскій лен . . 304.9
казаться, на ощупь хлопок кажется жестким . . . 60.6
–, на ощупь хлопок кажется шереховатым . 60.6
казеин, торговый 287.2
казеиновая масса, губчатая . . . 287.6
–вый шелк . . 287.1
Казеловскаго, мяльная машина . 70.11
кайота 104.9
каламус 105.17
каландрованіе . . 6.16
каландровать . . 6.17
кали, двухромокислое 159.4
кали, іодистое . . 289.15
–, марганцовокислое 262.1
–, мочекислое . . 209.16
–, углекислое чистое 157.13
–, хромокислое . 159.5
–, ѣдкое . . 151.15, 289.9
калибр иглы . . 87.8
каліевая щелочь . 182.6
–вое мыло . . . 151.11
–вый, іод-іодно- . 289.16
калій, двухромокислый 286.3
–, желѣзо-синеродистый . . . 291.9
–, сѣрнокислый . . 45.7, 145.18
–, углекислый . . 45.5, 145.17
–, уксуснокислый 259.18
–, хлористый . . 145.19
–, хлорно-кислый 45.6
калійно-алуминіевая соль . . . 281.7
калійный щелок . 152.1
калотропіи, шелк . 64.3
калькутская пенька 103.7
кальцій 16.16
–, сѣрнистый . . 266.18
–, хлористый . . 259.13
–, щавелевокислый 16.12
—сульфгидрат . . 266.20
кальцинированіе . 157.16
Камбоджіанскій хлопок . . . 58.8
камвольная рунная шерсть . . 167.19
– шерсть 168.16
– шерсть, средняя 168.19
– шерсть, тонкая . 168.18
камедь, древесная 244.15
–, мыльная . . . 152.14
–, растительная 16.6
–, тугорастворимая 228.9
–, шелковая 210.1
камелина . 260.15
каменистый . . 21.1
каменный . 81.16
камень . . . 68.6
–, мыльный . . 151.16
камера 41.8
– для выводки . 195.16
– железы, собирающая 191.14
– для разведенія . 195.16
– для шелковичных червей . . 195.12
–, бумажная . . 194.6
–, кондиціонная . 47.3
–, нагрѣвательная 162.8
–, прядильная . . 211.2
–, сортировочная . 170.18
–, сушильная 70.3, 83.3, 154.11, 237.6
–, тюлевая . . . 194.7
–, фильтраціонная 245.17, 282.2
камнедробилка . 27.1
камнеломка . . . 27.1
камфорное дерево 203.23
камыш 121.12
–, испанскій . . 121.14
камышник . . . 121.15
канавка ведущаго блока 112.7
–, сѣмянная . . . 23.5
–, трапецовидная . 164.19
–, U-образная . . 164.19
канал 41.7
– железы . . . 174.17
–, вентиляціонный 153.1
канал, воздушный 153.18, 195.15
–, выдѣляющій . 192.11
–, выдѣляющій общій . . . 192.13
–, кишечный . . 191.10
–, клѣточный . . 95.12
–, промывной, змѣевидный . . 148.5
каналец 90.8
–, клѣточный . . 100.12
канат, ведущій . 111.11
–, двойной . . . 111.11
–, передаточный . 112.3
канатная пенька . 91.20
– фабрика . . . 2.18
–ное производство 2.15
–ный двор . . . 2.17
–ныя издѣлія . . 2.19
канато-тростилная дорожка . . . 2.17
– стажка 2.17
канатчик 2.16
канитель . . 297.22, 298.4
– завитая трубочкой 298.4
канительная фабрика 4.17
капиллярная трубка 262.13
– трубочка, стеклянная 276.8
капландская мериносовая шерсть 166.18
капля 273.18
капока 62.16
– очистительная машина . . . 63.7
– очистительный волчек 63.7
капоковое дерево . 62.17
– масло 63.17
капсюльный плод 92.18
капуста, цвѣтная . 140.7
карболовая кислота 261.17
карбонизаціонная печь 162.10
– печь, башенная . 162.14
– печь с вагонетками 162.11
–ный завод . . . 162.7
карбонизація . . 5.22
– грязной шерсти 160.23
– шерсти 160.22
карбонизированная шерсть . . 163.12
карбонизировать . 5.23, 160.21
– мытую шерсть . 160.24
карбункул . . . 135.23
кардный очес . 61.24, 169.12
– пух . . . 62.5, 169.13
– угар 61.24
кардочесальный угар 169.11
кардочесанный . . 254.17
карликовый . . . 19.10
картон 244.16
– из коры тутоваго дерева . . . 194.9
–, шелковичный, (с.шелковичный к.) 194.10
карьер 26.22
касторовокислый натрій 273.20
касторовое дерево . 203.9
– масло 260.16
– мыло 233.16
–вый шелк . . . 232.2
– шелкопряд . . 190.7
кастрированіе . . 130.9

кастрированный баран 130.4
кастрировать козленка 130.8
— ягненка 130.8
каталог 185.23
катаніе 6.18
катать 6.19
каток, ексцентриковый 219.19
катушечное веретено 253.16
катушка 252.14, 263.5, 267.8
— для крестовой мотки 252.9
— для намота 252.10
—, мотальная 252.10
—, продольно-рифленая 252.11
—, стеклянная 275.11
каури 105.18
каустическая сода 97.6
—скіе щелоки 182.5
каучук 1.16, 294.9
— под названіем голова негра 294.13
—, багійскій 294.12
—, вулканизированный 294.16
—, корневой 294.14
—, мангабейрейскій 294.12
—, пернамбуковый 294.11
—, соединенный с сѣрою 294.16
—, сырой 294.15
—, торговый 294.15
—, цеаровый 294.11
каучуковая лента 295.20
— лепешка 295.14
— ліана 295.3
— масса, прессованная 295.18
— масса, хлопьевидная 295.12
— нить 296.12
— нить, вулканизированная 296.16
— нить, круглая 296.15
— нить, четырехгранная 296.13
—вое дерево 294.17
— дерево, бразильское 295.1
— дерево, остиндское 295.2
— молоко 295.7
— тѣсто 296.4
—вые комья 295.10
— шарики 295.10
—вый 275.7
— сок 295.7
качательное движеніе 163.7
качающійся 40.3
качества волокна, общія 9.14
качественный 186.19
качество, плохое 144.1
— руна 171.13
— хлопка 60.4
— шелка 226.2
— шерсти 172.12, 179.6, 186.24
кашемирская коза 127.4
— шерсть 187.24
каштановый орѣх 235.24
квадрон 238.16
квасцы 286.4
—, хромовые 286.5
квинлэндская пенька 105.5
Кенигсбергская пенька 91.21
кератин 180.16, 181.17
керосин 264.5
кипа 28.17
— без клейма 43.12
— без марки 43.12
— пеньки 92.12
— системы Лори 43.8
— системы Риган 43.9
— системы Свенсона 43.7
— шелка-сырца 230.12
— шерсти 184.20
—, готовая 43.1
—, гужевая 42.22
—, забракованная 48.3
—, запрессованная 43.1
—, зашитая в дерюгу 113.3
—, круглая 43.5
—, окончательно спрессованная 43.1
—, опротестованная 48.3
—, перевязанная веревкой 75.20
—, перепакованная 48.16
—, плантажная 42.23
—, поврежденная 43.10
—, полупрессованная 42.20
—, попорченная 43.10
—, прямоугольная 43.4
—, спрессованная 183.16
—, упакованная в рогожу 75.19
—, упакованная обычным способом 48.17
—, упакованная стандартным способом 48.17
—, шерстяная 184.20
кипарис 203.14
кипная марка 28.18, 184.21
—ной пресс 42.2
— пресс, гидравлическій, с неподвижным ящиком 113.1
— пресс с подвижным ящиком 113.2
кипрскій хлопок 58.20
кипятильник 156.22, 218.16
кипятильный аппарат 218.16
— противень 218.15
кипятить нитроцеллулозу в растворѣ хлористаго желѣза 257.21
— смѣсь 151.22
— хлопок в ангидридѣ уксусной кислоты 283.20
кипяток 218.11
кипяченая вода 182.1
кислая ванна 69.12, 161.8
— реакція 163.11
— сѣрнистокислая соль 274.9
— ферментація 81.10
—лое броженіе 81.10
—лый сѣрнистокислый аммоній 274.7
— сѣрнистокислый натр 278.8
— сѣрнистокислый натрій 274.8
— сѣрно-кислый натр 161.20
кислоотдѣлительный 256.14
кислород 44.22
кислородный газ 272.13
кислота, азотистая 272.20
кислота, азотная 228.19
—, алифатическая 283.6
—, бензойная 285.16
—, вольфрамовая 286.9
—, галловая 286.7
—, диктіокарбонная 279.4
—, дубильная 235.9
—, жирная 151.5
—, избыточная 163.14
—, іодо-сѣрная 75.8
—, карболовая 261.17
—, кремневая 198.9
—, ксантогеновая 278.21
—, кукольная 219.2
—, марганцовистая 281.12
—, масляная 152.8
—, минеральная 161.9
—, молочная 272.19
—, муравьиная 100.6, 285.4
—, мышьяковая 228.22
—, нитрующая 256.6
—, обратно-полученная 256.22
—, окси-жирная 258.19
—, органическая 229.2
—, пальмитиновая 152.6
—, пропіоновая 285.8
—, разбавленная 182.17
—, разведенная 182.17
—, соляная 182.18
—, стеариновая 152.7
—, сульфо-жирная 258.18, 259.22
—, сѣрная 182.20
—, сѣрнистая 158.16, 228.20
—, сѣрноуксусная 284.11
—, уксусная 183.5, 229.1, 265.23
—, уксусно-азотная 285.20
—, фенило-уксусная 285.14
—, фосфорная 198.7, 233.20
—, хлористо-водородная 182.18
—, хлорноватистая 228.23
—, хромовая 228.21, 286.8
—, целлулозо-ксантогеновая 279.8
—, шерстяно-жирная 160.13
—, эфирно-сѣрная 263.19
кислотные пары 256.18
—ный остаток 163.16
— сосуд 251.10
— эфир 255.21
кислотоупорность шелка 228.17
кислотоупорный 241.23
кистевидный цвѣток 115.6
китайская конопля 100.14
— крапива 100.16
китайскій 58.16
китовый ус 117.3
китуль 117.11
кишечный канал 191.10
—, проход 191.10
кладеный баран 130.3
кладовщик 184.19
клапан, всасывающій 281.17
Кларка, волокноотдѣлительная машина системы 108.4
класс 59.9
— по цвѣту 59.23
— шерсти 172.11
—, однородный 55.22
—, опредѣленный 55.20
—, основной 59.10
—, полный 59.11
—, средній 55.21
класс, стандартный 59.10
класса, пол 59.12
—, четверть 59.13
классификатор 49.22
—, присяжный 49.23
классификаціонный документ 50.17
классификація 59.14
— льна 76.12
— хлопка 50.2
— хлопка по мѣсту происхожденія 56.17
— шерсти 187.2
классифицировать руна 187.1
— хлопок 50.3
— шерсть 187.3
класть в воду стебли вязанками 94.13
— в воду стебли пучками 94.13
— листья в соленую воду 114.5
— в морскую воду скорлупу кокосовых орѣхов 118.19
— плетенку на козлы 205.1
— шелковичных червей на плетенку 204.14
клеевидный 218.4
клеевина 81.8
клеевое вещество 286.16
клей, бѣлужій 286.13
—, животный 286.12
—, костяной 288.1
—, растительный 16.6
—, рыбій 286.13
—, шелковый 16.8
клейкій 211.1
клейменый шелковичный картон 194.13
клеймить шелковичный картон 194.12
клеймо 43.12
клещи 71.14, 88.2
климат 130.19
клинок 84.20, 85.7
клинообразный 87.10
клоп, хлопчатниковый 37.19
клочки, мытые 169.4
клочья 172.1
—, загрязненные потом 169.2
—, смолистые 172.9
клубок 153.2
клупп 71.14
клѣтка волокна баугиніи 105.10
— джутоваго лубка 95.16
— железы 192.1
— кордія, заостренная лубяная 105.7
— лубка 74.16, 90.7
— лубка рами 103.2
— лубка, цилиндрическая 90.9
— хлопчатникового зерна 36.15
—, жировая 174.14
—, корочная 175.1
—, лубковая 16.5
—, мозговая 175.3
—, первичная 20.11, 74.16, 90.7
—, призматическая 95.15
—, простѣйшая 16.5
—, роговая 175.1
—, толстостѣнная 96.2
—, тонкостѣнная 96.3
—, элементарная 74.16, 90.7

клѣтка, элементарная, джутоваго волокна 95.16
клѣтки, длинныя заостренныя 181.7
клѣточное строеніе кожицы 192.6
– строеніе мембраны 192.6
– строеніе оболочки 192.6
–ный канал 95.12
– каналец 100.12
– сок 20.17
– узел 16.1
–ныя стѣнки 75.1
клѣтчатка (с. т. целлулоза) 243.6
– лиственнаго дерева 119.13
– из стеблей кукурузы 255.2
– из стеблей маиса 255.2
– хлопка 244.9
–, беззольная 292.2
–, воздушно-сухая 292.16
–, гидратизированная 291.18
–, древесная 244.13
–, мерсеризированная 269.11
–, молотая 119.15
–, натронная 178.3
–, небѣленная 298.14
–, обезжиренная 255.17
–, отбѣленная 119.14
–, полученная обратно 292.4
–, размолотая 119.15
–, растворимая 243.10
–, сильно нитрированная 256.5
–, содержащая красящее вещество 254.18
–, содержащая пигмент 254.18
–, сульфитная 278.2
–, сухая 269.5
–, сѣрнистая 282.17
–, сѣрнистокислая 298.19
–, сѣрнокислая 298.18
–, тріацетатная 283.13
–, уксуснокислая 283.5
–, хвойная 119.12
–, чистая 244.2
–, шелковистая 243.19
–, щелочная 278.4
клѣтчатовидный 287.20
книга, заводская 129.7
коагулироваться, фиброин коагулируется 210.11
коагулирующая жидкость 250.14
– способность 273.16
кобылка для раздѣлки льна 73.7
– для расчески льна 73.7
коврик, соломенный 205.2
ковровая шерсть 168.22
Кодзу 104.12
кодилла 92.6
кожа 173.18
– в складках 132.18
– шелковичнаго червя 208.7
–, малоцѣнная 144.1
–, морщинистая 132.12
–, овечья 144.21
кожанная вакса 160.4
– складка 132.16
кожанный 40.5
кожевенный завод 143.19
кожевник 143.18
кожеобразный 216.7
кожистый лист 115.3
кожица волокна, нѣжная внутренняя 103.10
– кокона, внутренняя пергаментовидная 217.8
– стѣнки железы, наружная 192.5
–, внутренняя 192.3
–, наружная 75.4
–, средняя 192.4
–, толстая наружная 103.11
кожух 237.10
коза 127.1
– альпака 126.14
–, ангорская 127.3
–, дикая 188.7
–, домашняя 127.2
–, кашемирская 127.4
–, тибетская 127.4
козел, скобельный 144.16
–, скребной 144.16
козій волос 187.22
козленок 130.6
козлик 130.6
козлы с плетенкой 204.21
козоподобная овца 131.18
козуля 188.7
козья шерсть 187.22
коко 104.9
кокон 214.2
– с двойной оболочкой 216.17
– с металлическим блеском 215.9
– муга 214.15
– в оболочкѣ 216.18
– одиночнаго шелкопряда 215.13
– с покровом 216.18
– семейнаго окутыванія 215.21
– слабаго строенія 216.8
– с тонкою шелковиной 217.4
– тусса, твердый 214.9
– фагара 214.13
– чистой породы 214.6
– эріа 214.12
–, атласный 215.8
–, блѣднозеленый 215.6
–, богатый серицином 217.6
–, богатый шелком 217.1
–, бѣдный шелком 217.2
–, бѣлый 215.1
–, весенній 214.16
–, водонепроницаемый 216.14
–, водопроницаемый 216.15
–, воздушно-сухой 212.17
–, выпряденный неравномѣрно 216.4
–, выпряденный равномѣрно 216.3
–, выпряденный с перерывами 216.2
–, высохшій на воздухѣ 212.17
–, годный для пряденія 214.3
–, групповой 215.21
–, двойной 215.20
–, двустѣнный 216.17
кокон, желтый 215.2
–, женскій 215.17
–, заплѣсневѣлый 217.15
–, засушенный 214.1
–, зеленый 215.5
–, золотисто-желтый 215.3
–, изъѣденный 217.14
–, источенный червем 217.13
–, кожеобразный 216.7
–, круглый 215.14
–, крупнопетельный 216.10
–, мелкозернистый 216.13
–, мужской 215.19
–, непрерывно выпряденный 216.1
–, непромокаемый 216.14
–, обернутый листьями 216.19
–, окаменѣвшій от извести 217.17
–, омертвѣлый 217.12
–, осенній 214.17
–, остроконечный 215.15
–, перепоясанный 215.18
–, плавающій 219.11
–, плотный 216.5
–, поблеклый 215.7
–, погнившій 217.16
–, порченный 232.14
–, почковидный 215.18
–, прозрачный 216.11
–, промокаемый 216.15
–, прочный 216.6
–, пятнистый 217.10
–, разводочный 212.20
–, раскрытый 217.9
–, ржавый 217.11
–, рыхлый 216.8
–, сдвоенный 212.2
–, сѣрый 215.4
–, сѣтчатый 216.9
–, толстостѣнный 216.16
–, тонковолокнистый 217.4
–, тронутый червем 217.13
–, тутовый 214.7
–, упругій 216.12
–, шарообразный 215.14
–, шелковый, чистопородистый 214.5
–, эластичный 216.12
–, яйцевидный 215.10
коконизація 209.9
коконовая висячая сѣтка 211.6
– корзина 212.16
– нить 225.6
– оболочка 216.21
– размотка 220.5
– рамка 222.13
– скорлупа 216.21
–вое волокно 188.19
– мотовило 221.15
– рѣшето 218.18
–вый барабанчик 222.12
– короб 212.16
– рынок 229.14
– слой 217.8
кокосовая пальма 118.1
–вое волокно 117.19
– волокно, красно-бурое 119.4
– мыло 233.12
–вый жир 152.9
– орѣх 1.10, 118.11
– орѣх, незрѣлый 118.17
– рынок 119.6
колба для возстановленія 292.19
–, стоячая 292.20
колебаніе влажности 13.13
– влажности воздуха 14.8
– цѣн 54.5
колировка 201.12
количество воды, поглощенное 13.15
– воды в нитроцеллулозѣ 257.8
– волокна в коконѣ 216.22
– волокнистаго вещества в стеблѣ конопли 91.7
– воска в волокнѣ 244.7
– воска в сыром шелкѣ 228.10
– жира в сыром шелкѣ 228.11
– золы 96.19, 290.5
– золы в шелкѣ 228.16
– золы в шерсти 181.21
– камеди в коконѣ 217.7
– лубка 20.9
– полезнаго волокна в стеблѣ 102.17
– пота в шерсти 145.9
– серицина в коконѣ 217.5
– серицина в сыром шелкѣ 228.8
– снятой листвы 202.15
– соли в сыром шелкѣ 228.12
– сѣры в шерсти 181.19
– твердых веществ в пряжном растворѣ 243.5
– фиброина в сыром шелкѣ 228.7
– чешуек 181.6
– шерсти 142.21
коллодій 258.10
–, жидкій 263.18, 258.13
–, пряжный 261.5
коллодійная шерсть 257.11
– шерсть с содержаніем кислоты 257.12
коллодіовидный 292.10
коллодіум 258.10
коллоидальное соединеніе 271.2
–ный 271.11
– вид выдѣленнаго вещества 245.5
– вид осажденнаго вещества 245.5
колодезная вода 82.2
колодка для раздѣлки 85.4
–, зажимная 88.2
колоніальная шерсть 165.21
колосники, неподвижные 71.15
колосниковая рѣшетка 40.6
– рѣшетка переставляющаяся 164.14
колотилка 85.1
колотильная машина 85.18
колотить 6.9
– коноплю 85.17
– лен вальком 70.17
– листовыя ленты 107.11
– моченыя кокосовыя волокна колотушками 119.3
– облупляемую коноплю 83.8
– руно 171.5
– шерсть 153.14

колотушка 70.10, 71.3, 83.14, 107.13
–, деревянная . . 83.9
–, снабженная ножами 70.12
колоть зрѣлые орѣхи 118.18
колоченая пенька . 91.11
колоченіе 6.8
колпак, деревянный 269.2
–, шлемообразный 267.6
кольцевой мундштук 247.13
кольцеобразный . 247.13
кольцо 191.6
колѣнный рычаг . 42.4
колѣно 94.21
–, соломины . . . 120.15
–, стеблевое . . . 121.17
колючій волос . . 175.7
колючки 146.8
комбинированная мяльно-трепальная машина . 72.18
–ный джин . . . 40.9
комиссіонная фирма 53.14
–ное вознагражденіе 29.1
– вознагражденіе за покупку . . 29.5
– вознагражденіе за продажу . . 29.2
– дѣло 53.14
–ный торговый дом 185.14
–ныя начала . . 185.2
комиссіонер . . . 27.10
комиссія . . 29.1, 185.3
– по продажѣ . . 29.2
–, закупочная . . 29.5
комитет, биржевой 28.1, 28.4
коммерческій вѣс 238.2
комовидное руно . 140.10
комочки 63.1
компанія, сельскохозяйственная . 25.5
компосное удобреніе 36.13
– унавоживаніе . 36.13
компост 21.12
комья, каучуковые 295.10
конгорот 289.10
конденсор 41.9
конденсатор . . . 277.12
конденсироваться, молекулы пряжнаго раствора конденсируются . . . 246.9
кондиціи на товар со склада . . 56.7
– платежа . . . 30.4
– продажи 55.16
кондиціонированіе 14.2
– хлопка 47.1
– шелка 237.1
кондиціонированный вѣс . . . 238.2
кондиціонировать . 47.2
– шелк 237.2
кондиціонная камера 47.3
–ное удостовѣреніе 187.10
– ный аппарат 47.4, 237.5
– кабинет . 47.3, 187.9
конец биржи . . 185.18
– волокна, островидный 75.3
– волокна, тупой 103.6
конец волоса, нижній 143.17
– дѣвственнаго волоса 175.15
– коконовой нити 219.17
– мундштука . . 276.10
– пеньки, головной 88.10
– пеньки, корневой 88.11
–, упругій . . . 284.3
коническій . . . 248.2
конконадскій хлопок 58.6
конный привод . 71.7
конопать . . 76.22, 76.23
конопля (с. т. пенька) 1.5, 77.1, 77.3, 305.1
–, вымоченная . . 82.22
–, женская . . . 77.9
–, женская, густолиственная . . 77.10
–, китайская . . . 100.14
–, манильская . . 106.2
–, мужская . . . 77.7
–, мужская, рѣдколиственная . 77.8
–, мятая 84.5
–, облупляемая . 83.8
–, обыкновенная . 77.3
–, сортированная . 80.3
конопляная плантація 78.7
– солома 91.5
–ное зерно . . . 78.14
– масло . . 81.1, 260.13
– поле 78.6
– сѣмя 78.14
– сѣмя, бѣлое . . 78.22
– сѣмя, сѣрозеленое 78.20
– сѣмя, черное . 78.21
конопляновидное волокно . . . 107.2
коносамент с передаточным бланком 49.13
–, портовый . . 49.12
–, проходной . . 49.11
–, судовой . . . 32.19
консигнація . . . 184.9
конскій банан . . 114.12
– волос 187.19
– –, искусственный 293.1
– –, искусственный, из вискозы 293.6
– –, искусственный, из угаров крученных искусственных нитей 293.8
– –, искусственный, прозрачный из глянцевиднаго вещества 293.4
– –, растительный 104.1
контакт электрическій 222.11
контр-мина . . . 54.15
контракт по Бременскому уставу 55.17
– в исполненіи . . 55.10
– по Ливерпульскому уставу . 55.18
– на перевозку водою 32.18
– на погрузку на суда 55.8
– на прибытіе . . 55.9
–, биржевой . . . 53.12
–, запродажный . 186.6
контракт, текущій незаконченный 55.10
контролировать крѣпость мѣднаго раствора . 272.4
– толщину нити . 223.7
контрольная пружина . . . 222.9
–ный рычаг . . . 222.10
конус, терочный . 86.1
конусообразный . 248.2
концевой шип . . 109.10
концентрація коллодія 258.12
– щелока 151.20
концентрированный 151.19
концы корня, твердые 99.9
– крученой пряжи 169.23
– крученой пряжи, прощипанные . 62.9
– шерстяной пряжи 169.21
– из шлихтовальной 170.7
–, грязные 169.24
–, масленные 62.14, 170.8
–, прядильные . . 62.8
кончик волокна . 137.22
– листа 79.18
кон'юнктура рынка 186.8
копал, порошкообразный . . 260.18
копаловый лак 260.19
копытная мазь . 160.7
копь 26.23
–, асбестовая . 240.11
кора 65.4
–, древесная . . 201.22
–, дубовая . . . 218.7
корабль . . . 32.14
кордія 105.6
кореанскій шелк-сырец 230.23
корень . . 18.24
– волоса . . . 174.8
– дерева 200.11
– конопли . . . 77.12
–, главный . 64.18, 106.3
–, глубокій остроконечный . . . 77.13
–, гнилой 203.5
–, мыльный . . . 151.2
–, основной . . 64.18
–, сладкій . . . 204.4
корешок 201.4
корзина, вращающаяся (с. т. короб) 161.19
– для шерсти . . 172.21
–, ивовая 172.22
–, коконовая, с полым цилиндром 212.16
–, ситообразная . 147.16
–, центрофужная . 161.19
корзинка, проволочная 47.8
корица 117.6
коричневатый . . 241.17
коричневая окраска 100.19
– ржа 38.2
–вый, желто- . . 74.14
–, темно- 74.15
коричножелтая окраска . . . 97.13
коричное дерево . 203.10
корм 130.20
– шелковичнаго червя 198.2
–, влажный . . . 198.14
корм, зимній . . 133.20
–, подножный . . 133.15
–, соломенный . . 135.14
–, сухой 198.15
–, травяной . . . 133.18
кормить шелковичнаго червя . . 197.22
кормленіе на выгонѣ 133.15
– зеленью 133.18
– на пастбищѣ . . 133.15
– сухим кормом . 133.17
– в хлѣву . . . 133.16
– шелковичных червей . . . 197.21
–, сухое 133.17
кормовая трава . 135.10
–вое растеніе . 135.10
–выя растенія . . 203.7
– растенія шелковичных червей 199.3
кормушка 133.8
– с вертикальной обрѣшеткой . . 133.12
– с наружней рѣшеткой 138.9 . 133.9
корневище . . . 106.3
корневая гниль . 203.4
–вое влагалище (с. влагалище к.) . 174.9
– гніеніе 203.4
–вой гриб 203.3
– каучук 294.14
– конец пеньки . 88.11
– отросток 201.17
– паразит 203.3
– стержень . . . 106.3
–выя развѣтвленія 201.21
короб для шерсти, (с. т. корзина) . 172.21
–, дырчатый . . . 147.16
–, коконовый, с полым цилиндром 212.16
–, рѣшетчатый . 161.13
коробка желтой конопли, многосѣмянная 78.1
– хлопчатника, перезрѣвшая . 35.14
– хлопчатника, переспѣлая . 35.14
– хлопчатника, плодовая . . . 35.9
– хлопчатника, созрѣвшая . . . 35.13
– хлопчатника, сѣмянная . . . 35.9
–, загрузочная . 42.15
–, игольчатая . . 71.12
–, многосѣмянная 78.1
коробочка, плодовая, джутоваго растенія . . . 93.7
–, стручковидная . 93.10
–, сѣмянная . . . 20.4
коробочный жучок 37.11
– червь 37.9
коробчатый плод . 92.18
коровій волос . . 187.20
королевскій лен . 65.14
короткій 137.4
коротковолокнистый 10.7
коротковолосый . 61.4
коротко-заостренное руно . . . 140.17
коротко-клѣточный 20.8
коротко-моточный 231.19
коротконогая овца 126.6
короткоствольный 19.9
короткостебельчатый 35.8

короткость волокна 10.6
короткохвостая овца 124.2
короткошерстный 123.5
корочная клѣтка 175.1
–ный слой 174.23
корпус овцы 131.20
корыто 71.2
–, водопойное 134.7
–, мочильное 148.17
–, ситообразное дырчатое 253.15
корытообразный 275.12
корытце 133.11
косарь 107.6
косматый 19.21
космы, заостренныя 139.10
косо-идущій 141.6
косо срѣзанный 201.17
косоустановленный 252.6
косой 107.5
костный, крѣпко- 127.17
косточковый плод 118.8
– слой 118.15
костра 70.16, 84.6
кострика 70.16, 84.6
костромской лен 304.8
костяк овцы 127.12
костянка 118.8
костяной клей 288.1
– остов овцы 127.12
котел для смѣшиванія 272.9
–, закрытый освинцованный 69.14
–, пряжный, охлажденный 274.1
–, секціональный 269.17
–, ситообразный перфорированный 147.14
котировка, биржевая 53.24
– биржи в Дунди 99.20
– цѣн 186.7
котонизированное рами 103.1
Кохіус, вискозиметр системы 258.1
кочевая овца 122.7
кошачья шерсть 188.10
коэфиціент мѣди 292.12
край, брюшной 171.24
– зажима 89.1
– колодки 89.1
– листа 110.12
– руна, головной 171.15
– руна, хвостовой 171.16
– складки, наружный 132.17
кран 33.4
–, стеклянный 275.8
крапива 1.7
–, жгучая, большая 100.4
–, индійская 100.18
–, китайская 100.16
–, снѣжная 100.16
крапивное растеніе 100.8
крапивныя волокна 100.1
крапивовидное растеніе 100.15
красильная фабрика 5.14
–ное заведеніе 5.14
–ный пигмент 179.13
красильня 5.14
красильщик 5.15
красить 5.13
– солому 120.6
красная ель 260.17
– окраска 97.12
– ржа 38.1
– хромовая соль 159.4
– ный, розово- 199.7
красно-бурая окраска 98.1
красновато-желтый 63.20
красноватый 60.3
красящая способность, большая 15.9
– способность, малая 15.10
–щее вещество 43.18 179.13
– – волокна 14.15
– – крови 210.9
– – серицина, естественное 210.13
крахмал 272.1
крахмаленіе 6.10
крахмалить 6.11
крахмалный раствор 258.3
крашеніе 5.12
кремневая кислота 198.9
кремнезем 198.9
кремовый 43.22
кремортартар 291.5
кремь, ланолиновый 160.2
креозот из буковаго дегтя 284.14
крестец 132.13
крестовая мотка 252.9
– шпуля 252.9
крестьянская шерсть 166.1
кристаллическій 270.14
кристаллы 96.18
критская овца 125.7
кровеносный сосуд 191.9
кровь шелковичнаго червя 208.3
кроликовая шерсть 188.11
крона дерева 200.9
кропить 6.13
кропленіе 6.12
круглая пила 41.8
круглый 202.4
кружево 3.9
Крумб, волокноотдѣлительная машина системы 108.1
крупнолепестковый 35.6
крупнолистный 199.10
крупнопетельный 216.10
крутенец 130.3
крутильная фабрика 2.13
–ное приспособленіе для отвердѣвших шелковых нитей 250.12
крутильщик 2.14
крутить 2.11
круто 140.16
крутой 177.1
крученая нить 250.15
– пряжа 2.12
–ное волокно 10.24
крученіе 2.10
– волокна 11.1
–, ложное 221.9
крученка, прощипанная 62.9
крыло 239.14
крыльчатый баран 221.15
крыша камеры 154.18
крышка 88.8
– зажима 88.14
– колодки 88.14
крышка, шлемообразная 267.6
крѣпкая уксусная кислота 183.7
крѣпкій 46.16, 116.18
– уксус 289.8
крѣпко 137.13
крѣпнуть, цѣны крѣпнут 54.8
крѣпость 288.21
– влажнаго искусственнаго шелка 288.22
– волокна 12.9, 60.17
– джутоваго волокна 96.8
– сухого искусственнаго шелка 288.23
– шерсти 175.23
–, большая 105.8
ксантогеновая кислота 278.21
– целлулоза 279.13
ксантогенокислый натр 279.3
кудель 76.23, 92.11
кудельный волос 139.17
куколка 37.15, 212.7
кукольная кислота 219.2
–ное состояніе 212.5
–ный жир 219.3
кукуруза 255.2
кукурузная солома 119.19
кулачек 153.16
кулачный барабан 153.16, 163.2
– вал 164.13
– вал для отбиванія репья 165.4
культивированіе породы посредством кормовых растеній 197.17
культивированный 18.1
культивировать поле 20.20
– шелковичнаго червя 195.6
– шелковичные черви группами 196.18
культура (с. т. воздѣлываніе) 64.14
– конопли 77.2, 78.2
– льна 65.17
– манильской конопли 106.13
– микроб посредством неорганических солей 82.16
– почвы 20.19
– растенія 106.1
– тутоваго дерева 200.13
– хлопка 35.21
– хлопчатника 34.4
– шелка 189.1
– шелковичнаго червя 195.5
– шелковичной гусеницы 195.5
– яиц 193.18
–, главная 106.19
–, грядковая 22.8
–, заводская 193.19
–, огородная 22.8
–, побочная 106.20
–, ячейная 194.8
купец 27.7
купить базируясь на каком либо классѣ 55.19
– с гарантіей опредѣленнаго класса 55.20
купить по условленному основному образцу 56.1
– шерсть по твердой цѣнѣ 184.8
купорос, желѣзный 281.10
–, мѣдный 260,22, 270.13
купро-тетраминсульфат 271.4
курдючная овца 124.10, 125.1
– длиннохвостая овца 125.4
куркума 105.19
куртаж 29.15, 185.3
курчавая шерсть 176.17
–вое волокно 11.2
курчавость волокна (с. т. извилистость) 11.3
– волокна, возвратная 11.4
– волос руна 138.14
–, крутая 177.1
–, петлевидная 177.6
–, пологая 177.2
–, равномѣрная 177.7
–, растянутая 177.4
–, сжато-крутая 177.5
–, сильная 177.1
–, слабая 177.3
куски шерсти 172.7
кусок стебля 120.16
куст 135.13
– конопли 77.11
– хлопчатника 34.8
–, тутовый 200.6
кустарниковое растеніе 18.21
–вый хлопчатник 34.10
кустистый 200.5
кутикула 44.6
куфа для удаленія серицина 233.5
куча капока 63.5

Л.

ла Плата 166.14
лабораторія для опредѣленія влажности 237.3
лаз 215.24
лак, копаловый 260.19
лакмусовая бумага 163.19, 289.12
лактоза 271.19
лама 126.11
ланолин 159.9
–, водосодержащій 159.10
–, сырой 159.8
ланолиновая помада 160.1
–вое молоко 160.3
– производство 159.7
–вый кремь 160.2
ланцетовидный 65.9
ланцетообразный 77.18
ланцето-яйцевидный 93.3
лапчатый 35.1
латунный 297.20
Леблана, сода 163.18
левантійскій хлопок 58.19
левантскій шелк-сырец 231.3
левіафан 149.7
легкій 178.7

легко раз'единяемый 137.11
легковѣсный . . . 79.2
лежалое сѣмя . . 36.24
лежаніе на складѣ 96.8
лежать, луковицы волос лежат в гнѣздах пучками 174.7
лежащій волос. . 139.11
– один над другим 155.2
лезвіе 84.20
– из листового желѣза 73.5
– ножа . . . 72.11, 84.20
лен. . . 1.4, 64.13, 302.17
– в бочках. . . . 75.23
– в вязках . . . 76.20
– Гоффа, спеціальный сорт рижскаго льна . . 303.20
– машинной чески 76.21
– моченец . . . 76.16
– моченец, русскій 303.10
– в мѣшках . . . 75.22
– поздняго посѣва 66.4
– в пучках . . . 76.20
– ранняго посѣва 66.2
– сланец 76.17
– средняго посѣва 66.3
– для торговли . 76.13
–, американскій . 65.15
–, бѣлоцвѣтущій . 65.15
–, велигодскій . . 304.6
–, витебскій . . . 304.18
–, воздушно-сухой 67.3
–, волоколамскій. 304.15
–, вымоченый . . 76.15
–, выращенный через хворостину 66.17
–, вяземскій . . . 304.13
–, гжатскій . . . 304.14
–, горный 240.2
–, казанскій . . . 304.9
–, королевскій . . 65.14
–, костромской. . 304.8
–, лифляндскій . 304.19
–, лубковый . . . 64.17
–, минскій 304.20
–, моченый . . . 76.15
–, мятый 76.19
–, новозеландскій 114.16
–, обыкновенный. 64.15, 65.13
–, очищенный . . 76.21
–, перемоченный . 68.24
–, поздняровой . 66.4
–, посѣвный . . . 65.1
–, ранняровой . 66.2
–, как растеніе . 64.15
–, ржевскій . . . 304.11
–, рижскій . 65.12, 304.22
–, смоленскій . . 304.12
–, среднеяровой . 66.3
–, стебельчатый . 76.14
–, сырой 76.14
–, торговый . . . 76.13
–, трепаный . . . 65.12
–, химически отмоченный 76.18
–, эстонскій . . . 303.3
–, югскій 304.7
–, юрьевскій . . . 304.21
–, ярославскій . . 304.10
льны, моченцовые . 304.17
–, сибирскіе . . . 304.16
–, сланцовые . . 304.5
Ленера, прядильный аппарат системы 263.6
лента, каучуковая 295.20
–, листовая . . . 107.10
–, лубковая . . . 20.10
лента, склеенная из блестящих нитей 294.8
–, соломенная . . 120.10
– транспортера, кислотоупорная 251.13
ленты, спиральныя 105.12
лентовидный . . . 225.12
лентообразный . . 100.11
ленточный транспортер 148.4
лепестки цвѣточные, фіолетовой окраски. . . . 106.11
лепешка, каучуковая 295.14
летучій растворитель 156.4
Ливерпульскій устав 55.18
лигнин 15.15, 90.14, 96.16
лилія льняная, новозеландская . 114.17
линія хребта . . 127.21
линтер 39.14
линяніе 206.1
–, х-кратное . . . 206.6
линять, гусеница линяет 206.5
липкій. 281,1
липовидное растеніе 92.16
липовое дерево. . 121.6
– лыко 120.20
– мочало 120.20
–вый лубок . . . 120.20
лист 19.14
– агавы, шиповидно-зубчатый . 109.8
– боярышника . . 204.8
– готов для жатвы 110.9
– джута, веленый 93.4
– джута, пиловидный 93.2
– жгучки 204.6
– конопли, лапчатый. 77.15
– коричнаго дерева 203.11
– крапивы . . . 204.6
– пушной травки . 115.15
– розы 204.7
– салата. 204.5
– сансевіеры . . 113.6
– хлопчатника . 34.13
–, волокнистый и мясистый . . . 109.11
–, волосатый. . . 19.21
–, джутовый . . . 93.5
–, длинностебельчатый. . . . 19.19
–, длинночерешковый . . . 19.19
–, длинный мечевидный . . . 116.14
–, жесткій . . . 116.18
–, зубчатый 77.16, 202.3
–, кожистый . . 115.3
–, коротковолосый 19.22
–, короткостебельчатый. . . . 19.20
–, косматый . . . 19.21
–, круглый . . . 202.4
–, крѣпкій. . . . 116.18
–, ланцетовидный 65.9
–, ланцето-яйцевидный 93.3
–, лодочкообразный 109.12
–, лопастной . . . 19.17
–, лопастый . . . 202.7
лист, малосочный. 19.16
–, мечевидный . . 115.2
–, направляющій. 41.6
–, перистый . . . 118.2
–, пилообразный . 202.8
–, пятилопастной. 34.14
–, расщепленный. 115.5
–, рѣзанный . . . 198.22
–, свѣтло-зеленый 109.13
–, сердцевидный . 202.5
–, сине-зеленый . 109.14
–, сочный 19.15
–, сѣро-зеленый . 109.15
–, темно-зеленый . 109.16
–, толстый мясистый 114.2
–, тутовый. . . . 198.4
–, усаженный колючками . . . 116.15
–, усаженный шипами 116.15
–, цѣльный . . . 202.2
листок, зародышевый 24.1
листочек, ланцетообразный . . . 77.18
листья. 19.12
–, расположенные ассиметрично . 19.23
–, расположенные перемѣнно . . 19.23
–, срѣзанные . . 110.13
– эспарто 116.19
листва 19.12
– тутоваго дерева 198.3
–, дубовая . . . 203.17
–, нѣжная . . . 202.16
–, снятая 202.15
лиственная вошь. 202.23
–ное дерево . . . 119.13
–ныя волокна . . 105.20
листовая лента. . 107.10
– мякоть 107.20
– подстилка . . . 199.1
– полоса 107.10
– постель 199.1
– ржа 203.2
–вое влагалище . 106.5
– волокно 107.21
– желѣзо 73.5
– ложе 199.1
– перо 118.3
– ребрышко . . . 202.6
–вый нерв . . . 202.6
– стебель 202.8
– черенок 101.1
листорѣзный нож 198.20
литер 184.21
лифляндскій лен . 304.19
лихтер 33.3
личинка 37.15
– коробочнаго жучка 37.13
– майскаго жука. . 66.11
– мухи 207.9
лишенный извести 218.22
лишить шелк камеди 234.2
ліана, каучуковая. 295.3
лобовая часть головы 131.21
лодочкообразный . 109.12
ложе для шелковичных червей 204.12
– для шелкопряда, листовое . 199.1
– куколки . . . 212.12
ложка, ситовая . . 218.17
ложно-сизальская пенька 109.4
ложно-сцѣпляющій волос 141.7
ложное крученіе . 221.9
–ный ствол . . . 106.4
лозообразный . . 37.5
ломаніе стеблей джута колѣном 94.21
– стеблей джута на колѣнѣ . . 94.21
ломкій. 225.20
ломко 96.9
ломкость волокна. 11.24
лопастной 19.17
лопастый 202.7
лопатка . . 132.8, 171.17
–, плечевая . . . 132.8
лопаться, конопляное сѣмя лопается 79.4
Лори, кипа системы 43.8
лоск шелка . . . 226.22
лоснящая шерсть. 168.7
лоснящаяся шерсть 178.15
лохматый 178.12
лошадиный волос . 187.19
луб 20.6, 65.5
лубковая клѣтка . 16.5
– лента 20.10
–вое волокно . . 103.5
–вый лен 64.17
лубо-соединительная ткань. . . 100.13
лубок . 20.6, 65.5, 120.19
–, высушеный . . 95.6
–, длинно-клѣточный 20.7
–, искусственный. 293.1
–, коротко-клѣточный 20.8
–, липовый . . . 120.20
–, снятый 95.3
– шелковинки . . 210.1
лубочное соломенное волокно. . 120.17
лубяная клѣтка . 105.7
–ной слой 94.22
–ные пучки . . . 94.6
луг, естественный. 134.22
–, скошенный . . 68.12
луговая мочка . . 68.10
–вое растеніе . . 135.9
луизіанскій мох . 104.1
– хлопок 57.1
луковица волоса . 174.6
–, волосяная. . . 143.15
лучепреломляемость 290.19
лучепреломляющій 227.13
лучина, древесная 121.7
лучшій выход . . 52.4
лыко . . 20.10, 65.4, 120.19
–, ветловое . . . 120.22
–, ивовое 64.9, 105.3, 120.22
–, ильмовое . . . 120.21
–, липовое . . . 120.20
льновидный волос 140.1
льновод . . . 65.19, 75.15
льномочильное заведеніе 69.4
льномялная машина 71.4
– машина Гильда 71.8
льнуться, волосы льнутся один к другому . . . 136.12
льняная лилія, новозеландская 114.17
–ное масло. 76.11, 260.20
– сѣмя 65.11 76.10
льняной 75.12
лѣс, тутовый. . . 200.19
лѣсная шерсть . 116.6
лѣтній 18.12
люнебургская овца 124.8
люстр шерсти . . 179.14
люстриновая шерсть 168.17
ляжка, внутренняя 132.10
ляпис 98.1

М.

Маврикій 117.14
магвей 114.1
магнезію, содержащій 162.3
магнезія 198.8
–, пальмитиново-кислая 285.12
магнезіальная соль 274.15
– соль, нейтральная 266.3
магній 16.17
–, сѣрно-кислый . 274.16
–, углекислый . . 45.10
–, уксуснокислый 284.5
–, фосфорнокислый 45.9
–, хлористый 259.14, 162.2
мадагаскарская піасава 117.12
–скій паук-шелкопряд 233.1
мадрасская пенька 103.7
мазеобразный . . 159.23
мазь 159.22, 160.6
– для кожи 160.4, 160.8
–, копытная . . . 160.7
маис 255.2
маисовая солома . 119.19
майская шерсть . 167.12
майскій жук . . 66.11
Мак-Лана, волокноотдѣлительная машина системы 108.5
макарти-джин . . 40.2
маклер 27.11
– по закупкѣ . . 185.13
– по продажѣ . . 185.12
–, биржевой . 28.6, 185.9
–, закупочный . . 185.13
–, запродажный . 185.12
–, присяжный 28.8, 185.10
–, судовой . . . 32.15
–, хлопковый . . 49.21
–, шерстяной . . 185.11
маклерскіе расходы 29.15
Мако, бѣлый . . 59.5
маковка 67.6
– желтой конопли, многосѣмянная 78.1
маковое масло . . 260.12
малахито-зеленый 276.19
малоазіатскій шелк-сырец 231.4
малосочный . . . 19.16
малошерстность . 131.17
малоцѣнный . . . 144.1
мангабейрейскій каучук 294.12
манго 204.1
манильская конопля 106.2
– пенька 1.8, 105.21, 307.5
маннит 271.17
манный сахар . . 271.17
мануфактура, текстильная . . . 7.17
Маранхаоанскій хлопок 57.15
марганец, хлористый 259.5
марганцовистая кислота . . . 281.12
марганцовокислое кали 262.1
марка 28.18
– джута 99.17
–, кипная . . 28.18, 184.21
марсденія, растительный шелк 64.6
марсельское мыло 233.13
Мартина, приспособленіе для перекрещиванія коконовых нитей системы . . . 223.14
марцолано 119.20
масленные концы 62.14, 170.8
–ный угар . . . 62.14
масличное дерево . 204.9
– растеніе 77.4
масло камелины . 260.15
– красной ели . . 260.17
– хлопковых сѣмян 260.11
–, вулканизированное 260.9
–, высыхающее на воздухѣ 260.10
–, деревянное . . 181.12
–, капоковое . . 63.17
–, касторовое . . 260.16
–, конопляное 81.1, 260.13
–, льняное . 76.11, 260.20
–, маковое . . . 260.12
–, можжевеловое . 264.4
–, невысыхающее . 294.6
–, орѣховое . . . 260.14
–, терпентиновое . 264.3
–, шерстяное . . 160.9
–, хлопковое 41.13, 260.11
маслобойный завод 41.16
маслобойня . . . 41.16
масляная кислота 152.8
– реакція 46.2
маслянистый . . 145.10
масса, древесная . 15.15
–, жировая, хвоста 125.3
–, казеиновая . . 287.6
–, каучуковая . . 295.12
–, нитяная . . . 246.16
–, пряжная . . . 243.4
–, руна, рыхлая . 139.5
–, студенистая . . 208.8
– шелковой нити . 210.2
мастерица мотальной 221.17
мастерская, вышивальная 4.22
материковая горная порода . . 26.20
матеріал 226.12
– для отяжеленія 235.1
–, исходный (с. исходный м.) . 254.14
–, набивочный . . 63.16
–, нитеобразный . 120.7
–, смазочный . . 160.6
–, сырой 7.20
–, фильтрующій . 264.21
матеріалы основные для изготовленія искусственнаго шелка . . 243.3
матерія, фильтровочная газовая 264.20
матерка 77.9
матка 130.1
–, бабочка- . . . 194.5
–, племенная . . 122.10
матово-серебристый 179.15
матовый 178.17
матыка 22.1
Мацео 57.17
машина (с. т. аппарат)
– для выбиванія пакли 85.9
– для вытряхиванія пакли . . 85.9
– для навиванія шпуль 251.15
машина для отдѣлки волокон, щеточная 112.19
– для очистки шерсти от репья . 164.8
– для полосканія шерсти 148.13
– для проналыванія стеблей . . 71.11
– для прополаскиванія шерсти . 148.13
– для расщепленія стеблей . . . 71.11
– для рѣзки корма 198.19
– для сбора хлопка 38.19
–, бительная, механическая . . 219.18
–, волокно-отдѣлительная, системы Кларка . . 108.4
–, волокно-отдѣлительная, системы Крумб . . 108.1
–, волокно-отдѣлительная, системы Мак-Лана . 108.5
–, волокно-очистительная, системы Бекен . . 111.7
–, гекельная . . 74.5
–, гребнечесальная, для пеньки . . 87.18
–, капока очистительная . . . 63.7
–, колотильная . 85.18
–, комбинированная мяльно-трепальная . . 72.13
–, льномяльная . 71.4
–, льномяльная, Гильда 71.8
–, мотальная . . 2.22
–, мяльная (с. мяльная м.) . . 70.11
–, отжимная . . 161.15
–, полоскательно-моечная, для овечьих шкур . 149.18
–, полоскательно-моечная, для овчин 149.1
–, приготовительная 2.3
–, промывная, с поступательным движеніем вращающихся катушек 253.14
–, прядильная . . 2.6
–, рами очистительная . . . 101.6
–, рѣзальная . . 86.15
–, рѣзальная, для каучука . . . 295.16
–, рѣзальная, для льна 73.10
–, трепальная . . 84.17
–, хлопко-зерноотдѣлительная . 39.18
–, хлопко-сѣмяно-обдирочная . . 41.15
–, чесальная, с автоматической перекидкой пряди 88.1
–, шерсто-битная . 153.15
–, шерсто-мойная 148.1
–, шпульная . . 251.15
–, шпульная, для основы 3.1
машина, щеточно-отдѣлочная, двойная . . . 112.20
машинка для стрижки овец . . . 141.20
машинная очистка 39.16
– ческа 76.21
–ное гребнечесаніе 87.17
– трепаніе . . . 72.7
–ный посѣв . . . 23.9
– способ 111.2
медленно 82.23
медленный . . . 249.11
международная скала номеров 239.5
межеумок нормальный 302.2
– отборный . . . 302.1
– сорноватый . . 302.3
межеумочная шерсть 172.18
межклѣточное пространство, воздухопроходящее 106.7
межлистовое волокно 8.23
мезанкорій, остиндскій шелк . 232.6
мездра 173.22
мездровая сторона кожи 144.2
мексиканская агава 113.14
мелкій 29.14
мелко-бисерный . 140.4
мелко-узловатый волос 139.16
мелкозернистый . 216.13
мелкопородистый . 125.13
мельница, вѣтренная, для просушки листвы . 198.17
–, терочная . . . 85.21
–, толчейная . . 71.1
мембрана, внутренняя . . . 192.3
–, средняя . . . 192.4
Менцеля, измѣритель густоты шерсти системы 180.12
меринос 126.4
–, дающій камвольную шерсть . 123.8
– негретти . . . 123.3
–, саксонскій . . 123.2
–, французскій . 123.4
мериносовая овца . 126.4
– порода 122.14
– шерсть 165.8
– шерсть Имперіал, высоко-тонкая 165.10
– шерсть, капландская 166.18
– шерсть негретти 165.15
– шерсть, сиднейская 166.23
– шерсть, тонкая 165.9
мерсеризація . 5.16, 46.5
мерсеризированный 269.11
мерсеризировать 5.17, 46.6
мертвый 194.5
– волос 141.7
металл, сѣрнистый 266.16
металлизированная пряжа . . 298.6
металлическая мѣдь 270.3
– нить 9.10
– –, круглая . . . 298.2
– –, лентовидная . 298.3
– –, плющенная . 298.3

металлическая нить, покрытая коллоидальным раствором целлюлозы 293.3
– проволока 1.17
– соль растворенная в спиртѣ . 262.6
–скій 223.15
– порошок. . . . 293.10
–скія нити. . . . 297.1
– проволоки . . 297.1
– пряди 297.1
– соли 234.22
металло-амміачное соединеніе. . . 271.3
метелка 77.21
метелька. 104.15
метил, салицилово-кислый 284.18
метиловый алкоголь 258.8
– спирт . . 258.8, 260.24
метисовая шерсть. 165.14
метла, бительная . 219.14
метод осажденія, (с. т. способ) . 158.7
– очистки 145.7
– Пастера, ячеечный 194.8
методы скрещиванія 128.23
метрическіе вѣсы . 76.2
метрическій центнер 76.9
механическій. . . 219.18
– способ. 107.24
мечевидный . . . 115.2
микроб, пебриновый 208.12
микробы 82.16
микрококки, вибріонные. 208.15
микрометр, окулярный 17.19
микроорганизмы, бродильные . . 82.18
микроскоп 17.16
–, поляризаціонный 290.14
–, ясно показывающій 17.20
микроскопически изслѣдовать . 225.5
микроскопическій 17.13
– снимок шерстяного волоса . 180.14
–ское изслѣдованіе 44.2
микрофотографировать волокно 17.15
микрофотографическій 17.18
– снимок 17.17
мимоза 203.18
минерал 26.17
минералогія . . . 26.15
минеральная кислота 161.9
– составная часть 16.11, 45.2
–ное волокно . . 8.14
– питательное вещество 133.22
– сырье . . . 240.1
–ный . . . 234.21
– сырец 8.13
минскій лен . . . 304.20
минус нормальный 301.22
– отборный . . . 301.21
– сорноватый . . 301.23
Миссисипскій хлопок 57.5
миткалевый . . . 221.15
міровой урожай . 38.7
млекопитающее животное . . . 26.7
многоатомный спирт 271.15
многогранный . . 225.11
многоклѣточный . 20.15
многолиственный 19.11
многолѣтній . . . 36.8
многооборотная порода 197.20
многоствольный . 57.19
многостебельный . 199.12
многострунный . 247.14
многосѣмянный . 78.1
многосѣрнистый . 266.17
многоугольный . 9.24
Мобилэ, хлопок из 57.9
могаирская шерсть 187.23
модуль работы разрыва волокна . 12.16
– рѣзца 121.11
моечный двор . . 147.3
– пруд 147.2
– угар 169.3
можжевеловое масло 264.4
мозг спинной . . 135.24
мозговая жилка . 181.8
– клѣтка 175.3
–вой стержень . . 175.2, 181.8
мозгосодержащій . 181.9
мойка 5.3
– механическая . 146.20
– фабричная . . 147.4
мокрый 220.15
молекула клѣтчатки 243.13
молоко, известковое 208.22
–, каучуковое . . 195.7
–, ланолиновое . 160.3
–, снятое . . . 287.4
молотилка 25.2
молотить 24.24
– коноплю. . . . 80.17
молотиться, конопля молотится 80.19
молотый 241.4
молотьба конопли. 80.18
молочная овца . 133.4
– кислота . . . 272.19
–ное дерево . . 203.24
–ный сахар . . 271.19
– сок 295.8
– червь 192.17
–, известково- . . 150.15
молочновидный. . 208.5
молочнокислый натр 259.17
молочно-мутный . 288.9
моноацетат. . . . 283.10
мореплаваніе . . 32.11
мореходство . . . 32.11
морская водоросль 121.21
– трава . . 121.20 121.21
морское перо, раковина 232.19
морской 32.14
– шелк 232.18
морфологическій . 229.3
морфологія . . . 18.15
морщина. 132.16
морщинистый . . 46.13
мотальная вода . 222.2
– катушка . . . 252.10
– машина 2.22
–ное приспособленіе 221.11
– приспособленіе, автоматическое 222.1
– приспособленіе самодѣйствующее. 222.1
мотальный зал . . 221.18
– станок 222.11
– таз . . . 221.12, 223.5
мотальщица . . . 221.16
мотать 2.21
мотка кокона . . 220.5
–, крестовая . . 252.9
мотовило 2.22, 221.11, 221.15, 222.8, 253.5
–, коконовое . . 221.15
–, косоустановленное 252.6
–, перегонное . . 225.2
мотовильце . . . 221.15
моток, нитяный . 211.7
–, пробный . . . 238.11
– шелка 231.18
мотылек 37.16
мох, луизіанскій . 104.1
моча, гнилая. . . 150.19
–, загнившая . . 150.19
мочало 120.19
–, ильмовое . . 120.21
–, липовое . . . 120.20
мочекислое кали . 209.16
– лый амміак . . 150.11
моченец, лен . . 76.16
–, пенька 91.6
моченцовые льны . 304.17
моченіе 94.1
– листьев . . . 114.6
моченый лен . . 76.15
мочильная вода . 81.19
– яма 68.4, 81.15
–ное корыто . . . 148.17
–ный чан . . 68.3, 148.17
–ныя способности . 81.20
мочить 94.2
– волокна рами . 101.23
– коноплю. . . . 81.4
– коноплю зеленой 81.5
– коноплю сухой 81.6
– лен 67.12
– шерсть 148.16
мочка 94.1
– водяным паром . 69.8
– в горячей водѣ 69.7
– конопли . . . 81.3
– листьев 114.6
– льна 67.11
– льна по способу Думера 69.19
– с подкидкой в яму ольховых сучьев 68.8
– в проточной водѣ 67.19
– разбавленной сѣрной кислотой 69.11
– по способу Баура 69.13
– в стоячей водѣ . 67.18
– в теплой водѣ . 69.5
– в холодной водѣ 67.17, 81.12, 94.9
–, американская . 69.5
–, бельгійская . . 68.8
–, бѣлая 67.19
–, водяная . 67.16, 94.8
–, воздушная . . 68.9
–, горячая . . . 69.7
–, грязевая . . . 68.8
–, дополнительная 82.9
–, естественная . 67.15
–, зеленая . . . 68.11
–, искусственная . 69.3
–, луговая 68.10
–, недостаточная . 82.12
–, окончательная . 68.18
–, паровая. . . . 69.8
–, полевая . . . 68.10
–, предварительная . . . 68.17, 82.8
–, прудовая . 67.18
мочка, росяная 68.10, 82.6
–, синяя. 68.8
–, скорая 69.10
–, смѣшанная 68.16, 82.7
–, снѣжная . . . 69.2
–, теплая 69.5
–, фабричная . . 69.20
–, холодная . 67.17, 94.9
–, чрезмѣрная . . 82.14
муга, кокон . . . 214.15
–, шелк 232.3
–, шелкопряд . . 190.5
мужской 202.18
мука из сѣмян хлопчатника . 36.11
мукоидин 209.19
мунга 190.5
мунго 170.11
мундштук с дифференціальными отверстіями . . 247.15
– с діафрагмой . 247.15
– с перестановочными отверстіями 247.15
–, вращающійся . 251.2
–, кольцевой. . . 247.13
–, кольцеобразный 247.13
–, коническій . . 248.2
–, конусообразный 248.2
–, многострунный 247.14
–, одинарный . . 247.7
–, прядильный . 275.10
–, прядильный многострунный 249.17
–, ситочный . . . 247.14
–, стекляный 247.2, 248.7
–, узкій 247.5
–, широкій . . . 247.6
муравьиная кислота . . . 100.6, 285.4
– кислота, концентрированная 285.5
– кислота, крѣпкая 285.5
муравьино-кислая соль 102.12
– целлюлоза . . . 285.2
муравьинокислый 283.8
мускул, прядильный, верхній . 192.10
мускусовая шерсть 188.15
мутный, молочно- 288.9
мутовочка 63.6
муфлон 123.13
муха уйи . . . 207.6
—великан . . . 207.10
—наѣздник . . . 207.10
мучнистый червь 192.17
мучной банан . . 114.12
мыкальница . 67.10, 80.14
мыкальная гребенка 67.9, 80.15
–ный станок . 67.10, 80.14
– стол. 67.10
мыканица 67.9
мыканіе конопли . 80.12
мыканье 67.7
мыкать коноплю . 80.13
– лен 67.8
мыло 151.10
– из жиров животнаго происхожденія 233.10
– из кокосоваго масла 233.12
– из масла земляного орѣха . . 233.11
– из растительнаго жира . . 233.9
– из сала . . . 233.17
–, амміачное . 150.21
–, жидкое . . 151.11, 233.7

мыло, зеленое . . 151.11
–, известковое . . 152.19
–, каліевое . . 151.11
–, касторовое 233.16
–, кокосовое 233.12
–, марсельское 233.13
–, натріевое . 151.12
–, нейтральное 233.18
–, олеиновое 233.14
–, пальмовое . . . 233.15
–, смоляное . . . 255.14
–, ядровое . . . 152.17
мыльная камедь . 152.14
– пѣна 233.8
– трава, обыкновенная 151.1
–ный желатин . . 152.14
– камень . . . 151.16
– корень . . . 151.2
– раствор . . 97.4
– щелок . . 150.17
–, амміачно- . . . 277.4
мыльно-содовая ванна . . . 236.10
мытый 185.5
мыть 5.2
– намотанный на катушку шелк 282.10
– шерсть 146.13
– яйцо 194.16
мытье 5.1
– водою из рукава 147.1
– обливаніем водою 146.23
– в рѣкѣ 146.22
– шерсти . 146.16, 146.18
– шерсти от давальцев за плату . 147.6
– шерсти на овцѣ 146.21
– шерсти на хребтѣ живой овцы . 185.4
–, фабричное . . 147.4
мышца, прядильная, верхняя . 192.10
мышьяк 144.8
мышьяковая кислота 228.22
мышьяковистая известь 144.5
мѣдногидратная целлулоза . . . 272.21
мѣдноглицериновое соединеніе. 289.11
меднокисло-амміачный шелк 268.1
мѣднокислый амміак 75.7
– аммоній . . 17.12, 45.14
мѣднонатровая целлулоза. . . 273.1
мѣднощелочная целлулоза. . . 272.22
мѣдная закись. . 266.1
– окись 268.8
– соль, синяя . . 270.18
– соль целлулозы 273.5
– целлулоза . . 273.2
–ный . . . 297.19
– купорос 260.22
мѣдь, азотистокислая 272.15
–, металлическая. 270.3
–, сѣрнокислая . 291.6
–, углекислая . . 270.23
–, цементовая . . 270.5
–, чистая . . . 270.4
мѣл 294.3
мѣсить каучук . 295.21
– пряжное тѣсто. 262.10
– пряжную пасту. 262.10
мѣстный 18.3
–ные запасы . . 186.17
–ныя издержки . 49.1
мѣста нитей дикаго шелка, сплющенныя рѣзко выступающія . . 227.10
мѣсто зажима . . 112.4
– для мытья шерсти 147.3
– назначенія . . 32.5
– обработки . . . 112.5
– перекрещиваній 221.2
– платежа . . . 53.9
– происхожденія 56.17
– разрыва шелка 227.7
– срѣза 201.19
– торговли . . . 27.5
– трепальщика. . 72.12
–, складочное (с. складочное м.). 27.6
мѣстонахожденіе асбеста . . . 240.3
мѣсячный . . 56.13
мѣх, овечій . . 143.8
– ягненка . . . 143.9
мѣшалка 292.22
–, анод- 291.15
мѣшанный 122.16
мѣшечек, волосяной 174.4
мѣшкообразный . 215.23
мѣшок. . . . 75.21
– шерсти . . . 183.14
–, бумажный 194.14
–, миткалевый 212.15
–, холщевой . . . 212.15
–, шерстяной . . 183.14
мягкій 187.13
мягковолнистый . 176.15
мягковолокнистый 92.5
мягкость. 288.18
– волокна 10.9
– шерстяного волоса . . . 178.4
мязга 109.3
мякина . . . 205.8
–, рисовая . . 205.9
мякоть . . . 110.17
–, листовая . . . 107.20
мялка, деревянная 70.9
–, желѣзная . . . 70.9
– для листьев, вальцовая . . . 111.4
–, ручная 83.13
–, циркулярная . 71.4, 83.16
мяльная машина с валами с обратным ходом . . . 84.2
– – с валами с поперечным ходом 84.3
– – с валом . . . 83.15
– – Казеловскаго 70.11
– –, циркулярная 83.16
– пакля 92.8
–ный вал 72.14
– станок, ручной . 70.9
– стол. 101.9
мяльно-трепальная машина . . . 72.13
мясистый 109.11
мясная овца . . 132.21
–ное овцеводство . 132.19
мясо 239.7
мясо-овцеводный . 132.20
мясообразованіе в овцѣ 133.1
мясоплод кокосоваго орѣха . . 119.1
мятіе конопли . . 83.11
– льна 70.6
мятый 76.19
мять 6.3
– лен 70.7
– лен вальком . 70.17
– листья 111.3
мять стебель. . . 83.12
мятье конопли . . 83.11
– льна 70.6

Н.

набережная . . . 32.4
набережный риск 48.21
набиваніе 7.4
набивать. 7.5
– планки иглами. 89.5
набивка планки иглами 89.4
набивочный матеріал 63.16
набор планки иглами 89.4
набухать, жировая ткань набухает 206.3
–, шелк набухает. 229.9
–, шерсть набухает 183.2
набухающій . . 206.4
навиваніе . . . 7.8
– на навой . . 3.15
– шпуль. . . . 251.15
навивать. . . . 7.9
– навой . . . 3.16
навигація . . . 32.11
навоз, жидкій . . 21.10
навой 3.15
навѣс для стрижки 142.5
–, сушильный . . 107.23
нагнетательный сосуд 268.11
наголо. 142.9
нагружать камнями пучки конопли 81.18
– камнями связки конопли . . . 81.18
нагрѣваніе . . . 237.7
– джута без доступа воздуха . . 96.21
–, газовое 237.12
–, сухое 213.10
нагрѣвательная камера . . . 162.8
– труба 154.17
нагрѣвать газом кондиціонный аппарат . . . 237.11
– нитро-целлулозу 257.3
нагрѣваться, прядь пеньки нагрѣвается 86.8
надзиратель складов 184.19
надзирательница мотальной 221.17
надираніе . . 6.4
надирать . . . 6.5
надорванный . . 12.1
надранная кожа . 40.11
надрыв 225.23
надрѣз в видѣ рыбнаго хребта . . 295.6
надрѣзываніе . . 295.5
надрѣзывать дерево 295.4
нажимная плита . 245.16
–ной вал 41.11
названія, торговыя, пеньки . . . 91.4
назначеніе . . . 32.9
наивысшій . . . 172.16
накатываніе . . 7.8
накатывать . . . 7.9
накладная 29.17
накладываніе на мотовилѣ шелковых нитей острым углом . 224.7
накожная шерсть 139.8
наконечник . . . 148.6
налет наружной оболочки, восковой 118.13
наличіе овец . . 130.16
наличность овец . 130.16
– склада . . 31.7, 186.18
наличный разсчет 30.5
– разсчет без скидки 30.8
наложеніе заплаты 48.13
наматываніе . . 252.1
наматывать растянутую нить . . 276.1
– сырой шелк на мотовило раздѣльно 221.4
– шелковинки на мотовило в одну нить 221.4
– шелковую нить на катушки . 263.1
– шелковую нить на шпули . . 263.1
намотать пробный моток 238.11
– шелк на катушку 282.9
намот . . 252.10
намотка 230.20
наносныя земли . 124.12
напорная трубка . 250.9
направитель из мѣдной проволоки . . 263.4
– коконов . 223.3
– нити . . . 222.3
направленіе . 141.13
– движенія . . 88.7
– каната 111.12
– нитей, горизонтальное 250.3
– чешуи . . . 181.5
направляющая гребенка . . . 263.8
– трубка для пряжнаго раствора . 248.10
–щій блок ведущаго каната . . 111.14
– лист 41.6
– шкив ведущаго каната 111.14
наравали 105.6
наркотическій . . 81.2
нарост, грибной . 207.11
наросты, клѣточных стѣнок, уаловатые . . 75.2
наружная кожица 103.11
– оболочка . 118.12
–ное строеніе 12.22
–ный 211.5
– покров 173.19
– слой 105.11
нарушаться, питаніе шерстяного волоса нарушается 173.12
нарѣзанный, свѣжо- 296.8
нарѣзать из свѣжаго дерева древесныя полоски . 121.9
– мѣдь кусками . 270.6
– мѣдь на куски. 270.6
– нить из глыбы каучука . . . 296.14
насадка игл . . 89.4
насажденіе . . 24.4
–, древесное . . . 200.14
наслѣдственная болѣзнь. . . 207.3

настилать шерстью гребенной барабан 164.20
насос, вискозный. 281.16
насосная станція. 42.9
настоящій 230.15
настроеніе биржи 54.16
– рынка . . 186.8, 186.10
–, крѣпкое . . . 54.17
–, оживленное покупательное . 186.13
–, повышательное 54.17
–, подавленное . 54.18
–, понижательное 54.18
–, слабое 54.18
насыщать нить искусственнаго шелка 254.7
насыщеніе воздуха влагою . . 154.6
– волокна влагою 13.19
– волокна водою. 13.19
насыщенный . 270.22
насѣкомое 26.12
–, поѣдающее шелк 217.18
–, чужеядное . . 196.3
–, шелкопрядильное 189.8
Наталь 166.19
натр, азотистокислый. 261.20, 265.4
–, борнокислый . 233.19
–, виннокаменный 291.5
–, двухромокислый 159.6
–, кислый сѣрнистокислый . . 278.8
–, кислый сѣрнокислый 161.20
–, ксантогенокислый 279.3
–, молочнокислый 259.17
–, оловянистокислый 98.13
–, сѣрнистый . 266.9
–, сѣрноватистокислый 97.5
–, сѣрнокислый . 271.5
–, углекислый . . 151.24
–, уксуснокислый 261.1, 284.7
–, фосфорно-кислый 236.11
–, ѣдкій 151.16, 255.13, 272.16, 278.16
натрій, вольфрамовокислый . 265.7
–, касторовокислый 273.20
–, кислый сѣрнисто-кислый . . 274.8
–, сѣрнокислый . 162.1
–, углекислый . 45.8
натріевое мыло. . 151.12
–вый, сѣрноватисто- 278.9
–, фосфорно- . . 236.11
натро-алюминіевая соль 281.8
натровая ванна . 261.9
– соль 279.5
– соль, растворимая в водѣ . . 279.6
– соль, студенистая 279.7
– соль целлюлозо-ксантогеновой кислоты, кислая 279.8
– щелочь . 255.13, 266.7
– щелочь, концентрированная . . . 278.17
–вый глинозем . 281.8
– щелок 272.17
натронная целлюлоза . . 119.10, 298.15
натронный . . . 278.3
натуральный . . 230.16
натяженіе нити . 222.14
натяжной валик . 222.7
– блок ведущаго каната . . . 111.15
натянутый 84.15
нафтол 289.13
находиться, овцы находятся на пастбищѣ . . . 134.19
начать омыленіе шерстяного жира посредством примѣси мыла. 150.24
начесная шерсть . 168.13
начесываніе . . . 6.4
начесывать. . . . 6.5
начисто 84.9
нашатырь 259.12
нащепать из свѣжаго дерева древесныя полоски. 121.9
наѣздник, муха- . 207.10
наэлектризовать шелк треніем . 228.1
неаполитанская пенька 305.19
небесное дерево . 203.8
неблестящій . . . 288.10
небѣленный . . . 298.14
неваляная шерсть 170.14
невысыхающій . . 294.6
невѣрный 48.15
негибкій 187.15
неготовый для случки 130.14
негретти, меринос 123.3
–, шерсть 165.15
недоброкачествена, шерсть 177.18
недодержать лен в мочкѣ 69.1
недозрѣвшій . . . 61.18
недомочка 69.1
недостаток . . . 167.21
– рабочих рук . 25.19
– шерсти 178.18
недостаточный . . 82.12
недохват вѣса . . 52.12
недѣльный . . . 99.19
незанесенное пылью пастбище . . . 135.5
незрѣлый 118.17
нейтрализація кислоты содой . 69.16
нейтрализировать амміак кислой сѣрнистокислой солью 274.9
– муравьино-кислую соль . . . 102.12
– сѣрную кислоту 264.11
нейтральное мыло 233.18
немощная овцаматка. 131.19
немытый 167.22
необлупленный . . 101.14
неободранный . . 101.14
неодервенѣвшій . 15.18
неоднородный . . 138.1
неорганическій . 265.3
неопредѣленный . 227.2
неочищенный . . 39.12
неплодливый . . 131.4
неплодовитый . . 131.4
неповрежденный . 142.14
неподвижный . . 71.15
неполный 283.19
непосредственно . 151.14
неправильный . . 176.14
непрерывно . . . 216.1
непрерывно-промывной аппарат 149.7
непригодный . . 246.11
непрозрачность. . 288.12
непрозрачный . . 151.23
непромокаемый. . 216.14
непросмотрѣнный 99.1
неравномѣрный . 59.17
неразложившійся 152.11
нерастворимый . 149.13
нерастяжимый . . 114.10
нерв, листовой . 202.6
неровен, шерстяной волос . . 176.7
неровный 137.15
неровность волны волоса 176.10
– шерстяного волоса 176.6
несвалянная шерсть 178.14
несеніе яиц . . . 190.14
несматывающійся слой кокона, внутренній . . 232.12
– слой кокона, внѣшній . . . 232.11
несодержащій . . 157.5
несортированный . 99.1
неспокойный . . 288.6
неспутанная шерсть 177.20, 178.14
неспѣлый 35.17
нести, бабочка несет яйца . . . 190.12
нетронутый стрижкой волос . . 175.15
нетто 29.20
неупакованный . 99.2
нефть 156.16
нечесанный . . 232.15
нечистоты шерсти. 145.6
нечистаго цвѣта . 179.12
нечистый 145.5
нечувствительность шерсти к кислотам 182.16
нечувствительное к влажности . . 13.21
нечувствительный 182.7
неэластичный . . 175.21
нижній 107.17
низина 135.15
низкорослое дерево 19.9
низкосортный . . 99.8
низшій сорт . . . 61.11
никкелевый . . 297.17
–, амміоніе- . . . 272.7
никкель, амміачнокислый . . . 289.14
–, сѣрнокислый . 287.17
нитевод . . 221.1, 253.1
нитеводитель . 253.1
нитеобразный матеріал 120.7
нитеобразованіе . 280.15
ниточный слой кокона, наружный 211.5
нитрація 255.20
нитрированіе, слабое 256.4
нитрированная целлулоза. . . 255.8
нитробензол . . . 284.10
нитровальный горшок 256.9
нитрованіе . . . 255.20
нитровать целлулозу 255.6
нитрометан . . . 284.19
нитрометр 257.22
нитропроизводное целлюлозы . . 284.21
нитросоединеніе . 255.6
нитро-целлюлоза . 46.15, 255.8
–, водосодержащая 256.24
–, обезкисленная. 256.15
–, отмытая от кислоты 256.15
–, сухая 257.7
–, уксуснокислая 284.20
–, химически постоянная . . . 257.5
нитро-целлюлозный шелк 242.9
нитрошелк . 242.9, 254.13
– из ацетоноваго раствора коллодія 261.18
– из раствора коллодія в крѣпкой уксусной кислотѣ 261.4
нитрующая кислота 256.6
– смѣсь 256.8
нити, металлическія 297.1
нить. 2.9
– бѣдная мѣдью . 276.18
– гомогеннаго строенія . . . 226.3
– искусственнаго шелка . . 9.8, 242.7
– кокона, зигзагообразно отложенная 211.10
– с металлически блестящим покровом 293.9
– многограннаго . 225.11 сѣченія . . . .
– овальнаго сѣченія 225.9
– продолговато-круглаго сѣченія 225.9
– трехугольнаго сѣченія 225.10
– шелка-сырца. . 224.13
– шелка-сырца с волосовидными придатками . . 224.15
– шелка-сырца, крученая . . . 224.14
– шелка-сырца с пушком . . . 224.16
– шелка-сырца со спиральными волосовидными придатками . . 224.18
– шелка-сырца с узлами 224.17
–, альбуминовая . 286.22
–, безформенная . 226.4
–, взрывчатая пироксилиновая . 263.16
–, вискозная . . 277.20
–, водоупорная . 277.7
–, двойная. . . . 225.7
–, желатиновая, нерастворимая 286.20
–, каучуковая (с. каучуковая н.) 296.12
–, коконовая . . 225.6
–, крученая . . 250.15
–, малахито-зеленая 276.19
–, металлическая, (с. металлическакая н.) 9.10
–, опаленная . . 169.22

нить, основная, металлической пряди 298.5
—, пластичная, из натронной клѣтчатки 293.5
—, плоско-цилиндрическая 225.8
—, пушистая двойная 224.19
—, равномѣрная 226.5
—, растянутая собственным вѣсом 275.18
—, снятая в видѣ спиральной стружки с валика покрытаго коллодіем и камедью 293.11
—, составленная из отдѣльных шелковинок 225.18
—, составленная из фибрил 225.18
—, стеклянная 9.9, 298.8
—, текстильная, покрытая коллодіем 293.2
—, текстильная, покрытая раствором вискозы 293.7
—, тонкая единичная 243.1
—, тонкая одинарная 243.1
—, фиброиновая 210.5
—, четырехгранная 293.12
—, шелковая 188.18
—, шелковая, гладкая без пушинок 226.9
— шелковая, однородная 226.3
—, шелковая, прозрачна 226.8
—, шелковая, пушистая 226.10
—, шелковая, эластичная и крѣпкая 226.7
нитяная масса 246.16
—ный моток 211.7
— пучек 211.7
новозеландская льняная лилия 114.17
— шерсть 166.24
— скій лен 114.16
новое золото 297.24
новый урожай 99.4
нога 132.11
—, задняя 191.8
—, передняя 191.7
нож для надрѣзыванія 295.5
— для раздѣлки 85.6
— для раздѣлки льна 73.4
— для расщепленія соломы 120.9
—, барабанный 112.6
—, верхній 107.16
—, волокно-отдѣлительный 112.6
—, второй 108.10
—, гладкій 107.18
—, зазубренный 107.19
—, зубчатый 107.19
—, качающійся 40.3
—, листорѣзаный 198.20
—, нижній 107.17
—, первый 108.9
—, полутупой 107.15
нож, скобельный 108.3
—, скоблильный 144.17
—, трепальный 84.18
—, ударный 40.3
—, устанавливающійся 40.12
ножевой барабан 108.2
— вал 70.13
— джин 40.2
ножная шерсть 172.5
ножницы для стрижки овец 141.19
ножовый диск 86.17
ноздреватый 13.7
ноздреватость волокна 13.8
номер 184.21
— дегуммированнаго шелка 238.8
— кондиціонированнаго шелка 238.7
— шелковой нити 238.5
—, высокій 87.16
—, средній 239.1
—, толстый 239.3
—, тонкій 239.2
номерные вѣсы, автоматическіе 238.17
норма 53.18
нормальный 176.16
— образец 49.2
—, бѣлый 302.11
—, желтоватый 302.13
—, желтый 302.15
—, межеумок 302.2
—, минус 301.22
—, I-й сорт 301.18
— ,2-й сорт 302.5
—, 3-й сорт 302.8
носик мундштука 276.10
ночная бабочка 189.11
нѣжный 202.16
нѣжность 288.18
— волокна 10.14
нѣжпорунная овца 125.11
нѣмецкая пенька 91.21

О.

обвиваться, шелковичный червь обвивается 209.6
обвязка, желѣзная 42.19
— кип 99.13
— мѣста прививки 201.15
обвязывать кипы бичевой 99.14
— кипы веревками 99.14
обдирать листья 101.3
обдирочныя гекли 87.3
обезвоживать мыло 152.16
обезжиренный 255.17
обезжириваніе 147.13
— шерсти посредством летучих растворителей 155.11
обезжиривать шерсть 155.12
обезжирить клѣтчатку 255.16
обеззараживаніе 208.19
обеззаразить питомник шелковичных червей 208.18
обезкисленный 256.15
обезкислить нитроцеллулозу 256.12
обезьянья трава 117.2
обернутый листьями 216.19
обертка 42.17
оберточная дерюга 42.17
оберточная ткань 42.17
обжиганіе 248.1
обитый вѣтром хлопок 61.15
облагораживаніе волокна пеньки тонким гребнечесаніем 89.11
— посредством прививки 201.10
— хлопковых волокон 46.4
— шерсти 128.20
область воздѣлыванія конопли 78.3
— культуры конопли 78.3
— производства 183.12
— производства шелка 229.21
— разведенія 128.15
— хлопчатника 35.18
— шелководства 229.21
обливаніе водою 146.23
облить мѣдь раствором амміака 271.7
облупить шелк 233.3
облупленный 101.18, 233.22
облупляемая конопля 83.8
облуплять лубок 95.2
— лубяной слой 95.2
— моченую коноплю 83.7
— растительный стебель 101.11
обманка, роговая 240.4
обматывать каучуковую нить хлопком 296.18
— каучуковую нить шелком 296.19
обминаніе льна 73.2
обминать лен 73.3
обмотка кокона 190.15
обмывать яйцо 194.16
обмѣн, волосяной 173.13
обнаруживаніе отяжеленія 236.19
обнаруживать загрязненія искусственнаго шелка ультра-микроскопическим изслѣдованіем 291.2
—, искусственный шелк обнаруживает дихроизм 290.17
обнаружить отяжеленіе 236.20
обогащиваться, щелочная вода обогащивается поташем 155.11
обогощаться, высаживающая ванна обогащается мѣдью 277.2
—, закрѣпительная ванна обогащается мѣдью 277.2
обогощеніе высаживающей ванны мѣдью 277.3
ободранный 101.13
обозначать шерсть по степени ея тонкости 187.5
обозначеніе волокна 59.15
обозначенія, рыночныя, сортов шелка-сырца 230.8
оболочка куколки 212.11
— наружнаго покрова, слизистая 173.21
— плода, наружная 118.12
— стеклянной катушки, кислотоупорная металлическая 252.12
— стѣнки железы, наружная 192.5
—, коконовая 216.21
—, роговая 180.18
оборот, торговый 186.16
—, торговый, шелком 230.11
оборудованіе для производства мѣднокислоамміачнаго шелка 268.1
— заведеніе для культуры 196.1
оборудовать заведеніе для культуры шелковичнаго червя 195.7
— заведеніе для разводки шелковичнаго червя 195.7
обработанный 266.24
обработывать ацетон марганцовокислым кали 262.1
— вискозную нить раствором металлической соли 281.2
— волокна джута гидросульфатом натра 97.5
— волокна джута посредством сѣрноватистокислаго натра 97.5
— волокно шерсти щелоками 182.4
— волокнистое вещество посредством окислителей 255.10
— клѣтчатку водяным раствором ѣдкой щелочи 278.19
— клѣтчатку разбавленной кислотой 278.7
— нить раствором натровой щелочи 276.15
— хлопок крѣпким раствором ѣдкаго натра 46.7
— хлопок сульфокислотами 259.21
— шелк амміачно-мыльным раствором 277.4
— шелк кислотой 228.18
— шерсть горячей водой 149.12
— шерсть ударами палок 147.17
— яичка шелкопряда жесткой щеткой 196.11
обрабатываніе почвы 20.19
обработка земли матыкой 22.1
— земли плугом 22.2
— карьером 26.22
— кожи известью 144.3

обработка льна . 69.4
— молочнаго сока 295.8
— нитей, окончательная . . . 251.16
— нитей посредством формальдегида 287.12
— нити 273.15
— промывных вод от шерстомойки 158.3
— путем пряденія 1.20
—, предварительная, целлулозы раствором натровой щелочи 269.15
образец 28.15
— шерсти . 179.7, 184.22
—, гарантированный 56.2
—, качественный . 186.19
—, нормальный . 49.2
—, оригинальный . 55.23
—, основной . . . 55.23
—, основной, для сдѣлок на срок 50.6
—, подготовленный 50.12
—, подлинный . . 55.23
—, стандартный . 186.20
—, типичный . . . 186.20
—, условленный . 56.1
—, установленный 49.2
образцы, оригинальные 50.9
—, отобранные в странѣ производства 50.7
образцовая . . . 49.20
образцовый волос 180.10
образованіе амміака 182.9
— волоса 173.3
— газов 68.1
— газовых пузырей в пряжной жидкости . . . 246.3
— капель 273.18
— кислотнаго эфира 255.21
— клубков . . . 153.2
— кокона . . . 209.9
— мыла 152.3
— нити 258.20, 273.15, 280.15, 286.10
— нити в свободно-свѣшивающейся струѣ жидкости 250.4
— спор 207.14
— узла 224.4
— узлов 153.2
— шерсти 173.2
—, волосообразное 173.7
—, жиро- 133.2
—, мясо- 133.1
—, роговидное . . 15.21
—, роговое 181.17
образованія в кожѣ, органическія . 174.1
—, волокнистыя . . 8.7
образовать, гриб образует споры 207.15
—, плодовое волокно образует круглые комочки 63.1
— химическое соединеніе 17.2
образоваться, капли образуются 273.19
—, образуется непрозрачная эмульсія 151.23
обратно-полученный 256.22
обратное полученіе летучих растворителей (с. т. регенерація) . . . 266.23
— полученіе нитровальной кислоты 256.20
—ный ход 84.2
— холодильник . 292.23
обращаться в суд 50.24
—, масло обращается в смолу . . . 261.3
обращик 75.16
обруч, желѣзный . 42.19
обрываніе листьев со стебля . . . 93.22
обрывать листья . 101.3
обрываться, коконовая нить обрывается . . . 224.6
обрывки шерсти . 172.7
обрызгиваніе катушек 253.13
обрѣзать овцу при стрижкѣ . . . 142.12
— шипы на верхушках и краях листьев 110.12
обрѣзки листьев . 198.21
— фильтровальной бумаги 255.4
обрѣзок стебля . 120.18
обрѣшетка, вертикальная 133.12
обтянутый надранной кожей . . 40.11
обуглероживаніе . 5.22
обуглероживать 5.23, 160.21
обугливаніе растительных примѣсей 161.3
обугляться, растительныя составныя части обугляются . . . 161.4
общежительная порода 197.9
общество, доковое . 32.17
— пароходства . . 32.16
—, сельскохозяйственное . . . 25.5
—, судоходное . . 32.16
общинный шелкопряд 193.8
общій выдѣляющій канал . . 192.12
обыкновенная конопля 77.3
— мыльная трава . 151.1
— партія 186.8
—ный лен . . 64.15, 65.13
обычный способ . 48.17
обязательство, биржевое . . . 53.13
овальный 9.22
овечій 145.8
— водопой . . . 134.5
— выгон 134.8
— хлѣв 133.5
овечье стадо . . 134.13
овечья оспа . . . 136.1
— порода, неплодливая 131.4
— порода, неплодовитая . . . 131.4
— порода, плодливая 131.3
— порода, плодовитая 131.3
— шерсть 165.7
овсянная солома . 119.18
овца. 130.1
овца с гладким чистым волосом 125.17
— с грубым жестким волосом . 125.15
— с коротким тупым хвостом . 124.18
— с курчавою шерстью . . . 126.3
— онгти 124.17
— с плоским хвостом 124.7
— с прямым волосом 125.14
— с чистым шерстяным волосом 125.16
— с щетинообразным волосом . 125.15
—, безрогая . . . 127.8
—, бѣдная шерстью 131.16
—, венгерская, цигайя 125.10
—, вислоухая . . 125.8
—, гималайская . 123.16
—, гладкошерстная 126.1
—, голландская, живущая в наносных землях Голландіи . . 124.14
—, горная 125.9
—, не готовая для случки 130.15
—, густо-шерстная 131.15
—, дающая разнородную шерсть 125.6
—, дикая 123.11
—, дикая гривоносная 123.14
—, дикая степная 123.17
—, длиннохвостая . 124.19
—, длиннохвостая, курдючная . . 125.4
—, дойная 133.4
—, домашняя . . 124.1
—, живущая в наносных землях сѣверной Германіи . . . 124.12
—, забракованная . 129.19
—, закаленная . . 130.22
—, китайская . . . 124.17
—, козоподобная . 131.18
—, коротковолосая 131.13
—, коротконогая . 126.6
—, короткохвостая 124.2
—, короткохвостая, безрогая . . . 124.11
—, короткохвостая, рогатая . . . 124.4
—, кочевая . . . 122.7
—, критская . . . 125.7
—, курдючная 124.10, 125.1
—, люнебургская . 124.8
—, мелкопородистая баварская 125.13
—, мериносовая . 126.4
—, молочная . . . 133.4
—, мѣстная . . 122.6
—, мясная . . . 132.21
—, немытая . . . 141.18
—, непригодная . 129.15
—, однолѣтняя . . 130.12
—, откормленная . 132.22
—, отобранная на племя 130.2
—, пикардійская . 124.16
—, племенная . . 128.21
—, полукровная 128.24
—, породистая 130.2
—, рогатая . . 127.7
—, ручная . . 124.1
—, саксонская 126.7
—, сельская . 125.12
—, сирійская . 125.4
овца, скандинавская 124.5
—, скудношерстная 131.16
—, смѣшанная . . 165.13
—, степная, германская 124.8
—, суягная . . . 129.8
—, туземная . . . 122.6
—, узкоспинная . 127.19
—, узкохвостая . 125.5
—, уэльская, нѣжнорунная . . . 125.11
—, фарерская . . 124.6
—, фламандская . 124.15
—, фрисландская . 124.13
—, чистокровная . 128.18
—, шевіотовая . . 126.2
—, шетландская . 124.7
—, широко-спинная 127.20
—, широкохвостая 125.1
овца-матка, немочная 131.19
овцевод 128.6
овцеводный, мясо- 132.20
—, шерсто- . . . 131.18
овцеводство . . 128.5
— для добыванія шерсти 131.8
—, мясное . . . 132.19
овчар 134.16
овчарка 134.17
овчарня . . 133.5, 134.20
овчина 143.8
огнеопасность шелка из коллодія . 263.15
огнестойкій . . . 214.22
огнеупорный . . 241.22
оговорный пунк коносамента . 49.14
оголять волокна листьев 110.17
огонь, голый . . 218.13
огородная культура 22.8
— обработка почвы 22.8
—ное растеніе . . 18.9
—ный блошак . . 66.9
одервенѣвшее, слабо- 116.2
—шій 15.17
одеревенѣлый . . 244.12
одеревененіе волокна 15.16
одинарная нить . 243.1
—ный мундштук . 247.7
одинаковая порода 128.17
одиночный шелкопряд 193.7
одногорбый верблюд 126.9
однодольное растеніе . . . 18.18
—ный плод . . . 118.9
одноклѣточный . 8.19
однократный . . 142.16
однолопастное растеніе 18.18
однолѣтній . . . 18.6
однолѣток баран . 130.10
— козел 130.10
однооборотная порода 197.19
одноосновная соль 283.10
однородный . . . 59.16
однородность нити 242.14
— руна 136.19
одностврижка . . 142.16
односѣмянный плод 118.9
одноурожайная разновидность . 197.19
оживленіе рынка . 186.13

оживленный 186.13
оживленіе 207.24
ожиреніем страдающій 208.1
озимое растеніе 18.13
озон 255.11
озонированный воздух 255.12
окаймленіе промежуточной стѣнки при обработкѣ раствором іодо-сѣрной кислоты, желтое 90.18
окаменѣвшій от извести 217.17
окисленіе мѣди 270.8
окислитель 255.10
окислительная ванна 161.8
—ное вещество 243.17
окислить нить 276.3
окисляться, мѣдь окисляется 270.9
окись алуминія 45.12
— алуминія, водная 274.19
— желѣза 45.11
— магнія 274.18
— мѣди 266.2
— мѣди, амміачная 267.12
— мѣди, водная 270.19
— цинка 294.2
—, мѣдная 268.8
Оклахома, хлопок штата 57.4
окончаніе контракта 53.6
окончательно 43.1
окончательный 251.16
окраска волокна, (с. т. цвѣт) 14.13, 43.17
— волокна при обработкѣ раствором іодо-сѣрной кислоты, сине-зеленая 91.1
— волокон джута, бѣловатая 95.10
— волокон джута, желтоватая 95.9
— волокон джута, серебристо-сѣрая 95.8
— джутоваго волокна от дѣйствія свѣта и воздуха, темная 98.3
— джутоваго волокна при обработкѣ в амміачном растворѣ окиси мѣди, зелено-синяя 97.9
— дикаго шелка, естественная темная 227.5
— при обработкѣ амміачным раствором серебра, чернобурая 98.2
— при обработкѣ антрахиноном, вишнево-красная 97.14
— при обработкѣ раствором азотнокислаго серебра, краснобурая 98.1
— при обработкѣ раствором іода, коричнево-желтая 97.13
окраска при обработкѣ раствором ляписа, краснобурая 98.1
— при обработкѣ раствором хлорцинк-іода, желто-коричневая 97.10
— при обработкѣ сѣрно-кислым анилином, желтая 97.15
— при обработкѣ флороглюцином в соляной кислотѣ, красная 97.12
— серицина 228.13
— стебля, коричневая 100.19
— шерсти 172.19, 179.8
— шерсти, желтая 183.4
—, голубая 74.11
—, естественная 179.9
—, натуральная, волокна 14.14
—, однородная 59.24
—, свѣтлая 179.11
—, стальная 74.12
—, темная 179.10
—, хорошая 168.6
окрашиваніе при обработкѣ раствором іодосѣрной кислоты, синее 75.8
— при обработкѣ раствором хлорноцинковаго іода, темно-фіолетовое 75.9
окрашивать, раствор хлорцинк-іода окрашивает волокна в цвѣта от голубого до фіолетоваго 45.17
— солому 120.6
окрашиваться, джутовое волокно окрашивается в темный цвѣт при принятіи кислорода 98.4
—, способность волокна 15.8
—, стебель окрашивается в коричневый цвѣт 100.20
округ хлопчатника 35.18
округлое руно 140.18
окси-жирная кислота 258.19
окси-целлулоза, естественная 244.11
окулировка посредством прививки 201.10
окулярный микрометр 17.19
окупщики хлопка 54.24
окуриваніе 295.9
— питомников 209.1
окуривать куколку сѣрою 213.19
окурить питомник 209.2
окутываніе, семейное 215.21
окутываться, группы шелковичных червей окутываются совмѣстно 209.7
—, шелковичный червь окутывается 209.6
окучивать 23.19
олеиновое мыло 233.14
оленья шерсть 188.8
оливковое дерево, дикорастущее 204.9
олово, амміачно-хлорное 236.4
—, хлористое 259.2
—, хлорное, водосодержащее 236.8
оловяннисто-кислая соль 236.7
—лый натр 98.13
оловянно-кислая соль 236.6
оловянный, фосфорно- 236.13
ольховые сучья 68.8
омертвѣвшій 61.17
омертвѣлый кокон 217.12
омертвѣніе шерсти 178.21
омыленіе 151.9
— шерстяного жира 159.16
омыленный шерстяной жир 159.19
омыливать жир непосредственно 151.14
— шерстяной жир 150.23
омыляемость шерстяного жира 159.17
обыляемый шерстяной жир 159.18
онгти, овца 124.17
опаденіе сѣмянных коробок 35.16
опаленная нить 169.22
опаливаніе 5.24
опаливатель электрическій 144.19
опаливать 6.1
— шерсть 144.18
опенер 39.7 147.8
опоражниваться, стекляный мундштук опоражнивается ниже уровня закрѣпительной жидкости 248.5
—, шелковичная железа опоражнивается 209.11
опорожнить котел 274.2
опорожненіе шелковичных желез 209.12
опредѣленіе влажности (с. кондиціонированіе) 14.2, 52.8
— влажности воздуха 14.12
— влажности хлопка 47.1
— влажности шелка 237.1
— жира 156.17
— качества шерсти 186.21
— содержанія азота 257.20
— степени одеревенія 15.20
— толщины нити 238.6
— толщины шелковой нити 238.3
— тонины нити 238.6
— тонины шелковой нити 238.3
— цѣны 53.16
опредѣленный 246.17
опредѣлить влажность шелка 237.2
опредѣлить растяжимость волокна 12.2
— толщину шелка 238.4
— тонину шелка 238.4
опредѣлять в вакуум аппаратѣ вѣс волокна 14.5
— влажность хлопка 47.2
— качество руна 171.11
— качество шерсти 186.22
— предварительно крѣпость кислой ванны 161.11
опротестованная кипа 48.3
оптическій 227.18
—ское излѣдованіе 290.10
оптовая фирма 183.21
—вые торговцы хлопком 55.3
—вый торговец шерстью 183.21
опустить прядильный таз 253.9
опутывать ноги овцы 142.8
опуханіе шерстяного волоса 178.20
опытная ферма 25.20
ораніе 22.4
орган биржи 28.2
органическій 16.9
ординарный скобельный станок 111.5
оригинальный образец 55.23
Орлеанскій хлопок 57.1
орошать поля 21.17
орошеніе 21.18
орѣх, земляной 233.11
—, зрѣлый 118.18
—, каштановый 235.24
—, кокосовый 1.10 118.11
—, кокосовый, незрѣлый 118.17
орѣховое масло 260.14
—вый шелкопряд японскій 190.6
орѣшек 61.21
— из под пріемнаго валика 62.1
— хлопчатниковый 36.14
— чернильный 235.8
орѣшковидный 77.22
осадить ацетат 285.1
— дубильное вещество раствором камеди 235.10
— мѣдь из раствора 291.13
— растворенное вещество 245.4
— уксуснокислую соль 285.1
осадок 17.5
— гидрата глинозема 261.14
— закиси мѣди 292.15
— известковаго мыла 150.16
— сѣрнистых металлов 281.15
—, полученный из промывных вод посредством извести 158.9
осадочная ванна 280.23
— жидкость из ѣдкой щелочи 274.4
— способность 264.14
—ное средство, щелочное 274.3

осаждать вискозную нить кислотою 280.20
— вискозу раствором хлористаго аммонія . . . 280.18
— жир посредством известковаго тѣста 158.8
— ксантогеновую целлулозу из раствора сырой вискозы. . . . 279.13
осаждаться, увлеченныя частицы шерсти осаждаются 148.9
осажденіе 17.3
— посредством электролиза . 291.14
осажденный . . . 245.5
осахаренный шелк 235.23
освинцованный . 69.14
освободить от мѣди высушенную нить 276.17
— шелк от отяжеленія 236.17
— шелк от серицина 233.3
— шерсть от приставшаго мыльнаго щелока . 153.5
освобождать стебель жигучки от древесины . . 100.8
освобожденіе нити от мѣди . . . 276.16
— шелка от отяжеленія . . . 236.18
— шелка от серицина 233.2
освѣтлять жир . 159.1
осевой цвѣточный стержень . . . 106.6
осенній кокон . . 214.17
оскопить ягненка. 130.8
оскопленіе 130.9
оскопленный баран 130.4
оскубывать шерсть 144.10
ослабить растворительную способность воды для размотки . . . 219.9
— растительное вещество 161.1
ослабленіе волос . 143.14
осмоляться, масло осмоляется . . 261.3
основа . . . 3.11 168.11
— мази 159.24
— металлической пряди 298.5
— овцеводства . . 128.8
основаніе волоса . 138.8
— хвоста. 132.5
—, органическое . 259.6
—, способное окисляться 259.7
основная соль мѣди 270.16
— соль мѣднаго купороса 270.17
—ной корень . . . 64.18
— образец 55.23
— цвѣт 14.16
—ные матеріалы . 243.3
особенная партія. 186.4
особенно хорошій 59.19
особенности шелка, физическія 227.6
оспа, овечья . . . 136.1
оссеин 288.1
оставить яйцо на зиму 194.20
оставлять связанный в пучки джут на полѣ 93.24
остановочная пружина 222.9
остаток 290.8
— кислоты 163.16
—, кислотный . . 163.16
—, обезжиренный . 157.2
остаточный сбор . 38.14
остиндская пенька 103.4, 103.7
—скій джин . . . 39.17
— хлопок (с. хлопок) . . . 58.2 300.22
— шелк Тусса . . 231.24
— шелкопряд тусса 190.8
— шелк-сырец . . 231.2
—ское каучуковое дерево 295.2
— тутовое дерево . 199.19
— фиговое дерево. 203.22
остов, костяной, овцы 127.12
—, крѣпко-костный 127.17
осторожно 143.22
остриганіе овец . 141.15
остріе волокна . . 137.22
—, стальное . . . 164.15
остров Маврикій . 117.14
островидный . . . 75.3
остроконечный . . 215.15
остролист 203.15
остролистное тутовое дерево . . 200.2
острый 175.7
— угол 224.7
осушать мякиною постель шелковичных червей 205.8
осыпать мездровую сторону известью 144.4
ось волчка. . . . 63.8
осязаемый хорошо 226.13
осязаніе искусственнаго шелка 288.3
—, соломенное, уксуснокислаго шелка 285.21
— хлопка 226.21
отбивать листовыя ленты. 107.11
— репей 164.17
— шерсть 153.14
отбираніе коконов 212.18
отбирать коконы для развода . 212.19
— непригодных овец 129.15
— образцы 50.8
— пробы 50.8
— репей 164.2
— стебли конопли по длинѣ . . . 80.2
— сѣмяна 78.13
— тутовыя ягоды для посѣва . . 201.8
отблеск дикаго шелка 227.3
отбор . . . 128.11, 129.16
— сѣмян 78.12
—, естественный . 128.12
отборный, бѣлый. 302.10
—, межеумок . . . 302.1
—, минус 301.21
—, 1-й сорт . . . 301.17
—, 2-й сорт . . . 302.4
—, 3-й сорт . . . 302.7
отброс натуральнаго шелка (с. т. угар) 287.14
отброс пеньки . . 92.4
— послѣ мыканія. 92.10
— послѣ мятія . . 92.8
— послѣ трепанія 92.9
— шерсти 168.23
—, хлопковый . . 254.16
—, шелковый . 9.13, 232.9
отбросы 39.14
— листьев 112.23
— трепанія . . . 76.23
—, хлопковые . . 61.19
отбросная пенька. 91.23
отбѣленный . . . 244.4
отбѣливаніе . . . 5.6
отбѣливать . . . 5.7
— жир 159.2
— солому 120.5
отбѣливаться, способность волокна 15.7
отбѣлка . . . 5.6, 82.9
отбѣльная 5.8
— фабрика . . . 5.8
отбѣльщик . . . 5.9
отвадка 63.10
отвар дубовой коры 218.7
— чернильнаго орѣшка . . . 235.8
—, пѣнистый . . . 152.22
отваренный . . . 234.8
отвариваніе джутовых волокон в щелочном растворѣ 97.2
—, частичное . . . 234.10
отваривать . . . 5.5
— волокна джута 97.1
— вязки волокон . 102.3
отварить шелк . . 234.6
отварная ванна . 234.7
отвердѣвшій . . . 250.12
отвердѣніе 248.6
отверстіе зародыша, закрытое . 118.16
— мундштука . . . 247.8
— мундштука, волнистое 247.11
— мундштука, круглое 247.9
— мундштука, многогранное . . 247.10
— мундштука, щелевидное . . . 247.12
—, входное 215.24
—, выводное, шелковинки . . . 192.13
—, пропускное . . 247.17
—, прядильное . . 192.13
отвислый 177.22
отвод очищеннаго волокна. . . . 39.3
отводка 201.2
отводок 201.4
—, пустившій корни 201.5
отводить пары эфира. 263.17
отводный 250.8
отводящая рѣшетка 163.6
отвѣс 184.17
отвѣшиваніе . . . 49.5
отгонка 264.12
отдача влажности волокном . . . 13.22
отдѣл, прядильный 276.6
—, тянульный . . 276.6
отдѣланный товар 7.22
отдѣленіе асбеста. 240.15
— волокна от зерна 39.8
— волокна от орѣшка 39.8
отдѣленіе коробки хлопчатника . . 35.10
— мякоти с листьев 110.18
— репья от волокна 163.22
отдѣленное от древесины волокно рами 101.10
отдѣлительный, волокно- 111.8
отдѣлка 5.18
— волокон 112.19
— хлопковых волокон. 46.4
— щетками . . . 6.6
отдѣлочная фабрика 5.20
—ныя гекли . . . 87.4
отдѣлывальщик . 5.21
отдѣлывать . . . 5.19
— волокна 112.14
— волокна щеткой 112.18
— концы волокон 89.18
— щетками . . . 6.7
отдѣльно 196.17
отдѣльный волос . 180.9
отдѣлять больных шелковичных червей от здоровых 206.16
— бородку от ствола 239.17
— волокна рами от стебля посредством холода . 101.13
— волокна от зерна 39.9
— волокна от орѣшка 39.9
— жировое вещество 158.17
— незрѣлое сѣмя . 78.23
— репей 164.17
отдѣляться, волокна легко отдѣляются от зерна 39.10
—, волокна легко отдѣляются от орѣшка . . . 39.10
—, волокна трудно отдѣляются от зерна 39.11
—, волокна трудно отдѣляются от орѣшка . . . 39.11
отец 129.24
отжатая шерсть . 161.16
отжатіе стеблей льна 69.22
— хлопка на центрофугѣ . . . 269.19
отжать шерсть . . 153.8
отжиманіе на центрофугѣ . . . 6.22
— шерсти 153.7
— шерсти на центрофугѣ . . . 153.10
отжимать на центрофугѣ . . . 6.23
— шерсть на центрофугѣ . . . 153.9
отжимка 161.15
отжимная машина 161.15
—ной вал . 148.7, 149.10
— станок, деревянный 69.23
отказ в пріемкѣ . 48.5
отказывать в пріемѣ 51.21
отклоненіе 227.21
— качества от условленнаго качества 51.22
откормленная овца 132.23
открытіе аукціона 185.24
— биржи. 54.1
открытолежащій . 107.21

отличительные признаки . . . 227.6
отложенный зигзагообразно . . 211.10
отмираніе листа . 106.8
– листьев 79.15
отмирать, лист отмирает 106.9
–, листья отмирают 79.16
–, шерстяной волос отмирает . 173.16
отмолачивать конопляное сѣмя 80.16
отмолотить маковки 67.6
отмоченный . . . 231.17
отмучиваніе осадка 158.11
отмывать грязь от шерсти 146.14
отмыть нить от химических реактивов 253.11
отмытый от кислоты 256.15
относительная влажность . . 14.9
отношеніе искусственнаго шелка к химическим реагентам . . 289.8
отобранный . . . 99.6
отопительное приспособленіе . 195.14
– устройство. . . 162.9
отопленіе 154.13
– газовое 237.12
– угольными жаровнями . . . 197.5
оторфянѣніе . . . 115.16
оторфянѣть . . . 115.17
отощеніе шерсти . 178.21
отпадки, хлопковые 61.19
отпариваніе . . . 144.11
отправитель . . . 31.11
отправить 31.12
– водным путем . 32.6
отправка 31.10
– водою 32.7
– по желѣзной дорогѣ 31.17
– хлопка 48.22
отправленіе . . . 32.8
отпрыск 202.12
–, растительный . 24.24
–, сѣмянной . . . 23.23
отражательный, свѣто- 227.11
отросток, корневой, косо срѣзанный 201.17
– корня 106.16
–, прядильный . 192.8
отсасыватель . . 154.14
отсасывать амміачные пары из пресс-фильтра. 275.4
– амміачные пары из фильтра . . 275.4
– растительную пыль 163.10
– репейную пыль 163.10
отсвѣчивать, дикій шелк отсвѣчивает 227.4
отсортированный. 172.8
отсортировать коконы для развода 212.19
отсталый 206.10
отстойник 148.8
отстойный чан с перегородками. 158.6
отстоявшаяся жидкость 263.11
отступающее от нормы руно . 137.18
отстывать, раствор дубильнаго вещества отстывает 235.12
отсутствіе ряби . 138.16
отсѣянный асбест . 241.3
оттаиваніе волокна 101.21
оттаивать замороженное волокно 101.22
отцентрофужить нитровальную кислоту . . . 256.13
отчет, биржевой . 53.23
–, биржевой, за недѣлю 185.20
–, мѣсячный . . . 56.13
–, недѣльный . . 99.19
– об урожаѣ . . 56.14
отыскивать конец нити кокона . 219.16
отяжеленіе . . . 129.9
– амміачно-хлорным оловом . 236.2
– дубильной кислотой 235.7
– желѣзом. . . . 236.14
– металлическими солями 235.3
– минеральными примѣсями . . 234.21
– сахаром 235.19
– свыше первоначальнаго вѣса 234.19
– солями желѣза 236.14
– солями свинца. 236.15
– фосфорно-оловянными солями . 236.13
– шелка 234.16
–, растительное . 234.23
–, смѣшанное . . 234.24
отяжеленный сахаром 235.23
– шелк 234.20
отяжелить шелк . 234.17
– шелк амміачнохлорным оловом 236.1
– шелк до его первоначальнаго вѣса 233.18
охладитель . . . 267.10
– с поглощающей поверхностью . 277.13
охладительный чан с поглощающей поверхностью . 277.13
охлаждать просушенную шерсть 155.9
охлажденіе раствора 273.13
охлажденный . . 274.1
охолостить козленка 130.8
охолощеніе . . . 130.9
оцентрофужить кислоту . . . 161.17
оцинкованный . . 155.1
оцѣнивать качества ягненка . . . 129.13
– шерсть 186.22
– шерсть на глаз 186.23
оцѣнка влажности 52.8
– качества соды и поташа 152.18
– качеств ягненка 129.12
– пробы 50.10
– хлопка 50.3
– шерсти . 171.12, 186.21
оцѣнщик 186.1
очертаніе волокна 136.9
очес 76.22, 169.6
– кардочесанія . 169.12
– шерсти 168.23
–, гекельный . . 92.6
–, двойной. . . . 169.7
–, кардный . 61.24, 169.12
–, очищенный . . 92.11
–, пеньковый . . 92.6
очески, гребенные 169.8
– гребнечесальной 169.8
очесы 62.3, 76.23
– с валиков . . . 62.6
– пеньки 92.4
– со шляпок. . . 62.4
–, хлопковые . . 61.19
очиститель, ручной 39.17
очистительная машина 63.7
–ный барабан . . 111.10
– волчек 63.7
– волчек, репейный 164.8
очистка асбеста-сырца. 240.17
– волокна от зерен 38.22
– капоки 63.12
– капоки от сѣмени 63.4
– от репья, химическая 160.19
– шерсти 145.2
– шерсти от репья при прочесываніи 165.1
очистить питомник шелковичных червей 208.18
– от волоса овечью шкуру 143.13
очищать волокна . 112.15
– волокна листьев от мякоти. . . 110.17
– гекли от очеса . 74.4
– гекли от пакли 74.4
– жилы от мяса и жира 239.7
– жир 159.1
– платиновый мундштук обжиганіем 248.1
– потную волу . 157.15
– растительный стебель 101.11
– сырой асбест . 240.18
– сѣмена 22.20
– шерсть 164.4
– шерсть от репья 160.17
– шерсть от травяных засореній . 160.17
– щетками 6.7
– щеткою яичко шелкопряда . 196.10
очищенный . . . 240.19
– очес 92.11
ощипываніе листьев со стебля . . . 93.22
ощупываніе . . . 60.7
ощупь 60.5
ощущеніе, мягкое 226.17
– осязанія хлопка 226.21
– пухловатости . 226.19
–, соломенное, уксуснокислаго шелка 285.21
–, суховатое . . . 226.20
–, твердое и эластичное 226.18
–, хрустящее . . 226.16
– шелковистости . 226.11

П.

падать, овца падает 135.21
–, цѣны падают . 54.11
паденіе на пункты 52.19
– цѣн 54.10
падуб 203.15
пажить 135.1
пакля . . . 76.22, 76.23
– от мыканія льна 92.10
–, гекельная . . 92.6
–, мяльная . . . 92.8
–, пеньковая. . . 92.6
–, трепальная . . 92.9
палка 147.17
палое животное . 167.17
палочка, бамбуковая 205.17
пальма китуль . 117.11
– пальмира . . . 117.10
–, кокосовая . . 118.1
пальма-піасава, американская . 117.2
–, бразильянская 117.2
пальмира 117.10
пальмитил-хлорид 285.13
пальмитиновая кислота 152.6
пальмитиновокислая магнезія . 285.12
пальмовое мыло . 233.15
панганская пенька 113.9
панданус 116.13
пар 21.22
–, водяной. . . . 69.8
–, перегрѣтый . . 151.6
–, сухой 213.12
пара ведущих канатов 111.11
– ножей 70.14
– рифленых валов 71.9
– щеток, закрѣпленная . . . 108.11
– щеток, неподвижная. 108.11
–, трава 117.2
Пара-хлопок . . 57.20
паразит 207.5
–, животный . . 202.22
–, корневой . . . 203.3
–, поѣдающій яйца шелковичных червей . . 196.5
–, растительный . 203.1
паразитная болѣзнь 207.4
Параиба-хлопок . 57.21
паракаучук . . . 294.10
параллельное положеніе 90.2
паральдегид . . . 260.3
парафин 289.18
паритет 52.22
паровая мочка . . 69.8
–вое поле . . 21.22, 134.24
–вой змѣевик . . 157.1
– плуг 22.10
– пресс 42.16
пароход, морской 32.14
пароходный фрахт 33.1
пароходство . . . 32.16
партія 186.2
– ниже условленнаго качества . 51.24
– сѣмян 194.24
– хлопка на складах 55.11
– яиц 194.24
–, выдающаяся . 186.4
–, обыкновенная . 186.3
–, особенная . . 186.4
–, спеціальная . . 186.4
пары амміака . . 273.10
– кислоты 256.18
–, амміачные. . . 275.4

пары, кислотные 256.18
пасма, подлинная 238.13
пасока 135.9
пассат, индійскій 38.5
пассатный вѣтер 38.5
паста, пряжная 262.9
пастбище на жнивѣ 135.1
– на пару 134.24
–, возвышенное 135.7
–, горное 135.8
–, естественное 134.22
–, зимнее 134.11
–, культивированное 134.23
–, лѣтнее 134.10
–, незанесенное пылью 135.5
–, овечье 134.8
–, покрытое росою 135.2
–, постоянное 134.22
–, тощее 135.6
–, тучное 134.21
пастбищный участок 134.12
Пастера, ячеечный метод 194.8
пасти овец 134.14
пастись, овцы пасуться 134.18
пастух 134.16
–, овечій 134.16
паук-шелкопряд, мадагаскарскій 233.1
паучек 60.23
паучій шелк 232.21
паханіе 22.4
пахать 22.5
пебриновая болѣзнь 208.10
–вое тѣльце 208.12
–вый микроб 208.12
пектин 45.1
–, растворимый 102.15
пектоза 102.15
пеньер 164.12
пенька (с. т. конопля) 79.21
– гамбо 103.4
– машиннаго прочеса 91.17
– моченец 91.6
– с острова Маврикій 117.14
– Пита 113.14
– ручного чесанія 91.16
– из сансевіеры, африканская 113.7
– для тонкаго пряденія 91.18
–, бенгальская 103.7
–, болонская 92.3
–, бомбейская 103.4
–, верхне-итальянская 305.2
–, восточно-прусская 91.21
–, галиційская 92.2
–, гекельная 91.15
–, джутовая 92.13
–, дратвенная 91.19
–, дробленая 91.11
–, дроковая 105.1
–, итальянская 92.3
–, калькутская 103.7
–, канатная 91.20
–, квинлэндская 105.5
–, Кенигсбергская 91.21
–, колоченая 91.11
–, ложно-сизальская 109.4
–, мадрасская 103.7
–, манильская 1.3, 105.21, 307.5
–, мягковолокнистая 92.5
пенька, мятая 91.9
–, мятая и трепанная 91.13
–, неаполитанская 305.19
–, несодержащая кострика 90.4
–, нѣмецкая 91.21
–, облупленная 91.8
–, ободранная 91.8
–, остиндская 103.4, 103.7
–, отбросная 91.23
–, панганская 113.9
–, Петербургская 91.22
–, польская 92.1
–, прочесанная 91.15
–, прочесанная в ручную 91.16
–, разработанная на ножах 91.14
–, Русская 91.22
–, сапожная 91.19
–, сизальская 1.9, 108.13
–, тампиковая 117.15
–, тертая 86.9
–, тонкопрочесанная 89.13
–, трепанная 91.12
–, флоридская 113.10
–, чистая 91.15
пеньковая лента, искусственная 293.1
– пакля 92.6
– сѣть 205.21
–вый очес 92.6
пеня 51.19
пепел 45.4
первичная клѣтка 20.11, 74.16, 90.7
первоначальный вѣс 234.18
первосортный 61.12
первый 108.9
пергаментовидный 217.8
перевернуть прядь пеньки 86.7
перевертываніе пакли 85.15
перевертывать паклю 85.14
– слань льна 68.15
перевести клѣтчатку в нитросоединеніе 255.6
– клѣтчатку в растворимое состояніе 243.11
– клѣтчатку в щелочную клѣтчатку 278.5
– хлопок в другой класс 50.5
– целлулозу в нитро-соединеніе 255.6
перевод в другой класс 50.4
переводка овцы 131.6
переводный вексель 30.11
перевозка водою 32.18
– гужем 47.18
перевѣшиваніе 48.9
перевязанная веревкой кипа 75.20
перегнанный 160.12
перегной 20.22
перегонка кокона 220.5
перегонное мотовило 225.2
перегонять ацетон над ѣдкой известью 262.2
– кокон 220.7
– обработанную промывную жидкость 266.24
перегонять основу 2.23
– уток 2.24
– шелк с катушек 277.5
– шелк со шпуль 277.5
– шерстяной жир 160.11
перегоняться, коконовая нить перегоняется 220.9
перегородка 158.6
перегрузка 31.16
перегрѣтый пар 151.6
передаточное безконечное полотно 155.2
–ный бланк 49.13
– канат 112.3
– привод 112.2
передача к другому мѣсту обработки 112.1
передвижной 213.22
передержать лен в мочкѣ 68.23
передержка мочки 68.22
передній 191.7
передовой баран 130.5
перезимовка, искусственная 194.19
– куколки 212.9
– яйца 194.18
перезимовывать, куколка перезимовывает 212.10
–, яйца перезимовывают 194.21
перезрѣвшій 35.14
перекидка пряди 88.1
– шерсти ручными граблями 148.15
перекидныя грабли 163.5
перекидочное приспособленіе 88.4
–ный прибор 88.4
перекидчик зажима 88.5
– колодки 88.5
перекидываніе пакли 85.15
перекидывать паклю 85.14
перекинуть в зажимѣ прядь пеньки 88.9
– прядь пеньки 86.7
перекрест 211.15
– шелковинок 223.13
перекрестное приспособленіе системы Бержье 223.17
перекрещиваніе 221.2
– нитей 222.6
перекрещивать шелковинки 223.12
перекупщики хлопка 54.24
переливчатый 241.14
перелог 22.6
перематывать шелк-сырец 224.21
перемежающійся 176.11
перемот 238.13
перемотанный 225.1
перемотка 224.20
перемочен, джут 94.15
перемоченный 68.24
перемочивать коноплю 82.13
перемочить лен 68.23
перемочка 82.14
перемѣна подстилки 205.13
– постели 205.13
перемѣнить подстилку шелковичных червей 205.14
– постель шелковичных червей 205.14
перемѣнный 244.5
перемѣнчивость цвѣта лучей 290.16
перемѣрить подлинную пасму путем перемота 238.13
перемѣстить в зажимѣ прядь пеньки 88.9
перемѣщать влажную шерсть посредством воздушной струей 155.6
– влажную шерсть посредством дутья 155.6
переносный 213.22
переокисленный 269.6
переоцѣнить хлопок 50.5
переоцѣнка 50.4
перепакованный 48.16
перепаханное поле 22.6
перепахиваніе 22.4
перепахивать 22.5
переплетать в рѣшетку бамбуковые прутки 204.18
– листовыя перья 118.5
переплетеніе волос шерсти 153.1
перепоясанный 215.18
перепутанный 137.13
перепутываніе волос шерсти 153.1
перерабатывать клѣтчатку в вискозу 278.6
– солому в естественной окраскѣ 120.4
– солому в натуральном видѣ 120.3
переработать шерстяной жир в свѣтильный газ 158.13
переродившійся 37.6
перерожденіе шерстяного волоса 178.20
переросшій волос 140.12
перерыв 216.2
перерывистая шерсть 178.24
перерѣзать соломину выше колѣна 120.15
– соломину выше угла 120.15
переселеніе овцы 131.6
перескупщик 27.9
переспѣлый 35.14
переставляющійся 164.14
перестановочный 247.15
перетяжка стеклянной трубки 247.4
переход в потомство 129.2
– в род 129.2
переходить, животное волокно переходит в раствор 182.3
–, тѣло шелковичнаго червя переходит в студенистую массу 208.3
перистый 118.2
період выращиванія сизали 110.2

період разводки . 196.8
— спячки шелкопряда. 206.7
– цвѣтенія. . . . 24.13
перламутровый блеск 215.10
пернамбуковый каучук 294.11
Пернамбукскій хлопок 57.18
перо. 239.12
– из крыльев . . 239.14
–, листовое . . . 118.8
–, морское . . . 232.19
–, пуховое . . . 239.13
персидкій хлопок. 58.22
– шелк сырец . . 231.2
Перуанскій Си-эйленд хлопок . 56.22
– хлопок 57.12
– хлопчатник . . 37.4
перувіанская шерсть 166.16
перфорированная бумага 205.19
– ный котел . . 147.14
песок 149.15
пестролистный . . 115.1
песчаная равнина 124.9
Петербургская пенька 91.22
петлевидный . . . 177.6
петлеобразный . . 211.8
петля перекидочнаго прибора . 88.4
– перекидочнаго приспособленія 88.4
печатаніе 7.4
печатать 7.5
печать коносамента 32.20
печь 162.10
– для кальцинированія 157.16
–, карбонизаціонная 162.10
–, карбонизаціонная, башенная. 161.14
–, карбонизаціонная, с вагонетками 162.11
–, сушильная . . 70.4
–, хлѣбопекарная 70.5
пигмент волокна . 14.15
– серицина, естественный . . . 210.13
–, красильный . . 179.13
пизанга 114.12
пикардійская овца 124.16
пила, круглая . . 41.8
пиловидный . . . 93.2
пиловой джин . . 40.13
пилообразный . . 202.8
– джин 40.13
пироксилин . 46.15, 255.8
– растворимый в эфирѣ 46.18
пироксилиновая нить, взрывчатая 263.16
пистон пресса . . 42.11
Пита, пенька . . 113.14
питаніе 130.20
– овцы 133.14
– шерстяного волоса 173.11
питатель, верхній 148.2
питательность трав 135.11
питательная рѣшетка 147.9
–ное вещество . . 133.21
– –, азотсодержащее. 134.2
– –, безазотистое 134.3
питательное вещество лишенное азота 134.8
– –, минеральное 133.22
– –, неорганическое 133.23
– –, органическое 134.1
–ный валик 149.19, 153.17
– резервуар . . . 223.4
– состав почвы . 21.2
– стол 71.6, 84.1, 148.2
– трубопровод . . 275.6
– ящик . 40.14, 42.15, 63.9
–ныя достоинства трав 135.11
– цѣпи для зажимного прибора . 108.8
питомник 200.14
– тутоваго дерева 200.16
пихтовая игла . . 116.8
пища 130.20
піасава 117.1
–, африканская . 117.5
–, мадагаскарская 117.12
плавать, кокон плавает в водѣ для размотки . . . 219.10
–, конопляное сѣмя плавает . 79.8
плавающій . . . 219.11
плавленіе 159.13
плавно волнистая шерсть 176.15
плакучая ива . . 203.21
планка, гекельная, с иглами . . . 89.3
планки, гребенныя 88.7
плантажная кипа . 42.23
плантатор 25.4
–, занимающійся воздѣлываніем конопли . . . 78.9
– сизали 110.4
плантаціонное хозяйство . . 25.6, 36.1
плантація, конопляная . . . 78.7
–, тутовая . . . 200.16
–, хлопковая . . 35.22
пласт 26.19
пластинка, закрѣпленная неподвижная . . . 40.4
пластичная нить . 293.5
–ное тѣсто. . . . 295.22
плата за выгрузку на лихтера и доставку к пристани 33.3
– за комиссію . . 185.3
– за пользованіе краном 33.4
– за провоз . . . 31.19
– за провоз по портовой желѣзной дорогѣ 33.2
– за сборку . . . 38.17
–, законная . . . 51.18
–, поденная . . . 25.16
–, помѣсячная . . 25.18
–, понедѣльная . . 25.17
–, попудная, за провоз 31.21
–, провозная. . . 32.23
платеж 30.3
платиновый . . . 248.1
платформа, поворотная 42.14
плаха, трепальная 72.5, 84.14, 84.19
плевел. 24.10
–, рисовый . . . 205.9
племенная матка . 122.10
– овца 128.21
племенная порода 122.8
–ное животное . 131.5
– разведеніе . . . 128.14
–ной баран . . . 128.16
– производитель . 122.9
– скот. 131.7
племя 122.11
плесть 3.7
– кружева 3.10
– сѣти 4.12
плетеніе 3.6, 3.8
– кружев 3.9
– сѣтей 4.11
плетеное издѣліе. 3.8
плетенка бамбуковая, четырехугольная . . . 204.16
– с прядильными гнѣздами из рисовой соломы . 211.3
– для шелковичных червей . . 204.13
–, разводочная . 204.13
–, соломенная, круглая . . . 204.15
плетень 134.20
– для сушки конопли 83.1
плетневыя растенія 109.5
плечевая лопатка 132.8
плита, металлическая 296.4
–, нажимная. . . 245.16
плод 20.3
– капоки, зрѣлый 62.20
– капоки, продолговато-круглый 62.19
– конопли, орѣшковидный . . . 77.22
– тутоваго дерева 201.7
– хлопчатника, незрѣлый . . . 35.17
– хлопчатника, неспѣлый . . . 35.17
–, зрѣлый 114.13
–, капсюльный . 92.18
–, коробчатый . . 92.18
–, косточковый. . 118.8
–, однодольный . 118.9
–, односѣмянный . 118.9
–, спѣлый. . . . 114.13
–, цилиндрообразный 93.9
–, шарообразный . 93.8
–, яйцевидный. . 118.10
плодливая овечья порода 131.3
плодовая коробка. 35.9
– коробочка . . . 93.7
–вое волокно 8.24, 62.21
–вый волосок . . 20.5
– початок 106.12
–выя волокна . . 117.18
плодовитый . . . 131.3
плодовитость овечьей породы 131.2
плодородность почвы 21.20
плодосмѣняемость 22.11
пломбировать образец 50.13
– пробу 50.13
плоскость поляризаціи 227.20
плоскій 262.1
плоско-цилиндрическій 225.8
плоское руно 138.16, 139.12
плотно закрытое руно 137.21
плотность засѣва . 22.23
плотный 216.5
плохо выросшій . 137.16
плохой 241.20
площадь засаженная хлопчатником. 36.4
– поля 76.8
плуг 22.9
–, паровой. . . . 22.10
плѣсень 207.13
плѣсневой грибок 207.12
плющеніе листьев 114.7
– стеблей льна . 69.22
плющенный . . . 298.3
плющилка с валками с поперечным движеніем 86.12
плющильный процесс 86.10
плющить стебель . 86.11
побережья Средиземнаго моря . 166.6
поблеклый . . . 215.7
побочная культура 106.20
–ный продукт, щелочный . . . 278.20
– продукт поташнаго производства 157.20
–ныя вѣтви . . . 93.21
побурѣніе 98.12
– джута 96.22
– стебля. 100.19
– в щелочной жидкости 97.11
– в щелочном растворѣ 97.11
побѣг 202.12
–, растительный . 24.24
–, сѣмянной . . . 23.23
повальная болѣзнь 206.13
поваренная соль . 196.4
поверхностный волос 141.7
поверхность волоса, наружная . 180.17
– волоса, покрытая чешуей . . 181.1
– закрѣпительной жидкости . . . 248.6
– кожи покрытая руном 136.8
– руна, мелкозернистая . . . 136.20
– сѣмени, гладкая 63.3
–, рабочая, гекельной машины . 89.6
повилица 66.13
поворот 247.18
поворотная платформа 42.14
повредить шкуру 142.15
повреждение аваріей 47.17
– при перевозкѣ гужем 47.18
поврежденный . . 61.6
повысить вязкость раствора. 273.12
повышатель 54.12
повышательное настроеніе. . . . 54.17
повышать цѣны . 54.6
повышаться, цѣны повышаются. . . 54.8
повышеніе выхода 224.9
– на 1 пункт . . 54.3
– на пункты . . 52.18
– цѣн 54.7
повышенный спрос 186.15
повѣрка вѣса . . 48.9
повѣрять крѣпость мѣднаго раствора 272.4
повязка 201.15

погибать, тутовое дерево погибает от избытка сока 201.20
поглотительная способность . . 13.12
—ный, газо- 228.5
—, свѣто- 227.12
поглотить винный спирт амиловым спиртом. . . . 267.2
поглощать влажность 13.10
—, волокно поглощает влажность 13.11
—, торфяное волокно поглощает влагу 115.22
поглощающій . . 277.13
поглощеніе влаги. 13.16
— воды . . 13.16, 288.15
— газа шерстью . 183.9
— шелком металлических солей . 234.22
поглощенное количество воды . 13.15
погнившій 217.16
погоняльщик, двухсуставный 86.3
погружать в воду связки конопли 81.17
— в воду пучки конопли 81.17
— яйцо шелковичнаго червя перед выводкой в раствор поваренной соли . . . 196.4
погрузить на пароход 32.6
погрузка 31.41
— на пароход . . 32.7
—, с погрузкой в вагон 32.3
—, с погрузкой на пароход. . . . 32.21
под для шерсти из проволочной сѣтки 154.12
подавленное настроеніе. . . . 54.18
подбор 128.11
— цвѣтов шерсти. 172.20
—, естественный . 128.12
подбрюшина . . . 171.24
подвальный пух . 61.23
подвергнуть мочкѣ стебли джута . 94.10
подвижной анод . 291.15
—ный ящик . . . 113.2
подводиться, листья подводятся к очистительным барабанам автоматично 111.10
подводка кокона, автоматическая 223.1
— кокона, самодѣйствующая . . 223.1
— сѣмени 39.2
подводчик к зажимному прибору . 108.7
— коконовых нитей. 223.2
подводящая трубка для пряжнаго раствора . . 263.2
—щій 268.6
— ремень 148.4
подвозка водным путем 48.19
подвѣска кокона . 214.10
подготовительный 72.1
подготовка клѣтчатки. 255.9
— пробы 50.11
подготовленный . 50.12
поддаваться, мякоть легко поддается отдѣленію от волокна. . . 114.9
поддѣльное серебро 297.14
под'емная цѣпь для катушек, безконечная . 253.17
поденная плата . 25.16
поденщик 25.15
подкидка ольховых сучьев . . 68.8
подкисленный . . 266.22
подкислить снятое молоко 287.5
подкладка, деревянная 83.10
—, клинообразная деревянная . . 87.10
подкожная ткань. 173.22
подлинный . . . 55.23
подметь из гребнечесальной . . 169.10
— из прядильной . 169.20
— из ткацкой . . 170.3
— шерсти сырца, амбарная . . . 168.24
—, прядильная 62.12, 169.20
—, сортированная амбарная . . . 169.1
—, ткацкая. . . . 62.13
подмоченный хлопок 47.16
подмѣшивать сизальскую пеньку в манильскую 108.12
подниматься, крышка зажима поднимается автоматически . 88.15
подножный корм . 133.16
подносчик 142.4
подогрѣвать раствор вискозы . 280.1
подогрѣтый . . . 171.1
подогрѣть сверток руна 170.22
— щелок 150.8
подраздѣленіе овец на племена . . 122.11
— овец на породы . 122.11
— хлопка на классы по его качествам 59.8
подрѣзать тутовое дерево 201.18
подставы с плетенкой 204.21
подстилка 73.6
— для раздѣлки конопли . . . 85.3
— для шелковичных червей . . 204.12
— для шелкопряда, листовая . . . 199.1
—, деревянная 83.10, 85.20
—, с'емная, для шелковичных червей 205.18
подстригать тутовое дерево . . 201.18
подсушить шелк предварительно 237.15
подушка, вращающаяся 224.1
—, кожанная . . 85.5
подчистка руна . 171.6
подчищать руно . 171.7
поеніе овец . . . 134.4
пожелтѣніе кончиков листьев . 79.17
пожниво 68.13
позвонок, хвостный 127.15
—, шейный . . . 127.14
позвоночное животное 26.6
поздняковой лен 66.4
поздній 206.10
познанская шерсть 166.3
позумент 4.16
позументированіе. 4.14
позументировать . 4.15
позументная фабрика. 4.17
—ное производство 4.14
—ныя издѣлія . . 4.16
позументщик . . 4.13
поить овец. . . . 134.6
показаніе искусственнаго шелка при ультрамикроскопическом изслѣдованіи 291.1
показывать товар в образцах . . 28.16
покров 216.18
— волокна, верхній 44.6
— выдѣляющаго канала, наружный 210.4
— коконовых волокон, клеевидный 218.4
— наружной оболочки, восковой 118.13
— хвоста, жировой 125.3
—, верхній, корневого влагалища 174.10
—, волосяной. . . 131.12
—, жировой . . . 173.23
—, наружный . . 173.19
—, шерстяной . . 131.11
покрытіе маток . 129.7
— потребности . . 184.11
— спроса. 184.11
— хлопком 55.4
—, целлулоидное . 252.17
покрытое росою пастбище . . . 135.2
—тый волосами . . 197.8
— руном 136.8
— чешуей 181.1
— шерстью . . . 125.2
покрыть потребность 184.12
— себя закупкой . 30.18
— спрос 184.12
— стержень катушки коллодіем . 252.16
покрыться, капоковое дерево покрылось листвой 62.18
— хлопком . . . 55.5
— хлопком ниже требуемаго количества . . . 55.7
— хлопком сверх требуемаго количества . . . 55.6
покупатель . . . 29.4
— на шерсть . . . 184.7
покупательное настроеніе, оживленное . . . 186.13
покупать лен на корню 76.3
— лен по метрическим вѣсам . . 76.2
покупать лен по площади поля. 76.3
покупка . . 29.3, 184.24
покупщик 29.4
пол класса . . . 59.12
поле. 20.20
— под паром . . 21.22
—, вспаханное . . 22.6
—, конопляное . . 78.6
—, льняное. . . . 65.16
—, паровое . . 21.22, 134.24
—, перепаханное . 22.6
—, хлопковое . 35.22, 36.5
полевая мочка . . 68.10
—вой амбар . . . 25.7
полезный 18.8
ползти, шерсть ползет клочьями 178.19
полисульфид . . 266.17
полкласс 52.2
полный 59.11
— урожай 24.22
половая цыновка. 205.6
пологая курчавость 177.2
полого-волнистый 140.5
положеніе, параллельное . . . 90.2
— рынка 186.8
— хлопковаго рынка 56.12
—, стоячее 142.7
положить на склад фильтрованный пряжный раствор 264.22
полорогія животныя 127.6
полоса, листовая . 107.10
полосатость, слабая продольная . . 74.18
полоска, соломенная 120.10
полоски, древесныя 121.9
полосканіе шерсти 148.11
полоскательно-моечная машина 149.18
полоскательный чан 148.18
—ныя вилы 148.14, 149.9
— грабли 148.14
полоскать лен . . 69.17
— мытую шерсть . 148.12
— шкуры осторожно 143.22
полосовидное волокно. 103.12
полость 15.13
— клѣтки, внутренняя. . . . 15.13
полосы ленты . . 101.12
полотно, передаточное безконечное 155.2
полоть. 24.12
— льняное поле . . 66.18
полотьба . . 24.11, 34.12
полудикій 189.15
полужидкій . . . 210.15
полукровка . . . 128.24
полукровная овца 128.24
полуматовый . . 226.23
полунасыщенный . 289.7
полуотваренный . 234.11
полуотварить шелк 234.12
полупрессованный 42.20
полупродукт . . . 7.21
полутупой 107.15
полуфабрикат . . 7.21
полухлористая сѣра 254.11

получать волокно посреством раздиранія листьев 116.21
– волокно посредством разрыванія листьев 116.21
– обратно амміачный газ из водного раствора 277.14
– шелк 188.24
получить обратно растворитель отгонкой 264.12
– шерсть на консигнацію 184.9
получиться, часть поставки может получиться в среднем на полкласса ниже 52.3
полученіе волокна 7.14
– волокна, ручной способ 107.7
– нити 280.15
–, обратное (с. обратное п.) 256.20
– шелка из коконов 217.19
полученный, обратно- 256.22
получистая проволока 297.15
полый 212.16
пользованіе краном 33.4
польская пенька 92.1
поля орошенія 21.18
поляризаціонный микроскоп 290.14
– цвѣт 227.15
– цвѣт волокон 13.4
поляризація 290.15
– шелка 227.19
поляризованный свѣт 290.20
полярископ 227.14
помада, ланолиновая 160.1
помет, гусеничный 205.22
помутнѣніе крови 208.4
помѣсь 122.16
помѣсячная плата 25.18
помѣщеніе для выращиванія 197.1
– для испытанія хлопка 49.24
– для образцов хлопка 49.20
– для разведенія 197.1
– для разводки 197.1
– для стрижки 142.5
–, складочное 184.14
помѣщик 25.10
помѣщичья экономія 166.2
понедѣльная плата 25.17
понижатель 54.13
понижательное настроеніе 54.18
понижать цѣны 54.9
понижаться, товар понижается на полкласса 52.2
–, товар понижается на цѣлый класс 52.1
–, цѣны понижаются 54.11
пониженіе в качествѣ 51.23
– на 1 пункт 54.4
понос 207.23
понятія, общеупотребительныя о текстильном производствѣ 1.2
–, основныя о волокнистых веществах 8.1
поперемѣнно 19.23
поперечно-растущій 141.5
поперечное движеніе 86.12
– сѣченіе волокна 9.19
– – волокна джута 95.11
– – волокна, круглое 9.20
– – волокна, неравномѣрное 9.21
– – клѣтки, круглое 95.17
– – клѣтки, многогранное 95.18
– –, круглое 44.12
– –, многоугольное 9.24
– –, овальное 9.22
– –, почкообразное 44.11
– –, продолговато-круглое 9.22
– –, треугольное 9.23
– – шерстяного волоса 181.15
– –, эллиптическое 44.10
–ный просвѣт клѣтки 95.12
– ход 84.3
попорченная кипа 43.10
–ный аваріей хлопок 47.16
попудная плата 31.21
пора, потовая 174.20
пораженіе паразитами 208.10
пораженный водянкой 207.20
– пятнистою болѣзнью 208.11
– чахоткой 207.22
порода бабочек 189.9
– дающая ворсовальную шерсть 123.9
– дающая камвольную шерсть 123.7
– дающая чесаную шерсть 123.9
– дерева 199.5
– животных 165.6
– кокона 214.4
– ламы 126.12
– мухи 207.7
– шелкопряда 192.15
– шерсти 172.11
–, благородная 122.12
–, бѣлоголовая 122.19
–, главная 122.13
–, горная (с. горная) 26.17, 240.13
–, длиннохвостая 122.18
–, живучая, шелкопряда 197.11
–, карликовая, деревьев 19.10
–, короткохвостая 122.17
–, мериносовая 122.14
–, многооборотная 197.20
–, мѣшанная 122.16
–, общежительная, шелковичных червей 197.9
–, овечья 131.3
– овцы живущей на песчаных равнинах сѣверной Германіи 124.9
порода, одинаковая 128.17
–, однооборотная 197.19
–, племенная 122.8
–, сельская, длинно-шерстная 123.6
–, сельская, коротко-шерстная 123.5
–, скрещенная 197.15
–, смѣшанная 122.16
–, смѣшанная, шелкопряда 197.15
–, туземная, шелкопряда 197.12
–, черноголовая 123.1
–, чистая 131.5
породы овец 122.3
– овец, дикія 123.10
породистая овца 130.2
–стый баран 128.16
–, чисто- 214.5
порок 167.21
– шерсти 178.18
порох, бездымный 255.8
–, хлопчатобумажный 46.18
порошкообразный 260.16
порошок, известковый 296.9
–, металлическій, с примѣсью нитроцеллулозы как связующаго средства 293.10
–, придающій мягкость 294.7
– талька 296.7
–, торфяной 205.12
порт Аделаида 166.21
– назначенія 32.9
– отправленія 32.8, 49.10
– Филипп 166.22
–, хлопковый 49.9
портиться, сѣмя портится от броженія 79.7
портовый желѣзнодорожный фрахт 33.2
– коносамент 49.12
– риск 48.21
порунно 142.24
порученіе 186.19
порча 49.3
– шерсти 179.2
порченный кокон 232.14
поршень, всасывающій 281.19
– пресса 42.11
поры волокон 235.18
посадка 25.3
– черенков 201.9
–, густая, растенія 24.5
посадки 114.3
посконь 77.7
послѣдній аукціон 186.9
– сбор 38.14
послѣдовательно расчесывать 73.17
поспѣвать, плод поспѣвает 24.15
поспѣвшій 107.3
посредник 27.9, 27.10, 27.12
посредничество 27.8
поставка 52.4
постановленія, биржевыя 28.5
постель куколки 212.12
– для шелковичных червей 204.12
– для шелкопряда, листовая 199.1
–, гусеничная 205.7
–, круглая 86.2
постепенно расчесывать 73.17
постепенный 287.18
постилка, кожаная, для раздѣлки льна 73.6
постороннее вещество, приставшее 15.6
– тѣло, приставшее 15.6
постоянное пастбище 134.22
–ный, химически 257.5
постоянство вида 128.10
– нитро-целлулозы 257.6
– типа 128.10
поступательное движеніе 253.14
посыпать плетенку для шелковичных червей торфяной пудрой 205.12
– плетенку для шелковичных червей торфяным порошком 205.12
– свѣжонарѣзанную ленту каучука порошком талька 296.8
посѣв 22.24, 65.20
– конопли 78.10
– в разброс 23.18
– рядами 23.12
–, машинный 23.9
–, поздній 66.4
–, ранній 66.2
–, средній 66.3
посѣвный лен 65.1
пот 143.5
–, вязкій 145.15
–, густой 145.11
–, житковатый 145.10
–, жировой 145.8
–, зеленый восковой 145.12
–, зеленый воскообразный 145.12
–, клейкій 145.15
–, маслянистый 145.10
–, мягкій 145.10
–, овечій 145.8
–, ржавый 145.14
–, сальный 145.11
–, смолообразный 145.13
–, смоляной 145.13
–, тягучій 145.15
–, тяжелый 145.11
– цвѣта ржавчины 145.14
–, шерстяной 145.8
поташ 102.3, 145.17, 209.17
–, потовый 157.7
поташное производство 157.20
–ный и содовый раствор 102.10
потеря влажности 237.19
– волокна 112.22
– вѣса от промывки 149.17
– в вѣсѣ 49.4
– в серицинѣ при вывариваніи 234.14
–, вѣсовая, шелка 234.15
потная шерсть 145.20, 167.22
потовая железа 174.19
– пора 174.20
– стрижка 141.18
–вый поташ 157.7
потомство 129.2
потребленіе шелка-сырца 229.23
– шерсти 184.10

потребность хлопка 56.11
— шелка 229.24
потрепывать мятую коноплю начисто 84.9
потрескавшееся волокно 12.1
початок, плодовый 106.12
—, тростниковый 116.3
—, цвѣточный 118.6
початочно-тростниковое волокно 116.1
початочное, тростниково- 64.11
почва 20.19
—, безводная 21.4
—, богатая гумусом 20.22
—, взрыхленная 21.6
—, желѣзистая 68.14
—, глинистая 20.23
—, известковая 20.24
—, каменистая 21.1
—, обильная перегноем 20.22
—, сухая 21.4
—, сырая 21.8
—, удобренная 21.6
—, унавоженная 21.6
почерненіе коробки вызванное грибком 38.3
починка 48.13
починять кипу 43.11
почка 35.8
почковидный 215.18
почкообразный 44.11
почтовые расходы 29.16
пошлина, ввозная 33.10
—, вывозная 33.11
—, провозная 33.12
—, таможенная (с. таможенная п.) 33.9
поѣдающее шелк насѣкомое 217.18
—щій яйца шелковичных червей паразит 196.3
поярок 167.4
пояс 107.8
— хлопчатника 35.18
правила для арбитража 50.19
— для оцѣнки 50.19
—, биржевыя 28.5
правительственный статистик 56.16
прачешная 5.3
прачешное заведеніе 5.3
пребываніе поля под паром, многолѣтнее 110.3
превратить каучук в пластичное тѣсто 295.22
— клѣтчатку в картон 244.16
— металлическую мѣдь в гидратную форму 270.11
— раствор вискозы в студенистую массу посредством сѣрнокислаго аммонія 280.19
превратиться в торф 115.17
превращать очес в прочесанную прядь 90.3
превращать пектозу в растворимый пектин 102.15
превращаться, шелковичный червь превращается в куколку 212.4
превращеніе в жидкость 267.9
— клѣтчатки в нитроклѣтчатку 255.7
— в куколку 37.17
— в торф 115.16
— целлюлозы в нитроцеллюлозу 255.7
— шелка в золу 228.15
— шелковичнаго червя в куколку 212.3
предварительный 68.17
предварительно опредѣлять 161.11
— подсушить 237.15
предлагать выше нормы 53.18
— хлопок 49.17
предлогающій наивысшую цѣну 186.5
предложеніе 28.19
— без обязательства 28.22
—, твердое 28.20
предотвращеніе побурѣнія 98.12
предохранительная доска 87.12
предохранить шелковичнаго червя от зараженія 207.2
предполагаемая прибыль 33.6
предпріятіе, текстильное 7.16
предсѣдатель биржи 28.3
— третейскаго суда 51.13
предѣл упругости волокна 12.7
пред'явленіе 30.12
— образцов 28.15
прекращать дѣйствіе зажима 112.9
преломленіе, двойное (с. двойное п.) 290.12
преломляющій, луче- 227.13
премія 52.23
препарат из шерстяного жира 159.21
—, ядовитый 144.7
преподаватель, раз'ѣздной 26.2
препятствовать, муравьиная кислота препятствует мочкѣ 100.7
прерыватьпряденіе 211.13
—, шелковичный червь прерывает пряденіе 211.14
прерываться, питаніе шерстяного волоса прерывается 173.12
прерывистое движеніе 163.7
пресс-вал 41.11
пресс с колѣнным рычагом 42.4
— для морской упаковки 42.2
пресс для упаковки хлопка 39.4
—, винтовой 42.5
—, гидравлическій 42.6
—, кипной 42.2
—, кипной, с неподвижным ящиком, гидравлическій 113.1
—, кипной, с подвижным ящиком 113.2
—, паровой 42.16
—, упаковочный (с. упаковочный п.) 42.2
—, фильтр- 245.13, 268.13
прессовальный ящик, передвижной 42.7
— ящик, разборный 42.8
прессованіе 6.20
— конопляных сѣмян 80.20
прессованный 295.18
прессовать 6.21
— джутовых вязок в кипы 99.12
— джутовых жгутов в кипы 99.12
— капоку 63.14
— каучук 296.3
— конопляное сѣмя 80.21
— пеньку в кипы 112.24
— руна гидравлическим способом 183.15
— хлопок 41.23
прессовка хлопка 41.22
—, дополнительная 43.2
—, предварительная 42.21
прессовочная, хлопко- 42.1
претензія 48.4
прибавить альдегид к растворителю для нитроцеллюлозы 260.1
— к коллодію копаловый лак 260.19
— к пряжной массѣ раствор каучука 254.9
— соль к промывной водѣ 265.1
прибавлять кислоту к раствору коллодія 260.6
— масло к нитроцеллюлозѣ 200.7
— к раствору аміачно-мѣдной окиси органическія вещества 271.14
— щелок в мочильную воду 102.7
прибавленіе масла 260.8
прибор (с. т. аппарат, машина, приспособленіе)
— измѣренія крѣпости нити 12.17
— для опредѣленія влажности воздуха 14.12
— для промасливанія 149.6
— для сличенія шерсти 180.11
—, зажимной, для листовых влагалищ 108.6
прибор, перекидочный 88.4
—, прядильный 262.12
—, прядильный, шелкопряда 192.7
приборы для разведенія 196.1
— для разводки 196.1
прибытіе 55.9
привести волокно в параллельное положеніе 90.2
прививка 201.10
— ягнят 136.2
прививок 201.13
привить черенок 201.11
привод, конный 71.7
—, передаточный 112.2
приводный барабан 253.2
привозная шерсть 184.2
приговор апелляціоннаго третейскаго суда 51.11
— третейскаго суда 51.2
пригодный для пряденія 9.15
— поддаваться апретированію 9.17
пригодность волокна для пряденія 9.16
— волокна к отдѣлкѣ 9.19
приготовительная машина 2.9
приготовить кокон для разматыванія 217.21
приготовленіе коконов для разматыванія 217.20
— промывного щелока 150.7
— раствора коллодія 258.9
— ровницы 2.1
приготовленный 55.13
приготовлять ровницу 2.2
придаток, волосовидный 224.15
придать спирту растворительную способность для коллодійной шерсти 259.19
придающій мягкость 294.7
призматическая клѣтка 95.15
признаки болѣзни 206.17
— отличительные шелка, физическіе 227.6
прикрывать навоз землею 21.11
прикрѣплять бабочку-самку к ячейкѣ 194.15
примѣненіе шерсти 167.2
— шерстяного жира 158.1
примѣнять капоку как набивочный матеріал 63.16
— нитро-целлюлозу смоченной кислотой 257.9
примѣси 44.23
— шерсти, нерастворимыя 149.13
—, растительныя 161.3
—, твердыя, в клѣтчаткѣ 255.15

примѣсь 234.21
– вискозы, сѣру содержащая 279.15
– извести 102.11
– масла 260.8
– мыла 150.24
примѣшать к раствору казеина клѣтчатку 287.9
примѣшивать сѣрный цвѣт к каучуковому 296.2
– щелок в мочильную воду 102.7
принимать, волокно принимает ржавый цвѣт 82.4
принять хлопок при пониженіи в качествѣ согласно существующей рыночной цѣнѣ 48.1
– хлопок с условіем уплаты пени 48.2
принятіе кислорода 98.4
приплод 195.1
приплодное яйцо 195.2
приплющенное руно 140.14
припухать, жировая ткань припухает 206.3
природа шерсти 175.4
прирост, волокнистый, к клѣткѣ 36.17
–, волосообразный к клѣткѣ 36.17
приспосабливаемость шелкопряда 197.18
приспособленіе (с. т. аппарат, прибор, машина)
– для отдѣленія репья 165.2
– для перекрещиванія коконовых нитей системы Мартина 223.14
– для прочистки волосяных трубок 275.15
– для смѣны катушек 252.13
– для удаленія коконоваго покрова 220.4
–, крутильное 250.12
–, мотальное 221.11
–, отопительное 195.14
–, перекидочное 88.4
–, перекрестное, системы Бержье 223.17
–, прядильное (с. прядильное п.) 249.7
–нія для пряденія 246.12
приставать, конец коконовой нити пристает к щеткѣ 220.2
приставшій 90.17
пристань 32.10
– назначенія 32.9
– отправленія 32.8
присутствіе, биржевое 28.1
присучальщик 223.10
– коконов 222.13
– нитей 223.6
–, автоматическій 223.9
присучиваніе нити 222.4
присучивать нить 222.5
присучка нити 222.4
присыпка, торфяная 205.11
присягать 28.7
присяжный классификатор 49.23
– маклер 28.8, 185.10
приходиться, на единицу длины шерстяного волоса приходится x чешуек 181.2
прищеп 201.13
прищепить черенок 201.11
пріем 51.21
– обработки 7.23
пріемка 48.5
пріемник 40.14, 63.9
пріемная трубка 251.5
–ный вал 149.20
– валик 62.1
проба (с.т. образец) 50.8
– на мѣднокислом аммоніи 45.15
– на ощупь 60.7
– шерсти 179.7
– шерсти на ощупь 177.9
–, подготовленная 50.12
пробираніе руна 141.10
пробираться, руно пробирается 141.12
пробка с двумя отверстіями 292.21
пробный моток 238.10
пробор на кожѣ 136.13
проборы на хребтѣ по разным направленіям 141.13
проваренный 239.20
проваривать джутовое волокно в барешвильском растворѣ 98.5
проводимость, электро- 228.3
провоз 32.22
провозная плата 32.23
– пошлина 33.12
–ный тариф 31.21
проволока из золотого сплава 297.4
– из настоящаго золота 297.3
– из настоящаго серебра 297.10
– из поддѣльнаго серебра 297.14
– из серебрянаго сплава 297.11
–, алюминіевая 297.18
–, винтовая 298.4
–, желѣзная 297.21
–, закрученная 298.4
–, золотая 297.2
–, круглая 298.2
–, латунная 297.20
–, металлическая 1.17
–, мѣдная 297.19
–, никкелевая 297.17
–, платиновая 144.20, 297.16
–, плоская 298.3
–, покрытая золотом 297.5
–, покрытая серебром 297.12
–, получистая 297.15
–, серебряная 297.9
–, серебряная покрытая золотом 297.6
–, цементированная 297.22
проволоки, металлическія 297.1
проволочная корзина 47.8
– сѣтка 47.8
– сѣтка вокруг барабана 163.4
– сѣтка, оцинкованная 155.1
–ное сито 66.1
провѣрять толщину нити 223.7
проглаживаніе пеньки 112.17
проглаживать волокна 112.16
прогорклость жирового пота 151.7
прогоркшій жир 151.8
продавать за наличный разсчет 30.6
– шерсть с аукціона 185.22
– шерсть на аукціонѣ 185.22
– шерсть на комиссіонных началах 185.2
продавец 28.14
продажа 28.23
– кож 144.22
– шкур 144.22
–, свободная 185.1
продажная стоимость 28.24
продленіе контракта 53.10
продолговато-круглый 62.19
продолжительность вытяжки 249.2
– жизни растенія 24.6
– жизни шелковичнаго червя 197.6
– извлеченія 157.3
– культуры 195.11
– линянія 206.2
– мочки 68.19, 82.15, 94.14
– нитрированія 255.22
– разведенія 195.11
– разводки 196.9
– растягиванія 249.2
– сезона разводки 196.9
– экстракціи 157.3
продольная полосатость 74.18
– штриховка 225.15
продольно-разрѣзанный 120.13
продольно-рифленый 252.11
продукт выдѣленія шелковичнаго червя 209.13
– из искусственнаго шелка 242.6
– пряденія 2.9
– скрещиванія 129.1
–, естественный 242.4
–, искусственный 242.5
–, побочный 278.20
–, побочный, поташнаго производства 157.20
–, полу- 7.21
–, природный 242.4
продырявленная бумага 205.19
прожорливость шелковичнаго червя 197.23
прожорливый 198.1
прозрачен 226.8
прозрачность 44.5
прозрачность, стекловидная 288.11
прозрачный 216.11
прозябать, сѣмена прозябают 23.20
–, сѣмя прозябает 79.11
производитель 7.18, 128.16
–, племенной 122.9
– шелка 189.5
производительность данной породы шелкопряда 197.10
– почвы 21.20
производить ложное крученіе 221.9
– скрещиваніе 128.22
– шелк 188.24
– экспертизу 51.17
производиться, производится разсчет 52.11
производное целлулозы, водорастворимое 279.1
производство вискозы 278.1
– волокна 7.14
– коконовой нити 209.10
– нити в один пропуск 251.8
– нитроцеллулозы 255.5
– поташа 157.6
– стеарина 152.5
– хлопковаго масла 41.14
– целлулозы в растворѣ мѣднокислаго амміака 269.4
– шелка-сырца 229.20
– шерсти 183.11
– яиц 193.18
–, канатное 2.15
–, ланолиновое 159.7
–, позументное 4.14
–, поташное 157.20
производящая страна 30.21
– шелк страна 189.4
произростаніе шерстяных волос 173.4
произростать, всхожесть сѣмени 22.22
–, способность сѣмени 22.22
происхожденіе 56.17
– овец 129.23
–, животное 233.10
прокалываніе 71.11
прокатанный 296.11
прокатывать каучук 296.10
проклеивать 3.18
промасленный угар 170.8
промасливаніе 155.8
– шерсти 149.5
промаслить просушенную шерсть 155.7
промежуточная стѣнка 90.18
–ное дно 156.22
–ный слой плода 118.14
промокаемый 216.15
промывать волокна 112.11
– волокна джута в мыльном растворѣ 97.4
– вымоченную коноплю 82.22
– джутовое волокно раствором растворимаго стекла 97.7

промывать измельченный асбест. 241.5
– клѣтчатку . . . 291.8
– коллодійную шерсть 257.13
– коллодійную шерсть горячею водою 257.14
– лен 69.17
– листовыя ленты 107.14
– нить 253.10
– отваренный хлопок 269.18
– шелковую нить до полнаго удаленія алкоголя 264.23
– шерсть 146.13
промыть нитро-целлулозу 256.23
промывка . . 5.1, 69.21
– мочей 150.20
– обезжиренной шерсти, окончательная . . . 148.10
– снятаго лубка . 95.3
– шерсти . 146.11, 146.16
– шерсти, окончательная . . . 148.11
–, предварительная 146.21
–, химическая . . 155.10
промывная ванна . 150.6
– вода 257.15
– машина 253.14
–ной 253.12
– аппарат для обезжириванія . 147.15
– канал, змѣевидный 148.5
– чан 148.18
– щелок. 150.6
–ныя средства . . 150.10
промытая шерсть . 168.2
промышленность, текстильная . 7.13
промышлять овцеводством для добыванія шерсти 131.9
проницаемый . . . 252.4
пропариваніе . . . 6.14
пропаривать . . . 6.15
– нитро-целлюлозу 256.16
пропитываніе волокна сульфатом 94.18
пропитать коллодійную шерсть раствором хлористаго кальція 259.20
пропитывать джут сульфатом . . 94.17
– джут сѣрно-кислою солью . . 94.17
– нить искусственнаго шелка . . 254.7
– шелковую нить 265.2
– шерсть в ваннѣ из раствора сѣрной кислоты . 161.12
пропіоновая кислота 285.8
прополаскиваніе шерсти 148.18
прополаскивать вымоченную коноплю 82.22
– нить разбавленной кислотой . 251.9
пропуск 251.8
пропускной . . . 252.4
проростать, сѣмя проростает . . 23.22
прорѣживаніе . . 34.12
просвѣт клѣтки, поперечный . . 95.12
– поперечнаго сѣченія канальца, широкій . 90.8, 44.14
просвѣчивающій . 241.12
прослойка 26.18
просрочка тратты 30.14
простой 39.17
пространство, внутреклѣточное . 95.13
–, внутреннее, клѣтки 95.13
–, межклѣточное, воздухопроходящее 106.7
простѣйшая клѣтка 16.5
–шее волокно . . 16.5
просушенная шерсть 155.7
–ное волокно рами 102.1
просушивать волокно рами перед моченіем . 101.24
– на воздухѣ волокна 95.5
– посредством горячаго воздуха 213.11
– сѣмя перед посѣвом 65.21
– шелк в натянутом состояніи . 282.13
просушка 95.4
– листвы 198.17
просѣивать асбест 241.2
– листовую рѣзку 198.23
– сѣмяна 78.18
протаскивать в ручную листовыя ленты между полутупыми ножами 107.15
– нить содержащую мѣдь через ванну из сѣрнокислаго алуминія 276.5
– нить содержащую мѣдь через ванну из сѣрнокислаго глинозема 276.5
– нить содержащую мѣдь через ванну из сѣрнокислаго магнія 276.4
протеиновое вещество 181.18
– вещество, животное 210.8
– тѣло 181.18
протеиносодержащій 234.1
противень 220.1
–, кипятильный . 218.15
противная сторона в судѣ 50.22
протоплазма . 15.12, 44.15
проточная вода . . 94.12
протравка 5.10
протравленіе шерсти 144.13
протравлять шерсть 144.13
профессіональная болѣзнь сортировщика . . . 170.21
проход железы . . 174.17
–, кишечный . . 191.10
проходить, нить проходит через закрѣпительную ванну 249.8
проходить, нить проходит через закрѣпительную среду 249.3
–, шелковая нить проходит через натровую ванну 261.9
проходной коносамент 49.11
процентов с1 х . . 48.10
проц. тары . . . 56.8
–, франшизы . . . 56.4
процесс броженія 67.14, 81.9, 102.18
– выполненія контракта 185.19
– извлеченія волокна 110.16
– карбонизаціи . 161.6
– моченія 94.3
– мочки . . 81.7, 94.3
– мытья 147.7
– нитраціи . . . 255.20
– нитрованія . . 255.20
– омыленія . . . 152.2
– полученія волокна 110.16
– пряденія, искусственный . . . 246.15
– разложенія . . 158.15
– размотки . . . 220.6
– укрѣпленія коллодійной шерсти 257.17
– ферментаціи 81.9, 102.18
–, жомный 86.10
–, плющильный . 86.10
процѣдить раствор 245.12
процѣживать выдѣленное жировое вещество . 158.18
прочес бородки . 89.17
– концов пряди пеньки 89.17
– пеньки, дополнительный . . . 89.19
–, гребенный . . 168.16
прочесанный . . . 232.16
– в ручную . . . 91.16
проческа льна на геклях 73.11
прочесываніе . . 165.1
прочесывать концы пряди пеньки . 89.18
– начисто пеньку на геклях . . . 89.20
– щеткой лен . . 73.8
прочистить засорившійся мундштук электрическими искрами 247.21
– мундштук давленіем воздуха . 275.14
– мундштук сжатым воздухом . 275.14
прочистка 275.15
прочность волокна 12.9, 60.17
– цвѣта 14.21
– шерсти 175.23
прочный 216.6
прощипанный . . . 62.9
проявленіе болѣзни 206.17
пруд для мытья овец 147.2
– для мытья шерсти 147.2
–, моечный . . . 147.2
прудовая мочка . 67.18
пружина, контрольная 222.9
–, остановочная . 222.9
пружина, плоская 262.18
прут, тутовый . . 198.18
прутки 219.15
пруток, бамбуковый 204.17
пряденіе . . . 1.21, 2.4
– кокона 209.3
–, кислотное . . 280.21
–, стеклянное . . 298.12
–, тонкое 91.18
прядеспособность волокна 9.16
пряди, металлическія 297.1
прядильная зрѣлость шелковичных червей . . 209.4
– машина 2.6
– камера 211.2
– мышца, верхняя 192.10
– подметь . 62.12, 169.20
– путанка 62.8
– ситка 249.17
– способность шерстяного волоса 175.9
– фабрика 2.8
– шерсть 168.10
–ное волокно . . . 8.5
– гнѣздо 211.3
– отверстіе . . . 192.13
– приспособленіе с вращающимся мундштуком . . 251.1
– приспособленіе системы Дрэпера 249.7
– растительное волокно 8.16
прядильный аппарат для искусственнаго шелка 276.7
– – с многострунным мундштуком 249.15
– – с перемѣнным давленіем . . . 250.5
– – системы Дрэпера 249.7
– – системы Ленера 263.6
– – системы Тиле 275.16
– – системы Шардоннэ 262.11
– – с ситочным мундштуком . . 249.15
– – шелкопряда . 192.7
– и мотовильный аппарат . . . 253.3
– многострунный мундштук . . 249.17
– мундштук . . . 275.10
– мускул, верхній 192.10
– отдѣл 276.6
– отросток . . . 192.8
– прибор системы Шардоннэ . . . 262.12
– прибор шелкопряда 192.7
– пух 169.19
– сосок 192.6
– станок для искусственнаго шелка 275.5
– таз 253.6
– таз, вращающійся 282.5
– хоботок 192.9
– угар 169.18
– шатер 211.2
–ные концы . . . 62.8
прядильня 2.8
прядильщик . . . 2.7
прядучій шелковичный червь . 209.8

прядь нитей . . 221.7
— пеньки 84.16
— пеньки, жгутообразная . . . 86.5
— пеньки, прочесанная 89.10
—, грубая 61.7
—, льняная . . . 70.15
—, однородная . . 61.5
—, поврежденная . 61.6
—, прочесанная. . 90.3
пряжа 2.9
—, крученая . . . 2.12
—, металлизированная 298.6
—, покрытая металлом 298.6
—, стеклянная . . . 298.8
—, стеклянная шелковидная . . . 298.9
—, шерстяная . . 169.21
пряжная жидкость 243.4
— масса 243.4
— паста 262.9
—ный коллодій . 261.5
— раствор 243.4, 244.17, 263.7
— —, вязкій . . . 244.19
— —, концентрированный 258.16
— —, крѣпкій . . 258.16
— —, слизистый . 273.17
прямо стоящій . . 109.21
прямой 180.2
прямослойное дерево 121.3
прямоуголный . . 43.4
прясть 1.22, 2.5
— большими завитками . . . 211.9
— равномѣрно . . 211.12
— рыхло 211.11
психрометр . . . 14.12
пудра, известковая 296.9
—, тальковая . . 296.7
—, торфяная . . . 205.11
пузырь 276.9
—, воздушный . . 246.4
—, газовый . . . 68.2
пункт 52.18
—, оговорный . . 49.14
—, складочный, шерсти 183.20
пурпуро-коричневый 109.17
пускать корни . . 24.2
—, отводок пускает корешки 201.4
—, растеніе пускает корневые отростки 109.6
—, сѣмена пускают ростки 23.22
—, сѣмя пускает ростки 79.11
пустившій корни отводок . . . 201.5
пустотѣлое волокно 10.1
путанка кокона . 232.10
—, наружная . . 214.8
—, прядильная . . 62.8
—, ткацкая. . . . 62.10
—, шлихтовальная 62.11
путь, химическій 160.20
пух 175.5
— из под барабана 62.5
— на зернѣ сѣмяни 36.16
— из под пріемнаго валика 62.2
— с ткацких станков 107.2
—, болотный . . . 115.13
пух, валечный . . 169.14
—, валяльный . . 170.4
—, вентиляторный 61.23
—, волокнистый . 39.14
—, гребенной . . 169.9
—, кардный . 62.5, 169.13
—, наружный . . 214.8
—, подвальный . . 61.23
—, прядильный . 169.19
—, растительный . 62.15
—, станочный . . 170.2
—, стригальный . 170.6
пухловатость. . . 226.19
пухнущій 206.4
пуховое перо . . 239.18
пухонес 115.13
пучек 76.20
— асбестоваго волокна. 240.7
— волокон 8.9
— волос 136.22
— клѣток . . 20.16, 90.6
— листьев 110.15
— льна 75.17
— мятаго льна . . 70.15
— нитей 221.7
— пеньки 84.16
—, нитяный . . . 211.7
—, цвѣточный . . 100.17
пучки, лубяные . 94.6
пученіе 136.4
пучковидный . . 211.4
пушистый 224.19
пушная трава . . 115.13
—ной волос . . . 175.5
пушок 224.16
пшеничная солома 119.23
пылеотдѣлительный волчек 164.5
пыль 135.5
—, растительная . 163.10
—, репейная . . . 163.10
пыльный хлопок . 60.19
пѣна, мыльная . 233.8
пѣнистый 152.22
пятилопастной лист 34.14
пятнистая болѣзнь 208.10
пятнистый 60.1

Р.

работа скотом . . 21.23
работать поляризованным свѣтом 227.16
работница, стригущая овец . . . 142.3
рабочая поверхность гекельной машины . 89.6
— часть гекельной машины. . . . 89.6
—чій день 25.14
— на шерстомойкѣ 146.17
— при карбонизаціи 162.15
— ролик 282.6
— стригущій овец. 142.9
—чія руки 25.19
равендук 42.17
равнина 135.16
—, песчаная . . . 124.9
равномѣрно . . . 211.12
равномѣрный . . 173.6
равномѣрность . . 179.21
— волокна 137.10
— глубины руна . 138.3
— руна 136.19
разбавитель . . . 277.12
разбавить раствор амміачно-мѣдно-кислойцеллулозы углеводами 273.7
— снятое молоко кислотою . . . 287.5
— щелок водою . 151.21
разбавленный раствор 182.6
разбиваніе влажной шерсти . . 153.12
— шерсти на волчкѣ 164.6
разбивать древесину стебля . . 70.8
— руно при стрижкѣ, не 142.11
— шерсть на волчкѣ 164.7
разборный прессовальный ящик 42.8
разброс 23.13
разбуханіе волокна джута в растворѣ ѣдкаго кали 97.8
— волокон 46.9
— клѣтчатки в амміачном растворѣ окиси мѣди 91.2
— шелка 229.8
—, желатиноподобное 288.17
—, студенистое . . 288.17
разбухать, волокно сильно но равномѣрно разбухает в мѣдно-кислом амміакѣ 75.7
— шелк разбухает 229.9
разварить хлопок в водѣ 269.16
разведеніе 24.4
— льна 65.17
— овец 128.1
— посредством корневища . . . 106.17
— посредством отростков корня. 106.16
— в ячейках . . . 196.5
—, племенное. . . 128.14
—, чистое 128.17
разведенный . . . 274.5
развернуть подогрѣтые свертки 171.1
развертывать круглыя кипы. . . 43.6
развиваться, тутовое дерево успѣшно развивается 200.22
—, шелковичный червь развивается скоро . . . 196.16
—, шерстяной волос развивается . . 173.10
развитіе волоса шерсти 173.9
— газов 68.1
— тутоваго дерева, успѣшное . . . 200.21
— шелковичнаго червя 196.15
— шелководства . 189.2
— шерстяного волоса 173.9
развод 212.19
разводить коноплю 78.8
— лен 65.18
— овец 128.3
— сизаль-агаву на плантаціях . . 110.1
— тутовое дерево . 200.18
— хлопок 35.20
разводить шелковичнаго червя . 195.6
— шелковичные черви группами 196.18
разводка. 195.8
— тутоваго дерева 200.17
—, высокая . . . 129.4
разводное яйцо . 194.23
разводочная плетенка 204.13
—ный кокон . . . 212.20
развѣтвленія, корневыя . . . 201.21
—, росовыя . . . 201.21
развѣтвленный . 65.3
развѣшиваніе . . 107.22
— волокон для просушки 95.4
развѣшивать на жердях очищенныя овчины . 150.4
разгрузка 31.2
раздавливаніе листьев 114.7
— стеблей льна . 69.22
раздавливать репей 164.21
— стебель 86.11
— сѣмя 41.17
раздираніе конопли 86.13
— листьев 116.21
— пакли 85.12
раздирать высушенный хлопок 269.9
— вязки конопли. 86.14
— паклю 85.13
раздробить клѣтчатку 292.16
раздроблять репей 163.8, 164.21
раздуваться, тѣло шелковичнаго червя раздувается 208.2
раздѣлать лубок стебля на волокнистыя составныя части . . 102.16
раздѣленіе . . . 280.3
— корневища. . . 106.18
— льна 76.12
раздѣлка льна . . 73.2
— пеньки 85.1
раздѣлывать коноплю 85.2
— лен 73.3
— шерсть руками. 153.13
раздѣльно 137.12
раздѣльное расположеніе волос. 138.9
раз' единяемое волокно. 137.11
разжижаться, пряжный раствор разжижается . 246.10
разжижитель . . 277.12
разлагать жиросодержащую мыльную воду . . . 158.14
разлагаться, жировая ткань разлагается . . . 208.9
—, клѣтчатка разлагается при высокой температурѣ 255.19
—, раствор разлагается 245.10
—, шерсть разлагается на составныя части. 182.14
разложаться, раствор вискозы разложается . 280.13

различіе между разными сортами искусственнаго шелка и натуральным шелком 289.1
— разных сортов искусственнаго шелка 289.1
разложеніе 158.15
— нитро-целлулозы 257.4
— растворимаго соединенія 245.9
— хлористаго алуминія 162.5
— шерсти на составныя части 182.13
разложить жир на составныя части посредством перегрѣтаго цара 151.6
— на рѣшеткѣ обрѣзки листьев 198.22
— на рѣшеткѣ рѣзанный лист 198.22
размалываніе 257.16
размалывать репей 163.8
разматываніе 217.20
— без брака 220.8
разматывать 2.21
— живой кокон 220.11
— кокон 220.7
— кокон в мокром состояніи 220.16
— основу 2.23
— уток 2.24
— шелк с катушек 277.5
— шелк со шпуль 277.5
— шелковые коконы в засушенном состояніи 220.12
размачиваніе кокона 217.22
размачивать стебель в водѣ 102.2
— сѣмяна в тепловатой водѣ 37.1
размачиваться, шерсть размачивается 183.2
размельчать асбест 241.1
— репей 163.8, 164.21
разминаніе 86.10
разминать стебель 86.11
размножать деревья посредством сажанцев 201.1
— деревья посредством сѣмян 201.6
— сизаль-агаву отростками корня 110.5
— тутовыя деревья посредством посадки черенков 201.9
размноженіе 128.4
— посредством корневища 106.17
— посредством отрастков корня 106.16
— посредством сѣмян 106.14
— путем отводки 201.2
— тутоваго дерева 200.23
размолотый 241.4
размотанный 230.21
размотать кокон в сухом состояніи 220.14
— пробный моток 238.11
размотка 2.20
— в двѣ нити 221.5
— кокона 220.5
—, итальянская 220.17
—, коконовая 220.5
размотка, мокрая, кокона 220.15
—, сухая, коконов 220.13
—, французская 220.18
размотываніе 2.20
размѣр мѣстных запасов 186.17
размягчать асбест-сырец в кипяткѣ 241.6
— кипятком коконовую оболочку 218.11
— серицин 218.1
— стебель в водѣ 102.2
— стебель конопли 81.13
— шерстяной жир 146.6
размягченіе волокон посредством колоченія 107.12
— кокона 217.22
— стебля конопли 81.14
размягченный 241.7
разница между цѣнами 52.20
— по классам 47.19
разновидности овец 122.3
разновидность волокон, химическая 16.21
— джута, бѣлая 92.19
— джута, красная 92.20
— кокона, бенгальская 214.11
— кокона, японская 214.14
— мухи 207.7
— чернаго тутоваго дерева 199.15
—, одноурожайная 197.19
разнородное волокно 59.17
— спариваніе 129.5
разодранный 172.6
разорванный 239.22
разостлать коноплю 80.1
разработанная на ножах пенька 91.14
разрушать клеевину путем броженія 81.8
— клеевину путем гніенія 81.8
— лубяные пучки 94.7
— репей 164.21
— связующія вещества путем броженія 81.8
— связующія вещества путем гніенія 81.8
разрушить волосяную луковицу 143.16
— клеевину посредством процесса гніенія 94.4
— связывающія вещества посредством процесса гніенія 94.4
разрушеніе волосяной луковицы 143.15
— клеевины посредством мочки 67.13
— растительнаго волокна 161.2
разрыв 12.4
— нити 251.7
—, зазубренный неравномѣрный, дикаго шелка 227.9
разрываніе листьев 116.21
разрыхленіе влажной шерсти 153.12
разрыхленіе пакли 85.12
— шерсти на волчкѣ 164.6
разрыхленная шерсть 154.9
разрыхлитель для грязной шерсти 147.8
разрыхлительный, шерсто- 153.15
разрыхлить жилы битьем 239.11
— жилы прессованіем 239.10
— тертую пеньку 86.9
разрыхлять высушенный хлопок 269.9
— паклю 85.13
— шерсть 164.3
— шерсть на волчкѣ 164.7
— шерсть руками 153.13
разѣженіе воздуха 69.15
разрѣженный воздух 14.4
разрѣзаніе конопли 86.13
разрѣзанный, продольно 120.13
разрѣзать вязки конопли 86.14
— на ленты листовое влагалище 107.8
— на полосы листовое влагалище 107.8
— на поясы листовое влагалище 107.8
— расправленную соломину полосками гребнем 120.14
— соломину вдоль 120.12
разрѣзка на ленты листового влагалища 107.9
— на полосы листового влагалища 107.9
— на поясы листового влагалища 107.9
разрѣзнолистный 199.16
разрѣзываніе каучука 295.15
разрѣзывать каучуковую ленту на нити 296.6
— на нити прокатанный каучук 296.11
— спирально каучук на ленты 295.19
разсада 110.6
разсадка 24.4
— путем отводки 201.2
— тутоваго дерева 200.23
разсаживать тутовое дерево 200.18
разсортировывать шерсть 170.16
разстилать лен по полю 67.2
разстилка шелковичных червей 204.11
разстояніе между посадками 114.3
разсчет 52.9
— разницы по классам 47.19
—, наличный (с. наличный) 30.5
разсыпать листья рѣшетом 198.12
раз'ѣздной преподаватель 26.2
ракля 40.3, 108.3, 112.6
раковина морское перо 232.19
раковинная бородка 232.20
раковинный шелк 232.18
ракушки 239.19
рама 204.19
Рамбулье, шерсть французскаго мериноса 165.17
рами 100.10
—, бѣлое 100.16
—, зеленое 100.18
—, котонизированное 103.1
— очистительная машина 101.6
рамка, коконовая 222.12
ранить овцу при стрижкѣ 142.12
раннеяровой лен 66.2
ранній 66.2
рапсовидный волос 140.6
раскислять посредством раствора соды 163.15
раскладываніе льна 75.18
раскладывать разрыхленную шерсть на решетины 154.9
— разрыхленную шерсть на хорды 154.9
— шелковичных червей на плетенку 204.14
раскрываться, зрѣлый плод капоки раскрывается 62.23
раскрытіе коробки 35.15
раскрытое руно 137.20
раскрытый 217.9
распадаться, жировая ткань распадается 208.9
распаденіе лубяных пучков 94.6
распложеніе 128.4
расплостать подогрѣтые свертки 171.1
распознованіе хлопковых волокон 45.20
располагаться, цвѣтки располагаются гроздями 115.7
—, цвѣтки располагаются кистевидно 115.7
—, цѣтки располагаются кистями 115.7
расположеніе волос, густое 136.18
— волос, раздѣльное 138.9
— волос, рѣдкое 136.17
— плодов 118.7
расположенный неравномѣрно 138.1
— равномѣрно 137.24
—ныя ассиметрично 19.23
— поперемѣнно 19.23
расположены, волокно-отдѣлительные барабаны расположены один против другого 111.9
—, листья расположены симетрично 19.24
расправленіе 7.2
расправленная соломина 120.14
— ное руно 171.10

расправить руно . 171.8
расправлять . . . 7.3
– продольно-разрѣзанную соломину 120.13
–, бабочка расправляет обмотку кокона . . 190.15
распредѣленіе серицина на поверхности шелковаго волокна . . 210.14
– шерсти на корпусѣ овцы . . 131.20
распредѣлитель . 275.9
распрямленный волос 176.21
распустить прядь . 153.4
распутываемое трудно руно . 138.11
распухать, тѣло шелковичнаго червя распухает 208.2
распылитель . . . 148.6
распылить амиловый спирт . . 267.3
расталкивать вязки конопли . . 86.14
растаскиваемое трудно руно . 138.11
раствор 156.2
– амміака, сгущенный 272.11
– амміачно-мѣднокислой целлюлозы 273.6
– амміачно-мѣдной окиси, стойкій 273.11
– амміачной соли, водный 274.13
– амміачнокислаго никкеля . . . 289.14
– вискозы 277.19
– гипохлорита . . 269.20
– глицерина, водный 258.2
– двухлористой ртути 98.10
– дубильнаго вещества, горячій 235.11
– желатина . . . 286.15
– жидкаго стекла 264.10
– закиси никкеля, амміачный . . 272.6
– іодистаго кали. 289.15
– казеина 287.3
– казеина, водноспиртный . . . 287.10
– казеина, щелочный ацетоновый 287.8
– каліевой щелочи, разбавленный . 182.6
– камеди 235.10
– каучука 264.13
– клѣтчатки . . . 243.8
– клѣтчатки, бѣдный содержаніем амміака . 273.9
– клѣтчатки, слизистый 280.10
– клѣтчатки в щелочах. 282.18
– коллодія, водосодержащій . . 263.13
– коллодія, высокопроцентный . 259.11
– конгорота, водный 289.10
– металлических солей 235.4
– мѣди, натровый 271.13
раствор мѣди, щелочный . . . 271.12
– мѣднаго купороса 270.15
– мѣдно-глицериноваго соединенія, щелочный . 289.11
– мѣдной закиси. 266.1
– мѣдной окиси, амміачный . . 292.7
– мѣдной соли, щелочный . . . 291.4
– натровой щелочи, спиртовый. 278.18
– нафтола, водный 289.13
– окиси мѣди, амміачный 260.21, 271.6
– окиси мѣди в амміакѣ, коллоидальный . . . 271.11
– поваренной соли 274.11
– поташа 157.12
– сахара 235.20
– соды 218.8
– соли, индифферентный . . . 274.14
– соли, насыщенный 281.3
– соли, спиртный. 262.7
– сулемы 98.10
– сѣрнистаго натра 266.9
– сѣрнистокислой щелочи 274.10
– сѣрнокислаго никкеля . . . 287.17
– сѣрнокислой закиси желѣза. . 281.13
– сѣрнокислой мѣди 291.6
– уксуснаго эфира 262.5
– уксуснокислаго магнія 284.5
– уксуснокислой клѣтчатки, муравьинокислый 283.8
– Фелинга 292.13
– флороглюцина . 98.14
– формальдегида . 156.10
– хлористаго аммонія, спиртовый 259.12
– хлористаго желѣза, спиртовый . 259.1
– хлористаго натрія 274.11
– хлористаго олова 259.3
– хлорнаго желѣза 98.11
– хлорцинкіода . 289.6
– хромовой кислоты, концентрированный водный 98.16
– хромовой кислоты, полунасыщенный 289.7
– целлюлозы . . 243.8
– целлюлозы соединенія амміака с гидратом мѣдной окиси . . 273.8
– целлюлозы, хлористо-цинковый 282.15
– Швейцера . . . 271.9
– щелочей концентрированный . 270.1
– щелочей, разбавленный 270.2
– щелочей, сгущенный 270.1
– щелочей, слабый 270.2
– щелочной гидроцеллюлозы . . 283.2
раствор щелочной соли, нейтральный 281.4
– ѣдкаго барія . 182.12
– ѣдкаго кали . 282.19
– ѣдкаго кали, разбавленный . 182.6
– ѣдкаго натра 151.17, 272.17, 283.1
–, амміачно-мыльный 277.4
–, ацетоновый . . 261.19
–, барешвильскій. 98.5
–, богатый мѣдью 272.5
–, вытягивающійся в нить . . 258.17
–, готовый для пряденія . . . 246.18
– густой 258.17
–, іод-іодно-каліевый 289.16
–, коллодіовидный 292.10
–, концентрированный 245.1
–, крахмальный . 258.3
–, мыльный . . . 97.4
–, насыщенный . 270.22
–, пряжный (с. пряжный р.) . 243.4
–, пѣнистый . . . 152.21
–, сгущенный . . 245.1
–, сиропообразный 292.9
–, содовый горячій 282.11
–, содовый и поташный . . . 102.10
–, спиртовый, нашатыря 259.12
–, теплочувствительный . . . 273.1
–, щелочный . . 97.2
–, эфирный . . . 258.5
раствореніе вещества шерсти посредством кипяченой воды . . 182.1
– клеевины . . . 94.5
– клѣтчатки в амміачном растворѣ окиси мѣди 91.2
– мѣдной закиси в азотной кислотѣ 291.12
– связывающаго вещества . . . 94.5
– серицина . . . 218.2
растворимость . . 257.18
– клееваго вещества в водѣ . . 286.16
– клѣтчатки . . . 243.9
– шелка в щелочах 229.6
– шерсти 181.23
растворимое жидкое стекло . . 233.21
–мый 243.10
растворитель . . 245.8
–, летучій 156.4
растворительная способность . . 219.9
растворить волокно джута частично 98.6
– гидрат окиси мѣди в амміакѣ . 271.8
– гутаперху в сѣрнистом углеродѣ 261.6
– древесную камедь 244.15
– казеин в щелочной жидкости. 287.7
– клеевину посредством процесса гніенія 94.4
растворить клѣтчатку в кислотѣ 282.16
– окись мѣди в алкиламинѣ . 271.10
– резину в сѣрнистом углеродѣ. 261.6
– рыбій клей в крѣпком уксусѣ 261.7
– связывающія вещества посредством процесса гніенія 94.4
растворять жир, способность . . 156.1
– кератин в щелочной жидкости . 182.2
– в кипяткѣ серицин. 218.1
– мѣдь 270.7
– роговое вещество в щелочной жидкости 182.2
– шелк в щелочах 229.7
– в ѣдкой щелочи целлюлозный эфир ксантогеновой кислоты 279.9
растворяться, коллодійная шерсть растворяется . 263.10
–, коллодійное волокно растворяется 263.10
растворяющій, жиро- 155.17
растеніе алоэ, настоящее . . . 113.12
– алоэ, подлинное 113.12
– ананас 115.9
– Пита 113.15
– рами 100.14
– сансевіера . . . 113.5
– сида 105.4
– типа алоэ . . . 113.13
–, волокнистое. . 18.11
–, вьющееся . . . 104.10
–, двудольное 18.19, 77.6
–, двулопастное . 18.19
–, декоративное . 18.10
–, декоративное пестролистное. 115.1
–, джутовое . . . 92.15
–, джутовое, дикорастущее . . . 92.17
–, дикорастущее . 18.2
–, кормовое . . . 135.10
–, крапивное. . . 100.3
–, крапивовидное 100.15
–, культивированное 18.1
–, кустарниковое. 18.21
–, липовидное . . 92.16
–, луговое 135.9
–, лѣтнее 18.12
–, масличное. . . 77.4
–, многолѣтнее 18.7, 36.8
–, мѣстное . . . 18.3
–, огородное . . 18.9
–, однодольное . 18.18
–, однолопастное. 18.18
–, однолѣтнее 18.6, 36.7, 64.16
–, озимое 18.13
–, полезное . . . 18.8
–, растущее дико. 18.2
–, садовое 18.10
–, стебельчатое . 77.5
–, степное 109.23
–, субтропическое 18.5
–, травянистое . 18.20
–, тропическое . 18.4
–, туземное . . . 18.3
–, хлопковое. . . 34.6

растеніе, чужеядное 79.14
—, шелковое, сирійское 64.2
—, яровое 18.12
—нія, изгородныя 109.5
—, кормовыя 203.7
—, кормовыя, шелковичных червей 199.3
—, плетневыя 109.5
растертый репей 163,9
расти, дерево растет в древесину 19.4
—, дерево растет в листву 19.5
—, растеніе растет 24.9
—, тутовое дерево успѣшно растет 200.22
—, цвѣты растут гроздями 77.21
—, цвѣты растут метелкой 77.21
—, шерсть растет 173.5
—, шерсть растет густо на кожѣ 136.15
растилать коноплю 80.1
— шерстью гребенной барабан 164.20
растительная камедь 16.6
— лѣсная шерсть 116.12
— пыль 163.10
— слизь 287.21
— шерсть 8.21
—ное отяжеленіе 234.23
— сырье 119.6
—ный 8.18
— воск 16.2
— желатин 45.1
— жир, жидкій 16.4
— жир, твердый 16.3
— клей 16.6
— конскій волос 104.1
— отпрыск 23.24
— паразит 203.1
— побѣг 23.24
— сырец 8.15
— шелк 8.20, 63.18
— — бомонтіи 64.4
— — гомфокарпус 64.7
— —, красновато-желтый 63.20
— — марсденія 64.6
— —, чисто-бѣлый 63.19
растущій рѣдко волос 139.8
растягиваніе 248.19
растягивать выступающую из мундштука нить 249.1
— дегуммированную шелковую нить 234.5
— желатин в нить 286.19
— каучуковую нить 296.17
— нить на мотовилѣ 249.9
— нить в разбавленном щелокѣ 276.2
— нить в слабо-дѣйствующей закрѣпительной ваннѣ 249.8
растяжимость 288.20
— волокна 12.3
— шерстяного волоса 180.4
растянутая курчавость 177.4
растянуть руно 171.8
расход шерсти 184.10
расходы (с. т. издержки) 29.13
расходы по выгрузкѣ на набережную 49.7
— по опредѣленію тары 48.8
— по отправкѣ 31.13
— по тарированію 48.8
—, маклерскіе 29.15
—, мелкіе 29.14
—, почтовые 29.16
—, экспедиціонные 31.13
расчес, гребенный 168.16
—, средній 168.14
—, тонкій 89.12
расческа льна 73.7
расчесываніе очесов на геклях 90.1
расчесывать лен, послѣдовательно 73.17
— лен, постепенно 73.17
расширеніе 276.9
расширяться, поры волокон расширяются 235.13
расщепить жир на составныя части посредством перегрѣтаго пара 151.6
расщепленіе 71.11
— волокон хвойных игл 116.10
— клѣтчатки кислотами 243.15
— клѣтчатки посредством окислительных веществ 243.17
— клѣтчатки щелочами 243.16
расщепленный 115.5
расщеплитель 120.9
расщеплить молекулу клѣтчатки 243.18
расщеплять иглы на волокна 116.11
— на полоски тростник 121.19
— пучек лубка рукой 102.19
— пучек лубка ручным способом 102.19
— солому 120.8
расщепляться, лист расщепляется в верхушкѣ 115.4
— лист расщепляется в кончикѣ 115.4
расщипывать шерсть руками 153.13
рафинированіе поташа 157.14
— потной золы 157.14
рафинировать жир 159.1
— потную золу 157.15
рваться, нить рвется 251.6
реагенты азотной кислоты 289.4
—, химическіе 289.3
реактив для осажденія 17.4
— Швейцера 271.9
реактивы азотной кислоты 289.4
— для опредѣленія степени одеревенѣнія 15.20
—, химическіе 253.11
реакція ванны 163.11
— газов от сжиганія на лакмусовую бумагу 290.1
реакція на мѣдноокислом аммоніи 45.15
— промывной воды, кислая 257.15
— на сжиганіе 45.18, 187.11
— целлулозы 75.6
—, кислая 290.2
—, кислая, воды для размотки 219.1
—, масляная 46.2
—, слабокислая 183.8
—, химическая, волокна 17.7
—, цвѣтная, характерная 227.17
—, щелочная 97.3, 290.3
ребристая труба отопленія 154.13
ребрышко, листовое 202.6
регенерація летучих растворителей 266.23
— нитровальной кислоты 256.20
— химических реактивов 277.9
— шерстяного жира 158.1
регенерированный 265.15
регенерировать денитрированную ванну 265.14
— клѣтчатку из раствора 292.3
— пары эфира путем их абсорпціи 267.1
— пары эфира путем их поглощенія 267.1
— растворитель отгонкой 264.12
регистрація оцѣнки 129.14
— покрытія маток 129.7
регулированіе толщины нити 222.17
регулировать давленіе при пряденіи 248.13
— температуру 237.13
— теплоту засушиванія 213.21
— толщину нити 222.16
регулярная сдѣлка 27.15
регулятор температуры, автоматическій 237.14
— температуры, самодѣйствующій 237.14
редуцировать окись мѣди в закись 266.2
резервуар для бензина 156.21
— для масла 263.8
—, питательный 223.4
резина (с. каучук) 1.16, 294.9
резиновый 275.7
результат урожая 24.23
рейка мотовила, заостренная 252.8
рекламація 48.4
ректифицировать обработанную промывную жидкость 266.24
рембурс, банковый 30.20
ремень, подводящій 148.4
репей 146.8, 160.18
—, растертый 163.9
репейная пыль 163.10
— шерсть 178.10
репейный очистительный волчек 164.8
репье-удалительный вал 165.3
рессивер 250.6
реторта для возстановленія 292.19
ржа, коричневая 38.2
—, красная 38.1
—, листовая 203.2
ржаво-красный 44.1
ржавчина 145.14
ржавый 44.1, 60.1
— грибок 66.14
— пот 145.14
ржаная солома 119.22
ржевскій лен 304.11
рига 25.7
Риган, кипа системы 43.9
рижскій лен 65.12, 304.22
ризома 106.3
римскій тут 199.9
риск, желѣзнодорожный 48.20
—, набережный 48.21
—, портовый 48.21
рисовая мякина 205.9
— солома 119.21
—вый плевел 205.9
рифленый вал 84.4
— вал из зеркальнаго бѣлаго чугуна 163.1
— вал, кожанный 40.5
—, продольно- 252.11
—, трехгранно- 83.17
рифли, трехгранныя 71.5
ровен, шерстяной волос 176.5
ровная волна 176.11
— мелкая рябь 138.15
—ное чистое руно 137.14
ровница 1.19
ровничный угар 169.17
ровность волны волоса 176.9
— руна 136.19
— шерстяного волоса 176.4
ровнота шерстяного волоса 176.4
рог 191.5
—, завитой 126.5
—, серповидный 123.15
—, спиралевидный 126.5
рогатый 127.6
роговидное образованіе 15.21
роговая клѣтка 175.1
— обманка 240.4
— оболочка 180.18
— ткань 181.17
— чешуя 15.23
—вое вещество 180.16
— образованіе 181.17
—вой слой 15.22, 174.23
— слой наружнаго покрова 173.20
рогожа 75.19
—, соломенная 205.2
род почвы 20.21
— сырья 8.11
родоначальница 122.10
родословная 129.22
роза 204.7
розанилин 259.10
розово-красный 199.7
ролик 282.3
—, рабочій 282.6
рондонтіа, шелк 232.7
роса, вечерняя 135.4
—, утренняя 135.3

росовыя развѣтвленія 201.21
рост волос 173.4
– волос, вертикальный 138.19
– волоса, равномѣрный 173.6
– растенія 24.7
– сцѣпляющих волос, горизонтальный 141.4
– тутоваго дерева, успѣшный 200.21
– шелковичнаго червя 196.19
росток 202.12
– хлопчатника 34.5
–, сѣмяной 23.23
росяная мочка 68.10, 82.6
ртутный термометр 47.6
–, хлористо- 261.11
ртуть, двухлористая 98.10
рубанок 121.10
рубчатолистный тут 199.13
рубчатый диск 223.11
рудник 26.23
рука 79.9
рукав 147.1
рунная шерсть (с. шерсть р.) 167.18
руна, отобранныя 172.8
–, отсортированныя 172.8
руно (с. т. волокно, волос) 136.7, 171.2
– из равномѣрно и густо расположеннаго волоса 139.6
– равномѣрной глубины 138.4
– с раздѣльно расположенным волосом 138.10
– с ясным пробором 141.11
–, глыбовидное 140.10
–, волнистое 137.19
–, длинноволокнистое 138.17
–, качество котораго легко установить 137.14
–, качество котораго трудно установить 137.15
–, комовидное 140.10
–, коротко-заостренное 140.17
–, круто загнутое 140.16
–, неровное 137.15
–, нечистое 137.15
–, нормальное 137.17
–, округлое 140.13
–, остроконечное 140.18
–, отвислое 140.15
–, отступающее от нормы 137.18
–, плоское 138.16, 139.12
–, плотно закрытое 137.21
–, плохо выросшее 137.16
–, приплющенное 140.14
–, разодранное 172.6
–, разорванное 172.6
–, раскрытое 137.20
–, расправленное 171.10
–, ровное чистое 137.14
–, трудно распутываемое 138.11
– трудно растаскиваемое 138.11
руно, тяжелое 142.23
руноносное животное 122.5
Русская пенька 91.22
–скій лен моченец 303.10
– сланец 302.18
– хлопок 58.18, 301.16
ручка 85.8
–, деревянная 85.8
ручная овца 124.1
ручной 39.17, 107.7
рыбій клей 286.13
рыбный хребет 295.6
рынок 27.5, 28.12
– льна 75.13
– сдѣлок за наличный разсчет 29.9
– хлопковых сдѣлок на срок 52.17
– шерсти 183.19
–, коконовый 229.14
–, кокосовый 119.5
–, хлопковый 47.14
–, шелковый 230.8
–, шерстяной 183.19
рыночная цѣна 29.10
– цѣнность шелка-сырца 230.7
–ныя обозначенія 230.8
– обозначенія важнѣйших сырых веществ 299.2
рыхло 211.11
рыхлый 216.8
рычаг, включательный 222.10
–, замыкательный 222.10
–, контрольный 222.10
– крышки 88.3
рѣдко засѣивать 66.6
– растущій 139.3
рѣдкое расположеніе волос 136.17
рѣдколиственный 77.8
рѣзалка конопли 86.15
рѣзальная машина 86.15
– машина для каучука 295.16
– машина для льна 73.10
рѣзанный лист 198.22
рѣзец 121.11
–, дисковый 295.17
рѣзка корма 198.19
–, листовая 198.23
рѣзкій 225.15
рѣзко выраженный 139.2
– желтый 60.8
рѣка 146.22
рѣчная вода 82.1
–ное судно 32.13
рѣшать спор путем третейскаго суда 51.3
рѣшеніе аппеляціоннаго третейскаго суда 51.11
– третейскаго суда 51.2
рѣшетина 133.10
рѣшетка вокруг барабана 163.4
– из проволочной ткани 162.13
– с прядильными гнѣздами из рисовой соломы 211.3
– для сѣмян 41.2
–, безконечная передвижная 155.3
–, безконечная питательная 40.15
–, выходная 163.6
–, деревянная 87.14
–, колосниковая 40.6
рѣшетка, колосниковая, переставляющаяся 164.14
–, наружная 133.9
–, отводящая 163.6
–, питательная 147.9
рѣшето для листьев 198.13
–, коконовое 218.18
рѣшетчатая вагонетка 162.12
– вѣшала 153.6
– стѣна 85.10
– телѣжка 162.12
–тое дно 63.11, 149.11
–тый барабан 41.10
– короб 161.13
– стол 147.9
рябь, ровная мелкая 138.15
ряд 23.12

С.

сад, тутовый 200.20
садиться, студень садится 280.5
садовое растеніе 18.10
саженец 201.1
сажать растеніе 24.3
– ростки рядами 201.3
сак 76.4
саксонская овца 126.7
– шерсть 166.4
–скій меринос 123.3
салат 204.5
салициловокислый метил 284.18
сало 233.17
сальная железа 174.13
–ный пот 145.11
самец 26.13, 129.24
самка 26.14, 130.1
самовозгораніе отяжеленнаго шелка 236.21
–. хлопка 46.3
самодѣйствующій 222.1
самотас 40.15
сансевіера 113.4
– Киркій 113.9
– лонгифлора 113.10
–, цейлонская 113.8
Сантосскій хлопок 57.22
сапожная пенька 91.19
сапонин 151.3
сахар 235.20
–, виноградный 271.18
–, манный 271.17
–, молочный 271.19
–, тростниковый 271.20
сбиваніе войлока 3.2
сбивать войлок 3.3
– цвѣточный стебелек 109.20
сбитая шерсть 178.13
сбор коконов 212.13
– с коносамента 32.20
– листвы 202.9
– листьев 110.10
– хлопка 38.6, 38.20
– шелка 212.13
–, арбитражный 54.21
–, вторичный 38.13
–, основной 38.11
–, остаточный 38.14
–, первый 38.11
–, послѣдній 38.14
–, складочный 31.8
сборы, таможенные 33.13
сборный желоб 267.11
– сосуд 250.6
сборщик 38.16
сбрасываніе кожи шелковичными червями 206.1
сбрасывать, бабочка сбрасывает коконовую оболочку 191.2
сбыт 28.23
сваливаться 175.19
–, шерсть сваливается на шкурѣ 143.23
свалявшійся 269.10
свалянный 140.2
Свенсона, кипа системы 43.7
сверкающій 288.6
свертки, подогрѣтые 171.1
свертываться, фиброин свертывается 210.11
свидѣтельство, товарное 184.16
свинец 236.15
свинцовый 275.12
свободно-свѣшивающаяся 250.4
свободная продажа 185.1
свободный 150.22
свойства асбеста 241.8
– волокон пеньки, физическія 90.5
– волокон пеньки, химическія 90.5
– искусственнаго шелка 288.2
– льняного волокна, физическія 74.6
– льняного волокна, химическія 74.6
– шелка, физическія 225.3
– шелка, химическія 225.3
– шерсти 175.4
– шерсти, физическія 179.3
– шерстяного волоса, химическія 181.16
–, оптическія, шелка 227.22
–, физическія, джутоваго волокна 95.7
–, химическія, джутоваго волокна 95.7
свойство, химическое, пряжнаго раствора 246.19
– шелка 226.2
сволоченная шерсть 178.13
свѣжевать кожу 143.10
– шкуру 143.10
свѣже-снесенное яйцо 193.13
свѣжестриженная шерсть 167.14
свѣжій 198.4
свѣжонарѣзанный 296.8
свѣт 98.3
–, поляризованный 290.20
свѣтильный газ 158.13
свѣтло-зеленый 109.13
свѣтлый 226.24
–, водянисто 278.11
свѣто-отражательный 227.11
свѣто-поглотительный 227.12
свѣтопроницаемость 44.5
свѣтопреломляющій 105.11

свѣшивающаяся, свободно- . . . 250.4
связанный в пучки 93.24
связующее вещество 81.8
—щій 274.12
связывать ноги овцы 142.8
сгибаемость . . . 179.22
сгибать конопляный стебель . 82.19
сгораніе без остатка 290.8
—, медленное . . 290.7
сгорать, искусственный шелк сгорает быстро . 290.6
сгущаться, молекулы пряжнаго раствора сгущаются 246.9
—, нить сгущается 249.14
сгущеніе нити . . 249.13
— пряжнаго раствора 244.23
— щелока 151.20
сгущенный . . . 245.1
сдача 49.6
сдвиги в клѣточных стѣнках . 75.1
сдвоенный 212.2
сдираніе кожи . . 143.11
— листьев 202.14
— лубка со стебля рами 101.4
— лубяного слоя со стебля . . . 94.22
сдирать кожу . . 143.10
— конопляное волокно с моченаго стебля . . . 83.7
— лубок со стебля 95.1
— лубок со стебля рами 101.5
— со стебля полосы ленты . . . 101.12
— тутовыя листья 202.13
— шкуру 143.10
сдирочный станок 202.14
сдѣлать волокно шерсти нечувствительным к растворам щелочей 182.7
— дряблым растительное вещество 161.1
— желатин нерастворимым в водѣ 286.17
сдѣлка по ввозу 55.1
— на востребованіе 53.20
— по вывозу . . . 55.2
— на доставку . . 27.18
— за наличный разсчет 27.17
— на срок . 27.18, 185.15
— на уплату преміи 52.23
— на шерсть, удовлетворительная 186.12
— франко-вагон . 56.6
—, биржевая . 27.14, 53.12
—, дѣйствительная 27.16
—, регулярная . . 27.15
—, спекулятивная 53.2
себѣстоимость . . 25.8
Сегнетовая соль . 291.5
с'еживаться, шелковичный червь с'еживается . . 212.6
сезон инкубаціи . 196.8
— разводки . . . 196.8
сезон, сухой . . . 114.4
секрет выдѣляющая часть железы 191.15
— вырабатывающая часть железы 191.13
секціональный отбѣльный котел системы Гебауэр 269.17
селитра 218.9
сельская овца . . 125.12
— порода 123.5
сельскохозяйственная компанія . 25.5
— школа 25.21
—ное общество . . 25.5
семейное окутываніе 215.21
—ный шелкопряд . 193.8
семейство бабочек . 189.10
с'емная подстилка 205.18
сердцевидный . . 202.5
сердцевина . . 15.24, 65.8
— кокона 232.12
—, древесная, льняного стебля . . 65.6
сердцевинный стержень 15.24
— фитиль 15.24
сердечник, остроконечный 253.8
серебра, аммiачный раствор . 98.2
серебристо — сѣрая окраска . . . 95.8
серебристый . . . 288.5
—, матово 179.15
серебро, азотнокислое 98.1
—, настоящее . . . 297.10
—, поддѣльное . . 297.14
серебряный . . . 297.6
серицин . . 16,8, 210.1
— имѣет надрывы 225.23
— имѣет трещины 225.23
—, грубый 225.22
—, ломкій 225.20
—, полужидкій . . 210.15
—, твердый 225.19
—, хрупкій . 210.19, 225.20
серна 188.7
серп 93.20
серпентиновый асбест 240.5
серповидный рог . 123.15
сертификат . . . 50.16
— классификаціи . 50.17
сжатіе нитяной массы 246.16
сжато-крутая курчавость 177.5
сжатый воздух . . 268.3
сжиганіе 45.18
сжимаемость нитяной массы . . 246.16
сжиматься 46.11
сжинать коноплю серпом 79.24
сибирская язва . 135.23
—скіе льны . . . 304.16
сигнатура 184.21
сида, фибра . . . 105.5
—, растеніе 105.4
сиднейская мериносовая шерсть 166.23
сизаль 108.13
сизаль-агава . . . 109.2
— с корневым отростком 109.7
сизальская пенька 1.9, 108.13
—ское волокно . . 108.13
сила замочки, эфективная . . 81.20
— сокращаемости шерсти 175.18
—, взрывательная 46.17
сильная курчавость 177.1
сильно дѣйствующій 249.5
— желтый 60.3
симптомы болѣзни 206.17
сине-зеленый . . 109.14
синее окрашиваніе 75.8
синяя мочка . . . 68.8
сирійская овца . 125.4
—скій шелк-сырец 231.5
—ское шелковое растеніе 64.2
сиропообразный . 292.9
система культуры, интенсивная . . 195.10
— овцеводства . . 128.7
— разведенія, интенсивная . . 195.10
—, двухлѣтняя . . 36.9
—, трехлѣтняя . . 36.10
ситка, прядильная 249.17
сито 245.21
—, проволочное . . 66.1
ситовая ложка . 218.17
ситообразный . . 147.14
ситочная головка 249.16
—ный 247.14
сиф 32.22
сифонная трубка . 250.9
Сіарскій хлопок . 57.16
скала номеров, десятичная . . . 239.5
— номеров, международная . . . 239.5
скамейка, гребенная 87.11
скандинавская овца 124.5
скатывать руно . 143.2
скачка цѣн, дикая 54.19
скелет овцы . . . 127.12
скидка 30.7
— обручей 56.9
скидываніе кожи шелковичными червями . . . 206.1
скипидар 264.3
скирда 67.4
—, льняная 67.5
склад 31.6
— льна 76.1
— хлопка 41.21
— под шерсть . . 184.14
складка 7.6
—, кожанная . . 132.16
складовой хлопок 55.11
складочная шерсть 167.3
—ное мѣсто . . . 27.6
— мѣсто для джутоваго сырья . 99.22
— мѣсто шелка-сырца 230.2
— помѣщеніе для шерсти 184.14
— удостовѣреніе пригодное для залога 184.15
—ный пункт шерсти 183.20
— сбор 31.8
складываніе . . 7.6, 7.10
— джутовых жгутов 99.11
складывать . . 7.7, 7.11
— в амбары . . . 31.5
— лен крышами . . 67.4
— лен скирдами . 67.4
— шерсть порунно 142.24
склеенный 294.8
склеиваться, нити склеиваются . 248.17
скобель . . 121.10, 144.17
скобельный козел 144.16
— нож 108.3
— станок, двойной 111.6
— станок, ординарный 111.5
— станок, простой 111.5
скобленіе шерсти с кожи 144.15
скоблильный нож 144.17
скоблить шерсть . 144.14
скорая мочка . . 69.10
скорлупа 60.21
— коконовая . . . 216.21
— хлопковаго сѣмяни 254.19
скорость движенія нити 249.12
— истеченія под давленіем 248.15
скот 21.23
—, заводскій . . . 131.7
—, племенной . . 131.7
скотный двор . . 133.6
скошенный луг . . 68.12
скребок 41.12
скребной козел . 144.16
скрещенная порода 197.15
скрещиваніе . . . 122.15
— нитей 222.6
— племенных овец 128.21
— пород 197.14
— сѣмян 22.18
скрещивать . . . 128.22
— разныя породы шелкопряда . 197.13
скрутить прядь пеньки жгутом 86.6
скрученность волокна 44.4
скрученный волос 139.7
скручиваніе . . . 45.16
— нитей 250.16
скручивать коконовыя нити перед размоткой 221.6
— нити посредством вращающагося мундштука 250.15
— нити посредством вращающейся воронки . . . 250.16
скручиваться, шерсть скручивается 180.7
скрѣплять концы нитей 223.8
скудношерстная овца 131.16
скудношерстность 131.17
скудный 38.10
скупщик шерсти . 183.21
слабина 178.24
слабо-дѣйствующій 249.4
слабокислая реакція 183.8
слабо-одеревенѣвшее волокно . 116.2
слабый 225.14
слабѣть, цѣны слабѣют . . . 54.11
сладкій корень . 204.4
сланец, лен . . . 76.17
—, русскій 302.18
сланцовые льны . 304.5
слань 68.15
сливаніе отстоявшейся жидкости с осадка . . . 263.11
сливный 250.8
слизистый 273.17

слизь, растительная 287.21
сличеніе шерсти . 180.11
слой. 26.19
— асбеста 240.8
— кокона, внутренній несматывающійся 232.12
— кокона, внѣшній несматывающійся 232.11
— мякины 205.10
— наружнаго покрова, роговой 173.20
— наружной оболочки, восковой 118.13
— нитей 211.16
— плода, волокнистый промежуточный 118.14
— серицина . . . 210.17
— серицина, зернистый 225.21
— серицина однороднаго строенія 210.18
— шелковой камеди 210.17
—, коконовый . . 217.8
—, корочный . . . 174.23
—, косточковый . 118.15
—, лубяной . . . 94.22
—, ниточный . . . 211.5
—, роговой . 15.22, 174.23
—, свѣтопреломляющій наружный 105.11
случай, спорный . 50.20
случка 129.8
— одинаковой породы 128.17
слюнное выдѣленіе бабочки . 190.16
смазочная труба для вентиляторов 154.16
—ное средство . . 160.6
—ный матеріал . . 160.6
сматывать кокон . 220.7
сматыватся, коконовая нить сматывается . . . 220.9
смирнская шерсть 166.12
—скій хлопок . . 58.21
смоковница . . . 203.22
смола 261.8
смоленскій лен . 304.12
смолистые клочья 172.9
смолообразный пот 145.13
смоляное мыло . 255.14
—ной пот 145.13
сморщиваться . . 46.11
смотать пробный моток 238.11
смотрительница мотальной . . 221.17
смоченный 257.9
смывать грязь . . 150.8
смѣна 252.13
— подстилки . . . 205.13
— постели . . . 205.13
смѣнить засоренный мундштук 275.13
— застопоренный мундштук . . . 275.13
— прядильный таз 282.8
смѣситель 268.12
смѣсь 152.4
— для ацетилированія 283.16
— волокон 45.19
— щелока и жира 151.18
—, нитрующая . . 256.8
—, целлюлозно-мѣдная . . . . , 273.4
смѣсь, эфирно-спиртовая . . . 258.7
смѣшанный . . . 68.16
смѣшиваніе . . . 272.9
смѣшивать растительную лѣсную шерсть с овечьей шерстью . . . 116.12
снабженіе шелком 229.22
снабженная ножами колотушка 70.12
—ный ножами валек 70.12
снесенное, свѣже- 193.13
сниманіе хлопка . 38.20
снимать кожу . . 143.10
— коллодійную нить щипцами. 262.12
— конец нити со щетки 220.3
— листья с дерева 202.10
— плоды 38.21
— шелковичные черви руками . . 205.16
— шелковичный червь бамбуковой палочкой. 205.17
— шелковичных червей сѣткой 205.20
— шкуру 143.10
снимающая с вальяна очесы гребенка 89.9
—щій очесы вал . 89.8
снимок, микрофотографическій . 17.17
— шерстяного волоса, микроскопическій . . . 180.14
снованіе 3.13
сновать 3.14
сновка. 3.13
сноп. 80.5
снѣжная крапива 100.16
— мочка 69.2
снятіе 38.18
— листа 202.11
снятая листва . . 202.15
—тое молоко . . . 287.4
—тый лубок . . . 95.3
собачья шерсть . 188.9
собирать жатву . 24.20
— стекающую кислоту 251.11
— хлопок 38.21
— шелковые коконы 212.14
— яйца в тюлевых ячейках. . . . 194.7
собирающая камера желѣзы . . 191.14
собственное производство 22.13
—ный вѣс . . . 275.18
совмѣстно 209.7
согласно счета . . 30.2
— фактуры 30.2
сода . . 45.8, 102.9, 151.24
— Леблана 163.18
—, аммiачная . . 150.13
—, безводная . . 272,18
—, борнокислая . 233.19
—, каустическая . 97.6
—, сульфатная . . 163.18
содержаніе азота в тутовом листѣ 198.6
— азота в шерсти . 182.10
— влаги 14.7
— влажности, допустимое . 13.20, 47.10
— влажности, перемѣнное . . . 13.17
— воды . . , 14.7, 288.16
содержаніе воды в нитроцеллулозѣ 257.8
— воды в нитрующей кислотѣ . 256.7
— воздуха в шелкѣ 228.4
— волокна в немытой шерсти . 187.7
— волокнистаго вещества в стеблѣ конопли . . . 91.7
— жира 44.9
— жира в мылѣ . 152.12
— жира в шерсти-сырцѣ 145.21
— золы в джутовом волокнѣ . . . 96.20
— клѣтчатки в растворѣ 243.7
— клѣтчатки в хлопчато-бумажном волокнѣ 244 10
— мѣди в аммiачном растворѣ окиси мѣди . . 272.3
— на подножном корму 134.15
— пота в шерсти . 145.9
— свободнаго жира в шерсти . . . 146.1
— серебра в металлической нити . 297.13
— серицина в коконѣ 217.5
— соли в сыром шелкѣ 228.12
— хлопка 46.1
содержать листву в свѣжем видѣ 198.24
— сухо гусеничную постель 205.7
— в сухости гусеничную постель 205.7
—, зола содержит кристаллы . . 16.20
— мыло содержит свободную неразложившуюся щелочь . 152.11
—, мыло содержит свободный неразложившийся жир 152.10
—, раствор содержит воздушные пузыри . . . 246.4
—, хлопок содержит орѣшек . . . 60.21
—, хлопок содержит скорлупу . 60.21
—, шерстяное волокно содержит сѣру 181.20
содержащій магнезію 162.3
содовая ванна . . 163.17
—, мыльно- . . . 236.10
—вый и поташный раствор . . . 102.10
— раствор, горячій 282.11
— щелок 150.18
соединеніе аммiака с мѣдной окиси 270.24
— клѣтчатки . . . 243.12
— мѣди с аммiаком, коллоидальное 271.2
— сѣры 266.15
— трехосновной соли уксусной кислоты с клѣтчаткой 283.13
— целлюлозы, азотнокислое . . . 255.8
—, аммiачное . . 150.14
соединеніе, аммоніе-никкелевое . 272.7
—, клеевидное, коконовых нитей 218.8
—, металло-аммiачное 271.8
—, мѣдноглицериновое 289.11
—, сѣрнистое . . 266.15
—, сѣрно-аммiачное 279.10
—, сѣрно-натріевое 278.15
—, танниновое . . 96.18
—, таннинообразное 96.13
—, целлулозо-щелочно-мѣдное . 292.1
—, химическое . . 17.1
—, щелочное сульфо-ціанистое 292.8
соединитель концов, автоматическій . . . 223.9
— концов, самодѣйствующій . 223.9
соединительная изогнутая трубка 269.1
соединять концы нитей 223.8
— нѣсколько коконовых нитей в одну 221.6
созрѣваніе лубка. 79.19
— плода 24.16
—, полное 120.2
созрѣвать, лубок созрѣвает . . . 79.20
—, плод созрѣвает 24.15
—, пряжный раствор созрѣвает 246.8
созрѣть, конопляное сѣмя созрѣло для посѣва 78.15
—, лист созрѣл для жатвы 110.9
созрѣвшій 107.3
сок агавы, ѣдкій . 109.19
—, желудочный, щелочный . . 208.13
—, каучуковый . 295.7
—, клѣточный . . 20.17
—, молочный. . . 295.8
сокращаемость нитяной массы . . 246.16
— шерсти 175.18
сокращать пропускное отверстіе поворотом диска 247.18
сокращаться . . . 46.11
—, студень сокращается 280.5
—, шелковичный червь сокращается 212.6
сокращеніе студня 280.6
соленая вода. . . 114.5
солнце. 70.1
солома 119.16
— марцолано, итальянская . 119.20
— эспарто 116.19
—, конопляная . 91.5
—, кукурузная . . 119.19
—, маисовая . . . 119.19
—, овсянная . . . 119.18
—, пшеничная . . 119.23
—, расщепленная . 120.11
—, ржаная , . . . 119.22
—, рисовая . . . 119.21
—, ячменная . . . 119.17
соломенно-желтый 117.8

соломенный 120.1
соломина, гибкая 120.1
–, искусственная 293.1
–, расправленная 120.14
–, тонкая 119.24
соли желѣза 236.14
– свинца 236.15
–, металлическія 234.22
–, растворимыя в водѣ 96.17
соль амміачно-хлорнаго-олова 236.5
– гидрата мѣдной окиси 271.1
– марганцовистой кислоты 281.12
– муравьиной кислоты 285.6
– мѣди, основная 270.16
– мѣднаго купороса, кристаллическая 270.14
– мѣднаго купороса, основная 270.17
– мѣднаго купороса, порошкообразная 270.13
– тяжелаго металла 281.9
– уксусной кислоты, двуосновная 283.11
– уксусной кислоты, одноосновная 283.10
– уксусной кислоты, трехосновная 283.12
– цинка, растворимая 281.11
– шерстяного пота 157.19
–, алуминіевая 274.20
–, амміачная 265.19
–, глауберова 162.1
–, двухромокаліевая 159.4
–, калійно-алуминіевая 281.7
–, кислая сѣрнистокислая 174.9
–, магнезіальная 274.15
–, магнезіальная нейтральная 266.3
–, муравьино-кислая 102.12
–, мѣдная 291.4
–, мѣдная, синяя 270.18
–, мѣдная, целлулозы 273.5
–, натро-алуминіевая 281.8
–, натрован 279.5
–, неорганическая 265.3
–, оловянисто-кислая 236.7
–, оловянно-кислая 236.6
–, поваренная 196.4
–, связующая амміак 274.12
–, Сегнетовая 291.5
–, сульфо-углекислая 266.21
–, сѣрноватисто-натріевая 278.9
–, сѣрнокаліевая 145.18
–, сѣрно-кислая 94.17
–, сѣрно-натріевая 271.5
–, сѣрнонатровая 162.1
–, угленатровая 151.24
–, фосфорно-натріевая 236.11
–, фосфорно-оловянная 236.13
соль, хромовая, желтая 159.5
–, хромовая, красная 159.4
–, хромокаліевая 159.5
соляная кислота 17.9, 182.18
– –, концентрированная 182.19, 292.6
– –, крѣпкая 182.19, 292.6
сонливый шелковичный червь 208.16
сонная болѣзнь 208.14
сообщество вздувателей цѣн 54.20
сообщить спирту растворительную способность для коллодійной шерсти 259.19
сопротивленіе в момент разрыва 12.11
– нити 222.15
– на разрыв 175.23
– разрыву 12.11
– шерсти кислотам 182.15
сорная трава 24.10
сорноватый, бѣлый 302.12
–, желтоватый 302.14
–, желтый 302.16
–, межеумок 302.3
–, минус 301.23
–, 1-й сорт 301.19
–, 2-й сорт 302.6
–, 3-й сорт 302.9
сорный хлопок 61.16
–, 1-й сорт 301.20
сорность 61.14
сорт сѣмян 22.17
– хлопка 61.8
– хлопка Sakellaridis 59.3
– шелка 230.9
– шерсти 172.11
– шерсти, наивысшій 172.16
– шерсти, низшій 172.17
– шерсти, средній 172.18
–, низшій 61.11
сорта искусственнаго шелка 254.12
– клѣтчатки 244.1
– шелка 232.17
– шелка, торговые 230.14
– шерсти по добыванію 167.2
– шерсти по породѣ животных 165.6
– шерсти по примѣненію 167.2
– шерсти по свойству 167.2
– шерсти по странам происхожденія 165.6
сортировальщик 170.20
сортированіе джута 99.5
сортированная подметь 169.1
сортированный 99.6
сортировать лен по длинѣ, толщинѣ и зрѣлости стеблей 66.24
– пеньку по мягкости 89.15
– пеньку по тонкости 89.14
– пеньку по цвѣту волокна 89.16
– руна по классам 187.1
сортировать срѣзанные листья 110.13
– стебли конопли по длинѣ 80.2
– хлопок 61.10
– шерсть 170.16
сортировка джута 99.5
– коконов 212.18
– льна 75.18
– сѣмян 78.12
– шерсти 170.15
сортировочная 80.4, 170.17
– камера 170.18
–ный стол 67.1
сортировщик 170.20
соскабливаніе шерсти с кожи 144.15
соскабливать шерсть 144.14
соскоблить кору со стебля 101.17
соскрести кору со стебля 101.17
сосна 203.12
сосновая игла 116.9
сосок, волосяной 174.5
–, прядильный 192.8
состав, вытравной 144.7
–, питательный, почвы 21.2
–, химическій, джутоваго волокна 96.11
–, химическій, хлопковаго волокна 44.16
–, химическій, шелка 228.6
составленный 225.18
составная часть 81.2
– – золы шерсти, нерастворимая 181.22
– –, минеральная 16.11
составныя части джутоваго волокна 96.12
– – шелковой нити 225.16
– – шерстяного пота 145.16
состояніе насыщенія воздуха влагою 154.6
– овцы 131.1
– урожая 38.8
–, влажное 99.15
–, засушенное 220.12
–, зрѣлое, вискозы 279.17
–, кукольное 212.5
–, мокрое 220.16
–, сухое 220.14
сострачиваніе шерсти с кожи 144.15
сосуд для возстановленія 292.18
– с дѣленіями 268.9
– для закрѣпительной жидкости 250.1
– с кислотой 251.10
– для масла 263.8
– с раствором 268.10
–, вспомогательный 250.7
–, измѣрительный 268.9
–, кислотный 251.10
–, кровеносный 191.9
–, нагнетательный 268.11
–, сборный 250.6
–, спинной 191.9
сотрясательное движеніе 163.7
сохраненіе прядей при мытьѣ 152.24
сохраненіе прядей при полосканіи 153.3
сохранять в холодном состояніи раствор 273.14
– яйца в холодильникѣ 194.22
сочный 19.15
спариваніе 129.3
– бабочек 190.10
– мотыльков 190.10
–, однородное 129.4
–, разнородное 129.5
спариваться, бабочки спариваются 190.11
спать, гусеница спит 206.8
спекулировать 52.24
– на повышеніе 54.14
спекулятивная сдѣлка 53.2
– сдѣлка, биржевая 53.3
спекуляція 53.1
спеціалисть 51.15
– по шерсти 187.4
спеціальная партія 186.4
–ный агент по плантаціи 56.15
– тариф 32.2
спина 171.21
спинной мозг 135.24
– сосуд 191.9
спирально 295.19
спиральный 224.18
спирт (с. т. алкоголь) 258.6
–, амиловый 267.2
–, винный 261.2
–, денатурированный 260.5
–, древесный 258.8, 260.24
–, метиловый 258.8, 260.24
–, многоатомный 271.15
спиртовая горѣлка 47.5
–вый раствор 259.12
– раствор хлористаго желѣза 259.1
–, эфирно- 258.7
список товаров выставленных на аукціон 185.23
сплав, золотой 297.4
–, серебряный 297.11
сплющенность, лентовидная, дикаго шелка 225.12
спокойный 288.5
спор 51.3
спорный случай 50.20
споры 207.13
способ добыванія волокна, машинный 111.2
– добыванія волокна, механическій 111.2
– засушиванія 213.7
– извлеченія жира 155.15
– кислотнаго прядѐнія 280.21
– кондиціонированія 237.4
– крученія 250.11
– культуры 195.9
– микроскопическаго изслѣдованія поляризованным свѣтом 290.13
– мокраго прядѐнія 246.14
– мытья 147.7
– обезжириванія 155.15

способ обезжириванія, сухой . 155.16
– обработки . . . 7.23
– окулированія . 201.16
– опредѣленія влажности . . 237.4
– осажденія . . . 158.7
– отяжеленія . . 235.2
– очистки 145.7
– питанія овцы . 133.14
– полученія шелка из целлулозы растворенной в амміачном растворѣ окиси мѣди 267.14
– прививки . . . 201.16
– производства . 7.23
– пряденія растягиваніем . . . 248.19
– пряденія по системѣ Шардоннэ 258.21
– разведенія . . 195.9
– размотки . . . 220.10
– сухого пряденія 246.13
– сушки 154.2
– удаленія репья, механическій . 163.20
– удаленія серицина 233.4
–, вискозный . . 277.17
–, гидравлическій 183.15
–, горячій 157.10
–, холодный . . . 157.9
–, японскій, намотки шелка-сырца 230.20
способы пряденія . 246.12
– скрещиванія . . 128.23
способности воды, мочильныя . . 81.20
способность волокна окрашиваться 15.8
– волокна отбѣливаться . . . 15.7
– волокна поддаваться апретированію . . . 9.18
– волокна поддаваться отдѣлкѣ 9.18
– воспріятія влажности . . . 13.14
– закрѣпительной ванны, когаулирующая 273.16
– лучепреломленія 290.18
– овцы тучнѣть . 132.23
– поглощать воду 288.14
– пряжнаго раствора вытекать . 244.18
– растворять жир 156.1
– шелка, вращательная оптическая 227.1
– шелка электризоваться . . . 228.2
–, абсорбаціонная, волокна . . . 13.12
– абсорпціонная, торфа 115.21
–, взрывчатая, коллодія 263.12
– всасывающая, торфа 115.21
–, газопоглотительная, шелка . . 228.5
–, кислотоупорная, шелка . . 228.17
–, красящая . . . 15.9
–, лучепреломляющая, шелка . . 227.13
–, осадочная, древеснаго спирта 264.14
способность, поглотительная, волокна 13.12
–, поглотительная, торфа 115.21
–, прядильная, шерстяного волоса 175.9
–, растворительная 219.9
–, свѣто-отражательная, шелка 227.11
–, свѣто-поглотительная, шелка 227.12
–, теплопроводная, шелка . . 227.23
спрессованныя кипы 183.16
спрос, повышенный 186.15
спрядать вискозу . 280.16
спускаться, пучек волокон спускается через стеклянную воронку 250.2
спускная труба для раствора . . . 268.2
–ной вентиль . . 281.18
спутывать в перекрест шелковыя нити 211.15
спѣлый 114.13
спѣлость (с. т. зрѣлость) . . . 24.14
– листьев агавы для жатвы . . 110.8
– мочки . . 68.21, 82.11
– плода . . . 24.17, 35.12
– сѣмени 24.18
спячка 208.14
среда, закрѣпительная 249.3
–, наполненная амміачным газом. 262.3
–, насыщенная углекислотой . 261.12
Средиземное море 166.6
среднествольное дерево 19.8
среднеяровой лен 66.3
средній . . . 29.22, 38.12
средства, промывныя 150.10
средство для денитрированія . . 265.18
– по закону . . . 50.23
– для обезжириванія 156.3
– для омыленія . 159.20
– для отяжеленія 235.1
– для удаленія серицина 233.6
–, жирорастворяющее 156.5
–, законное . . . 50.23
– смазочное . . . 160.6
–, щелочное осадочное . . . 274.3
сродство, химическое 16.22
срок. 50.6
– востребованія . 53.22
– х дней 30.9
– окончанія контракта . . . 53.6
–, условленный . 55.15
сросшіяся стѣнки клѣтки 96.4
срубать ствол . . 107.4
срѣз, косой . . . 107.5
– руна 177.14
срѣзанные листья 110.13
–ный косо . . . 201.17
срѣзать джутовое растеніе 93.18
– цвѣточный стебелек 109.20
срѣзывать боковыя вѣтви 93.21
– побочныя вѣтви 93.21
срѣзываніе побѣгов 34.9
– стеблей 93.19
ссуда 184.16
ссучивать концы нитей 223.8
ссыпать сѣмяна . 78.17
ссѣданіе нити . . 249.13
стабилизація коллодійной шерсти 257.17
ставить в счет . . 30.1
стадо, овечье. . . 134.13
стажка, канатотростильная . 1.17
стальное остріе . 164.15
стальной цвѣт . . 74.12
стандарт 49.2
–, качественный . 186.19
стандартный волос 180.10
– класс 59.10
– образец 186.20
– способ. 48.17
становиться, волокно становится морщинистым . 46.13
–, дерево становится кустистым 200.5
–, джутовое волокно становится ломким 96.9
–, кожа становится малоцѣнною 143.24
–, кровь становится молочновидною 208.5
–, листовый черенок становится ломким 101.1
–, листовый черенок становится хрупким . . . 101.1
–, пряжный раствор становится жидким . . . 246.10
–, раствор становится непригодным для пряденія 246.11
–, шелковина становится хрупкой 236.16
–, шелковичный червь становится вялым . . . 207.18
станок (с. т. аппарат, машина, прибор, приспособленіе)
– для плетенок . 204.20
– для раздѣлки льна 73.7
– для расчески льна 73.7
– для сдиранія листьев 202.14
–, гекельный 74.3, 74.5, 87.11
–, мотальный . . 221.11
–, мыкальный 67.10, 80.14
–, мяльный, ручной 70.9
–, отжимной деревянный 69.23
–, прядильный . . 275.5
–, сдирочный . . 202.14
–, скобельный, двойной 111.6
станок, скобельный, ординарный 111.5
–, скобельный, простой . . . 111.5
–, ткацкій . . . 3.23
–, трепальный 70.9, 72.8
–, чесальный 74.3, 87.11
станочный пух . 170.2
станція, испытательная 25.20
–, насосная . . . 42.9
старое золото . . 297.23
старый урожай . 99.3
старшины биржевого общества. 28.4
стаскивать конец нити со щетки 220.3
статистик, государственный . . . 56.16
–, правительственный 56.16
ствол 19.6
– абака, готовый для жатвы . . 107.3
– абака, поспѣвшій 107.3
– абака, созрѣвшій 107.3
– волоса 174.21
– дерева. 200.10
– пера 239.16
–, ложный . . . 106.4
стеарин 152.5
стеариновая кислота 152.7
стебелек 19.18
– листа 118.4
стебель . . .19.2, 121.15
– волоса 174.21
– джута, зеленый 93.1
– джута, красный 92.21
– камыша, древовидный 121.18
– конопли, вѣтвистый 77.14
– листа 77.17
– растенія . . . 65.2
– тростника, древовидный . . . 121.18
–, богатый мязгой 109.3
–, влажный . . . 80.6
–, волосатый. . . 35.2
–, высушеный . . 80.9, 101.16
–, вѣтвистый . . 65.3
–, листовый . . . 202.8
–, льняной . . . 65.6
–, необлупленный 101.14
–, неободранный . 101.14
–, облупленный . 101.13
–, ободранный . . 101.13
–, развѣтвленный 65.2
–, растительный . 101.11
–, свѣжій 101.15
–, соломенный, гибкій 120.1
–, сухой 80.9
–, сушеный . . . 101.16
–, сырой 80.6
–, цвѣточный, мясистый 109.2
стебельковыя волокна. 64.12
стебельчатое волокно 8.22
– растеніе 77.5
–тый лен 76.14
стеблевое колѣно 121.17
–вой узел 121.17
–выя волокна . . 104.8
стекающій 251.11
стекло 1.18, 298.7
–, жидкое 264.10
–, растворимое жидкое 233.21

стекловидный 288.7
стеклодув 276.12
стеклянная нить 9.9
стекляный 247.2
— глазок 221.3, 221.14
— завод 276.11
— кран 275.8
стен 76.5
стенозированіе шелка 254.4
стенозированный шелк 254.5
стенозировать шелк 254.3
степень возраста шелковичнаго червя 206.9
— жесткости воды для размотки 219.7
— засѣва 22.23
— волоченія 297.8
— зрѣлости вискозы 279.20
— мочки 68.10
— насыщенія водяным паром 14.9
— нитрированія 256.2
— одеревененія 15.19
— отбѣлки хлопка, перемѣнная 244.5
— тонины волоса шерсти 178.3
— тонкости шелка 238.5
степная овца, германская 124.8
— овца, дикая 123.17
—ное растеніе 109.23
стержень катушки 252.15
—, винтовой 245.15
—, корневой 106.3
—, мозговой 175.2, 181.8
—, сердцевинный 15.24
—, цвѣточный, осевой 106.6
стирать 5.2
стирка 5.1
стлать лен 67.2
стоимость, продажная 28.24
— производства 25.8
стойбище 134.20
стойка для плетенок 204.20
стойкій 273.11
стойкость против кислот 241.24
стол для сортировки 170.19
—, мыкальный 67.10
—, мяльный 101.9
—, питательный 71.6, 84.1, 148.2
—, рѣшетчатый 147.9
—, сортировочный 67.1
стон 76.7
сторожить овец 134.14
сторона кожи, мездровая 144.2
—, противная 50.22
—, тянущаяся 50.21
сточная вода из шерстомойки 158.2
стоячая вода 94.11
— колба 292.20
—чее положеніе 142.7
стоящій вертикально 109.21
— прямо 109.21
страдающій ожиреніем 208.1
страна занимающаяся шелководством 189.4
страна имѣющая хлопководство 35.19
— производства 56.18
— происхожденія 30.21, 56.18
—, производящая 30.21
—, производящая шелк 189.4
страхованіе 32.22
—, военное 33.7
страховка от аваріи 33.8
— предполагаемой прибыли 33.6
— судового груза 33.5
— от убытков причиненных войною 33.7
—, морская 33.8
стригальный пух 170.6
стригальщик 142.2
стригальщица 142.3
стригущая овец работница 142.3
—щій овец рабочій 142.2
стриженная шерсть 167.9
стрижка наголо 142.9
— немытых овец 141.18
— овец 141.15
— шкуры 143.12
—, двойная 142.17
—, двукратная 142.17
—, однократная 142.16
—, потовая 141.18
—, черная 141.18
стричь мытую шерсть 141.17
— овцу 141.16
— овцу в стоячем положеніи 142.7
— руно наголо 142.10
строгало 121.10
строеніе волокна (с. т. структура) 136.23
— волокна, наружное 12.22
— волоса, анатомическое 174.3
— кокона 215.11
— костяного остова 127.16
— руна 136.21
— руна, неоднородное 138.1
— руна, неравномѣрное 138.1
— руна, однородное 137.24
— руна, равномѣрное 137.24
руна, сѣтеобразное 171.9
— скелета 127.16
— тѣла 129.21
— хлопковаго волокна 44.3
— шерстяного волоса 180.15
—, гистологическое, железы 191.12
—, гистологическое, растенія 18.16
—, клѣточное, кожицы 192.6
—, клѣточное, мембраны 192.6
—, клѣточное, оболочки 192.6
—, морфологическое, шелка 229.4
—, наружное, шерстяного волокна 175.14
строфантус, шелк растенія 64.5
строщенный 139.7
струг 121.10
стружка, спиральная 293.11
структура волокна (с.т. строеніе) 15.11
— кокона 215.11
— руна 136.21
— шерстяного волоса 180.15
—, ультра- 290.24
струп 135.22
струпьевидный 140.9
стручковидный 93.10
струя 250.4
— воздуха 41.5
— горячаго воздуха 237.8
— холоднаго воздуха 237.9
—, воздушная 155.6
студенистая масса 208.8
студенистый 288.17
студенѣть, вискоза студенѣет 280.9
—, пряжная масса студенѣет 245.7
студень 280.5
— из гидрата целлулозы, водосодержащій 280.7
—, растительный 287.22
стѣна, рѣшетчатая 85.10
стѣнка железы 192.2
— клѣтки, тонкая 44.13
— клѣтки, утолщенная 20.13
—, промежуточная 90.18
стѣнки клѣтки 95.14
— клѣтки лубка 90.10
— клѣтки, сросшіяся 96.4
—, клѣточныя 75.1
стягиваніе нитяной массы 246.16
— пор 235.16
стягивать, дубильное вещество стягивает поры 235.15
— желѣзными обручами спрессованныя кипы шерсти 183.16
субстанція, внутрпклѣточная 90.16
субтропическое растеніе 18.5
суд 50.24
судебное дѣло 50.20
судно для канала 32.12
—, морское 32.14
—, рѣчное 32.13
судовой груз 33.5
— коносамент 32.19
— маклер 32.15
судопроизводство, арбитраціонное 51.8
судоходное общество 32.16
судоходство 32.11
судья аппеляціоннаго третейскаго суда 51.10
—, третейскій 51.6
суженіе внутреклѣточнаго пространства 96.1
сук 19.13
сукно, проницаемое для жидкостей 252.4
—, пропускное 252.4
суконная шерсть 168.13
сулема 98.1
сульфат 94.17
—, купро-тетрамин- 271.4
сульфатная сода 163.18
сульфгидрат 266.19
— магнія 266.4
— натра 266.3
сульфид 266.16
сульфитная клѣтчатка 278.2
— целлулоза 119.11, 298.16
сульфожирная кислота 258.18, 259.22
сульфокислота 259.21
сульфо-углекислая соль 266.21
—целлулоза 282.17
—ціанистое соединеніе, щелочное 292.8
сумаха 235.17
сумеречная бабочка 189.11
сумма 53.15
— счета 29.18
сумочка, волосяная 174.4
сунн 103.7
суперарбитр 51.13
Суратскій хлопок 58.9
Суринамскій хлопок 57.24
суровая шерсть 178.6
суррогат мыла 152.20
— тутовых листьев 104.8
суставчатое волокно 104.2
суховатый 226.20
сухой 198.15
—, воздушно- 67.3
сучья, ольховые 68.8
сушеніе 6.24
— шерсти 149.3
сушеный 101.16
сушилка 70.3, 150.5, 154.8, 154.11, 237.6
—, передвижная 213.22
—, переносная 213.22
—, шерсто- 154.15
сушильная вѣшала 112.12
— камера (с. сушилка) 83.3, 237.6
— печь 70.4
— яма 70.2, 83.4
—ное устройство 154.8
—ный аппарат 252.3
— аппарат с сушильным барабаном 252.5
— барабан 149.4, 154.20
— навѣс 107.23
— цилиндр 251.12
— ящик с сѣтчатым дном 83.1
сушильня 70.3, 237.6
сушить 7.1
— волокна 112.13
— волокна капоки 63.13
— волокно рами перед моченіем 101.24
— вымоченную коноплю на солнцѣ 82.24
— жилы 239.9
— зерно 78.16
— коноплю 80.7
— коноплю в печи 83.2
— коноплю в сушильнѣ 83.2
— коноплю медленно 82.23
— лен 69.18
— лен на солнцѣ 70.1
— листву 198.16
— нить 251.17

сушить нить на горячих валах 252.2
– нить перед наматываніем на катушку 252.1
– размягченный асбест 241.7
– соломенную циновку 205.4
– сѣмяна 78.16
– хлопок 39.6
– шелк 237.17
– шелк на стеклянной катушкѣ 277.6
– шерсть 149.2, 154.1
сушка 6.24
– волокна в вакумѣ 14.4
– волокна в разрѣженном воздухѣ 14.4
– волокон посредством развѣшиванія 107.22
– коконов 213.5
– льна 69.24
– стеблей 80.8
– хлопка 39.5
– шелка 237.18
– шелка, предварительная 237.16
– шерсти 146.11, 149.3, 153.20
–, искусственная 154.10
суягная овца 129.8
сцѣпляющій волос 141.3
– волос, косо-идущій 141.6
– волос, растущій поперечно 141.5
счет 29.17
сырец асбест 240.16
– пеньки 91.10
–, минеральный 8.13
–, однородный 224.12
–, равномѣрный 224.12
–, растительный 8.15
–, хлопок 61.9
–, шелк- (с. шелк-с.) 224.11
–, шерсть 145.21
сырое вещество 9.1
сырой 7.20, 80.6
сырость 199.2
сырье 7.20
–, безпошлинное 33.15
–, джутовое 98.19
–, естественное животное 122.1
–, естественное минеральное 240.1
–, естественное растительное 34.1
–, искусственное 242.1
–, растительное 119.6
сѣверная Германія 124.9
сѣвероамериканскій хлопок 56.19, 299.4
сѣвооборот, двухлѣтній 36.9
–, трехлѣтній 36.10
сѣмена для посѣва 22.12
– собственнаго производства 22.13
–, всходящія 23.21
–, новыя 22.15
–, свѣжія 22.15
–, способныя к произростанію 22.21
–, старыя 22.14
–, х-лѣтнія 22.16
сѣмя (с. т. зерно) 18.22
– на вкус маслянистое 79.6
сѣмя джутоваго растенія 93.11
– конопли, безплодное 78.24
– конопли, блестящее 78.19
– конопли, зрѣлое 79.5
– конопли, орѣшковидное 77.22
– конопли, спѣлое 79.5
–, больное 193.15
–, болѣзненное 193.15
–, всхожее 79.10
–, выдержанное на складах 36.24
–, джутовое 93.11
–, здоровое 193.14
–, коноплянное 78.14
–, коноплянное, бѣлое 78.22
–, коноплянное, сѣрозеленое 78.20
–, коноплянное, черное 78.21
–, легковѣсное 79.2
–, лежалое 36.24
–, льняное 65.11, 76.10
–, незрѣлое 78.23
–, очищенное от волокон 36.18
–, тяжеловѣсное 79.1
–, уложенное в волокнѣ плода 63.2
–, хлопковое 35.11
–, шелковичное 193.10
сѣмянная грядка 106.15
– канавка 23.5
– коробка 35.9
– коробочка 20.4
– ямка 23.6
–ное волокно 8.17
– шило 23.7
– яйцо заводской культуры 194.1
–ной волос 43.16
– отпрыск 23.23
– побѣг 23.23
– росток 23.23
– шелк асклепіи 63.21
–ныя волокна 34.2, 64.8
сѣмяно-репейная шерсть 168.3
сѣмяновод 193.17
сѣмянодоля 18.23, 24.1
сѣно 133.19
сѣра 16.13, 208.20
–, аморфная 293.13
–, полухлористая 254.11
–, хлористая 254.11
сѣрная кислота 182.20
– –, концентрированная 183.1
– –, крѣпкая 183.1
– – с примѣсью масляной кислоты 289.19
– – с примѣсью олеиновой кислоты 189.19
– –, разбавленная, для анализа бумаги 289.17
– – свободная от азотной кислоты 256.21
–ный цвѣт 296.2
–, эфирно- 263.19
сѣрнистая кислота 158.16, 228.20
– клѣтчатка 282.17
– щелочь 266.11
–стое желѣзо, нерастворимое 281.14
– соединеніе 266.15
–стый аммоній 265.20
сѣрнистый ангидрид 213.18, 262.4
– водород 213.17
– газ 158.16
– кальцій 266.18
– металл 266.16
– натр 266.9
– углерод 278.10
сѣрнистокислая клѣтчатка 298.19
– щелочь 274.10
сѣрноватисто-кислый натр 97.5
—натріевая соль 278.9
сѣрно-амміачное соединеніе 279.10
сѣрнокаліевая соль 145.18
сѣрнокислая закись желѣза 281.10
– клѣтчатка 298.18
– мѣдь 291.6
– соль 94.17
–лый алуминій 274.21
– аммоній 281.6
– анилин 17.11
– барій 294.1
– глинозем 274.21
– калій 45.7, 145.18
– магній 274.16
– натр 271.5
– натрій 162.1
– никкель 287.17
– этил 263.19
сѣрно-натріевая соль 271.5
–вое соединеніе 278.15
сѣрнонатровая соль 162.1
сѣрноуксусная кислота 284.11
сѣро-бурый 74.15
сѣро-зеленый 109.15
сѣроватый 43.21
сѣроводород 213.17, 278.12
сѣроуглерод 156.12
сѣрый, черно- 193.1
–, жемчужно- 192.18
сѣтеобразный 171.9
сѣти 4.13
сѣтка 245.21
– из проволочной ткани 162.13
–, висячая 211.6
– проволочая 47.8
–, проволочная, вокруг барабана 163.4
–, проволочная, оцинкованная 155.1
сѣтчатое дно 83.1
–тый 216.9
сѣть 4.13
–, пеньковая 205.21
сѣченіе, поперечное, (с. поперечное с.) 95.11
сѣялка 23.11
сѣять 23.1
– коноплю 78.11
–, густо 23.2
–, рѣдко 23.3

Т.

таз, мотальный 221.12, 223.5
–, прядильный 253.6
тазар, шелк 231.24
таксировать шерсть 186.22
таксировка шерсти 171.12, 186.21
тальк 296.7
тальковая пудра 296.7
тамариновое дерево 203.19
тамбур 164.10
таможенная пошлина 33.9
– пошлина на шелк 230.13
–ные сборы 33.13
тампиковая пенька 117.15
таннин 235.5, 286.6
танниновое соединеніе 96.13
таннинообразное соединеніе 96.13
тапа 104.12
тара 29.19
–, дѣйствителная 48.18, 56.10
–, чистая 56.10
тарированіе 48.7
тариф для сырья 32.1
–, желѣзнодорожный товарный 31.22
–, провозный 31.21
–, специальный, для сырья 32.2
Тасманія 167.1
татарское тутовое дерево 199.18
твердая цѣна 184.8
твердый 225.19
– на ощупь 60.10
твердѣющая жидкость 264.2
текстильная мануфактура 7.17
– нить 293.2
– промышленность 7.13
– фабрика 7.17
–ное волокно 8.5
– предпріятіе 7.16
– растительное волокно 8.16
–ный техник 7.19
текучесть раствора 245.2
– растворителя 264.17
– шерстяного жира 146.2
текущая быстро вода 67.21
– медленно вода 67.20
–щій незаконченный контракт 55.10
телѣжка, рѣшетчатая 162.12
телячій волос 187.21
темная окраска 179.10
темно-желтый 43.23
темно-зеленый 109.16
темно-коричневый 74.15
темно-фіолетовый 75.9
температура замочки 82.5
– засушиванія 213.20
– нитрированія 256.1
– плавленія шерстяного жира 159.13
– в хлѣву 133.7
– щелока 150.9
– щелочнаго раствора 150.9
–, высокая 255.19
Тенесси, хлопок штата 57.3
теорія растворов 17.6
тепловатая вода 37.1
теплопроводимость волокна 13.5
–, плохая 241.20
теплопроводный 227.23
теплота 213.21
теплочувствительный 273.12

теплый 280.17
тереть сѣмяна в рукѣ 79.9
термометр, ртутный 47.6
терморегулятор 237.14
терочная мельница 85.21
–ный конус 86.1
терпентиновое масло 264.3
тертая пенька 86.9
теспезія 105.14
тетрамин 271.4
тетрахлорэтан 284.16
Техасскій хлопок 57.7
техник по волокнистым веществам 7.19
–, текстильный 7.19
техника волокнистых веществ 7.12
техническое волокно 8.3
технологія волокна 8.6
– волокнистаго вещества 8.4
– волокнистых веществ 8.6
– сырых волокнистых веществ 8.4
тибетская коза 127.4
– шерсть 187.24
тигель, фильтр- 291.10
Тиле, прядильный аппарат системы 275.16
Тиліацеа 92.16
тилландзія 104.1
тип алоэ 113.13
–, гарантированный 56.2
–, качественный 186.19
типичный волос 180.10
– образец 186.20
титрованіе шелка 238.3
ткань 3.21
– кокона, сѣтеобразная 212.1
– для фильтрованія 245.18
–, асбестовая 275.2
–, желѣзо-проволочная, оцинкованная 155.1
–, жировая 206.4
–, лубо-соединительная 100.13
–, оберточная 42.17
–, одеревенѣлая 244.12
–, подкожная 173.22
–, роговая 181.17
–, упаковочная 42.17
–, фильтровальная 245.18
–, фильтровочная газовая 264.20
–, х-петельная металлическая 275.3
ткать 3.20
ткацкая 170.1
– подметь 62.13
– путанка 62.10
– фабрика 3.22
–кое издѣліе 3.21
–кій станок 3.23
– угар 170.1
ткач 3.24
ткачество 3.19
тля 202.23
товар высшаго качества 61.12
– понижается 52.1
– на продажу 28.10
–, готовый 7.22
–, давальческій 147.5
–, отдѣланный 7.22
–, перво-сортный 61.12
товар, пригодный для рынка 28.11
–, приготовленный к погрузкѣ на суда 55.13
–, ходовой 28.11
товарное свидѣтельство 184.16
ток 70.18
толкач, трехгранный 101.7
толочь конопляное сѣмя 80.22
толстый 114.2
толстоволосый 177.21
толстопрядный 231.15
толстостѣнный 216.16
толуол-сульфо-кислота 285.18
толуол-сульфо-кислый хлорид 285.19
толчейная мельница 71.1
толченіе конопли 86.13
– конопляных сѣмян 80.23
толчея 71.1, 71.3
толчок 71.10
толщина волоса 181.13
– клѣтки 20.12
– нити 222.16
– стеблей 66.24
– шелка 238.5
–, неравномѣрная, коконовой нити 226.6
тонина иглы 87.9
– коконовой нити 217.3
– проволоки 198.1
– шелковинки 217.3
тонкій 187.16
тонковолокнистый 217.4
тонкопрочесанная пенька 89.13
тонкопрядный 231.14
тонкорунная шерсть 178.2
тонкость волокна 10.16
– волоса шерсти 178.3
– иглы 87.9
– проволоки 298.1
тонкостѣнная клѣтка 96.3
тончайшая шерсть 172.13
тополевое волокно 64.10
– дерево 121.5
топотаніе 135.24
торговец 27.7
– по ввозу 31.1
– по вывозу 30.23
– вывозной шерстью 184.1
– кожею 145.1
– льном 75.14
– привозной шерстью 184.2
– шелком 230.10
– шерстью 184.4
– шерстью, оптовый 183.21
– шкурами 145.1
торговцы хлопком, оптовые 55.3
торговля 27.4 47.12
– гребенной шерстью на срок 185.17
– джутом 98.18
– камвольною шерстью 183.18
– коконами 229.12
– льном 75.10
– пенькою 91.3
– сырою шерстью 183.17
– хлопком 47.11
– шелком 229.10
– шелком-сырцом 230.5
торговля шерстью 183.10
– шерстью на срок 185.16
– шерстью сырцом 183.17
– яйцами шелкопряда 229.11
–, биржевая 27.19
–, вывозная 30.22
торговая шерсть 185.7
–вый вѣс 238.2
– вѣс шелковых коконов 229.16
– вѣс шерсти 187.6
– договор 48.6
– дом, комиссіонный 185.14
– дом, работающій на комиссіонных началах 185.14
– дом, торгующій шерстью 184.3
– лен 76.13
– оборот 186.16
–вые сорта шелка 230.14
–выя названія пеньки 91.4
торгующій шерстью 184.3
тормазной валик 222.7
торф, волокнистый 115.19
–, травяной 115.14
торфяная вата 115.20
– присыпка 205.11
– пудра 205.11
–ное болото 115.18
– волокно 115.12
–ной порошок 205.12
торчать, шерстяной волос торчит клоками 136.11
–, шерстяной волос торчит пучками 136.11
торчащее волокно 138.18
Тофама, аппарат для пряденія вискозы системы 282.1
тохин 207.10
точильщик ножниц 142.1
тощая на ощупь шерсть 177.11
– шерсть 178.22
тощее пастбище 135.6
трава 18.20, 135.12
– каури 105.13
– пара 117.2
– эспарто 116.17
–, дикорастущая 116.20
–, кормовая 135.10
–, морская 121.20, 121.21
–, мыльная, обыкновенная 151.1
–, обезьянья 117.2
–, пушная 115.13
–, сорная 24.10
–, шелковистая 115.11
травить 5.11
травовидный хлопчатник 34.7
травоядное животное 127.11
травяная блоха 66.9
– вошь 202.23
–ное засореніе 160.17
–ной корм 133.18
– торф 115.14
травянистое растеніе 18.20
–стыя частицы 146.8
трамбовать коноплю 85.17
транспорт, водный, внутри производящей страны 48.19
транспорт хлопка 48.22
транспортер 251.13
–, ленточный, нижній 148.4
трапецовидная выемка 164.19
– канавка 164.19
трасированный вексель 30.11
тратта 30.11
– по предъявленію 30.12
требовать оцѣнки 50.18
требуемое количество 55.6
треніе 228.1
– раствора, внутреннее 244.22
трепалка 72.6
–, ручная 72.4, 84.12
трепало 72.6, 72.9, 84.13 101.8
трепальная 61.20
– доска 72.5, 72.10, 84.14
– машина 84.17
– пакля 92.9
– плаха 72.5, 84.14, 84.19
–ное било 84.18
–ный барабан 73.1
– волчек 73.1
– завод 71.18
– нож 84.18
– станок 70.9, 72.8
трепальщик 72.12
трепаніе конопли 84.7
– льна 71.16
– льна, окончательное 72.2
– льна, подготовительное 72.1
– льна, предварительное 72.1
–, машинное 72.7
–, ручное 72.3, 84.10
трепанная пенька 91.12
– и мятая пенька 91.13
–ный лен 65.12
трепать коноплю 84.8
– коноплю от руки 84.11
– лен 71.17
трепач 72.6, 72.9
треск шелка 226.15
трескаться, зрѣлый плод капоки трескается 62.23
третейскій суд 51.2
– суд, апелляціонный 51.9
– судья 51.6
треугольный 9.23
трехгранно-рифленый вал 83.17
трехгранный 101.7
трехлѣтній 36.10
трехосновная соль 283.12
трещина 225.23
трещины в наружней кожицѣ 75.4
– в покровѣ 75.4
– в эпидермѣ 75.4
трикотаж 4.1, 4.3, 4.8
трикотажная фабрика 4.9
трикотажник 4.10
тріацетат 283.12
тріацетатная клѣтчатка 283.13
тронутый червем 217.13
тропическое растеніе 18.4
тростник 121.12, 121.15
–, бамбуковый 121.13
–, узколистный 116.3
–, широколистный 116.4

тростниково-початочное волокно 64.11
тростниковый початок 116.3
— сахар 271.20
труба для нагрѣванія 237.7
— для подводки сѣмени к машинѣ 39.2
— отопленія 154.17
— отопленія, ребристая 154.13
—, впускная, для раствора 268.5
—, впускная, для сжатаго воздуха 268.3
—, всасывающая 267.5
—, выходная, для сжатаго воздуха 268.4
—, нагрѣвательная 154.17, 237.7
—, подводящая аміак 268.6
—, подводящая аміачный раствор окиси мѣди 268.7
—, смазочная, для вентиляторов 154.16
—, спускная 268.2
трубка с внутренней винтовой стѣнкой 250.13
— воронки, изогнутая 248.9
—, водопроводная 262.15
—, волосяная 262.13
—, вращающаяся металлическая 223.15
—, капиллярная 262.13
—, каучуковая 275.7
—, напорная 250.9
—, направляющая, для пряжнаго раствора 248.10
—, отводная 250.8
—, подводящая 263.2
—, подводящая воду 262.14
—, пріемная 251.5
—, резиновая 275.7
—, сифонная 250.9
—, сливная 250.8
—, соединительная изогнутая, для раствора 269.1
—, тянутая стеклянная 247.3
трубки, цилиндрическія 74.17
трубопровод для коллодія 267.7
—, питательный 275.6
трубочка, волосяная стеклянная 276.8
—, капиллярная стеклянная 276.8
труд, человѣческій 21.24
труп шелковичнаго червя 208.17
трюм 43.13
трясти рукой мятую коноплю 84.5
тугорастворимый 228.9
тугосгораемость асбеста 241.21
туземный 18.3
туки 21.15
тупой 140.5
турецкое тутовое дерево 200.1
тусклый 288.9
Тусса, китайскій шелк 231.23
—, кокон 214.9
—, остиндскій шелк 231.24
—, шелковичный червь 193.4
—, шелкопряд 190.8
тут, бѣлый (с. т. тутовое д.) 199.6
—, жилколистный 199.13
—, разрѣзнолистный 199.16
—, римскій 199.9
—, рубчатолистный 199.13
—, черный 199.14
тутовая вѣтвь 198.18
— плантація 200.16
— ягода 201.7
тутовое дерево (с. т. тут) 199.4
— —, больное 202.20
— —, бѣлое 199.6
— —, взращенное 200.12
— —, высокое 199.8
— —, дикорастущее 200.8
— —, кавказское 199.18
— —, карликовое 199.11
— —, китайское 200.4
— —, красное 199.17
— —, крупнолистное 199.10
— —, культивированное 200.12
— —, многостебельное 199.12
— —, остиндское 199.19
— —, остролистное 200.2
— — с розово-красным черешком листа 199.7
— —, татарское 199.18
— —, турецкое 200.1
— —, черное 199.14
— —, широколистное 200.3
— —, японское 104.11
тутовый кокон 214.7
— куст 200.6
— лист, здоровый 198.5
— лист, свѣжій 198.4
— лѣс 200.19
— прут 198.18
— сад 200.20
— цвѣток, женскій 202.17
— цвѣток, мужской 202.18
— шелк, дикій 231.22
— шелковичный червь, дикій 193.2
— шелкопряд 190.4
тучная шерсть 179.1
—ное пастбище 134.21
тучнѣть, способность овцы 132.23
тѣла, посторонніе приставшія 90.17
тѣло 208.2
—, постороннее 15.6
—, протеиновое 181.18
—, роговое 280.4
тѣлосложеніе, слабое 127.18
тѣльце, пебриновое 208.12
тѣсто, известковое 158.8
—, каучуковое 296.4
—, пластичное 295.22
—, пряжное 262.10
тюлевая камера 194.7
— ячейка 194.7
тягучее вещество 210.3
—чій пот 145.15
тягучесть 288.19
— раствора 244.20
тяжеловѣсный 79.1
тяжелый 281.9
— шпат 294.1
тянущаяся сторона 50.21
тянульный отдѣл 276.6
тянутая стеклянная трубка 274.3

У.

убиваніе куколки 213.3
убирать руно 171.7
убить куколку 213.4
убой 133.8
убойная шерсть 167.16
уборка 24.19
— руна 171.6
убывать, вязкость убывает 264.18
—, тягучесть убывает 264.18
убыток 52.7
увеличивать крѣпость искусственнаго шелка 254.3
увлеченный 148.9
увяданіе листа 106.8
увядать, лист увядает 106.9
увязывать руно в одну вязку 143.3
угар (с. т. отброс) 112.22
— от дробителя 61.20
— листьев 112.23
— натуральнаго шелка 287.14
— при промывкѣ 169.3
— при пряденіи 232.13
— пряденія, длинноволокнистый 269.7
— пряденія, тонковолокнистый 169.8
— ровницы 62.7
— из ткацкой 170.1
— трепальной 61.20
— шерсти 168.23
—, барабанный 169.16
—, валечный 169.15
—, гребнечесальный 169.5
—, кардный 61.24
—, кардочесальный 169.11
—, масленный 62.14
—, моечный 169.3
—, промасленный 170.8
—, прядильный 169.18
—, ровничный 169.17
—, ткацкій 170.1
—, хлопковый 61.19, 254.16
—, шелковый 9.13, 232.9
—, шелковый, нечесанный 232.15
—, шелковый, прочесанный 232.16
угарная шерсть 168.13
углеводород, жидкій 264.8
углеводы 271.21
углекислота 261.12
углекислая мѣдь 270.23
—лый аміак 150.12
— кали, чистый 157.13
— калій 45.5, 145.17
— магній 45.10
— натр 151.24
— натрій 45.8
угленатровая соль 151.24
углерод 44.20
—, сѣрнистый 278.10
—, сѣрнистый, водянисто свѣтлый 278.11
углерод, сѣро- 156.12
—, четырех-хлористый 156.13
угол отклоненія 227.21
— соломины 120.15
—, острый 224.7
уголь 197.4
угольная жаровня 197.5
удабриваніе почвы 21.8
удабривать почву 21.7
удаленіе азота 46.19
— воздуха из вискозы 280.14
— воздуха из раствора 246.5
— волоса посредством броженія 144.11
— волоса с кожи 143.7
— волоса посредством выпотѣванія 144.11
— волоса посредством отпариванія 144.11
— волоса со шкуры 143.7
— глянца волокна 293.13
— жира 156.18
— камеди 234.3
— кислоты из шерсти 163.13
— коконоваго покрова 220.4
— листовой мякоти 107.20
— пота из шерсти 146.18
— репья 160.15
— репья в ручную 164.1
— репья ручным способом 164.1
удалитель узлов 224.5
удалить воду из нитро-целлулозы 257.1
— воздух из вискозы 280.13
— воздух из раствора 246.6
— красящее вещество серицина 228.14
— из нити химически соединенную воду 277.1
— пот из шерсти 146.19
— растительный клей из волокна рами 102.14
— репей механическим путем 163.21
— скорлупу с плода 62.22
удалять грязь промывкою 146.14
— кислоту 161.14
— кислоту из карбонизированной шерсти 163.12
— кислоту на центрофугѣ 161.17
— репей путем отбора 164.2
удаляться, посредством мочки удаляется муравьиная кислота 102.5
удар палки 147.17
ударный волчек 164.5
— нож 49.3
удерживать молекулу раствора в опредѣленном состояніи 246.17
удлиненіе при разрывѣ волокна 12.4
удлиненно пологій 177.4

удобреніе . . 21.9, 160.14
—, искусственное . 21.14
—, компосное . . . 36.13
удобренная почва 21.6
удобрители, искусственные . . . 21.15
удобрительное вещество 21.9
— вещество, зеленое 21.13
удовлетворительная сдѣлка . . 186.12
удостовѣреніе . . 50.16
— классификаціи . 50.17
—, кондиціонное . 187.10
—, складочное, пригодное для залога 184.15
удушеніе куколки 213.14
удушить куколку . 213.15
удушливый газ . . 213.13
удѣльно-легкое волокно. 12.19
удѣльно-тяжелое волокно. . . . 12.20
удѣльный вѣс волокна. . . . 12.21
— вѣс шерсти . . 181.10
узел 224.3
—, клѣточный . . 16.1
—, стеблевой . . . 121.17
узкій 247.5
узколистный . . . 116.5
узкоспинная овца 127.19
узкохвостая овца. 125.5
узловатый 224.2
узловое утолщеніе 90.11
уйи, муха 207.3
укатывать посѣв . 23.16
укладываніе . . . 7.10
укладывать . . . 7.11
уколоть овцу при стрижкѣ . . . 142.12
укорачивать стебли льна 73.9
укрѣпить овцу . 130.23
укрѣпленіе . . . 257.17
— нити 249.10
— овцы 130.21
укрѣплять вытянутую нить . . . 249.6
уксус, крѣпкій . . 289.8
уксусная кислота 183.5, 229.1, 265.23
— кислота, концентрированная . 183.6
— кислота, крѣпкая 183.7
— кислота содержащая сѣрную кислоту . . . 284.3
—ный эфир. . . . 284.8
уксусно-азотная кислота . . . 285.20
уксуснокислая гидроцеллулоза . 284.4
— клѣтчатка . . . 283.5
— клѣтчатка растворимая в хлороформѣ . . . 283.14
— нитро-целлулоза 284.20
—лый калій . . . 259.18
— магній. 284.5
— натр . . 261.1, 284.7
— цинк 284.6
— шелк . . 242.12, 283.4
уксусно-этиловый эфир 284.8
уложенное в волокнѣ плода сѣмя 63.2
ультра-микроскоп 290.23
ультра-микроскопическій . . . 290.22
ультра-микроскопія 290.21
ультра-строеніе искусственнаго шелка 290.24
ультра-структура искусственнаго шелка 290.24
уменьшать пропускное отверстіе поворотом диска 247.18
уменьшаться, вязкость уменьшается 264.18
—, тягучесть уменьшается 264.18
уменьшеніе крѣпости джутоваго волокна от лежанія на складѣ 96.8
умертвить куколку 213.4
умерщвленіе куколки 213.3
умерщвлять куколку посредством удушливаго газа 213.13
умягченіе пеньки колоченіем . . 85.16
унаваживать почву 21.7
унавоженная почва 21.6
унавоживаніе, компосное . . . 36.13
— почвы 21.8
унаслѣдованіе . . 129.2
уничтожать зараженный картон 194.11
— репей химическим путем . . 160.20
— чужеядное растеніе полотьбой 79.14
уничтожить прядь 153.4
уничтоженіе болѣзненных зародышей 208.19
упакованный . . 75.19
упаковка 29.19
— хлопка 41.19
—, невѣрная . . . 48.15
упаковочная дерюга 42.17
— ткань 42.17
—ный пресс для мѣстнаго транспорта 42.3
— пресс для хлопка 42.2
упаковать джутовых вязок в кипы 99.12
— джутовых жгутов в кипы . . 99.12
упаковывать вмѣстѣ нѣсколько рун 143.1
— джут влажным. 99.16
— джут сырым . . 99.16
— лен в мѣшки . . 75.21
— хлопок 41.20
— шерсть в мѣшки 172.23, 183.13
Упландскій хлопок 57.8
уплата доли урожая 25.12
— пени 48.2
— преміи 52.23
упругій 216.12
упругость волокна 12.6
— шерстяного волоса 180.5
урегулировать торговый договор. 48.6
урена 105.13
уровень закрѣпительной жидкости 248.6
урожай . . . 24.21, 66.22
— конопли . . . 79.22
— листвы 202.9
— листьев 110.10
— хлопка 38.6
—, міровой . . . 38.7
—, новый 99.4
—, полный . . 24.22, 38.9
—, свѣжій 99.4
—, скудный . . . 38.10
—, средній 38.12
—, старый 99.3
урожайная вѣдомость 56.14
ус, китовый . . . 117.3
усадка по длинѣ . 46.12
— студня 280.6
усаженный колючками 116.15
— шипами 153.16
— кулачками . . 153.16
условіе добавочное 49.14
— уплаты пени . 48.2
условія платежа . 30.4
— продажи. . . . 55.16
условленный . . 56.1
успѣшное развитіе 200.21
—ный рост 200.21
устав, Бременскій 55.17
—, Ливерпульскій 55.18
устанавливающійся нож 40.12
устанавливать волосяной гигрометр 14.11
— давленіе при пряденіи . . . 248.13
— образцы 50.1
— стандарт. . . . 50.1
установить косо мотовило . . . 252.7
— степень нитрированія 256.3
установленіе тары 48.7
— цѣны 53.16
— цѣны по валютѣ 52.21
установленный, косо- 252.6
— образец 49.2
устойчивость окраски 14.21
устойчивый . . . 14.20
устройство для сушки шерсти . . 154.15
—, отопительное . 162.9
—, сушильное . . 154.8
устроить заведеніе для культуры шелковичнаго червя 195.7
— заведеніе для разводки шелковичнаго червя. 195.7
— коконовую ярмарку 229.15
— коконовый рынок 229.15
устье мундштука . 248.4
усыхать, студень усыхает . . . 280.8
уток 3.12, 168.12
утолщеніе серицина, бугристое . 226.1
— стѣнки клѣтки. 20.14
— стѣнки клѣтки, неравномѣрное 96.5
— стѣнок клѣтки . 46.10
утолщеніе стѣнок клѣтки, узловое 90.11
—нія клѣточных стѣнок 75.2
утолщенный . . . 20.13
утоненіе стекляной трубки 247.4
утрамбовать мочильную яму глиною 68.7
утренники 38.4
утренняя роса . . 135.3
уход, хорошій . . 175.13
ухудшеніе шерсти. 179.2
участіе в биржевом обществѣ . . . 27.21
участок, земельный 25.9
—, пастбищный . 134.12
ученіе о волокнѣ. 8.6
— о животных . . 26.3
— об овцеводствѣ. 128.9
— о тканях . . . 18.17
— о формах . . . 18.15
учет из х процентов 30.19
уэльская овца . . 125.11

Ф.

фабрика для добыванія волокна. 110.19
— искусственнаго шелка 243.2
—, апретурная . . 5.20
—, войлочная . . 3.5
—, вязальная . 4.4, 4.9
—, канатная . . . 2.18
—, канительная . 4.17
—, красильная . . 5.14
—, крутильная . . 2.13
—, отбѣльная . . 5.8
—, отдѣлочная . . 5.20
—, позументная . 4.17
—, прядильная . . 2.8
—, текстильная . . 7.17
—, ткацкая. . . . 3.22
—, трикотажная . 4.9
фабрикант 7.18
фабрикат, полу- . 7.21
фабричная мойка. 147.4
— мочка 69.20
—ное мытье . . . 147.4
фагара, кокон . . 214.13
—, шелк 232.1
фактура 29.17
фальсифицировать манильскую пеньку 108.12
фарерская овца . 124.6
фарфоровый . . . 256.11
Фелинга, раствор . 292.13
фенило-уксусная кислота . . . 285.14
—ный хлорид . . 285.15
ферма, опытная . 25.20
ферментаціонная замочка . . . 82.17
ферментація . . . 81.9
—, кислая . . . 81.10
—, щелочная . . . 81.11
фермерская шерсть 165.22
фибра сида . . . 105.5
фибрилла дикаго шелка 225.17
фиброин . . . 16.7, 210.2
— дикаго шелкопряда 210.7
— тутоваго шелкопряда. 210.6
фиброиновая нить 210.5
— шелковинка . . 210.5

фиговое дерево, остиндское 203.22
физика хлопчатобумажнаго волокна 43.14
физическія свойства 74.6
фиксирующая ванна 253.4
филиппова железа 191.16
– жидкость 209.18
фильтр, асбестовый 291.11
фильтр-пресс 245.13, 268.13
фильтр-тигель системы Гоох 291.10
фильтраціонная камера 245.17, 282.2
фильтрація через асбестовую вату 275.2
– через асбестовую ткань 275.2
фильтровальная вата 246.2, 264.19
– ткань 245.18
– ткань, с'емная 245.19
– ткань, хлопчатобумажная 245.20
фильтрованіе 245.18
фильтрованный 264.22
фильтровать выдѣленное жировое вещество 158.18
– раствор 245.12
– раствор мѣдной соли 291.7
фильтровочная газовая матерія 264.20
– газовая ткань 264.20
фильтрующій матеріал, загрязненный 264.21
– матеріал, засоренный 264.21
фирма, комиссіонная 53.14
–, оптовая 183.21
–, торгующая шерстью 184.3
–, экспедиціонная 48.23
фитиль, сердцевинный 15.24
фіолетовый 45.17
фламандская овца 124.15
фланелевая шерсть 168.15
флоридская пенька 113.10
–скій Си-эйленд хлопок 56.21
– хлопок 57.10
флороглюцин 17.10, 98.14
фоновая доска, черная 221.13
форма волокна, внѣшняя 136.9, 138.12
–, гидратная 270.11
– кипы 43.3
– кокона 215.12
– листа 202.1
– мундштука 247.1
– нити 248.16
– шерстяного волоса, цилиндрическая 180.3
формальдегид 156.9, 182.8, 254.6
форміум 114.16
форсировать цѣны 54.6
фосфор 16.14
фосфорная ванна 236.12
– кислота 36.12, 198.7, 233.20
фосфорнокислый аммоній 265.5
– магній 45.9
– натр 236.11
фосфорно-натріевая соль 236.11
фосфорно-оловянная соль 236.13
фотографировать волокно через микроскоп 17.15
франко борт парохода 32.21
– вагон 32.3
– мѣсто назначенія 32.5
– набережная 32.4
– порт назначенія без выгрузки 32.22
французская размотка 220.18
–скій меринос 123.4
– шелк-сырец 231.9
франшиза 56.4
фрахт 31.19, 32.22
–, водный 32.23
–, желѣзнодорожный 31.20
–, пароходный 33.1
–, портовый желѣзнодорожный 33.2
фрисландская овца 124.13
фруктовое волокно 8.24
–вый банан 114.15

X.

характер жизни овцы 130.18
– шерсти 136.10, 172.11
характерный 227.17
хвойная клѣтчатка 119.12
–ное дерево 244.14
– ныя иглы 116.10
хворостина 66.16
хвост, волосистый 124.3, 125.2
–, короткій тупой 124.18
–, плоскій 124.7
–, покрытый шерстью 125.2
хвостный позвонок 127.15
хвостовая шерсть 172.4
–вой край руна 171.16
хвоя 116.7
хижина для шелковичных червей 195.12
химическая очистка от репья 160.19
– промывка 155.10
– разновидность 16.21
– реакція 17.7
–скій путь 160.20
– состав 96.11
–скіе реагенты 289.3
– реактивы 253.11
–скія свойства 90.5
–ское соединеніе 17.1
– сродство 16.22
химически отмоченный лен 76.18
– постоянный 257.5
химія хлопчатобумажнаго волокна 43.14
хинин 259.8
хищная эксплоатація почвы 21.21
хищническая эксплоатація почвы 36.2
хлопко-зерноотдѣлительная машина 39.18
хлопко-прессовочная 42.1
хлопко-сѣмяно-обдирочная машина 41.15
хлопковая биржа 49.19
– гавань 49.9
– плантація 35.22
– целлулоза 44.19
–вое волокно 43.15
– масло 41.13, 260.11
– поле 35.22, 36.5
– растеніе 34.6
– сѣмя 35.11
–вый воск 44.7
– маклер 49.21
– порт 49.9
– рынок 47.14
– угар 61.19
– урожай 38.6
–вые отбросы 61.19
– отпадки 61.19
– очесы 61.19
хлопковидный волос 140.8
хлопководство 35.21
хлопкодробитель 39.7
хлопкоочистительный завод 38.23
–ныя машины установленныя в ряд 39.1
хлопок 1.3, 34.3, 244.3, 299.3
– бѣлый Мако 59.5
– по востребованію 53.21
– на доставку 55.14
– машинной очистки 39.16
– из Мобиля 57.9
– с песком 60.18
– для продажи 47.13
– в пути на судах 55.12
– ручной очистки 39.15
– для рынка 47.13
– Си-эйленд 56.20
– сорта Abassi, египетскій 59.5
– сорта Assam, остиндскій 58.7
– сорта Broach, остиндскій 58.11
– сорта Comilla, остиндскій 58.7
– сорта Comptah, остиндскій 58.13
– сорта Dhollerah, остиндскій 58.10
– сорта Hinginhat, остиндскій 58.3
– сорта Joanovich, египетскій 59.2
– сорта Мадрас, остиндскій 58.4
– сорта Mitafifi, египетскій 59.1
– сорта Nubari, египетскій 59.4
– сорта Oomera, остиндскій 58.12
– сорта Sakellaridis 59.3
– сорта Scinde, остиндскій 58.14
– сорта Tinevelly, остиндскій 58.4
– для торговли 47.13
– из штата Георгія 57.2
– штата Оклахома 57.4
– штата Тенесси 57.3
–, Алабамскій 57.6
–, африканскій 58.23
–, Бахіанскій 57.19
–, бенгальскій 58.15
–, Бразиліанскій 57.14
–, верхне-египетскій 59.6
хлопок, вестиндскій 58.1
–, влажный 47.15
–, Гвіанскій 57.23
–, грубый перуанскій 57.12
– длинноволокнистый 61.2
–, длинноволосый 61.2
–, европейскій 59.7
–, египетскій 58.24, 301.5
–, жесткій на ощупь 60.11
–, засоренный листьями 60.20
–, зеленосѣмянный 36.22
–, зернистый на ощупь 60.12
–, исключительно длинноволокнистый 61.3
–, искусственный 9.11
–, Камбоджіанскій 58.8
–, кардочесанный 254.17
–, кипрскій 58.20
–, китайскій 58.16
–, конконадскій 58.6
–, коротко-волокнистый 61.4
–, коротковолосый 61.4
–, крѣпкій на ощупь 60.9
–, левантійскій 58.19
–, Луизіанскій 57.1
–, Маранхаоанскій 57.15
–, мерсеризированный 46.8, 291.20
–, Миссисипскій 57.5
–, мягкій на ощупь 60.8
–, недозрѣвшій 61.18
–, неочищенный 39.12
–, нѣжный перуанскій 57.13
–, обитый вѣтром 61.15
–, омертвѣвшій 61.17
–, Орлеанскій 57.1
–, остиндскій 58.2, 300.22
–, отбѣленный 244.4
–, очищенный 39.13
–, очищенный ручным способом 39.15
–, Пара- 57.20
–, Параиба- 57.21
–, Пернамбукскій 57.18
–, персидскій 58.22
–, Перуанскій Си-эйленд 56.22
–, подмоченный 47.16
–, попорченный аваріей 47.16
–, пыльный 60.19
–, русскій 58.18, 301.16
–, Сантосскій 57.22
–, свободный от зерна 39.13
–, свободный от орѣшка 39.13
–, Сіарскій 57.16
–, складовой 55.11
–, смирнскій 58.21
–, сорванный вѣтром 61.15
–, сорный 61.16
–, Суратскій 58.9
–, Суринамскій 57.24
–, сухой 255.18
–, сырой 47.15
–, сѣвероамериканскій 56.19, 299.4
–, твердый на ощупь 60.10
–, Техасскій 57.7
–, тонкій западно-мадрасскій 58.5
–, Упландскій 57.8

хлопок, Флоридскій 57.10
—, Флоридскій Сиайленд 56.21
—, черносѣмянный 36.20
—, чесанный 254.17
—, Южно-американскій 57.11
—, японскій 58.17
хлопок-сырец 39.12, 61.9, 254.15
хлопчатая бумага 1.8, 244.8
хлопчатник 34.6
—, бразильянскій 37.4
—, вестиндскій 37.2
—, выродившійся 37.6
—, древесный 57.15
—, древовидный 34.11
—, косматый 37.3
—, кустарниковый 34.10
—, лозообразный, с острова Куба 37.5
—, многоствольный 57.19
—, переродившійся 37.6
—, перуанскій 37.4
—, травовидный 34.7
—, южноамериканскій 37.4
хлопчатниковая вошь 37.18
— гусеница 37.10
—вое зерно 36.14
—вый клоп 37.19
— орѣшек 36.14
хлопчатобумажная целлюлоза 244.9
—ное волокно 43.15
—ный порох 46.15
хлопьевидный 211.4
хлопья, валяльные 170.4
—, ворсовальные 170.5
хлор 208.21
хлор-гидрин, этилен- 284.13
хлор-цинк-іод 97.10
хлорид бензойной кислоты 285.17
—, пальмитил- 285.13
—, толуол-сульфокислый 285.19
—, фенило-уксусный 285.15
хлористая сѣра 254.11
—стое желѣзо 258.22
— олово 259.2
—стый алуминій 162.4, 259.15
— аммоній 259.12
— ацетил 284.2
— калій 16.15, 145.19
— кальцій 259.13
— магній 162.2, 259.14
— марганец 259.5
— хром 259.4
— цинк 259.16, 292.5
—, четырех- 156.13
хлористо-водородная кислота 181.18
хлористо-ртутная ванна 261.11
хлористо-цинковый раствор целлюлозы 282.15
хлорно-кислый калій 45.6
хлорно-цинковый іод 75.9
хлорноватистая кислота 228.23
хлорное желѣзо 98.11
— олово, водосодержащее 236.8
хлорофил 15.1
хлороформ 264.9, 284.9
хлѣбопекарная печь 70.5
хлѣв, овечій 133.5
хоботок, прядильный 192.9
ход зажима 89.2
— колодки 89.2
—, обратный 84.2
—, поперечный 84.3
ходовой товар 28.11
хозяйство, воздѣлывающее коноплю 78.4
—, мясо-овцеводное 132.20
—, плантаціонное 25.6
—, шерсто-овцеводное 131.10
холестерин 159.14
холестериновая вакса 160.5
холод 101.18
холодильник 156.20, 267.10
—, обратный 292.23
холодильный змѣевик 263.9
холодный 94.9
холщевой 212.15
хорда 154.9
хорошій 59.18
хохо 104.9
храненіе на складѣ 31.4
хранимая на складах 167.3
хранить на складѣ 31.5
хребет 132.4
хребтина 171.21
хризотил 241.14
хром, хлористый 259.4
хромовая кислота 228.21, 286.8
— соль, желтая 159.5
— соль, красная 159.4
—вые квасцы 286.5
хромокаліевая соль 159.5
хромокислое кали 159.5
хромпик 159.4, 286.3
хрупкій 210.19
хрупкость волокна 11.24
хруст шелка 226.15
— шерсти 176.3
хрустящее ощущеніе 226.16

Ц.

царская водка 98.17
царство животных 26.5
— ископаемых 26.16
— минералов 26.16
— растеній 17.23
цвѣт (с. т. окраска) 20.1
— асбеста 241.19
— волокна 14.13, 43.17
— волокнистаго вещества 14.13, 43.17
— манильской конопли 106.10
— поляризаціи 290.15
— серицина 228.13
— хлопка 60.15
— шерсти 172.19, 179.8
—, голубой 74.11
—, желто-коричневый 74.14
—, зеленоватый 74.13
—, натуральный, волокна 14.14
—, неопредѣленный 227.2
—, основной, волокна 14.16
—, поляризаціонный 227.15
цвѣт, прочный 14.20
—, равномѣрный хорошій 59.24
—, соломенно-желтый 117.8
—, стальной 74.12
—, сѣрный 296.2
—, сѣро-бурый 74.15
—, темно-коричневый 74.15
—, устойчивый 14.20
—, хорошій 168.6
—, чернильно-черный 117.9
—, шоколадно-коричневый 117.7
цвѣта нечистаго 179.12
цвѣтеніе 24.13
цвѣтная капуста 140.7
— реакція, характерная 227.17
цвѣток 20.1
— асклепіи 64.1
— джутоваго растенія, желтый 93.6
— конопли, женскій 77.20
— конопли, мужской 77.19
— льна, голубой 65.10
— хлопчатника 35.4
—, кистевидный 115.6
—, крупнолепестковый 35.6
—, тутовый, женскій 202.17
—, тутовый, мужской 202.18
—, чашеобразный 35.5
цвѣточная чашечка 20.2
—ный початок 118.6
— пучек 100.17
— стебель, мясистый 109.3
— стержень, осевой 106.6
—ные лепестки фіолетовой окраски 106.11
цвѣтущій, бѣло- 65.15
цеаровый каучук 294.11
цейлонская сансевіера 113.8
целлюлоза (с. т. клѣтчатка) 15.14, 44.18, 243.6
—, беззольная 292.2
—, воздушно-сухая 292.16
—, возстановленная 280.11
—, гидролизированная 283.7
—, двунатровая 269.13
—, древесная 119.7
—, ксантогеновая 279.13
—, мерсеризированная 269.11
—, муравьинокислая 285.2
—, мѣдная 273.2
—, мѣдногидратная 262.21
—, мѣднонатровая 273.1
—, мѣднощелочная 272.22
—, натронная 119.10, 278.3, 298.15
—, нитрированная 255.8
—, переокисленная 269.6
—, растворимая 243.10
—, регенерированная 292.4
—, сульфитная 119.11, 277.2, 298.16
—, сульфо- 282.17
—, сухая 269.5
—, сѣрнисто-углекислая 278.21
целлюлоза, уксуснокислая 283.5
—, хлопковая 44.19
—, хлопчато-бумажная 244.9
—, чистая 75.5, 244.2
—, шелковистая 243.19
—, щелочная 278.4, 291.19
целлюлозно-мѣдная смѣсь 273.4
целлюлозный шелк 242.8
— эфир диктіокарбонной кислоты 279.4
— эфир ксантогеновой кислоты 278.21
— эфир ксантогеновой кислоты, щелочно- 279.2
целлюлозо-ксантогеновая кислота 279.8
целлюлозо-щелочно-мѣдное соединеніе 292.1
целлюлозоподобный 287.20
целлулоидное покрытіе 252.17
цементированный 297.22
цементовый 270.5
центнер 76.8
—, доппель- 76.9
—, метрическій 76.9
центробѣжный дезинтегратор 27.2
центрофуга 153.11, 161.18
— для нитрированія 256.14
—, кислоотдѣлительная 256.14
центрофуженіе 6.22
— шерсти 153.10
центрофужить 6.23
— шерсть 153.9
центрофужная корзина 161 19
цигайя, венгерская овца 125.10
цилиндр для растворенія мѣдной окиси 268.8
— пресса 42.10
—, закрѣпительный 249.10
—, полый 212.16
—, сушильный 251.12
цилиндрическій 138.20
—, плоско- 225.8
цилиндрообразный плод 93.9
цинк 281.11
—, іоднохлористый 289.6
—, уксуснокислый 284.6
—, хлористый 259.16, 292.5
цинковый, хлористо 282.15
—вые бѣлила 294.2
циркулярная мялка 71.4, 83.16
— мяльная машина 83.16
цыновка, половая 205.6
—, соломенная 205.2
цѣлый класс 52.1
цѣльный 202.2
цѣна в день закупки 49.8
— при закрытіи биржи 54.2
— земельнаго участка 25.9
— коконов 229.17
— на основаніи послѣдняго аукціона 186.9
— при открытіи биржи 54.1

цѣна сырца 29.8
– сырых матеріалов 29.8
– сырья 29.8
– шелка-сырца 230.6
–, наивысшая 186.5
–, основная 53.19
–, по которой производится разсчет 52.11
–, рыночная 29.10
–, средняя 53.17
–, твердая 184.8
цѣны, заключительныя 186.11
цѣнность породы 128.13
– руна 171.14
–, рыночная, шелка-сырца 230.7
цѣп 25.1
цѣпи, питательныя, для зажимного прибора 108.8
цѣпь, безконечная под'емная 253.17
– гребней, безконечная 88.6

Ч.

чан 69.9
– для выщелачиванія 254.2
– для процесса разложенія 158.15
– для удаленія серицина 233.5
–, мочильный 68.3, 148.17
–, отстойный, с перегородками 158.6
–, охладительный 277.13
–, полоскательный 148.18
–, промывной 148.18
частицы застрявшія в шерсти, травянистыя 146.8
–, увлеченныя 148.9
частички, жировыя 149.16
частично растворить 98.6
частичный 265.11
часть головы, задняя 131.22
– головы, затылочная 131.22
– головы, лобовая 131.21
– головы, передняя 131.21
– железы, выдѣляющая секрет 191.15
– железы, вырабатывающая секрет 191.13
– зажима, нижняя 88.13
– колодки, нижняя 88.13
– ляжки, верхняя 132.15
– ляжки, нижняя 132.9
– шеи, верхняя 132.1
– шеи, нижняя 132.2
–, брюшная 171.24
–, минеральная составная 45.2
–, рабочая, гекельной машины 89.6
–, составная (с. составная ч.) 81.2
–, шейная 171.19
чахотка 207.21
чашеобразный 35.5
чашечка, цвѣточная 20.2
человѣческій волос 187.18
– труд 21.24
челночная шерсть 172.3
червец 202.24
червь, жемчужно-сѣрый 192.18
–, коробочный 37.9
–, молочный 192.17
–, мучнистый 192.17
–, черно-сѣрый 193.1
–, шелковичный, (с. шелковичный ч.) 191.4
–, шелкопрядный 192.16
черенок 201.13
– листа, хрупкій 101.2
–, листовый 101.1
череп 127.13
черешок 19.18, 202.8
– листа 118.4
–, волосатый 35.2
чернильно-черный 117.9
чернильный орѣшек 235.8
чернобурый 98.2
черноголовая порода 123.1
черно-грязная шерсть 178.8
чернозеленый 36.23
черносѣмянный 36.20
черно-сѣрый 193.1
черный 78.21
чесалка 73.15, 87.6
–, ручная 73.15
чесальная 73.14
– машина с автоматической перекидной пряди 88.1
–ный станок 74.3, 87.11
чесальщик 87.15
– высоких номеров 87.16
– на геклях 73.13
чесаніе пеньки на геклях 87.1
чесанная шерсть 168.13
чесать лен на геклях 73.12
– пеньку на геклях 87.2
ческа, машинная 76.21
–, тонкая 74.2
четверть класса 59.13
четырехгранный 293.12
четырехугольный 204.18
четырех-хлористый углерод 156.13
– этан 284.16
чечевицеобразный 223.11
чешуйчатая эпидерма 15.23
чешуя, волосная 180.19
–, зубчатая 181.3
–, роговая 15.23
–, тупая 181.4
–, щитовидная 180.20
чиновник при вѣсах 184.18
число фактуры 29.24
– чешуек 181.6
чистая тара 56.10
чистить соломенную цыновку 205.3
– щетками 6.7
чистка щетками 6.6
чисто-бѣлый 63.19
чисто-породистый 214.5
чистокровный 130.11
чистокровность 128.19
чистота волокна 15.4
– породы шелкопряда 192.15
– хлопка 61.13
чистый 15.2
– вѣс 29.20
член биржи 27.20
чрезмѣрная мочка 82.14
чувствительность к кислотам 98.7
– шелка к щелочам 229.5
чувствительный к кислотам 98.8
–ные вѣсы 47.7
чугун, зеркальный бѣлый 163.1
чужеядное насѣкомое 196.3
– растеніе 79.14
– растеніе conchilis epilinana 66.12
чулочное издѣліе 4.3
чурбан на ножках 144.16
чурка 39.17

Ш.

шабровка 71.11
Шардоннэ, прядильный аппарат системы 262.11
–, прядильный прибор системы 262.12
–, способ пряденія по системѣ 258.21
шарики, каучуковые 295.10
шарообразный 215.14
шатер для шелковичных червей 195.12
–, прядильный 211.2
–, соломенный 195.17
шатун 40.7
шахта 26.23
шахтная шерстосушилка 155.5
швейцарскій шелк-сырец 231.11
Швейцера, раствор 271.9
–, реактив 271.9
шевіотовая овца 126.2
– шерсть 168.21
шейная часть 171.19
– шерсть 175.12
–ный позвонок 127.14
шелк 1.13, 188.16
– айлантус 232.5
– анафа 232.8
– греж 224.13
– с жесткой шелковистостью 226.14
– калотропіи 64.3
– из клѣтчатки 242.8
– из клѣтчатки растворенной в амміачном растворѣ окиси мѣди 242.10
– муга 232.3
– неопредѣленнаго цвѣта 227.2
– рондонтіа 232.7
– тазар 231.24
– Тусса 231.23
– Тусса, остиндскій 231.24
– фагара 232.1
– с хорошо осязаемой шелковистостью 226.13
–, благородный 188.21, 230.15
–, вискозный 242.11
–, дегуммированный 234.4
–, дикій 231.21, 188.22
–, естественный 188.20, 230.16
–, искусственный, (с. искусственный ш.) 242.2
шелк, казеиновый 287.1
–, касторовый 232.2
–, китайскій дубовый 231.23
–, культивированный 188.21
–, лишенный камеди 234.4
–, матовый 226.23
–, морской 232.18
–, мѣднокисло-амміачный 268.1
–, настоящій 230.15
–, натуральный 188.20, 230.16
–, низкосортный ссученый из 8–10 коконов 231.13
–, нитроцеллюлозный 242.9
–, облупленный 233.22
–, осахаренный 235.23
–, освобожденный от серицина 233.22
–, остиндскій, мезанкорій 232.6
–, отваренный 234.8
–, отваренный, освобожденный от серицина 231.16
–, отмоченный с частичным удаленіем серицина 231.17
–, отяжеленный 234.20
–, отяжеленный амміачно-хлорным оловом 236.3
–, отяжеленный сахаром 235.23
–, паучій 232.21
–, перемотанный 225.1
–, полуматовый 226.23
–, полуотваренный 234.11
–, размотанный 224.10
–, раковинный 232.18
–, растительный, (с. растительный ш.) 8.20, 63.18
–, розовый 227.1
–, свѣтлый 226.24
–, стеклянный 298.9
–, стенозированный 254.5
–, сѣмянной, асклепіи 63.21
–, уксуснокислый 242.12, 283.4
–, хлопьевидный 214.8
–, целлюлозный 242.8
–, ямамайскій 232.4
шелк-сырец 224.11
–, азіатскій 230.17
–, бенгальскій 231.1
–, венгерскій 231.12
–, греческій 231.7
–, длинно-моточный 231.20
–, европейскій 231.6
–, испанскій 231.10
–, итальянскій 231.8
–, китайскій 230.18
–, корейскій 230.23
–, короткомоточный 231.19
–, левантскій 231.3
–, малоазіатскій 231.4
–, остиндскій 231.1
–, персидскій 231.2
–, сирійскій 231.5
–, толстопрядный 231.15
–, толстый 231.15
–, тонкій 231.14
–, тонкопрядный 231.14

шелк-сырец, французскій 231.9
—, швейцарскій . 231.11
—, японскій . . . 230.19
шелковидный . . 288.4
шелковинка . . . 188.18
—, фиброиновая . 210.5
шелковинки, отдѣльныя, дикаго шелка 225.17
шелковистая трава 115.11
шелковисто-блестящій 74.7
шелковистость . . 226.11
— шерсти на ощупь 177.13
—, мягкая 226.17
шелковистый . . 46.14
шелковица . . . 201.7
—, бумажная . . 204.10
шелковичная гусеница 191.4
— железа 191.11
—ное дерево, японское 104.11
— сѣмя 193.10
— яйцо 195.3
—ный картон, зараженный 194.10
— картон, инфецированный . . . 194.10
— картон, клейменый 194.13
— червь 191.4
— — тусса 193.4
— — ямамай . . . 193.3
— —, айлантовскій 193.6
— —, безволосый . 197.7
— —, волосатый . 197.8
— —, вылупливающійся 196.14
— —, выросшій . . 196.20
— —, дающій бѣлые коконы 189.18
— —, дающій желтые коконы . . 189.16
— —, дающій зеленые коконы . 189.17
— —, дикій тутовый 193.2
— —, запоздалый . 206.10
— —, зараженный известковой болѣзнью . . . 207.17
— —, китайскій дубовый 193.5
— —, отсталый . . 206.10
— —, поздній . . 206.10
— —, покрытый волосами 197.8
— —, пораженный водянкой . . . 207.20
— —, пораженный пятниотою болѣзнью 208.11
— —, пораженный чахоткой . . . 207.22
— —, прожорливый 198.1
— —, прядучій . . 209.8
— —, созрѣвшій для коконизаціи . 209.5
— —, сонливый . . 208.16
— —, страдающій ожиреніем . . 208.1
— —, тутовый, впряденный в куколку 216.20
шелковод 189.5
шелководство . . 189.1
шелковая бабочка, дикая. 189.14
— биржа 230.4
— камедь 210.1
—вое растеніе, сирійское 64.2
шелковый 246.1
— воск 210.1
— клей 16.8
— отброс . . . 9.13, 232.9
— рынок 230.3
— угар . . . 9.13, 232.9
шелкомотальня . . 221.10
шелкообразная шерсть 168.5
шелкоподобный блеск 11.12
шелкопряд муга . 190.5
— мунга 190.5
— тусса, остиндскій 190.8
— ямамай, японскій 190.9
—, айлантскій . . 190.1
—, бѣлый 189.18
—, дикій 189.14
—, дубовый, индійскій 190.3
—, желтый 189.16
—, зеленый. . . . 189.17
—, касторовый . . 190.7
—, китайскій дубовый 190.2
—, общинный. . . 193.8
—, одиночный . . 193.7
—, орѣховый, японскій 190.6
—, паук- 233.1
—, полудикій . . 189.15
—, семейный . . 193.8
—, тутовый. . . . 190.4
шелкопряды . . . 189.6
шелкопрядильное насѣкомое . . 189.8
шелкопрядная гусеница 192.16
—ный червь . . . 192.16
шелкоѣд 217.18
шелуха 118.12
шеншилевая шерсть 188.13
шереховатость волокна. 11.22
шереховатый . . . 60.6
шерстность, густо- 131.14
шерстобит 148.3
шерсто-битная машина 153.15
шерстобой 153.15
шерстомойка . . 146.15
— для давальческаго товара . . . 147.5
шерсто-мойная машина 148.1
шерстомойщик . . 146.17
шерстоносное животное 122.5
шерсто-овцеводное хозяйство . . 131.10
шерсто-разрыхлительный волчек 153.15
шерсто-сушилка . 154.15
— с вращающимся барабаном . . 154.19
— с лежащими один над другим передаточными безконечными полотнами . . 155.2
—, шахтная . . . 155.5
—, ящечная . . . 155.4
шерстоѣд 136.6
шерсть .1.11, 122.2, 308.5
— алеппо, бѣлая. 166.7
— альпака 188.3
— из Буэнос-Айроса 166.15
— всего стада . . 167.15
— германской степной овцы . . . 165.12
— гребеннаго прочеса 168.16
шерсть гребеннаго расчеса 168.16
— грязна 145.4
— гуанако 188.5
— двукратной стрижки . . . 167.11
— деревенской овцы 165.11
— дикой козы . . 188.7
— животнаго происхожденія . . . 9.4
— засорена репейником 146.9
— здорова 175.17
— из имѣній . . . 166.2
— с кожевеннаго завода 143.19
— козули 188.7
— ламы 188.6
— из ла Платы . 166.14
— люнебургской овцы 165.12
— из Наталя . . 166.19
— недоброкачествена 177.18
— однократной стрижки . . . 167.10
— однолѣтка . . . 167.5
— на ощупь полная 177.10
— на ощупь тощая 177.11
— на ощупь упругая 177.12
— с палаго животнаго 167.17
— с побережій Средиземнаго моря 166.6
— из помѣщичьих. экономій . . . 166.2
— порта Аделаиды 166.21
— из порта Филиппа 166.22
— самки 167.6
— самца 167.7
— серны 188.7
— со слабинами . 178.24
— от смѣшанной овцы 165.13
— средняго расчеса 168.14
— сырец 183.17
— из Тасманіи . . 167.1
— фабричной мойки 185.6
— французскаго мериноса Рамбулье 165.17
— хорошей окраски 168.6
— хорошаго ухода 175.13
— хорошаго цвѣта 168.6
— электораль . . 165.16
—, австралійская . 166.20
—, американская . 166.13
—, англійская гребнечесанная . 168.17
—, ангорская . . 187.23
—, аппаратная . . 170.9
—, астраханская . 166.8
—, африканская . 166.17
—, багдадская . . 166.9
—, баранья. . . . 167.7
—, безрепейная . 178.11
—, бизамовая. . . 188.15
—, благородная. . 172.13
—, блестящая 168.7, 178.15
—, больная. . . . 178.23
—, бракованная . 168.9
—, букскиновая . 168.14
—, бѣлоснѣжная . 168.8
—, валуховая . . 167.8
—, валяная . . . 170.13
—, венгерская . . 166.5
—, верблюжья . . 188.1
—, вигоневая . . 188.4
—, воздушно-сухая 181.11
—, волосистая . . 178.1
—, ворсовальная . 168.13
шерсть, вывозная 184.1
—, высоко-сортная 172.13
—, вытравленная . 144.9
—, глянцевидная . 178.15
—, головная . . . 172.2
—, голодная . . . 178.22
—, грубая 177.21
—, грязная .145.20, 167.22
—, деревенская . 165.11
—, длинноволокнистая 137.3
—, длинноволосая 137.3
—, добротная . . . 141.8
—, донская . . . 166.10
—, древесная . . 121.8
—, дряблая . . . 175.22
—, жесткая . . . 178.6
—, животная . . . 9.3
—, жилистая . . . 175.24
—, жирная .145.22, 167.22
—, загрязненная . 145.5
—, загрязненная песком 168.4
—, замаранная . . 145.5
—, заморская. . . 165.20
—, западно-русская 166.11
—, засаленная сильно 167.23
—, засоренная кормом 175.11
—, заячья 188.12
—, здоровая . . . 141.8
—, зимняя 167.13
—, иноземная . . 165.19
—, иностранная . 165.19
—, искусственная . 9.12
—, кабаргиновая . 188.15
—, камволькая . . 168.16
—, камвольная, средняя. 168.19
—, камвольная, тонкая 168.18
—, карбонизированная 163.12
—, кашемирская . 187.24
—, кладенаго барана 167.8
—, клейкая . . . 178.9
—, ковровая . . . 168.22
—, козья 187.22
—, коллодійная . 157.11
—, колоніальная . 165.21
—, коротковолокнистая 137.5
—, коротковолосая 137.5
—, косматая . . . 178.12
—, кошачья . . . 188.10
—, крестьянская . 166.1
—, кроликовая . . 188.11
—, крѣпкая . . . 175.24
—, крѣпко свалявшаяся 137.13
—, курчавая . . . 176.17
—, курчавая сильно 176.18
—, курчавая слабо 176.19
—, курчавая явно . 176.18
—, легкая 178.7
—, липкая 178.9
—, лоснящая . . . 168.7
—, лоснящаяся . . 178.15
—, лохматая . . . 178.12
—, лѣсная 116.6
—, лѣтняя 167.13
—, люстриновая . 168.17
—, майская . . . 167.12
—, межеумочная . 172.18
—, мериносовая (с. мериносовая ш.) 165.9
—, метисовая . . 165.14
—, могаирская . . 187.23
—, мускусовая . . 188.15
—, мытая 185.5
—, мѣстная туземная 165.19

шерсть, мѣшанная 172.15
—, мягкая 178.5
—, мягко волнистая 176.15
—, накожная . . 139.8
—, натянутая. . . 176.2
—, начесная . . . 168.13
—, неваляная . . 170.14
—, немытая . . . 167.22
—, несвалянная . 178.14
—, несодержащая жира 157.5
—, неспутанная . 177.20, 178.14
—, нечистая . . . 145.5
—, низкосортная . 172.14, 177.19
—, новозеландская 166.24
—, ножная 172.5
—, обезжиренная . 157.4
—, овечья 165.7
—, окрашенная мочой 172.70
—, оленья 188.8
—, отжатая . . . 161.16
—, отмытая от пота 168.2
—, перерывистая . 178.24
—, перувіанская . 166.16
—, плавно волнистая 176.15
—, познанская . . 166.3
—, потная . 145.20, 167.22
—, привозная . . 184.2
—, пригодная для основы 168.11
—, пригодная для утка 168.12
—, промытая . . . 168.2
—, промытая на хребтѣ 168.1
—, просушенная . 155.7
—, прядильная . . 168.10
—, прямая 178.1
—, разрыхленная . 154.9
—, растительная . 8.21
—, репейная . . . 178.10
—, рунная 167.18
—, рунная безпорочная 167.20
—, рунная, безукоризненная . . 167.20
—, рунная, камвольная 167.19
—, рунная с недостатками . . . 167.21
—, рунная, с пороками 167.21
—, рыхлая 141.9
—, рѣдкорастущая 141.9
—, саксонская . . 166.4
—, сбитая 178.13
—, свалянная . . 178.13
—, свободная от жира 157.5
—, своволоченная . 178.13
—, свѣжестриженная 167.14
—, сильно загрязненная жирным потом 145.22
—, складочная . . 167.3
—, слипшаяся у основанія волос 139.8
—, смирнская . . 166.12
—, собачья 188.9
—, содержащая репей 146.10
—, способная сваливаться . . . 175.19
—, стеклянная . . 298.10
—, стриженная . . 167.9
—, суконная . . . 168.13
—, суровая . . . 178.6
—, сырая 183.17
шерсть, сѣмянорепейная . . . 168.3
—, твердая . . . 178.6
—, тибетская . . . 187.24
—, толстоволосая . 177.21
—, тонкорунная . 178.2
—, тончайшая . . 172.13
—, торговая . . . 185.7
—, тощая 178.22
—, туземная . . . 165.23
—, тучная 179.1
—, убойная . . . 167.16
—, угарная. . . . 168.13
—, фермерская . . 165.22
—, фланелевая . . 168.15
—, хвостовая . . 172.4
—, хранимая на складах. . . . 167.3
—, хрупкая . . . 175.22
—, челочная . . . 172.3
—, черно-грязная . 178.8
—, чесанная . . . 168.13
—, шевіотовая . . 168.21
—, шейная, загрязненная кормом 175.12
—, шелковистая . 178.16
—, шелкообразная 168.5
—, шеншилевая. . 188.13
—, шкурная . . . 167.16
—, штофная . . . 168.14
—, ягнячья. . . . 167.4
—, ядреная. . . . 175.24
—, яровая 167.12
шерстью бѣдная овца 131.16
шерстяная биржа 185.8
— кипа 184.20
— пряжа. 169.21
—ное волокно . 9,5, 180.8
— дѣло 184.3
— масло 160.9
—ной волос . . 9.5, 174.2
— волос, гладкій . 177.8
— волос, отвислый 177.22
— волос, прямой . 180.2
— волос, способный к пряденію 175.8
— воск 160.10
— жир 145.23
— — без запаха . . 159.12
— —, дестиллированный 160.12
— —, застывшій . . 146.5
— —, омыленный . 159.19
— —, омыляемый . 159.18
— —, перегнанный 160.12
— —, способный к омыленію . . . 159.18
— маклер 185.11
— мѣшок 183.14
— покров 131.11
— пот 145.8
— рынок 183.19
шерстяно-жирная кислота . . . 160.13
шершавое волокно 11.21
шершавость волокна 11.22
шетландская овца 124.7
шея 132.1
шило, сѣмянное . 23.7
шина, барабанная 112.6
—, закрѣпленная неподвижная . 49.4
—, качающаяся. . 40.3
шип, концевой . . 109.10
шиповидно-зубчатый. 109.8
шипы, боковые . . 109.9
ширеніе 7.2
ширить 7.3
широкій 247.6
широколистный . 116.4
широко-спинная овца 127.20
широкохвостая овца 125.1
шить 4.24
шитье 4.23
шкив, ведущій . . 111.13
—, желобчатый . . 86.16
—, направляющій. 111.14
школа дальнѣйшаго образованія. 26.1
— древесных насажденій . . . 200.14
— хлопководства . 36.3
—, агрономическая 25.21
—, земледѣльческая 25.21
—, сельскохозяйственная . . . 25.21
шкура, малоцѣнная 144.1
—, неповрежденная 142.14
—, овечья 143.8
—, плохого качества 144.1
—, поврежденная . 142.13
шкурка ягненка .— 143.9
шкурная шерсть . 167.16
шлам 149.14
шлемообразный . 167.8
шлихтик 121.10
шлихтовальная. . 170.7
— путанка 62.11
шлихтовать . . . 3.17
шляпка 62.4
шодди 170.12
шоколадно-коричневый. . . . 117.7
шпалера из тутовых кустов . . 200.7
шпат, тяжелый . 294.1
шпиндель 253.16
шпора 191.5
шпульная машина 251.15
— машина для основы 3.1
—ное веретено . . 253.16
шпулька, стеклянная 275.11
шпуля . . . 263.5, 267.8
—, крестовая . . 252.9
штопаніе. 48.13
штофная шерсть . 168.14
штраф, денежный 51.19
штрафное вознагражденіе . . 51.20
штриховка поверхности культурнаго шелка, слабая 225.14
—, рѣзкая продольная, дикаго шелка 225.15

Щ.

щавелевокислая известь. . . . 16.12
—лый кальцій . . 16.12
щадить волокно шерсти при промывкѣ 152.23
— волос шерсти при промывкѣ. 152.23
щелевидный . . . 247.12
щель 246.21
щелок 150.8
—, калійный . . . 152.1
—, концентрированный 151.19
—, мыльный . . . 150.17
—, натровый . . . 272.17
—, промывной . . 150.6
щелок, разбавленный 274.5
—, разведенный . 274.5
—, сгущенный . . 151.19
—, содовый. . . . 150.18
щелоки, каустическіе 182.5
—, ѣдкіе 182.5
щелочи, земельныя 265.22
щелочный 208.18
щелочность вискозы 279.21
— сѣрнистаго аммонія 265.21
щелочноупорный . 251.14
щелочь, азотистокислая 266.10
—, каліевая . . . 182.6
—, концентрированная 274.6
—, натровая 255.13, 266.7
—, неразложившаяся 152.11
— раствора вискозы, свободная . 279.11
—, свободная . . 152.11
—, сѣрнистая. . . 266.11
—, сѣрнисто-кислая 274.10
—, ѣдкая 278.19
щепа 121.7
щетинный 175.6
щетинообразный . 125.15
щетка, бительная. 219.20
—, жесткая . . . 196.11
щеточная машина для отдѣлки волокон. 112.19
—ный вал . . 89.7, 164.11
щеточно-отдѣлочная машина, двойная. 112.20
щипательный волчек для грязной шерсти 147.8
щипцы 262.17
щитовидная чешуя 180.20

Ѣ.

ѣдкая известь . . 262.2
—кій амміак . . . 272.10
— барій 182.12
— натр 151.16, 255.13, 266.7, 272.16
— сок агавы . . . 109.19
—кое кали . 151.15, 289.9
—кіе щелоки . . . 182.5

Э.

эжектор 148.6
экономія, мясоовцеводная . . 132.20
—, помѣщичья . . 166.2
эксгаустер 154.14
—, глиняный . . . 256.19
экспедитор . 31.11, 48.23
экспедиціонная фирма 48.23
—ные расходы . . 31.13
экспедиція . . . 31.10
— хлопка 48.22
эксперт 51.15
— по шерсти . . 187.4
экспертиза 51.16
эксплоатація, хищная 21.21
—, хищническая . 36.2
экспорт 30.22
— коконов 229.18

экспорт хлопка . 54.23
— шелковичных яиц. 195.3
— шерсти 183.22
экспортер 30.23
— шерсти 184.1
экспортное дѣло . 55.2
экстрагированіе жира 155.13
экстракт 170.10
— из каштановых орѣхов 235.24
— из листьев растенія сумаха . . 235.17
экстрактор . . . 156.19
—, жиро- 156.18
эксцентриковый каток 219.19
эластичность . . 10.12
— волокна 12.6
— шерстяного волоса 180.5
эластичный . . . 216.12
электораль, шерсть 165.16
электризоваться . 228.2
электрическая искра 247.21
—скій контакт . . 222.11
— опаливатель . . 144.19
электролиз. . . . 291.14
электропроводимость шелка . 228.3
элементы клѣтки . 119.9
элементарная клѣтка . . 74.16, 90.7
— клѣтка джутоваго волокна . 95.16
—ное волокно . . 16.5
эллиптическое поперечное сѣченіе 44.10
эмульсія 152.4
— жиров шерсти . 158.4
—, непрозрачная . 151.23
эндохром 14.15
эпидемичная болѣзнь. . . . 206.13
эпидерма 173.19
— волоса 174.22
—, чешуйчатая . . 15.23
эріа, кокон . . . 214.12
эріометр 179.20
эріоскоп 180.11
эспарто 116.17
эстонскій лен . . 303.3
этажерка для плетенок 204.20
этан, четыреххлористый . . 284.16
этил, азотнокислый 264.1
—, сѣрно-кислый . 263.19
этилен-хлор-гидрин. 284.13
этиловый, уксусно- 284.8
эфективная сила замочки. . . . 81.20
эфир .156.6, 258.4, 292.11
— бензойной кислоты 285.16
— жирной кислоты гидролизированной целлюлозы, растворимый в водѣ . . 283.7
— ксантогеновой кислоты, целлюлозный 278.21
— масляной кислоты 285.9
— муравьиной кислоты 285.3
— пальмитиновой кислоты . . . 285.11
— пропіоновой кислоты . . . 285.8
— уксусно-азотной кислоты . . . 285.20
— уксусной кислоты . . . 283.9, 284.8
— фенило-уксусной кислоты . . . 285.14
— целлюлозы, азотнокислый . . . 255.8
—, азотнокислый . 264.1
—, кислотный . . 255.21
—, уксусно-этиловый 284.8
—, уксусный . . . 284.8
—, целлюлозный, алифатической кислоты . . . 283.6
—, целлюлозный, жирной кислоты 283.6
эфиры целлюлозы, жирнокислые . 283.3
эфирно-спиртовая смѣсь 258.7
эфирно-сѣрная кислота . . . 263.19
эфирный раствор . 258.5

Ю.

югскій лен. . . . 304.7
Южно-американскій хлопок . 57.11
— хлопчатник . . 37.4
юкка 117.17
юрьевскій лен . . 304.21

Я.

ягненіе 129.10
ягненок 130.7
ягнячья шерсть . 167.4
ягода, тутовая . . 201.7
ядовитый препарат 144.7
ядреная шерсть. . 175.24
ядровое мыло . . 152.17
язва, сибирская . 135.23
яички шелкопряда 193.9
яичко мухи . . . 207.8
— шелкопряда . . 193.10
—, овальное . . . 193.11
—, продолговатокруглое . . . 193.11
яйцевидный . . . 215.16
—, ланцето- . . . 93.3
яйцевод 193.17
яйценосная бабочка 190.13
яйцо 37.12
— для разводки . 194.23
—, больное 193.16
—, приплодное . . 195.2
—, разводное . . 194.23
—, свѣже-снесенное 193.13
—, сѣмянное, заводской культуры 194.1
—, чечевицеобразное 193.12
—, шелковичное . 195.3
якилла 105.16
яма мочки . . . 81.15
яма для мочки . 68.4
—, выложенная камнем 81.16
—, мочильная 68.4, 81.15
—, сушильная . 70.2, 83.4
ямамай, шелкопряд 190.9
ямамайскій шелк . 232.4
ямка, сѣмянная . 23.6
японскій 230.19
— дуб 203.16
— способ намотки. 230.20
— хлопок 58.17
— шелк перемотанный для экспорта 230.22
— шелк размотанный по европейскому способу. 230.21
ярица 130.7
ярлык 99.18
— пробнаго мотка. 238.12
ярмарка коконовая 229.15
яровая шерсть . . 167.12
—вое растеніе . . 18.12
ярославскій лен . 304.10
ясень 203.13
ясли 133.8
—, круглыя . . . 133.13
ясно выраженный 139.1
— показывающій . 17.20
ясный 141.11
ячеечный метод Пастера 194.8
ячейка, бумажная 194.6
— для культуры . 194.4
—, тюлевая . . . 194.7
ячейная культура. 194.3
ячменная солома. 119.17
ящечная шерстосушилка . . . 155.4
—ный аппарат для сушенія шерсти 155.4
ящик для кострики 87.13
— для очесов . . 87.18
— с сѣтчатым дном, сушильный . . 83.1
—, выкидной . . . 63.10
—, неподвижный . 113.1
—, питательный. . 40.14, 42.15, 63.9
—, подвижный . . 113.2
ящур 136.3

Italienisch · Italian · Italien · Итальянскій · Italiano · Italiano

A.

abaca 106.2
abbassare il recipiente di filatura 253.9
abbeveramento delle pecore 134.4
abbeverare le pecore 134.6
abbeveratoio 134.7
– per le pecore 134.5
abbicare il lino in covoni 67.4
abbondanza di lana 131.14
abbozzolarsi del baco, il 209.3
abbozzolato, baco 216.20
abbruciacchiare la lana 144.18
abbrunimento della fibra di juta 96.22
abelmoschus tetraphyllus, fibra di 105.15
abete bianco 116.8
– rosso 203.12
abitudine di vita della pecora 130.18
accettare il cotone ammancante di qualità alla quotazione del mercato 48.1
– il cotone con una multa 48.2
accettazione bancaria 30.17
– propria 30.16
–, rifiutare l' 51.21
–, rifiuto d' 48.5
acciaccamento 86.10
acciaccare le foglie 111.3
– lo stelo 86.11
acciaccatore, cilindri –i 86.12
acclimatare la pecora 130.17
accoppiamento 129.3
– eterogeneo 129.5
– delle farfalle 190.10
– omogeneo 129.4
accoppiarsi (farfalle) 190.11
accovonare la canapa 80.5
accumulatore 42.13
–, sacco – della glandula 191.14
acetato di cellulosa 283.5
– di cellulosa solubile nel cloroformio 283.14
– di collodio 261.4
– d'idrocellulosa 284.4
– di magnesio 284.5
– di potassio 259.18
– di sodio 261.1, 284.7
– di zinco 284.6
acetilare la cellulosa 283.17
acetilazione della cellulosa 283.18
– incompleta 283.19
acetilcellulosa 283.5
acetone 261.19
acido acetico 183.5, 229.1, 265.23
– acetico concentrato 183.6
– acetico glaciale 183.7, 289.8
– acetico glaciale contenente acido solforico 284.3
– arsenico 228.22
– azotico 228.19
– benzoico 285.16
– carbolico 261.17
– carbonico 261.12
– cloridrico 17.9, 182.18
– cloridrico concentrato 182.19, 292.6
– cloro-palmitico 285.13
– di crisalide 219.2
– cromico 228.21, 286.8
– cromico semi-saturo 289.7
– diluito 182.17
– eccedente 163.14
– in eccesso 163.14
acido etilsolforico 263.19
– fenilacetico 285.14
– formico 100.6, 285.4
– formico concentrato 285.5
– fosforico 36.12, 198.7, 233.20
– gallico 286.7
– di grasso di lana 160.13
– ipocloroso 228.23
– lattico 272.19
– minerale 161.9
– muriatico 17.9, 182.18
– nitrico 228.19
– nitrico concentrato 146.16, 183.3
– nitrico diluito 98.15
– nitrizzante 256.6
– nitroso 272.20
– oleico 152.8
– organico 229.2
– ossi-sebaceo 258.19
– palmitico 152.6
– ricuperato 256.22
– di rifiuto 251.11
– sebaceo 151.5
– silicico 198.9
– solfo-acetico 284.11
– solforico 182.20
– solforico con aggiunto di acido oleico 289.19
– solforico concentrato 183.1
– solforico diluito per l'analisi della carta 289.17
– solforico iodato 75.8
– solforico scevro d'acido nitrico 256.21
– solforoso 158.16, 213.18, 228.20
– solforoso gasoso 262.4
– stearico 152.7
– sulfo-ossido 259.21
– sulfo-sebaceo 258.18, 259.22
– sulfo-vinico 263.19
– tannico 235.5, 286.6
– tannico purificato chimicamente 235.9
– toluolsolforico 285.18
– tungstico 286.9
– xantogenico di cellulosa 279.8
acidulare il filo 276.3
acidulato, acqua – a 266.22
acqua 45.3
– acidulata 69.12, 266.22
– alcalina 218.23
– ammoniacale 260.23
– ammoniacale concentrata 272.11
– di annaspatura 218.21
– assorbita 13.15
– di barite 182.12
– bollente 218.11
– scevra di calce 218.22
– calda 257.14
– caldissima 69.7
– di canale 81.24
– corrente 94.12
– a corsa lenta 67.20
– a corsa rapida 67.21
– distillata 219.8
– dolce 67.22, 81.22
– dura 81.23, 219.6
– ferruginosa 82.3
– di fiume 82.1
– fredda 81.12, 94.9
– di lavaggio 291.9
– di lavatura 150.6
– di macerazione 81.19, 102.6
– marina 118.19
– piovana 81.21
– di pozzo 82.2
– regia 98.17
– riscaldata con vapore 69.6
– salata 114.5, 196.4
– salina 274.11
– saponata 150.17
acqua sotto pressione 42.12
– di spurgo dei lavatoi di lana 158.2
– stagnante 94.11
– tiepida 37.1
– di trattura 218.21, 222.2
acquirente 29.4
acquistare la lana per conto fisso 184.8
acquisti per il bisogno 186.14
acquisto 29.3, 184.24
acquisto di lana 184.5
acquoso, soluzione –a 98.16
acre 36.6
adattabilità del baco 197.18
addetto del tosatore 142.4
addizione di calce 102.11
– d'olio 260.8
aderente, materie estranee –i 90.17
aderire (fili) 248.17
adire alle vie legali 50.24
adoperare il kapok per imbottitura 63.16
affaggottare parecchi velli 143.1
affare di Borsa a speculazione 53.3
– per consegna a richiamo 53.20
– per contanti 27.17
– effettivo 27.16
– d'importazione 55.1
– a premio 52.23
– regolare 27.15
– a speculazione 53.2
affari di Borsa 27.14
– soddisfacenti in lane 186.12
– in seta greggia 230.5
– a termine 27.18, 185.15
affastellare le foglie 110.14
– le piante di juta 93.23
affastellato, piante –e 93.24
affinare la fibra di canapa pettinandola a fino 89.11
affinità chimica 16.22
affittare il terreno verso un fisso in contanti 25.13
– il terreno verso una percentuale del provento 25.12
affumicamento 295.9
afidio 202.23
afta epizootica 136.3
agave americana, fibra dell' 113.14
– cantula, fibra dell' 114.1
– rigida 109.3
– Sisal 109.2
– Sisal con rimessiticcio 109.7
agente 27.10
– ferroviario 49.15
– del governo per la statistica 56.16
– speciale della piantagione 56.15
– statale per la statistica 56.16
agente di acetilazione 283.16
– precipitante 17.4
– di riduzione per impedire la colorazione della fibra al bruno 98.12
– saponificante 159.20
– di sgrassatura 156.3
agghiaccio 134.20
aggiungere acido alla soluzione di collodio 260.6
– un acido al latte scremato 287.5
– degli alcali all'acqua di macerazione 102.7
– un'aldeide al dissolvente 260.1
aggiungere la cellulosa alla soluzione di caseina 287.9
– fiori di zolfo al caucciù 296.2
– l'idrato di carbonio alla soluzione di cellulosa all'ossido di rame ammoniacale 273.7
– lacca copale al collodio 260.19
– olio alla nitrocellulosa 260.7
– sali all'acqua di lavaggio 265.1
– una soluzione di caucciù alla soluzione per filare 254.9
– sostanze organiche alla soluzione di rame ammoniacale 271.14
aggiunta di calce 102.11
– d'olio 260.8
– di sapone 150.24
aggiunte 44.23
aggiustare l'igrometro al pelo 14.11
agglutinamento dei fili del bozzolo 218.3
agglutinato, membrana cellulare –a 96.4
aggrovigliamento dei peli della lana 153.1
agitatore 292.22
agnella 130.7
agnellatura 129.10
agnelli gemelli 129.11
agnello 130.6
– castrato 130.3
ago dell'abete bianco 116.8
– dell'abete rosso 116.7
– del pinastro 116.9
– dello scapecchiatoio 73.16
agricoltura 20.18
–, scuola di 25.21
aia 70.18
– per la tosatura 142.6
ailanto 203.8
–, baco dell' 193.6
–, farfalla dell' 190.1
–, seta dell' 232.5
aiuola 23.15
– di germinazione 106.15
aiuto del tosatore 142.4
alberi frondosi, cellulosa d' 119.13
albero 19.3
– con alette sbattitrici 63.8
– della cannella 203.10
– del caucciù brasiliano 295.1
– del caucciù comune 294.17
– del caucciù delle Indie orientali 295.2
– di cocco 118.1
– frondoso 19.11
– di fusto alto 19.7
– di fusto corto 19.9
– di fusto medio 19.8
– genealogico 129.22
– del latte 203.24
– di paradiso 203.8
– verticale 86.4
albume 44.24
albumina 44.24
– del bianco dell'uovo 286.23
albuminoso, sostanz –e 286.21
alburno 65.7
alcalamina 271.10
alcali 102.7
– caustici 182.5
– non combinato e non scomposto 152.11
– libero della soluzione di viscosio 279.11
–, trattare con un 182.4
alcalinità del sulfidrato di ammonio 265.21

alcalinità del viscosio 279.21
alcalino, terre —e . . . 265.22
—, rendere —a l'acqua di macerazione. 102.6
—, soluzione —a . . . 270.1
alcool 156.7, 258.6
— contenente acqua . . 261.2
— denaturato 260.5
— etilico 267.2
— metilico . . . 258.8, 260.24
— poliatomico. 271.15
aldeide acetica 260.2
alette sbattitrici . . . 63.8
alifatico, etere — della cellulosa. 283.6
alimentare il baco. . . 197.22
alimentazione automatica di bozzoli 223.1
— dei bachi 197.21
— con foraggi asciutti . 133.17
— sul pascolo 133.15
— nella stalla 133.16
alimentizio, sostanza — a 133.21
alimento 130.20
alleggio, spese d' . . . 33.8
allevamento del baco da seta 195.5
— in cellule. 194.3
— industriale 193.19
— della pecora 128.1
— della pecora lanifera 131.8
— di pecore per ricavarne la carne 132.19
— rapido 195.10
— delle specie per le piante alimentari. . 197.17
— delle uova 193.18
allevare i bachi per gruppi 196.18
— il baco. 195.6
— la pecora 128.3
— pecore lanifere . . . 131.9
allevativo, valore . . . 128.13
allevatore di pecore . . 128.6
— delle uova 193.17
allume 286.4
— di cromo 285.5
allumina 45.12
alluminato di potassio . 281.7
— di sodio 281.8
alluminio, filo di . . . 297.18
allungamento della fibra 12.2, 137.6
— forte della fibra . . 137.7
— alla rottura della fibra 12.4
—, buon — della fibra . 137.9
—, poco — della fibra . 137.8
aloe, fibra di 113.12
alpaca (animale) . . . 126.14
— (lana artificiale) . . 170.10
alternato, foglie — e . 19.23
amenda di compensazione 51.20
amianto 1.14, 240.2
— anfibolo 240.4
— crivellato. 241.3
— di fibra corta . . . 241.10
— di fibra fina 241.11
— greggio 240.16
— a lunga fibra. . . . 241.9
— macinato 241.4
— opaco 241.13
— a prova d'acidi . . 241.23
— purificato 240.19
— refrattario 241.22
— stacciato 241.3
— trasparente 241.12
—-serpentino 240.5
—, fibra d' 240.6
—, fibra d' — azzurra . 241.18
—, fibra d' — bianconeve 241.15
—, fibra d' — brunastra 241.7
—, fibra d' — verdastra 241.16
amido 272.1
amilalcool 156.8
ammaccare le foglie . . 111.3
ammalarsi (pecora) . . 135.20
ammalato, il baco cade 206.12
ammancante di qualità 48.1
ammanco di peso . . . 49.4
— di qualità 51.23
ammissibile, tenore d'acqua 47.10
ammollire il grasso . . 146.6
ammoniaca 213.16
— caustica 272.10
— libera 150.22
ammoniacale, combinazione 150.14
—, soluzione 271.7
ammonio 272.7
ammoniuro di rame . . 45.14, 260.21
ammonticchiare 23.19
ammorbidito, spugna — a 239.21
ammorbiditrice, polvere 294.7
ammuffato, bozzolo . . 217.15
amorfo, zolfo 293.14
analizzare chimicamente 289.2
ananas sativus 115.9
—, fibra della foglia di 115.10
—, pianta di 115.9
anaphe, seta dell' . . . 232.8
anatomia della pianta . 18.14
anatomico, struttura —a del pelo 174.3
anello del corpo 191.6
angolo acuto 224.7
— di deviazione . . . 227.21
Angora, capra d' . . . 127.3
anidrico, soda —a . . 272.18
anidride acetica 284.1
— butirrica 285.10
— propionica 285.7
— solforosa 158.16, 213.8, 228.20
— solforosa gasosa. . . 262.4
anidro 159.11
anilina 259.9
anima del filo ricoperto di metallo 298.5
animale domestico . . 26.9
— femminile 26.14
— lanifero 122.5
— maschile 26.13
— parassita 202.22
— di razza 131.5
— selvatico 26.10
— utile 26.11
— vertebrato 26.6
—, materia prima . . . 9.1
animali cornuti 127.6
anisotropia della fibra . 13.1
— delle fibre vegetali . 13.2
anisotropo 13.3
annaffiamento delle bobine 253.13
annaspabile, bozzolo . . 214.3
annaspamento. 2.20
annaspare 2.21
annaspare il bozzolo . . 220.7
— la matassa di prova 238.11
annaspatoio. 221.11
— automatico 222.1
annaspatura 217.20
annodare i fili 223.8
annodatoio automatico. 223.9
annuale, pianta 36.7
annuo, pianta —a . . 64.16
anodo agitatore 291.15
Antheraea assama . . 190.5
— mylitta 190.8
— Pernyi . . . 190.2, 190.5
— Roylei 190.3
— Yamamay 190.9
anticipatamente, seccare la seta 237.15
anticipo, fare un — sul warrant 184.16
antrachinone 97.14
aperto, mantenere — a la lana 163.3
apertura del bozzolo. . 218.19
— della filiera. 247.8
— della vendita all'asta 185.24
appaiamento 129.3
appannato 294.5
—, seta —a 226.23
apparato v. a. apparecchio
— per la bollitura . . 218.16
— di distillazione . . . 156.23
— filatore del baco da seta 192.7
— d'incubazione. . . . 196.2
— liquefattore dei vapori mescolati al gas . . 267.9
apparecchiare 5.19
apparecchiatore 5.21
apparecchiatura 5.18
apparecchio v. a. apparato
— di condizionatura . . 47.4, 237.5
— per distruggere le lappole. 165.5
— essiccatore . . 154.8, 252.3
— essiccatore per la lana con nastri trasportatori 155.2
— essiccatore per la lana con tamburi sovrapposti 155.5
— per estrarre l'ammoniaca 277.11
— per filare e annaspare 253.3
apparecchio di filatura a filiera girevole . 251.1
— di filatura a filiere multiple 249.15
— di filatura a pressione variabile. 250.5
— di filatura sistema Dreaper 249.7
— di filatura sistema Thiele. 275.16
— incrociatore sistema Bergier 223.17
— incrociatore sistema Martin 223.14
— di liquefazione dei vapori mescolati al gas 267.9
— oliatore 155.8
— per la pulitura dei capillari 275.15
— di ricupero separato dei dissolventi . . . 267.4
— di ritorcitura pei fili di seta solidificati . 250.12
— scardonatore 165.2
— per togliere dal bozzolo la borra . . . 220.4
— Topham per la filatura del viscosio 282.1
apparenza del fiocco. . 136.9
appassire (foglia) . . . 106.9
appassitura della foglia 106.8
appello 51.7
appendice 214.10
appiattire il fuscello di paglia feso. 120.13
appiccicarsi alla spazzola 220.2
— insieme 136.12
apprestamento 5.18
appretto 5.18
—, idoneo all' 9.17
—, laboratorio di . . . 5.20
approvvigionamento di cotone 55.4
— di sete 229.22
approvvigionarsi di cotone 55.5
— insufficientemente di cotone 55.7
— oltre limite di cotone 55.6
appuntito, cellula —a . 105.7
aprire il bozzolo . . . 218.20
— la canapa stroppicciata 86.9
— il cotone disseccato . 269.9
— (fili del bozzolo) . . 190.15
— la lana 164.3
— la lana a mano. . . 153.13
aprirsi (frutto) 62.23
apritoio per cotone in seme 39.7
— per la lana 153.15
— per lana sudicia . . 147.8
apritura della lana umida 153.12
arare 22.5
— il terreno a profondità 22.7
aratro 22.9
— a vapore. 22.10
aratura 22.4
arbitraggio rispetto all' eccesso d'umidità . 52.8
arbitrale, camera — d'appello 51.9
—, decisione 51.4
arbitramento 50.2
—, spese d' 54.21
arbitrare un campione . 50.10
arbitro 51.6
— d'appello 51.10
— di ricorso 51.10
—, terzo 51.13
arboreo, pianta di cotone —a 34.11
arbusto di canapa. . . 77.11
— di cotone 34.8
arco di arricciamento del pelo. 176.22
arcolaio 2.22
area coltivata con cotone 36.4
— del pascolo. 134.12
arella del tosatore. . . 142.5
areometro 152.18
argali 123.12
argano verticale a cavallo 71.7
argenteo, lucido . . . 11.15
—, lustro 179.15
argilla 197.4
argilloso, suolo 20.23
aria calda, seccagione all' 213.11
— compressa 275.14
— libera 68.9
— nell'ovile 133.6
— ozonizzata 255.12
aria satura d'umidità . 154.7
armatura del bozzolo . 211.6
arricchimento del precipitante di rame . . 277.3
arricchirsi (bagno) . . 157.11
— (precipitante) . . . 277.2
arricciamento appena percettibile 177.3
— assai allungato . . . 177.4
— ad archi dilatati . . 177.6
— ad archi ravvicinati 177.5
— deciso 176.18
— debole 177.3
— molto pronunciato . 177.1
— normale 176.16
— dei peli nel fiocco. . 138.14
— poco pronunciato . . 177.2
— regolare 177.7
arricciato, lana —a. . . 176.17
—, lana poco —a . . 176.19
arrivo, contratto all'. . 55.9
arrotino 142.1
arrotolamento. 7.8
arrotolare. 7.9
— il vello 143.2
— il vello in un fagotto 143.3
arrotondata, sezione . . 95.17
arsenicare la lana . . . 144.6
arsenicato, lana —a . . 144.9
arsenico 144.8
articolato, fibra —a . 104.2
articoli di commercio . 28.10
artificiale, fibra 9.7
Artiodactylon ruminans 127.10
asbesto. 1.14, 240.2
asciugamento artificiale 151.10
— del filo prima di incannare 252.1
— con graticcio 154.15
— della lana 146.11, 149.3, 153.20
asciugare l'amianto rammollito 241.7
— all'aria la filaccia . . 95.5
— la canapa macerata al sole 82.24
— il filo sopra cilindri riscaldati 252.2
— la lana . . . 149.2, 154.1
— il lino al sole. . . . 70.1
asciugato, stelo 101.16
asciugatoio 70.3, 83.8
asciutto, mantenere la lettiera —a 205.7
asclepiade 63.21
— di Siria 64.2
Asclepias syriaca . . . 64.2
asfissiante, gas —i . . 213.18
aspare il bozzolo . . . 220.7
aspatoio 221.11
aspatrice 221.16
aspatura a due fili. . . 221.5
— della seta 220.5
aspetto senza lustro della fibra di lana . . . 178.17
— della madre-perla del bozzolo 215.10
— microscopico della fibra di lana . . . 180.14
— di pelle 171.10
— rugginoso 82.4
— della seta artificiale all'ultramicoscopio . 291.1
— torbido del sangue . . 208.4
aspirante, tubo 267.5
aspirare il filo di seta per la filiera. 264.16
— la polvere delle lappole 163.10
— i vapori ammoniacali dalla pressa a filtro 275.4
aspiratore 154.14
— di terra cotta . . . 256.19
aspo . 2.22, 221.15, 222.8, 253.5
— per classificare . . . 238.9
— essiccatore 252.5
— inclinato 252.6
— di scarico 225.2
—, mettere i fili di seta separatamente sull'. 221.4
asse del fiore 106.6
— di legno 68.5
assicella di protezione . 87.12
— dello scotolatoio 72.5, 72.10, 84.14, 84.19
— per sfregare . . 73.7, 85.4
assicurazione del beneficio presunto . . . 33.6
— del carico 33.5
— marittima 33.8
— contro i rischi di guerra 33.7
assorbimento 267.1
— dell'acqua . . 13.16, 288.15

assorbimento di gas per la lana 183.9
— di gas della seta 228.5
— della luce per la seta 227.12
— di ossigeno 98.4
— di sali metallici nella seta 234.22
assorbire dell'acido tannico 235.14
— l'alcool etilico 267.2
— l'umidità 13.10, 13.11, 115.22
assorbito, acqua —a 13.15
assortimento, locale d'. 80.4
assortire gli steli della canapa 80.2
assortito, canapa —a 80.3
asta 133.10
— filettata 245.15
astella, fibra delle —e 105.18
astrocargena vulgare 117.16
atlas, farfalla 189.19
atmosfera carica d'acido carbonico 261.12
— di gas d'ammoniaca 262.3
atrofia della lana 178.21
— del pelo di lana 173.14
atrofico, lana —a 178.22
atrofizzarsi (pelo di lana) 173.15
attacca-bave 222.13, 223.6, 223.10
attaccaggio dei fili 222.4
attaccare il filo 222.5
attaccarsi (peli della lana) 136.12
attaccaticcio, filo — di viscosio 281.1
Attacus atlas 189.19
— cynthia 190.1
— ricini 190.7
atto all'allevamento 128.14
— alla propagazione, bestiame 131.7
attorcigliare parecchi fili del bozzolo 221.6
attrezzi per l'allevamento 196.1
attrito del filo 251.3
Auchenia lama 126.11
— paco 125.14
aumentare la viscosità della soluzione 273.21
aumento di prezzo 54.7
— del rendimento 224.9
auto-infiammabilità del cotone 46.3
auto-infiammazione della seta caricata 236.21
autorità della Borsa 28.1
autunnale, bozzolo 214.17
avana, di color 43.23
avanzi unti 62.14
avaria marittima 47.17
— terrestre 47.18
—, presunta 49.3
avariato, cotone — dall'acqua di mare 47.16
—, tiglio 61.6
avena, paglia d'. 119.18
avvezzamento della pecora 130.21
avvezzare la pecora 130.23
avvezzo, pecora —a 130.22
avvicendamento delle sementi 22.11
avvolgere di cotone il filo di caucciù 296.18
— il filo di seta sulle bobine 263.1
— di seta il filo di caucciù 296.19
— sul subbio 3.16
avvolgimenti, filare in grandi 211.9
avvolgimento sul subbio 3.15
Aylanthus glandulosa 203.8
azione della luce e dell'aria 98.3
— nociva dell'acido formico 102.4
— della presa 112.8
azotato, corpo 244.8
azoto 45.13
azzurro-verdognolo, colorazione —a 91.1

B.

bacca del seme di cotone 35.9
baccellare, capsula di forma 93.10
baccilli di fermentazione 82.18
bacillo patogenico 206.18
bacinella 218.15, 220.1, 223.5
— di carica 223.4
— di trattura 221.12
bacino di chiarificazione 148.8
— collettore pel liquido precipitante 250.1
— filtrante 148.8
— per la liscivatura 254.2
— refrigerante a superficie di assorbimento 277.13
bachi malati 206.16
—, tenere i gruppi di — separati 196.17
baco affetto dal calcino 207.17
— dell'ailanto 193.6
— della Antheraea Pernyi 193.5
— bianco qual latte 192.17
— da bozzolo bianco 189.18
— da bozzolo giallo 189.16
— da bozzolo verde 189.17
— di famiglia 193.8
— di gelso 214.7
— grigio-cupo 193.1
— grigio-perla 192.18
— idropico 207.20
— infetto 206.15
— isolato 193.7
— letargico 208.16
— maturo ad abbozzolarsi 209.5
— obeso 208.1
— pebrinoso 208.11
— peloso 197.8
— plusia gamma 66.10
— scevro di peli 197.7
— selvatico del gelso 193.2
— sericigeno 192.16
— da seta 191.4, 192.16
— da seta che fila il suo bozzolo 209.8
— da seta del gelso 210.6
— da seta del gelso abbozzolato 216.20
— da seta maturo 196.20
— da seta selvatico 210.7
— sociabile 197.9
— tardivo 206.10
— tisico 207.22
— tussah 193.4
— uscito 196.14
— vorace 198.1
— yama-mai 193.3
—, togliere il baco con canne di bambù 205.17
—, togliere i —chi con una rete 205.20
—, togliere a mano il 205.16
bachicoltura 195.7
bachicultore 189.5
bachicultura 189.1
bagnare la lana 148.16
— le uova 194.16
bagnatura del bozzolo 217.22
bagno acido 161.8
— d'acido carbolico 261.17
— acido precipitante 280.23
— d'acido solforico diluito 161.10
— di acido tannico 235.6
— d'acqua calda 218.6
— d'acqua fredda 218.5
— d'albumina 261.10
— calcareo 150.15
— a carbonizzazione 161.7
— di cloruro mercurico 261.11
— di cloruro di stagno ammoniacale 236.5
— di cloruro di stagno corrosivo 236.9
— di coagulazione ad acido carbolico 261.16
— di cottura 234.7
— di denitrizzazione 265.14
— di fissaggio 253.4
— di fosfato 236.12
— di glucosio 235.22
— di lavaggio esaurito 266.24
— di lisciva 157.11
— di macerazione 102.5
— precipitante 248.18
— di sale ammoniacale 281.5
— di sapone e di soda 236.10
— per sbiancare 282.12
— di sgommatura 234.3
— di sgommatura consumato 233.23
— di sgrassamento 147.18
— di soda 163.17
— di solfato d'alluminio 261.13, 275.1
— di solfato di magnesio 274.17
bagno di una soluzione di salnitro e ceneraccio 218.9
— di sommacco 235.18
— di zucchero di canna 235.21
— di zucchero d'uva 235.22
balla 28.17
— avvolta in stuoie 75.19
— di canapa 92.12
— cuscita in tela d'imballaggio 113.3
— difettosa 43.10
— di lana 184.20
— legata con corde 75.20
— Lowry 43.8
— senza marca 43.12
— mercantile 48.17
— parallelepipeda 43.4
— della piantagione 42.23
— pressata 43.1
— mezzo pressata 42.20
— protestata 48.3
— Reagan 43.9
— rifatta 48.16
— rotonda 43.5
— sciupata 43.10
— di seta greggia 230.12
— Swenson 43.7
— per trasporto terrestre 42.22
balle di caucciù 295.10
— di lana pressate 183.16
bambù 121.13
banano 114.12
— vero 114.15
—, fibra del 114.11
banchina, franco 32.4
—, rischio di 48.21
banco a fusi 2.3
— del pettine 74.3, 87.11
— dello scapecchiatoio 74.3, 87.11
— per scoccolare 67.10, 80.14
— per sgranellare 67.10, 80.14
barba della penna 239.15
— della pinna 232.20
barbatelle 201.1
barbina 222.3
barca da canale 32.12
bardane 146.8, 160.18
baretta 88.6
— da denti 89.3
— da pettine 89.8
barette da pettine 74.4
barile 75.23
barite 294.1
barlotta 121.10
barre regolabili 163.5
Barreswill, soluzione di 98.5
base conica 253.7
— organica 259.6
— ossidabile 259.7
— di unguento 159.24
—, offrire oltre la 53.18
basico, sale di rame 270.16
bassetti 306.1
bassi prodotti di seta 232.9
batacchio 147.17
battere 6.9
— i bozzoli 219.15
— la canapa colla mazza 85.17
— la canapa stigliata colla mazza 83.8
— le fibre macerate del cocco 119.3
— la lana 153.14
— la lana con lupi 164.7
— il lino colla mazza 70.17
— le striscie della foglia 107.11
— il vello 171.5
battigliuolo per il seme di lino 65.23
battitoio a lama 70.10
battitore 101.8
— ad alette 162.16
—, cilindro 148.3, 150.1, 164.13, 165.4
battitrice, spazzola 219.20
battitura 6.8
— dei bozzoli 219.12
— della canapa colla mazza 85.16
— della lana con lupi 164.6
— a mano dei bozzoli 219.13
battola 85.11
battolina 153.16
battuto, canapa —a 91.11
bauhinia racemosa, fibra di 105.9
Baur, macerazione sistema 69.13
bava 211.4
Beaumontia grandiflora, seta 64.4
beneficio presunto 33.6
benzaldeide 260.4
benzina 156.11, 264.6
benzolo 264.7, 278.14
Bergier, apparecchio incrociatore sistema 223.17
bestia lanifera 122.5
bestiame atto alla propagazione 131.7
biancastro 43.19
—, fibra —a 14.17
bianchiccio 43.19
—, fibra —a 14.17
bianco-crema 60.2
—grigiastro 43.21
—neve 241.15
— di zinco 294.2
biancospino, foglia di 204.8
bicarbonato di ammonio 265.6
bicromato potassico 159.4, 286.2
— di sodio 159.6
biella 40.7
biennale, sistema 36.9
bifido, foglia —a 115.5
bigattiera 195.12
— di paglia 195.17
— sistema Darcet 195.13
bigatto 191.4
bigio-argenteo, colore 95.8
bilancia di precisione 47.7
— a quadrante 238.16
bilanciere 245.14
binder 141.3
bioccoli, cotone in 269.10
bisolfato alcalino 274.10
— di sodio 161.20
bisolfito 244.14
— d'ammonio 274.7
— di sodio 274.3, 278.8
bisogni, coprire i 184.12
bisogno di cotone 56.11
— di seta 229.24
bisso 232.18
bivoltino, varietà —a 197.20
blocco 296.14
— cuneiforme di legno 87.10
blousse 169.6
bobina 252.14, 263.5, 267.8
— d'avvolgimento 252.10
— a forma di naspo 252.9
— a scanalature longitudinali 252.11
— di vetro 275.11
bobinare il filo di seta 263.1
— il filo stirato 276.1
— la seta 282.9
bobinato, seta —a 282.10
boccia a fondo piatto 292.26
Boeken, macchina raschiatrice 111.7
bolla 276.9
— di gas 68.2
bolle d'aria 280.13
— d'aria, la soluzione contiene 246.4
bollettino della Borsa 28.2, 53.23
— settimanale 99.19
— settimanale della lana 185.20
bollire, far — i bozzoli 218.10
—, far — i bozzoli nell'acido acetico glaciale 218.14
—, far — i bozzoli a fuoco aperto 218.13
—, far — il cotone all'anidride acetica 283.26
—, far — la fibra di juta 97.1
—, far — la miscela 151.22
—, far — la nitrocellulosa con cloruro ferroso 257.21
bollito, cotone 269.18
bollitura, apparato per la 218.16
bollo del conoscimento 32.20
— della polizza di carico 32.20
bombice del gelso 190.4
Bombyx mori 190.4
bonifica per qualità non corrispondente 52.7
borace 233.19
borassus flabelliformis, fibra di 117.10
bordo, mettere a 32.6
borra 232.16
Borsa 27.13
— del cotone 49.19
— cotoniera 49.19
— delle lane 185.8
— delle sete 230.4

borsistico, regolamento. 28.5
boscaglia di gelsi . . . 200.19
bosco 211.2
– di paglia di riso . . 211.3
botanica 17.21
botanico 17.22
botrytis bassiana . . . 207.12
botte. 76.6
bottone 35.3, 60.23
bozzimare 3.17
bozzolo 214.2
– per l'allevamento . . 212.20
– ammuffato 217.15
– annaspabile 214.3
– aperto 217.9
– Attacus 214.13
– autunnale 214.17
– avviluppato di foglie 216.19
– del baco di famiglia 215.21
– del baco di gelso . . 214.7
– del Bengala 214.11
– bianco 215.1
– bucato 217.14
– calcinato 217.17
– cotto 214.1
– a doppio inviluppo . 216.17
– duro come il cuoio . 216.7
– elastico 216.12
– Eria 214.12
– falbo 215.7
– femmina 215.17
– di fibra fina 217.4
– filabile. 214.3
– filato a foggia di reticella 216.9
– filato con interruzione 216.2
– filato senza interruzione 216.1
– filato irregolarmente 216.4
– filato regolarmente . 216.3
– fresco 220.11
– galleggiante 219.11
– giallo 215.2
– giallo oro 215.3
– giapponese 214.14
– a grana fina 216.13
– grigio 215.4
– impermeabile 216.14
– incamiciato 216.18
– macchiato 217.10
– maschio 215.19
– a maglie grandi . . 216.10
– marcioso 217.16
– morto 217.12
– Muga 214.15
– ovale 215.16
– a pareti spesse . . . 216.16
– permeabile all'acqua 216.15
– povero di seta . . . 217.2
– primaverile 214.16
– a punta acuta . . . 215.15
– di razza pura . . . 214.5
– reniforme 215.18
– ricco di seta 217.1
– con riflesso metallico 215.9
– rugginoso 217.11
– a sacco del baco di famiglia 215.23
– satinato 215.8
– seccato 214.1
– secco all'aria 212.17
– sferico 215.14
– sferico del baco di famiglia 215.22
– singolo 215.13
– solido 216.6
– a tenuta d'acqua . . 216.14
– a tessuto fitto . . . 216.5
– di tessuto lasco . . 216.8
– trasparente 216.11
– tussah 214.9
– verde 215.5
– verde pallido 215.6
– verminoso 217.13
–, armatura del 211.6
bracciante 25.15
braciere di argilla . . . 197.4
branco di pecore . . . 134.13
Brema, contratto secondo l'uso di 55.17
brillante, lana. 178.15
broda della concimaia . 21.10
Bromelia ananas . . . 115.9
– Karatas, fibra della . 115.11
bromelie, fibre delle . . 115.8
brosimum 203.24
Broussonetia papyrifera 104.11
brucare la foglia di gelso 202.13
bruciare 6.1
– rapidamente 290.6
bruciatura 5.24
bruciolo 37.14
bruco 37.14
– del cotiledone . . . 37.8
brunastro 241.17
bruno-scuro 104.6
–-chiaro 43.24
–-giallognolo . . . 74.14, 97.13
–-rossastro 119.4
brunotto-cenere 74.15
bruschettino 219.14
bucato, bozzolo 217.14
buco per il seme . . . 23.6
bulbi capillari 143.15
– del pelo uniti in gruppi 174.7
bulbo 109.22
– del pelo 174.6
bulbus 174.6
buon mercato 29.11

C.

cadavere del baco . . 208.17
cadere in pezzi (vello) 178.19
caduta delle capsule. . 35.16
Calamus rotang 121.14
– rudentum, fibra di . 105.17
calandrare 6.17
calandratura 6.16
calare (prezzi) 54.11
calcare, suolo 20.24
calcareo, bagno 150.15
calce 198.10
– di gas 144.4
– intrisa 158.8
– viva 262.2
calcinazione, forno di . 157.16
calcino 207.16
calcinato, bozzolo . . . 217.17
calcio 16.16
caldaia piombata chiusa 69.4
– per sbiancare sistema Gebauer 269.17
caldo, lisciviare la lana a 157.10
calice 20.2
Caligula japonica . . . 190.6
calo di peso . . . 49.4, 52.12
– di qualità 51.23
calotropis, seta 64.3
caluggini vegetali . . . 62.15
calzettaio 4.10
cambiale 30.10
cambiamento dei cannicci 205.13
– difettoso nella lana . 179.2
– morfologico della seta 229.3
– della pelle del baco da seta 206.1
– del pelo 173.13
cambiare la lettiera ai bachi 205.14
– la pelle 206.5
– il recipiente di filatura 282.8
Camelus bactrianus . . 126.10
– dromedarius 126.9
camera 41.8
– arbitrale d'appello . 51.9
– di asciugamento . . 154.11
– d'essiccamento . . . 150.5
– essiccatrice 83.3
– d'essiccazione . . . 237.6
– di filtrazione 245.17
– d'incubazione . . . 195.16
– refrigerante 194.22
– di ricorso 51.9
– di riscaldo 162.3
camino in legno . . . 269.2
cammello battreano . . 126.10
campionaggio del cotone 50.2
campionare la merce . 28.16
campionarista dei cotoni 49.24
campionatura 28.15
campione 75.16
– di controllo 49.2
– garantito 56.2
– di lana 179.7, 184.22
– originale 50.9, 55.23
– preparato 50.12
– preso nel paese d'origine. 50.7
–-tipo 49.2, 186.20
–-tipo per i contratti a termine 50.6
campi marcitoi 21.18
campo di canapa . . . 78.6
– di cotone 36.5
– cotoniero 36.5
– incolto 21.22
– di lino 65.16
– in maggese 21.22
– di pettinatura . . . 89.6
campo, lasciare sul – le piante 93.24
canale 41.7
– d'aria 153.18
– cellulare 15.13, 95.12, 100.12
– comune d'uscita . . 192.12
– escretorio 192.11
– intestinale 191.10
– largo cellulare . 44.14, 90.8
– di purificazione in forma di serpentina . 148.5
canapa . . . 1.5, 77.1, 305.1
– assortita 80.3
– battuta 91.11
– di Bologna 92.3
– di Bombay 103.4
– bruna di Bengala . 103.7
– comune 77.3
– da cordaio 91.20
– due volte scapecchiata nelle estremità . . 90.1
– extra chiaro 305.22
– extra scolorato . . . 306.4
– extrissimo chiaro . . 305.21
– extrissimo scolorato 306.3
– femmina 77.9
– femmina a foglie fitte 77.10
– di fibra morbida . . 92.5
– di fibra tenua . . . 92.5
– da funaio 91.20
– della Galizia 92.2
– gialla 78.1
– gramolata 91.9
– gramolata e scotolata 91.13
– greggia 91.10
– indiana 103.4
– della Italia settentrionale 305.2
– italiana 92.3
– Ixtle 117.15
– di Königsberg . . . 91.21
– macchiata 305.10
– macerata 91.6
– di Manilla 1.8, 105.21, 307.5
– maschia 77.7
– maschia a foglie scarse 77.8
– del Napolitano . . . 305.19
– pettinata 91.15
– pettinata a fino . . 89.13
– pettinata a macchina 91.17
– pettinata a mano . . 91.16
– di Pietrogrado . . . 91.22
– polacca 92.1
– pronta per essere filata 91.18
– di Prussia 91.21
– ripassata 89.13
– di Russia 91.22
– scapecchiata 91.15
– scapecchiata a macchina 91.17
– scapecchiata a mano 91.16
– di scarto 91.23
– scevra di lische . . 90.4
– scevra di sostanza legnosa 90.15
– scotolata 91.12
– di Sisal 1.9
– sisalana 108.13
– per spaghi di calzature 91.19
– stigliata 91.8
– stroppicciata 86.9
– tagliata 91.14
– Tampico 117.15
canapaia 78.6
canape v. a. canapa . . 77.1
canapone 305.11
canapuccia 78.14
cancello di assicelle . . 85.10
candeggiabilità della fibra 15.7
candeggiare 5.7
candeggiatura 5.8
candeggio. 5.6
cane da pecoraio . . . 134.17
cane, pelo di 188.9
canna 121.12
– di bambù 204.17
– d'India 121.14
– di padule 121.15
– palustre 121.15
Cannabis sativa 77.3
cannella, albero della . 203.10
cannello della penna . 239.16
canniccio per i bachi . . 204.13
– con bosco di paglia di riso 211.3
– per disseccare . . . 83.1
– quadro di bambù . 204.16
– tondo di paglia . . 204.15
–, mettere i bachi sul . 204.14
canniccio, mettere il – sul cavalletto . . . 205.1
cannutiglia 298.4
caoutchouc, v. caucciù
capacità d'assorbimento dell'acqua 13.14
– di coagulamento . . 273.16
– dissolvente, dare all'alcool la 259.19
– dissolvente per il grasso 156.1
– esplosiva 263.12
– della fibra all'assorbimento 13.12
– di increspatura . . . 175.18
– della pecora ad ingrassarsi 132.23
– precipitante 264.14
– riflettente 227.11
– rotativa ottica . . . 227.18
capannone d'essiccamento 107.23
capecchio di canapa . 92.6
capello d'uomo 187.18
cappelli, cascami . . . 62.4
–, pulitura 62.4
capi di fili ritorti . . 169.23
capillare, tubo 262.13
capo-arbitri 51.13
– -bava del bozzolo, cercare il 219.16
– -giro 136.5
capra 127.1
– d'Angora. 127.3
– di Cascemir 127.4
– domestica 127.2
– hircus 127.2
– hircus angorensis . . 127.3
– del Tibet 127.4
capreolo del lino . . . 66.12
capriolo, pelo di . . . 188.7
capsula di cotone di pieno sviluppo. 35.13
– di forma baccellare . 93.10
– del frutto della juta 93.7
– immatura del cotone 35.17
– polisperma 78.1
– del seme 35.10
– del seme di cotone . 35.9
– stramatura del cotone 35.14
capsulare, frutto . . . 109.21
carattere della lana . 136.10
caratteristische dell'amianto 241.8
– fisiche della seta . . 227.6
carbonato ammonico. . 150.12
– magnesiaco 45.10
– di potassa 45.5, 102.8, 145.17, 209.17
– di potassa greggio . 157.7
– di potassa non raffinato 157.7
carbonato potassico . . 157.6
– potassico puro . . . 157.13
– di rame 270.23
– di soda 45.8, 102.9, 151.24
carbonchio 38.3
– del lino 66.15
– maligno 135.23
carbone del lino. . . . 66.15
carbonio 44.20
carbonisare 160.21
carbonizzare . . . 5.23, 160.21
– la lana lavata . . . 160.24
carbonizzarsi (sostanze vegetali) 161.4
carbonizzatore, operaio 162.15
carbonizzazione 5.22
– delle impurità vegetali 161.3
– della lana sucida . . 160.23
carda, cascami di . . 61.24
–, polvere di 62.5
–, spazzatura di . . . 62.3
cardatura 165.1
Cardon, gramolatrice sistema 71.11
carica di cloruro di stagno ammoniacale . 236.2
– di ferro 236.14
– di fosfato di stagno . 236.13
– minerale 234.21
– mista 234.24
– oltre il limite della perdita di peso . . 234.19
– con sali metallici . . 235.3
– di sali di piombo . . 236.15
– della seta 234.16
– di tannino 235.7
– vegetale 234.23
– di zucchero 235.19

caricamento 31.14
caricare i fasci di canapa con pietre 81.18
— la seta 234.17
— la seta di cloruro di stagno ammoniacale 236.1
— la seta fino a compensare la perdita di peso 234.18
caricato di rame, filo 276.4
caricatore, squadra di — i 31.15
caricazione 31.14
carico d'acido 257.9
— di sostanze vegetali 146.9
carne, sviluppo della 133.1
caro 29.12
carrello 162.11
— a graticcio 162.12
carta 298.13
— all'amido ed ioduro di zinco 258.8
— di cellulosa al bisolfito 298.19
— di cellulosa alla soda 298.18
— filabile 298.17
— da filtro, ritagli di 255.4
— di tornasole 163.19, 289.12
cartello di speculatori 54.20
cartone 194.6
— bucato 205.19
— infetto 194.10
— di scorza di gelso 194.9
— da seme di seta 194.4
— timbrato 194.13
— per togliere i bachi 205.18
—, dare alla cellulosa la forma del 244.16
Caryota urens 117.11
casa di commercio per le lane 184.3
— commissionaria 53.14, 185.14
— speditrice 48.23
— di spedizioni 48.23
cascame delle foglie 112.23
cascami dell'apritoio 61.20
— del battitore 61.21
— di canapa 92.4
— cappelli 62.4
— di carda 61.24, 169.11
— dei cilindri 62.6, 169.15
— di cotone 61.19, 254.16
— del cotone in seme 39.14
— di filatura 169.18
— di filati ritorti 62.9
— di filato 62.8
— di filatura a fibra fina 269.8
— di filatura a fibra lunga 269.7
— della filatura preparatoria 169.17
— di fili artificiali ritorti 293.8
— di follatura 170.4
— di garzatura 170.5
— di lana 168.23
— di lavatura 169.3
— di lucignolo 62.7
— oliati 62.14, 170.8
— di pettinatura 169.5
— di seta 232.9
— di seta naturale 287.14
— di seta pettinata 232.16
— di seta non pettinata 232.15
— della stoppa scapecchiata 92.11
— dei tamburi 169.16
— di tessitura 62.10, 170.1
— della tosatura 170.6
Cascemir, capra di 127.4
caseina mercantile 287.2
— spugnosa 287.6
caso di contestazione 50.20
cassa d'alimentazione 63.9
— di caricamento 40.14
— di carico 63.9
— a contanti 30.5
— di filtrazione 282.2
— fissa di pressione 113.1
— a forma di casco 267.6
— mobile di pressione 113.2
— di scarico 63.10
— senza sconto 30.8
— a stoppa 87.13
cassetta a stoppa 87.13
cassone di pressa smontabile 42.8
— di pressa trasportabile 42.7
castagna, estratto di 235.24
castello (a palchi) 204.20
castoro, pelo di 188.14
castrare l'agnello 130.8
castrato scarto 129.20
castrazione 130.9
catalogo delle vendite all'asta 185.23
catena 3.11
— senza fine pel trasporto delle bobine 253.17
catene di trasporto per il meccanismo di fissaggio 108.8
catenella 3.11
catrame di faggio 284.14
cattiva conduttività termica 241.20
caucciù 1.16, 294.9
— di Bahia 294.12
— di Ceara 294.11
— greggio 294.15
— laminato 296.11
— mercantile 294.15
— di Para 294.10
— di Pernambuco 294.11
— pressato 295.18
— di radice 294.14
— testa di negro 294.13
— vulcanizzato 294.16
caulescente, pianta 77.5
caulinario, fibra —a 8.22
caustico, succo 109.19
cava 26.23
— d'amianto 240.11
cavalletto con canniccio 204.21
— da conciatore 144.16
— essiccatore 112.12
— per sfregare 73.7
cavicorni 127.6
caviglia in punta 253.8
cavo, doppio — di trasporto 111.11
cedere al tatto (lana) 177.11
celeste, colore 74.11
cellula adiposa 174.14
— appuntita della fibra di cordia 105.7
— della capsula del seme 35.10
— di carta 194.6
— cilindrica del libro 90.9
— corticale 175.1
— elementare 74.16, 90.7
— elementare della fibra di juta 95.16
— elementare di forma prismatica 95.15
— elementare di spessore irregolare 96.6
— della fibra di bauhinia 105.10
— della glandula 192.1
— del libro 16.5, 74.16, 90.7
— di libro della ramia 103.2
— a membrana sottile 96.3
— a membrana spessa 96.2
— midollare 175.3
— del porta-bozzoli 223.3
— primitiva 20.11
— progenitiva 20.11
— del seme di cotone 36.15
— per le uova 194.4
cellulare, parete 46.10, 95.14
cellule corte 20.8
— longitudinali 20.7
— lunghe e appuntite 181.7
— midollose 16.1
— di tulle 194.7
celluloide, strato di 252.17
cellulosa 15.14, 44.18, 243.6
— d'alberi frondosi 119.13
— alcalina 278.4, 291.19
— ad alcalirame 272.22
— al bisolfito 119.11, 278.2, 296.16
— contenente materia colorante 254.18
— di cotone 44.19, 244.9
— disodica 269.13
— fortemente nitrizzata 256.5
— idratata 291.18
— all'idrossido di rame 272.21
— imbiancata 119.14
— non imbiancata 298.14
— di legno 119.7, 244.13
— di legno di conifere 119.12
— di lucido setaceo 243.19
— macinata 119.15
— mercerizzata 269.11
— di ossido di rame ammoniacale, processo alla 267.14
— pura 75.5, 244.2
— al rame 273.2
— al rame-sodio 273.1
— rigenerata 280.11, 292.4
— scevra di cenere 292.2
— secca 269.5
cellulosa secca all'aria 292.16
— sgrassata 255.17
— alla soda 119.10, 278.3, 298.15
— sodica 293.5
— solubile 243.10
— dello stelo del granturco 255.2
— superossidata 269.6
cellulosico, sostanza —a 287.20
ceneraccio 218.9
cenere 45.4
— amorfa di fibra 16.19
— di fagopiro 219.5
— di grano saraceno 219.5
— di juta scevra di cristalli 96.18
— di legno 21.16
— della seta artificiale 290.4
centrifuga 161.18
centrifugare (il) 6.22
centrifugare 6.23
— la lana 153.9
centrifugazione del cotone bagnato 269.19
centro commerciale 27.5
— laniero 183.20
ceppo a coltelli 70.12
cera 96.15
— di colesterina 160.5
— del cotone 44.7
— pel cuoio 160.4
— di lana 160.10
— vegetale 16.2
cercare il filo maestro 219.16
cerchio di ferro 42.19
cernere i bozzoli per l'allevamento 212.19
— la canapa secondo il colore 89.16
— la canapa secondo la finezza 89.14
— la canapa secondo la morbidezza 89.15
— le foglie tagliate 110.13
— la lana 170.16
— le lappole 164.2
— il lino 66.24
cernita dei bozzoli 212.18
— della juta 99.5
— della lana 170.15
cernito, juta non —a 99.1
cernitura della juta 99.5
— del lino 75.18
certificato 50.16
— di classificazione 50.17
— di condizionatura 187.10
— impegnabile di deposito 184.15
cespitoso, fiore 115.6
cespugliare, pianta 18.21, 34.10
cespuglio 135.13
— di fiori 100.17
cesta per lana 172.21
— di rete metallica 47.8
— di salcio 172.22
cf x per cento 48.10
Chardonnet, filatoio del 262.11
—, organo filatore del 262.12
—, metodo di filatura sistema 258.21
chayota 104.9
cheviot, lana di 168.21
—, pecora 126.2
chiarificazione, bacino di 148.
chiatta da canale 32.12
—, spese di 33.3
chiazzato 60.1
chimicamente stabile 257.5
chimico, composizione —a 44.16
—, proprietà —che del lino 74.6
chinagrass 100.10
chinchilla, pelo di 188.13
chinino 259.8
chiusura della Borsa 185.18
— ermetica 96.21
chrisotile 241.14
cif 31.22
cilindrare il seme 23.16
cilindri acciaccatori con movimento trasversale 86.12
— di legno per schiacciare 295.13
— riscaldati 252.2
— scanalati 71.9
— striati 71.9
cilindro 147.11, 164.10
— d'alimentazione 149.19, 153.17
— battitore 148.8, 150.1, 164.13, 165.4
— battitore ad alette 163.2
cilindro a coltelli 70.13
— conico 86.1
— di cuoio con scanalatura ruvida 40.5
— essiccatore 149.4, 251.12
— gramolatore 72.14
— d'immersione 149.8
— interno 212.16
— d'introduzione 149.20
— a lame elicoidali 40.10
— liquido a sospensione libera 250.4
— con liquido precipitante 249.18
— midollare 15.24
— olandese per la lana al collodio 257.16
— pettinatore 164.12
— di pressione 41.11, 42.10
— rivestito con cuoio ruvido 40.11
— rotativo 161.19
— scanalato 84.4
— scanalato di ghisa temperata 163.1
— a scanalature triangolari 71.5, 83.17
— scardonatore 165.3
— scaricatore della stoppa 89.8
— per sciogliere l'ossido di rame 268.8
— scotolatore 73.1
— con spine 147.10, 164.9
— spremitore 148.7, 149.10
cilindrico appiattito 225.8
cimice cotoniera 37.19
cinghia di alimentazione 148.2
— di trasporto 148.4
cinnamomo 203.10
cinturato 215.18
ciocca, le fibre della lana stanno in ciocche 136.11
cioccolato, tinta in 117.7
cipresso 203.14
circolare, sezione — della fibra 9.20
—, taglio 44.12
citiso 104.15
—, fibra di 105.1
ciuffetti dell'introduttore 62.1
Clarke, raschiatrice 108.4
classe 59.9
— media 55.21
— mezzana 55.21
— secondo il colore 59.23
— stipulata, la merce sta di un grado sotto la 52.1
— stipulata, la partita sta sotto la 51.24
— uniforme 55.22
classifica 59.14
— del cotone secondo il suo origine 56.17
— del cotone secondo la qualità 59.8
— della lana 187.2
— del lino 75.18, 76.12
—, una parte della merce può risultare inferiore di un mezzo grado nella 52.3
classificare la canapa secondo il colore 89.16
— il cotone 50.3, 61.10
— la lana 187.3
— i velli 187.1
classificato, juta — a 99.6
classificatore 49.22
— giurato 49.23
classificazione del cotone 50.2
— nuova 50.4
— delle razze delle pecore lanifere 122.11
— rinnovata 50.4
clausula della polizza di carico 49.14
clima 130.19
clorato di potassa 45.6
cloro 208.21
clorofilla 15.1
cloroformio 264.9, 284.9
cloro-zinco-iodio 45.17, 75.9, 289.6
cloruro di acetile 284.2
— dell'acido benzoico 285.17
— dell'acido fenilacetico 285.15
— d'acido toluolsolforico 285.19
— d'alluminio 162.4, 259.15
— d'ammonio 259.12
— di calcio 259.13
— cromoso 259.4

cloruro di ferro 98.11
— ferroso 257.21, 258.22
— di magnesio 162.2, 259.14
— manganoso 259.5
— mercurico 261.11
— potassico 16.15, 145.19
— di potassio 16.15
— di sodio 274.11
— solforoso 254.11
— di stagno ammoniacale 236.4
— di stagno contenente acqua 236.8
— stannoso 259.2
— di zinco 259.16, 292.5
coagulamento, capacità di 273.16
coagulare il succo di caucciù 295.11
—, far — la soluzione 280.19
coagularsi (fibroina) 210.11
— (filo) 249.14
— (soluzione) 245.7
— (viscosio) 280.9
coagulazione del filo 249.13
— della soluzione 245.6
cocco 1.10, 202.24
— immaturo 118.17
Cocos nucifera 118.1
Cochius, viscosimetro di 258.1
coda adiposa, pecora dalla 125.1
— corta, pecora dalla 124.2
— lanosa 124.3, 125.2
— lunga, pecora dalla 124.19
— rudimentale, pecora dalla 124.18
— stretta, pecora dalla 125.5
— del vello 171.16
coefficiente di allungamento della fibra 137.6
— di rame 292.12
cogliere il cotone 38.21
— le gelse per la seminazione 201.8
coglitore 38.16
coglitura del cotone 38.20
coleottero capsulare del cotone 37.11
colesterina 159.14
colla di pesce 286.13
collaudo della lana 179.4
collettore, scolatoio 267.11
collo caricato di foraggio 175.12
—, marca del 28.18
collodio 258.10
— filabile 261.5
— fluidissimo 258.13, 263.18
collodione 258.10
collodioso, soluzione — a 292.10
colloidale, composto 271.2
—, forma 245.5
coloniale, lana 165.21
colono 25.4
colorante, materia — naturale 210.13
colorazione azzurra 75.8
— azzurro-verdognola 91.1, 97.9
— bruna dello stelo 100.19
— al bruno 97.11
— al bruno-giallognolo 97.10, 97.13
— della fibra 14.13, 43.17
— gialla 97.15
— al marrone 98.1
— al morello 98.2
— al nero-bruno 98.2
— al rosso 97.12
— al rosso-bruno 98.1
— al rosso-ciliegia 97.14
— scura della fibra di juta 98.3
— violetta scura 75.9
colore dell'amianto 241.19
— avana 43.23
— biancastro della fibra di juta 95.10
— bigio-argenteo della fibra di juta 95.8
— bruno-giallognolo 74.14
— brunotto-cenere 74.15
— buono uniforme 59.24
— cattivo 227.2
— celeste 74.11
— del cotone 60.15
— crema 43.22
— della fibra 14.13, 43.17
— forte giallognolo 60.3
— giallastro della fibra di juta 95.9
— grigio d'acciaio 74.12
— della lana 172.19, 179.8
colore della luce polarizzata 227.15, 290.15
— morello 104.6
— naturale 179.9
— naturale della fibra 14.14
— ruggine 145.14
— della sericina 228.13
— verdastro 74.13
coltello 72.9
— circolare 295.17
— dentato 107.19
— elicoidale 40.9
— per fare il taglio 295.5
— inferiore 107.17
— di legno 83.14
— liscio 107.18
— oscillante 40.3
— piano 107.18
— da raschiare 144.17
— rastiatore 108.3, 112.6
— regolabile 40.12
— della scotola 72.6, 84.13
— per scotolare 84.18
— per sfregare 73.3, 85.6
— smussato 107.15
— superiore 107.16
— per tagliare le foglie 198.20
—, primo 108.9
—, secondo 108.10
coltivare l'agave Sisal in piantagioni 110.9
— un campo 20.23
— la canapa 78.9
— il cotone 35.23
— il lino 65.11
— mediante bulbi 110.6
— le piante in aiuole 110.6
— la seta 189.5
coltivatore di alberi 200.13
— di canapa 78.9
— di lino 65.19, 75.15
coltivazione all'aratro 22.2
— della canapa 78.2
— del cotone 35.20
— esauriente 21.21
— fino allo sfruttamento del suolo 21.21
— del lino 65.17
— della pianta cotoniera 34.4
— in piantagioni 25.6, 36.1
— del suolo 20.19
— a zappa 22.1
coltura della canapa di Manilla 106.13
— del lino 64.14
— principale 106.19
— secondaria 106.20
combinantesi coll' ammoniaca, sale 274.12
combinato, acqua chimicamente —a 277.1
—, alcali non 152.11
combinazione ammoniacale 150.14
— chimica 17.1
— di colori 172.20
— di nichel e di ammonio 272.7
— nitrica 255.6
— solforata 266.15
— solubile 245.9
— tannica 96.13
combustibile 156.14
combustibilità 288.24
combustione lenta 290.7
— senza residuo 290.8
commerciabile, merce 28.10
commerciante 27.7
— in lana 184.4
commercio 27.4
— di Borsa 27.19
— dei bozzoli 229.12
— della canapa 91.3
— del cotone 47.11
— della juta 98.18
— della lana 183.10
— della lana greggia 183.17
— della lana pettinata 183.18
— della lana a termine 185.16
— del lino 75.10
— delle materie prime 27.3
— a mezzo di intermediari 27.8
— dei semi di bachi da seta 229.11
— della seta 229.10
— a termine per lana pettinata 185.17
commissario d'incanto 186.1
commissionario, casa —a 53.14, 185.14
commissione 29.1, 185.3
— di vendita 29.2
compagnia di magazzini generali 32.17
— di navigazione 32.16
compartimento dello scotolatore 72.12
compensazione, amenda di 51.20
—, stanza di 53.9
componente minerale 16.11, 45.2
— narcotico della canapa 81.2
componenti chimici 277.9
— della fibra di juta 96.12
— fibrose 102.18
— del filo di seta 225.16
— del sudiciume 145.16
composizione chimica della fibra di cotone 44.16
— chimica della fibra di juta 96.11
— chimica della seta 228.6
composto 21.12
— alcalino solfo-cianuro 292.8
— di cellulosa 243.12
— di cellulosa alcali-rame 292.1
— colloidale di ammoniuro di rame 271.2
— metallico ammoniacale 271.3
— di ossido di rame ammoniacale
— di solfidrato di ammonio 279.10
— di solfuro di sodio 278.15
—, concimazione a 36.13
compra 29.3, 184.24
compra-vendita 48.6
comprare sulla base d'un tipo stabilito 55.19
— su campione originale 56.1
— la lana per conto fisso 184.8
— il lino per aree 76.3
— il lino a peso metrico 76.2
— su tipo garantito 55.20
compratore 29.4
— di lane 184.6
compressione del cotone 41.22
comprovare la carica 236.20
— le impurità della seta artificiale 291.2
computo della differenza di classe 47.19
— della tara 48.7
comunicare la malattia per contagio 207.1
concentrare il cloruro d'alluminio per vaporizzazione 162.6
concentrato, acido cloridrico 182.19
—, fortemente 258.16
—, soluzione —a 245.1
concentrazione del collodio 258.12
— della lisciva 151.20
— della lisciva per vaporizzazione 157.17
— del precipitante di rame 277.3
— della soluzione 244.23
— della soluzione per vaporizzazione 286.18
conchiglie 239.19
Conchylis epilinana 66.12
conciapelli 143.18
conciare 239.8
conciatore 143.18
concimaia, broda della 21.10
concimare il suolo 21.7
concimato, suolo 21.6
concimazione artificiale 21.14
— a composto 36.13
— del suolo 21.8
concime 21.9, 160.14
— artificiale 21.15
— chimico 21.15
condensarsi 246.9
condensatore 41.9, 277.12
condizionare il cotone 47.2
— la seta 237.2
condizionatura 14.2, 187.9
— del cotone 47.1
— della seta 237.1
condizione del mercato cotoniero 56.12
condizioni di pagamento 30.4
— della piazza 56.7
— di vendita 55.16
condotta d'acqua 262.15
— di ammissione dell'ammoniaca 268.6
condotta di ammissione dell'aria compressa 268.3
— d'ammissione dell'ossido di rame ammoniacale 268.7
— di ammissione della soluzione 268.5
— circolare per la soluzione 269.1
— del collodio 267.7
— di scarico dell'aria compressa 268.4
— di scarico della soluzione 268.2
condotto d'aria 195.15
— della glandola 174.17
— di scarico del cotone sgranato 39.3
— a sifone 250.9
— della soluzione per filare 248.10
conduttività di calore della fibra 13.5
— elettrica della seta 228.3
— termica 241.20
— termica della seta 228.3
conduttore d'acqua, tubo 262.14
confezionamento in balle 42.2
confezione del campione 50.11
congelazione della fibra 101.20
congiunto, fiocco di peli ben — i 137.13
conifere, lana delle 116.6
—, legno di 119.12
coniglio, pelo di 188.11
conoscimento 32.19
consegna 49.6
— conforme al contratto 52.6
— a Dundee 99.21
— a richiamo, affare per 53.20
— a richiamo, cotone per 53.21
— a termine fisso 55.15
—, cotone a 55.14
—, ricevere la lana in 184.9
consegnare a computo dell' eccedenza del valore 47.20
— il cotone in diverse partite 49.18
conservare le foglie fresche 198.24
— le uova nelle camere refrigeranti 194.22
consumo di lana 184.10
— di seta greggia 229.23
contagio 206.14
contagioso, malattia — a 206.20
contaminare 207.1
contatto elettrico 222.11
contenente acido 257.12
— acqua 263.13
— magnesia 162.3
— proteina 234.1
contenere scorze 60.21
— zolfo 181.20
contenuto in cenere della fibra di juta 96.20
— di cotone 46.1
— di fibra dello stelo 102.17
— di filaccia 20.9
— di filaccia dello stelo di canapa 91.7
— di grasso 44.9
— di grasso della lana greggia 145.21
— di grasso del sapone 152.12
— di libro 20.9
— di sudiciume nella lana 145.9
contestazione 50.20
conto assoluto 184.8
— fisso 184.8
contorno del fiocco 138.12
— giallo della lamella centrale 90.18
contrammina 54.15
contrarsi 46.11
contratti a termine 27.18
contratto all'arrivo 55.9
— di compra 29.7
— di compravendita 48.6
— per consegna franco vagone 56.6
— d'imbarco 32.13, 55.8
— in sospeso 55.10
— a termine 50.6
— secondo l'uso di Brema 55.17
— secondo l'uso di Liverpool 55.18
— di vendita 186.6
—, dar corso al 53.4

contrazione del canale cellulare 96.1
— longitudinale 46.12
— della soluzione per filare 246.16
— del tubo di vetro . 247.4
controllare il grado di concentrazione . . . 272.4
— lo spessore del filo . 223.6
convenzione di rialzisti 54.20
conversione di prezzo . 52.21
convertire la cellulosa in cellulosa alcalina . . 278.5
copale polverizzato . . 260.18
coperchio a coltelli . . 70.12
copertura di lana . . . 131.11
— di peli 131.12
coppia di cilindri scanalati 71.9
coprimento dei bisogni 184.11
coprire 30.18
— i bisogni di lane . . 184.12
coprirsi di cotone . . . 55.5
corda 75.20
— midollare 15.24, 175.2, 181.8
— tesa 84.15
cordaio 2.16
cordaiolo 2.16
cordame 2.19
corderia 2.15, 2.17
cordia, fibra di 105.6
cordificio 2.18
coreggiato 25.1
coriaceo, foglia —a . . 115.3
corio 173.22
corneo, strato. 15.22
cornice 204.19
corno falciforme . . . 123.15
— a spirale 126.5
cornuto, pecora —a 124.4, 127.7
corona dell'albero . . . 200.9
corpo azotato 244.8
— del baco 208.2
— incrostante 255.15
— della pecora 131.20
— del pelo 174.21
corpuscolo della pebrina 208.12
corrente d'aria 41.5
— d'aria calda 237.8
— d'aria fredda 237.9
— prodotta nel liquido precipitante mediante attrito del filo . . . 251.3
corrosivi, pelare con . 144.13
corrosivo, azione —a . 144.12
—, succo 109.19
corso, dar — al contratto 53.4
corteccia 65.4
— dell'albero 201.22
cortezza della fibra . . 10.6
corto, fibra —a 10.5
coscia 132.6, 171.20
costo della produzione 25.8
—, nolo ed assicurazione 32.22
costola della foglia . . 202.6
— rossa della foglia . . 93.5
ootiledone 18.23, 24.1
cotonaceo, tatto 226.21
cotone 1.3, 34.3, 244.3, 299.3
cotone, Abassi 59.5
— africano 58.23
— del Alabama 57.6
— dell'America settentrionale . . . 56.19, 299.4
— dell'America del Sud 37.4 57.11
— artificiale 9.11
— dell'Assam 58.7
— avariato dall'acqua di mare 47.17
— di Bahia 57.19
— del Barbados . . . 37.2
— di Bengala 58.15
— in bioccoli 269.10
— del Brasile 37.4
— brasiliano . . 57.14, 301.12
— Broach 58.11
— di Cambogia 58.8
— cardato 254.17
— Ceara 57.19
— China 58.16
— cipriotto 58.20
— di Coconnade. . . . 58.6
— commerciabile . . . 47.13
— di Comptah 58.13
— di Dholerah 58.10
— disperso per il vento 61.15
— disseccato 269.0
— dell' Egitto superiore 59.6
— egiziano 301.5
— europeo 59.7
cotone della Florida. . 57.10
— fogliuto 60.20
— del Giappone . . . 58.17
— greggio . . . 61.9, 254.15
— della Guiana 57.23
— di Hinghunghaut . . 58.3
— immaturo 61.18
— impuro 61.16
— delle Indie occidentali 37.2 58.1
— delle Indie orientali . 58.2 300.22
— Joanovich 59.2
— Jumel 58.21
— levantino. 58.19
— della Louisiana . . . 57.1
— Maco 58.24
— Maceio 57.17
— fino di Madrasso . . 58.5
— di Maranham . . . 57.15
— mercantile 47.13
— mercerizzato 291.20
— del Mississippi . . . 57.5
— Mitafifi 59.1
— di Mobile 57.9
— morto 61.18
— Nubari. 59.4
— di Oklahoma 57.4
— Omra 58.12
— di Para 57.20
— di Paraiba 57.21
— di Pernambuco . . . 57.18
— di Persia 58.22
— del Perù 37.4
— Perù Sea-Island . . 56.22
— polveroso 60.19
— russo 58.18, 301.16
— ruvido del Perù. . . 57.12
— sabbioso 60.18
— Sakellaridis. 59.3
— di Santos 57.22
— sbiancato 244.4
— di Scinde 58.14
— del Sea-Island . . . 56.20
— Sea-Island di Florida 56.21
— secco 255.18
— in seme 39.12
— a seme nero 36.20
— a seme verde 36.22
— sgranato 39.13
— di Smirne 58.21
— di Surate 58.9
— del Surinam 57.24
— tenero del Perù. . . 57.13
— del Tennessee . . . 57.3
— del Texas 57.7
— di tiglio corto . . . 61.4
— di tiglio lunghissimo 61.3
— di tiglio lungo . . . 61.2
— di Tinnevelly . . . 58.4
— umido 47.15
— Upland 57.8
— velloso 37.3
— vitiforme dell'isola di Cuba 37.5
—, fibra di 43.15, 60.24
cotoniero, campo . . . 36.5
—, regione —a 35.18
cotto, seta —a 231.16
cottura, bagno di . . . 234.7
cova 195.2
covare le uova 196.6
covata di bachi 196.7
covatura delle uova nelle cellule 196.5
covone di lino 67.5
cranio 127.13
crema di lanolina . . . 160.2
—, di colore 43.22
creosoto di catrame di faggio 284.14
crepare (pecora) 135.21
crepature, l'inviluppo di sericina presenta. 225.23
crescenza della lana . . 173.4
crescere (lana) 173.5
— (pianta) 24.9
crescimento del baco . 196.19
crescita orizzontale dei peli leganti 141.4
— regolare dei peli . . 173.6
cresciuta verticale dei peli 138.19
creta 294.3
cri serico 226.15
crine artificiale 293.1
— artificiale da cascami di fili artificiali ritorti 293.8
— artificiale trasparente proveniente dalla seta all'ossido di rame ammoniacale 293.4
crine artificiale del viscosio 293.6
— di cavallo 187.19
— vegetale 104.1
criniera. 123.14
crisalide 37.15, 212.7
cristallizzato, solfato di rame 270.14
cristallo 16.20
crivellare l'amianto . . 241.2
crivellato, amianto . . 241.3
crivellatore, tamburo . 41.10
crivello pei bozzoli . . 218.18
— di rete metallica . . 60.1
crogiolo Gooch 291.10
cromatico, reazioni — che 227.17
cromato di potassio . . 159.5
Crotalaria juncea . . . 103.7
crudo, seda —a 231.17
Crumb, raschiatrice . . 108.1
cucchiaio a staccio . . 218.17
cucire 4.24
cucitura 4.23
cultura del gelso . . . 200.13
— di microbi 82.16
cuocere i fastelli di fibra 102.3
— la fibra di juta. . . 97.1
— la fibra di juta in una soluzione di Barreswill 98.5
— la fibra di juta con soda caustica . . . 97.6
— il legno conifero . . 244.14
— la seta 234.6
— a metà la seta . . . 234.12
— la seta in una soluzione di sapone . . 234.9
cuoio per sfregare . 73.6, 85.3
Cupressus sempervirens 203.14
curandaio. 5.9
curcuma longa, fibra della 105.19
cuscino di cuoio. . . . 85.5
cuscuta. 66.13
Cuscuta epilinum . . . 66.13
custodimento delle pecore 134.15
cuticola 173.19
— della fibra 44.6
— del pelo 174.22
cuticula interna 192.3
— pili 174.22
Cytisus scoparius . . . 104.15

D.

danneggiare la pelle . . 142.15
danneggiato, pelle — a. 142.13
Darcet, bigattiera sistema 195.13
data d'acquisto 49.8
— della fattura . . . 29.24
dattiliforme 35.1
dazio. 33.9
— di transito 33.12
debole, acido 251.9
debole, reazione acida . 183.8
debolezza della Borsa . 54.18
decantazione d'un liquido 263.11
decisione arbitrale . . 51.4
decomporre la cellulosa 243.18
— il grasso 151.6
decomporse (filaccia). . 94.7
— (lana) 182.14
— (soluzione) 245.10
— (soluzione di viscosio) 280.12
— (tessuto adiposo) . . 208.9
decomposizione della cellulosa mediante acidi 243.15
— della cellulosa mediante alcali 243.16
— della cellulosa mediante reagenti ossidanti 243.17
— del cloruro d'alluminio 162.5
— della combinazione solubile 245.9
— della filaccia 94.6
— della lana 182.13
— della nitrocellulosa . 257.4
decozione della fibra di juta. 97.2
— di noci di galla . . 235.8
— schiumosa 152.22
— di scorza di quercia. 218.7
degenerato, cotone . . 37.6
deiscenza della capsula. 35.15
denier 238.18
denitrizzante, sostanza 265.18
denitrizzare il filo . . 265.9
— il filo sulla bobina . 265.16
— il filo nella matassa . 265.17
denitrizzazione 265.8
— acida 265.13
— disuguale. 265.12
— parziale 265.11
denominare la lana a seconda del grado di finezza 187.5
denominazioni d'uso commerciale per la canapa 91.4
densimetro sistema Mentzel 180.12
densità della lana . . . 136.14
dente 147.12
— del pettine 87.7
— dello scapecchiatoio . 73.16
dentellato, orlo 93.2
denticolato, foglia —a 77.16
deperire (pelo di lana) 173.16
deperito, peli — i . . . 173.17
deporre le uova (farfalla) 190.12
deporsi (particelle di lana) 148.9
depositare una somma 53.15
deposito di cotone. . . 41.21
— di lana 184.14
— di lino. 76.1
—, mettere in 31.5
deposizione delle uova . 190.14
depurato dall'olio, residuo 157.2
derivato della cellulosa. 279.1
derma 173.22
dermide 173.22
destinazione, porto di . 32.9
destrina 272.2
detergente 150.10
detergere la lana dalla lisciva aderente . . 153.5
deterioramento del seme 22.19
determinare l'allungamento della fibra . 12.2
— il grado di concentrazione 161.11
— il grado di nitrizzazione 256.3
— il peso della fibra secca nel vuoto . . 14.5
— la qualità del vello . 171.11
— il titolo della seta . . 238.4
determinazione del grasso 156.17
— del prezzo 53.16
— del tenore in azoto . 257.20
deviazione, angolo di . 227.21
diacetato 283.11
dialisare il viscosio . . . 280.2
dialisi 280.3
diametro del pelo . . . 181.14
diarrea 207.23
dicloridrina 284.15
dicotyledone, pianta . . 18.19
dicroismo 290.16
Dictyosperma fibrosum. 117.12
difalco dei cerchi . . 56.9
difenilammina 289.5
difetto della lana . . . 178.18
difettoso, balla —a . . 43.10
differenza di classe . . 47.19
— di qualità 51.22
differenze chimiche delle fibre 16.21
difficile a scogliersi . . 228.9
digitato 35.1
digitiforme 35.1
digrassare la lana . . . 155.12
digrezzamento della seta 233.2
digrezzare la seta . . . 233.3
dilatarsi (pori) 235.13
diluire la lisciva coll'acqua 151.21
diluito, acido 182.17
diminuire (viscosità) . . 264.18
dinamometro 12.13
dioico, pianta — a . . 77.6
dipanare la seta 277.5
diradamento 14.12
diramazione. 104.2
direttore della Borsa . . 28.3
direzione delle scaglie . 181.5
diritti doganali sulla seta 230.13
diritto 51.18
— di dogana 33.9
— d'entrata 33.10
— di gru 33.4
— d'uscita 33.11
disadatto alla filatura . 246.11
disaereare la soluzione . 246.6
disbrigo dell'affare 53.5, 185.19

discendenza della pecora 129.23
discioglimento della lana in acqua bollente 182.1
disco girevole 224.1
– lentiforme con incisione 223.11
– scanalato 86.16
– tagliente 86.17
disfare le balle rotonde 43.6
disgregabile, fiocco facilmente 137.11
disgregare i tendini battendoli 239.11
– i tendini pressandoli 239.10
disgregazione delle punte dei peli dall'azione atmosferica 141.1
disinfettare il locale di allevamento 208.18
disinfezione 208.19
disinnestare il recipiente di filatura 282.7
disinserire il recipiente di filatura 282.7
disintegratore centrifugo 27.2
disoliato, residuo 157.2
disperso, cotone – per il vento 61.15
disponibile su piazza 55.11, 186.17
disporre la lana aperta sui graticci 154.9
dispositivo di asciugamento 154.8
– di asciugamento a tamburo girevole 154.19
– d'innesto duplice 86.3
– oliatore 149.6
– di presa 86.3
– pel ricambio delle bobine 252.13
– di sgrassamento 147.13, 147.15
– di sgrassatura 156.18
disposizione della Borsa 54.16
– dei frutti 118.7
– isolata dei fiocchi 138.9
disseccamento delle fibre per sospensione 107.22
– della fibra nel vuoto 14.4
– del lino 69.24
– degli steli 80.8
disseccare la canapa 80.7
– la canapa nel forno 83.2
– la canapa macerata al sole 82.24
– la fibra di ramia prima della macerazione 101.24
– lentamente la canapa 82.23
– il lino al sole 70.1
– il seme 78.16
– il seme prima della seminazione 65.21
disseccarsi (gelatina) 280.8
disseccato, fibra –a 95.6, 102.1
dissoluzione di cellulosa negli alcali 282.18
– della parete cellulare 91.2
– del protossido di rame 291.12
– della sericina 218.2
– della sostanza gommosa 94.5
dissolvente 245.8, 258.11
– del grasso 156.5
– il grasso 155.17
– volatile 156.4
dissolvere la caseina 287.7
– la cellulosa 282.16
– colla di pesce 261.7
– la guttaperca 261.6
– parzialmente 98.6
– il rame 270.7
– la sericina 218.12
– la sostanza gommosa 94.4
dissolversi (fibra animale) 182.3
– (lana al collodio) 263.10
distanza fra le piante 114.3
distendere la stoppa 85.13
distendersi bene (lana) 138.6
– difficilmente (lana) 138.7
distendimento 7.2
– della stoppa 85.12
distillare l'acetone alla calce viva 262.2
– il grasso di lana 160.11
– nel vacuo 258.15
distillazione nel vacuo 258.14
distinzione della fibra di cotone dalle altre fibre 45.20
– delle sete artificiali 289.1
distribuire i frammenti delle foglie sul canniccio 198.22
distribuzione della lana sul corpo della pecora 131.20
– della sericina sulla fibra di seta 210.14
distruggere il bulbo capillare 143.16
– il cartone infetto 194.11
– chimicamente le impurità vegetali 160.20
– il fiocco 153.4
– le lappole 164.21
– la materia gommosa 81.8
– la sostanza gommosa 67.13
distruzione dei bulbi capillari 143.15
– della fibra vegetale 161.2
disuniforme (fibra di lana) 176.7
disuniformità della fibra di lana 176.6
diventare liquido (soluzione) 246.10
– secco (stelo) 80.10
dividere in filacci il fuscello 120.14
divisione dei rizomi 106.18
divisore 275.9
doblaggio del tessuto 7.10
doblare il tessuto 7.11
docciatura 146.23
dogana, diritto di 33.9
–, esente di 33.15
–, esenzione di 33.14
doganale, diritti – i 230.13
domanda attiva 186.13
– più viva 186.15
domestico, pecora – a 124.1
doppio 215.20
doppione 215.20
doratura del filo d'argento 297.7
dormire (baco) 206.8
dorso 132.4, 171.21
dosso 132.4
Doumer, macerazione sistema 69.19
Dreaper, apparecchio di filatura sistema 249.7
dromedario 126.9
Dundee, q[illegible]ne di 99.20
duplice r[illegible]e 13.1
durata d[illegible]vamento 195.11
– della co[illegible]ra 196.9
– d'estrazione 157.8
– della evaporazione 14.1
– della macerazione 68.19, 82.15, 94.14
– della muta 206.2
– della nitrizzazione 255.22
– dello stiramento 249.2
– della vita del baco 197.6
– della vita delle piante 24.6
durezza della fibra 10.20
duro, fibra –a 10.19
duttilità 288.20
– della soluzione per filare 244.18

E.

ebollizione della fibra 97.2
eccedente, acido 163.14
eccedenza peso 52.13
– di peso tollerabile 238.1
– tara 48.14
– del valore 47.20
eccentrico, puleggia –a 219.19
eccesso d'umidità 52.8
–, acido in 163.14
educazione del baco 195.5
effetti dei reagenti chimici 289.3
effettuare sulla base dei tipi di qualità 186.19
elasticità della fibra 12.6
– della fibra di lana 180.5
– di ritiro 180.6
elastico, fibra –a 12.5, 175.20
–, pelo non 175.21
elce 203.15
eleggere un capo-arbitri 51.14
elementare, cellula 95.15
elementi della cellula 119.9
– del filo di seta 225.16
elettorale, pecora 126.7
elettrico, conduttività – a 228.3
elettrizzabilità della seta 228.2
elettrizzare la seta per stropicciamento 228.1
elettrolisi 291.14
elicoidale, coltelli –i 40.9
–, torsione 44.4, 225.13
eliminare l'acido dalla nitrocellulosa 256.12
– l'acido per una soluzione di soda 163.15
– l'acqua dal filo 277.1
– l'aria dalla soluzione 246.6
– le bolle d'aria 280.13
– la filaccia dallo stelo di ramia 101.5
– mediante idroestrattore 256.13
– le impurità dalla lana lavandola 146.14
– le lappole battendole 164.18
– le lappole meccanicamente 163.21
– mediante lavaggio 264.23
– la parte legnosa 100.8
– pecore inadatte 129.15
– il rame dall'acido 277.10
– il rame dal filo disseccato 276.17
– dalla seta i componenti chimici mediante la lavatura 253.11
– la sostanza di carica 236.17
– la sostanza gommosa 102.14
– tagliando 121.9
– i vapori di etere 263.17
– lo zolfo 266.13
eliminazione dell'acido 163.13
– d'acqua 13.22
– dell'aria 246.5
– delle bolle d'aria 280.14
– della filaccia dallo stelo 101.4
– delle lappole 163.22
– del lustro 293.13
– mediante trattamento chimico 294.4
– della polpa 107.20
– del rame dal filo 276.16
– della sostanza di carica 236.18
– delle uova malate 193.16
– dello zolfo 266.12
ellittico, sezione –a 44.10
emenda di compensazione 51.20
emporio 27.6
– di juta greggia 99.22
emulsione 152.4
– del grasso della lana 158.4
– opaca 151.23
endocarpo duro come la pietra 118.15
endodermide della fibra 103.10
Enea, lana di 64.11, 116.1
enfiagione della fibra 46.9
ensiforme, foglia 115.2
–, foglia lunga 116.14
entrata, diritto d' 33.10
epicarpo del frutto 118.12
epidemia dei bachi 206.13
epiderme 75.4
epidermide 173.19
– spessa 103.11
epizootia dei bachi 206.13
epoca della covatura 196.8
– di sviluppo delle piante 24.8
erba 18.20, 135.12
– da foraggio 135.10
– matta 24.10
– selvatica 116.20
erbaccia 24.10
erbaceo, pianta –a 18.20
erbivoro 127.11
ereditario, malattia –a -207.3
Eria, bozzolo 214.12
–, seta 232.2
erioforo 115.13
eriometro 179.20
Eriophorum vaginatum 115.13
erioscopio 180.11
esame dei bozzoli 213.1
– microscopico 17.13, 44.2
– al microscopio 180.13, 225.4
esame al microscopio polarizzante 290.13
– ottico 290.10
– all'ultramicoscopio 290.22
esaminare l'acqua di lavaggio 291.9
– l'apertura del capillare 276.14
– i bozzoli 213.2
– la lana 179.5
– alla luce polarizzata 290.11
– al microscopio 17.14, 225.5
– otticamente 290.9
– la solubilità 257.1
– per il tatto 60.5
– il tenore di azoto 257.19
esaurimento del suolo a coltivazione di lino 66.7
esaurito, bagno di lavaggio 266.24
esaustore 154.14
– di terra cotta 256.19
escrementi del baco 205.22
escrescenza fungosa 207.11
escretorio, canale 192.11
escretrice, parte – della glandula 191.15
escrezionare grasso 174.15
escrezione della glandola sebacea 174.18
– di grasso 174.16
– liquida 209.14
– senza struttura 209.15
escuriale, pecora 126.7
esente di dogana 33.15
esenzione di dogana 33.14
esile, struttura 127.18
esistenza di lana 184.13
esordio, prezzo d' 54.1
esplosivo 156.15
esporre i bozzoli ai raggi solari 213.9
esportatore 30.23
– di lana 184.1
esportazione 30.22
– dei bozzoli 229.18
– di cotone 54.23
– della lana 183.22
– delle uova 195.3
essiccamento, camera d' 150.5
–, capannone d' 107.23
essiccante all'aria 260.10
essiccare 7.1
essiccarsi, non (olio) 294.6
essiccatoio 70.3, 83.3, 252.3
– con aspo essiccatore 252.5
essiccatore, apparecchio 154.8
essiccatrice, fossa 70.2
essiccazione 6.24
– del cotone 39.5
– del lino 69.24
– meccanica con idroestrattore 153.10
– preparatoria 237.16
– della seta 237.18
estensibile, fibra non 114.10
estensibilità della fibra 12.3
– della fibra di lana 180.4
estirpare il lino 66.23
estivo, pianta –a 18.12
estraneo, materie –e aderenti 90.17
estrarre (acido formico) 102.5
– l'acqua 14.3, 257.1
– l'amianto mediante le mine 240.14
– campioni 50.8
– il carbonato potassico 157.8
– il dissolvente 245.8
– le fibre per lacerazione delle foglie 116.21
– la fibra di paglia dal fuscello 120.18
– il grasso 155.14
– a mano 107.15
– la materia colorante 228.14
estratto di castagna 235.24
– di sommacco 235.18
estrattore 156.19
– di terra cotta 256.19
estrazione 157.3
– dell'amianto 240.10
– dell'azoto 46.19
– di campioni 184.23
– del carbonato potassico 157.6
– della fibra 7.14, 107.1, 110.7
– della fibra di canapa 79.21
– della fibra di juta 93.12
– del grasso 155.13
– a mano 107.7, 111.1
– meccanica 107.24

estrazione dell' olio . . 80.24
– della seta dai bozzoli 217.19
estremità di coda dure . 99.9
– di coda della fibra . 88.11
– inferiore del pelo . . 143.17
– morte 224.15
– ottusa 103.6
– perdute 224.15
– di testa della fibra . 88.10
età del baco 206.9
– della pecora 130.24
etere 156.6, 258.4
– acetico 262.5, 284.8
– dell'acido acetico . . 283.9
– dell'acido benzoico . 285.16
– dell'acido fenilacetico 285.14
– dell'acido formico . 285.3
– acido grasso 283.7
– alifatico della cellulosa 283.6
– butirrico 285.9
– di cellulosa dell'acido ditiocarbonico . . . 279.4
– composto 292.11
– nitrico dell'acido acetico 285.20
– palmitico 285.11
– propionico 285.8
eteri acidi grassi di cellulosa 283.3
– composti 255.21
etichetta pei campioni 238.12
etilen-cloridrina 284.13
etisia 207.21
evacuazione delle glandule sericigene . . . 209.12
evaporare, far 278.13
evaporazione dell'acqua 13.23, 154.4
– naturale 154.3

F.

fabbrica di corderie . . 2.18
– di passamanterie . . 4.17
– di seta artificiale . . 243.2
– di tessuti 3.22
fabbricante 7.18
fabbricazione della lanolina 159.7
– della nitrocellulosa . 255.5
– di reti 4.11
– di reticelle 4.11
– di reticolati 4.11
– della stearina . . . 152.5
– del viscosio 278.1
facilitare la saponificazione del grasso . . 150.24
Fagara, seta 232.1
faggottare parecchi velli 143.1
fagopiro, cenere di . . 219.5
fagotto 143.3
falbo, bozzolo 215.7
falce 93.20
falciare la canapa . . . 79.24
falena 189.11
falsa canapa sisalana . . 109.4
falsa torsione, dare una 221.9
falsificare la canapa di Manilla 108.12
famiglia di farfalle . . 189.10
fango 149.14
fardo di canapa 92.12
fare la rete 4.12
farfalla 37.16, 189.7
– dell'ailanto 190.1
– Antheraea Assama . 190.5
– Antheraea Pernyi . 190.2
– Antheraea Roylei . . 190.3
– atlas 189.19
– Attacus ricini . . . 190.7
– da baco da seta . . 189.14
– da baco da seta semiselvaggio 189.15
– Caligula japonica . . 190.6
– che depone le uova . 190.13
– femmina 189.13
– del gelso 190.4
– maschia 189.12
– notturna 189.11
– tussah 190.8
– uscente dal bozzolo . 191.3
– yama-mai 190.9
farina del seme di cotone 36.11
fascio di canapa . . . 81.17
– di cellule 20.16, 90.6
– di fibre 8.9
– di fili 221.7
– di fili del bozzolo . . 211.7
fascio di foglie 110.15
– di lino 75.17
–, mettere in 110.14
fasciolato, fiore . 115.6, 115.7
fastello di fibre 102.3
– di fibre d'amianto . 240.7
– di foglie 110.15
– di lino 70.15, 75.17
fattoria per l'allevamento delle pecore 128.5, 131.10, 132.20
– coltivata a canapa . 78.4
– sperimentale 25.20
fattura 29.17
–, secondo 30.2
fatturare 30.1
fecondità della razza . . 131.2
Fehling, soluzione di . . 292.13
feltrare 3.3
feltrarsi (lana) 143.23
feltratura 3.2
feltrificio 3.5
feltro 3.4
femmina di allevamento morta 194.5
femore 132.15
– inferiore 132.11
– interiore 132.10
fendere la canna in striscie 121.19
– il fuscello pel lungo . 120.12
– a mano i fastelli di fibre 102.19
– le noci mature . . . 118.18
– la paglia 120.8
fendersi (foglia) 115.4
fenditure nell'epiderme . 75.4
ferire di taglio la pecora 142.12
fermentare (seme) . . . 79.8
fermentazione 79.7, 81.8, 94.4
– acida 81.10
– alcalina 81.11
fermezza della Borsa . 54.17
fermo, lasciare a . . . 28.21
ferro 16.18
ferrocianuro di potassio 291.9
ferrovia 31.18
ferruginoso, acqua –a . 82.3
–, terreno 68.14
feso, paglia –a 120.11
festuca 121.16
– di paglia 119.24
fianco 132.7, 171.18
fibra v. a. tiglio
– di abelmoschus tetraphyllus 105.15
– animale 9.2
– articolata a diramazione 104.2
– artificiale 9.7
– delle astelle 105.18
– azzurra 241.18
– di bauhinia racemosa 105.9
– biancastra 14.17
– bianchiccia 14.17
– bianconeve 241.15
– di bozzolo 188.19
– brunastra 241.17
– bruno scuro 104.6
– di calamus rudentum 105.17
– di canapa 79.21
– caulinaria 8.22
– della chayota 104.9
– del citiso 105.1
– di cocco 117.19
– colore morello . . . 104.6
– colore nero 104.7
– di cordia 105.6
– corta 10.5, 137.4
– di cotone 43.15
– della curcuma longa 105.19
– debole 60.14
– diritta 121.3
– disseccata . . . 95.6, 102.1
– dura 10.19
– elastica 12.5, 175.20
– non estensibile di grande resistenza . . 114.10
– estratte dai frutti . . 117.18
– filabile 103.1, 175.8
– fina 10.15, 99.7
– fioccosa 226.10
– flessibile 10.10
– flessuosa 10.10
– floscia 177.22
– a foggia di nastro . 225.12
– di foglia . . . 8.23, 105.20
– forte 60.13
– frangibile 11.23
– friabile 11.23, 74.10
– di frutto 8.24
fibra gelata 101.19
– del gelso giapponese 104.12
– giallastra 14.19
– giallognola 14.19
– di ginestra 255.1
– della ginestra di Spagna 104.14
– gnoccoluta 60.22
– grassa 11.18
– grigia 14.18
– grossa 10.22
– igroscopica 13.11
– impura 15.3
– increspata 11.2
– inspessita 103.5
– di juta 93.13
– di lana 108.8
– legnosa . 15.17, 90.18, 96.7
– di libro 8.22
– leggermente lignificata 116.2
– non lignificata . 15.18, 44.17
– di lino 75.12
– liscia . . 11.8, 74.9, 177.8
– lucida 11.9
– lucida come seta 11.11, 74.7, 103.8
– con lucido untuoso . 11.17
– lunga 10.3, 137.2
– senza lustro 11.20
– messa a nudo . . . 107.21
– mezzofina 10.17
– minerale 8.14
– morbida 10.8
– nastreiforme 100.11
– naturale 8.12
– nervosa 226.7
– omogenea 226.3
– ondata 11.5
– di ortica 100.2
– di paglia . . 105.2, 120.17
– di pelo 15.5
– piatta 103.12
– pura 15.2, 187.8
– di puzolzia occidentalis 105.16
– di ramia 100.10
– resistente . . . 12.8, 60.13
– di grande resistenza 12.10, 105.8
– senza resistenza . . . 60.14
– ricavata di stracci di seta 9.13
– rigida 10.21
– ripulita 102.16
– robusta 10.23
– ruvida 11.21
– di salice 64.9
– satura d'umidità . . 13.18
– scevra di fiocchi . . 226.9
– scevra di legno . . . 101.10
– scevra di lische . . . 90.4
– scevra di sostanza legnosa 90.15
– scortecciata 104.5
– non scortecciata . . 104.4
– screpolata 12.1
– di semi . . 8.17, 34.2, 43.16, 64.8
– sensibile agli acidi . 98.8
– separata dal legno . 95.3
– come seta 11.13
– di seta 9.6, 188.18
– setosa 11.13
– di sida retusa 105.5
– simile alla canapa . 107.2
– simile ad osso di balena 117.3
– soffice 10.8, 74.8
– somigliante al crine di cavallo 104.3
– specificamente leggera 12.19
– specificamente pesante 12.20
– di spessore irregolare 12.24
– spugnosa 13.7
– di stelo 64.12
– senza struttura . . . 226.4
– senza struttura visibile 12.23
– sunn 103.9
– tecnica 8.8
– tenace 12.14, 117.4
– tenera 10.13
– tenua 92.5
– tesa 176.21
– tessile 8.5
– di thespesia 105.14
– tillandsia 104.1
– di torba 115.12
– torta 10.24
– uniforme 226.5
– untuosa 11.18
fibra di urena sinuata . 105.13
– vegetale 8.16
– verdastra 241.16
– vuota 10.1
fibrilla della seta selvatica 225.17
– della radice 201.21
fibrille 19.1
fibroina 16.7, 210.2
– del baco da seta del gelso 210.6
– del baco da seta selvatico 210.7
fibroso, foglia –a . . 109.11
fico d'India 203.22
Ficus elastica 295.2
fieno 133.19
fila di tinozze 149.1
filabile 9.15
filabilità della fibra 9.16, 175.9
filacci di paglia . . . 120.10
filaccia 119.8
– artificiale 293.1
filaccioso 8.10
filamento di fibroina 210.5
filamentoso, sostanza –a 119.8
filanda 2.8, 221.10
filare 1.22
– (baco) 209.6
– in grandi avvolgimenti 211.9
– il filo di viscosio . . 280.17
– in fino 2.5
– in grosso 2.2
– leggermente 211.11
– la soluzione 246.26
– uniformemente . . . 211.12
– in via di preparazione 2.2
– il viscosio 280.16
– il viscosio con un acido 280.22
filati ritorti, cascami di 62.9
filato 2.9
filatoio del Chardonnet 262.11
– in grosso 2.3
– in fino 2.6
– di Lehner 263.6
filatore 2.7
filatrice 221.16
filatura 1.21, 2.8
– con un acido . . . 280.21
– artificiale 246.15
– definitiva 2.4
– in fino 2.4
– in grosso 2.1
– preparatoria 2.1
– a secco 246.13
– ad umido 246.14
– del vetro 298.12
filature giapponese . . 230.21
file fitte 66.5
– sparse 66.6
filettatura interna . . . 250.13
filetti 169.21
– gasati 169.22
filiera 192.13, 275.16
– anulare 247.13
– conica 248.2
– a fori regolabili . . 247.15
– girevole 251.2
– larga 247.6
– multipla . . . 247.14, 247.17
– ostruita 275.13
– otturatasi 247.21
– di platino 248.1
– stretta 247.5
– di vetro . . . 247.2, 248.7
–, singola 247.7
fili artificiali della caseina 287.1
– artificiali di fibroina 287.15
– artificiali di materie vegetali gelatinose . 287.19
– artificiali ritorti . . . 293.8
– artificiali della soluzione di osseina . . 288.1
– artificiali di sostanze albuminose 286.21
– bavosi 211.4
– di imbozzimatura . . 62.11
– lucidi 294.8
– metallici 297.1
– morti sporgenti . . 140.12
– ricoperti di metallo . 297.1
– sporchi 169.24
– sudici 169.24
– tondi 296.5
Filippi, glandule . . . 191.16
–, liquido di 209.18
filo 2.9
– di albumina 286.22
– d'alluminio 297.18
– d'argento 297.9

filo d'argento imitazione 297.14
— d'argento placcato d'oro 297.6
— d'argento puro 297.10
— attaccaticcio di viscosio 281.1
— del bozzolo 209.10, 225.6
— del bozzolo cilindrico appiattito 225.8
— del bozzolo a zig-zag 211.10
— di bozzimatura 170.7
— caricato di rame 276.4
— di caucciù 296.12
— di caucciù vulcanizzato 296.16
— del coltello 72.11
— composto di fibrille 225.18
— disseccato 276.17
— doppio 225.7
— doppio fioccoso 224.19
— esplosivo 263.16
— di ferro 297.21
— di ferro zincato 155.1
— di gelatina 286.20
— impermeabile 277.7
— di una lega d'argento 297.11
— di una lega d'oro 297.4
— maestro del bozzolo 219.16, 219.17, 220.2, 220.3
— metallico 1.17, 9.10
— metallico mezza-imitazione 297.15
— metallico piatto 298.3
— metallico ricoperto di cellulosa 293.8
— metallico tondo 298.2
— metallizzato 298.6
— morto 141.7
— di nichelio 297.17
— d'oro 297.2
— di oro falso 297.22
— di oro puro 297.3
— ottenuto tagliando a spirale lo strato di collodio e di gelatina d'un cilindro 293.11
— di ottone 297.20
— di paglia minuto 119.24
— placcato d'argento 297.12
— placcato d'oro 297.5
— ovale 225.9
— plastico 293.5
— di platino 144.20, 297.16
— poligonale 225.11
— povero di rame 276.18
— quadro di caucciù 296.13
— di rame 297.19
— ricoperto d'uno strato di lustro metallico 293.9
— ritorto 2.12, 224.14, 250.15
— semplice e fino 243.1
— di seta 188.18
— di seta artificiale 9.8, 242.7
— di seta greggia 224.13
— di seta greggia ad estremità morte o perdute 224.15
— di seta greggia con fiocco 224.16
— di seta greggia con nodi 224.17
— di seta greggia con spira 224.18
— di seta nodoso 224.2
— di sezione quadra 203.12
— di similoro 297.22
— stirato 249.6
— stirato pel suo proprio peso 275.18
— tessile ricoperto di collodio 293.2
— tessile ricoperto di una soluzione di viscosio 293.7
— tondo 296.15
— triangolare 225.10
— verde-malachite 276.19
— di vetro 9.9, 298.8
— di viscosio 277.20
filone 26.18
— d'amianto 240.9
filoso, prolungamento — della cellula 36.17
filtrante, bacino 148.8
—, tela 245.18
filtrare la materia grassa separata 158.18
— la soluzione 245.12, 291.7
filtrato, soluzione per filare —a 264.22
filtrazione mediante un filtro di amianto 275.2
—, cassa di 282.2
filtro di amianto 291.11
filugello 191.4
finezza del dente, grado di 87.8
— della fibra 10.16, 178.3, 217.3
— del filo 298.8
finimento 5.18
finissaggio 5.18
fino, fibra — a 10.15
fiocchi 172.1
— del introduttore 62.1
— lavati 169.4
— di lunghezza ineguale 138.5
— di lunghezza uniforme 138.2
— di superficie uniforme 137.24, 138.1
— unti 169.2
fiocco 136.22
— anormale 137.18
— aperto 137.20
— molto arricciato 137.19
— arrotondato 140.13
— ben caratterizzato 139.1
— cilindrico 138.20
— confuso 137.15
— cotonaceo 140.3
— cresposo 139.6
— diritto 138.18
— distintamente caratterizzato 139.2
— ad estremità appuntite 139.10
— facilmente disgregabile 137.11
— facilmente separabile 137.11
— feltrato 140.2
— fitto 137.21
— a foggia cappocchia di spilli 140.4
— a foggia di cavolfiore 140.7
— a foggia seme di colza 140.6
— inclinato 139.11
— molto increspato 137.19
— incurvato 140.15
— intrecciato e con fili morti sporgenti 140.11
— in isbieco 139.11
— liscio 138.15
— mal cresciuto 137.16
— minutissimo 139.13
— minuto 137.14
— nodoso 139.15
— normale 137.17
— di peli ben congiunti 137.13
— a peli poco ondulati 138.17
— con peli ondulati all'eccesso 139.4
— perlato 119.16
— piano 138.16
— piatto 140.14
— puntato 140.18
— senza punte 140.5
— a punte collate 140.9
— di punte corte 140.17
— a punte quadriformi 140.10
— poco rilevato 140.8
— alla rinfusa 137.15
— ripiegato 140.16
— sciolto 139.3
— serrato 137.21
— simile alla filaccia di lino 140.1
— sporco 140.9
— stopposo 139.17
— a superficie feltrata e dura 139.12
— tondo 140.5
— torto 139.7
— velato 139.14
— vuoto 139.5
fioccoso, fibra —a 226.10
fiore 20.1
— dell'abaca 106.10
— dell'asclepiade 64.1
— cespitoso 115.6
— color celeste del lino 65.10
— del cotone 35.4
— fasciolato 115.6
— femmina della canapa 77.20
— femmina del gelso 202.17
— in forma di calice 35.5
— giallo della juta 93.6
— grandifogliato 35.6
— maschio della canapa 77.19
— maschio del gelso 202.18
— poculiforme 35.5
fiori fasciolati 115.7
— di zolfo 296.2
fioritura, stagione della 24.13
fisico, proprietà — che 74.6
fissaggio del filo 249.10
fissamento del filo 249.10
fissare la femmina della farfalla al cartone 194.15
— il filo stirato 249.6
— la matassa di canapa nella morsa 88.8
— le molecole della soluzione in una data posizione 246.17
fissipede 127.9
— ruminante 127.10
fittaiuolo 25.11
fittamente, seminare 23.2
fitto, peli —i 136.18
fittone 64.18
flanella, lana da 168.15
flessibile, fibra 10.10
flessibilità 179.22, 288.18
— della fibra 10.11
flessuosità della fibra 10.11
— grande 10.12
flessuoso, fibra —a 10.10
floroglusina 17.10
floscio (baco) 207.18
—, fibra —a 177.22
flottante, cotone 55.12
fluidissimo, collodio 258.13, 263.18
fluidità del dissolvente 264.17
— del grasso 146.2
— della soluzione 245.2
fluttuazione dei prezzi 54.5
foglia 19.14
— di agave spinosa 109.8
— di biancospino 204.8
— bifida 115.5
— del cinnamomo 203.11
— a cinque lobi 14.14
— cordiforme 202.5
— coriacea 115.3
— di cotone 14.13
— dentata 202.3
— denticolata 77.16
— digitata 77.15
— non divisa 202.2
— ensiforme 115.2
— fibrosa 109.11
— fitta 77.10
— fresca 198.4
— dal gambo corto 19.20
— dal gambo lungo 19.19
— gialla chiara 109.13
— grossa polposa 114.2
— lanceolata 65.9
— di lattuga 204.5
— lobata 19.17, 202.7
— lunga ensiforme 116.14
— ad orlo segato o dentellato 93.2
— d'ortica 204.6
— ovolanceolata 93.3
— con peli corti 19.22
— pelosa 19.21
— pennuta 118.2
— polposa 109.11
— di rosa 204.7
— sana 198.5
— della sanseviera 113.6
— a scanalatura 109.12
— scarsa 77.8
— scarsa di sugo 19.16
— spinosa 116.15
— sugosa 19.15
— tagliata 110.13
— tenace 116.18
— tonda 202.4
— turchina verde 109.14
— variopinta 115.1
— verde 93.4
— verde cupo 109.16
— verde grigia 109.15
foglie 19.12
— alternate 19.23
— in ordine oppositivo 19.24
—, mettere 19.5
fogliame 19.12
— fitto 62.18
— del gelso 198.3
— di quercia 203.17
— serrato 62.18
— tenero 202.16
fogliolina lanceolata 77.18
fogliuto, cotone 60.20
fognato, suolo 21.4
follare 6.3
follatura 6.2
follicolo del frutto 20.4
— del pelo 174.4
folliculus pili 174.4
folto delle piante 24.5
fondo conico 253.7
— a guisa di griglia 63.11
— intermedio 156.22
— perforato 149.11
—, proprietario del 25.10
foraggio asciutto 198.15
— del baco 198.2
— fresco 133.18
— di paglia 135.14
— secco 198.15
— umido 198.14
foraterra 23.7
forbici per le pecore 141.19
forma del bozzolo 215.12
— cilindrica del pelo 180.3
— colloidale del precipitato 245.5
— della filiera 247.1
— della foglia 202.1
formaldeide 156.9, 182.8, 254.6
formarsi (goccie) 273.19
— (emulsione) 151.23
formato della balla 43.3
formazione di bolle d'aria 246.3
— del bozzolo 209.9
— di eteri composti 255.21
— del filo 258.20, 273.15, 280.15
— del filo in un cilindro liquido a sospensione libera 250.4
— di goccie 273.18
— della lana 173.2
— di nodi 153.2, 224.4
— del pelo 173.3
— di sapone 152.3
— di spore 207.14
formentone, paglia di 119.19
formiato 285.6
— di cellulosa 285.2
fornello ad alcool 47.5
forno 70.5
— di calcinazione 157.16
— di carbonizzazione 162.10
— di carbonizzazione con carrello 162.11
— di carbonizzazione torreiforme 162.14
— essicatore 70.4
— di riscaldo 195.14
foro d'apertura del bozzolo 215.24
— della filiera 247.8
forza esplosiva 46.17
— di macerazione dell'acqua 81.20
forzare la soluzione in un bagno precipitante 287.11
— la soluzione sotto pressione 248.11
fosfato 236.12
— di ammonio 265.5
— magnesiaco 45.9
— di sodio 236.11
— di stagno 236.13
fosforo 16.14
fossa essiccatrice 70.2, 83.4
— di macerazione 68.4, 81.15
fourcroya gigantea 117.14
fragile, lana 175.22
fragilità della fibra 11.24
frammenti di foglie 198.21
frammento di fuscello 120.16
franchigia, x per cento di 56.4
franco banchina 32.4
— a bordo 32.21
— di nolo 32.5
— di porto 32.5
— vagone 32.3, 56.6
frangibile, fibra 11.23
frangibilità della fibra 11.24
frantoio 27.1
frantumare l'amianto 241.1
frantumato, amianto 241.5
frantumatrice 27.1
frantumi di foglie 198.21
frassino 203.13
Fraxinus excelsior 203.13
freddo 101.18
—, liscivare al 157.9
fresco, juta — a/della stagione 99.4
—, tagliato di 296.8
—, tenere in 273.14
friabile, fibra 11.23, 74.10
— (fibra di juta) 96.9
— (filo di seta) 236.16
— (peduncolo) 101.1
—, pelo 177.23
—, sericina 210.16
friabilità della fibra 11.24

frizione interna della soluzione 244.22
frombolatrice 27.2
frondoso, albero 19.11, 200.5
fronte, lana di 172.3
frullare il kapok 63.5
frullo 63.6
frumento, paglia di 119.23
fruscio della seta 226.15
frutto 20.3
— di canapa noceiforme 77.22
— capsulare 92.18
— capsulare diritto 109.21
— cilindrico 93.9
— globulare 93.8
— maturo 114.13
— maturo del kapok 62.20
— monospermo 118.9
— a nocciolo 118.8
— oblungo 62.19
— oviforme 118.10
ftisia 207.21
fuco 121.21
Fucus vesiculosus 121.21
fulmicotone 46.15, 255.8
funaio 2.16
funaiuolo 2.16
fune 75.20, 99.14
— di trasferimento 112.3
fungo 207.13
— rugginoso 66.14
fungoso, escrescenza —a 207.11
funi d'imballaggio 99.13
fuoco aperto 218.13
fuscello 121.16
— legnoso 121.18
— di paglia appiattito 120.14
— flessibile 120.1
— di paglia tenue 119.24
fusione, punto di 159.13
fuso della bobina 253.16
fusti del lino 73.9
fusto alto, albero di 19.7
— corto, albero di 19.9
— medio, albero di 19.8
— della bobina 252.15

G.

gabbia in legno 161.13
— di macerazione 68.3
galleggiare (bozzolo) 219.10
— (seme di canapa) 79.3
galettame 232.14
galettamine 232.12
gamba 132.11
gambe corte, pecora dalle 126.5
gambo corto, foglia dal 19.20
— della foglia 19.18
— del lino 65.6
— lungo, foglia dal 19.19
— di pianta 65.2
garanzia di peso 56.5
— della qualità 56.8
garetto 132.9
gargiolo 305.3
garrese 132.3
garza per filtrare 264.20
— di seta 246.1
garzare 6.5
garzatura 6.4
gas 228.7
— ammoniacale 272.12
— di ammoniaca 213.16
— asfissianti 213.13
— di combustione 290.1
— illuminante 158.13
— nocivi 256.17
— ossigeno 272.13
— proveniente dal precipitato di grasso di lana 158.12
gasato, filetti —i 169.22
gastrico, succo — alcalino 208.13
gatto, pelo di 188.10
Gebauer, caldaia per sbiancare 269.17
gelatina 235.10, 261.8, 286.12
— acquosa dell'idrato di cellulosa 280.7
— mercantile 286.14
— vegetale 287.22
gelatinoso, sostanza —a 286.16
gelato, fibra —a 101.19
gelo precoce 38.4
gelsa 201.7
gelseto 200.16
gelso 199.4
gelso alto 199.8
— ammalato 202.20
— bianco 199.6
— a cespuglio 200.6
— chinese 200.4
— coltivato 200.12
— a foglie appuntite 200.2
— a grandi foglie 199.10
— a foglie larghe 200.3
— a foglie con nervature 199.13
— a foglie tagliuzzate 199.16
— giapponese 104.11, 104.12, 204.10
— indiano 199.19
— multistelo 199.12
— nano 199.11
— nero 199.14
— col peziolo rosato 199.7
— romano 199.9
— rosso 199.17
— selvatico 200.8
— in siepe 200.7
— tartaro 199.18
— turco 200.1
gemello, agnelli —i 129.11
Georgia a fibra lunga 57.2
germe capillare 173.8
— di malattia 206.19
— patogenico 206.19
germinativo, forza —a 22.22
—, seme 22.21, 79.10
germinazione, aiuola di 106.15
germogli 201.3
— di cotone 34.5
— della pianta 23.24
— del seme 23.23
germogliare (seme) 23.20, 79.11
gettare sul mercato 28.13
— rimessiticci 109.6
gettata 202.12
getto d'acqua, tubo a 150.2
—, ugello a 148.6
giacimento d'amianto 240.12
giallastro 14.19, 43.20, 60.2, 95.9
giallo chiaro 109.13
giallo oro, bozzolo 215.3
giallo rosastro 63.20
giallognolo, di colore forte 60.3
—, fibra —a 14.19
giallo-paglierino, tinta in 117.8
giapponese, filature 230.21
giardino di gelsi 200.20
ginestra di Spagna 104.13
— di Spagna, fibra della 104.14
—, fibra di 255.1
giornaliere 25.15
giorno di lavoro 25.14
— lavorativo 25.14
— della scadenza 30.15
giudizio arbitrale 51.2
— della camera arbitrale di ricorso 51.11
giurare, fare 28.7
ghisa temperata 163.1
glandula sebacea 174.13
— sericigena 191.11
— sudorifera 174.19
glandule Filippi 191.16
glicerina 151.4, 271.16
globulo 63.1
glucosio 271.18
gnoccoluto, fibra —a 60.22
goccie, formazione di 273.18
gola 132.2
gomma elastica 294.9
— vegetale 244.15
gommoso, materia —a 81.8
—, sostanza —a vegetale 16.6
gomphocarpus fructicosus, seta di 64.7
gonfiamento della fibra 46.9
— della fibra di juta 97.8
— gelatinoso 288.17
— della parete cellulare 90.12, 91.2
— della sericina 226.1
— della seta 229.8
gonfiamenti nodosi 75.2
gonfiarsi (fibra) 75.7
— (corpo del baco) 208.2
— (lana) 183.2
— (seta) 229.9
— (tessuto adiposo) 206.3
Gooch, crogiolo 291.10
Gossypium 34.6
— arboreum 34.11
— barbadense 37.2
— herbaceum 34.7
— hirsutum 37.3
grado 52.1
grado di concentrazione 161.11, 272.4
— di doratura 297.8
— di durezza dell'acqua 219.7
— di finezza del dente 87.8
— intero 59.11
— di lignificazione 15.19
— di macerazione 68.20
— di maturità 279.20
— di nitrizzazione 256.2
— di umidità 14.9
— variabile di sbianca del cotone 244.5
—, mezzo 59.12
—, quarto di 59.13
graduale, trafilatura 287.13
graduato, recipiente 268.9
gramola 70.9, 83.13
gramolare il lino 70.7
— lo stelo della canapa 83.12
gramolato, canapa —a 91.9
gramolatrice Cardon 71.11
— a cilindri 83.15
— a cilindri con movimento trasversale 84.3
— a cilindri a movimento di va e vieni 84.2
— circolare 71.4
— Guild 71.8
— Kaselowsky 70.11
— con movimento circolare 83.16
gramolatura della canapa 83.11
— del lino 70.6
— degli steli sul ginocchio 94.21
grana del seme di cotone 35.11, 36.14
— di seme nera liscia 36.19
— di seme verde 36.21
— di seme verdescuro 36.23
grano 239.4
— saraceno, cenere di 219.5
grande flessuosità 10.12
grandifogliato, fiore 35.6
granturco, paglia di 119.19
—, stelo del 255.2
granulato, superficie finamente —a 136.20
granuloso, strato 225.21
grappolo 77.21
grassezza della fibra 11.19
grassi della lana 158.1
grasso 96.14, 145.8
— di cocco 152.9
— della coda 125.3
— non combinato 152.10
— di crisalide 219.3, 219.4
— per le cuoia 160.8
— distillato 160.12
— inodoro 159.12
— della lana 150.23
— naturale 145.23
— rancido 151.8
— saponificabile 159.18
— saponificato 159.19
— non scomposto 152.10
— solidificato 146.5
— per le unghie dei cavalli 160.7
— vegetale liquido 16.4
— vegetale solido 16.3
—, fibra —a 11.18
gratella per il seme 41.2
graticcio per i bachi 204.13
— per disseccare 83.1
— di filo di ferro 162.13
graticolato di legno 87.14
gravidezza 129.9
gravido, pecora —a 129.8
greggia, seta 224.11
greppia 133.11
grigio d'acciaio, colore 74.12
—-argenteo 109.18
—-verde, seme di canapa 78.20
griglia 40.6
— regolabile 164.14
griglie fisse 71.15
groppa affilaticcia, pecora alla 127.19
grossista in cotone 55.3
— con deposito di lana 183.21
grosso, fibra —a 10.22
grossolano, lana —a 177.21
gru, diritto di 33.4
gruccia 23.7
gruppi di bachi 197.17
guaiacol 284.17
guaina 106.5
— esterna della radice 174.12
guaina della foglia 114.14
— interna della radice 174.11
— della radice 174.9
guanaco 126.13
guardia, essere sotto 134.18
guarnire di denti 89.5
guarnizione d'aghi 89.4
— metallica resistente agli acidi 252.12
guazzamento 146.22
guida di filo di rame 263.4
— della fune 111.12
— delle morse 89.2
— orizzontale dei fili 250.3
—-filo 221.1, 222.3, 223.2, 253.1
guidaiuolo 130.5
Guild, gramolatrice 71.8
guindolo 221.15
guscio del cocco 118.19
guttaperca 261.6

H.

Hevea brasiliensis 295.1
— guianensis 294.17
humus, suolo ricco di 20.22

I.

icneumone 207.10
idoneità all'assorbimento 15.8
— della fibra all'appretto 9.18
idoneo all'appretto 9.17
idratare il cotone 269.16
— il rame metallico 270.11
idratazione del rame 270.10
idrato di carbonio 271.21
— di cellulosa all'alcali 283.2
— di cellulosa rigenerato 265.15
— di cellulosa scevro di rame 273.3
— di pirossilina 257.10
— di potassio 151.15
— di rame non diluito 270.12
— di rame libero 270.12
idraulicamente, pressare 183.15
idraulico, pressa —a 42.6
idrocarburo liquido 264.8
idrocellulosa 161.5, 269.12, 291.17
— disodica 269.14
idroestrattore 153.11, 161.18
— per l'acido 256.14
idrogeno 44.21
— solforato 213.17, 278.12
idrolise della cellulosa 262.8
idrolizzato, cellulosa —a 283.7
idropico, baco 207.20
idropisia 207.19
idroprotossido di nichel 272.8
— di rame 270.20
idrossido di alluminio 274.19
— di magnesio 274.18
— di rame 270.19
idrovariabilità dell'aria 14.8
igrometro capillare 14.10
— al pelo 14.10
igroscopico (fibra) 13.11
—, proprietà —a 288.14
illeso, pelle —a 142.14
imballaggio del cotone 41.19
imballare il cotone 41.20
— in sacchi 75.21
— allo stato umido 99.16
imballato, juta non —a 99.2
imballo sbagliato 48.15
—, tela d' 42.17
imbarcare 32.6
imbarco 31.14, 32.7
imbiancare 5.7
imbiancato, cellulosa —a 119.14
—, cellulosa non —a 298.14
imbiancatore 5.9
imbianchimento 5.6
imbottitura, adoperare il kapok per 63.16
imbozzimatura, fili di 62.11
imbozzolarsi del baco 209.3
imbuto 251.4, 282.4
— di legno 223.16
— di vetro 249.19
imitazione, filo d'argento 297.14
immagazzinare 31.5
immagazzinato, juta — a 96.8
immaturo, capsula — a 35.17
—, cotone 61.18
immergere in acqua 118.19
— le foglie 114.5

immergere l'uovo nell'acqua salata . . . 196.4
immersione, cilindro d' 149.8
immorbidimento delle fibre battendole . . 107.12
immorbidire la materia vegetale 161.1
— lo stelo nell'acqua . 102.2
imparzialità 51.1
impastare con calce di gas 144.4
impedire la colorazione 98.12
— la macerazione . . . 100.7
impegni di Borsa . . . 50.13
impermeabile, filo . . . 277.7
impermeabilità del filo 277.8
impiantare un setificio . 195.7
impianto di asciugamento 154.15
— per la fabbricazione della seta all'ossido di rame ammoniacale . 268.1
— di pompe 42.9
— per pressare il cotone 42.1
— di riscaldamento . . 162.9
— per la sfibratura . 110.19
— delle sgranatrici . . 38.23
impiegare la nitrocellulosa carica d'acido . 257.9
impiego 167.2
importatore 31.1
— di lana 184.2
importazione 30.24
— dei bozzoli 229.19
— di cotone 54.22
— della lana 183.23
— delle uova 195.4
importo della fattura . 29.18
impregnare d'acido solforico 161.12
— il filo di seta artificiale 254.7, 265.2
— la lana al collodio . 259.20
— con solfati 94.17
impregnazione della fibra 94.18
impresa tessile 7.16
impurità 61.14
— insolubili 149.13
— nella lana 145.6
— della soluzione . . . 245.11
— vegetali . . . 146.8, 160.18
— zolforosa del viscosio 279.15
impuro, fibra — a. . . 15.3
imputridito, urina — a. 150.19
inalterabile, tinta . . . 14.20
inamidare 6.11
inamidatura 6.10
inaridimento delle foglie 79.15
inaridire (foglie) 79.16
— (stelo) 80.10
incannare (ordito) . . . 2.23
— (trama) 2.24
incannatoio per l'ordito 3.1
incanto, vendita all' . 185.21
incastrato nella roccia . 26.21
incenerimento della seta 228.15
incettatore di cotone . 54.24
incidere l'albero . . . 295.4
incisione a spina di pesce 295.6
incisioni, far 295.4
inclinare l'aspo 252.7
incollare 8.18
incoloro 278.11
incolto, campo 21.22
incombustibilità dell'amianto 241.21
inconcare la lana . . . 148.16
inconcatoio 148.17
incresparsi (lana) . . . 180.7
increspato, fibra — a. . 11.2
increspatura della fibra 11.3, 180.6
— dei peli nel fiocco . 138.14
— di ritorno della fibra 11.4
incrisalidazione del baco 212.3
incrociamento 122.15
— delle razze 128.21
—, far un 128.22
incrociare. 128.22
— i fili di seta 211.15, 223.12
— specie di bachi . . . 197.13
incrociato, razza — a . . 122.16
—, specie di baco — a 197.15
incrociatore, apparecchio — Martin 223.14
incrocio dei fili . 222.6, 223.13
— del seme 22.18
— delle specie. 197.14
incrostante, corpo . . . 255.15
ncubazione, uovo per l' 194.23
incudinetta di legno . . 83.10, 85.20
indicazione del tiglio . 59.15
indigeno, lana — a . . 165.18
—, pecora — a 122.6
industria tessile 7.13
inestricabile 211.15
infanta, razza 123.3
infettivo, malattia — a 206.20
infetto, baco 206.15
—, cartone 114.10
infezione 206.14
infiammabilità della fibra 13.6
— della seta al collodio 263.15
influenza del clima . . 135.18
— del clima sulla specie 197.16
ingegnere dell'industria tessile 7.19
ingentilimento per l'innestamento 201.10
ingiallimento della lana 183.4
— delle punte delle foglie 79.17
ingiallire (punto della foglia) 79.18
ingrassarsi, capacità ad 132.23
ingrasso 160.14
ingrosso, negoziante al . 55.3
innaspamento 2.20
innaspare 2.21
— il bozzolo 220.7
innestamento 201.12
innestare 201.11
innesto 201.13
— duplice, dispositivo di 86.3
— di radice tagliato di sbieco 201.17
inodoro. 159.12
inoliamento della lana . 149.5
inoliare la lana 155.7
inorganico, sostanza — a 16.10, 133.23
inrancidimento del sudiciume 151.7
insaccare la lana 172.22, 183.13
insensibile agli alcali, rendere 182.7
insensibile contro l'umidità 13.21
insensibilità agli acidi . 182.16
inserto, seme — nella lanugine 63.2
insetto 26.12
— che mangia la seta . 217.18
— nocivo . . . 37.7, 202.21
— parassita 202.22
— sericiparo 189.8
insolubile nell'acqua, rendere 286.17
—, impurità — i. . . . 149.13
inspessamento della parete cellulare. 20.14, 46.10
inspessito, fibra — a . 103.5
intercellulare, sostanza 90.16
intermediario, commercio a mezzo di . . 27.9
interrompere il processo della filatura 211.13, 211.14
interrotto (nutrizione del pelo) 173.12
intrecciamento 3.6
intrecciare 3.7
— le canne di bambù . 204.18
— le pennoline delle foglie le une colle altre 118.5
intrecciato, lana — a . 178.13
intreccio 2.8
introduttore, fiocchi del 62.1
—, polvere dell' 62.2
introduzione, cilindro d' 149.20
invecchiato, seme . . . 36.24
invernale, pianta . . . 18.13
inversione della matassa, dispositivo per l' . . 88.1
inversione, dispositivo di 88.4
invertire la matassa . . 88.9
invertitore 88.5
inviluppo del bozzolo. . 216.21
— di crisalide 212.11
— gommoso 218.4
— interno pergamenato 217.8
— di sericina . 210.17, 225.22
involucro 237.10
— di sericina . 210.17, 210.18
iodio 17.8
—-acido solforico . . . 90.18
—-glicerina-acido solforico 45.17
ioduro di potassio . . 289.15
ipertrofia della fibra . . 178.20
ipoclorito 269.20
irregolare, sezione . . . 9.21
—, spessore 12.24
irrigare i campi . . . 21.17
isocolesterina 159.15
isolare i bachi malati. . 206.16
istanza, ultima 51.8
istologia 18.17
— della fibra di lana . . 173.1
istologico, struttura — a 18.16, 191.12
iuta v. juta
Ixtle, canapa 117.15

J.

Jumel 58.24
juta 1.6, 92.13, 306.5
— assortita 99.6
— non cernita 99.1
— classificata 99.6
— cruda 98.19
— di fibra fina 99.7
— fresca della stagione . 99.4
— a frutto capsulare . . 92.18
— greggia 98.19
— non imballata . . . 99.2
— imballata allo stato umido 99.15
— di qualità inferiore . 99.8
— di raccolta anteriore . 99.3
— alla rinfusa. 99.1
—, fibra di 93.13
—, tela 42.18

K.

kapok 62.16
kapok pressato 63.15
Kaselowsky, gramolatrice 70.11
keratina . . . 180.16, 181.17

L.

labbro inferiore 192.14
laboratorio d'appretto . 5.20
lacca copale 260.19
lacerazione delle foglie 116.21
lago di macerazione . . 68.4
lama (animale) 126.11
— (del coltello) 85.7
— (filo metallico) . . . 298.3
— circolare 295.17
— di latta bianca . . . 73.5
— di legno 83.14
— rastiatrice 112.6
— regolabile 40.12
— da sega circolare . . 41.3
lambicco di riduzione . 292.19
lamella centrale . . . 90.18
lamiera di guida . . . 41.6
lamina fissa 40.4
— oscillante. 40.3
laminare il caucciù . . 296.10
lampada a spirito . . . 47.5
lana 1.11, 122.2, 308.5
— adatta alla follatura 175.19
— di Adelaide 166.21
— africana 166.17
— d'agnello 167.4
— d'agnello d'un anno . 167.5
— dell'America 166.13
— animale 9.4
— aperta 177.20
— di arricciamento deciso 176.18
— arricciata 176.17
— poco arricciata . . . 176.18
— arsenicata 144.9
— artificiale . . . 9.12, 170.9
— di Astracan 166.8
— atrofica 178.22
— attaccaticcia 178.9
— di Australia 166.20
— di Bagdad 166.9
— bianca da pettine di Aleppo 166.7
— brillante . . . 168.7, 178.15
— di Buenos-Aires. . . 166.15
— di buon colore . . . 168.6
— di calcina 167.16
— carbonizzata 163.12
— da carda. 168.13
— caricata di foraggio . 175.11
lana caricata di sostanze vegetali 178.10
— caricata di terra torbosa 178.8
— per la catena . . . 168.11
— di cattiva natura . . 177.8
— di cheviot 168.21
— di coda 172.4
— al collodio 257.11
— al collodio contenente acido 257.12
— colono 165.22
— coloniale 165.21
— colorata dalle orine . 172.10
— commerciale 185.7
— comune 165.11
— di concia. 143.19
— delle conifere . . . 116.6
— contadina 166.1
— contenente sostanze vegetali 146.10
— corta, razza di . . . 123.9
— ben curata 175.13
— demaniale 166.2
— difettosa causa soverchia nutrizione. . . 179.1
— disseccata 155.7
— Donskoi 166.10
— dura 178.6
— dura e friabile alle punte 139.9
— elettorale ed escuriale 165.16
— di Enea . . . 64.11, 116.1
— d'estate 167.13
— extra 172.13
— feltrata presso della pelle 139.8
— di fibra corta . . . 137.5
— di fibre fine 178.2
— di fibra lunga . . . 137.3
— filabile. 168.10
— fina da pettine . . . 168.18
— in fiocchi 172.1
— di fiocco mal cresciuto 137.16
— da flanella 168.15
— follata 170.13
— non follata 170.14
— forte. 175.24
— fragile 175.22
— di fronte 172.3
— gialla 172.10
— scevra di grasso . . 157.5
— senza grasso 157.5
— greggia 145.21
— grossolana 177.21
— immagazzinata . . . 167.3
— increspata, pecora di 126.8
— incrociata 165.13
— indigena 165.18
— degli indigeni . . . 165.23
— intrecciata 178.13
— non intrecciata . . . 178.14
— d'inverno 167.12
— lappolata. 168.3
— lavata 168.2, 185.5
— lavata addosso . . . 168.1
— lavata al dorso . . . 185.4
— lavata industrialmente 185.6
— leggera. 178.7
— di legno 121.3
— liscia 178.1
— lucente da pettine . 168.17
— lucida 168.7
— maggenga 167.12
— malata 178.23
— scevra di materie vegetali 178.11
— meccanica . . . 9.12, 170.9
— media da carda. . . 168.14
— media da pettine . . 168.19
— mediocre 177.19
— mediterranea 166.6
— merina 165.8
— merina del Capo . . 166.18
— merina fina 165.9
— merina finissima . . 165.10
— merina di Sidney. . 166.23
— meticcia 165.14
— mista 172.15
— di montone 167.8
— morbida 178.5
— morticina 107.17
— del Natal 166.19
— Negretti 165.15
— nerboruta 175.24
— nivea del Capo . . . 168.8
— nostrana 165.18
— della Nuova Zelanda 166.24
— d'oltremare 165.20
— leggermente ondulata 176.15
— poco ondulata . . . 176.15

lana ordinaria 172.14
– di pecora 165.7
– di pecora matricina . 167.6
– di pecora tosata due volte l'anno 167.11
– di pecora tosata una volta l'anno 167.10
– pecorina 165.7
– pecorina di landa di Lüneburg 165.12
– di pecoro 167.7
– con peli leganti scarsi 141.9
– del Perù 166.16
– pettinata 168.20
– da pettine 168.16
– da pettine di Smirne 166.12
– di pioppo 64.10
– del Plata 166.14
– di Port Philip . . . 166.22
– di Posnania 166.8
– di Rambouillet . . . 165.17
– ricca di grasso 145.22, 167.23
– ricciolúta 126.8
– a risalto 178.24
– robusta 175.24
– della Russia occidentale 166.11
– sabbiosa 168.4
– di salice 64.9
– di Sassonia 166.4
– scarta 168.9
– sciolta 137.12
– secca all'aria 181.11
– setacea . . . 168.5, 178.16
– sgrassata 157.4
– ben sviluppata . . . 141.8
– spezzettata 172.7
– sporca 145.5
– spremuta 161.16
– da stracci . . . 9.12, 170.9
– straniera 165.19
– sucida 167.22
– sudicia . . 145.20, 167.22
– per tappeti 168.22
– di Tasmania 167.1
– di testa 172.2
– di tifa 64.11
– tosata 167.9
– recentemente tosata . 167.14
– tosata d'una gregge 167.15
– per la trama 168.12
– umida 153.12
– di Ungheria 166.5
– vegetale 8.21
– di vello 167.18
– di vello senza difetti 167.20
– di vello difettosa . . 167.21
– di vello da pettine . 167.19
– vellosa 178.12
– di vetro 298.10
– di vigogna 188.4
– delle zampe 172.5
–, fibra di 9.5, 180.8
lanaiuolo 184.4
lanceolato, foglia – a . 65.9
landa, pianta di 109.23
lanifero, animale . . . 122.5
lanolina 159.9
– contenente acqua . . 159.10
– greggia 159.8
lanosissimo, pecora – a 131.15
lanoso, pecora scarsamente – a 131.16
lanugine 175.5
– del frutto . . . 20.5, 62.21
– della grana 36.16
lappole 146.8, 160.18
– polverizzate 163.9
larva del coleottero capsulare 37.13
– di mosca 207.9
– dello scarafaggio . . 66.11
lasciare a fermo . . . 28.21
lato carnoso della pelle 144.2
– del collo 171.19
lattato di sodio 259.17
latte di calce 208.22
– di caucciù 295.7
– di lanolina 160.3
– scremato 287.4
– spannato 287.4
latteo, diventare . . . 208.5
latteo, lucido 288.9
lattosio 271.19
lattuga, foglia di . . . 204.5
lauro-canfora 203.23
lavaggio v. a. lavatura
– della lana 146.16
–, eliminare mediante . 264.23
lavagna nera 221.13
lavanderia 5.3
lavanderia di lana . . . 146.15
– mercenaria 147.5
lavare 5.2
– l'amianto 241.5
– la cellulosa 291.8
– il cotone bollito . . 269.18
– la fibra . 97.4, 97.7, 112.11
– il filo 253.10
– la lana 146.13
– la lana al collodio . 257.13, 257.14
– la nitrocellulosa . . . 256.23
– il precipitato di grasso di lana 158.10
– la seta bobinata . . 282.10
– le striscie 107.14
– le uova 194.16
lavatoio 147.3
– di lana 146.15
– meccanico per pelli pecorine 149.18
lavatore di lana . . . 146.17
lavatrice con bobine a movimento girevole e di spostamento . 253.14
– a macchina per la lana 148.1
lavatura (v. a. lavaggio) 5.1
– addosso all'animale . 146.21
– chimica 155.10
– della fibra 95.3
– finale 148.10
– della lana . . 146.11, 146.16
– meccanica 146.20
– mercenaria 147.6
– in officina 147.4
– all'orina 150.20
– del precipitato di grasso di lana . . . 158.11
– prima della tosatura 146.21
– mediante tubo flessibile 147.1
lavorante in maglie . . 4.10
lavorare il grasso della lana 158.13
– alla luce polarizzata 227.16
– a maglia 4.7
– la paglia al suo colore naturale 120.4
– la paglia in festuche 120.8
– al tombolo 3.10
lavorazione a maglia . 4.6
lavoro animale 21.23
– a maglia 4.8
– manuale 21.24
– al tombolo 3.9
– umano 21.24
Leblanc, soda 163.18
leccio 203.15
lega d'argento 297.11
– d'oro 297.4
legare le balle con funi 99.14
– le gambe della pecora 142.8
– il vello 143.3
leggiero, fibra specificamente – a 12.19
legnificarsi (taglio) . . . 201.19
legno 121.1
– conifero 244.14
– dolce 121.2
– a fibra diritta . . . 121.3
– di pioppo 121.5
– di salcio 121.4
– di salice 121.4
– dello stelo 94.22
– tenero 121.2
– di tiglio 121.6
– verde 121.9
–, mettere 19.4
legnoso, fibra – a 15.17, 90.13
leguminoso, pianta – a 18.9
Lehner, filatoio di . . 263.6
lento, precipitante . . 275.17
Lepidoptera nocturna . 189.11
letame 21.9
letargico, baco 208.16
letargo 208.14
lettera di cambio . . . 30.10
letto d'amianto 240.12
– della crisalide . . . 212.12
– di foglie del baco . . 199.1
lettiera per i bachi . . 204.12
– di foglie del baco . . 199.1
leva di controllo . . . 222.10
– per sollevare la morsa 88.3
leviathan 149.7
levigatezza della fibra . 11.7
liana di caucciù 295.3
libero, idrato di rame . 270.12
libro 20.6 60.5
– di cellule corte . . . 20.8
– di cellule longitudinali 20.7
libro di corteccia . . . 120.19
– d'olmo 120.21
– di salcio . . . 105.3, 120.22
– di tiglio 120.20
ligamento 293.10
ligatura dell'innesto . . 201.15
lignificato, fibra leggermente – a 116.2
lignificazione della fibra 15.16
lignina 15.15, 96.16
limite d'elasticità . . . 12.7
linaia 64.15
linaiuola 66.13
linaiuolo 75.14
linea della spina dorsale 127.21
lino 1.4, 64.13, 302.17
– americano a fiore candido 65.15
– in barili 75.23
– coltivato sotto la stipa 66.17
– estonico 303.3
– gramolato 76.19
– greggio 76.14
– di Hoffs di Riga . . 303.20
– macerato 76.15
– macerato all'acqua . 76.16
– macerato chimicamente 76.18
– macerato sul prato . 76.17
– troppo macerato . . 68.24
– maciullato 76.19
– di maggio 66.3
– mercantile 76.13
– della Nuova Zelanda 114.17
– d'Olanda 65.13
– pettinato 76.21
– primaticcio 66.2
– reale 65.14
– di Russia 65.12
– russo macerato all'acqua 303.10
– russo macerato sul prato 302.18
– scapecchiato 76.21
– scotolato 76.20
– per seminazione . . 65.1
– tardivo 66.4
– tessile 64.17
–, fibra di 75.12
Linum crepitans . . . 65.13
– us. regale 65.14
– sativum 65.12
– vulgare 65.12
lipomatosi 207.24
liquefattore dei vapori . 267.9
liquefazione, apparato di 267.9
liquidazione 52.9
– dell'affare 185.19
– mensile 53.7
– settimanale 53.8
liquido alcalino 287.7
– attaccaticcio 211.1
– coagulatore 248.6
– di coagulazione 250.14, 264.2
– di Filippi 209.18
– di lavaggio 253.12
– precipitante 248.18
– precipitante attivissimo 249.5
– precipitante debolmente attivo 249.4
– precipitante debole . 249.3
– da sbianca 159.3
–, diventare 246.10
lisca 70.16, 84.6
liscezza della fibra . . . 179.19
lisciare le fibre 112.16
lisciatura della canapa . 112.17
liscio, fibra – a . 11.8, 74.9
liscivia 150.6
– alcalina 279.9
– alcalina acquosa . . 278.19
– alcalina concentrata . 274.6
– alcalina diluita . . . 274.5
– concentrata 151.19
– concentrata di soda caustica 46.7
– di potassa . . 152.1, 289.9
– di soda 150.18
– di soda alcoolica . . 278.18
– di soda caustica . . 278.17
liscivare a caldo . . . 157.10
– i fili 253.18
– al freddo 157.9
liscivatura dei fili sulle bobine 254.1
listello tagliato a smusso 252.8
livello del liquido . . . 248.6
Liverpool, contratto secondo l'uso di . . . 55.18
lobato, foglia – a . . 19.17
lobo, foglia a cinque –i 14.14
locale di allevamento . 197.1
– di asciugamento . . 154.11
– d'assortimento . . . 80.4
– di condizionatura . . 237.3
– per la trattura . . 221.18
lordo 179.12
lotto 186.2
– ordinario 186.3
– speciale 186.4
Lowry, balla 43.8
lubrificante 160.6
lubrificazione, tubo di . 154.16
luce polarizzata 290.20
lucentezza del cotone . 60.16
– pari alla seta . . . 46.14
lucidezza della fibra . . 11.10
– pari alla seta . . . 11.12
lucido argenteo 11.15
– dolce ed argenteo . . 288.5
– della fibra 11.10
– latteo e torbido . . 288.9
– rispecchiante 11.14
– riverberante 11.14
– scintillante 288.6
– come seta 11.12
– della seta 226.22
– setaceo 46.14
– smorto 288.8
– untuoso 11.17
– come vetro 11.16
– vetroso 288.7
lucignolo, cascami di . . 62.7
lunghezza della fibra 10.2, 136.24, 177.15
– della fibra tesa . . . 176.21
– del fiocco 137.1
– media 177.16
– del pelo arricciato . 176.20
– di strappamento . . 12.12
– uniforme 138.3
lungo, fibra – a . . . 10.3
luogo d'origine 30.21
lupo battitore 164.5
lurido 179.12
lustro pel cuoio 160.4
– grasso 179.18
– della lana 179.14
– della seta 226.22
– setaceo . 100.9, 179.16, 288.4
– smorto argenteo . . 179.15
– vetroso 179.17

M.

mà 100.14
Macarthy, sgranatrice . 40.2
macchina combinata per gramolare e scotolare 72.13
– a filare la seta artificiale 275.5, 276.7
– oliatrice 155.8
– raccoglitrice del cotone 38.19
– raschiatrice Boeken . 111.7
– raschiatrice Clarke . 108.4
– raschiatrice Crumb . 108.1
– raschiatrice duplice . 111.6
– raschiatrice Mc Lane 108.5
– raschiatrice semplice 111.5
– risciacquatrice . . . 148.13
– per scardonare . . . 164.8
– per schiacciare . . . 69.23
– per scotolare 72.8
– scotolatrice per la ramia 101.6
– per scuotere la stoppa 85.9
– seminatrice 23.11
– sgranatrice 63.7
– sminuzzatrice 162.16
– spazzolatrice duplice 112.20
– spazzolatrice delle fibre 112.19
– per tagliare la canapa 86.15
– per tagliare il lino . 73.10
– per tagliare il caucciù 295.16
– tosatrice per le pecore 141.20
– per tritare il foraggio 198.19
macchiato 60.1
–, bozzolo 217.10
macellazione 133.3
macerare 94.2
– la canapa 81.4
– la canapa allo stato verde 81.5
– la fibra di ramia . . 101.23
– il lino 67.12
– allo stato secco . . . 81.6
– una seconda volta . 82.10
– gli steli all'acqua . . 94.10
–, troppo 68.23

maceratoio . . 68.3, 68.4, 81.15
macerazione 94.1
– all'acido solforico diluito 69.11
– all'acqua . . . 67.16, 94.8
– all'acqua calda . . . 69.5
– all'acqua caldissima . 69.7
– all'acqua corrente . . 67.19
– all'acqua fredda 67.17, 81.12, 94.9
– all'acqua stagnante . 67.18
– all'aria libera 68.9
– artificiale 69.3
– mediante assorbimento d'acqua 114.8
– sistema Baur . . . 69.13
– della canapa 81.3
– compiuta 68.21, 82.11
– deficiente 69.1
– sistema Doumer . . 69.19
– eccessiva . . . 68.22, 82.14
– al fango 68.8
– delle foglie 114.6
– incompleta 82.12
– industriale 69.20
– insufficiente 69.1
– del lino 67.11
– a mezzo di microbi . 82.17
– mista 68.16, 82.7
– naturale 67.15
– nella neve 69.2
– posteriore . . . 68.18, 82.9
– sul prato 68.10
– preliminare . . . 68.17, 82.8
– rapida 69.10
– per la rugiada . 68.10, 82.6
– al vapore 69.8
– al verde 68.11
–, andare oltre limite nella 82.13
macinato, cellulosa – a 119.15
macinatoio 85.21
maciulla 70.9, 83.13
maciullare il lino . . . 70.7
– lo stelo 83.12
maciullatrice Kaselowsky 70.11
maciullatura del lino . 70.6
macrochloa tenacissima 116.17
madre-perla, aspetto della 215.10
madre-pietra 26.20
madre-roccia 26.20
maestra 221.17
maestro ambulante . . 26.2
magazzinaggio 31.4
magazziniere 184.19
magazzini generali, compagnia di 32.17
magazzino 31.6
– di cotone 41.21
– di lana 184.14
– di lino 76.1
– di piantagione . . . 25.7
maggesatura del campo 110.3
maggese 134.24
–, campo 21.22
maggioranza di voti . . 51.12
magleria 4.4
maglerie, opificio di . . 4.9
maglie, a x 275.3
magnesia 198.8
magnesio 16.17
mais, paglia di 119.19
malato, lana – a . . . 178.23
malato, cadere (pecora) 135.20
malattia contagiosa . . 206.20
– ereditaria 207.3
– infettiva 206.20
– parassitaria 207.4
– della radice 203.6
– dei scartatori di lana 170.21
malattie del baco da seta 206.11
– del gelso 202.19
– delle pecore 135.19
malerba 24.10
mammifero 26.7
manata di canapa . . . 84.16
– di lino 70.15
mancanza di mano d'opera 25.19
manco di peso . . 49.4, 52.12
– di qualità 51.23
maneggiare il caucciù . 295.21
– la pasta per filare . 262.10
manganare 6.19
manganatura 6.18
mangano, dare il . . . 6.19
mangiatoia 133.11
mangime fresco 133.18
– invernale 133.20
mangostano 204.1
manico di legno . . . 85.8
manipolo di canapa . . 84.16
– di lino 70.15
mannite 271.17
mano d'opera, mancanza di 25.19
manovale 25.15
mantenere la lettiera asciutta 205.7
– il vello intero nel tosare 142.11
manuale, lavoro . . . 21.24
marca 99.18
– di balla . . . 28.18, 184.21
– del collo 184.21
marcianise 305.24
marcioso, bozzolo . . . 217.16
marcire (fibra) . . 82.20, 96.10
–, (polpa) 119.2
marcitoio, campi – i . 21.18
margine 52.20
margotta con radice . 201.5
marrone, colorazione al 98.1
Martin, apparecchio incrociatore 223.14
martinetto a vite . . . 43.13
Marzolano, paglia . . . 119.20
mascella 81.2
massa fioccosa di caucciù 295.12
masseria sperimentale . 25.20
matassa di canapa . . 86.6
– di canapa pettinata . 89.10
– giapponese 230.20
– di juta 99.10
– originale 238.13
– di prova 238.11
– di seta 231.18
– trecciforme 86.5
materia v. a. sostanza
– colorante 179.13
– colorante della fibra 14.15, 43.18
– colorante naturale . 210.13
– colorante del sangue 210.9
– colorante solida . . 14.20
– di copertura 294.4
– esplosiva 263.14
– estranea aderente . . 15.6
– fibrosa 8.7
– filabile 8.7
– da filare 1.19, 243.4
– filtrante otturata . . 264.21
– gommosa 81.8
– gommosa difficile a sciogliersi 228.9
– grassa 44.8, 96.14
– grassa della fibra . . 244.6
– grassa nella lana . . 146.1
– greggia 7.20
– organica 16.9
– prima 7.20
– prima animale . . . 9.1
– prima esente di dogana 33.15
– prima minerale . . . 8.13
– prima tessile 8.3
– prima vegetale . . . 8.15
– sciolta 245.4
– tessile 1.19
– vegetale 161.1
materiale di fibra corta 10.7
– di fibra lunga . . . 10.4
materie estranee aderenti 90.17
– vegetali gelatinose . 287.19
matricola degli accoppiamenti 129.7
maturanza della capsula 35.12
maturare (frutto) . . . 24.15
– (soluzione per filare) 246.8
– (soluzione di viscosio) 279.19
– (stelo) 80.11
maturazione complementare 279.18
– completa del grano . 120.2
– del frutto 24.16
– del libro 79.19
maturità del baco ad abbozzolarsi 209.4
– della foglia per il taglio 110.8
– del frutto 24.17
– parziale del lino . . 66.19
– della pianta 93.15
– del seme 24.18
– della soluzione . . . 246.7
– totale 66.20
– del viscosio 279.17
maturo per la seminagione 78.15
– al taglio . . . 107.3, 110.9
–, diventare 79.20
mazza 70.19, 83.9
mazzotta di legno . . 107.13
mazzuola di legno . . . 107.13
Mc Lane, macchina raschiatrice 108.5
meccanismo di fissaggio per le guaine . . . 108.6
– di trasferimento . . 112.2
mèche 136.22
mediatore 27.12
medio per digrezzare la seta 233.6
Melampsora lini . . . 66.14
membrana della cellula 95.14
– cellulare agglutinata . 96.4
– esterna della parete glandulare 192.5
– interna 192.3
– mediana 192.4
– sottile della cellula . 44.13
– spessa 96.2
menare il branco al pascolo 134.13
Mentzel, densimetro . . 180.12
mercante 27.7
– di pelli 145.1
– di seta 230.10
mercantile, cotone . . 47.13
mercato 28.12
– di bozzoli 229.14
– per contanti 29.9
– del cotone 47.14
– cotoniero 56.12
– della fibra di cocco . 119.5
– della lana 183.19
– del lino 75.13
– della seta 230.3
– a termine 52.17
merce commerciabile . . 28.10
– all'imbarco 55.13
– mercantile 28.11
– primissima 61.12
mercede giornaliera . . 25.16
mercenario, lavanderia – a 147.5
–, lavatura – a 147.6
mercerizzaggio 5.16
mercerizzare . . . 5.17, 46.6
mercerizzato, cotone . . 46.8, 291.20
mercerizzazione . . 5.16, 46.5
merina, pecora 126.4
–, razza 122.14
mescolanza di fibre . . 45.19
mescolare la lana delle conifere 116.12
mescolatore . . 268.12, 272.9
mesocarpo fibroso . . . 118.14
messa 202.12
mesticcio 128.24
mestiere di cordaio . . 2.15
metallico, filo 9.10
metallizzato, filo . . . 298.6
metodo di allevamento 195.9
– di caricare 235.2
– di condizionatura . . 237.4
– per determinare il titolo 238.6
– di digrezzamento . . 233.4
– di esame al microscopio polarizzante . 290.13
– di filatura 1.20
– di filatura sistema Chardonnet 258.21
– d'innesto 201.16
– di lavatura 147.7
– di precipitazione . . 158.7
– di pulitura 145.7
– di ritorcitura 250.11
– di seccagione 213.7
– di sgrassatura . . . 155.15
– di trattura 220.10
mettere a bordo 32.6
– a nudo 110.17
– sulla piazza 28.13
– radici 201.4
– delle spore (fungo) . 207.15
Mezankoora, seta indiana del 232.6
mezza-bollitura 234.10
—-cottura 234.10
—-imitazione, filo metallico 297.15
mezzano 27.12
mezzo per caricare . . 235.1
– grado 52.2, 59.12
– legale 50.23
– quintale 76.8
—-cotto 234.11
—-fino, fibra —a 10.17
microbi di fermentazione 82.18
–, cultura di 82.16
micrococchi simili ai vibrioni 208.15
microfotografico . . . 17.18
microfotogramma . . . 17.17
micrometro oculare . . 17.19
micropilo chiuso 118.16
microscopico, aspetto . 180.14
–, esame 17.13, 44.2
microscopio 17.16
– polarizzante 290.14
– a riproduzione tersissima 17.20
midollare, corda . 15.24, 181.8
midollo 15.24, 65.8
mietere 24.20
mietitura 24.21
miglioramento della lana 128.20
migliore, qualità – dell'altra parte della consegna 52.4
mimosa 203.18
mina 26.23
minerale, componente . 16.11, 45.2
–, fibra 8.14
mineralogia 26.15
Ministerio d'Agricoltura degli Stati Uniti . . 56.15
miscela di alcool ed etere 258.7
– di lisciva e di grasso 151.18
– nitrizzante 256.8
mischia di fibre . . . 45.19
miscuglio di acetilazione 283.15
– di cellulosa e di rame 273.4
mistura nitrizzante . . 256.8
misurare la matassa originale 238.13
– l'ondulazione del pelo 180.1
misuratore delle ondulazioni 179.24
misurazione serimetrica 12.18
modulo di lavoro della fibra 12.16
mohair 187.23
molecola della cellulosa 243.13
molino a cilindri conici 85.21
– a pilloni 71.1, 85.18
molla di controllo . . . 222.9
– a foglia 262.18
mondare il seme . . . 22.20
mondatrice per semi di cotone 41.15
monoacetato 283.10
monocotiledone, pianta 18.18
monosolfuro di calcio . 266.18
monospermo, frutto . . 118.9
monsone 38.5
montagna alta 135.17
montare sul subbio . . 3.16
montone di due anni . 130.14
– d'un anno 130.10
– castrato 130.4
– puro sangue 130.11
– da razza 128.16
mora 201.7
morbi del gelso 202.19
morbidezza 89.15
– della fibra . . . 10.9, 178.4
morbido, fibra – a 10.8, 92.5
morbifero 206.18
mordente, passaggio al. 5.10
morello, colorazione al. 98.2
morfologia 18.15
morfologico, cambiamento 229.8
morire (pecora) 135.21
moro 199.4
morsa 71.14, 81.2
– inferiore 88.13
– superiore 88.14
Morus alba 199.6
– constantinopolitana vel byzantica . . . 200.1
– constantinopolitana Lam. 200.4
– elata 199.8
– indica 199.19
– laciniata 199.16
– latifolia rubra . . . 200.3
– macrophylla vel latifolia 199.20
– multicaulis 199.22
– nervosa 199.13
– nigra 199.14
– pumila 199.21
– romana vel ovalifolia 199.9
– rosea 199.7
– rubra 199.17
– scabra vel canadensis 200.2
– tatarica 199.18
mosca uji 207.6
–, specie di 207.7
mostrare dicroismo . . 290.17
movimento girevole e di spostamento 253.14

movimento lento 249.11
— oscillante 163.7
— al passo di pellegrino 71.10
— trasversale 84.3, 86.12
— di va e vieni 84.2
mucchietto, far —i 23.19
mucilaggine 287.21
mucoidina 209.19
mucoso, soluzione —a 280.10
muffione 123.13
Muga, bozzolo 214.15
—, seta 232.3
mulinello a cilindro per schiacciare 111.4
multa 51.19
mungo 170.11
munire di denti 89.5
muratura 68.6
Musa paradisiaca 114.12
— sapientum 114.15
muschio, pelo di 188.15
muscolo filatore superiore 192.10
muta del baco 206.1
— rinnovatasi x volte 206.6
mutare (baco) 206.5

N.

nafta 156.16
naftolo 289.13
nana-specie di albero 19.10
narcotico, componente 81.2
naspare il bozzolo 220.7
naspo 2.22, 221.15, 228.2
nastraio 4.18
nastreiforme, fibra 100.11
nastro 26.19
— formato di fili lucidi 294.8
— di libro 20.10
— trasportatore senza fine 155.3
— trasportatore resistente agli acidi 251.13
—, a foggia di 225.12
natura buona della lana 177.17
— della lana 175.4
— omogenea del filo 242.14
— della seta 226.2
—, lana di cattiva 177.18
nave di alto mare 32.14
— marittima 32.14
navicello da fiume 32.13
navigazione 32.11
negoziante 27.7
— all'ingrosso 55.3
— in lana 184.4
— di lino 75.14
— di seta 230.10
negozio d'esportazione 55.2
— d'importazione 55.1
negretti, razza 123.3
nemico del cotiledone 37.8
nero-bruno, colorazione al 98.2
—-cupo, tinta in 117.9
nervo rosso della foglia 93.5
—, la lana ha del 176.1
nervoso, filo di seta —a 226.7
nettatura di carda 169.12
— di pettinatura 169.8
nettezza del cotone 61.13
netto cassa 30.8
neutralizzare l'acido solforico 264.11
— l'ammoniaca 274.9
— i sali d'acido formico 102.12
neutralizzazione dell'acido 69.16
neutro, soluzione —a 274.14, 281.3
neve 69.2
nichel 272.7
nichelio, filo di 297.17
nitrato d'argento 98.1
nitrite alcalina 206.10
— di ammonio 272.14
— di etile 264.1
— di rame 272.15
— di sodio 265.4
nitrizzato, cellulosa fortemente —a 256.5
nitrizzazione debole 256.4
nitrobenzolo 284.10
nitrocellulosa 46.15, 255.8
— acetilata 284.20
— scevra di acido 256.15
— chimicamente stabile 257.5
— di collodio di acetone 261.18
— contenente acqua 256.24
— secca 257.7
nitroderivato della cellulosa 284.21
nitrogeno 45.13
nitrometano 284.19
nitrometro 257.22
nocciolo, frutto a 118.8
noce di cocco 118.11
— matura 118.18
noceiforme, frutto 77.22
noci di galla 235.8
nodello nella parete cellulare 90.11
nodi, formazione di 153.2
nodo 224.3
— del fuscello 121.17
— (della paglia) 120.15
nodoso, filo di seta 224.2
nolo 31.19
— marittimo 32.23
— di piroscafo 33.1
normale, umidità 13.20
nostrano, lana —a 165.18
nota di peso 184.17
nozioni generali della tecnica tessile 1.2
nucleo di cellule 16.1
nudo, fibra messa a 107.21
numero delle pecore 130.16
— delle scaglie 181.6
Nuova Zelanda, fibra della 114.16
— —, lino della 114.17
nutritivo, sostanza —a 21.2, 133.21
nutrizione del pelo 173.11

O.

obeso, baco 208.1
occhiello di vetro 221.3, 221.14
occhio nudo, stimare ad 186.23
occipite 131.22
oculare, micrometro 17.19
odore della lana 175.10
offerente, il maggiore 186.5
offerta 28.19
— ferma 28.20
— senza impegno 28.22
— salvo vendita 28.22
officina della carbonizzazione 162.7
offrire il cotone 49.17
— oltre la base 53.18
oleastro 204.9
oleifero, pianta —a 77.4
oleificio 41.16
oleina 233.14
oliatore, apparecchio 155.8
—, dispositivo 149.6
oliatrice, macchina 155.8
olio d'arachide 233.11
— di camelina 260.15
— di canapa 81.1, 260.13
— di cocco 152.9
— di cotone 41.13, 260.11
— che non si essicca 294.6
— essiccante all'aria 260.10
— di ginepro 264.4
— di lana 160.9
— di lino 76.11, 260.20
— di noce 216.14
— d'oliva 181.12
— di palma 233.15
— di papavero 260.12
— di pino rosso 260.17
— di ricino 260.16
— di seme di kapok 63.17
— di trementina 264.3
— vegetale 233.9
— vulcanizzato 260.9
olivo selvatico 204.9
olmo, libro di 120.21
oltremare, lana d' 165.20
omogeneo, fibra —a 226.3
onda del pelo 179.23
ondato, fibra —a 11.5
ondulato, lana leggermente —a 176.15
—, lana poco —a 176.15
ondulazione della fibra 11.6
ondulazioni confuse 176.14
— irregolari 176.10
— regolari 176.9
— regolari ma con intermittenze 176.11
— ritorte 176.14
opacità 288.12
opaco, amianto 214.13
operaio carbonizzatore 162.15
operazioni di Borsa 27.14
opificio di maglierie 4.9
— da ricami 4.22
— di scapecchiatura 73.14
— di scotolatura 71.18
— delle sgranatrici 38.23
oppositivo, in ordine 19.24
ordine oppositivo, in 19.24
ordire 3.14
ordito 3.11
orditura della catenella 3.13
orecchie pendenti, pecora ad 125.8
organico, materia —a 16.9
organo filatore del Chardonnet 262.12
orificio angolare 247.10
— circolare 247.9
— della filiera 247.8, 248.4, 276.10
— in forma di fessura 247.12
— ondulato 247.11
— di passaggio 247.17
— d'uscita del filo 192.13
origine, luogo d' 30.21
orina, lavatura all' 150.20
Orleans 57.1
orlo dentellato 93.2
— estremo 132.17
— segato 93.2
ornamentale, pianta 18.10
oro antico 297.23
— falso 297.22
— nuovo 297.24
— puro, filo d' 297.3
orobanche 79.13
ortica 1.7
— chinese 100.16
— dioica 100.4
— indiana 100.18
—, fibra di 100.2
ortolano, pianta —a 18.10
orzo, paglia d' 119.17
oscillante, movimento 163.7
ossalato di calce 16.12
osseina 287.23
ossicellulosa naturale 244.11
ossidabile, base 259.7
ossidarsi (rame) 270.9
ossidazione del rame 270.8
ossido d'alluminio 45.12
— colloidale di rame ammoniacale 271.11
— di ferro 45.11
— di magnesio 266.6
— di rame ammoniacale 17.12, 45.14, 182.11, 260.21
— di stagno 236.6
— di zinco 294.2
ossigeno 44.22
osso di balena, fibra simile all' 117.3
ostruito, filiera —a 275.13
otticamente, esaminare 290.9
ottico, esame 290.10
ottone, filo di 297.20
otturarsi (filiera) 247.20
otturato, materia filtrante —a 264.21
otturazione dei fori 247.19
ottuso, estremità —a 103.6
ovale, sezione 9.22
ovatta per filtrare 246.2, 264.19
— di torba 115.20
— di vetro 298.11
ovicino del baco 193.10
oviforme, frutto 118.10
ovile 133.5
Ovis ammon 123.12
— aries 124.1
— aries dolichura catotis 125.8
— aries dolichura strepsiceros 125.7
— arkar 123.17
— brachyura 124.2
— Burrhel 123.16
— dolichura 124.19
— leptura 125.5
— montana 125.9
— musimon 123.13
— pachycerca 124.18
— platyura 125.1
— platyura macrocerca syriaca 125.4
— steatopyga 124.10
— tragelaphus 123.14
ovolanceolato, foglia — a 93.3
ozono 255.11

P.

paese di coltivazione 35.19
— d'origine 56.18
— di provenienza 30.21
— serifero 189.4
paesano chiaro 305.23
paga d'una giornata 25.16
— mensile 25.18
— del raccoglitore 38.17
— settimanale 25.17
pagamento 30.3
— a x giorni 30.9
paglia 119.19
— artificiale 293.1
— d'avena 119.18
— di canapa 80.1, 91.5
— fesa 120.11
— di formentone 119.19
— di frumento 119.23
— di granturco 119.19
— di lino 76.14
— di mais 119.19
— Marzolano 119.20
— d'orzo 119.17
— di riso 119.21
— di segale 119.22
— segalina 119.22
— spaccata 120.11
— di spartea 116.19
—, fibra della 105.2, 120.17
pagliuzze 205.8
— di riso 205.9
paia di coltelli 70.14
paio di spazzole fisse 108.11
palchi 204.20
palco girevole 42.14
palle di caucciù 295.10
palma piazzava brasiliana, fibra della 117.2
— piazzava, fibra della 117.1
— raphia, fibra della 117.5
palmitato di magnesio 285.12
Pandano, fibra de 116.13
panello di caucciù 295.14
— di seme di cotone 41.18
paniere per i bozzoli con cilindro interno 212.16
panno filtrante 245.18
papilla del pelo 174.5
paraffina 289.18
paraldeide 260.3
parallelepipedo, balla — a 43.4
parallelizzare le fibre 90.2
parassita 207.5
— della canapa 79.12
— del lino 66.8
— che si pasce di uova 196.3
— delle radici 203.3
parassiti del baco 206.11
parassitario, malattia — a 207.4
paratia di assicelle 85.10
parenchimo del libro 100.13
parere 51.16
—, dare il suo 51.17
parete del canale escretorio 210.4
— della cellula del libro 90.10
— cellulare 95.14
— della glandula 192.2
— inspessita 20.13
— intermedia 158.6
parità 52.22
parte avversaria 50.22
— contraria 50.22
— insolubile 181.22
— legnosa 65.6
— litigante 50.21
particelle grasse 149.16
— di lana 148.9
partita 186.2
— di semi 194.24
pascere le pecore 124.14
— (pecore) 134.19
pascimento delle pecore 134.8
pasciona 134.21
pascolamento delle pecore 134.8
pascolare (pecore) 134.19
pascolo 134.9
— agro 135.6
— alto 135.7
— artificiale 134.23
— coltivato 134.23
— d'estate 134.10
— invernale 134.11
— di montagna 135.8
— perenne 134.22
— scevra da polvere 135.5
— rugiadoso 135.2

passaggio per l'idro-estrattore 6.22
– al mordente 5.10
– al ranno 5.4
– al vapore 6.14
–, singolo 251.8
passamanaio 4.18
passamanteria 4.14
–, lavori di 4.16
passamanterie, fare le . 4.15
passare il filo in un bagno 261.9, 276.4, 276.5
– il filo in un liquido precipitante 249.3
– per l'imbuto (fili) . 250.2
– al mordente 5.11
– al vapore 6.15
– al vapore la nitrocellulosa 256.16
–, far – al ranno . . . 5.5
passo di pellegrino . . 71.10
pasta di caucciù . . . 296.5
– per filare 262.9
– di legno 255.3
– plastica 295.22
Pasteur, sistema di cellule 194.8
pastore 134.16
pasturare le pecore . . 134.14
patogenico, bacillo. . . 206.18
pattino del dispositivo di inversione 88.4
pavimento, stuoia da . 205.6
pebrina. 208.10
pebrinoso, baco . . . 208.11
pecora di altura. . . . 125.9
– di due anni . . . 130.15
– d'un anno 130.12
– avvezza 130.22
– bavarese del paese . 125.13
– caprina 131.18
– cheviot 126.2
– cinese 124.17
– dalla coda adiposa . 125.1
– dalla coda corta . . 124.2
– dalla coda lunga . . 124.19
– dalla coda rudimentale 124.18
– dalla coda stretta . 125.5
– di collina 125.9
– comune del paese . . 125.12
– senza corna 127.8
– senza corna dalla coda corta 124.11
– cornuta 127.7
– cornuta dalla coda corta 124.4
– di corto pelo . . . 131.13
– cretese 125.7
– che divora la lana . 136.6
– domestica 124.1
– elettorale ed escuriale 126.7
– delle Feroe 124.6
– fiamminga 124.15
– di Fiandra 124.15
– di Frisia 124.13
– del Gallese di lana morbida 125.11
– dalle gambe corte. . 126.6
– del geest 124.9
– gravida 129.8
– alla groppa affilaticcia 127.19
– dell'Imalaia 123.16
– indigena 122.6
– da ingrassare . . . 132.22
– di lana increspata . 126.3
– di lana liscia . . . 126.1
– di lana mista. . . . 125.6
– di lana propria . . 125.16
– di lana ricciolutа . . 126.3
– di landa di Lüneburg 124.8
– lanifera 131.8
– lanosissima 131.15
– da latte 133.4
– da macello 132.21
– della Marsch 124.12
– matricina 130.1
– matricina debole . . 131.19
– matricina scarta . . 129.19
– merina 126.4
– migratrice 122.7
– olandese 124.14
– ad orecchie pendenti 125.8
– di pelo corto e duro esclusivamente . . . 125.14
– di pelo liscio smidollato 125.17
– di pelo lungo e liscio esclusivamente . . . 125.15
– di pelo rado . . . 131.16
pecora della Piccardia . 124.16
– pregna 129.8
– puro sangue 128.18
– da razza 130.2
– di razza mista . . . 128.24
– scandinava 124.5
– scarsamente lanosa . 131.16
– schienuta 127.20
– selvatica 123.11
– selvatica colla criniera 123.14
– selvatica delle steppe 123.17
– dello Shetland . . . 124.7
– di Siria 125.4
– steatopigia 124.10
– al troncone della coda 124.18
pecoraio 134.16
pecore inadatte 129.15
– per ricavarne la carne 132.19
– scarte 129.16
– scarte per età avanzata 129.18
– scarte inadatte alla produzione di lana . 129.17
– scarte per la loro struttura del corpo 129.21
pecoro 129.24
pectina 45.1
pectosia 102.15
peduncolo 19.2
– della foglia 77.17
pelamento coll'arsenico 144.5
– per azione corrosiva . 144.12
– per fermentazione . 144.11
– delle pelli 143.7
pelare coll'arsenico . . 144.6
– con corrosivi 144.13
– la pelle 143.13
pelegrino, passo di . . 71.10
peli 1.12
– corti 19.22
– deperiti 173.17
– fitti 136.16, 136.18
– radi 136.17
pelo d'alpaca 188.3
– animale 9.3
– appannato 294.5
– arricciato 176.20
– artificiale 293.1
– di cammello 188.1
– di cane 188.9
– di capra 187.22
– di capra d'Angora . 187.23
– di capra del Cascemir 187.24
– di capriolo 188.7
– di castoro 188.14
– di chinchilla 188.13
– di coniglio 188.11
– contenente sostanza midollare 181.9
– corto e duro 125 14
– corto, lucido e duro 175.7
– non elastico 175.21
– fino 187.16
– friabile. 177.23
– friabile all'apice . . 177.24
– del frutto 20.5
– di gatto 188.10
– grosso 187.17
– di guanaco 188.5
– di lama 188.6
– di lana . . . 174.2, 180.8
– legante 141.8
– legante di sbieco . . 141.6
– legante trasversale . 141.5
– di lepre 188.12
– liscio 180.7
– lungo, ruvido e liscio 175.6
– modello 180.10
– morbido 187.13
– di muschio 188.15
– ondulato 176.8
– ondulato irregolarmente all'apice . . 176.13
– ondulato irregolarmente alla radice . 176.12
– ad ondulazioni confuse 176.14
– ad ondulazioni irregolari 176.10
– ad ondulazioni regolari 176.9
– ad ondulazioni regolari ma con intermittenze. 176.11
– ad ondulazioni ritorte 176.15
– pungente vuoto . . 100.5
– di renna 188.8
– rigido 187.15
– ruvido 187.14
– di semi 8.17, 43.16
– di seta. 231.13
pelo singolo 190.9
– soffice 187.13
– con tegamento corneo 180.18
– tipo 180.10
– d'uomo 187.18
– di vacca 187.20
– vegetale 8.18
– vegetale unicellulare. 8.19
– di vitello. 187.21
pelle 173.18
– d'agnello 143.9
– del baco 208.7
– danneggiata 142.13
– illesa 142.14
– di pecora colla lana 143.8
– pecorina 144.21
– di qualità inferiore . 144.1
– ricca di pieghe . . . 138.18
pelli ripulite 150.4
pellicola esterna della guaina 174.10
peloso, foglia – a . . 19.21
peluria 232.10
– della grana 36.16
penale 51.19
penna a cannello . . . 239.14
– matta 239.13
pennolina della foglia . 118.3
pennuto, foglia –a . . 118.2
percentuale di fibre . . 187.7
– di materia grassa . 146.1
perdere per fermentazione 79.7
perdita di fibre 112.22
– in peso per la lavatura 149.17
– di peso della seta . 234.15
– di sericina 234.14
– d'umidità alla condizionatura 237.19
perenne, pianta . . 18.7, 36.8
perforato, fondo . . . 149.11
pergamenato 217.8
periodo d'accoppiamento 129.6
– di coltivazione . . . 110.2
– letargico 206.7
– del sonno 206.7
perito 51.15
– in lane 187.4
perizia 51.16
periziare 51.17
permanganato di potassio 262.1
permeabile all'acqua, bozzolo 216.15
–, stoffa 252.4
persolfato d'ammonio . 284.12
persona interessata alle lane. 184.7
pertica 150.4
pesa 49.5
pesante, fibra specificamente 12.20
pesare il foraggio . . . 198.11
– in deniers 238.19
– le matasse 238.15
pesatore 184.13
pesatura 49.5
– nell'olio d'oliva . . . 181.12
– della matassa. 238.14
peso brutto 29.21
– dei cerchi 48.11
– di fattura . . . 29.23, 52.14
– di liquidazione . . . 52.16
– lordo 29.21, 234.13
– medio 29.22, 52.15
– mercantile 187.6, 229.16, 238.2
– metrico 76.2
– netto 29.20
– proprio 275.18
– reale. 52.10
– di sbarco 49.16
– secco 291.16
– secco assoluto . 14.6, 47.9
– specifico. . . . 12.21, 181.10
– delle tele d'imballo . 48.12
– di tolleranza 238.1
– del vello 142.22
pestare il seme 80.22
pestatore triangolare . 101.7
pestatura del seme . . 80.23
pestone. 71.3
– di legno 85.19
petali di tinta violetta . 106.11
petrolio 264.5
pettinare la canapa . . 87.2
– le estremità 89.18
– gradualmente 73.17
– il lino 73.12
– la stoppa della canapa di prima qualità . . 90.3
pettinato, canapa – a 91.15
– a macchina 305.16
– a mano 305.15
pettinatore da lino . . 73.13
–, cilindro 164.12
pettinatrice da lino . . 74.5
pettinatura della canapa 87.1
– delle estremità . . . 89.17
– della fibra disseccata 95.6
– finale delle estremità col pettine fitto . . 89.21
– a fino 74.2, 89.12
– del lino 73.11
– a mano 87.5
–, seconda – delle estremità 89.19
– della stoppa della canapa due volte scapecchiata nelle estremità 90.1
pettine fino 74.1
– fitto 74.1, 87.4
– grosso 73.18
– guida 263.3
– da lino 73.15
– rado 73.18, 87.3
– per scardonare . . . 164.16
– scaricatore della stoppa 89.9
– per scoccolare . 67.9, 80.15
– per sgranellare . 67.9, 80.15
petto. 132.12, 171.22
peziolo 118.4, 202.8
pezzetti incatramati . . 172.9
pezzi 172.7
phloroglucina 97.12
Phormium tenax, fibra del 114.16
Phytospora mori . . . 203.2
piano circolare 86.2
– di polarizzazione . . 227.20
pianta di aloe 113.12
– di ananas 115.9
– annua 64.16
– annuale 18.6, 36.7
– arborea 34.11
– caulescente 77.5
– cespugliare . . 18.21, 34.10
– coltivata 18.1
– cotoniera 34.6
– dicotyledone 18.19
– dioica 77.6
– erbacea 34.7
– estiva 18.12
– a foglie variopinte . 115.1
– da foraggio. 135.10
– indigena 18.3
– invernale 18.13
– della juta 92.15
– di landa 109.23
– leguminosa 18.9
– di lino. 64.15
– monocotiledone . . . 18.18
– nociva 202.21
– oleifera 77.4
– ornamentale 18.10
– ortolana 18.10
– parassita . . 79.14, 203.1
– da pascolo 135.9
– perenne 18.7, 36.8
– della ramia 100.14
– rampicante 104.10
– sanseviera 113.5
– selvatica 92.17
– di sida 105.4
– da siepe 109.5
– di steppa 109.23
– tessile 18.11
– dei tiglacei 92.16
– sub-tropicale 18.5
– tropicale 18.4
– utile 18.8
piantagione 25.3
– di canapa 78.7
– di cotone 35.22
– di gelsi 200.16
– del gelso 200.17
piantare il gelso . . . 200.18
– colla gruccia 24.3
– i rampolli in file. . . 201.3
piantatore 25.4
– di Sisal 110.4
piante alimentari dei bachi 199.3
– di juta affastellate. . 93.24
piastra con spilli . . . 71.12
piattaforma girevole . 42.14
piatto, fibra – a . . . 103.12
pianura 135.16
piazza di Borsa 28.9
– commerciale 27.8

piazza di provvista di seta greggia 230.2
piazzava brasiliana . . 117.2
—, palma 117.1
picciuolo della foglia . . 19.18
pidocchio cotoniero . . 37.18
piede anteriore 191.7
— posteriore 191.8
piega cutanea 132.16
piegare 7.7
— lo stelo 82.19
piegatura 7.6
— delle matasse 99.11
pieghevolezza 179.22
pigmento della sericina . 210.13
pila per la lana al collodio 257.16
pillone 71.3
— di legno 85.19
pinastro, ago del . . . 116.9
pinna marina 232.10
Pinus abies 203.12
pinze 262.17
pinzette 262.17
pioggia 21.19
piombare il campione . 50.13
piombato, caldaia —a chiusa 69.4
piombo, sali di 236.15
pioppo, lana di 64.10
piovuta 21.19
piroscafo, nolo di . . . 33.1
pirossilina . . . 46.15, 255.8
pita 113.15
piuma 239.13
placca metallica perforata 296.4
— di pressione 245.16
— regolabile 247.16
placcato d'argento, filo . 297.12
— d'oro, filo 297.5
plastico, filo 293.4
platino, filo di 144.20, 297.16
plusia gamma, baco . . 66.10
poculiforme, fiore . . . 35.5
polariscopio 227.14
polarizzante, microscopio 290.14
polarizzato, luce —a . 290.20
polarizzazione della seta 227.19
poliatomico, alcool . . 270.15
policellulare 20.15
poligonale, sezione . . 9.24
polisolfuro 266.17
polispermo, capsula —a . 78.1
polizza di carico . . . 32.19
— di carico indossabile . 49.13
— di carico dal porto . 49.12
— diritta di carico . . 49.11
— impegnabile di deposito 184.15
pollone selvatico . . . 201.14
polpa fogliacea 110.18
— del frutto di cocco . 119.1
polposo, foglia —a . . 109.11
polvere ammorbiditrice . 294.7
— di battitore 61.22
— di calce 296.9
— di carda 62.5
— dell'introduttore . . . 62.2
— metallica combinata alla nitrocellulosa . 293.10
— di talco 296.7
— di torba 205.11
— di ventilatore 61.23
—, scevro da 135.5
polverizzato, copale . . 260.18
polveroso, cotone . . . 60.19
pomata di lanolina . . 160.1
pompa di viscosio . . . 281.16
pontile d'approdo . . . 32.10
porcellana, vaso di . . 256.10
poro sudorifero 174.20
poroso, stoffa —a . . . 252.4
porre il seme 23.8
porro sericigeno . . . 192.8
porta-bozzoli 222.12
—filiera 248.8
portare via 148.9
porto 29.16
— di caricazione . 32.8, 40.10
— cotoniero 49.9
— di destinazione . . . 32.9
— d'imbarco . . . 32.8, 49.10
— di scarico 32.9
posto dello scotolatore . 72.12
potare il gelso 201.18
potassa 45.5
— caustica 151.15
potere colorante, alto . 15.9
— colorante, basso . . 15.10
potere di rifrazione 227.13, 290.18
povero, soluzione —a di ammoniaca 273.9
povertà di lana 131.17
prati marcitoi 21.18
prato falciato 68.12
precipitante alcalino . 274.3
— alcalino caustico . . 274.4
— lento 275.17
precipitante, agente . . 17.4
precipitare l'acetato . . 285.1
— l'acido tannico . . . 235.10
— la caseina 287.4
— il filo di viscosio . . 280.20
— il grasso mediante calce intrisa 158.8
— la materia sciolta . 245.4
— il rame della soluzione 291.13
— il viscosio 280.18
— lo xantogenato di cellulosa 279.13
precipitato 17.5
— di grasso di lana . . 158.9
— d'idrossido di alluminio 261.14
— di protossido di rame 292.15
— di sapone di calce . 150.16
— di solfuro metallico . 281.15
precipitazione 17.3
— della materia sciolta 245.3
— mediante l'elettrolisi 291.14
pregnanza 129.9
pregnezza 129.9
pregno, pecora —a . . 129.8
preliminare, trattamento 269.15
prematurità della pecora 130.13
premente, stantuffo . . 42.11
prendere il filo di collodio colle pinzette . . 262.16
preparare il bozzolo per l'aspatura 217.21
— la lisciva 150.7
preparato di grasso di lana 159.21
— velenoso 144.7
preparatorio, essicazione —a 237.16
preparazione dell'amianto 240.15
— dei bozzoli per l'annaspatura 217.20
— del letto per i bachi . 204.11
— della soluzione di collodio 258.9
— del succo 295.8
— del terreno ad orto . 22.8
presa delle foglie . . . 112.10
—, azione della 112.8
—, dispositivo di . . . 86.3
presenza dell'amianto . 240.3
preservare il fiocco nella lavatura 152.23
— il fiocco nel risciacquamento 153.3
— il letto di foglie dall'umidità 199.2
preservazione del fiocco nella lavatura . . . 152.24
presidente della Borsa . 28.3
presidenza della Borsa . 28.4
pressa a filtro 245.13, 268.13
— a ginocchio 42.4
— idraulica 42.6
— smontabile 42.8
— trasportabile 42.7
— a vapore 42.16
— a vite 42.5
— -balle con cassa mobile di pressione . . 113.2
—-balle idraulica con cassa fissa di pressione 113.1
—-cotone 39.4
—-cotone per il confezionamento in balle a tenuta di mare . 42.2
—-cotone per trasporto terrestre 42.3
pressare 6.21
— in balle 112.24
— il caucciù 296.3
— il caucciù attraverso una placca metallica perforata 296.4
— il cotone 41.23
— i fili tondi della pasta di caucciù 296.5
— il filo di viscosio in una soluzione calda . 280.17
— il kapok 63.14
— le matasse in balle . 99.12
pressare il seme 80.21
— la soluzione attraverso tubi capillari 264.15
— i velli idraulicamente 183.15
pressata definitiva . . 43.2
— finale 43.2
— iniziale 42.21
pressato, balla mezzo —a 42.20
pressatura 6.20
— del seme 80.20
pressione del cotone . . 41.22
— di filatura 248.12
— sulla soluzione per filare 248.12
— variabile 250.5
—, acqua sotto 42.11
—, cilindro di . . 41.11, 42.10
prezzi di chiusura . . . 186.11
prezzo base 53.19
— sulla base dell'ultima asta 186.9
— dei bozzoli 229.17
— di chiusura 54.2
— d'esordio 54.1
— di liquidazione . . . 52.11
— della materia prima . 29.8
— medio 53.17
— della seta greggia . 230.6
— del terreno 25.9
primaticcio, lino . . . 66.2
primaverile, bozzolo . . 214.16
primo basso 305.6
— cordaggio 305.5
— cordaggio extra . . . 305.4
principio di allevamento 128.8
prismatico, forma —a . 95.15
proboscide 192.9
procedimento di acciaccamento 86.10
procedura arbitrale . . 51.3
processo di carbonizzazione 161.6
— alla cellulosa di ossido di rame ammoniacale 267.14
— di fermentazione 81.9, 102.13
— di filatura con un acido 280.21
— di filatura artificiale 246.15
— di filatura a secco . 246.13
— di filatura per stiramento 248.19
— di filatura ad umido 246.14
— di lavorazione . . . 7.23
— di macerazione . 81.7, 94.3
— di nitrizzazione . . . 255.20
— di saponificazione . 152.2
— di trattura 220.6
— al viscosio 277.17
prodotto artificiale . . 242.5
— di escrezione 209.13
— finito 7.22
— d'incrociamento . . . 129.1
— mezzo preparato . . 7.21
— naturale 242.4
— secondario 278.20
— secondario dell'estrazione del carbonato potassico 157.20
— di seta artificiale . . 242.6
produrre la seta 188.24
produttività d'una razza 142.19
— di una specie 197.10
— del suolo 21.20
produttore 7.18
produzione della fibra del lino 66.21
— del filo di bozzolo . 209.10
— del filo in un singolo passaggio 251.8
— della lana . . 141.14, 183.11
— propria, seme di . . 22.13
— della seta 188.23
— di seta greggia . . . 229.20
— per unità di superficie 38.15
professore ambulante . 26.2
profusione di lana . . . 131.14
progenitore 122.9
progenitrice 122.10
prolungamento filoso della cellula 36.17
prolungazione del contratto 53.10
pronta cassa 30.5
pronto su piazza, cotone 55.11
propagare mediante barbatelle 201.1
— con dei semi 201.6
— per innesti 201.9
propagazione 128.4
— del gelso 200.23
— mediante margotte . 201.2
propagazione fra la stessa razza 128.17
proporzione di sericina 217.6
proposta di decisione arbitrale 51.4
proprietà chimiche . . 181.16
— alla coagulazione . . 210.10
— dissolventi 219.9
— fisiche 179.3
— igroscopica 288.14
— saponificante 159.17
— delle sete artificiali . 288.2
proprietario del campione 50.15
— del fondo 25.10
— della tenuta 25.10
proteggere il baco dal contagio 207.2
— dall'umidità 199.2
proteina 181.18
— animale 210.8
protestato, balla —a . . 48.3
protoplasma . . . 15.12, 44.15
protossido di manganese 281.12
— di nichel ammoniacale 272.6
— di rame 98.9, 291.12, 292.14
— di rame rosso . . . 270.21
— di stagno di sodio . 98.13
protuberanza pelosa della cellula 36.17
prova, a — d'acidi . . . 241.23
— della carica 236.19
— alla combustione 45.18, 187.11
— della lana 179.4
— al microscopio della fibra 180.13
— all'olio 46.2
— all'ossido di rame ammoniacale 45.15
— preliminare 161.11
prove delle sete artificiali 289.1
provenienza, paese di . 30.21
provvisione di compra . 29.5
provvista di cotone . . 55.4
— di lana 184.13
— di seta 230.1
pula 205.8
pulce di terra 66.9
puleggia 282.3
— di comando 282.6
— eccentrica 219.19
— per fune 111.13
— di guida 111.14
— della tela 88.7
— tenditrice 111.15
pulire le fibre 112.15
— la filiera all'aria compressa 275.14
— la filiera facendola ricuocere 248.1
— la lana 164.4
— colla scintilla elettrica 247.21
— la stuoia 205.3
— il vello 171.7
pulitura cappelli . . . 62.4
— dei capillari 275.15
— del kapok 63.12
— della lana 145.2
— del vello 171.6
pulviscolo di carda . . 169.13
— dei cilindri 169.14
— di filatura 169.19
— di pettinatura . . . 169.9
— del telaio 170.2
punta in acciaio . . . 164.15
— aguzza della fibra . . 75.3
— elastica 248.3
— del fiocco 137.22
— della foglia color grigio argenteo 109.18
— della foglia color purpureo brunastro . . 109.17
— larga del fiocco . . . 137.23
— del pelo d'agnello . . 175.15
punti appiattiti nella fibra 227.10
punto di fissaggio . . . 112.4
— di fusione 159.13
— d'incrocio 221.2
— di lavorazione . . . 112.5
— di rialzo 54.3
— di ribasso 54.4
purezza del cotone . . 61.13
— della fibra 15.4
— del sangue 128.19
— della specie del baco 192.15
purgagione della seta . 233.2
purgare la seta 233.3
purificare l'amianto greggio 240.18

purificato, soluzione — a 279.18
purificazione dell'amianto greggio 240.17
puro sangue, pecora . . 128.18
—, fibra —a 15.2
purpureo brunastro, color 109.17
putrefazione della fibra 82.21
— delle radici 203.4
putridito, urina —a . . 150.19
Puzolzia occidentalis . . 105.16

Q.

qualificare il vello . . . 171.11
qualità dell'amianto . . 241.8
— chimiche della soluzione 246.19
— non corrispondente, bonifica per 52.7
— del cotone 60.4
— generali della fibra . 9.14
— inferiore della lana . 172.17
— inferiore, diventare di 143.24
— di juta 99.17
— della lana . . 172.12, 179.6
— media 172.18
— migliore dell'altra parte della consegna . . . 52.4
— di socio della Borsa 27.21
— superiore 172.16
— uniforme dell'intera partita 52.5
— del vello 171.13
quantità d'acqua assorbita 13.15
— di cenere . . . 96.19, 290.5
— di lana 142.21
— di lana nel fiocco . . 138.13
quarto basso 305.9
— di grado 59.13
quercia giapponese . . 203.16
Quercus ilex 203.15
quintale metrico . . . 76.9
—, mezzo 76.8
quotazione 186.7
— di Borsa 53.24
— di Dundee 99.20
— del mercato 48.1

R.

raccogliere 24.20
— l'acido di rifiuto . . 251.11
— i bozzoli 212.14
— il cotone 38.21
— le gelse per la seminazione 201.8
— la paglia 120.2
— gli steli della juta . . 93.14
— le uova entro cellule di tulle 194.7
raccoglitore 38.16
raccoglitrice, macchina — del cotone . . . 38.19
raccoglitura del cotone . 38.20
raccolta anteriore . . . 99.3
— dei bozzoli 212.13
— del cotone 38.6
— delle foglie . . 110.10, 202.9
— intermedia 38.12
— posteriore 38.13
— principale 38.11
— vecchia 99.3
—, prima 38.11
raccolto 24.21, 66.22
— abbondante 38.9
— della canapa 79.22
— mondiale 38.7
— scarso 38.10
— totale 24.22
radiatore 154.17
— ad alette 154.13
radiazione del vello . . 141.13
radice 18.24
— dell'albero 200.11
— di canapa 77.12
— della coda 132.5
— maestra 64.18
— del pelo 174.8
— profonda terminante in punta 77.13
— putrefatta 203.5
— della saponaria . . . 151.2
radamente, seminare . 23.3
rado, peli —i 136.17
raffinamento della lana 128.20
raffinare il grasso . . . 159.1
raffinare la potassa greggia 157.15
raffinato, carbonato di potassa non 157.7
raffinatura della fibra di cotone 46.4
raffinazione della potassa greggia 157.14
raffreddamento della soluzione 273.13
raffreddare la lana asciugata 155.9
raffreddarsi (soluzione di acido tannico) . . . 235.12
raffreddato, recipiente . 274.1
raffreddatore 156.20
raggi solari 213.9
raggio midollare . . . 175.2
raggrinzamento della fibra 46.13
— della gelatina . . . 280.6
raggrinzarsi (baco) . . . 212.6
— (gelatina) 280.5
ragno del Madagascar . 233.1
Rambouillet, razza . . 123.4
rame cementato 270.5
— metallico 270.3
— puro 270.4
—-glicerina 289.11
rami del gelso 198.18
ramia 100.14
— bianca 100.16
— verde 100.18
ramiè 100.10
rammendare la balla . 43.11
rammollimento delle pelle alla fossa 143.21
— degli steli 81.14
rammollire l'amianto nell'acqua bollente . . 241.6
— l'inviluppo del bozzolo 218.11
— la sericina 218.1
— gli steli di canapa . 81.13
— lo stelo nell'acqua . . 102.2
rammolito, amianto . . 241.7
rammorbidare la pelle pecorina 143.20
ramo 19.13
ramoscello 93.21
ramoso, stelo . . . 65.3, 77.14
rampicante, pianta . . 104.10
rampolli 201.3
rancido, grasso 151.8
ranno, passaggio al . . 5.4
rapare il vello 142.10
rapata 142.9
rappezzo 48.13
rapporto mensile . . . 56.13
— del raccolto 56.14
— settimanale 99.10
rarefare la lisciva coll'acqua 151.21
rarefazione dell'aria . . 69.15
raschiare la lana . . . 144.14
— la scorza dallo stelo 101.17
raschiatoio elettrico . . 144.19
raschiatore, tamburo . . 111.8
raschiatrice (Boeken) . 111.7
— (Clarke) 108.4
— (Crumb) 108.1
— duplice 111.6
— (Mc Lane) 108.5
— semplice 111.5
raschiatura della lana . 144.15
raschino 144.17
rastrelliera 133.8
— con aste divergenti . 133.9
— con aste verticali . . 133.12
— circolare 133.13
— di sgocciolamento . . 153.6
rastiatore 41.12
— Crumb 108.1
rastrellare la lana . . . 148.15
— i solchi seminati . . 23.17
rastrello 23.18, 40.6, 148.14, 149.9
rattoppare la balla . . 43.11
rattoppo 48.13
razza dalla coda corta . 122.17
— dalla coda lunga . . 122.18
— comune del paese di pelo corto 123.5
— comune del paese di pelo lungo 123.6
— elettorale ed escuriale 123.2
— incrociata 122.16
— d'incrocio 122.16
— infanta 123.3
— di lana corta 123.9
— di lana a pettine . . 123.7
razza merina 122.14
— merina di lana a pettine 123.8
— merina negretti . . 123.3
— mista 128.24
— negretti 123.3
— del paese di pelo corto 123.5
— del paese di pelo lungo 123.6
— di pecora sterile . . 131.4
— principale 122.13
— pura 122.12
— pura, bozzolo di . . 214.6
— Rambouillet 123.4
— dalla testa bianca . . 122.19
— dalla testa nera . . . 123.1
razze di animali 165.6
— di pecora 122.3
— di pecore selvatiche . 123.10
rea 100.10
Reagan, balla 43.9
reagente sull'acido nitrico 289.4
reagenti chimici . . . 289.3
— di lignificazione . . 15.20
— ossidanti 243.17
reazione acida 290.2
— acida dell'acqua di aspatura 219.1
— acida dell'acqua di lavaggio 257.15
— acida del bagno . . 163.11
— acida debole 183.8
— alcalina . . . 97.3, 290.3
— chimica 17.7
— della cellulosa . . . 75.6
reazioni cromatiche caratteristiche 227.17
— sulla carta di tornasole 290.1
recipiente dell'acido . . 251.10
— di benzina 156.21
— di filatura 253.6
— girevole di filatura . 282.5
— graduato 268.9
— d'olio 263.8
— raffreddato 274.1
— di riduzione 292.18
— per la soluzione . . . 268.10
reclamo 48.4
refrattario, amianto . . 241.22
refrazione, duplice . . . 13.1
refrigerante 267.10
— di ritorno 292.23
—, bacino 277.13
refrigeratore . . 156.20, 267.10
regime alimentare . . . 133.14
— di vita 130.18
regione della coltivazione 78.3
— cotoniera 35.18
— di produzione . . . 183.12
— di sericultura 229.21
registro degli accoppiamenti 129.17
— delle qualità desirabili 129.14
regno animale 26.5
— minerale 26.16
— vegetale 17.23
regolabile, coltello . . . 40.12
regolamento della Borsa 28.5
— della Camera arbitrale 50.19
regolare la pressione . . 248.13
— la temperatura . . . 237.13
— la temperatura di seccagione 213.21
regolazione dello spessore del filo 222.17
regolarizzare il contratto di compravendita . 48.6
— lo spessore del filo . 222.16
rendere alcalina l'acqua di macerazione . . . 102.6
rendiconto 52.9
rendimento di fibre 7.15, 112.21
— di fibra pura 102.16
— di foglie . . . 110.11, 202.15
— in lana 142.20
— del raccolto 290.13
— di seta del bozzolo . 224.8
— della tosatura 142.18
reniforme, sezione . . . 44.11
renna, pelo di 188.8
residuo d'acido 163.16
— disoliato 157.2
resinaceo, sudiciume . 145.13
resinificarsi (olio) . . . 261.3
resinoso, diventare . . 261.3
resistente alle liscive . 251.14
— al tatto 177.10
—, fibra 12.8
resistenza 288.21
— agli acidi 182.15, 228.17, 241.24
resistenza della fibra 12.9, 60.17
— del filo 222.15
— alla rottura 175.23
— della seta artificiale allo stato secco . . 288.23
— della seta artificiale umida 288.22
— alla trazione 12.11
resoconto 52.9
respirare (crisalide) . . 212.8
rete 4.13
— di filo di canapa . . 205.21
— di filo di ferro zincato 155.1
— metallica 47.8
— metallica concentrica al cilindro 163.4
—, fare la 4.12
reticella, lavorare a . . 4.12
reticelle 4.13
reticolato 4.13
— di filo di ferro zincato 155.1
retiforme, struttura . . 212.1
rettificare il bagno esaurito 266.24
— il contratto di compravendita 48.6
rialzo, un punto di . . 54.3
rialzare, far — i prezzi . 54.6
rialzista 54.12
rialzo artificiale 54.19
— di prezzo 54.7
— di punti 52.18
—, i prezzi sono al . . 54.8
ribassare (prezzi) . . . 54.11
—, far — i prezzi . . . 54.9
ribassista 54.13
ribasso dei prezzi . . . 54.10
— di punti 52.19
—, un punto di 54.4
ricamare 4.20
ricambiabile, tela filtrante 245.19
ricambio delle bobine, dispositivo pel . . . 252.13
ricami, opificio da . . . 4.22
ricamo 4.19, 4.21
ricavare la fibra di paglia 120.18
— filacci dalla paglia . 120.7
— le matasse di prova . 238.10
— il seme trebbiando . 80.16
ricciolutо, lana —a . . 126.3
ricco di midollo . . . 109.3
ricercare il tenore di umidità 47.2
richiamo, affare per consegna a 53.20
richiedere l'arbitramento 50.18
richiesta attiva 186.13
— più viva 186.15
ricino 203.9
ricinolato di sodio . . . 273.20
Ricinus communis . . . 203.9
riclassificare il cotone . 50.5
ricoprire col collodio . 252.16
— il concime di terra . 21.11
— la striscia di caucciù con polvere di talco 296.8
ricorso, camera di . . 51.9
ricotti 232.12
ricuperare dall'acqua il gas ammoniaco . . 277.14
— il dissolvente per mezzo della distillazione . 264.12
— il grasso dalle acque di lavaggio . . . 158.5
— i vapori di etere mediante assorbimento 267.1
ricupero dell'acido nitrizzante 256.20
— dei componenti chimici 277.9
— dei dissolventi volatili 266.23
— dei grassi della lana 158.1
— separato dei dissolventi, apparecchio di 267.4
ridurre ad uno stato solubile 243.11
— l'orificio di passaggio 247.18
— le proprietà dissolventi 219.9
— il sale ramico in sale ramoso 266.2
riduzione della cellulosa 243.14
— della resistenza della fibra 96.8
rifatto, balla —a . . . 48.16
rifinitura 258.20
— dei fili 251.16
rifiutare l'accettazione . 51.21
rifiuto d'accettazione . 48.5
—, acido di 251.11
riflesso metallico . . . 215.9
riflettente, capacità . . 227.11
rifrattore, strato esterno 105.11

rifrazione 290.19
– doppia 290.12
rigenerare il bagno . . 265.14
– la cellulosa da una soluzione 292.8
rigenerato, soluzione – a 280.11
rigettare i peli deperiti 173.17
rigido, fibra –a . . . 10.21
rigonfiature 45.16
rigurgitare di succo (gelso) 201.20
rilassamento del pelo . 143.14
rilegare le balle con cerchi di ferro 183.16
rimborso a mezzo banca 30.20
rimenare la lana con batacchi 147.17
rimessiticcio 106.16
rimondare il gelso . . 201.18
rimuovere l'acido . . . 163.12
– colla centrifuga. . . 161.17
– le impurità risciacquando 150.3
– il lino 68.15
rinfusa, juta alla . . . 99.1
rinnaspamento 224.20
rinnaspare la seta greggia 224.21
rinnovazione del contratto 53.11
rinvenire, far – i semi 37.1
ripassato, canapa –a . 89.13
ripesatura 48.9
ripiantagione 24.4
ripieno 3.12
ripresa 13.20
riprodurre mediante barbatelle 201.1
– la fibra microfotograficamente 17.15
– mediante rimessiticci 110.5
riproduzione del gelso . 200.23
– mediante margotte . 201.2
– mediante rimessiticci 106.16
– per rizomi 106.17
– mediante semi . . . 106.14
ripulire le fibre 112.15
– la filiera all'aria compressa 275.14
ripulito, fibra – a. . . 102.16
riscaldamento con bracieri 197.5
– a gas 237.12
riscaldare alla chiusura ermetica 96.21
– a gas 237.11
– la lisciva 150.8
– la nitrocellulosa. . . 257.3
– la soluzione di viscosio 280.1
– i velli 170.22
riscaldarsi (matassa) . . 86.8
riscaldo, camera di . . 162.8
rischi di guerra 33.7
rischio di banchina . . 48.21
– ferroviario 48.20
risciacquamento della lana 148.11
risciacquare la canapa . 82.22
– il filo 251.9
– la lana 148.12
– la lana al collodio . 257.13
– il lino 69.17
– le pelli con cura . . 143.22
risciacquatoio 148.18
– meccanico per pelli pecorine 149.18
risciacquatrice, macchina – per la lana . . . 148.13
riso, paglia di. 119.21
rispecchiante, lucido . . 11.14
ristringere i pori . . . 235.15
ristringimento dei pori . 235.16
risultato del raccolto . 24.23
ritagli di carta da filtro 255.4
ritardare il processo di macerazione 94.16
ritenere in dissoluzione 266.6, 266.14
ritiro della proposta. . 51.5
ritorcere 2.11
– con filiera girevole . 250.16
ritorcimento 2.10
ritorcitore 2.14
ritorcitura 2.10, 2.13
– dei fili 250.10
ritorto, filo 2.12
riunire parecchi fili del bozzolo 221.6
– la lana vello per vello 142.24
riverberante, lucido . . 11.14
rivestimento di cera . . 118.13
– di peli 131.12
rivestire con argilla la fossa di macerazione 68.7
rivestire di cotone il filo di caucciù 296.18
– la fossa di macerazione 68.5
– di muratura 68.6
– il fusto della bobina col collodio 252.16
– di seta il filo di caucciù 296.19
rivolgere la matassa . . 86.7
– la stoppa 85.14
rivolgimento della stoppa 85.15
rizoma 106.3
robinetto di vetro . . . 275.8
robusto, fibra –a . . . 10.23
roccia 26.17
– d'amianto 240.13
rogna 135.22
romana automatica . . 238.17
– di prova 238.16
rompersi (filo) . 224.6, 251.6
rosa, foglia di. 204.7
rosanilina 259.10
rossiccio 60.3
– di ruggine 44.1
rosso del Congo 289.10
—-bruno 43.24
—-cannella 117.6
—-ciliegia. 97.14
rotativo, capacità –a ottica 227.18
–, cilindro 161.19
rotolo, vello in 143.4
rottura della fibra. . . 227.7
– del filo 251.7
– irregolare 227.9
– netta 227.8
ruggine brunastra . . . 38.2
– delle foglie 203.2
– rossa 38.1
–, colore 145.14
rugginoso, aspetto . . 82.4
–, bozzolo 217.11
rugiada. 68.10
– mattutina 135.3
– della sera 135.4
rugiadoso, pascolo . . 135.2
rullo a frizione 222.7
– gramolatore 72.14
ruminante 26.8
ruvidezza della fibra. . 11.22
ruvido, sentirsi – per il tatto 60.6
–, fibra –a 11.21

S.

sabbia 149.15
sabbioso, cotone. . . . 60.18
sacco. 75.22
– accumulatore della glandula 191.14
– di carta 194.14
– di cotone 212.15
– per la lana 183.14
– di tela bambagina . 212.15
–, mettere in. 172.23
sack 76.4
sala dei campionaggi . 49.20
– di cernita 170.18
– di scapecchiatura . . 73.14
– dei tipi ufficiali del cotone 49.20
salcio 203.20
sale d'acido formico . . 102.12
– alcalino 281.4
– di alluminio 274.20
– ammoniaco. 265.19
– di ammonio 274.13
– combinantesi coll'ammoniaca 274.12
– d'idrossido di rame . 271.1
– inorganico 265.3
– magnesiaco neutro . 266.3
– di magnesio 274.15
– metallico. 281.2
– metallico pesante . . 281.9
– metallico sciolto nell'alcool 262.6
– d'ossido di stagno . 236.6
– di protossido di manganese 281.12
– di rame azzurro . . 270.18
– di rame basico . . . 270.16
– di rame della cellulosa 273.5
– ramico. 266.2
– ramoso 266.2
– di Seignette 291.15
– di soda 279.5
sale sodico acido dell'acido xantogenico di cellulosa 279.8
– sodico gelatinoso . . 279.7
– sodico solubile nell'acqua 279.6
– solubile di zinco . . 281.11
– stannoso 236.7
– di sudiciume di lana 157.19
– di zinco 281.11
sali inorganici 82.16
– metallici 235.4
– di piombo 236.15
– solubili nell'acqua . 96.17
salice 203.20
– piangento 203.21
salicilato di metile . . 284.18
salire (prezzi) 54.8
saliva della farfalla . . 190.16
Salix 203.20
salnitro. 218.9
saltare, far 26.24
–, far – la roccia . . . 240.13
sambuco 204.2
Sambucus nigra. . . . 204.2
sangue del baco . . . 208.3
sano, stato – della fibra 175.16
sanseviera 113.4
– guineensis 113.7
– Kirkii 113.9
– longiflora 113.10
– zeylanica 113.8
Saponaria officinalis . 151.1
saponato, acqua –a . 150.17
sapone 151.10
– ammoniacale 277.4
– d'ammonio 150.21
– anidro 152.17
– animale 233.10
– di calce 152.19
– liquido 233.7
– di Marsiglia 233.13
– molle 151.11
– neutro 233.18
– all'oleina 233.14
– all'olio d'arachide . 233.11
– all'olio di cocco. . . 233.12
– all'olio di palma . . 233.15
– all'olio di ricino . . 233.16
– all'olio vegetale. . . 233.9
– di potassa 151.11
– resinoso 255.14
– di sego 233.17
– di soda 151.12
saponifero, secrezione –a 152.14
saponificabile, grasso di lana 159.18
saponificante, agente . 159.20
saponificare il grasso direttamente. 151.14
– il grasso 150.23
saponificato, grasso . . 159.19
saponificazione 151.9
– del grasso 159.16
saponina 151.8
sapore d'olio 79.6
sarchiare 24.12
– il campo 66.18
– la pianta parassita . 79.14
sarchiatura 24.11
satinato, bozzolo . . . 215.8
saturazione con acqua . 13.19
saturo, aria –a d'umidità 154.7
–, soluzione –a . . . 281.3
sbarco a Dundee . . . 99.21
sbattere i bozzoli . . . 219.15
sbattitore, tamburo . . 41.1
sbattitrice meccanica pei bozzoli 219.18
sbianca 5.6
sbiancare 5.7
– le fibre 112.14
– il grasso 159.2
– la paglia 120.5
sbiancato, cotone . . . 244.4
scadenza della tratta . 30.14
scaglia cornea 15.23
– dentellata 181.3
– ad orlo liscio . . . 181.4
– del pelo 180.19
– scutiforme 180.20
scaldare la nitrocellulosa 257.3
scalo di provvista di seta greggia 230.2
scalo-merci 27.6
scanalato, disco 86.16
scanalatura della puleggia per fune . . . 112.7
– ruvida 40.5
scanalatura trapezio . . 164.19
– triangolare 83.17
scapecchiare la canapa . 87.2
– gradualmente. . . . 73.17
– il lino 73.12
scapecchiato, canapa –a 91.15
scapecchiatoio 87.6
– fino 87.4
– di sgrosso . . . 73.18, 87.3
– a macchina 74.5
– a mano 73.15
scapecchiatore. . 73.13, 87.15
– in fino 87.16
scapecchiatrice 74.5
– per la canapa . . . 87.18
– con dispositivo automatico per l'inversione della matassa 88.1
scapecchiatura della canapa 87.1
– a fino 74.2
– del lino 37.11
– a macchina 87.17
– a mano 87.5
scapus 174.21
scarafaggio, larva dello 66.11
scardonamento 160.15
– chimico 160.19
– durante la cardatura. 165.1
– a mano 164.1
– meccanico 163.20
scardonare la lana.. . 160.17
–, macchina per . . . 164.8
scardonatore, apparecchio. 165.2
–, cilindro 165.3
scaricamento 31.2
scaricare il recipiente . 274.2
scaricatore 31.3
–, cilindro – della stoppa 89.8
scarico, porto di . . . 32.9
scarsità di braccianti . 25.19
– di operai 25.19
scartare pecore inadatte 129.15
– il seme non maturato 78.23
scartatore di lane . . . 170.20
scarto di pettinatura . 169.6
– di seconda pettinatura 169.7
–, canapa di 91.23
scatola di scarico . . . 68.10
scavo a cielo aperto. . 26.22
– a giorno 26.22
scegliere i bozzoli . . . 212.19
– la canapa secondo la finezza 89.14
– la sementa 78.13
– le uova per la cova 195.2
scelta della sementa . 78.12
– delle uova 195.1
scevro d'acqua 159.11
scheggia di legno . . . 121.7
scheletro delle ossa della pecora 127.12
– ossuto 127.17
schiacciamento delle foglie 114.7
– dei gambi del lino . 69.22
schiacciare le foglie . . 111.3
– le lappole 163.8
–, macchina per . . . 69.3
schiattare (seme) . . . 79.4
schiena 132.13
schiuma di sapone . . 233.8
schiumoso,decozione –a 152.22
Schweizer, soluzione . 271.9
sciacquare il filo . . . 251.9
Sciara militaris, verme 37.10
scintilla elettrica . . . 247.21
scintillante, lucido. . . 288.6
scintillare (seta) . . . 227.4
scintillio della seta . . 227.3
sciogliere negli alcali . . 229.7
– la gomma 244.15
– l'idrossido di rame . 271.8
– la keratina 182.2
– l'ossido di rame . . 271.10
– la stoppa 85.13
– lo xantogenato di cellulosa 279.9
scioglimento della lana in acqua bollente . . . 182.1
– della stoppa 85.12
sciolto, lana –a . . . 137.12
sciroposo, soluzione –a 292.9
sciupato, balla –a . . 43.10
scoccolare la canapa. . 80.18
– il lino 67.8
scoccolatura della canapa 80.12
– del lino 67.8
scoiare 143.16

scoiatura 143.11
scolatoio collettore. . . 267.11
scolo irregolare della soluzione 248.14
scomporre l'acqua saponata 158.14
— il libro nelle sue componenti fibrose . . . 102.18
scomporsi (soluzione) . 245.10
— (dall'azione atmosferica) 141.2
— (all'azione del calore) 255.19
scomposto, grasso non . 152.10
scongelare la fibra gelata 101.22
scongelazione della fibra 101.21
sconto 30.7
—, x percento di . . . 30.19
scopature dalla classifica 169.1
— di filatura . . 62.12, 169.20
— di lana greggia . . . 168.24
— di pettinatura . . . 169.10
— di tessitura. . 62.13, 170.3
scoperto, mettere allo . 164.17
scoppiare (seme) . . . 79.4
scortecciare lo stelo . . 101.11
— lo strato di filaccia . 95.2
scortecciato, fibra —a . 104.5
—, fibra non —a . . . 104.4
scorza 65.4
— dell'albero 201.22
— del grano di cotone 254.19
— di quercia 218.7
scorzato, stelo 101.13
scorzonera 204.4
— hispanica. 204.4
scotola 72.6
— a mano 72.4, 84.12
— meccanica . . . 72.8, 84.17
scotolare la canapa . . 84.8
— la canapa gramolata una seconda volta . 84.9
— il lino 71.17
— a mano 84.11
—, macchina per . . . 72.8
scotolato, canapa —a . 91.12
scotolatoio 72.4
scotolatrice 72.8
—, macchina 101.6
scotolatura della canapa 84.7
— finale del lino . . . 72.2
— del lino 71.16
— a mano 72.3, 84.10
— meccanica 72.7
— preliminare. 72.1
screpolato, fibra —a . 12.1
scuoiare 143.10
scuoiatura 143.11
scuola di agricoltura . 25.21
— di coltivazione del cotone 36.3
— di perfezionamento . 26.1
scuotere la canapa gramolata colla mano . 84.5
— il vello 171.4
scuotimento del vello . 171.3
scuro, colorazione —a 98.3
Sea-Island 37.2, 56.20
— di Florida 56.21
seccagione all'aria calda 213.11
— dei bozzoli 213.5
seccare l'amianto . . . 241.7
— anticipatamente. . . 237.15
— i bozzoli 213.6
— il bozzolo al caldo secco 213.10
— il bozzolo al sole. . 213.8
— il bozzolo al vapore secco 213.12
— la canapa 80.7
— il cotone 39.6
— le fibre 112.13
— la fibra di kapok . 63.13
— il filo 251.17
— le foglie 198.16
— la lettiera con pula 205.8
— il lino 69.18
— il seme 78.16
— il seme prima della seminazione 65.21
— la seta 237.17
— la stuoia 205.4
— i tendini 239.9
— le uova 194.17
—, far — la seta sulla bobina 277.6
—, far — la seta sotto tensione 282.13
seccatoio trasportabile . 213.22
secciaio. 68.13, 135.1
secco all'aria (lino) . . 67.3
seconda pettinatura delle estremità 89.19
secondo basso 305.7
secretrice, parte — della glandula 191.13
secrezione saponifera . 152.14
sega circolare 41.3
segale, paglia di. . . . 119.22
segalino, paglia —a . 119.22
segato, orlo 93.2
sego 233.17
selcioso, suolo 21.1
selezione artificiale . . 128.11
— naturale 128.12
— delle uova 195.1
selvatico, pianta —a . 92.17
seme 18.22
— di x anni 22.16
— brillante 78.19
— di canapa 78.14
— di canapa bianco . . 78.22
— di canapa grigio-verde 78.20
— di canapa nero . . . 78.21
— di cotone 35.11
— germinativo . 22.21, 79.10
— industriale 194.1
— inserto nella lanuggine 63.2
— invecchiato 36.24
— della juta 93.11
— leggiero 79.2
— di lino. . . . 65.11, 76.10
— lucido 78.19
— maturo 79.5
— non maturato . . . 78.23
— nero 36.20
— nuovo 22.15
— occorrente per l'unità di superficie 22.23
— pesante 79.1
— di produzione propria 22.13
— sementabile 22.12
— che spunta 23.21
— stagionato 36.24
— sterile 78.24
— svestito di pelo . . . 36.18
— vecchio 22.14
— verde 36.21
— verde scuro 36.23
sementa 65.20
semenza 65.20
semi-cilindricio, vasca —a 275.12
—-cotto, seta —a . . 234.11
—-liquido, sericina —a 210.15
semina 22.24
seminagione 22.24
— della canapa 78.10
— fatta a macchina . . 23.9
— a getto largo . . . 23.13
— a gittata 23.13
— a striscie 23.12
seminare 23.1
— la canapa 78.11
— in file fitte 66.5
— in file sparse 66.6
— fittamente 23.2
— a gittata 23.14
— a macchina 23.10
— radamente 23.3
seminatrice, macchina . 23.11
seminazione 65.20
semi-saturo, acido cromico 289.7
—-selvaggio, baco da seta 189.15
sensale 27.11
— di Borsa . . . 28.6, 185.9
— per le compre . . . 185.13
— dei cotoni 49.21
— giurato . . . 28.8, 185.10
— in lane 185.11
— marittimo 32.15
— di vendita 185.12
senseria, spese di . . . 29.15
sensibile agli acidi . . 98.8
— al colore 273.12
sensibilità all'acqua . . 288.13
— all'azione degli acidi 98.7
— agli alcali 229.5
separabile, fiocco facilmente 137.11
separare i bachi malati 206.16
— le capsule trebbiando 67.6
— la materia grassa . . 158.17
— il sapone dalla secrezione saponifera . . 152.15
— il seme non maturato 78.23
— lo strato di filaccia dal legno 95.1
separarsi facilmente . . 114.9
separazione dell'acido nitrico 265.10
— dell'azoto 46.19
— della fibra tessile dallo stelo 94.19
— della magnesia . . . 266.5
— a mano della fibra . 94.20
— del nitrogeno . . . 46.19
— dello strato di filaccia dal legno 94.22
serbatoio ausiliare . . 250.7
— di chiarificazione . . 148.8
— collettore. 250.6
— filtrante 148.8
— a pressione 268.11
sericigeno, baco 192.16
sericina. 16.8, 210.1
— dura 225.19
— friabile. . . 210.19, 225.20
— semi-liquida 210.15
sericiparo, insetto . . . 189.8
sericultore 189.5
sericultura . . . 189.1, 229.21
serie di pettini 89.6
— di tinozze 149.1
serifero, paese. 189.4
serimetrico, misurazione —a 12.18
serimetro 12.17
serpentina, in forma di 148.5
serpentino refrigerante . 263.9
— di vapore 157.1
serrato, stare (lana) . . 136.15
seta 1.13, 188.16
— all' acetato . . 242.12, 283.4
— dell'ailanto 232.5
— dell'anaphe 232.8
— annaspata 224.10
— appannata 226.23
— artificiale 1.15, 46.20, 242.2
— artificiale all'acetato di cellulosa 283.3
— artificiale di collodio 254.13
— artificiale di gelatina 242.13
— artificiale all'ossido di rame ammoniacale . 267.12
— artificiale di soluzioni di cellulosa nell'acido solforico 282.14
— artificiale di soluzioni di cellulosa negli alcali caustici 282.14
— artificiale di soluzioni di cellulosa nel cloruro di zinco 282.14
— artificiale di sostanze albuminose 242.13
— a base di viscosio . . 235.11, 277.15
— Beaumontia grandiflora 64.4
— bobinata 282.10
— dal Bombyx mori. . 188.21
— buona al tatto . . . 226.13
— calotropis 64.3
— carica di cloruro di stagno ammoniacale . 236.3
— carica di zucchero . 235.23
— caricata 234.20
— di caseina 287.1
— di cellulosa 242.8
— chiara 226.24
— chinese tussah . . . 231.23
— di collodio 242.9
— di colore cattivo . . 227.2
— coltivata . . 188.21, 230.15
— cotta 231.16, 234.8
— cruda 231.17
— digrezzata 233.22
— Eria 232.2
— Fagara. 232.1
— alla gelatina 286.11
— del gelso selvatico . 231.22
— giapponese rinnaspata 230.22
— di gomphocarpus fructicosus 64.7
— greggia 224.11
— greggia dell'Asia . . 230.17
— greggia dell'Asia Minore 231.4
— greggia della Bengala 231.1
— greggia della China . 230.18
— greggia della Corea . 230.23
— greggia europea . . 231.6
— greggia di filo fino. . 231.14
— greggia di filo grossolano 231.15
— greggia francese. . . 231.9
— greggia del Giappone 230.19
seta greggia della Grecia 231.7
— greggia delle Indie . 231.1
— greggia italiana . . 231.8
— greggia del Levante. 231.3
— greggia in piccole matasse 231.19
— greggia in grandi matasse 231.20
— greggia della Persia 231.2
— greggia rinnaspata . 225.1
— greggia della Siria . 231.5
— greggia spagnuola. . 231.10
— greggia della Svizzera 231.11
— greggia dell'Ungheria 231.12
— greggia uniforme . . 224.12
— indiana del Mezankoora 232.6
— marsdenia 64.6
— di materie vegetabili gelatinose 242.13
— Muga 232.3
— naturale . . 188.20, 230.16
— di nitrocellulosa . . 242.9, 254.13
— di nitrocellulosa dall'acetato di collodio 261.4
— di nitrocellulosa di collodio di acetone . 261.13
— di osseina 242.13
— all'ossido di rame ammoniacale 242.10
— parigina 242.10
— di pirossilo 242.9
— di ragno 232.21
— del Rondontia . . . 232.7
— rosea 227.1
— selvatica . . 188.22, 231.21
— semi-cotta 234.11
— sgommata 234.4
— sthenosizzata 254.5
— strofantus 64.5
— tussah delle Indie. . 231.24
— vegetale 8.20
— vegetale bianchissima 63.19
— vegetale di giallo rosastro 63.20
— vera 188.20
— di vetro 298.9
— del yama-maï . . . 232.4
setaceo, lana —a . . . 178.16
—, lucido 46.14
setaiuolo 230.10
sete mercantili 230.14
— vegetali 63.18
setificio 195.8
setoso, fibra —a . . . 11.13
sezionamento dei rizomi 106.18
sezione arrotondata . . 95.17
— circolare 9.20, 44.12
— elittica 44.10
— della fibra di juta . 95.11
— irregolare 9.21
— ovale 9.22
— poligonale . . . 9.24, 95.18
— quadra. 293.12
— reniforme 44.11
— trasversale . . 9.19, 181.15
— triangolare 9.23
sfasciare le balle rotonde 43.6
sfibrare le foglie . . . 113.16
sfibratura a mano. . . . 111.1
— meccanica . . 107.24, 111.2
sfilacciamento degli aghi 116.10
— a macchina 111.2
sfilacciare gli aghi. . . 116.11
— le foglie 113.16
sfregamento della canapa 85.1
— del lino 73.2
sfregare la canapa . . . 85.2
— il lino 73.3
sfrondamento degli steli 93.22
sfrondare l'albero . . . 202.10
sfrondatoio 202.14
sfrondatura 202.11
sfruttamento del suolo, 21.21
sfruttare il suolo . . . 36.2
sgocciolamento, rastrelliera di 153.6
sgommamento dei fastelli di fibre 103.3
sgommare i cascami di seta 287.15
— la seta 234.2
sgommatura, bagno di 233.23
sgorgare dalla pelle (sangue) 208.6
sgranare le fibre dai semi 39.9
— il kapok 63.4
sgranato a macchina . 39.16
— a mano 39.15
sgranatoio a mano . . 39.17

sgranatrice bicilindrica 40.8
— a cilindri 40.1
— a cilindro a coltelli elicoidali 40.9
— di cotone 39.18
— per il kapok 63.7
— Macarthy 40.2
— a mano 39.17
— a seghe 40.13
sgranatrici disposte in file 39.1
sgranatura del cotone 38.22
sgranellare la canapa 80.13
— il lino 67.8
sgranellatura della canapa 80.12
— del lino 67.7
sgrassamento della lana 146.18
—, dispositivo di 147.13, 147.15
sgrassare la cellulosa 255.16
— la lana 146.19, 155.12
sgrassato, lana —a 157.4
sgrassatura della lana con dissolventi volatili 155.11
— della lana a secco 155.16
—, dispositivo di 156.18
sgusciare il frutto 62.22
Sida retusa 105.4
sifone, condotto a 250.9
sigillare il campione 50.14
silicato di potassa 233.21
— di soda 233.21
simile alla canapa, fibra 107.2
similoro, filo di 297.22
sincipite 131.21
sintomo di malattia 206.17
sinuosità del filo del bozzolo 211.8
Siphonia brasiliensis 295.1
— elastica 294.17
siropposo, soluzione —a 292.9
Sisal, agave 109.2
—, canapa di 1.9
sistema di allevamento 195.9
— di allevamento rapido 195.10
— biennale 36.9
— di cellule Pasteur 194.8
— di lavatura 147.7
— delle ossa 127.12
— precipitante 158.7
— triennale 36.10
situazione del mercato 186.8
slappolare la lana 160.17
smercio 186.16
- di seta 230.11
smidollato, pelo 125.17
sminuzzare le lappole 164.21
— la nitrocellulosa 257.2
— la parte legnosa del gambo 70.8
sminuzzatrice, macchina 162.16
smontare la matassa 88.12
smorto, lucido 288.8
smuovere la lana col rastrello 148.15
— il lino 68.15
smussato, coltelli —i 107.15
smusso, tagliato a 252.8
società per le coltivazioni campestri 25.5
socio della Borsa 27.20
soda 45.8, 102.9, 151.24
— ammoniacale 150.13
— anidrica 272.18
— caustica 151.16, 272.16, 278.16, 287.16
— Leblanc 163.18
sodio idrosolfitico 97.5
soffiante 155.6
soffiatore del vetro 276.12
soffice, fibra 10.8, 74.8
soffitto della camera 154.18, 213.4, 213.15
soffocazione della crisalide 213.3, 213.14
solco per il seme 23.5
— del terreno 22.3
sole, esporre al 205.5
solfati 94.17
solfato di alluminio 274.21
— d'ammonio 281.6
— di anilina 17.11
— di bario 294.1
— cupro-tetramminico 271.4
— ferroso 281.10
— di magnesio 274.16
— di nichel 287.17
— di potassa 145.18
— potassico 45.7
— di rame 260.22
— di rame basico 270.17
solfato di rame cristallizzato 270.14
— di rame polverizzato 270.13
— di sodio 162.1, 271.5
solfidrato 266.19
— di ammonio 279.10
— di calcio 266.20
solfocarbonato 266.21
solfocianuro 292.8
solforato, combinazione —a 266.15
solfuri alcalini 266.11
solfuro 266.16
— di carbonio 156.12, 278.10
— di carbonio incoloro 278.11
— di ferro 281.14
— metallico 281.15
— di sodio 266.9
solidificarsi (fibroina) 210.12
— (grasso) 146.3
solidificato, grasso 146.5
solidificazione del grasso 146.4
— della sericina 210.16
solidità della tinta 14.21
solido, tinta —a 14.20
sollevare la morsa 88.3
sollevarsi automaticamente 88.14
solubile nell'acqua 151.13
—, facilmente 102.15
—, stato 243.11
solubilità nell'acqua 286.16
— della cellulosa 243.9
— della lana 181.23
— della seta negli alcali 229.6
soluzione 156.2
— di acetato di cellulosa in acido formico 283.8
— di acetato di magnesio 284.5
— di acetone 261.19
— acquosa concentrata di acido cromico 98.16
— acquosa di glicerina 258.2
— acquosa di iodio e di ioduro di potassio 289.16
— acquosa di ioduro di potassio 289.15
— acquosa di rosso del Congo 289.10
— acquosa di sale di ammonio 274.13
— alcalina di caseina all'acetone 287.8
— alcalina concentrata 270.1
— alcalina diluita 270.2
— alcalina di rame 271.12, 291.4
— alcalina di rame-glicerina 280.11
— alcoolica acquosa di caseina 287.10
— alcoolica di cloruro d'ammonio 259.12
— alcoolica di cloruro ferroso 259.1
— ammoniacale d'argento 98.2
— ammoniacale d'ossido di nichel 289.14
— di Barreswill 98.5
— di bisolfato alcalino 274.10
— di bisolfito di sodio 261.15
— calda di acido tannico 235.11
— calda di soda 282.11
— di carbonato di potassa 157.12
— di carbonato di potassa e di soda 102.10
— di caseina 287.3
— di caucciù 264.13
— di cellulosa 243.8
— di cellulosa nell'acido solforico 282.14
— di cellulosa negli alcali caustici 282.14
— di cellulosa in cloruro di zinco 282.15
— di cellulosa all'idrato di rame ammoniacale 273.8
— di cellulosa mucosa 280.10
— di cellulosa all'ossido di rame ammoniacale 273.6
— di cellulosa povera di ammoniaca 273.9
— di cloruro di ferro 98.11
— di cloruro mercurico 98.10
— di cloruro di sodio 274.11
— di cloruro stannoso 259.3
— di collodio ad alto tenore 259.11
soluzione di collodio contenente acqua 263.13
— collodiosa 292.10
— concentrata 245.1
— cuprosa 266.1
— diluita di potassa caustica 182.6
— di etere acetico 262.5
— eterea 258.5
— di Fehling 292.13
— di ferrocianuro di potassio 291.9
— per filare 243.4, 244.17, 263.7
— per filare fortemente concentrata 258.16
— per filare viscosa 273.17
— di formaldeide 156.10
— di formaldeide nell'acetone 254.8
— di gelatina 235.10, 286.15
— d'idrato di cellulosa all'alcali 283.2
— dell'iodio 97.13
— d'ipoclorito 269.20
— di naftolo 289.13
— neutra di sale 274.14
— neutra di sale alcalino 281.4
— di nitrite di sodio 261.20
— di osseina 288.1
— di ossido di rame ammoniacale 271.6, 292.7
— di phloroglucina 98.14
— di potassa 157.12
— di potassa caustica 282.19
— pronta per la filatura 246.18
— di rame 272.4
— di rame e di soda 271.13
— ricca di rame 272.5
— di un sale nell'alcool 262.7
— di sale satura 281.3
— di sali metallici 235.4
— di sapone 150.17
— satura 270.22
— Schweizer 271.9
— sciropposa 292.9
— sensibile al calore 273.12
— di silicato di potassa 264.10
— di soda 218.8, 282.11
— di soda caustica 151.17, 255.13, 266.17, 272.17, 283.1
— di solfato ferroso 281.13
— di solfato di nichel 287.17
— di solfato di rame 270.15, 291.6
— di solfuro di sodio 266.9
— spumante 152.21
— stabile 273.11
— di vetro solubile, 97.7
— vischiosa 258.17
— viscosa 258.17
— viscosa per filare 244.19
— di viscosio 277.19
— di viscosio purificata 279.18
— di zucchero 235.20
sommacco, estratto di 235.17
sommergere nell'acqua 94.13
— i fasci di canapa 81.17
sonno, periodo del 206.7
soprappeso 52.13
sorta d'albero 199.5
— del cotone 61.8
— di lana 172.11
sorvegliante all'annaspatoio 221.17
sospendere l'azione della presa 112.9
— le pelli sulle pertiche 150.4
sospensione delle fibre per asciugarle 95.4
— libera, cilindro liquido a 250.4
sospeso, contratto in 55.10
sostanza v. a. materia
— alimentizia 133.21
— di carica 235.1
— cellulosica 287.20
— colorante 179.13
— colorante della fibra 14.15, 43.18
— cornea 280.4
— denitrizzante 265.18
— per digrezzare la seta 233.6
— esplosiva 263.14
— fibrosa 119.6
— filamentosa 119.8
— gelatinosa 286.16
— gommosa 67.13
— gommosa del bozzolo 217.7
— gommosa vegetale 16.6
sostanza grassa 44.8
— inorganica 16.10
— intercellulare 90.16
— legnosa 90.14
— midollare 181.9
— minerale 16.11
— nutritiva 133.21
— nutritiva azotata 134.2
— nutritiva non azotata 134.3
— nutritiva inorganica 133.23
— nutritiva minerale 133.22
— nutritiva organica 134.1
— nutritiva del suolo 21.2
— viscosa 210.3
sostanze albuminose 286.21
— organiche 271.14
— vegetali 146.8
sostituente per le foglie del gelso 204.3
sostituire la filiera ostruita 275.13
sottoporre le estremità ad una seconda pettinatura 89.20
sottoprodotto 278.20
sottospecie 61.11
sottrarre l'acqua dal sapone 152.16
sovescio 21.13
sovramacerare (juta) 94.15
sovrapporre i fili sull'aspo ad angolo acuto 224.7
sovrapposto, nastri trasportatori —i 155.2
—, tamburi —i 155.5
spaccare le noci 118.18
— la paglia 120.8
spaccato, paglia —a 120.11
spaccherello per la paglia 120.9
spadice 118.6
— del frutto 106.12
— della tifa 116.3
spaghi da calzature 91.19
spago chiaro 305.20
— scolorato 306.2
spalla 132.8, 171.17
spalmare la striscia di caucciù con polvere di talco 296.8
spargere le foglie collo staccio 198.12
— la lana sul cilindro pettinatore 164.20
— il lino sul campo 67.2
— uno strato di polvere di torba sul canniccio 205.12
spartea 116.17
spartirsi (velo) 141.12
Spartium junceum 104.13
— scoparium 104.15
spartizione del vello 141.10
— del vello in diversi direzioni 141.13
sparto, fibra di 116.16
spazio tra le ciocche della lana 136.13
— intercellulare 95.13
— intercellulare contenente aria 106.7
spazzatura di carda 62.3
spazzola battitrice 219.20
— cilindrica girevole 41.4
— a cilindro 89.7
— circolare 164.11
— dura 196.11
— fissa 108.11
spazzolare 6.7
— le fibre 112.18
— il lino 73.8
— le uova 196.10
spazzolatrice duplice 112.20
— delle fibre 112.19
spazzolatura 6.6
spazzoletta 219.14
specie d'albero 199.5
— di aloe 113.13
— di baco incrociata 197.15
— di baco sociabile 197.9
— di bozzolo 214.4
— di bozzolo del Bengala 214.11
— di bozzolo giapponese 214.14
— di farfalle 189.9
— indigena di bachi 197.12
— di lana 172.11
— di materie prime 8.11
— di mosca 207.7
— originale 122.8
— di pecora 122.3
— robusta di bachi 197.11

specie di seme 22.17
— di seta 230.9
— di suolo 20.21
— vigorosa di bachi 197.11
specificamente leggiero 12.19
— pesante 12.20
specifico, peso 12.21
speculare 52.24
— sul rialzo 54.14
speculatori, cartello dei 54.20
speculazione 53.1
—, far —i 52.24
spedire 31.12
speditrice, casa 48.23
spedizione 31.10
— del cotone 48.22
— delle materie prime 31.10
— a mezzo ferrovia 31.17
spedizioni, casa di 48.23
spedizioniere 31.11, 48.23
spelaia 232.10
spelamento delle pelli 143.7
spelare la pelle di pecora 143.13
spese 29.13
— d'alleggio 33.3
— d'arbitramento 54.2
— di chiatta 33.31
— per determinare la tara 48.8
— di dogana 33.13
— ferroviarie nel porto 33.2
— locali 49.1
— di magazzinaggio 31.8
— minute 29.14
— di nolo 31.19
— di piazza 49.1
— di sbarco 49.7
— di senseria 29.15
— di trasporto 31.13, 31.19
— di trasporto per ferrovia 31.20
—, piccole 29.14
spessore del filo 222.16
— ineguale della membrana cellulare 96.5
— irregolare del filo del bozzolo 226.6
— del pelo 181.13
spezzarsi (filo di bozzolo) 224.6
spiegare il vello 171.8
spigolatura 38.14
spigolo della morsa 89.1
spillare la femmina della farfalla al cartone 194.15
spillo 71.13
spina 147.12, 191.5
— dorsale 127.21
— terminale 109.10, 110.12
spine d'orlo 109.9
spingere i prezzi 54.6
— al ribasso i prezzi 54.9
spinite 135.24
spinoso, foglia —a 109.8, 116.15
spinta artificiale 54.19
spira 224.18
spirale, striscie a 105.12
spirito di legno 258.8, 260.24
spogliare la barba dai cannelli 239.17
— i tendini dalla carne e dal grasso 239.7
spolatrice 251.15
spoliatura della polpa fogliacea 110.18
spolpare le fibre 110.17
sporae 207.13
sporco, lana —a 145.5
spore del fungo 207.13
spostamenti nella parete cellulare 75.1
spostato, nastri trasportatori —i 155.2
—, tamburi —i 111.9
spremere l'acido 161.14
— la lana 153.8
— la materia grassa 158.19
spremitoio 161.15
spremitore, cilindro 148.7
spremitura della lana 153.7
spremuto, lana —a 161.16
spruzzamento, ugello di 148.6
spruzzare 6.13
— l'alcool amilico 267.3
spruzzatura 6.12
spugna 239.18
— ammorbidita dall'azione degli acidi 239.21
— carica di conchiglie 239.19
— cotta in una soluzione di soda 239.20
— ridotta in fiocchi 239.23
— strappata a pezzi 239.22
spugnosità della fibra 13.8
spugnoso, caseina —a 287.6
—, fibra —a 13.7
spumante, soluzione 152.21
spuntare (seme) 23.22
spuntatura dell'arbusto 34.9
spuntito 305.15
spurgo, acqua di 158.2
squadra di caricatori 31.15
stabbio 134.20
stabilimento per l'allevamento delle uova 194.2
— di bachicoltura 195.8
— di cernita 170.17
— delle sgranatrici 38.23
— tessile 7.17
stabilire il grado di umidità della seta 237.2
— i tipi ufficiali 50.1
stabilità della nitrocellulosa 257.6
stabilizzazione della lana al collodio 257.17
staccamento della fibra dalla grana 39.8
staccare la fibra dallo stelo macerato 83.7
— la fibra dagli steli per il freddo 101.13
staccarsi difficilmente dalla grana (fibra) 39.11
— facilmente dalla grana (fibra) 39.10
stacciare l'amianto 241.2
— i frammenti delle foglie 198.23
— il seme 78.18
stacciato, amianto 241.3
staccio 245.21
— per le foglie 198.13
stagionare il seme 78.17
— la soluzione per filare 264.22
stagionato, seme 36.24
stagione d'accoppiamento 129.6
— asciutta 114.4
— della covatura 196.8
— della fioritura 24.13
— della raccolta 24.19, 38.18
— secca 114.4
— della sementa 23.4
—, juta fresca della 99.4
stagno 147.2
stalla di pecore 133.5
stampa 7.4
stampare 7.5
standard, tipo- 59.10
stannoso, sale 236.7
stantuffo aspirante 281.19
— premente 42.11
stanza di compensazione 53.9
— di liquidazione 53.9
stato della Borsa 54.16
— di crisalide 212.5
— fisico della pecora 131.1
— del mercato 186.8
— delle pecore 130.16
— del raccolto 38.8
— sano della fibra di lana 175.16
— di saturazione dell'aria 154.6
— secco 81.6
— solubile 243.11
— verde 81.5
stearina 152.5
steen 76.5
steli affastellati 94.13
stelo 19.2
— asciugato 101.16
— asciutto 80.9
— di canapa 81.13
— corto, di 35.8
— disseccato 101.16
— del fiore ricco di midollo 109.3
— fresco 101.15
— lungo, di 35.7
— macerato 83.7
— di ortica 100.8
— peloso della foglia 35.2
— di pianta 65.2
— ramoso 65.3, 77.14
— rosso 92.21
— scortecciato 101.13
— non scortecciato 101.14
— scorzato 101.13
— secco 80.9
— umido 80.6
— verde 93.1
stendere 7.3
— la paglia della canapa 80.1
— la seta sgommata 234.5
— il vello 171.8
stendimento 7.2
stendimento delle fibre per asciugarle 95.4
steppa, pianta di 109.23
sterile, razza 131.4
sterpare la canapa 79.23
— il lino 66.23
— la pianta di juta 93.17
sterpatura della pianta 93.16
sthenosizzare la seta artificiale 254.3
sthenosizzazione della seta artificiale 254.3
stigliare la canapa 83.6
— la fibra dallo stelo macerato 83.7
— il lino 71.17
stigliato, canapa —a 91.8
stigliatura della canapa 83.5
stima dell'agnello 129.12
— della differenza di classe 47.19
— della lana 171.12, 186.21
stimare l'agnello 129.13
— un campione 50.10
— la lana 186.22
— ad occhio nudo 186.23
Stipa tenacissima 116.16
stipa, far crescere il lino attraverso di 66.16
—, lino coltivato sotto la 66.17
stiramento, processo di filatura per 248.19
stirare il capillare 276.13
— il filo sull'aspo 249.9
— il filo di caucciù 296.17
— il filo che esce dalla filiera 249.1
— il filo in un liquido precipitante 249.8
— il filo in una soluzione alcalina 276.2
stirato, filo 275.18
stivaggio delle balle a mezzo di martinetti a vite 43.13
stock a deposito 186.18
— disponibile sopra piazza 186.17
— di merci a deposito 31.7
stoffa permeabile 252.4
— porosa 252.4
stone 76.7
stoppa 74.4
— di canapa 92.6
— di canapa dal pettine fitto 92.10
— di lino 76.22
— a macchina 305.18
— di maciulla 92.8
— a mano 305.17
— prima/seconda 305.13
— di scotola 92.9
— di scotolatura 76.23
— terza 305.14
—, macchina per scuotere la 85.9
stoppia 68.13, 135.1
stracci di seta, fibra ricavata di 9.13
straccia 232.13
stracciato, vello 172.6
straccio, lana da —i 9.12
stramaturo, capsula —a del cotone 35.14
strappamento, lunghezza di 12.12
strappare la lana 144.10
strappato, spugna —a a pezzi 239.22
strappatura di magazzino 305.12
strato d'amianto 240.8
— di celluloide 252.17
— di collodio e di gelatina d'un cilindro 293.11
— corneo 15.22
— corneo dell'epidermide 173.20
— corticale 174.23
— esterno rifrattore 105.11
— di filaccia 95.1
— di fili 211.16
— filoso esterno del bozzolo 211.5
— granuloso di sericina 225.21
— di lustro metallico 293.9
— mucoso dell'epidermide 173.21
— di pagliuzze 205.10
— di polvere di torba 205.11
strazza 232.13
striatura marcata longitudinale della seta selvatica 225.15
striatura, debole — superficiale della seta coltivata 225.14
strie fine 74.18
stringere un contratto 29.6
striscia 26.19
— di caucciù 295.20
— della foglia 107.10
striscie a spirale 105.12
strofantus, seta 64.5
strofinare i bozzoli 219.15
stropicciamento 228.1
stropicciare il seme nella mano 79.9
stropicciato, canapa —a 86.9
strusa 214.8, 232.11
struttura anatomica del pelo 174.3
— del bozzolo 215.11
— cellulare della membrana 192.6
— esile del corpo 127.18
— esteriore della fibra 175.14
— esterna della fibra 12.22
— della fibra 15.11
— della fibra di cotone 44.3
— della fibra di seta 229.4
— del fiocco 136.23
— istologica della glandula 191.12
— istologica della pianta 18.16
— omogenea 210.18
— del pelo di lana 180.15
— retiforme del bozzolo 212.1
— retiforme del vello 171.9
— dello scheletro 127.16
— del vello 136.21
— visibile, fibra senza 12.23
—, senza 226.4
stufa da covare 196.2
— trasportabile 213.22
stuoia 205.2
—, da pavimento 205.6
subbio 3.15
succo 201.20
— di caucciù 295.7
— caustico dell'agave 109.19
— delle cellule 20.17
— gastrico alcalino 208.13
sudicio, lana —a 145.20
—, la lana è —a 145.4
sudiciume 145.8
— di colore ruggine 145.14
— leggiero 145.10
— oleoso 145.10
— pesante 145.11
— resinaceo 145.13
— verde ceroso 145.12
— viscido 145.15
suffumicare il locale di allevamento 209.2
suffumicazione dei locali 209.1
suggellare il campione 50.14
sugo 19.16
sugoso, foglia —a 19.15
sulfidrato di ammonio 265.20
— di magnesio 266.4
— di sodio 266.8
sulfocellulosa 282.17
sunn, fibra 103.9
suolo arato 22.6
— argilloso 20.23
— calcare 20.24
— concimato 21.6
— fognato 21.4
— friabile 21.5
— ricco di humus 20.22
— selcioso 21.1
— umido 21.3
suono della lana 176.3
— metallico della lana 176.2
superficie di assorbimento 277.13
— finamente granulata del vello 136.20
— del liquido coagulatore 248.6
— del pelo 180.17
— del pelo ricoperta di scaglie 181.1
— del vello 136.8
superossidato, cellulosa —a 269.6
surrogato per le foglie del gelso 204.3
— di sapone 152.20
svernamento artificiale 194.19
— della crisalide 212.9
— delle uova 194.18
svernare le uova 194.20
— (crisalide) 212.10
— (uova) 194.21
svestito, seme — di pelo 36.18
svilupparsi (gelso) 200.22

svilupparsi (pelo di lana) 173.10
– presto (baco) 196.16
sviluppo di ammoniaca 182.9
– del baco 196.15
– della carne nella pecora 133.1
– di gas 68.1
– del gelso 200.21
– del grasso nella pecora 133.2
– del pelo di lana 173.9
– delle piante 24.7
– della sericultura 189.2
–, pieno 35.13
svolgere i velli riscaldati 171.1
svolgersi (filo del bozzolo) 220.9
Swenson, balla 43.7

T.

taglia-nodi 224.5
tagliare la canapa, macchina per 86.15
– il caucciù in striscie 295.19
– in fili il caucciù 296.11
– il filo di caucciù da un blocco 296.14
– il fuscello di paglia 120.15
– i fusti del lino 73.9
– i gambi del lino 73.9
– il gelso 201.18
– la guaina in striscie 107.8
– le manate di canapa 86.14
– la pianta di juta 93.18
– il rame in pezzi 270.6
– al raso il vello 142.10
– lo stelo del fiore 109.20
– la striscia di caucciù in fili 296.6
– il tronco 107.4
–, macchina per – il lino 73.10
tagliato, canapa –a 91.14
tagliatura della canapa 86.13
– delle guaine in striscie 107.9
tagliente, disco 86.17
taglio del caucciù 295.15
– circolare 44.12
– del coltello 72.11, 84.20
– elittico 14.10
– obliquo 107.5
– reniforme 44.11
– degli steli 93.19
– del vello 177.14
talco, polvere di 296.7
tamarisco 203.19
tamburo 147.11
– con battoline 153.16
– a coltelli 108.2
– di comando 253.2
– crivellatore 41.10
– essiccatore 154.20
– girevole 154.19
– raschiatore 111.8
– sbattitore 41.1
Tampico, canapa 117.15
tannico, combinazione –a 96.13
tannino 235.5, 236.6
tappeti, lana per 168.22
tappo a due fori 292.21
– di presa 108.7
tara 29.19
– reale 48.18, 56.10
–, x per cento di 56.8
tardivo, baco 206.10
–, lino 66.4
tariffa per le materie prime 32.1
– di nolo 31.21
– speciale per le materie prime 32.2
– di trasporto ferroviario 31.22
tassa 51.18
– di trasporto 31.21
tatto cotonaceo 226.21
– del cotone 60.7
– dolce 226.17
– duro 60.10
– duro ed elastico 226.18
– elastico 226.19
– fermo 60.9
– al fruscio 226.16
– della lana 177.9
– morbido 60.8, 226.17
– paglioso 285.21
– ruvido 60.11, 226.14
– secco 226.20
– della seta 226.11
–, setaceo 177.13
– stoppone 60.12
– stopposo 60.12
– della seta artificiale 288.3
tatto sodo 60.9
–, la lana si presenta elastica al 177.12
–, la seta è buona al 226.12
tavola di alimentazione 40.15, 71.6, 84.1, 147.9
– di cernita 170.19
– di cernitura 67.1
– del pestatore 101.9
– di scarico 163.6
tecnica tessile 7.12
tecnologia delle fibre 8.6
– delle materie prime 8.4
tegamento corneo 180.18
tela filtrante 245.18
– filtrante di cotone 245.20
– filtrante ricambiabile 245.19
– senza fine a barette 88.6
– d'imballaggio 42.17
– d'imballo 42.17
– juta d'imballaggio 42.18
– metallica a x maglie per unità di superficie 275.3
telaio 3.23
temperatura della lisciva 150.9
– di macerazione 82.5
– della nitrizzazione 256.1
– nell'ovile 133.7
– di seccagione 213.20
tempo della raccolta 24.19
– utile pel cambio dei cannicci 205.15
tenace, fibra 12.14
tenacità 288.19
– della fibra 12.15
tendenza della Borsa 54.16
– del mercato 186.10
– al rialzo della Borsa 54.17
– al ribasso della Borsa 54.18
tendenze ottiche della seta 227.22
tendini, fibre dei 239.96
tenere in fresco la soluzione 273.14
– un mercato di bozzoli 229.15
tenerezza della fibra 10.14
tenero, fibra –a 10.13
tenue, canapa di fibra 92.5
tenore d'acqua 14.7, 288.16
– d'acqua nell'acido nitrizzante 256.7
– d'acqua ammissibile 47.10
– d'acqua della nitrocellulosa 257.8
– d'acqua variabile 13.17
– d'argento del filo metallico 297.13
– d'aria della seta 228.4
– in azoto della foglia 198.6
– in azoto della lana 182.10
– in cellulosa del cotone 244.10
– in cellulosa della soluzione 243.7
– in cenere della fibra di juta 96.20
– in cenere della lana 181.21
– in cenere della seta 228.16
– in cera della fibra 244.7
– in cera della seta greggia 228.10
– in cotone 46.1
– in fibra del bozzolo 216.22
– in fibroina della seta greggia 228.7
– grasso 44.9
– in grasso della seta greggia 228.11
– in materia solida della soluzione 243.5
– in rame della soluzione di ossido di rame ammoniacale 272.3
– in sale della seta greggia 228.12
– in sericina del bozzolo 217.5
– in sericina della seta greggia 228.8
– in sostanza gommosa del bozzolo 217.7
– d'umidità 14.7
– d'umidità ammissibile 13.20
– in zolfo della lana 181.19
–, ad alto 259.11
tensione del filo 222.14
tenuta coltivata a canapa 78.4
teoria delle soluzioni 17.6
termico, conduttività – a 227.23
termine fisso, consegna a 55.15
– di liquidazione 53.6
– di richiamo 53.22
termometro a mercurio 47.6
termostato automatico 237.14
terra cotta, vaso di 256.11
terre alcaline 265.22
terreno adatto alla coltivazione della canapa 78.5
– arato 22.6
– argilloso 20.23
– basso 135.15
– ferruginoso 68.14
– ricco di humus 20.22
terzo arbitro 51.13
– basso 305.8
terzone 42.17
tessere 3.20
– a maglia 4.2
tessile, industria 7.13
tessitore 3.24
– a maglia 4.5
tessitura 3.19
– a maglia 4.1
tessuti organici nella pelle 174.1
tessuto 3.21
– adiposo gonfio 206.4
– capillare 173.7
– corneo 15.21, 181.17
– da filtro 245.18
– lignificato 244.12
– a maglia 4.3
testa bianca, razza dalla 122.19
– della filiera 249.16
– nera, razza della 123.1
– del vello 171.15
tetracloruro di acetilene 284.16
– di carbonio 156.13
Thespesia, fibra di 105.14
Thiele, apparecchio di filatura 275.16
tiepida, acqua 37.1
tifa a foglie strette 116.5
– a larghe foglie 116.4
–, lana di 64.11
tigliacei, pianta dei 92.16
tiglio avariato 61.6
– buono 59.18
– corto 61.4
– del cotone 60.24
– debole 59.21
– forte 59.20
– grosso 61.7
– irregolare 59.17
– lucido 59.22
– lunghissimo 61.3
– lungo 61.2
– regolare 59.16, 61.5
– strabuono 59.19
tillandsia, fibra 104.1
timbrare il cartone 194.12
timpanite 136.4
tingere 5.13
– la paglia 120.6
tino 69.9
tinozza 148.18
– di chiarificazione a pareti intermedie 158.6
– di precipitazione 158.15
tinta bruna, lo stelo prende 100.20
– chiara 179.11
– in cioccolato 117.7
– delle fibre alla polarizzazione 13.4
– fondamentale 14.16
– in giallo-paglierino 117.8
– inalterabile 14.20
– naturale 179.9
– in nero cupo 117.9
– in rosso-cannella 117.6
– scura 98.4, 179.10
– scura naturale 227.5
– della sericina 228.13
– solida 14.20
– violetta 106.11
tintore 5.15
tintoria 5.14
tintura 5.12
tiocarbonato di cellulosa 278.21
tiosolfato 278.9
tipi di qualità 186.19
tipo determinato 55.19
– garantito 55.20
– originale 122.8
– stabilito 55.19
– ufficiale 49.2
–-standard 59.10
tirare il filo 249.1
– la seta 220.7
tisi 207.21
tisico, baco 207.22
titolazione della seta 238.3
titolo decimale 239.5
– di doratura 297.8
– di finezza 10.18
titolo fino 239.2
– grossolano 239.3
– internazionale 239.5
– medio 239.1
– della seta 238.5
– della seta condizionata 238.7
– della seta sgommata 238.8
togliere il baco con canne di bambù 205.17
– i bachi con una rete 205.20
– la filaccia dallo stelo 101.5
– le foglie 101.3
– le impurità lavando 146.14
– a mano il baco 205.16
– il pelo all'animale pettinandolo 188.2
– i ramoscelli 93.21
– le scheggie dal legno verde 121.9
– dalla spazzola il filo maestro 220.3
– le spine delle foglie 110.12
– la stoppa dalle barrette a pettine 74.4
– lo strato di filaccia dal legno 95.1
– le striscie dallo stelo 101.12
togliersi facilmente dalla grana (fibra) 39.10
tolleranza, peso di 238.1
tombolo, lavoro al 3.9
Topham, apparecchio 282.1
tops 168.20
torba dell'erioforo 115.14
– fibrosa 115.19
torbido, lucido 288.9
torbiera 115.18
torcere i fili prima dell'aspatura 221.8
tornasole, carta di 163.19, 289.12
torsione elicoidale della fibra 44.4, 225.13
– falsa 221.9
– della fibra 11.1
torto, fibra –a 10.24
tosare la lana lavata 141.17
– la pecora 141.16
– la pecora in piedi 142.7
tosatore 142.2
tosatrice 142.3
–, macchina 141.20
tosatura 167.9
– fatta due volte l'anno 142.17
– fatta una volta l'anno 142.16
– al naturale 141.18
– della pecora 141.15
– della pelle 143.12
– col sudiciume 141.18
– del vello 143.12
traffico 27.4
– della canapa 91.8
trafilare la gelatina 286.19
trafilatura 276.6
– graduale 287.18
traliccio di filo di ferro zincato 155.1
– metallico per la lana 154.12
trama 3.12
tramoggia di alimentazione 40.16
– di caricamento 40.14, 42.15
– di carico 63.9
– di ripieno 42.15
transazione di Borsa a speculazione 53.3
transito, dazio di 33.12
– per via d'acqua 48.19
trarre la seta dai bozzoli freschi 220.11
– la seta dai bozzoli allo stato secco 220.12
– la seta dal bozzolo a secco 220.14
– la seta dal bozzolo ad umido 220.16
trasbordo 31.16
trasferimento all'altro punto di lavorazione 112.1
–, meccanismo di 112.2
trasferire la pecora 131.6
trasformare il caucciù in una pasta plastica 295.22
– la cellulosa in una combinazione nitrica 255.6
– la cellulosa in viscosio 278.6
– la pectosia in pectina 102.15
trasformarsi in crisalide (baco) 212.4
– in un liquido pastoso (baco) 208.8
– in torba 115.17

trasformazione della cellulosa in nitrocellulosa 255.7
— in crisalide 37.17
— in torba 115.16
trasmettere la malattia per contagio 207.1
trasmissione ereditaria 129.2
trasparente, fibra di seta 226.8
trasparenza 44.5
— vetrosa 288.11
trasportare la lana umida a mezzo d'un soffiante 155.6
— automaticamente (foglie) 111.10
trasporto del cotone 48.22
— per ferrovia 31.20
— terrestre 42.3
trasudare (lana) 143.5
trasudazione della lana tosata 143.6
trasversale, sezione 9.19
tratta 30.11
— a vista 30.12
trattamento all'amido 6.10
— chimico 294.4
— dei fili mediante formaldeide 287.12
— della lana coll'arsenico 144.5
— della pelle alla calce 144.3
— preliminare della cellulosa 269.15
— preparatorio della cellulosa 255.9
— successivo 273.15
trattare l'acetone col permanganato di potassio 262.1
— le acque di lavaggio 158.3
— all'amido 6.11
— la cellulosa in un acido diluito 278.7
— la cellulosa in una lisciva alcalina acquosa 278.19
— il cotone con un acido sulfo-ossido 259.21
— il cotone nella lisciva concentrata di soda caustica 46.7
— la fibra al sodio idrosolfitico 97.5
— la fibra con un alcali 182.4
— il filo ulteriormente con soluzione di soda caustica 276.15
— il filo di viscosio con una soluzione di sale metallico 281.2
— la lana all'acqua calda 149.12
— la materia fibrosa con reagenti ossidanti 255.10
— la seta agli acidi 228.18
— la seta con una soluzione di sapone ammoniacale 277.4
— le uova con una spazzola 196.11
trattora 221.16
trattura dai bozzoli a secco 220.13
— dal bozzolo ad umido 220.15
— senza difetti 220.8
— alla francese 220.18
— all'italiana 220.17
— perfetta 220.8
— della seta 220.5
trazione, resistenza alla 12.11
trebbia 25.1
trebbiare 24.24
— la canapa 80.17, 80.19
trebbiatrice 25.2
trebbiatura della canapa 80.18
treccia 3.8
— di canapa 86.5
trecciare la matassa di canapa 86.6
trecciforme, matassa 86.5
triacetato 283.12
— di cellulosa 283.13
triangolare, sezione 9.23
triennale, sistema 36.10
trinciante 107.8
tritare, macchina per — il foraggio 198.19
triturare la cellulosa 292.17
— il seme 41.17
tronco 19.6
— di abaca maturo al taglio 107.3
— dell'albero 200.16
tronco apparente 106.4
tropicale, pianta 18.4
truccioli di carta da filtro 255.4
trucciolo di legno 121.7
truogolo 71.2
— da abbeverare 134.7
truschino 121.11
tubazione di alimentazione pel cotone in seme 39.2
tubo di alimentazione 275.6
tubo d'ammissione 263.2
— aspirante 267.5
— capillare 262.13
— capillare di vetro 276.8
— di caucciù 275.7
— conduttore d'acqua 262.14
— con filettatura interna 250.13
— a getto d'acqua 150.2
— di lubrificazione per i ventilatori 154.16
— metallico girevole 223.15
— ricettore 251.5
— di riscaldamento 237.7
— piegato a forma d'imbuto 248.9
— di troppo pieno 250.8
— di vetro stirato 247.3
tubi cilindrici 74.17
tungstato sodico 265.7
tunica propria 192.5
turchino verde 109.14
tussah, baco 193.4
—, bozzolo 214.9
—, farfalla 190.8
—, seta — delle Indie 231.24
tusseh, seta chinese 231.23
Typha angustifolia 116.5
— latifolia 116.4

U.

uccidere la crisalide con gas asfissianti 213.13
ugello di spruzzamento 148.6
uji, mosca 207.6
ultramicroscopia 290.21
ultramicroscopio 290.23
ultrastruttura della seta artificiale 290.24
umidità dell'aria 154.5
— assoluta 14.7
— della fibra 13.9
— normale 13.20, 47.10
— relativa dell'aria 14.9
umido, cotone 47.15
ungere la lana disseccata 155.7
ungimento artificiale della pecora 146.7
— d'olio della lana 149.5
unguento 159.22
—, uso 159.23
unicellulare, pelo 8.19
uniforme (fibra di lana) 176.5
— nella lunghezza 138.4
uniformità 179.21
— della fibra di lana 176.4
— dei fiocchi 137.10
— del vello 136.19
unirsi in un bozzolo (bachi) 209.7
unità di lunghezza 181.2
— di superficie 38.15
univoltino, varietà —a 197.19
untuosità della fibra 11.19
untuoso, fibra —a 11.18
uova malate 193.15
— sane 193.14
uovo 37.12
— del baco da seta 193.10
— deposto di fresco 193.13
— per l'incubazione 194.23
— lenticolare 193.12
— di mosca 207.8
— ovale 193.11
urato ammoniacale 150.11
— di potassio 209.16
urena sinuata, fibra di 105.13
urina imputridita 150.19
Urtica dioica 100.4
urticea 100.3
uscire dal bozzolo (farfalla) 191.2
— dalle filiere (soluzione) 246.21, 248.16
— dalla pelle (sangue) 208.6
— dall'uovo (baco) 196.13
uscita del baco 196.12
— della farfalla dal bozzolo 191.1
uso di Brema, contratto secondo l' 55.17
— unguento 159.23
utensili per l'allevamento 196.1
utilizzare le acque di lavaggio 158.3
utilizzazione 158.1

V.

vacca, pelo di 187.20
vaccinazione degli agnelli 136.2
vacuo, distillazione nel 258.14
vagina pili 174.9
vagliare il seme 78.18
vaiuolo 136.1
valore commerciale della seta greggia 230.7
— alla data d'acquisto 49.8
— della lana 186.24
— del mercato 29.10
— nutritivo delle erbe 135.11
— del vello 171.14
— di vendita 28.24
valutazione della lana 171.12, 186.21
— della soda e della potassa 152.13
valvola di aspirazione 281.17
— di scarico 281.18
vapore riscaldato 151.6
— secco 213.12
vapori acidi 256.18
— d'ammoniaca 273.10
— ammoniacali 275.4
— di etere 263.17
vaporizzazione 157.18
variazione di umidità 13.13, 14.8
varietà bianca della juta 92.19
— bivoltina 197.20
— di cellulosa 244.1
— del gelso nero 199.15
— rossa della juta 92.20
— univoltina 197.19
variopinto, foglie —e 115.1
vasca di digrezzamento 233.5
— per la liscivatura 254.2
— perforata 253.15
— di pietra 81.16
— di rame perforata 147.14
— di rame a staccio 147.16
— semi-cilindrica di piombo 275.12
vaso dorsale 191.9
— per la nitrizzazione 256.9
— di procellana 256.10
— di terra cotta 256.11
vegetale, lana 8.21
velenoso, preparato 144.7
velli in rotolo 170.22
— scelti 172.8
vello 171.2
— con divise 141.11
— con fiocchi coerenti 138.11
— con fiocchi isolati 138.10
— pesante 142.23
— riscaldato 171.1
— in rotolo 143.4
— steso 171.10
— stracciato 172.6
velocità del filo 249.12
— di scolo 248.15
veloso, cotone 37.3
vena 26.18
— d'amianto 240.9
vendere all'asta 185.22
— per commissione 185.2
— a contanti 30.6
— a pronta cassa 30.6
vendita 28.23
— all'asta 185.21
— all'incanto 185.21
— di mano libera 185.1
— delle pelli 144.22
venditore 28.14
ventilare il locale di allevamento 197.3
ventilatore 153.19, 269.3
— per seccare le foglie 198.17
ventilazione 197.2
ventre 132.14, 171.24
verdastro 74.13
verde cupo 109.16
— grigio 109.15
— malachite 276.19
— pallido 215.6
verifica per presunta avaria 49.3
verificare l'acqua di lavaggio 291.9
— il grado di concentrazione del bagno acido 161.11
verifiche per la fabbricazione della seta artificiale 291.3
verme capsulare del cotone 37.9
— Sciara militaris 37.10
verminoso, bozzolo 217.13
versare sul rame una soluzione ammoniacale 271.7
vertebra cervicale 127.14
— di coda 127.15
vertigine 136.5
vetreria 276.11
vetro 1.18, 298.7
— solubile 233.21
— trafilato 298.8
vetroso, lucido 288.7
via d'acqua 48.19
— legale 50.24
vigogna 126.12
vigoroso, specie —a di bachi 197.11
violetto scuro 75.9
viscido, sudiciume 145.15
viscosimetro di Cochius 258.1
viscosio 277.18
— greggio 279.12
— greggio impuro 279.14
— maturo 279.16
viscosità 264.18
— del collodio 258.11
— della soluzione 244.20
— uniforme delle soluzioni 244.21
viscoso, soluzione —a 244.19, 258.17
—, sostanza —a 210.3
vista, x giorni di 30.13
vitello, pelo di 187.21
vivaio di alberi 200.14
voce commerciale per la seta greggia 230.8
voci commerciali per le materie prime 299.2
volatile, dissolventi —i 155.11
volpe 38.3
vorace, baco 198.1
voracità del baco 197.23
vulcanizzare il caucciù 254.10, 296.1
vulcanizzato, olio 260.9
vuotarsi (filiera) 248.5
— (glandula sericigena) 209.11
vuoto, disseccazione nel 14.4
—, fibra —a 10.1

W.

warrant 184.15
—, fare un anticipo sul 184.16

X.

xantogenato di alcalicellulosa 279.2
— di cellulosa 278.21
— di sodio 279.3

Y.

yama-mai, baco 193.3
—, farfalla 190.9
—, seta del 232.4
Yucca, fibra di 117.17

Z.

zambuco 204.2
zampe, lana delle 172.5
zappa, coltivazione a 22.1
zig-zag, filo del bozzolo a 211.10
zincato, filo di ferro 155.1
zolfo 16.13, 208.20
— amorfo 293.14
—, dare lo — al bozzolo 213.19
zolforoso, impurità —a 279.15
zoologia 26.3
— della pecora 127.5
zoologo 26.4
Zostera (marina) 121.20
zucchero di canna 271.20
— di latte 271.19
— d'uva 271.18

Spanisch · Spanish · Espagnol · Испанский · Spagnuolo · Español

A.

abacá 105.21, 106.12
abastecimiento de seda 229.22
abatanado 6.2
—, capaz de ser 175.19
—, lana —a 170.13
—, lana no —a . . . 170.14
abatanar 6.3
abelmoschus, fibra de . 105.15
abertura de la cápsula. 35.15
— del capullo . . . 218.19
— del tubo capilar . . 276.14
abeto común 116.8
— rojo 203.12
ablandamiento del cáñamo batiendo . . . 85.18
— de las fibras por el batimiento 107.12
— de los tallos de cáñamo 81.14
ablandar el amianto crudo en agua hirviente . 241.0
— el cáñamo batiendo. 85.17
— la grasa 146.6
— el lino batiendo. . . 70.17
— el tallo en agua . . 102.2
abonado a compuesto . 36.13
—, suelo 21.6
abonamiento artificial . 21.14
— del suelo. 21.8
abonar el suelo . . . 21.7
abono 21.9, 160.14
— artificial 21.15
— químico 21.15
— verde 21.13
abrevadero de ovejas . 134.5
abrevamiento de las ovejas 134.4
abrevar las ovejas . . 134.6
abridor batidor 164.5
— de lana 135.15
— de lana sucia . . . 147.8
— pulverizador 162.16
—a del algodón con la semilla 39.7
abrimiento de la lana húmeda 153.12
abrir el algodón desecado 269.9
— el cáñamo frotado . 86.9
— el capullo 218.20
— la lana a mano . . 153.13
—se (fruto) 62.23
absoluto, candidad —a 14.7
absorbente, capacidad . 115.21
—, poder 13.12
absorber 13.10.11, 115.22, 235.14 267.2
absorbido, agua —a . . 13.15
absorción de agua 13.16, 288.15
— de gas 183.9, 288.5
— de la luz por la seda 227.12
— de oxígeno 98.4
— de sales metálicas por la seda 234.22
abundancia de lana . . 131.14
acabado 5.18
— del hilo 258.20
acabar 5.19
acanalado . 40.5, 84.4, 109.12
acaparador de algodón. 54.24
acebuche 204.9
aceite de camelina . . 260.15
— de cáñamo 260.13
— de cañamones . . . 81.1
— de coco 152.9
— de enebro 264.4
— de lana 160.9
— de linaza. 76.11
— de lino 260.20
— de nueces 260.14
— de oliva 151.12
— de pino rojo 260.17
— de ricino. 260.16
— que no seca 294.6
— secante al aire . . . 260.10
aceite de semilla de algodón . . . 41.12, 260.11
— de semilla de adormidera 260.12
— de semilla de capoc . 63.17
— de trementina . . . 264.3
— vegetal 16.4
— vulcanizado 260.9
aceitoso, churre 145.10
acepillado 6.0
acepilladura. 6.6
acepillar 6.7
aceptación del banquero 30.17
— del librador 30.16
— rehusada 48.5
aceptar el algodón contra pago de una multa. 48.2
— el algodón inferior al contratado según el valor de mercado . 48.1
acetato de celulosa . 283.5.14
— de cinc 284.6
— de hidrocelulosa . . 283.4
— de potasio 259.18
— de sodio . . . 261.1, 284.7
acetilizante, agente . . 283.16
acetilización de la celulosa 283.18
— imperfecta 283.19
acetilizar la celulosa . . 283.17
acetona 262.1
ácido acético 183.5, 229.1, 265.23
— acético concentrado . 183.6
— acético glacial . . . 183.7
— acético sulfuroso . . 284.11
— arsénico 228.22
— carbónico 261.12
— clorhídrico 17.9, 182.18.19, 292.6
— de la crisálida . . . 219.2
— crómico 228.21, 286.8, 289.7
— débil 251.9, 278.7
— diluído 182.17
— ditiocarbónico . . . 279.4
— esteárico 152.7
— etilsulfúrico 263.19
— excesivo 163.14
— fénico 261.16
— fórmico . . . 100.6, 285.4.5
— fosfórico 36.12, 198.7, 233.20
— gálico 286.7
— hipocloroso 228.23
— láctico 272.19
— lanolínico 160.13
— mineral 161.9
— muriático . . 17.9, 182.18
— nitrante 256.6.7
— nítrico 228.19
— nítrico concentrado . 46.18, 183.3
— nítrico diluído . . . 98.15
— nitromuriático . . . 98.17
— nitroso 272.20
— oléico 152.8
— orgánico 229.2
— oxi-sebáceo 258.19
— palmítico. 152.6
— recuperado 256.22
— sebácico 151.5
— de salida 251.11
— silícico 198.9
— sulfo-óxido 259.21
— sulfo-sebáceo . 258.18, 259.22
— sulfovínico 263.19
— sulfúrico 182.20
— sulfúrico con adición de ácido oléico . . 289.19
— sulfúrico concentrado 183.1
— sulfúrico diluído 69.11, 289.17
— sulfúrico diluído para análisis de papel . . 289.17
— sulfúrico exento de ácido nítrico . . . 256.21
— sulfúrico yodado . . 75.8
— sulfuroso . . 158.16, 213.18
ácido tánico . . 235.5, 236.6
— tánico refinado artificialmente 235.9
— toluolsulfúrico . . . 285.18
— túngstico 286.9
—, conteniendo . . . 257.12
acidulado, agua —a . 69.12
acidular el hilo 276.3
aclarado 34.12
aclimatar la oveja . . 130.17
acodo 201.2
— con raíces 201.5
acondicionamiento . . 14.2
— del algodón 47.11
— de la seda 237.1
—, instituto de 187.9
acondicionar el algodón 47.2
— la seda 237.2
acoplamiento 129.3
— heterogéneo 129.5
— homogéneo. 129.4
— de las mariposas . . 190.10
acoplarse 190.11
acortamiento 11.4
acortar los tallos del lino 73.9
acre 36.6
activo, ligeramente . . 249.4
—, muy 249.5
acumulador 42.13
acuoso 274.13
—, solución —a 98.16
adaptibilidad del gusano 197.18
adición de aceite . . . 260.8
— de cal 102.11
— de jabón. 150.24
adherente. 15.6, 90.17
adherirse al cepillo . . 220.2
adherirse entre sí . . . 248.17
adorno 115.1
adquirir un color más obscuro 98.4
— una coloración parda 100.20
aduana, derechos de. . 33.9
—, franquicia de . . . 33.14
—, gastos de 33.13
adúcar 232.10
afieltrarse sobre la piel 143.23
afilador 142.1
afinar la fibra de cáñamo por peinado 89.11
afinidad química . . . 16.22
aflojado, suelo 21.5
aflojamiento del pelo . 143.14
afofar la lana. 164.3
africano, algodón . . . 58.23
agave rigida 109.3
— Sisal. 109.2
— Sisal con esqueje . . 109.7
agencia de transportes. 48.23
agente 27.10
— acetilizante 283.16
— desengrasador . . . 156.3
— especial de plantación 56.15
— del Estado para la estadística 56.16
— de ferrocarril 49.15
— glutinante 293.10
— de precipitación . . 17.4
— precipitante alcalino. 274.3
— de reducción 98.12
— de transportes . . . 31.11
—s atmosféricos 141.1
—s oxidantes 243.17
agitador 292.22
aglutinación de los hilos de capullo 218.3
aglutinado, pared —a . 96.4
agotado, líquido . . . 266.24
agotamiento de la tierra por el cultivo del lino 66.7
agramado del cáñamo . 83.11
— del lino 70.6
— de los tallos de yute en la rodilla 94.21
agramadora de cilindros 83.15
— de cilindros con movimiento transversal . 84.3
— de cilindros con movimiento de valvén . 84.2
— circular 71.4, 83.16
— a mano 70.9, 83.13
— sistema Cardon . . . 71.11
— sistema Guild . . . 71.8
— sistema Kaselowsky. 70.11
agramar el lino 70.7
— el tallo del cáñamo . 83.12
agramiza 70.16, 92.8
agregaciones 44.23
agregar aceite a la nitrocelulosa 260.7
— un ácido . . 260.6, 287.5
— un aldehido al disolvente para la nitrocelulosa 260.1
— la celulosa a la solución caseina 287.8
— flor de azufre al caucho 296.2
— el hidrato de carbono a la solución de celulosa al óxido de cobre amoniacal 273.7
— laca de copal al colodión 260.19
— sales al agua de lavado 265.1
— una solución de caucho a la solución para hilar 254.9
— substancias orgánicas a la solución de óxido de cobre amoniacal. 271.14
agricultura 20.18
agrietado, fibra —a . 12.1
agua 45.3
— absorbida 13.15
— acidulada . . 69.12, 266.22
— alcalina 218.23
— amoniacal . . 260.23, 272.11
— de barita 182.12
— libre de cal 218.22
— sin cal. 218.22
— caliente . . . 69.5, 218.6
— de canal 81.24
— corriente 94.13
— delgada . . . 67.22, 81.22
— destilada 219.8
— de devanado 222.2
— para devanar. 218.21, 219.4
— de enriar . . 81.19, 102.6
— estancada 94.11
— de estiércol. 21.10
— ferruginosa 82.3
— fría 218.5
— de fuerte corriente . 67.21
— gorda . 67.23, 81.23, 219.6
— hirviente 218.11
— jabonosa 97.4
— de lluvia. 81.21
— de mar 118.19
— de pozo 82.2
— a presión 42.12
— químicamente combinada 277.1
— recalentada por vapor 96.6
— regia 98.17
— de río 82.1
— salada 114.5
—, conteniendo 263.13
—, que contiene 261.2
—s sucias procedentes de las instalaciones de lavaje de lanas . . 158.2
aguja 71.13
— del rastrillo . . 73.16, 87.7
agujero 247.19
ahogamiento de la crisálida 213.3
ahogar la crisálida . 213.4.15
—se en su jugo 201.20
ahogue de la crisálida . 213.14

ahumado 295.9
ailanto 203.8
aire caliente 213.11
— comprimido 268.3
— en el establo 133.6
— ozonizado 255.12
— saturado de humedad 154.7
—, que contiene 106.7
ajamiento de la hoja . 106.8
ajarse 106.9
ajustar el higrómetro de cabello 14.11
alambique de reducción 292.19
alambre de platino . . 144.20
álamo, madera de . . 121.5
alargamiento 12.2
— de la fibra 137.6
— fuerte de la fibra . 137.7
— pequeño de la fibra . 137.8
— de rotura de la fibra 12.4
albúmina 44.24, 261.10
— de clara de huevo . 286.23
albura 65.7
alcalamina 271.10
álcali cáustico. . 182.5, 274.4
— libre sin descomponer 152.11
— libre de la solución de viscose 279.11
alcalinidad del sulfhidrato de amonio 265.21
— de la viscose 279.21
alcalino, hacer 102.6
—, solución —a . . . 97.2
alcanforero 203.23
alcista 54.12
alcohol 156.7, 258.6
— que contiene agua . 261.2
— amílico 156.8
— desnaturalizado . . . 260.5
— etílico 267.2
— metílico . . . 258.8, 260.24
— poliatómico 271.15
aldehido acético 260.2
— fórmico . . . 156.9, 182.8
aleación 297.4
aletia argillacea 37.10
alfombra 205.6
alforfón, ceniza de . . 219.5
algodón 1.3, 34.3.6, 244.3, 299.3
— Abassi 59.5
— africano 58.23
— de Alabama 57.6
— del Alto Egipto . . 59.6
— de la América del Sur 37.4
— arenoso 60.18
— arrancado por el viento 61.15
— artificial 9.11
— Ashmouni 59.6
— de Assam 58.7
— averiado por el agua de mar 47.16
— de Bahía 57.19
— de Bengala 58.15
— blanqueado 244.4
— a bordo 55.12
— del Brasil 37.4, 57.14, 301.12
— Broach 58.11
— en bruto 61.9
— de Cambodge . . . 58.8
— cardado 254.17
— de Ceara 57.16
— de China 58.16
— de Chipre 58.20
— de Coconadah . . . 58.6
— comercial 47.13
— Comptah 58.13
— en crudo 61.9
— degenerado 37.6
— desecado 269.9
— desgranado 39.3
— despepitado 39.13
— despepitado a mano. 39.15
— despepitado a máquina 39.16
— sin despepitar . . . 39.12
— de Dholerah 58.10
— egipcio . . . 58.24, 301.5
— de Egipto 58.24
— rojizo de Egipto . . 59.1
— embarcado 55.12
— de Esmirna 58.21
— europeo 59.7
— de fibra corta . . . 61.4
— de fibra larga . . . 60.2
— de fibra muy larga . 61.3
— de Flórida 57.10
— Georgia de fibra larga 57.2
— de Guyana 57.24
— hervido 269.18
— Hinghunghat 58.3
— cargado de hojas . . 60.20
— húmedo 47.15
algodón de las Indias Occidentales . . 37.2, 58.1
— de las Indias Orientales 58.2, 300.22
— inmaduro 61.18
— del Japón 58.17
— japonés 58.17
— Joanovich 59.2
— de Levante 58.19
— levantino 58.19
— de Louisiana 57.1
— Maceo 57.17
— fino de Madrás . . . 58.5
— sin madurar 61.18
— de Marañón 57.15
— marítimo 37.2
— mercerizado . 46.8, 291.20
— del Misisipí 57.5
— de Mitafifi 59.1
— Móbile 57.9
— muerto 61.17
— norte-americano 56.19, 299.4
— Nubari 59.4
— de Oklahoma 57.4
— Omra 58.12
— Oomrawootee 58.12
— de Orleáns 57.1
— de Pará 57.20
— de Parahiba 57.21
— en pedazos 269.10
— sobre pedido 53.21
— sin pepita 39.13
— Pernambuco 57.18
— persa 58.22
— de Persia 58.22
— del Perú 37.4
— áspero del Perú . . 57.12
— blando del Perú . . 57.13
— en plaza 55.11
—-pólvora . . . 46.15, 255.8
—-pólvora soluble . . . 257.11
—-pólvora soluble en el éter 46.18
— polvoriento 60.19
— polvoroso 60.19
— en rama . . . 61.9, 254.15
— ruso 58.18, 301.16
— Sakelaridis 59.3
— de Santos 57.22
— sarmentoso 37.5
— Scinde 58.14
— Sea-Island . . . 37.2, 56.20
— Sea-Island do Flórida 56.21
— Sea-Island del Perú 56.22
— seco 255.18
— con la semilla . . . 39.12
— de semilla negra . . 36.20
— de semilla verde . . 36.22
— sucio 61.16
— sudamericano 57.11
— de Surat 58.9
— de Surinam 57.24
— ce Tenessee 57.3
— de Texas 57.7
— de Tinnevelly . . . 58.4
— Upland 57.8
— velloso 37.3
— verde 61.18
algodonero 34.6
— arbóreo 34.11
— herbáceo 34.7
—, árbol 34.11
—, puerto 49.9
—, región —a 35.18
algodonoso 226.21
alifático 283.6
aligerador, cilindro . . 148.3
alimenticio, materia —a 133.21
alimentación automática de capullos 233.1
— en cuadras 133.16
— de la fibra de lana . 173.11
— con forraje seco . . 133.17
— en pastos 133.15
alimento 130.20
alisado del cáñamo . . 112.17
alisar las fibras 112.16
alma del hilo recubierto de metal 298.5
almacén 31.6
— de algodón 41.21
— de lana 184.14
— de lino 76.1
— en el plantío 25.7
almacenaje 31.4
almacenar 31.5
almacenista 184.19
— de lanas 183.21
almidón 272.1
almidonado 6.10
almidonar 6.11
almohadilla de cuero . 85.5
almoneda pública de lana 185.21
Aloe perfoliata 113.12
áloe, fibra de 113.11
alpaca 126.14, 170.10
alquitrán de haya . . 284.14
alta montaña 135.17
alteración defectuosa de la lana 179.2
alterno, hojas —as . . 19.23
alumbre 286.4
— de cromo 286.5
alúmina 45.12
aluminato de potasa . . 281.7
— de sodio 281.8
alza, estar en 54.8
— facticia de la Bolsa . 54.19
— del precio 54.7
— de un punto 54.3
allanar la tierra sembrada con rodillo 23.16
amarillento 43.20, 60.2, 97.15
amarillez de las puntas de las hojas 70.17
amarillo 207.24
—-oscuro 43.23
—-pardo 74.14
—, ponerse 79.18
amasar el caucho . . . 295.21
— la pasta para hilar . 262.10
amelga, en —s 23.12
amianto (v. t. asbesto) 1.14, 240.2
— en bruto 240.16
— crudo 240.16
— desmenuzado 241.5
— diáfano 241.12
— de fibra corta . . . 241.10
— de fibra fina 241.11
— de fibra larga . . . 241.9
— molido 241.4
— opaco 241.13
— purificado 240.19
— refinado 240.19
— refractario 241.22
— resistente a los ácidos 241.23
— tamizado 241.3
— transparente 241.12
amoníaco 213.16
— cáustico 272.10
— libre 150.22
amontonar 23.19
amorfo, ceniza —a . . 16.19
anana 115.9
anatomía de la planta . 18.14
anca 132.13
ancho, lumen 44.14
andana de hilado . . . 211.2
anea, borra de la . . . 64.11
—, fibra de la 116.1
ángulo de desviación . 227.21
anhidrido acético . . . 284.1
— de ácido butírico . . 285.10
— de ácido propiónico . 285.7
— sulfuroso 158.16, 213.18, 228.20
— sulfuroso gaseoso . . 262.4
anhidro 159.11
anilina 259.9
anillo del cuerpo . . . 191.6
animal bisulco 127.9
— bisulco rumiante . 127.10
— de casta 131.7
— dañino 202.21
— doméstico 26.9
— parásito 202.22
— de pezuña partida . 127.9
— de raza pura 131.5
— salvaje 26.10
— útil 26.11
—, fibra 9.2
—, lana 9.4
—, pelo 9.3
—, primera materia . . 9.1
animales cornudos . . . 127.6
— laníferos 126.8
— peludos 126.8
anisotropía 13.1.2
anisótropo 13.3
anodo móvil 291.15
anotación de los precios 186.7
Antheraea assama . . 190.5
— mylitta 190.8
— Pernyi 190.2
— Roylei 190.3
— Yamamay 190.9
antraquinona 97.14
anual, planta 18.6, 36.7, 64.16
anudador automático . 223.9
anudar los cabos de los hilos 223.8
añadiduras 44.23
añadir álcalis al agua de enriar 102.7
— un aldehido 260.1
— hidrato de carbono . 273.7
— laca de copal al colodión 260.19
— una solución de caucho 254.9
— substancias orgánicas 271.14
años, durante varios . 110.3
añublo 38.3, 66.15
apacentamiento de las ovejas 134.8
apacentar las ovejas . . 134.14
aparato de acondicionar 47.4, 237.5
— cruzador sistema Bergier 223.17
— cruzador sistema Martin 223.14
— desborrador 220.4
— de desengrasar . . 147.13.15
— desmotador 165.2
— de devanado 221.11
— de devanado automático 222.1
— para la extracción de grasa 156.18
— para extraer el amoníaco 277.11
— de hervir 218.16
— de hilado 246.12
— hilador Dreaper . . . 249.7
— hilador del gusano de seda 192.7
— hilador con presión variable 250.5
— hilador de Thiele . . 275.16
— hilador con tobera giratoria 251.1
— hilador de toberas múltiples 249.15
— para hilar y bobinar 253.3
— para hilar de Chardonnet 262.11
— para hilar de Lehner 263.6
— de incubación . . . 196.2
— de licuefacción . . . 267.9
— limpiador de linaza . 65.22
— para la limpieza de tubos capilares . . . 275.15
— lubricador 155.8
— para medir los rizos . 179.24
— para la recuperación de los disolventes por separado 267.4
— secador 252.8
— secador con devanadera secadora . . . 252.5
— de secar 154.8
— para secar la lana con tambor giratorio . . 154.19
— de Topham para el hilado de la viscose 282.1
— de torcido para los hilos solidificados . . 250.12
— para triturar las pajas 165.5
aparencia floja de la fibra de lana . . . 178.17
apelación 51.7
— al tribunal arbitral . 51.4
apéndice 214.10
apergaminado 217.8
apertura de la venta pública 185.24
apsionamiento de los cañamones 80.23
apisonar los cañamones 80.22
— la fosa para enriar con arcilla 68.7
aplanar la brizna partida de paja prensándola 120.13
aplastado 103.12
aplastador, cilindro . . . 111.4
aplastamiento de las hojas 114.7
aplastar el cáñamo . . 85.17
— las hojas 111.3
— el lino 70.17
— el tallo 86.11
—, máquina de 86.12
—, proceso de 86.10
aplicaciones de las grasas de lana 158.1
apolillado 217.13
aporcar 23.19
apreciar la calidad del vellón 171.11
— una muestra 50.10
aprestador 5.21
aprestar 5.19
—, fábrica de 5.20
apresto 5.18

aprisco 134.20
apto para la cría . . . 128.14
arado 22.9
— de vapor 22.10
—, tierra —a 22.6
aradura 22.4
araña de seda de Madagascar 233.1
arar 22.5
— el suelo a fondo . . 22.7
arbitraje 50.2
— por exceso de humedad 52.8
arbitral, juicio 51.2
—, procedimiento . . . 51.3
—, sentencia 50.2
árbitro 51.6
— de apelación 51.10
árbol 19.3
— algodonero 34.11
— batidor 63.8
— de capoc 62.17
— de caucho brasileño . 295.1
— de caucho común . 294.17
— de caucho de las Indias orientales 295.2
— del cielo 203.8
— frondoso 19.11
— genealógico 129.22
— de ricino 203.9
— de tronco alto . . . 19.7
— de tronco bajo . . . 19.9
— de tronco mediano . 19.8
— vertical 86.4
arbóreo, algodonero . . 34.11
arboricultor 200.15
arbusto 18.21
— de algodón 34.8
— de cáñamo 77.11
arcilla 68.7
arcilloso, suelo 20.23
arco de rizado de la fibra de lana 176.22
arder rápidamente . . 290.6
área de campo 76.3
— del pasto 134.12
— plantada con algodón 36.4
arena 149.15
arenoso, algodón . . . 60.18
areómetro 152.18
argali 123.12
argénteo, lustre 11.15
argentino, lustre . . . 11.15
arista de la mordaza . 89.1
armazón ósea de la oveja 127.12
aro de hierro 42.19
arpillera 42.17
— cosida 113.3
arraigar 24.2
arrancado por el viento 61.15
arrancar el cáñamo . . 79.23
— la lana 144.10
— el yute 93.17
arranque del yute . . 93.16
arrendar la tierra a cuenta de una parte de la cosecha . . . 25.12
— la tierra por una renta fija 25.13
arrendatario de tierra . 25.11
arriba, dispuesto hacia 109.21
arrollado 7.8
— en zig-zag 211.10
arrollar 7.9
— el vellón 143.2
arroz, paja de 119.21
arruga 132.16
arrugado 132.18
arrugamiento de la fibra 46.13
arsénico 144.8
artesa 71.2
articulado 104.2
artículo sin acabar . . 7.21
— completamente acabado 7.22
— semi-acabado 7.21
— de comercio 28.10
— negociable 28.11
artificial, seda v. seda artificial
Artiodactylon ruminans 127.10
asbesto (v. t. amianto) . 240.2
— serpentina 240.5
— hornablenda 240.4
Asclepias syriaca . . . 64.2
asclépias, flor de . . . 64.1
—, seda de 63.21
asfixiado de la crisálida 213.14
asfixiante, gas 213.13
asfixiar la crisálida . . 213.15
aspa 2.22, 222,8, 253.5
aspado 2.20
aspar 2.21
aspecto exterior del mechón 136.9
— de la seda artificial al examen ultramicroscópico 291.1
aspereza de la fibra . . 11.22
áspero, fibra —a . . . 11.21
aspirar del filtroprensa los vapores amoniacales 275.4
— el hilo de seda por la tobera 264.16
— el polvo de las motas 163.10
astricción de los poros 235.16
astringir 235.15
astrocargena vulgare, fibra de 117.16
atado con cuerdas . . 75.20
atar con cercos de hierro 183.16
— con cuerdas 99.14
— en gavillas 80.5
— en haces . . . 80.5, 110.14
— las piernas de la oveja 142.8
atmósfera de ácido carbónico 261.12
— de gas de amoníaco . 262.3
atocha 116.17
atresnalar el lino . . . 67.4
atrofia 178.21, 207.21
Attacus atlas 189.19
— cynthia 190.1
— ricini 190.7
Auchenia lama 126.11
— paco 126.14
aumentar la viscosidad 273.21
aumento del rendimiento 224.9
autoridad de la Bolsa . 28.1
— bursátil 28.1
avena, paja de 119.18
avería marítima . . . 47.17
— terrestre 47.18
averiado, fibra —a . . 61.6
averiguar el alargamiento de la fibra 12.2
— el grado de nitratación 256.3
— el peso de la fibra seca en el vacío . . 14.5
Aylanthus glandulosa . 203.8
azache, seda 214.8
azarja 221.15
azoado 244.8
ázoe 45.13
—, que contiene 134.2
azúcar de caña 271.20
— de leche 271.19
— de uvas 271.18
azufrar el capullo . . . 213.19
azufre 16.13, 208.20
— amorfo 293.14
azul 75.8
—-verdoso 91.1
azulado 74.11

B.

bacineta de plomo semicilíndrica 275.12
— de fermentación . . 82.18
bacteria patógena . . . 206.18
baja en calidad 51.23
— de los precios . . . 54.10
— de un punto 53.4
bajar (precios) 54.9.11
— el recipiente de hilado 253.9
bajista 54.13
bajo, fibra —a 61.7
bala 28.17
— de arpillera cosida . 113.3
— atada con cuerdas . . 75.20
— de cáñamo 92.12
— corriente 48.17
— cuadrangular 43.4
— defectuosa 43.10
— desechada 48.3
— envuelta en esteras 75.19
— de lana 184.20
— de ley 48.17
— Lowry 43.8
— sin marca 43.12
— de plantador 42.23
— prensada 43.1
— Reagan 43.9
— redonda 43.5
— reembalada 48.16
— rehusada 48.3
bala de seda cruda . . 230.12
— semiprensada 42.20
— Swenson 43.7
— para el transporte terrestre 42.22
—, prensar en —s . . . 99.12
balancín 245.14
balanza de precisión . 47.7
balsa para enriar . 68.4, 81.15
— de lavaje 147.2
ballena, semejante a la . 117.3
bambú, caña de 121.13
bananero 114.12
— genuino 114.15
—, fibra del 114.11
bancal 23.15
— donde germina la semilla 106.15
banco de desgargolar . 67.10
— de desgranar 67.10, 80.14
— para espadar a mano 72.4, 84.12
— de rastrillar . . 74.3, 87.11
bañado para reblandecer el capullo 217.22
baño v. t. lejía y solución
— ácido de precipitación 280.23
— de ácido 161.8
— de ácido fénico . . . 261.17
— de ácido sulfúrico diluido 161.10
— de agua caliente . . . 218.6
— de agua fría 218.5
— de albúmina 261.10
— de azúcar de caña . 235.21
— de blanqueo 282.12
— calcáreo 150.15
— de carbonización . . 161.7
— de cloruro de mercurio 261.11
— de cloruro de estaño amoniacal 236.5
— de coagulación de ácido fénico 261.16
— de cocción 234.7
— corrosivo de cloruro de estaño 236.9
— denitrante 265.14
— para desengomar . . 234.3
— para desengomar usado 233.23
— de desengrasar . . . 147.18
— de fijación 253.4
— de fosfato 236.12
— de glucosa 235.22
— de jabón y de sosa . 236.10
— de lejivación 157.11
— de sal amoníaco . . 281.5
— de una solución de salitre y ceniza de madera 218.9
— de sosa . . . 163.17, 261.9
— de sulfato de aluminio 261.13, 275.1
— de sulfato de magnesio 274.17
— de tanino 235.6
— de zumaque 235.18
baquetear la lana . . . 164.7
baqueteo de la lana . . 164.6
barandilla 133.10
barato 29.11
barba larga 107.1
— de la ostrapena . . 232.20
— de palo 104.1
— de la pluma 239.15
— de viejo 104.1
barbechera del campo durante varios años 110.3
barbecho 21.22
bardanas 146.8
barita, agua de 182.12
baritina 294.1
barniz de la seda . . . 210.1
barra rompedora triangular 101.7
barreduras de la cuadra de clasificación . . . 169.1
— de filatura 169.20
— de hilado 62.12
— de lana en rama . . 168.24
— de peinado 169.10
— de tejedura . . 62.13, 170.3
Barreswill, solución . . 98.5
barreta de peines . . . 89.3
barrotes ajustables . . 163.5
base orgánica 259.6
— oxidable 259.7
— de ungüentos 159.24
bastidor 154.9, 204.19
— para escurrir la lana desengrasada . . . 153.6
basto, fibra —a . . 10.22, 61.7
bastón, revolver con —es 147.17
batido 6.8
— de los capullos . . 219.12.13
—, cáñamo 91.11
batidor 85.11, 101.8, 164.1.5.13, 165.4
— mecánico para capullos 219.18
—, cilindro 41.1, 150.1
batimiento 107.12
batir 6.9
— el capoc con el molinillo 63.5
— los capullos con la escobilla 219.15
— las fibras enriadas del coco con mazos de madera 119.3
— la lana a mano con rastrillos 148.15
— las tiras de la hoja 107.11
— el vellón 171.5
Baur, enriado sistema . 69.13
Beaumontia, seda de . 64.4
bencina 156.11, 264.6
beneficio probable . . . 33.6
benzaldehido 260.4
benzol 264.7, 278.14
Bergier, aparato cruzador sistema . . . 223.17
betún 160.4
bicarbonato de amonio . 265.6
bicromato de potasa 159.4, 286.3
— de sosa 159.6
biela 40.7
bisel, tallado a 252.8
biselado 201.17
biso 232.18
bisulco, animal 127.9
bisulfito de amonio . . 274.7
— de sosa . . . 274.8, 278.8
blanco de cinc 294.2
—-sucio 60.2
blando, fibra —a . . 10.8, 74.8
blandura de la fibra . . 10.9
blanqueado, celulosa —a 119.14
blanqueador 5.9
blanqueadura 5.6
blanqueamiento 5.6
blanquear 5.7
— las fibras 112.14
— la grasa 159.2
— la paja 120.5
blanquecino 14.17, 43.19
blanqueo 5.6
—, cuba de — de Gebauer 269.17
blanquería 5.8
blondas, acción de hacer 3.9
bloque de madera . . 83.10, 85.20, 87.10
bobina . .252.14, 263.5, 267.8
— de cristal 275.11
— en forma de devanadera 252.9
— de enrollamiento . . 252.10
— con ranuras longitudinales 252.11
bobinado 252.1
bobinador 251.15
— para urdimbre . . . 3.1
bobinar el hilo estirado 276.1
— el hilo de seda . . . 263.1
— la seda 282.9
Boehmeria nivea . . . 100.16
— tenacissima 100.18
bohordo 109.20
— de las flores rico en médula 109.3
bola 276.9
—s de caucho 295.10
boletín bursátil 28.2
Bolsa 27.18
— de algodón 49.19
— de lana 185.8
— de sedas 230.4
bolsista 27.20
bomba para la viscose 281.16
—s, instalación de . . . 42.9
bómbice sedífero . . . 189.6
— sedífero semisilvestre 189.15
— sedífero silvestre . . 189.14
Bombyx mori 190.4
boquilla de la tobera . . 276.10
borassus flabelliformis, fibra de 117.10
bórax 233.19
bordado 4.19.21
bordadura 4.19
bordar 4.20
—, acción de 4.19

borde amarillo de la capa central producido por la reacción de yodo-ácido sulfúrico . . . 90.18
— de la mordaza . . . 89.1
borra 63.2, 169.6
— del álamo 64.10
— de la anea 64.11
— de carda 169.13
— de cilindros 169.14
— de la espadaña . . . 64.11
— del fruto 62.21
— de sauce 64.9
— de seda 232.10
— de la semilla 36.16
—s vegetales 62.15
borrega. 130.12
borrego. 130.10
borrilla de batidor . . 61.22
— de la carda 62.5
— de tomador 62.2
— de ventilador . . . 61.23
bosque de moreras . . 200.19
botánica 17.21, 92.14
— y cultivo. . . . 34.4, 64.14
botánico 17.22
botón 35.3, 60.23
—es de batidor 61.21
—es de lana 172.1
—es de lana sucia . . 169.2
—es de las patas . . . 172.5
botte. 76.6
bracero. 25.15
brasero de arcilla . . . 197.4
brillo del algodón . . . 60.16
— de la seda 226.22
briscado 298.4
bricho 298.3
brizna 121.16
— delgada de paja . . 119.24
— flexible de paja. . . 120.1
— leñosa de la caña . 121.18
Bromelia Ananas . . . 115.9
— Karatas 115.11
bromeliáceas, fibras de las 115.8
brotar 23.21, 109.6
brote de algodón . . . 34.5
— de la planta 23.24
— de (la) semilla . . . 23.23
Broussonetia papyrifera 104.11, 204.10
bruto, en 91.10
—, peso 29.21
bulbillo. 109.22
—s en bancales 110.6
bulbo capilar 174.6.7
— del pelo 174.6
buque para canales . . 32.12
— marítimo. 82.14
— para ríos. 32.13
burbuja 246.3
— de aire . . . 246.5, 280.13
— de gas 68.2
bursátil, autoridad . . 28.1
—, boletín 28.2
—, informe 53.23
—, reporte 53.23
buscar el cabo del hilo de capullo 219.16

C.

caballete 144.16
— con cañizo 204.21
cabaña de hilado . . . 211.2
cabeza de prensa . . . 245.16
— de la tobera 249.16
— del vellón 171.15
cable de transporte111.11,112.3
cabo del hilo del capullo 219.16
— suelto 224.15
—s duros de encolado . 62.11
—s duros de tejedura . 62.10
—s duros de torcido . . 62.9
—s de encolado 170.7
—s de hilado 62.8
—s de hilos 169.21.23
cabra 127.1
— de Angora 127.3
— de Cachemira. . . . 127.4
— doméstica 127.2
— del Tíbet 127.4
cabrío, oveja —a . . . 131.18
cadarzo 232.12
cadáver del gusano . . 208.17
cadena sin fin para el transporte de las bobinas 253.17
cadenas transportadoras de las pinzas . . . 108.8
caída de las cápsulas. . 35.16
caja 237.10
— de alimentación. . . 40.16, 42.15, 63.9
— para enriar. 68.3
— de estopas 87.13
— de filtración 282.2
— de prensa desmontable 42.8
— de prensar móvil . . 42.7
— de salida 63.10
cal. 198.10
— de gas 144.4
— oxálica. 16.12
— en pasta 158.8
— viva 262.2
—, libre de 218.22
—, rico en 20.24
cálamo, fibra de . . . 105.17
Calmus rotang 121.14
calandrado 6.16
— por el mangle . . . 6.13
calandrar 6.17
— por el mangle . . . 6.19
calcáreo, suelo 20.24
calcetas, acción de hacer 4.6
calcetero 4.10
calcinación, horno de . 157.16
calcio 16.16
caldera emplomada cerrada 69.14
calefacción con braseros 197.5
— por gas 237.12
—, instalación de . . . 162.9
calentar el aparato de acondicionar por gas 237.11
— la fibra de yute en cierre hermético . . 96.21
— lijeramente los vellones arrollados . . . 170.22
— el líquido de lavaje. 150.8
— la nitrocelulosa . . . 257.3
— la solución de viscose 280.1
—se 86.8
calibre de la aguja . . 87.8
calidad del algodón . . 60.4
— más baja 51.24
— igual de todo el lote 52.5
— de la lana . . 172.12, 179.6
— mejor de la otra parte de la entrega . . . 52.4
— de miembro de la Bolsa 27.21
— del vellón 171.13
—es generales de la fibra 9.14
Caligula japonica . . . 190.6
cáliz de la flor 20.2
calizo, suelo 20.24
calor seco 213.10
calotropis, seda de . . 64.3
cámara 41.8
— caliente 162.8
— de desecación 70.3, 83.3, 150.5
— de filtración 245.17
— frigorífica 194.22
— de incubación 195.16
— de secamiento . . . 237.6
cambiar el recipiente de hilado 282.8
cambio de cañizos . . . 205.13
— morfológico de la seda 229.3
— de los pelos 173.13
—, dispositivo de — de bobinas 252.13
Camelus bactrianus . . 126.10
— dromedarius 126.9
camello con dos jibas . 126.10
camisa 217.8
campana de madera . 269.2
campo de algodón. . . 36.5
— de cáñamo 78.6
— de lino 65.16
—, dejar las gavillas de yute en el 93.24
—s de fecalización. . . 21 18
—s de regadío 21.18
canal. 41.7
— celular 15.13
— colector 267.11
— de limpieza en forma de serpentina . . . 148.5
canalículo celular . . . 15.13
canelo 203.10
—, coloración —a . . . 117.6
Cannabis sativa 77.3
cantera de amianto . . 240.11
cantidad absoluta de humedad 14.7
— del agua absorbida . 13.15
cantidad de cenizas 96.19, 290.5
— de lana 142.21
— legal de agua . 13.20, 47.10
— legal de humedad 13.20, 47.19
— de semilla empleada por unidad de superficie. 22.23
caña 121.12.15
— de bambú 121.13
— de Indias 121.14
cáñamar 78.6
cañamiza. 84.6, 90.14
cáñamo . . . 1.5, 77.1, 305.1
— agramado 91.9.13
— alemán 91.21
— de la Alta Italia . . 305.2
— de Ambari 103.4
— aparejado para el hilado 91.18
— averiado 91.23
— batido 91.11
— de Bengala. 103.7
— de Bolonia 92.3
— de Bombay 103.4
— en bruto 91 10
— común 77.3
— cortado 91.14
— para fabricar cuerdas 91.20
— enriado 91.6
— espadado. 91.12
— femenino 77.9
— de fibras suaves . . 92.5
— de Galicia de la Europa del Este . . . 92.2
— de Gombo 103.4
— hembra densifoliado 77.10
— italiano 92.3
— de Königsberg . . . 91.21
— macho 73.7.8
— de Manila 1.8, 105.21, 307.5
— masculino 77.7
— de Mauricio 112.14
— mondado 91.8
— napolitano 305.19
— peinado . . . 89.13, 91.15
— de Petersburgo . . . 91.22
— polonés 92.1
— rastrillado 91.15
— rastrillado a mano . 91.16
— rastrillado mecánicamente 91.17
— ruso 91.22
— separado 80.3
— Sisal. 1.9, 108.13
— de Tampico 117.15
— para zapatería . . . 91.19
cañamón 78.14
— blanco 78.22
— brillante 78.19
— estéril 78.24
— germinativo 79.10
— gris-verdoso 78.20
— maduro 79.5
— negro 78.21
cañizo 198.22
— con andanas de paja de arroz. 211.3
— cuadrado de bambú. 204.16
— para los gusanos . . 204.13
— para secar 83.1
cañón 239.16
cañutillo 298.4
capa de amianto . . . 240.8
— de celuloide 252.17
— central. 90.13
— de cera sobre el epicarpio 118.13
— córnea de la cutícula 15.22, 173.20
— cortical . . . 65.5, 174.23
— exterior del hilo de capullo 211.5
— fibrosa 94.22
— granulosa de sericina 225.21
— de hilos 211.16
— mucosa de la cutícula 173.21
— de paja 205.10
— de serrín de turba . 205.11
— de tamo 205.10
capacidad absorbente de la turba 115.21
— de absorber agua . . 13.14
— de absorción para el tinte 15.8
— disolvente de la grasa 156.1
— de la fibra al apresto 9.18
— de la fibra para el blanqueo 15.7
— de la fibra de lana al hilado 175.9
— hilable de la fibra . 9.16
capacidad de la oveja de cebarse 132.23
— de reflexión de la seda 227.11
— de la seda de electrizarse 228.2
capadura 130.9
capar el cordero . . . 130.8
capaz al apresto . . . 9.17
— de germinar 22.21
capoc 62.16
— prensado 63.15
capoquero 62.17
Capra 127.1
— hircus 127.2
— hircus angorensis . . 127.3
cápsula de algodón madura 35.17
— de algodón demasiado madura 35.14
— de algodón sin madurar 35.17
— seminal del algodón. 35.9
— en forma de vaina. . 93.10
— frutal del algodón . 35.9
— frutal del yute . . . 93.7
— del fruto 20.4
— polisperma del cáñamo amarillo 78.1
capsular, fruto . 92.18, 109.21
capullo 214.2
— abierto. 217.9
— amarillo 215.2
— apolillado 217.13
— Attacus 214.13
— blanco. 215.1
— calcinado. 217.17
— para la cría 212.20
— con crisálida muerta 217.12
— que parece de cuero 216.7
— descolorido 215.7
— desecado 214.1
— devanable 214.3
— dorado 215.3
— elástico 216.12
— encamisado 216.18
— enmohecido 217.11
— de envoltura doble . 216.17
— envuelto en hojas. . 216.19
— Eria 214.12
— femenino. 215.17
— de fibra fina 217.4
— flojo. 216.8
— flotante 219.11
— fresco 220.11
— globular 215.14
— globular de gusanos sociables. 215.22
— en forma de saco de gusanos sociables. . 215.23
— de grano fino . . . 216.13
— gris 215.4
— de gusano de morera 214.7
— de gusano de raza pura 214.5
— de gusanos sociables 215.21
— hilado en forma de red 216.9
— hilado con interrupción. 216.2
— hilado sin interrupción 216.1
— hilado con regularidad 216.3
— hilado sin regularidad 216.4
— de hilo fino 217.4
— impermeable 216.14
— con lustre metálico . 215.9
— de mallas anchas . . 216.10
— manchado 217.10
— masculino 215.19
— mohoso 217.15
— Muga 214.15
— ocal 215.20
— de otoño. 214.17
— oval 215.16
— de pared gruesa . . 216.16
— permeable 216.15
— picado 217.14
— pobre en seda . . . 217.2
— de primavera 214.16
— puntiagudo. 215.15
— que empieza a pudrirse 217.16
— de raza pura. . . . 214.6
— reniforme 215.18
— rico en seda 217.1
— satinado 215.8
— seco 220.12
— seco al aire 212.17
— simple 215.18
— sólido 216.6
— transparente 216.11
— tupido 216.5
— duro tussah 214.9
— verde 215.5

capullo de un verde pálido. 215.6
carácter fibroso, de . . 8.10
— de la lana 136.10
características físicas de la seda 227.6
carbonato amónico . . 150.12
— de cobre 270.23
— de magnesia 45.10
— magnésico 45.10
— de potasa 45.5, 102.8, 145.17
— potásico 45.5, 102.8, 145.17, 209.17
— potásico crudo . . . 157.7
— potásico puro. . . . 157.13
— sódico 45.8, 102.9, 151.24
— de sodio 45.8, 102.9, 151.24
carbonización 5.22
— de la lana 160.22
— de la lana sucia . . 160.23
— de las materias vegetales 161.3
carbonizador 162.15
carbonizar . . . 5.23, 160.21
— la lana lavada . . . 160.24
—, fábrica de 162.7
—se 161.4
carbono 44.20
carbunclo de las ovejas 135.23
carda 61.24, 62.3
cardado 254.17
cardador, cilindro . . . 62.6
cardar 165.1
carga 31.14
— con azúcar 235.19
— con cloruro de estaño amoniacal 236.2
— con fosfato de estaño 236.13
— con hierro 236.14
— mineral 234.21
— mixta 234.24
— por sales metálicas . 235.3
— con sales de plomo . 236.15
— de la seda 234.16
— de la seda por encima de la pérdida en peso 234.19
— por el tanino . . . 235.7
— vegetal 234.23
cargado de hojas . . . 60.20
cargador perforado . . 147.16
— perforado de cobre . 147.14
cargamento 33.5
cargar los haces de cáñamo con piedras . 81.18
— la seda 234.17
— la seda con cloruro de estaño amoniacal . . 236.1
— la seda hasta el equivalente de la pérdida en peso 234.18
carnaza de la piel . . . 144.2
carnero 132.21
— a cebar 132.22
— llano 130.3.4
— llano desechado . . 129.20
— manso 130.5
— padre 128.16, 129.24
— padre original . . . 122.9
— de simiente 128.16
carnoso, hoja —a . . . 114.2
caro 29.12
carro de zarzo 162.12
cartón de corteza de morera 194.9
— infectado 194.10
— para levantar los gusanos 205.18
— perforado 205.19
— timbrado 194.13
Caryota urens. 117.11
casa de comercio en lana 184.3
— de comisión . 53.14, 185.14
— de transportes . . . 48.23
cáscaras de arroz . . . 205.9
— de coco 118.19
— de semilla 60.21
cascarilla de los granos del algodón 254.19
casco, en forme de . . 267.6
caseína comercial . . . 287.2
— esponjosa 287.6
caso de desacuerdo . . 50.20
casta, animal de . . . 131.7
castración 130.9
castrado siendo cordero 130.3
— siendo ya morueco . 130.4
castrar el cordero . . . 130.8
catálogo sobre ventas en almoneda 185.23
caucho 1.16, 294.9
— de Bahía. 294.12
caucho en bruto . . . 294.15
— cabeza de negro . . 294.13
— de Ceara. 294.11
— comercial 294.15
— comprimido 295.18
— laminado 296.11
— de Pará 294.10
— de Pernambuco . . . 294.11
— de raíces 294.14
— vulcanizado 294.16
cáustico, savia —a . . 109.19
—, sosa —a 97.6
caulescente, lino. . . . 64.17
cavicornios 127.6
cazuela. 218.15
cebada, paja de 119.17
cebadura de los gusanos 197.21
cebar el gusano 197.22
—se 132.22
cebo de los gusanos . . 198.2
— humedo 198.14
— seco 198.15
ceder (precios) 54.11
cédula de registro . . . 238.12
celadora del devanado . 221.17
célula adiposa. 174.14
— de la cápsula seminal 35.10
— cilíndrica del líber . 90.9
— cortical 175.1
— de cultivo 194.4
— elemental 95.16, 96.6, 103.2
— de la glándula . . . 192.1
— del líber . 16.5, 74.16, 90.7
— medular 16.1, 175.3
— original 20.11
— de papel 194.6
— de pared delgada . . 96.3
— de pared gruesa . . 96.2
— del porta-capullo . 223.3
— prismática elemental 95.15
— puntiaguda de la fibra de cordia 105.7
— de la semilla de algodón 36.15
—s cortas 20.8
—s largas y agudas . . 181.7
celular, canal 15.13
—, canalículo 15.13
celulosa . 15.14, 44.18, 243.6
— alcalina 278.4, 291.9
— de algodón . 44.19, 244.9
— blanqueada 119.14
— no blanqueada . . . 298.14
— libre de cenizas . . 292.2
— de cobre 273.2
— al cobre alcalino . . 272.22
— al cobre sódico . . . 273.1
— conteniendo materia colorante 254.18
— desengrasada 255.17
— disódica 269.13
— al hidróxido de cobre 272.21
— hidratada . . 269.12, 291.18
— de lustre sedoso . . 243.19
— de madera . . 119.7, 244.13
— de madera de árboles frondosos 119.13
— de madera de coníferas 119.12
— mercerizada 269.11
— molida 119.15
— nitrada 255.7
— fuertemente nitrada . 256.5
— de óxido de cobre amoniacal 267.14
— natural oxidada . . . 244.11
— pura 75.5, 244.2
— regenerada . . 280.11, 292.4
— seca 269.5
— seca al aire 292.16
— sobreoxidada 269.6
— sódica . 119.10, 278.3, 298.15
— soluble 243.10
— sulfitada 119.11, 278.2, 298.16
— de los tallos del maíz 255.2
ceniza 45.4
— de alforfón 219.5
— amorfa de fibra . . . 16.19
— de madera . . . 21.16, 218.9
— de la seda artificial . 290.4
— de yute libre de cristales 96.18
centellear 227.4
centelleo de la seda silvestre 227.3
centeno, paja de . . . 119.22
centrífuga 161.18
— secadora 153.11
centrífugo, trituradora —a 27.2
centro bursátil 28.9
— comercial 27.5
— lanero 183.20
cepillado 6.6
cepillador, cilindro. . . 89.7
cepilladura 6.6
cepillar. 6.7
— las fibras 112.18
— los huevos 196.10
— el lino. 73.8
cepillo-batidor. 219.20
— fijo 108.11
— giratorio 41.4
— rígido 196.11
cera 96.15
— del algodón 44.7
— de colesterina . . . 160.5
— de lana 160.10
— vegetal 16.2
cerco de hierro 42.19
certificado 50.16
— de acondicionamiento 187.10
— de clasificación . . . 50.17
— de depósito con derecho de anticipo . . 184.15
cesta de alambre . . . 47.8
cesta para los capullos con cilindro insertado 212.16
cesto de lana 172.21
— de mimbre 172.22
cf x por ciento 48.10
cieno 149.14
cierre de la Bolsa . . . 185.18
— hermético 96.21
c. i. f. 32.22
cilindro. 147.11
— acanalado 84.4
— agramador 72.14
— aligerador 148.3
— de alimentación. . . 153.17
— alimentador 149.19
— aplastador para las hojas 111.4
— batidor 41.1, 150.1, 164.13, 165.4
— con batidores . . . 153.16
— cardador 62.6
— cepillador . . 89.7, 164.11
— con cuchillos helicoidales 40.10
— con pares de cuchillas 70.13
— de cuero acanalado . 40.5
— revestido de cuero áspero. 40.11
— dentado 164.9
— descargador de estopa 89.8
— desmotador. 165.3
— para la disolución del óxido de cobre . . 268.8
— espadador 73.1
— estriado 84.4
— estriado de fundición dura 163.1
— de estrías triangulares 83.17
— de inmersión 149.8
— insertado 212.16
— con el líquido precipitante 249.18
— medular 15.24, 175.2, 181.8
— peinador 164.12
— prensador 41.11, 148.7, 149.10
— prensador en madera 295.13
— de presión . . . 41.11, 42.10
— con púas 147.10
— de ranuras triangulares 71.5, 83.17
— rotativo 161.19
— secador 149.4, 154.20, 250.12
cinta 101.12
— artificial 293.1
— de caucho 295.20
— formada de hilos brillantes aglutinados entre sí 294.8
— de líber 20.10
—, en forma de. . . . 100.11
ciprés 203.14
circular, sección . . . 9.20
clarificación, depósito de 158.6
clarificador 148.8
clase 59.9
— del algodón 61.8
— de capullo 214.4
— según el color . . . 59.23
— garantizada 55.20
— de la lana . . 165.6, 167.2, 172.11
— inferior de la lana . 172.17
— media 55.21
— media de la lana . . 172.18
— de seda 230.9
— de seda artificial . . 254.12
— de semilla 22.17
— de suelo 20.21
clase superior de la lana 172.16
— uniforme 55.22
— del yute 99.17
clasificación 59.14
— del algodón 50.2, 56.17, 59.8
— corregida 50.4
— de la lana . . . 170.15, 187.2
— del lino . . . 75.18, 76.12
— de las razas de ovejas laníferas 122.11
— de la seda 238.3
— del yute 99.5
clasificado 99.1
clasificador 49.22
— juramentado 49.23
— de lana 170.20
clasificar el algodón 50.3, 61.10
— las hojas cortadas . 110.13
— la lana . . . 170.16, 187.3
— el lino 66.24
— la seda 238.4
— los vellones 187.1
cláusula del conocimiento 49.14
clima 130.19
clorato de potasa . . . 45.6
— potásico 45.6
clorhidrina de etileno . 284.13
cloro 208.21
cloro-cinc-yodo . 45.17, 289.6
clorofila 15.1
cloroformo . . . 2649, 284.92
cloruro de acetilo . . . 284.7
— del ácido benzoico . . 285.1
— del ácido fenilacético 285.15
— de aluminio . 162.4, 259.15
— de amonio 259.12
— de calcio 259.13
— de cinc . . . 259.16, 292.5
— cromoso 259.4
— de estaño amoniacal 236.4
— de estaño que contiene agua 236.8
— estañoso 259.2
— férrico 98.11
— ferroso 258.22
— magnésico 162.2
— de magnesio . 162.2, 259.14
— manganoso 259.5
— mercúrico 98.10
— de mercurio 261.11
— de palmitilo 285.13
— potásico . . . 16.15, 145.19
— sulfuroso 254.11
— toluolsulfúrico . . . 285.19
coagulación del hilo . . 249.13
— de la solución . . . 245.6
coagular el jugo de cauch 295.11
coagular, hacer — la solución de viscose. . . 280.19
—se 210.11, 245.7, 249.14 280.9
cobertura en algodón . 55.4
cobre de cementación . 270.5
— metálico 270.3
— puro 270.4
coccidula 202.24
cocción de la fibra de yute 97.2
— de nueces de agallas 235.8
— parcial 234.10
cocer los haces de fibras 102.3
— la fibra de yute 97.1.6, 98.5
— la mezcla 151.22
— la seda 234.6
— parcialmente la seda 234.12
— la seda en una solución jabonosa . . . 234.9
cocimiento de corteza de encina. 218.7
— de la fibra de yute en solución alcalina . . 97.2
coco 1.10, 118.1, 118.11
— no maduro 118.17
— verde 118.17
Cocos nucifera 119.1
cocotero 118.1
coeficiente de alargamiento de la fibra . 137.6
— de cobre 292.12
— de trabajo de la fibra 12.16
coger el algodón . . . 38.21
— el cabo del hilo de capullo 219.17
— el hilo de colodión con unas pinzas 262.16
— humedad 13.10.11
cola corta 122.17
— fina 125.5
— grasa y larga . . . 125.4
— gruesa 125.1
— lanosa 125.2
— lanuda. 125.2
— larga 122.18, 124.19

cola pelosa 124.3
— de pescado 286.13
— rudimental 124.18
— del vellón 171.16
colector del líquido precipitante 250.1
colesterina 159.14
colgar en las perchas los vellones limpios 150.4
colocación de los hilos 222.4
colocar el cañizo sobre el caballete 205.1
— los gusanos sobre el cañizo 204.14
— el hilo 222.5
— los hilos de seda en la devanadera en ángulo agudo 224.7
— la lana sobre el cilindro peinador 164.20
— las semillas 23.8
colodión 258.10
— acético glacial 261.4
—-acetona 261.18
— hilable 261.5
— en lana 257.11.12
— muy flúido 258.13, 263.18
colono 25.11
color del algodón 60.15
— amarillo-pardo 74.14
— amarillento 95.9
— del amianto 241.19
— del asbesto 241.19
— azulado 74.11
— blanquecino de la fibra de yute 95.10
— claro 179.11
— crema, de 43.22
— de la fibra 14.13, 43.17
— de fondo 14.16
— fundamental 14.16
— gris de acero 74.12
— gris-plateado 95.8
— lácteo 192.17
— de la lana 172.19, 179.8
— de la luz polarizada 227.15
— natural 14.14, 179.9
— oscuro 179.10
— pardo-obscuro-gris 74.15
— de la polarización 13.4, 290.15
— de la sericina 228.13
— uniforme, buen 59.24
— verdoso 74.13
coloración amarilla 97.15
— amarillenta 183.4
— azul 75.8
— azul-verdosa 91.1, 97.9
— azul a violeta 45.17
— canela 117.8
— chocolate 117.7
— morado-obscura 75.9
— natural obscura 227.5
— negro-obscura 117.9
— obscura 98.3
— paja 117.8
— parda 96.22, 97.11, 100.19
— pardo-amarilla 97.10
— pardo-amarillenta 97.13
— pardo-obscura 97.2
— pardo-rojiza 98.1
— roja 97.12
— rojo-cereza 97.14
colorado, muy 60.3
colorante permanente 14.20
— sólido 14.20
—, materia 14.15
—, poder 15.9
columna vertrebral 127.21
comarca de la producción sérica 229.21
—s del cultivo de algodón 35.19
combinación de colores 172.20
— de níquel y de amonio 272.7
— nitrada 255.6
— química 17.1
— soluble 245.9
— sulfurada 266.15
— tánica 96.13
combinado, químicamente 277.1
combinar el amoníaco 274.12
combustibilidad 288.24
combustible 156.14
combustión espontánea 236.21
— lenta 290.7
— sin residuo 290.8
comedero 133.11
comer la seda 217.18
comercial, algodón 47.13
—, centro 27.5
comerciante 27.7
— de algodón al por mayor 55.3
— en lana 184.4
— de lino 75.14
— en pieles 145.1
— en seda 230.10
comercio 27.4, 47.12
— del algodón 47.11
— bursátil 27.19
— de capullos 229.12
— de los intermediarios 27.8
— intermedio 27.8
— en lana 183.10
— en lana cruda 183.17
— en lana peinada 183.18
— de lana a plazo 185.16
— del lino 75.10
— a plazo en lana peinada 185.17
— de las primeras materias 27.3
— de seda 229.10
— de semillas de seda 229.11
— de yute 98.18
comisión 29.1, 185.3
— de compra 29.5
— de venta 29.1
—, vender en 185.2
compañía de depósitos comerciales 32.17
— de docks 32.17
— de navegación 32.16
— naviera 32.16
— de plantación 25.5
competente en lana 187.4
componente 102.18
— mineral 16.11, 45.2
— narcótico 81.2
—s del churre 145.16
—s de la fibra de yute 96.12
—s químicos 277.9
componerse químicamente 17.2
composición de celulosa 243.12
— química 44.16, 96.11, 228.6
compra 29.3, 184.24
— de lana 184.5
—s de aprovisionamiento 186.14
comprador 29.4
— de algodón 54.24
— de lana 184.6
— por área de campo 76.3
— según clase garantizada 55.20
— en cuenta fija 184.8
— según muestra original 56.1
— por peso métrico 76.2
— a base de un tipo fijado 55.19
compraventa, contrato de 29.7
comprobación de la carga 236.19
comprobar la carga 236.20
— la concentración 272.4
— al ultramicroscopio 291.2
compromiso, sin 28.22
compuesto 21.22
— alcalino sulfo-ciañurado 292.8
— amoniacal 150.14
— de azufre y de amonio 279.10
— de celulosa al cobre alcalino 292.1
— coloidal de cobre amoniacal 271.2
— de fibritas 225.18
— metálico amoniacal 271.3
— de óxido de cobre amoniacal 270.24
— químico 17.1
— de sulfuro de sodio 278.15
concentración del baño 161.11
— del colodión 258.12
— de la lejía 151.20
— de la solución 244.23
— por vaporización 157.17, 286.18
concentrado, solución acuosa —a 98.16
concentrar por vaporización 157.18, 162.6
concha, cargado de —s 239.19
Conchylis epilinana 66.12
condensador 41.9, 277.12
condensarse 246.9
condición de la oveja 131.1
— química 246.19
—es individuales del mechón 138.9
—es de pago 30.4
—es de la plaza 56.7
—es de venta 55.16
conducción horizontal de los hilos 250.3
conducir las hojas automáticamente al tambor 111.10
conductibilidad 241.20
— térmica 13.5
conductividad eléctrica 223.3
— térmica 227.23
conducto 41.7
— de aire 153.18, 195.15
— de agua 262.15
— circular 269.1
— de colodión 267.7
— de entrada 268.3.5.7
— excretorio 192.11.12
— de la glándula 174.17
— intestinal 191.10
— de salida 268.2.4
— secretorio 210.4
— de la solución para hilar 248.10
— sudorífico 174.20
conductor doble de los rodillos 86.3
—, tope 108.7
congelación de la fibra 101.20
congelado, fibra —a 101.19
Congo, rojo de 289.10
conífera 119.12
conocimiento 32.19
— directo 49.11
— a la orden 49.13
— de puerto 49.12
consejo de apelación 51.9
— de la Bolsa 28.4
conservación del mechón en el lavaje 152.24
conservar las hojas en estado fresco 198.24
— los huevos en cámaras frigoríficas 194.22
— la lana afodada 163.3
— el mechón durante el enjuague 153.3
— el mechón de la lana en el lavaje 152.23
consignación, en 184.9
constancia en la cría 128.10
consumo de lana 184.10
— de seda cruda 229.23
contacto eléctrico 222.11
contado, al 27.17
contagiar 207.1
contagio 206.14
contaminación 206.14
contener azufre 181.20
— cobre 276.4
— magnesia 162.3
— proteína 234.1
— gran proporción de sericina 217.6
contenido de agua 256.7, 257.8, 288.16
— de aire 228.4
— de algodón 46.1
— en ázoe 182.10
— de azufre 181.19
— en celulosa 243.7, 244.10
— de cenizas 96.20, 181.12, 228.16
— de cera 228.10, 244.7
— de churre 145.9
— en cobre 272.3
— de fibras 91.7, 102.17, 216.22
— de fibroína 228.7
— en grasa 44.9, 145.21, 152.12, 228.11
— de líber 20.9
— de materia gomosa 217.7
— en materia sólida 243.5
— de nitrógeno 182.10, 198.6
— de plata 297.13
— de sal 228.12
— de sericina 217.5, 228.8
conteniendo ácido 257.12
contorno del mechón 138.12
contracción de acortamiento de la fibra 11.4
— de la luz 96.1
— longitudinal 46.12
— de la solución para hilar 246.16
— del tubo de cristal 247.4
contraerse 46.11
contramina 54.15
contrario, parte —a 50.22
contrato 53.12
— en bolsa 53.13
— de compraventa 29.7, 186.6
— de embarque 32.18, 55.8
— para entrega franco sobre vagón 56.6
contrato a la llegada 55.9
— según reglamento de Bremen (Liverpool) 55.17.18
— en suspenso 55.10
conversión de precio 52.21
copa 35.5
— del árbol 200.9
copal pulverizado 260.18
copo, en forma de 115.6
—s, sin 226.9
coposo, fibra de seda —a 226.10
corcho fósil 240.2
Chorchorus capsularis 92.15
cordelería 2.15.18
cordelero 2.16
cordera 130.7
— de un año 130.12
cordería 2.19
cordero de un año 130.10
— macho 130.6
—s gemelos 129.11
cordia, fibra de 105.6
cordón medular 181.8
coriáceo 113.8
córneo 15.21.22.23
cornezuelo 191.5
cornudo, animal 127.6
coronilla 131.21
corpúsculo de pebrina 208.12
correa de alimentación 148.2.4
corredor 27.11
— de algodón 49.21
— de Bolsa 28.6, 185.9
— de compra 185.13
— jura(menta)do 28.8, 185.10
— en lana 185.11
— marítimo 32.15
— de venta 185.12
correr lentamente 67.20
corretaje 29.15
corriente de aire 41.5
— de aire caliente 237.8
— de aire frío 237.9
— producida en el líquido precipitante 251.3
—, agua 94.13
corrigir el contrato de compraventa 48.6
corro 54.20
cortado del cáñamo 86.13
cortadura del caucho 295.15
— de las vainas en tiras 107.9
cortahojas, máquina 198.19
cortante, disco 86.17
cortanudos 224.5
cortar de un bloque el hilo de caucho 296.14
— el bohordo 109.20
— la brizna de paja 120.15
— el cáñamo con la hoz 79.24
— en cinta el caucho 295.19
— en hilos 296.6.11
— los manojos de cáñamo 86.14
— la oveja al esquilarla 142.12
— los tallos del lino 73.9
— las tiras del leño fresco 121.9
— el tronco 107.4
— la vaina de la hoja en tiras 107.8
— el vellón al ras 142.10
— el yute 93.18
—, máquina de 86.15
corte del espadón 72.11
— en espiral 295.19
— de la fibra de lana 181.15
— oblicuo 107.5
— poligonal de la célula 95.18
— de los tallos 93.19
— transversal 44.10.11.12, 95.11
— del vellón 177.14
cortedad de la fibra 10.6
corteza 65.4
— del árbol 201.22
— de morera 194.9
cortical, capa — filamentosa 65.5
—, fibra 103.5
—, parenquima 100.13
corto, fibra —a 10.5
corva 132.9
corvejón 132.9
cosecha 24.21, 66.22
— abondante 38.9
— anterior 99.3
— buena 38.9
— del cáñamo 79.22
— de los capullos 212.13
— corta 38.10
— escasa 38.10
— final 38.13

cosecha de las hojas 110.10, 202.9
— inicial 38.11
— intermedia 38.12
— mundial 38.7
— total 24.22
—, nueva 99.4
—, primera 38.11
—, segunda 38.12
—, última 33.13
cosechar 24.20
— capullos de seda 212.14
— el lino 66.23
— la paja 120.2
cosechero 38.16
coser 4.24
cosido 4.23
costado 132.7, 171.18
coste, flete y seguro 32.22
— de producción 25.8
costo de arbitraje 54.21
costura 4.23
cotiledón 18.23, 24.1
cotización en alza por puntos 52.18
— en baja por puntos 52.19
— de Bolsa 53.24
— de Dundee 99.20
cráneo 127.13
crecer 24.9, 173.5
crecimiento espeso de las plantas 24.5
— del gusano 196.19
— horizontal de los pelos de protección 141.4
— de la lana 173.4
— de la morera 200.21
— uniforme de los pelos 173.6
— vertical de los pelos 138.19
— de las plantas 24.7
crema de lanolina 160.2
creosota de alquitrán de haya 284.14
creta 294.3
cría 194.5
— del gusano de seda 195.5
— de la oveja 128.1
— de la oveja lanífera 131.8
— de las ovejas para la producción de la carne 132.19
— rápida 195.10
—, de razas por medio de plantas alimentales 197.17
criadero de gusanos de seda 195.8
— de huevos 194.2
criar el gusano 195.6
— los gusanos en grupos 196.18
— la oveja 128.3, 131.9
criba 245.21
crin artificial de residuos de hilos artificiales torcidos 293.8
— artificial transparente de seda al óxido de cobre amoniacal 293.4
— artificial de viscose 293.6
— de caballo 187.19
— vegetal 104.1
— y pelo artificial 293.1
crisálida 37.15, 212.7
crisalidación 37.17
crisol de Gooch 291.10
crisótilo 241.14
cristal 16.20
cristalería 276.11
cromato potásico 159.5
Crotalaria juncea 103.8
crujido de la seda 226.15
cruz 132.3
cruzado de los hilos 222.6
—, raza — a 122.16
cruzamiento 122.15
— de los hilos de seda 223.13
— de razas 197.14
— de las razas de ovejas 128.21
cruzar 128.22
— los hilos de seda 223.12
— razas de gusanos 197.13
cuadra de clasificación 80.4
— de esquileo 142.5
— de rastrillaje 73.14
cuadro negro 221.13
cuadrilla de cargadores 31.15
cualidad v. calidad
cuarto de grado 59.13
cuba 69.9
— de blanqueo de Gebauer 269.17
cuba de descomposición 158.15
— de lavar 148.18
— de lavar en serie 149.1
— de maceración 148.17
cubeta perforada 253.15
cubierta de celuloide 252.17
— de lana 131.11
— de pelos 131.12
cubrimiento de las necesidades 184.11
cubrir 30.18, 136.15
— el abono con tierra 21.11
— las necesidades en lana 184.12
—se en algodón 55.5
—se con exceso de algodón 55.6
—se insuficientemente de algodón 55.7
cuchara-tamiz 218.17
cuchilla 70.10, 84.18
— de espadar 72.9
— de madera 83.14
cuchillo-batidor 40.3
— circular 295.17
— dentado 107.19
— eléctrico de raspar 144.19
— fijo 40.4
— para cortar las hojas 198.20
— de incisión 295.5
— inferior 107.17
— liso 107.18
— raspador 108.3, 112.6
— reglable 40.12
— superior 107.16
—, primer 108.9
—, segundo 109.10
—s embotados 107.15
—s helicoidales 40.9
cuello cargado de forraje 175.12
— inferior 132.2
— superior 132.1
cuenta fija 184.8
cuerda tendida 84.15
—s de las balas 99.13
cuerno de forma espiral 126.5
— en forma de hoz 123.15
—, sin —s 124.11
cuero fósil 240.2
— de oveja 144.21
— de raspar 73.6, 85.3
cuerpo azoado 244.8
— de la bobina 252.15
— extraño adherente 15.6, 90.17
— del gusano 208.8
— del pelo 174.21
— refrigerante 267.10
cultivado, planta —a 18.1
cultivador de cáñamo 78.9
— de huevos 193.17
— de lino 65.19, 75.15
cultivar el agave Sisal en plantaciones 110.1
— el algodón 35.20
— el cáñamo 78.8
— el lino 65.18
— el lino en matorrales 66.16
— las plantas mediante bulbillos en bancales 110.6
— seda 189.3
— un terreno 20.20
cultivo 34.4, 64.14, 106.1
— del algodón 35.21
— del cáñamo 78.2
— del cáñamo de Manila 106.13
— de granos 193.18
— de huevos 193.18
— celular de huevos 194.3
— industrial 193.19
— del lino 65.17
— de microbios 82.16
— de la morera 200.13
— en plantaciones 25.6, 36.1
— principal 106.19
— secundario 106.20
— del suelo 20.19
cultura de la seda 189.1
cuña 87.10
Cupressus sempervirens 203.14
curcuma, fibra de 105.19
curtidor 143.18
curtir 239.8
curvar el tallo de cáñamo 82.19
cuscuta 66.13
cutícula 173.19
— de la fibra 44.6
— interna 192.3
— del pelo 174.22
— refringente 105.11
Cytisus scoparius 104.15

Ch.

chamuscado 5.24, 169.22
chamuscar 6.1
— la lana 144.18
chapa directriz 41.6
Chardonnet, aparato para hilar de 262.11
chayota, fibra de la 104.9
China grass 100.10
chinche de algodón 37.19
chimenea de madera 269.2
chispa eléctrica 247.21
chocolate, coloración 117.7
chopo, madera de 121.5
chorro de agua 150.2
churre 145.8
— aceitoso 145.10
— duro 145.15
— grasiento 145.11
— resinoso 145.13
— rojizo 145.14
— sebáceo 145.11
— verde ceroso 145.12

D.

dar al alcohol el poder disolvente para el colodión en lana 259.19
— un anticipo sobre el warrant 184.16
— a la celulosa la forma de cartón 244.16
— una coloración de azul a violeta 45.17
— hojas (árbol) 19.5
— madera (árbol) 19.4
— a la mano 28.21
— muestras de la mercancía 28.16
Darcet, gusanera sistema 195.13
débil, fibra 59.21
decantación de un líquido 263.11
decantarse 148.9
decapitación del arbusto 34.9
decocción espumosa 152.22
deducción de los cercos 56.9
defecto de la lana 178.18
definido, imagen — a 17.20
degeneración de la fibra de lana 173.14
degenerado, algodón 37.6
degenerarse 173.15
delgado, pared —a 44.13
demanda aumentada 186.15
—, viva 186.13
denier 238.18
denitración 265.8
— ácida 265.13
— desigual 265.12
— parcial 265.11
denitrar el hilo 265.9.16.17
denominación comercial de la seda cruda 230.8
—es comerciales de las primeras materias 299.2
denominar la lana por su grado de finura 187.5
denotaciones comerciales para el cáñamo 91.4
densidad de agujas en la barreta 89.4
— de la lana 136.14
— del mechón 138.13
densifoliado, cáñamo hembra 77.10
densímetro 152.18
— sistema Mentzel 180.12
dentado 107.19
depilación 143.7
— con arsénico 144.5
— por fermentación 144.11
— por procedimiento corrosivo 144.12
depilar la piel de oveja 143.13
— con arsénico 144.6
— por procedimiento corrosivo 144.13
depositar una cantidad a cuenta 53.15
— las semillas 22.8
depósito de ácido 251.10
— de agua con clarificador 148.8
— de batir 220.1
depósito de bencina 156.21
— de carga 223.4
— de clarificación con tabiques divisorios 158.6
— de devanado 221.12, 223.5
— graduado 268.9
— de piedra 81.16
— de presión 268.11
— de la solución 268.10
depuración del capoc 63.13
derecho de anticipo 184.15
—s 51.18
—s de aduana 33.9, 230.13
—s de almacenaje 31.8
—s de exportación 33.11
—s de grúa 33.4
—s de importación 33.10
—s de muelle 49.7
—s de tránsito 33.12
derivado de la celulosa soluble en el agua 279.1
— nítrico de la celulosa 284.2
dermis 173.22
desaceitado 157.2
desacidificación de la lana 163.13
desacidular la lana carbonizada 163.12
desacuerdo, caso de 50.20
desagregación de los haces de fibras 94.6
desagregarse 94.7
desaguado, suelo 21.4
desairear la solución 246.6
desarrollar las balas redondas 43.6
— esporos 207.15
—se 173.10, 200.22
—se rápidamente 196.16
desarrollo de amoníaco 182.9
— de carnes de la oveja 133.1
— de la fibra de lana 173.9
— de grasas de la oveja 133.2
— del gusano 196.15
— de la morera 200.21
— de las plantas 24.7
— de la sericicultura 189.2
desbarbar las plumas 239.17
desborrador 220.4
descargador 31.3
—, cilindro 89.8
descarga 31.2
— de carda 62.3, 169.12
— de peinadora 169.8
— de la seda 236.18
—s de los chapones 62.4
—s de los cilindros cardadores 62.6
descargar la seda 236.17
descenso en calidad 51.23
descolorido 179.12, 215.7
descomponer el agua de jabón 158.14
— la celulosa 243.18
— en sus componentes 102.18
— con el vapor recalentado 151.6
—se 182.14, 208.9, 245.10, 280.12
—se por los agentes atmosféricos 141.2
—se por el calor 255.19
descomposición por los ácidos 243.15
— por los agentes oxidantes 243.17
— por los agentes atmosféricos 141.1
— por los álcalis 243.16
— del cloruro de aluminio 162.5
— de la combinación soluble 245.9
— de la lana 182.13
— de la nitrocelulosa 257.4
descongelación de la fibra 101.21
descongelar la fibra congelada 101.22
descortezado 104.4
descortezadora, máquina 101.6
descortezar el tallo de la planta 101.11
descrudecer la seda 233.3
descrudecimiento de la seda 233.2
descubierto, poner al 164.17
descuento 30.7
— de x por ciento 30.19
desecación 6.24
— por aire caliente 213.11
— artificial 154.10
— de los capullos 213.5

desecación de la lana 146.11, 149.3, 153.20
— del lino 69.24
— de la seda 237.18
desechado, bala —a 48.3
—, oveja 129.16.19
desechar ovejas inútiles 129.15
desecho de las hojas 112.23
desembarcadero 32.10
desembragar el recipiente de hilado 282.7
desengomado de los haces de fibras 103.3
desengomar los desperdicios de seda 287.15
— la seda 234.2
desengrasado 5.4
desengrasador, agente 156.3
desengrasar 5.5
— la celulosa 255.16
— la lana 146.19, 155.12
—, aparato de 147.13.15
desengrase de la lana 146.18
— de la lana por disolventes volátiles 155.11
— en seco de la lana 155.16
desenrollar los vellones calientes 171.1
—se 220.9
desfibrado de las pinochas 116.10
— de seda 9.13
desfibrar las hojas 113.16
— las pinochas 116.11
desgargolamiento del lino 67.7
desgargolar el lino 67.8
desgarrar las hojas 116.21
desgomado de los haces de fibras 103.8
— del cáñamo 80.12
— del lino 67.7
desgranado, algodón 39.3
desgranador, máquina —a 63.7
desgranadora de cilindros con cuchillos helicoidales 40.9
— doble 40.8
— para semillas de algodón 41.15
— de sierras 40.13
desgranar el capoc 63.4
— el cáñamo 80.13
— el lino 67.8
desgregarse 39.10
deshacer las balas redondas 43.6
— por el peinado la brizna de paja aplanada 120.14
—se 141.12
deshojador 202.14
deshojadura 202.11
deshojamiento de los tallos 93.22
deshojar 101.3
— el árbol 202.10
— la rama de la morera 202.13
desigual, espesor 96.5
—, fibra 59.17
desigualdad de la fibra de lana 176.6
desinfección 208.19
desinfectar el criadero 208.18
deslechamiento 205.13
deslechar los gusanos 205.14
deslecho 205.13
deslustrado 294.5
desmejoramiento de la semilla 22.19
desmenuzar la celulosa 292.17
— el cobre 270.6
—se 178.19
desmontable, caja de prensa 42.8
desmotado 160.15
— de la lana al cardarla 165.1
— a mano 164.1
— mecánico 163.20
— químico 160.19
desmotador, aparato 165.2
—, peine 164.16
—a 164.8
desmotar 39.9
— la lana 160.17
desnaturalizado, alcohol 260.5
desnitratación 46.19
desnudo, fibra —a 107.21
desolladura 143.11
desollar 143.10
despelejar 143.10
despepitado del algodón 38.22
despepitado, algodón 39.13
despepitadora 39.18
— de cilindros 40.1
— a mano 39.17
despepitar 39.9
—, máquina de 39.1
desperdicios de abatanado 170.4
— de algodón 61.19, 254.16
— de batidor 61.20
— de cáñamo 92.4
— de carda 61.24, 169.11
— de cardadura del paño 170.5
— de cilindros 169.15
— engrasados 62.14, 170.8
— de la estopa rastrillada 92.11
— de filatura 169.18
— de hilado de hebras largas (finas) 269.7.8
— de lana 168.23
— de lavaje 169.3
— de mecha 62.7
— de peinado 169.5
— de preparación 169.17
— de seda 232.9
— de seda natural 287.14
— de seda peinada 232.16
— de seda sin peinar 232.15
— de tambor 169.16
— de tejedura 170.1
— del tomador 62.1
— de tundidura 170.6
desprendedor 41.12
destilación al vacío del disolvente 288.14
destilado 160.12
destilador 156.23
destilar la acetona sobre cal viva 262.2
— la grasa de lana 160.11
— al vacío la solución para hilar 258.15
destrucción de los bulbos del pelo 143.15
— de la crisálida 213.3
— de la fibra vegetal 161.2
destruir el bulbo del pelo 143.16
— el cartón infectado 194.11
— la crisálida 213.4
— la crisálida por gases asfixiantes 213.13
— la materia gomosa por el enriado 67.13
— la materia gomosa por fermentación 81.8
— el mechón 153.4
— las pajas químicamente 160.20
desviación, ángulo de 227.21
deterioración de la semilla 22.19
deteriorado, fibra — a 61.6
deterioro de la semilla 22.19
determinacion de la calidad de la lana 171.12
— de las calidades del cordero 129.12
— del contenido en ázoe 257.20
— de la diferencia de calidad 47.19
— de la diferencia de clase 47.19
— de la grasa 156.17
determinar el alargamiento de la fibra 12.2
— la calidad del vellón 171.11
— las calidades del cordero 129.13
— la concentración 161.11
— la humedad de la seda 237.2
— el grado de nitratación 256.3
— los tipos 50.1
devanable, capullo 214.3
devanadera 2.22, 221.15, 222.3
— para desenrollar 225.2
— inclinada 252.6
— para la numeración 238.9
— secadera 252.5
devanado del capullo 220.5
— del capullo por vía húmeda 220.15
— de los capullos en seco 220.13
— a dos hilos 221.5
— perfecto 220.8
devanadora 221.16
devanar 2.21
— el capullo 220.7
— el capullo en seco 220.14
devanar el capullo por vía húmeda 220.16
— los capullos frescos 220.11
— los capullos secos 220.12
— la madeja de prueba 238.11
— la seda 277.5
dextrina 272.2
día del vencimiento 30.15
diacetato 283.11
diálisis 280.3
dializar la viscose 280.2
diámetro del hilo 222.16
— del pelo 181.14
diarrea 207.23
dibujar exactemente (microscopio) 17.20
diclorhidrina 284.15
dicotiledóneo, planta —a 18.19
dicroísmo 290.16.17
dictamen 51.16
dictaminar 51.17
Dictyosperma fibrosum 117.12
difenilamina 289.5
diferencia de calidad 47.19, 51.22, 52.7
— de clase 47.19
— química de las fibras 16.21
difícil a disolver 228.9
digitado 35.1, 77.15
dilatarse 235.13
diluido 98.15
diluir la lejía con agua 151.21
diminución de la resistencia 96.8
dinamómetro 12.13
— para la seda 12.17
dioico, ortiga —a 100.4
—, planta —a 77.6
dirección de las escamas 181.5
director de la venta pública 186.1
disco acanalado 86.16
— cortante 86.17
— lenticular con entalladura 223.11
— rotativo 224.1
disgregar la celulosa 243.18
dislocaciones en la pared celular 75.1
disminuir 264.18
— en calidad 143.24
— las propiedades disolventes 219.9
disociar los tendones a golpes 239.11
— los tendones a presión 239.10
disolución 17.6, 91.2
— de la lana en agua que hierve 182.1
— de celulosa en álcalis 282.18
— de la materia gomosa 94.5
— del óxido cuproso en el ácido nítrico 291.12
— de la sericina 218.2
—, retener en 266.14
disolvente 155.17, 156.1, 258.14, 264.12
— de la grasa 156.5
— volátil 156.4
disolver la caseína 287.7
— la celulosa 282.16
— el cobre 270.7
— cola de pescado 261.7
— la goma de la madera 244.15
— la gutapercha 261.6
— el hidróxido de cobre 271.8
— la materia gomosa 67.13, 94.4
— el óxido de cobre 271.10
— en parte 98.6
— la queratina 182.2
— la seda en álcalis 229.7
— la sericina 218.12
— el xantogenato de celulosa 279.9
—se 182.3, 263.10
disponer las fibras de cáñamo paralelamente 90.2
disposición de los frutos 118.7
dispositivo de cambio de bobinas 252.13
— de engrase 149.6
distinción de la fibra de algodón de otras fibras 45.20
— de las sedas artificiales entre sí y de las sedas naturales 289.1
distribución de la lana sobre el cuerpo de la oveja 131.20
distribución de la sericina sobre la fibra de seda 210.14
distribuir los recortes de las hojas sobre el cañizo 198.22
districto algodonero 35.18
dividir por el peinado la brizna de paja aplanada 120.14
división de los rizomas 106.18
divisor 275.9
doblamiento de los manojos de yute 99.11
doble fondo 156.22
doméstico, animal 26.9
—, oveja —a 124.1
dorado del hilo de plata 297.7
dormir (gusano) 206.8
dorso 171.21, 132.4
Doumer, enriado sistema 69.19
Dreaper, aparato hilador 249.7
dromedario 126.9
drupa 118.8
ductilidad 244.18, 288.20
ducha, lavaje por —s 146.23
duración de la cría 195.11
— del enriado 68.19, 82.15, 94.14
— del estiramiento 249.2
— de la evaporación 14.1
— de extracción 157.3
— de la incubación 196.9
— de la muda de la piel 206.2
— de la nitratación 255.22
— de la vida del gusano 197.6
— de vida de las plantas 24.6
dureza de la fibra 10.20
duro como piedra 118.15
—, fibra —a 10.19

E.

echar raíces 24.2
edad del gusano 206.9
— de la oveja 130.24
efectivo de ovejas 130.16
—, negocio 27.16
—, tara —a 56.10
efecto de enganche 112.8
—s de los reactivos químicos sobre la seda artificial 289.3
efectuar una compra 29.6
— una venta 29.6
eje de la flor 106.6
—, no estar en el mismo 111.9
ejecutar el contrato 53.4
elasticidad de la fibra 12.6, 180.5
elástico, fibra —a 12.5
electrizar la seda por frotamiento 228.1
—se, capacidad de 228.2
elegir la semilla 78.13
— un tercer-árbitro 51.14
elemental, célula 95.15.16
—, fibra 16.5
elemento del hilo de seda 225.16
—s celulares 119.9
eliminación del agua 13.22
— del aire 246.5
— del apresto 294.4
— del azufre 266.12
— de las burbujas de aire 280.14
— del cobre 276.16
— de huevos enfermos 193.16
— del lustre 293.13
— de la pulpa de las hojas 107.20
eliminar el ácido de la celulosa nitrada 256.12
— el ácido en una centrífuga 161.17
— el ácido nitrante por un hidro-extractor 256.13
— el ácido por una solución de sosa 163.15
— el agua químicamente combinada 277.1
— el aire 246.6
— el alcohol 264.23
— el azufre 266.13
— las burbujas de aire 280.13
— el cobre 276.17
— los pelos muertos 173.17
— de la seda los componentes químicos 253.11
— la semilla no madura 78.23

eliminar los vapores de éter 263.17
embalado del algodón . 41.19
– del algodón, instalación de 42.1
embalaje falso 48.15
embalar el algodón . . 41.20
– el lino en sacos. . . 75.21
– el yute en estado húmedo 99.16
embalsar el lino bruto . 67.12
embarcado, algodón . . 55.12
embarcar 32.6
embarque. . . . 31.14, 32.7
émbolo de aspiración . 281.19
– de presión 42.11
embotado, cuchillo . . 107.15
embudo 251.4, 282.4
– de cristal 249.19
–, en forma de . . . 248.9
emitir dictamen . . . 51.17
empapar la lana con ácido sulfúrico . . . 161.12
emparrillado 40.6
– ajustable 164.14
– fijo 71.15
– para la semilla . . . 41.2
– de tela metálica . 163.4
emplear el capoc como material de relleno . 63.16
– la nitrocelulosa cargada de ácido . . . 257.9
empleo de la lana . . 167.2
emplomado, caldera –a 69.14
emplumado, hoja –a . 118.2
empolladura de gusanos 196.7
emporio 27.6
– lanero 183.20
– de seda cruda . . . 230.2
– del yute en rama . 99.22
empresa textil 7.16
emulsión 152.4
– de grasa de lana . . 158.4
– de lanolina 160.3
– opaca 151.23
enano, especie –a . . . 19.10
encajes, acción de hacer . 3.9
encamisado, capullo . . 216.18
encanillar. 2.23.24
encapullado, gusano . . 216.20
encarnado 92.21, 93.5
encina japonesa 203.16
– verde 203.15
encogemiento de la gelatina 280.6
encogerse 46.11, 212.6, 280.5
encolado 62.11
encolar 3.17.18
encrespado de la fibra de lana 180.6
–, facilidad del 175.18
–, fibra –a. 11.2
–, lana –a 126.3
encrespadura de la fibra 11.3
encresparse (la lana). . 180.7
endocarpio duro como piedra. 118.15
endurecer la oveja . . 130.23
endurecido, oveja –a . 130.22
endurecimiento de la oveja 130.21
enebro . . . . .264 .4
enfermar 135.20, 206.12
enfermedad de los clasificadores de lana . . 170.21
– contagiosa 206.20
– hereditaria 207.3
– parasítica 207.4
– de la raíz 203.6
–es del gusano de seda 206.11
–es de la morera. . . 202.19
–es de las ovejas . . . 135.19
enfieltrado 3.2
enfieltrar 3.3
enfriar la lana secada . 155.9
–se 235.12
enganche, efecto de . . 112.8
–, punto de 112.4
engarza-hilos 222.13, 223.6.10
engrase artificial de la oveja 146.7
– de la lana 149.5
–, dispositivo de . . . 149.6
engrosado, pared –a. . 20.13
engrudar la carnaza con cal de gas 144.4
engruesamiento de la pared de la célula 20.14, 46.10
enjuagadura de la lana 148.11
enjuagar el cáñamo enriado 82.22
enjuagar el hilo en un ácido débil 251.9
– la lana 148.12
– el lino 69.17
–, máquina de – la lana 148.13
enjuague 153.3
enlazamiento de las fibras de lana 153.1
enmarañar los hilos de seda 211.15
enmendar la bala . . . 43.11
– el contrato de compraventa 48.6
enmohecido, capullo . . 217.11
enranciadura de la grasa 151.7
enredadero, planta –a . 104.10
enredar los hilos de seda 211.15
enriado. 94.1
– por el ácido sulfúrico diluído 69.11
– en agua 67.16
– en agua muy caliente 69.7
– en agua caliente . . 69.5
– en agua corriente . . 67.19
– en agua estancada. . 67.18
– en agua fría 67.17
– al aire libre 68.9
– artificial 69.3
– sistema Baur . . . 69.13
– completo . . 68.21, 82.11
– sistema Doumer . . 69.19
– excesivo . . . 68.22, 82.14
– en fábrica 69.20
– final 82.9
– industrial 69.20
– en el limo 67.8
– del lino 67.11
– por microbios . . . 82.17
– mixto 68.16, 82.7
– natural 67.15
– en la nieve. 69.2
– preliminar 68.17
– rápido 69.10
– al rocío 68.10, 82.6
– sobre el suelo . . . 68.10
– al vapor de agua. . 69.8
– en verde 68.11
–, excesivamente . . . 94.15
–, segundo 68.18
enriamiento en agua. . 67.16, 94.8
– en agua fría 81.12, 94.9
– del cáñamo 81.3
– de las hojas. 114.6
– incompleto 82.12
– preliminar 82,8
enriar 94.2
– el cáñamo 81.4.5.6
– con exceso el cáñamo 82.13
– demasiado el lino . 68.23
– el lino bruto 67.12
– la fibra de ramio. . 101.23
– los tallos de yute en el agua 94.10
enriquecerse. 277.2
enriquecimiento con cobre 277.3
enrollamiento 252.10
enrollar el hilo de seda sobre bobinas . . . 263.1
ensacar la lana . 122.23, 183.13
ensayar el algodón al tacto 60.5
– la lana 179.5
ensayo al aceite. . . . 46.2
– por combustión . . 45.18, 187.11
– de la lana 179.7
– microscópico 17.13
– al óxido cuproamoniacal. 45.15
– preliminar 161.11
– de las sedas artificiales 289.1
entalladura, con . . . 223.11
entrelazar las varillas de bambú en forma de rejilla 204.18
–se 136.12
entrefino, fibra –a . . 10.17
entrega 49.6
– según contrato . . . 52.6
– en Dundee 99.21
– en fechas determinadas 55.15
– en fechas fijas . . . 55.15
– inferior hasta en medio grado 52.3
entregar por partidas . 49.18
– en varios lotes . . . 49.18
envió del muestrario. . 28.15
– de muestras 28.15
envoltura áspera de sericina. 225.22
– del capullo 216.21
– de la crisálida . . . 212.11
– de sericina 210.17.18
envolvente de la crisálida 212.11
– gomosa de los hilos de capullo 218.4
envolver de algodón el hilo de caucho . . 296.18
– de seda el hilo de caucho 296.19
envuelto en esteras . . 75.19
epicarpio 118.12
epidemia de los gusanos 206.13
epidermis 173.19
epizootia de los gusanos 206.13
época de hilado del capullo 209.4
– de la incubación . . 196.8
– de la siembra . . . 23.4
era 70.18
– para esquilar 142.6
erióforo 115.13.14.15
eriómetro 179.20
erioscopo 180.11
escala de comercio . . 27.6
escama 181.2
– de borde liso . . . 181.4
– córnea 15.23
– dentada 181.3
– escutiforme. 180.20
– del pelo 180.19
escarda. 24.11
escardadura 24.11
escardar 24.12
– el linar 66.18
– la planta parásita. . 79.14
escasez de la mano de obra 25.19
– de obreros 25.19
escobilla-batidora . . . 219.14
escoger el cáñamo según su finura 89.14
– la semilla 78.13
escorzonera 204.4
escuela de agricultura. 25.21
– de ampliación de estudios 26.1
– de plantadores de algodón 36.3
escurrido con centrífuga 6.22
– con hidro-extractor . 6.22
escurrir con centrífuga . 6.23
– con hidro-extractor . 6.23
– la lana desengrasada 153.6
–, máquina de 161.15
escutiforme, escama . . 180.20
esférico, fruto 93.8
espacio entre los mechones 136.13
– intercelular 95.13
– intercelular que contiene aire 106.7
– entre las plantas. . . 114.3
espada, en forma de 115.2, 116.14
espadado final 84.9
– del lino 71.16
–, cáñamo 91.12
espadadora . . . 72.8, 84.17
espadaña de hojas anchas 116.4
– de hojas estrechas . 116.5
–, fibra de la 116.1
espadar el cáñamo . . 84.8
– el cáñamo a mano. . 84.11
– el lino 71.17
– a mano 72.4
espádice 118.6
– de la espadaña . . . 116.3
– del fruto 106. 22
espadilla 72.6, 84.13
espadillado del cáñamo 84.7
– del lino 71.16
– del lino, primer. . . 72.1
– final del lino 72.2
– a mano . . . 72.3, 84.10
– a máquina 72.7
espadillar el lino . . . 71.17
espadón 72.6, 84.13
– mecánico. . . . 72.8, 84.17
espalda. 132.8, 171.17
esparcimiento de la estopa 85.12
esparcir la estopa . . . 85.13
– las hojas con tamiz 198.12
– el lino en el campo 67.2
– la paja de cáñamo 80.1
– serrín de turba sobre el cañizo 205.12
esparto 116.17
–, fibra de 116.16
–, paja de 116.19
especial, agente 56.15
–, tarifa 32.2
especie de árbol. . . . 199.5
– de capullo . . . 214.4.11.14
– enana de árboles . . 19.10
– de gusano sociable . 197.9
– de mariposas 189.9
– de mosca 207.7
– de semilla 22.17
–s de primeras materias 8.11
especulación 53.1
– en Bolsa 53.3
especular 52.24
– al alza. 54.14
espesamiento de las paredes de las células . 46.10
espeso, crecimiento . . 24.5
espesor de la célula. . 20.12
– desigual de la pared celular 96.5
– irregular de la hebra de capullo 226.6
– del pelo 181.13
espigadura 38.14
espina dorsal 127.21
– de pescado, en . . . 295.6
– en el margen . . . 109.9
– en la punta 109.10
espinoso, hoja –a 109.8, 116.15
espiral, de forma . . . 126.5
espíritu de madera 258.8, 260.24
esponja. 239.18
– cargada de conchas . 239.19
– despedazada 239.22
– hecha plumón . . . 239.23
– hervida en una solución de sosa 239.20
– suavizada por la acción de ácidos . . . 239.21
esponjosidad de la fibra 13.8
esponjoso, fibra –a . . 13.7
esporos del moho . . . 207.13
espuma de jabón . . . 233.8
espumoso, solución –a 152.21
esqueje 106.16, 109.6
esqueleto fuerte 127.17
– de la oveja 127.12
– sólido 127.17
esquilador 142.2
–a. 142.3
esquilamiento de la piel 143.12
esquilar a la oveja . . 141.16
– a la oveja de pie. . . 142.7
esquileo anual 142.16
– hecho dos veces por año 142.17
– de la lana suarda . 141.18
– de la oveja 141.15
– raso 142.9
– único 142.10
esquilmado del suelo . 21.21
– de la tierra por el cultivo del lino . . . 66.7
estabilidad de la nitrocelulosa 257.6
estabilización del colodión en lana 257.17
estable, químicamente . 257.5
–, solución 273.11
establecer un criadero de gusanos 195.7
establecimiento de clasificación 170.17
– de espadillar 71.88
establo de ovejas . . . 133.5
estaca 201.1
estadística 56.16
estado de la cosecha . 38.8
– de crisálida 212.5
– higrométrico 14.8
– húmedo, en 99.15
– líquido. 146.2
– de madurez . 24.14, 93.15, 279.17
– del mercado de algodón 56.12
– de saturación del aire 154.6
estallar 79.4
estambre 168.16
– fino 168.18
– semi-fino 168.19
estampado 7.4
estampar 7.5
estancado, agua –a . . 94.12
esteárico, ácido 152.7
estearina, fabricación de la. 152.5
estender la seda desengomada 234.5
estenosaje de la seda artificial 254.4

estenosar la seda artificial 254.3
estepa, oveja de las —s 123.17
—, planta de 109.23
estera de paja 205.2
—s, envuelto en 75.19
estercolamiento del suelo 21.8
estéril, raza 131.4
estiércol 21.9
estirado 247.3
— par su propio peso 275.18
estiramiento 248.19
— progresivo de los hilos 287.18
estirar la gelatina en hilos 286.19
— el hilo de caucho 296.17
— el hilo en la devanadera 249.9
— el hilo en un líquido precipitante débil 249.8
— el hilo que sale de la tobera 249.1
— el hilo en una solución alcalina diluída 276.2
— el tubo capilar 276.13
— se (lana) 138.6.7
estopa 74.4, 87.13
— de agramado 92.8
— de cáñamo 92.6
— de espadado 76.23, 92.9
— de lino 76.22
— del repasado final 92.10
estracción de la fibra 107.1
estría 71.5
—s en espiral 105.12
estriación débil 225.14
— pronunciada 225.15
estriado fino 74.18
—, cilindro 84.4
estricado 7.2
estricar 7.3
estropear la piel 142.15
estructura anatómica del pelo 174.3
— capilar 173.7
— del capullo 215.11
— celular 192.6
— coloidal 245.5
— del esqueleto 127.16
— externa 12.22
— de la fibra 15.11, 44.3, 229.4
— de la fibra de lana 180.15
— histológica 18.16, 191.12
— homogénea 210.18
— del mechón 136.23
— reticular 171.19, 212.1
— del vellón 136.21
—, sin 209.15
estufa de acondicionamiento 47.4, 237.5
— de calefacción 195.14
— de desecación (transportable) 70.4, 213.22
estuche en forma de casco 207.6
etapa de la edad del gusano 206.9
éter 156.6, 258.4
— acético 262.5, 284.8
— acetonitrico 285.20
— de ácido acético 283.9
— del ácido benzoico 285.16
— del ácido butírico 285.9
— del ácido fenilacético 285.14
— del ácido fórmico 285.3
— del ácido palmítico 285.11
— del ácido propiónico 285.8
— ácido sebácico de celulosa 283.3.7
— de celulosa del ácido ditiocarbónico 279.4
— de celulosa alifático 283.6
— compuesto 255.21, 292.11
evacuación de las glándulas serígenas 209.12
evaporación 14.1
— del agua 13.23, 154.4
— natural 154.3
evaporar el sulfuro de carbono 278.13
examen a causa de avería 49.3
— de los capullos 213.1
— de la lana 179.4
— microscópico 17.13, 44.2, 180.13, 225.4
— óptico 290.9.10
— al ultramicroscopio 290.22
examinar el agua de lavado 291.9
— el algodón al tacto 60.5
— los capullos 213.2
— el colodión en lana 257.18.19
examinar el grueso del hilo 223.7
— la humedad del algodón 47.2
— a la luz polarizada 290.11
— microscópicamente 17.14, 225.5
— al microscopio 276.14
— químicamente 289.2
exceso de humedad 52.8
— de peso 52.13
— legal de peso 238.1
— de tara 48.14
excrecencia fibrosa de la célula 36.17
— hongosa 207.11
excreción de la glándula sebácea 174.18
— de grasa 174.16
excrementos del gusano 205.22
excretar grasa 174.15
exención de derechos de aduana 33.14
exento de ácido 256.15
exhaustor 154.14
existencia en el almacén 31.7, 186.18
— de lana 184.13
— de seda 230.1
expedición 31.10
— por ferrocarril 31.17
— de las primeras materias 31.9
expedir 31.12
experto en lana 187.4
explosivo 156.15
—, facilidad —a 263.12
—, poder 46.17
explotación a cielo abierto 26.22
— desconsiderada del suelo 21.21
explotar el suelo con desconsideración 36.2
exponer los capullos a la acción de los rayos solares 213.9
exportación 30.22
— de algodón 54.23
— de capullos 229.18
— de huevos 195.3
— de lana 183.22
exportador 30.23
— de lana 184.1
expresiones generales en el comercio de las primeras materias 27.3
exprimir el ácido 161.14
— la materia grasienta 158.19
—, máquina de 161.15
expulsar el agua de la lana 153.9
expulsión del agua de la lana mediante hidro-extractor 153.10
extender el lino en el campo 67.2
— el vellón 171.8
extensibilidad de la fibra 12.3, 180.4
extensible, fibra no 114.10
extensión de las existencias en plaza 186.17
extracción del aceite 80.24
— del amianto 240.10
— del carbonato potásico 157.6
— de la fibra 7.14, 110.7
— de la fibra de cáñamo 79.21
— de la fibra de lino 66.21
— de la fibra de yute 93.12
— de las fibras a mano 107.7, 111.1
— de las fibras por máquina 111.2
— mecánica de las fibras 107.24
— de la grasa 155.13
— de la lejía 254.1
— de la seda de los capullos 217.19
extracto de castañas 235.24
— de zumaque 235.17
extractor 156.19
— centrífugo de ácido 256.14
— de tierra cocida 259.19
extraer el agua 14.3, 257.1
— el amoníaco, aparato para 277.11
— el carbonato potásico 157.8
— de la brizna la fibra de paja 120.18
— las fibras desgarrando las hojas 116.21
extraer la grasa 155.14
— la lejía de los hilos 253.18
— la materia colorante 228.14
— la materia gomosa 102.14
— el medio disolvente 245.8
— la parte leñosa 100.8
—se 102.5
extraño, cuerpo 15.6
extremidad inferior del pelo 143.17
extremo de raíz duro 99.9
— de raíz de la fibra de cáñamo 88.11
— romo de la fibra 103.6
— superior de la fibra de cáñamo 88.10

F.

fábrica de aprestar 5.20
— de carbonizar 162.7
— de cuerdas 2.15
— de fieltros 3.5
— de géneros de punto 4.4
— de géneros de punto de medias 4.9
— de hilados 2.8
— de pasamanos 4.17
— de retorcer 2.13
— de seda artificial 243.2
— de tejidos 3.22
— textil 7.17
— de torcidos 2.13
fabricación de aceite de semilla de algodón 41.14
— del carbonato potásico 157.6
— de la estearina 152.5
— de géneros de punto 4.1
— de lanolina 159.7
— de la viscose 278.1
fabricante 7.18
fabricar géneros de punto 4.2
— con la paja tiras filiformes 120.7
facilidad del encrespado de la lana 175.18
— explosiva del colodión 263.12
fácilmente soluble 102.15
facticio, alza —a 54.19
factura 29.17
—, según la 30.2
facturado, peso 52.14
facturar 30.1
facultad de coagularse 210.10
faja 26.19
falena 189.11
— de ailanto 190.1
— Antheraea assama 190.5
— Antheraea Pernyi 190.2
— Antheraea Roylei 190.3
— atlas 189.19
— Attacus ricini 190.7
— Caligula japonica 190.6
— del gusano de la morera 190.4
— de tussah 190.8
— de yama-mal 190.9
falsificar 108.12
falso cáñamo de Sisal 109.4
— pelo de protección 141.7
—s pelos sobrepuestos 140.12
falta de enriado 69.1
— de obreros 25.19
— de peso 52.12
familia de mariposas 189.10
fango 149.14
fardo 99.14
fecalización 21.18
fecha del contrato de compra 49.8
— de la factura 29.24
— de la liquidación 53.6
— del pedido 53.22
fermentación 79.7, 144.11
— ácida 81.10
— alcalina 81.11
fermentar 79.8
ferrocarril 31.18
ferruginoso, tierra —a 68.14
fértil, raza 131.3
fertilidad de la raza ovejuna 131.2
fibra v. t. hebra 8.5
— de abelmoschus 105.15
— agrietada 12.1
— del algodón 43.15, 60.24
— de áloe 113.11
— amarillenta 14.19
fibra de amianto 240.6
— de amianto azul 241.18
— de amianto de blancura nívea 241.15
— de amianto parduzca 241.17
— de amianto verdosa 241.16
— de la anea 116.1
— animal 9.2, 182.3
— aplastada 103.12
— articulada y ramificada 104.2
— artificial 9.7
— áspera 11.21
— de astrocargena vulgare 117.16
— averiada 61.6
— baja 61.7
— del bananero 114.11
— basta 10.22, 61.7
— de bauhinia 105.9
— blanda 10.8, 74.8
— blanquecina 14.17
— de borassus flabelliformis 117.10
— de bromelia karatas 115.11
— buena 59.18
— muy buena 59.19
— de cálamo 105.17
— de cáñamo leñosa 90.13
— de cáñamo limpia (libre) de cañamiza(s) 90.4.15
— del cáñamo de Mauricio 112.14
— de capullo 188.19
— de Caryota urens 117.11
— en forma de cinta 100.11
— de coco 117.19
— de coco pardo-rojiza 119.4
— congelada 101.19
— de cordia 105.6
— corta 10.5, 137.4
— cortical gruesa 103.5
— de curcuma 105.19
— de la chayota 104.9
— débil 59.21
— no descortezada 104.4.5
— desigual 59.17
— deteriorada 61.6
— de Dictyosperma fibrosum 117.12
— dura 10.19
— elástica 12.5
— elemental 16.5, 74.16
— encrespada 11.2
— entrefina 10.17
— de la espadaña 116.1
— de esparto 116.16
— esponjosa 13.7
— de estopa 92.7
— sin estructura visible 12.23
— no extensible de gran resistencia 114.10
— fina 10.15
— fina, de 99.7, 178.2
— flexible 10.10
— medianamente fina 10.17
— floja 10.13, 60.14
— frágil 11.23, 74.10
— del fruto 8.24
— fuerte 10.23, 59.20
— de ginestra 255.1
— grasienta 11.18
— gris 14.18
— grosera 61.7
— gruesa 10.22
— de grueso irregular 12.14
— helada 101.19
— higroscópica 13.11
— hilable 103.1
— de la hoja 8.23
— de la hoja desnuda 107.21
— de las hojas de anana 115.10
— hueca 10.1
— igual 59.16, 61.5
— irregular 59.17
— de Kauri 105.18
— de lana 9.5, 174.2, 180.8, 181.2
— de lana desigual 176.7
— de lana elástica 175.20
— de lana flácida 177.22
— de lana hilable 175.8
— de lana igual 176.5
— de lana lisa 177.8, 180.2
— de lana pura 187.8
— larga 10.3, 137.2
— leñosa 115.17
— no lignificada 15.8, 44.17
— poca lignificada 116.2
— sin lignina 15.8, 44.17
— limpia 15.2

fibra de lino 75.12
— del lino de Nueva Zelandia 114.16
— lisa 11.8, 74.9
— sin lustre 11.20
— con lustre grasiento 11.17
— de lustre sedoso 11.11, 74.7, 103.8
— lustrosa 11.9
— de Madar 64.3
— del maguey 114.1
— mate 11.20
— del moral papirífero 104.12
— natural 8.12
— negra 104.7
— cargada de nudos 60.22
— ondulada 11.5
— de ortiga urticante 100.2
— de paja 105.1, 120.17
— de la palmera piasava brasileña 117.2
— de la palmera rafia 117.5
— de Pándano 116.13
— pardo-obscura 104.6
— de pelo 15.5
— de gran peso específico 12.20
— de peso específico pequeño 12.19
— de la pita 113.14
— pura 15.2
— quebradiza 11.23, 74.10
— de ramio 100.10
— de ramio helada 101.19
— de ramio hilable 103.1
— de ramio libre de la materia leñosa 101.10
— de ramio secada 102.1
— regular 59.16, 61.5
— de gran resistencia 12.10, 105.8
— resistente 12.8, 60.13
— de la retama de escobas 105.1
— de la retama de olor 104.14
— retorcida 10.24
— rígida 10.21
— de la sanseviera 113.4.7.8.9.10
— saturada de agua 13.18
— seca 14.6
— seca de yute 95.6
— secada 102.1
— de seda 9.6, 188.18
— de seda compacta 226.7
— de seda coposa 226.10
— de seda sin copos 226.9
— de seda sin estructura 226.4
— de seda homógenea 226.3
— de seda transparente 226.8
— de seda uniforme 226.5
— sedosa 11.13, 59.22
— semejante a la ballena 117.3
— semejante al cáñamo 107.2
— semejante a crin de caballo 104.3
— de la semilla 8.17, 43.16
— sensible a los ácidos 98.8
— de sida 105.5
— suave 10.10, 74.8
— sucia 15.3
— de sunn 103.9
— sútil 10.13
— del tallo 8.22
— técnica 8.8
— tenaz 12.14
— tenaz de vaina de hoja 117.4
— textil 8.5
— textil mineral 8.14
— de Thespesia 105.14
— tierna 10.13
— tiesa 10.21
— de la turba 115.12
— de urena 105.13
— vegetal 8.16
— de yaquilla 105.16
— de Yercum 64.3
— de Yucca 117.17
— de yute 93.13
— de yute leñosa 96.7
—s de las bromeliáceas 115.8
—s de fruto 117.18
—s de hoja 105.20, 117.13
—s de ortiga 100.1
—s de la palmera piasava 117.1
—s rectas 121.3
—s de semilla 34.2, 64.8
—s suaves 92.5
—s de tallo 64.12, 104.8
—s de tendones 239.6
fibrilla de la raíz 201.21
—s 19.1
fibrita de la seda silvestre 225.17
fibroina 16.7, 210.2.6.7
fibroso 8.7, 18.11
Ficus elastica 295.2
fieltraje 3.2
fieltrar 3.3
fieltro 3.4
fiemo 21.9
fijación del hilo 249.10
— del precio 53.16
— de la tara 48.7
fijado, peso 52.16
fijar la hembra de mariposa sobre la célula 194.15
— el hilo estirado 249.6
— las moléculas de la solución en una posición definada 246.17
— los tipos 50.1
fijo, oferta —a 28.20
fila, en —s 39.1
filadiz 232.14
filamento del capullo 190.15
— estirado por su propio peso 275.18
— de fibroina 210.5
— de seda artificial 242.7
— de viscose 280.17
filamentoso, capa cortical —a 65.5
filatura 1.21
— japonesa 230.21
— del vidrio 298.12
filiforme 120.7
filo de la cuchilla 72.11, 84.20
filón 26.18
filtración por un filtro de amianto 275.2
filtrar la materia grasienta separada 158.18
— la solución 245.12
— la solución de cobre 291.7
filtro de amianto 291.11
—-prensa 245.13, 268.13
fimo 21.9
fino, fibra —a 10.15
finura 10.18
— de la aguja 87.9
— de la fibra 10.16, 178.3
— del hilo 217.3, 298.1
firmeza de la Bolsa 54.17
flácido, lana —a 177.22
flaco, talla —a 127.18
flanco 171.18
flete 31.19, 32.23
— de vapor 33.1
flexibilidad 179.22, 288.18
— de la fibra 10.11
—, mucha 10.12
flexible, fibra 10.10
flojedad de la Bolsa 54.18
— de la fibra 10.14
flojo, fibra —a 10.13
—, resultar 207.18
—, suelo 21.5
flor 20.1
— del abacá 109.10
— del algodón 35.4
— de asclépias 64.1
— de azufre 296.2
— femenina del cáñamo 77.20
— masculina del cáñamo 77.19
— en forma de copa 35.5
— en forma de copo 115.6
— azulada del lino 65.10
— femenina de la morera 202.17
— masculina de la morera 202.18
— de pétalos grandes 35.6
— amarilla del yute 93.6
florecer, período de 24.13
floroglucina 17.10
flotar en el agua 219.10
fluctuación de los precios 54.5
fluidez del disolvente 264.17
— de la solución 245.2
fluvial, transporte 48.19
f. o. b. 32.21
folículo del pelo 174.4
follaje 19.12
— de la morera 198.3
—, tener mucho 62.18
fondo cónico 253.7
— intermedio 156.22
— perforado 149.11
— de rejilla 63.11
—, doble 156.22
forma de la bala 43.8
— del capullo 215.12
— cilíndrica de la fibra de lana 180.3
— exterior del mechón 136.9
— de la hoja 202.1
forma de serpentina 148.5
— de tobera 247.1
formación de burbujas 246.3
— del capullo 209.9
— de esporos 207.14
— de éteres compuestos 255.21
— de gotas 273.18
— del hilo 273.15, 258.20, 280.15
— del hilo en un cilindro líquido en libre suspensión 250.4
— de jabón 152.3
— de la lana 173.2
— de nudos 153.2, 224.4
— del pelo 173.3
— de rayas truncadas en el vellón 141.13
formaldehido 156.9, 254.6
formar un compuesto químico 17.2
— mechones 136.11
— pelotas redondas 63.1
— pliegues 7.11
— racimos 77.21
—se 151.23, 273.19
formiato 285.6
— de celulosa 285.2
forraje de los gusanos 198.2
— para el invierno 133.20
— de paja 135.14
— seco 133.17
— verde 133.18
forrajero, planta —a 135.10
fosa para enriar 68.4, 81.15
— de secar 70.2, 83.4
fosfato de amonio 265.5
— de magnesia 45.9
— magnésico 45.9
— sódico 236.11
fósforo 16.14
frágil, fibra 11.23, 74.10
fragilidad de la fibra 11.24
fragmentos 70.8
franco a bordo 32.21
— sobre muelle 32.4
— sobre vagón 32.3
franquicia de aduana 33.14
— de x por ciento 56.4
Fraxinus excelsior 203.13
frente 131.21
fresco, mantener al 273.14
fresno 203.13
frezas del gusano 205.22
fris de lana sucia 169.2
— lavado 169.4
frondoso, árbol 19.11
frotado, cáñamo 86.9
frotamiento 228.1
— del hilo 251.3
— interno de la solución 244.22
frotar la semilla en la mano 79.9
—, máquina para 85.21
fruta madura 114.13
frutal, cápsula 35.9, 93.7
fruto 20.3
— del cáñamo en forma de nuez 77.22
— capsular 92.18, 109.21
— cilíndrico 93.9
— de coco 119.1
— esférico 93.8
— globular 93.8
— maduro del capoquero 62.20
— monospermo 118.9
— oblongo del capoquero 62.19
— oviforme 118.10
— de siembra 22.12
fuco 121.21
fuerte, fibra 10.23, 59.20
fumigación de los criaderos 209.1
fumigar el criadero 209.2
fundamental, color 14.16
fundición dura 163.1
fuste de la bobina 252.15
futuros para llegar 55.14

G.

gabarriaje 33.3
galvanizado 155.1
ganadero de ovejas 128.6
ganado lanar 122.5
ganga 26.20
gañán que lleva las ovejas al esquilador 142.4
garantía de calidad 56.3
— de peso 56.5
garantizado, muestra —a 56.2
garganta 132.2
gárgola 65.11, 76.10
garlopa 121.10
gas del alumbrado 158.13
— de amoníaco 272.12, 213.16
— de oxígeno 272.13
— proveniente del precipitado de grasa de lana 158.12
—es asfixiantes 213.13
—es nocivos 256.17
gaseado 5.24
gasear 6.1
gastos 29.13
— de aduana 33.13
— de arbitraje 54.21
— de la fijación de la tara 48.8
— de gabarra 33.3
— de grúa 33.4
— de lancha 33.3
— locales 49.1
— menores 29.14
— postales 29.16
— de transporte 31.13.19
— de transporte por ferrocarril 31.20
gavillas, atar en 80.5
—, hacer 93.23
gaza filtrante 264.20
— de seda 246.1
gelatina 261.8, 286.12
— acuosa del hidrato de celulosa 280.7
— comercial 286.14
— vegetal 242.13, 287.22
gelatinoso 279.7
gemelo, corderos —s 129.11
genealógico, árbol 129.22
género completamente elaborado 7.22
— de punto 4.3
— de punto de medias 4.8
— semi-elaborado 7.21
—s de punto, fabricación de 4.1
—s de punto de medias, fábrica de 4.9
genuino 115.15
Georgia de fibra larga 57.2
germen capilar 173.8
— de la enfermedad 206.19
germinar 23.20, 79.11
—, capaz de 22.21
germinativo, cañamón 79.10
—, vigor 22.22
gestación 129.9
ginestra 255.1
girar la placa 247.18
giro 30.11
— a la vista 30.12
glándula 192.1
— sebácea 174.13
— serígena 191.11, 209.11.12
— sudorífica 174.19
—s de Filippi 191.16
glicerina 151.4, 271.16
globular, fruto 93.8
glosopeda 136.3
glucosa 271.18
glutinoso, líquido 211.1
golpe, disociar a —s 239.11
goma elástica 294.9
— de la madera 244.15
— de la seda 16.8, 210.1
gomoso, materia —a 102.14
Gomphocarpus fructicosus 64.7
gorgojo de la cápsula del algodón 87.11
gossypium 34.6
— acuminatum 37.4
— arboreum 34.11
— barbadense 37.2
— brasiliense 37.4
— herbaceum 34.7
— hirsutum 37.8
— peruvianum 37.4
gota 273.18
grado del dorado 297.8
— de enriamiento 68.20
— entero 59.11
— de finura 187.5
— hidrotimétrico 219.7
— de humedad del aire 14.9
— de lignificación 15.19
— de madurez 279.20
— de nitratación 256.2
— variable de blanqueo 244.5
—, cuarto de 59.13
—, medio 59.12

graduado, depósito . . 268.9
graduar la temperatura de desecación . . . 213.21
gramil 121.11
granja para la cría de ovejas 128.5
— para el cultivo del cáñamo 78.4
— experimental 25.20
— de ovejas para producir carne 132.20
— de ovejas para producir lana 131.10
grano 239.4
— del gusano de seda . 193.10
— industrial 194.1
— de la semilla del algodón 35.11, 36.14
— de semilla verde-oscura 36.23
— de siembra 22.12
— verde 36.21
granulado, finamente . 136.20
granuloso 225.21
grapa 88.2
grasa. 96.14, 207.24
— para los cascos de los caballos 160.7
— de la cola 125.8
— de la crisálida . . . 219.8
— para cuero 160.8
— de lana 145.23
— de lana destilada . . 160.12
— de lana inodora . . . 159.12
— de lana saponificable 159.18
— de lana saponificada 159.19
— lanera 145.23
— libre sin descomponer 152.10
— líquida vegetal . . . 16.4
— natural de la lana . 145.23
— rancia 151.8
— solidificada 146.5
graseza de la fibra . . 11.19
grasiento vegetal . . . 233.9
—, churre. 145.11
—, fibra —a. 11.18
—, lustre 11.17
grietas 75.4, 225.23
grifo de cristal 275.8
grillotalpa 37.8
gris de acero 74.12
—-claro 43.21
—-obscuro 193.1
—-perla 192.18
— de plata 109.18
—-plateado 95.8
—-verdoso 78.20
grosero, fibra —a . . . 61.7
grúa, derechos de . . 33.4
—, gastos de 33.4
grueso irregular 12.24
—, fibra —a. 10.22
—, hoja —a 114.2
grupa 132.13
grupos, hallarse en . . 174.7
guanaco 126.13
guarda de la sala de expertos en algodón . 49.24
guardar los grupos de gusanos separados entre sí 196.17
guarnecer el tablero de agujas. 89.5
guarnición metálica . 252.12
guata filtrante . 246.2, 264.19
— para filtrar 246.2
— de turba 115.20
— de vidrio. 298.11
guayacol 284.17
guía del cable 111.12
— en hilo de cobre . . 263.4
—-hilos 221.1, 222.3, 223.2, 253.1
— de inversión 88.4
gusanera 195.12, 197.1
— de paja 195.17
— sistema Darcet . . . 195.13
gusano 37.14
— del ailanto 193.6
— amarillo 208.1
— de la Antheraea Pernyi 193.5
— atacado de pebrina . 208.11
— atacado de somnolencia 208.16
— blanco 66.11
— de la cápsula del algodón 37.9
— de capullo amarillo . 189.16
— de capullo blanco . . 189.18
— de capullo verde . . 189.17
— de color lácteo . . . 192.17
— contagiado 206.15
— desarrollado 196.20
gusano gris obscuro . . 193.1
— gris perla 192.18
— hidrópico. 207.20
— individual 193.7
— infectado 206.15
— listo para hilar . . . 209.5
— de morera encapullado 216.20
— obeso 208.1
— sin pelos 197.7
— rezagado 206.10
— salido 196.14
— de seda . . . 191.4, 192.16
— de seda flojo 207.18
— de seda hilando su capullo 209.8
— de seda atacado de muscardina 207.17
— serígeno 192.16
— silvestre de la morera 193.2
— sociable 193.8
— tardío 206.10
— tísico 207.22
— de tussah 193.4
— velloso. 197.8
— voraz 198.1
— de yama-maï 193.3
gutapercha 261.6

H.

haces, atar en 80.5
harina de semilla de algodón 36.11
harpillera 42.17
haz de células . . 20.16, 90.6
— de fibras 8.9, 94.6, 240.7
— de hilos 221.7
— de hojas 110.15
— de lino 75.17
hazada, labranza de . . 22.1
hebra v. t. fibra . . .
— del algodón 60.24
— compuesta de fibritas 225.18
— de lana 180.8
— de seda . . . 188.18, 221.4
— simple fina 243.1
—s finas, de 269.8
—s largas, de 269.7
hebrita de la seda silvestre 225.17
hechar raíces 201.4
helada temprana . . . 38.4
helado, fibra —a . . . 101.19
Heliothis armiger . . . 37.9
helicoidal, cuchillos —es 40.9
—, torsión 44.4
hembra. 26.14
— de cría muerta . . . 194.5
— de mariposa 194.15
hender la paja 120.8
hendidura, en forma de 247.12
hendir a mano los haces de fibras 102.19
heno 133.19
herbáceo, algodonero . 34.7
—, planta —a 18.20
herbívoro 127.11
herencia 129.2
hermético, cierre . . . 96.21
herrumbre, color de . . 82.4
—, rojo de 44.1
hervir el algodón con el anhidrido acético . 283.20
— los capullos en ácido acético concentrado. 218.14
— los capullos 218.10
— los capullos a lumbre abierta 218.13
— la madera de coníferas 244.14
— la nitrocelulosa . . . 257.21
heterogéneo 129.5
Hevea brasiliensis . . . 295.1
— guianensis 294.17
hibridación de la semilla 22.18
hidratación del cobre . 270.10
hidratado. 291.18
hidratar el algodón . . 269.16
— el cobre metálico . . 270.11
hidrato de carbono . . 271.21
— de celulosa 269.12
— de celulosa libre de cobre 273.3
— de celulosa regenerado 265.15
— de cobre amoniacal . 273.8
— de cobre libre . . . 270.12
— potásico 151.15
— de sosa 151.16
hidráulico, prensa —a . 113.1
hidrocarburo líquido . 264.8
hidrocelulosa . . 161.5, 291.17
— disódica 269.14
hidro-extractor. . 6.22, 153.11, 161.18
hidrógeno. 44.21
— sulfurado. . 213.17, 278.12
hidrolisis de la celulosa 262.8
hidrolizado 283.7
hidropesía 207.19
hidrópico. 207.20
hidroprotóxido de cobre 270.20
— de níquel 272.8
hidrosulfito de sosa . . 97.5
hidróxido de aluminio . 274.19
— de cobre 270.19
— de magnesio 274.18
hierba 18.20, 135.12
— silvestre 116.20
hierro 16.18
higrométrico 14.8
higrómetro de cabello . 14.10
higroscópico 13.11
higuera india 203.22
hilable 9.15
—, capacidad 9 16
—, material 8.7
hiladizo 298.17
hilado 1.21, 2.4, 2.4.9
— del capullo 209.3
— en humedo, procedimiento de 246.14
— con interrupción . . 216.2
— con regularidad . . 216.3
— sin regularidad . . 126.4
— en seco, procedimiento de 246.13
—, aparato de Topham para el 282.1
hilador 2.7
—a para seda artificial 275.5, 276.7
hilandería 2.8, 276.6
— de seda 221.10
hilandero 2.7
hilar 1.22, 209 7
— en amplios sinuosidades 211.9
— el capullo 209.6
— un capullo ocal . . 212.2
— el filamento en una solución 280.17
— en fino 2.5
— flojo 211.11
— numeros finos . . . 2.5
— la solución 246.20
— uniformemente . . . 211.12
— la viscose 280.16.22
—, aparato para— de Chardonnet 262.11
—, aparato para — de Lehner 263.6
—, órgano para — de Chardonnet 262.12
hilaza 232.13
hilo 2.9
— de albúmina . . . 286.22
— de una aleación de oro 297.4
— de aleación de plata. 297.11
— de algodon-pólvora explosivo 263.16
— de aluminio 297.18
— aplanado de la seda silvestre 225.12
— bañado en plata . . 297 12
— con baño de oro . . 297.5
— con una capa de lustre metálico 293.9
— de capullo 225.6
— de capullo arrollado en zig-zag 211.10
— cilíndrico y aplanado de capullo 225.8
— de caucho 296.12
— cuadrado de caucho. 296.13
— redondo de caucho . 296.15
— de caucho vulcanizado 296.16
— plástico de celulosa sódica 293.5
— de cobre 297.19
— que contiene cobre . 276.4
— pobre en cobre . . . 276.18
— desecado 276.17
— doble 225.7
— doble y peloso . . . 224.19
— estirado . . . 249.6, 276.1
— estirado por su propio peso 275.18
— de gelatina insoluble 286.20
hilo de hierro. 297.21
— impermeable 277.7
— de latón 297.20
— de metal 1.17, 9.10
— de metal recubierto de colodión 293.3
— metálico plano . . . 298.3
— metálico redondo . . 298.2
— metálico semi-imitación 297.15
— metalizado 298.6
— de níquel 297.17
— nudoso. 224.2
— obtenido cortando en espiral la capa de colodión y gelatina. . 293.11
— de oro 297.2
— de oro legítimo . . 297.2
— de plata 297.9
— de plata con baño de oro 297.6
— de plata imitación . 297.14
— de plata legítima . . 297.10
— plateado 297 12
— de platino 297.16
— retorcido 250.15
— de sección cuadrada. 293.12
— de seda 188.18
— de seda cruda . . . 224.13
— de seda cruda con cabos sueltos 224.15
— de seda cruda con espiral 224.18
— de seda cruda con nudos 224.17
— de seda cruda con pelusa. 224.16
— de seda nudoso . . 224.2
— de seda oval 225.9
— de seda poligonal . . 225.11
— de seda retorcido . . 224.14
— de seda triangular . 225.10
— simil-oro 297.22
— textil recubierto de colodión 293.2
— textil recubierto de una solución de viscose. 293.7
— torcido 2.12
— verde-malaquita . . 276.19
— de vidrio. . . . 9.9, 298.8
— de viscose 277.20
— de viscose pegajoso . 281.1
hilos artificiales de caseina 287.1
— artificiales de fibroina 287.13
— artificiales de gelatinas vegetales 287.19
— artificiales de materias albuminosas 286.21
— artificiales de la solución de oseina . . . 288.1
— brillantes. 294.8
— cubiertos de metal . 297.1
— chamuscados 169.22
— de metal 297.1
— redondos 296.5
— de seda, colocar los — en la devanadera en ángulo agudo . . . 224.7
— solidificados 250.12
— sucios 169.24
hinchamiento y disolución de la pared celular . 91.2
— de la fibra en forma de cinturón 45.16
— de la fibra de yute . 97.8
— gelatinoso 288.17
— de la pared de la célula 90.12
— de la seda 229.8
hincharse (cuerpo del gusano) 208.2
— mucho pero uniformemente 75.7
— (lana) 183.2
— (seda) 229.9
— (tejido adiposo) . . 206.3
—, hacer — los granos. 37.1
hinchazón de la fibra . . 46.9
— de la sericina. . . . 226.1
—es en forma de nudos 75.2
hipertrofia de la fibra de lana 178.20
hipoclorito 269.20
histología 18.17
— de la fibra de lana . 173.1
histológico, estructura —a 18.16
hoja 19.14, 85.7
— del abeto común. . 116.8
— del abeto rojo . . . 116.7

hoja acanalada 109.12
— acorazonada 202.5
— de agave espinosa. . 109.8
— del algodonero . . . 34.13
— de canelo 203.11
— coriácea 115.3
— cortada 110.12
— dentada 77.16, 93.2, 202.3
— desnuda 107.21
— digitada del cáñamo. 77.15
— emplumada. 118.2
— de erióforo 115.15
— en forma de espada. 115.2
— larga en forma de espada 116.14
— de espino 204.8
— espinosa 116.15
— fibrosa y polposa . 109.11
— fresca de la morera . 198.4
— gruesa y carnosa . . 114.2
— de hierro. 73.5
— indivisa 202.2
— jugosa 19.15
— de la lechuga. . . . 204.5
— lobada 202.7
— lob(ul)ada . . 19.17, 202.7
— de la ortiga . . . 204.6
— ovo-lanceolada . . . 93.3
— pardo-purpúrea . . . 109.17
— partida 115.5
— peluda 19.21
— de pezón corto . . . 19.20
— de pezón largo . . . 19.19
— del pino silvestre . . 116.9
— de plancha de hierro 73.5
— plumosa 118.2
— poco jugosa 19.16
— quinquelobulada . . 34.14
— redonda 202.4
— de la rosa 204.7
— sana de la morera . 198.5
— de la sanseviera . . 113.6
— de sierra circular . . 41.3
— tenaz 116.18
— con vello corto . . 19.22
— vellosa 19.21
— verde del yute . . . 93.4
— verde-azulada. . . . 109.14
— verde-clara 109.13
— verde-grisácea . . . 109.15
— verde-obscura. . . . 109.16
hojas alternas. 19.23
— de anana 115.10
— anchas 116.4
— de encina 203.17
— estrechas 116.5
— laciniadas 199.16
— lanceoladas 200.2
— de la morera 198.3
— nerviosas. 199.13
— opuestas 19.24
— tiernas 202.16
—, dar — (árbol) . . . 19.5
hojita lanceolada . . . 77.18
hojuela 118.3
homogéneo, acoplamiento 129.4
hongo del tizón. . . . 66.14
hongoso, excrescencia —a 207.11
hornillo 218.16
horno de calcinación . 157.16
— de carbonización . . 162.10
— de carbonización de carro 162.11
— de carbonización en forma de torre . . 162.14
— de panadero . . . 70.5
horquilla para agitar la lana 149.9
hortalizo, planta —a . 18.9
hoyo 23.6.12
hoz 93.20
—, en forma de 123.15
hueco, fibra —a . . . 10.1
huerta de moreras. . . 200.20
huevo 37.12
— para la cría . . . 194.23
— del gusano de seda . 193.10
— lenticular 193.12
— de mosca 207.8
— oval 193.11
— recién puesto . . . 193.13
huevos enfermos . . . 193.15
— de los gusanos . . . 193.9
— malsanos 193.15
— sanos 193.14
—, poner 190.12
—, postura de. . . . 190.14
humectado 6.12
humectar 6.13
humedad 13.10, 14.7
— del aire 154.5
humedad relativa del aire 14.9
— de la fibra 13.9
— normal. 13.20, 47.10
húmedo, algodón . . . 47.15
húmedo, en estado . . 99.15
—, hilado en 246.14
—, suelo 21.3
humus 20.22
husillo 245.15
huso puntiagudo . . . 253.8

I.

icneumón 207.10
idrato de piroxilina . . 257.10
igan 104.1
ignición espontánea del algodón 46.3
igual, calidad 52.5
—, fibra 59.16, 61.5
igualdad de la fibra de lana 176.4
imagen definida . . . 17.20
imparcialidad 51.1
impedir el proceso de enriamiento 100.7
impermeabilidad del hilo 277.8
impermeable, hilo . . . 277.7
importación 30.24
— de algodón 54.22
— de capullos. . . . 229.19
— de huevos 195.4
— de lana 183.23
importador 31.1
— de lana 184.2
importe de la factura. 29.18
impregnación de la fibra con sulfatos 94.18
impregnar el colodión en lana 259.20
— el hilo de seda 254.7, 265.2
— la lana 161.12
— el yute 94.17
imprimido 7.4
imprimir 7.5
impureza 61.14
— sulfurosa de la viscose 279.15
—s insolubles de la lana 149.13
—s en la lana. 145.6
—s de la solución . . 245.11
incineración de la seda 228.15
incisión en espina de pescado 295.6
—, hacer —es 295.4
inclinar la devanadera 252.7
incluido en la roca . 26.21
incoloro 278.11
incombustibilidad del asbesto 241.21
incrustante, parte . . . 255.15
incubación de los huevos en células 196.5
—, aparato de 196.2
incubar los huevos . . 196.6
indemnización por diferencias de calidad . 52.7
indicación de la fibra . 59.15
indígeno, oveja —a . . 122.6
—, planta —a 18.3
indiviso, hoja —a . . . 202.2
industria textil 7.13
infantado, raza merina del 123.3
infección 206.14
inferior (hasta) en un grado 52.1.3
inferioridad en calidad . 51.4
inflamabilidad espontánea del algodón. 46.3
— de la fibra 13.6
— de la seda de colodión 263.15
influencia del clima . .135.18, 197.16
— del clima en las razas 197.16
— nociva en el proceso de enriamiento . . 102.4
informe bursátil . . . 53.23
— sobre la cosecha . . 56.14
— mensual 56.13
— semanal . . . 99.19, 185.20
ingeniero textil 7.19
iniciar la saponificación 150.24
injertado 201.12
injertar. 201.11
injerto 201.13
— de raíz biselado . . 201.17
inmaduro, algodón . . 61.18
inmediato, pago . . . 30.5
inodoro. 159.12
inorgánico. materia —a 16.10
insecto 26.12
— que come seda . . . 217.18
— hilador de seda . . . 189.8
— nocivo 37.7
— serígeno 189.8
insensibilidad de la lana a los ácidos 182.16
insensible a la humedad 13.21
—, hacer 182.7
insoluble 149.13, 281.14
—, hacer 286.17
inspector de almacén . 184.19
instalación de bombas . 42.9
— de calefacción . . . 162.9
— para desecar la lana con bastidor 154.15
— de despepitado . . . 38.23
— de embalado del algodón 42.1
— para enriar el lino . 69.4
— per la extracción de las fibras 110.19
— para la fabricación de la seda 268.1
instancia suprema . . . 51.8
instituto de acondicionamiento 47.3, 187.91, 237.3
— de acondicionar 47.3, 237.3
intercambiable 245.19
intercelular, espacio . . 95.13
—, substancia 90.16
interesado en lana. . . 184.7
intermediario 27.9
intermedio, comercio. . 27.8
interrumpir el proceso de hilado 211.13
— el hilado (gusano). . 211.14
—se 173.12
inútil para la cría . . . 129.16
— para el hilado . . . 246.11
— para la producción de lana 129.17
invernación artificial . . 194.19
— de los huevos . . . 194.18
invernaje de la crisálida 212.9
invernar . . 194.20.21, 212.10
inversión automática . 88.1
—, guía de 88.4
—, mecanismo de . . . 88.5
invierno, pasar el . . . 212.10
irregular, fibra 59.17
isocolesterina 159.15

J.

jabón 151.10
— de aceite de cacahuete 233.11
— de aceite de coco . 233.12
— de aceite de palma . 233.15
— de aceite de ricino . 233.16
— amoniacal 277.4
— de amonio 150.21
— animal 233.10
— blando 151.11
— de cal 152.19
— duro. 152.17
— de grasiento vegetal. 233.9
— líquido. 233.7
— de Marsella 233.13
— neutral 233.18
— de oleína. 233.14
— de piedra 152.17
— resinoso 255.14
— de sebo 233.17
— de sosa 151.12
jabonera común . . . 151.1
jabonoso, agua —a . . 97.4
jarrete 132.9
jaula de listones . . . 161.13
jornada 25.14
jornal 25.16
jornalero 25.15
jornales del cosechador 38.17
jugar al alzo 54.14
jugo de caucho 295.7
jugoso, hoja —a . . . 19.15
juicio arbitral 51.2
jumel 58.24
junco de Indias . . . 121.14
junta de apelación . . 51.9
— de la Bolsa 28.4
juntar la lana en vellones 142.24
juramentado, clasificador 49.23
—, corredor 28.8
jurar, hacer. 28.7

K.

Kaselowsky, agramadora 70.11
kauri, fibra de 105.18

L.

labio inferior 192.14
labranza de arado . . 22.2
— de hazada 22.1
— del suelo 20.19
laca de copal 260.19
lactato de sodio. . . . 259.17
lactina 271.19
lactosa 271.19
lado del cuello 171.19
laminado de los tallos del lino 69.22
laminar el caucho . . . 296.10
lámpara de alcohol . . 47.5
lampazos 146.8
lana . . . 1.11, 122.2, 308.5
— capaz de ser abatanada 175.19
— abatanada 170.13
— no abatanada . . . 170.14
— abierta. 177.20
— de Adelaide 166.21
— africana 166.17
— de almacén. 167.3
— americana 166.13
— animal 9.4
— añina 167.4
— arenosa 168.4
— artificial . . . 9.12, 170.6
— áspera 178.9
— áspera y quebradiza en sus extremos . . 139.8
— de Astracán 166.9
— atrófica 178.22
— de Australia 166.20
— de Bagdad 166.9
— batanada. 170.13
— blanca del Cabo . . 168.8
— blanca de peine de Alepo 166.7
— en bruto 145.21
— de Buenos-Aires . . 166.15
— borrega 167.5
— brillante . . . 168.7, 178.15
— bronca 125.15
— de buen color . . . 168.6
— de buen desarrollo . 141.8
— de la cabeza 172.2
— de carda 168.13
— de carda para paños ordinarios 168.14
— cargada de forraje . 175.11
— cargada de pajas. . 146.10, 168.3, 178.10
— cargada de tierra turbosa 177.8
— de carnero 167.8
— de carnero padre. . 167.7
— cerrada 178.13.14
— de la cola 172.4
— de las colonias . . . 165.21
— comercial 185.7
— corta, de 123.5.9
— de crecimiento abierto 141.9
— cruzada 165.13
— bien cuidada 175.13
— de cultivadores . . . 165.22
— de curtidor. 167.16
— cheviot 168.21
— defectuosa por exceso de nutrición de la oveja 179.1
— de desecho 168.9
— desengrasada 157.4
— domanial. 166.2
— de Donskoi. 166.10
— dura. 178.6
— eliminada con arsénico 144.9
— encrespada 126.3
— enferma 178.23
— enfieltrada a la piel. 139.8
— enfurtida. 170.13 14
— escasa 131.16
— escurrida 161.16
— esquilada. 167.9
— recién esquilada . . 167.14
— de esquilar el rebaño 167.15
— de esquileo único . . 167.10
— exprimida 161.16
— del extranjero . . . 165.19
— de fibra corta . . . 137.5
— de fibra larga . . . 137.3

lana de fibras finas . . 178.2
— fina . . . 125.11
— floja . . . 137.12
— para franela . . . 168.15
— de la frente . . . 172.3
— del fruto . . . 62.21
— rica en grasa 145.22, 167.23
— grosera . . . 177.21
— para hilar . . . 168.10
— húngara . . . 166.5
— indígena . . . 165.18
— de indígenos . . . 165.23
— de labriego . . . 166.1
— larga, de . . . 123.6
— lavada . . . 168.2, 185.5
— lavada en la fábrica. 185.6
— lavada en pie 168.1, 185.4
— libre de grasa . . . 157.5
— ligera . . . 178.7
— lisa . . . 178.1
— de madera . . . 121.8
— con mechón malo . 137.16
— mediocre . . . 177.19
— mediterránea . . . 166.6
— merina . . . 165.8
— merina del Cabo . . 166.18
— merina extrafina . . 165.10
— merina fina . . . 165.9
— merina sajona . . . 165.16
— merina de Sidney. . 166.23
— mestiza . . . 165.14
— mezclada . . . 172.15
— mortecina . . . 167.17
— sin motas . . . 178.11
— muerta . . . 167.17
— de Natal . . . 166.19
— natural . . . 116.12
— de naturaleza mala . 177.18
— Negretti . . . 165.15
— nerviosa . . . 175.24
— de Nueva Zelandia . 166.24
— ligeramente ondulada 176.15
— ordinaria . . . 172.14
— de oveja . . . 165.7
— de oveja de brezal de Lüneburg . . . 165.12
— de oveja cortada una vez . . . 167.10
— de oveja madre . . . 167.6
— de oveja del país . . 165.11
— de oveja recortada . 167.11
— cargada de pajas . . 146.9
— sin pajas . . . 178.11
— pegada a la piel . . 139.8
— peinada . . . 168.20
— de peine . . . 168.16
— de peine brillante . . 168.17
— de peine de Esmirna 166.12
— de peine de vellón . 167.19
— del Perú . . . 166.16
— de piel . . . 143.19, 167.16
— de pino . . . 116.6
— de la Plata . . . 166.14
— de Posnania . . . 166.3
— de primavera . . . 167.12
— primera de cordero . 167.4
— de Puerto Felipe . . 166.22
— quebradiza . . . 175.22
— de Rambouillet . . 165.17
— raquítica . . . 178.24
— regenerada . . . 9.12, 170.9
— rizada . . . 176.17
— muy rizada . . . 176.18
— poco rizada . . . 176.19
— de la Rusia occidental 166.11
— sajona . . . 166.4
— sana . . . 175.17
— secada al aire . . . 181.11
— sedosa . . . 168.5, 178.15
— silvestre . . . 116.8
— suave . . . 178.5
— sucia . . . 145.5.20, 167.22
— suelta . . . 137.12
— superior . . . 172.13
— para tapices . . . 168.22
— de Tasmania . . . 167.1
— de trama . . . 168.12
— de ultramar . . . 165.20
— de urdimbre . . . 168.11
— vegetal . . . 8.21
— de vellón . . . 167.18
— de vellón sin defectos 167.20
— de vellón defectuosa 167.21
— velluda . . . 178.12
— de verano . . . 167.13
— de vicuña . . . 188.4
— de vidrio . . . 298.10
— viscosa . . . 178.9
—, la — se estira fácilmente . . . 138.6
lana, la — no se estira fácilmente . . . 138.7
—, poner la — abierta sobre bastidores . . 154.9
—, reunir la — en vellones . . . 142.24
—, revolver la — con bastones . . . 147.17
—, tratar la — con agua caliente . . . 149.12
lanar, ganado . . . 122.5
lanceolado . . . 65.9, 77.18
lancha, gastos de . . . 33.3
lanero . . . 184.4
—, grasa —a . . . 145.23
lanífero . . . 122.11
lanolina . . . 159.9
— en bruto . . . 159.8
— que contiene agua . 159.10
lanoso, cola —a . . . 125.2
lanudo, cola —a . . . 125.2
lanzar al mercado . . . 28.12
largo, fibra —a . . . 10.3
larva del gorgojo de la cápsula . . . 37.13
— del melolonto . . . 66.11
— de mosca . . . 207.9
lavadero . . . 5.3
— de lanas . . . 146.15
— mercenario . . . 147.5
lavado . . . 5.1
— de la fibra libre de la parte leñosa . . . 95.3
— de las lanas . . . 146.16
— del precipitado de grasa de lana . . . 158.11
lavador de lana . . . 146.17
lavadora de bobinas de movimiento giratorio y de desplazamiento . . . 253.14
lavadura . . . 5.1
— de las lanas . . . 146.16
lavaje . . . 146.16
— por duchas . . . 146.23
— antes del esquileo . 146.21
— en la fábrica . . . 147.4
— final de la lana desengrasada . . . 148.10
— a la manguera . . . 147.1
— mercenario . . 146.20, 147.6
— con orina . . . 150.20
— en pie . . . 146.21
— químico . . . 155.10
— al río . . . 146.22
—, conservar el mechón al . . . 152.23
lavamiento mecánico . 146.20
lavar . . . 5.2
— el algodón hervido . 269.18
— el amianto triturado 241.5
— el cáñamo enriado . 82.22
— la celulosa . . . 291.8
— el colodión en lana 257.13.14
— la fibra . . . 112.11
— la fibra de yute en agua jabonosa . . . 97.4.7
— el hilo . . . 253.10
— los huevos . . . 194.16
— la lana . . . 146.13
— la nitrocelulosa . . . 256.23
— el precipitado de grasa de lana . . . 158.10
— la seda bobinada . . 282.10
— las tiras . . . 107.14
—, máquina para — la lana . . . 148.1
lechada de cal . . . 208.22
leche de caucho . . . 295.7
— desnatada . . . 287.4
lecho de la crisálida . . 212.12
— de los gusanos . . . 204.12
— de hojas del gusano 199.1
— de injerto . . . 201.14
legal, cantidad — de humedad . . . 13.20
Lehner, aparato para hilar de . . . 263.6
lejía (v. t. baño) . . . 251.14
— adherente . . . 153.5
— alcalina . . . 279.9
— alcalina concentrada 274.6
— alcalina débil . . . 274.5
— concentrada . . . 151.19
— de jabón . . . 150.17
— de lavaje . . . 150.6
— de potasa . . . 289.9
— de potasa cáustica . 152.1
— de sosa . . . 150.18
— de sosa cáustica . . 151.17
lejía de sosa cáustica concentrada . . . 278.17
lejivación, recipiente de 254.2
lenticular, huevo . . . 193.12
leño . . . 121.1
— fresco . . . 121.9
leñoso, fibra — a . . . 15.17
—, parte — a . . . 94.22
Lepidoptera nocturna . 189.11
letra de cambio . . . 30.10
levantar el gusano con la mano . . . 205.16
— el gusano con varillas de bambú . . 205.17
— los gusanos con una red . . . 205.20
—se automáticamente 88.15
leviatán . . . 149.7
liana de caucho . . . 295.3
líber . . . 20.6, 65.5
— de células cortas . . 20.8
— de células largas . . 20.7
— de la corteza de árboles . . . 120.19
— de olmo . . . 120.21
— de sauce . . 105.3, 120.22
— de tilo . . . 120.20
librar la lana de la lejía adherente . . . 153.5
libre de flete . . . 32.5
— de porte . . . 32.6
licuefacción, aparato de 267.9
licuor gástrico alcalino 208.13
lignificación de la fibra 15.16
lignificado 15.18, 44.17, 116.2
lignificarse . . . 201.19
lignina . . . 15.15, 96.15
límite de elasticidad de la fibra . . . 12.7
limo, enriado en el . . 68.8
limoso, suelo . . . 20.23
limpiador, aparato . . . 65.22
limpiar la estera . . . 205.3
— las fibras . . . 112.15
— las pieles lavando con cuidado . . . 143.22
— la semilla . . . 22.20
— los tendones de carnes y grasas . . . 239.7
— la tobera por el aire comprimido . . . 275.14
— una tobera obstruída mediante la chispa eléctrica . . . 247.21
— la tobera de platino al fuego . . . 248.1
— el vellón . . . 171.7
limpieza del algodón . . 61.13
— del capoc . . . 63.12
— de la fibra . . . 15.4
— de la lana . . . 145.2
— del vellón . . . 171.6
—, aparato para la — de tubos capilares . . . 275.15
limpio de polvo . . . 135.5
—, fibra —a . . 15.2, 102.16
linar . . . 65.16
linaza . . . 65.11, 76.10
línea de la columna vertebral . . . 127.21
— de la espina dorsal . 127.21
lino . . . 1.4, 64.13.15, 302.17
— agramado . . . 76.19
— americano de flor blanca . . . 65.15
— caulescente . . . 64.17
— comercial . . . 76.3
— crepitante . . . 65.13
— cultivado en matorrales . . . 66.17
— embalado en sacos . 75.22
— embalado en toneles 75.23
— enriado . . . 76.15
— enriado al agua . . . 76.16
— enriado en el prado 76.17
— enriado químicamente . . . 76.18
— espadillado . . . 76.20
— estoniano . . . 303.3
— excesivamente enriado . . . 68.24
— de Hoffs de Riga . . 303.20
— de mayo . . . 66.3
— de Nueva Zelandia . 114.17
— peinado . . . 76.21
— de primavera . . . 66.2
— para la producción de semilla . . . 65.1
— rastrillado . . . 76.21
— real . . . 65.14
— de Riga . . . 65.12
lino ruso enriado al agua 303.10
— ruso enriado en el prado . . . 302.18
— tardío . . . 66.4
linters . . . 39.14
Linum crepitans . . . 65.13
— sativum . . . 65.12
— usitatissimum regale 65.14
— vulgare . . . 65.12
liquidación . . . 52.9
— mensual . . . 53.7
— del negocio . 53.5, 185.19
— semanal . . . 53.8
— del trato . . . 185.19
líquido de blanqueo . 159.3
— coagulador 248.5, 250.14, 264.2
— de Filippi . . . 209.18
— glutinoso . . . 211.1
— de lavado . . . 253.12
— de lavado agotado . 266.44
— de lavaje . . . 150.6
— precipitante . . . 248.18
— precipitante ligeramente activo . . . 249.4
— precipitante muy activo . . . 249.5
— precipitante a base de un álcali cáustico . 274.4
— precipitante débil . . 249.8
— precipitante de efecto lento . . . 275.17
— pulposo . . . 208.8
liso, fibra —a . . 11.8, 74.9
—, semilla negra —a. . 36.19
listo para hilar . 209.5, 246.18
listón tallado a bisel . 252.8
lisura de la fibra . . . 11.7
lobado, hoja —a . . . 202.7
lobulado, hoja —a 19.17, 202.7
lomo ancho, de . . . 127.20
— estrecho, de . . . 127.19
longitud de fibra . 10.2, 61.1, 136.24
— de la fibra de lana . 177.15
— de la fibra de lana estirada . . . 176.21
— del mechón . . . 137.1
— media del pelo . . . 177.16
— del pelo rizado . . . 176.20
— de ruptura de la fibra 12.12
— uniforme de los mechones . . . 138.3
longitudinal, contracción . . . 46.12
lote . . . 186.2
— corriente . . . 186.3
— especial . . . 186.4
Lowry, bala . . . 43.8
lubricador, aparato . . 155.8
lubricante . . . 160.6
lubricar la lana secada 155.7
lugares aplanados bien definidos . . . 227.10
lumbre abierta, a . . . 218.13
lumen . . . 15.13
— ancho . . . 44.14, 90.8
lustre del algodón . . 60.15
— apagado . . . 288.8
— argénteo . . . 11.15
— argentino . . . 11.15
— brillante . . . 288.6
— de la fibra . . . 11.10
— grasiento . . . 179.18
— de la lana . . . 179.14
— lijero y argénteo . . 288.5
— mate . . . 288.3
— mate argénteo . . . 179.15
— mate y lechoso . . . 288.9
— metálico . . . 215.9
— nacarino del capullo 215.10
— reflectante . . . 11.14
— de la seda . . . 226.22
— sedoso 11.12, 46.14, 179.16, 288.4
— sedoso de la fibra . 100.9
— vidrioso 11.16, 179.17, 288.7
— vítreo . . . 11.16
—, sin . . . 288.10
lustroso, fibra —a . . 11.9
luz . . . 15.13, 95.12, 100.12
— ancha . . . 44.14, 90.8
— polarizada . 227.16, 290.20

Ll.

llama . . . 126.11
llanura . . . 135.16
llevar a pacer el rebaño de ovejas . . . 134.13
lluvia . . . 21.19

M.

Macarthy, máquina de despepitar 40.2
maceración de las hojas por absorción de agua 114.8
macerar la lana 148.16
Macrochloa tenacissima 116.17
machacar el cáñamo mondado con el mazo 83.8
— las hojas 111.3
— el tallo 86.11
machete 107.6
macho 26.13
Madar, fibra de 64.3
madeja 265.17
— japonesa de la seda cruda 230.20
— original 238.13
— de prueba 238.10
— de seda 231.18
—s cortas, en 231.19
—s largas, en 231.20
madera 121.1
— de álamo 121.5
— blanda 121.2
— de coníferas 119.12, 244.14
— de chopo 121.5
— de fibras rectas 121.3
— de sauce 121.4
— de tilo 121.6
— verde 121.9
—, dar 19.4
maduración del fruto 24.16
— del líber 79.19
— de la viscose purificada 279.18
madurado, semilla bien —a 36.24
madurar (fruto) 24.15
— (líber) 79.20
— (solución) 246.8, 279.19
— (tallo) 80.11
madurez 24.14
— de la cápsula 35.12
— completa 66.20
— para el corte 110.8
— del fruto 24.17
— parcial 66.19
— prematura 130.13
— de la semilla 24.18
— de la solución 246.7
— de la viscose 279.17
— del yute 93.15
maduro para cortar 107.3, 110.9
—, fruto 62.20, 114.13
—, no 118.17
magnesia 198.8
magnésico, carbonato 45.10
—, fosfato 45.9
magnesio 16.17
maguey, fibra del 114.1
maíz, paja de 119.19
majada 134.20
mala conductibilidad de calor 241.20
malacate 71.7
maleza 135.13
mallas anchas, de 216.10
—, acción de hacer 4.11
—, x — por unidad de superficie 275.3
mamífero 26.7
mampostería, revestir de 68.6
manchado 60.1
manera de vivir de la oveja 130.18
mangle, calandrado por el 6.18
mango 204.1
— de madera 85.8
manguera, lavaje a la 147.1
manita 271.17
mano de obra, falta de 25.19
—, dar a la 28.21
—, extracción de las fibras a 107.7
manojo 88.1
— de cáñamo 84.16, 86.7
— de cáñamo rastrillado 89.10
— de lino 70.15
— torcido de cáñamo 86.5
— de yute 99.10
manso 130.5
mantener al fresco la solución 273.14
— el lecho en estado seco 205.7
mantillo 20.22
máquina agramadora-espadadora 72.13
— de aplastar a rodillos con movimiento transversal 86.12
— cepilladora 112.19.20
— cortadora para el caucho 295.16
— cortahojas 198.19
— de cortar el cáñamo 86.15
— de cortar el lino 73.10
— descortezadora de ramio 101.6
— desgranadora de capoc 63.7
— de despepitar 39.1.18
— de despepitar Macarthy 40.2
— de enjuagar la lana 148.13
— de escurrir 161.15
— de esquilar para ovejas 141.20
— de exprimir 161.15
— para frotar el cáñamo 85.21
— para hilar 2.6
— de laminar de madera 69.23
— para lavar la lana 148.1
— para lavar vellones 149.18
— peinadora de cáñamo 87.18
— peinadora de lino 74.5
— rastrilladora de cáñamo 87.18
— rastrilladora de lino 74.5
— recogedora de algodón 38.19
— para sacudir la estopa 85.9
— de sembrar 23.11
— de trillar 25.2
—, extracción por 111.2
marca 99.18
— de la bala 28.18, 184.21
marco 204.19
marchitamiento de la hoja 79.15, 106.8
marchitarse 79.16, 106.9
margen 52.20
mariposa 37.16, 189.7
— hembra 189.13
— macho 189.12
— nocturna 189.11
— poniendo huevos 190.13
— saliendo del capullo 191.3
—, la — parte los filamentos del capullo 190.15
—, la — sale del capullo 191.2
marítimo, algodón 37.2
—, avería —a 47.17
—, buque 32.14
—, seguro 33.7
Martin, aparato cruzador sistema 223.14
Marzolano, paja italiana 119.20
masa de caucho coposa 295.12
mastín 134.17
— de pastor 134.17
mata de algodón 34.10
matanza 133.3
mate, fibra 11.20
materia alimenticia 133.21
— alimenticia sin ázoe 134.3
— alimenticia que contiene ázoe 134.2
— alimenticia que contiene nitrógeno 134.2
— alimenticia inorgánica 133.23
— alimenticia mineral 133.22
— alimenticia nitrogenado 134.2
— alimenticia sin nitrógeno 134.3
— alimenticia orgánica 134.1
— bruta 7.20
— colorante 179.13
— colorante de la fibra 14.15, 43.18
— colorante natural de la sericina 210.13
— colorante de la sangre 210.9
— para descrudecer 233.6
— explosiva 263.14
— de fibra corta 10.7
— de fibra larga 10.4
— fibrosa 8.7
— filtrante obturada 264.21
— gelatinosa 286.16
— gomosa 102.14
— gomosa difícil a disolver 228.9
— gomosa vegetal 16.6
— grasa de la fibra 244.6
— grasienta 158.17
— para hilar 1.19
materia inorgánica 16.10
— leñosa 90.14
— orgánica 16.9
— prima 7.20
— sólida 243.5
— suelta 245.3
— vegetal 161.1
materias albuminosas 286.21
— primas 254.14
— primas artificiales 242.1
— primas minerales naturales 240.1
— primas naturales del reino animal 122.1
— primas para la seda artificial 243.3
— primas de la solución de celulosa al óxido de cobre amoniacal 269.4
— primas vegetales 119.6
material hilable 8.7
— en rama 7.20
— en rama textil 8.3
— de relleno 63.16
— semillero 22.12
matorrales, cultivar en 66.16
mayoría de votos 51.12
maza con cuchillas 70.12
— de madera 83.14, 107.13
mazo 70.19
— de madera 83.9
mazorca de la espadaña 116.3
mecanismo de inversión 88.5
— transportador 112.2
mecha v. t. mechón 136.7.22
mechera 2.3
mechón 136.22
— abierto 137.20
— acodado 140.16
— algodonoso 140.3
— anormal 137.18
— aplastado 140.14
— de buen plegado 137.13
— con cabos puntiagudos 139.10
— cilíndrico 138.20
— claro 137.14
— muy claro 139.13
— en forma de coliflor 140.7
— combado 140.8
— crespo 139.6
— bien definido 139.2
— claramente definido 139.2
— que se sostiene derecho 138.18
— despuntado 140.5
— doblado 140.15
— enredado 139.7
— espeso 137.21
— estoposo 139.17
— fieltrado 140.2
— flojo 139.3
— de grano de colza 140.6
— semejante a la hilaza del lino 140.1
— hueco 139.5
— inclinado 139.11
— irregular 137.15
— liso 138.15
— malo 137.16
— normal 137.17
— nudoso 139.15
— pegado 140.9
— con falsos pelos sobrepuestos 140.11
— con pelos de ondulaciones exageradas 139.4
— perlado 139.16
— con puntas de aguja 140.4
— de puntas cortas 140.17
— de puntas cuadrangulares 140.10
— de puntas largas 140.18
— de puntas redondas 140.13
— ligeramente rizado 138.17
— muy rizado 137.19
— fácilmente separable 137.11
— con superficie aglutinada 139.12
— tupido 137.21
— unido 138.16
— velado 139.14
mechones enredados 138.11
— formados individualmente 138.10
— de longitud desigual 138.5
— de longitud uniforme 138.2
— con superficie uniforme 137.24
— con superficies desiguales 138.1
mechones, los — tienen la misma longitud 138.4
medias, acción de hacer 4.6
medianero 27.12
mediano, tronco 19.8
medición serimétrica 12.18
medio de carga 235.1
— denitrante 265.18
— para descrudecer 233.6
— disolvente 245.8
— oxidante 255.10
— de saponificación 159.20
— grado 592.1
—, clase —a 55.21
—, peso 52.15
—, precio 53.17
medir la madeja original 238.13
— la ondulación del pelo 180.1
— los rizos 179.24
médula 15.24, 65.8
medular, células —es 16.1
—, cilindro 15.24
mejor calidad 61.12
— postor, el 186.5
mejora de la lana 128.20
mejoramiento de la fibra de algodón 46.4
— por injertado 201.10
Melampsora lini 66.14
melolonto, larva del 66.11
membrana adiposa 173.22
— de la célula 95.14
— exterior de la pared glandular 192.5
— externa gruesa 103.11
— interior 192.3
— interna fina 103.10
— media 192.4
mensualidad 25.18
mercado 28.12
— de algodón 47.14
— de capullos 229.14.15
— central del yute en rama 99.22
— al contado 29.9
— de la fibra de coco 119.5
— para lana 183.19
— de lino 75.13
— a plazo de algodón 52.17
— de seda 230.3
— a término de algodón 52.17
mercancía para embarque 55.13
— de la mejor calidad 61.12
— negociable 28.11
mercenario, lavadero 147.5
mercerización 5.16, 46.5
mercerizado 5.16
—, algodón 46.8
mercerizar 5.17, 46.6
merino, oveja —a 126.4
—, raza —a 122.14
mermas de los chapones 62.4
mesa de alimentación 40.15, 71.6, 84.1
— de clasificación 67.1, 170.19
— de salida 163.6
meseta 135.16
mesocarpio fibroso 118.14
mestizo 128.24
mesurar la madeja original 238.13
metalizado 298.6
metamorfosis en crisálida 212.3
meter el manojo en la mordaza 88.8
método del acondicionamiento 237.4
— de cargar 235.2
— de cría 195.9
— de cría rápida 195.10
— de cruzar 128.23
— de cultivo 195.9
— de descrudecimiento 233.4
— de desecación 213.7
— de devanar 220.10
— francés de devanar 220.18
— italiano de devanar 220.17
— de examen al microscopio polarizador 290.13
— de extraer la grasa 155.15
— de hilado 1.20
— de hilado sistema Chardonnet 258.21
— de injertar 201.16
— de lavaje 147.7
— de la limpieza 145.7
— de numeración 238.6
— de Pasteur para conservar los huevos 194.8
— de precipitación 158.7

método de secar 154.2
– de torcido 250.11
mezcla acetilizante 283.15
– de alcohol y éter 258.7
– de celulosa y de cobre 273.4
– de fibras 45.19
– de lejía y grasa 151.18
– nitrante 256.8
mezclador 268.12
mezclar la lana de pino con la lana natural 116.12
microbio 82.16
– patógeno 206.18
micrococos vibrionides 208.15
microfotográfico 17.18
microfotograma 17.17
micrómetro ocular 17.19
micrópilo cerrado 118.16
microscopio 17.16
– polarizador 290.14
–, examinar al 276.14
microscópico, ensayo 17.3
–, examen 44.2
mina 26.23
mineral, componente 16.11, 45.2
–, fibra textil 8.14
miembro de la Bolsa 27.20
migratorio, oveja –a 122.7
mimosa 203.18
mineralogía 26.15
miraguano 62.16
modo de vivir de la oveja 130.18
modorra 135.24
moho blanco 207.12
– del follaje 203.2
mohoso 217.15
mojado 6.12
mojar 6.13
molécula de celulosa 243.13
–s de la solución 246.17
molido, celulosa –a 119.15
molinillo 63.6
molino de aceite 41.16
– centrífugo 27.2
– de cilindro para el colodión en lana 257.16
– de pisones 71.1, 85.18
monda del cáñamo 83.5
mondado, cáñamo 91.8
mondar el cáñamo 83.6
– la capa fibrosa 95.2
– la fibra de cáñamo 83.7
– el fruto 62.22
monoacetato 283.10
monocotiledóneo, planta –a 18.18
monospermo, fruto 118.9
monosulfuro de calcio 266.18
montaña, alta 135.17
monzón 38.5
mora 201.7
morado 106.11
–-obscuro 75.9
moral 199.4
– papirífero 104.11, 204.10
mordaza 71.14, 88.2
– inferior 88.13
– superior 88.14
–, meter en la 88.8
–, sacar de la 88.12
mordentado 5.10
mordentar 5.11
morera 199.4
– alta 199.8
– en arbusto 200.6
– blanca 199.6
– cultivada 200.12
– china 200.4
– enana 199.11
– enferma 202.20
– grandifolia 199.10
– con hojas laciniadas 199.16
– de hojas lanceoladas 200.2
– de hojas nerviosas 199.13
– india 199.19
– latifolia 200.3
– multicaule 199.12
– negra 199.14
– de pedúnculo rosado 199.7
– roja 199.17
– romana 199.9
– silvestre 200.8
– tártara 199.18
– turca 200.1
moreral 200.16
morfología 18.15
morir (fibra de lana) 173.16
– (la oveja) 135.21
morueco 128.16, 129.24
– de dos años 130.14
– original 122.9
morueco de pura sangre 130.11
Morus alba 199.6
– byzantica 200.1
– canadensis 200.2
– constantinopolitana 200.1
– constantinopolitana Lam. 200.4
– elata 199.8
– indica 199.19
– laciniata 199.16
– latifolia 199.10
– latifolia rubra 200.3
– macrophylla 199.10
– multicaulis 199.12
– nervosa 199.13
– nigra 199.14
– ovalifolia 199.9
– pumila 199.11
– romana 199.9
– rosea 199.7
– rubra 199.17
– scabra 200.2
– tatarica 199.18
mosca Udgi 207.6
motas 146.8, 160.18
– pulverizadas 163.9
–, cargado de 146.10
móvil, caja de prensar 113.2
movimiento lento del hilo 249.11
– oscilatorio de la mesa 163.7
– a paso de peregrino 71.10
– transversal 84.3
mucilaginoso, solución –a 280.10
mucílago 287.21
mucoidina 209.19
muda de la piel del gusano de seda 206.1
– repetida x veces 206.6
mudar la piel 206.5
muellaje 49.7
muelle 32.4
muerto, algodón 61.17
muestra 75.16
– de algodón 49.20
– extraída en el país productor 50.7
– garantizada 56.2
– de lana 179.7, 184.22
– original 50.21, 55.23
– preparada 50.12
– tipo 49.2, 186.20
–s, dar 28.16
mugrón 201.2
multa 51.19
– de indemnización 51.20
–, contra pago de una 48.2
multicelular 20.15
multíparo, variedad –a 197.20
múltiple, anisotropía 13.1
–, refracción 13.1
multiplicación 128.4
mungo 170.11
Musa paradisíaca 114.12
– sapientum 114.15
muscardina 207.16
músculo hilador superior 192.10
musgo americano 104.1
– de Luisiana 104.1
– de New-Orleáns 104.1
música de la lana 176.8
muslo 171.20
– interior 132.10
– superior 132.15
musmón 123.13

N.

nabo 64.18
nacarino 215.10
nadar 79.3
nafta 156.16
narcótico, componente 81.2
natural, fibra 8.12
naturaleza de la lana 175.4
– buena 177.17
– homogénea 242.14
– mala 177.18
– de la seda 226.2
navegación 32.11
necesidades de algodón 56.11
– de seda 229.24
negación de aceptación 48.5
negociable, mercancía 28.11
negociante 27.7
– de algodón al por mayor 55.3
– en lana 184.4
negocio de Bolsa 27.14
negocio bursátil 27.14
– al contado 27.17
– efectivo 27.16
– de especulación 53.2
– de especulación en Bolsa 53.3
– de importación 55.1.2
– sobre pedido 53.20
– a plazo 27.18, 185.15
– de primas 52.23
– regular 27.15
– satisfactorio en lana 186.12
– en seda cruda 230.5
Negretti, raza merina 123.3
negro-obscuro, coloración –a 117.9
nervio de la hoja 93.5, 202.6
–, la lana tiene 176.1
neto, pago 30.8
–, peso 29.20
neutralización del ácido por la sosa 69.16
neutralizar el ácido sulfúrico 264.11
– el amoníaco 274.9
– las sales de ácido fórmico 102.12
nitrado, fuertemente 256.5
nitratación débil 256.4
nitrato de plata 98.1
nitrito alcalino 266.10
– de amonio 272.14
– de cobre 272.15
– de etilo 264.1
– de sodio 265.4
nitrobenzol 284.10
nitrocelulosa 46.15, 255.8
– acetilada 284.20
– exenta de ácido 256.15
– que contiene agua 256.24
– químicamente estable 257.5
– seca 257.7
nitrogenado, materia alimenticia –a 134.2
nitrógeno 45.13
nitrometano 284.19
nitrómetro 257.22
nivel del líquido coagulador 248.6
nociones fundamentales sobre la fibra textil 8.1
– generales de la técnica textil 1.2
nocivo, insecto 37.7
–, planta –a 37.7
noque, reblandecemiento en –s 143.21
normal, humedad 13.20
nota ambiente de la Bolsa 54.16
– dominante de la Bolsa 54.16
núcleo de células medulares 16.1
nudo 224.3
– de la brizna 120.15, 121.17
– en la pared de la célula 90.11
–s, en forma de 75.2
nueces de agallas 235.8
– maduras 118.18
nuez, en forma de 77.22
numeración de la seda 238.3
numerar la seda 238.4
número de clasificación de la seda 238.5
– decimal 239.5
– de escamas 181.6
– fino 239.2
– de la finura 10.18
– grueso 239.3
– internacional 239.5
– medio 239.1
– de la seda acondicionada 238.7
– de la seda desgomada 238.8
nutrición de la fibra de lana 173.11
nutritivo, valor 135.11

O.

obeso, gusano 208.1
oblicuo, corte 107.5
oblongo, fruto 62.19
obrador de bordados 4.22
obscuro, coloración –a 98.3
obstrucción de los agujeros 247.19
obstruirse 247.20
obtención de la fibra de lino 66.21
– de la lana 141.14
obtener el amianto por voladura 240.14
– el cañamón por la trilla 80.16
obturado, tobera –a 275.13
ocalear 212.2
occipucio 131.22
oferta 28.19
– sin compromiso 28.22
– fija 28.20
– en firme 28.20
oficina de liquidación 53.9
– de muestra de algodón 49.20
ofrecer el algodón 49.17
– sobre la base 53.18
ojete de cristal 221.3.14
oleaginoso, planta –a 77.4
oleoso, sabor 79.6
olmo, líber de 120.21
olor de la lana 175.10
ondulación de la fibra 11.6
– de las fibras en el mechón 138.14
– del pelo 179.23
ondulado, fibra –a 11.5
opacidad 288.12
opaco 151.23
operación a término 27.18, 185.15
opuesto, hojas –as 19.24
orgánico, materia –a 16.9, 134.1
órgano para hilar de Chardonnet 262.12
orificio del capullo 215.24
– de excreción del hilo de seda 192.13
– de paso 247.17
– de la tobera 247.8, 248.4
– circular de la tobera 247.9
– esquinado de la tobera 247.10
– de la tobera en forma de hendidura 247.12
– ondulado de la tobera 247.11
origen de la oveja 129.23
orín rojo 38.1
orina podrida 150.19
oro falso 297.22
– nuevo 297.24
– viejo 297.23
orobanque 79.13
ortiga 1.7
– de la China 100.16
– dioica 100.4
– de las Indias 100.18
– urticante 100.2
oruga 37.14
– del algodón 37.10
– plusia gamma 66.10
oseína 287.23
óseo, armazón –a 127.12
ostrapena 232.19
oval, sección 9.22
oveja de dos años 130.15
– bávara del país 125.13
– de brezal de Lüneburg 124.8
– Burrhel 123.16
– cabría 131.18
– carnosa 132.21
– a cebar 132.22
– de cola corta 124.2
– de cola corta sin cuernos 124.11
– de cola fina 125.5
– de cola gruesa 125.1
– de cola larga 124.19
– de cola rudimental 124.18
– comiéndose su propria lana 136.6
– común 124.1
– cornuda 127.7
– cornuda de cola corta 124.4
– de Creta 125.7
– cruzada 128.24
– sin cuernos 127.8
– cheviot 126.2
– china 124.17
– desechada por su mala conformación 129.21
– desechada como inútil para la cría 129.16
– desechada a causa de su edad 129.18
– doméstica 124.1
– endurecida 130.22
– escandinava 124.5
– flamenca 124.15
– frisona 124.13

oveja del Geest. . . . 124.9
– de Himalaya 123.16
– de Holanda 124.14
– indígena 122.6
– inútil 129.15
– inútil para la producción de lana . . . 129.17
– de las islas Feroe . . 124.6
– de lana bronca exclusivamente 125.15
– de lana encrespada . 126.3
– de lana escasa . . . 131.16
– de lana fina de Gales 125.11
– de lana lisa . . . 126.1
– de lana mezclada . . 125.6
– de lana propia . . . 125.16
– lanífera . . . 131.8, 122.11
– de leche 133.4
– de lomo ancho . . . 127.20
– de lomo estrecho . . 127.19
– madre 130.1
– madre débil 131.19
– madre desechada . . 129.19
– madre endeble . . . 131.19
– madre original . . . 122.10
– de la Marsch . . . 124.13
– de media sangre . . 128.24
– merina 126.4
– merina-sajona . . . 126.7
– migratoria 122.7
– de montaña 125.9
– de nalgas gruesas . . 124.10
– ordinaria del país . . 125.12
– de orejas colgantes . 125.8
– de pelo corto . . . 131.13
– de pelo corto y duro exclusivamente . . . 125.14
– de pelo liso sin médula 125.17
– picarda 124.16
– de piernas cortas . . 126.6
– preñada 129.8
– de pura sangre . . 128.18
– de raza 130.2
– rica en lana . . . 131.15
– salvaje 123.11
– salvaje de crines . . 123.14
– salvaje de las estepas 123.17
– de Shetland 124.7
– silvestre 123.11
– siriaca de cola grasa y larga 125.4
– trashumante 122.7
– tzigala de Hungría . 125.10
– de vientre 130.1
ovejuno, raza –a 122.3, 131.2
oviforme 118.10
Ovis ammon 123.12
– aries 124.1
– aries dolichura catotis 125.8
– aries dolichura strepsiceros 125.7
– arkar 123.17
– brachyura 124.2
– Burrhel 123.16
– dolichura 124.19
– leptura 125.5
– montana 125.9
– musimon 123.13
– pachycerca 124.18
– platyura 125.1
– platyura macrocerca syriaca 125.4
– steatopyga 124.10
– tragelaphus 123.14
ovo-lanceolado, hoja –a 93.3
oxálico, cal –a 16.12
oxidación del cobre . . 270.8
oxidante, medio 255.10
oxidarse 270.9
óxido de aluminio . . 45.12
– de cinc 294.2
– de cobre amoniacal 17.12
– coloidal de cobre amoniacal 271.11
– cupro-amoniacal 17.12, 45.14, 182.11, 260.21
– cuproso . . . 89.9, 292.14
– de hierro 45.11
– de magnesio 266.6
– estañoso de sosa . . 98.13
oxígeno 44.22
ozono 255.11

P.

padre carnero . . 128.16, 129.24
paga mensual 25.18
– semanal 25.17
pago 30.3
pago al contado . . . 30.5
– inmediato 30.5
– neto 30.8
–, contra – de una multa 48.2
país del cultivo de algodón 35.19
– productor . . . 30.21, 56.18
– productor de seda . 189.4
paja 119.16
– de arroz . . . 119.21, 205.9
– artificial 293.1
– de avena 119.18
– de cáñamo 91.5
– de cebada 119.17
– de centeno 119.22
– de esparto 116.19
– italiana Marzolano . 119.20
– de lino 76.14
– de maíz 119.19
– partida 120.11
– de trigo 119.23
–, coloración 117.8
–s . . 146.8.9, 160.18, 164.17
palanca para levantar la mordaza superior . 88.3
– reguladora 222.10
–s acodadas 42.4
palmera piasava 117.1
– piasava brasileña . . 117.2
– rafia 117.5
palmitato de magnesio 285.12
palo para desgranar . . 63.6
– de vaca 203.24
Pándano, fibra de . . 116.13
paño filtrante 245.18
papel 298.13
– almidón-cinc-yodo . 258.3
– de celulosa sódica . . 298.18
– de celulosa sulfitada 298.19
– hilable 298.17
– hiladizo 298.17
– de tornasol . . 163.19, 289.12
papila del pelo 174.5
papirífero, moral . . . 104.11
par de cepillos fijos . . 108.11
– de cilindros acanalados 71.9
–es de cuchillas . . . 70.14
parafina 289.18
paraldehido 260.3
parar el efecto de enganche 112.9
parásito 207.5
– del cáñamo 79.12
– del gusano de seda . 206.11
– del lino 66.8
– ovívoro 196.3
– de las raíces 203.3
–, planta –a 79.14
pardo, coloración –a . 96.22, 97.11, 100.19
–-rojizo 98.1, 119.4
–-amarillento 97.13
–-amarillo 97.10
–-obscuro . . . 98.2, 104.6
–-obscuro-gris 74.15
–-purpúreo 109.17
pared de la célula del líber 90.10
– celular aglutinada . 96.4
– del conducto secretorio 210.4
– delgada de la célula 44.13
– engrosada de la célula 20.13
– de la glándula . . . 192.1
– gruesa 96.2
parenquima cortical . 100.13
paridad 52.22
parte 50.21
– acumuladora de la glándula 191.14
– contraria 50.22
– excretoria de la glándula 191.15
– incrustante en la celulosa 255.15
– insoluble de la ceniza de lana 181.22
– leñosa 100.8
– secretoria de la glándula 191.13
– superior del cuello . 171.23
partición del vellón . . 141.10
partículas de grasa . . 149.16
– de lana arrastradas . 148.9
partida de calidad más baja 51.24
– de granos 194.24
partido, hoja –a . . . 115.5
–, paja –a 120.11
partidor de paja . . . 120.9
partir la brizna de paja longitudinalmente . 120.12
– la caña en tiras . 121.19
– los filamentos del capullo 190.15
– la paja 120.8
–se en la punta 115.4
parto de la oveja . . 129.10
pasamanería . . . 4.14.16.17
–, hacer 4.15
pasamanero 4.18
pasamano 4.16
–s, fábrica de 4.17
–s, hacer 4.15
pasar a un baño de sosa 261.9
– por el embudo de cristal 250.2
– a un líquido precipitante 249.3
– por las toberas . . . 246.21
– el hilo por un baño 276.4.5
– los huevos con cepillo rígido 196.11
paso a crisálida 37.17
pasta para hilar 262.9
– de jabón 152.14
– plástica 295.22
pastar 134.19
pasto 134.9
– abundante 134.21
– ácido 135.6
– artificial 134.23
– de barbecho 134.24
– de invierno 134.11
– en la montaña . . . 135.8
– natural 134.22
– de las ovejas . . . 134.8
– permanente 124.22
– limpio de polvo . . 135.5
– sin polvo 135.5
– de rastrojo 135.1
– mojado por el rocío . 135.2
– de tierras altas . . . 135.7
– de verano 134.10
–, alimentación en –s 132.15
pastor de ovejas . . . 134.16
pastorear 134.18
– las ovejas 134.14
pastoreo de las ovejas . 134.15
pata delantera 191.7
– trasera 191.8
patio de cordelero . . . 2.17
patógeno, bacteria –a . 206.18
pebrina 208.10
peciolo . . 19.18, 77.17, 118.4
– quebradizo 101.2
pectina 45.1
– soluble 102.15
pectosa 102.15
pecho 132.12, 171.22
pedazo de brizna de paja 120.16
pedido, sobre 53.20
–s, los – se hacen por tipos de calidad . . 186.19
pedir el arbitraje . . . 50.13
pedregoso, suelo . . . 21.1
pedúnculo 19.18
– velloso 35.2
pegajoso, hilo 281.1
peinado 168.20
– del cáñamo 87.1
– de la estopa de cáñamo 90.1
– de los extremos . . 89.17
– de la fibra seca de yute 95.8
– en fino 89.12
– del lino 73.11
– a mano 87.5
peinador 73.13
–a de cáñamo 87.13
–a de lino 75.5
peinar el cáñamo . . . 87.2
– la estopa de cáñamo 90.3
– los extremos 89.18
– el lino 73.12
–, desperdicios de seda sin 232.15
peine-descargador de estopa 89.9
– de desgargolar . . . 76.9
– de desgranar . . 67.9, 80.15
– desmotador 164.16
– en grueso 87.3
–-guía 263.3
– a mano 78.15
pelada 36.18
peladiza 143.19
pelado, semilla –a . . 36.18
pelar cintas del tallo . 101.12
– la piel de oveja . . 143.13
peliculilla exterior de la vaina de la raíz . . 174.10
pelo (especie de seda) . 231.13
– aislado 180.9
– de almizclero . . . 188.15
– de alpaca 188.3
– animal 9.3
– artificial deslustrado 294.5
– blando 187.13
– de cabra 187.22
– de cabra de Angora . 187.23
– de cabra de Cachemira 187.24
– de camello 188.1
– de castor 188.14
– de conejo 188.11
– con tegumento córneo 180.18
– corto y duro 175.7
– de corzo 188.7
– de chinchilla 188.13
– duro 187.14
– sin elasticidad . . . 175.21
– fino 187.16
– de gato 188.10
– grueso 187.17
– de guanaco 188.5
– humano 187.18
– de lana 180.8
– largo y bronco . . . 175.6
– de liebre 188.12
– de llama 188.6
– liso sin médula . . . 125.17
– conteniendo sustancia medular 181.9
– de ondulaciones desiguales 176.11
– de ondulaciones irregulares 176.10
– de ondulaciones irregulares en la punta 176.13
– de ondulaciones irregulares en la raíz . 176.12
– de ondulaciones regulares 176.9
– ondulado 176.8
– confusamente ondulado 176.14
– de perro 188.9
– de protección . . . 141.3
– de protección diagonal 141.6
– de protección transversal 141.5
– de protección, falso . 141.7
– quebradizo 177.23
– quebradizo en su punta 177.24
– de reno 188.8
– de la semilla . . 8.17, 43.16
– suave 187.13
– de ternero 187.21
– tieso 187.15
– tipo 180.10
– urticante hueco de la hoja 100.5
– de vaca 187.20
– vegetal 8.18
– vegetal unicelular . . 8.19
–s 1.12, 187.12
–s espesos 136.18
–s, falsos – sobrepuestos 140.12
–s muertos 173.17
–s ralos 136.17
peloso, cola –a 124.3
pelotas redondas . . . 63.1
peludo, animal 126.8
–, hoja –a 19.21
–, tupidamente 136.16
pelusa 175.5
– del fruto 20.5
pelusilla de sauce . . . 64.9
– de la semilla 36.16
peón 25.15
percentaje de grasa libre en la lana 146.1
–, a gran 259.11
percha 6.4
–, colgar en –s 150.4
perchar 6.5
perder por la fermentación (la semilla) . . 79.7
pérdida por descrudecimiento 234.14
– en fibras 112.22
– de humedad por el acondicionamiento . 237.19
– de peso 49.4
– de peso en el lavaje 149.17
– en peso de la seda . 234.15
peregrino, paso de . . . 71.10
perenne, planta . . 18.7, 36.8
perforado, fondo . . . 149.11
período de acoplamiento 129.6
– de la cosecha . . 24.19, 38.18

período de cultivo del agave Sisal . . . 110.2
— de deslecho . . . 205.15
— de dormir del gusano 206.7
— de florecer . . . 24.13
— de la incubación . . 196.8
— de la recolección . . 38.18
— de sembrar . . . 23.4
— del sueño del gusano 206.7
perito . . . 51.15
— en lana . . . 187.4
permanente, colorante . 14.20
permanganato de potasa 262.2
pernil . . . 132.6, 171.20
perro mastín . . . 134.17
persulfato de amonio . 284.12
pesada . . . 49.5
pesado de la lana en el aceite de oliva . . 181.12
— de la madeja . . . 238.14
pesador . . . 184.18
pesar el cebo . . . 198.11
— las madejas . . . 238.15
— las madejas en deniers 238.19
pescuezo . . . 132.1, 171.23
pesebre . . . 133.11
peso de la fibra seca . 14.5
— absoluto de la fibra seca . . . 14.6, 47.9
— bruto . . . 29.21
— bruto de la seda . . 234.13
— de los cercos . . . 48.11
— comercial . . . 238.2
— comercial de los capullos . . . 229.16
— comercial de la lana 187.6
— al desembarque . . . 49.16
— específico . . 12.21, 181.10
— facturado . . . 29.23, 52.14
— fijado en la liquidación 52.16
— medio . . . 29.22, 52.15
— métrico . . . 76.2
— neto . . . 29.20
— real . . . 52.10
— en seco de la celulosa 291.16
— de la tela de embalaje 48.12
— del vellón . . . 142.22
pétalo . . . 35.6
— de color morado . . 106.11
petróleo . . . 264.5
pezón . . . 19.18, 202.8
— corto . . . 19.20
— hilador . . . 192.8
— largo . . . 19.19
— velloso de la hoja . 352
pezuña partida . . . 127.9
Phormium tenax . . . 114.17
Phragmites communis . 121.15
Phytospora mori . . . 203.2
piasava, palmera . . 117.1.2
picado . . . 217.14
piel . . . 173.18
— muy arrugada . . . 132.18
— de calidad inferior . 144.1
— de cordero . . . 143.9
— cortada . . . 142.13
— del gusano . . . 208.7
— intacta . . . 142.14
— de oveja . . . 143.8
—, parecer una . . . 171.10
pierna . . . 132.11
piezas cargadas de alquitrán . . . 172.9
— manchadas por la orina . . . 172.10
pigmento . . . 179.13
— de la sericina . . . 210.13
pila holandesa para el colodión en lana . . 257.16
pilón del abrevadero . . 134.7
pino silvestre . . . 116.9
pinocha . . . 116.10
Pinus abies . . . 203.12
pinzas . . . 262.17
— para las vainas . . 108.6
piroxilina . . . 257.10
pisón . . . 71.3
— de madera . . . 85.19
pita . . . 113.15
—, fibra de . . . 113.14
placa con agujas . . . 71.12
— de la barra rompedora . . . 101.9
— circular . . . 86.2
— giratoria . . . 42.14
— con púas . . . 71.12
— reglable . . . 247.16
plancha de espadar . . 72.5.10, 84.14.19
— de raspar . . . 73.7, 85.4
plano de polarización . 227.20
planta alimental . . . 197.17, 199.3
— de adorno . . . 18.10
— de adorno con hojas de colores . . . 115.1
— de áloe . . . 113.12
— anual . . 18.6, 36.7, 64.16
— cultivada . . . 18.1
— dañina . . . 202.21
— dicotiledónea . . . 18.19
— dioica . . . 77.6
— enredadera . . . 104.10
— de estepa . . . 109.23
— fibrosa . . . 18.11
— forrajera . . . 135.10
— herbácea . . . 18.20
— hortaliza . . . 18.9
— indígena . . . 18.3
— de invierno . . . 18.13
— de jardín . . . 18.10
— monocotiledónea . . 18.18
— nociva . . . 37.7
— oleaginosa . . . 77.4
— similar a la ortiga . . 105.15
— perenne . . . 18.7, 36.8
— del país . . . 18.3
— parásita . . . 203.1
— para pasto . . . 135.9
— sanseviera . . . 113.5
— de seto . . . 109.5
— de sida . . . 105.4
— silvestre . . . 18.2
— subtropical . . . 18.5
— de tallo . . . 77.5
— textil . . . 18.11
— trepadora . . . 104.10
— tropical . . . 18.4
— útil . . . 18.8
— de verano . . . 18.12
— de yute . . . 92.15
plantación . . . 25.3
— de algodón . . . 35.22
— de cáñamo . . . 78.7
— de la morera . . . 200.17
—, hacer la — del lino espesa (clara) . . . 66.5.6
plantador . . . 23.7, 25.4
— de Sisal . . . 110.4
plantar la morera . . . 200.18
— con el plantador . . 24.3
— los retoños en liños 201.3
plantío . . . 25.3
plataforma circular . . 86.2
— giratoria . . . 42.14
plátano . . . 114.12
plazo de x días . . . 30.9
— de la liquidación . . 53.6
plegado . . . 7.6
— de los manojos de yute . . . 99.11
— en pieza . . . 7.8
plegadores de urdimbre, acción de hacer . . 3.15
plegadura . . . 7.6
plegar . . . 7.7
— en pieza . . . 7.9
pliegue . . . 7.10
—s, formar . . . 7.11
pluma . . . 239.12
— con cañón . . . 239.14
plumón . . . 239.13
plumoso, hoja —a . . . 118.2
Plusia gamma . . . 66.10
poblarse de hojas . . . 200.5
pobre en amoníaco . . 273.9
— en cobre . . . 276.18
— en seda . . . 217.2
pobreza en lana . . . 131.17
podadura del arbusto . 34.9
podar la morera . . . 201.18
poder absorbente de la fibra . . . 13.12
— colorante grande . . 15.9
— colorante pequeño . 15.10
— disolvente . . . 259.19
— disolvente para colodión en lana . . . 259.19
— explosivo del algodón-pólvora . . . 46.17
— germinativo de la semilla . . . 22.22
— precipitante del alcohol metílico . . . 264.14
— de refracción . . . 290.18
— de refracción de la seda 227.13
— rotatorio óptico de la seda . . . 227.18
podrido . . . 96.10, 150.19
polariscopio . . . 227.14
polarización . . . 13.4
polarización de la seda 227.19
polea . . . 282.3
— para el cable . . . 111.13
— excéntrica . . . 219.19
— motriz . . . 282.6
— del tablero . . . 88.7
— de tensión . . . 111.15
—guía . . . 111.14
poliatómico, alcohol . . 271.15
poligonal, corte . . . 95.18
—, sección . . . 9.24
polispermo, cápsula —a 78.1
polisulfuro . . . 266.17
polposo, hoja —a . . . 109.11
polvo . . . 135.5
— de cal . . . 296.9
— de filatura . . . 169.19
— que produce flexibilidad . . . 294.7
— metálico mezclado con nitrocelulosa como agente glutinante . . 293.10
— de las motas . . . 163.10
— de peinadora . . . 169.9
— de talco . . . 296.7
— de telar . . . 170.2
—, limpio de . . . 135.5
polvoriento, algodón . 60.19
polvoroso, algodón . . 60.19
pomada de lanolina . . 160.1
poner la estera al sol 205.5
— las hojas en agua salada . . . 114.5
— en la mano . . . 28.21
—se lácteo . . . 208.5
poros de la fibra . . . 235.13
porta-capullos . . . 222.12
porte . . . 29.16
— por ferrocarril en el puerto . . . 33.2
postor, el mejor . . . 186.5
postura de los huevos . 190.14
potasa cáustica . . . 151.15
potencia explosiva del algodón-pólvora . . 46.17
prado segado . . . 68.12
precintar la muestra . . 50.13
precio de apertura . . 54.1
— basado en la última almoneda . . . 186.9
— de base . . . 53.19
— de los capullos . . . 229.17
— de cierre . . . 54.2, 186.11
— de liquidación . . . 52.11
— medio . . . 53.17
— de la primera materia 29.8
— de la seda cruda . . . 230.6
— del terreno . . . 25.9
—s, los — están en alza . 54.8
—s, hacer bajar los . . 54.9
precipitación . . . 17.3
— por electrolisis . . . 291.14
— de la materia disuelta 245.3
—, método de . . . 157.8
precipitado . . . 17.5
— de grasa de lana . . 158.9
— de hidróxido de aluminio . . . 261.14
— de jabón de cal . . 150.16
— de óxido cuproso . . 292.15
— de sulfuro metálico . 281.15
precipitante . . . 17.4
— alcalino . . . 274.3
— a base de un álcali cáustico . . . 274.4
— de efecto lento . . . 275.17
—, líquido . . . 248.13
precipitar el acetato . . 285.1
— el ácido tánico . . . 235.10
— la caseína . . . 287.4
— el cobre . . . 291.13
— la grasa . . . 158.8
— la materia disuelta . 245.4
— la viscose . . . 280.18
— el hilo de viscose . . 280.20
— el xantogenato de celulosa . . . 279.13
prematuro, madurez —a 130.13
prensa de embalar el algodón . . . 39.4
— de embalar algodón para el transporte marítimo . . . 42.2
— de embalar algodón para viaje por tierra 42.3
— de embalar con caja de prensar móvil . . 113.2
— hidráulica . . . 42.6
— hidráulica para balas con caja de prensar 113.1
— de husillo . . . 42.5
— de palancas acodadas 42.4
prensa de tornillo . . . 42.5
— de vapor . . . 42.16
prensado del algodón . 41.22
— de los cañamones . 80.20
— definitivo . . . 43.2
— final . . . 43.2
— preliminar . . . 42.21
— preparatorio . . . 42.21
prensadura . . . 6.20
— de las balas en la bodega . . . 43.13
— de la lana . . . 153.7
prensar . . . 6.21
— el algodón . . . 41.23
— en balas los manojos de yute . . . 99.12
— el cáñamo en balas . 112.24
— los cañamones . . . 80.22
— el capoc . . . 63.14
— el caucho . . . 296.3.4
— hilos redondos de la pasta de caucho . 296.5
— la lana . . . 153.8
— los vellones hidráulicamente . . . 183.15
preñado, oveja —a . . 129.8
preñez . . . 129.9
preparación del amianto 240.15
— de los capullos para devanarlos . . . 217.20
— de la celulosa . . . 255.9
— del jugo . . . 295.8
— del lecho de los gusanos . . . 204.11
— de la mecha . . . 2.1
— de la muestra . . . 50.11
— de la solución de celulosa al óxido de cobre amoniacal . . . 269.4
— de la solución de colodión . . . 258.9
— del suelo como en un jardín . . . 22.8
preparado de la grasa de lana . . . 159.21
— venenoso . . . 144.7
preparar el capullo para devanarlo . . . 217.21
— el líquido de lavaje . 150.7
— la mecha . . . 2.2
presencia de amianto . 240.3
presentar un tacto completo . . . 177.10
— un tacto elástico . . . 177.12
— un tacto muerto . . . 177.11
presidente de la Bolsa . 28.3
presión de hilado . . . 248.12
— sobre la solución para hilar . . . 248.12
— variable . . . 250.5
prestar juramento . . . 28.7
primera materia sin acabar . . . 7.20
— materia animal . . . 9.1
— materia libre de derechos de aduana . . 33.15
— materia mineral . . . 8.13
— materia natural vegetal 34.1
— materia textil . . . 8.3
— materia vegetal . . . 8.15
principio para la cría . 128.8
prismático, célula —a . . 95.15
probar la lana . . . 179.5
procedencia . . . 56.17
procedimiento de acabado de los hilos . . . 251.16
— arbitral . . . 51.3
— de carbonización . . 161.6
— a la celulosa de óxido de cobre amoniacal . 267.14
— corrosivo . . . 144.12
— de devanar . . . 220.6
— de la extracción de las fibras . . . 110.16
— de fabricación . . . 7.23
— de hilado con un ácido 280.21
— de hilado artificial . 246.15
— de hilado por el estiramiento . . . 248.19
— de hilado en húmedo 246.14
— de hilado en seco . . 246.13
— de lavar . . . 69.21
— de nitratación . . . 255.20
— de viscose . . . 277.17
proceso de enriamiento 81.7, 100.7
— de fermentación 81.9, 102.13
— de hilado . . . 211.13
— de saponificación . . 152.2
producción en balas por unidad de superficie 38.15

producción de la carne 182.19
– de gases 68.1
– del hilo de capullo . 209.10
– del hilo en un solo paso 251.8
– de los huevos de los gusanos 193.9
– de la lana 183.11
– de la seda . . . 188.23
– de seda cruda . . . 229.20
– sérica 229.21
producir 294.7
– la seda 188.24
productividad de una raza de gusanos . . 197.10
– de una raza de ovejas 142.19
– del suelo 21.20
producto artificial . . . 242.5
– del cruzamiento . . 129.1
– natural 242.4
– de secreción del gusano 209.13
– secundario alcalino 278.20
– secundario obtenido en la extracción del carbonato de potasa 157.20
– de seda artificial . . 242.6
productor de seda . . 189.5
profesor ambulante . . 26.2
prolongación del contrato 53.10
propagación. 128.4
– por acodos 201.2
– por esquejes 106.16
– de una misma raza . 128.17
– de la morera 200.23
– por mugrones . . . 201.2
– por rizomas 106.17
– por semilla 106.14
propagar por esquejes . 110.5
– por estacas. 201.1
– por injertos 201.9
– por semilla 201.6
propiedad coaguladora del líquido precipitante 273.16
– higroscópica 288.14
– saponificable de la grasa de lana . . . 159.17
–es del amianto . . . 241.8
–es disolventes 219.9
–es físicas 179.3
–es físico-químicas . . 43.14, 74.6, 90.5, 95.7, 225.3
–es de la lana 175.4
–es químicas 181.16
–es de las sedas artificiales 288.2
propietario de la muestra 50.15
– de la tierra 25.10
proporción de grasa . . 44.9
– variable de humedad 13.17
prórroga del contrato . 53.10
proteger de contagio. . 207.2
– contra la humedad 199.2
proteína 181.18
– animal 210.8
protoplasma . . . 15.12, 44.15
protóxido amoniacal de níquel 272.6
– de cobre rojo. . . . 270.21
prueba al aceite . . . 46.2
– por combustión 45.18, 187.11
– de la lana 179.4
–s para la fabricación de la seda artificial . . 291.3
psicrómetro 14.12
púa 71.13, 147.12
– de acero 164.15
– del rastrillo 73.16, 87.7
pudrirse 82.20, 119.2, 217.16, 236.16
puerto algodonero . . . 49.9
– de desembarque . . 32.9
– de destino 32.9
– de embarque . . 32.8, 49.10
puesto donde se espada 72.12
pulgón 202.23
– del algodón 37.18
– de tierra 66.9
pulpa 107.20
– del fruto de coco . . 119.1
– de las hojas 110.17
– de madera 255.3
pulposo, líquido . . . 208.8
pulverizador, abridor . 162.16
pulverizar el alcohol amílico 267.3
– las motas 163.8
puncha 169.6
– de repeinado 169.7
punta 109.10
punta aguda de la fibra 75.3
– elástica 248.3
– de la hoja gris de plata 109.18
– de la hoja pardo-purpúrea 109.17
– del mechón 137.22
– ancha del mechón . 137.23
– del pelo 141.1.2
– del pelo de cordero . 175.15
puntiagudo 105.7
–, raíz –a 77.13
punto de cruce 221.2
– de enganche 112.4
– de fusión de la grasa de lana 159.13
– de trabajo 115.5
pureza del algodón . . 61.13
– de la fibra 15.4
– de raza de gusano de seda 192.15
purificar la lana . . . 164.4
puro, fibra –a 15.2
–, de sangre –a 128.18, 130.11
putrefacción de la fibra 82.21
– de la raíz 203.4

Q.

quebradizo, fibra –a . 11.23, 74.10
–, pelo. 177.23
–, volver. 161.1
–, volverse 96.9, 101.1
quebradura de la fibra de seda 227.7
– irregular 227.9
– neta 227.8
quebrantador(a) de piedras 27.1
quebrarse (hilo) 224.6
queratina 180.16, 181.17
Quercus ilex 203.15
químico, afinidad –a . 16.22
–, combinación –a . . 17.1
–, composición –a . . 44.16
–, compuesto 17.1
–, diferencia –a . . . 16.21
quinina. 259.8
quinquelobulado, hoja –a 34.14
quintal 76.8
– métrico 76.9
quita-pajas 165.2
quitar las cápsulas por la trilla 67.6
– del cepillo el cabo del hilo de capullo. . . 220.3
– el cobre del ácido . 277.10
– las espinas de las hojas 110.12
– la estopa de las agujas 74.4
– la fibra del tallo enriado 83.7
– las gárgolas por la trilla 67.6
– la hoja . . . 101.3, 202.13
– las motas mecánicamente 163.21
– las pajas por el batido 164.18
– las pajas por selección 164.2
– las ramitas 93.21
– la suciedad por el enjuague 150.3
– las suciedades mediante el lavaje . . . 146.14

R.

rabadilla 132.5
racimo de flores. . . . 100.17
radiador 154.17
– de aletas 154.13
raíces, echar 24.2
raíz 18.24
– del árbol 200.11
– de cáñamo 77.12
– de la jabonera . . . 151.2
– del mechón 138.8
– del pelo 174.8
– perpendicular. . . . 64.18
– podrida 203.5
– profunda y puntiaguda 77.13
– vertical 64.18
rajar las nueces maduras 118.18
– la paja 120.8
ralo, pelos –s 136.17
rama 19.13
– de la morera . . . 198.18
ramificado 104.2
ramio 100.14
– blanco 100.16
– verde 100.18
–, fibra de. 100.10
ramita 93.21
ramo 19.13
ramoso, tallo 65.3
rancio, grasa –a . . . 151.8
ranura 71.5
– de la polea para cable 112.7
– trapecial 164.19
rarefacción del aire . . 69.15
ras, cortar al 142.10
rascador 144.17
rascar la lana 144.14
– la pulpa de las hojas 110.17
raspador 144.17
– Boeken 111.7
– doble 111.6
– sencillo 111.5
– sistema Clarke . . . 108.4
– sistema Crumb . . . 108.1
– sistema Mc Lane . . 108.5
raspadura del cáñamo . 85.1
– de la lana 144.15
– del lino 73.2
raspar el cáñamo . . . 85.2
– la corteza del tallo 101.17
– la lana 144.14
– el lino 73.3
rasqueta 73.4, 85.6
rastel 133.8
– con barandillas derechas 133.12
– con barandillas inclinadas hacia a fuera 133.9
– circular 133.13
rastrillado en fino . . 74.2
– del lino 73.11
– a máquina 87.17
– mecánico 87.17
rastrillador 73.13, 87.15
– en fino 87.16
–a de cáñamo 87.18
–a con inversión automática del manojo . 88.1
–a de lino 74.5
rastrillaje del cáñamo . 87.1
– del lino 73.11
– a mano 87.5
rastrillar el cáñamo . . 87.2
– el lino 73.12
– el lino gradualmente 73.17
– la tierra sembrada . 23.17
rastrillo 87.6
– en fino 74.1, 87.4
– en grueso . . . 73.18, 87.3
– intermedio 73.19
– de lavar 148.14
– a mano 73.15
rastro 23.18
rastrojera 68.18
raza 128.17
– de cabeza blanca . . 122.19
– de cabeza negra . . 123.1
– de cola corta. . . . 122.17
– de cola larga . . . 122.18
– cruzada 122.16
– estéril de la oveja . 131.4
– fértil de la oveja . . 131.3
– de gusano cruzada . 197.15
– indígena de gusanos. 197.12
– merina del Infantado 123.3
– de lana corta. . . . 123.9
– de lana de peine . . 123.7
– merina 122.14
– merina de lana de peine 123.8
– merina Negretti . . 123.3
– merina-sajona . . . 123.2
– ordinaria del país de lana corta 123.5
– ordinaria del país de lana larga 123.6
– original 122.8
– ovejuna 131.2
– principal 122.13
– pura 122.12
– Rambouillet 123.4
– vivaz de gusanos . . 197.11
–s de la oveja 122.3
–s ovejunas 122.3
–s salvajes de oveja . 123.10
–s silvestres de oveja . 123.10
reacción ácida 290.2
– ácida del agua para devanar 219.1
– ácida del agua de lavado 257.15
– ácida del baño . . . 163.11
– ácida débil 183.8
– alcalina 97.3, 290.3
reacción de la celulosa 75.6
– de los gases de combustión 290.1
– de óxido de cobre amoniacal 91.2
– química de la fibra 17.7
– de yodo-ácido sulfúrico 90.18
– típica relativa al color 227.17
reactivo sobre el ácido nítrico 289.4
–s de lignificación . . 15.20
–s químicos 289.3
Reagan, bala 43.9.10
rebaño de ovejas . . . 134.13
reblandecer la envoltura del capullo en agua hirviente . . . 218.11
– la piel de oveja . . 143.20
– la sericina 218.1
reblandecimiento de las pieles en noques . . 143.21
rebosamiento, tubo de . 250.8
recibir la lana en consignación 184.9
recién cortado 296.8
recipiente de aceite . . 263.8
– auxiliar 250.7
– colector 250.1.6
– de fondo plano . . . 292.20
– giratorio de hilado . 282.5
– de hilado . . . 253.6, 282.7
– de lejivación 254.2
– mezclador 272.9
– de nitratación . . . 256.9
– de porcelana 256.10
– refrigerado 274.1
reclamación 48.4
reclasificación 50.4
recogedor, máquina –a 38.19
recoger los huevos en células de tul 194.7
recogida del algodón. . 38.20
recolección 24.21
– del algodón 38.20
– de las hojas 110.10
recolectador. 38.16
recolectar 24.20
– el ácido de salida . 251.11
– el algodón 38.21
– las moras para la siembra 201.8
– los tallos 93.14
recortes de las hojas . 198.21
– de papel de filtro . 255.4
rectificar el contrato de compraventa 48.6
– el líquido de lavado agotado 266.24
recto, de fibras –as . . 121.3
recubrir de colodión . . 252.16
– con polvo de talco . 296.8
recuperación del ácido nitrante 256.20
– de los componentes químicos 277.9
– de los disolventes volátiles 266.23
– de las grasas de lana 158.1
–, aparato para la – de los disolventes . . . 267.4
recuperar por absorción 267.1
– el disolvente por destilación 264.12
– el gas amoníaco del agua 277.14
– la grasa de las aguas de lavaje de las lanas 158.5
– los vapores de éter por absorción 267.1
recurso de derecho . . 50.23
rechazar la aceptación . 50.21
red 4.13
– de hilo de cáñamo . 205.21
– de hilos que sostiene el capullo 211.6
– de tela metálica para colocar la lana. . . 154.12
–es, acción de hacer . 4.11
–es, hacer 4.12
redevanado 224.20
–, seda cruda –a . . . 225.1
redevanar la seda cruda 224.21
redondeado, sección –a 95.17
reducción de la celulosa 243.14
reducir el orificio haciendo girar la placa. . 247.18
– la sal cúprica a sal cuprosa 266.2
reembalado, bala –a . 48.16
reembolso de banco . . 30.20

reemplazar la tobera obturada 275.13
refinación del amianto crudo 240.17
— del carbonato potásico crudo 157.14
refinar el amianto crudo 240.18
— el carbonato potásico crudo 157.15
— la grasa 159.1
reflectante, lustre 11.14
reflexión, capacidad de 227.11
refracción 290.19
— doble 290.12
— múltiple de la fibra 13.1
—, poder de 227.13
refractario 241.22
refrigeración de la solución 273.13
refrigerador 156.20
refrigerante de retroceso 292.23
refringente 105.11
regadío 21.18
regar los campos 21.17
regenerado, lana —a 9.12
—, seda —a 9.13
regenerar el baño denitrante 265.14
— la celulosa de una solución 292.3
régimen de alimentación de la oveja 133.14
región algodonera 35.18
— de la cría 128.15
— de cultivo del cáñamo 78.3
— de producción 183.12
— de la producción sérica 229.21
registro de acoplamientos 129.7
— de las cualidades requeridas 129.14
reglable, cuchillo 40.12
regla-guía de las mordazas 89.2
reglamento del arbitraje 50.19
— de la Bolsa 28.5
— de Bremen 55.17
— de Liverpool 55.18
reglar la temperatura de desecación 213.21
reglas para la cría 128.8
regular la presión de hilado 248.13
— la temperatura 237.13
—, fibra 59.16, 61.5
—, negocio 27.15
regularización del diámetro del hilo 222.17
regularizar el diámetro del hilo 222.16
rehacer la bala 43.11
rehusado, aceptación —a 48.5
—, bala —a 48.3
rehusar la aceptación 50.21
reino animal 26.5
— mineral 26.16
— vegetal 17.23
rejilla 40.6
— de madera 87.14
— para la semilla 41.2
—s fijas 71.15
relativo, humedad —a 14.9
relente de la mañana 135.3
— de la noche 135.4
relleno, material de 63.16
remiendo 48.13
remojar la piel de oveja 143.20
rendimiento en balas por unidad de superficie 38.15
— del capullo 224.8
— de la cosecha 229.13
— del esquileo 142.18
— en fibras 7.15, 112.21
— en fibras limpiadas 102.16
— de follaje 202.15
— en hojas 110.11
— de lana de la oveja 142.20
reniforme, corte transversal 44.11
renovación del contrato 53.11
renuevo 202.12
renuncia de la apelación 51.5
reparar la bala 43.11
repasado de los extremos 89.19
— final de los extremos con el rastrillo en fino 89.21
repasar los extremos 89.2
—, volver a — los extremos 89.22
repeso 48.9
replantación 24.4
reporte bursátil 53.23
— semanal 99.19
reposar la semilla 78.17
—, hacer — la solución para hilar filtrada 264.22
representar la fibra microfotográficamente 17.15
reprise 13.20, 47.10
reproducir 110.5
residuo 293.8
— de ácido 163.16
— desaceitado 157.2
—, sin 290.8
—s vegetales 146.8
resinificarse 261.3
resinoso, churre 145.13
resistencia 288.21
— a los ácidos 182.15, 228.17, 241.24
— de la fibra 12.9, 60.17
— del hilo 222.15
— de la lana 175.23
— de la seda artificial húmeda 288.22
— de la seda artificial en seco 288.23
— a la tracción 12.11
resistente a los ácidos 241.23, 251.13
— a las lejías 250.14
—, fibra 12.8
resorte de placa 262.18
— regulador 222.9
respirar 212.8
resultado de la cosecha 24.23
retama de escobas 104.15
— de olor 104.13
retardar el proceso de enriamiento 94.16
retención de las hojas 112.10
retener en disolución 266.6.14
retoñar 23.21
retoño 201.3
— de la planta 23.24
— de (la) semilla 23.23
retorcedor 2.14
retorcedura 2.10
retorcer 2.11
— los hilos con una tobera giratoria 250.16
retorcido, fibra —a 10.24
reunir la lana en vellones 142.24
— varios hilos de capullo 221.6
revestido de cuero áspero 40.11
revestimiento interior apergaminado del capullo 217.8
revestir de algodón el hilo de caucho 296.18
— la fosa para enriar de mampostería 68.6
— de seda el hilo de caucho 296.19
— con tablones la fosa para enriar 68.5
revista bursátil 28.2
revolver la lana con bastones 147.17
Rhea 100.18
ricinato de sodio 273.20
Ricinus communis 203.9
rico en grasa 145.22, 167.23
riego de las bobinas 253.13
riesgo en el ferrocarril 48.20
— en el muelle 48.21
rígido, fibra —a 10.21
río 32.13
rizado débil 177.3
— insignificante 177.4
— normal de la lana 176.16
— de ondas muy apretadas entre sí 177.5
— muy pronunciado 177.1
— poco pronunciado 177.2
— regular 177.7
— reticular de malla 177.6
rizoma 106.3
roca 26.17
— de amianto 240.13
— madre 26.20
rocío 82.6
— de la mañana 135.3
— de la noche 135.4
—, mojado por el 135.2
rodillo de arrastre 149.20
— cónico 86.1
— de fricción 222.7
—s recalentados 252.2
rojizo 60.3
—, churre 145.14
rojo de herrumbre 44.1
rojo-amarillento 63.20
—-cerezo 97.14
—-oscuro 43.24
—, coloración —a 97.12
rollos, hacer 7.9
romana automática 238.17
— de registro 238.16
romo, extremo 103.6
rompedor, barra —a 101.7
romper las pajas 164.21
— en fragmentos 70.8
—se 224.6, 251.6
roña 135.22
rosanilina 259.10
rosca interior 250.13
rotación bienal 36.9
— de cosechas 22.11
— trienal 36.10
rotura 12.4
— del hilo 251.7
rudimental, cola 124.18
rumiante 26.8
—, animal bisulco 127.10
ruptura 12.12
— della cápsula 35.15

S.

sabor, tener — oleoso 79.6
sacamiento de muestras 184.23
sacar madejas de prueba 238.10
— el manojo de cáñamo de la mordaza 88.12
— muestras 50.8
— el pelo al animal con el peine 188.2
sack 76.4
saco de cotón 212.15
— para lana 183.14
— de papel 194.14
sacudida 6.8
sacudidura del vellón 171.3
sacudimiento 6.8
sacudir 6.9
— a mano el cáñamo agramado 84.5
— el vellón 171.4
—, máquina para 85.9
sal de ácido fórmico 102.12
— de aluminio 274.20
— amoníaca 265.19
— soluble de cinc 281.11
— de cobre azul 270.18
— de cobre básica 270.16
— de cobre de la celulosa 273.5
— que combina el amoníaco 274.12
— cúprica 266.2
— de churre 157.19
— de hidróxido de cobre 271.1
— inorgánica 265.3
— magnésica neutra 266.3
— de magnesio 274.15
— metálica disuelta en el alcohol 262.6
— metálica pesada 281.9
— de óxido de estaño 236.6
— de protóxido de estaño 236.7
— de protóxido de manganeso 280.12
— de sosa 279.5
— de sosa ácida del xantogenato de celulosa 279.8
— de sosa gelatinosa 279.7
— de sosa soluble en el agua 279.6
—es solubles en el agua 96.17
sala de clasificación 170.18
— de devanado 221.18
— de expertos 49.24
salado, agua —a 114.5
salario del cosechador 38.17
— mensual 25.18
— de la semana 25.17
salicilato de metilo 284.18
salida del gusano 196.12
— irregular de la solución 248.14
— de la mariposa del capullo 191.1
saliente de la arruga 132.17
salir (gusano) 196.13
— del capullo (mariposa) 191.2
— en forma de copo (flor) 115.7
— de la piel (sangre) 208.6
— de la tobera (solución) 248.16
—, hacer — la solución 248.11, 264.15, 287.11
salitre 218.9
saliva de la mariposa 190.16
Salix 203.20
saltar, hacer 26.24
salvaje, animal 26.10
Sambucus nigra 204.2
sangre del gusano 208.3
—, la — se pone láctea 208.5
—, la — sale de la piel 208.6
—, de pura 128.18, 130.11
Sanseviera guineensis 113.7
— Kirkii 113.9
— longiflora 113.10
— zeylanica 113.8
—, la fibra de la 113.4
saponaria 151.1
saponificable, propriedad 159.17
saponificación 151.9
— del churre 150.24
— de la grasa de lana 159.16
saponificado, grasa de lana —a 159.19
saponificar el churre 150.23
— la grasa directamente 151.14
saponina 151.3
sargazo 121.21
sarmentoso, algodón 37.5
saturación del aire 154.6
— de la fibra con agua 13.19
saturado 13.18
— de humedad 154.7
sauce 203.20
— de Babilonia 203.21
— llorón 203.21
saúco negro 204.2
savia cáustica del agave 109.19
— celular 20.17
sazón 24.14
— completa del lino 66.20
— del fruto 24.17
— de la semilla 24.18
—, dar — a la semilla 78.17
sazonar 24.15
scapus 174.21
Scorzonera hispanica 204.4
Sea-Island 37.2, 56.20.21.22
sebáceo, churre 145.11
sebácico, éter ácido 283.3
sebo vegetal 16.3
secadero 83.3, 107.23, 112.12, 154.11, 237.6
— de caja para lana 155.4
— para la lana con tableros al tresbolillo 155.2
— para lana con tambores sobrepuestos 155.5
secado al aire 67.3
— del algodón 39.5
— del hilo antes de bobinado 252.1
—, fibra de ramio —a 102.1
secamiento 6.24
— del algodón 39.5
— de la fibra en el vacío 14.4
— de las fibras suspendiéndolas 107.22
— del lino 69.24
— preparatorio de la seda 237.16
— previo de la seda 237.16
— de los tallos 80.8
secante al aire 260.10
secar 7.1
— el algodón 39.6
— el amianto ablandado 241.7
— el amianto suavizado 241.7
— el cáñamo 80.7
— el cáñamo enriado al sol 82.24
— el cáñamo en el horno de panadero 83.2
— el cáñamo lentamente 82.23
— el capullo por medio de calor seco 213.10
— el capullo al sol 213.8
— el capullo por vapor seco 213.12
— los capullos 213.6
— la estera 205.4
— la fibra de capoc 63.13
— la fibra de ramio antes de enriarla 101.24
— las fibras 112.13
— las fibras al aire 95.5
— el hilo 251.17
— las hojas 198.16
— los huevos 194.17
— la lana 149.2, 154.1
— el lecho con tamo 205.8
— el lino 69.18
— el lino al sol 70.1

secar previamente la seda 237.15
– la seda 237.17
– la seda sobre la bobina de cristal 277.6
– la semilla 78.16
– la semilla antes de sembrarlo 65.21
– los tendones . . . 239.9
–, aceite que no seca . 294.6
–, hacer – el hilo sobre rodillos recalentados 252.2
–, hacer – la seda bajo tensión 282.13
–se 280.8
–se por completo . . . 80.10
sección circular de la fibra 9.20
– cuadrada 293.12
– irregular de la fibra. 9.21
– oval 9.22
– poligonal 9.24
– redondeada de la célula 95.17
– transversal de la fibra 9.19, 181.15
– triangular 9.23
seco al aire 292.16
–, fibra –a 14.5
–, procedimiento de hilado en 246.13
secreción sin estructura 209.15
seda 1.13, 188.16
– al acetato . . 242.12, 283.4
– acondicionada . . . 238.7
– de ailanto 232.5
– de anaphe 232.8
– de arañas 232.21
– artificial 1.15, 9.8, 46.20, 242.2
– artificial al acetato de celulosa . . . 283.3
– artificial de sustancias albuminosas . . . 242.13
– artificial de solución de celulosa en el ácido sulfúrico . . . 282.14
– artificial de solución de celulosa en los álcalis cáusticos . . . 282.14
– artificial de solución de celulosa en el cloruro de cinc 282.14
– artificial de colodión 254.13
– artificial de gelatina 242.13, 286.11
– artificial de gelatinas vegetales 242.13
– artificial de nitrocelulosa 254.13
– artificial de oseína . 242.13
– artificial al óxido cupro-amoniacal . 267.12
– artificial, hiladora para 276.7
– de asclépias 63.21
– azache . . . 214.8, 232.11
– azucarada 235.23
– de Beaumontia grandiflora 64.4
– de buen tacto . . . 226.13
– de calotropis 64.3
– cargada 234.20
– cargada con cloruro de estaño amoniacal 236.3
– de caseína 287.1
– de celulosa 242.8
– al cobre 242.10
– cocida 231.16, 234.8
– de colodión 242.9
– de coloración clara . 226.24
– comercial 230.14
– cruda 224.11, 231.17
– cruda asiática . . . 230.17
– cruda áspera 231.15
– cruda basta 231.15
– cruda de la Bengala 231.1
– cruda de la China . 230.18
– cruda de Corea . . 230.23
– cruda española . . . 231.10
– cruda europea . . . 231.6
– cruda francesa . . . 231.9
– cruda griega 231.7
– cruda de hebra fina. 231.14
– cruda húngara . . . 231.12
– cruda del Asia Menor 231.4
– cruda de las Indias . 231.1
– cruda italiana . . . 231.8
– cruda del Japón . . 230.19
– cruda del Levante . 231.3
– cruda en madejas cortas 231.19
seda cruda en madejas largas 231.20
– cruda de Persia . . 231.2
– cruda redevanada . . 225.1
– cruda de Siria . . . 231.5
– cruda suiza 231.11
– cruda sutil 231.14
– cruda uniforme . . . 224.12
– descolorida 227.2
– descrudecida 233.22
– desengomada 234.4
– devanada 224.10
– Eria 232.2
– estenosada 254.5
– de Fagara 232.1
– de gelatina 286.11
– india de Mezankoora 232.6
– de lustre mate . . . 226.23
– de mal color 227.2
– marina. 232.18
– de morera . . 188.21, 230.15
– de morera silvestre . 231.22
– Muga 232.3
– de nitrocelulosa . . 242.9
– de nitrocelulosa de colodión acético glacial 261.4
– de nitrocelulosa de colodión-acetona . . 261.18
– natural . . . 188.20, 230.16
– al óxido de cobre amoniacal 268.1
– al óxido cupro-amoniacal 242.10
– en rama 224.11
– redevanada japonesa 230.22
– regenerada 9.13
– de Rondontia . . . 232.7
– rosa 227.1
– semi-cocida 234.11
– silvestre . . . 188.22, 231.21
– de strophantus . . . 64.5
– tussah de la China 231.23
– tussah de las Indias 231.24
– vegetal 8.20, 63.18
– vegetal blanca pura . 63.19
– vegetal de Gomphocarpus fructicosus . 64.7
– vegetal marsdenia. . 64.6
– vegetal rojo amarillenta 63.20
– vegetal de Siria . . 64.2
– de vidrio. 298.9
– viscose . . . 242.11, 277.15
– de yama-maï . . . 232.4
sedoso, fibra –a 11.13, 59.22
–, lustre 11.12, 46.14
segada de los tallos . . 93.19
segado, prado . . . 68.12
segar el cáñamo. . . 79.24
– el yute 93.18
segregar la borra . . . 211.4
– un líquido 209.14
seguro del beneficio probable 33.6
– del cargamento . . 33.5
– en caso de guerra. . 33.7
– marítimo 33.8
seguir la vía legal . . 50.24
sellar la muestra . . . 50.14
selección 164.2
– artificial 128.11
– de los capullos . . . 212.18
– de huevos para la cría 195.1
– de la lana 170.15
– natural 128.12
– de la semilla 78.12
seleccionador de lana . 170.20
seleccionar los capullos para la cría 212.19
– los huevos para la cría 195.2
– la lana 170.16
sello del conocimiento . 32.20
semanal 25.17
sembrado del cáñamo . 78.10
sembradura 22.24
sembrar 23.1
– el cáñamo 78.11
– densamente 23.2
– espaciosamente . . . 23.3
– espesamente 23.2
– con máquina 23.10
– a puño 23.14
–se, estar para 78.15
semejante al cáñamo . 107.2
semi-cilíndrico. . . . 275.12
—-imitación, hilo de plata 297.14
—-líquido. 210.15
—-saturado 289.7
semilla 18.22, 22.12
semilla del algodón . . 35.11
– de x años 22.16
– desprovista de su borra 36.18
– metida en la borra . 63.2
– fresca 22.15
– capaz de germinar . 22.21
– ligera 79.2
– del lino 65.11
– bien madurada . . . 36.24
– negra lisa 36.19
– nueva 22.15
– pelada 36.18
– pesada 79.1
– de producción propia 22.13
– verde 36.21
– verde oscura 36.23
– verdinegra 36.23
– vieja 22.14
– del yute 93.11
semillero, material . . 22.12
seminal. 35.9
semiprensado, bala –a . 42.20
sensibilidad para los ácidos 98.7
– al agua 288.12
– de la seda a álcalis . 229.5
sensible a los ácidos . . 98.8
– al calor 273.12
sentencia arbitral . . . 51.2
– de la junta de apelación. 51.11
separación del ácido nítrico 265.10
– de la capa fibrosa de la parte leñosa del tallo 94.22
– de la fibra de las semillas 39.8
– de la hilaza del tallo 94.19, 101.4
– de huevos enfermos . 193.16
– de la magnesia . . 266.5
– a mano de la hilaza 94.20
– de las motas de la fibra 163.22
– de la pulpa de las hojas 110.18
separar el agua del jabón 152.16
– la capa fibrosa de la parte leñosa 95.1
– según el color . . . 89.16
– por congelación. . . 101.18
– las fibras de las semillas 39.9
– según su finura . . 89.14
– los gusanos enfermos de los sanos 206.16
– la hilaza del tallo . 101.5
– el jabón de la pasta 152.15
– el lino según la longitud, el espesor y la sazón de los tallos . 66.24
– la materia grasienta 158.17
– la pulpa de las hojas 110.7
– según la suavidad . 89.15
– los tallos según su longitud 80.2
–se difícilmente . . . 39.11
–se fácilmente . 39.10, 114.9
sérico, producción –a 229.21
sericicultor 189.5
sericicultura 189.1
sericina. 16.8
– dura 225 19
– quebradiza . . 210.19, 225.20
– de la seda 210.1
– semi-líquida . . . 210.15
serígeno, glándula –a 209.11.12
serimétrico, medición –a 12.18
serímetro 12.17
serpentín refrigerante . 263.9
– de vapor 157.1
serpentina, en forma de 148.5
serrín de turba 205.11
seto de moreras 200.7
shoddy 170.12
Sida retusa 105.4
sida, fibra de 105.5
siembra 22.24, 65.20
– en ameigas 23.12
– del cáñamo 78.10
– en hoyos 23.12
– a máquina 23.9
– a puño 23.13
– en surcos 23.12
sierra circular 41.3
sifón, tubo en 250.9
silo en el plantío . . . 25.7
silvestre, planta . . . 18.2
simiente 18.22
– del gusano de seda . 193.10
sincipucio. 131.21
síntoma de la enfermedad 206.17
sinuosidad del hilo de capullo en forma de 8 211.8
–es, en – amplias . . 211.9
Siphonia brasiliensis . . 295.1
– elástica 294.17
Sisal, agave 109.2
–, cáñamo de . 1.9, 108.13
–, falso cáñamo de . . 109.4
sistema de cría 128.7
– de rotación bienal . 36.9
– de rotación trienal . 36.10
sitio de lavaje 147.3
situación del mercado . 186.8
sobreoxidado 269.6
sobrepeso 52.13
sobretara 48.14
sociedad de plantación 25.5
sódico, carbonato . . . 45.8
–, celulosa – a . . . 119.10
sofocación de la crisálida 213.14
sofocar la crisálida . . 213.15
solidez del colorante . 14.21
– de la fibra de lana . 175.16
solidificación de la grasa 146.4
– de la sericina . . 210.16
solidificado, grasa –a . 146.5
solidificarse . 146.3, 210.12
sólido, colorante . . 14.20
solubilidad 257.18
– en el agua 286.16
– en álcalis 229.6
– de la celulosa . . . 243.9
– de la lana . . . 181.23
solubilizar la celulosa . 243 11
soluble 102.15
– en el agua 151.13
– en el éter 46.18
–, hacer 243 11
solución (v. t. baño) . . 156.2
– de acetato de celulosa en el ácido fórmico 283.8
– de acetato de magnesio 284.5
– de acetona 261.19
– acuosa concentrada de ácido crómico . . 98.16
– acuosa de glicerina . 258.2
– acuosa del rojo de Congo. 289.10
– acuosa de sal amoníaco 274.13
– acuosa de yodo y yoduro potásico . . . 289.16
– acuosa de yoduro potásico 289.15
– alcalina 97.2.11
– alcalina aceto-caseína 287.8
– alcalina de cobre 271.12, 291.4
– alcalina de cobre glicerinado. 289.11
– alcalina concentrada. 270.1
– alcalina diluída . . 270.2
– alcohólica acuosa de caseína 287.10
– alcohólica de cloruro de amonio. . . . 259.12
– alcohólica de cloruro ferroso 259.1
– alcohólica de sosa cáustica 278.18
– almibarada 292.9
– amoniacal de óxido de níquel 289.14
– amoniacal de plata . 98.2
– de azúcar 235.20
– de Barreswill 98.5
– de bisulfato alcalino. 274.10
– de bisulfito. 244.14
– de bisulfito de sosa 261.15
– caliente de sosa . . 282.11
– caliente de tanino . 235.11
– de carbonato de potasa 157.12
– de carbonato potásico y de sosa 102.10
– de caseína 287.3
– de caucho . . 254.9, 264.13
– de celulosa 243.8
– de celulosa de cloruro de cinc 282.15
– de celulosa al hidrato de cobre amoniacal 273.8
– de celulosa mucilaginosa 280.10
– de celulosa al óxido de cobre amoniacal . 273.6
– de celulosa pobre en amoníaco 273.9
– de cloruro estañoso . 259.3
– de cloruro férrico . 98.11

solución de cloruro mercúrico 98.10
— de cloruro de sodio . 274.11
— rica en cobre 272.5
— de cobre y de sosa . 271.13
— de colodión conteniendo agua 263.13
— de colodión a gran percentaje 259.11
— semejante al colodión 292.10
— sensible al color . . 273.12
— concentrada 245.1
— cuprosa 266.1
— diluída de potasa cáustica 182.6
— espumosa 152.21
— estable de óxido de cobre amoniacal . . 273.11
— de éter acético . . . 262.5
— etérea 258.5
— de Fehling 292.13
— de ferrocianuro de potasio 291.9
— de floroglucina . . . 98.14
— de formaldehido . . 156.10
— de formaldehido en la acetona 254.8
— de gelatina 286.15
— de hidrato de celulosa en un álcali 283.2
— hilable 243.4
— lista para el hilado . 246.13
— para hilar 243.4, 244.17, 263.7
— para hilar muy concentrada 258.16
— para hilar viscosa . 273.17
— de hipoclorito . . . 269.20
— de jabón 97.4
— jabonosa 234.9
— de naftol 289.13
— neutra de sal . . . 274.14
— neutra de sal alcalina 281.4
— de nitrito de sosa . 261.20
— de óxido de cobre amoniacal . . 271.6, 292.7
— de potasa cáustica 152.1, 282.19
— de una sal en el alcohol 262.7
— de sal saturada . . . 281.8
— de sales metálicas . 235.4
— saturada 270.22
— de Schweizer . . . 271.9
— de sosa 218.8
— de sosa cáustica 151.17, 255.13 266.7, 272.17, 283.1
— de sosa cáustica concentrada 278.17
— de sulfato de cobre 270.15, 291.6
— de sulfato ferroso . 281.13
— de sulfato de níquel 287.17
— de sulfuro de sosa . 266.9
— de vidrio soluble . . 264.10
— viscosa 258.17
— viscosa para hilar . 244.19
— de viscose 277.19
— yodada 97.13
someter el cáñamo agramado a un espadado final 84.9
— los tallos de cáñamo al enriamiento final 82.10
somnolencia 208.14
sonido de la fibra de lana tendida . . . 176.2
soplador 155.6
— de vidrio 276.12
soporte de cañizos . . . 204.20
— de la tobera 248.8
sortejador de lana . . 170.20
sosa . . . 45.8, 102.9, 151.24
— amoniacal 150.13
— anhidra 272.18
— cáustica 151.16, 272.16, 278.16
— cáustica concentrada 46.7
— de Leblanc 163.18
sostener el vellón durante el esquileo . . 142.11
Spartium junceum . . 104.13
— scoparium 104.15
sporae 207.13
standard 49.2
steen 76.5
Stipa tenacissima . . . 116.17
stock en el almacén 31.7, 186.13
— de lana 184.13
stone 76.7
strophantus, seda de . 64.5
suarda 145.8
suardo, esquileo de la lana —a 141.18
suave, fibra 10.10, 74.8
suavidad del cáñamo . 89.15
— de la fibra . . 10.11, 178.4
—, mucha 10.12
suavizado 239.21
suavizar el amianto crudo en agua hirviente 241.6
subgénero 61.11
subir, hacer — los precios 54.6
substancia celulósica . . 287.20
— córnea 280.4
— fibrosa 119.8
— grasa 44.8
— inorgánica 16.10
— intercelular 90.16
— de lavaje 158.10
— leñosa del tallo de lino 65.6
— orgánica 271.14
— viscosa 210.3
substituto de las hojas de la morera . . . 204.3
subtropical, planta . . 18.5
suciedad, quitar la — por el enjuague 150.3
—es, quitar las — de la lana mediante el lavaje 146.14
sucio, algodón 61.16
—, fibra —a 15.3
suelo abonado 20.6
— aflojado 21.5
— arado 22.6
— arcilloso 20.33
— rico en cal 20.24
— calcáreo 20.24
— calizo 20.24
— desaguado 21.4
— flojo 21.5
— gravoso 21.1
— húmedo 21.3
— rico en humus . . . 20.22
— limoso 20.23
— rico en mantillo . . 20.22
— pedregoso 21.1
sulfato 94.17
— ácido de sodio . . . 161.20
— de aluminio 274.21
— de amonio 281.6
— de anilina 17.11
— de bario 294.1
— de cobre 260.22
— de cobre básico . . . 270.17
— de cobre cristalizado 270.14
— de cobre en polvo . 270.13
— ferroso 281.10
— de magnesio 274.16
— de potasa 45.7
— potásico . . . 45.7, 145.18
— sódico 162.1, 271.5
— de sodio 162.1
— de tetramina de cobre 271.4
sulfhidrato 266.19
— de amonio 265.20
— de calcio 266.20
— de magnesio 266.4
— de sodio 266.8
sulfitado, celulosa —a . 119.11
sulfocarbonato 266.21
sulfocelulosa 282.17
sulfuro 266.16
— alcalino 266.11
— de carbono . . 156.12, 278.10
— de carbono incoloro 278.11
— de hierro insoluble . 281.14
— de sosa 266.9
sumergir en el agua las gavillas de los tallos 94.13
— en agua de mar las cáscaras de coco . . 118.19
— los haces de cáñamo 81.17
— las hojas en agua salada 114.5
— el huevo en agua salada 196.4
suministrar facturando el aumento de valor 47.20
sunn 103.7.9
superficie de absorción 277.18
— de agujas trabajando 89.6
— finamente granulada del vellón 136.20
— lisa de la semilla . . 63.3
— del pelo 180.17
— del pelo cubierta de escamas 181.1
— del vellón 136.8
surco para la semilla . 23.5
— en el suelo 22.3
suspensión de las fibras para secarlas 95.4
sustancia fertilizante del suelo 21.2
— viscosa 210.3
—s albuminosas 242.13
sustituto de jabón . . . 152.20
sutil, fibra 10.13
sutileza de la fibra . . 10.14
Swenson, bala 43.7

T.

tabique de listones . . 85.10
—s divisorios 158.6
tabla de protección . . 87.12
— redonda de paja . . 204.15
tablero de alimentación 147.9
— de baretas 88.6
— transportador . . . 251.13
—s al tresbolillo 155.2
tablones, revestir con . 68.5
tacto del algodón . . 60.7
— algodonoso 226.21
— áspero 60.11, 226.14
— completo 177.10
— crujiente 226.16
— duro 60.10
— duro y elástico . . . 226.18
— elástico 226.19
— estoposo 60.12
— de la lana 177.9
— muerto 177.11
— pajoso 285.21
— seco 226.20
— de la seda 226.11
— de la seda artificial . 288.3
— sedoso de la lana . . 177.13
— sólido 60.9
— suave 60.8, 226.17
—, ensayar al 60.5
—, tener 60.6, 226.12
talón de peso 184.17
talla flaca 127.18
tallado a bisel 252.8
tallo 19.2
— corto, de 35.8
— descortezado 101.13
— sin descortezar . . . 101.14
— encarnado 92.21
— fresco 101.15
— húmedo 80.6
— largo, de 35.7
— del maíz 255.2
— de la planta 65.2
— de ramio 101.4
— ramoso 65.3, 77.14
— secado 101.16
— seco 80.9
— velloso 35.2
— verde 93.1, 101.15
talludo 35.7
tamarisco 203.19
tambor 147.11, 164.10
— cribado 41.10
— de cuchillos 108.2
— espadador 73.1
— giratorio 154.19
— de impulsión 253.2
— raspador 111.8
tamburo de aletas . . . 163.2
tamiz 245.21
— para capullos 218.18
— para hojas 198.13
— de tela metálica . . 66.1
— metálico 66.1
tamizar el amianto . . 241.2
— los recortes de las hojas 198.23
— la semilla 78.18
tamo 205.8
tánico, combinación —a 96.13
tanino 235.5, 286.6
tanto por ciento en cenizas 96.20
— por ciento de fibra de la lana en bruto . . 187.7
tapón de orificio doble 292.21
tara 29.10
— de x por ciento . . . 56.8
— efectiva 48.18, 56.10
— real 48.18, 56.10
taray 203.19
tarifa de los gastos de transporte 31.21
— de los gastos de transporte por ferrocarril 31.22
— para primeras materias 32.1
tarifa especial para primeras materias . . 32.2
tartrato sódico-potásico 291.5
tasación de la lana . . 186.21
tasar la lana 186.22
— la lana a ojo 186.23
técnica textil 7.12
técnico textil 7.19
—, fibra —a 8.8
tecnología de las fibras 8.6
— de las primeras materias 8.4
techo de la cámara . . 154.18
tegumento córneo . . . 180.18
tejedor 3.24
— de géneros de punto 4.5
tejedura 3.19
tejeduría 3.22
tejer 3.20
tejido 3.21
— adiposo 208.9
— adiposo hinchado . . 206.4
— córneo . . . 15.21, 181.17
— lignificado 244.12
— de punto de medias 4.8
—s orgánicos en la piel 174.1
tela de algodón para filtrar 245.20
— de embalaje 42.17
— filtrante 245.18
— filtrante intercambiable 245.19
— metálica 154.12
— metálica galvanizada 155.1
— metálica con x mallas por unidad de superficie 275.3
— porosa 252.4
— de yute 42.18
telar 3.23
temperatura de desecación 213.20
— de enriamiento . . 82.5
— en el establo 133.7
— del líquido de lavaje 150.9
— de la nitratación . . 256.1
temporada seca del año 114.4
tenacidad 288.19
— de la fibra 12.15
tenaz, fibra 12.14
—, hoja 116.18
tendencia ambiente de la Bolsa 54.16
— dominante de la Bolsa 54.16
— del mercado 186.10
—s ópticas de la seda 227.22
tener un mercado de capullos 229.15
tensión del hilo 222.14
—, bajo 282.13
teñir 5.13
— la paja 120.6
—se en color de herrumbre 82.4
teoría de la cría 128.9
— de disolución . . . 17.6
tercer-árbitro 15.13
térmico, conductibilidad —a 13.5
término 27.18
—s generales de la expedición 31.9
termómetro de mercurio 47.6
termostato automático 237.14
terreno propio para el cultivo del cáñamo 78.5
tersura de la fibra de lana 179.19
tetracloruro de acetileno 284.16
— de carbono 156.13
textil, industria 7.13
textura 3.19
— de la fibra de lana 175.14
Thespesia, fibra de . . 105.14
Thiele, aparato hilador de 275.16
tiempo de acoplamiento 129.6
— de crecimiento de las plantas 24.8
— de desarrollo de las plantas 24.8
tierno, fibra —a . . . 10.13
tierra arada 22.6
— baja 135.15
— cocida 256.19
— ferruginosa 68.14
— de pasto natural . . 134.22
— de pasto permanente 134.22
— de pasto abundante 134.21
— turbosa 177.8
—s alcalinas 265.22